ANATOMIE ET PHYSIOLOGIE HUMAINES

ANATOMIE ET PHYSIOLOGIE HUMAINES

Elaine N. Marieb

Adaptation et révision scientifiques
Guy Laurendeau
Professeur de biologie humaine
au collège de Bois-de-Boulogne

5757, rue Cypihot, Saint-Laurent (Québec) H4S 1X4
Téléphone : (514) 334-2690 Télécopieur : (514) 334-4720

Supervision éditoriale: Sylvie Chapleau

Révision linguistique: Hélène Lecaudey

Traduction: Jean-Pierre Artigau, Sylvie Chapleau, Marie-Claude Désorcy et Jean-Luc Riendeau

Correction d'épreuves: Sylvie Chapleau et Jacqueline Leroux

Coordination de la réalisation graphique: Dominique Gagnon

Conception de la couverture: Yvan Meunier, ERPI

Réalisation graphique de la couverture: ERPI

Photocomposition et montage: Compo Alphatek

Iconographie: Martha Blake, Raychel Ciemma, Barbara Cousins, Charles W. Hoffman, Georg Klatt, Jeanne Koelling, Stephanie McCann, Linda McVay, Ken Miller, Elizabeth Morales-Denney, Laurie O'Keefe, Carla Simmons, Nadine Sokol et Cyndie Wooley

Cet ouvrage est une version française de la deuxième édition de *Human Anatomy and Physiology* de Elaine N. Marieb, publiée et vendue à travers le monde avec l'autorisation de The Benjamin/Cummings Publishing Company, Inc.

Dépôt légal: 2e trimestre 1993
Bibliothèque nationale du Québec
Bibliothèque nationale du Canada

Imprimé au Canada

ISBN 2-7613-0690-2 2 3 4 5 6 7 8 9 0 II 9 8 7 6 5 4
2569 BCD CA9

Au professeur

Vous savez par expérience que l'enseignement ne se ramène pas à l'exposition des faits. Vous vous faites un devoir de transmettre l'information selon une démarche qui la rend intelligible, de trouver des techniques pédagogiques qui facilitent l'assimilation des concepts ardus et d'aider les étudiants à appliquer leurs connaissances. En même temps, vous espérez combler leurs attentes (autant que les vôtres) et leur insuffler un intérêt authentique pour la matière.

Après avoir enseigné l'anatomie et la physiologie humaines pendant de nombreuses années, je suis moi-même retournée aux études, poussée par la curiosité que cette science m'inspirait. Assise parmi des étudiants de tous âges, j'eus tôt fait de songer aux améliorations que je pourrais apporter à mes propres explications. J'acquis bientôt la conviction que, en renouvelant la présentation d'un bon nombre de sujets, je pourrais stimuler la curiosité naturelle des étudiants. Aussi, je résolus d'écrire cet ouvrage.

Thèmes fondamentaux

L'étude de l'anatomie et de la physiologie ne serait ni cohérente ni logique si elle ne s'articulait autour de thèmes fondamentaux. Les trois que j'ai choisis, énoncés dans le chapitre 1 et développés tout au long de l'ouvrage, forment le fil conducteur qui donne au texte son unité, sa structure et son ton.

Relations entre les systèmes. Partout où j'en ai eu l'occasion, j'ai souligné que presque tous les mécanismes de régulation reposent sur l'interaction de plusieurs systèmes. Dans le chapitre 6, par exemple, qui porte sur la croissance et le remaniement du tissu osseux, je fais ressortir l'importance de la traction musculaire pour la force des os. Dans le chapitre 21, par ailleurs, où je traite des vaisseaux et des tissus lymphatiques, je fais état du rôle capital que jouent ces organes dans l'immunité et la circulation sanguine, deux fonctions absolument essentielles au maintien de la vie. À la fin du ou des chapitres portant sur un système, j'inclus un diagramme des relations homéostatiques entre ce système et les autres. Je compte ainsi amener les étudiants à envisager l'organisme comme un ensemble dynamique de parties interdépendantes et non comme un assemblage d'unités structurales isolées.

Homéostasie. L'homéostasie est l'état d'équilibre que l'organisme normal cherche sans cesse à atteindre ou à conserver. La perte de cet état entraîne inévitablement un trouble, qu'il soit passager ou permanent. C'est pourquoi je présente les états pathologiques dans le corps même du texte, chaque fois qu'il est pertinent de le faire. Toutefois, les exemples cliniques ne visent qu'à mettre en relief le fonctionnement normal de l'organisme et ne constituent jamais des fins en soi. Au chapitre 20, par exemple, j'ajoute à la présentation de la structure et du fonctionnement des vaisseaux sanguins des explications sur la capacité qu'ont les artères saines de se dilater et de se resserrer pour assurer un débit sanguin adéquat. Je profite de l'occasion pour traiter des conséquences de la perte de l'élasticité artérielle sur l'homéostasie, soit l'hypertension et tous les problèmes qu'elle entraîne. Les paragraphes portant sur les déséquilibres homéostatiques sont indiqués par un symbole qui évoque une balance en déséquilibre. Dans une illustration ou dans le texte, ce symbole annonce aux étudiants qu'ils vont analyser la maladie sous l'angle de la perte de l'homéostasie.

Relation entre la structure et la fonction. Au fil de l'ouvrage, je fais de la compréhension des structures anatomiques une condition préalable à l'assimilation des fonctions. J'explique minutieusement les concepts fondamentaux de la physiologie, et je les rapporte aux caractéristiques morphologiques qui permettent ou facilitent l'accomplissement des diverses fonctions. Je souligne par exemple que la fonction de double pompe du cœur repose sur les faisceaux musculaires qui relient les cavités cardiaques en formant autour d'elles des huit sans début ni fin.

Particularités de l'ouvrage

Iconographie. Pour moi, la rédaction d'un manuel d'anatomie et de physiologie consiste à traduire des connaissances en mots et en images. C'est dire l'importance que j'attache à l'iconographie. Les illustrateurs médicaux qui ont collaboré à l'ouvrage ont lu le manuscrit et effectué des recherches supplémentaires au besoin. Ils ont ensuite créé des planches anatomiques réalistes et précises, et trouvé des moyens innovateurs de représenter les concepts physiologiques. Chacune des illustrations a fait l'objet de discussions entre son auteur, l'éditeur et moi-même. Chacune a été soigneusement examinée et vérifiée, à tous les stades de sa réalisation.

Nous avons choisi de ne publier que des photos et des illustrations en couleurs, pour des raisons non pas seulement esthétiques, mais aussi pédagogiques. Ainsi, nous avons conservé jusqu'à la fin de l'ouvrage les couleurs données aux différentes structures cellulaires au chapitre 3. Partout où il en est question, le noyau apparaît en violet et les mitochondries, en orangé. De même, l'ATP est toujours symbolisée par un soleil d'un jaune brillant.

ATP

En guidant les étudiants avec autant de cohérence, je vise à créer chez eux des automatismes propres à faciliter la mémorisation. La plupart des figures sont composées, à la fois, d'un diagramme simple montrant la situation ou la morphologie d'un organe et d'un agrandissement détaillé des structures offrant un intérêt particulier. L'ouvrage abonde non seulement en photomicrographies, mais aussi en clichés produits par les techniques d'imagerie médicale modernes (tomodensitométrie, tomographie par émission de positons et remnographie) chaque fois qu'ils sont susceptibles de faciliter la compréhension. Enfin, l'ouvrage contient un bon nombre des fameuses photos de dissections publiées par le Dr Bassett.

Tableaux illustrés. L'ajout d'illustrations dans les tableaux est un moyen très efficace de faciliter l'assimilation de notions importantes. La plupart des chapitres comprennent donc au moins un tableau illustré. Les tableaux décrivant l'anatomie macroscopique des muscles, au chapitre 10, méritent quelques commentaires. Comme tous les tableaux de ce genre, ils indiquent la situation, les points d'attache et les fonctions des muscles squelettiques. En plus, ils donnent un aperçu des fonctions de chaque groupe de muscles et décrivent leurs interactions. Une telle présentation nous a semblé convenir parfaitement à la description des vaisseaux sanguins, au chapitre 20. Ces tableaux ont en outre ceci d'inédit qu'ils juxtaposent des illustrations descriptives à des diagrammes qui éclairent la distribution et les ramifications des vaisseaux sanguins. La réalisation de ces tableaux nous a causé d'épineuses difficultés techniques. Illustrateurs et concepteurs y ont consacré bien des nuits sans sommeil. Quant à moi, j'ai cru perdre mon latin à tenter de schématiser les trajets des vaisseaux.

Code de couleurs. Pour faciliter la consultation, chacun des systèmes de l'organisme est associé à une couleur particulière. Par exemple, un triangle de couleur rouge apparaît dans le coin supérieur des pages traitant du système cardiovasculaire, c'est-à-dire des chapitres 18 à 20. Le même code est employé dans tous les diagrammes intitulés «Relations homéostatiques» ainsi que dans quelques-uns des tableaux et des figures. On trouvera la clé du code de couleurs dans le sommaire du livre, aux pages X et XI.

Activité physique. L'activité physique modifie le fonctionnement de l'organisme et lui impose parfois des efforts excessifs. C'est pourquoi nous avons choisi de discuter dans les paragraphes précédés du symbole des blessures et d'autres problèmes qui peuvent apparaître au cours de la pratique des sports.

«Gros plans». Plusieurs chapitres contiennent un encadré intitulé «Gros plan» où sont abordés des sujets d'intérêt actuel, tels le SIDA (page 716), la cocaïne (page 470) et l'usage des stéroïdes chez les athlètes (page 289). Font aussi l'objet de «gros plans» des découvertes médicales récentes, dont la transplantation de tissu musculaire squelettique dans le traitement de l'insuffisance cardiaque (page 624) et la fécondation in vitro (page 976). Certains de ces encadrés approfondissent des sujets étudiés dans le texte courant, comme les effets des neurotransmetteurs (page 369) et le rôle du corps pinéal dans les symptômes causés par le décalage horaire (page 570). Portant sur des sujets qui évoluent rapidement, le contenu des encadrés est rigoureusement à jour.

Développement et vieillissement. La plupart des chapitres se terminent par une section intitulée «Développement et vieillissement». L'étudiant y trouvera un résumé du développement du système à l'étude, du stade embryonnaire jusqu'à l'âge avancé. Y sont énumérées les maladies les plus fréquentes à certaines périodes de la vie et soulignés les troubles affectant surtout des personnes âgées. J'attache une importance particulière à ce dernier sujet, car les futurs professionnels de la santé consacreront une grande partie de leur temps à des clients âgés.

Réflexion et application. Présentées à la toute fin du chapitre, les questions indiquées par un symbole en forme de cerveau sont des exercices de réflexion et d'application. D'ordre clinique ou non, ces questions amènent les étudiants à synthétiser les connaissances qu'ils ont acquises dans le chapitre.

Contenu et structure de l'ouvrage

L'ouvrage est divisé en 5 parties et en 30 chapitres. Chaque partie peut être étudiée indépendamment, et ses chapitres peuvent être abordés dans n'importe quel ordre.

Première partie : Organisation du corps humain (chapitres 1 à 4). Le chapitre 1 décrit les niveaux d'organisation du corps humain, définit l'homéostasie, explique les fondements des mécanismes de régulation et introduit la terminologie qui sera utilisée dans le reste de l'ouvrage pour désigner les concepts anatomiques. En des termes simples, le chapitre 2 donne aux étudiants toutes les notions de chimie dont ils ont besoin pour comprendre les principes physiologiques. Le chapitre 3 présente les données les plus à jour sur la cellule et ses organites, y compris le cytosquelette, qui revêt tant d'importance pour la division cellulaire et le transport intracellulaire. Ce chapitre aborde aussi le concept de potentiel de membrane que les étudiants doivent maîtriser pour comprendre l'activité des cellules excitables (cellules musculaires et nerveuses). Avec leurs photomicrographies, leurs illustrations et leurs descriptions de la structure, des fonctions et de la localisation des divers tissus, les figures du chapitre 4 constituent des références complètes en histologie.

Deuxième partie: La peau, les os et les muscles (chapitres 5 à 10). La deuxième partie porte sur la peau, sur le système osseux et sur le système musculaire, et il démontre que l'interaction de ces structures assure le soutien, la protection et la mobilité de l'organisme. Le chapitre 5 expose toutes les fonctions de la peau. Le chapitre 6 fournit des explications détaillées du remaniement osseux et de ses mécanismes de régulation. Le chapitre 9 renferme les données les plus claires et les plus à jour sur l'anatomie et la physiologie des cellules musculaires; les illustrations contenues dans ce chapitre ne se trouvent dans aucun autre manuel. La figure 9.12 (page 261), par exemple, représentant le difficile concept du couplage excitation-contraction, est un modèle de simplicité, de précision et de clarté.

Troisième partie: Régulation et intégration des processus physiologiques (chapitres 11 à 17). La troisième partie étudie en profondeur les deux grands systèmes de régulation de l'organisme: le système nerveux et le système endocrinien. En guise d'introduction, le chapitre 11 fait ressortir les rapports entre l'anatomie et la physiologie du neurone au moyen, notamment, d'un tableau illustré résumant la structure et les éléments fonctionnels de la cellule nerveuse. Au chapitre 13, un autre tableau illustré fait état des plus récentes découvertes sur les récepteurs sensoriels. Ces deux tableaux, de même que celui qui décrit les nerfs crâniens, au chapitre 13, constituent des outils d'apprentissage hors pair. Le chapitre 15, qui porte sur l'intégration nerveuse, expose les différents niveaux de l'intégration motrice et sensorielle, et il fait mention des dernières théories sur les fonctions mentales supérieures telles que le langage et la mémoire. Le chapitre 16, intitulé «Les sens», renferme des illustrations exclusives. Ainsi, la très belle figure 16.17, à la page 514, montre les cônes et les bâtonnets de manière saisissante et indique la position de la molécule de rhodopsine dans les disques membraneux du segment externe des bâtonnets.

Quatrième partie: Maintien de l'homéostasie (chapitres 18 à 27). La quatrième partie traite des systèmes et des mécanismes qui, au jour le jour, maintiennent l'homéostasie de l'organisme: les systèmes cardiovasculaire, lymphatique, immunitaire, respiratoire, digestif et urinaire. Les concepts physiologiques y sont minutieusement expliqués et représentés. En particulier, on remarquera au chapitre 20 l'explication de l'autorégulation du débit sanguin et le tableau illustré sur les vaisseaux sanguins. Le chapitre 22, portant sur le système immunitaire, ne néglige aucun aspect d'un domaine d'étude qui ne cesse de progresser et de s'enrichir. On trouvera au chapitre 25 des diagrammes simplifiés de la glycolyse et du cycle de Krebs; on se référera à l'appendice D pour trouver des représentations complètes de ces deux voies métaboliques, y compris les formules moléculaires des métabolites intermédiaires. Cette partie se termine par un chapitre portant sur l'équilibre hydrique, électrolytique et acido-basique, qui joue un rôle primordial dans l'homéostasie.

Cinquième partie: Perpétuation (chapitres 28 à 30). La dernière unité de l'ouvrage porte sur le système génital, le développement sexuel, la grossesse, le développement embryonnaire et la génétique. Des critiques avisés ont dit de la section portant sur la régulation hormonale du cycle ovarien et du cycle menstruel qu'il s'agissait de l'explication la plus claire jamais publiée sur le sujet dans un manuel. Le chapitre 30 fournit un exposé succinct mais complet des concepts fondamentaux de la génétique humaine. Bien que le sujet soit facultatif dans bien des cours d'anatomie et de physiologie, nous avons choisi de le traiter parce que beaucoup d'étudiants s'y intéressent vivement. En outre, j'estime qu'il devrait faire partie du bagage de connaissances de toute personne qui reçoit une formation collégiale ou universitaire.

Outils pédagogiques

Anatomie et physiologie humaines contient un certain nombre d'outils pédagogiques très utiles.

Sommaire et objectifs d'apprentissage. Tous les chapitres s'ouvrent sur une énumération des principaux points traités et des objectifs à atteindre relativement à ces sujets. Des références aux pages facilitent la consultation ponctuelle.

Termes médicaux. À la fin de chaque chapitre, l'étudiant trouvera une liste de termes médicaux reliés au contenu du chapitre.

Résumé du chapitre. À la suite des termes médicaux, dans chaque chapitre, un résumé accompagné de références aux pages facilite la révision.

Questions de révision. Différents types de questions (choix multiples, associations et questions à court développement) sont proposés à la fin des chapitres. Ces interrogations seront d'une aide précieuse aux étudiants désireux de vérifier leurs connaissances. Les réponses des choix multiples et des associations figurent à l'appendice B.

Réflexion et application. Les questions de réflexion et d'application, indiquées par un symbole en forme de cerveau à la fin des chapitres, amènent les étudiants à synthétiser leurs connaissances et à résoudre des problèmes.

Appendices. Les appendices contiennent nombre de renseignements utiles. L'appendice A porte sur le système international d'unités; l'appendice B contient les réponses des choix multiples et des associations; l'appendice C présente les codons et les abréviations des acides aminés; l'appendice D expose les voies métaboliques importantes; l'appendice E, enfin, fournit le tableau périodique des éléments.

Glossaire. Le glossaire qui suit les appendices contient près de 1000 définitions.

Transparents

Le manuel s'assortit d'un jeu de 175 transparents où sont reproduits les illustrations les plus importantes.

À L'étudiant

Le présent ouvrage a été écrit pour vous. En un sens, il a été écrit par des étudiants, car il tient compte de leurs suggestions, répond à leurs questions les plus fréquentes et présente le corps humain selon des approches qui ont fait leurs preuves. L'anatomie et la physiologie humaines ne sont pas qu'intéressantes: elles sont fascinantes! Pour vous faire partager mon enthousiasme, j'ai doté le manuel d'un certain nombre de particularités.

J'ai voulu que le ton soit simple et familier. Il n'y a aucune raison que vous ne preniez pas plaisir à étudier. Je n'ai pas cherché à écrire une encyclopédie, mais un guide qui vous aide à comprendre votre propre corps. J'ai choisi avec soin les données et me suis attachée à ne conserver que les faits essentiels. Les concepts physiologiques sont expliqués en détail; chaque fois que possible, j'utilise des analogies et des exemples inspirés de la vie quotidienne.

Les illustrations et les tableaux ont été conçus en fonction de vos besoins. Les tableaux, par exemple, résument les données importantes du texte, et ils devraient vous être d'une aide précieuse lorsque vous réviserez la matière en prévision d'un examen. Vous trouverez des références aux illustrations chaque fois que leur consultation est propre à faciliter votre compréhension. Les figures qui décrivent des mécanismes physiologiques prennent souvent la forme de diagrammes afin que vous gardiez toujours une vue d'ensemble des processus. Des encadrés intitulés «Gros plan» vous renseignent sur les progrès de la médecine ou sur des faits scientifiques qui trouvent un retentissement dans votre vie.

Chaque chapitre commence par un sommaire des principaux sujets traités et des objectifs d'apprentissage qui y sont liés. Dans le corps du texte, les termes importants apparaissent en caractères gras.

Un examen est toujours source d'anxiété. Pour vous aider à vous préparer aux examens et à assimiler la matière, des résumés complets accompagnés de références aux pages apparaissent à la fin de chaque chapitre. Ils sont suivis de questions de révision présentées sous forme de choix multiples, d'associations, de questions à court développement et d'exercices de réflexion et d'application.

J'espère que vous aimerez étudier avec *Anatomie et physiologie humaines* et que ce livre fera de votre apprentissage des structures et des fonctions du corps humain une aventure aussi passionnante que gratifiante. Le meilleur conseil que je puisse vous donner est peut-être le suivant: n'essayez pas de mémoriser sans comprendre. Si vous vous efforcez d'assimiler véritablement les concepts plutôt que de les apprendre par cœur, votre mémoire vous fera rarement défaut.

Elaine N. Marieb

SOMMAIRE

QUATRIÈME PARTIE

MAINTIEN DE L'HOMÉOSTASIE 576

CINQUIÈME PARTIE

PERPÉTUATION 930

APPENDICES

TABLE DES MATIÈRES

PREMIÈRE PARTIE

ORGANISATION DU CORPS HUMAIN 2

1 Le corps humain: une introduction 4

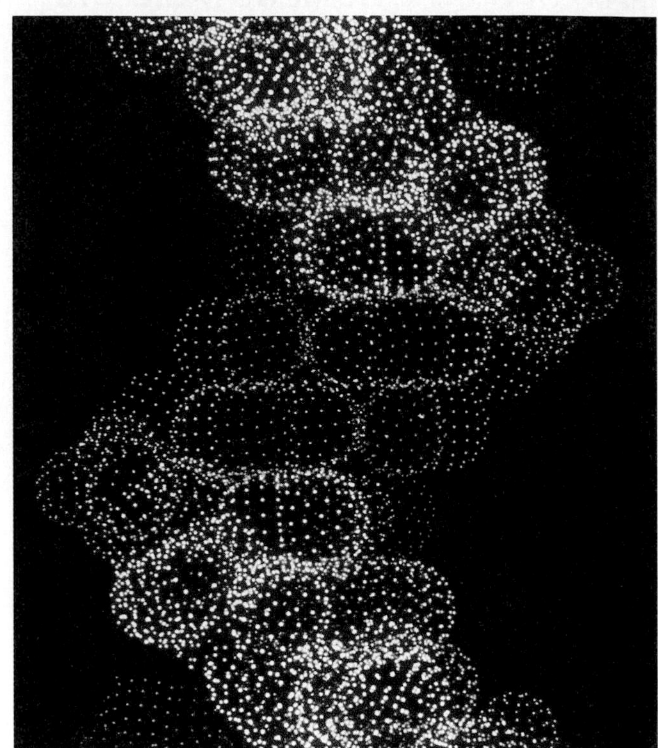

2 La chimie prend vie 26

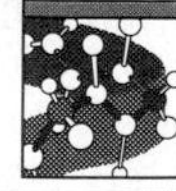

DEUXIÈME PARTIE

LA PEAU, LES OS ET LES MUSCLES 136

5 Le système tégumentaire 138

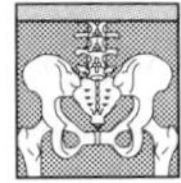

6 Le tissu osseux et les os 157

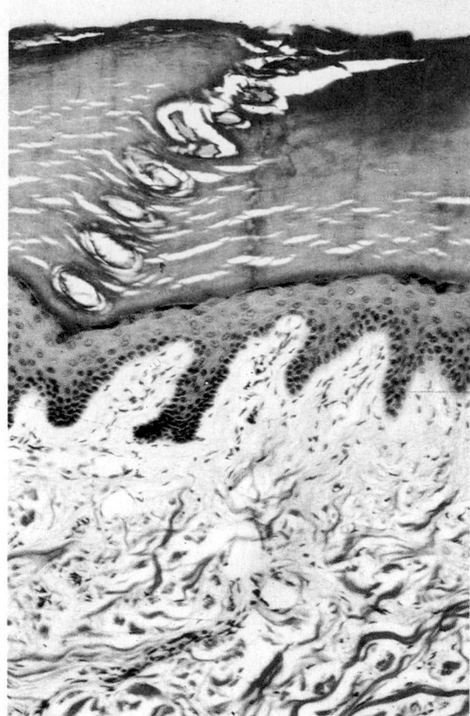

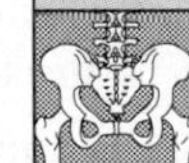

7 Le squelette 178

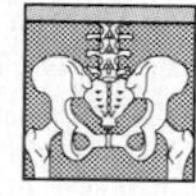

8 Les articulations 222

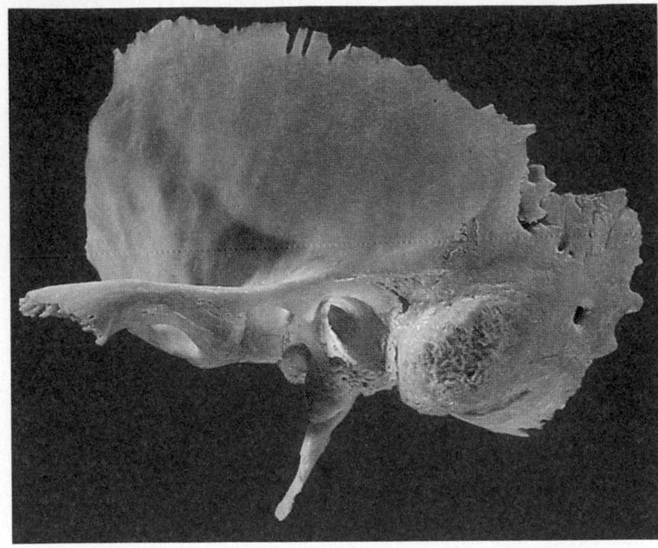

9 Muscles et tissu musculaire 246

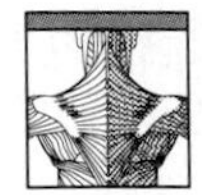

10 Le système musculaire 285

TROISIÈME PARTIE

RÉGULATION ET INTÉGRATION DES PROCESSUS PHYSIOLOGIQUES 338

11 Structure et physiologie du tissu nerveux 340

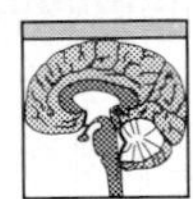

12 Le système nerveux central 378

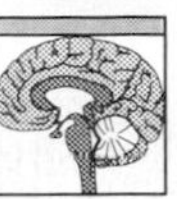

13 Le système nerveux périphérique et l'activité réflexe 423

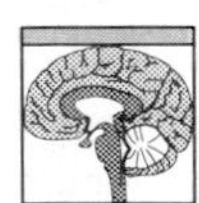

14 Le système nerveux autonome 457

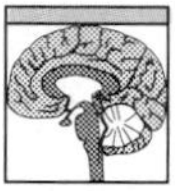

15 L'intégration nerveuse 476

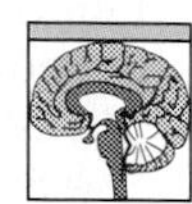

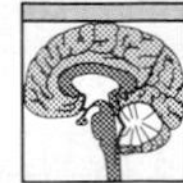

19 Système cardiovasculaire: le cœur 604

20 Système cardiovasculaire: les vaisseaux sanguins 633

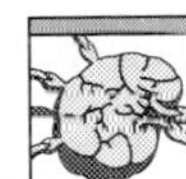

21 Le système lymphatique 679

22 Défenses non spécifiques de l'organisme et système immunitaire 689

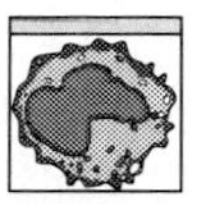

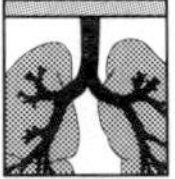

23 Le système respiratoire 724

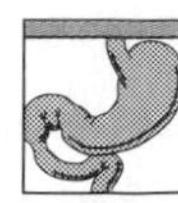

24 Le système digestif 768

CINQUIÈME PARTIE

PERPÉTUATION 930

28 Le système génital 932

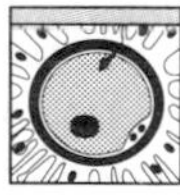

29 Grossesse et développement prénatal 974

ANATOMIE ET PHYSIOLOGIE HUMAINES

PREMIÈRE PARTIE

ORGANISATION DU CORPS HUMAIN

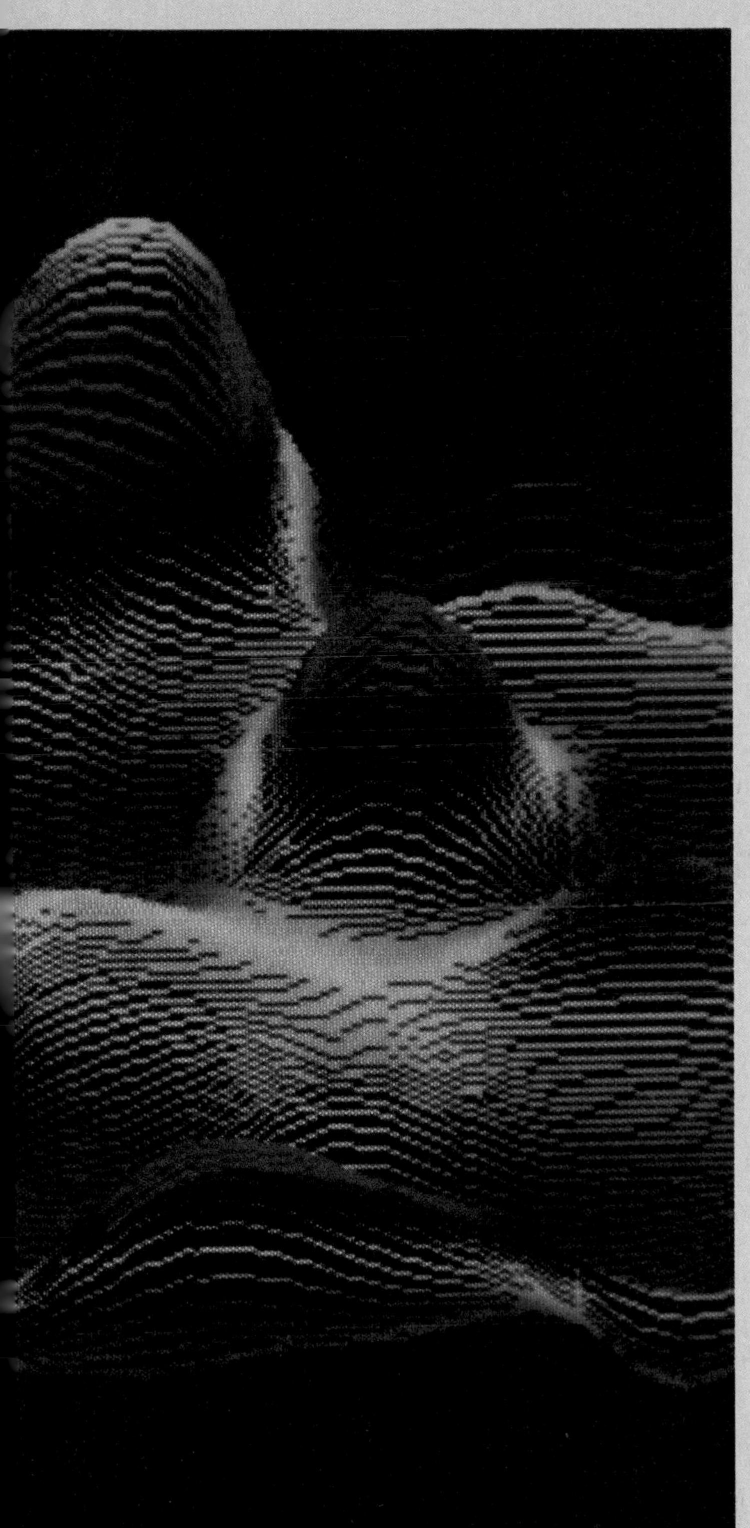

La première partie de ce manuel est une introduction à l'anatomie et à la physiologie. Elle se compose de quatre chapitres qui vous permettront d'acquérir les connaissances de base nécessaires à l'étude du corps humain et de son fonctionnement. Le chapitre 1 définit l'anatomie et la physiologie. Il explique également l'organisation et les principales fonctions du corps humain. Il vous présente enfin les termes anatomiques employés dans ce manuel. Les trois chapitres suivants étudient en détail les trois premiers niveaux d'organisation du corps humain. On vous mènera des plus petites structures aux plus grandes : les unités chimiques d'abord, puis les cellules et, enfin, les tissus. Dans les parties suivantes, nous étudierons les systèmes de l'organisme.

Photomicrographie de l'ADN assemblée par ordinateur. (Les couleurs ne correspondent pas à la réalité.)

1 Le corps humain: une introduction

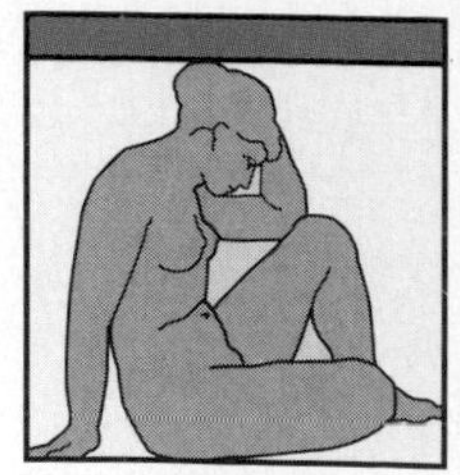

Sommaire et objectifs d'apprentissage

Définition de l'anatomie et de la physiologie (p. 5-6)

1. Définir l'anatomie et la physiologie et décrire les spécialités de l'anatomie.
2. Expliquer le principe de la relation entre la structure et la fonction.

Niveaux d'organisation structurale (p. 6-7)

3. Énumérer (du plus simple au plus complexe) les niveaux d'organisation du corps humain et expliquer les relations entre chaque niveau.
4. Nommer les 12 systèmes de l'organisme et expliquer brièvement leurs principales fonctions.

Maintien de la vie (p. 7 à 12)

5. Énumérer les caractéristiques fonctionnelles communes à tous les humains (et à d'autres organismes) et expliquer leur importance pour le maintien de la vie.
6. Énumérer les facteurs nécessaires à la vie.

Homéostasie (p. 12 à 15)

7. Définir l'homéostasie et expliquer son importance.
8. Définir la rétro-inhibition et décrire son rôle dans le maintien de l'homéostasie.
9. Définir la rétroactivation et expliquer pourquoi elle cause généralement un déséquilibre homéostatique. Signaler les situations dans lesquelles elle contribue à l'homéostasie ou au fonctionnement normal de l'organisme.

Termes anatomiques (p. 15 à 23)

10. Décrire la position anatomique.
11. Utiliser les termes anatomiques corrects pour décrire l'orientation, les régions et les plans du corps.
12. Situer les grandes cavités du corps, énumérer leurs subdivisions et nommer les principaux organes de chaque cavité et subdivision.
13. Nommer les séreuses et signaler leur fonction commune.
14. Nommer les neuf régions et les quatre quadrants de la cavité abdomino-pelvienne et énumérer les organes qu'ils contiennent.

Ce manuel vous permettra d'acquérir des connaissances sur le plus fascinant des sujets: votre propre corps. Ces connaissances se révèlent essentielles dans un monde où les médias annoncent tous les jours quelque découverte dans le domaine médical. Vous devez savoir comment fonctionne le corps humain pour être en mesure d'apprécier à leur juste valeur les découvertes en génie génétique, pour comprendre les nouvelles méthodes de diagnostic et de traitement des maladies et pour profiter des informations sur la manière de garder une bonne santé. Par ailleurs, l'étude de l'anatomie et de la physiologie donnera à ceux qui se préparent à une carrière dans les sciences de la santé la base de connaissances sur laquelle ils pourront appuyer leur expérience clinique.

Dans ce chapitre, nous commençons par définir l'anatomie et la physiologie en établissant la distinction entre ces deux domaines. Nous décrivons ensuite les niveaux de complexité de l'organisation du corps humain. Nous passons également en revue les besoins et les fonctions communs à tous les organismes vivants. Nous expliquons les trois principes qui constituent la base de notre étude du corps humain et forment le lien entre tous les sujets traités dans ce manuel. Il s'agit de la *relation entre la structure et la fonction,* de l'*organisation structurale* et de l'*homéostasie.* La dernière section de ce chapitre porte sur le langage de l'anatomie, c'est-à-dire sur les termes employés par les anatomistes pour décrire le corps et ses parties.

Définition de l'anatomie et de la physiologie

Plusieurs sciences nous aident à comprendre le corps humain, mais les concepts les plus importants sont l'objet d'étude de deux branches complémentaires de la biologie: l'anatomie et la physiologie. L'**anatomie** est l'étude de la forme, ou structure, des parties du corps et des relations qu'elles ont les unes avec les autres. La **physiologie** porte sur le fonctionnement des parties du corps, c'est-à-dire sur la façon dont celles-ci travaillent et permettent le maintien de la vie.

Spécialités de l'anatomie

On est souvent attiré par l'anatomie à cause de son caractère concret. Les structures de l'organisme peuvent en effet être vues, palpées et examinées minutieusement, il n'est pas nécessaire d'avoir recours à l'*imagination* pour les visualiser. L'anatomie est un domaine d'étude qui englobe plusieurs spécialités dont chacune pourrait fournir matière à un cours complet. L'**anatomie macroscopique** est l'étude des structures visibles à l'œil nu, comme le cœur, les poumons et les reins. Le terme *anatomie* (d'un mot grec signifiant «couper, découper») est généralement associé aux études d'anatomie macroscopique, puisque ces études consistent à disséquer des animaux ou des organes préparés en vue de les examiner. L'anatomie macroscopique peut être abordée de diverses manières. Ainsi, en **anatomie régionale,** on examine simultanément toutes les structures (muscles, os, vaisseaux sanguins, nerfs, etc.) d'une région du corps, par exemple l'abdomen ou la jambe. En **anatomie des systèmes,** on étudie séparément l'anatomie macroscopique de chaque système de l'organisme. Par exemple, l'étude du système cardiovasculaire comprendrait l'examen du cœur et des vaisseaux sanguins de tout le corps. L'**anatomie de surface** est une autre division de l'anatomie macroscopique. Il s'agit de l'étude des structures internes telles qu'on les voit à la surface de la peau et telles qu'elles se situent par rapport à celle-ci. On a recours à l'anatomie de surface pour décrire les muscles qui saillent sous la peau d'un culturiste; les infirmières appliquent leurs connaissances dans ce domaine pour repérer les vaisseaux sanguins avant de prélever du sang ou de prendre le pouls.

L'**anatomie microscopique** s'intéresse aux structures trop petites pour être vues sans l'aide d'un microscope. Dans les études d'anatomie microscopique, on examine au microscope des tranches, ou coupes, extrêmement minces de tissus colorés puis placés sur une lame. L'anatomie microscopique comprend l'*anatomie cellulaire*, ou **cytologie,** qui consiste à étudier les cellules, et l'**histologie,** qui consiste à étudier les tissus.

L'*anatomie du développement* suit la transformation structurale de l'organisme de la conception à la vieillesse. L'*embryologie* est une des spécialités de l'anatomie du développement et traite du développement prénatal.

Quelques divisions très spécialisées de l'anatomie sont surtout utiles pour la recherche scientifique et le diagnostic des maladies. Par exemple, l'*anatomie pathologique* (ou anatomopathologie) se penche sur l'altération des structures de l'organisme par la maladie, tant au niveau microscopique que macroscopique. L'*anatomie radiologique* est l'étude des structures internes au moyen de la radiographie. Les techniciens en radiologie connaissent bien cette division de l'anatomie. La radiologie est utile aux cliniciens pour le diagnostic des maladies osseuses, des tumeurs et d'autres problèmes qui entraînent des modifications anatomiques. La *biologie moléculaire* traite de la structure des molécules biologiques (substances chimiques). En principe, la biologie moléculaire ne fait pas partie du domaine de l'anatomie, sauf si on pousse l'étude anatomique jusqu'au niveau sous-cellulaire, où l'étude des réactions chimiques entre les molécules permet d'établir des relations importantes entre la structure et la fonction. Vous pouvez constater que les anatomistes s'intéressent autant aux plus petites molécules qu'aux structures facilement visibles. C'est grâce à eux que nous connaissons l'architecture du corps humain et de ses parties.

Vous verrez bientôt que les meilleurs «outils» pour l'étude de l'anatomie sont l'observation, les manipulations et la connaissance approfondie des termes anatomiques. À l'aide d'un exemple, voyons comment on emploie ces outils au cours d'une étude anatomique. Supposons que vous voulez étudier les diarthroses (un type d'articulation mobile). En laboratoire, vous allez *observer* une diarthrose chez un animal et la faire bouger (la *manipuler*) pour déterminer l'amplitude de ses mouvements. Puis vous allez employer des *termes anatomiques* pour nommer les parties de l'articulation et décrire son fonctionnement, afin que les autres étudiants (et le professeur) comprennent ce que vous voulez dire. Le glossaire et la liste des racines des mots présentés à la fin du manuel ont pour but de vous aider à acquérir le vocabulaire de l'anatomie. Même si vous faites la plupart de vos propres observations à l'œil nu ou au microscope, il importe que vous sachiez qu'il existe des techniques médicales sophistiquées permettant de scruter l'intérieur du corps sans causer de traumatismes. Voyez par exemple l'encadré des pages 20 et 21 qui porte sur la tomographie, la remnographie et d'autres techniques d'imagerie médicale.

Spécialités de la physiologie

Le domaine de la physiologie englobe également plusieurs spécialités. Ainsi, la *physiologie rénale* étudie le fonctionnement des reins et la production d'urine;

la *neurophysiologie* explique le fonctionnement du système nerveux; la *physiologie cardiaque* examine le fonctionnement du cœur, etc. Alors que l'anatomie donne une image statique du corps, la physiologie met en évidence la nature dynamique des fonctions de chacun de nos organes.

La physiologie s'applique aussi à l'étude du niveau cellulaire ou moléculaire, car le fonctionnement des cellules détermine les capacités fonctionnelles du corps, et le fonctionnement cellulaire est lui-même déterminé par les réactions chimiques à l'intérieur des cellules. Pour bien comprendre la physiologie, il faut connaître les principes de la physique, car cette science permet d'expliquer les courants électriques, la pression dans les vaisseaux sanguins et la façon dont les muscles s'appuient sur les os pour produire les mouvements. Des notions de physique et de chimie sont également indispensables pour comprendre la physiologie du système nerveux, les contractions musculaires, la digestion et toutes les autres fonctions corporelles. C'est pourquoi nous présentons au chapitre 2 les concepts de base de la chimie et de la physique, concepts que nous approfondirons au besoin tout au long de ce manuel.

Relation entre la structure et la fonction

Bien qu'on puisse étudier séparément l'anatomie et la physiologie, ces deux sciences sont en réalité indissociables. En effet, la fonction est toujours en relation directe avec la structure, c'est-à-dire qu'un organe ne peut accomplir que les fonctions permises par sa forme. C'est ce qu'on appelle le **principe de la relation entre la structure et la fonction.** Ainsi, les os soutiennent et protègent les organes grâce aux minéraux qu'ils contiennent. De même, le sang ne peut suivre qu'une seule direction dans le cœur, car cet organe possède des valves qui empêchent le reflux, et les poumons peuvent servir aux échanges gazeux parce qu'ils sont dotés d'alvéoles aux parois extrêmement minces. Dans ce manuel, nous mettons souvent l'accent sur l'étroite relation entre la structure et sa fonction afin de vous aider à comprendre les phénomènes physiologiques qui permettent le fonctionnement normal du corps humain. Après la description de l'anatomie d'une structure, nous expliquons toujours sa fonction, en soulignant les caractéristiques structurales qui contribuent à cette fonction.

Niveaux d'organisation structurale

Le corps humain est organisé selon plusieurs niveaux de complexité (figure 1.1). Le niveau d'organisation structurale le plus simple est le *niveau chimique,* que nous étudions au chapitre 2. À ce niveau, de minuscules particules de matière, les **atomes,** se combinent pour former des **molécules,** comme l'eau, le sucre et les protéines. Certaines molécules s'associent ensuite de manière bien spécifique afin de former les *organites* et les autres constituants de base de la cellule. Les **cellules** microscopiques sont les unités structurales et fonctionnelles des organismes vivants. Le *niveau cellulaire* est examiné au chapitre 3. Les cellules ont des dimensions et des formes très variées, ce qui explique la diversité de leurs fonctions dans l'organisme. Toutes les cellules utilisent des nutriments et maintiennent leurs limites, mais seules certaines cellules peuvent former le cristallin, alors que d'autres sécrètent du mucus ou transmettent des influx nerveux sous forme d'électricité.

Les organismes les plus simples ne sont constitués que d'une seule cellule, mais chez d'autres organismes, dont font partie les êtres humains, la structure se complexifie jusqu'au *niveau tissulaire.* Les **tissus** sont des groupes de cellules semblables qui remplissent une même fonction. Il existe quatre groupes de tissus primaires chez les humains: le tissu épithélial, le tissu conjonctif, le tissu musculaire et le tissu nerveux. Chaque type de tissu joue un rôle particulier dans l'organisme, comme nous l'expliquons en détail au chapitre 4. En bref, le tissu épithélial couvre la surface du corps et tapisse ses cavités internes; le tissu conjonctif soutient le corps et protège les organes; le tissu musculaire produit le mouvement; le tissu nerveux permet des communications internes rapides par transmission d'influx nerveux.

Au *niveau organique*, des processus physiologiques extrêmement complexes deviennent possibles. Un **organe** est une structure composée d'au moins deux types de tissus, mais la plupart des organes sont formés des quatre groupes de tissu primaire. L'estomac est un organe typique: il est tapissé d'un épithélium qui sécrète le suc gastrique; sa paroi est essentiellement formée de tissu musculaire dont le rôle est d'agiter et de mélanger le contenu gastrique (les aliments); sa paroi musculaire est renforcée par du tissu conjonctif; ses neurofibres stimulent la contraction des muscles et la sécrétion de suc gastrique et, par conséquent, accélèrent la digestion. Le foie, le cerveau et chacun des vaisseaux sanguins sont aussi des organes, même s'ils sont très différents de l'estomac. Dites-vous que chaque organe est une structure anatomique spécialisée qui exécute une activité essentielle qu'aucun autre organe ne peut accomplir à sa place.

Le niveau d'organisation suivant est le *niveau des systèmes*, chacun étant constitué par les organes qui travaillent de concert pour accomplir une même fonction. Par exemple, les organes du système cardiovasculaire — notamment le cœur et les vaisseaux sanguins — font continuellement circuler du sang oxygéné contenant des nutriments et d'autres substances essentielles vers toutes les cellules de l'organisme. Les organes du système digestif — la bouche, l'œsophage, l'estomac, les intestins, etc. — transforment les aliments ingérés en nutriments, de manière qu'ils puissent être absorbés dans le sang. Le système digestif permet également l'élimination des résidus d'aliments impossibles à digérer. Outre le système cardiovasculaire et le système digestif, le corps est formé des systèmes respiratoire, génital, urinaire, tégumentaire, osseux, musculaire, nerveux, endocrinien,

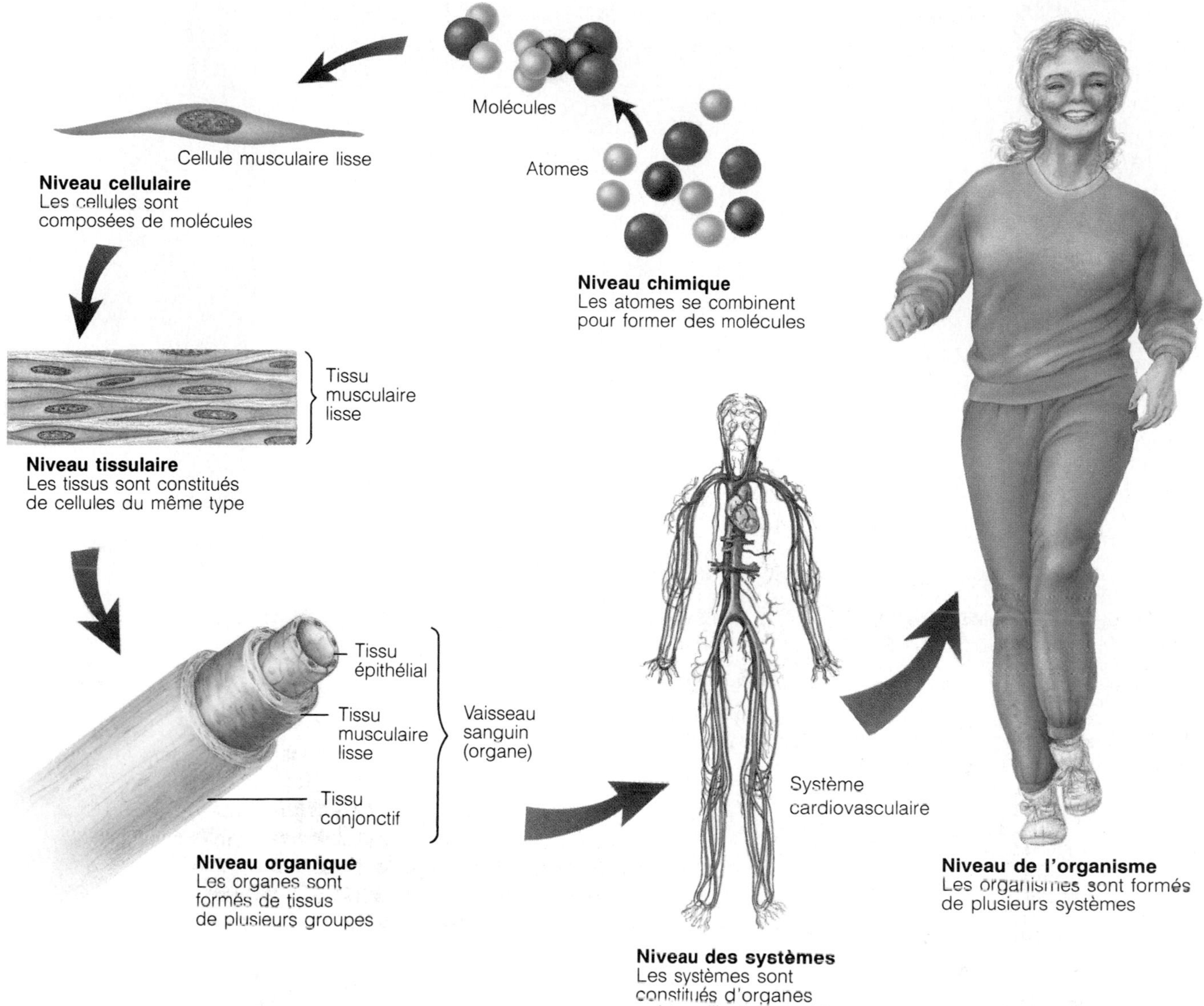
Molécules
Atomes
Cellule musculaire lisse
Niveau cellulaire
Les cellules sont
composées de molécules
Niveau chimique
Les atomes se combinent
pour former des molécules
Tissu
musculaire
lisse
Niveau tissulaire
Les tissus sont constitués
de cellules du même type
Tissu
épithélial
Tissu
musculaire
lisse
Tissu
conjonctif
Vaisseau
sanguin
(organe)
Système
cardiovasculaire
Niveau organique
Les organes sont
formés de tissus
de plusieurs groupes
Niveau de l'organisme
Les organismes sont formés
de plusieurs systèmes
Niveau des systèmes
Les systèmes sont
constitués d'organes
qui travaillent ensemble

Figure 1.1 Niveaux d'organisation structurale. Dans ce diagramme, on utilise l'exemple du système cardiovasculaire pour illustrer les niveaux de complexité de l'organisation du corps humain.

lymphatique et immunitaire. Vous trouverez à la figure 1.2 une brève description de chacun de ces systèmes, que nous étudions de la deuxième à la cinquième partie de ce manuel.

Le dernier niveau d'organisation est celui de l'**organisme,** l'être humain vivant. Le *niveau de l'organisme* représente l'ensemble de tous ces niveaux de complexité travaillant en synergie pour assurer le maintien de la vie.

Maintien de la vie

Caractéristiques fonctionnelles

Après la description de ces niveaux d'organisation structurale, il nous faut maintenant essayer de comprendre le fonctionnement global du corps. Comme tous les animaux complexes, les êtres humains doivent maintenir leurs limites, bouger, réagir aux changements de leur environnement, ingérer et digérer des aliments, avoir une activité métabolique, éliminer des déchets, se reproduire et croître. Nous traitons brièvement ici de chacune de ces fonctions qui seront expliquées en détail dans des chapitres ultérieurs.

Il faut bien comprendre que l'état d'être multicellulaire et la distribution des fonctions vitales à plusieurs systèmes impliquent une interdépendance de toutes les cellules du corps. Tout comme nul n'est une île, aucun des systèmes ne travaille seul; ils fonctionnent tous en synergie pour assurer le fonctionnement normal de l'organisme. Puisque nous mettons l'accent sur cette réalité tout au long de ce manuel, nous allons expliquer ici comment les différents systèmes contribuent à satisfaire ces caractéristiques fonctionnelles (figure 1.3). Reportez-vous aux descriptions de la figure 1.2 pour mieux comprendre cette section.

Suite du texte à la p. 10

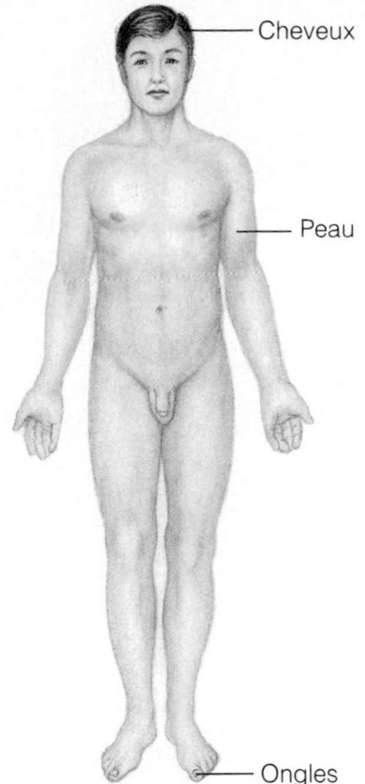

(a) Système tégumentaire

Le système tégumentaire forme la couche externe de l'organisme; protège les tissus plus profonds contre les traumas; synthétise la vitamine D; contient les récepteurs cutanés (de la douleur, de la sensibilité à la pression, etc.), ainsi que les glandes sudoripares et sébacées.

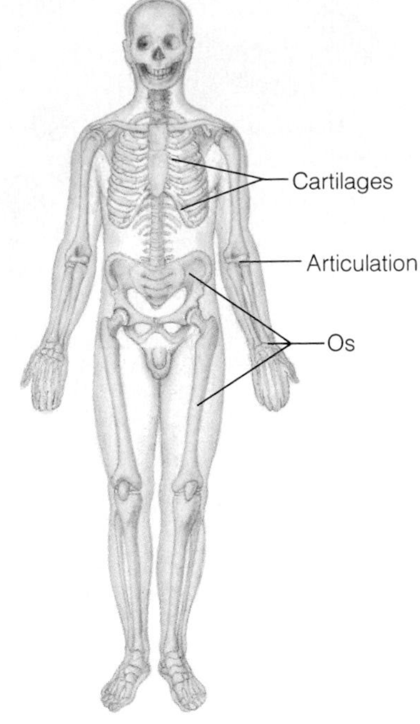

(b) Système osseux

Protège et soutient les autres organes; constitue une charpente sur laquelle les muscles s'appuient pour produire le mouvement; les os sont le siège de la formation des globules sanguins; réserve de minéraux.

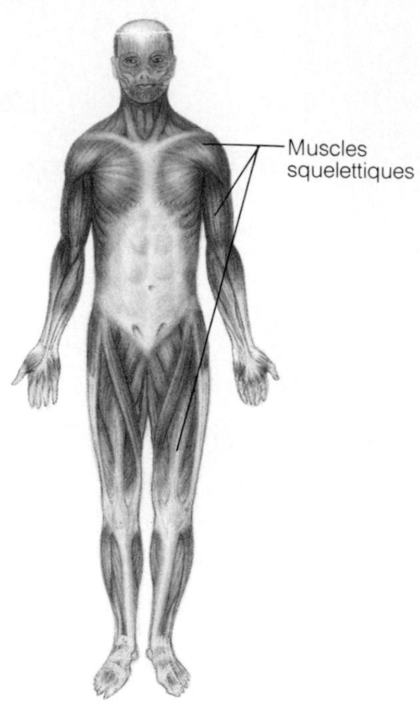

(c) Système musculaire

Permet les modifications de l'environnement, la locomotion et l'expression faciale; maintient l'attitude; produit de la chaleur.

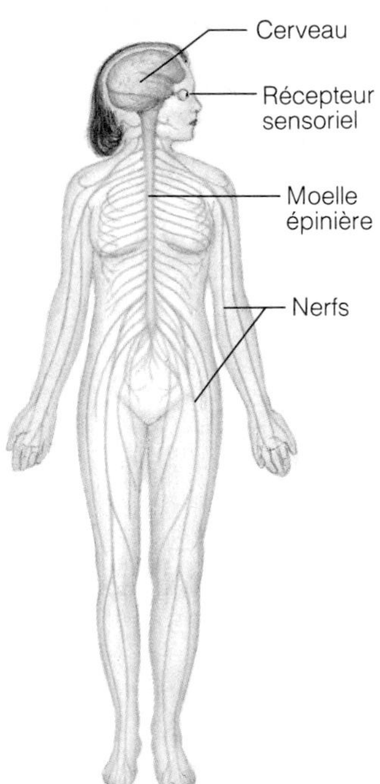

(d) Système nerveux

Système de régulation de l'organisme; réagit rapidement aux changements internes et externes en activant les glandes et les muscles appropriés.

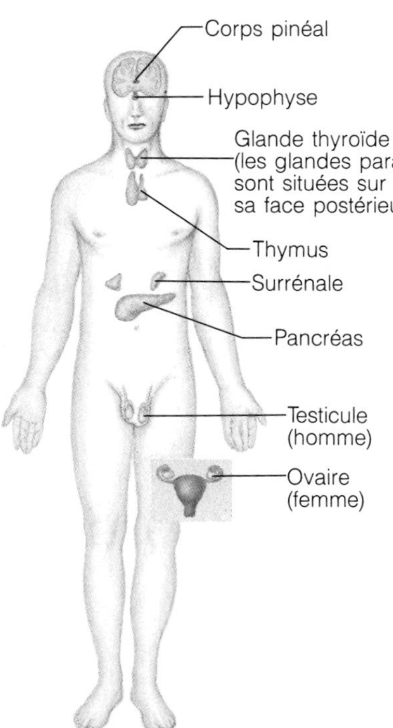

(e) Système endocrinien

Système de régulation formé de glandes qui sécrètent des hormones réglant des processus comme la croissance, la reproduction et l'utilisation des nutriments par les cellules (métabolisme).

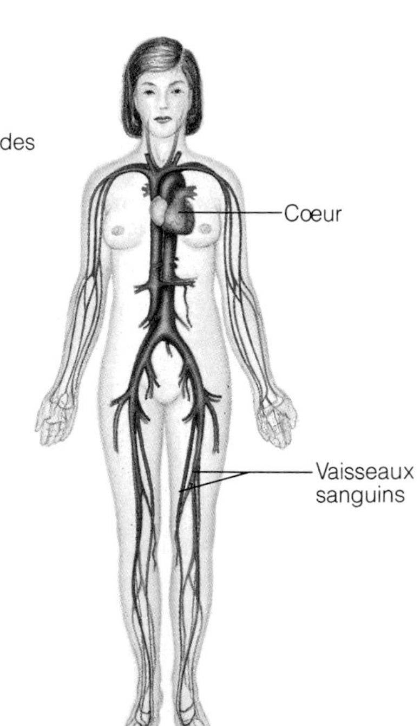

(f) Système cardiovasculaire

Les vaisseaux sanguins transportent le sang, qui contient de l'oxygène, du gaz carbonique, des nutriments, des déchets, etc.; le cœur pompe le sang.

Figure 1.2 Description sommaire des systèmes de l'organisme. Les éléments structuraux de chaque système sont représentés schématiquement. Les principales fonctions du système sont énumérées sous chaque illustration.

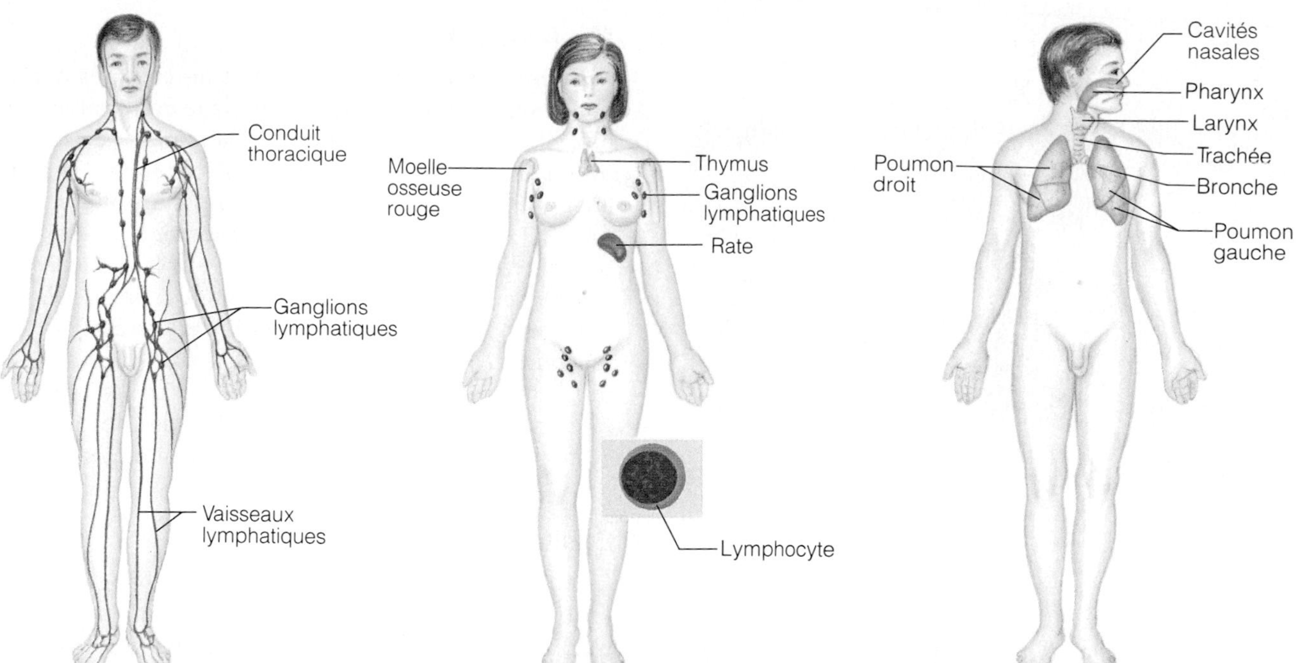

(g) Système lymphatique
Recueille le liquide qui s'échappe des vaisseaux sanguins et le retourne dans le sang ; contient les globules blancs qui jouent un rôle dans l'immunité.

(h) Système immunitaire
Ce système protège le corps par l'intermédiaire de la réaction immunitaire, c'est-à-dire grâce à la destruction des substances étrangères par les lymphocytes et/ou les anticorps.

(i) Système respiratoire
Assure en permanence l'approvisionnement du sang en oxygène et le retrait du gaz carbonique ; les échanges gazeux ont lieu dans les parois des alvéoles pulmonaires.

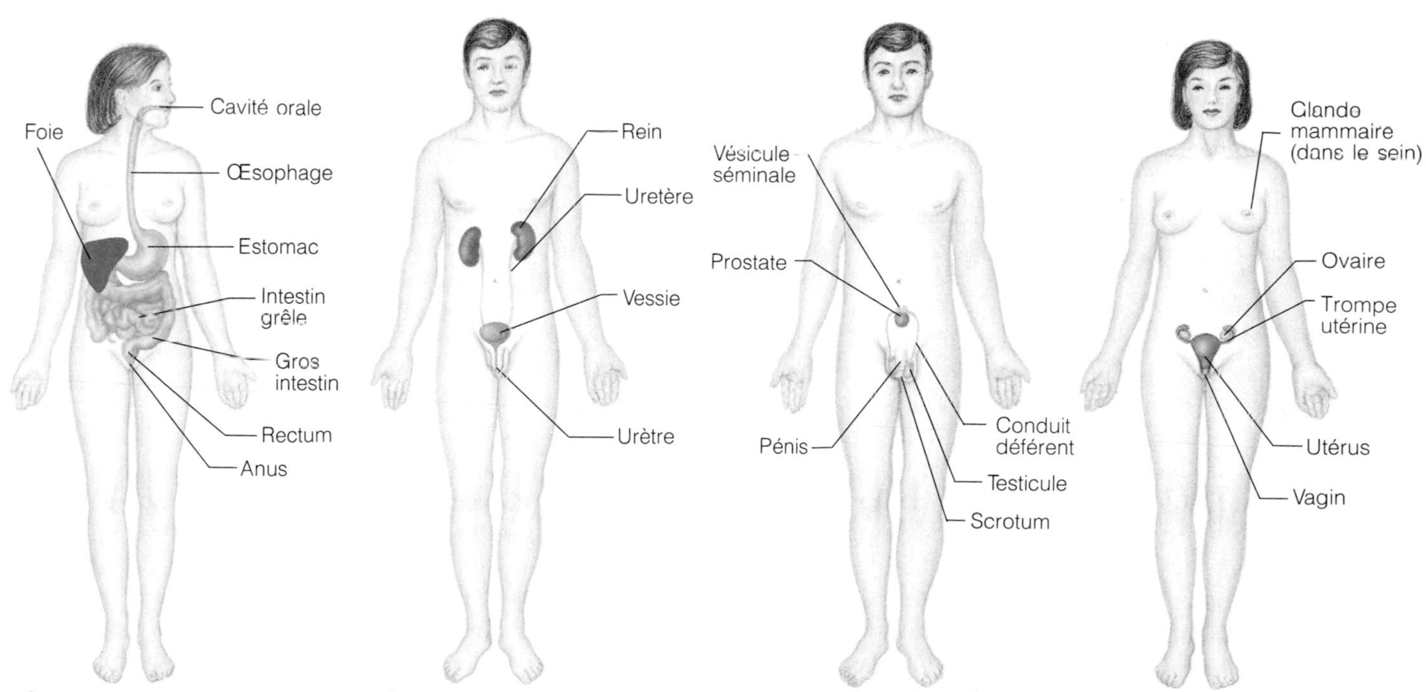

(j) Système digestif
Dégrade les aliments en nutriments absorbables qui passent dans le sang pour être distribués aux cellules ; les substances impossibles à digérer forment les selles.

(k) Système urinaire
Élimine du corps les déchets azotés ; règle l'équilibre hydrique, électrolytique et acide-base du sang.

(l) Système génital de l'homme

(m) Système génital de la femme

Destinés à la reproduction. Les testicules produisent les spermatozoïdes et l'hormone sexuelle mâle (la testostérone) ; les conduits et les glandes permettent de déposer les spermatozoïdes dans les voies génitales de la femme. Les ovaires produisent les ovules et les hormones sexuelles femelles (les œstrogènes et la progestérone) ; les autres organes sont le siège de la fécondation et du développement du fœtus. Les glandes mammaires situées dans les seins produisent du lait pour nourrir le nouveau-né.

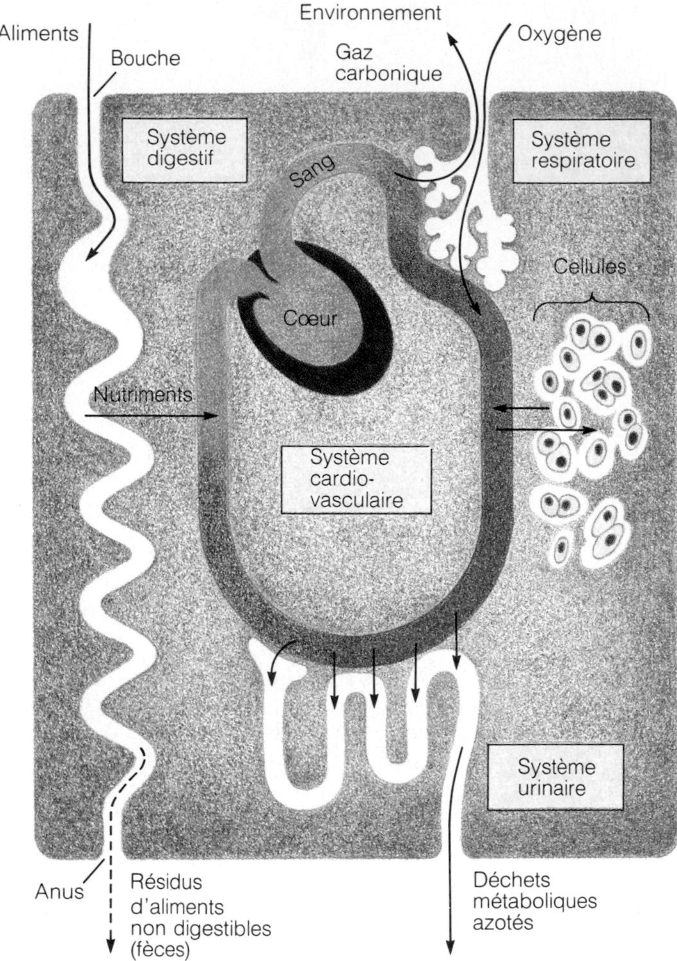

Figure 1.3 Exemples montrant l'interdépendance des systèmes de l'organisme. Le système digestif et le système respiratoire communiquent avec l'environnement et laissent pénétrer l'un des nutriments, l'autre de l'oxygène, que le sang distribuera ensuite à toutes les cellules. Les déchets métaboliques sont éliminés de l'organisme par le système urinaire et le système respiratoire.

Maintien des limites

Les organismes vivants ont en commun une caractéristique importante: la capacité de **maintenir des limites** (frontières) entre leur environnement et leur milieu interne. Le rôle de ces limites est de réduire au minimum les changements du milieu interne imputables aux changements de l'environnement. Par exemple, tout le corps est recouvert et protégé par le système tégumentaire (peau) qui empêche les organes internes de sécher (ce qui serait fatal) et les protège contre l'invasion bactérienne, les effets nocifs de substances chimiques et l'impact de certains composants physiques (température, humidité) de l'environnement.

De la même manière, la membrane des organismes unicellulaires ainsi que celle des cellules de notre corps ont pour fonction de déterminer les limites de ces cellules. Cette membrane semi-perméable permet l'entrée des substances nécessaires et les retient à l'intérieur de la cellule. Elle empêche également les substances inutiles ou potentiellement toxiques d'y pénétrer.

Mouvement

Par **mouvement,** on entend toutes les activités permises par le système musculaire, comme le déplacement d'un endroit à un autre au moyen de la marche, de la course ou de la nage, et les modifications de l'environnement au moyen des instruments merveilleux que sont nos mains. Le système musculaire est soutenu par le système osseux, qui constitue la charpente sur laquelle les muscles s'appuient quand ils travaillent. Au niveau cellulaire, la capacité (des cellules musculaires) de bouger, en se raccourcissant, est appelée **contractilité.** Enfin, la propulsion du sang dans le système cardiovasculaire, des aliments dans le système digestif et de l'urine dans le système urinaire sont également des mouvements.

Excitabilité

L'excitabilité est la faculté de sentir les changements (stimulus) du milieu interne et de l'environnement afin d'y réagir de manière adéquate. Les cellules nerveuses sont très excitables et communiquent rapidement entre elles au moyen d'influx nerveux. C'est pourquoi l'excitabilité repose surtout sur le système nerveux, même si toutes les cellules de l'organisme montrent un certain degré d'excitabilité.

Par exemple, une personne qui se blesse à la main sur un éclat de verre (environnement) retire involontairement sa main pour l'éloigner du stimulus douloureux (le verre). Elle n'a même pas besoin d'y penser: son geste est automatique. Comme nous le verrons ultérieurement, l'ensemble de ces événements fait intervenir l'excitation de nombreuses cellules nerveuses. Un phénomène similaire se produit quand la concentration de gaz carbonique dans le sang (milieu interne) atteint un taux élevé; des chémorécepteurs réagissent à cette situation en envoyant des messages aux centres du bulbe rachidien qui régularisent la respiration, et la fréquence respiratoire (nombre de respirations par minute) s'accélère.

Digestion

La **digestion** est le processus de dégradation des aliments en nutriments afin qu'ils passent dans le sang pour être ensuite distribués à toutes les cellules de l'organisme par l'intermédiaire du système cardiovasculaire. Dans un organisme unicellulaire comme l'amibe, la cellule elle-même est l'«usine de digestion». Mais dans le corps humain, bien plus complexe, c'est le système digestif qui joue ce rôle pour toutes les cellules de l'organisme.

Métabolisme

Le terme **métabolisme** englobe toutes les réactions chimiques qui se produisent entre les molécules à l'intérieur des cellules. Plus précisément, le métabolisme comprend la dégradation de substances complexes en leurs éléments de base, la synthèse d'organites cellulaires plus complexes à partir de substances simples et l'emploi des nutriments pour produire (au moyen de la *respiration cellulaire*) les molécules d'ATP qui fournissent l'énergie nécessaire aux activités cellulaires. Le métabolisme dépend des systèmes digestif et respiratoire pour faire passer les nutriments et l'oxygène dans le sang du système cardiovasculaire, de sorte que ces substances indispensables soient distribuées dans tout le corps. La régulation du métabolisme se fait principalement au moyen des hormones sécrétées par les glandes du système endocrinien.

Excrétion

L'**excrétion** est l'élimination des *excreta,* ou déchets de la nutrition et du métabolisme. Pour continuer à fonctionner correctement, le corps doit se débarrasser des substances inutiles produites par la digestion et des substances potentiellement toxiques produites par le métabolisme. La fonction d'excrétion est accomplie par plusieurs systèmes. Les résidus des aliments sont éliminés par les derniers organes du tube digestif. Les déchets métaboliques azotés, comme l'urée et l'acide urique, sont chassés dans l'urine produite par le système urinaire. Le gaz carbonique, un sous-produit de la respiration cellulaire, est transporté dans le sang jusqu'aux poumons, puis expulsé avec l'air expiré.

Reproduction

La **reproduction**, ou génération d'une descendance, se fait au niveau cellulaire et au niveau de l'organisme. La reproduction cellulaire fait appel à la division cellulaire, qui produit à partir de la cellule originale deux cellules filles identiques pouvant servir à la croissance ou à l'entretien des tissus du corps. La reproduction de l'organisme, c'est-à-dire la génération d'un nouvel être humain, est la principale fonction du système génital. Elle nécessite l'union de deux cellules reproductrices (spermatozoïde et ovule). L'ovule fécondé se développe dans le corps de la mère jusqu'à la naissance d'un beau bébé. Le système génital est directement responsable de la reproduction, mais son fonctionnement est réglé par les hormones du système endocrinien.

La femme et l'homme ont des organes génitaux très différents (voir la figure 1.2, l et m), ce qui témoigne d'une «division du travail» dans le processus de la reproduction. Les testicules de l'homme produisent les spermatozoïdes que des organes annexes déposent dans les voies génitales de la femme. Les ovaires de la femme produisent des ovules; les organes annexes servent de siège pour la fécondation de l'ovule par le spermatozoïde, puis protègent et nourrissent le fœtus en voie de développement; ils participent enfin à sa naissance.

Croissance

La **croissance** est l'augmentation de volume d'une partie du corps ou de l'organisme entier, grâce à la multiplication du nombre de cellules résultant de la division cellulaire. Notons toutefois que les cellules grossissent aussi lorsqu'elles ne sont pas en train de se diviser. La croissance exige que les activités anaboliques (de synthèse) se fassent à un rythme plus rapide que les activités cataboliques (de dégradation).

Facteurs nécessaires au maintien de la vie

Tous les systèmes de l'organisme travaillent d'une façon ou d'une autre au maintien de la vie, tâche très délicate puisque la vie est extraordinairement fragile. L'interaction de plusieurs facteurs est nécessaire à la vie: l'organisme doit disposer d'aliments, d'oxygène et d'eau, garder une température adéquate et se trouver dans un environnement où la pression atmosphérique est acceptable.

Les **nutriments** proviennent de la digestion des aliments et constituent des substances chimiques qui peuvent d'une part fournir l'énergie aux cellules et d'autre part servir de matière première à l'édification cellulaire. La plupart des végétaux sont riches en glucides, en vitamines et en minéraux, alors que la plupart des viandes sont riches en protéines et en lipides. Les glucides sont la principale source d'énergie pour les cellules. Les protéines et les lipides sont essentiels à l'élaboration des organites de la cellule. En outre, les lipides emmagasinés dans les cellules adipeuses protègent les organes, forment des couches d'isolation et constituent une réserve d'énergie pour les autres cellules. Plusieurs vitamines et minéraux participent aux réactions chimiques du métabolisme à l'intérieur de la cellule et au transport de l'oxygène dans le sang. Ainsi le calcium, un minéral, contribue à la calcification de l'os et, par conséquent, lui confère sa dureté; il joue également un rôle essentiel dans la coagulation du sang.

Tous les nutriments du monde seraient inutiles sans **oxygène,** puisque seules des *réactions oxydatives*, impossibles sans oxygène, permettent de tirer de l'énergie des nutriments. Les cellules ne peuvent survivre que quelques minutes sans oxygène. Ce gaz représente 20 % de l'air que nous respirons. Il pénètre dans le sang et se rend aux cellules grâce aux efforts conjoints du système respiratoire et du système cardiovasculaire.

L'**eau** compte pour 60 % de la masse corporelle: c'est la substance chimique la plus abondante dans l'organisme. Elle constitue le milieu liquide nécessaire aux réactions chimiques du métabolisme ainsi que la substance de base des sécrétions et excrétions. L'organisme tire l'eau des aliments et des liquides ingérés. L'eau est perdue par évaporation dans les poumons et par la peau ainsi que dans les excrétions.

Les réactions chimiques nécessaires au maintien de la vie ne peuvent se produire qu'à une **température corporelle** d'environ 37 °C. Une baisse graduelle de la température provoquera un ralentissement progressif des processus physiologiques puis, finalement, leur arrêt. Une température excessive entraînera quant à elle des réactions chimiques si rapides qu'elles provoqueront la dégradation des protéines. Les deux extrêmes de température sont mortels. La majeure partie de la chaleur du corps est produite par les muscles squelettiques.

La force exercée sur la surface du corps par le poids de l'air est appelée **pression atmosphérique.** La respiration et les échanges d'oxygène et de gaz carbonique dans les poumons sont soumis à la pression atmosphérique. En altitude, où l'air est rare et la pression atmosphérique plus faible, l'apport en oxygène est parfois insuffisant pour maintenir le métabolisme cellulaire et, par conséquent, la production d'énergie. La moelle osseuse finit toutefois par compenser ce phénomène en fabriquant davantage de globules rouges.

Pour assurer la survie, non seulement les facteurs décrits ci-dessus doivent-ils être présents, mais ils doivent en outre être fournis en quantité appropriée; les excès comme les déficits sont néfastes. Ainsi, l'oxygène essentiel aux cellules leur devient néfaste quand il atteint une concentration excessivement élevée. De même les aliments doivent-ils être fournis en quantité adéquate et de bonne qualité si l'on veut éviter les troubles nutritionnels comme l'obésité et l'inanition. Ajoutons que les facteurs énumérés ici sont capitaux, mais qu'ils ne recouvrent pas tous les besoins de l'organisme.

Homéostasie

Quand on pense que notre corps est fait de millions de millions de cellules et que, à chaque seconde, il est le siège de milliers de processus physiologiques, on ne peut que s'étonner qu'il fonctionne avec si peu d'accrocs. Le corps humain est vraiment une merveilleuse machine. Au début du siècle, un physiologiste américain, Walter Cannon, parlait de la «sagesse du corps»; il a créé le mot **homéostasie** pour décrire sa capacité de maintenir une stabilité relative du milieu interne malgré les changements constants de l'environnement. Même si, étymologiquement, ce terme désigne un état statique, l'homéostasie est en réalité un état d'équilibre *dynamique* dans lequel les conditions internes peuvent varier, mais toujours à l'intérieur des limites relativement étroites où la vie cellulaire est possible.

En général, on considère que l'homéostasie se maintient quand les besoins cellulaires sont satisfaits et que le corps fonctionne bien. Le maintien de l'homéostasie est une tâche plus complexe qu'on est porté à le croire. Presque tous les systèmes doivent y participer. Non seulement l'organisme doit-il maintenir une concentration sanguine adéquate de nutriments et d'oxygène, mais il doit en outre ajuster l'activité cardiaque et la pression artérielle de sorte que le sang soit propulsé avec assez de force pour atteindre tous les tissus. Par ailleurs, l'organisme prévient l'accumulation des déchets et assure la régulation de la température corporelle, afin d'offrir les conditions appropriées pour le métabolisme. Bref,

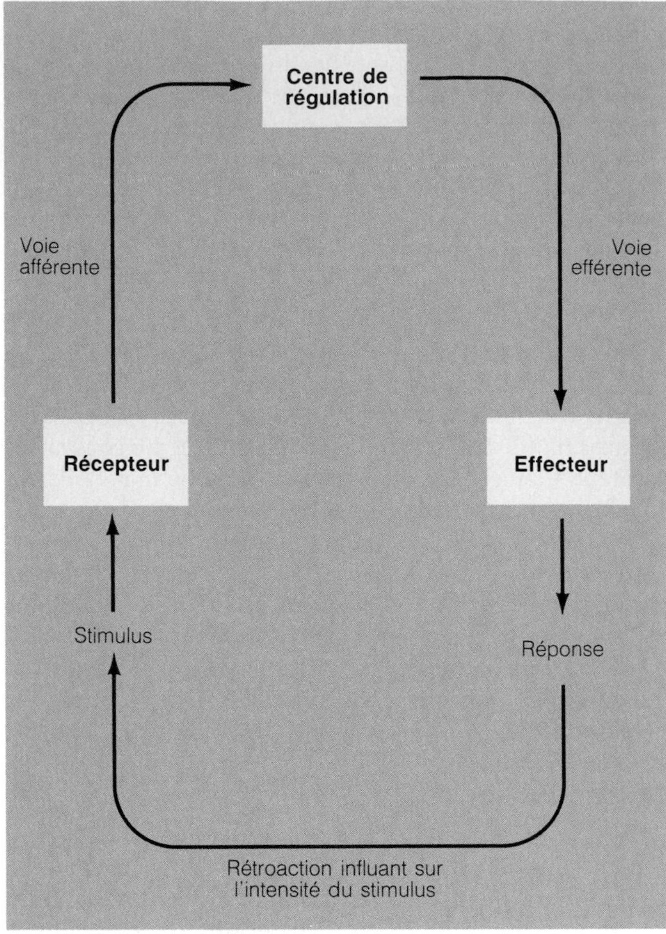

Figure 1.4 Représentation schématique des éléments d'un mécanisme de régulation. Les communications entre le récepteur, le centre de régulation et l'effecteur sont essentielles au fonctionnement de ce mécanisme.

l'homéostasie dépend des actions et interactions complexes (stimulantes ou inhibitrices) des systèmes qui régularisent les processus physiologiques ainsi que les réactions biochimiques du métabolisme.

Caractéristiques générales des mécanismes de régulation

Le maintien de l'homéostasie exige que l'organisme possède des moyens de communication. Le système nerveux et le système endocrinien sont responsables de la majorité des communications; ils utilisent respectivement les influx nerveux transmis par les nerfs et les hormones transportées par le sang. Des chapitres ultérieurs traiteront en détail du fonctionnement de ces systèmes de régulation. Pour l'instant, nous nous contenterons de décrire leurs caractéristiques fondamentales.

Peu importe la variable qu'ils règlent, les mécanismes de régulation comportent au moins trois éléments interdépendants (figure 1.4). Le premier est le **centre de**

régulation, qui détermine la *valeur de référence* (c'est-à-dire les limites acceptables dans lesquelles une variable doit être maintenue), analyse les données qu'il reçoit, puis détermine la réaction appropriée.

Le deuxième élément est un **récepteur.** Il s'agit essentiellement d'un capteur qui surveille son milieu interne et son environnement et réagit aux changements, ou *stimulus*, en envoyant des informations sensorielles au centre de régulation. Ces informations circulent dans ce qu'on appelle la *voie afférente*.

Le troisième élément est l'**effecteur,** qui permet au centre de régulation de produire une réponse au stimulus. Du centre de régulation à l'effecteur, les commandes circulent le long de la *voie efférente*.

Ces trois structures en interaction fonctionnelle sont à la base des mécanismes de régulation: la rétro-inhibition et la rétroactivation. Voyons maintenant comment ces mécanismes contribuent à maintenir l'homéostasie.

Mécanismes de rétro-inhibition

La majorité des mécanismes de régulation des processus physiologiques sont des **mécanismes de rétro-inhibition,** c'est-à-dire des mécanismes qui provoquent une diminution du stimulus original ou une réduction de ses effets, se soldant par le ralentissement ou l'arrêt de la réaction. La valeur de la variable change donc dans une direction *contraire* à celle du changement initial, et revient à un niveau acceptable; d'où le terme «rétro-inhibition». On explique souvent les mécanismes de rétro-inhibition à l'aide de l'exemple d'un appareil de chauffage doté d'un thermostat. Le thermostat contient le récepteur et le centre de régulation. Quand le thermostat est réglé à 20 °C, il met l'appareil (l'effecteur) en marche dès que la température de la pièce descend sous cette valeur. L'appareil produit alors de la chaleur qui réchauffe l'air ambiant et fait monter la température. Lorsque celle-ci atteint 20 °C ou un peu plus, le thermostat fait arrêter l'appareil de chauffage. Le cycle «en marche» et «arrêt» permet de conserver une température assez proche des 20° désirés. Le «thermostat» de votre corps, situé dans une partie du cerveau appelée hypothalamus, fonctionne à peu près de la même façon.

Le système nerveux travaille de bien d'autres manières à maintenir la constance du milieu interne. Le *réflexe de retrait* est un autre mécanisme de régulation neuronal; il cause le retrait rapide de la main en présence d'un stimulus douloureux comme un éclat de verre ou un plat brûlant. Le système endocrinien joue également un rôle important dans le maintien de l'homéostasie. Ainsi, la glycémie (taux de glucose dans le sang) est réglée par un mécanisme de rétro-inhibition faisant intervenir les hormones pancréatiques (figure 1.5).

Pour poursuivre leurs activités métaboliques, les cellules doivent disposer d'un apport continu de glucose, le principal carburant qui leur permet de produire l'énergie cellulaire, ou ATP. Normalement, la glycémie se maintient à environ 5 mmol/L (5 millimoles par litre de sang). Supposons que vous venez de céder à un accès de gourmandise et que vous avez englouti quatre beignes à la confiture. Dans votre système digestif, les beignes sont rapidement digérés et libèrent une quantité importante de molécules de glucose. Ce glucose passe dans le sang et provoque une augmentation importante de la glycémie: l'équilibre homéostatique est rompu, car la concentration du glucose sanguin dépasse la limite supérieure de la normale. L'augmentation de la glycémie stimule les cellules pancréatiques qui synthétisent l'insuline, lesquelles réagissent en libérant de l'insuline dans le sang. L'insuline accélère l'absorption et l'utilisation du glucose par la plupart des cellules et favorise le stockage du glucose, sous forme de glycogène, dans les cellules du foie et les cellules des muscles squelettiques. Le corps se fait en quelque sorte une réserve de glucose qu'il pourra utiliser durant des périodes de jeûne. La glycémie revient donc entre les limites de la normale, et la sécrétion d'insuline accuse aussi une diminution.

Le glucagon, l'autre hormone pancréatique a un effet contraire (antagoniste) à celui de l'insuline. Il est libéré quand la glycémie tombe au-dessous de la limite inférieure de la normale. Supposons qu'il est 14 h et que vous n'avez pas encore pris votre repas de midi: votre glycémie est basse, et les cellules pancréatiques qui synthétisent le glucagon sont stimulées afin qu'elles sécrètent cette hormone. Le glucagon provoque la libération du glucose stocké dans le foie. La glycémie remonte alors jusqu'à ce qu'elle atteigne la limite inférieure de la normale.

La capacité de régulariser son milieu interne est fondamentale, et tous les mécanismes de rétro-inhibition visent le même objectif: la prévention de changements soudains qui pourraient compromettre les fonctions physiologiques normales. La température corporelle et la glycémie ne sont que deux exemples des variables qui doivent être ajustées. Il y en a des centaines! D'autres mécanismes de rétro-inhibition règlent la fréquence cardiaque, la pression artérielle, la fréquence et l'amplitude respiratoire ainsi que les taux sanguins d'oxygène, de gaz carbonique et de minéraux. Nous traiterons de ces mécanismes de rétro-inhibition quand nous étudierons chaque système. Pour le moment, penchons-nous sur les mécanismes de rétroactivation.

Mécanismes de rétroactivation

Les **mécanismes de rétroactivation** réagissent de façon à amplifier progressivement la réponse à un stimulus

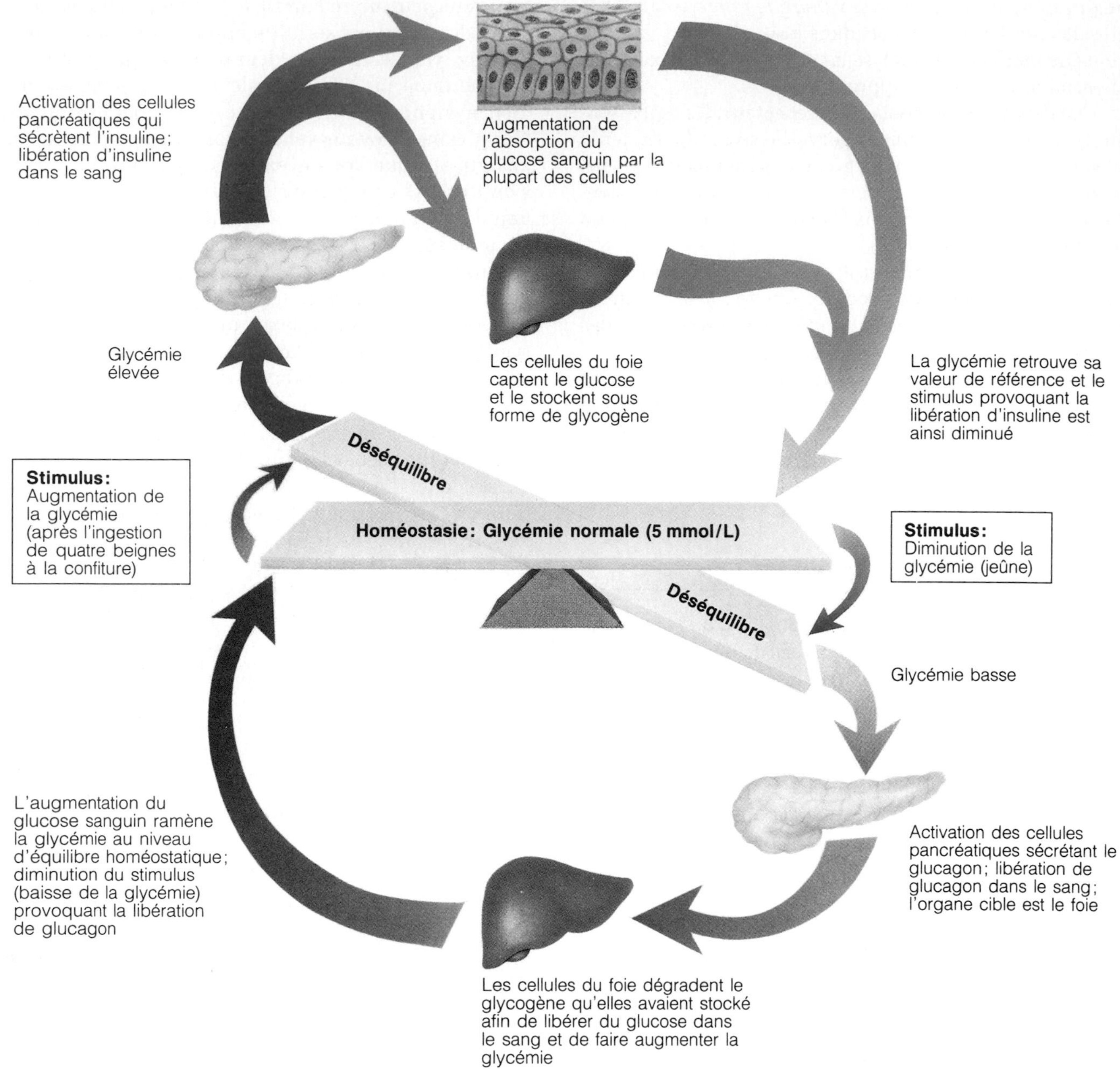
Activation des cellules pancréatiques qui sécrètent l'insuline; libération d'insuline dans le sang
Augmentation de l'absorption du glucose sanguin par la plupart des cellules
Glycémie élevée
Les cellules du foie captent le glucose et le stockent sous forme de glycogène
La glycémie retrouve sa valeur de référence et le stimulus provoquant la libération d'insuline est ainsi diminué
Déséquilibre
Stimulus: Augmentation de la glycémie (après l'ingestion de quatre beignes à la confiture)
Homéostasie: Glycémie normale (5 mmol/L)
Stimulus: Diminution de la glycémie (jeûne)
Déséquilibre
Glycémie basse
L'augmentation du glucose sanguin ramène la glycémie au niveau d'équilibre homéostatique; diminution du stimulus (baisse de la glycémie) provoquant la libération de glucagon
Activation des cellules pancréatiques sécrétant le glucagon; libération de glucagon dans le sang; l'organe cible est le foie
Les cellules du foie dégradent le glycogène qu'elles avaient stocké afin de libérer du glucose dans le sang et de faire augmenter la glycémie

Figure 1.5 Régulation de la glycémie par un mécanisme de rétro-inhibition faisant intervenir les hormones pancréatiques.

spécifique. Contrairement aux mécanismes de rétro-inhibition, qui maintiennent une fonction physiologique ou régularisent la concentration des composants sanguins par rapport à certaines valeurs de référence, les mécanismes de rétroactivation régissent des phénomènes épisodiques qui ne requièrent pas d'ajustements continus. En général, ils déclenchent une série d'événements spectaculaires ayant tendance à s'auto-entretenir; c'est pourquoi on dit souvent qu'ils se déroulent «en cascade». Comme les mécanismes de rétroactivation risquent de devenir incontrôlables, l'organisme ne les utilise habituellement pas pour assurer le maintien de son homéostasie. Ils peuvent toutefois se révéler utiles pour conserver l'homéostasie dans certaines situations. Ainsi, ce sont des mécanismes de rétroactivation qui régularisent la coagulation du sang et les contractions du muscle utérin au cours du travail et de l'accouchement.

Dans l'exemple du travail et de l'accouchement, les contractions utérines sont stimulées par l'ocytocine. Cette hormone est sécrétée lorsque la tête du bébé exerce une pression croissante sur les récepteurs sensibles aux variations localisés dans le col utérin. Ces récepteurs envoient des influx nerveux à l'hypothalamus du cerveau qui réagit en provoquant la libération d'ocytocine. Le sang transporte ensuite l'ocytocine jusqu'à l'utérus, où elle stimule des contractions de plus en plus vigoureuses des fibres musculaires de la paroi utérine. Les contractions forcent le bébé à descendre encore plus bas dans le col et le vagin.

Pourquoi ce processus cyclique est-il considéré comme un mécanisme de rétroactivation? Comme nous l'avons vu, plus la tête du bébé pousse sur le col utérin, plus la sécrétion d'ocytocine augmente. L'action de l'hormone sur la paroi musculaire de l'utérus est directement proportionnelle à sa concentration sanguine. Une augmentation de sa concentration provoque donc des contractions de plus en plus fréquentes et intenses, jusqu'à la naissance du bébé. Le stimulus à la source de la libération d'ocytocine (la pression) disparaît alors, ce qui met fin au mécanisme de rétroactivation. Notons que dans ce cas, la rétro-inhibition ne serait pas adaptée, car le début des contractions utérines entraînerait une diminution des contractions (figure 29.16.). Dans l'exemple précédent (votre excès de gourmandise), la régulation de la glycémie par l'insuline ne pourrait pas être un mécanisme de rétroactivation, car toute augmentation de la glycémie provoquerait alors une augmentation démesurée du taux de glucose sanguin.

Déséquilibre homéostatique

L'importance de l'homéostasie est telle qu'on considère que la maladie est toujours causée par un **déséquilibre homéostatique**, c'est-à-dire par une perturbation de l'homéostasie. À mesure que nous avançons en âge, nos organes et nos mécanismes de régulation deviennent moins efficaces. Le milieu interne devient donc de plus en plus instable, ce qui crée un risque croissant de maladie et entraîne les modifications inhérentes au vieillissement.

Un déséquilibre homéostatique se produit aussi dans certaines situations pathologiques, lorsque les mécanismes de rétro-inhibition ne sont plus en mesure de compenser les changements des différentes variables et de les maintenir à un niveau compatible avec la physiologie normale des cellules d'un ou de plusieurs organes. Ce phénomène se manifeste dans le diabète.

Tout au long de cet ouvrage vous trouverez des exemples de déséquilibres homéostatiques qui vous permettront de mieux comprendre les mécanismes physiologiques normaux. Les paragraphes décrivant des déséquilibres homéostatiques commencent par le symbole afin que vous sachiez qu'on y explique un état anormal.

Termes anatomiques

Naturellement, nous voulons tous en savoir plus au sujet de notre corps, mais nous avons souvent du mal à comprendre les termes employés en anatomie et en physiologie. Vous avez sans doute déjà remarqué que cet ouvrage ne se lit pas comme un roman! Les termes spécialisés sont malheureusement essentiels pour éviter la confusion. Il est facile de décrire un ballon parce que «au-dessus» désigne toujours la région située en haut du ballon. Les autres directions sont aussi claires, car le ballon est un objet absolument symétrique; tous ses côtés et surfaces sont équivalents. Par contre, le corps humain est doté de plusieurs saillies, courbes et points de repère uniques. On est donc forcé de se demander: «Au-dessus de quoi?» Pour bien se comprendre, les anatomistes ont adopté une série de termes universellement acceptés qui permettent de nommer et de situer avec une grande précision toutes les structures et ce, en un minimum de mots. Dans les sections suivantes, nous décrivons et expliquons ces termes.

Position anatomique et orientation

Pour décrire avec précision une partie du corps et sa position, il faut disposer d'une attitude de référence et d'une indication de la direction. L'attitude de référence est une position standard, la **position anatomique.** Dans cette position, la personne est debout, les pieds joints. Il est facile de s'en souvenir parce que c'est la position du garde-à-vous, sauf que les paumes des mains sont tournées vers l'avant, les pouces vers l'extérieur. Vous pouvez voir la position anatomique à la figure 1.6. Assurez-vous de bien la comprendre, car la plupart des termes décrivant l'orientation s'appliquent à un individu dans cette position, *quelle que soit sa véritable position.* Par ailleurs, il faut savoir que les termes «droite» et «gauche» sont relatifs à la personne ou au cadavre qu'on examine et non à la gauche ou à la droite de l'examinateur.

Pour expliquer avec précision où une structure corporelle se situe par rapport à une autre, les professionnels de la santé et les anatomistes emploient certains termes relatifs à l'**orientation,** qui leur permettent de décrire les structures anatomiques de manière succincte et précise. Les principaux termes relatifs à l'orientation sont définis et illustrés au tableau 1.1 (p. 18). Vous constaterez qu'il s'agit pour la plupart de termes qu'on emploie dans la vie de tous les jours, mais qui prennent un sens très précis en anatomie.

Régions

Le corps humain peut être subdivisé en quatre parties: la tête, le cou, le tronc et les membres. Les **régions du corps** correspondent à des subdivisions topographiques de ces quatre parties et permettent de situer plus facilement certaines structures anatomiques. Les termes servant à désigner spécifiquement les régions du corps à l'intérieur de ces quatre parties sont présentés à la figure 1.6. Pour vous aider à mieux comprendre, nous y donnons le nom de la structure anatomique et entre parenthèses le qualificatif employé pour désigner cette région.

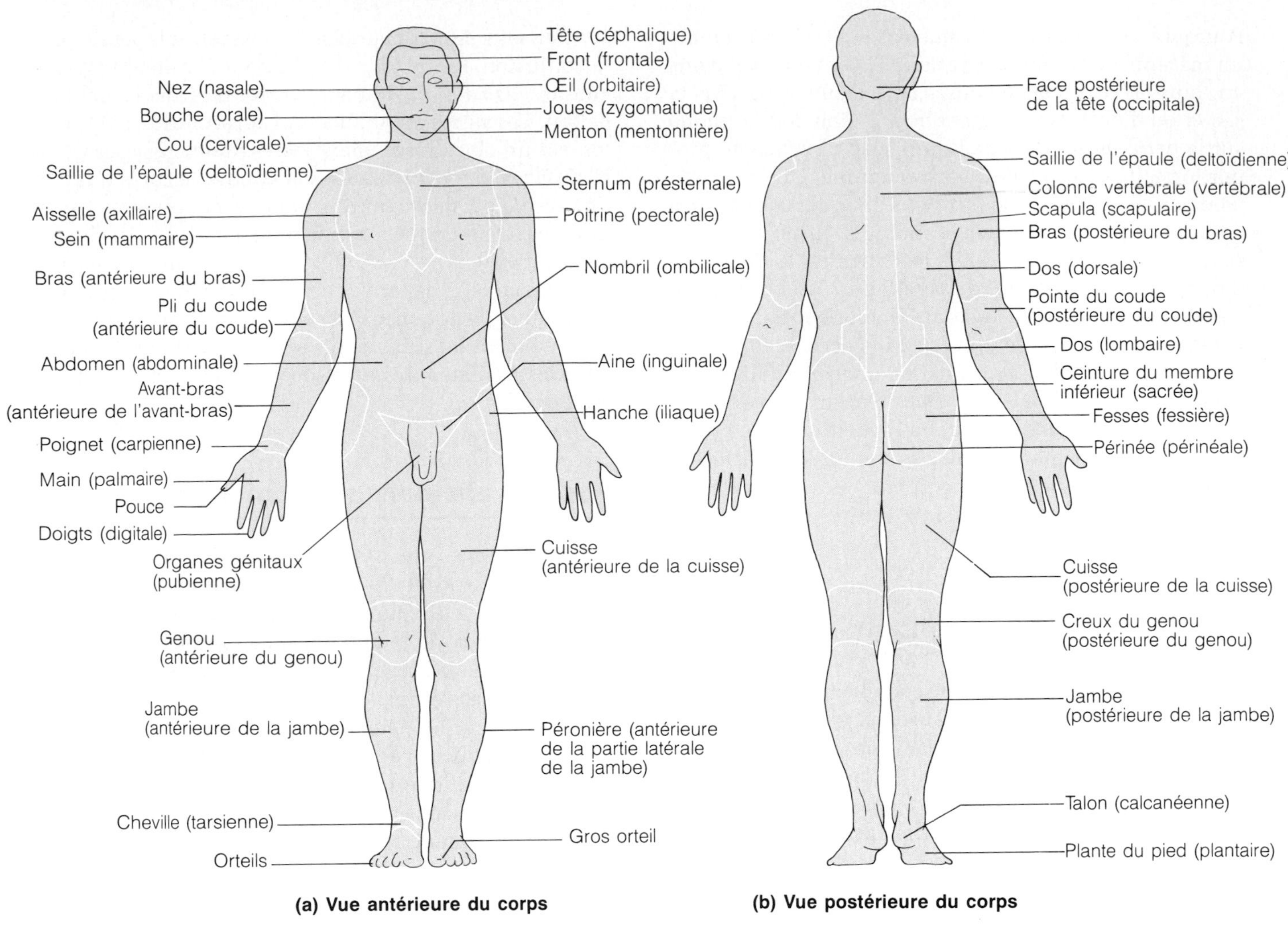

Figure 1.6 Termes employés pour désigner les régions du corps. (**a**) Le corps est placé en position anatomique. (**b**) Les talons sont légèrement soulevés pour montrer la face plantaire du pied.

Plans et coupes

Pour étudier l'anatomie, il faut souvent disséquer le corps ou l'organe à examiner, c'est-à-dire effectuer une *coupe* le long d'une ligne imaginaire (surface bidimensionnelle) appelée *plan.* Les plans sagittal, frontal et transverse, qui se situent à angle droit les uns par rapport aux autres, sont ceux qu'on utilise le plus fréquemment. La coupe prend le nom du plan selon lequel elle a été pratiquée; ainsi, une coupe selon un plan sagittal s'appelle coupe sagittale.

Un **plan sagittal** est longitudinal, et il divise le corps ou l'organe en ses parties droite et gauche. Quand le plan sagittal est situé exactement sur la ligne médiane et que les parties qu'il sépare sont symétriques et égales, il s'appelle **plan sagittal médian** ou **plan médian** (figure 1.7a). Tous les autres plans sagittaux sont plus précisément appelés **plans parasagittaux** (*para* signifie «à côté de»).

Un **plan frontal,** ou **coronal,** est longitudinal, comme un plan sagittal, sauf qu'il divise le corps ou l'organe en ses parties antérieure et postérieure (figure 1.7b).

Un **plan transverse,** ou **horizontal,** est, comme son nom l'indique, horizontal et situé à angle droit avec l'axe du corps ou de l'organe. Il divise celui-ci en ses parties supérieure et inférieure (figure 1.7c). On fait souvent des **coupes transversales** d'un organe afin de les examiner au microscope. Lorsqu'une coupe est pratiquée selon un plan situé entre un plan longitudinal et un plan horizontal, on dit qu'elle suit un **plan oblique.**

Il est devenu très important d'être capable d'interpréter les coupes du corps, en particulier les coupes transversales. En effet, les nouveaux procédés d'imagerie médicale (décrits dans l'encadré des pages 20-21) produisent des images en coupe et non des images tridimensionnelles. Il peut se révéler difficile de déterminer la forme d'un objet à partir d'une coupe. Ainsi, une coupe transversale de banane est circulaire: elle ne donne aucun indice permettant de déduire que la banane a la forme d'un croissant. Par ailleurs, une coupe du corps ou d'un organe peut avoir une apparence méconnaissable selon le plan qu'elle suit. Par exemple, une coupe transversale du tronc au niveau des reins montrerait très clairement

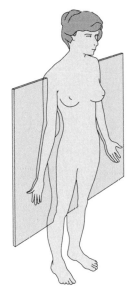

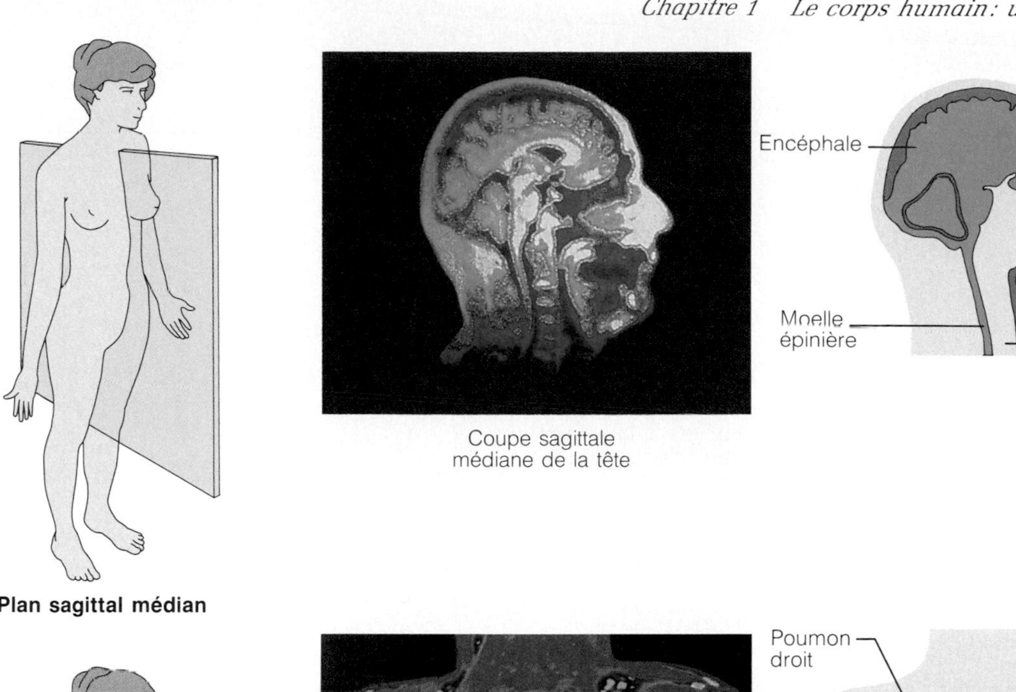

Coupe sagittale médiane de la tête

(a) Plan sagittal médian

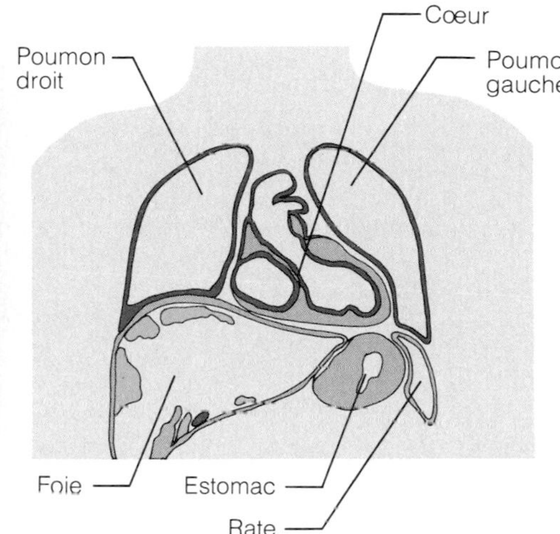

Coupe frontale du tronc

(b) Plan frontal

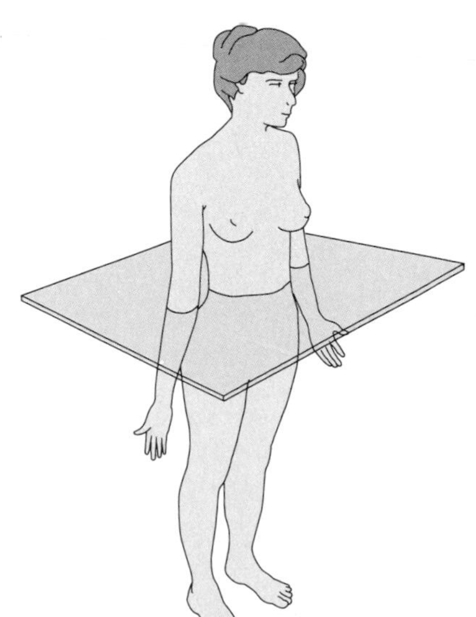

(c) Plan transverse

Face postérieure

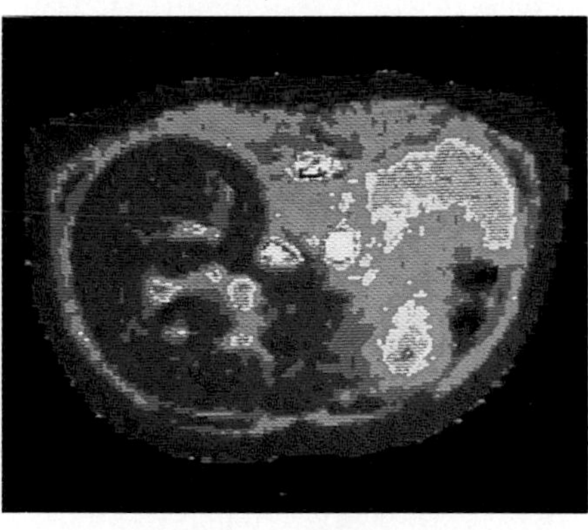

Face antérieure

Coupe transversale du tronc (vue supérieure)

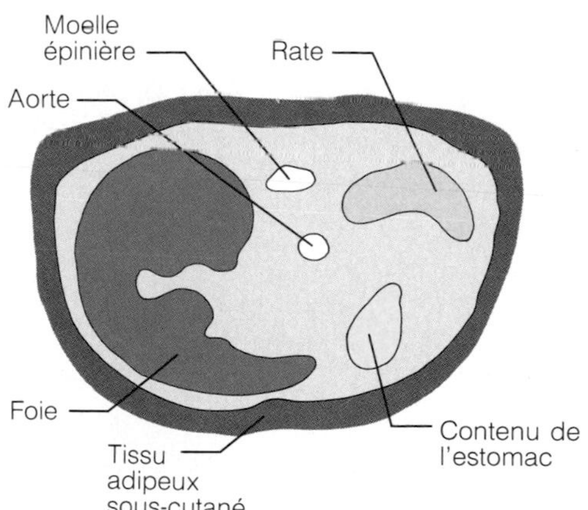

Figure 1.7 Plans du corps. La figure illustre à gauche les trois principaux plans du corps (sagittal, frontal et transverse) chez un humain en position anatomique. Certaines régions du corps visualisées dans chacun de ces trois plans à l'aide de la remnographie sont présentées au centre. Des schémas illustrant les organes visualisés à la remnographie sont présentés à droite.

Tableau 1.1 Termes relatifs à l'orientation

Terme	Définition	Illustration
Supérieur	Vers la tête ou le haut d'une structure ou du corps; au-dessus; indiqué par le préfixe *supra-*	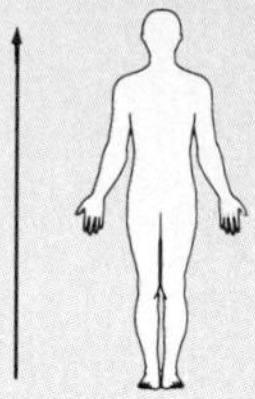
Inférieur	À l'opposé de la tête ou vers le bas d'une structure ou du corps; au-dessous; indiqué par le préfixe *sub-*	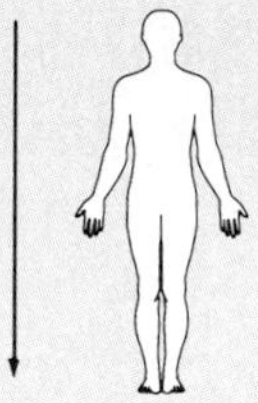
Ventral ou antérieur*	Vers l'avant ou à l'avant du corps; devant	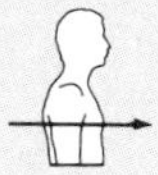
Dorsal ou postérieur*	Vers le dos ou au dos du corps; derrière	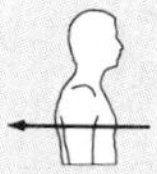
Médian ou médial	Vers ou sur le plan médian du corps; sur la face intérieure de	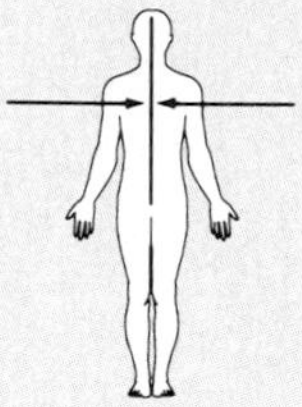
Latéral	Opposé au plan médian du corps; sur la face extérieure de	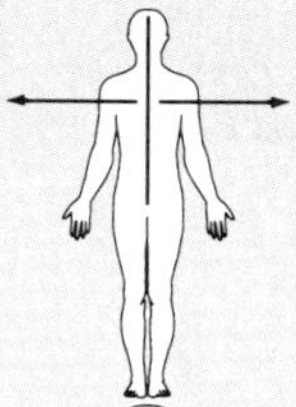
Intermédiaire ou moyen	Entre une structure plus interne et une structure plus externe	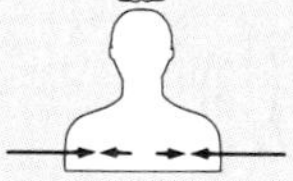
Proximal	Le plus près de l'origine d'une structure ou du point d'attache d'un membre au tronc	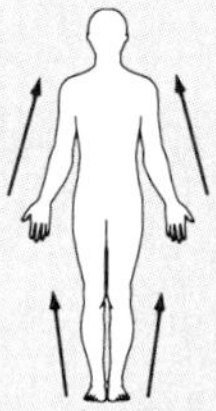
Distal	Le plus éloigné de l'origine d'une structure ou du point d'attache d'un membre au tronc	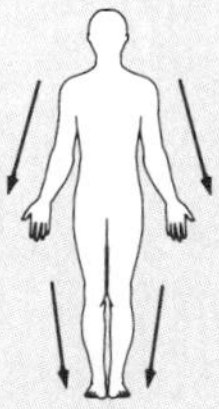
Superficiel	Près de la surface ou à la surface du corps	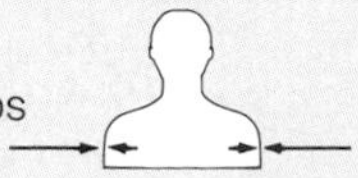
Profond	Loin de la surface du corps; plus interne	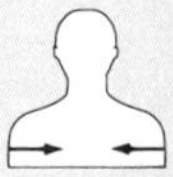

* Les termes *antérieur* et *ventral* sont synonymes chez les humains, mais non chez les quadrupèdes. *Ventral* signifie «relatif à l'abdomen» chez les vertébrés et, par conséquent, correspond à la face inférieure des quadrupèdes. De même, *postérieur* et *dorsal*, synonymes chez les humains, ne le sont pas chez les quadrupèdes, puisque le terme *dorsal* signifie «relatif au dos» et que le dos est la face supérieure des quadrupèdes. Par ailleurs, les termes *supérieur* et *inférieur* décrivent la situation d'une structure par rapport à la tête et aux pieds des humains. Chez les quadrupèdes, ce sont les termes *antérieur* et *postérieur* qui ont cette signification.

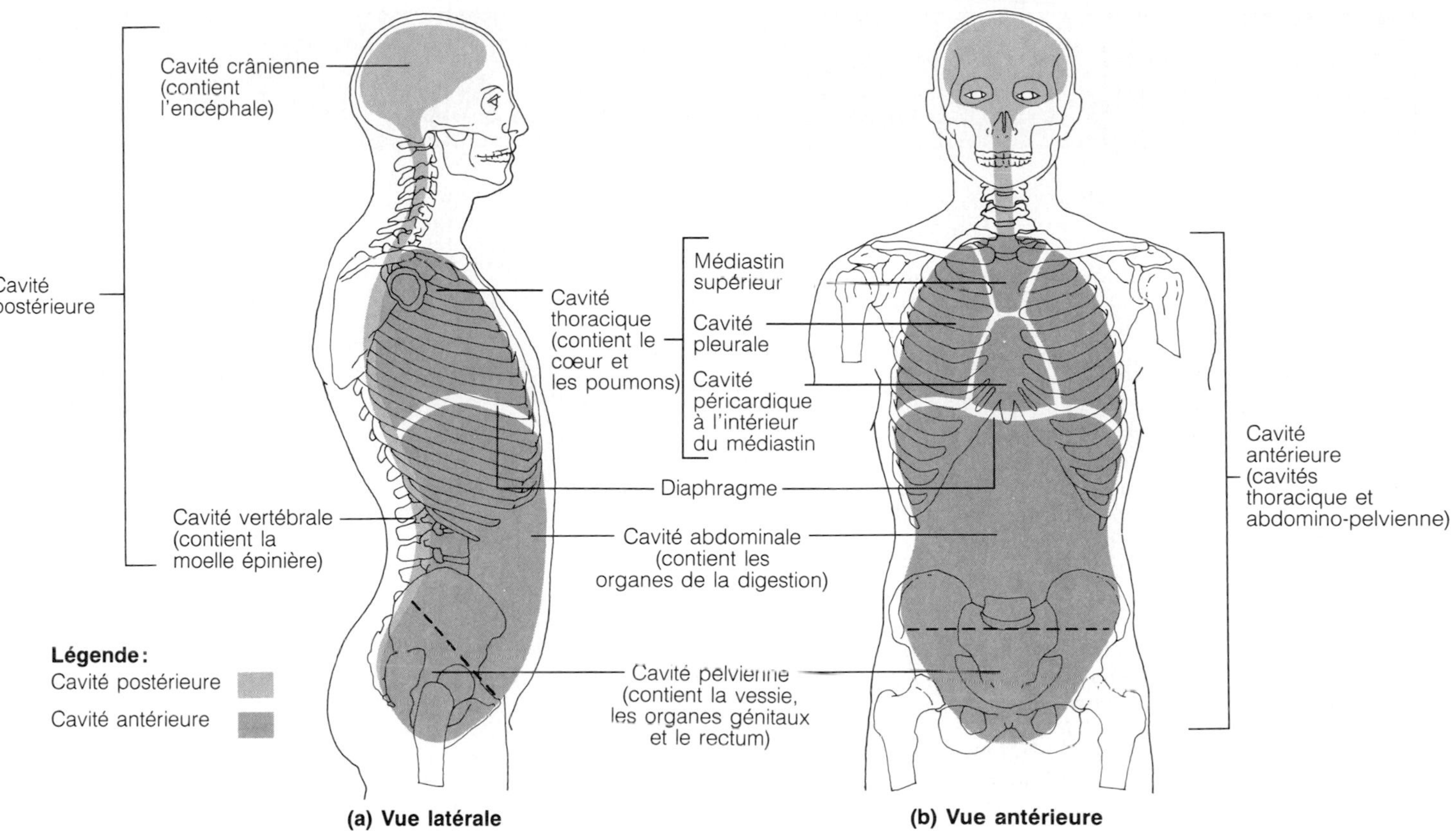

Figure 1.8 Cavités antérieure et postérieure et leurs divisions.

la structure des reins. Leur anatomie semblerait bien différente sur une coupe frontale du tronc, alors qu'ils seraient tout à fait invisibles sur une coupe sagittale médiane du tronc.

Cavités et membranes

Les os de la tête, du cou et du tronc forment le squelette axial (axe longitudinal) qui comporte deux cavités, lesquelles renferment les organes internes. Les os des membres forment le squelette appendiculaire qui ne comporte aucune cavité.

Cavité postérieure

La **cavité postérieure,** ou dorsale, située près de la face postérieure du corps, se subdivise en **cavité crânienne** et en **cavité vertébrale** ou **spinale.** La première cavité est circonscrite par les os du crâne et contient l'encéphale. Comme son nom l'indique, la cavité vertébrale est située dans la colonne vertébrale et renferme la moelle épinière (figure 1.8). Comme la moelle épinière part de l'encéphale, dont elle est en fait un prolongement, la cavité crânienne et la cavité vertébrale sont en communication directe. L'encéphale et la moelle épinière constituent des organes vitaux de l'organisme, c'est pourquoi ils sont bien protégés par les os qui délimitent les parois de la cavité postérieure.

Cavité antérieure

La **cavité antérieure**, ou ventrale, située en avant de la cavité postérieure, est plus grande que cette dernière (voir la figure 1.8). Elle aussi se divise en deux parties, soit la cavité thoracique et la cavité abdomino-pelvienne. La cavité supérieure est appelée **cavité thoracique.** Elle est entourée des côtes et des muscles du thorax qui forment la cage thoracique. La cavité thoracique comporte elle-même trois cavités: les deux cavités latérales, appelées cavités pleurales, et la cavité médiane, le médiastin. Chaque cavité pleurale contient un poumon alors que le médiastin renferme à la fois la cavité péricardique (enveloppe du cœur) et les autres organes de la cage thoracique (l'œsophage, la trachée, etc.).

La **cavité abdomino-pelvienne** est inférieure à la cavité thoracique. Toutes deux sont séparées par un muscle squelettique en forme de voûte, le diaphragme. Comme son nom l'indique, cette cavité se divise en deux parties, la cavité abdominale et la cavité pelvienne, même si ces dernières ne sont pas physiquement séparées par un muscle ou une membrane. La partie supérieure est la **cavité abdominale**; elle renferme l'estomac, les intestins, la rate, le foie et d'autres viscères. La partie inférieure est la **cavité pelvienne**; elle contient la vessie, certains organes génitaux et le rectum. Comme le montre la figure 1.8a, les cavités abdominale et pelvienne ne sont pas alignées, le bassin étant incliné vers l'avant par rapport à l'axe perpendiculaire.

GROS PLAN L'imagerie médicale: pour explorer les profondeurs du corps humain

Les médecins ont longtemps rêvé de pouvoir examiner les organes internes sans soumettre le malade au choc et à la douleur d'une intervention chirurgicale exploratrice. Il y a 30 ans, ils ne disposaient encore que des rayons X pour tirer des informations de l'organisme vivant, procédé magique mais essentiellement obscur. La *radiographie* donne en fait un négatif flou des structures internes. Les structures denses absorbent davantage les rayons X et sont pâles sur la radio; les organes contenant de l'air et les tissus adipeux absorbent moins les rayons X et sont foncés sur la radio. On peut aussi étudier les images radiographiques à mesure qu'elles sont produites sur un écran fluorescent, ou **fluoroscope**. La radiographie se révèle surtout utile pour visualiser les structures osseuses et pour découvrir les masses anormalement denses (tumeurs, lésions tuberculeuses) dans les poumons. Au cours des années 50, la médecine nucléaire (qui utilise des isotopes radioactifs) et l'ultrasonographie ont fait leur apparition. Les années 70 ont été marquées par la mise au point de la *tomographie,* aussi appelée *tomodensitométrie,* un mode de radiographie plus perfectionné. Pour cet examen, le patient est installé dans le tomodensitomètre, un long appareil tubulaire, et il est avancé lentement pendant que l'ampoule radiographique tourne autour de lui et envoie des rayons vers un niveau spécifique de son corps à partir de toutes les directions. Comme le faisceau de rayonnement ne touche qu'une mince «tranche» du corps (de l'épaisseur d'une pièce de 10 cents), la tomographie élimine la confusion provoquée par la superposition des organes dans la radiographie ordinaire. À partir des données recueillies, l'ordinateur du tomodensitomètre crée une image détaillée en coupe transversale de toutes les régions examinées. Grâce à la clarté de ses images, la tomographie a pratiquement éliminé la chirurgie exploratrice (voir l'image A). La tomographie est actuellement la meilleure méthode pour le diagnostic de la plupart des troubles cérébraux et abdominaux ainsi que de certains problèmes squelettiques.

Des procédés tomographiques spéciaux à grande vitesse permettent la *reconstruction spatiale dynamique* (RSD), qui donne des images tridimensionnelles des organes à partir de n'importe quel angle et permet d'examiner leurs mouvements et les modifications de leurs volumes internes à vitesse normale, au ralenti et à un moment donné. Ces propriétés se révèlent utiles pour examiner les poumons et d'autres organes mobiles, mais on les emploie surtout pour visualiser les battements du cœur et la circulation du sang. On est ainsi en mesure d'observer les malformations cardiaques, les obstructions des vaisseaux sanguins et l'état des pontages coronariens.

Les progrès réalisés en médecine nucléaire ont mené à la mise au point de la *tomographie par émission de positons* (TEP), un procédé ayant la particularité de fournir des informations sur les *processus métaboliques*. On commence par administrer au patient des molécules biologiques (du glucose par exemple) sur lesquelles on a fixé un isotope radioactif qui émet des rayons gamma. On l'installe ensuite dans le tomographe à émission de positons. Les isotopes radioactifs sont absorbés par les cellules du cerveau et vont alors émettre des rayons gamma à haute énergie. L'émission de ces rayons est analysée par l'ordinateur, qui crée alors des images (cartographie) en couleurs de l'activité biochimique du cerveau. La tomographie par émission de positons a permis d'étudier le fonctionnement du cerveau chez les victimes d'un accident vasculaire cérébral ainsi que chez les personnes atteintes d'une maladie mentale, de la maladie d'Alzheimer ou d'épilepsie (voir l'image B). Cette technique s'est également révélée particulièrement intéressante pour déterminer chez des personnes *saines* les régions actives du cerveau au cours de l'exécution de certaines tâches (quand on parle, quand on écoute de la musique, quand on résout un problème mathématique ou qu'on fait un casse-tête). Il était autrefois impossible d'obtenir de telles informations sur le métabolisme et la physiologie du cerveau.

L'*échographie,* ou *ultrasonographie,* possède des avantages sur les procédés décrits ci-dessus. L'équipement est peu coûteux d'une part, et d'autre part les ondes sonores de haute fréquence (ultrasons) utilisées comme source d'énergie sont dénuées de propriétés néfastes sur les tissus vivants (selon les connaissances actuelles), au contraire des rayonnements ionisants (rayons gamma) employés en médecine nucléaire. L'exploration du corps se fait à l'aide d'impulsions d'ondes sonores, ensuite réfléchies et dispersées différemment par chaque type de tissus. Les échos ainsi produits sont analysés par un ordinateur qui construit des images du contour des organes examinés. Un petit appareil qu'on tient à la main sert à émettre les ultrasons et à recueillir les échos. On peut facilement déplacer cet appareil sur la surface du corps de manière à obtenir des images d'un organe selon plusieurs angles.

À cause de sa sûreté, l'échographie est la technique d'imagerie de choix en obstétrique. Elle permet

Lorsque le corps subit un trauma physique (au cours d'un accident de la circulation, par exemple), les organes abdomino-pelviens les plus vulnérables sont ceux de la cavité abdominale, puisque les parois antérieure et latérales de cette cavité sont formées seulement des muscles abdominaux et ne sont pas renforcées par des os. (Il n'est alors pas rare que le foie, la rate et les reins subissent des lésions importantes.) Par contre, les organes pelviens sont relativement bien protégés par les os du bassin. ■

La face interne de la paroi de la cavité antérieure ainsi que la surface des organes qu'elle contient sont recouvertes d'une membrane extrêmement fine formée de deux couches de tissus: la **séreuse.** La première couche de la séreuse tapisse la face interne de la paroi de cette cavité et est nommée **séreuse pariétale.** Elle se replie sur

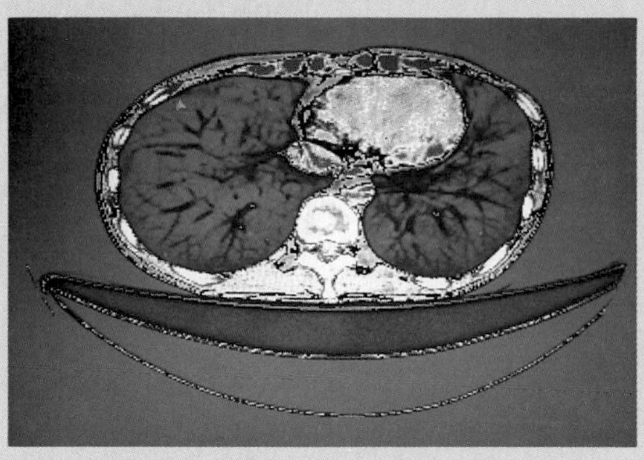

(a)

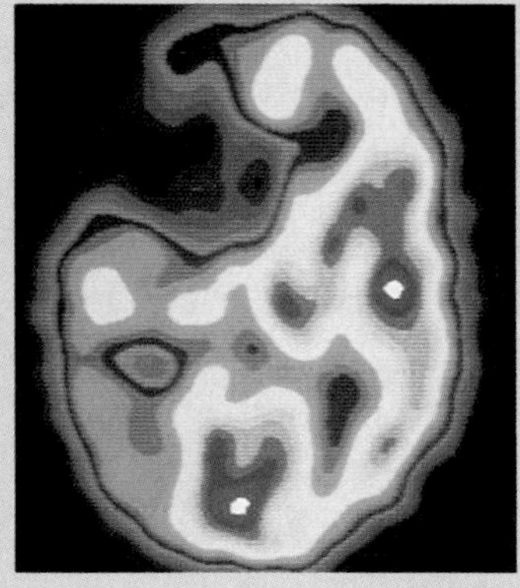

(b)

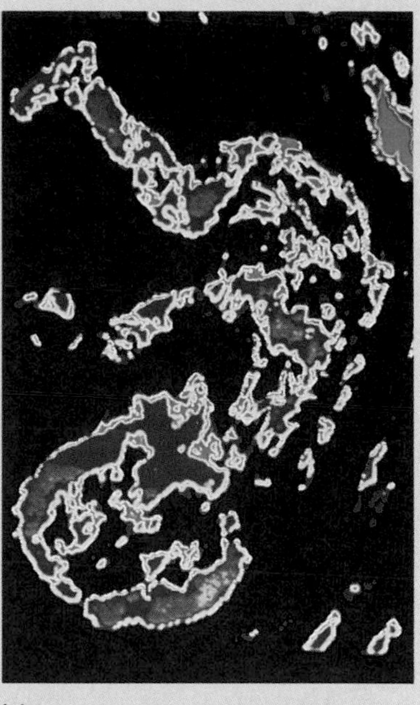

(c)

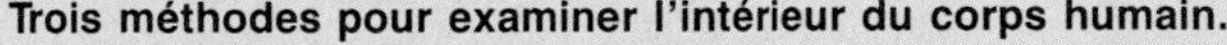

Trois méthodes pour examiner l'intérieur du corps humain.
(a) Tomographie du thorax montrant les poumons et le cœur. (Au bas de l'image, on voit la civière sur laquelle le patient est étendu.) **(b)** Tomographie par émission de positons du cerveau d'un patient ayant subi un accident vasculaire cérébral. L'activité cérébrale est réduite dans la région lésée, visible en foncé à la partie supérieure gauche de l'image. **(c)** Image échographique assistée par ordinateur d'un fœtus en voie de développement. On voit clairement la tête, le tronc et les membres.

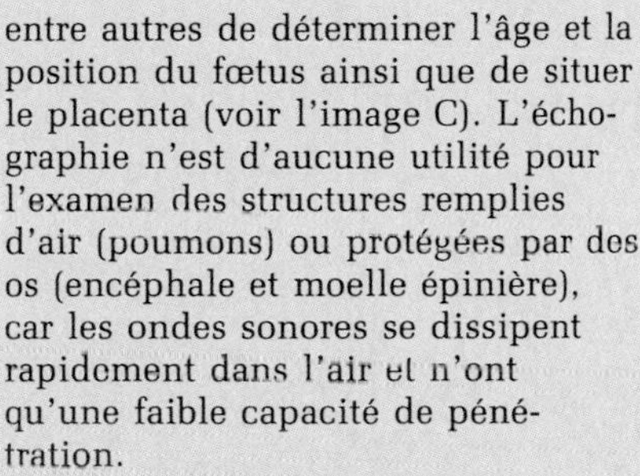

entre autres de déterminer l'âge et la position du fœtus ainsi que de situer le placenta (voir l'image C). L'échographie n'est d'aucune utilité pour l'examen des structures remplies d'air (poumons) ou protégées par des os (encéphale et moelle épinière), car les ondes sonores se dissipent rapidement dans l'air et n'ont qu'une faible capacité de pénétration.

La *remnographie,* ou *résonance magnétique nucléaire* (RMN), n'utilise pas non plus les rayonnements ionisants des isotopes radioactifs. Elle consiste à appliquer des champs magnétiques 3000 à 60 000 fois supérieurs au magnétisme terrestre pour observer les molécules du corps. Le patient est étendu à l'intérieur d'un appareil contenant un énorme aimant. Les molécules d'hydrogène tournent comme des toupies dans le champ magnétique. On accroît même leur énergie à l'aide d'ondes radio. Lorsque l'émission des ondes radio est interrompue, l'énergie libérée est transformée en image. Pour les médecins, la remnographie possède plusieurs avantages sur la tomographie. Elle offre une meilleure visualisation des tissus mous permettant par exemple de distinguer dans l'encéphale la substance blanche de la substance grise plus aqueuse (voir la figure 1.7a). Elle montre également les minces neurofibres de la moelle épinière. Le contenu du crâne et de la colonne vertébrale est visible parce que les structures très denses n'apparaissent pas à la remnographie. Ce procédé est aussi très utile au diagnostic de diverses maladies dégénératives; les régions de démyélinisation caractéristiques de la sclérose en plaques se voient mal à la tomographie, mais sont très claires à la remnographie. La remnographie capte aussi les réactions métaboliques, comme les processus qui produisent des molécules d'ATP, processus qui sont à la base de la production d'énergie dans les cellules. La résonance magnétique nucléaire pose toutefois quelques problèmes épineux. Par exemple, le champ magnétique peut « aspirer » jusqu'à l'extérieur du corps les objets de métal, comme les stimulateurs cardiaques, les obturations dentaires et les fragments de projectiles d'armes à feu. Il peut aussi effacer la bande magnétique des cartes de crédit. Par ailleurs, l'appareil doit être isolé de toutes les ondes radio extérieures, qui pourraient perturber son fonctionnement.

La médecine moderne dispose donc d'excellents outils pour porter un diagnostic, et les cliniciens ne manquent pas d'en tirer parti. Ainsi, la tomographie et la tomographie par émission de positons sont choisies dans 25 % des cas où on utilise un procédé d'imagerie. L'ultrasonographie est la plus employée des nouvelles méthodes, car elle est sûre et peu coûteuse. La radiographie ordinaire reste toutefois populaire, puisqu'on y recourt encore dans 50 % des cas où on a besoin d'un procédé d'imagerie.

elle-même pour former la deuxième couche, ou **séreuse viscérale,** qui recouvre les organes. (Le mot « pariétal » vient du même mot latin que le mot « paroi » ; le mot « viscère » vient du mot *viscus*, qui signifie « organe dans une cavité corporelle ».)

Vous pouvez visualiser la relation entre les séreuses en enfonçant votre poing dans un ballon mou (figure 1.9a). La partie du ballon qui épouse votre main est comparable à la séreuse viscérale qui adhère à la surface externe des organes. La paroi externe du ballon ressemble à la séreuse pariétale qui tapisse la paroi de la cavité, sauf que la séreuse n'est jamais exposée à l'environnement puisqu'elle adhère toujours à la face interne de la paroi abdomino-pelvienne. Dans le corps, les séreuses ne sont pas séparées par de l'air, comme dans le cas du ballon, mais par un liquide lubrifiant clair, appelé **sérosité,**

Figure 1.9 Relation entre les feuillets des séreuses. (**a**) Un poing est enfoncé dans un ballon mou pour représenter la relation entre la séreuse pariétale et la séreuse viscérale. (**b**) Le feuillet pariétal du péricarde est la couche externe de la cavité péricardique; le feuillet viscéral du péricarde adhère à la surface externe du cœur. (**c**) Le feuillet viscéral de la plèvre qui enveloppe chaque poumon se continue avec le feuillet pariétal de la plèvre qui adhère à la paroi de la cavité thoracique. (**d**) Coupe transversale du tronc au niveau du foie et des reins. Le péritoine pariétal tapisse la paroi de la cavité abdomino-pelvienne; le péritoine viscéral couvre la surface externe de la plupart des organes de cette cavité. (Remarque: l'abdomen contient quelques organes rétropéritonéaux [situés derrière le péritoine], dont les reins.)

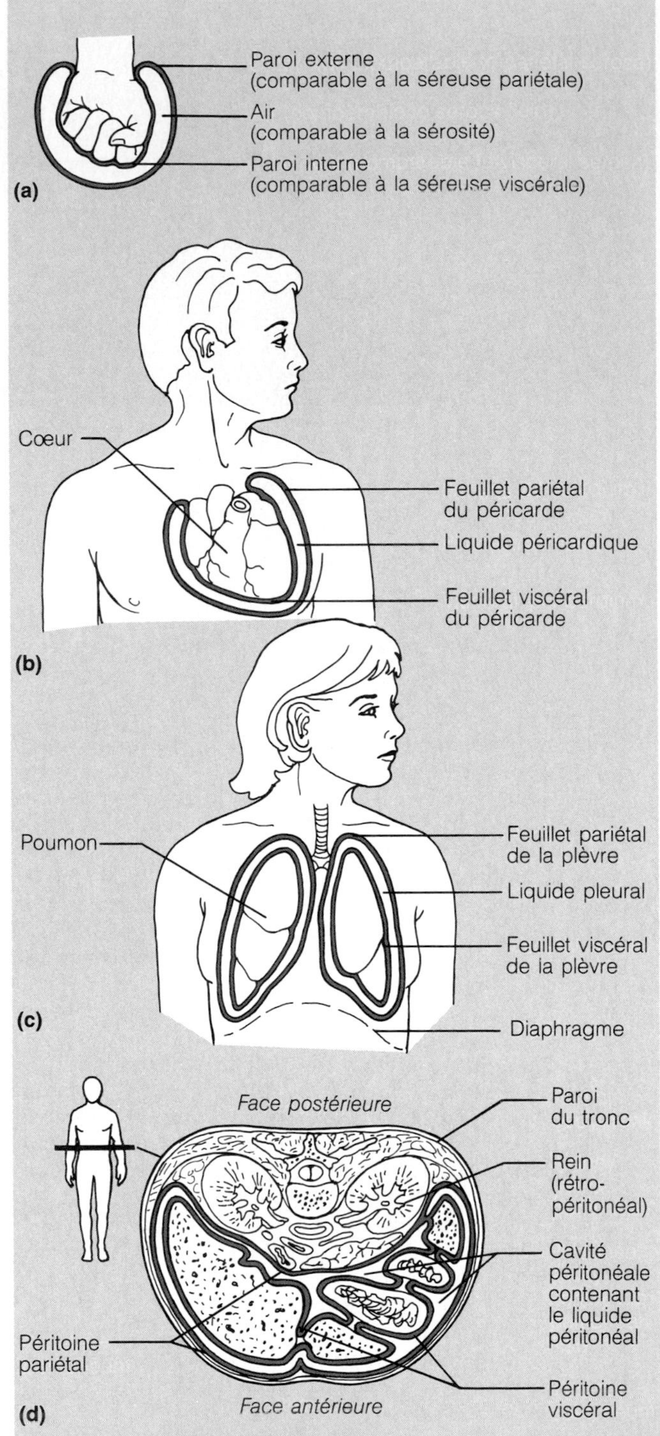

sécrété par les cellules de la séreuse. Bien que les deux séreuses soient séparées par un espace virtuel, elles sont généralement accolées.

La sérosité permet aux organes de glisser sans friction les uns contre les autres et contre la paroi de la cavité. Cette caractéristique est particulièrement importante pour les organes qui bougent en fonctionnant, comme le cœur (qui pompe le sang), les poumons (qui s'étirent) et l'estomac (qui mélange les aliments).

On nomme les séreuses en fonction de l'organe ou de la cavité auxquels elles sont associées. Ainsi, le *feuillet pariétal du péricarde* tapisse la cavité péricardique, et le *feuillet viscéral du péricarde* recouvre le cœur, situé dans cette cavité (figure 1.9b). Le *feuillet pariétal de la plèvre* tapisse la paroi de la cavité thoracique, et le *feuillet viscéral de la plèvre* recouvre les poumons (figure 1.9c). (Les poumons étant des organes physiquement séparés, il y a une plèvre pour chacun d'eux.) Enfin, le *péritoine pariétal* adhère à la paroi de la cavité abdomino-pelvienne, et le *péritoine viscéral* recouvre la plupart des organes contenus dans cette cavité (figure 1.9d).

L'inflammation des séreuses s'associe à un manque de liquide lubrifiant et entraîne un frottement des organes les uns contre les autres. Ce phénomène provoque des douleurs atroces, comme peuvent en témoigner tous ceux qui ont déjà souffert d'une *pleurésie* (inflammation de la plèvre) ou d'une *péritonite* (inflammation du péritoine). ■

Autres cavités

En plus des grandes cavités fermées, le corps est formé de quelques cavités plus petites, situées dans la tête pour la plupart. Contrairement aux autres cavités que nous venons de décrire, la majorité de ces petites cavités s'ouvrent sur l'environnement.

1. **Cavités orale et digestive.** La cavité orale, généralement appelée bouche, contient les dents et la langue. Elle se continue avec la cavité du tube digestif, qui s'ouvre aussi sur l'environnement à l'anus.

2. **Cavités nasales.** Situées dans et derrière le nez, les cavités nasales font partie des voies respiratoires supérieures.

3. **Cavités orbitaires.** Les deux cavités orbitaires contiennent chacune un œil qu'elles présentent en position antérieure.

4. **Cavités de l'oreille moyenne.** Les deux oreilles moyennes, situées dans les os temporaux du crâne, contiennent les osselets permettant la transmission du son à la partie de l'organe de l'ouïe située dans les oreilles internes.

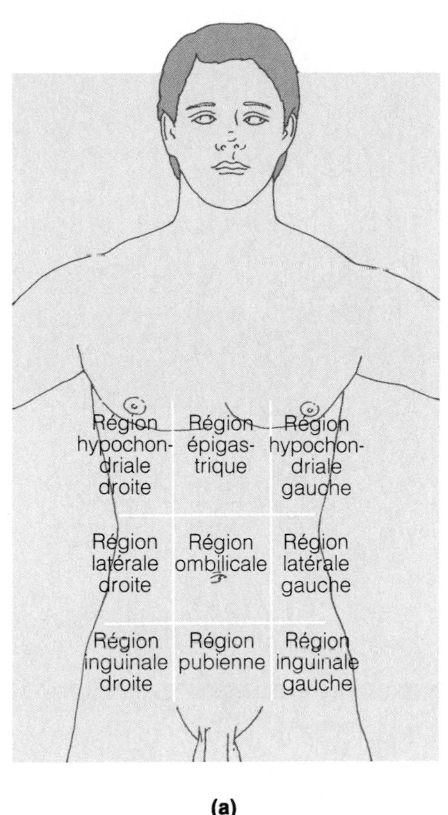

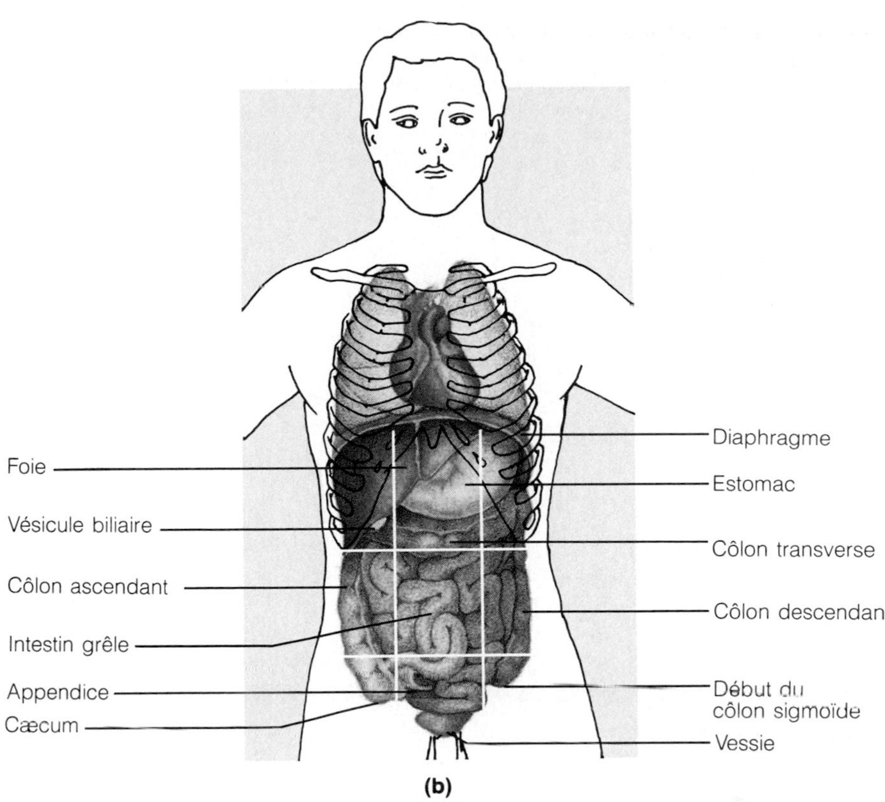

Figure 1.10 Les neuf régions abdomino-pelviennes. (**a**) Division de la cavité abdomino-pelvienne en neuf régions délimitées par quatre plans. Le plan transverse supérieur passe juste sous les côtes ; le plan transverse inférieur passe juste au-dessus des hanches ; les plans parasagittaux passent entre les mamelons et le sternum. (**b**) Vue antérieure de la cavité abdomino-pelvienne montrant les neuf régions et les organes superficiels.

5. Cavités synoviales. Les cavités synoviales sont fermées par les capsules articulaires qui bordent les diarthroses (articulations mobiles). Comme la séreuse de la cavité antérieure, la membrane tapissant la cavité synoviale sécrète le liquide synovial qui lubrifie et réduit la friction entre les os d'une articulation mobile lorsqu'ils sont en mouvement.

Régions et quadrants abdomino-pelviens

La cavité abdomino-pelvienne est assez grande et elle contient plusieurs organes. C'est pourquoi on en facilite souvent l'étude en la divisant en plus petites parties. Dans une des méthodes de division, employée surtout par les anatomistes, on se sert de deux plans transverses et de deux plans parasagittaux pour séparer la cavité abdomino-pelvienne en neuf **régions** (figure 1.10) :

- La **région ombilicale** est située au centre et autour de l'ombilic (nombril) ;
- La **région épigastrique** est située au-dessus de la région ombilicale (*epi* = sur ; *gastrion* = ventre) ;
- La **région pubienne (hypogastrique)** est située sous la région ombilicale (*hupo* = au-dessous) ;
- Les **régions inguinales droite et gauche** sont situées de part et d'autre de la région hypogastrique (*inguen* = aine) ;
- Les **régions latérales droite et gauche** sont situées de part et d'autre de la région ombilicale (*latus* = côté) ;
- Les **régions hypochondriaques droite et gauche** sont situées de part et d'autre de la région épigastrique (*khondros* = cartilage des côtes).

Les professionnels de la santé ont recours à une méthode plus simple pour situer les organes de la cavité abdomino-pelvienne et décrire leur état (figure 1.11). Dans cette méthode, on place un plan transverse et un plan sagittal médian à angle droit sur l'ombilic. On obtient ainsi quatre **quadrants**, nommés selon leur position relative sur le sujet : le **quadrant supérieur droit (QSD)**, le **quadrant supérieur gauche (QSG)**, le **quadrant inférieur droit (QID)** et le **quadrant inférieur gauche (QIG)**.

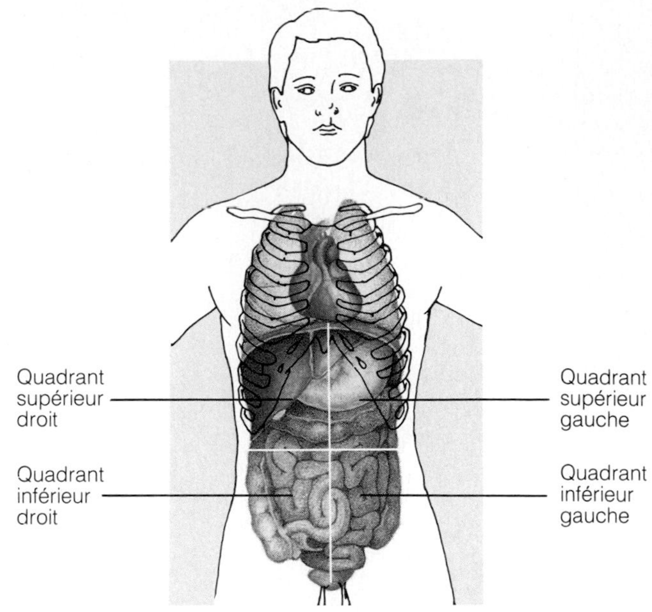

Figure 1.11 Les quatre quadrants abdomino-pelviens. La cavité abdomino-pelvienne est divisée en quatre quadrants par deux plans. La figure montre les organes superficiels situés dans chaque quadrant.

Résumé du chapitre

DÉFINITION DE L'ANATOMIE ET DE LA PHYSIOLOGIE (p. 5-6)

1. L'anatomie est l'étude des structures du corps et de leurs relations; la physiologie étudie le fonctionnement des parties du corps.

Spécialités de l'anatomie (p. 5)

2. Les principales divisions du domaine de l'anatomie sont l'anatomie macroscopique, l'anatomie microscopique et l'anatomie du développement.

Spécialités de la physiologie (p. 5-6)

3. La physiologie a généralement pour objet l'étude du fonctionnement des organes et des systèmes de l'organisme. La physiologie cardiaque, la physiologie rénale et la physiologie musculaire sont des spécialités de la physiologie.

4. Des principes physiques et chimiques permettent de mieux comprendre la physiologie.

Relation entre la structure et la fonction (p. 6)

5. L'anatomie et la physiologie sont indissociables, car ce qu'un organisme peut faire dépend de l'architecture de ses parties. C'est ce qu'on appelle le principe de la relation entre la structure et la fonction.

NIVEAUX D'ORGANISATION STRUCTURALE (p. 6-7)

1. Les niveaux d'organisation du corps humain sont, du plus simple au plus complexe, les niveaux chimique, cellulaire, tissulaire, organique, des systèmes et de l'organisme.

2. Les 12 systèmes de l'organisme sont les systèmes cardiovasculaire, digestif, respiratoire, génital, urinaire, osseux, musculaire, nerveux, endocrinien, lymphatique, tégumentaire et immunitaire.

MAINTIEN DE LA VIE (p. 7 à 12)

Caractéristiques fonctionnelles (p. 7 à 11)

1. Tous les organismes vivants accomplissent certaines activités essentielles à la survie. Il s'agit du maintien des limites, du mouvement, de l'excitabilité, de la digestion, du métabolisme, de l'excrétion des déchets et des produits toxiques, de la reproduction et de la croissance.

Facteurs nécessaires à la survie (p. 11-12)

2. Les principaux facteurs nécessaires à la survie sont les nutriments, l'oxygène, l'eau, une température corporelle adéquate et la pression atmosphérique.

HOMÉOSTASIE (p. 12 à 15)

1. L'homéostasie est l'équilibre dynamique du milieu interne. Tous les systèmes participent à l'homéostasie, mais les systèmes nerveux et endocrinien ont la responsabilité de régulariser la fonction spécifique de chacun de ces systèmes.

Caractéristiques générales des mécanismes de régulation (p. 12-13)

2. Les mécanismes de régulation de l'organisme comportent au moins trois éléments: un centre de régulation, un ou plusieurs récepteurs, un ou plusieurs effecteurs.

Mécanismes de rétro-inhibition (p. 13)

3. Les mécanismes de rétro-inhibition inhibent ou réduisent le stimulus original. La température corporelle, la fréquence cardiaque, la fréquence et l'amplitude respiratoires ainsi que la concentration sanguine du glucose et de certains ions sont réglées par des mécanismes de rétro-inhibition.

Mécanismes de rétroactivation (p. 13 à 15)

4. Contrairement aux mécanismes de rétro-inhibition, les mécanismes de rétroactivation accentuent la réaction à un stimulus. Ces mécanismes ne servent généralement pas au maintien de l'homéostasie, mais ce sont eux qui régissent les contractions utérines lors du travail ainsi que la coagulation du sang.

Déséquilibre homéostatique (p. 15)

5. À mesure que nous vieillissons, nos mécanismes de rétro-inhibition deviennent moins efficaces et des mécanismes de rétroactivation apparaissent plus souvent. Il est plus difficile de maintenir l'homéostasie, c'est pourquoi nous devenons prédisposés à certaines maladies.

TERMES ANATOMIQUES (p. 15 à 24)

Position anatomique et orientation (p. 15)

1. Dans la position anatomique, la personne est debout, les pieds joints, les bras sur le côté et les paumes tournées vers l'avant.

2. Les termes relatifs à l'orientation permettent de décrire avec précision la situation des structures corporelles. Voici les principaux termes relatifs à l'orientation: supérieur/inférieur, antérieur/postérieur, ventral/dorsal, médian/latéral, intermédiaire, moyen, proximal/distal, superficiel/profond.

Régions (p. 15)

3. Certains termes sont employés pour désigner des régions spécifiques du corps (voir la figure 1.6).

Plans et coupes (p. 16 à 19)

4. Le corps et les organes peuvent être sectionnés selon certains plans, ou lignes imaginaires, de manière à obtenir différentes coupes. On emploie souvent les plans sagittal, frontal et transverse.

Cavités et membranes (p. 19-23)

5. Le corps contient deux grandes cavités fermées: la cavité postérieure (dorsale), qui se divise en cavité crânienne et en cavité vertébrale; la cavité antérieure (ventrale), qui se divise en une cavité supérieure appelée cavité thoracique et en une cavité inférieure appelée cavité abdomino-pelvienne.

6. La paroi de la cavité antérieure et la face externe des organes qu'elle contient sont recouvertes de minces membranes, la séreuse pariétale et la séreuse viscérale. Les séreuses sécrètent le liquide séreux qui lubrifie et réduit la friction entre les organes.

7. Le corps est doté de plusieurs petites cavités. La plupart sont situées dans la tête et s'ouvrent sur l'extérieur.

Régions et quadrants abdomino-pelviens (p. 23)

8. La cavité abdomino-pelvienne peut se diviser par quatre plans en neuf régions (ombilicale, épigastrique, pubienne, inguinales droite et gauche, latérales droite et gauche, hypochondriaques droite et gauche) ou par deux plans en quatre quadrants.

Questions de révision

Choix multiples/associations

1. L'ordre des niveaux d'organisation structurale est le suivant: (a) organique, du système, cellulaire, chimique, tissulaire, de l'organisme; (b) chimique, cellulaire, tissulaire, de l'organisme, organique, du système; (c) chimique, cellulaire, tissulaire, organique, du système, de l'organisme; (d) de l'organisme, du système, organique, tissulaire, cellulaire, chimique.

2. L'unité structurale et fonctionnelle de la vie est (a) la cellule, (b) l'organe, (c) l'organisme, (d) la molécule.

3. Laquelle des fonctions suivantes est une caractéristique fonctionnelle *importante* de tous les organismes? (a) Le mouvement, (b) la croissance, (c) le métabolisme, (d) l'excitabilité, (e) toutes ces réponses.

4. La régulation de l'homéostasie du milieu interne repose principalement sur deux des systèmes suivants. Lesquels? (a) Le système nerveux, (b) le système digestif, (c) le système cardiovasculaire, (d) le système endocrinien, (e) le système génital.

5. Voici une série de termes relatifs à l'orientation. Chacun est suivi du nom de deux structures: choisissez celle qui correspond à l'orientation décrite par le premier terme.
(a) Distal: le coude/le poignet.
(b) Latéral: la hanche/l'ombilic.
(c) Supérieur: le nez/le menton.
(d) Antérieur: les orteils/le talon.
(e) Superficiel: le cuir chevelu/le crâne.

6. Supposez qu'un corps a été sectionné selon un plan sagittal médian, un plan frontal et un plan transverse au niveau de chacun des organes suivants. Quels organes seraient impossibles à voir dans les trois sections? (a) La vessie, (b) le cerveau, (c) les poumons, (d) les reins, (e) l'intestin grêle, (f) le cœur.

7. Associez chacun des énoncés suivants à la cavité postérieure ou à la cavité antérieure du corps.
(a) Délimitée par le crâne et la colonne vertébrale.
(b) Comprend les cavités thoracique et abdomino-pelvienne.
(c) Renferme l'encéphale et la moelle épinière.
(d) Située plus près de la face antérieure du corps.
(e) Renferme le cœur, les poumons et les organes de la digestion.

8. Laquelle des associations suivantes est *erronée*? (a) Péritoine viscéral/face externe de l'intestin grêle, (b) feuillet pariétal du péricarde/face externe du cœur, (c) feuillet pariétal de la plèvre/paroi de la cavité thoracique.

9. Quelle subdivision de la cavité antérieure n'est pas protégée par des os? (a) La cavité thoracique, (b) la cavité abdominale, (c) la cavité pelvienne.

Questions à court développement

10. À partir du principe de la relation entre la structure et la fonction, quels liens pouvez-vous établir entre l'anatomie et la physiologie?

11. Sous forme de tableau, présentez les 12 systèmes de l'organisme, nommez deux organes appartenant à chaque système (s'il y a lieu) et décrivez la principale fonction de chaque système.

12. Énumérez et décrivez brièvement cinq facteurs externes essentiels à la survie.

13. Définissez l'homéostasie.

14. Comparez le fonctionnement des mécanismes de rétro-inhibition et de rétroactivation et montrez en quoi leur rôle diffère dans le maintien de l'homéostasie. Nommez deux variables réglées par des mécanismes de rétro-inhibition et un phénomène réglé par un mécanisme de rétroactivation.

15. Décrivez et adoptez la position anatomique. Pourquoi faut-il comprendre cette position? Pourquoi les termes relatifs à l'orientation sont-ils importants?

16. Expliquez ce que sont un plan et une coupe.

17. Donnez le terme anatomique qui sert à désigner chacune des régions suivantes: (a) bras, (b) cuisse, (c) thorax, (d) doigts et orteils, (e) région antérieure du genou.

18. (a) À l'aide d'un diagramme, montrez les neuf régions abdomino-pelviennes et nommez-les. Nommez deux organes (ou parties d'organes) situés dans chacune des régions. (b) À l'aide d'un autre diagramme, montrez comment on divise la cavité abdomino-pelvienne en quatre quadrants et nommez chacun de ces quadrants.

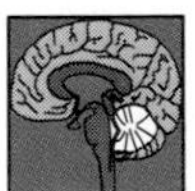

Réflexion et application

1. Jean ressent une douleur atroce à chaque respiration; le médecin a diagnostiqué une pleurésie. (a) Quelles membranes sont touchées par cette maladie? (b) À quoi servent-elles? (c) Pourquoi Jean souffre-t-il autant?

2. Quels sont les liens entre l'homéostasie (ou sa perte) et la maladie et le vieillissement? Prouvez vos affirmations à l'aide d'exemples concrets.

3. Un homme manifeste un comportement anormal et son médecin pense qu'il pourrait avoir une tumeur au cerveau. Laquelle des méthodes d'imagerie suivantes serait la plus utile pour découvrir cette tumeur (et pourquoi)? La radiographie ordinaire, la reconstruction spatiale dynamique, la tomographie par émission de positons, l'échographie, la remnographie.

4. Quand nous commençons à être déshydratés, nous ressentons généralement la soif, ce qui nous pousse à boire des liquides. À l'aide de vos connaissances sur les mécanismes de régulation, dites si la soif fait partie d'un mécanisme de rétro-inhibition ou de rétroactivation et défendez votre opinion.

2 La chimie prend vie

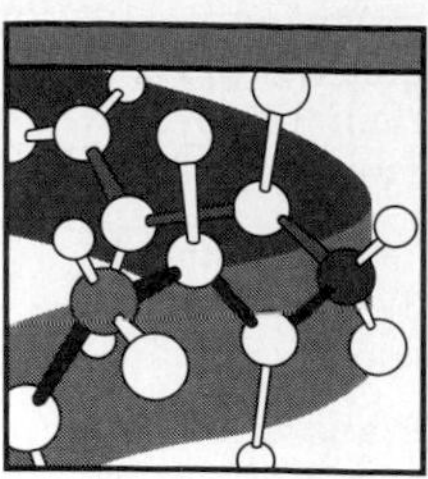

Sommaire et objectifs d'apprentissage

PREMIÈRE PARTIE: NOTIONS DE CHIMIE

Définition des concepts: matière et énergie (p. 27-28)

1. Établir la distinction entre matière et énergie; entre énergie potentielle et énergie cinétique.
2. Décrire les principales formes d'énergie.

Composition de la matière: atomes et éléments (p. 28-31)

3. Définir ce qu'est un élément chimique et nommer les quatre éléments qui composent la majeure partie du corps humain.
4. Énumérer les particules subatomiques; comprendre leur masse et leur charge et décrire leur position dans l'atome.
5. Définir les termes suivants: atome, poids atomique, isotope, radio-isotope.

Comment la matière se combine: molécules et mélanges (p. 31-33)

6. Distinguer un composé d'un mélange. Définir ce qu'est une molécule.
7. Comparer solutions, colloïdes et suspensions.

Liaisons chimiques (p. 33-38)

8. Établir la distinction entre liaison ionique et liaison covalente. Montrer les différences entre ces liaisons et la liaison hydrogène.
9. Comparer les composés polaires et les composés non polaires.

Réactions chimiques (p. 38-41)

10. Montrer les différences entre les réactions de synthèse, de dégradation et d'échange. Expliquer brièvement la nature et l'importance des réactions d'oxydoréduction.
11. Expliquer pourquoi la réversibilité des réactions détermine l'équilibre chimique.
12. Décrire les facteurs qui influent sur la vitesse des réactions chimiques.

DEUXIÈME PARTIE: BIOCHIMIE: COMPOSITION ET RÉACTIONS DE LA MATIÈRE VIVANTE

Composés inorganiques (p. 41-45)

13. Expliquer l'importance de l'eau et des sels dans l'homéostasie de l'organisme.
14. Définir ce que sont les acides et les bases, et expliquer le concept de pH.

Composés organiques (p. 45-58)

15. Comparer les constituants, les structures générales et les fonctions biologiques des molécules organiques dans le corps humain.
16. Expliquer le rôle de la synthèse et de l'hydrolyse dans la formation et la dégradation des molécules organiques.
17. Comparer les rôles fonctionnels des graisses neutres, des phospholipides et des stéroïdes.
18. Montrer les différences entre les protéines fibreuses et les protéines globulaires.
19. Décrire le mécanisme général de l'activité enzymatique.
20. Comparer l'ADN et l'ARN.
21. Expliquer le rôle de l'ATP dans le métabolisme cellulaire.

Faut-il vraiment étudier la chimie pendant un cours d'anatomie et de physiologie? La réponse est facile à donner quand on sait que le corps humain est formé de milliers de substances chimiques qui entrent sans cesse en interaction à une vitesse phénoménale. Tous les aliments que nous mangeons sont également composés de substances chimiques. On pourrait toujours étudier l'anatomie sans parler de chimie, mais quand on veut comprendre les processus physiologiques — le mouvement, la digestion, l'action de pompage du cœur et même la pensée — il faut étudier les réactions chimiques sur lesquelles ils sont basés. C'est pourquoi nous présentons dans ce chapitre les notions de chimie et de biochimie (chimie de la matière vivante) qui vous permettront de comprendre les fonctions physiologiques du corps humain.

PREMIÈRE PARTIE: NOTIONS DE CHIMIE

Définition des concepts: matière et énergie

La **matière** est la substance qui forme l'univers. Elle se présente sous forme gazeuse, liquide et solide. En général, on peut la voir, la sentir et la toucher. Est matière tout ce qui occupe un volume et possède une masse. En pratique, on peut considérer que la masse équivaut au poids. Nous emploierons donc ces deux termes indifféremment, bien qu'ils ne soient pas vraiment synonymes: la *masse* d'un objet demeure constante quel que soit l'endroit où il se trouve, alors que son *poids* varie selon la force gravitationnelle. En chimie, on étudie la nature de la matière, et plus particulièrement comment ses composants se lient et interagissent les uns avec les autres.

L'**énergie** est plus intangible que la matière. Elle ne possède pas de masse, n'occupe pas de volume et ne se mesure que par ses effets sur la matière. L'énergie est la capacité de produire du travail ou d'imprimer un mouvement à la matière. Plus le travail est important, plus il faut d'énergie pour l'accomplir. Par exemple, le joueur de baseball qui frappe un coup de circuit emploie beaucoup plus d'énergie que celui qui ne fait que retourner la balle au lanceur.

C'est plutôt en physique qu'on étudie l'énergie, mais la matière et l'énergie sont indissociables. Si la matière est la substance, l'énergie est la force motrice de la substance. Tous les êtres vivants sont composés de matière et ont besoin d'énergie pour croître et fonctionner. C'est la production et l'utilisation d'énergie par les organismes vivants qui leur confère cette qualité insaisissable qu'on appelle la vie. Il est donc utile que nous décrivions brièvement les types d'énergie employés par le corps afin de remplir ses fonctions.

Énergie potentielle et énergie cinétique

L'énergie totale d'un objet se divise en énergie potentielle et en énergie cinétique. L'**énergie potentielle** est l'énergie que possède un objet en raison de sa position (ou de sa structure interne) par rapport à d'autres objets. Il s'agit d'énergie stockée, ou inactive, qui donne à l'objet la capacité de fournir un travail, même s'il n'en effectue aucun au moment où on l'observe. Les piles d'une lampe de poche éteinte possèdent de l'énergie potentielle, tout comme l'eau retenue par un barrage.

L'**énergie cinétique** est l'énergie d'un objet en mouvement. Il s'agit d'énergie active, qui effectue un travail. Les objets en mouvement fournissent du travail en imprimant leur mouvement à d'autres objets. C'est ce qui se produit quand on pousse sur une porte battante et qu'on la met en mouvement. L'énergie cinétique est observable dans le mouvement incessant des plus petites particules de matière (atomes et molécules) comme dans celui des gros objets. L'énergie cinétique de chaque molécule est proportionnelle à la quantité de chaleur, ou énergie thermique, qu'elle possède; plus un objet est chaud, plus ses molécules bougent rapidement. Vous verrez bientôt que l'énergie thermique des substances chimiques joue un rôle important dans les réactions chimiques et biochimiques.

Quand l'énergie potentielle est libérée, elle se transforme en énergie cinétique et peut accomplir du travail. Par exemple, un bâton de dynamite explose quand on a allumé la mèche. De même, l'eau libérée au moment de l'ouverture d'un barrage peut actionner les turbines d'une centrale hydroélectrique et produire de l'électricité qui servira à recharger une batterie. L'énergie potentielle se transforme continuellement en énergie cinétique, et vice versa.

Formes d'énergie

Le corps utilise plusieurs formes d'énergie, qui peuvent toutes exister en tant qu'énergie potentielle ou cinétique. L'**énergie chimique** est la forme d'énergie emmagasinée dans les liaisons des substances chimiques. Une fois que les liaisons sont rompues, l'énergie potentielle est libérée et se transforme en énergie cinétique.

Ainsi, une partie de l'énergie potentielle contenue dans les aliments que vous ingérez se transformera éventuellement en énergie cinétique et permettra, par exemple, à vos bras de bouger. Les aliments ne peuvent pas être employés directement pour accomplir les activités corporelles. En effet, une partie de l'énergie stockée dans les amidons et les sucres des aliments est temporairement retenue dans les liaisons d'une substance appelée **adénosine-triphosphate,** ou **ATP.** Les liaisons de l'ATP seront rompues et l'énergie nécessaire libérée en fonction des besoins relatifs au travail cellulaire. L'énergie chimique sous forme d'ATP sert pour tous les processus fonctionnels: c'est la forme fondamentale d'énergie chez les êtres vivants. (Voir la description de l'ATP à la p. 57.)

L'**énergie électrique** reflète le mouvement des particules chargées. Dans un bâtiment, l'énergie électrique se trouve dans les électrons qui courent le long des fils électriques. Dans votre corps, les courants électriques sont produits par des particules chargées, appelées *ions,* qui traversent les membranes cellulaires. Le système nerveux utilise des courants électriques, appelés *influx nerveux,* pour transmettre des messages d'une région du corps à une autre. Le courant électrique qui traverse le cœur le fait se contracter (battre) et pomper le sang. C'est pourquoi une forte décharge électrique (qui perturbe ce courant) peut être mortelle.

L'**énergie mécanique** produit *directement* un mouvement de la matière. Quand vous faites de la bicyclette, vos jambes fournissent de l'énergie mécanique qui fait bouger les pédales.

L'**énergie de rayonnement,** ou **énergie électromagnétique,** se propage sous forme d'ondes. Ces ondes d'une longueur variée constituent le *spectre électromagnétique.* Celui-ci comprend les radiations visibles, c'est-à-dire la lumière, ainsi que les rayons infrarouges, les ondes radioélectriques, les rayons ultraviolets et les rayons X (voir la figure 16.12, p. 510). La lumière joue un rôle important dans la vision. Les rayons ultraviolets sont nécessaires pour que le corps produise de la vitamine D, mais ils causent aussi les coups de soleil. Les rayons X ne jouent aucun rôle dans le fonctionnement normal du corps, mais ils sont très utiles aux études anatomiques et au diagnostic médical.

À quelques exceptions près, une forme d'énergie peut toujours se transformer en une autre. Par exemple, l'énergie chimique (essence) qui fait fonctionner le moteur d'un hors-bord est convertie en énergie mécanique, c'est-à-dire qu'elle devient le mouvement de l'hélice qui propulse le bateau à la surface de l'eau. Toutes les transformations d'énergie sont imparfaites, car une certaine partie de l'énergie initiale est toujours «perdue» dans l'environnement sous forme de chaleur. (Elle n'est pas réellement perdue, puisque l'énergie ne peut être créée ou détruite, mais elle devient *inutilisable.*) Il suffit d'une expérience très simple à l'aide d'une ampoule électrique pour démontrer ce principe. Dans une ampoule, l'énergie électrique est transformée en énergie lumineuse. Si on touche l'ampoule, on s'aperçoit qu'une partie de l'énergie électrique produit de la chaleur plutôt que de la lumière. Toutes les transformations d'énergie qui s'opèrent dans le corps humain libèrent aussi de la chaleur. Celle-ci nous aide à maintenir notre température corporelle et permet à d'autres réactions chimiques de se poursuivre à une vitesse suffisante pour maintenir l'homéostasie. Une partie de la chaleur libérée s'échappe continuellement du corps. C'est pourquoi nous devons «entretenir le feu» en ingérant régulièrement des aliments.

Composition de la matière: atomes et éléments

Toute la matière est composée de substances fondamentales appelées **éléments.** Les éléments ont la particularité d'être impossibles à décomposer en substances plus simples par les méthodes chimiques ordinaires. On parle souvent de certains éléments: oxygène, carbone, or, argent, cuivre et fer. On connaît aujourd'hui 109 éléments: 92 sont naturels, les autres sont fabriqués dans les accélérateurs de particules. Quatre éléments — carbone, oxygène, hydrogène et azote — constituent environ 96% du poids corporel. Vingt autres sont aussi présents en quantités moins importantes. Vous trouverez au tableau 2.1 (p. 30) une liste des éléments qui contribuent à la masse corporelle ainsi que la quantité relative de chacun. Le **tableau périodique** des éléments reconnus est présenté à l'appendice E.

Tous les éléments sont composés de particules à peu près identiques appelées **atomes.** Les atomes sont incroyablement petits: les plus petits mesurent moins de 0,1 nm (nanomètre) de diamètre; les plus gros ne dépassent pas 0,5 nm. (Un nanomètre égale 0,000 000 1 (ou 10^{-7}) cm.) Les atomes d'un élément sont différents de ceux de tous les autres éléments, ce qui confère à cet élément ses propriétés chimiques et physiques uniques. Les propriétés physiques s'observent par les sens (couleur et texture par exemple) ou sont mesurables (comme le point d'ébullition et le point de congélation). Les propriétés chimiques proviennent de la façon dont les atomes interagissent avec d'autres atomes (au cours de réactions chimiques) et expliquent pourquoi le fer rouille, l'essence brûle dans l'air, les animaux sont capables de digérer leurs aliments, etc.

Chaque élément peut être désigné par son **symbole chimique,** formé d'une ou deux lettres, habituellement la ou les premières de son nom. Ainsi, C représente le carbone; O, l'oxygène; Ca, le calcium. Dans quelques cas, le symbole vient du nom latin de l'élément. Par exemple, le sodium est désigné par le symbole Na, du mot latin *natrium.*

Structure de l'atome

Le mot *atome* vient d'un mot latin signifiant «indivisible». Jusqu'au 20e siècle, l'indivisibilité de l'atome était considérée comme une vérité scientifique. Nous savons aujourd'hui que les atomes sont des grappes de particules encore plus petites, les protons, les neutrons et les électrons, et que ces particules subatomiques peuvent être divisées à l'aide d'outils sophistiqués en composants encore plus petits. Mais ces découvertes ne contredisent pas la notion d'indivisibilité de l'atome, puisqu'un atome divisé en ses particules subatomiques a perdu toutes ses propriétés caractéristiques.

Les particules subatomiques d'un atome diffèrent par leur masse, leur charge électrique et leur position dans l'atome. Le centre de l'atome est constitué d'un **noyau** contenant des protons et des neutrons solidement liés les uns aux autres. Le noyau est entouré d'électrons en orbite (figure 2.1a). Les **protons** (p^+) ont une charge positive et les **neutrons** (n^0) sont électriquement neutres: le noyau a donc une charge positive. Protons et neutrons sont des unités subatomiques lourdes. Ils ont approximativement la même masse; on leur a arbitrairement attribué une masse de 1 unité de masse atomique (1 u). Puisque toutes les particules subatomiques lourdes sont concentrées dans le noyau, celui-ci est extraordinairement dense: il constitue presque toute la masse de l'atome (99,9%). Les minuscules **électrons** (e^-) possèdent une charge négative de force égale à la charge positive des protons. Un électron ne possède toutefois que 1/2000 de la masse d'un proton, et on dit généralement qu'il a une masse de 0 u. Tous les atomes ont une charge électrique neutre, ce qui indique que chaque atome est constitué d'un nombre égal de protons (de charge positive) et d'électrons (de charge négative). Ainsi, un atome de fer contient 26 protons et 26 électrons. Ce rapport entre le nombre de protons et d'électrons se vérifie pour tous les atomes.

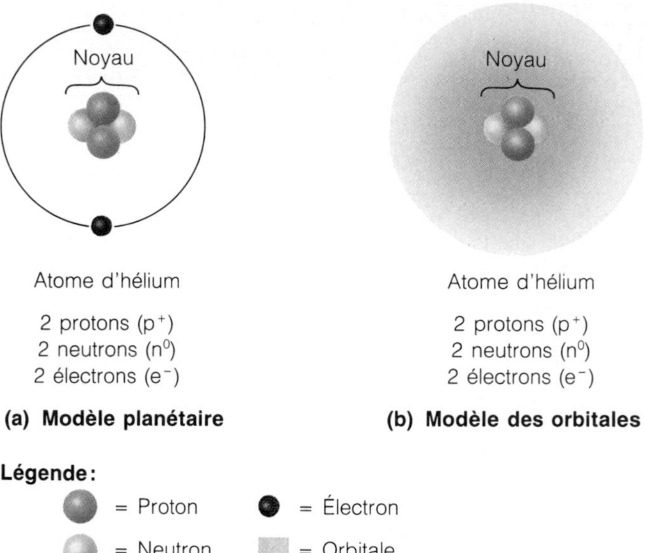

Figure 2.1 Structure d'un atome. Le noyau central très dense contient les protons et les neutrons. (**a**) Selon le modèle planétaire de la structure atomique, les électrons se déplacent autour du noyau en décrivant des orbites fixes. (**b**) Le modèle des orbitales illustre le fait qu'on ne sait jamais vraiment où se trouvent les électrons; on les représente donc comme un nuage de charge négative autour du noyau.

Le **modèle planétaire** (modèle de Bohr), représenté à la figure 2.1a, est un modèle simplifié (et dépassé) de la structure de l'atome. Selon ce modèle, les électrons tournent autour du noyau en décrivant des orbites fixes, le plus souvent circulaires, de la même manière que les planètes tournent autour du soleil. En réalité, il est impossible de déterminer la position exacte des électrons à un moment précis, car ils suivent des trajectoires assez complexes. Au lieu de parler d'orbites, les chimistes parlent donc d'**orbitales**, c'est-à-dire de régions autour du noyau dans lesquelles un électron ou une paire d'électrons donnés se trouvent vraisemblablement la plupart du temps. Ce modèle moderne de la structure atomique est appelé **modèle des orbitales**. Il se révèle plus utile que l'ancien pour prévoir le comportement chimique des atomes. Comme vous le voyez à la figure 2.1b, le modèle des orbitales représente en ombre plus foncée les régions où se trouve *probablement* la plus grande densité d'électrons. Les cercles qui représentent les orbites dans le modèle planétaire sont abandonnés. Le modèle planétaire a toutefois l'avantage d'être plus simple que le modèle des orbitales. C'est pourquoi nous allons l'employer dans la plupart des descriptions de la structure atomique.

L'hydrogène est l'atome le plus simple, puisqu'il ne possède qu'un proton et un électron. Voici comment on peut se représenter les relations spatiales à l'intérieur de l'atome d'hydrogène : si cet atome avait un diamètre égal à la longueur d'un terrain de baseball, le noyau ressemblerait à un plomb de la grosseur d'une boule de gomme situé exactement au centre de la sphère, et l'électron aurait l'air d'une mouche volant ça et là à l'intérieur de la sphère. Cette image devrait vous aider à vous rappeler que le volume d'un atome est surtout constitué d'espace vide et que presque toute sa masse est concentrée au centre, dans le noyau.

Identification des éléments

Peu importe l'atome dont ils font partie, tous les protons sont identiques. Les électrons et les neutrons sont aussi tous pareils. Comment se fait-il que chaque élément possède quand même des propriétés uniques ? Parce que les atomes des différents éléments sont composés de *nombres différents* de protons, d'électrons et de neutrons.

L'atome le plus petit et le plus simple, l'atome d'hydrogène, possède un proton, un électron et aucun neutron (figure 2.2). L'hélium possède deux protons, deux neutrons et deux électrons ; le lithium a trois protons, quatre neutrons et trois électrons. Si nous poursuivions cette énumération, nous obtiendrions une série d'éléments contenant de 1 à 109 protons, un nombre égal d'électrons et un nombre légèrement supérieur de neutrons.

Un tel exercice pourrait être utile pour montrer la progression régulière des atomes d'un élément à ceux de l'élément suivant, mais nous y passerions trop de temps. Il existe des moyens plus faciles de se renseigner sur les éléments chimiques. Pour identifier un élément, il suffit

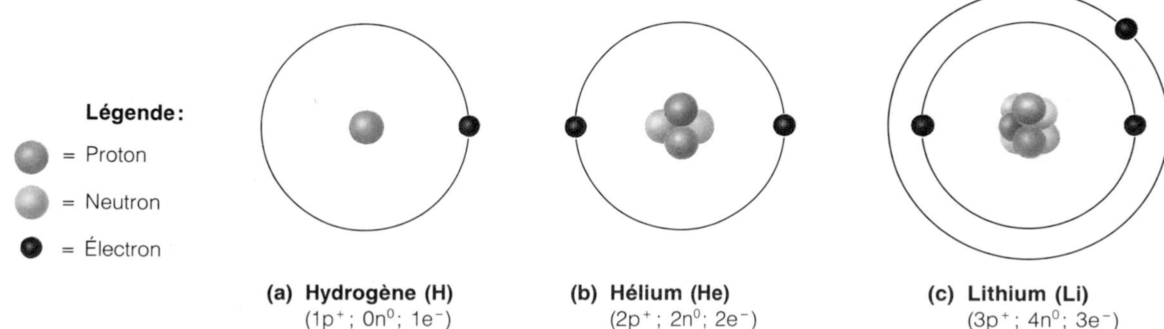

Figure 2.2 Structure des trois atomes les plus petits.

Tableau 2.1 Éléments présents dans le corps humain*

Élément	Symbole chimique	% du poids corporel (approx.)	Fonctions
Importants (96,2%)			
Oxygène	O	65,0	Composant important des molécules organiques (qui contiennent du carbone) et des molécules inorganiques (ne contenant pas de carbone); à l'état gazeux, il est essentiel à la production de l'énergie cellulaire (ATP)
Carbone	C	18,5	Principal composant de toutes les molécules organiques, notamment dans les glucides, lipides, protéines et acides nucléiques
Hydrogène	H	9,5	Présent dans toutes les molécules organiques; sous forme d'ion (proton), sa concentration influe sur le pH des liquides organiques
Azote	N	3,2	Présent dans les protéines et les acides nucléiques (matériel génétique)
Moins abondants (3,9%)			
Calcium	Ca	1,5	Présent sous forme de sel dans les os et les dents; sous forme d'ion (Ca^+), il est nécessaire aux contractions musculaires, à la conduction des influx nerveux et à la coagulation du sang
Phosphore	P	1,0	Constituant du phosphate de calcium, un sel présent dans les os et les dents; également présent dans les acides nucléiques et l'ATP
Potassium	K	0,4	Son ion (K^+) est l'ion positif (cation) le plus abondant dans les cellules; nécessaire à la conduction des influx nerveux et aux contractions musculaires
Soufre	S	0,3	Présent dans les protéines, notamment dans les protéines musculaires
Sodium	Na	0,2	L'ion sodium (Na^+) est le principal ion positif des liquides extracellulaires (se trouvant à l'extérieur des cellules); important pour l'équilibre hydrique, la conduction des influx nerveux et les contractions musculaires
Chlore	Cl	0,2	Le chlore ionisé (Cl^-) est le principal ion négatif (anion) des liquides extracellulaires
Magnésium	Mg	0,1	Présent dans les os; cofacteur important dans de nombreuses réactions métaboliques
Iode	I	0,1	Essentiel à la synthèse d'hormones thyroïdiennes fonctionnelles
Fer	Fe	0,1	Composant de l'hémoglobine (qui transporte l'oxygène dans les globules rouges du sang) et de certaines enzymes
Oligoéléments			
Chrome	Cr		
Cobalt	Co		
Cuivre	Cu		
Fluor	F		
Manganèse	Mn		Les *oligoéléments* (*oligos* = petit, peu nombreux) sont présents en très petites quantités; plusieurs font partie d'enzymes ou sont nécessaires à l'activation des enzymes
Molybdène	Mo		
Sélénium	Se		
Silicium	Si		
Étain	Sn		
Vanadium	V		
Zinc	Zn		

* Vous trouverez à l'appendice E le tableau périodique des éléments, où ceux-ci sont énumérés par ordre ascendant de numéro atomique.

de connaître son nombre atomique, son nombre de masse et son poids atomique. Ce groupe de données compose un profil assez complet de chaque élément.

Nombre atomique

Le **nombre atomique** d'un atome est égal au nombre de protons que contient son noyau. On l'indique par des chiffres inférieurs à gauche du symbole chimique. L'hydrogène, qui possède 1 proton, a 1 comme nombre atomique ($_1H$); l'hélium a 2 protons et son nombre atomique est 2 ($_2He$), etc. Comme le nombre de protons est toujours égal au nombre d'électrons, le nombre atomique révèle *indirectement* combien d'électrons font partie de l'atome. Nous verrons bientôt qu'il s'agit là d'une information extrêmement importante, puisque les électrons déterminent le comportement chimique des atomes.

Nombre de masse

Le **nombre de masse** d'un atome est la somme de la masse de ses protons et de celle de ses neutrons. (On ne tient pas compte de la masse des électrons, car elle est insignifiante.) Comme le noyau de l'hydrogène ne contient que 1 proton, cet élément a un nombre atomique et un nombre de masse identiques: 1. L'hélium, qui possède 2 protons et 2 neutrons, a un nombre de masse égal à 4. On indique généralement le nombre de masse par des chiffres supérieurs à gauche du symbole de l'élément. L'hélium peut donc être désigné ainsi: ^4_2He. Cette notation permet de déduire le nombre et la nature de toutes les particules subatomiques de tous les atomes. Elle donne en effet le nombre de protons (nombre atomique), le nombre d'électrons (nombre atomique) et le nombre de neutrons (nombre de masse moins nombre atomique).

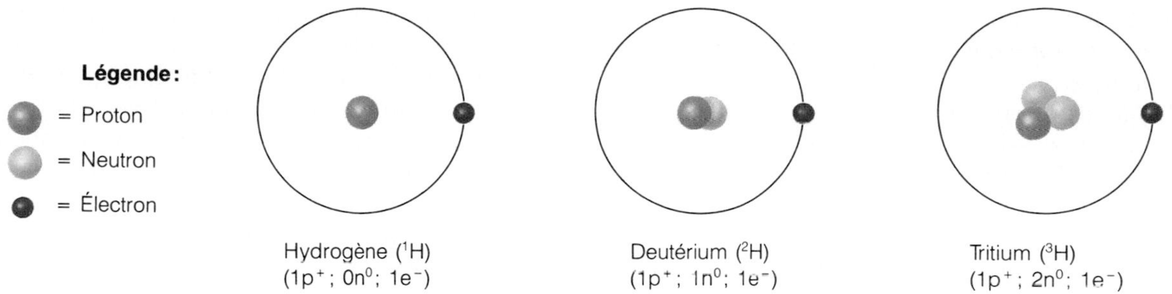

Figure 2.3 Isotopes de l'hydrogène.

D'après ces informations, on pourrait croire que les atomes d'un même élément sont tous identiques. En réalité, ce n'est pas tout à fait vrai, car presque tous les éléments reconnus se présentent sous deux ou plusieurs formes différentes. Ces formes appelées **isotopes** ont le même nombre atomique mais des nombres de masse différents (leur poids diffère donc). Autrement dit, tous les isotopes d'un élément possèdent le même nombre de protons (et d'électrons), mais pas le même nombre de neutrons. Quand nous avons expliqué que le nombre de masse de l'hydrogène est 1, nous parlions de ^{1}H, l'isotope d'hydrogène le plus abondant. D'autres atomes d'hydrogène ont une masse de 2 ou 3 u (unités de masse atomique), c'est-à-dire qu'ils possèdent 1 proton et 1 ou 2 neutrons (figure 2.3). Il existe aussi trois isotopes de carbone: ^{12}C, ^{13}C et ^{14}C. Tous les isotopes de carbone possèdent six protons (sinon ces atomes ne seraient pas du carbone), mais le premier a six neutrons, le second sept et le troisième huit.

Poids atomique

Il semblerait logique que le poids atomique soit égal à la masse atomique, et il le serait en effet si le poids atomique était le poids d'un seul atome. Mais le **poids atomique** est la moyenne du poids relatif (nombre de masse) de tous les isotopes d'un élément, compte tenu de la proportion de chacun dans la nature. En règle générale, le poids atomique d'un élément est à peu près égal au nombre de masse de son isotope le plus abondant. Par exemple, l'hydrogène a un poids atomique de 1,008, ce qui révèle que son isotope le plus léger (^{1}H) est beaucoup abondant que ^{2}H ou ^{3}H.

Radio-isotopes

Les isotopes les plus lourds d'un élément sont souvent instables. Leurs atomes se décomposent spontanément en formes plus stables, par l'émission à partir de leur noyau de particules alpha (α) ou bêta (β) ou de particules d'énergie électromagnétique (rayons gamma [γ]). Ce processus de désintégration atomique est appelé *radioactivité,* et les isotopes qui présentent ce comportement sont des **radio-isotopes.** La désintégration d'un noyau radioactif peut se comparer à une minuscule explosion. La cause de ce phénomène est complexe. Sachez toutefois que les particules nucléaires sont composées de particules encore plus petites appelées *quarks,* qui se combinent d'une certaine manière pour former les protons et d'une autre manière pour former les neutrons. Il semblerait que la «colle» nucléaire qui lie les quarks est moins solide dans les isotopes les plus lourds.

Tous les types de radio-isotopes produisent une ou plusieurs formes de radiation et tendent à perdre peu à peu leur comportement radioactif. La période nécessaire pour qu'un radio-isotope perde la moitié de son activité est sa *demi-vie.* Les radio-isotopes ont des demi-vies variant de quelques heures à plusieurs milliers d'années.

Parce que la radioactivité peut être décelée à l'aide de différents détecteurs, les radio-isotopes sont des outils précieux en recherche biologique et en médecine. En clinique, les radio-isotopes sont employés surtout à des fins de diagnostic, c'est-à-dire pour localiser la source de certains problèmes physiologiques ou des tissus cancéreux. Ainsi, l'iode 131 est utilisé pour évaluer l'activité de la glande thyroïde, pour déterminer son volume et pour détecter le cancer de la thyroïde. Dans la tomographie par émission de positons (décrite au chapitre 1 dans l'encadré des pages 20-21), on se sert de radio-isotopes pour étudier le fonctionnement de certaines molécules à l'intérieur du corps. Peu importe le but de leur utilisation, tous les types de radioactivité portent atteinte aux tissus vivants. Pensez par exemple aux graves lésions provoquées par les rayons gamma émis au moment de l'explosion d'une bombe atomique. Les émissions alpha n'ont qu'un faible pouvoir de pénétration et sont les moins néfastes pour les tissus; les émissions gamma ont le plus grand pouvoir de pénétration. Il va de soi qu'on a choisi les radio-isotopes ayant les plus courtes demi-vies pour les tests diagnostiques. Le radium 226, le cobalt 60 et certains autres radio-isotopes émettant des rayons gamma sont employés en radiothérapie pour le traitement des cancers localisés ou pour compléter le traitement après l'ablation chirurgicale d'une tumeur cancéreuse.

Comment la matière se combine: molécules et mélanges

Molécules et composés

La majorité des atomes n'existent pas à l'état libre; ils sont liés chimiquement à d'autres atomes. La combinaison de deux ou plusieurs atomes au moyen de liaisons chimiques forme une **molécule.** (Nous décrirons bientôt les liaisons chimiques.)

Quand deux ou plusieurs atomes du *même* élément se combinent, la substance qu'ils forment est une *molécule de cet élément.* Ainsi, quand deux atomes d'hydrogène se lient, on a une molécule d'hydrogène gazeux, désignée par le symbole H_2. (Le chiffre indiquant le nombre d'atomes est placé en indice à droite du symbole de l'élément.) De même, la liaison de deux atomes d'oxygène forme une molécule d'oxygène gazeux (O_2). Les molécules formées d'atomes du même élément ne sont pas toutes diatomiques (constituées de deux atomes). Par exemple, les atomes de soufre se lient souvent pour former des molécules contenant huit atomes de soufre (S_8).

Quand deux ou plusieurs atomes *différents* se lient, ils forment une molécule de **composé.** Deux atomes d'hydrogène peuvent se combiner avec un atome d'oxygène et former ainsi le composé appelé eau (H_2O); quatre atomes d'hydrogène peuvent se lier à un atome de carbone et former un composé appelé méthane (CH_4). Faisons le point: les molécules de méthane et d'eau sont des composés, mais non l'hydrogène gazeux, puisque cette molécule est constituée de deux atomes d'hydrogène identiques alors que les composés contiennent toujours des atomes d'au moins deux éléments différents.

Les composés sont des substances chimiquement pures, et toutes leurs molécules sont identiques. Une molécule est donc la plus petite particule d'un composé qui présente les caractéristiques de ce composé, tout comme l'atome est la plus petite particule d'un élément qui possède les propriétés de cet élément. Ce concept est important, puisque les propriétés des composés sont généralement bien différentes de celles des atomes qu'ils contiennent et ne correspondent pas à la somme des propriétés de ces atomes.

Mélanges

Les **mélanges** sont composés d'au moins deux substances *physiquement entremêlées.* La majorité de la matière à l'état naturel existe sous forme de mélange, bien qu'il n'existe que trois types de mélanges: les solutions, les colloïdes et les suspensions.

Solutions

Les **solutions** sont des mélanges homogènes de deux ou plusieurs substances, à l'état gazeux, liquide ou solide. Sont des solutions l'air que nous respirons (un mélange de gaz), l'eau de mer (un mélange de sels, c'est-à-dire de solides, et d'eau) et l'alcool à 90 % (un mélange de deux liquides, l'alcool et l'eau). Le **solvant** (ou milieu de dissolution) est la substance dans laquelle les autres substances sont dissoutes. En général, le solvant est un liquide ou un gaz et il est présent en plus grande quantité que les solutés. Les **solutés** sont les substances dissoutes dans le solvant. Ils sont ordinairement présents en plus petite quantité que le solvant.

L'eau est le solvant le plus important du corps humain. La plupart des solutions de l'organisme sont des *solutions vraies,* contenant des gaz, des liquides ou des solides dissous dans l'eau. Les solutions vraies sont habituellement transparentes. Les solutions salées (sel de table [NaCl] et eau) et les mélanges de glucose et d'eau sont des solutions vraies. Ces solutions contiennent des solutés infinitésimaux, c'est-à-dire présents sous forme de molécules ou d'atomes séparés. Par conséquent, ces solutés sont invisibles à l'œil nu, ne se déposent pas et ne diffusent pas la lumière. Quand on dirige un rayon lumineux sur une solution vraie, on ne peut pas voir le trajet de la lumière.

Expression de la concentration des solutions. On décrit souvent les solutions vraies en précisant leur *concentration.* Celle-ci peut être exprimée de plusieurs façons. Dans les laboratoires des cégeps et des universités ainsi qu'en milieu hospitalier, on décrit souvent les solutions selon le **pourcentage** (proportion pour cent) de soluté dans la solution. Le pourcentage est donc toujours la proportion de soluté. À moins d'indications contraires, on suppose que l'eau est le solvant de la solution.

On peut aussi exprimer la concentration d'une solution selon sa **molarité,** ou *concentration molaire,* c'est-à-dire le nombre de moles de soluté par litre de solution (mol/L). Cette méthode est plus compliquée mais beaucoup plus utile que la première. Pour comprendre le concept de molarité, il faut d'abord savoir ce qu'est une mole. Une **mole** d'un élément ou d'un composé est une quantité de cette substance, pesée en grammes, égale à son poids atomique ou à son **poids moléculaire** (somme des poids atomiques). L'exemple suivant vous montrera que ce concept n'est pas si difficile à saisir.

La formule chimique du glucose est $C_6H_{12}O_6$, ce qui indique qu'une molécule de glucose est composée de 6 atomes de carbone, de 12 atomes d'hydrogène et de 6 atomes d'oxygène. Pour trouver le poids moléculaire du glucose, on cherche le poids atomique de chacun de ses atomes dans le tableau périodique (voir l'appendice E) et on effectue les calculs suivants:

Atome	Nombre d'atomes		Poids atomique		Poids moléculaire
C	6	x	12,011	=	72,066
H	12	x	1,008	=	12,096
O	6	x	15,999	=	95,994
					180,156

Pour préparer une solution de glucose de 1 mol/L, on prend 180,156 g, la masse molaire du glucose ou l'équivalent en grammes du poids moléculaire du glucose, auquel on ajoute suffisamment d'eau pour obtenir 1 L de solution.

Ce qui fait l'utilité de la mole comme unité de mesure pour la préparation des solutions c'est la précision qu'elle permet. Une mole de n'importe quelle substance contient toujours exactement le même nombre de particules de soluté: 6,02 × 10^{23}. Ce nombre est appelé **nombre d'Avogadro.** Qu'on pèse 1 mol de glucose (180 g), 1 mol d'eau (18 g) ou 1 mol de méthane (16 g), on a toujours 6,02 × 10^{23} molécules.* Cette méthode permet de préparer des solutions avec une précision presque incroyable.

Colloïdes

Les **colloïdes** sont des mélanges hétérogènes, souvent translucides ou laiteux. Même si les colloïdes contiennent des particules de soluté plus grosses que celles des solutions vraies, ces particules ne se déposent pas. Cependant, elles diffusent la lumière, ce qui signifie qu'on peut voir le trajet d'un rayon de lumière à travers un colloïde.

Les colloïdes possèdent plusieurs propriétés uniques. Certains ont notamment la capacité de subir des **transformations sol-gel,** c'est-à-dire qu'ils peuvent passer d'un état liquide (sol) à un état plus solide (gel) et retourner à leur état initial. Le Jell-O et les autres produits à base de gélatine sont des colloïdes qui passent de l'état de sol à l'état de gel au réfrigérateur (et qui se liquéfieront à nouveau si on les met au soleil). Le cytosol, un matériau semi-liquide entrant dans la composition du cytoplasme des cellules vivantes, est considéré comme un colloïde, et ses transformations sol-gel interviennent dans un grand nombre de fonctions cellulaires importantes, notamment la division cellulaire.

Suspensions

Les **suspensions** sont des mélanges hétérogènes qui contiennent de gros solutés, souvent visibles à l'œil nu. Un mélange de sable et d'eau constitue une suspension. Le sang est également une suspension: les globules sanguins sont en suspension dans la portion liquide du sang, le plasma. Si la suspension repose, c'est-à-dire cesse d'être agitée, les particules de soluté se déposent au fond du contenant (se précipitent). Ainsi, c'est le mouvement du sang dans les vaisseaux sanguins, c'est-à-dire la circulation sanguine, qui garde les particules de soluté en suspension dans le plasma.

Les systèmes vivants et non vivants (inanimés) contiennent les trois sortes de mélanges. En fait, on peut dire que la matière vivante est le plus complexe des mélanges, puisqu'elle est formée de mélanges des trois genres coexistant dans le même être.

* Il existe une importante exception à cette règle: les molécules qui s'ionisent pour former des particules chargées (ions) dans l'eau, notamment les sels, les acides et les bases (voir p. 42-43). Par exemple, le sel de table (chlorure de sodium) se décompose en deux types de particules chargées. Dans une solution de chlorure de sodium de 1 mol/L, il y a donc en fait *2 mol* de particules de soluté en solution.

Différences entre mélanges et composés

Maintenant que nous avons examiné les similarités et les différences entre les genres de mélanges, nous pouvons étudier les différences entre les mélanges et les composés. Voici les principales caractéristiques qui distinguent les mélanges des composés:

1. Les propriétés des atomes ou des molécules ne changent pas lorsqu'ils font partie d'un mélange. (Ils ne sont que «physiquement entremêlés».) Par contre, les propriétés des atomes et des molécules changent lorsqu'ils s'unissent par des liaisons chimiques pour former un composé. C'est donc l'absence de liaisons chimiques entre les substances formant un mélange qui distingue celui-ci d'un composé.

2. Les substances constituant un mélange peuvent être séparées à l'aide de diverses méthodes physiques — égouttage, filtration, évaporation, etc. — , en fonction de la nature précise du mélange. Par contre, les composés ne peuvent être divisés en leurs atomes qu'au moyen de méthodes chimiques (qui provoqueront la rupture des liaisons chimiques).

3. Certains mélanges sont homogènes, et d'autres sont hétérogènes. Une substance est considérée comme *homogène* quand un échantillon prélevé n'importe où dans la substance a la même composition (contient les mêmes atomes ou molécules) que tous les autres échantillons qu'on pourrait y prélever. Un lingot de fer élémentaire (pur) est homogène, comme tous les composés. La composition des substances *hétérogènes* varie d'un endroit à l'autre. Par exemple, le minerai de fer est un mélange hétérogène, qui contient plusieurs autres éléments à part le fer.

Liaisons chimiques

Nous l'avons mentionné plus tôt, les atomes combinés à d'autres atomes sont maintenus ensemble par des **liaisons chimiques.** Une liaison chimique n'est pas une structure physique, comme des menottes qui joignent les poignets de deux personnes: c'est une relation énergétique entre les électrons des atomes réactifs (qui prennent part à une réaction chimique).

Rôle des électrons dans les liaisons chimiques

Les électrons formant le nuage d'électrons qui entoure le noyau d'un atome se déplacent dans des régions spécifiques de l'espace appelées **couches électroniques,** superposées autour du noyau de l'atome. Les atomes connus à ce jour peuvent avoir jusqu'à sept couches électroniques (numérotées de un à sept à partir du noyau), mais le nombre de couches d'un atome dépend du nombre d'électrons qu'il possède.

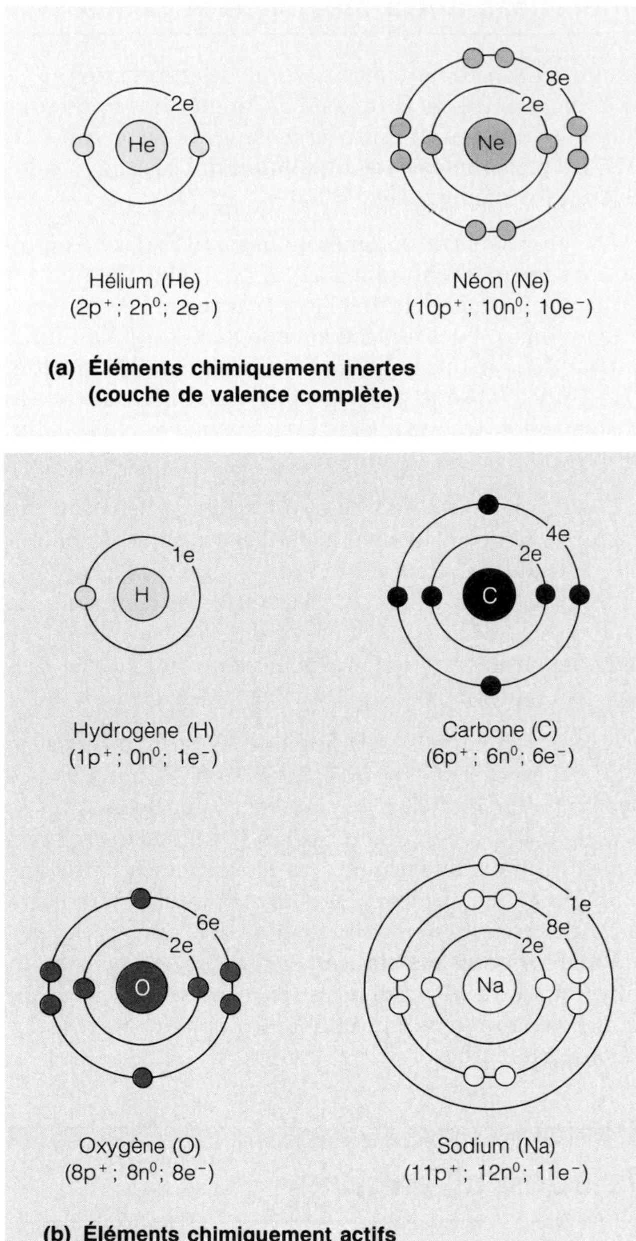

Figure 2.4 Éléments chimiquement inertes et réactifs. (**a**) L'hélium et le néon sont chimiquement inertes parce que leur dernier niveau d'énergie (couche de valence) est rempli d'électrons. (**b**) Les éléments dont la couche de valence est incomplète sont chimiquement réactifs. Ces atomes tendent à interagir avec d'autres atomes afin de remplir leur couche de valence en gagnant, en perdant ou en partageant des électrons. (Remarque: Afin de simplifier les schémas, les noyaux atomiques sont représentés sous forme d'un cercle dans lequel est écrit le symbole de l'atome; les protons et les neutrons ne sont pas représentés.)

Il faut bien comprendre que chaque couche électronique représente un **niveau d'énergie** différent, car cette notion vous aide à penser aux électrons comme à des particules possédant une certaine quantité d'énergie potentielle. En général, les termes *couche électronique* et *niveau d'énergie* sont synonymes.

La quantité d'énergie potentielle d'un électron dépend d'abord et avant tout du niveau d'énergie qu'il occupe, puisque la force d'attraction entre le noyau chargé positivement et l'électron chargé négativement est plus importante près du noyau et qu'elle diminue à mesure que l'électron s'éloigne de celui-ci. Ceci explique (1) pourquoi les électrons les plus éloignés du noyau possèdent plus d'énergie potentielle — il faut plus d'énergie pour vaincre l'attraction nucléaire et atteindre les niveaux d'énergie les plus éloignés — et (2) pourquoi ces électrons participent plus souvent aux interactions chimiques avec d'autres atomes — ils sont retenus moins solidement par leur noyau et ils sont davantage influencés par les forces extérieures (autres atomes et molécules).

Chaque couche électronique ne peut recevoir qu'un nombre limité d'électrons. La couche 1, celle qui est à proximité immédiate du noyau, ne peut contenir que 2 électrons; la couche 2 contient un maximum de 8 électrons; la couche 3 peut recevoir 18 électrons. Les couches suivantes peuvent contenir des nombres de plus en plus grands d'électrons. Les couches ont tendance à se remplir d'électrons les unes après les autres. Ainsi, la couche un se remplit complètement avant que des électrons apparaissent dans la couche deux.

Les seuls électrons qui jouent un rôle dans les liaisons entre les atomes sont ceux qui se trouvent au dernier niveau d'énergie. On les appelle *électrons de valence.* Les électrons internes ne participent pas aux liaisons, car ils sont retenus trop solidement par le noyau de l'atome. Lorsque le dernier niveau d'énergie d'un atome est plein ou qu'il contient huit électrons, cet atome est stable. De tels atomes sont en général chimiquement *inertes*: ils n'entrent pas en interaction avec d'autres atomes et ne provoquent aucune réaction chez ces atomes. Par conséquent, ils ne participent pas à la formation de molécules. Cet état est typique d'un groupe d'éléments appelés *gaz rares,* dont font partie l'hélium et le néon (figure 2.4a). Lorsque le dernier niveau d'énergie d'un atome contient moins de huit électrons (figure 2.4b), cet atome a tendance à se lier avec d'autres atomes (en gagnant, en perdant ou en partageant des électrons) afin d'atteindre la configuration stable des gaz rares. Apportons ici une précision importante: le nombre d'électrons participant à une liaison est toujours limité à 8, même si les niveaux d'énergie situés plus loin que la couche 2 contiennent plus de 8 électrons, comme c'est le cas pour les atomes possédant plus de 20 électrons. L'expression **couche de valence** désigne le dernier niveau d'énergie *ou la portion de ce niveau d'énergie* qui contient les électrons intervenant dans les réactions chimiques, c'est-à-dire dans la formation de liaisons chimiques entre les atomes. Par conséquent, la clé de la réactivité chimique est la **règle de l'octet**, ou **règle des huit électrons.** Sauf en ce qui concerne la couche un, qui ne peut contenir que deux électrons, les atomes ont tendance à participer à des réactions qui leur permettront d'arriver à posséder huit électrons dans leur couche de valence.

Types de liaisons chimiques

Les forces d'attraction entre les atomes sont à l'origine des trois principaux types de réactions chimiques: la liaison ionique, la liaison covalente et la liaison hydrogène.

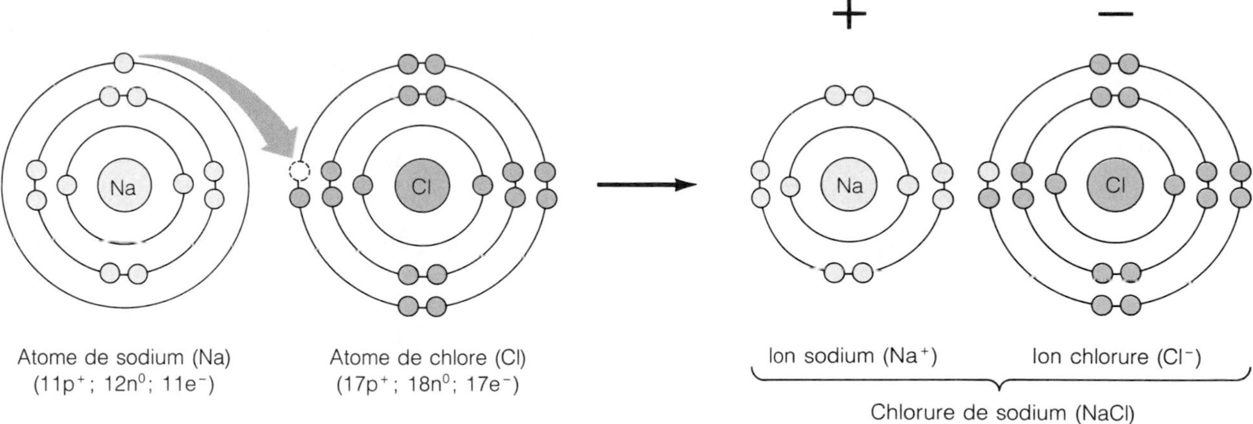

Figure 2.5 Formation d'une liaison ionique. Les atomes de sodium et de chlore sont chimiquement réactifs, parce que leurs couches de valence ne sont pas complètement remplies. Le sodium acquiert la stabilité en perdant un électron; le chlore devient stable en gagnant un électron. Après le transfert de l'électron, le sodium s'est transformé en ion sodium (Na^+) et le chlore en ion chlorure (Cl^-). Ces deux ions de charge opposée s'attirent.

Liaison ionique

Les atomes sont électriquement neutres, mais le transfert d'électrons d'un atome à un autre détruit l'équilibre des charges positives et négatives, et forme des particules chargées appelées **ions.** Cette réaction produit une **liaison ionique.** L'atome qui gagne un ou plusieurs électrons acquiert une charge électrique négative: il se transforme en **anion**; l'atome qui perd des électrons acquiert une charge positive: il se transforme en **cation.** (Voici un truc mnémotechnique: associez le «t» de «cation» au « + » signifiant positif.) Le transfert d'électrons d'un atome à un autre provoque toujours la formation d'un anion et d'un cation. Comme des charges opposées s'attirent, ces ions ont tendance à ne pas s'éloigner l'un de l'autre.

La formation du chlorure de sodium (NaCl) à partir d'atomes de sodium et de chlore représente probablement le meilleur exemple de liaison ionique (figure 2.5). Le sodium (nombre atomique: 11) possède 1 électron dans sa couche de valence. Il lui serait très difficile de gagner sept électrons pour remplir cette couche. Mais s'il perd un électron, sa couche deux, qui est pleine puisqu'elle contient huit électrons, devient son dernier niveau d'énergie. En perdant l'unique électron de son troisième niveau d'énergie, le sodium atteint un état stable et se transforme en cation (Na^+). Par ailleurs, le chlore (nombre atomique: 17) n'a besoin que d'un seul électron pour remplir sa couche de valence. En acceptant un électron, le chlore se transforme en anion et acquiert la stabilité. C'est ce qui se produit quand ces deux atomes interagissent; le sodium cède un électron au chlore. Les ions ainsi créés s'attirent, et forment le chlorure de sodium. En général, les liaisons ioniques se produisent entre des atomes qui possèdent un ou deux électrons de valence (métaux comme le sodium, le calcium et le potassium) et des atomes qui contiennent sept électrons de valence (comme le chlore, le fluor et l'iode). La plupart des composés ioniques font partie de la catégorie chimique des *sels.*

En l'absence d'eau, les composés ioniques comme le chlorure de sodium n'existent pas sous forme de molécules individuelles; ils se présentent plutôt sous forme de **cristaux,** c'est-à-dire de gros amas d'anions et de cations maintenus ensemble par des liaisons ioniques (voir la figure 2.11).

Le cas du chlorure de sodium montre bien la différence entre les propriétés d'un composé et celles des atomes qui le constituent. Le sodium est un métal blanc d'argent qui peut s'enflammer en présence d'air; le chlore à l'état moléculaire est un gaz verdâtre toxique (qui sert à fabriquer des agents de blanchiment). Le chlorure de sodium est un solide cristallin blanc qui sert à assaisonner les aliments. Le fait que les aliments n'acquièrent pas un goût de chlore et ne deviennent pas inflammables démontre bien que les propriétés d'un composé n'équivalent pas à la somme des propriétés de ses constituants.

Liaison covalente

Il n'est pas essentiel que les électrons soient transférés (perdus ou gagnés), comme dans la liaison ionique, pour que les atomes acquièrent la stabilité. Les électrons peuvent être *mis en commun* (partagés), de sorte que chaque atome d'une molécule soit en mesure de remplir sa couche périphérique d'électrons, du moins une certaine partie du temps. La mise en commun d'électrons produit des molécules unies par des **liaisons covalentes.**

L'atome d'hydrogène, qui ne possède qu'un seul électron, peut remplir son unique couche (couche un) en partageant son électron avec un électron d'un autre atome. Quand il met en commun son électron et celui d'un autre atome d'hydrogène, on obtient une molécule d'hydrogène gazeux. La paire d'électrons mis en commun décrit une orbite autour de chaque atome (et de la molécule dans son ensemble), et satisfait leur besoin de stabilité. L'hydrogène peut aussi former des composés par la mise en

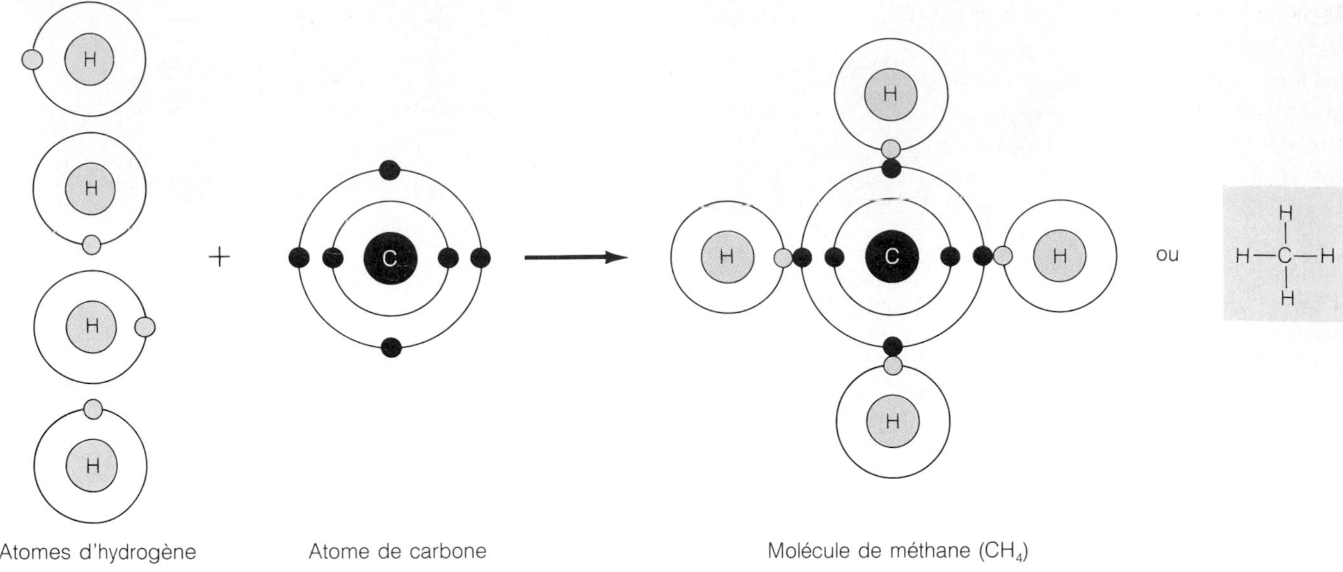

(a) Formation de quatre liaisons covalentes simples

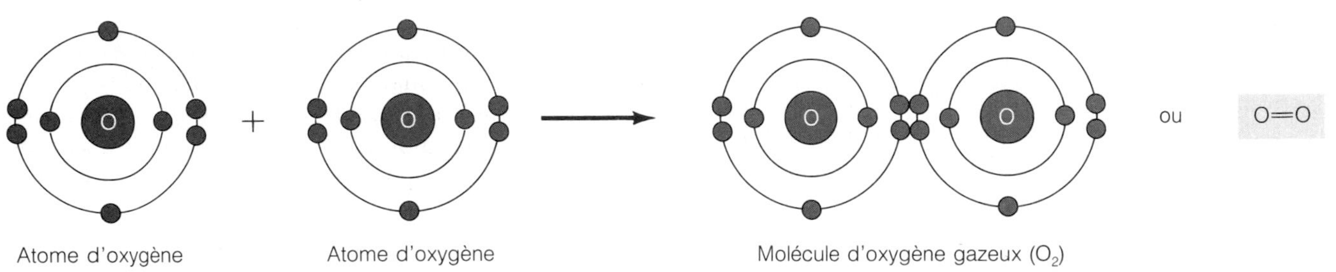

(b) Formation d'une liaison covalente double

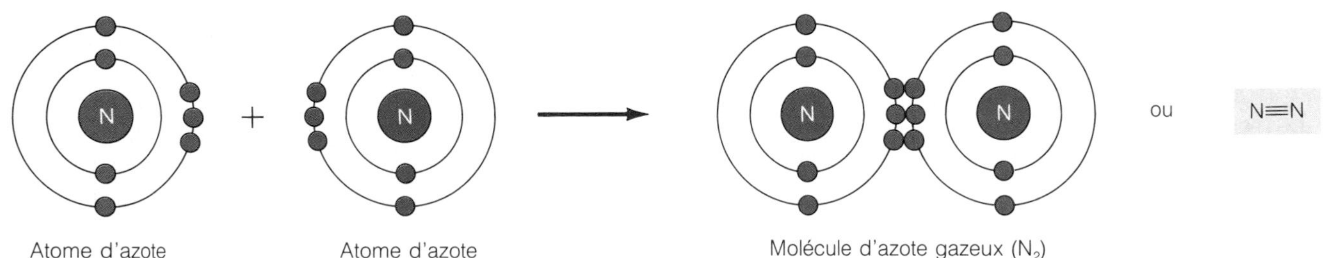

(c) Formation d'une liaison covalente triple

Figure 2.6 Formation de liaisons covalentes. Le mode de partage des électrons des atomes en interaction est présenté à gauche. Dans les rectangles ombrés de l'extrême droite, chaque paire d'électron mise en commun est représentée par un trait. (**a**) Formation d'une molécule de méthane: l'atome de carbone partage quatre paires d'électrons avec quatre atomes d'hydrogène. (**b**) Formation d'une molécule d'oxygène gazeux: chaque atome d'oxygène partage deux paires d'électrons avec un autre atome d'oxygène, ce qui crée une liaison covalente double. (**c**) Quand une molécule d'azote gazeux se forme, les deux atomes d'azote partagent trois paires d'électrons, ce qui crée une liaison covalente triple.

commun de son électron et d'un électron d'un autre atome (figure 2.6a). Le carbone possède quatre électrons dans sa couche de valence, mais il lui en faut huit pour atteindre la stabilité; l'hydrogène possède un électron, mais il lui en faut deux. Dans une molécule de méthane (CH_4), le carbone a quatre paires d'électrons en commun avec quatre atomes d'hydrogène (une paire d'électrons en commun avec chaque atome d'hydrogène). Les électrons mis en commun décrivent des orbitales autour des atomes unis par la liaison et assurent ainsi leur stabilité.

Une paire d'électrons mis en commun forme une *liaison covalente simple* (indiquée par un trait entre les atomes: H — H). Il arrive toutefois que les atomes partagent deux ou trois paires d'électrons (figure 2.6b et c), ce qui crée des *liaisons covalentes doubles* ou *triples* (indiquées par deux ou trois traits: O = O, N ≡ N).

Molécules polaires et non polaires. Dans les liaisons covalentes dont nous avons parlé jusqu'à présent, les électrons sont partagés également entre les atomes de la molécule. Les molécules ainsi formées sont équilibrées sur le plan électrique: ce sont des **molécules non polaires.** Deux ou plusieurs atomes s'unissant par des liaisons covalentes produisent une molécule de géométrie spécifique, où les liaisons forment des angles précis. La structure tridimensionnelle (forme) d'une molécule détermine dans une large part avec quels atomes ou autres molécules elle peut interagir. La forme de la molécule peut aussi entraîner un partage inégal des paires d'électrons: on a alors une **molécule polaire** (électriquement chargée). Ce phénomène se vérifie surtout chez les molécules dissymétriques, qui contiennent des atomes n'ayant pas la même capacité d'attirer des électrons. La capacité d'attirer des électrons dépend du nombre d'électrons de valence et du volume de l'atome. En généralisant, on peut dire que les *petits* atomes qui ont six ou sept électrons de valence (comme l'oxygène, l'azote et le chlore) attirent très fortement les électrons. Cette caractéristique des atomes avides d'électrons est appelée **électronégativité.** Les atomes sont électronégatifs parce qu'ils possèdent plus d'électrons (e^-) que de protons (p^+). Inversement, les atomes qui ne possèdent qu'un ou deux électrons de valence ont tendance à être **électropositifs,** c'est-à-dire que leur capacité d'attirer des électrons est si faible qu'ils perdent habituellement leurs électrons de valence au profit d'autres atomes. La perte des électrons rend le nombre de protons supérieur au nombre d'électrons. Le potassium et le sodium n'ont qu'un seul électron de valence: ce sont des atomes électropositifs.

Les exemples du gaz carbonique et de l'eau illustrent bien pourquoi il faut connaître la structure tridimensionnelle de la molécule et la capacité relative des atomes d'attirer des électrons quand on veut déterminer si une molécule formée de liaisons covalentes est polaire ou non. Le gaz carbonique (CO_2) se forme lorsqu'un atome de carbone partage quatre paires d'électrons avec deux atomes d'oxygène (deux paires avec chaque atome d'oxygène). Puisque l'oxygène est très électronégatif, il attire les électrons beaucoup plus fortement que ne le fait le carbone. Toutefois, la molécule de gaz carbonique est linéaire (figure 2.7a), car la capacité d'attirer les électrons d'un atome d'oxygène est contrebalancée par celle de l'autre atome d'oxygène. Les électrons sont donc partagés également: la molécule de gaz carbonique est un composé non polaire.

La molécule d'eau (H_2O) a la forme d'un V (figure 2.7b). Les deux atomes d'hydrogène sont situés à un bout de la molécule et l'atome d'oxygène à l'autre bout. L'atome d'oxygène est ainsi en mesure d'attirer vers lui les électrons mis en commun (par conséquent, ceux-ci s'éloignent des atomes d'hydrogène). Les paires d'électrons ne sont donc *pas* partagées également; elles sont plus souvent à proximité de l'oxygène. Puisque les électrons ont une charge négative, la partie de la molécule où se trouve l'oxygène est légèrement plus négative

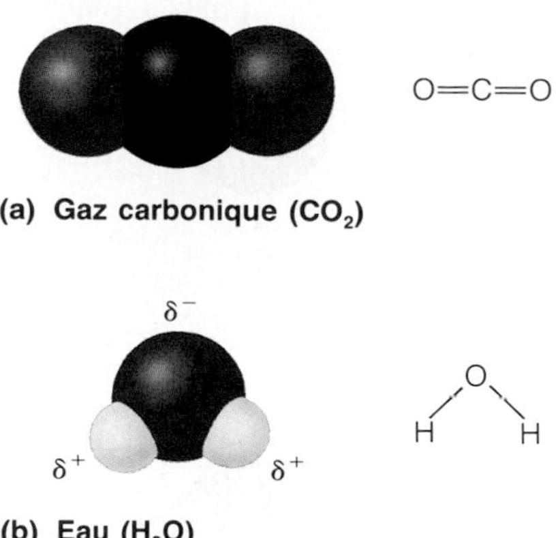

Figure 2.7 Modèles moléculaires représentant la structure tridimensionnelle des molécules de gaz carbonique et d'eau.

(elle est δ^- [delta$^-$]), et la partie où se trouve l'hydrogène est légèrement plus positive (δ^+). Parce que l'eau a deux pôles de charge, c'est une *molécule polaire,* ou **dipôle.** Les molécules polaires peuvent s'orienter vers d'autres dipôles ou vers des particules chargées (comme des ions). Ces molécules jouent un rôle essentiel dans les réactions chimiques se produisant à l'intérieur des cellules du corps humain. Le rôle de l'eau est particulièrement significatif, comme nous le verrons plus loin dans ce chapitre.

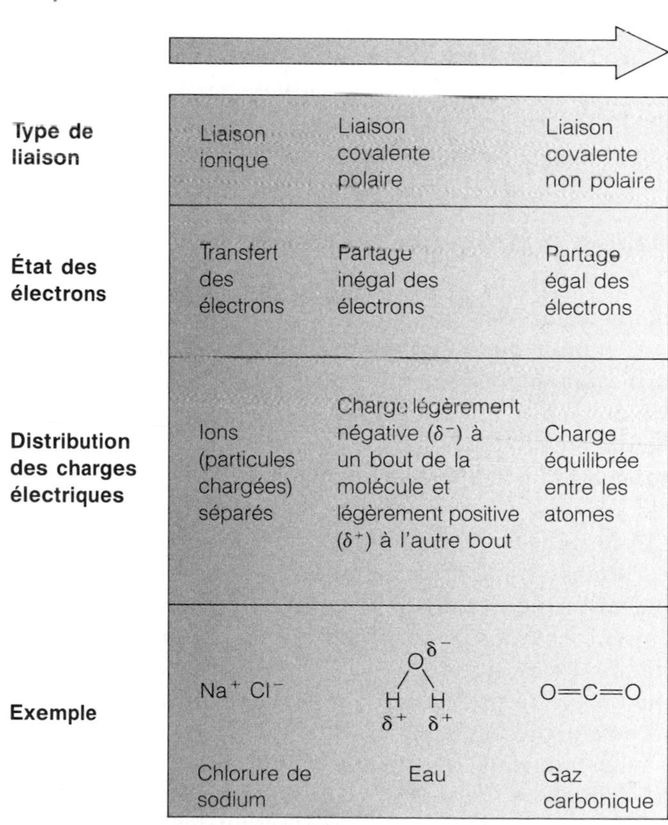

Type de liaison	Liaison ionique	Liaison covalente polaire	Liaison covalente non polaire
État des électrons	Transfert des électrons	Partage inégal des électrons	Partage égal des électrons
Distribution des charges électriques	Ions (particules chargées) séparés	Charge légèrement négative (δ^-) à un bout de la molécule et légèrement positive (δ^+) à l'autre bout	Charge équilibrée entre les atomes
Exemple	Na^+ Cl^- Chlorure de sodium	O (δ^-), H H (δ^+ δ^+) Eau	O=C=O Gaz carbonique

Figure 2.8 Comparaison des liaisons ionique, covalente polaire et covalente non polaire. État des électrons intervenant dans les liaisons chimiques et distribution des charges électriques dans les molécules.

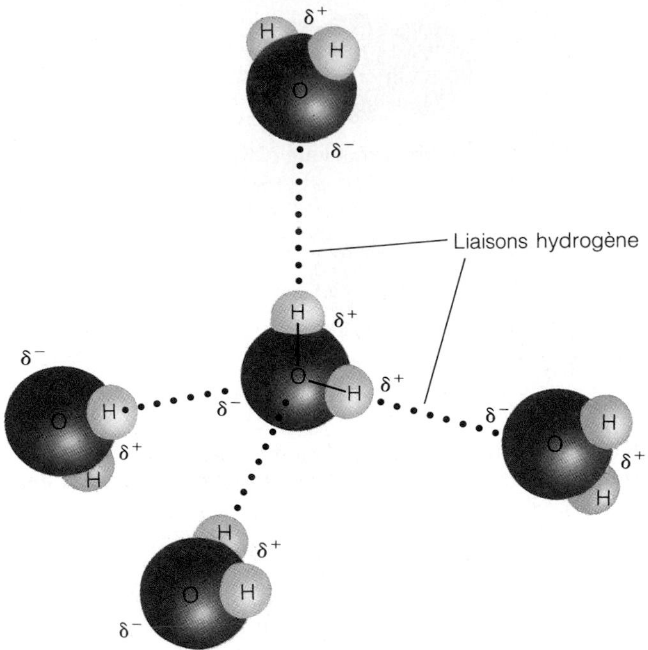

Figure 2.9 Liaison hydrogène entre des molécules (polaires) d'eau. Les pôles légèrement positifs (indiqués par δ^+) des molécules d'eau s'alignent avec les pôles légèrement négatifs (δ^-) d'autres molécules d'eau.

Différents types de molécules possèdent différents degrés de polarité. On peut observer un changement graduel de la polarité, des liaisons ioniques jusqu'aux liaisons covalentes non polaires, comme le montre la figure 2.8. Les liaisons ioniques (transfert des électrons) et les liaisons covalentes non polaires (partage égal des électrons) se situent aux extrêmes d'une progression comportant plusieurs degrés de partage inégal des électrons.

Liaison hydrogène

Les liaisons hydrogène sont trop faibles pour unir des atomes et former des molécules, ce qui les distingue des liaisons ioniques et covalentes. Une liaison hydrogène se forme quand un atome d'hydrogène déjà uni par une liaison covalente à un atome électronégatif (généralement l'azote ou l'oxygène) est attiré par un autre atome électronégatif. La liaison hydrogène se produit souvent entre des dipôles comme les molécules d'eau: les atomes d'hydrogène légèrement positifs d'une molécule sont attirés par les atomes d'oxygène légèrement négatifs d'autres molécules (figure 2.9). Cette tendance des molécules d'eau à s'accrocher les unes aux autres et à former une mince membrane est appelée *tension superficielle.* Elle explique en partie pourquoi l'eau forme des sphères quand on en répand sur un plan dur.

Les liaisons hydrogène peuvent aussi constituer d'importantes *liaisons intramoléculaires,* unissant diverses parties d'une grosse molécule et lui donnant sa structure tridimensionnelle spécifique. Certaines grosses molécules biologiques, notamment les protéines et l'ADN, possèdent un grand nombre de liaisons hydrogène, qui les maintiennent et les stabilisent.

Réactions chimiques

Nous avons expliqué au début de ce chapitre que toutes les particules de matière bougent sans arrêt, à cause de leur énergie cinétique. Dans un solide, les atomes et les molécules n'ont habituellement que des mouvements vibratoires, car les particules sont unies par des liaisons assez rigides. Par contre, dans les liquides et les gaz, les particules se déplacent au hasard et entrent en collision pour interagir les unes avec les autres au cours de réactions chimiques. On parle de **réaction chimique** lorsque des liaisons chimiques sont formées, réarrangées ou rompues.

Équations chimiques

Nous avons vu que l'union de deux atomes d'hydrogène forme de l'hydrogène gazeux et que l'union de quatre atomes d'hydrogène et d'un atome de carbone forme du méthane. On peut représenter ces réactions à l'aide d'**équations chimiques**:

$$H + H \rightarrow H_2 \text{ (hydrogène gazeux)}$$

et

$$4H + C \rightarrow CH_4 \text{ (méthane)}$$

Remarquez que le chiffre placé *en indice* indique le nombre d'atomes unis par des liaisons chimiques, alors que le chiffre placé *devant* un symbole désigne le nombre d'atomes ou de molécules non liés. En voyant «4H», nous comprenons qu'il y a quatre atomes d'hydrogène non liés; en lisant «CH_4», nous savons que quatre atomes d'hydrogène se sont liés avec un atome de carbone afin de former une molécule de méthane.

Une équation chimique est un genre de phrase décrivant ce qui se produit pendant une réaction. Elle nous donne le nombre et le type de substances qui participent à la réaction, ou **réactifs,** et la composition chimique des **produits** de la réaction. Dans les équations équilibrées, elle nous indique aussi la proportion des réactifs et des produits de la réaction. Dans nos exemples, les réactifs sont des atomes, désignés par leurs symboles chimiques (H, C). Les produits sont des molécules, décrites par leur **formule moléculaire** (H_2, CH_4). L'équation de la formation du méthane peut se lire de *deux façons*: «quatre atomes d'hydrogène plus un atome de carbone donnent une molécule de méthane» ou «quatre moles d'atomes d'hydrogène plus une mole d'atomes de carbone donnent une mole de méthane». La deuxième manière se révèle plus réaliste, puisqu'il est impossible de compter un par un des atomes ou des molécules de quoi que ce soit!

Modes de réactions chimiques

La plupart des réactions chimiques se font selon l'un des trois modes suivants: *synthèse, dégradation* ou *échange.*

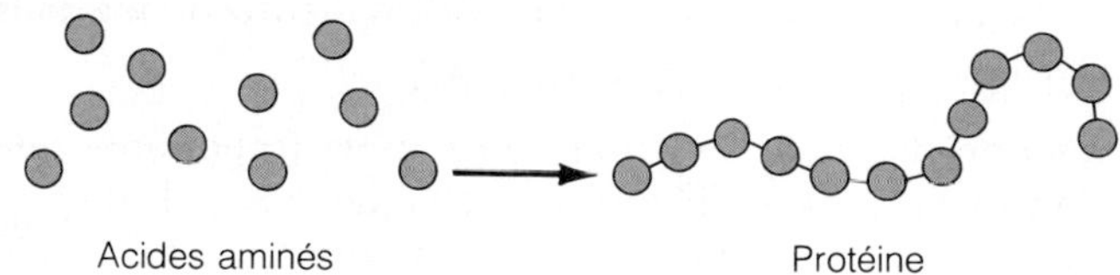

(a) Exemple d'une réaction de synthèse: des acides aminés s'unissent pour former une protéine.

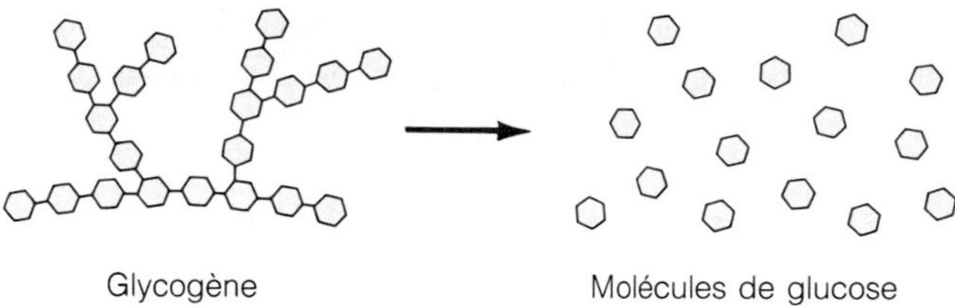

(b) Exemple d'une réaction de dégradation: le glycogène se décompose en unités de glucose.

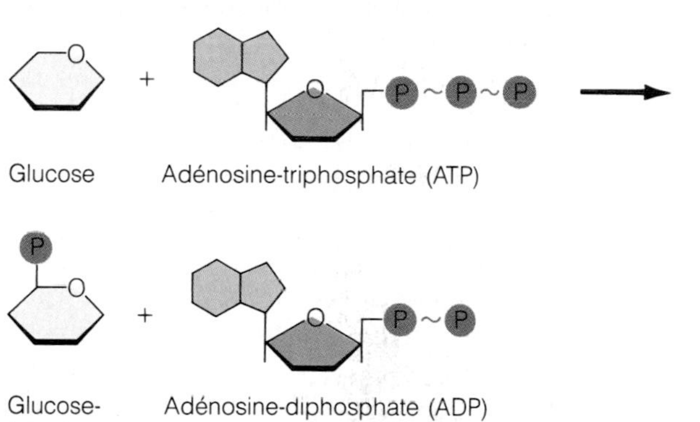

(c) Exemple d'une réaction d'échange: le groupe phosphate terminal de l'ATP est transféré au glucose pour former le glucose-phosphate.

Figure 2.10 Modes de réactions chimiques. (**a**) Dans les réactions de synthèse, de petites particules (atomes, ions ou molécules) se lient les unes aux autres et forment des molécules, plus grosses et plus complexes. (**b**) Dans les réactions de dégradation, des liaisons sont rompues. (**c**) Dans les réactions d'échange, ou de substitution, des liaisons sont rompues et d'autres sont formées.

Lorsque des atomes ou des molécules se combinent pour former une molécule plus grosse et plus complexe, il s'agit d'une **réaction de synthèse.** La réaction de synthèse, qui entraîne toujours la formation de liaisons, se représente ainsi (le choix des lettres est arbitraire):

$$A + B \rightarrow AB$$

Les réactions de synthèse constituent la base de l'**anabolisme,** c'est-à-dire de l'utilisation des nutriments pour élaborer les matériaux nécessaires au fonctionnement et à la reproduction des cellules. Ces réactions sont particulièrement évidentes dans les tissus qui croissent rapidement. La synthèse des protéines (grosses molécules) à partir des acides aminés (petites molécules) est un exemple de réaction de synthèse (figure 2.10a).

Une **réaction de dégradation** se produit quand une molécule se divise en molécules plus petites ou en chacun des atomes qui la composaient:

$$AB \rightarrow A + B$$

Dans les réactions de dégradation, les liaisons chimiques sont rompues. Il s'agit donc de l'inverse des réactions de synthèse. Les réactions de dégradation sont à la base du **catabolisme** se produisant dans les cellules de l'organisme. Par exemple, quand les liaisons des grosses molécules de glycogène se rompent, des molécules de glucose plus simples sont libérées (figure 2.10b). La dégradation des aliments dans le système digestif demande également des réactions de dégradation.

Les **réactions d'échange,** ou de **substitution,** comportent des réactions de dégradation et des réactions de synthèse, c'est-à-dire la rupture et la formation de liaisons. Dans une réaction d'échange, certaines des molécules réactives changent en quelque sorte de partenaire, et la réaction produit d'autres molécules:

$$AB + C \rightarrow AC + B \quad \text{et} \quad AB + CD \rightarrow AD + CB$$

Une réaction d'échange a lieu quand l'ATP réagit avec le glucose et lui cède son groupe phosphate terminal (indiqué par un «P» encerclé dans la figure 2.10c), ce qui forme le glucose-phosphate. L'ATP s'est alors transformé en ADP. Cette importante réaction se produit chaque fois que du glucose entre dans une cellule de l'organisme: il s'agit d'une méthode efficace pour retenir la molécule de glucose à l'intérieur de la cellule, puisque le glucose-phosphate ne peut pas traverser la membrane plasmique.

Un autre groupe de réactions est très important chez les organismes vivants. Il s'agit des **réactions d'oxydoréduction,** ou **réactions redox.** Les réactions d'oxydoréduction sont des réactions hybrides qui peuvent être rangées avec les réactions de dégradation aussi bien qu'avec les réactions d'échange. Ce sont des réactions de dégradation, car elles sont à la base des réactions permettant le catabolisme des combustibles alimentaires et la production d'énergie (autrement dit, des réactions qui produisent de l'ATP). On peut également les considérer comme un type particulier de réactions d'échange, puisque les réactifs s'échangent des électrons. Le réactif qui perd des électrons est appelé *donneur d'électrons* et on dit qu'il est **oxydé**; l'autre réactif, qui gagne les électrons transférés, est appelé *accepteur d'électrons* et on dit qu'il est **réduit.** Les réactions rédox mènent aussi à la formation de composés ioniques. Souvenez-vous de la formation du NaCl (voir la figure 2.5), où le sodium cède un électron au chlore. Le sodium est oxydé et se transforme en ion sodium; le chlore est réduit et devient l'ion chlorure. Cependant, les réactions d'oxydoréduction n'exigent pas toutes un transfert d'électrons: elles ne font parfois que modifier le partage des électrons dans les liaisons covalentes. Une substance peut par exemple s'oxyder en perdant des atomes d'hydrogène ou en se combinant avec de l'oxygène. Ces réactions ont en commun le fait que la molécule réactive perd certains de «ses» électrons, soit complètement (quand l'hydrogène perdu apporte son électron avec lui) soit relativement (quand les électrons mis en commun passent plus de temps près de l'atome d'oxygène, très électronégatif).

Afin de comprendre l'importance des réactions d'oxydoréduction dans les organismes vivants, considérons l'équation générale de la *respiration cellulaire,* une série de réactions chimiques constituant le plus important processus de dégradation du glucose et de sa transformation en énergie:

$$\underset{\text{glucose}}{C_6H_{12}O_6} + \underset{\text{oxygène}}{6O_2} \rightarrow \underset{\text{gaz carbonique}}{6CO_2} + \underset{\text{eau}}{6H_2O} + \underset{\text{énergie cellulaire}}{\text{ATP}}$$

Vous pouvez constater qu'il s'agit bien d'une réaction d'oxydoréduction: le glucose s'oxyde (perd ses atomes d'hydrogène) et se transforme en gaz carbonique; l'oxygène est réduit (il accepte les atomes d'hydrogène) et se transforme en eau. Cette réaction est expliquée en détail au chapitre 25, qui traite du métabolisme cellulaire.

Variations de l'énergie au cours des réactions chimiques

Toutes les liaisons chimiques représentent un stock d'énergie chimique. Par conséquent, toutes les réactions chimiques se soldent par l'absorption ou la libération d'énergie. Les réactions qui se soldent par la libération d'énergie sont appelées **réactions exothermiques.** Ces réactions donnent des produits possédant moins d'énergie que les réactifs initiaux, mais libèrent de l'énergie pouvant être utilisée à d'autres fins. C'est la rupture de liaisons qui provoque la libération d'énergie. La plupart des réactions cataboliques et oxydatives sont exothermiques. Par contre, dans les réactions qui absorbent de l'énergie, les **réactions endothermiques,** les produits possèdent plus d'énergie potentielle dans leurs liaisons que n'en contenaient les réactifs. Il faut de l'énergie pour former les liaisons de la plupart des grosses molécules de l'organisme; les réactions anaboliques sont un exemple typique de réactions endothermiques. En fait, ce qu'un type de réactions libère, l'autre le prend, puisque l'énergie libérée lors de la dégradation des molécules de combustible (oxydation) est capturée dans les molécules d'ATP puis utilisée pour la synthèse des molécules biologiques complexes nécessaires au maintien de l'homéostasie.

Réversibilité des réactions chimiques

En théorie, toutes les réactions chimiques sont réversibles; si des liaisons chimiques peuvent être formées, elles peuvent être rompues, et vice versa. La réversibilité est représentée par une double flèche. Lorsque les flèches ne sont pas de la même longueur, la flèche la plus longue indique la principale direction que suit la réaction:

$$A + B \rightleftharpoons AB$$

Cet exemple indique que la réaction donne de plus en plus de produit (AB). Celui-ci s'accumule graduellement, et la quantité de réactifs (A et B) diminue.

Quand les flèches sont d'égale longueur, comme dans

$$A + B \rightleftharpoons AB$$

aucune des deux réactions n'est plus importante que l'autre, ce qui signifie que pour chaque molécule de produit (AB) formée, une molécule de produit se dégrade et libère les réactifs (A et B). Une telle réaction est dite en état d'**équilibre chimique.** Une fois que l'équilibre chimique est atteint, il n'y a plus de *changement net* de la quantité ou concentration de réactifs et de produits. Les molécules de produit continuent à se former et à se dégrader, mais la situation ne change plus à partir du moment où l'équilibre est atteint. Cette situation est analogue au système d'admission en vigueur dans certains grands musées. Si, par exemple, le musée vend 300 billets pour 10 h, 300 personnes entrent à cette heure-là. Pendant tout le reste de la journée, les entrées dépendront des sorties: quand 6 personnes quitteront le musée, 6 personnes pourront y entrer; quand 15 autres personnes sortiront, 15 seront admises, etc. Ainsi, le musée contiendra 300 visiteurs toute la journée, même si des gens entrent et sortent continuellement.

Facteurs influant sur la vitesse des réactions chimiques

Pour que les atomes et les molécules puissent réagir, ils doivent *entrer en collision* avec une force suffisante pour vaincre la répulsion de leurs électrons, ce qui permettra les interactions entre leurs électrons de valence (électrons situés sur leur dernière couche électronique). Les changements de la configuration électronique — base de la formation et de la rupture des liaisons — ne peuvent se faire à distance. La force de la collision dépend de la vitesse des particules, c'est-à-dire de leur énergie cinétique. Une collision violente entre des atomes ou des molécules qui possèdent beaucoup d'énergie cinétique a de bien meilleures chances de provoquer une réaction chimique qu'une collision où les particules ne font que se frôler.

Volume des particules

À une même température, les petites particules se déplacent plus rapidement que les grosses et ont par conséquent tendance à entrer en collision plus fréquemment et avec plus de force. À température et concentration égales, la réaction chimique se déroulera donc d'autant plus rapidement que les particules réactives sont petites.

Température

Parce que l'augmentation de la température d'une substance accroît l'énergie cinétique de ses particules et par conséquent la force de leurs collisions, les réactions chimiques sont plus rapides à des températures plus élevées. Lorsque la température baisse, la vitesse du mouvement des atomes et des molécules diminue, et la réaction se produit de plus en plus lentement.

Concentration

Les réactions chimiques se font plus rapidement quand les particules réactives sont présentes en concentration élevée. En effet, plus il y a de particules en mouvement aléatoire dans un espace donné, plus la probabilité de collisions adéquates est élevée. La concentration de réactifs diminue jusqu'à ce que l'équilibre chimique soit atteint, sauf si d'autres réactifs sont ajoutés ou si les produits sont retirés du site de la réaction.

Catalyseurs

Dans les systèmes inorganiques, on peut accroître la vitesse des réactions chimiques en ajoutant tout simplement de la chaleur, ce qui se révèle impossible chez les êtres humains, puisqu'une forte augmentation de la température corporelle détruirait des molécules biologiques importantes. À la température corporelle normale (36,1 à 37,8 °C), la majorité des réactions chimiques se produiraient toutefois très lentement — trop lentement pour entretenir la vie — si nous ne possédions pas de catalyseurs. Un **catalyseur** est une substance qui augmente la vitesse d'une réaction chimique sans subir de transformation ni faire partie du produit de la réaction. Certaines molécules appelées **enzymes** sont des catalyseurs biologiques; leur présence est le principal facteur déterminant la vitesse des réactions chimiques chez les êtres vivants. La majorité des enzymes, mais pas toutes, sont des protéines. Nous étudierons les enzymes et leur mode d'action plus loin dans le présent chapitre.

DEUXIÈME PARTIE: BIOCHIMIE: COMPOSITION ET RÉACTIONS DE LA MATIÈRE VIVANTE

Les substances qui forment la structure du corps et permettent son fonctionnement entrent dans l'une ou l'autre des deux grandes catégories de composés: les composés inorganiques et les composés organiques. Les **composés organiques** contiennent du carbone. Les molécules d'un composé organique sont unies par des liaisons covalentes et sont généralement assez grosses.

Tous les autres composés chimiques présents dans le corps sont des **composés inorganiques.** Ceux-ci comprennent notamment l'eau, les sels et de nombreux acides et bases. Composés organiques et inorganiques sont tous deux également essentiels à la vie. Tenter de déterminer lesquels sont les plus importants correspondrait à essayer de décider si une voiture fonctionne mieux quand elle a un système d'allumage ou quand elle a un moteur.

Composés inorganiques

Eau

L'eau est le composé inorganique le plus abondant et le plus important dans la matière vivante: elle forme 60 % à 80 % du volume de la plupart des cellules vivantes. Ce liquide vital est d'une polyvalence incroyable, comme en font foi ses diverses propriétés.

1. **Grande capacité thermique.** L'eau possède une *grande capacité thermique,* c'est-à-dire qu'elle peut absorber et libérer beaucoup de chaleur sans que sa propre température change de façon significative. Sa présence en si grande proportion dans la matière vivante prévient les changements soudains de la température corporelle, qui pourraient résulter soit de facteurs externes, comme le soleil et le vent, soit de facteurs internes entraînant une forte production de chaleur, comme l'activité musculaire intense. L'eau présente dans le sang redistribue la chaleur dans les tissus. Elle maintient ainsi la température dans les limites de la normale, ce qui contribue à l'homéostasie.

2. **Grande chaleur de vaporisation.** Lorsque l'eau s'évapore (se vaporise), elle passe de l'état liquide à gazeux (vapeur d'eau). Cette transformation nécessite la rupture des liaisons hydrogène des molécules d'eau, ce qui demande beaucoup d'énergie thermique. Cette propriété est bénéfique quand nous transpirons. À mesure que la sueur (essentiellement composée d'eau) s'évapore de la surface de notre peau, une grande quantité de chaleur est retirée de notre corps et perdue dans l'environnement. Ce mécanisme nous permet de maintenir notre température corporelle dans les limites compatibles avec la vie cellulaire.

3. **Polarité/propriétés de solvant.** L'eau est un solvant et un milieu de suspension incomparable, pour les molécules inorganiques comme pour les molécules organiques. C'est pourquoi l'eau est souvent appelée **solvant universel**. La biochimie est en quelque sorte la «chimie du liquide», car les molécules biologiques doivent être en solution pour entrer en réaction chimique. En outre, pratiquement toutes les réactions chimiques de l'organisme dépendent des propriétés de solvant de l'eau.

Parce qu'elles sont polaires par nature, les molécules d'eau s'orientent de manière que leur extrémité légèrement négative soit face à l'extrémité légèrement positive des molécules de soluté, et vice versa, les attirant d'abord pour ensuite les entourer. Les particules ainsi enveloppées dans des **couches d'hydratation** (couches de molécules d'eau) sont protégées contre les effets des autres substances chargées des environs. Ceci explique pourquoi les composés ioniques et les autres petites molécules réactives (comme les acides et les bases) *se dissocient* dans l'eau, leurs ions se séparant et se répartissant également

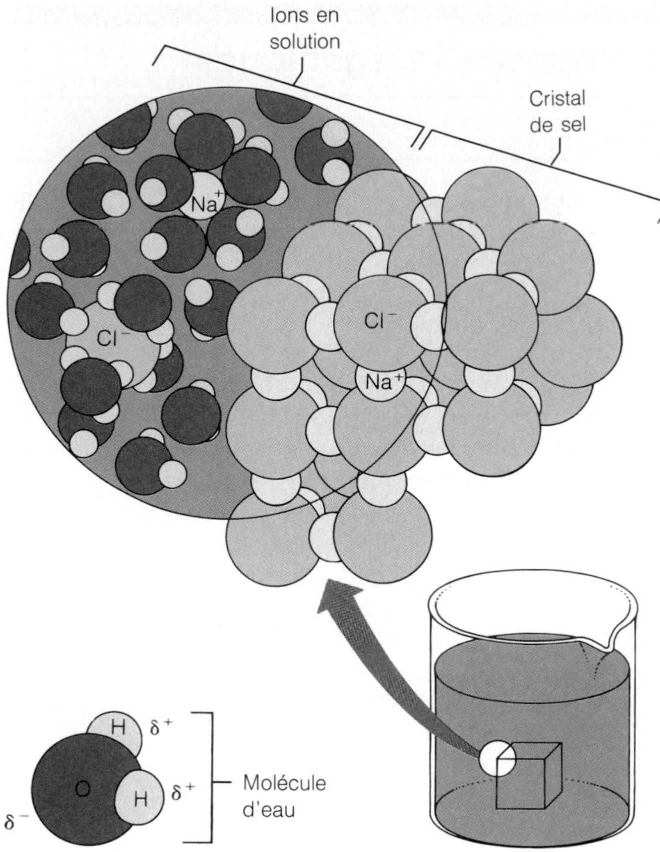

Figure 2.11 Dissociation d'un sel dans l'eau. Les pôles légèrement négatifs de la molécule d'eau (δ^-) sont attirés vers le Na^+ et les pôles légèrement positifs de la molécule d'eau (δ^+) s'orientent vers le Cl^-, ce qui attire les ions à l'extérieur du réseau cristallin.

dans l'eau, pour former des solutions vraies (figure 2.11). L'eau forme également des couches d'hydratation autour de grosses molécules chargées comme les protéines, et les force à rester en solution. Ces mélanges d'eau et de protéines sont appelés *colloïdes biologiques.* Le cytosol du cytoplasme, que nous avons déja mentionné, est un exemple de colloïde biologique.

À cause de ses propriétés de solvant, l'eau est le principal milieu de transport de l'organisme. En effet, c'est parce qu'ils se dissolvent dans le plasma (partie liquide du sang) que les nutriments, les gaz respiratoires et les déchets métaboliques peuvent être transportés dans tout le corps. Par ailleurs, un grand nombre de déchets métaboliques sont éliminés dans l'urine, un autre liquide dont le solvant est l'eau (solution aqueuse).

Certaines molécules spécialisées faisant fonction de lubrifiants dans l'organisme emploient également l'eau comme milieu de dissolution. Les liquides lubrifiants composés de la sorte comprennent le mucus, facilitant le transport des fèces dans les intestins, et la sérosité, qui réduit la friction et le risque de formation d'adhérences entre les viscères.

4. Réactivité. L'eau est un *réactif* important dans de nombreuses réactions chimiques. Par exemple, les aliments sont décomposés en leurs constituants grâce à l'ajout d'une molécule d'eau à chacune des liaisons qui doit être rompue. Ce genre de réaction de dégradation est plus précisément appelé **réaction d'hydrolyse.** Par contre, au cours d'une **réaction de synthèse,** quand de grosses molécules de glucides ou de protéines sont créées à partir de molécules plus petites, la formation de liaisons chimiques se solde par la formation de molécules d'eau. On peut alors dire qu'il y a déshydratation des petites molécules.

5. Amortissement. Enfin, en formant un coussin amortisseur autour de certains organes, l'eau les protège contre les traumas physiques. Le liquide céphalo-rachidien qui entoure le cerveau et la moelle épinière illustre bien le rôle d'*amortisseur* de l'eau.

Sels

Un **sel** est un composé ionique formé de cations, sauf H^+, et d'anions, sauf l'ion hydroxyle (OH^-). Comme nous l'avons déjà vu, les sels dissous dans l'eau se dissocient en chacun des ions qui les composent (figure 2.11). Par exemple, le sulfate de sodium (Na_2SO_4) se dissocie en deux ions Na^+ et un ion SO_4^{2-}. Ce processus se produit sans difficulté, puisque les ions sont déjà formés; l'eau n'a qu'à vaincre l'attraction entre les ions de charge opposée. Tous les ions sont des **électrolytes,** des substances conductrices d'électricité quand elles sont mises en solution. (Notez que les groupes d'atomes qui ont une charge générale, comme l'ion sulfate, sont appelés *ions polyatomiques.*)

Les sels de nombreux métaux, notamment le NaCl, le $CaCO_3$ (carbonate de calcium) et le KCl (chlorure de potassium) sont présents en grande quantité dans l'organisme. Le sel le plus abondant est toutefois le phosphate de calcium, qui contribue à la dureté des os et des dents. Sous forme d'ions, les sels jouent un rôle vital dans le fonctionnement du corps. Par exemple, les propriétés électrolytiques des ions sodium et potassium sont essentielles à la transmission des influx nerveux et des contractions musculaires; le fer ionisé forme une partie des molécules d'hémoglobine qui transportent l'oxygène à l'intérieur des globules rouges; les ions zinc et cuivre jouent un rôle essentiel dans l'activité de certaines enzymes. Vous trouverez au tableau 2.1 une liste des autres fonctions importantes des éléments formant les sels présents dans l'organisme.

Le maintien de l'équilibre ionique des liquides organiques constitue l'une des principales fonctions des reins. Lorsque cet équilibre est très perturbé, presque plus rien ne fonctionne dans l'organisme. Graduellement, toutes les activités physiologiques dont nous avons parlé s'arrêtent, de même que des milliers d'autres, ce qui entraîne éventuellement la mort de l'individu. La mort des grands brûlés résulte souvent de ce genre de déséquilibres physiologiques. ■

Acides et bases

Tout comme les sels, les acides et les bases sont des électrolytes: ils s'ionisent et se dissocient dans l'eau, et peuvent ensuite conduire un courant électrique. Au contraire des sels, les acides et certaines bases forment toutefois des molécules dont les atomes sont unis par des liaisons covalentes. Les ions doivent donc se former avant que la dissociation puisse avoir lieu. En fortes concentrations, les acides et les bases peuvent être extrêmement néfastes pour les tissus vivants.

Acides

Les **acides** ont un goût aigre, réagissent avec plusieurs métaux et peuvent «brûler» des trous dans les tapis. Mais voici la définition la plus utile pour nous: un acide est une substance qui libère des ions hydrogène (H^+) en quantité détectable. Puisqu'un ion hydrogène n'est que le noyau d'un atome d'hydrogène, un proton «tout nu», les acides sont aussi appelés **donneurs de protons.**

Quand un acide est dissous dans l'eau, il libère des ions hydrogène (protons) et des anions. Les anions n'ont tout au plus qu'un effet minime sur l'acidité: c'est la concentration de protons qui détermine le niveau d'acidité d'une solution. Ainsi, l'acide chlorhydrique (HCl), un acide sécrété par la muqueuse de l'estomac et intervenant dans la digestion, se dissocie en un proton et en un ion chlorure:

$$HCL \longrightarrow H^+ + Cl^-$$

Le corps sécrète ou contient d'autres acides, notamment l'acide acétique (CH_3COOH, qu'on abrège souvent en HAc), la portion acide du vinaigre, et l'acide carbonique (H_2CO_3).

Bases

Les **bases** ont un goût amer et sont des **accepteurs de protons,** c'est-à-dire qu'elles captent des ions hydrogène (H^+) en quantité détectable. Les *hydroxydes* sont des bases inorganiques que tout le monde connaît. En font partie l'hydroxyde de magnésium (lait de magnésie) et l'hydroxyde de sodium (soude caustique). Comme les acides, les hydroxydes se dissocient dans l'eau, sauf qu'ils libèrent des **ions hydroxyle** (OH^-) et des cations. Par exemple, l'ionisation de l'hydroxyde de sodium (NaOH) donne un ion hydroxyle et un ion sodium. L'ion hydroxyle se lie ensuite à un proton présent dans la solution (l'accepte). Cette réaction donne de l'eau, et réduit ainsi l'acidité (la concentration d'ions hydrogène) de la solution:

$$\underset{}{NaOH} \longrightarrow \underset{\text{cation}}{Na^+} + \underset{\text{ion hydroxyle}}{OH^-}$$

et ensuite

$$OH^- + H^+ \longrightarrow \underset{\text{eau}}{H_2O}$$

L'ion bicarbonate (HCO_3^-), une base importante dans l'organisme, est particulièrement abondant dans le sang. L'ammoniac (NH_3), un déchet résultant de la dégradation des protéines dans l'organisme, est également une base. Il possède une paire d'électrons non partagés qui attirent fortement les protons. En acceptant un proton, l'ammoniac se transforme en ion ammonium:

$$NH_3 + H^+ \longrightarrow \underset{\text{ion ammonium}}{NH_4^+}$$

pH: concentration acide-base

Plus la concentration d'ions hydrogène d'une solution est élevée, plus la solution est acide; plus la concentration d'ions hydroxyle est élevée (la concentration d'H^+ faible), plus la solution est basique, ou *alcaline.* La concentration relative d'ions hydrogène dans les liquides organiques se mesure en unités de concentration appelées **unités de pH.**

L'idée d'une échelle du pH est d'abord venue à un biochimiste danois, Sören Sörensen, en 1909. Brasseur de bière à ses heures, celui-ci cherchait une manière pratique de vérifier l'acidité de son produit, afin d'en prévenir l'altération par les bactéries. (La prolifération d'une grande variété de bactéries est inhibée en milieu acide.) Il a conçu une échelle du pH basée sur la concentration d'ions hydrogène dans une solution, exprimée en moles par litre. L'échelle du pH est une échelle allant de 0 à 14 selon une progression logarithmique, ce qui signifie que d'une unité à la suivante la concentration d'ions hydrogène est multipliée par 10 (figure 2.12). Le pH d'une solution est donc défini comme le logarithme négatif de la concentration d'ions hydrogène en moles par litre, soit $-\log[H^+]$.

À un pH de 7 (où $[H^+]$ est égal à 10^{-7} mol/L), le nombre d'ions hydrogène est exactement égal au nombre d'ions hydroxyle, et la solution est dite *neutre,* c'est-à-dire ni acide ni basique. L'eau très pure (distillée) possède un pH de 7. Les solutions de pH inférieur à 7 sont acides: les ions hydrogène sont plus abondants que les ions hydroxyle. Plus le pH est bas, plus la solution est acide. Une solution dont le pH est 6 contient 10 fois plus d'ions hydrogène qu'une solution dont le pH est 7; un pH de 3 indique une concentration d'ions hydrogène 10 000 fois plus élevée que dans une solution neutre (pH 7).

Les solutions de pH supérieur à 7 sont alcalines. À chaque augmentation d'une unité de pH, la concentration d'ions hydrogène diminue d'un facteur de 10. Ainsi, des solutions de pH 8 et 12 possèdent respectivement 1/10 et 1/100 000 des ions hydrogène présents dans une solution de pH 7. Remarquez qu'à mesure que la concentration d'ions hydrogène diminue, la concentration d'ions hydroxyle augmente, et vice versa. Le pH approximatif de plusieurs liquides organiques et de certaines substances d'usage courant est présenté à la figure 2.12.

Neutralisation

Lorsqu'on mélange un acide et une base, ces substances entrent en interaction et subissent une réaction d'échange qui donnera de l'eau et un sel. Par exemple, quand de

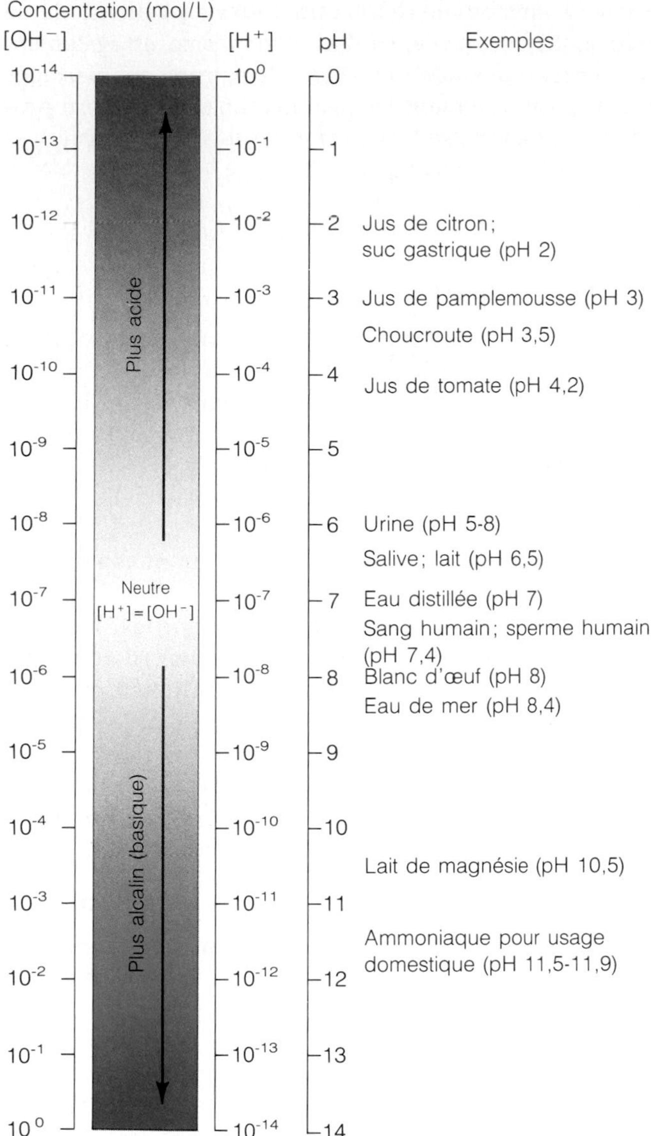

Figure 2.12 Échelle du pH et pH de quelques substances représentatives. L'échelle du pH est basée sur le nombre d'ions hydrogène en solution. La concentration des ions hydrogène ($[H^+]$) et la concentration des ions hydroxyle ($[OH^-]$) sont indiquées (en moles par litre) pour chacune des unités de pH. À un pH de 7, les concentrations d'ions hydrogène et hydroxyle sont égales, et la solution est neutre.

l'acide chlorhydrique interagit avec de l'hydroxyde de sodium, on obtient du chlorure de sodium (un sel) et de l'eau.

$$\underset{\text{acide}}{HCl} + \underset{\text{base}}{NaOH} \longrightarrow \underset{\text{eau}}{H_2O} + \underset{\text{sel}}{NaCl}$$

Ce type de réaction est appelé **réaction de neutralisation,** parce que la formation d'eau résultant de l'union de H^+ et de OH^- neutralise la solution. Même si nous avons écrit la formule moléculaire (NaCl) du sel produit par cette réaction, n'oubliez pas qu'il se trouve en réalité sous forme d'ions sodium et chlorure, puisqu'il est dissous dans l'eau.

Tampons

Les réactions biochimiques sont extrêmement sensibles aux plus légères variations du pH de leur milieu. C'est pourquoi le maintien de l'équilibre acide-base est soigneusement réglé par les reins et les poumons ainsi que par des systèmes chimiques (formés de protéines et d'autres types de molécules) appelés **systèmes tampons.** Les tampons offrent une résistance aux modifications brusques ou importantes du pH des liquides organiques en libérant des ions hydrogène (en agissant comme des acides) si le pH commence à monter, et en se liant avec des ions hydrogène (en agissant comme des bases) quand le pH descend. Le pH du sang est particulièrement important pour le maintien de l'homéostasie. En temps normal, le sang est légèrement alcalin et son pH ne varie que dans une plage très étroite (7,35 à 7,45). Une personne risque de mourir si son pH sanguin s'écarte de plus de quelques dixièmes d'unités de ces limites.

Pour comprendre le fonctionnement des systèmes tampons, il faut savoir distinguer les acides et les bases forts des acides et des bases faibles. Premièrement, il faut garder à l'esprit le fait que l'acidité d'une solution reflète *seulement* la concentration d'ions hydrogène libres, et non celle des ions hydrogène liés à des anions. Les acides qui se dissocient complètement et de manière irréversible dans l'eau sont donc appelés **acides forts,** puisqu'ils provoquent des changements très importants du pH d'une solution. L'acide chlorhydrique et l'acide sulfurique sont des acides forts. Si on pouvait compter 100 molécules d'acide chlorhydrique et les mettre dans 1 mL d'eau, on obtiendrait probablement une solution contenant 100 H^+, 100 Cl^- et aucune molécule d'acide chlorhydrique. Les acides qui ne se dissocient pas complètement, comme l'acide carbonique (H_2CO_3) et l'acide acétique (HAc), sont appelés **acides faibles.** Si on plaçait 100 molécules d'acide acétique dans 1 mL d'eau, voici la réaction qui se produirait:

$$100HAc \rightarrow 90HAc + 10H^+ + 10Ac^-$$

Comme les acides non dissociés ne modifient pas le pH, la solution d'acide acétique est beaucoup moins acide que la solution de HCl. On sait d'avance comment les acides faibles se dissocient, et les molécules d'acide intactes sont en équilibre dynamique avec les ions dissociés. On pourrait donc écrire ainsi l'équation de la dissociation de l'acide acétique:

$$HAc \rightleftharpoons H^+ + Ac^-$$

Cette équation nous permet de voir que l'ajout de H^+ (libérés par un acide fort) à la solution d'acide acétique fera accélérer la réaction vers la gauche et provoquera la recombinaison de certains H^+ et Ac^- en HAc. Si, par contre, on ajoute une base forte, le pH commencera à monter, la réaction se fera plus rapidement vers la droite, et d'autres molécules de HAc se dissocieront pour libérer des H^+. Cette caractéristique des acides faibles leur permet de jouer des rôles extrêmement importants dans les systèmes tampons de l'organisme.

Le concept de bases fortes et de bases faibles est plus facile à expliquer. On sait que les bases sont des accepteurs de protons. Par conséquent, les **bases fortes** sont celles qui, comme les hydroxydes, se dissocient facilement dans l'eau et captent rapidement des H^+. Par contre, le bicarbonate de sodium (souvent appelé bicarbonate de soude) s'ionise partiellement et de manière réversible. Parce qu'il accepte relativement peu de protons, il est considéré comme une **base faible.**

Étudions maintenant comment un système tampon contribue à maintenir le pH sanguin et, par conséquent, l'homéostasie. Il existe plusieurs tampons chimiques dans le sang, mais le **système tampon bicarbonate-acide carbonique** est un des plus importants. Comme le montre l'équation suivante, la dissociation réversible de l'acide carbonique (H_2CO_3) donne des ions bicarbonate (HCO_3^-) et des protons (H^+):

$$\underset{\substack{\text{donneur}\\ \text{de } H^+\\ \text{(acide faible)}}}{H_2CO_3} \underset{\text{Réponse à la diminution du pH}}{\overset{\text{Réponse à l'augmentation du pH}}{\rightleftharpoons}} \underset{\substack{\text{accepteur}\\ \text{de } H^+\\ \text{(base faible)}}}{HCO_3^-} + \underset{\text{proton}}{H^+}$$

L'équilibre chimique entre l'acide carbonique, un acide faible, et l'ion bicarbonate, une base faible, varie de manière à résister aux modifications du pH sanguin: la réaction se fait davantage vers la gauche (diminution des H^+) ou vers la droite (augmentation des H^+) selon que des ions H^+ sont ajoutés au sang ou en sont retirés. Si le pH du sang augmente (devient plus alcalin à cause de l'ajout d'une base forte), la réaction vers la droite augmente, et l'acide carbonique se dissocie davantage. De même, si le pH du sang commence à baisser (devient plus acide à cause de l'ajout d'un acide fort), la réaction vers la gauche augmente, et plus d'ions bicarbonate se lient aux protons. Comme vous pouvez le constater, les bases fortes sont remplacées par une base faible (l'ion bicarbonate) et les acides forts par un acide faible (l'acide carbonique). Le pH du sang varie donc beaucoup moins qu'il ne le ferait en l'absence de ce système tampon. Vous trouverez au chapitre 27 une discussion plus approfondie sur l'équilibre acide-base et les tampons.

Composés organiques

Les molécules propres aux êtres vivants — protéines, glucides, lipides et acides nucléiques — possèdent des atomes de carbone et peuvent être appelées composés organiques. Par définition, les composés organiques contiennent du carbone et les composés inorganiques n'en contiennent pas. Signalons toutefois quelques exceptions à cette règle: l'oxyde de carbone, le gaz carbonique et les carbures, qui sont considérés comme des composés inorganiques même s'ils contiennent du carbone.

Pourquoi la chimie «de la vie» dépend-elle du carbone? Quelles particularités cet élément présente-t-il? Premièrement, aucun autre *petit* atome n'est aussi **électroneutre.** En effet, jamais le carbone ne perd ni ne gagne d'électrons: il les partage toujours. En outre, avec ses quatre électrons de valence, le carbone forme quatre liaisons covalentes avec d'autres atomes de carbone ainsi qu'avec d'autres éléments. Ces liaisons covalentes peuvent être simples, doubles ou triples, mais (à de rares exceptions) la somme des liaisons de chaque atome de carbone est toujours quatre. Les atomes de carbone s'associent pour former le squelette de structures linéaires, ou chaînes linéaires, comme dans les graisses neutres, et de structures cycliques, ou chaînes cycliques, comme dans les glucides et les stéroïdes.

Glucides

Les **glucides**, le groupe de molécules dont font partie les sucres et les amidons, forment 1 à 2 % de la masse cellulaire. Les glucides contiennent du carbone, de l'hydrogène et de l'oxygène. L'hydrogène et l'oxygène y ont, avec de légères variations, le même rapport 2:1 que dans l'eau. C'est pourquoi les glucides étaient autrefois appelés *hydrates de carbone.*

En fonction de leur volume et de leur solubilité, les glucides sont classés en monosaccharides («un sucre»), ou *oses,* en disaccharides («deux sucres»), ou *osides,* et en polysaccharides («nombreux sucres»), ou *polyosides.* Les monosaccharides sont les unités de base de tous les autres glucides. En règle générale, plus la molécule de glucide est grosse, moins elle est soluble dans l'eau.

Monosaccharides

Les **monosaccharides,** ou *sucres simples,* sont formés d'une seule chaîne (linéaire ou cyclique) contenant trois à six atomes de carbone (figure 2.13a). Habituellement, les atomes de carbone, d'hydrogène et d'oxygène sont présents dans des proportions de 1:2:1, de sorte que la formule générale des monosaccharides est $(CH_2O)_n$, n étant égal au nombre d'atomes de carbone dans le sucre. Ainsi, le glucose possède six atomes de carbone et sa formule moléculaire est $C_6H_{12}O_6$; le ribose a cinq atomes de carbone et sa formule est $C_5H_{10}O_5$.

Le nom générique des monosaccharides dépend du nombre d'atomes de carbone qu'ils contiennent. Les plus importants monosaccharides de notre organisme sont les pentoses (cinq atomes de carbone) et les hexoses (six atomes de carbone). Par exemple, le *désoxyribose,* un pentose, entre dans la composition de l'ADN, et le *glucose,* un hexose, est de loin la plus importante source d'énergie utilisable par les cellules du cerveau. Deux autres hexoses, le *galactose* et le *fructose,* sont des **isomères** du glucose: ils ont la même formule moléculaire que le glucose ($C_6H_{12}O_6$), mais leurs atomes sont agencés différemment, ce qui leur confère des propriétés chimiques différentes (voir la figure 2.13a). Le galactose et le fructose présents dans les aliments sont souvent transformés par le foie en glucose, utilisable par les cellules de l'organisme.

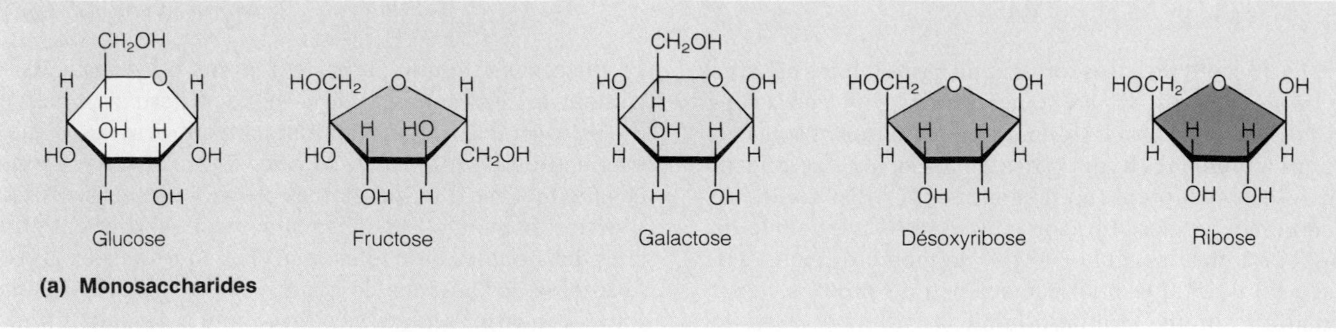

(a) Monosaccharides

Synthèse

Dégradation (hydrolyse)

Glucose + Fructose ⇌ Sucrose + H_2O

Glucose Glucose — Maltose

Galactose Glucose — Lactose

(b) Disaccharides

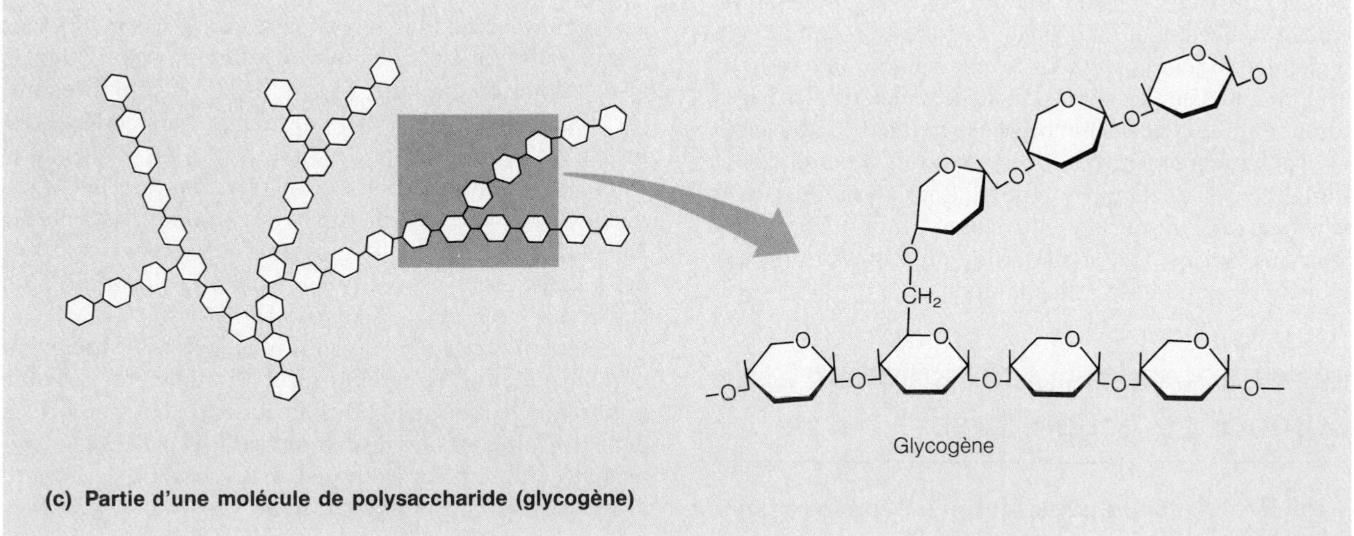

(c) Partie d'une molécule de polysaccharide (glycogène)

Figure 2.13 Molécules de glucides.* (**a**) Monosaccharides importants pour l'organisme. Le glucose, le fructose et le galactose, trois hexoses, sont des isomères: ils ont la même formule moléculaire ($C_6H_{12}O_6$), mais un agencement différent, comme le montrent les diagrammes. Le désoxyribose ($C_5H_{10}O_4$) et le ribose ($C_5H_{10}O_5$) sont des pentoses. (**b**) Disaccharides importants. Les disaccharides sont formés de deux monosaccharides qui se sont unis au cours d'une réaction de synthèse, processus qui provoque le retrait d'une molécule d'eau au site de la liaison. La formation du sucrose ($C_{12}H_{22}O_{11}$) à partir de molécules de glucose et de fructose est représentée. Au cours de la réaction de dégradation (hydrolyse), le sucrose est décomposé en glucose et en fructose au moyen de l'ajout d'une molécule d'eau à l'endroit où se trouvait la liaison. Le maltose ($C_{12}H_{22}O_{11}$) et le lactose ($C_{12}H_{22}O_{11}$) sont également des disaccharides importants. (**c**) Représentation simplifiée d'une partie d'une molécule de glycogène. Le glycogène est un polysaccharide formé de nombreuses unités de glucose liées les unes aux autres.
* Lire la note au bas de la p. 47 au sujet de la structure complète de ces sucres.

Disaccharides

Un **disaccharide,** ou *sucre double,* est formé par la combinaison de deux monosaccharides au cours d'une réaction de synthèse (figure 2.13b). La synthèse du sucrose illustre bien cette réaction, caractérisée par la perte d'une molécule d'eau au cours de la formation de la liaison:

$$\underset{\text{glucose + fructose}}{2C_6H_{12}O_6} \longrightarrow \underset{\text{sucrose}}{C_{12}H_{22}O_{11}} + \underset{\text{eau}}{H_2O}$$

Remarquez que le sucrose possède deux atomes d'hydrogène et un atome d'oxygène de moins que le total des atomes d'hydrogène et d'oxygène dans le glucose et le fructose. Cette absence s'explique par la libération d'une molécule d'eau au cours de la formation de la liaison.

Les disaccharides importants dans l'alimentation sont le *sucrose* (glucose + fructose), présent dans le sucre de canne; le *lactose* (glucose + galactose), présent dans le lait; le *maltose* (glucose + glucose), présent dans l'amidon des féculents (voir la figure 2.13b). Comme les disaccharides sont trop gros pour traverser les membranes cellulaires, un processus de digestion les divise en monosaccharides pour les faire passer du tube digestif au sang. Cette réaction de dégradation appelée **hydrolyse** constitue essentiellement le contraire de la réaction de synthèse. Au moment de la rupture de la liaison chimique entre les deux monosaccharides, une partie d'une molécule d'eau s'associe à chacun d'eux et complète leur structure chimique (voir la figure 2.13b).

Polysaccharides

Les **polysaccharides** sont formés de plusieurs molécules de sucre simple unies au cours d'une réaction de synthèse (figure 2.13c). On appelle **polymère** ce genre de longues molécules composées d'un grand nombre d'unités identiques. Les polysaccharides sont de grosses molécules assez insolubles, idéales pour le stockage du glucose. À cause de leur volume, ils n'ont pas le goût sucré des autres glucides. Seulement deux polysaccharides sont importants pour l'organisme: l'amidon et le glycogène. Ce sont tous deux des polymères du glucose, qui ne diffèrent que par leur degré de ramification.

L'*amidon* est la forme de glucide mise en réserve par les végétaux. Le nombre d'unités de glucose dans une molécule d'amidon est variable, mais toujours très élevé. Les féculents (notamment les céréales et les pommes de terre) contiennent beaucoup d'amidon, qui doit être digéré en ses unités de glucose avant d'être absorbé par l'organisme.

Le *glycogène* est le glucide mis en réserve dans les tissus animaux, en particulier dans les muscles squelettiques et les cellules du foie. Comme l'amidon, il s'agit d'une molécule très grosse et très ramifiée (voir la figure 2.13c). Quand la concentration sanguine de sucre baisse soudainement, les cellules du foie dégradent du glycogène et libèrent ses unités de glucose dans le sang. Puisque le glycogène est formé d'un très grand nombre de branches pouvant libérer du glucose simultanément, l'organisme est en mesure d'obtenir presque instantanément du combustible glucidique quand il en a besoin. La concentration de glucose dans le sang est un facteur d'une extrême importance pour les cellules du cerveau.

Fonctions des glucides

Dans l'organisme, les glucides sont d'abord une source de combustible que les cellules peuvent obtenir et employer facilement. La majorité des cellules ne peuvent utiliser qu'un nombre limité de sucres simples, et le glucose vient en tête de leur «menu». Comme nous l'avons expliqué antérieurement en parlant des réactions d'oxydoréduction (p. 39), le glucose est décomposé et oxydé dans les cellules, et une partie de l'énergie libérée pendant la rupture de ses liaisons est captée dans les liaisons des molécules d'ATP. Lorsqu'ils ne sont pas immédiatement nécessaires pour fournir l'énergie des liaisons des molécules d'ATP, les glucides alimentaires sont transformés en glycogène ou en graisse et stockés par des cellules spécialisées. Tous ceux d'entre nous qui ont pris du poids parce qu'ils mangeaient trop d'aliments riches en glucides sont parfaitement au courant de ce processus de transformation!

Les glucides peuvent aussi servir à un petit nombre de fonctions structurales. Ainsi, certains sucres sont fixés sur la face externe de la membrane plasmique, où ils jouent le rôle de «panneaux indicateurs» dans les interactions entre les cellules. En outre, si l'apport protéique est insuffisant, le foie peut transformer certains sucres en acides aminés, les constituants de base des protéines.

Lipides

Les **lipides** sont des composés organiques insolubles dans l'eau mais solubles dans d'autres lipides et dans les solvants organiques comme l'alcool, le chloroforme et l'éther. À l'instar des glucides, tous les lipides contiennent du carbone, de l'hydrogène et de l'oxygène. L'oxygène est toutefois présent en moins grande proportion dans les lipides. Dans certains lipides plus complexes, on trouve en outre du phosphore. On classe généralement les lipides selon leur solubilité. Les lipides comprennent les *graisses neutres,* les *phospholipides,* les *stéroïdes* et plusieurs autres substances lipoïdes. Le tableau 2.2 décrit la localisation et les fonctions de quelques lipides dans le corps humain.

Graisses neutres

Dans le langage courant, les **graisses neutres** sont appelées graisses et huiles. Une graisse neutre possède deux

---

* Remarquez que les atomes de carbone (C) présents à chaque angle des glucides ne sont pas illustrés dans la figure 2.13. L'illustration ci-dessous montre à gauche la structure complète du glucose et à droite sa forme abrégée. Dans ce chapitre, nous utiliserons cette dernière pour représenter toutes les structures cycliques.

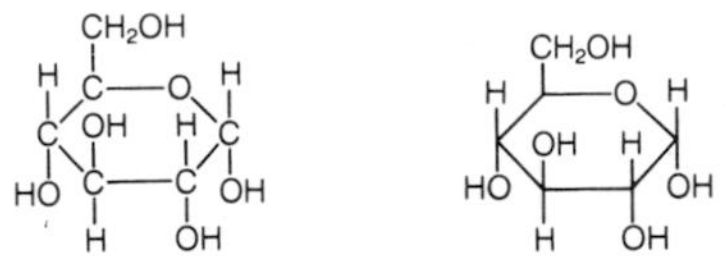

Tableau 2.2 Quelques lipides présents dans l'organisme

Type de lipide	Localisation et fonction
Graisses neutres (triglycérides)	Dans les tissus adipeux (sous-cutanés et entourant les organes); protègent et isolent les organes; principale source d'énergie *stockée* dans l'organisme
Phospholipides (phosphatidylcholine, céphaline, etc.)	Principaux constituants des membranes cellulaires; pourraient participer au transport des lipides dans le plasma; abondants dans les tissus nerveux
Stéroïdes:	
Cholestérol	Base structurale pour la formation de tous les stéroïdes de l'organisme
Sels biliaires	Produits à partir du cholestérol; sécrétés par le foie et libérés dans le tube digestif, où ils contribuent à la digestion et à l'absorption des graisses
Vitamine D	Vitamine liposoluble produite dans la peau sous l'effet de l'exposition aux rayons UV; nécessaire à la croissance et à la physiologie normales des os
Hormones sexuelles	Les œstrogènes et la progestérone (hormones femelles) ainsi que la testostérone (une hormone mâle) sont sécrétés par les gonades et sont essentiels au fonctionnement normal des organes génitaux
Hormones corticosurrénales	Le cortisol, un glucocorticoïde, est une hormone qui agit sur le métabolisme afin de maintenir le taux normal de glucose sanguin; par son action sur les reins, l'aldostérone contribue à la régulation de l'équilibre des électrolytes et de l'eau
Autres substances lipoïdes:	
Vitamines liposolubles:	
A	Présente dans les fruits et les légumes orange; transformée dans la rétine en rétinal, un constituant du pigment photorécepteur qui intervient dans la vision
E	Présente dans les produits végétaux comme le germe de blé et les légumes verts à feuilles; on prétend (mais ce n'est pas prouvé chez les humains) qu'elle facilite la cicatrisation des plaies et contribue à la fertilité; aide à neutraliser des particules très réactives appelées radicaux libres, qui joueraient un rôle dans l'apparition de certains cancers
K	Présente chez les humains grâce à l'action des bactéries intestinales; également présente dans un grand nombre d'aliments; nécessaire à la coagulation du sang
Prostaglandines	Groupe de molécules dérivées d'acides gras présentes dans les membranes cellulaires; nombreux effets, notamment la stimulation des contractions utérines ainsi que la régulation de la pression artérielle et de la motilité du tube digestif; jouent un rôle dans l'inflammation
Lipoprotéines	Substances formées de lipides et de protéines, qui transportent les acides gras et le cholestérol dans le sang; les variétés les plus importantes sont les lipoprotéines de haute densité (HDL) et les lipoprotéines de basse densité (LDL)

types de constituants: des *acides gras* et du *glycérol* (figure 2.14a). Un acide gras est une chaîne linéaire d'atomes de carbone et d'hydrogène (chaîne hydrocarbonée linéaire) possédant un groupe d'acide organique (—COOH) à une extrémité; le glycérol est un monosaccharide (triose) modifié. Au cours d'une réaction de synthèse, trois chaînes d'acides gras se lient à une molécule de glycérol pour former une molécule en forme de «E», une graisse neutre. À cause du rapport 3:1 des acides gras et du glycérol, les graisses neutres sont aussi appelées **triglycérides**. La molécule de glycérol est identique dans toutes les graisses neutres. C'est donc le nombre d'atomes de carbone dans les chaînes d'acides gras qui distingue les différents types de molécules de graisses neutres. Ces molécules souvent formées de centaines d'atomes ont tendance à être assez grosses. Comme les glucides, les graisses et huiles ingérées doivent donc être dégradées en leurs constituants avant d'être absorbées. Les graisses neutres sont les substances alimentaires dont la dégradation donne le plus haut rendement énergétique. À poids égal, les graisses neutres fournissent en effet beaucoup plus d'énergie que le sucre.

À cause des chaînes hydrocarbonées, les graisses neutres sont des molécules non polaires. Puisque les molécules polaires ne peuvent pas interagir avec des molécules non polaires, les huiles (et les graisses) ne se mélangent pas avec l'eau. Par conséquent, les graisses neutres conviennent bien au stockage d'énergie dans l'organisme: elles s'accumulent dans les tissus adipeux sous-cutanés. Ces dépôts protègent les tissus profonds contre les pertes de chaleur et les traumas mécaniques. On sait que les femmes ont généralement moins de mal que les hommes à traverser la Manche à la nage. Leur couche de graisse souscutanée plus épaisse, qui les isole mieux de l'eau très froide, y est sans doute pour quelque chose.

Les graisses neutres peuvent être solides (graisses) ou liquides (huiles). Le degré de solidité d'une graisse neutre à une température donnée dépend de deux facteurs: la longueur de ses chaînes d'acides gras et leur saturation. Une molécule organique dont les atomes de carbone ne sont unis que par des liaisons covalentes simples est une **molécule saturée**; les molécules organiques dont les atomes de carbone sont unis par des liaisons covalentes doubles ou triples sont dites **insaturées** ou *polyinsaturées*. Les graisses neutres formées d'acides gras insaturés ou de chaînes d'acides gras courtes sont liquides à la température ambiante: les lipides d'origine végétale représentent bien ce genre de graisses neutres, communément employées comme huiles de cuisine (par exemple, huiles d'olive, d'arachide, de maïs et de carthame). Les graisses animales comme le gras du beurre et des viandes sont formées de chaînes d'acides gras plus

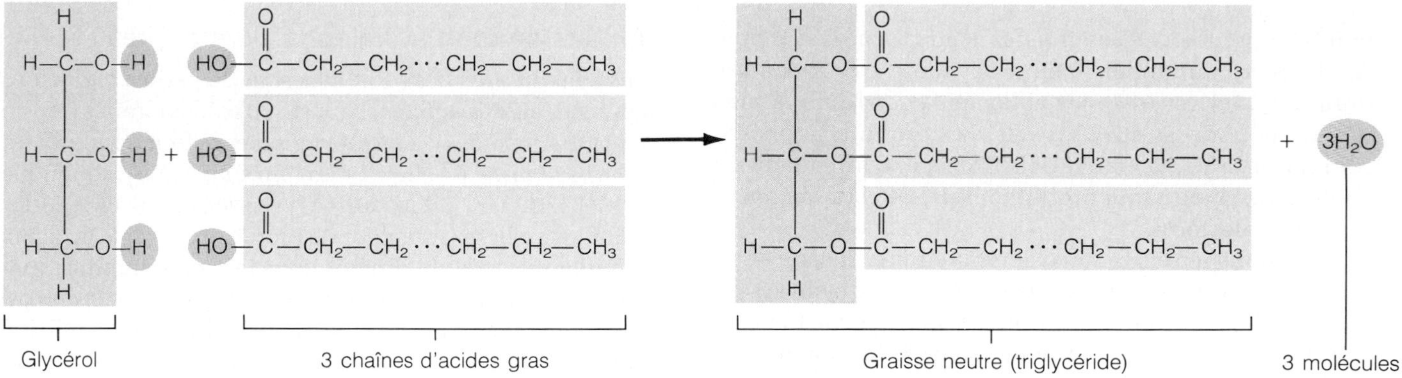

(a) Formation d'un triglycéride

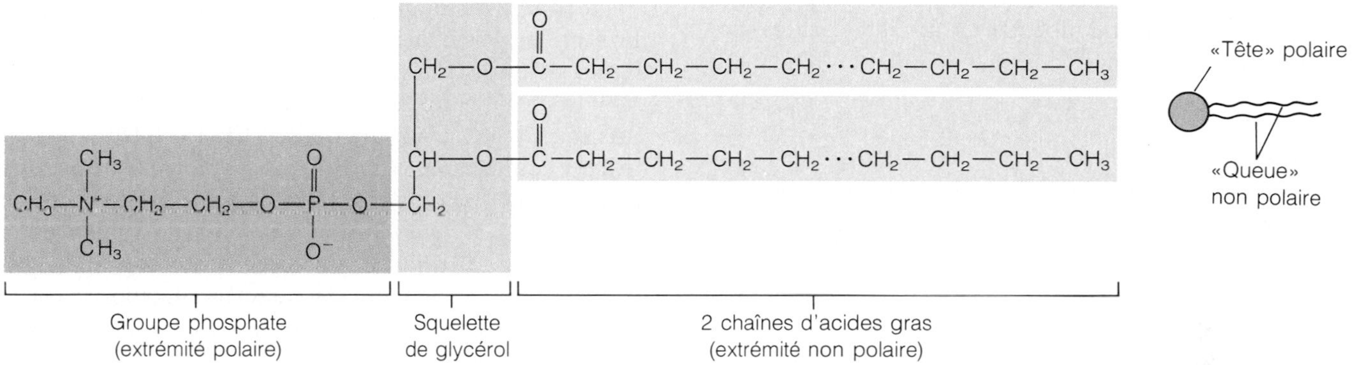

(b) Molécule de phospholipide

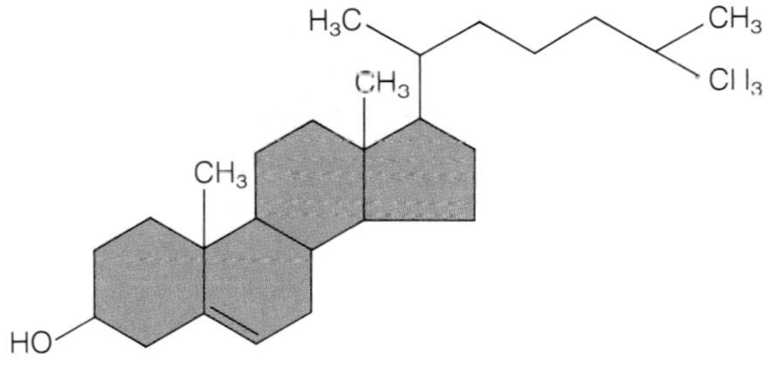

(c) Cholestérol

Figure 2.14 Lipides. (**a**) Les graisses neutres, ou triglycérides, sont produites au cours d'une réaction de synthèse: trois chaînes d'acides gras se lient à une molécule de glycérol et une molécule d'eau est libérée au site de chaque liaison. (**b**) Structure d'une molécule de phospholipide typique. Deux chaînes d'acides gras et un groupe phosphate sont liés au squelette carboné de glycérol. On voit souvent le schéma présenté à droite: l'extrémité polaire de la molécule («tête») est représentée sous forme d'une sphère; son extrémité non polaire («queue»), sous forme de deux lignes ondulées. (**c**) Structure générale du cholestérol. Le cholestérol est le précurseur de tous les stéroïdes synthétisés dans l'organisme. Le noyau stéroïde est ombré.

longues et/ou d'acides gras plus saturés. Ces graisses sont solides à la température ambiante.

On a découvert que les graisses saturées, au même titre que le cholestérol, favoriseraient l'accumulation de substances graisseuses sur la paroi interne des artères et mèneraient à l'artériosclérose (durcissement des artères). C'est pourquoi on a pu faire la publicité de la margarine préparée à partir de graisses polyinsaturées en affirmant qu'elle permettait de gagner sur les deux tableaux — manger un produit à tartiner au bon goût sans nuire à ses artères (comme le fait le beurre). ■

Phospholipides

Les **phospholipides** sont une variété de triglycérides possédant un groupe phosphate et deux chaînes d'acides gras plutôt que trois (figure 2.14b). C'est le groupe phosphate qui confère aux phospholipides leurs propriétés chimiques particulières. La partie hydrocarbonée (la «queue») de la molécule est non polaire: elle interagit donc seulement avec des molécules non polaires. Toutefois, l'extrémité contenant le groupe phosphate (la «tête») est polaire et attire d'autres molécules polaires ainsi que des particules chargées, notamment l'eau et les ions. Comme vous le constaterez au chapitre 3, les cellules mettent à profit cette caractéristique unique des phospholipides dans l'élaboration de leurs membranes. Quelques phospholipides importants et leurs fonctions sont énumérés au tableau 2.2.

Stéroïdes

La structure des **stéroïdes** est très différente de celle des graisses neutres et des phospholipides, car leurs atomes de carbone s'associent pour former des chaînes cycliques plutôt que des chaînes linéaires. Par ailleurs, ils ont des points communs avec les graisses neutres, car ils sont liposolubles et contiennent peu d'oxygène. Le *cholestérol* (figure 2.14c) est incontestablement le stéroïde le plus important chez les êtres vivants. Les produits animaux, comme les œufs, la viande et le fromage, contiennent du cholestérol. Notre foie produit aussi une certaine quantité de cholestérol.

Le cholestérol a mauvaise réputation à cause de son rôle dans l'artériosclérose, mais il est absolument essentiel à la vie humaine. Il est présent dans les membranes cellulaires et constitue le précurseur de la vitamine D, des hormones stéroïdes et des sels biliaires. L'organisme ne contient que de petites quantités d'hormones stéroïdes, mais celles-ci sont vitales pour l'homéostasie. Sans hormones sexuelles, la reproduction serait impossible; l'absence de cortisol et d'aldostérone (sécrétés par les surrénales) entraîne la mort.

Protéines

Les protéines représentent 10 à 30 % de la masse cellulaire. Elles constituent le principal matériau de construction du corps humain. Mais les protéines n'ont pas toutes un rôle structural: beaucoup de protéines jouent plutôt un rôle actif et vital dans le fonctionnement normal des cellules. Les protéines remplissent des fonctions plus variées que tous les autres genres de molécules de l'organisme; les enzymes (catalyseurs biologiques), l'hémoglobine et les protéines contractiles des muscles sont des protéines. Toutes les protéines contiennent du carbone, de l'oxygène, de l'hydrogène et de l'azote. Plusieurs contiennent aussi du soufre et du phosphore.

Acides aminés et liaisons peptidiques

Les constituants des protéines sont de petites molécules appelées **acides aminés.** Il existe 20 acides aminés importants, tous dotés de deux groupements fonctionnels: un *groupe amine* (—NH_2) et un *groupe acide* organique (—COOH). Un acide aminé peut donc se comporter comme une base (accepteur de proton) ou comme un acide (donneur de proton). En fait, tous les acides aminés sont identiques sauf pour leur troisième groupe, appelé *groupe R* ou *radical R.* Chaque acide aminé doit son comportement chimique particulier ainsi que son acidité ou son alcalinité relative aux particularités de l'arrangement des atomes de son groupe R (figure 2.15).

Généralement, les protéines sont de longues chaînes d'acides aminés réunis par des liaisons formées au cours de réactions de synthèse, le groupe amine de chaque acide aminé s'étant lié au groupe acide de l'acide aminé suivant. Cette liaison forme l'arrangement d'atomes caractéristique de la *liaison peptidique* (figure 2.16). L'union de deux acides aminés donne un *dipeptide*; celle de trois acides aminés, un *tripeptide*; celle de dix acides aminés ou plus, un *polypeptide.* Les molécules contenant plus de 50 acides aminés sont des protéines. La plupart des protéines sont cependant des **macromolécules,** c'est-à-dire de grosses molécules complexes formées de 100 à 1000 acides aminés.

Les propriétés uniques de chaque protéine dépendent des types d'acides aminés qui la composent et de leur séquence. On peut considérer les 20 acides aminés comme un «alphabet» de 20 lettres, utilisé pour construire des «mots» (les protéines). De même qu'on peut changer le sens d'un mot en remplaçant une lettre par une autre (faire → foire), on peut créer une nouvelle protéine de

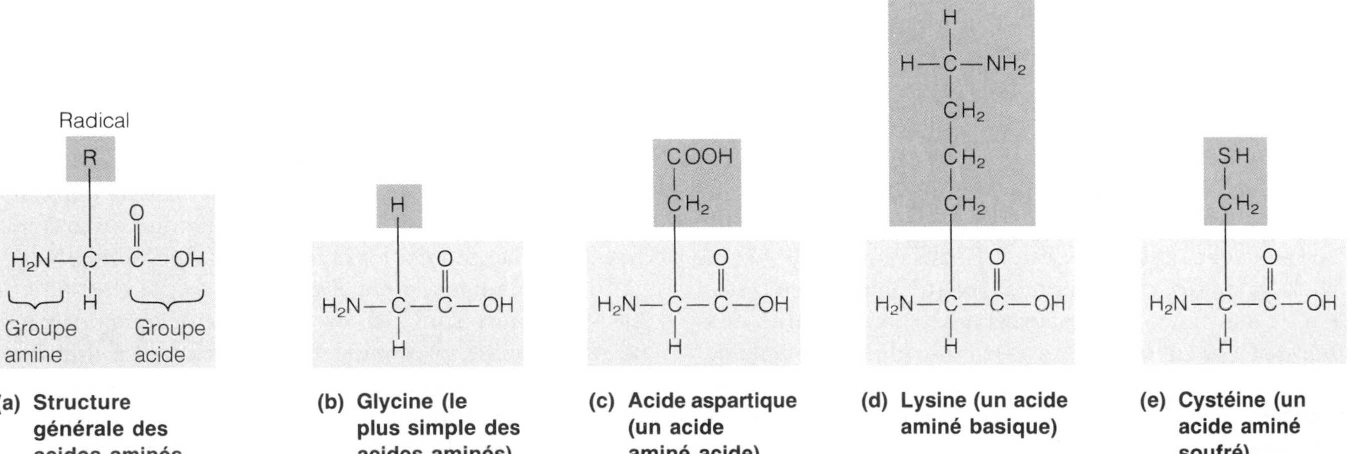

Figure 2.15 Structure de quelques acides aminés. (**a**) Structure générale des acides aminés. Tous les acides aminés ont un groupe amine (—NH_2) et un groupe acide (—COOH); seule la structure atomique de leur radical R (vert) les distingue les uns des autres. (**b**)-(**e**) Structure de quatre acides aminés. (**b**) Le radical R de l'acide aminé le plus simple (la glycine) est composé d'un seul atome d'hydrogène. (**c**) La présence d'un groupe acide dans le radical R, comme dans l'acide aspartique, rend l'acide aminé plus acide. (**d**) La présence d'un groupe amine dans le radical R, comme dans la lysine, rend l'acide aminé plus basique. (**e**) La présence d'un groupe sulfhydrile (—SH) dans le radical R de la cystéine indique que cet acide aminé est présent dans les liaisons intramoléculaires appelées ponts disulfures.

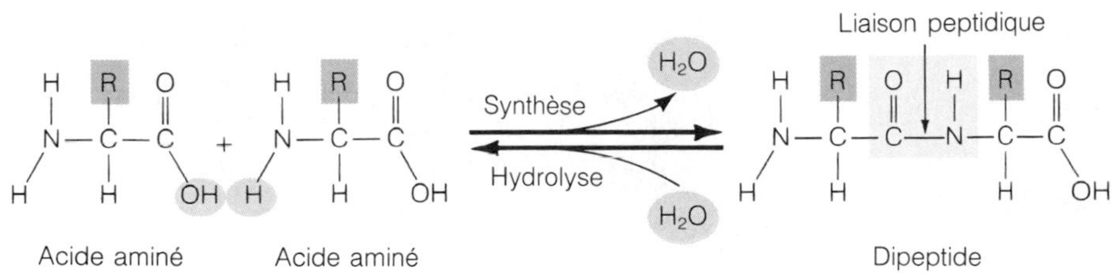

Figure 2.16 Les acides aminés s'unissent au cours d'une réaction de synthèse. Le groupe acide d'un acide aminé s'unit au groupe amine de l'acide aminé suivant, ce qui s'accompagne de la perte d'une molécule d'eau. La liaison ainsi formée est appelée liaison peptidique. Les liaisons peptidiques se rompent lorsque de l'eau s'y ajoute (notamment au cours de l'hydrolyse).

fonction différente en remplaçant un acide aminé ou en changeant sa position. Parfois, le nouveau mot n'a aucun sens (faire → faore), tout comme il arrive que les changements de la combinaison des acides aminés donnent des protéines non fonctionnelles. Le corps renferme des milliers de protéines différentes, aux propriétés fonctionnelles distinctes, toutes construites à partir des 20 acides aminés.

Niveaux d'organisation structurale des protéines

Les protéines peuvent être décrites selon quatre niveaux d'organisation structurale. Une séquence linéaire d'acides aminés, formant une chaîne polypeptidique, constitue la *structure primaire* de la protéine. Cette structure, qui ressemble à un chapelet de «perles» d'acides aminés, est le squelette de la molécule de protéine (figure 2.17a).

Les protéines n'existent pas sous forme de chaînes linéaires d'acides aminés: elles se tordent et se replient sur elles-mêmes. C'est leur *structure secondaire*. La structure secondaire la plus courante est celle de l'*hélice alpha* (α), qui ressemble à un Slinky. Dans l'hélice alpha, la chaîne primaire s'enroule sur elle-même puis est stabilisée par des liaisons hydrogène entre les groupes NH et CO, à tous les quatre acides aminés environ. Le *feuillet plissé bêta* (β) est une autre structure secondaire, où les chaînes polypeptidiques primaires ne s'enroulent pas mais se lient côte à côte au moyen de liaisons hydrogène et forment une sorte d'échelle pliante (figure 2.17c). Dans ce type de structure secondaire, les liaisons hydrogène peuvent unir *différentes parties* d'une même chaîne qui s'est repliée sur elle-même en accordéon ou encore *différentes* chaînes polypeptidiques. Dans les hélices alpha, les liaisons hydrogène unissent toujours différentes parties d'une *même* chaîne. Une chaîne polypeptidique peut présenter les deux types de structure secondaire.

Un grand nombre de protéines se complexifient jusqu'à la *structure tertiaire,* une structure très spécifique formée à partir de la structure secondaire. Dans une structure tertiaire, des régions hélicoïdales ou plissées de la chaîne polypeptidique se replient les unes sur les autres et forment une molécule en forme de boule, ou molécule globulaire. Nous présentons à la figure 2.17d une molécule de structure tertiaire (et sa structure secondaire), la myoglobine. Cette protéine fixant l'oxygène est abondante dans le tissu musculaire. La structure tertiaire est maintenue par des liaisons covalentes et des liaisons hydrogène entre des acides aminés souvent très éloignés sur la chaîne primaire. Quand deux ou plusieurs chaînes polypeptidiques se disposent, ou s'arrangent, régulièrement pour former une protéine complexe, on dit que cette protéine a une *structure quaternaire.* L'hémoglobine (figure 2.17e) possède ce niveau d'organisation structurale.

La structure définitive de la protéine dépend toujours de sa structure primaire. Cela vient du fait que le squelette de la protéine, c'est-à-dire les acides aminés qui le composent et leur disposition, détermine où des liaisons pourront se former de manière que la protéine puisse atteindre un niveau de complexité supérieur.

Protéines fibreuses et globulaires

La structure tridimensionnelle de la protéine lui confère ses propriétés distinctes et dicte sa fonction biologique. Ainsi, c'est grâce à leur structure particulière que l'hémoglobine peut transporter de l'oxygène et que les anticorps peuvent se lier aux bactéries afin de protéger le corps contre leurs attaques. Habituellement, on classe les protéines en deux catégories suivant leur forme générale: protéines fibreuses et protéines globulaires.

Les **protéines fibreuses** ressemblent à de longs chapelets. Elles ne présentent généralement qu'un seul des deux types de structure secondaire, mais certaines possèdent une structure quaternaire. Le *collagène* est une protéine fibreuse. Sa triple hélice formée de trois chaînes polypeptidiques lui donne l'apparence d'un gros câble. Les protéines fibreuses sont linéaires, insolubles dans l'eau et d'une grande stabilité. Elles sont donc idéales pour fournir un support mécanique aux tissus et assurer leur résistance à la traction. En plus du collagène, la protéine la plus abondante dans le corps humain, les protéines fibreuses comprennent la kératine, l'élastine et les protéines contractiles des muscles (tableau 2.3). Comme les protéines fibreuses sont le principal matériau de construction du corps humain, elles sont aussi appelées **protéines structurales.**

Les **protéines globulaires** sont compactes et sphériques. Elles possèdent au moins une structure tertiaire (au niveau d'organisation secondaire, elles ont en règle générale des régions hélicoïdales et des régions plissées); certaines atteignent la structure quaternaire. Les protéines

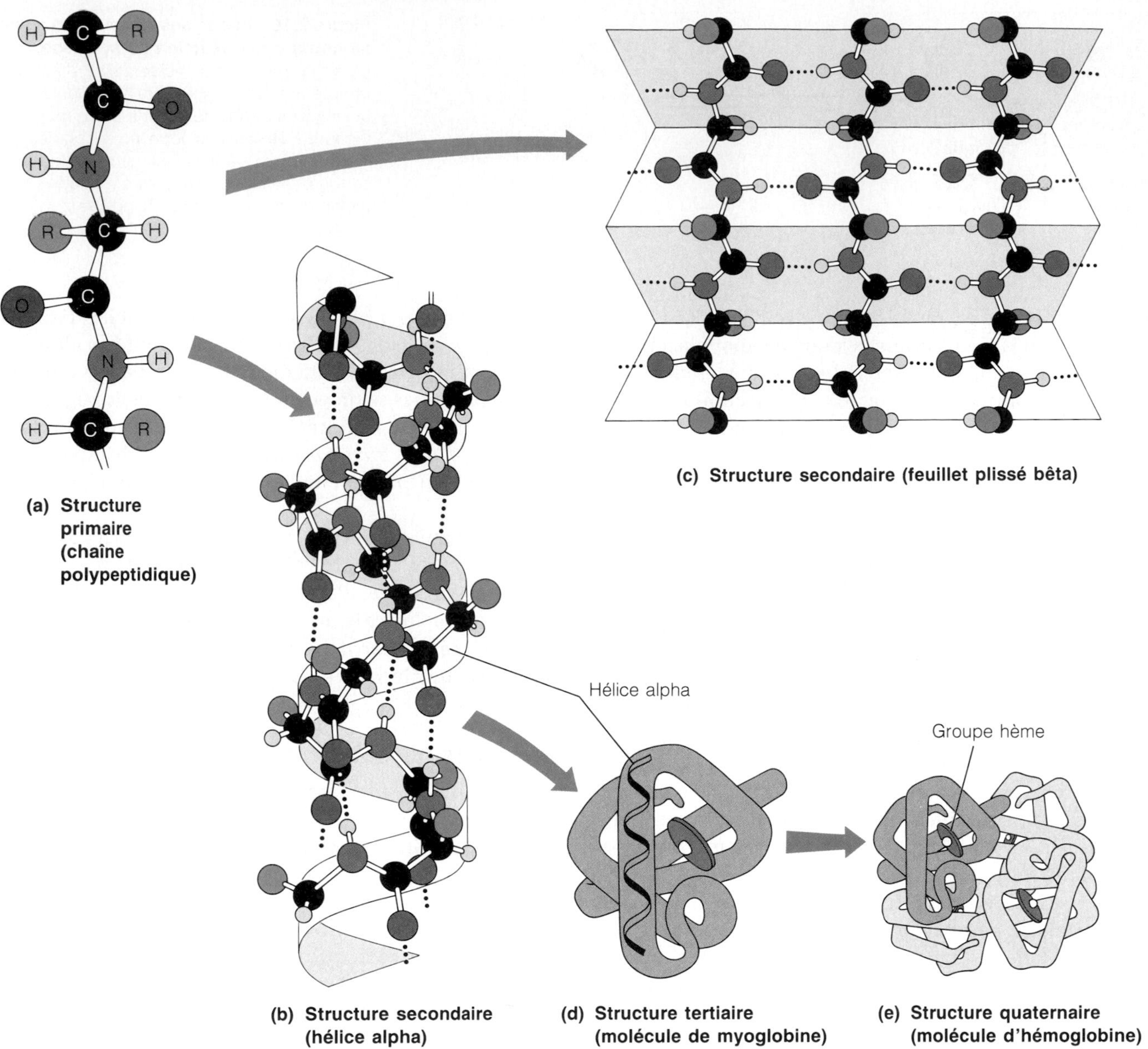

Figure 2.17 Niveaux d'organisation structurale des protéines. (**a**) Structure primaire. Les acides aminés se lient de manière à former une chaîne polypeptidique linéaire. (**b**) Structure secondaire — hélice alpha. La chaîne primaire s'enroule sur elle-même de manière à former une structure spiralée qui sera stabilisée par des liaisons hydrogène (en pointillé). (**c**) Structure secondaire — feuillet plissé bêta. Deux ou plusieurs chaînes primaires se lient côte à côte au moyen de liaisons hydrogène et forment un genre de ruban onduleux. (**d**) La structure tertiaire se forme à partir d'une structure secondaire repliée (dans le cas présent, à partir de régions hélicoïdales); elle produit une molécule à peu près sphérique maintenue par des liaisons intramoléculaires. Il s'agit ici d'une molécule de myoglobine. (**e**) Structure quaternaire de l'hémoglobine. L'hémoglobine est formée de quatre chaînes polypeptidiques liées selon un mode spécifique.

globulaires sont hydrosolubles, mobiles et chimiquement actives: elles jouent un rôle vital dans presque tous les processus biologiques. C'est pourquoi on les appelle parfois **protéines fonctionnelles**. Les anticorps, les hormones et les enzymes sont des protéines globulaires remplissant des fonctions très différentes: les anticorps protègent l'organisme contre l'invasion des microorganismes; les hormones règlent les fonctions de plusieurs organes ainsi que la croissance et le développement; les enzymes sont essentielles pour presque toutes les réactions de synthèse et de dégradation se produisant dans l'organisme. Le rôle de ces protéines et de quelques autres est décrit brièvement dans le tableau 2.3.

Dénaturation des protéines

Les protéines fibreuses sont très stables, mais les protéines globulaires le sont beaucoup moins. Cela tient au fait que l'activité d'une protéine est fonction de sa structure tridimensionnelle et que le maintien de cette dernière

Tableau 2.3 Quelques protéines du corps humain

Catégorie selon: Structure générale	Fonction générale	Exemples dans l'organisme
Protéines fibreuses	Matériau de construction/ support mécanique	Le *collagène*, présent dans tous les tissus conjonctifs, est la protéine la plus abondante du corps humain. Constitue le «ciment» des os; donne aux tendons et aux ligaments une résistance à l'étirement
		La *kératine* est la protéine structurale des poils, des cheveux et des ongles; imperméabilise la peau
		L'*élastine* est présente, en compagnie du collagène, dans les tissus où il faut durabilité et flexibilité notamment dans les ligaments qui joignent les os
	Mouvement	L'*actine* et la *myosine* sont des protéines contractiles présentes en quantité importante dans les cellules musculaires, dont elles permettent le raccourcissement (la contraction); elles participent également à la division de tous les types de cellules. L'actine joue un rôle dans le transport intracellulaire, en particulier dans les cellules nerveuses
Protéines globulaires	Catalyse	Les *enzymes* sont essentielles à presque toutes les réactions biochimiques de l'organisme; elles multiplient par au moins un million la vitesse des réactions chimiques. Citons l'amylase salivaire (dans la salive), qui catalyse la dégradation des amidons, et les oxydases, qui permettent l'oxydation des combustibles alimentaires
	Transport	L'*hémoglobine* transporte l'oxygène dans le sang; les *lipoprotéines* transportent les lipides et le cholestérol. Le sang contient d'autres protéines de transport pour le fer, les hormones stéroïdes et d'autres substances
	Régulation du pH	Un grand nombre de protéines plasmatiques, notamment l'*albumine*, peuvent servir d'acide ou de base dans un système tampon. Elles empêchent les variations excessives du pH sanguin en captant ou en libérant des ions H^+
	Régulation du métabolisme	Les *hormones polypeptidiques* et les *hormones protéiques* contribuent à régler l'activité métabolique, la croissance et le développement. Ainsi, l'*hormone de croissance* est une hormone anabolique nécessaire pour une croissance optimale; l'*insuline* aide à régler le taux de glucose sanguin
	Défense de l'organisme	Les *anticorps* (immunoglobulines) sont des protéines très spécialisées qui reconnaissent et inactivent les bactéries, les toxines et certains virus. Ils participent à la réponse immunitaire, qui contribue à protéger l'organisme contre les substances étrangères et les microorganismes. Les *protéines du complément*, en circulation dans le sang, améliorent l'activité du système immunitaire et stimulent la réaction inflammatoire, un mécanisme de résistance non spécifique de l'organisme

dépend surtout des liaisons hydrogène entre les acides aminés. Les protéines globulaires possédant moins de liaisons hydrogène que les protéines fibreuses, elles se défont plus facilement. D'autant plus que, comme nous l'avons déjà signalé, les liaisons hydrogène ne sont pas particulièrement solides. La fragilité des liaisons hydrogène rend les protéines vulnérables à de nombreux facteurs chimiques et physiques, comme l'acidité et la chaleur excessives, qui peuvent en provoquer la rupture. Bien que les protéines ne présentent pas toutes la même sensibilité aux conditions de leur milieu, les liaisons hydrogène commencent à se rompre quand la température ou le pH dépassent les valeurs acceptables sur le plan physiologique. Les protéines se déplient alors, et perdent leur forme spécifique; on dit qu'elles sont **dénaturées**. Dans la plupart des cas, la dénaturation est réversible, et la protéine est capable de se replier spontanément pour reprendre sa forme initiale lorsque les conditions redeviennent adéquates. Toutefois, il arrive que les modifications du pH et de la température soient si extrêmes que la structure de la protéine est irréparable. Il s'agit alors d'une *dénaturation irréversible*. Le blanc d'œuf (composé principalement d'une protéine, l'albumine) subit au cours de la cuisson une dénaturation irréversible: il se coagule et il est impossible de redonner à la protéine devenue blanche et caoutchouteuse sa forme translucide originale.

Une protéine globulaire est en mesure de remplir sa fonction physiologique grâce à l'arrangement particulier de certains acides aminés, qui forment un **site actif** à la surface de la protéine. Le site actif est une région qui s'adapte à d'autres molécules de forme ou de charge électrique complémentaire afin d'entrer en interaction avec elles. La rupture des liaisons hydrogène au moment de la dénaturation mène à la destruction du site actif, ce qui explique pourquoi la protéine globulaire n'est plus fonctionnelle (figure 2.18). C'est ainsi que l'hémoglobine devient incapable de se lier à l'oxygène et de le transporter quand le pH du sang est trop acide; la structure permettant son fonctionnement n'existe plus. Nous étudierons un certain nombre de protéines lorsque nous discuterons du système ou du processus physiologique où elles interviennent le plus directement. Nous préférons toutefois traiter ici des enzymes, puisque ces molécules très complexes sont essentielles au fonctionnement de toutes les cellules et de tous les systèmes de l'organisme.

Enzymes et activité enzymatique

Les **enzymes** sont des protéines globulaires qui jouent le rôle de catalyseurs biologiques, c'est-à-dire qu'elles règlent et accélèrent la vitesse des réactions biochimiques sans toutefois être modifiées ou détruites au cours de ces réactions. On peut considérer les enzymes comme des «soufflets moléculaires» qui attisent le feu sous les réactions biochimiques, puisqu'en l'absence d'enzymes ces

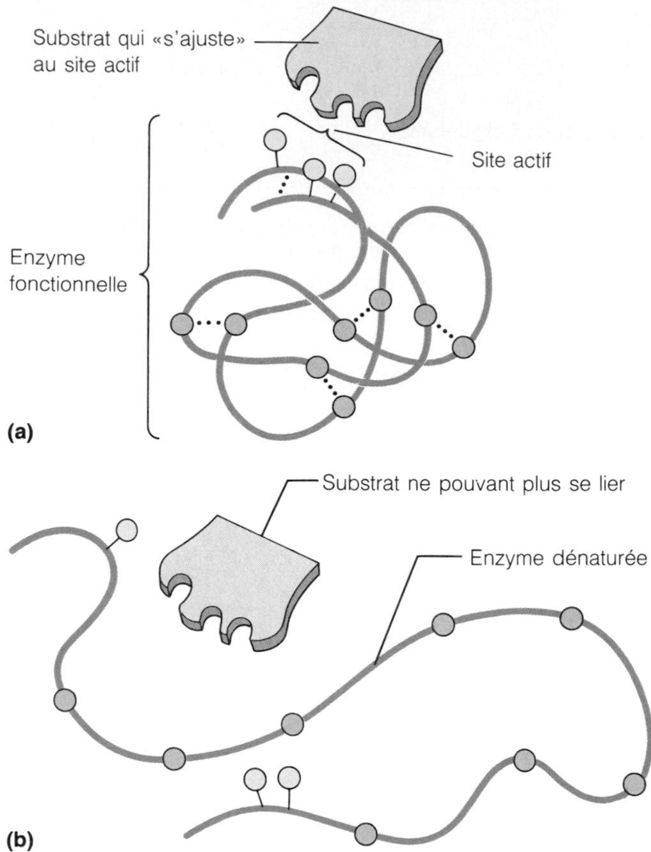

Figure 2.18 Dénaturation d'une protéine globulaire: exemple d'une enzyme. (**a**) La structure globulaire de la molécule est maintenue par des liaisons entre les différentes parties de la molécule (liaisons intramoléculaires). Les trois atomes composant le site actif de l'enzyme sont représentés par des sphères jaunes fixées au bout d'une tige. Le substrat, molécule sur laquelle agit l'enzyme, possède un site de liaison. Le site actif de l'enzyme et le site de liaison du substrat s'ajustent parfaitement. (**b**) La rupture des liaisons intramoléculaires qui stabilisent les structures secondaire et tertiaire de l'enzyme donne une molécule linéaire où les atomes qui formaient le site actif sont très éloignés. La liaison enzyme-substrat est alors impossible.

réactions seraient si lentes qu'elles ne se termineraient pour ainsi dire jamais. Les enzymes multiplient la vitesse des réactions par un facteur d'environ 1 million!

Certaines enzymes sont de nature purement protéique. D'autres sont formées de deux parties: une protéine et un **cofacteur**. Le cofacteur peut être l'ion d'un métal, notamment du cuivre ou du fer, ou une molécule organique nécessaire à la réaction. La plupart des cofacteurs organiques sont des dérivés des vitamines (surtout des vitamines du complexe B). Étant donné qu'ils travaillent en synergie avec les enzymes, ces cofacteurs sont appelés **coenzymes**.

Les enzymes sont très spécifiques, c'est-à-dire qu'une enzyme ne peut habituellement agir que sur une seule réaction chimique. Cette caractéristique détermine donc non seulement quelles réactions seront accélérées mais aussi quelles réactions chimiques se produiront (pas d'enzyme, pas de réaction). La spécificité des enzymes élimine donc la possibilité de réactions indésirables ou superflues. La majorité des enzymes sont nommées d'après la réaction qu'elles catalysent. Ainsi, l'*hydrolase* permet la fixation d'une molécule d'eau; l'*oxydase,* celle d'une molécule d'oxygène, etc. Le nom des enzymes finit habituellement par le suffixe *-ase.*

Certaines enzymes sont produites sous forme de précurseur inactif, et doivent être activées avant de pouvoir fonctionner. Par exemple, les enzymes digestives synthétisées par le pancréas sont activées lorsqu'elles atteignent l'intestin grêle, où elles accomplissent leur tâche. Si elles étaient actives dès leur sécrétion, le pancréas se digérerait lui-même. Certaines enzymes sont par ailleurs inactivées dès qu'elles ont exercé leur action catalytique. C'est le cas des enzymes qui favorisent la formation du caillot sanguin après une lésion de la paroi d'un vaisseau sanguin. Une fois que le processus de coagulation est déclenché, ces enzymes sont inactivées. Si elles ne l'étaient pas,

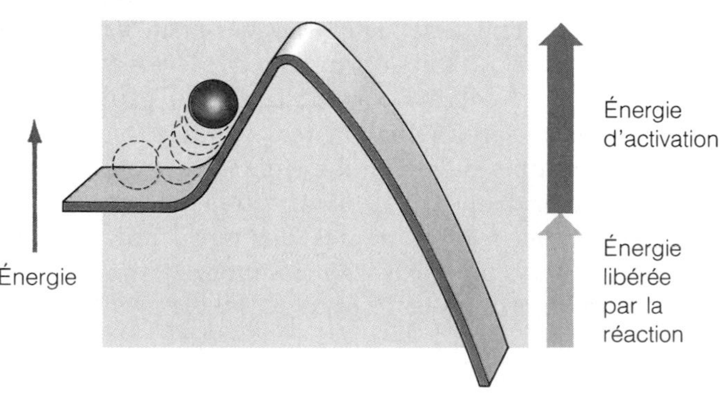

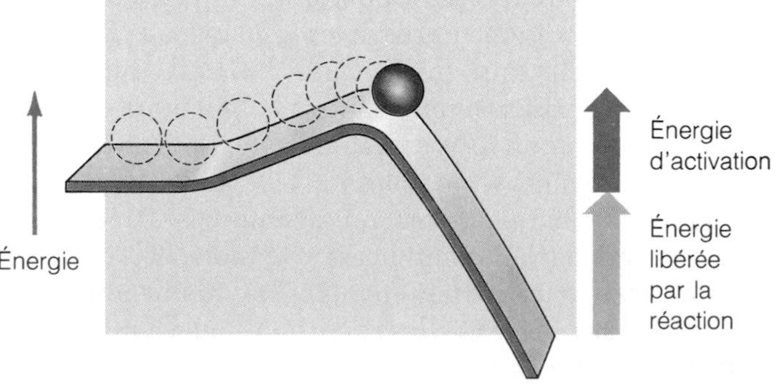

(a) Réaction non catalysée **(b) Réaction catalysée par une enzyme**

Figure 2.19 Comparaison de la barrière énergétique d'une réaction non catalysée et de celle de la même réaction catalysée par une enzyme. Dans les deux cas, les particules réactives, représentées par une sphère, doivent atteindre un certain niveau d'énergie avant d'interagir. La quantité d'énergie devant être absorbée pour vaincre la barrière énergétique, ou monter la pente, est appelée énergie d'activation. En (**a**), la réaction non catalysée, il faut beaucoup plus d'énergie d'activation qu'en (**b**), la réaction catalysée par une enzyme.

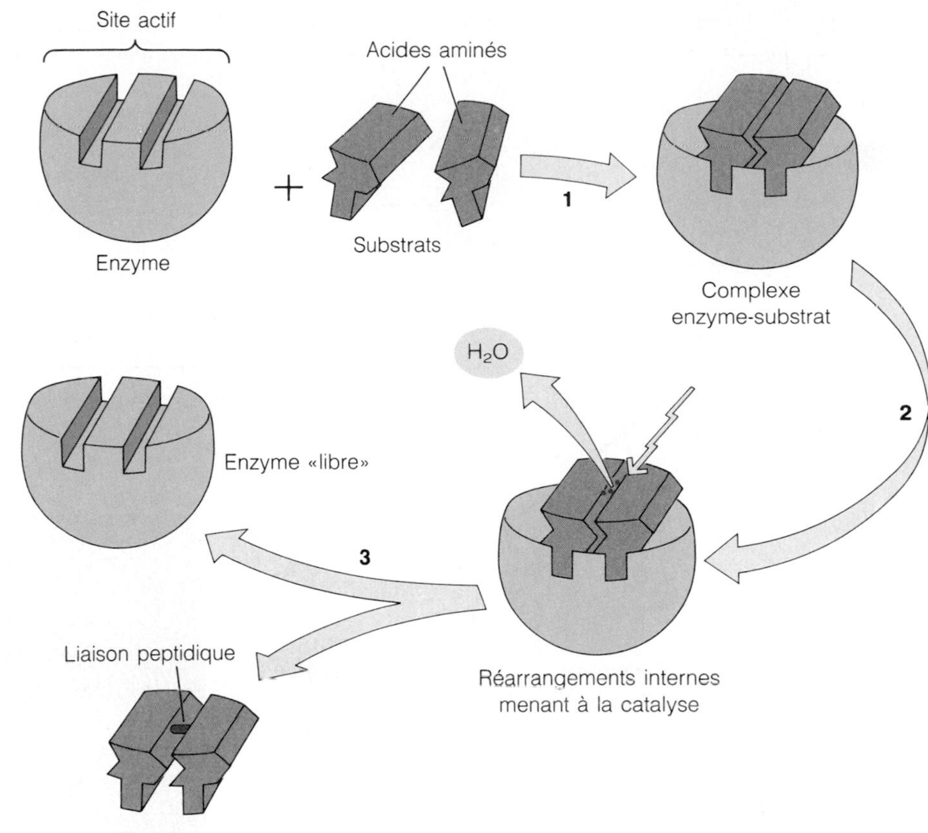

Figure 2.20 Mécanisme de la réaction enzymatique. Chaque enzyme est très spécifique, en ce sens qu'elle ne peut catalyser qu'une seule réaction chimique et ne se lier qu'à quelques molécules de substrat. Dans notre exemple, l'enzyme catalyse la formation d'un dipeptide à partir de deux acides aminés spécifiques.
1re étape: Formation du complexe enzyme-substrat.

2e étape: Réarrangements internes. Dans ce cas précis, de l'énergie est absorbée (indiqué par la flèche jaune) pendant qu'une molécule d'eau est retirée et qu'une liaison peptidique est formée.

3e étape: L'enzyme libère le produit de la réaction, le dipeptide. L'enzyme «libre» n'a pas changé au cours de la réaction et peut catalyser une autre réaction semblable.

les vaisseaux sanguins finiraient par ne plus contenir que du sang solide au lieu d'un seul caillot bénéfique.

Comment les enzymes accomplissent-elles leur rôle catalytique? Nous avons dit qu'une réaction chimique ne pouvait se produire si les molécules en interaction n'atteignaient pas un certain niveau d'énergie cinétique, indiqué par la vitesse de leurs mouvements. En pratique, cela signifie qu'il faut une certaine quantité d'énergie, appelée **énergie d'activation,** pour amorcer la réaction et faire atteindre aux molécules réactives un niveau d'énergie cinétique leur permettant d'entrer en collision avec une force suffisante pour que la réaction se produise. Ce phénomène se vérifie toujours, que la réaction finisse par libérer ou absorber de l'énergie.

Pour accroître l'énergie moléculaire, on peut bien sûr augmenter la température, mais la chaleur provoque la dénaturation des protéines dans les systèmes vivants. (C'est pourquoi une forte fièvre peut avoir des conséquences graves.) Les enzymes assurent que les réactions puissent se faire à la température corporelle normale, car elles diminuent la quantité d'énergie d'activation nécessaire (figure 2.19). On ne comprend pas vraiment comment les enzymes accomplissent cette tâche remarquable. On sait toutefois qu'elles réduisent le caractère aléatoire des réactions en fixant temporairement sur leur surface les molécules réactives et en les plaçant l'une en face de l'autre dans la position appropriée pour la réaction chimique (formation ou rupture de liaisons chimiques).

Le mécanisme de la réaction enzymatique semble se composer de trois étapes principales (figure 2.20).

1. L'enzyme doit d'abord se lier avec les substances (ou la substance) sur lesquelles elle agit. Ces substances sont les **substrats** de l'enzyme. La liaison avec le substrat s'effectue au site actif de l'enzyme, une fente ou fissure à la surface de l'enzyme. On croit que la liaison avec le substrat provoque une transformation structurale du site actif, qui permet au substrat et au site actif de s'ajuster parfaitement l'un à l'autre.

2. Le complexe enzyme-substrat subit un réarrangement interne qui transforme le substrat en produit de la réaction.

3. L'enzyme libère ensuite le produit de la réaction. Cette étape prouve le rôle catalytique de l'enzyme: si elle faisait partie du produit, l'enzyme serait un réactif plutôt qu'un catalyseur.

Puisque l'enzyme demeure intacte et qu'elle peut par conséquent rejouer son rôle de nombreuses fois, les cellules n'ont besoin que d'une petite quantité de chaque enzyme. D'autant plus que la catalyse se produit à une vitesse incroyable, la plupart des enzymes pouvant catalyser des millions de réactions par minute.

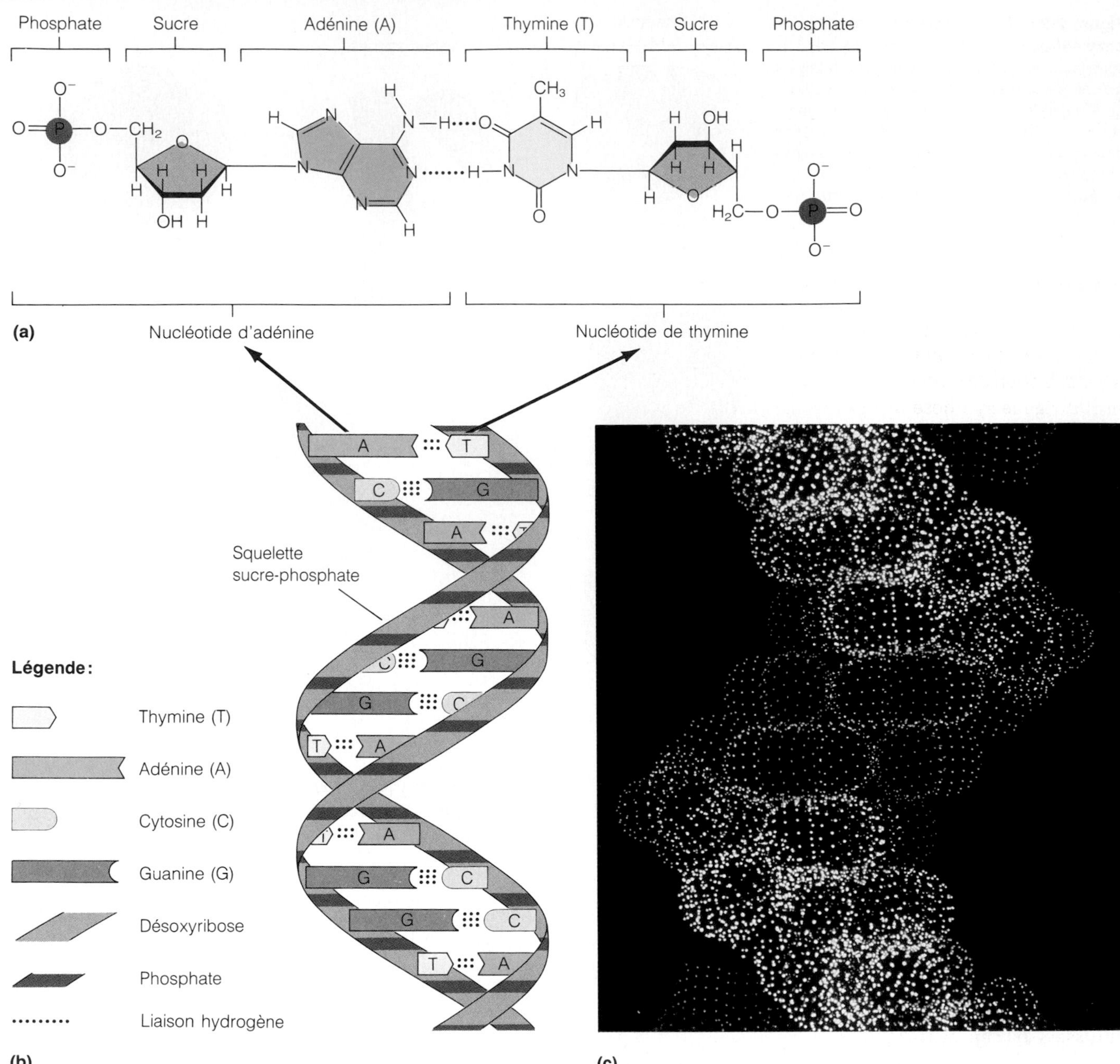

Figure 2.21 Structure de l'ADN. (**a**) L'unité de l'ADN est le nucléotide, composé d'une molécule de sucre, le désoxyribose, liée à un groupe phosphate et d'une base attachée au sucre. Deux nucléotides, unis par les liaisons hydrogène entre leurs bases complémentaires, sont illustrés. (**b**) L'ADN est un polymère bicaténaire de nucléotides spiralé (une double hélice). Les squelettes de la molécule en forme d'échelle sont formés d'une succession de sucres et de groupes phosphate. Les barreaux sont formés par l'union de bases complémentaires (A-T et G-C) au moyen de liaisons hydrogène (lignes pointillées). (**c**) Image de l'ADN produite par ordinateur.

Acides nucléiques (ADN et ARN)

Les **acides nucléiques** comprennent deux grands groupes de molécules: l'**acide désoxyribonucléique (ADN)** et l'**acide ribonucléique (ARN).** Les acides nucléiques, composés de carbone, d'oxygène, d'hydrogène, d'azote et de phosphore, sont les plus grosses molécules de l'organisme. Leur unité structurale est le **nucléotide,** lui-même formé de trois constituants unis au cours d'une réaction de synthèse (figure 2.21a): une base azotée, une molécule de pentose et un groupe phosphate. Cinq bases azotées peuvent entrer dans la structure d'un nucléotide:

l'*adénine,* dont l'abréviation est A ; la *guanine,* G ; la *cytosine,* C ; la *thymine,* T ; l'*uracile,* U. L'adénine et la guanine (appelées purines) sont de grosses molécules formées de deux chaînes cycliques ; la cytosine, la thymine et l'uracile (appelées pyrimidines) sont des molécules plus petites, formées d'une seule chaîne cyclique.

Bien que l'ADN et l'ARN soient tous deux composés de nucléotides, ils diffèrent à plusieurs égards. L'ADN se trouve en général dans le noyau de la cellule, où il constitue le matériel génétique, c'est-à-dire les gènes localisés sur les chromosomes. L'ADN a deux rôles fondamentaux : il se réplique (se reproduit) avant la division de la cellule, assurant ainsi que les cellules filles seront identiques en tous points, et il donne des instructions pour la construction de toutes les cellules de l'organisme. Parce qu'il dirige la synthèse des protéines, l'ADN détermine quel type d'organisme vous serez — grenouille, humain, érable — et fixe votre croissance et votre développement, en fonction de l'information qu'il contient. Nous avons dit que les enzymes régissaient toutes les réactions chimiques, mais il ne faut pas oublier que les enzymes sont elles aussi des protéines formées sous la direction de l'ADN. Quant à l'ARN, on le trouve surtout à l'extérieur du noyau. On peut considérer l'ARN comme un « esclave moléculaire » de l'ADN, puisqu'il exécute les ordres de l'ADN concernant la synthèse des protéines. Font exception à cette règle certains virus comme le virus du sida, où l'ARN (et non l'ADN) compose le matériel génétique.

L'ADN est un long polymère bicaténaire — formé de deux chaînes de nucléotides (figure 2.21b et c). L'ADN contient les bases A, G, C et T et le pentose appelé *désoxyribose* (pensez à « désoxyribonucléique »). Les deux chaînes de nucléotides sont retenues ensemble par les liaisons hydrogène qui unissent les bases azotées des nucléotides qui se font face, de sorte que la molécule ressemble à une échelle. La succession des molécules de sucre et de phosphate dans chaque chaîne constitue son *squelette* ; les deux squelettes forment les « montants » de « l'échelle » alors que les bases forment les « barreaux ». Les bases ne s'unissent pas au hasard : A se lie toujours à T, et C se lie toujours à C. A et T sont donc des **bases complémentaires,** tout comme C et G. Une certaine séquence sur une chaîne de nucléotides (ATGA, par exemple) sera obligatoirement liée à une séquence de bases complémentaires (TACT) sur l'autre chaîne. Toute la molécule d'ADN s'enroule sur elle-même et forme une sorte d'escalier en spirale, structure qu'on appelle **double hélice.**

L'ARN est un petit polymère monocaténaire, c'est-à-dire formé d'une seule chaîne de nucléotides. L'ARN contient les bases A, G, C et U (U remplace la T de l'ADN), et son sucre est le *ribose* (au lieu du désoxyribose). Il existe trois types d'ARN, de grosseur et de forme différentes, et chacun remplit une fonction très spécifique dans l'exécution des instructions données par l'ADN. Vous trouverez au tableau 2.4 (p. 58) une comparaison de l'ADN et de l'ARN. Nous discuterons au chapitre 3 de la réplication de l'ADN et des rôles respectifs de l'ADN et de l'ARN dans la synthèse des protéines.

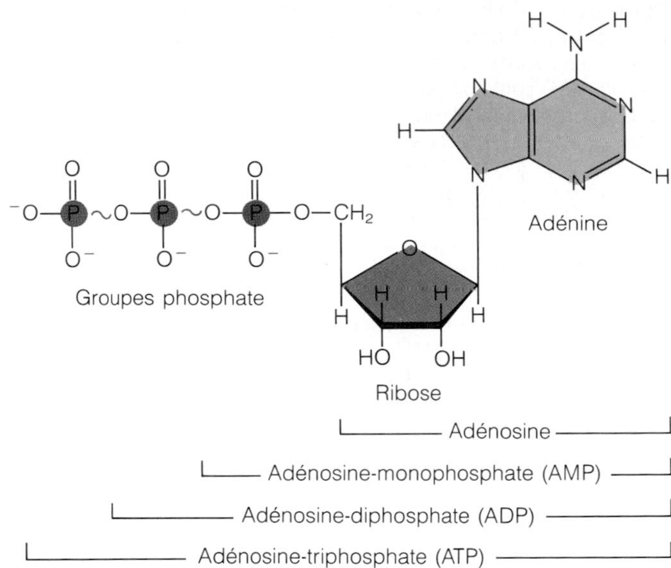

Figure 2.22 Structure de l'ATP (adénosine-triphosphate). L'ATP est un nucléotide d'adénine auquel deux groupes phosphate supplémentaires sont attachés au moyen de liaisons phosphate riches en énergie. (Les liaisons phosphate riches en énergie sont représentées par des lignes ondulées.) Lorsque le groupe phosphate terminal se détache, de l'énergie cinétique est libérée pour accomplir du travail, et de l'ADP (adénosine-diphosphate) se forme. Lorsque le groupe phosphate terminal se détache de l'ADP, une quantité semblable d'énergie cinétique est libérée et de l'AMP (adénosine-monophosphate) se forme.

Adénosine-triphosphate (ATP)

Même si le glucose est le plus important combustible cellulaire, l'énergie chimique contenue dans ses liaisons chimiques ne peut pas être employée directement pour les réactions chimiques. Nous l'avons déjà dit : l'énergie libérée au cours de la dégradation du glucose (réaction exothermique) est captée et stockée dans de petites « bouffées » d'énergie, les liaisons de l'**adénosine-triphosphate (ATP).** La synthèse de l'ATP est une fonction cellulaire de la plus haute importance, car chaque cellule doit fabriquer elle-même ses molécules d'ATP, la forme d'énergie utilisable par toutes les cellules de l'organisme.

Sur le plan structural, l'ATP est un nucléotide d'ARN contenant de l'adénine, auquel s'ajoutent deux groupes phosphate supplémentaires (figure 2.22). Les groupes phosphate « en excédent » sont rattachés par des liaisons chimiques uniques appelées **liaisons phosphate riches en énergie.** La rupture par hydrolyse de ces liaisons phosphate libère une énergie pouvant être utilisée sur-le-champ pour accomplir une activité cellulaire. On peut comparer l'ATP à un ressort bien tendu (énergie potentielle), prêt à se détendre avec une énergie phénoménale dès qu'il sera lâché (énergie cinétique). Il est très avantageux pour la cellule d'avoir l'ATP comme « unité d'énergie », puisque la rupture de ses liaisons libère une quantité d'énergie qui correspond à peu de choses près à ce qu'il faut pour la plupart des réactions biochimiques.

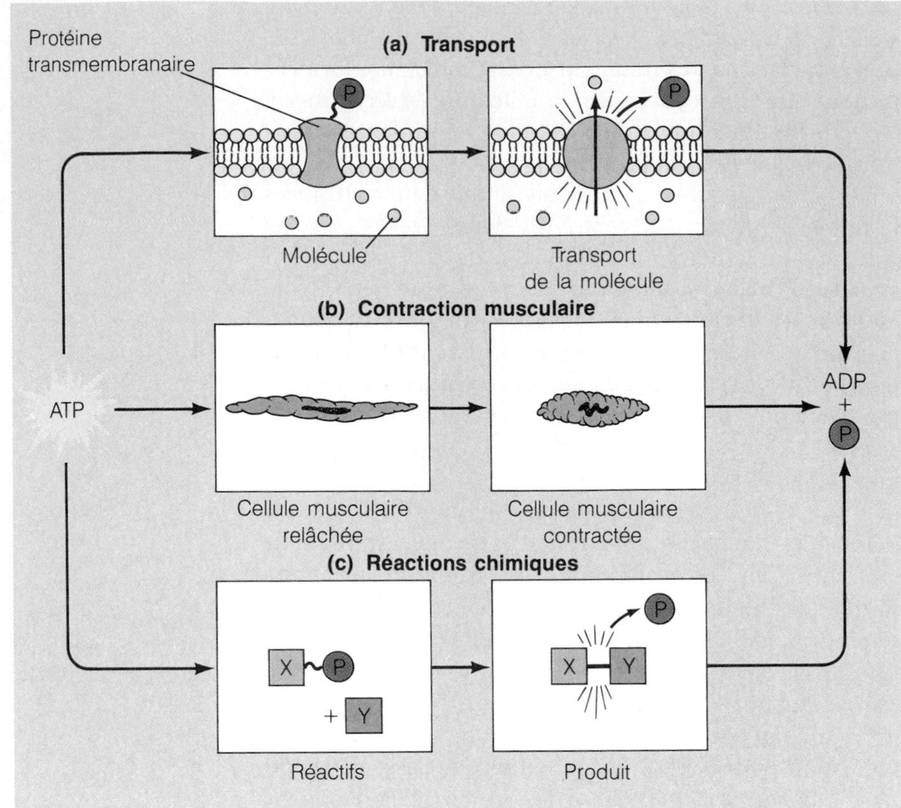

Figure 2.23 Trois exemples montrant comment l'ATP permet le travail cellulaire. Les liaisons riches en énergie potentielle de l'ATP sont comparables à des ressorts tendus qui libèrent de l'énergie cinétique quand ils sont lâchés. (**a**) L'ATP fournit l'énergie cinétique permettant le transport de certaines molécules (notamment les acides aminés) à travers les membranes cellulaires. (**b**) L'ATP fournit l'énergie cinétique nécessaire à l'action des protéines contractiles des cellules musculaires, de sorte que les cellules peuvent se raccourcir et accomplir du travail musculaire. (**c**) L'ATP fournit l'énergie cinétique nécessaire pour les réactions chimiques endothermiques (qui absorbent de l'énergie), telles que la fabrication des protéines à partir des acides aminés.

Les cellules sont donc protégées contre les effets néfastes de la libération d'une quantité excessive d'énergie, et le gaspillage d'énergie est réduit au minimum.

La rupture de la liaison phosphate terminale de l'ATP donne une molécule possédant deux groupes phosphate — l'*adénosine-diphosphate (ADP)* et un groupe phosphate inorganique, indiqué par P_i — , en plus de libérer de l'énergie:

$$\text{ATP} \underset{H_2O}{\overset{H_2O}{\rightleftharpoons}} \text{ADP} + P_i + \text{Énergie}$$

Tableau 2.4 Comparaison de l'ADN et de l'ARN

Caractéristique	ADN	ARN
Localisation dans la cellule	Noyau	Cytoplasme (région de la cellule située autour du noyau)
Principale fonction	Constitue le matériel génétique; dirige la synthèse des protéines; se réplique avant la division cellulaire	Exécute les instructions génétiques pour la synthèse des protéines
Sucre	Désoxyribose	Ribose
Bases	Adénine, guanine, cytosine, thymine	Adénine, guanine, cytosine, uracile
Structure	Double chaîne tordue en double hélice	Une chaîne droite ou repliée

À mesure que les liaisons de l'ATP sont rompues par hydrolyse afin de répondre aux besoins énergétiques de la cellule, l'ADP s'accumule. Il arrive parfois que la deuxième liaison phosphate riche en énergie soit également rompue, ce qui libère la même quantité d'énergie, ainsi que de l'adénosine-monophosphate (AMP). Le réapprovisionnement en ATP se fait à mesure que le glucose et les autres molécules de combustibles sont dégradés et que l'énergie de leurs liaisons est libérée puis sert à la synthèse de nouvelles molécules d'ATP. Pour que des groupes phosphate puissent se rattacher et former de nouvelles liaisons riches en énergie, il faut la même quantité d'énergie que celle qui a été libérée au moment de la séparation du groupe phosphate terminal de l'ATP. Sans ATP, les cellules ne peuvent plus réaliser la synthèse et la dégradation des molécules ni faire passer des substances à travers leur membrane, les muscles squelettiques ne peuvent se contracter pour actionner les os, etc.: tous les processus vitaux s'arrêtent (figure 2.23).

Termes médicaux

Acidose Acidité ou diminution du pH (pH inférieur à 7,35) du sang; forte concentration d'ions hydrogène dans le sang.

Alcalose Alcalinité ou augmentation du pH (pH supérieur à 7,45) du sang; faible concentration d'ions hydrogène dans le sang.

Cétose Forme d'acidose provoquée par l'excès de corps cétoniques (produit de la dégradation des graisses) dans le sang; apparaît souvent au cours des périodes de jeûne et chez les personnes atteintes de diabète sucré.

Mal des rayons Maladie résultant de l'exposition du corps à la radioactivité (émise par des radio-isotopes); touche principalement les organes du système digestif.

Métaux lourds Métaux ayant des effets toxiques sur l'organisme, notamment l'arsenic, le mercure et le plomb; le fer, qui fait partie de ces métaux, est toxique en fortes concentrations.

Radiations ionisantes Radiations qui entraînent l'ionisation des atomes; les rayons X et les radio-isotopes sont ionisants.

Résumé du chapitre

PREMIÈRE PARTIE: NOTIONS DE CHIMIE

DÉFINITION DES CONCEPTS: MATIÈRE ET ÉNERGIE (p. 27-28)

1. La matière est tout ce qui occupe un volume et possède une masse. L'énergie est la capacité de produire du travail ou d'imprimer un mouvement à la matière.

Énergie potentielle et énergie cinétique (p. 27)

2. L'énergie est soit de l'énergie potentielle (énergie stockée ou énergie de position), soit de l'énergie cinétique (énergie active, qui sert à effectuer un travail).

Formes d'énergie (p. 27-28)

3. Les formes d'énergie contribuant au fonctionnement du corps sont l'énergie chimique, électrique, mécanique et l'énergie de rayonnement. L'énergie chimique (dans les liaisons chimiques) est la plus importante de ces formes d'énergie.

4. Une forme d'énergie peut être transformée en une autre, mais une certaine quantité d'énergie est toujours perdue sous forme de chaleur au cours de ces transformations.

COMPOSITION DE LA MATIÈRE: ATOMES ET ÉLÉMENTS (p. 28-31)

1. Les éléments sont des substances uniques impossibles à décomposer en substances plus simples par les méthodes chimiques ordinaires. Quatre éléments (carbone, hydrogène, oxygène et azote) constituent 96% du poids corporel.

Structure de l'atome (p. 28-29)

2. Les atomes sont les constituants des éléments.

3. Les atomes sont formés des protons, de charge positive, des électrons, de charge négative, et des neutrons, électriquement neutres. Les protons et les neutrons sont situés dans le noyau de l'atome; les électrons se trouvent dans les couches électroniques à l'extérieur du noyau. Dans tous les atomes, le nombre d'électrons est égal au nombre de protons.

Identification des éléments (p. 29-31)

4. Les éléments se reconnaissent à leur nombre atomique (p^+) et à leur nombre de masse ($p^+ + n^0$). La notation ${}^4_2He$ signifie que l'hélium (He) a un nombre atomique de 2 et un nombre de masse de 4.

5. Les isotopes d'un élément diffèrent par le nombre de neutrons qu'ils contiennent. Le poids atomique d'un élément est approximativement égal au nombre de masse de son isotope le plus abondant.

Radio-isotopes (p. 31)

6. Un grand nombre d'isotopes lourds sont instables (radioactifs) et se décomposent en formes plus stables en émettant des particules α ou β ou encore des rayons γ. Les radio-isotopes sont utiles dans le diagnostic médical et la recherche biochimique.

COMMENT LA MATIÈRE SE COMBINE: MOLÉCULES ET MÉLANGES (p. 31-33)

Molécules et composés (p. 31-32)

1. La molécule est la plus petite unité résultant de la liaison chimique de deux ou plusieurs atomes. Si les atomes sont différents, ils forment une molécule de composé.

Mélanges (p. 32-33)

2. Les mélanges sont des combinaisons physiques de solutés dans un solvant. Les substances constituant un mélange gardent leurs propriétés particulières, car il ne se produit aucune réaction chimique entre elles.

3. Il existe trois types de mélanges: les solutions, les colloïdes et les suspensions.

4. La concentration des solutions est généralement exprimée en pourcentage ou en moles par litre.

Différences entre mélanges et composés (p. 33)

5. Les composés sont homogènes; leurs éléments sont liés chimiquement. Les mélanges sont homogènes ou hétérogènes; les substances les composant sont mélangées physiquement et séparables.

LIAISONS CHIMIQUES (p. 33-38)

Rôle des électrons dans les liaisons chimiques (p. 33-34)

1. Les électrons d'un atome occupent des régions de l'espace appelées couches électroniques ou niveaux d'énergie. Les électrons de la couche la plus éloignée du noyau (électrons de valence) possèdent le plus d'énergie.

2. Les liaisons chimiques sont des relations énergétiques entre les électrons de valence des atomes réactifs. Quand sa couche de valence (dernière couche électronique) est remplie ou qu'il a huit électrons de valence, un atome est chimiquement inerte; les atomes qui ont une couche de valence incomplète interagissent entre eux de manière à atteindre une configuration électronique stable.

Types de liaisons chimiques (p. 34-38)

3. Une liaison ionique se forme quand les électrons de valence sont transférés d'un atome à un autre.

4. Des liaisons covalentes se forment quand des atomes partagent des paires d'électrons. Si les paires d'électrons sont partagées également, la molécule est non polaire; si le partage est inégal, la molécule est polaire (c'est un dipôle).

5. Les liaisons hydrogène sont des liaisons faibles entre l'hydrogène et l'azote ou l'oxygène. Elle unissent différentes molécules (comme la molécule d'eau) ou différentes parties d'une même molécule.

RÉACTIONS CHIMIQUES (p. 38-41)

Équations chimiques (p. 38)

1. Une réaction chimique est la formation, la rupture ou le réarrangement de liaisons chimiques.

Modes de réactions chimiques (p. 38-40)

2. Toutes les réactions chimiques sont des réactions de synthèse, de dégradation ou d'échange (substitution). On peut considérer les réactions d'oxydoréduction comme un type spécial de réaction d'échange (ou catabolique).

Variations de l'énergie au cours des réactions chimiques (p. 40)

3. Les liaisons sont des relations énergétiques, et toutes les réactions chimiques se soldent par un gain ou une perte d'énergie.

4. Les réactions exothermiques entraînent la libération d'énergie; les réactions endothermiques entraînent l'absorption d'énergie.

Réversibilité des réactions chimiques (p. 40)

5. Quand les conditions de la réaction demeurent inchangées, une réaction chimique atteindra toujours un état d'équilibre chimique où la réaction se déroulera à la même vitesse dans les deux directions.

Facteurs influant sur la vitesse des réactions chimiques (p. 40-41)

6. Les réactions chimiques se produisent seulement quand les particules entrent en collision avec une force suffisante pour que les électrons de valence interagissent.

7. Plus les particules réactives sont petites, plus elles possèdent d'énergie cinétique et plus la réaction est rapide. La vitesse des réactions augmente quand la température ou la concentration des réactifs augmente et quand des catalyseurs sont ajoutés.

DEUXIÈME PARTIE: BIOCHIMIE: COMPOSITION ET RÉACTIONS DE LA MATIÈRE VIVANTE

COMPOSÉS INORGANIQUES (p. 41-45)

1. La majorité des composés inorganiques ne contiennent pas de carbone. Les composés inorganiques présents dans le corps sont l'eau, les sels ainsi que les acides et bases inorganiques.

Eau (p. 41-42)

2. L'eau est le composé le plus abondant dans l'organisme. Elle absorbe et libère lentement la chaleur, constitue le solvant universel, participe à des réactions chimiques et forme un coussin pour certains organes.

Sels (p. 42)

3. Les sels sont des composés ioniques se dissolvant dans l'eau et possédant des propriétés électrolytiques. Les sels de calcium et de phosphore contribuent à la dureté des os et des dents. Les sels ionisés interviennent dans un grand nombre de processus physiologiques.

Acides et bases (p. 43-45)

4. Les acides sont des donneurs de protons; dans l'eau, ils s'ionisent et se dissocient en libérant des ions hydrogène (responsables de leurs propriétés) et des anions.

5. Les bases sont des accepteurs de protons. Les bases inorganiques les plus importantes sont les hydroxydes; l'ion bicarbonate et l'ion ammonium sont des bases importantes pour l'organisme.

6. Le pH est la concentrations d'ions hydrogène (en moles par litre) d'une solution. Un pH de 7 est neutre; un pH supérieur à 7 est alcalin; un pH inférieur à 7 est acide. Le pH normal du sang se situe entre 7,35 et 7,45. Les tampons aident à prévenir les changements excessifs du pH des liquides organiques.

COMPOSÉS ORGANIQUES (p. 45-58)

1. Les composés organiques contiennent du carbone. Les composés organiques présents dans le corps sont, notamment, les glucides, les lipides, les protéines et les acides nucléiques, formés au cours de réactions de synthèse et dégradés par hydrolyse. Toutes ces molécules biologiques comprennent du C, de l'H et de l'O. Les acides aminés des protéines et les bases azotées des acides nucléiques contiennent également de l'N.

Glucides (p. 45-47)

2. Les constituants des glucides sont les monosaccharides. Les plus importants monosaccharides sont les hexoses (glucose, fructose, galactose) et les pentoses (ribose, désoxyribose).

3. Les disaccharides (sucrose, lactose, maltose) et les polysaccharides (amidon, glycogène) sont formés de monosaccharides unis les uns aux autres par des liaisons chimiques.

4. Les glucides, le glucose en particulier, sont la principale source d'énergie pour la formation de l'ATP. Les glucides en excédent sont transformés en glycogène ou en graisse puis emmagasinés dans des cellules spécialisées.

Lipides (p. 47-50)

5. Les lipides sont solubles dans les lipides et les solvants organiques, mais non dans l'eau.

6. Les graisses neutres se trouvent surtout dans les cellules du tissu adipeux, qui fournit une isolation et forme une réserve d'énergie.

7. Les phospholipides sont des graisses neutres modifiées qui possèdent un groupe phosphate; ils ont une partie polaire et une partie non polaire. Ils sont présents dans toutes les membranes cellulaires.

8. Le cholestérol est un stéroïde présent dans les membranes cellulaires. Il constitue le précurseur des hormones stéroïdes, des sels biliaires et de la vitamine D.

Protéines (p. 50-55)

9. L'unité structurale de la protéine est l'acide aminé; l'organisme renferme 20 acides aminés importants.

10. L'union d'un grand nombre d'acides aminés par des liaisons peptidiques forme un polypeptide. Une protéine (un ou plusieurs polypeptides) se distingue par le nombre et la succession des acides aminés dans sa ou ses chaînes et par la complexité de sa structure tridimensionnelle.

11. Les protéines fibreuses, comme la kératine, le collagène et l'élastine, possèdent une structure secondaire (hélice alpha ou feuillet plissé bêta) et, parfois, une structure quaternaire.

12. Les protéines globulaires (enzymes, certaines hormones, anticorps, hémoglobine) possèdent une structure tertiaire ou quaternaire; elles sont généralement sphériques et hydrosolubles.

13. Les protéines sont dénaturées par des conditions extrêmes de température et de pH. Les protéines globulaires dénaturées ne peuvent plus accomplir leurs fonctions.

14. Les enzymes, des catalyseurs biologiques, augmentent la vitesse des réactions chimiques en réduisant la quantité d'énergie d'activation nécessaire pour les amorcer. Elles agissent en se liant aux réactifs et en les maintenant dans la position appropriée pour la réaction. Un grand nombre d'enzymes ne peuvent fonctionner sans cofacteurs.

Acides nucléiques (ADN et ARN) (p. 56-57)

15. L'acide désoxyribonucléique (ADN) et l'acide ribonucléique (ARN) sont des acides nucléiques. L'unité structurale des acides nucléiques est le nucléotide, formé d'une base azotée (adénine, guanine, cytosine, thymine ou uracile), d'un sucre (ribose ou désoxyribose) et d'un groupe phosphate.

16. L'ADN est une double hélice; il contient du désoxyribose et les bases A, G, C et T. L'ADN détermine la structure des protéines et se réplique avant la division cellulaire.

17. L'ARN est formé d'une seule chaîne; il contient du ribose et les bases A, G, C et U. L'ARN exécute les instructions de l'ADN concernant la synthèse des protéines.

Adénosine-triphosphate (ATP) (p. 57-58)

18. L'ATP est le composé énergétique de toutes les cellules de l'organisme. Une partie de l'énergie potentielle libérée au cours de la dégradation du glucose et des autres combustibles cellulaires est captée dans les liaisons unissant les groupes phosphate des molécules d'ATP et utilisée au cours des activités physiologiques de la cellule.

Questions de révision

Choix multiples/associations

1. Quelle(s) forme(s) d'énergie utilisons-nous au cours de la vision? (a) Chimique; (b) électrique; (c) mécanique; (d) de rayonnement.

2. Tous les éléments suivants sauf un entrent dans le groupe des quatre éléments qui forment la majeure partie du poids corporel. Quel élément ne fait pas partie du groupe? (a) L'hydrogène; (b) le carbone; (c) l'azote; (d) le sodium; (e) l'oxygène.

3. Le nombre de masse d'un atome est (a) égal au nombre de protons qu'il contient; (b) la somme de ses protons et de ses neutrons; (c) la somme de toutes ses particules subatomiques; (d) la moyenne du nombre de masse de tous ses isotopes.

4. Une carence de cet élément réduira probablement la quantité d'hémoglobine dans le sang. (a) Fe; (b) I; (c) F; (d) Ca; (e) K.

5. Quel groupe de termes décrit le mieux un proton? (a) Charge négative, masse négligeable, en orbite; (b) charge positive, 1 u, dans le noyau; (c) pas de charge, 1 u, dans le noyau.

6. Les particules subatomiques responsables du comportement chimique des atomes sont (a) les électrons; (b) les ions; (c) les neutrons; (d) les protons.

7. Quelles molécules sont des molécules de composé? (a) N_2; (b) C; (c) $C_6H_{12}O_6$; (d) NaOH; (e) S_8.

8. Lequel des énoncés suivants ne s'applique *pas* à un mélange? (a) Il garde les propriétés de ses constituants; (b) des liaisons chimiques sont formées; (c) les constituants peuvent être séparés physiquement; (d) il peut être homogène ou hétérogène.

9. Un mélange homogène, transparent et qui ne diffuse pas la lumière est (a) une solution vraie; (b) un colloïde; (c) un composé; (d) une suspension.

10. La liaison formée lorsque deux atomes partagent une paire d'électrons s'appelle (a) une liaison covalente simple; (b) une liaison covalente double; (c) une liaison covalente triple; (d) une liaison ionique.

11. Les molécules formées lorsque les électrons sont partagés inégalement sont (a) des sels; (b) des molécules polaires; (c) des molécules non polaires.

12. Certaines de ces molécules unies par des liaisons covalentes sont polaires. Lesquelles?

```
                        H                   H
                        |                   |
(a) H — Cl   (b) H  —   C — H   (c) Cl  —   C — Cl   (d) N ≡ N
                        |                   |
                        H                   Cl
```

13. Dire pour chaque réaction s'il s'agit (a) d'une réaction de synthèse; (b) d'une réaction de dégradation; (c) d'une réaction d'échange.

(1) $2Hg + O_2 \rightarrow 2HgO$
(2) $HCl + NaOH \rightarrow NaCl + H_2O$

14. Tous ces facteurs accélèrent la vitesse des réactions chimiques, sauf un. Lequel? (a) La présence de catalyseurs; (b) l'augmentation de la température; (c) la baisse de la température; (d) l'augmentation de la concentration des réactifs.

15. Laquelle des molécules suivantes n'est pas une molécule organique? (a) Le sucrose; (b) le cholestérol; (c) le collagène; (d) le chlorure de sodium.

16. L'importance de l'eau dans les systèmes vivants vient de (a) sa polarité et ses propriétés de solvant; (b) sa grande capacité calorifique; (c) sa grande chaleur de vaporisation; (d) sa réactivité chimique; (e) toutes ces propriétés.

17. Les acides (a) libèrent des ions hydroxyles quand ils sont dissous dans l'eau; (b) sont des accepteurs de protons; (c) font augmenter le pH d'une solution; (d) libèrent des protons quand ils sont dissous dans l'eau.

18. Au cours d'une analyse, un chimiste observe un composé constitué de carbone, d'hydrogène et d'oxygène dans une proportion de 1:2:1 et dont la molécule possède six faces. Il s'agit probablement (a) d'un pentose; (b) d'un acide aminé; (c) d'un acide gras; (d) d'un monosaccharide; (e) d'un acide nucléique.

19. Une graisse neutre est formée (a) de glycérol et de un à trois acides gras; (b) d'un squelette de glucose-phosphate auquel sont attachés deux acides aminés; (c) de deux ou plusieurs hexoses; (d) d'acides aminés complètement saturés d'hydrogène.

20. Un composé chimique possède une fonction amine et une fonction acide. Il n'a toutefois aucune liaison peptidique. Il s'agit (a) d'un monosaccharide; (b) d'un acide aminé; (c) d'une protéine; (d) d'une graisse.

21. Le(les) lipide(s) précurseur(s) de la vitamine D, des hormones sexuelles et des sels biliaires est(sont) (a) les graisses neutres; (b) le cholestérol; (c) les phospholipides; (d) les prostaglandines.

Questions à court développement

22. Définir ou décrire l'énergie, et expliquer la relation entre l'énergie potentielle et l'énergie cinétique.

23. Une certaine quantité d'énergie est perdue au cours de toutes les transformations d'énergie. Expliquer cet énoncé. (Vous devez répondre à ces questions: L'énergie est-elle réellement perdue? Sinon, que devient-elle?)

24. Donner le symbole chimique des éléments suivants: (a) calcium; (b) carbone; (c) hydrogène; (d) fer; (e) azote; (f) oxygène; (g) potassium; (h) sodium.

25. Répondre aux questions portant sur les trois atomes suivants:

$${}^{12}_{6}C \quad {}^{13}_{6}C \quad {}^{14}_{6}C$$

(a) Quels sont leurs points communs? (b) En quoi sont-ils différents? (c) Selon le modèle planétaire , dessinez la configuration atomique de ${}^{12}_{6}C$, en montrant la position et le nombre de particules subatomiques.

26. Combien de moles d'aspirine ($C_9H_8O_4$) y a-t-il dans un flacon de 450 g. (Le poids approximatif des atomes est: C = 12; H = 1; O = 16.)

27. Étant donné les caractéristiques des atomes suivants, sont-ils plus susceptibles de se lier par des liaisons ioniques ou covalentes? (a) Deux atomes d'oxygène; (b) quatre atomes d'hydrogène et un atome de carbone; (c) un atome de potassium (${}^{19}_{39}K$) et un atome de fluor (${}^{19}_{9}F$).

28. Qu'est-ce qu'une liaison hydrogène et pourquoi ce type de liaison est-il important dans l'organisme?

29. L'équation suivante représente la dégradation oxydative du glucose par les cellules de l'organisme, une réaction réversible.

glucose + oxygène → gaz carbonique + eau + ATP

(a) Comment pouvez-vous indiquer que la réaction est réversible? (b) Comment pouvez-vous indiquer que la réaction est en équilibre chimique? (c) Définir ce qu'est l'équilibre chimique?

30. (a) Montrer les différences entre les structures primaire, secondaire et tertiaire des protéines. (b) Quel niveau de structure atteignent la majorité des protéines fibreuses? (c) Décrire les niveaux structuraux d'une protéine globulaire.

31. Décrire le mécanisme de l'activité enzymatique. Dans votre exposé, expliquer comment les enzymes rendent les réactions biochimiques moins aléatoires.

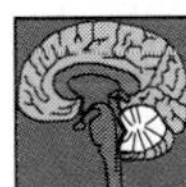

Réflexion et application

1. Au moment où Benoît enfourchait sa bicyclette pour aller se baigner au lac voisin, sa mère lui a crié: «On dirait qu'il va y avoir un orage. N'oublie pas de sortir de l'eau s'il y a des éclairs.» Cet avertissement était justifié. Pourquoi?

2. Certains antibiotiques se lient à des enzymes essentielles de la bactérie qu'ils combattent. (a) Comment ces antibiotiques influent-ils sur les réactions chimiques dépendant des enzymes? (b) Quels seront les effets sur la bactérie? Et sur la personne qui prend les antibiotiques?

3. Mme Robert, tombée dans un coma diabétique, vient d'être admise au centre hospitalier. Son pH sanguin montre qu'elle est en état d'acidose grave, et on commence immédiatement un traitement qui devrait le ramener dans les limites normales. (a) Expliquer ce qu'est le pH et donner le pH normal du sang. (b) Pourquoi l'acidose prononcée est-elle dangereuse?

3 La cellule: unité de base de la vie

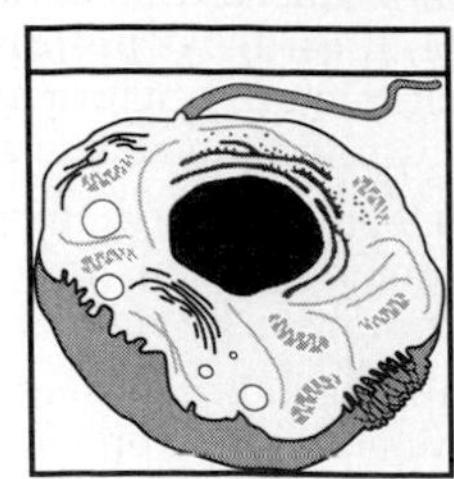

Sommaire et objectifs d'apprentissage

Principaux éléments de la théorie cellulaire (p. 62-63)

1. Définir la cellule.
2. Énumérer les trois principales régions de la cellule généralisée et nommer les fonctions générales de chacune.

Membrane plasmique: structure (p. 63-66)

3. Décrire la composition chimique de la membrane plasmique.
4. Comparer la structure et la fonction des jonctions serrées, des desmosomes et des jonctions ouvertes.

Membrane plasmique: fonctions (p. 66-76)

5. Montrer les rapports entre la structure de la membrane plasmique et les mécanismes de transport actif et passif. Établir la distinction entre ces mécanismes de transport quant à la source d'énergie, aux substances transportées, à la direction du transport et au mode de fonctionnement.
6. Définir le potentiel membranaire et expliquer comment le potentiel de repos membranaire est entretenu.
7. Décrire le rôle de la membrane plasmique dans les interactions entre les cellules.

Cytoplasme (p. 76-85)

8. Décrire la composition du cytosol. Expliquer ce que sont les inclusions et en nommer quelques types.
9. Discuter de la structure et de la fonction des mitochondries.
10. Discuter de la structure et de la fonction des ribosomes, du réticulum endoplasmique et de l'appareil de Golgi; relever les relations fonctionnelles entre ces organites.
11. Comparer les fonctions des lysosomes et des peroxysomes.
12. Énumérer les éléments du cytosquelette et décrire leur structure et leur fonction.
13. Décrire le rôle des centrioles dans la mitose ainsi que dans la formation des cils et des flagelles.

Noyau (p. 85-87)

14. Décrire la composition chimique, la structure et la fonction de la membrane nucléaire, du nucléole et de la chromatine.

Croissance et reproduction de la cellule (p. 88-98)

15. Énumérer les phases du cycle cellulaire et décrire les événements se produisant au cours de chaque phase.
16. Décrire le processus de réplication de l'ADN. Expliquer l'importance de ce processus.
17. Définir ce qu'est un gène et expliquer la fonction des gènes. Expliquer la signification du terme «code génétique».
18. Nommer les deux phases de la synthèse des protéines et décrire les rôles de l'ADN, de l'ARNm, de l'ARNt et de l'ARNr durant chaque phase. Montrer les différences entre les triplets, les codons et les anticodons.

Matériaux extracellulaires (p. 98-99)

19. Nommer les matériaux extracellulaires et décrire leur composition.

Développement et vieillissement des cellules (p. 99-100)

20. Discuter de certaines des théories du vieillissement cellulaire.

Tous les organismes sont cellulaires par nature, qu'il s'agisse de «généralistes» unicellulaires comme les amibes ou d'organismes multicellulaires complexes comme les humains, les chiens et les arbres. Tout comme les briques et le bois sont les unités structurales d'une maison, les **cellules** sont les unités structurales des êtres vivants. Le corps humain renferme des billions de ces minuscules constituants.

Dans ce chapitre, nous nous pencherons sur les caractéristiques structurales et les processus fonctionnels communs à toutes nos cellules. Les cellules spécialisées et leurs fonctions particulières seront étudiées en détail dans les chapitres appropriés.

Principaux éléments de la théorie cellulaire

À la fin du 17e siècle, un microscope rudimentaire permit à un scientifique anglais nommé Robert Hooke d'être la première personne à observer des cellules végétales. Mais cet événement n'eut pas de suites importantes avant le milieu du 19e siècle, alors que deux scientifiques allemands, Matthias Schleiden et Theodor Schwann, purent soutenir que tous les êtres vivants étaient composés de cellules. Rudolf Virchow, un pathologiste allemand, partit de cette idée de base et affirma que les cellules ne peuvent venir que d'autres cellules. Sa proclamation faisait date dans l'histoire de la biologie, puisqu'elle venait contredire la *théorie de la génération spontanée,* dominante à l'époque. Les partisans de cette théorie croyaient que les organismes naissaient spontanément à partir de déchets ou d'autres matières inanimées. Depuis cette époque, les recherches en cytologie ont été extrêmement fructueuses: elles ont permis l'élaboration des quatre principes composant la **théorie cellulaire**:

1. La cellule est l'unité structurale et fonctionnelle des organismes vivants; définir les propriétés d'une cellule équivaut à définir les propriétés de la vie.
2. L'activité d'un organisme dépend de l'activité individuelle et collective de ses cellules.
3. Selon le *principe de la relation structure-fonction,* les activités biochimiques des cellules sont déterminées et rendues possibles par des structures souscellulaires spécifiques.
4. Le maintien de la vie dépend de la cellule.

Nous reviendrons sur ces principes. Pour le moment, considérons le fait que la cellule est la plus petite quantité de matière vivante. Elle est donc l'unité de base de l'organisation biologique, et tous les processus vitaux dépendent d'elle. Peu importe sa forme et son comportement, la cellule est un ensemble microscopique qui possède tous les composants nécessaires à sa survie dans un monde en perpétuel changement. C'est la perte de l'homéostasie cellulaire qui est à l'origine de presque toutes les maladies dont nous pouvons souffrir.

La propriété la plus impressionnante de la cellule est sans doute son organisation complexe. Sur le plan chimique, la cellule est composée notamment de carbone, d'hydrogène, d'azote, d'oxygène et d'oligoéléments. Ces substances existent dans l'air que nous respirons et le sol que nous foulons, mais c'est à l'intérieur de la cellule qu'elles acquièrent les caractéristiques spéciales de la vie. La vie tient donc à l'organisation de la matière vivante et à la façon dont elle accomplit les processus métaboliques; on est bien au-delà des questions de composition chimique.

Les cellules présentent une étonnante diversité de formes et de dimensions. Leur diamètre varie de 2 μm (micromètres) pour les plus petites à plus de 10 cm pour les plus grosses (le jaune d'un œuf d'autruche). La cellule humaine «typique» mesure environ 10 μm de diamètre; la plus grosse (l'ovule fécondé) a un diamètre de près de 100 μm, mais elle est encore presque impossible à voir à l'œil nu.

La longueur des cellules varie encore plus que leur diamètre: entre quelques micromètres et un mètre et plus. Certaines cellules des muscles squelettiques mesurent 30 cm de long; les cellules nerveuses qui permettent la contraction des muscles du pied s'étendent de l'extrémité de la moelle épinière jusqu'au pied, c'est-à-dire sur plus de un mètre.

Quant à la forme des cellules, elle est extrêmement diversifiée. Certaines cellules sont sphériques (cellules adipeuses), certaines discoïdes (globules rouges), d'autres ramifiées (cellules nerveuses), d'autres encore cubiques (cellules des tubules rénaux), et nous pourrions continuer l'énumération! La forme de la cellule reflète sa fonction (relation structure-fonction). Par exemple, les cellules épithéliales plates qui tapissent l'intérieur de la joue s'ajustent avec précision les unes aux autres, de manière à former une barrière vivante qui protège les tissus sousjacents contre les invasions bactériennes.

Chaque type de cellule diffère quelque peu des autres, mais toutes les cellules possèdent plusieurs caractéristiques structurales et fonctionnelles communes. On peut donc se permettre de parler d'une **cellule généralisée,** ou **composite,** afin de faciliter l'étude des éléments constitutifs de la cellule (figure 3.1). Toutes les cellules sont composées de trois grandes parties: le noyau, le cytoplasme (qui renferme les organites cytoplasmiques) et la membrane plasmique. Le *noyau,* ou centre de régulation de la cellule, se voit facilement au microscope optique, habituellement au milieu de la cellule. Le noyau est entouré du *cytoplasme,* qui contient les organites, de petites structures remplissant des fonctions spécifiques dans la cellule. Le cytoplasme est recouvert de la *membrane plasmique,* qui constitue la limite externe de la cellule. Les fonctions des éléments constitutifs de la cellule sont résumées au tableau 3.2 (p. 77) et expliquées plus loin dans ce chapitre.

Membrane plasmique: structure

La **membrane plasmique** flexible limite l'étendue de la cellule et constitue une fragile barrière. (Elle est parfois appelée *membrane cellulaire,* mais nous préférons employer le terme «membrane plasmique» pour désigner la surface ou membrane externe de la cellule, puisque la plupart des organites possèdent elles aussi une membrane. Nous utilisons le terme «membranes cellulaires» pour désigner l'ensemble des membranes présentes dans la cellule.) Bien que la membrane plasmique soit importante pour le maintien de l'intégrité de la cellule, ce n'est pas seulement une enveloppe protectrice. Vous constaterez que sa structure unique lui permet de jouer un rôle dynamique dans de nombreuses activités cellulaires.

Modèle de la mosaïque fluide

Selon le **modèle de la mosaïque fluide** (figure 3.2), la membrane plasmique est une structure extrêmement mince (7-8 nm [nanomètres]) mais stable, composée principalement de deux couches de molécules de phospholipides et de protéines disposées irrégulièrement. (Les protéines flottent dans la double couche de lipides à l'état fluide et forment une mosaïque qui se modifie continuellement, d'où le nom du modèle.) La double couche de lipides forme la «trame» de la membrane. Elle est relativement imperméable à la majorité des molécules hydrosolubles, alors qu'elle est perméable à la majorité des

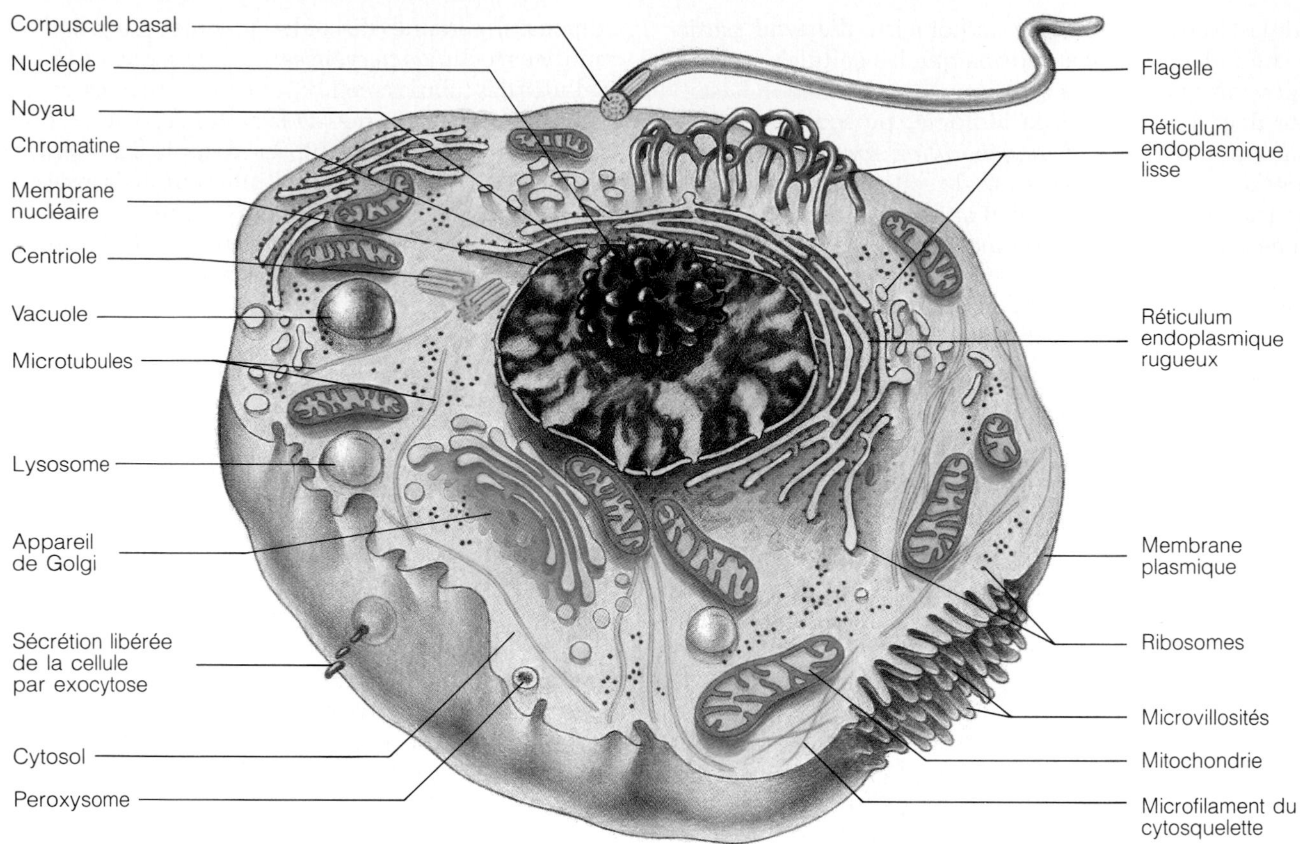

Figure 3.1 Structure de la cellule généralisée. Aucune cellule n'est identique à celle-ci, mais cette cellule composite illustre des caractéristiques communes à un grand nombre de cellules humaines. Remarquez que les organites ne sont pas toutes dessinées à la même échelle.

molécules liposolubles. Les protéines remplissent la majeure partie des fonctions spécialisées de la membrane plasmique. Certaines marquent la cellule afin que le système immunitaire puisse la reconnaître ; d'autres servent de récepteurs pour les hormones et autres messagers chimiques ; certaines sont des enzymes ; d'autres encore transportent des nutriments et diverses substances hydrosolubles à travers la membrane.

Comme nous l'avons expliqué au chapitre 2, les phospholipides ont une extrémité polaire contenant du phosphore, appelée «*tête*», et une «*queue*» non polaire formée de chaînes d'acides gras hydrocarbonés. La tête (polaire) interagit avec l'eau ; elle est dite **hydrophile** (*hudôr* = eau ; *philos* = ami). La queue (non polaire) n'interagit qu'avec d'autres substances non polaires et évite l'eau et les particules chargées ; elle est dite **hydrophobe** (*phobeos* = crainte). À cause des propriétés des phospholipides, toutes les membranes biologiques ont la même structure de base : ce sont toutes des «sandwichs» composés de deux couches de phospholipides dont les têtes (polaires) sont exposées à l'eau se trouvant à l'intérieur et à l'extérieur de la cellule et dont les queues (non polaires) se font face dans la portion interne de la membrane. Les phospholipides sont donc capables de s'orienter, ce qui permet à la portion lipidique d'une membrane biologique de s'assembler par elle-même et de se réparer rapidement en cas de déchirure.

Les deux couches de lipides ne renferment pas exactement les mêmes types de phospholipides. Environ 10 % des molécules de lipides faisant face vers l'extérieur sont liées avec un sucre (voir la figure 3.2) : on les appelle *glycolipides.* On ne sait pas vraiment à quoi servent ces glycolipides. La membrane contient également une quantité substantielle de cholestérol. Celui-ci stabilise la membrane lipidique en logeant ses cycles hydrocarbonés entre les queues des phospholipides, ce qui immobilise une partie de chaque phospholipide. Le cholestérol empêche donc l'agrégation des phospholipides et contribue ainsi à assurer la fluidité de la membrane.

La majorité des protéines de la membrane possèdent également des régions hydrophobes et hydrophiles. Elles peuvent donc interagir avec l'extrémité non polaire des lipides, qui est enfouie dans la membrane, tout comme avec l'eau se trouvant à l'intérieur et à l'extérieur de la cellule. Deux populations de protéines — les protéines intégrées et les protéines périphériques (voir la figure 3.2) — forment environ la moitié du poids de la membrane plasmique. Les **protéines intégrées** sont insérées solidement dans la double couche de lipides. Certaines de ces protéines n'entrent en contact avec le milieu aqueux que d'un seul côté de la membrane, mais la majorité d'entre elles sont des *protéines transmembranaires,* c'est-à-dire qu'elles traversent toute l'épaisseur de la membrane et font saillie des deux côtés. Les protéines transmembra-

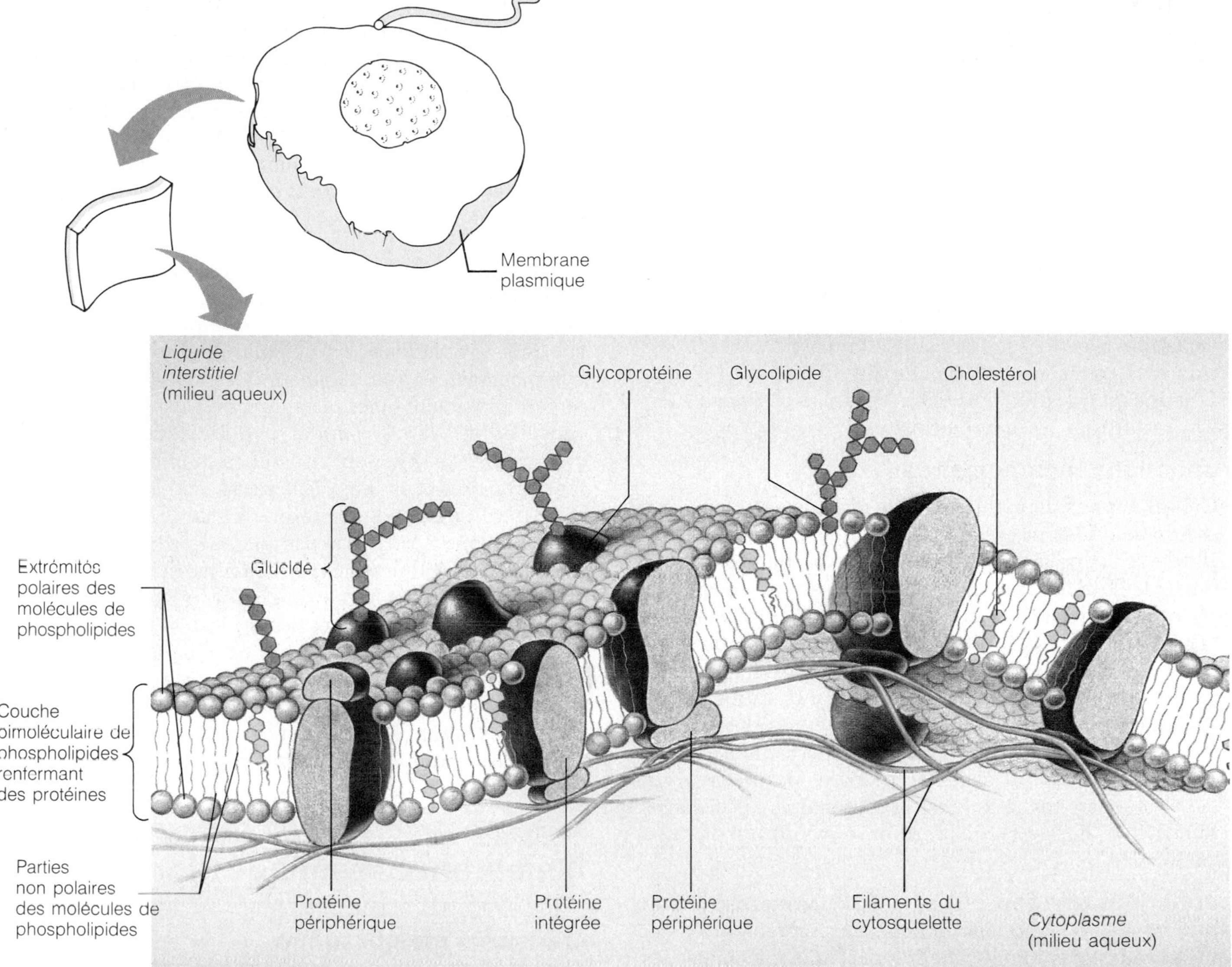

Figure 3.2 Structure de la membrane plasmique selon le modèle de la mosaïque fluide.

naires interviennent surtout dans les fonctions de transport. Certaines s'associent de manière à former des canaux, ou pores, que peuvent emprunter les petites molécules hydrosolubles et les ions. Ces substances hydrosolubles peuvent ainsi traverser la membrane plasmique malgré leur insolubilité dans la partie lipidique de cette membrane. Les **protéines périphériques** ne pénètrent absolument pas dans les couches de lipides. En général, elles sont fixées à la partie exposée d'une protéine intégrée, sur la face interne de la membrane. Certaines protéines périphériques sont des enzymes; d'autres interviennent dans des fonctions mécaniques, notamment dans les changements morphologiques de la cellule au cours de la division cellulaire ainsi que dans la contraction des cellules musculaires.

Des sucres ramifiés sont liés à la plupart des protéines en contact avec l'espace extracellulaire. Ils forment le **glycocalyx** ou **glycolemme,** une région frisottée, légèrement collante et riche en glucides située à la surface des cellules. Vous pouvez donc considérer que vos cellules sont «enrobées de sucre». Le glycocalyx est en outre enrichi de glycoprotéines sécrétées par la cellule et adhérant à sa surface. Les fonctions des glycoprotéines sont décrites aux p. 75-76.

La membrane plasmique est une structure fluide dynamique, qui présente à peu près la consistance de l'huile d'olive. Elle est sujette à des changements continuels. Les molécules de lipides peuvent bouger latéralement (de côté), mais leurs interactions polaire-non polaire les empêchent de faire des sauts périlleux ou de passer d'une couche de lipides à l'autre. Certaines des protéines de la membrane flottent librement, alors que d'autres, notamment les protéines périphériques, ont des mouvements plus limités. Ces dernières, localisées sur la face interne (face cytoplasmique) de la membrane plasmique, sont «ancrées» aux structures intracellulaires qui forment le *cytosquelette.* Ce réseau d'ancrage stabilise la face cytoplasmique de la membrane. Sans lui, la membrane se diviserait en une multitude de sacs minuscules.

Éléments spécialisés de la membrane plasmique

Microvillosités

Les **microvillosités** sont de minuscules extensions de la membrane plasmique qui forment des saillies allongées à partir d'un endroit libre, c'est-à-dire exposé, de la surface de la cellule (voir la figure 3.1). Elles accroissent énormément la superficie de la membrane plasmique et, ainsi, sa surface de contact avec l'extérieur. C'est ce qui explique que les microvillosités se retrouvent en général sur la surface des cellules absorbantes, comme celles des tubules rénaux et des intestins. La partie centrale des microvillosités est constituée de filaments d'actine. L'actine est une protéine contractile, mais elle semble servir à rigidifier les microvillosités.

Jonctions membranaires

Certains types de cellules — les globules sanguins, les spermatozoïdes et certains phagocytes — se déplacent librement dans le corps. Une grande partie des cellules s'unissent toutefois pour former les tissus qui composent les organes des différents systèmes, comme le veut leur rang dans les niveaux d'organisation structurale du corps humain (chapitre 1). En général, trois éléments contribuent à lier les cellules les unes aux autres: (1) les glycoprotéines adhésives du glycocalyx; (2) les ondulations des membranes plasmiques, qui permettent aux cellules adjacentes de s'ajuster comme les pièces d'un casse-tête; (3) les jonctions membranaires spécialisées décrites ci-dessous. Ce dernier élément est le plus important.

Jonctions serrées. Dans les **jonctions serrées** («tight junctions»), ou **jonctions étanches,** les protéines de deux membranes plasmiques voisines se réunissent comme les deux parties d'une fermeture éclair, ce qui forme une jonction imperméable (figure 3.3a). Les jonctions serrées empêchent le passage de molécules dans l'espace situé entre les cellules adjacentes d'un tissu épithélial. Par exemple, les jonctions serrées qui lient les cellules épithéliales tapissant le tube digestif empêchent les enzymes digestives et les microorganismes présents dans les intestins de pénétrer dans la circulation sanguine.

Desmosomes. Les **desmosomes** sont des raccords mécaniques, ou jonctions adhésives, entre des cellules voisines. Ils lient les cellules pour donner de la résistance au tissu mais, contrairement aux jonctions serrées, ils n'empêchent pas le passage des liquides entre les cellules adjacentes. Dans ces jonctions, les membranes plasmiques ne se touchent pas vraiment mais sont maintenues ensemble par de minces filaments de glycoprotéines qui s'étendent entre des épaississements en forme de bouton sur la face interne de la membrane plasmique. Des tonofilaments (filaments intermédiaires de kératine), plus épais, partent de la face cytoplasmique du desmosome et s'étendent jusqu'à d'autres desmosomes de la même cellule (figure 3.3b). On a constaté que l'élaboration d'un *hémidesmosome* (*hêmi* = demi) provoque la formation de l'hémidesmosome complémentaire par la cellule voisine. On ne connaît qu'une seule exception à cette règle: la formation d'hémidesmosomes sur la surface basale des cellules composant un feuillet épithélial, par exemple l'épiderme. Ce genre d'hémidesmosome persiste et sert à fixer les cellules sur la membrane basale sous-jacente. Il y a beaucoup de desmosomes dans les tissus soumis à de fortes tensions, comme la peau, le muscle cardiaque et le col de l'utérus.

Jonctions ouvertes. La principale fonction des **jonctions ouvertes** («gap junctions»), ou **jonctions communicantes,** est de permettre le passage direct de substances chimiques du cytoplasme d'une cellule au cytoplasme de la cellule voisine. Au site de la jonction ouverte, les membranes plasmiques adjacentes sont rapprochées et jointes par des cylindres vides appelés *connexons.* Ceux-ci sont constitués de protéines transmembranaires. Les ions, les sucres et d'autres petites molécules passent d'une cellule à l'autre à travers ces canaux (figure 3.3c). On pense que les jonctions ouvertes qui relient les cellules embryonnaires jouent un rôle vital: elles distribueraient les nutriments avant l'établissement du système circulatoire. Les tissus adultes qui présentent des jonctions ouvertes sont les tissus électriquement excitables, comme le cœur et les muscles lisses, où le passage d'ions d'une cellule à l'autre facilite la propagation du courant électrique et contribue à la synchronisation de l'activité électrique et de la contraction.

Membrane plasmique: fonctions

Transport membranaire

Même si les cellules adjacentes sont unies par des jonctions membranaires, il reste de l'espace entre leurs membranes. Cet espace est comblé par un liquide appelé liquide interstitiel, qu'on peut considérer comme une sorte de «soupe» riche et nutritive. Il contient des milliers d'ingrédients, notamment des acides aminés, des sucres, des acides gras, des vitamines, de l'oxygène, des substances régulatrices comme les hormones et les neurotransmetteurs, des sels et des déchets comme le CO_2 (gaz carbonique). Pour maintenir son homéostasie et accomplir sa fonction spécifique, chaque cellule doit extraire du liquide interstitiel une quantité précise de toutes les substances qu'il lui faut au moment où elle en a besoin et laisser de côté toutes les autres substances. La cellule doit également excréter ses déchets dans le liquide interstitiel. Pour que la cellule puisse toujours faire des échanges avec le liquide interstitiel, celui-ci doit garder la même composition, ce qui est rendu possible par les échanges entre le liquide interstitiel et le plasma sanguin. Ceci nous amène à considérer le fait que notre corps renferme plusieurs liquides de composition légèrement différente. C'est pourquoi on a subdivisé ces liquides en deux compartiments: le compartiment extracellulaire, qui

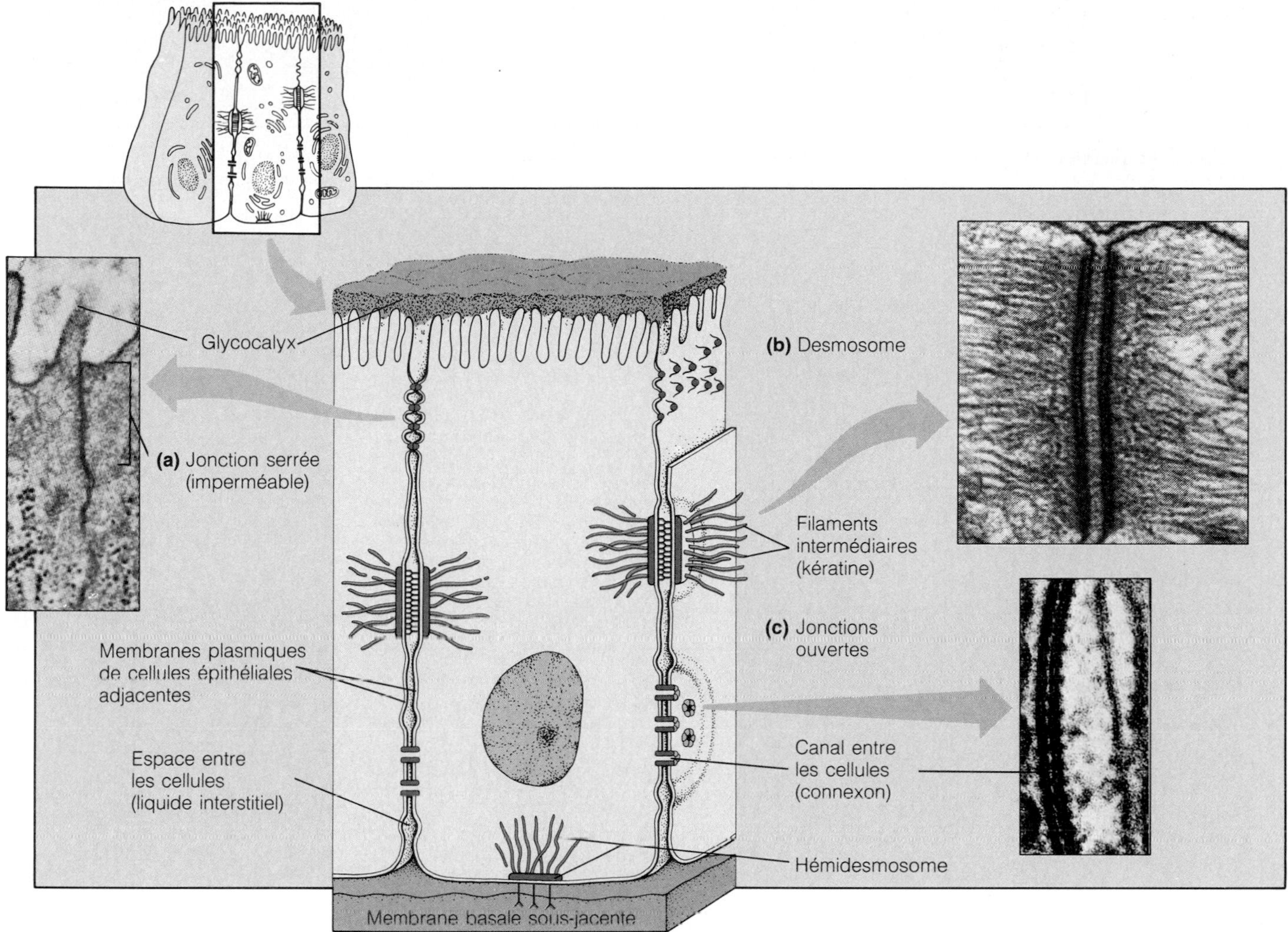

Figure 3.3 Jonctions cellulaires. Représentation d'une cellule épithéliale reliée aux cellules adjacentes par les trois principaux types de jonctions: la jonction serrée, le desmosome et la jonction ouverte. Chaque type de jonction est également illustré par une micrographie au microscope électronique à transmission: (**a**) jonction serrée (× 29 000); (**b**) desmosome (× 72 000); (**c**) jonction ouverte (× 134 000).

regroupe les *liquides extracellulaires,* à savoir le *liquide interstitiel* et le *plasma sanguin;* le compartiment intracellulaire, constitué du *liquide intracellulaire,* c'est-à-dire du cytosol du cytoplasme. Passons maintenant à l'étude des mécanismes de transport membranaire, qui permettent les échanges entre le liquide interstitiel et le cytosol.

La membrane plasmique possède une perméabilité sélective, c'est-à-dire que certaines substances peuvent la traverser et d'autres pas. Quand une substance traverse la membrane plasmique sans que la cellule doive dépenser de l'énergie, on parle de mécanisme de transport *passif.* Quand la cellule doit fournir de l'énergie métabolique (ATP) pour que la substance traverse la membrane, on parle de mécanisme de transport *actif.* Les différents mécanismes de transport membranaire sont résumés au tableau 3.1.

La perméabilité sélective est caractéristique des cellules vivantes dont la membrane plasmique est intacte. Lorsqu'une cellule (ou sa membrane plasmique) est très endommagée, la membrane laisse passer presque toutes les substances, et celles-ci entrent et sortent librement de la cellule. Ce phénomène est évident chez les personnes qui ont subi de graves brûlures. Les liquides, les protéines et les ions « suintent » des cellules mortes ou lésées. ■

Mécanismes de transport membranaire passif

La majorité des mécanismes de transport passif dépendent du phénomène physique de la **diffusion,** c'est-à-dire de la tendance des molécules ou des ions à se répartir également dans le milieu (figure 3.4). Rappelez-vous que toutes les molécules possèdent de l'énergie cinétique et que, par conséquent, elles sont toujours en mouvement (voir le chapitre 2, p. 27). Elles se déplacent à grande vitesse et au hasard, entrent en collision et font ricochet les unes sur les autres. Les molécules changent de direction à chaque collision. Ces mouvements désordonnés se soldent par le déplacement des molécules des régions où elles sont présentes en concentration plus élevée vers les régions où leur concentration est plus faible. Nous disons ainsi que les molécules diffusent dans le sens du **gradient de concentration.** Plus l'écart entre la concentration de deux régions est important, plus la diffusion nette des particules sera rapide.

Puisque le moteur de la diffusion est l'énergie cinétique

Tableau 3.1 Mécanismes de transport membranaire

Mécanisme	Source d'énergie	Description	Exemples
Mécanismes passifs			
Diffusion simple	Énergie cinétique	Mouvement net de particules (ions, molécules, etc.) d'une région où leur concentration est élevée à une région où leur concentration est faible, c'est-à-dire dans le sens de leur gradient de concentration	Déplacement des graisses, de l'oxygène et du gaz carbonique à travers la portion lipidique de la membrane; déplacement des ions à travers les canaux protéiques, dans certaines conditions
Osmose	Énergie cinétique	Diffusion simple de l'eau à travers une membrane dont la perméabilité est sélective	Entrée et sortie de l'eau à travers les pores de la membrane plasmique
Diffusion facilitée	Énergie cinétique	Pareille à la diffusion simple, sauf que la substance à diffuser est liée à son transporteur protéique spécifique intégré dans la membrane (protéine transmembranaire)	Déplacement du glucose vers l'intérieur des cellules
Filtration	Pression hydrostatique	Déplacement de l'eau et des solutés à travers une membrane semi-perméable, d'une région de pression hydrostatique élevée à une région de pression hydrostatique plus faible, c'est-à-dire dans le sens d'un gradient de pression	Mouvement de l'eau, des nutriments et des gaz à travers la paroi d'un capillaire; formation de l'urine dans les reins
Mécanismes actifs			
Transport actif (pompage de solutés)	ATP (énergie cellulaire)	Mouvement d'une substance à travers une membrane contre un gradient de concentration (ou un gradient électrochimique); nécessite un transporteur protéique	Déplacement des acides aminés et de la plupart des ions à travers la membrane
Transport en vrac Exocytose	ATP	Sécrétion ou excrétion de substances par la cellule; la substance est entourée d'une vésicule membraneuse qui fusionne avec la membrane plasmique puis se rompt en libérant la substance dans le liquide interstitiel	Sécrétion de neurotransmetteurs, d'hormones, de mucus, etc.; excrétion des déchets cellulaires
Phagocytose (endocytose)	ATP	Une grosse particule externe (formée de protéines, de bactéries, de débris de cellules mortes) est capturée par un prolongement de la cellule et englobée dans un sac membraneux	Dans le corps humain, effectuée surtout par les phagocytes (certains globules blancs, macrophages)
Pinocytose (endocytose)	ATP	La membrane plasmique s'invagine sous une gouttelette de liquide externe contenant de petits solutés; les bords de la membrane fusionnent et forment une vésicule remplie de liquide	Se produit dans la plupart des cellules; importante pour la capture de solutés par les cellules absorbantes des reins et des intestins
Endocytose par récepteur interposé	ATP	Mécanisme sélectif d'endocytose; la substance se lie à des récepteurs membranaires, et des vésicules recouvertes sont formées	Moyen d'absorber certaines hormones, le cholestérol, le fer et d'autres molécules

des molécules elles-mêmes, la vitesse de diffusion dépend du volume des molécules (plus elles sont petites, plus elles bougent rapidement) et de la température (plus elle est élevée, plus les mouvements sont rapides). Dans un contenant fermé, la diffusion donnera éventuellement un mélange homogène de tous les types de molécules. En d'autres mots, le système atteindra un état d'équilibre, où les molécules se déplacent également dans toutes les directions (pas de mouvement net). Tout le monde connaît des exemples de diffusion. Par exemple, on pleure quand on épluche des oignons parce que l'oignon coupé dégage des substances volatiles qui diffusent dans l'air, se dissolvent dans le film de liquide qui recouvre les yeux et forment une substance irritante, l'acide sulfurique.

Parce que les phospholipides de sa partie interne sont hydrophobes, la membrane plasmique constitue une barrière physique à la diffusion libre des molécules hydrosolubles. Cependant, une molécule réussira à diffuser passivement à travers la membrane plasmique si elle est liposoluble, électriquement neutre et très petite ou si elle est aidée par une molécule transporteuse (protéine

Figure 3.4 Diffusion. Les molécules en solution sont toujours en mouvement et entrent continuellement en collision les unes avec les autres. En conséquence, elles tendent à s'éloigner des régions où leur concentration est plus élevée et à se distribuer également, comme le montre l'exemple de la diffusion des molécules de sucre dans une tasse de café.

transmembranaire). Dans la *diffusion simple,* les très petites particules et les particules liposolubles diffusent librement. Lorsque ce sont des molécules d'eau qui diffusent, on parle d'*osmose.* Si le mécanisme de diffusion est assisté, il s'agit de *diffusion facilitée.*

Diffusion simple. Les substances non polaires et liposolubles se déplacent facilement vers l'intérieur et l'extérieur de la cellule en diffusant directement à travers la double couche de lipides (figure 3.5a). Ce groupe de substances comprend l'oxygène, le gaz carbonique, les graisses, l'urée et l'alcool. Comme l'oxygène est toujours présent en plus grande concentration dans le sang que dans les cellules des tissus, il pénètre continuellement dans les cellules, alors que le gaz carbonique (présent en plus grande concentration dans les cellules) diffuse vers le sang. Les molécules hydrosolubles ne peuvent diffuser sans assistance à travers la double couche de lipides, car elles sont repoussées par les chaînes hydrocarbonées non polaires.

Les molécules polaires et chargées qui sont insolubles dans la double couche de lipides peuvent diffuser à travers la membrane si elles sont assez petites pour passer dans les pores remplis d'eau appelés canaux protéiques (figure 3.5a). La grosseur de ces pores varie, mais on estime que leur diamètre ne dépasse pas 0,8 nm. Par ailleurs, les canaux protéiques ont tendance à être sélectifs. Ainsi, les canaux du sodium ne laissent passer que le sodium. Certains pores restent toujours ouverts, alors que d'autres s'ouvrent ou se ferment en réponse à divers signaux chimiques ou électriques.

Osmose. La diffusion d'un solvant, l'eau par exemple, à travers une membrane dont la perméabilité est sélective, comme la membrane plasmique, est appelée **osmose.** Parce que les molécules d'eau sont très polaires, elles ne peuvent pas passer à travers la double couche de lipides, mais elles sont suffisamment petites pour passer dans les pores de la plupart des membranes plasmiques. L'osmose se produit chaque fois que la concentration d'eau est inégale des deux côtés de la membrane. Nous allons d'abord illustrer le processus de l'osmose à l'aide d'exemples relatifs à des

Liquide interstitiel
Canal protéique
Couche bimoléculaire de phospholipides
Petit soluté hydrosoluble
Solutés liposolubles

(a) Diffusion simple

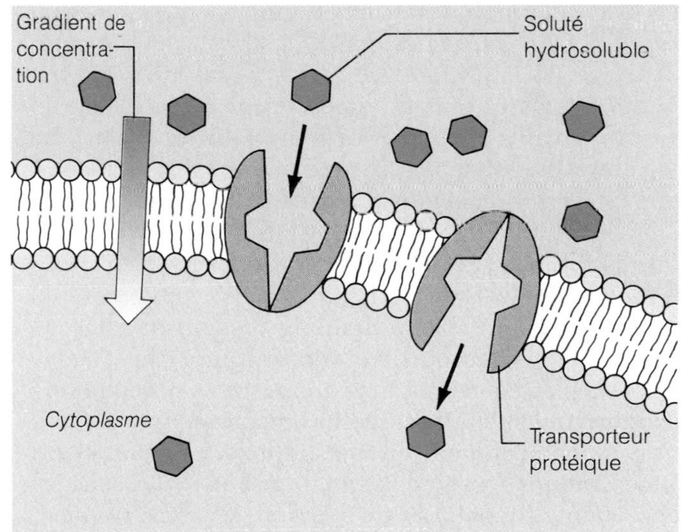

(b) Diffusion facilitée

Figure 3.5 Diffusion à travers la membrane plasmique. (**a**) Diffusion simple. À gauche, on voit des molécules liposolubles diffuser directement à travers la double couche de lipides de la membrane plasmique, où elles peuvent se dissoudre. À droite, on montre comment de petites particules polaires ou chargées (molécules d'eau ou petits ions) diffusent à travers les canaux protéiques transmembranaires. (**b**) La diffusion facilitée fait passer de grosses molécules hydrosolubles (comme le glucose) à travers la membrane. La substance doit d'abord se lier à un transporteur protéique transmembranaire.

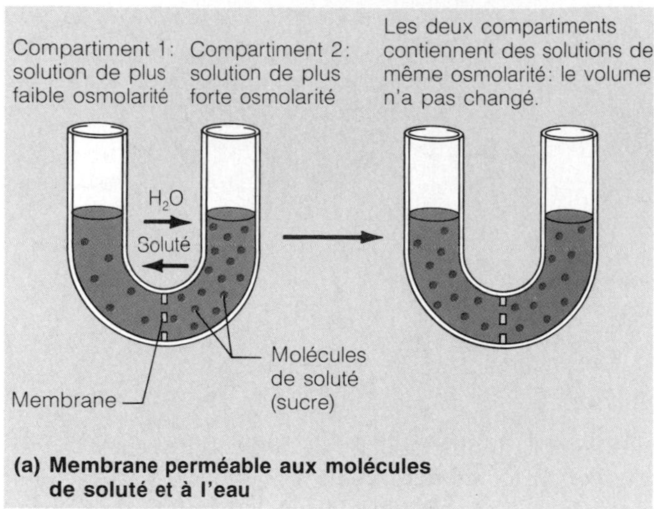
Compartiment 1: solution de plus faible osmolarité
Compartiment 2: solution de plus forte osmolarité
Les deux compartiments contiennent des solutions de même osmolarité: le volume n'a pas changé.
H_2O
Soluté
Molécules de soluté (sucre)
Membrane

(a) Membrane perméable aux molécules de soluté et à l'eau

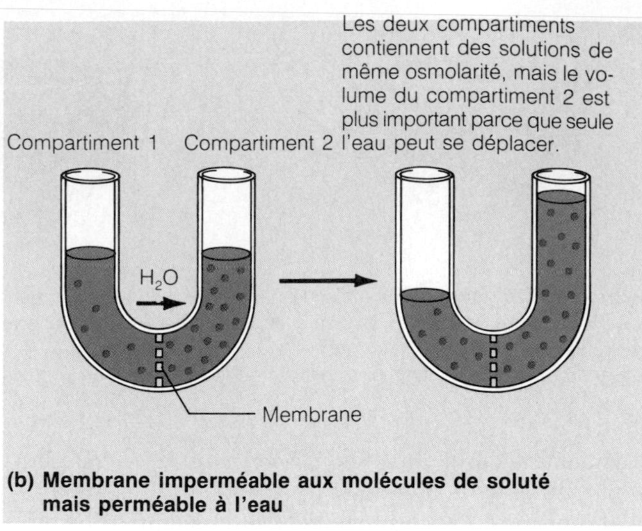
Les deux compartiments contiennent des solutions de même osmolarité, mais le volume du compartiment 2 est plus important parce que seule l'eau peut se déplacer.
Compartiment 1
Compartiment 2
H_2O
Membrane

(b) Membrane imperméable aux molécules de soluté mais perméable à l'eau

Figure 3.6 Conséquences de la perméabilité de la membrane sur la diffusion et l'osmose. (**a**) Dans ce système, la membrane est perméable à l'eau et aux molécules de soluté (sucre). L'eau se déplace de la solution de plus faible osmolarité (compartiment 1) à la solution de plus forte osmolarité (compartiment 2). Le soluté se déplace dans le sens de son gradient de concentration, c'est-à-dire dans la direction opposée à celle du solvant. Lorsque le système arrive à un état d'équilibre (à droite), les deux solutions ont une osmolarité et un volume égaux. (**b**) Ce système est identique au système (a), sauf que la membrane est imperméable au soluté. L'eau se déplace par osmose du compartiment 1 au compartiment 2, jusqu'à ce que les deux solutions aient une concentration égale. Comme le soluté ne peut se déplacer, le volume de la solution du compartiment 2 augmente.

systèmes inorganiques, puis nous discuterons des caractéristiques de l'osmose à travers les membranes vivantes.

Si on met de l'eau distillée des deux côtés d'une membrane dont la perméabilité est sélective, il n'y a pas de diffusion nette, bien que l'eau continue à se déplacer dans les deux directions à travers la membrane. Toutefois, si la concentration du soluté n'est pas identique des deux côtés de la membrane, la concentration d'eau diffère aussi, parce que la concentration d'eau diminue à mesure que la concentration du soluté augmente. *C'est le nombre et non le type de particules de soluté dans la solution qui détermine la diminution de la concentration d'eau par les solutés,* parce que (en théorie) une molécule ou un ion de soluté déplace une molécule d'eau. La concentration totale des particules de soluté présentes dans une solution est l'**osmolarité** de la solution. Lorsque des volumes égaux de solutions d'osmolarité différente sont séparés par une membrane perméable à *toutes* les molécules du système, il y a diffusion nette de soluté et d'eau, dans le sens du gradient de concentration de chacun. L'eau diffusera donc vers le compartiment où le soluté est plus concentré alors que le soluté diffusera vers le compartiment où il est moins concentré (figure 3.6a). À un moment donné, un équilibre sera atteint, et les concentrations d'eau et de soluté seront égales dans les deux compartiments. Si on reprend le même système, mais avec une membrane imperméable aux molécules de soluté, on aura un résultat bien différent (figure 3.6b). L'eau diffuse rapidement du compartiment 1 au compartiment 2, jusqu'à ce que sa concentration (et celle de la solution) soit égale des deux côtés de la membrane. L'équilibre résulte toutefois du seul mouvement de l'eau (le soluté ne peut se déplacer), et il ne peut être atteint sans un changement considérable du volume des deux compartiments.

Ce dernier exemple illustre le déroulement de l'osmose à travers la membrane plasmique de la cellule vivante, à une seule et importante exception près. Dans nos exemples, nous n'avons pas limité le volume des compartiments et nous n'avons pas pris en considération l'effet de la pression exercée par le poids d'une colonne d'eau plus haute. Ces facteurs sont importants chez la cellule végétale vivante, dont la membrane plasmique est recouverte d'une paroi de cellulose rigide. L'eau diffuse dans la cellule jusqu'à ce que la **pression hydrostatique** (la pression exercée par l'eau contre la membrane) à l'intérieur de la cellule devienne égale à la **pression osmotique,** sa tendance à résister à l'entrée (nette) d'eau. En général, plus la cellule contient de solutés non diffusibles, plus les pressions osmotique et hydrostatique doivent être élevées pour résister à l'entrée (nette) d'eau.

Les cellules animales ne subissent pas de tels changements de la pression hydrostatique (et osmotique), car elles n'ont pas de paroi rigide et sont entourées d'une membrane plasmique souple. En réaction aux déséquilibres osmotiques, les cellules se contractent ou gonflent (à cause de la perte ou du gain net d'eau) jusqu'à ce que la concentration de soluté soit égale des deux côtés de la membrane (qu'un équilibre soit atteint). Ceci nous conduit à l'étude du concept de tonicité. Nous avons déjà dit que beaucoup de molécules, notamment les protéines intracellulaires, et certains ions ne peuvent pas diffuser à travers la membrane plasmique. Les changements de la concentration de ces substances entraînent donc des modifications de la concentration d'eau des deux côtés de la membrane et se soldent par la perte ou le gain net d'eau par la cellule. La propriété que possède une solution de modifier le tonus ou la forme des cellules en

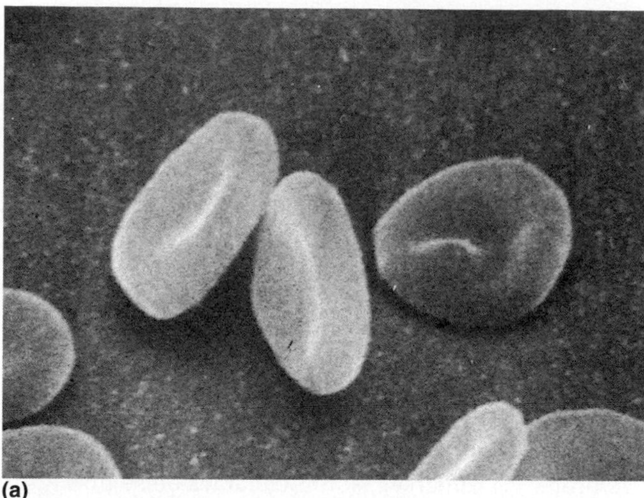

(a)

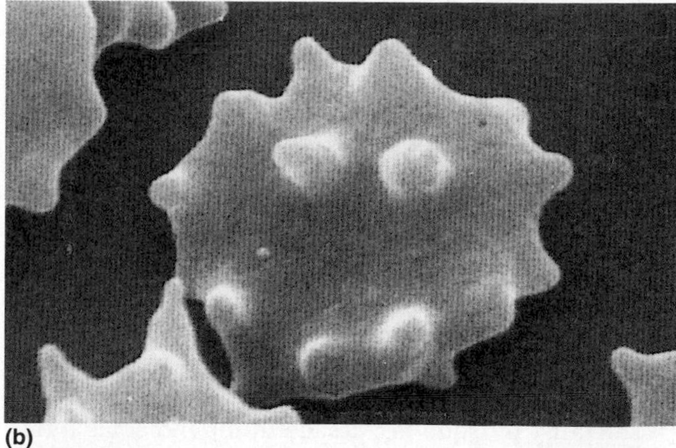

(b)

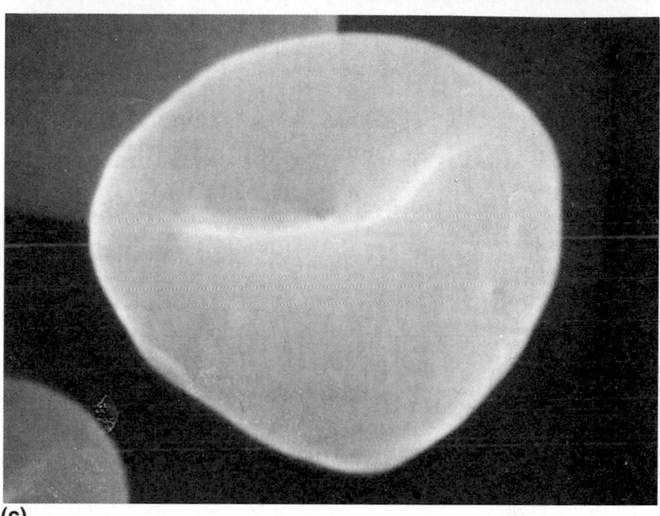

(c)

Figure 3.7 Effets de solutions de différentes osmolarités sur les globules rouges vivants. (**a**) Dans les solutions isotoniques (même concentration de soluté que dans les cellules), les globules rouges conservent leur forme et leur volume. (**b**) Dans une solution hypertonique (concentration de soluté plus élevée que dans les cellules), les globules rouges perdent de l'eau et rétrécissent (deviennent crénelés). (**c**) Dans une solution hypotonique (concentration de soluté moins élevée que dans les cellules), les globules rouges absorbent de l'eau par osmose, jusqu'à ce qu'elles gonflent ou même éclatent (se lysent).

changeant le volume interne d'eau est appelée **tonicité.** Les solutions qui contiennent la même concentration de solutés non diffusibles que la cellule (comme la solution salée à 0,9 % et la solution de glucose à 5 % dans l'eau) sont **isotoniques** (*iso* = égal). Les cellules exposées à de telles solutions conservent leur forme normale et ne perdent ni ne gagnent d'eau (figure 3.7a). Vous ne serez sans doute pas surpris d'apprendre que les liquides extracellulaires de l'organisme et la majorité des solutions intraveineuses (qu'on perfuse dans les veines) sont isotoniques. Les solutions qui contiennent une plus grande concentration de solutés non diffusibles que la cellule sont **hypertoniques**; les cellules immergées dans ces solutions perdent de l'eau par osmose, ce qui les fait diminuer de volume (figure 3.7b). Les solutions plus diluées (qui contiennent une moins grande concentration de solutés non diffusibles) que les cellules sont **hypotoniques.** Les cellules placées dans une solution hypotonique se gonflent rapidement car l'eau y pénètre abondamment (figure 3.7c). L'eau distillée est la solution la plus hypotonique qui soit: comme elle ne contient *aucun* soluté non diffusible, elle diffuse vers le cytoplasme de la cellule jusqu'à ce que celle-ci éclate, ou se *lyse.*

On perfuse parfois des solutions hypertoniques aux patients qui souffrent d'œdème (dont les tissus sont infiltrés d'eau et gonflés) pour attirer l'excès d'eau à l'extérieur du compartiment extracellulaire et le faire passer dans la circulation sanguine. L'eau peut ensuite être éliminée par les reins. Les solutions hypotoniques peuvent être utilisées (avec précaution) pour réhydrater les tissus des patients très déshydratés, par exemple après une diarrhée grave. ■

Osmolarité et tonicité ne sont pas synonymes. Le facteur déterminant dans la tonicité est la présence de solutés non diffusibles, alors que l'osmolarité a trait à l'ensemble des solutés. L'osmolarité est exprimée en osmoles par litre (Osm/L); une osmole est égale à une mole de molécules qui ne s'ionisent pas. Une solution de NaCl à 0,3 Osm/L est isotonique, parce que les ions sodium ne peuvent généralement pas diffuser librement à travers la membrane plasmique. Mais si une cellule est immergée dans une solution à 0,3 Osm/L d'un soluté diffusible, le soluté entrera dans la cellule, et entraînera de l'eau avec lui. La cellule va se gonfler et éclater, tout comme si elle avait été mise dans l'eau pure.

La circulation osmotique de l'eau joue un rôle important dans l'organisme, car elle détermine la distribution de l'eau dans le cytoplasme, le liquide interstitiel et le plasma sanguin. En général, l'osmose se poursuit tant que les pressions agissant sur la membrane (pressions osmotique et hydrostatique) ne sont pas égales.

Diffusion facilitée. Certaines molécules, notamment le glucose, sont à la fois insolubles dans les lipides (mais solubles dans l'eau) et trop grosses pour passer dans les pores de la membrane plasmique. Ces molécules arrivent toutefois à traverser très rapidement la membrane plasmique, grâce à un mécanisme de transport passif appelé **diffusion facilitée.** Ce mécanisme fait intervenir certaines protéines transmembranaires, ou *transporteurs protéiques*, qui se lient aux molécules (face externe de la membrane) et les libèrent ensuite dans le cytoplasme (face interne de la membrane). Le mécanisme de cette translocation reste une énigme, mais les biologistes sont à peu près certains que les transporteurs ne se retournent pas et ne se déplacent pas comme un traversier au sein de la membrane. Le modèle le plus répandu, présenté à la figure 3.5b, propose que la forme du transporteur se modifie: il envelopperait la substance transportée pour la protéger des régions non polaires de la membrane et la libérerait ensuite.

La diffusion simple et l'osmose sont des mécanismes peu sélectifs, puisque le passage d'une molécule à travers la membrane plasmique dépend davantage de son volume et de sa solubilité dans les lipides que de sa structure tridimensionnelle. Au contraire, la diffusion facilitée est très sélective. Par exemple, le glucose ne se liera qu'avec le transporteur spécifique du glucose. En effet, le ligand (molécule qui peut se lier) se lie seulement au transporteur qui présente la forme complémentaire. On peut comparer l'union du ligand avec son récepteur à la liaison d'une enzyme avec son substrat spécifique (voir le chapitre 2). On ne pense pas que la cellule dépense de l'ATP pour activer la diffusion facilitée, mais elle y contribue en fournissant les transporteurs protéiques. (Dès que le glucose entre dans le cytoplasme, il subit toutefois une réaction couplée avec l'ATP. Cette réaction produit du glucose-phosphate, comme le montre la figure 2.10c. Le transport du glucose pourrait donc être plutôt un exemple de mécanisme de transport actif.) La diffusion du glucose se fait toujours du compartiment le plus concentré vers le compartiment le moins concentré, comme c'est le cas dans tous les mécanismes de diffusion. La concentration du glucose est généralement plus élevée dans le sang que dans les cellules, puisque celles-ci l'utilisent rapidement pour la synthèse de l'ATP. Le transport du glucose dans l'organisme se fait donc ordinairement du sang vers le liquide interstitiel puis vers le cytoplasme. La diffusion facilitée est limitée par le nombre de récepteurs. Ainsi, quand tous les transporteurs de glucose sont « occupés » (on dit qu'ils sont *saturés*), le transport du glucose se fait à sa vitesse maximale.

Quand on considère l'importance vitale de l'oxygène, de l'eau et du glucose dans l'homéostasie cellulaire, on se rend compte de l'ampleur de l'économie d'énergie cellulaire que représente leur transport passif par diffusion. S'il fallait que toutes ces substances (et le gaz carbonique) soient transportées activement, on constaterait un accroissement exponentiel de la dépense cellulaire d'ATP.

Filtration. La **filtration** est le mécanisme qui fait passer l'eau et les solutés à travers une membrane ou la paroi d'un vaisseau sous l'action de la pression hydrostatique du sang (pression artérielle). Comme la diffusion, la filtration est un mécanisme de transport passif qui se fait selon un gradient. Dans la filtration, le gradient est toutefois un **gradient de pression,** qui déplace le liquide contenant les solutés (filtrat) d'une région de pression plus élevée vers une région de pression plus faible. Nous verrons au chapitre 26 comment la filtration du sang capillaire au niveau des reins, qui mène à la formation de l'urine, dépend de la pression artérielle. La filtration n'est pas un mécanisme sélectif: elle ne retient que les globules sanguins et les molécules de protéines trop grosses pour passer dans les pores de la membrane capillaire. Cette caractéristique explique pourquoi les urines ne contiennent pas de globules rouges ni de protéines.

Mécanismes de transport membranaire actif

Les substances qui traversent la membrane plasmique grâce à un mécanisme de transport actif sont habituellement incapables de se déplacer dans la bonne direction à l'aide des mécanismes de diffusion passive. Elles sont soit trop grosses pour passer dans les pores formés par des protéines intégrées, soit incapables de se dissoudre dans la double couche de lipides parce qu'elles sont hydrosolubles, soit obligées d'aller dans le sens opposé du gradient de concentration. Les deux principaux mécanismes de transport membranaire actif sont le transport actif et le transport en vrac.

Transport actif. Le **transport actif,** ou **pompage de solutés,** a des points communs avec la diffusion facilitée, puisqu'il se fait à l'aide de transporteurs protéiques se liant *spécifiquement* et de manière *réversible* avec la substance transportée. Mais la ressemblance ne va pas plus loin, étant donné que la diffusion facilitée dépend de l'énergie cinétique des molécules de soluté et qu'elle se fait par conséquent dans le sens du gradient de concentration. Par contre, les **pompes à solutés,** le type de transporteur protéique qui intervient dans le transport actif, déplacent les solutés, principalement des acides aminés et des ions (comme Na^+, K^+ et Ca^{2+}), *contre* leur gradient de concentration (vers le compartiment le plus concentré). Pour ce faire, les cellules doivent utiliser l'énergie de l'ATP fournie par le métabolisme cellulaire; c'est pourquoi on parle de transport actif. On ne comprend pas tous les rouages du transport actif, mais on croit que le transporteur protéique qui reçoit de l'énergie change sa configuration, de telle sorte qu'il peut faire passer le soluté de l'autre côté de la membrane. Un grand nombre de systèmes de transport actif sont des *systèmes couplés,* c'est-à-dire qu'ils transportent plus d'une substance à la fois. Si les deux substances transportées vont dans la même direction, on dit que le système est *symport;* si les deux substances se déplacent dans des directions opposées lorsqu'elles traversent la membrane, le système est *antiport.*

Le transport actif permet aux cellules de capter des nutriments qui ne peuvent y pénétrer autrement. C'est le cas des acides aminés, essentiels à la survie de la cellule, mais insolubles dans la double couche de lipides. Comme les cellules accumulent activement les acides aminés, ceux-ci doivent en outre être transportés dans la cellule contre un gradient de concentration. La capacité cellulaire de maintenir un capital ionique différent de celui du liquide interstitiel témoigne également du travail des pompes à solutés de la membrane plasmique. Comparativement au liquide interstitiel, les cellules possèdent une concentration relativement élevée d'ions

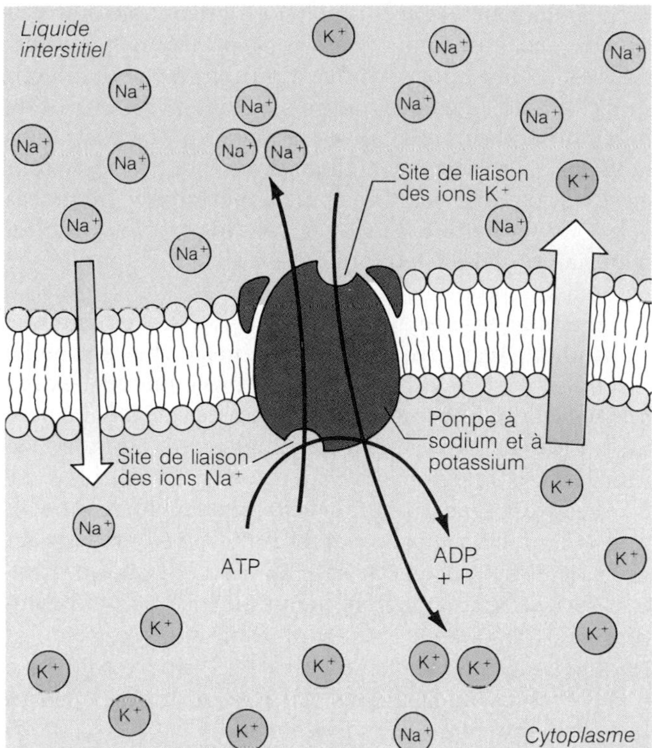

Figure 3.8 Fonctionnement de la pompe à sodium et à potassium. L'hydrolyse d'une molécule d'ATP fournit de l'énergie afin que la pompe à sodium-potassium (une protéine membranaire) puisse faire sortir trois ions sodium de la cellule et y faire entrer deux ions potassium. Les deux ions sont déplacés contre leur gradient de concentration, indiqué par les flèches colorées traversant la membrane (flèche jaune = gradient du Na^+; flèche verte = gradient du K^+). Cette pompe est donc un *antiport*.

potassium et une concentration relativement faible d'ions sodium. Comme nous l'avons dit plus tôt, les ions sodium et potassium peuvent diffuser à travers la membrane lorsque les canaux appropriés sont ouverts. Des déplacements rapides de ces ions (entrée d'ions Na^+, sortie d'ions K^+) se produisent quand une terminaison nerveuse stimule la contraction d'une cellule musculaire. Une fois qu'ils ont pénétré dans la cellule musculaire, les ions sodium n'ont pas vraiment tendance à diffuser dans l'autre direction, puisque leur concentration est beaucoup plus faible dans la cellule que dans le liquide interstitiel. Les ions potassium sont dans la situation contraire: une fois qu'ils sont sortis de la cellule, ils ont tendance à rester dans le liquide interstitiel plutôt qu'à retourner dans la cellule, où leur concentration est plus élevée. Cependant, le processus de la contraction ne peut se répéter si les ions Na^+ et K^+ ne retournent pas dans leurs compartiments respectifs, c'est-à-dire le compartiment interstitiel pour le Na^+ et la cellule pour le K^+. Une pompe à sodium et à potassium alimentée par l'ATP, l'enzyme **ATPase sodium-potassium,** déplace simultanément ces deux ions à travers la membrane plasmique (figure 3.8). Nous décrirons bientôt en détail le fonctionnement de la pompe à sodium et à potassium, un système antiport.

Transport en vrac. Les grosses particules et les macromolécules se déplacent à travers la membrane plasmique grâce au **transport en vrac.** Comme le pompage des solutés, le transport en vrac a besoin de l'énergie fournie par l'ATP. Les deux modes de transport en vrac sont l'exocytose et l'endocytose.

L'**exocytose** (*exô* = au dehors; *kutos* = cellule) est le mécanisme qui fait passer les substances de l'intérieur à l'extérieur de la cellule. L'exocytose permet la sécrétion des hormones, la libération des neurotransmetteurs, la sécrétion du mucus et, dans certains cas, l'excrétion des déchets. Dans l'exocytose, la substance ou le produit cellulaire à libérer est d'abord entouré d'un sac membraneux. La vésicule ainsi formée se rend ensuite jusqu'à la membrane plasmique, fusionne avec celle-ci, puis se rompt et répand son contenu dans le liquide interstitiel (figure 3.9). Ce mécanisme fait intervenir un processus d'«amarrage», au cours duquel les protéines membranaires des granules reconnaissent certaines protéines localisées sur la face interne de la membrane plasmique et se lient à elles, ce qui place les deux membranes côte à côte et leur permet de fusionner. Les matériaux qui s'ajoutent à la membrane au cours de l'exocytose en sont retirés au cours de l'endocytose — le processus opposé.

L'**endocytose** (*endo* = en dedans) permet aux grosses particules et aux macromolécules d'entrer dans la cellule. La substance qui doit pénétrer dans la cellule est graduellement entourée par une portion de la membrane plasmique. Une fois que le sac membraneux est formé, il se détache de la membrane plasmique et entre dans le cytoplasme, où son contenu est digéré. On connaît trois types d'endocytose: la phagocytose, la pinocytose et l'endocytose par récepteur interposé.

Au cours de la **phagocytose** (*phagein* = manger), des portions de la membrane plasmique et du cytoplasme s'étendent et entourent une grappe de bactéries ou de débris cellulaires avant de l'englober (figure 3.10a). Le sac membraneux ainsi formé est un **phagosome** (*sôma* = corps). En général, le phagosome fusionne avec un *lysosome*. Cette structure cellulaire spécialisée renferme des enzymes digestives qu'elle déverse dans le phagosome (voir la figure 3.15) afin de digérer son contenu.

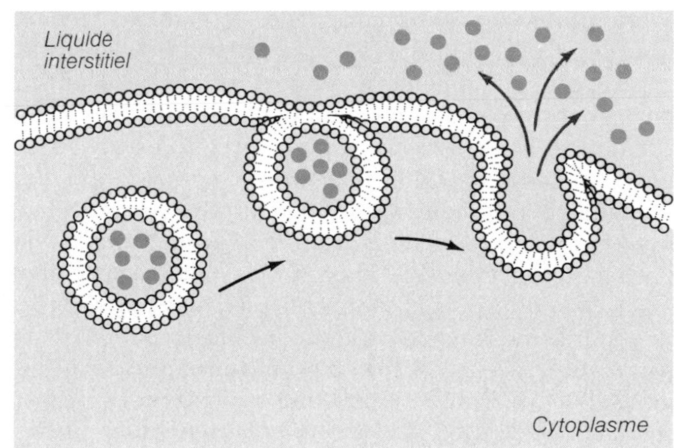

Figure 3.9 Exocytose. La vésicule membraneuse renfermant la substance à sécréter migre vers la membrane plasmique et les deux membranes fusionnent. Le site de la fusion s'ouvre et libère le contenu de la vésicule dans le liquide interstitiel.

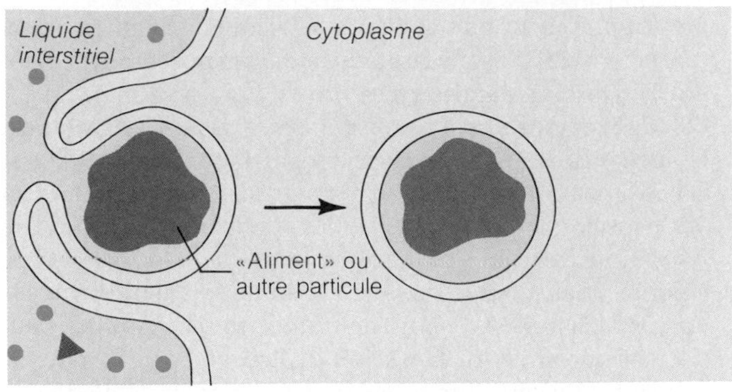

(a) Phagocytose

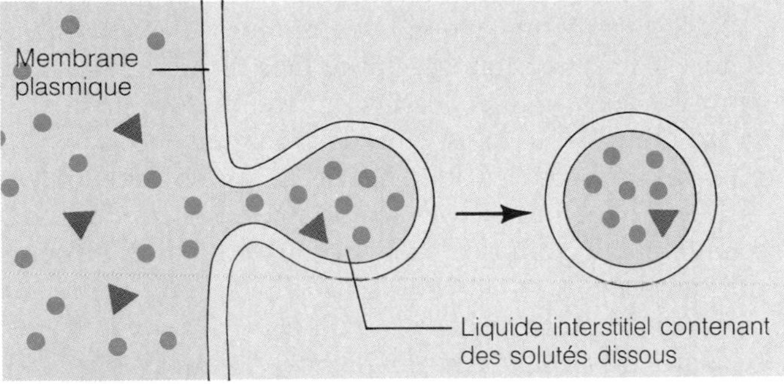

(b) Pinocytose

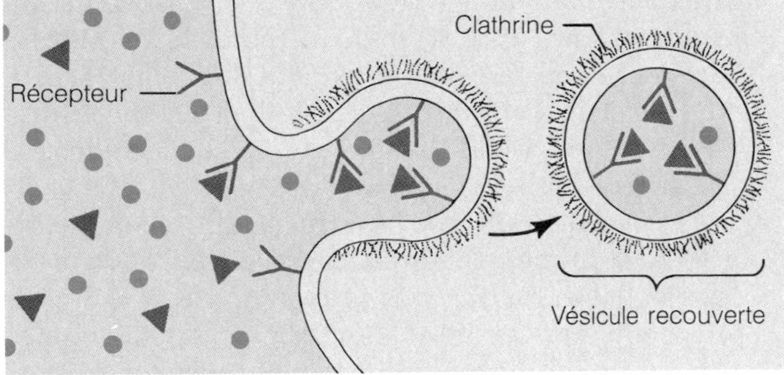

(c) Endocytose par médiateur interposé

Figure 3.10 Les trois types d'endocytose.

Dans le corps humain, la phagocytose est accomplie entre autres par les macrophages et certains globules blancs. Ces «professionnels» de la phagocytose contribuent à la défense et au bon ordre de l'organisme par l'ingestion et la digestion des bactéries, des autres substances étrangères ainsi que des cellules mortes. La majorité des phagocytes peuvent se déplacer à l'aide de **mouvements amiboïdes,** c'est-à-dire qu'ils peuvent «ramper» sur des prolongements du cytoplasme formant des pseudopodes (*pseudês* = faux; *podos* = pied) temporaires.

Si les cellules mangent par la phagocytose, elles boivent par le mécanisme de la **pinocytose** (*pinein* = boire) (figure 3.10b). Au cours de la pinocytose, une minuscule gouttelette de liquide interstitiel (ou externe) est capturée par une portion invaginée de la membrane plasmique puis entraînée dans la cellule à l'intérieur d'une petite *vésicule pinocytaire.* Contrairement à la phagocytose, la pinocytose est une activité de routine chez la majorité des cellules. Elle joue un rôle particulièrement important chez les cellules responsables de fonctions d'absorption, comme les cellules des intestins.

La phagocytose et la pinocytose ne sont pas souvent spécifiques, alors que l'**endocytose par récepteur interposé** est un mécanisme d'ingestion extrêmement sélectif (figure 3.10c). Les récepteurs sont des protéines de la membrane plasmique qui ne se lient qu'avec certaines molécules. Le récepteur et la substance qui y est fixée sont englobés par une petite vésicule appelée *vésicule recouverte.* Ce terme fait allusion à l'enduit de *clathrine,* un matériau protéique qui forme des poils raides sur la face cytoplasmique de la vésicule.

L'endocytose par récepteur interposé sert notamment à absorber l'insuline, les lipoprotéines de basse densité (le cholestérol lié à un transporteur protéique, par exemple) et le fer. Lorsque la vésicule recouverte fusionne avec un lysosome, l'hormone (ou le cholestérol ou le fer) est libérée dans le cytoplasme.

Les trois types d'endocytose (phagocytose, pinocytose et endocytose par récepteur interposé) provoquent la perte d'une portion de la membrane plasmique chaque fois qu'un sac membraneux pénètre dans le cytoplasme. Ces membranes sont toutefois recyclées et rendues à la membrane au cours de l'exocytose. Grâce à ce processus, la membrane plasmique conserve une surface remarquablement constante.

Création et entretien du potentiel de repos membranaire

La membrane plasmique est plus perméable à certaines molécules qu'à d'autres. À cause de cette perméabilité sélective, l'osmose peut mener à des changements importants de la tonicité de la cellule, comme nous l'avons expliqué. Mais la perméabilité sélective a d'autres conséquences: elle crée un potentiel membranaire, c'est-à-dire un voltage à travers la membrane. Un *voltage* est un potentiel d'énergie électrique résultant de la séparation de particules de charge opposée. En ce qui concerne les cellules, les particules de charge opposée sont des ions et la barrière qui les sépare est la membrane plasmique.

À l'état de repos, toutes les cellules de l'organisme présentent un **potentiel de repos membranaire,** qui se situe dans une plage de -20 à -200 mV (millivolts), selon l'organisme et le type de cellule. C'est pourquoi on dit que toutes les cellules sont **polarisées.** Le signe moins placé avant le voltage indique que la face interne de la membrane plasmique est chargée négativement, alors que sa face externe est chargée positivement. Ce voltage (ou cette différence de charge) n'existe toutefois qu'au niveau de la membrane. En effet, si on additionne toutes les charges positives et négatives du cytoplasme, on se rend compte que l'intérieur de la cellule est électriquement neutre. De même, les charges positives et négatives du liquide interstitiel s'équilibrent parfaitement.

S'il en est ainsi, comment le potentiel de repos membranaire est-il créé et entretenu? Bien qu'on trouve de nombreux types d'ions à l'intérieur de la cellule et dans le liquide interstitiel, le potentiel de repos dépend surtout des gradients de concentration des ions sodium et potassium ainsi que de la différence entre la perméabilité

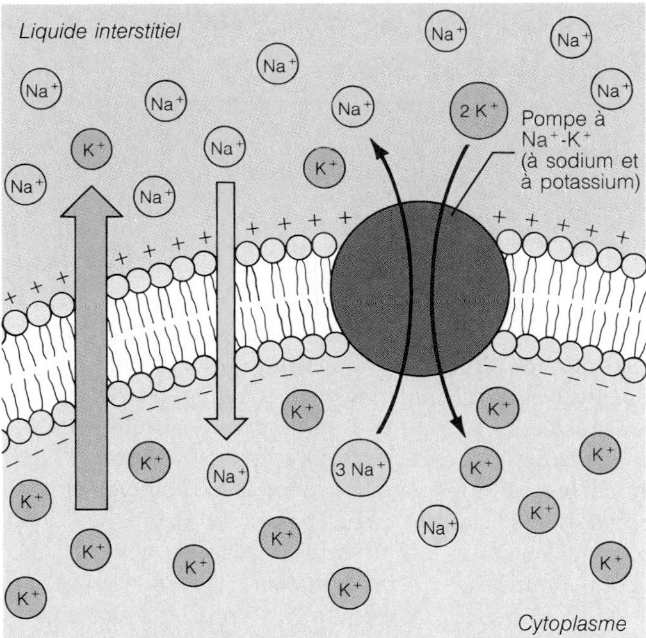

Figure 3.11 Résumé des forces qui créent et entretiennent les potentiels membranaires. La répartition inégale des ions, qui crée le potentiel de membrane, reflète la diffusion passive des ions (le sodium entre dans la cellule moins rapidement que le potassium en sort, à cause de la perméabilité sélective de la membrane à ces deux ions) et le transport actif des ions sodium et potassium (selon un rapport de 3:2) par la pompe à Na^+-K^+. Le résultat net est que la face externe de la membrane devient électriquement positive (plus d'ions positifs s'accumulent) que la face interne, qui est électriquement négative.

de la membrane plasmique à l'ion sodium et sa perméabilité à l'ion potassium. Comme vous le voyez à la figure 3.11, les cellules de l'organisme contiennent davantage d'ions K^+, alors que les ions Na^+ sont relativement plus abondants dans le liquide interstitiel où baignent les cellules. Au repos, la membrane plasmique est légèrement perméable aux ions K^+, mais presque imperméable aux ions Na^+. Le potassium diffuse donc à l'extérieur de la cellule, dans le sens de son gradient de concentration. Le sodium aurait quant à lui tendance à diffuser vers l'intérieur de la cellule, dans le sens de son gradient de concentration. Parce que la perméabilité de la membrane au sodium est beaucoup plus faible qu'au potassium, l'entrée de sodium est cependant faible et insuffisante pour équilibrer la sortie de potassium. Cette inégalité de la diffusion des ions Na^+ et K^+ à travers la membrane provoque une perte relative (un déficit) d'ions positifs à la face interne de la membrane (par rapport à sa face externe), ce qui établit le potentiel de repos membranaire. On serait porté à croire qu'il faut un déplacement massif d'ions pour créer le potentiel de repos, mais tel n'est pas le cas: le nombre d'ions nécessaires pour produire le potentiel membranaire est si petit qu'il ne modifie même pas significativement la concentration ionique.

À l'état de polarisation (ou de repos), les concentrations de sodium et de potassium ne sont pas équilibrées. Si seules des forces passives étaient en jeu, la diffusion des ions de part et d'autre de la membrane finirait par équilibrer la concentration des charges positives et négatives et, ainsi, annuler le potentiel de repos. Il existe toutefois un *état stable* qui maintient la répartition inégale des ions caractérisant l'état de polarisation. Cet état stable résulte d'un mécanisme passif (la diffusion) et d'un mécanisme actif (le transport actif). Nous avons vu que les ions sodium et potassium diffusent passivement selon leur énergie cinétique, mais la vitesse du transport actif dépend de la vitesse de diffusion des ions sodium dans la cellule et égale cette vitesse. Si le sodium continue à entrer, il continue à être chassé à l'extérieur. (C'est comme quand on se trouve dans une chaloupe qui prend l'eau: plus l'eau entre, plus on écope vite!) La pompe à sodium et à potassium transporte ces deux ions; à chaque «tour», elle éjecte trois ions Na^+ à l'extérieur de la cellule et y fait entrer deux ions K^+ (voir la figure 3.11). Étant donné que la membrane est toujours légèrement plus perméable aux ions K^+, le déséquilibre ionique et le potentiel membranaire sont maintenus. Par conséquent, la pompe à sodium et à potassium (qui a besoin d'ATP) donne l'illusion que les cellules ne sont pas perméables au sodium et maintient le voltage de repos de la membrane ainsi que l'équilibre osmotique. En fait, si elle ne retirait pas continuellement du sodium des cellules, il s'en accumulerait une telle quantité qu'un gradient de pression osmotique serait créé et que l'eau alors attirée dans les cellules les ferait éclater.

Avant de passer à un autre sujet, il nous faut donner quelques détails complémentaires sur la diffusion. Nous avons dit que les solutés diffusent dans le sens de leur gradient de concentration. Or, cela est vrai pour les solutés électriquement neutres, mais pas tout à fait pour les ions et les autres particules chargées. Parce que la membrane plasmique possède un voltage, sa face de charge positive et sa face de charge négative peuvent favoriser ou gêner la diffusion menée par un gradient de concentration. Il est donc plus exact de dire que les ions diffusent en fonction d'un **gradient électrochimique.** On reconnaît alors l'effet de la concentration (gradient chimique) ainsi que celui des forces électriques. Revoyons maintenant la diffusion des ions K^+ et Na^+ à travers la membrane plasmique. Nous constatons que la diffusion du potassium est facilitée par la plus grande perméabilité de la membrane à cette substance et par son gradient de concentration, mais qu'elle est quelque peu limitée par la charge positive de l'extérieur de la cellule. Par ailleurs, l'ion Na^+ est attiré vers l'intérieur de la cellule par un fort gradient électrochimique, mais son entrée est limitée par l'imperméabilité relative de la membrane au sodium. Comme nous le décrirons dans des chapitres ultérieurs, les modifications du potentiel de repos au moyen de l'ouverture transitoire de canaux ioniques (spécifiques pour les ions Na^+ et K^+) dans la membrane plasmique constituent une façon normale d'activer les neurones et les cellules musculaires.

Interactions avec les autres cellules

Le *glycocalyx* est formé de glycoprotéines et de glycolipides situés sur la face externe de la membrane plasmique (voir la figure 3.3). Ces protéines «enrobées de sucre» sont des marqueurs biologiques très spécifiques qui contribuent aux interactions cellulaires. On ne connaît pas toutes les fonctions du glycocalyx, mais on sait qu'il intervient dans les activités suivantes:

1. Détermination des groupes sanguins du système ABO et des autres systèmes touchant les globules rouges. La différence entre le groupe A et le groupe B réside dans une variation d'un seul groupe sucre à l'extrémité de la chaîne hydrocarbonée d'une glycoprotéine spécifique située à la surface du globule rouge. (Dans le sang du groupe O, il n'y a pas de sucre à cet endroit.) Ces sucres simples ne diffèrent que de quelques atomes, mais cette légère différence suffit pour imposer qu'on transfuse toujours du sang du bon groupe sanguin; une erreur pourrait être fatale pour le receveur.

2. Sites de liaison pour certaines toxines. Diverses toxines, dont la toxine tétanique (qui cause le tétanos) et le vibrion cholérique (qui provoque le choléra), reconnaissent certains des glucides présents à la surface des cellules et se lient sélectivement à ces sucres.

3. Reconnaissance de l'ovule par les spermatozoïdes. Des sucres de la surface de l'ovule indiquent aux spermatozoïdes que «c'est ici qu'il faut venir» pour déposer leurs gènes. (Chez les humains, le spermatozoïde pénètre dans un *précurseur* de l'ovule, mais nous en traiterons au chapitre 29.)

4. Détermination de la durée de vie de la cellule. L'épaisseur du glycocalyx des globules rouges diminue à mesure que ceux-ci vieillissent. Certaines données expérimentales semblent indiquer qu'une diminution de l'épaisseur du glycocalyx des globules rouges (et peut-être d'autres types de cellules) signale au foie et aux phagocytes que ces cellules sont vieilles et devraient être détruites.

5. Réaction immunitaire. Les glycoprotéines de surface des cellules qui interviennent dans la réaction immunitaire sont des récepteurs qui se lient très spécifiquement aux bactéries, aux virus et à certaines cellules cancéreuses. Ces liaisons activent la réaction immunitaire, qui lance une attaque contre l'envahisseur.

6. Conduite du développement embryonnaire. Des modifications importantes du glycocalyx se produisent au cours du développement embryonnaire, à mesure que les tissus croissent et se spécialisent. Les groupes sucre, qui sont collants, favorisent en outre l'adhérence des cellules à tous les stades du développement et contribuent ainsi à l'établissement de la morphologie de l'organisme.

Le glycocalyx d'une cellule en train de se transformer en cellule cancéreuse subit des modifications évidentes. En fait, le glycocalyx d'une cellule cancéreuse peut changer presque continuellement, ce qui protège la cellule contre les mécanismes de reconnaissance du système immunitaire et empêche sa destruction. (Nous reparlerons du cancer plus loin dans ce chapitre.) ■

Cytoplasme

Le mot **cytoplasme** (*kutos* = cellule; *plassein* = donner une forme) désigne le matériel cellulaire situé à l'intérieur de la membrane plasmique mais à l'extérieur du noyau. Il s'agit de la principale région fonctionnelle de la cellule, c'est-à-dire de l'endroit où la plupart des activités cellulaires sont accomplies. Les premiers microscopistes croyaient que le cytoplasme n'était qu'un gel dépourvu de structures, mais le microscope électronique a révélé qu'il était composé de trois éléments principaux: le cytosol, les organites et les inclusions (tableau 3.2). Le **cytosol** est le liquide visqueux semi-transparent dans lequel les autres éléments du cytoplasme baignent en suspension. Ce liquide principalement composé d'eau contient en outre des protéines solubles, des sels, des sucres et plusieurs autres solutés. Le cytosol est donc un mélange complexe présentant les propriétés des colloïdes et des solutions vraies.

Les **organites**, que nous décrirons bientôt, sont la machinerie métabolique de la cellule. Chaque type d'organite est destiné à exécuter des fonctions spécifiques répondant aux besoins de toute la cellule: certains organites synthétisent des protéines, d'autres en emballent, etc. Les **inclusions** ne sont pas des unités fonctionnelles, mais plutôt des substances chimiques dont la nature varie en fonction du type de cellule. Il peut s'agir de réserves de nutriments comme les granulations de glycogène abondantes dans les cellules du foie et des muscles ou comme les gouttelettes de lipides présentes dans les cellules adipeuses; de granulations pigmentaires (mélanine) observées dans certaines des cellules de la peau et des poils; de grains de zymogène (contenant des enzymes) sécrétés par les cellules du pancréas puis transportés jusqu'à l'intestin grêle. Les autres produits de sécrétion (mucus), les vacuoles d'eau et divers cristaux sont également des inclusions.

Organites cytoplasmiques

Les organites, ou «petits organes», du cytoplasme sont des éléments intracellulaires spécialisés qui effectuent des tâches visant à assurer le maintien de la vie de la cellule et de sa fonction spécifique dans l'homéostasie (relation structure-fonction). La plupart des organites sont entourés d'une membrane perméable de façon sélective qui ressemble à la membrane plasmique (sauf qu'elle n'a pas de glycocalyx). Cette caractéristique permet aux organites d'avoir un milieu interne différent du cytosol où ils baignent. Ce cloisonnement est absolument essentiel au fonctionnement de la cellule; s'il n'existait pas, des milliers d'enzymes seraient mélangées et les réactions biochimiques seraient tout à fait désorganisées. Étudions maintenant le travail exécuté dans chacun des ateliers de l'usine cellulaire.

Tableau 3.2 Parties de la cellule: structure et fonction

Partie de la cellule	Structure	Fonctions
Membrane plasmique (figure 3.2)	Membrane composée d'une double couche de lipides (phospholipides, cholestérol, etc.) dans laquelle on retrouve des protéines; les protéines peuvent traverser toute l'épaisseur de la double couche de lipides (protéines intégrées) ou faire saillie d'un seul côté de celle-ci; des groupes sucre sont attachés aux protéines et à certains lipides qui font face à l'extérieur	Limite externe de la cellule; intervient dans le transport des substances vers l'intérieur et l'extérieur de la cellule; entretient un potentiel de repos essentiel pour le fonctionnement des cellules excitables; les protéines en contact avec le liquide interstitiel (l'extérieur de la cellule) sont des récepteurs (pour les hormones, les neurotransmetteurs, etc.) et jouent un rôle dans la reconnaissance des cellules entre elles
Cytoplasme	Région de la cellule située entre la membrane nucléaire et la membrane plasmique; formé du **cytosol,** qui contient des solutés dissous, des **inclusions** (réserves de nutriments, produits de sécrétion, granulations pigmentaires) et des **organites,** la machinerie métabolique du cytoplasme	
Organites cytoplasmiques • Mitochondries (figure 3.12)	Structures en forme de bâtonnets possédant deux membranes; la membrane interne forme des projections vers l'intérieur appelées crêtes	Siège de la synthèse de l'ATP; source d'énergie de la cellule
• Ribosomes (figure 3.13)	Granulations denses constituées de deux sous-unités composées d'ARN ribosomal et de protéines; libres ou attachés au RE rugueux	Siège de la synthèse des protéines
• Réticulum endoplasmique rugueux (RE rugueux) (figure 3.13)	Réseau de membranes formant des cavités, les citernes, et se tordant dans le cytoplasme; couvert de ribosomes sur sa face externe	Dans les citernes, des groupes sucre se lient aux protéines; les protéines sont englobées par des vésicules, qui les transporteront notamment vers l'appareil de Golgi; la face externe synthétise les phospholipides et le cholestérol
• Réticulum endoplasmique lisse (RE lisse) (figure 3.13)	Réseau de sacs et de tubules membraneux; aucun ribosome n'y est attaché.	Siège de la synthèse des lipides et des stéroïdes, du métabolisme des lipides et de la détoxication des drogues
• Appareil de Golgi (figure 3.14)	Pile de sacs membraneux lisses située près du noyau	Emballe, modifie et isole les protéines destinées à être sécrétées par la cellule, enveloppées dans des lysosomes ou intégrées dans la membrane plasmique
•Lysosomes (figure 3.16)	Sacs membraneux contenant les hydrolases acides	Siège de la digestion intracellulaire
• Peroxysomes	Sacs membraneux contenant des oxydases	Les enzymes détoxiquent certaines substances; l'enzyme la plus importante, la catalase, dégrade le peroxyde d'hydrogène
• Microfilaments (figure 3.17)	Filaments formés d'une protéine contractile, l'actine	Interviennent dans la contraction musculaire et dans d'autres types de mouvements intracellulaires; élément du cytosquelette
• Filaments intermédiaires (figure 3.17)	Fibres protéiques dont la composition varie selon le type de cellule	Élément stable du cytosquelette; résiste aux forces appliquées sur la cellule
• Microtubules (figures 3.17, 3.18, 3.19)	Structures cylindriques composées d'une protéine appelée tubuline	Soutient la cellule et lui confère sa forme; participe aux mouvements intracellulaires et aux mouvements de la cellule elle-même; forme les centrioles
• Centrioles (figure 3.18)	Paire de corps cylindriques formés chacun de neuf groupes de trois microtubules	Organisent un réseau de microtubules au cours de la mitose, afin de former le fuseau de division et les asters; produisent les cils et les flagelles
• Cils (figure 3.19)	Courtes projections à la surface de la cellule; chaque cil se compose de neuf paires de microtubules entourant une dixième paire	Bougent à l'unisson et créent ainsi un courant unidirectionnel qui propulse des substances à la surface de la cellule
• Flagelle	Semblable aux cils, mais plus long que ceux-ci; le seul exemple chez les humains est la queue du spermatozoïde	Propulse la cellule
Noyau (figure 3.20)	Plus gros des organites; entouré de la membrane nucléaire; contient le nucléoplasme, les nucléoles et la chromatine	Centre de contrôle de la cellule; transmet l'information génétique et donne les instructions nécessaires pour la synthèse des protéines
• Membrane nucléaire (figure 3.20)	Structure formée d'une double membrane; percée de pores; sa membrane externe se continue avec le RE	Sépare le nucléoplasme du cytoplasme et règle le passage des substances vers l'intérieur et l'extérieur du noyau
• Nucléoles (figure 3.20)	Corps sphériques denses (non limités par une membrane); composés d'ARN ribosomal et de protéines	Siège de la fabrication des sous-unités ribosomales
• Chromatine (figures 3.20, 3.21)	Matériau granulaire filamenteux composé d'ADN et d'histones	L'ADN forme les gènes

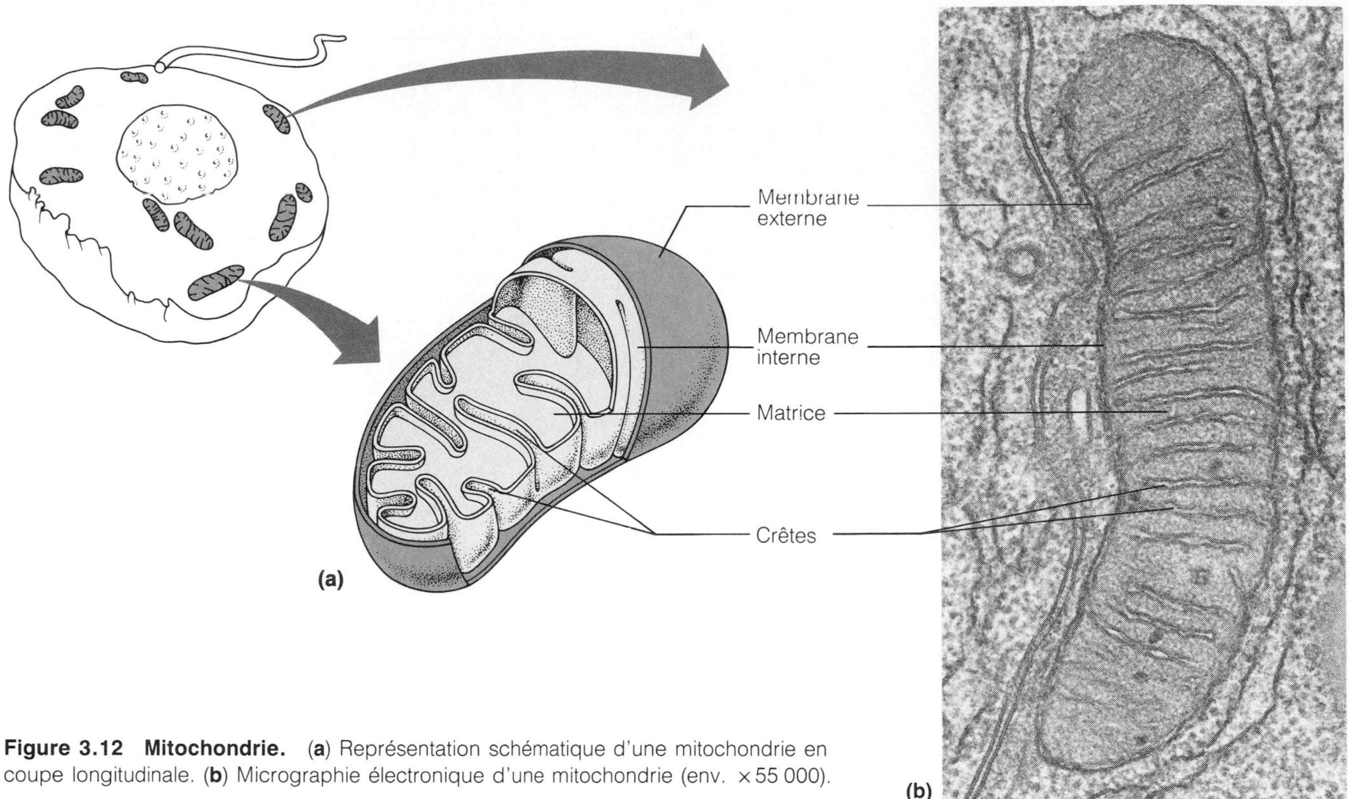

Figure 3.12 Mitochondrie. (**a**) Représentation schématique d'une mitochondrie en coupe longitudinale. (**b**) Micrographie électronique d'une mitochondrie (env. ×55 000).

Mitochondries

Les **mitochondries,** qui mesurent environ 1 μm de diamètre et 5 à 10 μm de long, sont habituellement représentées comme des bâtonnets (*mitos* = filament) ou comme un genre de saucisses. Toutefois, dans les cellules vivantes, elles se tordent, s'allongent et changent de forme presque continuellement. On peut dire que les mitochondries sont la source d'énergie de la cellule, car elles lui fournissent la majorité de son apport d'ATP. Le nombre de mitochondries dans une cellule spécifique reflète les besoins énergétiques de cette cellule, et les mitochondries se rassemblent en général là où il y a «de l'action». Les cellules très occupées (comme celles des muscles et du foie) renferment des centaines de mitochondries, alors que les cellules relativement inactives (comme les lymphocytes) n'en possèdent que quelques-unes.

Chaque mitochondrie est entourée de deux membranes formées d'une double couche de lipides. Les deux membranes possèdent la structure générale de la membrane plasmique, mais la membrane interne contient beaucoup plus de protéines (75 %). La membrane externe est lisse et sans particularités, mais la membrane interne forme des replis vers l'intérieur appelés crêtes, qui font saillie dans la substance gélatineuse de l'intérieur de la mitochondrie, la *matrice.* Les enzymes dissoutes dans la matrice, ainsi que celles qui forment une partie de la membrane des crêtes (protéines périphériques), travaillent ensemble à la dégradation du glucose et des autres nutriments en eau et en gaz carbonique. Une partie de l'énergie libérée au cours de la dégradation du glucose est absorbée et employée pour lier des groupes phosphate à des molécules d'ADP afin de former de l'ATP. Ce processus mitochondrial en plusieurs étapes est appelé *respiration cellulaire aérobie,* car il nécessite de l'oxygène. Il est décrit en détail au chapitre 25.

Les mitochondries contiennent de l'ADN et de l'ARN et elles se reproduisent. Lorsque les besoins en ATP augmentent, les mitochondries se divisent simplement en deux (un processus appelé *scission*) pour accroître leur nombre, puis grossissent jusqu'à ce qu'elles atteignent leur volume antérieur. Cette caractéristique des mitochondries constitue un exemple de la relation structure-fonction, puisque le nombre de mitochondries (structures) augmente lorsque la fonction cellulaire demande un apport d'énergie supplémentaire. Bizarrement, les mitochondries ressemblent beaucoup à un certain groupe de bactéries (bactéries phototrophes). On croit maintenant que les mitochondries auraient évolué à partir de bactéries ayant envahi les ancêtres lointains de nos cellules. Ces bactéries auraient fini par perdre leur autonomie pour vivre à l'intérieur des cellules d'une manière réciproquement profitable (en symbiose).

Ribosomes

Les **ribosomes** sont de petites (25 μm de diamètre) granulations qui prennent beaucoup le colorant. Ils sont composés de protéines et d'un type particulier d'ARN, l'*ARN ribosomal.* Chaque ribosome est constitué de deux sous-unités globulaires qui s'ajustent l'une sur l'autre; le ribosome ressemble à un gland lorsque la plus petite est placée sur la plus grosse (voir la figure 3.13c). Les ribosomes sont le siège de la synthèse des protéines, dont

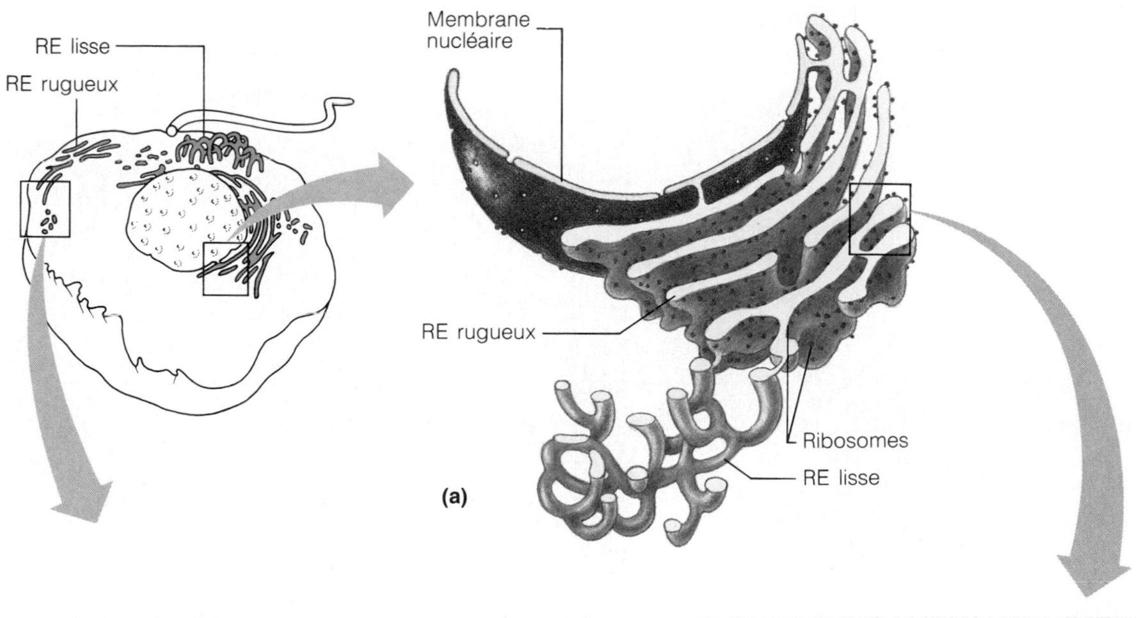

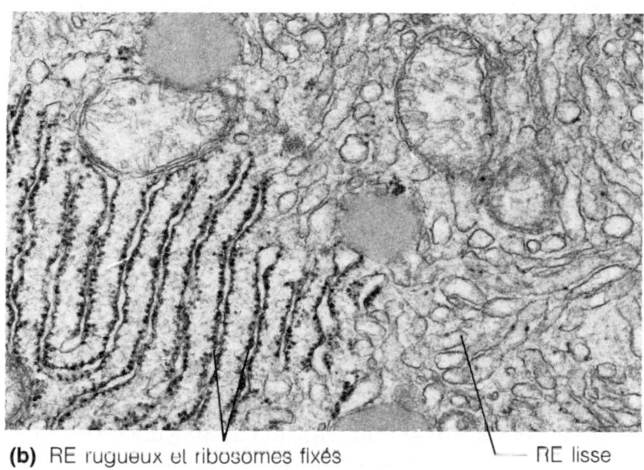

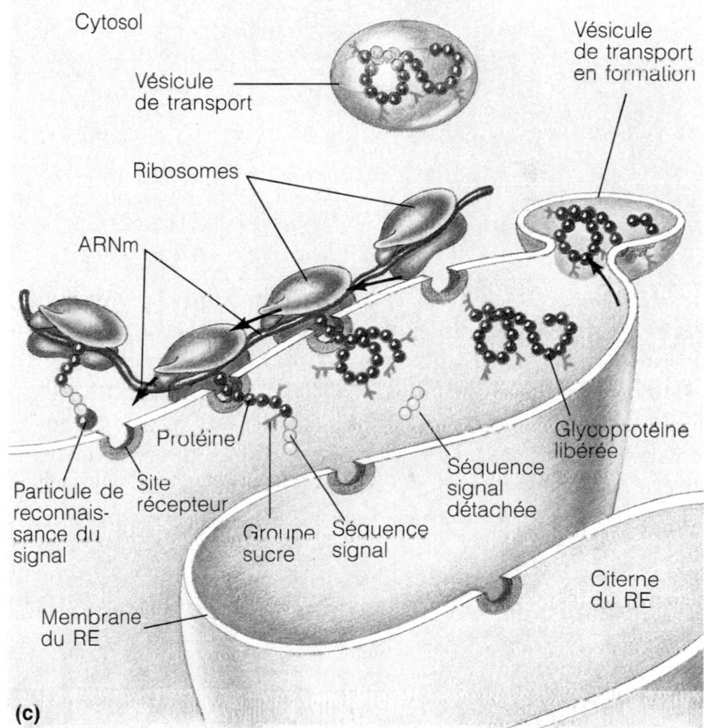

Figure 3.13 Réticulum endoplasmique. (**a**) Représentation tridimensionnelle du RE rugueux d'une cellule hépatique; ses liens avec le RE lisse sont aussi montrés. (**b**) Micrographie électronique du réticulum endoplasmique rugueux et lisse (env. ×30 000). (**c**) Représentation d'une partie de la membrane du RE rugueux sur laquelle sont fixés des ribosomes et de citernes où des groupes sucre sont attachés aux protéines. Certaines glycoprotéines sont encapsulées dans des portions de la membrane du RE, qui se détachent ensuite du RE et migrent vers l'appareil de Golgi.

nous parlerons en détail plus loin dans ce chapitre.

Certains ribosomes flottent librement dans le cytoplasme, alors que d'autres sont rattachés à des membranes et forment une partie de ce qu'on appelle le *réticulum endoplasmique rugueux.* Ces deux populations de ribosomes semblent se diviser la tâche de la synthèse des protéines. Les *ribosomes libres* fabriquent les protéines qui resteront dans le cytosol et seront utilisées par la cellule; les *ribosomes fixés sur les membranes* interviennent surtout dans la synthèse des produits protéiques destinés aux membranes cellulaires ou à l'exportation à l'extérieur de la cellule. Les ribosomes peuvent faire la navette entre ces deux fonctions, c'est-à-dire s'attacher aux membranes du réticulum endoplasmique et s'en détacher, en fonction du genre de protéines qu'ils fabriquent.

Réticulum endoplasmique

Le **réticulum endoplasmique (RE)** est un réseau étendu de membranes parallèles reliées les unes aux autres qui s'enroulent et se tordent dans le cytoplasme afin de former des cavités pleines de liquide, les citernes. Le réticulum endoplasmique se continue avec la membrane nucléaire et représente environ la moitié de toutes les membranes cellulaires. Il existe deux types de RE:

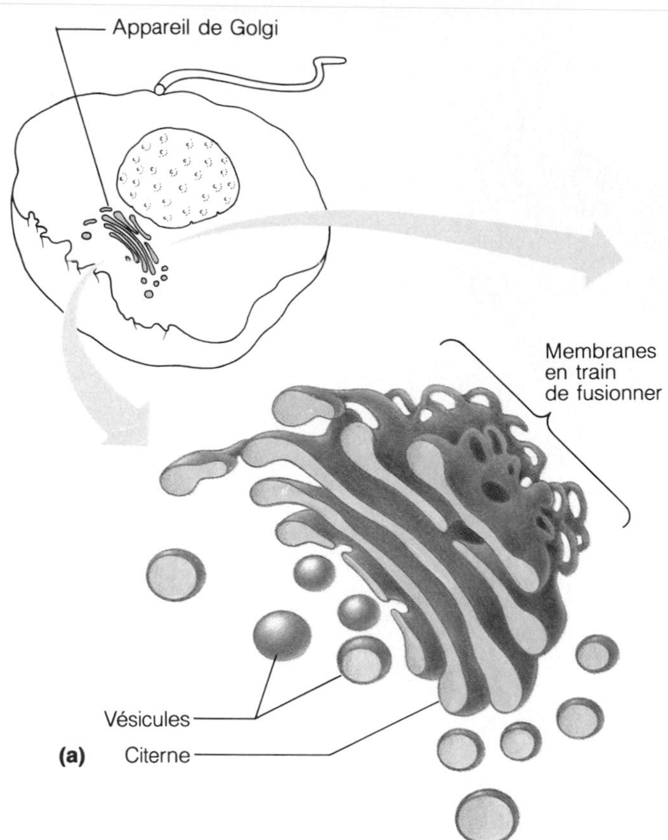

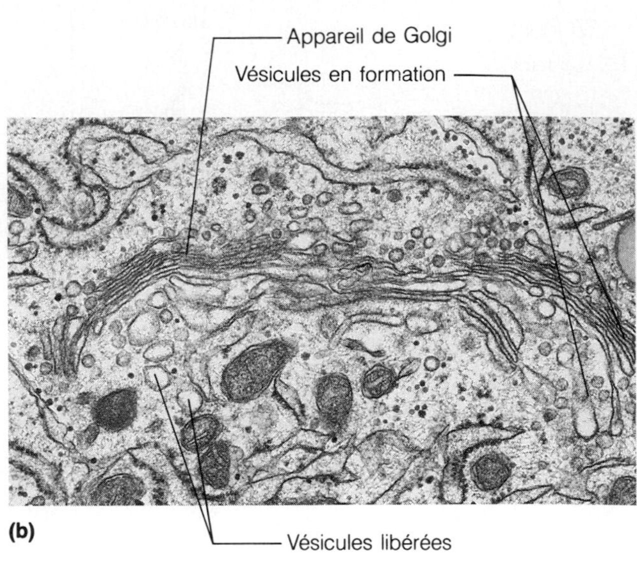

Figure 3.14 Appareil de Golgi. (**a**) Représentation schématique en trois dimensions de l'appareil de Golgi. (**b**) Micrographie électronique de l'appareil de Golgi (env. ×85 000). Remarquez les vésicules en train de se détacher des membranes de l'appareil de Golgi.

le RE rugueux et le RE lisse. Le genre qui prédomine dans un type de cellules dépend des fonctions particulières de ces cellules. La proportion de RE rugueux et de RE lisse reflète donc la relation structure-fonction.

La face externe du **RE rugueux** est couverte de ribosomes (figure 3.13). Les ribosomes se lient aux récepteurs protéiques de la membrane du RE rugueux lorsqu'un petit segment peptidique appelé *séquence signal* est présent dans la protéine en cours de synthèse. Cette séquence signal (et son «bagage» composé du ribosome et de l'ARN messager) est guidée vers le site récepteur approprié de la membrane du RE par *une particule de reconnaissance du signal (PRS),* qui fait la navette entre le RE et le cytosol. La séquence signal est ultérieurement détachée par certaines enzymes présentes dans la membrane du RE. Les protéines qui s'assemblent sur les ribosomes s'insinuent progressivement dans les citernes du RE. Ce processus de translocation est permis par l'énergie de l'ATP. Dans les citernes, des groupes sucre se lient aux chaînes polypeptidiques dont la formation s'achève. À mesure qu'elles atteignent des niveaux d'organisation structurale plus complexes (voir la figure 3.13c), les chaînes polypeptidiques se replient et se tordent. Certaines de ces protéines sont des enzymes, qui seront retenues à l'intérieur de la citerne pour y remplir leurs fonctions. Les autres protéines seront sécrétées par la cellule ou joindront les protéines membranaires des organites ou de la membrane plasmique. Ces protéines sont englobées dans des sacs membraneux qui se détachent du RE. Ces sacs, ou *vésicules de transport,* se rendent jusqu'à l'*appareil de Golgi,* où les protéines subissent d'autres modifications (voir la figure 3.15). Le RE rugueux est particulièrement abondant chez les cellules spécialisées dans la synthèse et la sécrétion de protéines destinées à agir à l'extérieur de la cellule, par exemple chez la plupart des cellules sécrétrices (glandes), chez les cellules plasmatiques fabriquant des anticorps et chez les cellules hépatiques, qui produisent la majorité des protéines sanguines.

Le RE rugueux possède également une autre fonction importante: la synthèse des phospholipides et du cholestérol. Les enzymes qui catalysent ces réactions anaboliques sont situées sur la face externe (cytosolique) de la membrane du RE, où les substrats nécessaires sont abondants. Étant donné que presque tous les éléments des membranes cellulaires se forment à l'intérieur du RE rugueux ou à sa surface, on peut considérer celui-ci comme l'«usine de membranes» de la cellule.

Le **RE lisse** (voir les figures 3.1 et 3.13), qui se continue avec le RE rugueux, est constitué de tubules formant un réseau de ramifications. Il ne joue aucun rôle dans la synthèse des protéines. Toutefois, ses enzymes (qui sont toutes des protéines intégrées dans ses membranes) catalysent des réactions intervenant dans: (1) le métabolisme des lipides ainsi que la synthèse du cholestérol et des composants lipidiques des lipoprotéines (dans les cellules hépatiques); (2) la synthèse des hormones stéroïdes comme les hormones sexuelles (dans les cellules sécrétrices de testostérone des testicules, où il y a beaucoup de RE lisse); (3) l'absorption, la synthèse et le transport des graisses (dans les cellules des intestins); (4) la détoxication de certaines drogues (dans le foie et les reins). Par ailleurs, les cellules des muscles squelettiques et du

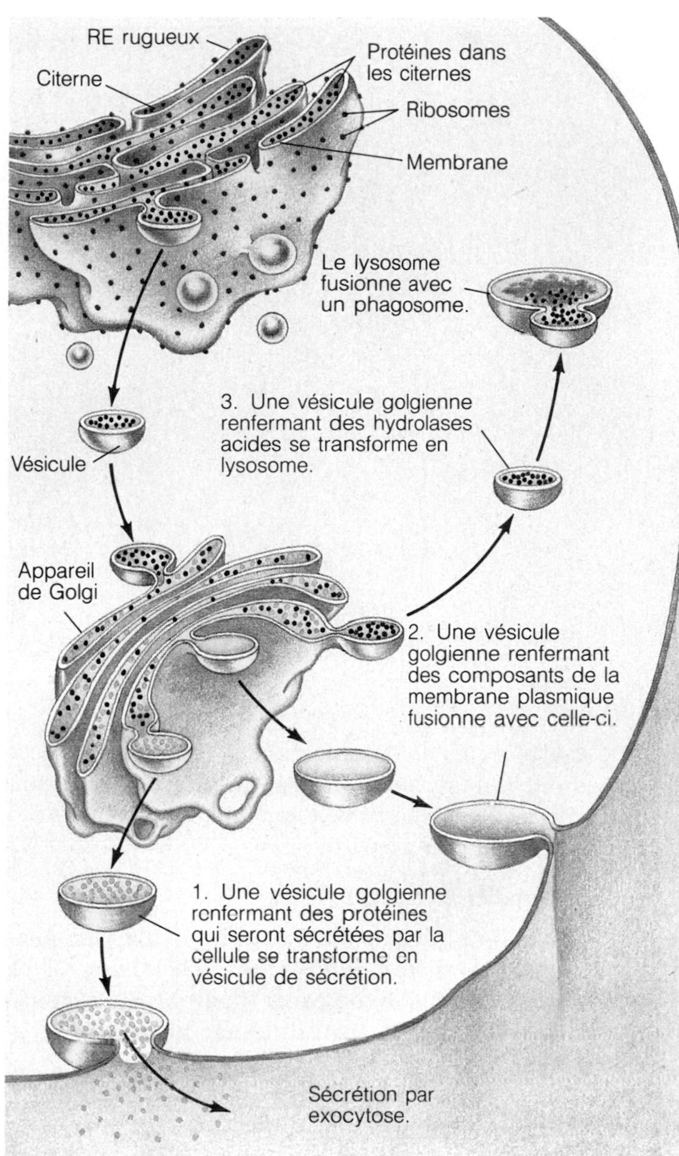

Figure 3.15 Rôle de l'appareil de Golgi dans l'emballage de protéines utilisées par la cellule ou destinées à être sécrétées. Suite des événements, de la synthèse des protéines sur le RE rugueux jusqu'à leur distribution finale. Les vésicules renfermant les protéines se détachent du RE rugueux et migrent pour fusionner avec les membranes de l'appareil de Golgi. Dans les compartiments de l'appareil de Golgi, les protéines sont modifiées. Elles sont ensuite accumulées dans différents types de vésicules golgiennes, selon leur destination finale.

muscle cardiaque possèdent un RE lisse très complexe (appelé *réticulum sarcoplasmique*), qui joue un rôle dans le stockage et la libération des ions calcium au cours de la contraction musculaire. À l'exception de celles que nous venons de mentionner, les cellules du corps humain contiennent peu, ou pas du tout, de vrai RE lisse.

Appareil de Golgi

L'**appareil de Golgi** ressemble à une pile de sacs membraneux aplatis entourée d'un essaim de petites vésicules membraneuses (figure 3.14). Il se trouve en général près du noyau. L'appareil de Golgi dirige probablement la «circulation» des protéines: sa principale fonction est de modifier, de concentrer et d'emballer les protéines, d'une manière qui convient à leur destination finale. Les vésicules de transport qui se détachent du RE rugueux migrent vers les membranes de l'appareil de Golgi et fusionnent avec elles (figure 3.15). Les glycoprotéines sont ensuite modifiées à l'intérieur de l'appareil de Golgi: certains groupes sucre sont retirés, d'autres sont ajoutés, et, dans quelques cas, des groupes phosphate sont ajoutés. Les protéines sont ensuite «étiquetées» selon l'adresse de livraison, triées, puis accumulées dans un des trois types (ou plus) de vésicules attachées aux membranes de l'appareil de Golgi.

Les vésicules qui contiennent des protéines destinées à l'exportation se détachent sous forme de **vésicules de sécrétion,** qui migrent vers la membrane plasmique puis déchargent leur contenu à l'extérieur de la cellule par exocytose. Les cellules sécrétrices spécialisées comme les cellules pancréatiques qui sécrètent des enzymes sont dotées d'un appareil de Golgi très important (relation structure-fonction). En plus d'emballer les substances destinées à l'exocytose, l'appareil de Golgi produit des vésicules renfermant les protéines transmembranaires et les lipides destinés à la membrane plasmique. Il enveloppe aussi les hydrolases (enzymes digestives) dans des sacs membraneux appelés lysosomes, qui demeureront dans la cellule.

Lysosomes

Les **lysosomes** sont des sacs membraneux sphériques qui renferment certaines hydrolases (figure 3.16). Comme nous l'avons déjà expliqué, ces enzymes sont synthétisées sur les ribosomes du RE rugueux et emballées dans l'appareil de Golgi. C'est grâce aux lysosomes que la digestion peut s'effectuer en toute sécurité à l'intérieur de la cellule. Il n'est donc pas étonnant que les phagocytes contiennent beaucoup de gros lysosomes. Les enzymes lysosomiales peuvent digérer tous les types de molécules biologiques. Comme leur action est meilleure en milieu acide (pH 5 environ), on les appelle *hydrolases acides.* La membrane lysosomiale est bien adaptée aux fonctions du lysosome: (1) elle contient des «pompes» à ion hydrogène (proton) qui attirent des ions hydrogène du cytosol environnant afin de maintenir le faible pH interne du lysosome; (2) elle retient les dangereuses hydrolases acides, mais permet la sortie des produits finaux de la digestion afin que la cellule puisse les utiliser ou les excréter. Les lysosomes sont en quelque sorte les «chantiers de démolition» de la cellule. Ils se chargent en effet de: (1) la digestion des particules ingérées par endocytose, particulièrement importante puisqu'elle rend inoffensives les bactéries, les virus et les toxines; (2) la digestion des vieux organites non fonctionnels de son cytosol; (3) certaines fonctions métaboliques, comme la dégradation du glycogène stocké ainsi que la libération des hormones thyroïdiennes par les cellules de la thyroïde; (4) la dégradation des tissus devenus inutiles, tels que les palmures entre les doigts et les orteils du fœtus en voie de développement ainsi que la couche superficielle de l'endomètre (muqueuse utérine) au cours de la menstruation. La dégradation du tissu osseux pour

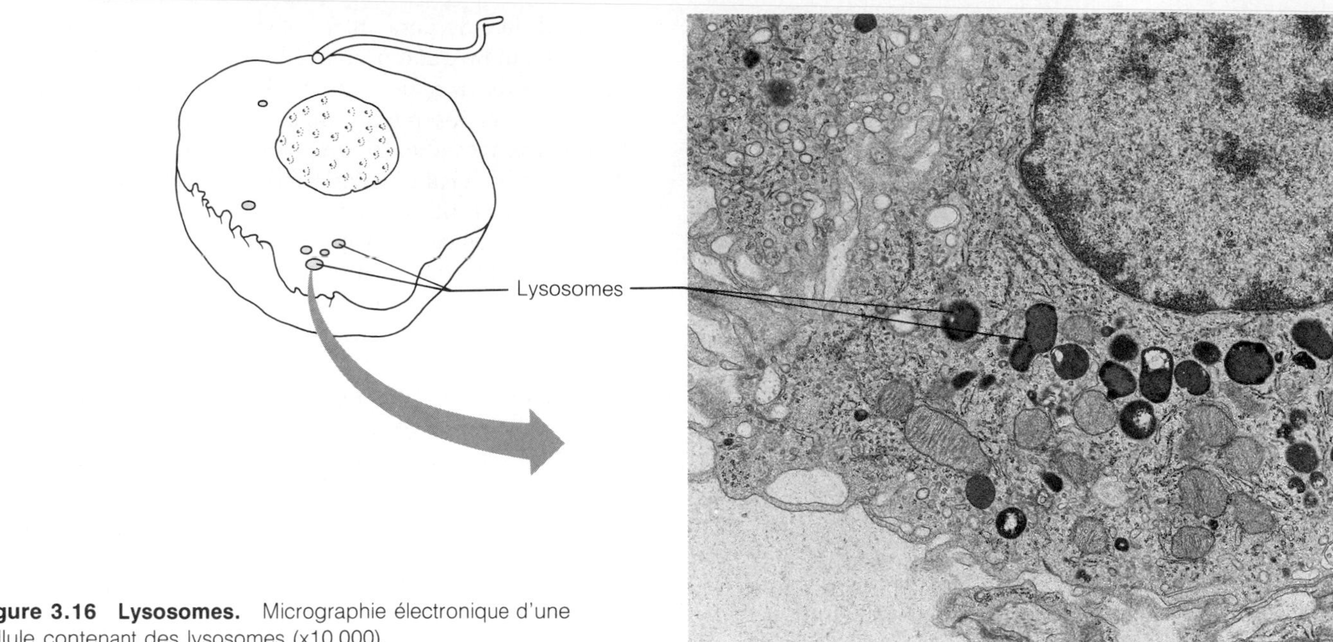

Figure 3.16 Lysosomes. Micrographie électronique d'une cellule contenant des lysosomes (x10 000).

libérer des ions calcium dans le sang témoigne également de l'activité lysosomiale des cellules spécialisées du tissu osseux.

La membrane lysosomiale est normalement très stable, mais sa solidité diminue quand la cellule subit des lésions ou est privée d'oxygène et quand la vitamine A est trop abondante. La rupture des lysosomes provoque l'autodigestion de la cellule, processus qu'on appelle *autolyse.* L'autolyse est à l'origine de certaines maladies *auto-immunes* comme la polyarthrite rhumatoïde (voir le chapitre 8). ■

Peroxysomes

Les **peroxysomes** sont des vésicules membraneuses contenant des oxydases puissantes qui utilisent l'oxygène moléculaire (O_2) pour détoxiquer certaines substances nuisibles ou toxiques, notamment l'alcool et le formaldéhyde.

La plus importante fonction des peroxysomes réside toutefois dans le « désamorçage » des dangereux **radicaux libres,** comme le radical superoxyde, qu'ils transforment en peroxyde d'hydrogène (H_2O_2). (C'est en pensant à cette fonction qu'on a nommé ces organites, le mot *peroxysome* signifiant littéralement « corps de peroxyde ».) La *catalase,* une enzyme présente dans les peroxysomes, réduit ensuite l'excès de peroxyde d'hydrogène en eau, car une forte concentration de cette substance (qui sert à fabriquer un antiseptique courant) pourrait être nocive pour les cellules. Les radicaux libres sont des substances chimiques très réactives qui ne partagent aucune paire d'électrons et qui peuvent modifier la structure des protéines, des lipides et des acides nucléiques. Bien que le peroxyde d'hydrogène et les radicaux libres soient des sous-produits normaux du métabolisme cellulaire, leur accumulation pourrait avoir des effets désastreux sur la physiologie des cellules.

Les peroxysomes sont présents en grand nombre dans les cellules du foie et des reins, qui effectuent une bonne part des activités de détoxication. Même si les peroxysomes ont l'air de petits lysosomes, ils ne se forment probablement pas à partir de l'appareil de Golgi mais plutôt par bourgeonnement du RE.

Éléments du cytosquelette

Un réseau compliqué de structures protéiques appelées microfilaments, microtubules et filaments intermédiaires s'étend dans tout le cytoplasme (figure 3.17a et b). Ce réseau, le **cytosquelette,** constitue en quelque sorte les os et les muscles de la cellule : il forme un échafaudage qui soutient les structures intracellulaires ainsi que la machinerie qui permet à la cellule d'exécuter différents mouvements.

Les **microfilaments** sont de fins bâtonnets formés d'une protéine contractile, l'*actine* (« rayon »). Les microfilaments sont disposés différemment dans chaque cellule ; il n'y a donc pas deux cellules identiques. Presque toutes les cellules présentent cependant un réseau assez dense de microfilaments entrecroisés et fixés à la face cytoplasmique (face interne) de la membrane plasmique, réseau qui consolide la surface de la cellule. La majorité des microfilaments interviennent dans la motilité de la cellule ou dans les modifications de sa forme qui sont essentielles à sa fonction. Ainsi, les microfilaments d'actine (1) forment la partie centrale des microvillosités et, chez certaines d'entre elles, provoquent un mouvement de pompage ; (2) permettent le mouvement amiboïde et la formation de vésicules au cours de l'endocytose ; (3) forment, avec la myosine, une autre protéine contractile, l'anneau contractile qui sépare la cellule en deux au cours de la division cellulaire. Les microfilaments sont particulièrement développés dans les cellules musculaires, où les filaments d'actine et de myosine sont disposés en faisceaux parallèles. Le raccourcissement des cellules qui mène à la contraction musculaire est produit par le glissement de ces filaments les uns sur les autres.

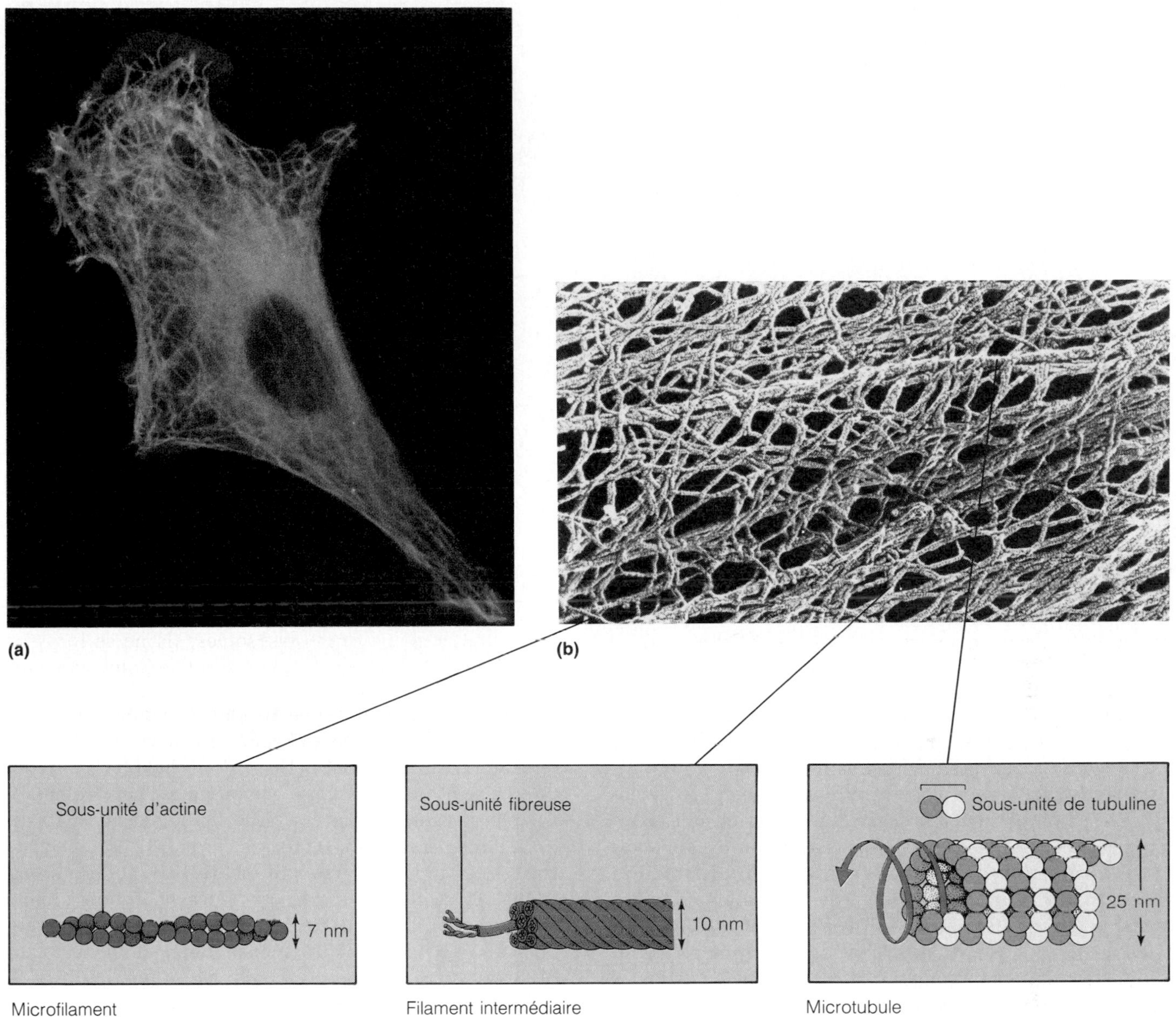

Figure 3.17 Cytosquelette. (**a**) Micrographie optique du cytosquelette (× 1400); les microtubules sont colorés en vert et les microfilaments en bleu. Les filaments intermédiaires constituent presque tout le reste du réseau. (**b**) Micrographie au microscope électronique à balayage d'une partie du cytosquelette d'une cellule (× 51 400); une représentation schématique de chacun des éléments du cytosquelette est présentée sous la micrographie.

(La contraction musculaire est étudiée au chapitre 9.) À l'exception des filaments d'actine et de myosine des cellules musculaires, éléments stables et permanents, les microfilaments sont des structures labiles (changeantes) qui se dégradent et se reforment au moment et à l'endroit où elles sont nécessaires.

Les **filaments intermédiaires** sont des fibres protéiques solides dont le diamètre se situe entre celui des microfilaments et celui des microtubules. Ils constituent l'élément le plus stable du cytosquelette et possèdent une grande résistance à la tension. Ces filaments fixés sur les desmosomes servent de haubans internes et permettent à la cellule de résister à l'étirement. Les protéines entrant dans la composition des filaments intermédiaires varient selon le type de cellule. C'est pourquoi ces éléments du cytosquelette portent différents noms: neurofilaments dans les cellules nerveuses, tonofilaments (filaments de kératine) dans les cellules épithéliales, etc.

Les **microtubules** sont les éléments du cytosquelette qui possèdent le plus grand diamètre. Il s'agit de longs tubes flexibles composés de protéines globulaires appelées *tubulines* (figure 3.17b). Les microtubules sont difficiles à étudier car ils s'assemblent spontanément puis se dissocient instantanément en sous-unités moléculaires, qui se dissolvent dans le cytosol. À cause de cette nature dynamique et changeante, ils remplissent une variété de fonctions dans la cellule, la plus importante étant celle d'«organisateur» du cytosquelette. Par exemple, un

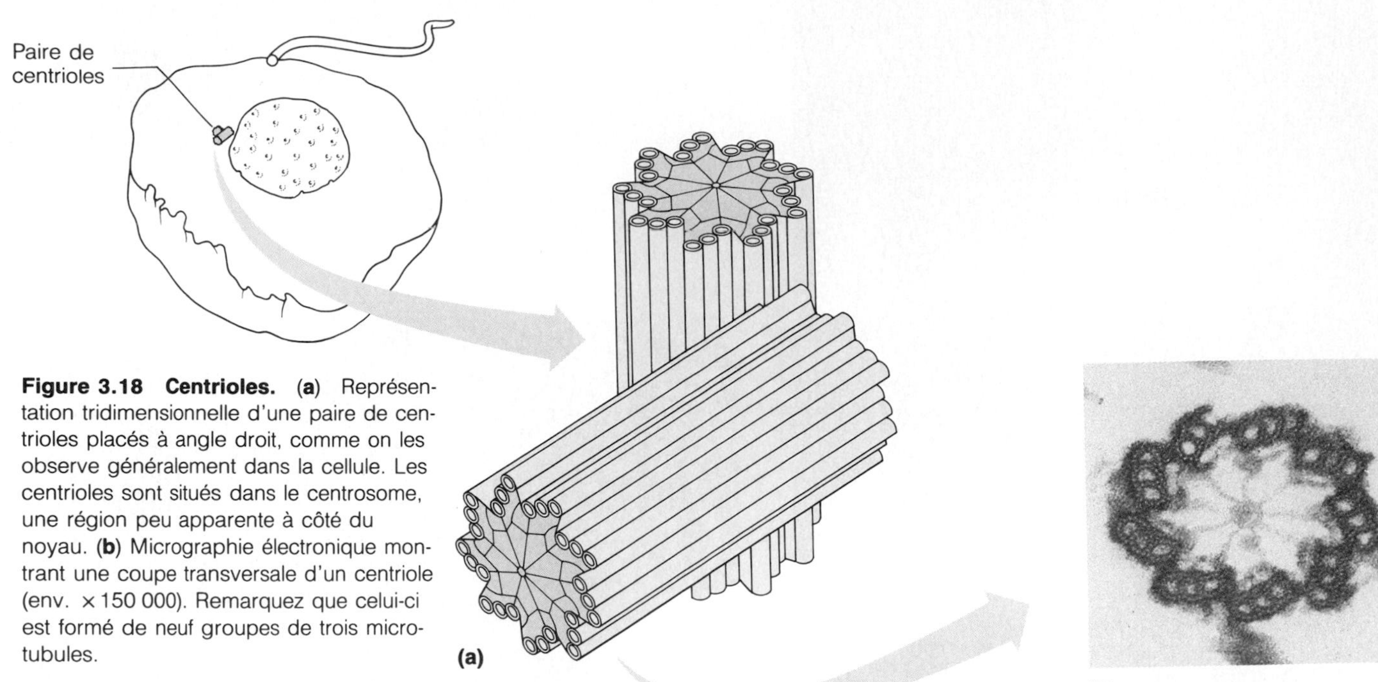

Figure 3.18 Centrioles. (**a**) Représentation tridimensionnelle d'une paire de centrioles placés à angle droit, comme on les observe généralement dans la cellule. Les centrioles sont situés dans le centrosome, une région peu apparente à côté du noyau. (**b**) Micrographie électronique montrant une coupe transversale d'un centriole (env. × 150 000). Remarquez que celui-ci est formé de neuf groupes de trois microtubules.

système de microtubules qui se développe radialement à partir du *centrosome,* une région située à côté du noyau, aide à placer et à suspendre les organites à des endroits spécifiques de la cellule, un peu comme on suspend des décorations à un arbre de Noël. Quand les microtubules sont disposés en faisceaux parallèles, ils aident aussi la cellule à maintenir sa forme et sa rigidité. Leur dissociation et leur réarrangement entraînent des modifications de la forme de la cellule, permettent les courants cytoplasmiques et interviennent dans le transport intracellulaire. Ainsi, le transport axonal (écoulement des substances dans le prolongement axonal des cellules nerveuses) serait guidé par une «piste» de microtubules. Les microtubules forment en outre la paroi d'organites plus complexes, les *centrioles.* Ces derniers dirigent la construction d'une structure composée de microtubules (le *fuseau de division*), à laquelle les chromosomes s'attachent au cours de la division cellulaire.

Certains chercheurs pensent que le cytosquelette comprend un autre élément, qu'ils ont appelé *réseau microtrabéculaire.* Il s'agirait d'un fin réseau relié aux autres éléments du cytosquelette qui s'étendrait dans tout le cytosol et lui conférerait sa consistance gélatineuse. Ces chercheurs supposent que les ribosomes libres sont suspendus à ce réseau et que, probablement, les enzymes solubles qui catalysent des réactions chimiques en plusieurs étapes dans le cytosol y sont attachées. Cet élément s'est toutefois révélé difficile à étudier et à comprendre, et son existence est encore controversée.

Centrosome et centrioles

Comme nous l'avons expliqué précédemment, un grand nombre de microtubules semblent ancrés dans une région située près du noyau, le **centrosome.** Le centrosome, qui constitue le *centre d'organisation des microtubules,* possède peu d'attributs distinctifs, outre le fait qu'il contient une paire d'organites appelés **centrioles.** Les centrioles sont de petites structures cylindriques placées à angle droit l'une par rapport à l'autre (figure 3.18). Chaque centriole est composé de neuf groupes de trois microtubules stabilisés, disposés de manière à former un tube creux.

En général, on étudie surtout le rôle des centrioles dans la division cellulaire, mais il faut également savoir que deux types de projections cellulaires mobiles, les cils et les flagelles, dérivent des centrioles.

Cils et flagelles

Les **cils** sont des expansions cellulaires qui ressemblent à des poils; ils sont présents en grand nombre sur les surfaces libres (exposées) de certaines cellules. Le battement des cils est rythmique; chaque cil effectue un *mouvement de poussée,* au cours duquel il reste droit et se déplace en décrivant un arc de cercle, puis un *mouvement de retour,* qui le fait se plier et se détendre pour retrouver sa position initiale (figure 3.19b). Ce battement en deux temps produit une poussée dans une seule direction. Les cils ne bougent pas de manière indépendante: l'activité de tous les cils d'une région donnée est coordonnée, les cils se repliant les uns après les autres. C'est pourquoi les mouvements ciliaires créent à la surface de la cellule un courant rappelant les *ondes* qui se déplacent sur les champs de blé par jour de grand vent (figure 3.19c). L'action ciliaire est très importante, car c'est d'elle que dépend le déplacement de substances dans une seule direction à la surface de la cellule. Par exemple, les cellules ciliées qui tapissent les voies respiratoires chassent

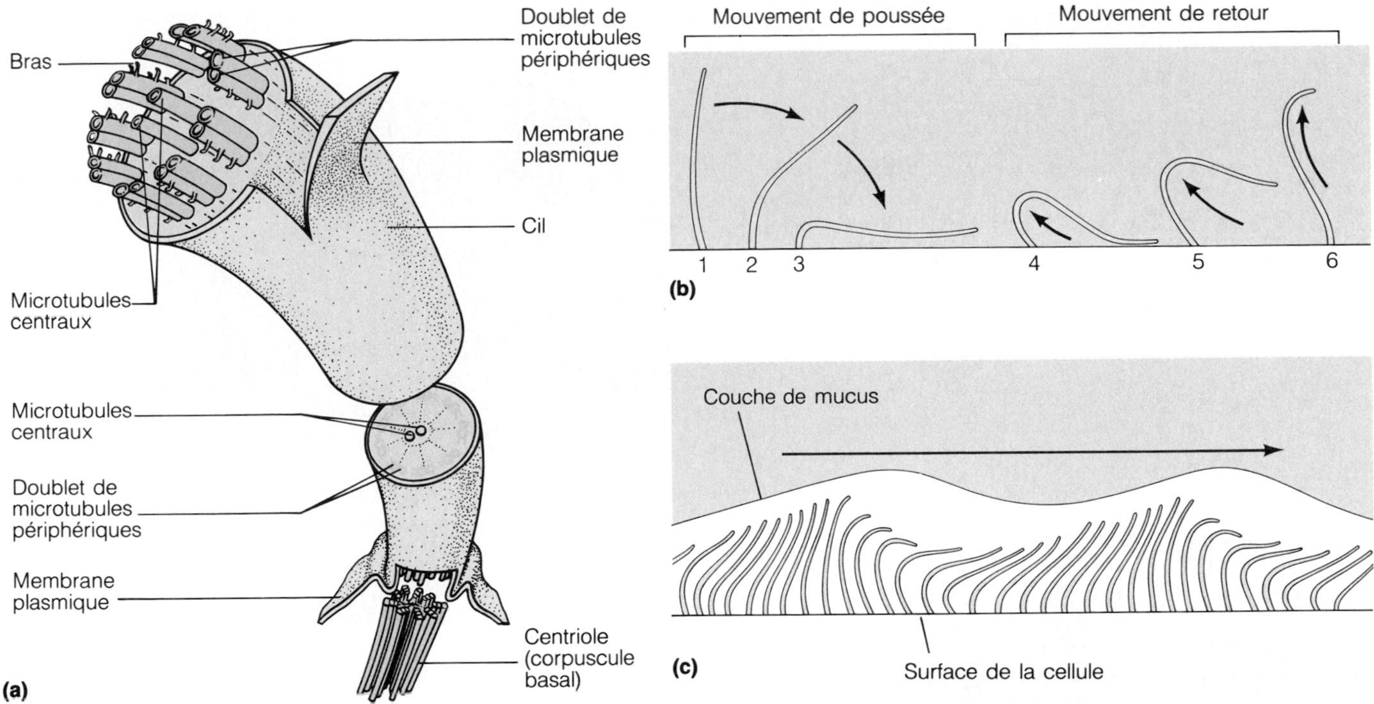

Figure 3.19 Structure et fonction des cils. (**a**) Représentation tridimensionnelle d'une coupe transversale d'un cil, montrant les neuf paires de microtubules périphériques et la paire de microtubules centraux. (**b**) Schéma des phases du battement des cils: les étapes 1 à 3 composent le mouvement de poussée; les étapes 4 à 6 constituent le mouvement de retour, lorsque le cil reprend sa position initiale. (**c**) Représentation des ondes créées par l'activité coordonnée de nombreux cils qui propulsent du mucus à la surface de la cellule.

vers le haut, c'est-à-dire loin des poumons, le mucus chargé de poussières et de bactéries.

Lorsqu'une cellule est sur le point de se garnir de cils, les centrioles se multiplient et s'alignent sous la surface libre de la membrane plasmique. Les microtubules commencent alors à «germer» dans chaque région centriolaire et à exercer une pression sur la membrane plasmique, pour former les projections ciliaires. Le glissement des paires, ou doublets, de microtubules les unes sur les autres est responsable de la flexion des cils, mais on ne sait pas comment cette activité est coordonnée. Quand les projections formées par les centrioles sont beaucoup plus longues, elles sont appelées **flagelles.** La seule cellule flagellée du corps humain est le spermatozoïde, qui possède un flagelle propulsif, couramment appelé queue. Rappelez-vous que les cils *propulsent d'autres substances* à la surface de la cellule, alors qu'un flagelle *propulse la cellule elle-même.*

Les centrioles qui constituent la base des cils et des flagelles sont souvent appelés **corpuscules basaux** (figure 3.19a), car on a déjà cru qu'ils étaient différents des structures observées dans le centrosome. Nous savons aujourd'hui que centrioles et corpuscules basaux sont la même chose. Toutefois, les microtubules ne sont pas disposés exactement de la même manière dans un cil ou un flagelle que dans un centriole: au lieu des neuf groupes de trois microtubules du centriole, on trouve dans les cils et les flagelles neuf paires de microtubules auxquelles s'ajoute une dixième paire de microtubules au centre.

Noyau

Pour qu'une chose fonctionne bien, il faut qu'elle soit bien dirigée. C'est le **noyau** qui constitue le centre de régulation des cellules vivantes et qui leur permet de se maintenir en homéostasie. Le noyau fait le travail d'un ordinateur, d'un architecte, d'un contremaître et d'un conseil d'administration; tout cela dans un seul organite. La majorité des cellules ne possèdent qu'un seul noyau, mais d'autres, notamment les cellules musculaires squelettiques, les ostéoclastes (cellules de la résorption osseuse) et certaines cellules hépatiques, sont *multinucléées,* c'est-à-dire qu'elles en possèdent plusieurs. La présence de plus d'un noyau signifie ordinairement qu'une masse cytoplasmique supérieure à la normale doit être dirigée. Toutes les cellules de notre organisme sont *nucléées,* à la seule exception des globules rouges matures, qui éjectent leur noyau avant de pénétrer dans la circulation sanguine. Ces cellules *anucléées* (*a* = «sans») ne peuvent se reproduire; elles ne vivent que trois ou quatre mois dans la circulation avant de commencer à se détériorer. On pourrait donc dire que les cellules anucléées sont «programmées pour mourir». Sans noyau, une cellule ne peut plus fabriquer de protéines, ce qui signifie qu'elle ne peut pas remplacer ses enzymes

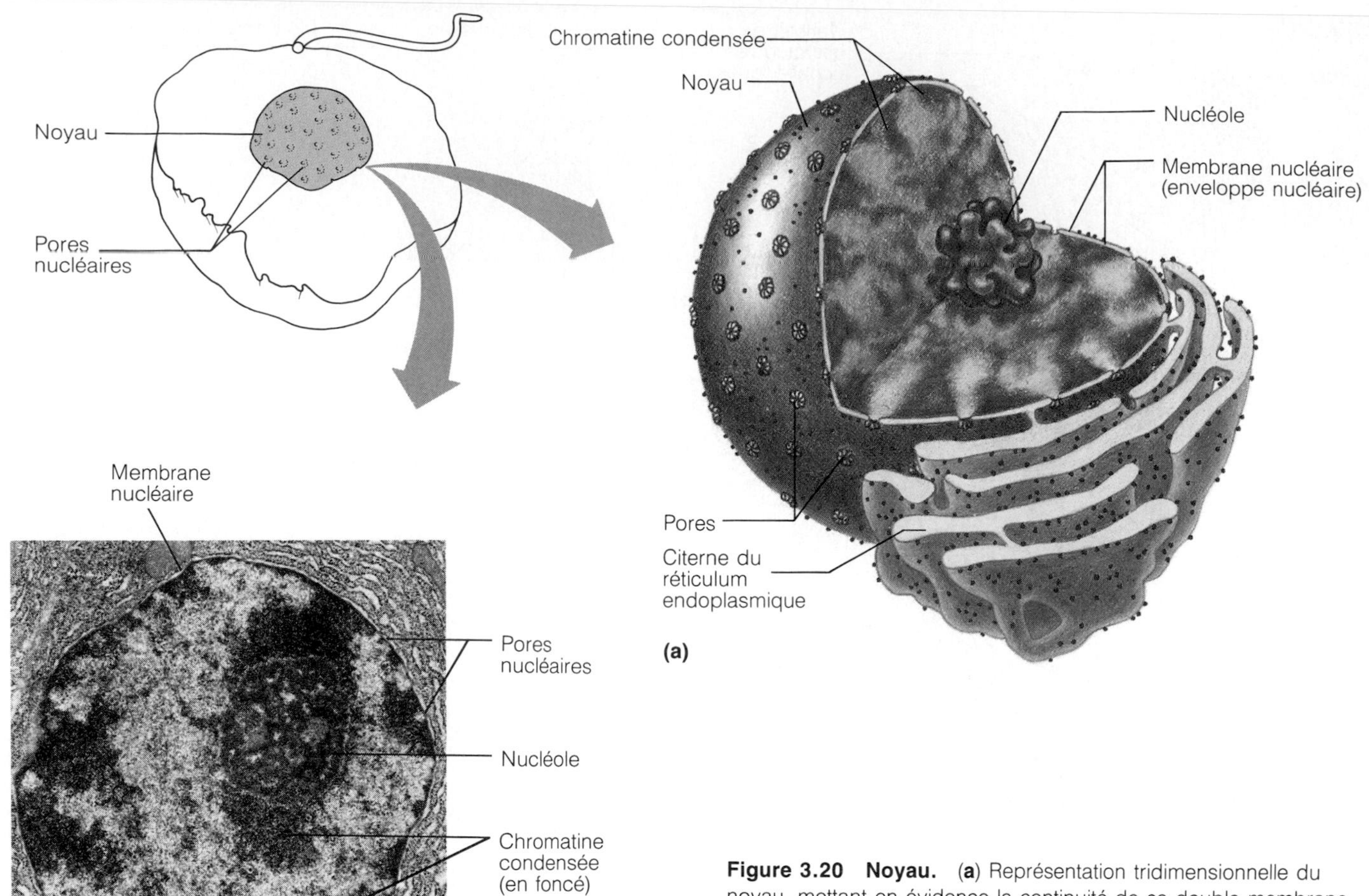

Figure 3.20 Noyau. (**a**) Représentation tridimensionnelle du noyau, mettant en évidence la continuité de sa double membrane avec le réticulum endoplasmique. (**b**) Micrographie du noyau au microscope électronique à transmission (×9500), montrant la membrane nucléaire, les pores nucléaires, un nucléole et les régions d'hétérochromatine.

et ses organites lorsqu'ils commencent à se dégrader (comme le font toutes les protéines biologiques).

Le noyau, qui mesure en moyenne 5 μm de diamètre, est le plus gros organite cellulaire. Il est généralement sphérique ou ovale, bien que sa forme suive habituellement celle de la cellule: une cellule allongée a souvent un noyau en longueur. Le noyau est constitué de trois structures distinctes: la membrane nucléaire, les nucléoles et la chromatine (figure 3.20).

La membrane nucléaire retient une solution colloïdale gélatineuse appelée **nucléoplasme,** dans laquelle les nucléoles et la chromatine baignent en suspension. Comme le cytosol, le nucléoplasme contient des sels, des nutriments et d'autres substances chimiques.

Membrane nucléaire

Le noyau est délimité par une **membrane nucléaire,** ou **enveloppe nucléaire,** formée d'une *double membrane* (deux membranes constituées chacune d'une double couche de phospholipides), comme la membrane mitochondriale. Entre les deux membranes, on trouve un interstice rempli de liquide appelé *espace périnucléaire.* La membrane nucléaire externe peut porter des ribosomes. Cette membrane et le RE du cytoplasme se continuent.

À certains endroits, les deux feuillets de la membrane nucléaire fusionnent et forment des **pores nucléaires,** de 30 à 100 nm de diamètre, qui pénètrent de part en part les régions fusionnées. À l'instar des autres membranes cellulaires, la membrane nucléaire possède une perméabilité sélective, mais elle laisse passer les substances plus librement que les autres membranes parce que ses pores sont relativement gros. Les molécules de protéines importées du cytoplasme et les molécules d'ARN exportées par le noyau passent facilement dans les pores.

Nucléoles

Les **nucléoles** («petits noyaux») sont des corps sphériques qui prennent beaucoup le colorant. Ils sont localisés dans le noyau (voir la figure 3.20). Les nucléoles se composent d'ARN ribosomal (ARNr) et de protéines, et ne sont pas limités par une membrane. En général, la cellule ne possède qu'un ou deux nucléoles, mais elle peut en avoir plus. On peut dire que les nucléoles sont des «machines à fabriquer les ribosomes». Par conséquent, ils sont

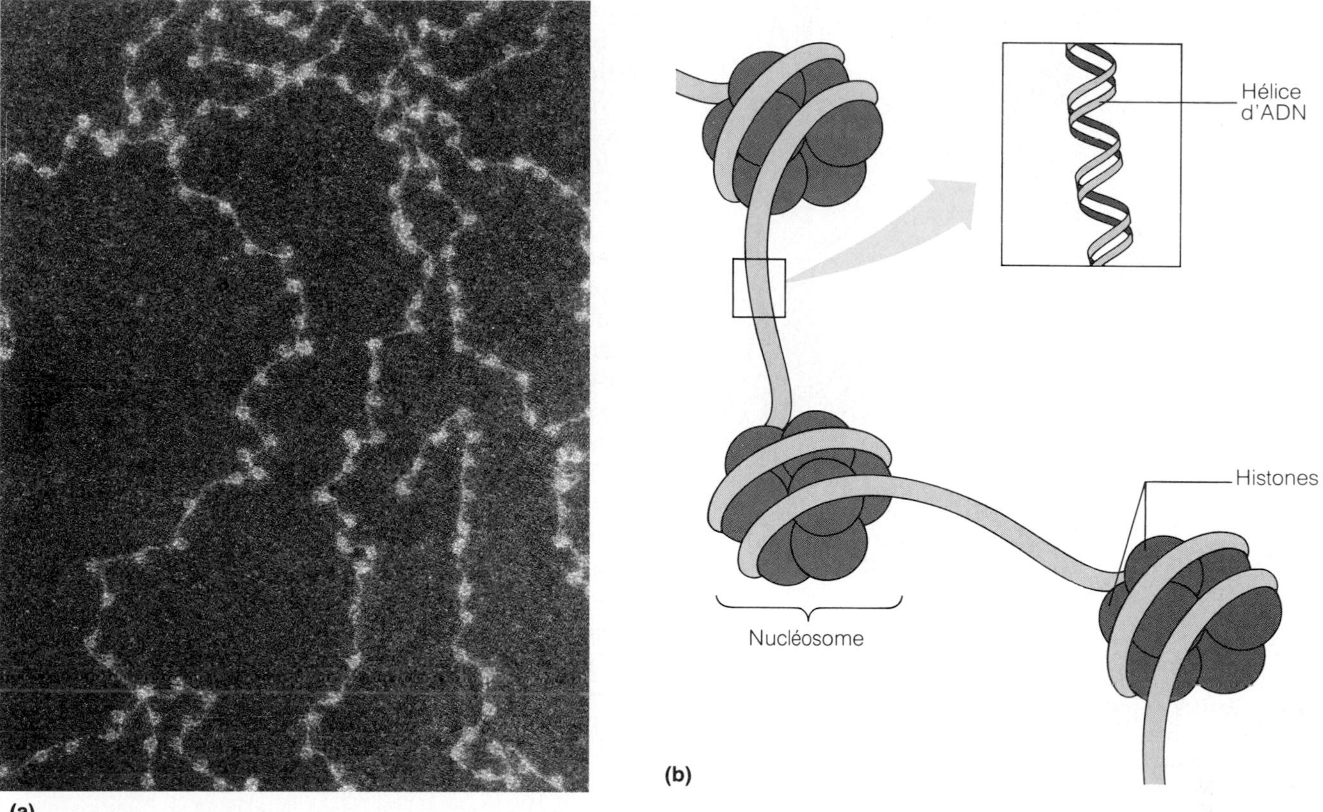

Figure 3.21 Chromatine. (**a**) Micrographie électronique des fibres de chromatine, qui ont l'aspect de perles enfilées (×216 000). (**b**) Modèle proposé de la structure d'une fibre de chromatine. La molécule d'ADN s'enroule autour de corps sphériques appelés nucléosomes; chaque nucléosome est formé de huit histones, un type de protéines.

ordinairement très gros dans les cellules en pleine croissance qui fabriquent activement une grande quantité de protéines tissulaires, activité qui exige la présence de très nombreux ribosomes sur le RE rugueux. Les nucléoles sont associés aux régions des chromosomes contenant l'ADN qui détient les instructions génétiques nécessaires à la synthèse de l'ARN ribosomal. Ces segments d'ADN sont appelés *régions organisatrices du nucléole.* Au cours de leur synthèse au sein du nucléole, les molécules d'ARNr sont associées avec les protéines entrant dans la composition des deux types de sous-unités ribosomales. (Les protéines sont fabriquées par les ribosomes du cytoplasme et «importées» dans le noyau.) Les sous-unités quittent le noyau par les pores nucléaires puis entrent dans le cytoplasme, où elles s'assemblent et forment des ribosomes fonctionnels.

Chromatine

Au microscope optique, la **chromatine** a l'aspect d'un fin réseau de coloration irrégulière. Des techniques plus perfectionnées montrent toutefois un amas de chapelets de perles qui serpentent dans le nucléoplasme (figure 3.21a).

La chromatine est composée à parts presque égales d'ADN, qui constitue notre matériel génétique, et d'*histones,* un type de protéines globulaires. Les **nucléosomes** sont l'unité fondamentale de chromatine. Il s'agit de masses sphériques de huit histones reliées par une molécule d'ADN qui s'enroule autour de chacune d'elles (figure 3.21b). En plus de servir à emballer de manière compacte et ordonnée les très longues molécules d'ADN, les histones influeraient sur l'activité des gènes contenus dans les molécules d'ADN. Entre les périodes de division cellulaire, par exemple, des modifications de la forme des histones entraînent l'exposition de différents segments d'ADN, ou gènes, leur permettant ainsi de «dicter» les caractéristiques des protéines à synthétiser. Ces segments de chromatine active appelée *euchromatine* sont habituellement impossibles à voir au microscope optique. Par contre, les segments de chromatine inactive, l'*hétérochromatine,* prennent davantage le colorant et sont donc plus faciles à observer. Lorsqu'une cellule est sur le point de se diviser, les chapelets de chromatine s'enroulent et se condensent considérablement pour former les courts bâtonnets appelés *chromosomes* (figure 3.22). Nous étudierons les fonctions de l'ADN ainsi que le mécanisme de la division cellulaire dans la section suivante.

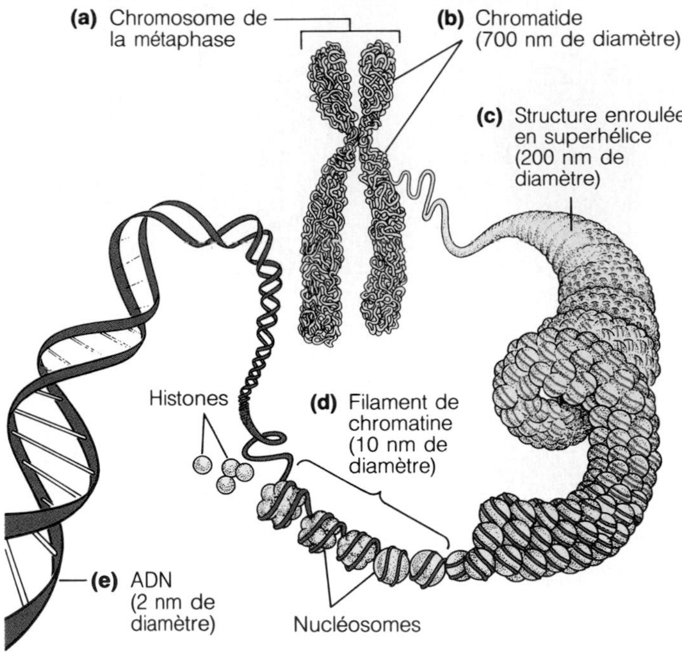

Figure 3.22 Structure des chromosomes. Les niveaux décroissants de complexité structurale (d'enroulement), des chromosomes métaphasiques jusqu'à l'hélice d'ADN, sont indiqués en ordre alphabétique. (La métaphase est une phase de la division cellulaire qui *précède* la distribution du matériel génétique aux cellules filles.)

Croissance et reproduction de la cellule

Cycle cellulaire

Le **cycle cellulaire** est la série de modifications subies par la cellule à partir du moment où elle se forme jusqu'à celui où elle se reproduit (figure 3.23). On peut diviser ce cycle en deux grandes périodes : l'interphase, pendant laquelle la cellule croît et accomplit la majeure partie de ses activités, et la division cellulaire, ou phase de mitose, au cours de laquelle la cellule se reproduit (figure 3.23).

Interphase

L'**interphase** représente tout l'intervalle entre la formation et la division de la cellule. Étant donné qu'ils considéraient surtout les mouvements plus visibles de la division cellulaire et qu'ils ne savaient pas que la cellule a une activité moléculaire continue, les premiers cytologistes avaient appelé « phase de repos » cette période du cycle cellulaire. (Le terme *interphase* traduit également l'idée que cette période n'est qu'un moment situé *entre* deux divisions cellulaires.) Il s'agissait d'une conception erronée, puisque la cellule accomplit toutes ses fonctions normales au cours de l'interphase. Il serait sans doute plus juste de parler de *phase métabolique* ou de *phase de croissance.*

En plus d'exécuter les réactions destinées à assurer le maintien de la vie, la cellule en interphase se prépare à la prochaine division cellulaire. L'interphase se divise en trois sous-phases appelées G_1, S et G_2. Au cours de la **phase G_1** (G pour *growth* = croissance), la première partie de l'interphase, les cellules sont métaboliquement actives, synthétisent rapidement des protéines et croissent considérablement. Cette phase est celle dont la durée varie le plus. Chez les cellules qui se divisent rapidement, la phase G_1 se mesure en termes d'heures (cellules de la peau), alors qu'elle peut durer des jours où même des années chez les cellules qui se divisent plus lentement (cellules nerveuses).

Pratiquement aucune des activités de la phase G_1 n'est liée directement à la division cellulaire. Vers la fin de G_1, toutefois, les centrioles commencent à se répliquer en prévision de la division cellulaire. Au cours de la phase suivante, la **phase S (de synthèse),** l'ADN se réplique afin que les deux cellules filles reçoivent des copies identiques du matériel génétique. La cellule fabrique de nouvelles histones, qui servent à construire de la chromatine. (Nous décrirons bientôt la réplication des chromosomes.) La dernière partie de l'interphase, la **phase G_2,** est très brève. Pendant cette période, les enzymes et autres protéines nécessaires à la division sont

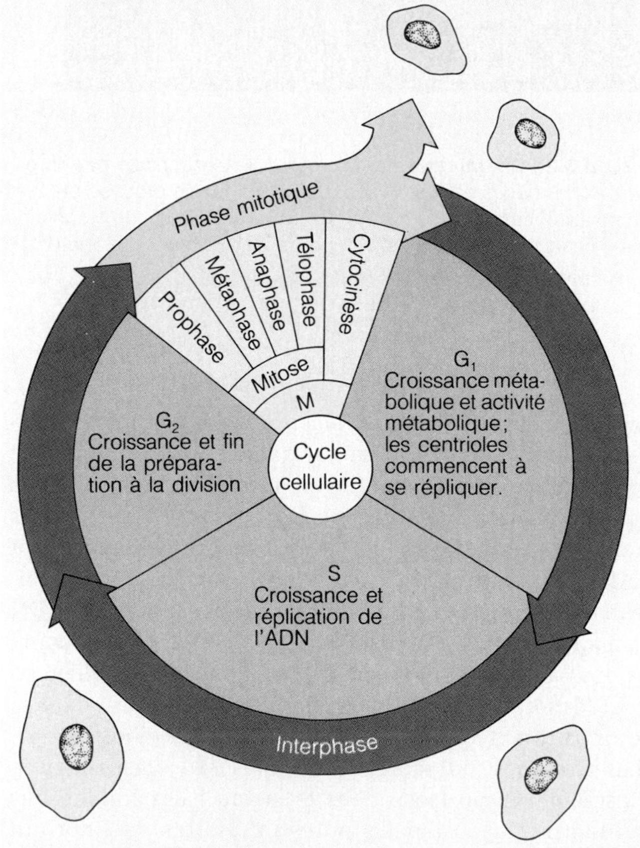

Figure 3.23 Cycle cellulaire. Au cours de la phase G_1, les cellules croissent rapidement et accomplissent leurs activités de routine; les centrioles commencent à se répliquer à la fin de cette phase. La phase S débute au moment où commence la synthèse de l'ADN et se termine quand l'ADN s'est répliqué. Au cours de la courte phase G_2, les matériaux nécessaires à la division cellulaire sont synthétisés et la croissance se poursuit. La mitose et la cytocinèse se produisent durant la phase M (division cellulaire). La durée du cycle cellulaire varie selon le type de cellules, mais la phase G_1 est toujours la plus longue et la plus variable.

synthétisées et transportées à l'endroit approprié. À la fin de G_2, la réplication des centrioles (commencée pendant G_1) est terminée. Durant S et G_2, la cellule continue à croître et à accomplir ses activités de routine.

Réplication de l'ADN. Avant que la cellule se divise, il faut que son ADN se réplique exactement, afin que ses descendantes reçoivent une copie identique des chromosomes et, par le fait même, des gènes qu'ils portent; toutes les cellules de l'organisme possèdent ainsi le même matériel génétique. Le facteur qui déclenche la réplication de l'ADN est inconnu, mais on sait que celle-ci suit la loi du tout-ou-rien (lorsqu'un filament de chromatine commence à se répliquer, il ne s'arrête pas avant que la réplication soit terminée). Le processus de réplication commence simultanément sur plusieurs filaments de chromatine et se poursuit jusqu'à ce que tout l'ADN se soit répliqué.

La réplication commence par le déroulement des hélices d'ADN. Les liaisons hydrogène des paires de bases azotées sont ensuite rompues par des enzymes, de sorte qu'une molécule d'ADN se sépare graduellement en deux chaînes ou brins de nucléotides (figure 3.24). La réplication a généralement lieu à un endroit en forme de Y appelé *fourche de réplication.* Chaque brin de nucléotides libre sert de *matrice,* c'est-à-dire de jeu d'instructions, pour la synthèse d'une chaîne complémentaire de nucléotides à partir des nucléotides présents dans le nucléoplasme. L'ATP fournit l'énergie nécessaire à ce processus. L'*ADN polymérase,* l'enzyme qui positionne et lie les nucléotides d'ADN, ne fonctionne que dans une seule direction. Par conséquent, un des brins, le *brin principal,* est synthétisé de manière continue alors que l'autre, appelé *brin secondaire,* est construit par segments dans la direction opposée.

Vous savez que les bases des nucléotides sont toujours complémentaires: l'*adénine* (*A*) se lie toujours avec la *thymine* (*T*), et la *guanine* (*G*) se lie toujours avec la *cytosine* (*C*) (voir la p. 57). L'appariement spécifique des bases assure la précision de la réplication de l'ADN, puisque l'ordre des nucléotides d'une matrice détermine l'ordre des nucléotides d'une nouvelle chaîne. Ainsi, une séquence TACTGC d'une matrice se liera à de nouveaux nucléotides dans l'ordre suivant: ATGACG. La région correspondante de l'autre matrice, dont la séquence est ATGACG, se liera au nucléotides TAGACG. Deux molécules d'ADN seront donc formées à partir de l'hélice d'ADN originale, à laquelle elles sont identiques; chaque molécule comporte une chaîne de nucléotides nouvellement assemblée et une autre plus ancienne. C'est pourquoi le mécanisme de la réplication de l'ADN est souvent appelé **réplication semi-conservatrice.** Dès que la réplication est terminée, des histones s'associent avec l'ADN, ce qui complète les deux nouveaux filaments de chromatine. Les filaments de chromatine se condensent pour former les **chromatides,** qui sont unies par un centromère (voir la figure 3.22). Les chromatides restent attachées jusqu'à ce que la cellule entre dans l'anaphase de la division cellulaire (mitose). Elles sont ensuite distribuées aux cellules filles, qui possèdent donc toutes deux la même information génétique.

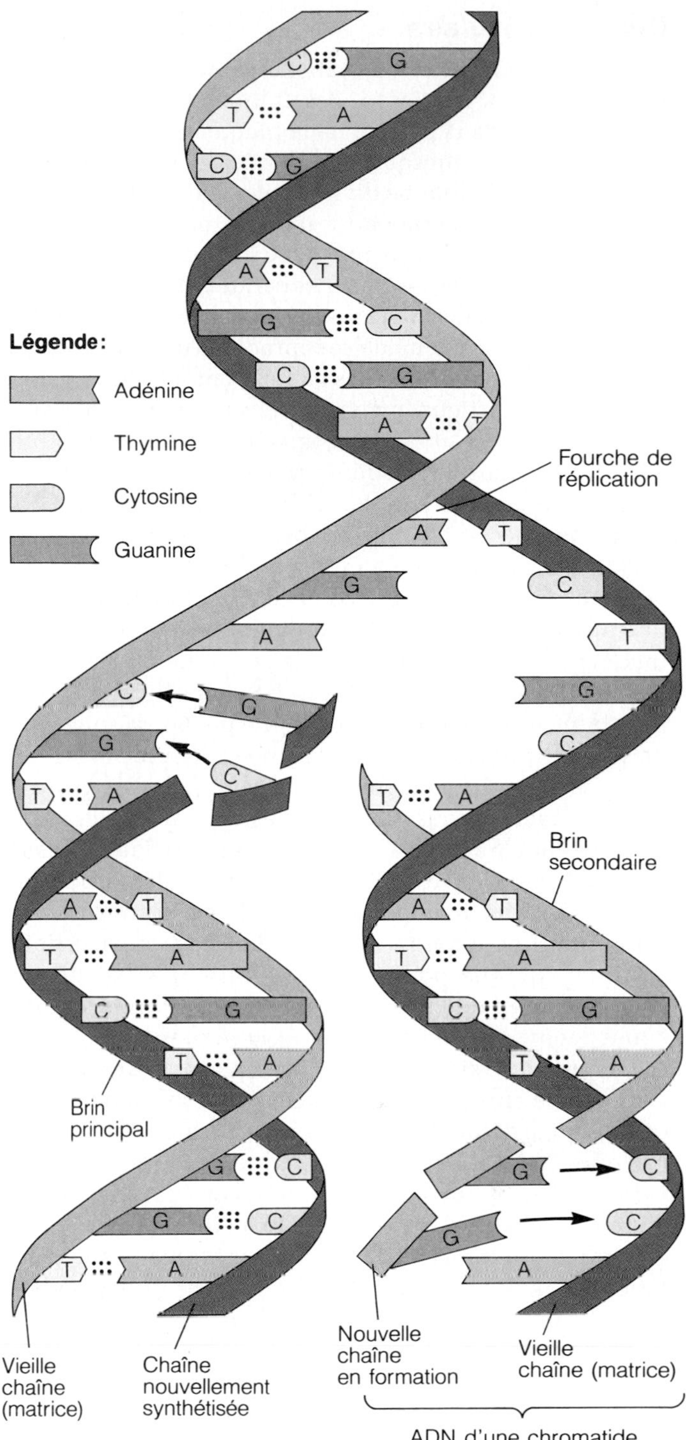

Figure 3.24 Réplication de l'ADN. L'hélice d'ADN se déroule, et les liaisons hydrogène qui joignent les paires de bases se rompent. Comme le montre la partie inférieure du schéma, chaque chaîne de nucléotides de l'ADN devient une matrice pour la construction d'une chaîne complémentaire de nucléotides. Étant donné que l'ADN polymérase ne peut fonctionner que dans une seule direction, les deux nouveaux brins (principal et secondaire) sont synthétisés dans des directions opposées. Après la fin de la réplication, il existe deux molécules d'ADN, identiques à la molécule d'ADN originale et l'une à l'autre. Chaque nouvelle molécule d'ADN est composée d'une vieille chaîne (matrice) et d'une chaîne qui vient d'être assemblée, et constitue une chromatide d'un chromosome.

Division cellulaire

La division cellulaire est essentielle à la croissance du corps et à l'entretien des tissus. Les cellules qui s'usent vite, comme celles de la peau et de la muqueuse des intestins, se reproduisent presque sans arrêt. D'autres cellules, comme celles du foie, se divisent plus lentement (afin que l'organe qu'elles composent garde la même taille) mais conservent toutefois la faculté de se reproduire rapidement si l'organe subit des lésions. Les cellules du tissu nerveux de même que celles des muscles squelettiques et cardiaque perdent la capacité de se reproduire une fois qu'elles ont atteint la maturité. Elles se réparent à l'aide de tissu cicatriciel inélastique (un type de tissu conjonctif fibreux).

On comprend mal les signaux qui poussent la cellule à se diviser, mais on sait que le *rapport superficie-volume* joue un rôle considérable. L'importance de ce facteur s'explique par le fait que les besoins en nutriments de la cellule en pleine croissance sont directement liés à son volume. Toutefois, la superficie de la cellule n'augmente pas proportionnellement à son volume: le volume augmente selon le cube du rayon de la cellule, et la superficie selon le carré de son rayon. Cela signifie que quand le volume d'une cellule se multiplie par 64, sa superficie ne se multiplie que par 16. Lorsque la cellule atteint une certaine grosseur, la membrane plasmique n'arrive donc plus à effectuer tous les échanges de nutriments et de déchets dont la cellule a besoin, car sa superficie est insuffisante. La division cellulaire résout ce problème, puisque les cellules filles sont plus petites et bénéficient d'un rapport superficie-volume adéquat. Le rapport superficie-volume explique pourquoi la majorité des cellules ne peuvent augmenter indéfiniment de volume et, par conséquent, qu'elles sont microscopiques.

L'envoi de signaux chimiques par d'autres cellules ainsi que la grandeur de l'espace disponible contribuent également à déterminer quand les cellules se diviseront. En effet, les cellules normales cessent de proliférer lorsqu'elles commencent à se toucher, un phénomène appelé *inhibition de contact.* Les cellules cancéreuses échappent toutefois à plusieurs des mécanismes de régulation de la division cellulaire: c'est leur division anarchique qui les rend dangereuses pour leur hôte (voir la section suivante sur le cancer).

Si le facteur précis qui déclenche la division cellulaire est encore inconnu, nous savons avec certitude qu'une paire de protéines est essentielle (séparément, ces protéines ne sont d'aucune utilité). Une de ces protéines, appelée *protéine du cycle de la division cellulaire* (CDC), est toujours présente. La seconde fait partie d'un groupe de protéines appelées *cyclines.* En réponse à certains signaux non identifiés (jusqu'à présent), une quantité de cyclines est créée puis détruite presque instantanément à chaque étape du cycle de la division cellulaire. Au moment où les protéines du CDC et les cyclines s'unissent, elles initient des cascades enzymatiques qui provoquent la phosphorylation d'autres protéines dont la fonction est de diriger ou d'effectuer les tâches inhérentes aux différentes étapes de la division cellulaire. On pense qu'il existe au moins huit cyclines différentes dans les cellules des mammifères, et on recherche présentement les signaux qui lancent leur production.

Chez la majorité des cellules de l'organisme, la division cellulaire ou **phase M (mitotique)** du cycle cellulaire (voir la figure 3.23) comprend deux événements distincts: la *mitose,* ou division du noyau, et la *cytocinèse,* ou division du cytoplasme.* Un processus de division nucléaire un peu différent appelé *méiose* produit les cellules sexuelles (ovule et spermatozoïde) et assure qu'elles ne possèdent que 23 chromosomes, soit la moitié des chromosomes des autres cellules (46) et, cela va de soi, la moitié des gènes des autres cellules. (Lorsque deux cellules sexuelles s'unissent au moment de la fécondation, le matériel génétique redevient complet.) Nous étudierons la méiose en détail au chapitre 28. Pour le moment, concentrons-nous sur la division mitotique.

Mitose. La **mitose** (*mitos* = filament) est la série d'événements qui mène à la répartition de l'ADN répliqué (des chromosomes) de la cellule mère à deux cellules filles. (Les termes *cellule mère* et *cellules filles* sont consacrés par l'usage, mais ils n'ont aucune connotation d'ordre sexuel.) On divise généralement la mitose en quatre phases: la **prophase,** la **métaphase,** l'**anaphase** et la **télophase.** La mitose est cependant un processus continu, chaque phase succédant sans à-coup à la précédente. Sa durée varie en fonction du type de cellule, mais elle est en général de deux heures environ. La mitose est décrite en détail à la figure 3.25.

Cytocinèse. La division du cytoplasme, ou **cytocinèse** (*cinèse* = mouvement), commence vers la fin de l'anaphase ou le début de la télophase (voir la figure 3.25). L'activité des microfilaments (élément du cytosquelette attaché à la face interne de la membrane plasmique) d'actine et de myosine attire vers l'intérieur la portion de la membrane plasmique située au-dessus du centre de la cellule (de la plaque équatoriale), qui forme alors un **anneau contractile.** L'anneau contractile se resserre jusqu'à ce que la masse cytoplasmique originale soit séparée en deux, de sorte qu'on obtient deux cellules filles à la fin de la cytocinèse. Chacune est plus petite et possède moins de cytoplasme que la cellule mère, mais y est identique sur le plan *génétique*; elle possède le même nombre de chromosomes (46) et, par conséquent, le même nombre de gènes. Les cellules filles entrent alors dans l'interphase du cycle cellulaire et croissent tout en accomplissant leurs activités normales, jusqu'à ce qu'elles se divisent à leur tour.

Déséquilibre homéostatique de la division cellulaire: cancer

Quand certaines cellules cessent de respecter les mécanismes normaux de la division cellulaire et se multiplient d'une manière anarchique, une masse de cellules anormales appelée *néoplasme* (littéralement:

---

* Ces termes pourraient changer, car certains scientifiques préfèrent désigner sous le nom de mitose *tout* le processus de la division cellulaire (division du noyau et du cytoplasme).

«nouvelle formation») apparaît. Les néoplasmes sont bénins ou malins. Quand le néoplasme est malin, il s'agit d'un *cancer.* Un **néoplasme bénin** forme une masse, ou tumeur, localisée. Ces néoplasmes compacts, souvent encapsulés, ont une croissance plutôt lente et tuent rarement leur hôte si on les retire avant qu'ils en viennent à comprimer un organe vital. Par contre, les **néoplasmes malins** sont des masses acapsulées qui croissent plus rapidement et peuvent se révéler mortelles. Les cellules malignes, qui ressemblent en général à des cellules immatures (indifférenciées), envahissent les tissus de leur région. Malheureusement, les cellules malignes ont également la capacité de se détacher de la masse initiale, ou *tumeur primaire,* et de passer directement dans le sang ou d'atteindre le sang par le biais du système lymphatique afin de se propager à d'autres organes et de former des *masses cancéreuses secondaires,* ou *métastases.* Ce phénomène est également appelé **métastase.** Ce sont leurs propriétés métastatiques et invasives qui distinguent les cellules cancéreuses des cellules néoplasiques bénignes.

On a identifié à peu près 12 grandes formes (et plus de 50 formes moins importantes) d'affections malignes, qui peuvent toucher tous les organes. Comme vous le verrez dans l'encadré de la p. 94, certains facteurs génétiques et environnementaux entrent en jeu dans l'apparition d'un cancer, mais ce sont des modifications de l'ADN qui détermineront finalement si la cellule normale se transformera en cellule cancéreuse.

L'apparition de plusieurs cancers, notamment de ceux qui touchent des surfaces corporelles exposées à l'environnement, comme la peau et les muqueuses du tube digestif et des voies respiratoires, est précédée de modifications structurales des tissus appelées *lésions précancéreuses.* Ces lésions sont causées par le changement de l'apparence des cellules normales se transformant progressivement en cellules cancéreuses. La *leucoplasie* est un type de lésion précancéreuse qui apparaît dans la bouche. Elle se caractérise par des plaques blanchâtres résultant de l'irritation chronique causée par des prothèses dentaires mal ajustées ou par le tabagisme. Il arrive que ces lésions dégénèrent rapidement en cancer, mais elles restent souvent stables pendant une longue période ou disparaissent si le stimulus environnemental est supprimé.

La conduite à tenir en présence d'un cancer peut varier, mais on procède généralement selon les trois étapes suivantes:

1. Biopsie — Un échantillon de la tumeur primaire est prélevé puis examiné au microscope afin de rechercher les modifications typiques des cellules malignes et de déterminer le type de cancer.

2. Classification du stade clinique — On emploie plusieurs techniques (examens physiques et histologiques, épreuves de laboratoire, techniques d'imagerie) afin de déterminer le degré d'extension de la maladie (volume du néoplasme, degré de métastase, etc.). Ces données servent à classer chaque cas de cancer dans une des quatre classes établies selon la probabilité de guérison (de la classe 1, meilleures chances de guérison, à la classe 4, peu de chances de guérison).

3. Traitement — On détermine pour chaque patient le rôle respectif de la chirurgie, de la radiothérapie et de la chimiothérapie, selon le type de cancer et le stade clinique.

En l'absence de métastases visibles, la chirurgie constitue généralement le traitement de choix, car elle offre les meilleures chances de guérison. L'intervention chirurgicale est généralement suivie de quelques séances de radiothérapie (à l'aide de rayons X ou de radio-isotopes) et de chimiothérapie (à l'aide de médicaments cytotoxiques), destinées à détruire les cellules qui auraient formé des métastases non détectées.

La radiothérapie et la chimiothérapie sont les principaux modes de traitement des cancers de stade clinique plus avancé. On utilise parfois les rayons X pour faire régresser une tumeur (surtout une tumeur cérébrale) avant l'intervention chirurgicale; les chances de pouvoir en faire l'ablation complète sont alors meilleures. La chimiothérapie est généralement considérée comme le mode de traitement le plus toxique, mais c'est le seul possible dans les cas de cancer avec métastases multiples.

Les effets indésirables des traitements contre le cancer sont très pénibles. Par exemple, la chimiothérapie provoque souvent des nausées, des vomissements et la perte des cheveux. En outre, le patient perd souvent du poids pendant la chimiothérapie, à cause du manque d'appétit et de la dépression. Les opiacés employés pour soulager la douleur chronique chez certains cancéreux peuvent également entraîner des effets indésirables (perte de la vigilance, etc.), mais il serait inhumain de ne pas en administrer malgré tout au malade en phase terminale.

Plusieurs autres traitements contre le cancer sont encore à l'étude. La *thérapie de différenciation* consiste à employer des médicaments pour faire passer les cellules cancéreuses de leur état immature de reproduction anarchique à un état plus différencié (ou spécialisé). À l'aide d'une technique d'immunothérapie, d'autres chercheurs tentent d'utiliser des anticorps, les protéines intervenant dans la réponse immunitaire, pour immobiliser les cellules cancéreuses. Enfin, des techniques de génie génétique ont permis l'élaboration des *anticorps monoclonaux,* qui ne réagissent qu'à une seule substance étrangère, par exemple une protéine membranaire d'une cellule cancéreuse spécifique. Toutes ces «têtes chercheuses» sont employées pour envoyer des médicaments cytotoxiques directement aux cellules cancéreuses; les cellules normales sont alors moins affectées. ■

Synthèse des protéines

Le rôle de l'ADN dans la synthèse des protéines est tout aussi important que sa réplication au cours de la division cellulaire. Bien que les cellules fabriquent un grand nombre d'autres molécules nécessaires au maintien de l'homéostasie, notamment les lipides et les glucides, une très grande partie de leurs réactions métaboliques sont

Suite du texte à la p. 95

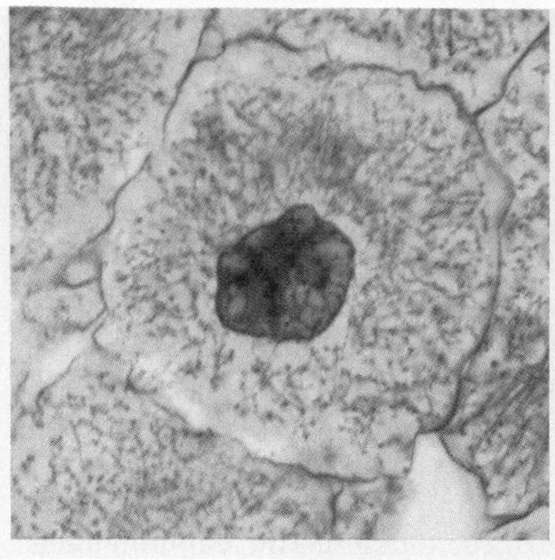

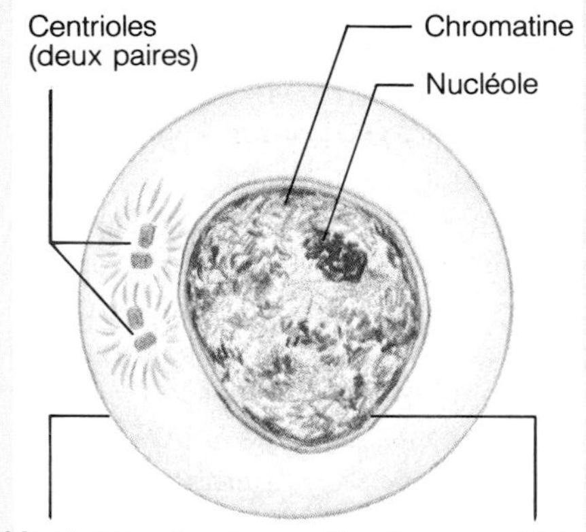

Interphase

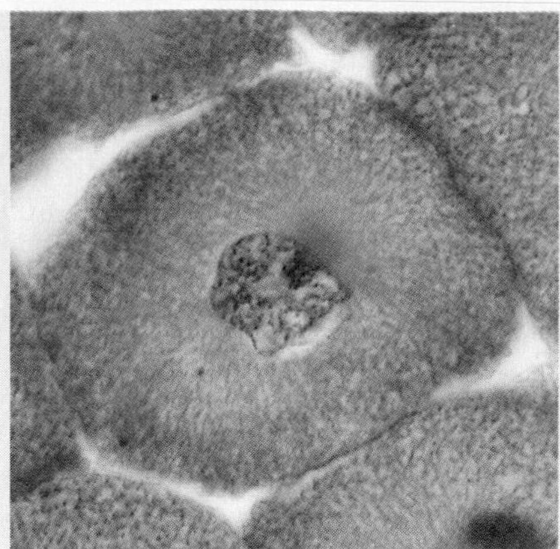

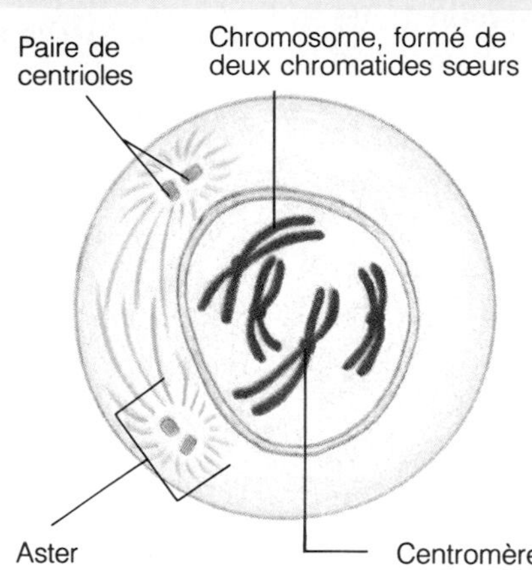

Début de la prophase

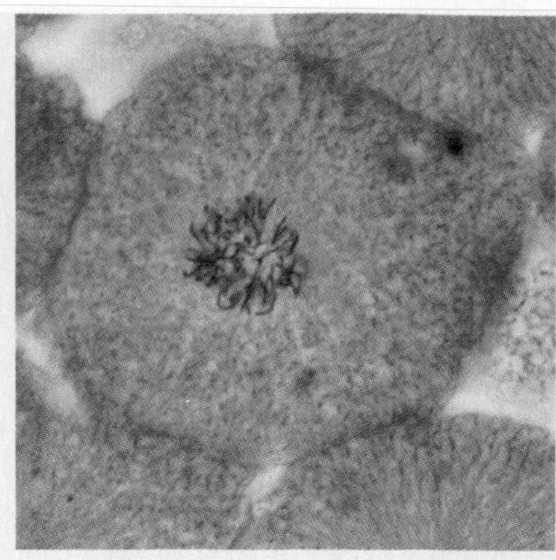

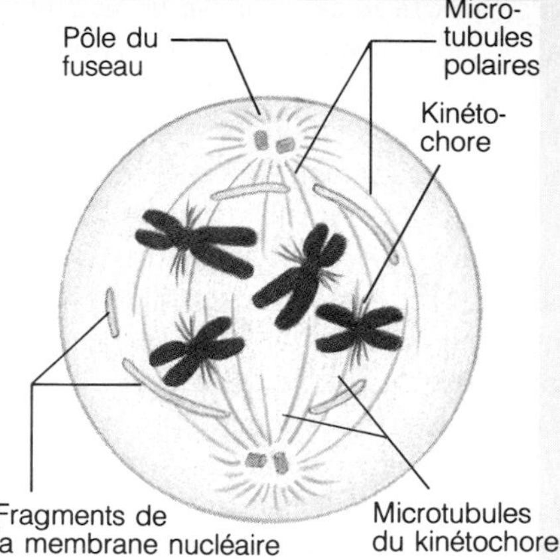

Fin de la prophase

L'*interphase* est la période du cycle cellulaire durant laquelle la cellule croît et accomplit ses activités métaboliques normales. Au cours des différentes phases de cette période, les centrioles commencent à se répliquer (de G_1 à G_2), l'ADN se réplique (S) et les derniers préparatifs de la mitose sont terminés (G_2). La paire de centrioles finit de se répliquer pendant G_2, ce qui donne deux paires de centrioles. Durant l'interphase, le matériel chromosomique est visible sous forme de chromatine diffuse et la membrane nucléaire et le nucléole sont intacts et apparents.

La *prophase*, la première et la plus longue des phases de la mitose, commence au moment où les filaments de chromatine commencent à s'enrouler et à se condenser pour se transformer en chromosomes (les bâtonnets visibles au microscope optique). Comme la réplication de l'ADN s'est produite au cours de l'interphase, chaque chromosome est en réalité composé de deux filaments de chromatine identiques, maintenant appelés *chromatides*. Les chromatides de chaque chromosome sont maintenues ensemble par un petit corps sphérique appelé *centromère*. On peut se dire que les chromatides sont des demi-chromosomes; après leur séparation, on considérera chacune comme un nouveau chromosome. Les paires de centrioles se séparent l'une de l'autre afin de pouvoir migrer vers les pôles de la cellule.

Au moment où les chromosomes apparaissent, les nucléoles disparaissent et les microtubules du cytosquelette se dissolvent. Les centrioles constituent l'origine d'un nouvel assemblage de microtubules, le **fuseau de division.** Les centrioles sont repoussés vers les extrémités (pôles) opposées de la cellule à mesure que la longueur du fuseau augmente, jusqu'à ce que le fuseau s'étende d'un pôle à l'autre. Avant que les centrioles aient terminé leur déplacement vers les pôles, la membrane nucléaire se désagrège, ce qui permet au fuseau d'occuper le centre de la cellule et d'interagir avec les chromosomes. Les centrioles régissent aussi la formation des *asters,* les systèmes de microtubules qui irradient des extrémités du fuseau et ancrent celui-ci aux deux pôles de la membrane plasmique. Entretemps, certains des microtubules du fuseau s'attachent à des complexes protéiques spéciaux appelés *kinétochores,* localisés sur chaque chromatide des chromosomes. Ces microtubules sont appelés *microtubules du kinétochore.* Les autres microtubules, qui ne s'attachent pas à des chromosomes, sont appelés *microtubules polaires.* Les microtubules du kinétochore exercent une traction sur les chromosomes à partir des deux pôles, ce qui produit un va-et-vient tirant finalement les chromosomes au milieu de la cellule.

Figure 3.25 Phases de la mitose. Ces cellules appartiennent à un jeune embryon de corégone. (Micrographies à environ ×600.)

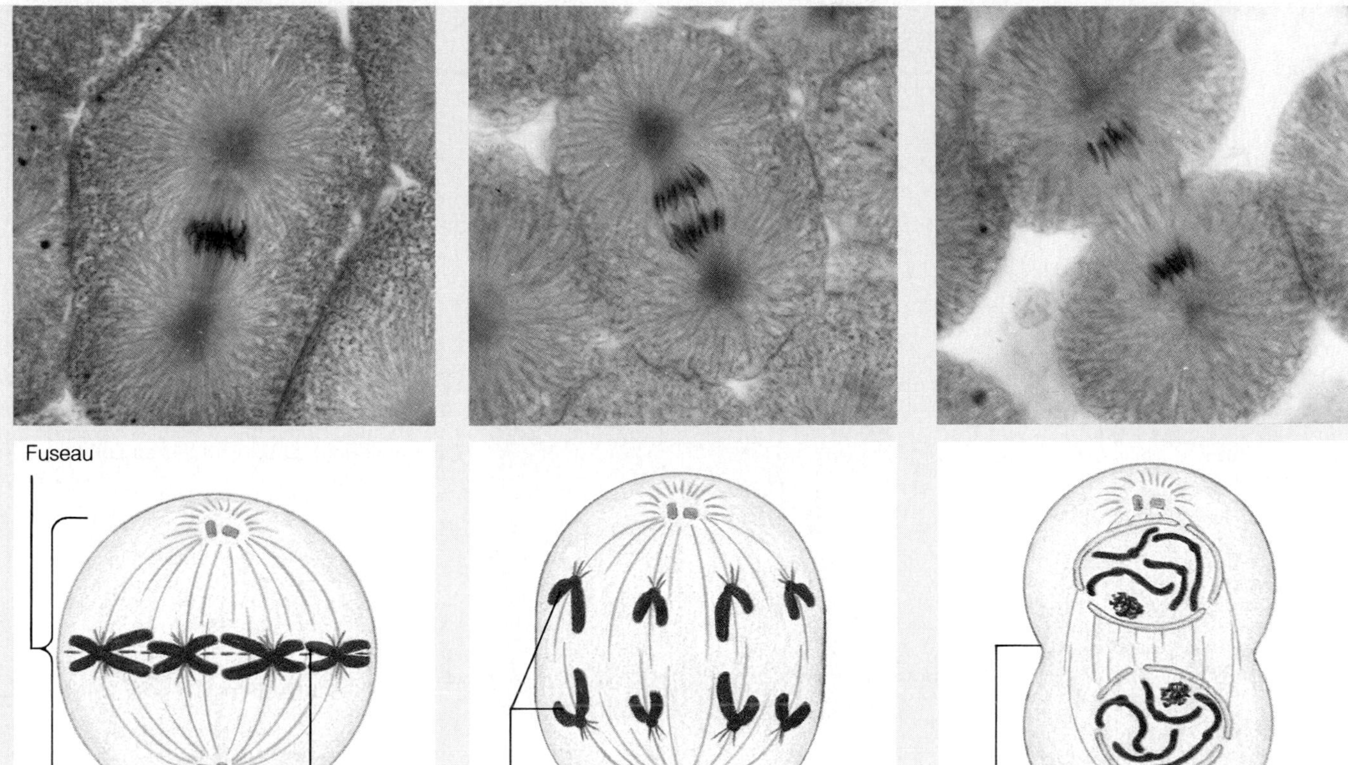

Métaphase

La *métaphase* est la deuxième phase de la mitose. Les chromosomes se groupent au milieu de la cellule, leurs centromères alignés avec précision sur le centre du fuseau, ou *équateur*. Cette disposition des chromosomes le long du plan médian de la cellule est appelée *plaque équatoriale*.

Anaphase

L'*anaphase*, la troisième phase de la mitose, commence par la brusque division du centromère de tous les chromosomes. Chaque chromatide devient dès lors un véritable chromosome. Les microtubules du kinétochore raccourcissent, comme des élastiques qu'on relâche après les avoir étirés, et tirent graduellement les chromosomes vers le pôle auquel ils sont attachés. Par contre, les microtubules polaires s'allongent et éloignent les pôles de la cellule l'un de l'autre. Il est facile de reconnaître l'anaphase, car les chromosomes se déplacent et ressemblent à des V. Les centromères, encore attachés aux fibres du kinétochore, traînent derrière eux les chromosomes, dont les bras pendent librement. L'anaphase est la plus courte des phases de la mitose: elle ne dure généralement que quelques minutes.

Le fait que les chromosomes soient courts et compacts facilite leur déplacement et leur séparation. En effet, de longs filaments de chromatine diffuse risqueraient de s'emmêler et de se briser, ce qui abîmerait le matériel génétique et se solderait par la transmission de copies inexactes aux cellules filles.

Télophase et cytocinèse

La *télophase* commence dès que les chromosomes ont fini de se déplacer. Cette phase est l'inverse de la prophase. Les chromosomes (répartis en deux jeux identiques situés aux pôles opposés de la cellule) se déroulent et reprennent la forme de filaments de chromatine diffuse. Une nouvelle membrane nucléaire dérivée du RE rugueux se forme autour de chaque masse de chromatine. Les nucléoles réapparaissent dans les noyaux, et le fuseau de division se dégrade puis disparaît. La mitose est terminée. Pendant un bref instant, la cellule possède deux noyaux (elle est binucléée) identiques à celui de la cellule mère.

Au moment où la mitose se termine, la *cytocinèse* se produit, et complète la division de la cellule en deux cellules filles. Pendant la cytocinèse, un anneau de filaments périphériques d'actine et de myosine appelé *anneau contractile* (non représenté) se contracte et sépare les deux cellules.

GROS PLAN Le cancer: ennemi intime

Le mot **cancer** n'évoque aucune image agréable. Chez les biologistes, il suscite bien des interrogations: pourquoi frappe-t-il certains et épargne-t-il d'autres? dépend-il de facteurs présents dans notre matériel génétique? etc.

La recherche scientifique a révélé des liens très étroits entre le cancer et les processus fondamentaux de la vie. Autrefois, on pensait que cette affection représentait un exemple patent de croissance cellulaire désorganisée, mais on se rend compte aujourd'hui qu'il s'agit plutôt d'un processus logique qui mène, au terme d'une série de légères altérations, à la transformation d'une cellule normale en cellule cancéreuse meurtrière.

Cette transformation peut être déclenchée par l'exposition à certains virus comme le virus du sida, aux radiations ionisantes comme les rayons gamma et les rayons X ou à certains agents chimiques *cancérigènes* (qui causent le cancer), à savoir des molécules organiques comme le goudron. Avant de pouvoir produire un cancer, les substances cancérigènes doivent toutefois être modifiées au sein d'une cellule (c'est-à-dire *activées*). La majorité des agents cancérigènes ne réussissent jamais à pénétrer dans nos cellules, grâce à la vigilance des macrophages, capables de les phagocyter et de les détruire. Ceux qui y parviennent sont généralement rendus inoffensifs par les enzymes des peroxysomes. Certaines personnes possèdent malheureusement des oxydases inhabituelles, qui activent les agents cancérigènes et facilitent ainsi leur entrée dans le noyau de la cellule et leur liaison irréversible à l'ADN.

Même quand un agent cancérigène activé se lie à l'ADN, le risque de cancer est faible, puisque nous possédons des systèmes naturels de réparation de l'ADN, notamment le système SOS. Lorsqu'elles sont activées par des lésions de l'ADN, les enzymes de ce système détectent et retranchent les séquences anormales d'ADN et déclenchent la synthèse de «pièces» d'ADN normal. Cependant, il peut arriver que le mécanisme SOS soit défectueux ou que la cellule se divise avant la réparation de l'ADN: la portion d'ADN modifiée par l'agent cancérigène est alors copiée telle quelle, et les cellules filles héritent de gènes *mutants.* Là encore, la mutation entraînera un cancer uniquement si elle se produit à un endroit précis d'un gène particulier. Au pire, elle handicapera ou tuera la cellule hôte. Ce n'est que si la mutation touche une région précise de l'ADN que le premier pas vers le cancer est fait.

Dans certains types de cancer induits par des substances chimiques, le processus de cancérisation dépendrait de l'interaction de deux substances chimiques entrant en contact avec une cellule normale: l'initiateur et le promoteur. L'initiateur sensibilise d'abord la cellule normale à l'effet du promoteur, qui peut alors amorcer la

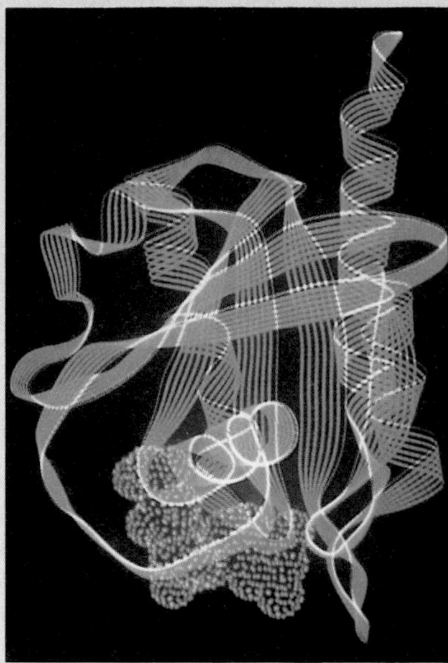

Modèle d'un complexe protéique GDP-*ras*. Le «ruban» est le polypeptide; la structure verte est le GDP (guanosine diphosphate).

transformation de la cellule normale en cellule cancéreuse. En l'absence de l'initiateur, le promoteur n'a aucun effet permanent sur la cellule. Un grand nombre de composés chimiques jouent le rôle de promoteurs, chacun dans un groupe spécifique de cellules: le goudron de la cigarette dans les cellules des poumons; la saccharine dans les cellules de la vessie, etc. Des facteurs mécaniques comme les excoriations et les plaies peuvent également constituer des promoteurs.

Les cellules ayant subi l'action du promoteur ont encore un comportement normal, mais l'augmentation de leur nombre s'accompagne de l'accumulation des mutations. Éventuellement, il survient une mutation clé qui inactive ou supprime la maîtrise normale de la cellule sur sa reproduction, et la cellule continue à se diviser même en l'absence du promoteur. On est alors en présence d'un néoplasme. Puisque tous les néoplasmes sont initialement bénins, nous devons maintenant étudier comment un néoplasme bénin devient cancéreux.

On a obtenu un début de réponse à cette question lors de la découverte du rôle des **oncogènes,** ou gènes produisant le cancer, dans les cancers à propagation rapide. L'existence des **proto-oncogènes** dans le matériel génétique des cellules humaines est toutefois assez déconcertante. Les proto-oncogènes sont essentiels au fonctionnement normal de la cellule, mais ils présentent des sites fragiles qui se brisent s'il sont exposés aux radiations ou à certaines substances chimiques: ils se transforment alors en oncogènes. Cette transformation résulte donc de modifications de leur structure (mutations) ou de leur expression dans la synthèse de certaines protéines. D'importantes protéines codées par les proto-oncogènes de la famille du *gène ras* sont présentes dans les protéines G (en particulier dans le complexe protéique GDP-*ras* illustré ci-contre). Les protéines G normales ont une activité GTPase (elles scindent le GTP). Leurs formes mutantes (oncogènes) ne peuvent pas hydrolyser le GTP et il s'ensuit une perte de maîtrise du métabolisme. Cette suite d'événements montre comment une cellule normale peut se transformer en cellule cancéreuse.

Le processus de cancérisation provoque aussi des modifications du fonctionnement de certains gènes responsables de la production des molécules adhésives qui composent une partie des jonctions membranaires. Ces modifications expliquent, du moins en partie, pourquoi les cellules cancéreuses peuvent se détacher des cellules adjacentes et former de nouvelles tumeurs (métastases); le cancer est alors devenu invasif. Le processus métastatique exige aussi la production d'enzymes qui dégraderont la matrice extracellulaire et digéreront des portions de la paroi des vaisseaux sanguins, ce dont les cellules adultes normales sont incapables. Les cellules embryonnaires et de petites populations de certaines cellules cancéreuses possèdent de telles capacités, ce qui autorise à penser qu'au moins une partie des mutations «réveillent» des gènes inactifs depuis la fin du développement embryonnaire.

Comme on n'a observé des oncogènes que dans 15 à 20 % des cancers chez les humains, les chercheurs ne furent pas très étonnés par la récente découverte des **anti-oncogènes,** images en miroir des oncogènes, qui essaient de supprimer le cancer. Les anti-oncogènes, aussi appelés *gènes de susceptibilité,* influent sur les processus métaboliques qui inactivent les agents cancérigènes, réparent l'ADN ou agissent sur la capacité du système immunitaire de détruire les cellules cancéreuses. On ne sait pas encore très bien comment fonctionnent ces gènes, mais il est prouvé que le rétinoblastome (tumeur maligne de la rétine de l'œil) résulte de l'absence d'un anti-oncogène.

Lorsque la descendance des cellules cancéreuses pénètre dans le sang et la lymphe, le système immunitaire a une dernière chance d'empêcher l'établissement de métastases. Quand les cellules cancéreuses échappent à la surveillance du système immunitaire et se multiplient, elles consomment les sources de nourriture de l'organisme et peuvent même provoquer la destruction des tissus.

Nous ne pouvons donc pas douter d'une chose: quel que soit le facteur cancérigène (substances chimiques, radiations, virus), une partie des éléments nécessaires à l'apparition d'un cancer se trouve bel et bien dans nos propres gènes. Le cancer est donc notre ennemi le plus intime.

axées sur la synthèse des protéines. Il n'y a là rien d'étonnant, puisque les protéines structurales composent la majeure partie du matériau cellulaire sec et que les protéines fonctionnelles dirigent et sous-tendent toutes les activités cellulaires. L'ADN porte les codes qui déterminent la structure des protéines, notamment celle des enzymes qui catalysent la synthèse de toutes les molécules biologiques, y compris celle de l'ADN et de l'ARN. Par contre, l'ADN ne détermine pas directement la structure des glucides et des lipides synthétisés dans les cellules. Au fond, les cellules sont de mini-manufactures de protéines où sont synthétisées sans relâche les protéines de toutes sortes qui déterminent la nature chimique et physique des cellules, et par conséquent celle de l'organisme.

Vous vous souvenez sans doute que les protéines sont composées de chaînes polypeptidiques, elles-mêmes constituées d'un nombre précis d'acides aminés placés dans une séquence prédéterminée (voir les p. 50-51). Pour les besoins du présent exposé, nous allons définir un **gène** comme un segment d'une molécule d'ADN qui porte les instructions pour la synthèse d'une chaîne polypeptidique particulière. Certains gènes déterminent toutefois la structure d'un type d'ARN plutôt que celle d'une chaîne polypeptidique.

Les quatre bases entrant dans la composition des nucléotides (A, G, T et C) sont les «lettres» de l'alphabet génétique, et c'est l'ordre de ces bases dans l'ADN qui donne les informations génétiques nécessaires à la synthèse des protéines. Chaque séquence de trois bases sur un brin de l'ADN, appelée **triplet**, peut être considérée comme un «mot» désignant un acide aminé spécifique. Par exemple, le triplet AAA code pour la phénylalanine; le triplet CCT, pour la glycine. L'ordre des triplets de chaque gène forme une «phrase» qui explique avec précision comment un polypeptide particulier doit être synthétisé: il donne le nombre ainsi que l'ordre (la séquence) des différents acides aminés qui composent cette protéine. Les permutations de A, T, C et G permettent à notre organisme de fabriquer tous les genres de protéines dont il a besoin. Même le plus petit gène possède une séquence d'environ 2100 paires de bases complémentaires. Puisque le rapport entre le nombre de bases qui forment un gène d'une molécule d'ADN et le nombre d'acides aminés dans le polypeptide est de 3:1, le polypeptide déterminé par un tel gène serait de 700 acides aminés. La situation n'est pas aussi simple en réalité, car la majorité des gènes des organismes supérieurs contiennent des *exons,* segments codant pour les acides aminés, entremêlés d'*introns.* Les introns sont des segments non codant longs de 60 à 100 000 nucléotides. Étant donné qu'un gène peut compter jusqu'à 50 introns, la plupart des gènes sont beaucoup plus gros qu'on pourrait le croire.

Rôle de l'ARN

L'ADN peut être considéré comme un genre de bande magnétique: un mécanisme de décodage est indispensable pour accéder aux informations qu'il contient. Par ailleurs, les polypeptides sont fabriqués par les ribosomes du cytoplasme, alors que l'ADN (chromosomes) d'une

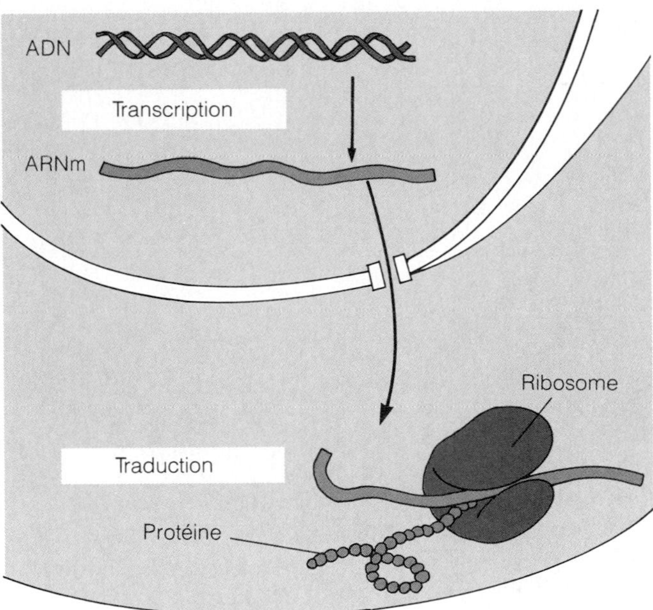

Figure 3.26 Représentation simplifiée de la circulation de l'information entre le gène et la structure protéique. L'information qui sera exprimée dans la structure protéique passe (au cours de la transcription) de l'ADN à l'ARN messager (ARNm), puis de l'ARNm à la structure protéique par l'union d'un nombre spécifique d'acides aminés dans une séquence prédéterminée (au cours de la traduction).

cellule en interphase est localisé dans le noyau et ne peut en sortir. L'ADN a donc besoin d'un messager en plus d'un décodeur. C'est le deuxième type d'acide nucléique, l'ARN, qui remplit ces fonctions.

Vous avez vu au chapitre 2 les différences entre la structure de l'ARN de celle de l'ADN: l'ARN est formé d'une seule chaîne de nucléotides; il possède du ribose au lieu du désoxyribose; l'uracile (U) y remplace la thymine (T). Il existe trois formes d'ARN, qui travaillent de concert pour remplir les instructions de l'ADN concernant la synthèse des polypeptides: (1) **l'ARN de transfert (ARNt),** dont les molécules sont petites et ressemblent à des feuilles de trèfle; (2) **l'ARN ribosomal (ARNr),** dont les molécules font partie des ribosomes; (3) **l'ARN messager (ARNm),** dont les molécules sont des chaînes de nucléotides relativement longues qui ressemblent à des moitiés de molécules d'ADN, c'est-à-dire à un des deux brins de la chaîne d'ADN.

Les trois types d'ARN se forment sur l'ADN, dans le noyau, selon un procédé semblable à celui de la réplication de l'ADN: la chaîne d'ADN se divise et un de ses brins sert de matrice pour la synthèse d'un brin complémentaire d'ARN. La molécule d'ARN est ensuite libérée par la matrice d'ADN et elle migre dans le cytoplasme. Il ne reste plus à l'ADN qu'à s'enrouler pour reprendre sa forme hélicoïdale. La majeure partie des gènes de l'ADN codent pour la synthèse de l'ARNm, ainsi nommé parce qu'il transporte du gène jusqu'au ribosome le «message» contenant les instructions pour la synthèse d'un polypeptide (il est détruit dès qu'il a été décodé). La plupart des gènes codent donc pour la synthèse de polypeptides. Une part relativement petite de l'ADN code

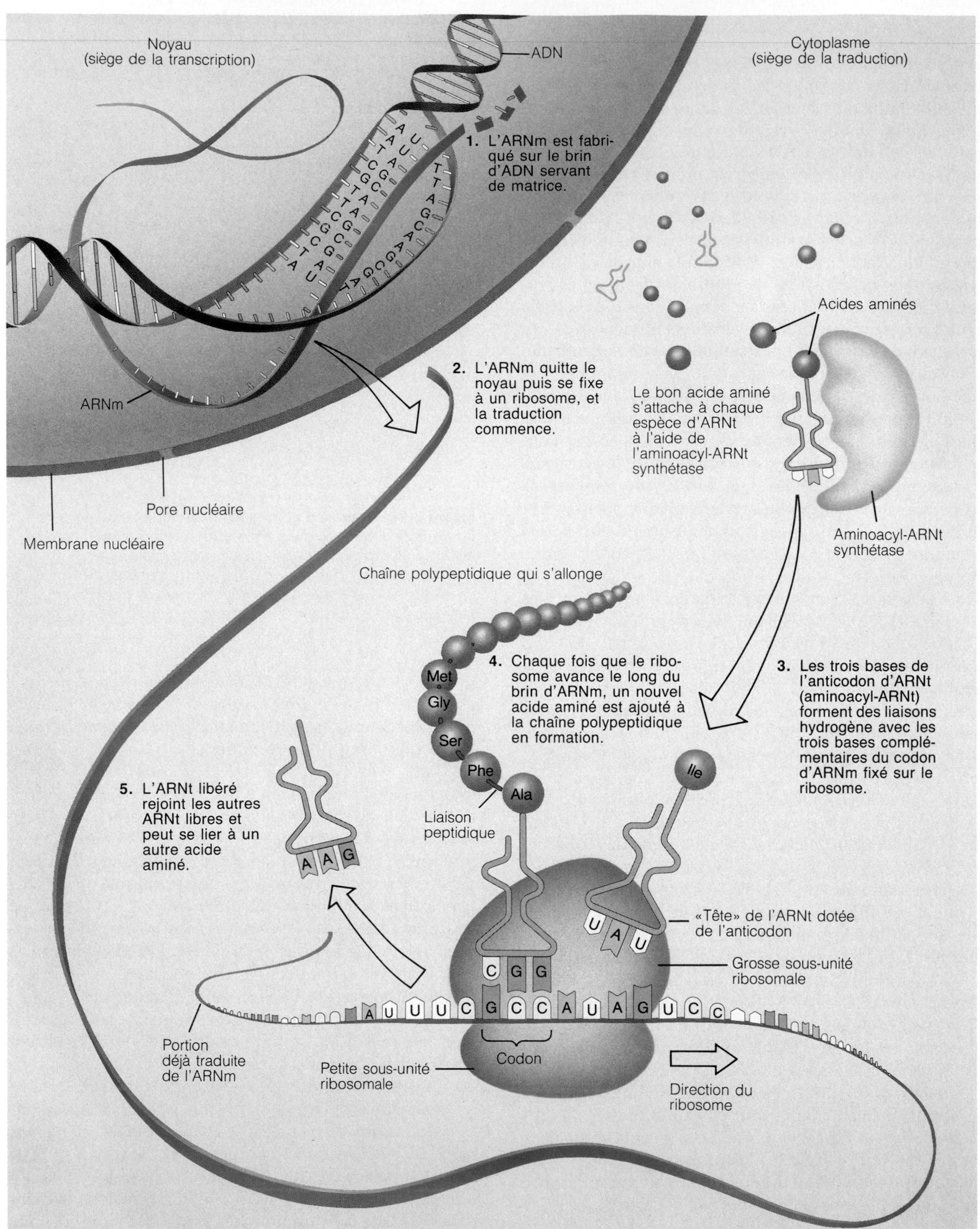

Figure 3.27 Synthèse des protéines. (**1**) *Transcription.* Le segment d'ADN, ou gène, qui code pour la synthèse d'un polypeptide se déroule, puis un de ses brins sert de matrice pour la synthèse d'une molécule d'ARNm complémentaire. (**2-5**) *Traduction.* L'ARN messager venant du noyau se fixe sur une petite sous-unité ribosomale du cytoplasme (2). L'ARN de transfert transporte les acides aminés jusqu'au brin d'ARNm et reconnaît le codon d'ARNm qui code pour son acide aminé grâce à sa capacité de s'apparier avec les bases du codon (à l'aide de son anticodon). Le ribosome s'assemble ensuite et la traduction commence (3). Le ribosome s'avance le long du brin d'ARNm à mesure que les codons sont lus (4). Lorsqu'un acide aminé se lie à l'acide aminé suivant à l'aide d'une liaison peptidique, son ARNt est libéré (5). La chaîne polypeptidique est libérée une fois que le codon de terminaison de l'ARNm est lu.

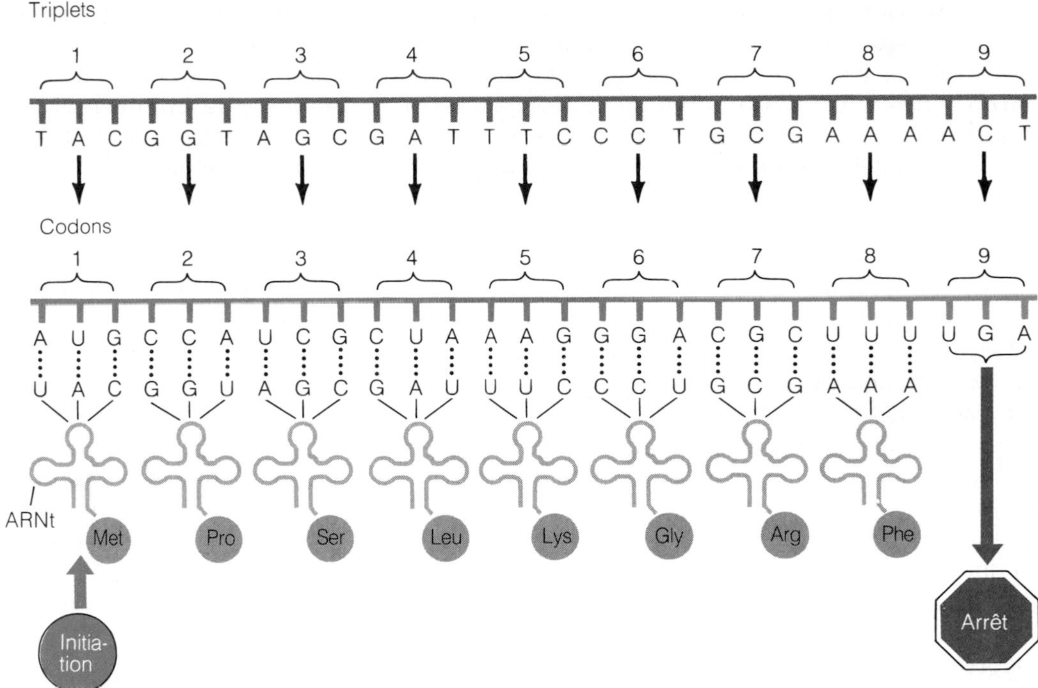

Figure 3.28 Transfert de l'information de l'ADN à l'ARN. L'information est transférée de l'ADN du gène à la molécule d'ARN messager complémentaire, dont les codons sont ensuite «lus» par les anticodons de l'ARN de transfert. Remarquez que la «lecture» de l'ARNm par les anticodons de l'ARNt rétablit les séquences de bases (triplets) du code génétique de l'ADN (sauf que T est remplacé par U).

pour la synthèse de l'ARNr (nous avons déjà parlé de cet organisateur nucléolaire) et de l'ARNt, deux types d'ARN stables et qui persistent longtemps. Comme l'ARNr et l'ARNt ne transportent pas de codes destinés à la synthèse d'autres molécules, ils constituent le produit final des gènes qui portent leurs codes. L'ARNr et l'ARNt travaillent en collaboration pour «traduire» le message apporté par l'ARNm et construire les polypeptides.

Les informations qui régissent la traduction des séquences de bases d'un gène en structures protéiques (séquences d'acides aminés) forment le **code génétique.** La synthèse des polypeptides se fait essentiellement en deux étapes: (1) la *transcription,* qui consiste à encoder l'information de l'ADN sous forme d'ARNm et (2) la *traduction,* au cours de laquelle l'information portée par l'ARNm est décodée et sert à assembler des polypeptides. Ces étapes sont représentées schématiquement à la figure 3.26 et détaillées dans les paragraphes suivants.

Transcription

Les secrétaires prennent souvent des textes en sténo pour les *transcrire* ensuite au long afin qu'ils soient lisibles par tous. La même information est présente dans les deux versions du texte; seule la forme a changé. Dans les cellules, la **transcription** constitue le transfert de l'information d'une séquence de bases d'un gène spécifique d'une molécule d'ADN à la séquence de bases complémentaires d'une molécule d'ARNm. La forme diffère, mais la même information est présente. Une fois qu'elle est complétée, la molécule d'ARNm se détache et quitte le noyau par les pores de la membrane nucléaire. Seuls l'ADN et l'ARNm interviennent dans le processus de transcription.

Suivons le processus de transcription conduisant à la synthèse d'un polypeptide. Le segment d'ADN qui code pour la synthèse de cette protéine est déroulé, et un des brins d'ADN sert de matrice pour la construction d'une molécule d'ARNm complémentaire (voir la figure 3.27, 1re étape). Ainsi, pour un triplet d'ADN composé des bases AGC, la séquence d'ARNm sera UCG. Une séquence de trois bases sur l'ADN est appelée triplet, mais la séquence de trois bases correspondante sur l'ARNm est appelée **codon.** Ce nom reflète le fait que ce sont les séquences de bases de l'ARNm qui déterminent finalement quels acides aminés sont utilisés pour la synthèse d'une protéine.

Puisqu'il existe quatre types de nucléotides d'ARN (ou d'ADN), il y a 4^3, c'est-à-dire 64, codons différents. Trois de ces 64 codons sont des «panneaux d'arrêt» qui signifient que le polypeptide est terminé; tous les autres codent pour des acides aminés. Comme il n'existe que 20 acides aminés environ, certains sont déterminés par plus d'un codon. Cette *redondance* du code génétique représente une protection contre les problèmes liés aux erreurs de transcription (et de traduction). Quelques codons d'ARNm ainsi que les acides aminés qu'ils déterminent sont présentés à la figure 3.28. Vous trouverez à l'appendice C une liste de tous les codons.

Traduction

Un traducteur lit un énoncé dans une langue et le rend dans une autre langue. Au cours de l'étape de **traduction** de la synthèse des protéines, la langue des acides nucléiques (séquences de bases des codons) est traduite dans la langue des protéines (séquences d'acides aminés). La traduction a lieu dans le cytoplasme et fait intervenir les trois types d'ARN (voir la figure 3.27, étapes 2 à 5).

Lorsque la molécule d'ARNm qui porte les instructions pour la synthèse d'une protéine spécifique pénètre dans le cytoplasme, elle se lie à une sous-unité ribosomale par appariement des bases avec l'ARNr. L'ARNt intervient ensuite: il est chargé du transport des acides aminés jusqu'au ribosome. Il existe environ 20 types d'ARNt, qui se lient chacun avec un acide aminé spécifique. Le processus de fixation de chaque acide aminé sur son ARNt spécifique est régi par une enzyme particulière (aminoacyl-ARNt synthétase) et activé par l'ATP. Une fois que la molécule d'ARNt a fixé son acide aminé, elle migre jusqu'au ribosome, où elle place l'acide aminé dans la position déterminée par les codons du brin d'ARNm. Tout cela est plus complexe qu'il n'y paraît, puisque l'ARNt doit non seulement transporter un acide aminé sur le site de la synthèse des protéines, mais il doit également «reconnaître» le codon qui demande cet acide aminé.

La structure de la minuscule molécule d'ARNt est bien adaptée à cette double fonction. L'acide aminé est fixé à une extrémité de l'ARNt appelée queue. À l'autre extrémité, la tête, on trouve l'**anticodon**, une séquence spécifique de trois bases qui constitue le complément du codon d'ARNm déterminant l'acide aminé porté par cette molécule d'ARNt. Parce que les anticodons d'ARNt peuvent former des liaisons hydrogène avec les codons complémentaires, les minuscules molécules d'ARNt peuvent faire le lien entre la langue des acides nucléiques et celle des protéines. Ainsi, le codon d'ARNm UUU code pour la phénylalanine, et l'ARNt qui fixe la phénylalanine possède l'anticodon AAA, qui peut se lier aux bons codons.

La traduction commence quand le codon «initiateur», le premier codon d'ARNm, AUG en général (voir la figure 3.28), est reconnu par l'anticodon (UAC) d'un ARNt qui porte l'acide aminé méthionine et qu'il s'y lie. Cela entraîne la liaison d'une grosse sous-unité ribosomale et, par conséquent, la formation d'un ribosome fonctionnel, où l'ARNm est placé dans la rainure située entre les deux sous-unités ribosomales.

Le ribosome ne constitue pas que le siège passif de la liaison de l'ARNm et de l'ARNt: son rôle dans la traduction consiste aussi à coordonner l'appariement des codons et des anticodons. Une fois que le premier ARNt s'est attaché à un codon de la manière que nous venons de décrire, le ribosome fait avancer le brin d'ARNm, de sorte que le codon suivant puisse être «lu» par un autre ARNt. À mesure que les acides aminés sont disposés à l'endroit approprié, ils sont unis par des liaisons peptidiques, et la chaîne polypeptidique s'allonge progressivement. Dès qu'un acide aminé est lié à l'acide aminé suivant, son ARNt est libéré et s'éloigne du ribosome pour aller chercher un autre acide aminé. À mesure qu'il est lu, l'ARNm avance sur le ribosome. Son début finit par dépasser du premier ribosome, et il peut s'attacher successivement à plusieurs autres ribosomes, qui liront son message simultanément. Un tel complexe formé de multiples ribosomes et d'un ARNm est appelé *polysome.* Les polysomes attachés au RE rugueux constituent un moyen efficace de fabriquer un grand nombre de copies d'une même protéine. La lecture du brin d'ARNm se poursuit jusqu'au moment où son dernier codon, le *codon de terminaison,* ou *codon d'arrêt,* entre dans la rainure du ribosome (voir la figure 3.28). Le codon de terminaison est le point à la fin de la phrase d'ARNm. Il provoque la libération de la chaîne polypeptidique par le ribosome. Celui-ci se dissocie ensuite en ses sous-unités, s'il ne commence pas à lire une autre molécule d'ARNm.

Ainsi, c'est à l'aide d'une séquence de transferts d'informations entièrement déterminée par l'appariement de bases complémentaires que l'information génétique contenue dans la cellule est traduite pour synthétiser des protéines. Si les anticodons de tous les ARNt qui lisent les codons d'ARNm s'alignaient, la séquence de bases de l'ADN serait rétablie (sauf que T est remplacé par U dans l'ARNt). L'information est donc transférée de la séquence de bases de l'ADN (triplets) à la séquence de bases complémentaires de l'ARNm (codons) puis de nouveau à la séquence de bases de l'ADN (anticodons).

Particules ribonucléoprotéiques hétérogènes (RNPh) et épissage de l'ARNm

Nous venons de décrire la synthèse des protéines dans les cellules bactériennes. Ce processus est toutefois beaucoup plus complexe chez les organismes multicellulaires. Nous avons dit plus haut que l'ADN des mammifères (comme nous) comportait des régions codantes (exons) séparées par des régions non codantes (introns). Comme le gène est transcrit tel quel, le premier ARNm, ou ARN-prémessager, est encombré d'introns, inutiles pour la synthèse de la protéine. La traduction de l'ARNm par les ribosomes ne peut commencer avant que les séquences de l'ARNprémessager correspondant aux introns ne soient excisées et que les exons soient épissés (assemblés) dans l'ordre qui va déterminer la séquence spécifique des acides aminés de la protéine. Ce processus d'épissage fait intervenir des complexes protéines-ARN appelés *particules ribonucléoprotéiques hétérogènes* (RNPh) du noyau. Ces particules produiront un ARNm fonctionnel qui sera acheminé vers les ribosomes, via le réticulum endoplasmique, afin d'y être traduit pour la synthèse d'une protéine particulière.

Matériaux extracellulaires

Un grand nombre de substances contribuant à la masse corporelle se trouvent à l'extérieur des cellules. Ces substances sont appelées **matériaux extracellulaires.** Les *liquides organiques* font partie des matériaux extracellulaires. Le liquide interstitiel, le plasma sanguin, le liquide céphalorachidien et les humeurs de l'œil sont des liquides organiques. Ces liquides extracellulaires servent de milieux de transport et de dissolution. Les *sécrétions* cellulaires sont également des matériaux extracellulaires. Les sécrétions comprennent des substances qui contribuent à la digestion (sucs gastrique et pancréatique, sécrétions intestinales) et d'autres qui ont une action lubrifiante (salive, mucus et sérosités).

Le matériau extracellulaire le plus abondant est la *matrice extracellulaire* du tissu conjonctif. La majorité des cellules de l'organisme sont en contact avec cette substance gélatineuse composée de protéines et de polysaccharides. Ces molécules sécrétées par les cellules forment un filet bien organisé dans l'espace extracellulaire, et elles servent à tenir les cellules ensemble. La matrice extracellulaire est particulièrement abondante dans le tissu conjonctif. Il arrive même qu'elle y occupe un volume plus important que les cellules. La matrice extracellulaire peut être souple et cristalline (dans la cornée de l'œil), résistante et allongée (dans les tendons), ou dure comme le roc (dans les os et les dents). Dans le chapitre suivant, nous étudierons plus longuement la structure et la fonction de la matrice des tissus conjonctifs spécialisés.

Développement et vieillissement des cellules

Chacun de nous a déjà été formé d'une seule cellule, l'ovule fécondé, d'où proviennent toutes les cellules de notre corps. Dès le début du développement, les cellules de l'embryon commencent à se spécialiser: c'est ce qu'on appelle la différenciation cellulaire. Certaines cellules se transforment en cellules hépatiques, d'autres en cellules nerveuses, d'autres encore deviennent partie intégrante du cristallin de l'œil, etc. Puisque toutes nos cellules possèdent les mêmes gènes, comment peuvent-elles devenir si différentes les unes des autres? Cette fascinante question fait actuellement l'objet de nombreux travaux de recherche. Il semblerait que les cellules de différentes régions de l'embryon seraient exposées à des signaux chimiques différents, qui les dirigeraient dans une voie de développement spécifique. Lorsque l'embryon ne compte que quelques cellules, les principaux signaux viennent peut-être des légères différences dans les concentrations d'oxygène et de gaz carbonique auxquelles sont exposées les cellules superficielles et les cellules plus profondes. Quand le développement est plus avancé, les cellules commencent à produire des substances chimiques qui peuvent influer sur le développement des cellules voisines en activant ou en inhibant certains gènes spécifiques. Une partie des gènes sont actifs dans toutes les cellules. En effet, toutes les cellules doivent, par exemple, synthétiser des protéines et fabriquer de l'ATP. Cependant, les gènes des enzymes qui catalysent la synthèse de produits spécialisés comme les hormones et les neurotransmetteurs ne sont actifs que dans certaines populations cellulaires. Par exemple, seules les cellules de la glande thyroïde peuvent synthétiser la thyroxine (une hormone) et seules les cellules nerveuses peuvent produire les neurotransmetteurs. Ainsi, la spécialisation des cellules dépend des types de protéines qu'elles fabriquent et reflète les gènes activés et inhibés dans chaque type de cellules.

La mort et la destruction des cellules sont courantes au début du développement. La nature ne prend apparemment pas de risques: elle fabrique plus de cellules que nécessaire et élimine ensuite les cellules superflues. Ce phénomène est particulièrement évident dans le système nerveux. La plupart des organes sont bien formés et fonctionnels longtemps avant la naissance, mais le corps continue à croître et à grossir en fabriquant de nouvelles cellules pendant toute l'enfance et l'adolescence. Une fois que la taille adulte est atteinte, la division cellulaire sert surtout à remplacer les cellules qui ont une courte durée de vie et à cicatriser les lésions.

Au début de l'âge adulte le nombre de cellules reste relativement constant. Toutefois, on rencontre assez souvent des réactions cellulaires locales qui mènent soit à une accélération des divisions cellulaires et à une croissance tissulaire rapide, soit à un ralentissement des divisions cellulaires et à une atrophie des tissus. Par exemple, chez les personnes atteintes d'anémie (diminution du nombre de globules rouges et de l'hémoglobine) on observe une **hyperplasie**, ou croissance accélérée (*huper* = au delà; *plasis* = former) de la moelle rouge des os, qui permet une production plus rapide des globules rouges. Si on guérit l'anémie, la moelle cesse de fabriquer des cellules à une vitesse excessive. L'**atrophie**, ou diminution du volume d'un organe ou d'un tissu, peut être causée par la perte de la stimulation normale. Par exemple, des muscles qui cessent d'être innervés s'atrophient et fondent, et les os qui les soutiennent deviennent minces et fragiles à cause du manque d'exercice.

Les spécialistes ont maintenant acquis la certitude que le vieillissement des cellules a des causes multiples. Certains pensent que le vieillissement des cellules et l'accélération de la perte de cellules accompagnant le vieillissement résultent de l'effet cumulatif des petites agressions chimiques que nous subissons toute notre vie. Par exemple, les toxines présentes dans l'environnement (comme les pesticides, l'alcool et l'oxyde de carbone) ainsi que les toxines bactériennes peuvent léser les membranes cellulaires, perturber les systèmes enzymatiques ou provoquer des erreurs dans la réplication de l'ADN. Par ailleurs, les interruptions transitoires de l'apport d'oxygène, qui deviennent plus fréquentes à mesure que nous vieillissons et que des substances graisseuses s'accumulent dans nos vaisseaux sanguins, accélèrent le taux de mort cellulaire dans tout l'organisme. Enfin, les rayons X et les autres types de radiations ionisantes ainsi que certaines substances chimiques peuvent produire une quantité colossale de radicaux libres, de sorte que les enzymes des peroxysomes ne suffisent plus à la tâche et que les molécules d'ADN subissent des dommages irréversibles conduisant inévitablement à la mort des cellules.

Selon une autre théorie, le vieillissement cellulaire serait imputable à un dérèglement progressif du système immunitaire. Les tenants de cette théorie pensent que les lésions cellulaires sont provoquées par (1) des réponses auto-immunes, c'est-à-dire des attaques de notre système immunitaire contre les cellules de nos propres tissus, et (2) un affaiblissement graduel de la réponse immunitaire, qui réduit petit à petit la capacité de triompher des agents pathogènes qui pénètrent dans l'organisme et attaquent les cellules.

La plus répandue des théories du vieillissement cellulaire est peut-être la théorie génétique, qui attribue un rôle à l'ADN. On sait que le taux de division cellulaire diminue à mesure qu'une personne vieillit. On a également observé que les cellules normales mises en culture ne peuvent se reproduire qu'un certain nombre de fois. Ces faits ont permis de poser l'hypothèse que l'arrêt des mitoses est un événement programmé par le matériel génétique. De plus en plus de preuves viennent appuyer cette théorie. Ainsi, on a découvert que l'*ubiquitine,* une protéine qui marque les protéines lésées afin qu'elles soient détruites, est beaucoup moins abondante dans les cellules âgées.

* * *

En nous servant de l'exemple de la cellule généralisée, nous avons décrit la cellule, unité structurale et fonctionnelle du corps humain. On peut à juste titre s'émerveiller qu'une chose aussi petite que la cellule puisse déployer une telle gamme d'activités, permises par la fantastique diversité de ses organites. En effet, les preuves de la division du travail entre les organites et de leur spécialisation fonctionnelle sont irréfutables : par exemple, seuls les ribosomes peuvent traduire l'ARNm et synthétiser des protéines, alors que les lysosomes ont le monopole de la digestion intracellulaire. Vous connaissez maintenant les éléments communs de tous les types de cellules. Nous pouvons donc passer à l'étude des différences entre les cellules des différents groupes de tissus.

Termes médicaux

Anaplasie (*an* = sans ; *plasis* = former) Anomalies de la structure cellulaire, comme celles qui se produisent lorsque les cellules cancéreuses perdent les caractéristiques de leurs cellules mères et prennent l'aspect de cellules indifférenciées.

Dysplasie (*dus* = difficulté) Modification du volume, de la forme ou de la disposition des cellules causée par l'irritation ou l'inflammation chroniques (infections, etc.)

Hypertrophie Augmentation du volume d'un organe ou d'un tissu provoquée par une augmentation de la grosseur de ses cellules. L'hypertrophie est une réaction normale des muscles squelettiques qui doivent soulever des poids excessifs. Elle diffère de l'hyperplasie, qui est une augmentation de volume provoquée par l'augmentation du nombre de cellules.

Mutation Modification de la séquence des bases (nucléotides) d'un gène de l'ADN. La mutation provoque la synthèse de protéines où les acides aminés ne sont pas dans le même ordre que dans la protéine normale, parce que certains acides aminés y ont été remplacés par d'autres. La protéine affectée peut fonctionner normalement, ou présenter un dysfonctionnement qui conduira à un état pathologique.

Nécrose (*nekros* = mort) Mort d'une cellule ou d'un groupe cellulaire provoquée par un trauma ou une maladie.

Résumé du chapitre

PRINCIPAUX ÉLÉMENTS DE LA THÉORIE CELLULAIRE (p. 62-63)

1. Tous les organismes vivants sont composés de cellules. La cellule est l'unité structurale et fonctionnelle de la vie.
2. Selon le principe de la relation structure-fonction, l'activité des cellules reflète le travail de leurs organites.
3. Les cellules présentent une grande diversité de formes et de dimensions.
4. Le concept de cellule généralisée représente tous les types de cellules. La cellule généralisée possède trois grandes régions : le noyau, le cytoplasme et la membrane plasmique.

MEMBRANE PLASMIQUE : STRUCTURE (p. 63-65)

1. La membrane plasmique recouvre le contenu de la cellule, régit les échanges avec le liquide interstitiel et joue un rôle dans les communications entre les cellules.

Modèle de la mosaïque fluide (p. 63-65)

2. Selon le modèle de la mosaïque fluide, la membrane plasmique est une double couche de lipides (phospholipides, cholestérol et glycolipides) dans laquelle sont intégrées des protéines.
3. Les substances lipidiques possèdent des régions hydrophiles et hydrophobes qui leur donnent la capacité de s'assembler et de se réparer par elles-mêmes. Les lipides sont un des composants structuraux de la membrane plasmique.
4. La majorité des protéines sont des protéines intégrées transmembranaires, qui font saillie des deux côtés de la membrane. D'autres protéines, les protéines périphériques, sont fixées sur les protéines intégrées. Les protéines sont aussi un des composants structuraux de la membrane plasmique.
5. Les protéines sont responsables de la plupart des fonctions spécialisées de la membrane. Certaines sont des enzymes, d'autres sont des récepteurs d'hormones ou de neurotransmetteurs et d'autres encore régissent des fonctions de transport membranaire. Des glycoprotéines font partie du glycocalyx.

Éléments spécialisés de la membrane plasmique (p. 66)

6. Les microvillosités sont des extensions de la membrane plasmique qui augmentent sa surface de contact avec son environnement afin d'accroître sa capacité d'absorption.
7. Les jonctions de la membrane unissent des cellules ou empêchent le passage de molécules entre les cellules. Les jonctions serrées sont imperméables ; les desmosomes sont des raccords mécaniques entre des cellules d'une même communauté fonctionnelle ; les jonctions ouvertes permettent les communications entre deux cellules adjacentes.

MEMBRANE PLASMIQUE : FONCTIONS (p. 66-76)

Transport membranaire (p. 66-74)

1. La membrane plasmique possède une perméabilité sélective. Les substances passent à travers la membrane plasmique à l'aide de mécanismes passifs, qui dépendent de l'énergie cinétique des molécules ou de gradients de pression, et de mécanismes actifs, qui dépendent de l'apport d'énergie cellulaire (ATP).
2. La diffusion est le mouvement des molécules (dû à l'énergie cinétique) dans le sens d'un gradient de concentration. Les solutés liposolubles peuvent traverser la membrane en se dissolvant directement dans les phospholipides. Les petites molécules chargées et les ions peuvent traverser la membrane par diffusion si elles sont assez petites pour passer dans les canaux protéiques. Certains canaux protéiques sont sélectifs.
3. L'osmose est la diffusion d'un solvant, comme l'eau, à travers une membrane présentant une perméabilité sélective. L'eau diffuse à travers les pores de la membrane, d'une solution de plus petite osmolarité (faible concentration de soluté) à une solution de plus grande osmolarité (plus forte concentration de soluté).
4. La présence de solutés non diffusibles entraîne des modifications du tonus de la cellule, qui peuvent provoquer son gonflement ou sa contraction. L'osmose nette cesse lorsque la concentration de soluté des deux côtés de la membrane plasmique s'est équilibrée.
5. Les solutions qui provoquent une perte nette d'eau chez la cellule sont hypertoniques ; les solutions qui causent un gain net d'eau sont hypotoniques ; les solutions qui ne causent ni

perte ni gain net d'eau sont isotoniques.

6. La diffusion facilitée est le mouvement passif à travers la membrane de certaines molécules (comme le glucose) qui se lient à des transporteurs protéiques transmembranaires. Comme les autres mécanismes de diffusion, elle dépend de l'énergie cinétique des molécules, mais les transporteurs sont sélectifs.

7. La filtration est le passage forcé d'un filtrat à travers une membrane, sous l'action de la pression hydrostatique. Elle n'est pas sélective et n'est limitée que par la grosseur des pores. Elle se fait toujours dans le sens d'un gradient de pression hydrostatique.

8. Le transport actif, ou pompage de solutés, dépend de transporteurs protéiques (protéines transmembranaires) et de l'ATP. En général, les substances (acides aminés et ions) sont transportées contre un gradient de concentration ou un gradient électrique.

9. Les mécanismes de transport en vrac exigent également un apport d'ATP. Si la substance est particulaire, le mécanisme est appelé phagocytose; si la substance est formée de molécules en solution, il s'agit de pinocytose. L'endocytose par récepteur interposé est sélective.

Création et entretien du potentiel de repos membranaire (p. 74-75)

10. Toutes les cellules à l'état de repos présentent un voltage à travers leur membrane plasmique; il s'agit du potentiel de repos membranaire.

11. Le potentiel membranaire est créé, entre autres, par les gradients de concentration des ions sodium et potassium et par la différence entre la perméabilité de la membrane à l'ion sodium et sa perméabilité à l'ion potassium. Le sodium est présent en concentration élevée dans le liquide interstitiel, en faible concentration dans le cytoplasme, et la membrane plasmique y est peu perméable. Le potassium est présent en concentration élevée dans le cytoplasme et en faible concentration dans le liquide interstitiel. La membrane plasmique est plus perméable au potassium qu'au sodium.

12. La diffusion de potassium vers l'extérieur de la cellule (plutôt que la diffusion de sodium vers l'intérieur) mène à une séparation des charges au niveau de la membrane (l'intérieur est négatif). La séparation des charges est entretenue par la pompe à sodium et à potassium.

13. À cause du potentiel membranaire, les ions diffusent dans le sens de leur gradient de concentration et de leur gradient électrique.

Interactions avec les autres cellules (p. 75-76)

14. Le glycocalyx détermine le groupe sanguin, offre des sites de liaison pour certaines toxines, permet aux spermatozoïdes de reconnaître l'œuf, détermine la durée de vie de la cellule, intervient dans la réponse immunitaire et contribue à diriger le développement embryonnaire. Il permet également aux cellules d'adhérer les unes aux autres.

CYTOPLASME (p. 76-85)

1. Le cytoplasme, région située entre la membrane plasmique et la membrane nucléaire, est composé du cytosol (composant liquide du cytoplasme), des inclusions (réserves de nutriments, produits de sécrétion, granulations pigmentaires, cristaux, etc.) et des organites.

Organites cytoplasmiques (p. 76-85)

2. Le cytoplasme est la principale région fonctionnelle de la cellule. Il fonctionne par le biais d'organites très spécialisés.

3. Les mitochondries sont le siège de la formation de l'ATP. Leurs enzymes internes accomplissent les réactions oxydatives qui dégradent les nutriments et permettent l'absorption de l'énergie ainsi libérée dans des molécules d'ATP (respiration cellulaire aérobie).

4. Les ribosomes, constitués de deux sous-unités renfermant l'ARN ribosomal et des protéines, sont le siège de la synthèse des protéines. Ils peuvent flotter librement ou se fixer sur les membranes du RE (ce qui forme le RE rugueux).

5. Le réticulum endoplasmique rugueux est un réseau de membranes couvert de ribosomes. La modification des protéines et leur transport vers d'autres régions de la cellule sont permis par ses citernes. Sa face externe sert également à la synthèse des phospholipides et du cholestérol.

6. Le réticulum endoplasmique lisse synthétise les molécules de lipides et de stéroïdes. Il joue également un rôle dans le métabolisme des graisses et la détoxication des drogues.

7. L'appareil de Golgi est un réseau membraneux situé à proximité du noyau. Il emballe les sécrétions protéiques avant leur exportation, enveloppe certaines enzymes dans les lysosomes et modifie les protéines destinées à faire partie de la membrane plasmique.

8. Les lysosomes sont des sacs membraneux contenant des hydrolases acides emballées dans l'appareil de Golgi. Il sont le siège de la digestion intracellulaire, en plus de dégrader les tissus devenus inutiles et de libérer les ions calcium des os.

9. Les peroxysomes sont des vésicules membraneuses renfermant des oxydases. Ils protègent la cellule contre les effets néfastes des radicaux libres et d'autres substances toxiques en les transformant en peroxyde d'hydrogène puis en eau.

10. Les éléments du cytosquelette comprennent les microfilaments, les filaments intermédiaires, les microtubules et le réseau microtrabéculaire. Les microfilaments, formés de protéines contractiles, sont importants pour la motilité cellulaire et les déplacements des éléments de la cellule. Les microtubules sont les organisateurs du cytosquelette et ils jouent un rôle important dans la suspension des organites et le transport intracellulaire. Les filaments intermédiaires aident la cellule à résister aux tensions mécaniques. Le réseau microtrabéculaire relierait les autres éléments du cytosquelette, et les ribosomes et les enzymes solubles y seraient attachés.

11. Les centrioles forment le fuseau de division et donnent naissance aux cils et aux flagelles.

NOYAU (p. 85-87)

1. Le noyau est le centre de régulation de la cellule. La majorité des cellules n'ont qu'un seul noyau. Sans noyau, la cellule ne peut synthétiser de protéines ni se diviser: elle est destinée à mourir.

2. Le noyau est entouré de la membrane nucléaire, une double membrane percée de nombreux pores relativement grands qui communiquent avec les citernes du RE.

3. La chromatine est un réseau étendu de minces filaments qui contiennent de l'ADN et des histones (un type de protéines). Les unités de chromatine sont appelées nucléosomes. Quand la cellule commence à se diviser, la chromatine s'enroule et se condense.

4. Les nucléoles sont le siège de la synthèse des sous-unités ribosomales.

CROISSANCE ET REPRODUCTION DE LA CELLULE (p. 88-98)

Cycle cellulaire (p. 88-91)

1. Le cycle cellulaire est la série de modifications subies par la cellule entre le moment où elle se forme jusqu'à celui où elle se reproduit.

2. L'interphase est la phase du cycle cellulaire où la cellule ne se divise pas. L'interphase se compose des sous-phases G_1, S et G_2. Au cours de la phase G_1, la cellule croît rapidement et les centrioles commencent à se répliquer; au cours de la phase S, l'ADN se réplique; au cours de la phase G_2, les derniers préparatifs pour la division sont accomplis.

3. La réplication de l'ADN se produit avant la division cellulaire. L'hélice d'ADN se déroule et chacun des deux brins de nucléotides de la molécule d'ADN sert de matrice pour la synthèse d'un brin complémentaire à partir des nucléotides libres présents dans le noyau. L'appariement spécifique des bases assure que les nucléotides sont placés correctement sur le brin d'ADN complémentaire.

4. La réplication semi-conservatrice d'une molécule d'ADN donne deux molécules d'ADN identiques à la molécule mère, chacune étant formée d'un «vieux» brin et d'un brin «neuf».

5. La division cellulaire, essentielle à la croissance et à l'entretien du corps, a lieu au cours de la phase M du cycle cellulaire. Elle est déclenchée par certaines substances chimiques et par l'augmentation du volume de la cellule. Le manque d'espace et des substances inhibitrices peuvent empêcher la division cellulaire.

6. La mitose, composée de la prophase, de la métaphase, de l'anaphase et de la télophase, se solde par la répartition des chromosomes répliqués aux noyaux des deux cellules filles, identiques sur le plan génétique au noyau de la cellule mère. La cytocinèse, qui se produit généralement après la mitose, est la division de la masse cytoplasmique en deux parties.

7. Le cancer résulte de divisions cellulaires anarchiques qui produisent souvent des cellules de structure anormale (indifférenciées) devenant invasives et formant des métastases. Les modifications de l'ADN qui entraînent le cancer sont généralement provoquées par des facteurs environnementaux. Le cancer peut être soigné par la chirurgie, la radiothérapie et la chimiothérapie.

Synthèse des protéines (p. 91-98)

8. Un gène est un segment d'ADN qui contient les instructions nécessaires pour la synthèse d'une chaîne polypeptidique. Comme les protéines sont le principal matériau entrant dans la structure du corps et comme toutes les enzymes sont des protéines, les gènes déterminent notamment la synthèse de toutes les molécules biologiques.

9. La séquence des bases de l'ADN détermine la structure des protéines. Chaque séquence de trois bases (triplet) constitue un code désignant un acide aminé spécifique, qui sera intégré dans une chaîne polypeptidique.

10. Les trois types d'ARN se forment directement sur les gènes des molécules d'ADN. Un brin de nucléotides de l'ADN sert de matrice pour leur synthèse. Les nucléotides d'ARN sont unis selon les règles de l'appariement des bases.

11. L'ARN ribosomal forme une partie du siège de la synthèse des protéines; l'ARN messager porte les instructions pour la synthèse d'une chaîne polypeptidique de l'ADN aux ribosomes; l'ARN de transfert livre les acides aminés aux ribosomes et reconnaît les codons du brin d'ARNm qui codent pour son acide aminé.

12. La synthèse des protéines comprend la transcription, c'est-à-dire la synthèse d'une molécule d'ARNm complémentaire, et la traduction, c'est-à-dire la «lecture» de l'ARNm par l'ARNt et la formation de liaisons peptidiques entre les acides aminés de la chaîne polypeptidique. Le ribosome coordonne ce processus.

13. Dans les cellules des mammifères, les introns (segments non codants) doivent être excisés de l'ARNprémessager avant que celui-ci puissent servir à la traduction.

MATÉRIAUX EXTRACELLULAIRES (p. 98-99)

1. Les substances qui se trouvent à l'extérieur des cellules sont appelées matériaux extracellulaires. Il s'agit des liquides organiques, des sécrétions cellulaires et de la matrice extracellulaire. La matrice extracellulaire est particulièrement abondante dans le tissu conjonctif.

DÉVELOPPEMENT ET VIEILLISSEMENT DES CELLULES (p. 99-100)

1. La première cellule d'un organisme est l'œuf fécondé. La différenciation cellulaire, ou spécialisation des cellules, commence dès le début du développement; on pense qu'elle montre que certains gènes ne sont pas toujours exprimés.

2. À l'âge adulte, le nombre de cellules demeure relativement constant. La division cellulaire sert surtout à remplacer les cellules détruites.

3. Le vieillissement cellulaire pourrait provenir d'agressions chimiques, du dérèglement progressif du système immunitaire et/ou d'une diminution du taux de division cellulaire programmée par les gènes.

Questions de révision

Choix multiples/associations

1. La plus petite unité capable de vivre par elle-même est: (**a**) l'organe; (**b**) l'organite; (**c**) le tissu; (**d**) la cellule; (**e**) le noyau.

2. Les deux types de lipides les plus abondants dans la membrane plasmique sont: (**a**) le cholestérol; (**b**) les graisses neutres; (**c**) les phospholipides; (**d**) les vitamines liposolubles.

3. Les jonctions membranaires qui permettent aux nutriments et aux ions de passer d'une cellule à une autre sont: (**a**) les desmosomes; (**b**) les jonctions ouvertes; (**c**) les jonctions serrées; (**d**) toutes ces jonctions.

4. Une personne qui boit beaucoup de bière au cours d'une soirée est obligée d'aller plusieurs fois aux toilettes. Cette accélération du débit urinaire reflète l'augmentation de quel processus se produisant dans les reins? (**a**) La diffusion; (**b**) l'osmose; (**c**) la dialyse; (**d**) la filtration.

5. Le terme qui désigne une solution où les cellules perdent de l'eau au profit de leur environnement est: (**a**) isotonique; (**b**) hypertonique; (**c**) hypotonique; (**d**) catatonique.

6. L'osmose fait toujours intervenir: (**a**) une membrane possédant une perméabilité sélective; (**b**) une différence de la concentration du solvant; (**c**) la diffusion; (**d**) le transport actif; (**e**) a, b et c.

7. Le transport actif par pompage de solutés s'effectue: (**a**) par la pinocytose; (**b**) par la phagocytose; (**c**) grâce aux forces électriques présentes dans la membrane; (**d**) grâce aux changements de la position et de la conformation des molécules transporteuses de la membrane plasmique.

8. Le type d'endocytose dans lequel les particules sont englobées puis tirées dans la cellule est appelé: (**a**) phagocytose; (**b**) pinocytose; (**c**) exocytose.

9. La substance du noyau composée d'histones et d'ADN est: (**a**) la chromatine; (**b**) le nucléole; (**c**) le nucléoplasme; (**d**) les pores nucléaires.

10. La séquence d'informations qui détermine la nature d'une protéine est appelée: (**a**) nucléotide; (**b**) gène; (**c**) triplet; (**d**) codon.

11. Les mutations peuvent être causées par: (**a**) les rayons X; (**b**) certaines substances chimiques; (**c**) les radiations de radio-isotopes ionisants; (**d**) tous ces facteurs.

12. Les centrioles atteignent les pôles de la cellule et les chromosomes s'attachent au fuseau de division au cours de la phase de la mitose appelée: (**a**) anaphase; (**b**) métaphase; (**c**) prophase; (**d**) télophase.

13. Les derniers préparatifs de la division cellulaire sont effectués au cours de la sous-phase du cycle cellulaire appelée: (**a**) G_1; (**b**) G_2; (**c**) M; (**d**) S.

14. L'ARN synthétisé sur un brin d'ADN est: (**a**) l'ARNm; (**b**) l'ARNt; (**c**) l'ARNr; (**d**) tous ces types.

15. Le genre d'ARN qui transporte du noyau au cytoplasme le message codé qui détermine la séquence des acides aminés dans la protéine est: (**a**) l'ARNm; (**b**) l'ARNt; (**c**) l'ARNr; (**d**) tous ces types.

16. Si la séquence d'ADN est AAA, le segment d'ARNm synthétisé sur cette séquence sera: (**a**) TTT; (**b**) UUU; (**c**) GGG; (**d**) CCC.

17. On pense qu'une cellule nerveuse et un lymphocyte diffèrent par: (**a**) leur structure spécialisée; (**b**) les gènes exprimés et le passé embryonnaire; (**c**) l'information génétique; (**d**) a et b; (**e**) a et c.

Questions à court développement

18. (**a**) Nommez l'organite qui constitue le principal site de synthèse de l'ATP. (**b**) Nommez trois organites qui interviennent dans la synthèse ou la modification des protéines. (**c**) Nommez deux organites qui contiennent des enzymes et décrivez leurs fonctions respectives.

19. Pourquoi peut-on considérer que la mitose rend les cellules immortelles?

20. Si une cellule perd ou expulse son noyau, quel sort l'attend et pourquoi?

21. Des groupes sucre sont attachés sur la face externe de certaines des protéines de la membrane plasmique. Quel rôle cet «enrobage» joue-t-il dans la vie de la cellule?

22. La cellule est l'unité de base de la vie. Cependant, on trouve trois groupes de substances non vivantes à l'extérieur de la cellule. Nommez-les et donnez leur rôle fonctionnel.

23. Commentez le rôle de la pompe à sodium et à potassium dans le maintien du potentiel de repos membranaire d'une cellule.

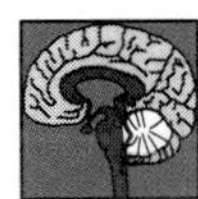

Réflexion et application

1. Expliquez pourquoi le céleri mou redevient croquant et pourquoi la peau du bout des doigts se ratatine quand on les laisse tremper dans l'eau du robinet. (Le principe est le même dans les deux cas.)

2. Une infection bactérienne des intestins irrite les cellules des intestins et empêche la digestion normale. Ce genre de maladie s'accompagne souvent d'une diarrhée qui entraîne une perte d'eau. À l'aide de vos connaissances sur la circulation osmotique de l'eau, expliquez pourquoi la diarrhée apparaît.

3. Expliquez comment les deux médicaments anticancéreux suivants peuvent tuer la cellule grâce à leurs effets spécifiques sur celle-ci.

- Vincristine: endommage le fuseau de division.
- Adriamycine: se lie à l'ADN et bloque la synthèse de l'ARNm.

Les tissus : matériau vivant

4

Sommaire et objectifs d'apprentissage

Tissu épithélial (p. 104-114)

1. Énumérer les principales caractéristiques du tissu épithélial.
2. Décrire les critères de classification des épithéliums selon leur structure.
3. Nommer et décrire les différents types d'épithéliums ; donner leurs principales fonctions et localisations.
4. Comparer les glandes endocrines et les glandes exocrines quant à leur structure générale, leurs produits et la façon dont leur sécrétion est transportée.
5. Expliquer les critères de classification des glandes exocrines multicellulaires selon leur structure et leur fonction.

Tissu conjonctif (p. 114-126)

6. Nommer les principales caractéristiques des tissus conjonctifs.
7. Énumérer et décrire les éléments structuraux du tissu conjonctif.
8. Expliquer les critères de classification des tissus conjonctifs.
9. Décrire les types de tissu conjonctif présents dans le corps humain et indiquer leurs fonctions particulières.

Muqueuses et séreuses (p. 126-127)

10. Différencier un épithélium de revêtement d'une muqueuse ou d'une séreuse. Nommer les principales fonctions des muqueuses et des séreuses.

Tissu musculaire (p. 127-129)

11. Comparer les trois types de tissu musculaire en ce qui concerne leur structure et leur fonction.

Tissu nerveux (p. 129-130)

12. Connaître les caractéristiques et les fonctions générales du tissu nerveux.

Réparation des tissus (p. 130-132)

13. Décrire le processus de réparation des tissus au cours de la cicatrisation normale d'une plaie superficielle.

Développement et vieillissement des tissus (p. 132-133)

14. Nommer les trois feuillets embryonnaires primitifs et indiquer les tissus primaires qui dérivent de chacun d'eux.
15. Décrire brièvement les modifications des tissus reliées à l'âge. Donner les causes possibles de ces modifications.

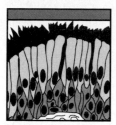

Les cellules qui vivent sous forme d'organismes unicellulaires, comme les amibes, sont de merveilleuses individualistes. Elles parviennent sans aucune aide à se procurer et à digérer des aliments, à effectuer des échanges gazeux, de même qu'à accomplir toutes les autres activités nécessaires à leur homéostasie. L'être humain est un organisme multicellulaire dont les cellules ne disposent pas d'une telle autonomie, car elles forment des communautés aux liens étroits collaborant les unes avec les autres. Toutes les cellules sont spécialisées et exercent des fonctions spécifiques qui contribuent au maintien de l'homéostasie et au bien-être de tout l'organisme. Il suffit de quelques exemples pour se convaincre que nos cellules sont spécialisées : les cellules musculaires possèdent une apparence et des fonctions très différentes de celles des cellules de la peau, et les cellules du cerveau sont faciles à distinguer de ces deux types de cellules.

La spécialisation des cellules permet à chaque partie du corps d'avoir une fonction spécifique fort complexe mais elle présente des risques, comme tous les modes de division du travail. Quand un groupe de cellules est indispensable, sa perte peut en effet avoir des conséquences graves ou même fatales pour l'organisme.

Un ensemble de cellules présentant une structure semblable et remplissant une fonction commune constitue un **tissu.** Les quatre groupes de tissus primaires qui s'imbriquent pour « tisser » le corps humain sont le tissu épithélial, le tissu conjonctif, le tissu musculaire et le tissu nerveux. Il existe en outre un grand nombre de sous-classes et de variétés dans chacun des groupes de tissus. Si on devait donner à chaque groupe de tissus le nom qui décrit le mieux son rôle fondamental, on parlerait sans doute de tissu de *revêtement* (épithélial), de tissu de *soutien* (conjonctif), de tissu de *mobilisation* (musculaire) et de tissu de *régulation* (nerveux). Ces termes ne reflètent toutefois qu'une fraction des fonctions de chaque groupe de tissus.

Nous avons expliqué au chapitre 1 que les tissus s'organisent pour former des organes, comme les reins et le cœur. La plupart des organes contiennent des tissus des quatre groupes primaires, et c'est la disposition de ces tissus qui détermine la structure et les capacités fonctionnelles de l'organe. L'histologie, c'est-à-dire l'étude des tissus, est un complément de l'anatomie macroscopique. En nous informant sur la structure des tissus et des organes, ces deux sciences nous aident à comprendre leur physiologie. Quand vous aurez appris les caractéristiques de tous les groupes de tissus, vous serez capable de prévoir la fonction d'un organe dont vous connaissez la structure, et vice versa.

Tissu épithélial

Le **tissu épithélial** (*épi* = sur, dessus), ou **épithélium**, se présente sous forme (1) d'*épithélium de revêtement* et (2) d'*épithélium glandulaire.* On trouve de l'épithélium de revêtement sur toutes les surfaces du corps, comme la couche externe de la peau. Il tapisse également les cavités ouvertes du système respiratoire et du système digestif, les cavités du cœur et la paroi interne des vaisseaux sanguins, ainsi que la paroi et les organes de la cavité antérieure. Comme l'épithélium constitue la frontière qui nous sépare du monde extérieur, presque toutes les substances reçues ou émises par le corps doivent le traverser. L'épithélium glandulaire forme presque toutes nos glandes.

L'épithélium est un tissu très spécialisé qui remplit plusieurs fonctions, notamment des fonctions (1) de protection, (2) d'absorption, (3) de filtration, (4) d'excrétion et (5) de sécrétion. Nous décrirons bientôt les fonctions précises de chaque type de tissu épithélial. En voici un aperçu : l'épithélium de la peau protège les tissus sous-jacents contre les agressions physiques et chimiques ainsi que contre l'invasion bactérienne ; l'épithélium qui tapisse le tube digestif est spécialisé dans l'absorption de diverses substances ; l'épithélium des reins exerce plusieurs fonctions, puisqu'il filtre, réabsorbe et sécrète plusieurs substances présentes dans le sang. La sécrétion est la spécialité des glandes.

Caractéristiques des tissus épithéliaux

Les tissus épithéliaux possèdent plusieurs caractéristiques qui les distinguent des autres groupes de tissus.

1. **Richesse en cellules.** Le tissu épithélial est composé presque exclusivement de cellules. Ces cellules sont rapprochées, et on ne trouve qu'une infime quantité de liquide interstitiel dans les légers espaces qui les séparent.
2. **Jonctions spécialisées.** Les cellules épithéliales s'ajustent les unes aux autres de manière à former des feuillets continus ; on dit qu'elles sont jointives. Les cellules adjacentes ont plusieurs points d'attache latéraux formés notamment de jonctions serrées et de desmosomes (voir le chapitre 3).
3. **Polarité.** Un épithélium possède toujours une surface libre, appelée **pôle apical**, exposée à l'extérieur du corps ou dans une cavité interne. La surface exposée de la membrane plasmique peut être lisse ou, au contraire, couverte de *microvillosités* ou de *cils.* Les **microvillosités** sont des *extensions* allongées de la membrane plasmique. Elles forment des saillies sur la majorité des surfaces épithéliales et accroissent considérablement la surface de contact de la région exposée avec l'environnement. Dans les tissus épithéliaux qui absorbent ou sécrètent des substances (muqueuse des intestins et tubules rénaux), les microvillosités sont souvent si denses que le pôle apical des cellules semble couvert de fins cheveux ; on dit qu'il présente une **bordure en brosse.** Les **cils** faisant saillie de l'épithélium qui tapisse la trachée et quelques autres conduits internes propulsent les substances à la surface de l'épithélium.
4. **Avascularité.** Les tissus épithéliaux sont parfois riches en fibres nerveuses, mais ils sont toujours avasculaires (ils ne contiennent pas de vaisseaux sanguins). Les cellules épithéliales sont nourries par des substances qui diffusent à partir des capillaires sanguins du tissu conjonctif sous-jacent.
5. **Membrane basale.** La face inférieure, ou **pôle basal,** d'un épithélium repose sur une mince **lame basale** qui la sépare du tissu conjonctif sous-jacent. La lame basale est un matériau adhésif inanimé principalement composé de glycoprotéines sécrétées par les cellules épithéliales elles-mêmes. Les cellules du tissu conjonctif, situé directement sous la lame basale, sécrètent un autre matériau extracellulaire qui contient de minces fibres collagènes ; ce matériau forme la **lame réticulaire.** La lame basale de l'épithélium et la lame réticulaire composent la **membrane basale.** Nous avons vu au chapitre 3 que ce sont des hémidesmosomes qui fixent les cellules épithéliales à la membrane basale. La membrane basale renforce le feuillet épithélial en le rattachant au tissu conjonctif de soutien et en l'aidant à résister à l'étirement et aux déchirures. Elle détermine également l'espace pouvant être occupé par les cellules épithéliales.

   Les cellules épithéliales cancéreuses présentent la particularité de ne pas respecter les limites établies par la membrane basale et d'envahir les tissus sous-jacents. ■
6. **Régénération.** Les tissus épithéliaux possèdent une grande capacité de régénération. Cette propriété est importante puisque les cellules superficielles des épithéliums exposés à la friction s'usent et tombent. D'autres cellules sont quant à elles détruites par les substances nocives (bactéries, acides, fumée) présentes dans l'environnement. Si les cellules épithéliales reçoivent toutes les substances nutritives dont elles ont besoin, elles se divisent rapidement pour remplacer les cellules mortes.

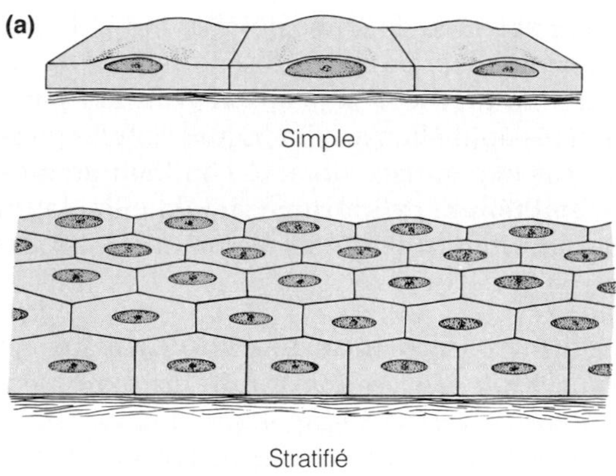

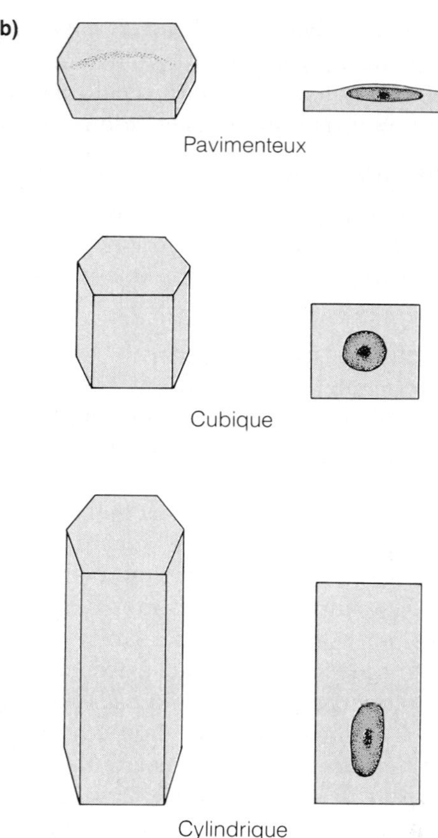

Figure 4.1 Classification des épithéliums. (**a**) Classification selon le nombre de couches de cellules. (**b**) Classification selon la forme des cellules. La cellule est représentée en entier à gauche et en coupe longitudinale à droite.

Classification des épithéliums

On classe les épithéliums selon deux critères structuraux: le nombre de couches de cellules et la forme de ces cellules (figure 4.1). On peut définir deux variétés d'épithélium en fonction du nombre de couches de cellules: l'épithélium simple et l'épithélium stratifié. L'**épithélium simple,** constitué d'une seule couche de cellules, est caractéristique des organes qui assument des fonctions d'absorption et de filtration, car sa minceur contribue à augmenter la vitesse de ces processus. L'**épithélium stratifié** se compose de plusieurs couches (strates) de cellules empilées les unes sur les autres. On le trouve en général aux endroits qui subissent beaucoup de friction, tels que la surface de la peau et la muqueuse buccale, où la protection qu'il offre est nécessaire.

Toutes les cellules épithéliales présentent la même structure tridimensionnelle à six côtés (assez irréguliers). Grâce à cette forme polyédrique, les cellules s'ajustent si bien les unes aux autres qu'une coupe transversale d'un feuillet épithélial ressemble aux rayons d'une ruche. Contrairement à celui des alvéoles d'une ruche, le volume des cellules épithéliales varie, ce qui fait varier leur hauteur. En fonction de leur hauteur, on distingue trois types de cellules épithéliales: les **cellules pavimenteuses,** aplaties et donnant l'aspect d'un pavage; les **cellules cubiques,** à peu près aussi hautes que larges; les **cellules cylindriques,** plus hautes que larges. Les cellules de ces épithéliums possèdent un noyau dont la forme correspond à la leur. Ainsi, les cellules pavimenteuses ont un noyau discoïde; les cellules cubiques, un noyau sphérique; les cellules cylindriques, un noyau situé près de la base de la cellule et s'étendant vers le haut. Il faut examiner la forme du noyau lorsqu'on essaye de reconnaître les types d'épithéliums.

Les différents termes employés pour décrire la forme et la disposition des cellules d'un épithélium (figure 4.1) se combinent pour donner une description complète de l'épithélium. Il est facile de classer les épithéliums simples puisqu'ils sont tous formés d'une seule couche de cellules de même forme. Il existe quatre grandes classes d'épithéliums simples: épithélium pavimenteux simple, épithélium cubique simple, épithélium cylindrique simple et épithélium cylindrique pseudostratifié (*pseudo* = faux), une forme d'épithélium simple ayant subi d'importantes modifications.

Il existe également quatre grandes classes d'épithéliums stratifiés: épithélium pavimenteux stratifié, épithélium cubique stratifié, épithélium cylindrique stratifié et une forme modifiée d'épithélium pavimenteux stratifié appelée épithélium de transition. Les seules formes significatives en termes d'abondance et de distribution dans l'organisme sont l'épithélium pavimenteux stratifié et l'épithélium de transition. Dans les épithéliums stratifiés, la forme des cellules diffère suivant les couches. Pour éviter toute confusion, on nomme les épithéliums stratifiés selon la forme des cellules de la surface libre et non selon celle des cellules plus profondes. Par exemple, les cellules apicales d'un épithélium pavimenteux stratifié sont pavimenteuses, mais ses cellules basales sont cubiques ou cylindriques.

Pendant que vous lisez le texte sur les différentes classes de tissus épithéliaux et que vous regardez les illustrations de la figure 4.2, gardez à l'esprit le fait que les tissus sont tridimensionnels mais qu'on les étudie à l'aide de coupes histologiques colorées observées au microscope. Il va de soi qu'on ne voit pas le tissu de la même manière quand on l'examine en coupe transversale et en coupe longitudinale. Selon l'angle de la coupe ayant servi à préparer les lames, il arrive malheureusement qu'on ne puisse pas voir le noyau de certaines cellules et que les limites de la membrane plasmique soient indistinctes.

Épithéliums simples

Les épithéliums simples assurent surtout des fonctions d'absorption, de filtration et de sécrétion. Comme ils sont habituellement très minces, ils ne jouent pas vraiment de rôle protecteur.

Épithélium pavimenteux simple. Les cellules d'un **épithélium pavimenteux simple** sont aplaties latéralement et leur cytoplasme est clairsemé (figure 4.2). La surface de cet épithélium ressemble à un dallage. Quand on fait une coupe perpendiculaire à la surface libre des cellules, celles-ci ont l'air d'œufs au plat vus de côté, leur cytoplasme s'étendant à partir du noyau légèrement saillant. On trouve cet épithélium mince et souvent perméable dans les endroits chargés de la filtration ou de l'échange de substances par diffusion rapide. Ainsi, l'épithélium pavimenteux simple forme une partie des minuscules filtres rénaux et constitue la paroi des sacs alvéolaires où s'effectuent les échanges gazeux dans les poumons.

Deux épithéliums pavimenteux simples portent des noms spéciaux. Le premier, l'**endothélium,** forme le revêtement lisse qui réduit la friction à l'intérieur des cavités du cœur, des vaisseaux sanguins et des vaisseaux lymphatiques. La paroi interne des capillaires sanguins est faite uniquement d'endothélium, et la minceur remarquable de ce tissu facilite les échanges de nutriments et de déchets entre le sang et les cellules des tissus environnants. Le **mésothélium** est l'épithélium des séreuses qui tapissent la paroi de la cavité antérieure et recouvrent les organes de cette cavité. (La composition des séreuses est détaillée à la p. 126.)

Épithélium cubique simple. L'**épithélium cubique simple** est constitué d'une seule couche de cellules cubiques (figure 4.2b). Le noyau sphérique de ces cellules prend beaucoup le colorant, de sorte que la couche de cellules ressemble à un collier de grosses boules quand on l'observe au microscope. L'épithélium cubique simple remplit des fonctions de sécrétion et d'absorption. Il est présent dans les glandes, dont il forme les portions sécrétrices ainsi que les canaux excréteurs. L'épithélium cubique simple des tubules rénaux possède des microvillosités très denses qui témoignent de son rôle actif dans la réabsorption des substances filtrées.

Épithélium cylindrique simple. L'**épithélium cylindrique simple** forme une couche de hautes cellules serrées les unes contre les autres, comme un rang de soldats au garde-à-vous (figure 4.2c). Un épithélium de ce type tapisse le tube digestif, de l'estomac au rectum. Il est associé à des fonctions d'absorption et de sécrétion, et la muqueuse du tube digestif possède deux caractéristiques reflétant cette double fonction: (1) des cellules absorbantes dont le pôle apical est doté de microvillosités denses; (2) des **cellules caliciformes** qui sécrètent un mucus protecteur et lubrifiant. Les cellules caliciformes, appelées ainsi parce qu'elles ont la forme d'un calice, contiennent des vésicules de sécrétion qui occupent presque tout leur pôle apical (voir la figure 4.3).

Certains épithéliums cylindriques simples présentent des cils sur leur surface libre. Cet épithélium plus rare, appelé **épithélium cylindrique simple cilié,** tapisse les trompes utérines et certaines régions des voies respiratoires.

Épithélium cylindrique pseudostratifié. L'**épithélium cylindrique pseudostratifié** est composé de cellules de forme variée (figure 4.2d). Toutes ces cellules reposent sur la membrane basale, mais certaines sont plus courtes que les autres et, de ce fait, n'atteignent pas la surface du feuillet de cellules. La forme de leurs noyaux varie également, de même que la hauteur à laquelle le noyau se situe dans les cellules. Ces caractéristiques donnent l'impression qu'il existe plusieurs couches de cellules alors qu'il n'en est rien, d'où le nom d'épithélium pseudostratifié. Cet épithélium remplit des fonctions de sécrétion et d'absorption. Une variété ciliée contenant des cellules caliciformes, appelée **épithélium pseudostratifié cilié,** tapisse la majeure partie des voies respiratoires supérieures. Le mucus produit par les cellules caliciformes retient la poussière inhalée et les autres débris, que les mouvements des cils chassent ensuite vers le haut, loin des poumons.

Épithéliums stratifiés

Les épithéliums stratifiés sont composés d'au moins deux couches de cellules superposées. Ils sont beaucoup plus durables que les épithéliums simples; c'est pourquoi ils remplissent principalement (mais pas uniquement) des fonctions de protection.

Épithélium pavimenteux stratifié. L'**épithélium pavimenteux stratifié** est le plus abondant des épithéliums stratifiés (figure 4.2g). Comme il se compose de plusieurs couches de cellules, il est épais et bien adapté à son rôle de protection. Les cellules de sa surface libre sont pavimenteuses et celles de ses couches plus profondes sont cubiques ou, moins souvent, cylindriques. On trouve cet épithélium aux endroits qui s'usent beaucoup. Les cellules de la surface libre sont continuellement usées par frottement et remplacées grâce aux divisions mitotiques des cellules situées directement au-dessus de la membrane basale. Parce que les épithéliums ont besoin des nutriments qui diffusent à partir d'une couche sous-jacente de tissu conjonctif, les cellules éloignées de la membrane basale sont moins viables que les autres et celles du pôle apical, les plus éloignées de toutes, sont souvent aplaties et atrophiées.

L'épithélium pavimenteux stratifié forme la partie externe de la peau et s'étend vers l'intérieur dans les orifices naturels. Il recouvre la langue et tapisse la bouche, le pharynx, l'œsophage, le canal anal et le vagin. La couche superficielle de la peau, ou *épiderme,* est constituée d'un **épithélium pavimenteux stratifié kératinisé,** appelé ainsi parce que ses cellules apicales contiennent de la *kératine,* une protéine imperméabilisante très résistante.

Suite du texte à la p. 111

Figure 4.2 Tissus épithéliaux. Épithéliums simples (a et b).

(a) Épithélium pavimenteux simple

Description: Couche unique de cellules aplaties au noyau central discoïde et au cytoplasme clairsemé; le plus simple des épithéliums

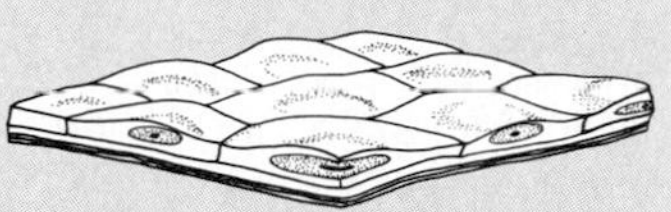

Localisation: Sacs alvéolaires des poumons; glomérules des reins; revêtement des cavités du cœur, des vaisseaux sanguins et des vaisseaux lymphatiques; revêtement de la cavité antérieure (séreuses)

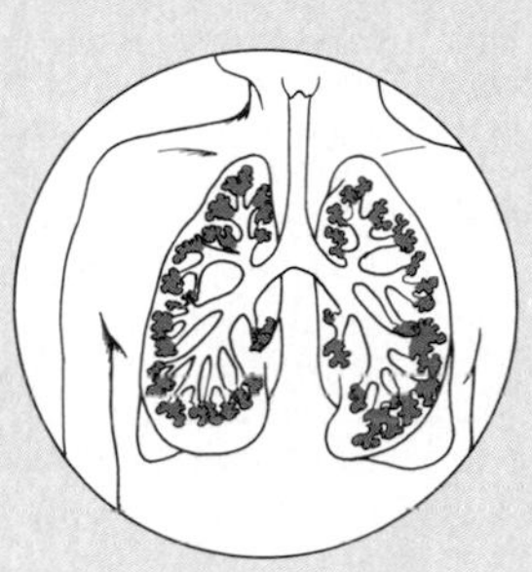

Fonction: Permet le passage de substances par diffusion et filtration aux endroits qui n'ont pas besoin de protection; dans les séreuses, sécrète des substances lubrifiantes

Photomicrographie: Épithélium pavimenteux simple de la paroi des alvéoles (sacs alvéolaires) pulmonaires (×280)

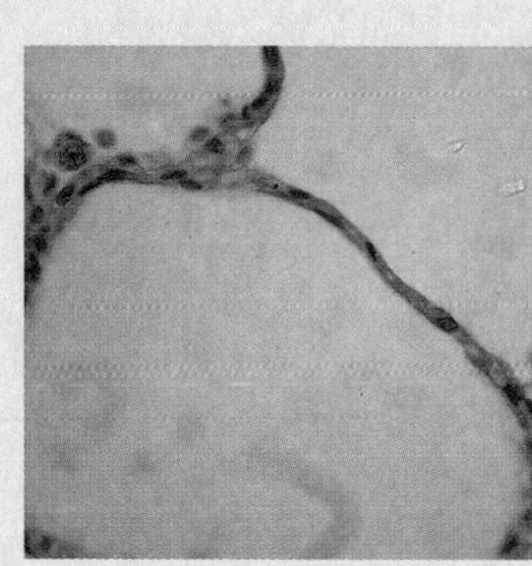

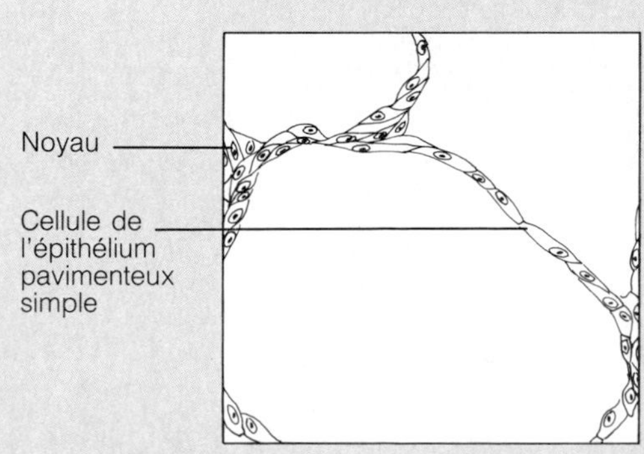

(b) Épithélium cubique simple

Description: Couche de cellules cubiques possédant un gros noyau sphérique situé au milieu

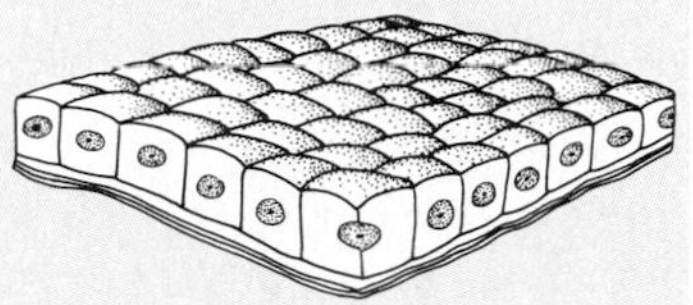

Localisation: Tubules rénaux; canaux et parties sécrétrices des petites glandes; surface des ovaires

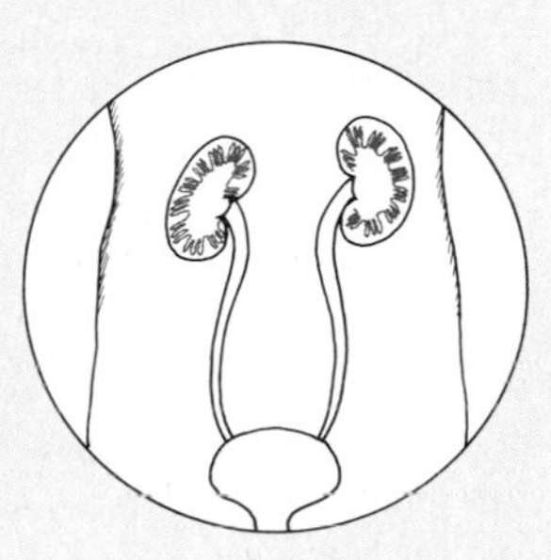

Fonction: Sécrétion et absorption

Photomicrographie: Épithélium cubique simple des tubules rénaux (×260)

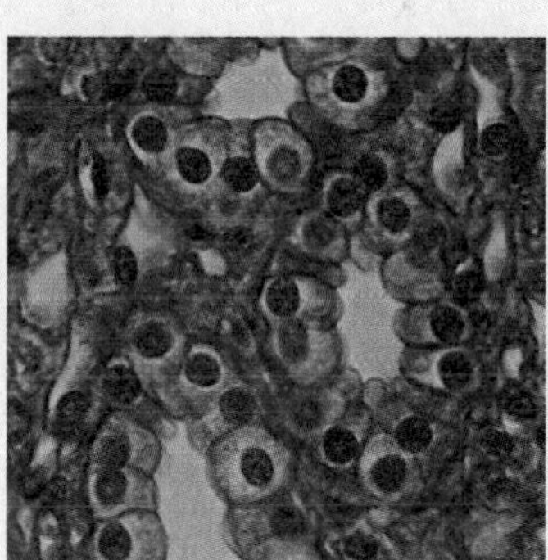

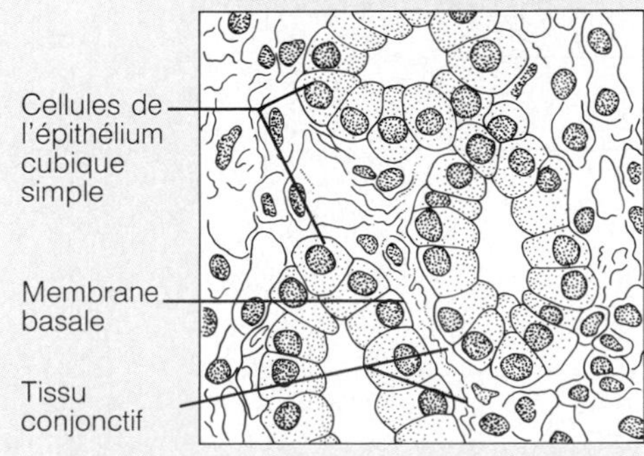

Figure 4.2 (suite) Épithéliums simples (c et d).

(c) Épithélium cylindrique simple

Description: Couche unique de hautes cellules au noyau *ovale*; la plupart des cellules possèdent des cils; peut contenir des cellules caliciformes (glandes qui sécrètent du mucus)

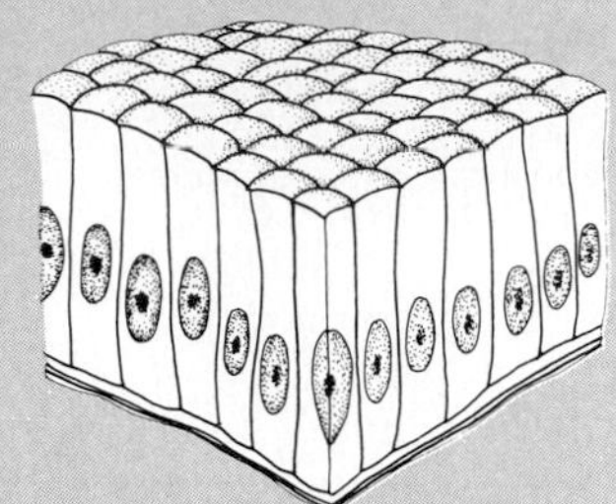

Localisation: La variété non ciliée tapisse la majeure partie du tube digestif (de l'estomac au canal anal), la vésicule biliaire et les canaux excréteurs de certaines glandes; la variété ciliée tapisse les petites bronches, les trompes utérines et certaines régions de l'utérus

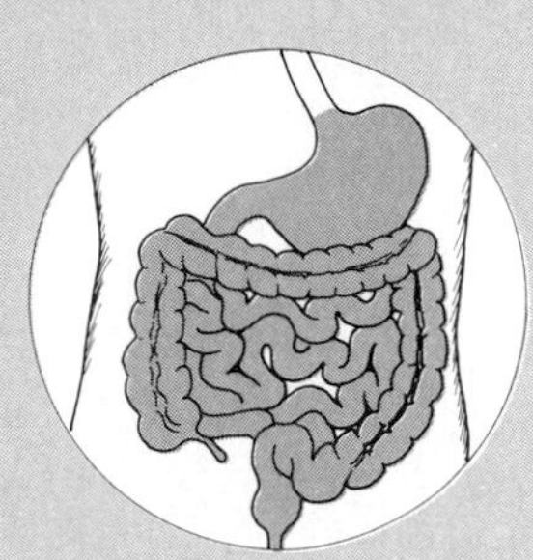

Fonction: Absorption; sécrétion de mucus, d'enzymes et d'autres substances; l'action des cils de la variété ciliée fait avancer le mucus (ou les cellules reproductrices)

Photomicrographie: Épithélium cylindrique simple de la muqueuse de l'estomac (×280)

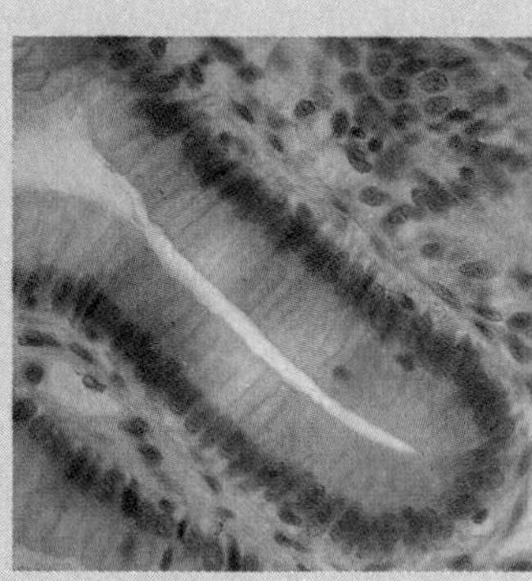

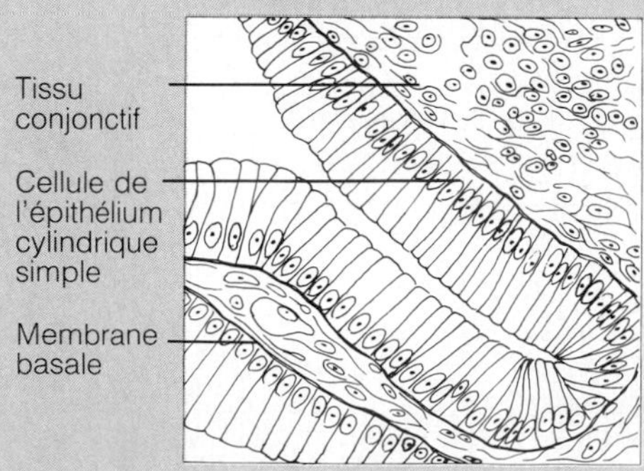

(d) Épithélium cylindrique pseudostratifié

Description: Couche unique de cellules de diverses hauteurs, qui n'atteignent pas toutes la surface libre; noyaux observables à différents niveaux; peut contenir des cellules caliciformes et présenter des cils

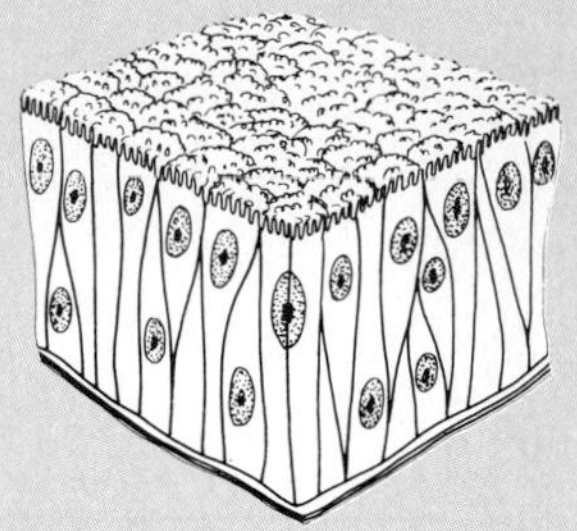

Localisation: La variété non ciliée tapisse les canaux des grosses glandes et certaines parties de l'urètre de l'homme; la variété ciliée tapisse la trachée et la majeure partie des voies respiratoires supérieures

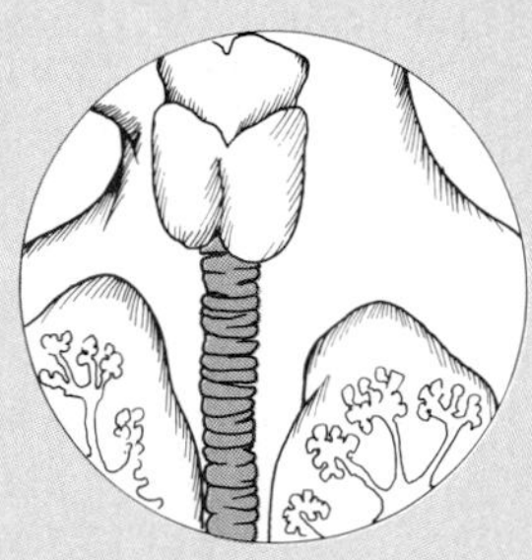

Fonction: Sécrétion, en particulier de mucus; déplacement du mucus par l'action ciliaire

Photomicrographie: Épithélium cylindrique pseudostratifié cilié tapissant la trachée (×430)

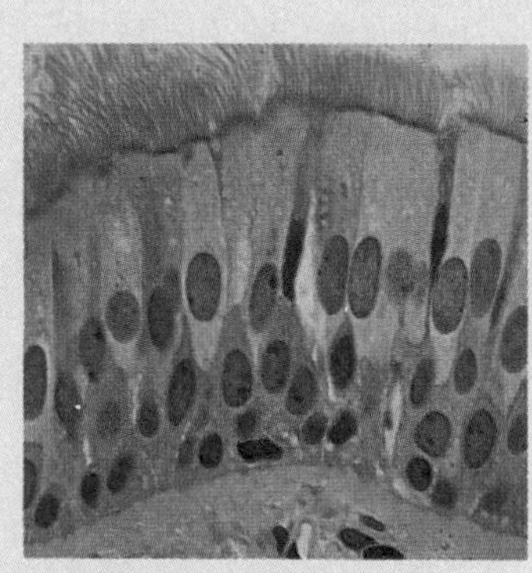

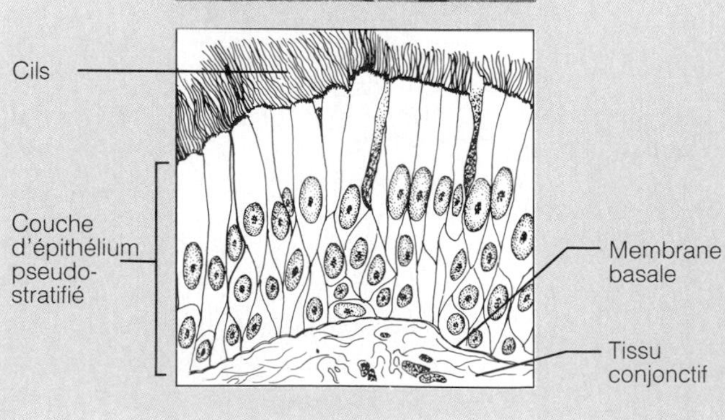

Figure 4.2 (suite) Épithéliums stratifiés (e et f).

(e) Épithélium pavimenteux stratifié

Description: Épaisse membrane faite de plusieurs couches de cellules; les cellules situées près de la membrane basale sont cubiques ou cylindriques et présentent une activité métabolique; les cellules apicales sont aplaties (pavimenteuses); dans la variété kératinisée, les cellules apicales sont mortes et pleines de kératine; les cellules souches localisées près de la membrane basale subissent des mitoses et produisent les cellules des couches plus superficielles

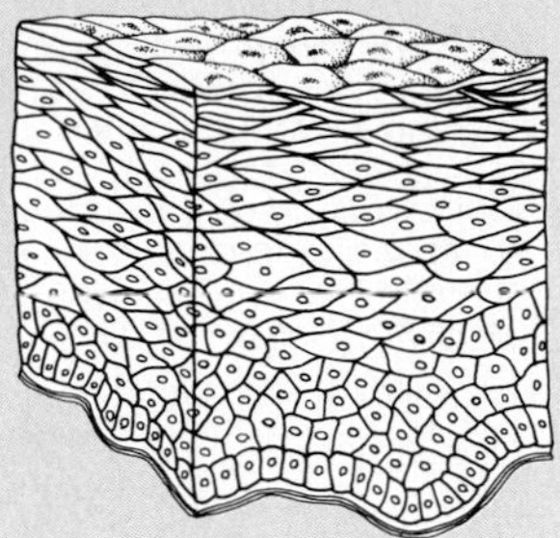

Localisation: La variété non kératinisée forme les muqueuses de l'œsophage, de la bouche et du vagin; la variété kératinisée forme l'épiderme de la peau

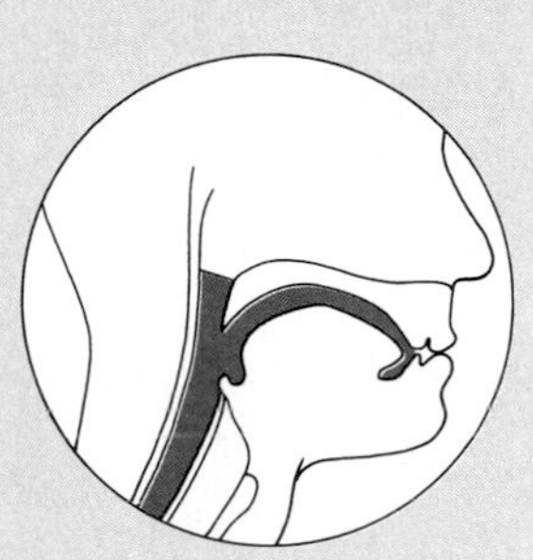

Fonction: Protège les tissus sous-jacents dans les régions sujettes à l'abrasion

Photomicrographie: Épithélium pavimenteux stratifié qui tapisse l'œsophage (× 173)

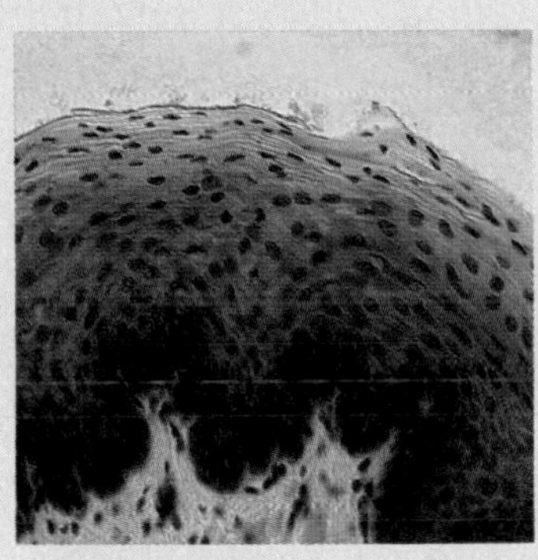

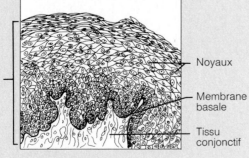

Épithélium pavimenteux stratifié

Noyaux

Membrane basale

Tissu conjonctif

(f) Épithélium cubique stratifié

Description: Composé en général de deux couches de cellules cubiques

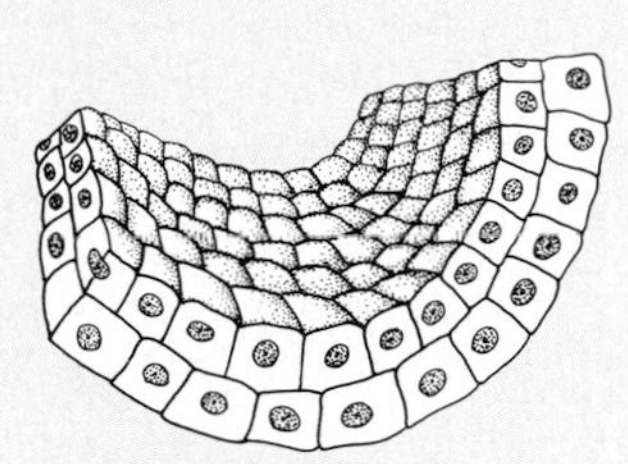

Localisation: Plus gros canaux des glandes sudoripares, glandes mammaires et glandes salivaires

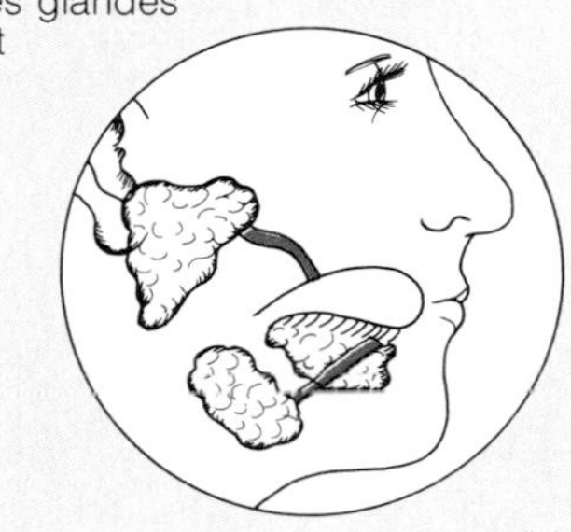

Fonction: Protection

Photomicrographie: Épithélium cubique stratifié formant un canal d'une glande salivaire (× 400)

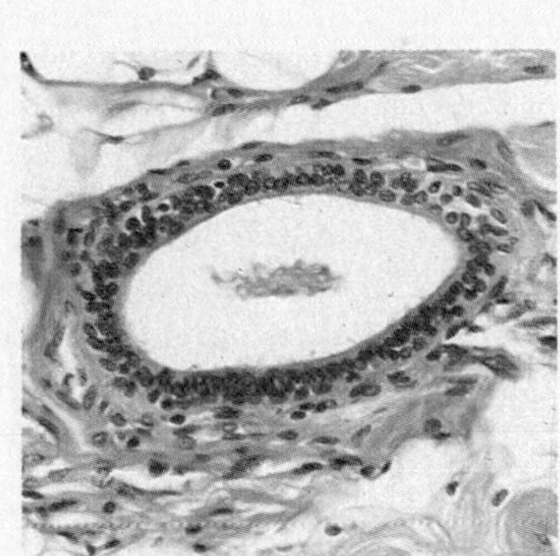

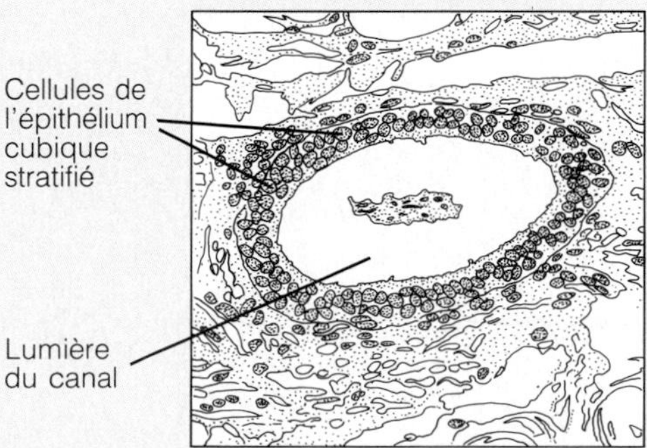

Figure 4.2 (suite) Épithéliums stratifiés (g et h).

(g) Épithélium cylindrique stratifié

Description: Plusieurs couches de cellules; cellules adjacentes à la membrane basale généralement cubiques; cellules superficielles allongées et cylindriques

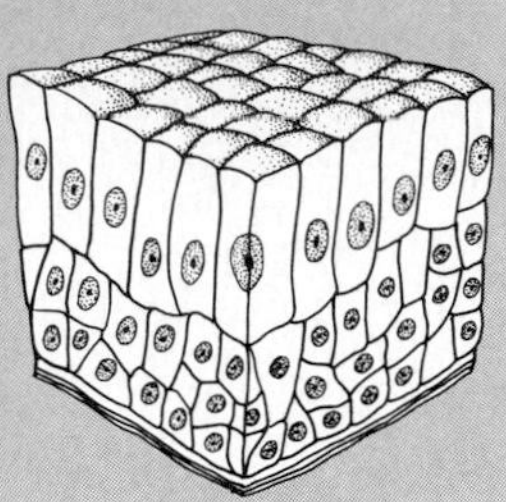

Localisation: Rare; présent dans l'urètre de l'homme et les gros canaux de certaines glandes

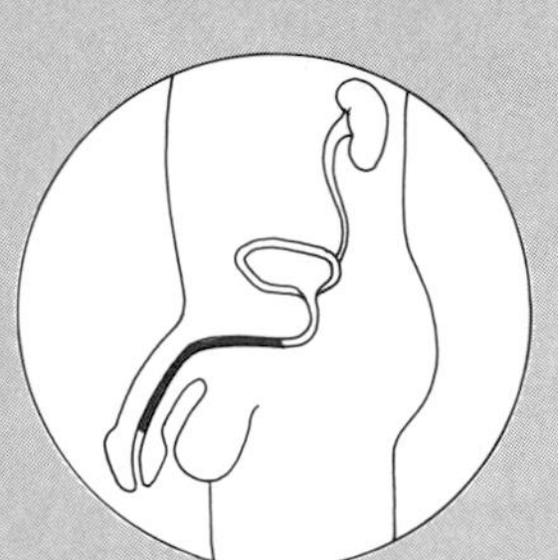

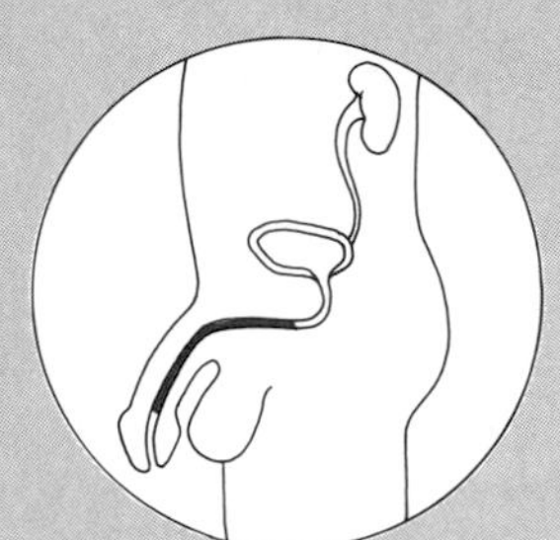

Fonction: Protection; sécrétion

Photomicrographie: Épithélium cylindrique stratifié tapissant l'urètre de l'homme (×360)

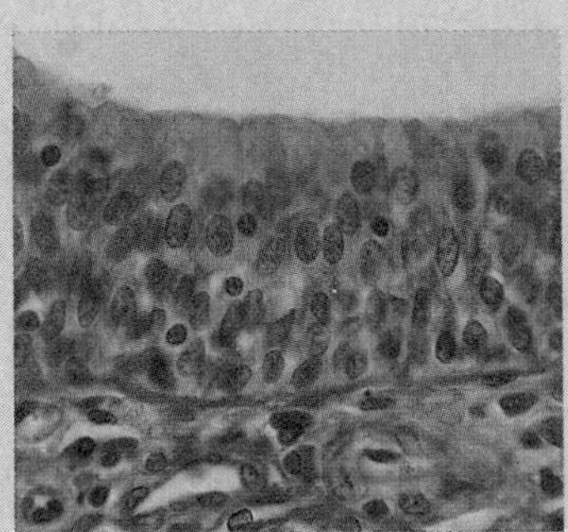

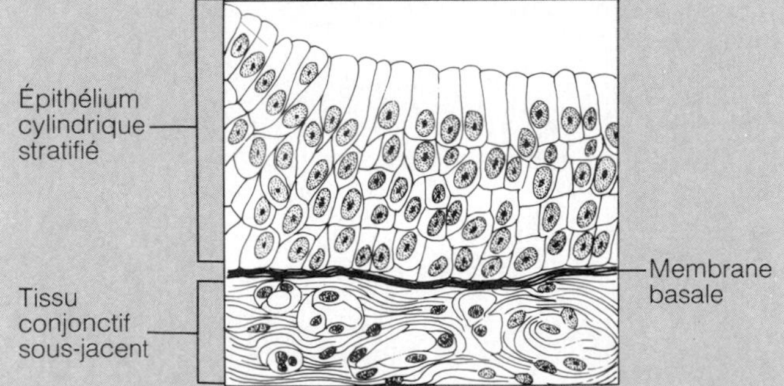

(h) Épithélium de transition

Description: Ressemble à l'épithélium pavimenteux stratifié et à l'épithélium cubique stratifié; les cellules adjacentes à la membrane basale sont cubiques ou cylindriques; les cellules superficielles sont bombées ou aplaties, selon le degré d'étirement de l'organe

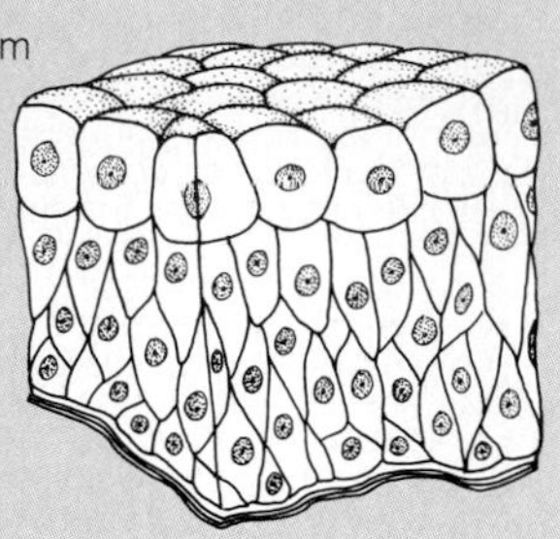

Localisation: Tapisse les uretères, la vessie et une partie de l'urètre

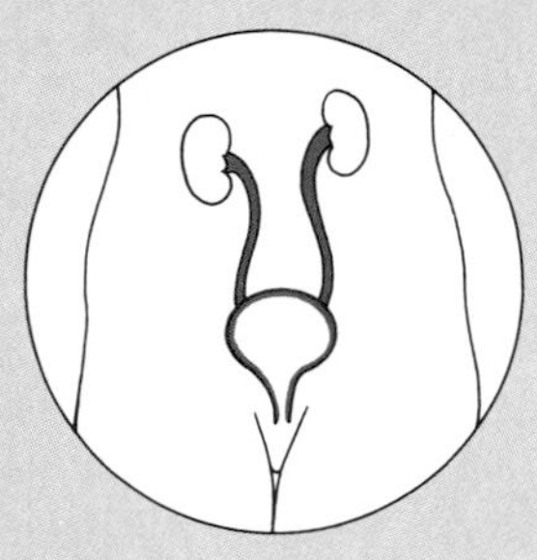

Fonction: S'étire facilement et permet la distension des organes provoquée par l'urine

Photomicrographie: Épithélium de transition tapissant la vessie, à l'état de repos (×170); remarquez les cellules superficielles bombées, qui s'aplatissent et s'étendent quand la vessie est pleine d'urine

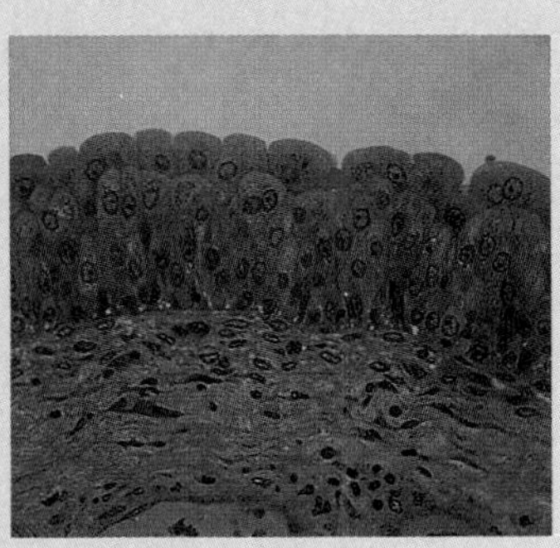

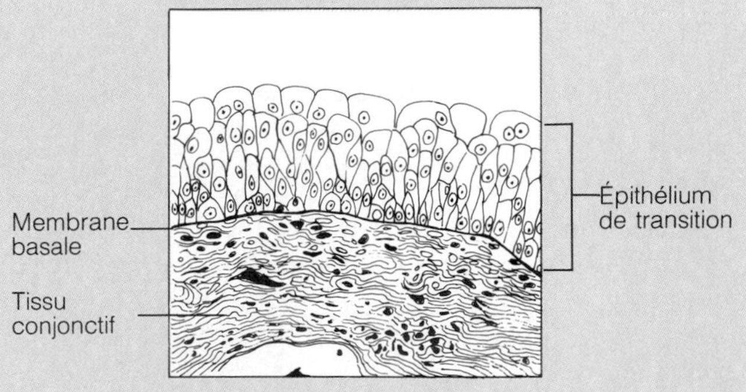

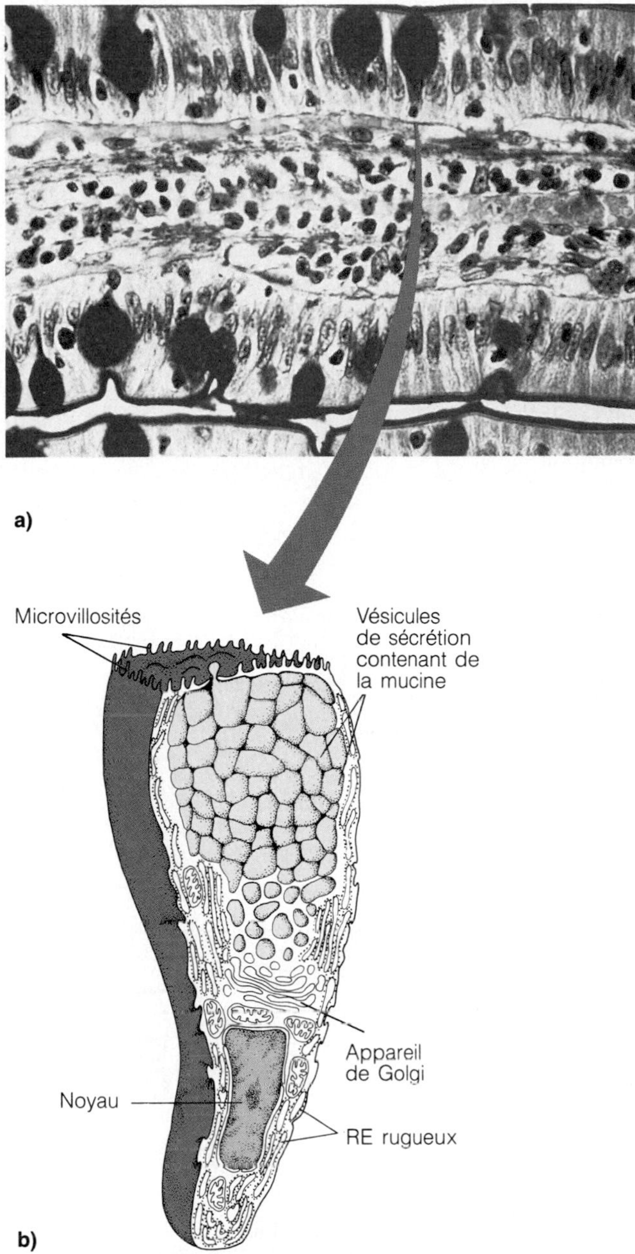

Figure 4.3 Les cellules caliciformes, exemple de glande exocrine unicellulaire. (**a**) Photomicrographie de l'épithélium cylindrique simple des intestins, doté de cellules caliciformes (env. ×300). (**b**) Schéma de l'ultrastructure d'une cellule caliciforme. Remarquez l'abondance du réticulum endoplasmique (RE) rugueux, qui synthétise la mucine, et le gros appareil de Golgi, qui emballe la mucine dans des vésicules de sécrétion.

(Nous étudierons l'épiderme, qui forme le revêtement protecteur du corps, au chapitre 5.) Les autres épithéliums pavimenteux stratifiés du corps humain ne sont pas kératinisés.

Épithélium cubique stratifié. Généralement composé de deux couches de cellules, l'**épithélium cubique stratifié** est peu abondant (figure 4.2f). On le trouve surtout dans les canaux des glandes sudoripares et des autres grosses glandes.

Épithélium cylindrique stratifié. Le véritable **épithélium cylindrique stratifié** est rare. On le trouve aux endroits énumérés à la figure 4.2g. Ses cellules superficielles sont cylindriques, alors que celles de ses couches plus profondes sont petites et de formes variées.

Épithélium de transition. L'**épithélium de transition** tapisse les organes du système urinaire, qui sont soumis à d'importantes variations de la pression interne et à des étirements considérables, suivant la quantité d'urine qu'ils contiennent (figure 4.2 h). Les cellules situées près de la membrane basale sont cubiques ou cylindriques. L'aspect des cellules apicales varie en fonction de la distension de l'organe. Lorsque celui-ci n'est pas étiré, la muqueuse présente plusieurs couches de cellules et ses cellules superficielles sont bombées. Quand l'urine provoque une distension de l'organe, l'épithélium s'amincit (subit une transition) et passe de six couches de cellules à trois. En outre, ses cellules apicales prennent l'aspect de cellules pavimenteuses. Grâce à leur capacité de glisser les unes sur les autres et de changer de forme, les cellules de l'épithélium de transition permettent l'écoulement d'une plus grande quantité d'urine dans les organes tubulaires et le stockage d'un important volume d'urine dans la vessie.

Épithéliums glandulaires

Une **glande** est constituée de cellules (de une à plusieurs milliers) qui produisent et sécrètent un produit particulier. Ce produit, appelé *sécrétion,* est un liquide aqueux (à base d'eau) contenant généralement des protéines. La sécrétion est aussi le processus actif par lequel les cellules glandulaires tirent certaines substances du sang et leur font subir un traitement chimique les transformant en un produit de sécrétion cellulaire qui sera ensuite excrété. Prenez note que le terme *sécrétion* désigne à la fois le *produit* de la glande et le *processus* de fabrication et de libération de ce produit.

Les glandes sont dites *endocrines* ou *exocrines,* selon la façon dont leur sécrétion est acheminée, et *unicellulaires* ou *multicellulaires,* selon qu'elles sont formées d'une cellule ou d'un grand nombre de cellules. Au cours du développement embryonnaire, la plupart des glandes épithéliales multicellulaires se forment par invagination d'un feuillet épithélial. Elles restent, du moins pour un certain temps, reliées par des conduits à ce feuillet épithélial.

Glandes endocrines

Parce que les **glandes endocrines** perdent éventuellement leurs conduits, on dit que ce sont des **glandes à sécrétion interne.** Elles synthétisent des substances régulatrices appelées **hormones,** qu'elles sécrètent directement dans le liquide interstitiel. Les hormones pénètrent alors dans le sang et la lymphe. Comme les glandes endocrines ne dérivent pas toutes de tissus épithéliaux, nous avons

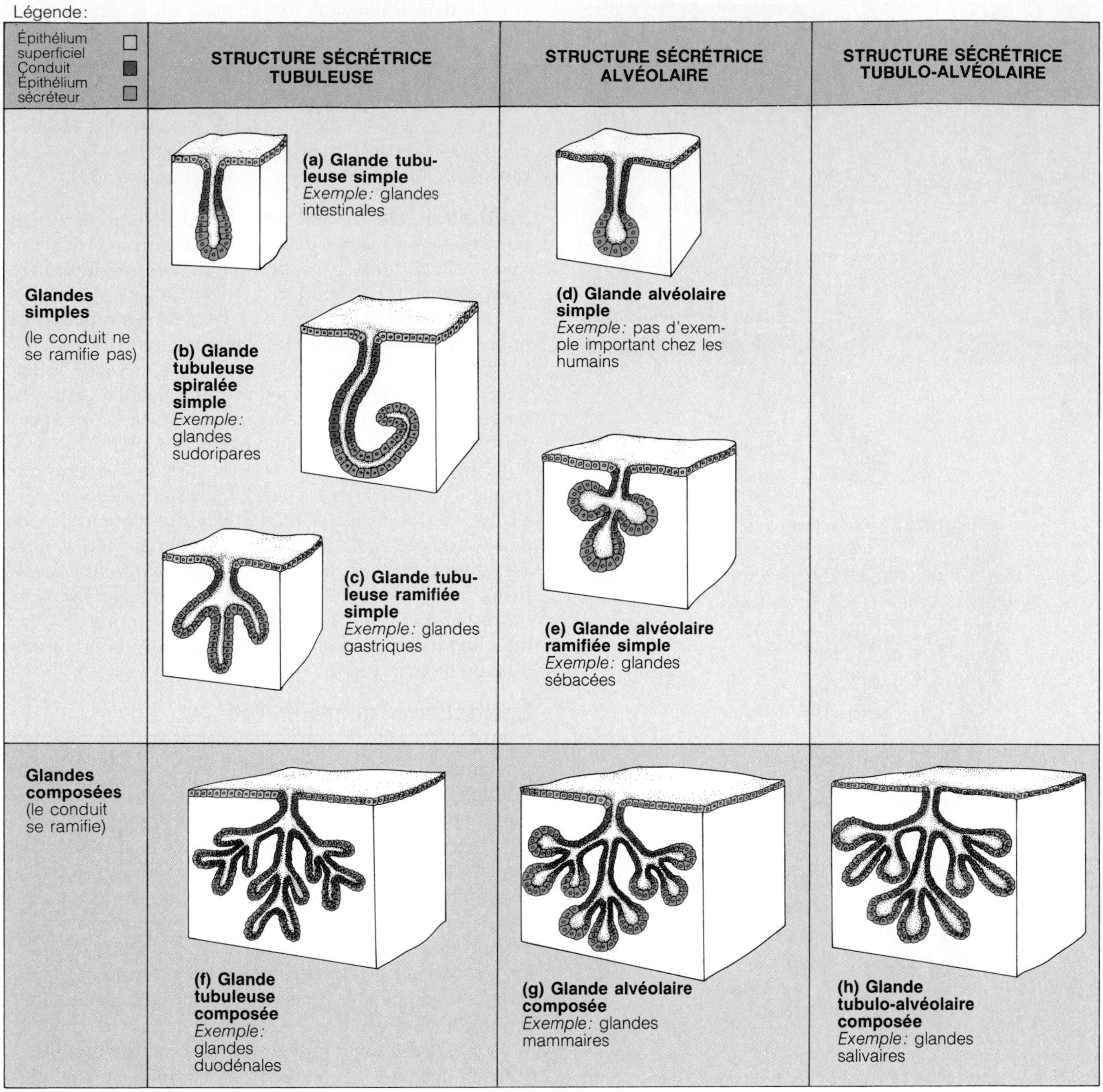

Légende : Épithélium superficiel □ Conduit ■ Épithélium sécréteur □	STRUCTURE SÉCRÉTRICE TUBULEUSE	STRUCTURE SÉCRÉTRICE ALVÉOLAIRE	STRUCTURE SÉCRÉTRICE TUBULO-ALVÉOLAIRE
Glandes simples (le conduit ne se ramifie pas)	**(a) Glande tubuleuse simple** *Exemple :* glandes intestinales **(b) Glande tubuleuse spiralée simple** *Exemple :* glandes sudoripares **(c) Glande tubuleuse ramifiée simple** *Exemple :* glandes gastriques	**(d) Glande alvéolaire simple** *Exemple :* pas d'exemple important chez les humains **(e) Glande alvéolaire ramifiée simple** *Exemple :* glandes sébacées	
Glandes composées (le conduit se ramifie)	**(f) Glande tubuleuse composée** *Exemple :* glandes duodénales	**(g) Glande alvéolaire composée** *Exemple :* glandes mammaires	**(h) Glande tubulo-alvéolaire composée** *Exemple :* glandes salivaires

Figure 4.4 Types de glandes exocrines multicellulaires. Les glandes multicellulaires sont classées selon le type de conduits (simples ou composées) et la structure de leurs unités sécrétrices (tubuleuses, alvéolaires ou tubulo-alvéolaires).

choisi d'en expliquer la structure et la fonction au chapitre 17.

Glandes exocrines

Les **glandes exocrines** sont beaucoup plus nombreuses que les glandes endocrines et leurs produits nous sont plus familiers. Par l'intermédiaire d'un conduit, les glandes multicellulaires déversent leurs produits à la surface du corps ou dans une de ses cavités naturelles. Il existe une grande variété de glandes exocrines : glandes sudoripares et sébacées, glandes salivaires, foie (qui sécrète la bile), pancréas (qui synthétise des enzymes digestives), glandes mammaires (qui produisent le lait), glandes muqueuses, etc.

Glandes exocrines unicellulaires.

Les **glandes exocrines unicellulaires** sont des cellules interposées parmi les autres cellules d'un épithélium. Elles ne possèdent pas de conduits. Chez les humains, ces glandes produisent toutes de la **mucine,** une glycoprotéine complexe qui est soluble dans l'eau. La mucine dissoute forme le **mucus,** un enduit visqueux qui protège et lubrifie

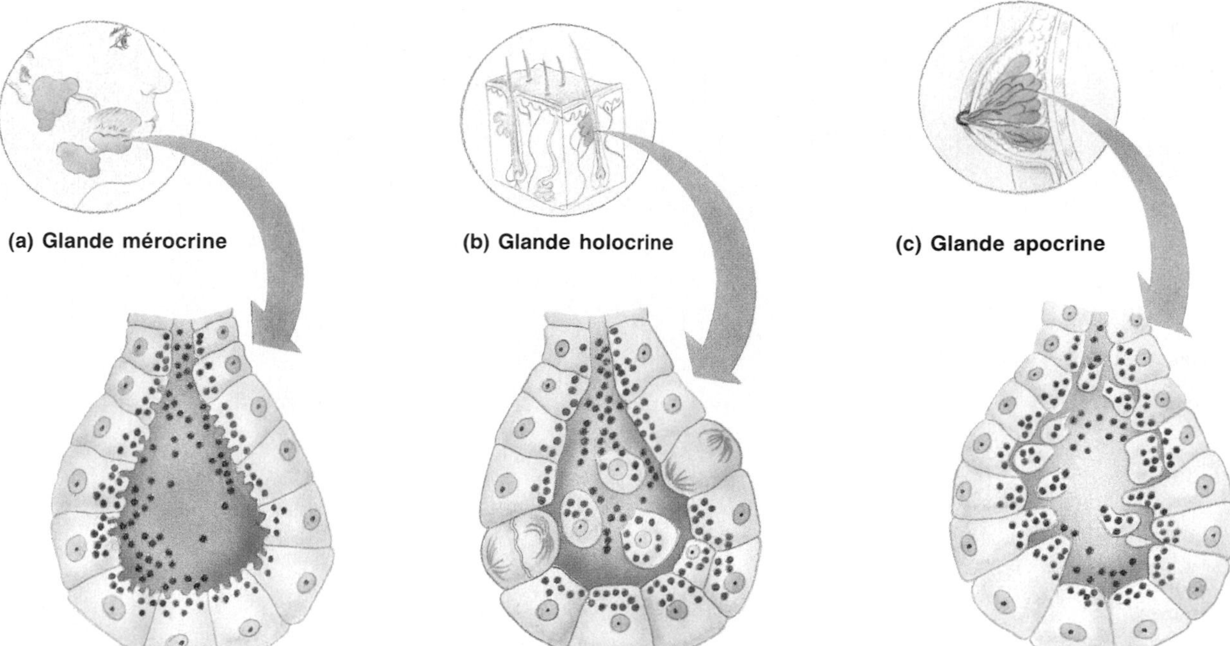

Figure 4.5 Modes de sécrétion des glandes exocrines. (**a**) Les glandes mérocrines sécrètent leurs produits par exocytose au pôle apical des cellules. (**b**) Dans les glandes holocrines, les cellules sécrétrices se rompent, ce qui libère les sécrétions et les fragments des cellules mortes. (**c**) Dans les glandes apocrines, le pôle apical de chaque cellule sécrétrice forme une vacuole qui se détache et libère les sécrétions.

la surface de l'épithélium. Les seules glandes unicellulaires importantes chez les humains sont les **cellules caliciformes** dispersées au sein de l'épithélium cylindrique qui tapisse le tube digestif et les voies respiratoires (figure 4.3). Même si les glandes unicellulaires sont probablement plus nombreuses que les glandes multicellulaires, on les connaît beaucoup moins bien que ces dernières.

Glandes exocrines multicellulaires. Toutes les **glandes exocrines multicellulaires** possèdent les deux éléments structuraux suivants: un *conduit* dérivé de l'épithélium et une *partie sécrétrice* composée de cellules sécrétrices. En outre, dans toutes ces glandes sauf les plus simples, du *tissu conjonctif de soutien* entoure la partie sécrétrice et lui amène des vaisseaux sanguins et des nerfs. Le tissu conjonctif forme souvent une *capsule fibreuse* qui se prolonge dans la glande elle-même et la divise en lobes.

Les glandes multicellulaires sont classées dans deux grandes catégories en fonction de la structure de leurs conduits. Les **glandes simples** n'ont qu'un seul conduit sans ramification, alors que les **glandes composées** possèdent un conduit doté de ramifications. On peut par ailleurs décrire les glandes en fonction de la structure de leurs parties sécrétrices. Il existe ainsi (1) des **glandes tubuleuses,** où les cellules sécrétrices forment un tube; (2) des **glandes alvéolaires,** où les cellules sécrétrices forment de petits sacs (*alveolus* = petite cavité); (3) des **glandes tubulo-alvéolaires,** composées d'unités sécrétrices tubulaires et d'unités sécrétrices alvéolaires. Prenez note que le terme **acineuse** (*acinus* = grain de raisin) peut être employé comme synonyme de «alvéolaire». On combine les termes qui indiquent la structure des conduits et celle des parties sécrétrices afin de donner une description complète de la glande (figure 4.4).

Les glandes multicellulaires n'excrètent pas toutes leurs produits de la même manière. C'est pourquoi on les classe également en fonction de leur mode de sécrétion. La majorité des glandes exocrines sont des **glandes mérocrines,** qui expulsent leurs produits par exocytose (au pôle apical de la cellule) peu de temps après les avoir synthétisés. Leurs cellules sécrétrices ne sont pas modifiées par ce processus. Le pancréas, la majorité des glandes sudoripares ainsi que les glandes salivaires appartiennent à cette catégorie (figure 4.5a).

Les cellules sécrétrices des **glandes holocrines** accumulent leurs produits jusqu'à ce que ceux-ci provoquent leur rupture. (Elles sont remplacées grâce à la division des cellules souches sous-jacentes.) Comme les sécrétions des glandes holocrines se composent à la fois du produit synthétisé et des fragments des cellules mortes (*holos* = entier), on peut dire que ces cellules «se sacrifient à leur cause». Les glandes sébacées de la peau sont nos seules glandes holocrines véritables (figure 4.5b).

Les **glandes apocrines** accumulent elles-aussi leurs produits, sauf qu'elles les stockent juste sous la surface libre de leurs cellules (figure 4.5c). Éventuellement, le pôle apical de chaque cellule se détache (*apo* = hors de), ce qui libère la sécrétion. La cellule se répare, et le processus peut se répéter maintes et maintes fois. La question de la présence de glandes apocrines chez les êtres humains fait l'objet d'une controverse, mais d'autres animaux en possèdent incontestablement. Chez les humains, les seules glandes qu'on pourrait considérer comme apocrines sont les glandes mammaires. Parce que les cellules des glandes mammaires ne perdent qu'une

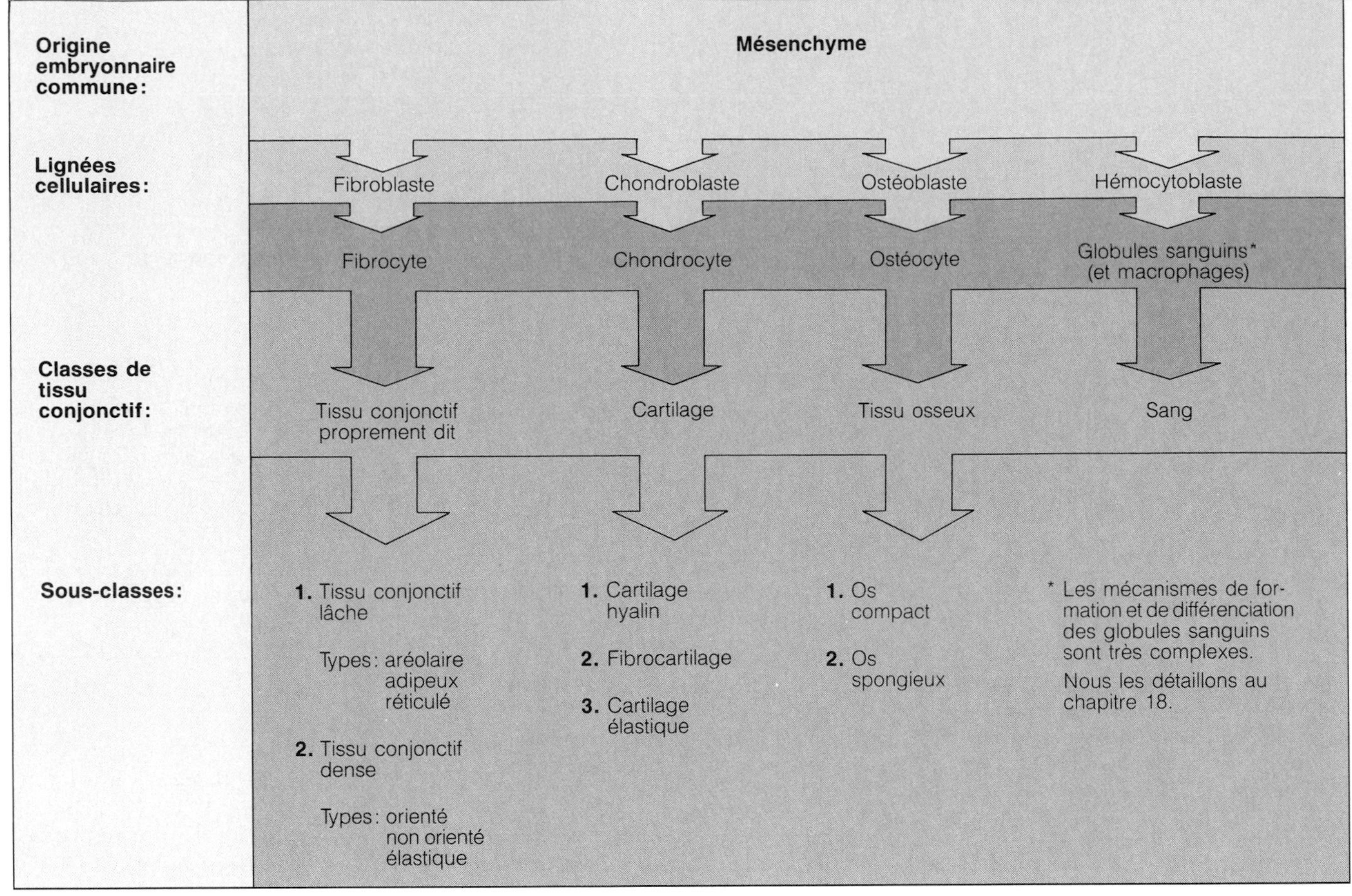

Figure 4.6 Principales classes de tissu conjonctif. Toutes ces classes proviennent du même tissu embryonnaire (le mésenchyme).

infime partie de leur cytoplasme, de nombreux histologistes préfèrent toutefois classer ces glandes parmi les glandes mérocrines.

Tissu conjonctif

On trouve du **tissu conjonctif** partout dans le corps humain. Ce tissu est en effet le plus abondant et le plus répandu des tissus primaires, encore que les organes en possèdent des quantités très variables. Par exemple, la peau est surtout composée de tissu conjonctif, alors que le cerveau n'en contient presque pas.

Le tissu conjonctif (*conjunctivus* = qui sert à lier) est bien davantage qu'un tissu de connexion: il adopte plusieurs formes et exerce de nombreuses fonctions. Les grandes classes de tissu conjonctif sont le tissu conjonctif proprement dit, le cartilage, le tissu osseux et le sang. Ses principales fonctions sont: (1) la *fixation* et le *soutien,* (2) la *protection,* (3) l'*isolation* et, dans le cas du sang, (4) le *transport* de substances à l'intérieur du corps. Ainsi, certaines structures allongées de tissu conjonctif (tendons) rattachent les muscles aux os, et une autre variété de tissu conjonctif fin et résistant pénètre dans les organes mous afin d'assurer la cohésion de leurs cellules. Le tissu osseux et le cartilage soutiennent et protègent les organes en les «étayant» solidement; les coussins de tissu adipeux isolent et protègent les organes, en plus de constituer des réserves d'énergie.

Caractéristiques des tissus conjonctifs

Malgré leurs fonctions multiples et variées, les tissus conjonctifs ont certaines propriétés communes qui les distinguent des autres groupes de tissus primaires.

1. **Origine commune.** Étant donné que tous les tissus conjonctifs proviennent du **mésenchyme,** un tissu embryonnaire dérivé du mésoderme (un des feuillets embryonnaires), ils présentent des liens de parenté (figure 4.6). Les feuillets embryonnaires sont décrits plus loin dans ce chapitre (p. 132).

2. **Degrés de vascularisation.** On peut dire que les tissus épithéliaux sont toujours avasculaires et que les tissus musculaires et nerveux sont toujours très vascularisés, mais on ne peut généraliser sur ce point au sujet des tissus conjonctifs, puisqu'ils présentent tous les degrés de vascularisation: le cartilage est avasculaire, le tissu conjonctif dense est peu vascularisé et les autres types de tissu conjonctif sont riches en vaisseaux sanguins.

3. **Matrice extracellulaire.** Alors que les autres tissus primaires sont composés principalement de cellules, les

tissus conjonctifs sont en grande partie constitués de **matrice extracellulaire** inanimée. Celle-ci s'insinue entre les cellules du tissu, qu'elle éloigne parfois considérablement les unes des autres. Grâce à cette matrice, le tissu conjonctif peut soutenir des poids (pressions), résister à des tensions considérables et supporter des agressions, comme les traumas et le frottement, auxquelles aucun autre tissu ne pourrait résister.

Éléments structuraux du tissu conjonctif

Lorsqu'on étudie les tissus conjonctifs, il faut considérer trois éléments structuraux: la substance fondamentale, les fibres et les cellules. La substance fondamentale et les fibres composent la matrice extracellulaire. (Certains auteurs emploient le terme *matrice* pour désigner la substance fondamentale seulement.) Étant donné que les propriétés des cellules de même que la composition de la substance fondamentale et l'arrangement des fibres varient considérablement, il existe une variété étonnante de tissus conjonctifs. Chacun de ces tissus est parfaitement adapté à sa fonction spécifique: la matrice peut former un «capitonnage» souple et délicat autour d'un organe ou, au contraire, des «cordages» (tendons et ligaments) d'une résistance incroyable à la tension et à la pression.

Substance fondamentale

La **substance fondamentale** est un matériau amorphe (astructuré) qui occupe les espaces séparant les cellules et qui retient les fibres. Elle est constituée de liquide interstitiel et de *protéoglycanes.* Les protéoglycanes se composent d'une protéine centrale à laquelle sont greffés des *glycosaminoglycanes* (GAG) comme la chondroïtine-sulfate. Les GAG sont de gros polysaccharides de charge négative qui font saillie de la protéine centrale comme les poils d'une brosse pour bouteilles. De forme allongée, les GAG s'enroulent et s'entrelacent, et leurs charges négatives attirent les molécules d'eau, afin de former une substance dont la consistance varie entre celle d'un liquide et celle d'un gel hydraté. Un type particulier de GAG, l'**acide hyaluronique,** ne participe pas à la synthèse des protéoglycanes, mais est présent dans presque tous les tissus conjonctifs. La quantité relative d'acide hyaluronique dans la substance fondamentale contribue, comme les GAG des protéoglycanes, à fixer un important volume d'eau, qui détermine la consistance et la fonction de chaque type de tissu conjonctif.

La substance fondamentale est une sorte de tamis moléculaire, qui permet aux nutriments et aux autres substances dissoutes de diffuser des capillaires aux cellules et vice versa. Les fibres de la matrice gênent quelque peu la diffusion. Elles réduisent en outre la flexibilité de la substance fondamentale.

Fibres

La matrice du tissu conjonctif peut contenir trois types de fibres: fibres collagènes, élastiques et réticulées. Les fibres collagènes sont beaucoup plus abondantes que les autres.

Les **fibres collagènes** sont principalement constituées de *collagène,* une protéine fibreuse. Les molécules de collagène sont sécrétées dans le liquide interstitiel, où elles se combinent spontanément pour former des fibres. Les fibres collagènes sont solides, flexibles et légèrement élastiques; elles confèrent à la matrice une grande résistance à la traction (force longitudinale provoquant l'extension). Des tests ont en effet démontré que les fibres collagènes sont plus résistantes que des fibres d'acier du même diamètre! À l'état frais, les fibres collagènes sont blanches et brillantes; c'est pourquoi on les appelle aussi *fibres blanches.*

Les **fibres élastiques** sont composées d'une forte proportion d'une autre protéine fibreuse, l'*élastine.* L'élastine est enroulée irrégulièrement sur elle-même: cette structure lui permet de s'étirer puis de reprendre sa forme, comme un élastique. La présence d'élastine rend la matrice caoutchouteuse, c'est-à-dire à la fois souple et résistante aux chocs. Quand le tissu conjonctif est étiré, les fibres collagènes, toujours présentes dans les tissus qui contiennent des fibres élastiques, s'étirent un peu puis se «bloquent» en extension complète. Elles limitent ainsi le degré d'étirement et empêchent le tissu de se déchirer. Lorsque la pression ou la tension est relâchée, les fibres élastiques reviennent à leur position initiale et le tissu conjonctif reprend sa longueur normale. Les fibres élastiques sont présentes dans les endroits où l'élasticité constitue une propriété importante, comme la peau, les poumons et les vaisseaux sanguins. Parce que les fibres élastiques sont jaunâtres, on les appelle parfois *fibres jaunes.*

Les **fibres réticulées,** ou fibres de réticuline, sont de minces fibres collagènes (de forme et de propriétés chimiques différentes de celles des fibres collagènes proprement dites) qui se continuent avec les fibres collagènes. Elles ont un très grand nombre de ramifications formant de fins réseaux (*reticulum* = petit filet) qui entourent les petits vaisseaux sanguins et soutiennent les tissus mous des organes. Les fibres réticulées sont particulièrement abondantes aux endroits où le tissu conjonctif s'unit à un autre type de tissu, notamment dans la membrane basale des tissus épithéliaux.

Cellules

Chaque grande classe de tissu conjonctif possède un type fondamental de cellules présentes sous forme immature et sous forme adulte (voir la figure 4.6). Les cellules souches indifférenciées, indiquées par le suffixe *blaste* (qui signifie littéralement «germe»), subissent des mitoses et sécrètent la substance fondamentale ainsi que les protéines fibreuses qui forment les fibres propres à leur matrice. Chaque classe de tissu conjonctif possède un type particulier de cellules blastiques: (1) **fibroblastes** dans le tissu conjonctif proprement dit; (2) **chondroblastes** dans le cartilage; (3) **ostéoblastes** dans les os; (4) **hémocytoblastes** dans la moelle rouge des os.

Après la synthèse de la matrice, les cellules blastiques acquièrent leur forme adulte, moins active, indiquée par le suffixe *cyte* (voir la figure 4.6). Les cellules adultes sont responsables du maintien de l'intégrité de la matrice. Si la matrice subit des lésions, les cellules adultes peuvent retourner à un état plus actif afin de la réparer et de la régénérer. (Remarquez que les hémocytoblastes, cellules souches de la moelle rouge des os, n'arrêtent jamais de subir des mitoses afin de remplacer les vieux globules rouges.)

Le tissu conjonctif proprement dit, en particulier le tissu conjonctif lâche (aréolaire), renferme plusieurs autres types de cellules, notamment des cellules adipeuses qui stockent les nutriments sous forme de triglycérides et des cellules mobiles qui migrent de la circulation sanguine vers le tissu conjonctif. Citons notamment les globules blancs (neutrophiles, éosinophiles, basophiles, lymphocytes, monocytes) intervenant dans la réponse tissulaire aux agressions. Certains de ces globules blancs subissent des transformations dans le tissu conjonctif et deviennent des mastocytes, des macrophages et des plasmocytes.

Toutes ces cellules seront décrites dans les chapitres pertinents, mais nous désirons aborder ici l'étude des mastocytes et des macrophages, à cause de leur rôle primordial dans la défense de l'organisme. Les **mastocytes** sont des cellules ovales que l'on retrouve dans les espaces tissulaires situés sous un épithélium ou le long des vaisseaux sanguins. Les mastocytes sont en quelque sorte des sentinelles, qui doivent détecter les substances étrangères (bactéries, champignons, etc.) et déclencher la réaction inflammatoire locale contre ces substances. Le cytoplasme des mastocytes contient de nombreuses vésicules de sécrétion qui renferment (1) de l'*héparine* et (2) de l'*histamine.* On sait que l'héparine a une action anticoagulante (elle empêche la coagulation du sang) quand elle est présente dans la circulation sanguine, mais on connaît mal le rôle qu'elle joue dans les mastocytes. Quand à l'histamine, libérée au cours de la réaction inflammatoire, elle provoque une augmentation de la perméabilité des capillaires et le passage de plasma et de globules blancs dans le tissu conjonctif. (La réaction inflammatoire est décrite au chapitre 22.)

Les **macrophages** (*makros* = grand; *phagein* = manger) sont de grosses cellules de morphologie variable qui phagocytent avidement les matières étrangères, les bactéries et les cellules mortes ou mourantes. Ils jouent également un rôle prépondérant dans le système immunitaire. Dans les tissus conjonctifs, les macrophages sont soit fixes (attachés aux fibres du tissu conjonctif), soit libres de se déplacer dans la matrice. On en retrouve aussi ailleurs que dans les tissus conjonctifs. Ce type de phagocyte très courant et très abondant forme le **système des phagocytes mononucléés.**

Les macrophages sont disséminés dans tout le tissu conjonctif lâche, la moelle rouge des os, le tissu lymphoïde, la rate et le mésentère (portion du péritoine à laquelle sont suspendus les viscères abdominaux). Certains reçoivent un nom spécifique suivant leur localisation: les macrophages sont appelés *histiocytes* dans le tissu conjonctif lâche, *cellules de Kupffer* dans le foie et *cellules gliales* dans le cerveau. Toutes ces cellules sont de véritables macrophages, mais certaines ont un appétit sélectif. Ainsi, les macrophages de la rate phagocytent surtout les vieux globules rouges, mais ils ne refusent jamais les autres «friandises» qu'ils ont la chance de rencontrer!

Types de tissu conjonctif

Tous les types de tissu conjonctif sont composés de cellules vivantes intégrées dans une matrice, nous l'avons déjà dit. Les classes de tissu conjonctif diffèrent par le type de cellules, le type de fibres et la proportion de fibres dans la matrice. Ces trois facteurs déterminent non seulement les grandes classes de tissu conjonctif, mais également leurs sous-classes et leurs types. Les classes de tissu conjonctif décrites dans cette section sont illustrées à la figure 4.7. Puisque tous les tissus conjonctifs adultes proviennent du même tissu embryonnaire, nous avons jugé opportun de décrire ce tissu en premier lieu.

Tissu conjonctif embryonnaire: mésenchyme

Le **mésenchyme,** ou **tissu mésenchymateux,** est le premier tissu définitif qui naît à partir du mésoderme, un des feuillets embryonnaires. Il apparaît au cours des premières semaines du développement embryonnaire et se différencie (se spécialise) ensuite pour former tous les types de tissus conjonctifs. Le mésenchyme se compose de cellules mésenchymateuses étoilées et d'une substance fondamentale fluide contenant de minces fibrilles (figure 4.7a).

Le **tissu conjonctif mucoïde** est un tissu temporaire dérivé du mésenchyme et y ressemblant. Le fœtus ne possède qu'une très petite quantité de ce tissu. La *gelée de Wharton,* qui rigidifie le cordon ombilical, est l'exemple le plus représentatif de ce tissu conjonctif rare.

Tissu conjonctif proprement dit

Le **tissu conjonctif proprement dit** se divise en deux sous-classes: le **tissu conjonctif lâche** (aréolaire, adipeux et réticulé) et le **tissu conjonctif dense** (dense orienté, dense non orienté et élastique). À l'exception du tissu osseux, du cartilage et du sang, tous les tissus conjonctifs adultes appartiennent à cette classe.

Tissu conjonctif aréolaire. Le **tissu conjonctif aréolaire** possède une substance fondamentale semi-liquide composée principalement d'acide hyaluronique (les molécules qui retiennent l'eau), dans laquelle sont dispersées des fibres des trois types (figure 4.7b). Le tissu conjonctif aréolaire peut être considéré comme le *prototype,* c'est-à-dire le modèle, des tissus conjonctifs proprement dits. Pour ce qui est des éléments de la matrice (mais non de leur proportion), les autres sous-classes sont en effet des variantes du tissu aréolaire.

Les cellules les plus abondantes dans ce tissu sont les **fibroblastes,** des cellules plates au profil fusiforme, dotées de ramifications. Ce tissu compte également un grand nombre de macrophages, qui constituent un obstacle formidable aux microorganismes, de même que d'autres types de cellules dispersées. On y trouve en outre des cellules adipeuses, isolées ou en grappes, ainsi que de rares mastocytes, facilement identifiables grâce à leurs

Suite du texte à la p. 123

Figure 4.7 Tissus conjonctifs.

Tissu conjonctif embryonnaire

(a) Mésenchyme

Description: Tissu conjonctif embryonnaire; substance fondamentale gélatineuse contenant des fibres minces; renferme des cellules mésenchymateuses étoilées

Localisation: Présent surtout chez l'embryon

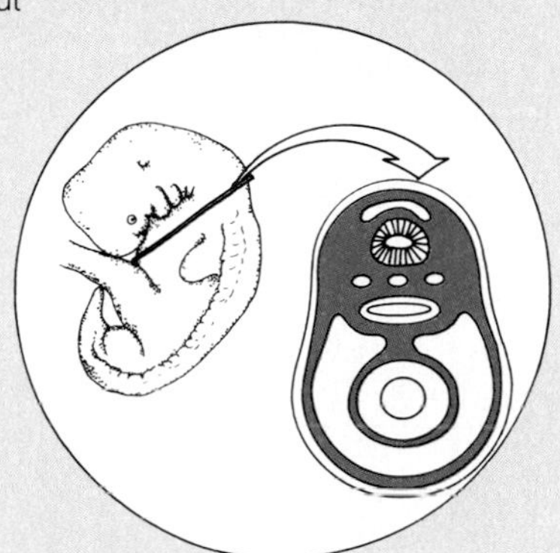

Fonction: Donne naissance à tous les types de tissus conjonctifs

Photomicrographie: Tissu mésenchymateux, ou tissu conjonctif embryonnaire (× 475); l'arrière-plan de couleur claire est la substance fondamentale fluide de la matrice; remarquez les fibres minces et peu abondantes

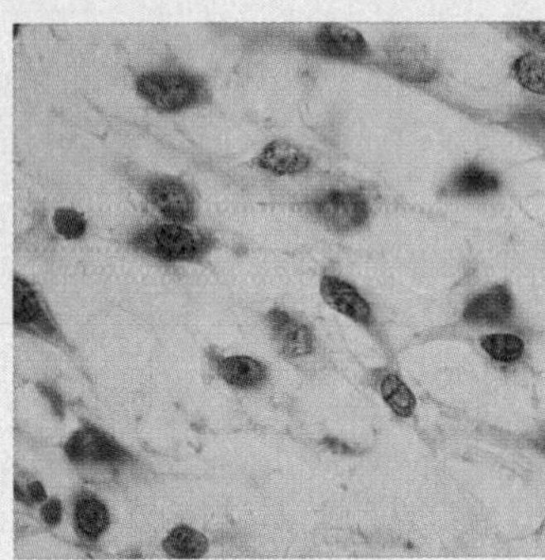

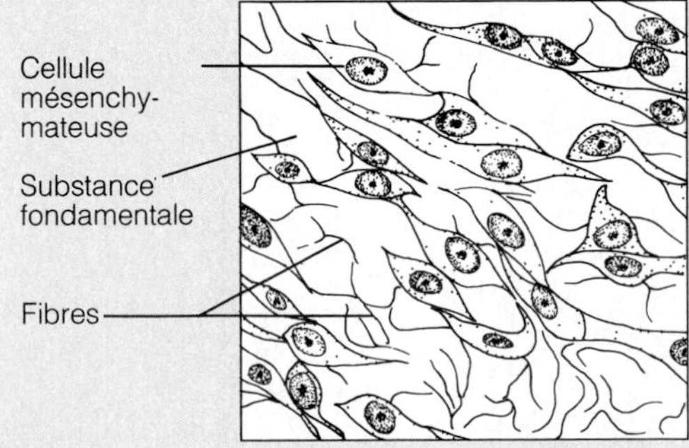

Tissu conjonctif proprement dit: tissu conjonctif lâche (b à d)

(b) Tissu conjonctif aréolaire

Description: Matrice gélatineuse contenant des fibres des trois types; cellules: fibroblastes, macrophages, mastocytes et certains types de globules blancs

Localisation: Très répandu sous les épithéliums, forme notamment le chorion des muqueuses; enveloppe les organes; entoure les capillaires

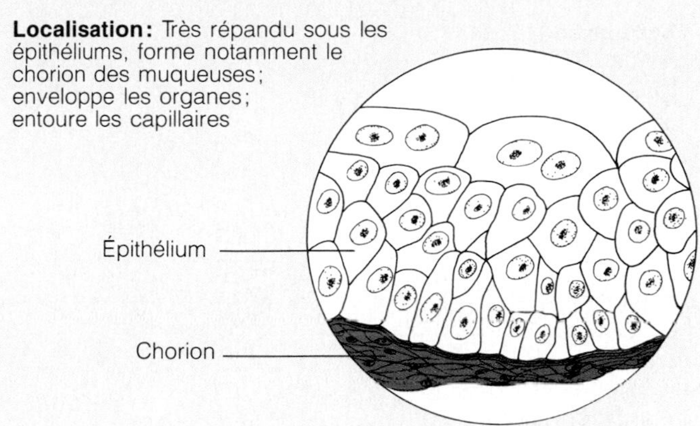

Fonction: Enveloppe et coussine les organes; ses macrophages phagocytent les bactéries; joue un rôle important dans la réaction inflammatoire; transporte et retient le liquide interstitiel; constitue le site des échanges entre le plasma sanguin et le liquide interstitiel

Photomicrographie: Tissu conjonctif aréolaire, un tissu souple qui recouvre d'autres tissus (× 170)

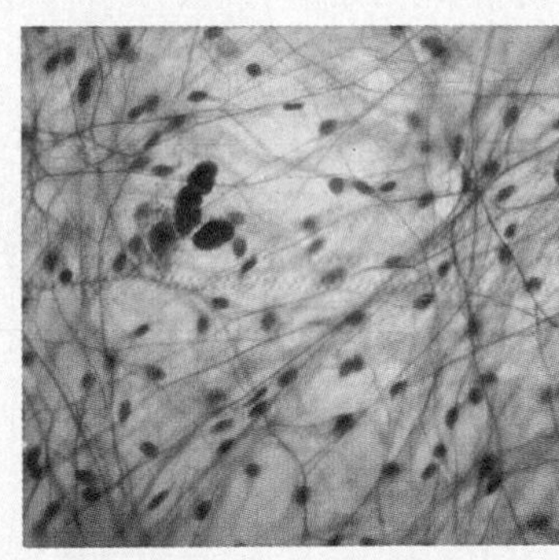

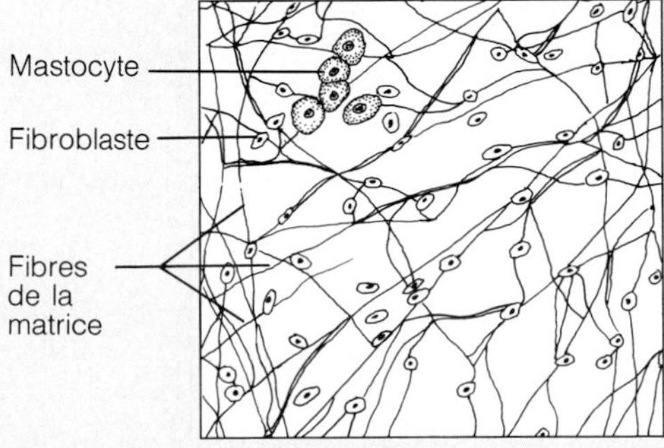

Figure 4.7 (suite)

(c) Tissu adipeux

Description: Matrice semblable à celle du tissu aréolaire, mais beaucoup moins abondante; les cellules adipeuses, ou adipocytes, sont entassées et leur noyau est repoussé d'un côté par la grosse gouttelette lipidique

Localisation: Sous la peau; autour des reins et des globes oculaires; dans les os et l'abdomen; dans les seins

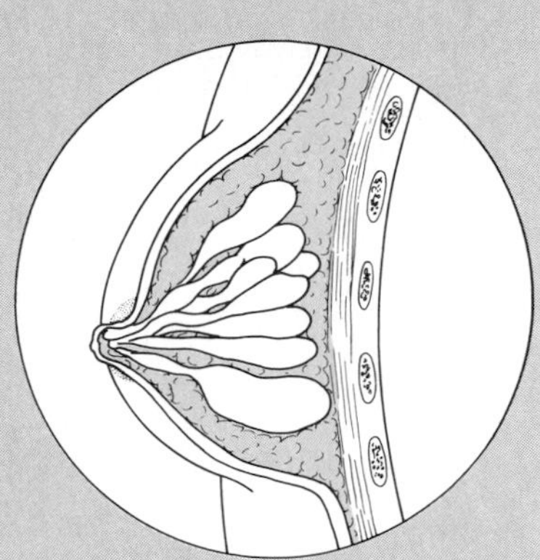

Fonction: Réserve d'énergie; protège contre la perte de chaleur; soutient et protège les organes

Photomicrographie: Tissu adipeux sous-cutané (×500)

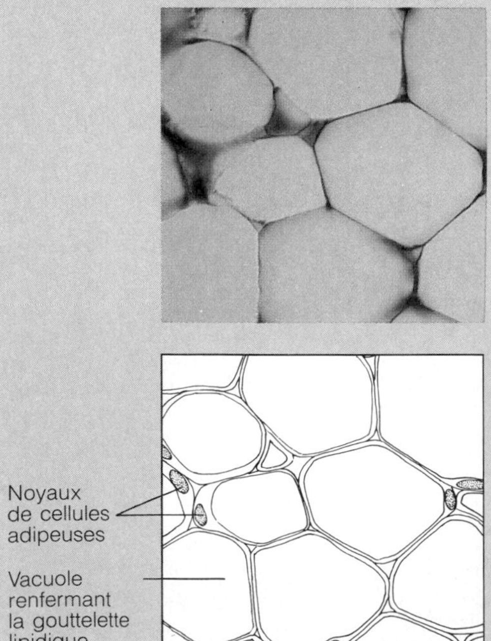

(d) Tissu conjonctif réticulé

Description: Réseau de fibres réticulées baignant dans une substance fondamentale lâche typique; les fibrocytes y prédominent

Localisation: Organes lymphoïdes (ganglions lymphatiques, moelle rouge des os et rate)

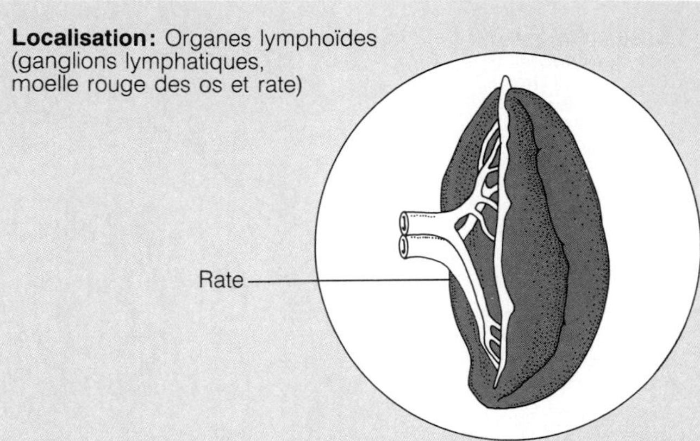

Fonction: Les fibres forment un squelette interne souple qui soutient d'autres types de cellules

Photomicrographie: Réseau de fibres de tissu conjonctif réticulé (qui prennent beaucoup le colorant) composant le squelette interne de la rate (×625)

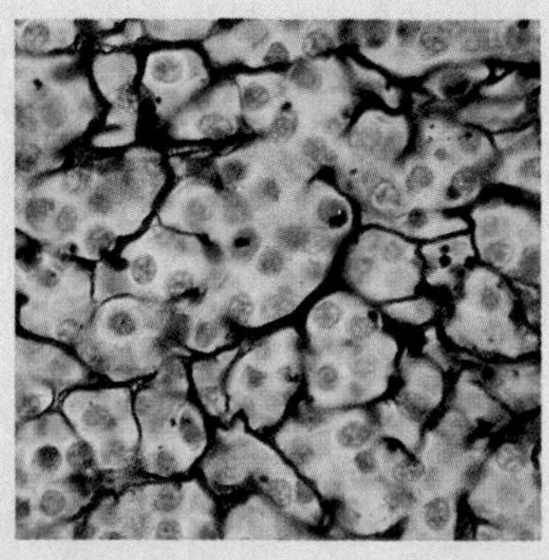

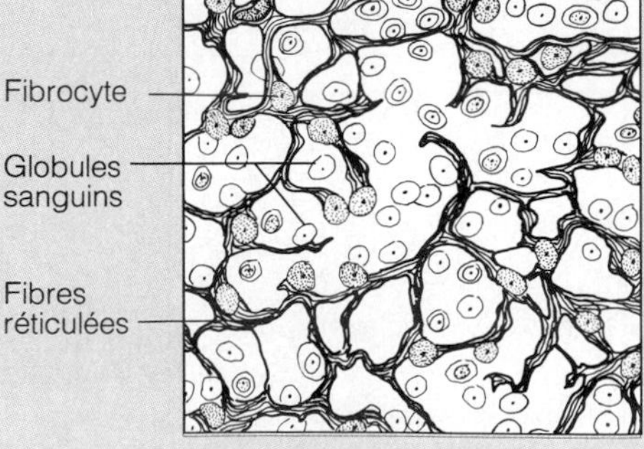

Figure 4.7 (suite)

Tissu conjonctif proprement dit: tissu conjonctif dense (e à g)

(e) Tissu conjonctif dense orienté

Description: Surtout composé de fibres collagènes parallèles; un peu de fibres élastiques; les fibroblastes sont le principal type de cellules

Localisation: Tendons, la plupart des ligaments, aponévroses

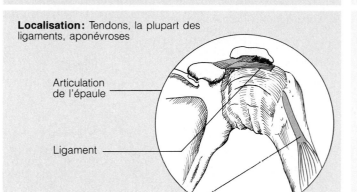

Articulation de l'épaule

Ligament

Tendon

Fonction: Attache les muscles aux os ou à d'autres muscles; relie les os; résiste à l'étirement si la force s'exerce dans une seule direction

Photomicrographie: Tissu conjonctif dense orienté d'un tendon (×200)

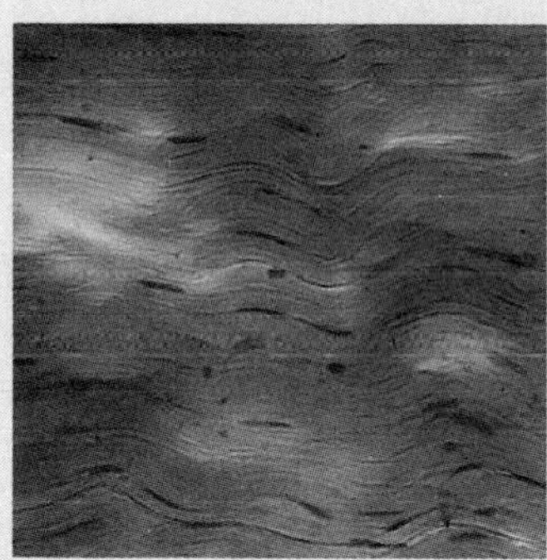

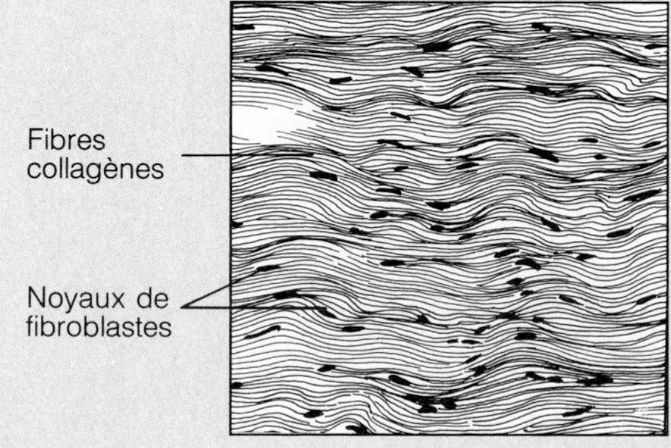

(f) Tissu conjonctif dense non orienté

Description: Composé principalement de fibres collagènes allant dans tous les sens; un peu de fibres élastiques; les fibroblastes sont le principal type de cellules

Localisation: Derme de la peau; sous-muqueuse du tube digestif; capsule fibreuse de certains organes et articulations

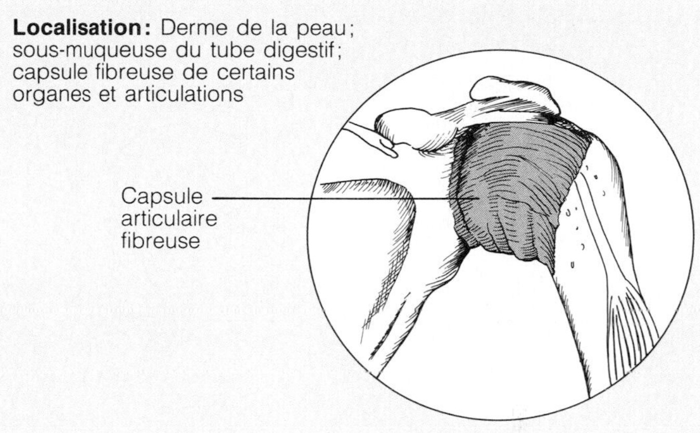

Fonction: Peut supporter un étirement provenant de plusieurs directions; renforce la structure

Photomicrographie: Tissu conjonctif dense non orienté du derme de la peau (×475)

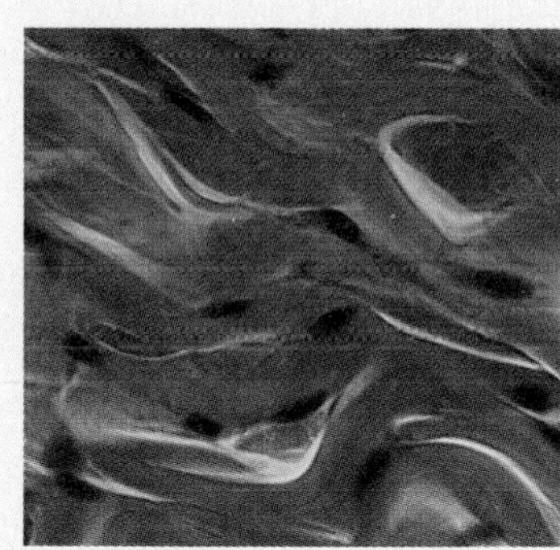

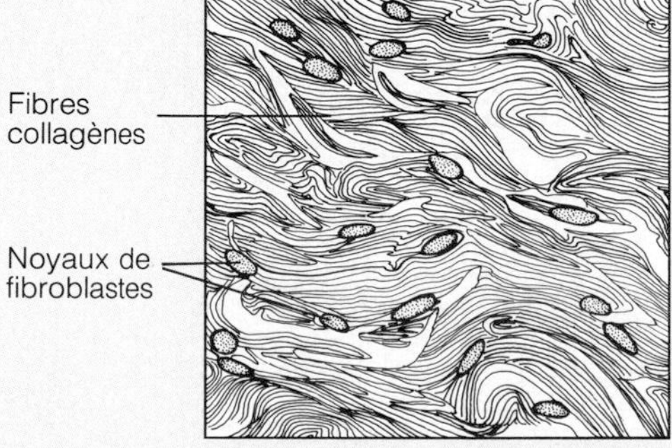

Figure 4.7 (suite)

(g) Tissu conjonctif élastique

Description: Même composition que les autres tissus conjonctifs denses, sauf que les fibres élastiques prédominent

Localisation: Paroi de l'aorte, certaines parties de la trachée et des bronches; forme les cordes vocales et les ligaments jaunes qui unissent les vertèbres

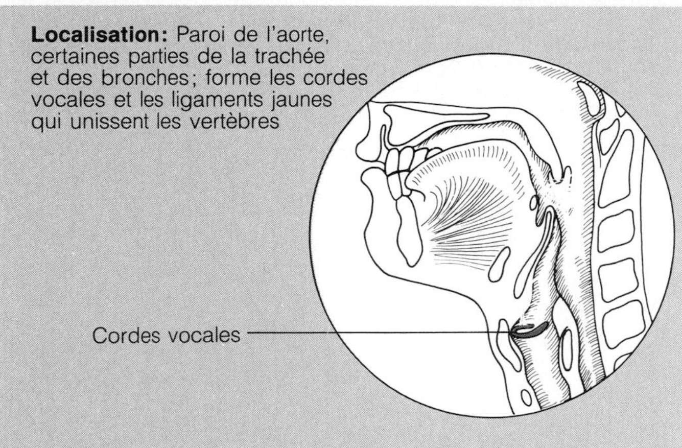

Fonction: Confère résistance et élasticité

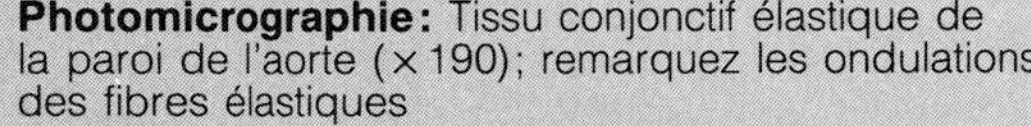

Photomicrographie: Tissu conjonctif élastique de la paroi de l'aorte (×190); remarquez les ondulations des fibres élastiques

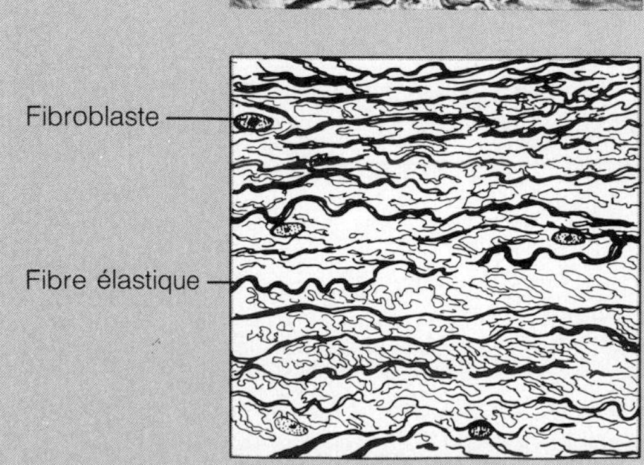

Cartilage: (h à j)

(h) Cartilage hyalin

Description: Matrice amorphe mais ferme; les fibres collagènes forment un réseau imperceptible; les chondroblastes produisent les éléments de la matrice et résident dans des lacunes à l'état adulte (chondrocytes)

Localisation: Compose la majeure partie du squelette embryonnaire; recouvre les extrémités des os longs dans les cavités articulaires; forme les cartilages costaux; cartilage du nez, de la trachée et du larynx

Cartilages costaux

Fonction: Soutient et renforce; forme un coussin élastique; résiste à la pression

Photomicrographie: Cartilage hyalin de la trachée (×475)

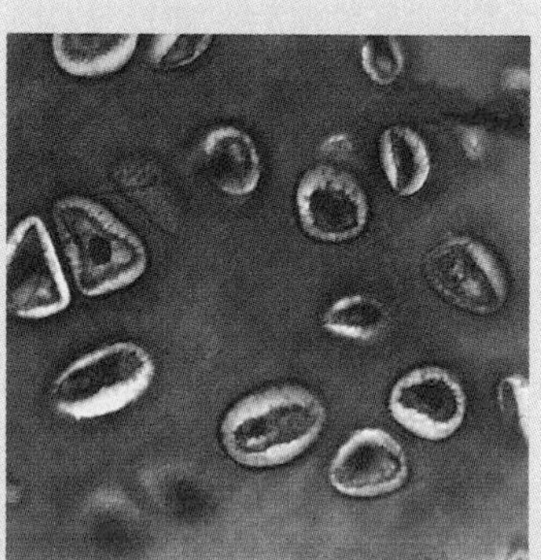

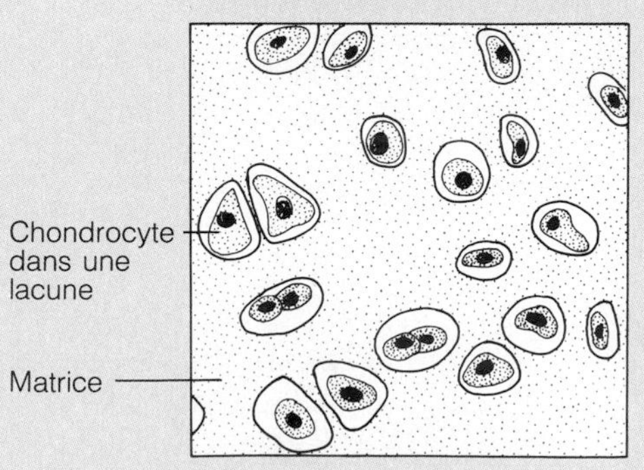

Figure 4.7 (suite)

(i) Cartilage élastique

Description: Semblable au cartilage hyalin, mais sa matrice renferme plus de fibres élastiques

Localisation: Soutient l'oreille externe (pavillon de l'oreille); épiglotte

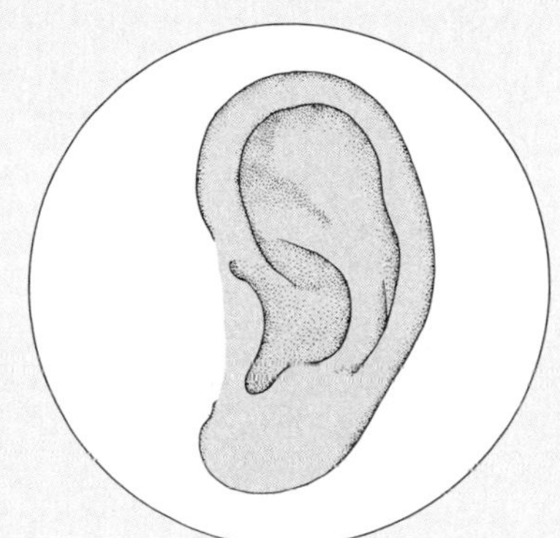

Fonction: Maintient la forme d'une structure tout en lui conférant une grande flexibilité

Photomicrographie: Cartilage élastique du pavillon de l'oreille humaine; forme la charpente flexible de l'oreille (×250)

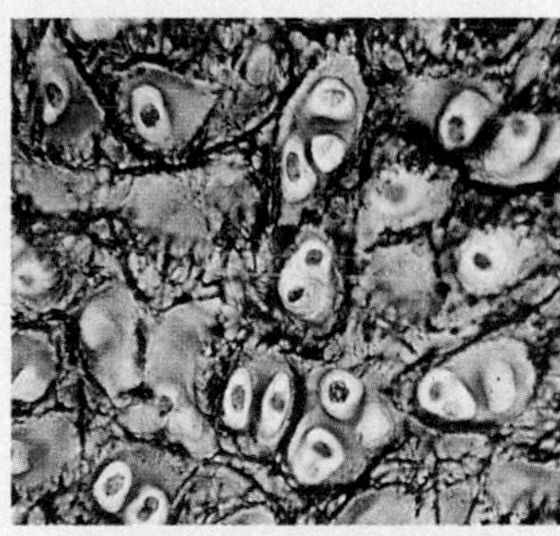

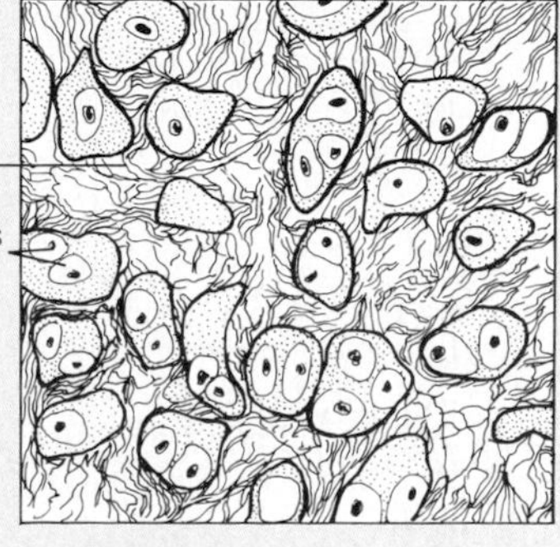

(j) Fibrocartilage

Description: Matrice semblable mais moins ferme que celle du cartilage hyalin; les fibres collagènes épaisses sont prédominantes

Localisation: Disques intervertébraux; symphyse pubienne; disques de l'articulation du genou

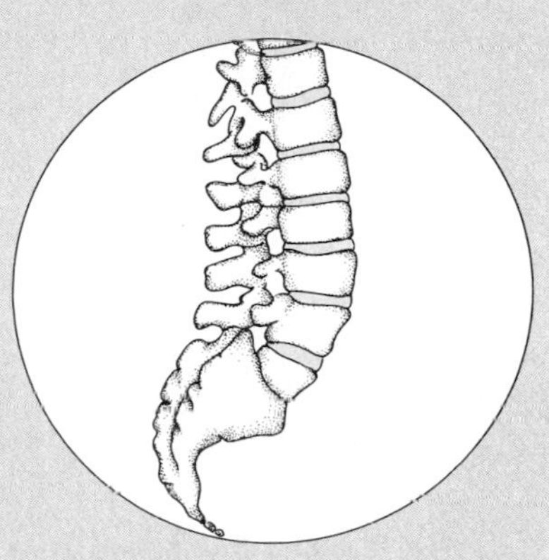

Fonction: Confère une résistance à la traction et la capacité d'absorber la compression

Photomicrographie: Fibrocartilage d'un disque intervertébral (×500)

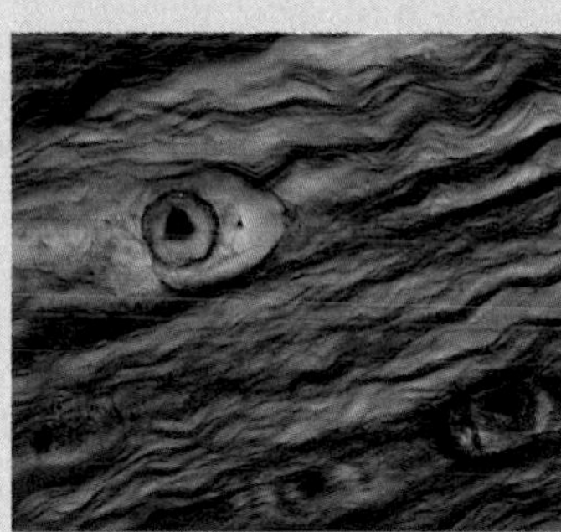

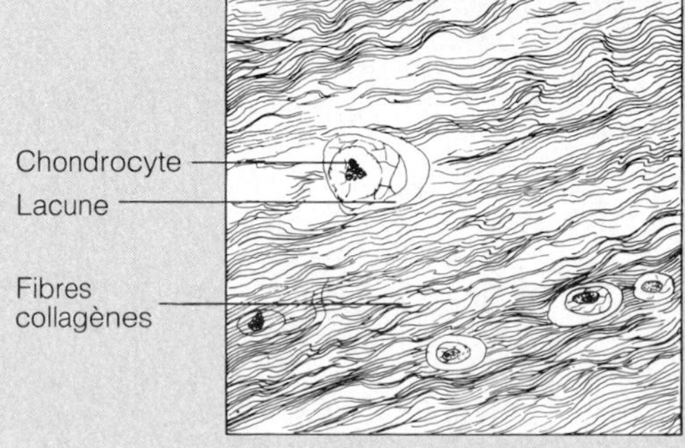

Figure 4.7 (suite)

Autres (k et l)

(k) Tissu osseux

Description: Matrice dure et calcifiée contenant beaucoup de fibres collagènes; ostéocytes résidant dans des lacunes; très vascularisé

Localisation: Os

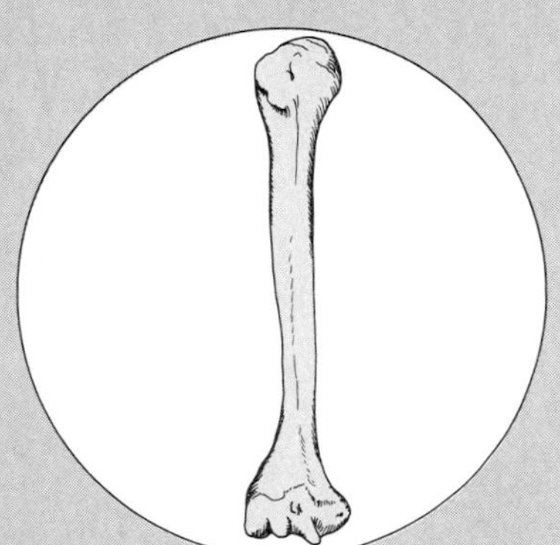

Fonction: Soutient et protège (en recouvrant); stocke du calcium et d'autres minéraux ainsi que des lipides; les os forment des leviers sur lesquels les muscles peuvent agir; la moelle rouge des os est le siège de la formation des globules sanguins (hématopoïèse)

Photomicrographie: Coupe transversale d'un os (× 100)

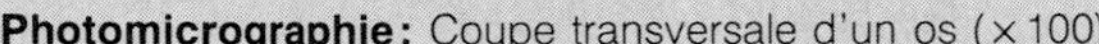

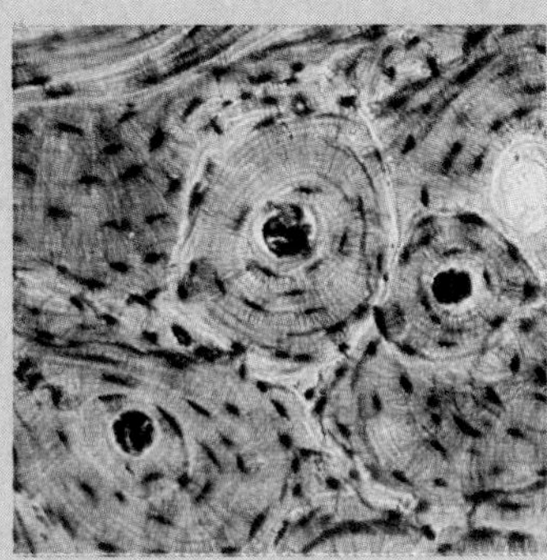

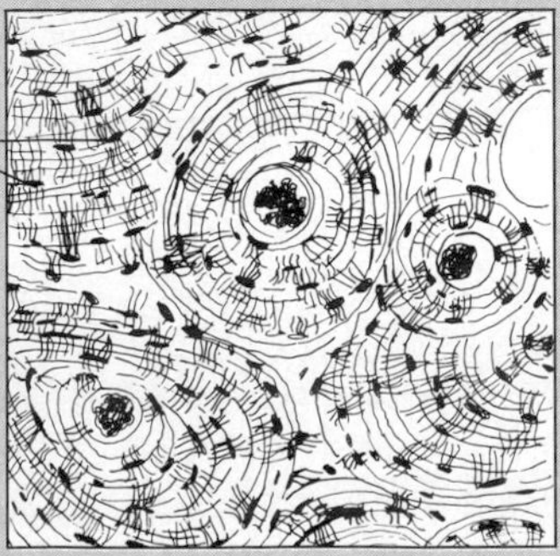

Ostéocytes dans des lacunes

(l) Sang

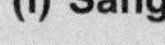

Description: Globules rouges et globules blancs dans une matrice liquide (plasma)

Localisation: Dans les vaisseaux sanguins

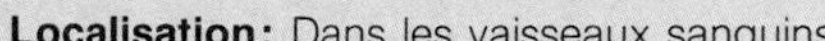

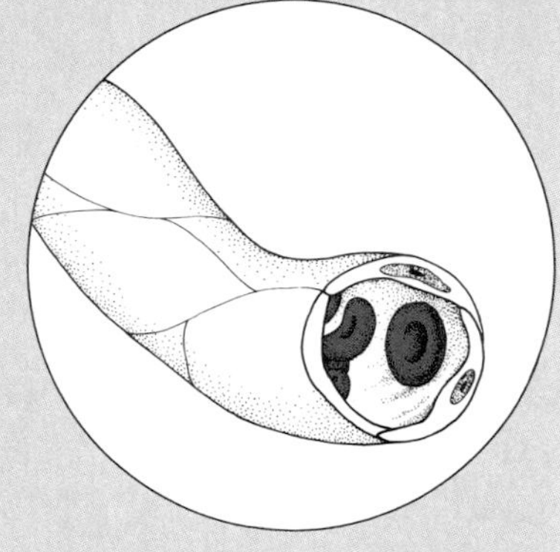

Fonction: Transport des gaz respiratoires, des nutriments, des déchets et d'autres substances

Photomicrographie: Frottis de sang humain (× 1000). On voit deux globules blancs (un neutrophile dans le coin supérieur gauche et un lymphocyte dans le coin inférieur droit) parmi les globules rouges

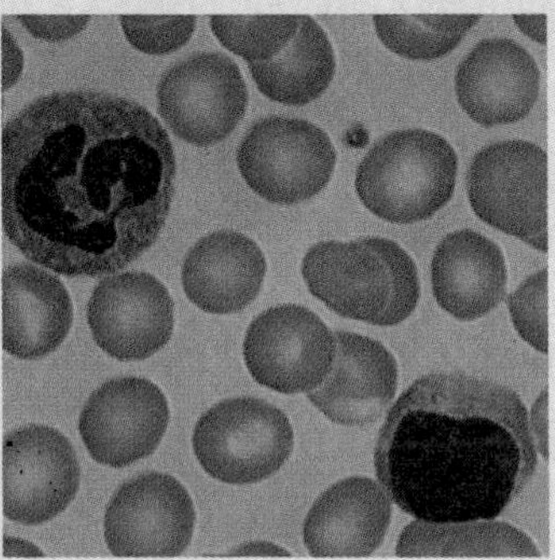

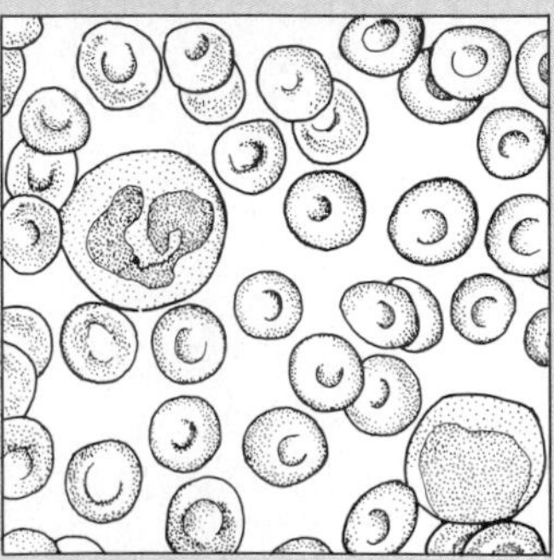

gros granules cytoplasmiques qui prennent beaucoup le colorant et cachent souvent le noyau.

La caractéristique structurale la plus évidente de ce tissu conjonctif est l'arrangement lâche de ses fibres de soutien, principalement des fibres collagènes, qui ne forment que de petites portions de sa matrice. Le reste de la matrice, occupé par le liquide interstitiel de la substance fondamentale, apparaît comme de l'espace vide quand on l'observe au microscope : le mot *aréole* signifie littéralement «petit espace libre». Pratiquement toutes les cellules du corps et en particulier les cellules épithéliales tirent leurs nutriments du liquide interstitiel et y libèrent leurs déchets. Parce que sa substance fondamentale est liquide, le tissu conjonctif aréolaire constitue un réservoir d'eau et de sels pour les autres tissus : il contient presque autant de liquide que le système cardiovasculaire. En cas d'inflammation, le tissu aréolaire de la région atteinte absorbe l'excédent de liquide comme une éponge, ce qui provoque un gonflement, c'est-à-dire un **œdème.**

Le tissu conjonctif aréolaire est assez souple pour servir à envelopper presque tous les autres types de tissus. Il s'agit donc du tissu conjonctif le plus répandu dans le corps humain : il sépare les muscles et leur permet ainsi de glisser facilement les uns sur les autres ; il entoure les petits vaisseaux sanguins et les nerfs ; il recouvre les glandes ; il forme le tissu sous-cutané qui coussine la peau et la fixe aux structures sous-jacentes. Enfin, il constitue le chorion de toutes les muqueuses. (Les muqueuses tapissent toutes les cavités qui s'ouvrent sur l'extérieur. Voir la p. 126.)

Tissu adipeux. Au fond, le **tissu adipeux,** appelé **graisse** dans le langage courant, est un tissu conjonctif aréolaire possédant une grande capacité de stocker des nutriments sous forme de lipides. C'est pourquoi les **adipocytes,** aussi appelés cellules adipeuses ou graisseuses, y prédominent. La majeure partie du volume de la cellule adipeuse est occupé par une gouttelette lipidique (presque entièrement composée de triglycérides) qui comprime le noyau et le repousse de côté. On ne peut observer qu'une mince bande de cytoplasme à la périphérie de la cellule adipeuse. Les cellules adipeuses ont été appelées «cellules en bague» à cause de la ressemblance entre la bande de cytoplasme d'où le noyau fait saillie et une bague avec un chaton; la région lipidique a l'air vide et forme le trou de cette bague (figure 4.7c). Les adipocytes adultes comptent parmi les plus grosses cellules du corps humain. Ils gonflent ou se plissent à mesure qu'ils absorbent ou libèrent des graisses. Les adipocytes adultes sont incapables de se diviser.

En comparaison des autres tissus conjonctifs, le tissu adipeux est très riche en cellules. Les cellules adipeuses, qui comptent pour environ 90 % de la masse tissulaire, sont serrées les unes contre les autres, ce qui fait que le tissu ressemble à du grillage à poulailler. Il existe très peu de matrice dans le tissu adipeux, si l'on fait exception de celle qui sépare les lobules (grappes) de cellules adipeuses et qui amène des vaisseaux sanguins et des nerfs jusqu'aux cellules. Le tissu adipeux est très vascularisé, signe de sa grande activité métabolique. Ce sont les réserves de graisses de nos tissus adipeux qui sont utilisées comme combustible pendant les périodes de jeûne.

Le tissu adipeux peut apparaître dans presque toutes les régions où il existe beaucoup de tissu conjonctif aréolaire, mais il s'accumule généralement dans le tissu sous-cutané, où il joue également le rôle d'un amortisseur et d'un isolant. Comme la graisse conduit mal la chaleur, elle prévient la perte de chaleur corporelle. La graisse s'accumule en outre dans des endroits déterminés par les gènes, comme l'abdomen et les hanches, ainsi que dans la moelle rouge des os, autour des reins et derrière les globes oculaires.

Certains nutritionnistes pensent que l'obésité à l'âge adulte résulte d'une suralimentation durant l'enfance. Étant donné qu'une partie des nutriments inutilisés est convertie en triglycérides puis emmagasinée, une alimentation surabondante mènerait à la formation d'un nombre excessif de cellules adipeuses. L'organisme serait alors en mesure de stocker de grandes quantités de graisse pendant tout le reste de la vie. Les cellules adipeuses pourraient même libérer dans le sang des substances chimiques qui provoqueraient la sensation de faim. Ainsi, les personnes obèses possèdent peut-être des millions de ces cellules boulimiques qui réclament sans cesse à manger! Cette théorie demeure cependant assez controversée. ■

Tissu conjonctif réticulé. Le **tissu conjonctif réticulé** constitue un fin réseau de fibres réticulées entrelacées, s'associant à des *fibrocytes* (figure 4.7d). Même si on trouve des fibres réticulées dans beaucoup de régions du corps, le tissu réticulé n'apparaît que dans quelques endroits. Il forme le **stroma** (mot signifiant littéralement «tapis, couverture»), c'est-à-dire la trame, qui soutient un grand nombre de globules blancs libres (principalement des lymphocytes) dans les ganglions lymphatiques, la rate et la moelle rouge des os.

Tissu conjonctif dense orienté. Le **tissu conjonctif dense orienté** est une variété de tissu conjonctif où les fibres sont prédominantes, comme dans tous les types de tissu conjonctif dense.

Le tissu conjonctif dense orienté contient des faisceaux compacts de fibres collagènes. Ces faisceaux parallèles sont disposés régulièrement et composent un tissu blanc flexible qui possède une grande résistance à l'étirement. On trouve ce tissu dans les régions où la force s'exerce toujours dans la même direction. Des rangées de fibroblastes situés entre les fibres collagènes produisent continuellement des fibres et un peu de substance fondamentale. Comme vous le voyez à la figure 4.7e, les fibres collagènes sont légèrement ondulées. Le tissu peut donc s'étirer légèrement, c'est-à-dire jusqu'à ce que les fibres soient redressées. Au contraire du tissu conjonctif aréolaire, notre tissu conjonctif «modèle», ce tissu est peu vascularisé et contient relativement peu de cellules à part les fibroblastes.

Grâce à la légère capacité élastique des fibres collagènes, le tissu conjonctif dense orienté résiste bien à la traction. Ce tissu forme les *tendons,* structures qui fixent les muscles sur les os, et les *aponévroses,* un type de tendon plat et membraneux qui attache des muscles à d'autres muscles ou à des os. Le tissu conjonctif dense orienté forme également les *ligaments,* qui unissent les os au niveau des articulations. Les ligaments possèdent plus de fibres élastiques que les tendons. Ils sont donc légèrement plus extensibles.

Tissu conjonctif dense non orienté. Le **tissu conjonctif dense non orienté** se compose des mêmes éléments que le tissu conjonctif dense orienté. Toutefois, ses faisceaux de fibres collagènes sont beaucoup plus épais. Ils sont en outre entrecroisés et disposés de manière irrégulière, c'est-à-dire dirigés en tous sens (figure 4.7f). Ce type de tissu forme en général des feuillets situés dans les régions soumises à des forces de tension provenant de plusieurs directions. Il est présent dans la peau au niveau du derme et constitue l'enveloppe fibreuse de certains organes (testicules, reins, os, cartilages et nerfs).

Tissu conjonctif élastique. Les cordes vocales de même que certains ligaments, notamment les *ligaments jaunes* qui unissent les vertèbres adjacentes, se composent presque exclusivement de fibres d'*élastine.* Ces structures allient résistance et élasticité: elles s'étirent facilement lorsqu'une force est exercée, mais reprennent leur longueur originale dès que cette force n'est plus appliquée. Ce tissu conjonctif dense, qui peut être orienté ou non orienté, est appelé **tissu conjonctif élastique,** afin de le distinguer des autres tissus conjonctifs denses où les fibres collagènes sont prédominantes (figure 4.7g).

Cartilage

Les propriétés du **cartilage** se situent entre celles du tissu conjonctif dense et celles du tissu osseux: il est dur mais reste flexible, ce qui permet aux structures qu'il soutient d'associer souplesse et rigidité (voir l'encadré de la p. 125). Le cartilage est avasculaire et dépourvu de fibres nerveuses. Sa substance fondamentale se compose d'une grande quantité d'un GAG appelé chondroïtine-sulfate, de même que d'acide hyaluronique. Elle renferme beaucoup de fibres collagènes réunies en faisceaux solides ainsi que, dans quelques cas, des fibres réticulées ou élastiques. Habituellement, la matrice du cartilage est donc très ferme.

La surface de la majorité des structures cartilagineuses est enveloppée dans une membrane de tissu conjonctif dense non orienté appelée **périchondre** (*péri* = autour; *chondros* = petit corps dur), d'où proviennent les nutriments qui diffusent dans la substance fondamentale jusqu'aux chondrocytes. Ce mode de distribution des nutriments réduit l'épaisseur du cartilage.

Les **chondroblastes,** les cellules les plus abondantes dans le cartilage, fabriquent de la matrice et assurent la croissance du cartilage au moyen de deux mécanismes. Dans la **croissance interstitielle,** les chondroblastes situés en profondeur dans le cartilage se divisent et sécrètent les constituants de la matrice. Ce mécanisme provoque une croissance à partir de l'intérieur du cartilage. Dans la **croissance par apposition,** les chondroblastes situés en profondeur dans le périchondre sécrètent les constituants de la matrice à la surface externe de la structure cartilagineuse. Ces deux mécanismes se poursuivent jusqu'à ce que la croissance du squelette soit terminée, c'est-à-dire à la fin de l'adolescence. La matrice du cartilage est très compacte, ce qui empêche les cellules de se disperser. C'est pourquoi les **chondrocytes,** les cellules adultes du tissu cartilagineux, s'assemblent en général dans de petites cavités appelées **lacunes.**

Étant donné la nature avasculaire du cartilage et le fait que les cellules du cartilage se divisent plus lentement à mesure que nous avançons en âge, ce tissu se cicatrise très lentement. Ceux qui se sont blessés à un cartilage lors de la pratique d'un sport peuvent en témoigner. Au cours de la vieillesse, le cartilage a tendance à se calcifier ou même à s'ossifier. Ce problème réduit l'apport nutritionnel aux chondrocytes, qui finissent parfois par mourir. ■

Il existe trois types de cartilage: le cartilage hyalin, le cartilage élastique et le fibrocartilage.

Cartilage hyalin. Le **cartilage hyalin** est le plus répandu dans le corps humain. Il contient un grand nombre de fibres collagènes. Celles-ci sont toutefois invisibles, de sorte que la matrice est d'un blanc bleuté vitreux (*hualos* = verre) et qu'elle semble amorphe (figure 4.7 h).

Le cartilage hyalin assure un soutien ferme associé à une certaine flexibilité. Sous forme de *cartilage articulaire,* il recouvre les extrémités des os longs, où il constitue un coussin élastique qui absorbe les forces de compression exercées sur les articulations. Le cartilage hyalin soutient le bout du nez, joint les côtes au sternum et forme la majeure partie du larynx et des anneaux cartilagineux de la trachée et des bronches. Avant la formation du tissu osseux, le squelette de l'embryon se compose principalement de cartilage hyalin. Le cartilage hyalin qui persiste chez l'enfant est appelé *cartilage de conjugaison,* une zone de croissance active à l'extrémité des os longs. Cette zone permet aux os de croître en longueur.

Cartilage élastique. Sur le plan histologique, le **cartilage élastique** est presque identique au cartilage hyalin (figure 4.7i). Le cartilage élastique renferme toutefois beaucoup plus de fibres d'élastine, ce qui lui donne un teinte jaunâtre à l'état frais. On trouve ce cartilage dans les endroits où il faut de la résistance et une exceptionnelle capacité d'extension. Le cartilage élastique compose le «squelette» de la trompe d'Eustache, de l'oreille externe et de l'épiglotte. L'épiglotte est la structure qui ferme l'orifice des voies respiratoires au moment où nous avalons, empêchant ainsi les aliments et les liquides de pénétrer dans les poumons.

Fibrocartilage. Le **fibrocartilage,** ou cartilage fibreux, se distingue des autres cartilages sur le plan structural, car il est très semblable au tissu conjonctif dense orienté. Les grosses fibres collagènes du fibrocartilage sont

GROS PLAN Le cartilage: de l'eau résistante

C'est le point de match. Argossy lance sa balle en l'air, puis la frappe dans le carré de service opposé. Belsky recule rapidement et tente désespérément de renvoyer la balle... Aimez-vous jouer au tennis? J'espère que vos cartilages sont en santé!

Le cartilage compose la charpente permettant la construction de la plupart des os, constitue la zone d'accroissement continu des os longs chez l'enfant et forme des coussins spongieux entre les os. Quel que soit l'âge de la personne, les os fracturés se réparent avec du cartilage avant que le nouveau tissu osseux apparaisse. Ce processus reproduit une partie du développement embryonnaire.

Le tissu embryonnaire qui donnera naissance au cartilage renferme initialement un certain nombre de capillaires, mais ceux-ci disparaissent bientôt. Les cellules du cartilage, de plus en plus entassées, n'ont donc aucun apport direct d'oxygène et de nutriments. Paradoxalement, des études ont démontré qu'une faible densité cellulaire, une forte concentration d'oxygène et un taux élevé de vitamine B3 *inhibent* la formation du cartilage. Quel tissu étrange: pour devenir cartilagineuses, ses cellules ont besoin d'être serrées comme des sardines et de manquer d'oxygène et de nutriments!

Le cartilage remplit efficacement ses fonctions, bien qu'il soit dépourvu de structures communes aux autres tissus. Ainsi, il ne possède pas de nerfs, de vaisseaux sanguins ou de vaisseaux lymphatiques. Les propriétés du cartilage ne sont pas déterminées par ses cellules: elles dépendent plutôt du réseau étendu de molécules géantes que les cellules déposent autour d'elles. La matrice du cartilage contient notamment des protéoglycanes (protéines auxquelles sont fixées des macromolécules de polysaccharides appelées GAG, ce qui en fait les plus grosses protéines modifiées fabriquées par des cellules vivantes), beaucoup de fibres collagènes et un phénoménal volume d'eau. Les fibres collagènes forment la charpente du cartilage, un peu comme les poutres d'acier qui supportent un pont. À l'intérieur des mailles de ce filet, on trouve les

Les cartilages des professionnels du tennis, comme Michael Chang, doivent être bien nourris pour résister aux efforts incroyables que ce sport impose aux articulations.

molécules organisatrices centrales de la matrice, les molécules d'acide hyaluronique. Plusieurs centaines de molécules de protéoglycanes (contenant un GAG typique du cartilage, la chondroïtine-sulfate) se fixent sur la molécule d'acide hyaluronique afin de former un ensemble macromoléculaire. La molécule d'acide hyaluronique de cette macromolécule attire avec avidité des molécules d'eau (polaires), qui forment des «coques d'eau» interagissant les unes avec les autres. Les molécules d'acide hyaluronique attirent ainsi une telle quantité d'eau — plusieurs fois leur propre poids — que celle-ci constitue le principal composant du cartilage. Comme nous allons le voir, c'est le niveau d'hydratation de l'acide hyaluronique et des GAG des protéoglycanes qui confère au cartilage ses caractéristiques fonctionnelles, notamment sa résistance à la pression.

Chez l'embryon en cours de développement, cette eau «garde» de l'espace pour le développement des os longs et donne sa souplesse au cartilage. Quand une pression est appliquée sur le cartilage, l'eau est déplacée des régions de charge négative. Toutefois, à mesure que les régions de charge négative sont pressées de plus en plus fort les unes contre les autres, elles ont tendance à se repousser davantage et à résister à l'augmentation de la pression. Lorsque la pression est relâchée, les molécules d'eau retournent instantanément à leur position originale. La pression joue également un rôle vital dans la nutrition des cartilages articulaires, qui tirent leurs nutriments du liquide interstitiel se déplaçant chaque fois qu'une pression est appliquée ou relâchée. Ce phénomène explique pourquoi les longues périodes d'inactivité peuvent affaiblir les cartilages articulaires.

Comme toutes les cellules de l'organisme, les chondrocytes vieillissent et semblent obéir à une horloge biologique. En effet, les protéoglycanes synthétisés par les vieux chondrocytes sont nettement différents de ceux que produisent les cellules jeunes. Ces différences pourraient expliquer certaines formes d'arthrose (une affection dont souffrent beaucoup de personnes âgées) dans lesquelles le cartilage s'amincit et perd de l'élasticité. Si la pression sur une articulation excède la capacité de réaction du cartilage atteint, celui-ci peut se déchirer: l'enflure et la douleur typiques de l'arthrose apparaissent alors. La théorie du vieillissement des chondrocytes permet d'envisager la prévention ou la guérison de l'arthrose au moyen de la transplantation de chondrocytes jeunes sur les surfaces de l'articulation.

Les propriétés particulières du cartilage ouvrent d'autres perspectives de recherche. Par exemple, on sait que certaines tumeurs ont besoin d'un apport sanguin abondant et qu'elles libèrent un facteur provoquant la prolifération des vaisseaux sanguins autour d'elles. Le cartilage, par contre, contient une substance qui empêche la formation de vaisseaux sanguins. Serait-il possible d'envoyer cette substance aux tumeurs afin de supprimer leur apport sanguin et de les tuer? On ne le sait pas encore, mais des chercheurs tentent présentement d'isoler le facteur d'inhibition de la néoformation des vaisseaux sanguins.

assemblées en de minces faisceaux plutôt parallèles. Les chondrocytes s'alignent entre ces faisceaux (figure 4.7j). Comme il est compressible et qu'il résiste à des tractions considérables, le fibrocartilage est idéal pour les endroits qui doivent être bien soutenus et capables de résister à de fortes pressions. Les disques intervértébraux, qui forment des coussins relativement souples entre les vertèbres, et les cartilages spongieux des genoux sont des fibrocartilages.

Tissu osseux

Étant donné qu'il est dur comme le roc, le **tissu osseux,** qui forme les os, est très utile pour soutenir et protéger les tissus plus fragiles. Par ailleurs, les os de notre squelette renferment des cavités qui servent au stockage des graisses et à la synthèse des globules rouges et des globules blancs. La matrice des os ressemble à celle du cartilage, mais elle est plus dure et plus rigide. Non seulement contient-elle plus de fibres collagènes, mais elle possède aussi un élément supplémentaire: des dépôts de sels de calcium inorganique.

Les **ostéoblastes** élaborent la portion organique de la matrice; les sels minéraux se déposent ensuite sur et entre les fibres collagènes. Les cellules osseuses adultes, les **ostéocytes,** sont situés dans des lacunes, à l'intérieur de la matrice qu'ils ont produite (figure 4.7k). Au contraire du cartilage, le tissu conjonctif le plus dur après lui, le tissu osseux est très vascularisé. Nous étudierons en détail la structure, la croissance et le métabolisme des os au chapitre 6.

Sang

Le **sang,** ou tissu sanguin, est considéré comme un tissu conjonctif parce qu'il est composé de *cellules,* les globules rouges et les globules blancs, qui baignent dans une matrice liquide inanimée appelée *plasma* (figure 4,7l). Les «fibres» du sang sont des protéines fibreuses solubles (fibrinogène) qui se transforment en fibres insolubles et visibles (fibrine) lorsque le sang coagule. Nous devons toutefois reconnaître que le sang n'est vraiment pas un tissu conjonctif typique. Le sang est le véhicule du système cardiovasculaire: il transporte dans tout l'organisme les nutriments, les déchets, les gaz respiratoires et un grand nombre d'autres substances. Nous étudierons le sang au chapitre 18.

Muqueuses et séreuses

Maintenant que nous avons étudié le tissu conjonctif et le tissu épithélial, nous pouvons nous pencher sur deux associations de ces types de tissus, les muqueuses et les séreuses. Notre classification des épithéliums en fonction de la forme et de la disposition des cellules nous permet de décrire chaque épithélium avec une grande précision, mais ne nous donne aucune indication sur leur localisation. Nous décrirons ici deux types d'épithéliums de revêtement et le type de tissu conjonctif qui leur est associé. Les termes employés pour désigner ces associations indiquent où elles se trouvent et/ou quelles sont leurs caractéristiques fonctionnelles.

Les associations de tissu épithélial et de tissu conjonctif composent des feuillets multicellulaires continus constitués de cellules épithéliales unies à une membrane basale les reliant à une couche plus ou moins épaisse de tissu conjonctif sous-jacent.

Muqueuses

Les **muqueuses** sont les membranes tapissant les cavités du corps qui s'ouvrent sur l'extérieur, telles que les cavités des organes creux du tube digestif et des voies respiratoires, urinaires et génitales (figure 4.8b). Il s'agit toujours de membranes «mouillées», c'est-à-dire humidifiées par des sécrétions ou, dans le cas des voies urinaires, par l'urine. Remarquez que le terme *muqueuse* fait toujours allusion à la localisation de la membrane et *non* à sa composition cellulaire. Celle-ci varie, bien que la majorité des muqueuses soient composées d'un épithélium pavimenteux stratifié ou d'un épithélium cylindrique simple.

Les muqueuses remplissent souvent des fonctions d'absorption et de sécrétion. Un grand nombre de muqueuses possèdent des cellules caliciformes qui sécrètent du mucus, mais pas toutes: les muqueuses du tube digestif et des voies respiratoires sécrètent beaucoup de mucus lubrifiant et protecteur alors que la muqueuse des voies urinaires n'en sécrète pas.

Toutes les muqueuses sont constituées d'un épithélium et d'un **chorion,** une couche de tissu conjonctif lâche située directement sous la membrane basale. Le chorion repose parfois sur une troisième couche (plus profonde) de cellules musculaires lisses. Les différentes variétés de muqueuses sont étudiées dans les chapitres ultérieurs.

Séreuses

Les **séreuses,** ou **membranes séreuses,** sont les membranes humides de la cavité antérieure fermée du corps (figure 4.8c). Toutes les séreuses se composent d'une *couche pariétale* qui tapisse la paroi de la cavité et se replie pour former la *couche viscérale* qui recouvre la face externe des organes (viscères) de la cavité. Chacune des deux couches est faite d'un mésothélium (un épithélium pavimenteux simple) reposant sur une mince couche de tissu conjonctif lâche (aréolaire). Les cellules mésothéliales sécrètent une *sérosité* claire et translucide qui lubrifie les surfaces de la couche pariétale et de la couche viscérale et leur permet de glisser facilement l'une sur

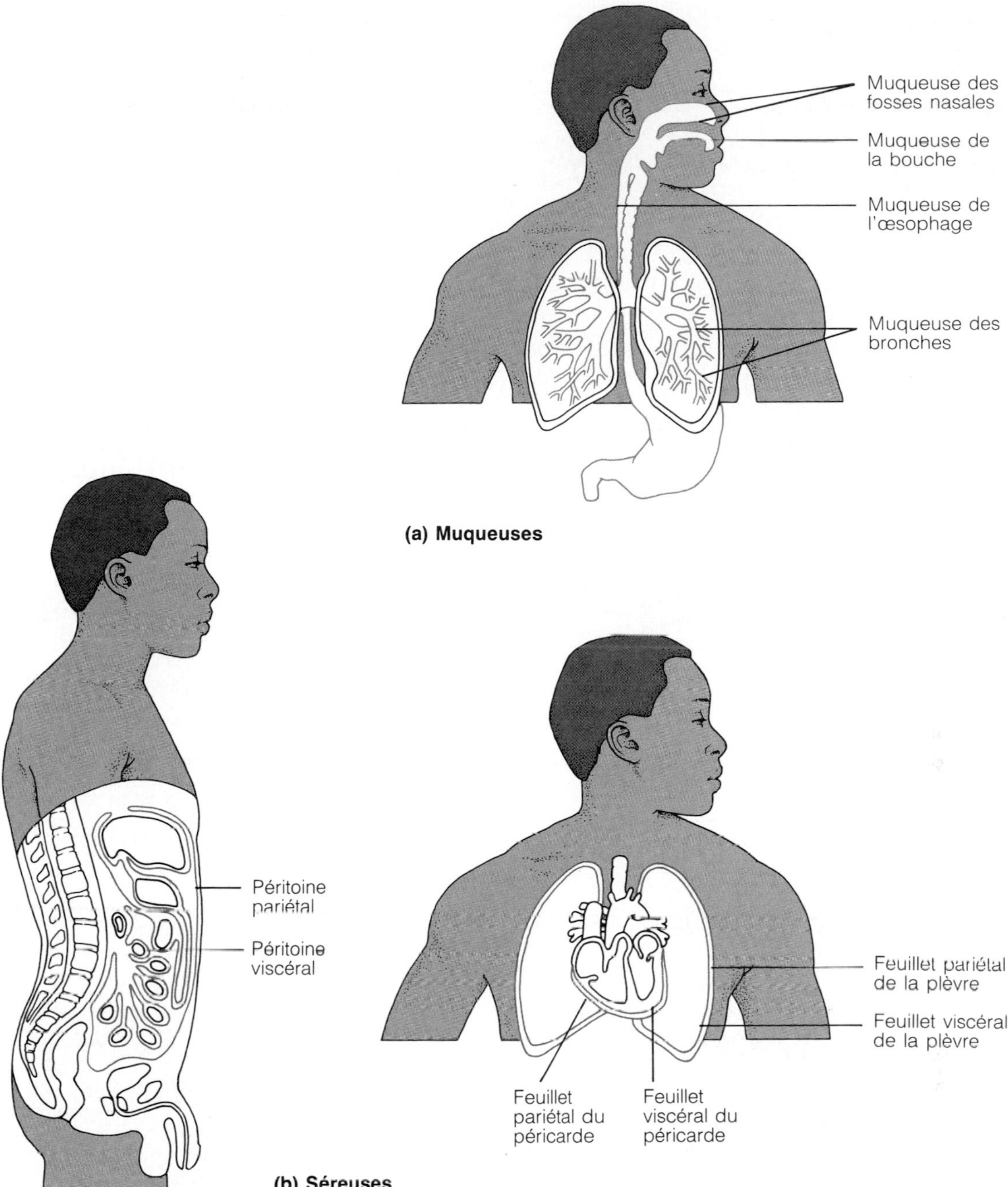

Figure 4.8 Muqueuses et séreuses. (**a**) Les muqueuses tapissent les cavités du corps qui s'ouvrent sur l'extérieur. (**b**) Les séreuses tapissent la cavité antérieure, qui est fermée.

l'autre. La réduction de la friction empêche les organes d'adhérer les uns aux autres ou à la paroi de la cavité.

On nomme les séreuses en fonction de leur localisation et des organes auxquels elles sont associées. Par exemple, la séreuse qui tapisse la paroi thoracique et recouvre les poumons est appelée **plèvre**; celle qui entoure le cœur est le **péricarde**; celle de la cavité abdomino-pelvienne et ses organes est le **péritoine.**

Tissu musculaire

Les **tissus musculaires** sont généralement formés d'une très grande proportion de cellules et bien vascularisés. Ces tissus produisent les mouvements des membres et de la plupart des organes internes (comme ceux du tube

Figure 4.9 Tissus musculaires.

(a) Tissu musculaire squelettique

Description : Cellules allongées, cylindriques et multinucléées; stries visibles

Localisation : Dans les muscles squelettiques attachés aux os et, dans quelques cas, à la peau

Fonction : Mouvement volontaire; locomotion; modifications de l'environnement; expression du visage. Contraction généralement provoquée par des commandes motrices volontaires

Photomicrographie : Muscle squelettique (env. ×30). Remarquez les stries et la présence de nombreux noyaux dans chaque cellule

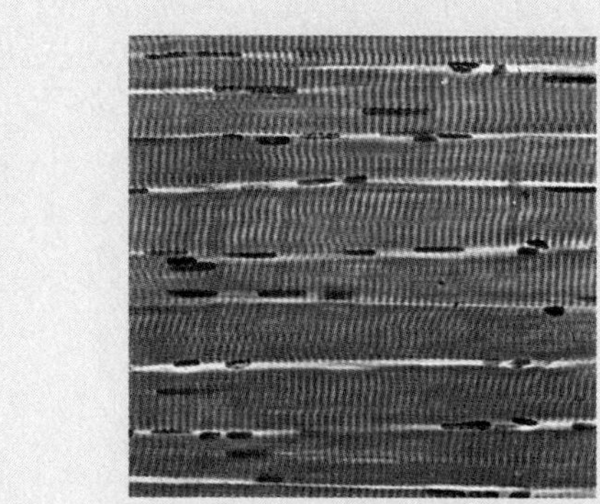

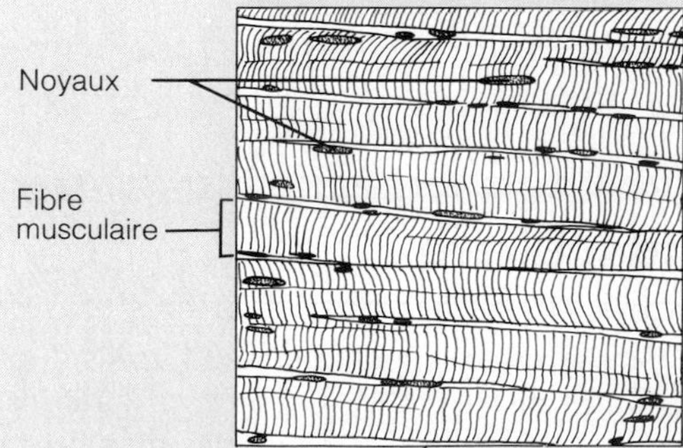

(b) Tissu musculaire cardiaque

Description : Cellules striées généralement mononucléées qui se ramifient et s'emboîtent à des points de jonction spécialisés (disques intercalaires)

Localisation :
Parois du cœur

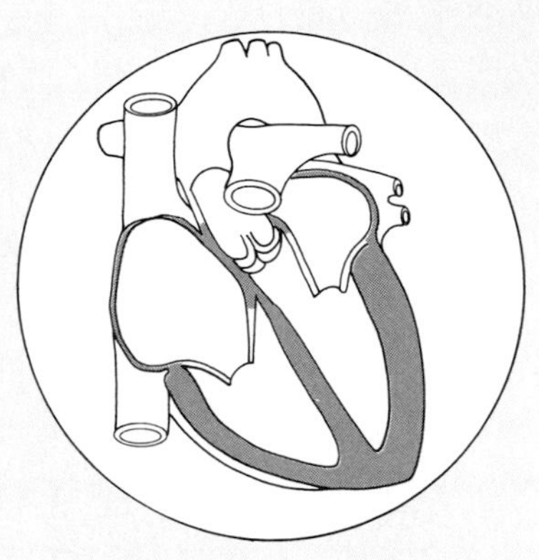

Fonction : Ses contractions propulsent le sang dans les vaisseaux sanguins. Contraction généralement provoquée par des commandes motrices involontaires

Photomicrographie : Muscle cardiaque (×250). Remarquez les stries, les ramifications des fibres et les disques intercalaires

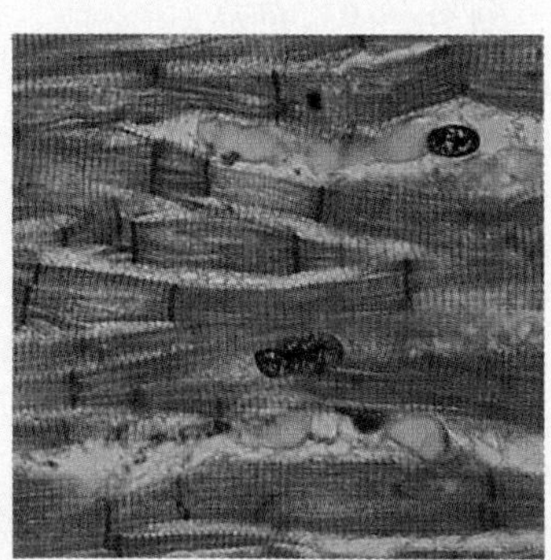

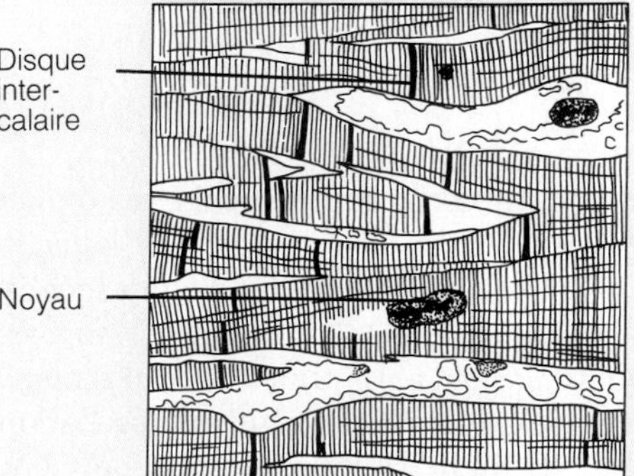

Figure 4.9 (suite)

(c) Tissu musculaire lisse

Description: Cellules fusiformes au noyau central; pas de stries. Les cellules sont collées les unes sur les autres, de manière à former des feuillets

Localisation: Principalement dans la paroi des organes creux

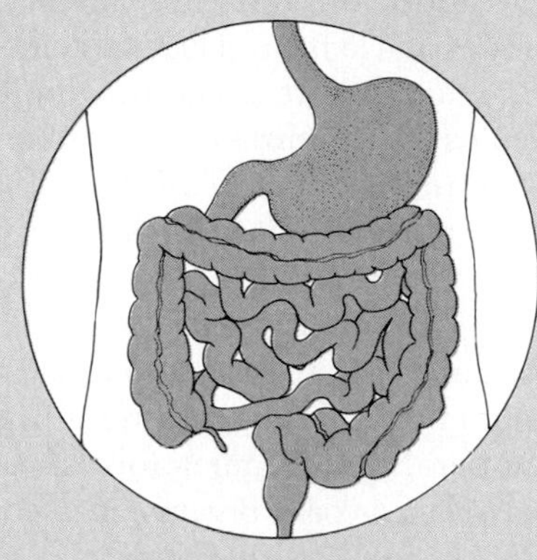

Fonction: Fait avancer des substances ou des objets (aliments, urine, fœtus) dans un passage interne. Contraction généralement provoquée par des commandes motrices involontaires

Photomicrographie: Feuillet de muscle lisse (env. ×300)

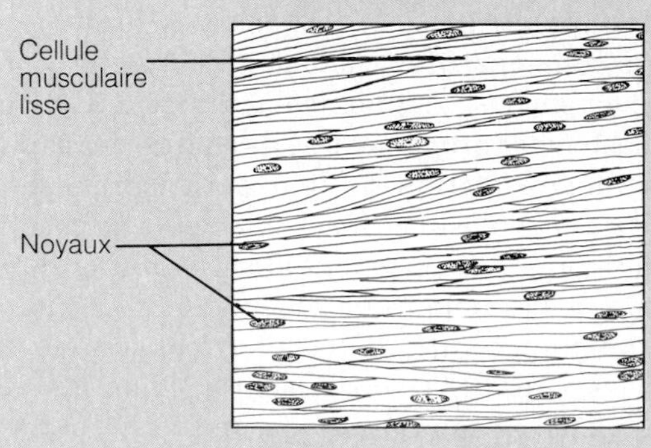

digestif). À cause de leur forme allongée, qui facilite leur raccourcissement (fonction de contractilité), les cellules musculaires sont appelées *fibres.* Les cellules musculaires possèdent des **myofilaments.** Ceux-ci sont une variété compliquée des filaments d'*actine* et de *myosine,* responsables du mouvement ou de la contraction dans tous les types de cellules. Il existe trois types de tissu musculaire: le tissu musculaire squelettique, le tissu musculaire cardiaque et le tissu musculaire lisse.

Enveloppé de couches continues de tissu conjonctif, le **tissu musculaire squelettique** forme des organes appelés *muscles squelettiques,* attachés aux os du squelette: ce sont eux qui constituent la chair. Lorsque les muscles se contractent, ils tirent sur les os ou la peau, ce qui produit des mouvements ou des expressions du visage. Les cellules musculaires squelettiques sont longues, cylindriques et possèdent plusieurs noyaux. Leur aspect *strié* provient de l'alignement précis de leurs myofilaments (figure 4.9a).

Le **tissu musculaire cardiaque** forme le *muscle cardiaque,* qui compose les parois du cœur; on ne le trouve nulle part ailleurs dans le corps humain. Les contractions de ce tissu propulsent le sang dans les vaisseaux sanguins jusqu'à toutes les parties du corps. Comme celles des muscles squelettiques, les cellules du muscle cardiaque sont striées. Leur structure est toutefois un peu différente, puisque les cellules du muscle cardiaque sont (1) mononucléées et (2) qu'elles se ramifient et s'ajustent les unes aux autres à des jonctions ouvertes appelées **disques intercalaires** (figure 4.9b).

Le **tissu musculaire lisse** est appelé ainsi parce qu'il ne comporte pas de stries visibles de l'extérieur. Les cellules musculaires lisses sont fusiformes et renferment un noyau central (figure 4.9c). On trouve du tissu musculaire lisse dans les parois des organes creux (organes du tube digestif et des voies urinaires, utérus et vaisseaux sanguins). Ce tissu sert généralement à faire avancer des substances dans l'organe au moyen d'une alternance de contractions et de relâchements.

Tissu nerveux

Le **tissu nerveux** forme les organes du système nerveux, c'est-à-dire le cerveau, la moelle épinière et les nerfs qui transmettent les influx allant aux différents organes et en provenant. Il se compose de deux grands types de cellules: les neurones et les cellules gliales. Les **neurones** sont les cellules nerveuses très spécialisées qui émettent et acheminent les influx nerveux (figure 4.10). Ils sont généralement ramifiés ou étoilés, leurs prolongements cytoplasmiques leur permettant de conduire les influx électriques sur des distances considérables. Le reste du tissu nerveux est constitué de différents types de cellules

Figure 4.10 Tissu nerveux.

Description: Les neurones se ramifient; les prolongements peuvent s'étendre très loin du corps cellulaire, qui contient le noyau; des cellules gliales non excitables (non illustrées ici) font également partie du tissu nerveux

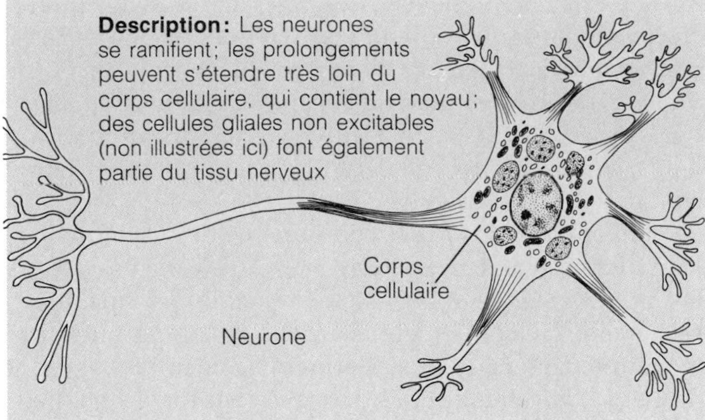

Localisation: Cerveau, moelle épinière et nerfs

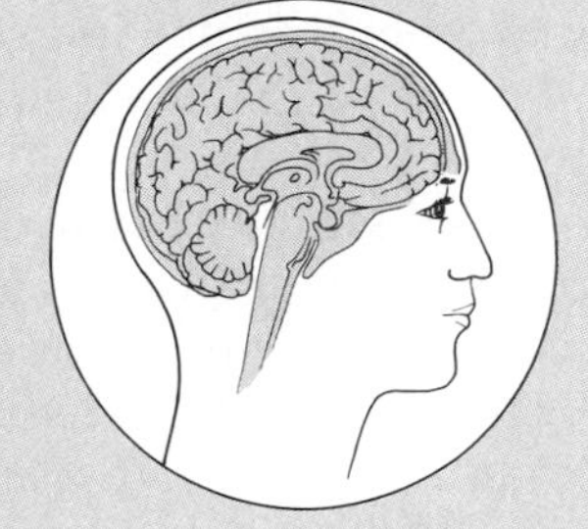

Fonction: Reçoit et analyse des stimulus internes et externes; contrôle le fonctionnement des effecteurs (muscles et glandes)

Photomicrographie: Neurone (× 170)

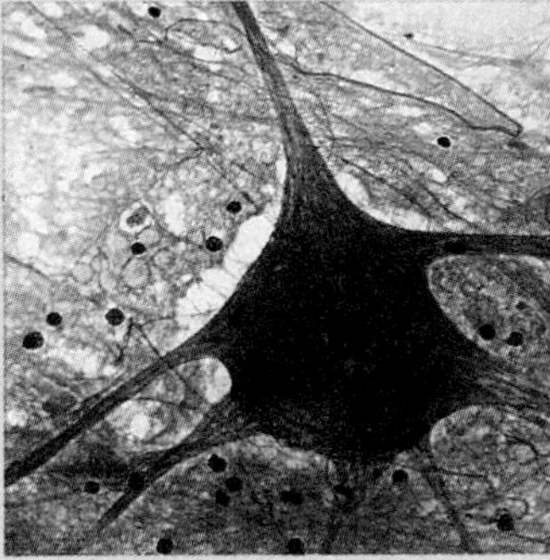

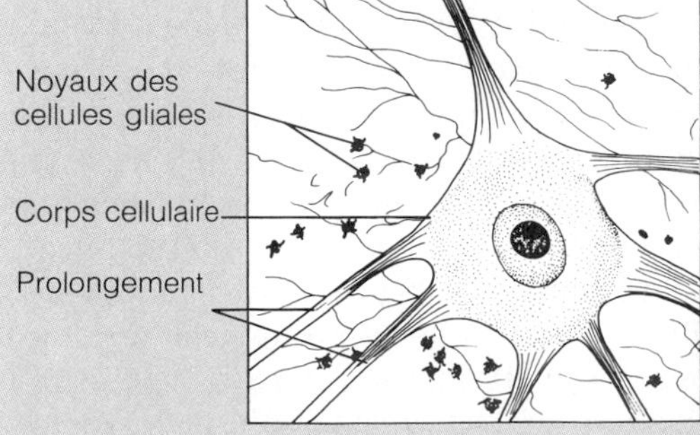

de soutien appelées **cellules gliales.** Ces cellules, qui ne sont pas conductrices, soutiennent, isolent et protègent les fragiles neurones. Vous trouverez des explications approfondies sur le tissu nerveux au chapitre 11.

Réparation des tissus

Le corps possède plusieurs moyens de se protéger contre les agressions de toutes sortes. Les barrières mécaniques, telles que la peau et les muqueuses, la sécrétion de mucus, l'action ciliaire des cellules épithéliales qui tapissent les voies respiratoires et la sécrétion d'un acide fort (barrière chimique) par les glandes de l'estomac ne sont que trois des moyens de défense locaux des tissus. Lorsqu'une lésion survient malgré tout, la réaction inflammatoire et la réponse immunitaire se déclenchent. La réaction inflammatoire est un processus non spécifique qui commence dans la région d'une lésion, dès que celle-ci apparaît. L'inflammation est essentiellement une offensive lancée par l'organisme contre un agresseur, afin d'éliminer celui-ci, de prévenir une aggravation de la lésion et de réparer le tissu atteint. La réponse immunitaire est quant à elle extrêmement spécifique. Les cellules du système immunitaire sont programmées pour identifier les substances étrangères telles que les microorganismes, les toxines et les cellules cancéreuses. Quand ces cellules ont reconnu un envahisseur, elles l'attaquent vigoureusement, soit en réagissant directement avec lui soit en libérant des anticorps. La réaction inflammatoire et la réponse immunitaire sont étudiées en profondeur au chapitre 22.

La réparation des tissus se fait de deux façons: par régénération et par fibrose. La **régénération** est le remplacement du tissu détruit par du tissu du même type; la **fibrose** entraîne la prolifération de tissu conjonctif fibreux, c'est-à-dire la formation de **tissu cicatriciel.** Le type de tissu et la nature de la lésion détermine lequel des deux processus se produira. Dans la plupart des tissus, les deux processus contribuent à la réparation.

La figure 4.11 représente le processus de la réparation d'une plaie par régénération et par fibrose. Ce processus commence avant que la réaction inflammatoire soit terminée. Examinons ce qui s'est produit jusqu'à ce moment. Dès son apparition, la lésion déclenche toute une série d'événements. Premièrement, l'histamine libérée par les mastocytes provoque une dilatation des capillaires et une augmentation de leur perméabilité. Les globules blancs et le plasma (riche en facteurs de coagulation, en anticorps, etc.) peuvent alors s'infiltrer dans la région atteinte. Les facteurs de coagulation permettent ensuite la formation d'un caillot, qui arrête la perte de sang, retient les bords de la plaie et isole la région atteinte afin d'empêcher les bactéries, les toxines et les autres substances nocives d'atteindre le tissu conjonctif lâche environnant (figure 4.11a). La partie du caillot qui est

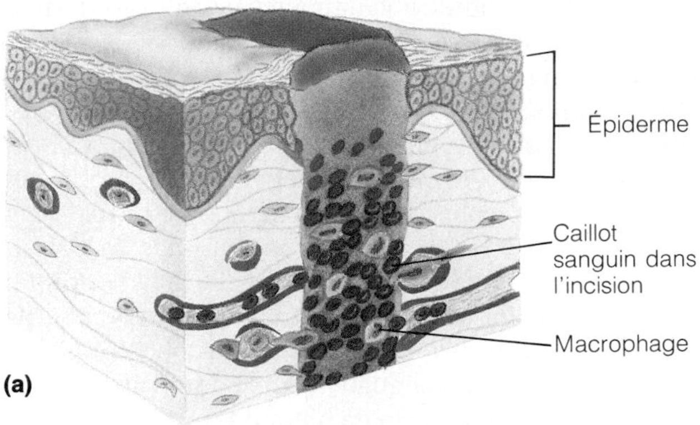

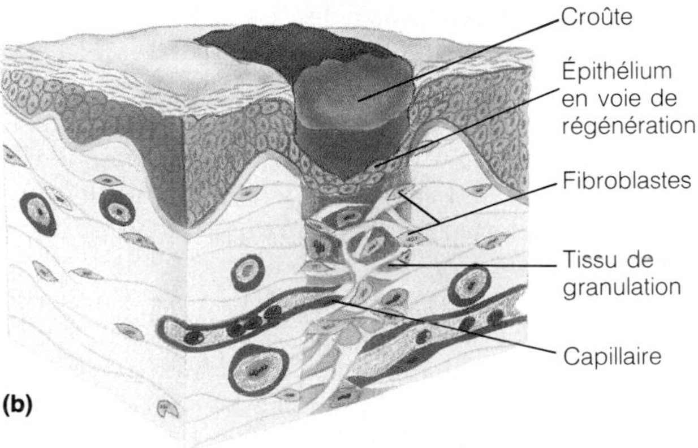

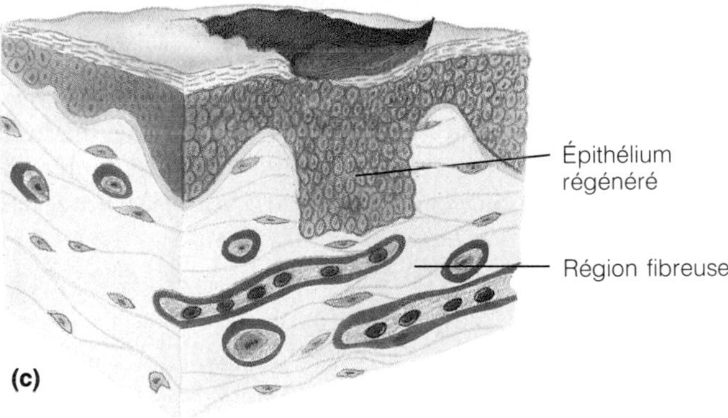

Figure 4.11 Réparation des tissus d'une plaie superficielle. (**a**) Le sang coule des vaisseaux sanguins sectionnés. La destruction cellulaire entraîne la libération de substances chimiques qui font dilater les vaisseaux sanguins de la région et augmenter la perméabilité des capillaires. Les globules blancs, les liquides, les facteurs de coagulation et d'autres protéines plasmatiques peuvent alors envahir la région de la plaie. Les facteurs de coagulation amorcent la coagulation du sang; la surface de la plaie sèche et forme une croûte. (**b**) Le tissu de granulation est apparu. De nouveaux capillaires pénètrent dans le caillot et rétablissent l'apport sanguin. Les fibroblastes s'infiltrent dans la région et sécrètent du collagène soluble qui formera des fibres collagènes. Celles-ci relieront les bords de la plaie. Les macrophages phagocytent les débris des cellules mortes et mourantes. Les cellules épithéliales superficielles prolifèrent et migrent au-dessus du tissu de granulation. (**c**) Environ une semaine plus tard, la région fibreuse (cicatrice) s'est contractée et la régénération de l'épithélium se poursuit. Le tissu cicatriciel peut être visible ou non à travers l'épiderme.

exposée à l'air sèche et durcit rapidement, ce qui forme la croûte. Le processus inflammatoire laisse un excès de liquide interstitiel, des fragments de cellules mortes et d'autres débris dans la région. Les débris sont phagocytés et digérés par les macrophages du tissu conjonctif, et l'excès de liquide est drainé par les vaisseaux lymphatiques. C'est à ce moment que la première étape de la réparation des tissus, l'organisation, peut commencer.

Au cours de l'**organisation,** le caillot sanguin, temporaire par nature, est remplacé par du tissu de granulation (figure 4.11b). Le **tissu de granulation** est un fragile tissu rose constitué de plusieurs éléments. Des capillaires minces et très perméables croissent à partir des capillaires intacts et s'étendent dans la région endommagée, de manière à établir un nouveau lit capillaire. Ils forment de petites bosses à la surface du tissu de granulation; c'est pourquoi celui-ci est granuleux. Les capillaires sont fragiles et se mettent à saigner si on «joue» avec la croûte. Le tissu de granulation renferme aussi des macrophages et des fibroblastes. Ces derniers élaborent de nouvelles fibres collagènes qui combleront définitivement la brèche dans le tissu lésé. À mesure que l'organisation progresse, les macrophages digèrent le caillot sanguin original, qui finit par disparaître. Le tissu de granulation, destiné à se transformer en tissu cicatriciel (un tissu fibreux permanent), est très résistant à l'infection, parce qu'il sécrète des substances qui inhibent la croissance des bactéries.

Pendant que l'organisation suit son cours, l'épithélium commence à se régénérer à partir des bords de la plaie (voir la figure 4.11b), entre le tissu de granulation et la croûte, qui ne tardera pas à tomber. Pendant que le tissu cicatriciel se développe et se contracte, l'épithélium s'épaissit et finit par ressembler à la peau de la région (figure 4.11c). Le tissu fibreux sous-jacent (la cicatrice) peut être invisible ou former une mince ligne blanche, selon la gravité de la blessure.

Les tissus n'ont pas tous la même capacité de régénération. Ainsi, les tissus épithéliaux, comme l'épiderme et les muqueuses, se régénèrent facilement, tout comme le tissu osseux et la plupart des tissus conjonctifs. Par contre, les muscles squelettiques et le cartilage se régénèrent mal, et parfois pas du tout. Quant au muscle cardiaque et aux tissus nerveux de l'encéphale (boîte crânienne) et de la moelle épinière (colonne vertébrale), ils sont pratiquement incapables de se régénérer et sont toujours remplacés par du tissu cicatriciel.

Quand la lésion est étendue ou qu'elle touche un tissu non régénérable, la fibrose se poursuit jusqu'à ce que les tissus perdus soient complètement remplacés. Pendant quelques mois, la masse de tissu fibreux se contracte et devient de plus en plus compacte; la cicatrice forme une région pâle, souvent brillante. Une cicatrice se compose surtout de fibres collagènes et ne contient presque pas de cellules et de capillaires. Le tissu cicatriciel est très solide, mais il ne possède ni la souplesse ni l'élasticité de la plupart des tissus normaux et ne peut pas accomplir les fonctions du tissu qu'il remplace.

La formation de tissu cicatriciel dans la paroi de la vessie, du cœur ou d'un autre organe musculaire peut entraver considérablement le fonctionnement de cet organe. Le rétrécissement normal du tissu cicatriciel réduit éventuellement le volume interne de l'organe et peut modifier la circulation des liquides dans les organes creux. En plus de réduire la contractilité des muscles, le tissu cicatriciel peut les empêcher d'être excités par le système nerveux. La présence de tissu cicatriciel dans le cœur peut mener à une insuffisance cardiaque évolutive. Il peut arriver, notamment après une intervention chirurgicale à l'abdomen, que des bandes de tissu cicatriciel appelées *adhérences* joignent des organes adjacents. Dans l'abdomen, les adhérences sont dangereuses parce qu'elles peuvent faire obstacle aux mouvements normaux des anses intestinales et empêcher ainsi la progression des substances dans les intestins, ce qui produit une occlusion intestinale. Dans d'autres cas, les adhérences peuvent restreindre les mouvements du cœur ou provoquer l'immobilité d'une articulation. ■

Développement et vieillissement des tissus

La formation des trois **feuillets embryonnaires primitifs** est l'un des premiers événements du développement embryonnaire. Ces trois feuillets superposés composent une sorte de gâteau à trois étages. Du feuillet superficiel au plus profond, ces feuillets sont appelés **ectoderme, mésoderme** et **endoderme** (figure 4.12). Les feuillets primitifs se spécialisent pour produire les quatre tissus primaires dont dérivent tous les organes. Les tissus épithéliaux se développent à partir des trois feuillets primitifs: la majorité des muqueuses proviennent de l'endoderme; l'endothélium et le mésothélium sont issus du mésoderme; l'épiderme naît à partir de l'ectoderme.

À la fin du deuxième mois de gestation, les tissus primaires sont apparus et la plupart des organes sont présents, du moins sous forme rudimentaire. En général, les cellules spécialisées continuent à se diviser par mitose, de manière à permettre la croissance rapide qui caractérise les périodes embryonnaire et fœtale. La plupart des cellules des tissus, à l'exception des neurones, subissent des mitoses jusqu'à ce que le corps atteigne sa taille adulte. Par la suite, seuls les tissus épithéliaux et conjonctifs continuent à subir des mitoses. Chez les personnes qui ont une alimentation adéquate et une bonne circulation, et qui ne subissent pas trop de blessures ou d'infections, les tissus fonctionnent efficacement jusqu'à l'âge moyen. On ne peut surestimer l'importance d'une alimentation équilibrée dans l'homéostasie des tissus. Par exemple, la régénération normale des tissus épithéliaux exige de la vitamine A; la vitamine C est essentielle à la synthèse des molécules adhésives permettant la cohésion des cellules et à la synthèse du collagène (et par conséquent à l'intégrité de tous les tissus conjonctifs). Comme les protéines sont le matériau de structure du corps humain, un apport adéquat de protéines de haute valeur biologique est absolument vital pour le maintien de l'intégrité structurale des tissus.

À mesure que nous vieillissons, notre tissu épithélial s'amincit et se fragilise. Étant donné que notre corps possède moins de collagène, les tissus se réparent plus difficilement et les tissus osseux, musculaires et nerveux s'atrophient progressivement. La circulation devient moins efficace, ce qui réduit l'apport de nutriments aux tissus et contribue à l'apparition de ces phénomènes. Une alimentation déficiente peut toutefois y contribuer. En effet, les personnes âgées qui n'ont pas assez d'argent pour bien se nourrir et celles qui ont de la difficulté à mâcher se limitent fréquemment à des aliments mous, souvent pauvres en protéines et en vitamines. Elles nuisent ainsi au maintien de l'intégrité de leurs tissus.

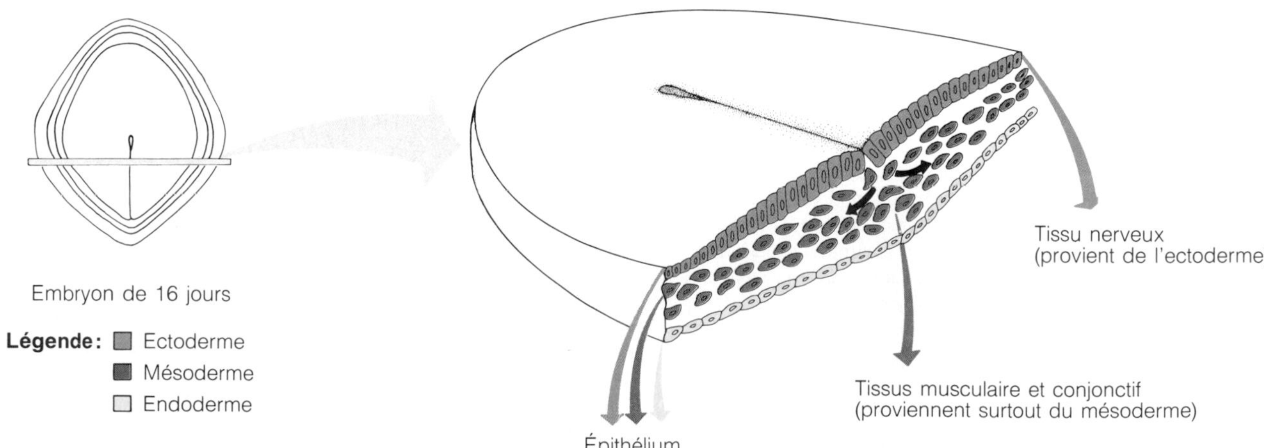

Figure 4.12 Les feuillets embryonnaires primitifs et les types de tissus primaires qu'ils produisent. Les trois feuillets embryonnaires forment le corps de l'embryon au tout début de la gestation.

* * *

Dans ce chapitre, nous avons vu que les cellules du corps humain se combinent pour former quatre types de tissus primaires: le tissu épithélial, le tissu conjonctif, le tissu musculaire et le tissu nerveux. Les cellules qui composent chacun de ces tissus possèdent les mêmes éléments de base, mais elles sont loin d'être identiques. Elles «vont ensemble» parce qu'elles se ressemblent sur le plan fonctionnel. Le tissu conjonctif se présente sous plusieurs formes, mais les cellules les plus polyvalentes sont celles des épithéliums. En effet, elles protègent nos surfaces internes et externes, nous permettent d'obtenir de l'oxygène, d'excréter des déchets par nos reins et d'absorber les nutriments vitaux présents dans le sang. Vous devriez quitter ce chapitre en retenant cette importante notion: malgré leurs propriétés distinctes, les tissus collaborent pour préserver l'intégrité de l'organisme et maintenir son homéostasie.

Termes médicaux

Chéloïde Prolifération anormale du tissu conjonctif au cours de la cicatrisation des plaies; se traduit par une grosse masse disgracieuse de tissu cicatriciel à la surface de la peau.

Cicatrisation par première intention Forme de cicatrisation la plus simple; se produit généralement lorsque les bords de la plaie sont réunis à l'aide de points de suture, d'agrafes, etc. après une intervention chirurgicale; s'associe à la formation d'une quantité minime de tissu de granulation.

Cicatrisation par deuxième intention Les bords de la plaie restent écartés et la brèche est comblée par du tissu de granulation; mode de guérison des plaies non soignées (plus lente que la cicatrisation par première intention); formation d'une plus grande quantité de tissu de granulation et prolifération épithéliale plus importante que dans les plaies dont les bords ont été accolés; cicatrices plus larges.

Embolie graisseuse Oblitération d'un vaisseau sanguin irriguant un organe vital (cœur, poumons, cerveau) par des gouttelettes graisseuses flottant librement dans la circulation sanguine; la graisse peut provenir de lésions étendues des tissus adipeux souscutanés ou de la cavité médullaire d'os fracturés.

Liposuccion (*lipos* = graisse; *sugere* = sucer) Intervention chirurgicale au cours de laquelle on aspire de la graisse sous-cutanée dans les régions adipeuses du corps, comme les cuisses, l'abdomen, les fesses et les seins; procédé à visée principalement esthétique.

Pus Substance fluide composée de liquide interstitiel, de bactéries, de cellules tissulaires mortes et mourantes, de globules blancs et de macrophages; apparaît dans une région infectée et enflammée.

Scorbut Maladie par carence nutritive causée par un apport de vitamine C insuffisant pour la synthèse du collagène; les signes et symptômes comprennent notamment la rupture de vaisseaux sanguins, la lenteur de la cicatrisation, la fragilité du tissu cicatriciel et le déchaussement des dents.

Résumé du chapitre

Les cellules des organismes multicellulaires se regroupent pour former les tissus, des assemblages de cellules similaires qui sont spécialisées dans une fonction spécifique. Les quatre groupes de tissus primaires sont: le tissu épithélial, le tissu conjonctif, le tissu musculaire et le tissu nerveux.

TISSU ÉPITHÉLIAL (p. 104-114)

1. Le tissu épithélial est le tissu de revêtement et le tissu glandulaire de l'organisme. Il remplit notamment des fonctions de protection, d'absorption, de sécrétion et de filtration.

Caractéristiques des tissus épithéliaux (p. 104)

2. Les tissus épithéliaux possèdent plusieurs caractéristiques: riches en cellules, jonctions latérales spécialisées, polarité des cellules, avascularité, membrane basale et grande capacité de régénération.

Classification des épithéliums (p. 104-111)

3. Les épithéliums sont classés selon leur structure parmi les épithéliums simples (une couche) ou les épithéliums stratifiés (plus d'une couche) et selon la forme de leurs cellules parmi les épithéliums pavimenteux, cubiques ou cylindriques. On combine les termes employés pour décrire la forme des cellules et leur disposition afin de donner une description complète de l'épithélium.

4. L'épithélium pavimenteux simple est constitué d'une couche de cellules pavimenteuses. Il convient parfaitement pour l'échange et la filtration de substances. Il forme la paroi des sacs alvéolaires des poumons. Sous forme de mésothélium, il constitue une partie des séreuses; sous forme d'endothélium, il tapisse les cavités du cœur et la paroi interne des vaisseaux sanguins et lymphatiques.

5. L'épithélium cubique simple remplit souvent des fonctions de sécrétion et d'absorption. On en trouve dans les glandes et les tubules rénaux.

6. L'épithélium cylindrique simple, spécialiste de la sécrétion et de l'absorption est fait d'une couche de hautes cellules cylindriques. Il possède souvent des microvillosités et des cellules caliciformes; tapisse le tube digestif de l'estomac au canal anal.

7. L'épithélium cylindrique pseudostratifié est un épithélium cylindrique simple ressemblant à un épithélium stratifié. Un épithélium pseudostratifié cilié tapisse presque toutes les voies respiratoires supérieures.

8. L'épithélium pavimenteux stratifié se compose de plusieurs couches de cellules; les cellules de sa surface libre sont pavimenteuses. Il est destiné à résister au frottement. Il tapisse l'œsophage; sa forme kératinisée constitue l'épiderme.

9. L'épithélium cubique stratifié se retrouve surtout dans les canaux des grosses glandes.

10. L'épithélium cylindrique stratifié est rare; on en trouve dans l'urètre de l'homme et dans les canaux des grosses glandes.

11. L'épithélium de transition est un épithélium pavimenteux stratifié modifié. Il est capable de réagir à l'étirement; tapisse les organes du système urinaire.

Épithéliums glandulaires (p. 111-114)

12. Une glande est constituée d'une ou plusieurs cellules spécialisées qui sécrètent un produit particulier.

13. Selon la nature de leur produit et la manière dont il est acheminé, les glandes sont dites exocrines ou endocrines. Selon leur structure, elles sont dites unicellulaires ou multicellulaires.

14. Selon la structure de leurs conduits, les glandes exocrines sont classées parmi les glandes simples ou composées; selon la structure de leurs régions sécrétrices, parmi les glandes tubuleuses, alvéolaires et tubulo-alvéolaires.

15. Selon leur mode de sécrétion, les glandes multicellulaires exocrines sont classées parmi les glandes mérocrines, holocrines et apocrines.

TISSU CONJONCTIF (p. 114-126)

1. Le tissu conjonctif est le tissu le plus abondant et le plus répandu du corps humain. Il exerce des fonctions de soutien, de protection, de fixation, d'isolation et de transport (sang).

Caractéristiques des tissus conjonctifs (p. 114-115)

2. Les tissus conjonctifs sont issus du mésenchyme de l'embryon et présentent une matrice. Suivant leur type, les tissus conjonctifs sont bien vascularisés (la majorité), peu vascularisés (tissus conjonctifs denses) ou avasculaires (cartilage).

Éléments structuraux du tissu conjonctif (p. 115-116)

3. Les éléments structuraux de tous les tissus conjonctifs sont la matrice et les cellules.

4. La matrice se compose de substance fondamentale et de fibres. Elle peut être fluide, gélatineuse ou ferme.

5. Chaque type de tissu conjonctif possède un type particulier de cellules présentes sous deux formes: une forme immature subissant des mitoses et sécrétant la matrice (-blastes) et une forme adulte entretenant la matrice (-cytes). Les cellules du tissu conjonctif proprement dit sont les fibroblastes; celles du cartilage, les chondroblastes; celles du tissu osseux, les ostéoblastes; celles des tissus hématopoïétiques, les hémocytoblastes.

Types de tissu conjonctif (p. 116-126)

6. Le tissu conjonctif embryonnaire est appelé mésenchyme.

7. Le tissu conjonctif proprement dit comprend les tissus conjonctifs lâches et les tissus conjonctifs denses. Les tissus conjonctifs lâches sont les suivants:

- Tissu conjonctif aréolaire: substance fondamentale semi-liquide; fibres des trois types lâchement entrelacées; renferme des cellules de plusieurs variétés; forme un coussin mou autour des organes et constitue le chorion des muqueuses; prototype des tissus conjonctifs proprement dits.
- Tissu adipeux: composé surtout d'adipocytes; peu de matrice; isole et protège les organes; réserve d'énergie.
- Tissu conjonctif réticulé: fin réseau de fibres réticulées dans une substance fondamentale molle; stroma des ganglions lymphatiques, de la rate et de la moelle rouge des os.

8. Les tissus conjonctifs denses sont les suivants:

- Tissu conjonctif dense orienté: faisceaux compacts et parallèles de fibres collagènes; peu de cellules et de substance fondamentale; excellente résistance à l'étirement; forme les tendons, les ligaments et les aponévroses.
- Tissu conjonctif dense non orienté: semblable à la variété régulière, sauf que les fibres vont dans plusieurs directions; résiste à la tension provenant de plusieurs directions; forme le derme de la peau et l'enveloppe fibreuse de certains organes.
- Tissu conjonctif élastique: fait surtout de fibres élastiques; existe sous forme régulière et irrégulière; se retrouve dans les ligaments élastiques et les vaisseaux sanguins.

9. Les variétés de cartilage sont les suivantes:

- Cartilage hyalin: substance fondamentale ferme renfermant des fibres collagènes; résiste bien à la pression; présent dans le squelette fœtal, sur la facette articulaire des os et la trachée; type de cartilage le plus abondant.
- Cartilage élastique: composé surtout de fibres élastiques; confère flexibilité et résistance à l'oreille externe et à l'épiglotte.
- Fibrocartilage: grosses fibres collagènes parallèles; résiste bien à la pression et fournit un bon soutien; forme les disques intervertébraux et les cartilages du genou.

10. Le tissu osseux se compose d'une matrice ferme contenant du collagène et imprégnée de sels de calcium, qui lui donnent sa rigidité; forme le squelette.

11. Le sang est constitué de globules sanguins baignant dans une matrice liquide (le plasma).

MUQUEUSES ET SÉREUSES (p. 126-127)

1. Les muqueuses et les séreuses sont des associations relativement simples de tissu épithélial et de tissu conjonctif. Elles sont constituées d'un épithélium uni à une couche plus ou moins épaisse de tissu conjonctif sous-jacent.

TISSU MUSCULAIRE (p. 127-129)

1. Le tissu musculaire est formé de cellules allongées capables de se contracter et de faire bouger le corps.

2. Selon leur structure et leur fonction, on classe les muscles parmi les trois types suivants:

- Muscles squelettiques: attachés aux os du squelette, qu'ils font bouger.
- Muscle cardiaque: compose les parois du cœur, pompe le sang.
- Muscles lisses: situés dans la paroi des organes creux, font avancer des substances dans ces organes.

TISSU NERVEUX (p. 129-130)

1. Le tissu nerveux forme les organes du système nerveux. Il se compose des neurones et des cellules gliales.

2. Les neurones sont les cellules ramifiées qui reçoivent et transmettent les influx nerveux; interviennent dans la régulation des fonctions physiologiques.

RÉPARATION DES TISSUS (p. 130-132)

1. L'inflammation est une réaction de l'organisme aux lésions. La réparation des tissus commence au cours du processus inflammatoire. Elle peut se faire par régénération et/ou par fibrose.

2. La première étape de la réparation des tissus est l'organisation, au cours de laquelle le caillot sanguin est remplacé par du tissu de granulation. Si la plaie est petite et que le tissu lésé peut subir des mitoses, le tissu se régénérera de manière à recouvrir le tissu fibreux. Quand la plaie est étendue et que le tissu ne peut pas subir de mitoses, la lésion sera réparée uniquement par du tissu conjonctif fibreux (tissu cicatriciel).

DÉVELOPPEMENT ET VIEILLISSEMENT DES TISSUS (p. 132-133)

1. Tous les tissus proviennent d'au moins un des trois feuillets embryonnaires primitifs. L'épithélium se développe à partir des trois feuillets primitifs (ectoderme, mésoderme, endoderme); le tissu musculaire et le tissu conjonctif à partir du mésoderme; le tissu nerveux à partir de l'ectoderme.

2. La diminution du volume et de la résistance des tissus qui accompagne le vieillissement résulte souvent de troubles circulatoires et d'une alimentation inadéquate.

Questions de révision

Choix multiples/associations

1. Associez chacun des quatre groupes de tissus primaires à la description appropriée.

(a) Tissu conjonctif **(c)** Tissu musculaire
(b) Épithélium **(d)** Tissu nerveux

_____ Type de tissu principalement composé de matrice inanimée; remplit surtout des fonctions de protection et de soutien.

_____ Tissu directement responsable des mouvements.

_____ Tissu qui nous permet d'avoir conscience de notre environnement et d'y réagir; spécialiste de la communication.

_____ Tissu qui tapisse les cavités du corps et en recouvre la surface.

2. Un épithélium composé de plusieurs couches, dont la plus superficielle est formée de cellules aplaties, est appelé (choisissez tous les termes adéquats): (a) cilié; (b) cylindrique; (c) stratifié; (d) simple; (e) pavimenteux.

3. Associez les types d'épithéliums énumérés dans la colonne B avec la(les) description(s) pertinente(s) de la colonne A.

Colonne A	Colonne B
_____ Tapisse la majeure partie du tube digestif.	**(a)** Pseudostratifié
_____ Tapisse l'œsophage.	**(b)** Cylindrique simple
_____ Tapisse une grande partie des voies respiratoires.	**(c)** Cubique simple
_____ Forme la paroi des sacs alvéolaires des poumons.	**(d)** Pavimenteux simple
_____ Présent dans les organes du système urinaire.	**(e)** Cylindrique stratifié
_____ Endothélium et mésothélium	**(f)** Pavimenteux stratifié
	(g) De transition

4. Les glandes qui sécrètent des produits tels que le lait, la salive, la bile et la sueur au moyen d'un conduit sont: (a) les glandes endocrines; (b) les glandes exocrines.

5. Un tissu membraneux qui tapisse une cavité du corps s'ouvrant vers l'extérieur est: (a) un endothélium; (b) de la peau; (c) une muqueuse; (d) une séreuse.

Questions à court développement

6. Définissez le terme «tissu».

7. Énumérez quatre fonctions importantes des tissus épithéliaux et associez au moins un tissu à chacune de ces fonctions.

8. Décrivez les critères de classification des épithéliums de revêtement.

9. Expliquez la classification des glandes exocrines multicellulaires selon leur fonction et donnez un exemple pour chacune des classes.

10. Énumérez quatre fonctions importantes du tissu conjonctif et donnez des exemples qui illustrent chacune de ces fonctions.

11. Nommez le type fondamental de cellules dans le tissu conjonctif proprement dit, dans le cartilage, dans le tissu osseux.

12. Nommez les deux principaux constituants de la matrice et, le cas échéant, les composants de chaque élément.

13. Nommez le type précis de tissu conjonctif qu'on trouve dans les localisations suivantes: (a) enveloppe les organes; (b) soutient le pavillon de l'oreille; (c) forme les cordes vocales; (d) chez l'embryon; (e) forme les disques intervertébraux; (f) recouvre les extrémités des os aux facettes articulaires.

14. Définissez ce qu'est le système des phagocytes mononucléés.

15. Comparez et différenciez les muscles squelettiques, cardiaque et lisses quant à leur structure, leur localisation et leur fonction spécifique.

16. Montrez les différences entre le rôle des neurones et celui des cellules gliales du tissu nerveux.

17. Décrivez le processus de la réparation des tissus, sans oublier d'indiquer les facteurs pouvant influer sur ce processus.

18. Nommez les trois feuillets embryonnaires primitifs et donnez les classes de tissus primaires qui dérivent de chacun des feuillets.

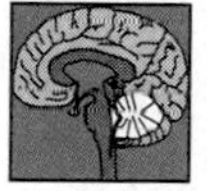

Réflexion et application

1. Jean s'est blessé au cours d'une séance d'entraînement de son équipe de football; on lui a dit qu'il s'était déchiré un cartilage du genou. Jean guérira-t-il rapidement et sans complications? Justifiez votre réponse.

2. L'épiderme (épithélium de la peau) est un épithélium pavimenteux stratifié kératinisé. Expliquez pourquoi cet épithélium protège bien mieux la surface externe du corps que ne pourrait le faire une muqueuse formée d'un épithélium cylindrique simple.

3. Un ami a tenté de vous convaincre que vous seriez beaucoup plus souple si les ligaments qui relient vos os dans les articulations synoviales (comme le genou, l'épaule et l'articulation de la hanche) contenaient plus de fibres élastiques. Il y a une *part* de vérité dans sa théorie, mais vous auriez aussi de graves problèmes si vous étiez fait ainsi. Pourquoi?

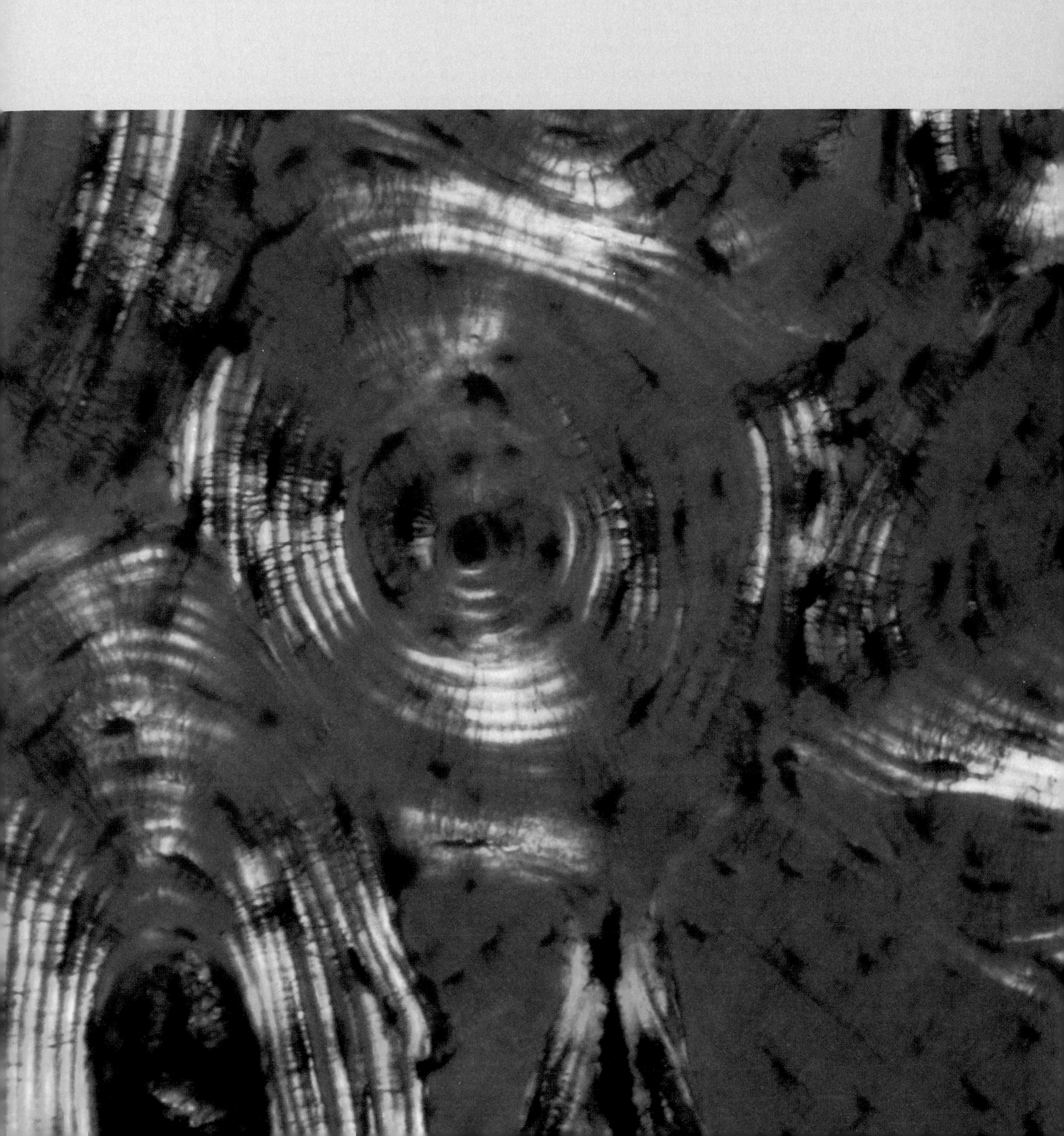

DEUXIÈME PARTIE

LA PEAU, LES OS ET LES MUSCLES

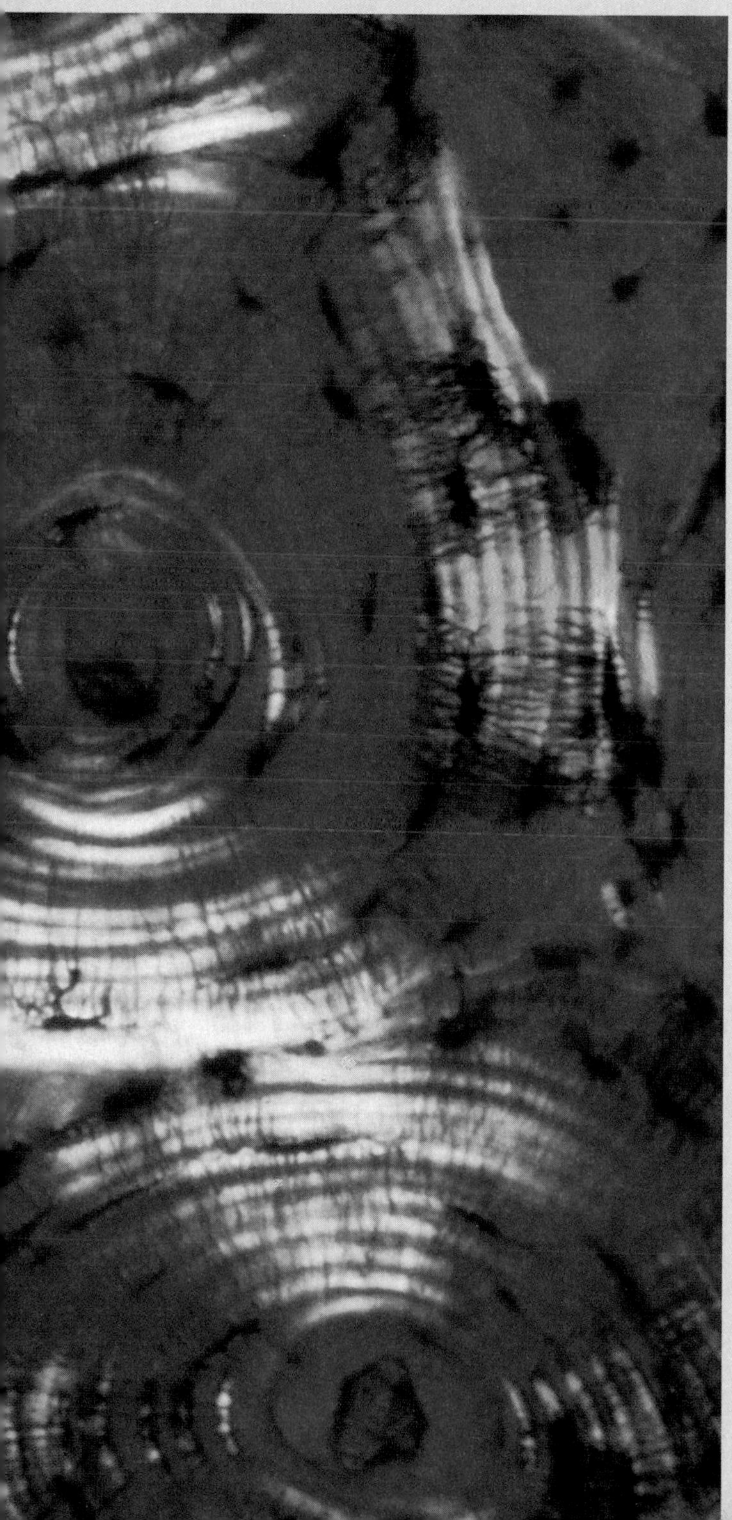

Le chapitre 5 est consacré à l'étude du revêtement du corps, c'est-à-dire la peau, et de son rôle dans le maintien de l'homéostasie. Nous traitons du système osseux et du système musculaire dans les chapitres 6 à 10. Nous étudions en particulier la manière dont leur interaction fonctionnelle contribue au soutien, à la protection, à la mobilité et à la forme du corps.

Micrographie optique d'un tissu osseux

5 Le système tégumentaire

Sommaire et objectifs d'apprentissage

Peau (p. 138-143)

1. Nommer les différents tissus qui composent l'épiderme et le derme. Identifier leurs principales couches et expliquer les fonctions de chacune de ces couches.
2. Décrire les facteurs qui déterminent normalement la couleur de la peau. Expliquer brièvement pourquoi des changements de la couleur de la peau peuvent être interprétés comme les signes cliniques de certaines maladies.

Annexes cutanées (p. 143-149)

3. Énumérer les parties d'un follicule pileux et expliquer leurs fonctions respectives. Décrire la relation fonctionnelle entre le muscle arrecteur du poil et le follicule pileux.
4. Définir les principes qui déterminent la couleur des poils. Décrire la répartition, la croissance et le renouvellement des poils ainsi que les changements dont ils font l'objet tout au long de l'existence.
5. Comparer la structure, la répartition et la situation la plus fréquente des glandes sudoripares et sébacées, ainsi que la composition et les fonctions de leurs sécrétions.
6. Comparer les glandes eccrines et les glandes apocrines.

Fonctions du système tégumentaire (p. 149-150)

7. Nommer au moins cinq fonctions de la peau et les décrire.

Déséquilibres homéostatiques de la peau (p. 150-154)

8. Expliquer pourquoi une brûlure grave provoque une perturbation de l'homéostasie et constitue une menace pour la vie. Exposer une technique servant à déterminer l'étendue d'une brûlure et comparer les brûlures des premier, second et troisième degrés.
9. Résumer les caractéristiques des épithéliomas basocellulaires, des épithéliomas spinocellulaires et des mélanomes malins.

Développement et vieillissement du système tégumentaire (p. 154)

10. Décrire brièvement les changements que subit la peau de la naissance à la vieillesse et tenter d'en donner les causes.

Seriez-vous séduit par une publicité qui vanterait les mérites d'un vêtement imperméable, élastique, lavable, infroissable, réparant automatiquement ses petites coupures, déchirures et brûlures grâce à d'invisibles outils de raccommodage, et garanti à vie dans la mesure où l'on en prend raisonnablement soin ? Cela vous paraîtrait sûrement trop beau pour être vrai. Pourtant vous possédez déjà un tel vêtement : votre peau. La peau et ses annexes (glandes sudoripares et sébacées, poils et ongles) forment un ensemble d'organes extrêmement complexe qui assument de nombreuses fonctions pour la plupart protectrices. L'ensemble de ces organes est appelé **système tégumentaire.**

Peau

Habituellement, la peau ne jouit pas d'une grande considération de la part de ses occupants ; cependant, d'un point de vue architectural, c'est un vrai chef-d'œuvre. Elle recouvre entièrement le corps. Sa superficie varie entre 1,5 et 2 m^2 et elle pèse environ 4 kg chez l'adulte moyen. On estime que chaque centimètre carré de peau contient 70 cm de vaisseaux sanguins, 55 cm de nerfs, 100 glandes sudoripares, 15 glandes sébacées, 230 récepteurs sensoriels et environ un demi-million de cellules qui meurent et se renouvellent sans cesse (figure 5.1). La peau est aussi appelée **tégument** (*tegumentum* = couverture) mais, si l'on considère ses nombreuses fonctions, on s'aperçoit qu'elle représente bien davantage qu'un simple sac, grand et opaque, pour le contenu du corps. En fait, si on nous enlevait notre peau, nous serions rapidement la proie des bactéries et nous péririons de déperdition d'eau et de chaleur.

La peau, dont l'épaisseur varie de 1,5 à 4 mm et plus dans certaines parties du corps, est formée de deux types de tissus distincts, l'**épiderme** et le **derme,** solidement soudés l'un à l'autre le long d'une ligne ondulée (voir la figure 5.1). L'épiderme (*épi* = dessus ; *derma* = peau),

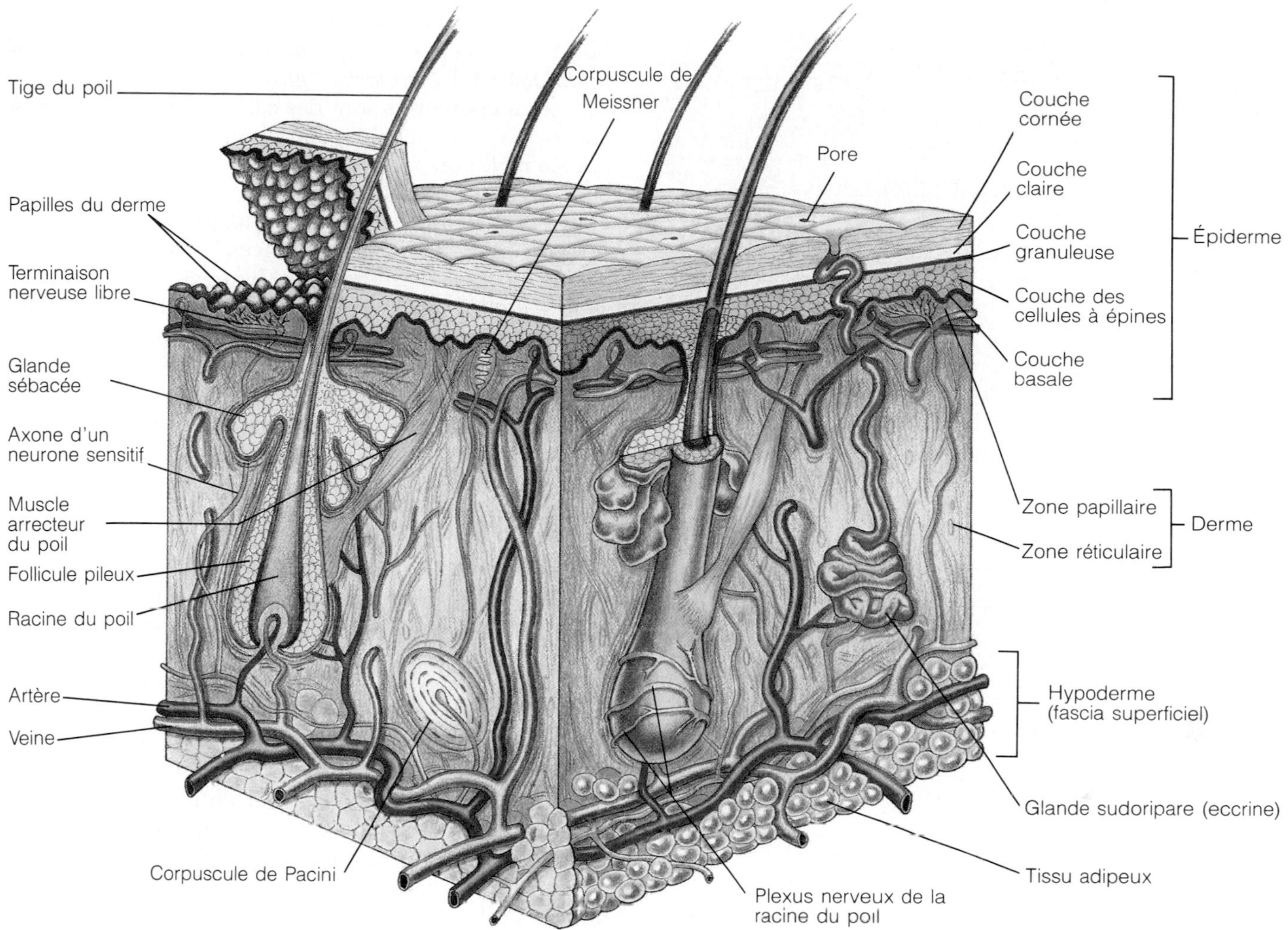

Figure 5.1 Structure de la peau. Vue tridimensionnelle de la peau et des tissus sous-cutanés. (L'épiderme a été soulevé dans le coin supérieur gauche pour montrer les papilles du derme.)

composé de cellules épithéliales, est la principale structure protectrice du corps. Le derme est sous-jacent à l'épiderme et constitue la partie la plus profonde de la peau. Cette couche résistante a la consistance du cuir et comprend du tissu conjonctif dense. Seul le derme est vascularisé; les nutriments diffusent dans le liquide interstitiel jusqu'à l'épiderme.

Le tissu sous-cutané, qui se trouve juste en dessous de la peau, est appelé **hypoderme,** ou **fascia superficiel.** Il est constitué de tissu conjonctif lâche (aréolaire) et de tissu adipeux. Près de la moitié de la graisse emmagasinée par l'organisme se dépose dans ses cellules adipeuses. L'hypoderme relie la peau aux structures sous-jacentes et lui permet de bouger et de s'étirer pour s'adapter aux mouvements de ces structures. En raison de sa composition graisseuse, il est également en mesure d'absorber les chocs et d'isoler les tissus plus profonds de l'organisme en les protégeant contre les pertes de chaleur. L'hypoderme ne fait pas véritablement partie de la peau, mais il est en interaction fonctionnelle avec elle puisqu'il lui permet d'assurer certaines de ses fonctions de protection.

Épiderme

L'épiderme est formé d'un épais épithélium pavimenteux stratifié kératinisé qui se compose de quatre types de cellules et de cinq couches distinctes.

Cellules de l'épiderme

L'épiderme contient plusieurs types de cellules, soit les kératinocytes, les mélanocytes, les cellules de Langerhans et les cellules de Merkel. Nous nous pencherons dans un premier temps sur les kératinocytes puisque ce sont les cellules que l'on retrouve en plus grand nombre dans l'épiderme. Le rôle principal des **kératinocytes** (*kéras* = corne) consiste à produire de la *kératine,* une protéine fibreuse et insoluble dans l'eau, qui confère aux cellules de l'épiderme leurs propriétés protectrices. Les kératinocytes sont étroitement reliés les uns aux autres par des desmosomes; ils proviennent de cellules qui se divisent de façon quasi continue par mitose et qui sont situées dans la partie la plus profonde de l'épiderme. À mesure que les kératinocytes sont poussés vers la surface de la peau

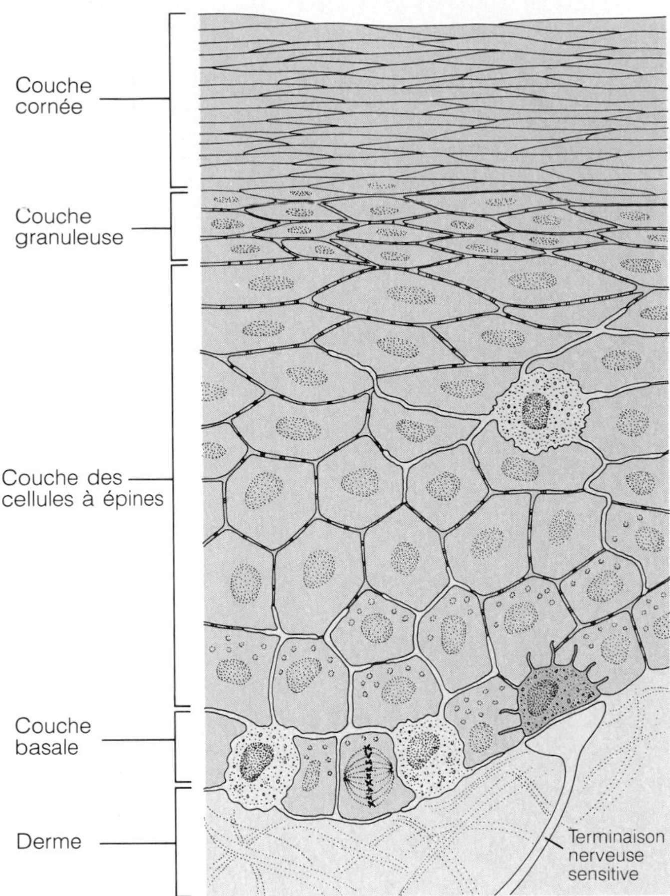

Figure 5.2 Diagramme montrant les principales caractéristiques de l'épiderme de la peau fine — couches et quantité relative des différents types de cellules. Les kératinocytes (en rose) forment la masse principale de l'épiderme. Les mélanocytes (en gris), moins nombreux, produisent le pigment, ou mélanine; les cellules de Langerhans (en bleu) se comportent comme des macrophages. Une terminaison nerveuse sensitive (en jaune) traverse le derme (en brun) pour se lier à une cellule de Merkel (en violet) et former un disque de Merkel (récepteur du toucher). On peut remarquer que les kératinocytes sont les seules cellules à être reliées entre elles par de nombreux desmosomes (grâce à leurs bordures ondulées qui s'emboîtent les unes dans les autres).

par les nouvelles cellules, ils commencent à produire de la kératine molle qui va devenir le constituant majeur des cellules. Les kératinocytes meurent durant leur migration vers la surface de la peau. Ces cellules ne sont alors plus guère que des membranes plasmiques remplies de kératine. Des millions de ces cellules mortes tombent chaque jour en raison des frottements que subit sans cesse notre peau, si bien que nous renouvelons totalement notre épiderme tous les 35 à 45 jours, c'est-à-dire le laps de temps qui s'écoule entre la naissance et la disparition d'un kératinocyte. L'épiderme sain est en mesure de maintenir son intégrité parce que la production des kératinocytes équivaut à la disparition des vieux kératinocytes (desquamation) à la surface de la peau. Certaines régions du corps, comme les mains et les pieds, sont régulièrement soumises à des frictions; la production des kératinocytes y est donc accélérée afin de compenser leur perte. La croissance de l'épiderme est en partie régie par une hormone protéinique appelée *facteur de croissance épidermique* (EGF, *epidermal growth factor*).

Les **mélanocytes** sont des cellules épithéliales spécialisées qui contiennent et synthétisent un pigment appelé **mélanine** (*mélas* = noir). On les trouve dans les couches profondes de l'épiderme. Ce sont des cellules étoilées qui possèdent de nombreux prolongements leur permettant d'entrer en contact avec les kératinocytes de la couche basale de l'épiderme (figure 5.2). La mélanine se forme dans des granules appelés *mélanosomes*. Ces granules cytoplasmiques migrent vers les prolongements des mélanocytes afin d'expulser la mélanine (par exocytose) dans le liquide interstitiel. Les kératinocytes absorbent alors le pigment et se colorent. Les granules de mélanine s'accumulent sur la face superficielle du noyau des kératinocytes et forment ainsi une sorte de bouclier pigmentaire qui protège le noyau (et les terminaisons nerveuses se trouvant sous le derme) des effets dévastateurs des rayons ultraviolets (UV) du soleil. Comme tous les êtres humains possèdent à peu près le même nombre de mélanocytes, les variations individuelles et raciales que l'on peut observer dans la coloration de la peau relèvent probablement de différences dans la synthèse et la sécrétion de la mélanine par ces cellules.

Les prolongements des **cellules de Langerhans** leur confèrent la forme d'une étoile. Ces cellules sont produites dans la moelle osseuse avant de migrer vers l'épiderme. Ce sont des macrophages qui contribuent à l'activation des cellules de notre système immunitaire (nous parlerons de ce rôle plus en détail à la p. 149). Leurs minces prolongements s'étendent au milieu des kératinocytes en formant un réseau plus ou moins continu (figure 5.2).

On trouve un petit nombre de **cellules de Merkel** à la jonction de l'épiderme et du derme. Ces cellules sont hémisphériques (figure 5.2), et chacune est étroitement liée à la terminaison d'une neurofibre sensitive en forme de disque appelée *disque de Merkel*. On pense que cette structure joue le rôle de récepteur sensoriel du toucher.

De toutes les cellules de l'épiderme, seuls les kératinocytes sont liés entre eux par des desmosomes latéraux. Les mélanocytes et les kératinocytes de la base de l'épiderme sont fixés à la membrane basale par des hémidesmosomes.

Couches de l'épiderme

L'épiderme de la *peau épaisse* qui recouvre la paume des mains, le bout des doigts et la plante des pieds est constitué de cinq couches de cellules, ou *strates* (voir la figure 5.1). De la plus profonde à la plus superficielle, ces cinq couches sont les suivantes: la couche basale (ou stratum germinativum), la couche de cellules à épines (ou stratum spinosum), la couche granuleuse (ou stratum granulosum), la couche claire (ou stratum lucidum) et la couche cornée (ou stratum corneum). La *peau fine*, qui recouvre le reste du corps, ne comporte que quatre couches plus minces (il n'y a pas de couche claire) comme le montre la figure 5.2.

Couche basale (stratum germinativum). La **couche basale,** aussi appelée couche germinative, constitue la couche la plus profonde de l'épiderme ; elle n'est séparée du derme que par la membrane basale. Elle est principalement composée d'une seule épaisseur de cellules dont la plupart sont des kératinocytes cylindriques, qui s'attachent à la membrane basale sous-jacente par des hémidesmosomes. Le grand nombre de cellules à un des stades de la mitose que l'on peut observer dans cette couche démontre la rapidité avec laquelle ces cellules se divisent pour donner des kératinocytes.

Environ 25 % des cellules de la couche basale sont des mélanocytes. Leurs prolongements s'étendent vers les kératinocytes et peuvent atteindre les cellules à épines du stratum spinosum. La couche basale contient également quelques cellules de Merkel.

Couche des cellules à épines (stratum spinosum). La **couche des cellules à épines** comprend plusieurs strates de cellules. L'activité mitotique y est moins intense que dans la couche basale. Ces cellules à épines renferment d'épais faisceaux de kératine appelés *tonofilaments* (« filaments de tension »). Les kératinocytes présentent une forme légèrement aplatie et irrégulière. Dans les préparations histologiques classiques, ils réagissent en se hérissant de minuscules projections épineuses, d'où leur nom. Il faut toutefois noter que ces épines n'existent pas sur la membrane plasmique des cellules vivantes. Elles n'apparaissent que dans les préparations histologiques. On trouve de nombreuses cellules de Langerhans dans cette couche de l'épiderme ; elles sont disséminées parmi les kératinocytes, mais ne leur sont pas rattachées par des desmosomes. (Nous verrons ultérieurement l'importance de la mobilité des cellules de Langerhans par rapport à leur fonction dans notre système immunitaire.) Les kératinocytes localisés dans la partie superficielle de la couche de cellules épineuses ne reçoivent pas suffisamment de nutriments : ils deviennent donc moins viables et commencent à mourir. Ce processus est tout à fait normal, comme nous l'avons vu plus haut.

Couche granuleuse (stratum granulosum). La **couche granuleuse,** dans laquelle s'amorce la kératinisation, est constituée de trois à cinq strates de cellules aplaties. Cette couche tire son nom des granules qui se trouvent à l'intérieur des cellules et qui contiennent une substance appelée *kératohyaline.* (Ces granules de kératohyaline ne sont pas formés de kératine, mais, comme nous le verrons plus loin, ils contribuent à son élaboration.) La couche granuleuse contient également un grand nombre de tonofilaments et de *kératinosomes,* lesquels renferment un glycolipide imperméabilisant sécrété dans l'espace intercellulaire afin de limiter la déperdition d'eau dans les couches épidermiques et sa diffusion sur la face externe de la peau. La membrane plasmique qui entoure ces cellules s'épaissit et devient ainsi plus résistante. On peut dire en quelque sorte que les kératinocytes « s'endurcissent » dans le but de faire des couches supérieures la région la plus résistante de la peau. Les cellules meurent à la lisière supérieure de la couche granuleuse et les lysosomes commencent alors à digérer leurs organites cytoplasmiques. Cette couche comprend aussi des cellules de Langerhans.

Couche claire (stratum lucidum). L'observation au microscope classique révèle une fine bande translucide, appelée **couche claire,** juste au-dessus de la couche granuleuse. La couche claire est formée de plusieurs strates de kératinocytes aplatis et morts, aux contours mal définis. C'est à cet endroit, ou dans la couche cornée située au-dessus, que les granules de kératohyaline se lient étroitement aux structures des tonofilaments présentes dans les cellules. Cette association de kératohyaline et de tonofilaments forme les fibrilles de kératine. Comme nous l'avons déjà mentionné, la couche claire n'apparaît que dans la peau épaisse.

Couche cornée (stratum corneum). La **couche cornée** est la couche la plus superficielle de l'épiderme. Elle forme un vaste ensemble constitué de 20 à 30 strates de cellules, qui occupe environ les trois quarts de l'épaisseur de l'épiderme. La couche cornée est composée de cellules mortes entièrement remplies de fibrilles de kératine et empilées les unes sur les autres, appelées *cellules kératinisées* ou *cornées* (*cornu* = corne). Nous les connaissons tous sous le nom de pellicules, ces « flocons » qui se détachent de la peau sèche. La kératine est une protéine imperméable et résistante. Sa présence abondante dans la couche cornée permet à cette dernière de fournir au corps une enveloppe qui résiste à l'abrasion et protège les cellules plus profondes des agressions de l'environnement (l'air) et de la déperdition d'eau. Elle empêche également la pénétration de substances chimiques et de bactéries dans le milieu interne tout en limitant les effets des conditions physiques de l'environnement. Il est assez remarquable qu'une couche de cellules mortes puisse encore avoir des fonctions si importantes !

Derme

La seconde couche de la peau, le derme (*derma* = peau), est constituée d'une épaisseur de tissu conjonctif, à la fois résistant et flexible. On retrouve dans le derme les cellules qui composent habituellement le tissu conjonctif proprement dit : des fibroblastes, des macrophages et, à l'occasion, des mastocytes et des globules blancs. Sa matrice gélatineuse est imprégnée d'une grande quantité de collagène, d'élastine et de réticuline. On peut dire que le derme est notre « dépouille » : il correspond exactement aux dépouilles animales dont on tire des cuirs de prix très élevé.

Le derme est riche en neurofibres (beaucoup sont équipées de récepteurs sensoriels), en vaisseaux sanguins et en vaisseaux lymphatiques. La majeure partie des follicules pileux et des glandes sébacées et sudoripares résident dans le derme mais proviennent de l'épiderme, comme nous le verrons plus loin. L'épaisseur du derme varie selon les individus et les régions du corps, comme c'est le cas pour l'épiderme. Cependant, les appellations *peau épaisse* et *peau fine* ne s'appliquent qu'à l'épiderme.

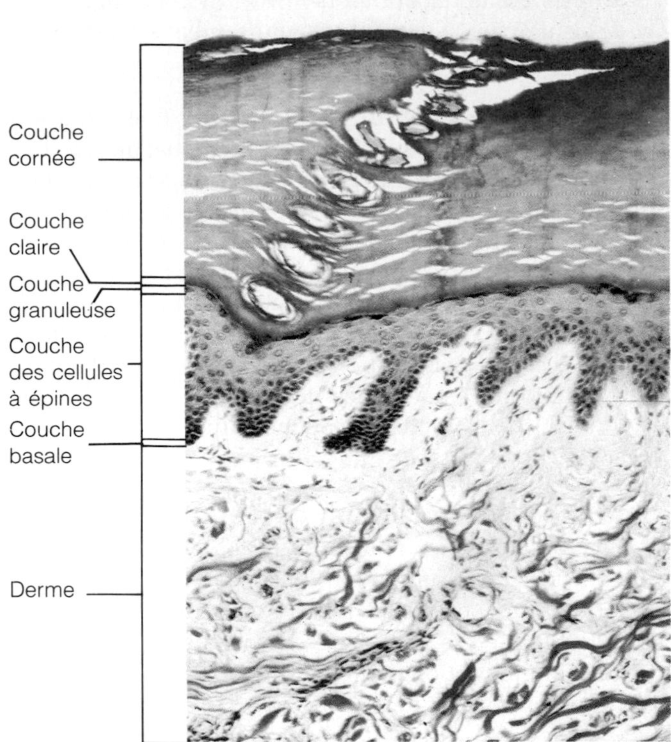

Figure 5.3 Photomicrographie montrant les différentes couches de la peau. (× 150)

Pour sa part, le derme renferme deux couches, soit la zone papillaire et la zone réticulaire (voir la figure 5.1).

La **zone papillaire** est une mince couche de tissu conjonctif lâche (située juste en dessous de la membrane basale) formée de fibres entrelacées qui permettent le passage de nombreux vaisseaux sanguins ainsi que de neurofibres. La partie supérieure est constellée de projections mamillaires, appelées **papilles du derme** (*papilla* = bout du sein), qui donnent à la surface externe du derme un relief accidenté (voir la figure 5.1). De nombreuses papilles du derme sont pourvues de bouquets capillaires; d'autres abritent des terminaisons nerveuses libres (récepteurs de la douleur) et des récepteurs du toucher, également appelés *corpuscules de Meissner.* Sur la face antérieure des mains et des pieds, les papilles sont rangées selon un ordre bien précis, comme le montrent les crêtes et les sillons que l'on peut voir à la surface de la peau. Ces **crêtes épidermiques** augmentent la friction et accroissent la capacité d'adhérence des doigts et des pieds. Leur situation, déterminée génétiquement, est unique chez chaque individu. Ces crêtes étant pourvues d'un grand nombre de glandes sudoripares, les bouts des doigts laissent, sur presque tout ce qu'ils touchent, un film de transpiration qu'il est possible d'identifier et que l'on appelle couramment **empreinte digitale.**

La **zone réticulaire,** plus profonde, occupe environ 80 % du derme et est formée de tissu conjonctif dense non orienté typique. Elle renferme des faisceaux formés de fibres collagènes enchevêtrées (figure 5.3), orientés dans toutes les directions et parallèles à la surface de la peau, ainsi que des fibres réticulées et des fibres élastiques. Les séparations, c'est-à-dire les régions les moins denses situées entre les faisceaux, forment dans la peau des *lignes de tension* (ou lignes de Langer). Les lignes de tension suivent en général une trajectoire longitudinale dans les membres, mais présentent des motifs circulaires dans le cou et le tronc. Elles sont particulièrement importantes à la fois pour les chirurgiens et leurs patients. En effet, les lèvres d'une incision pratiquée parallèlement à ces lignes plutôt que transversalement se rapprochent plus facilement, et la plaie guérit plus vite.

Outre les crêtes papillaires et les lignes de tension, il existe un troisième type de plis de la peau, les *lignes de flexion,* qui indiquent des modifications dermiques. Les lignes de flexion sont essentiellement disposées dans les replis du derme localisés au niveau des articulations ou à proximité, là où le derme est plus solidement fixé aux structures sous-jacentes par l'hypoderme. Des plissements se forment, car la peau ne peut glisser assez librement pour s'adapter aux mouvements des articulations. Les lignes de flexion les plus visibles se trouvent sur les poignets, la paume des mains, la plante des pieds, les doigts et les orteils.

Les fibres collagènes et élastiques du tissu conjonctif confèrent à la peau résistance et élasticité. De plus, les fibres collagènes fixent l'eau et contribuent ainsi à l'hydratation de la peau.

Un étirement extrême de la peau, comme celui qui se produit au cours d'une grossesse, peut déchirer le derme. Une déchirure dermique se présente sous la forme d'une cicatrice d'un blanc argenté appelée *vergeture.* Un traumatisme court mais intense (une brûlure ou le maniement répété d'un outil, par exemple) peut causer une **ampoule,** c'est-à-dire une séparation des couches de l'épiderme et du derme provoquée par la formation d'une poche remplie de liquide interstitiel.

Couleur de la peau

Trois pigments sont responsables de la couleur de la peau: la mélanine, le carotène et l'hémoglobine. La **mélanine** est un polymère synthétisé à partir de la tyrosine, un acide aminé; elle possède une palette de couleurs allant du jaune au noir, en passant par le brun. Comme nous l'avons vu, ce pigment est transmis des mélanocytes aux kératinocytes de la couche basale. Les différentes couleurs de peau sont fonction du type de mélanine et de la quantité produite. Les mélanocytes d'individus ayant la peau noire ou brune élaborent une mélanine plus foncée et en plus grande quantité que les mélanocytes des individus qui ont la peau plus pâle. Les *taches de rousseur* et les *nævus pigmentaires* (grains de beauté) sont produits par une accumulation locale de mélanine. L'exposition au soleil stimule l'activité des mélanocytes. Une exposition prolongée provoque une accumulation substantielle de la mélanine, qui contribue à protéger les cellules viables de la peau des radiations ultraviolettes et, sauf chez les individus à la peau noire, rend la peau plus foncée (c'est le bronzage).

Une exposition excessive au soleil finit par endommager la peau et ce, en dépit des effets protecteurs de la mélanine. On assiste alors à une agglutination de fibres élastiques (élastose solaire) qui donne à la peau un aspect tanné, cause une dépression temporaire du système immunitaire et peut entraîner une altération de l'ADN (mutations), provoquant ainsi éventuellement un cancer de la peau. Le fait que les individus à la peau foncée ne soient que rarement atteints de cancers de la peau démontre à quel point la mélanine constitue un écran solaire efficace.

Les radiations ultraviolettes peuvent avoir d'autres effets. De nombreuses substances chimiques induisent la photosensibilité, c'est-à-dire qu'elles accentuent la sensibilité de la peau aux radiations ultraviolettes et peuvent provoquer chez les fanatiques du soleil une éruption cutanée dont ils se passeraient bien. On trouve de telles substances dans quelques antibiotiques et antihistaminiques, dans les parfums et les détergents, et dans une substance chimique contenue dans les citrons verts et le céleri. De petites lésions font leur apparition sur tout le corps; elles se présentent sous forme de cloques et s'accompagnent de démangeaisons. Puis la peau commence à peler en lambeaux. ■

Le **carotène** est un pigment dont les tons varient du jaune à l'orangé. C'est une excellente source de vitamine A et on en trouve dans certains végétaux comme la carotte. Elle s'accumule surtout dans la couche cornée et dans les cellules adipeuses de l'hypoderme. Sa couleur apparaît de façon plus manifeste sur la paume des mains et sur la plante des pieds, où la couche cornée est plus épaisse, et elle devient plus profonde lorsque de grandes quantités d'aliments riches en carotène sont absorbées. Il faut cependant noter que la teinte jaunâtre de la peau des peuples asiatiques est imputable à des variations de la couleur de la mélanine et non à l'accumulation de carotène.

La teinte rosée des peaux claires est due à la couleur rouge foncé de l'**hémoglobine** oxygénée que renferment les globules rouges circulant dans les capillaires dermiques. Du fait que la peau blanche ne contient que peu de mélanine, l'épiderme est plutôt transparent et l'on peut voir à travers la couleur rosée de l'hémoglobine.

Une *cyanose* (*kuanos* = bleu sombre) indique une oxygénation insuffisante de l'hémoglobine: le sang et la peau des sujets à la peau blanche prennent une teinte bleuâtre. La peau peut devenir cyanosée lorsqu'une personne subit un infarctus du myocarde ou souffre de graves difficultés respiratoires, comme l'emphysème. Chez les individus à la peau foncée, la peau ne change pas de couleur parce que la mélanine dissimule les effets de la cyanose; la cyanose demeure toutefois apparente sur les muqueuses (celles des lèvres, par exemple) et sur le lit de l'ongle. C'est pour mieux évaluer une éventuelle cyanose qu'on demande aux femmes d'ôter leur vernis à ongles avant de subir une opération sous anesthésie générale.

Divers stimulus émotionnels influent également sur la couleur de la peau; de nombreuses fluctuations de sa coloration peuvent indiquer certains états pathologiques:

- *rougeur* ou *érythème*: une peau qui tire sur le rouge peut indiquer de l'embarras (rougissement), de la fièvre, de l'hypertension, une inflammation ou une allergie.
- *pâleur* ou *blancheur*: certains individus pâlissent sous le coup de certaines tensions émotionnelles (peur, colère, etc.). Une peau pâle peut aussi être un signe d'anémie ou d'hypotension.
- *jaunisse* ou *ictère*: une coloration jaune anormale de la peau révèle généralement des problèmes d'ordre hépatique. Un excès de pigment biliaire (bilirubine) passe dans le sang et se dépose dans tous les tissus du corps. (Normalement, les cellules du foie sécrètent les pigments biliaires dans la bile.)
- *couleur de bronze*: une peau ayant l'apparence presque métallique du bronze indique la maladie d'Addison, c'est-à-dire un hypofonctionnement du cortex surrénal (glande endocrine).
- *marques bleu-noir* ou *ecchymoses*: on trouve des marques bleu-noir dans des régions où le sang s'est échappé des vaisseaux sanguins pour se coaguler dans le derme ou les tissus sous-jacents. Ces masses de sang coagulé sont appelées *hématomes*. Une propension inusitée à faire des hématomes peut révéler une carence en vitamine C, un problème de coagulation ou être un symptôme de l'*hémophilie*. ■

Annexes cutanées

Les **annexes cutanées** sont les poils et les follicules pileux, les ongles, les glandes sudoripares et les glandes sébacées. Chacune de ces annexes dérive de l'épiderme embryonnaire et joue un rôle important dans le maintien de l'homéostasie de l'organisme.

Poils et follicules pileux

Les poils protégeaient les hommes primitifs contre le froid; ils sont bien moins fournis sur notre corps et ont perdu beaucoup de leur utilité. Ils restent cependant disséminés sur la quasi-totalité du corps et continuent de remplir certaines fonctions de protection mineures, comme protéger notre tête des lésions, de la déperdition de chaleur et de la lumière du soleil. Par ailleurs, les cils abritent les yeux, et les poils du nez empêchent les poussières et les corps étrangers de pénétrer dans nos voies respiratoires.

Structure du poil

Le **poil**, qui a l'aspect d'un fil, est une structure produite par le follicule pileux et essentiellement constituée d'un amalgame de cellules kératinisées. Les principales parties du poil sont la *tige* (figure 5.4), qui s'élève au-dessus de la peau, et la *racine*, enchâssée dans la peau (figure 5.5a). La forme de la tige définit celle du poil: si la tige est plate et présente l'apparence d'un ruban en coupe

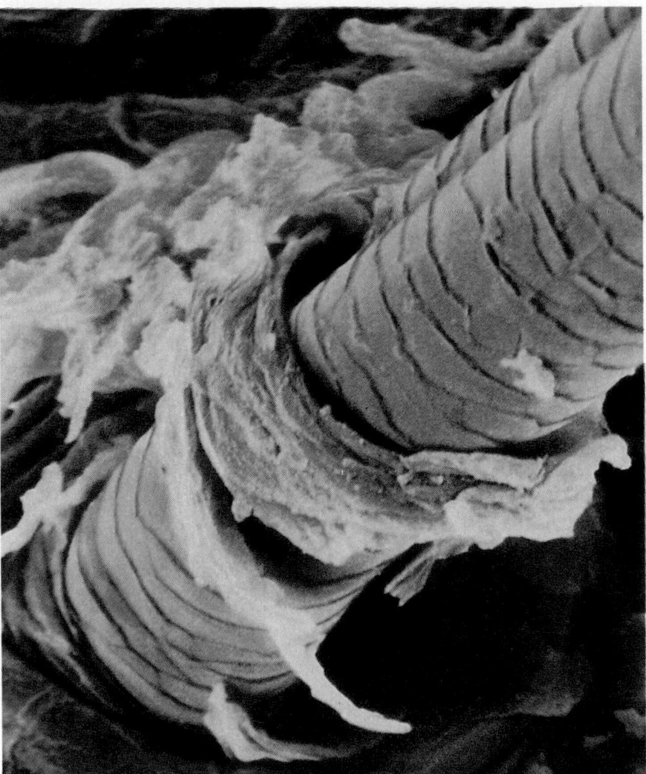

Figure 5.4 Micrographie électronique à balayage d'un poil émergeant de son follicule à la surface de l'épiderme. Remarquez de quelle façon les cellules de la cuticule se chevauchent (× 1500).

transversale, le poil est crépu; si elle est ovale, le poil est ondulé; si elle est parfaitement ronde, il est raide.

Le poil comprend trois couches concentriques de cellules kératinisées (figure 5.5b). Au centre se trouve la *moelle,* formée de grosses cellules partiellement séparées par des espaces remplis d'air (les poils fins ne possèdent pas de moelle). La moelle est enveloppée par une couche volumineuse, le *cortex,* qui contient plusieurs rangées de cellules plates. La **cuticule,** la partie la plus externe, est formée d'une simple couche de cellules qui se chevauchent comme des tuiles (figure 5.4). Cette disposition maintient la séparation des poils et les empêche ainsi de s'emmêler. La cuticule est la couche la plus abondamment kératinisée; elle renforce le poil et permet aux couches internes de rester compactes. La cuticule est particulièrement exposée à l'abrasion et s'amenuise au bout du poil, ce qui amène les fibrilles de kératine contenues dans le cortex et dans la moelle à rebiquer; ce phénomène est bien connu sous le nom de «pointe fourchue».

Le pigment du poil est produit par des mélanocytes localisés à la base du poil, puis il est transféré dans les cellules du cortex. Trois couleurs de mélanine (jaune, brun et noir) s'assemblent en proportions inégales afin de composer toutes les variétés de couleurs, du blond au noir de jais. Les poils gris ou blancs proviennent d'une déficience dans la production de mélanine (information transmise par des gènes à retardement), qui est alors remplacée par des bulles d'air dans la tige du poil.

Structure du follicule pileux

Le **follicule pileux** (*folliculus* = petit sac) s'étend de la surface de l'épiderme au derme et peut s'enfoncer jusque dans l'hypoderme au niveau du cuir chevelu. La base du follicule s'élargit pour former le **bulbe pileux** (figure 5.5c). Un enchevêtrement de terminaisons nerveuses sensitives appelé **plexus de la racine du poil** s'enroule autour de chaque follicule (voir la figure 5.1) et il suffit d'effleurer les poils pour stimuler ces terminaisons. Nos poils jouent donc le rôle de récepteurs sensoriels du toucher. (Vous pouvez le vérifier en passant votre main sur les poils de votre avant-bras: vous éprouverez une sensation de «chatouillement».)

La *papille dermique* est composée de tissu dermique en forme de mamelon et fait saillie à la base du bulbe pileux; elle est vascularisée par des capillaires qui apportent aux cellules du poil les nutriments indispensables à sa croissance. Sa situation spécifique différencie cette papille des papilles du derme que l'on retrouve partout ailleurs dans les régions sous-jacentes à l'épiderme.

Le follicule pileux est un sac cylindrique dont la paroi est formée à l'extérieur d'une **gaine de tissu conjonctif** dérivée du derme et, à l'intérieur, d'une **gaine de tissu épithélial** résultant d'une invagination de l'épiderme (figure 5.5c et d). La gaine de tissu épithélial est elle-même composée de deux parties: la gaine épithéliale externe et la gaine épithéliale interne. Ces deux gaines s'amincissent à mesure qu'elles se rapprochent de la base du bulbe pileux, de telle façon qu'une seule strate de la couche basale constitue sa paroi. Les cellules épithéliales contenues dans la **matrice du poil** recouvrent la papille; elles se divisent par mitose et donnent des cellules qui se remplissent de kératine et permettent l'allongement du poil. Ce sont des signaux chimiques, en provenance de la papille dermique, qui stimulent la division des cellules épithéliales de la matrice.

Au fur et à mesure que la matrice produit de nouvelles cellules, la partie la plus ancienne du poil est poussée vers le haut; ses cellules amalgamées deviennent de plus en plus kératinisées et meurent. Ainsi, la tige du poil se compose presque totalement de kératine. La **kératine dure** contenue dans les poils diffère de la **kératine molle** que l'on trouve dans l'épiderme: elle est plus solide et plus durable, et elle empêche la desquamation des cellules où elle est présente.

Certaines structures sont souvent associées au follicule pileux: ce sont les terminaisons nerveuses entourant le bulbe, les glandes sébacées et les cellules musculaires lisses qui forment les muscles arrecteurs des poils. Comme vous pouvez le voir aux figures 5.1 et 5.5e, la plupart des follicules pileux sont légèrement obliques lorsqu'ils parviennent à la surface de la peau. Les **muscles arrecteurs** des poils sont fixés de telle façon que leur contraction provoque le redressement du follicule pileux, ce qui a pour effet de soulever la peau et de produire la chair de poule. Les muscles arrecteurs sont régis par le système nerveux et peuvent être activés aussi bien par

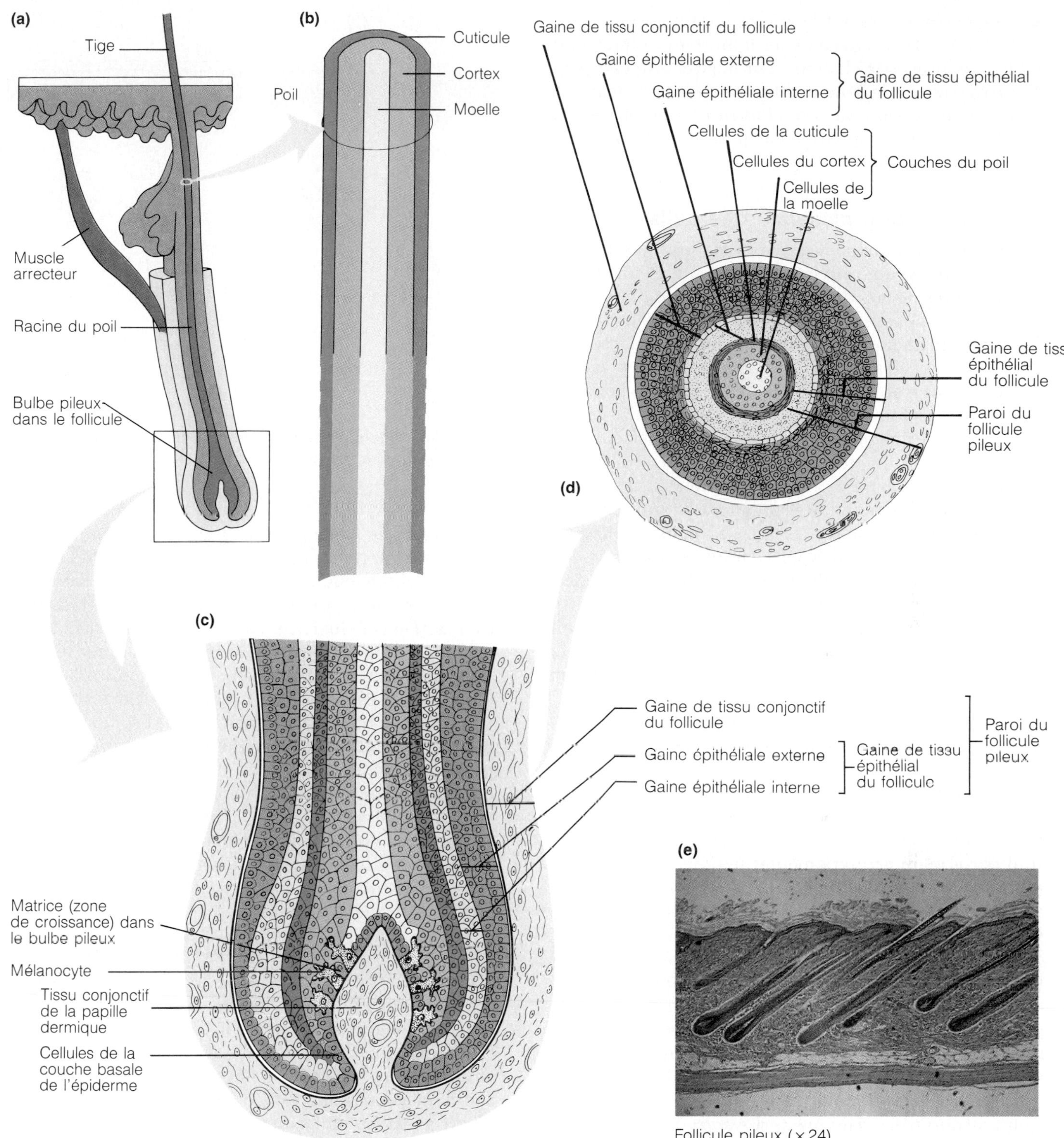

Follicule pileux (×24)

Figure 5.5 Structure du poil et du follicule pileux. (**a**) Coupe longitudinale d'un poil à l'intérieur de son follicule. (**b**) Grossissement de la coupe longitudinale d'un poil. (**c**) Grossissement de la coupe longitudinale du follicule dont le renflement forme le bulbe pileux, lequel contient les cellules épithéliales de la *matrice*; leur division permet la croissance des poils. (**d**) Coupe transversale d'un poil au niveau d'un follicule pileux. (**e**) Photomicrographie du tissu du cuir chevelu montrant de nombreux follicules pileux.

le froid que par la peur. Chez certains animaux, ce dispositif représente un mécanisme important de protection et de rétention de la chaleur. Il protège certaines espèces à fourrure contre le froid de l'hiver en emprisonnant une couche d'air isolante dans leur fourrure; un animal effrayé qui dresse ses poils apparaît bien plus gros et impressionnant à son adversaire.

Distribution et croissance des poils

Des millions de poils sont dispersés sur presque tout notre corps. On en compte environ 100 000 sur le cuir chevelu et à peu près 30 000 dans la barbe d'un homme. Seules certaines régions en sont totalement dépourvues: les lèvres, les mamelons, certaines parties des organes génitaux externes et les régions où la peau est épaisse, comme la paume des mains et la plante des pieds. Les poils sont de tailles et de formes variées, mais on les divise généralement en deux catégories, soit le duvet et les poils adultes. Les poils d'un enfant ou d'une femme adulte, fins et pâles, entrent dans la catégorie du **duvet.** Les poils plus épais, souvent plus longs et plus foncés, qui ornent les sourcils et le cuir chevelu sont des **poils adultes.** Au moment de la puberté, des poils adultes apparaissent dans les régions axillaires (aisselles) et pubienne des deux sexes, ainsi que sur le visage et la poitrine (et aussi sur les bras et les jambes) des hommes. La croissance des poils adultes sur ces parties du corps est stimulée par des hormones sexuelles mâles appelées *androgènes* (notamment la testostérone).

De nombreux facteurs influent sur la croissance et la densité des poils, mais les plus importants sont la nutrition et les hormones. Une alimentation inadéquate a pour effet de ralentir la croissance des poils. En revanche, toute affection qui accroît localement la circulation sanguine dans le derme (comme une irritation ou une inflammation chronique) peut augmenter la croissance des poils à cet endroit. Ainsi, beaucoup de vieux maçons qui avaient pour habitude de porter leur hotte sur l'épaule sont devenus poilus à cet endroit. La testostérone contribue également à la croissance des poils, comme nous l'avons mentionné plus haut. Par conséquent, plus la concentration des hormones mâles est élevée, plus les poils adultes deviennent abondants. Lorsque les poils poussent sur des parties du corps où ils sont jugés indésirables (au-dessus de la lèvre supérieure des femmes par exemple), il est possible d'en réduire la croissance en ayant recours à des traitements d'*électrolyse* qui utilisent l'électricité pour détruire la racine du poil.

Chez la femme, les ovaires et les glandes surrénales produisent une faible quantité d'androgènes. Cependant, une tumeur des glandes surrénales, qui sécrètent dans ce cas une quantité anormalement élevée d'hormones mâles, peut induire un développement excessif du système pileux, appelé *hirsutisme* (*hirsutus* = poilu), aussi bien que d'autres signes de masculinité (virilisation). On procède dès que possible à l'ablation chirurgicale de ces tumeurs. ■

La vitesse à laquelle poussent les poils dépend de la région du corps ainsi que de l'âge et du sexe, mais ils s'allongent de 2 mm par semaine en moyenne. Le follicule passe par plusieurs *cycles de croissance* (figure 5.6). Au cours de chaque cycle, une phase de croissance active est suivie d'une phase de repos pendant laquelle la matrice est inactive et le follicule s'atrophie quelque peu. Après la phase de repos, la matrice se réactive et forme un nouveau poil qui remplacera celui qui est tombé ou qui le poussera s'il est encore là. La durée de vie des poils est variable. Les follicules du cuir chevelu sont en activité pendant des années (la moyenne étant de quatre ans), puis passent par une période de repos de quelques mois. Seul un faible pourcentage de follicules pileux sont simultanément en phase de repos et, de ce fait, nous perdons en moyenne 90 cheveux par jour. L'activité des follicules des sourcils ne dure que trois ou quatre mois: c'est la raison pour laquelle nos sourcils ne deviennent jamais aussi longs que nos cheveux.

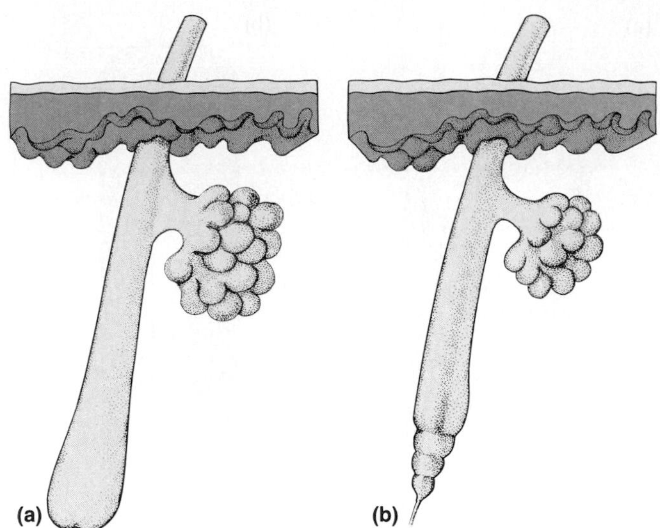

Figure 5.6 Vue d'ensemble d'un follicule pileux (a) actif et (b) au repos. Le poil tombe avant la phase de repos ou juste après.

Chute partielle des cheveux et calvitie

Dans des conditions idéales, les poils ont une vitesse de croissance maximale de l'adolescence jusqu'à la quarantaine, âge auquel leur croissance commence à ralentir. Ce ralentissement résulte d'une atrophie naturelle des follicules pileux imputable à l'âge. Les poils commencent à se clairsemer à partir du moment où ils ne sont pas remplacés à mesure qu'ils tombent, et une certaine calvitie, appelée aussi **alopécie,** apparaît chez les deux sexes. Ce processus, beaucoup moins marqué chez la femme, débute habituellement par la lisière antérieure des cheveux et s'étend progressivement vers l'arrière. Les gros poils adultes sont remplacés par du duvet et deviennent de plus en plus fins.

La véritable calvitie a cependant des causes totalement différentes. Le type le plus courant de véritable calvitie, la **calvitie hippocratique,** est déterminé génétiquement. On pense que cette calvitie est due à un gène à retardement qui «s'active» au moment de l'âge adulte et provoque la diminution des différents récepteurs de

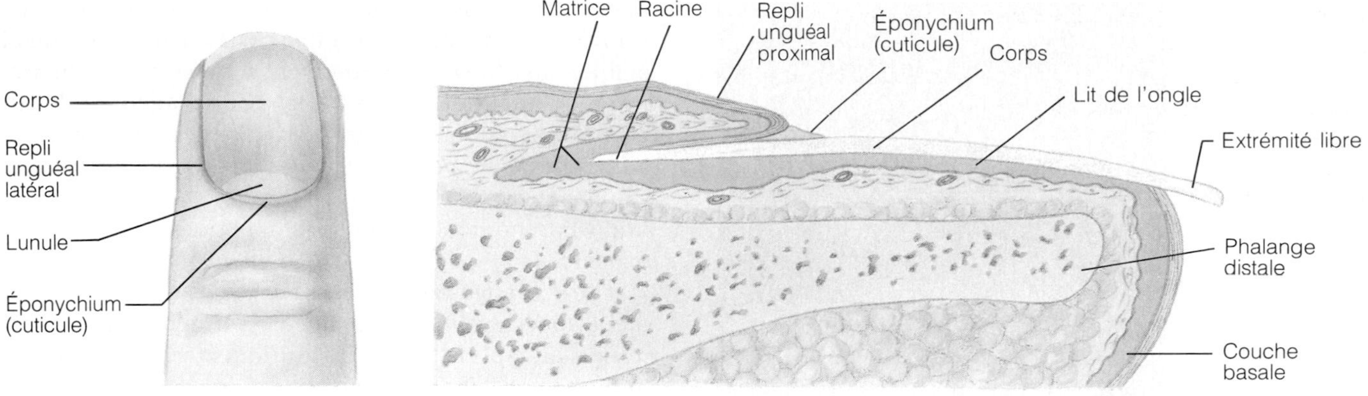

Figure 5.7 Structure de l'ongle. Coupe longitudinale de la partie distale du doigt montrant les différentes parties de l'ongle et la matrice.

testostérone sur les cellules de la matrice du bulbe pileux. Le cycle de croissance diminue au point que bon nombre de poils ne réussissent jamais à sortir de leur follicule et que, lorsqu'ils y parviennent, c'est sous la forme d'un fin duvet qui donne à la peau l'apparence d'une peau de pêche dans les zones de calvitie. Encore tout récemment, le seul moyen de traiter la calvitie hippocratique se limitait à la prise de médicaments qui arrêtaient la production de testostérone mais inhibaient aussi les pulsions sexuelles. C'est presque par hasard que l'on a découvert que le minoxidil, un médicament destiné à réduire la pression artérielle par dilatation des vaisseaux sanguins, a des effets secondaires positifs chez certains hommes atteints de calvitie puisqu'il stimule la croissance des cheveux.

La chute des cheveux peut être provoquée par bon nombre de facteurs qui prolongent les périodes de repos folliculaire et perturbent le processus normal de chute et de repousse des cheveux. Les exemples les plus marquants sont attribuables à des facteurs de stress, comme une fièvre particulièrement élevée, une intervention chirurgicale, un grave choc émotionnel ou la prise de certains médicaments (excès de vitamine A, certains antidépresseurs et la plupart des médicaments utilisés en chimiothérapie anticancéreuse). Des régimes alimentaires pauvres en protéines peuvent également causer la chute des cheveux, car l'absence des protéines indispensables à la synthèse de la kératine ralentit la fabrication de nouveaux cheveux. Dans tous ces cas, les cheveux se remettent à pousser à partir du moment où les facteurs à l'origine de leur chute disparaissent ou sont corrigés. La chute de cheveux est toutefois irréversible lorsqu'elle est imputable à une irradiation excessive ou à des facteurs génétiques. ■

Ongles

Un **ongle** est une modification écailleuse de l'épiderme qui forme une couverture de protection claire sur le dos de la partie distale d'un doigt ou d'un orteil. Les ongles (sabots ou griffes des animaux) sont des « outils » particulièrement utiles qui nous servent à ramasser de petits objets ou encore à gratter une démangeaison. Tout comme les poils, les ongles contiennent de la kératine dure. Chaque ongle est constitué d'une *extrémité libre,* d'un *corps* (la partie attachée visible) et d'une *racine,* enfouie sous la peau (figure 5.7). La couche basale de l'épiderme s'étend sous l'ongle et forme le *lit de l'ongle.* La partie proximale épaisse du lit de l'ongle, appelée **matrice de l'ongle**, est responsable de sa croissance. À mesure que les cellules sont produites par la matrice, elles deviennent de plus en plus kératinisées et le corps de l'ongle glisse sur le lit vers l'extrémité du doigt.

Les ongles présentent normalement une teinte rosée en raison de l'abondance des capillaires se trouvant dans le derme sous-jacent. La région qui repose sur la partie la plus épaisse de la matrice de l'ongle apparaît cependant sous la forme d'un croissant blanc appelé *lunule* (*lunula* = petite lune). Les bordures proximale et latérales de l'ongle sont recouvertes d'un pli cutané appelé *repli unguéal* (repli cutané de l'ongle). Le repli proximal déborde sur le corps de l'ongle ; cette région est appelée *éponychium,* ou plus couramment *cuticule.*

Glandes sudoripares

Les êtres humains possèdent plus de 2,5 millions de **glandes sudoripares** (*sudor* = sueur) réparties sur toute la surface du corps, à l'exception du bord des lèvres, des mamelons et de certaines parties des organes génitaux externes.

Les **glandes sudoripares eccrines** sont de loin les plus nombreuses. Elles sont plus particulièrement abondantes sur la paume des mains, la plante des pieds et sur le front. Chacune d'elles est une glande simple, tubuleuse et en spirale. La partie sécrétrice se trouve enroulée dans le derme ; le canal excréteur s'étend vers le haut et débouche sur un pore (*poros* = conduit) en forme d'entonnoir à la surface de la peau (voir la figure 5.1). (Ces pores sudoripares sont différents des « pores » situés sur la peau du visage, qui sont en fait les ouvertures externes des follicules pileux.)

La sécrétion des glandes sudoripares, mieux connue sous le nom de **sueur,** ou transpiration, est une solution

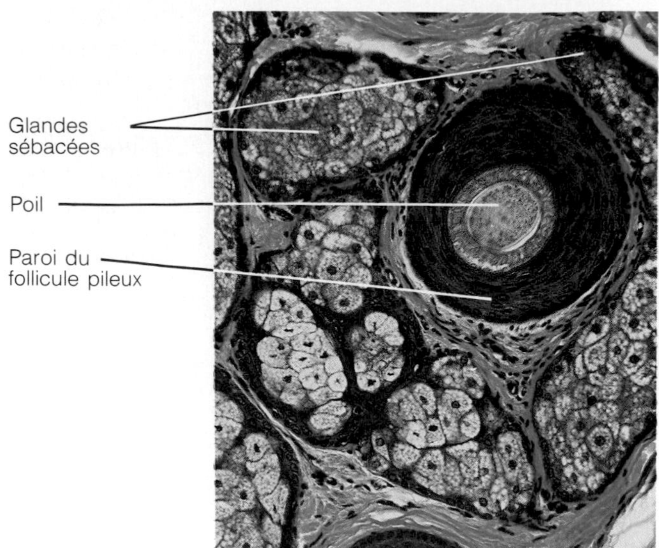

Figure 5.8 Glandes sébacées. Cette coupe transversale montre les glandes sébacées entourant un follicule pileux dans lequel leur sébum est sécrété (× 150).

hypotonique dérivée du plasma sanguin par filtration. Elle est composée à 99 % d'eau, d'anticorps, de quelques sels minéraux (en grande partie du chlorure de sodium), de traces de déchets métaboliques (urée, acide urique, ammoniaque), d'acide lactique et de vitamine C. Sa composition exacte est fonction de l'hérédité et du régime alimentaire. De faibles quantités de substances médicamenteuses absorbées de façon régulière peuvent également être éliminées par les glandes sudoripares. La sueur est normalement acide et son pH se situe entre 4 et 6.

La transpiration est régie par les neurofibres sympathiques du système nerveux autonome, sur lequel nous n'avons que peu de maîtrise volontaire. Elle contribue avant tout à la thermorégulation et plus particulièrement à la prévention du réchauffement excessif du corps. La transpiration due à la chaleur se manifeste d'abord sur le front avant de se propager sur tout le reste du corps. La transpiration d'origine émotionnelle (la *sueur froide* provoquée par la peur, la gêne ou la nervosité) apparaît sur la paume des mains, la plante des pieds et sous les aisselles, puis se répartit sur le reste du corps.

Les **glandes sudoripares apocrines** sont confinées dans une large mesure aux régions axillaires et ano-génito-périnéale. Elles sont plus grosses que les glandes eccrines et leur conduit excréteur débouche dans un follicule pileux. Outre les composants de base identiques à ceux de la sueur des glandes eccrines, les sécrétions des glandes apocrines contiennent des molécules organiques (lipides et protéines). Elles sont donc quelque peu visqueuses et parfois de couleur laiteuse ou jaunâtre. Ces sécrétions sont inodores mais prennent une odeur musquée assez déplaisante quand leurs molécules organiques sont détruites par les bactéries qui colonisent normalement la surface de la peau.

Les glandes apocrines commencent à fonctionner à la puberté sous l'influence des androgènes. Elles produisent leur sécrétion de façon presque continue, cependant elles ne jouent qu'un rôle restreint dans la thermorégulation. Leur fonction précise n'est pas encore clairement établie, mais on sait qu'elles sont activées par les neurofibres sympathiques sous l'effet de la douleur et de stimulus psychiques. Leur activité est accrue par les stimulations sexuelles et leur taille augmente et rétrécit selon les cycles menstruels de la femme. En dépit de leur nom, la sécrétion des glandes apocrines s'effectue par exocytose.

Les **glandes cérumineuses** sont des glandes sudoripares apocrines modifiées que l'on trouve dans la peau mince qui tapisse le conduit auditif externe. Elles sécrètent une substance légèrement poisseuse appelée *cérumen,* ou cire ; on pense que cette substance sert à repousser les insectes et à empêcher tout corps étranger de pénétrer dans l'oreille.

Les **glandes mammaires** sont un autre type de glandes sudoripares, dont les cellules fabriquent et sécrètent le lait. Bien qu'elles fassent partie du système tégumentaire, nous les étudions plus en détail dans le chapitre 28, dans la section traitant des organes génitaux de la femme.

Glandes sébacées

Les **glandes sébacées** (voir la figure 5.1) sont des glandes exocrines holocrines présentes sur tout le corps à l'exception de la paume des mains et de la plante des pieds. Elles sont petites sur le tronc et sur les membres et assez grosses sur le visage, le cou et la partie supérieure de la poitrine. Ces glandes sécrètent une substance huileuse appelée **sébum** (*sébum* = suif). Les cellules glandulaires centrales accumulent des lipides jusqu'à l'engorgement et l'éclatement. Sur le plan fonctionnel, ces glandes sont donc des *glandes holocrines*. Le sébum est constitué de lipides et de débris cellulaires provenant de la désintégration des cellules glandulaires. Il est habituellement déversé dans le follicule pileux (figure 5.8) ou, parfois, vers un pore de la surface du visage. Le sébum assouplit et lubrifie les poils et la peau ; il diminue l'évaporation d'eau lorsque l'humidité externe est faible ; enfin, il possède une action bactéricide, qui est sans doute sa fonction la plus importante.

La sécrétion du sébum est stimulée par les hormones, en particulier par les androgènes. L'activité des glandes sébacées reste faible durant l'enfance. Elles entrent véritablement en fonction au moment de la puberté chez les deux sexes, quand la production de testostérone commence à augmenter.

Lorsqu'une accumulation de sébum bouche le conduit d'une glande sébacée, un *point blanc* apparaît à la surface de la peau. Si la matière s'oxyde et sèche, elle noircit et forme un *point noir.* L'*acné* résulte d'une inflammation des glandes sébacées qui provoque la formation de « boutons » (pustules ou kystes) sur la peau. Elle est généralement causée par une infection bactérienne, le plus souvent par des staphylocoques. L'acné peut prendre une forme anodine ou extrêmement virulente et, dans ce dernier cas, laisser des cicatrices permanentes. La *séborrhée,* appelée casque séborrhéique (« croûtes de lait ») chez le nouveau-né, est due à une sécrétion excessive des glandes sébacées. Elle apparaît d'abord sur le cuir chevelu sous la forme de lésions roses boursouflées qui jaunissent puis brunissent progressivement avant de commencer à perdre des squames huileuses. ■

Fonctions du système tégumentaire

La peau et ses annexes remplissent de nombreuses fonctions visant à empêcher des facteurs de l'environnement, tels que les bactéries, l'abrasion, la chaleur, le froid et les substances chimiques, de perturber l'homéostasie de l'organisme.

Protection

La peau dresse au moins trois types de barrières entre l'organisme et l'environnement: une barrière chimique, une barrière physique et une barrière biologique.

La **barrière chimique** est formée par les sécrétions de la peau et la mélanine. Bien que la surface de la peau (sa couche cornée) foisonne de bactéries, l'acidité des sécrétions de la peau, appelée **film de liquide acide**, retarde leur multiplication. De plus, bon nombre de bactéries sont complètement décimées par les substances bactéricides contenues dans le sébum. Comme nous l'avons vu, la mélanine constitue une sorte de bouclier de pigments chimiques qui fait obstacle aux rayons ultraviolets; ces derniers ne peuvent donc endommager les cellules viables de la peau.

La **barrière physique**, ou **mécanique**, est constituée par la peau elle-même et la résistance à l'abrasion des cellules kératinisées. Du fait de ce type de barrière, la peau représente un remarquable compromis. Plus épais, l'épiderme serait sans doute encore plus impénétrable, mais nous y perdrions en souplesse et en agilité. La continuité de l'épiderme et le film de liquide acide jouent un rôle complémentaire dans la protection du corps contre les invasions bactériennes. Les glycolipides extracellulaires bloquent efficacement la diffusion de l'eau et des substances solubles dans l'eau, ce qui empêche l'eau de sortir de l'organisme aussi bien que d'y entrer. Les substances qui peuvent pénétrer dans la peau sont peu nombreuses. Ce sont (1) les *substances liposolubles* comme l'oxygène, le gaz carbonique, les vitamines liposolubles (A, D, E et K) et les stéroïdes; (2) les *oléorésines* de certaines plantes telles que le sumac vénéneux et le sumac occidental; (3) les *solvants organiques* comme l'acétone, les détergents employés pour le nettoyage à sec et les diluants utilisés par les peintres, qui dissolvent les lipides des cellules; et (4) les *sels de métaux lourds* tels le plomb, le mercure et le nickel.

Les solvants organiques et les métaux lourds ont des effets destructeurs, voire mortels, sur l'organisme. Des solvants organiques qui passent à travers la peau pour se retrouver dans la circulation sanguine peuvent provoquer l'arrêt de la fonction rénale et des lésions au cerveau; l'absorption de plomb cause l'anémie et altère le système nerveux. Ces substances ne devraient jamais être manipulées à mains nues. ■

La **barrière biologique** est composée des cellules de Langerhans de l'épiderme et des macrophages du derme. Les cellules de Langerhans sont des éléments actifs du système immunitaire. Pour qu'une réaction immunitaire soit activée, les substances étrangères, ou *antigènes*, doivent être présentées aux globules blancs appelés lymphocytes. Ce sont les cellules de Langerhans qui, dans l'épiderme, repèrent les antigènes. Elles les phagocytent et les présentent aux lymphocytes, qui amorcent la réaction du système immunitaire. Les antigènes sont alors détruits par les anticorps. Les macrophages dermiques forment une seconde ligne défensive capable d'éliminer les virus ou les bactéries qui seraient parvenus à passer au travers de l'épiderme. Eux aussi «livrent» les antigènes aux lymphocytes.

Un simple coup de soleil, même léger, est capable de perturber les réponses immunitaires parce que les rayons ultraviolets neutralisent la barrière biologique. Ce phénomène peut expliquer la raison pour laquelle les bains de soleil réactivent souvent le virus de l'*herpès*. ■

Excrétion

Une faible quantité de déchets azotés (ammoniaque, urée et acide urique) est éliminée du corps par l'intermédiaire de la sueur; la grande majorité de ces déchets sont en fait excrétés dans les urines. Une transpiration abondante permet une élimination importante de chlorure de sodium.

Régulation de la température corporelle

Que nous nous dépensions vigoureusement ou que la température extérieure soit basse ou élevée, la température de notre organisme reste dans les limites homéostatiques. Nous avons besoin d'évacuer la chaleur produite par nos réactions biochimiques internes, tout comme un moteur de voiture. Tant que la température extérieure est plus basse que la température de l'organisme, la surface de la peau évacue la chaleur dans l'air et dans les objets plus froids avec lesquels elle est en contact, de la même façon qu'un radiateur de voiture perd de sa chaleur dans l'air et dans les parties du moteur qui l'entourent.

Dans des conditions normales de repos, et aussi longtemps que la température environnante ne dépasse pas 31 ou 32 °C, les glandes sudoripares sécrètent des quantités de sueur imperceptibles (environ 500 mL par jour). Cette faible perte d'eau est appelée *perspiration insensible*. À mesure que la température de l'organisme augmente, les vaisseaux sanguins dermiques se dilatent et les glandes sudoripares sont stimulées de telle sorte qu'elles se mettent à sécréter abondamment. La transpiration croît de manière significative et perceptible (*perspiration sensible*), et l'organisme peut alors perdre jusqu'à 12 L d'eau par jour. L'évaporation de la sueur à la surface de la peau expulse très efficacement la chaleur du corps:

il s'agit là d'un mécanisme important qui empêche le réchauffement excessif du milieu interne.

Lorsque la température extérieure est basse, les vaisseaux sanguins dermiques se contractent et permettent ainsi à un certain volume de sang chaud d'éviter temporairement la peau. La température de celle-ci peut alors tomber au niveau de la température de l'environnement. La perte de chaleur corporelle ralentit une fois que la température de la peau a rejoint la température extérieure. Ce mécanisme contribue à conserver la chaleur de l'organisme et à maintenir sa température dans les limites homéostatiques. Nous revenons sur la régulation de la température corporelle dans le chapitre 25.

Sensations cutanées

La peau abrite les **récepteurs sensoriels cutanés** du système nerveux. Les récepteurs cutanés se rangent parmi les *extérocepteurs* parce qu'ils perçoivent les stimulus venus de l'environnement. Par exemple, les corpuscules de Meissner (situés dans les papilles du derme) nous permettent de sentir une caresse ou le contact de nos vêtements sur notre peau, alors que les corpuscules de Pacini, enfouis dans les couches profondes du derme ou dans l'hypoderme, ont plutôt pour fonction de nous avertir lorsque nous recevons un coup ou que notre peau subit une forte pression. Les plexus situés à la racine des poils nous préviennent que le vent souffle sur nos poils ou que l'on nous tire les cheveux. Les stimulus de la douleur (irritation due aux produits chimiques, chaleur ou froid extrêmes, etc.) sont recueillis par des terminaisons nerveuses libres qui serpentent à travers la peau. Comme vous pouvez le constater, ces minuscules détecteurs communiquent à notre cerveau une quantité appréciable d'informations concernant notre environnement: sa température, la texture des objets et la pression qu'ils exercent ainsi que la présence de facteurs susceptibles d'endommager notre peau ou de modifier de façon sensible l'homéostasie. À la suite d'une stimulation, ces récepteurs envoient des influx nerveux au cerveau afin que ce dernier évalue l'opportunité d'une réaction. Nous abordons plus en détail les fonctions de ces récepteurs cutanés dans le chapitre 13, mais ceux dont il est question ci-dessus sont représentés à la figure 5.1.

Synthèse de la vitamine D

Lorsqu'elles sont irradiées par des rayons ultraviolets, les molécules de cholestérol modifiées qui se trouvent dans les cellules de l'épiderme se transforment en vitamine D. Cette dernière est alors absorbée par les capillaires dermiques. Elle est ensuite répartie dans d'autres parties de l'organisme où elle joue divers rôles dans le métabolisme du calcium. Par exemple, le calcium ne peut être assimilé par le système digestif en l'absence de vitamine D.

Réservoir sanguin

Le réseau vasculaire de la peau est assez étendu et peut contenir environ 5 % du volume sanguin total du corps. Lorsque d'autres parties du corps, les muscles en action par exemple, ont besoin d'un plus grand apport de sang, le système nerveux provoque une constriction des vaisseaux sanguins dermiques afin que le sang qu'ils contiennent soit réparti dans les autres vaisseaux de la circulation systémique et mis à la disposition des muscles ou des autres organes.

Déséquilibres homéostatiques de la peau

Nous pouvons difficilement feindre d'ignorer les maux de notre peau. Un déséquilibre homéostatique au niveau des cellules et des organes peut se refléter sur la peau de façon spectaculaire. Par exemple, un dysfonctionnement important du foie peut occasionner un ictère (jaunisse) et un prurit (démangeaison). En raison de sa complexité et de son étendue, la peau peut présenter plus de mille troubles différents dont les plus courants sont les infections dues aux bactéries, aux virus et aux levures présents dans l'environnement. Nous donnons un aperçu de certaines d'entre elles dans la liste des termes médicaux à la page 154. Les brûlures et les cancers de la peau, dont nous allons parler ci-dessous, sont moins fréquents mais leurs effets sont beaucoup plus destructeurs pour l'organisme. ■

Brûlures

Les **brûlures** représentent un grave danger pour l'organisme, en raison surtout de leurs effets sur la peau. Une brûlure est une détérioration des tissus de la peau occasionnée par une chaleur intense, un courant électrique, les radiations de substances radioactives ou certains produits chimiques. Chacun de ces facteurs altère les protéines cellulaires de la région touchée avant d'entraîner leur mort.

Les brûlures graves peuvent être mortelles dans la mesure où elles provoquent une perte catastrophique de liquides organiques contenant des protéines et des électrolytes. L'écoulement des liquides à la surface de la peau provoque une déshydratation et un déséquilibre électrolytique. Ces dérèglements entraînent à leur tour une insuffisance de la circulation sanguine causée par une réduction du volume sanguin (choc hypovolémique) ainsi que l'arrêt de la fonction rénale. On doit immédiatement remplacer les liquides perdus pour sauver le patient. Il est possible d'évaluer indirectement le volume des liquides perdus en utilisant la **règle des neuf** qui permet de calculer le pourcentage de la surface corporelle lésée. Selon cette méthode, le corps est divisé en 12 régions: chacune des onze premières comprend 9 % de la surface totale du corps, et la douzième entoure les parties génitales et représente 1 % de la surface du corps (figure 5.9).

Chez les brûlés, il faut remplacer les liquides et les électrolytes disparus et augmenter l'apport énergétique quotidien du patient de plusieurs milliers de kilojoules

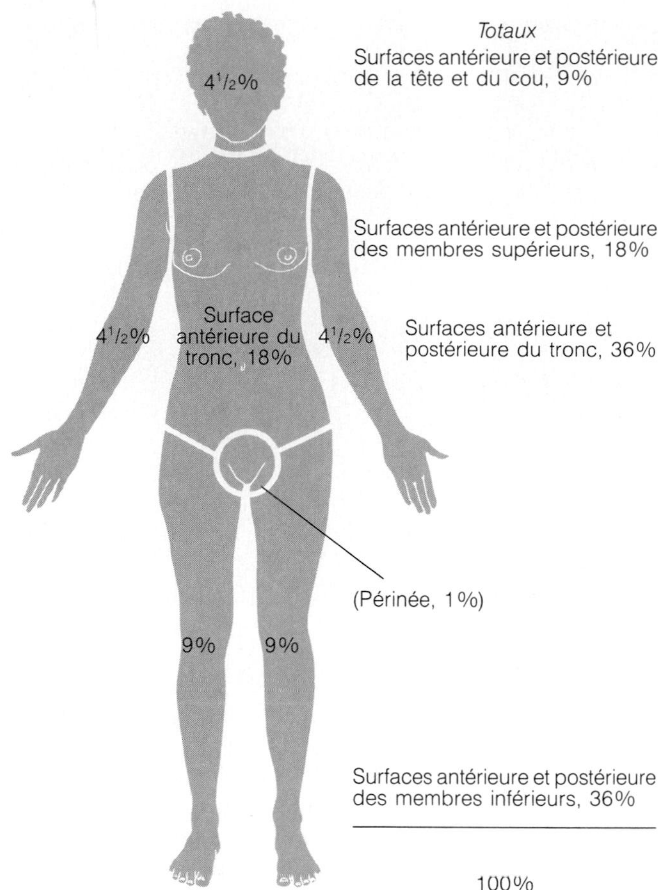

Figure 5.9 La règle des neuf permet d'évaluer l'étendue des brûlures. Les surfaces correspondant à la partie antérieure du corps sont indiquées sur la silhouette humaine. Les surfaces totales (surfaces antérieure et postérieure du corps) de chacune des régions du corps sont indiquées à droite de la figure.

afin de favoriser le renouvellement des protéines et la reconstitution des tissus. Comme aucun individu ne peut absorber une quantité de nourriture capable de lui fournir tous ces kilojoules, on procure un supplément nutritionnel au patient par l'intermédiaire d'une sonde gastrique ou par voie intraveineuse. Une fois la crise initiale surmontée, c'est l'infection qui représente le plus grand danger: elle constitue en effet la principale cause de mortalité chez les grands brûlés. Une peau brûlée est stérile pendant environ 24 heures. Cette période écoulée, des bactéries, des champignons et autres agents pathogènes peuvent aisément envahir les régions dans lesquelles la barrière mécanique de la peau a été anéantie. Les agents pathogènes se multiplient rapidement dans ce milieu de tissus morts et de liquides contenant des protéines et des nutriments. Ce problème est aggravé par une déficience du système immunitaire qui se manifeste un ou deux jours après une brûlure grave.

Les brûlures sont classées, selon leur gravité (profondeur), en trois catégories: premier, second et troisième degrés. Dans les brûlures du *premier degré,* seul l'épiderme est touché. Les symptômes sont les suivants: rougeur localisée, enflure et douleur. Ce type de brûlure guérit en deux ou trois jours sans qu'il soit nécessaire d'y apporter des soins particuliers. Les coups de soleil sont généralement des brûlures du premier degré. Les brûlures du *second degré* endommagent l'épiderme et la couche superficielle du derme. Les symptômes sont sensiblement les mêmes que ceux des brûlures du premier degré, si ce n'est que des cloques apparaissent. Étant donné qu'il reste un nombre suffisant de cellules épithéliales, et si l'on prend soin de prévenir l'infection, la peau se régénère en ne laissant qu'une petite cicatrice, voire aucune, après trois ou quatre semaines. Les brûlures du premier et du second degré sont appelées **brûlures superficielles.**

Les brûlures du *troisième degré* détruisent toute l'épaisseur de la peau. Elles sont aussi nommées **brûlures profondes.** La région brûlée prend une coloration blême (grisâtre), rouge cerise ou noire. Les terminaisons nerveuses ayant été détruites, la région brûlée n'est pas douloureuse. Une régénération de la peau à partir des bordures de la brûlure par prolifération des cellules épithéliales de la couche basale est possible, mais on ne peut généralement pas attendre que cela se produise à cause de la perte de liquides et des risques d'infection. En conséquence, on recourt habituellement à une greffe de peau.

Avant d'effectuer la greffe, il faut préparer la surface brûlée en excisant les *escarres,* c'est-à-dire la peau brûlée. Afin de prévenir l'infection et la perte de liquides, la région est enduite d'antibiotiques et temporairement recouverte soit d'une membrane synthétique, soit d'une peau d'animal (porc), soit d'une peau de cadavre ou encore d'un «bandage vivant» élaboré à partir de la membrane du sac amniotique (la membrane fine et transparente qui entoure le fœtus). Une peau saine est ensuite transplantée sur le site de la brûlure. À moins que la peau ne provienne du patient lui-même, les risques de rejet (destruction) par le système immunitaire sont importants. (Pour plus de détails, voir la section intitulée «Greffe d'organes et prévention du rejet», p. 712.) Même si la greffe réussit et «prend», de vastes tissus cicatriciels se formeront souvent sur les régions brûlées.

Une nouvelle technique, fort prometteuse, permet d'éliminer en partie les problèmes inhérents à la greffe de peau. Une peau synthétique constituée d'un «épiderme» protecteur en matière plastique, lui-même fixé à une couche «dermique» spongieuse composée de collagène et de cartilage broyé, est appliquée sur la surface nettoyée. De nouveaux vaisseaux sanguins ainsi que des fibroblastes, qui produisent les fibres collagènes, envahissent progressivement le derme artificiel du receveur. Ces fibres remplacent celles du derme synthétique, qui sont biodégradables. Pendant que se déroule cette reconstruction dermique, de minuscules morceaux de tissu épidermique sont prélevés sur des zones non brûlées du patient et traités avec des enzymes qui en séparent les cellules. Les cellules ainsi isolées sont alors placées dans des contenants où elles vont proliférer (culture de tissu). Lorsque la reconstruction dermique est achevée (habituellement au bout de deux ou trois mois), des feuilles lisses

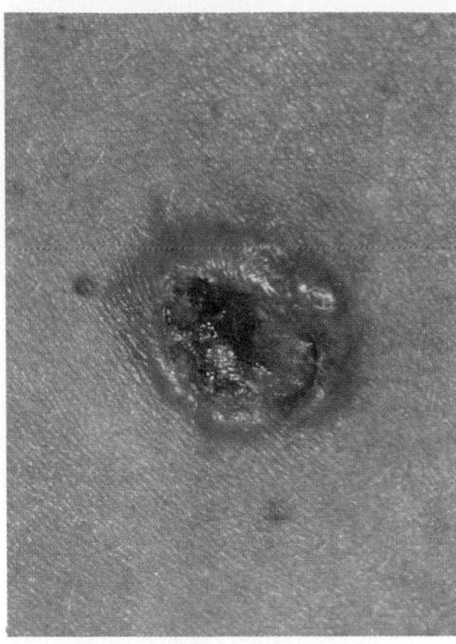
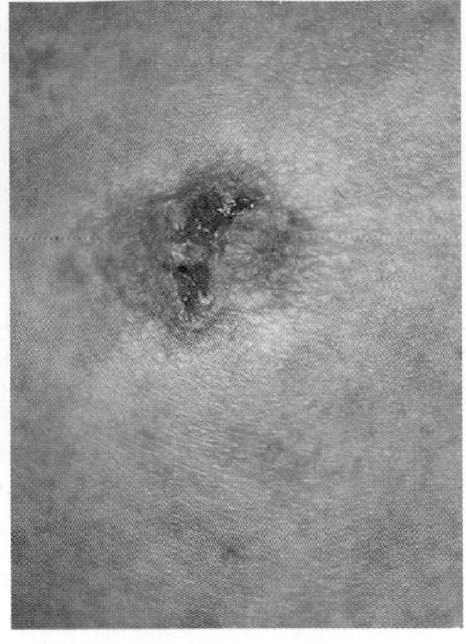
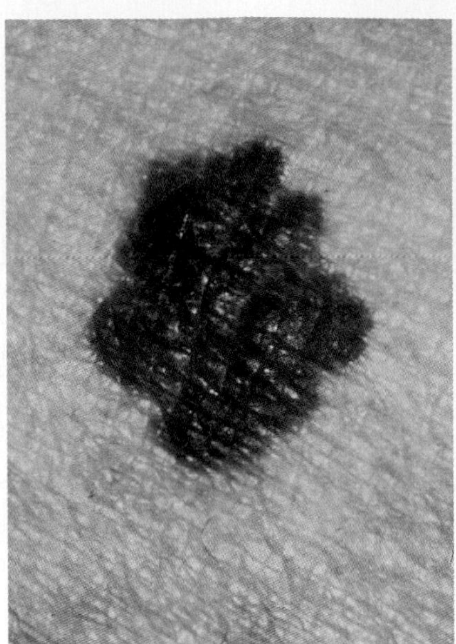

Figure 5.10 Photographies de cancers de la peau. (**a**) Épithélioma basocellulaire. (**b**) Épithélioma spinocellulaire. (**c**) Les mélanomes malins apparaissent généralement sous la forme d'une petite lésion brune aux contours irréguliers.

et roses de l'épiderme formé *in vitro* sont greffées sur la surface du derme afin d'y provoquer une nouvelle croissance épidermique et de former un épiderme complètement neuf.

On considère que le brûlé est dans un état critique quand: (1) plus de 25 % du corps est brûlé au second degré; (2) plus de 10 % du corps est brûlé au troisième degré; ou (3) le visage, les pieds ou les mains sont brûlés au troisième degré. En cas de brûlures faciales, les voies respiratoires peuvent être touchées: elles gonflent (œdème) et provoquent la suffocation. Les brûlures aux articulations posent souvent des problèmes sérieux car la formation de tissu cicatriciel affecte gravement leur mobilité.

Cancer de la peau

De nombreux types de tumeurs prennent naissance sur la peau. La plupart sont bénignes et ne s'étendent pas à d'autres régions du corps. (La verrue, une tumeur provoquée par un virus, en est un exemple.) Certaines tumeurs cependant sont malignes, ou cancéreuses, c'est-à-dire qu'elles ont tendance à se propager aux autres parties du corps (métastase). Les causes de la plupart des cancers de la peau ne sont pas connues, mais le facteur de risque le plus élevé est lié à une exposition excessive aux radiations ultraviolettes du soleil. De fréquentes irritations de la peau dues à des infections, des produits chimiques ou des traumas physiques peuvent aussi constituer, dans un nombre limité de cas, des facteurs de risque.

Épithélioma basocellulaire

L'**épithélioma basocellulaire** est à la fois le moins malin et le plus courant des cancers de la peau. Les cellules de la couche basale sont altérées de telle façon qu'elles ne peuvent plus former de kératine; elles prolifèrent et ne se cantonnent plus à la frontière séparant l'épiderme du derme, qu'elles envahissent ainsi que l'hypoderme. Les lésions cancéreuses apparaissent la plupart du temps dans les régions du visage exposées au soleil et prennent la forme de nodules brillants à la surface bombée (figure 5.10a) qui se développeront par la suite en un ulcère central avec une bordure «perlée». L'épithélioma basocellulaire croît à une vitesse relativement faible et, généralement, il est détecté avant d'avoir eu le temps de former des métastases. La guérison est totale dans 99 % des cas si on effectue une excision chirurgicale.

Épithélioma spinocellulaire

L'**épithélioma spinocellulaire** est issu des kératinocytes de la couche des cellules à épines. La lésion se présente d'abord sous la forme d'une petite papule (petite saillie circulaire) écailleuse et rougeâtre qui se transforme progressivement en un ulcère superficiel à la bordure ferme et proéminente. Ce type de cancer de la peau prend naissance la plupart du temps sur le cuir chevelu, les oreilles, le dos de la main et la lèvre inférieure (figure 5.10b). Il a tendance à croître rapidement et à envahir les ganglions lymphatiques adjacents s'il n'est pas enlevé. On pense que ce type de cancer épidermique est, lui aussi, imputable aux radiations solaires. S'il est décelé assez tôt et traité chirurgicalement ou par radiothérapie, les chances de guérison complète sont bonnes.

Mélanome malin

Le **mélanome malin** est un cancer des mélanocytes. Il représente seulement 5 % des cancers de la peau, mais son incidence augmente rapidement et il est mortel. Les mélanomes peuvent prendre naissance à n'importe quel endroit où sont situés des mélanocytes. La plupart de ces cancers surgissent spontanément, mais certains se

Système tégumentaire
Revêtement du corps

Système osseux
Procure un support aux organes du corps, y compris la peau

Protège; synthétise la vitamine D nécessaire à l'absorption et au métabolisme normaux du calcium

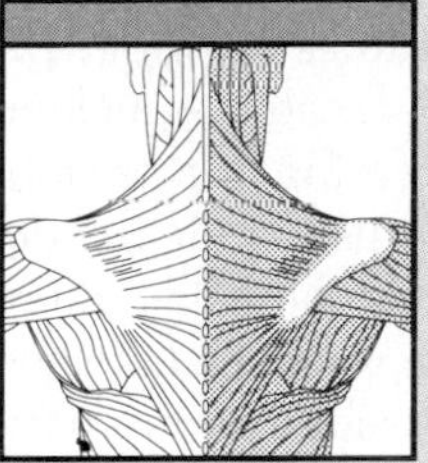

Système musculaire
Active les muscles; génère une grande quantité de chaleur qui accroît la circulation sanguine vers la peau et peut stimuler les glandes sudoripares

Protège

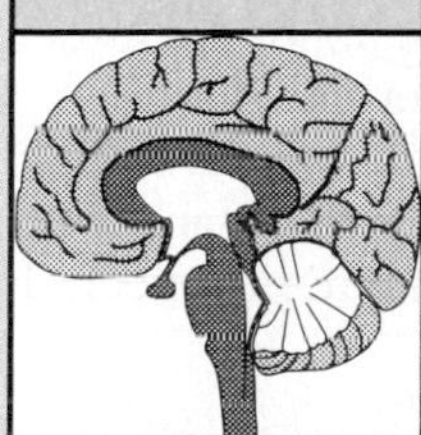

Système nerveux
Règle le diamètre des vaisseaux sanguins; stimule les glandes sudoripares et contribue à la thermorégulation; interprète les sensations cutanées, active les muscles arrecteurs des poils

Protège; siège des récepteurs cutanés

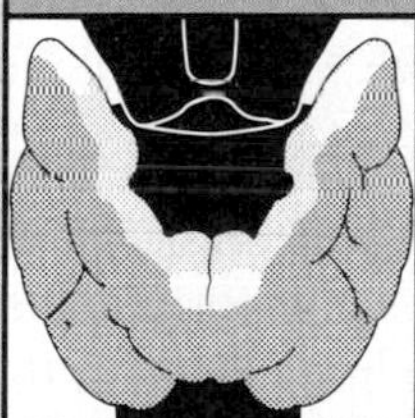

Système endocrinien
Les androgènes stimulent les glandes sébacées; ce système joue un rôle dans la régulation de la croissance des poils

Protège

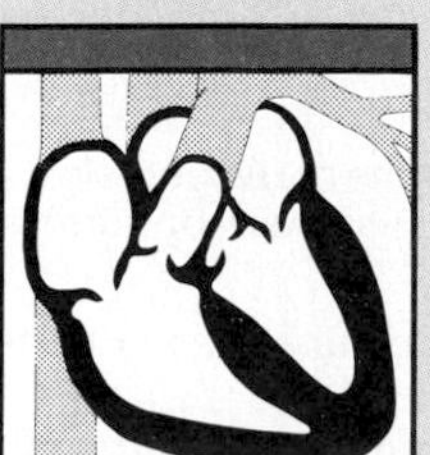

Système cardiovasculaire
Transporte l'oxygène et les nutriments vers la peau et en élimine les déchets; fournit aux glandes les substances nécessaires à la production de leurs sécrétions

Protège; empêche la perte des liquides organiques; fait office de réservoir sanguin

Système lymphatique
Absorbe les fuites excessives de liquides organiques; prévient les œdèmes

Protège les organes

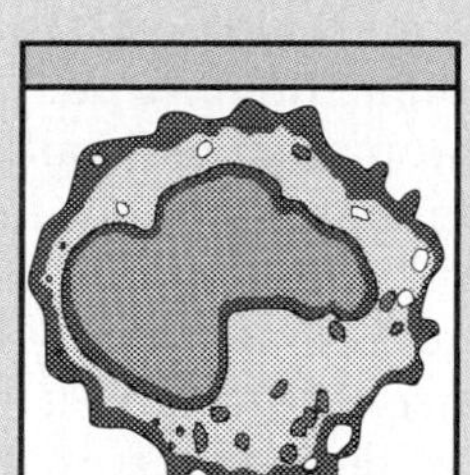

Système immunitaire
Protège les cellules de la peau

Empêche les invasions pathogènes; les cellules de Langerhans ont pour fonction d'activer les réponses immunitaires

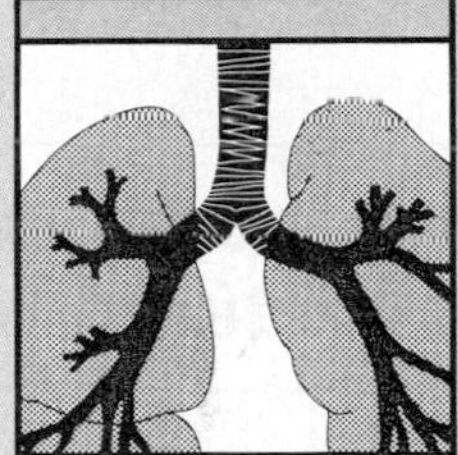

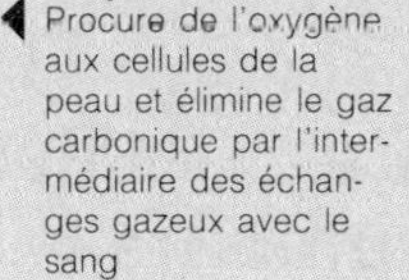

Système respiratoire
Procure de l'oxygène aux cellules de la peau et élimine le gaz carbonique par l'intermédiaire des échanges gazeux avec le sang

Protège les organes

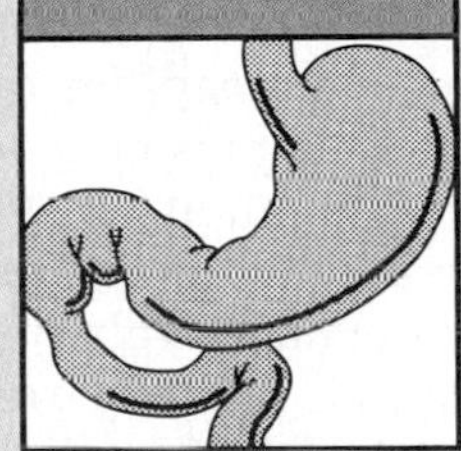

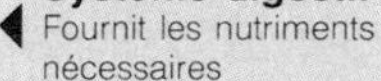

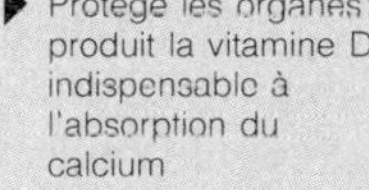

Système digestif
Fournit les nutriments nécessaires

Protège les organes; produit la vitamine D indispensable à l'absorption du calcium

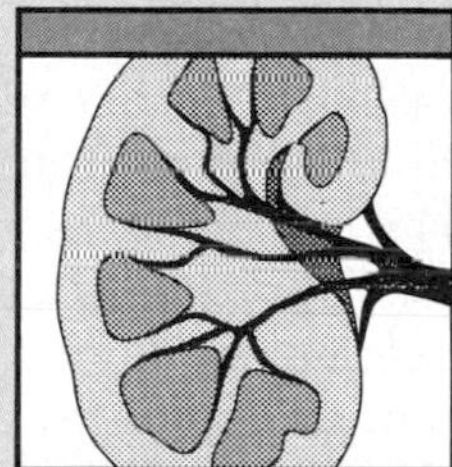

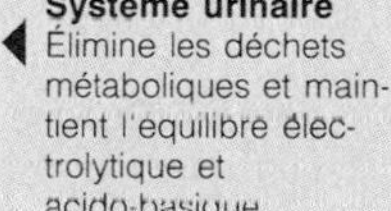

Système urinaire
Élimine les déchets métaboliques et maintient l'équilibre électrolytique et acido-basique

Protège les organes; excrète des sels minéraux et quelques déchets azotés

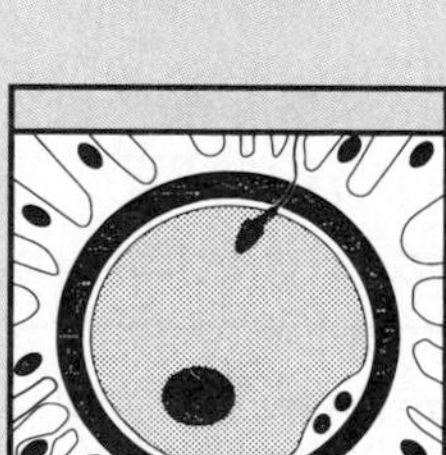

Système reproducteur
Protège les organes sexuels; les récepteurs cutanés réagissent aux stimulus érotiques

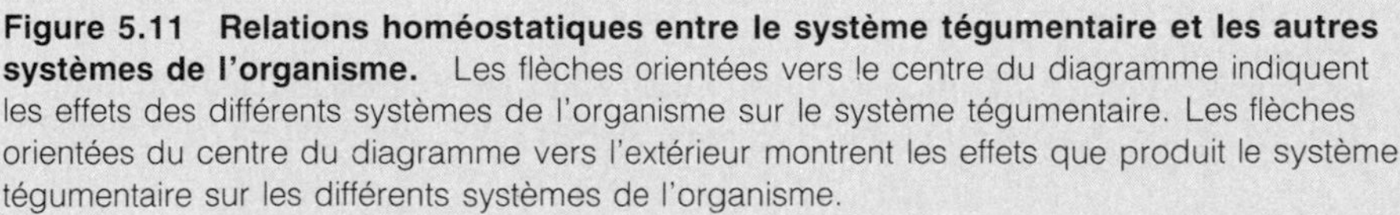

Figure 5.11 Relations homéostatiques entre le système tégumentaire et les autres systèmes de l'organisme. Les flèches orientées vers le centre du diagramme indiquent les effets des différents systèmes de l'organisme sur le système tégumentaire. Les flèches orientées du centre du diagramme vers l'extérieur montrent les effets que produit le système tégumentaire sur les différents systèmes de l'organisme.

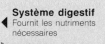

développent à partir d'un grain de beauté. Le mélanome apparaît sous la forme d'une tache qui s'agrandit sans cesse et dont la couleur varie du brun au noir (figure 5.10c). Il se propage rapidement aux vaisseaux lymphatiques et sanguins environnants. Les chances de survie ne sont pas très bonnes, mais une détection rapide peut donner des résultats encourageants. La Société canadienne du cancer suggère aux fanatiques du bronzage d'examiner régulièrement leur peau afin de vérifier s'il ne s'y trouve pas de nouveaux grains de beauté ou des taches pigmentées, et d'appliquer la **règle ABCD,** qui permet de reconnaître un mélanome. **A** pour **Asymétrie**: les deux côtés d'une tache pigmentée sont dissemblables; **B** pour **Bordures irrégulières**: les bordures de la lésion ne sont pas régulières mais dentelées; **C** pour **Couleur**: la surface des taches pigmentées est de couleurs variables (noir, brun, bronze et parfois bleu ou rouge); **D** pour **Diamètre**: le diamètre de la tache est supérieur à 6 mm. On traite habituellement un mélanome malin par une importante excision chirurgicale suivie d'une chimiothérapie.

Développement et vieillissement du système tégumentaire

L'épiderme et le derme se développent respectivement à partir de l'ectoderme et du mésoderme. Vers le quatrième mois du développement, la peau est relativement bien formée, les papilles du derme deviennent évidentes et on note la présence de dérivés rudimentaires de l'épiderme. Pendant les cinquième et sixième mois, le fœtus est recouvert d'un manteau de poils fins appelé **lanugo.** Ce revêtement velu disparaît vers le septième mois et le duvet fait son apparition.

À la naissance, la peau du bébé est recouverte de **vernix caseosa,** un enduit blanchâtre et gras produit par les glandes sébacées pour protéger la peau du fœtus pendant son séjour dans la cavité amniotique. La peau s'épaissit durant l'enfance et de la graisse se dépose dans l'hypoderme.

À l'approche de l'adolescence, la peau et les poils deviennent huileux à mesure que les glandes sébacées entrent en fonction; de l'acné peut apparaître. L'acné diminue généralement chez les jeunes adultes et la peau acquiert son apparence optimale entre vingt et trente ans. Puis des changements perceptibles de la peau, dus aux agressions constantes de l'environnement (abrasion, vent, soleil, substances chimiques), commencent à se manifester; la desquamation et diverses inflammations de la peau, ou *dermatites,* sont alors plus fréquentes.

Au début de la vieillesse, le processus de renouvellement des cellules épidermiques ralentit, la peau s'amincit et se trouve davantage sujette aux contusions et autres types de blessures. Les substances lubrifiantes produites par les glandes de la peau et qui contribuent à la douceur de la jeune peau se raréfient. Par conséquent, la peau s'assèche et démange. Il semblerait toutefois que ce dessèchement survienne plus tard sur une peau naturellement grasse. Les fibres élastiques s'agglutinent et dégénèrent. Les fibres collagènes durcissent et leur nombre diminue. Ces altérations des fibres dermiques sont accélérées par des expositions prolongées au vent et au soleil. La couche graisseuse hypodermique s'amincit et entraîne cette intolérance au froid si fréquente chez les personnes âgées. La diminution de l'élasticité de la peau associée à la perte de tissus sous-cutanés provoque inévitablement des rides. Le nombre et l'activité des mélanocytes décroissent et, partant, la protection aux radiations ultraviolettes s'affaiblit, d'où une plus grande incidence des cancers de la peau dans cette tranche d'âge. En règle générale, les personnes aux cheveux roux ou clairs, moins riches en mélanine au départ, subissent plus rapidement des changements dus au vieillissement que les personnes dont les poils et la peau sont plus foncés.

Vers l'âge de cinquante ans, le nombre des follicules pileux a diminué d'un tiers et continue à baisser. Les poils commencent alors à se clairsemer. La peau perd de son lustre et les gènes à retardement responsables du grisonnement des cheveux et de la calvitie hippocratique sont activés.

* * *

La peau est à peu près aussi épaisse qu'une serviette de papier, ce qui n'est guère impressionnant pour un système organique! Pourtant, lorsqu'elle est gravement endommagée, presque tout l'organisme s'en ressent. Par contre, lorsque la peau est saine et qu'elle remplit adéquatement ses nombreuses fonctions, le corps entier en retire des bienfaits. Les corrélations homéostatiques les plus importantes qui existent entre le système tégumentaire et les différents systèmes de l'organisme sont résumées à la figure 5.11.

Termes médicaux

Albinisme (*albus* = blanc) Affection héréditaire due à une incapacité partielle ou totale des mélanocytes à synthétiser la mélanine. La peau d'un albinos est rose; ses poils et ses cheveux sont très pâles ou blancs.

Boutons de fièvre Petites cloques remplies de liquide entraînant des sensations de démangeaison et de brûlure; elles apparaissent généralement sur les lèvres et sur les muqueuses de la bouche. L'infection est due au virus de l'herpès simplex (type 1); ce virus se niche dans les cellules des lèvres où il demeure au repos jusqu'à ce qu'il soit activé par un choc émotionnel, de la fièvre ou des radiations ultraviolettes.

Callosités Épaississements de l'épiderme corné provoqués par des frottements répétés (à cause de chaussures trop serrées par exemple).

Dermatologie Branche de la médecine qui étudie et traite les maladies de la peau.

Escarre de décubitus Nécrose des cellules et ulcération localisée de la peau dues à un approvisionnement sanguin insuffisant; apparaît généralement sur une protubérance osseuse, comme la hanche ou le talon, sujette à des pressions continues lorsqu'une personne est couchée; couramment appelée «plaie de lit».

Furoncles (clous) Inflammation aiguë de plusieurs follicules pileux d'une région de la peau; cette inflammation peut atteindre le derme et est fréquente à l'arrière du cou; l'agent causal est le staphylocoque doré. Un amas de furoncles est appelé *anthrax*.

Pied d'athlète Affection de la peau localisée entre les orteils et due à un champignon. Elle se caractérise par des démangeaisons, des rougeurs et une desquamation.

Psoriasis Affection chronique caractérisée par des lésions épidermiques rougeâtres couvertes d'écailles argentées et sèches; elle peut être défigurante et affaiblissante lorsqu'elle se manifeste de façon aiguë; sa cause est inconnue; peut être héréditaire dans certains cas; les crises sont souvent déclenchées par un trauma, une infection, des changements hormonaux et le stress.

Vitiligo (*vitiligo* = tache blanche) Pigmentation anormale de la peau caractérisée par une perte et une répartition inégale de la mélanine; se présente sous la forme de taches décolorées (taches claires) entourées de régions normalement colorées; peut être très disgracieux, particulièrement chez les personnes à la peau foncée; on pense qu'il s'agit d'une maladie auto-immune.

Résumé du chapitre

PEAU (p. 138-143)

1. La peau, ou tégument, est constituée de deux couches distinctes: l'épiderme, la couche la plus superficielle, et le derme, qui repose sur le tissu sous-cutané (l'hypoderme).

Épiderme (p. 139-141)

2. L'épiderme est un épithélium pavimenteux stratifié kératinisé. Il n'est pas vascularisé. La majorité des cellules de l'épiderme sont des kératinocytes. On trouve des mélanocytes, des cellules de Merkel et des cellules de Langerhans dispersés parmi les kératinocytes de la couche la plus profonde de l'épiderme.

3. De la plus profonde à la plus superficielle, les couches de l'épiderme, ou strates, sont: la couche basale, la couche des cellules à épines, la couche granuleuse, la couche claire et la couche cornée. On ne trouve pas de couche claire dans la peau fine. C'est dans la couche basale que se produit la mitose des nouvelles cellules responsables de la croissance de l'épiderme. Les couches les plus superficielles sont de plus en plus kératinisées et de moins en moins viables. La couche cornée est constituée de cellules mortes entièrement kératinisées qui tombent continuellement.

Derme (p. 141-142)

4. Le derme est principalement composé d'un tissu conjonctif dense non orienté. Il possède beaucoup de vaisseaux sanguins, de vaisseaux lymphatiques et de neurofibres. Les récepteurs cutanés, les glandes et les follicules pileux se trouvent dans le derme.

5. La zone papillaire, la plus superficielle du derme, comprend les papilles du derme qui débordent sur l'épiderme. La configuration des papilles du derme est visible à la surface de l'épiderme, où elles prennent la forme de crêtes et de sillons produisant les empreintes digitales.

6. Les fibres du tissu conjonctif sont plus étroitement entremêlées dans la zone réticulaire, la plus profonde et la plus épaisse couche du derme. Les régions moins denses qui se situent entre ces faisceaux forment dans la peau des lignes de tension, aussi appelées «lignes de Langer». Les points d'attache entre le derme et l'hypoderme entraînent souvent la formation de lignes de flexion.

Couleur de la peau (p. 142-143)

7. La couleur de la peau dépend de la quantité de pigments (mélanine et/ou carotène) présents dans la peau et du degré d'oxygénation de l'hémoglobine du sang.

8. La production de mélanine est stimulée par l'exposition du corps aux radiations ultraviolettes du soleil. La mélanine, produite par les mélanocytes et phagocytée par les kératinocytes, protège le noyau des kératinocytes des effets nocifs des radiations ultraviolettes.

ANNEXES CUTANÉES (p. 143-149)

1. Les annexes cutanées, qui dérivent de l'épiderme, comprennent les poils et les follicules pileux, les ongles et les glandes (sudoripares et sébacées).

Poils et follicules pileux (p. 143-147)

2. Le poil, produit par le follicule pileux, est constitué de cellules fortement kératinisées. Chaque poil se compose d'une moelle centrale, d'un cortex et d'une cuticule externe; il comprend aussi une racine et une tige. La couleur du cheveu indique la quantité et la variété de mélanine produite.

3. Le follicule pileux est formé d'une gaine de tissu épithélial renfermant la matrice et d'une gaine de tissu conjonctif, dérivée du derme. Le follicule pileux est abondamment vascularisé et riche en neurofibres.

4. À l'exception des cheveux et des poils entourant les yeux, les poils sont au début du duvet; sous l'influence des androgènes, ils deviennent plus épais et plus foncés à la puberté, et prennent ainsi leur forme de poils adultes.

5. La vitesse de croissance des cheveux varie selon les diverses parties du corps, l'âge et le sexe. Les poils n'ayant pas tous la même longévité, ils n'ont pas la même longueur sur les diverses parties du corps.

Ongles (p. 147)

6. L'ongle est une modification écailleuse de l'épiderme qui recouvre la face dorsale du bout du doigt ou de l'orteil. La région de croissance se situe dans la matrice de l'ongle.

Glandes sudoripares (p. 147-148)

7. Les glandes sudoripares eccrines, à peu d'exceptions près, sont réparties sur la surface entière du corps. Leur principale fonction consiste à maintenir au même niveau la température de l'organisme (thermorégulation). Ce sont des glandes simples, tubuleuses et enroulées sur elles-mêmes, qui sécrètent une solution salée contenant de faibles quantités d'autres solutés. Leur conduit débouche habituellement à la surface de la peau par un pore.

8. Les glandes sudoripares apocrines se trouvent principalement dans les régions axillaires et ano-génito-périnéale. Leurs sécrétions sont similaires à celles des glandes eccrines si ce n'est qu'elles contiennent en plus des protéines et des substances graisseuses. Les glandes apocrines commencent à fonctionner au moment de la puberté sous l'influence des androgènes; leur rôle précis n'est pas encore clairement établi.

Glandes sébacées (p. 148-149)

9. Les glandes sébacées sont présentes sur toute la surface du corps à l'exception de la paume des mains et de la plante des pieds. Ce sont des glandes exocrines holocrines; leur sécrétion holocrine huileuse est appelée sébum. Le conduit des glandes sébacées débouche habituellement dans le follicule pileux.

10. Le sébum lubrifie la peau et les poils, empêche la déperdition d'eau par la peau et agit comme agent bactéricide. Les glandes sébacées sont activées à la puberté et régies par les androgènes.

FONCTIONS DU SYSTÈME TÉGUMENTAIRE (p. 149-150)

1. **Protection.** La peau protège l'organisme grâce à sa barrière chimique (les propriétés antibactériennes du sébum et du film de liquide acide, et la mélanine), sa barrière physique (une surface durcie par la kératine) et sa barrière biologique (phagocytes).

2. **Excrétion.** La sueur élimine une petite quantité de déchets azotés, et elle joue un rôle mineur dans l'excrétion des déchets.

3. **Régulation de la température corporelle.** Les vaisseaux sanguins dermiques et les glandes sébacées, régis par le système nerveux, jouent un rôle important dans le maintien de la température homéostatique du corps.

4. **Les sensations cutanées.** Les récepteurs sensoriels cutanés réagissent à la température, au toucher, à la pression et aux stimulus de la douleur.

5. **Synthèse de la vitamine D.** La vitamine D est synthétisée à partir du cholestérol par les cellules épidermiques.

6. **Réservoir sanguin.** Le réseau vasculaire étendu du derme fait de la peau un réservoir sanguin.

DÉSÉQUILIBRES HOMÉOSTATIQUES DE LA PEAU (p. 150-154)

1. Les problèmes les plus fréquents de la peau sont d'ordre infectieux.

Brûlures (p. 150-152)

2. Le danger le plus important que présente pour l'organisme une brûlure grave réside dans la perte de liquides organiques riches en protéines et en électrolytes. Cette perte peut provoquer un choc hypovolémique. Le second danger est constitué par un risque d'infection bactérienne importante.

3. La règle des neuf peut être utilisée pour évaluer l'étendue d'une brûlure. Les brûlures sont divisées en trois catégories selon leur gravité: premier, second ou troisième degrés. Pour guérir correctement, une brûlure du troisième degré requiert une greffe de peau.

Cancer de la peau (p. 152-154)

4. C'est l'exposition aux rayons ultraviolets du soleil qui est la cause la plus fréquente des cancers de la peau.

5. La guérison des épithéliomas basocellulaires et des épithéliomas spinocellulaires est totale s'ils sont enlevés avant d'avoir eu le temps de former des métastases. Le mélanome malin, un cancer des mélanocytes, est plus rare mais presque toujours mortel.

DÉVELOPPEMENT ET VIEILLISSEMENT DU SYSTÈME TÉGUMENTAIRE (p. 154)

1. L'épiderme se développe à partir de l'ectoderme; le derme, à partir du mésoderme.

2. Le fœtus est recouvert d'un lanugo duveteux. Les glandes sébacées fœtales produisent une substance appelée vernix caseosa qui protège la peau du fœtus de son milieu aqueux.

3. La peau d'un nouveau-né est fine mais, durant l'enfance, elle s'épaissit et de la graisse se dépose dans l'hypoderme. Les glandes sébacées s'activent à la puberté et les poils adultes font leur apparition.

4. Au cours de la vieillesse, le processus de renouvellement des cellules de l'épiderme ralentit, et la peau et les poils se raréfient. L'activité des glandes de la peau décroît. La perte des fibres collagènes, des fibres élastiques et de la graisse sous-cutanée entraîne un flétrissement de la peau.

Questions de révision

Choix multiples/associations

1. Quel type de cellules épidermiques trouve-t-on en plus grand nombre? (a) Les kératinocytes; (b) les mélanocytes; (c) les cellules de Langerhans; (d) les cellules de Merkel.

2. Laquelle de ces cellules est un macrophage? (a) Le kératinocyte; (b) le mélanocyte; (c) la cellule de Langerhans; (d) la cellule de Merkel.

3. L'épiderme forme une barrière physique en grande partie grâce à la présence: (a) de la mélanine; (b) de la carotène; (c) des fibres collagènes; (d) de la kératine.

4. Les sensations de toucher ou de pression sont perçues par des récepteurs situés dans: (a) la couche basale; (b) le derme; (c) l'hypoderme; (d) la couche cornée.

5. Lequel de ces énoncés concernant la couche papillaire est inexact? (a) Elle produit le motif des empreintes digitales; (b) elle contribue à la résistance de la peau; (c) elle contient des terminaisons nerveuses réagissant aux stimulus; (d) elle est abondamment vascularisée.

6. Les marques, visibles à la surface de la peau, indiquant que le derme est étroitement lié aux tissus sous-jacents s'appellent: (a) lignes de tension; (b) crêtes papillaires; (c) lignes de flexion; (d) papilles dermiques.

7. Laquelle de ces structures n'est pas un dérivé de l'épiderme? (a) Le poil; (b) la glande sudoripare; (c) le récepteur sensoriel; (d) la glande sébacée.

8. On ne ressent aucune douleur lorsqu'on se coupe les cheveux parce que: (a) aucun nerf n'est associé au poil; (b) la tige du poil est constituée de cellules mortes; (c) le follicule pileux est issu de l'épiderme et celui-ci est dépourvu de nerfs; (d) le follicule pileux ne peut réagir car il ne dispose pas de nutriments.

9. La sécrétion de ce type de glande sudoripare comprend des protéines et des substances graisseuses qui deviennent odorantes sous l'action des bactéries. Laquelle est-ce? (a) La glande apocrine; (b) la glande eccrine; (c) la glande sébacée; (d) la glande pancréatique.

10. Le sébum: (a) lubrifie la surface de la peau et les poils; (b) est constitué de cellules mortes et de substances graisseuses; (c) peut causer de la séborrhée lorsque sa sécrétion est trop abondante; (d) toutes ces réponses.

11. La «règle des neuf» est utile d'un point de vue clinique: (a) pour diagnostiquer les cancers de la peau; (b) pour évaluer l'étendue d'une brûlure; (c) pour déterminer la gravité d'un cancer; (d) pour prévenir l'acné.

Questions à court développement

12. Un homme chauve ne possède-t-il réellement plus de poils? Expliquez.

13. Les nouveau-nés comme les personnes âgées n'ont que très peu de tissus sous-cutanés. Pourquoi cela augmente-t-il leur sensibilité aux basses températures?

14. Vous allez vous baigner à la plage par un très chaud après-midi de juillet. Décrivez deux des processus qu'emploiera votre système tégumentaire pour maintenir l'homéostasie de votre organisme durant cette sortie.

15. Différenciez clairement les brûlures des premier, second et troisième degrés.

16. Décrivez le processus de formation du poil et énoncez les différents facteurs qui peuvent influer sur: (a) le cycle de croissance; (b) la texture du poil.

17. Qu'est-ce que la cyanose et qu'indique-t-elle?

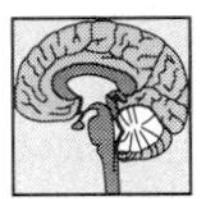

Réflexion et application

1. Un maître-nageur âgé de quarante ans vous explique que grâce à son bronzage il avait beaucoup de succès quand il était jeune, mais que maintenant son visage est tout ridé et que plusieurs taches pigmentées foncées sont apparues sur son corps et grandissent rapidement au point d'être devenues aussi grosses que des pièces de monnaie. Il vous montre les taches et vous pensez immédiatement «ABCD». Qu'est-ce que cela signifie et pourquoi a-t-il de bonnes raisons de s'inquiéter?

2. Les brûlures du troisième degré permettent d'illustrer le fonctionnement de la peau. Quels sont les problèmes cliniques les plus importants qui se présentent en pareil cas? Expliquez chacune des conséquences qu'entraîne l'absence de peau.

3. Un mannequin est préoccupé par une nouvelle cicatrice sur son abdomen. Elle déclare au chirurgien qu'il ne lui est pratiquement pas resté de cicatrice d'une opération de l'appendicite subie à l'âge de seize ans alors que cette cicatrice-ci, qui résulte d'une opération de la vésicule biliaire, est vraiment trop «grossière». La petite cicatrice oblique de son appendicectomie est située dans la région inférieure droite de la paroi abdominale — elle est presque imperceptible. En revanche, la nouvelle cicatrice, grosse et protubérante, est perpendiculaire à l'axe central du tronc. Comment expliquez-vous que ces deux cicatrices soient si différentes?

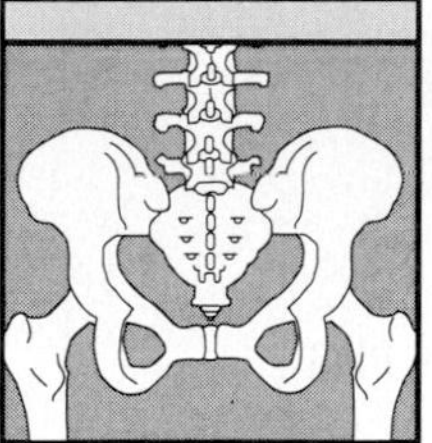

Le tissu osseux et les os

6

Sommaire et objectifs d'apprentissage

Fonctions des os (p. 157-158)

1. Énumérer et décrire cinq importantes fonctions des os.

Classification des os (p. 158-159)

2. Comparer et montrer les différences structurales entre les quatre classes d'os, puis donner des exemples de chaque classe.

Structure des os (p. 159-163)

3. Décrire l'anatomie macroscopique d'un os long et d'un os plat typiques. Montrer la situation et les fonctions de la moelle osseuse rouge et jaune, du cartilage articulaire et du périoste.
4. Différencier clairement les divers types de saillies osseuses et noter leurs fonctions respectives.
5. Décrire la structure du tissu osseux (os compact et spongieux).
6. Discuter de la composition chimique des os. Montrer les avantages relatifs que leur confèrent leurs composants organiques et inorganiques.

Développement des os (ostéogenèse) (p. 163-167)

7. Comparer et montrer les différences entre les deux types de formation osseuse: l'ossification intramembraneuse et l'ossification endochondrale.
8. Décrire le processus de croissance des os longs qui se produit au niveau des cartilages de conjugaison.

Homéostasie osseuse: remaniement et consolidation (p. 167-173)

9. Comparer la situation et les fonctions des ostéoblastes, des ostéocytes et des ostéoclastes dans le remaniement osseux.
10. Expliquer de quelle façon la régulation hormonale et les forces physiques influent sur le remaniement osseux.
11. Décrire les étapes de la consolidation des fractures.

Déséquilibres homéostatiques des os (p. 173-174)

12. Montrer les différences entre les troubles du remaniement osseux manifestes dans l'ostéoporose, l'ostéomalacie et la maladie osseuse de Paget.

Développement et vieillissement des os: chronologie (p. 174)

13. Décrire la succession et les causes des modifications de la structure osseuse et de la masse osseuse au cours de la vie.

Nous avons tous entendu des expressions comme «avoir mal aux os», «un sac d'os», «sec comme un os», etc., autant d'images peu flatteuses et inexactes de l'un des tissus les plus intéressants de notre organisme. Les os sont également les principaux éléments de notre squelette. C'est notre cerveau, et non les os, qui détermine la sensation d'épuisement; nos os n'ont rien de sec; et pour ce qui est du «sac d'os», ils sont effectivement plus visibles chez certains d'entre nous, mais s'ils n'étaient pas là pour former notre squelette, nous ramperions sur le sol comme des limaces, incapables d'adopter une forme précise.

Les chapitres 7 et 8 traiteront des os qui constituent notre squelette et des articulations qui en permettent la mobilité. Nous nous penchons dans ce chapitre sur la structure et les fonctions générales du tissu osseux ainsi que sur la dynamique de sa formation et de son remaniement au cours de la vie.

Fonctions des os

En plus de donner à notre corps sa forme extérieure, nos os remplissent plusieurs fonctions importantes:

1. **Soutien.** Les os constituent une structure rigide qui sert de support et d'ancrage à tous les organes mous de notre corps. Les os des jambes agissent comme des piliers qui portent notre tronc lorsque nous nous tenons debout, et la cage thoracique soutient les parois du thorax.

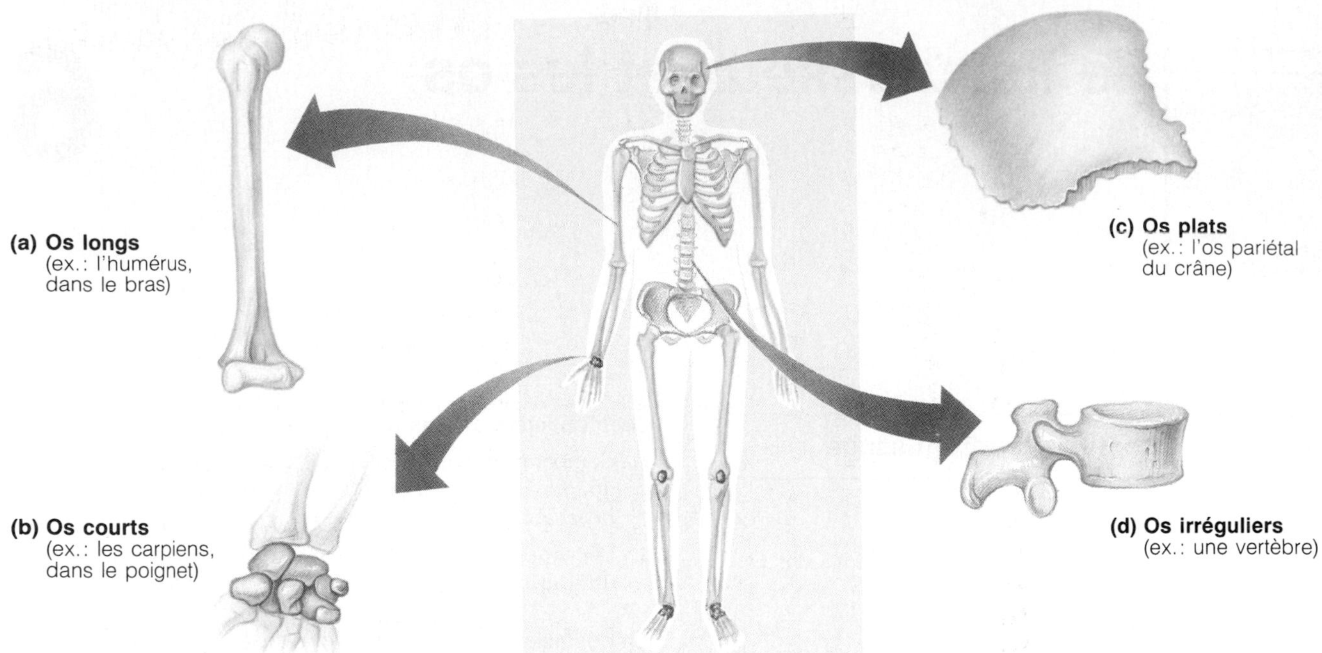

Figure 6.1 Classification des os selon leur forme.

2. **Protection.** L'encéphale est étroitement recouvert par les os du crâne. Les vertèbres entourent la moelle épinière et la cage thoracique protège les organes vitaux du thorax.

3. **Mouvement.** Les muscles squelettiques, qui sont reliés aux os par des tendons, agissent sur les os comme des leviers pour déplacer le corps ou ses parties. C'est ainsi que nous pouvons marcher, saisir un objet ou respirer. C'est l'agencement des os et des muscles squelettiques ainsi que la structure des articulations qui déterminent quels mouvements sont possibles.

4. **Stockage.** Des graisses sont entreposées dans les cavités internes des os. La matrice osseuse elle-même constitue un réservoir de minéraux. Les principaux minéraux ainsi entreposés sont le calcium et le phosphore, mais on trouve aussi du potassium, du sodium, du soufre, du magnésium et du cuivre. Au besoin, ces minéraux peuvent être mobilisés et libérés dans la circulation sanguine sous forme d'ions, puis distribués aux différentes parties de l'organisme. En fait, des «dépôts» et des «retraits» de minéraux s'effectuent de manière presque continuelle au niveau des os.

5. **Formation des globules sanguins.** Chez l'adulte, la formation des globules sanguins rouges et blancs, ou *hématopoïèse,* se produit dans les cavités médullaires de certains os.

Classification des os

Il existe des os de toutes les grosseurs et de toutes les formes. Par exemple, le petit os pisiforme du poignet est de la taille et de la forme d'un petit pois, alors que le fémur (os de la cuisse) peut mesurer près de 60 cm chez certains sujets et possède une grosse tête sphérique. Chaque os présente une forme particulière qui répond à un besoin précis. Le fémur, par exemple, doit pouvoir résister à des pressions importantes, et sa forme de cylindre creux lui assure la plus grande solidité possible pour un poids minimal, selon le principe de relation structure-fonction que nous avons établi au chapitre 1.

Les os sont classés selon leur forme: c'est ainsi qu'on trouve des os longs, courts, plats et irréguliers (figure 6.1).Tous les os sont composés de deux principaux types de tissu osseux (os compact et os spongieux) en proportions différentes. L'**os compact** est dense et paraît lisse et homogène. L'**os spongieux** est constitué de petites pièces pointues ou plates appelées **travées** (*trabs* = poutre) et comporte de nombreuses cavités. Les travées forment un réseau dont les cavités, dans l'os vivant, contiennent de la moelle. Nous en parlerons plus en détail lorsque nous traiterons de la structure microscopique des os.

1. **Os longs.** Comme leur nom l'indique, les os longs sont beaucoup plus longs que larges. Un os long comprend un corps et deux extrémités. Il est surtout formé d'os compact, mais peut comporter une quantité appréciable de tissu spongieux. Tous les os des membres sont longs, sauf ceux du poignet et de la cheville ainsi que la rotule (voir la figure 6.1). Remarquez bien que cette classification des os reflète leur forme allongée et non leur taille. Les trois os qui forment chacun de vos doigts sont des os longs, même s'ils sont très petits.

2. **Os courts.** Les os courts sont plus ou moins cubiques. Ils contiennent surtout de l'os spongieux; l'os compact

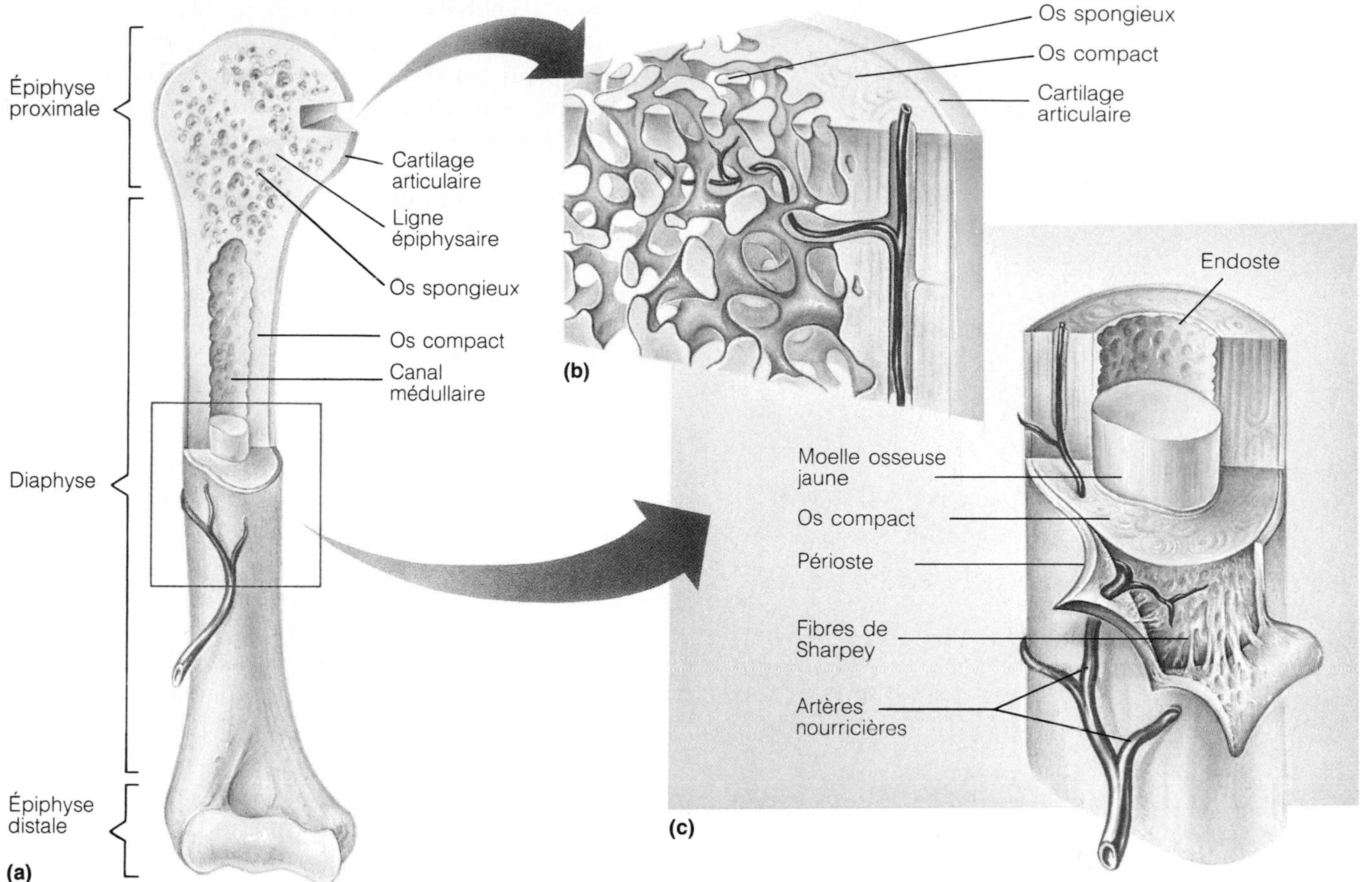

Figure 6.2 Structure d'un os long (humérus). (**a**) Vue antérieure avec coupe longitudinale à l'extrémité proximale. (**b**) Vue tridimensionnelle de l'os spongieux et de l'os compact de l'épiphyse. (**c**) Coupe transversale du corps (diaphyse). Remarquez que la surface externe de la diaphyse est recouverte de périoste, mais que la surface articulaire de l'épiphyse est recouverte de cartilage hyalin.

ne forme qu'une fine couche à leur surface. Les os du poignet et de la cheville sont des os courts (voir la figure 6.1).

Les **os sésamoïdes** (*sêsamon* – sésame; *eidos* – forme) sont un type particulier d'os courts enchâssés dans un tendon (la rotule, par exemple) ou dans une capsule articulaire. Leur nombre et leur taille varient d'un individu à l'autre. On sait que certains d'entre eux modifient la direction de la traction exercée par un tendon, mais on ignore encore la fonction de certains autres.

3. Os plats. Les os plats sont minces, aplatis et en général légèrement courbés. Ils présentent deux faces d'os compact plus ou moins parallèles, séparées par une couche d'os spongieux. Le sternum, les côtes et la plupart des os du crâne sont des os plats (voir la figure 6.1). Certains os plats sont si fins qu'ils ne comportent qu'une mince couche d'os compact.

4. Os irréguliers. Les os qui n'appartiennent à aucune des catégories précédentes sont dits irréguliers. Certains os du crâne, les vertèbres et les os iliaques sont des os irréguliers (voir la figure 6.1). Tous ces os présentent des formes complexes et comportent surtout de l'os spongieux recouvert de fines couches d'os compact.

Structure des os

Nous allons étudier ici l'anatomie des os du point de vue macroscopique, microscopique et chimique.

Anatomie macroscopique

Structure d'un os long typique

À quelques exceptions près, tous les os longs possèdent la même structure générale (figure 6.2).

Diaphyse. La **diaphyse** (*diaphusis* = point d'attache), ou *corps osseux*, est de forme tubulaire et constitue l'axe longitudinal de l'os. Elle consiste en un *cylindre* d'os compact relativement épais qui renferme un **canal médullaire.** Chez les adultes, ce canal contient la moelle jaune, principalement composée de lipides, et est aussi appelé **cavité médullaire.**

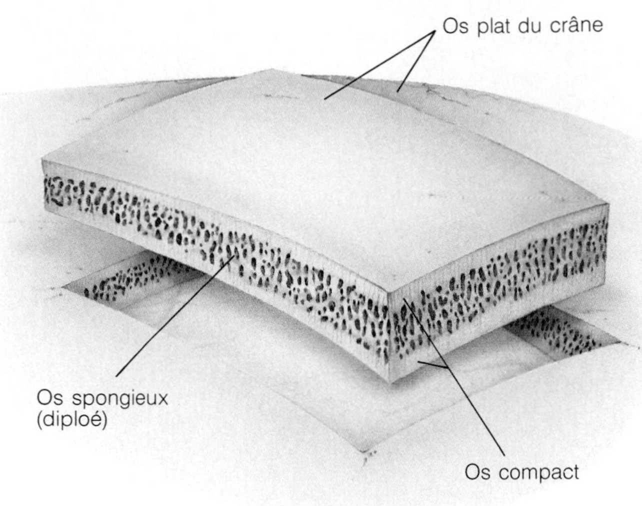

Figure 6.3 Structure d'un os plat. Les os plats, comme la plupart des os du crâne, comportent une épaisseur d'os spongieux (le diploé), intercalée entre deux fines couches d'os compact.

Épiphyses. Les **épiphyses** sont les extrémités de l'os (*épi* = sur; *phusus* = nature, formation). Elles sont souvent plus épaisses que la diaphyse. L'extérieur des épiphyses est formé d'une fine couche d'os compact; l'intérieur est constitué d'os spongieux.

Ligne épiphysaire. La **ligne épiphysaire** représente le reliquat du cartilage de conjugaison qui se trouve à la jonction de la diaphyse et de l'épiphyse dans les os jeunes. Le cartilage de conjugaison est la zone où s'effectue la croissance en longueur des os longs.

Périoste. La surface externe de la diaphyse est recouverte et protégée par une membrane double, d'un blanc brillant, le **périoste** (*péri* = autour; *ostéon* = os). La *couche fibreuse* externe du périoste est composée de tissu conjonctif dense non orienté; la couche interne, ou *couche ostéogène*, repose sur la surface osseuse; elle comporte surtout des **ostéoblastes** (cellules productrices de matière osseuse) et des **ostéoclastes** (cellules qui détruisent la matière osseuse). Le périoste est riche en neurofibres et en vaisseaux lymphatiques et sanguins qui pénètrent l'os par des **foramens nourriciers**, ou **trous vasculaires.** Il est fixé à l'os sous-jacent par des touffes de fibres collagènes nommées **fibres de Sharpey,** qui s'étendent de la couche fibreuse jusqu'à l'intérieur de la matrice osseuse. Le périoste constitue également les points d'insertion ou d'ancrage des tendons et des ligaments, et les fibres de Sharpey y sont extrêmement denses.

Endoste. Les surfaces internes de l'os sont garnies d'une fine membrane de tissu conjonctif nommée **endoste** (*endon* = en dedans). L'endoste recouvre les travées de l'os spongieux et le canal médullaire, et il tapisse les canaux qui traversent l'os compact. Tout comme le périoste, l'endoste contient à la fois des ostéoblastes et des ostéoclastes.

Cartilage articulaire. La partie osseuse de l'épiphyse par laquelle les os longs s'articulent est recouverte de **cartilage articulaire** (hyalin) et non de périoste. Ce cartilage de texture vitreuse agit comme un coussin sur l'extrémité de l'os et amortit la pression pendant les mouvements de l'articulation.

Structure des os courts, irréguliers et plats

Les os courts, irréguliers et plats présentent une structure simple: leur surface extérieure est constituée d'une fine couche d'os compact recouvert de périoste et l'intérieur est formé d'os spongieux tapissé d'endoste. Comme ces os ne sont pas cylindriques, ils ne possèdent ni diaphyse ni épiphyses. La figure 6.3 représente un os plat typique du crâne. Dans les os plats, la couche interne d'os spongieux située entre les deux couches d'os compact est appelée **diploé** et le tout ressemble à un sandwich rigide.

Disposition du tissu hématopoïétique dans les os

On nomme **cavités à moelle rouge** les cavités de l'os spongieux des os longs ainsi que le diploé des os plats, cavités où se trouve en général le tissu hématopoïétique, ou **moelle rouge.** Chez les nouveau-nés, la moelle rouge occupe le canal médullaire et tout l'os spongieux. Chez les adultes, la plupart des os longs possèdent un canal médullaire rempli de moelle jaune qui empiète largement sur l'épiphyse, et il subsiste peu de moelle rouge dans les cavités de l'os spongieux. C'est pourquoi, parmi les os longs des adultes, seules les têtes du fémur et de l'humérus produisent des globules sanguins. La moelle rouge située dans le diploé des os plats (comme le sternum) et certains os irréguliers (comme le bassin) revêt une bien plus grande importance et présente une plus forte activité hématopoïétique. C'est habituellement à ces endroits que l'on prélève des échantillons de moelle rouge (par ponction de moelle osseuse) pour diagnostiquer une maladie du tissu hématopoïétique comme la leucémie. La moelle jaune du canal médullaire peut du reste se convertir en moelle rouge en cas d'anémie grave, lorsque l'organisme a besoin d'accroître sa production de globules rouges.

Structure microscopique de l'os

Os compact

À l'œil nu, l'os compact paraît très dense, mais le microscope permet de distinguer une multitude de canaux et de passages contenant les nerfs, les vaisseaux sanguins

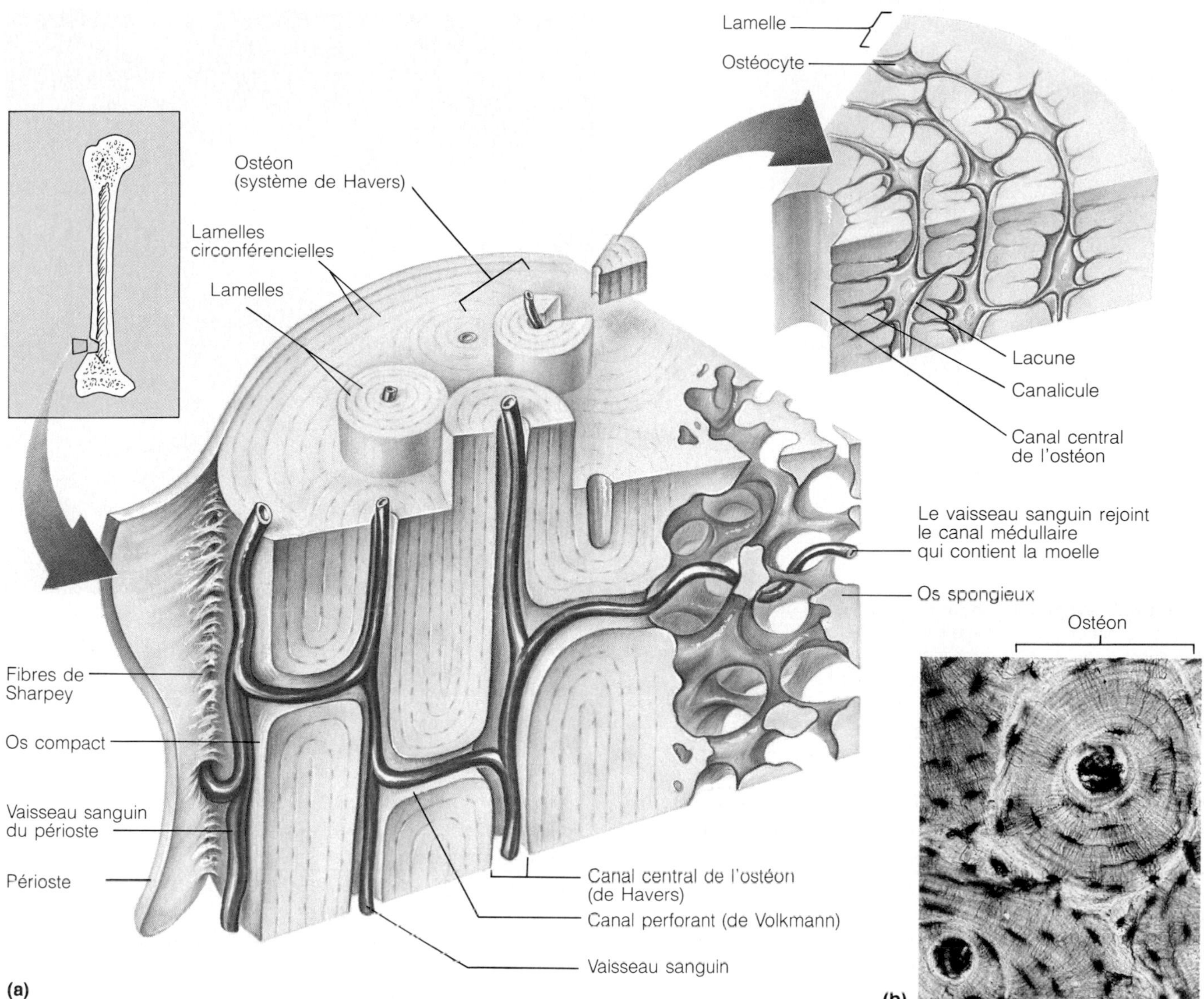

Figure 6.4 Structure microscopique de l'os compact. (**a**) Diagramme en trois dimensions de l'os compact, montrant ses unités structurales (ostéons). L'encadré représente une partie d'un ostéon à plus fort grossissement. Remarquez la situation des ostéocytes dans les lacunes osseuses (petites cavités de la matrice). (**b**) Photomicrographie d'un os présentant un ostéon complet et des parties d'ostéons voisins (×90).

et les vaisseaux lymphatiques (figure 6.4). L'unité structurale de l'os compact est appelée **ostéon,** ou **système de Havers.** Chaque ostéon a la forme d'un cylindre allongé orienté selon l'axe longitudinal de l'os. Du point de vue fonctionnel, on peut se représenter l'ostéon comme un minuscule pilier qui supporte un poids. Comme on peut le voir à la figure 6.5, l'ostéon est constitué d'un ensemble de cylindres creux composés de matrice osseuse et placés les uns dans les autres. Chacun de ces cylindres de matrice est une **lamelle,** et l'os compact est souvent appelé **os lamellaire.** Bien que les fibres collagènes d'une lamelle donnée soient toutes parallèles, les fibres de deux lamelles adjacentes sont toujours orientées dans des directions différentes. Par conséquent, les lamelles se renforcent mutuellement et produisent une unité structurale (l'ostéon) qui résiste remarquablement bien aux forces de torsion et autres contraintes mécaniques que subissent les os.

Le centre de chaque ostéon forme un **canal central de l'ostéon** (ou **canal de Havers**), où passent de petits vaisseaux sanguins et des neurofibres qui desservent les cellules de l'ostéon. Des canaux d'un autre type sont orientés perpendiculairement à l'axe de l'ostéon; ce sont les **canaux perforants de l'os compact** (aussi appelés **canaux de Volkmann**) qui permettent les connexions nerveuses et vasculaires entre le périoste, les canaux centraux de l'ostéon et le canal médullaire (voir la figure 6.4a). Comme toutes les cavités internes de l'os, ces deux types de canaux sont tapissés d'endoste.

Les **ostéocytes** sont des cellules osseuses mûres en forme d'araignée; elles se trouvent dans de petits espaces vides appelés **lacunes** situés à la jonction des lamelles. Des canaux très fins, les **canalicules,** relient les lacunes entre elles et avec le canal central de l'ostéon. La formation de ces canalicules présente un certain

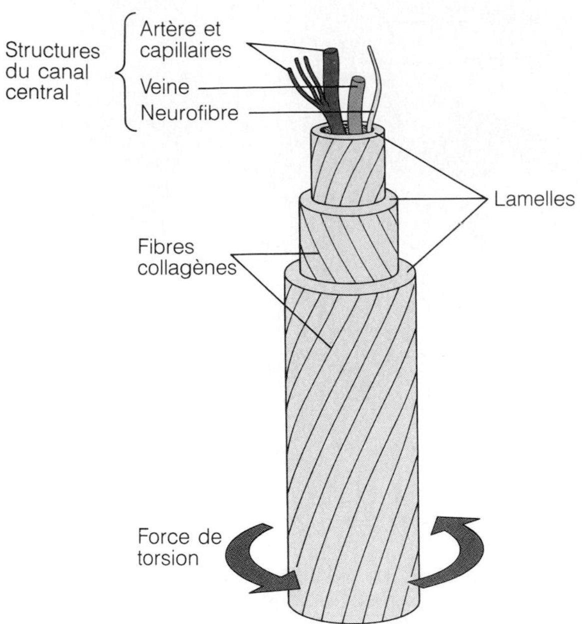

Figure 6.5 Diagramme d'un ostéon. Dans cette illustration, l'ostéon a été dessiné comme s'il avait été étiré de façon télescopique pour en montrer toutes les lamelles. Les lignes obliques figurant sur chaque lamelle représentent l'orientation des fibres collagènes à l'intérieur de la matrice osseuse.

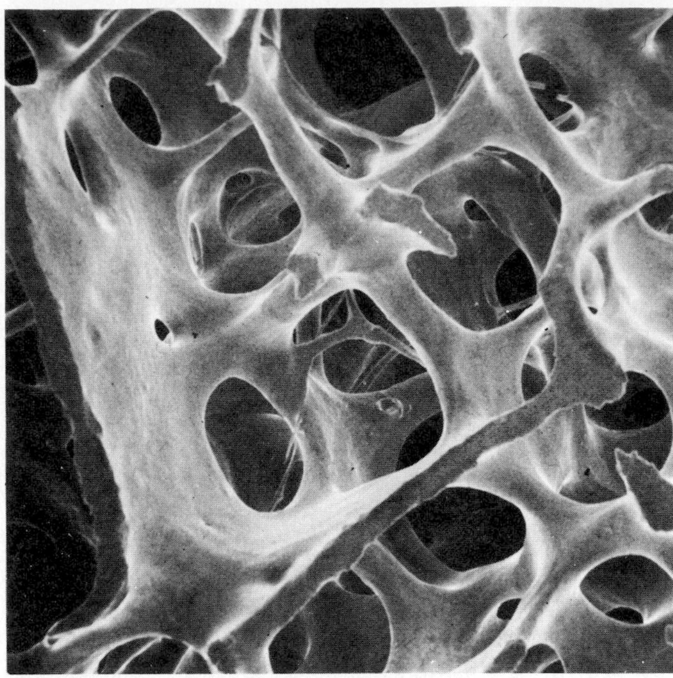

Figure 6.6 Micrographie électronique à balayage d'un os spongieux (× 20). Remarquez la variation de l'épaisseur, de l'orientation et des intervalles entre les travées.

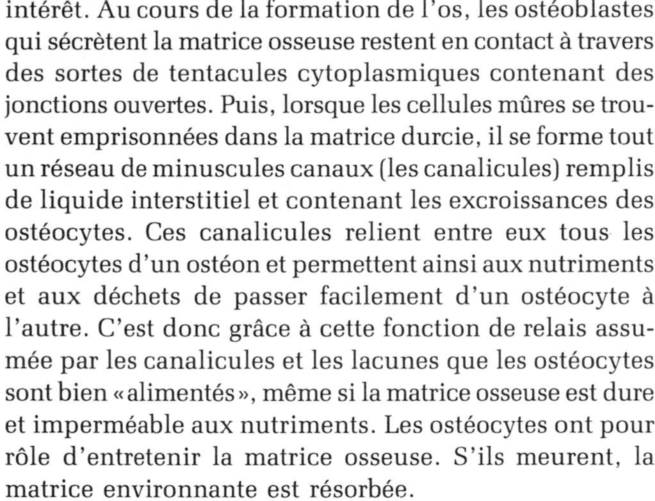

intérêt. Au cours de la formation de l'os, les ostéoblastes qui sécrètent la matrice osseuse restent en contact à travers des sortes de tentacules cytoplasmiques contenant des jonctions ouvertes. Puis, lorsque les cellules mûres se trouvent emprisonnées dans la matrice durcie, il se forme tout un réseau de minuscules canaux (les canalicules) remplis de liquide interstitiel et contenant les excroissances des ostéocytes. Ces canalicules relient entre eux tous les ostéocytes d'un ostéon et permettent ainsi aux nutriments et aux déchets de passer facilement d'un ostéocyte à l'autre. C'est donc grâce à cette fonction de relais assumée par les canalicules et les lacunes que les ostéocytes sont bien «alimentés», même si la matrice osseuse est dure et imperméable aux nutriments. Les ostéocytes ont pour rôle d'entretenir la matrice osseuse. S'ils meurent, la matrice environnante est résorbée.

Entre les ostéons entiers se trouvent des lamelles incomplètes nommées **lamelles interstitielles.** Ces lamelles occupent les intervalles entre les ostéons en formation; elles peuvent également représenter des fragments d'ostéons qui ont été coupés par le remaniement osseux (dont nous parlerons plus loin). Par ailleurs, des **lamelles circonférencielles** situées juste au-dessous du périoste entourent l'os. Ces lamelles offrent une résistance efficace aux forces de torsion qui s'exercent sur l'ensemble de l'os long.

Os spongieux

Contrairement à l'os compact, l'os spongieux, qui est constitué de travées, semble être un tissu peu structuré (voir les figures 6.6 et 6.2b). En fait, les travées sont loin d'être placées de façon aléatoire. Bien au contraire, la situation précise de ces minuscules éléments osseux reflète les contraintes subies par l'os et lui permet d'y résister le mieux possible. D'une épaisseur de quelques cellules, les travées comportent des lamelles irrégulières et des ostéocytes interreliés par des canalicules. Il n'y a pas d'ostéons. Les nutriments partent des espaces médullaires situés entre les spicules osseux et parviennent aux ostéocytes de l'os spongieux par diffusion à travers les canalicules.

Composition chimique de l'os

L'os contient à la fois des constituants organiques et inorganiques. Les *constituants organiques* sont les cellules (ostéoblastes, ostéocytes et ostéoclastes) et le **matériau ostéoïde,** qui est la partie organique de la matrice. Le matériau ostéoïde représente environ un tiers de la matrice; il comprend des protéoglycanes, des glycoprotéines et des fibres collagènes, qui sont des substances organiques sécrétées par les ostéoblastes. Ce sont ces substances, le collagène en particulier, qui déterminent la structure de l'os et lui confèrent sa flexibilité ainsi que sa très grande résistance à la pression, à la tension et à la torsion. Les *constituants inorganiques* de la matrice osseuse (65 % de son poids) sont des **hydroxyapatites,** ou *sels minéraux,* composés en grande partie de phosphate de calcium. Les sels de calcium se présentent sous la forme de minuscules cristaux situés à l'intérieur et autour des seules fibres collagènes. Leur présence explique la caractéristique la plus évidente de l'os, c'est-à-dire sa dureté exceptionnelle qui lui permet de résister à la compression. Par ailleurs, c'est la combinaison adéquate d'éléments organiques et inorganiques dans la matrice qui permet à l'os d'être extrêmement durable et résistant sans devenir cassant. Un os peut en effet résister à une pression de 1760 kg/cm^2 et à une tension de 1056 kg/cm^2.

C'est grâce aux sels minéraux que les os subsistent longtemps après la mort, représentant ainsi une sorte de relique durable. Après de nombreux siècles, des restes de squelettes nous ont permis d'apprendre la forme, la taille, la race et le sexe de représentants de peuples anciens, de savoir quelle sorte de travaux ils effectuaient et de quels types de maladies ils souffraient (l'arthrite par exemple).

Relief osseux

Les surfaces externes des os sont rarement lisses et uniformes: on peut y observer des bosses, des dépressions et des trous, qui constituent des points d'attache de muscles, de ligaments et de tendons, des points d'articulation ou encore des passages de vaisseaux sanguins et de nerfs. Ces éléments du *relief osseux* portent différents noms. Les protubérances qui dépassent de la surface osseuse sont les têtes, trochanters, épines, etc., et chacune d'elles possède des fonctions et des caractéristiques qui lui sont propres. Les dépressions et les ouvertures se nomment fossettes, sinus, foramens et gouttières. Le tableau 6.1 présente une description des principaux éléments du relief osseux. Il vous sera utile d'apprendre ces termes parce que vous les reverrez dans le chapitre 7, où ils servent de repères pour l'identification de certains os.

Tableau 6.1 Relief osseux

Élément du relief	Description
Protubérances sur lesquelles s'attachent des muscles ou des ligaments	
Tubérosité	Grosse protubérance ronde; parfois rugueuse
Crête	Arête osseuse étroite; habituellement bien en évidence
Trochanter	Apophyse (protubérance) très grosse, épaisse, de forme irrégulière (les seuls exemples se trouvent sur le fémur)
Ligne	Arête osseuse étroite; moins en évidence qu'une crête
Tubercule	Protubérance ou relief arrondi et de petite taille
Épicondyle	Partie renflée sur un condyle ou au-dessus
Épine	Relief fin, étroit, souvent pointu
Protubérances qui forment des articulations	
Tête	Renflement osseux porté sur un col étroit
Facette	Surface articulaire lisse, presque plate
Condyle	Protubérance articulaire arrondie
Branche	Bras formé par un os
Dépressions et ouvertures servant de passage aux vaisseaux sanguins et aux nerfs	
Méat	Passage en forme de canal
Sinus	Espace creux à l'intérieur d'un os; plein d'air et tapissé d'une muqueuse
Fossette	Dépression peu profonde et concave d'un os, servant souvent de surface articulaire
Gouttière	Sillon profond
Scissure	Ouverture étroite en forme de fente
Foramen	Ouverture arrondie ou ovale dans un os
Sillon	Dépression linéaire

Développement des os (ostéogenèse)

L'**ostéogenèse** et l'**ossification** sont des termes synonymes qui désignent le processus de formation des os (*ostéon* = os; *génésis* = génération). Chez l'embryon, ce processus mène à la *formation du squelette osseux* à partir de tissu conjonctif fibreux ou cartilagineux. La *croissance osseuse,* une autre forme d'ossification, se poursuit jusqu'à l'âge adulte, tant que le sujet continue de grandir. En fait, les os sont en mesure de croître en épaisseur tout au long de la vie d'un individu (ce qui explique les transformations reliées à l'acromégalie). Cependant, chez l'adulte, l'ossification sert surtout au *remaniement* et à la consolidation des os.

Formation du squelette osseux

Jusqu'à six semaines de gestation, le squelette de l'embryon humain est entièrement composé de membranes fibreuses et de cartilage hyalin. Puis le tissu osseux commence à se former et finit par remplacer la plus grande partie des structures fibreuses ou cartilagineuses. L'*ossification intramembraneuse* désigne le processus de formation d'un os à partir d'une membrane fibreuse; l'os ainsi constitué est appelé **os membranaire.** Si l'ossification se produit à partir de cartilage hyalin, on parle d'*ossification endochondrale* (*khondros* = cartilage) et l'os qui en résulte est nommé **os cartilagineux.**

Ossification intramembraneuse

La plupart des os du crâne ainsi que les clavicules se forment par **ossification intramembraneuse.** Remarquez bien que tous les os ainsi produits sont plats. Les

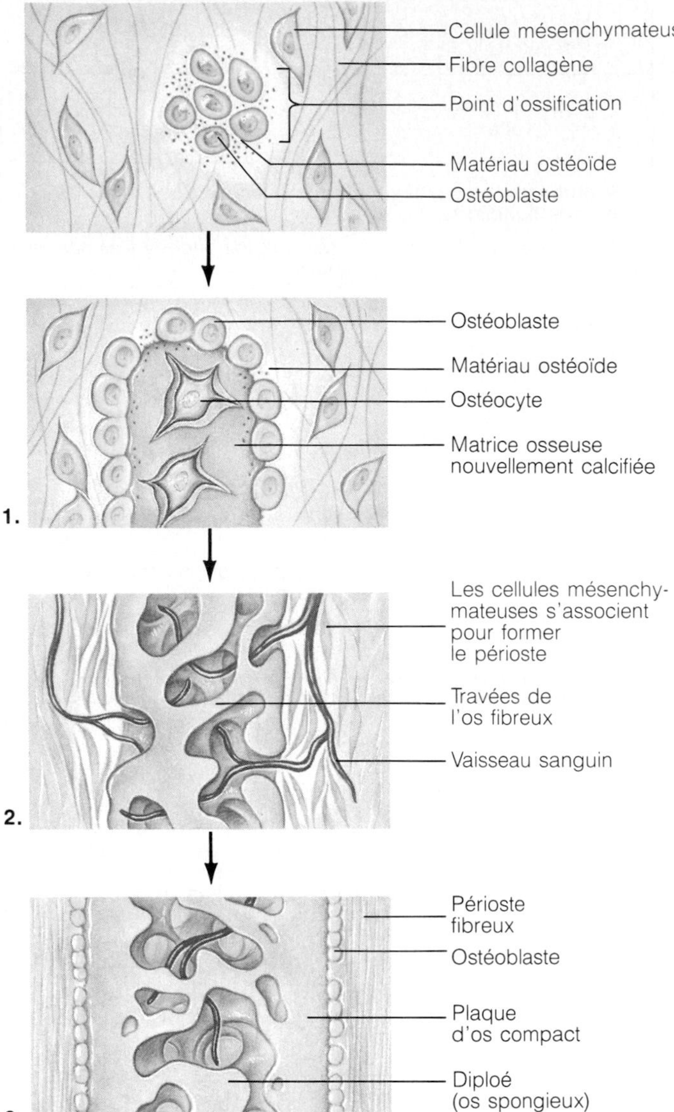

Figure 6.7 Stades de l'ossification intramembraneuse. Le diagramme non numéroté du haut montre la composition de la membrane fibreuse au début de l'ossification intramembraneuse. Les événements décrits dans les diagrammes 1 à 3 correspondent au texte de cette page. Remarquez que les diagrammes 2 et 3 représentent un grossissement moins fort que les deux diagrammes précédents.

membranes de tissu conjonctif fibreux composées de cellules mésenchymateuses constituent une première structure sur laquelle l'ossification peut se développer. Le processus passe essentiellement par les stades suivants (figure 6.7).

1. Formation d'une matrice osseuse à l'intérieur de la membrane fibreuse. À partir de la huitième semaine du développement, les cellules mésenchymateuses de la membrane fibreuse s'amalgament, puis se différencient en ostéoblastes et commencent à sécréter une matrice osseuse organique (matériau ostéoïde). Au bout de quelques jours, le matériau ostéoïde est minéralisé et converti en véritable matrice osseuse. Lorsqu'ils se trouvent enfermés dans les lacunes, les ostéoblastes deviennent des cellules osseuses mûres, ou ostéocytes. Ce processus peut s'amorcer en plusieurs endroits, mais on observe habituellement un *point d'ossification* principal au milieu de la membrane.

2. Formation de l'os fibreux et du périoste. Les dépôts de matériau ostéoïde se multiplient et s'agrandissent, puis finissent par fusionner pour bâtir un fin réseau de travées qui emprisonne les vaisseaux sanguins. Dans ce précurseur de l'os membranaire appelé **os fibreux**, les fibres collagènes s'entrelacent de façon irrégulière (alors que l'os spongieux définitif est composé de lamelles). Simultanément, une pellicule de cellules mésenchymateuses se forme à la surface de la membrane fibreuse et constitue un périoste à deux couches.

3. Formation des plaques d'os compact. Après la formation du périoste, les cellules mésenchymateuses de sa couche interne, ou couche ostéogène, se transforment en ostéoblastes et sécrètent du matériau ostéoïde sur les surfaces osseuses présentes; les travées voisines s'épaississent et finissent par donner une couche osseuse continue. Au départ, cette gaine osseuse, tout comme l'os formé à l'intérieur de la membrane, est constituée d'os fibreux. Plus tard, les plaques d'os fibreux se trouvent remplacées par de l'os compact (lamellaire) définitif. On retrouve cependant de l'os spongieux au centre de l'os puisque les travées sont toujours présentes. La formation du diploé se termine quand le tissu vasculaire situé à l'intérieur de l'os spongieux se différencie en moelle rouge. Le résultat est un os plat, comme celui qui est représenté à la figure 6.3 (p. 160).

Ossification endochondrale

La majorité des os du squelette se forment par **ossification endochondrale,** c'est-à-dire à partir de modèles d'«os» en cartilage hyalin. Le processus débute au troisième mois du développement; il est plus complexe que l'ossification intramembraneuse parce que le cartilage hyalin doit être désintégré au fur et à mesure de l'ossification. La formation d'un os long s'amorce habituellement à un **point d'ossification primaire** (aussi appelé centre d'ossification primaire), à mi-longueur de la tige de cartilage hyalin. En premier lieu, le périchondre (membrane de tissu conjonctif fibreux qui recouvre l'«os» de cartilage hyalin) est pénétré par des vaisseaux sanguins et se transforme ainsi en périoste vascularisé. Sous l'effet des changements de nutrition, les chondroblastes localisés en dessous se différencient en ostéoblastes. Tout est alors prêt pour le déclenchement de l'ossification, comme le montre la figure 6.8.

1. Formation d'une gaine osseuse autour de la tige de cartilage hyalin. Les ostéoblastes du périoste qui viennent de se former à partir des chondroblastes commencent à sécréter du matériau ostéoïde de la matrice osseuse sur la face externe de la tige de cartilage hyalin, l'enfermant ainsi dans une sorte de cylindre appelé *gaine osseuse,* ou *virole périchondrale.*

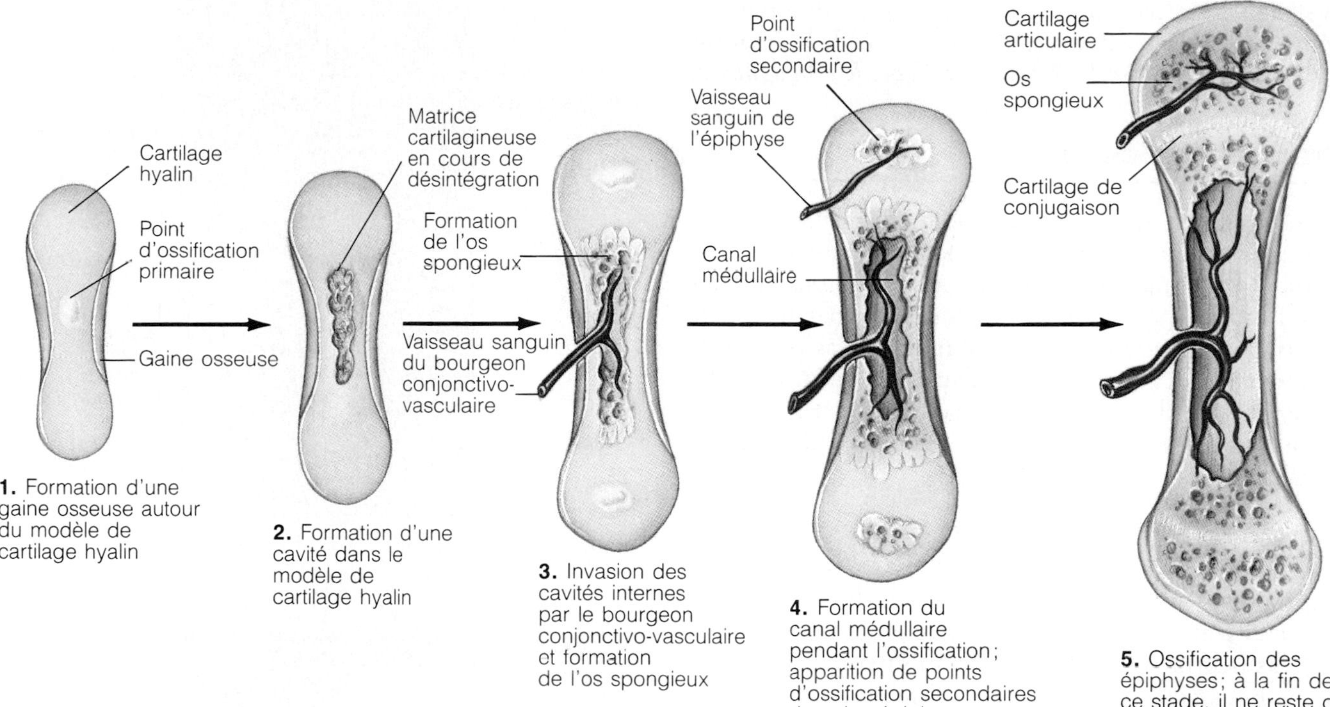
Cartilage hyalin
Point d'ossification primaire
Gaine osseuse
1. Formation d'une gaine osseuse autour du modèle de cartilage hyalin
Matrice cartilagineuse en cours de désintégration
2. Formation d'une cavité dans le modèle de cartilage hyalin
Formation de l'os spongieux
Vaisseau sanguin du bourgeon conjonctivo-vasculaire
3. Invasion des cavités internes par le bourgeon conjonctivo-vasculaire et formation de l'os spongieux
Point d'ossification secondaire
Vaisseau sanguin de l'épiphyse
Canal médullaire
4. Formation du canal médullaire pendant l'ossification; apparition de points d'ossification secondaires dans les épiphyses en prévision du stade 5
Cartilage articulaire
Os spongieux
Cartilage de conjugaison
5. Ossification des épiphyses; à la fin de ce stade, il ne reste du cartilage hyalin que dans les cartilages de conjugaison et dans les cartilages articulaires. (Les cartilages de conjugaison permettent la croissance en longueur jusqu'au début de l'âge adulte.)

Figure 6.8 Stades de l'ossification endochondrale dans un os long. Les stades 1 à 3 se produisent pendant la période fœtale (de la fin de la huitième semaine au neuvième mois du développement). Le stade 4 illustre la situation juste avant ou juste après la naissance. Le stade 5 montre le processus de croissance de l'os long pendant l'enfance et l'adolescence.

2. **Évidement de la tige de cartilage hyalin.** Pendant que la gaine osseuse se constitue sur la surface externe, les chondrocytes situés à l'intérieur s'hypertrophient et la matrice cartilagineuse voisine se calcifie. Comme la matrice de cartilage calcifié est imperméable à la diffusion des nutriments, les chondrocytes meurent et la matrice qu'ils entretenaient commence à se désintégrer. Bien que ce phénomène fasse apparaître des cavités et affaiblisse le cartilage hyalin, l'extérieur de la tige se trouve renforcé par la gaine osseuse.

3. **Invasion des cavités internes par le bourgeon conjonctivo-vasculaire et formation de l'os spongieux.** Au troisième mois du développement, les cavités en cours de formation sont rapidement envahies par un **bourgeon conjonctivo-vasculaire** qui va être à l'origine du point d'ossification primaire. Les ostéoblastes nouvellement arrivés sécrètent la matrice ostéoïde autour des derniers fragments de cartilage hyalin, formant ainsi des travées de cartilage recouvertes d'os: c'est la première forme d'os spongieux dans un os long en cours de développement.

4. **Formation du canal médullaire.** Pendant que le point d'ossification primaire s'agrandit et s'étend du côté proximal et du côté distal (vers les épiphyses osseuses), les ostéoclastes dégradent l'os spongieux récemment produit et constituent, au centre de la diaphyse, un canal médullaire; c'est la dernière étape de l'ossification du corps osseux. Pendant toute la durée de la vie fœtale, les épiphyses, qui ont une croissance rapide, ne comportent que du cartilage, et le modèle de cartilage hyalin continue de s'allonger par division des cellules cartilagineuses viables des épiphyses; l'ossification repousse donc en quelque sorte la formation de cartilage vers les extrémités de la diaphyse.

5. **Ossification des épiphyses.** À notre naissance, la plupart de nos os longs possèdent deux épiphyses cartilagineuses, un canal médullaire croissant ainsi qu'une diaphyse osseuse à l'intérieur de laquelle se trouvent des restes d'os spongieux. Peu avant la naissance et juste après, des **points d'ossification secondaire** apparaissent dans une épiphyse ou dans les deux. (On ne trouve qu'un point d'ossification primaire dans les os courts, tandis que la plupart des os irréguliers se développent à partir de plusieurs points d'ossification distincts.) Le cartilage situé au centre des épiphyses se calcifie et se désintègre, ouvrant ainsi des cavités qui permettent l'entrée d'un bourgeon conjonctivo-vasculaire. Puis les ostéoblastes nouvellement arrivés sécrètent une matrice osseuse autour des derniers fragments de cartilage. L'ossification des épiphyses suit presque exactement les étapes de l'ossification diaphysaire, à cela près que l'os spongieux reste en place: il n'apparaît pas de canal médullaire dans les épiphyses. À la fin de cette ossification, on ne trouve du cartilage

hyalin que sur les surfaces de l'épiphyse, où il porte le nom de *cartilage articulaire,* et à la jonction de la diaphyse et de l'épiphyse, où il forme le *cartilage de conjugaison.*

Croissance des os

Au cours de l'enfance et de l'adolescence, les os longs s'allongent uniquement sous l'effet de la croissance des cartilages de conjugaison, et tous les os s'épaississent sous l'effet de l'activité du périoste selon un processus appelé *croissance par apposition.* La plupart des os cessent de croître pendant l'adolescence ou au début de l'âge adulte. Cependant, certains os de la face comme ceux du nez et de la mâchoire continuent leur croissance de manière imperceptible pendant toute la vie.

Croissance en longueur des os longs

Le processus de **croissance en longueur des os** s'articule autour de plusieurs événements qui se produisent au cours de l'ossification endochondrale. Au niveau du cartilage de conjugaison, la structure du cartilage hyalin qui s'appuie sur la diaphyse est telle qu'elle permet une croissance rapide et efficace (figure 6.9). Les chondrocytes forment de grandes colonnes, comme un empilement de pièces de monnaie. Les cellules placées au «sommet» de la pile (zone 1), c'est-à-dire près de l'épiphyse, se divisent rapidement, provoquant ainsi un épaississement du cartilage de conjugaison et un allongement de l'os dans son ensemble (côté gauche de la figure 6.10). Dans le même temps, les chondrocytes plus âgés qui se trouvent plus près de la diaphyse (zone 2, figure 6.9) grossissent, et la matrice de cartilage qui les entoure se calcifie. Par la suite, ces chondrocytes meurent et leur matrice se désintègre (zone 3). Il reste à la jonction de l'épiphyse et de la diaphyse (zone 4) de longs spicules de cartilage calcifié comparables aux stalactites qui pendent du plafond d'une caverne. Les ostéoblastes du canal médullaire ossifient alors les spicules de cartilage, produisant ainsi de l'os spongieux qui finit par être digéré par les ostéoclastes. Le canal médullaire croît donc en longueur en même temps que l'os long.

La croissance en longueur s'accompagne d'un remaniement presque continu des extrémités épiphysaires, ce qui a pour effet de conserver des proportions adéquates entre la diaphyse et les épiphyses (voir la figure 6.10). Le remaniement osseux, qui inclut à la fois la formation et la résorption (destruction) de matière osseuse, est décrit plus en détail aux pages 167-171 où nous traitons des modifications qui se produisent dans les os adultes.

Vers la fin de l'adolescence, les chondrocytes des cartilages de conjugaison se divisent de moins en moins souvent et les cartilages s'amincissent au point d'être entièrement remplacés par du tissu osseux. La croissance en longueur se termine avec la fusion de la matière osseuse de la diaphyse et des épiphyses. Cette fusion survient vers l'âge de 18 ans chez la femme et vers 21 ans

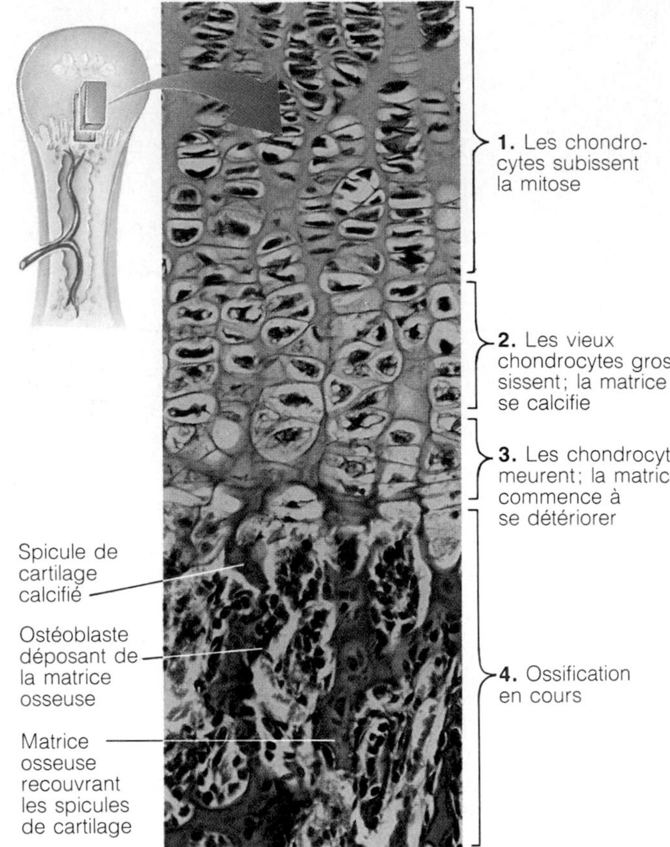
1. Les chondrocytes subissent la mitose
2. Les vieux chondrocytes grossissent; la matrice se calcifie
3. Les chondrocytes meurent; la matrice commence à se détériorer
4. Ossification en cours
Spicule de cartilage calcifié
Ostéoblaste déposant de la matrice osseuse
Matrice osseuse recouvrant les spicules de cartilage

Figure 6.9 Croissance en longueur d'un os long. La région du cartilage de conjugaison la plus proche de l'épiphyse (face distale) comprend des chondrocytes au repos. Comme le montre cette photomicrographie (×250), les cellules du cartilage de conjugaison (situé du côté proximal du cartilage au repos) sont disposées en quatre couches qui diffèrent par leurs fonctions. (**1**) Empilements de chondrocytes en mitose. (**2**) Chondrocytes subissant une hypertrophie suivie de calcification de la matrice. (**3**) Région occupée par des chondrocytes morts; la matrice commence à se désintégrer. (**4**) L'ossification est en cours sur la partie du cartilage de conjugaison qui fait face au canal médullaire: les ostéoblastes déposent la matrice osseuse autour des restes de cartilage, formant ainsi des travées osseuses.

chez l'homme. Cependant, le périoste peut faire croître les os en diamètre ou en épaisseur si l'activité musculaire ou le poids corporel engendrent de fortes contraintes.

Croissance des os en épaisseur ou en diamètre

La **croissance par apposition** est le processus par lequel les os gagnent en épaisseur ou, dans le cas des os longs, en diamètre. Le mot *apposition* signifie «placer à côté de», ce qui décrit assez bien le phénomène. Les ostéoblastes qui se trouvent sous le périoste forment de nouveaux ostéons sur la surface extérieure de l'os. Cet épaississement de l'os compact s'accompagne habituellement de la destruction de matière osseuse par les ostéoclastes de l'endoste qui tapisse la surface interne du canal médullaire de la diaphyse (voir la figure 6.10); cependant,

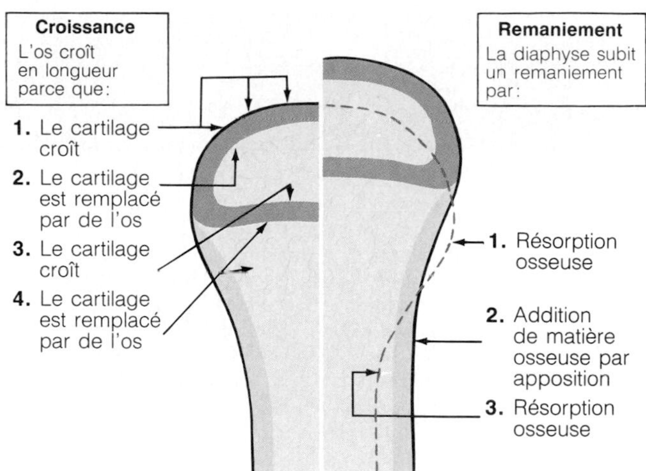

Figure 6.10 Croissance et remaniement d'un os long au cours de l'enfance. Les phénomènes indiqués à gauche constituent l'ossification endochondrale, qui se produit au niveau des cartilages articulaires et des cartilages de conjugaison pendant la croissance en longueur. Les phénomènes indiqués à droite sont ceux du remaniement osseux qui a lieu pendant la croissance de l'os long et qui lui permet de conserver ses proportions.

la désintégration est en général moins importante que l'apport de matière osseuse. Ce processus produit donc un os plus épais et plus solide sans trop l'alourdir.

Régulation hormonale de la croissance osseuse au cours de l'enfance

La croissance osseuse qui s'opère tout au long de l'enfance et jusqu'au début de l'âge adulte est réglée de façon très précise par un ensemble d'hormones qui agissent de concert. Au cours de l'enfance, le stimulus qui a le plus d'effet sur l'activité des cartilages de conjugaison est l'*hormone de croissance* (GH) sécrétée par l'adénohypophyse (lobe antérieur de l'hypophyse). L'hormone de croissance produit un effet indirect; sous son influence, le foie fabrique des facteurs de croissance appelés *somatomédines*, qui stimulent la prolifération des chondrocytes et, par conséquent, la croissance des cartilages de conjugaison vers les épiphyses osseuses. Les hormones thyroïdiennes (T_3 et T_4) modulent l'activité de l'hormone de croissance de sorte que le squelette conserve des proportions convenables pendant sa croissance. À la puberté, une quantité accrue d'hormones sexuelles mâles et femelles (testostérone et œstrogènes) se trouve libérée. Ces hormones sexuelles provoquent dans un premier temps la poussée de croissance typique de l'adolescence, de même que la masculinisation ou la féminisation de certaines parties du squelette. Puis elles entraînent l'ossification complète des cartilages de conjugaison, mettant ainsi fin à la croissance en longueur des os. Tout excès ou insuffisance d'une de ces hormones peut causer des déformations évidentes du squelette. Par exemple, une hypersécrétion de l'hormone de croissance chez l'enfant peut provoquer une taille anormale (gigantisme), tandis qu'une insuffisance de l'hormone de croissance ou des hormones thyroïdiennes entraîne des types particuliers de nanisme. Le chapitre 17 traite plus en détail de l'activité hormonale.

Homéostasie osseuse: remaniement et consolidation

Les os semblent être les organes les plus inertes de tout l'organisme, et lorsqu'ils sont formés, on pourrait penser que c'est pour la vie. Mais les apparences sont trompeuses; le tissu osseux est très actif et dynamique. Il peut entrer ou sortir d'un squelette adulte jusqu'à 500 mg de calcium par jour! Contrairement aux tissus qui sont constitués en majorité de cellules et dans lesquels les échanges se font surtout au niveau cellulaire ou même moléculaire, l'os se renouvelle au niveau tissulaire. D'importantes quantités de matière osseuse sont déplacées et l'architecture de l'os est modifiée de façon continuelle. Et lorsqu'il survient une fracture (qui est le trouble de l'homéostasie osseuse le plus répandu), l'os passe par un remarquable processus d'auto-guérison que nous allons décrire brièvement.

Remaniement osseux

Chez l'adulte, le dépôt et la résorption de matière osseuse se produisent à un moment ou à un autre sur toutes les surfaces recouvertes de périoste ou d'endoste. C'est l'ensemble des deux processus qui constitue le **remaniement osseux**; ils sont couplés et synchronisés par l'intermédiaire de «paquets» d'ostéoblastes et d'ostéoclastes appelés *unités de remaniement.* Chez les adultes jeunes et en bonne santé, la masse osseuse reste constante, ce qui indique que dans l'ensemble les taux de dépôt et de résorption osseuse sont égaux. Cependant, le processus de remaniement n'est pas uniforme: certains os ou parties d'os subissent un remaniement intense, et d'autres non. Par exemple, la partie distale du fémur (os de la cuisse) est entièrement remplacée tous les cinq ou six mois, alors que la diaphyse est modifiée bien plus lentement.

Les **dépôts osseux** se produisent à l'endroit où l'os a subi une blessure, ou encore là où il doit être plus résistant. Les dépôts de nouvelle matrice se reconnaissent à la présence d'un **liséré ostéoïde,** une bande de matrice osseuse non minéralisée de 10 à 12 μm de largeur. Entre le liséré ostéoïde et l'os déjà minéralisé, on remarque une bordure nette appelée **front de calcification.** Comme la largeur du liséré ostéoïde est constante et que la transition entre matrice minéralisée et non minéralisée se fait de façon brutale, certains chercheurs ont émis l'hypothèse que le dépôt ostéoïde doit être «mûr» avant de pouvoir être calcifié. Cette maturation est soumise à l'influence des ostéoblastes et semble résulter de plusieurs modifications biochimiques qui se déroulent sur une période de 10 à 12 jours. Le nature exacte du facteur qui déclenche la calcification est l'objet de controverses. On peut

GROS PLAN **Ces os remarcheront. Progrès cliniques dans le traitement des fractures.**

Bien que les os possèdent le remarquable pouvoir de se régénérer eux-mêmes, il est des circonstances dans lesquelles leurs efforts les plus acharnés restent vains. Des fractures importantes subies dans les accidents de la route, une mauvaise circulation sanguine dans des os âgés, une atrophie osseuse grave et certaines anomalies congénitales en constituent d'excellents exemples. Cependant, les progrès récents de la médecine nous apportent aujourd'hui la réponse à certains problèmes que les os ne peuvent résoudre seuls.

Les grosses fractures et celles qui touchent des os âgés guérissent très lentement et, le plus souvent, très mal. Dans de tels cas, la **stimulation électrique des sites de fracture** a fortement contribué à accélérer la guérison et à améliorer le pronostic, mais on ignorait jusqu'à une date récente comment l'électricité pouvait accomplir de telles prouesses. On pense actuellement que les champs électriques empêchent la parathormone (PTH) d'agir sur les ostéoclastes présents au site de la fracture, ce qui inhibe la résorption osseuse et accélérerait la formation et l'accumulation de tissu osseux.

Une technique expérimentale complexe appelée **greffe vasculaire libre du péroné** a été mise au point: elle consiste à remplacer un os manquant ou très endommagé par des morceaux de péroné (l'os fin de la jambe qui ressemble à une tige). Le péroné n'est pas un os essentiel, car il ne porte pas le poids du corps chez l'être humain; il joue un rôle dans la stabilisation de la cheville. Autrefois, les grosses greffes osseuses se soldaient en général par des échecs parce que l'intérieur du greffon ne recevait pas un apport sanguin suffisant, ce qui menait finalement à l'amputation. Mais cette nouvelle technique a permis d'atteindre un certain taux de succès; on peut en effet remplacer de grands morceaux d'os manquants en transplantant de l'os en même temps que des vaisseaux sanguins normaux. La greffe vasculaire libre du péroné a déjà permis de reconstituer le radius (os de l'avant-bras) d'un enfant qui en était dépourvu à la naissance, et de remplacer des os longs détruits par l'ostéomalacie ou dans un accident. Le remaniement osseux qui s'ensuit produit une réplique presque parfaite de l'os normal.

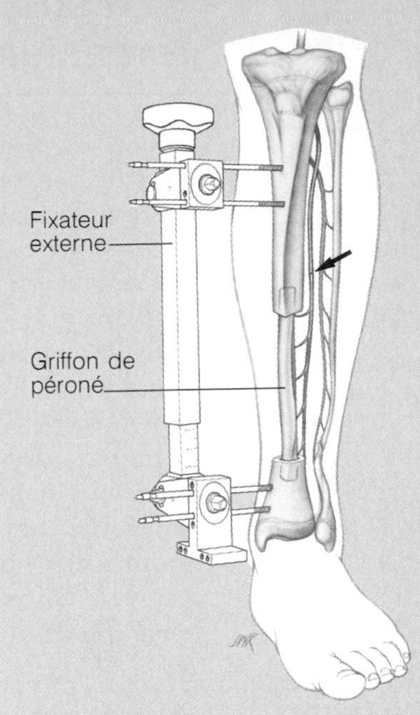

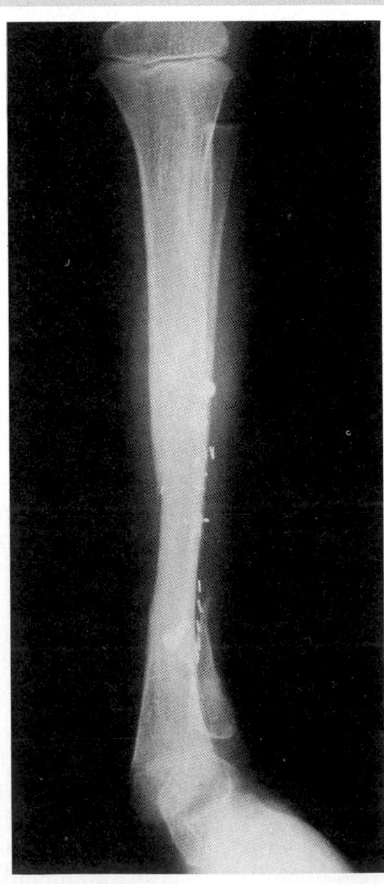

L'illustration 1 (en haut) présente l'appareil (fixateur externe) dont on se sert pour stabiliser un implant de péroné. La flèche montre le point d'anastomose (jonction) des vaisseaux sanguins du tibia du patient et du greffon. L'illustration 2 (en bas) est une radiographie antéropostérieure d'un transplant de péroné consolidé.

Les recherches sur le remplacement des os ont mené à la production d'**os artificiels** à partir d'une céramique biodégradable appelée phosphate tricalcique. Cette substance est assez malléable pour qu'on puisse lui donner la forme voulue, mais elle n'est pas très solide. On l'a surtout utilisée dans le remplacement d'os non porteurs tels que ceux du crâne. Comme il s'agit d'une matière poreuse, les ostéoblastes peuvent la pénétrer et y sécréter la matrice osseuse. Dans la plupart des cas, le phosphate tricalcique a été entièrement dégradé et remplacé par de la nouvelle matière osseuse en moins de deux ans.

Une autre technique intéressante qui permet également d'induire la formation de nouvelle matière osseuse dans l'organisme consiste à utiliser des **os broyés** prélevés sur des cadavres humains. Les chirurgiens peuvent façonner des moules d'os à des endroits où il n'y en avait pas, sans recourir au processus long et souvent douloureux de la transplantation ou de la greffe osseuse. On mélange la poudre d'os à de l'eau pour obtenir une pâte à laquelle on peut donner la forme voulue. Après l'implantation, chaque particule d'os est entourée de cellules de tissu conjonctif qui élaborent du cartilage. Plus tard, le cartilage est remplacé par de l'os et le produit se trouve incorporé dans la nouvelle matrice osseuse. Jusqu'à présent, on s'est surtout servi de cette technique pour traiter des enfants nés avec des malformations du squelette comme un crâne déformé, une fissure palatine, ou sans nez. Mais sa principale application sera probablement le traitement de la parodontolyse, qui se manifeste par une perte de matière osseuse autour des dents et se traduit souvent par la perte de celles-ci. Les avantages de l'os broyé sont la facilité d'utilisation, la possibilité de le faire entrer dans des endroits exigus et difficiles d'accès, et le fait qu'on peut l'entreposer (ce qui assure une disponibilité immédiate aux victimes de traumatismes osseux).

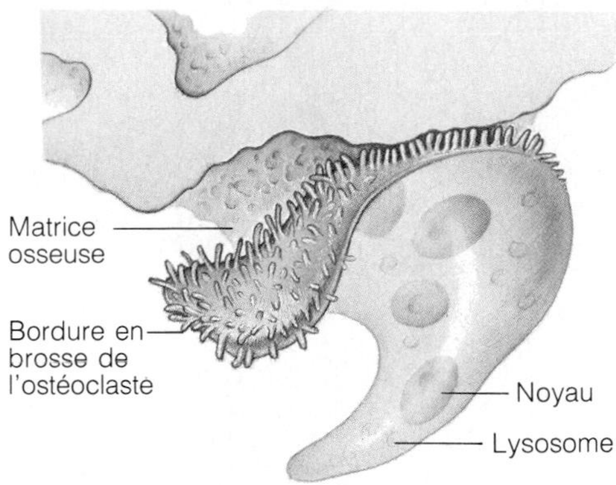

Figure 6.11 Les ostéoclastes sont de grosses cellules multinucléées qui dégradent la matière osseuse; on remarque une bordure en brosse sur la surface de résorption.

dire cependant que le produit des concentrations locales d'ions calcium et phosphate ($Ca^{2+} \times P_i$) constitue l'un des facteurs critiques de la précipitation de sels de calcium. Lorsque ce produit atteint une certaine valeur, de minuscules cristaux d'hydroxyapatite se forment spontanément. Ces *noyaux de cristallisation* croissent rapidement, puis servent à catalyser la cristallisation d'autres sels de calcium à cet endroit. D'autres facteurs jouent probablement un certain rôle dans la calcification, entre autres des protéines matricielles comme l'ostéonectine et l'ostéocalcine, qui peuvent se lier au calcium et le concentrer, ainsi qu'une bonne réserve d'une enzyme appelée **phosphatase alcaline.** La présence de cette enzyme est indispensable à la minéralisation, mais on ignore encore si elle stimule directement le dépôt de calcium ou agit indirectement en bloquant l'action des inhibiteurs de calcification. Quoi qu'il en soit, les membranes plasmiques des ostéoblastes portent cette enzyme; de plus, dans les ostéoblastes (ainsi que dans les chondroblastes) des os en croissance rapide, on remarque des *vésicules de calcification,* minuscules protubérances membranaires contenant du calcium et de la phosphatase alcaline, qui finissent par se détacher de la cellule pour rejoindre la matrice. Quels que soient les mécanismes et les éléments en présence, lorsque les conditions appropriées sont réunies, la cristallisation des sels de calcium s'accomplit simultanément dans l'ensemble de la matrice «mûre».

Ce sont de grosses cellules multinucléées, les ostéoclastes, qui assurent la **résorption osseuse**; on pense que ces cellules sont issues de cellules hématopoïétiques immatures (peut-être les mêmes qui se différencient en macrophages). Les ostéoclastes sécrètent (1) les enzymes lysosomiales et peut-être d'autres enzymes cataboliques qui digèrent la matrice osseuse et (2) des acides métaboliques (carbonique, lactique et autres) qui font passer les sels de calcium sous une forme soluble. Par ailleurs, il est possible que les ostéoclastes phagocytent la matrice déminéralisée. Les ostéoclastes présentent une *bordure en brosse* riche en filaments d'actine qui servent d'ancrage sur la surface à digérer (figure 6.11). Pendant la dégradation de la matrice osseuse, les sels minéraux se dissolvent

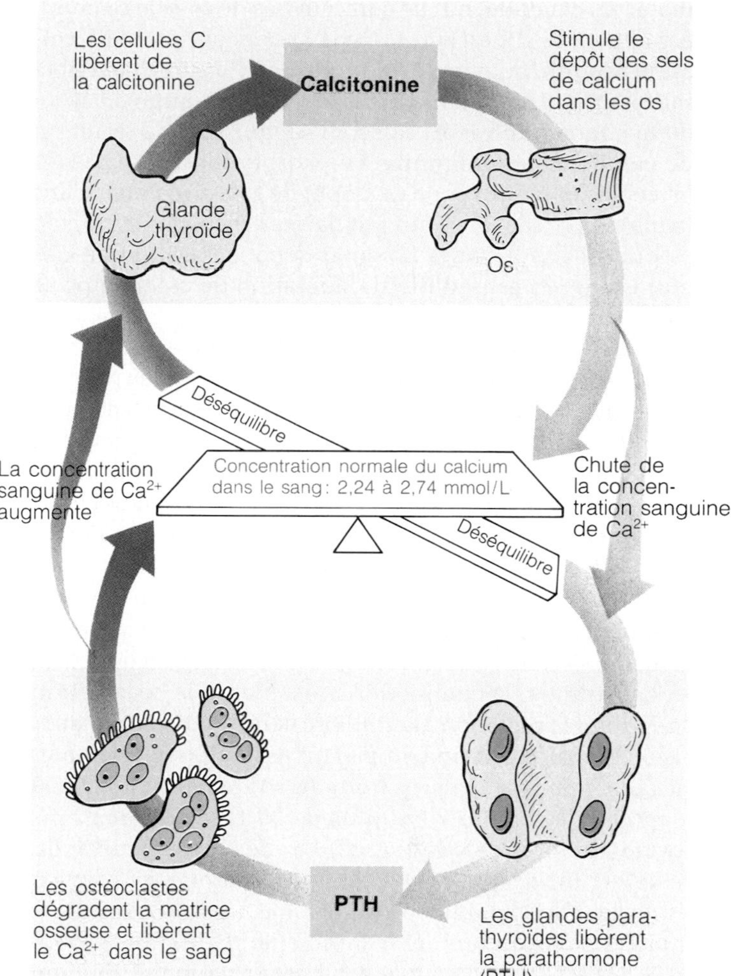

Figure 6.12 Régulation hormonale de la concentration d'ions calcium dans le sang. La parathormone (PTH) et la calcitonine ont des effets antagonistes sur la régulation de la calcémie.

sous l'effet de l'acidité du milieu; les ions calcium et phosphate ainsi libérés se retrouvent dans le liquide interstitiel et passent ensuite dans la circulation sanguine.

Régulation du remaniement

Le remaniement à grande échelle qui s'opère constamment dans notre squelette est soumis à l'influence de deux boucles de régulation. La première est un processus de régulation hormonale par rétro-inhibition; la seconde dépend des forces mécaniques et gravitationnelles qui agissent sur le squelette. Le mécanisme hormonal résulte de l'interaction entre la **parathormone** (PTH) sécrétée par les glandes parathyroïdes et la **calcitonine** issue des cellules parafolliculaires (ou cellules C) de la glande thyroïde (figure 6.12). La parathormone, qui est libérée en cas de diminution de la concentration d'ions calcium dans le sang, stimule l'activité des ostéoclastes et la résorption osseuse, avec pour conséquence la libération de calcium de la matrice osseuse dans le sang afin de rétablir l'équilibre. Les ostéoclastes ne tiennent pas compte de l'âge de la matrice. Lorsqu'ils sont activés, ils dégradent à la fois de la matrice ancienne et récente. Seul le matériau ostéoïde, qui ne contient pas de sels de calcium, échappe à la digestion. Quand la concentration de calcium sanguin augmente, le stimulus à l'origine de la libération de PTH prend fin. Dans le cas d'une augmentation de la concentration du calcium sanguin, il y a sécrétion de calcitonine: elle inhibe la résorption osseuse par les ostéoclastes et provoque un dépôt de sels de calcium dans la matrice osseuse, ce qui fait baisser la concentration de calcium dans le sang. Lorsque la concentration de calcium sanguin est réduite, la libération de calcitonine se trouve ralentie.

La régulation hormonale tend à conserver l'équilibre homéostatique en maintenant la concentration du calcium sanguin, plutôt qu'à préserver un squelette résistant ou en bon état. Si le niveau de calcium sanguin reste trop bas pendant une longue période, les os peuvent se déminéraliser au point de laisser paraître de grands espaces vides. Les os fonctionnent donc comme un réservoir d'où l'organisme tire le calcium ionique dont il a besoin.

Les ions calcium sont nécessaires à un nombre étonnant de processus physiologiques, entre autres la transmission de l'influx nerveux et la libération de neurotransmetteurs, la contraction musculaire, la coagulation sanguine, la sécrétion glandulaire et la division cellulaire. Ils sont également un composant essentiel des membranes plasmiques. Le corps humain contient environ 1200 à 1400 g de calcium dont plus de 99 % se trouvent sous forme minéralisée dans les os. La plus grande partie du reste est intracellulaire, c'est-à-dire qu'elle se trouve à l'intérieur des cellules de l'organisme. Le sang ne contient que 1,5 g de calcium, et la boucle de régulation hormonale maintient normalement la concentration de calcium ionique sanguin dans un intervalle très étroit situé entre 2,24 et 2,74 mmol par litre de sang. Le calcium est absorbé à partir de l'intestin sous l'effet des métabolites de la vitamine D; les besoins des jeunes adultes sont de 1200 mg par jour.

De minuscules déviations de l'équilibre homéostatique du calcium sanguin peuvent entraîner des troubles neuromusculaires graves allant de l'hyperexcitabilité à l'arrêt fonctionnel. D'autre part, une *hypercalcémie* (forte concentration de calcium sanguin) prolongée peut avoir pour conséquence un dépôt indésirable de sels de calcium dans les vaisseaux sanguins, les reins et les autres organes mous, ce qui peut entraver leur physiologie normale. ■

Le second mécanisme de régulation du remaniement osseux résulte d'une réaction des os aux sollicitations mécaniques (traction des muscles) et à la gravité. Contrairement au mécanisme hormonal, ce type de régulation vise les besoins du squelette lui-même, puisqu'il renforce les os aux endroits où ils subissent de fortes contraintes. D'après la *loi de Wolff,* qui est reconnue par certains scientifiques seulement, la croissance ou le remaniement des os se produisent en réaction aux forces et aux sollicitations qui s'exercent sur eux. Il faut bien comprendre en premier lieu que la structure même des os longs reflète très précisément les contraintes qui leur sont appliquées. Par exemple, la majorité des os longs subissent une torsion, soit une combinaison de forces de *compression* et de *tension* (étirement) qui agissent sur les côtés opposés de la diaphyse (figure 6.13). Mais comme les deux forces sont à leur minimum vers le centre de l'os, celui-ci peut être évidé, ce qui le rendra plus léger sans représenter un désavantage. D'autres faits peuvent être expliqués par cette théorie, par exemple: (1) les os longs sont plus épais vers le milieu de la diaphyse, à l'endroit exact où les forces de torsion atteignent leur maximum (tordez une brindille et elle se cassera vers le milieu); (2) les os courbes atteignent leur plus grande épaisseur là où ils risquent le plus de se déformer; (3) les travées de l'os spongieux sont placées de manière à agir comme des contreforts ou des entretoises le long des lignes de compression; et (4) de volumineuses saillies osseuses se forment aux points d'attache des gros muscles actifs. (Les os des haltérophiles présentent d'énormes renflements aux points d'insertion des muscles les plus utilisés, et

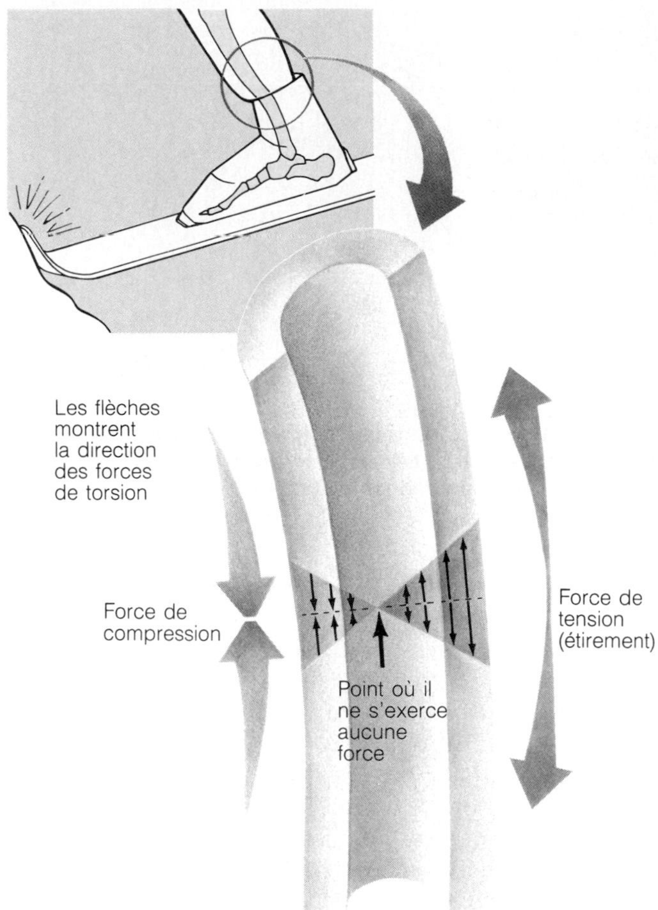

Figure 6.13 Effets de la torsion sur un os long. Le phénomène illustré ici montre ce qui se passe lorsqu'un skieur est brusquement arrêté par un objet dur ou par une crevasse dans la neige. Alors que les pieds s'arrêtent net, le corps continue son mouvement vers l'avant, ce qui entraîne une compression de la face antérieure et un étirement de la face postérieure de l'os de la jambe. Comme les forces de tension et de compression s'annulent vers le centre de l'os, l'intérieur de celui-ci peut être évidé ou contenir de l'os spongieux, qui est moins dense, sans que sa résistance aux forces de torsion s'en trouve réduite.

l'ensemble du cylindre d'os compact s'épaissit sous l'effet des exercices d'endurance ou de musculation.) La loi de Wolff explique aussi l'absence de relief des os du fœtus et l'atrophie des os des personnes immobilisées au lit, puisque dans ces cas les os ne subissent aucune contrainte.

Comment les forces mécaniques agissent-elles sur les cellules chargées du remaniement osseux? On sait que si l'on déforme un os, il se produira un courant électrique proportionnel à la force qui est appliquée; les régions où s'exerce une tension seront chargées positivement, et celles qui sont comprimées seront chargées négativement. Ces observations ont fait naître l'hypothèse selon laquelle la nouvelle matrice se dépose autour des zones chargées négativement, d'où la croissance de l'os compact dans cette région. L'encadré de la page 168 présente une discussion de ce principe et quelques-uns des dispositifs auxquels on a recours actuellement pour accélérer la guérison des os et la consolidation des fractures. En fin de compte, les mécanismes de réponse des os aux stimulus mécaniques ne sont pas encore connus avec certitude. On a pu observer par contre que, à la suite d'une utilisation intense, les os (ou parties d'os) s'alourdissent, et qu'ils s'affaiblissent s'ils ne travaillent pas.

Le squelette subit en permanence l'effet des hormones et des forces mécaniques. Au risque d'échafauder des hypothèses hardies, on peut supposer d'une part que la parathormone (ainsi que la calcitonine au cours de l'enfance) est le principal facteur qui détermine *si* un changement de concentration donné du calcium sanguin doit entraîner un remaniement, et *à quel moment,* tandis que l'*endroit* où ce remaniement doit se produire dépend des forces mécaniques et gravitationnelles. Par exemple, si la matière osseuse doit être résorbée pour faire augmenter la concentration de calcium sanguin, il y aura libération de PTH, qui agira sur les ostéoclastes. Cependant, ce sont les forces mécaniques (peut-être par l'intermédiaire de signaux électriques) qui déterminent *quels* ostéoclastes seront les plus sensibles à la stimulation de la parathormone; ainsi, c'est la matière osseuse des zones où il y a le moins de contraintes (et dont on peut se passer provisoirement) qui sera dégradée.

Consolidation des fractures

En dépit de leur résistance remarquable, les os peuvent être **fracturés,** ou cassés, à n'importe quel moment de la vie. Au cours de l'enfance, la plupart des fractures sont dues à un traumatisme exceptionnel lors duquel l'os a été tordu ou fracassé. De ce point de vue, certains sports comme le football et le ski posent des risques, tout comme les accidents de la route et les chutes. Chez les personnes âgées, les os s'amincissent et perdent de leur solidité, et les fractures sont de plus en plus fréquentes. Il existe de nombreux types de fractures, comme le montre le tableau 6.2.

On traite une fracture par la *réduction,* qui consiste à réaligner les parties fracturées. Dans la **réduction à peau fermée,** le médecin replace les deux extrémités de l'os dans leur position normale de façon manuelle. Lors d'une **réduction chirurgicale,** on relie les deux extrémités fracturées au moyen de tiges ou de fils métalliques. Après réduction, l'os est immobilisé dans un plâtre ou par traction pour permettre le début de la consolidation. Les fractures simples sont consolidées au bout de 8 à 12 semaines, mais la consolidation peut requérir beaucoup plus de temps dans le cas de gros os ou chez les personnes âgées (parce que leur circulation se fait moins bien).

Le processus de consolidation fait entrer en jeu quatre principaux types de cellules: les cellules de l'endothélium capillaire, les fibroblastes, les ostéoblastes et les ostéoclastes. La consolidation d'une fracture simple passe par quatre phases principales qui sont illustrées à la figure 6.14 et que nous allons décrire ci-dessous.

1. **Formation d'un hématome.** Lors de la fracture, les vaisseaux sanguins présents à l'intérieur de l'os, et peut-être aussi dans les tissus voisins, se rompent, ce qui provoque une hémorragie. Il s'ensuit la formation d'un **hématome**

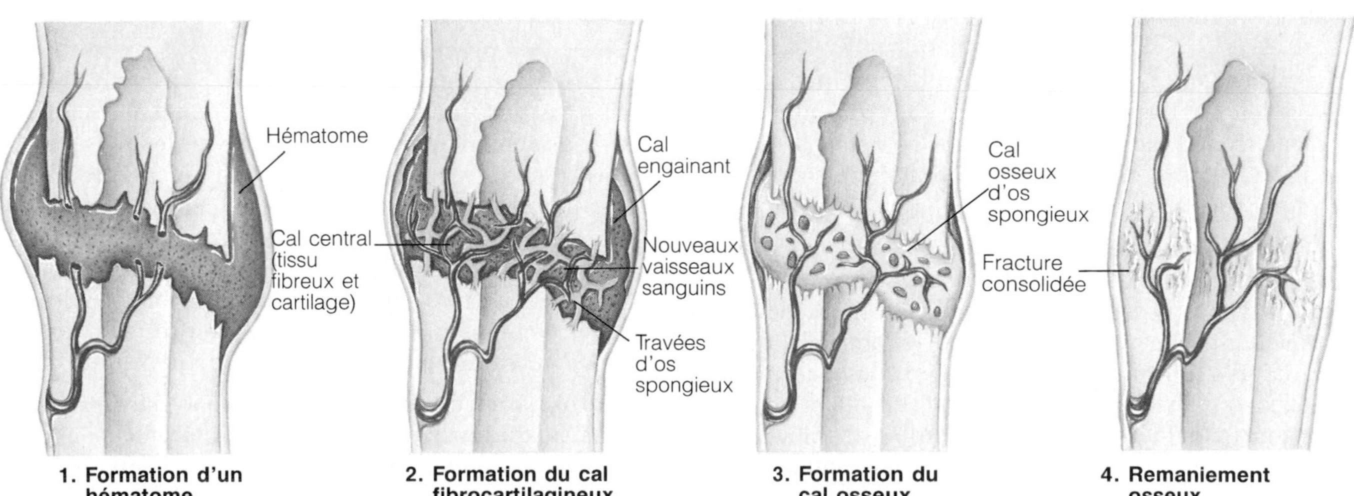

Figure 6.14 Phases de la consolidation d'une fracture.

Tableau 6.2 Types de fractures les plus courants

Type de fracture	Illustration	Description	Commentaires
Fermée		L'os présente une cassure nette, mais ne pénètre pas la peau	La majorité des fractures sont de ce type
Ouverte		Les bouts d'os cassés percent les tissus mous et la peau	Plus grave qu'une fracture fermée; il peut s'ensuivre une grave infection de l'os (ostéomyélite) qui nécessite des doses massives d'antibiotiques
Plurifragmentaire		Os brisé en de nombreux fragments	Courante chez les personnes âgées en particulier, dont les os sont plus cassants
Fracture par tassement		Os écrasé	Courante dans les os poreux (ostéoporotiques)
Enfoncement localisé		La partie fracturée de l'os est poussée vers l'intérieur	Exemple typique de fracture du crâne
Engrenée		Les extrémités de l'os fracturé sont poussées l'une vers l'autre	Se produit souvent lorsqu'on tente d'amortir une chute avec les bras tendus; fracture courante de la hanche
En spirale		Cassure irrégulière, se produit lorsqu'une trop grande force tend à faire tourner l'os sur lui-même	Fracture courante chez les sportifs
En bois vert		Os fracturé de façon incomplète, à la façon d'une brindille de bois vert	Courante chez les enfants dont les os possèdent relativement plus de matrice organique et sont plus flexibles que ceux des adultes

(masse de sang coagulé) à l'endroit de la fracture. Peu après, les cellules osseuses qui ne sont plus alimentées commencent à mourir et il devient évident que le tissu du site de la fracture subit une inflammation; cet état dure environ quatre jours.

2. **Formation du cal fibrocartilagineux.** L'étape suivante est la formation d'un *tissu de granulation* mou. Comme nous l'avons vu au chapitre 4, plusieurs phénomènes contribuent à la formation du tissu de granulation: les capillaires s'infiltrent dans l'hématome, les macrophages (phagocytes) envahissent la région et se mettent à évacuer les débris. Pendant ce temps, les fibroblastes et les ostéoblastes du périoste et de l'endoste voisins migrent vers le site de la fracture, puis amorcent la reconstruction de l'os. Les fibroblastes produisent des fibres collagènes qui s'étendent d'un bord à l'autre de la cassure, reliant ainsi les deux bouts de l'os fracturé; certains fibroblastes se différencient en chondroblastes qui sécrètent une matrice cartilagineuse. À l'intérieur de cette masse de tissu reconstitué, les ostéoblastes commencent à former de l'os spongieux, mais ceux qui sont les plus éloignés des capillaires nourriciers sécrètent une matrice de type cartilagineux qui fait saillie vers l'extérieur et qui finit par se calcifier. Cet ensemble de tissu reconstitué, qu'on appelle **cal fibrocartilagineux**, forme une éclisse pour l'os fracturé. La partie qui se trouve directement entre les deux côtés de la fracture se nomme **cal central**, et on appelle **cal engainant** la partie qui fait saillie à l'extérieur de l'os.

3. **Formation du cal osseux.** Les ostéoblastes et les ostéoclastes continuent de migrer vers l'intérieur et de se multiplier rapidement dans le cal fibrocartilagineux, qu'ils convertissent graduellement en un **cal osseux** fait d'os spongieux. La formation du cal osseux commence vers la troisième ou la quatrième semaine et se poursuit jusqu'à ce que l'os soit fermement soudé, environ deux ou trois mois après l'accident.

4. Remaniement. Pendant quelques mois, le cal osseux subit un remaniement. Les matériaux en excès à l'extérieur de la diaphyse et dans le canal médullaire sont éliminés, et le corps de l'os est reconstruit par un dépôt d'os compact. Après le remaniement, on constate que la structure de la région est semblable à celle d'un os normal non fracturé car elle réagit au même ensemble de stimulus mécaniques.

Déséquilibres homéostatiques des os

Les troubles du remaniement osseux, c'est-à-dire les déséquilibres qui peuvent survenir entre l'ossification et la résorption osseuse, sont à l'origine de presque toutes les maladies qui touchent le squelette adulte. Il est probable que la majorité de ces affections sont dues à des déséquilibres des hormones ou des autres substances chimiques présentes dans le sang.

Ostéoporose

L'**ostéoporose** désigne un groupe de maladies dans lesquelles la résorption se fait plus rapidement que le dépôt de matière osseuse. Bien que la masse osseuse se trouve réduite, la composition chimique de la matrice reste normale. Les os ostéoporotiques deviennent plus poreux et plus légers. Sur la radiographie, on remarque que l'os compact paraît plus mince et moins dense que la normale, et que l'os spongieux comporte moins de travées. La perte de masse osseuse n'est pas un problème en soi, mais elle entraîne fréquemment des types particuliers de fractures et de déformations. Par exemple, bien que le processus de l'ostéoporose touche l'ensemble du squelette, l'os spongieux de la colonne vertébrale est le plus vulnérable, et les fractures par tassement des vertèbres sont courantes. La hanche est aussi de plus en plus exposée aux fractures (*fracture du col du fémur*) chez les personnes atteintes d'ostéoporose.

L'ostéoporose affecte le plus souvent les personnes âgées, en particulier les femmes après la ménopause; elle est de fait la principale cause de fractures chez les femmes de plus de 50 ans. Les œstrogènes contribuent au maintien de la densité des os. Cependant, après la ménopause, la production d'œstrogènes diminue, et cette déficience joue un grand rôle dans l'ostéoporose chez la femme âgée. D'autres facteurs peuvent favoriser l'ostéoporose chez les personnes âgées: ce sont le manque d'exercice musculaire pour faire travailler les os, un régime pauvre en calcium et en protéines, des anomalies du métabolisme de la vitamine D et de la calcitonine, le tabagisme et les troubles hormonaux (comme l'usage de corticostéroïdes, l'hyperthyroïdie et le diabète sucré). De plus, l'ostéoporose peut se manifester à n'importe quel âge à la suite d'une période d'immobilité. À l'heure actuelle, aucune anomalie ou déficience ne permet d'expliquer à elle seule tous les cas d'ostéoporose. Le traitement consiste habituellement à ajouter du calcium et de la vitamine D au régime alimentaire de la patiente et à lui recommander de faire davantage d'exercice physique, ainsi que de porter des chaussures plates pour réduire les contraintes qui s'exercent sur sa colonne vertébrale. Dans certains cas particuliers, le traitement peut inclure une œstrogénothérapie. Une découverte fort intéressante a été faite récemment: l'*étidronate*, dont on se sert depuis longtemps pour traiter la maladie osseuse de Paget, a pour effet de renforcer les os ostéoporotiques (par ralentissement de la résorption osseuse) et il réduit de façon significative la fréquence des fractures de la colonne vertébrale chez les personnes atteintes d'ostéoporose avancée.

En faisant preuve d'un peu de prévoyance et d'organisation, il est possible d'empêcher l'apparition de l'ostéoporose, ou tout au moins de la retarder. Il s'agit d'abord d'absorber une quantité suffisante de calcium pendant que la densité de vos os s'accroît encore (les os longs atteignent leur densité maximale entre 35 et 40 ans, ceux qui renferment relativement plus d'os spongieux entre 25 et 30 ans). D'autre part, il est bon de prendre l'habitude de boire de l'eau fluorée, qui favorise le durcissement des os (et des dents). Enfin, une bonne dose d'exercice physique pour les articulations portantes (marche, course à pied, tennis, etc.) pendant le jeune âge et le reste de la vie provoque l'augmentation de la masse osseuse au-delà des valeurs normales et fournit de meilleures réserves pour faire face à la perte de matière osseuse à un âge plus avancé.

Ostéomalacie

L'**ostéomalacie** (*ostéon* = os; *malakia* = mollesse) englobe un certain nombre de perturbations qui se traduisent par une minéralisation insuffisante des os. Il y a production de matériau ostéoïde, mais comme les sels de calcium ne se déposent pas, les os deviennent mous et fragiles. Par conséquent, les os porteurs, en particulier ceux des jambes et du bassin, peuvent se fracturer, se tordre ou se déformer. Le principal symptôme de cette maladie est l'apparition d'une douleur lorsqu'un poids est placé sur ces os. Bon nombre de ces symptômes et de ces signes (jambes tordues, bassin déformé) se retrouvent également dans le **rachitisme**, qui est l'équivalent de l'ostéomalacie chez les enfants; de plus, on observe souvent chez ceux-ci des déformations du crâne et de la cage thoracique. Cependant, comme les os sont encore en croissance rapide, la maladie est bien plus grave. Les cartilages de conjugaison, qui ne peuvent pas se calcifier, continuent de croître et les extrémités des os longs grossissent nettement.

L'ostéomalacie (tout comme le rachitisme) est causée en général par un manque de calcium dans le régime alimentaire ou une déficience en vitamine D. Il suffit habituellement au patient de boire du lait enrichi de vitamine D et d'exposer sa peau aux rayons du soleil pour guérir cette affection.

Maladie osseuse de Paget

La **maladie osseuse de Paget** se caractérise par une résorption osseuse (face interne de l'os) et une ossification (face externe de l'os) exagérées et anormales. Dans cette maladie, l'os nouvellement formé, appelé *os pagétique,* possède une masse anormalement élevée d'os fibreux par rapport à l'os compact. Ce phénomène, accompagné d'une réduction de la minéralisation, provoque un ramollissement et une perte de solidité de l'os. Dans les stades avancés de la maladie, l'activité des ostéoclastes diminue, mais les ostéoblastes poursuivent leur travail, faisant souvent apparaître sur l'os des renflements irréguliers ou remplissant le canal médullaire d'os pagétique.

La maladie osseuse de Paget peut affecter n'importe quelle partie du squelette, mais elle reste habituellement localisée. La colonne vertébrale, le bassin, le fémur et le crâne sont le plus souvent atteints; la déformation et la douleur qui l'accompagnent sont progressives. Cette maladie, qui frappe également les deux sexes, survient rarement avant l'âge de 40 ans. On en ignore la cause, mais elle pourrait bien être d'origine virale. Une forme de thérapie fait appel à un médicament appelé *étidronate,* mais le traitement est complexe et dépasse le cadre du présent ouvrage. ■

Développement et vieillissement des os: chronologie

On peut dire que les os suivent un programme précis entre le moment de leur formation et celui de leur mort. Chez l'embryon, le mésoderme produit les cellules mésenchymateuses; celles-ci donnent naissance aux membranes fibreuses et aux cartilages qui forment le squelette de l'embryon. Puis ces structures s'ossifient presque entièrement selon une chronologie d'une étonnante précision qui permet de déterminer facilement l'âge d'un fœtus au moyen d'une radiographie de son squelette. Bien que chaque os suive sa propre chronologie, l'ossification des os longs commence généralement vers la huitième semaine, et à la douzième semaine, presque tous les cartilages hyalins des os longs présentent des points d'ossification primaire (figure 6.15). Auparavant, les globules sanguins de l'embryon étaient formés dans son foie et sa rate. Mais dès le début de l'ossification, c'est la moelle rouge à l'intérieur des os en formation qui se charge de l'hématopoïèse.

À la naissance, la plupart des os longs du squelette sont bien ossifiés, à l'exception de leurs épiphyses. Après la naissance, les points d'ossification secondaire apparaissent selon une séquence prévisible entre la première année et l'âge préscolaire. Les cartilages de conjugaison assurent la croissance des os longs pendant l'enfance (hormone de croissance) et lors de la poussée de croissance provoquée par les hormones sexuelles à l'adolescence. À la naissance, tous les os sont relativement peu différenciés, mais au fur et à mesure que l'enfant se sert de ses muscles, le relief osseux se développe et devient de plus en plus évident. Vers l'âge de 25 ans, presque tous les os sont complètement ossifiés et la croissance du squelette s'arrête. Chez les enfants et les adolescents, le taux de formation des os est supérieur au taux de résorption; chez les jeunes adultes, ces deux processus sont en équilibre; au cours de la vieillesse, la résorption prédomine. À partir de la quatrième décennie de vie, la masse d'os compact et spongieux commence à diminuer, sauf dans les os du crâne, semble-t-il. Chez les jeunes adultes, la masse osseuse des hommes dépasse généralement celle des femmes, et celle des Noirs est plus importante que celle des Blancs. Au cours du vieillissement, la perte de matière osseuse est plus rapide chez les Blancs que chez les Noirs (dont les os sont déjà plus denses), et chez les femmes que chez les hommes.

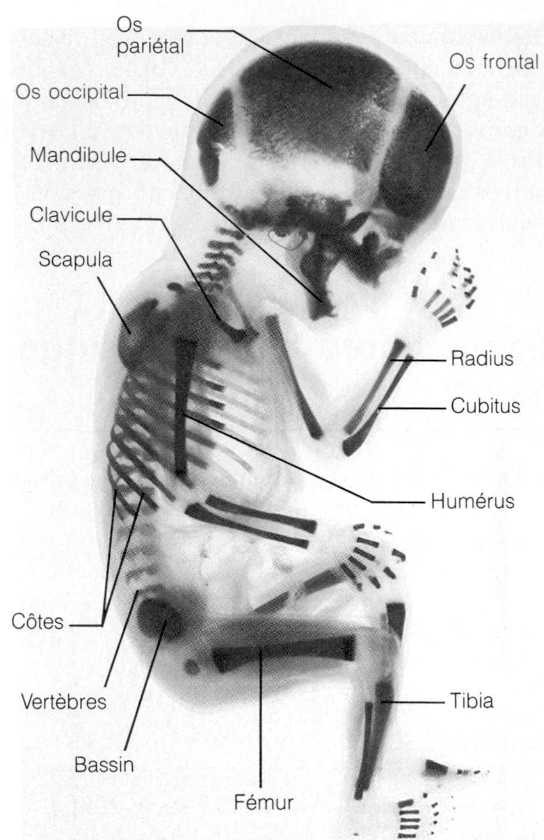

Figure 6.15 Points d'ossification primaire du squelette d'un fœtus de 12 semaines.

Pendant le vieillissement, les changements qui touchent la masse osseuse s'accompagnent de modifications qualitatives. Un nombre croissant d'ostéons n'achèvent pas leur formation, la minéralisation est moins complète et on remarque de plus en plus d'os compact non viable, ce qui reflète une diminution de l'irrigation sanguine au cours des années. (Ce phénomène circulatoire se fait sentir dans tous les systèmes de l'organisme.)

* * *

Dans ce chapitre, nous avons examiné en détail les os, leur architecture, leur composition et leur dynamique. Nous avons aussi parlé de leur rôle dans le maintien de l'homéostasie globale de l'organisme (la figure 6.16 en présente un résumé). Nous allons pouvoir étudier dans le chapitre suivant la façon dont les os sont assemblés dans le squelette et la manière dont ils contribuent à son fonctionnement sur un plan individuel et collectif.

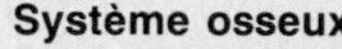

Système osseux

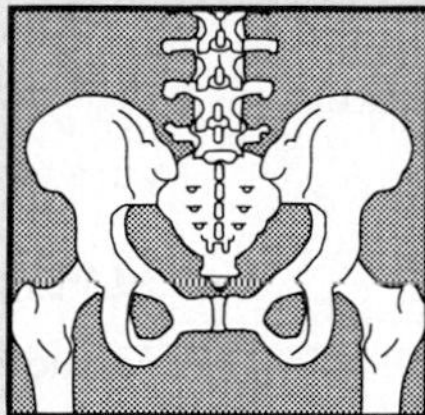

Système tégumentaire

▶ Fournit la vitamine D nécessaire à la bonne absorption et utilisation du calcium

◀ Fournit un support aux organes du corps, y compris la peau

Système lymphatique

◀ Draine les fuites de liquide interstitiel

▶ Fournit une certaine protection

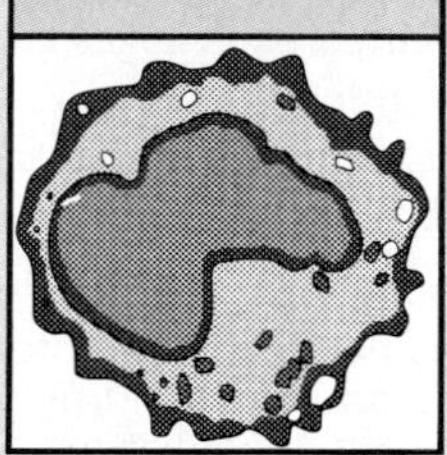

Système immunitaire

◀ Protège contre les virus et bactéries pathogènes

▶ La moelle osseuse est le lieu de formation des lymphocytes et des polynucléaires participant à la réponse immunitaire

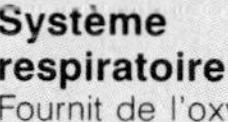

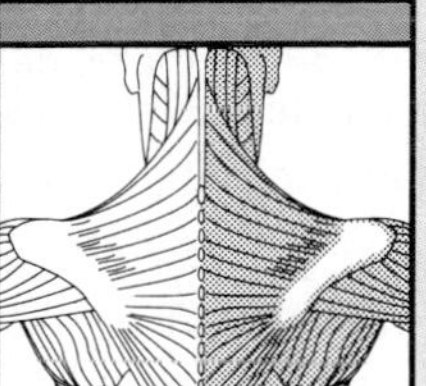

Système musculaire

▶ La traction des muscles sur les os accroît leur solidité et leur viabilité; elle contribue à la détermination de leur forme

◀ Fournit des leviers ainsi que du calcium pour l'activité musculaire

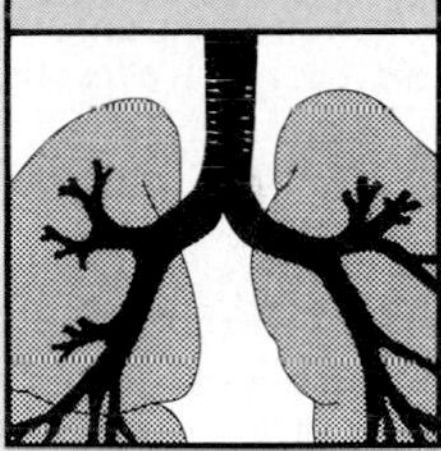

Système respiratoire

◀ Fournit de l'oxygène; évacue le gaz carbonique

▶ Protège les poumons en les enfermant (cage thoracique)

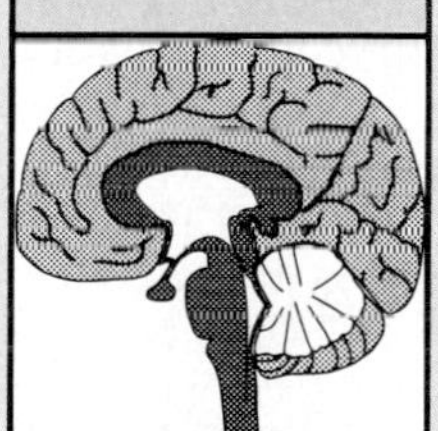

Système nerveux

▶ Innerve les os et les capsules articulaires et permet ainsi la sensation de la douleur dans les articulations

◀ Protège l'encéphale et la moelle épinière; réservoir d'ions calcium nécessaires au fonctionnement du système nerveux

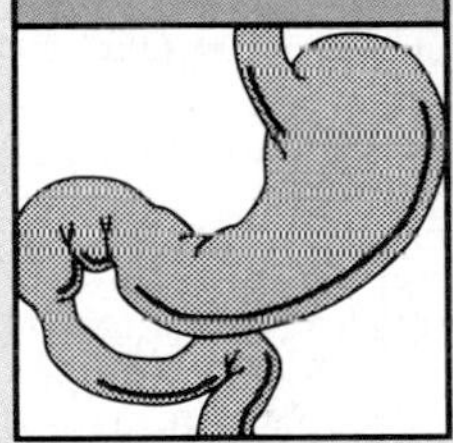

Système digestif

◀ Fournit les nutriments nécessaires au maintien et à la croissance des os

▶ Fournit une certaine protection osseuse aux intestins, aux organes pelviens et au foie

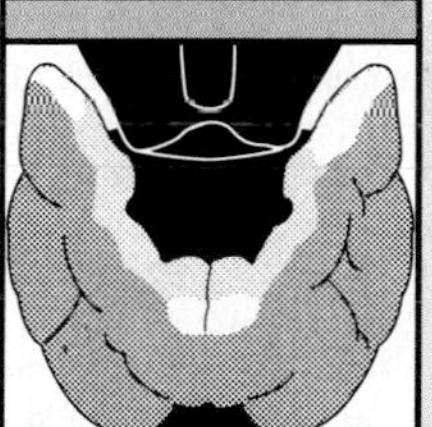

Système endocrinien

▶ Les hormones règlent l'accumulation de calcium dans les os et sa libération; favorise la croissance et la maturation des os longs

◀ Fournit une certaine protection osseuse à quelques glandes

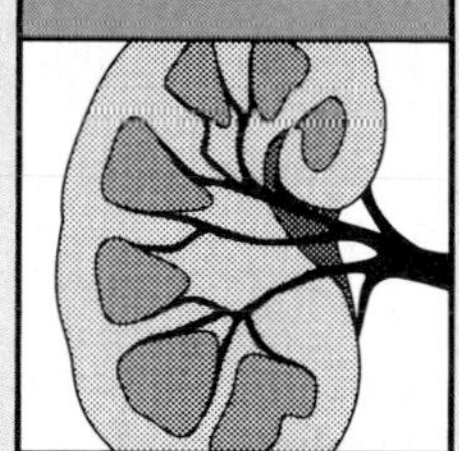

Système urinaire

◀ Active la vitamine D, évacue les déchets azotés

▶ Protège les organes pelviens (vessie, etc.)

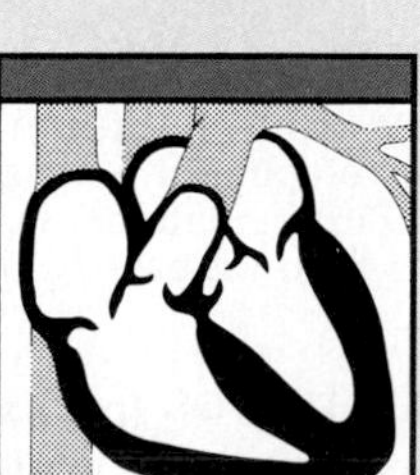

Système cardiovasculaire

▶ Achemine les nutriments et l'oxygène; emporte les déchets

◀ La moelle rouge des os est le siège de la formation des globules rouges, des globules blancs et des plaquettes sanguines

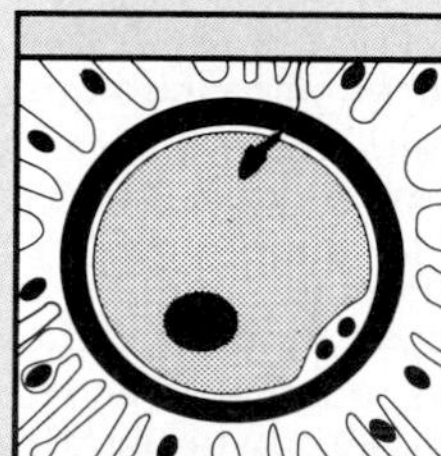

Système génital

◀ Les gonades produisent des hormones qui influent sur la forme du squelette et l'ossification des cartilages de conjugaison

▶ Fournit une certaine protection aux organes génitaux

Figure 6.16 Relations homéostatiques entre le système osseux et les autres systèmes de l'organisme.

Termes médicaux

Achondroplasie (*akhondros* = sans cartilage; *plassein* = former) Affection congénitale qui se manifeste par un défaut de croissance des cartilages de conjugaison, avec pour conséquence une insuffisance de la croissance en longueur des os; entraîne le nanisme.

Bavure osseuse Projection osseuse anormale due à un excès de croissance de l'os; courante sur les os de sujets âgés.

Calcification métastatique Dépôt de sels osseux dans des tissus qui ne se calcifient pas normalement; conséquence de l'hypercalcémie, qui résulte de l'hyperparathyroïdie ou d'autres troubles entraînant une déminéralisation osseuse.

Fracture pathologique Fracture d'un os malade survenant lors d'un traumatisme léger ou en l'absence de traumatisme.

Ostéite Inflammation du tissu osseux.

Ostéomyélite Inflammation de l'os provoquée par des bactéries pyogènes (productrices de pus) qui pénètrent dans l'organisme par une blessure (fracture ouverte par exemple), ou qui atteignent l'os au voisinage d'un site d'infection; affecte le plus souvent les os longs des membres, provoquant une douleur aiguë et de la fièvre; peut entraîner une raideur des articulations, la destruction de la matière osseuse et le raccourcissement d'un membre (si le cartilage de conjugaison d'un os long est détruit); le traitement inclut le recours aux antibiotiques, le drainage des abcès (accumulations de pus) éventuels et l'extraction des fragments d'os mort (dont la présence empêche la guérison).

Résumé du chapitre

FONCTIONS DES OS (p. 157-158)

1. Les os protègent et soutiennent les organes du corps; ils servent de leviers aux muscles; ils emmagasinent du calcium, des lipides et d'autres substances; ils sont le siège de la production des globules sanguins.

CLASSIFICATION DES OS (p. 158-159)

1. On distingue les os longs, courts, plats et irréguliers, suivant leur forme et leur proportion d'os compact et spongieux.

STRUCTURE DES OS (p. 159-163)

Anatomie macroscopique (p. 159-160)

1. Un os long comprend une diaphyse et deux épiphyses. Le canal médullaire de la diaphyse contient de la moelle jaune; les épiphyses comportent de l'os spongieux. La ligne épiphysaire représente le reliquat du cartilage de conjugaison. La diaphyse est recouverte de périoste; les canaux médullaires et les espaces vides de l'os spongieux sont tapissés d'endoste. Les surfaces articulaires sont recouvertes de cartilage hyalin.

2. Les os plats sont formés de deux fines couches d'os compact entre lesquelles se trouve le diploé (couche d'os spongieux). Les os courts et irréguliers présentent une structure semblable à celle des os plats.

3. Chez les adultes, le tissu hématopoïétique se trouve à l'intérieur du diploé des os plats et parfois dans les épiphyses des os longs. Chez les nouveau-nés, le canal médullaire contient aussi de la moelle rouge.

Structure microscopique de l'os (p. 160-162)

4. L'unité structurale de l'os compact se nomme ostéon; il s'agit d'un ensemble de lamelles de matrice osseuse concentriques formant en leur centre le canal central de l'ostéon. Les ostéocytes, enfermés dans les lacunes, sont reliés au canal central et entre eux par des canalicules.

5. L'os spongieux est constitué de fines travées qui comportent des lamelles disposées de façon irrégulière et qui forment des cavités remplies de moelle rouge.

Composition chimique de l'os (p. 162-163)

6. L'os contient des cellules vivantes (ostéoblastes, ostéocytes et ostéoclastes) et de la matrice. La matrice comprend des substances organiques qui sont sécrétées par les ostéoblastes et qui procurent à l'os sa résistance à la tension. Ses constituants inorganiques sont les hydroxyapatites (sels de calcium) qui confèrent à l'os sa dureté.

7. Les éléments du relief osseux constituent d'importants repères anatomiques qui représentent les points d'attache des muscles, les points d'articulation ainsi que le passage des vaisseaux sanguins et des nerfs à l'extérieur de l'os.

DÉVELOPPEMENT DES OS (OSTÉOGENÈSE) (p. 163-167)

Formation du squelette osseux (p. 163-166)

1. Les clavicules et certains os du crâne se forment par ossification intramembraneuse. La substance de base de la matrice osseuse se dépose entre les fibres collagènes, à l'intérieur de la membrane fibreuse, pour former l'os spongieux. Les plaques d'os compact finissent par enfermer le diploé.

2. La plupart des os se forment par ossification endochondrale à partir d'un modèle de cartilage hyalin. Les ostéoblastes qui se trouvent sous le périoste sécrètent une matrice osseuse sur le modèle du cartilage, formant ainsi une gaine osseuse. La détérioration de la matrice cartilagineuse forme des cavités, permettant ainsi l'entrée du bourgeon conjonctivo-vasculaire. La matrice osseuse se dépose autour des restes de cartilage.

Croissance des os (p. 166-167)

3. Les os longs s'allongent par croissance des cartilages de conjugaison et leur remplacement ultérieur par de la matière osseuse.

4. La croissance par apposition (périoste) fait augmenter le diamètre et l'épaisseur de l'os.

HOMÉOSTASIE OSSEUSE: REMANIEMENT ET CONSOLIDATION (p. 167-173)

Remaniement osseux (p. 167-171)

1. Sous l'effet des stimulus hormonaux et mécaniques, il se produit continuellement un dépôt et une résorption de matière osseuse. L'ensemble de ces processus est appelé remaniement osseux.

2. Un liséré ostéoïde se forme dans les zones de nouvelle ossification; les sels de calcium se déposent 10 à 12 jours plus tard.

3. Les ostéoclastes multinucléés sécrètent des enzymes et des acides cataboliques sur les surfaces osseuses à résorber.

4. La régulation du remaniement osseux se fait par voie hormonale et mécanique. Le processus hormonal tend à maintenir la concentration normale du calcium sanguin. Lorsque la concentration de calcium sanguin diminue, la parathormone (PTH) est libérée et elle stimule la digestion de la matrice osseuse par les ostéoclastes, mécanisme qui provoque à son tour la libération de calcium ionique. La calcitonine ne semble avoir une certaine importance que chez les enfants. Lorsqu'il y a augmentation de la concentration de calcium sanguin, la calcitonine est libérée et elle stimule les ostéoblastes afin qu'ils retirent du calcium du sang. Les forces mécaniques et la gravité qui agissent sur le squelette permettent de maintenir sa solidité. Les os s'épaississent, il s'y forme de plus grosses saillies, ou bien de nouvelles travées apparaissent dans les sites qui subissent les sollicitations.

Consolidation des fractures (p. 171-173)

5. Le traitement des fractures consiste en une réduction à peau fermée ou par voie chirurgicale. Les étapes du processus de consolidation incluent l'apparition d'un hématome, la formation d'un cal fibrocartilagineux, puis d'un cal osseux, et enfin le remaniement osseux.

DÉSÉQUILIBRES HOMÉOSTATIQUES DES OS (p. 173-174)

1. Toutes les anomalies du squelette sont reliées à un déséquilibre entre la formation et la résorption osseuses.

2. On nomme **ostéoporose** toute affection dans laquelle la désagrégation des os se fait plus vite que leur formation, ce qui rend les os poreux et moins solides. Les femmes y sont particulièrement prédisposées après la ménopause.

3. L'**ostéomalacie** et le rachitisme se manifestent en cas de minéralisation insuffisante des os. Les os deviennent mous et se déforment. Le manque de vitamine D est la cause la plus fréquente d'ostéomalacie.

4. **La maladie osseuse de Paget** se caractérise par un remaniement osseux excessif et anormal.

DÉVELOPPEMENT ET VIEILLISSEMENT DES OS: CHRONOLOGIE (p.174)

1. L'ostéogenèse suit un cheminement prévisible qui est programmé avec précision.

2. La croissance des os longs se poursuit jusqu'à la fin de l'adolescence. La masse osseuse s'accroît fortement pendant la puberté et l'adolescence, alors que la formation de matière osseuse excède la résorption.

3. La masse osseuse reste relativement constante chez les jeunes adultes, mais à partir de la quarantaine, la résorption est plus rapide que la formation osseuse.

Questions de révision

Choix multiples/associations

1. Qu'est-ce qui constitue une fonction du système osseux? (a) Le soutien; (b) le siège de l'hématopoïèse; (c) le stockage; (d) l'effet de levier pour l'activité musculaire; (e) toutes ces réponses.

2. Un os qui a sensiblement la même largeur, longueur et hauteur est probablement: (a) un os long; (b) un os court; (c) un os plat; (d) un os irrégulier.

3. Le nom exact du corps d'un os long est: (a) l'épiphyse; (b) le périoste; (c) la diaphyse; (d) l'os compact.

4. L'hématopoïèse se fait dans tous ces sites, sauf: (a) les cavités à moelle rouge de l'os spongieux; (b) le diploé des os plats; (c) les canaux médullaires des os des jeunes enfants; (d) les canaux médullaires des os des adultes en bonne santé.

5. Un ostéon comporte: (a) un canal central qui renferme des vaisseaux sanguins; (b) des lamelles concentriques; (c) des ostéocytes dans des lacunes; (d) des canalicules qui relient les lacunes au canal central; (e) toutes ces réponses.

6. La partie organique de la matrice revêt une importance pour les caractéristiques suivantes, sauf: (a) la résistance à la tension; (b) la dureté; (c) la capacité de résister à l'étirement; (d) la flexibilité.

7. Les os plats du crâne se forment à partir: (a) du tissu épithélial; (b) du cartilage hyalin; (c) d'une membrane de tissu conjonctif fibreux; (d) d'os compact.

8. Les événements suivants concernent le processus d'ossification endochondrale qui se produit dans le point d'ossification primaire. Placez-les dans le bon ordre en assignant à chacun un numéro de 1 à 6.

_____ Formation d'une cavité dans le cartilage hyalin

_____ Une gaine osseuse se dépose autour du modèle de cartilage hyalin, juste au-dessous du périoste

_____ Le bourgeon conjonctivo-vasculaire pénètre le canal médullaire

_____ Le périchondre devient plus vascularisé et se transforme en périoste

_____ Les ostéoblastes déposent de la matière osseuse autour des spicules de cartilage à l'intérieur de l'os

_____ Les ostéoclastes évacuent l'os spongieux de l'intérieur de la diaphyse, formant ainsi un canal médullaire qui contiendra alors la moelle jaune

9. Le remaniement osseux est assuré par lesquelles de ces cellules? (a) Les chondrocytes et les ostéocytes; (b) les ostéoblastes et les ostéoclastes; (c) les chondroblastes et les ostéoblastes; (d) les ostéoblastes et les ostéocytes.

10. La régulation et la maîtrise de la croissance osseuse chez les enfants et les adultes est assurée par: (a) l'hormone de croissance; (b) la thyroxine; (c) les hormones sexuelles; (d) les forces mécaniques; (e) toutes ces réponses.

11. À l'intérieur du cartilage de conjugaison, où trouve-t-on les cellules cartilagineuses en cours de *division*? (a) Tout près de la diaphyse; (b) dans le canal médullaire; (c) du côté opposé à la diaphyse; (d) dans le point d'ossification primaire.

12. La loi de Wolff concerne: (a) la concentration du calcium sanguin; (b) l'épaisseur et la forme d'un os, qui sont déterminées par les forces mécaniques et gravitationnelles qu'il subit; (c) la charge électrique des surfaces osseuses.

13. Lors de la consolidation d'une fracture, la formation du cal osseux est suivie de: (a) la formation d'un hématome; (b) la formation du cal fibrocartilagineux; (c) le remaniement osseux qui convertit l'os fibreux en os compact; (d) la formation du tissu de granulation.

14. Une fracture dans laquelle les bouts d'os transpercent les tissus mous est appelée une fracture: (a) en bois vert; (b) ouverte; (c) fermée; (d) plurifragmentaire; (d) par tassement.

15. La maladie dans laquelle des os sont poreux et minces, mais d'une composition normale est: (a) l'ostéomalacie; (b) l'ostéoporose; (c) la maladie de Paget.

Questions à court développement

16. Que peut-on apprendre en examinant le relief osseux?

17. Comparez l'apparence macroscopique, la structure microscopique et la situation de l'os compact et de l'os spongieux.

18. Pendant notre croissance, le diamètre de nos os longs augmente, mais l'épaisseur du cylindre d'os de la diaphyse reste relativement constante. Expliquez.

19. Décrivez le processus de formation de nouvelle matière osseuse dans un os d'adulte. Dans votre discussion, utilisez les termes «liséré ostéoïde» et «front de calcification».

20. Comparez et montrez les différences entre le remaniement osseux d'origine hormonale et celui engendré par les forces mécaniques et gravitationnelles; tenez compte de la véritable fonction de chaque système de régulation et des modifications de l'architecture osseuse qui peuvent survenir.

21. (a) Pendant quelle époque de la vie la masse squelettique augmente-t-elle de façon substantielle, et quand commence-t-elle à diminuer? (b) Pourquoi est-ce chez les personnes âgées que l'on constate le plus grand nombre de fractures? (c) Pourquoi les fractures en bois vert sont-elles surtout courantes chez les enfants?

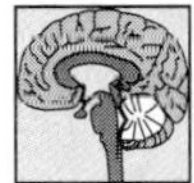

Réflexion et application

1. Éric, un étudiant en techniques de radiologie, reçoit une radiographie du fémur droit d'un jeune garçon de 10 ans. Il remarque que la région du cartilage de conjugaison commence à montrer des lésions dues à l'ostéomyélite (c'est le diagnostic formulé pour l'enfant). Éric explique au radiologiste en chef que la croissance future du fémur du garçon lui inspire quelque inquiétude. Cette inquiétude est-elle justifiée? Pourquoi?

2. À la suite d'un accident de motocyclette, un homme de 22 ans a été conduit à l'urgence. La radiographie a révélé une fracture en spirale du tibia droit. Deux mois plus tard, la radiographie montre qu'un bon cal osseux est en formation. Qu'est-ce qu'un cal osseux?

3. Une mère conduit sa fille de quatre ans chez le médecin, disant qu'elle n'a pas l'air de bien aller. Le front de la fillette est agrandi, il y a des bosses sur sa cage thoracique et ses membres inférieurs sont tordus et déformés. La radiographie montre des cartilages de conjugaison très épais. Le médecin conseille à la mère d'augmenter la ration alimentaire de vitamine D et de lait et d'envoyer la fillette jouer dehors au soleil. À votre avis, d'après les symptômes présentés par la fillette, de quelle maladie est-elle atteinte? Expliquez les suggestions du médecin.

4. Vous entendez des étudiants en anatomie rêver tout haut de ce que seraient leurs os s'ils avaient de l'os compact à l'intérieur et de l'os spongieux à l'extérieur, et non l'inverse. Vous leur déclarez que du point de vue mécanique de tels os seraient mal conçus et fragiles. Expliquez vos raisons.

5. À votre avis, pourquoi les personnes paralysées des membres inférieurs et confinées dans un fauteuil roulant ont-elles des os fins et fragiles dans les jambes et les cuisses?

7 Le squelette

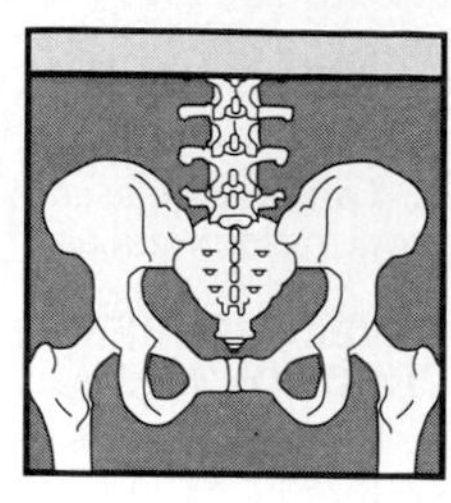

Sommaire et objectifs d'apprentissage

1. Énumérer les différentes parties des squelettes axial et appendiculaire et décrire leurs principales fonctions.

PREMIÈRE PARTIE : LE SQUELETTE AXIAL

Tête (p. 179-192)

2. Nommer et décrire les os de la tête. Identifier leurs principaux repères.
3. Comparer les principales fonctions du crâne et du squelette facial.
4. Nommer les os qui comprennent les sinus paranasaux et expliquer leurs fonctions.

Colonne vertébrale (p. 192-200)

5. Décrire la structure générale de la colonne vertébrale et nommer ses différentes parties.
6. Nommer une fonction commune aux courbures vertébrales et aux disques intervertébraux.
7. Décrire la structure d'une vertèbre typique et énumérer les caractéristiques des vertèbres cervicales, thoraciques et lombaires.

Thorax osseux (p. 200-202)

8. Nommer et décrire les os du thorax.
9. Différencier les vraies côtes des fausses côtes.

DEUXIÈME PARTIE : LE SQUELETTE APPENDICULAIRE

Ceinture scapulaire (pectorale) (p. 202-203)

10. Nommer les os de la ceinture scapulaire et décrire leur structure et leur adaptation fonctionnelle.
11. Nommer les principaux repères anatomiques de la ceinture scapulaire.

Membre supérieur (p. 203-208)

12. Nommer les os du membre supérieur et leurs principaux repères anatomiques.

Ceinture pelvienne (p. 208-210)

13. Nommer les os de la hanche qui contribuent à la ceinture pelvienne. Expliquer la résistance fonctionnelle de la ceinture pelvienne.
14. Comparer l'anatomie des bassins masculin et féminin en expliquant leurs différences fonctionnelles.

Membre inférieur (p. 210-214)

15. Nommer les os du membre inférieur et leurs principaux repères anatomiques.
16. Nommer les trois arcs plantaires et expliquer leur rôle.

Développement et vieillissement du squelette (p. 214-219)

17. Décrire les variations de l'ossature de la face, de la taille et des proportions corporelles pendant l'enfance et l'adolescence. Expliquer leur relation avec la croissance de régions spécifiques du squelette.
18. Comparer les squelettes d'une personne âgée et d'un jeune adulte. Décrire l'impact des modifications du squelette liées à l'âge sur l'ensemble des fonctions de l'organisme.

Le mot **squelette** vient du grec et signifie «corps desséché» ou «momie»... ce qui n'est guère flatteur! En fait, l'ossature du corps humain est un modèle d'ingéniosité et de technicité. Résistant mais léger, le squelette est parfaitement adapté aux fonctions de manipulation, de locomotion et de protection qu'il assume.

La forme actuelle de notre squelette s'est dessinée il y a plus de 3 millions d'années, quand nos ancêtres ont commencé à se dresser sur leurs membres postérieurs. Contrairement à l'attitude des quadrupèdes, la position debout de l'être humain augmente l'aptitude de nos muscles squelettiques à résister à la force gravitationnelle. La forme arquée de la colonne vertébrale chez l'enfant fait place, chez l'adulte, à une cambrure (ou ensellure) nécessaire à la position debout. Le squelette humain présente malgré tout un défaut : la forme en S de la colonne vertébrale entraîne des douleurs dans le bas du dos chez de nombreuses personnes. Cette imperfection structurale ne doit cependant pas faire oublier que notre squelette est capable de répondre à la plupart de nos exigences.

Le squelette est composé d'os, de cartilages, d'articulations et de ligaments. Il représente 20 % de la masse corporelle, soit 15 kg environ chez un homme de 80 kg. Les os prédominent alors que le cartilage ne se trouve que dans certaines régions telles que le nez, les côtes et les articulations. Les ligaments relient les os entre eux et renforcent les articulations. Ils rendent possibles les mouvements nécessaires mais limitent les mouvements anormaux dans les autres directions. Les articulations confèrent au squelette une remarquable mobilité sans rien lui enlever de sa résistance. Nous traitons des articulations au chapitre 8.

Pour des raisons de commodité, nous allons diviser l'étude des 206 os du squelette humain en deux parties, soit le squelette axial et le squelette appendiculaire (voir la figure 7.1). Le **squelette axial** suit l'axe longitudinal du corps humain et comprend les os de la tête, de la colonne vertébrale et de la cage thoracique. Le **squelette appendiculaire** inclut les os des membres supérieurs et inférieurs, et les ceintures (os des épaules et des hanches) qui fixent les membres au squelette axial.

PREMIÈRE PARTIE : LE SQUELETTE AXIAL

Le squelette axial se compose de 80 os répartis dans trois régions principales : la *tête,* la *colonne vertébrale* et le *thorax* (figure 7.1). Le squelette axial forme l'axe du tronc et contribue à la protection de l'encéphale, de la moelle épinière et des organes thoraciques.

Tête

La **tête** est la structure osseuse la plus complexe du corps humain. Elle comporte 22 os, divisés en deux groupes : les *os crâniens* et les *os faciaux*. On inclut parfois dans cette structure les osselets de l'ouïe situés dans l'oreille moyenne, mais nous les étudions pour notre part avec les autres organes des sens au chapitre 16. Les os crâniens, ou **crâne,** entourent et protègent l'encéphale, les organes de l'ouïe et de l'équilibre, et fournissent des points d'insertion aux muscles de la tête. Les os faciaux assument plusieurs fonctions : ils forment l'ossature de la face ; ils maintiennent les yeux dans une position antérieure ; ils ménagent des cavités pour les organes de l'odorat et du goût, ainsi que des ouvertures pour le passage de l'air et de la nourriture ; ils fixent les dents ; ils permettent enfin l'attachement des muscles faciaux responsables de l'expressivité du visage (traduction des émotions). Nous verrons plus loin comment les différents os de la tête sont parfaitement adaptés à leurs fonctions (voir le tableau 7.1, p. 188-189).

La plupart des os de la tête sont des os plats. Tous les os de la tête adulte sont soudés par des articulations immobiles appelées **sutures,** sauf la mandibule qui est reliée au reste de la tête par une articulation mobile. Les lignes de suture présentent un tracé tortueux, en dents de scie, particulièrement visible sur les faces externes des os. Les principales sutures des os crâniens sont les sutures coronale, sagittale, squameuse et lambdoïde (voir les figures 7.2b et 7.3a). Les autres sutures portent les noms des os faciaux qu'elles relient.

Topographie de la tête

Avant de décrire un par un les os de la tête, arrêtons-nous quelques instants sur la « topographie » de la tête. Si on ôte la mâchoire inférieure, elle ressemble à une sphère osseuse creuse et irrégulière. Les os faciaux forment la face antérieure de la tête, tandis que les os crâniens constituent tout le restant (voir la figure 7.3a). Le crâne est constitué d'une *voûte* crânienne, aussi appelée **calotte,** qui occupe ses côtés supérieur, latéraux et postérieur, et d'un *plancher*, ou *base*, au bas de la tête. Des arêtes osseuses proéminentes, sur la face interne du plancher, divisent celui-ci en trois « niveaux » ou fosses crâniennes : les fosses crâniennes antérieure, moyenne et postérieure (voir la figure 7.4c). L'encéphale, encastré dans la voûte crânienne, épouse la forme des fosses crâniennes. La tête renferme de nombreuses petites cavités en plus de la grande cavité crânienne bien cachée : ce sont les cavités de l'oreille moyenne et interne (dans la paroi latérale de la boîte crânienne) d'une part, et les cavités nasales et les *orbites* (abritant les globes oculaires) sur la face antérieure d'autre part. Plusieurs os de la tête contiennent des sinus, c'est-à-dire des cavités tapissées de muqueuses. Les sinus situés à l'intérieur des os qui délimitent la cavité nasale sont appelés *sinus paranasaux.* Les sinus allègent la tête et assument d'autres fonctions que nous décrirons plus loin. La tête possède par ailleurs 85 ouvertures identifiées (trous, foramens, canaux, fissures, etc.). Les plus importantes permettent le passage de la moelle épinière, des nerfs crâniens et des principaux vaisseaux sanguins irriguant l'encéphale (artères carotides internes et veines jugulaires internes).

Au cours de votre lecture, essayez de situer chaque os sur les différentes vues de la tête dans les figures 7.2 à 7.4. Le tableau 7.1, p. 188-189, présente un résumé des os de la tête et de leurs principaux repères. Le disque coloré placé devant le nom d'un os correspond à la couleur de cet os dans les figures.

Crâne

Le crâne, ou boîte crânienne, est formé de huit os : quatre sont symétriques, soit les os pariétaux et les os temporaux ; quatre sont asymétriques, soit l'os frontal, l'os occipital, l'os sphénoïde et l'os ethmoïde. Cet ensemble constitue la protection osseuse de l'encéphale, laquelle est encore renforcée par la forme arrondie du crâne. La boîte crânienne présente ainsi une très grande robustesse malgré sa légèreté et sa minceur, tout comme une coquille d'œuf.

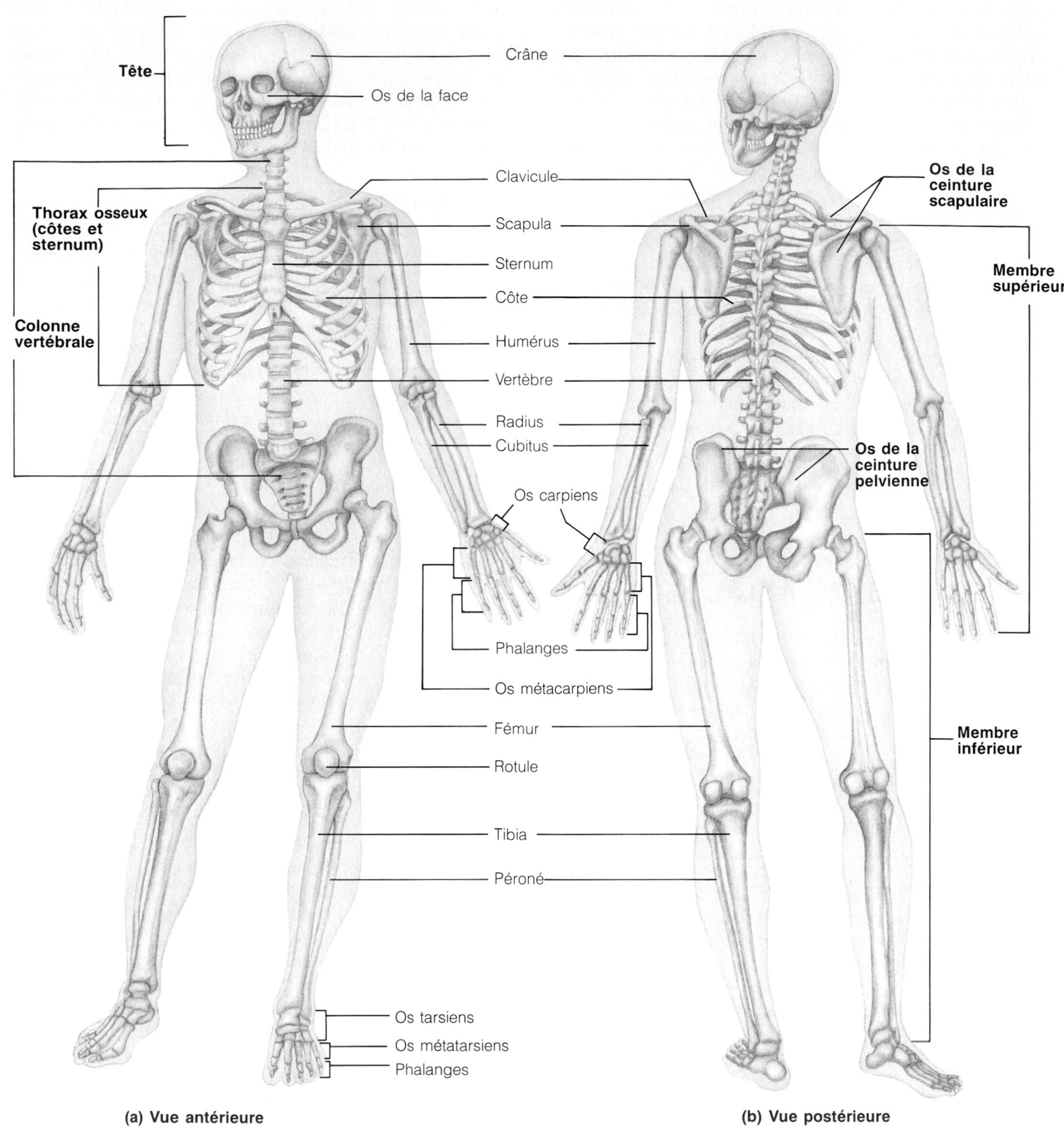

Figure 7.1 Squelette humain. Les os du squelette axial sont représentés en vert, les os du squelette appendiculaire en doré.

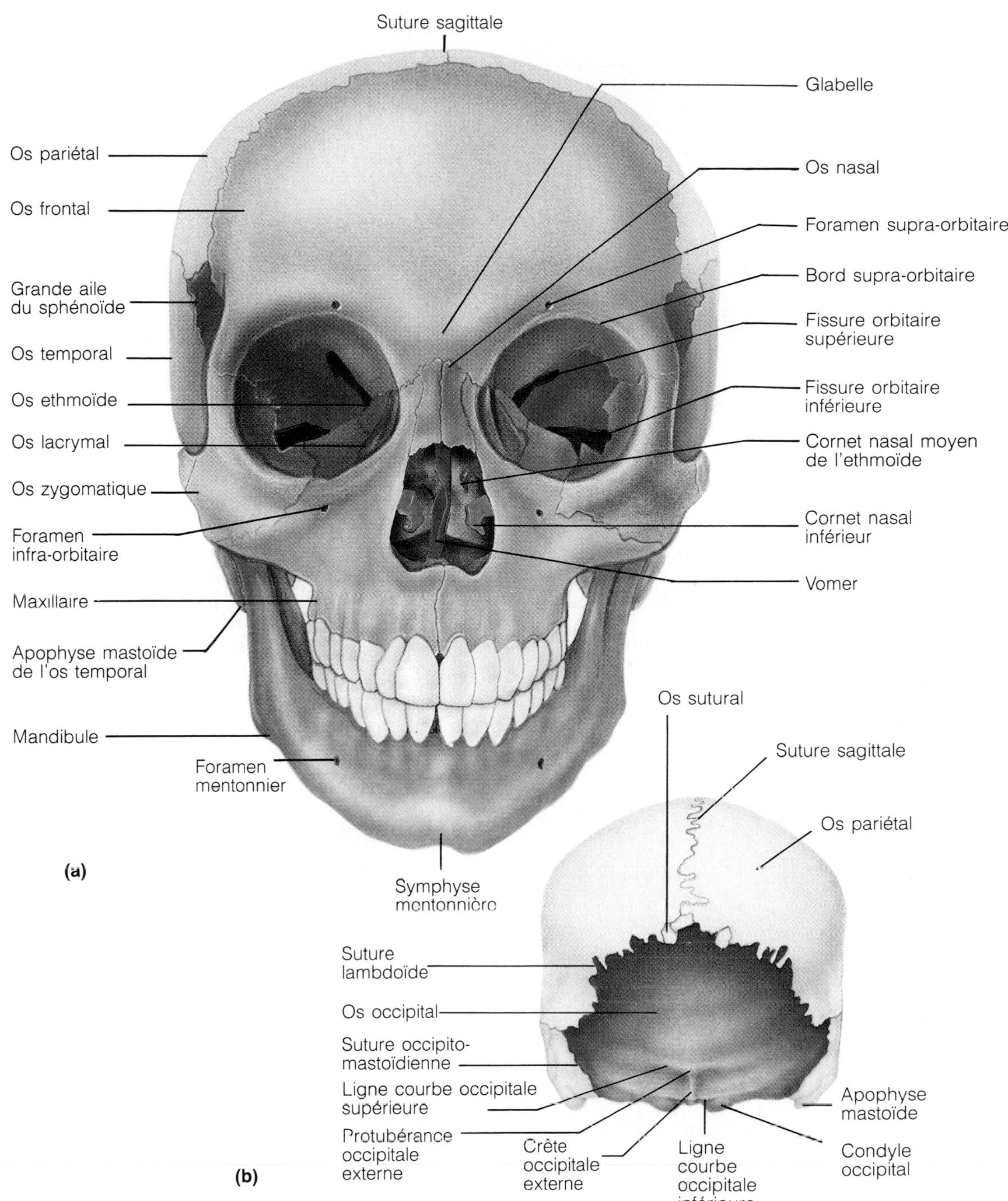

Figure 7.2 Anatomie des faces antérieure et postérieure de la tête. (**a**) Vue antérieure. (**b**) Vue postérieure.

Os frontal

L'**os frontal** (figures 7.2a, 7.3 et 7.4b) forme la région antérieure du crâne, le front, le plafond des orbites et le plancher crânien antérieur. Il s'articule à l'arrière avec la paire d'os pariétaux par l'intermédiaire d'une suture saillante appelée *suture coronale*. Il s'épaissit et avance légèrement au niveau des arcades sourcilières, ou **bords supra-orbitaires.** L'os frontal se prolonge en arrière par la paroi supérieure des orbites et la **fosse crânienne antérieure** (voir la figure 7.4b et c), laquelle maintient les lobes frontaux du cerveau à l'intérieur de la cavité crânienne. Chaque arcade sourcilière est percée d'un **foramen supra-orbitaire** emprunté par le vaisseau et le nerf supra-orbitaires pour se rendre à la région frontale.

La **glabelle** est la surface lisse de l'os frontal située entre les deux orbites. Juste en dessous, l'os frontal rejoint les os nasaux au niveau de la *suture fronto-nasale* (figure 7.2a). La face interne des régions prolongeant

Suite du texte à la p. 184

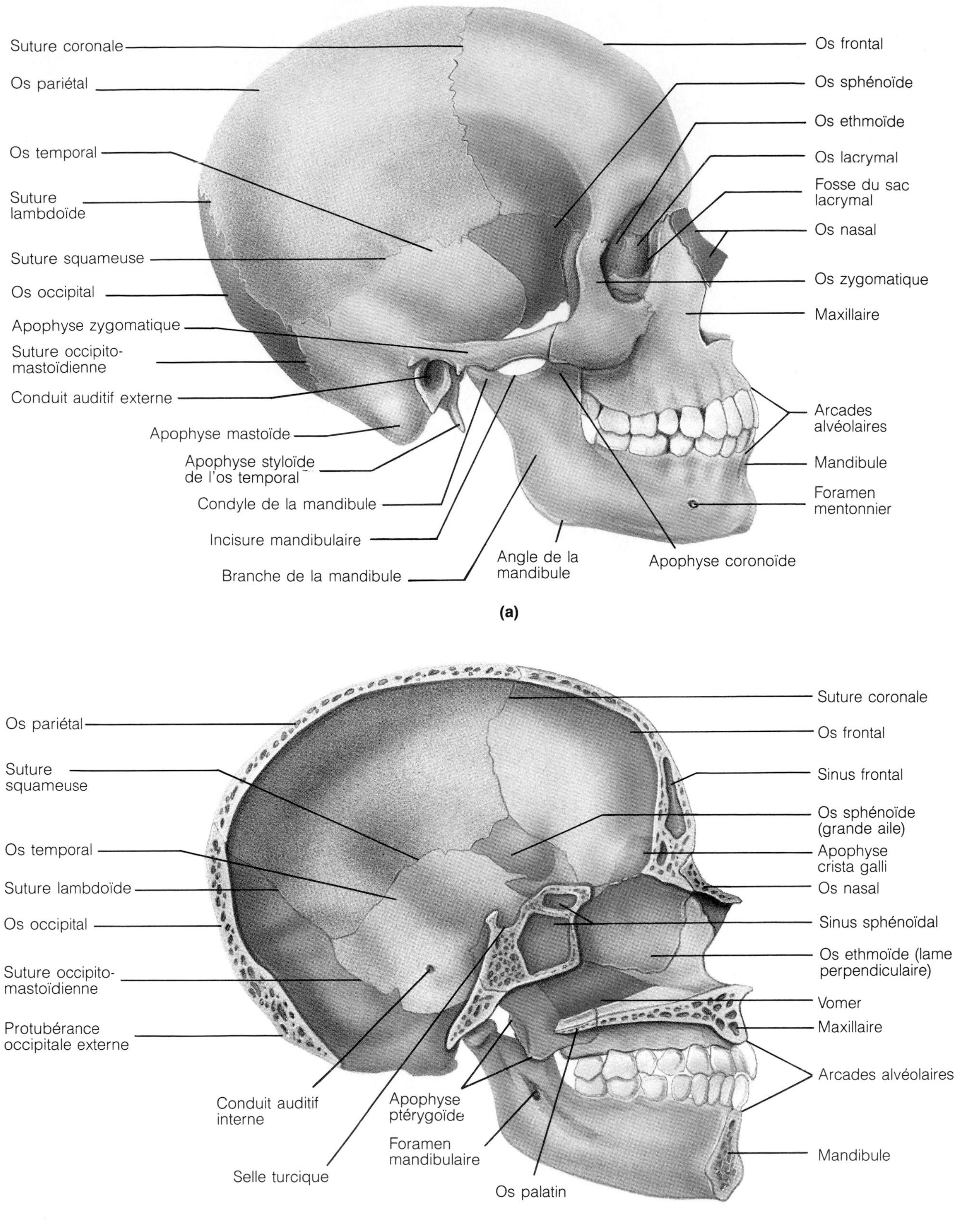

Figure 7.3 Anatomie des faces latérales de la tête. (**a**) Anatomie externe de la face latérale droite de la tête. (**b**) Vue sagittale montrant l'anatomie interne de la face latérale gauche de la tête.

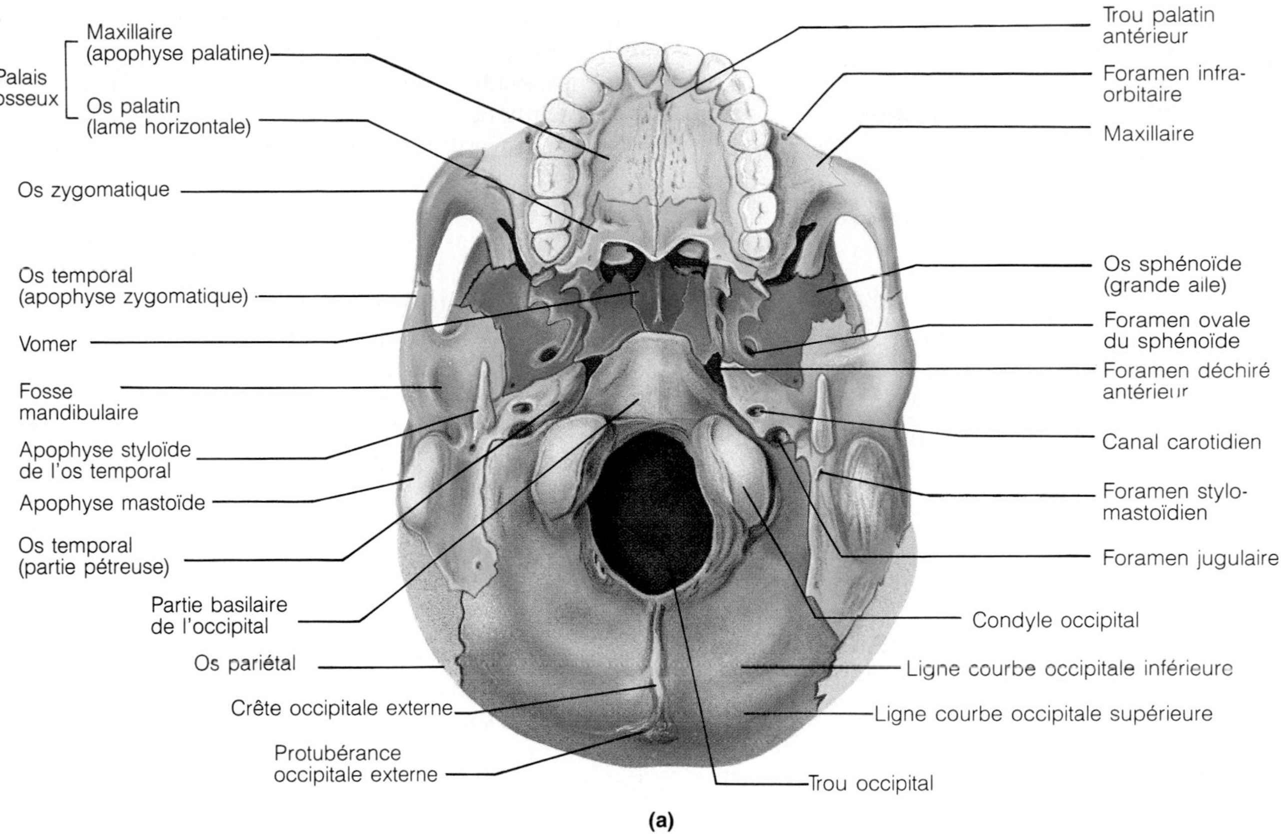

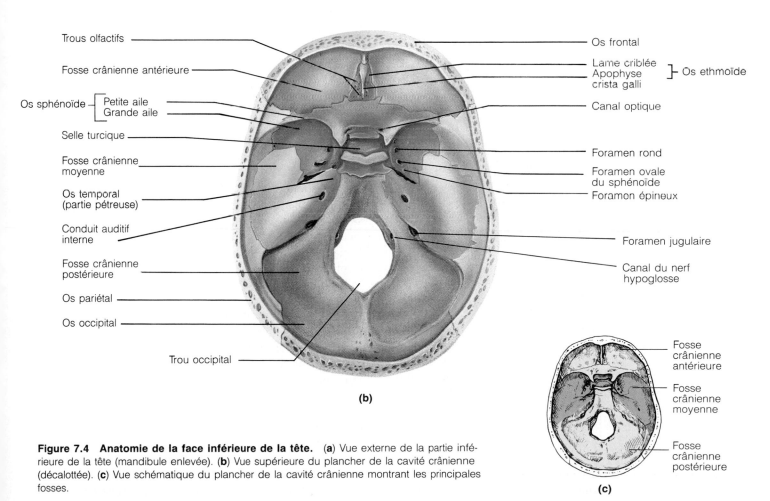

Trous olfactifs
Fosse crânienne antérieure
Os sphénoïde
Petite aile
Grande aile
Selle turcique
Fosse crânienne moyenne
Os temporal (partie pétreuse)
Conduit auditif interne
Fosse crânienne postérieure
Os pariétal
Os occipital
Trou occipital
Os frontal
Lame criblée
Apophyse crista galli
Os ethmoïde
Canal optique
Foramen rond
Foramen ovale du sphénoïde
Foramen épineux
Foramen jugulaire
Canal du nerf hypoglosse

(b)

Fosse crânienne antérieure
Fosse crânienne moyenne
Fosse crânienne postérieure

(c)

Figure 7.4 Anatomie de la face inférieure de la tête. (**a**) Vue externe de la partie inférieure de la tête (mandibule enlevée). (**b**) Vue supérieure du plancher de la cavité crânienne (décalottée). (**c**) Vue schématique du plancher de la cavité crânienne montrant les principales fosses.

latéralement la glabelle est parcourue de sinus appelés **sinus frontaux** (voir les figures 7.3b et 7.11).

Os pariétaux et sutures principales

Les deux **os pariétaux** forment la majeure partie du sommet et des faces latéro-supérieures du crâne. Les quatre sutures principales énumérées ci-dessous unissent les os pariétaux aux autres os crâniens.

1. La **suture coronale,** entre la partie antérieure des os pariétaux et l'os frontal (figure 7.3).
2. La **suture sagittale,** entre les deux os pariétaux, au niveau de la ligne médiane du crâne (voir la figure 7.2).
3. La **suture lambdoïde,** entre la partie postérieure des os pariétaux et l'os occipital (voir les figures 7.2b et 7.3).
4. La **suture squameuse,** entre un os pariétal et un os temporal, de chaque côté du crâne (voir la figure 7.3).

Os occipital

L'**os occipital** s'articule en avant avec les deux os pariétaux et les deux os temporaux par l'intermédiaire des *sutures lambdoïde* et *occipito-mastoïdienne* respectivement (figure 7.3). Il s'attache également à l'os sphénoïde, sur le plancher crânien, par l'intermédiaire d'une étroite bande osseuse appelée *partie basilaire de l'occipital* (figure 7.4a). Extérieurement, l'os occipital forme les majeures parties de la paroi postérieure et du plancher du crâne. Intérieurement, il constitue les parois de la **fosse crânienne postérieure** (figure 7.4b et c). À la base de l'os occipital se trouve le **trou occipital** (ou foramen magnum), voie de passage entre la boîte crânienne et le canal rachidien de la colonne vertébrale. C'est par cette ouverture que le bulbe rachidien (une structure du système nerveux) communique avec la moelle épinière. Le trou occipital est bordé latéralement par deux **condyles occipitaux** (voir la figure 7.4a) et par les deux **canaux des nerfs hypoglosses** (figure 7.4b). Les condyles occipitaux, en forme de rochers, s'articulent avec la première vertèbre de la colonne vertébrale de façon à permettre l'inclinaison de la tête.

Juste au-dessus du trou occipital, on trouve une proéminence médiane appelée **protubérance occipitale externe** (voir les figures 7.2b, 7.3b et 7.4a). On peut la palper juste en dessous de la partie bombée en arrière du crâne. Des crêtes peu marquées, la *crête occipitale externe* et les *lignes courbes occipitales supérieure et inférieure,* coexistent sur l'os occipital, près du trou occipital. La crête occipitale externe protège le *ligament cervical postérieur,* un large ligament reliant les vertèbres du cou au crâne. Les lignes courbes occipitales et les régions osseuses qui les séparent sont les points d'insertion de nombreux muscles du cou et du dos. La ligne courbe occipitale supérieure délimite la partie supérieure du cou.

Os temporal

Les deux **os temporaux** sont situés au-dessous des os pariétaux qu'ils rejoignent au niveau des sutures squameuses (voir la figure 7.3). Ils forment les côtés inférieur et latéraux du crâne ainsi qu'une partie du plancher crânien (fosse crânienne moyenne). Les termes *tempe* et *temporal* viennent du latin *tempus* qui signifie «temps»: en effet, les cheveux gris, témoins du temps qui passe, apparaissent le plus souvent aux tempes.

La forme de chaque os temporal est particulièrement complexe; cet os possède en effet quatre parties principales auxquelles on se réfère pour le décrire, soit les parties squameuse, tympanique, mastoïdienne (figure 7.5) et pétreuse (figure 7.4). La **partie squameuse** évasée est contiguë à la suture squameuse, et présente une **apophyse zygomatique** de forme allongée qui s'articule en avant avec l'os zygomatique de la face. Ces deux os constituent ensemble l'**arcade zygomatique,** ou pommette de la joue (*zugoma* = joug). La petite **fosse mandibulaire,** sur la face inférieure de l'apophyse zygomatique, reçoit le condyle de la mandibule (os de la mâchoire inférieure); l'*articulation temporo-mandibulaire* ainsi composée est très mobile.

La **partie tympanique** de l'os temporal entoure le **conduit auditif externe** (ou méat acoustique externe), par où pénètrent les sons. Le conduit auditif externe et le tympan, à son extrémité distale, appartiennent à l'*oreille externe*. Sur un crâne d'étude dépourvu de tympan, on peut voir une partie de la cavité de l'oreille moyenne qui prolonge le conduit externe. Au-dessous de celui-ci se trouve l'**apophyse styloïde** de l'os temporal, aiguille osseuse qui sert de point d'insertion à certains muscles du cou et aux ligaments fixant l'os hyoïde à l'intérieur du cou (voir la figure 7.12).

La **partie mastoïdienne** de l'os temporal comprend l'importante **apophyse mastoïde,** point d'insertion de quelques muscles du cou (voir les figures 7.3a, 7.4a et 7.5), qui forme une bosse juste derrière l'oreille. Le **foramen stylo-mastoïdien,** situé entre l'apophyse styloïde et l'apophyse mastoïde, permet au nerf facial de sortir de la boîte crânienne et à l'artère stylo-mastoïdienne d'y entrer (voir la figure 7.4a).

L'apophyse mastoïde renferme de petites cavités remplies d'air appelées **cellules mastoïdiennes.** La cavité de l'oreille moyenne est très sensible aux infections de la gorge. Les cellules mastoïdiennes, contiguës à cette cavité, sont donc sujettes à une infection, la *mastoïdite*, qui est très difficile à traiter. La mastoïdite peut en effet se compliquer en une infection du cerveau, car les cellules mastoïdiennes ne sont séparées du cerveau que par une lame osseuse extrêmement fine. Chez les personnes sujettes aux mastoïdites à répétition, l'ablation chirurgicale de l'apophyse mastoïde constitue le meilleur moyen de prévenir les dangereuses infections du cerveau. ■

La partie inférieure de l'os temporal est appelée **partie pétreuse** (*petrosus* = rocheux) (voir la figure 7.4); elle a la forme d'un coin osseux irrégulier, situé entre l'os sphénoïde postérieurement et l'os occipital antérieurement. L'os sphénoïde et les parties pétreuses des os temporaux constituent les deux **fosses crâniennes moyennes**

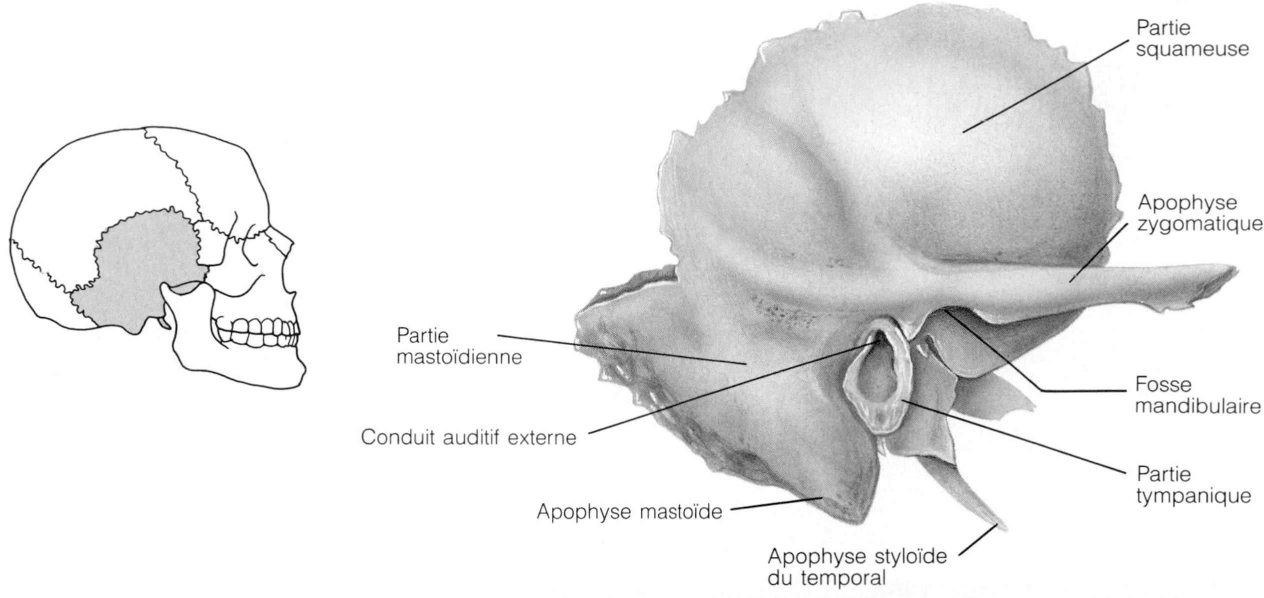

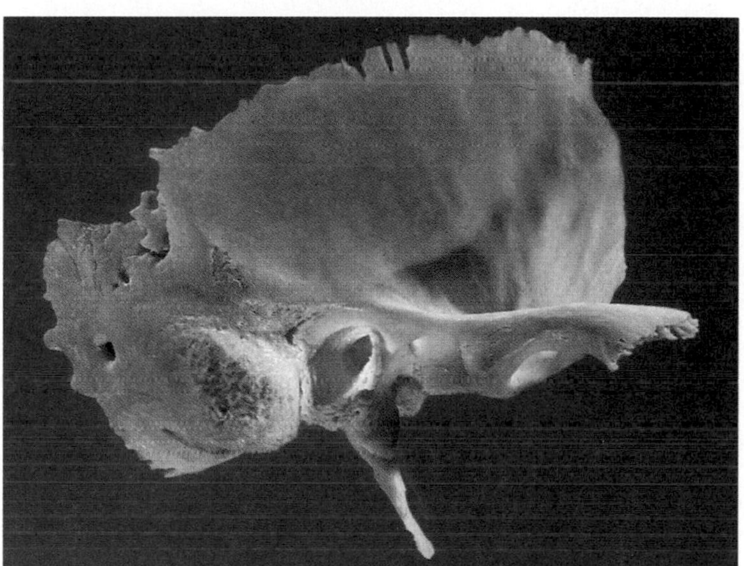

Figure 7.5 Os temporal. Vue latérale droite de la face externe.

(voir la figure 7.4b et c) qui soutiennent chacun un lobe temporal du cerveau. La partie pétreuse abrite les *cavités de l'oreille moyenne* et *interne,* qui renferment les récepteurs sensoriels de l'ouïe et de l'équilibre.

L'os de la partie pétreuse est percé de plusieurs trous (voir la figure 7.4a). Le grand **foramen jugulaire,** à la jonction de l'os occipital et de la partie pétreuse de l'os temporal, achemine la veine jugulaire interne et trois nerfs crâniens. Le **canal carotidien,** juste devant le foramen jugulaire, fait pénétrer l'artère carotide interne dans la partie pétreuse de l'os temporal. Les deux artères carotides internes fournissent plus de 80 % du sang nécessaires aux cellules nerveuses des hémisphères cérébraux. La proximité des cavités de l'oreille interne explique pourquoi, lors d'un effort par exemple, on peut entendre comme un grondement rapide dans la tête, qui n'est en fait que son propre pouls. Le **foramen déchiré antérieur,** ouverture aux bords dentelés localisée entre la partie pétreuse de l'os temporal et l'os sphénoïde, offre un court passage à plusieurs petits nerfs et vaisseaux sanguins. Il est également emprunté par l'artère carotide interne qui s'introduit ainsi dans la fosse crânienne moyenne : le canal carotidien passe en effet dans la partie postéro-supérieure de ce foramen. Le foramen déchiré antérieur est presque entièrement comblé par du cartilage chez une personne vivante, alors qu'il est parfaitement visible sur un crâne d'étude et suscite souvent la curiosité des étudiants. Le **conduit auditif interne,** situé au-dessus et à côté du foramen jugulaire (voir les figures 7.3b et 7.4b), ouvre le passage à l'artère auditive interne et aux nerfs facial (crânien VII) et vestibulo-cochléaire (crânien VIII).

Os sphénoïde

L'os **sphénoïde** est un os en forme de papillon ; il occupe toute la largeur du plancher crânien (voir la figure 7.4b). On le considère comme l'os clé du crâne parce que sa situation centrale lui permet de s'articuler avec tous les

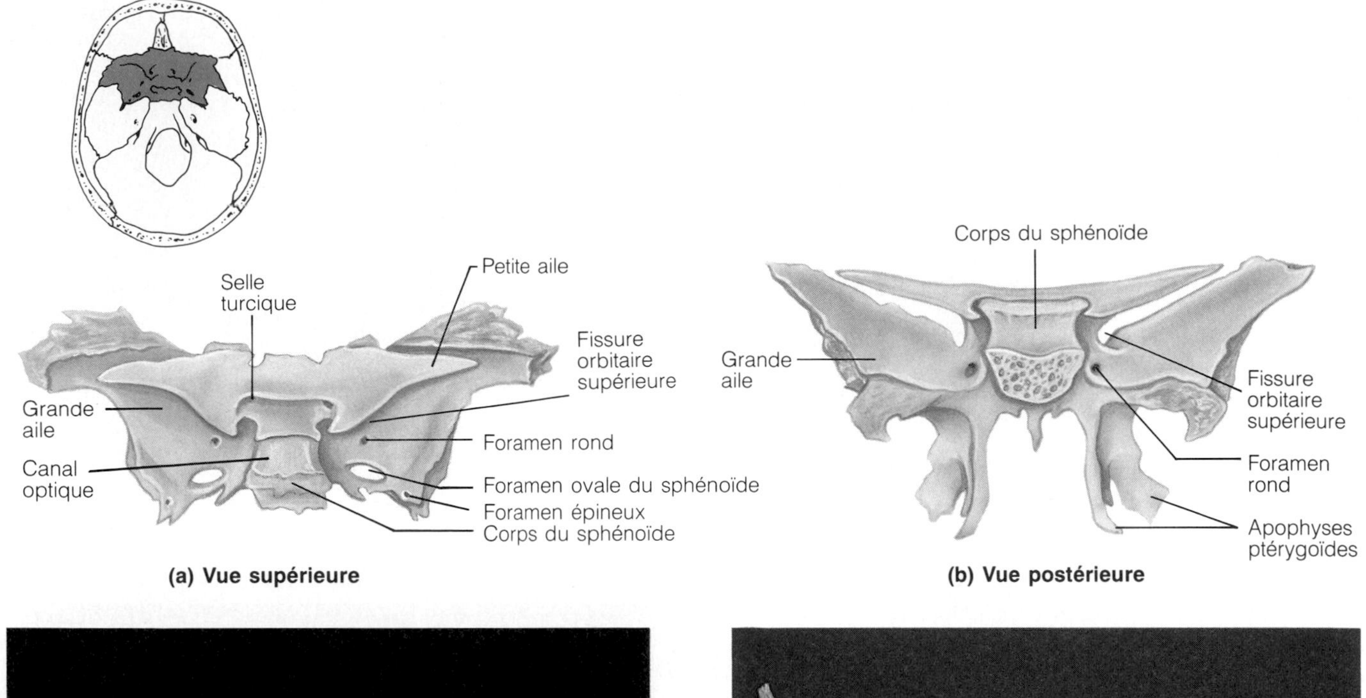

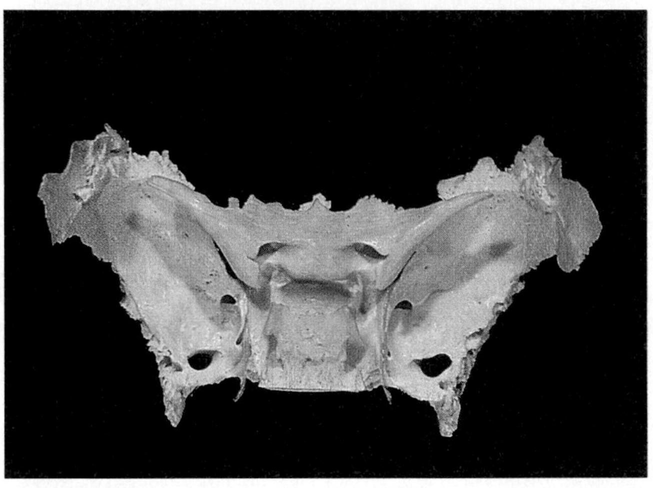

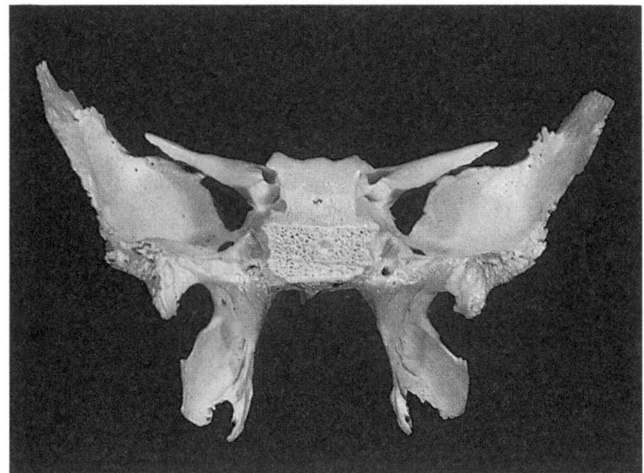

Figure 7.6 Os sphénoïde. (**a**) Vue supérieure. (**b**) Vue postérieure.

autres os crâniens. Il est composé d'un corps central et de trois paires d'appendices : les grandes ailes, les petites ailes et les deux apophyses ptérygoïdes (figure 7.6). Le **corps** du sphénoïde contient les deux **sinus sphénoïdaux** (voir les figures 7.3b et 7.11). La surface supérieure du corps porte une dépression en forme de selle, appelée **selle turcique,** où loge l'hypophyse. Les **grandes ailes** s'étendent de chaque côté du corps : elles constituent une partie de la fosse crânienne moyenne (voir la figure 7.4b et c), une partie des parois dorso-latérales des orbites (voir la figure 7.2) ainsi qu'une partie de la paroi externe de la tête, où elles apparaissent comme des «drapeaux» osseux, à l'intérieur de l'arcade zygomatique (voir la figure 7.3a). Les **petites ailes** contribuent à la fosse antérieure du plancher crânien (voir la figure 7.4b et c) et aux parois médianes des orbites. Les **apophyses ptérygoïdes** ressemblent à des plaques osseuses qui prolongent la partie inférieure du corps du sphénoïde (voir la figure 7.6b). Elles forment une partie des parois latérales du rhinopharynx et soutiennent les muscles ptérygoïdiens, lesquels jouent un rôle important dans la mastication.

L'os sphénoïde présente plusieurs ouvertures dont certaines sont apparentes sur les figures 7.4b et 7.6. Les **canaux optiques,** devant la selle turcique, offrent un passage aux nerfs optiques (crâniens II) et aux artères ophtalmiques. De chaque côté du corps du sphénoïde, une série de quatre ouvertures est disposée en croissant. La **fissure orbitaire supérieure,** longue fente logée entre les petites et les grandes ailes, permet aux nerfs crâniens régissant les mouvements oculaires et les glandes lacrymales de pénétrer dans l'orbite. Cette fissure est bien visible sur une vue antérieure de la tête (voir la figure 7.2). Le foramen rond et le foramen ovale du sphénoïde acheminent les branches du nerf crânien V jusqu'à la face. Le **foramen rond** s'ouvre à la base de la grande aile et adopte une forme ovale, contrairement à son nom. Le **foramen ovale** du sphénoïde, grande ouverture ovale située

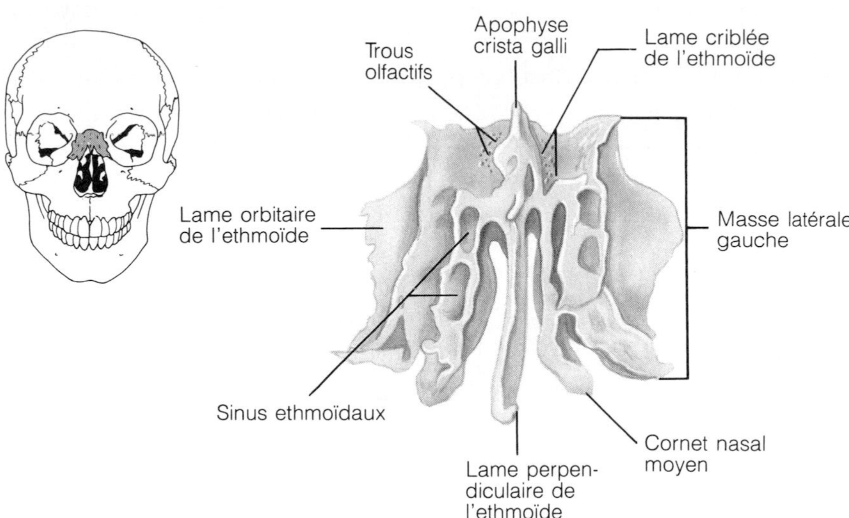

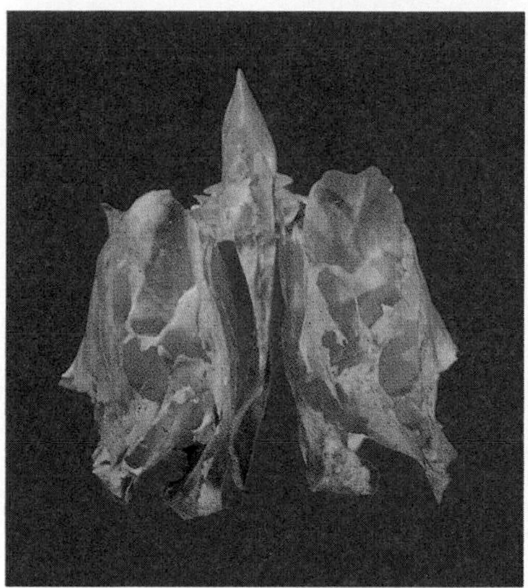

Figure 7.7 Os ethmoïde. Vue antérieure.

derrière le foramen rond, apparaît également sur une vue inférieure de la tête (voir la figure 7.4a). Le **foramen épineux** enfin est en position dorso-latérale par rapport au foramen ovale du sphénoïde (figure 7.4a et b). Il est emprunté par l'*artère cérébrale moyenne* pour desservir les os crâniens et le cuir chevelu.

Os ethmoïde

L'**os ethmoïde** possède une forme très compliquée, tout comme l'os sphénoïde et l'os temporal (figure 7.7). Il se trouve entre l'os sphénoïde et les os nasaux de la face, et forme la majeure partie de la région osseuse comprise entre la cavité nasale et l'orbite. C'est l'os de la tête le plus profond.

La face supérieure de l'os ethmoïde est appelée **lame criblée,** ou lame horizontale, de l'ethmoïde (voir aussi la figure 7.4b); elle participe au plafond des cavités nasales et au plancher de la fosse crânienne antérieure. Elle présente une expansion triangulaire médiane appelée **apophyse crista galli.** L'enveloppe extérieure de l'encéphale (méninges), fixée à ce processus osseux, assure un point d'attache à l'encéphale dans la fosse crânienne antérieure. La lame criblée de l'ethmoïde (*êthmos* = tamis) est percée de minuscules trous (*trous olfactifs*) empruntés par les nerfs olfactifs pour aller des récepteurs de l'odorat, situés dans les cavités nasales, jusqu'aux bulbes olfactifs de l'encéphale. La **lame perpendiculaire** de l'ethmoïde (perpendiculaire à la lame criblée) constitue la partie supérieure de la cloison nasale osseuse (voir la figure 7.3b). De chaque côté de cette lame, la **masse latérale** de l'ethmoïde se rattache à l'extrémité de la lame criblée. Ses parois minces sont parsemées de cavités appelées **sinus ethmoïdaux** (voir les figures 7.7 et 7.11). Les **cornets nasaux moyen** et **supérieur** sont des os délicatement enroulés; ils prolongent les masses latérales du côté interne et font saillie dans la cavité nasale (figures 7.7 et 7.10a). Chaque face externe des masses latérales donne la *lame orbitaire* de l'ethmoïde (lame papyracée) qui forme la partie médiane de chacune des orbites.

Os suturaux

Les **os suturaux** (ou **os wormiens**) sont de petits os irréguliers situés au niveau des sutures du crâne, notamment de la suture lambdoïde (voir la figure 7.2b). Leur nombre varie d'un individu à l'autre, mais il est généralement de trois ou quatre. Les os suturaux sont probablement des points d'ossification supplémentaires qui apparaissent lors du développement très rapide de la tête pendant la vie fœtale.

Os faciaux

Le squelette facial est constitué de 14 os (voir les figures 7.2a et 7.3a) parmi lesquels seuls la mandibule et le vomer sont des os impairs. Les maxillaires, les os zygomatiques, nasaux, lacrymaux et palatins, ainsi que les cornets nasaux inférieurs sont des os pairs. En général, le massif facial de l'homme est plus allongé que celui de la femme, qui paraît plus arrondi et moins anguleux.

Mandibule

La **mandibule,** ou mâchoire inférieure, en forme de U, (figures 7.2, 7.3 et 7.8a), est l'os le plus volumineux et le plus résistant du visage. Le *corps de la mandibule* forme le menton, et les deux *branches de la mandibule* montent afin de s'articuler sur les faces latérales de la boîte crânienne. Chacune de ces branches forme avec le corps l'**angle de la mandibule.** Au sommet de chaque branche se trouvent une apophyse antérieure et un condyle postérieur séparés par l'**incisure mandibulaire.** L'**apophyse coronoïde** («en forme de couronne») est un point d'insertion du muscle temporal qui relève la mâchoire inférieure

Suite du texte à la p. 190

Tableau 7.1 Os de la tête

Os*	Description	Repères importants
OS CRÂNIENS **Os frontal** (1) (figures 7.2a, 7.3 et 7.4b)	Forme le front, la partie supérieure des orbites et la fosse crânienne antérieure; contient des sinus	**Foramens supra-orbitaires**: permettent le passage des vaisseaux et des nerfs supra-orbitaires
Os pariétal (2) (figures 7.2 et 7.3)	Forme la plus grande partie des faces supérieure et latérales du crâne	
Os occipital (1) (figures 7.2b, 7.3 et 7.4)	Forme la face postérieure et la plus grande partie de la base du crâne; participe à la fosse crânienne postérieure	**Trou occipital**: permet à la moelle épinière de passer du tronc cérébral au canal rachidien **Canal du nerf hypoglosse**: permet le passage du nerf hypoglosse (crânien XII) **Condyles occipitaux**: s'articulent avec l'atlas (première vertèbre) **Protubérance occipitale externe** et **lignes courbes occipitales**: points d'insertion musculaire **Crête occipitale externe**: point de fixation du ligament cervical postérieur
Os temporal (2) (figures 7.3, 7.4 et 7.5)	Forme les faces latéro-inférieures du crâne et participe à la fosse crânienne moyenne; comprend les parties squameuse, mastoïdienne, tympanique et pétreuse	**Apophyse zygomatique**: participe à l'arcade zygomatique, qui forme la pommette **Fosse mandibulaire**: point d'articulation du condyle de la mandibule **Conduit auditif externe**: canal reliant l'oreille externe au tympan **Apophyse styloïde**: point d'insertion de plusieurs muscles du cou et de la langue **Apophyse mastoïde**: point d'insertion de plusieurs muscles du cou et de la langue **Foramen stylo-mastoïdien**: permet le passage du nerf crânien VII **Foramen jugulaire**: permet le passage de la veine jugulaire et des nerfs crâniens IX, X et XI **Conduit auditif interne**: permet le passage des nerfs crâniens VII et VIII **Canal carotidien**: permet le passage de l'artère carotide interne
Os sphénoïde (1) (figures 7.2a, 7.3, 7.4b et 7.6)	Os clé du crâne, il participe à la fosse crânienne moyenne et aux orbites; ses principales parties sont le corps, les grandes ailes, les petites ailes et les apophyses ptérygoïdes	**Selle turcique**: abrite l'hypophyse **Canaux optiques**: permettent le passage du nerf crânien II et des artères ophtalmiques **Fissures orbitaires supérieures**: permettent le passage des nerfs crâniens III, IV et VI ainsi que de la branche ophtalmique du nerf crânien V **Foramen rond (2)**: permet le passage de la branche maxillaire du nerf crânien V **Foramen ovale (2)**: permet le passage de la branche mandibulaire du nerf crânien V **Foramen épineux (2)**: permet le passage de l'artère méningée moyenne

Tableau 7.1 (suite)

Os*	Description	Repères importants
Os ethmoïde (1) (figures 7.2a, 7.3, 7.4b, 7.7 et 7.10)	Contribue à la fosse crânienne antérieure; forme une partie de la cloison nasale, des parois et du plafond de la cavité nasale; contribue à la paroi médiane de l'orbite	**Apophyse crista galli**: point d'attache de la faux du cerveau, lame de tissu conjonctif **Lame criblée**: permet le passage de neurofibres des nerfs olfactifs (nerf crânien I) de la fosse nasale jusqu'au bulbe olfactif **Cornets nasaux supérieur et moyen**: contribuent aux parois de la cavité nasale, augmentent la turbulence de l'air
Osselets de l'ouïe (marteau, enclume et étrier) (2 séries)	Dans la cavité de l'oreille moyenne; ils jouent un rôle dans la transmission du son (voir le chapitre 16)	
OS FACIAUX		
Mandibule (1) (figures 7.2a, 7.3 et 7.8a)	Mâchoire inférieure	**Apophyses coronoïdes**: points d'insertion des muscles temporaux **Condyles de la mandibule**: s'articulent librement avec les os temporaux (articulations temporo-mandibulaires) **Symphyse mentonnière**: fusion médiane des os mandibulaires **Alvéoles**: cavités occupées par les dents **Foramens mandibulaires**: permettent le passage des nerfs alvéolaires **Foramens mentonniers**: permettent le passage des vaisseaux sanguins et des nerfs vers le menton et la lèvre inférieure
Maxillaire (2) (figures 7.2a, 7.3, 7.4 et 7.8b)	Os clé du massif facial, forme la mâchoire supérieure et participe au palais osseux, aux orbites et aux parois de la cavité nasale	**Alvéoles**: cavités occupées par les dents **Apophyses zygomatiques**: participent aux arcades zygomatiques **Apophyses palatines**: forment la partie antérieure du palais osseux **Apophyses montantes**: forment une partie de la face latérale de l'arête du nez **Fissures orbitaires inférieures**: permettent le passage d'une branche du nerf crânien V, d'un rameau du nerf crânien VII et des vaisseaux sanguins **Foramen infra-orbitaire**: permet le passage du nerf infra-orbitaire vers la peau du visage
Os zygomatique (2) (figures 7.2a, 7.3a et 7.4a)	Forme la joue et une partie de l'orbite	
Os nasal (2) (figures 7.2a et 7.3)	Forme l'arête du nez	
Os lacrymal (2) (figures 7.2a et 7.3a)	Forme une partie de la paroi médiane de l'orbite	**Fosse du sac lacrymal**: abrite le sac lacrymal qui déverse les larmes dans la cavité nasale
Os palatin (2) (figures 7.3b, 7.4a et 7.8c)	Forme la partie postérieure du palais osseux et une petite partie de la cavité nasale et des parois orbitaires	
Vomer (1) (figures 7.2a et 7.10)	Partie de la cloison nasale	
Cornets nasaux inférieurs (2) (figures 7.2a et 7.10a)	Forment une partie des parois latérales de la cavité nasale	

* Le disque coloré devant chaque nom correspond à la couleur de l'os sur les figures 7.2 à 7.10. Le nombre entre parenthèses ( ) à la suite de chaque nom indique le nombre total de ces os dans le corps humain.

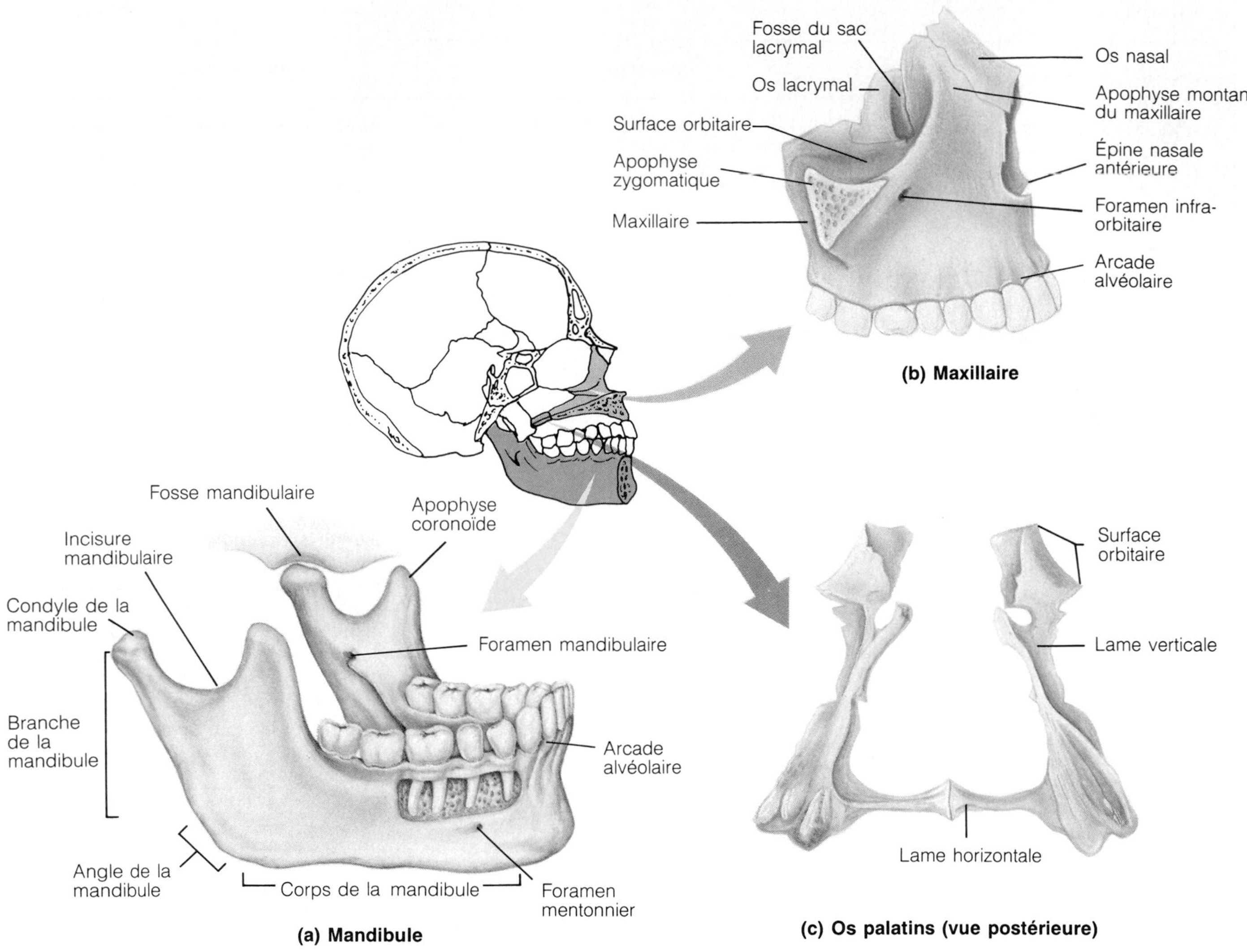

Figure 7.8 Anatomie détaillée de certains os faciaux isolés. (**a**) La mandibule (et son articulation avec l'os temporal). (**b**) Le maxillaire (et son articulation avec les os nasal et lacrymal). (**c**) Vue postérieure des os palatins. Remarquez que la mandibule, les maxillaires et les os palatins ne sont pas à l'échelle.

lors de la mastication. Le **condyle de la mandibule** s'articule avec la fosse mandibulaire, constituant ainsi l'articulation temporo-mandibulaire. L'**arcade alvéolaire,** le bord supérieur du corps de la mandibule, est creusée de cavités, les **alvéoles,** qui maintiennent les dents en place. Une légère dépression, la **symphyse mentonnière,** occupe le milieu du corps de la mandibule, et marque le point de fusion entre les deux parties de la mandibule embryonnaire (voir la figure 7.2a).

De gros **foramens mandibulaires,** un sur la face interne de chaque branche, offrent un passage aux nerfs responsables de la sensibilité dentaire vers les dents de la mâchoire inférieure. C'est à cet endroit que les dentistes injectent de la novocaïne pour anesthésier les dents inférieures. Les **foramens mentonniers,** sur la face externe de la partie antérieure du corps de la mandibule, permettent aux vaisseaux sanguins et aux nerfs de gagner le menton et la lèvre inférieure.

Maxillaires

Les **maxillaires** (voir les figures 7.2 à 7.4 et 7.8b) sont soudés par le milieu et forment la mâchoire supérieure et la partie centrale du massif facial. Tous les os faciaux, sauf la mandibule, s'articulent avec les maxillaires, que l'on peut donc considérer comme les os clés du massif facial.

Les **arcades alvéolaires** des maxillaires maintiennent les dents supérieures en place. Les **apophyses palatines** des maxillaires prolongent la partie postérieure des arcades alvéolaires et fusionnent pour constituer les deux tiers antérieurs du palais osseux (ou palais dur) de la bouche; ce dernier sépare la cavité buccale des fosses nasales (voir les figures 7.3b et 7.4a). Les **apophyses montantes** du maxillaire s'élèvent en direction de l'os frontal et contribuent aux faces latérales de l'arête du nez (voir les figures 7.2a et 7.8b). Les **sinus maxillaires,** les plus grands sinus paranasaux, occupent les parois latérales de la cavité nasale (voir la figure 7.11). Ils s'étendent des orbites aux dents supérieures. Les maxillaires s'articulent latéralement avec les os zygomatiques par l'intermédiaire des **apophyses zygomatiques.**

La **fissure orbitaire inférieure** se trouve au fond de l'orbite (voir la figure 7.2a), à la jonction du maxillaire et de la grande aile du sphénoïde. Elle laisse passer le nerf zygomatique (une branche du nerf trijumeau [crânien V]) et des vaisseaux sanguins vers les régions maxillaire et zygomatique de la face. Juste sous l'orbite, de chaque côté, le **foramen infra-orbitaire** permet au nerf et aux vaisseaux infra-orbitaires d'atteindre la face.

Os zygomatiques

Les **os zygomatiques,** de forme irrégulière, sont plus couramment appelés os des pommettes (voir les figures 7.2a et 7.3a). Ils s'articulent en arrière avec l'apophyse zygomatique des os temporaux et en avant avec les apophyses zygomatiques des maxillaires, pour former les pommettes osseuses des joues et une partie des parois latéro-inférieures des orbites.

Os nasaux

Les **os nasaux** sont minces et grossièrement rectangulaires; ils se joignent par le milieu pour donner l'arête du nez (voir les figures 7.2a et 7.3a). Ils s'articulent en haut avec l'os frontal, sur le côté avec les maxillaires et en arrière avec la lame perpendiculaire de l'ethmoïde. En bas, ils sont fixés aux *cartilages du nez* qui constituent le squelette inférieur du nez.

Os lacrymaux

Les **os lacrymaux,** délicatement sculptés en forme d'ongles, participent en partie aux parois médianes de chaque orbite (voir les figures 7.2a et 7.3a). Ils s'articulent en haut avec l'os frontal, en arrière avec l'ethmoïde et en avant avec les maxillaires. Chaque os lacrymal présente une cavité antérieure qui se prolonge dans l'apophyse frontale du maxillaire et se termine par la **fosse du sac lacrymal,** laquelle, comme son nom l'indique, abrite le *sac lacrymal*; ce dernier constitue une partie du conduit par lequel les larmes de la surface de l'œil s'écoulent dans la cavité nasale (*lacryma* = larme).

Os palatins

Les **lames horizontales,** issues des **os palatins** en forme de L, complètent la partie postérieure du palais osseux (voir les figures 7.3b, 7.4a et 7.8c). Une lame verticale, prolongeant vers le haut la lame horizontale de chaque os palatin, forme une partie de la paroi latéro-postérieure de la cavité nasale ainsi qu'une très petite partie de la paroi orbitaire.

Vomer

Le **vomer** est un os quadrangulaire mince, situé à l'intérieur de la cavité nasale et formant une partie de la cloison nasale (voir les figures 7.2a et 7.10b). Nous le verrons plus en détail lorsque nous étudierons la cavité nasale.

Cornets nasaux inférieurs

Les deux **cornets nasaux inférieurs,** symétriques, sont des os fins en forme de volute qui dérivent des parois latérales de la cavité nasale, juste au-dessous du cornet nasal moyen de l'ethmoïde (voir les figures 7.2a et 7.10a). Les cornets nasaux inférieurs sont les plus volumineux des trois paires de cornets, et ils participent comme les autres aux parois latérales de la cavité nasale.

Particularités anatomiques des orbites et de la cavité nasale

Un nombre considérable d'os contribuent à la formation des orbites et de la cavité nasale, deux régions pourtant peu étendues de la tête. Une brève récapitulation s'avère nécessaire pour mieux comprendre l'agencement de tous ces os, même si nous les avons déjà décrits individuellement.

Orbites

Les **orbites** sont des cavités osseuses qui maintiennent solidement les globes oculaires et sont tapissées d'un tissu adipeux. Les muscles responsables des mouvements oculaires ainsi que les glandes lacrymales occupent également les orbites. Sept os entrent dans la composition des parois orbitaires: l'os frontal, l'os sphénoïde, l'os zygomatique, le maxillaire, l'os palatin, l'os lacrymal et l'os ethmoïde (figure 7.9). L'orbite abrite aussi les fissures orbitaires supérieure et inférieure de même que les canaux optiques, décrits plus haut.

Cavité nasale

La **cavité nasale** est constituée d'os (principalement de l'os ethmoïde) et de cartilage hyalin (figure 7.10a). Les lames criblées de l'ethmoïde forment le *toit* de la cavité nasale, alors que les cornets nasaux supérieur et moyen de l'ethmoïde, le cornet nasal inférieur et les lames verticales des os palatins en dessinent les *parois latérales.* Sur ces dernières, à l'abri des cornets, apparaissent des dépressions appelées *méats* (*meatus* = passage, conduit), soit les méats supérieur, moyen et inférieur. Les apophyses palatines des maxillaires et les os palatins délimitent le *plancher* de la cavité nasale. La *cloison nasale* divise cette dernière en deux parties, droite et gauche, et présente une partie osseuse inférieure, le vomer, et une partie

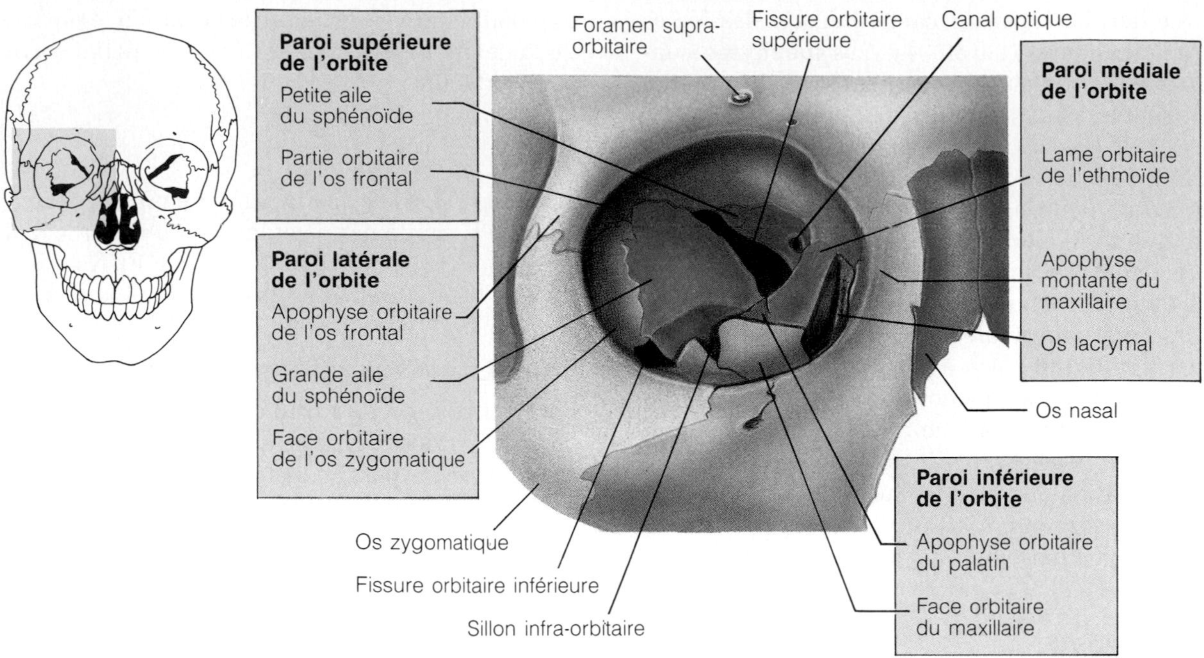

Figure 7.9 Particularités anatomiques des orbites. Illustration de la contribution des sept os qui forment l'orbite.

osseuse supérieure, la lame perpendiculaire de l'ethmoïde (figure 7.10b). La cloison nasale est prolongée vers l'avant par le cartilage de la cloison et tapissée d'une muqueuse (comme les cornets), qui humidifie et réchauffe l'air inspiré, et en retire les débris. Les volutes des cornets augmentent la turbulence de l'air à travers la cavité nasale et captent les poussières, bactéries et grains de pollen dans le mucus visqueux.

Sinus paranasaux (de la face)

Cinq os crâniens abritent des cavités appelées sinus, remplies d'air et tapissées d'une muqueuse ciliée. L'os frontal abrite les deux sinus frontaux, chaque os sphénoïde possède un sinus sphénoïdal, chaque os ethmoïde abrite un sinus ethmoïdal et chaque maxillaire un sinus maxillaire. Ces cavités donnent à ces os un aspect «mité» sur les radiographies de la face. Les **sinus paranasaux** sont ainsi nommés parce qu'ils sont regroupés autour de la cavité nasale (figure 7.11). Ils allègent le crâne et augmentent la résonance de la voix. De petites ouvertures relient les sinus à la cavité nasale, et agissent comme «doubles voies de passage»: l'air provenant de la cavité nasale pénètre dans les sinus, et le mucus sécrété par les muqueuses sinusales s'écoule dans la cavité nasale. Les muqueuses sinusales contribuent également au réchauffement et à l'humidification de l'air inspiré.

Os hyoïde

L'**os hyoïde** (figure 7.12) est relié à la mandibule et aux os temporaux, mais il ne fait pas réellement partie de la tête. C'est le seul os du corps humain qui ne s'articule pas directement avec un autre os. Il est en effet suspendu au milieu du cou, 2 cm environ au-dessus du larynx, et il est retenu par des ligaments aux apophyses styloïdes des os temporaux. L'os hyoïde est en forme de fer à cheval: il se compose d'un *corps* et de deux paires de *cornes*. Il sert de base mobile à la langue et de point d'insertion aux muscles du cou qui relèvent et abaissent le larynx pour parler et avaler.

Colonne vertébrale

Caractéristiques générales

On pense souvent à tort que la **colonne vertébrale** n'est qu'une tige de soutien rigide. Appelée également **épine dorsale,** c'est en fait un ensemble de 26 os, formant une structure souple et ondulée (figure 7.13). Elle offre un support axial au tronc et s'étend de la tête, qu'elle soutient, au bassin où elle transmet le poids du tronc aux membres inférieurs. Elle renferme et protège la moelle épinière. Elle fournit en outre des points d'insertion aux côtes et aux muscles dorsaux. La colonne vertébrale du fœtus et du bébé comprend 33 os distincts, ou **vertèbres.** Neuf d'entre elles vont fusionner pour donner deux os, le sacrum et le coccyx. Les 24 autres demeurent des vertèbres distinctes, séparées par des disques intervertébraux de tissu conjonctif.

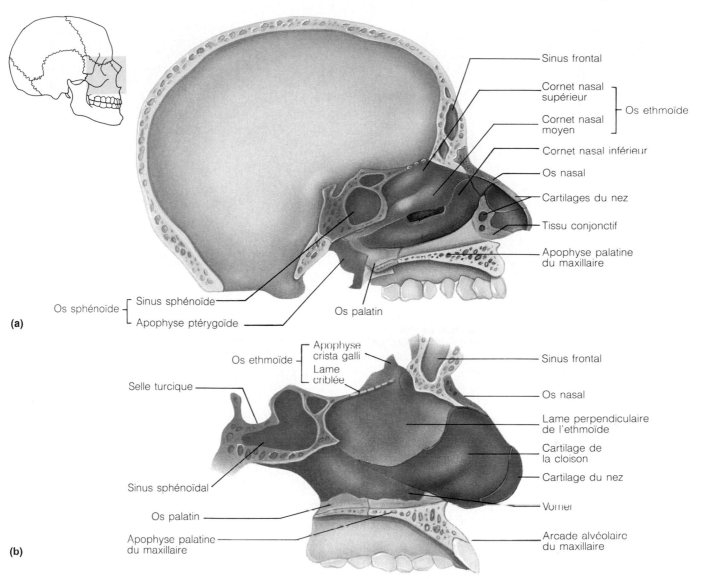

Sinus frontal
Cornet nasal supérieur
Cornet nasal moyen
Os ethmoïde
Cornet nasal inférieur
Os nasal
Cartilages du nez
Tissu conjonctif
Apophyse palatine du maxillaire
Os sphénoïde
Sinus sphénoïde
Apophyse ptérygoïde
Os palatin
(a)

Os ethmoïde
Apophyse crista galli
Lame criblée
Sinus frontal
Selle turcique
Os nasal
Lame perpendiculaire de l'ethmoïde
Cartilage de la cloison
Cartilage du nez
Sinus sphénoïdal
Vomer
Os palatin
Apophyse palatine du maxillaire
Arcade alvéolaire du maxillaire
(b)

Figure 7.10 Caractéristiques anatomiques de la cavité nasale. (**a**) Os de la paroi gauche latérale de la cavité nasale. (**b**) Participation de l'ethmoïde, du vomer et du cartilage à la cloison nasale.

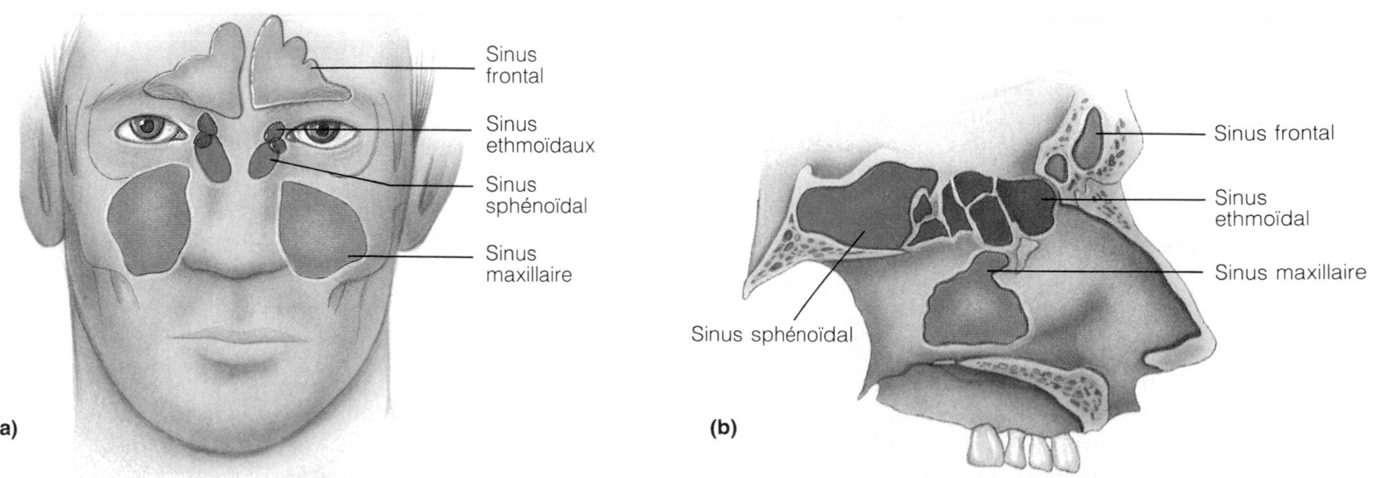

Figure 7.11 Sinus paranasaux.

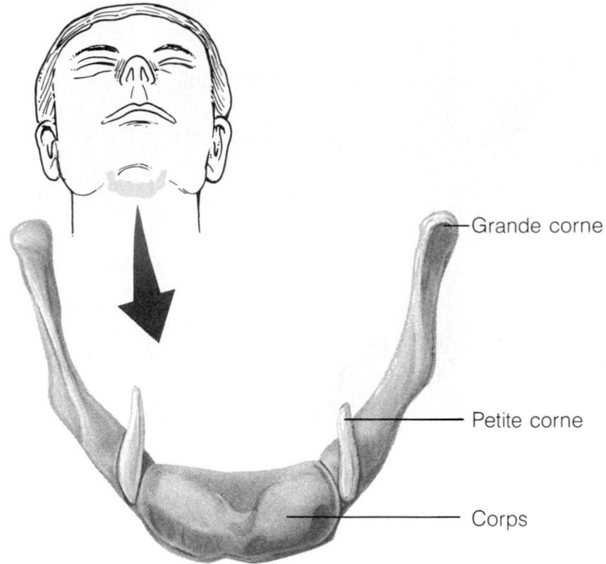

Figure 7.12. Situation et structure anatomique de l'os hyoïde. L'os hyoïde est suspendu au milieu du cou par des ligaments fixés aux petites cornes et aux apophyses styloïdes des os temporaux.

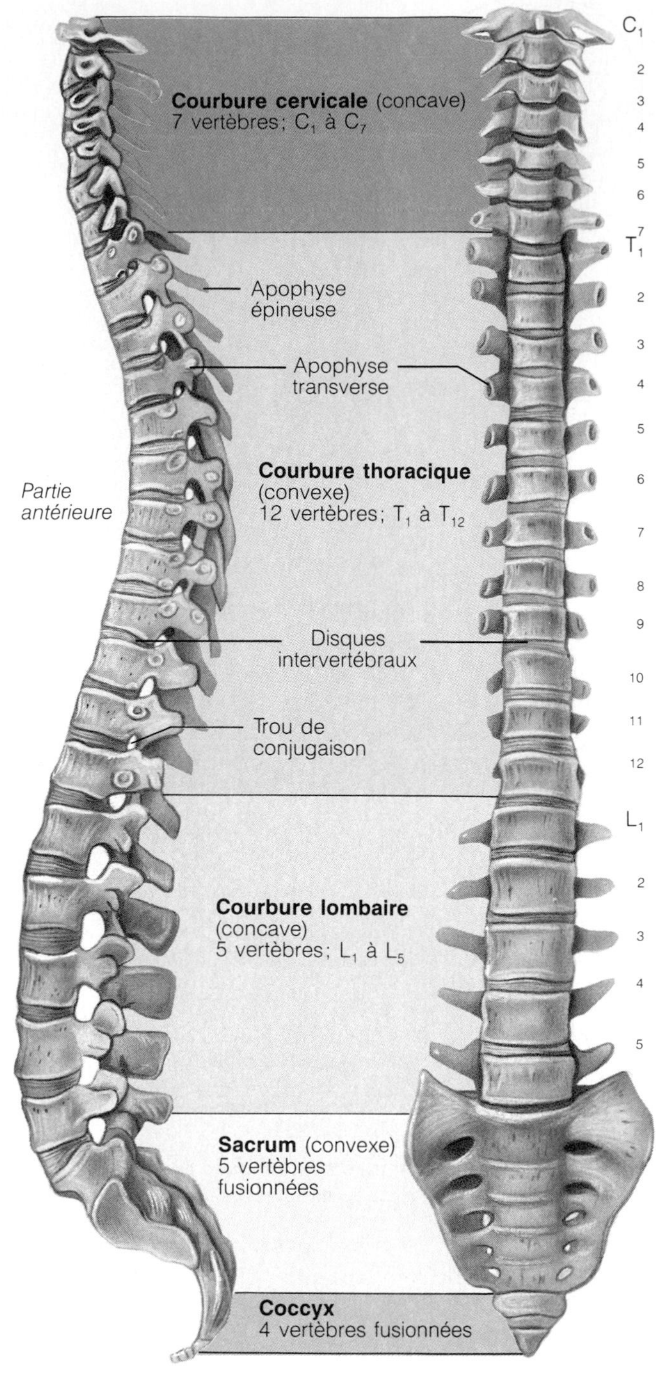

Figure 7.13. Colonne vertébrale. Remarquez les courbures dans la vue latérale. (Les termes *convexe* et *concave* se réfèrent à la face postérieure de la colonne vertébrale.)

Ligaments

La colonne vertébrale peut être comparée à une antenne de télévision vacillante: elle ne peut pas se tenir droite toute seule, elle doit être maintenue par un système de câblage complexe, assuré dans son cas par les ligaments et les muscles du tronc. Ces muscles sont étudiés au chapitre 10. Les principaux ligaments sont le **ligament vertébral commun antérieur** et le **ligament vertébral commun postérieur** (figure 7.14), qui suivent la colonne vertébrale du cou au sacrum, sur deux bandes continues, l'une antérieure et l'autre postérieure. Le ligament vertébral commun antérieur, plus large, est fixé à la fois aux vertèbres et aux disques intervertébraux. Outre son rôle de maintien, il empêche l'hyperextension de la colonne vertébrale. Le ligament vertébral commun postérieur, qui s'oppose à l'hyperflexion de la colonne, est plus étroit et moins résistant. Il est fixé uniquement aux disques. De courts ligaments (ligament jaune et autres) relient chaque vertèbre à celles situées immédiatement au-dessous et au-dessus.

Disques intervertébraux

Chaque **disque intervertébral** ressemble à un coussinet constitué d'un **noyau pulpeux** (ou nucléus pulposus) fluide qui procure au disque élasticité et compressibilité. Ce noyau est entouré d'un anneau extérieur de fibrocartilage résistant, l'**anneau fibreux,** qui limite l'expansion du noyau pulpeux. L'anneau fibreux solidarise les vertèbres successives. Les disques font office d'amortisseurs lors de la marche, du saut, de la course; ils permettent à la colonne vertébrale de fléchir, de s'étendre et de se pencher sur le côté. Aux points de compression, ils s'aplatissent et se renflent un peu de part et d'autre des espaces intervertébraux. Ils s'épaississent dans les régions lombaire et cervicale, ce qui en améliore la flexibilité. L'ensemble des disques occupe près de 25 % de la longueur de la colonne vertébrale.

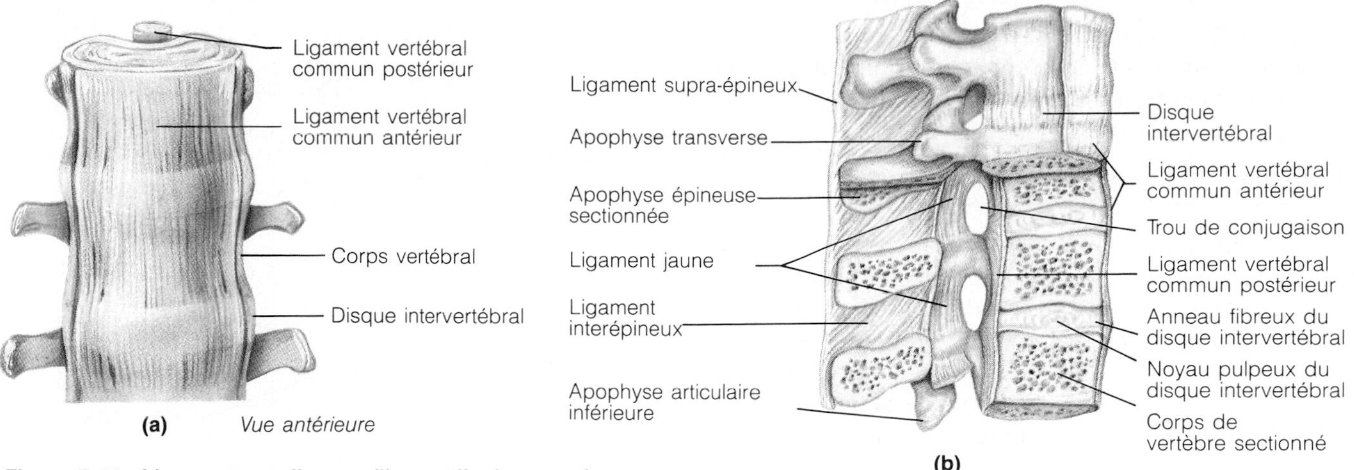

Figure 7.14 Ligaments et disques fibrocartilagineux qui relient les vertèbres. (**a**) Vue antérieure de trois vertèbres articulées, montrant la différence de largeur entre les ligaments vertébraux communs antérieur et postérieur. (**b**) Coupe longitudinale des vertèbres montrant les ligaments et la structure des disques. (**c**) Vue supérieure de la coupe transversale d'un disque hernié.

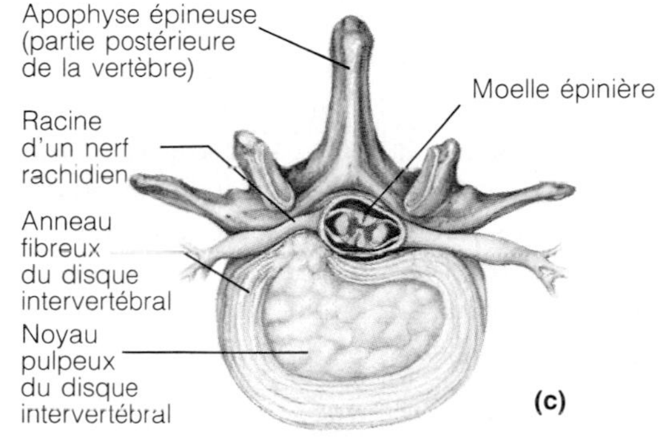

Soumettre la colonne vertébrale à des efforts violents ou intenses (se pencher en avant pour soulever un objet lourd par exemple) peut causer la hernie d'un ou de plusieurs disques. Une *hernie discale* consiste généralement en la rupture de l'anneau fibreux suivie de l'expulsion du noyau pulpeux (voir la figure 7.14c). Si la partie herniée appuie sur la moelle épinière (face postérieure) ou sur les nerfs rachidiens issus de celle-ci (l'une des faces latérales), elle peut provoquer de l'engourdissement, une douleur insupportable, voire la destruction de ces structures nerveuses. Le traitement des hernies discales comporte le repos complet, la traction et une médication antalgique. En cas d'échec, il faut procéder à l'ablation chirurgicale du disque hernié ou à sa «dissolution» à l'aide d'enzymes. ■

Segments et courbures de la colonne vertébrale

La colonne vertébrale (rachis) mesure environ 70 cm chez l'adulte moyen et comporte cinq segments principaux (voir la figure 7.13). Les 7 vertèbres du cou sont les *vertèbres cervicales,* les 12 suivantes les *vertèbres thoraciques* et les 5 dernières les *vertèbres lombaires.* (Le moyen mnémotechnique pour retenir le nombre d'os des trois segments de la colonne consiste à penser aux heures des repas: 7 h le déjeuner, 12 h le dîner et 5 h le souper.) Le *sacrum* fait suite aux vertèbres lombaires et s'articule avec le bassin. La colonne vertébrale se termine par le minuscule *coccyx.* Le nombre de vertèbres cervicales est le même chez tous les êtres humains, mais le nombre des autres vertèbres varie chez 5 % de la population.

En vue latérale, la colonne vertébrale présente quatre courbures en forme de S. Les **courbures cervicale** et **lombaire** sont concaves vers l'arrière, alors que les **courbures thoracique** et **sacro-coccygienne** sont convexes vers l'arrière. Ces courbures augmentent la résistance, l'élasticité et la souplesse de la colonne vertébrale, comparable à un ressort bien plus qu'à une tige rigide!

Il existe plusieurs types de courbures anormales de la colonne vertébrale. Certaines sont congénitales (présentes à la naissance), d'autres s'installent à la suite d'une maladie, d'une mauvaise posture ou d'une traction inégale des muscles sur la colonne vertébrale. La *scoliose* (*skolios* = tortueux) est une courbure *latérale* anormale le plus souvent localisée dans la région thoracique. Elle est assez fréquente chez les pré-adolescents (en particulier chez les filles pour une raison encore inconnue). Une configuration vertébrale anormale, des membres inférieurs de longueur inégale ou une paralysie musculaire sont responsables des cas les plus sérieux. Si les muscles d'un côté du corps sont non fonctionnels, ceux du côté opposé exercent une traction sur la colonne vertébrale, sans contrepartie, et finissent par entraîner une déviation. Les cas graves doivent être traités (par des moyens orthopédiques ou chirurgicaux) avant la fin de la croissance, afin d'éviter un handicap permanent et des difficultés respiratoires.

La *cyphose* (dos bossu) est une courbure *thoracique* dont la convexité est exagérée. On la rencontre très souvent chez les personnes âgées atteintes d'ostéoporose, mais elle peut également être un symptôme de tuberculose osseuse, de rachitisme ou d'ostéomalacie. La *lordose* est une courbure *lombaire* excessive, parfois due à une tuberculose osseuse ou au rachitisme. La lordose temporaire est fréquente chez les personnes qui portent une lourde charge en avant du corps, comme les femmes enceintes et les personnes obèses, parce qu'elles accentuent automatiquement leur courbure lombaire afin de déplacer leur centre de gravité. ■

Structure générale des vertèbres

Toutes les vertèbres possèdent une même structure de base (figure 7.15): elles se composent d'un **corps vertébral** compact discoïde, en avant, et d'un **arc vertébral** en arrière. Le corps et l'arc vertébral délimitent une ouverture appelée **trou vertébral.** La succession des trous vertébraux des vertèbres articulées forme le **canal rachidien** qui renferme et protège la moelle épinière.

L'arc vertébral est composé de deux pédicules et de deux lames. Les **pédicules** sont de petits cylindres osseux qui prolongent le corps vertébral vers l'arrière et forment les côtés de l'arc vertébral. Les **lames** sont des portions aplaties qui fusionnent dans le plan médian pour dessiner l'arrière de l'arc. Ce dernier émet sept apophyses. L'**apophyse épineuse** est une lamelle osseuse qui se dirige vers l'arrière dans le plan médian; elle prolonge en arrière l'union des lames. Les deux **apophyses transverses** se situent de part et d'autre de l'arc vertébral. Les apophyses épineuses et transverses servent de points d'insertion aux ligaments qui maintiennent la colonne vertébrale ainsi qu'aux muscles squelettiques qui en assurent le mouvement. Les deux **apophyses articulaires supérieures** se projettent vers le haut, à la jonction des pédicules et des lames, et les deux **apophyses articulaires inférieures** vers le bas, au même niveau. Les surfaces de contact des apophyses articulaires sont recouvertes de cartilage hyalin. Les apophyses articulaires inférieures de chaque vertèbre entrent en contact avec les apophyses articulaires supérieures de la vertèbre située au-dessous d'elle. Les vertèbres successives s'articulent donc par leurs corps et par leurs apophyses articulaires.

Les pédicules droit et gauche présentent une incisure sur leurs bords supérieur et inférieur et circonscrivent ainsi une ouverture appelée **trou de conjugaison** entre deux pédicules adjacents (voir la figure 7.13). C'est par là que passent les nerfs provenant de la moelle épinière.

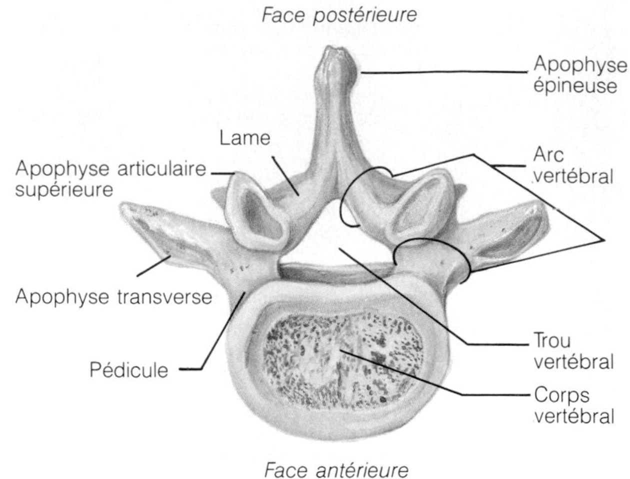

Figure 7.15 Structure d'une vertèbre typique. Vue supérieure (les apophyses articulaires inférieures ne sont pas représentées).

Caractéristiques des différentes vertèbres

Outre les caractéristiques anatomiques communes décrites ci-dessus, les vertèbres des différents segments de la colonne vertébrale présentent des particularités liées à leurs fonctions et à leur mobilité. Le tableau 7.2, p. 199, donne un résumé et des illustrations de ces caractéristiques.

Vertèbres cervicales

Les sept **vertèbres cervicales,** numérotées de C_1 à C_7, sont les plus petites et les plus légères. Les deux premières (C_1 et C_2) sont atypiques et nous y reviendrons plus loin. Les vertèbres cervicales typiques (C_3 à C_7) possèdent les particularités suivantes:

1. Un corps dont la largeur excède la longueur dans le sens antéro-postérieur.
2. Sauf pour C_7, une apophyse épineuse courte, *bifide* (fendue en deux à son extrémité) et dirigée vers l'arrière.
3. Un trou vertébral large et de forme triangulaire.
4. Des apophyses transverses percées d'un **trou transversaire** par lequel les grosses artères vertébrales (ainsi que les veines et les neurofibres qui les accompagnent) remontent dans le cou en direction de l'encéphale.

L'apophyse épineuse de C_7, non bifide, est beaucoup plus longue que celle des autres vertèbres cervicales (voir la figure 7.17a). Comme elle est visible sous la peau, elle constitue un repère pratique pour compter les vertèbres. C'est la raison pour laquelle on désigne C_7 par le nom de **vertèbre proéminente.**

Les deux premières vertèbres cervicales, l'atlas et l'axis, montrent un aspect bien différent, qui traduit leurs fonctions spécifiques. En premier lieu, aucun disque intervertébral ne les sépare. L'**atlas** (C_1) ne possède ni corps ni apophyse épineuse (figures 7.16a et b). Il s'agit d'un anneau osseux formé de deux *masses latérales* réunies par les *arcs osseux antérieur* et *postérieur.* Chacune de ces masses présente des surfaces articulaires sur ses faces supérieure et inférieure. Les fossettes articulaires supérieures reçoivent les condyles occipitaux de la tête; elles supportent celle-ci tout comme Atlas supportait les cieux dans la mythologie grecque. Ces articulations nous permettent d'incliner la tête en signe d'assentiment. Les fossettes articulaires inférieures s'articulent avec l'**axis** (C_2). La **dent de l'axis** est une apophyse en forme de dent qui s'élève au-dessus du corps de l'axis (figure 7.16c). Pour certains spécialistes, elle serait le corps «absent» de l'atlas, soudé à l'axis pendant le développement embryonnaire.

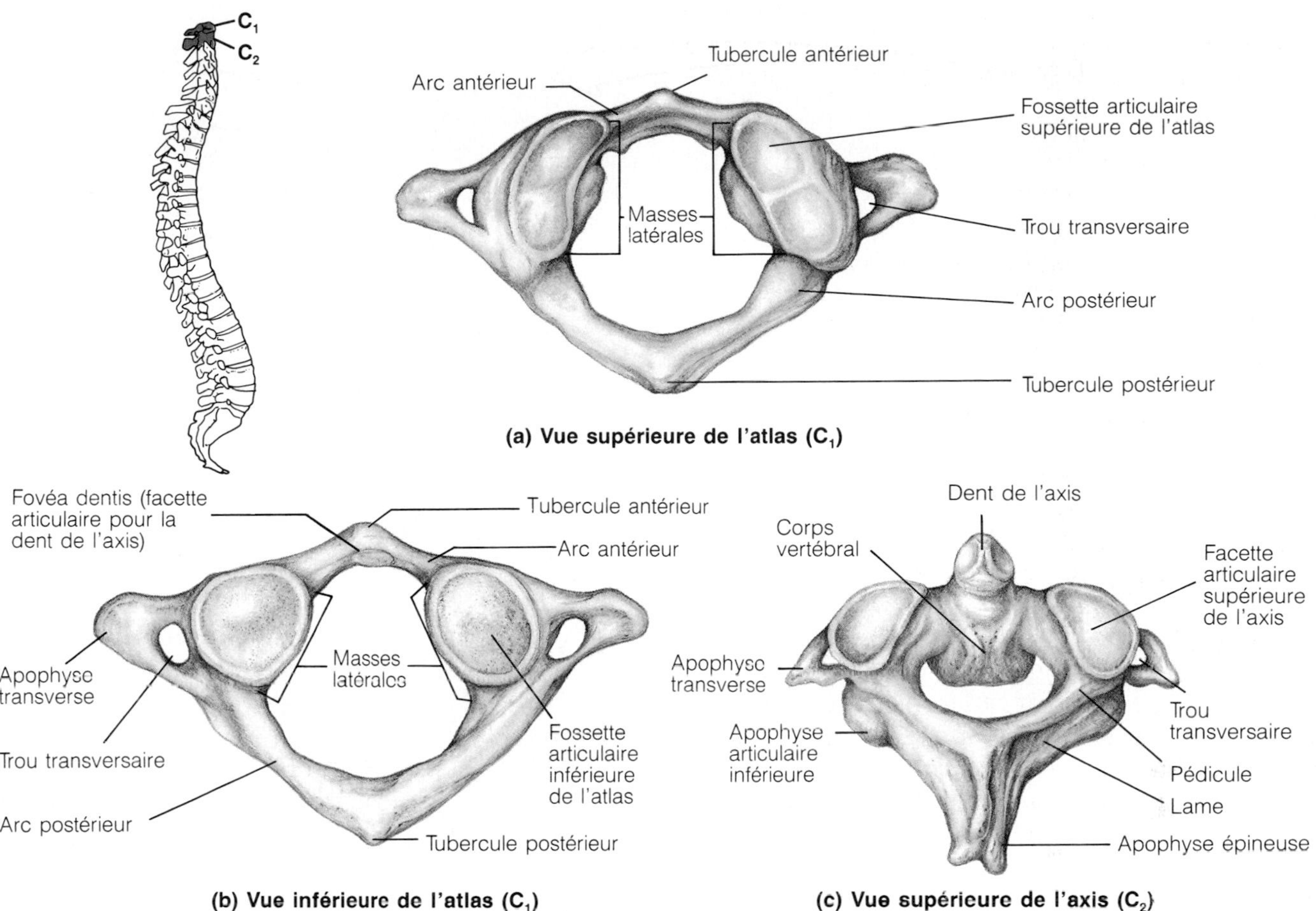

Figure 7.16 Première et deuxième vertèbres cervicales.

Elle s'appuie contre l'arc antérieur de l'atlas (voir la figure 7.17a) qui peut pivoter autour d'elle: on peut ainsi tourner la tête d'un côté à l'autre en signe de dénégation. Dans les rares cas de traumatisme crânien grave où le crâne «rentre dans» la colonne vertébrale, la dent de l'axis s'enfonce à l'intérieur de la boîte crânienne et provoque ainsi un traumatisme du tronc cérébral pouvant entraîner la mort. C'est le «coup du lapin», qui se produit le plus souvent dans les accidents de la route. ■

Vertèbres thoraciques

Les 12 **vertèbres thoraciques** (T_1 à T_{12}), qui s'articulent toutes avec les côtes, sont les vertèbres les plus typiques (voir le tableau 7.2 et la figure 7.17b). La première ressemble cependant beaucoup à C_7 et les quatre dernières se rapprochent de la structure des vertèbres lombaires. Leur taille augmente progressivement avec leur rang. Les caractéristiques de ces vertèbres sont énumérées ci-dessous:

1. Le corps est plus ou moins en forme de cœur. Il présente de chaque côté deux surfaces articulaires, les *fosses costales supérieure* et *inférieure,* situées respectivement sur le bord supérieur et le bord inférieur du corps. Ces fosses entrent en contact avec les têtes costales et permettent ainsi l'articulation des côtes sur le corps des vertèbres thoraciques.
2. Le trou vertébral est circulaire.
3. L'apophyse épineuse est longue et se termine en crochet vers le bas.
4. À l'exception de T_{11} et T_{12}, les apophyses transverses possèdent des fosses costales transversaires qui s'articulent avec les *tubercules* des côtes.

Vertèbres lombaires

Le segment lombaire de la colonne vertébrale, au bas du dos, est soumis à une importante compression. Les cinq **vertèbres lombaires** (L_1 à L_5) ont pour fonction de supporter une lourde charge, comme en témoigne leur structure plus robuste. Leur corps massif est en forme de haricot (voir le tableau 7.2 et la figure 7.17c). Leurs autres caractéristiques sont les suivantes:

1. Elles possèdent des pédicules et des lames plus courts et plus épais que les autres vertèbres.

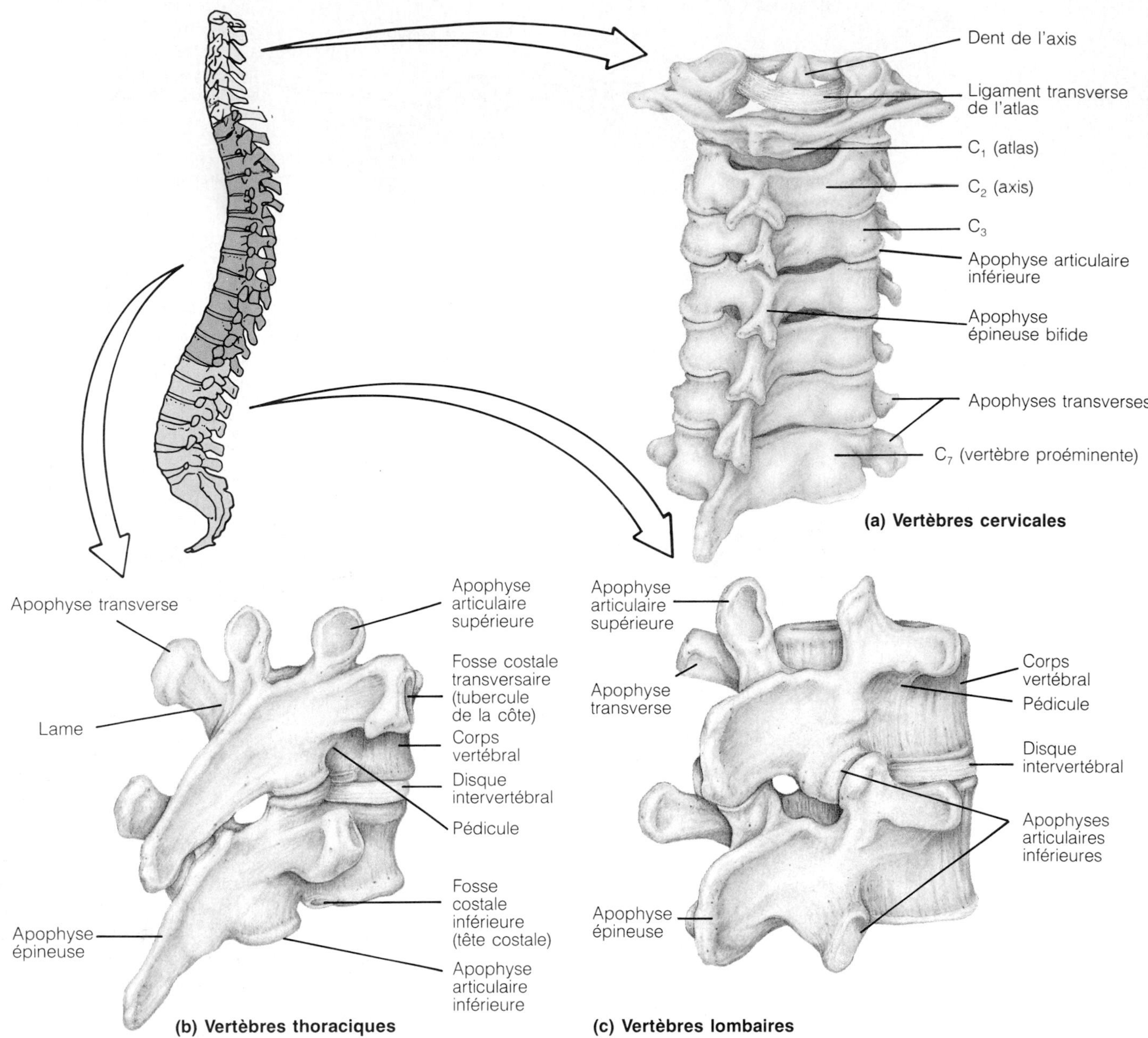

Figure 7.17 Vues postéro-latérales des vertèbres articulées. Remarquez l'apophyse épineuse à sommet arrondi de C_7, la vertèbre proéminente.

2. Les apophyses épineuses sont courtes, aplaties, en forme de « hachette » ; elles se dessinent nettement sous la peau quand on se penche en avant. Elles sont dirigées vers l'arrière pour fixer les grands muscles dorsaux.

3. Le trou vertébral est triangulaire.

4. Les facettes de leurs apophyses articulaires sont orientées différemment (voir le tableau 7.2). Ces modifications permettent un verrouillage de l'ensemble des vertèbres lombaires, qui stabilise la colonne dans cette région en empêchant toute rotation.

Sacrum

Le **sacrum** est un os de forme triangulaire (figure 7.18) ; il constitue la paroi postérieure du bassin et compte cinq vertèbres (S_1 à S_5), soudées chez l'adulte. Il renforce et stabilise le bassin. Il s'articule en haut avec L_5 (par l'intermédiaire de ses *apophyses articulaires supérieures*) et en bas avec le coccyx. Sur les côtés, deux **ailes** du sacrum (résultat de la fusion des apophyses transverses de S_1 à S_5) se joignent aux deux os des hanches pour former les **articulations sacro-iliaques** du bassin.

Le bord antéro-supérieur de la première vertèbre sacrée, qui fait saillie en avant dans la cavité pelvienne,

Tableau 7.2 Caractéristiques des vertèbres cervicales, thoraciques et lombaires

Caractéristiques	Cervicales (3 à 7)	Thoraciques	Lombaires
Corps	Petit, large	Plus grand que celui de la vertèbre cervicale; en forme de cœur; présente deux fosses costales	Massif, en forme de haricot
Apophyse épineuse	Courte, bifide, dirigée vers l'arrière	Longue, étroite, dirigée vers le bas	Courte, émoussée, dirigée vers l'arrière
Trou vertébral	Triangulaire	Circulaire	Triangulaire
Apophyses transverses	Percées des trous transversaires	Présentent des fosses costales (sauf T_{11} et T_{12})	Pas de particularités
Apophyses articulaires supérieures et inférieures	Surfaces articulaires supérieures dirigées vers le haut, en arrière Surfaces articulaires inférieures dirigées vers le bas, en avant	Surfaces articulaires supérieures dirigées vers l'arrière Surfaces articulaires inférieures dirigées vers l'avant	Surfaces articulaires supérieures dirigées vers l'arrière et le centre Surfaces articulaires inférieures dirigées vers l'avant et sur le côté
Mouvements	Flexion et extension de la colonne, flexion latérale, rotation	Rotation, légère flexion latérale	Flexion et extension, flexion latérale
Vue supérieure	Apophyse articulaire supérieure Apophyse épineuse Apophyse articulaire inférieure Trou vertébral Trou transversaire Corps vertébral Apophyse transverse	Apophyse épineuse Trou vertébral Apophyse transverse Fosse costale transversaire Apophyse articulaire supérieure Corps vertébral	Apophyse épineuse Trou vertébral Apophyse transverse Apophyse articulaire supérieure Corps vertébral
Vue latérale droite	Apophyse transverse Apophyse épineuse Apophyse articulaire inférieure Corps vertébral	Apophyse articulaire supérieure Apophyse transverse Corps vertébral Incisure vertébrale inférieure Fosse costale inférieure Apophyse épineuse	Apophyse articulaire supérieure Corps vertébral Incisure vertébrale inférieure Apophyse épineuse Apophyse articulaire inférieure

porte le nom de **promontoire du sacrum.** Le centre de gravité du corps se trouve 1 cm environ derrière le promontoire du sacrum qui, comme nous le verrons, est un repère anatomique important en obstétrique. Quatre arêtes, les *lignes transverses,* traversent sa face antérieure concave (elles représentent le site de fusion des vertèbres qui composent le sacrum). Ces lignes transverses se terminent latéralement par les *trous sacrés antérieurs* qu'empruntent les vaisseaux sanguins et les nerfs.

Sur la face postérieure, la ligne médiane du sacrum est surélevée par la **crête sacrée médiane** (fusion des apophyses épineuses des vertèbres sacrées). Le canal rachidien se poursuit dans le sacrum sous le nom de **canal sacré.** Comme les lames de la cinquième vertèbre sacrée (et parfois de la quatrième) n'ont pas fusionné dans le plan médian, une assez grande ouverture externe, le **hiatus sacral,** est visible à l'extrémité du canal sacré.

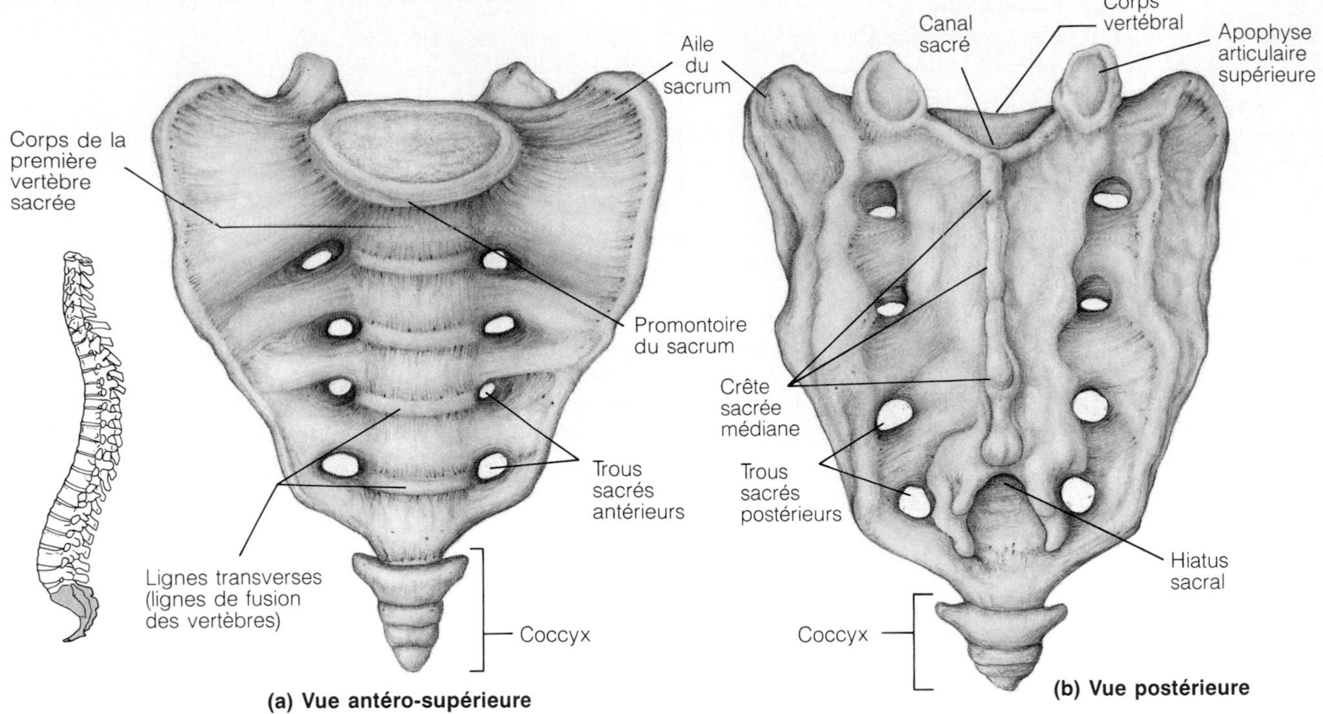

Figure 7.18 Sacrum et coccyx.

Coccyx

Le **coccyx** est un vestige de la queue des mammifères; il compte quatre vertèbres (parfois trois ou cinq) soudées entre elles pour donner un petit os triangulaire (voir la figure 7.18). Le coccyx s'articule en haut avec le sacrum. (Cet os ressemble à un bec d'oiseau, d'où son nom: *kokkux* = coucou.) Le coccyx est un os quasiment inutile pour le corps humain, mis à part le faible soutien qu'il procure aux organes pelviens. Il arrive qu'un bébé naisse avec un coccyx très long. Le chirurgien procède alors à l'ablation de cet «appendice caudal» superflu.

Thorax osseux

Sur le plan anatomique, le thorax désigne la poitrine, et ses «éléments» osseux constituent le **thorax osseux,** ou **cage thoracique,** avec en arrière les vertèbres thoraciques, latéralement les côtes et en avant le sternum et les cartilages costaux. Ces derniers fixent les côtes au sternum (figure 7.19a). Le thorax forme une cage conique qui protège les organes vitaux de la cavité thoracique (cœur, poumons et gros vaisseaux sanguins); il soutient les ceintures scapulaires sur lesquelles s'articulent les membres supérieurs; il offre également des points d'insertion aux muscles du dos, de la poitrine et des épaules. Les *espaces intercostaux* sont occupés par les muscles intercostaux qui soulèvent et abaissent le thorax pendant la respiration.

Sternum

Le **sternum** se trouve sur la ligne médiane antérieure du thorax. C'est un os plat typique, allongé, dont la forme rappelle celle d'un poignard, et qui mesure près de 15 cm. Il se divise en trois parties issues de la fusion de trois os: le manubrium sternal, le corps du sternum et l'appendice xiphoïde. Le **manubrium sternal,** tout en haut, ressemble à un nœud de cravate. Il s'articule latéralement avec les clavicules par l'intermédiaire de ses **facettes claviculaires du sternum,** et avec les deux premières paires de côtes. Le **corps du sternum,** la partie médiane, forme la plus grande partie du sternum. Ses côtés présentent des dépressions, là où il se joint aux cartilages des côtes 3 à 7. L'**appendice xiphoïde** constitue la partie inférieure du sternum. Ce petit appendice de forme variable est une lame de cartilage hyalin chez l'enfant, mais il s'ossifie chez l'adulte. L'appendice xiphoïde s'articule uniquement avec le corps du sternum et sert de point d'insertion au diaphragme et à quelques muscles abdominaux.

Chez certaines personnes, l'appendice xiphoïde fait saillie vers l'arrière. Cela pose problème lors d'un enfoncement accidentel de la poitrine, car l'appendice xiphoïde peut pénétrer dans le cœur ou dans le foie (situés tous deux juste derrière) et provoquer une hémorragie importante, souvent mortelle. ■

Le sternum présente trois repères anatomiques importants: la fourchette sternale, l'angle sternal et l'articulation sternale inférieure (voir la figure 7.19). La **fourchette**

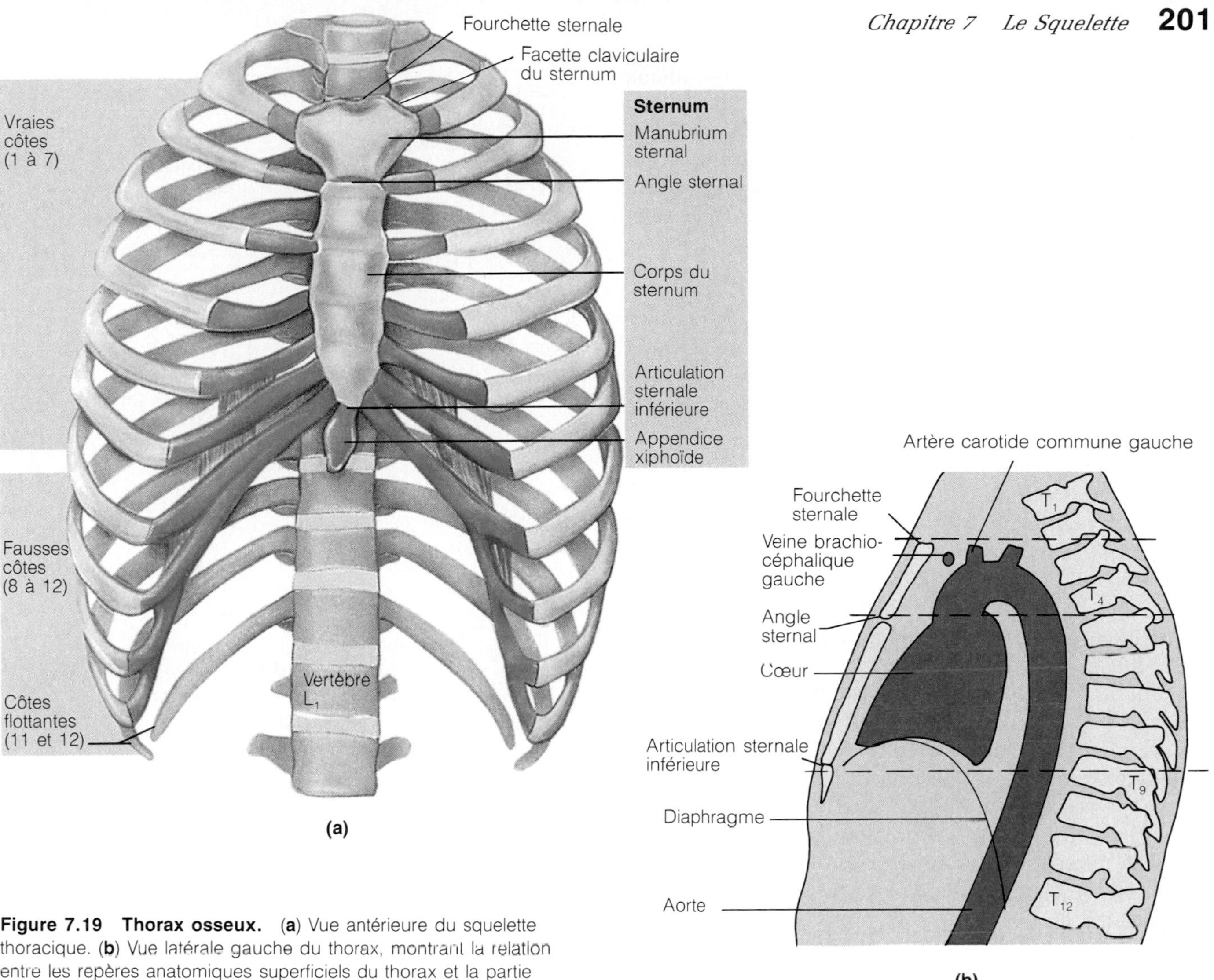

Figure 7.19 Thorax osseux. (**a**) Vue antérieure du squelette thoracique. (**b**) Vue latérale gauche du thorax, montrant la relation entre les repères anatomiques superficiels du thorax et la partie thoracique de la colonne vertébrale.

sternale, aisément palpable, est l'échancrure centrale au bord supérieur du manubrium sternal. Elle est généralement alignée sur le disque intervertébral séparant les deuxième et troisième vertèbres thoraciques, et elle représente l'intersection de l'aorte et de l'artère carotide commune gauche (voir la figure 7.19b). Le **manubrium sternal** est relié au corps du sternum par une charnière cartilagineuse qui permet au corps du sternum de s'avancer pendant l'inspiration. Le sternum forme un léger angle à ce niveau, l'**angle sternal** ; il s'agit d'une arête horizontale que l'on peut palper sur le sternum. L'angle sternal se trouve à la même hauteur que le disque intervertébral qui sépare les quatrième et cinquième vertèbres thoraciques, et au niveau de la deuxième paire de côtes. Il fournit un repère pratique pour situer la deuxième côte lors d'un examen médical. L'**articulation sternale inférieure,** jonction entre le corps du sternum et l'appendice xiphoïde, fait face à la neuvième vertèbre thoracique.

Côtes

Les parois évasées de la cage thoracique sont formées de douze paires de **côtes** (figure 7.19a), fixées en arrière aux vertèbres thoraciques et s'incurvant vers le bas et vers l'avant en direction de la paroi antérieure du thorax. Les sept paires de côtes supérieures, appelées **vraies côtes** ou **côtes sternales,** sont jointes chacune au sternum par des cartilages costaux (segments de cartilage hyalin). Les huitième, neuvième et dixième paires de côtes, ou **fausses côtes,** s'attachent indirectement au sternum par le cartilage costal commun qui les relie au cartilage costal situé juste au-dessus. Les onzième et douzième paires de côtes sont dites **côtes flottantes** car elles n'ont pas de point d'ancrage antérieur sur le sternum. La longueur des côtes augmente progressivement de la première à la septième paire, puis diminue de la huitième à la douzième.

La côte typique est un os plat recourbé (figure 7.20). Le *corps de la côte* possède un bord supérieur lisse et un bord inférieur mince et tranchant, déprimé sur sa face interne par le *sillon de la côte* qui reçoit les nerfs et vaisseaux intercostaux. La côte comprend également une tête, un col et un tubercule. La *tête de la côte,* en forme de coin, à l'extrémité postérieure, montre une surface articulaire composée de deux facettes: l'une s'articule avec la fosse costale supérieure du corps de la vertèbre thoracique de même rang, l'autre avec la fosse costale inférieure du corps de la vertèbre située juste au-dessus. Le *col de la côte* est la partie étranglée qui soutient la tête. À côté de lui, le *tubercule de la côte* présente une surface arrondie qui s'articule avec l'apophyse transverse (fosse costale transversaire) de la vertèbre thoracique de même rang. Au-delà du tubercule, le corps de la côte se recourbe brusquement (angle de la côte) vers l'avant pour se fixer enfin à son cartilage costal. Les cartilages costaux constituent des points d'ancrage, solides mais flexibles, entre le sternum et les côtes.

Toutes les côtes n'offrent pas exactement ce profil. Ainsi, la première paire de côtes est aplatie et assez large; les première, dixième, onzième et douzième paires s'articulent avec un seul corps vertébral; les onzième et douzième paires ne s'articulent pas avec les apophyses transverses des vertèbres correspondantes. Les côtes sont faciles à percevoir chez une personne de poids normal, à l'exception de la première paire qui se trouve loin sous la clavicule.

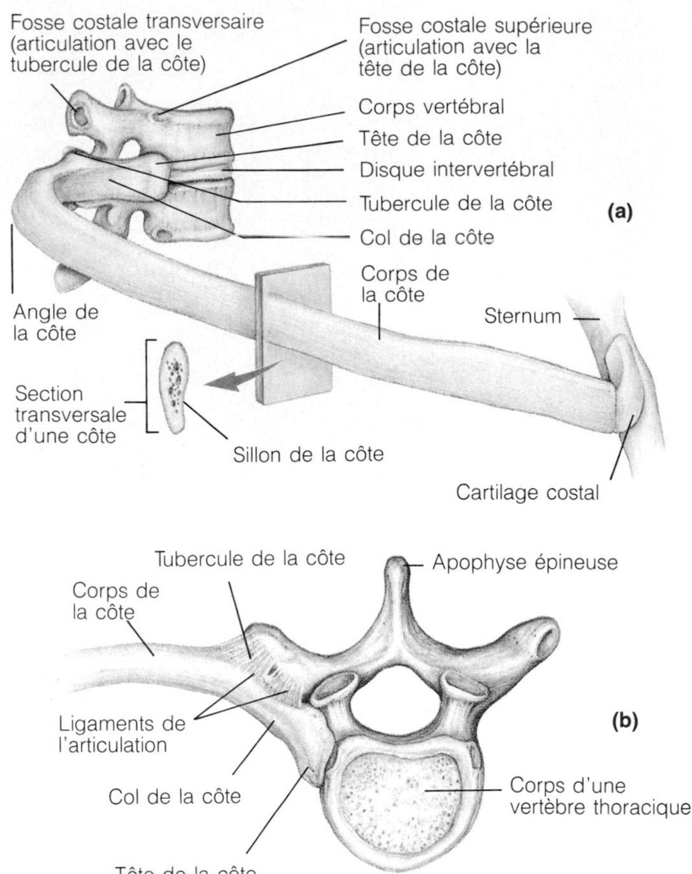

Figure 7.20 Structure d'une vraie côte et de ses articulations. (**a**) Articulations vertébrale et sternale d'une vraie côte. (**b**) Vue supérieure de l'articulation entre une côte et une vertèbre thoracique.

DEUXIÈME PARTIE: LE SQUELETTE APPENDICULAIRE

Les os du **squelette appendiculaire** (c'est-à-dire des membres supérieurs et inférieurs) sont suspendus à des structures qui ressemblent à des jougs, les ceintures osseuses, elles-mêmes fixées au squelette axial. Les os du squelette appendiculaire sont donc «appendus» à l'axe longitudinal du corps (la colonne vertébrale) comme leur nom l'indique (voir la figure 7.1). Les *ceintures scapulaires* fixent les membres supérieurs au tronc, tandis que les os des membres inférieurs sont rattachés à la *ceinture pelvienne.* Cette dernière est plus robuste car elle doit soutenir l'ensemble des structures anatomiques qui sont situées au-dessus. Les os des membres supérieurs et inférieurs ne possèdent ni les mêmes fonctions ni la même mobilité. Mais chaque membre présente une structure similaire, c'est-à-dire trois segments principaux reliés entre eux par des articulations libres.

Le squelette axial est le pilier central du corps humain et il protège les organes internes. Les os du squelette appendiculaire sont adaptés aux mouvements de manipulation et de rotation caractéristiques de notre mode de vie. Ce sont eux qui nous permettent des gestes simples comme monter un escalier, lancer une balle ou placer un caramel dans sa bouche.

Ceinture scapulaire (pectorale)

La **ceinture scapulaire** (aussi appelée ceinture pectorale ou ceinture du membre supérieur) est constituée de deux os, la *clavicule* en avant et la *scapula* (omoplate) en arrière (figure 7.21 et tableau 7.4, p. 216). Les deux ceintures scapulaires et les muscles associés forment les épaules. Le mot *ceinture* ne décrit pas tout à fait la réalité: seules ou ensemble, les ceintures scapulaires ne «ceinturent» pas le corps. En effet, l'extrémité interne de chaque clavicule s'articule antérieurement avec le sternum et l'extrémité externe, latéralement avec la scapula. Cependant, les scapulas ne bouclent pas le cercle: seuls les muscles squelettiques qui les recouvrent les attachent au thorax et à la colonne vertébrale.

Les ceintures scapulaires relient les membres supérieurs au squelette axial et offrent des points d'insertion à plusieurs muscles squelettiques (moteurs) rattachés aux os des bras. Très légères, elles procurent aux membres supérieurs une flexibilité et une mobilité uniques, pour les raisons suivantes:

1. Les articulations sterno-claviculaires représentent le seul point d'attache antérieur des ceintures scapulaires au squelette axial. Celles-ci ne sont donc pas fixées aux vertèbres de la colonne vertébrale.
2. La laxité relative des fixations scapulaires permet aux scapulas de se mouvoir assez librement. Elles peuvent s'élever, s'abaisser et se déplacer latéralement grâce aux muscles qui y sont attachés.
3. La cavité articulaire de l'épaule (cavité glénoïdale de la scapula) est petite, peu profonde et faiblement maintenue par des ligaments, d'où une bonne flexibilité mais une mauvaise stabilité, responsable de la fréquence des luxations de l'épaule.

Clavicules

Les **clavicules** sont des os longs minces, incurvés en S, que l'on peut palper sur toute leur longueur, en haut du thorax (figure 7.21a, b et c). L'**extrémité sternale** (interne) de chaque clavicule est massive et s'articule avec le manubrium sternal, tandis que l'**extrémité acromiale** (externe) est aplatie et s'articule avec l'acromion de la scapula. Les deux tiers internes de la clavicule sont convexes vers l'avant, le tiers externe concave vers l'avant. La face supérieure est lisse alors que la face inférieure est irrégulière. Les clavicules offrent des points d'insertion à de nombreux muscles du thorax et de l'épaule, et maintiennent les scapulas et les membres supérieurs écartés de la partie supérieure du thorax. Cette dernière fonction devient évidente en cas de fracture de la clavicule: toute la région de l'épaule s'effondre alors vers l'intérieur. Les clavicules transmettent également au squelette axial les forces exercées sur les membres supérieurs. Mais elles résistent mal à la compression et peuvent se fracturer, par exemple lors d'une chute amortie par les bras tendus. La courbure particulière de la clavicule favorise les fractures antérieures plutôt que postérieures ou internes (qui blesseraient l'artère subclavière desservant le membre supérieur). Les clavicules sont particulièrement sensibles à la traction musculaire; elles deviennent sensiblement plus grandes et plus solides chez les personnes qui exercent un travail manuel sollicitant les muscles des bras et des épaules.

Scapulas

Les **scapulas** (omoplates) sont des os plats et triangulaires, placés sur la partie dorsale du thorax entre les deuxièmes et septièmes côtes (figure 7.21d, e et f). Chaque scapula présente trois bords: le *bord supérieur* (*cervical*), le plus court et le plus aigu, le *bord médial* (*spinal*), parallèle à la colonne vertébrale, et le *bord latéral* (*axillaire*), contre l'aisselle, qui abrite une petite cavité articulaire superficielle, la **cavité glénoïdale de la scapula.** Cette dernière s'articule avec l'humérus du bras pour former l'articulation de l'épaule, qui est relativement instable. Le bord supérieur rejoint le bord médial au niveau de l'*angle supérieur* et le bord latéral, au niveau de l'*angle latéral.* Les bords médial et latéral se rejoignent au niveau de *l'angle inférieur.* Ce dernier se déplace considérablement quand on lève le bras et représente un repère anatomique important dans l'étude des mouvements scapulaires.

La face antérieure, ou costale, de la scapula est concave et sans particularités notables. Sa face postérieure possède une épine proéminente appelée **épine scapulaire,** que l'on perçoit facilement sous la peau. L'épine se termine latéralement par une large apophyse rugueuse, l'**acromion,** qui s'articule avec l'extrémité acromiale de la clavicule, formant ainsi l'**articulation acromio-claviculaire.** Cette dernière, de la taille de l'articulation du gros orteil, joue pourtant un rôle majeur dans la fixation du membre supérieur au tronc. En dépit de son nom, l'**apophyse coracoïde** ne ressemble pas à un bec (*kôrax* = corbeau), mais plutôt à un petit doigt recourbé; elle fait saillie vers l'avant depuis le bord supérieur de la scapula. Elle participe à la fixation du muscle biceps brachial, et est limitée intérieurement par l'**incisure scapulaire** (gouttière nerveuse) et extérieurement par la cavité glénoïdale de la scapula. De vastes dépressions, ou fosses, peu profondes, sont visibles sur les deux faces de la scapula et désignées suivant leur situation: les **fosses infra-épineuse** et **supra-épineuse** sont situés sur la face postérieure de la scapula, respectivement au-dessous et au-dessus de l'épine scapulaire, et la **fosse subscapulaire** sur la face antérieure de la scapula.

Membre supérieur

Trente os distincts forment le squelette de chaque membre supérieur (voir les figures 7.22 à 7.24 et le tableau 7.4, p. 216). Ils se répartissent entre le bras, l'avant-bras et la main. (Rappelez-vous que le terme «bras» en anatomie désigne uniquement la partie du membre supérieur située entre l'épaule et le coude.)

Bras

L'**humérus,** l'unique os du bras, est un os long typique (figure 7.22), le plus long et le plus volumineux du membre supérieur. Son épiphyse proximale s'articule avec la scapula au niveau de l'épaule alors que son épiphyse distale s'articule avec le radius et le cubitus (os de l'avant-bras) au niveau du coude.

La **tête de l'humérus** se trouve à son épiphyse proximale; elle est hémisphérique et lisse. Elle s'insère dans la cavité glénoïdale de la scapula de façon à laisser pendre librement le bras. Le **col anatomique de l'humérus** représente la partie rétrécie qui supporte la tête. Sous ce col, le **grand tubercule** de l'humérus (externe) et le **petit**

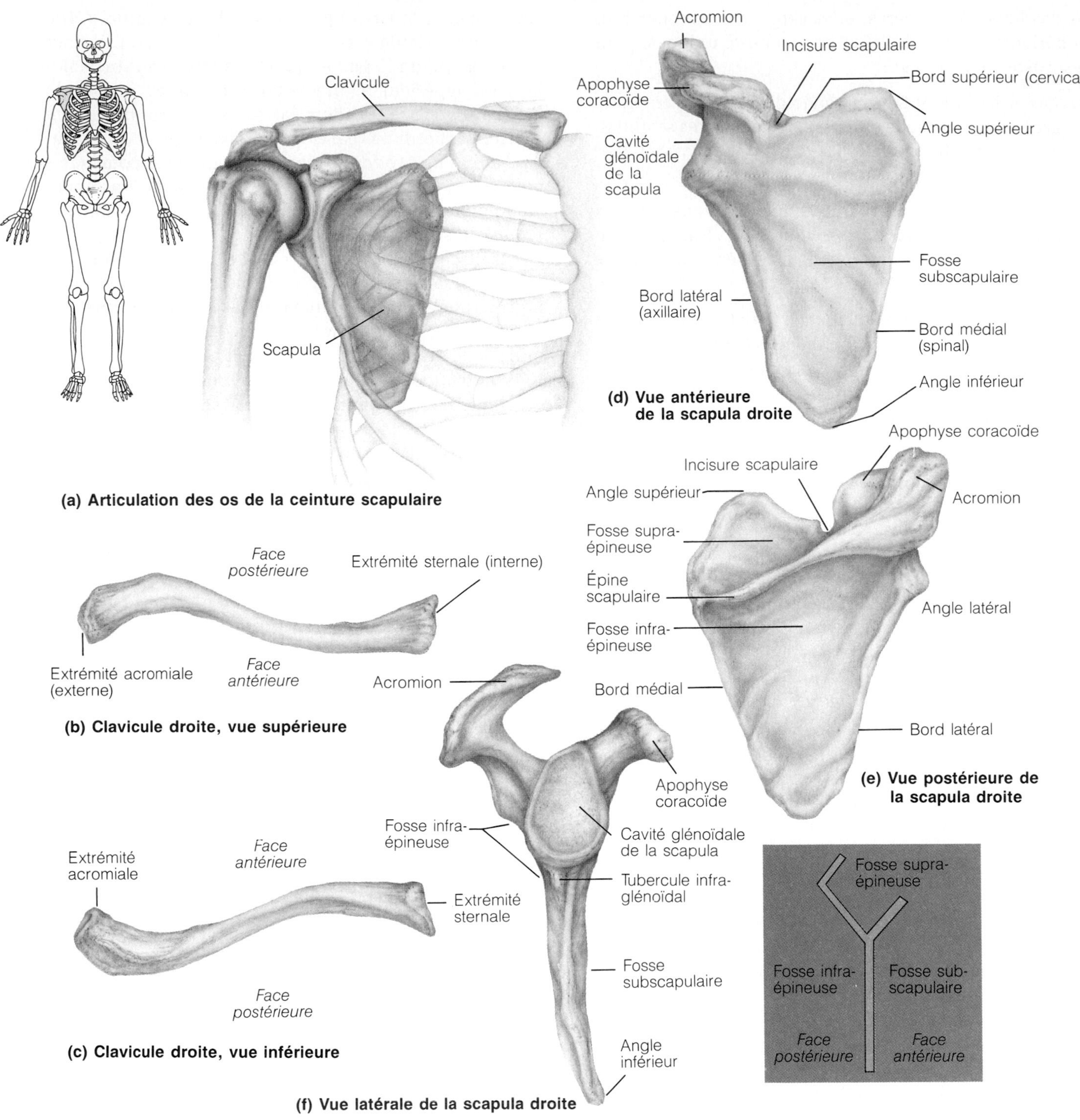

Figure 7.21 Os de la ceinture scapulaire.

tubercule de l'humérus (interne) sont séparés par le **sillon intertuberculaire.** Les tubercules servent de points d'insertion musculaire, tandis que le sillon intertuberculaire guide un tendon du muscle biceps brachial jusqu'à son point d'insertion au bord de la cavité glénoïdale. Au-delà des tubercules, à la jonction épiphyse-diaphyse, on rencontre le **col chirurgical de l'humérus,** ainsi nommé parce qu'il est sa partie la plus souvent fracturée. Le corps de l'humérus est cylindrique dans sa partie proximale et triangulaire en coupe transversale dans sa partie distale où il présente des arêtes latérales. À mi-chemin environ de la diaphyse, sur la face latérale, la **tubérosité deltoïdienne** est le point d'insertion d'aspect rugueux du gros muscle deltoïde de l'épaule. Le **sillon du nerf radial** traverse obliquement la face postérieure du corps de l'humérus.

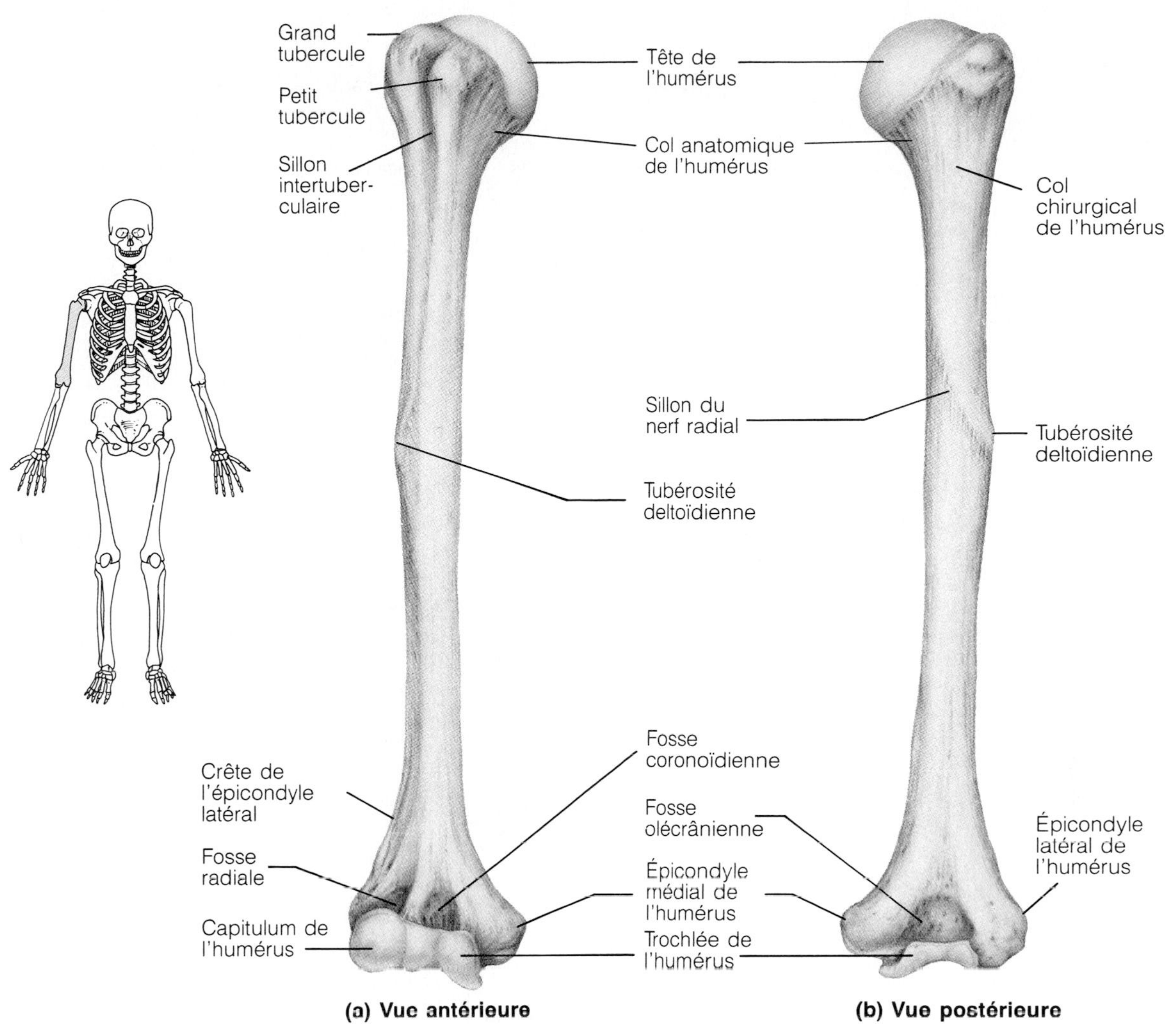

Figure 7.22 Humérus. (**a**) Vue antérieure de l'humérus droit. (**b**) Vue postérieure de l'humérus droit

Le condyle de l'humérus (son extrémité distale) présente deux surfaces articulaires et deux surfaces non articulaires. Les deux surfaces articulaires sont constituées par la **trochlée** et le **capitulum**; elles sont arrondies et s'articulent avec les extrémités proximales du cubitus et du radius respectivement. De part et d'autre se trouvent deux saillies osseuses, l'**épicondyle médial de l'humérus** (interne) et l'**épicondyle latéral de l'humérus** (externe), deux surfaces non articulaires qui servent de point d'attache aux muscles et ligaments (articulation du coude). Le nerf cubital passe derrière l'épicondyle médial et est responsable du fourmillement douloureux ressenti quand on se cogne le coude. Au-dessus de la trochlée, la **fosse coronoïdienne** déprime la face antérieure et la **fosse olécrânienne,** bien plus profonde, la face postérieure. Ces deux dépressions permettent aux apophyses correspondantes du cubitus de jouer librement lorsque le coude est fléchi ou étendu. La petite **fosse radiale,** du côté externe à la fosse coronoïdienne, reçoit la tête du radius quand le coude est fléchi.

Avant-bras

Deux os longs parallèles, le *radius* et le *cubitus,* constituent le squelette de l'avant-bras (figure 7.23). On peut facilement les palper sur toute leur longueur, sauf sur un avant-bras particulièrement musclé. Leurs extrémités proximales s'articulent avec l'humérus, leurs extrémités distales avec les os du poignet. Le radius et le cubitus se joignent l'un à l'autre en haut et en bas au niveau des petites **articulations radio-cubitale supérieure** et **inférieure.** La **membrane interosseuse antébrachiale** est une membrane flexible qui relie ces deux os sur toute leur longueur. En position anatomique, le radius est externe (du côté du pouce) et le cubitus interne. Mais quand on tourne la paume vers l'arrière (mouvement appelé pronation), l'extrémité distale du radius croise le cubitus et les deux os dessinent alors un X (voir la figure 8.7a, p. 232).

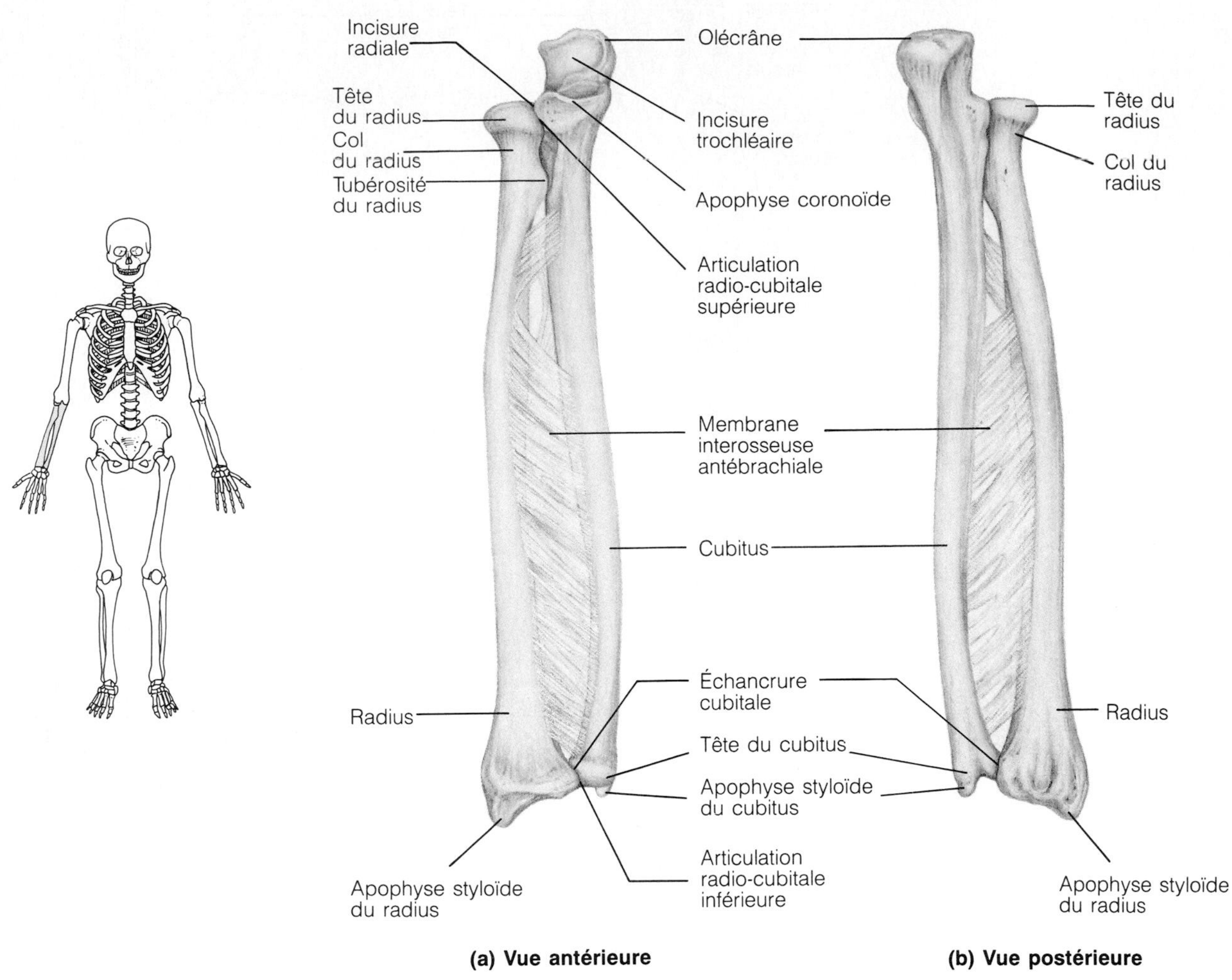

Figure 7.23 Os de l'avant-bras. (**a**) Vue antérieure du radius et du cubitus de l'avant-bras droit en position anatomique, et de la membrane interosseuse antébrachiale. (**b**) Vue postérieure du radius et du cubitus de l'avant-bras droit.

Cubitus

Le **cubitus** (ou ulna) est un peu plus long que le radius et participe surtout, avec l'humérus, à la formation de l'articulation du coude. Son extrémité proximale ressemble à la tête d'une clé à molette et porte deux apophyses proéminentes, l'**olécrâne** (coude) et l'**apophyse coronoïde** du cubitus, qui circonscrivent une grande excavation articulaire appelée **incisure trochléaire** (voir la figure 7.23). L'incisure trochléaire s'articule avec la trochlée de l'humérus alors que le capitulum reçoit la fossette articulaire de la tête du radius, formant ainsi une articulation stable qui permet à l'avant-bras de se replier sur le bras ou de s'étendre. Lorsque le bras est en complète extension, l'olécrâne «verrouille» la fosse olécrânienne et empêche toute hyperextension de l'avant-bras (c'est-à-dire la continuation du mouvement vers l'arrière, au-delà de l'articulation du coude). La partie postérieure de l'apophyse olécrânienne constitue l'angle du coude, avant-bras fléchi, et la partie osseuse que l'on peut appuyer sur une table. Du côté externe de l'apophyse coronoïde se trouve une surface concave, l'**incisure radiale** du cubitus, dans laquelle vient s'insérer la face latérale du radius.

Le corps du cubitus est triangulaire et côtelé. Il se rétrécit dans sa partie distale (au niveau du poignet) jusqu'à la **tête du cubitus**, arrondie et plus petite. La face interne de la tête porte l'**apophyse styloïde du cubitus**, d'où part un ligament vers le poignet; le côté externe de la tête se joint au radius pour former l'articulation radio-cubitale inférieure. La tête du cubitus est séparée des os du poignet par un disque fibrocartilagineux; elle joue un rôle négligeable dans les mouvements de la main.

Radius

Le **radius** est triangulaire en coupe transversale; il présente également des arêtes longitudinales. La **tête du**

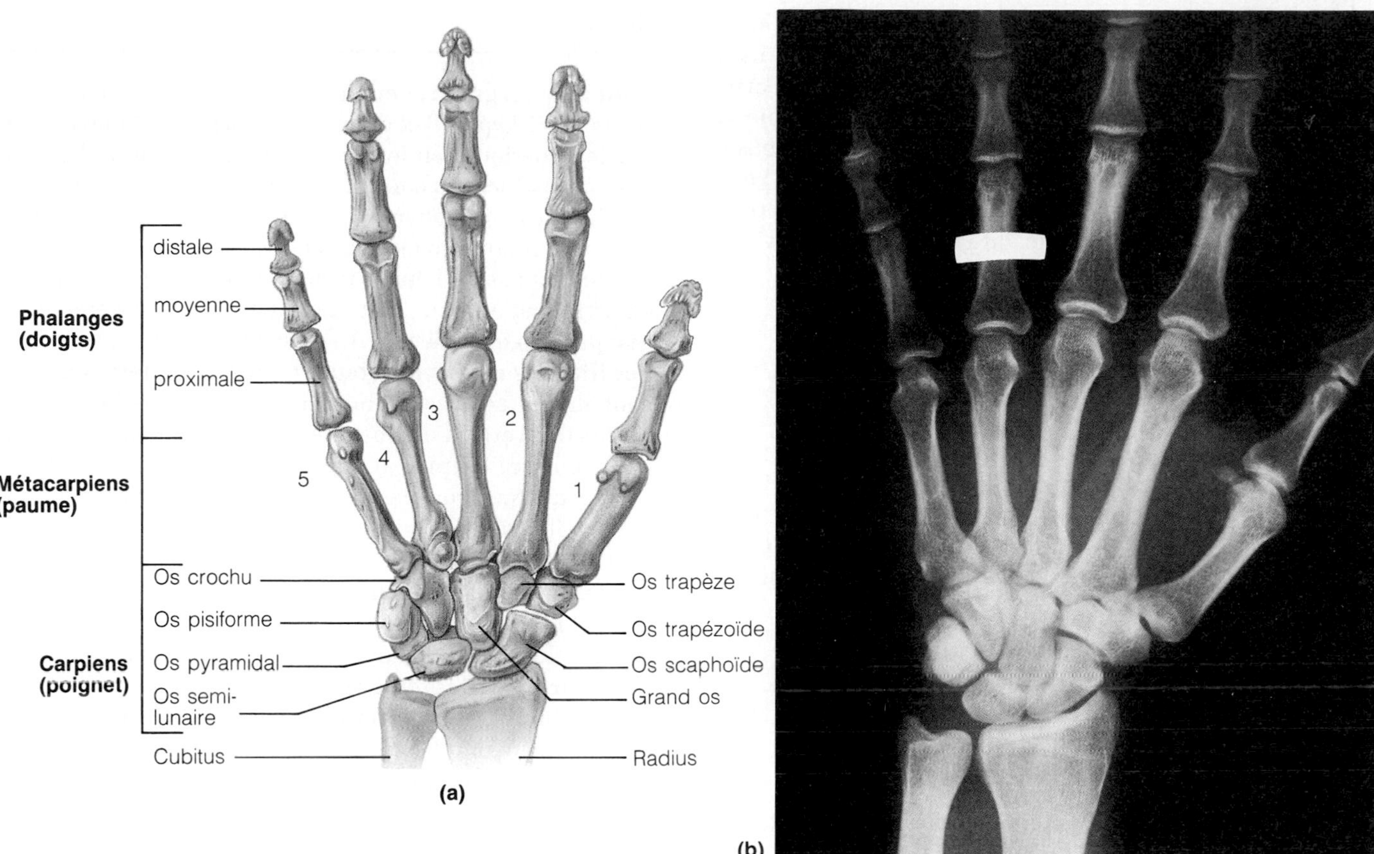

Figure 7.24 Os de la main. (**a**) Vue ventrale de la main droite montrant les relations anatomiques des carpiens, métacarpiens et phalanges. (**b**) Radiographie de la main droite. La bande blanche sur la première phalange de l'annulaire correspond à l'endroit où l'on porte une alliance.

radius (épiphyse proximale) a la forme d'une bobine de fil (voir la figure 7.23), dont la face supérieure concave, la fossette articulaire de la tête du radius, s'articule avec le capitulum de l'humérus. De plus, la partie latérale interne de la tête s'insère dans l'incisure radiale du cubitus. La **tubérosité du radius** apparaît en relief près de la tête; elle fournit le point d'insertion du muscle biceps brachial. L'extrémité distale du radius est élargie. L'**échancrure cubitale** du radius permet l'articulation de son épiphyse distale avec celle du cubitus. L'**apophyse styloïde du radius** (externe) procure un point d'insertion des ligaments de la main. Entre ces deux repères, le radius présente une surface articulaire concave (surface articulaire carpienne) qui se lie à deux des os carpiens du poignet. Si le cubitus joue un rôle majeur dans l'articulation du coude, le radius revêt une importance considérable dans l'articulation du poignet, puisque la main est solidaire du radius.

Main

Le squelette de la main comprend les os du carpe (poignet), les os du métacarpe (paume) et les phalanges (doigts) (figure 7.24).

Carpe (poignet)

On porte sa montre en principe au poignet, au bout de l'avant-bras, c'est-à-dire à l'extrémité distale du radius et du cubitus. Le poignet, ou **carpe,** est la partie proximale de ce que l'on appelle couramment la «main». Le carpe est un ensemble de huit os courts, ou **os carpiens,** de la taille d'une bille, étroitement unis par des ligaments et d'une assez grande mobilité les uns par rapport aux autres. Le poignet est donc assez souple. Les carpiens sont disposés sur deux rangées de quatre os chacune (figure 7.24). Les os de la rangée proximale sont, de l'extérieur vers l'intérieur, l'**os scaphoïde,** l'**os semi-lunaire,** l'**os pyramidal** et l'**os pisiforme.** Seuls les os scaphoïde et semi-lunaire s'articulent avec le radius pour former l'articulation du poignet. Les carpiens de la rangée distale sont, de l'extérieur vers l'intérieur, l'**os trapèze,** l'**os trapézoïde,** le **grand os** et l'**os crochu.**

Métacarpe (paume)

La paume de la main est composée de cinq **os métacarpiens** disposés en éventail à partir du poignet (voir la figure 7.24). Ces petits os longs n'ont pas reçu de nom mais sont numérotés de 1 à 5, du pouce à l'auriculaire. Les **bases** des métacarpiens s'articulent les unes avec les autres, mais aussi avec les carpiens du côté proximal et avec les phalanges des doigts par leurs **têtes** arrondies. Poing serré, les têtes des métacarpiens deviennent proéminentes: ce sont les *jointures.* Le premier métacarpien, solidaire du pouce, est le plus petit et le plus mobile. Il ne se trouve pas dans le même plan que les autres mais dans une position plus antérieure. Par conséquent, l'articulation entre le premier métacarpien et les os carpiens est la seule articulation en selle qui permette *l'opposition,* c'est-à-dire l'action de toucher avec le pouce le bout des autres doigts. C'est d'ailleurs ce mouvement qui procure à la main humaine l'efficacité requise pour saisir et manipuler des objets.

Phalanges (doigts)

Les **doigts** sont numérotés de 1 à 5 à partir du pouce, le troisième doigt étant en général le plus long. Chaque main comprend 14 os longs miniatures appelés **phalanges.** Chaque doigt, sauf le pouce, possède trois phalanges: une phalange distale, une phalange moyenne et une phalange proximale. Le pouce n'a pas de phalange moyenne.

Ceinture pelvienne

La **ceinture pelvienne** (aussi appelée ceinture du menbre inférieur) soutient les viscères de la cavité pelvienne et relie les membres inférieurs au squelette axial. Cette articulation permet de transférer le poids du corps jusqu'aux pieds (figure 7.25 et tableau 7.4). On a vu que la ceinture scapulaire peut se déplacer assez librement par rapport au thorax et conférer une grande mobilité aux membres supérieurs. La ceinture pelvienne, quant à elle, est fixée au squelette axial par les ligaments les plus solides du corps humain. Ses cavités articulaires, sur lesquelles s'articulent les os de la cuisse, sont profondes, arrondies et consolidées par des ligaments. Même si les articulations de l'épaule et de la hanche sont analogues, rares sont les personnes capables de mouvoir les jambes et les bras avec la même aisance.

La ceinture pelvienne est formée de deux **os iliaques** symétriques, appelés aussi **os coxaux** (*coxa* = hanche) ou, plus couramment, **os de la hanche** (figure 7.25). Ils s'articulent antérieurement l'un à l'autre au niveau de la symphyse pubienne et postérieurement aux ailes du sacrum (apophyses transverses des vertèbres). Le **bassin** doit son nom à sa forme; cette structure profonde est aussi appelée **pelvis** et associe les os iliaques, le sacrum et le coccyx. Chaque os iliaque présente un contour irrégulier et provient de la fusion de trois os distincts chez l'enfant: l'ilion, l'ischion et le pubis. Chez l'adulte, ces os sont intimement soudés et aucune ligne de suture n'est visible. On conserve toutefois leur nom pour désigner les différentes régions de l'os iliaque. Au point de jonction de l'ilion, de l'ischion et du pubis, sur la face externe de l'os iliaque, existe une profonde cuvette hémisphérique appelée **fosse acétabulaire** (voir la figure 7.25b). Une partie de cette cavité, l'**acétabulum,** reçoit la tête du fémur, l'os de la cuisse.

Ilion

L'**ilion** est un grand os évasé qui constitue la majeure partie de l'os iliaque. Il comprend un **corps de l'ilion** et une partie supérieure en forme d'aile, appelée **aile iliaque.** On peut palper ses bords supérieurs plus épais, les **crêtes iliaques,** en mettant les mains sur les hanches. Chaque crête iliaque se termine en avant et en haut par une saillie émoussée, l'**épine iliaque antéro-supérieure,** et, en arrière et en haut, par une saillie aiguë, l'**épine iliaque postéro-supérieure.** Au-dessous se trouvent les **épines iliaques antéro-inférieure** et **postéro-inférieure,** qui sont moins accusées. Tous ces reliefs constituent des points d'insertion des muscles du tronc, de la hanche et de la cuisse. L'épine iliaque antéro-supérieure est un repère anatomique particulièrement important, qu'on peut facilement toucher et voir à travers la peau lorsqu'une personne est étendue sur le dos (figure 7.26a). L'épine iliaque postéro-supérieure est plus difficile à palper, mais elle est révélée par la fossette de la région sacrée (figure 7.26b). Juste en dessous de l'épine iliaque postéro-inférieure, l'ilion se creuse profondément pour former la **grande incisure ischiatique** qu'emprunte le nerf sciatique pour pénétrer dans la cuisse. La face latéro-postérieure de l'ilion, ou **fosse iliaque externe,** présente trois lignes: les **lignes glutéales postérieure, antérieure** et **inférieure** sur lesquelles s'insèrent les muscles fessiers.

La face interne de l'aile iliaque, légèrement concave, se nomme **fosse iliaque interne.** Plus en arrière, la **surface auriculaire,** d'aspect rugueux, s'articule avec l'aile du sacrum pour former l'articulation sacro-iliaque, qui transfère le poids du tronc de la colonne vertébrale au bassin. La **ligne innominée** court depuis la surface auriculaire vers le bas et l'avant de l'os iliaque, pour délimiter avec le promontoire du sacrum le **détroit supérieur du bassin**; ce dernier constitue la limite supérieure du *petit bassin,* que nous décrivons plus loin. À l'avant, le corps de l'ilion rejoint l'ischion et le pubis.

Ischion

L'**ischion** représente la partie postéro-inférieure de l'os iliaque (voir la figure 7.25). En forme d'arc de cercle ou de L irrégulier, il comprend dans sa partie supérieure le **corps de l'ischion,** épais, soudé à l'ilion, et, dans sa partie antérieure, une **branche de l'ischion** plus mince qui rejoint le pubis. L'ischion présente trois repères importants: l'épine ischiatique, la petite incisure ischiatique et la tubérosité ischiatique. L'**épine ischiatique** fait saillie jusque dans la cavité pelvienne et sert de point d'insertion à un ligament important, le ligament sacro-épineux, qui relie cette épine au sacrum. La **petite incisure ischiatique** se trouve juste en dessous; elle est traversée par plusieurs nerfs et vaisseaux sanguins qui cheminent jusqu'au bassin et à la cuisse. La face inférieure s'épaissit pour donner la **tubérosité ischiatique** (voir la figure 7.25b). Les deux tubérosités ischiatiques sont les os les plus solides des hanches et supportent entièrement le poids du corps en position assise.

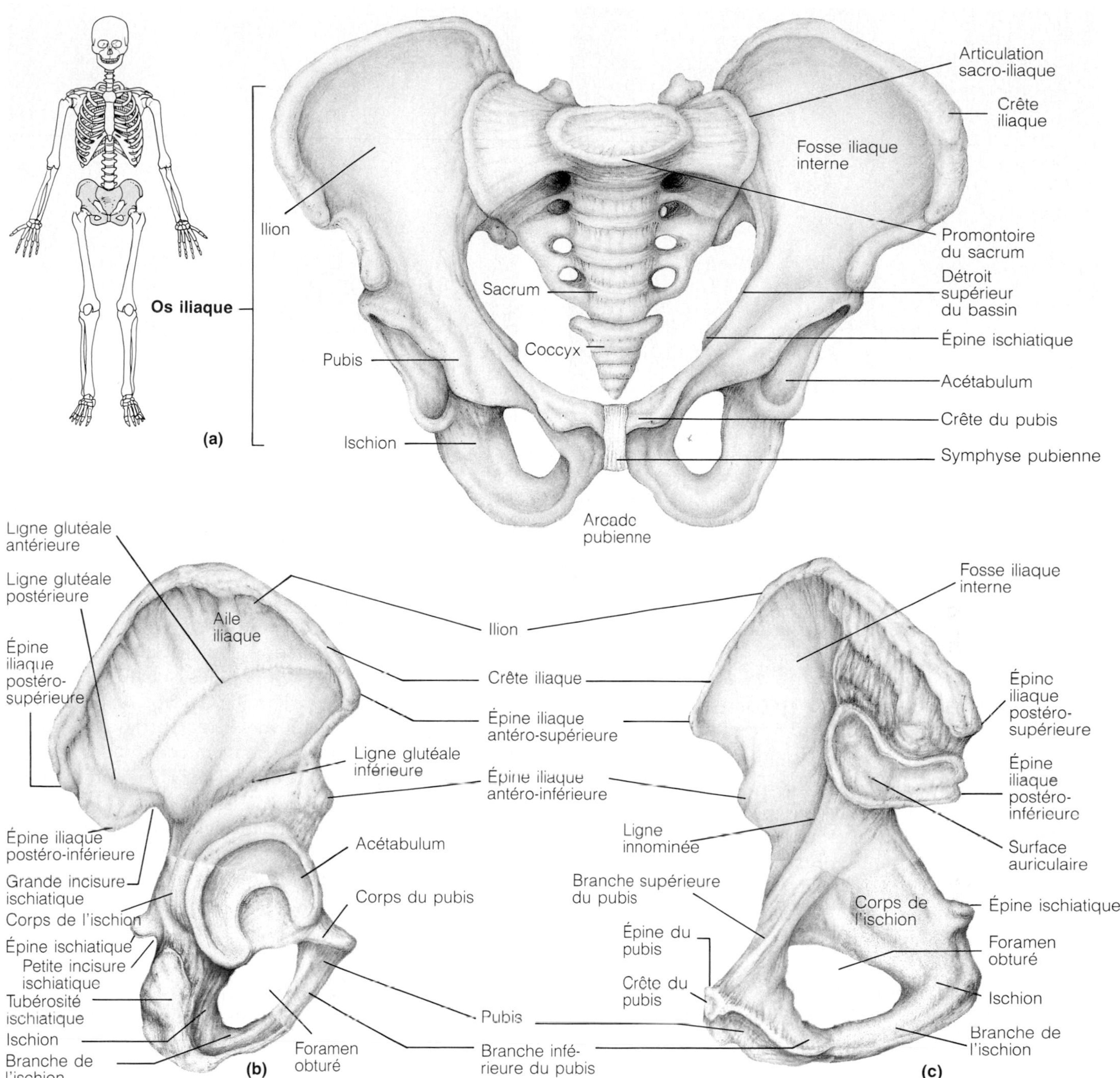

Figure 7.25 Os de la ceinture pelvienne. (**a**) Bassin en position anatomique montrant les deux os iliaques et le sacrum. (**b**) Vue externe de l'os iliaque droit montrant le point de jonction de l'ilion, de l'ischion et du pubis au niveau de la fosse acétabulaire. (**c**) Vue interne de l'os iliaque droit.

Pubis

Le **pubis** constitue la partie antérieure de l'os iliaque (voir la figure 7.25). Il a la forme d'un V, avec le **corps du pubis** médian aplati prolongé par la **branche supérieure du pubis** et la **branche inférieure du pubis.** En position anatomique, il est quasi horizontal et soutient la vessie. Le corps du pubis est central, avec un bord antérieur épaissi appelé **crête du pubis.** À l'extrémité externe de cette crête, l'**épine du pubis** constitue le principal point d'insertion pelvien du ligament inguinal. La branche supérieure du pubis remonte pour rejoindre l'ilion et sa branche inférieure rejoint la branche de l'ischion : elles délimitent ainsi dans l'os iliaque une grande ouverture, appelée **foramen obturé.** Une membrane fibreuse obstrue ce trou, ne laissant passage qu'à quelques nerfs et vaisseaux sanguins.

La symphyse pubienne représente l'articulation antérieure des deux os iliaques. Elle consiste en un disque cartilagineux qui relie la surface symphysaire de ces os. En dessous, les branches inférieures des os pubiens

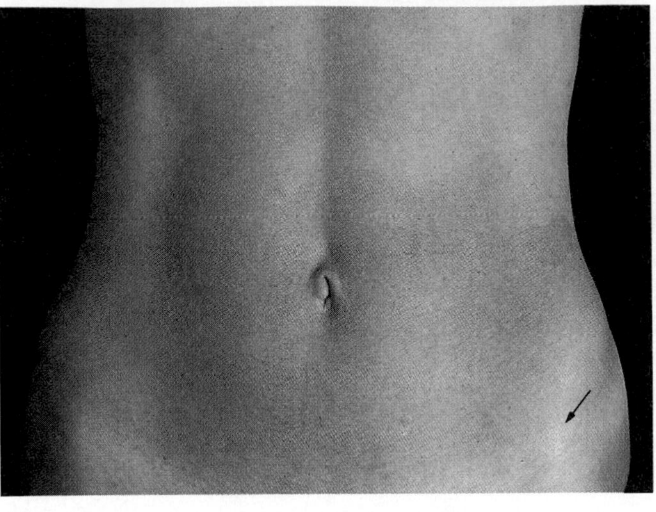

(a)

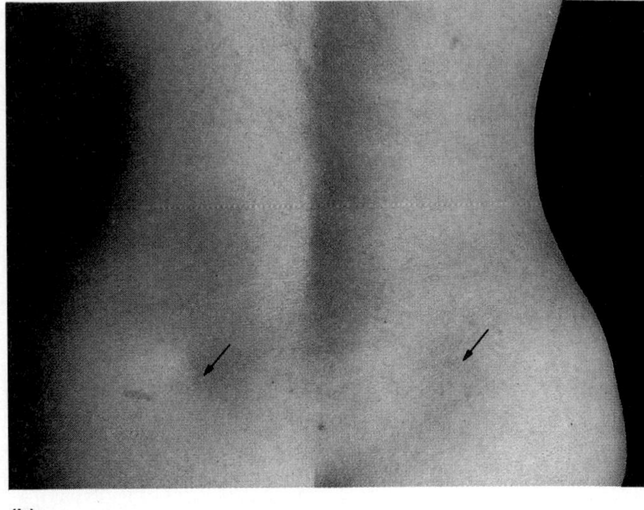

(b)

Figure 7.26 Anatomie de surface du bassin. (**a**) Vue antérieure montrant la saillie de l'épine iliaque antéro-supérieure gauche. (**b**) Vue postérieure montrant la position des épines iliaques postéro-supérieures. La fixation du fascia profond aux épines postérieures creuse des fossettes dans la peau au niveau de la deuxième vertèbre sacrée.

forment une arcade en V inversée, l'**arcade pubienne** (ouverture inférieure du bassin) (figure 7.25), dont l'ouverture permet de différencier les bassins masculin et féminin (tableau 7.3).

Structure du bassin et grossesse

Les différences entre les bassins masculin et féminin sont telles qu'une anatomiste expérimentée détermine immédiatement le sexe d'un squelette par simple examen du bassin. Le bassin féminin est adapté à la grossesse : il est plus large, moins profond, plus léger et plus arrondi que celui de l'homme. En effet, il doit s'ajuster à la croissance fœtale et être suffisamment large pour laisser passer la tête assez volumineuse de l'enfant à la naissance. Le tableau 7.3 résume et illustre les principales différences entre les bassins masculin et féminin.

On peut diviser le bassin en petit bassin et grand bassin. Le **grand bassin** est la partie située au-dessus de l'ouverture supérieure du pelvis, limitée latéralement par les ailes iliaques et postérieurement par les ailes du sacrum et la 5e vertèbre lombaire. Le grand bassin appartient en réalité à l'abdomen et soutient les viscères abdominaux (tout en permettant l'accouchement). Le **petit bassin,** sous le détroit supérieur, est circonscrit de tous côtés par des os et forme une sorte de coupe profonde, qui renferme les organes pelviens. Ses dimensions, notamment celles des détroits supérieur et inférieur, se révèlent très importantes au moment de l'accouchement et sont soigneusement mesurées par l'obstétricien.

La plus grande dimension du **détroit supérieur** s'étend de droite à gauche dans un plan frontal (voir le tableau 7.3). Au début du travail, la tête de l'enfant pénètre dans le détroit supérieur, le front face à un os iliaque et l'occiput face à l'autre. Un promontoire du sacrum trop important peut gêner l'entrée de l'enfant dans le petit bassin. Le **détroit inférieur** (dont une photographie est montrée au bas du tableau 7.3) indique la limite inférieure du petit bassin. Il est bordé en avant par l'arcade pubienne, sur les côtés par les ischions et en arrière par le sacrum et le coccyx. Le coccyx et les épines ischiatiques s'avancent dans l'ouverture du détroit, si bien qu'un coccyx trop anguleux (qui se projette vers l'intérieur) ou des épines ischiatiques trop pointues peuvent compliquer l'accouchement. La plus grande dimension du détroit inférieur est son diamètre antéro-postérieur. Quand le bébé passe la tête dans le détroit supérieur, il la tourne pour amener le front en arrière et l'occiput en avant. De cette façon, la tête passe par les endroits les plus larges du petit bassin.

Membre inférieur

Les membres inférieurs supportent entièrement le poids du corps en position debout. Ils sont soumis à des forces exceptionnelles, lors d'un saut ou d'une course par exemple, et il n'est donc pas surprenant que leurs os soient plus massifs et plus forts que ceux des membres supérieurs. Ils sont spécialement conçus pour assurer la stabilité et le soutien du corps, alors que les membres supérieurs, plus légers, sont particulièrement adaptés pour la flexibilité et la mobilité. Le membre inférieur compte trois segments : la cuisse, la jambe et le pied (voir le tableau 7.4, p. 217).

Cuisse

Le **fémur,** l'unique os de la cuisse (figure 7.27), est le plus gros, le plus long et le plus fort de tous les os du corps. Sa robustesse lui permet de supporter des pressions

Tableau 7.3 Comparaison des bassins masculin et féminin

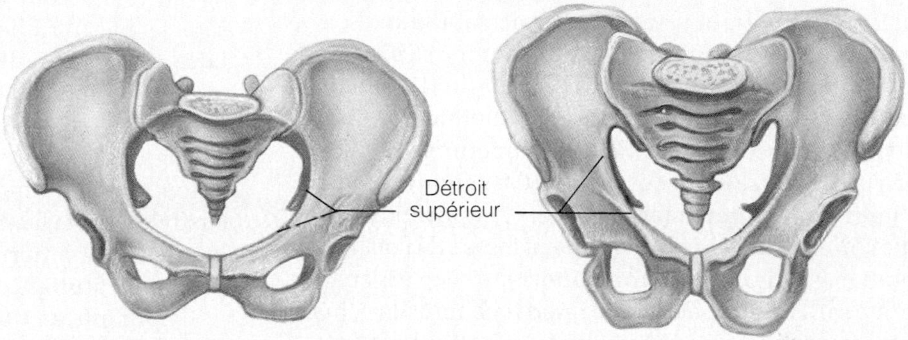

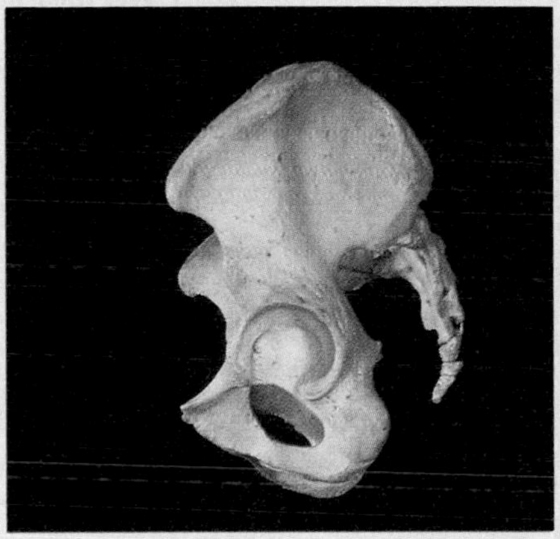

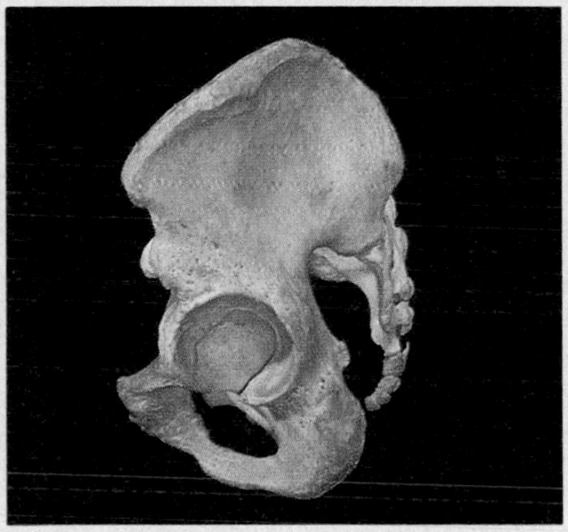

Caractéristiques	Femme	Homme
Structure générale et modifications fonctionnelles	Incliné vers l'avant; adapté à la grossesse; le petit bassin constitue la filière pelvi-génitale; l'ouverture du petit bassin est large, peu profonde et plus importante	Moins incliné vers l'avant; adapté au soutien d'un corps plus lourd et de muscles plus forts; l'ouverture du petit bassin est étroite et profonde
Dimensions des os	Os lisses, plus légers et plus minces	Repères marqués, os plus épais et plus lourds
Fosses acétabulaires	Petites; écartées	Grandes; rapprochées
Angle pubien/arcade pubienne	Angle ouvert (80° à 90°); arcade arrondie	Angle fermé (50° à 60°)
Vue antérieure	Détroit supérieur	
Sacrum	Large, court; la courbure sacrée est plus marquée	Étroit, long; le promontoire du sacrum est plus ventral
Coccyx	Mobile; droit	Peu mobile; incurvé vers l'avant
Vue latérale gauche		
Détroit supérieur	Large, ovale	Étroit, en forme de cœur
Détroit inférieur	Large; tubérosités ischiatiques courtes, espacées et aplaties	Étroit, tubérosités ischiatiques allongées, aiguës et tournées vers l'intérieur
Vue postéro-inférieure		

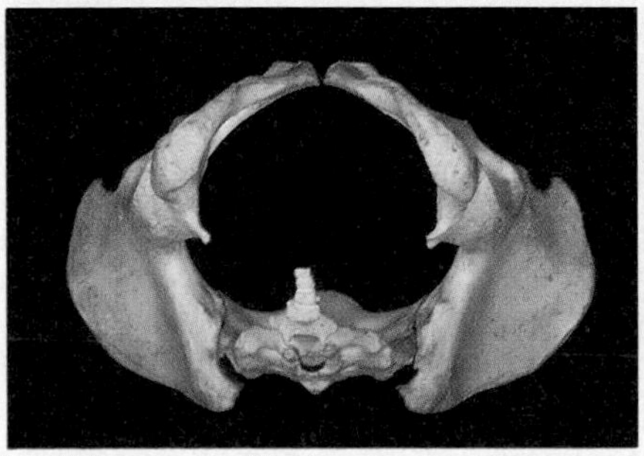

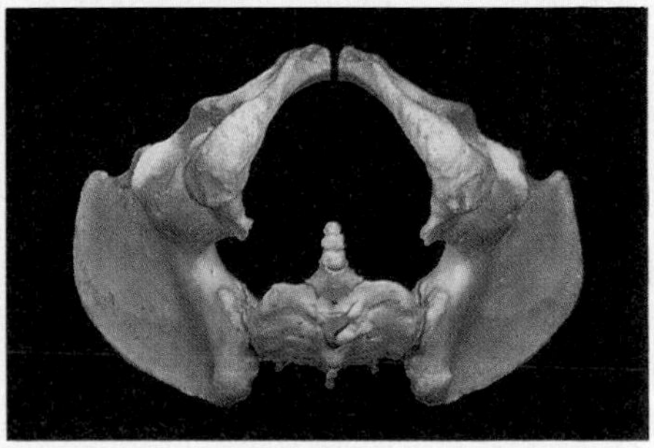

pouvant atteindre 280 kg/cm^2 lors d'un saut important. Il est enveloppé de muscles volumineux qui empêchent de le palper sur toute sa longueur (environ un quart de la hauteur du corps). À son extrémité proximale, le fémur s'articule avec l'os iliaque, puis oblique vers l'intérieur jusqu'au genou. Cette disposition permet aux genoux de se rapprocher du centre de gravité du corps et d'améliorer ainsi l'équilibre. La position interne des deux fémurs est encore plus accusée chez la femme, dont le bassin est plus large.

La **tête du fémur** est sphérique et présente une petite dépression centrale, la **fossette de la tête fémorale.** Un court ligament, le *ligament de la tête fémorale,* relie cette fossette à l'acétabulum de l'os iliaque, participant ainsi au maintien du fémur dans la fosse acétabulaire. Le *col du fémur* relie obliquement la tête du fémur à sa diaphyse, car le fémur s'articule avec le côté du bassin (l'os iliaque) et non avec sa base. C'est cet angle oblique qui en fait la partie du fémur la plus sujette aux fractures. À la jonction de la diaphyse et du col, le **grand trochanter** externe et le **petit trochanter** interne servent de points d'insertion aux muscles de la cuisse et de la fesse. Ils sont reliés en avant par la **ligne intertrochantérique** et en arrière par une arête saillante appelée **crête intertrochantérique.** Juste en dessous, sur la face postérieure de la diaphyse fémorale, se trouve la **tubérosité glutéale,** qui se poursuit par une longue crête verticale, la **ligne âpre.** Ces deux repères sont des points d'insertion musculaire. La diaphyse fémorale est lisse et arrondie, excepté au niveau de la ligne âpre.

À son extrémité distale, la diaphyse fémorale s'épaissit et se termine par le **condyle latéral du fémur** et le **condyle médial du fémur,** qui se lient à l'épiphyse proximale du tibia de la jambe. La **trochlée fémorale,** aussi appelée **surface patellaire,** est une surface lisse située entre les deux condyles sur la face antérieure du fémur; elle s'articule avec la **rotule** (voir les figures 7.27a et 7.1). Cet os sésamoïde triangulaire est logé dans le tendon du muscle quadriceps qui fixe les muscles antérieurs de la cuisse au tibia. Il protège l'articulation du genou et accroît l'effet de levier transmis par les muscles de la cuisse à cette articulation. La **fosse intercondylaire,** profonde, en forme de U, sépare les deux condyles sur la face postérieure du fémur. L'**épicondyle latéral du fémur** et l'**épicondyle médial du fémur** sont situés au-dessus et de chaque côté des condyles fémoraux et constituent, comme dans le cas de l'humérus, des points d'insertion de muscles squelettiques.

Jambe

Le squelette de la jambe, c'est-à-dire la partie du membre inférieur située entre le genou et la cheville, comprend deux os parallèles: le *tibia* et le *péroné* (figure 7.28). Ces deux os s'articulent l'un avec l'autre à leurs extrémités proximale et distale et sont reliés par la membrane interosseuse de la jambe. Contrairement à l'articulation radiocubitale de l'avant-bras, l'**articulation péronéo-tibiale** de la jambe ne permet guère de mouvements. Les os de la jambe sont donc moins mobiles que ceux de l'avant-bras, mais ils sont plus robustes et plus stables. Le tibia est un grand os en position interne; il s'articule à son extrémité proximale avec le fémur au niveau de l'articulation du genou, et à son extrémité distale avec le talus au niveau de la cheville. Le rôle du péroné dans l'articulation consiste uniquement à stabiliser l'articulation de la cheville.

Tibia

Le **tibia,** presque aussi gros et robuste que le fémur, transmet le poids du corps du fémur au pied. Son extrémité proximale plus large présente le **condyle latéral du tibia** (externe) et le **condyle médial du tibia** (interne) concaves, séparés par un relief irrégulier, l'**éminence intercondylaire,** qui est de taille variable, voire inexistante chez certaines personnes. Les condyles du tibia s'articulent avec les condyles du fémur correspondants. Le condyle latéral porte la facette péronière du tibia qui permet l'articulation péronéo-tibiale supérieure. Juste au-dessous des condyles, sur la face antérieure du corps du tibia, se trouve la **tubérosité antérieure du tibia,** le point d'attache du ligament rotulien.

La diaphyse tibiale est triangulaire en coupe transversale; elle présente sur son bord antérieur la **crête du tibia.** Cette crête saillante, ainsi que la surface interne du tibia, sont aisément perceptibles sur toute leur longueur, juste sous la peau, car elles ne sont pas recouvertes de muscles. Tout le monde a fait l'expérience douloureuse d'un «coup dans le tibia». L'extrémité distale du tibia s'émousse à l'endroit où elle s'articule avec le talus de la cheville; son prolongement interne vers le bas se termine par la bosse interne de la cheville, la **malléole interne** (médiale). L'**échancrure péronière** est située sur la face externe du tibia, à l'opposé de la malléole interne.

Péroné

Le **péroné** (ou fibula) est un os en forme de baguette, dont les extrémités s'élargissent quelque peu pour s'articuler avec les faces externes des épiphyses proximale et distale du tibia. Il ne supporte pas le poids du corps car il n'est pas relié directement au fémur. La **tête du péroné** se trouve à son extrémité proximale, et son extrémité distale est appelée **malléole externe.** Cette dernière forme la volumineuse bosse externe de la cheville et s'articule avec le talus. La diaphyse du péroné tourne d'un quart de tour sur son trajet et présente de nombreuses crêtes.

Pied

Le squelette du pied comprend les os du tarse, du métatarse et les phalanges ou os des orteils (figure 7.29). Le pied remplit deux fonctions primordiales: c'est lui qui reçoit le poids du corps et il agit comme un levier pour le propulser en avant lors de la marche ou de la course. Un os unique pourrait suffire mais s'adapterait mal à des surfaces irrégulières, tandis que la structure segmentée du pied augmente sa souplesse.

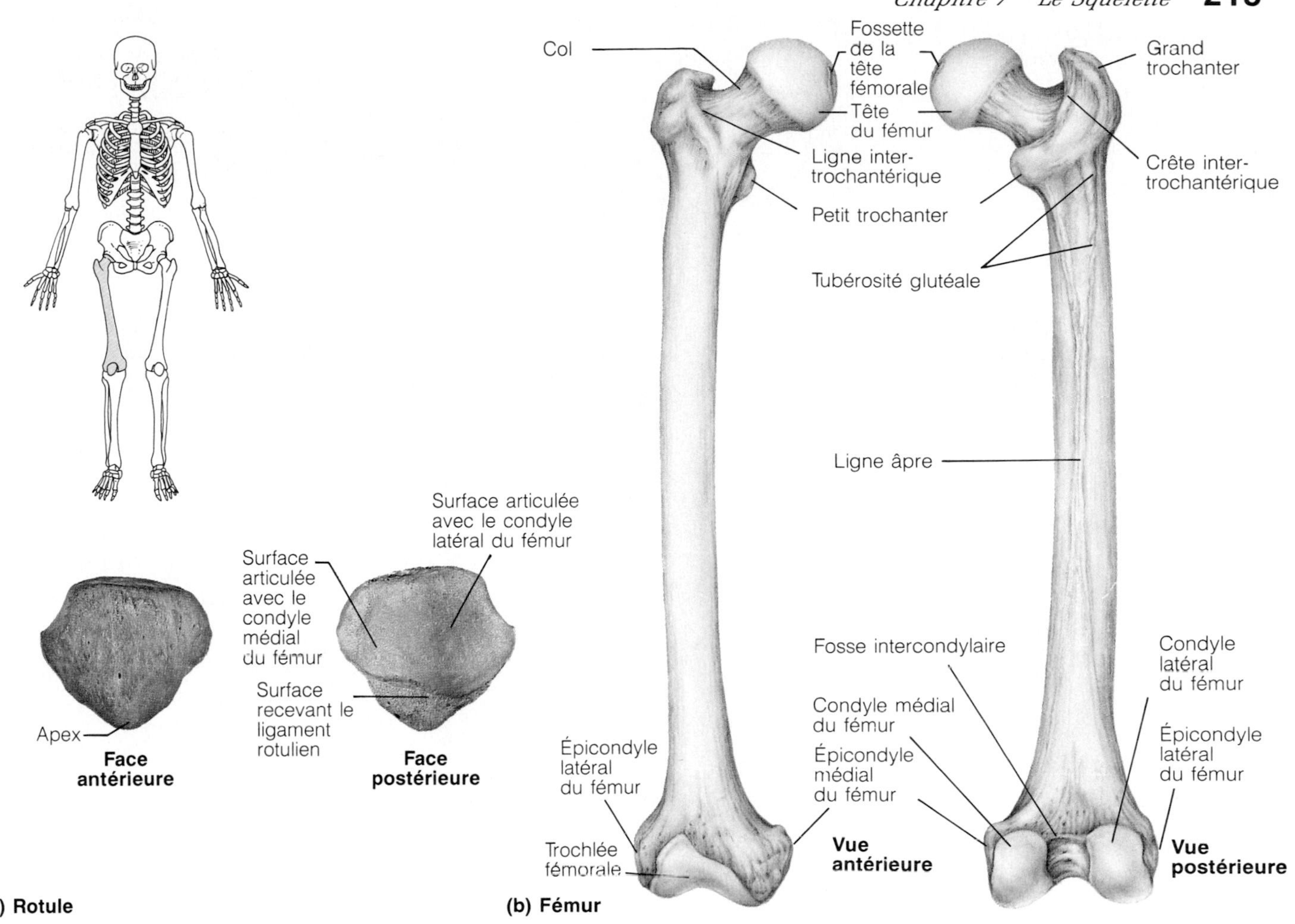

Figure 7.27 Os de la cuisse et du genou droits. (**a**) La rotule (os du genou). (**b**) Le fémur (os de la cuisse).

Tarse

Les **os du tarse,** ou **os tarsiens,** sont au nombre de sept et représentent la moitié proximale du pied (ils correspondent aux os carpiens du poignet). Le **talus** (astragale), qui s'articule en haut avec le tibia et le péroné, et le robuste **calcanéus,** qui forme le talon et soutient le talus sur sa face supérieure, sont les deux plus gros os du tarse situés dans la partie postérieure du pied. Ils supportent tout le poids du corps. Le *tendon calcanéen* (ou tendon d'Achille), large et épais, fixe le muscle du mollet (triceps sural) à la face postérieure du calcanéus. Le calcanéus repose sur le sol par l'intermédiaire de la *tubérosité du calcanéus.* Les autres os tarsiens sont l'**os cuboïde** (externe), l'**os naviculaire** (interne) et, vers l'avant, les **os cunéiformes latéral, intermédiaire** et **médial.** Le cuboïde et les cunéiformes s'articulent à l'avant avec les métatarsiens.

Métatarse

Le **métatarse** constitue la plante du pied et se compose de cinq petits os longs, les **os métatarsiens,** numérotés de 1 à 5 à partir de l'intérieur. Le premier métatarsien, volumineux et robuste, joue un rôle important dans le soutien du poids du corps. Les métatarsiens sont plus parallèles que les métacarpiens de la main. Les larges têtes des métatarsiens forment «l'éminence métatarsienne» à l'extrémité distale, à l'endroit où ils s'articulent avec les phalanges proximales des orteils.

Phalanges (orteils)

La structure et la disposition osseuses des orteils sont identiques à celles des doigts, mais leurs 14 phalanges sont nettement plus courtes que celles des doigts et donc beaucoup moins agiles. Chaque orteil possède trois phalanges, sauf le **gros orteil** qui n'en compte que deux (une proximale et une distale).

Arcs plantaires

Une structure segmentée ne peut supporter un poids que si elle est en forme d'arche. Le pied présente trois arcs: les *arcs longitudinaux latéral* et *médial* et l'*arc transversal* (figure 7.30). La forme des os du pied, de forts ligaments et la traction de certains tendons (pendant la contraction musculaire) les maintiennent solidement en place. Ces ligaments et tendons permettent une certaine élasticité: en général, les arcs «s'affaissent» sous le poids et se relèvent une fois allégés.

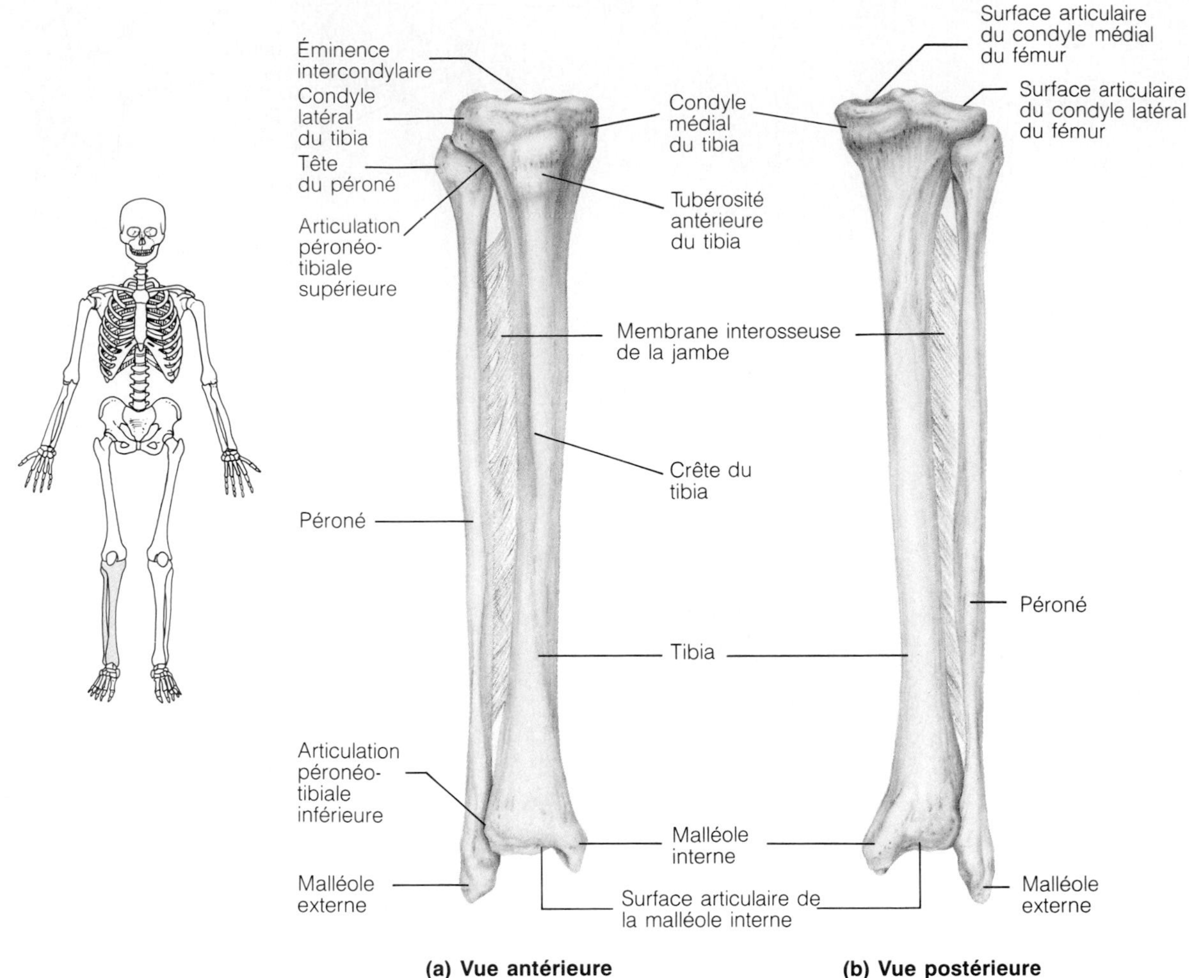

Figure 7.28 Tibia et péroné de la jambe droite.

En examinant l'empreinte d'un pied mouillé, on constate que la partie intermédiaire, comprise entre le talon et la tête du premier métatarsien, ne laisse aucune trace, car l'**arc longitudinal médial** ne touche pas le sol. Le talus est la clé de voûte de l'arc médial, le calcanéus son pilier postérieur et les trois métatarsiens internes son pilier antérieur. L'**arc longitudinal latéral** est le plus près du sol et élève la partie externe du pied de manière à répartir une partie du poids sur le calcanéus et la tête du cinquième métatarsien (c'est-à-dire aux extrémités de l'arc). L'os cuboïde constitue la clé de voûte de l'arc latéral. L'**arc transversal**, en travers du pied, s'appuie sur les arcs longitudinaux. Il est formé à l'avant par la base des métatarsiens et à l'arrière par les os cuboïde et cunéiformes. Les arcs représentent ensemble une demi-coupole qui répartit uniformément le poids du corps entre le talon et la tête des métatarsiens, lors de la station debout ou de la marche.

La station debout prolongée entraîne une tension excessive des tendons et ligaments des pieds (les muscles restant inactifs) et peut provoquer un affaissement des arcs, ou «pied plat», notamment chez les personnes obèses. La course sur une surface dure sans chaussures adaptées peut également entraîner l'affaissement des voûtes plantaires par affaiblissement progressif des structures de soutien. ■

Développement et vieillissement du squelette

L'ossification des membranes osseuses de la tête commence dès le début du développement fœtal. La matrice osseuse qui se dépose très rapidement aux

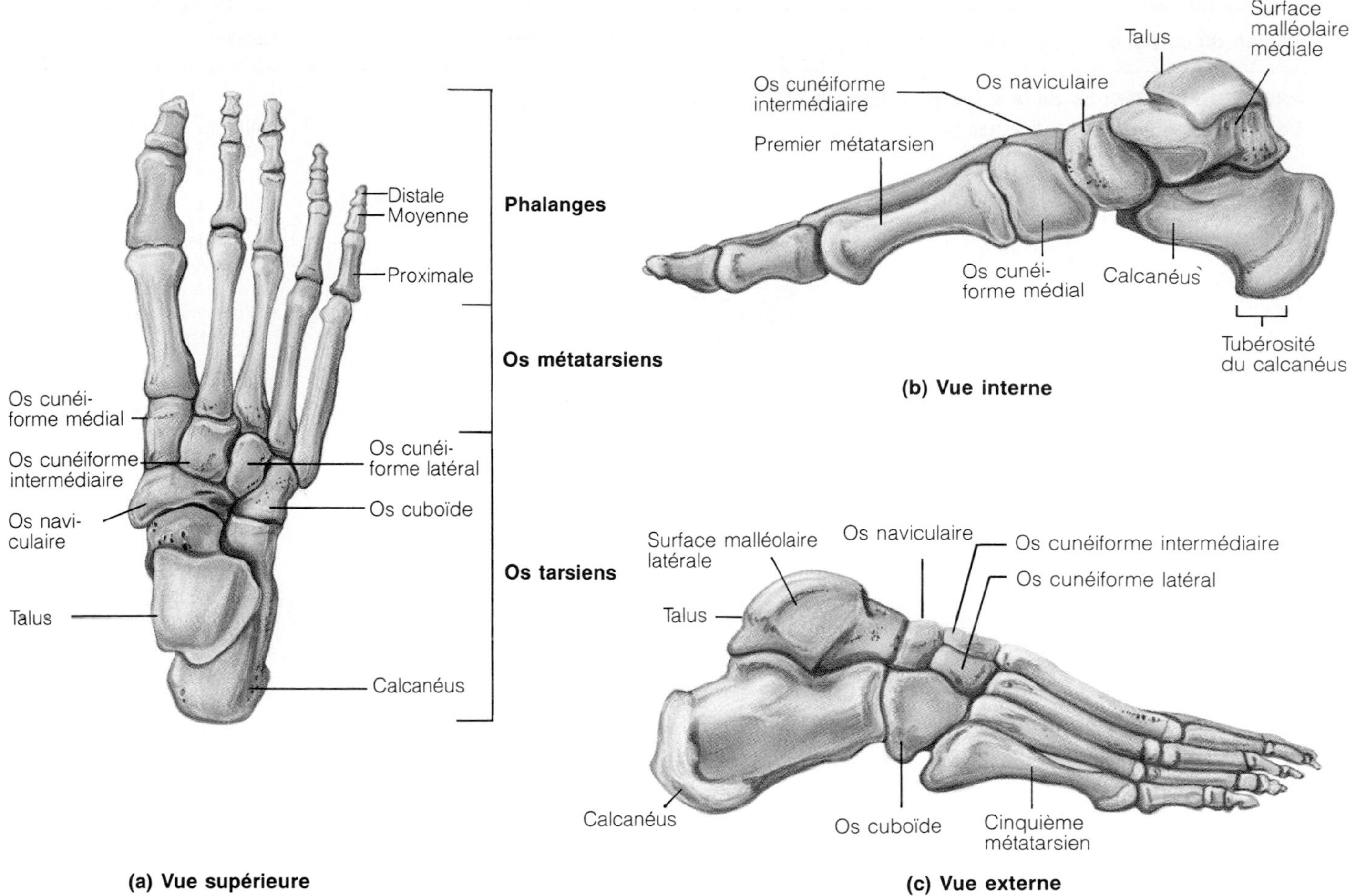

Figure 7.29 Os du pied droit.

points d'ossification soulève des saillies coniques sur les os en développement. Les os de la tête du nouveau-né sont inachevés et reliés entre eux par les restes non ossifiés des membranes fibreuses, appelés **fontanelles** (figure 7.31). C'est grâce à ces dernières que l'encéphale fœtal puis infantile peut poursuivre son développement, et que la tête peut subir une compression (modérée) lors de la naissance. On peut sentir le pouls du bébé en ces endroits, d'où leur nom (*fons* = petite fontaine). La grosse *fontanelle antérieure,* en forme de losange, est perceptible jusqu'à 1 an et demi ou 2 ans après la naissance. Les autres s'ossifient au cours de la première année.

À la naissance, les os de la tête sont très minces. L'os frontal et la mandibule sont d'abord des os pairs qui fusionnent médialement pendant l'enfance. Chez le nouveau-né, la partie tympanique de l'os temporal n'est guère plus qu'un anneau en forme de C.

Plusieurs anomalies congénitales peuvent affecter le squelette axial. La plus connue, sans doute, est la persistance de la fente palatine, le *bec-de-lièvre,* due à l'absence de fusion médiane des apophyses palatines des maxillaires, des os palatins ou des deux. L'existence d'une ouverture entre les cavités nasale et orale gêne la tétée et peut provoquer une *pneumonie de déglutition* par fausse route de nourriture dans les poumons.

Le squelette évolue tout au long de la vie, mais c'est chez l'enfant que les modifications sont les plus spectaculaires. À la naissance, la boîte crânienne du bébé est énorme par rapport au visage. Les maxillaires et la mandibule sont réduits et les contours du visage sans relief (figure 7.31). La croissance rapide de la boîte crânienne avant et après la naissance suit de près le développement de l'encéphale. Neuf mois après la naissance, le crâne a déjà atteint la moitié de sa taille adulte, à 2 ans, les trois quarts, et entre 8 et 9 ans il a pratiquement atteint ses dimensions définitives. Entre 6 et 11 ans, la tête paraît

Tableau 7.4 Os du squelette appendiculaire

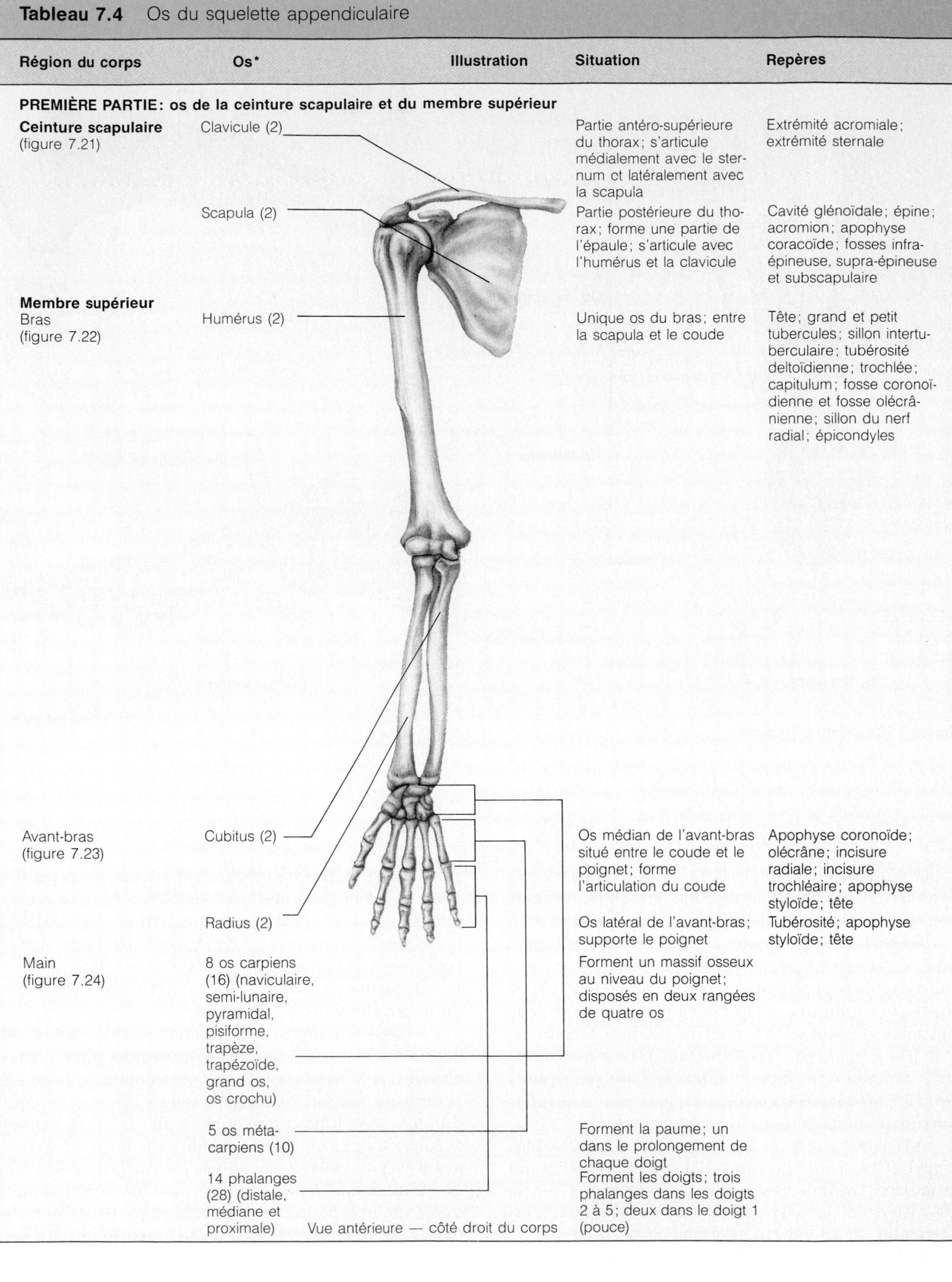

Vue antérieure — côté droit du corps

Région du corps	Os*	Illustration	Situation	Repères
PREMIÈRE PARTIE: os de la ceinture scapulaire et du membre supérieur				
Ceinture scapulaire (figure 7.21)	Clavicule (2)		Partie antéro-supérieure du thorax; s'articule médialement avec le sternum et latéralement avec la scapula	Extrémité acromiale; extrémité sternale
	Scapula (2)		Partie postérieure du thorax; forme une partie de l'épaule; s'articule avec l'humérus et la clavicule	Cavité glénoïdale; épine; acromion; apophyse coracoïde; fosses infra-épineuse, supra-épineuse et subscapulaire
Membre supérieur Bras (figure 7.22)	Humérus (2)		Unique os du bras; entre la scapula et le coude	Tête; grand et petit tubercules; sillon intertuberculaire; tubérosité deltoïdienne; trochlée; capitulum; fosse coronoïdienne et fosse olécrânienne; sillon du nerf radial; épicondyles
Avant-bras (figure 7.23)	Cubitus (2)		Os médian de l'avant-bras situé entre le coude et le poignet; forme l'articulation du coude	Apophyse coronoïde; olécrâne; incisure radiale; incisure trochléaire; apophyse styloïde; tête
	Radius (2)		Os latéral de l'avant-bras; supporte le poignet	Tubérosité; apophyse styloïde; tête
Main (figure 7.24)	8 os carpiens (16) (naviculaire, semi-lunaire, pyramidal, pisiforme, trapèze, trapézoïde, grand os, os crochu)		Forment un massif osseux au niveau du poignet; disposés en deux rangées de quatre os	
	5 os métacarpiens (10)		Forment la paume; un dans le prolongement de chaque doigt	
	14 phalanges (28) (distale, médiane et proximale)		Forment les doigts; trois phalanges dans les doigts 2 à 5; deux dans le doigt 1 (pouce)	

Tableau 7.4 (suite)

Région du corps	Os*	Illustration	Situation	Repères
DEUXIÈME PARTIE: os de la ceinture pelvienne et du membre inférieur				
Ceinture pelvienne (figure 7.25)	Os iliaque (2)	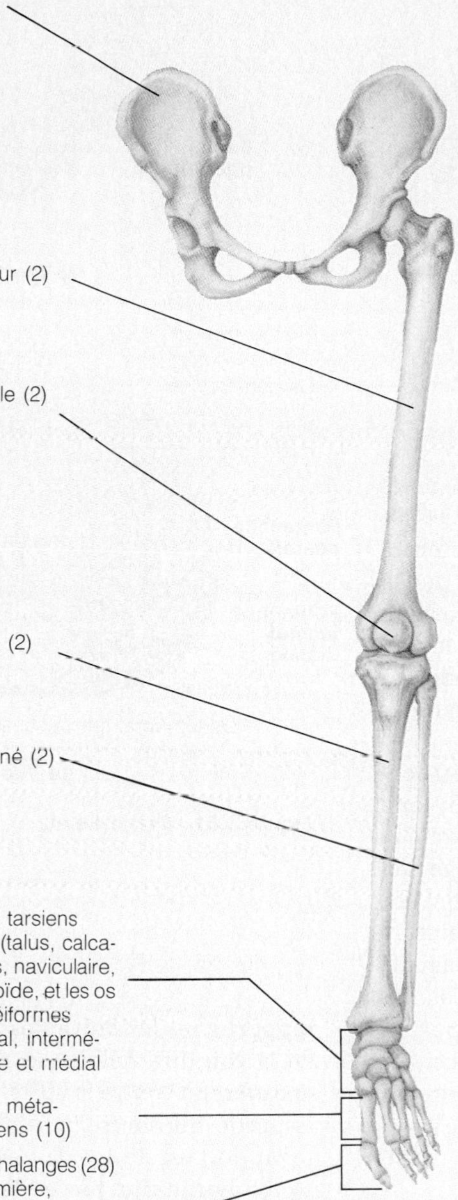	Chaque os iliaque est constitué par la fusion de l'ilion, de l'ischion et du pubis; les os iliaques fusionnent à l'avant au niveau de la symphyse pubienne et forment avec le sacrum, en arrière, l'articulation sacro-iliaque; la ceinture composée par les deux os iliaques présente la forme d'un bassin	Crête iliaque; épines iliaques antérieure et postérieure; grande et petite incisures ischiatiques; foramen obturé; épine ischiatique et tubérosité ischiatique; fosse acétabulaire; arcade pubienne; crête du pubis; épine du pubis
Membre inférieur				
Cuisse (figure 7.27b)	Fémur (2)		Unique os de la cuisse, entre l'articulation de la hanche et le genou; le plus gros os du corps	Tête; grand et petit trochanters; col; condyles et épicondyles latéraux et médiaux; tubérosité glutéale; ligne âpre
Genou (figure 7.27a)	Rotule (2)		Os sésamoïde logé dans le tendon des muscles quadriceps (à l'avant de la cuisse)	
Jambe (figure 7.28)	Tibia (2)		L'os le plus gros et le plus interne de la jambe, entre le genou et le pied	Condyles latéral et médial; tubérosité antérieure; crête du tibia; malléole interne
	Péroné (2)		Os latéral de la jambe; en forme de bâton	Tête; malléole externe
Pied (figure 7.29)	7 os tarsiens (14) (talus, calcanéus, naviculaire, cuboïde, et les os cunéiformes latéral, intermédiaire et médial		Forment la partie proximale du pied; le talus se lie aux os de la jambe au niveau de l'articulation de la cheville; le calcanéus, le plus gros os du tarse, forme le talon	
	5 os métatarsiens (10)		Forment la plante du pied	
	14 phalanges (28) (première, seconde et troisième)		Forment les orteils; trois phalanges dans les orteils 2 à 5; deux dans l'orteil 1 (ou gros orteil)	

Vue antérieure de la ceinture pelvienne et du membre inférieur gauche

* Le nombre entre parenthèses ( ) à la suite du nom de l'os donne le nombre total de ces os dans le corps humain.

grossir considérablement parce que la face se dessine: les mâchoires augmentent en volume et en masse, les pommettes et le nez sont plus accusés. Ces changements du faciès sont étroitement liés au développement des voies respiratoires et des dents permanentes.

La colonne vertébrale présente à la naissance deux courbures sur quatre, soit les courbures thoracique et sacro-coccygienne. Ces **courbures primaires,** à convexité postérieure, confèrent à l'enfant l'allure arquée d'un quadrupède. Plus tard apparaissent les **courbures**

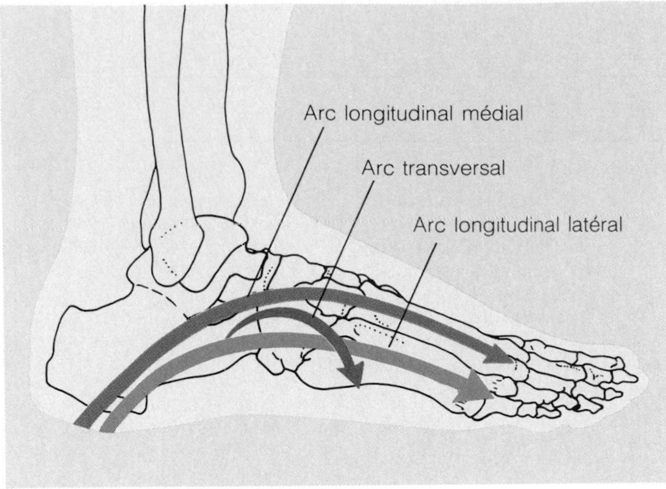

Figure 7.30 Arcs du pied.

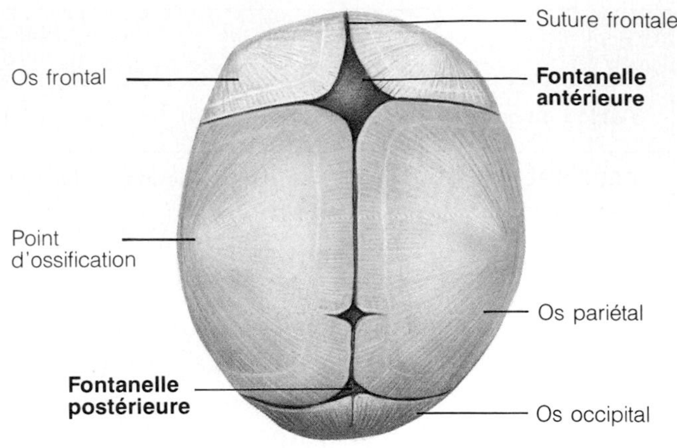

(a) Vue supérieure

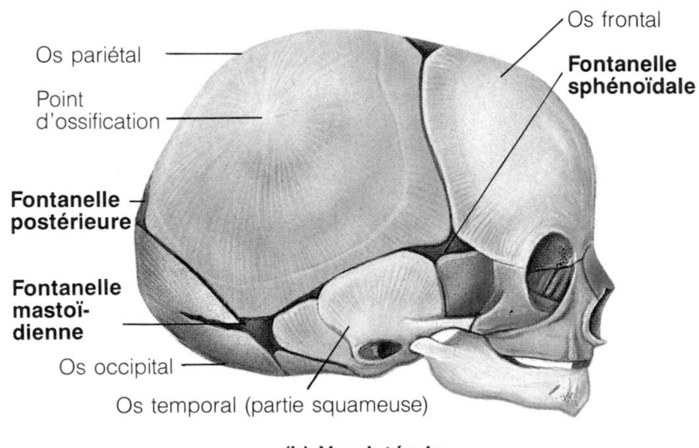

(b) Vue latérale

Figure 7.31 Crâne fœtal.

secondaires — cervicale et lombaire — à convexité antérieure. Elles proviennent d'un remodelage des disques intervertébraux et non de modifications des vertèbres osseuses. La courbure cervicale se développe dès que le bébé relève tout seul la tête (vers 3 mois), et la courbure lombaire quand il commence à marcher (vers 12 mois). La courbure lombaire déplace le poids du tronc au-dessus du centre de gravité du corps et permet ainsi un meilleur équilibre en position debout.

Les déformations vertébrales (scoliose et lordose) peuvent apparaître dès les premières années d'école, lorsque les muscles sont étirés par la croissance osseuse rapide des membres. La lordose se manifeste souvent à l'âge préscolaire, mais elle est compensée par le renforcement des abdominaux et par la bascule vers l'avant de la ceinture pelvienne. Le thorax s'élargit en s'aplatissant, mais la position du garde-à-vous militaire (tête droite, épaules effacées, ventre rentré et poitrine bombée) n'apparaît qu'avec le développement du tronc à l'adolescence. Les courbures vertébrales et la posture sont involontaires et influencées par la force musculaire et l'état de santé général. Un enfant adopte d'emblée la posture qui le maintient en équilibre.

Tout comme le squelette axial, le squelette appendiculaire peut présenter un certain nombre d'anomalies congénitales. La *dysplasie de la hanche,* fréquente et assez grave, est due à un défaut de formation de la fosse acétabulaire de l'os iliaque qui reçoit la tête du fémur. Cette malformation entraîne le glissement de la tête fémorale hors de l'articulation. Un diagnostic et un traitement dès le plus jeune âge sont essentiels pour prévenir une invalidité permanente.

Chez l'enfant et l'adolescent, la croissance osseuse modifie non seulement la taille mais également les proportions du squelette. Le **rapport partie supérieure/partie inférieure du corps** varie avec l'âge sous l'influence des hormones. Les deux mesures utilisées dans ce rapport sont les suivantes: la distance entre le sommet de la ceinture pelvienne et le sol (partie inférieure), et la différence entre la taille de l'individu et la hauteur de la partie inférieure (partie supérieure). À la naissance, le rapport est de 1,7/1, c'est-à-dire que la tête et le tronc sont environ une fois et demie plus longs que les membres inférieurs. Les membres inférieurs se développant beaucoup plus vite que le tronc, le rapport n'est plus que de 1/1 environ à l'âge de 10 ans, et il demeure constant par la suite. À la puberté, le bassin des filles s'élargit en prévision d'éventuelles grossesses. Le squelette d'un adulte sain ne se modifie plus guère jusqu'à la fin de la cinquantaine.

La vieillesse affecte de nombreuses parties du squelette, en particulier la colonne vertébrale. La quantité d'eau à l'intérieur des disques intervertébraux décroît (comme à l'intérieur d'autres tissus de l'organisme). Le risque de hernie discale augmente avec la perte d'épaisseur et d'élasticité des disques. On constate que la taille d'une personne de 55 ans a diminué de 1,2 à 1,8 cm.

L'ostéoporose de la colonne vertébrale ou une cyphose peuvent provoquer un tassement supplémentaire du tronc. À un âge avancé, la colonne vertébrale reprend peu à peu sa forme arquée d'origine en effaçant ses courbures.

Le thorax devient plus rigide, en raison surtout de l'ossification des cartilages costaux. La cage thoracique, moins élastique, provoque donc une réduction de la capacité respiratoire.

Les os subissent au cours des années une perte de matrice osseuse qui, même si elle est moins sensible au niveau des os crâniens, contribue néanmoins à modifier la physionomie des personnes âgées : fuite des mâchoires, traits moins accusés, réapparition du faciès enfantin. Les os deviennent plus poreux et plus fragiles, en particulier au niveau des vertèbres et du col du fémur.

* * *

Notre squelette n'est pas seulement une merveilleuse infrastructure. Il protège et soutient les autres systèmes de l'organisme, et nos muscles ne seraient d'aucune utilité sans lui (et les articulations que nous étudions au chapitre 8). La figure 6.16 illustre les interactions homéostatiques entre le système squelettique et les autres systèmes de l'organisme.

Termes médicaux

Arthrodèse des corps vertébraux Procédé chirurgical consistant à introduire des fragments osseux en vue d'immobiliser et de stabiliser un segment particulier de la colonne vertébrale, notamment en cas de fractures vertébrales ou de hernies discales.

Fracture de Pouteau-Colles Fracture du radius, généralement à 1 cm de l'extrémité proximale du poignet; souvent provoquée par un violent traumatisme, tel qu'une chute sur les mains tendues; c'est le radius qui reçoit l'impact, car le cubitus ne joue aucun rôle dans l'articulation du poignet.

Laminectomie Ablation chirurgicale d'une ou de plusieurs lames vertébrales; traitement classique de la hernie discale.

Lumbago Douleur aiguë de la région lombaire; d'origine variable, mais le plus souvent due à une hernie discale; les spasmes musculaires associés au lumbago se soldent par une rigidité de la colonne vertébrale lombaire et des mouvements douloureux.

Oignon (hallux valgus) Déformation du gros orteil entraînant son déplacement vers l'extérieur et le déplacement vers l'intérieur du premier métatarsien; provoqué par le port de chaussures trop étroites ou, plus rarement, par des facteurs génétiques; entraîne une inflammation du gros orteil, des durillons et des exostoses.

Orthopédiste ou **chirurgien orthopédiste** Médecin spécialiste des os et des articulations.

Ostéalgie Douleurs osseuses spontanées ou provoquées.

Pelvimétrie Mensuration du petit et du grand bassins afin de vérifier si leurs dimensions permettent la naissance normale du nouveau-né.

Pied bot Malformation du pied, assez fréquente : la plante des pieds est tournée vers l'intérieur et les orteils vers le bas; liée à des facteurs génétiques ou secondaire à une position anormale du pied pendant le développement fœtal.

Spina bifida Malformation de la colonne vertébrale due à un défaut de fusion médiane des lames vertébrales; parfois sans conséquence, elle peut aussi entraîner de graves dysfonctionnements neurologiques et prédisposer aux infections du système nerveux.

Résumé du chapitre

1. Le squelette axial forme l'axe longitudinal du corps. Ses principales parties sont la tête, la colonne vertébrale et le thorax. Il assume un rôle de soutien et de protection.

2. Le squelette appendiculaire comprend les os des ceintures scapulaires et pelvienne ainsi que les membres. Il permet la mobilité nécessaire à la locomotion et à la manipulation.

PREMIÈRE PARTIE : LE SQUELETTE AXIAL

TÊTE (p. 179-192)

1. La tête compte 22 os. Le crâne forme la voûte et le plancher de la tête, et protège l'encéphale. Le squelette facial présente des ouvertures pour les voies respiratoires et digestives et des points d'insertion pour les muscles faciaux.

2. À l'exception de l'articulation temporo-mandibulaire, tous les os de la tête sont reliés par des sutures fixes.

3. Crâne. La boîte crânienne comprend huit os : des os pairs (temporaux et pariétaux) et des os impairs (frontal, occipital, ethmoïde et sphénoïde) (voir le tableau 7.1, p. 188-189).

4. Os faciaux. La face comprend 14 os : des os pairs (maxillaires, zygomatiques, nasaux, lacrymaux, palatins et cornets nasaux inférieurs) et des os impairs (mandibule et vomer) (voir le tableau 7.1).

5. Orbites et cavités nasales. Les orbites et les cavités nasales sont des régions osseuses complexes formées de plusieurs os.

6. Sinus paranasaux (de la face). Les sinus paranasaux occupent l'os frontal, l'os ethmoïde, l'os sphénoïde et les maxillaires.

7. Os hyoïde. L'os hyoïde, maintenu dans le cou par des ligaments, sert de point d'insertion aux muscles de la langue, du pharynx et du larynx.

COLONNE VERTÉBRALE (p. 192-200)

1. Caractéristiques générales. La colonne vertébrale comprend 24 vertèbres distinctes (7 cervicales, 12 thoraciques et 5 lombaires) ainsi que le sacrum et le coccyx.

2. Les disques intervertébraux fibrocartilagineux amortissent les chocs, empêchent la friction et l'usure des corps vertébraux tout en permettant leur mouvement.

3. Les courbures thoracique et sacro-coccygienne de la colonne vertébrale sont des courbures primaires. Les courbures cervicale et lombaire sont des courbures secondaires.

4. Structure générale des vertèbres. Toutes les vertèbres, à l'exception de C_1 et C_2, sont constituées d'un corps, de deux apophyses transverses, de deux apophyses articulaires supérieures et inférieures, d'une apophyse épineuse et d'un arc vertébral.

5. **Caractéristiques des différentes vertèbres.** Les vertèbres de chaque segment de la colonne vertébrale présentent certaines particularités (voir le tableau 7.2, p. 199).

THORAX OSSEUX (p. 200-202)

1. Les os du thorax comprennent les 12 paires de côtes, le sternum et les vertèbres thoraciques. Le thorax osseux protège les organes de la cavité thoracique.

2. **Sternum.** Le sternum est issu de la fusion de trois os: le manubrium du sternum, le corps du sternum et l'appendice xiphoïde.

3. **Côtes.** Les sept premières paires de côtes sont appelées vraies côtes, les trois autres, fausses côtes et les deux dernières, côtes flottantes.

DEUXIÈME PARTIE: LE SQUELETTE APPENDICULAIRE

CEINTURE SCAPULAIRE (PECTORALE) (p. 202-203)

1. Chacune des deux ceintures scapulaires comprend une clavicule et une scapula. Les ceintures scapulaires relient les membres supérieurs au squelette axial.

2. **Clavicules.** Les clavicules maintiennent les scapulas écartées du thorax. Les articulations sterno-claviculaires sont les seuls points d'ancrage de la ceinture scapulaire au squelette axial.

3. **Scapulas.** Les scapulas s'articulent avec les clavicules et avec les humérus.

MEMBRE SUPÉRIEUR (p. 203-208)

1. Chaque membre supérieur comprend 30 os parfaitement adaptés à la mobilité.

2. **Bras/avant-bras/main.** L'humérus est le seul os du bras. Le radius et le cubitus forment le squelette de l'avant-bras, les carpiens, métacarpiens et phalanges le squelette de la main.

CEINTURE PELVIENNE (p. 208-210)

1. La ceinture pelvienne est une structure robuste adaptée au soutien du poids du corps; elle est formée de deux os iliaques qui relient les membres inférieurs au squelette axial. Le sacrum et les os iliaques constituent le squelette du bassin.

2. Chaque os iliaque comprend trois os soudés ensemble: l'ilion, l'ischion et le pubis. La fosse acétabulaire de l'os iliaque reçoit la tête du fémur et se situe au point de jonction de ces trois os.

3. **Ilion/ischion/pubis.** L'ilion constitue la partie supérieure évasée de l'os iliaque. Chaque ilion est solidement fixé en arrière aux ailes du sacrum. L'ischion est en forme de L; nous nous asseyons sur les tubérosités ischiatiques. Les os du pubis, en forme de V, s'articulent ensemble à l'avant pour former la symphyse pubienne.

4. **Structure du bassin et grossesse.** Le bassin masculin est étroit et profond, avec des os plus volumineux et plus lourds que ceux de la femme. Le bassin féminin, qui constitue la filière pelvi-génitale, est large et peu profond.

MEMBRE INFÉRIEUR (p. 210-214)

1. Chaque membre inférieur comprend la cuisse, la jambe, le pied et est conçu pour supporter le poids du corps et pour se déplacer.

2. **Cuisse.** Le fémur est l'unique os de la cuisse. Sa tête sphérique s'articule avec l'acétabulum de l'os iliaque.

3. **Jambe.** Les os de la jambe sont le tibia, qui participe aux articulations du genou et de la cheville, et le péroné.

4. **Pied.** Les os du pied sont les tarsiens, les métatarsiens et les phalanges. Les tarsiens les plus importants sont le calcanéus (os du talon) et le talus, qui s'articule en haut avec le tibia.

5. Trois arcs plantaires maintiennent le pied et distribuent le poids du corps sur le talon et l'éminence métatarsienne.

DÉVELOPPEMENT ET VIEILLISSEMENT DU SQUELETTE (p. 214-219)

1. Les fontanelles, présentes sur le crâne à la naissance, permettent la croissance de l'encéphale et facilitent le passage de la tête lors de l'accouchement. Le développement de la boîte crânienne après la naissance est lié à celui de l'encéphale. L'agrandissement du massif facial fait suite au développement dentaire et à l'élargissement des voies respiratoires.

2. La colonne vertébrale est arquée à la naissance (présence des courbures thoracique et sacro-coccygienne). Les courbures secondaires se mettent en place quand le bébé redresse la tête puis commence à marcher.

3. Les os longs continuent leur croissance jusqu'à la fin de l'adolescence. Le rapport PS/PI passe de 1,7/1 à 1/1 vers l'âge de 10 ans.

4. Le bassin de la femme se modifie pendant la puberté, en prévision d'éventuelles grossesses.

5. Le squelette adulte varie peu jusqu'à la fin de la cinquantaine. Ensuite, les disques intervertébraux s'amincissent et l'ostéoporose peut s'installer, ce qui entraîne une diminution progressive de la taille. La perte de masse osseuse prédispose les personnes âgées aux fractures.

Questions de révision

Choix multiples/associations

1. Associez chaque description de la colonne A à un os de la colonne B (certaines descriptions correspondent à plusieurs os).

Colonne A	Colonne B
_____ **(1)** Relié par la suture coronale	**(a)** Os ethmoïde
_____ **(2)** Os clé de la boîte crânienne	**(b)** Os frontal
_____ **(3)** Os clé de la face	**(c)** Mandibule
_____ **(4)** Forme le palais osseux	**(d)** Maxillaire
_____ **(5)** Permet le passage de la moelle épinière	**(e)** Os occipital
_____ **(6)** Forme le menton	**(f)** Os palatin
_____ **(7)** Contient les sinus paranasaux	**(g)** Os pariétal
_____ **(8)** Contient les cellules mastoïdiennes	**(h)** Os sphénoïde
	(i) Os temporal

2. Associez chaque os à l'une des descriptions suivantes.
Os: **(a)** clavicule **(b)** ilion **(c)** ischion **(d)** pubis **(e)** sacrum **(f)** scapula **(g)** sternum

_____ **(1)** os du squelette axial auquel s'attache la ceinture scapulaire
_____ **(2)** présente la cavité glénoïdale de la scapula et l'acromion
_____ **(3)** comprend une aile, une crête et la grande incisure ischiatique
_____ **(4)** en forme de S; montant de l'épaule
_____ **(5)** os de la ceinture pelvienne qui s'articule avec le squelette axial
_____ **(6)** on s'assoit sur cet os
_____ **(7)** os le plus antérieur de la ceinture pelvienne
_____ **(8)** appartient à la colonne vertébrale

3. Associez les os suivants à l'une des définitions.
Os: **(a)** carpiens **(b)** fémur **(c)** péroné **(d)** humérus
(e) radius **(f)** tarsiens **(g)** tibia **(h)** cubitus

______ **(1)** s'articule avec l'acétabulum et le tibia
______ **(2)** forme la face externe de la cheville
______ **(3)** os qui «tient» la main
______ **(4)** os du poignet
______ **(5)** extrémité en forme de clé à molette
______ **(6)** s'articule avec le capitulum de l'humérus
______ **(7)** le calcanéus est l'os le plus volumineux de ce groupe

Questions à court développement

4. Énumérez les os du crâne et de la face et comparez les fonctions du squelette crânien et du massif facial.

5. Comparez les proportions de la boîte crânienne et de la face d'un fœtus à celles d'un adulte.

6. Énumérez et schématisez les courbures vertébrales normales. Lesquelles sont primaires? secondaires?

7. Donnez au moins deux caractéristiques anatomiques propres aux vertèbres cervicales, thoraciques et lombaires et permettant de les identifier facilement.

8. (**a**) Quel est le rôle des disques intervertébraux? (**b**) Définissez l'anneau fibreux et le noyau pulpeux d'un disque. (**c**) Lequel est le plus résistant? (**d**) Le plus souple? (**e**) Lequel est responsable de la hernie discale?

9. Énumérez les principaux éléments du thorax osseux.

10. (**a**) Donnez la définition d'une vraie côte et d'une fausse côte. (**b**) Une côte flottante est-elle une vraie ou une fausse côte? (**c**) Pourquoi les côtes flottantes se fracturent-elles plus facilement?

11. La fonction principale de la ceinture scapulaire est la flexibilité. Quelle est celle de la ceinture pelvienne? Justifiez ces différences fonctionnelles par les différences anatomiques de ces ceintures.

12. Donnez trois caractéristiques importantes qui distinguent les bassins masculin et féminin.

13. Décrivez le rôle des arcs plantaires.

14. Décrivez brièvement les particularités anatomiques et les troubles fonctionnels liés au bec-de-lièvre et à la dysplasie de la hanche.

15. Comparez le squelette d'une jeune adulte à celui d'une personne très âgée, en considérant d'abord la masse osseuse en général, puis les structures osseuses de la tête, du thorax et de la colonne vertébrale.

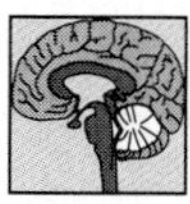

Réflexion et application

1. André est transporté à l'urgence à la suite d'une chute sur ses bras tendus. Le médecin examine son épaule et diagnostique une clavicule cassée (sans autre dommage). Décrivez la position de l'épaule. André s'inquiète au sujet des principaux vaisseaux sanguins de son bras (artère et veine subclavières) mais le médecin le rassure. Comment peut-il être aussi affirmatif?

2. Un étudiant fatigué assiste à une conférence; il s'assoupit au bout de 30 minutes. À la fin de la conférence, le brouhaha le réveille et il se laisse aller à un énorme bâillement. À son grand émoi, il ne peut plus refermer sa bouche: sa mâchoire inférieure est bloquée! Qu'est-il arrivé d'après vous?

3. Pierre a eu la polio étant jeune, et est resté paralysé d'un membre inférieur pendant plus d'un an. Il s'est remis à marcher mais présente maintenant une déviation latérale importante de la colonne lombaire. Expliquez ce qui s'est passé et décrivez son état.

4. La grand-mère de Marie-Claude glisse sur un tapis et tombe lourdement sur le sol. Sa jambe gauche a subi une rotation latérale et est nettement plus courte que la droite. Lorsqu'elle tente de se relever, elle grimace de douleur. Marie-Claude suppose que sa grand-mère s'est «fracturé la hanche», ce qui se vérifiera par la suite. Quel est l'os probablement fracturé et à quel niveau? Pourquoi une «fracture de la hanche» est-elle courante chez les personnes âgées?

8 Les articulations

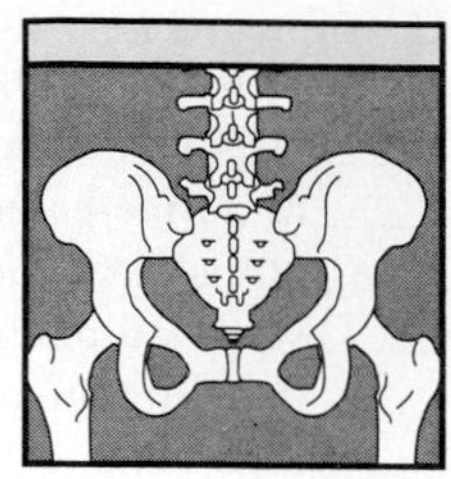

Sommaire et objectifs d'apprentissage

1. Définir une articulation.

Classification des articulations (p. 222-223)

2. Décrire les critères utilisés pour les classifications structurale et fonctionnelle des articulations.

Articulations fibreuses (p. 223-225)

3. Décrire la structure générale des articulations fibreuses. Nommer les trois types d'articulations fibreuses et donner un exemple de chacun.

Articulations cartilagineuses (p. 225-226)

4. Décrire la structure générale des articulations cartilagineuses. Nommer les deux types d'articulations cartilagineuses et donner un exemple de chacun.

Articulations synoviales (p. 226-239)

5. Décrire les caractéristiques anatomiques communes à toutes les articulations synoviales.
6. Énumérer trois facteurs qui contribuent à la stabilité des articulations synoviales.
7. Comparer les structures et les fonctions des bourses et des gaines de tendon.
8. Nommer et décrire (ou exécuter) les différents types de mouvements du corps.
9. Nommer les six types d'articulations synoviales selon le mouvement qu'elles permettent. Fournir des exemples de chaque cas.
10. Décrire les articulations du coude, du genou, de la hanche et de l'épaule. Tenir compte dans chacun des cas des os de l'articulation, des caractéristiques anatomiques de l'articulation, des types de mouvement permis et de la stabilité relative de l'articulation.

Déséquilibres homéostatiques des articulations (p. 240-242)

11. Nommer les blessures des articulations les plus répandues et décrire les symptômes et les problèmes qui sont rattachés à chacune.
12. Comparer l'arthrose, l'arthrite rhumatoïde et les arthropathies goutteuses en fonction de la population touchée, des causes probables, des changements dans la structure des articulations, des conséquences de la maladie et du traitement.

Développement et vieillissement des articulations (p. 242)

13. Décrire brièvement les facteurs qui maintiennent ou perturbent l'homéostasie des articulations.

Les **articulations** sont les points de contact de deux ou plusieurs os. Nos articulations assument deux fonctions essentielles: elles relient nos os entre eux et confèrent une certaine mobilité à notre squelette composé d'os rigides. Les mouvements gracieux d'une danseuse de ballet et les rudes bousculades des joueurs de football illustrent bien la grande variété de mouvements que les articulations rendent possibles. Si nous avions moins d'articulations, nos mouvements ressembleraient à ceux d'un robot. Par ailleurs, leur fonction d'union des os est tout aussi importante. C'est grâce aux articulations rigides du crâne, par exemple, que notre précieuse « matière grise » se trouve abritée dans un réceptacle résistant. Chaque os du corps s'articule avec au moins un autre, à l'exception de l'os hyoïde du cou.

Classification des articulations

Les articulations peuvent être classées selon leur structure ou leur fonction. La *classification structurale* est fondée sur les matériaux qui unissent les os et sur la présence ou l'absence d'une cavité articulaire. On parle alors d'**articulations fibreuses, cartilagineuses** et **synoviales.**

La *classification fonctionnelle* prend en compte le degré du mouvement permis par l'articulation. Cette classification comprend les *synarthroses*, qui sont des *articulations immobiles* (*sun* = avec; *arthron* = articulation), les *amphiarthroses*, qui sont *semi-mobiles* (*amphi* = des deux côtés), et les *diarthroses,* qui sont totalement *mobiles* (*di* = deux). Les articulations mobiles sont plus nombreuses dans les membres supérieurs et inférieurs, tandis que les articulations immobiles et semi-mobiles se rencontrent en grande partie dans le squelette axial où les liaisons osseuses solides et la protection des organes comptent avant tout.

En règle générale, les articulations fibreuses sont immobiles et toutes les articulations synoviales sont totalement mobiles. Par contre, les articulations cartilagineuses offrent des exemples d'articulations immobiles et semi-mobiles. Les catégories structurales étant mieux définies, nous utiliserons la classification structurale dans ce chapitre et nous indiquerons les propriétés fonctionnelles lorsqu'elles seront pertinentes. Le tableau 8.1 (p. 224-225) présente un résumé des caractéristiques de certaines articulations du corps.

Articulations fibreuses

Dans les **articulations fibreuses,** les os sont reliés par du tissu fibreux et on ne trouve ni cavité articulaire ni cartilage. Le degré de mouvement permis est fonction de la longueur des fibres qui unissent les os. Quelques articulations fibreuses sont semi-mobiles, mais la plupart d'entre elles ne permettent aucun mouvement. On distingue trois types d'articulations fibreuses selon la nature et la longueur des fibres retenant les os ensemble, soit les *sutures,* les *syndesmoses* et les *gomphoses.*

Sutures

Les **sutures** (littéralement, «coutures») sont des articulations présentes uniquement entre les os de la tête (figure 8.1a). Les bords ondulés des os qui s'articulent s'emboîtent les uns dans les autres ou se recouvrent partiellement, et la soudure est entièrement comblée par des fibres très courtes de tissu conjonctif qui pénètrent dans les os. Il en résulte une soudure quasi rigide qui maintient les os fermement en place. Au cours de l'âge adulte, le tissu fibreux s'ossifie et les os fusionnent en une seule pièce. Les sutures sont alors appelées **synostoses,** c'est-à-dire «jonctions osseuses». Tout mouvement des os crâniens pourrait endommager gravement l'encéphale: l'immobilité de leurs articulations est donc tout à fait adaptée à leur fonction de protection.

Syndesmoses

Les **syndesmoses** sont des articulations fibreuses dans lesquelles les os sont reliés par un faisceau ou une membrane de tissu fibreux appelés respectivement *ligament* (*sundesmos* = ligament) et *membrane interosseuse.* Les fibres du tissu conjonctif sont toujours plus longues que dans les sutures. Comme l'amplitude du mouvement augmente avec la longueur des fibres du tissu conjonctif, la mobilité des syndesmoses varie beaucoup. Par exemple, le ligament qui unit les extrémités distales du tibia et du péroné est très court (figure 8.1b), et l'articulation péronéo-tibiale inférieure est à peine plus lâche qu'une suture; en d'autres termes, elle a un peu de «jeu». Il reste que tout mouvement réel est impossible, de sorte que l'articulation est classée, du point de vue fonctionnel, parmi les articulations immobiles. Certains auteurs la classent toutefois parmi les articulations semi-mobiles.) Par contre, l'étendue et la flexibilité de la membrane interosseuse antébrachiale, qui joint longitudinalement le radius et le cubitus de l'avant-bras (voir la figure 7.23a, p. 206), favorisent l'amplitude des mouvements de supination et de pronation.

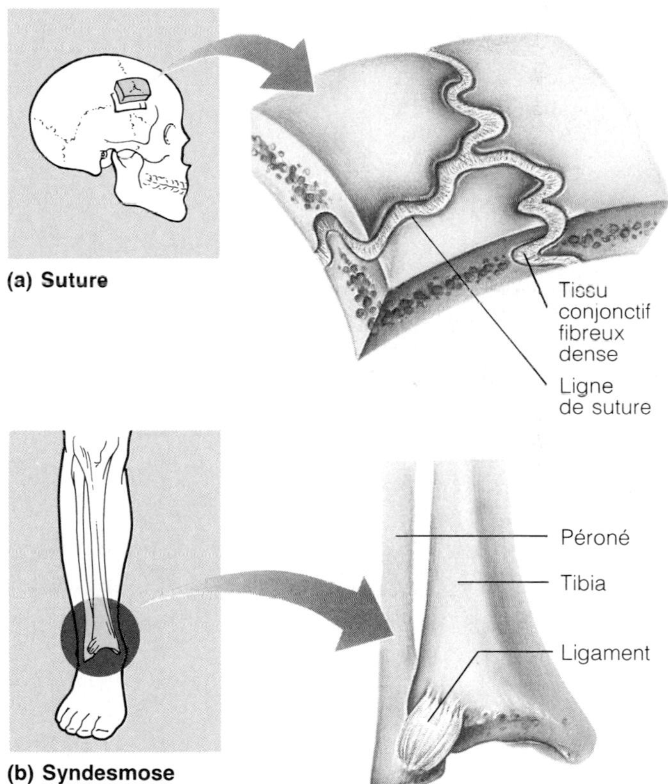

Figure 8.1 Articulations fibreuses. Les sutures, les syndesmoses et les gomphoses constituent les trois types d'articulations fibreuses (les gomphoses ne sont pas représentées ici). (**a**) Dans les sutures du crâne, les fibres de tissu conjonctif qui retiennent les os ensemble sont très courtes et les surfaces osseuses s'imbriquent de telle sorte que l'articulation est immobile. (**b**) Dans la syndesmose de l'articulation péronéo-tibiale inférieure, le tissu fibreux (ligament) qui unit les os est plus long que dans les sutures; cela permet un certain jeu, mais pas de véritable mobilité.

Tableau 8.1 Caractéristiques structurales et fonctionnelles des articulations du corps

Illustration	Articulation	Os qui s'articulent	Type structural*	Type fonctionnel; mouvements permis
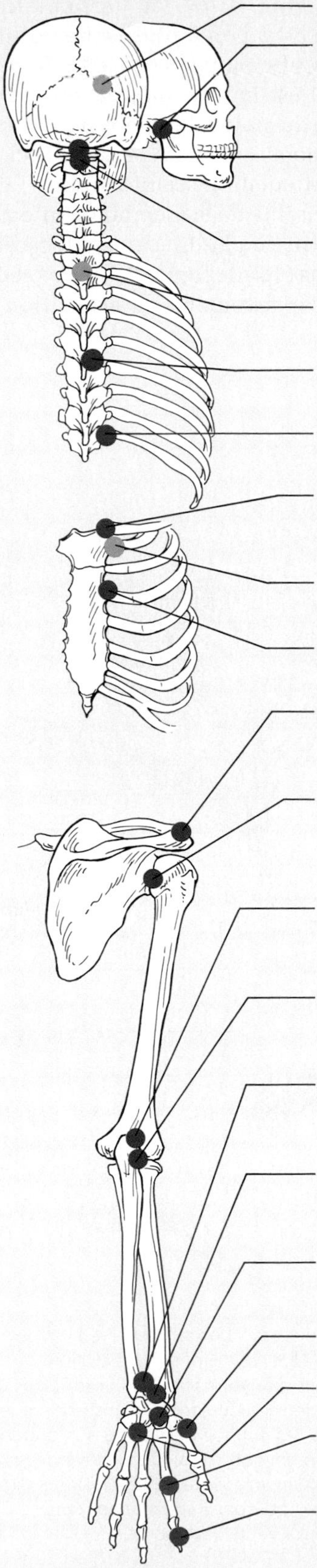	De la tête	Os crâniens et os faciaux	Fibreuse; suture	Synarthrose; aucun mouvement
	Temporo-mandibulaire	Os temporal du crâne et mandibule	Synoviale; trochléenne modifiée (comporte un disque articulaire)	Diarthrose; glissement et rotation uniaxiale; faible mouvement latéral, élévation, abaissement, protraction, rétraction
	Atlanto-occipital	Os occipital du crâne et atlas (C_1)	Synoviale; condylienne	Diarthrose; biaxial; flexion, extension, abduction, adduction, circumduction
	Atlanto-axoïdienne	Atlas (C_1) et axis (C_2)	Synoviale; à pivot	Diarthrose; uniaxial; rotation de la tête
	Intervertébrale	Entre les corps vertébraux adjacents	Cartilagineuse; symphyse	Amphiarthrose; léger mouvement
	Intervertébrale	Entre les apophyses articulaires	Synoviale; plane	Diarthrose; glissement
	Costo-vertébrale	Vertèbres (apophyses transverses ou corps vertébraux) et côtes	Synoviale; plane	Diarthrose; glissement
	Sterno-claviculaire	Sternum et clavicule	Synoviale; en selle creuse (comporte un disque articulaire)	Diarthrose; multiaxial (permet à la clavicule de bouger autour de tous les axes)
	Sterno-costale	Sternum et première côte	Cartilagineuse; synchondrose	Synarthrose; aucun mouvement
	Sterno-costale	Sternum et côtes 2 à 7	Synoviale; à plan double	Diarthrose; glissement
	Acromio-claviculaire	Acromion de la scapula et clavicule	Synoviale; plane	Diarthrose; glissement; élévation, abaissement, protraction, rétraction
	Scapulo-humérale (épaule)	Scapula et humérus	Synoviale; sphéroïde	Diarthrose; multiaxial; flexion, extension, abduction, adduction, circumduction, rotation
	Du coude	Humérus avec le radius et le cubitus	Synoviale; trochléenne	Diarthrose; uniaxial; flexion, extension
	Radio-cubitale supérieure	Radius et cubitus	Synoviale; à pivot	Diarthrose; uniaxial; rotation autour de l'axe longitudinal de l'avant-bras pour permettre la pronation et la supination
	Radio-cubitale inférieure	Radius et cubitus	Synoviale; à pivot (comporte un disque articulaire)	Diarthrose; uniaxial; rotation (la tête convexe du cubitus effectue une rotation dans l'échancrure cubitale)
	Radio-carpienne (poignet)	Radius et carpiens proximaux	Synoviale; condylienne	Diarthrose; biaxial; flexion, extension, abduction, adduction, circumduction
	Médio-carpienne	Carpiens adjacents	Synoviale; plane	Diarthrose; glissement
	Carpo-métacarpienne du pouce	Carpien (trapèze) et métacarpien I	Synoviale; en selle	Diarthrose; biaxial; flexion, extension, abduction, adduction, circumduction, opposition
	Carpo-métacarpienne de l'index au petit doigt	Carpien(s) et métacarpien(s)	Synoviale; plane	Diarthrose; glissement
	Métacarpo-phalangienne (jointure des doigts)	Métacarpien et première phalange	Synoviale; condylienne	Diarthrose; biaxial; flexion, extension, abduction, adduction, circumduction
	Interphalangienne de la main (doigts)	Phalanges adjacentes	Synoviale; trochléenne	Diarthrose; uniaxial; flexion, extension

Tableau 8.1 (suite)

Illustration	Articulation	Os qui s'articulent	Type structural*	Type fonctionnel; mouvements permis
	Sacro-iliaque	Sacrum et os iliaque	Synoviale; plane	Diarthrose; peu ou pas de mouvement, faible glissement possible (augmente au cours de la grossesse)
	Symphyse pubienne	Os pubiens	Cartilagineuse; symphyse	Amphiarthrose; faible mouvement (augmente au cours de la grossesse)
	Coxo-fémorale (hanche)	Os iliaque et fémur	Synoviale; sphéroïde	Diarthrose; multiaxial; flexion, extension, abduction, adduction, rotation, circumduction
	Fémoro-tibiale (genou)	Fémur et tibia	Synoviale; trochléenne (condylienne)	Diarthrose; uniaxial; flexion, extension, une certaine rotation
	Fémoro-patellaire (genou)	Fémur et rotule	Synoviale; plane	Diarthrose; glissement
	Péronéo-tibiale supérieure	Tibia et péroné	Synoviale; plane	Diarthrose; glissement
	Péronéo-tibiale inférieure	Tibia et péroné	Fibreuse; syndesmose	Synarthrose; un peu de «jeu» au cours de la dorsiflexion
	De la cheville	Tibia et péroné avec le talus	Synoviale; trochléenne	Diarthrose; uniaxial; flexion, extension
	Médio-tarsienne	Tarses adjacents	Synoviale; plane	Diarthrose; glissement
	Tarso-métatarsienne	Tarsien(s) et métatarsien(s)	Synoviale; plane	Diarthrose; glissement
	Métatarso-phalangienne	Métatarsien et première phalange	Synoviale; condylienne	Diarthrose; biaxial; flexion, extension, abduction, adduction, circumduction
	Interphalangienne du pied (orteils)	Phalanges adjacentes	Synoviale; trochléenne	Diarthrose; uniaxial; flexion, extension

* Les **articulations fibreuses** sont indiquées par des disques orangés; les **articulations cartilagineuses,** par des disques bleus; les **articulations synoviales,** par des disques rouges.

Gomphoses (articulations alvéolo-dentaires)

La **gomphose** (*gompho* = clou, boulon) est une articulation fibreuse dont le seul exemple est celui de l'articulation d'une dent dans son alvéole osseuse. Le nom de cette articulation fait référence à la façon dont les dents sont fixées, comme si elles avaient été enfoncées au marteau. Le court **ligament périodontique** assure la jonction fibreuse (voir la figure 24.12).

Articulations cartilagineuses

Les os sont unis par du cartilage dans les **articulations cartilagineuses.** Ces articulations sont dépourvues de cavité articulaire, tout comme les articulations fibreuses. Les *synchondroses* et les *symphyses* représentent les deux types d'articulations cartilagineuses.

Synchondroses

Dans la **synchondrose** (littéralement, «jonction cartilagineuse»), c'est une lame de cartilage hyalin qui met les os en rapport. Au cours du jeune âge, pratiquement toutes les synchondroses constituent des sites de croissance osseuse tout en procurant une certaine flexibilité au squelette. À la fin de la croissance osseuse, cependant, presque toutes les synchondroses s'ossifient et deviennent immobiles.

On trouve quelques synchondroses dans les régions cartilagineuses de la tête, mais les exemples les plus couramment indiqués sont les cartilages de conjugaison qui unissent les épiphyses à la diaphyse dans les os longs (figure 8.2a). Les cartilages de conjugaison sont des articulations temporaires qui deviendront des synostoses. L'articulation entre la première côte et le manubrium sternal est également une articulation immobile car le cartilage hyalin de l'articulation se transforme en tissu osseux (figure 8.2b).

Symphyses

Dans les **symphyses** (*sumphusis* = union), les surfaces articulaires des os sont couvertes de cartilage articulaire (hyalin), lequel est lui-même soudé à un coussinet ou à un disque intermédiaire fibrocartilagineux. Le fibrocartilage est un tissu compressible qui agit comme un amortisseur et assure un certain degré de mouvement au niveau de l'articulation. Les symphyses sont des articulations cartilagineuses conçues pour allier force et flexibilité. Les articulations intervertébrales (figure 8.2c) et la symphyse pubienne du bassin (voir le tableau 8.1) en sont des exemples.

Articulations synoviales

Dans les **articulations synoviales**, les os s'unissent par l'intermédiaire d'une cavité remplie de liquide synovial. Cette disposition offre une grande liberté de mouvement, si bien que toutes les articulations synoviales sont des articulations très mobiles. Toutes les articulations des membres (en fait, la majorité des articulations du corps) appartiennent à cette classe.

Structure générale

Les articulations synoviales possèdent cinq caractéristiques énumérées ci-dessous (figure 8.3a).

1. **Cartilage articulaire.** Les surfaces des os qui s'articulent sont recouvertes d'un cartilage articulaire (hyalin) lisse et luisant.

2. **Cavité articulaire.** La cavité articulaire constitue la caractéristique la plus remarquable des articulations synoviales; il s'agit en fait d'un espace rempli de liquide synovial.

3. **Capsule articulaire.** La capsule articulaire entoure la cavité articulaire; elle comprend deux couches de tissu. La couche externe est composée d'une **capsule fibreuse** résistante et flexible fixée au périoste des os adjacents. La **membrane synoviale,** formée de tissu conjonctif lâche, tapisse l'intérieur de la capsule fibreuse et circonscrit, avec le cartilage hyalin, le volume de la cavité articulaire. Elle recouvre entièrement les surfaces internes des articulations; la surface osseuse est revêtue de cartilage hyalin.

4. **Liquide synovial.** Une petite quantité de liquide synovial lubrifiant, provenant principalement de la filtration

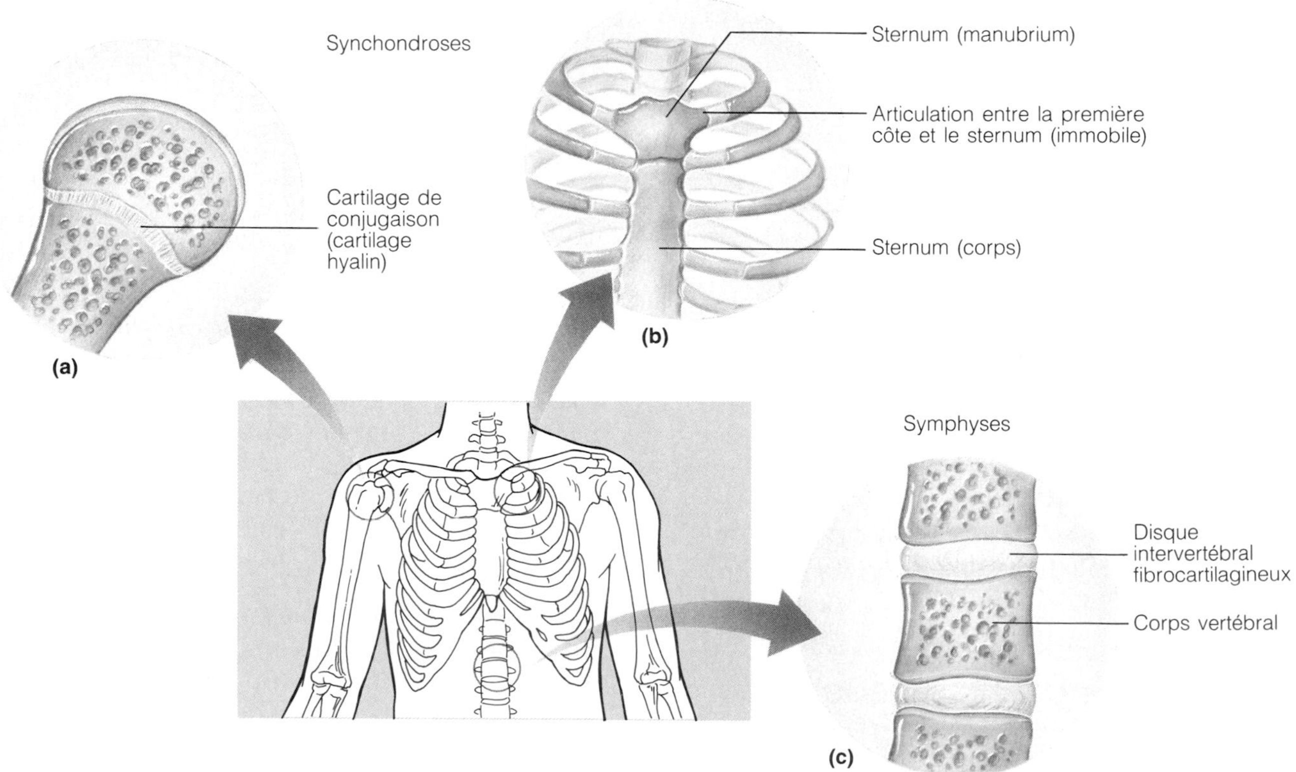

Figure 8.2 Articulations cartilagineuses. (**a**) Le cartilage de conjugaison observé sur un os long pendant la croissance est une synchondrose temporaire; la diaphyse et l'épiphyse sont reliées par du cartilage hyalin qui s'ossifie complètement par la suite. (**b**) L'articulation sterno-costale entre la première côte et le manubrium sternal est une articulation cartilagineuse immobile, ou synchondrose. (**c**) Les corps de deux vertèbres et le disque fibrocartilagineux qui les sépare forment une symphyse.

du plasma sanguin, occupe l'espace libre à l'intérieur de la capsule articulaire. La sécrétion d'acide hyaluronique par les cellules de la membrane synoviale lui confère une consistance visqueuse semblable au blanc d'œuf (*sun* = avec ; *ôon* = œuf) ; le mouvement d'une articulation provoque le réchauffement du liquide synovial et une diminution de sa viscosité. Le liquide synovial est aussi présent à l'intérieur des cartilages articulaires, où il forme une pellicule lisse qui lubrifie les cartilages et réduit la friction (usure). Lorsqu'une articulation synoviale subit une compression, les cartilages articulaires expulsent du liquide synovial. Puis, au fur et à mesure que la pression est réduite, le liquide synovial retourne dans les cartilages articulaires, un peu comme de l'eau dans une éponge, prêt à être expulsé de nouveau lors d'une autre compression de l'articulation. De plus, le liquide synovial apporte des nutriments et de l'oxygène au cartilage ; il contient également des phagocytes qui débarrassent la cavité articulaire des microorganismes et des débris cellulaires qui peuvent l'envahir.

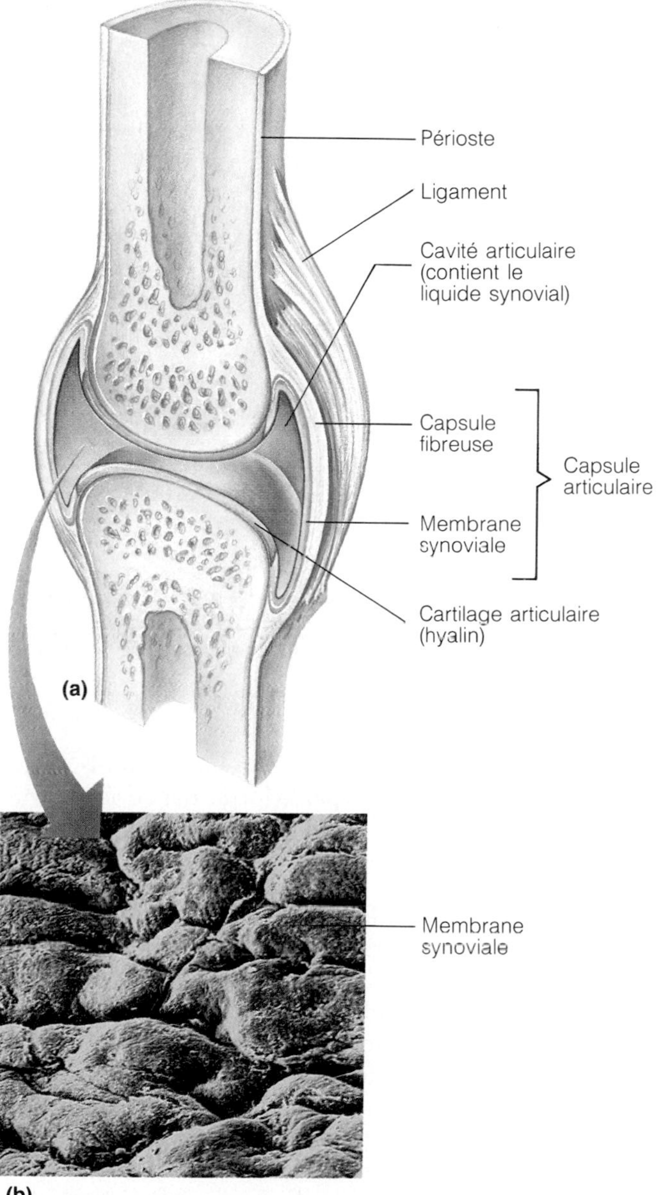

Figure 8.3 Structure générale d'une articulation synoviale. (**a**) Les deux extrémités des os sont revêtues de cartilage articulaire et enfermées dans une capsule articulaire. La couche externe de la capsule articulaire, la capsule fibreuse, est fixée aux périostes des os. L'intérieur de cette capsule fibreuse est tapissé d'une membrane synoviale lisse qui sécrète le liquide synovial. L'articulation est généralement renforcée par des ligaments. (**b**) Micrographie électronique par balayage (× 7) de la membrane synoviale de l'articulation du genou.

5. Ligaments. Les articulations synoviales sont renforcées par un certain nombre de ligaments. La plupart des ligaments sont **intrinsèques,** ou **capsulaires,** c'est-à-dire qu'ils représentent en fait un épaississement de la capsule fibreuse. D'autres sont indépendants et se trouvent soit à l'extérieur (**ligaments externes**) soit à l'intérieur (**ligaments internes**) de la capsule. En réalité, les ligaments internes ne se situent pas dans la cavité articulaire car ils sont recouverts par la membrane synoviale.

Certaines articulations synoviales possèdent d'autres caractéristiques structurales. Par exemple, les articulations de la hanche et du genou comportent des *coussinets adipeux* amortisseurs entre la capsule fibreuse et la membrane synoviale ou l'os. D'autres articulations présentent des disques ou des ménisques (coins de fibrocartilage) entre les surfaces articulaires des os. Les **disques articulaires** sont orientés vers l'intérieur de la capsule articulaire et divisent la cavité synoviale en deux compartiments distincts. Les disques articulaires et les ménisques améliorent l'ajustement entre les extrémités des os et procurent ainsi une plus grande stabilité à l'articulation. L'articulation du genou renferme des ménisques ; l'articulation de la mâchoire et l'articulation sterno-claviculaire contiennent des disques articulaires.

Bourses et gaines de tendons

Les bourses et les gaines de tendons ne font pas véritablement partie des articulations synoviales, mais elles leur sont souvent associées (figure 8.4). On peut les comparer à des roulements à billes : elles jouent en effet un rôle de prévention en empêchant la friction entre les articulations et les structures adjacentes au cours des mouvements. Les **bourses** sont des sacs fibreux aplatis, tapissés d'une membrane synoviale ; elles contiennent une mince pellicule de liquide synovial. On retrouve la majorité des bourses aux endroits où les ligaments, les muscles, la peau ou les tendons frottent sur les os ou les articulations. La plupart des bourses sont déjà présentes à la naissance mais il s'en forme d'autres, appelées *fausses bourses,* partout où il se produit un mouvement important des articulations ; elles fonctionnent alors de la même façon que les vraies bourses. Une **gaine de tendon** est une bourse allongée qui entoure un tendon soumis à un frottement, un peu comme le petit pain entoure la saucisse dans un hot-dog.

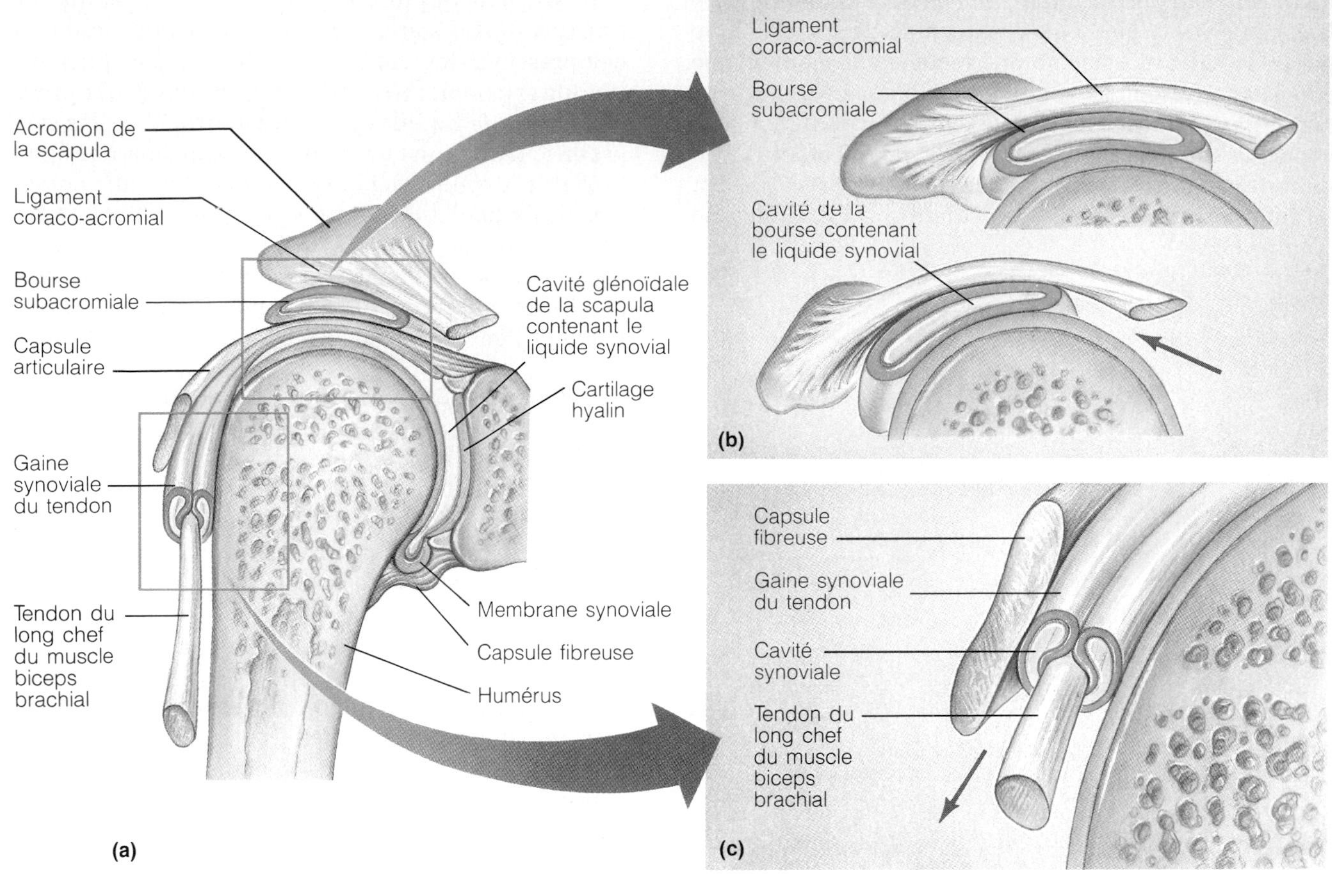

Figure 8.4 Structures qui réduisent les frottements: bourses et gaines de tendons. (**a**) Coupe longitudinale de l'articulation synoviale de l'épaule montrant la bourse en forme de sac et la gaine de tendon autour du tendon d'un muscle. (**b**) Manière dont une bourse élimine la friction à l'endroit où un tendon (ou une autre structure) pourrait frotter sur l'épiphyse d'un os. Le liquide synovial dans la bourse agit comme un lubrifiant qui permet aux parois internes de celle-ci de glisser facilement l'une sur l'autre. (**c**) Vue en trois dimensions d'une gaine de tendon.

Facteurs influant sur la stabilité des articulations synoviales

Comme les articulations sont constamment étirées et comprimées, elles doivent faire preuve d'une bonne stabilité afin d'éviter les luxations. La stabilité d'une articulation synoviale repose principalement sur trois facteurs: la nature des surfaces articulaires, le nombre et la position des ligaments ainsi que le tonus musculaire.

Surfaces articulaires

La forme des surfaces articulaires détermine les types de mouvements qu'une articulation peut effectuer, mais les surfaces articulaires ne jouent qu'un rôle minime dans la stabilité des articulations. En effet, de nombreuses articulations possèdent des cavités peu profondes ou même des surfaces articulaires non complémentaires (qu'on pourrait aussi qualifier de «mal adaptées»), qui ne participent guère à la stabilité de l'articulation et peuvent même y faire obstacle. En revanche, lorsque les surfaces articulaires sont assez étendues et qu'elles s'ajustent bien, ou lorsque la cavité est profonde, la stabilité s'en trouve considérablement améliorée. L'articulation sphéroïde de la hanche, dans laquelle la tête du fémur s'articule avec l'acétabulum de l'os iliaque, fournit l'exemple d'une excellente stabilité assurée par la forme des surfaces articulaires.

Ligaments

Les ligaments des articulations synoviales assument plusieurs fonctions: ils unissent les os, participent à l'orientation du mouvement d'un os et empêchent tout mouvement excessif ou non souhaitable. En règle générale, plus les ligaments sont nombreux, plus l'articulation est renforcée. Si les autres facteurs de stabilité ne sont pas suffisants, les ligaments peuvent toutefois être soumis à une tension excessive qui provoquera leur étirement. Des ligaments étirés ne reviennent jamais à leur position initiale, un peu comme du caramel; d'autre part, ils se déchirent si l'étirement dépasse 6% de leur longueur. Par conséquent, une articulation n'est pas très stable si ce sont des ligaments qui en constituent le principal moyen de soutien ou de renforcement.

Tonus musculaire

Dans la plupart des cas, les tendons des muscles qui traversent les articulations représentent le facteur de stabilité le plus important. Ces tendons sont constamment maintenus sous tension par le tonus des muscles qu'ils rattachent aux os. (Le tonus musculaire se définit comme une légère contraction des muscles au repos qui leur permet de réagir à une stimulation nerveuse.) Nous verrons ultérieurement que le tonus musculaire joue un rôle essentiel dans le renforcement des articulations de l'épaule et du genou.

La capsule articulaire et les ligaments sont riches en terminaisons nerveuses sensitives qui règlent indirectement la position des articulations et contribuent au maintien du tonus musculaire. L'étirement de ces structures envoie des influx nerveux au système nerveux central, qui va analyser ces informations et envoyer une commande motrice produisant la contraction appropriée des muscles entourant l'articulation.

Mouvements permis par les articulations synoviales

Chaque muscle squelettique se rattache en deux points au moins à des os ou à d'autres structures de tissu conjonctif. Le tendon de l'**origine** du muscle est lié à l'os immobile (ou le moins mobile) alors que le tendon de l'autre extrémité, l'**insertion,** est attaché à l'os mobile. Lorsque le muscle se contracte (sur l'articulation) et que son insertion se rapproche de son origine, il se produit un mouvement de l'os. C'est le principe qui est à l'origine des mouvements des différentes parties du corps. Les mouvements peuvent être décrits en termes directionnels par rapport aux lignes, ou *axes*, autour desquelles les parties du corps bougent, et par rapport aux plans de l'espace dans lesquels les mouvements se réalisent, c'est-à-dire dans les plans transverse, frontal ou sagittal. (Ces plans ont été étudiés dans le chapitre 1.)

La gamme des mouvements permis par les articulations synoviales va du **mouvement non axial** (mouvements de glissement seulement, car il n'y a pas d'axe autour duquel le mouvement peut s'accomplir) au **mouvement multiaxial** (mouvement dans les trois plans de l'espace et autour des axes) en passant par le **mouvement uniaxial** (mouvement dans un plan) et le **mouvement biaxial** (mouvement dans deux plans). Les mouvements permis par les principales articulations sont présentés au tableau 8.1. L'amplitude des mouvements peut varier de manière considérable d'une personne à l'autre. Chez certaines personnes, tels les gymnastes ou les acrobates bien entraînés, l'amplitude des mouvements articulaires peut être exceptionnelle (figure 8.5).

Il existe trois principaux types de mouvements: le *glissement,* les *mouvements angulaires* et la *rotation.* Nous allons décrire ici les principaux mouvements permis par les articulations synoviales; ils sont représentés à la figure 8.6.

Mouvements de glissement

Les **mouvements de glissement** (figure 8.6a) sont les types de mouvements articulaires les plus simples. Une surface osseuse plane, ou presque plane, glisse sur une autre surface semblable; les os sont simplement déplacés l'un par rapport à l'autre. Les mouvements de glissement se réalisent aux articulations médio-carpienne, intertarsienne, intervertébrale (entre les apophyses articulaires) et sterno-claviculaire (voir le tableau 8.1).

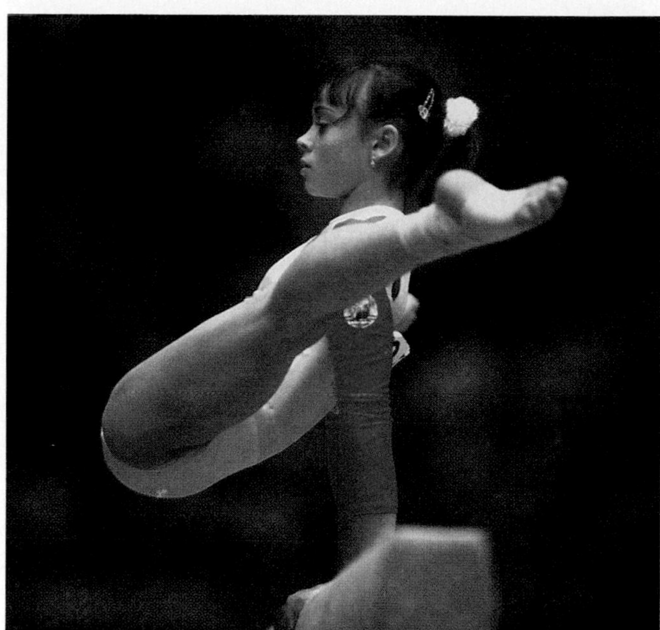

Figure 8.5 Exemple d'amplitude exceptionnelle des mouvements. Aurelia Dobre, gymnaste roumaine aux Jeux olympiques de 1988, possède des articulations de la hanche presque aussi flexibles que celles de ses épaules.

Mouvements angulaires

Les **mouvements angulaires** (figure 8.6b à g) modifient (augmentent ou diminuent) l'angle entre deux os réunis par une articulation. Les mouvements angulaires peuvent se dérouler dans tout plan du corps et comprennent la flexion, l'extension, l'abduction, l'adduction et la circumduction.

Flexion. La **flexion** est un mouvement de repli qui *diminue l'angle* de l'articulation et rapproche deux os l'un de l'autre. Ce mouvement s'accomplit habituellement dans le plan sagittal. Pencher la tête en avant sur la poitrine (figure 8.6b) et fléchir le tronc ou le genou d'une position droite à une position formant un angle (figure 8.6c et d) en sont des exemples. Le mouvement du bras vers une position antérieure à l'épaule constitue la flexion de celle-ci (figure 8.6d). La flexion de la cheville de façon que la face supérieure du pied s'approche du tibia est appelée **dorsiflexion** (figure 8.6e).

Extension. L'**extension** est le mouvement inverse de la flexion et il se produit aux mêmes articulations. Ce type de mouvement *augmente l'angle* entre deux os, par exemple dans l'action de redresser le cou, le tronc, les coudes ou les genoux après une flexion (figure 8.6b à d). Dans l'**hyperextension,** la tête est penchée en arrière au-delà de la position anatomique. Lorsque l'épaule est en extension, le bras est déplacé vers un point situé derrière l'articulation de l'épaule. L'extension ou le redressement de la cheville (pointer les orteils) est appelé **flexion plantaire** (c'est-à-dire flexion vers la plante du pied).

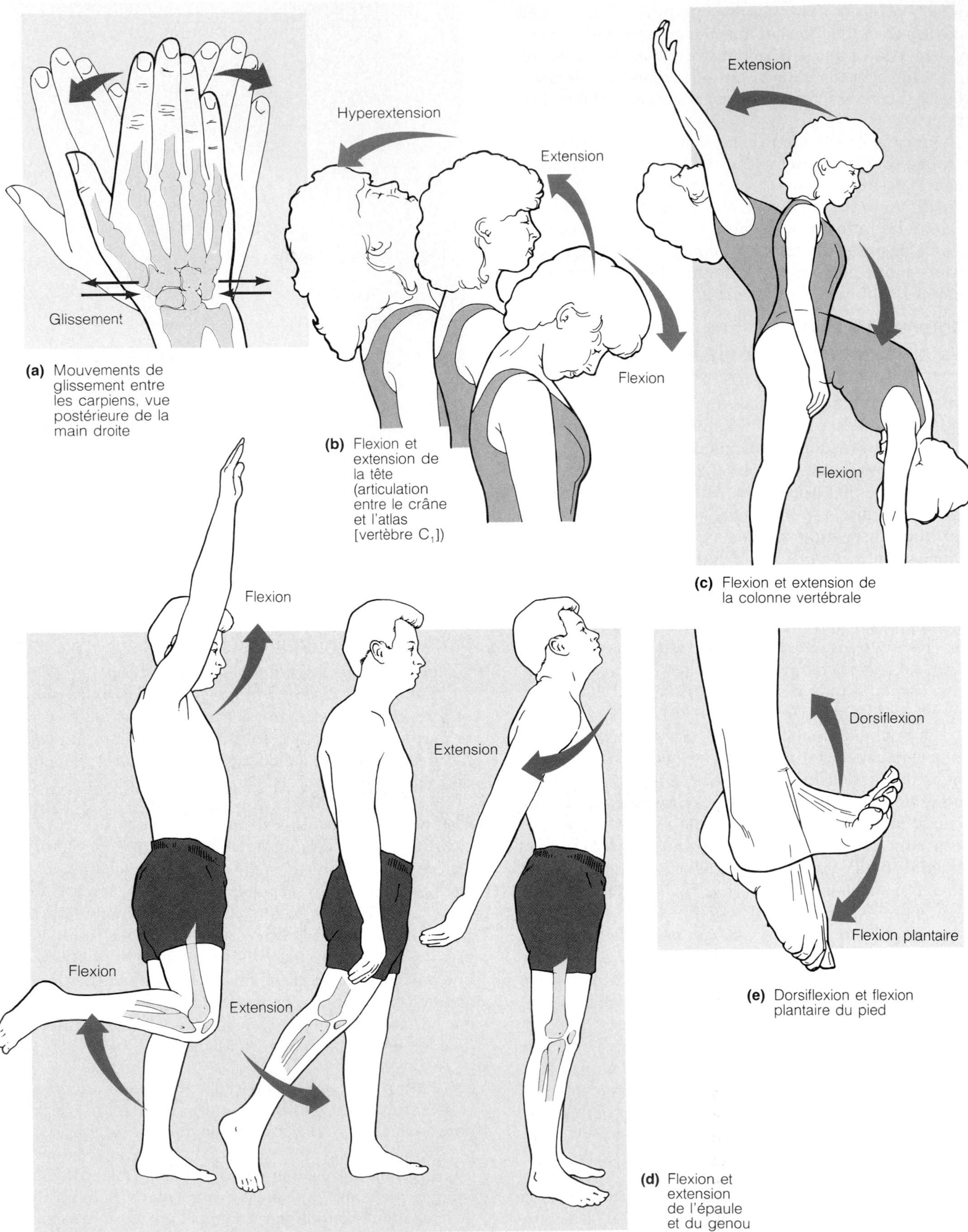

Figure 8.6 Mouvements permis par les articulations synoviales. (**a**) Mouvements de glissement. (**b** à **g**) Mouvements angulaires. (**h** et **i**) Rotation. (Voir p. 231 pour **f** à **i**.)

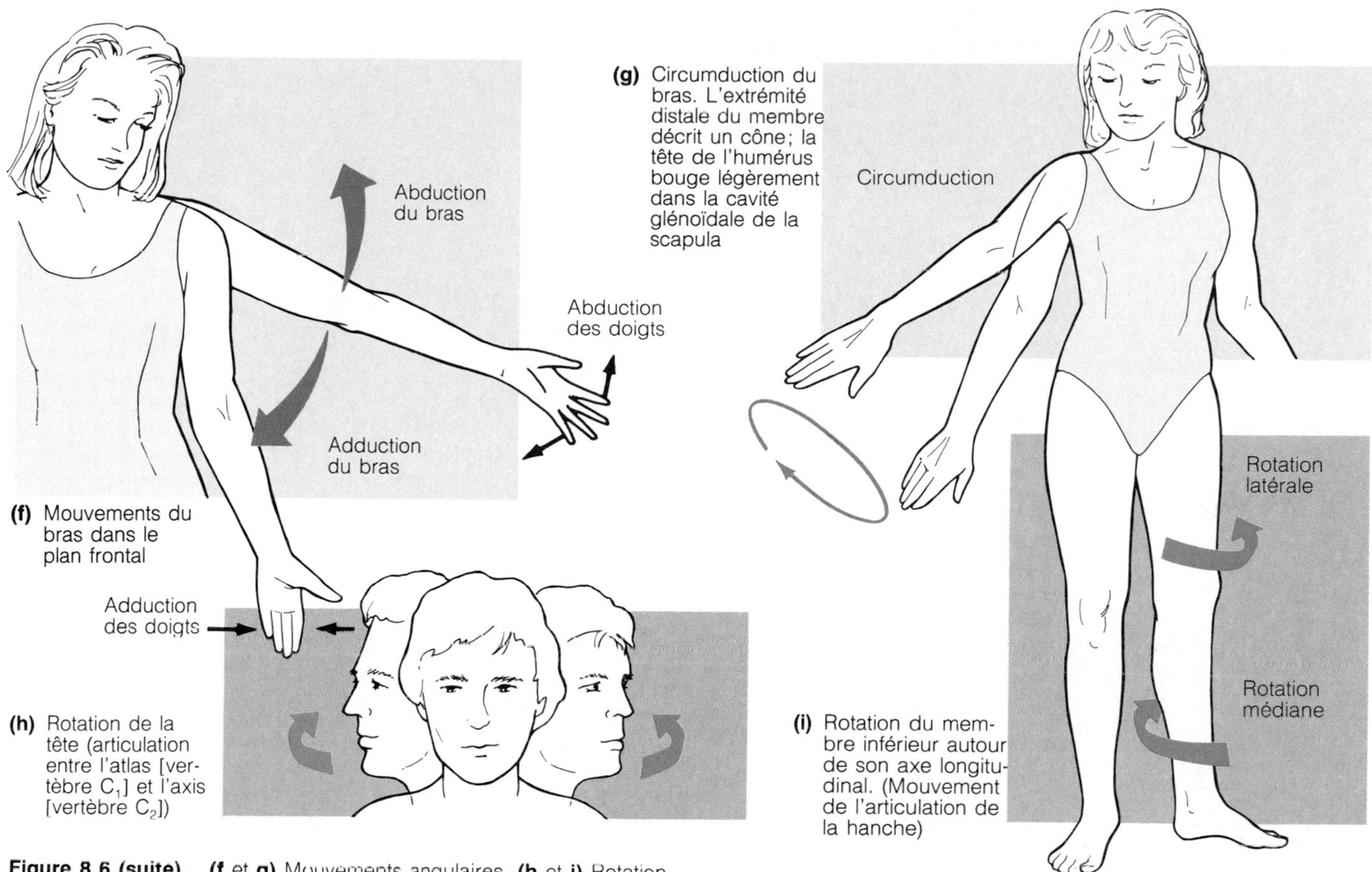

Abduction du bras
Abduction des doigts
Adduction du bras
(f) Mouvements du bras dans le plan frontal
Adduction des doigts
(g) Circumduction du bras. L'extrémité distale du membre décrit un cône; la tête de l'humérus bouge légèrement dans la cavité glénoïdale de la scapula
Circumduction
Rotation latérale
Rotation médiane
(h) Rotation de la tête (articulation entre l'atlas [vertèbre C_1] et l'axis [vertèbre C_2])
(i) Rotation du membre inférieur autour de son axe longitudinal. (Mouvement de l'articulation de la hanche)

Figure 8.6 (suite). (**f** et **g**) Mouvements angulaires. (**h** et **i**) Rotation.

Abduction. L'**abduction** (*abductio* = action d'emmener) est le mouvement qui écarte un membre du plan médian du corps, dans le plan frontal. L'élévation latérale du bras (figure 8.6f) ou de la cuisse est un exemple d'abduction. Ce terme peut être utilisé pour désigner le mouvement des doigts ou des orteils, auquel cas il indique leur écartement: le point de référence est alors le doigt le plus long de la main ou du pied (le troisième doigt ou le deuxième orteil). D'autre part, pencher latéralement le tronc en l'éloignant de la ligne médiane du corps, dans le plan frontal, est appelé *flexion latérale* et non abduction.

Adduction. L'**adduction** (*adductio* = action d'amener) est l'opposé de l'abduction; il s'agit donc du mouvement d'un membre vers la ligne médiane du corps ou, dans le cas des doigts, vers la ligne médiane de la main ou du pied (figure 8.6f).

Circumduction. La **circumduction** (*circumducere* = conduire autour) est le mouvement au cours duquel le membre décrit un cône dans l'espace (figure 8.6g). L'extrémité distale du membre trace un cercle, tandis que le sommet du cône (l'articulation) est plus ou moins stationnaire. Un lanceur de baseball, au moment de son élan, effectue un mouvement de circumduction avec le bras qui lance la balle. Comme la circumduction est en fait le résultat de la séquence des mouvements de flexion, d'abduction, d'extension et d'adduction, c'est le meilleur moyen (et le plus rapide) d'exercer les muscles qui régissent les mouvements des articulations sphéroïdes de la hanche et de l'épaule. La circumduction est également caractéristique de l'articulation en selle du pouce.

Rotation

La **rotation** est le mouvement d'un os autour de son axe longitudinal. C'est le seul mouvement qui soit possible entre les deux premières vertèbres cervicales (figure 8.6 h), et il se produit aussi aux articulations de la hanche et de l'épaule (voir la figure 8.6i). La rotation peut se faire en direction de la ligne médiane ou elle peut s'en éloigner. Par exemple, dans la *rotation médiane* de la cuisse, la face antérieure du fémur se déplace vers l'intérieur du corps; la *rotation latérale* est le mouvement opposé.

Mouvements spéciaux

Certains mouvements ne sont possibles qu'au niveau de certaines articulations ou dans certaines régions du corps (figure 8.7). Ils mettent en jeu plus d'une articulation ou ne peuvent pas être considérés comme un des mouvements déjà décrits, et ils sont donc classés parmi les mouvements spéciaux.

Supination et pronation. Les termes **supination** et **pronation** ne désignent que les mouvements du radius autour du cubitus (figure 8.7a). La supination est le mouvement de l'avant-bras pour tourner la paume en position antérieure ou supérieure. C'est le mouvement qu'une personne droitière effectue pour serrer une vis. Dans la

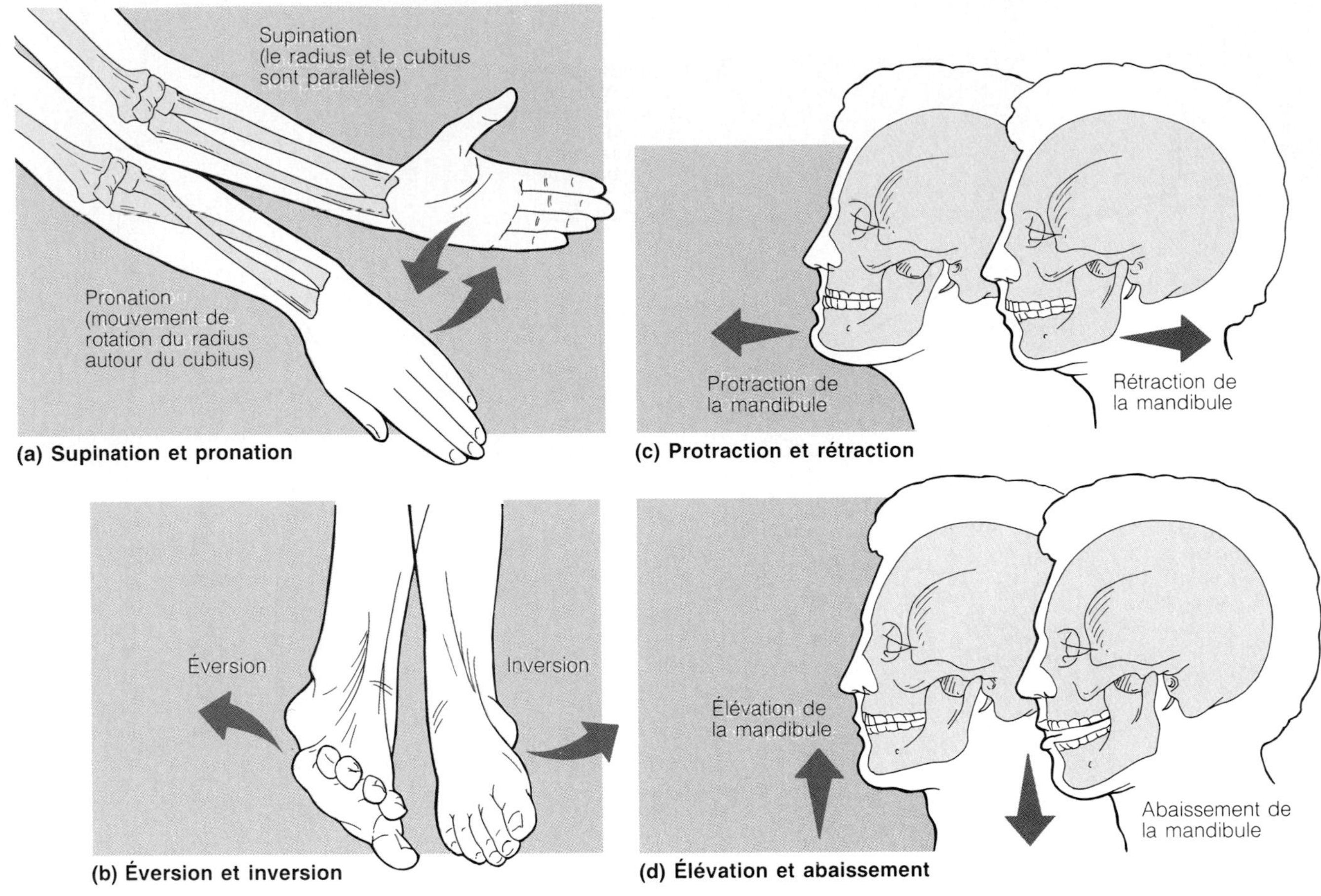

Figure 8.7 **Mouvements spéciaux du corps.**

position anatomique, la main est en supination et le radius et le cubitus sont parallèles. Dans la pronation, la paume se trouve en position postérieure ou inférieure; l'extrémité distale du radius se déplace par rapport au cubitus vers la ligne médiane du corps de sorte que les deux os se croisent. C'est la position de détente de l'avant-bras. La pronation nous permet de desserrer une vis; ce type de mouvement est beaucoup plus faible que la supination.

Inversion et éversion. Les termes **inversion** et **éversion** font référence à des mouvements spéciaux du pied (figure 8.7b). Dans l'inversion, la plante du pied est tournée vers l'intérieur; dans l'éversion, elle est tournée vers l'extérieur.

Protraction et rétraction. Les mouvements antérieurs et postérieurs non angulaires dans un plan transverse sont dénommés respectivement **protraction** et **rétraction** (figure 8.7c). La mandibule est protractée lorsque la mâchoire est projetée en avant, et rétractée lorsqu'elle se déplace postérieurement et retourne à sa position originale. Redresser les épaules dans la position de garde-à-vous est un autre exemple de rétraction.

Élévation et abaissement. **Élévation** signifie lever ou déplacer en position supérieure dans un plan frontal (figure 8.7d). Les scapulas s'élèvent lorsque nous haussons les épaules. Le mouvement inverse, lorsque la partie élevée revient vers le bas dans sa position originale, est appelé **abaissement.** Le fait de mâcher élève et abaisse la mandibule alternativement.

Opposition. L'articulation en selle entre le premier métacarpien et les carpiens permet un mouvement du pouce appelé **opposition**: le pouce peut ainsi toucher le bout des autres doigts de la même main (ce mouvement n'est pas illustré à la figure 8.7). C'est l'opposition qui fait de la main humaine un outil si bien adapté à la préhension et à la manipulation des objets.

Types d'articulations synoviales

Toutes les articulations synoviales partagent certaines caractéristiques structurales, mais elles n'ont pas pour autant de plan structural commun. On peut les subdiviser en six catégories principales, selon leur structure et les mouvements qu'elles peuvent décrire: plane, trochléenne, à pivot, condylienne, en selle et sphéroïde (figure 8.8).

Articulations planes

Les **articulations planes** (figure 8.8a) sont les seules articulations non axiales. Les surfaces articulaires sont plates et elles ne permettent que de petits mouvements de glissement. Nous avons déjà parlé de quelques exemples d'articulations planes: les articulations médio-carpienne

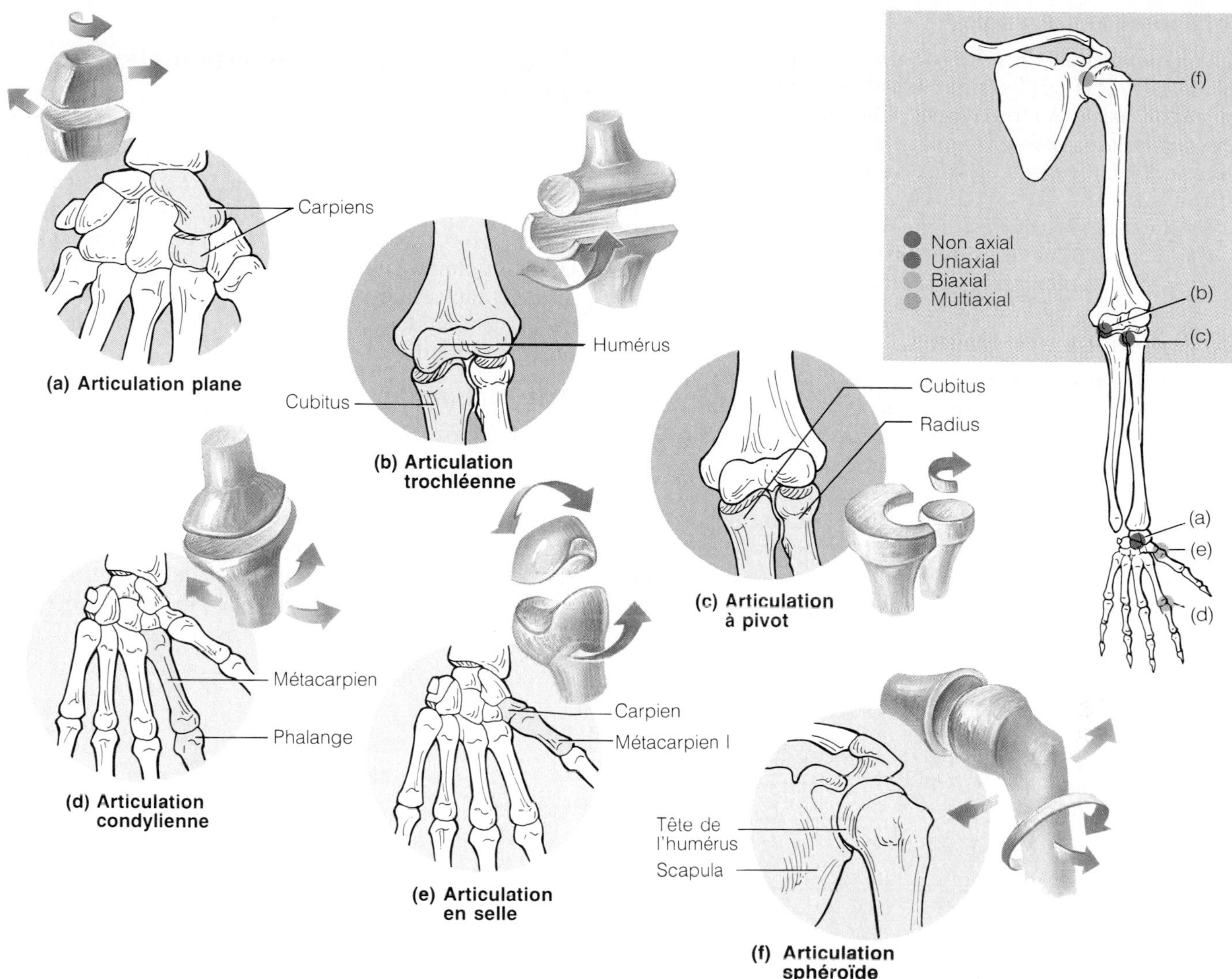

Figure 8.8 Types d'articulations synoviales. Les os correspondant aux renvois sont en jaune doré; les autres os sont laissés en blanc. (**a**) Articulation plane (ex., articulations médio-carpiennes et médio-tarsiennes). (**b**) Articulation trochléenne (ex., articulations du coude et articulations interphalangiennes). (**c**) Articulation à pivot (ex., articulation radio-cubitale supérieure). (**d**) Articulation condylienne (ex., articulations métacarpo-phalangiennes). (**e**) Articulation en selle (ex., articulation carpo-métacarpienne du pouce). (**f**) Articulation sphéroïde (ex., articulation scapulo-humérale).

et médio-tarsienne ainsi que les articulations entre les apophyses articulaires des vertèbres.

Articulations trochléennes

Dans les **articulations trochléennes** (figure 8.8b), la saillie convexe ou cylindrique d'un os s'ajuste dans la surface concave ou le creux cylindrique d'un autre os. Le mouvement s'effectue dans un seul plan et est semblable à celui d'une charnière mécanique. Seules la flexion et l'extension sont possibles dans les articulations trochléennes uniaxiales comme les articulations interphalangiennes et celles du genou et du coude.

Articulations à pivot

Dans une **articulation à pivot** (figure 8.8c), l'extrémité arrondie ou conique d'un os s'adapte à un anneau osseux (ou formé de ligaments) d'un autre os. Le seul mouvement autorisé est la rotation uniaxiale d'un os autour de son axe longitudinal ou contre un autre os. L'articulation entre l'atlas et l'axis, qui permet de bouger la tête de chaque côté pour signifier « non », est une articulation à pivot, de même que l'articulation radio-cubitale supérieure dans laquelle la tête du radius tourne dans un ligament annulaire attaché au cubitus.

Articulations condyliennes

Dans les **articulations condyliennes** (*kondulos* = articulation), la surface articulaire convexe d'un os s'ajuste dans la cavité concave complémentaire d'un autre os (figure 8.8d). La forme ovale de chacune des deux surfaces articulaires distingue ce type d'articulation. Les articulations condyliennes (biaxiales) rendent possibles tous les mouvements angulaires, c'est-à-dire la flexion et l'extension, l'abduction et l'adduction ainsi que la circumduction. Les articulations radio-carpiennes (du poignet) et les articulations métacarpo-phalangiennes (des jointures) sont des articulations condyliennes.

Articulations en selle

Les **articulations en selle** (figure 8.8e) ressemblent aux articulations condyliennes mais elles accordent une plus grande liberté de mouvement. Chacune des deux surfaces articulaires possède à la fois une partie concave et une partie convexe, c'est-à-dire qu'elle présente la forme d'une selle. La surface convexe d'un des os peut donc s'articuler dans la surface concave de l'autre os. Les articulations carpo-métacarpiennes des pouces illustrent particulièrement bien ce type d'articulation.

Articulations sphéroïdes

Les **articulations sphéroïdes** (figure 8.8f) sont multiaxiales; ce sont les articulations synoviales qui autorisent la plus grande liberté de mouvement. Elles favorisent un mouvement universel (c'est-à-dire le long de tous les axes et dans tous les plans, y compris la rotation). Dans de telles articulations, la tête sphérique ou hémisphérique d'un os s'emboîte dans la cavité concave d'un autre os. Les articulations de l'épaule (ceinture scapulaire) et de la hanche (ceinture pelvienne) sont les seules articulations sphéroïdes du corps.

Structure de quelques articulations synoviales

Nous allons étudier ici quatre articulations en détail (épaule, coude, hanche et genou). Chacune de ces articulations comprend une membrane synoviale et du cartilage articulaire; nous ne reviendrons pas sur ces caractéristiques communes. Nous insisterons plutôt sur leurs caractéristiques structurales particulières, leurs capacités fonctionnelles et, dans certains cas, leurs faiblesses fonctionnelles.

Articulation du coude

Nos membres supérieurs sont des prolongements flexibles qui nous permettent d'atteindre ou de manipuler les objets qui nous entourent. L'articulation du coude est l'articulation la plus proéminente du membre supérieur, à part celle de l'épaule. L'ajustement précis des extrémités de l'humérus et du cubitus qui forment cette articulation produit une articulation trochléenne stable qui fonctionne

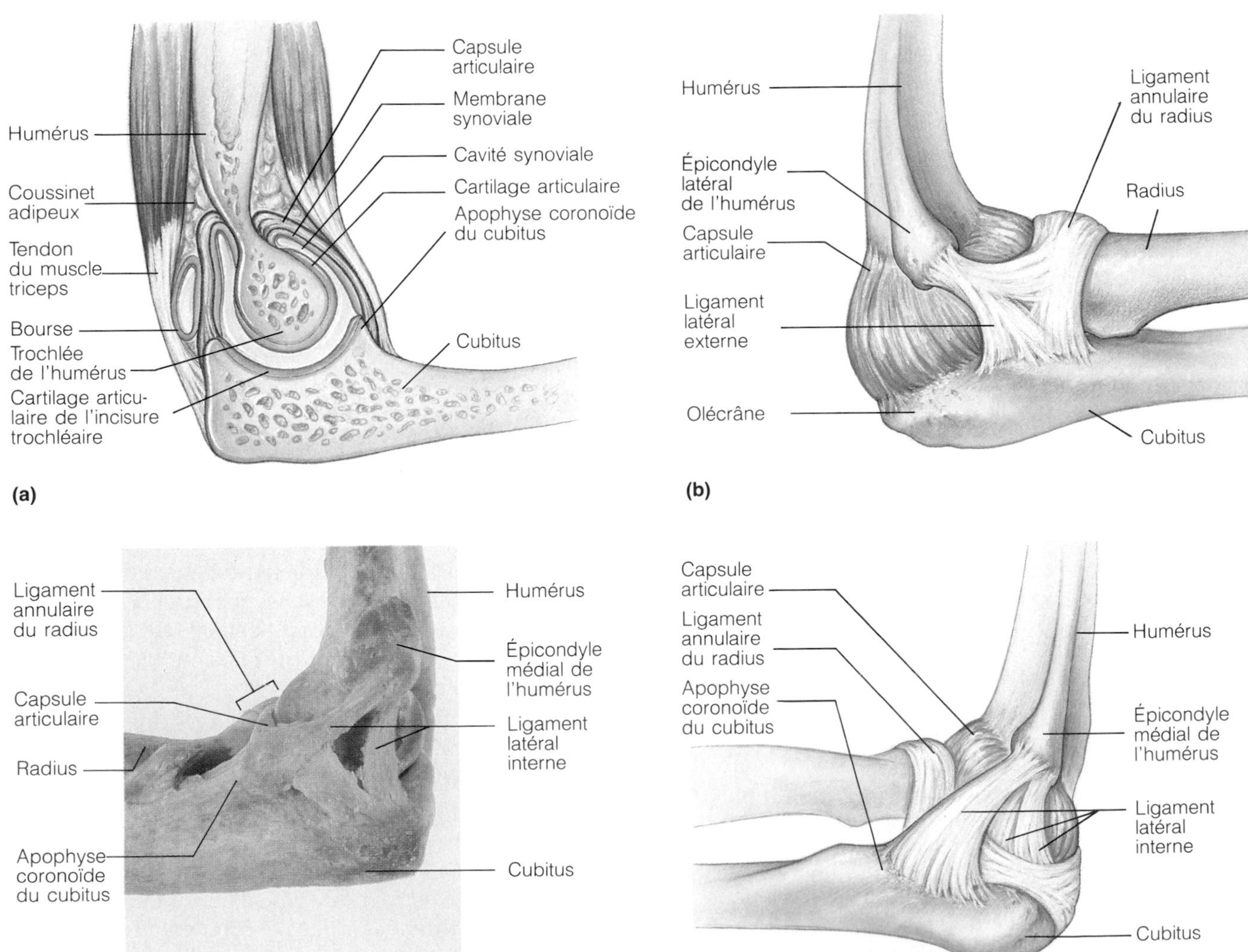

Figure 8.9 Articulation du coude. (**a**) Coupe sagittale médiane de l'articulation du coude droit. (**b**) Vue latérale de l'articulation du coude droit. (**c**) Photographie de l'articulation du coude droit montrant les cartilages de renforcement importants, vue médiane. (**d**) Vue médiane de l'articulation du coude droit.

en souplesse et permet la flexion et l'extension (figure 8.9). (Les grues de chantier possèdent le même genre de flexibilité.) Dans cette articulation, la trochlée et le capitulum de l'humérus s'articulent respectivement avec l'incisure trochléaire du cubitus et la tête du radius, mais c'est en fait la trochlée retenue par l'incisure trochléaire qui constitue la «charnière» et le principal facteur de stabilité de cette articulation. Une capsule articulaire relativement lâche se prolonge vers le bas, à partir des fosses coronoïdienne et olécrânienne de l'humérus jusqu'à l'apophyse coronoïde et l'olécrâne du cubitus et au **ligament annulaire** qui entoure la tête du radius.

La capsule articulaire est mince à l'avant et à l'arrière; elle assure une assez grande liberté à la flexion et à l'extension du coude. Cependant, deux importants ligaments empêchent les mouvements latéraux. Il s'agit du **ligament latéral interne**, composé de trois bandes résistantes qui renforcent la capsule en position médiane, et du **ligament latéral externe**, un ligament triangulaire situé sur le côté de la capsule. De plus, les tendons de plusieurs muscles (biceps, triceps, brachial et autres) entourent l'articulation du coude et lui procurent sa solidité.

La flexion du coude est limitée par la présence des tissus mous de l'avant-bras et du bras. L'extension est arrêtée par la tension du ligament latéral interne et par les tendons des muscles fléchisseurs de l'avant-bras. Le radius ne prend pas une part active dans les mouvements angulaires du coude mais, au cours de la supination et de la pronation de l'avant-bras, sa tête effectue une rotation à l'intérieur du ligament annulaire.

Articulation de l'épaule (scapulo-humérale)

L'articulation de l'épaule est la plus mobile de toutes les articulations du corps, la stabilité y étant sacrifiée au profit de la mobilité. Cette articulation sphéroïde est composée de la tête de l'humérus et de la cavité glénoïdale, petite, peu profonde et piriforme, de la scapula (figure 8.10). Bien que la cavité glénoïdale soit légèrement

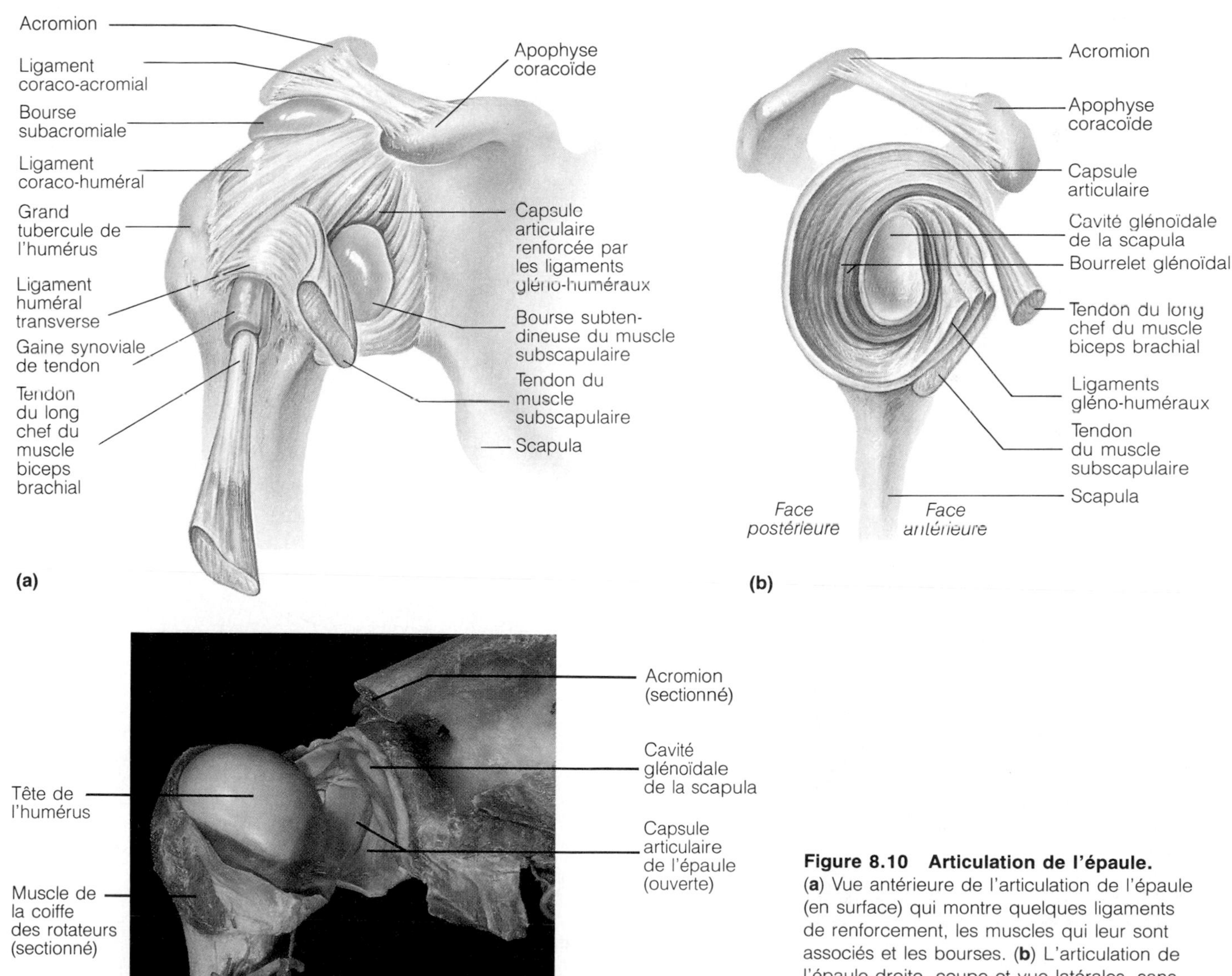

Figure 8.10 Articulation de l'épaule. (**a**) Vue antérieure de l'articulation de l'épaule (en surface) qui montre quelques ligaments de renforcement, les muscles qui leur sont associés et les bourses. (**b**) L'articulation de l'épaule droite, coupe et vue latérales, sans l'humérus. (**c**) Photographie de l'intérieur de l'articulation de l'épaule, vue antérieure.

approfondie par un rebord fibrocartilagineux appelé **bourrelet glénoïdal**, sa taille équivaut seulement au tiers de celle de la tête humérale et sa contribution à la stabilité de l'articulation est donc minime. La mince capsule articulaire entourant la cavité articulaire (depuis le bord de la cavité glénoïdale jusqu'au col anatomique de l'humérus) est singulièrement lâche et offre peu de résistance au mouvement.

Les ligaments qui renforcent l'articulation de l'épaule sont situés surtout sur sa face antérieure. Le **ligament coraco-huméral** s'étend de l'apophyse coracoïde de la scapula au grand tubercule de l'humérus et renforce les parties supérieure et antérieure de la capsule; les trois **ligaments gléno-huméraux** raffermissent quelque peu la partie frontale de la capsule mais ils sont faibles, et même parfois absents; le **ligament huméral transverse** relie le grand et le petit tubercule de l'humérus. Plusieurs bourses sont associées à l'articulation de l'épaule.

Le rôle des ligaments dans la stabilité de l'articulation de l'épaule est négligeable par rapport à celui des tendons des muscles squelettiques du bras. Le tendon du long chef du muscle biceps brachial est le plus important à cet égard (figure 8.10a). Ce tendon s'attache sur la face supérieure du bourrelet glénoïdal, pénètre dans la cavité articulaire et en ressort pour passer dans le sillon intertuberculaire de l'humérus. Il maintient fermement la tête de l'humérus dans la cavité glénoïdale de la scapula. Quatre autres tendons, qui constituent un ensemble appelé **coiffe des rotateurs**, fusionnent au niveau de la capsule articulaire et encerclent l'articulation. Ce sont les tendons

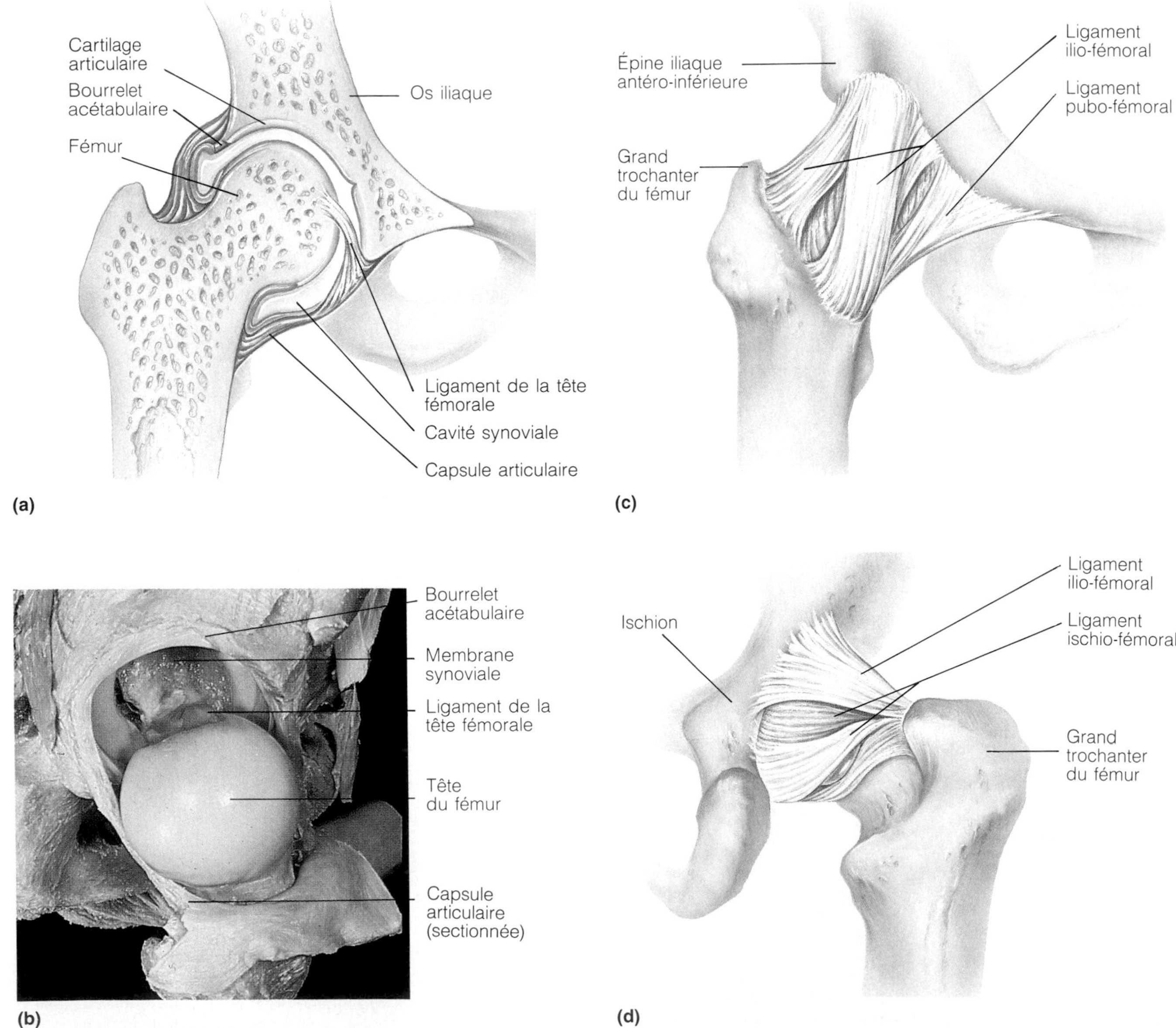

Figure 8.11 Articulation de la hanche. (**a**) Coupe frontale de l'articulation de la hanche droite. (**b**) Photographie de l'intérieur de l'articulation de la hanche, vue latérale. (**c**) Vue antérieure (en surface) de l'articulation de la hanche droite. (**d**) Vue postérieure (en surface) de l'articulation de la hanche droite.

des muscles subscapulaire, supra-épineux, infra-épineux et petit rond. (Ces muscles sont représentés à la figure 10.13, p. 314.) Cette disposition permet un étirement brutal des quatre tendons lorsque le bras effectue un vigoureux mouvement de circumduction; les lanceurs de baseball sont sujets à une telle blessure. Comme nous l'avons dit au chapitre 7, les luxations de l'épaule sont passablement fréquentes. Les tendons et les ligaments sont principalement situés dans les régions supérieure et antérieure de l'articulation de l'épaule. C'est la raison pour laquelle sa partie inférieure est relativement faible, et que l'humérus a tendance à se déplacer vers le bas en cas de luxation de l'épaule.

Articulation de la hanche (coxo-fémorale)

L'articulation de la hanche, comme celle de l'épaule, est une articulation sphéroïde; elle possède une bonne amplitude de mouvement qui est cependant moins importante que celle de l'épaule. Les mouvements s'effectuent dans tous les plans possibles mais sont limités par les ligaments de l'articulation et par sa cavité profonde. L'articulation de la hanche est formée par l'emboîtement de la tête sphérique du fémur dans la coupe creuse de l'acétabulum de l'os iliaque (figure 8.11). La profondeur de l'acétabulum est encore accrue grâce à un rebord circulaire fibrocartilagineux appelé **bourrelet acétabulaire.** Contrairement à l'articulation de l'épaule, ces surfaces articulaires s'ajustent bien ensemble, et les luxations de la hanche sont rares.

La capsule articulaire épaisse s'étend du rebord de l'acétabulum au col du fémur et enferme complètement l'articulation. Plusieurs ligaments solides renforcent la capsule de l'articulation de la hanche; ce sont le **ligament ilio-fémoral,** un solide ligament en forme de V sur la face antérieure, le **ligament pubo-fémoral,** une portion triangulaire épaissie de la partie inférieure de la capsule, et le **ligament ischio-fémoral,** un ligament en spirale situé en position postérieure. La disposition de ces ligaments est telle qu'ils fixent la tête du fémur dans l'acétabulum lorsque la personne se tient debout, ce qui assure la stabilité nécessaire à cette articulation qui transfère le poids du tronc et des membres supérieurs au fémur.

Le **ligament de la tête fémorale** (ou **ligament rond**) est un ligament plat à l'intérieur de la capsule, tendu de la tête du fémur à la surface semi-lunaire de l'acétabulum. Ce ligament reste lâche au cours de la plupart des mouvements de la hanche et ne joue donc pas un rôle essentiel dans la stabilité de l'articulation. En fait, sa fonction mécanique (s'il en a une) n'est pas bien définie; par contre, il renferme une artère qui apporte la majeure partie du sang artériel à la tête du fémur. Toute atteinte à cette artère provoque une arthrite grave de l'articulation de la hanche.

Les tendons qui l'entourent et les muscles volumineux de la hanche et de la cuisse qui la recouvrent contribuent à la stabilité et à la force de l'articulation de la hanche. Mais ce sont les solides ligaments ainsi que la profonde cavité (l'acétabulum) qui emprisonne fermement la tête du fémur qui assurent le rôle le plus important.

Articulation du genou

L'articulation du genou est la plus volumineuse et la plus complexe de toutes les articulations (figure 8.12). Elle permet l'extension, la flexion et un peu de rotation. Le genou comporte en fait trois articulations malgré son unique cavité articulaire: l'articulation intermédiaire entre la rotule (patella) et la partie inférieure du fémur (l'**articulation fémoro-patellaire**) et les articulations interne et externe (qui constituent l'**articulation fémoro-tibiale**) entre les condyles du fémur au-dessus et les *ménisques* latéral (externe) et médial (interne) en forme de croissant (ou *cartilages semi-lunaires*) du tibia au-dessous. En plus de rendre les surfaces articulaires du tibia (épiphyse proximale) plus profondes, les ménisques contribuent à prévenir le balottement latéral du fémur sur le tibia et absorbent les chocs transmis à l'articulation du genou. (Les ménisques ne s'attachent cependant que par les bords extérieurs et sont souvent déchirés.) L'articulation fémoro-tibiale fonctionne comme une articulation trochléenne et autorise la flexion et l'extension. Toutefois, elle possède la structure d'une articulation condylienne; une certaine rotation est possible lorsque le genou est plié, mais lorsqu'il est en extension, les ligaments et les ménisques empêchent fermement les mouvements latéraux ainsi que la rotation. L'articulation fémoro-patellaire est plane; la rotule glisse sur l'extrémité distale du fémur au cours des mouvements du genou.

L'articulation du genou a ceci de particulier que sa cavité articulaire n'est que partiellement recouverte par une capsule. La capsule articulaire relativement mince ne se trouve que sur les faces latérales et postérieure du genou où elle engaine la masse des condyles du fémur et des condyles du tibia. Sur la face antérieure, où la capsule est absente, trois ligaments descendent de la rotule pour s'attacher à la tubérosité antérieure du tibia. Il s'agit du **ligament rotulien** encadré par les *ailerons superficiels interne* et *externe* qui s'incorporent à la capsule articulaire. Le ligament rotulien est en fait un prolongement du tendon du volumineux muscle quadriceps fémoral (partie antérieure de la cuisse); les ailerons sont aussi des extensions de ce même tendon. C'est le ligament rotulien que les médecins frappent pour évaluer le réflexe rotulien.

La cavité synoviale de l'articulation du genou présente une forme complexe avec plusieurs prolongements qui conduisent à des culs-de-sac. Au moins une douzaine de bourses sont associées à l'articulation du genou. Par exemple, notons la *bourse subcutanée prépatellaire* (figure 8.12a), qui est souvent blessée lorsqu'un coup est porté sur la rotule, et la *bourse suprapatellaire,* logée sous le tendon du muscle quadriceps fémoral.

Les ligaments extra- et intra-capsulaires jouent un rôle également important dans la stabilisation et le renforcement de la fragile articulation du genou. Les **ligaments extra-capsulaires** empêchent l'hyperextension et sont tendus lorsque le genou est en extension. Ils comprennent les ligaments suivants.

1. Les **ligaments latéraux externe** et **interne** sont essentiels pour prévenir toute rotation latérale ou médiane

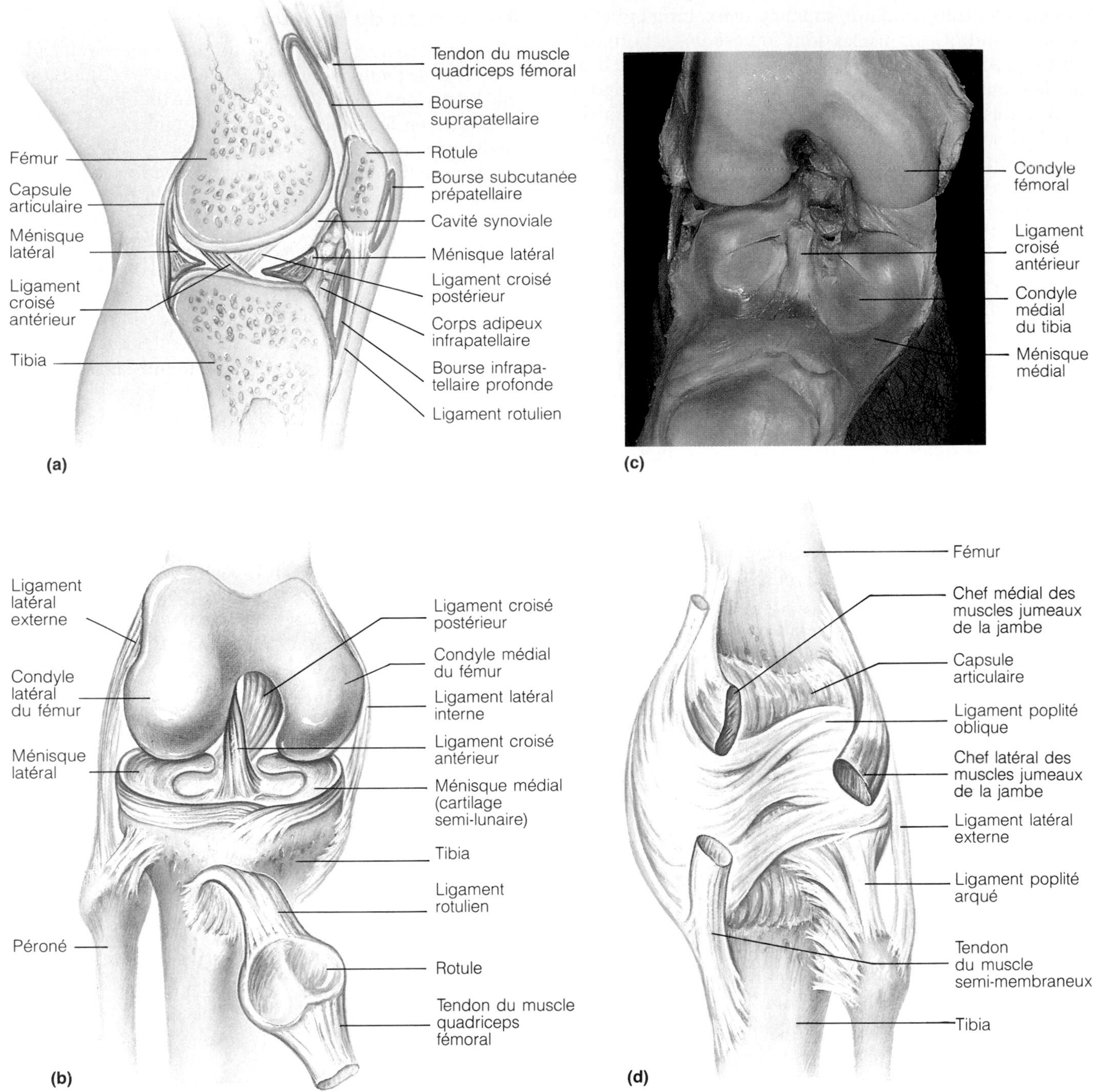

Figure 8.12 Articulation du genou. (**a**) Coupe sagittale médiane de l'articulation du genou droit. (**b**) Vue antérieure de l'articulation du genou droit légèrement fléchi montrant les ligaments croisés. La capsule articulaire a été enlevée; le tendon du quadriceps de la cuisse a été sectionné et replié en position distale. (**c**) Photographie d'une articulation ouverte du genou correspondant au diagramme présenté en (**b**). (**d**) Vue postérieure (en surface) des ligaments qui revêtent l'articulation du genou.

lorsque le genou est en extension. Le ligament latéral externe, rond comme un crayon, est tendu de l'épicondyle latéral (externe) du fémur jusqu'à la tête du péroné. Pour sa part, le large ligament latéral interne va de l'épicondyle médial (interne) du fémur jusqu'au condyle médial du tibia situé plus bas. Il est soudé au ménisque médial de l'articulation du genou.

2. Le **ligament poplité oblique** est en fait un prolongement du tendon du muscle semi-membraneux qui traverse la face postérieure de l'articulation du genou.

3. Le **ligament poplité arqué** s'étend du condyle latéral du fémur à la tête du péroné en passant par la face postérieure du genou et il renforce l'arrière de la capsule articulaire.

Les **ligaments intra-capsulaires** sont appelés *ligaments*

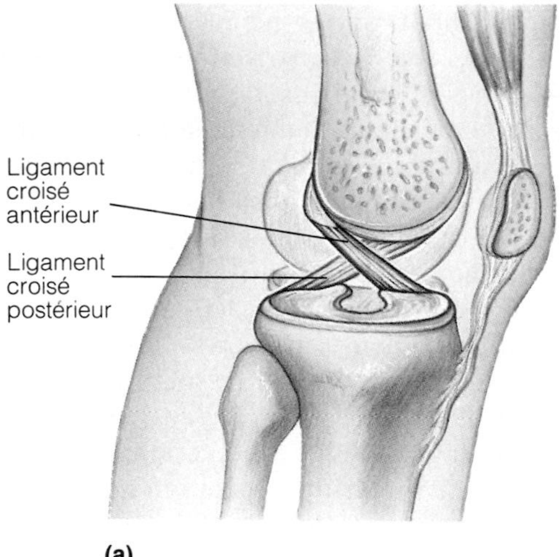

(a)

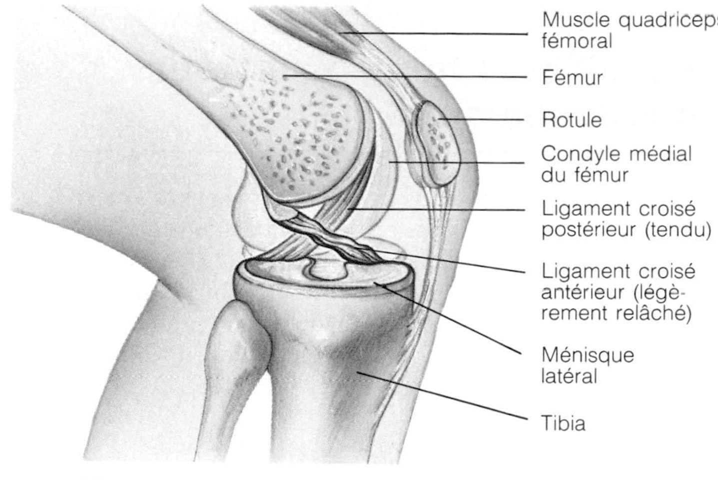

(b)

Figure 8.13 Mouvement de l'articulation du genou. Les ligaments croisés du genou ont pour fonction d'empêcher les mouvements non souhaités à l'articulation du genou. (**a**) Lorsque le genou est en extension, les deux ligaments croisés sont tendus, ce qui contribue au blocage de l'articulation du genou et empêche l'hyperextension. (**b**) Lorsque le genou est en flexion, le ligament croisé postérieur s'oppose aux mouvements de glissement du tibia vers l'arrière.

croisés parce qu'ils se croisent, en formant un X, dans la fosse intercondylaire du fémur. Ils contribuent à prévenir le glissement de l'avant vers l'arrière des surfaces articulaires et relient le fémur et le tibia lorsque nous sommes debout (voir la figure 8.12b). Bien que ces ligaments soient situés à l'intérieur de la capsule articulaire, ils sont à *l'extérieur* de la cavité synoviale et la membrane synoviale recouvre presque complètement leurs surfaces. Remarquez que les deux ligaments croisés sont nommés d'après leur point d'attache au *tibia.* Le **ligament croisé antérieur** part de la face postérieure et monte obliquement à partir de l'aire intercondylaire antérieure du tibia pour s'attacher à la face médiane du condyle latéral du fémur. Lorsque le genou est en flexion, c'est ce ligament qui empêche le fémur de glisser vers l'arrière de la surface articulaire du tibia. Il s'oppose également à l'hyperextension du genou. Il est quelque peu relâché lorsque le genou est en flexion et tendu lorsque le genou est en extension. Le **ligament croisé postérieur,** plus puissant, est attaché à l'aire intercondylaire postérieure du tibia et se dirige vers le haut et vers l'avant pour s'attacher sur la face latérale du condyle médial du fémur. Ce ligament prévient le glissement du fémur vers l'avant ou le déplacement du tibia vers l'arrière ; il contribue de la sorte à éviter une trop grande flexion de l'articulation du genou.

La capsule du genou est considérablement renforcée par les tendons. Les plus importants sont les solides tendons du muscle quadriceps fémoral de la face antérieure de la cuisse et le tendon du muscle semi-membraneux de la face postérieure de la cuisse. Ce sont les muscles associés à l'articulation qui sont les principaux facteurs de stabilité ; plus leur force et leur tonus sont élevés, moins les risques de blessure au genou sont importants.

Au cours de l'extension du genou, les condyles fémoraux roulent comme les billes d'un roulement à billes sur les condyles plats du tibia, jusqu'à ce que leur mouvement soit ralenti par la tension dans le ligament croisé antérieur (figure 8.13a). Une rotation médiane du fémur sur le tibia entraîne une plus grande extension, ce qui bloque l'articulation et la transforme en une structure rigide apte à supporter notre poids. Lorsque l'articulation est en extension complète (ou en légère hyperextension), les principaux ligaments de l'articulation du genou se tordent et se tendent, et les ménisques sont comprimés. Les ligaments doivent se détordre et se relâcher avant que la flexion puisse se produire. Ceci est le rôle du muscle poplité qui fait effectuer une rotation latérale du fémur sur le tibia. Le genou fléchi à angle droit permet un mouvement assez ample (rotation médiane et latérale et mouvement passif du tibia sur le fémur vers l'avant et vers l'arrière) car les ligaments latéraux sont lâches dans cette position (figure 8.13b). La flexion prend fin lorsque la cuisse et la jambe se touchent.

De toutes les articulations, ce sont les genoux qui sont les plus exposés aux blessures pendant l'activité sportive, d'une part parce qu'ils reçoivent le poids du corps, d'autre part parce que leur stabilité dépend de facteurs non articulaires. Le genou peut absorber une force verticale égale à près de sept fois le poids du corps. Toutefois, il est très sensible aux coups et aux mouvements de rotation accompagnés d'une grande pression qui se produisent au cours des manœuvres de blocage et de plaquage dans le football américain. Les coups les plus dangereux sont ceux qui sont portés sur le côté externe du genou, ce qui peut déchirer le ligament latéral interne et le ménisque médial qui y est attaché ainsi que le faible ligament croisé antérieur. ■

Déséquilibres homéostatiques des articulations

Compte tenu du travail que nous imposons tous les jours à nos articulations, il est étonnant qu'elles nous causent si peu d'ennuis. Les douleurs et le dysfonctionnement des articulations peuvent être dus à un certain nombre de facteurs, mais la plupart des problèmes résultent de blessures plus ou moins graves, d'inflammations ou de maladies dégénératives.

Blessures courantes des articulations

Pour la plupart d'entre nous, les entorses et les luxations sont les blessures les plus courantes des articulations, mais les athlètes subissent fréquemment des lésions aux cartilages.

Entorses

Une **entorse** est une élongation ou une déchirure des ligaments qui renforcent une articulation. Les entorses les plus courantes sont celles de la région lombaire, de la cheville et du genou. Une déchirure partielle d'un ligament se répare d'elle-même, mais comme les ligaments sont mal vascularisés, les entorses guérissent lentement; elles sont souvent douloureuses et empêchent tout mouvement. Un ligament complètement arraché doit être immédiatement réparé au cours d'une intervention chirurgicale, car la réaction inflammatoire le transformera en une sorte de bouillie. La réfection chirurgicale n'est pas une tâche aisée: en effet, un ligament est constitué de plusieurs centaines de filaments fibreux, et recoudre un ligament déchiré peut se comparer à coudre ensemble deux brosses à cheveux.

Lorsque des ligaments importants sont endommagés au point d'interdire toute réparation, il faut les enlever et en greffer d'autres. Par exemple, un morceau du tendon d'un muscle ou des fibres collagènes entrelacées peuvent être agrafés aux os d'une articulation. Une autre solution consiste à greffer des fibres de carbone dans le ligament déchiré afin de former une matrice de soutien pour les fibroblastes qui pourront reconstituer progressivement le ligament détruit.

Lésions du cartilage

La plupart des lésions du cartilage sont des ruptures des ménisques du genou. Ces lésions se produisent souvent lorsque le cartilage est soumis simultanément à une forte pression et à des mouvements de rotation. Par exemple, les joueurs de tennis, dans un mouvement brusque vers l'avant pour renvoyer la balle, peuvent tordre leur genou vers la ligne médiane, ce qui va provoquer le déchirement à la fois de la capsule articulaire et du ménisque médial qui lui est attaché.

Le cartilage est un tissu non vascularisé et, par conséquent, les chondrocytes ne reçoivent pas assez de nutriments pour que la cicatrisation se produise; le cartilage ne se répare donc pas. Des fragments de cartilage peuvent entraver le fonctionnement de l'articulation en causant un blocage ou une fusion de celle-ci, si bien que la plupart des spécialistes en médecine sportive recommandent l'ablation du cartilage endommagé. Il est possible de nos jours d'effectuer cette opération par **arthroscopie**, ce qui permet aux patients de sortir de l'hôpital le jour même. L'arthroscope est un petit instrument muni d'un objectif et d'une source lumineuse minuscules, grâce auquel le chirurgien peut explorer visuellement la cavité d'une articulation par l'intermédiaire d'une petite incision. L'ablation de fragments de cartilage ou la reconstitution d'un ligament sont réalisées à travers une ou plusieurs petites fentes, ce qui limite les lésions tissulaires et favorise la cicatrisation. L'ablation partielle ou totale d'un ménisque n'a pas de conséquences graves sur la mobilité de l'articulation mais la stabilité de cette dernière est diminuée de façon permanente.

Luxations

Une **luxation** est un déplacement des os de leur position normale dans une articulation. Elle s'accompagne généralement d'entorses, d'inflammation et d'une immobilité articulaire. Les luxations peuvent survenir lors d'une chute grave et sont des blessures courantes dans les sports de contact. Les luxations les plus fréquentes sont celles des épaules, des doigts et des pouces. Comme les fractures, les luxations doivent être *réduites,* c'est-à-dire que les extrémités des os doivent être replacées par un médecin dans leur position normale.

Inflammations et maladies dégénératives

Les inflammations qui frappent les articulations comprennent la bursite, la tendinite et les diverses formes d'arthrite. L'arthrite est une dégénérescence des articulations et certains types d'arthrite peuvent être très invalidants.

Bursite et tendinite

La **bursite** est l'inflammation d'une bourse, habituellement causée par une pression ou une friction excessives. Une chute sur un genou peut engendrer une bursite douloureuse de la bourse subcutanée prépatellaire, appelée *bursite pré-rotulienne*. L'appui prolongé sur un coude peut abîmer la bourse près de l'apophyse olécrânienne et provoquer une *bursite rétro-olécrânienne*. Mais une bursite peut également être produite par une infection bactérienne. Parmi les symptômes de la bursite, on note la douleur aggravée par le mouvement de l'articulation, la rougeur et la tuméfaction. Les cas graves sont traités par injection d'anti-inflammatoires (cortisone, par exemple) dans la bourse. La pression provoquée par une accumulation excessive de liquide peut être réduite à l'aide d'une ponction. La **tendinite** est une inflammation des gaines de tendon. Ses causes, ses symptômes et son traitement sont semblables à ceux de la bursite.

Arthrite

Le mot **arthrite** est un terme générique désignant plus d'une centaine de maladies inflammatoires ou dégénératives qui touchent les articulations. L'arthrite sous toutes ses formes est la maladie invalidante la plus répandue aux États-Unis; un Américain sur sept en souffre. Au stade initial, toutes les variétés d'arthrite présentent plus ou moins les mêmes symptômes: douleur, raideur et enflure de l'articulation. Selon la forme spécifique de la maladie, les lésions vont atteindre la membrane synoviale, les cartilages ou les os, ou tous ces éléments à la fois.

Les formes aiguës d'arthrite sont habituellement causées par une infection bactérienne qui doit être traitée à l'aide d'antibiotiques. La membrane synoviale s'épaissit et la production de liquide diminue, ce qui provoque une augmentation du frottement et de la douleur. Les variétés chroniques d'arthrite comprennent l'arthrose, l'arthrite rhumatoïde et les arthropathies goutteuses.

Arthrose. L'arthrose est la forme d'arthrite chronique la plus répandue; elle touche les cartilages articulaires et les os. L'arthrose peut être accompagnée d'inflammation, mais elle n'est généralement pas considérée comme un type d'arthrite inflammatoire.

L'arthrose s'observe plus fréquemment chez les sujets âgés et elle est probablement liée au processus normal du vieillissement (bien qu'elle se rencontre parfois chez des personnes jeunes et que certaines formes soient liées à un facteur héréditaire). On ne connaît pas la cause de cette maladie. La recherche actuelle tend à souligner le rôle destructeur d'enzymes libérées par les cellules du cartilage au cours du fonctionnement normal des articulations. Chez des personnes en bonne santé, ce cartilage endommagé serait par la suite remplacé. Par contre, chez les personnes souffrant d'arthrose, la vitesse de destruction du cartilage dépasserait celle de sa reconstruction. Il se peut que l'arthrose soit l'expression des effets cumulatifs de la pression et du frottement sur les surfaces articulaires au fil des années; conjugués à des quantités excessives d'enzymes responsables de la destruction du cartilage, ces facteurs provoqueraient finalement le ramollissement et l'érosion des cartilages articulaires.

Au fur et à mesure que la maladie progresse, l'os dénudé s'épaissit et forme des excroissances osseuses qui rendent les extrémités des os plus volumineuses. Comme les excroissances empiètent sur l'espace de l'articulation, l'amplitude du mouvement se réduit. Les patients se plaignent d'une raideur au lever qui s'estompe avec l'activité physique. Les articulations touchées peuvent faire entendre un craquement lorsqu'elles bougent; ce bruit, appelé *crépitation,* est produit par le frottement de deux surfaces articulaires devenues rugueuses. Les articulations les plus souvent touchées sont celles des doigts, des vertèbres cervicales et lombaires ainsi que les articulations des membres inférieurs qui supportent le poids du corps (genoux et hanches). L'évolution de l'arthrose est généralement lente et irréversible. Dans la plupart des cas, l'aspirine soulage les symptômes.

Arthrite rhumatoïde. L'**arthrite rhumatoïde** est une maladie inflammatoire chronique au début insidieux. Elle survient habituellement chez les personnes âgées de 30 à 40 ans, mais elle peut se présenter à tout âge; elle frappe trois fois plus de femmes que d'hommes. Même si l'arthrite rhumatoïde n'est pas aussi répandue que l'arthrose, elle est loin d'être une maladie rare puisqu'elle atteint plus de 1 % de la population américaine. Au stade initial, on observe en général de la fatigue, une sensibilité et une raideur articulaires. Plusieurs articulations, particulièrement les petites articulations comme celles des doigts, des poignets, des chevilles et des pieds, sont atteintes en même temps et de façon symétrique. Par exemple, si le coude droit est touché, il est fort probable que le gauche le sera aussi. L'évolution de l'arthrite rhumatoïde est variable et marquée de poussées (aggravation) suivies de rémissions. Les autres symptômes comprennent l'anémie, l'ostéoporose, l'atrophie musculaire et les troubles cardiovasculaires.

L'arthrite rhumatoïde est une maladie auto-immune, c'est-à-dire un trouble dans lequel le système immunitaire attaque les tissus de l'organisme. Le facteur déclenchant cette réaction est inconnu, mais il se pourrait que des streptocoques et des virus en soient la cause. Il est possible que ces microorganismes soient porteurs de molécules semblables à celles qui sont naturellement présentes dans les articulations, et que le système immunitaire, après avoir été activé, tente de détruire les deux types de molécules.

L'arthrite rhumatoïde se manifeste par une inflammation de la membrane synoviale (synovite) des articulation atteintes, mais, par la suite, tous les tissus articulaires peuvent être atteints. Sans traitement, la membrane synoviale épaissit peu à peu; le liquide synovial s'accumule et entraîne le gonflement de l'articulation; puis les cellules associées à la réaction inflammatoire (lymphocytes, neutrophiles et autres) sortent du sang et pénètrent dans la cavité articulaire. Avec le temps, la membrane synoviale enflammée s'épaissit pour constituer le **pannus,** un tissu anormal qui adhère aux cartilages articulaires. Le cartilage (et parfois l'os sous-jacent) finit par être érodé sous l'action des enzymes libérées par les cellules participant à la réaction inflammatoire; il se forme alors un tissu cicatriciel qui unit les extrémités osseuses. Par la suite, ce tissu cicatriciel s'ossifie; les extrémités des os se soudent (*ankylose*) et deviennent souvent déformées (voir la figure 8.14). Tous les cas d'arthrite rhumatoïde n'évoluent pas jusqu'au stade de l'ankylose invalidante, mais ils se caractérisent tous par une restriction du mouvement de l'articulation et une douleur intense.

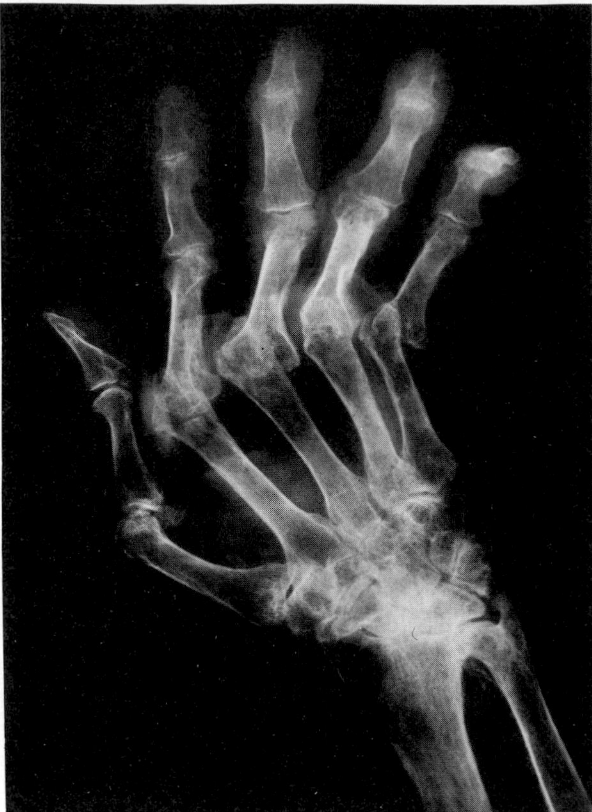

Figure 8.14 Radiographie d'une main atteinte d'arthrite rhumatoïde. Notez le grossissement des articulations résultant de l'inflammation de la membrane synoviale. Notez aussi la manifestation d'ankylose (os soudés) dans le deuxième doigt à partir de la droite. L'ankylose est une conséquence grave de l'érosion complète du cartilage articulaire.

La plupart des médicaments utilisés dans le traitement de l'arthrite rhumatoïde sont des anti-inflammatoires (aspirine, cortisone, par exemple) ou des médicaments qui suppriment les réactions immunologiques (immunosuppresseurs). On commence le traitement avec l'aspirine, un agent anti-inflammatoire efficace à doses élevées. Malheureusement, le médicament miracle dont rêvent les victimes de l'arthrite rhumatoïde n'a toujours pas été trouvé, et tous ces médicaments ont des effets toxiques. Une certaine activité physique est recommandée pour tenter de conserver la mobilité de l'articulation. Les compresses froides diminuent le gonflement et la douleur, tandis que la chaleur contribue à soulager la raideur matinale. Les prothèses articulaires, lorsqu'elles existent, sont le dernier recours des malades rendus invalides par une arthrite rhumatoïde grave (voir l'encadré de la p. 243).

Arthropathies goutteuses. L'acide urique est un déchet produit normalement par le métabolisme des acides nucléiques et habituellement éliminé sans problème dans l'urine. Cependant, lorsque le taux d'acide urique dans le sang devient excessif, cet acide (sous forme de cristaux d'urate) peut se déposer dans les tissus mous des articulations. Ces dépôts provoquent des attaques de **goutte** généralement très douloureux. L'attaque initiale touche le plus souvent l'articulation de la base du gros orteil.

La goutte est plus fréquente chez les hommes que chez les femmes parce le taux d'acide urique dans le sang est naturellement plus élevé chez les hommes. Certaines victimes de la goutte produisent trop d'acide urique; pour d'autres, c'est l'excrétion de l'acide urique dans l'urine qui est plus lente que la normale. Certains malades présentent les deux troubles à la fois. Comme la goutte semble frapper des familles entières, il est probable que des facteurs héréditaires sont en jeu.

Si la goutte n'est pas traitée, elle peut causer de véritables ravages; les extrémités des os se soudent et immobilisent les articulations. Fort heureusement, plusieurs médicaments (colchicine, allopurinol et autres) peuvent arrêter ou prévenir les accès de goutte. Comme certaines personnes ne subissent qu'une seule attaque de goutte dans leur vie, aucun médicament n'est prescrit jusqu'à ce que deux crises au moins se soient produites. Il est conseillé aux patients d'éviter les aliments contenant des acides nucléiques riches en purines tels que le foie, les rognons et les sardines. ■

Développement et vieillissement des articulations

Les articulations se constituent au cours des deux premiers mois du développement embryonnaire, parallèlement à la formation des os à partir du mésenchyme. À la huitième semaine, les articulations synoviales ont déjà la forme et l'agencement caractéristiques des articulations adultes: les cavités articulaires et les membranes synoviales sont présentes et le liquide synovial commence à être sécrété.

Si l'on fait abstraction des blessures, les articulations fonctionnent bien jusqu'à la fin de la cinquantaine; cependant, l'usure des cartilages est inéluctable. Avec l'âge, les disques intervertébraux sont de plus en plus exposés à une rupture (hernie); l'arthrose fait son apparition. Après l'âge de 70 ans, à peu près tout le monde souffre, à divers degrés, d'arthrose. On peut déjà observer dans la cinquantaine une fréquence accrue de l'arthrite rhumatoïde.

Tout comme les os ont besoin de tension pour garder leur force, les articulations demandent à être exercées avec prudence de sorte que les cartilages articulaires soient bien nourris et qu'elles puissent préserver leur mobilité. La prudence est vraiment essentielle, car l'usage excessif et abusif des articulations est la garantie de l'apparition prématurée d'arthrose. L'exercice physique n'empêchera pas l'apparition de l'arthrite, mais il renforce les muscles qui contribuent au maintien et à la stabilité des articulations. La poussée de l'eau allège beaucoup la tension sur les articulations qui supportent le poids du corps, et les personnes qui font de la

GROS PLAN Articulations: de l'armure du chevalier à l'homme bionique

Il n'y a pas de commune mesure entre le temps qui fut nécessaire pour mettre au point les articulations des armures et la réalisation des prothèses articulaires modernes. La conception d'armures dotées d'articulations permettant la mobilité tout en protégeant les articulations — telle était la gageure qui a fasciné de nombreux experts du Moyen Âge et de la Renaissance. De fait, les articulations sphéroïdes si difficiles à protéger au moyen de l'armure furent les premières à être fabriquées par les «visionnaires» contemporains dans le but de les insérer dans le corps humain.

L'histoire des prothèses articulaires n'a pas encore 50 ans. Ses débuts remontent aux années 40 et 50, alors que la Seconde Guerre mondiale et la guerre de Corée faisaient de nombreux blessés qui avaient besoin de membres et d'articulations artificiels. Aujourd'hui, environ un quart de million de patients atteints d'arthrite reçoivent chaque année des prothèses articulaires complètes, le plus souvent en raison des effets destructeurs de l'arthrose ou de l'arthrite rhumatoïde.

L'organisme tend à rejeter tout corps étranger implanté ou à provoquer sa corrosion. Afin de produire des articulations solides, mobiles et durables, il était impératif de trouver un matériau robuste, non toxique pour l'organisme et résistant aux effets corrosifs des acides organiques présents dans le sang. En 1963, un orthopédiste anglais, Sir John Charnley, réalisa la première prothèse totale de la hanche et révolutionna ainsi le traitement de l'arthrite de la hanche. Son appareil comprenait une boule en vitallium (alliage de chrome et de cobalt) placée sur une tige et une cavité sphérique en polyéthylène fixée au bassin à l'aide d'une colle fabriquée à partir de molécules organiques. Cette colle était particulièrement résistante et posa relativement peu de problèmes. Ce n'est que dix ans plus tard que des prothèses totales de l'articulation du genou, fonctionnant en douceur et permettant tous les mouvements naturels, purent être réalisées. Les premières prothèses bloquaient brusquement au cours de l'extension du genou, ce qui provoquait la chute du patient ou la luxation de l'articulation.

Il existe maintenant des prothèses articulaires, faites de métal et de plastique, pour de nombreuses autres articulations comme les doigts, le coude et l'épaule. Les techniques modernes ont rendu possible la production de prothèses pour les hanches et les genoux qui durent environ dix ans chez des patients âgés ne forçant pas trop l'articulation. La majorité de ces interventions vise à réduire la douleur et à rétablir environ 80 % de la fonction articulaire originale.

Les articulations de rechange ne sont pas encore assez fortes et durables pour des personnes jeunes et actives, mais des changements spectaculaires se produisent dans la façon dont ces articulations sont conçues, fabriquées et mises en place. Les spécialistes ont recours à des techniques de CFAO (conception et fabrication assistées par ordinateur, ou CAD/CAM, «computer-aided design and computer-aided manufacturing») pour concevoir et fabriquer sur mesure des articulations artificielles (voir la photographie). Les radiographies du patient sont fournies à l'ordinateur en même temps que des renseignements sur ses problèmes. L'ordinateur puise dans une base de données contenant des centaines d'articulations normales et il crée un choix de modèles et de modifications qui peuvent être examinés en moins d'une minute. Une fois le modèle choisi, l'ordinateur produit un programme pour commander les machines qui modifient une prothèse standard ou fabriquent une prothèse sur mesure.

L'impact de la CFAO sur l'industrie des prothèses articulaires est considérable. Auparavant, la conception et la fabrication sur mesure d'une articulation prenaient 12 semaines ou plus. La durée de l'attente a été réduite à deux semaines grâce à cette technique, et il est possible qu'elle soit abaissée à deux jours très prochainement. Un genou fabriqué à la main peut coûter jusqu'à 4500 $; mais le système de CFAO en produit de semblables pour moins de 3000 $ et ce coût devrait encore baisser.

Le traitement par mise en place de prothèses articulaires a atteint son plein développement, mais la recherche sur les possibilités de régénération des tissus articulaires est peut-être tout aussi passionnante. Il arrive que du cartilage articulaire endommagé se régénère de lui-même si on imprime pendant quelques semaines des mouvements de flexion et d'extension à l'articulation. De plus, du périoste greffé sur les surfaces articulaires peut produire du nouveau cartilage. Ces perspectives de régénération de cartilage articulaire sont pleines de promesses pour les patients plus jeunes puisqu'elles pourraient retarder de plusieurs années le recours à une prothèse articulaire.

On est donc passé au cours des siècles des armures articulées aux articulations artificielles qui peuvent être greffées dans le corps et restituer à l'articulation sa fonction perdue. Les moyens techniques modernes ont permis des réalisations dont les concepteurs d'armures du Moyen Âge n'ont jamais rêvé.

natation ou de l'exercice en piscine conservent en général un bon fonctionnement articulaire durant toute leur vie.

* * *

Le rôle primordial des articulations est incontestable: la capacité du squelette à protéger les autres organes et à se mouvoir facilement dans l'environnement en est la manifestation éclatante. Nous avons examiné dans ce chapitre la structure des articulations et les types de mouvements qu'elles permettent. Nous pouvons maintenant nous pencher sur la façon dont les muscles sont attachés au squelette, et voir comment leur action sur les articulations permet les mouvements du corps.

Termes médicaux

Arthrologie (*arthron* = articulation; *logos* = discours) Étude des articulations.

Spondylarthrite ankylosante (*spondulos* = vertèbre) Forme peu courante d'arthrite rhumatoïde affectant les articulations intervertébrales; elle survient le plus souvent chez les hommes; elle débute habituellement dans les articulations sacro-iliaques et progresse vers le haut de la colonne vertébrale; les vertèbres deviennent liées par du tissu fibreux, ce qui provoque la rigidité de la colonne.

Synovite Inflammation de la membrane synoviale d'une articulation; il ne se trouve qu'une petite quantité de liquide synovial dans les articulations saines, mais la synovite en provoque une production abondante qui cause le gonflement de l'articulation et limite sa mobilité.

Résumé du chapitre

1. Les articulations sont les points d'union entre les os. Leurs fonctions consistent à relier les os et à permettre la mobilité du squelette.

CLASSIFICATION DES ARTICULATIONS (p. 222-223)

1. La classification structurale divise les articulations en articulations fibreuses, cartilagineuses ou synoviales. Selon la classification fonctionnelle, une articulation peut être immobile, semi-mobile ou immobile.

ARTICULATIONS FIBREUSES (p. 223-225)

1. Les articulations fibreuses relient les os par du tissu fibreux; il n'y a pas de cavité articulaire. Presque toutes les articulations fibreuses sont des articulations immobiles.

2. **Sutures/syndesmoses/gomphoses.** Les principaux types d'articulations fibreuses sont les sutures, les syndesmoses et les gomphoses.

ARTICULATIONS CARTILAGINEUSES (p. 225-226)

1. Dans les articulations cartilagineuses, les os sont unis par du cartilage; il n'y a pas de cavité articulaire.

2. **Synchondroses/symphyses.** Les articulations cartilagineuses comprennent les synchondroses et les symphyses. Certaines synchondroses et toutes les symphyses sont des articulations semi-mobiles.

ARTICULATIONS SYNOVIALES (p. 226-239)

1. La plupart des articulations du corps sont des articulations synoviales, qui sont toutes des articulations mobiles.

Structure générale (p. 226-227)

2. Toutes les articulations synoviales possèdent une cavité articulaire entourée d'une capsule fibreuse tapissée d'une membrane synoviale et renforcée par des ligaments; les extrémités des os sont couvertes de cartilage articulaire et la cavité articulaire contient le liquide synovial. Certaines de ces articulations (l'articulation sterno-claviculaire, par exemple) contiennent des disques articulaires.

Bourses et gaines de tendon (p. 227)

3. Les bourses sont des sacs fibreux tapissés d'une membrane synoviale et contenant le liquide synovial. Les gaines de tendon ressemblent aux bourses mais ce sont des structures cylindriques qui entourent les tendons des muscles. Les bourses et les gaines de tendon diminuent la friction entre les structures adjacentes et leur permet de bouger facilement l'une contre l'autre lors du mouvement d'un membre.

Facteurs influant sur la stabilité des articulations synoviales (p. 227-229)

4. Les surfaces articulaires qui assurent le plus de stabilité possèdent des surfaces étendues et des cavités profondes et s'ajustent bien ensemble.

5. Les ligaments empêchent les mouvements non souhaitables et contribuent à l'orientation du mouvement de l'articulation.

6. Le tonus des muscles dont les tendons traversent l'articulation est un facteur de stabilité important dans de nombreuses articulations.

Mouvements permis par les articulations synoviales (p. 229-232)

7. Lorsqu'un muscle squelettique se contracte, l'insertion (attachée à l'os mobile) se déplace vers l'origine (attachée à l'os immobile). Il peut se produire trois types de mouvement lorsque les muscles se contractent autour des articulations: (a) des mouvements de glissement, (b) des mouvements angulaires (comprenant la flexion, l'extension, l'abduction, l'adduction et la circumduction) et (c) la rotation.

8. Les mouvements spéciaux sont la supination et la pronation, l'inversion et l'éversion, la protaction et la rétraction, l'élévation et l'abaissement, et l'opposition.

Types d'articulations synoviales (p. 232-234)

9. Les articulations synoviales se distinguent les unes des autres par les mouvements qu'elles permettent. Un mouvement peut être non axial (glissement), uniaxial (selon un plan), biaxial (selon deux plans) ou multiaxial (selon trois plans).

10. Les six catégories principales d'articulations synoviales sont des articulations planes (mouvement non axial), les articulations trochléennes (mouvement uniaxial), les articulations à pivot (mouvement uniaxial avec rotation permise), les articulations condyliennes (mouvement biaxial avec des mouvements angulaires selon deux plans), les articulations en selle (mouvement biaxial, comme les articulations condyliennes, mais plus libre), et les articulations sphéroïdes (mouvement multiaxial et de rotation).

Structure de quelques articulations synoviales (p. 234-239)

11. Le coude est une articulation trochléenne dans laquelle le cubitus (et le radius) s'articule avec l'humérus, permettant la flexion et l'extension. Ses surfaces articulaires sont tout à fait complémentaires et constituent le facteur le plus important dans la stabilité de l'articulation.

12. L'articulation de l'épaule est une articulation sphéroïde formée de la tête humérale et de la cavité glénoïdale de la scapula. C'est l'articulation la plus mobile de tout le corps; elle permet tous les mouvements angulaires et circulaires. Ses surfaces articulaires sont peu profondes. Sa capsule est lâche et mal renforcée par les ligaments. Les tendons des muscles biceps brachial et de la coiffe des rotateurs contribuent à sa stabilité.

13. L'articulation de la hanche est une articulation sphéroïde formée de la tête du fémur et de l'acétabulum de l'os iliaque. Elle est extrêmement bien adaptée pour supporter le poids de la tête et du tronc. Ses surfaces articulaires sont profondes et solides. Sa capsule épaisse est renforcée par des ligaments.

14. L'articulation du genou est l'articulation la plus volumineuse du corps. C'est une articulation trochléenne formée des

condyles du fémur et du tibia ainsi que de la rotule et de la trochlée fémorale situées sur la face antérieure. L'extension, la flexion et une certaine rotation sont permises. Ses surfaces articulaires sont peu profondes et condyliennes. Des ménisques en forme de croissant approfondissent les surfaces articulaires du tibia. La cavité articulaire est entourée d'une capsule, mais seulement sur les faces latérales et postérieure. Plusieurs ligaments extra-capsulaires et les ligaments intra-capsulaires croisés antérieur et postérieur contribuent à empêcher le déplacement anormal des condyles du fémur sur les surfaces articulaires du tibia. Le tonus des muscles quadriceps fémoral et semi-membraneux joue un rôle important dans la stabilité du genou.

DÉSÉQUILIBRES HOMÉOSTATIQUES DES ARTICULATIONS (p. 240-242)

Blessures courantes des articulations (p. 240)

1. Les entorses sont liées à l'élongation ou à la rupture des ligaments de l'articulation. La guérison se fait lentement car les ligaments sont mal vascularisés.

2. Les lésions du cartilage, particulièrement ceux du genou, sont fréquentes dans les sports de contact et peuvent être causées par un mouvement de rotation excessif ou une forte compression. Le cartilage non vascularisé ne peut pas se reconstituer de lui-même.

3. Les luxations sont des déplacements des surfaces articulaires des os. Elles doivent être réduites.

Inflammations et maladies dégénératives (p. 240-242)

4. La bursite et la tendinite sont des inflammations d'une bourse et d'une gaine de tendon, respectivement.

5. L'arthrite est une inflammation ou une dégénérescence d'une articulation, accompagnée de raideur, de douleur et d'enflure. Les formes aiguës sont généralement causées par une infection bactérienne. Les formes chroniques comprennent l'arthrose, l'arthrite rhumatoïde et les arthropathies goutteuses.

6. L'arthrose est une affection dégénérative très fréquente chez les personnes âgées. Les articulations qui supportent le poids du corps sont les plus touchées.

7. L'arthrite rhumatoïde est l'arthrite la plus invalidante; c'est une maladie auto-immune qui comporte une grave inflammation des articulations et généralement une atteinte des valvules cardiaques.

8. Les arthropathies goutteuses sont des inflammations des articulations causées par le dépôt de sels d'urate, principalement dans les tissus mous des articulations.

DÉVELOPPEMENT ET VIEILLISSEMENT DES ARTICULATIONS (p. 242)

1. Les articulations se forment à partir du mésenchyme parallèlement au développement embryonnaire des os.

2. Mis à part les blessures, les articulations fonctionnent bien jusqu'à la fin de la cinquantaine; les symptômes de l'arthrose commencent alors à se manifester chez la plupart des personnes.

Questions de révision

Choix multiples/associations

1. Associer les termes suivants avec les descriptions appropriées:
(a) articulations fibreuses **(b)** articulations cartilagineuses
(c) articulations synoviales

_____ **(1)** possèdent une cavité articulaire
_____ **(2)** les différents types comprennent les sutures et les syndesmoses
_____ **(3)** les os sont unis par des fibres collagènes
_____ **(4)** les différents types comprennent les synchondroses et les symphyses
_____ **(5)** toutes sont des articulations mobiles
_____ **(6)** plusieurs sont des articulations semi-mobiles
_____ **(7)** les os sont unis par un disque de cartilage hyalin ou fibrocartilagineux
_____ **(8)** presque toutes sont des articulations immobiles
_____ **(9)** les articulations de l'épaule, de la hanche, de la mâchoire et du coude

2. Les caractéristiques anatomiques d'une articulation synoviale comprennent: (a) du cartilage articulaire; (b) une cavité articulaire; (c) une capsule articulaire; (d) toutes ces réponses.

3. Les facteurs qui influent sur la stabilité d'une articulation synoviale comprennent: (a) la forme des surfaces articulaires; (b) la présence de solides ligaments; (c) le tonus des muscles environnants; (d) toutes ces réponses.

4. La description suivante — «Surfaces articulaires profondes et solides; une capsule fortement renforcée par des ligaments et des tendons musculaires; articulation très stable» — décrit le mieux: (a) l'articulation du coude; (b) l'articulation de la hanche; (c) l'articulation du genou; (d) l'articulation de l'épaule.

5. La maladie auto-immune dans laquelle les articulations sont touchées de façon symétrique et qui provoque la formation de pannus ainsi que l'immobilisation de l'articulation est: (a) une bursite; (b) la goutte; (c) l'arthrose; (d) l'arthrite rhumatoïde.

Questions à court développement

6. Définir une articulation.

7. Comparer la structure, la fonction et les situations les plus fréquentes dans le corps des bourses et des gaines de tendon.

8. Le mouvement d'une articulation peut être non axial, uniaxial, biaxial ou multiaxial. Donner la définition de chacun de ces termes.

9. Comparer les mouvements symétriques de flexion et d'extension avec l'adduction et l'abduction; montrer les différences.

10. Quelle est la différence entre la rotation et la circumduction?

11. Nommer deux types d'articulations uniaxiales, biaxiales et multiaxiales.

12. Quel est le rôle précis des ménisques du genou? des ligaments croisés antérieur et postérieur?

13. Pourquoi les entorses et les lésions du cartilage sont-elles des problèmes spécifiques?

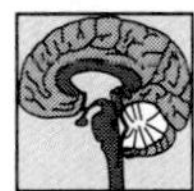

Réflexion et application

1. En faisant sa course à pied habituelle, Henri a trébuché et s'est tordu brutalement la cheville. Lorsqu'il s'est relevé, il ne pouvait plus porter son poids sur cette cheville. Le diagnostic est une grave luxation et une entorse de la cheville gauche. L'orthopédiste déclare à Henri qu'elle effectuera une réduction orthopédique de la luxation et qu'elle tentera de réparer le ligament par arthroscopie. (a) L'articulation de la cheville est-elle normalement une articulation stable? (b) De quoi dépend sa stabilité? (c) Qu'est-ce qu'une réduction orthopédique? (d) Pourquoi est-il nécessaire de réparer le ligament? (e) Que peut entraîner une arthroscopie? (f) Comment le recours à cette méthode diminuera-t-il le temps de rétablissement (et de souffrance) d'Henri?

2. Une femme âgée de 45 ans se présente au cabinet de son médecin et se plaint d'une douleur insupportable à l'articulation interphalangienne distale de son gros orteil droit. L'articulation paraît très rougie et enflée. Quand on lui demande si elle a déjà souffert d'un tel trouble dans le passé, elle se rappelle une attaque semblable, deux ans auparavant, qui avait disparu aussi rapidement qu'elle était apparue. Le médecin diagnostique une arthrite. (a) De quel type d'arthrite s'agit-il? (b) Quel est le facteur déclenchant de ce type particulier d'arthropathie?

9 Muscles et tissu musculaire

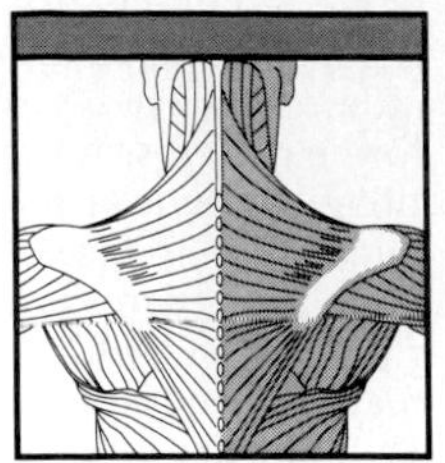

Sommaire et objectifs d'apprentissage

Tissus musculaires: caractéristiques générales (p. 246-248)

1. Comparer les principaux types de tissu musculaire.
2. Énumérer trois fonctions importantes du tissu musculaire.

Muscles squelettiques (p. 248-276)

3. Décrire la structure macroscopique d'un muscle squelettique (situation, nom des gaines de tissu conjonctif et types d'agencement des faisceaux).
4. Décrire la structure microscopique et les fonctions des myofibrilles, du réticulum sarcoplasmique et des tubules T des fibres (cellules) musculaires squelettiques.
5. Expliquer comment les fibres musculaires se contractent sous l'effet d'une stimulation et décrire le mécanisme de contraction du muscle squelettique par glissement des myofilaments.
6. Définir une secousse musculaire et décrire les événements qui se produisent pendant ses trois phases.
7. Expliquer comment le muscle squelettique peut se contracter de façon continue et graduée.
8. Établir la différence entre les contractions isométriques et isotoniques.
9. Décrire trois modes de régénération de l'ATP pendant la contraction d'un muscle squelettique.
10. Définir la dette d'oxygène et la fatigue musculaire. Énumérer des causes possibles de la fatigue musculaire.
11. Énumérer et décrire les facteurs qui déterminent la force, la rapidité et la durée de la contraction des muscles squelettiques.
12. Nommer et décrire trois types de fibres musculaires squelettiques. Expliquer les avantages relatifs de chaque type de fibre dans l'organisme.
13. Comparer les effets des exercices aérobiques et de résistance sur les muscles squelettiques et les autres systèmes de l'organisme.

Muscles lisses (p. 276-279)

14. Comparer l'anatomie macroscopique et microscopique des fibres musculaires lisses et des fibres musculaires squelettiques.
15. Comparer les mécanismes de contraction et les modes d'activation des muscles squelettiques et des muscles lisses.
16. Montrer les différences structurales et fonctionnelles entre les muscles lisses unitaires et multi-unitaires.

Développement et vieillissement des muscles (p. 279-280)

17. Décrire brièvement le développement embryonnaire des tissus musculaires et les transformations que subissent les muscles squelettiques au cours du vieillissement.

Il y a très longtemps, comme les muscles au travail lui faisaient penser à des souris s'activant sous la peau, un homme de science leur a donné leur nom de *muscles,* du mot latin *mus* signifiant «petite souris». En effet, lorsqu'on entend parler de muscles, ce sont ceux des boxeurs ou des haltérophiles qui viennent à l'esprit. Mais le cœur et les parois des autres organes creux contiennent aussi une certaine proportion de tissu musculaire. Sous ses différentes formes, ce dernier représente presque la moitié de notre masse corporelle. La principale caractéristique du tissu musculaire, du point de vue fonctionnel, est son aptitude à transformer une énergie chimique (sous forme d'ATP) en énergie mécanique dirigée. Les muscles sont donc capables d'exercer une force.

On peut considérer les muscles comme les «moteurs» de l'organisme. La mobilité du corps dans son ensemble résulte de l'activité des muscles squelettiques. Les muscles squelettiques se distinguent des muscles des organes internes, dont la plupart font circuler des liquides et d'autres substances dans les canaux de notre organisme.

Tissu musculaire: caractéristiques générales

Types de muscles

Il existe trois types de tissu musculaire: squelettique, cardiaque et lisse. Ces trois types diffèrent par la structure de leurs cellules, leur situation dans le corps, leur fonction, et par le mode de déclenchement de leurs contractions. Mais avant de nous pencher sur leurs différences, examinons quelques-uns de leurs points communs. Premièrement, quel que soit leur type, toutes les cellules musculaires (aussi appelées myocytes) ont une forme allongée, et c'est pour cette raison qu'on les nomme **fibres musculaires.** En second lieu, la contraction musculaire est assurée par deux sortes de *myofilaments,* qui sont les équivalents musculaires des microfilaments contenant de l'actine et de la myosine décrits au chapitre 3. Vous vous souvenez certainement que ces deux protéines jouent un rôle dans la motilité et les changements de forme d'un grand nombre de cellules de l'organisme; cette capacité est portée à son plus haut niveau dans les fibres musculaires contractiles. La troisième et dernière ressemblance se rapporte à la terminologie: chaque fois que vous verrez les préfixes *myo* ou *mys* (deux racines signifiant «muscle») ou *sarco* («chair»), il sera fait référence au muscle. Par exemple, la membrane plasmique des fibres musculaires se nomme *sarcolemme* (*lemma* = enveloppe), et le cytoplasme de la fibre musculaire est appelé *sarcoplasme.*

Le **tissu musculaire squelettique** se présente sous forme de *muscles squelettiques* qui recouvrent le squelette osseux et s'y attachent. Les fibres musculaires squelettiques sont les fibres musculaires les plus longues, elles portent des bandes bien visibles nommées **stries** et peuvent être maîtrisées volontairement. Bien qu'ils soient parfois activés par des réflexes, les muscles squelettiques sont aussi appelés **muscles volontaires** parce qu'ils sont soumis à la volonté. Lorsque vous penserez au tissu musculaire squelettique, vous devrez avoir à l'esprit ces trois mots clés: *squelettique, strié, volontaire.* Les muscles squelettiques peuvent se contracter rapidement et vigoureusement, mais ils se fatiguent facilement et doivent prendre quelque repos après de courtes périodes d'activité. Ils sont capables d'exercer une force considérable, comme en témoignent ces anecdotes de gens qui ont réussi à soulever des automobiles pour sauver un être cher. Le muscle squelettique est également doté de remarquables facultés d'adaptation: par exemple, les mêmes muscles de vos mains peuvent employer une force équivalant à quelques grammes pour saisir un trombone, puis à environ 30 kg pour saisir ce livre!

Le **tissu musculaire cardiaque** n'existe que dans le cœur: il représente la plus grande partie de la masse des parois de cet organe. Le muscle cardiaque est strié, comme les muscles squelettiques, mais il n'est pas volontaire: la plupart d'entre nous n'exerçons aucune maîtrise consciente sur notre rythme cardiaque. Les mots clés à retenir pour ce type de muscle sont donc: *cardiaque, strié, involontaire.* Le muscle cardiaque se contracte à un rythme relativement constant déterminé par le centre rythmogène (centre de régulation intrinsèque situé dans la paroi du cœur), mais d'autres centres nerveux permettent d'en régir l'accélération pendant de courts moments, par exemple lorsque vous courez à l'autre bout du court de tennis pour tenter une volée.

On trouve le **tissu musculaire lisse** dans les parois des organes viscéraux creux comme l'estomac, la vessie et les organes des voies respiratoires. Les muscles lisses ne sont pas striés et, comme le muscle cardiaque, ne sont pas soumis à la volonté. Pour les décrire avec précision, on peut dire qu'ils sont *viscéraux, non striés* et que leurs mouvements sont *involontaires.* Les contractions des fibres musculaires lisses sont lentes et continues. Si le muscle squelettique peut se comparer à un véhicule rapide qui perd rapidement de la puissance, le muscle lisse est plutôt semblable à un moteur robuste qui continue de fournir un travail régulier sans se fatiguer.

Dans le présent chapitre, nous étudierons les muscles squelettiques et lisses; le chapitre 19 (Le cœur) traite du muscle cardiaque. Le tableau 9.4 (p. 274-275) résume les principales caractéristiques de chaque type de tissu musculaire.

Fonctions

Les muscles de notre organisme exercent quatre fonctions importantes: ils produisent le mouvement, maintiennent la posture, stabilisent les articulations et dégagent de la chaleur.

Mouvement

Presque tous les mouvements du corps humain et de ses parties sont dus à des contractions musculaires (ou résultent pour le moins du mouvement des filaments d'actine et de myosine qui se trouvent aussi dans d'autres types de cellules). Les muscles squelettiques assurent la locomotion et la manipulation, et ils vous permettent de réagir rapidement aux événements qui surviennent dans votre environnement. Par exemple, grâce à leur rapidité et à leur puissance, vous pourriez bondir au dernier moment pour éviter une voiture folle. Votre vision dépend en partie de l'action des muscles squelettiques (oculomoteurs) qui orientent vos globes oculaires, et c'est par la contraction des muscles faciaux que vous pouvez exprimer votre joie ou votre colère sans recourir à la parole.

Votre circulation sanguine est assurée par le battement régulier du muscle cardiaque et par le travail des muscles lisses présents dans les parois de vos vaisseaux sanguins, ce qui a pour effet de maintenir une pression artérielle normale. C'est également la pression exercée par les muscles lisses qui déplace substances et objets le long des organes et des conduits des systèmes digestif, urinaire et génital (aliments, urine, fœtus).

Maintien de la posture

Le fonctionnement des muscles squelettiques qui déterminent notre posture atteint rarement le seuil de la conscience. Leur action est cependant presque constante: ils effectuent sans cesse des ajustements infimes grâce auxquels nous pouvons conserver notre posture assise ou debout malgré l'effet omniprésent de la force gravitationnelle.

Stabilité des articulations

Au cours même de la traction qu'ils exercent pour déplacer les os, les muscles stabilisent les articulations de notre squelette. Comme nous l'avons vu au chapitre 8, les muscles squelettiques contribuent à la stabilité des articulations qui sont peu renforcées ou dont les surfaces articulaires ne sont pas complémentaires, comme celles de l'épaule et du genou.

Dégagement de chaleur

Enfin, comme aucune «machine» n'est parfaitement efficace, il y a perte d'énergie sous forme de chaleur pendant les contractions musculaires. Cette chaleur revêt une importance vitale parce qu'elle maintient l'organisme à une température adéquate: les réactions biochimiques peuvent ainsi s'effectuer normalement. Comme les muscles squelettiques représentent au moins 40% de notre masse corporelle, ce sont eux qui dégagent le plus de chaleur.

Caractéristiques fonctionnelles des muscles

Le tissu musculaire possède certaines propriétés particulières qui lui permettent de remplir ses fonctions. Ces propriétés sont l'excitabilité, la contractilité, l'extensibilité et l'élasticité.

L'**excitabilité** est la faculté de percevoir un stimulus et d'y répondre. (Un *stimulus* est un changement dans le milieu interne ou l'environnement.) En ce qui concerne les muscles, le stimulus est habituellement de nature chimique (par exemple une hormone, une modification locale du pH ou un neurotransmetteur libéré par une cellule nerveuse), et la réponse est la production et la propagation, le long du sarcolemme, d'un courant électrique (ou potentiel d'action) qui est à l'origine de la contraction musculaire.

La **contractilité** est la capacité de se contracter avec force en présence de la stimulation appropriée. C'est cette aptitude qui rend les muscles si différents de tous les autres tissus.

L'**extensibilité** est la faculté d'étirement. Lorsqu'elles se contractent, les fibres musculaires raccourcissent, mais lorsqu'elles sont détendues, on peut les étirer au-delà de leur longueur de repos.

L'**élasticité** est la possibilité qu'ont les fibres musculaires de raccourcir et de reprendre leur longueur de repos lorsqu'on les relâche.

Dans la partie qui suit, nous allons étudier en détail la structure et le fonctionnement des muscles squelettiques. Nous aborderons les muscles lisses pour les comparer aux muscles squelettiques. Quant au muscle cardiaque, nous nous contenterons de résumer ses caractéristiques dans le tableau 9.4 (p. 274-275), car l'ensemble du chapitre 19 lui est consacré.

Muscles squelettiques

Le tableau 9.1 (p. 250) présente les différents niveaux d'organisation des muscles squelettiques, en allant de l'échelle macroscopique à l'échelle microscopique.

Anatomie macroscopique d'un muscle squelettique

Chaque **muscle squelettique** est un organe bien délimité dont la majeure partie comprend des centaines, voire des milliers de fibres musculaires; le muscle renferme également du tissu conjonctif, des vaisseaux sanguins et des neurofibres. On peut facilement étudier à l'œil nu la forme d'un muscle, l'agencement de ses fibres et ses points d'insertion.

Enveloppes de tissu conjonctif

Dans un muscle intact, les fibres (ou cellules) musculaires sont entourées de différentes couches de tissu conjonctif (figure 9.1). Chaque fibre se trouve à l'intérieur d'une fine gaine de tissu conjonctif lâche appelée **endomysium.** Plusieurs fibres et leur endomysium sont placées côte à côte et forment un ensemble nommé **faisceau** (*fascis* = faisceau, bande); chaque faisceau est à son tour délimité par une gaine plus épaisse de tissu conjonctif, le **périmysium.** Les faisceaux sont regroupés dans un revêtement plus grossier composé de tissu conjonctif dense orienté, l'**épimysium,** qui enveloppe l'ensemble du muscle. À l'extérieur de l'épimysium, le **fascia,** une couche encore plus grossière de tissu conjonctif dense orienté, regroupe les muscles d'un même groupe fonctionnel et recouvre aussi certaines autres structures.

Ainsi qu'on peut le voir à la figure 9.1, toutes ces gaines de tissu conjonctif constituent un ensemble continu incluant aussi les tendons qui relient les muscles aux os. Lorsque les fibres musculaires se contractent, elles tirent donc sur leurs différentes gaines, lesquelles, à leur tour, transmettent la force à un os spécifique.

Comme toutes les cellules de l'organisme, les fibres musculaires squelettiques sont molles et fragiles. Les couches de tissu conjonctif soutiennent chaque cellule, renforcent l'ensemble du muscle et procurent au tissu musculaire son élasticité naturelle. Elles fournissent également les voies d'entrée et de sortie des vaisseaux sanguins et des neurofibres qui desservent le muscle.

Innervation et irrigation sanguine

L'activité normale d'un muscle squelettique est tributaire de son innervation et d'un approvisionnement sanguin abondant. Contrairement aux fibres musculaires cardiaques et lisses, qui peuvent se contracter en l'absence de toute stimulation nerveuse, chaque fibre musculaire squelettique est dotée d'une terminaison nerveuse qui régit son activité.

La contraction des fibres musculaires représente une énorme dépense d'énergie, d'où la nécessité d'un approvisionnement plus ou moins continu en oxygène et en nutriments par l'intermédiaire des artères. En outre, les cellules musculaires produisent de grandes quantités de déchets métaboliques qui doivent être évacués par les veines pour assurer l'efficacité de la contraction. De façon générale, chaque muscle est desservi par une artère et une ou plusieurs veines.

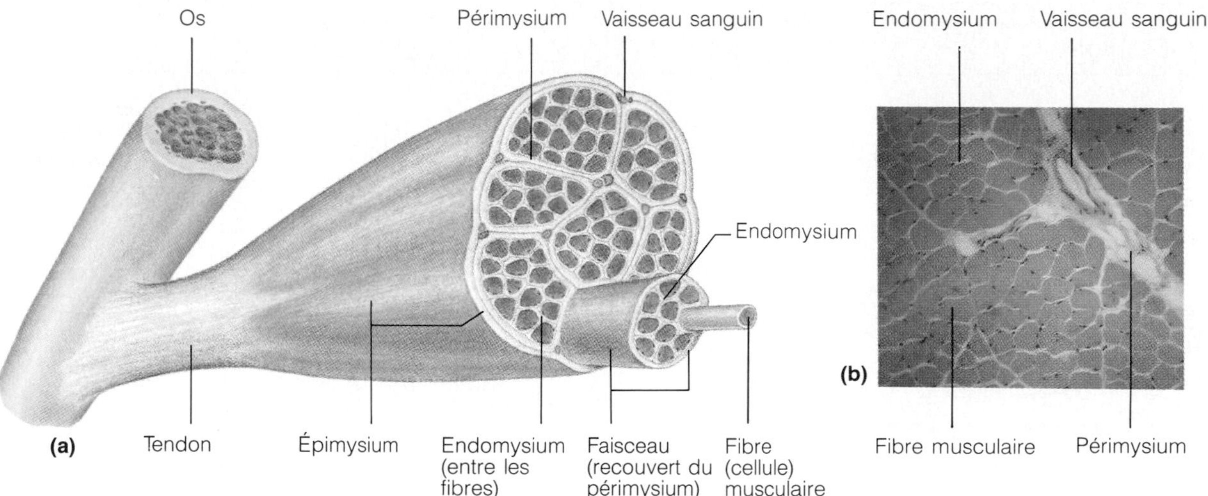

Figure 9.1 Enveloppes de tissu conjonctif d'un muscle squelettique. (**a**) Dans un muscle squelettique, chaque fibre musculaire est revêtue d'une fine gaine de tissu conjonctif, l'endomysium. Les faisceaux de fibres musculaires sont délimités par une gaine plus épaisse de tissu conjonctif, appelée périmysium. L'ensemble du muscle est renforcé et recouvert par une gaine grossière de tissu conjonctif, l'épimysium. (**b**) Photomicrographie de la coupe transversale d'un muscle squelettique (× 64).

Habituellement, les vaisseaux sanguins et les neurofibres pénètrent le muscle en son milieu et se divisent en de nombreuses branches à l'intérieur des cloisons de tissu conjonctif, puis ils rejoignent la fine couche d'endomysium qui entoure chaque fibre musculaire. Comme le montre la figure 9.2, les capillaires, qui sont les plus petits des vaisseaux sanguins musculaires, sont longs et sinueux; ils peuvent donc s'adapter aux changements de longueur du muscle en se déroulant lors d'un étirement et en se repliant lors d'une contraction.

Attaches

Nous avons vu au chapitre 8 que la plupart des muscles recouvrent des articulations et s'attachent à des os (ou à d'autres structures) en au moins deux endroits; d'autre part, lorsqu'un muscle se contracte, l'os mobile (où est située l'*insertion* du muscle) se déplace en direction de l'os fixe ou moins mobile (l'*origine* du muscle). Les attaches du muscle, qu'il s'agisse de l'origine ou de l'insertion, peuvent être directes ou indirectes. Dans les **attaches directes,** l'épimysium du muscle est soudé au périoste d'un os ou au périchondre d'un cartilage. Dans les **attaches indirectes,** le périmysium se joint à un tendon cylindrique ou à une **aponévrose** plate et large. Le muscle se trouve ainsi ancré à la gaine de tissu conjonctif d'un élément du squelette (os ou cartilage), au fascia d'autres muscles ou à une bande de tissu fibreux nommée **raphé.**

De ces deux modes d'attache, le mode indirect est de loin le plus répandu dans notre organisme. Cela est sans doute dû à la petite taille et à la grande résistance de ces attaches. Le tissu conjonctif dense orienté des tendons est composé presque entièrement de fibres collagènes résistantes; la friction aux points de contact avec l'os les endommage beaucoup moins que le tissu musculaire, qui est mou.

Agencement des faisceaux

Tous les muscles sont composés de faisceaux, mais l'agencement de ces derniers est variable, si bien que les muscles diffèrent tant par leurs formes que par leurs capacités fonctionnelles. Les agencements les plus courants sont de type parallèle, penné, convergent ou circulaire (figure 9.3).

Dans l'agencement **parallèle,** les faisceaux sont orientés suivant l'axe longitudinal du muscle. Ces muscles adoptent la forme d'une *courroie,* comme le muscle sartorius de la cuisse, ou sont *fusiformes* avec un ventre épais, comme le muscle biceps brachial (muscle du bras).

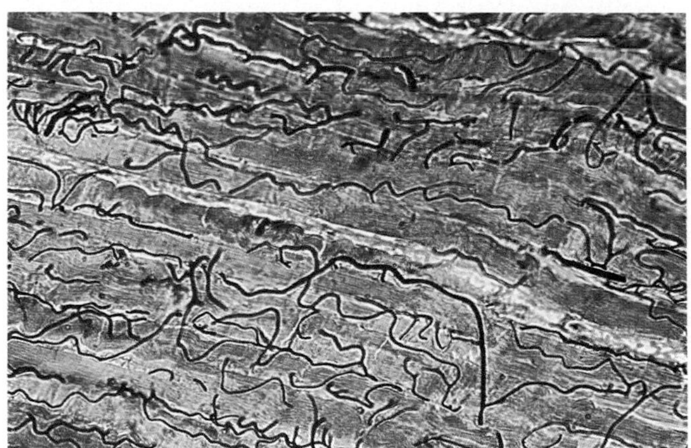

Figure 9.2 Photomicrographie du réseau de capillaires d'une partie d'un muscle squelettique. On a injecté de la gélatine violette dans les artères pour révéler le lit capillaire. Remarquez les nombreuses liaisons transversales entre les capillaires. Les fibres musculaires sont colorées en bleu (× 150).

Tableau 9.1 Structure et niveaux d'organisation d'un muscle squelettique

Structure et niveau d'organisation	Description	Enveloppes de tissu conjonctif
Muscle (organe) 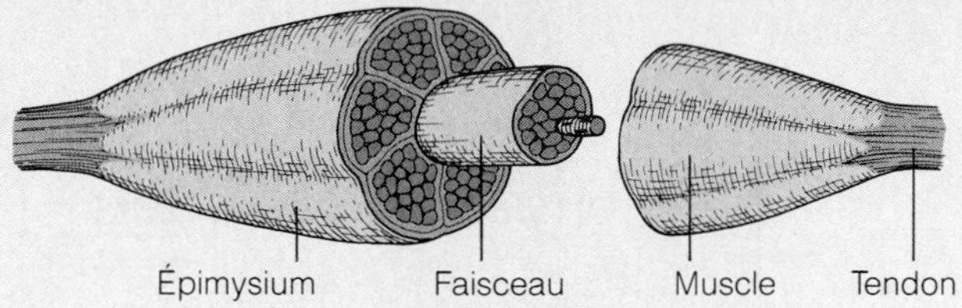 Épimysium, Faisceau, Muscle, Tendon	Constitué de centaines ou de milliers de cellules musculaires, ainsi que de gaines de tissu conjonctif, de vaisseaux sanguins et de neurofibres	Recouvert par l'épimysium
Faisceau (partie du muscle) 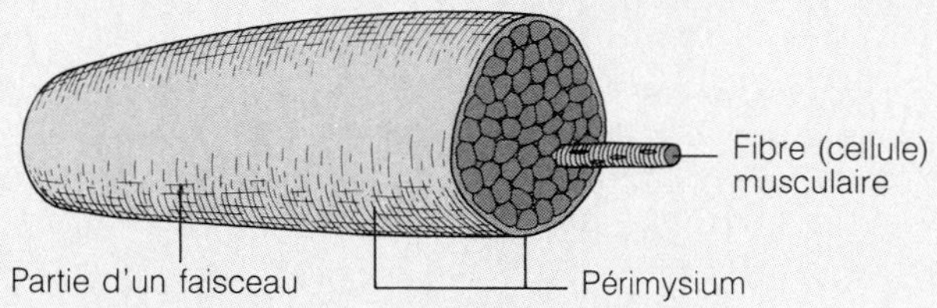 Fibre (cellule) musculaire, Partie d'un faisceau, Périmysium	Assemblage de cellules musculaires, séparées du reste du muscle par une gaine de tissu conjonctif	Recouvert par le périmysium
Fibre (cellule) musculaire 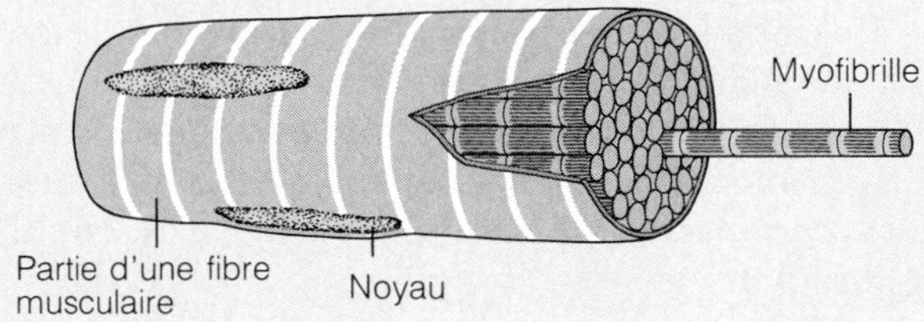 Myofibrille, Partie d'une fibre musculaire, Noyau	Cellule multinucléée allongée; apparence striée	Recouverte d'endomysium
Myofibrille ou fibrille (organite complexe constitué de groupes de filaments) 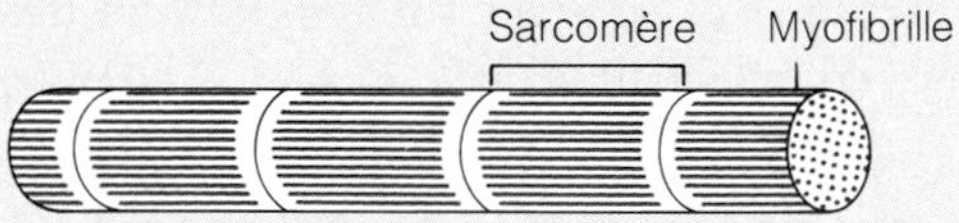 Sarcomère, Myofibrille	Élément contractile cylindrique; les myofibrilles occupent la plus grande partie du volume de la cellule musculaire; portent des stries, et les stries des myofibrilles voisines sont alignées; constituée de sarcomères placés bout à bout	
Sarcomère (segment d'une myofibrille) 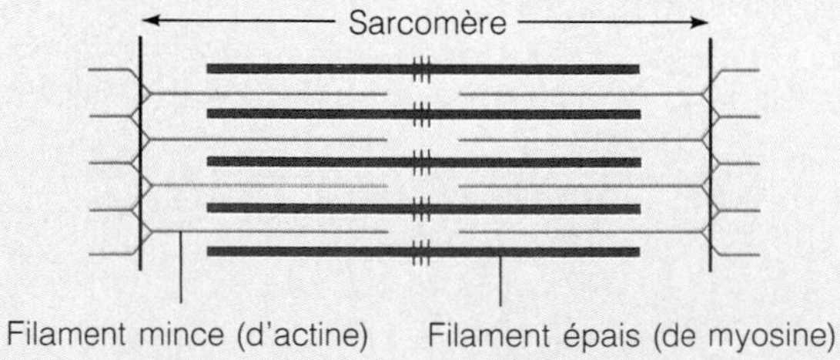 Sarcomère, Filament mince (d'actine), Filament épais (de myosine)	Unité contractile, constituée de myofilaments de protéines contractiles	
Myofilament ou filament (structure macromoléculaire) 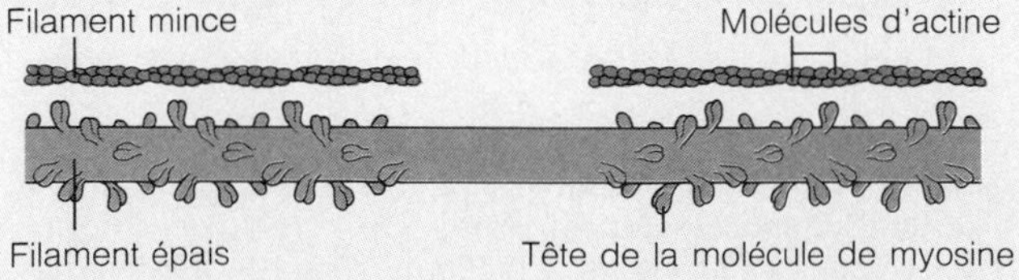 Filament mince, Molécules d'actine, Filament épais, Tête de la molécule de myosine	Les myofilaments sont de deux types (minces et épais), et constitués de protéines contractiles; les filaments épais renferment un assemblage parallèle de molécules de myosine; les filaments minces renferment des molécules d'actine (ainsi que d'autres protéines); le raccourcissement du muscle est assuré par le glissement des filaments minces le long des filaments épais	

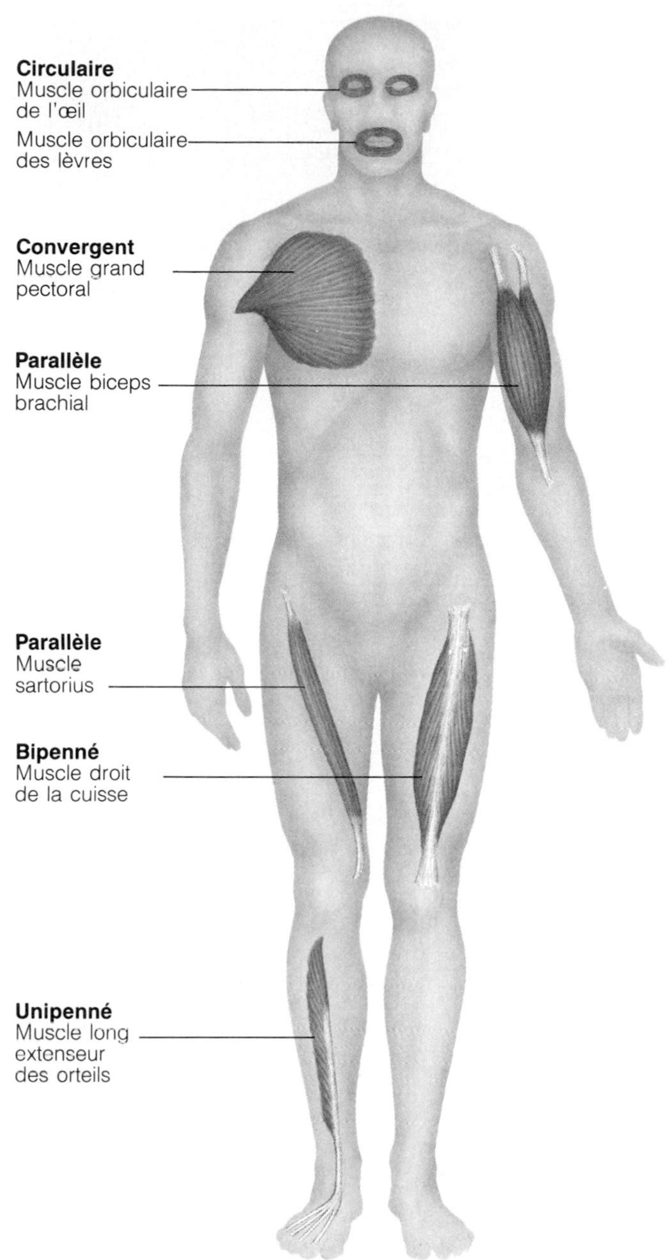

Figure 9.3 Relation entre l'agencement des faisceaux et la structure du muscle.

Dans le type **penné** (*penna* = plume), les faisceaux sont courts et ils s'attachent en diagonale sur un tendon central qui suit l'axe du muscle. Si, comme c'est le cas du muscle long extenseur des orteils (muscle de la jambe), les faisceaux s'insèrent tous du même côté du tendon, le muscle est *unipenné.* Si les faisceaux s'insèrent sur deux côtés opposés du tendon et que le grain du muscle est semblable à celui d'une plume, on dit qu'il est *bipenné.* Le muscle droit de la cuisse est bipenné. Certains muscles sont aussi *multipennés.* Cet agencement n'apparaît pas dans la figure 9.3, mais il ressemble à un ensemble de plumes placées côte à côte et insérées sur un gros tendon. Le muscle deltoïde, qui souligne l'arrondi de l'épaule, est multipenné.

Un muscle est **convergent** lorsque son origine est large et que ses faisceaux aboutissent à un tendon unique. Sa forme est plus ou moins triangulaire. Le muscle grand pectoral, situé sur la partie antérieure du thorax, est de type convergent.

L'agencement d'un muscle est qualifié de **circulaire** lorsque les faisceaux sont disposés en cercles concentriques. Le muscle orbiculaire des lèvres et le muscle orbiculaire de l'œil sont circulaires. La fonction de certains muscles circulaires consiste à fermer la lumière d'un conduit; ils sont regroupés sous le nom générique de *sphincters* (*sphinctos* = serré). Le muscle sphincter externe de l'anus (squelettique) et le muscle interne de l'anus (lisse) en sont des exemples.

L'amplitude de mouvement d'un muscle et sa puissance sont fonction de l'agencement des faisceaux. Comme les fibres musculaires contractées mesurent environ 70 % de leur longueur de repos, plus les fibres sont longues et parallèles à l'axe longitudinal du muscle, plus l'amplitude de mouvement est grande. Les muscles dont les faisceaux sont parallèles raccourcissent davantage, mais ils ne sont pas très puissants en règle générale. La force d'un muscle dépend plutôt du nombre total de fibres qui le constituent: plus elles sont nombreuses, plus il est puissant. Les muscles pennés, comme les muscles épais de type bipenné et multipenné, renferment le plus grand nombre de fibres; ils raccourcissent très peu, mais sont souvent très puissants.

Anatomie microscopique d'une fibre musculaire squelettique

Chaque fibre musculaire squelettique est une longue cellule cylindrique renfermant de nombreux noyaux ovales situés juste au-dessous du **sarcolemme,** c'est-à-dire la surface de la membrane plasmique (voir la figure 9.4a et le tableau 9.1). Si on les compare aux autres cellules de l'organisme humain, les cellules des muscles squelettiques sont énormes, puisque leur longueur varie de 1 à 40 mm; certaines d'entre elles atteignent même la longueur prodigieuse de 30 cm. Leur diamètre se situe habituellement entre 10 et 100 μm. On s'étonne moins de la taille et du nombre de noyaux de ces cellules quand on sait que chacune d'elles est un *syncytium* (littéralement, «cellules fusionnées») résultant de l'union d'un grand nombre de cellules au cours du développement embryonnaire.

Le **sarcoplasme** d'une fibre musculaire est comparable au cytoplasme des autres cellules, mais il abrite des réserves importantes de glycogène ainsi que de la **myoglobine,** une protéine qui se lie à l'oxygène et n'existe dans aucun autre type de cellule. La myoglobine est un pigment rouge qui constitue un réservoir d'oxygène à l'intérieur de la cellule musculaire; elle s'apparente à l'hémoglobine, le pigment qui transporte l'oxygène dans les globules rouges du sang. Les cellules musculaires contiennent les organites habituels ainsi que des organites fortement modifiés, soit les myofibrilles et le réticulum sarcoplasmique. Les tubules T (ou tubules transverses) sont des modifications particulières du sarcolemme de la fibre musculaire.

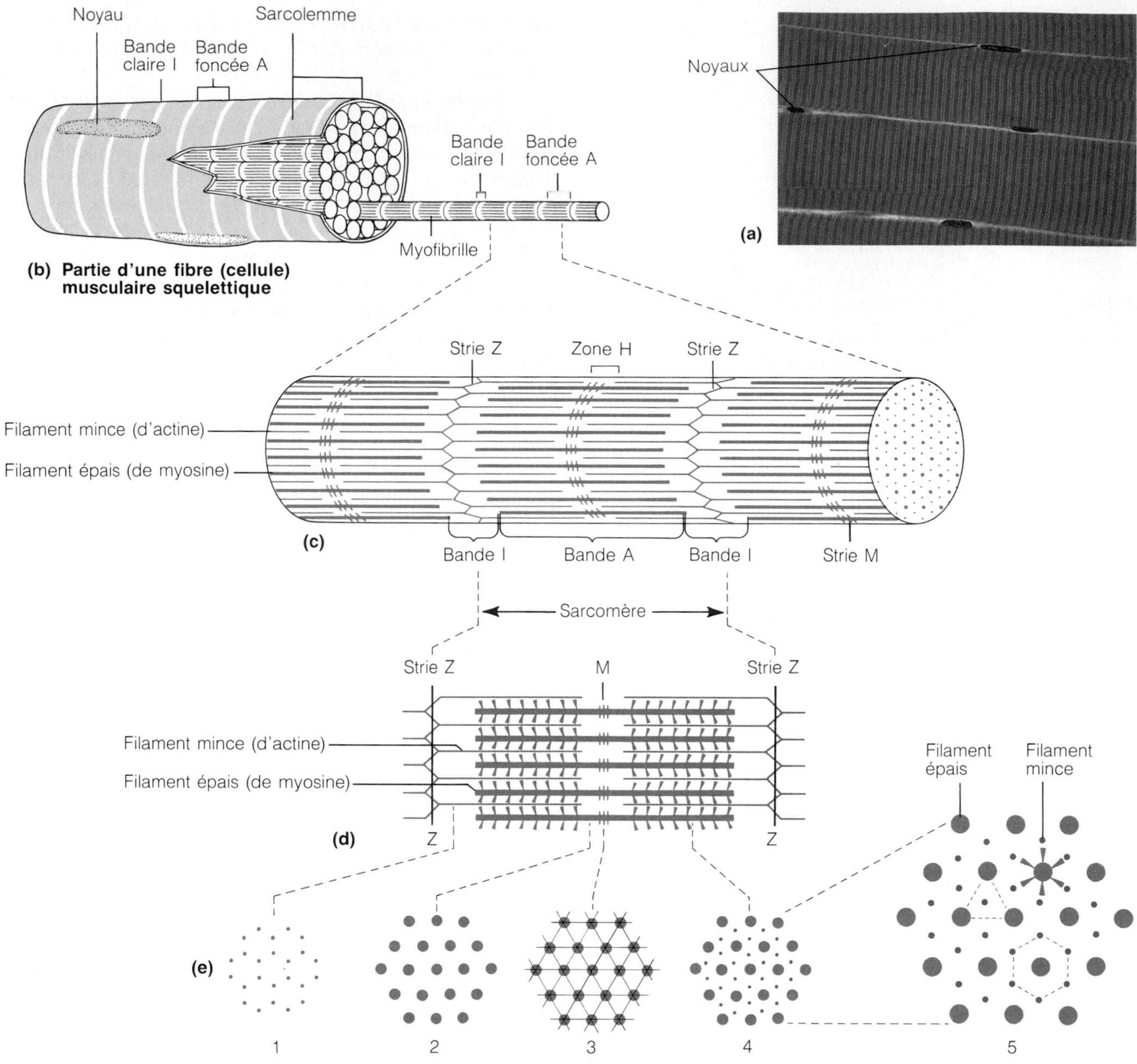

(b) Partie d'une fibre (cellule) musculaire squelettique

Figure 9.4 Anatomie microscopique d'une fibre musculaire squelettique. (**a**) Photomicrographie de portions de deux fibres musculaires isolées (×250). Remarquez les stries transversales évidentes (alternance de bandes claires et foncées). (**b**) Diagramme d'une partie d'une fibre (cellule) musculaire montrant les myofibrilles. L'une des myofibrilles est dessinée comme si elle dépassait de la coupe faite dans le muscle. (**c**) Agrandissement d'une petite partie de myofibrille montrant les myofilaments qui forment les stries. Chaque sarcomère, ou unité contractile, s'étend d'une strie Z à la suivante. (**d**) Agrandissement d'un sarcomère (coupe longitudinale). Remarquez les têtes de myosine sur les filaments épais. **e**) La disposition en réseau des filaments minces et épais devient évidente si l'on effectue une coupe transversale de la myofibrille. (1) Coupe effectuée dans une bande I: les filaments minces sont seuls visibles; (2) coupe faite à travers la zone H: les filaments épais sont seuls visibles; (3) coupe à travers une strie M: on observe facilement les filaments épais et les fibres qui les relient; (4) coupe effectuée dans la partie de la bande A qui comprend à la fois des filaments minces et épais; si cette coupe est agrandie (5), on remarque la disposition hexagonale des filaments minces autour de chacun des filaments épais, ainsi que la disposition triangulaire des filaments épais autour de chaque filament mince.

Myofibrilles

À fort grossissement, on constate que chaque fibre musculaire comporte un grand nombre de **myofibrilles** parallèles qui parcourent toute la longueur de la cellule (voir la figure 9.4b). Les myofibrilles sont si serrées les unes contre les autres qu'elles semblent coincer entre elles les mitochondries et les autres organites. Selon sa taille, chaque cellule peut posséder des centaines ou des milliers de myofibrilles, qui constituent environ 80 % de son volume. Les myofibrilles représentent les éléments contractiles des cellules des muscles squelettiques, et chaque myofibrille comprend elle-même une chaîne d'unités contractiles adjacentes encore plus petites nommées sarcomères.

Stries, sarcomères et myofilaments. Sur la longueur de chaque myofibrille, on remarque une alternance de bandes foncées et claires. Les bandes foncées sont appelées **bandes A** parce qu'elles sont *anisotropes,* c'est-à-dire qu'elles polarisent la lumière visible. Les bandes claires, nommées **bandes I,** sont *isotropes,* ou non polarisantes. Dans une fibre musculaire intacte, les bandes des myofibrilles sont presque parfaitement alignées et se poursuivent sur toute la largeur de la cellule; c'est pour cette raison que l'ensemble de la cellule paraît strié.

Comme le montre la figure 9.4c, chaque bande A est coupée en son milieu par une rayure plus claire appelée **zone H** (*H* vient de *hélio* = semblable au soleil). Pour des raisons qui vous deviendront bientôt évidentes, les zones H ne sont visibles que sur les fibres musculaires au repos. Pour compliquer encore un peu les choses, chaque zone H est divisée en deux par une ligne sombre, la **strie M.** Au milieu des bandes I, on remarque également une zone plus foncée que l'on nomme **strie Z.** La région d'une myofibrille comprise entre deux stries Z successives (voir la figure 9.4c) est appelée **sarcomère** (littéralement, «segment de muscle»); c'est la plus petite unité contractile de la fibre musculaire. Chaque *unité fonctionnelle* du muscle squelettique est donc une très petite portion de myofibrille, et on peut se représenter chaque myofibrille comme une chaîne de sarcomères placés bout à bout.

Au niveau moléculaire, on constate que les stries des myofibrilles sont formées par la disposition ordonnée de deux types de filaments de protéines, ou **myofilaments,** à l'intérieur des sarcomères (figure 9.4d). Les **filaments épais** parcourent toute la longueur de la bande A. Les **filaments minces** enrobent les filaments épais et s'étendent le long de la bande I et d'une partie de la bande A. Vue au microscope, la zone H de la bande A paraît moins dense parce que les filaments minces ne longent pas les filaments épais dans cette région. La strie M, située au centre de la zone H, est rendue légèrement plus foncée par la présence de brins qui relient entre eux les filaments épais adjacents. La strie Z est en fait une couche de protéines en forme de pièce de monnaie qui constitue le point d'attache des filaments minces et qui unit aussi les myofibrilles entre elles sur toute l'épaisseur de la cellule musculaire.

Une vue longitudinale des myofilaments, comme celle de la figure 9.4d, prête quelque peu à confusion parce qu'elle donne l'impression que chaque filament épais n'interagit qu'avec quatre filaments minces. On dispose d'une représentation plus exacte de l'agencement tridimensionnel des filaments si l'on examine des sections transversales de différents segments d'un sarcomère (voir la figure 9.4e). Dans les régions renfermant à la fois des filaments épais et minces, chaque filament épais est entouré de six filaments minces, et chaque filament mince se trouve au milieu d'un triangle formé par trois filaments épais.

Ultrastructure et composition moléculaire des myofilaments. Les filaments épais (d'un diamètre allant de 12 à 16 nm) comprennent essentiellement une protéine appelée **myosine** (figure 9.5a). La molécule de myosine possède une structure très particulière: semblable à un bâton de hockey, sa tige cylindrique, ou *axe,* se termine à l'une de ses extrémités par une *tête* sphérique comportant elle-même deux lobes (expansions latérales bilobées). Ces extrémités sont parfois appelées **ponts d'union** parce qu'elles interagissent (se lient) avec des sites de liaison (ou sites actifs) spécifiques situés sur les filaments minces qui les entourent. Ainsi que nous le verrons bientôt, ce sont les têtes de myosine qui génèrent la tension exercée lors de la contraction de la cellule musculaire. Dans un sarcomère, chaque filament épais compte environ 200 molécules de myosine. Comme le montre la figure 9.5b et d, les molécules de myosine sont regroupées de telle sorte que leurs tiges représentent la partie centrale du filament et que les lobes de leur tête sphérique sont orientés dans des directions opposées. Par conséquent, la partie centrale du filament épais est lisse, mais ses extrémités sont garnies de têtes de myosine disposées de façon hélicoïdale autour de son axe. Les têtes des molécules de myosine portent des sites de liaison de l'ATP, ainsi que des ATPases qui dissocient l'ATP en ADP + P_i par une action enzymatique.

Les filaments minces (d'un diamètre de 5 à 7 nm) sont principalement composés d'**actine** (figure 9.5c). Les polypeptides qui forment les sous-unités de l'actine (nommés *actine globulaire* ou *actine G*) portent des sites de liaison sur lesquels les têtes de myosine se fixent lors de la contraction. Les monomères d'actine G sont regroupés en polymères d'*actine fibreuse* ou *actine F,* qui s'allongent en de longs fils. L'épine dorsale de chaque filament mince est constituée de deux brins d'actine F enroulés l'un autour de l'autre; ces brins ressemblent à deux fils garnis de perles et tordus ensemble, selon un arrangement hélicoïdal. Plusieurs protéines de régulation sont aussi présentes. La **tropomyosine,** une protéine cylindrique, entoure l'actine F et la rigidifie. Des molécules de tropomyosine sont placées bout à bout le long des chaînes d'actine F. La dernière des protéines importantes du filament mince, la **troponine,** est en fait un complexe de trois polypeptides dont chacun remplit une fonction spécifique. L'un de ces polypeptides (TnI) se lie à l'actine; un autre (TnT) se lie à la tropomyosine et l'aligne avec l'actine; le troisième (TnC) se lie aux ions calcium. La troponine et la tropomyosine contribuent à la régulation des interactions myosine-actine qui se produisent au cours de la contraction.

Réticulum sarcoplasmique et tubules T

Le **réticulum sarcoplasmique (RS)**, situé à l'intérieur de chaque cellule musculaire, est une forme complexe de réticulum endoplasmique lisse. Son réseau de tubules parcourt les intervalles étroits qui existent entre les myofibrilles; il est parallèle aux myofibrilles et enlace chacune d'elles, un peu comme la manche d'un chandail aux mailles lâches recouvre votre bras (figure 9.6). Au niveau des zones H et des jonctions des bandes A et I, les tubules sont fusionnés latéralement. Les canaux en cul-de-sac accolés aux jonctions des bandes A et I sont appelés **citernes terminales.**

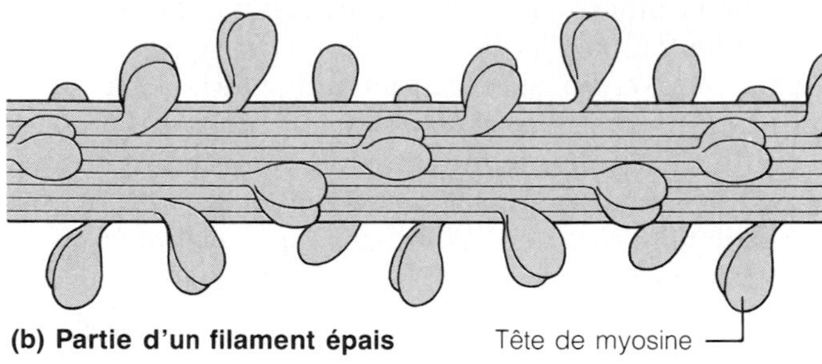

(a) Molécule de myosine

(b) Partie d'un filament épais
Tête de myosine

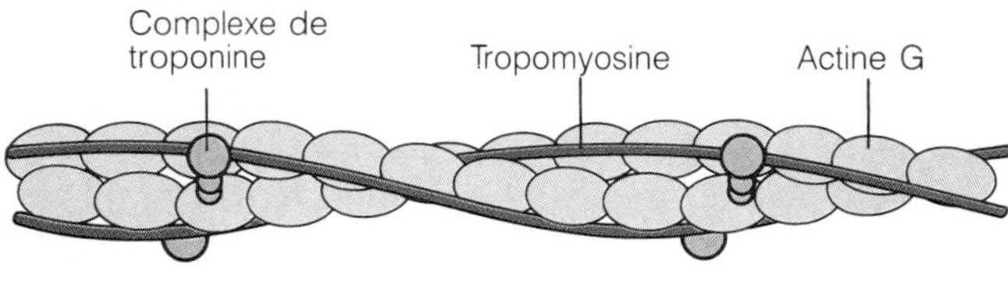

(c) Partie d'un filament mince

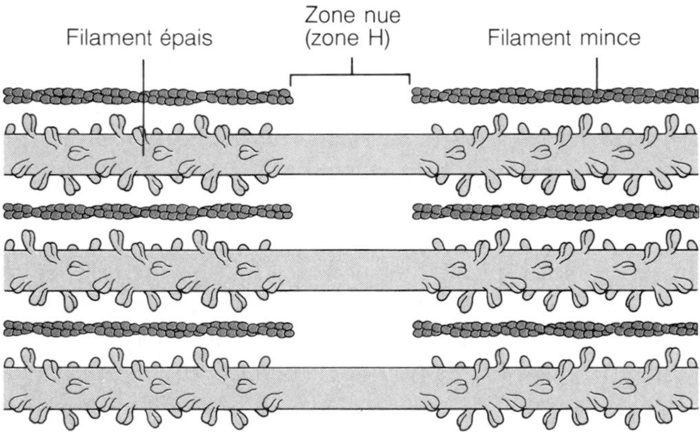

(d) Coupe longitudinale de filaments à l'intérieur d'un sarcomère d'une myofibrille

Figure 9.5 Composition des myofilaments du muscle squelettique. (**a**) Chaque molécule de myosine présente une tige, d'où sort une tête bilobée. (**b**) Chaque filament épais comprend un grand nombre de molécules de myosine dont les têtes dépassent à chaque bout du filament, comme on le voit en (d). (**c**) Chaque filament mince comporte deux brins d'actine F enroulés l'un sur l'autre. Chaque brin est constitué de sous-unités d'actine G. Les molécules de tropomyosine sont enroulées autour de l'actine F, renforçant ainsi le filament. Plusieurs complexes de troponine se trouvent fixés à chaque molécule de tropomyosine. (**d**) Disposition des filaments dans un sarcomère (vue longitudinale). Au centre du sarcomère, les filaments épais ne portent pas de têtes de myosine; aux endroits où les filaments épais et minces se chevauchent, les têtes de myosine sont dirigées vers l'actine, avec laquelle elles interagissent durant la contraction.

À la jonction des bandes A et I, le sarcolemme de la cellule musculaire constitue un long tube creux nommé **tubule T** (ou **tubule transverse**), qui pénètre en profondeur dans la cellule et dont la lumière communique avec le liquide interstitiel de l'espace extracellulaire. Chaque tubule T s'enfonce loin à l'intérieur de la cellule, où il passe entre les citernes terminales du RS, formant ainsi des **triades,** qui sont des regroupements de trois structures membranaires (c'est-à-dire la citerne terminale située à l'extrémité d'un sarcomère, un tubule T et la citerne terminale du sarcomère adjacent). De même qu'ils se faufilent d'une myofibrille à l'autre, les tubules T envoient des ramifications autour de chaque sarcomère. Le réseau formé par les milliers de tubules T de chaque cellule musculaire porte le nom de *système transverse,* ou *système T.*

Les tubules T jouent le rôle d'un réseau de communication rapide: étant donné qu'ils sont en continuité avec le sarcolemme, qui reçoit l'influx nerveux, ils peuvent acheminer cet influx profondément dans la cellule et à presque tous les sarcomères. De plus, les tubules T constituent une voie d'entrée qui met le liquide interstitiel (contenant du glucose, de l'oxygène et divers ions) en contact intime avec les parties profondes de la cellule musculaire. La fonction principale du réticulum sarcoplasmique consiste à régler la concentration intracellulaire de calcium ionique: il emmagasine le calcium et le libère «sur demande» lorsqu'une stimulation entraîne la contraction de la fibre musculaire. Nous verrons bientôt l'importance de cette fonction.

Contraction d'une fibre musculaire squelettique

Mécanisme de contraction

Lorsqu'une cellule musculaire se contracte, chacun de ses sarcomères raccourcit et les stries Z successives se rapprochent. Comme la longueur de leurs sarcomères diminue, les myofibrilles raccourcissent aussi, de même que l'ensemble de la cellule.

Si l'on étudie la contraction de façon détaillée, on constate qu'aucun des filaments ne change de longueur pendant que les sarcomères se contractent. Comment expliquer dans ce cas le raccourcissement de la cellule musculaire? Diverses hypothèses ont été avancées, mais celle qui recueille le plus de suffrages est la **théorie de la contraction par glissement des filaments,** élaborée par Hugh Huxley en 1954. Selon cette théorie, la contraction se fait par un glissement des filaments minces le long des filaments épais, de telle sorte que les myofilaments se chevauchent davantage (figure 9.7). Dans une fibre musculaire au repos, les filaments épais et minces ne se chevauchent que sur une petite partie de leur longueur; mais au cours de la contraction, les filaments minces pénètrent de plus en plus loin dans la région centrale de la bande A. Remarquez que, au cours du glissement des filaments minces vers le centre (zone H), les stries Z auxquelles ils sont attachés sont tirées vers les filaments épais. Dans l'ensemble, les bandes I sont raccourcies, les zones H disparaissent et les bandes A se rapprochent

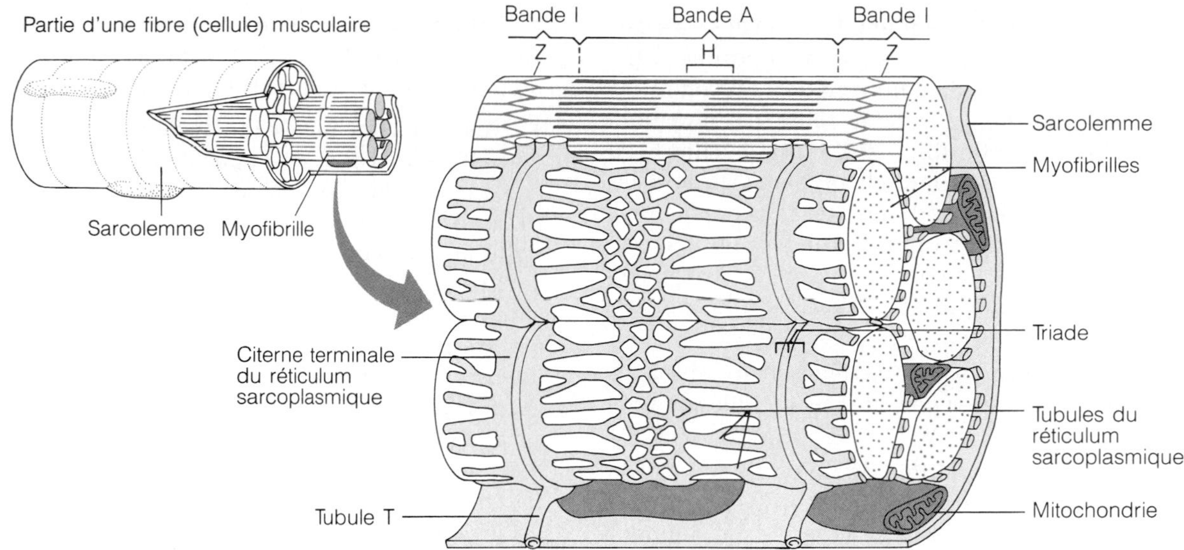

Figure 9.6 Relations entre le réticulum sarcoplasmique, les tubules T et les myofibrilles du muscle squelettique. Les tubules du réticulum sarcoplasmique enveloppent chaque myofibrille comme un manchon. En certains points, les tubules fusionnent latéralement et communiquent entre eux par des canaux; cela se produit surtout au niveau de la zone H et au voisinage des jonctions A et I, où sont localisés les éléments en cul-de-sac nommés citernes terminales. Les tubules T, qui sont des invaginations du sarcolemme, pénètrent loin à l'intérieur de la cellule, entre les citernes terminales situées près des jonctions A et I. Les points de contact intime entre ces trois éléments (citerne terminale, tubule T, citerne terminale) sont appelés triades.

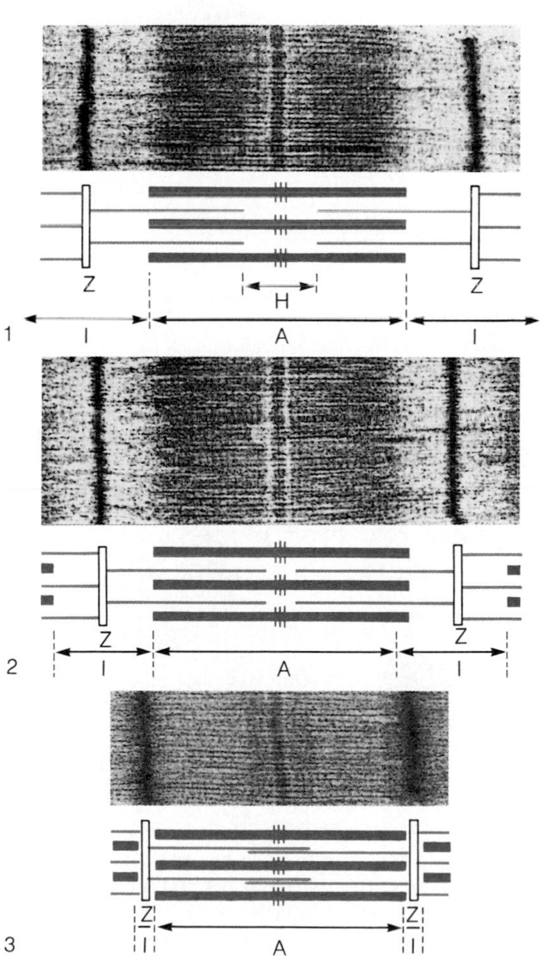

les unes des autres sans que la longueur des filaments diminue.

Comment les filaments glissent-ils? Cette question nous ramène aux têtes de myosine (ponts d'union) qui font saillie tout autour des extrémités des filaments épais. Quand les cellules musculaires sont activées par le système nerveux, les têtes de myosine s'accrochent aux sites de liaison situés sur les sous-unités d'actine des filaments minces, et le glissement s'amorce. Chaque tête de myosine s'attache et se détache plusieurs fois pendant la contraction, agissant comme une minuscule crémaillère pour produire une tension et tirer le filament mince vers le centre du sarcomère. Comme ce phénomène se déroule simultanément dans les sarcomères de toutes les myofibrilles, la cellule musculaire raccourcit. Les têtes de myosine ont besoin d'ions calcium pour se fixer à l'actine; l'influx nerveux qui déclenche la contraction provoque une augmentation de la quantité d'ions calcium à l'intérieur de la cellule. Nous parlerons plus loin de l'influx nerveux et des mouvements de calcium. Nous allons nous pencher pour l'instant sur le mécanisme même de la contraction.

En l'absence de calcium, la cellule musculaire reste au repos parce que le complexe troponine-tropomyosine s'interpose entre les têtes de myosine et les sites de liaison

Figure 9.7 Modèle de contraction par glissement des filaments. Lorsque la contraction est complète, les stries Z s'appuient sur les filaments de myosine et les filaments d'actine se chevauchent. Les numéros indiquent la séquence des événements, 1 étant l'état de repos et 3 la contraction complète. La photomicrographie (vue de dessus dans chaque cas) correspond à un grossissement de 20 000 fois.

de l'actine (figure 9.8a). Cependant, lorsque des ions calcium sont disponibles, ils se lient à la troponine C (figure 9.8b), ce qui modifie la conformation du complexe troponine-tropomyosine. La tropomyosine se trouve alors déplacée vers l'intérieur du sillon de l'hélice d'actine F, ce qui expose les sites de liaison de la myosine sur les filaments d'actine (figure 9.8c et d). En présence de calcium, le masque produit par la tropomyosine est donc levé.

Dès que les sites de liaison de l'actine sont exposés, les événements suivants se succèdent rapidement (figure 9.9).

1. Liaison des têtes de myosine. Les têtes de myosine activées sont fortement attirées par les sites de liaison situés sur l'actine, et elles s'y lient.

2. Phase active. Lorsque la tête de myosine se lie, elle pivote et passe de la configuration de haute énergie à sa forme de basse énergie, qui est recourbée; le filament d'actine est donc tiré et glisse vers le milieu du sarcomère. Pendant ce temps, l'ADP et le phosphate inorganique (P_i) produits lors du cycle de contraction *précédent* quittent la tête de myosine.

3. Détachement des têtes de myosine. La tête de myosine se détache du site de liaison de l'actine lorsqu'une nouvelle molécule d'ATP s'y fixe.

4. Mise sous tension de la tête de myosine. L'hydrolyse de l'ATP en ADP et en P_i par l'ATPase fournit l'énergie grâce à laquelle la tête de myosine peut reprendre sa forme riche en énergie (sous tension); c'est cette énergie potentielle qui activera la prochaine séquence liaison-phase active. (L'ADP et le P_i restent attachés à la tête de myosine pendant cette phase.) Nous sommes donc revenus à notre point de départ: la tête de myosine se retrouve dans sa configuration de haute énergie, prête à faire un autre «pas» et à s'attacher à un autre site de liaison situé un peu plus loin sur le filament d'actine. Cette «marche» des têtes de myosine sur les filaments minces adjacents ressemble au mouvement d'un mille-pattes. Bien que ce cycle se répète à plusieurs reprises pendant la contraction, un certain nombre de têtes de myosine (les «pattes») demeure en contact avec l'actine (le «sol»), de sorte que les filaments d'actine ne peuvent pas retourner en arrière.

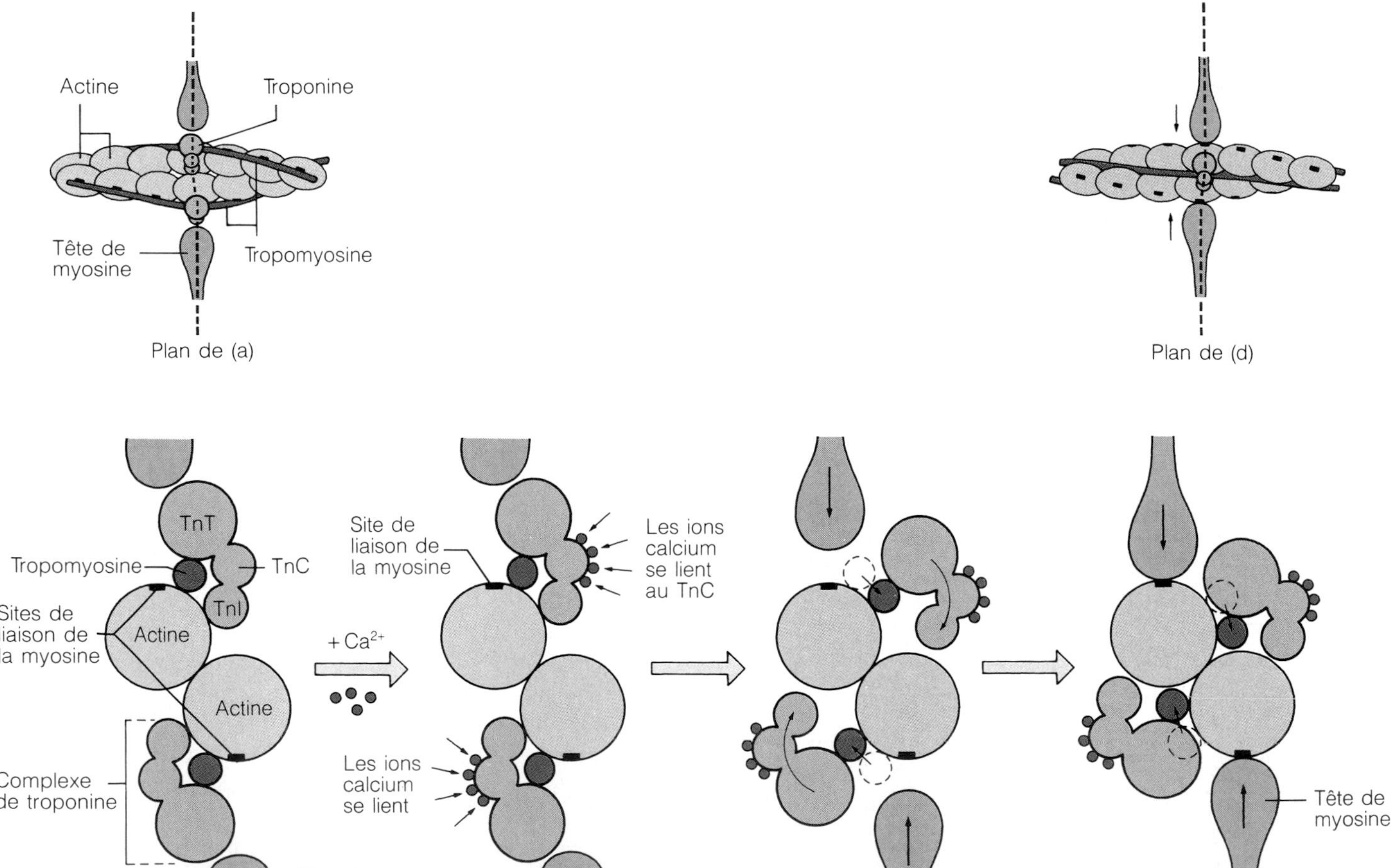

Figure 9.8 Rôle du calcium ionique dans le mécanisme de contraction. Les schémas (**a**) à (**d**) représentent des coupes transversales du filament mince (d'actine). (**a**) Lorsque la concentration intracellulaire de Ca^{2+} est faible, la tropomyosine s'interpose entre les sites de liaison de l'actine et des têtes de myosine, empêchant ainsi leur liaison; le muscle se trouve donc à l'état de repos. (**b**) À des concentrations intracellulaires de Ca^{2+} plus élevées, le calcium se lie à la troponine. (**c**) La troponine combinée au calcium (TnC) subit un changement dans sa structure tridimensionnelle, qui écarte la tropomyosine des sites de liaison de l'actine et de la myosine. (**d**) Les têtes de myosine peuvent alors se fixer aux sites de liaison, ce qui permet à la contraction d'avoir lieu (glissement des filaments minces sous l'action des têtes de myosine).

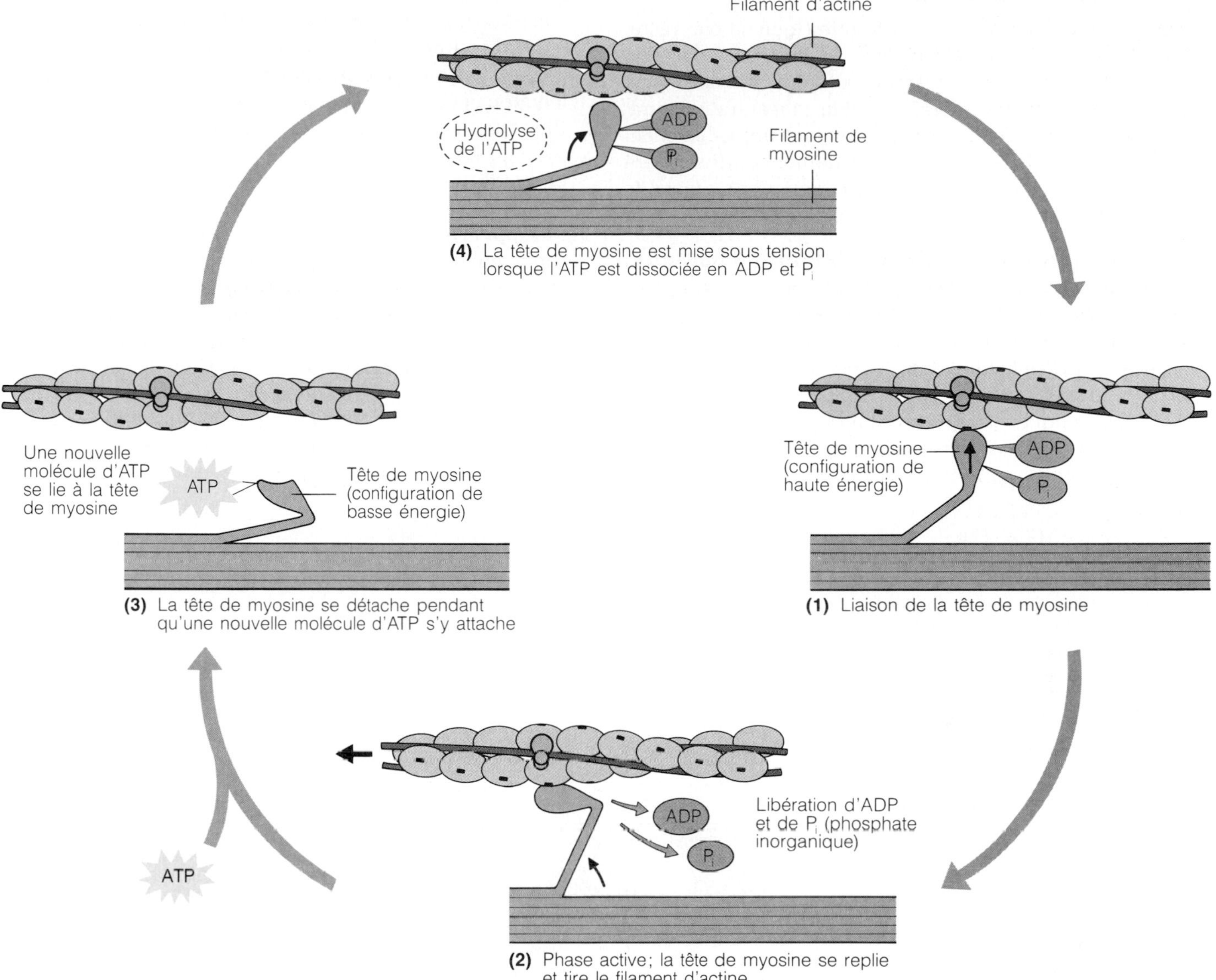

Figure 9.9 Séquence d'événements produisant le glissement des filaments d'actine lors de la contraction. Les interactions qui se produisent entre les deux types de myofilaments sont représentées sur deux petits segments voisins (filaments d'actine et de myosine). Ces événements n'ont lieu qu'en présence de calcium ionique (Ca^{2+}).

Une seule phase active de toutes les têtes de myosine d'un muscle entraîne un raccourcissement d'environ 1 %. Comme la longueur des muscles diminue souvent de 30 à 35 % entre l'état de repos et la contraction, chaque tête de myosine doit se lier et se détacher un grand nombre de fois. Il est probable que la moitié seulement des têtes de myosine d'un filament épais exercent leur force de traction au même instant; les autres cherchent au hasard leur prochain site de liaison. Le glissement des filaments minces se poursuit tant que le signal calcique et l'ATP sont présents. Lorsque le RS récupère les ions calcium du sarcoplasme, la tropomyosine masque à nouveau le site actif de l'actine, la contraction prend fin et les filaments reprennent leur position initiale (la fibre musculaire se détend).

La *rigidité cadavérique* (ou rigor mortis) illustre bien le fait que c'est l'ATP qui permet le détachement des têtes de myosine. Les muscles commencent à durcir 3 ou 4 heures après la mort. La rigidité atteint un maximum après 12 heures, puis diminue peu à peu pendant les 48 à 60 heures suivantes. Les cellules qui meurent ne peuvent plus se débarrasser des ions calcium, dont la concentration est normalement plus élevée dans le liquide interstitiel; l'afflux de calcium dans les cellules musculaires entraîne alors la liaison des têtes de myosine. Cependant, lorsque la synthèse de l'ATP prend fin, c'est-à-dire peu de temps après l'arrêt de la respiration, le détachement des têtes de myosine devient impossible. L'actine et la myosine sont alors liées de façon irréversible, ce qui provoque la raideur des muscles morts. La disparition graduelle de la rigidité cadavérique est due à la dégradation des molécules organiques, dont l'actine et la myosine, quelques heures après la mort. ■

Régulation de la contraction

Pour qu'une fibre de muscle squelettique se contracte, il faut qu'un courant électrique, ou *potentiel d'action,* soit appliqué sur le sarcolemme. Ce phénomène électrique fait augmenter temporairement la concentration intracellulaire d'ions calcium, ce qui provoque immédiatement la contraction. La séquence d'événements qui survient entre le signal électrique et la contraction proprement dite est appelée couplage excitation-contraction.

Jonction neuromusculaire et stimulus nerveux.

Les cellules des muscles squelettiques sont stimulées par les *neurones moteurs* de la partie somatique (volontaire) du système nerveux. Les neurones moteurs sont « situés » principalement dans le cerveau et dans la moelle épinière, mais leurs longs prolongements filiformes (les *axones*) se rendent, regroupés en nerfs, jusqu'aux muscles qu'ils desservent. À son entrée dans le muscle, l'axone de chaque neurone moteur présente une multitude de ramifications, et chacune de ses terminaisons axonales constitue une **jonction neuromusculaire** à plusieurs branches avec une seule fibre musculaire (figure 9.10). En général, chaque fibre musculaire ne possède qu'une seule jonction neuromusculaire placée à peu près en son milieu. Bien que les membranes plasmiques de la terminaison axonale et de la fibre musculaire soient très proches l'une de l'autre, elles ne se touchent pas; elles sont séparées par un espace extracellulaire rempli de liquide interstitiel appelé **fente synaptique.** À l'intérieur de la terminaison axonale, qui a la forme d'une protubérance aplatie, sont logées les **vésicules synaptiques,** petits sacs membraneux contenant un neurotransmetteur nommé **acétylcholine** (**ACh**). La **plaque motrice** (partie du sarcolemme de la fibre musculaire où se trouve la jonction neuromusculaire) possède de très nombreux replis. Ces *plis jonctionnels* accroissent la superficie de la plaque motrice, qui peut alors posséder un plus grand nombre de récepteurs membranaires de l'acétylcholine.

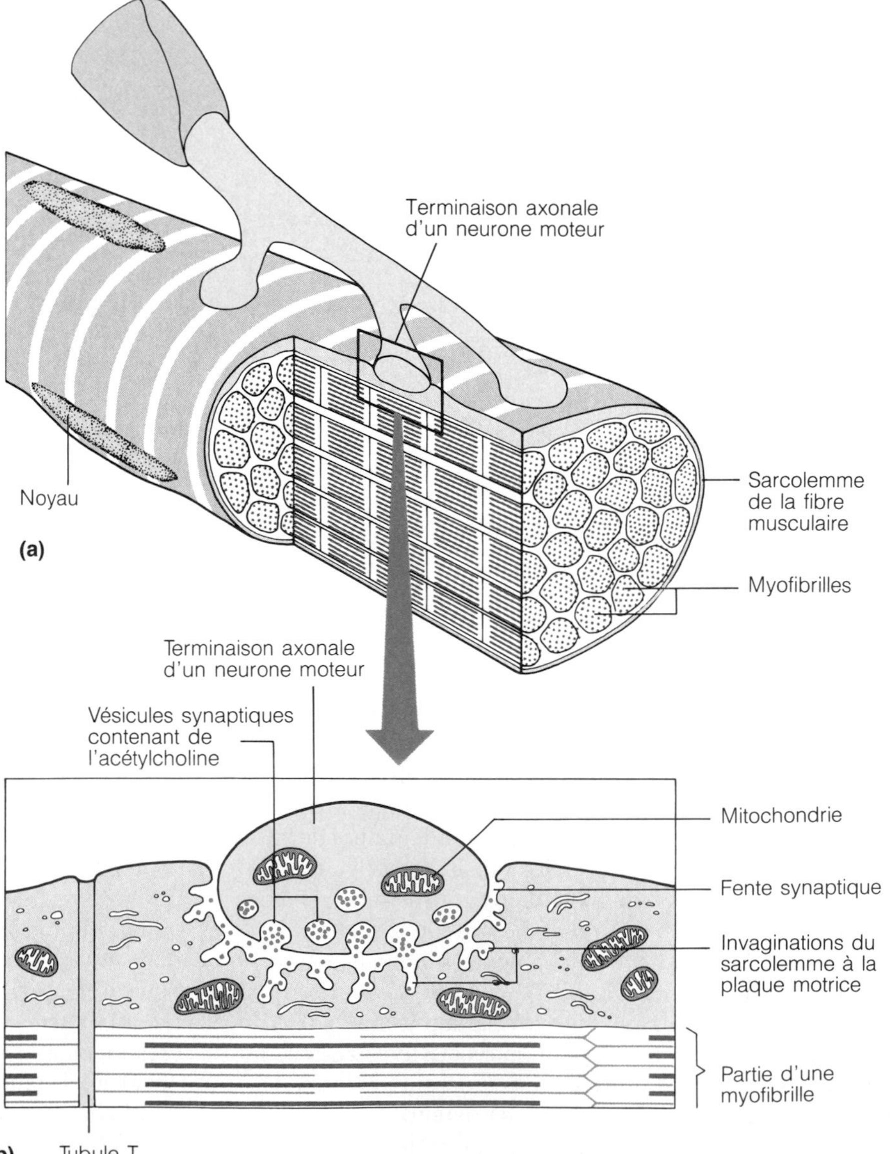

Figure 9.10 Jonction neuromusculaire. (**a**) Terminaison axonale d'un neurone moteur formant une jonction neuromusculaire avec une fibre musculaire. (**b**) La terminaison axonale contient des vésicules remplies d'acétylcholine (ACh), un neurotransmetteur qui est libéré sous l'effet du potentiel d'action. L'acétylcholine diffuse à travers la fente synaptique et se lie aux récepteurs de l'ACh situés sur le sarcolemme, ce qui dépolarise cette membrane plasmique. Dans la région de la fente synaptique, le sarcolemme présente de nombreuses invaginations ainsi que des récepteurs de l'acétylcholine.

Lorsqu'un influx nerveux parvient au bout de l'axone d'un neurone, les canaux calciques de la membrane plasmique s'ouvrent sous l'effet du voltage, laissant passer le Ca^{2+} présent dans le liquide interstitiel. L'entrée du calcium dans la terminaison axonale provoque la fusion de certaines vésicules synaptiques avec la membrane axonale et la libération d'acétylcholine dans la fente synaptique par *exocytose.* L'ACh diffuse à travers la fente et se lie aux récepteurs membranaires d'ACh situés sur le sarcolemme. Au niveau de la membrane de la cellule musculaire, la liaison de l'acétylcholine provoque des phénomènes électriques semblables à ceux qui surviennent dans les membranes de cellules nerveuses excitées. Nous présentons ici un résumé de ces événements, que nous étudierons plus en détail au chapitre 11.

Production d'un potentiel d'action de part et d'autre du sarcolemme. Comme toutes les membranes plasmiques des cellules, le sarcolemme au repos est *polarisé* (figure 9.11a), c'est-à-dire qu'il existe un voltage de part et d'autre de la membrane, et l'intérieur est négatif. (Le potentiel de repos de la membrane est décrit au chapitre 3, p. 74-75). Lorsque les molécules d'ACh se lient aux récepteurs situés sur le sarcolemme, elles ouvrent des canaux ioniques qui sont *commandés chimiquement* (canaux ligand-dépendants) et modifient temporairement la perméabilité du sarcolemme. Il en résulte une modification du potentiel (voltage) membranaire, c'est-à-dire que l'intérieur de la cellule musculaire devient légèrement *moins négatif*; ce phénomène se nomme **dépolarisation.** Au départ, la dépolarisation est purement locale (limitée au site du récepteur), mais si l'influx nerveux est assez fort, il fait naître un potentiel d'action qui se transmet sur le sarcolemme dans toutes les directions à partir de la jonction neuromusculaire.

Le **potentiel d'action** est une suite prévisible de phénomènes électriques qui se propagent le long du sarcolemme (figure 9.11b et c). En premier lieu, la membrane est dépolarisée (parce que les canaux du sodium [Na^+]) s'ouvrent et laissent le sodium pénétrer dans la cellule); puis elle se *repolarise.* Au fur et à mesure que la dépolarisation locale s'étend aux autres régions du sarcolemme, elle déclenche l'ouverture de canaux du sodium *commandés par le voltage* (canaux voltage-dépendants); les ions sodium, qui jusque-là ne pouvaient pas traverser la membrane, entrent alors dans la cellule en suivant leur gradient électrochimique. Pendant la **repolarisation,** le sarcolemme retourne à son état initial. La vague de repolarisation, qui se produit peu après la vague de

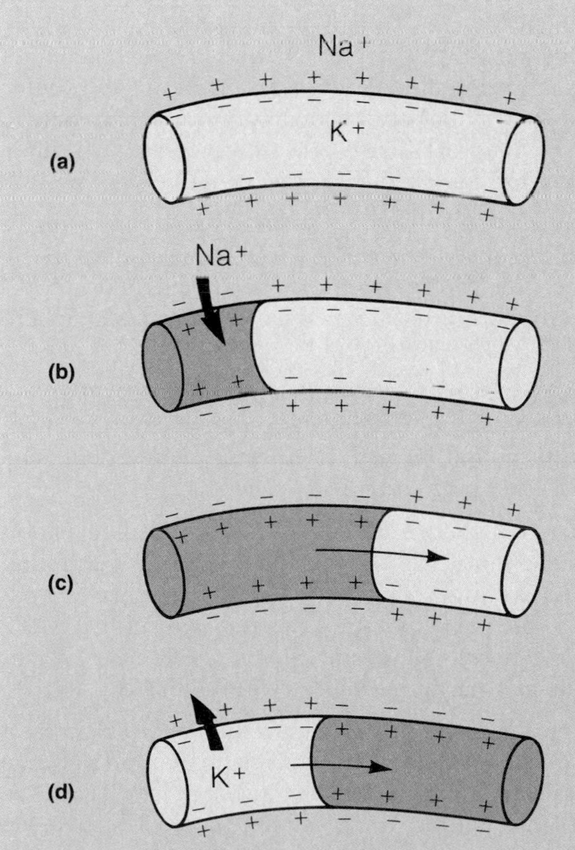

(a) État électrique d'un sarcolemme au repos (polarisé). La surface externe est positive et la surface interne est négative. Le principal ion extracellulaire est le sodium (Na^+); le principal ion intracellulaire est le potassium (K^+). À l'état de repos, le sarcolemme est relativement imperméable aux deux types d'ions.

(b) Dépolarisation et production d'un potentiel d'action. La stimulation provenant d'une neurofibre motrice (libération d'acétylcholine) rend cette région du sarcolemme perméable au sodium (ouverture des canaux du sodium). Pendant que les ions sodium diffusent rapidement vers l'intérieur de la cellule, le potentiel de repos diminue. Si le stimulus est assez fort, il déclenche un potentiel d'action.

(c) Propagation du potentiel d'action. La charge positive située sur la face interne de la première région du sarcolemme modifie la perméabilité de la région voisine, et les événements décrits en (b) se répètent. Le potentiel d'action se propage rapidement sur toute la longueur du sarcolemme.

(d) Repolarisation. Aussitôt après le passage de la vague de dépolarisation, la perméabilité du sarcolemme se modifie de nouveau: les canaux du Na^+ se ferment et les canaux du K^+ s'ouvrent, laissant les ions potassium diffuser vers l'extérieur de la cellule. La membrane retrouve donc son état de repos (polarisé). La repolarisation se fait dans le même sens que la dépolarisation, et elle doit prendre fin avant que la fibre musculaire puisse être stimulée de nouveau. Plus tard, les concentrations ioniques propres à l'état de repos seront rétablies par la pompe à sodium et à potassium.

Figure 9.11 Résumé des événements survenant au cours de la production et de la propagation d'un potentiel d'action dans une fibre musculaire squelettique.

dépolarisation, est due à la fermeture des canaux du sodium et à l'ouverture des canaux du potassium (K^+). Comme la concentration des ions K^+ est beaucoup plus élevée à l'intérieur de la cellule que dans le liquide interstitiel, ils sortent rapidement de la fibre musculaire par diffusion (figure 9.11d). Pendant la repolarisation, on dit que la fibre musculaire est en **période réfractaire,** parce qu'elle ne peut répondre à une nouvelle stimulation tant qu'elle n'est pas entièrement repolarisée. Remarquez que la repolarisation ne rétablit que l'*état électrique* propre à la phase de repos (polarisé). La pompe à $Na^+ - K^+$, qui utilise l'ATP, doit fonctionner pour rétablir l'état ionique de la phase de repos; cependant, la fibre peut se contracter plusieurs fois avant que le déséquilibre ionique (qui caractérise la dépolarisation) n'empêche de nouvelles contractions.

Une fois amorcé, le potentiel d'action ne peut être arrêté et il mène à la contraction complète de la cellule musculaire. Ce phénomène est appelé **loi du tout-ou-rien,** ce qui signifie que les fibres musculaires se contractent au maximum de leur capacité ou ne se contractent pas du tout. Bien que le potentiel d'action soit très court (1 à 2 millisecondes [ms]), la phase de contraction d'une fibre musculaire peut durer 100 ms ou plus, c'est-à-dire beaucoup plus longtemps que le phénomène électrique qui l'a déclenchée.

Destruction de l'acétylcholine. Aussitôt après la libération d'ACh par le neurone moteur et sa liaison aux récepteurs de l'acétylcholine, l'ACh est détruite par l'acétylcholinestérase (**AChE**), une enzyme qui est située sur le sarcolemme au niveau de la jonction neuromusculaire. La contraction de la fibre musculaire ne peut donc pas se poursuivre en l'absence de stimulation nerveuse.

Les événements qui se déroulent à la jonction neuromusculaire, en particulier la libération d'acétylcholine, sa liaison et sa destruction, peuvent être modifiés par de nombreuses toxines, drogues et maladies. Par exemple, la *myasthénie* (*mus* = a-sans]; *sthénos* = force) est due à un manque de récepteurs d'acétylcholine à la jonction neuromusculaire; elle se manifeste par la chute des paupières supérieures, une difficulté à avaler et à parler ainsi qu'une faiblesse et une fatigabilité musculaires. Le sang des personnes atteintes contient souvent des anticorps antirécepteurs de l'acétylcholine, ce qui porte à croire que la myasthénie est une maladie auto-immune. Bien que les récepteurs puissent exister en nombre normal au départ, il semble qu'ils soient détruits plus tard lors de réactions immunitaires anormales.

Le curare et certaines autres substances chimiques (les produits organophosphorés présents dans les pesticides, par exemple) provoquent la paralysie musculaire et l'asphyxie. Le *curare,* poison dont les autochtones d'Amérique du Sud enduisent la pointe de leurs flèches, se combine avec les récepteurs de l'ACh et empêche la liaison de l'acétylcholine par inhibition compétitive. En conséquence, les muscles ne peuvent plus se contracter, bien que les neurofibres continuent de libérer de l'acétylcholine (le «signal de départ»). Comme la respiration est assurée par des muscles squelettiques, il y a arrêt respiratoire. On se sert du curare et d'autres substances semblables pour permettre l'intubation et empêcher le mouvement des muscles pendant les opérations chirurgicales. ■

Couplage excitation-contraction. **Le couplage excitation-contraction** est la succession d'événements par laquelle le potentiel d'action transmis le long du sarcolemme provoque le glissement des myofilaments. Le potentiel d'action est très court et prend fin bien avant que le moindre signe de contraction se manifeste. Le laps de temps qui s'écoule entre le début du potentiel d'action et le début de l'activité musculaire (raccourcissement) est appelé *temps de latence* (*latere* = être caché); les événements qui constituent le couplage excitation-contraction se produisent pendant cet intervalle. Comme nous allons le voir, le signal électrique n'agit pas directement sur les myofilaments; en revanche, il provoque une augmentation de la concentration intracellulaire d'ions calcium, qui entraîne à son tour le glissement des filaments (figure 9.12).

Le couplage excitation-contraction passe par les étapes suivantes.

1. Le potentiel d'action se propage le long du sarcolemme et des tubules T.

2. Lorsque le potentiel d'action parvient aux triades, les citernes terminales du réticulum sarcoplasmique libèrent des ions calcium à l'intérieur du sarcoplasme, où les myofilaments peuvent les capter. On ne sait pas exactement comment un potentiel d'action qui parcourt les tubules T provoque la libération de calcium par le RS, mais la proximité des trois éléments de la triade est essentielle et l'ouverture des canaux du Ca^{2+} semble jouer un rôle dans ce processus (voir le tableau 9.2).

3. Comme nous l'avons déjà expliqué, le calcium se lie à la troponine (TnC), qui change alors sa structure tridimensionnelle, ce qui a pour effet d'exposer le site de liaison sur la molécule d'actine.

4. Les têtes de myosine se lient aux filaments d'actine et les tirent vers le milieu du sarcomère (zone H). Ceci se produit quand le calcium intracellulaire atteint une concentration d'environ 10^{-5} mol/L.

5. Le signal calcique disparaît assez rapidement, habituellement moins de 30 ms après la fin du potentiel d'action. La chute de la concentration de calcium est rendue possible par la pompe à calcium, qui utilise l'ATP et fonctionne sans arrêt pour ramener rapidement le calcium dans la partie tubulaire centrale du RS.

6. Lorsque la concentration intracellulaire de calcium est redevenue trop faible, la tropomyosine reprend sa forme et masque à nouveau le site de liaison, et les ATPases de la myosine sont inhibées. L'activité des têtes de myosine prend fin et la fibre musculaire se détend.

L'ensemble de cette succession d'événements se répète lorsqu'un autre influx nerveux atteint la jonction

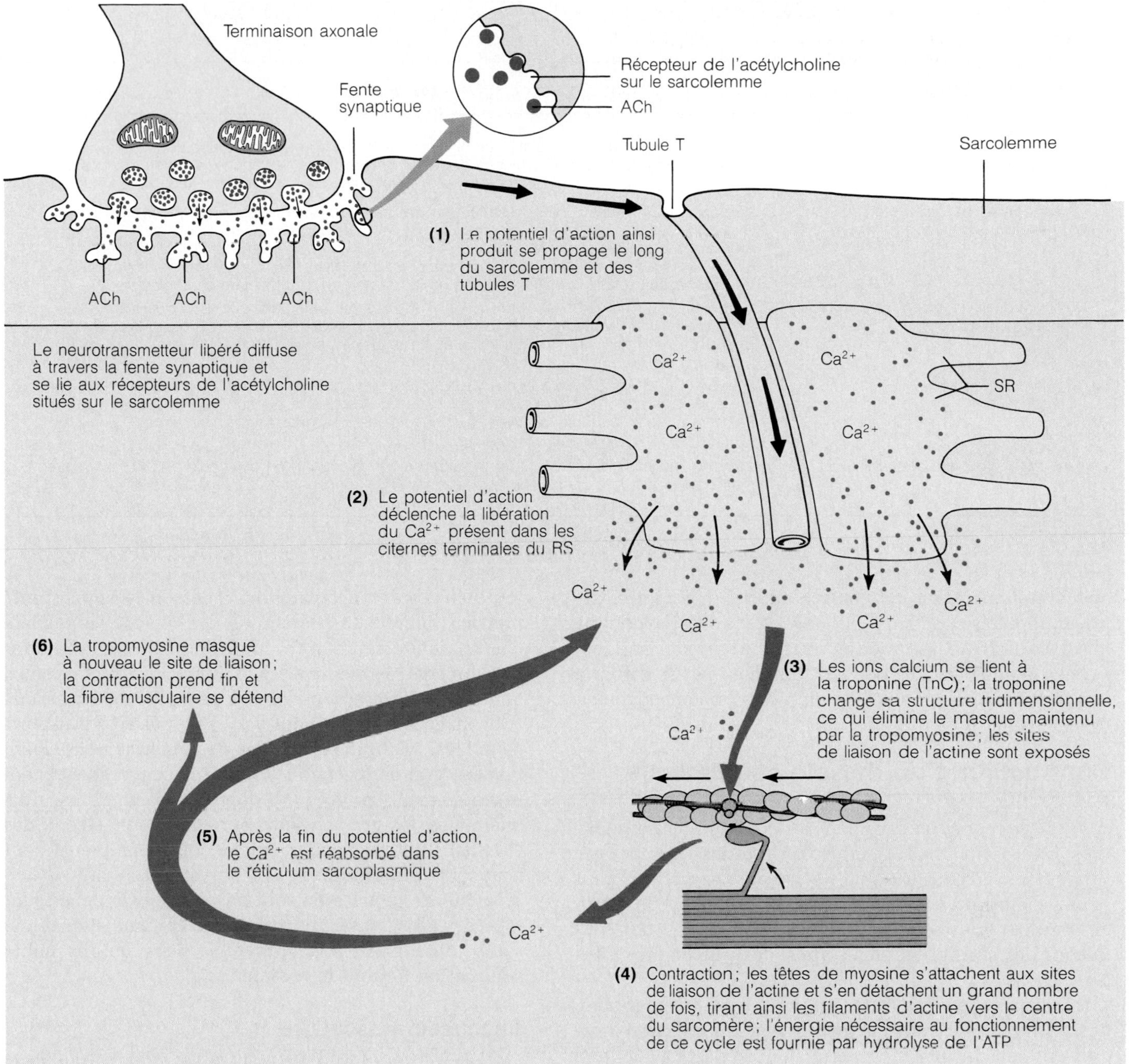

Figure 9.12 Succession des événements dans le couplage excitation-contraction. Les numéros (1) à (5) indiquent les événements qui constituent le couplage excitation-contraction. Comme le montre cette suite (dans le sens des aiguilles d'une montre), la contraction se poursuit jusqu'à la fin du signal calcique.

neuromusculaire. Si les influx se succèdent très rapidement, la libération des ions Ca^{2+} du réticulum sarcoplasmique se poursuit; les «bouffées» successives provoquent alors une forte augmentation de la concentration intracellulaire de calcium. Dans ces conditions, les cellules musculaires ne se détendent pas complètement entre les stimulus successifs; la contraction est donc plus forte et elle se poursuit jusqu'à la fin de la stimulation (à l'intérieur de certaines limites).

Rôles du calcium ionique dans la contraction musculaire. En dehors du bref instant qui suit le potentiel d'action, la concentration d'ions calcium dans le sarcoplasme est presque trop faible pour être détectable. Il y a une raison à cela : c'est l'ATP qui fournit l'énergie nécessaire aux processus cellulaires et, comme nous l'avons vu, l'hydrolyse de cette molécule produit du phosphate inorganique (P_i). Si la concentration intracellulaire de calcium ionique était toujours élevée, les ions calcium et phosphate se combineraient pour former des cristaux d'hydroxyapatite (les sels très durs présents dans la matrice osseuse), et les cellules ainsi calcifiées mourraient. De plus, comme les fonctions physiologiques du calcium sont essentielles (voir le tableau 9.2), sa

Tableau 9.2 Rôles du calcium ionique (Ca^{2+}) dans la contraction musculaire

Rôle	Mécanisme
Provoque la libération du neurotransmetteur	Lorsque l'influx nerveux atteint la terminaison axonale, le voltage entraîne l'ouverture des canaux du calcium; le Ca^{2+} pénètre dans la terminaison et déclenche la fusion des vésicules synaptiques avec la membrane axonale, et l'exocytose du neurotransmetteur.
Déclenche la libération de Ca^{2+} par le réticulum sarcoplasmique	Lorsqu'un potentiel d'action passe le long des tubules T des fibres musculaires squelettiques et cardiaques, le voltage entraîne l'ouverture des canaux du calcium, créant ainsi une augmentation locale de la concentration de Ca^{2+}. Cette augmentation stimule la libération de Ca^{2+} par le réticulum sarcoplasmique, peut-être par liaison avec la calséquestrine (protéine transporteuse de calcium qui fait partie de la membrane du réticulum sarcoplasmique).
Déclenche le glissement des myofilaments et l'activité de l'ATPase	(1) Lorsque le Ca^{2+} se lie à la troponine (TnC) des muscles squelettiques et cardiaque, la structure tridimensionnelle de la troponine subit des modifications qui exposent les sites de liaison de l'actine. Il s'ensuit que les têtes de myosine peuvent s'y fixer et que les ATPases présentes sur ces têtes sont activées. (2) Lorsque le Ca^{2+} se lie à la calmoduline (protéine intracellulaire qui se lie au calcium) dans un muscle lisse, il y a activation d'une kinase qui catalyse la phosphorylation de la myosine. Par conséquent, les têtes de myosine sont activées et le glissement commence.
Favorise la dégradation du glycogène et la synthèse de l'ATP	Lorsque le Ca^{2+} se lie à la calmoduline et l'active, la calmoduline activée mobilise une enzyme, la kinase, qui amorce la dégradation du glycogène en glucose. La fibre musculaire métabolise alors le glucose pour produire de l'ATP, qui servira au travail musculaire.

concentration dans le cytoplasme est réglée de façon extrêmement précise par des protéines intracellulaires comme la **calséquestrine** (associée au réticulum sarcoplasmique) et la **calmoduline,** qui peuvent tantôt se lier au calcium (ce qui l'élimine de la solution), tantôt le libérer pour émettre un signal métabolique.

Contraction d'un muscle squelettique

À l'état de repos, un muscle n'a rien d'impressionnant. Il est mou et on a peine à croire qu'il puisse faire bouger l'organisme. En quelques millisecondes, pourtant, il peut se changer en un organe élastique et ferme doté de caractéristiques dynamiques qui suscitent la curiosité non seulement des biologistes, mais aussi des ingénieurs et des physiciens.

Maintenant que vous connaissez bien les phénomènes cellulaires qui interviennent dans la contraction musculaire, nous pouvons étudier ce qui se passe à l'échelle macroscopique. Bien que chaque cellule musculaire réponde à la stimulation suivant la loi du tout ou rien, le muscle squelettique, qui contient un très grand nombre de cellules, peut se contracter avec une force variable plus ou moins longtemps. Pour comprendre comment cela est possible, nous devons nous intéresser à l'ensemble fonctionnel nerveux et musculaire que l'on nomme *unité motrice,* et voir comment le muscle répond à des stimulus de fréquence et d'intensité variables.

Unité motrice

Chaque muscle reçoit au moins un nerf moteur, lequel est constitué de centaines d'axones de neurones moteurs. À l'endroit où il pénètre dans le muscle, l'axone se ramifie en plusieurs terminaisons axonales, dont chacune établit une jonction neuromusculaire avec une seule fibre musculaire. L'ensemble formé par un neurone moteur et toutes les fibres musculaires qu'il dessert est appelé **unité motrice** (figure 9.13). Lorsqu'un neurone moteur déclenche un potentiel d'action, toutes les fibres musculaires qu'il innerve répondent par une contraction. En moyenne, le nombre de fibres musculaires par unité motrice est de 150, mais ce nombre peut varier de quatre à plusieurs centaines. Les unités motrices des muscles qui exigent une très grande précision (comme ceux qui déterminent le mouvement des doigts et des yeux) sont petites, alors que celles des gros muscles porteurs (comme ceux des cuisses), dont les mouvements ne sont pas si précis, sont beaucoup plus grosses. Les fibres musculaires d'une même unité motrice ne sont pas regroupées; elles sont réparties dans l'ensemble du muscle. La stimulation d'une seule unité motrice ne provoque donc qu'une faible contraction de tout le muscle.

Secousse musculaire

La contraction musculaire à la suite d'une stimulation se prête bien à l'observation en laboratoire, et la plupart de ces études sont faites *in vitro* (hors de l'organisme, littéralement «dans le verre») sur le muscle d'une patte de grenouille. Le muscle est prélevé, puis fixé à un appareil qui produit un enregistrement graphique de la contraction appelé **myogramme.** (La ligne qui représente l'activité est appelée *tracé*.)

La **secousse musculaire** est la réponse d'un muscle à un seul stimulus liminaire de courte durée: le muscle se contracte rapidement, puis se relâche. Une secousse peut être plus ou moins vigoureuse, suivant le nombre d'unités motrices qui ont été activées. Sur le tracé du myogramme de toute secousse musculaire, on reconnaît facilement trois phases de contraction distinctes (figure 9.14a). La **période de latence** dure pendant les quelques millisecondes qui suivent la stimulation, c'est-à-dire le temps du couplage excitation-contraction; le

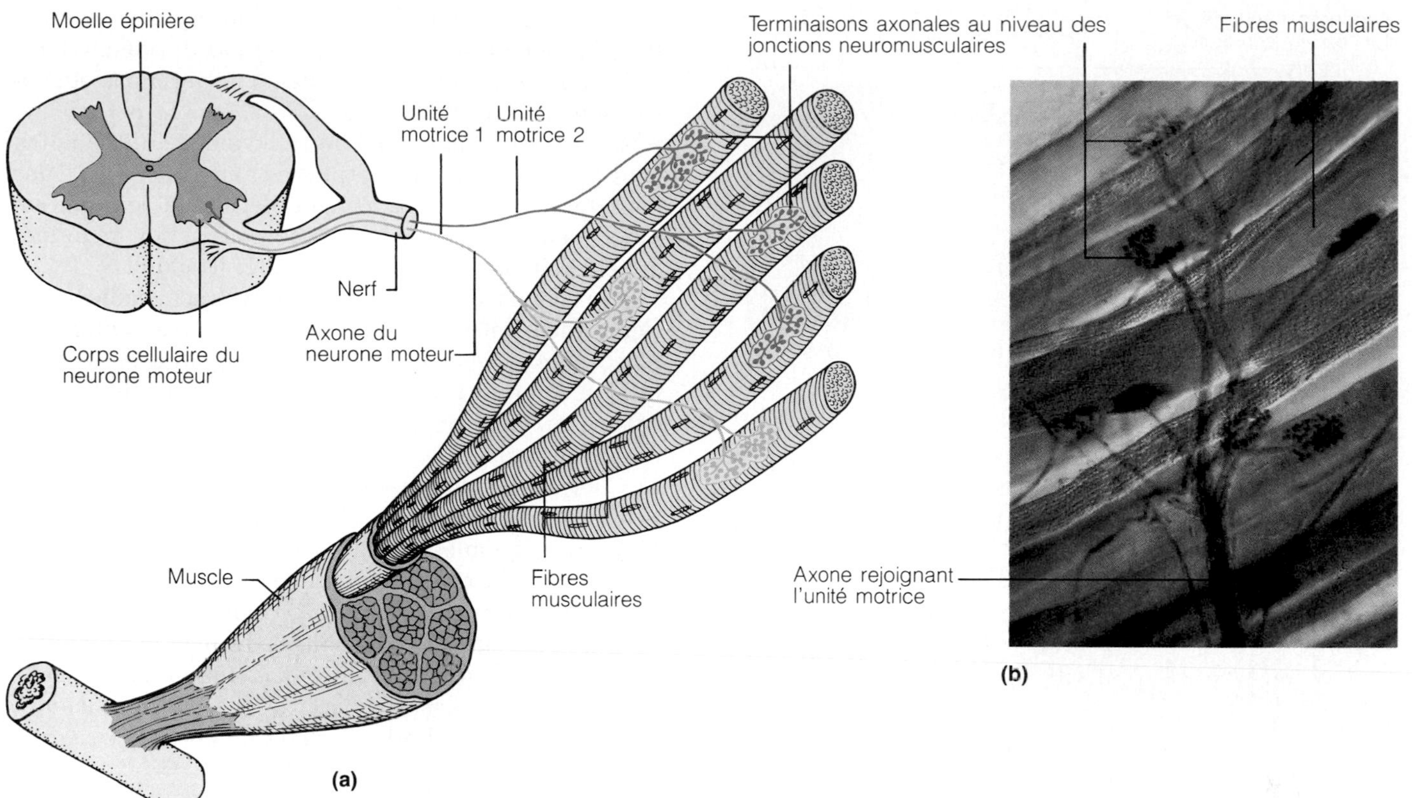

Figure 9.13 Unités motrices. Chaque unité motrice comprend un neurone moteur et toutes les fibres musculaires qu'il rejoint. (**a**) Représentation schématique de certaines parties de deux unités motrices. Les corps cellulaires des neurones moteurs, qui renferment le noyau, se trouvent dans la moelle épinière, et leurs axones se rendent jusqu'au muscle. À l'intérieur du muscle, chaque axone se ramifie en un certain nombre de terminaisons axonales, qui rejoignent des fibres musculaires disséminées dans l'ensemble du muscle. (**b**) Photomicrographie d'une partie d'une unité motrice (× 115). Remarquez les terminaisons axonales divergentes et les jonctions neuromusculaires avec les fibres musculaires.

myogramme n'enregistre alors aucune réponse. La **période de contraction** est l'intervalle de temps qui s'écoule entre le début du raccourcissement et le maximum de la force de tension, pendant lequel le tracé du myogramme forme un pic. Cette étape dure de 10 à 100 ms. Si la tension suffit à vaincre la résistance représentée par un poids qui y est attaché, le muscle raccourcit. La période de contraction est suivie d'une **période de relâchement,** au cours de laquelle la force de contraction ne s'exerce plus; la tension du muscle diminue, puis disparaît complètement, et le tracé revient à sa valeur d'origine. Si le muscle s'est raccourci pendant la contraction, il reprend sa longueur initiale.

Comme vous pouvez le voir à la figure 9.14b, les secousses de certains muscles sont rapides et courtes, comme c'est le cas pour les muscles extrinsèques de l'œil. D'autre part, les muscles épais de la jambe (muscles jumeaux et muscle soléaire) se contractent plus lentement et leur contraction se prolonge habituellement beaucoup plus longtemps. Ces différences entre les divers muscles reflètent les caractéristiques métaboliques de leurs myofibrilles et les variations entre leurs enzymes.

Réponses graduées du muscle

La secousse musculaire isolée s'observe surtout en laboratoire. L'activité musculaire *in vivo* (dans l'organisme) se manifeste rarement par des secousses brusques et de courte durée, sauf en cas d'anomalies neuromusculaires. En réalité, nos contractions musculaires sont relativement longues et continues et leur force varie en fonction des besoins. Ces divers degrés de contraction musculaire (qui sont évidemment indispensables à la régulation adéquate des mouvements du squelette) sont appelés **réponses graduées.** En règle générale, la contraction musculaire peut être modulée de deux façons, soit par une accélération de la fréquence des stimulations, qui produira une sommation temporelle des contractions, soit par la sommation spatiale d'unités motrices, ce qui donnera une sommation de leurs forces respectives.

Sommation temporelle et tétanos. Si deux impulsions électriques identiques (ou deux influx nerveux) sont appliquées à un muscle dans un court intervalle, la seconde contraction sera plus vigoureuse que la première. Sur le myogramme, elle paraîtra chevaucher la première contraction (figure 9.15). Ce phénomène, appelé **sommation temporelle,** est dû au fait que le deuxième stimulus survient avant que le muscle soit complètement détendu à la suite de la première contraction. Le muscle est déjà partiellement contracté et une nouvelle bouffée de calcium vient remplacer le calcium réabsorbé par le RS; la seconde contraction s'ajoute à la première et produit

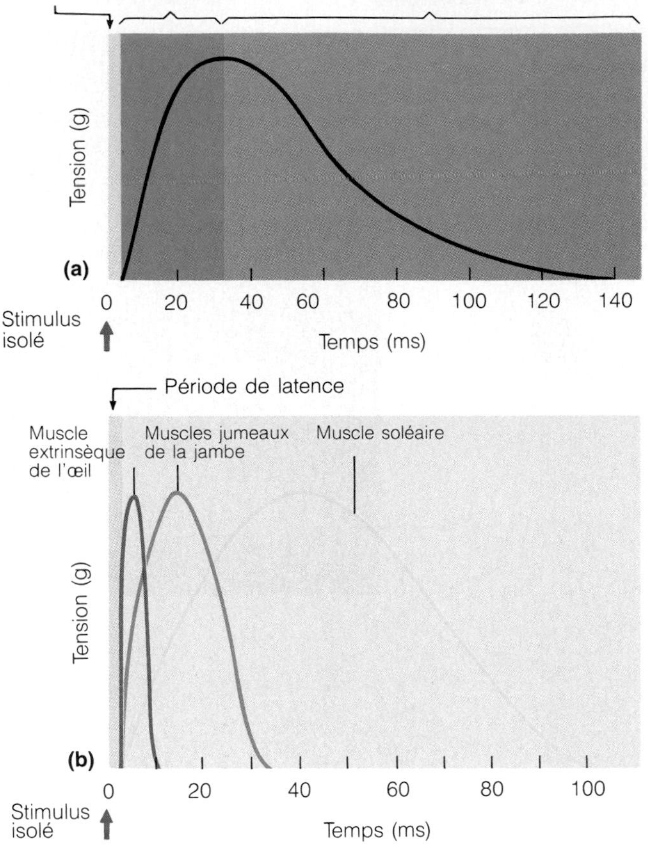

Figure 9.14 Secousse musculaire. (**a**) Tracé du myogramme d'une secousse montrant ses trois phases: la période de latence, la période de contraction et la période de relâchement. (**b**) Comparaison entre les secousses d'un muscle extrinsèque de l'œil, des muscles jumeaux de la jambe et du muscle soléaire.

un raccourcissement plus important du muscle. En d'autres termes, il y a sommation des contractions. (Cependant, la période réfractaire doit *toujours* être respectée. Donc, si le deuxième stimulus arrive avant la fin de la repolarisation, il n'y aura pas de sommation.) Si l'intensité du stimulus (voltage) ne varie pas et si la fréquence de la stimulation s'accélère, la période de relaxation entre les contractions devient de plus en plus courte et leur sommation de plus en plus importante. Pour finir, tout signe de relâchement disparaît et les contractions fusionnent en une longue contraction régulière appelée **tétanos** (*tetanus* = rigidité, tension).

Le tétanos (à ne pas confondre avec la maladie bactérienne du même nom) est le mode habituel de contraction musculaire dans notre organisme; c'est-à-dire que les neurones moteurs envoient des *volées* d'influx (influx se succédant rapidement) et non des influx isolés provoquant des secousses.

Une activité musculaire intense ne peut pas se poursuivre indéfiniment. Lors d'un tétanos prolongé, le muscle perd inévitablement sa capacité à se contracter et sa tension retombe à une valeur nulle; c'est ce qu'on appelle la **fatigue musculaire.** La fatigue musculaire est principalement due au fait que le muscle ne peut pas produire assez d'ATP pour alimenter la contraction. Nous parlerons plus loin dans ce chapitre de ce phénomène et d'autres facteurs à l'origine de la fatigue musculaire.

Sommation spatiale. Bien que la sommation temporelle des contractions donne plus de force à la réponse musculaire, sa fonction principale consiste à produire des contractions uniformes et continues par la stimulation rapide d'un certain nombre de cellules musculaires. La force de la contraction musculaire dépend de la **sommation spatiale,** c'est-à-dire du nombre d'unités motrices qui se contractent simultanément. On peut reproduire ce phénomène en laboratoire en administrant des impulsions électriques de voltage croissant pour mobiliser un nombre de plus en plus grand de fibres musculaires. Le stimulus qui déclenche la première contraction observable est appelé **stimulus liminaire.** Au-delà de ce seuil, au fur et à mesure que l'on fait augmenter l'intensité du stimulus, les contractions musculaires sont de plus en plus

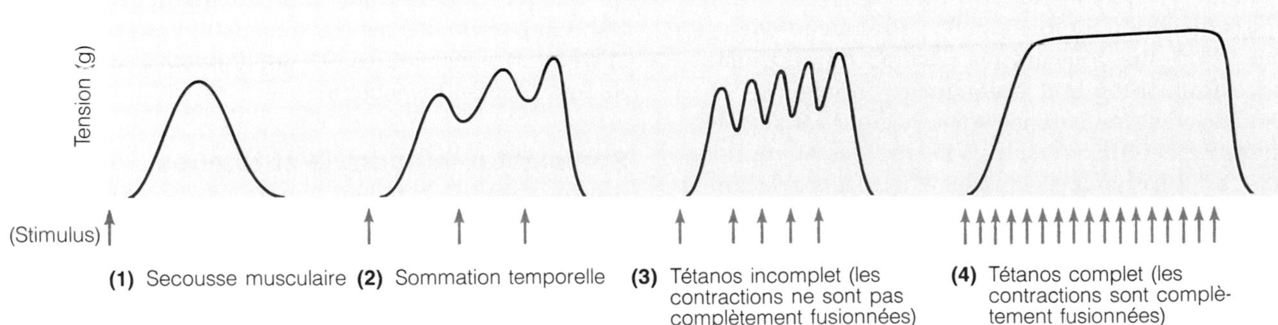

Figure 9.15 Sommation temporelle et tétanos. Représentation de la réponse d'un muscle entier à des stimulus de différentes fréquences. En (1), application d'un seul stimulus, le muscle se contracte et se détend (secousse musculaire). En (2), les stimulus sont appliqués avec une fréquence telle que le muscle n'a pas le temps de se relâcher complètement; la force de contraction augmente (sommation temporelle des contractions). En (3), les stimulus arrivent plus rapidement et la fusion des contractions est plus poussée (tétanos incomplet).
(4) Tétanos complet: contraction uniforme et continue sans aucun signe de relâchement.

vigoureuses. L'intensité à partir de laquelle la force de la contraction musculaire ne s'accroît plus est appelée **stimulus maximal** et correspond à la contraction de toutes les unités motrices du muscle. Dans l'organisme, la stimulation nerveuse d'un nombre croissant d'unités motrices d'un même muscle amène le même résultat.

Au cours des contractions musculaires faibles et précises, un nombre relativement peu élevé d'unités motrices sont stimulées. Inversement, lorsqu'un grand nombre d'unités motrices sont activées, le muscle se contracte avec force. C'est ainsi que la main qui vous tapote la joue pourrait aussi vous administrer une gifle cinglante. Dans n'importe quel muscle, les unités motrices les plus petites (celles qui possèdent le moins de fibres musculaires) sont commandées par les neurones moteurs les plus sensibles. Ce sont ces derniers qui ont tendance à être activés les premiers. Les unités motrices plus grosses, qui dépendent de neurones moins sensibles, ne sont activées que si une contraction plus forte est nécessaire.

Même lorsque les unités motrices d'un muscle ne sont pas stimulées à une fréquence élevée, la contraction peut être uniforme et continue parce que certains groupes d'unités motrices sont activés pendant que d'autres sont au repos. Grâce à cette *sommation asynchrone d'unités motrices,* même les contractions faibles d'un muscle (dues à des stimulus espacés) sont habituellement régulières (figure 9.16).

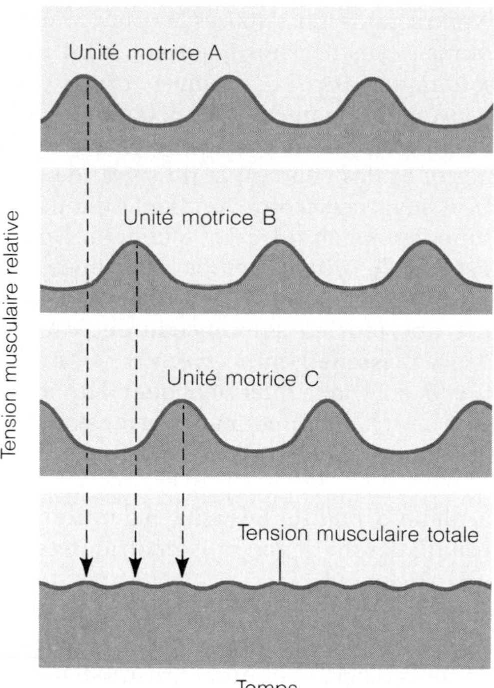

Figure 9.16 Sommation asynchrone d'unités motrices. L'activation asynchrone, ou décalée, de différentes unités motrices produit une tension presque constante dans l'ensemble du muscle, bien que les stimulations reçues par chaque unité motrice soient espacées.

Phénomène de l'escalier

Au début d'une contraction, la force exercée par le muscle peut n'être que la moitié de celle qui résulterait d'un stimulus de même intensité appliqué un peu plus tard. L'enregistrement de ces contractions prend une forme caractéristique appelée **escalier** (figure 9.17), qui reflète probablement l'augmentation subite de la quantité de Ca^{2+} disponible. De plus, lorsque le muscle fonctionne et s'échauffe, les réactions enzymatiques nécessaires à la production de l'ATP et au glissement des filaments deviennent plus efficaces. À cause de ces facteurs, les stimulus successifs produisent des contractions de plus en plus fortes au cours de la première phase de l'activité musculaire. C'est pour cette raison que les sportifs ont besoin d'une période d'échauffement.

Tonus musculaire

On qualifie les muscles squelettiques de «volontaires», mais même les muscles au repos sont presque toujours légèrement contractés: ce phénomène est appelé **tonus musculaire.** Il est dû à des réflexes spinaux qui activent un groupe d'unités motrices, puis un autre, en réaction à l'activation des récepteurs de l'étirement situés dans les muscles et les tendons. (Ces récepteurs sont décrits au chapitre 13.) Bien que le tonus musculaire ne produise aucun mouvement, il permet aux muscles de rester fermes et prêts à répondre à une stimulation. Le tonus des muscles squelettiques stabilise aussi les articulations et assure le maintien de la posture.

Contractions isométriques et isotoniques

Nous avons parlé jusqu'ici de la contraction des muscles en fonction de leur raccourcissement, mais les muscles ne se raccourcissent pas toujours lors d'une contraction. Le terme *contraction* désigne l'application d'une force par un muscle dont les têtes de myosine sont actives. La force exercée sur un objet par un muscle contracté est appelée **tension musculaire** et on nomme **charge** le poids, ou force de résistance, opposé au muscle par l'objet. Comme la tension musculaire et la charge sont des forces opposées, la tension musculaire doit être plus grande que la charge à déplacer.

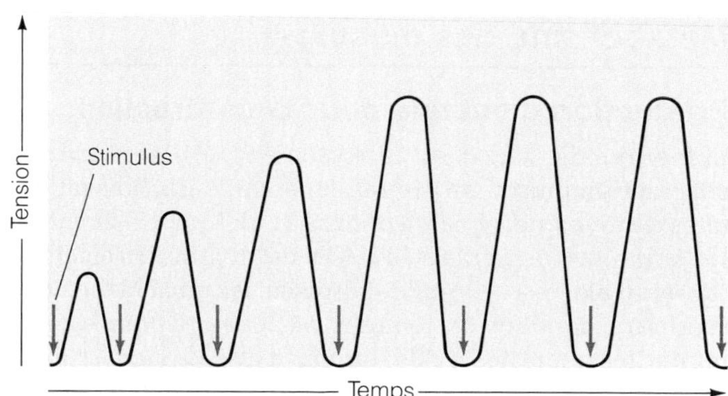

Figure 9.17 Myogramme du phénomène de l'escalier. Remarquez comment, bien que les stimulus appliqués au muscle soient de la même intensité et bien que leur fréquence soit faible, la force des toutes premières réponses va en augmentant.

Les contractions musculaires les plus connues, et celles que nous avons décrites jusqu'ici, sont les **contractions isotoniques** (*isos* = même; *tonos* = tension), pendant lesquelles le muscle se raccourcit et déplace la charge. La tension du muscle et la charge demeurent constantes et égales pendant la plus grande partie de la contraction, mais le raccourcissement du muscle n'a lieu que lorsque la tension dépasse la charge. Donc, plus la charge est lourde, plus le temps de latence est long et plus la contraction est lente. Par ailleurs, lorsqu'un muscle exerce une tension sans raccourcir, on qualifie la contraction d'**isométrique** (*métron* = mesure). La contraction isométrique intervient quand un muscle tente de déplacer une charge supérieure à la tension (force) qu'il peut exercer, et la tension musculaire augmente pendant toute la contraction. Par exemple, si vous essayez de soulever un piano d'une seule main, les muscles de votre bras se contracteront de façon isométrique (sans provoquer de déplacement).

Dans les deux types de contraction musculaire, les phénomènes électrochimiques et mécaniques qui surviennent sont les mêmes, bien que le résultat soit différent. Durant une contraction isotonique, les filaments minces (d'actine) glissent, alors que dans une contraction isométrique, les têtes de myosine exercent une force mais ne parviennent pas à les déplacer. (On pourrait dire qu'elles dérapent sur le même site de liaison de l'actine.)

Les contractions purement isotoniques ou isométriques se produisent surtout en laboratoire. Dans le corps, la plupart des mouvements comprennent les deux types de contractions. Peu de muscles fonctionnent seuls (la plupart des mouvements nécessitent l'activité coordonnée de plusieurs muscles), et la charge supportée par un muscle changera probablement au cours de la contraction. Cependant, on qualifie habituellement d'isotoniques les contractions qui provoquent des mouvements bien visibles, comme ceux des jambes pendant la marche ou un coup de pied; on appelle isométriques celles qui servent surtout au maintien de la position debout ou à la stabilité des articulations pendant les mouvements d'autres parties du corps.

Métabolisme des muscles

Production d'énergie pour la contraction

L'énergie de l'ATP est directement utilisée pour la contraction musculaire (mouvement et détachement des têtes de myosine) et par la pompe à calcium. Si les stimulus sont peu fréquents et si l'ATP est synthétisé en quantité équivalente à celle qui est utilisée, les muscles peuvent répondre pendant de longues périodes. Chose surprenante, les quantités d'ATP emmagasinées dans les muscles ne sont pas très importantes, et une contraction donnée ne tarde pas à les épuiser. L'ATP doit donc être régénéré de façon continue afin que la contraction puisse se poursuivre. Pendant l'activité musculaire, la régénération de l'ATP se fait suivant trois voies: par interaction de l'ADP avec la créatine phosphate, par respiration cellulaire aérobie et par respiration cellulaire anaérobie. Dans toutes les cellules de l'organisme, les diverses sources d'énergie servent à produire de l'ATP par respiration cellulaire aérobie ou anaérobie. Ces deux voies du métabolisme cellulaire, que nous nous contenterons d'évoquer ici, sont décrites en détail au chapitre 25.

Réaction couplée de l'ADP et de la créatine phosphate. Au début d'une activité musculaire intense, l'ATP emmagasiné dans les muscles actifs est consommé en 6 secondes environ. Puis un système supplémentaire de production rapide de l'ATP se met en marche, en attendant que les voies métaboliques s'adaptent à l'augmentation soudaine de la demande en ATP. La réaction qui a lieu alors couple l'ADP (produit de l'hydrolyse de l'ATP) avec la **créatine phosphate (CP)**, un composé à haute énergie très particulier emmagasiné dans les muscles. Globalement, il en résulte un transfert presque instantané d'énergie et d'un groupe phosphate vers l'ADP, qui devient de l'ATP.

$$\text{Créatine phosphate} + \text{ADP} \rightarrow \text{créatine} + \text{ATP}$$

D'importantes quantités de créatine phosphate sont emmagasinées dans les cellules musculaires, et la réaction couplée, qui est catalysée par la **créatine kinase**, une enzyme, est tellement efficace que la concentration cellulaire d'ATP change très peu pendant le début de la contraction. Cependant, bien que les réserves de CP équivalent environ au triple de celles d'ATP, elles sont rapidement épuisées elles aussi.

Ensemble, l'ATP et la créatine phosphate présents dans le muscle permettent de maintenir une puissance musculaire maximale pendant 10 à 15 secondes (suffisante pour courir un sprint de 100 m). La réaction couplée est facilement réversible, et les réserves de CP sont reconstituées pendant les périodes d'inactivité: les fibres musculaires utilisent les voies métaboliques afin de fournir un supplément d'ATP. La forte concentration d'ATP facilite sa réaction avec la créatine, ce qui produit à nouveau de la créatine phosphate (figure 9.18a).

Respiration cellulaire aérobie. Même pendant que les réserves d'ATP et de CP sont mises à contribution, les processus aérobies (nécessitant de l'oxygène) fabriquent aussi de l'ATP. Dans les muscles au repos et en cours de contraction lente, la plus grande partie de l'approvisionnement en ATP est assurée par la respiration cellulaire aérobie, qui utilise l'énergie produite par la dégradation des acides gras. Lorsque les muscles se contractent de façon plus soutenue, c'est le glucose (provenant de la circulation sanguine et de la dégradation des réserves de glycogène musculaire) qui devient la principale source d'énergie (voir la figure 9.18).

La **respiration cellulaire aérobie** se déroule dans les mitochondries; elle nécessite la présence d'oxygène et fait intervenir une suite de réactions chimiques au cours desquelles les liaisons des molécules de glucose et d'acides gras libres sont brisées. L'énergie ainsi libérée sert à la synthèse de l'ATP. Cet ensemble de réactions est appelé *phosphorylation oxydative*. Pendant la respiration aérobie,

Muscle au repos

Le sang apporte
Source d'énergie
Acides gras (corps cétoniques)
O_2
Oxygène disponible
Respiration aérobie
$CO_2 + H_2O$
ATP
Créatine
Reconstitution des réserves de créatine phosphate (CP)
Une certaine quantité d'ATP sert à combler les besoins énergétiques non reliés à la contraction
ADP
CP
ADP
P_i

(a)

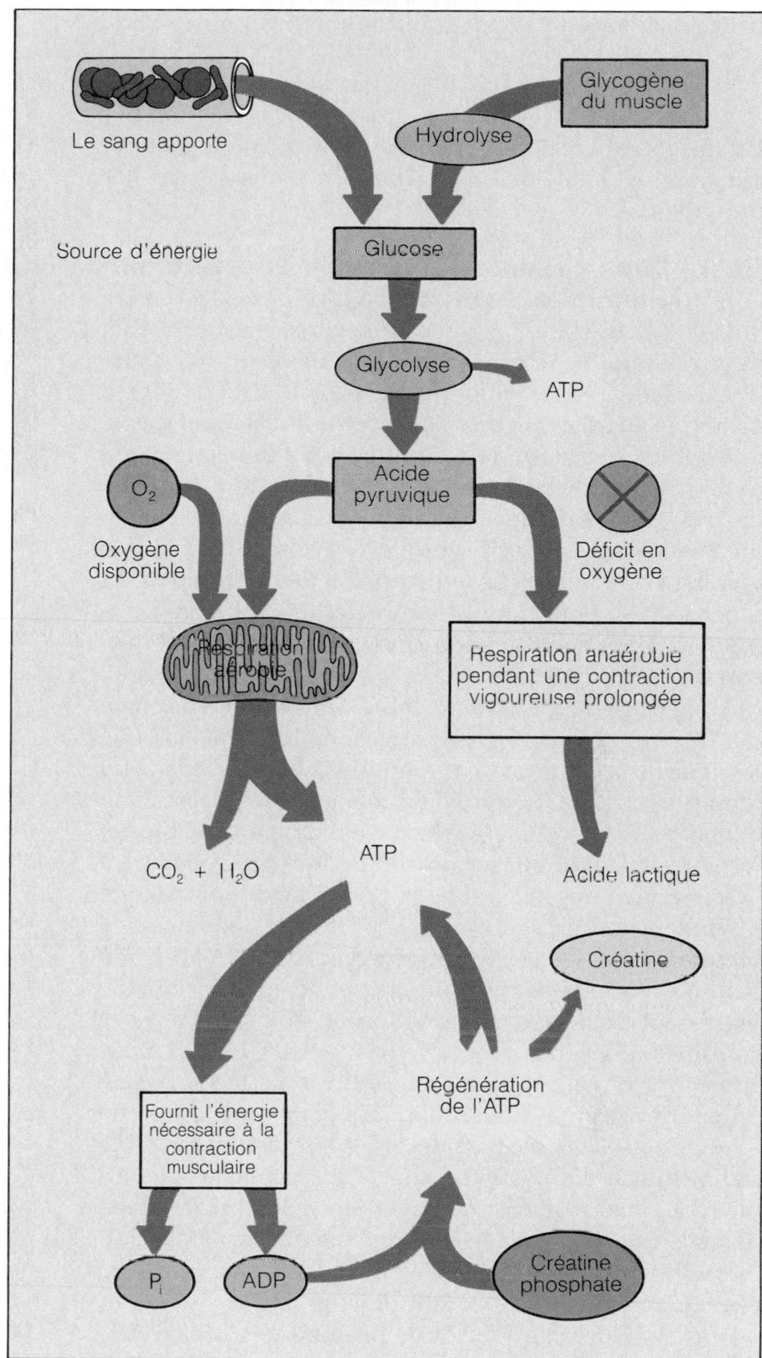

(b)

Figure 9.18 Métabolisme énergétique des muscles squelettiques. (**a**) Dans le muscle au repos, les fibres utilisent beaucoup les corps cétoniques (produit de la dégradation des acides gras) pour alimenter les voies aérobies de production d'ATP. L'ATP sert à régénérer la créatine phosphate (CP, sous-produit hautement énergétique) et à maintenir les processus cellulaires autres que la contraction. (**b**) Au début de la contraction, l'ATP fournit l'énergie nécessaire à l'activité des têtes de myosine. Pendant que les voies aérobies s'ajustent à l'augmentation soudaine de la demande d'ATP, la créatine phosphate sert à la régénération rapide des réserves d'ATP qui ont été hydrolysées. Après cet ajustement, le glucose provenant de la circulation sanguine et du glycogène emmagasiné dans le muscle est dégradé au cours des cycles métaboliques et se trouve en état d'aérobiose (présence d'oxygène), ce qui constitue la principale source d'ATP. Quand l'approvisionnement et l'utilisation d'oxygène ne suffisent plus à maintenir l'activité de la voie aérobie, le glucose est métabolisé en état d'anaérobiose (absence d'oxygène). Cette voie est moins efficace que la précédente, mais elle peut synthétiser de l'ATP très rapidement. Enfin, l'absence d'oxygène amène la production et la libération d'acide lactique, et non de gaz carbonique.

le glucose est entièrement dégradé, produisant de l'eau, du gaz carbonique et de grandes quantités d'ATP:

Glucose + oxygène → gaz carbonique + ATP

Par diffusion, le gaz carbonique ainsi libéré passe du tissu musculaire dans le sang, puis il est évacué par les poumons.

Respiration cellulaire anaérobie et production d'acide lactique. On nomme *glycolyse* la première voie de dégradation du glucose: le glucose est scindé en deux molécules d'*acide pyruvique,* et une partie de l'énergie ainsi libérée sert à fabriquer un peu d'ATP. Comme cette voie ne nécessite pas d'oxygène, elle est appelée voie anaérobie (voir la figure 9.18b). Habituellement, l'acide pyruvique est dégradé dans les mitochondries au cours des réactions chimiques de la voie aérobie. Comme en fin de compte il y a eu utilisation d'oxygène, on considère que dans son ensemble le processus de dégradation du glucose intervient durant la respiration cellulaire aérobie, avec pour conséquence une production d'ATP beaucoup plus importante. Tant qu'elle dispose d'assez d'oxygène et de glucose, la cellule musculaire fabrique de l'ATP au moyen de réactions aérobies. Mais lorsque les muscles se contractent vigoureusement pendant un temps assez long, l'approvisionnement en glucose et en oxygène par le système cardiovasculaire ne suffit plus et les voies métaboliques sont trop lentes pour répondre à la demande. La plus grande partie de l'acide pyruvique provenant de la glycolyse est alors transformée en **acide lactique.** En cas de déficit en oxygène, c'est donc l'acide lactique, et non le gaz carbonique et l'eau, qui constitue le produit final de la dégradation du glucose. Dans ces conditions, la seule voie utilisée est la glycolyse, qui n'utilise pas d'oxygène; l'ensemble du processus est donc appelé **respiration anaérobie.** La plus grande partie de l'acide lactique passe du muscle à la circulation sanguine par diffusion. Lorsque l'oxygène est à nouveau disponible, l'acide lactique est reconverti en acide pyruvique et oxydé en gaz carbonique et en eau par la voie aérobie (ou bien converti en glucose et en glycogène). La majorité de ces conversions se déroulent dans le foie.

La voie aérobie fournit environ 20 fois plus d'ATP par molécule de glucose que la voie anaérobie. Cependant, la voie complètement anaérobie produit de l'ATP environ deux fois et demie plus vite que la voie aérobie. Par conséquent, lorsqu'il faut de grandes quantités d'ATP pendant de courtes périodes d'activité musculaire soutenue (30 à 40 secondes), la voie anaérobie peut en fournir une grande partie. Ensemble, les réserves d'ATP et de CP et le système glycolyse-acide lactique peuvent entretenir une activité musculaire intense pendant presque une minute.

Systèmes énergétiques mis en jeu pendant les activités sportives. Les spécialistes en physiologie de l'exercice physique ont pu évaluer la part de chaque système de production d'énergie dans les activités sportives. L'énergie nécessaire aux activités qui requièrent une puissance instantanée, mais qui ne durent que quelques secondes (haltérophilie, plongeon, sprint)(figure 9.19) provient uniquement des réserves d'ATP et de CP. Il semble que les efforts de plus longue durée (tennis, football, nage de 100 m) soient presque uniquement alimentés par la voie anaérobie qui produit de l'acide lactique. Les épreuves plus longues (marathon, course à pied), dans lesquelles l'endurance, non la puissance, est essentielle, font appel principalement aux voies aérobies. ■

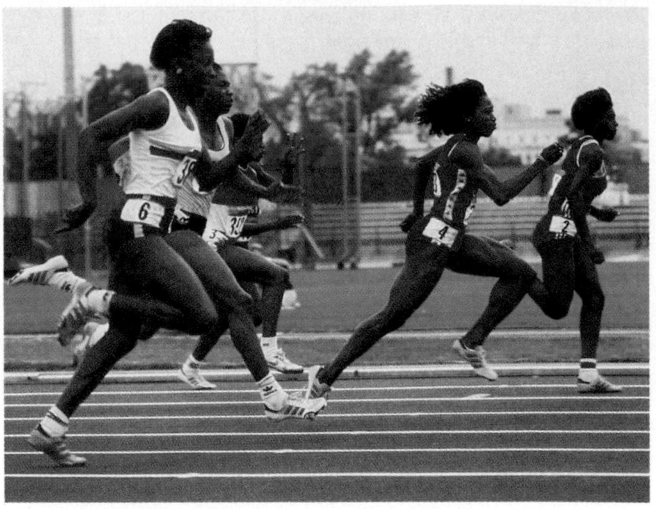

Figure 9.19 Les réserves d'ATP et de créatine phosphate fournissent l'énergie nécessaire aux activités sportives intenses et de courte durée. Pour soutenir une activité musculaire intense de courte durée (10 à 15 secondes), les sprinters se servent presque uniquement de l'énergie fournie par leurs réserves d'ATP, ainsi que de la régénération d'ATP au cours de la réaction couplée ADP-créatine phosphate.

Fatigue musculaire

Le glycogène emmagasiné dans les cellules musculaires permet à ces dernières de se passer, dans une certaine mesure, du glucose apporté par le sang; cependant, en cas d'effort soutenu, ces réserves s'épuisent elles aussi. Lorsque la production d'ATP ne suffit plus à la demande, la fatigue musculaire fait son apparition et l'activité s'arrête, même si le muscle reçoit encore des stimulus. La **fatigue musculaire** est une *incapacité physiologique de se contracter*; elle est très différente de la fatigue psychologique, qui nous pousse à interrompre volontairement notre activité musculaire lorsque nous nous sentons fatigués. Dans la fatigue psychologique, la chair (les muscles) est pleine de bonne volonté, mais c'est l'esprit qui est faible ! C'est la volonté de gagner malgré la fatigue psychologique qui singularise les athlètes. Remarquez que la fatigue musculaire est due à un *manque relatif* d'ATP, et non à son absence totale. Lorsqu'il n'y a plus d'ATP, il se produit des **contractures,** ou contractions continues, parce que les têtes de myosine ne peuvent plus se détacher (tout comme dans la raideur cadavérique). La crampe des écrivains est un exemple bien connu de contracture passagère.

Une trop grande accumulation d'acide lactique et le déséquilibre ionique contribuent également à la fatigue musculaire. L'acide lactique, qui provoque une chute du pH des muscles (et des douleurs musculaires), entraîne une fatigue extrême, ce qui réduit l'utilisation de la voie aérobie dans la production d'ATP. Pendant la transmission des potentiels d'action, les cellules musculaires perdent du potassium et reçoivent un excès de sodium. Tant qu'il y a de l'ATP pour alimenter la *pompe à* $Na^+ - K^+$, ces légers déséquilibres ioniques sont corrigés. Cependant, lorsqu'il ne reste plus suffisamment d'ATP pour maintenir le fonctionnement adéquat de la pompe, le déséquilibre ionique devient tel que la cellule musculaire ne répond plus à la stimulation.

Dette d'oxygène

Même en l'absence de fatigue musculaire, un travail musculaire vigoureux provoque d'importants changements des propriétés chimiques du muscle. Pour qu'un muscle revienne à l'état de repos, ses réserves d'oxygène et de glycogène doivent être reconstituées, l'acide lactique qui a été accumulé doit être reconverti en acide pyruvique et de nouvelles réserves d'ATP et de créatine phosphate doivent être établies. De plus, le foie doit reconvertir en glucose l'acide lactique créé par l'activité musculaire et le retourner au muscle; ce glucose sert à la synthèse de glycogène dans le muscle. Lors d'une contraction musculaire anaérobie, toutes ces activités consommatrices d'oxygène se déroulent plus lentement et sont reportées (au moins en partie) jusqu'au moment où l'oxygène redevient disponible. Il se produit donc une **dette d'oxygène** qui doit être remboursée avant que l'état de repos puisse être rétabli. La dette d'oxygène est définie comme la quantité d'oxygène supplémentaire qui devra être consommée par l'organisme pour que ces processus de rétablissement puissent avoir lieu; elle représente la différence entre la quantité d'oxygène nécessaire à une respiration totalement aérobie pendant l'activité musculaire d'une part, et la quantité qui a été effectivement consommée d'autre part. Toutes les sources d'ATP non aérobies présentes pendant l'activité musculaire contribuent à cette dette.

La dette d'oxygène peut être illustrée par un exemple simple: si vous devez courir le 100 m en 12 secondes, votre organisme aura besoin d'environ 6 L d'oxygène pour que la respiration cellulaire soit totalement aérobie. Cependant, la quantité d'oxygène qui peut être acheminée et consommée par vos muscles pendant ces 12 secondes est d'environ 1,2 L, beaucoup moins que ce dont ils ont besoin. Vous établirez donc une dette d'oxygène d'environ 4,8 L qui devra être remboursée au moyen d'une respiration rapide et profonde pendant un certain temps après l'exercice musculaire. Cette respiration profonde est due en premier lieu à la concentration élevée d'acide lactique dans le sang, qui stimule indirectement le centre de la respiration situé dans le bulbe rachidien de l'encéphale. La consommation d'oxygène pendant un exercice musculaire est fonction de plusieurs facteurs, dont l'âge, la taille, l'entraînement et l'état de santé. En règle générale, plus une personne est habituée à faire de l'exercice physique, plus elle consommera d'oxygène pendant une activité et plus sa dette d'oxygène sera faible. Par exemple, le taux de consommation d'oxygène de la plupart des sportifs est supérieur d'environ 10 % au moins à celui des personnes sédentaires et celui d'un marathonien bien entraîné peut le dépasser de 45 %. ■

Dégagement de chaleur pendant l'activité musculaire

Tout comme dans les meilleures machines, seule une proportion de 20 à 25 % de l'énergie libérée par la contraction musculaire est convertie en travail utile. Le reste est transformé en chaleur, ce qui doit être pris en compte dans le maintien de la température et de l'homéostasie de l'organisme. Au début d'un exercice musculaire intense, la chaleur vous incommode parce que votre sang s'échauffe. D'habitude, plusieurs processus homéostatiques, dont la transpiration et le rayonnement de chaleur par la peau, empêchent la température d'atteindre un niveau dangereux. Les frissons représentent l'autre extrême de l'ajustement homéostatique, puisque les contractions musculaires ont alors pour rôle de produire un supplément de chaleur. Les mécanismes qui régissent la régulation thermique de l'organisme sont décrits au chapitre 25.

Force, vitesse et durée de la contraction musculaire

Les principaux facteurs qui déterminent la force, la vitesse et la durée des contractions musculaires sont décrits ci-dessous et résumés à la figure 9.20.

Force de la contraction

La force de la contraction musculaire dépend du nombre de fibres musculaires en cours de contraction, de la taille relative du muscle, des éléments élastiques en série et du degré d'étirement du muscle. Étudions brièvement le rôle de chacun de ces facteurs.

Nombre de fibres musculaires stimulées. Comme nous l'avons déjà expliqué, plus le nombre d'unités motrices recrutées est élevé, plus la contraction musculaire est vigoureuse (sommation spatiale).

Taille relative du muscle. Plus le muscle est épais et large, plus la tension qu'il peut exercer est considérable, et plus il est fort. L'exercice physique régulier renforce les muscles par une *hypertrophie* (augmentation de la taille) des cellules musculaires.

Éléments élastiques en série. En soi, le raccourcissement du muscle ne suffit pas à déplacer les parties du corps. Pour produire un travail utile, le muscle doit être relié à d'autres structures mobiles. Souvenez-vous que les muscles squelettiques sont attachés aux os par des enveloppes de tissu conjonctif. Pour qu'un travail soit accompli, la tension produite par l'activité des têtes de myosine est transmise à la surface des cellules, puis à la

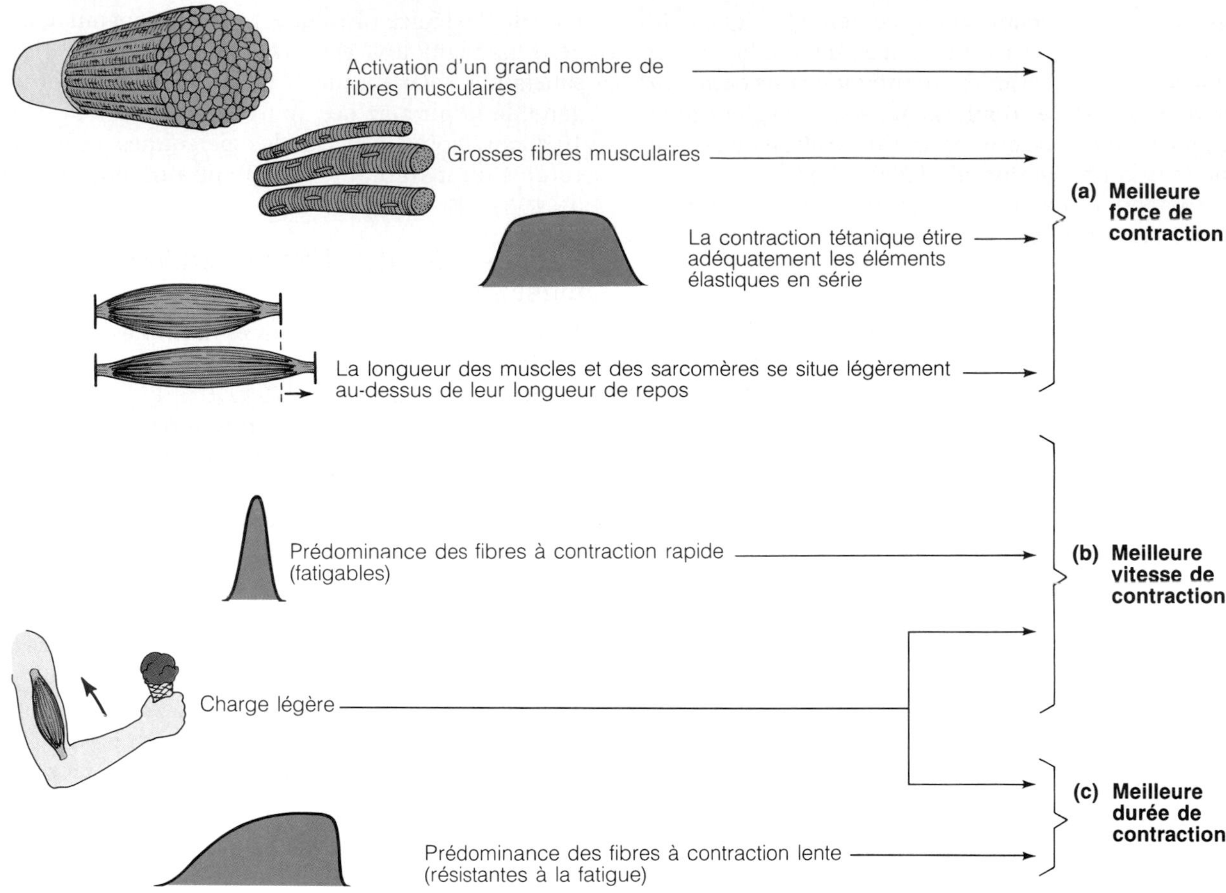

Figure 9.20 Facteurs qui déterminent la force, la vitesse et la durée de la contraction d'un muscle squelettique.

charge (l'insertion du muscle) par l'intermédiaire des gaines de tissu conjonctif. Ces *structures non contractiles* sont appelées **éléments élastiques en série** parce qu'elles peuvent s'étirer et revenir à leur position initiale. La force, ou *tension interne,* exercée par les éléments contractiles (les myofibrilles) étire les éléments élastiques en série, qui transmettent à la charge leur propre tension, ou *tension externe.*

Il est important de remarquer ici qu'il faut un certain temps pour étirer et tendre les éléments élastiques en série, et que, pendant ce temps-là, la force de tension (tension interne) commence déjà à diminuer. Par conséquent, dans une secousse musculaire, la tension externe appliquée à la charge est toujours inférieure à la tension interne (figure 9.21a). Cependant, lorsqu'un muscle est stimulé de façon répétée à de courts intervalles (tétanos), il a plus de temps pour étirer les éléments élastiques en série, et la tension externe se rapproche de celle exercée par les têtes de myosine (figure 9.21b). Donc, plus la stimulation d'un muscle est rapide (sommation temporelle), plus la force qu'il génère est grande.

Degré d'étirement du muscle. La longueur de repos idéale des fibres musculaires est celle à laquelle ils peuvent exercer une force maximale. Cela peut être démontré expérimentalement en étirant un muscle à divers degrés et en le stimulant pour qu'il se contracte (figure 9.22). Dans un sarcomère, le **rapport longueur-tension** idéal correspond à un léger étirement du muscle, lorsque les filaments d'actine et de myosine se chevauchent à peine, parce que le glissement peut alors se produire sur presque toute la longueur des filaments d'actine. Si la cellule est étirée au point que les filaments ne se chevauchent pas du tout (figure 9.22c), les têtes de myosine ne peuvent pas se lier aux filaments d'actine et aucune tension ne peut être exercée. À l'autre extrême, les sarcomères sont tellement comprimés que les stries Z s'appuient sur les filaments de myosine, et les filaments d'actine se touchent et se gênent mutuellement (figure 9.22a); dans de telles conditions, le raccourcissement possible est très limité.

Les mêmes relations existent dans l'ensemble du muscle. Selon des études *in vitro,* si l'on fait subir à un muscle un étirement extrême (par exemple 175 % de sa longueur optimale), il n'exerce aucune tension, et si un muscle est contracté à 60 % de sa longueur de repos, il ne peut plus se raccourcir beaucoup. Tout comme les fibres musculaires, les muscles ont une longueur de fonctionnement optimale comprise entre 80 et 120 % de leur longueur de repos normale. Dans l'organisme, parce qu'ils sont attachés aux os, les muscles squelettiques restent très près de leur longueur optimale. *In vivo,* le degré

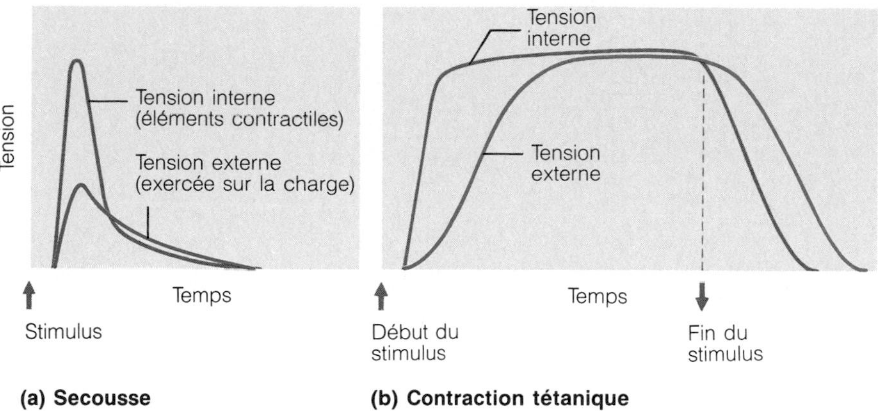

Figure 9.21 Relation entre la fréquence des stimulus et la tension externe appliquée à la charge. (**a**) Pendant une secousse isolée, la tension interne engendrée par les éléments contractiles atteint un maximum et commence à diminuer bien avant que les éléments élastiques en série parviennent à la même tension. La tension externe exercée sur la charge est donc toujours inférieure à la tension interne. (**b**) Lorsque le muscle reçoit des stimulations assez rapprochées pour qu'il y ait tétanos, la tension interne persiste assez longtemps pour que les éléments élastiques en série atteignent la même tension ; la tension externe s'approche de la tension interne puis finit par lui être égale.

d'étirement modifie donc peu la force des muscles squelettiques, mais il joue un rôle important dans la force des contractions cardiaques.

Vitesse et durée de la contraction

La vitesse d'une contraction et sa durée avant qu'apparaisse la fatigue musculaire sont variables. Ces caractéristiques dépendent à la fois de la charge et des types de fibres musculaires.

Charge. Comme les muscles sont fixés aux os, ils rencontrent toujours une certaine résistance (ou charge) lorsqu'ils se contractent. Ils se contractent plus vite lorsqu'il n'y a pas de charge supplémentaire, ce qui n'est pas vraiment surprenant. Plus la charge est importante, plus la période de latence est longue, plus la contraction est lente, et plus la contraction est de courte durée (figure 9.23). Si la charge est trop importante pour que le muscle puisse la déplacer, la vitesse de raccourcissement est nulle et la contraction est isométrique.

Types de fibres musculaires. Les fibres musculaires ne sont pas toutes identiques. On peut identifier trois types distincts de fibres musculaires suivant leur diamètre, la quantité de myoglobine qu'elles renferment, l'efficacité de l'ATPase de leur myosine et la voie principale de synthèse de l'ATP (tableau 9.3).

Les **fibres rouges à contraction lente** (de type I) sont habituellement des cellules minces dont la myosine porte de l'*ATPase à action lente* et elles se contractent lentement, d'où leur nom de fibres *à contraction lente.* Leur couleur rouge est due à l'abondance de myoglobine, qui contient du fer ; la myoglobine emmagasine l'oxygène et fait augmenter le taux d'utilisation de l'oxygène par ces fibres musculaires. Elles détiennent un grand nombre de mitochondries, sont richement irriguées et les enzymes qui catalysent les réactions des voies aérobies pour la synthèse de l'ATP sont très actives. Toutes ces caractéristiques, ainsi que l'abondance de myoglobine, témoignent des grands besoins en oxygène de ces fibres. Les graisses sont leur principale source d'énergie. Comme ces fibres peuvent satisfaire presque tous leurs besoins énergétiques par les voies aérobies (tant qu'il y a assez d'oxygène), elles sont très *résistantes à la fatigue* et possèdent une forte endurance, c'est-à-dire qu'elles peuvent se contracter pendant de longues périodes.

Les **fibres blanches à contraction rapide** (de type II) sont le plus souvent de grosses cellules pâles de diamètre environ deux fois plus important que celui des fibres à contraction lente et renfermant peu de myoglobine. Leur myosine contient de l'*ATPase à action rapide* et leur contraction est rapide. Elles possèdent peu de

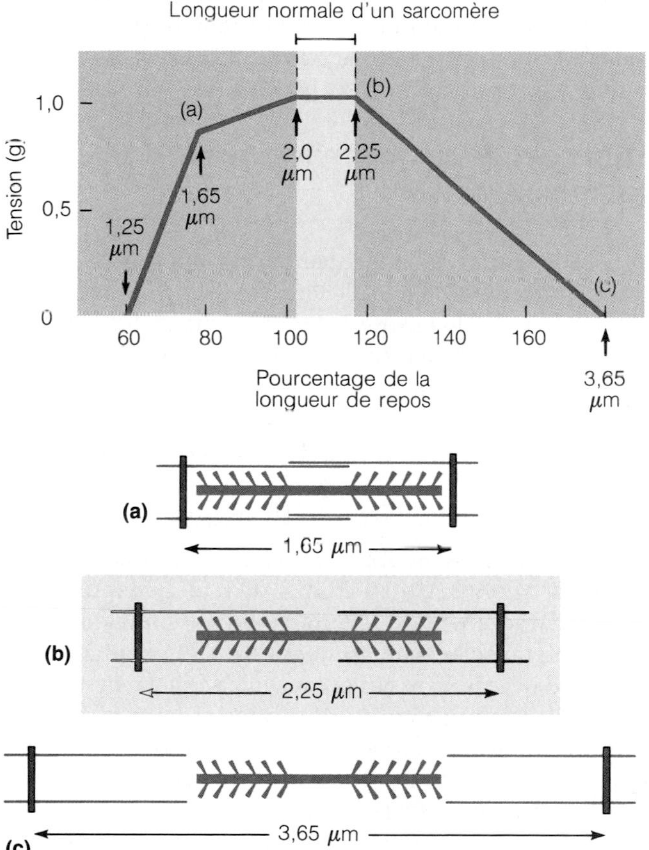

Figure 9.22 Relation entre la longueur et la tension dans les muscles squelettiques. La longueur moyenne d'un sarcomère est de 2,0 à 2,25 µm, et la force exercée est maximale quand la longueur du muscle est légèrement supérieure à sa longueur de repos. Au-dessous et au-dessus de cette plage optimale, la force du muscle diminue et, finalement, il ne peut exercer aucune tension. On a représenté ici la longueur relative d'un sarcomère dans un muscle qui est (**a**) fortement contracté, (**b**) à sa longueur de repos normale et (**c**) extrêmement étiré.

Figure 9.23 Influence de la charge sur la vitesse et la durée de la contraction. (**a**) Relation entre la charge et le degré de la contraction (raccourcissement), ainsi que sa durée. (**b**) Relation entre la charge et la vitesse de la contraction. Si la charge augmente, la vitesse de la contraction décroît.

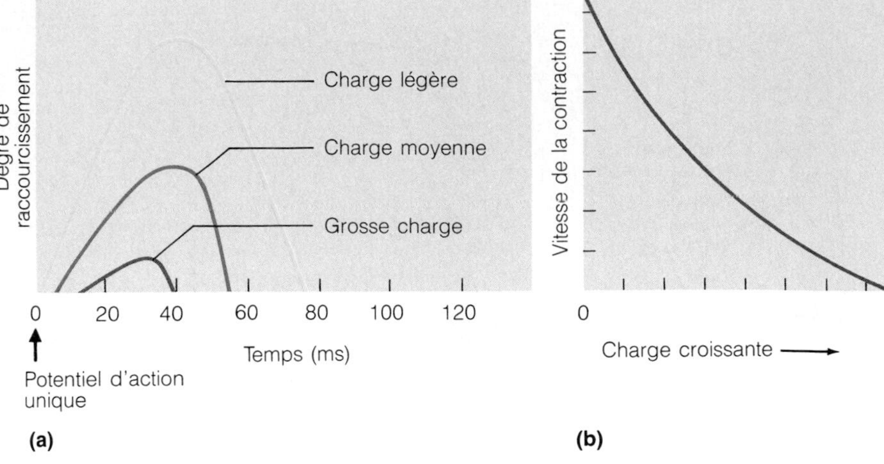

mitochondries, mais leurs réserves de glycogène sont importantes, et, pendant la contraction, elles produisent de l'ATP par les voies anaérobies. Comme leurs réserves de glycogène sont épuisées après peu de temps et qu'elles accumulent rapidement de l'acide lactique, ces cellules se fatiguent vite (ce sont des fibres dites *fatigables*). Cependant, leur grand diamètre, qui indique un grand nombre de myofibrilles contractiles, leur permet de produire des contractions extrêmement puissantes avant de s'épuiser. Les fibres blanches à contraction rapide sont donc les mieux adaptées pour fournir des mouvements rapides et vigoureux pendant de courtes périodes.

Les **fibres intermédiaires à contraction rapide** sont des cellules *rouges* (quelquefois roses) qui, par leur taille, se situent entre les deux autres types de fibres. De même que les fibres blanches à contraction rapide, leur myosine contient de l'*ATPase à action rapide* et leurs contractions sont rapides; cependant, leurs besoins en oxygène, leur forte teneur en myoglobine et leur grande vascularisation les rapprochent plutôt des fibres rouges à contraction lente. Comme leur fonctionnement repose en grande partie sur des processus aérobies, elles sont résistantes à la fatigue, mais dans une moindre mesure que les fibres rouges à contraction lente.

Les muscles spécialisés peuvent compter une large part de fibres d'un certain type, mais la plupart des muscles du corps comportent un mélange des différents types, ce qui leur confère une certaine vitesse de contraction et une certaine résistance à la fatigue. Par exemple, un muscle de l'arrière de la jambe nous permet parfois de courir un sprint (ce sont surtout les fibres blanches qui entrent en jeu), ou une course de fond (les fibres intermédiaires à contraction rapide sont mises à contribution), ou bien il peut simplement nous permettre de maintenir notre position debout (les unités motrices qui sont activées mobilisent des fibres rouges à contraction lente). Comme on pouvait s'y attendre, toutes les fibres musculaires d'une unité motrice donnée sont du même type.

Bien que les muscles de chacun et chacune d'entre nous renferment un mélange des trois types de fibres, certaines personnes possèdent relativement plus de fibres d'un type donné. Ces différences sont dues à des facteurs génétiques et déterminent certainement dans une large mesure les capacités athlétiques. Par exemple, les muscles des marathoniens comprennent un fort pourcentage de fibres à contraction lente (environ 80 %), alors que ceux des spécialistes du sprint possèdent un plus fort pourcentage de fibres à contraction rapide (environ 60 %). Chez les haltérophiles, il semble que les fibres à contraction rapide et lente se trouvent en quantité à peu près égale. ■

Effets de l'exercice physique sur les muscles

La somme de travail effectuée par un muscle engendre des modifications du muscle lui-même. Lorsqu'on les utilise souvent ou de façon soutenue, les muscles peuvent gagner en taille ou en force, ou devenir plus efficaces et résistants à la fatigue. D'autre part, quelles que soient ses causes, l'inactivité amène toujours un affaiblissement et une diminution du volume des muscles.

Adaptations à l'exercice physique

Les **exercices aérobiques,** ou **d'endurance,** comme la natation, la course à pied, la marche rapide et le cyclisme, entraînent plusieurs modifications caractéristiques des muscles squelettiques. Il y a augmentation du nombre de capillaires qui entourent les fibres musculaires, ainsi que du nombre de mitochondries situées à l'intérieur de celles-ci, et les fibres synthétisent plus de myoglobine. Ces changements se produisent dans tous les types de fibres, mais ils sont plus évidents dans les fibres blanches à contraction rapide, dont le fonctionnement dépend principalement des voies aérobies. Ces transformations permettent un métabolisme musculaire plus efficace, une endurance accrue, une force plus grande et une meilleure résistance à la fatigue.

Cependant, les bienfaits des exercices aérobiques ne se limitent pas aux muscles squelettiques: le métabolisme général et la coordination neuromusculaire deviennent plus efficaces, la motilité gastro-intestinale s'améliore (ainsi que l'élimination), et le squelette est renforcé. Les exercices aérobiques agissent aussi sur le fonctionnement

Tableau 9.3 Caractéristiques structurales et fonctionnelles des trois types de fibres musculaires squelettiques

Caractéristiques	Fibres rouges à contraction lente (résistantes à la fatigue)	Fibres blanches à contraction rapide (fatigables)	Fibres intermédiaires à contraction rapide (résistantes à la fatigue)
Caractéristiques métaboliques:			
Vitesse des contractions	Lente	Rapide	Rapide
Activité de l'ATPase de la myosine	Lente	Rapide	Rapide
Voie principale de synthèse de l'ATP	Aérobie	Anaérobie	Aérobie
Concentration de myoglobine	Élevée	Faible	Élevée
Réserves de glycogène	Faibles	Élevées	Intermédiaires
Vitesse de fatigue	Lente	Rapide	Intermédiaire
Caractéristiques structurales:			
Couleur	Rouges	Blanches (pâles)	Rouges (roses)
Diamètre des fibres	Petit	Grand	Intermédiaire
Mitochondries	Nombreuses	Peu nombreuses	Nombreuses
Capillaires	Nombreux	Peu nombreux	Nombreux

des systèmes cardiovasculaire et respiratoire, facilitant ainsi le transport d'oxygène et de nutriments vers tous les tissus. Le cœur s'hypertrophie et acquiert un plus grand volume systolique (chaque battement expulse une plus grande quantité de sang), les parois des vaisseaux sanguins sont débarrassées de leurs dépôts de graisses, et les échanges gazeux qui ont lieu dans les poumons deviennent plus efficaces. Ces avantages peuvent être permanents ou temporaires, suivant la durée et l'intensité de l'exercice physique.

L'activité modérée, mais de longue durée, que représente un exercice d'endurance, n'amène pas une hypertrophie notable des muscles squelettiques, même si l'exercice dure des heures. L'hypertrophie musculaire, comme celle des biceps et des pectoraux des haltérophiles professionnels, est surtout la conséquence d'exercices intensifs comme le lever de poids, ou bien d'exercices isométriques, dans lesquels une forte résistance ou un poids immobile est opposé aux muscles. Il n'est pas nécessaire que les **exercices contre résistance** soient longs; en effet, il suffit de quelques minutes tous les deux jours, pendant lesquelles on effectue 18 contractions (trois ensembles de six) du muscle ou du groupe de muscles. Il est essentiel que les muscles exercent plus de 75 % de leur force maximale. L'augmentation du volume musculaire qui en résulte semble refléter une dilatation de chaque fibre musculaire (surtout les fibres blanches à action rapide) et non une multiplication du nombre de fibres. Cependant, certains chercheurs affirment qu'une partie de l'augmentation de la taille du muscle est due à la fission ou à la déchirure de fibres hypertrophiées et à la croissance subséquente de ces cellules «divisées». Les fibres musculaires soumises à un travail intensif contiennent plus de mitochondries, forment un plus grand nombre de myofilaments et de myofibrilles, et établissent des réserves de glycogène plus importantes. La quantité de tissu conjonctif présent entre les cellules augmente aussi. Ensemble, ces changements provoquent une augmentation notable du volume et de la force du muscle.

Les exercices contre résistance peuvent donner des muscles aux formes admirables, mais si l'entraînement n'est pas mené de façon judicieuse, certains muscles peuvent se développer plus que d'autres. Les muscles travaillent en couples (ou groupes) antagonistes, et ceux qui sont opposés doivent posséder la même force et la même souplesse pour pouvoir fonctionner de façon harmonieuse. Lorsque l'exercice musculaire n'est pas équilibré, la musculature peut sembler *hypertrophiée,* c'est-à-dire que l'individu manque de flexibilité, présente une allure maladroite et ne peut pas faire un plein usage de ses muscles.

Comme les exercices d'endurance et contre résistance entraînent différents modes de réponse musculaire, il est important de connaître les objectifs de l'exercice. Le lever de poids n'aura aucun impact sur votre endurance au triathlon. De même, la course à pied corrigera peu l'apparence de vos muscles pour le prochain concours de M. ou Mme Muscle, et il ne vous rendra pas plus fort pour déménager des meubles. ■

Atrophie due à l'inactivité

Pour demeurer sains, les muscles doivent être actifs. L'immobilisation complète, pendant un séjour forcé au lit ou à la suite de la perte de stimulation nerveuse, entraîne une *atrophie* musculaire (dégénérescence et perte de masse), qui s'amorce presque aussitôt que les muscles se trouvent immobilisés. Dans de telles conditions, la force musculaire peut décroître de 5 % par jour!

Même lorsqu'ils sont au repos, les muscles reçoivent du système nerveux de faibles stimulus intermittents; cette stimulation est essentielle parce qu'elle permet aux muscles de rester fermes et relativement normaux. Lorsqu'un muscle est entièrement privé de stimulation

Suite du texte à la p. 276

Tableau 9.4 Comparaison des muscles squelettiques, cardiaque et lisses

Caractéristiques	Squelettiques	Cardiaque	Lisses
Situation	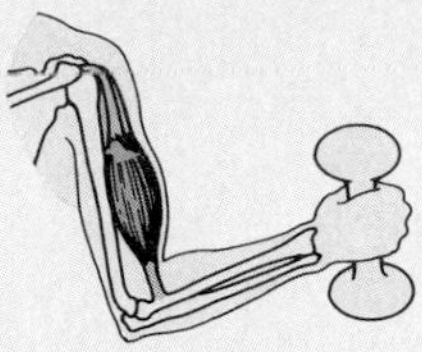 Attachés aux os ou (certains muscles faciaux) à la peau	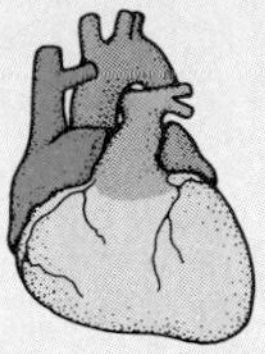 Parois du cœur	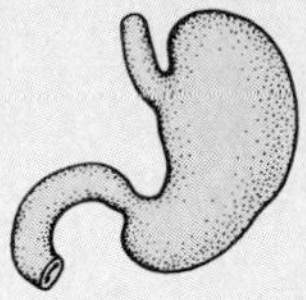 Muscles unitaires situés dans les parois des organes viscéraux creux (autres que le cœur); muscles multi-unitaires situés dans les yeux (muscles internes de l'œil)
Forme et apparence des cellules	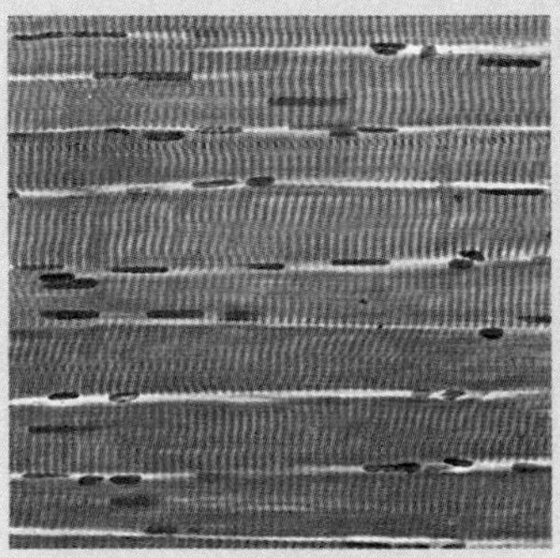 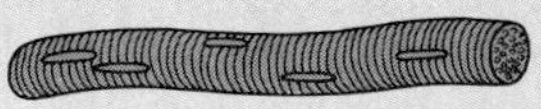 Cellules autonomes, très longues, cylindriques, multinucléées et portant des stries évidentes	 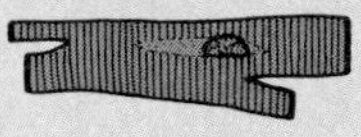 Chaînes ramifiées de cellules; à un ou deux noyaux; striées	 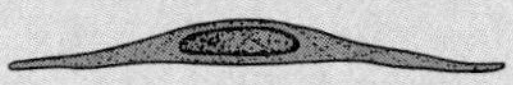 Cellules autonomes, fusiformes, mononucléées; non striées
Tissus conjonctifs	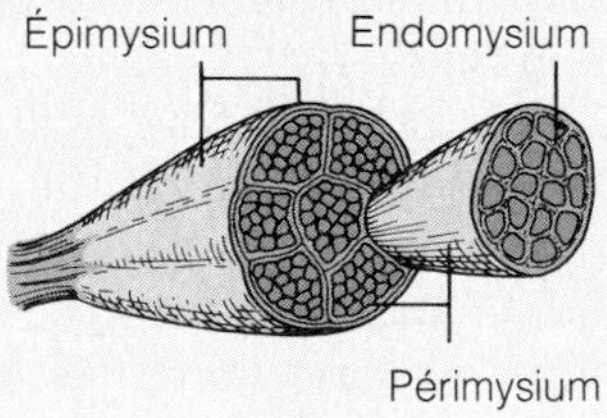 Épimysium, périmysium et endomysium	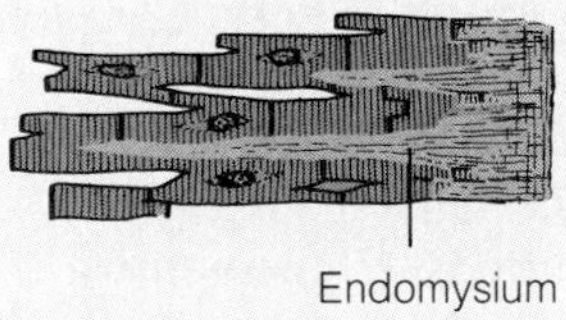 Endomysium fixé au squelette fibreux du cœur	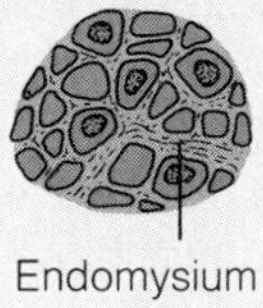 Endomysium
Présence de myofibrilles composées de sarcomères	Oui	Oui, mais l'épaisseur des myofibrilles est irrégulière	Non, mais les filaments d'actine et de myosine sont présents partout
Présence de tubules T et site de l'invagination	Oui; aux jonctions A - I 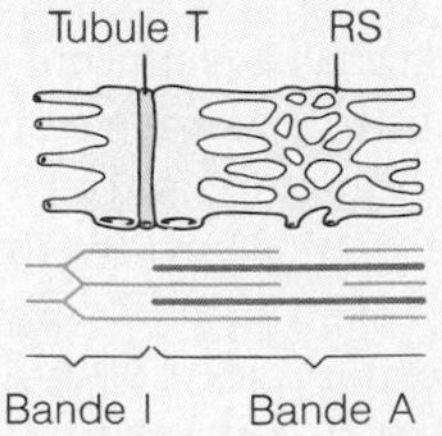	Oui; aux stries Z; diamètre plus important que dans les muscles squelettiques 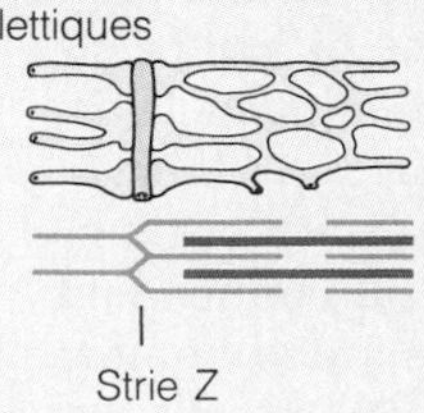	Non

Tableau 9.4 (suite)

Caractéristiques	Squelettiques	Cardiaque	Lisses
Réticulum sarcoplasmique complexe	Oui	Moins que le muscle squelettique; citernes terminales rares	Non; RS rudimentaire
Présence de jonctions ouvertes	Non	Oui, aux disques intercalaires	Oui; dans les muscles unitaires
Les fibres ont des jonctions neuromusculaires séparées	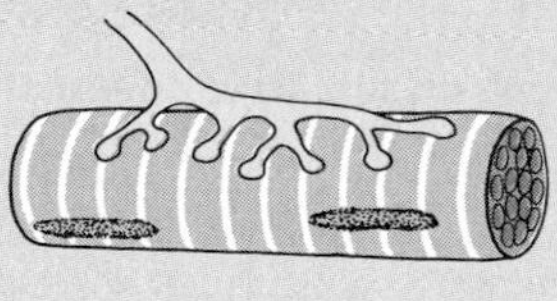 Oui	Non	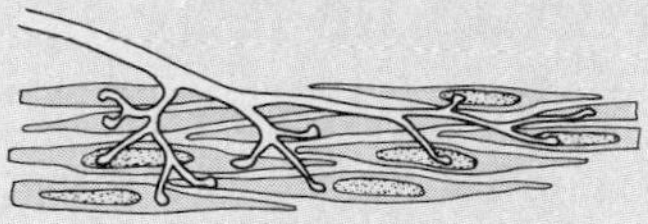 Pas dans les muscles unitaires; oui dans les muscles multi-unitaires
Régulation de la contraction	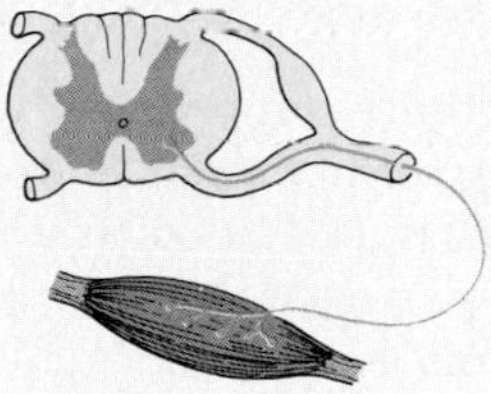 Volontaire, par l'intermédiaire des terminaisons axonales du système nerveux somatique	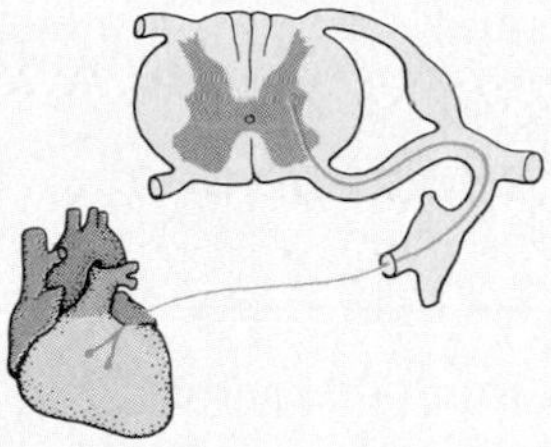 Involontaire; régulation par un système intrinsèque; aussi: régulation par le système nerveux autonome; hormones	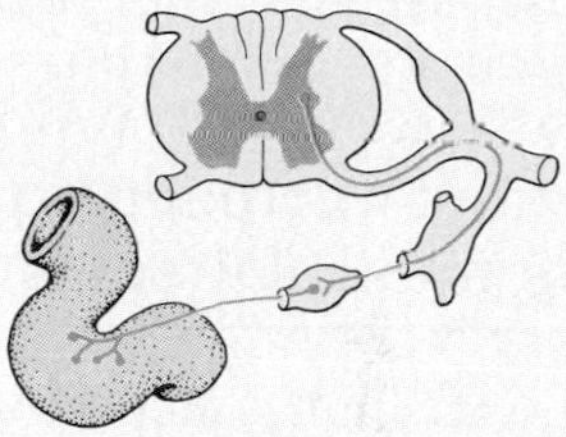 Involontaire; nerfs autonomes, hormones, substances chimiques au niveau local, étirement
Source de Ca^{2+} pour le flux calcique	Réticulum sarcoplasmique (RS)	RS et liquide extracellulaire	RS et liquide extracellulaire
Siège de la régulation du calcium	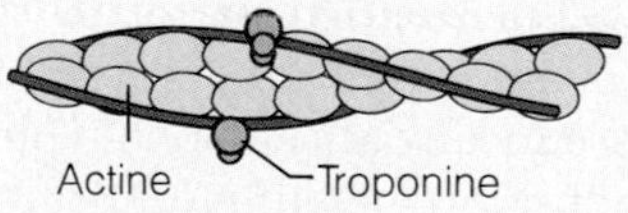 Troponine sur les filaments minces porteurs d'actine	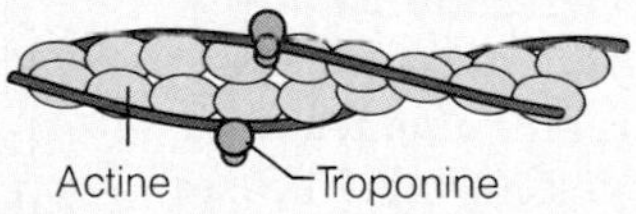 Troponine sur les filaments minces porteurs d'actine	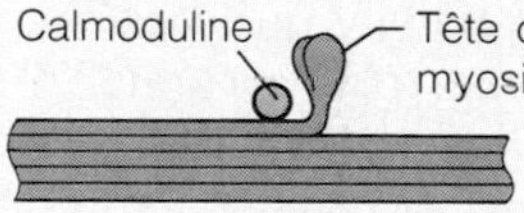 Calmoduline sur les filaments épais porteurs de myosine
Présence d'un centre rythmogène	Non	Oui	Oui (dans les muscles unitaires seulement)
Effet de la stimulation nerveuse	Excitation	Excitation ou inhibition	Excitation ou inhibition
Vitesse de la contraction	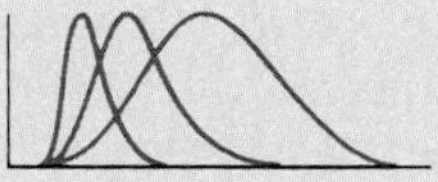 Lente à rapide	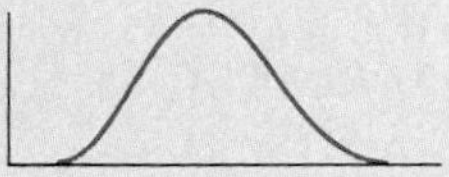 Lente	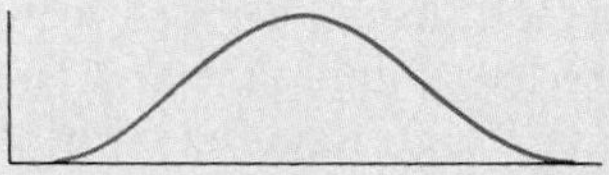 Très lente
Contractions rythmiques	Non	Oui	Oui, dans les muscles unitaires
Réponse à l'étirement	La force de contraction augmente avec le degré d'étirement	La force de contraction augmente avec le degré d'étirement	Réponse contraction-relâchement
Respiration	Aérobie et anaérobie	Aérobie	Surtout anaérobie

nerveuse, le résultat est désastreux: le muscle paralysé peut s'atrophier jusqu'à atteindre le quart de son volume initial. À mesure qu'il s'atrophie, le tissu musculaire est remplacé par du tissu conjonctif fibreux qui empêche toute rééducation. L'atrophie d'un muscle qui a subi une dénervation peut être retardée par des stimulations électriques régulières, en attendant de savoir si les neurofibres endommagées pourront se reconstituer. ■

Muscles lisses

À l'exception du cœur, qui est constitué par le muscle cardiaque, les muscles des parois des organes creux sont presque tous des muscles lisses. Bien que les processus chimiques et mécaniques de la contraction soient essentiellement les mêmes dans tous les tissus musculaires, les muscles lisses ont des particularités importantes (voir le tableau 9.4, p. 274-275).

Structure microscopique et disposition des fibres musculaires lisses

Les fibres (cellules) musculaires lisses sont petites, fusiformes, et possèdent un noyau en leur milieu. Leur diamètre se situe généralement entre 2 et 10 μm et leur longueur est de 50 à 200 μm. Les fibres musculaires squelettiques sont environ 20 fois plus larges et plusieurs milliers de fois plus longues.

Le réticulum sarcoplasmique des fibres musculaires lisses est peu développé. Les tubules T sont absents et remplacés par de simples **cavéoles** (ou vésicules plasmalemmales), qui sont de petites invaginations du sarcolemme. (Ce système T suffit parce que la cellule musculaire lisse possède une surface relativement grande qui permet à presque tout le Ca^{2+} nécessaire de diffuser à partir du liquide interstitiel.) On ne voit pas de stries, comme l'indique le nom *muscle lisse.* Les muscles lisses contiennent des filaments épais (myosine) et minces (actine), mais ces filaments sont différents de ceux que l'on trouve dans les muscles squelettiques. La proportion et la disposition des myofilaments diffèrent également.

1. Dans les muscles lisses, la proportion de filaments épais est bien plus faible que dans les muscles squelettiques, et les filaments épais portent des têtes de myosine sur toute leur longueur; c'est le seul type de muscles où l'on constate cette caractéristique.

2. La tropomyosine est associée aux filaments minces, mais il ne semble pas y avoir de complexes de troponine.

3. Il n'y a pas de sarcomères, mais les filaments épais et minces sont rassemblés en groupes qui correspondent aux myofibrilles. Généralement, les filaments minces et épais suivent l'axe longitudinal de la cellule du muscle lisse de façon hélicoïdale, comme les bandes de couleur sur une enseigne de barbier.

(a) Cellule musculaire lisse détendue

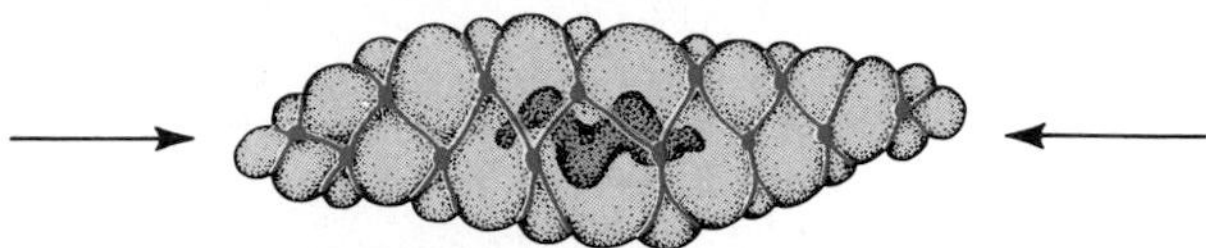

(b) Cellule musculaire lisse contractée

Figure 9.24 Filaments intermédiaires et corps denses des fibres musculaires lisses. Les filaments intermédiaires et les corps denses orientent la traction exercée par les têtes de myosine. Les corps denses sont fixés au sarcolemme, aux filaments intermédiaires et aux filaments d'actine. (**a**) Cellule musculaire lisse détendue. (**b**) Cellule musculaire lisse contractée.

4. Comme toutes les cellules, les fibres de muscle lisse contiennent des *filaments intermédiaires* non contractiles. Ceux-ci sont fixés aux **corps denses,** prenant beaucoup les colorants, qui sont répartis dans l'ensemble de la cellule et parfois accolés au sarcolemme. Les corps denses retiennent aussi les filaments minces, et on considère qu'ils sont l'équivalent des stries Z des muscles squelettiques. Le réseau formé par les filaments intermédiaires et les corps denses constitue un cytosquelette intracellulaire résistant, qui dirige la traction exercée par le glissement des myofilaments lors de la contraction (figure 9.24).

Les cellules musculaires lisses sont entourées d'un peu de tissu conjonctif fin (endomysium); on ne rencontre pas les épaisseurs de tissu conjonctif plus grossier qui existent dans le muscle squelettique. Les fibres musculaires lisses peuvent s'étendre seules ou en petits faisceaux, mais elles sont habituellement disposées en couches denses. Ces couches de muscle lisse se retrouvent dans les parois de tous les vaisseaux sanguins, sauf des plus petits, et dans les parois des organes creux des voies respiratoires et digestives, ainsi que dans celles des systèmes urinaire et génital. Dans la plupart des cas, on peut observer au moins deux couches de muscles lisses orientées perpendiculairement l'une à l'autre (figure 9.25). L'une de ces couches, la *couche longitudinale,* est parallèle à l'axe de l'organe; l'autre couche (*couche circulaire*) enveloppe l'organe. La contraction et le relâchement cycliques de ces couches ont pour effet de resserrer et de dilater la lumière (espace intérieur) de l'organe; les substances sont mélangées et poussées le long des organes creux du tube digestif. Ce phénomène est appelé **péristaltisme.** Les contractions des muscles lisses du rectum, de la vessie et de l'utérus permettent à ces organes d'expulser leur contenu.

Les muscles lisses ne possèdent pas de jonctions neuromusculaires très élaborées comme celles que l'on trouve dans les muscles squelettiques. Par contre, ils sont reliés

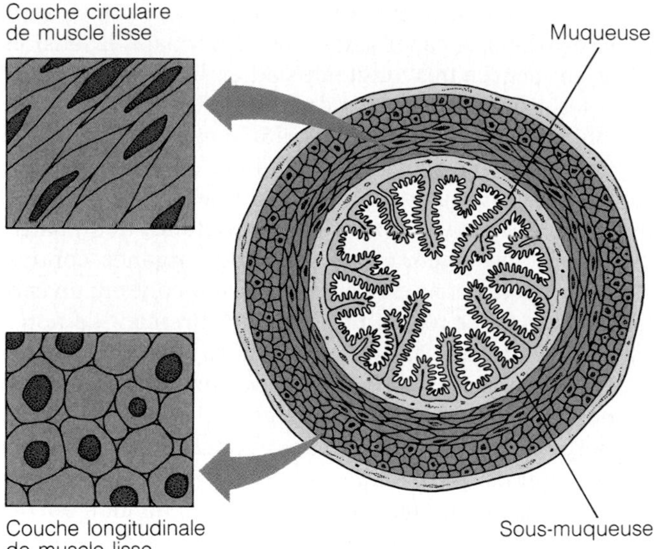

Figure 9.25 Disposition des muscles lisses dans les parois des organes creux. Comme on le voit sur cette coupe transversale simplifiée de l'intestin, il y a deux couches musculaires (une circulaire et une longitudinale) qui sont orientées perpendiculairement l'une à l'autre.

à des neurofibres du système nerveux autonome qui présentent de nombreuses terminaisons renflées, nommées **varicosités axoniques**; ces dernières libèrent le neurotransmetteur dans une large fente synaptique située dans la région des cellules musculaires lisses.

Contraction des muscles lisses

Mécanismes et caractéristiques de la contraction

Les cellules musculaires lisses voisines se contractent souvent de façon lente et synchronisée; c'est l'ensemble de la couche qui répond à un stimulus. Ce phénomène est dû au couplage électrique qui relie les cellules musculaires lisses; ce couplage électrique est rendu possible par les *jonctions ouvertes,* passages spécialisés entre les cellules décrits au chapitre 3. Les cellules musculaires squelettiques sont isolées électriquement les unes des autres, et la contraction de chacune est déclenchée par sa propre jonction neuromusculaire; pour leur part, les muscles lisses comportent des jonctions ouvertes qui permettent aux potentiels d'action de se propager d'une cellule à l'autre. Certaines fibres musculaires lisses (dans l'estomac et l'intestin, par exemple) sont des *cellules rythmogènes* qui, lorsqu'elles sont stimulées, jouent le rôle de «chef d'orchestre» et déterminent la fréquence de contraction de toute la couche musculaire. De plus, certaines de ces cellules rythmogènes peuvent se dépolariser spontanément en l'absence de stimulus externe, c'est-à-dire que leurs membranes sont capables d'autostimulation. Cependant, le rythme et l'intensité de la contraction des muscles lisses peuvent aussi être influencés par des stimulus nerveux et chimiques, comme ceux des hormones.

Le mécanisme de la contraction des muscles lisses est semblable à celui que nous avons décrit pour les muscles squelettiques, et ce sur les plans suivants: (1) le mécanisme de glissement des myofilaments relève de l'interaction de l'actine et de la myosine; (2) la contraction finit par être déclenchée par une augmentation de la concentration intracellulaire d'ions calcium; et (3) le glissement des filaments est alimenté par l'ATP.

Pendant le couplage excitation-contraction, le calcium ionique est libéré par les tubules du réticulum sarcoplasmique, mais il pénètre aussi dans la cellule à partir du liquide du compartiment interstitiel. Bien que les ions calcium jouent le même rôle de déclencheur dans tous les types de muscles, le mécanisme d'activation des muscles lisses est différent. Dans le cas de ces derniers, pour pouvoir activer la myosine, le calcium interagit avec des molécules régulatrices (dans ce cas, la calmoduline et la kinase, une enzyme) qui font partie des filaments *épais.* Les filaments minces n'ont pas de complexes de troponine pour masquer le site de liaison des têtes de myosine et sont donc toujours prêts à l'action (contraction). Il semble que la séquence d'événements soit la suivante: (1) le calcium ionique se lie à la calmoduline, et l'active; (2) la calmoduline active à son tour la kinase; (3) la kinase activée catalyse le transfert d'un groupe phosphate de l'ATP à la myosine, ce qui permet à cette dernière d'interagir avec l'actine des filaments minces. Tout comme les muscles squelettiques, les muscles lisses se détendent quand la concentration intracellulaire de Ca^{2+} diminue.

Les muscles lisses se contractent de façon lente et continue, et ils sont résistants à la fatigue. Si l'on compare la contraction et la relaxation du muscle lisse et du muscle squelettique, on constate que leur durée est 30 fois plus longue chez le premier, et qu'il peut exercer la même tension pendant de longues périodes en consommant 1 % de l'énergie dépensée par le second. Au moins une partie de l'économie d'énergie réalisée par le muscle lisse provient de l'inefficacité des ATPases de sa myosine (si on les compare avec celles des muscles squelettiques); de plus, les myofilaments des muscles lisses peuvent rester bloqués pendant des contractions prolongées, ce qui évite aussi une certaine dépense d'énergie.

Le type de contraction peu exigeant en ATP qui se produit dans les muscles lisses revêt une extrême importance pour l'homéostasie de l'organisme. Les muscles lisses des petites artérioles et autres organes viscéraux restent légèrement contractés (*tonus des muscles lisses*) pendant des jours entiers sans se fatiguer. Comme les muscles lisses ont besoin de peu d'énergie, leurs cellules comptent relativement peu de mitochondries et la production d'ATP se fait surtout par voie anaérobie.

Régulation de la contraction

Les événements qui mènent à l'activation des muscles lisses par le stimulus nerveux sont identiques à ceux que nous avons décrits pour les muscles squelettiques. Lorsque les molécules de neurotransmetteur se lient aux récepteurs de la membrane plasmique, il apparaît un potentiel d'action qui est couplé à la libération d'ions dans le sarcoplasme. Cependant, tous les influx nerveux parvenant au muscle lisse ne déclenchent pas nécessairement une contraction et toutes les contractions ne résultent pas nécessairement d'influx nerveux (dans certaines situations, ce sont des hormones qui provoquent la contraction des myocytes).

Toutes les terminaisons nerveuses somatiques libèrent de l'acétylcholine, qui stimule toujours les muscles squelettiques. Cependant, les différentes neurofibres du système autonome qui rejoignent les muscles lisses libèrent divers neurotransmetteurs, dont certains peuvent soit stimuler, soit inhiber un groupe particulier de cellules musculaires lisses. L'effet qu'aura un neurotransmetteur particulier sur un muscle lisse donné dépend du type de récepteur membranaire (protéine intégrée de la membrane). Par exemple, lorsque l'acétylcholine se lie à des récepteurs de l'ACh situés sur les muscles lisses des bronchioles (les petits canaux aériens des poumons), ces derniers se contractent fortement et resserrent les bronchioles. Lorsque la noradrénaline, libérée par un autre type de neurofibres autonomes, se lie aux récepteurs de noradrénaline présents sur les *mêmes* cellules musculaires lisses, elle a un effet inhibiteur et le muscle se détend, ce qui dilate le passage aérien. Par contre, lorsque la noradrénaline se lie aux muscles lisses des parois de la plupart des vaisseaux sanguins, elle provoque leur contraction et la diminution du diamètre du vaisseau sanguin.

Certaines couches de muscle lisse ne possèdent aucune terminaison nerveuse ; elles se dépolarisent spontanément ou en réponse à des stimulus chimiques. D'autres peuvent répondre à la fois à des stimulus nerveux et chimiques. Certains facteurs de nature chimique (hormones, manque d'oxygène, excès de gaz carbonique, baisse du pH, etc.) peuvent provoquer une contraction ou une relaxation des muscles lisses en l'absence de potentiel d'action (car ils provoquent ou empêchent l'entrée des ions calcium dans le sarcoplasme). C'est parce qu'ils réagissent immédiatement à ces stimulus chimiques de leur milieu que les muscles lisses peuvent pourvoir aux besoins spécifiques des tissus ; ce type de réaction est aussi probablement la principale cause du tonus des muscles lisses. Par exemple, la gastrine, une hormone, déclenche la contraction des muscles lisses de l'estomac, ce qui permet le brassage efficace des aliments. Dans des chapitres ultérieurs, nous étudions l'activation des muscles lisses de certains organes.

Particularités de la contraction des muscles lisses

Le fonctionnement de la plupart des organes creux dépend en grande partie des muscles lisses, lesquels présentent un certain nombre de caractéristiques très particulières. Nous avons déjà parlé de certaines de ces particularités (tonus des muscles lisses, contractions lentes et prolongées, faibles besoins énergétiques). Mais les muscles lisses peuvent aussi se raccourcir davantage que les autres types de muscles, leur réaction à l'étirement est différente et ils ont des fonctions sécrétrices.

Réponse à l'étirement. Lorsqu'un muscle squelettique ou cardiaque est étiré, il réagit par des contractions plus vigoureuses. Lorsqu'il est étiré, le muscle lisse se contracte également, et c'est ainsi que les substances sont poussées dans les canaux internes. Cependant, la tension n'est pas accrue très longtemps et, au bout de quelques minutes, elle revient à sa valeur initiale. Cette réponse, appelée **réponse contraction-relâchement,** permet aux organes creux de se dilater (à l'intérieur de certaines limites) afin de faire augmenter leur volume interne sans que des contractions n'en expulsent le contenu. Cette particularité a son importance, parce des organes comme l'estomac et la vessie doivent retenir leur contenu un certain temps. Si ce n'était pas le cas, l'étirement de notre estomac et de notre intestin pendant les repas déclencherait de vigoureuses contractions qui précipiteraient les aliments le long de notre tube digestif, et la digestion et l'absorption n'auraient pas le temps de se faire ; de même, l'urine, qui est produite de façon continue, ne pourrait être emmagasinée dans notre vessie jusqu'au moment où nous pouvons nous en débarrasser.

Modifications de la longueur et de la tension. Non seulement les muscles lisses s'étirent-ils beaucoup plus que les muscles squelettiques, mais ils produisent une tension plus grande que des muscles squelettiques étirés de façon comparable. Comme vous vous en souvenez (voir la figure 9.22c), la structure précise et le haut degré d'organisation des sarcomères des muscles squelettiques imposent des limites à l'étirement que ceux-ci peuvent subir avant de se contracter et d'exercer une force. Par contre, les cellules des muscles lisses semblent se contracter en se tordant comme un tire-bouchon. L'absence de sarcomères et la disposition irrégulière des filaments, qui se recouvrent dans une large mesure, permet à ces cellules d'exercer une force considérable, même lorsqu'elles sont très étirées. Pour qu'un muscle squelettique puisse fonctionner de manière efficace, sa longueur peut varier d'environ 60 % (de 30 % de moins à 30 % de plus que sa longueur de repos). Par contre, un muscle lisse peut se contracter du double à la moitié de sa longueur normale (de repos), soit un changement de 150 %. Cela permet aux cavités viscérales de répondre à d'énormes changements de volume sans devenir flasques lorsqu'elles sont vides.

Hyperplasie. Contrairement aux muscles squelettiques et cardiaque, certaines fibres des muscles lisses peuvent subir une *hyperplasie,* c'est-à-dire se multiplier par division. La réponse de l'utérus aux œstrogènes en constitue un excellent exemple : à la puberté, la concentration plasmatique d'œstrogènes chez la jeune fille commence à augmenter. En se liant aux récepteurs membranaires des myocytes de l'utérus, les œstrogènes stimulent leur division, ce qui permet à l'utérus d'atteindre sa taille adulte. Puis, lorsque survient une grossesse, la concentration élevée d'œstrogènes dans le sang stimule une hyperplasie des muscles de l'utérus en réponse à l'accroissement de la taille du fœtus.

Fonctions sécrétrices. Les fibres des muscles lisses synthétisent et sécrètent également du collagène et de l'élastine, des protéines que l'on trouve dans les tissus conjonctifs. Le tissu conjonctif lâche qui entoure les cellules des muscles lisses est donc sécrété par ces cellules elles-mêmes, et non par des fibroblastes.

Types de muscles lisses

Les muscles lisses présents dans différents organes varient considérablement quant à la disposition des fibres et à leur structure, à la sensibilité aux divers stimulus et à leur innervation. Cependant, pour des raisons de simplicité, les muscles lisses sont habituellement classés en deux grandes catégories : les muscles lisses unitaires et multi-unitaires.

Muscles lisses unitaires

Les **muscles lisses unitaires,** aussi appelés **muscles viscéraux,** sont de loin les plus nombreux. Leurs cellules tendent à se contracter ensemble et de façon rythmique ; elles sont couplées électriquement les unes aux autres par des jonctions ouvertes; enfin, elles présentent souvent des potentiels d'action spontanés. Toutes les caractéristiques des muscles lisses dont nous avons parlé jusqu'ici s'appliquent aux muscles unitaires. Les cellules des muscles unitaires sont donc disposées en couches, présentent des réponses contraction-relâchement, etc.

Muscles lisses multi-unitaires

Les muscles lisses des grosses voies respiratoires et des grandes artères ainsi que les muscles arrecteurs des poils, reliés aux follicules pileux de la peau, sont tous des **muscles lisses multi-unitaires,** tout comme les muscles internes des yeux qui règlent le diamètre de nos pupilles (muscle sphincter de la pupille) et effectuent la mise au point (muscle ciliaire).

Contrairement à ce que l'on observe dans le muscle unitaire, les jonctions ouvertes sont rares, ainsi que les dépolarisations spontanées et synchrones. Les muscles lisses multi-unitaires (comme les muscles squelettiques) sont constitués de fibres musculaires indépendantes les unes des autres; ils sont bien pourvus en terminaisons nerveuses, et chacune de celles-ci forme une unité motrice avec un certain nombre de fibres musculaires; enfin, ils répondent à la stimulation nerveuse par des contractions graduées. Cependant, contrairement aux fibres musculaires squelettiques, qui sont innervées par la division somatique (volontaire) du système nerveux, les muscles lisses multi-unitaires (tout comme les muscles lisses unitaires) sont innervés par la division autonome (involontaire) du système nerveux et peuvent être soumis à une régulation hormonale.

Développement et vieillissement des muscles

À de rares exceptions près, tous les tissus musculaires se développent à partir de **myoblastes,** des cellules mononucléées du mésoderme de l'embryon. Les myoblastes qui sont destinés à devenir des cellules musculaires lisses ou cardiaques migrent jusqu'aux enveloppes rudimentaires des organes viscéraux avec lesquels ils sont associés, puis les recouvrent. Les muscles squelettiques se développent à partir de « paquets » de mésoderme (les somites) situés de part et d'autre de la moelle épinière, et aussi à partir de petits amas de cellules mésodermiques qui constituent les bourgeons embryonnaires des membres.

Les fibres musculaires squelettiques multinucléées sont formées par la fusion d'un grand nombre de myoblastes. Après leur fusion, les cellules produisent des filaments d'actine et de myosine et acquièrent la capacité de se contracter. Habituellement, cela se produit avant la septième semaine de développement, alors que l'embryon ne mesure que 2,5 cm de long. Pendant que les nerfs rachidiens poursuivent leur croissance et pénètrent les masses musculaires, les soumettant ainsi à la régulation du système nerveux somatique, les proportions de fibres à contraction rapide et à contraction lente sont aussi établies.

Pour leur part, les myoblastes qui donnent naissance aux fibres lisses et cardiaques ne fusionnent pas pendant le stade embryonnaire. On connaît moins le détail de l'évolution de ces tissus, mais tous deux forment des jonctions ouvertes au tout début de la vie embryonnaire. Le muscle cardiaque joue son rôle de pompe sanguine vers la fin de la troisième semaine de développement (souvent avant même que la femme sache qu'elle est enceinte).

Les fibres musculaires squelettiques et cardiaques deviennent amitotiques mais restent capables d'hypertrophie chez l'adulte (si les stimulations sont appropriées). À la naissance, leur spécialisation est généralement terminée et, dès lors, les muscles endommagés (ainsi que le cœur) sont reconstitués par formation de tissu cicatriciel. Cependant, les *cellules satellites,* qui ressemblent aux myoblastes et sont associées aux muscles squelettiques, reconstituent dans une certaine mesure les fibres endommagées et permettent une régénération *très limitée* des fibres musculaires mortes. Il n'y a pas de cellules satellites dans le muscle cardiaque, qui est dépourvu de toute capacité de régénération. Par contre, les muscles lisses ont une capacité de régénération moyenne ou bonne pendant toute la vie de l'individu.

À la naissance, la plupart des muscles squelettiques ont la forme de courroies, et les mouvements du bébé sont mal coordonnés et déterminés par des réflexes. En règle générale, le développement musculaire reflète le niveau de coordination neuromusculaire, qui se fait de la tête vers les orteils et des parties proximales vers les parties distales. Le bébé sait lever la tête avant d'apprendre à marcher. Les mouvements globaux apparaissent avant les mouvements fins, et l'agitation aléatoire des bras se transforme vite en gestes délicats comme le pincement (par lequel on ramasse une épingle entre l'index et le pouce). Pendant toute notre enfance, la maîtrise des muscles squelettiques se précise de plus en plus. Vers le milieu de l'adolescence, la maîtrise nerveuse *naturelle* de nos muscles a atteint son maximum, et nous pouvons soit l'accepter telle qu'elle est, soit la perfectionner par un entraînement sportif ou autre.

On entend souvent demander si la différence entre la force d'un homme et d'une femme repose sur des facteurs biologiques. La réponse est oui. Il existe des variations individuelles, mais en moyenne les muscles squelettiques des femmes représentent environ 36 % de leur masse corporelle, alors que ceux des hommes comptent pour 42 %. La plus grande capacité musculaire des hommes est due en premier lieu à l'influence de la testostérone sur les fibres musculaires et non à l'exercice physique. Comme les hommes sont généralement plus lourds que les femmes, la véritable différence de force est encore plus grande que ce que le pourcentage de masse musculaire le laisse supposer, mais la force musculaire par unité de masse est la même chez les deux sexes. L'exercice musculaire intense provoque une hypertrophie musculaire plus importante chez l'homme que chez la femme, encore à cause des hormones mâles.

Comme ils sont bien irrigués, les muscles squelettiques offrent une résistance étonnante à l'infection, et ce pendant toute la vie; il suffit d'une bonne alimentation et d'un peu d'exercice pour qu'ils soient relativement bien protégés de la maladie. Cependant, la dystrophie musculaire est une affection grave sur laquelle nous allons nous pencher de plus près.

Le terme *dystrophie musculaire* désigne un ensemble de maladies héréditaires qui attaquent les muscles appartenant à certains groupes particuliers. Les muscles touchés grossissent parce qu'il s'y dépose des graisses et du tissu conjonctif, mais les fibres musculaires dégénèrent et s'atrophient.

La forme la plus répandue et la plus grave de cette maladie est la *dystrophie musculaire progressive de Duchenne,* qui est héréditaire, récessive et liée au sexe. Les femmes portent et transmettent le gène anormal, qui s'exprime presque uniquement chez les hommes. Cette affection très grave est habituellement diagnostiquée entre la deuxième et la dixième année. Des enfants actifs et apparemment normaux deviennent maladroits et commencent à tomber souvent parce que leurs muscles s'affaiblissent. Le mal progresse de façon implacable à partir des extrémités, et finit par atteindre les muscles de la tête et du thorax. La plupart des victimes se retrouvent confinées au fauteuil roulant vers l'âge de 12 ans et meurent d'insuffisance respiratoire à environ 20 ans.

La recherche a récemment permis de découvrir la cause de la dystrophie musculaire progressive de Duchenne: dans les muscles atteints, il manque une protéine appelée *dystrophine* qui, normalement, soutient le sarcolemme depuis l'intérieur. Bien qu'il n'existe encore aucun recours contre cette maladie, on a pu élaborer, grâce à ces connaissances, une nouvelle technique très prometteuse appelée *traitement par transfert de myoblastes.* Cette technique, utilisée avec succès sur des souris, consiste à injecter dans les muscles atteints des myoblastes sains, qui fusionnent avec les myoblastes malades. Une fois qu'ils se trouvent à l'intérieur des cellules, les noyaux des myoblastes fournissent le gène normal dont les myocytes ont besoin pour produire la dystrophine et croître de façon normale. Des essais tentés sur des humains se sont soldés par des succès comparables, mais la grande taille des muscles humains représente une difficulté supplémentaire. ■

Au cours du vieillissement, la quantité de tissu conjonctif présent dans nos muscles squelettiques augmente, le nombre de fibres musculaires diminue et les muscles deviennent plus fibreux ou plus tendineux. Comme nos muscles squelettiques représentent une partie importante de notre masse corporelle, nous perdons du poids. La perte de masse musculaire entraîne aussi une diminution de la force musculaire, qui se chiffre à environ 50 % vers l'âge de 80 ans. La pratique régulière d'exercices physiques permet de contrecarrer en partie les effets du vieillissement sur le système musculaire, mais les muscles peuvent aussi être frappés de façon indirecte. Le vieillissement du système cardiovasculaire se répercute sur presque tous les organes du corps, y compris les muscles. Lorsque l'artériosclérose commence à boucher leurs artères distales, certaines personnes peuvent présenter une anomalie du système circulatoire nommée *claudication intermittente ischémique*: l'apport sanguin aux jambes se trouve réduit, ce qui provoque de terribles douleurs dans les jambes au cours de la marche.

Les muscles lisses sont remarquablement exempts de maladies. Leur fonctionnement est surtout gêné par des agents irritants externes. Dans le tube digestif, cette irritation peut être due à l'ingestion d'une trop grande quantité d'alcool ou de nourriture épicée, ou à une infection bactérienne. Les muscles deviennent alors plus sensibles à la stimulation et tendent à débarrasser l'organisme de l'agent irritant, d'où l'apparition de diarrhée ou de vomissements. Des contractions spasmodiques peuvent aussi se produire dans d'autres organes creux. Nous vous présentons au chapitre 19 les maladies qui sont propres au cœur.

Aucune partie de notre organisme ne fonctionne de manière isolée. Certains organes vieillissent plus vite que d'autres, mais les effets du vieillissement d'un système se reflètent toujours plus ou moins sur les autres. Quand nous essayons de maintenir nos muscles, ou n'importe quel autre système de notre organisme, en bonne santé, nous devons nous placer d'un point de vue holistique (global). De l'exercice physique modéré, une bonne alimentation et des habitudes saines devraient rester des priorités pendant toute notre vie.

* * *

Le mouvement est une propriété intrinsèque de toutes les cellules, mais, à l'exception des muscles, ces mouvements se retrouvent surtout au niveau intracellulaire. Les muscles squelettiques, qui sont le principal objet de ce chapitre, nous permettent d'interagir de multiples façons avec notre environnement, mais ils contribuent aussi à notre homéostasie, comme l'illustre la figure 9.26. Nous avons parlé de la structure des muscles en allant du niveau macroscopique au niveau moléculaire, et nous avons examiné leur physiologie. Pour faire suite à cela, dans le chapitre 10, nous parlerons des interactions qui existent entre les muscles et les os et entre les muscles eux-mêmes, puis nous décrirons chacun des muscles squelettiques qui forment notre système musculaire.

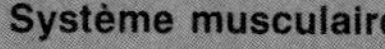

Système musculaire

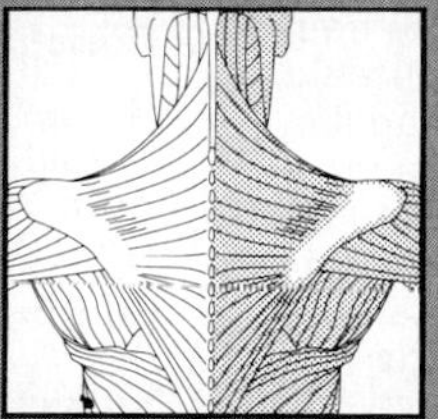

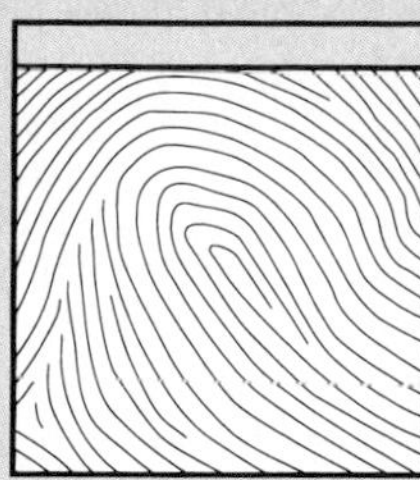

Système tégumentaire

▶ Le protège en l'enveloppant

◀ L'exercice favorise l'irrigation de la peau et la maintient en bon état

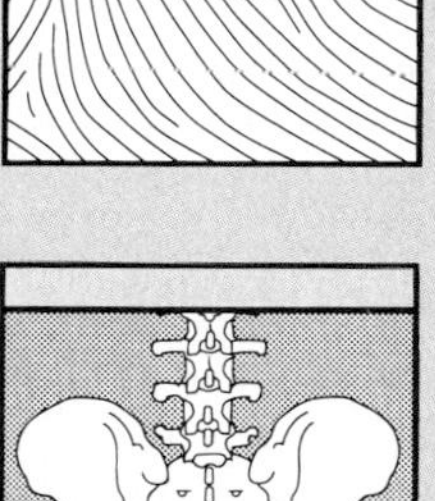

Système osseux

▶ Fournit des leviers pour l'activité musculaire

◀ L'activité des muscles squelettiques assure l'intégrité et la solidité des os

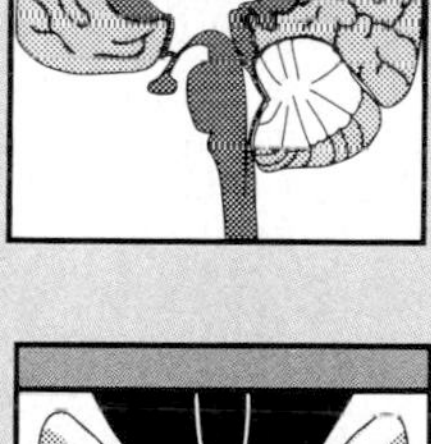

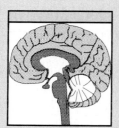

Système nerveux

▶ Stimule et assure la régulation de l'activité musculaire

◀ L'activité des muscles faciaux permet l'expression des émotions

Système endocrinien

▶ L'hormone de croissance et les androgènes déterminent la force et la masse musculaires; d'autres hormones contribuent à la régulation de l'activité du cœur et des muscles lisses

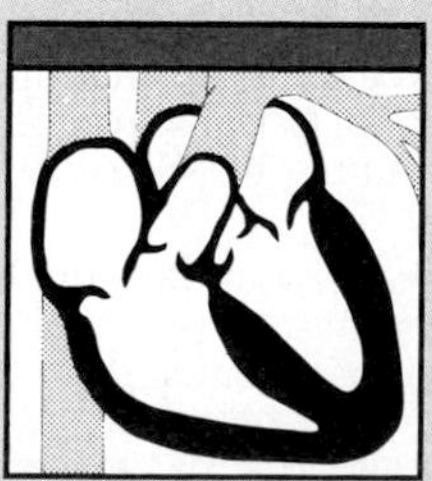

Système cardiovasculaire

▶ Apporte l'oxygène et les nutriments aux muscles

◀ L'activité des muscles squelettiques augmente l'efficacité du système cardiovasculaire; elle prévient l'athérosclérose et provoque l'hypertrophie du cœur

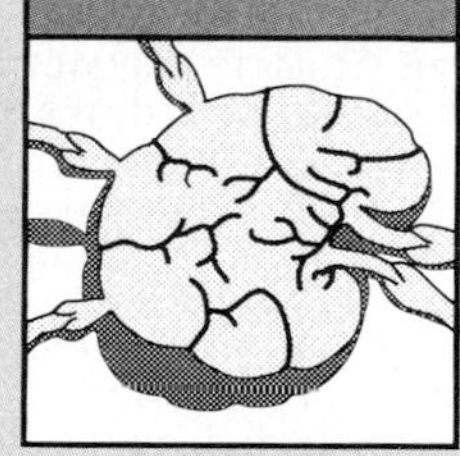

Système lymphatique

◀ Draine les fuites de liquide interstitiel

▶ Les contractions des muscles squelettiques favorisent la circulation de la lymphe

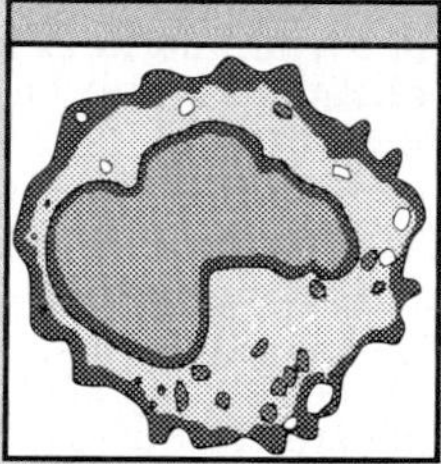

Système immunitaire

◀ Protège les muscles squelettiques contre les maladies

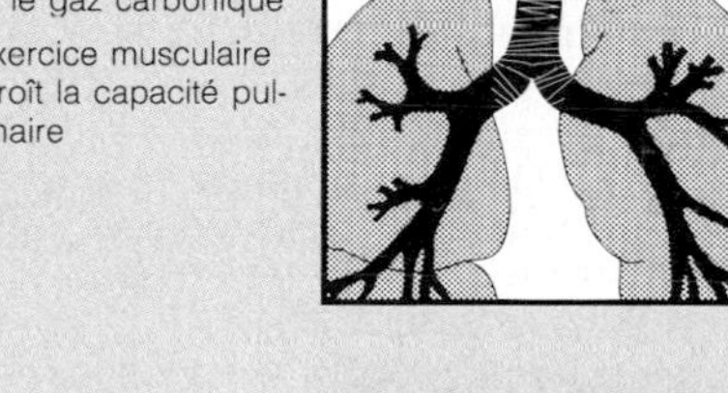

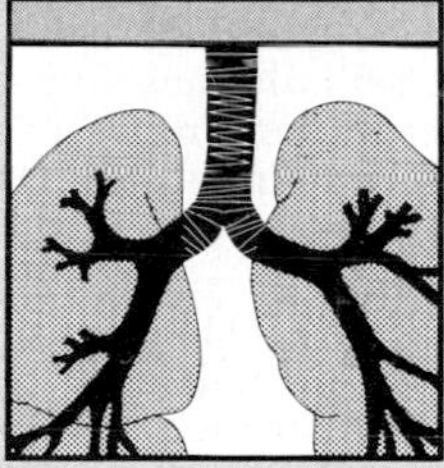

Système respiratoire

◀ Fournit l'oxygène, évacue le gaz carbonique

▶ L'exercice musculaire accroît la capacité pulmonaire

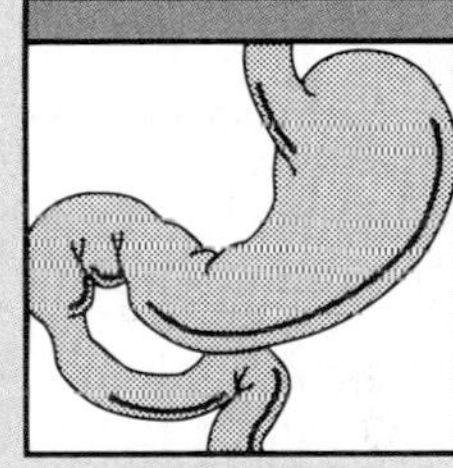

Système digestif

◀ Fournit les nutriments nécessaires au maintien des muscles et à la physiologie musculaire; le foie métabolise l'acide lactique

▶ L'activité physique augmente la motilité intestinale

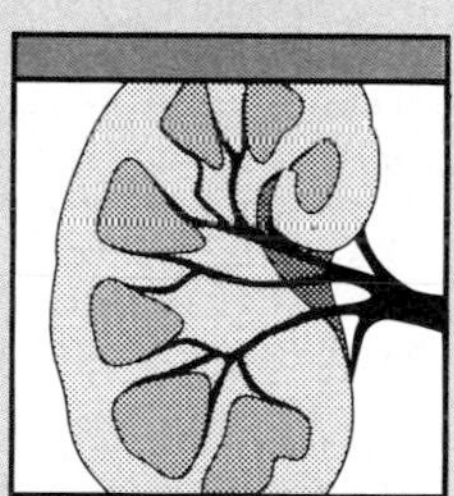

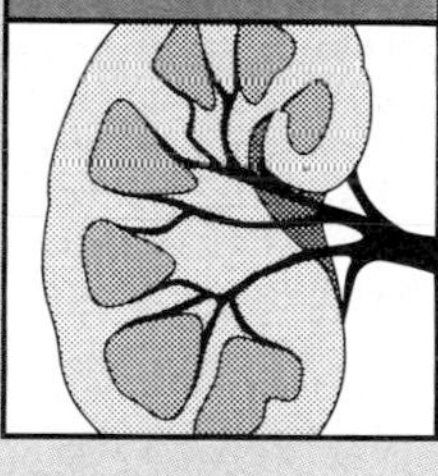

Système urinaire

◀ Évacue les déchets azotés

▶ L'activité physique favorise une évacuation normale; le muscle sphincter de l'urètre (volontaire) est un muscle squelettique

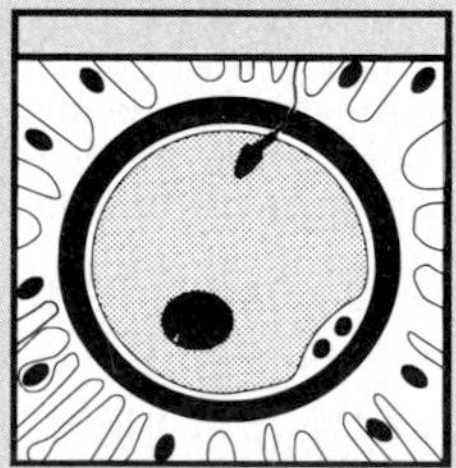

Système génital

◀ Les androgènes produits par les testicules entraînent une augmentation du volume des muscles

▶ Soutient les organes abdominaux (p. ex. l'utérus); contribue à l'érection du pénis et du clitoris

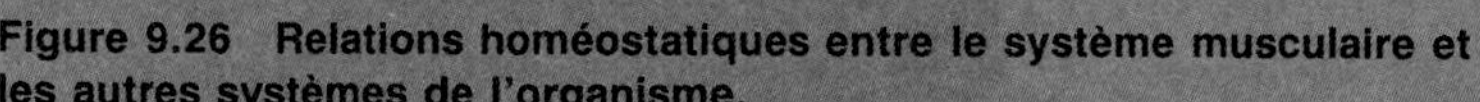

Figure 9.26 Relations homéostatiques entre le système musculaire et les autres systèmes de l'organisme.

Termes médicaux

Crampe Spasme, ou contraction tétanique, continu d'un muscle entier, qui peut durer quelques secondes ou plusieurs heures, et pendant lequel le muscle devient raide et douloureux. Fréquente dans le mollet, la cuisse et les muscles de la hanche, elle survient habituellement la nuit ou après un exercice musculaire; elle peut être due à une faible concentration de glucose dans le sang, à un manque d'électrolytes (en particulier de sodium ou de calcium), à la déshydratation ou à une irritabilité des neurones de la moelle épinière. Un moyen de soulager une crampe consiste à pincer le muscle en l'étirant.

Élongation musculaire Due à un étirement exagéré et parfois à une déchirure du muscle à la suite d'un effort trop intense; habituellement, le muscle atteint s'enflamme et devient douloureux (myosite) et les articulations voisines sont immobilisées.

Fasciculations Contractions spontanées de plusieurs unités motrices d'un faisceau musculaire, qui provoquent des soubresauts ou une ondulation de la peau. Elles peuvent apparaître et s'arrêter sans raison apparente, mais elles peuvent aussi être provoquées par une irritation musculaire extrême ou une maladie dégénérative du système nerveux.

Fibromyosite (*fibra* = filament; *ite* = inflammation) Ensemble d'affections consistant en l'inflammation d'un muscle, de ses enveloppes de tissu conjonctif, de ses tendons et des capsules des articulations voisines. Les symptômes ne sont pas spécifiques et comprennent souvent divers degrés de sensibilité associés à certaines régions précises.

Hernie Saillie d'un organe à travers la paroi de la cavité où il se trouve. Elle peut être d'origine congénitale (à la suite de l'absence de fusion des muscles pendant le développement), mais, dans la majorité des cas, elle est causée par un effort violent (déplacement d'une grosse charge) ou l'affaiblissement musculaire qui acompagne l'obésité.

Inhibiteurs calciques Substances qui empêchent le mouvement du Ca^{2+} à travers la membrane plasmique, inhibant ainsi la contraction musculaire. Les inhibiteurs calciques sont le plus souvent utilisés pour détendre les muscles lisses qui se trouvent dans les parois des vaisseaux sanguins, ce qui leur permet de se dilater et fait augmenter le débit cardiaque.

Myalgie (*algos* = douleur) Douleur musculaire résultant d'une affection du muscle.

Myopathie (*pathos* = maladie, souffrance) Toute affection musculaire.

Repos, glace, compression, élévation Traitement habituel d'une élongation musculaire ou d'un étirement excessif des tendons ou des ligaments.

Spasme Contraction musculaire involontaire et soudaine dont l'effet peut aller du simple agacement à une douleur intense; peut être provoqué par certains déséquilibres chimiques; des facteurs psychologiques pourraient contribuer aux spasmes des paupières ou des muscles faciaux, appelés tics; on peut tenter de masser la zone touchée pour mettre fin au spasme.

Ténosynovite Inflammation douloureuse d'un tendon et de sa gaine, qui peut constituer un handicap temporaire. Elle se produit le plus souvent dans les mains, les poignets, les pieds ou les chevilles, à la suite d'une utilisation intensive et continue, comme chez les pianistes et les opérateurs de terminal d'ordinateur. Elle peut aussi être due à l'arthrite ou à une infection bactérienne de la gaine du tendon. Le traitement consiste à immobiliser la région touchée (ou à procéder à une intervention chirurgicale pour drainer la gaine infectée).

Résumé du chapitre

TISSU MUSCULAIRE: CARACTÉRISTIQUES GÉNÉRALES (p. 246-248)

Types de muscles (p. 246-247)

1. Les muscles squelettiques sont striés, attachés au squelette et soumis à la volonté.

2. Le muscle cardiaque forme le cœur, il est strié et la régulation de sa fonction est involontaire.

3. Les muscles lisses sont situés en majorité dans les parois des organes creux, et leur maîtrise est involontaire. Leurs fibres ne sont pas striées.

Fonctions (p. 247-248)

4. Les muscles font bouger des parties internes et externes du corps, ils permettent le maintien de la posture, la stabilité des articulations et le dégagement de chaleur.

5. Les caractéristiques fonctionnelles des muscles sont l'excitabilité, la contractilité, l'extensibilité et l'élasticité.

MUSCLES SQUELETTIQUES (p. 248-276)

Anatomie macroscopique d'un muscle squelettique (p. 248-251)

1. Les fibres des muscles squelettiques (cellules musculaires ou myocytes) sont protégées et renforcées par des enveloppes de tissu conjonctif, c'est-à-dire l'endomysium, le périmysium et l'épimysium.

2. Les attaches des muscles squelettiques (origines et insertions) peuvent être soit directes, soit indirectes. Les attaches indirectes des tendons et des aponévroses résistent mieux à la friction.

3. Les modes les plus courants d'agencement des faisceaux sont de type parallèle, penné (unipenné, bipenné et multipenné), convergent et circulaire.

Anatomie microscopique d'une fibre musculaire squelettique (p. 251-254)

4. Les fibres musculaires squelettiques sont longues, striées et multinucléées.

5. Les myofibrilles sont des éléments contractiles et elles occupent la plus grande partie du volume de la cellule. Leur apparence striée est due à l'alternance régulière de bandes foncées (A) et claires (I). Les myofibrilles sont des chaînes de sarcomères; chaque sarcomère contient des filaments minces (d'actine) et épais (de myosine) disposés de façon régulière. Les têtes des molécules de myosine forment des ponts d'union qui interagissent avec les filaments minces.

6. Le réticulum sarcoplasmique (RS) est un réseau de tubules membranaires qui entoure chaque myofibrille. Il a pour fonction de libérer, puis de retenir les ions calcium.

7. Les tubules T sont des invaginations du sarcolemme qui passent entre les citernes terminales du RS. Ils acheminent le stimulus électrique et amènent le liquide interstitiel jusqu'aux parties profondes de la cellule.

Contraction d'une fibre musculaire squelettique (p. 254-262)

8. Selon la théorie de la contraction par glissement des filaments, les filaments minces sont tirés vers le centre du sarcomère par les têtes de myosine des filaments épais.

9. Le glissement des filaments est déclenché par l'accroissement de la concentration intracellulaire d'ions calcium. Sur l'actine, la liaison de la troponine et du calcium écarte la tropomyosine des sites de liaison de la myosine, permettant ainsi la liaison avec les têtes de myosine. L'ATPase de la myosine dissocie l'ATP, ce qui fournit l'énergie de la phase active et permet le détachement des têtes de myosine.

10. La régulation de la contraction des cellules des muscles squelettiques comprend (a) la production et la transmission d'un potentiel d'action le long du sarcolemme et (b) le couplage excitation-contraction.

11. Le potentiel d'action se déclenche lorsque l'acétylcholine libérée par les terminaisons nerveuses se lie aux récepteurs d'acétylcholine situés sur le sarcolemme; cela modifie la perméabilité de la membrane, qui se trouve dépolarisée, puis repolarisée par un flot d'ions. Lorsqu'il est amorcé, le potentiel d'action se propage de lui-même et ne peut être arrêté (loi du tout ou rien).

12. Pendant le couplage excitation-contraction, le potentiel d'action se propage le long des tubules T, provoquant la libération de calcium du réticulum sarcoplasmique vers l'intérieur de la cellule. Le calcium permet l'interaction des têtes de

myosine et des filaments d'actine et, par conséquent, le glissement des filaments. L'activité des têtes de myosine prend fin lorsque le calcium est ramené dans le RS.

Contraction d'un muscle squelettique (p. 262-266)

13. Une unité motrice est constituée d'un neurone moteur et de toutes les cellules musculaires qu'il rejoint. L'axone du neurone possède plusieurs ramifications, et chacune d'entre elles forme une jonction neuromusculaire avec une cellule musculaire.

14. La secousse est la réponse d'un muscle squelettique à un seul stimulus liminaire de courte durée. La secousse comporte trois phases: la période de latence, la période de contraction et la période de relâchement.

15. Les réponses graduées à des stimulus de plus en plus rapides sont la sommation temporelle et le tétanos; la réponse graduée à des stimulus de plus en plus intenses est la sommation spatiale d'unités motrices.

16. Les contractions sont isotoniques si le muscle se raccourcit et la charge est déplacée. Elles sont isométriques s'il n'y a pas de raccourcissement.

Métabolisme des muscles (p. 266-269)

17. L'énergie utilisée pour la contraction musculaire provient de l'ATP, qui est produit par la réaction couplée de la créatine phosphate avec l'ADP, et par la dégradation du glucose par respiration cellulaire aérobie et anaérobie. La fatigue musculaire survient lorsque la consommation d'ATP est plus élevée que sa production.

18. Lorsque l'ATP est synthétisé par les voies anaérobies, il y a accumulation d'acide lactique et dette d'oxygène. Pour que les muscles reviennent à leur état de repos, il faut que de l'ATP soit produit par la respiration cellulaire aérobie; il sert alors à reconstituer les réserves de créatine phosphate et de glycogène en utilisant l'acide lactique qui a été accumulé.

19. Seule une proportion de 20 à 25 % de l'énergie fournie par utilisation de l'ATP sert à produire la contraction. Le reste est libéré sous forme de chaleur.

Force, vitesse et durée de la contraction musculaire (p. 269-272)

20. La force de la contraction musculaire dépend du nombre et de la taille des cellules musculaires (plus elles sont nombreuses et grosses, plus la force est grande), des éléments élastiques en série et du degré d'étirement du muscle.

21. Dans une secousse musculaire, la tension externe exercée sur la charge est toujours inférieure à la tension interne. Lorsqu'un muscle est tétanisé, la tension externe est égale à la tension interne.

22. Lorsque les filaments minces et épais se chevauchent légèrement, le muscle peut exercer sa force maximale. En cas d'étirement ou de raccourcissement exagérés du muscle, la force diminue.

23. Les facteurs qui déterminent la vitesse et la durée de la contraction musculaire sont la charge (plus elle est grande, plus la contraction est lente) et le type de fibres musculaires.

24. Il existe trois types de fibres musculaires: les fibres blanches à contraction rapide (fatigables), les fibres rouges à contraction lente (résistantes à la fatigue) et les fibres intermédiaires à contraction rapide (résistantes à la fatigue). La plupart des muscles contiennent un mélange de ces différents types de fibres.

Effets de l'exercice physique sur les muscles (p. 272-276)

25. La pratique régulière d'exercices aérobiques accroît l'efficacité, l'endurance, la force et la résistance à la fatigue des muscles squelettiques, et améliore le fonctionnement cardiovasculaire, respiratoire et neuromusculaire.

26. Les exercices contre résistance produisent une hypertrophie des muscles squelettiques et un gain important de force musculaire.

27. L'immobilisation complète des muscles mène à une faiblesse musculaire ainsi qu'à une atrophie grave.

MUSCLES LISSES (p. 276-279)

Structure microscopique et disposition des fibres musculaires lisses (p. 276-277)

1. Les fibres des muscles lisses sont petites, fusiformes et mononucléées; elles ne sont pas striées.

2. Le réticulum sarcoplasmique est peu développé, les tubules T sont absents (mais on constate la présence de simples cavéoles). Présence de filaments d'actine et de myosine, mais pas de sarcomères. Les filaments intermédiaires et les corps denses forment un réseau intracellulaire qui dirige la traction exercée par les têtes de myosine.

3. Les cellules des muscles lisses sont le plus souvent disposées en couches. Elles ne possèdent pas d'enveloppes complexes de tissu conjonctif.

Contraction des muscles lisses (p. 277-279)

4. Les fibres musculaires lisses sont parfois couplées électriquement par des jonctions ouvertes; le rythme des contractions peut être établi par des cellules rythmogènes.

5. L'énergie nécessaire à la contraction des muscles lisses vient de l'ATP et est libérée par l'entrée de calcium. Cependant, le calcium se lie à la calmoduline située sur les filaments épais et non sur les filaments minces.

6. Les muscles lisses se contractent pendant de longues périodes en consommant peu d'énergie et sans se fatiguer.

7. Les neurotransmetteurs du système nerveux autonome peuvent soit inhiber l'activité des muscles lisses, soit la stimuler. La contraction des muscles lisses peut aussi être déclenchée par les cellules rythmogènes, des hormones ou d'autres facteurs locaux de nature chimique qui font varier la concentration intracellulaire de calcium, ainsi que par un étirement mécanique.

8. La contraction des muscles lisses revêt certaines caractéristiques qui sont la réponse contraction-relâchement, la capacité d'exercer une force importante lors d'un fort étirement, l'hyperplasie dans certaines conditions, ainsi que la synthèse et la sécrétion de collagène et d'élastine.

Types de muscles lisses (p. 279)

9. Les fibres des muscles lisses unitaires sont couplées électriquement; leurs contractions sont synchrones et souvent spontanées.

10. Les muscles lisses multi-unitaires comprennent des fibres indépendantes et bien innervées; ils ne possèdent pas de jonctions ouvertes ni de cellules rythmogènes. La stimulation vient des nerfs du système nerveux autonome (ou d'hormones). Les contractions des muscles multi-unitaires sont rarement synchrones.

DÉVELOPPEMENT ET VIEILLISSEMENT DES MUSCLES (p. 279-280)

1. Les tissus musculaires se développent à partir de cellules du mésoderme de l'embryon nommées myoblastes. Les fibres des muscles squelettiques sont formées par la fusion de plusieurs myoblastes. Les fibres lisses et cardiaques proviennent de myoblastes séparés et possèdent des jonctions ouvertes.

2. En se spécialisant, les fibres squelettiques et cardiaques perdent le pouvoir de se diviser mais gardent leur capacité d'hypertrophie. Les muscles lisses ont la capacité de se régénérer et de subir une hyperplasie.

3. Le développement des muscles squelettiques reflète la maturité du système nerveux et se déroule de la tête aux pieds et des parties proximales aux parties distales. La maîtrise neuromusculaire atteint son développement maximal vers le milieu de l'adolescence.

4. Les muscles des femmes constituent environ 36 % de leur masse corporelle, et ceux des hommes environ 42 %; la différence est due principalement à l'influence des hormones mâles sur la croissance des muscles squelettiques.

5. Les muscles squelettiques sont richement vascularisés et assez résistants à l'infection, mais, pendant le vieillissement, ils deviennent fibreux, perdent de la force et s'atrophient.

Questions de révision

Choix multiples/associations

1. Le tissu conjonctif qui recouvre le sarcolemme de chaque fibre musculaire se nomme: (a) épimysium; (b) périmysium; (c) endomysium; (d) périoste.

2. Un faisceau est: (a) un muscle; (b) un ensemble de fibres musculaires délimité par une gaine de tissu conjonctif; (c) un ensemble de myofibrilles; (d) un groupe de myofilaments.

3. Un muscle dans lequel les fibres sont placées en biais le long d'un tendon longitudinal central est un muscle: (a) circulaire; (b) longitudinal; (c) penné; (d) parallèle.

4. Les filaments minces et épais n'ont pas la même composition. Pour chacune de ces descriptions, dites si le filament correspondant est: (a) épais; (b) mince.

______ **(1)** Contient de l'actine
______ **(2)** Contient de l'ATPase
______ **(3)** Relié à la strie Z
______ **(4)** Contient de la myosine
______ **(5)** Contient de la troponine
______ **(6)** Ne passe pas dans la bande I

5. Pendant la contraction musculaire, la fonction des tubules T est: (a) de fabriquer et d'emmagasiner du glycogène; (b) de libérer du Ca^{2+} à l'intérieur de la cellule, puis de le reprendre; (c) de transmettre le potentiel d'action loin à l'intérieur des cellules musculaires; (d) de former des protéines.

6. Les endroits où l'influx des neurones moteurs passe des terminaisons nerveuses à la membrane des cellules musculaires squelettiques sont: (a) les jonctions neuromusculaires; (b) les sarcomères; (c) les myofilaments; (d) les stries Z.

7. Une contraction déclenchée par un seul stimulus de courte durée se nomme: (a) secousse; (b) sommation temporelle; (c) sommation spatiale d'unités motrices; (d) tétanos.

8. Une contraction longue et régulière provoquée par une stimulation très rapide du muscle, et dans laquelle il n'y a aucun signe de relâchement, s'appelle: (a) secousse; (b) sommation temporelle; (c) sommation spatiale d'unités motrices; (d) tétanos.

9. Toutes ces caractéristiques s'appliquent aux contractions isométriques, sauf une, laquelle? (a) Le raccourcissement; (b) l'augmentation de la tension musculaire pendant toute la contraction; (c) l'absence de raccourcissement; (d) l'utilisation dans l'exercice contre résistance.

10. Pendant la contraction musculaire, l'ATP est fourni par: (a) une réaction couplée de la créatine phosphate et de l'ADP; (b) la dégradation du glucose par respiration cellulaire aérobie; (c) la dégradation du glucose par respiration cellulaire anaérobie.

______ **(1)** Par quelle voie la production d'ATP est-elle la plus rapide?
______ **(2)** Laquelle (lesquelles) ne nécessite(nt) pas la présence d'oxygène?
______ **(3)** Quelle voie (aérobie ou anaérobie) produit le plus d'ATP par molécule de glucose?
______ **(4)** Laquelle produit de l'acide lactique?
______ **(5)** Laquelle a pour sous-produits le gaz carbonique et l'eau?
______ **(6)** Laquelle est la plus importante dans les sports d'endurance?

11. Le neurotransmetteur qui est libéré par les neurones moteurs somatiques est: (a) l'acétylcholine; (b) l'acétylcholinestérase; (c) la noradrénaline.

12. Les ions qui pénètrent dans la cellule musculaire pendant le déclenchement du potentiel d'action sont: (a) des ions calcium; (b) des ions chlorure; (c) des ions sodium; (d) des ions potassium.

13. Identifiez les facteurs à l'aide des descriptions suivantes:

(a) charge
(b) type de fibre musculaire
(c) éléments élastiques en série
(d) nombre de fibres activées
(e) degré d'étirement du muscle

______ **(1)** tous les facteurs qui influent sur la force de contraction
______ **(2)** tous les facteurs qui influent sur la vitesse et la durée de la contraction musculaire

14. La myoglobine a une fonction particulière dans le tissu musculaire. Elle: (a) dissocie le glycogène; (b) est une protéine contractile; (c) constitue une réserve d'oxygène à l'intérieur du muscle.

15. L'exercice aérobique est bénéfique parce qu'il entraîne toutes les conséquences suivantes, sauf une, laquelle? (a) Accroissement de l'efficacité du système cardiovasculaire. (b) Augmentation du nombre de mitochondries dans les cellules musculaires. (c) Augmentation de la taille et de la force des cellules musculaires présentes. (d) Amélioration de la coordination du système neuromusculaire.

16. Les muscles lisses que l'on trouve dans les parois des systèmes digestif et urinaire et qui possèdent des jonctions ouvertes ainsi que des cellules rythmogènes sont du type: (a) multiunitaire; (b) unitaire.

Questions à court développement

17. Nommez et décrivez les quatre caractéristiques fonctionnelles du tissu musculaire qui sont à l'origine de la réponse musculaire.

18. Quelle est la différence entre les attaches musculaires directes et indirectes?

19. (a) Décrivez la structure d'un sarcomère et montrez les relations entre le sarcomère et les myofilaments. (b) Expliquez la théorie de la contraction par glissement des filaments en vous servant de schémas représentant un sarcomère détendu et un sarcomère contracté, et dans lesquels vous nommerez les différents éléments.

20. Quel est le rôle de l'acétylcholinestérase dans la contraction d'une cellule musculaire?

21. À l'aide des principaux éléments de la sommation spatiale des unités motrices, expliquez en quoi une contraction légère (mais régulière) diffère d'une contraction vigoureuse du même muscle.

22. Expliquez ce que signifie le terme «couplage excitation-contraction».

23. Définissez une unité motrice.

24. Décrivez les trois différents types de fibres musculaires squelettiques.

25. Vrai ou faux. La plupart des muscles renferment une majorité de fibres musculaires squelettiques d'un type précis. Justifiez votre réponse.

26. Expliquez quelle est la cause (ou quelles sont les causes) de la fatigue musculaire, et définissez clairement cette notion.

27. Définissez la dette d'oxygène.

28. Les muscles lisses ont des caractéristiques particulières (faibles besoins énergétiques, capacité de maintenir une contraction pendant de longues périodes, réponse contraction-relâchement). Faites le lien entre ces propriétés et les fonctions des muscles lisses dans l'organisme.

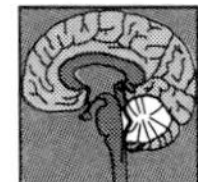

Réflexion et application

1. Jean n'était pas du tout en forme lorsqu'il est allé jouer au touch-football avec ses amis. Comme il était à la poursuite du ballon, il a ressenti une douleur au mollet droit. Le lendemain, il s'est rendu à la clinique, où on lui a dit qu'il avait une élongation. Jean a répondu que ce devait être faux, parce qu'il n'avait pas mal aux articulations. Il était clair que Jean confondait une *entorse* et une *élongation*. Expliquez la différence.

2. Un homme de 30 ans décide que son apparence laisse beaucoup à désirer. Pour essayer de remédier à cet état de choses, il s'inscrit à un club de mise en forme et commence à lever des poids trois fois par semaine. Au bout de trois mois d'entraînement, pendant lesquels il a pu lever des poids de plus en plus lourds, il remarque que les muscles de ses bras et de son torse sont devenus nettement plus gros. Expliquez les raisons structurales et fonctionnelles de ces changements.

3. Le jour où l'on a trouvé un suicidé, le médecin légiste n'a pas pu retirer le flacon de médicaments qu'il tenait serré dans la main. Dites pourquoi. Si la victime avait été découverte trois jours plus tard, le médecin aurait-il éprouvé les mêmes difficultés? Expliquez.

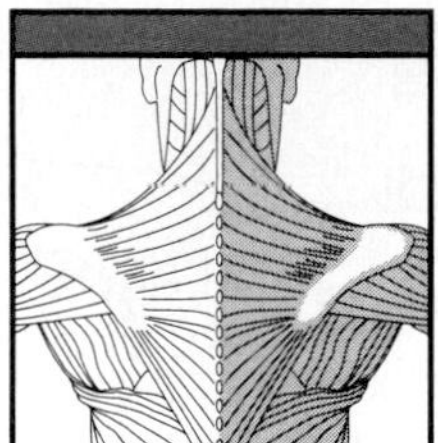

Le système musculaire

10

Sommaire et objectifs d'apprentissage

Systèmes de leviers: relations entre les os et les muscles (p. 285-287)

1. Nommer les trois genres de leviers et indiquer l'arrangement des éléments (force, point d'appui et charge) dans chacun des cas. Indiquer aussi les avantages de chaque genre de levier.

Interactions entre les muscles squelettiques (p. 287-288)

2. Expliquer les rôles des muscles agonistes, antagonistes, synergiques et fixateurs, et décrire la façon dont chacun assure le fonctionnement musculaire normal.

Noms des muscles squelettiques (p. 288-290)

3. Énumérer et définir les critères utilisés pour nommer les muscles. Donner un exemple qui illustre la manière dont chacun de ces critères est utilisé.

Principaux muscles squelettiques (p. 290-335)

4. Nommer et identifier (sur un diagramme ou sur un mannequin) chacun des muscles décrits aux tableaux 10.1 à 10.15. Mentionner les points d'origine et d'insertion de chacun, et décrire leur action.

Le terme tissu musculaire s'applique à tous les tissus contractiles quels qu'ils soient (muscles squelettiques, cardiaque ou lisses). Cependant, notre étude du **système musculaire** portera uniquement sur les **muscles squelettiques** et sur leurs enveloppes et attaches de tissu conjonctif. Les muscles squelettiques sont des organes composés de fibres musculaires striées. C'est grâce à eux que le corps humain est capable d'effectuer une gamme extraordinaire de mouvements, par exemple faire un clin d'œil, se tenir debout sur la pointe des pieds ou encore manier un marteau. Ces activités et la «machinerie» musculaire qui les engendre constituent l'élément central de ce chapitre. Toutefois, avant d'entreprendre la description détaillée de chacun des muscles, nous allons expliquer les principes du levier, décrire la façon dont un muscle «travaille» avec ou contre un autre pour produire, empêcher ou modifier un mouvement, puis nous examinerons les critères utilisés pour nommer les muscles.

Systèmes de leviers: relations entre les os et les muscles

Le fonctionnement de la plupart des muscles squelettiques fait intervenir un **système de leviers.** Un **levier** est une barre rigide, se déplaçant autour d'un point fixe, le **point d'appui** (pivot), et soumise à l'action d'une force. La **force** est le travail fourni pour vaincre la résistance offerte par une **charge.** Dans le corps humain, les articulations constituent les points d'appui et les os du squelette agissent comme leviers. La force provient de la contraction d'un muscle et elle est appliquée sur l'os au point d'insertion du muscle. L'os lui-même, les tissus qui le recouvrent et tout ce que l'on veut déplacer avec ce levier représentent la charge à mouvoir.

Figure 10.1 Systèmes de levier qui fonctionnent avec un avantage ou un désavantage mécaniques. L'équation en haut de la figure exprime la relation entre la force et la distance dans tout système de levier. (**a**) Une force de 10 kg est requise pour soulever une voiture de 1000 kg (la charge). Ce système de levier qui utilise un cric fonctionne avec un avantage mécanique: la charge soulevée est plus grande que la force fournie par les muscles. (**b**) Soulever une pelletée de terre fait intervenir un levier qui fonctionne avec un désavantage mécanique. Une force de 100 kg est requise pour soulever 50 kg de terre (la charge). Les leviers qui fonctionnent avec un désavantage mécanique sont nombreux dans le corps humain parce qu'un muscle peut avoir un point d'insertion près de la charge et produire ainsi des contractions rapides avec une grande amplitude de mouvement.

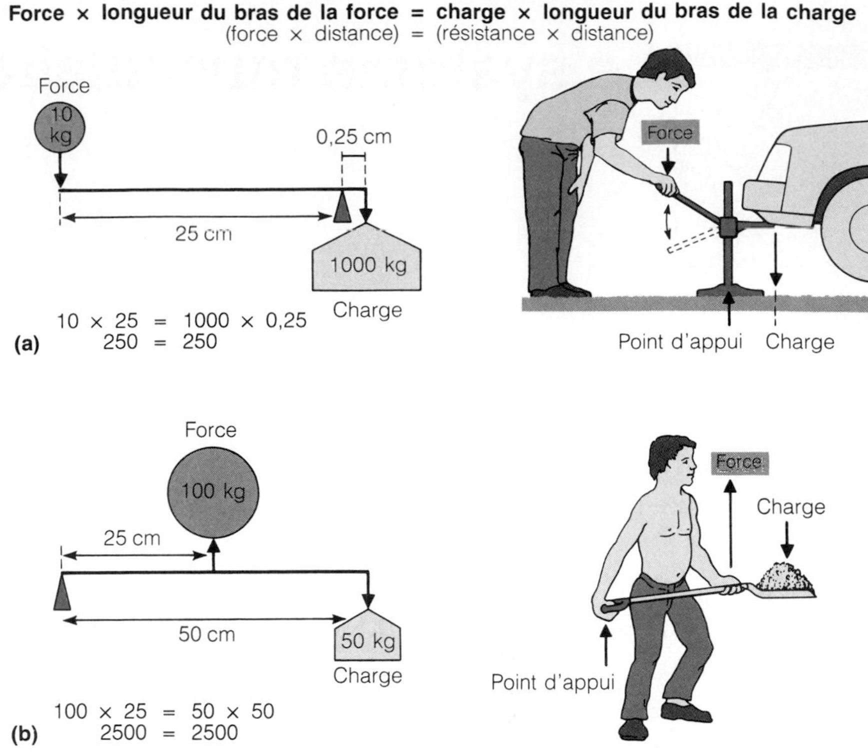

Un levier permet de soulever, avec peu de force, une charge plus lourde ou de la déplacer sur une distance plus grande qu'il ne serait possible autrement. Dans la figure 10.1a, la charge se situe près du point d'appui et la force est appliquée loin de celui-ci; dans un tel cas, une petite force exercée à une distance relativement grande suffit pour déplacer une charge lourde sur une courte distance. Nous disons d'un tel levier qu'il fonctionne avec un **avantage mécanique.** Par exemple, un homme peut soulever une voiture avec ce genre de levier (un cric), comme le montre l'illustration de la droite de la figure 10.1a. Chaque poussée vers le bas sur le bras du cric élève la voiture de quelques centimètres et ne requiert qu'un minimum de force musculaire. Si, au contraire, la charge se situe loin du point d'appui et si la force est appliquée près de celui-ci, la force déployée par le muscle doit être plus grande que la charge soutenue ou soulevée (figure 10.1b). Ce système de levier fonctionne avec un **désavantage mécanique.** Il se révèle cependant très utile car il permet à la charge d'être déplacée rapidement sur une grande distance. Lorsque nous manions une pelle ou lançons une balle, nous mettons en action ce genre de levier. Comme vous pouvez le voir, des situations légèrement différentes du point d'insertion d'un muscle (par rapport au point d'appui ou articulation) peuvent se traduire par des écarts importants dans la force que doit fournir un muscle pour remuer une charge donnée ou vaincre une résistance. Tous les leviers suivent le même principe de base: force appliquée plus loin du point d'appui que la charge = avantage mécanique; force appliquée plus près du point d'appui que la charge = désavantage mécanique.

Selon la position relative des trois éléments (point d'application de la force, point d'appui et charge) un levier appartient à l'un des trois genres suivants. Dans les **leviers du premier genre,** la force est appliquée à une extrémité du levier et la charge se trouve à l'autre bout, le point d'appui étant situé entre les deux (figure 10.2a). Une bascule et des ciseaux sont des exemples familiers de ce type de leviers; nous mettons en action un levier de ce genre quand nous relevons la tête. Dans le corps humain, on trouve des leviers du premier genre qui fonctionnent avec un avantage mécanique (l'application de la force s'effectue loin de l'articulation et la force est moins grande que la charge à mouvoir); d'autres, comme dans le cas de l'action du triceps dans l'extension de l'avant-bras contre une charge, fonctionnent avec un désavantage mécanique (la force est appliquée plus près de l'articulation et elle est plus grande que la charge à déplacer).

Dans les **leviers du deuxième genre,** la force est appliquée à une extrémité du levier et le point d'appui est situé à l'autre bout, avec la charge entre les deux (figure 10.2b). La brouette en est un exemple. Dans le corps humain, il existe peu de leviers du deuxième genre; se tenir debout sur la pointe des pieds illustre bien ce genre de levier. Les articulations formant la partie antérieure de la plante du pied agissent comme point d'appui, le poids corporel constitue la charge et les muscles du mollet qui s'insèrent sur le calcanéus exercent la force, en tirant le talon vers le haut. Les leviers du deuxième genre du corps humain travaillent tous avec un avantage mécanique parce que l'insertion du muscle est toujours plus loin du point d'appui que la charge à déplacer. Une grande force peut être fournie grâce à ce genre de leviers, mais l'amplitude et la vitesse des mouvements sont diminuées.

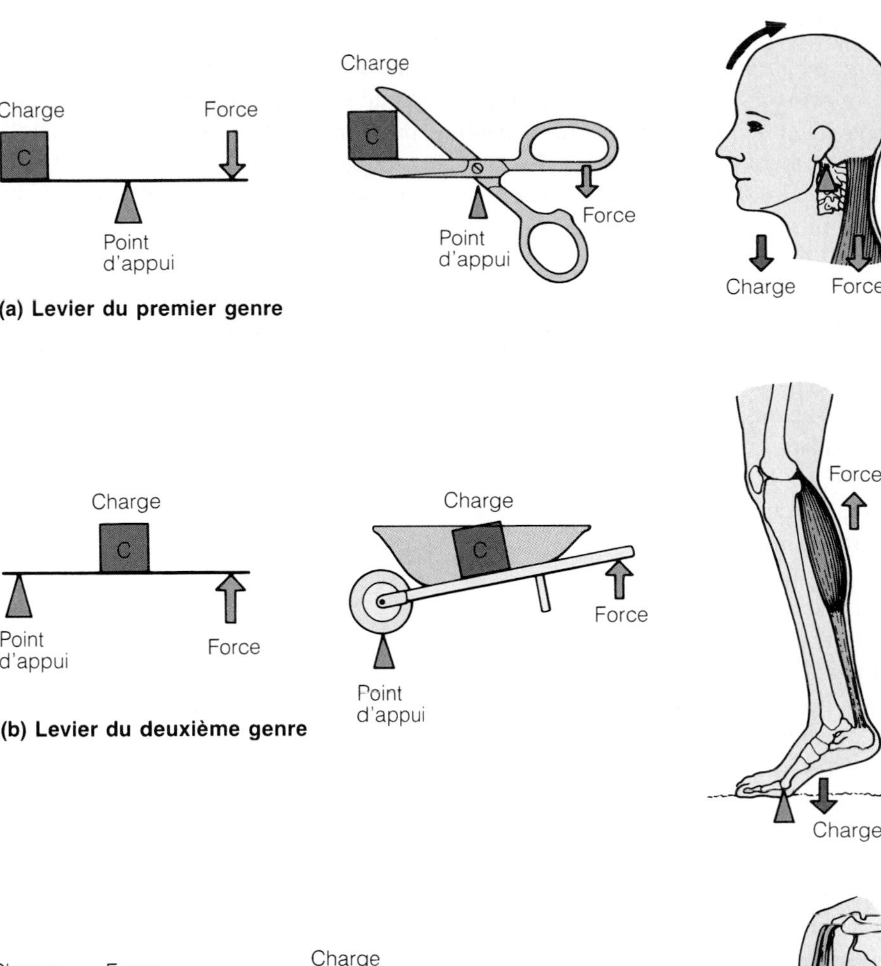

Figure 10.2 Systèmes de leviers. (**a**) Dans les leviers du premier genre, les éléments sont arrangés dans l'ordre charge/point d'appui/force. Les ciseaux font partie de cette catégorie. Dans le corps, c'est grâce à un levier du premier genre que la tête peut être relevée. Les muscles postérieurs du cou fournissent la force, l'articulation atlanto-occipitale constitue le point d'appui et la charge à soulever est le squelette de la face. (**b**) Dans les leviers du deuxième genre, l'arrangement est le suivant: point d'appui/charge/force; la brouette en est un exemple. Dans le corps humain, c'est un levier du deuxième genre qui est en jeu lorsque vous vous tenez debout sur la pointe des pieds. Les articulations de l'avant-pied jouent le rôle de point d'appui, le poids du corps constitue la charge et la force est exercée par les muscles du mollet qui tirent le talon (calcanéus) vers le haut. (**c**) Dans les leviers du troisième genre, l'arrangement est le suivant: charge/force/point d'appui. La pince à épiler et la pince à dissection sont des leviers de ce type. Le muscle biceps brachial qui effectue la flexion de l'avant-bras en est un exemple. La charge est constituée par la main et l'extrémité distale de l'avant-bras, la force est exercée sur l'extrémité proximale du radius et le point d'appui est l'articulation du coude.

Dans les **leviers du troisième genre**, la force est appliquée en un point situé entre la charge et le point d'appui (figure 10.2c). Ces leviers autorisent un déplacement rapide de la charge mais *toujours* avec un désavantage mécanique. La pince à épiler et la pince à dissection sont des exemples de ce genre de leviers. La plupart des muscles squelettiques agissent dans des systèmes de leviers du troisième genre. L'activité du biceps brachial en est une bonne illustration: l'articulation du coude agit comme point d'appui, la force est exercée sur l'extrémité proximale du radius, et l'extrémité distale de l'avant-bras (avec tout ce que portent la main et l'avant-bras) constitue la charge à mouvoir. Dans les systèmes de leviers du troisième genre, un muscle peut avoir un point d'insertion très proche de l'articulation où s'effectue le mouvement, ce qui provoque un mouvement rapide et de grande amplitude ne nécessitant qu'une contraction relativement faible du muscle.

En conclusion, nous pouvons dire que, selon la disposition des trois éléments d'un levier, l'activité du muscle est modifiée quant à (1) la vitesse de contraction, (2) l'amplitude du mouvement et (3) le poids de la charge qui peut être levée. Dans les systèmes de leviers qui fonctionnent avec un désavantage mécanique, la force est sacrifiée au profit de la vitesse, ce qui peut représenter un avantage marqué. Les systèmes qui fonctionnent avec un avantage mécanique sont plus lents, plus stables et se retrouvent là où la force est primordiale.

Interactions entre les muscles squelettiques

L'arrangement des muscles leur permet de travailler ensemble ou en opposition pour accomplir une grande variété de mouvements. Lorsque vous mangez, par exemple, vous portez votre fourchette à votre bouche puis vous l'abaissez vers l'assiette; ces deux gestes sont accomplis grâce aux muscles de votre bras et de votre main. Mais les muscles ne peuvent que *tirer*; ils ne *poussent* jamais. La contraction musculaire provoque le raccourcissement et non l'allongement du muscle et, lorsqu'un muscle raccourcit, son insertion (point d'attache sur l'os en mouvement) se déplace vers son origine (point d'attache fixe ou immobile). Ainsi, pour toute action d'un muscle (ou d'un groupe de muscles), un autre muscle ou groupe de muscles produit l'effet contraire.

Les muscles peuvent être répartis dans quatre groupes fonctionnels: agonistes, antagonistes, synergiques et fixateurs. Le muscle qui est le principal responsable d'un mouvement est appelé **agoniste**. Dans la flexion du coude, l'agoniste est le biceps brachial qui recouvre la face antérieure du bras (et qui s'insère sur le radius).

Les muscles qui s'opposent à un mouvement ou produisent un effet contraire sont appelés **antagonistes.** Lorsqu'un agoniste est en activité, les muscles antagonistes sont souvent en extension et relâchés. Les antagonistes peuvent aussi servir à diriger l'action d'un agoniste en se contractant pour opposer une certaine résistance contribuant à empêcher un geste de dépasser sa cible ou encore à ralentir ou à arrêter une action. En toute logique, un agoniste et son antagoniste sont situés de part et d'autre de l'articulation où ils agissent. Des antagonistes peuvent aussi être agonistes. Par exemple, le muscle triceps brachial, antagoniste du biceps brachial, devient l'agoniste dans le mouvement d'extension du coude.

La plupart des mouvements font également intervenir l'action d'un ou de plusieurs muscles **synergiques** (*sun* = avec; *ergon* = œuvre). Les synergiques aident les agonistes en (1) favorisant le même mouvement ou (2) en réduisant les mouvements inutiles ou indésirables qui peuvent se produire lorsqu'un agoniste se contracte. Cette dernière fonction mérite qu'on s'y attarde. Lorsqu'un muscle croise deux ou plusieurs articulations, sa contraction produit un mouvement de toutes ces articulations, à moins que d'autres muscles ne les stabilisent. Par exemple, les muscles fléchisseurs des doigts croisent les articulations du poignet et des phalanges, mais il est quand même possible de fermer le poing sans fléchir le poignet car les muscles synergiques stabilisent l'articulation. Pendant l'action de certains fléchisseurs, des mouvements de rotation indésirables peuvent aussi se produire; les synergiques empêchent ces mouvements, laissant toute la force de l'agoniste s'exercer dans la direction voulue.

Lorsque les synergiques immobilisent un os, ou l'origine d'un muscle, ils sont appelés de façon plus juste **fixateurs.** Au chapitre 7, nous avons vu que la scapula est très mobile car elle n'est retenue au squelette axial que par des muscles. Les muscles qui servent à mouvoir le bras prennent leur origine sur la scapula, et pour que les mouvements de cette dernière soient efficaces, elle doit être stabilisée. Le rôle des muscles fixateurs, qui s'étendent du squelette axial jusqu'à la scapula, est donc d'immobiliser celle-ci afin que seuls les mouvements désirés puissent s'accomplir au niveau de l'articulation de l'épaule. Les muscles qui concourent au maintien de la station debout sont aussi des fixateurs.

En résumé, bien que les agonistes soient les principaux responsables de la réalisation d'un mouvement, l'action des muscles antagonistes et synergiques est tout aussi importante pour assurer des mouvements harmonieux, précis et coordonnés.

Noms des muscles squelettiques

Les muscles squelettiques sont nommés selon certains critères qui s'appuient sur les caractéristiques structurales et fonctionnelles spécifiques d'un muscle. En portant attention à ces indices, il devient plus facile d'apprendre les noms et les actions des muscles.

1. **Situation du muscle.** Certains noms de muscles indiquent l'os ou l'endroit du corps auxquels le muscle est associé. Par exemple, le muscle temporal recouvre l'os temporal et les muscles intercostaux sont situés entre les côtes.

2. **Forme du muscle.** Comme les muscles possèdent souvent une forme caractéristique, ce critère est parfois utilisé pour les nommer. Par exemple, le deltoïde est presque triangulaire (*deltoïde* = en forme de triangle) et les trapèzes gauche et droit forment ensemble un trapèze.

3. **Taille relative du muscle.** Des termes tels que *grand*, *petit*, *long* et *court* apparaissent souvent dans les noms des muscles, comme dans grand fessier ou petit fessier.

4. **Direction des fibres musculaires.** Le nom de certains muscles indique la direction de leurs fibres (et faisceaux) par rapport à une ligne imaginaire, généralement la ligne médiane du corps ou l'axe longitudinal de l'os d'un membre. Dans les muscles dont le nom comporte le terme *droit*, les fibres sont parallèles à cette ligne imaginaire; les termes *transverse* et *oblique* indiquent que les fibres sont respectivement perpendiculaires et en diagonale par rapport à cette ligne. Le muscle droit de la cuisse et le muscle transverse de l'abdomen sont des muscles dont le nom indique la direction des fibres.

5. **Nombre d'origines.** Lorsque les termes *biceps, triceps* ou *quadriceps* font partie du nom d'un muscle, on peut en déduire que ce dernier possède deux, trois ou quatre origines ou *chefs.* Par exemple, le biceps brachial (du bras) a deux origines et le quadriceps fémoral (de la cuisse) en a quatre.

6. **Points d'origine et/ou d'insertion du muscle.** Certains muscles sont nommés d'après leurs points d'attache. Lorsque ce critère est utilisé et que les points d'origine et d'insertion sont mentionnés, c'est l'origine qui est d'abord donnée. Par exemple, le muscle sterno-cléido-mastoïdien a une double origine, sur le sternum (*sterno*) et sur la clavicule (*cléido*), et il s'insère sur l'apophyse *mastoïde* de l'os temporal.

GROS PLAN Les athlètes améliorent-ils leur apparence et leur force grâce aux stéroïdes anabolisants?

La société nord-américaine adore les vainqueurs et récompense largement ses meilleurs athlètes, tant sur le plan social que sur le plan financier. Il n'est donc pas étonnant que certains d'entre eux n'hésitent pas à recourir à toutes les méthodes possibles pour améliorer leurs performances, voire à faire usage de stéroïdes anabolisants. Les stéroïdes anabolisants sont un dérivé de la testostérone, l'hormone sexuelle mâle, mis au point par l'industrie pharmaceutique; ils sont apparus sur le marché dans les années 1950 pour soigner les victimes d'anémie et d'atrophie musculaire causée par certaines maladies ainsi que pour prévenir l'atrophie musculaire chez les patients immobilisés après une intervention chirurgicale. La testostérone est responsable de l'augmentation de la masse musculaire et osseuse. Elle provoque d'autres changements physiques qui surviennent au cours de la puberté et font apparaître les caractères sexuels secondaires chez les garçons. Persuadés que des mégadoses de stéroïdes pouvaient amplifier ces caractères chez l'homme adulte, de nombreux athlètes se sont tournés vers l'usage des stéroïdes au début des années 1960, et cette pratique subsiste de nos jours.

Il est difficile d'établir la fréquence d'utilisation des stéroïdes anabolisants par les athlètes car les drogues ont été interdites dans la majorité des compétitions internationales, et les utilisateurs (ainsi que les médecins prescripteurs et les pourvoyeurs de drogues) sont, bien sûr, réticents à en parler. Toutefois, il fait peu de doute que de nombreux culturistes et athlètes qui participent à des compétitions exigeant une grande force musculaire (par exemple le lancer du poids ou du disque et l'haltérophilie) en sont de gros consommateurs. Des personnalités sportives telles que des joueurs de football ont aussi admis qu'elles faisaient usage de stéroïdes en guise de complément à l'entraînement, au régime alimentaire et à la préparation psychologique pour les matchs. Les athlètes mentionnent plusieurs avantages des stéroïdes anabolisants, entre autres l'accroissement de la masse musculaire et de la force, l'augmentation de la capacité de transport d'oxygène grâce à un plus grand volume de globules rouges et une intensification de l'agressivité (c'est-à-dire le désir ardent d'« écraser » l'autre).

Les culturistes qui font usage de stéroïdes associent des doses élevées (jusqu'à 200 mg par jour) à un programme intensif d'exercices contre résistance. L'usage intermittent commence plusieurs mois avant une compétition; les doses orales et intramusculaires de stéroïdes sont augmentées graduellement à mesure que la compétition approche.

Mais ces drogues sont-elles aussi efficaces qu'on le prétend? Des recherches ont signalé des augmentations de la force isométrique et une augmentation du poids corporel chez les usagers de stéroïdes. Bien qu'il s'agisse là des résultats escomptés par les haltérophiles, il n'est pas du tout certain que cela améliore les performances dans d'autres sports (comme la course) où une coordination musculaire précise et l'endurance sont essentielles. La question fait encore l'objet d'une controverse, mais si vous la posez aux consommateurs de stéroïdes, il est fort vraisemblable que leur réponse sera un oui retentissant.

Les prétendus avantages des stéroïdes l'emportent-ils sur les risques encourus? Il est probable que non. Les médecins affirment que ces drogues peuvent avoir de nombreux effets indésirables, tels que la bouffissure du visage (syndrome de Cushing dû à la surcharge en stéroïdes), l'atrophie des testicules et l'infertilité, des lésions au foie qui peuvent causer le cancer, et des changements dans la cholestérolémie (ce qui peut prédisposer les consommateurs de longue durée à la maladie coronarienne). Les risques psychologiques liés à l'usage de stéroïdes anabolisants sont également élevés: des études récentes indiquent que le tiers des consommateurs souffrent de troubles mentaux. Ces personnes présentent fréquemment des comportements maniaques, caractérisés par des sautes d'humeur et des accès de violence, ainsi que de la dépression et du délire.

Les raisons qui poussent certains athlètes à faire usage de ces drogues sont bien connues. Quelques-uns avouent être prêts à tout, sauf au suicide, pour gagner. Or, il est bien possible que la mort soit le résultat involontaire de leurs efforts.

7. Action du muscle. Lorsque les muscles sont nommés d'après leur action, des termes tels que *fléchisseur*, *extenseur, adducteur* ou *abducteur* apparaissent dans leur nom. Par exemple, le muscle long adducteur localisé sur la face interne de la cuisse produit le mouvement d'adduction de la cuisse; tous les muscles extenseurs du poignet s'unissent pour effectuer l'extension du poignet; le muscle supinateur produit la supination de l'avant-bras (mouvement de la paume de la main vers le haut).

Figure 10.3 Vue antérieure des muscles superficiels. (**a**) Photographie représentant l'anatomie de surface. (**b**) Diagramme. La surface abdominale est partiellement disséquée du côté droit pour laisser voir les muscles plus profonds.

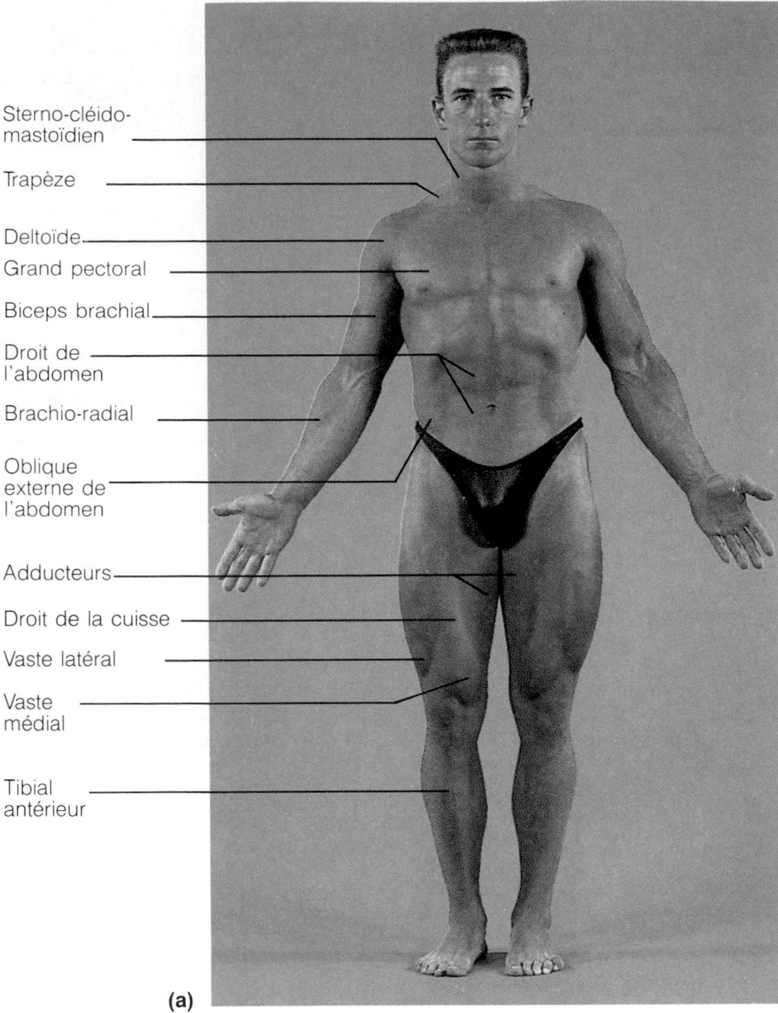

Les noms des muscles sont souvent établis en fonction de plusieurs de ces critères. Par exemple, le nom du muscle *long extenseur radial du carpe* désigne l'action du muscle (extension), l'endroit où s'exerce cette action (carpe) et sa taille (long, par rapport aux autres muscles extenseurs du poignet); il nous apprend également que ce muscle est situé près du radius (radial). Malheureusement, tous les noms des muscles ne sont pas aussi descriptifs.

Principaux muscles squelettiques

Le plan d'ensemble du système musculaire est des plus impressionnants en raison du nombre très élevé de muscles squelettiques dans le corps humain (on en compte plus de 600!). Il est évident que la mémorisation du nom, de la situation et des actions de tous les muscles serait une tâche énorme. Il ne sera fait mention ici que des principaux muscles (environ 125 paires), mais il vous faudra quand même fournir un effort soutenu pour mémoriser toutes les informations qui les concernent. Toutefois, cette mémorisation ne sera utile que si vous pouvez appliquer vos connaissances en pratique ou en clinique; en d'autres termes, elle devrait se faire dans une *perspective d'anatomie fonctionnelle.* Une fois que vous avez appris le nom d'un muscle et que vous pouvez l'identifier sur un cadavre, un mannequin ou un diagramme, vous devez enrichir votre savoir en cherchant quelle est la fonction de ce muscle.

Dans les tableaux qui suivent, les muscles ont été regroupés selon leur fonction et leur situation, en allant de la tête jusqu'aux pieds. Chaque tableau est associé à une figure (ou à un ensemble de figures) qui représente les muscles décrits. Le texte au début de chaque tableau donne une vue d'ensemble des types de mouvements effectués par les muscles décrits et permet d'établir des liens entre ces derniers. Quant au tableau lui-même, il fournit, pour chaque muscle, des informations sur sa forme, sa situation par rapport aux autres muscles, son origine et son insertion, ses principales actions et son innervation.

Quand vous étudiez chaque muscle individuellement, prêtez attention aux renseignements fournis par son nom. Puis, après avoir lu sa description au complet, retrouvez-le sur la figure correspondant au tableau et, dans le cas des muscles superficiels, reportez-vous à la figure 10.3 ou 10.4. Cette méthode vous permettra d'associer la description du tableau à une représentation de la situation du

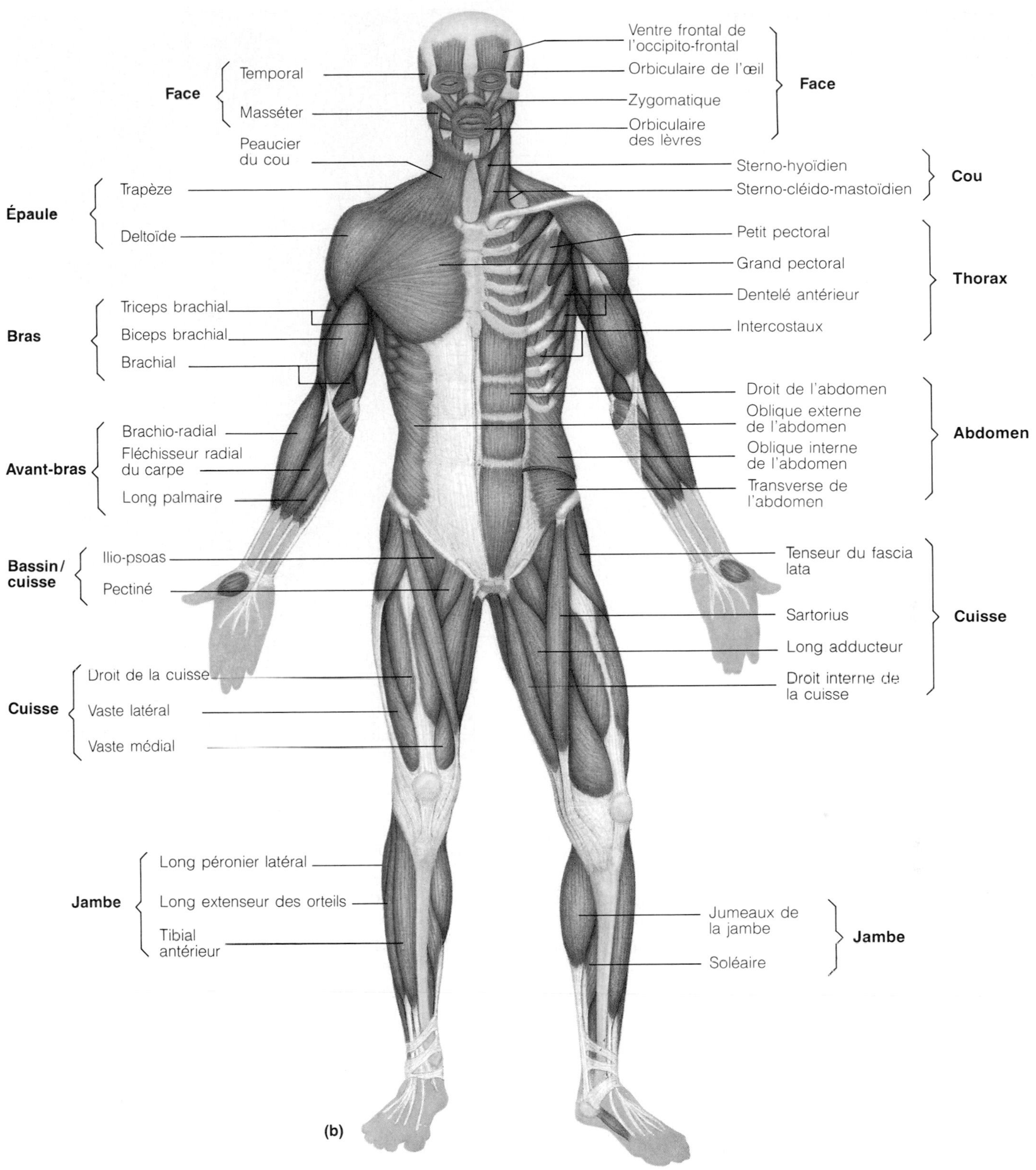

muscle dans une région précise et dans le corps humain. Tout en examinant soigneusement la situation d'un muscle, essayez d'établir un rapport entre ses points d'attache, sa situation et les actions permises par les articulations qu'il croise. Vous pourrez ainsi vous concentrer sur des détails fonctionnels qui échappent souvent à l'attention. Par exemple, les articulations du coude et du genou sont toutes deux des articulations trochléennes qui permettent la flexion et l'extension. Cependant, la flexion du genou produit le mouvement de la jambe vers l'arrière (le mollet se déplace vers la partie postérieure de la cuisse), alors que la flexion du coude amène l'avant-bras vers la face antérieure du bras. En conséquence, les fléchisseurs de la jambe sont situés sur la face postérieure de la cuisse

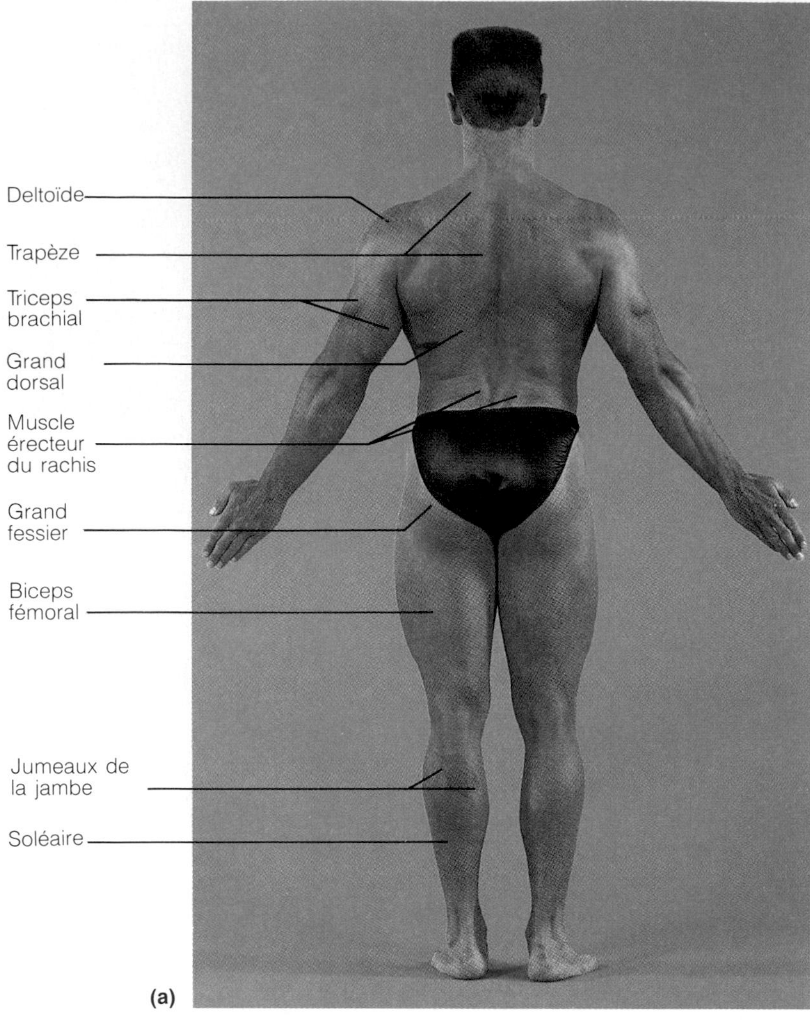

Figure 10.4 Vue postérieure des muscles superficiels. (**a**) Photographie représentant l'anatomie de surface. (**b**) Diagramme.

tandis que ceux de l'avant-bras se retrouvent sur la face antérieure de l'humérus.

Enfin, rappelez-vous que le meilleur moyen d'apprendre à connaître les actions des muscles est d'effectuer soi-même des mouvements et de palper les muscles qui se contractent sous la peau.

L'organisation et l'ordre des tableaux de ce chapitre sont résumées dans la liste suivante:

- **Tableau 10.1** Muscles de la tête, première partie: expression faciale (figure 10.5); p. 294-295
- **Tableau 10.2** Muscles de la tête, deuxième partie: mastication et mouvement de la langue (figure 10.6); p. 296-297
- **Tableau 10.3** Muscles de la partie antérieure du cou et de la gorge: déglutition (figure 10.7); p. 298-299
- **Tableau 10.4** Muscles du cou et de la colonne vertébrale: mouvements de la tête et du tronc (figure 10.8); p. 300-303
- **Tableau 10.5** Muscles du thorax: respiration (figure 10.9); p. 304-305
- **Tableau 10.6** Muscles de la paroi abdominale: mouvements du tronc et compression des viscères abdominaux (figure 10.10); p. 306-307
- **Tableau 10.7** Muscles du plancher pelvien et du périnée: soutien des organes abdomino-pelviens (figure 10.11); p. 308-309
- **Tableau 10.8** Muscles superficiels de la face antérieure et de la face postérieure du thorax: mouvements de la scapula (figure 10.12); p. 310-311
- **Tableau 10.9** Muscles qui croisent l'articulation de l'épaule: mouvements du bras (humérus) (figure 10.13); p. 312-314
- **Tableau 10.10** Muscles qui croisent l'articulation du coude: flexion et extension de l'avant-bras (figure 10.13); p. 315
- **Tableau 10.11** Muscles de l'avant-bras: mouvements du poignet, de la main et des doigts (figures 10.14 et 10.15); p. 316-319

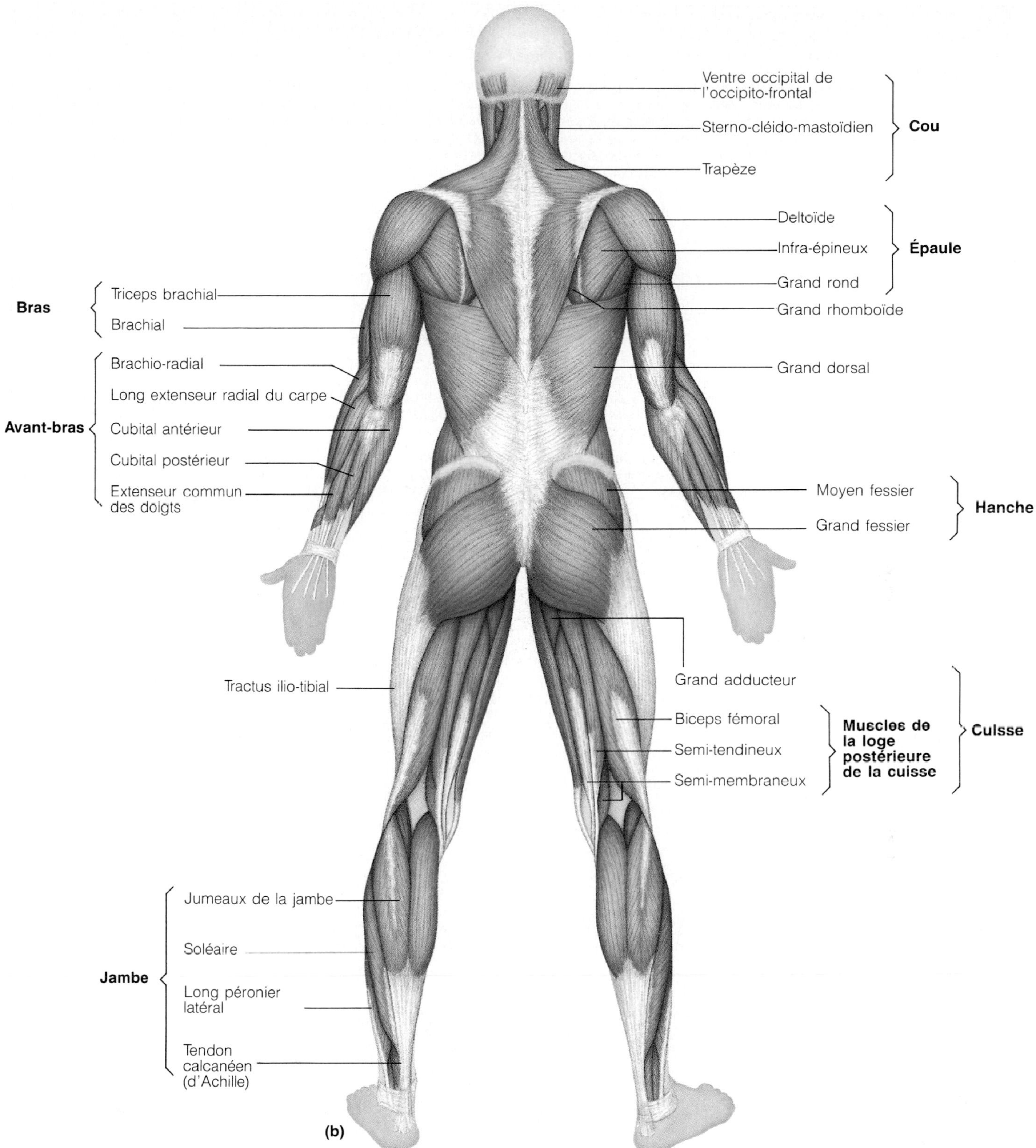

- **Tableau 10.12** Résumé des actions des muscles qui agissent sur le bras, l'avant-bras et la main (figure 10.16); p. 320-321
- **Tableau 10.13** Muscles qui croisent les articulations de la hanche et du genou : mouvements de la cuisse et de la jambe (figures 10.17 et 10.18); p. 322-327
- **Tableau 10.14** Muscles de la jambe : mouvements de la cheville et des orteils (figures 10.19 à 10.21); p. 328-333
- **Tableau 10.15** Résumé des actions des muscles qui agissent sur la cuisse, la jambe et le pied (figure 10.22); p. 334-335

Tableau 10.1 Muscles de la tête, première partie: expression faciale (figure 10.5)

Les muscles superficiels de la tête responsables de l'expression faciale comprennent les muscles du cuir chevelu et ceux de la face. Leur forme et leur force sont très variables, et les muscles adjacents ont tendance à fusionner. Ces muscles sont particuliers car ils ne s'insèrent pas sur des os (ou sur d'autres muscles), mais plutôt dans la peau. Le muscle le plus important du cuir chevelu est *l'occipito-frontal* constitué de deux parties; chez l'humain, les muscles latéraux du cuir chevelu sont atrophiés. Les muscles qui recouvrent le squelette facial élèvent les sourcils, dilatent les narines, ouvrent et ferment les yeux et la bouche, et dotent les personnes d'un excellent instrument de communication: le sourire. L'importance des muscles faciaux dans la communication non verbale devient particulièrement évidente lorsqu'ils sont paralysés, comme c'est le cas chez une victime d'accident vasculaire cérébral. Tous les muscles mentionnés dans ce tableau sont innervés par le *nerf facial* (crânien VII). Les muscles extrinsèques de l'œil contenus dans l'orbite et responsables des mouvements oculaires ainsi que les muscles releveurs de la paupière supérieure sont décrits au chapitre 16.

Muscle	Description	Origine (O) et insertion (I)	Action	Innervation
MUSCLES DU CUIR CHEVELU				
Occipito-frontal	Muscle divisé en deux ventres (parties intermédiaires), le ventre frontal et le ventre occipital, reliés par l'aponévrose épicrânienne; ces deux muscles agissent en alternance pour tirer le cuir chevelu vers l'avant et vers l'arrière			
• Ventre frontal	Recouvre le front et le sommet du crâne; aucune attache osseuse	O: aponévrose épicrânienne I: peau des sourcils et de la racine du nez	Quand l'aponévrose est fixe, élève les sourcils (air de surprise); plisse horizontalement la peau du front	Nerf facial (crânien VII)
• Ventre occipital (*occiput* = partie inférieure et postérieure du crâne)	Recouvre la base de l'occiput; en tirant sur l'aponévrose, fixe l'origine du frontal	O: os occipital I: aponévrose épicrânienne	Fixe l'aponévrose et tire le cuir chevelu vers l'arrière	Nerf facial
MUSCLES DE LA FACE				
Sourcilier	Petit muscle; son activité est associée à celle de l'orbiculaire de l'œil	O: arcade de l'os frontal au-dessus de l'os nasal I: peau des sourcils	Fronce les sourcils; plisse la peau du front verticalement	Nerf facial
Orbiculaire de l'œil (*orbis* = anneau)	Sphincter mince et plat de la paupière; encercle l'orbite; sa paralysie provoque l'abaissement de la paupière inférieure et l'écoulement de larmes	O: os frontal, maxillaire et ligaments autour de l'orbite I: tissu des paupières	Protège les yeux de la lumière intense et des blessures; diverses parties peuvent être activées individuellement; provoque le clignement des yeux et abaisse les sourcils; en fermant fort les paupières, plisse la peau sur le côté des yeux (plis appelés «pattes d'oie» qui deviennent permanents au cours des années)	Nerf facial
Zygomatiques, grand et petit (*zugoma* = joug)	Paire de muscles qui s'étendent en diagonale de la commissure des lèvres jusqu'à la pommette	O: os zygomatique I: peau et muscle à la commissure des lèvres	Tire la commissure des lèvres vers le haut (sourire)	Nerf facial
Risorius (*risor* = rire)	Muscle effilé qui se dirige latéralement sous le zygomatique	O: fascia latéral associé au muscle masséter I: peau de la commissure des lèvres	Tire les coins de la bouche vers l'extérieur; tend les lèvres; synergique du zygomatique	Nerf facial
Releveur de la lèvre supérieure	Muscle mince situé entre l'orbiculaire des lèvres et le bord inférieur de l'œil	O: os zygomatique et bord infra-orbitaire du maxillaire I: peau de l'aile du nez et de la lèvre supérieure	Ouvre les lèvres; élève et plisse la lèvre supérieure; dilate les narines (air de dégoût)	Nerf facial
Abaisseur de la lèvre inférieure	Petit muscle qui s'étend de la lèvre inférieure jusqu'à la mandibule	O: corps de la mandibule, latéralement par rapport à sa ligne médiane I: peau et muqueuse de la lèvre inférieure	Tire la lèvre inférieure vers le bas (pour faire la moue)	Nerf facial
Abaisseur de l'angle de la bouche	Petit muscle situé latéralement par rapport à l'abaisseur de la lèvre inférieure	O: corps de la mandibule sous les incisives I: peau et muscle à la commissure des lèvres sous l'insertion du zygomatique	Antagoniste du zygomatique; tire les coins de la bouche vers le bas et latéralement (grimace comme sur un masque tragique de théâtre)	Nerf facial

Muscle	Description	Origine (O) et insertion (I)	Action	Innervation
Orbiculaire des lèvres	Muscle complexe des lèvres formé de plusieurs couches de fibres orientées dans diverses directions; la plupart des couches sont circulaires	O: prend naissance indirectement du maxillaire et de la mandibule; les fibres se confondent avec celles d'autres muscles faciaux associés aux lèvres I: encercle la bouche; s'insère dans les muscles et la peau aux angles de la bouche	Ferme les lèvres; pince les lèvres et les projette vers l'avant (comme pour donner un baiser)	Nerf facial
Mentonnier	Muscle pair qui forme une masse en forme de V sur le menton	O: mandibule sous les incisives I: peau du menton	Avance la lèvre inférieure; plisse le menton et participe à la mastication	Nerf facial
Buccinateur (*bucca* = joue)	Muscle mince et horizontal; principal muscle de la joue; situé sous le masséter (voir aussi la figure 10.6)	O: bords alvéolaires du maxillaire et de la mandibule, dans la région des molaires I: orbiculaire des lèvres	Tire les commissures des lèvres latéralement; presse les joues (pour siffler, souffler et sucer); maintient les aliments entre les dents pendant la mastication; très développé chez le nourrisson	Nerf facial
Peaucier du cou	Muscle superficiel du cou; unique, forme un mince feuillet; n'est pas vraiment un muscle de la tête, mais joue un rôle dans l'expression faciale	O: fascia du thorax (par-dessus des muscles pectoraux et du deltoïde) I: bord inférieur de la mandibule, et peau et muscle à la commissure des lèvres	Contribue à abaisser la mandibule; ramène la lèvre inférieure vers le bas et vers l'arrière, c'est-à-dire produit un affaissement de la bouche; tend les muscles du cou (p. ex., en se rasant la barbe)	Nerf facial

Figure 10.5 Vue latérale des muscles du cuir chevelu, de la face et du cou.

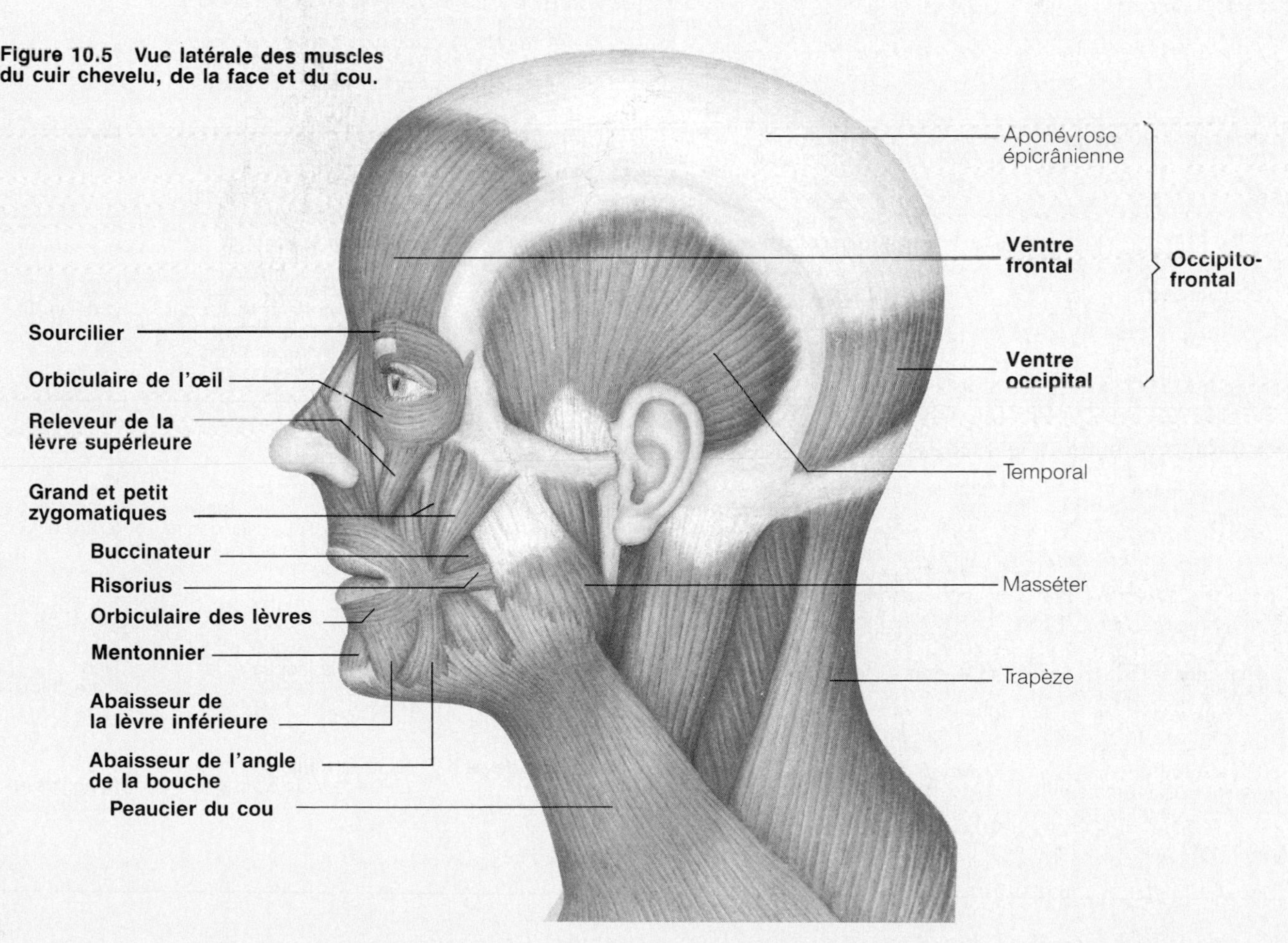

Tableau 10.2 Muscles de la tête, deuxième partie: mastication et mouvement de la langue (figure 10.6)

Quatre paires de muscles servent à la mastication (broyer et mordre), et ils sont tous innervés par la branche mandibulaire du *nerf trijumeau* (nerf crânien V). Pour la fermeture des mâchoires (et pour mordre) les agonistes sont les puissants *masséter* et *temporal* qu'il est facile de palper lorsque les dents sont serrées. Les mouvements de grincement sont imprimés par les *ptérygoïdiens*. Les *buccinateurs* (voir le tableau 10.1) jouent également un rôle dans la mastication. Normalement, la force gravitationnelle suffit à faire abaisser la mandibule, mais si une résistance s'oppose à l'ouverture de la mâchoire, des muscles du cou entrent en activité (muscles digastrique et mylo-hyoïdien; voir le tableau 10.3).

La langue est composée de fibres musculaires qui lui sont particulières; elles courbent, pressent et plient la langue lorsque la personne parle ou mastique. Ces *muscles intrinsèques de la langue*, orientés selon plusieurs plans, changent sa forme mais ne sont pas vraiment responsables de sa mobilité. Ils sont étudiés au chapitre 24 en même temps que le système digestif. Seuls les *muscles extrinsèques de la langue*, qui servent à sa fixation et à sa mobilité, sont abordés dans le tableau ci-dessous. Les muscles extrinsèques de la langue sont tous innervés par le *nerf hypoglosse* (nerf crânien XII).

Muscle	Description	Origine (O) et insertion (I)	Action	Innervation
MUSCLES DE LA MASTICATION				
Masséter (*massêtêr* = masticateur)	Puissant muscle qui recouvre la face latérale de la branche montante de la mandibule	O: arcade zygomatique I: angle et branche de la mandibule	Agoniste dans la fermeture de la mâchoire; élève la mandibule	Nerf trijumeau (crânien V)
Temporal (*tempus* = tempe)	Muscle en forme d'éventail qui recouvre en partie les os temporal, frontal et pariétal	O: fosse temporale I: apophyse coronoïde de la mandibule par un tendon qui passe sous l'arcade zygomatique	Ferme la bouche; élève et rétracte la mandibule et la maintient en position de repos	Nerf trijumeau
Ptérygoïdien médial (*ptérux, ugos* = aile; *eidos* = forme)	Muscle profond à double chef, situé le long de la face interne de la mandibule et en grande partie caché par cet os	O: face médiane de l'aile latérale de l'apophyse ptérygoïde du sphénoïde; maxillaire et os palatin I: face médiane de l'angle de la mandibule	Synergique des muscles temporal et masséter dans l'élévation de la mandibule; agit de concert avec le ptérygoïdien latéral pour effectuer des mouvements latéraux des mâchoires (broyage)	Nerf trijumeau
Ptérygoïdien latéral	Muscle profond à double chef; situé au-dessus du ptérygoïdien médial	O: grande aile et aile latérale de l'apophyse ptérygoïde du sphénoïde I: condyle de la mandibule et capsule de l'articulation temporo-mandibulaire	Protrusion de la mandibule (vers l'avant); assure le glissement vers l'avant et le va-et-vient latéral des dents inférieures (broyage)	Nerf trijumeau
Buccinateur	Voir le tableau 10.1	Voir le tableau 10.1	Les buccinateurs agissent comme un trampoline pour contribuer au maintien des aliments entre les dents pendant la mastication	Nerf facial (crânien VII)
MUSCLES ASSURANT LES MOUVEMENTS DE LA LANGUE (MUSCLES EXTRINSÈQUES)				
Génio-glosse (*génio* = menton; *glôssa* = langue)	Muscle en forme d'éventail; forme l'essentiel de la partie inférieure de la langue; son attache sur la mandibule empêche la langue de tomber vers l'arrière et d'obstruer les voies respiratoires	O: face interne de la mandibule près de la symphyse I: face inférieure de la langue et corps de l'os hyoïde	Sert surtout à pousser la langue vers l'avant mais peut aussi l'abaisser contre le plancher de la bouche	Nerf hypoglosse (crânien XII)
Hyo-glosse (*hyo* = qui appartient à l'os hyoïde)	Muscle quadrilatéral plat	O: corps et grande corne de l'os hyoïde I: côté et face inférieure de la langue	Abaisse la langue et la rétracte	Nerf hypoglosse
Stylo-glosse (*stylo* = qui appartient à l'apophyse styloïde)	Muscle effilé situé au-dessus de l'hyo-glosse et à angle droit avec lui	O: apophyse styloïde de l'os temporal I: côté et face inférieure de la langue	Élève et rétracte la langue contre le voile du palais	Nerf hypoglosse

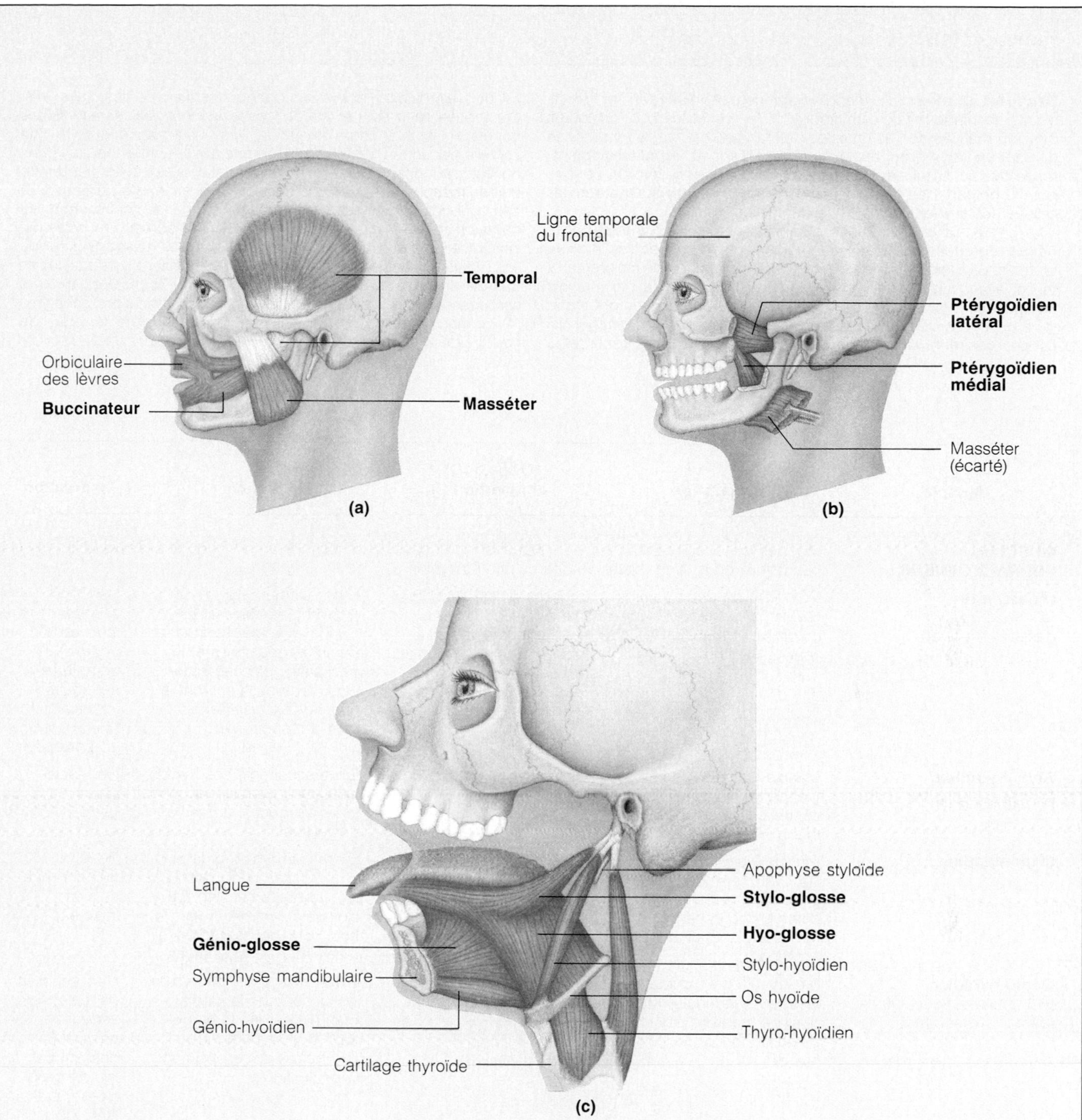

Figure 10.6 Muscles qui assurent la mastication et les mouvements de la langue. (**a**) Vue latérale des muscles temporal, masséter et buccinateur. (**b**) Vue latérale des muscles profonds de la mastication, les ptérygoïdiens médial et latéral. (**c**) Muscles extrinsèques de la langue. Quelques muscles suprahyoïdiens de la gorge sont aussi représentés.

Tableau 10.3 Muscles de la partie antérieure du cou et de la gorge: déglutition (figure 10.7)

Le cou est divisé en deux triangles (antérieur et postérieur) par le muscle sterno-cléido-mastoïdien (figure 10.7a). Le tableau suivant fournit des informations sur les muscles du triangle *antérieur* du cou. Ils se divisent en deux groupes, les suprahyoïdiens et les infra-hyoïdiens, respectivement situés au-dessus et au-dessous de l'os hyoïde. Ce sont, pour la plupart, des muscles profonds (de la gorge) qui assurent les mouvements coordonnés de la déglutition.

La déglutition commence lorsque la langue et les muscles buccinateurs des joues poussent les aliments le long du plafond de la cavité buccale, vers le pharynx. Puis une succession rapide de mouvements musculaires, dans la partie postérieure de la bouche et dans le pharynx, complète le processus. Les étapes de la déglutition comprennent: (1) L'ouverture de la voie de passage des aliments (œsophage) qui est généralement affaissée, et la fermeture de la partie antérieure du conduit respiratoire (larynx) afin d'empêcher l'entrée des d'aliments. Ces mouvements sont accomplis grâce aux *muscles suprahyoïdiens* qui élèvent et avancent l'os hyoïde vers la mandibule. L'os hyoïde est relié par un fort ligament (membrane thyro-hyoïdienne) au larynx qui est, par conséquent, élevé et avancé lui aussi; cette manœuvre ouvre l'œsophage et ferme le conduit respiratoire. (2) La fermeture des conduits du nez pour empêcher les aliments d'entrer dans les cavités nasales. Elle est le résultat de l'activité de petits muscles qui élèvent le voile du palais. (Ces muscles, appelés *muscle tenseur du voile du palais* et *muscle élévateur du voile du palais,* ne sont pas décrits dans le tableau mais sont illustrés à la figure 10.7b.) (3) Les aliments sont poussés dans le pharynx par les *muscles constricteurs* du pharynx. (4) Le mouvement des *muscles infra-hyoïdiens* permet le retour de l'os hyoïde et du larynx à leur position inférieure après la déglutition.

Muscle	Description	Origine (O) et insertion (I)	Action	Innervation
MUSCLES SUPRAHYOÏDIENS	Muscles qui contribuent à former le plancher de la cavité buccale, à fixer la langue et à élever le larynx pendant la déglutition; situés au-dessus de l'os hyoïde			
Digastrique (*dis* = deux; *gaster* = ventre)	Composé de deux ventres réunis par un tendon intermédiaire, formant un V sous le menton	O: fosse digastrique de la mandibule (ventre antérieur) et apophyse mastoïde du temporal (ventre postérieur) I: os hyoïde par une boucle de tissu conjonctif	Collectivement, les muscles digastriques élèvent l'os hyoïde et le maintiennent durant la déglutition et la phonation; par une action vers l'arrière, ils ouvrent la bouche (agoniste) et abaissent la mandibule	Nerf trijumeau (crânien V) pour le ventre antérieur; nerf facial (crânien VII) pour le ventre postérieur
Stylo-hyoïdien (voir aussi la figure 10.6)	Muscle mince sous l'angle mandibulaire; parallèle au ventre postérieur du digastrique	O: apophyse styloïde de l'os temporal I: os hyoïde	Élève et rétracte l'os hyoïde, allongeant de cette façon le plancher buccal durant la déglutition	Nerf facial
Mylo-hyoïdien	Muscle triangulaire plat, sous le digastrique; cette paire de muscles disposés comme une écharpe forme le plancher buccal antérieur	O: face interne de la mandibule I: os hyoïde et ligament cervical	Élève l'os hyoïde et le plancher buccal, permettant à la langue d'exercer une pression vers l'arrière et vers le haut pour pousser le bol alimentaire dans le pharynx	Branche mandibulaire du nerf trijumeau
Génio-hyoïdien (voir aussi la figure 10.6) (*génio* = menton)	Muscle étroit en contact avec son partenaire en position médiane; se dirige du menton à l'os hyoïde	O: face interne de la symphyse mandibulaire I: os hyoïde	Élève et avance l'os hyoïde, en raccourcissant le plancher buccal et en élargissant le pharynx pour qu'il reçoive les aliments durant la déglutition	Nerf rachidien de la première vertèbre cervicale passant par le nerf hypoglosse (crânien XII)
MUSCLES INFRAHYOÏDIENS	Muscles qui abaissent l'os hyoïde et le larynx pendant la déglutition et la phonation; ces muscles ressemblent à des rubans			
Sterno-hyoïdien (*sternon* = sternum)	Muscle du cou en position la plus médiane; mince; superficiel sauf vers le bas où il est recouvert par le sterno-cléido-mastoïdien	O: manubrium sternal et extrémité médiane de la clavicule I: bord inférieur de l'os hyoïde	Abaisse l'os hyoïde et indirectement le larynx lorsque la mandibule est fixe; peut aussi effectuer la flexion de la tête	C_1 à C_3 par l'anse cervicale (collatérale du nerf hypoglosse)
Sterno-thyroïdien (*thureos* = bouclier; *eidos* = forme)	En position latérale sous le sterno-hyoïdien	O: face postérieure du manubrium sternal I: cartilage thyroïde	Abaisse le cartilage thyroïde (avec le larynx et l'os hyoïde)	Voir sterno-hyoïdien

Muscle	Description	Origine (O) et insertion (I)	Action	Innervation
Omo-hyoïdien (*ômos* = épaule)	Muscle rubané constitué de deux ventres réunis par un tendon intermédiaire; en position latérale par rapport au sterno-hyoïdien	O: face supérieure de la scapula I: bord inférieur de l'os hyoïde	Abaisse et rétracte l'os hyoïde	Voir sterno-hyoïdien
Thyro-hyoïdien (voir aussi la figure 10.6)	Apparaît comme la continuation supérieure du sterno-thyroïdien	O: cartilage thyroïde I: os hyoïde	Abaisse l'os hyoïde et élève le cartilage thyroïde	Ramification du nerf hypoglosse (nerf thyro-hyoïdien)
Muscles constricteurs du pharynx, supérieur, moyen et inférieur	Ensemble de trois muscles dont les fibres courent circulairement dans la paroi du pharynx; le muscle supérieur est le plus à l'intérieur alors que l'inférieur est plus à l'extérieur; recouvrement important	O: relié à l'avant à la mandibule et à l'aile interne de l'apophyse ptérygoïde (supérieur), à l'os hyoïde (moyen) et aux cartilages du larynx (inférieur); contourne la pharynx vers l'arrière I: raphé du pharynx	Grâce à une action collective, resserrent le pharynx pendant la déglutition pour pousser le bol alimentaire dans l'œsophage	Plexus pharyngien (branches des nerfs vague [X] et glosso-pharyngien [IX])

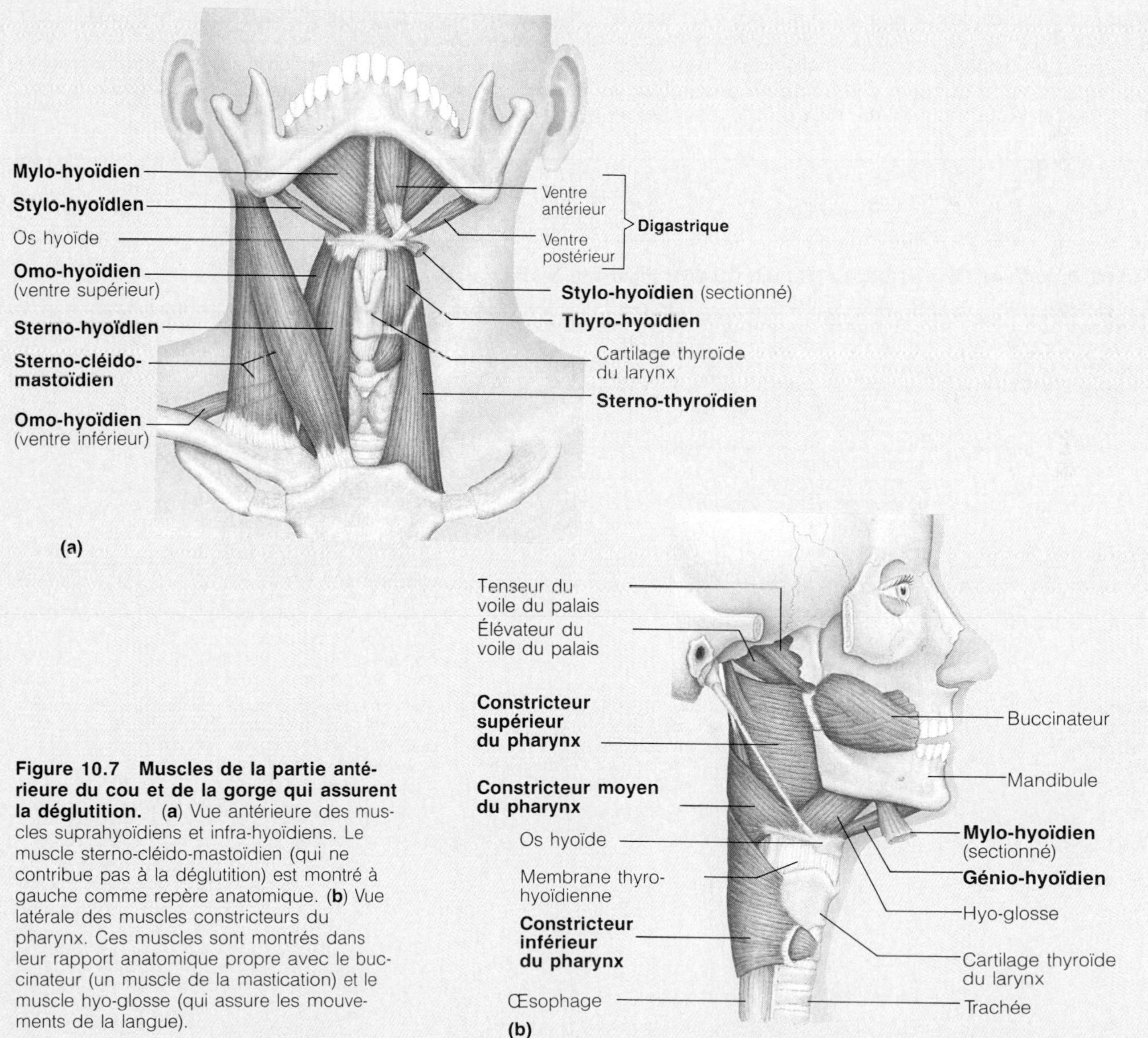

Figure 10.7 Muscles de la partie antérieure du cou et de la gorge qui assurent la déglutition. (**a**) Vue antérieure des muscles suprahyoïdiens et infra-hyoïdiens. Le muscle sterno-cléido-mastoïdien (qui ne contribue pas à la déglutition) est montré à gauche comme repère anatomique. (**b**) Vue latérale des muscles constricteurs du pharynx. Ces muscles sont montrés dans leur rapport anatomique propre avec le buccinateur (un muscle de la mastication) et le muscle hyo-glosse (qui assure les mouvements de la langue).

Tableau 10.4 Muscles du cou et de la colonne vertébrale: mouvements de la tête et du tronc (figure 10.8)

Les mouvements de la tête sont assurés par des muscles qui prennent leur origine sur le squelette axial. Les principaux fléchisseurs de la tête sont les sterno-cléido-mastoïdiens, mais les suprahyoïdiens et infra-hyoïdiens décrits au tableau 10.3 agissent comme synergiques dans cette action. Les mouvements latéraux de la tête sont effectués par les sterno-cléido-mastoïdiens, par quelques muscles plus profonds du cou, dont les *scalènes,* et par plusieurs muscles en forme de ruban de la colonne vertébrale situés à l'arrière du cou. L'extension de la tête est favorisée par les trapèzes superficiels du dos, mais les *splénius,* situés sous les trapèzes, sont les principaux responsables de l'extension de la tête.

Les mouvements du tronc sont effectués par les muscles *profonds du dos* associés aux os de la colonne vertébrale; ces muscles jouent aussi un rôle important dans le maintien des courbures normales de la colonne. Les muscles du thorax, qui relient les côtes adjacentes (ainsi que le diaphragme), participent aux mouvements de la respiration (voir le tableau 10.5), alors que les muscles superficiels du dos (trapèze, grand dorsal et autres) sont surtout responsables des mouvements de la ceinture scapulaire et des membres supérieurs (voir les tableaux 10.8 et 10.9).

Les muscles profonds du dos forment une colonne large et épaisse qui s'étend du sacrum jusqu'au crâne. De nombreux muscles de longueurs variées font partie de cette masse. Pour simplifier les choses, on peut comparer chacun des muscles profonds du dos à une corde qui, lorsqu'elle est tirée, provoque l'extension d'une ou de plusieurs vertèbres ou leur rotation sur les vertèbres inférieures. Le plus important des muscles profonds du dos est le muscle *érecteur du rachis,* constitué de trois groupes de muscles. Comme les points d'origine et d'insertion des différents groupes de muscles se superposent de façon importante, des segments entiers de la colonne vertébrale peuvent bouger simultanément et en douceur. En agissant de concert, les muscles profonds du dos peuvent provoquer l'extension (ou l'hyperextension) de la colonne; la contraction des muscles d'un seul côté peut causer la flexion latérale du dos, du cou ou de la tête. La flexion latérale est automatiquement accompagnée d'un certain degré de rotation de la colonne vertébrale. Lorsque les vertèbres bougent, leurs surfaces articulaires glissent l'une sur l'autre.

Outre les muscles longs, les muscles profonds du dos comprennent quelques muscles courts qui s'étendent d'une vertèbre à l'autre. Ces petits muscles (rotateurs du rachis, multifides, interépineux et intertransversaires) agissent surtout comme synergiques dans l'extension et la rotation de la colonne et dans sa stabilisation. Ils ne sont pas décrits dans le tableau mais sont illustrés à la figure 10.8e. Un examen attentif des points d'origine et d'insertion de ces muscles devrait vous permettre de déduire leur action particulière.

Les muscles de la paroi abdominale contribuent également aux mouvements de la colonne vertébrale et du tronc. Ces muscles sont décrits au tableau 10.6.

Muscle	Description	Origine (O) et insertion (I)	Action	Innervation
MUSCLES DE LA PARTIE ANTÉRO-LATÉRALE DU COU (figure 10.8a et c)				
Sterno-cléido-mastoïdien (*sternon* = sternum; *kléidion* = clavicule; *mastos* = sein; *eidos* = forme)	Muscle à double chef situé sous le peaucier du cou, sur la face antéro-latérale du cou; les parties charnues de chaque côté du cou délimitent les triangles antérieur et postérieur; repère musculaire important dans le cou; les spasmes d'un de ces muscles peuvent causer le torticolis	O: manubrium sternal et partie médiane de la clavicule I: apophyse mastoïde du temporal	Agoniste dans la flexion volontaire de la tête; la contraction simultanée des deux muscles cause la flexion du cou, généralement contre une résistance comme lorsque quelqu'un lève la tête en étant couché sur le dos; (la flexion de la tête est ordinairement le résultat des effets combinés de la force gravitationnelle et du relâchement maîtrisé des extenseurs de la tête); lorsqu'il agit seul, chaque muscle fait tourner la tête vers l'épaule du côté opposé et l'incline latéralement de son propre côté	Nerf accessoire (crânien XI) et plexus cervical
Scalènes antérieur, moyen et postérieur (*skalênos* = oblique)	Situés plutôt latéralement qu'antérieurement dans le cou; sous le peaucier du cou et sterno-cléido-mastoïdien	O: apophyses transverses des vertèbres cervicales I: antérieurement et latéralement sur les deux premières côtes	Élève les deux premières côtes (aide à l'inspiration); peut jouer un rôle important dans la toux; effectue la flexion latérale de la tête	Nerfs cervicaux

Muscle	Description	Origine (O) et insertion (I)	Action	Innervation
MUSCLES PROFONDS DU DOS (figure 10.8b-e)				
Splénius, de la tête et du cou (*splenion* = bandage) (figure 10.8b)	Muscle superficiel large, en deux parties (portions de la tête et du cou) qui s'étend des dernières vertèbres cervicales et des premières thoraciques jusqu'à l'os occipital; le splénius de la tête recouvre et retient les muscles plus profonds du cou	O: ligament cervical postérieur*, apophyses épineuses des vertèbres C_3 à T_3 I: apophyse mastoïde du temporal et os occipital (splénius de la tête); apophyses transverses des vertèbres C_1 à C_3 (splénius du cou)	Ensemble, provoquent l'extension ou l'hyperextension de la tête; lorsque les splénius d'un côté agissent, inclinaison latérale et rotation homolatérale de la tête	Branches postérieures des nerfs cervicaux

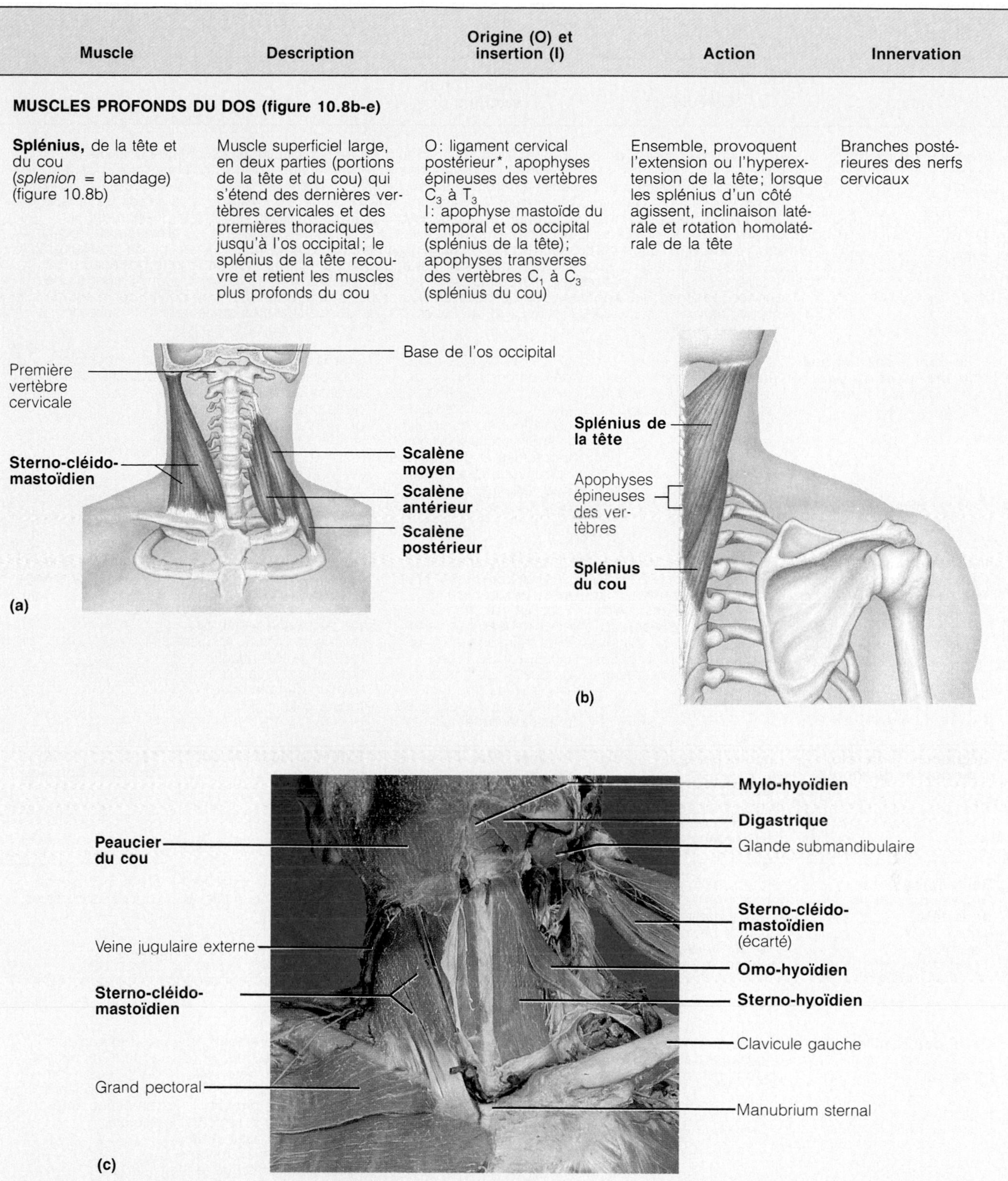

Figure 10.8 Muscles du cou et de la colonne vertébrale qui permettent les mouvements de la tête et du tronc. (**a**) Muscles de la partie antéro-latérale du cou. Le peaucier du cou et les muscles plus profonds ont été enlevés pour montrer clairement les origines et les insertions du sterno-cléido-mastoïdien et des scalènes. (**b**) Muscles profonds de la partie postérieure du cou. Les muscles superficiels ont été enlevés. (**c**) Photographie des régions antérieure et latérale du cou. L'aponévrose a été partiellement enlevée (côté gauche de la photographie) pour faire voir le sterno-cléido-mastoïdien. Du côté droit de la photographie, le sterno-cléido-mastoïdien est écarté pour montrer le sterno-hyoïdien et l'omo-hyoïdien.

(suite du tableau à la page suivante)

Tableau 10.4 (suite)

Muscle	Description	Origine (O) et insertion (I)	Action	Innervation
Érecteur du rachis (figure 10.8d, côté gauche)	Agonistes de l'extension du dos; les muscles érecteurs du rachis sont situés de chaque côté de la colonne vertébrale; ils se subdivisent chacun en trois groupes répartis sur trois colonnes: les muscles ilio-costal, longissimus et épineux; ils forment la couche intermédiaire des muscles profonds du dos; les muscles érecteurs du rachis fournissent la résistance qui contribue à la maîtrise de la flexion de la taille vers l'avant et ils jouent le rôle de puissants extenseurs pour permettre le retour à la position debout; durant la flexion complète (c'est-à-dire lorsque le bout des doigts touche le sol), les érecteurs du rachis sont relâchés et l'effort est entièrement fourni par les ligaments du dos; pendant l'inversion du mouvement, ces muscles sont d'abord inactifs et l'extension est engagée par les muscles de la loge postérieure de la cuisse et par le grand fessier. Par conséquent, soulever un poids ou se relever soudainement d'une position penchée entraîne un risque de blessure des muscles et des ligaments du dos et des disques intervertébraux; les muscles érecteurs du rachis sont sujets à des spasmes douloureux à la suite de blessures au dos			
• **Ilio-costal des lombes, du thorax et du cou** (*ilia* = ventre, flancs; *costa* = côte)	Parmi les muscles de l'érecteur du rachis, ce groupe est le plus latéral; s'étendent du bassin jusqu'au cou	O: crêtes iliaques (portion des lombes); les six dernières côtes (portion thoracique); les six premières côtes (portion cervicale) I: angle costal (portions thoracique et des lombes); apophyses transverses des vertèbres cervicales C_6 à C_3 (portion cervicale)	Extension de la colonne vertébrale, maintien de la position verticale; flexion de la colonne vertébrale du même côté	Nerfs rachidiens (branches dorsales)
• **Longissimus du thorax, du cou et de la tête** (*longissimus* = le plus long)	Groupe intermédiaire de trois muscles de l'érecteur du rachis; s'étendent, par plusieurs insertions, de la région lombaire jusqu'au crâne; passent principalement entre les apophyses transverses et épineuses des vertèbres	O: apophyses transverses des vertèbres lombaires jusqu'aux cervicales I: apophyses transverses et épineuses des vertèbres thoraciques ou cervicales; sur les côtes, au-dessus de l'origine; le longissimus de la tête s'insère sur l'apophyse mastoïde du temporal	Action simultanée des portions thoracique et de la tête pour l'extension de la colonne vertébrale; flexion de la colonne vertébrale du même côté; le longissimus de la tête effectue l'extension de la tête et la rotation de la face du même côté	Nerfs rachidiens (branches dorsales)
• **Épineux de la tête, du cou et du thorax**	Cette colonne de muscles est située en position médiane par rapport aux muscles longissimus; l'épineux du cou est ordinairement rudimentaire et mal défini	O: apophyses épineuses des vertèbres cervicales, lombaires supérieures et thoraciques inférieures I: apophyses des vertèbres thoraciques supérieures et cervicales	Extension de la colonne vertébrale	Nerfs rachidiens (branches dorsales)
Semi-épineux du thorax, du cou et de la tête (figure 10.8d, côté droit)	Groupe de muscles qui forment une partie de la couche profonde des muscles profonds du dos; s'étendent de la région thoracique à la tête	O: apophyses transverses de C_7 à T_{12} I: os occipital (semi-épineux de la tête) et apophyses épineuses des vertèbres cervicales (semi-épineux du cou) et de T_2 à T_7 (semi-épineux du thorax)	Extension de la colonne vertébrale et de la tête et rotation vers le côté opposé; synergiques du sterno-cléido-mastoïdien du côté opposé	Nerfs rachidiens (branches dorsales)
Carré des lombes (voir aussi la figure 10.17a)	Muscle charnu qui forme une partie de la paroi abdominale postérieure	O: crête iliaque et aponévrose ilio-lombaire I: apophyses transverses des vertèbres lombaires supérieures et bord inférieur de la douzième côte	Agissant séparément, provoque une flexion latérale de la colonne vertébrale; l'action collective des deux muscles produit l'extension de la région lombaire et la fixation de la douzième côte; responsable du maintien de la position debout	Nerf thoracique T_{12} et nerfs rachidiens de la région lombaire supérieure (branches antérieures)

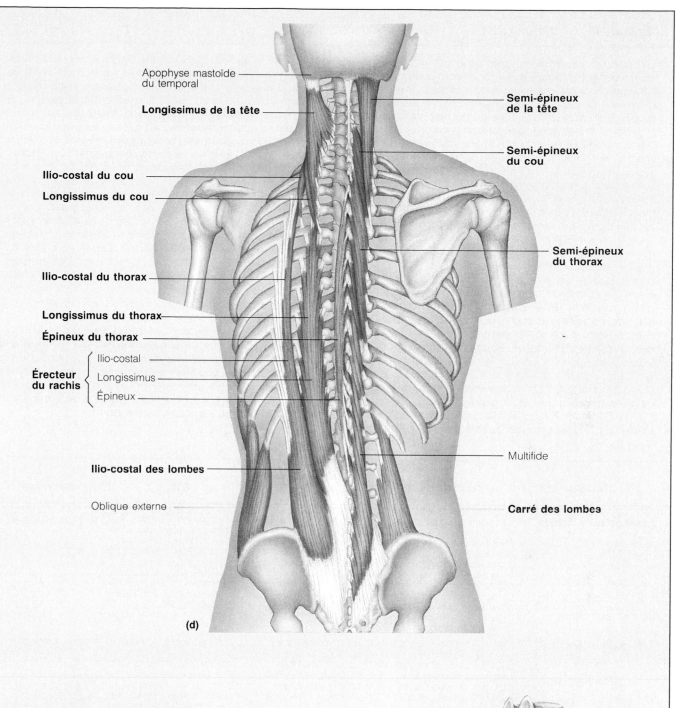

Apophyse mastoïde du temporal
Longissimus de la tête
Semi-épineux de la tête
Semi-épineux du cou
Ilio-costal du cou
Longissimus du cou
Semi-épineux du thorax
Ilio-costal du thorax
Longissimus du thorax
Épineux du thorax
Érecteur du rachis: Ilio-costal, Longissimus, Épineux
Multifide
Ilio-costal des lombes
Oblique externe
Carré des lombes
(d)

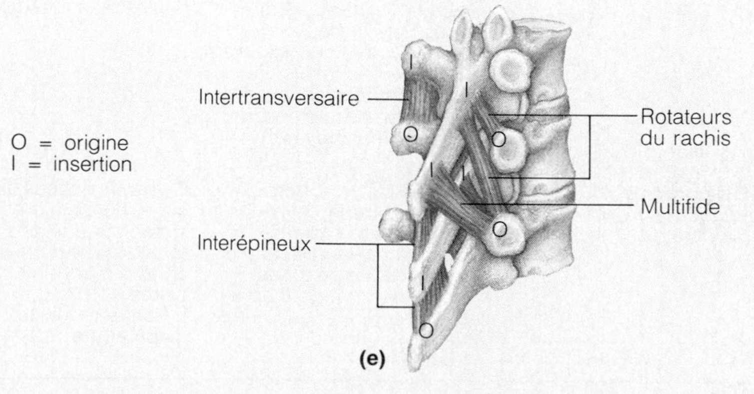

Figure 10.8 (suite) (**d**) Muscles profonds du dos. Les muscles superficiels, intermédiaires et splénius ont été enlevés. Les trois colonnes musculaires (les ilio-costaux, les longissimus et les épineux) qui forment l'érecteur du rachis sont montrées à gauche; les trois muscles semi-épineux sont représentés à droite.
(**e**) Muscles les plus profonds du dos (rotateurs du rachis, multifides, interépineux et intertransversaires) associés à la colonne vertébrale.

* Le ligament cervical postérieur est un ligament solide et élastique qui s'étend le long des extrémités des apophyses épineuses des vertèbres cervicales à partir de l'os occipital du crâne. Ce ligament relie les vertèbres cervicales et empêche la flexion excessive de la tête et du cou, évitant ainsi des lésions à la moelle épinière du canal rachidien.

Tableau 10.5 Muscles du thorax: respiration (figure 10.9)

La fonction principale des muscles profonds du thorax est d'assurer les mouvements nécessaires à la respiration. La respiration s'effectue en deux phases: inspiration (ou inhalation) et expiration (ou exhalation); ce cycle se réalise grâce à l'augmentation et à la diminution en alternance du volume de la cavité thoracique.

Trois couches de muscles forment la paroi antéro-latérale du thorax, comme dans le cas de la paroi abdominale. Cependant, contrairement aux muscles de l'abdomen, ceux du thorax sont très courts puisqu'ils ne s'étendent que d'une côte à l'autre. En se contractant, ils rapprochent l'une de l'autre les côtes adjacentes légèrement flexibles. Les muscles *intercostaux externes* forment la majeure partie de la couche superficielle. Ils soulèvent la cage thoracique, ce qui augmente les dimensions du thorax dans le sens antéro-postérieur et dans le sens transversal; ces muscles permettent l'inspiration. Les muscles *intercostaux internes* forment la couche intermédiaire et facilitent l'expiration en réduisant la capacité de la cage thoracique. Cependant, l'expiration calme est en grande partie un phénomène passif, c'est-à-dire qu'elle résulte du relâchement des intercostaux externes et du diaphragme, et de la rétraction élastique des poumons. Les intercostaux internes agissent principalement dans les mouvements d'expiration forcée ou active. La couche de muscles la plus profonde du thorax est formée par le *transverse du thorax,* un muscle en trois parties qui comporte de nombreuses digitations. Comme sa fonction précise fait encore l'objet d'une controverse, ce muscle ne sera pas décrit plus en détail.

Le *diaphragme,* le muscle le plus important de l'inspiration, forme une cloison entre les cavités thoracique et abdomino-pelvienne. À l'état de relâchement, le diaphragme prend la forme d'un dôme mais, pendant la contraction, il se déplace vers le bas et s'aplatit, augmentant ainsi le volume de la cavité thoracique. L'alternance de la contraction et du relâchement du diaphragme provoque des changements de pression dans la cavité abdomino-pelvienne, ce qui facilite le retour au cœur du sang veineux. Outre ses contractions rythmiques pendant la respiration, le diaphragme peut aussi être fortement contracté pour augmenter volontairement la pression intra-abdominale afin de contribuer à l'évacuation du contenu des organes pelviens (urine, fèces ou un fœtus) ou pour la pratique de l'haltérophilie. Lorsqu'un haltérophile prend une profonde respiration pour bloquer le diaphragme, l'augmentation de la pression abdominale qui s'ensuit suffit à soutenir la colonne et à empêcher sa déformation lors du lever de poids lourds. Inutile de mentionner qu'il est important d'avoir une bonne maîtrise des sphincters de l'anus et de l'urètre durant de tels exercices.

À l'exception du diaphragme, innervé par les *nerfs phréniques,* tous les muscles décrits dans le tableau ci-dessous sont innervés par les *nerfs intercostaux* (branches antérieures des onze premiers nerfs rachidiens de la région thoracique).

La respiration forcée fait intervenir d'autres muscles qui s'insèrent dans les côtes. Pendant l'inspiration forcée, par exemple, le scalène et le sterno-cléido-mastoïdien du cou peuvent être mis à contribution pour soulever les côtes, tandis que la contraction des muscles de la paroi abdominale (le carré des lombes et d'autres muscles) participe à l'expiration. La mécanique de la respiration est étudiée plus en détail au chapitre 23.

Muscle	Description	Origine (O) et insertion (I)	Action	Innervation
Intercostaux externes	Onze paires situées entre les côtes; les fibres s'étendent obliquement (vers le bas et l'avant) entre les côtes adjacentes; dans les espaces intercostaux inférieurs, les fibres sont en continuité avec le muscle oblique externe de l'abdomen qui forme une partie de la paroi abdominale	O: bord inférieur de la côte située au-dessus de l'espace intercostal I: bord supérieur de la côte située au-dessous de l'espace intercostal	Rapprochent les côtes les unes des autres pour soulever la cage thoracique, les premières côtes étant maintenues fixes par les scalènes; les intercostaux externes sont des muscles inspirateurs; synergiques du diaphragme	Nerfs intercostaux
Intercostaux internes	Onze paires situées entre les côtes; leurs fibres sont à angle droit par rapport à celles des intercostaux externes et sous ces dernières; (c'est-à-dire dirigées vers le bas et l'arrière); les muscles intercostaux internes inférieurs sont en continuité avec les fibres du muscle oblique interne de l'abdomen	O: bord supérieur de la côte située au-dessous de l'espace intercostal I: bord inférieur (sillon) de la côte située au-dessus de l'espace intercostal	Les muscles de la paroi abdominale postérieure et les obliques de la paroi abdominale rapprochent les côtes les unes des autres et abaissent la cage thoracique, les douzièmes côtes étant maintenues fixes par le carré des lombes; les intercostaux internes facilitent l'expiration; antagonistes des intercostaux externes	Nerfs intercostaux
Diaphragme (*diaphragma* = barrière)	Muscle large; forme le plancher de la cavité thoracique; en forme de dôme lorsque relâché; les fibres convergent des bords de la cage thoracique vers un tendon central en forme de boomerang	O: bord inférieur de la cage thoracique et du sternum, cartilages costaux des six dernières côtes et vertèbres lombaires I: centre tendineux du diaphragme	Agoniste dans l'inspiration; s'aplatit en se contractant, ce qui cause l'augmentation des dimensions verticales du thorax; lorsque contracté fortement, augmente considérablement la pression intra-abdominale	Nerfs phréniques

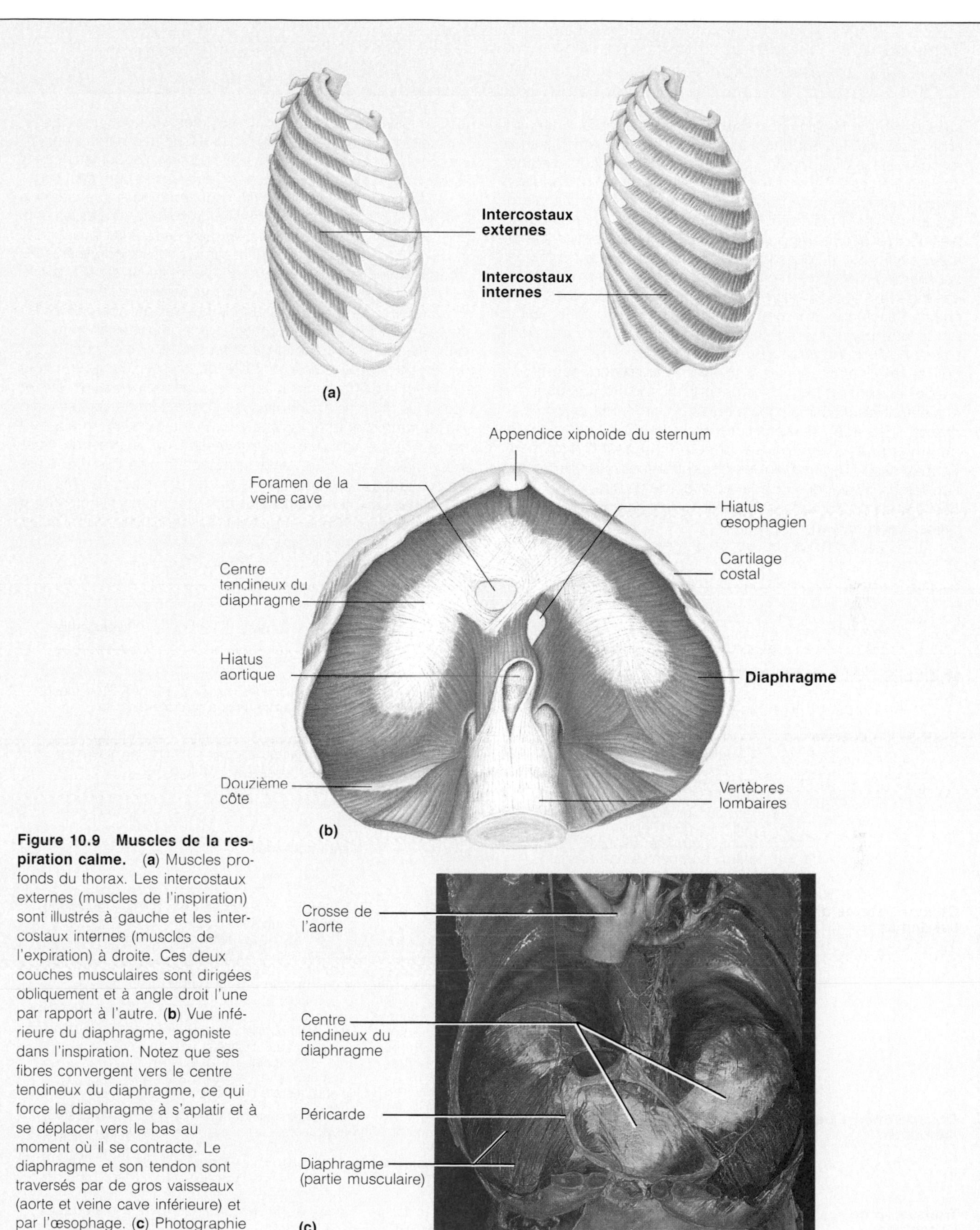

Figure 10.9 Muscles de la respiration calme. (**a**) Muscles profonds du thorax. Les intercostaux externes (muscles de l'inspiration) sont illustrés à gauche et les intercostaux internes (muscles de l'expiration) à droite. Ces deux couches musculaires sont dirigées obliquement et à angle droit l'une par rapport à l'autre. (**b**) Vue inférieure du diaphragme, agoniste dans l'inspiration. Notez que ses fibres convergent vers le centre tendineux du diaphragme, ce qui force le diaphragme à s'aplatir et à se déplacer vers le bas au moment où il se contracte. Le diaphragme et son tendon sont traversés par de gros vaisseaux (aorte et veine cave inférieure) et par l'œsophage. (**c**) Photographie du diaphragme, vue supérieure.

Tableau 10.6 Muscles de la paroi abdominale: mouvements du tronc et compression des viscères abdominaux (figure 10.10)

La paroi abdominale ne possède aucun soutien osseux. La paroi antéro-latérale de l'abdomen est composée de quatre paires de muscles, de leurs aponévroses d'insertion et de leurs membranes tendineuses. Trois paires de muscles larges et plats, disposées en couches superposées, constituent la paroi latérale de l'abdomen: les fibres de l'*oblique externe de l'abdomen* sont orientées à angle droit par rapport à celles de l'*oblique interne de l'abdomen,* situé juste au-dessous; par contre, les fibres du profond *transverse de l'abdomen* sont en angle par rapport aux deux autres et s'étendent horizontalement. Cette structure composée de couches en alternance ressemble à une feuille de contre-plaqué et forme une paroi très résistante. Les obliques et le transverse s'assemblent le long d'une bonne partie de leurs bords pour donner de larges aponévroses d'insertion. Les extensions antérieures de ces aponévroses enveloppent le muscle *droit de l'abdomen* et s'entrecroisent sur la ligne médiane pour former la *ligne blanche* (ou linea alba), un raphé fibreux (couture) qui s'étend du sternum jusqu'à la symphyse pubienne. Les renforcements aponévrotiques empêchent les longs et minces muscles droits de l'abdomen de se courber comme la corde d'un arc. (Les carrés des lombes qui composent la paroi abdominale postérieure sont présentés au tableau 10.4.)

Les muscles abdominaux protègent et soutiennent les viscères de façon plus efficace si leur tonus est adéquat. Lorsqu'ils ne sont pas suffisamment exercés ou qu'ils sont fortement étirés (pendant une grossesse, par exemple), ils s'affaiblissent, l'abdomen devient distendu (formation d'un «bedon»). Ces muscles permettent également la flexion latérale et la rotation du tronc, ainsi que la flexion antérieure du tronc contre une résistance (dans les redressements assis). Pendant l'expiration calme, les muscles abdominaux se relâchent, et l'abaissement du diaphragme pousse les viscères de l'abdomen vers le bas. Au cours de la contraction simultanée de tous ces muscles abdominaux, plusieurs activités différentes peuvent être effectuées selon les autres muscles qui sont activés en même temps. Par exemple, quand tous les muscles abdominaux sont contractés, les côtes sont abaissées et le contenu de l'abdomen est comprimé. Cela a pour effet de pousser les viscères vers le haut sur le diaphragme et de provoquer une expiration forcée. Quand les muscles abdominaux se contractent de concert avec le diaphragme et que la glotte est fermée (une action appelée manœuvre de Valsalva), l'augmentation de la pression intra-abdominale qui en résulte facilite la miction, la défécation, le vomissement, la toux et l'accouchement. La contraction des muscles abdominaux en même temps que celle des muscles profonds du dos contribue à prévenir l'hyperextension de la colonne et à former une gaine pour tout le tronc.

Muscle	Description	Origine (O) et insertion (I)	Action	Innervation
MUSCLES DE LA PAROI ANTÉRIEURE ET LATÉRALE DE L'ABDOMEN	Quatre paires de muscles plats; essentiels au soutien et à la protection des viscères abdominaux; jouent un rôle important dans le mouvement de la colonne vertébrale (flexion et inclinaison latérale)			
Droit de l'abdomen	Paire de muscles superficiels situés de part et d'autre de la ligne médiane; s'étendent du pubis jusqu'à la cage thoracique; les aponévroses des muscles latéraux forment une gaine autour d'eux; segmentés par trois intersections tendineuses de renforcement	O: crête et symphyse pubiennes I: appendice xiphoïde et cartilages des cinquième, sixième et septième côtes	Flexion et rotation de la région lombaire de la colonne vertébrale; fixation et abaissement des côtes, stabilisation du bassin au cours de la marche, augmentation de la pression intra-abdominale	Nerfs intercostaux (T_6 ou T_7 à T_{12})
Oblique externe de l'abdomen	Le plus grand et le plus superficiel des trois muscles latéraux; les fibres sont dirigées vers le bas et la ligne médiane (même direction que celle des doigts allongés lorsque les mains sont dans les poches d'un pantalon); l'aponévrose s'incurve sous le muscle pour former le ligament inguinal	O: surfaces externes des huit dernières côtes par des digitations charnues I: la ligne blanche pour la majeure partie des fibres; quelques-unes sur la crête et l'épine du pubis, et sur la crête iliaque; la majorité de fibres s'insèrent antérieurement par l'intermédiaire d'une aponévrose large	Contraction simultanée de la paire de muscles: aide le droit de l'abdomen dans la flexion de la colonne vertébrale, dans la compression de la paroi abdominale et dans l'augmentation de la pression intra-abdominale; contraction d'un seul muscle: aide les muscles du dos dans la rotation et dans la flexion latérale du tronc	Nerfs intercostaux (T_5 à T_{12})
Oblique interne de l'abdomen	Les fibres forment un éventail vers le haut et vers l'avant; elles sont à angle droit avec celles de l'oblique externe sous lequel elles se trouvent	O: fascia thoraco-lombal, crête iliaque et ligament inguinal I: ligne blanche, crête du pubis, trois dernières côtes	Voir l'oblique externe de l'abdomen	Nerfs intercostaux (T_7 et T_{12}) et L_1
Transverse de l'abdomen	Muscle le plus profond de la paroi abdominale; les fibres sont horizontales	O: ligament inguinal, fascia thoraco-lombal, cartilages des six dernières côtes; crête iliaque I: ligne blanche, crête pubienne	Compression des organes abdominaux	Nerfs intercostaux (T_7 à T_{11}) et L_1

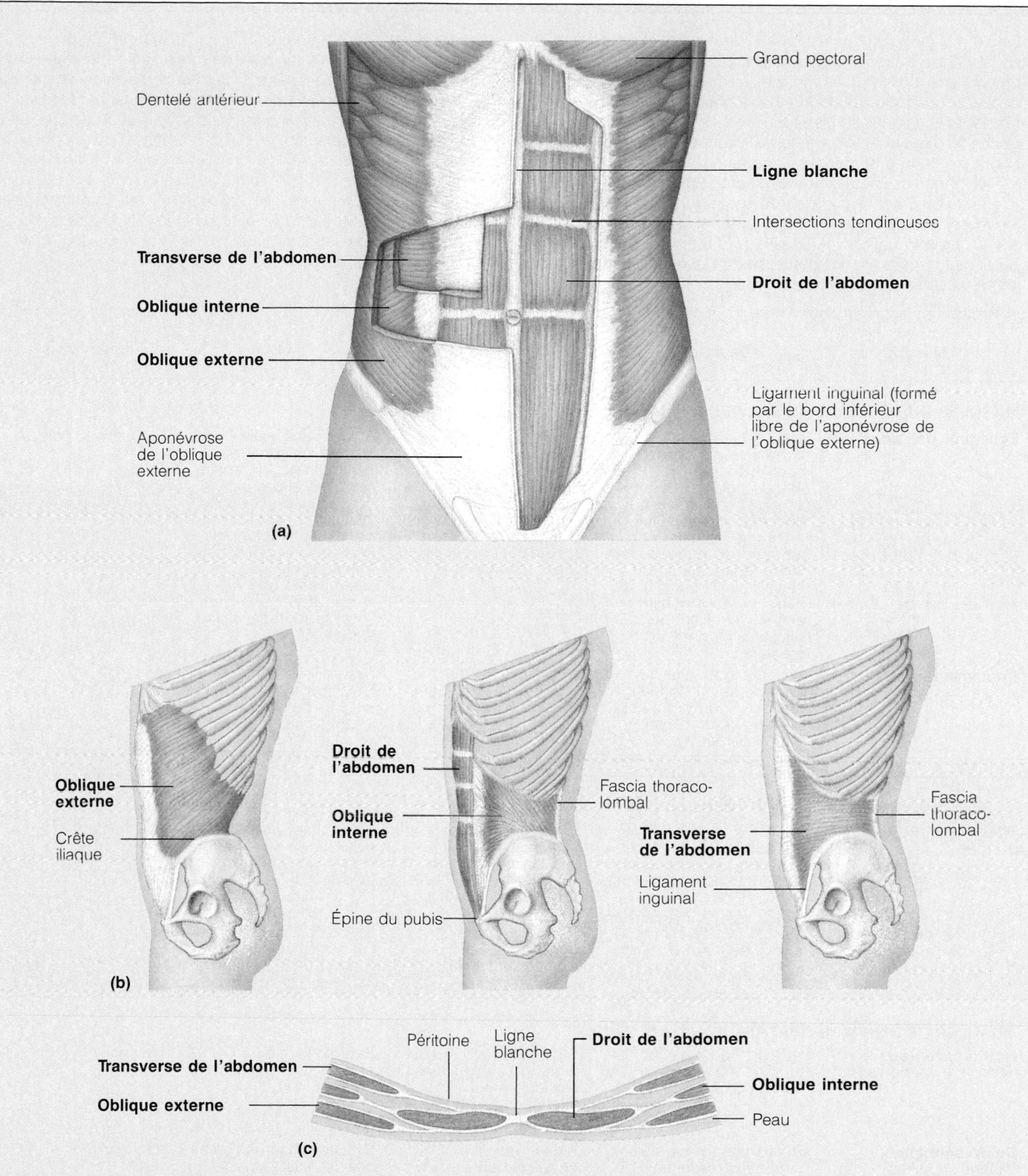

Figure 10.10 Muscles de la paroi abdominale. (**a**) Vue antérieure des muscles qui forment la paroi antéro-latérale de l'abdomen. Les muscles superficiels ont été partiellement sectionnés sur le côté gauche du diagramme pour montrer les muscles les plus profonds, l'oblique interne et le transverse de l'abdomen. (**b**) Vue latérale du tronc montrant la direction des fibres et les points d'attache de l'oblique externe, de l'oblique interne et du transverse de l'abdomen. (**c**) Coupe transversale de la paroi abdominale antéro-latérale (région médiane), montrant la contribution des aponévroses des muscles abdominaux latéraux dans la gaine du muscle droit de l'abdomen.

Tableau 10.7 Muscles du plancher pelvien et du périnée: soutien des organes abdomino-pelviens (figure 10.11)

Deux muscles pairs, l'*élévateur de l'anus* et le *coccygien*, constituent le plancher pelvien, en forme d'entonnoir, aussi appelé *diaphragme pelvien*. Ces muscles ferment le détroit inférieur de la cavité pelvienne, soutiennent et élèvent le plancher pelvien et résistent à l'augmentation de la pression intra-abdominale (qui aurait pour effet d'expulser le contenu de la vessie, du rectum et de l'utérus). Le diaphragme pelvien comprend des orifices pour le rectum et l'urètre et, chez la femme, un orifice pour le vagin. La partie inférieure au diaphragme pelvien est le *périnée*. Les liens entre les muscles du périnée sont quelque peu complexes et nécessitent des explications. Au-dessous des muscles du plancher pelvien et dans la moitié antérieure du périnée, s'étendant entre les deux côtés de l'arcade pubienne, se trouve le *diaphragme uro-génital*, composé d'une mince couche triangulaire de muscles qui contient le muscle sphincter de l'urètre (sphincter externe). Ce sphincter enveloppe l'urètre et permet la maîtrise volontaire de la miction. Au-dessus du diaphragme uro-génital et recouvert de la peau du périnée, se trouve l'espace superficiel qui comprend les muscles (ischio-caverneux et bulbo-spongieux) participant au maintien de l'érection du pénis et du clitoris. Dans la moitié postérieure du périnée, se trouve le *sphincter anal externe*, un muscle sphincter qui entoure l'anus et autorise la maîtrise volontaire de la défécation. Le *centre tendineux du périnée* est situé devant ce sphincter; c'est un tendon puissant sur lequel s'insèrent de nombreux muscles du périnée.

Muscle	Description	Origine (O) et insertion (I)	Action	Innervation
MUSCLES DU DIAPHRAGME PELVIEN (figure 10.11a)				
Élévateur de l'anus	Muscle large et mince, en trois parties (pubo-coccygien, pubo-rectal et ilio-coccygien); ses fibres sont dirigées vers le bas et vers le milieu, et forment une «écharpe» autour de la prostate chez l'homme (ou autour du vagin chez la femme), de l'urètre et de la jonction ano-rectale avant de se rejoindre en position médiane	O: sur une ligne étendue à l'intérieur du bassin, à partir du pubis jusqu'à l'épine ischiatique I: surface interne du coccyx, élévateur de l'anus du côté opposé et (en partie) sur les structures qui le traversent	Soutient et maintient en position les viscères pelviens; résiste aux poussées vers le bas qui accompagnent les augmentations de pression intrapelvienne durant la toux, le vomissement et les efforts d'expulsion des muscles abdominaux; sa contraction entraîne l'occlusion du canal anal et du vagin	S_3, S_4 et nerf honteux
Coccygien	Petit muscle triangulaire situé derrière l'élévateur de l'anus; forme la partie postérieure du diaphragme pelvien	O: épine ischiatique I: deux dernières vertèbres sacrées et coccyx	Assiste l'élévateur de l'anus dans le soutien des viscères pelviens; soutient le coccyx et le ramène vers l'avant après la défécation et l'accouchement	S_4 et S_5
MUSCLES DU DIAPHRAGME URO-GÉNITAL (figure 10.11b)				
Transverse profond du périnée	Les deux muscles de la paire comblent l'espace entre les branches ischio-pubiennes; chez la femme, ils sont situés derrière le vagin	O: branches ischio-pubiennes I: centre tendineux du périnée; quelques fibres dans la paroi vaginale chez la femme	Soutient les organes pelviens; immobilise le centre tendineux	Nerf honteux
Sphincter de l'urètre (*sphinctos* = serré)	Muscle annulaire disposé autour de l'urètre	O: branches ischio-pubiennes I: raphé du périnée	Sa contraction entraîne l'occlusion de la lumière de l'urètre; participe au soutien des organes pelviens	Nerf honteux
MUSCLES DE L'ESPACE SUPERFICIEL (figure 10.11c)				
Ischio-caverneux (*iskhion* = os du bassin)	S'étend du bassin jusqu'aux piliers du clitoris ou du pénis	O: tubérosités ischiatiques I: pilier du corps caverneux du pénis chez l'homme et du clitoris chez la femme	Retarde le retour veineux et maintient l'érection du pénis ou du clitoris	Nerf honteux
Bulbo-spongieux (*bulbus* = bulbe)	Renferme la base (bulbe) et le corps caverneux du pénis chez l'homme et est situé sous les lèvres chez la femme	O: centre tendineux du périnée et raphé du pénis chez l'homme I: antérieurement sur le corps caverneux du pénis ou sur la face dorsale du clitoris	Évacue l'urine de l'urètre chez l'homme; favorise l'érection du pénis chez l'homme et du clitoris chez la femme	Nerf honteux
Transverse superficiel du périnée	Paire de muscles rubanés située derrière l'orifice de l'urètre (du vagin, chez la femme)	O: tubérosité ischiatique I: centre tendineux du périnée	Stabilise et renforce le centre tendineux du périnée	Nerf honteux

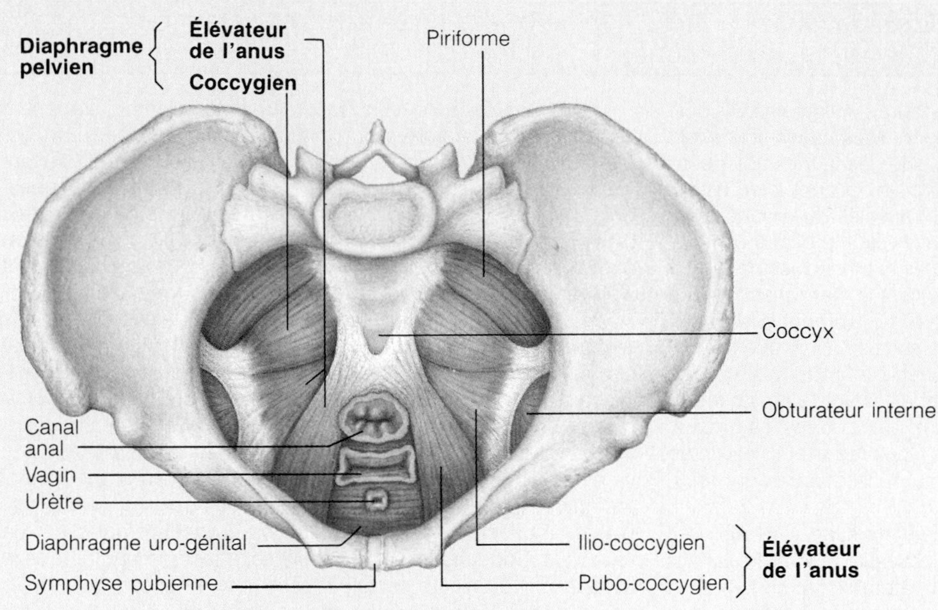

(a) Muscles du diaphragme pelvien

Figure 10.11 Muscles du plancher pelvien et du périnée. (**a**) Muscles du plancher pelvien (élévateur de l'anus et coccygien) vus du dessus dans le bassin féminin. (**b**) Muscles du diaphragme uro-génital du périnée (sphincter de l'urètre et transverse profond du périnée), qui composent la deuxième couche, plus superficielle, de muscles. (**c**) Muscles de l'espace superficiel du périnée (ischio-caverneux, bulbo-spongieux et transverse superficiel du périnée), situés immédiatement sous la peau du périnée.

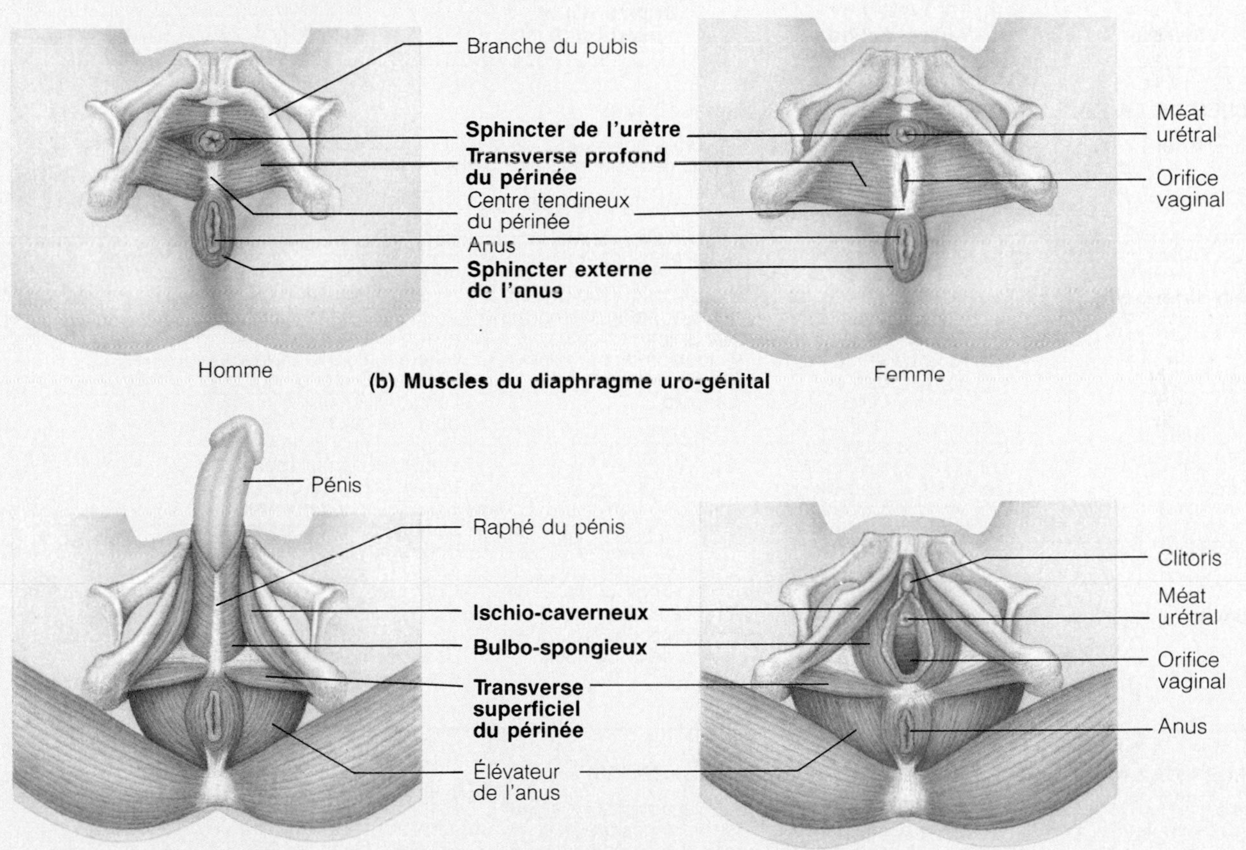

(b) Muscles du diaphragme uro-génital

(c) Muscles de l'espace superficiel

Tableau 10.8 Muscles superficiels de la face antérieure et de la face postérieure du thorax: mouvements de la scapula (figure 10.12)

La plupart des muscles superficiels du thorax maintiennent la scapula contre la paroi du thorax ou font bouger la scapula pour effectuer les mouvements du bras. Les muscles de la face antérieure du thorax comprennent le *grand pectoral*, le *petit pectoral*, le *dentelé antérieur* et le *subclavier*. Tous les muscles du groupe antérieur s'insèrent sur la ceinture scapulaire, sauf le grand pectoral qui s'attache sur l'humérus. Les muscles extrinsèques de la face postérieure du thorax, qui fixent solidement le membre supérieur au tronc, et immobilisent ou mettent en mouvement la scapula, sont le *grand dorsal* et le *trapèze*, à la surface, ainsi que l'*élévateur de la scapula* et les *rhomboïdes*, en profondeur. Le grand dorsal, tout comme le grand pectoral à l'avant, s'implante sur l'humérus et est davantage mis à contribution dans les mouvements du bras que ne l'est la scapula. Nous reportons l'étude de ces deux paires de muscles au tableau 10.9 (muscles qui assurent les mouvements du bras).

Les mouvements amples de la ceinture scapulaire nécessitent des déplacements de la scapula, c'est-à-dire l'élévation, l'abaissement, la rotation, les mouvements latéraux (vers l'avant) et médians (vers l'arrière). Les clavicules effectuent une rotation autour de leur propre axe pendant les mouvements de la scapula, et assurent à la fois stabilité et précision dans les mouvements de cette dernière.

Les muscles antérieurs, sauf le dentelé antérieur, stabilisent et abaissent la ceinture scapulaire. Ainsi, la plupart des mouvements de la scapula sont imprimés par le dentelé antérieur à l'avant et par les muscles postérieurs. Les muscles sont attachés à la scapula de telle façon qu'un muscle en particulier ne peut à lui seul provoquer un mouvement simple (linéaire). C'est par l'action combinée (synergique) de plusieurs muscles que la scapula peut s'élever ou s'abaisser, ou effectuer d'autres mouvements.

Le trapèze et l'élévateur de la scapula sont les agonistes dans l'élévation de l'épaule. Lorsqu'ils agissent ensemble pour hausser les épaules, leurs effets de rotation opposés s'équilibrent. L'abaissement de la scapula est dû en majeure partie à la force gravitationnelle, mais si le mouvement s'effectue contre une résistance, le trapèze et le dentelé antérieur entrent en jeu. Les mouvements (abduction) qui tirent la scapula vers l'avant, sur la paroi thoracique (pour pousser ou donner un coup de poing, par exemple), sont principalement dus à l'action du dentelé antérieur. La rétraction (adduction) de la scapula est effectuée par le trapèze et les rhomboïdes. Le dentelé antérieur et le trapèze, bien qu'ils soient antagonistes dans les mouvements vers l'avant ou vers l'arrière, agissent à l'unisson pour coordonner les mouvements de *rotation* de la scapula.

Muscle	Description	Origine (O) et insertion (I)	Action	Innervation
MUSCLES DE LA FACE ANTÉRIEURE DU THORAX (figure 10.12a)				
Petit pectoral (*pectus* = poitrine)	Muscle plat et mince situé directement sous le grand pectoral qui le masque	O: faces antérieures de la troisième à la cinquième côte I: apophyse coracoïde de la scapula	Lorsque les côtes sont fixes, abaissement et traction de la scapula vers l'avant; lorsque la scapula est fixe, élévation de la cage thoracique (le muscle devient un inspirateur accessoire)	Nerf pectoral médian (C_6 à C_8)
Dentelé antérieur	Situé sous la scapula et au-dessous des muscles pectoraux de la face latérale de la cage thoracique; forme la paroi médiane de l'aisselle; son origine a une apparence dentelée; sa paralysie provoque un décollement interne de la scapula rendant impossible l'élévation du bras	O: par une série de digitations, à partir des neuf ou dix premières côtes I: toute la face antérieure du bord interne de la scapula	Agoniste dans la traction de la scapula vers l'avant et son maintien contre la paroi thoracique; rotation latérale et vers le haut de l'angle inférieur de la scapula; élévation de l'extrémité de l'épaule; rôle important dans l'abduction et l'élévation du bras et dans les mouvements horizontaux du bras (pousser, donner un coup de poing)	Nerf thoracique long (C_5 à C_7)
Subclavier	Petit muscle cylindrique caché sous la clavicule; tendu entre la première côte et la clavicule	O: cartilage costal de la première côte I: sillon sur la face inférieure de la clavicule	Contribue à la stabilisation et à l'abaissement de la ceinture scapulaire; sa paralysie ne produit aucun effet apparent	Nerf subclavier (C_5 et C_6)
MUSCLES DE LA FACE POSTÉRIEURE DU THORAX (figure 10.12b)				
Trapèze (*trapeza* = table)	Muscle le plus superficiel de la face postérieure du thorax; plat et triangulaire; les fibres du faisceau supérieur descendent vers la scapula; les fibres du faisceau moyen adoptent une direction horizontale vers la scapula tandis que les fibres du faisceau inférieur montent vers la scapula	O: os occipital, ligament cervical postérieur et apophyses épineuses de la septième vertèbre cervicale et de toutes les vertèbres thoraciques I: insertion continue le long de l'acromion et de l'épine scapulaire et tiers latéral de la clavicule	Stabilisation, élévation, rétraction et rotation de la scapula; fibres du faisceau moyen: rétraction (adduction) de la scapula; fibres du faisceau supérieur: élévation de la scapula et contribution à l'extension de la tête; fibres du faisceau inférieur: abaissement de la scapula (et de l'épaule)	Nerf accessoire (crânien XI); C_3 et C_4

Muscle	Description	Origine (O) et insertion (I)	Action	Innervation
Élévateur de la scapula	Muscle épais et rubané; situé profondément sous le trapèze, à l'arrière et sur le côté du cou	O: apophyses transverses des quatre premières vertèbres cervicales I: bord supérieur de la scapula	Élévation ou adduction de la scapula en synergie avec les fibres du faisceau supérieur du trapèze; orientation de la cavité glénoïdale de la scapula vers le bas; lorsque la scapula est fixe, flexion homolatérale du cou	Nerfs cervicaux (C_3 à C_5) et nerf dorsal de la scapula
Rhomboïdes, grand et petit (*rhombos* = losange; *eidos* = forme)	Deux muscles rectangulaires situés sous le trapèze et au-dessous de l'élévateur de la scapula; le petit rhomboïde est le muscle supérieur; les deux muscles s'étendent de la colonne vertébrale à la scapula	O: apophyses épineuses des sixième et septième vertèbres cervicales (petit) et apophyses épineuses des quatre premières vertèbres thoraciques (grand) I: bord médial de la scapula	Leur action conjointe (et avec le concours des fibres du faisceau moyen du trapèze) provoque la rétraction de la scapula, ce qui redresse les épaules; imprime un mouvement de rotation à la scapula de sorte que la cavité glénoïdale de la scapula s'oriente vers le bas (quand un bras est abaissé contre une résistance; p. ex., faire de l'aviron); stabilisation de la scapula	Nerf dorsal de la scapula (C_5)

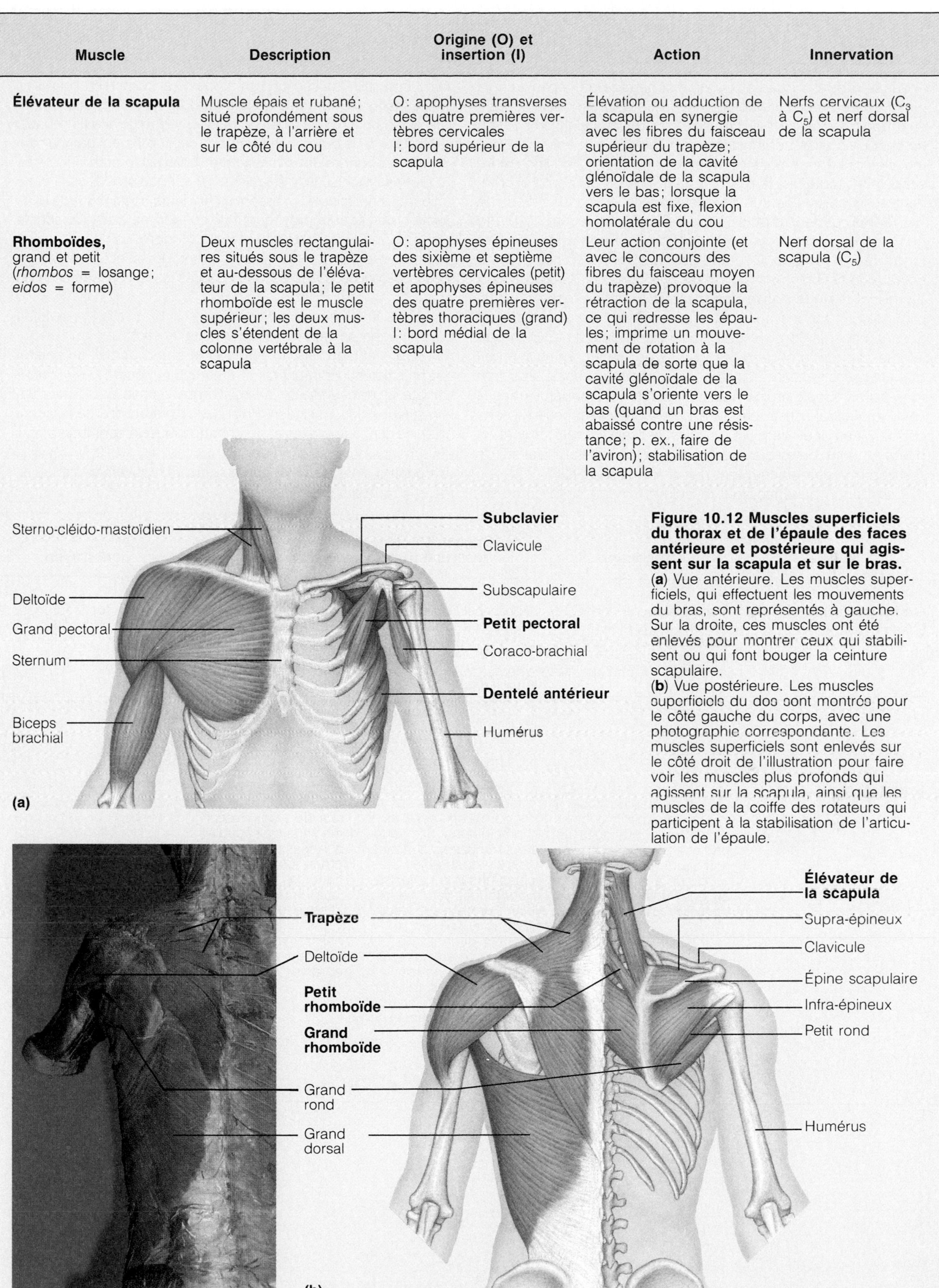

Figure 10.12 Muscles superficiels du thorax et de l'épaule des faces antérieure et postérieure qui agissent sur la scapula et sur le bras. (**a**) Vue antérieure. Les muscles superficiels, qui effectuent les mouvements du bras, sont représentés à gauche. Sur la droite, ces muscles ont été enlevés pour montrer ceux qui stabilisent ou qui font bouger la ceinture scapulaire. (**b**) Vue postérieure. Les muscles superficiels du dos sont montrés pour le côté gauche du corps, avec une photographie correspondante. Les muscles superficiels sont enlevés sur le côté droit de l'illustration pour faire voir les muscles plus profonds qui agissent sur la scapula, ainsi que les muscles de la coiffe des rotateurs qui participent à la stabilisation de l'articulation de l'épaule.

Tableau 10.9 Muscles qui croisent l'articulation de l'épaule: mouvements du bras (humérus) (figure 10.13)

Il faut se rappeler que l'articulation sphéroïde de l'épaule est la plus flexible du corps humain, mais que cette flexibilité se paie en terme d'instabilité. Neuf muscles en tout croisent l'articulation de chaque épaule pour s'insérer sur l'humérus. L'ensemble des muscles qui agissent sur l'humérus ont pour origine la ceinture scapulaire; toutefois, le grand dorsal et le grand pectoral prennent aussi naissance sur le squelette axial.

Parmi ces neuf muscles, seuls les superficiels comme le *grand pectoral,* le *grand dorsal* et le *deltoïde* sont agonistes dans les mouvements du bras. Quatre muscles, le *supra-épineux,* l'*infra-épineux,* le *petit rond* et le *subscapulaire,* sont connus sous le nom de **muscles de la coiffe des rotateurs.** Ils naissent sur la scapula, et leurs tendons, qui se dirigent vers l'humérus, se confondent avec la capsule fibreuse de l'articulation de l'épaule. Bien que les muscles de la coiffe des rotateurs agissent comme synergiques dans les mouvements angulaires et circulaires du bras, leur fonction principale est de maintenir la tête de l'humérus dans la cavité glénoïdale de la scapula et de renforcer la capsule de l'articulation. Les deux derniers muscles, le *grand rond* et le *coraco-brachial,* sont de petits muscles qui croisent l'articulation de l'épaule, mais ne contribuent pas à son anatomie.

De façon générale, tout muscle qui monte antérieurement vers l'articulation de l'épaule (grand pectoral, coraco-brachial ainsi que les fibres de la partie antérieure du deltoïde) peut effectuer la flexion du bras, c'est-à-dire un mouvement angulaire de l'épaule qui fait bouger le bras antérieurement, habituellement dans le plan sagittal. L'agoniste dans la flexion du bras est le grand pectoral. Le biceps brachial (voir le tableau 10.10) participe aussi à cette action. Les muscles qui naissent sur la partie postérieure de l'articulation de l'épaule provoquent l'extension du bras. Ce sont le grand dorsal, le deltoïde (tous les deux agonistes de l'extension du bras) et le grand rond. Ainsi, le grand dorsal et les pectoraux sont *antagonistes* dans les mouvements de flexion-extension du bras.

Dans le mouvement d'abduction du bras, c'est le deltoïde qui est l'agoniste tandis que, dans cette fonction, le grand pectoral est son antagoniste à l'avant, et le grand dorsal, à l'arrière. Les muscles qui agissent sur l'humérus permettent aussi la rotation latérale et médiane de l'articulation de l'épaule, selon leur situation et leur point d'insertion. Puisque les interactions de ces neuf muscles sont complexes et que chaque muscle contribue à plus d'un mouvement, nous proposons, au tableau 10.12, un résumé des contributions des muscles aux divers mouvements angulaires et circulaires de l'humérus.

Muscle	Description	Origine (O) et insertion (I)	Action	Innervation
Grand pectoral (*pectus* = poitrine)	Muscle large, en forme d'éventail, qui couvre la partie supérieure du thorax; forme le repli musculaire antérieur de l'aisselle	O: clavicule, sternum, cartilages costaux des six premières côtes et aponévrose du muscle oblique externe de l'abdomen I: les fibres convergent pour s'insérer par un court tendon sur le grand tubercule de l'humérus	Agoniste dans la flexion du bras; rotation médiane du bras; adduction du bras contre une résistance; lorsque la scapula (et le bras) est fixe, élévation de la cage thoracique, ce qui aide à grimper, lancer et pousser; facilite l'inspiration forcée	Nerfs pectoraux latéral et médian
Grand dorsal	Muscle large, plat et triangulaire du bas du dos (région lombaire); origines superficielles étendues; la partie supérieure est recouverte par le trapèze; contribue à la formation du bord postérieur de l'aisselle	O: indirectement, sur les apophyses épineuses des six dernières vertèbres thoraciques et des vertèbres lombaires, sur les trois ou quatre dernières côtes et sur la crête iliaque, le tout par l'intermédiaire du fascia thoraco-lombal; aussi, l'angle inférieur de la scapula I: s'incurve en spirale autour du grand rond pour s'insérer sur le bord médian du sillon intertuberculaire de l'humérus	Agoniste dans l'extension du bras; puissant adducteur du bras; rotation médiane de l'épaule; abaissement de la scapula; grâce à sa puissance dans ces mouvements, joue un rôle important lorsque le bras est lancé vigoureusement vers le bas comme pour donner un coup, marteler, nager et ramer	Nerf thoraco-dorsal

Muscle	Description	Origine (O) et insertion (I)	Action	Innervation
Deltoïde (*delta* = triangle)	Muscle épais qui forme la masse arrondie de l'épaule; ses fibres sont multipennées; un point souvent utilisé pour les injections intramusculaires, surtout chez l'homme où ce muscle tend à être très charnu	O: empiète sur l'insertion du trapèze; tiers latéral de la clavicule; acromion et épine scapulaire I: tubérosité deltoïdienne de l'humérus (diaphyse)	Agoniste dans l'abduction du bras lorsque toutes ses fibres se contractent simultanément; antagoniste du grand pectoral et du grand dorsal qui produisent l'adduction du bras; si les seules fibres antérieures se contractent, il peut agir avec puissance dans la flexion et la rotation médiane de l'humérus, étant alors synergique du grand pectoral; si seules ses fibres postérieures se contractent, il effectue l'extension et la rotation latérale du bras; actif au cours de la marche pour faire balancer les bras	Nerf axillaire (C_5 et C_6)
Subscapulaire (*scapula* = épaule)	Forme une partie du bord postérieur de l'aisselle; le tendon d'insertion passe devant l'articulation de l'épaule; muscle de la coiffe des rotateurs	O: fosse subscapulaire I: petit tubercule de l'humérus	Principal responsable de la rotation médiane de l'humérus; assisté du grand pectoral; maintient la tête de l'humérus dans la cavité glénoïdale de la scapula, stabilisant ainsi l'articulation de l'épaule	Nerf subscapulaire (C_5 à C_7)
Supra-épineux	Nommé d'après sa situation sur l'épine scapulaire; sous le trapèze; muscle de la coiffe des rotateurs	O: fosse supra-épineuse de la scapula I: partie supérieure du grand tubercule de l'humérus	Stabilisation de l'articulation de l'épaule; maintient la tête de l'humérus pour éviter la luxation lorsqu'on porte, par exemple, une lourde valise; action synergique dans le mouvement d'abduction	Nerf suprascapulaire
Infra-épineux	En partie recouvert par le deltoïde et le trapèze; nommé d'après sa situation par rapport à la scapula; muscle de la coiffe des rotateurs	O: fosse infra-épineuse de la scapula I: grand tubercule de l'humérus, postérieurement par rapport à l'insertion du supra-épineux	Action synergique dans le maintien de la tête de l'humérus dans la cavité glénoïdale de la scapula; rotation latérale de l'humérus	Nerf suprascapulaire
Petit rond	Petit muscle allongé; situé au-dessous de l'infra-épineux et peut être inséparable de ce muscle; muscle de la coiffe des rotateurs	O: bord latéral de la face dorsale de la scapula I: grand tubercule de l'humérus, au-dessous de l'insertion de l'infra-épineux	Mêmes actions que l'infra-épineux	Nerf axillaire
Grand rond	Muscle rond et épais, situé au-dessous du petit rond; contribue à la formation du bord postérieur de l'aisselle (avec le grand dorsal et le subscapulaire)	O: angle inférieur de la face postérieure de la scapula I: crête du petit tubercule de la face antérieure de l'humérus; tendon d'insertion fusionné avec celui du grand dorsal	Extension, rotation médiane et adduction de l'humérus; synergique du grand dorsal	Nerf subscapulaire
Coraco-brachial (*kôrax* = corbeau; *brakhiôn* = bras)	Petit muscle cylindrique	O: apophyse coracoïde de la scapula I: face médiane de la diaphyse de l'humérus	Flexion et adduction de l'humérus; synergique du grand pectoral	Nerf musculo-cutané

(suite du tableau à la page suivante)

Tableau 10.9 (suite)

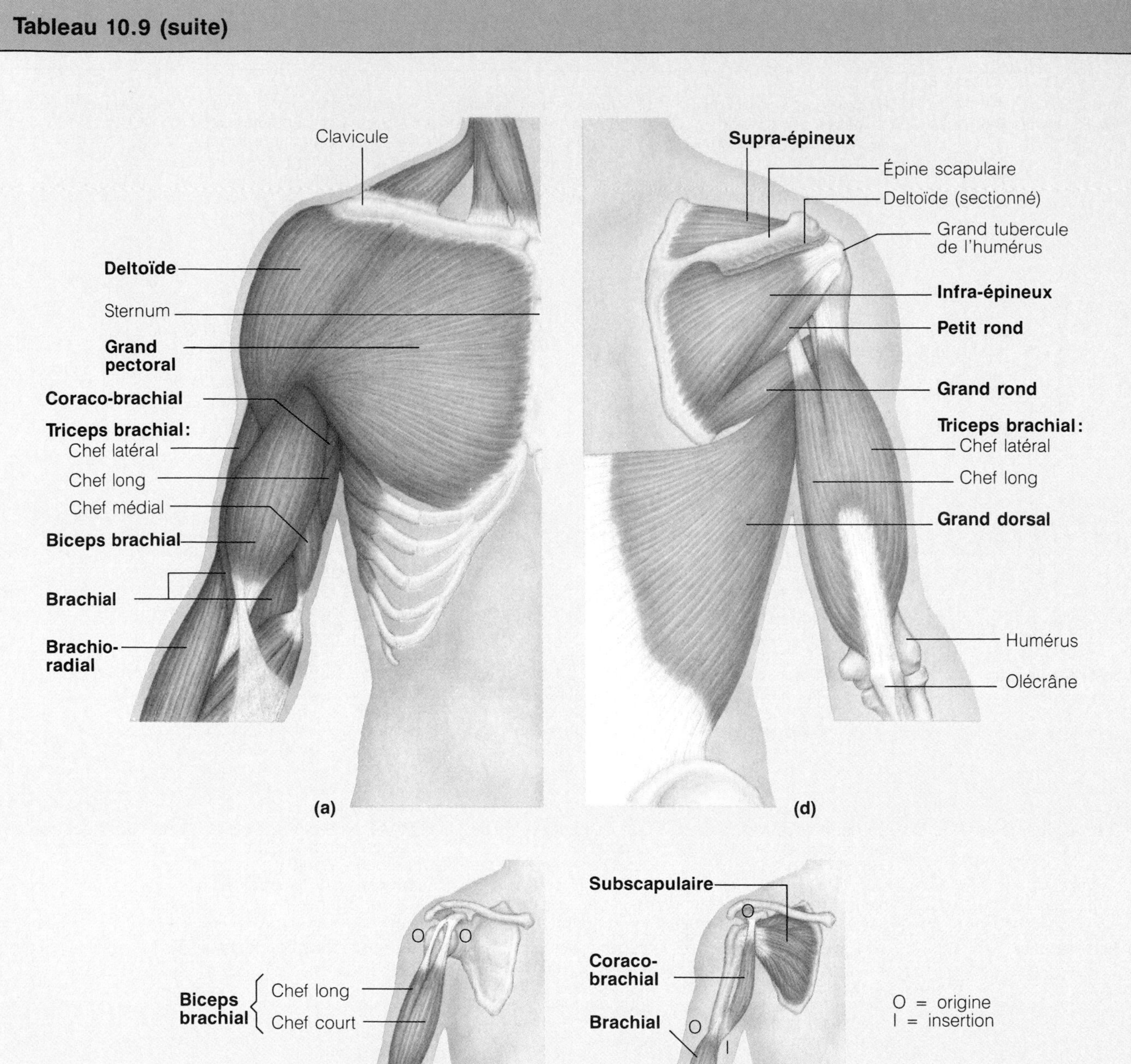

Figure 10.13 Muscles qui croisent les articulations de l'épaule et du coude et qui assurent les mouvements du bras et de l'avant-bras. (**a**) Vue antérieure des muscles superficiels de la face antérieure du thorax, de l'épaule et du bras. (**b**) Vue du biceps brachial de la partie antérieure du bras. (**c**) Vue du brachial qui prend naissance sur l'humérus, ainsi que du coraco-brachial et du subscapulaire qui naissent sur la scapula. (Notez, cependant, que le coraco-brachial effectue les mouvements du bras et non ceux de l'avant-bras, et que le subscapulaire stabilise l'articulation de l'épaule.) (**d**) Étendue du triceps brachial de la partie postérieure du bras, montré en relation avec les muscles scapulaires profonds. Le deltoïde de l'épaule a été enlevé.

Tableau 10.10 Muscles qui croisent l'articulation du coude: flexion et extension de l'avant-bras (figure 10.13)

Les muscles du bras croisent l'articulation du coude pour s'insérer sur les os de l'avant-bras. Comme le coude est une articulation trochléenne, les mouvements permis par ces muscles sont presque entièrement limités à la flexion et à l'extension de l'avant-bras. Les muscles de la face postérieure du bras sont des extenseurs. Le volumineux *triceps brachial* forme presque toute la musculature de cette partie du bras et joue le rôle d'agoniste dans l'extension du coude. Il est assisté (un peu) par le petit muscle anconé qui croise à peine la face postérieure de l'articulation du coude.

Tous les muscles de la face antérieure du bras participent à la flexion du coude. On trouve, par ordre décroissant de force, le *brachial*, le *biceps brachial* et le *brachio-radial*. Le brachial et le biceps s'attachent respectivement sur le cubitus et sur le radius, et se contractent simultanément pendant la flexion; ils sont considérés comme les principaux fléchisseurs de l'avant-bras. Le biceps brachial, qui se bombe lorsque l'avant-bras est fléchi, est connu de tous; le brachial, qui est situé sous le biceps, est moins apparent mais joue un rôle également important dans la flexion du coude. Le biceps brachial est aussi responsable de la supination de l'avant-bras et ne participe pas à la flexion du coude lorsque l'avant-bras *doit* rester en supination. Puisque le brachio-radial naît de l'extrémité distale de l'humérus et s'insère sur la partie distale de l'avant-bras, sa force s'exerce loin du point d'appui. C'est un fléchisseur faible de l'avant-bras qui ne devient actif que lorsque le coude a été partiellement plié par les agonistes.

Muscle	Description	Origine (O) et insertion (I)	Action	Innervation
MUSCLES POSTÉRIEURS				
Triceps brachial (*tris* = trois; *caput* = tête; *brakhiôn* = bras)	Gros muscle charnu; seul muscle de la loge postérieure du bras; trois points d'origine; chef long et chef latéral situés superficiellement par rapport au chef médial	O: chef long: tubercule infra-glénoïdal de la scapula; chef latéral: face postérieure de l'humérus; chef médial: face postérieure de l'humérus, à l'opposé du sillon du nerf radial I: olécrâne du cubitus par un tendon commun	Extenseur puissant de l'avant-bras (agoniste, particulièrement le chef médial); antagoniste des fléchisseurs de l'avant-bras, tendon du chef long contribuant peut-être à la stabilisation de l'épaule et à l'adduction du bras	Nerf radial
Anconé (*ankôn* = coude) (voir la figure 10.15)	Muscle triangulaire court; étroitement uni (confondu) avec l'extrémité distale du triceps sur la face postérieure de l'humérus	O: épicondyle latéral de l'humérus I: face latérale de l'olécrâne du cubitus	Imprime un mouvement d'abduction du cubitus pendant la pronation de l'avant-bras; synergique du triceps brachial dans l'extension du coude	Nerf radial
MUSCLES ANTÉRIEURS				
Biceps brachial	Muscle fusiforme composé de deux chefs; les ventres sont unis près des points d'insertion; le tendon du chef long contribue à la stabilisation de l'articulation de l'épaule	O: chef court: apophyse coracoïde de la scapula; chef long: tubercule supraglénoïdal et bourrelet glénoïdal; le tendon du chef long s'étend jusque dans la capsule et descend dans le sillon intertuberculaire de l'humérus I: tubérosité du radius par un tendon commun	Flexion de l'articulation du coude et supination de l'avant-bras; ces actions sont habituellement simultanées (p. ex. pour déboucher une bouteille de vin, ce muscle tourne le tire-bouchon et tire le bouchon); faible fléchisseur du bras à l'épaule	Nerf musculo-cutané
Brachial	Muscle puissant situé sous le biceps brachial à l'extrémité distale de l'humérus	O: moitié distale de la face antérieure de l'humérus; recouvre l'insertion du deltoïde I: apophyse coronoïde du cubitus et capsule de l'articulation du coude	Fléchisseur important de l'avant-bras sur le bras (élève le cubitus pendant que le biceps élève le radius)	Nerf musculo-cutané
Brachio-radial (voir aussi la figure 10.14)	Muscle superficiel de la face latérale de l'avant-bras; forme le bord latéral du pli du coude; s'étend de l'extrémité distale de l'humérus jusqu'à la partie distale du radius	O: crête de l'épicondyle latéral à l'extrémité distale de l'humérus I: base de l'apophyse styloïde du radius	Synergique dans la flexion de l'avant-bras; agit le plus avantageusement lorsque l'avant-bras est déjà partiellement plié	Nerf radial (constitue une exception notable: le nerf radial innerve habituellement les muscles extenseurs)

Tableau 10.11 Muscles de l'avant-bras: mouvements du poignet, de la main et des doigts (figures 10.14 et 10.15)

Les muscles de l'avant-bras sont divisés, d'après leur fonction, en deux groupes à peu près égaux: ceux qui assurent les mouvements du poignet et ceux qui agissent sur les doigts et sur le pouce. Dans la plupart des cas, leurs portions charnues forment la protubérance de la partie proximale de l'avant-bras, puis vont en diminuant progressivement pour devenir de longs tendons d'insertion. Leurs points d'insertion sont solidement fixés grâce à de forts ligaments appelés ligaments annulaires dorsal et antérieur du carpe, et ils sont entourés de gaines synoviales de tendons lubrifiées qui facilitent les mouvements en réduisant la friction.

Bien que beaucoup de muscles de l'avant-bras aient, en fait, leur origine sur l'humérus et qu'ils croisent ainsi les articulations du coude et du poignet, ils agissent très peu sur le coude, de sorte qu'on n'en tient pas compte normalement. La flexion et l'extension sont les mouvements typiques effectués aux articulations du poignet et des doigts. Le poignet peut aussi accomplir des mouvements d'abduction et d'adduction.

Les muscles de l'avant-bras sont séparés en deux groupes principaux (antérieur et postérieur) par des cloisons d'aponévrose, et chaque groupe se divise encore en couches de muscles superficiels et profonds. Les muscles de chaque groupe diffèrent non seulement par leur situation mais aussi par leur fonction. Les muscles de la face antérieure prennent leur origine sur l'humérus, par l'intermédiaire d'un tendon commun, et sont innervés en grande partie par le nerf médian. La plupart des muscles de la loge antérieure de l'avant-bras sont des *fléchisseurs* du poignet ou des doigts. Cependant, deux muscles de ce groupe, le *rond pronateur* (superficiel) et le *carré pronateur* (profond), sont responsables de la pronation de l'avant-bras, un des mouvements les plus importants de ce membre.

Les muscles de la loge postérieure sont principalement des *extenseurs* du poignet et des doigts; la seule exception est le muscle *supinateur* qui assiste le biceps brachial dans le mouvement de supination de l'avant-bras. Tout comme ceux de la loge antérieure, la plupart des muscles de la loge postérieure prennent naissance sur l'humérus par l'intermédiaire d'un tendon commun; cependant, leur situation sur l'humérus diffère. Tous les muscles postérieurs de l'avant-bras sont innervés par le nerf radial. La plupart des mouvements de la main sont assurés par les muscles de l'avant-bras, mais un certain nombre de petits muscles *intrinsèques* de la main améliorent leur précision. Il s'agit des quatre muscles *lombricaux de la main,* situés entre les métacarpes (ils sont visibles sur la face palmaire de la main), et des huit *interosseux,* situés sous les lombricaux. Ensemble, les lombricaux et les interosseux effectuent la flexion des articulations métacarpo-phalangiennes (jointures) et contribuent à l'extension des doigts. De plus, quatre muscles courts, les muscles de l'*éminence thénar,* agissent exclusivement pour permettre la circumduction et l'opposition du pouce. Les muscles lombricaux et de l'éminence thénar sont plus superficiels; ils sont montrés à la figure 10.14c. Les interosseux, plus profonds, sont montrés à la figure 10.15b.

Le tableau précise les situations et les actions des muscles de l'avant-bras. Comme ces muscles sont nombreux et que leurs interactions sont variées, un résumé de leurs actions est fourni au tableau 10.12.

Muscle	Description	Origine (O) et insertion (I)	Action	Innervation
PREMIÈRE PARTIE: MUSCLES DE LA LOGE ANTÉRIEURE (figure 10.14)	Les huit muscles de la loge antérieure sont énumérés en partant de la face latérale vers la face médiane. La plupart prennent leur origine sur un tendon fléchisseur commun attaché à l'épicondyle médial de l'humérus; ils possèdent aussi d'autres points d'origine. La majorité des tendons de ces fléchisseurs sont tenus en place au poignet par un épaississement d'une aponévrose profonde appelée *ligament annulaire antérieur du carpe.*			
MUSCLES DU PLAN SUPERFICIEL **Rond pronateur** (*pronation* = rotation de la paume vers l'arrière)	Muscle composé de deux chefs; dans une vue superficielle, il apparaît entre les bords proximaux du brachio-radial et du fléchisseur radial du carpe; forme le bord médian du pli du coude	O: épicondyle médial de l'humérus; apophyse coronoïde du cubitus I: partie moyenne de la face latérale du radius, par un tendon commun	Pronation de l'avant-bras; faible fléchisseur du coude	Nerf médian
Fléchisseur radial du carpe	Disposé en diagonale au milieu de l'avant-bras; à partir de la mi-hauteur, son ventre charnu se termine par un tendon plat qui prend la forme d'un cordon au poignet	O: épicondyle médial de l'humérus I: base des métacarpiens II et III; le tendon d'insertion est bien visible et fournit un point de repère pour trouver, au poignet, l'artère radiale (prise du pouls)	Puissant fléchisseur du poignet; abduction de la main; synergique dans la flexion du coude	Nerf médian
Long palmaire	Petit muscle charnu avec un long tendon d'insertion; souvent absent; peut servir de point de repère pour trouver, au poignet, le nerf médian plus latéral	O: épicondyle médial de l'humérus I: son tendon grêle s'étale au niveau du carpe et se continue avec l'aponévrose palmaire	Faible fléchisseur du poignet; tension de l'aponévrose palmaire superficielle pendant les mouvements de la main	Nerf médian

Muscle	Description	Origine (O) et insertion (I)	Action	Innervation
Cubital antérieur	Muscle le plus médian de ce groupe; présente deux chefs; le nerf cubital passe latéralement à son tendon	O: épicondyle médial de l'humérus, olécrâne et surface postérieure du cubitus I: os pisiforme et base des métacarpiens IV et V	Puissant fléchisseur du poignet; adduction de la main de concert avec le cubital postérieur; stabilisation du poignet pendant l'extension des doigts	Nerf cubital
Fléchisseur superficiel des doigts	Muscle constitué de deux chefs; plus en profondeur que les autres, formant ainsi une couche intermédiaire; recouvert par des muscles mais visible à l'extrémité distale de l'avant-bras	O: épicondyle médial de l'humérus, apophyse coronoïde du cubitus; diaphyse du radius I: deuxièmes phalanges des deuxième au cinquième doigts, par quatre tendons	Flexion du poignet et des phalanges médianes des deuxième au cinquième doigts; constitue un important fléchisseur des doigts si le mouvement est rapide et la flexion effectuée contre une résistance	Nerf médian
MUSCLES DU PLAN PROFOND				
Long fléchisseur du pouce	Partiellement recouvert par le fléchisseur superficiel des doigts; disposé latéralement par rapport au fléchisseur profond des doigts	O: face antérieure du radius et membrane interosseuse antébrachiale I: troisième phalange du pouce	Flexion de la troisième phalange du pouce; faible fléchisseur du poignet	Nerf médian
Fléchisseur profond des doigts	Origine étendue; entièrement recouvert par le fléchisseur superficiel des doigts	O: face antéro-médiane du cubitus et membrane interosseuse antébrachiale I: dans les troisièmes phalanges des deuxième au cinquième doigts, par quatre tendons	Flexion lente des doigts; assiste dans la flexion du poignet; le seul muscle qui peut plier les articulations interphalangiennes distales	Portion médiane par le nerf cubital; portion latérale par le nerf médian

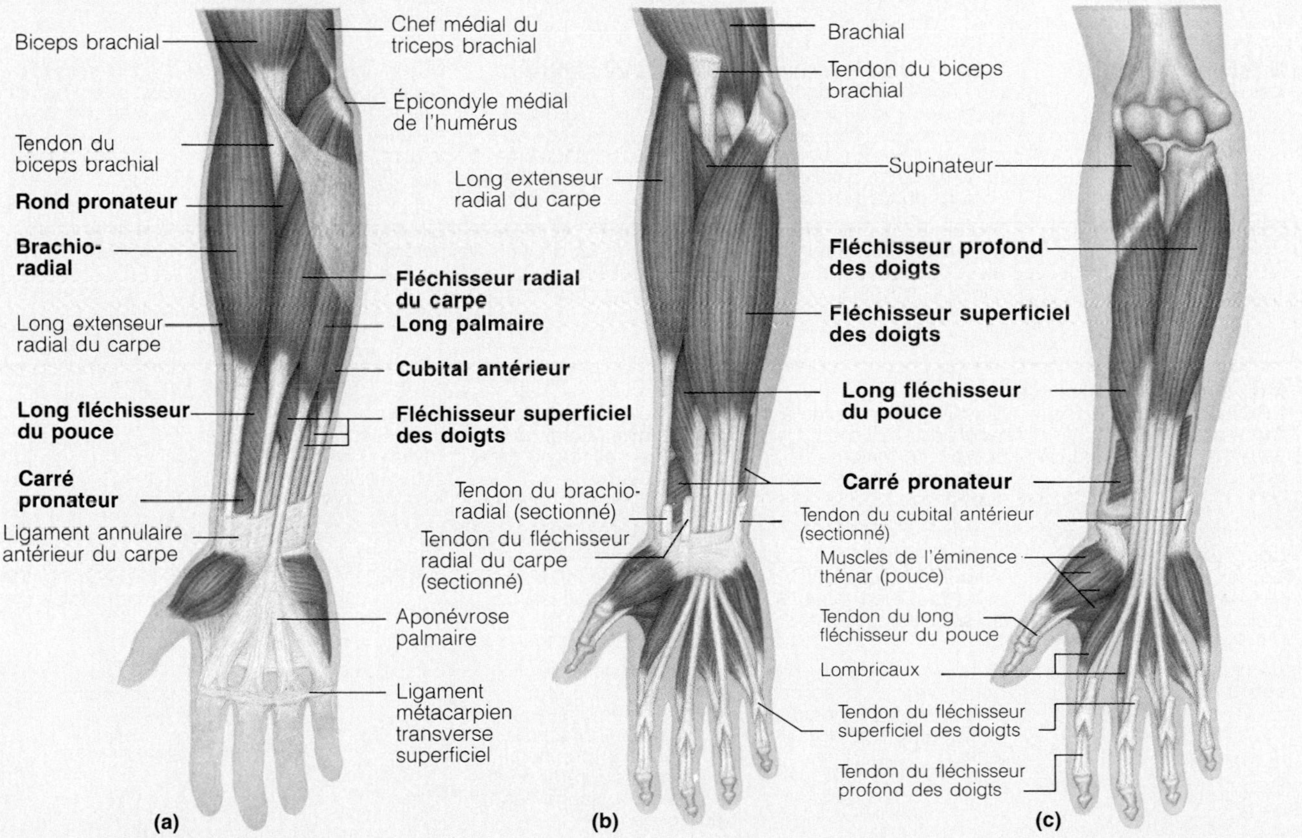

Figure 10.14 Muscles de la loge antérieure de l'avant-bras qui agissent sur le poignet et les doigts. (a) Vue superficielle des muscles de la main et de l'avant-bras droits. (b) Le brachio-radial, le fléchisseur radial du carpe, le cubital antérieur et le long palmaire ont été enlevés pour montrer la situation plus profonde du fléchisseur superficiel des doigts. (c) Muscles profonds de la loge antérieure. Les muscles superficiels ont été enlevés. Les lombricaux et le groupe des muscles de l'éminence thénar (muscles intrinsèques de la main) sont aussi représentés.

Tableau 10.11 (suite)

Muscle	Description	Origine (O) et insertion (I)	Action	Innervation
Carré pronateur	Muscle le plus profond de l'extrémité distale de l'avant-bras; s'étend vers le bas et latéralement; le seul muscle qui a le cubitus comme unique point d'origine et qui ne s'insère que sur le radius	O: partie distale du corps du cubitus antérieur I: face distale du radius antérieur	Pronation de l'avant-bras; action conjointe avec le rond pronateur; contribue aussi à tenir ensemble le cubitus et le radius	Nerf médian
DEUXIÈME PARTIE: MUSCLES DE LA LOGE POSTÉRIEURE (figure 10.15)	La liste de ces onze muscles de la loge postérieure du bras est élaborée en allant de la face latérale à la face médiane. Tous les muscles de la loge postérieure du bras sont innervés par le nerf radial. Plus de la moitié prennent naissance sur un tendon extenseur commun attaché à la face postérieure de l'épicondyle latéral de l'humérus et de l'aponévrose adjacente. Les tendons extenseurs sont tenus en place sur la face postérieure du poignet par le *ligament annulaire dorsal du carpe* qui empêche les tendons du poignet de se disposer à la manière de la corde d'un arc lors de son hyperextension. Les muscles extenseurs des doigts se terminent dans de larges expansions fibreuses (aponévrose dorsale du doigt) sur la face dorsale des doigts.			
MUSCLES DU PLAN SUPERFICIEL **Long extenseur radial du carpe**	Situé sur la face latérale de l'avant-bras, parallèle au brachio-radial qui peut le recouvrir	O: crête de l'épicondyle latéral de l'humérus I: base du métacarpien II	Extension et abduction du poignet	Nerf radial
Court extenseur radial du carpe	Un peu plus court que le long extenseur radial du carpe qui le recouvre	O: épicondyle latéral de l'humérus I: base du métacarpien III	Extension et abduction du poignet; action synergique avec le long extenseur radial du carpe pour stabiliser le poignet pendant la flexion des doigts	Branche profonde du nerf radial
Extenseur commun des doigts	Situé en position médiane par rapport au court extenseur radial du carpe; une partie distincte de ce muscle, appelée *extenseur du petit doigt,* assure l'extension du petit doigt	O: épicondyle latéral de l'humérus I: expansions fibreuses et troisièmes phalanges des deuxième au cinquième doigts par l'intermédiaire de quatre tendons	Rôle d'agoniste dans l'extension des doigts; extension du poignet; peut effectuer l'abduction (écartement) des doigts	Nerf interosseux postérieur (branche du nerf radial)
Cubital postérieur	Muscle superficiel postérieur situé en position la plus médiane; long et mince	O: épicondyle latéral de l'humérus et bord postérieur du cubitus I: base du métacarpien V	Extension et abduction du poignet (conjointement avec le cubital antérieur)	Nerf interosseux postérieur
MUSCLES DU PLAN PROFOND **Supinateur** (*supination* = rotation de la paume vers l'avant)	Muscle profond situé à la face postérieure du coude; en majeure partie caché par les muscles superficiels	O: partie inférieure de l'épicondyle latéral de l'humérus; extrémité proximale du cubitus I: extrémité proximale du radius	Aide le biceps brachial dans la supination de l'avant-bras; antagoniste des muscles pronateurs	Nerf radial
Long abducteur du pouce (*abduction* = mouvement d'éloignement du plan médian)	Situé latéralement et parallèlement au long extenseur du pouce; en aval du supinateur	O: faces postérieures du radius et du cubitus; membrane interosseuse antébrachiale I: base du métacarpien I	Abduction et extension du pouce	Nerf interosseux postérieur (branche du nerf radial)
Long et **court extenseurs du pouce**	Paire de muscles profonds dont l'origine et l'action sont communes; recouverts par le cubital postérieur	O: face postérieure du corps du radius et du cubitus; membrane interosseuse antébrachiale I: base de la première phalange (court) et de la troisième phalange (long) du pouce	Extension du pouce	Nerf interosseux postérieur
Extenseur de l'index	Muscle minuscule qui prend naissance près du poignet	O: face postérieure de l'extrémité distale du cubitus; membrane interosseuse antébrachiale I: expansion fibreuse de l'index; rejoint le tendon de l'extenseur commun des doigts	Extension de l'index	Nerf interosseux postérieur

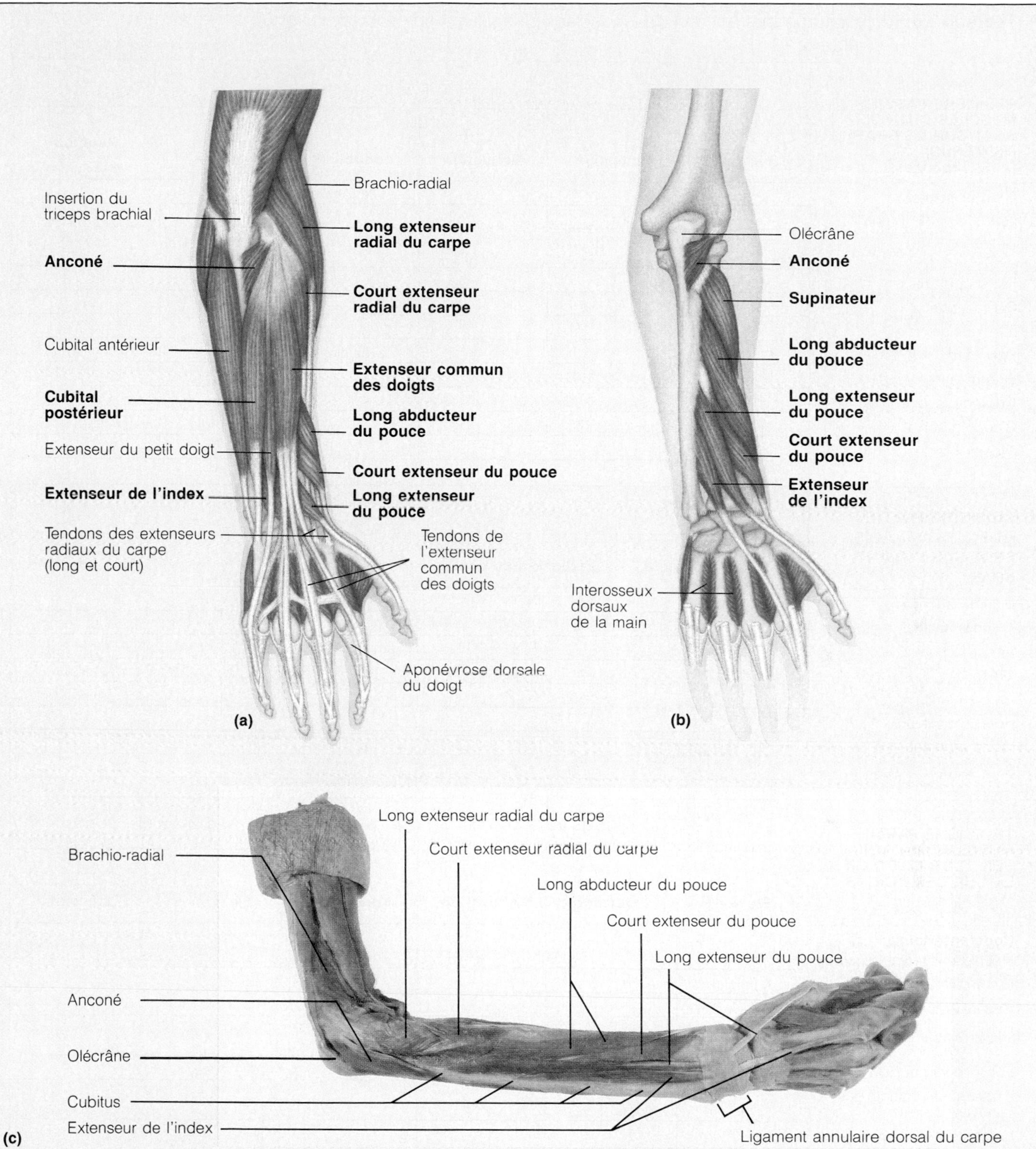

Figure 10.15 Muscles de la loge postérieure de l'avant-bras qui agissent sur le poignet et sur les doigts. Le ligament annulaire dorsal du carpe qui tient solidement en place les tendons des extenseurs au poignet n'est pas représenté. (**a**) Muscles du plan superficiel de l'avant-bras droit, vue postérieure. (**b**) Muscles postérieurs du plan profond de l'avant-bras droit; les muscles superficiels ont été enlevés. Les interosseux dorsaux de la main, la couche la plus profonde des muscles intrinsèques de la main, sont aussi montrés. (**c**) Photographie des muscles postérieurs profonds de l'avant-bras droit; les muscles superficiels ont été enlevés.

Tableau 10.12 Résumé des actions des muscles qui agissent sur le bras, l'avant-bras et la main (figure 10.16)

PREMIÈRE PARTIE : MUSCLES QUI AGISSENT SUR LE BRAS (HUMÉRUS) (A = agoniste)	Actions à l'épaule					
	Flexion	**Extension**	**Abduction**	**Adduction**	**Rotation médiane**	**Rotation latérale**
Grand pectoral	X (A)			X (A)	X	
Grand dorsal		X (A)		X (A)	X	
Deltoïde	X (A) (fibres antérieures)	X (A) (fibres postérieures)	X (A)		X (fibres antérieures)	X (fibres postérieures)
Subscapulaire					X (A)	
Supra-épineux			X			
Infra-épineux						X (A)
Petit rond				X (faible)		X (A)
Grand rond		X		X	X	
Coraco-brachial	X			X		
Biceps brachial	X					
Triceps brachial				X		

DEUXIÈME PARTIE : MUSCLES QUI AGISSENT SUR L'AVANT-BRAS	Actions			
	Flexion du coude	**Extension du coude**	**Pronation**	**Supination**
Biceps brachial	X (A)			X
Triceps brachial		X (A)		
Anconé		X		
Brachial	X (A)			
Brachio-radial	X			
Rond pronateur			X	
Carré pronateur			X	
Supinateur				X

TROISIÈME PARTIE : MUSCLES QUI AGISSENT SUR LE POIGNET ET SUR LES DOIGTS	Actions sur le poignet				Actions sur les doigts	
	Flexion	**Extension**	**Abduction**	**Adduction**	**Flexion**	**Extension**
Loge antérieure :						
Fléchisseur radial du carpe	X (A)		X			
Long palmaire	X (faible)					
Cubital antérieur	X (A)			X		
Fléchisseur superficiel des doigts	X (A)				X	
Long fléchisseur du pouce	X (faible)				X (pouce)	
Fléchisseur profond des doigts	X				X	
Loge postérieure :						
Extenseurs radiaux du carpe (long et court)		X	X			
Extenseur commun des doigts		X (A)				X (et abduction)
Cubital postérieur		X		X		
Long abducteur du pouce			X		(Abduction du pouce)	
Long et court extenseurs du pouce						X (pouce)
Extenseur de l'index						X (index)

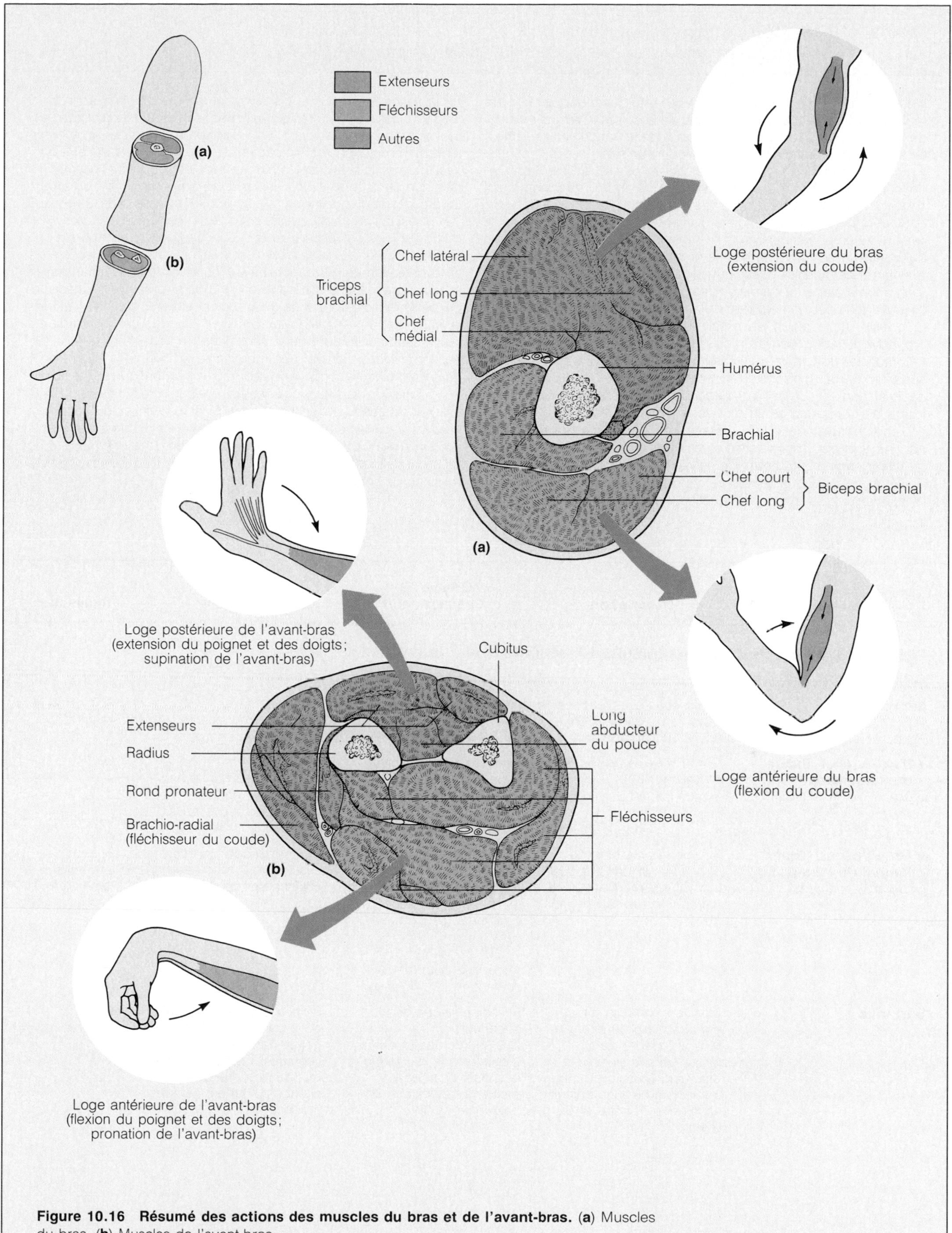

Figure 10.16 Résumé des actions des muscles du bras et de l'avant-bras. (**a**) Muscles du bras. (**b**) Muscles de l'avant-bras.

Tableau 10.13 Muscles qui croisent les articulations de la hanche et du genou: mouvements de la cuisse et de la jambe (figures 10.17 et 10.18)

Il est difficile de séparer en groupes, sur une base fonctionnelle, les muscles qui forment la partie charnue de la cuisse. Certains muscles de la cuisse n'agissent qu'à l'articulation de la hanche ou seulement à celle du genou, tandis que d'autres jouent un rôle aux deux endroits. Il n'est pas non plus satisfaisant de classer ces muscles en fonction de leur situation car des muscles situés à un endroit quelconque ont souvent des actions très différentes. Toutefois, les muscles les plus antérieurs de la hanche et de la cuisse vont en général favoriser la flexion du fémur à la hanche et l'extension de la jambe au genou, ce qui constitue le mouvement de la première phase de la marche. En revanche, les muscles postérieurs de la hanche et de la cuisse assurent, pour la plupart, l'extension de la cuisse et la flexion de la jambe, c'est-à-dire la deuxième phase de la marche. Le troisième groupe de muscles de cette région, les muscles de la partie médiane de la cuisse, provoquent l'adduction de la cuisse; ils sont sans effet sur la jambe. Les muscles antérieurs, postérieurs et adducteurs de la cuisse sont séparés, par des cloisons d'aponévroses, en loges antérieure, postérieure et médiane. Le fascia lata (aponévrose fémorale) entoure et enveloppe les trois groupes de muscles comme un bas de soutien.

Les mouvements de la cuisse (provoqués à l'articulation de la hanche) sont accomplis, en majeure partie, par des muscles qui prennent leur origine sur la ceinture pelvienne. Tout comme l'articulation de l'épaule, celle de la hanche est une articulation sphéroïde qui permet la flexion, l'extension, l'abduction, l'adduction, la circumduction et la rotation. Les muscles qui assurent ces mouvements sont parmi les plus puissants du corps humain. Les fléchisseurs de la cuisse passent en majeure partie devant l'articulation de la hanche. Les plus importants parmi ceux-ci sont l'*ilio-psoas*, le *tenseur du fascia lata* et le *droit de la cuisse*; ils sont assistés par les muscles *adducteurs* de la partie médiane de la cuisse et par le *sartorius,* qui ressemble à un ruban. L'ilio-psoas est l'agoniste dans la flexion de la cuisse et de la hanche.

L'extension de la cuisse s'effectue surtout grâce aux gros *muscles de la loge postérieure de la cuisse.* Cependant, au cours d'une extension forcée, le *grand fessier* entre en action. Les muscles fessiers situés latéralement par rapport à l'articulation de la hanche (*moyen* et *petit fessiers*) assurent l'abduction de la cuisse et sa rotation médiane. Six petits muscles profonds de la région fessière, appelés *rotateurs latéraux,* s'opposent à la rotation médiane. L'adduction de la cuisse est le rôle des muscles adducteurs de la partie médiane de la cuisse. L'abduction et l'adduction sont très importantes au cours de la marche pour garder le poids du corps en équilibre sur le membre qui repose au sol.

La flexion et l'extension sont les principaux mouvements de l'articulation du genou. Le seul responsable de l'extension du genou est le *quadriceps fémoral* de la partie antérieure de la cuisse, le muscle le plus puissant du corps humain. Les muscles de la loge postérieure de la cuisse jouent alors un rôle d'antagonistes du quadriceps tandis qu'ils sont agonistes dans la flexion du genou.

Muscle	Description	Origine (O) et insertion (I)	Action	Innervation
PREMIÈRE PARTIE: MUSCLES ANTÉRIEURS ET MÉDIANS (figure 10.17)				
ORIGINE SUR LE BASSIN				
Ilio-psoas	L'ilio-psoas est composé de deux muscles étroitement apparentés l'un à l'autre (iliaque et grand psoas); leurs fibres passent sous le ligament inguinal (voir le tableau 10.6 [oblique externe de l'abdomen] et la figure 10.10) pour s'insérer sur le fémur par l'intermédiaire d'un tendon commun			
• **Iliaque (chef iliaque de l'ilio-psoas)** (*ilia* = ventre, flancs)	Grand muscle en forme d'éventail situé en position la plus latérale	O: fosse iliaque interne I: petit trochanter du fémur par l'intermédiaire du tendon de l'ilio-psoas	L'ilio-psoas est l'agoniste dans la flexion de la hanche; flexion de la cuisse sur le tronc lorsque le bassin est fixe	Nerf fémoral
• **Grand psoas (chef lombal de l'ilio-psoas)** (*psoa* = lombes)	Muscle le plus long, le plus épais et dans la position la plus médiane de la paire. (C'est le filet mignon du boucher)	O: par des fibres charnues sur les apophyses transverses, les corps et les disques intervertébraux des vertèbres lombaires et de T_{12} I: petit trochanter du fémur par l'intermédiaire du tendon de l'ilio-psoas	Comme ci-dessus; effectue aussi la flexion latérale de la colonne vertébrale; rôle postural important	Branches des nerfs lombaires L_1 à L_4
Sartorius	Muscle superficiel rubané qui croise obliquement la face antérieure de la cuisse vers le genou; le plus long muscle du corps humain; croise les articulations de la hanche et du genou	O: épine iliaque antéro-supérieure I: s'incurve autour de la face médiane du genou et s'insère sur la face médiane de l'extrémité proximale du tibia	Flexion et rotation latérale de la cuisse; flexion du genou (faible); appelé aussi «couturier» parce qu'il permet de prendre la position typique du tailleur (jambes croisées)	Nerf fémoral

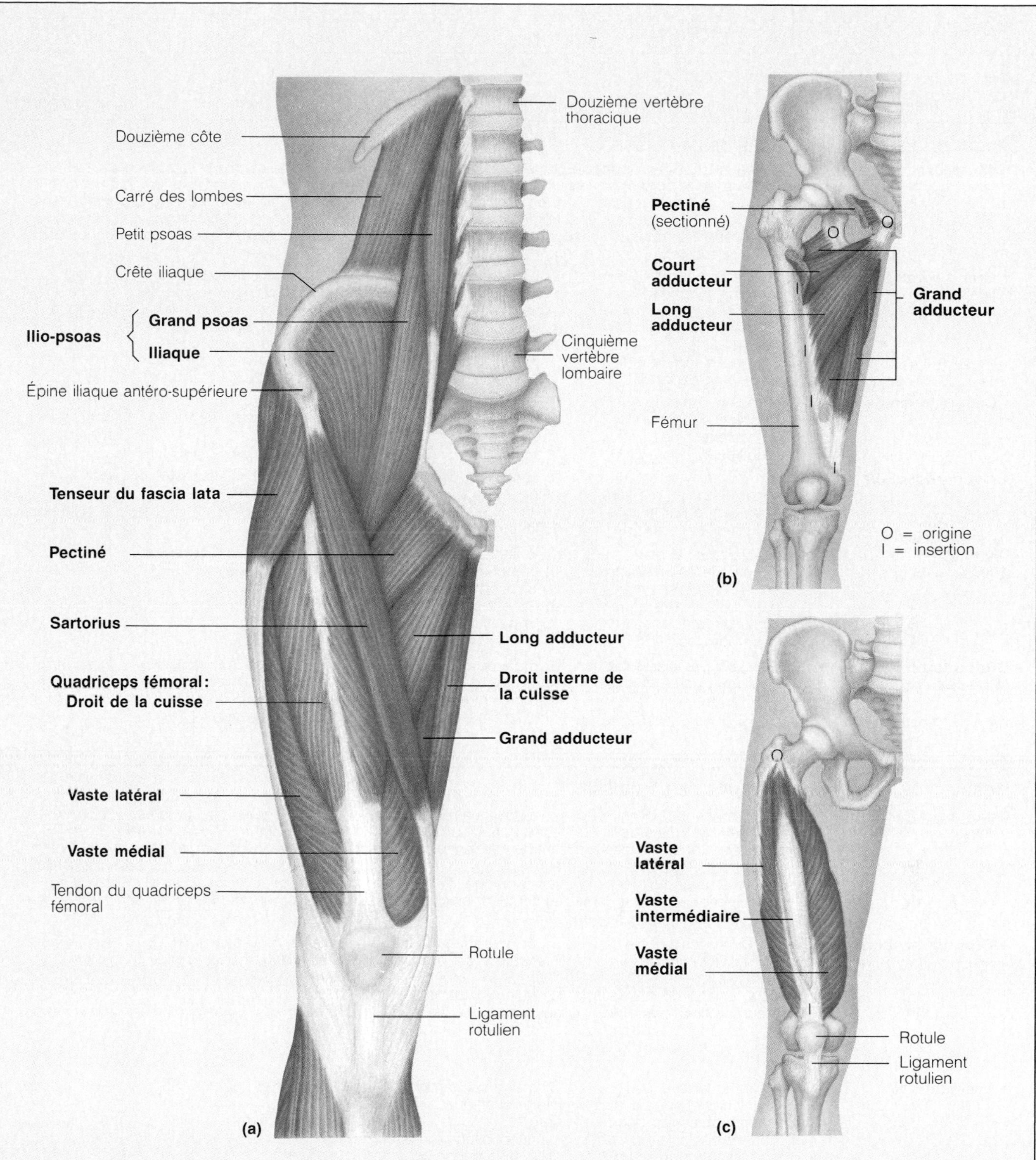

Figure 10.17 Muscles antérieurs et médians qui assurent les mouvements de la cuisse et de la jambe. (**a**) Vue antérieure des muscles profonds du bassin et des muscles superficiels de la cuisse droite. (**b**) Muscles adducteurs de la loge médiane de la cuisse. Les autres muscles ont été enlevés afin de rendre visibles les points d'origine et d'insertion des muscles adducteurs. (**c**) Les muscles vastes du groupe du quadriceps. Le droit de la cuisse du groupe du quadriceps et les muscles qui l'entourent ont été enlevés pour montrer les points d'attache et l'étendue des muscles vastes.

(suite du tableau à la page suivante)

Tableau 10.13 (suite)

Muscle	Description	Origine (O) et insertion (I)	Action	Innervation
MUSCLES DE LA LOGE MÉDIANE DE LA CUISSE				
Adducteurs	Masse musculaire importante composée de trois muscles (grand, long et court) qui forment la face médiane de la cuisse; ils naissent sur la partie inférieure du bassin et s'insèrent à différents niveaux sur le fémur; ces trois muscles sont en activité pendant les mouvements qui permettent de serrer les genoux, en chevauchant une monture, par exemple; importants dans les mouvements de bascule du bassin qui se produisent pendant la marche et pour fixer la hanche lorsque l'articulation du genou est fléchie; l'ensemble est innervé par le nerf obturateur			
• **Grand adducteur** (*adduction* = déplacer vers le plan médian)	Muscle triangulaire possédant une insertion large; composé de faisceaux; son action est en partie celle d'un adducteur et celle d'un muscle de la loge postérieure de la cuisse	O: branche ischio-pubienne et tubérosité ischiatique I: ligne âpre et tubercule de l'adducteur	Partie antérieure: adduction, rotation interne et flexion de la cuisse; partie postérieure: action synergique avec les muscles de la loge postérieure pendant l'extension de la cuisse	Nerfs obturateur et sciatique
• **Long adducteur**	Recouvre la face médiane du grand adducteur; le plus antérieur des adducteurs	O: pubis près de la symphyse pubienne I: ligne âpre	Adduction, flexion et rotation latérale de la cuisse	Nerf obturateur
• **Court adducteur**	En rapport avec l'obturateur externe; en majeure partie caché par le long adducteur et le pectiné	O: corps et branche inférieure du pubis I: ligne âpre au-dessus du long adducteur	Adduction et rotation latérale de la cuisse	Nerf obturateur
Pectiné (*pecten* = peigne)	Muscle court et plat; recouvre le court adducteur à l'extrémité proximale de la cuisse; touche à la partie médiane du long adducteur	O: ligne pectinéale du pubis (et branche supérieure) I: face postérieure du fémur, sous le petit trochanter (ligne pectinée) du fémur	Adduction, flexion et rotation latérale de la cuisse	Nerf fémoral et parfois nerf obturateur
Droit interne de la cuisse	Muscle superficiel, étroit et effilé de la partie médiane de la cuisse	O: branche inférieure et corps du pubis I: surface médiane du tibia (tubérosité tibiale) juste sous son condyle médial	Adduction de la cuisse, flexion et rotation médiane de la jambe, pendant la marche en particulier	Nerf obturateur
MUSCLES DE LA LOGE ANTÉRIEURE DE LA CUISSE				
Quadriceps fémoral	Le quadriceps fémoral est composé de quatre chefs distincts (*quadriceps* = quatre chefs) qui forment le devant et les côtés de la cuisse; ces chefs (droit de la cuisse, vastes intermédiaire, médial et latéral) possèdent un tendon d'insertion commun, le tendon du quadriceps, qui s'insère sur la rotule et, par l'intermédiaire du ligament rotulien, sur l'épiphyse proximale du tibia. Le quadriceps est un puissant extenseur de l'articulation du genou qui sert à grimper, à sauter, à courir et à se lever de la position assise; le groupe est innervé par le nerf fémoral; la tonicité du quadriceps joue un rôle important dans le renforcement de l'articulation du genou			
• **Droit de la cuisse**	Muscle superficiel de la partie antérieure de la cuisse; descend verticalement, le long de la cuisse; le chef le plus long et le seul muscle du groupe à croiser l'articulation de la hanche	O: épine iliaque antéro-inférieure et bord supérieur de l'acétabulum I: rotule et tubérosité antérieure du tibia par le ligament rotulien	Extension du genou et flexion de la cuisse à la hanche	Nerf fémoral
• **Vaste latéral**	Constitue la face latérale de la cuisse; point d'injection intramusculaire courant, en particulier chez le nourrisson (dont les muscles des fesses et des bras sont peu développés)	O: grand trochanter, ligne intertrochantérique, ligne âpre I: même insertion que le droit de la cuisse	Extension du genou	Nerf fémoral
• **Vaste médial**	Constitue la face inféro-médiane de la cuisse	O: ligne âpre, ligne intertrochantérique I: même insertion que le droit de la cuisse	Extension du genou; stabilisation de la rotule par les fibres inférieures	Nerf fémoral
• **Vaste intermédiaire**	Recouvert par le droit de la cuisse; situé entre le vaste latéral et le vaste médial sur la face antérieure de la cuisse	O: faces antérieure et latérale de la diaphyse à l'extrémité proximale du fémur I: même insertion que le droit de la cuisse	Extension du genou	Nerf fémoral

Muscle	Description	Origine (O) et insertion (I)	Action	Innervation
Tenseur du fascia lata (*tensum* = tendre; *fascia* = bande; *lata* = large)	Enveloppé par les cloisons d'aponévrose de la face antéro-latérale de la cuisse; apparenté fonctionnellement aux rotateurs médians et aux fléchisseurs de la cuisse	O: face antérieure de la crête iliaque et épine iliaque antéro-supérieure I: tractus ilio-tibial*	Flexion et abduction de la cuisse (par conséquent, synergique de l'ilio-psoas et des moyen et petit fessiers); rotation médiane de la cuisse; stabilise le tronc sur la cuisse en tendant le tractus ilio-tibial	Nerf fessier supérieur
DEUXIÈME PARTIE: MUSCLES POSTÉRIEURS (figure 10.18)				
MUSCLES FESSIERS—ORIGINE SUR LE BASSIN				
Grand fessier	Le plus volumineux et le plus superficiel des muscles fessiers; constitue l'essentiel de la masse de la fesse; formé de grosses fibres; important point d'injection intramusculaire (point fessier postérieur); recouvre le nerf sciatique; recouvre la tubérosité ischiatique seulement dans la station debout	O: partie postérieure de la crête iliaque et face externe de l'ilion; sacrum et coccyx I: tubérosité glutéale du fémur et tractus ilio-tibial	Principal extenseur de la cuisse; puissant et plus efficace lorsque la cuisse est fléchie et qu'il faut exercer une force, par exemple en se relevant d'une position de flexion vers l'avant et en poussant la cuisse postérieurement (monter un escalier et courir); généralement inactif durant la marche; rotation latérale de la cuisse; antagoniste de l'ilio-psoas	Nerf fessier inférieur
Moyen fessier	Muscle épais en grande partie recouvert par le grand fessier; point important pour les injections intramusculaires (point fessier antérieur); considéré comme plus sûr que le point fessier postérieur car il réduit les risques de toucher le nerf sciatique	O: entre les lignes glutéales antérieure et postérieure, sur la face latérale de l'ilion I: sur la face latérale du grand trochanter du fémur par un court tendon	Abduction et rotation médiane de la cuisse; stabilisation du bassin; son action est extrêmement importante pour la marche, car le muscle de la jambe d'appui s'oppose (abduction) à la tendance du bassin à basculer en avant du côté qui n'est plus supporté par le pied soulevé du sol	Nerf fessier supérieur
Petit fessier	Le plus petit et le plus profond des muscles fessiers	O: entre les lignes glutéales antérieure et inférieure sur la face externe de l'ilion I: bord antérieur du grand trochanter du fémur	Même action que le moyen fessier	Nerf fessier supérieur
ROTATEURS LATÉRAUX				
Piriforme (*pirum* = poire)	Muscle triangulaire situé sur la face postérieure de l'articulation de la hanche; au-dessous du petit fessier; prend son origine sur le bassin par la grande incisure ischiatique	O: face antéro-latérale du sacrum (du côté opposé à la grande incisure ischiatique) I: bord supérieur du grand trochanter du fémur	Rotation latérale de la cuisse; à cause de son insertion au-dessus de la tête du fémur, il peut aussi promouvoir l'abduction de la cuisse lorsque la hanche est fléchie; stabilisation de l'articulation de la hanche	S_1 et S_2, L_5
Obturateur externe	Muscle triangulaire plat situé en profondeur dans la face supérieure médiane de la cuisse	O: face externe de la membrane obturatrice, du pubis et de l'ischion; bord du foramen obturé I: par un tendon, dans la fosse trochantérique du fémur postérieur	Rotation latérale de la cuisse et stabilisation de l'articulation de la hanche	Nerf obturateur

(suite du tableau à la page suivante)

* Le tractus ilio-tibial est une portion latérale épaissie du *fascia lata* (l'aponévrose qui enveloppe tous les muscles de la cuisse). Il s'étend sous la forme d'une bande tendineuse de la crête iliaque jusqu'au genou.

Tableau 10.13 (suite)

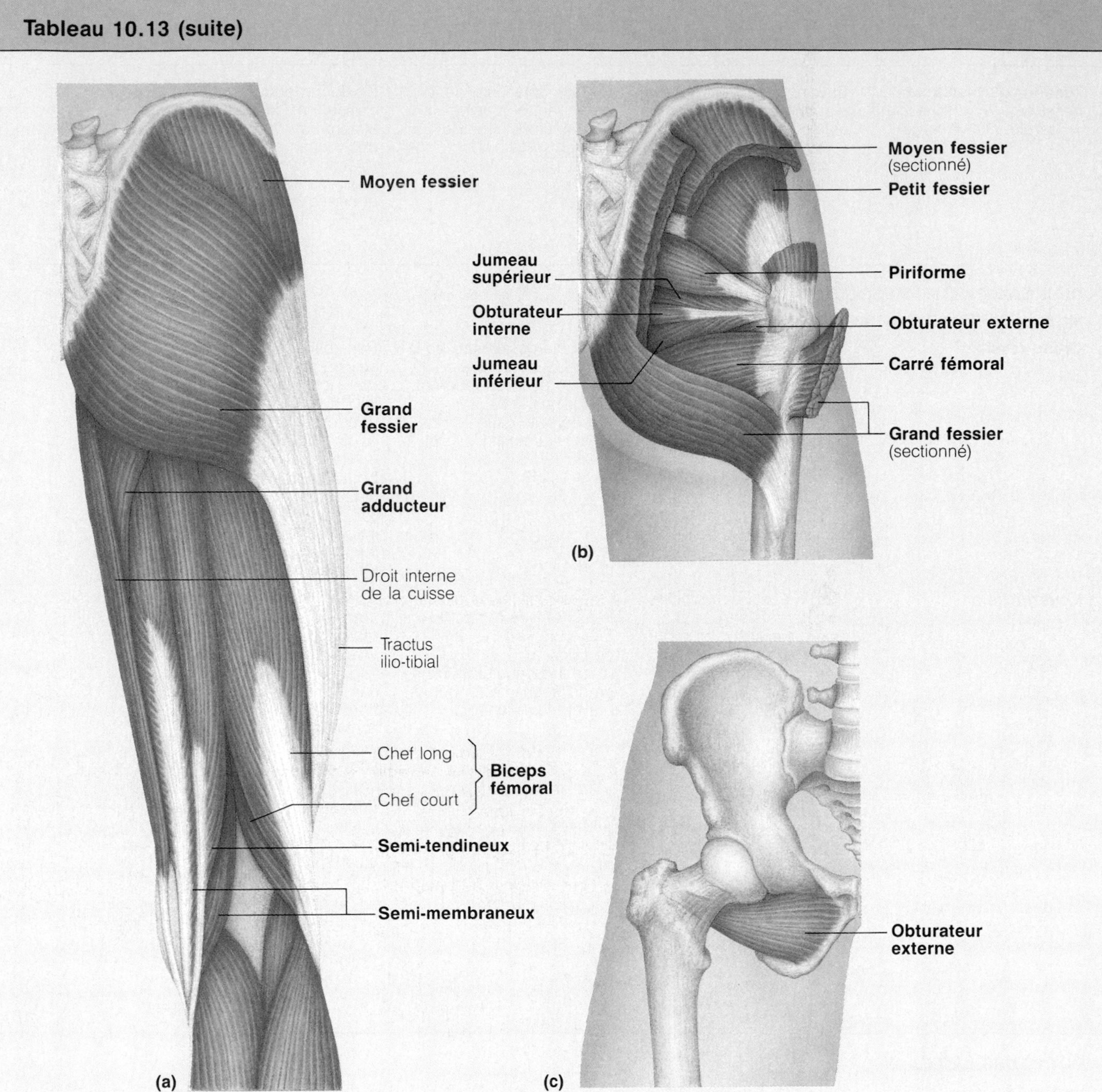

Figure 10.18 Muscles postérieurs de la hanche et de la cuisse droites. (**a**) Vue superficielle montrant les muscles fessiers et les muscles de la loge postérieure de la cuisse. (**b**) Muscles profonds de la région fessière dont l'action principale est la rotation latérale de la cuisse. Les grand et moyen fessiers ont été enlevés. (**c**) Vue antérieure de l'obturateur externe isolé, montrant sa course à partir de son origine sur la face antérieure du bassin jusqu'à la face postérieure du fémur.

Muscle	Description	Origine (O) et insertion (I)	Action	Innervation
Obturateur interne	Entoure la face interne du foramen obturé (dans le bassin); quitte le bassin par la petite incisure ischiatique, tourne à angle aigu et se dirige vers l'avant pour s'insérer sur le fémur	O: face interne de la membrane obturatrice, grande incisure ischiatique et bord du trou obturé I: grand trochanter du fémur devant le piriforme	Même action que l'obturateur externe	L_5, S_1, S_2 et S_3
Jumeau, supérieur et inférieur	Deux petits muscles possédant des insertions et des origines communes; considérés comme les portions extrapelviennes de l'obturateur interne	O: épine ischiatique (supérieur); tubérosité ischiatique (inférieur) I: grand trochanter du fémur	Rotation latérale de la cuisse et stabilisation de l'articulation de la hanche	L_4, L_5 et S_1
Carré fémoral	Muscle court et épais; le plus inférieur des muscles rotateurs latéraux; s'étend latéralement à partir du bassin	O: tubérosité ischiatique I: grand trochanter du fémur	Rotation latérale de la cuisse et stabilisation de l'articulation de la hanche	Nerf sciatique (L_4, L_5, S_1 et S_2)
MUSCLES DE LA LOGE POSTÉRIEURE DE LA CUISSE				
	Terme désignant trois muscles charnus de la partie postérieure de la cuisse (biceps fémoral, semi-tendineux et semi-membraneux); ces muscles croisent les articulations de la hanche et du genou et sont agonistes dans l'extension de la cuisse et dans la flexion du genou; le groupe a un point d'origine commun et est innervé par le nerf sciatique; les actions de ces muscles doivent être envisagées selon que c'est l'une ou l'autre des articulations croisées qui est fixe; par exemple, si le genou est fixe (en extension), les muscles provoquent l'extension de la hanche; si la hanche est en extension, ils assurent la flexion du genou; toutefois, lorsque les muscles de la loge postérieure sont étirés, ils ont tendance à restreindre l'exécution des mouvements antagonistes; par exemple, si les genoux sont en complète extension, il est difficile de fléchir entièrement la hanche (et de toucher ses orteils), et lorsque la cuisse est complètement fléchie comme pour dégager un ballon, il est presque impossible d'accomplir l'extension complète de la jambe en même temps (sans pratique intensive); le claquage des muscles de la loge postérieure est une blessure courante chez les athlètes qui courent beaucoup			
• **Biceps fémoral** (*biceps* = deux chefs)	Muscle le plus latéral du groupe; composé de deux chefs	O: tubérosité ischiatique (chef long); ligne âpre et extrémité distale du fémur (chef court) I: le tendon commun descend latéralement (formant le bord latéral du creux poplité) pour s'insérer sur la tête du péroné et sur le condyle latéral du tibia	Extension de la cuisse et flexion du genou; rotation latérale de la jambe, spécialement lorsque le genou est fléchi	Nerf sciatique
• **Semi-tendineux**	Situé en position médiane du biceps fémoral; malgré son nom qui suggère que ce muscle est en grande partie tendineux, il est très charnu; son mince tendon n'apparaît qu'au tiers inférieur de la cuisse	O: tubérosité ischiatique par un tendon commun avec le chef long du biceps fémoral I: face médiane de la partie supérieure du corps du tibia	Extension de la cuisse sur la hanche; flexion du genou; rotation médiane de la jambe avec le semi-membraneux	Nerf sciatique
• **Semi-membraneux**	Situé sous le semi-tendineux	O: tubérosité ischiatique I: condyle médial du tibia	Extension de la cuisse et flexion du genou; rotation médiane de la jambe	Nerf sciatique

Tableau 10.14 Muscles de la jambe: mouvements de la cheville et des orteils (figures 10.19 à 10.21)

L'aponévrose profonde de la jambe forme une enveloppe en continuité avec le fascia lata qui engaine les muscles de la cuisse. Elle retient fermement les muscles de la jambe, à la façon d'un «mi-bas» serré sous la peau, et contribue à empêcher le gonflement exagéré des muscles durant un exercice physique et à promouvoir le retour veineux. Ses prolongements vers l'intérieur séparent les muscles de la jambe en loges antérieure, latérale et postérieure, chacune possédant son innervation et sa vascularisation propres. À l'extrémité distale, l'aponévrose de la jambe s'épaissit pour former les ligaments annulaires du tarse (interne, antérieur et externe) et le ligament transverse de la jambe, qui maintiennent fermement à la cheville les tendons des muscles lorsqu'ils la croisent pour se diriger vers le pied.

Selon leur situation et leur position, les divers muscles de la jambe assurent les mouvements de la cheville (dorsiflexion et flexion plantaire), des articulations intertarsiennes (inversion et éversion du pied) ou de celles des orteils (flexion et extension). Les muscles de la loge antérieure de la jambe (*tibial antérieur, long extenseur des orteils, extenseur propre du gros orteil* et *péronier antérieur*) sont les principaux responsables de l'extension des orteils et de la dorsiflexion de la cheville. La dorsiflexion n'est pas un mouvement puissant, mais elle joue un rôle non négligeable: c'est elle qui empêche les orteils de traîner pendant la marche. Les muscles de la loge latérale (*long* et *court péroniers latéraux*) effectuent la flexion plantaire et l'éversion du pied alors que les muscles de la loge postérieure (*jumeaux de la jambe, soléaire, tibial postérieur, long fléchisseur des orteils* et *long fléchisseur propre du gros orteil*) sont les principaux fléchisseurs plantaires du pied et fléchisseurs des orteils. La flexion plantaire est le mouvement le plus puissant de la cheville (et du pied) car il soulève tout le poids du corps. Ce mouvement est essentiel pour se tenir debout sur la pointe des pieds et pour fournir la propulsion nécessaire à la marche et la course. Le muscle poplité qui croise l'articulation du genou permet de «déverrouiller» le genou en extension avant d'effectuer sa flexion.

Les muscles intrinsèques de la plante du pied (lombricaux du pied, interosseux dorsaux du pied et de nombreux autres) contribuent à la flexion, à l'extension, à l'abduction et à l'adduction des orteils. Leur rôle en tant que groupe (avec les tendons des muscles de la jambe) est très important pour le soutien des voûtes plantaires. Cependant, comme ces muscles sont très nombreux, leur arrangement très complexe et leurs actions individuelles relativement peu importantes, nous ne les étudierons pas ici.

Muscle	Description	Origine (O) et insertion (I)	Action	Innervation
PREMIÈRE PARTIE: MUSCLES DE LA LOGE ANTÉRIEURE (figures 10.19 et 10.20)				
	Tous les muscles de la loge antérieure effectuent la dorsiflexion de la cheville et possèdent une innervation commune, le nerf tibial antérieur. La paralysie de ce groupe de muscles provoque le *pied tombant*; il faut alors lever la jambe plus haut en marchant pour éviter de trébucher. Le syndrome tibial antérieur est une affection inflammatoire douloureuse des muscles de cette région.			
Tibial antérieur	Muscle superficiel de la partie antérieure de la jambe; longe latéralement la crête tibiale	O: condyle latéral et les 2/3 supérieurs du tibia; membrane interosseuse de la jambe; I: par un tendon, sur la face inférieure du premier cunéiforme latéral et du métatarsien I	Agoniste dans la dorsiflexion; inversion du pied; contribue au maintien de la voûte plantaire longitudinale médiane	Nerf péronier profond
Long extenseur des orteils	Sur la face antéro-latérale de la jambe; en position latérale par rapport au tibial antérieur	O: condyle latéral du tibia; les 3/4 proximaux du péroné à l'extrémité; membrane interosseuse de la jambe I: deuxième et troisième phalanges des orteils deux à quatre	Dorsiflexion du pied; agoniste dans l'extension des orteils (agit surtout sur les articulations métatarso-phalangiennes)	Nerf péronier profond
Péronier antérieur	Petit muscle; habituellement en continuité et fusionné avec la partie distale du long extenseur des orteils; pas toujours présent	O: extrémité distale de la face antérieure du péroné et membrane interosseuse de la jambe I: le tendon passe devant la malléole externe et s'insère sur le dos du métatarsien V	Dorsiflexion et éversion du pied	Nerf péronier profond
Extenseur propre du gros orteil	Sous le long extenseur des orteils et le tibial antérieur; point d'origine étroit	O: corps antéro-médian du péroné et membrane interosseuse de la jambe I: le tendon s'insère sur la troisième phalange du gros orteil	Extension du gros orteil; dorsiflexion du pied	Nerf péronier profond

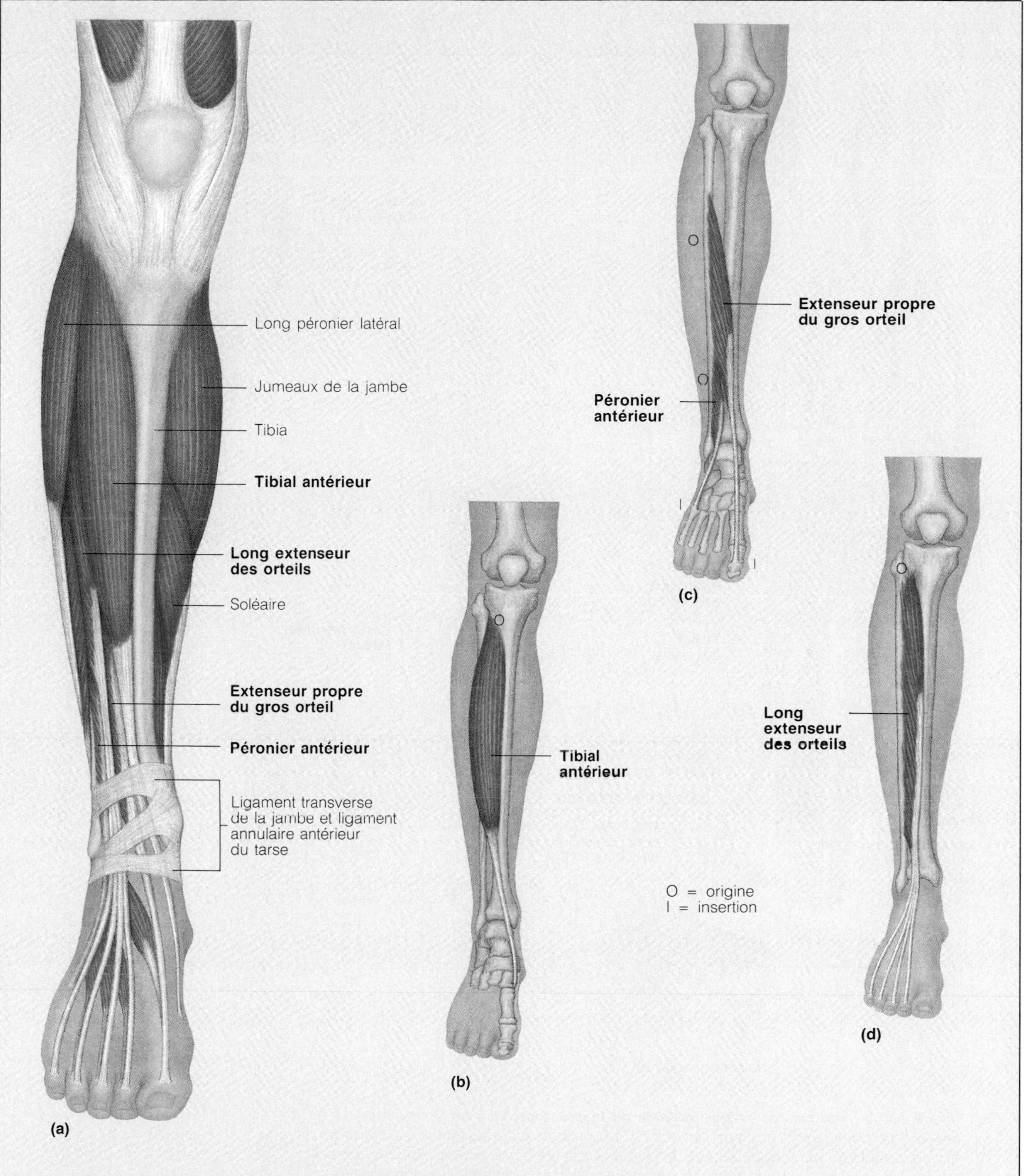

Figure 10.19 Muscles de la loge antérieure de la jambe droite. (**a**) Vue superficielle des muscles antérieurs de la jambe. (**b-d**) Quelques-uns des mêmes muscles montrés individuellement pour faire voir leurs origines et leurs insertions.

(suite du tableau à la page suivante)

Tableau 10.14 (suite)

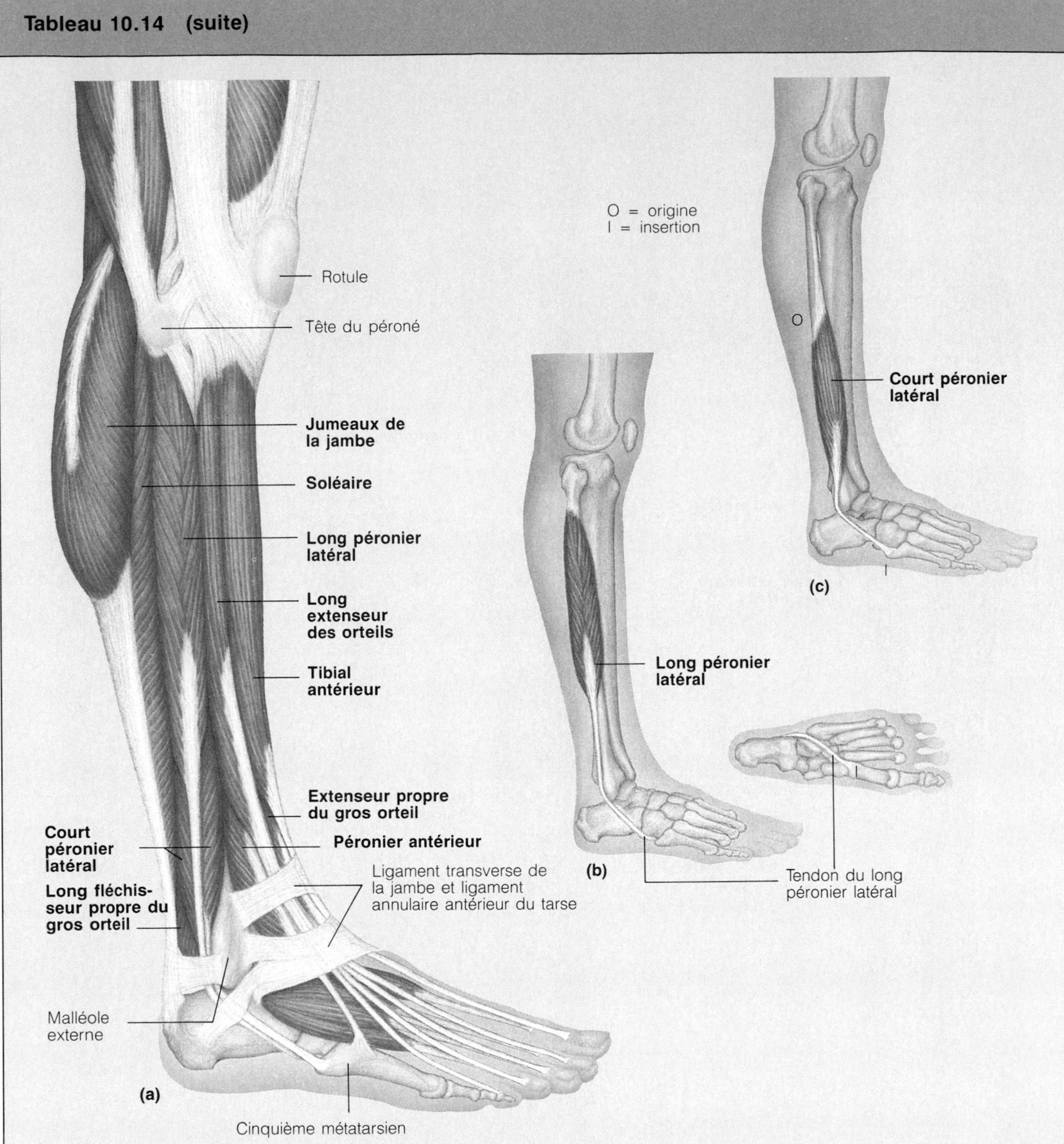

Figure 10.20 Muscles de la loge latérale de la jambe droite. (**a**) Vue superficielle de la face latérale de la jambe, montrant la situation des muscles de la loge latérale (long et court péroniers latéraux) par rapport à ceux des loges antérieure et postérieure. (**b**) Long péronier latéral vu individuellement; la représentation adjacente montre l'insertion du long péronier latéral sur la face plantaire du pied. (**c**) Court péronier latéral vu individuellement.

Muscle	Description	Origine (O) et insertion (I)	Action	Innervation
DEUXIÈME PARTIE: MUSCLES DE LA LOGE LATÉRALE DE LA JAMBE (figures 10.20 et 10.21)				
	Ces muscles possèdent une innervation commune: le nerf péronier superficiel. En plus d'effectuer la flexion plantaire et l'éversion du pied, ils stabilisent latéralement la cheville et la voûte plantaire longitudinale.			
Long péronier latéral (voir aussi la figure 10.19)	Muscle superficiel latéral; recouvre le péroné	O: tête et partie supérieure du péroné I: sur le métatarsien I et le premier cunéiforme médial par un long tendon qui s'incurve sous le pied	Flexion plantaire et éversion du pied; contribue à garder le pied à plat sur le sol	Nerf péronier superficiel
Court péronier latéral	Muscle plus petit; situé sous le long péronier latéral; entouré d'une gaine commune	O: extrémité distale du corps du péroné I: extrémité proximale du métatarsien V par un tendon qui passe derrière la malléole externe	Flexion plantaire et éversion du pied	Nerf péronier superficiel
TROISIÈME PARTIE: MUSCLES DE LA LOGE POSTÉRIEURE (figure 10.21)				
	Les muscles de la loge postérieure ont une innervation commune: le nerf tibial. Ils agissent de concert dans la flexion plantaire de la cheville.			
MUSCLES SUPERFICIELS				
Triceps sural (voir aussi la figure 10.20)	Terme désignant une paire de muscles (jumeaux de la jambe et soléaire) responsables de la saillie caractéristique du mollet et qui s'insèrent par un tendon commun sur le calcanéus; ce tendon calcanéen (ou tendon d'Achille) est le plus gros du corps humain; agonistes dans la flexion plantaire de la cheville			
• Jumeaux de la jambe	Muscle le plus superficiel de la paire; deux ventres proéminents (chefs latéral et médial) qui forment la courbure de la partie proximale du mollet	O: par deux chefs, sur les condyles médial et latéral du fémur I: calcanéus par le tendon calcanéen	Flexion plantaire du pied lorsque le genou est en extension; comme il croise aussi l'articulation du genou, il peut effectuer la flexion du genou pendant la dorsiflexion du pied	Nerf tibial
• Soléaire (*solea* = sol)	Situé sous les jumeaux de la jambe, sur la face postérieure du mollet	O: origine étendue de forme conique; naît de la partie supérieure du tibia et du péroné, et de la membrane interosseuse de la jambe I: calcanéus par le tendon calcanéen	Flexion plantaire de la cheville; muscle important pour la locomotion et la posture au cours de la marche, de la course et de la danse	Nerf tibial
Plantaire	Généralement un petit muscle faible, mais son volume et son étendue sont variables; peut être absent	O: face postérieure du condyle latéral du fémur I: calcanéus par un tendon long et mince	Participe à la flexion du genou et à la flexion plantaire du pied	Nerf tibial
MUSCLES PROFONDS				
Poplité (*poples* = jarret)	Muscle triangulaire mince à la face postérieure du genou; se dirige vers le bas et la face médiane jusqu'à la surface du tibia	O: condyle latéral du fémur I: extrémité proximale du tibia	Flexion et rotation médiane de la jambe pour déverrouiller l'articulation du genou en extension totale lorsque commence la flexion	Nerf tibial
Long fléchisseur des orteils	Muscle long et étroit; croise le tibial postérieur en position médiane et le recouvre partiellement	O: face postérieure du tibia I: le tendon se dirige derrière la malléole interne et se sépare en quatre pour s'insérer sur les phalanges distales des orteils 2 à 5	Flexion plantaire et inversion du pied; flexion des orteils; aide le pied à tenir ferme au sol	Nerf tibial
Long fléchisseur propre du gros orteil (voir aussi la figure 10.20)	Muscle bipenné; situé le long de la partie latérale de la face inférieure du tibial postérieur	O: milieu du corps du péroné; membrane interosseuse de la jambe I: le tendon se dirige sous le pied vers la phalange distale du gros orteil	Flexion plantaire et inversion du pied; flexion du gros orteil à toutes les articulations; participe à la propulsion du corps au cours de la marche	Nerf tibial
Tibial postérieur	Muscle plat et épais situé sous le soléaire; placé entre les fléchisseurs postérieurs	O: origine étendue sur la partie supérieure du tibia et du péroné, et sur la membrane interosseuse de la jambe I: le tendon passe derrière la malléole interne et sous la voûte plantaire; s'insère sur plusieurs tarses et sur les métatarsiens II, III et IV	Agoniste dans l'inversion du pied; flexion plantaire de la cheville; stabilisation de la voûte plantaire longitudinale médiane (p. ex. durant le patinage)	Nerf tibial

(suite du tableau à la page suivante)

Tableau 10.14 (suite)

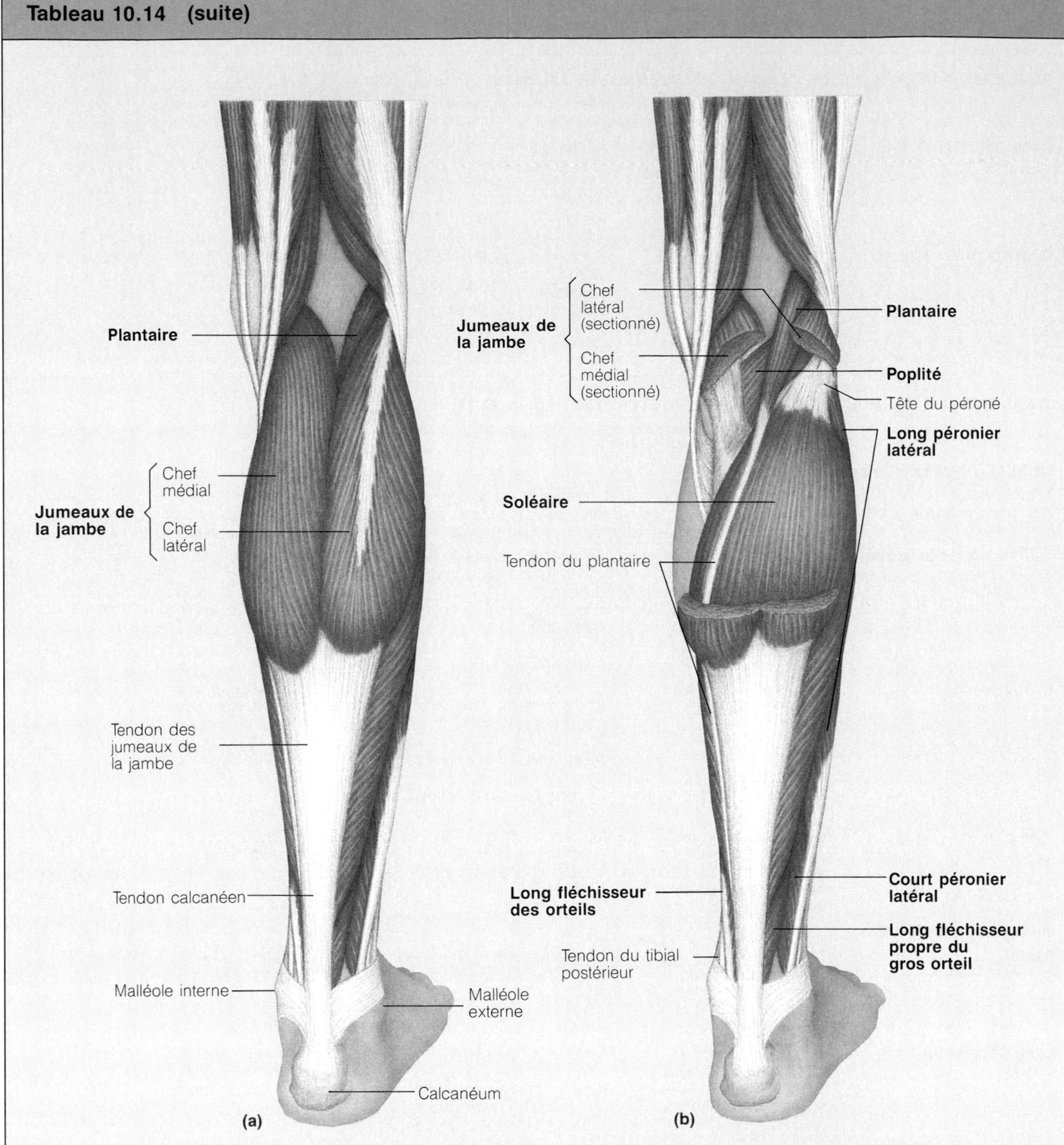

Figure 10.21 Muscles de la loge postérieure de la jambe droite. (**a**) Vue superficielle de la face postérieure de la jambe. (**b**) Les jumeaux de la jambe ont été enlevés pour montrer le soléaire juste en dessous. (**c**) Le triceps sural a été enlevé pour montrer les muscles profonds de la loge postérieure. (**d-f**) Certains muscles profonds sont représentés individuellement afin de faire voir leurs origines et leurs insertions.

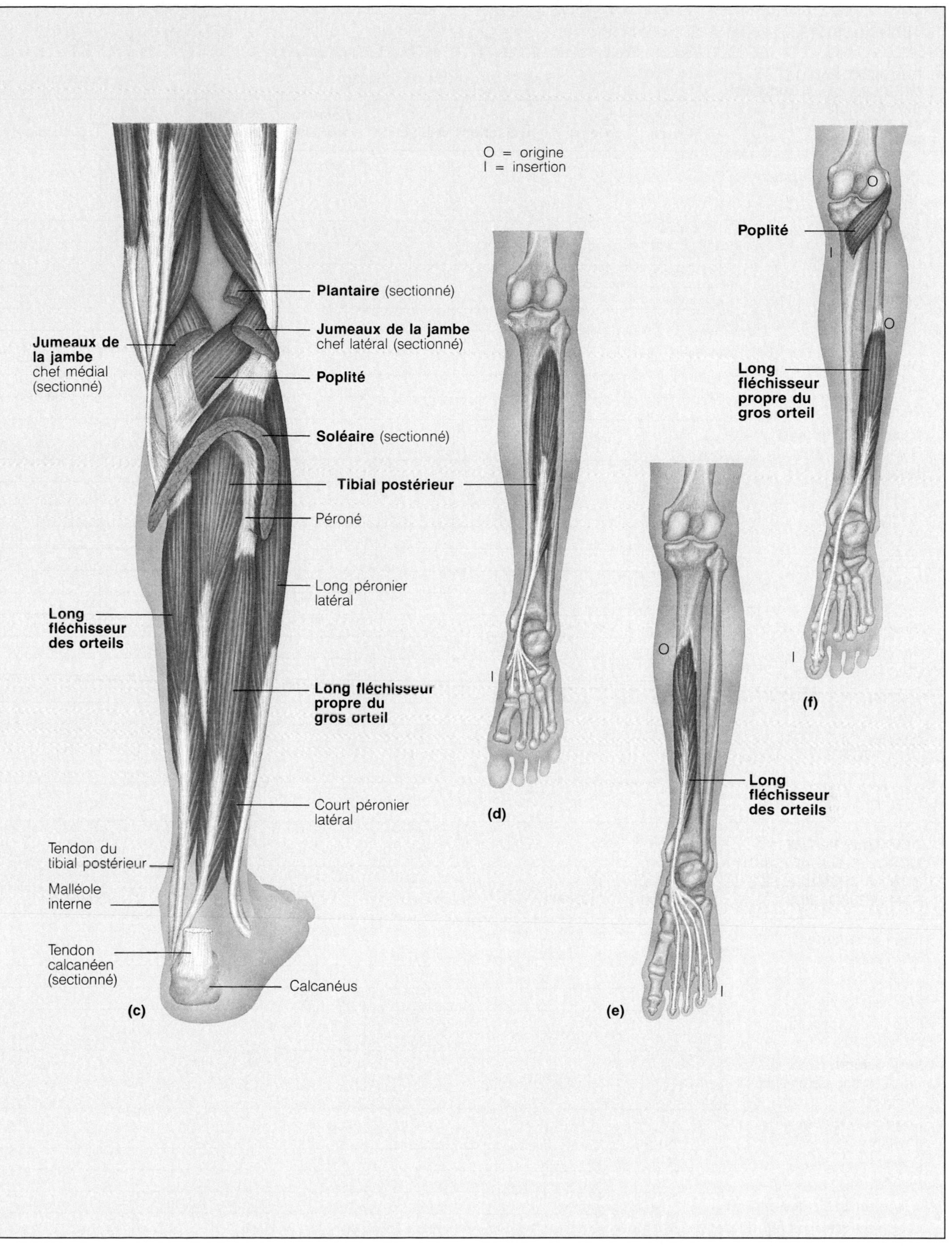
O = origine
I = insertion
Plantaire (sectionné)
Jumeaux de la jambe chef latéral (sectionné)
Jumeaux de la jambe chef médial (sectionné)
Poplité
Soléaire (sectionné)
Tibial postérieur
Péroné
Long péronier latéral
Long fléchisseur des orteils
Long fléchisseur propre du gros orteil
Court péronier latéral
Tendon du tibial postérieur
Malléole interne
Tendon calcanéen (sectionné)
Calcanéus
(c)
I
(d)
O
Long fléchisseur des orteils
I
(e)
O
Poplité
I
O
Long fléchisseur propre du gros orteil
I
(f)

Tableau 10.15 Résumé des actions des muscles qui agissent sur la cuisse, la jambe et le pied (figure 10.22)

PREMIÈRE PARTIE: MUSCLES QUI AGISSENT SUR LA CUISSE ET LA JAMBE (A = agoniste)	Actions à l'articulation de la hanche						Actions au genou	
	Flexion	**Extension**	**Abduction**	**Adduction**	**Rotation médiane**	**Rotation latérale**	**Flexion**	**Extension**
Muscles antérieurs et médians:								
Ilio-psoas	X (A)							
Sartorius	X					X	X	
Grand adducteur		X		X		X		
Long adducteur	X			X		X		
Court adducteur	X			X		X		
Pectiné	X			X		X		
Droit interne de la cuisse				X			X	
Droit de la cuisse	X							X (A)
Vastes								X (A)
Tenseur du fascia lata	X		X		X			
Muscles postérieurs:								
Grand fessier		X (A)				X		
Moyen fessier			X (A)		X			
Petit fessier			X		X			
Piriforme			X			X		
Obturateur interne						X		
Obturateur externe						X		
Jumeaux						X		
Carré fémoral						X		
Biceps fémoral		X (A)					X (A)	
Semi-tendineux		X					X (A)	
Semi-membraneux		X					X (A)	
Jumeaux de la jambe							X	
Plantaire							X	
Poplité							X (et rotation médiane)	

DEUXIÈME PARTIE: MUSCLES QUI AGISSENT SUR LA CHEVILLE ET SUR LES ORTEILS	Action à l'articulation de la cheville				Action sur les orteils	
	Flexion plantaire	**Dorsiflexion**	**Inversion**	**Éversion**	**Flexion**	**Extension**
Loge antérieure:						
Tibial antérieur		X (A)	X			
Long extenseur des orteils		X				X (A)
Péronier antérieur		X		X		
Extenseur propre du gros orteil		X	X (faible)			X (gros orteil)
Loge latérale:						
Court et long péroniers latéraux	X			X		
Loge postérieure:						
Jumeaux de la jambe	X (A)					
Soléaire	X (A)					
Plantaire	X					
Long fléchisseur des orteils	X		X		X (A)	
Long fléchisseur propre du gros orteil	X		X		X (gros orteil)	
Tibial postérieur	X		X (A)			

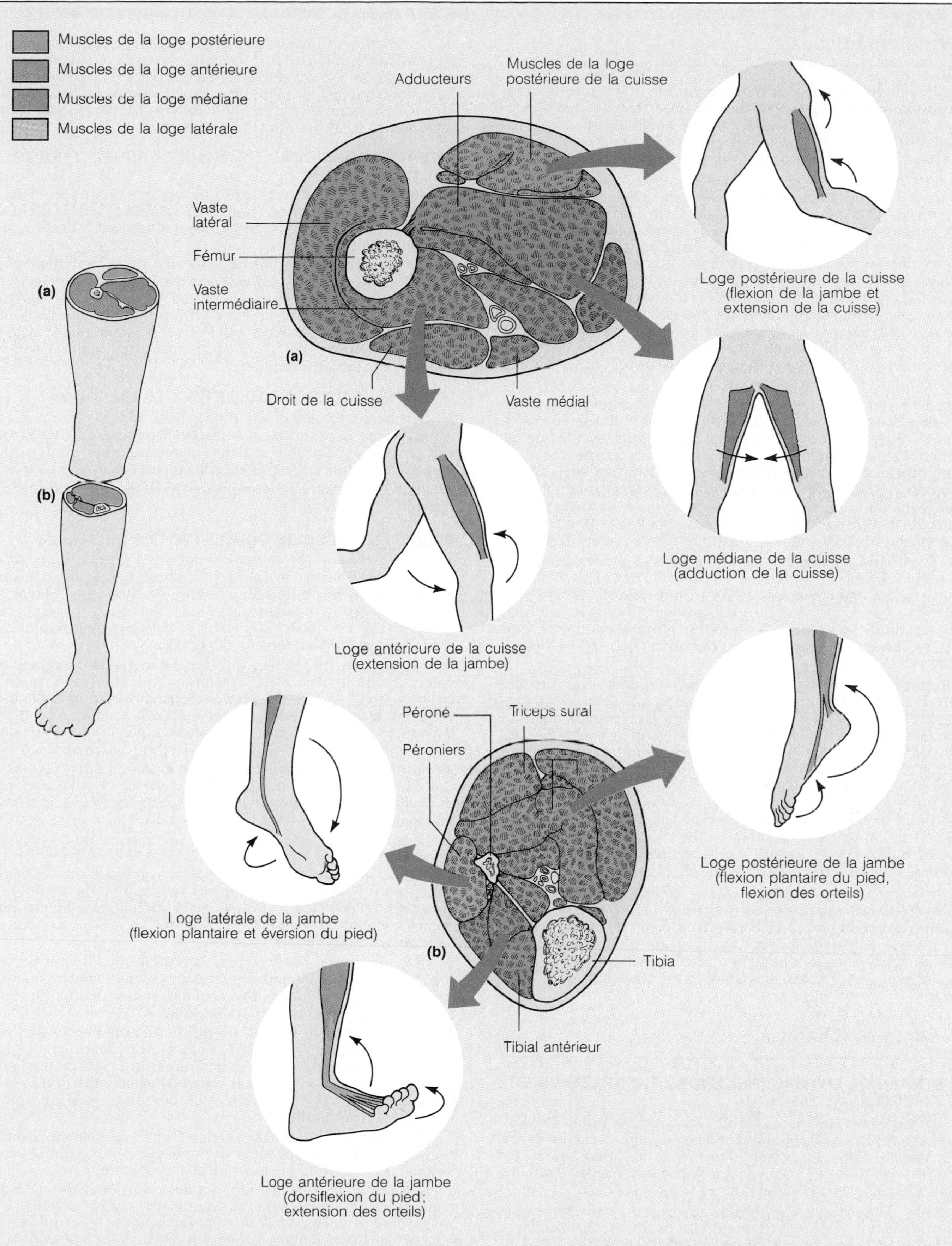

Figure 10.22 Résumé des actions des muscles de la cuisse et de la jambe. (**a**) Muscles de la cuisse. (**b**) Muscles de la jambe.

Termes médicaux

Contusion du muscle quadriceps fémoral Déchirure de fibres musculaires causée par un traumatisme et suivie d'une hémorragie dans les tissus (formation d'un hématome) ainsi que d'une douleur intense et prolongée; se produit fréquemment chez les adeptes des sports de contact, en particulier chez les joueurs de football.

Foulure du quadriceps ou des muscles de la loge postérieure de la cuisse Aussi appelée claquage, cette blessure cause des déchirures de ces muscles ou de leurs tendons; elle survient surtout chez les athlètes qui ne s'échauffent pas suffisamment et qui font des mouvements d'extension complète de la hanche (claquage du quadriceps) ou du genou (claquage des muscles de la loge postérieure de la cuisse) rapidement et avec vigueur (par exemple des sprinteurs ou des joueurs de tennis); elle n'est pas douloureuse au début, mais la douleur s'intensifie dans les trois à six heures qui suivent (trente minutes si la déchirure est importante). Le meilleur traitement consiste en l'étirement des muscles, après une semaine de repos.

Rupture du tendon calcanéen Même si le tendon calcanéen (tendon d'Achille) est le plus gros et le plus solide du corps, il se déchire relativement souvent, particulièrement chez les hommes âgés qui trébuchent ou chez les jeunes sprinteurs dont le tendon subit un traumatisme au départ de la course; la déchirure est suivie d'une douleur soudaine; on aperçoit un creux juste au-dessus du talon et le mollet fait saillie à la suite de la coupure du triceps sural de son point d'attache; la flexion plantaire n'est plus possible, mais la dorsiflexion devient excessive.

Syndrome tibial antérieur Douleur dans la loge antérieure de la jambe causée par une irritation du tibial antérieur à la suite d'un exercice exagéré ou inhabituel sans mise en forme préalable; à mesure que l'inflammation fait gonfler le muscle, la circulation sanguine est entravée par les enveloppes aponévrotiques serrées, ce qui provoque une douleur et une sensibilité au toucher.

Tendinite achilléenne Inflammation du tendon calcanéen (tendon d'Achille) d'origine traumatique (microdéchirure du tendon inélastique); survient fréquemment chez les personnes qui pratiquent certains sports requérant beaucoup de course (basket-ball, base-ball, athlétisme): les muscles du mollet se contractent de façon soudaine et violente. La tendinite achilléenne possède la particularité d'être particulièrement douloureuse au lever; la douleur diminue par la suite lorsque le tendon est mis à contribution. Si l'inflammation persiste pendant plusieurs semaines, des adhérences permanentes s'installent entre la gaine du tendon et le tendon; ces adhérences réduisent l'amplitude des mouvements et l'affection devient chronique.

Torticolis (*tortum* = tordu; *collum* = cou) Torsion du cou, avec rotation chronique et inclinaison de la tête de côté, causée par une lésion du sterno-cléido-mastoïdien d'un côté; se produit parfois à la naissance lorsque les fibres du muscle sont déchirées au cours d'un accouchement difficile; le traitement habituel consiste à effectuer des exercices d'étirement du muscle atteint.

Résumé du chapitre

SYSTÈMES DE LEVIERS: RELATIONS ENTRE LES OS ET LES MUSCLES (p. 285-287)

1. Un levier est une barre mobile autour d'un point d'appui. Lorsqu'une force est appliquée sur le levier, une charge est déplacée. Dans le corps, les os sont des leviers, les articulations, les points d'appui et la force est exercée par les muscles squelettiques à leurs points d'insertion.

2. Si la distance entre le point d'application de la force et le point d'appui est plus grande que la distance entre la charge et le point d'appui, il y a avantage mécanique (le levier est lent et fort). Lorsque la distance entre le point d'application de la force exercée et le point d'appui est plus petite que la distance de la charge au point d'appui, il y a désavantage mécanique (le levier est rapide et produit un mouvement de grande amplitude).

3. Les leviers du premier genre (force/point d'appui/charge) peuvent fonctionner avec un avantage ou un désavantage mécaniques. Les leviers du deuxième genre (point d'appui/charge/force) fonctionnent tous avec un avantage mécanique. Les leviers du troisième genre (point d'appui/force/charge) fonctionnent toujours avec un désavantage mécanique.

INTERACTIONS ENTRE LES MUSCLES SQUELETTIQUES (p. 287-288)

1. Les muscles squelettiques ne peuvent que tirer (raccourcir). Ils sont placés en groupes opposés de chaque côté des articulations de telle sorte qu'un groupe peut s'opposer à l'action de l'autre ou la modifier.

2. Les muscles peuvent être classés en groupes fonctionnels: agonistes, qui sont les principaux responsables des mouvements; antagonistes, qui s'opposent à l'action d'un autre muscle; synergiques, qui aident les agonistes à stabiliser les articulations ou à empêcher les mouvements indésirables en effectuant la même action; et fixateurs, dont le rôle principal est d'immobiliser un os ou l'origine d'un muscle.

NOMS DES MUSCLES SQUELETTIQUES (p. 288-290)

1. Les critères fréquemment utilisés pour nommer les muscles comprennent leur situation, leur forme, leur taille relative, la direction de leurs fibres (faisceaux), le nombre de leurs points d'origine, leurs points d'attache (origine/insertion) et leur actions.

2. Dans la nomenclature de certains muscles, plusieurs critères sont utilisés à la fois.

PRINCIPAUX MUSCLES SQUELETTIQUES (p. 290-335)

1. Les muscles de la tête responsables de l'expression faciale sont généralement petits et s'insèrent dans les tissus mous (peau et autres muscles) plutôt que sur les os. Ces muscles permettent l'ouverture et la fermeture des yeux et de la bouche, la compression des joues, le sourire et d'autres manifestations d'expression faciale (voir le tableau 10.1)

2. Les muscles de la tête qui servent dans la mastication comprennent le masséter et le temporal qui élèvent la mandibule, et deux paires de muscles profonds qui assurent les mouvements de broyage et de glissement de la mâchoire (voir le tableau 10.2). Les muscles extrinsèques de la langue la fixent à son point d'ancrage et régissent ses mouvements.

3. Les muscles profonds de la partie antérieure du cou assurent la déglutition qui comprend l'élévation ou l'abaissement de l'os hyoïde, la fermeture des voies respiratoires et le péristaltisme du pharynx (voir le tableau 10.3).

4. Les mouvements de la tête et du tronc sont assurés par les muscles du cou et les muscles profonds de la colonne vertébrale (voir le tableau 10.4). Les muscles profonds du dos peuvent produire l'extension de régions importantes de la colonne vertébrale (et de la tête) simultanément. La flexion et la rotation de la tête sont effectuées par des muscles antérieurs, le sterno-cléido-mastoïdien et les scalènes.

5. Les mouvements de la respiration calme sont assurés par le diaphragme et par les muscles intercostaux externes du thorax (voir le tableau 10.5). Le mouvement descendant du diaphragme augmente la pression intra-abdominale.

6. Les quatre paires de muscles qui forment la paroi abdominale sont disposées en couches comme dans une planche de contre-plaqué et constituent ainsi une ceinture musculaire qui protège, soutient et comprime le contenu de l'abdomen. Ces muscles effectuent aussi la flexion et la rotation latérale du tronc (voir le tableau 10.6).

7. Les muscles du plancher pelvien (voir le tableau 10.7) soutiennent les viscères pelviens et opposent une résistance aux augmentations de la pression intra-abdominale.

8. À l'exception du grand pectoral et du grand dorsal, les muscles superficiels du thorax fixent la scapula ou assurent ses mouvements (voir le tableau 10.8). Les mouvements de la scapula sont effectués principalement par les muscles de la face postérieure du thorax.

9. Neuf muscles croisent l'articulation de l'épaule pour effectuer les mouvements de l'humérus (voir le tableau 10.9). Parmi ceux-ci, sept trouvent leur origine sur la scapula et deux viennent

du squelette axial. Quatre muscles font partie de la «coiffe des rotateurs» et contribuent à la stabilisation de l'articulation de l'épaule. Généralement, les muscles antérieurs effectuent la flexion, la rotation et l'adduction du bras. Ceux qui sont postérieurs assurent l'extension, la rotation et l'adduction du bras. Le deltoïde de l'épaule est l'agoniste dans l'abduction de l'épaule.

10. Les muscles qui produisent les mouvements de l'avant-bras forment la partie charnue du bras (voir le tableau 10.10). Les muscles antérieurs du bras sont les fléchisseurs de l'avant-bras tandis que les muscles postérieurs sont les extenseurs de l'avant-bras.

11. Les mouvements du poignet, de la main et des doigts sont principalement effectués par les muscles qui prennent leur origine sur l'avant-bras (voir le tableau 10.11). À l'exception des deux pronateurs, les muscles la loge antérieure de l'avant-bras sont les fléchisseurs du poignet et/ou des doigts; ceux de la loge postérieure sont les extenseurs du poignet et des doigts. Les muscles intrinsèques de la main contribuent aux mouvements des doigts (et du pouce).

12. Les muscles qui croisent les articulations de la hanche et du genou permettent les mouvements de la cuisse et de la jambe (voir le tableau 10.13). Les muscles antéro-médians comprennent les fléchisseurs et/ou les adducteurs de la cuisse et les extenseurs du genou. Les muscles de la région fessière postérieure effectuent l'extension et la rotation de la cuisse. Les muscles de la loge postérieure de la cuisse autorisent l'extension de la hanche et la flexion du genou.

13. Les muscles de la jambe agissent sur la cheville et sur les orteils (voir le tableau 10.14). Les muscles de la loge antérieure sont en grande partie responsables de la dorsiflexion de la cheville. Les muscles de la loge latérale assurent la flexion plantaire et l'éversion du pied. Ceux de la loge postérieure effectuent la flexion plantaire. Les muscles intrinsèques du pied soutiennent la voûte plantaire et contribuent aux mouvements des orteils.

Questions de révision

Choix multiples/associations

1. Un muscle qui assiste un agoniste en produisant un mouvement identique ou en stabilisant une articulation sur laquelle un agoniste agit est: (a) un antagoniste; (b) un agoniste; (c) un synergique; (d) un fixateur.

2. Associez les noms de muscles de la colonne B à la description des muscles de la face de la colonne A:

Colonne A	Colonne B
_____ **(1)** fait loucher	**(a)** sourcilier
_____ **(2)** lève les sourcils	**(b)** abaisseur de l'angle de la bouche
_____ **(3)** fait sourire	**(c)** frontal
_____ **(4)** plisse les lèvres	**(d)** occipital
_____ **(5)** tire le cuir chevelu vers l'arrière	**(e)** orbiculaire de l'œil
	(f) orbiculaire des lèvres
	(g) grand zygomatique

3. L'agoniste (ou les agonistes) de l'inspiration est (sont): (a) le diaphragme; (b) les intercostaux internes; (c) les intercostaux externes; (d) les muscles de la paroi abdominale.

4. Le muscle du bras qui assure la flexion du coude et la supination de l'avant-bras est: (a) le brachial; (b) le brachio-radial; (c) le biceps brachial; (d) le triceps brachial.

5. Les muscles de la mastication qui font avancer la mandibule et qui produisent les mouvements latéraux de broyage sont: (a) les buccinateurs; (b) les masséters; (c) les temporaux; (d) les ptérygoïdiens.

6. Parmi les muscles suivants, le seul qui n'abaisse pas l'os hyoïde et le larynx est: (a) le sterno-cléido-mastoïdien; (b) l'omo-hyoïdien; (c) le génio-hyoïdien; (d) le sterno-thyroïdien.

7. Parmi les muscles intrinsèques du dos suivants, les seuls qui ne provoquent pas l'extension de la colonne vertébrale (ou de la tête) sont les: (a) splénius; (b) semi-épineux; (c) scalènes; (d) érecteurs du rachis.

8. Plusieurs muscles jouent un rôle dans les mouvements et dans la stabilisation de la scapula. Parmi les muscles suivants, lesquels sont les petits muscles rectangulaires qui permettent de redresser les épaules en agissant ensemble pour effectuer la rétraction de la scapula? (a) L'élévateur de la scapula; (b) les rhomboïdes; (c) le dentelé antérieur; (d) le trapèze.

9. Lequel des muscles suivants ne fait pas partie du quadriceps? (a) Le vaste latéral; (b) le vaste intermédiaire; (c) le vaste médial; (d) le biceps fémoral; (e) le droit de la cuisse.

10. Quel muscle est un agoniste dans la flexion de la hanche? (a) Le droit de la cuisse; (b) l'ilio-psoas; (c) les vastes; (d) le grand fessier.

11. Quel muscle est un agoniste dans l'extension de la hanche *contre* une résistance? (a) Le grand fessier; (b) le moyen fessier; (c) le biceps fémoral; (d) le semi-membraneux.

12. Lequel (lesquels) des muscles suivants ne produit (produisent) pas la flexion plantaire? (a) Les jumeaux de la jambe; (b) le soléaire; (c) le tibial antérieur; (d) le tibial postérieur; (e) les péroniers.

Questions à court développement

13. Citez quatre critères utilisés pour nommer les muscles et donnez un exemple (différent de ceux employés dans le chapitre) pour chacun des cas.

14. Faites une distinction claire quant à l'arrangement des éléments (charge, point d'appui et force) entre les leviers du premier, du deuxième et du troisième genres.

15. Que signifie «un levier qui fonctionne avec un désavantage mécanique» et quel avantage peut-on tirer d'un tel système?

16. Quels muscles interviennent pour faire descendre le bol alimentaire dans le pharynx vers l'œsophage?

17. Nommez les muscles utilisés pour indiquer non de la tête et décrivez leur action. Même question, mais pour faire signe que oui.

18. (a) Nommez les quatre paires de muscles qui agissent collectivement pour comprimer les viscères abdominaux. (b) Comment leur arrangement (direction des fibres) contribue-t-il à la solidité de la paroi abdominale? (c) Lesquels parmi ces muscles peuvent effectuer la rotation latérale de la colonne vertébrale? (d) Lequel peut agir seul pour effectuer la flexion de la colonne vertébrale?

19. Faites la liste de tous les mouvements possibles (six) à l'articulation de l'épaule et nommez l'agoniste (ou les agonistes) dans chaque mouvement. Nommez ensuite leurs antagonistes.

20. (a) Nommez deux muscles de l'avant-bras qui sont de puissants extenseurs et abducteurs du poignet. (b) Nommez l'unique muscle de l'avant-bras qui peut effectuer la flexion des articulations interphalangiennes distales des doigts.

21. Nommez les muscles qui forment généralement le groupe des rotateurs latéraux de la hanche.

22. Nommez trois muscles de la cuisse qui vous permettent de demeurer assis sur un cheval.

23. (a) Nommez trois muscles ou groupes de muscles utilisés comme points d'injections intramusculaires. (b) Lequel est utilisé le plus souvent chez le nourrisson et pour quelle raison?

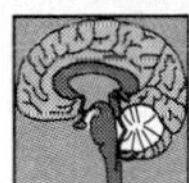

Réflexion et application

1. Supposons que vous teniez un poids de 5 kg dans votre main droite. Expliquez pourquoi il est plus facile de plier le coude droit lorsque votre avant-droit est en supination plutôt qu'en pronation.

2. Lorsque Mme Bédard retourne voir son médecin après son accouchement, elle lui dit qu'elle a de la difficulté à retenir son urine lorsqu'elle éternue (incontinence à l'effort). Le médecin demanda alors à l'infirmier de montrer à Mme Bédard certains exercices pour renforcer les muscles du plancher pelvien. À quels muscles faisait-il allusion?

3. Un homme de 45 ans décide de se remettre en forme. Il entreprend donc de faire de la course à pied quotidiennement. Un matin, en courant, il entend un bruit sec immédiatement suivi d'une douleur intense à la partie inférieure de son mollet droit. À l'examen, un trou est visible entre la partie supérieure enflée de son mollet et son talon; de plus, le patient est incapable d'effectuer la flexion plantaire de la cheville. Que lui est-il arrivé d'après vous? Pourquoi la partie supérieure de son mollet est-elle enflée?

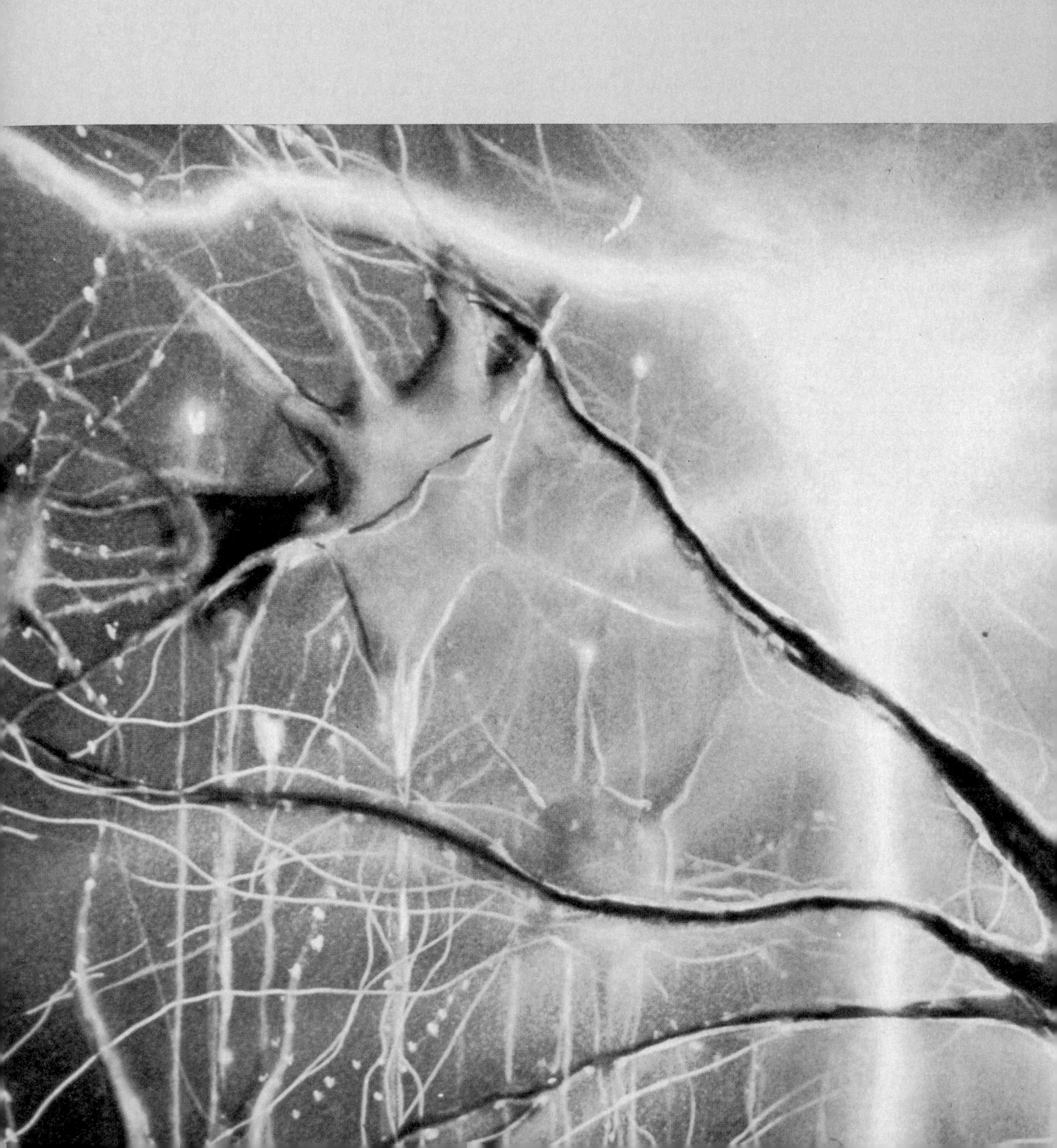

TROISIÈME PARTIE

RÉGULATION ET INTÉGRATION DES PROCESSUS PHYSIOLOGIQUES

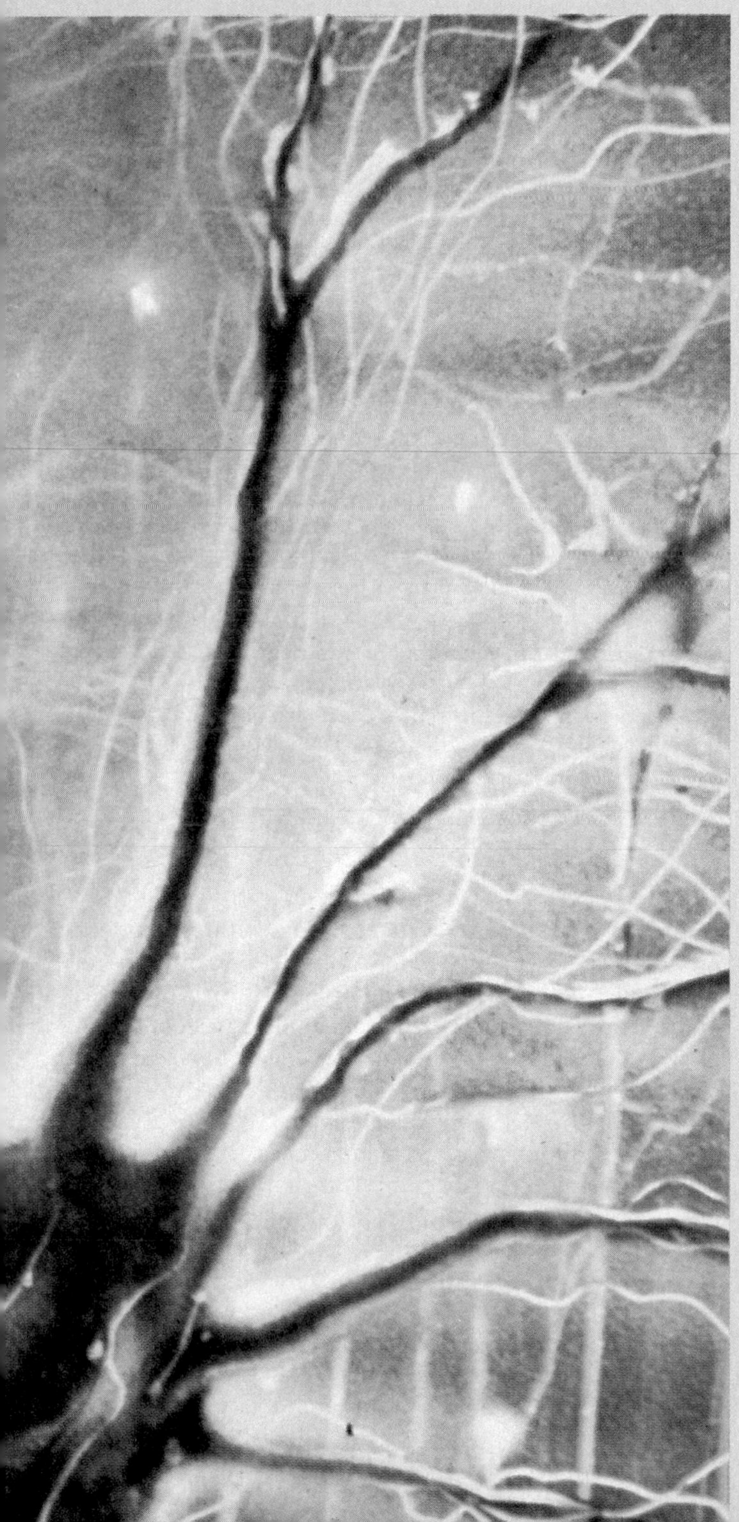

Les sept chapitres de cette troisième partie traitent en détail des deux principaux systèmes de régulation de l'organisme, soit le système nerveux et le système endocrinien. Comme vous le constaterez, nous étudions plus longuement le système nerveux, étant donné sa prodigieuse complexité. Nous accordons toutefois à chaque système l'attention qu'il mérite en nous penchant sur ses structures, sur ses mécanismes de régulation et sur les types d'activités qu'il intègre et régit. Cette partie du manuel devrait être la plus captivante.

(Illustration) Une information sensorielle déclenche un potentiel d'action du neurone.

11 Structure et physiologie du tissu nerveux

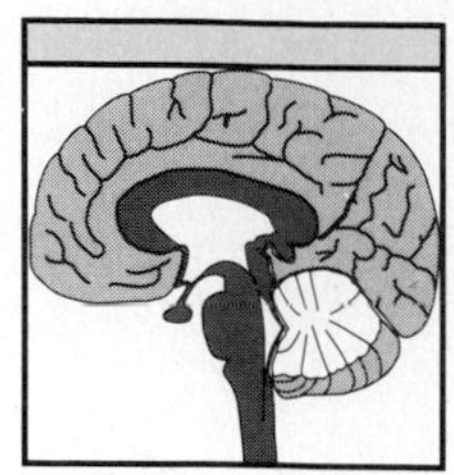

Sommaire et objectifs d'apprentissage

1. Énumérer les fonctions fondamentales du système nerveux.

Organisation du système nerveux (p. 341-342)

2. Expliquer l'organisation du système nerveux selon sa structure et sa fonction.

Histologie du tissu nerveux (p. 342-350)

3. Énumérer les types de cellules de la névroglie et leurs fonctions.
4. Décrire les structures anatomiques importantes du neurone et associer chaque structure à un rôle physiologique.
5. Expliquer l'importance de la gaine de myéline et décrire sa formation dans le système nerveux central et dans le système nerveux périphérique.
6. Classer les neurones selon leur structure et leur fonction.
7. Distinguer un nerf d'un faisceau et un noyau d'un ganglion.

Neurophysiologie (p. 350-370)

8. Définir le potentiel de repos membranaire et l'expliquer du point de vue électrochimique.
9. Comparer le potentiel gradué et le potentiel d'action.
10. Nommer les deux classes principales de potentiels gradués.
11. Expliquer la production des potentiels d'action et leur propagation dans les neurones.
12. Définir la période réfractaire absolue et la période réfractaire relative.
13. Définir la conduction saltatoire et la comparer à la propagation dans les neurofibres amyélinisées.
14. Définir la synapse. Distinguer les synapses électriques des synapses chimiques en ce qui concerne leur structure et leurs mécanismes de transmission de l'information.
15. Différencier le potentiel postsynaptique excitateur du potentiel postsynaptique inhibiteur.
16. Décrire l'intégration et la modification des phénomènes synaptiques.
17. Définir le terme «neurotransmetteur» et nommer quelques classes de neurotransmetteurs.

Intégration nerveuse: concepts fondamentaux (p. 370-373)

18. Décrire les principaux types de réseaux formés par les groupes de neurones et les principaux modes de traitement de l'influx nerveux dans ces réseaux.
19. Différencier le traitement en série simple du traitement parallèle de l'influx nerveux.

Développement et vieillissement des neurones (p. 373-375)

20. Décrire le rôle des astrocytes et de la substance adhésive des cellules nerveuses dans la différenciation des neurones.

Vous roulez sur une autoroute quand un avertisseur retentit à votre droite: vous donnez un coup de volant vers la gauche. Charles laisse un message sur la table de la cuisine: «À plus tard. Prépare la bouffe pour 18 h.» Vous savez que la «bouffe» se compose de crêpes de maïs et d'une sauce aux piments rouges. Vous somnolez quand votre bébé pousse un petit cri: vous vous réveillez aussitôt. Que peuvent avoir en commun ces événements banals? Ils témoignent tous du fonctionnement de votre système nerveux, le responsable de l'activité incessante de vos cellules.

Le système nerveux est le centre de régulation et de communication de l'organisme; nos pensées, nos actions, nos émotions attestent son activité. Il partage avec le système endocrinien la tâche de régler et de maintenir l'homéostasie, mais il est de loin le plus rapide et le plus complexe de ces deux systèmes. Ses cellules communiquent au moyen de signaux électriques rapides et spécifiques qui entraînent généralement des réponses motrices quasi immédiates des effecteurs musculaires ou glandulaires. Le système endocrinien, quant à lui, communique avec les mêmes effecteurs, mais par l'intermédiaire d'hormones qu'il sécrète dans le sang. C'est ce qui explique que ses commandes sont acheminées plus lentement.

Le système nerveux remplit trois fonctions étroitement liées. Premièrement, par l'intermédiaire de ses millions de récepteurs sensoriels, il reçoit de l'information sur les changements qui se produisent tant à l'intérieur qu'à l'extérieur de l'organisme. Ces changements sont appelés *stimulus* et l'information recueillie **information sensorielle.** Deuxièmement, il traite l'information sensorielle et détermine l'action à entreprendre à tout moment,

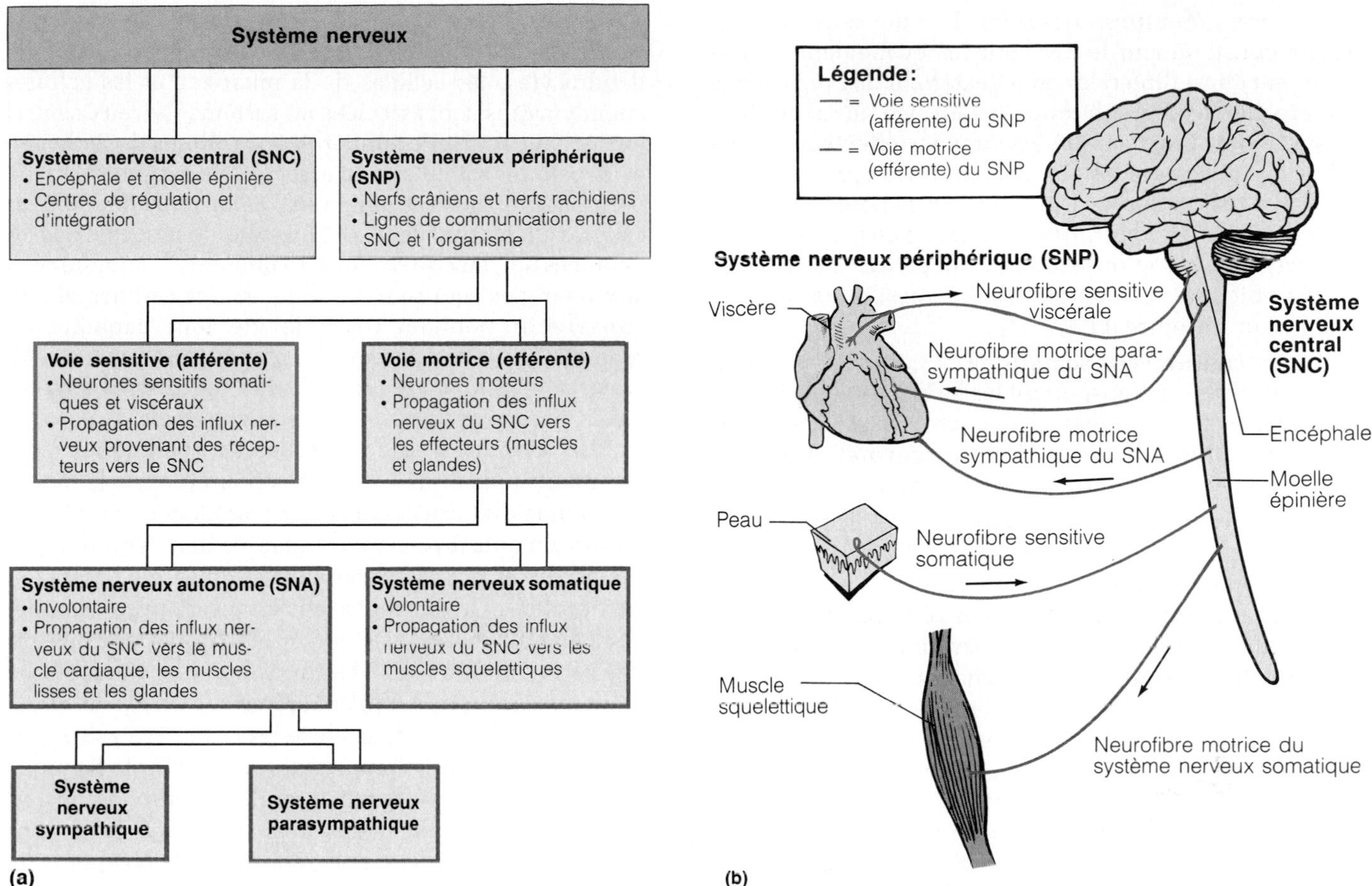

Figure 11.1 Organisation du système nerveux. (**a**) Organigramme. (**b**) Les *viscères* (situés pour la plupart dans la cavité ventrale) sont desservis par des neurofibres motrices du système nerveux autonome (SNA) et par des neurofibres sensitives viscérales. Les membres et les parois du corps sont desservis par des neurofibres motrices et sensitives somatiques. Les flèches indiquent la direction des influx nerveux.

ce qui constitue le processus de l'**intégration.** Troisièmement, il fournit une **réponse motrice** (commande) qui active des muscles ou des glandes. Illustrons l'accomplissement de ces fonctions par un exemple. Quand vous êtes au volant et que vous voyez un feu rouge devant vous (information sensorielle), votre système nerveux assimile cette information (le feu rouge signifie «arrêtez»), et votre pied enfonce la pédale de frein (réponse motrice).

Le présent chapitre s'ouvre sur un aperçu de l'organisation du système nerveux. Il traite ensuite de l'anatomie fonctionnelle du tissu nerveux, en particulier des cellules nerveuses, ou *neurones,* qui constituent les pivots de ce système de régulation.

Organisation du système nerveux

Nous possédons un seul système nerveux formé de neurones en interaction fonctionnelle. Pour en faciliter l'étude, on le divise toutefois en deux grandes parties (figure 11.1). Le **système nerveux central (SNC)** est composé de l'encéphale et de la moelle épinière, laquelle est située dans la cavité postérieure. Le SNC est le centre de régulation et d'intégration du système nerveux. Il interprète l'information sensorielle qui lui parvient et élabore des réponses motrices fondées sur l'expérience, les réflexes et les conditions ambiantes. Le **système nerveux périphérique (SNP)** est la partie du système nerveux située *à l'extérieur* du SNC; il est formé principalement des nerfs issus de l'encéphale et de la moelle épinière. Les *nerfs rachidiens* transmettent les influx nerveux entre les parties du corps et la moelle épinière, tandis que les *nerfs crâniens* acheminent les influx entre les parties du corps et l'encéphale. Les nerfs du SNP constituent de véritables lignes de communication qui relient le corps entier au système nerveux central.

Sur le plan fonctionnel, le système nerveux périphérique comprend deux types de voies (voir la figure 11.1). La **voie sensitive,** ou **afférente,** est composée de *neurofibres* qui transportent *vers* le système nerveux central les influx nerveux provenant des récepteurs sensoriels disséminés dans l'organisme. Les *neurofibres sensitives* qui transportent les *influx nerveux* provenant de la peau ou des organes des sens, des muscles squelettiques et des articulations sont appelées *neurofibres afférentes somatiques* (*sôma* = corps), tandis que celles qui transmettent les influx nerveux provenant des viscères sont appelées *neurofibres afférentes viscérales.* La voie sensitive renseigne constamment le SNC sur les événements qui se déroulent tant à l'intérieur qu'à l'extérieur de l'organisme. La **voie motrice,** ou **efférente,** est formée de neurofibres motrices qui transmettent aux organes effecteurs, c'est-à-dire les muscles et les glandes, les influx *provenant* du SNC. Ces influx nerveux provoquent la contraction des muscles et la sécrétion des glandes; autrement dit, ils *déclenchent* une réponse motrice adaptée à l'événement.

La voie motrice comprend elle aussi deux subdivisions (voir la figure 11.1).

1. Le **système nerveux somatique** est composé de neurofibres motrices qui transportent les influx nerveux du SNC aux muscles squelettiques. On l'appelle souvent **système nerveux volontaire,** car il nous permet d'utiliser consciemment nos muscles squelettiques.

2. Le **système nerveux autonome (SNA)** est constitué de neurofibres motrices qui règlent l'activité des muscles lisses, du muscle cardiaque et des glandes. Le terme *autonome* signifie littéralement «qui se régit par ses propres lois»; nous n'avons habituellement aucun pouvoir sur des activités telles que les battements de notre cœur ou les mouvements des aliments dans notre tube digestif, si bien que nous désignons aussi le SNA par le terme **système nerveux involontaire.** Comme nous l'indiquons dans la figure 11.1 et le décrivons au chapitre 14, le SNA comprend deux subdivisions fonctionnelles: le système nerveux *sympathique* et le système nerveux *parasympathique,* qui ont généralement des effets antagonistes sur l'activité *de mêmes viscères.* En effet, le système sympathique stimule ce que le système parasympathique inhibe.

Histologie du tissu nerveux

Le tissu nerveux est très riche en cellules. Le SNC, par exemple, compte moins de 20 % d'espace extracellulaire, ce qui signifie que ses cellules sont extrêmement rapprochées et étroitement enchevêtrées. Le tissu nerveux, quoique complexe, n'est composé que de deux grands types de cellules: les *neurones,* cellules nerveuses excitables qui génèrent et transmettent les signaux électriques; les *cellules de la névroglie,* plus petites et non excitables, qui entourent et protègent les neurones. À l'exception possible de la microglie, ces deux types de cellules sont dérivés des mêmes tissus embryonnaires, c'est-à-dire le tube neural et la crête neurale (voir à la page 379); d'autre part, ils composent les structures tant du système nerveux central que du système nerveux périphérique.

Cellules de la névroglie

La **névroglie** (terme signifiant littéralement «colle nerveuse») forme l'armature du tissu nerveux et lui confère la moyenne partie de sa fermeté. À l'inverse des tissus de soutien des autres systèmes de l'organisme, elle n'est pas constituée de tissu conjonctif. Les **cellules gliales** qui la composent ont pour fonction de soutenir et d'isoler les neurones et de leur fournir des nutriments. La névroglie comprend six types de cellules. Les astrocytes, les oligodendrocytes, les cellules de la microglie et les cellules épendymaires sont associées au système nerveux central (encéphale et moelle épinière). Les cellules de Schwann et les cellules satellites sont associées au système nerveux périphérique (nerfs et ganglions). Selon leur situation, les cellules gliales sont de 10 à 50 fois plus nombreuses que les neurones qui, eux, se chiffrent en milliards! Contrairement aux neurones, qui sont amitotiques, les cellules gliales conservent pendant toute la vie leur capacité de reproduction. C'est pourquoi la plupart des tumeurs cérébrales sont des *gliomes,* c'est-à-dire des masses formées par la prolifération désordonnée de cellules gliales.

Les **astrocytes,** de forme étoilée, sont particulièrement abondants dans le SNC et représentent près de la moitié du volume du tissu nerveux. Ils possèdent de nombreux prolongements rayonnants dont les extrémités bulbeuses s'attachent aux capillaires et aux neurones, emprisonnant ces derniers et les ancrant à leur source d'approvisionnement en nutriments, c'est-à-dire les capillaires sanguins (figure 11.2a). Les astrocytes forment une barrière vivante entre les capillaires et les neurones, et il se peut qu'ils participent aux échanges entre les deux. Les astrocytes jouent un autre rôle important, mieux défini: ils régissent le milieu chimique qui entoure les neurones, en particulier en tamponnant les ions potassium (K^+) dans l'espace extracellulaire et en effectuant le recaptage (et le recyclage) des neurotransmetteurs. Comme nous le verrons plus loin, la charge électrique et les types d'ions présents à l'extérieur des neurofibres doivent être parfaitement adéquats pour que la propagation des influx nerveux puisse se réaliser.

Les **oligodendrocytes** sont moins ramifiés que les astrocytes. Étymologiquement, le terme signifie «cellules avec peu (*oligos*) de ramifications (*dendron*)». Les oligodendrocytes sont alignés le long des axones épais du SNC et leurs prolongements cytoplasmiques s'enroulent fermement autour de ceux-ci; ils forment ainsi des enveloppes isolantes appelées *gaines de myéline* (figure 11.2d).

Les **cellules de la microglie** sont de petites cellules ovoïdes dotées de prolongements «épineux» relativement longs (figure 11.2b). Ces cellules sont des macrophages d'un type particulier qui concourent à la protection du SNC en dévorant les *microorganismes* envahisseurs et *les débris de cellules mortes.* L'origine de la microglie fait encore l'objet d'une controverse. Certains auteurs sont d'avis qu'elle est de même souche que les autres cellules gliales, tandis que d'autres estiment qu'elle dérive de cellules sanguines appelées monocytes, à l'instar d'autres macrophages de l'organisme.

Les **cellules épendymaires** tapissent les cavités centrales de l'encéphale et de la moelle épinière. Elles forment une barrière perméable entre le liquide céphalo-rachidien qui remplit ces cavités et le liquide interstitiel où baignent les cellules du SNC. Le battement de leurs cils facilite la circulation du liquide céphalo-rachidien (figure 11.2c).

Les **cellules de Schwann** constituent les gaines de myéline qui enveloppent les gros axones situés dans le

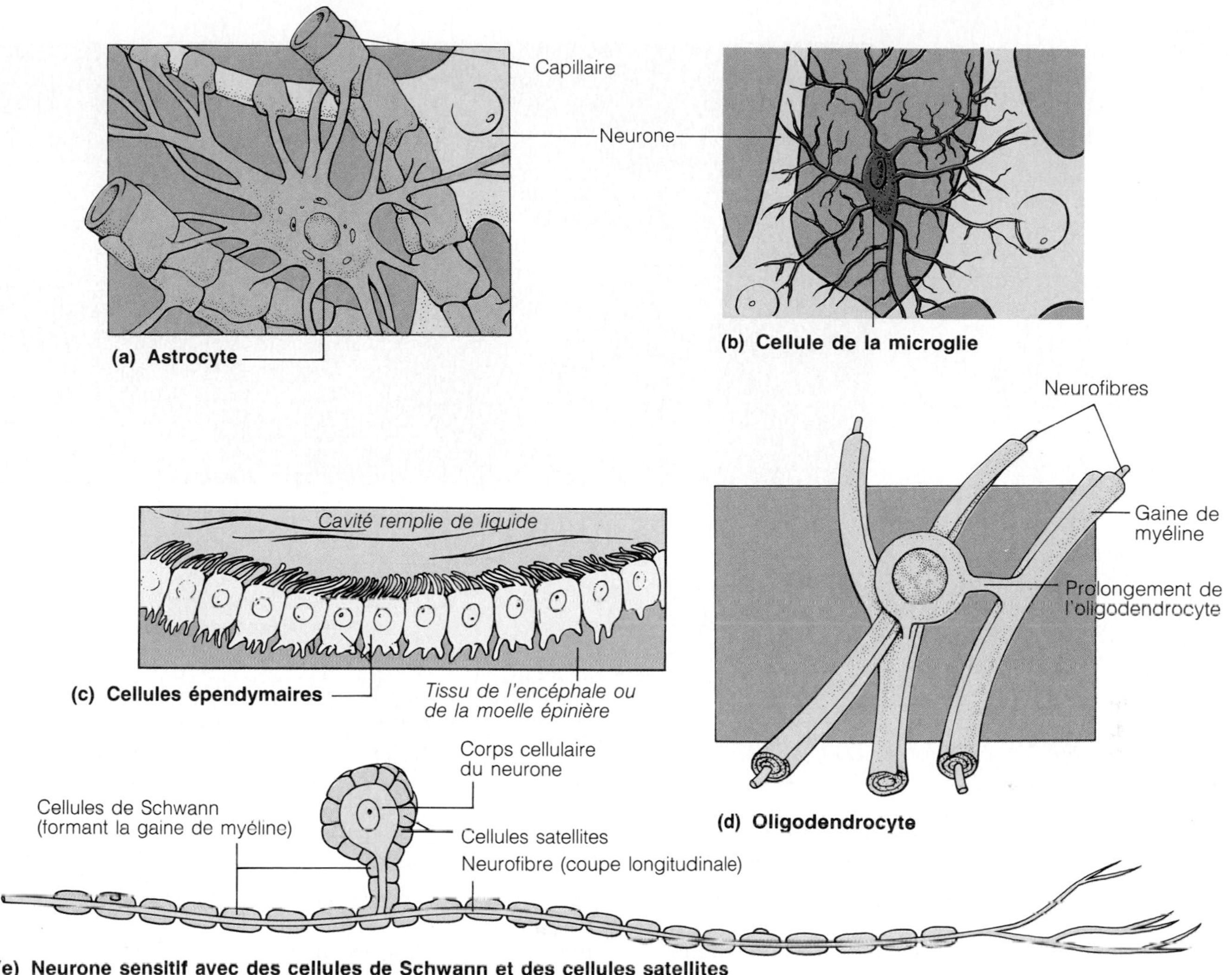

Figure 11.2 Cellules de la névroglie. (**a-d**) Types de cellules gliales du système nerveux central. Notez (**d**) que ce sont les prolongements des oligodendrocytes qui forment les gaines de myéline autour des neurofibres du SNC. (**e**) Relations entre les cellules de Schwann (cellules myélinisantes), les cellules satellites et un neurone sensitif dans le système nerveux périphérique.

système nerveux périphérique (figure 11.2e); elles sont semblables aux oligodendrocytes sur le plan fonctionnel. (Nous parlerons de la formation des gaines de myéline plus loin dans ce chapitre.) Les cellules de Schwann font fonction de phagocytes lorsqu'elles débarrassent un nerf endommagé des débris cellulaires; elles jouent également un rôle essentiel dans la régénération des neurofibres périphériques. On associe souvent les **cellules satellites** aux cellules de Schwann (voir la figure 11.2e). Les cellules satellites sont liées au corps cellulaire des neurones du système nerveux périphérique, et c'est pourquoi on les retrouve dans les ganglions nerveux. D'autre part, on pense que ces cellules participent d'une manière ou d'une autre à la régulation du milieu chimique des neurones auxquels elles sont adjointes dans le système nerveux périphérique.

Neurones

Les **neurones,** ou **cellules nerveuses,** sont les unités fonctionnelles du système nerveux. Ces cellules hautement spécialisées acheminent les messages sous forme d'influx nerveux entre les différentes parties du corps. Les neurones possèdent d'autres caractéristiques:

1. Les neurones ont une *longévité extrême.* Ils peuvent vivre et fonctionner de manière optimale pendant toute une vie (pendant plus de 100 ans) s'ils reçoivent une bonne nutrition.
2. Les neurones sont *amitotiques.* La spécialisation des cellules s'associe souvent à la perte de certaines caractéristiques cellulaires. Les neurones ont perdu leur aptitude à la mitose, incompatible avec leur fonction de liens de communication du système nerveux. Comme ils sont incapables de se reproduire, ils ne pourront être remplacés s'ils sont détruits.
3. La *vitesse du métabolisme* des neurones est exceptionnellement *élevée.* De ce fait, les neurones requièrent un approvisionnement continuel et abondant en oxygène et en glucose. Ils ne peuvent survivre plus de quelques minutes sans oxygène.

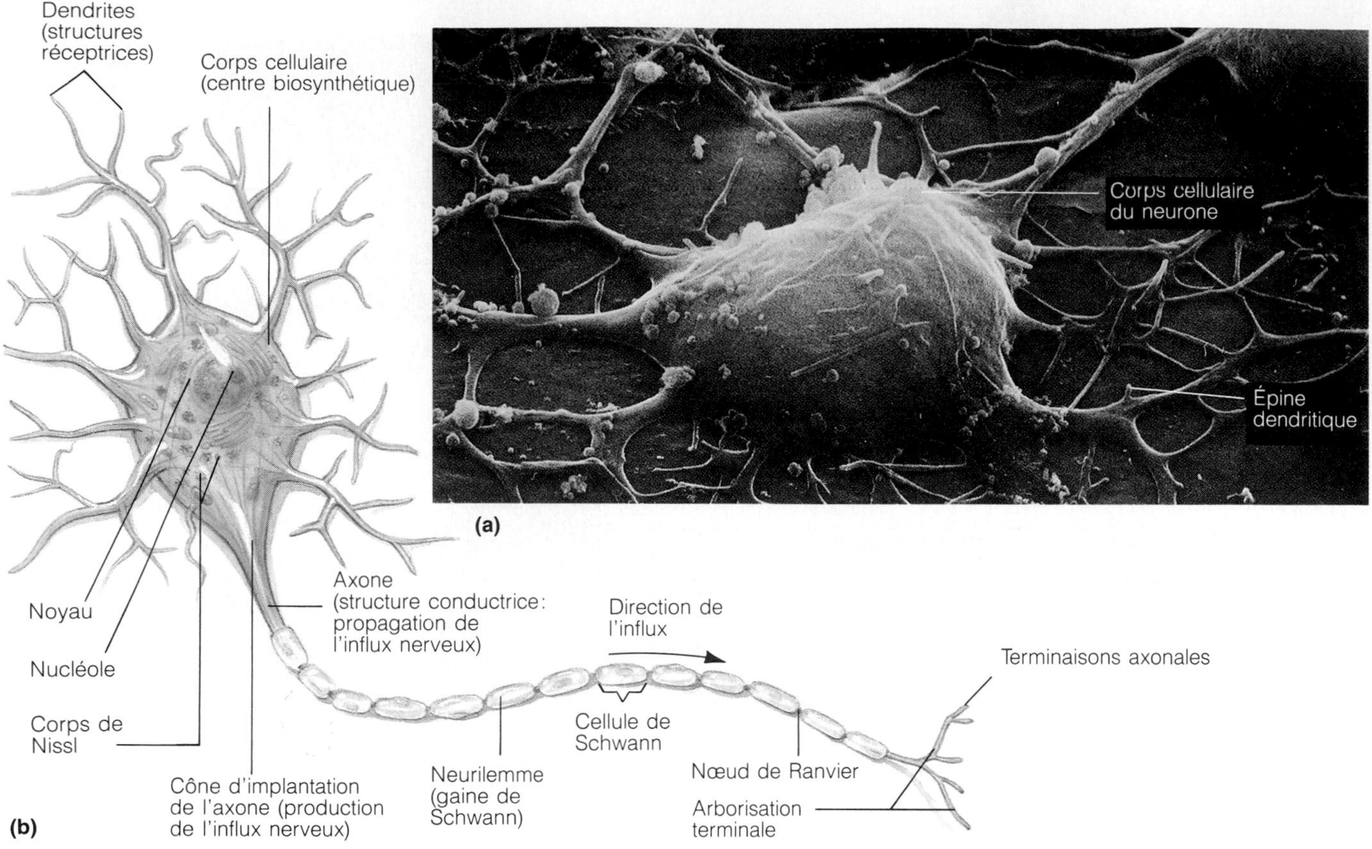

Figure 11.3 Structure d'un neurone moteur. (**a**) Photomicrographie montrant le corps cellulaire du neurone et des dendrites avec des épines dendritiques bien définies (× 5000). (**b**) Vue schématique.

Les neurones sont des cellules complexes et longues. Ils peuvent présenter certaines variations, mais ils comprennent en général un *corps cellulaire* dont sont issus un ou plusieurs fins *prolongements* (figure 11.3). La membrane plasmique des neurones est le siège du déclenchement et de la propagation des influx nerveux; elle joue un rôle essentiel dans les interactions cellulaires qui se produisent au cours du développement. La plupart des neurones ont trois structures fonctionnelles en commun (tableau 11.1): (1) une *structure réceptrice*; (2) une *structure conductrice,* qui engendre et transmet le potentiel d'action (le siège de la production du potentiel d'action est appelé *zone gâchette*); (3) une *structure sécrétrice,* qui libère les neurotransmetteurs. Nous allons voir comment chacune de ces structures est associée à une région particulière de l'anatomie du neurone.

Corps cellulaire du neurone

Le **corps cellulaire** du neurone est composé d'un gros noyau sphérique au nucléole bien défini et d'un cytoplasme granuleux. Le corps cellulaire est aussi appelé **péricaryon** (*péri* = autour, *karuon* = noyau), et son diamètre varie entre 5 et 140μm. Il constitue le *centre biosynthétique* du neurone. Il contient les organites habituels à l'exception des centrioles. (L'absence de centrioles, qui jouent un rôle important dans la formation du fuseau de division, est liée à la nature amitotique des neurones.) Son «usine» à protéines et à membranes est composée de ribosomes libres agglutinés et de réticulum endoplasmique (RE) rugueux; elle surpasse probablement en activité et en perfectionnement celle de toutes les autres cellules de l'organisme. Le réticulum endoplasmique rugueux est appelé **corps de Nissl** ou **substance chromatophile** (littéralement, «aimant la couleur»); il prend une teinte foncée sous l'effet de colorants basiques et il est bien visible au microscope. L'appareil de Golgi est très développé, et il forme un arc ou un cercle complet autour du noyau. Les mitochondries sont dispersées au milieu des autres organites. On aperçoit dans tout le corps cellulaire des faisceaux de microtubules et de filaments intermédiaires (*neurofilaments*) qui jouent un rôle important dans le transport intracellulaire ainsi que dans le maintien de la forme et de l'intégrité de la cellule. Le corps cellulaire de certains neurones contient également des inclusions pigmentaires qui peuvent être composées d'une mélanine noire, d'un pigment ferreux rouge ou d'un pigment or brun appelé *lipofuscine*. La lipofuscine est un sous-produit inoffensif de l'activité lysosomiale; elle est parfois appelée «pigment du vieillissement», car on la trouve en abondance dans les neurones des personnes âgées. Le corps cellulaire est le siège de la croissance des prolongements neuronaux au cours du développement embryonnaire. Dans de nombreux neurones, la membrane plasmique du corps cellulaire sert de structure réceptrice à l'information provenant des autres neurones.

Dans la plupart des cas, le corps cellulaire du neurone est situé à l'intérieur du SNC où il est protégé par les os du crâne et de la colonne vertébrale. Dans le SNC, les regroupements de corps cellulaires sont appelés **noyaux,** tandis que les regroupements de corps cellulaires situés dans le SNP (en nombre plus limité) sont appelés **ganglions** (*ganglion* = nœud d'une corde, renflement).

Prolongements neuronaux

Les **prolongements neuronaux** sont des formations cytoplasmiques qui prennent naissance dans le corps cellulaire. Les organes du SNC contiennent à la fois les corps cellulaires et leurs prolongements. La majeure partie du SNP (à l'exception des ganglions) est composée de prolongements neuronaux. Les regroupements de prolongements neuronaux sont appelés **faisceaux** dans le SNC et **nerfs** dans le SNP.

Il existe deux types de prolongements neuronaux, les *axones* et les *dendrites,* qui se différencient autant par leur structure que par les propriétés fonctionnelles de leurs membranes plasmiques. Il est d'usage de décrire les prolongements neuronaux à partir de l'exemple du neurone moteur. Nous nous conformerons ici à cette pratique, mais rappelez-vous que de nombreux neurones sensitifs et de neurones du SNC diffèrent considérablement du modèle présenté ici.

Les **dendrites** des neurones moteurs sont des prolongements courts aux ramifications diffuses. Le corps cellulaire du neurone moteur en possède en général des centaines, dans lesquelles on retrouve les mêmes organites que dans le corps cellulaire. Les dendrites forment la **structure réceptrice,** c'est-à-dire la première des structures fonctionnelles du neurone que nous avons vues plus haut: elles peuvent recevoir un très grand nombre de signaux des autres neurones grâce à l'immense surface qu'elles couvrent. Il existe des dendrites plus fines qui, dans de nombreuses régions cérébrales, sont chargées de la collecte de l'information; elles sont hérissées d'appendices épineux appelés *épines dendritiques* (voir la figure 11.3a) qui constituent des points de contact étroit (synapses) avec d'autres neurones. Les dendrites transmettent les signaux électriques *vers* le corps cellulaire. Ces signaux électriques *ne* sont *pas* des influx nerveux (ou potentiels d'action), mais des signaux de courte portée appelés *potentiels gradués*, que nous décrirons plus loin dans ce chapitre.

Chaque neurone est muni d'un **axone** unique (*axôn* = axe). L'axone est issu d'une région conique du corps cellulaire, appelée **cône d'implantation,** d'où il rétrécit en formant un mince prolongement dont le diamètre reste uniforme jusqu'à son extrémité (figure 11.3). L'axone est très court, voire absent dans certains neurones, tandis que dans d'autres, il peut représenter presque toute la longueur du neurone. Ainsi, les axones des neurones moteurs régissant les muscles squelettiques du gros orteil s'étendent de la région lombaire de la colonne vertébrale jusqu'au pied, soit sur une distance de 1 m ou plus, ce qui fait de ces neurones les plus longues cellules du corps humain. Tout axone long est appelé **neurofibre.** Le diamètre des axones peut aussi varier considérablement; les axones ayant le plus grand diamètre sont ceux qui acheminent les influx nerveux le plus rapidement.

Comme nous venons de le voir, un neurone possède un seul axone, mais ce dernier émet parfois quelques ramifications, appelées **collatérales,** qui forment avec lui des angles plus ou moins droits. Qu'un axone présente ou non des collatérales, son extrémité se divise habituellement en de très nombreuses ramifications qui constituent l'**arborisation terminale.** Il n'est pas rare qu'un neurone compte 10 000 ramifications ou plus (voir la figure 11.3). Les extrémités bulbeuses de ces ramifications sont appelées **terminaisons axonales,** ou **boutons terminaux.**

Les deux autres structures fonctionnelles du neurone que nous avons évoquées plus haut se retrouvent au niveau des axones. Les axones constituent en effet la **structure conductrice** des neurones. Ils *produisent* des *influx nerveux* qu'ils *propagent* jusqu'aux effecteurs musculaires et glandulaires. Dans les neurones moteurs, l'influx nerveux est produit au niveau du cône d'implantation de l'axone (d'où le nom de *zone gâchette*) et conduit jusqu'aux terminaisons axonales. Ces terminaisons forment la **structure sécrétrice** des neurones. L'influx entraîne la libération dans l'espace extracellulaire de *neurotransmetteurs,* qui sont des substances chimiques emmagasinées dans les vésicules des terminaisons axonales. Les neurotransmetteurs excitent ou inhibent les neurones (ou les cellules effectrices) avec lesquels l'axone est en contact étroit. Comme chaque neurone échange des signaux avec une multitude d'autres neurones, on peut dire qu'il entretient des «conversations» simultanées avec de nombreux neurones.

L'axone contient les mêmes organites que les dendrites et le corps cellulaire, à part les corps de Nissl. Il a donc besoin du corps cellulaire et de mécanismes de transport efficaces pour renouveler et distribuer ses protéines et ses composants membranaires. C'est ce qui explique que les axones (plus précisément leur partie distale, comme nous le verrons plus loin) se décomposent rapidement s'ils sont coupés ou très endommagés. Comme les axones sont souvent très longs, on pourrait s'attendre à ce que le déplacement des molécules y soit problématique. Or, grâce à l'interaction de divers éléments du cytosquelette (microtubules, filaments d'actine, etc.), les substances peuvent circuler sans interruption le long de l'axone, en provenance ou en direction du corps cellulaire (transport axoplasmique). Au nombre des substances qui se déplacent vers les terminaisons axonales (en sens antérograde), on trouve les mitochondries, les éléments du cytosquelette, les composants membranaires qui serviront au renouvellement de la membrane plasmique de l'axone (aussi appelée **axolemme**) et des enzymes qui catalysent la synthèse des neurotransmetteurs. Ces substances se déplacent au moyen de deux ou trois mécanismes; le plus rapide dépend de l'adénosine-triphosphate (ATP) et utilise une protéine «translocatrice» (adénosine-triphosphatase) appelée *kinésine.* Cette protéine propulse les particules membranaires dans les microtubules, tout comme des trains sur des rails. Les substances transportées dans le sens inverse (rétrograde) sont principalement des organites renvoyés dans le corps cellulaire pour y être dégradés ou recyclés. Ce processus de transport est également un important moyen de communication intracellulaire qui «informe» le corps cellulaire des conditions qui prévalent dans les terminaisons axonales.

Certains virus et certaines toxines bactériennes nuisibles aux tissus nerveux empruntent aussi le système de transport axonal rétrograde pour atteindre le corps cellulaire. Tel est le cas des virus de la poliomyélite, de la rage et de l'herpès, ainsi que de la toxine tétanique. ■

Gaine de myéline et neurilemme. Les axones de nombreux neurones, en particulier quand ils sont longs ou de diamètre important, sont recouverts d'une enveloppe blanchâtre, lipidique (lipoprotéinique) et segmentée appelée **gaine de myéline.** La myéline protège les axones et les isole électriquement les uns des autres; de plus, elle accroît la vitesse de transmission des influx nerveux. Les **axones myélinisés** (enveloppés d'une gaine de myéline) conduisent les influx nerveux rapidement, au contraire des **axones amyélinisés** qui les acheminent très lentement. (La différence peut être de l'ordre de 150, c'est-à-dire de 150 m/s à moins de 1 m/s.) L'axone du neurone moteur est toujours myélinisé alors que ses dendrites sont *toujours* amyélinisées.

Dans le système nerveux périphérique, les gaines de myéline entourant l'axone sont formées d'un très grand nombre de cellules de Schwann qui s'étendent tout le long de cette structure conductrice. Les cellules de Schwann s'incurvent dans un premier temps pour recevoir l'axone, puis elles s'enroulent autour de lui à la façon d'un roulé à la confiture (figure 11.4). Les enroulements sont d'abord détendus, puis le cytoplasme des cellules de Schwann est graduellement expulsé d'entre les couches de membrane. Quand l'enroulement est achevé, l'axone se trouve entouré d'un grand nombre de couches concentriques formées des membranes plasmiques des cellules de Schwann. Ces couches concentriques constituent la gaine de myéline proprement dite; l'épaisseur de la gaine dépend du nombre de couches de membrane. On ne trouve pas de canaux protéiques ni de protéines transporteuses dans les gaines de myéline du fait que les membranes plasmiques des cellules de Schwann contiennent moins de 25 % de protéines (contre 50 % dans les membranes plasmiques de la plupart des cellules). Cette caractéristique explique que les gaines de myéline sont des isolants électriques exceptionnels.

Le noyau et la majeure partie du cytoplasme de la cellule de Schwann se retrouvent juste en dessous de la couche externe de la membrane plasmique, c'est-à-dire à l'extérieur de la gaine de myéline; cette portion de la cellule de Schwann qui entoure la gaine de myéline est appelée **neurilemme** («enveloppe du neurone»), ou **gaine de Schwann.** Les cellules de Schwann adjacentes le long de l'axone ne se touchent pas, la gaine présente donc des intervalles réguliers appelés **nœuds de Ranvier.** C'est au niveau de ces nœuds que des collatérales peuvent émerger de l'axone.

Il arrive parfois que les cellules de Schwann entourent les axones de neurones périphériques sans toutefois s'enrouler autour. Quinze axones ou plus peuvent alors occuper des renfoncements tubulaires distincts dans la surface de la cellule de Schwann (voir la figure 11.4f). On dit que les axones ainsi liés aux cellules de Schwann sont *amyélinisés*; ils sont généralement minces.

On trouve également des axones myélinisés et des axones amyélinisés dans le système nerveux central, mais ce sont des oligodendrocytes qui y forment les gaines de myéline (voir la figure 11.2d). Contrairement à la cellule de Schwann, qui s'enroule pour former un seul segment entre deux nœuds de Ranvier d'une gaine de myéline, l'oligodendrocyte possède de nombreux prolongements plats qui peuvent s'enrouler autour de plusieurs axones (jusqu'à 60) à la fois. Si des nœuds de Ranvier sont présents dans le SNC, ils y sont bien plus espacés que dans le SNP. Cependant, les gaines de myéline du SNC sont dépourvues de neurilemme, parce que ce sont des prolongements cellulaires qui s'enroulent et non une cellule entière. À mesure que les prolongements de l'oligodendrocyte s'enroulent autour des axones, le cytoplasme est repoussé vers le centre de la cellule, où se trouve le noyau. Les axones du SNC sont amyélinisés quand les oligodendrocytes les touchent sans les envelopper.

Les régions de l'encéphale et de la moelle épinière qui comportent des groupements denses d'axones myélinisés forment la **substance blanche**; ces régions sont principalement constituées de faisceaux de fibres. La **substance grise** contient surtout des corps cellulaires et des axones amyélinisés.

Classification des neurones

On peut classer les neurones selon leur structure ou leur fonction. Nous allons présenter ici ces deux classifications, mais par la suite, c'est surtout à la classification fonctionnelle que nous ferons référence.

Classification structurale. La classification structurale distribue les neurones en trois groupes principaux selon le nombre de prolongements qui émergent du corps cellulaire: les neurones multipolaires (*polaire* = relatif à une extrémité, un pôle), les neurones bipolaires et les neurones unipolaires (tableau 11.1).

Les **neurones multipolaires** possèdent trois prolongements ou plus. Ce sont les neurones que l'on retrouve le plus fréquemment chez l'être humain, et ils sont particulièrement abondants dans le système nerveux central. La plupart des neurones multipolaires présentent de nombreuses dendrites ramifiées et un axone, mais certains ne sont pourvus que de dendrites (par exemple, les cellules amacrines de la rétine de l'œil).

Les **neurones bipolaires** ont deux prolongements, soit un axone et une dendrite, qui sont issus de côtés opposés du corps cellulaire. Les neurones bipolaires sont peu nombreux dans l'organisme adulte; on n'en trouve que dans certains organes des sens, notamment dans la rétine de l'œil (cellules bipolaires) et dans la muqueuse olfactive, où ils jouent le rôle de cellules réceptrices.

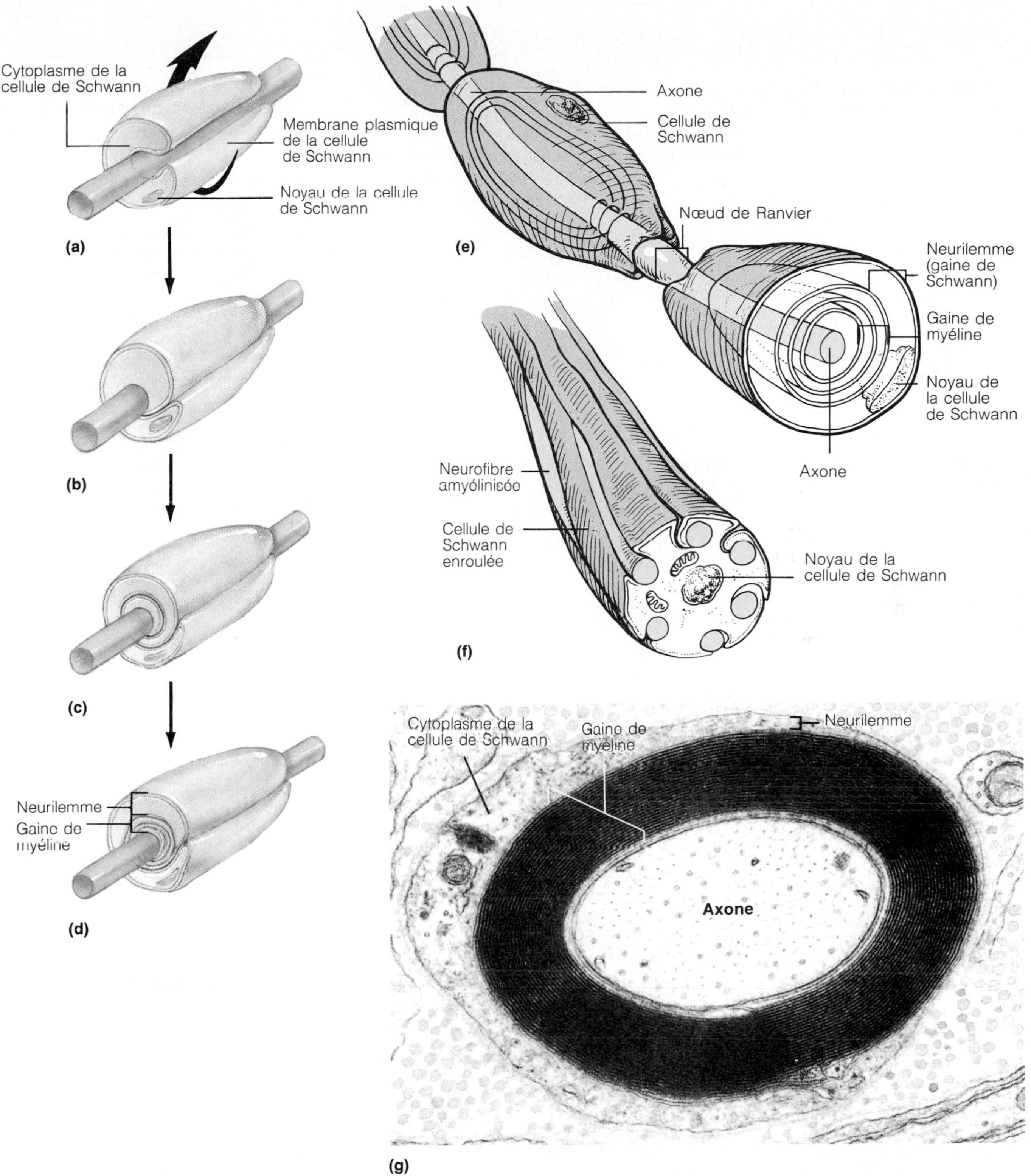

Figure 11.4 Relation entre les cellules de Schwann et les axones dans le système nerveux périphérique. (**a-d**) Myélinisation d'une neurofibre (axone). Une cellule de Schwann enveloppe un axone dans un renfoncement de sa membrane plasmique. Elle commence ensuite à s'enrouler autour de l'axone en l'enveloppant dans des couches successives de membrane plasmique. Par la suite, le cytoplasme de la cellule de Schwann est éjecté d'entre les membranes et se dispose à la périphérie, juste en dessous de la partie découverte de la membrane plasmique. Les couches de membrane entourant l'axone constituent la gaine de myéline; la région formée par le cytoplasme de la cellule de Schwann et sa membrane découverte constitue le neurilemme ou gaine de Schwann. (**e**) Vue tridimensionnelle «en transparence» d'un axone myélinisé montrant des parties de cellules de Schwann adjacentes et, entre elles, le nœud de Ranvier (la région d'axolemme découvert). (**f**) Des neurofibres amyélinisées. Les cellules de Schwann peuvent s'attacher à quelques axones (de faible diamètre en général) et les entourer. Dans ce cas, il n'y a pas d'enroulement de la cellule de Schwann autour des axones. (**g**) Photomicrographie d'un axone myélinisé en coupe transversale (× 20 200).

Tableau 11.1 Comparaison des classes structurales de neurones

<table>
<tr><th colspan="3">Types de neurones</th></tr>
<tr><th>Multipolaires</th><th>Bipolaires</th><th>Unipolaires (pseudo-unipolaires)</th></tr>
<tr><td colspan="3">Classe structurale : selon le nombre de prolongements qui émergent du corps cellulaire</td></tr>
<tr>
<td>De nombreux prolongements émergent du corps cellulaire : un grand nombre de dendrites et un seul axone.
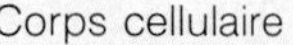

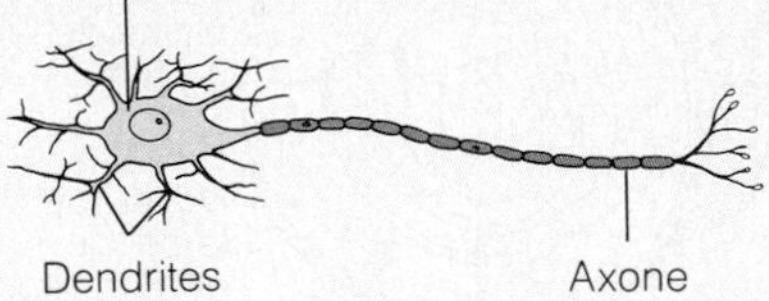
</td>
<td>Deux prolongements émergent de la cellule : une dendrite fusionnée et un axone.
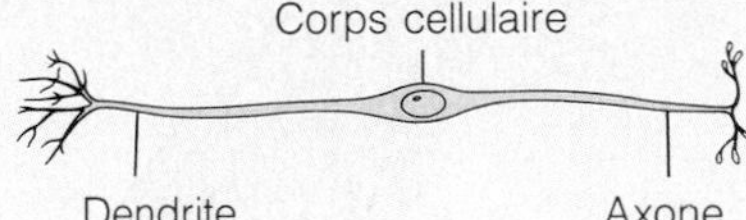
</td>
<td>Un prolongement émerge du corps cellulaire et forme un prolongement central et un prolongement périphérique qui, à eux deux, constituent l'axone. Seules les terminaisons distales du prolongement périphérique sont des dendrites.
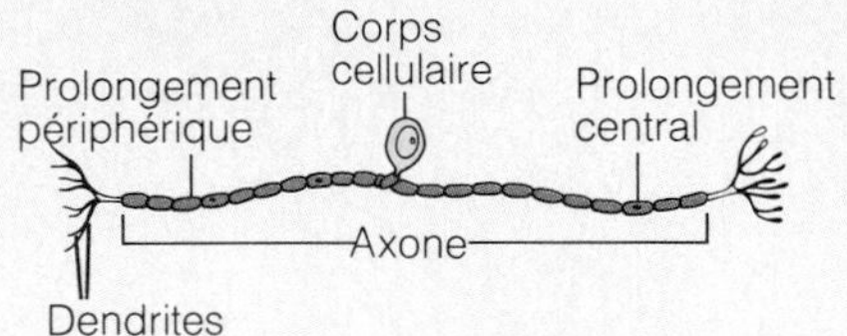
</td>
</tr>
<tr><td colspan="3">Relation entre l'anatomie et les trois structures fonctionnelles
□ = Structure réceptrice (reçoit le stimulus) ▩ = Structure conductrice (produit et transmet le potentiel d'action) □ = Structure sécrétrice (libère des neurotransmetteurs)</td></tr>
<tr>
<td>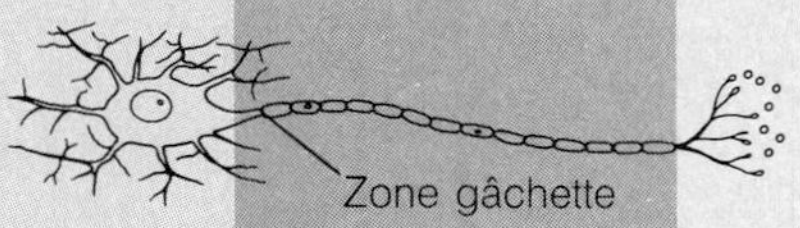
</td>
<td>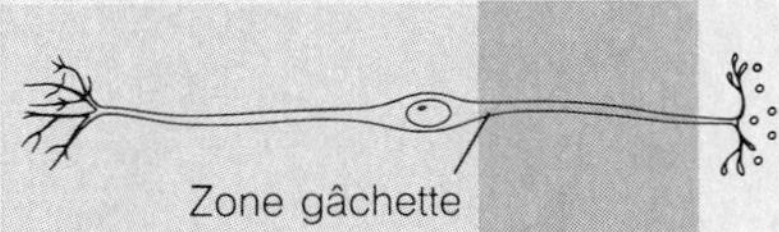

(De nombreux neurones bipolaires ne produisent pas de potentiels d'action et, chez ceux qui en produisent, la zone gâchette n'est pas toujours située au même endroit.)</td>
<td>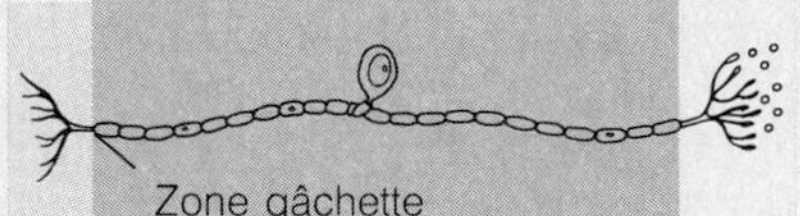
</td>
</tr>
<tr><td colspan="3">Classe fonctionnelle : selon la direction de la propagation de l'influx nerveux</td></tr>
<tr>
<td>1. Certains sont des neurones moteurs qui conduisent les influx le long des voies efférentes, du SNC à un effecteur (muscle ou glande).
2. La plupart sont des interneurones (neurones d'association) qui conduisent les influx à l'intérieur du SNC ; un interneurone multipolaire peut appartenir à une chaîne de neurones du SNC ou relier un neurone sensitif et un neurone moteur.
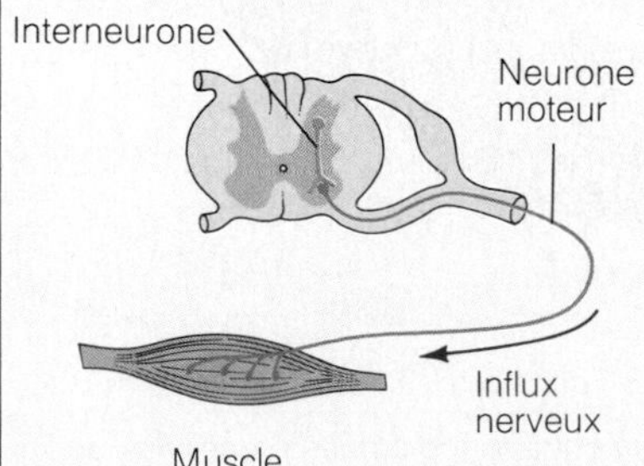
</td>
<td>Presque tous sont des neurones sensitifs situés dans certains organes des sens (dans le SNP). Par exemple, les cellules bipolaires de la rétine interviennent dans la transmission des informations visuelles de l'œil à l'encéphale (par des neurones intermédiaires).
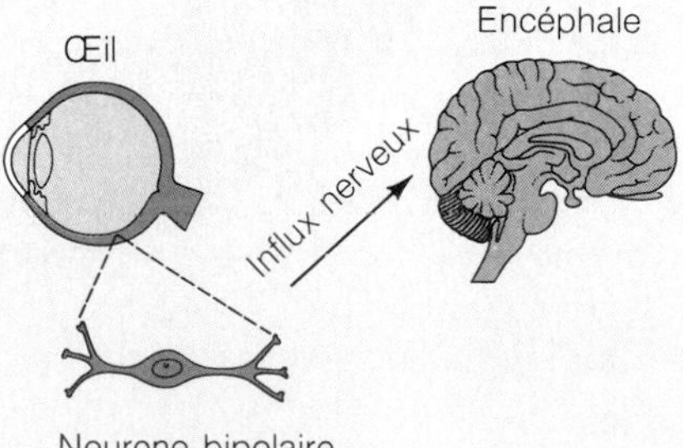
</td>
<td>La plupart sont des neurones sensitifs qui conduisent les influx le long de voies afférentes jusqu'au SNC, où ils seront interprétés.
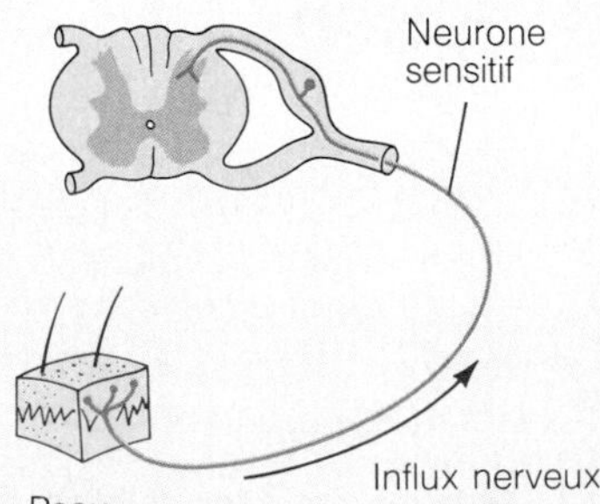
</td>
</tr>
<tr><td colspan="3">Abondance relative dans le corps humain et situation</td></tr>
<tr>
<td>Les plus abondants. Principal type de neurones dans le SNC.</td>
<td>Rares. Se trouvent dans certains organes des sens (muqueuse olfactive, œil).</td>
<td>Se trouvent surtout dans le SNP. Répandus seulement dans les ganglions de la racine postérieure de la moelle épinière et dans les ganglions sensitifs des nerfs crâniens.</td>
</tr>
</table>

Tableau 11.1 (suite)

Variations structurales

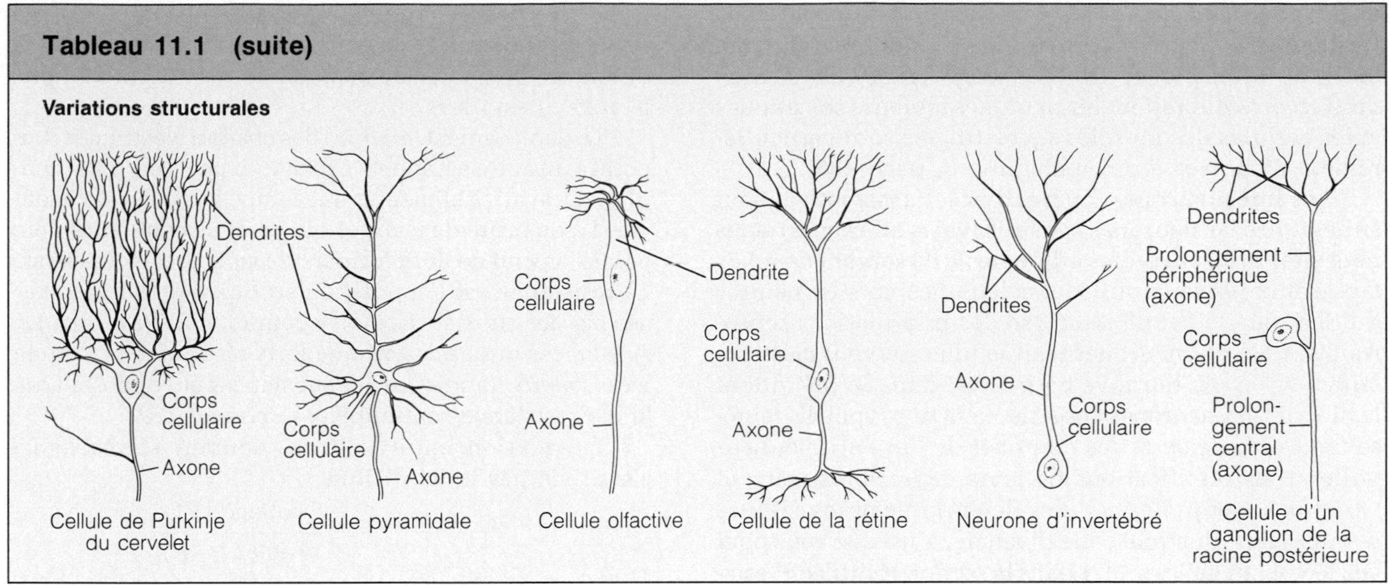

Les **neurones unipolaires** comportent un prolongement unique qui émerge du corps cellulaire. Ce prolongement est d'ailleurs très court, et il se divise en forme de T en une neurofibre proximale et une neurofibre distale. Le prolongement distal du neurone sensitif, souvent lié à un récepteur sensoriel, est communément appelé **prolongement périphérique,** tandis que le prolongement qui pénètre dans le SNC est appelé **prolongement central** (voir le tableau 11.1). Les neurones unipolaires sont aussi désignés par le terme **neurones pseudo-unipolaires,** car ce sont des neurones bipolaires à l'origine. Au début du développement embryonnaire, les deux prolongements convergent et fusionnent partiellement de manière à former le prolongement unique qui sort du corps cellulaire. Les corps cellulaires des neurones unipolaires se retrouvent principalement dans les ganglions du système nerveux périphérique où ils jouent le rôle de neurones sensitifs.

Du fait que le prolongement périphérique et le prolongement central fusionnés des neurones unipolaires fonctionnent comme une neurofibre unique, il est justifié de se demander s'il s'agit d'axones ou de dendrites. Le prolongement central est indubitablement un axone, car il conduit les influx vers l'extérieur du corps cellulaire (ce qui correspond à la définition de l'axone). Par contre, le prolongement périphérique est plus complexe à définir. Certaines de ses caractéristiques nous poussent à l'assimiler à un axone. Premièrement, il produit et conduit un influx (ce qui correspond à la définition la plus récente de l'axone); deuxièmement, il est fortement myélinisé s'il est de dimensions importantes; troisièmement, il est identique à un axone au microscope. Mais l'ancienne définition de la dendrite comme étant un prolongement qui transmet l'influx *en direction* du corps cellulaire continue à jeter un doute sur cette conclusion. Qu'est-ce donc qu'un prolongement périphérique? En dépit de la controverse, nous avons retenu la définition la plus récente de l'axone, c'est-à-dire celle qui est fondée sur la production et la transmission de l'influx. Par conséquent, en ce qui concerne les *neurones unipolaires,* nous appellerons «axone» la longueur combinée des prolongements périphérique et central, et «dendrites», uniquement les petites ramifications réceptrices situées à l'extrémité du prolongement périphérique.

Classification fonctionnelle. La classification fonctionnelle distribue les neurones selon le sens de propagation de l'influx nerveux par rapport au système nerveux central. C'est ainsi que l'on trouve des neurones sensitifs, des neurones moteurs et des interneurones (ou neurones d'association) (tableau 11.1).

Les neurones qui transmettent les influx des récepteurs sensoriels de la peau ou des organes internes *vers* le système nerveux central sont appelés **neurones sensitifs,** ou **neurones afférents.** À l'exception des neurones bipolaires situés dans certains organes des sens, la quasi-totalité des neurones sensitifs de l'organisme sont unipolaires, et leurs corps cellulaires sont localisés dans des ganglions sensitifs à l'extérieur du SNC. Sur le plan fonctionnel, seules les parties les plus distales des neurones unipolaires jouent le rôle de récepteurs, et les prolongements périphériques formés par l'union des ramifications dendritiques sont souvent très longs. Par exemple, les neurofibres qui acheminent les influx sensitifs provenant de la peau du gros orteil s'étendent sur plus de 1 m avant d'atteindre leurs corps cellulaires, qui forment un ganglion situé près de la moelle épinière.

Les extrémités dendritiques de certains neurones sensitifs servent de récepteurs sensoriels et ne sont pas recouvertes de myéline. Par ailleurs, beaucoup sont rattachées à des récepteurs sensoriels formés par d'autres types de cellules. Nous décrivons les divers types d'organes récepteurs, comme ceux de la peau, au chapitre 13 (pages 424-427) et ceux des organes des sens (de l'oreille, de l'œil, etc.) au chapitre 16.

Les **neurones moteurs,** ou **neurones efférents,** transportent les influx *hors* du SNC jusqu'aux organes effecteurs (les muscles et les glandes) situés à la périphérie du corps. Les neurones moteurs sont multipolaires et leurs corps cellulaires sont situés dans le SNC, à l'exception de certains neurones du système nerveux autonome. Tous les neurones moteurs forment des synapses avec leurs cellules effectrices; les *jonctions (plaques) neuromusculaires* qui relient les neurones moteurs somatiques et les cellules des muscles squelettiques sont particulièrement élaborées (voir le chapitre 9, page 258).

Les **interneurones**, ou **neurones d'association**, sont situés entre les neurones sensitifs (voies afférentes) et les neurones moteurs (voies efférentes); ils servent de relais aux influx nerveux qui sont acheminés vers les centres du SNC où s'effectue l'analyse des informations sensorielles. Les interneurones sont le plus souvent multipolaires, et on les retrouve en général dans le SNC (dont la plupart des neurones appartiennent à ce type). Ils représentent plus de 99 % des neurones de l'organisme. Leur taille et les ramifications de leurs neurofibres peuvent varier beaucoup. Les cellules de Purkinje et les cellules pyramidales illustrent cette diversité, ainsi que vous pouvez le voir au tableau 11.1 dans la section intitulée « Variations structurales ».

Neurophysiologie

Les neurones sont très sensibles aux stimulus: on dit qu'ils sont *excitables.* Lorsqu'un neurone reçoit un stimulus adéquat, il produit un influx électrique et le conduit tout le long de son axone. L'intensité de l'influx est toujours la même, quels que soient le type de stimulus et sa source. Ce phénomène électrique est à la base même du fonctionnement du système nerveux.

Nous décrirons dans cette section la manière dont les neurones sont excités ou inhibés ainsi que leurs modes de communication avec les autres neurones et les cellules des effecteurs musculaires et glandulaires. Nous allons étudier dans un premier temps quelques-uns des principes fondamentaux d'électricité et nous pencher sur la notion de potentiel de repos.

Principes fondamentaux d'électricité

Au point de vue électrique, le corps humain est neutre dans l'ensemble; il possède un nombre égal de charges positives et de charges négatives. Par contre, un certain type de charges prédomine dans certains endroits et les électrise positivement ou négativement. Puisque des charges opposées s'attirent, il faut un apport d'énergie (un travail) pour les séparer. Par ailleurs, quand des charges opposées s'unissent, l'énergie ainsi libérée peut servir à accomplir un travail. L'énergie emmagasinée dans une pile, par exemple, est libérée lorsque les deux pôles sont connectés (lorsque le circuit est fermé), ce qui permet aux électrons de s'écouler de la région électrisée négativement à la région électrisée positivement. Par conséquent, des charges opposées séparées possèdent une énergie potentielle. La mesure de cette énergie potentielle est appelée **voltage,** et elle est effectuée en *volts* ou en *millivolts* (1 mV = 0,001 V). Le voltage se mesure toujours entre deux points de charge contraire; on l'appelle **différence de potentiel,** ou simplement **potentiel.** Plus la différence de charge entre deux points est grande, plus le voltage est élevé.

Le déplacement, ou flux, des charges électriques d'un point à un autre est appelé **courant**: il peut servir à accomplir un travail, à alimenter une lampe de poche par exemple. La quantité de charges qui se déplacent entre deux points dépend de deux facteurs: le voltage et la résistance. La **résistance** est l'opposition au flux des charges exercée par des substances que le courant doit traverser. Les substances qui opposent une forte résistance sont appelées *isolants,* tandis que les substances qui opposent une faible résistance sont appelées *conducteurs.*

La relation entre voltage, courant et résistance s'exprime par la **loi d'Ohm**:

$$\text{Courant } (I) = \frac{\text{voltage } (V)}{\text{résistance } (R)}$$

On constate que le courant (I) est directement proportionnel au voltage: plus le voltage (différence de potentiel) est élevé, plus le courant est intense. Aucun courant ne circule entre des points ayant le même potentiel. La loi d'Ohm nous apprend aussi que le courant est inversement proportionnel à la résistance: plus la résistance est grande, plus le courant est faible.

Dans l'organisme, les phénomènes électriques se produisent le plus souvent en milieu aqueux, et les courants électriques relèvent de la circulation des ions positifs et négatifs (charges) à travers la membrane plasmique plutôt que du mouvement d'électrons libres. (Il n'y a pas d'électrons libres qui « vagabondent » dans les systèmes vivants.) Comme nous l'avons vu au chapitre 3, il existe une légère différence entre le nombre d'ions positifs et le nombre d'ions négatifs de part et d'autre de la membrane plasmique. Cette séparation des charges produit un voltage mesurable, ou différence de potentiel, entre le cytoplasme cellulaire et le liquide interstitiel. La résistance au flux du courant est fournie par la membrane plasmique elle-même.

Les membranes plasmiques sont parcourues de canaux ioniques formés de protéines intégrées. On différencie les *canaux protéiques ouverts,* ou *à fonction passive,* qui sont toujours ouverts, et les *canaux protéiques fermés,* ou *à fonction active,* qui s'ouvrent par intermittence (figure 11.5). Les canaux à fonction active comportent une « vanne », généralement constituée d'une ou de plusieurs protéines du canal, qui peut changer de forme selon qu'elle ouvre ou ferme le canal en réponse à divers signaux physiques ou chimiques. Les **canaux ligand-dépendants** s'ouvrent quand le neurotransmetteur (ligand) approprié se lie à la membrane. Les **canaux voltage-dépendants** s'ouvrent et se ferment en réponse à des modifications du potentiel membranaire, ou voltage. Nous y reviendrons plus loin. Chaque type de canal est sélectif; par exemple, un canal du potassium (canal potassique) ne laissera passer que des ions potassium.

Quand les canaux ioniques à fonction active sont ouverts, les ions diffusent rapidement à travers la membrane dans le sens de leurs gradients électrochimiques; ils créent

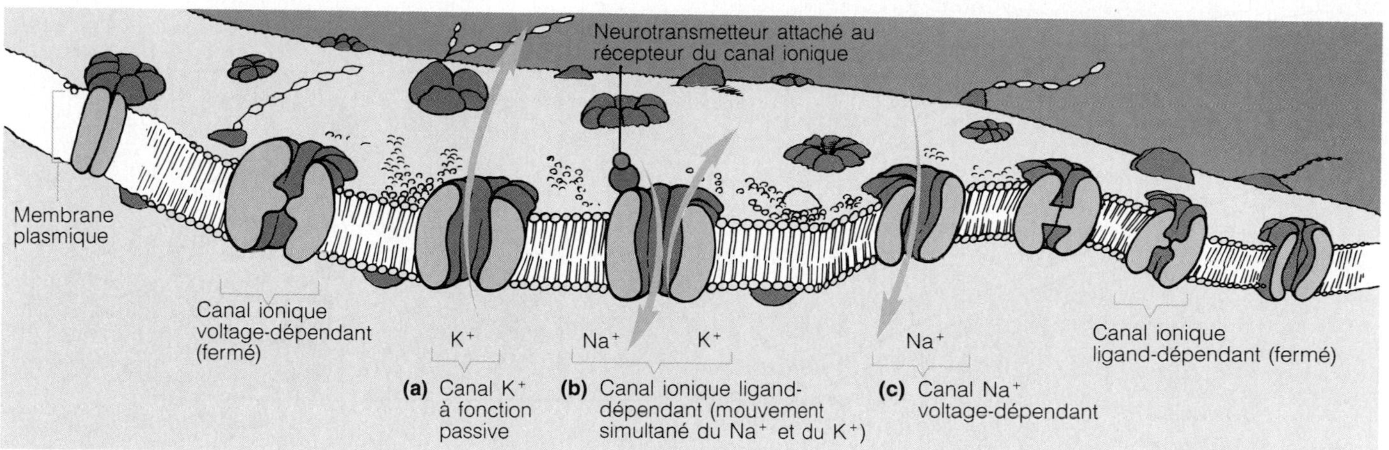

Figure 11.5 Types de canaux ioniques de la membrane plasmique. Les membranes plasmiques contiennent des canaux à fonction passive (ouverts) et des canaux à fonction active (à ouverture intermittente). Suivant leur composition et leur situation, les canaux à fonction active peuvent s'ouvrir en réaction à des changements du voltage, à la liaison de substances chimiques (neurotransmetteurs) ou à divers stimulus physiques. (**a**) Un canal du potassium (K^+) à fonction passive, toujours ouvert. (**b**) Un canal ligand-dépendant qui permet le passage du Na^+ et du K^+, ouvert en réaction à la liaison d'un neurotransmetteur. (**c**) Un canal Na^+ voltage-dépendant; il s'ouvre ou se ferme en réaction à des changements du voltage à travers la membrane.

ainsi des courants électriques et des modifications du voltage à travers la membrane, conformément à l'équation suivante:

$$\text{Voltage } (V) = \text{courant } (I) \times \text{résistance } (R)$$

Penchons-nous de plus près sur la notion de **gradient électrochimique.** Lorsqu'un ion se trouve à des concentrations différentes de part et d'autre de la membrane plasmique, cette variation est appelée *gradient de concentration*: l'ion diffuse passivement d'une région de forte concentration vers une région de faible concentration. La concentration étant un concept de chimie, on parle aussi de *gradient chimique*. D'autre part, le transfert d'un ion vers une région de charge électrique opposée correspond à un *gradient électrique* (gradient de potentiel). Le gradient électrique et le gradient chimique forment le gradient électrochimique. La diffusion des ions à travers les canaux de la membrane plasmique du neurone se fait donc selon le gradient électrochimique de cette membrane. Ce processus de diffusion est à l'origine de la production d'influx par le neurone.

Potentiel de repos membranaire: polarisation

La différence de potentiel entre deux points se mesure à l'aide de deux électrodes reliées à un voltmètre (figure 11.6). Lorsqu'on insère une électrode dans le cytoplasme d'un neurone et qu'on place l'autre électrode à sa surface externe, on enregistre un voltage d'environ − 70 mV à travers la membrane. Le symbole «moins» indique que le côté cytoplasmique (l'intérieur) de la membrane du neurone est chargé négativement, alors que le côté extérieur (liquide interstitiel) est chargé positivement. Cette différence de potentiel au repos est appelée le **potentiel de repos (V_m)**, et on dit alors que la membrane est **polarisée.** La valeur du potentiel de repos varie (de − 40 à − 90 mV) selon le type de neurone. (L'écart est encore plus grand si on prend en considération tous les types de cellules.)

Le potentiel de repos n'existe qu'à travers la membrane; autrement dit, les solutions se trouvant à l'intérieur

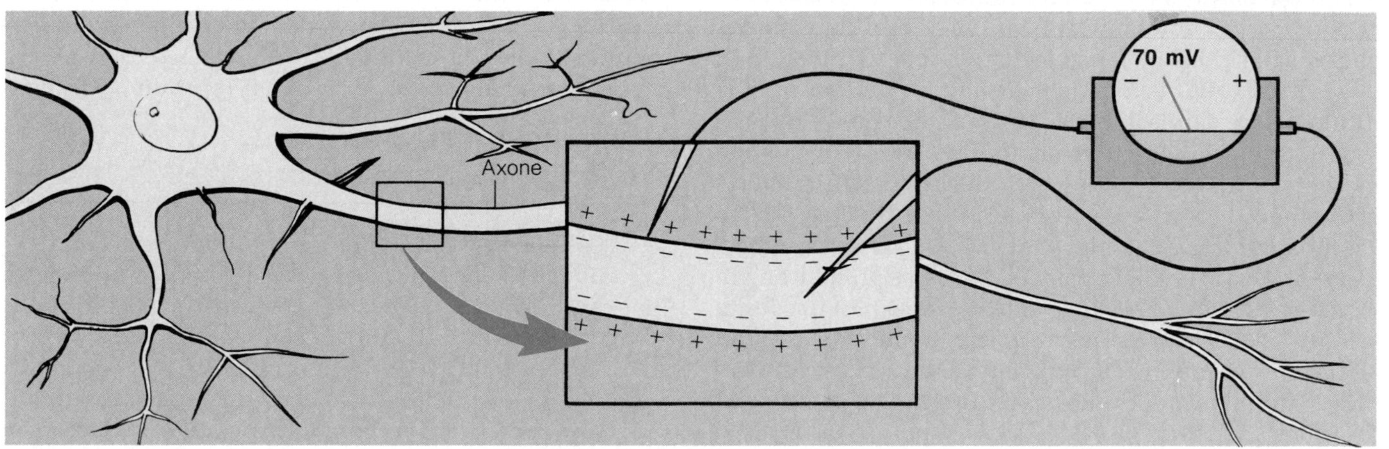

Figure 11.6 Mesure de la différence de potentiel entre deux points dans les neurones. Quand on place une électrode d'un voltmètre sur l'extérieur de la membrane plasmique et qu'on insère l'autre électrode dans le cytoplasme, on enregistre un voltage (un potentiel membranaire) d'environ − 70 mV (intérieur négatif).

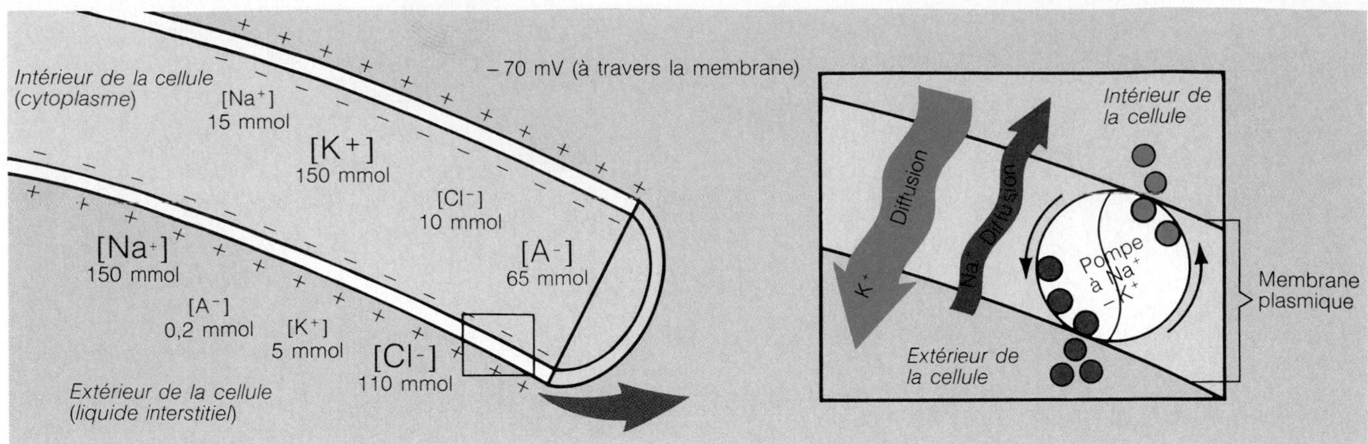

Figure 11.7 Forces actives et passives qui établissent et maintiennent le potentiel de repos. Les concentrations ioniques approximatives de sodium (Na^+), de potassium (K^+), de chlorure (Cl^-) et d'anions protéiniques (A^-) dans le cytoplasme et le liquide interstitiel sont indiquées en millimoles (mmol) par litre. Il existe de nombreux autres ions (tels Ca^{2+}, PO_4^{3-} et HCO_3^-), mais ceux que nous montrons ici sont les plus importants dans le fonctionnement neuronal. La diffusion du K^+ vers l'extérieur de la cellule est grandement favorisée par son gradient de concentration (chimique). Le Na^+ est fortement attiré vers l'intérieur de la cellule par son gradient de concentration, mais il est moins apte à traverser la membrane plasmique. Les différences relatives entre les quantités de Na^+ et de K^+ qui traversent la membrane sont indiquées par des flèches d'épaisseurs différentes. La diffusion nette vers l'extérieur de charges positives qui en résulte entraîne un état de négativité relative sur la face interne de la membrane. Ce potentiel membranaire (−70 mV, intérieur négatif) est maintenu par la pompe à sodium et à potassium qui transporte $3Na^+$ hors de la cellule chaque fois qu'elle admet $2K^+$ à l'intérieur. Notez que le gradient électrique est maintenu malgré la sortie des ions K^+, mais qu'il favorise l'entrée des ions Na^+.

et à l'extérieur de la cellule sont électriquement neutres. Le potentiel de repos est produit par des différences dans la composition ionique du cytoplasme et du liquide interstitiel, comme le montre la figure 11.7. Le cytoplasme contient une plus faible concentration de sodium (Na^+) et une plus forte concentration de potassium (K^+) que le liquide interstitiel qui l'entoure. Les deux liquides renferment de nombreux autres solutés (du glucose, de l'urée et d'autres ions), mais ce sont le sodium et le potassium qui sont les plus importants en ce qui concerne la production du potentiel membranaire. Dans le liquide interstitiel, les charges positives des ions sodium et d'autres cations sont équilibrées essentiellement par les ions chlorure (Cl^-). Dans le cytoplasme, les protéines (A^-) électrisées négativement (anioniques) facilitent l'équilibration des charges positives, et plus particulièrement des ions K^+.

Les différences ioniques découlent d'une part de la différence de perméabilité de la membrane plasmique aux ions sodium et potassium, et d'autre part du fonctionnement de la pompe à sodium et à potassium qui transporte activement le Na^+ à l'extérieur de la cellule et le K^+ à l'intérieur de celle-ci (voir la figure 11.7). À l'état de repos, la membrane est imperméable aux grosses protéines cytoplasmiques anioniques, légèrement perméable au sodium, environ 75 fois plus perméable au potassium qu'au sodium et très perméable aux ions chlorure. Ces perméabilités de repos sont reliées aux propriétés des canaux ioniques à fonction passive présents dans la membrane. Les *gradients de concentration* des ions potassium et sodium expliquent la diffusion des ions K^+ vers le liquide interstitiel et la diffusion des ions Na^+ vers le cytoplasme. Par ailleurs, les ions potassium diffusent plus rapidement que les ions sodium. Il s'ensuit que les ions positifs qui diffusent vers l'extérieur sont un peu plus nombreux que ceux qui diffusent vers l'intérieur, ce qui laisse un léger surplus de charges négatives à l'intérieur de la cellule; ce phénomène chimique engendre un déséquilibre des charges électriques (*gradient électrique*) qui est à l'origine du potentiel de repos de la membrane plasmique. Comme il y a toujours une certaine quantité de K^+ qui s'écoule de la cellule et une certaine quantité de Na^+ qui y entre, on pourrait penser que la concentration des ions Na^+ et K^+ de part et d'autre de la membrane va s'égaliser, ce qui entraînerait la disparition de leur gradient de concentration respectif. Or, tel n'est pas le cas: la pompe à sodium et à potassium actionnée par l'ATP éjecte $3Na^+$ du cytoplasme en même temps qu'elle récupère $2K^+$. Par conséquent, la pompe à sodium et à potassium stabilise le potentiel de repos en préservant les gradients de concentration du sodium et du potassium.

Potentiels membranaires: fonction de signalisation

Les cellules, en particulier les neurones, se servent des modifications de leur potentiel membranaire comme de signaux pour recevoir, intégrer et envoyer de l'information. Une modification du potentiel membranaire peut être causée par tous les facteurs qui changent la perméabilité de la membrane à n'importe quel ion ou qui modifient les concentrations ioniques de part et d'autre de la membrane plasmique. Une modification du potentiel membranaire peut produire deux types de signaux: des *potentiels gradués,* qui interviennent sur de courtes distances, et des *potentiels d'action,* qui interviennent sur de longues distances.

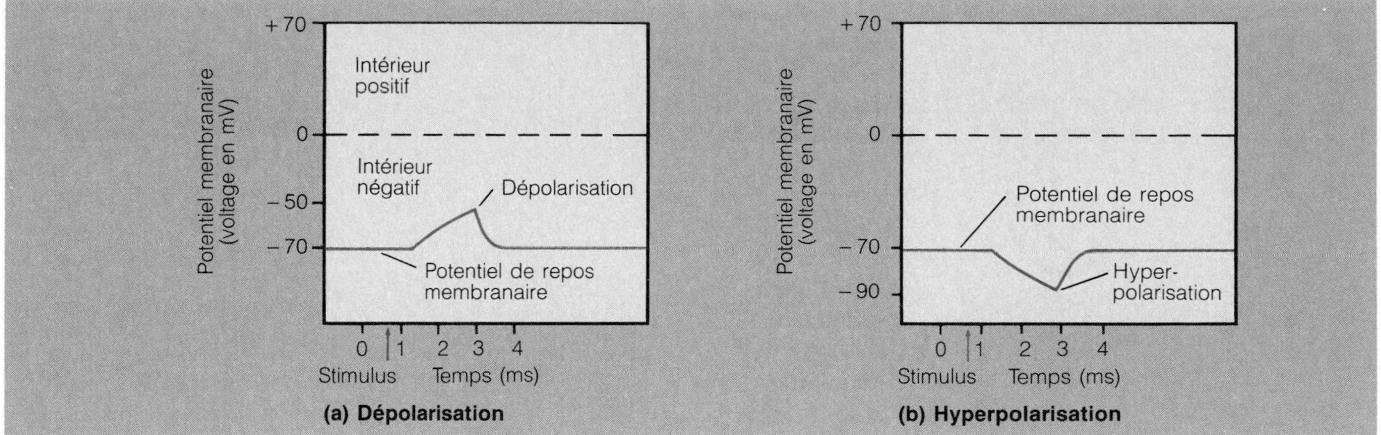

Figure 11.8 Dépolarisation et hyperpolarisation du potentiel de repos. Le potentiel de repos est d'environ −70 mV (intérieur négatif) dans les neurones. Les modifications de ce potentiel entraînent soit une dépolarisation, soit une hyperpolarisation de la membrane. (**a**) Pendant la dépolarisation, le potentiel membranaire s'approche de 0 mV et l'intérieur devient moins négatif (plus positif). (**b**) Pendant l'hyperpolarisation, le potentiel membranaire augmente et l'intérieur devient plus négatif.

Il est important de bien définir les termes *dépolarisation* et *hyperpolarisation,* car nous les emploierons fréquemment dans les sections qui suivent lorsque nous décrirons les modifications du potentiel membranaire *par rapport au potentiel de repos.* La **dépolarisation** est la réduction du potentiel membranaire: l'intérieur de la membrane devient *moins négatif,* et le potentiel s'approche de zéro (figure 11.8a). Par exemple, le passage d'un potentiel de repos de − 70 mV à un potentiel de − 50 mV est une dépolarisation. On convient en général que la dépolarisation comprend également les phénomènes pendant lesquels le potentiel membranaire s'inverse et passe au-dessus de zéro. L'**hyperpolarisation** se produit lorsque le potentiel membranaire (ou le voltage) augmente et devient *plus négatif* que le potentiel de repos. Par exemple, un changement de − 70 à − 90 mV (augmentation de la négativité du cytoplasme) est une hyperpolarisation (figure 11.8b). Comme nous allons le voir, la dépolarisation accroît la probabilité de production d'influx nerveux, tandis que l'hyperpolarisation la diminue.

Potentiels gradués

Les **potentiels gradués** sont des modifications locales et de courte durée du potentiel membranaire qui peuvent être soit des dépolarisations, soit des hyperpolarisations. Ces changements provoquent l'apparition d'un courant électrique local dont le voltage diminue avec la distance parcourue. Ces potentiels sont dits «gradués» parce que leur voltage est directement proportionnel à l'intensité ou à la force du stimulus. Plus le stimulus est intense, plus le voltage augmente, et plus grande est la distance parcourue par le courant.

Les potentiels gradués sont déclenchés par une modification (stimulus) dans le milieu extracellulaire du neurone, modification qui entraîne l'ouverture des canaux ioniques à fonction active. Les potentiels gradués portent différents noms selon l'endroit où ils se produisent et les fonctions qu'ils accomplissent. Par exemple, quand le récepteur d'un neurone sensitif est stimulé par une forme d'énergie (la chaleur, la lumière, etc.), le potentiel gradué qui en résulte est appelé *potentiel récepteur.* Lorsque le stimulus est un neurotransmetteur libéré par un autre neurone, le potentiel gradué est appelé *potentiel postsynaptique* parce que le neurotransmetteur est libéré dans un espace rempli de liquide appelé synapse qui sépare les membranes plasmiques de deux neurones adjacents. Le neurotransmetteur agit sur la membrane du deuxième neurone, appelé neurone postsynaptique, qui génère donc un potentiel postsynaptique. Nous traiterons plus loin dans ce chapitre des potentiels postsynaptiques, et au chapitre 13 (page 425) des potentiels récepteurs lorsque nous nous pencherons sur les récepteurs sensoriels.

Le cytoplasme et le liquide interstitiel des cellules sont d'assez bons conducteurs; le courant créé par le déplacement des ions y circule chaque fois qu'il se produit un changement du voltage. Supposons qu'un stimulus a dépolarisé une petite région de la membrane plasmique d'un neurone (figure 11.9a). Le courant circulera des deux côtés de la membrane de la région dépolarisée (active) et vers les régions polarisées adjacentes (au repos). Les ions positifs migrent vers les régions plus négatives (le sens du mouvement des cations est désigné comme le sens du flux du courant), et les ions négatifs se déplacent simultanément vers les régions plus positives (figure 11.9b). À l'intérieur de la cellule, les ions positifs (principalement K^+) quittent donc la région active et s'accumulent dans les régions avoisinantes de la membrane d'où ils délogent les ions négatifs. Pendant ce temps, les ions positifs de l'extérieur de la membrane se déplacent en direction de la région active de polarité membranaire inversée (la région dépolarisée), qui est provisoirement moins positive. À mesure que les ions positifs se déplacent, des ions négatifs (tels Cl^- et HCO_3^-) s'emparent de leurs «places» sur la membrane, comme s'ils jouaient à la chaise musicale. Par conséquent, dans la région avoisinante, l'intérieur de la membrane devient moins négatif et l'extérieur moins positif; autrement dit, la région avoisinante est dépolarisée. Afin de simplifier

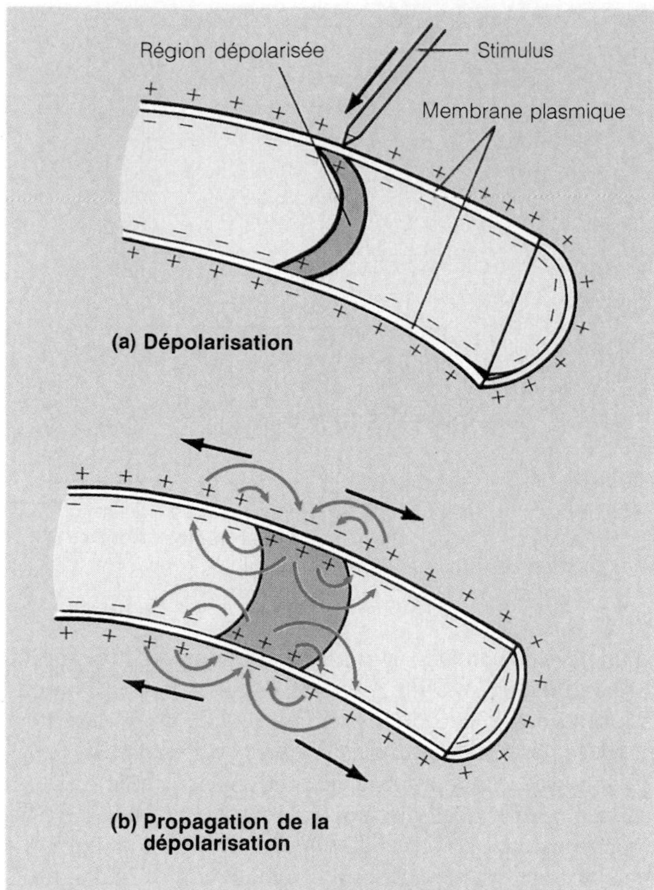

Figure 11.9 Mécanisme d'un potentiel gradué. (**a**) Une petite région de la membrane s'est dépolarisée, ce qui a provoqué un changement de polarité à cet endroit. (**b**) À mesure que les ions positifs s'écoulent en direction des régions négatives (et que les ions négatifs s'écoulent en direction des régions adjacentes plus positives), il se crée des courants locaux qui dépolarisent les régions adjacentes de la membrane et qui permettent la propagation de la vague de dépolarisation. Le voltage de ces courants électriques est décroissant (ils se dissipent avec la distance).

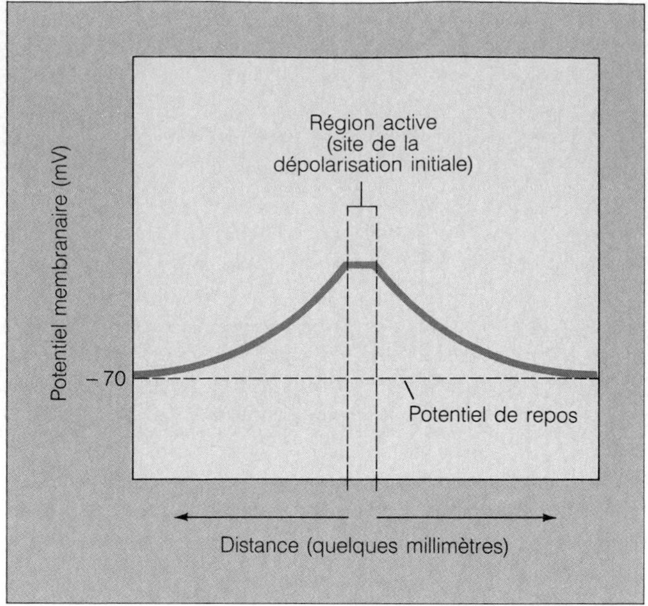

Figure 11.10 Changements du voltage membranaire produits par un potentiel gradué dépolarisant. Ces changements de voltage sont décroissants parce que le courant est rapidement dissipé en raison de la «fuite» d'ions à travers la membrane plasmique. Les potentiels gradués sont donc des signaux électriques qui ne peuvent se propager que sur une courte distance.

ce processus, la plupart des diagrammes qui montrent les courants locaux donnent l'impression que le circuit est complété par des ions qui entrent dans la cellule et en sortent à travers les canaux ioniques de la membrane plasmique. En fait, tel n'est pas le cas. Le flux des ions à travers les canaux ioniques à fonction active engendre le potentiel gradué. La propagation de ce potentiel gradué (*courant de capacitance*) de part et d'autre de la membrane plasmique reflète le mouvement des charges ioniques par diffusion passive *le long* de chacun des côtés de la membrane plasmique (déplacement longitudinal des ions).

Comme nous venons de l'expliquer, le déplacement longitudinal des ions entraîne la modification du potentiel de repos des régions adjacentes. Mais la majeure partie des charges est vite perdue à travers la membrane plasmique, car celle-ci est perméable à la façon d'un boyau qui fuit. Le déplacement des charges ioniques est donc *décroissant,* et il devient nul à quelques millimètres de son origine (figure 11.10). C'est pourquoi les potentiels gradués ne peuvent se déplacer que sur une très courte distance de la membrane plasmique du neurone. Ils sont cependant essentiels à la production des potentiels d'action, c'est-à-dire des dépolarisations qui se propagent le long des axones sur de très longues distances, et que nous allons maintenant étudier.

Potentiels d'action

Les neurones communiquent entre eux et avec les cellules des effecteurs musculaires et glandulaires en produisant et en propageant des **potentiels d'action** le long de leur axone. En règle générale, seules les cellules pourvues de *membranes excitables* (les neurones et les cellules musculaires) peuvent engendrer des potentiels d'action. Comme le montre la figure 11.11a, un potentiel d'action est une brève inversion du potentiel membranaire, d'une amplitude (changement de voltage) d'environ 100 mV (de – 70 à + 30 mV). Le potentiel d'action résulte donc d'une dépolarisation. Contrairement aux potentiels gradués, les potentiels d'action ne diminuent pas avec la distance. Lorsque nous avons exposé la physiologie des muscles squelettiques au chapitre 9, nous avons mentionné que les fibres musculaires se contractent lorsqu'un potentiel d'action est transmis le long de leur sarcolemme. La figure 9.11 (pages 259-260) présente un résumé de cette question que nous allons examiner à présent plus en détail.

La production et la transmission du potentiel d'action sont identiques dans les cellules des muscles squelettiques et dans les neurones. Dans un neurone, cependant, un potentiel d'action qui se propage est aussi appelé **influx nerveux.** Un neurone transmet un influx nerveux à la condition expresse de recevoir une stimulation adéquate. Le stimulus modifie la perméabilité aux ions de la membrane du neurone en ouvrant des canaux voltage-

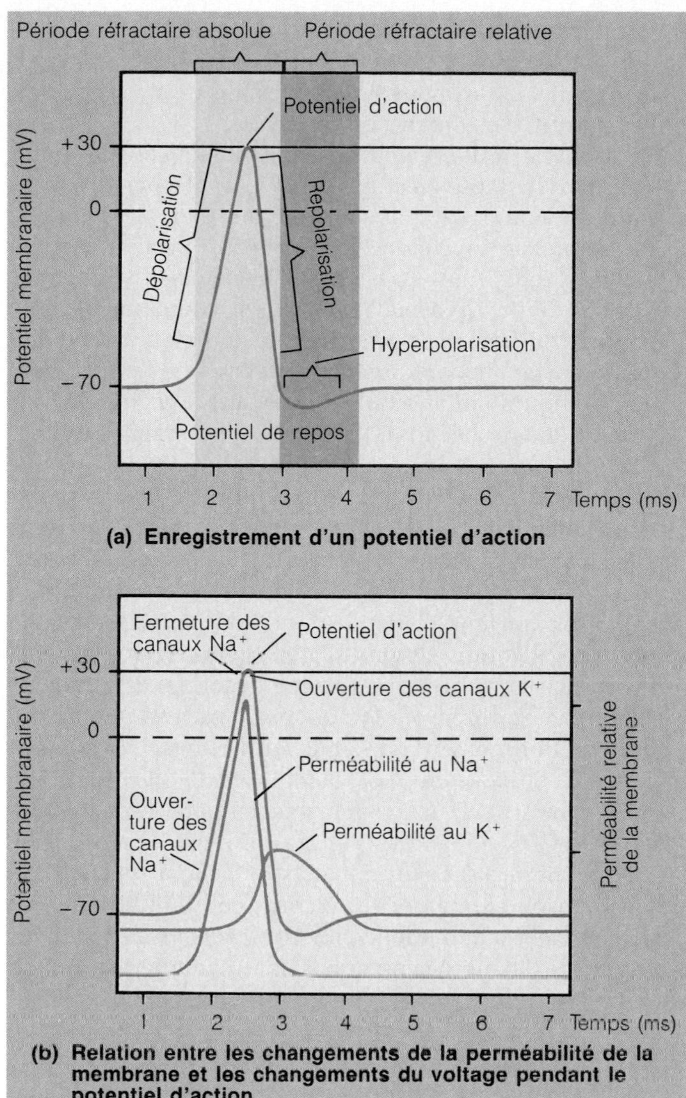

Figure 11.11 Changements du voltage et de la perméabilité de la membrane au cours de la production du potentiel d'action.

dépendants spécifiques situés sur la membrane plasmique de l'axone. Ces canaux s'ouvrent et se ferment en réponse à des modifications du potentiel membranaire, et ils sont activés par les potentiels gradués locaux (dépolarisations) qui se propagent dans les dendrites et le corps cellulaire pour atteindre le cône d'implantation de l'axone. *Seuls les axones sont aptes à produire des potentiels d'action.* Dans de nombreux neurones, la transition du potentiel gradué local au potentiel d'action se fait au niveau du cône d'implantation. Dans les neurones sensitifs, le potentiel d'action est produit par le prolongement périphérique immédiatement contigu à la région réceptrice. Par souci de simplification, nous utiliserons seulement le terme *axone* dans notre développement.

Production d'un potentiel d'action. La production d'un potentiel d'action repose sur trois modifications de la perméabilité de la membrane qui se succèdent tout en étant liées et qui sont toutes produites par la dépolarisation de la zone gâchette de l'axone (figure 11.11b). Ces modifications sont les suivantes : (1) un accroissement transitoire de la perméabilité aux ions sodium consécutif à l'ouverture des canaux du sodium voltage-dépendants ; (2) le rétablissement de l'imperméabilité relative aux ions sodium provoqué par la fermeture de ces mêmes canaux du sodium ; (3) une augmentation de courte durée de la perméabilité aux ions potassium résultant de l'ouverture des canaux du potassium voltage-dépendants.

1. Accroissement de la perméabilité au sodium et inversion du potentiel membranaire. Lorsqu'un potentiel récepteur (potentiel gradué) est assez fort pour se rendre à la zone gâchette de l'axone, il provoque l'ouverture des canaux du sodium (canaux sodiques) voltage-dépendants de cette région. Cette ouverture entraîne la diffusion du sodium du compartiment extracellulaire vers le compartiment intracellulaire. Cet afflux de charges positives dépolarise encore davantage la portion de membrane axonale, si bien que l'intérieur de la cellule devient progressivement moins négatif. Quand la dépolarisation de la membrane atteint un niveau critique appelé **seuil d'excitation** (souvent situé entre − 55 et − 50 mV), le processus de dépolarisation se poursuit de lui-même. Autrement dit, après avoir été déclenchée par le stimulus, la dépolarisation de l'axone se poursuit grâce à la diffusion longitudinale des ions sodium. À mesure que s'accroît la quantité de sodium qui entre dans la cellule, le voltage est à nouveau modifié et ouvre d'autres canaux sodiques voltage-dépendants. Ainsi, le potentiel membranaire devient de moins en moins négatif puis monte à environ + 30 mV, à mesure que les ions sodium diffusent vers l'intérieur (gradient électrochimique). Cette dépolarisation et cette inversion de polarité rapides de la membrane plasmique de l'axone produisent la pointe du potentiel d'action (voir la figure 11.11a).

Nous avons indiqué plus haut que le potentiel membranaire dépend de la perméabilité de la membrane, mais nous disons maintenant que la perméabilité de la membrane dépend du potentiel membranaire. En fait, ces assertions sont compatibles, car il s'agit là de deux relations distinctes qui s'imbriquent de manière à établir un cycle de *rétroactivation* appelé **cycle de Hodgkin** (figure 11.12). Ce cycle est à l'origine de la phase ascendante (de dépolarisation) des potentiels d'action, et c'est de lui que vient l'« action » à l'œuvre dans le potentiel d'action.

2. Diminution de la perméabilité au sodium. La phase d'ascension rapide du potentiel d'action (la période de perméabilité au sodium) ne dure que pendant 1 ms environ, et elle cesse d'elle-même. Lorsque le potentiel membranaire dépasse 0 mV et gagne en positivité, la charge intracellulaire positive résiste de plus en plus à l'entrée du sodium (répulsion des charges électriques de même signe). En outre, les canaux sodiques se ferment après quelques millisecondes de dépolarisation. La membrane devient donc de plus en plus imperméable au sodium, la diffusion du sodium diminue, puis cesse (voir la figure 11.11b).

3. Accroissement de la perméabilité au potassium et repolarisation. À mesure que l'entrée de sodium diminue,

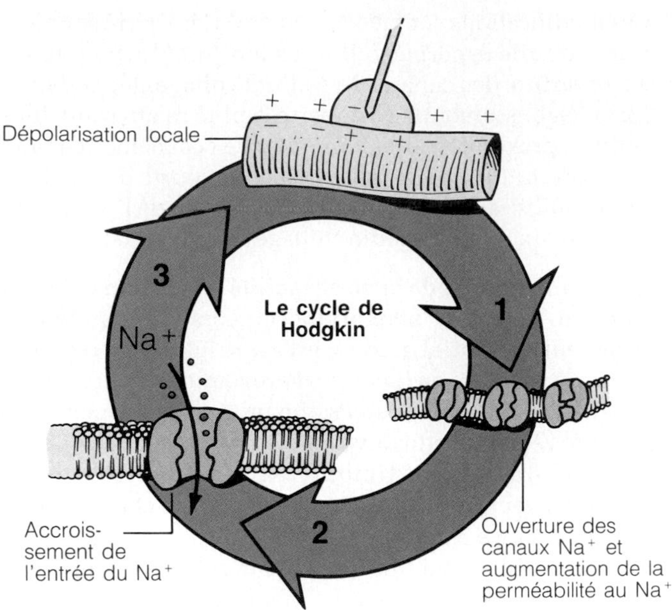

Figure 11.12 Cycle de Hodgkin, qui produit la phase ascendante du potentiel d'action. Ce cycle de rétroactivation se caractérise par la perméabilité au Na^+ qui est *voltage-dépendante*. (**1**) La dépolarisation locale provoque l'ouverture des canaux sodiques et accroît la perméabilité au Na^+. (**2**) L'augmentation de la perméabilité au Na^+ permet l'entrée de Na^+ (dans le sens du gradient électrochimique). (**3**) Cette entrée dépolarise encore davantage la membrane et ouvre d'autres canaux Na^+ voltage-dépendants. Une fois que le seuil d'excitation est atteint, le cycle se poursuit de lui-même et il est alimenté par des changements du voltage créés par le courant ionique (entrée de Na^+ dans la cellule).

les canaux du potassium voltage-dépendants s'ouvrent, et les ions potassium diffusent passivement vers l'extérieur de la cellule (dans le sens de leur gradient électrochimique) (voir la figure 11.11b). L'intérieur de la cellule perd progressivement de sa positivité, et le potentiel membranaire revient au niveau de repos. Ce phénomène est appelé **repolarisation** (voir la figure 11.11a). La brusque diminution de la perméabilité au sodium ainsi que l'augmentation de la perméabilité au potassium participent à ce processus. Comme la période de perméabilité accrue au K^+ peut être plus longue qu'il n'est nécessaire pour rétablir la polarisation, on observe parfois une légère inflexion (une *hyperpolarisation*) du tracé après la pointe du potentiel d'action.

La repolarisation rétablit les conditions électriques du potentiel de repos, mais elle *ne* rétablit *pas* les distributions ioniques initiales. Cela s'accomplit après la repolarisation, par l'activation de la **pompe à sodium et à potassium.** On pourrait penser que l'ouverture des canaux voltage-dépendants permet à un grand nombre d'ions sodium et potassium de changer de place pendant la production du potentiel d'action, mais cela est loin d'être le cas. De petites quantités seulement de sodium et de potassium sont échangées, et comme une membrane axonale comprend des milliers de pompes à sodium et à potassium, ces dernières corrigent rapidement ces petits changements ioniques.

Propagation d'un potentiel d'action. Le potentiel d'action doit être *propagé* (envoyé ou transmis) tout le long de l'axone pour servir à des fins de signalisation. La figure 11.13 décrit ce processus.

Comme nous l'avons vu, le potentiel d'action est produit par le mouvement vers le cytoplasme des ions sodium, et la portion de la membrane axonale dépolarisée subit une inversion de polarité: l'intérieur devient positif, tandis que l'extérieur devient négatif. Les ions positifs de l'axoplasme se déplacent latéralement de la région d'inversion de polarité vers la région de la membrane qui est encore polarisée, et ceux qui se trouvent dans le liquide interstitiel migrent vers la région de plus grande charge négative (la région d'inversion de polarité): le cycle est bouclé.

Des flux de courant locaux sont ainsi établis par le déplacement latéral des ions: ils dépolarisent les régions antérieures de la membrane plasmique (à l'écart de l'origine de l'influx nerveux), avec pour résultat l'ouverture des canaux voltage-dépendants et le déclenchement d'un potentiel d'action. Comme la région située dans la direction opposée vient de produire un potentiel d'action, les canaux du sodium sont fermés, et aucun nouveau potentiel d'action ne peut être émis à cet endroit. Par conséquent, l'influx se propage toujours en s'éloignant de son point d'origine. Dans l'organisme, les potentiels d'action sont toujours engendrés à l'une des deux extrémités de l'axone et de là, envoyés vers ses terminaisons (soit la terminaison axonale, soit le corps cellulaire). Une fois déclenché, un potentiel d'action *se propage de lui-même* le long de l'axone à vitesse constante, comme dans l'« effet domino ».

Après sa dépolarisation, chaque segment de la membrane axonale subit une repolarisation, ce qui a pour effet de rétablir le potentiel de repos dans la région. Ces changements électriques engendrent aussi des flux de courant locaux, si bien que la vague de repolarisation chasse la vague de dépolarisation vers l'extrémité de l'axone. Le processus de propagation que nous venons de décrire se produit sur les axones amyélinisés et sur les sarcolemmes des fibres musculaires. Nous décrirons plus loin le processus de propagation particulier qui se produit sur les axones myélinisés, et que l'on appelle la *conduction saltatoire*.

On emploie couramment l'expression *conduction de l'influx nerveux,* mais elle n'est pas exacte dans la mesure où les influx nerveux ne sont pas vraiment conduits comme l'est le courant dans un fil isolé. En réalité, les neurones sont d'assez piètres conducteurs: si les flux de courant locaux décroissent rapidement sur une courte distance, c'est parce que les charges fuient à travers la membrane. L'expression *propagation de l'influx nerveux* est plus juste, car un potentiel d'action est *régénéré* en chaque point de la membrane et tout potentiel d'action subséquent est identique à celui qui avait été engendré.

Seuil d'excitation et loi du tout ou rien. Les phénomènes locaux de dépolarisation ne produisent pas tous des potentiels d'action. Ainsi, les potentiels récepteurs sont des phénomènes de dépolarisation qui

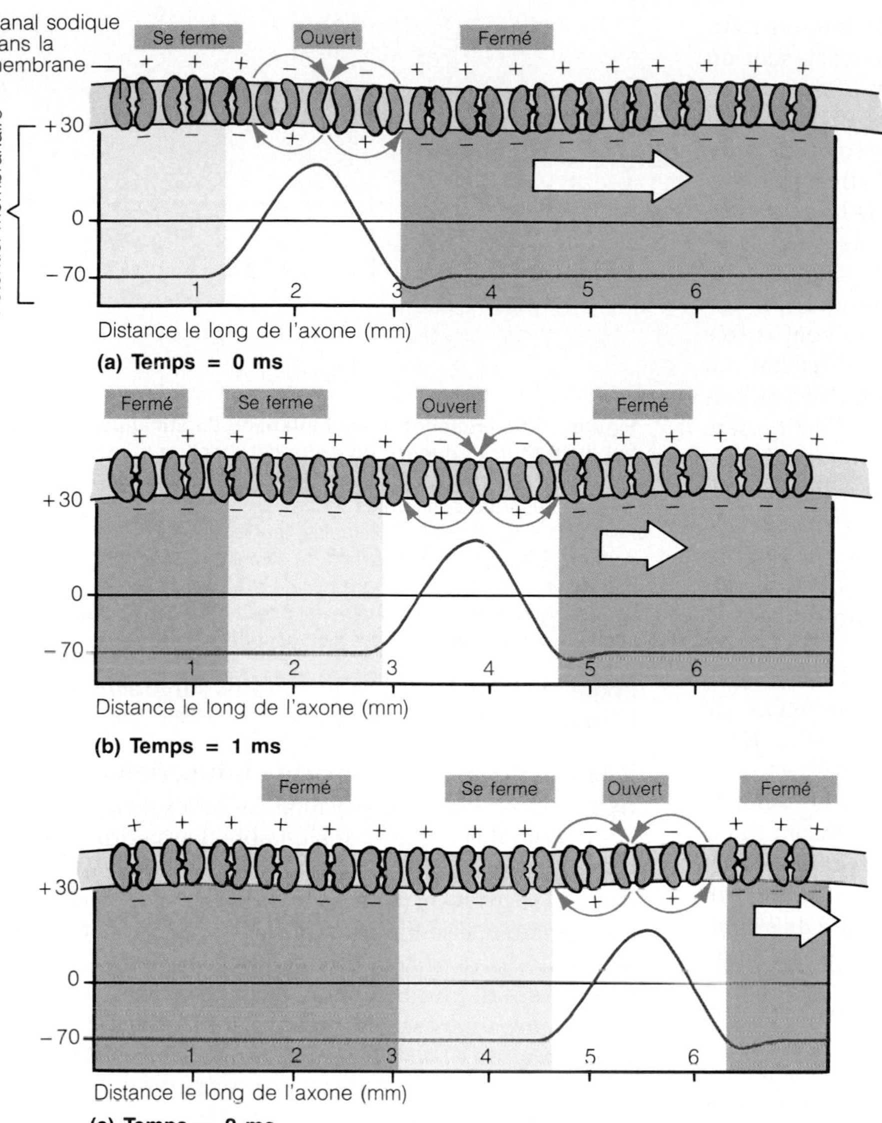

Figure 11.13 Propagation d'un potentiel d'action. La distance sur laquelle se propage un potentiel d'action le long de l'axone est montrée à 0 ms, à 1 ms et à 2 ms. L'état des canaux sodiques est indiqué (ouverts, fermés, ou en voie de fermeture). Les petites flèches courbes indiquent le mouvement des ions sodium. La flèche épaisse qui apparaît dans chaque diagramme indique la direction dans laquelle se propage le potentiel d'action. Bien qu'ils ne soient pas représentés ici, les courants créés par l'ouverture des canaux du potassium se produiraient aux points où les canaux du sodium sont en voie de fermeture. Par conséquent, il y aurait repolarisation à ces endroits.

n'engendrent pas nécessairement de potentiels d'action. La dépolarisation doit atteindre un certain niveau, ou seuil, pour qu'un axone puisse déclencher un potentiel d'action ou «faire feu». Comment établir le *seuil d'excitation*? Selon une des explications offertes, il s'agirait du potentiel membranaire lorsque le voltage imputable au mouvement des ions K^+ est égal au voltage imputable au mouvement des ions Na^+. Le seuil d'excitation est généralement atteint quand la membrane a été dépolarisée de 15 à 20 mV par rapport à sa valeur de repos (environ − 70 mV). Il semble représenter un état d'équilibre précaire qui peut être perturbé par un des deux événements suivants. Si un ion sodium supplémentaire entre, la dépolarisation se poursuit, ce qui ouvre plus de canaux sodiques voltage-dépendants et laisse donc entrer plus d'ions sodium. À l'inverse, si un autre ion potassium sort, le potentiel membranaire s'éloigne du seuil d'excitation, les canaux sodiques voltage-dépendants se ferment et les ions potassium continuent de diffuser vers le liquide interstitiel jusqu'à ce que le potentiel membranaire revienne à sa valeur de repos.

Rappelez-vous que les dépolarisations locales sont des potentiels gradués et que leur voltage augmente avec l'intensité du stimulus. Des stimulus brefs et faibles, ou *stimulus infraliminaires,* produisent des dépolarisations infraliminaires qui ne déclenchent pas de potentiel d'action. Par ailleurs, des stimulus forts, ou *stimulus liminaires,* entraînent des dépolarisations où le potentiel membranaire dépasse le voltage liminaire, de même que l'accroissement de la perméabilité au sodium: le gain de sodium excède ainsi la perte de potassium. Le cycle de Hodgkin se met alors en place et engendre un potentiel d'action. Le facteur critique est la quantité totale de courant qui circule à travers la membrane pendant un stimulus (charge électrique × temps). Les stimulus forts dépolarisent la membrane rapidement; les stimulus faibles doivent être appliqués plus longuement afin que le potentiel membranaire dépasse le voltage liminaire. Les stimulus très faibles ne peuvent déclencher un potentiel d'action, car les flux de courant locaux qu'ils produisent sont si légers qu'ils se dissipent avant que le seuil d'excitation ne soit atteint.

Le potentiel d'action obéit à la **loi du tout-ou-rien**, c'est-à-dire que la zone gâchette de l'axone déclenche ou ne déclenche pas de potentiel d'action. Pour mieux comprendre la production du potentiel d'action, comparons-la à l'allumage d'une allumette sous une brindille sèche. Le chauffage d'une partie de la brindille correspond à la modification de perméabilité de la membrane qui, dans un premier temps, permet à un plus grand nombre d'ions sodium d'entrer dans la cellule. Quand cette partie de la brindille devient suffisamment chaude (lorsqu'un nombre suffisant d'ions sodium sont entrés dans la cellule), le point d'ignition (le seuil d'excitation) est atteint, et la flamme consumera la brindille entière, même si l'on éteint l'allumette (le potentiel d'action sera produit et propagé, que le stimulus persiste ou non). Mais si l'on éteint l'allumette juste avant que la brindille n'atteigne la température critique, l'ignition ne se fera pas. De même, si les ions sodium qui entrent dans la cellule sont trop peu nombreux pour que le seuil d'excitation soit atteint, aucun potentiel d'action ne sera produit.

Codage de l'intensité du stimulus. Une fois produits, les potentiels d'action sont tous indépendants de l'intensité du stimulus, et ils sont tous semblables. Dans ces conditions, comment le SNC peut-il déterminer si un stimulus est intense ou faible et émettre une réponse appropriée? Ce n'est pas très compliqué: dans un intervalle donné, les stimulus intenses produisent des influx nerveux à une *fréquence* plus rapide que les stimulus faibles (figure 11.14). Par conséquent, l'intensité du stimulus est codée par le nombre d'influx produits par seconde, c'est-à-dire la *fréquence de transmission de l'influx,* et non par des augmentations de la force (de l'amplitude) du potentiel d'action.

Période réfractaire absolue et période réfractaire relative. Quand la zone gâchette d'un axone produit un potentiel d'action et que ses canaux sodiques voltage-dépendants sont ouverts, le neurone est incapable de répondre à un autre stimulus, quelle que soit son intensité. Pendant cette période, appelée **période réfractaire absolue** (voir la figure 11.11a), chaque potentiel d'action est un événement distinct, de type tout ou rien, comme nous l'avons vu plus haut, et sa transmission se fait en sens unique. Ce phénomène est logique si l'on se rappelle qu'une fois le potentiel d'action émis, ce sont les déplacements latéraux d'ions sodium, et non les stimulus, qui maintiennent l'ouverture des canaux sodiques.

L'intervalle qui suit la période réfractaire absolue correspond à la **période réfractaire relative**: les canaux du sodium sont fermés, les canaux du potassium voltage-dépendants sont ouverts, et c'est à ce moment que la repolarisation se produit (figure 11.11a). Le seuil d'excitation de l'axone est alors très élevé. Un stimulus liminaire ne peut déclencher un potentiel d'action au cours de la période réfractaire relative, mais un stimulus exceptionnellement intense peut rouvrir les canaux sodiques voltage-dépendants de la zone gâchette et permettre ainsi le déclenchement d'un autre influx nerveux. Des stimulus intenses peuvent donc entraîner une production plus fréquente de potentiels d'action s'ils surgissent pendant la période réfractaire relative.

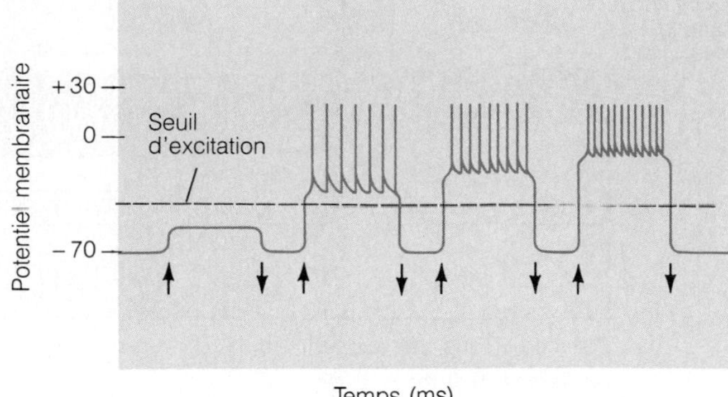

Figure 11.14 Relation entre l'intensité du stimulus, le potentiel local et la fréquence du potentiel d'action. Les potentiels d'action sont représentés par des lignes verticales plutôt que par les pointillés traditionnels. Les flèches ascendantes (↑) indiquent les points d'application du stimulus, tandis que les flèches descendantes (↓) indiquent la cessation du stimulus. Remarquez qu'un stimulus infraliminaire n'engendre pas de potentiel d'action; cependant, une fois que le voltage liminaire est atteint, plus le stimulus est intense, plus les potentiels d'action sont fréquents.

Vitesse de propagation de l'influx dans les axones. La vitesse de propagation des influx dans les axones peut varier de manière considérable. Les neurofibres qui transmettent les influx le plus rapidement (soit à 100 m/s ou plus) se trouvent dans les voies neuronales où la vitesse est un facteur essentiel, comme celles qui permettent certains réflexes de posture. Les axones dans lesquels la transmission se fait plus lentement desservent le plus souvent des organes internes (les intestins, les glandes et les vaisseaux sanguins), où la lenteur des réponses n'est pas nuisible en général. La vitesse de propagation de l'influx repose principalement sur deux facteurs, à savoir le diamètre de l'axone et son degré de myélinisation.

1. Influence du diamètre de l'axone. En règle générale, plus son diamètre est grand, plus l'axone propage les influx rapidement. En effet, l'aire de la coupe transversale est plus importante chez les axones dont le diamètre est important. Selon une loi fondamentale de physique, la résistance au passage d'un courant électrique est inversement proportionnelle au diamètre du «câble» dans lequel il se transmet.

2. Influence de la gaine de myéline. Dans les axones amyélinisés, les potentiels d'action sont produits dans des sites adjacents et la transmission est relativement lente. La présence d'une gaine de myéline accroît radicalement la vitesse de propagation de l'influx, car la myéline joue le rôle d'un isolant et empêche presque toutes les fuites de charges. La dépolarisation de la membrane plasmique d'un axone myélinisé ne peut avoir lieu qu'aux nœuds de Ranvier, là où la gaine de myéline s'interrompt et où l'axone est dénudé; du reste, les canaux sodiques voltage-dépendants sont en grande majorité concentrés à proximité de ces nœuds. Par conséquent, lorsqu'un potentiel d'action est produit dans un axone myélinisé, la dépolarisation locale ne se dissipe pas à travers les

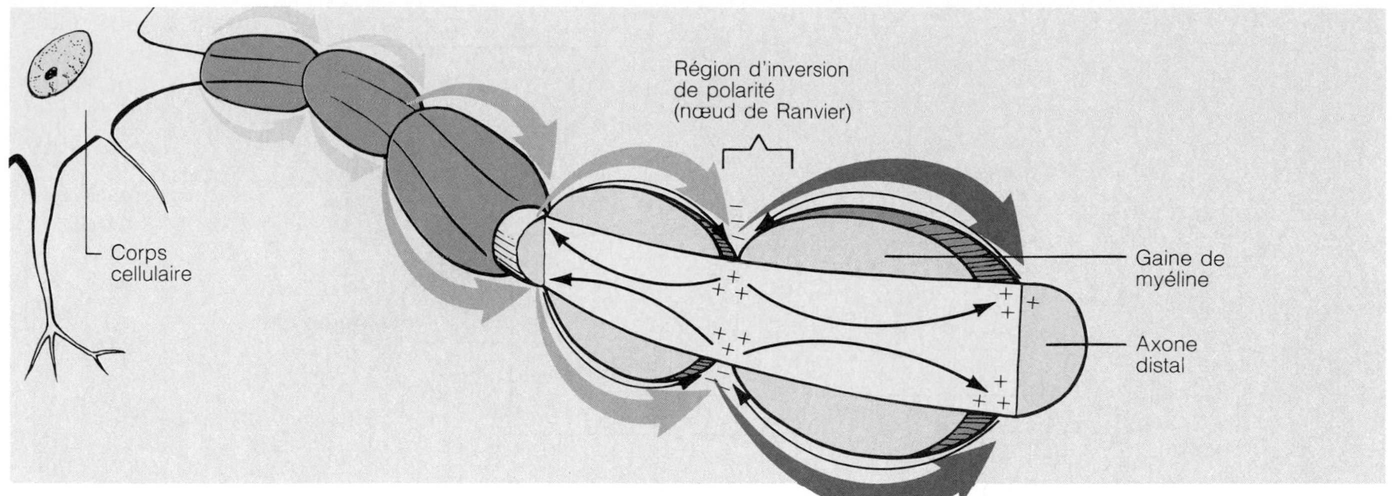

Figure 11.15 Conduction saltatoire dans un axone myélinisé. Dans les neurofibres myélinisées, les déplacements locaux des charges ioniques (les minces flèches noires dans l'axone en coupe longitudinale et autour de la gaine de myéline) engendrent un potentiel d'action (flèches épaisses du rose pâle au rose foncé) qui saute d'un nœud à l'autre. Notez que le courant circule le long de l'axone d'un nœud à l'autre, tandis que les potentiels d'action sont produits uniquement au niveau des nœuds.

régions adjacentes (non excitables) de la membrane: elle est obligée de se déplacer vers le nœud suivant, 1 mm plus loin environ, où elle déclenche un autre potentiel d'action. Les potentiels d'action ne peuvent donc être déclenchés qu'aux nœuds de Ranvier. Ce type de propagation est appelé **conduction saltatoire** (*saltare* = sauter), car le signal électrique semble sauter d'un nœud à l'autre le long de l'axone (figure 11.5). La conduction saltatoire est beaucoup plus rapide que la propagation continue d'une dépolarisation le long des membranes amyélinisées.

L'importance de la myéline dans la transmission nerveuse se manifeste avec une douloureuse éloquence chez les personnes atteintes de maladies démyélinisantes comme la *sclérose en plaques.* Cette maladie survient le plus souvent chez de jeunes adultes. Les symptômes courants peuvent être des troubles de la vision (incluant la cécité), une perte de la maîtrise musculaire (faiblesse, maladresse) et l'incontinence urinaire. La sclérose en plaques est caractérisée par la disparition graduelle des gaines de myéline dans le SNC. Il en résulte une dérivation du courant telle que les nœuds successifs sont excités de plus en plus lentement et que la propagation de l'influx vient à cesser. En revanche, les axones eux-mêmes sont intacts et un nombre croissant de canaux sodiques apparaissent spontanément dans les axones démyélinisés. Ce phénomène explique peut-être les cycles si variables d'aggravation et de rémission (guérison temporaire) caractéristiques de cette maladie. ■

Selon leur diamètre, leur degré de myélinisation et la vitesse à laquelle elles propagent les influx, on dira que les neurofibres appartiennent au groupe A, au groupe B ou au groupe C. Les *neurofibres du groupe A* sont pour la plupart des neurofibres sensitives somatiques et des neurofibres motrices qui desservent la peau, les muscles squelettiques et les articulations; elles possèdent le plus grand diamètre et d'épaisses gaines de myéline, et propagent les influx à des vitesses qui varient de 15 à 130 m/s. Les groupes B et C comprennent les neurofibres motrices du système nerveux autonome, qui desservent les viscères, les neurofibres sensitives viscérales et les neurofibres sensitives somatiques, plus petites et qui transmettent les influx afférents provenant de la peau (comme les neurofibres nociceptives et tactiles). Les *neurofibres du groupe B* sont légèrement myélinisées et de diamètre intermédiaire; elles acheminent les influx à des vitesses pouvant varier de 3 à 15 m/s. Enfin, les *neurofibres du groupe C* sont amyélinisées et ont le plus petit diamètre; elles sont donc inaptes à la conduction saltatoire et propagent les influx très lentement, soit à 1 m/s ou moins.

Un bon nombre de facteurs chimiques et physiques peuvent entraver la propagation des influx. Suivant des mécanismes d'action différents, l'alcool, les sédatifs et les anesthésiques bloquent les influx nerveux en réduisant la perméabilité de la membrane aux ions sodium. Comme nous l'avons déjà mentionné, il ne peut y avoir de potentiel d'action sans que les ions sodium diffusent par les canaux ioniques de la membrane plasmique.

Le froid et la pression continue interrompent la circulation sanguine (et, de ce fait, l'apport d'oxygène et de nutriments) vers les prolongements neuronaux, ce qui réduit leur capacité de propagation. Par exemple, vos doigts s'engourdissent quand vous tenez un glaçon plus de quelques secondes. De même, votre pied s'engourdit si vous vous asseyez dessus. Quand vous retirez la pression, la transmission des influx se rétablit et vous éprouvez une désagréable sensation de picotement. ■

Synapse

Le fonctionnement du système nerveux repose sur la circulation de l'information dans des réseaux compliqués constitués de chaînes de neurones reliés par des synapses. Une **synapse** (*sunapsis* = liaison, point de jonction) permet le transfert de l'information d'un neurone à un autre ou d'un neurone à une cellule effectrice.

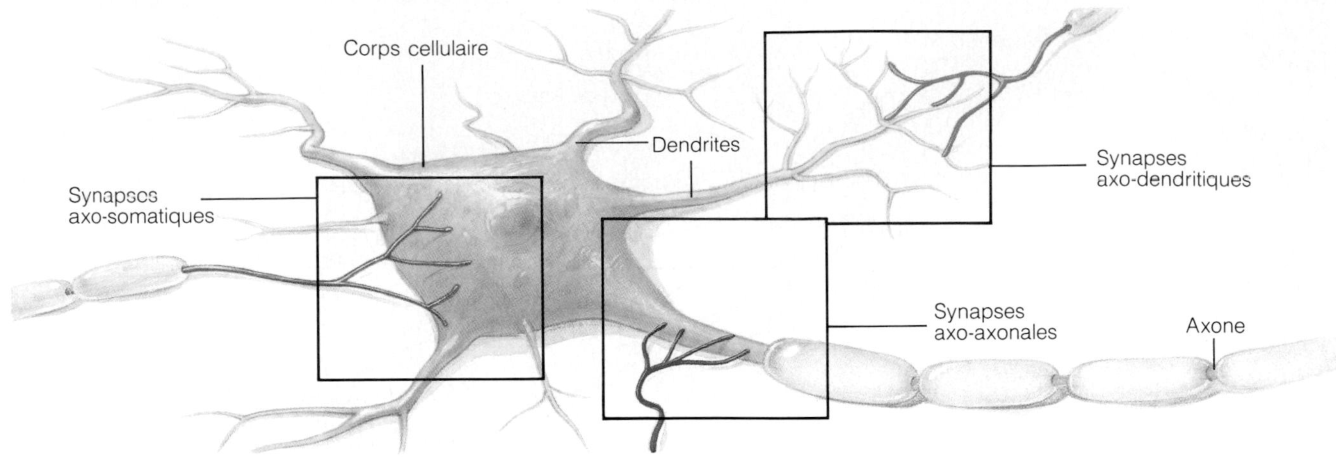

Figure 11.16 Différents types de synapses chimiques. Synapses axo-dendritiques, axo-somatiques et axo-axonales. Les terminaisons axonales des neurones présynaptiques apparaissent en différentes couleurs dans les diverses synapses.

La plupart des synapses sont situées entre les terminaisons axonales d'un neurone et les dendrites ou les corps cellulaires d'autres neurones ; on les appelle **synapses axo-dendritiques** et **synapses axo-somatiques**, respectivement. Les synapses localisées entre les axones (*axo-axonales*), entre les dendrites (*dendro-dendritiques*) ou entre les dendrites et les corps cellulaires (*dendro-somatiques*) sont moins nombreuses ; leur rôle est également bien moins compris. La figure 11.16 vous montre quelques-unes de ces synapses.

Le **neurone présynaptique** envoie les influx vers la synapse et émet de l'information. Le **neurone postsynaptique** transmet l'activité électrique par-delà la synapse et reçoit de l'information. La plupart des neurones (y compris les interneurones) sont à la fois présynaptiques et postsynaptiques, en ce sens qu'ils reçoivent de l'information de certains neurones et qu'ils en envoient vers d'autres neurones. Un neurone typique est doté de 1000 à 10 000 terminaisons axonales qui forment des synapses, et il est stimulé par un nombre équivalent de neurones. La cellule postsynaptique située dans la périphérie du corps peut être soit un autre neurone, soit une *cellule effectrice* (musculaire ou glandulaire). Les synapses qui mettent en contact des neurones et des cellules musculaires sont appelées *synapses neuromusculaires* (comme nous l'avons vu au chapitre 9) ; les synapses qui relient des neurones et des cellules glandulaires sont des *synapses neuroglandulaires*.

Il existe deux types de synapses : les synapses électriques et les synapses chimiques. Nous allons maintenant décrire leurs principales propriétés structurales et fonctionnelles.

Synapses électriques

Les **synapses électriques** sont des *jonctions ouvertes* entre les membranes plasmiques de deux neurones adjacents (voir la figure 3.3c). Elles contiennent des canaux protéiques qui font communiquer le cytoplasme des neurones ; c'est par ces canaux que les ions peuvent passer directement d'un neurone à l'autre et modifier le potentiel membranaire afin de déclencher une dépolarisation. La transmission à travers ces synapses est très rapide. Selon la nature de la synapse, la communication peut être unidirectionnelle ou bidirectionnelle.

Les synapses électriques ont ceci de particulier qu'elles permettent de synchroniser l'activité de plusieurs neurones en interaction fonctionnelle. Chez l'adulte, des synapses électriques sont situées dans les aires de l'encéphale qui président à certains mouvements stéréotypés, tels que les tressautements normaux de l'œil. Les synapses électriques sont encore plus nombreuses dans le tissu nerveux embryonnaire où, au cours des premiers stades du développement neuronal, elles permettent l'échange de « signaux » grâce auxquels les neurones se relieront adéquatement. La plupart des synapses électriques sont remplacées par des synapses chimiques plus tard au cours du développement du système nerveux. Les synapses électriques sont cependant abondantes dans certains tissus non nerveux, comme le muscle cardiaque et les muscles lisses, où elles permettent des excitations séquentielles et rythmiques.

Synapses chimiques

Contrairement aux synapses électriques qui ont pour fonction de permettre la circulation des ions entre les neurones, les **synapses chimiques** ont pour fonction de libérer et de recevoir des **neurotransmetteurs** chimiques (ligands). Les neurotransmetteurs (que nous décrirons en détail un peu plus loin) ouvrent ou ferment les canaux ioniques qui influent sur la perméabilité de la membrane plasmique d'un neurone postsynaptique et, par conséquent, sur le déclenchement du potentiel membranaire.

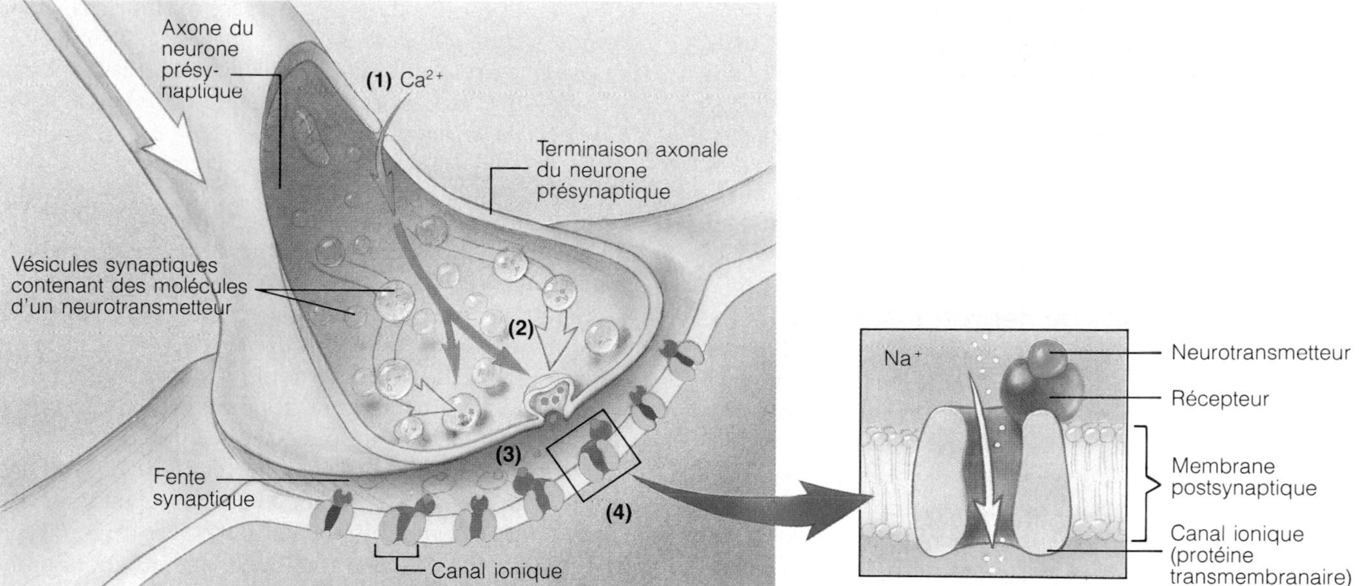

Figure 11.17 Phénomènes se produisant dans une synapse chimique en réponse à la dépolarisation de la terminaison axonale. (**1**) L'arrivée de l'influx nerveux entraîne la diffusion d'ions calcium (Ca^{2+}) dans le cytoplasme de la terminaison axonale. (**2**) Les ions calcium facilitent la fusion des vésicules synaptiques avec la membrane présynaptique ainsi que l'exocytose du neurotransmetteur. (**3**) Le neurotransmetteur diffuse à travers la fente synaptique et s'attache aux récepteurs de la membrane postsynaptique. (**4**) La liaison du neurotransmetteur entraîne l'ouverture des canaux ioniques, ce qui provoque des changements du voltage dans la membrane postsynaptique. (Les effets sont de courte durée, car le neurotransmetteur est rapidement détruit par des enzymes ou recapté dans la terminaison présynaptique.)

Une synapse chimique typique est composée de deux éléments: (1) l'extrémité d'une *terminaison axonale* d'un neurone présynaptique (transmetteur), qui porte un renflement appelé bouton synaptique, lequel renferme de nombreuses **vésicules synaptiques** en suspension dans le cytoplasme (ces petits sacs contiennent des milliers de molécules d'un neurotransmetteur); (2) une *région réceptrice* qui porte des récepteurs spécifiques pour ce neurotransmetteur, et qui est située sur la membrane d'une dendrite ou sur le corps cellulaire d'un neurone postsynaptique (figure 11.17). Les membranes présynaptique et postsynaptique sont proches l'une de l'autre, mais elles sont toujours séparées par la **fente synaptique**, un espace d'environ 20 à 30 nm de largeur rempli de liquide interstitiel. Comme le courant provenant de la membrane présynaptique se dissipe dans cette fente, les synapses chimiques empêchent la transmission *directe* de l'influx nerveux d'un neurone à un autre. La transmission des influx le long d'un axone est un phénomène purement électrique, tandis que la transmission des signaux à travers les synapses chimiques est un phénomène chimique. Ce dernier résulte tout à la fois de la libération, de la diffusion et de la liaison du neurotransmetteur à son récepteur spécifique. Il s'agit là d'une *communication unidirectionnelle*.

Transfert de l'information à travers les synapses chimiques. Lorsque l'influx nerveux atteint la terminaison axonale, il déclenche une suite d'événements qui aboutit à la libération d'un neurotransmetteur. Le neurotransmetteur traverse la fente synaptique et modifie la perméabilité de la membrane postsynaptique en se liant à ses récepteurs. La succession des événements semble être la suivante (figure 11.17).

1. **Les canaux du calcium s'ouvrent dans la terminaison axonale présynaptique.** Lorsque l'influx nerveux atteint la terminaison axonale, les canaux du calcium (canaux calciques) voltage-dépendants de la membrane axonale s'ouvrent momentanément pour laisser passer les ions calcium du liquide interstitiel à la terminaison axonale.

2. **Le neurotransmetteur est libéré par exocytose.** L'accroissement des niveaux intracellulaires de calcium ionique (Ca^{2+}) favorise la fusion des vésicules synaptiques avec la membrane axonale, de même que l'écoulement du neurotransmetteur dans la fente synaptique par exocytose. Le Ca^{2+} est ensuite rapidement retiré: il est absorbé par les mitochondries ou éjecté vers l'extérieur par la pompe à calcium.

3. **Le neurotransmetteur se lie aux récepteurs postsynaptiques.** Le neurotransmetteur diffuse à travers la fente synaptique et il se lie de manière réversible à des récepteurs protéiques spécifiques (portés par des canaux ioniques) qui sont regroupés sur la membrane postsynaptique.

4. **Les canaux ioniques de la membrane plasmique s'ouvrent.** Lorsque les molécules de neurotransmetteur se lient aux récepteurs des canaux ioniques ligand-dépendants, la forme des canaux change et ils s'ouvrent. La diffusion des ions sodium provoque en général un changement du potentiel membranaire qui suffit à déclencher la dépolarisation de la membrane plasmique du neurone postsynaptique: c'est un potentiel gradué. Il en résultera soit une excitation soit une inhibition du neurone

postsynaptique, selon le type de neurotransmetteurs libérés et de récepteurs protéiques auxquels ils se seront liés.

Chaque fois qu'un influx nerveux atteint la terminaison présynaptique, de nombreuses vésicules (environ 300) se vident dans la fente synaptique. Plus la fréquence des influx atteignant les terminaisons est élevée (plus le stimulus est intense), plus il y aura de vésicules synaptiques qui vont éjecter leur contenu, et plus l'effet sera marqué sur la cellule postsynaptique.

Cessation des effets du neurotransmetteur. La réversibilité est un des aspects importants de la liaison du neurotransmetteur. Tant qu'il demeure lié à un récepteur postsynaptique, le neurotransmetteur continue à produire des effets sur la perméabilité de la membrane et bloque la réception d'autres «messages» en provenance des neurones présynaptiques. Il faut donc qu'un processus de «nettoyage» agisse sur la membrane postsynaptique. Dans l'état des connaissances actuelles, on pense que les effets des neurotransmetteurs s'exercent pendant quelques millisecondes, après quoi, selon le type de neurotransmetteur, l'un des trois mécanismes suivants mettrait fin à son action.

1. La dégradation du neurotransmetteur par des enzymes associées à la membrane postsynaptique ou présentes dans la fente synaptique. (Tel est le cas pour l'acétylcholine.)
2. Le retrait du neurotransmetteur de la synapse par recaptage dans la terminaison présynaptique (où il est emmagasiné ou détruit par des enzymes), comme dans le cas de la noradrénaline.
3. La diffusion du neurotransmetteur vers l'extérieur de la fente synaptique.

Délai d'action synaptique. Bien que certains neurones puissent transmettre les influx nerveux à des vitesses approchant les 100 m/s, la transmission à travers une synapse chimique est relativement lente étant donné le temps requis pour la libération du neurotransmetteur, sa diffusion à travers la fente synaptique et sa liaison aux récepteurs. Le **délai d'action synaptique** va de 0,3 ms à 0,5 ms et constitue l'*étape limitante* (la plus lente) de la transmission neuronale. C'est à cause de ce délai d'action synaptique que la transmission se produit rapidement dans les voies composées de deux ou trois neurones seulement, tandis que la transmission s'effectue bien plus lentement dans les voies multisynaptiques qui caractérisent le fonctionnement mental supérieur. (Mais la vitesse de transmission est telle que ces différences ne sont pas perceptibles.)

Potentiels postsynaptiques et intégration synaptique

Selon leur effet sur le neurone postsynaptique, on divise les synapses chimiques en deux types, soit les synapses excitatrices et les synapses inhibitrices. Dans les deux types de synapses, la liaison du neurotransmetteur modifie localement le potentiel de la membrane postsynaptique (figure 11.18). Les *potentiels postsynaptiques excitateurs (PPSE)* sont produits dans les synapses excitatrices, et les *potentiels postsynaptiques inhibiteurs (PPSI)* sont émis dans les synapses inhibitrices. Le tableau 11.12 établit une comparaison entre les potentiels d'action et les deux types de potentiels postsynaptiques.

Synapses excitatrices et PPSE

La liaison du neurotransmetteur entraîne la dépolarisation de la membrane postsynaptique dans les synapses excitatrices. Les phénomènes qui s'y produisent diffèrent cependant sur bien des points de ceux qui surviennent sur les membranes axonales (qui déclenchent les potentiels d'action). Les canaux ioniques des membranes postsynaptiques (membranes des dendrites et des corps cellulaires des neurones) sont activés par la liaison d'un neurotransmetteur approprié ; autrement dit, ce sont des canaux *ligand-dépendants* et non voltage-dépendants. De plus, la liaison du neurotransmetteur ouvre un seul type de canal qui permet aux ions sodium et aux ions potassium

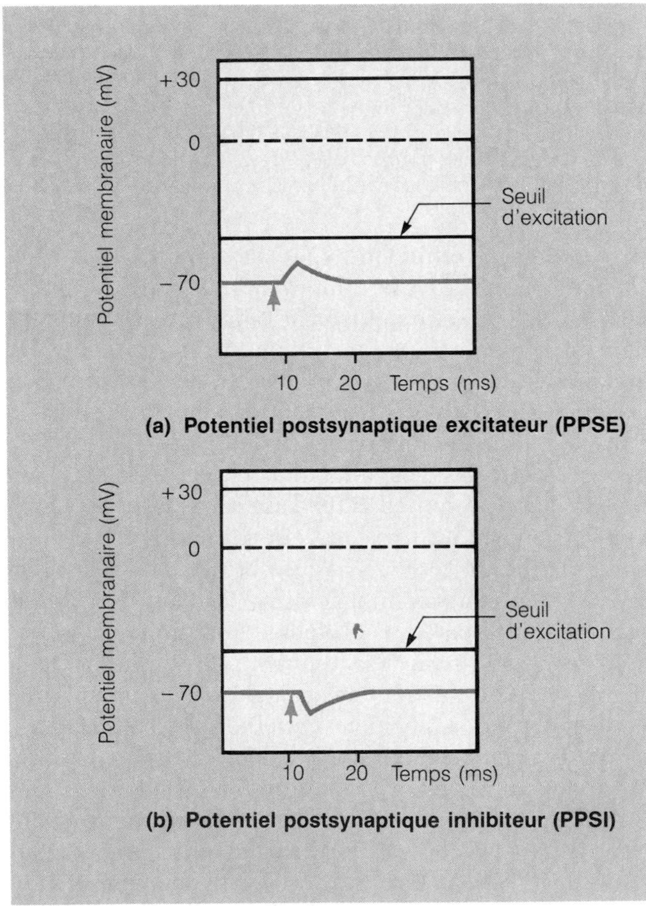

Figure 11.18 Potentiels postsynaptiques. (**a**) Un potentiel postsynaptique excitateur (PPSE) consiste en une dépolarisation locale (potentiel gradué) de la membrane postsynaptique qui rapproche le neurone du seuil d'excitation. Ce phénomène électrique est déclenché par la liaison du neurotransmetteur aux canaux ioniques, ce qui explique leur ouverture et la diffusion simultanée du sodium et du potassium à travers la membrane postsynaptique. (**b**) Un potentiel postsynaptique inhibiteur (PPSI) entraîne l'hyperpolarisation du neurone postsynaptique et éloigne le neurone du seuil d'excitation. Ce phénomène électrique est déclenché par la liaison du neurotransmetteur, qui ouvre les canaux du potassium, les canaux du chlorure ou ces deux types de canaux. La flèche verticale bleue représente la stimulation.

de diffuser *simultanément* à travers la membrane dans des directions opposées, au lieu d'ouvrir d'abord les canaux du sodium, puis les canaux du potassium. Bien que cela puisse sembler aller à l'encontre du processus de dépolarisation, rappelez-vous que le gradient électrochimique du sodium est supérieur à celui du potassium. La diffusion du Na^+ vers le cytoplasme est donc plus importante que la sortie du K^+ vers le liquide interstitiel, ce qui donne lieu à une dépolarisation de la membrane plasmique.

Si le neurotransmetteur se lie à un nombre suffisant de canaux ioniques, la dépolarisation de la membrane postsynaptique peut atteindre 0 mV, ce qui est bien au-dessus du seuil d'excitation d'un axone (environ − 50 mV). Mais il faut souligner que les *membranes postsynaptiques ne peuvent engendrer ni transmettre de potentiels d'action; seuls les axones ont cette capacité.* L'inversion de polarité radicale que l'on observe dans les axones ne survient jamais dans les membranes qui contiennent *seulement* des canaux ligand-dépendants, parce que les mouvements opposés du K^+ et du Na^+ empêchent l'accumulation de charges positives excédentaires à l'intérieur de la cellule. Par conséquent, au lieu de potentiels d'action, ce sont des phénomènes locaux de dépolarisation appelés **potentiels postsynaptiques excitateurs (PPSE)** qui se produisent au niveau des membranes postsynaptiques (voir la figure 11.18a). Les PPSE sont donc des potentiels gradués dont l'amplitude (la force) varie en fonction de la quantité de neurotransmetteur liée aux récepteurs des canaux ligand-dépendants. Chaque PPSE ne dure que quelques millisecondes, puis la membrane revient au potentiel de repos. Les flux de courant créés par chacun des PPSE diminuent avec la distance, mais ils peuvent se propager jusqu'à la zone gâchette de l'axone. Si ceux qui atteignent le cône d'implantation sont assez forts pour dépolariser l'axone jusqu'au seuil d'excitation, les canaux voltage-dépendants de la zone gâchette s'ouvriront et un potentiel d'action sera produit. La seule fonction des PPSE est de faciliter la production d'un potentiel d'action par la zone gâchette de l'axone du neurone postsynaptique.

Synapses inhibitrices et PPSI

La liaison du neurotransmetteur dans les synapses inhibitrices réduit la capacité d'un neurone postsynaptique d'engendrer un potentiel d'action. La plupart des neurotransmetteurs inhibiteurs entraînent une hyperpolarisation de la membrane postsynaptique en augmentant sa perméabilité aux ions potassium, aux ions chlorure ou aux deux. La perméabilité aux ions sodium n'est pas modifiée. Si les canaux du potassium sont ouverts, les ions potassium sortent de la cellule; si les canaux du chlorure sont ouverts, les ions chlorure entrent. Dans un cas comme dans l'autre, la charge de la face interne de la membrane devient relativement plus négative. À mesure que le potentiel membranaire s'accroît et s'écarte du seuil d'excitation de l'axone, le neurone postsynaptique devient moins susceptible de «faire feu», et il faudra des

Tableau 11.2 Comparaison du potentiel d'action et des potentiels postsynaptiques

Caractéristiques	Potentiel d'action	PPSE	PPSI
Fonction	Signal de longue portée; constitue l'influx nerveux	Signal de courte portée; dépolarisation qui s'étend jusqu'au cône d'implantation de l'axone (zone gâchette); *rapproche* le potentiel membranaire du seuil d'excitation	Signal de courte portée; hyperpolarisation qui s'étend jusqu'au cône d'implantation de l'axone; *éloigne* le potentiel membranaire du seuil d'excitation
Stimulus déclenchant l'ouverture des canaux ioniques	Voltage (dépolarisation)	Chimique (neurotransmetteur)	Chimique (neurotransmetteur)
Effet initial du stimulus	Ouverture des canaux du sodium, puis des canaux du potassium	Ouverture des canaux ligand-dépendants qui permettent la diffusion simultanée de sodium et de potassium	Ouvre les canaux du potassium ligand-dépendants, les canaux du chlorure ou ces deux types de canaux
Repolarisation	Voltage-dépendant; fermeture des canaux du sodium suivie de l'ouverture des canaux du potassium	Les modifications de la membrane se dissipent avec le temps et la distance	
Distance de propagation	N'est pas transmis par des courants locaux; continuellement régénéré (propagé) le long de l'axone tout entier; son intensité ne diminue pas avec la distance	De 1 à 2 mm; phénomènes électriques locaux; le voltage diminue avec la distance	
Cycle de Hodgkin (rétroactivation)	Présent	Absent	Absent
Potentiel membranaire maximal	De + 40 à + 50 mV	0 mV	Devient hyperpolarisé; approche de − 90 mV
Sommation	Aucune; obéit à la loi du tout ou rien	Présente; produit une dépolarisation graduée	Présente; produit une hyperpolarisation graduée
Période réfractaire	Présente	Absente	Absente

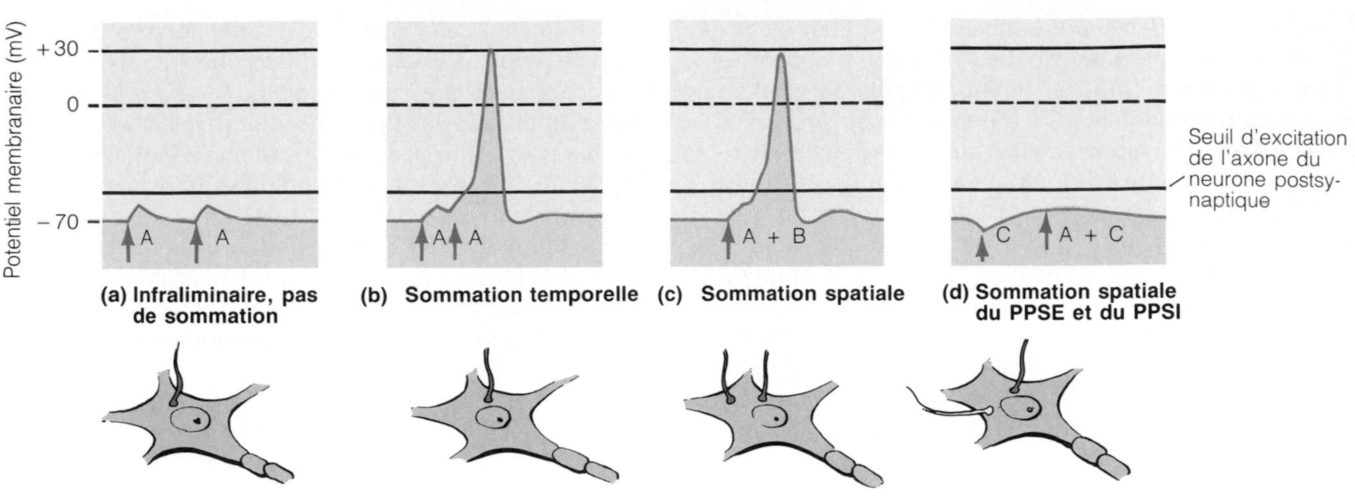

Figure 11.19 Intégration des PPSE et des PPSI au niveau de la membrane axonale de la cellule postsynaptique. Les synapses A et B sont excitatrices; la synapse C est inhibitrice. Chaque influx est en lui-même infraliminaire. (**a**) La synapse A est stimulée une première fois, puis stimulée brièvement à nouveau. Les deux PPSE ne se chevauchent pas dans le temps, c'est ce qui explique qu'il n'y a pas sommation de ces deux potentiels; le seuil d'excitation n'est pas atteint dans l'axone du neurone postsynaptique. (**b**) La synapse A est stimulée une deuxième fois avant que le PPSE initial ne s'éteigne; la *sommation temporelle* se produit, le seuil d'excitation de l'axone est atteint, ce qui entraîne la production d'un potentiel d'action. (**c**) Les synapses A et B sont stimulées simultanément (*sommation spatiale*), ce qui cause une dépolarisation liminaire. (**d**) La synapse C est stimulée, ce qui cause un PPSI de courte durée (hyperpolarisation). Lorsque A et C sont stimulées simultanément, les changements de potentiel s'annulent.

PPSE plus importants pour créer un potentiel d'action. Ces changements de potentiel sont appelés **potentiels postsynaptiques inhibiteurs (PPSI)** (voir la figure 11.18b).

Intégration et modification des phénomènes synaptiques

Sommation par le neurone postsynaptique. Un seul PPSE ne peut produire un potentiel d'action dans le neurone postsynaptique. Mais si des milliers de terminaisons axonales excitatrices déclenchent un potentiel d'action sur la même membrane postsynaptique, ou si un plus petit nombre de terminaisons fournissent des influx très rapidement, la probabilité d'atteindre la dépolarisation liminaire s'accroît considérablement. Par conséquent, les PPSE peuvent s'additionner sur les dendrites d'un corps cellulaire pour influer sur l'activité d'un neurone postsynaptique. En fait, les influx nerveux ne seraient jamais engendrés sans cette **sommation** (somme des dépolarisations postsynaptiques).

Deux types de sommation sont possibles: la sommation temporelle et la sommation spatiale. Dans un premier temps, nous allons expliquer ces événements en fonction des PPSE. La **sommation temporelle** se produit lorsqu'un bouton au moins d'un neurone présynaptique transmet plusieurs influx nerveux consécutifs (figure 11.19b) et que la libération du neurotransmetteur s'effectue par vagues successives et rapprochées. Le premier influx produit un léger PPSE sur la membrane plasmique du neurone postsynaptique et, avant qu'il ne se dissipe, des influx successifs déclenchent d'autres PPSE. Ces PPSE s'additionnent et entraînent une dépolarisation de la membrane postsynaptique bien plus importante que celle qui résulterait d'un seul PPSE.

La **sommation spatiale** se produit lorsque le neurone postsynaptique est stimulé en même temps par un grand nombre de boutons synaptiques appartenant au même neurone ou, généralement, à plusieurs neurones différents. Un très grand nombre de récepteurs peuvent alors se lier au neurotransmetteur et déclencher simultanément des PPSE; ces derniers s'additionnent, entraînant ainsi la dépolarisation de la membrane plasmique du corps cellulaire et éventuellement un potentiel d'action au niveau de l'axone (figure 11.19c).

Nous avons accordé une attention particulière à la sommation des PPSE, mais il faut noter que les effets des PPSI peuvent également s'additionner, de manière temporelle aussi bien que spatiale. Il existe alors un plus haut degré d'inhibition du neurone postsynaptique et une plus faible probabilité de dépolarisation et de déclenchement d'un potentiel d'action.

La plupart des neurones reçoivent des messages excitateurs et des messages inhibiteurs de milliers de neurones. Comment ces informations contradictoires sont-elles interprétées par le neurone postsynaptique? Le cône d'implantation de l'axone de chaque neurone semble posséder un «registre» spécifique pour les PPSE et les PPSI qu'il reçoit (figure 11.19d). Non seulement les PPSE et les PPSI s'additionnent-ils séparément, mais les deux groupes s'additionnent également entre eux. Si les effets stimulateurs des PPSE dominent suffisamment pour que le potentiel membranaire atteigne le seuil d'excitation, le cône d'implantation déclenche un potentiel d'action. Si, en revanche, le processus de sommation n'entraîne qu'une dépolarisation infraliminaire ou une hyperpolarisation, l'axone n'engendre pas de potentiel d'action. Cependant, les neurones partiellement dépolarisés profitent d'une **facilitation**, c'est-à-dire qu'ils sont plus

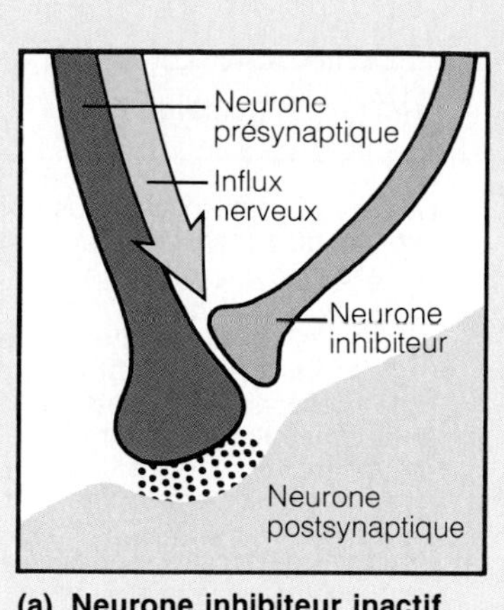

(a) Neurone inhibiteur inactif

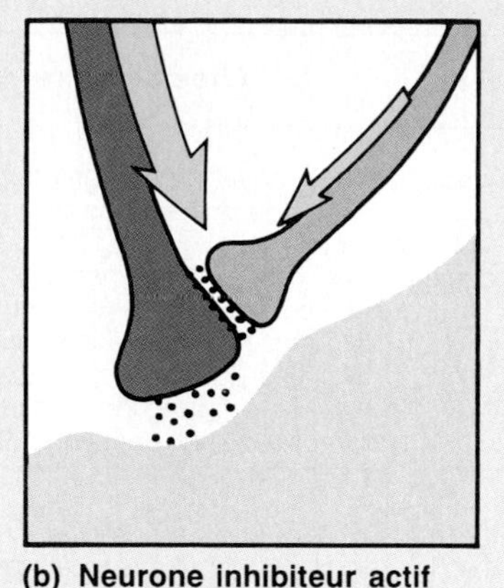

(b) Neurone inhibiteur actif

Figure 11.20 Inhibition présynaptique. L'inhibition présynaptique est imputable à des neurones inhibiteurs qui forment des synapses axo-axonales avec les terminaisons présynaptiques des synapses excitatrices. (**a**) Lorsque le neurone inhibiteur est inactif, il n'a aucun effet sur la libération du neurotransmetteur par le neurone présynaptique. (**b**) Lorsque l'axone inhibiteur libère son neurotransmetteur, la terminaison axonale présynaptique libère une moins grande quantité de neurotransmetteur (nombre d'éléments noirs dans la fente synaptique).

facilement excités par des dépolarisations successives, parce qu'ils sont déjà rapprochés du seuil d'excitation. La membrane du cône d'implantation de l'axone joue ainsi le rôle d'un *intégrateur neuronal*: son potentiel reflète en tout temps la somme de toutes les informations neuronales qui arrivent au neurone postsynaptique. Puisque les PPSE et les PPSI sont des potentiels gradués qui faiblissent à mesure qu'ils se propagent, les synapses les plus efficaces sont celles qui sont situées le plus près du cône d'implantation de l'axone. Les synapses situées sur les dendrites distales ont bien moins d'influence sur l'axone que n'en ont les synapses localisées sur le corps cellulaire du neurone postsynaptique.

Potentialisation synaptique. L'utilisation répétée ou continue d'une synapse (même pour de courtes périodes) accroît considérablement la capacité du neurone présynaptique d'exciter le neurone postsynaptique. Cela produit des potentiels postsynaptiques bien plus grands que le stimulus ne l'aurait laissé présager: c'est ce qu'on appelle la **potentialisation synaptique.** Les terminaisons présynaptiques d'une telle synapse contiennent de plus fortes concentrations d'ions calcium; on pense que ces ions déclenchent la libération d'une plus grande quantité de neurotransmetteur, lequel produit à son tour de plus grands PPSE. En outre, la potentialisation synaptique accroît également la concentration de calcium dans le neurone postsynaptique. Une brève stimulation à haute fréquence active les canaux voltage-dépendants du NMDA, appelés *canaux du NMDA (N-méthyle-D-aspartate)*; ces canaux sont situés sur la membrane postsynaptique, et ils jouent le rôle de canaux du calcium. Théoriquement, à mesure que le calcium entre dans la cellule, il active certaines enzymes qui entraînent une réorganisation des protéines membranaires et, par conséquent, des réponses plus efficaces aux stimulus ultérieurs.

Quand cette amélioration se produit *pendant* une stimulation répétée (tétanique), elle est appelée *potentialisation tétanique.* Une fois établie et lorsqu'elle persiste pendant des périodes variables *après la cessation du stimulus,* elle est appelée *potentialisation à long terme.* Sur le plan fonctionnel, on peut considérer la potentialisation à long terme comme un processus d'apprentissage qui accroît l'efficacité de la neurotransmission le long d'une voie. Par exemple, l'hippocampe, qui joue un rôle important dans la mémorisation d'informations ainsi que dans les processus reliés à l'apprentissage (voir les pages 491-492), présente des potentialisations à long terme de plusieurs semaines.

Inhibition présynaptique et neuromodulation. L'activité postsynaptique peut également subir l'effet de phénomènes survenant dans la membrane présynaptique, notamment l'inhibition présynaptique et la neuromodulation. Il y a **inhibition présynaptique** lorsque, par l'entremise d'une synapse axo-axonale, un neurone inhibe la libération d'un neurotransmetteur excitateur par un autre neurone (figure 11.20). Dans ces conditions, la sécrétion du neurotransmetteur est moins importante et seule une faible quantité de ses molécules se fixe aux récepteurs des canaux ioniques, d'où la production d'un PPSE infraliminaire. (Notez qu'il s'agit là de l'inverse du phénomène observé dans la potentialisation synaptique.) L'inhibition présynaptique s'apparente à un «élagage» synaptique fonctionnel: elle réduit la stimulation excitatrice du neurone postsynaptique, au contraire de l'inhibition postsynaptique par les PPSI qui, elle, diminue l'excitabilité du neurone postsynaptique.

Il y a **neuromodulation** lorsque des substances chimiques autres que des neurotransmetteurs modifient l'activité neuronale. Certains *neuromodulateurs* influent sur la synthèse, la libération, la dégradation ou le recaptage du neurotransmetteur par un neurone présynaptique. D'autres influent sur la sensibilité de la membrane postsynaptique au neurotransmetteur. De nombreux neuromodulateurs sont en fait des hormones qui agissent relativement loin de leur site de libération.

Neurotransmetteurs

Avec les signaux électriques, les neurotransmetteurs constituent le langage du système nerveux, qui permet à chaque neurone de communiquer avec les autres afin de traiter l'information et d'envoyer des messages dans le reste de l'organisme. Les neurotransmetteurs règlent un grand nombre d'activités et d'états: le sommeil, la

Tableau 11.3 Neurotransmetteurs

Neurotransmetteurs	Classes fonctionnelles	Sites de sécrétion	Remarques
Acétylcholine $H_3C—\overset{\overset{O}{\parallel}}{C}—O—CH_2—CH_2—\overset{+}{N}—(CH_3)_3$	Excitatrice pour les muscles squelettiques; excitatrice ou inhibitrice pour les effecteurs viscéraux, selon le récepteur auquel elle se lie. Effets ionotropes	SNC: noyaux gris centraux et certains neurones du cortex moteur de l'encéphale SNP: toutes les synapses neuromusculaires avec les muscles squelettiques; certaines terminaisons motrices autonomes (toutes les neurofibres préganglionnaires et postganglionnaires parasympathiques)	Les gaz neurotoxiques et les insecticides organophosphorés prolongent ses effets; la toxine botulinique inhibe sa libération; le curare et certains venins de serpent inhibent sa liaison aux récepteurs; diminution de concentration dans certaines aires cérébrales dans la maladie d'Alzheimer
Amines biogènes			
Noradrénaline 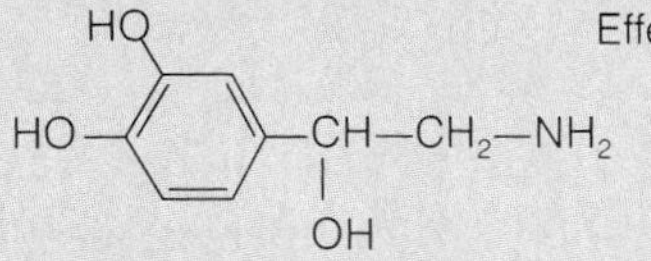 HO HO—(cycle)—$CH—CH_2—NH_2$ OH	Excitatrice ou inhibitrice, selon le type de récepteur Effets métabotropes	SNC: tronc cérébral, en particulier la formation réticulée; système limbique; certaines aires du cortex cérébral SNP: certains neurones moteurs autonomes (terminaisons postganglionnaires sympathiques)	Procure une sensation de bien-être; les amphétamines favorisent sa libération; la cocaïne empêche son retrait de la synapse
Dopamine 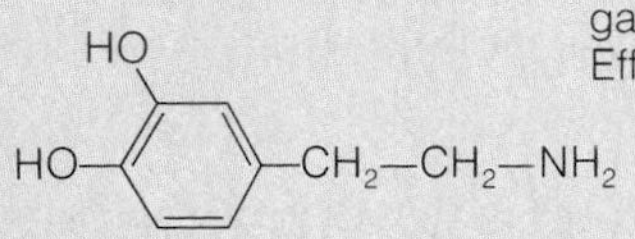 HO HO—(cycle)—$CH_2—CH_2—NH_2$	Excitatrice en général; peut être inhibitrice dans les ganglions sympathiques Effets métabotropes	SNC: substance noire du mésencéphale; hypothalamus; principal neurotransmetteur de la voie motrice secondaire SNP: certains ganglions sympathiques	Procure une sensation de bien-être; la L-Dopa et les amphétamines favorisent sa libération; la cocaïne bloque son recaptage; insuffisante dans la maladie de Parkinson; pourrait intervenir dans la pathogenèse de la schizophrénie
Sérotonine 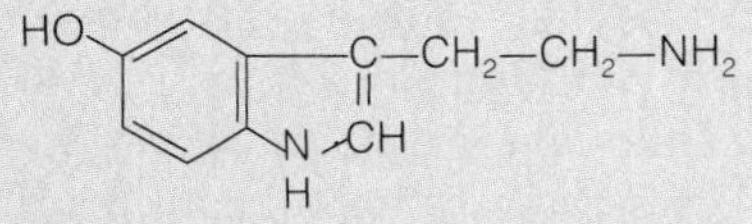 HO—(cycle)—$C—CH_2—CH_2—NH_2$ N—CH (N—H)	Inhibitrice en général Effets métabotropes	SNC: tronc cérébral; hypothalamus; système limbique; cervelet; corps pinéal; moelle épinière	Le LSD bloque son activité; pourrait intervenir dans le sommeil et la régulation de l'humeur
Histamine 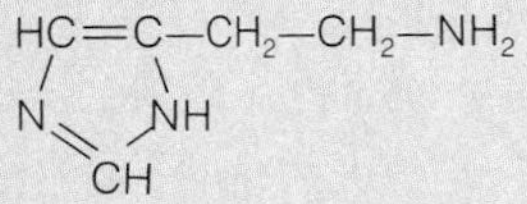 $HC{=}C—CH_2—CH_2—NH_2$ N — NH CH	Effets métabotropes	SNC: hypothalamus	Également libérée par les mastocytes au cours d'une inflammation; agit comme un puissant vasodilatateur

faim, la mémoire, la mobilité, la colère ou la joie découlent du fonctionnement de ces molécules de communication. De la même façon que les troubles de la parole peuvent nuire à la communication interpersonnelle, toute entrave à l'activité des neurotransmetteurs peut court-circuiter les «conversations» de l'encéphale ou son monologue intérieur (voir l'encadré de la page 369).

On connaît actuellement plus de 100 substances qui sont ou pourraient être des neurotransmetteurs. Une substance chimique doit présenter certaines caractéristiques pour faire partie des neurotransmetteurs. Voici les plus importantes:

1. La substance doit être présente dans la terminaison présynaptique. Certains neurotransmetteurs sont synthétisés dans la terminaison où ils sont enfermés à l'intérieur de vésicules. D'autres sont formés dans le corps cellulaire et acheminés à l'intérieur de vésicules vers les terminaisons axonales.
2. La substance doit produire des flux d'ions (ainsi que des PPSE ou des PPSI) lorsqu'elle est appliquée expérimentalement sur la membrane postsynaptique.
3. Il doit exister un processus naturel qui retire la substance de la synapse (nous avons déjà abordé cette question à la page 362).

Bien que la plupart des neurones produisent et libèrent un seul neurotransmetteur, certains neurones en produisent deux, trois ou plus, qu'ils peuvent libérer séparément ou en même temps. Il est difficile de comprendre comment de multiples neurotransmetteurs (surtout s'ils sont libérés simultanément) peuvent interagir sans créer un fatras de messages inintelligibles. La question n'est pas encore résolue, mais il semble que la coexistence de quelques neurotransmetteurs dans un seul neurone permette à ce dernier d'exercer plusieurs effets plutôt qu'un seul. Nous ne traiterons ici que des effets des neurotransmetteurs libérés isolément.

On classe les neurotransmetteurs selon leur structure chimique et leur fonction. Le tableau 11.3 présente les principales caractéristiques des neurotransmetteurs, et nous allons en décrire quelques-uns ci-dessous. Vous pourrez vous référer à ce tableau lorsqu'il sera fait mention des neurotransmetteurs dans les chapitres ultérieurs.

Neurotransmetteurs	Classes fonctionnelles	Sites de sécrétion	Remarques
Acides aminés			
Acide gamma-aminobutyrique $H_2N—CH_2—CH_2—CH_2—COOH$	Inhibiteur en général Effets ionotropes	SNC: cellules de Purkinje du cervelet; moelle épinière	Rôle important dans l'inhibition présynaptique au niveau des synapses axo-axonales; les anxiolytiques de la classe des benzodiazépines (comme le Valium) augmentent ses effets inhibiteurs
Glycine $H_2N—CH_2—COOH$	Inhibitrice en général Effets ionotropes	SNC: moelle épinière; rétine	La strychnine l'inhibe
Glutamate $H_2N—CH(COOH)—CH_2—CH_2—COOH$	Excitateur en général Effets ionotropes	SNC: moelle épinière; abondant dans l'encéphale	«Neurotransmetteur de l'accident vasculaire cérébral» (voir à la page 406)
Peptides			
Endorphines, enképhalines (exemple représenté) Tyr-Gly-Gly-Phe-Met	Inhibitrices en général Effets métabotropes	SNC: très abondantes dans l'encéphale; hypothalamus; système limbique; hypophyse; moelle épinière	Réduisent la douleur en inhibant la substance P; la morphine, l'héroïne et la méthadone ont des effets similaires
Substance P Arg-Pro-Lys-Pro-Gln-Gln-Phe-Phe-Gly-Leu-Met	Excitatrice Effets métabotropes	SNC: noyaux gris centraux; mésencéphale; hypothalamus; cortex cérébral SNP: certains neurones sensitifs des ganglions de la racine postérieure de la moelle épinière (afférents nociceptifs)	Neurotransmetteur utilisé dans la transmission nociceptive
Somatostatine Ala-Gly-Cys-Lys-Asn-Phe-Phe-Trp-Lys-Thr-Phe-Thr-Ser-Cys (Cys–Cys)	Inhibitrice en général Effets métabotropes	SNC: hypothalamus; rétine et d'autres parties du cerveau Pancréas	Inhibe la libération de l'hormone de croissance par l'hypophyse; dans le système digestif
Cholécystokinine Asp-Tyr(SO_4)-Met-Gly-Trp-Met-Asp-Phe	Neurotransmetteur possible	Cortex cérébral Intestin grêle	Son action sur le cerveau pourrait être associée aux comportements alimentaires; dans le système digestif

Classification des neurotransmetteurs selon leur structure chimique

La structure moléculaire des neurotransmetteurs détermine leur appartenance à une des classes chimiques suivantes.

Acétylcholine (ACh). L'**acétylcholine** fut la première substance à être reconnue comme un neurotransmetteur. C'est encore aujourd'hui le mieux connu, car il est libéré dans les synapses neuromusculaires, dont l'étude est plus facile que celle des synapses enfouies dans le SNC. L'acétylcholine est synthétisée et englobée dans des vésicules synaptiques situées à l'intérieur des terminaisons axonales au cours d'une réaction catalysée par l'enzyme appelée *choline-acétyltransférase.* L'acide acétique se lie à la coenzyme A (CoA) et forme l'acétyl coenzyme A, laquelle se combine alors à la choline. La coenzyme A est ensuite libérée.

$$\text{Acétyl CoA} + \text{choline} \xrightarrow{\text{choline-acétyltransférase}} \text{ACh} + \text{CoA}$$

Après sa libération et sa liaison aux récepteurs postsynaptiques, l'acétylcholine est dégradée en acide acétique et en choline par une enzyme appelée *acétylcholinestérase (AChE)* dans la fente synaptique et sur les membranes postsynaptiques. La choline libérée est recaptée par les terminaisons présynaptiques et réutilisée dans la synthèse de nouvelles molécules d'acétylcholine.

Tous les neurones qui stimulent les muscles squelettiques libèrent de l'acétylcholine, de même que certains neurones du système nerveux autonome. C'est également le cas d'une grande partie des neurones du système nerveux central.

Amines biogènes. La sérotonine et l'histamine, de même que des **catécholamines** comme la dopamine, la noradrénaline et l'adrénaline, sont des neurotransmetteurs synthétisés à partir d'acides aminés, d'où leur nom d'**amines biogènes.** Comme le montre la figure 11.21, la *dopamine* et la *noradrénaline* sont synthétisées à partir de la tyrosine, un acide aminé, au cours d'un même processus composé de plusieurs étapes. Il semble que les neurones ne contiennent que les enzymes régissant les étapes requises pour la production de leur propre neurotransmetteur. Ainsi, le processus de synthèse s'arrête à l'étape de la dopamine dans les neurones qui libèrent de la dopamine mais se poursuit jusqu'à l'étape de la noradrénaline dans les neurones qui produisent ce

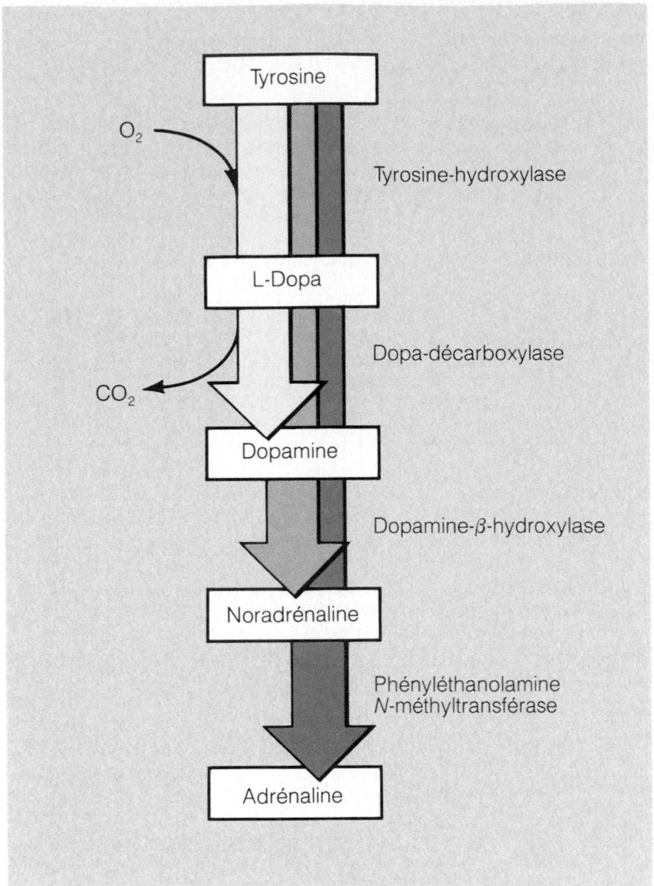

Figure 11.21 Processus de synthèse commun à la dopamine, à la noradrénaline et à l'adrénaline. La synthèse se poursuit plus ou moins loin en fonction des enzymes présentes dans la cellule. La production de dopamine et de noradrénaline se fait dans les terminaisons axonales des neurones qui libèrent ces neurotransmetteurs. L'adrénaline, une hormone, est libérée (de même que la noradrénaline) par les cellules de la médullosurrénale.

neurotransmetteur. Les cellules de la médullosurrénale qui libèrent de l'adrénaline suivent le même processus. Mais dans ce cas, l'adrénaline est libérée dans la circulation sanguine, et on la considère comme une hormone plutôt que comme un neurotransmetteur. La *sérotonine* est synthétisée à partir de l'acide aminé appelé tryptophane; l'*histamine* est synthétisée à partir de l'acide aminé appelé histidine.

On trouve de nombreuses amines biogènes dans l'encéphale où elles semblent intervenir dans le comportement émotionnel et dans la régulation de l'horloge biologique. Par ailleurs, les catécholamines (la noradrénaline en particulier) sont libérées par certains neurones moteurs du système nerveux autonome.

Acides aminés. Il est très difficile de prouver qu'un **acide aminé** est un neurotransmetteur. L'acétylcholine et les amines biogènes ne se retrouvent que dans les neurones et les glandes surrénales (dans le cas de la noradrénaline et de l'adrénaline). Par contre, les acides aminés sont présents dans toutes les cellules de l'organisme, et ils participent à de nombreuses réactions biochimiques autres que la synthèse de neurotransmetteurs. L'*acide gamma-aminobutyrique* (GABA), la *glycine* et le *glutamate* sont des acides aminés dont le rôle de neurotransmetteurs est attesté, mais il en existe probablement d'autres. Pour l'instant, c'est seulement dans le SNC qu'on a pu vérifier la présence de ce type d'acides aminés.

Peptides. Les **neuropeptides** sont constitués essentiellement de chaînes d'acides aminés et comprennent un large éventail de molécules dont les effets peuvent être très divers. Les *bêta-endorphines* et les *enképhalines*, par exemple, agissent comme des opiacés ou des euphorisants naturels en diminuant la perception de la douleur dans certaines conditions stressantes. L'activité de l'enképhaline s'accroît de manière significative pendant l'accouchement. La libération d'endorphines s'intensifie lorsqu'une athlète trouve son second souffle et c'est probablement ce phénomène qui explique la sensation d'euphorie qu'elle éprouve alors. Par ailleurs, certains spécialistes attribuent l'«effet placebo» à la libération d'endorphines.

Ces neurotransmetteurs analgésiques ont été découverts lorsque des équipes de recherche ont commencé à étudier le rôle de la morphine et d'autres opiacés dans la réduction de l'anxiété et de la douleur. On s'est alors rendu compte que les molécules de ces médicaments s'attachent aux mêmes récepteurs que les opiacés naturels, et que ces médicaments produisent des effets semblables mais plus intenses.

Certains peptides, notamment la somatostatine et la cholécystokinine, sont produits par les tissus nerveux, mais on les retrouve également en grande quantité dans le système digestif. Le neuropeptide appelé *substance P* est un important médiateur des messages nociceptifs.

Classification des neurotransmetteurs selon leur fonction

Il serait impossible de décrire ici la prodigieuse diversité des fonctions dans lesquelles les neurotransmetteurs interviennent. Nous nous en tiendrons donc à deux classifications fonctionnelles, et nous donnerons au besoin de plus amples détails dans les chapitres ultérieurs.

Neurotransmetteurs excitateurs et neurotransmetteurs inhibiteurs. Nous pouvons résumer cette première classification en disant que certains neurotransmetteurs sont excitateurs, que d'autres sont inhibiteurs et que d'autres encore sont les deux à la fois, en fonction des récepteurs avec lesquels ils interagissent. Par exemple, les acides aminés comme le GABA (l'acide gamma-aminobutyrique) et la glycine sont généralement inhibiteurs, tandis que le glutamate est du type excitateur. Par contre, l'acétylcholine et la noradrénaline se lient à au moins deux types de récepteurs qui ont des effets opposés. Ainsi, l'acétylcholine est excitatrice dans les synapses neuromusculaires des muscles squelettiques, mais elle est inhibitrice lorsqu'elle est libérée dans les synapses neuromusculaires du muscle cardiaque. Nous apporterons plus de détails sur les effets de l'acétylcholine et de la noradrénaline au chapitre 14.

GROS PLAN Neurotransmetteurs: feux rouges, feux verts

Les neurotransmetteurs sont des molécules qui relient les neurones sur le plan chimique. Ils produisent leurs effets tant sur le corps que sur l'esprit, par exemple sur le sommeil, la pensée, la colère, le mouvement et même le sourire. La plupart des facteurs qui exercent une action particulière sur la transmission synaptique agissent en favorisant ou en inhibant la libération ou la destruction des neurotransmetteurs, ou encore en bloquant leur liaison aux récepteurs. Bien entendu, tous ces facteurs sont de nature chimique et, en leur présence, le bien-être physique et émotionnel est toujours modifié. De nombreux «feux rouges» et «feux verts» chimiques régissent l'activité des neurotransmetteurs. Nous n'en présentons ici qu'un éventail représentatif.

Cette grenouille aux couleurs vives, *Dendrobates pumilio*, vit dans les forêts tropicales de l'Amérique centrale. Ses glandes cutanées sécrètent des alcaloïdes très neurotoxiques.

Médicaments

Toutes nos humeurs, de l'euphorie au désespoir, ont leur origine dans des quantités infinitésimales de neurotransmetteurs dont l'équilibre est extrêmement précaire. La noradrénaline et la dopamine sont les principaux neurotransmetteurs «euphorisants». Quand la concentration cérébrale de noradrénaline est trop faible, nous nous sentons déprimés. Cette découverte a été réalisée lorsqu'on a constaté que les personnes qui prenaient de la *réserpine,* un médicament antihypertenseur, souffraient de dépression grave, certaines au point de devenir suicidaires. Les examens ont alors révélé que cette dépression était due aux faibles concentrations de noradrénaline dans l'encéphale de ces patients.

La découverte des fondements électrochimiques de l'humeur a conduit à l'élaboration de nombreuses classes de *médicaments psychotropes* qui peuvent servir à modifier le comportement. Les *neuroleptiques* (Thorazine et autres) bloquent les récepteurs de la dopamine et réduisent ainsi ses effets excitants; ils sont administrés aux personnes atteintes de schizophrénie grave dans le but d'atténuer leur anxiété et leur agressivité. Mais l'utilisation prolongée de ces médicaments a des répercussions négatives. En effet, ils réduisent les concentrations de dopamine dans les aires de l'encéphale qui régissent les muscles squelettiques, ce qui entraîne des troubles moteurs.

Il semble que les *tranquillisants mineurs* comme le Valium et le Librium se lient aux récepteurs de l'acide gamma-aminobutyrique et accroissent ainsi ses effets inhibiteurs sur les voies neuronales qui interviennent dans l'anxiété. Les *antidépresseurs tricycliques* (Elavil et autres) empêchent le recaptage de la noradrénaline et de la sérotonine dans la fente synaptique, et ils prolongent et favorisent leurs effets euphorisants.

Par ailleurs, la plupart des *antihypertenseurs* administrés aujourd'hui agissent sur les structures du système nerveux périphérique de manière à abaisser la pression artérielle. Le propranolol, par exemple, se lie aux récepteurs de la noradrénaline et l'empêche ainsi de stimuler les muscles lisses des vaisseaux sanguins. Les *myorésolutifs* comme le curare bloquent les récepteurs de l'acétylcholine sur les muscles squelettiques. Ils servent à induire la paralysie respiratoire au cours d'une intervention chirurgicale.

Dans la catégorie des drogues illégales, le LSD est un *hallucinogène* qui se lie aux récepteurs de la sérotonine et empêche ainsi son effet inhibiteur sur certaines voies neuronales. Les *narcotiques* comme l'héroïne et la morphine produisent l'euphorie en se liant aux récepteurs naturels de l'enképhaline. Par ailleurs, les *amphétamines* et la *cocaïne* perturbent de manières diverses l'effet des neurotransmetteurs du «plaisir» que sont la noradrénaline, la dopamine et la sérotonine (voir l'encadré de la page 470, chapitre 14).

Toxines

La strychnine est un poison qui bloque les récepteurs de la glycine dans la moelle épinière. Comme la glycine est un inhibiteur des neurones moteurs, toute entrave à son activité cause des spasmes musculaires involontaires, des convulsions et un arrêt respiratoire. La toxine botulinique (élaborée par les bactéries du botulisme qui se développent dans les conserves mal stérilisées) entrave la libération de l'acétylcholine, ce qui provoque la paralysie des muscles puis l'arrêt de la respiration. Par ailleurs, de nombreuses espèces animales produisent des substances chimiques protectrices considérées comme des neurotoxines, qui nuisent à l'activité du système nerveux (voir la photo). Les gaz neurotoxiques et les insecticides organophosphorés (Malathion) font obstacle à l'activité de l'acétylcholinestérase. Ils provoquent ainsi des spasmes musculaires tétaniques et, par conséquent, une incapacité de l'appareil musculaire squelettique de fonctionner normalement en alternant la contraction et le relâchement des muscles.

Anticorps

Les auto-anticorps peuvent aussi causer de graves troubles musculaires. Dans la maladie appelée *myasthénie,* ils détruisent les récepteurs de l'acétylcholine des muscles squelettiques, ce qui empêche la contraction de ces muscles.

Aliments

La capsicine est un irritant chimique que l'on trouve dans les piments jalapenos et dans les piments rouges hongrois. Lorsque l'on mastique ces piments, les terminaisons nociceptives de la langue et de la bouche libèrent une quantité phénoménale de substance P. Il en résulte une sensation de brûlure intense (qui fait cependant les délices de certaines personnes).

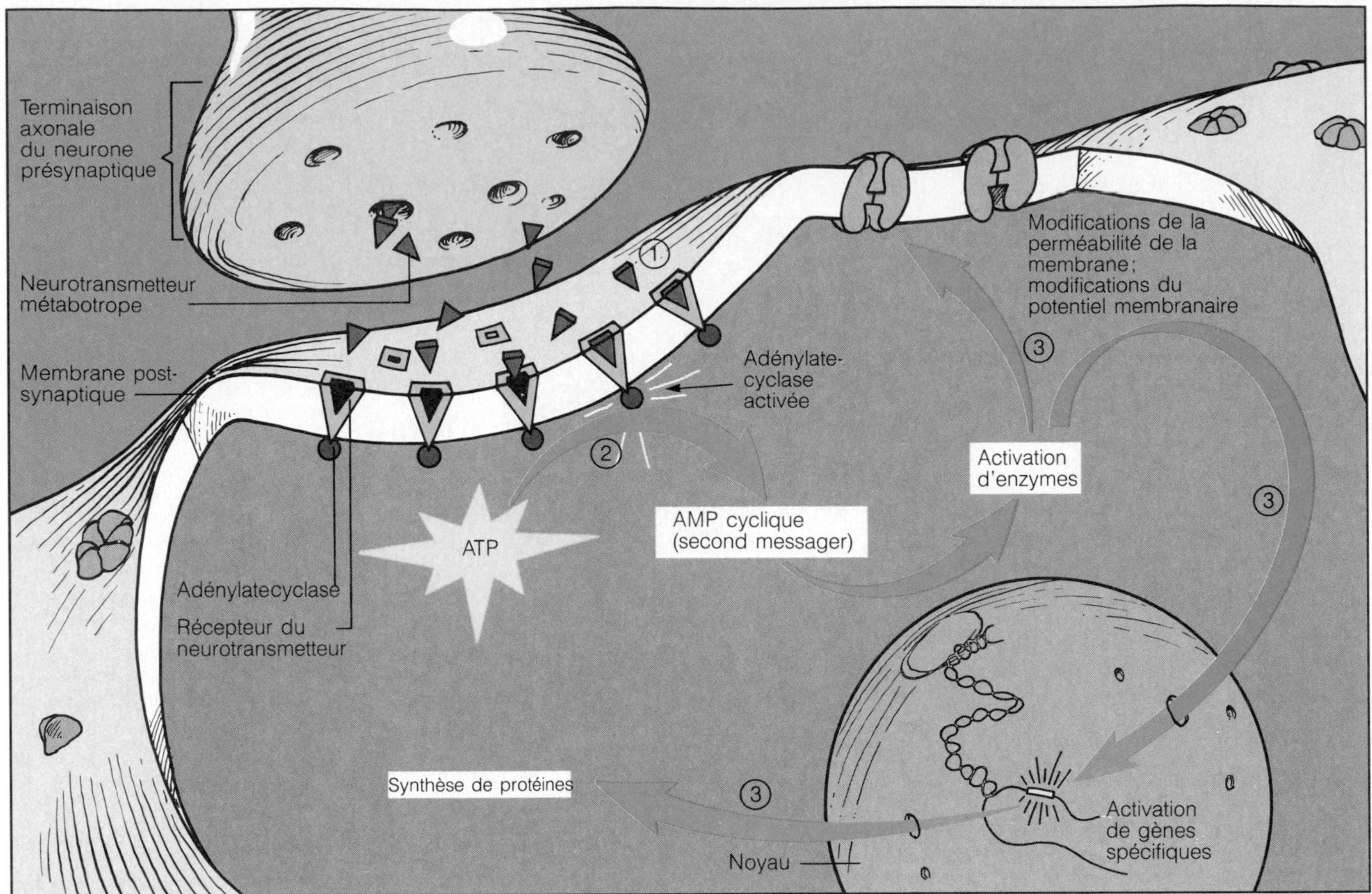

Figure 11.22 Mécanisme d'action d'un neurotransmetteur métabotrope. Dans l'exemple représenté ici, le neurotransmetteur entraîne la synthèse de l'AMP cyclique qui joue le rôle d'un second messager. (**1**) La liaison du neurotransmetteur métabotrope aux récepteurs active l'adénylatecyclase, enzyme liée à la membrane. (**2**) L'adénylatecyclase activée catalyse la formation d'AMP cyclique à partir de l'ATP. (**3**) L'AMP cyclique, qui joue le rôle d'un second messager intracellulaire, amorce ensuite les phénomènes qui conduisent à l'activation de diverses enzymes. Ces enzymes entraînent la réponse du neurone postsynaptique (modifications du potentiel membranaire, synthèse de protéines, etc.).

Neurotransmetteurs ionotropes et neurotransmetteurs métabotropes. Comme nous l'avons vu plus haut, les neurotransmetteurs qui ouvrent les canaux ioniques sont des neurotransmetteurs **ionotropes** (littéralement, «qui agit sur les canaux ioniques»). Ils provoquent des réponses rapides dans les cellules postsynaptiques en favorisant des modifications du potentiel membranaire. L'acétylcholine, l'adrénaline, la noradrénaline et le GABA sont des neurotransmetteurs ionotropes.

Les neurotransmetteurs **métabotropes** (littéralement, «qui agit sur le métabolisme cellulaire») suscitent des effets plus étendus et plus durables en agissant par l'intermédiaire de molécules intracellulaires appelées *seconds messagers*; en ce sens, leur mécanisme d'action est semblable à celui de plusieurs hormones. Lorsque le second messager est l'**AMP cyclique** (une molécule qui joue un rôle important dans la régulation du métabolisme), la liaison du neurotransmetteur au récepteur active l'*adénylatecyclase,* une enzyme qui catalyse la conversion de l'ATP en AMP cyclique (figure 11.22). Au cours de cette opération, les deux groupes phosphate terminaux de l'ATP sont éliminés, et les atomes du phosphate restant forment un anneau (d'où le terme *cyclique*). L'AMP cyclique peut à son tour déclencher un éventail d'effets intracellulaires (réactions chimiques) en activant diverses enzymes. Certaines de ces enzymes modifient les protéines membranaires et par le fait même la perméabilité de la membrane, ce qui produit indirectement des effets ionotropes. D'autres interagissent avec des protéines nucléaires qui activent des gènes et provoquent la synthèse de nouvelles protéines dans la cellule cible. Les amines biogènes et les peptides sont des exemples de neurotransmetteurs métabotropes.

Intégration nerveuse: concepts fondamentaux

Nous nous sommes penchés jusqu'à maintenant sur les activités des neurones pris individuellement ou reliés à un autre neurone par des synapses. Or les neurones fonctionnent en groupes, et chacun de ces groupes contribue à des fonctions encore plus complexes. On voit donc que l'organisation du système nerveux est de type hiérarchique, un peu comme une échelle dont il faut gravir les échelons un à un.

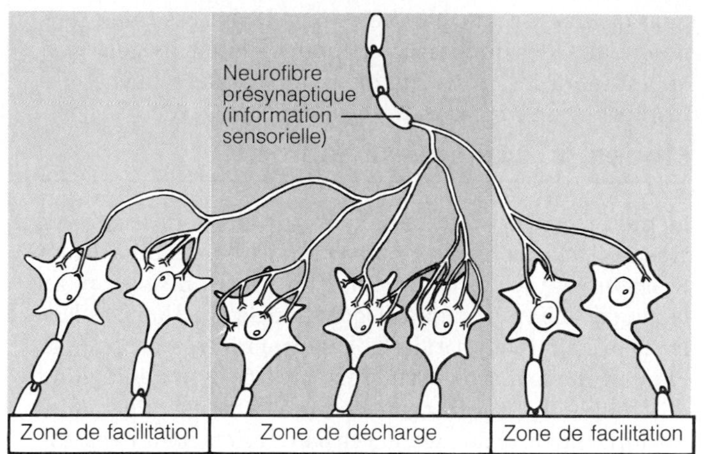

Figure 11.23 Un groupe de neurones. Cette schématisation d'un groupe de neurones montre sept neurones et la situation relative des neurones postsynaptiques dans les zones facilitées et la zone de décharge. Notez que la neurofibre présynaptique forme plus de synapses par neurone dans la zone de décharge que dans les zones de facilitation.

Chaque fois qu'un grand nombre d'éléments sont réunis (et ceci est valable pour les êtres humains), il doit y avoir *intégration*. Autrement dit, les parties doivent se fondre en un tout au fonctionnement harmonieux. Nous allons commencer l'étude de l'**intégration nerveuse** dans cette section. Pour le moment, nous en resterons au premier échelon en présentant les *groupes de neurones* et leurs modes fondamentaux de communication avec les autres parties du système nerveux. Nous poursuivrons notre ascension au chapitre 15; nous verrons alors comment les informations sensorielles aboutissent à l'activité motrice, et nous monterons jusqu'aux échelons supérieurs de l'intégration nerveuse, soit la pensée, la mémoire et le langage.

Organisation des neurones: groupes de neurones

Les milliards de neurones du système nerveux central sont répartis en **groupes de neurones** qui traitent l'information en provenance des récepteurs ou d'autres groupes de neurones, l'intègrent, puis acheminent des commandes motrices vers les effecteurs musculaires et glandulaires.

La figure 11.23 vous montre la composition d'un groupe de neurones. Dans cet exemple, une neurofibre présynaptique se ramifie à son entrée dans le groupe, puis elle forme des synapses. Quand la neurofibre entrante est excitée, elle transmet son influx à des neurones postsynaptiques et facilite la dépolarisation d'autres neurones. Les neurones les plus étroitement liés à la neurofibre entrante sont les plus susceptibles d'engendrer des influx nerveux, car c'est à leur niveau que se fait l'essentiel des contacts synaptiques. On dit que ces neurones sont dans la **zone de décharge** du groupe de neurones. En général, la neurofibre entrante ne conduit pas les neurones plus éloignés de la zone de décharge jusqu'au seuil d'excitation, mais elle facilite l'atteinte du seuil d'excitation quand ils subiront d'autres stimulus. Par conséquent, les neurones de la périphérie correspondent à la **zone de facilitation.** Rappelez-vous toutefois que la figure est grossièrement simplifiée. La plupart des groupes de neurones sont composés de milliers de neurones, tant inhibiteurs qu'excitateurs.

Types de réseaux

Chaque neurone d'un groupe envoie et reçoit de l'information; d'autre part, les synapses peuvent produire soit une excitation (PPSE), soit une inhibition (PPSI). La disposition des synapses dans les groupes de neurones établit des **réseaux,** et ce sont ces derniers qui déterminent les capacités fonctionnelles des groupes. Certains réseaux sont très complexes, mais nous pouvons nous faire une idée de leurs propriétés en en étudiant quatre grands types: les réseaux divergents, les réseaux convergents, les réseaux réverbérants et les réseaux parallèles postdécharges. Ces types de réseaux apparaissent sous forme simplifiée à la figure 11.24.

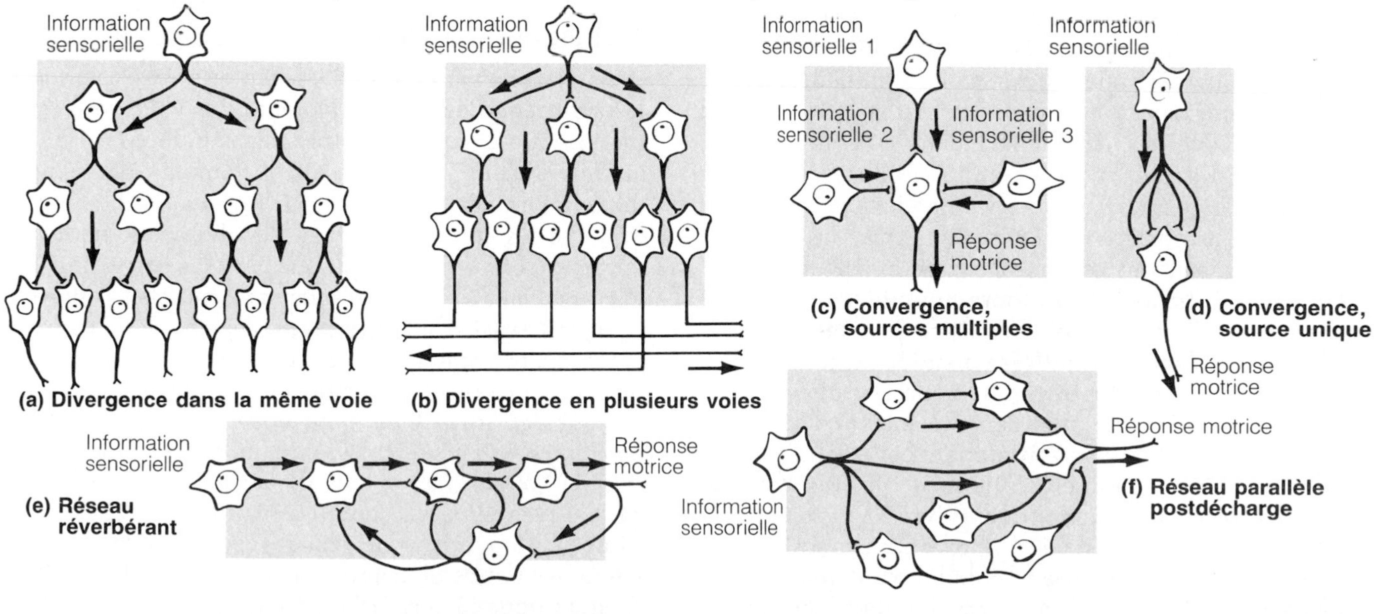

Information sensorielle

(a) Divergence dans la même voie

Information sensorielle

(b) Divergence en plusieurs voies

Information sensorielle 1
Information sensorielle 2
Information sensorielle 3
Réponse motrice

(c) Convergence, sources multiples

Information sensorielle
Réponse motrice

(d) Convergence, source unique

Information sensorielle
Réponse motrice

(e) Réseau réverbérant

Information sensorielle
Réponse motrice

(f) Réseau parallèle postdécharge

Figure 11.24 Types de réseaux dans les groupes de neurones.

Dans les **réseaux divergents,** une neurofibre entrante déclenche des réponses dans un nombre toujours croissant de neurones; les réseaux divergents sont donc souvent des *réseaux amplificateurs.* La divergence peut survenir dans une seule ou plusieurs voies (voir les figures 11.24a et 11.24b respectivement). On retrouve nombre de ces réseaux dans les voies motrices et sensitives. Par exemple, l'information provenant d'un récepteur sensoriel unique peut être transmise le long de la moelle épinière et diverses régions de l'encéphale. De même, les commandes motrices qui se propagent vers le bas à partir d'un neurone de l'encéphale peuvent activer plus d'une centaine de neurones moteurs dans la moelle épinière et, par conséquent, des milliers de fibres musculaires squelettiques.

Les **réseaux convergents** possèdent une configuration opposée à celle des réseaux divergents, mais on les retrouve eux aussi en grand nombre dans les voies sensitives et motrices. Le groupe de neurones reçoit de l'information de plusieurs neurones présynaptiques: le réseau dans son ensemble a donc un effet *concentrateur.* Les stimulus entrants peuvent converger à partir de régions différentes (voir la figure 11.24c) ou à partir de la même source (voir la figure 11.24d), avec pour résultat une stimulation ou une inhibition intenses. C'est ce qui explique comment différents types de stimulus sensoriels peuvent en venir à produire le même effet ou la même réaction. Chez des parents, par exemple, voir le visage souriant de leur enfant, sentir sa peau ou entendre son babil sont des stimulus différents qui peuvent soulever la même vague d'émotions.

Dans les **réseaux réverbérants,** ou **à action prolongée** (voir la figure 11.24e), le message entrant franchit une chaîne de neurones dont chacun établit des synapses collatérales avec les neurones précédents (présynaptiques) d'une même voie. À la suite de la rétroactivation, les influx se réverbèrent (c'est-à-dire qu'ils sont maintes fois renvoyés dans le réseau); une commande continue est alors produite, et elle ne cessera pas avant qu'un neurone du réseau soit inhibé et demeure inerte. Les spécialistes pensent que les réseaux réverbérants participent à la régulation des activités rythmiques telles que le cycle veille-sommeil, la respiration et certaines activités motrices (comme le balancement des bras pendant la marche). D'après certains chercheurs, ces réseaux interviendraient dans les processus physiologiques de la mémoire immédiate. Selon la disposition et le nombre de leurs neurones, les réseaux réverbérants peuvent demeurer en action pendant des secondes, des heures, voire toute une vie (comme c'est le cas pour le réseau qui gère le rythme de la respiration).

Dans les **réseaux parallèles postdécharges,** la neurofibre entrante stimule quelques neurones disposés en parallèle qui, à leur tour, stimulent une même cellule (voir la figure 11.24f). Les influx atteignent cette cellule à différents moments, ce qui crée une série d'influx appelée *décharge consécutive* qui peut survivre 15 ms ou plus à l'influx initial. Ce réseau ne comporte pas de rétroactivation, contrairement au réseau réverbérant, et une fois que tous les neurones se sont déchargés, l'activité cesse. Il se peut que les réseaux parallèles postdécharges interviennent dans des processus mentaux exigeants tels que la pratique des mathématiques ou d'autres formes de résolution de problèmes.

Modes de traitement neuronal

Le traitement de l'information sensorielle dans les divers réseaux se fait soit en *série simple,* soit en *parallèle.* Dans le traitement en série simple, l'information se propage le long d'une voie unique jusqu'à une destination précise. Dans le traitement parallèle, l'information se propage le long de plusieurs voies et elle est intégrée dans des régions différentes du SNC. Chaque mode de traitement de l'information comporte des avantages particuliers pour l'ensemble du fonctionnement neuronal.

Traitement en série simple

Dans le **traitement en série simple,** l'ensemble du système fonctionne de manière prévisible, suivant la loi du tout ou rien. Un neurone stimule le suivant qui stimule le suivant et ainsi de suite, ce qui provoque une réponse spécifique et prévisible. Les réflexes spinaux sont des manifestations très évidentes du traitement en série simple, tout comme les voies sensitives directes qui relient les récepteurs à l'encéphale. Puisque les réflexes correspondent à un processus fonctionnel du système nerveux, il est important que vous en ayez d'ores et déjà une compréhension sommaire.

Les **réflexes** sont des réponses rapides et automatiques aux stimulus: un stimulus particulier provoque toujours la même réponse motrice. On peut dire que l'activité réflexe est stéréotypée et fiable. Par exemple, nous retirons notre main d'un objet chaud et nous cillons lorsqu'un objet approche de notre œil. Les réflexes se produisent le long de voies appelées **arcs réflexes** qui comprennent cinq éléments essentiels: un récepteur, un neurone sensitif, un centre d'intégration dans le SNC, un neurone moteur et un effecteur (figure 11.25). Nous étudierons les réflexes plus en détail au chapitre 13 (p. 447-453).

Traitement parallèle

Dans le **traitement parallèle,** les informations sensorielles sont réparties entre de nombreuses voies, et l'information que chacune d'entre elles achemine est traitée simultanément par des réseaux différents. Par exemple, le fait de humer un cornichon (l'information) peut vous rappeler les étés où vous cueilliez des concombres à la ferme, ou bien que vous n'aimez pas les cornichons, ou encore que vous devez en acheter au marché; l'information peut aussi faire surgir *toutes* ces pensées dans votre esprit. Le traitement parallèle peut activer des voies particulières chez chaque personne. Le même stimulus, soit l'odeur des cornichons dont nous parlions plus haut, entraîne plusieurs réponses en plus de la simple perception de l'odeur. Le traitement parallèle n'est pas redondant, car les réseaux accomplissent différentes choses avec l'information, et chaque «canal» est décodé par rapport à tous les autres de manière à créer une image globale. Comme nous le verrons aux chapitres 13 et 15, même

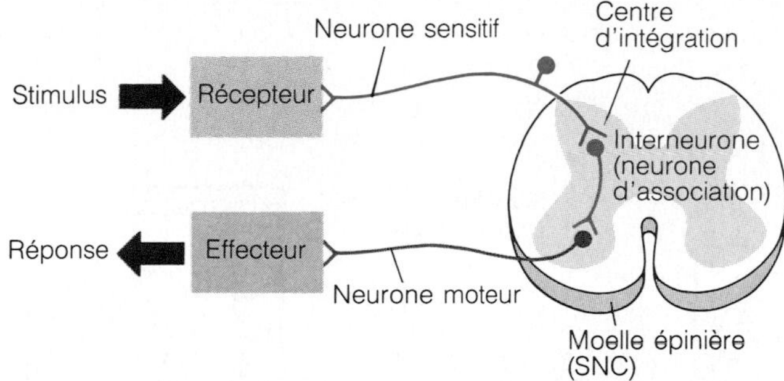

Figure 11.25 Arc réflexe simple. Représentation des éléments essentiels d'un arc réflexe chez les vertébrés: un récepteur, un neurone sensitif, un centre d'intégration, un neurone moteur et un effecteur.

les arcs réflexes simples ne fonctionnent pas dans l'isolement total. Toutefois, un arc réflexe spinal prévisible traité en série est effectué au niveau de la moelle épinière, tandis que le traitement parallèle de la même information sensorielle se déroule simultanément au niveau des centres cérébraux supérieurs, ce qui permet au sujet d'avoir une perception de l'événement et d'y répondre au besoin.

Développement et vieillissement des neurones

Comme nous avons divisé l'étude du système nerveux en plusieurs chapitres, nous nous pencherons surtout sur le développement des neurones dans cette section. Comment les cellules nerveuses se forment-elles? Comment parviennent-elles à maturité? Pour répondre à cette dernière question, il faut comprendre comment les neurones forment, entre eux et avec les organes effecteurs, les connexions qui permettront l'émergence du comportement approprié.

Le système nerveux se développe à partir du *tube neural* et de la *crête neurale* (voir la figure 12.2) formés par l'ectoderme superficiel. Nous y reviendrons plus en détail au chapitre 12. Dès la quatrième semaine suivant la conception, des cellules appelées *cellules neuro-épithéliales se spécialisent*, c'est-à-dire qu'elles ne pourront former que du tissu nerveux. Les cellules neuro-épithéliales entreprennent ensuite un processus de différenciation en trois phases. Dans un premier temps, elles *prolifèrent* jusqu'à ce que soit atteint le nombre de cellules (futurs neurones et cellules gliales) nécessaire pour le développement du système nerveux. À la fin de cette phase, les neurones potentiels deviennent amitotiques. La deuxième phase se caractérise par la *migration* de ces cellules jusqu'à des localisations spécifiques dans le système nerveux en formation.

La troisième phase est celle de la *différenciation* des cellules amitotiques qui prennent alors le nom de **neuroblastes.** Les types spécifiques de neurones doivent se former, les jonctions synaptiques doivent s'établir adéquatement entre ces derniers, et les neurotransmetteurs appropriés doivent être synthétisés. On comprend mal la spécialisation biochimique des neurones, mais on sait qu'elle dépend de l'établissement de contacts synaptiques; le milieu dans lequel les neurones migrent et certains facteurs chimiques de croissance sont également importants. Pour que cette différenciation puisse avoir lieu, il faut que des gènes spécifiques soient activés d'une manière ou d'une autre.

La croissance des synapses n'est pas encore complètement élucidée. Comment l'axone d'un neuroblaste «sait-il» qu'il doit se rendre à tel endroit, s'y fixer et former la connexion appropriée? Il semble que le cheminement tortueux d'un axone en direction de sa cible soit guidé par plusieurs signaux: des trajets établis par des neurones et des neurofibres gliales plus âgés qui ont joué le rôle d'éclaireurs; un facteur de croissance nerveuse libéré par les astrocytes; des substances libérées par le neurone ou la cellule cible de l'effecteur. Par exemple, les muscles squelettiques libèrent des substances chimiques qui attirent les axones moteurs. D'autre part, on a découvert une molécule appelée *N-CAM (molécule de l'adhérence des cellules nerveuses)* sur les cellules des muscles squelettiques et à la surface des cellules gliales. Cette substance semble jouer le rôle d'un adhésif pendant la période de formation. Son importance dans l'établissement de réseaux de neurones est telle que, lorsqu'elle est bloquée par des anticorps, le tissu nerveux en voie de développement s'effondre en une masse enchevêtrée comparable à des spaghettis. Le fonctionnement neuronal est alors irrémédiablement compromis.

Si l'axone peut croître, reconnaître son milieu et interagir avec lui, c'est grâce à une structure située à son extrémité appelée **cône de croissance.** La membrane du cône de croissance porte des molécules de N-CAM et elle est pourvue de prolongements mobiles qui s'attachent aux structures adjacentes. Le cône de croissance absorbe des molécules provenant de son milieu, puis les transporte jusqu'au corps cellulaire qu'il informe du trajet à suivre pendant la croissance et la formation des synapses. Une fois que l'axone a atteint sa région cible, il doit choisir le site approprié sur la cellule appropriée pour former une synapse. La reconnaissance d'une cellule nerveuse par une autre se fait avec précision; elle repose sur des messages des cellules présynaptiques et postsynaptiques. Le mécanisme qui préside à cet échange n'est pas encore bien connu, mais nous savons qu'il comprend une part de tâtonnements et que des jonctions ouvertes (synapses électriques) apparaissent et disparaissent avant que des synapses chimiques permanentes ne se forment.

Les neurones qui n'ont pu établir les contacts synaptiques appropriés ou participer à la circulation des influx nerveux se comportent comme s'ils avaient été privés d'un nutriment essentiel: ils meurent. Il semble que la mort cellulaire résultant de la formation manquée des synapses, de même que la *mort cellulaire programmée,* soient des étapes normales du processus de développement. On estime que deux tiers des neurones formés pendant la période embryonnaire meurent avant la naissance de l'enfant. Ceux qui subsistent constituent le capital

Système nerveux

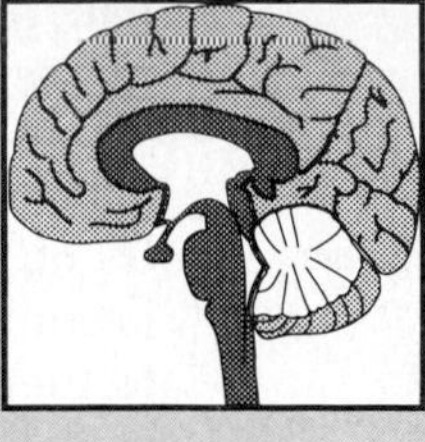

Système tégumentaire

▶ La peau concourt à la déperdition de chaleur.

◀ Le système nerveux sympathique régit les glandes sudoripares et les vaisseaux sanguins de la peau (et, par conséquent, la déperdition ou la rétention de chaleur).

Système osseux

▶ Les os emmagasinent du calcium qui servira à la fonction nerveuse et ils protègent les structures du SNC.

◀ Innerve les os.

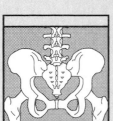

Système musculaire

▶ Les muscles squelettiques sont les effecteurs du système nerveux somatique.

◀ Transporte les informations sensorielles des muscles et fait fonctionner les muscles squelettiques.

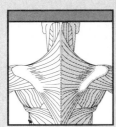

Système endocrinien

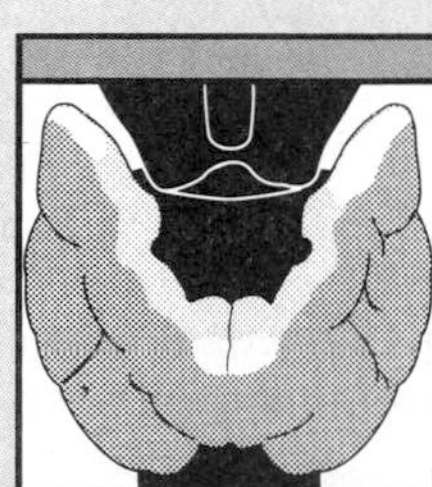

▶ Les hormones influent sur le métabolisme et la fonction des neurones.

◀ Le système nerveux sympathique active la médullosurrénale; l'hypothalamus concourt à la régulation de l'activité de l'hypophyse antérieure et produit deux hormones.

Système cardiovasculaire

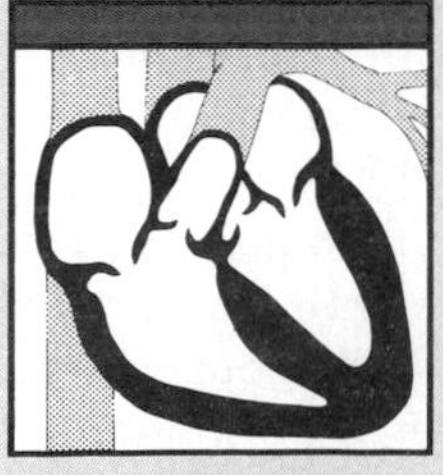

▶ Fournit du sang riche en oxygène et en nutriments au système nerveux; évacue les déchets.

◀ Le SNA concourt à la régulation de la fréquence cardiaque et de la pression artérielle.

Système lymphatique

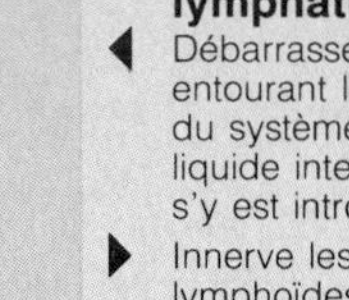

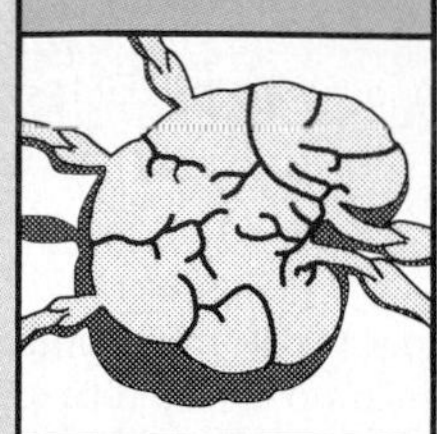

◀ Débarrasse les tissus entourant les structures du système nerveux du liquide interstitiel qui s'y est introduit.

▶ Innerve les organes lymphoïdes.

Système immunitaire

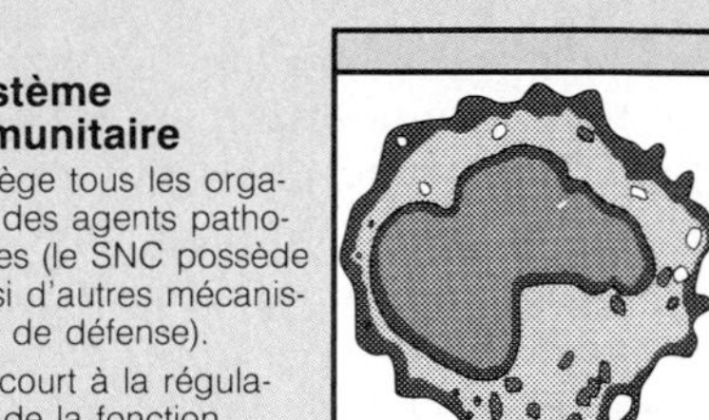

◀ Protège tous les organes des agents pathogènes (le SNC possède aussi d'autres mécanismes de défense).

▶ Concourt à la régulation de la fonction immunitaire.

Système respiratoire

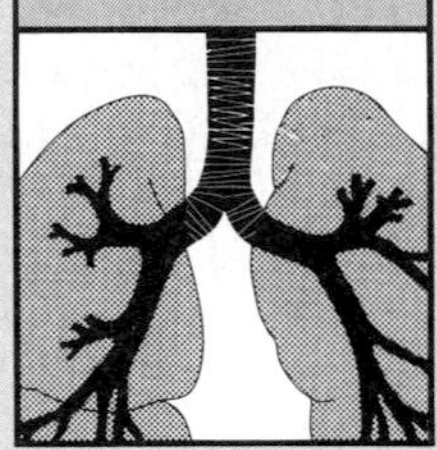

◀ Fournit l'oxygène essentiel à la vie; évacue le gaz carbonique.

▶ Régit le rythme et l'amplitude des mouvements respiratoires.

Système digestif

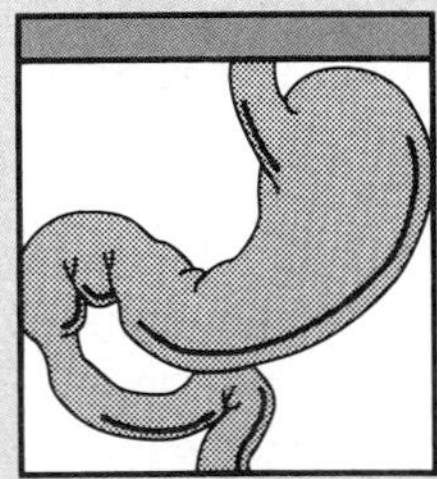

◀ Fournit les nutriments nécessaires à la synthèse de l'ATP et des neurotransmetteurs par les neurones.

▶ Le SNA (en particulier le système nerveux parasympathique) régit la mobilité digestive et l'activité des glandes annexes de ce système.

Système urinaire

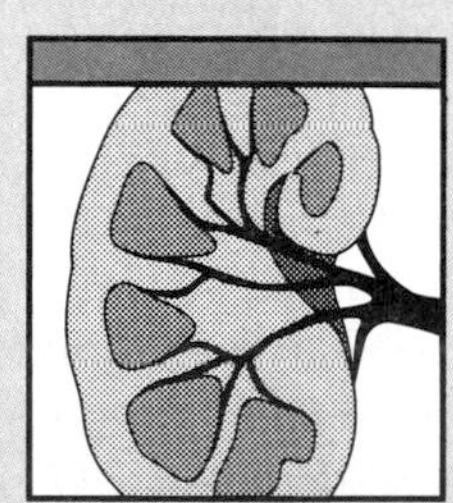

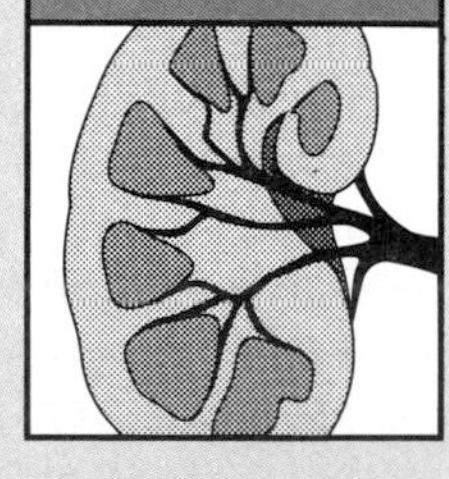

◀ Concourt à l'évacuation des déchets du métabolisme; maintient une composition électrolytique et un pH du sang appropriés au fonctionnement neuronal.

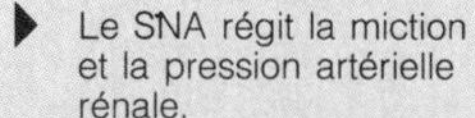

▶ Le SNA régit la miction et la pression artérielle rénale.

Système génital

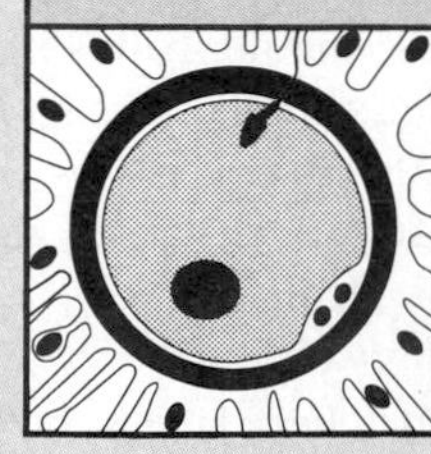

◀ La testostérone est à l'origine de la masculinisation de l'encéphale; elle intervient dans la libido et l'agressivité.

▶ Le SNA régit l'érection du pénis et l'éjaculation chez l'homme ainsi que l'érection du clitoris chez la femme.

Figure 11.26 Relations homéostatiques entre le système nerveux et les autres systèmes de l'organisme.

neuronal que l'individu gardera toute sa vie. Exception faite des cellules du muscle cardiaque et des muscles squelettiques, presque toutes les cellules de l'organisme sont capables de se diviser. Lorsque certaines d'entre elles meurent, elles sont remplacées grâce à la mitose des cellules restantes. Mais si les neurones se divisaient, leurs connexions pourraient être irrémédiablement démantelées.

* * *

La complexité des neurones est stupéfiante. Nous avons vu dans ce chapitre les rôles qu'ils jouent par l'intermédiaire de leurs signaux électriques et chimiques. Certains d'entre eux servent de « vigies », d'autres traitent l'information en vue d'un usage immédiat ou ultérieur, d'autres encore stimulent les muscles et les glandes. Nous voilà prêts à aborder l'étude de la masse la plus perfectionnée du tissu nerveux, c'est-à-dire l'encéphale (et son prolongement, la moelle épinière). Notre étude du système nerveux est loin d'être achevée, mais pour le moment la figure 11.26 vous donne une idée globale des interactions qu'il entretient avec les autres organes pour maintenir l'homéostasie de l'organisme tout entier.

Termes médicaux

Neuroblastome (*blastos* = germe, *ôma* = tumeur) Tumeur maligne formée de neuroblastes.

Neurologue Médecin spécialisé dans l'étude du système nerveux, de ses fonctions et de ses troubles.

Neuropathie Toute maladie du tissu nerveux; en particulier, maladie dégénérative des nerfs.

Neuropharmacologie Étude scientifique des effets des médicaments sur le système nerveux.

Neurotoxine Substance toxique ou destructrice pour le tissu nerveux, comme la toxine botulinique, la toxine tétanique et le venin de certains serpents.

Résumé du chapitre

1. Le système nerveux joue un rôle prépondérant dans le maintien de l'homéostasie. Ses principales fonctions consistent à analyser et à intégrer l'information provenant de l'environnement puis à y répondre.

ORGANISATION DU SYSTÈME NERVEUX (p. 341-342)

1. Sur le plan anatomique, le système nerveux se compose du système nerveux central (encéphale et moelle épinière) et du système nerveux périphérique (nerfs crâniens, nerfs rachidiens et ganglions).

2. Sur le plan fonctionnel, le système nerveux se compose d'une voie sensitive (afférente), qui achemine les influx nerveux au SNC, et d'une voie motrice (efférente), qui achemine les influx en provenance du SNC vers les effecteurs musculaires et glandulaires.

3. La voie efférente est formée du système nerveux somatique (volontaire), qui dessert les muscles squelettiques, et du système nerveux autonome (involontaire), qui innerve les muscles lisses, le muscle cardiaque et les glandes.

HISTOLOGIE DU TISSU NERVEUX (p. 342-350)

Cellules de la névroglie (p. 342-343)

1. Les cellules de la névroglie ont plusieurs rôles, entre autres ceux de séparer et d'isoler les neurones.

2. La névroglie est formée des cellules gliales du SNC. Elle comprend les astrocytes, les cellules de la microglie, les cellules épendymaires et les oligodendrocytes. Les cellules de Schwann et les cellules satellites sont des cellules gliales du SNP.

Neurones (p. 343-350)

3. Les neurones comprennent un corps cellulaire et des prolongements cytoplasmiques appelés axones et dendrites.

4. Le corps cellulaire est le centre biosynthétique du neurone. La majorité des corps cellulaires sont situés dans la substance grise du SNC (un certain nombre sont situés dans les ganglions).

5. Certains neurones sont pourvus de nombreuses dendrites; celles-ci sont des structures réceptrices qui acheminent les messages en provenance des autres neurones jusqu'au corps cellulaire. À quelques exceptions près, les neurones possèdent un axone qui produit des influx nerveux et les transmet à d'autres neurones ou à des effecteurs. Les terminaisons des axones libèrent des neurotransmetteurs.

6. Le transport dans les axones est un processus bidirectionnel et dépendant de l'ATP. D'une part, il achemine des particules, des neurotransmetteurs et des enzymes vers les terminaisons axonales et d'autre part, il conduit des substances à dégrader vers le corps cellulaire. Il fait probablement intervenir les microtubules et les microfilaments du cytosquelette.

7. Les grosses neurofibres (axones) sont myélinisées. La gaine de myéline est formée dans le SNP par les cellules de Schwann et dans le SNC par les oligodendrocytes. La gaine comprend des intervalles appelés nœuds de Ranvier. Les neurofibres amyélinisées sont entourées de cellules gliales, mais ces dernières ne s'enroulent pas autour de l'axone.

8. Sur le plan anatomique, les neurones sont dits multipolaires, bipolaires ou unipolaires, en fonction du nombre de prolongements issus du corps cellulaire.

9. Sur le plan fonctionnel, on classe les neurones d'après la direction que suivent les influx nerveux. Ainsi, les neurones sensitifs conduisent les influx vers le SNC, tandis que les neurones moteurs les conduisent hors du SNC. Les interneurones se trouvent entre les neurones sensitifs et les neurones moteurs dans les voies neuronales.

NEUROPHYSIOLOGIE (p. 350-370)

Principes fondamentaux d'électricité (p. 350-351)

1. La mesure de l'énergie potentielle de charges électriques séparées est appelée voltage (V) ou potentiel. Le courant (I) est le flux de charges électriques d'un point à un autre. La résistance (R) est l'obstruction à la circulation du courant. La loi d'Ohm exprime comme suit la relation entre ces termes: $I = V/R$.

2. Dans l'organisme, les charges électriques sont fournies par les ions; les membranes plasmiques des cellules exercent une résistance à la circulation des ions. Les membranes contiennent des canaux ioniques à fonction passive (ouverts) et des canaux ioniques à fonction active (à ouverture intermittente).

Potentiel de repos membranaire: polarisation (p. 351-352)

3. Un neurone au repos présente un voltage appelé potentiel de repos, dont la mesure est – 70 mV (intérieur négatif), à cause des différences de concentration des ions sodium et des ions potassium à l'intérieur et à l'extérieur de la cellule.

4. Les concentrations ioniques sont différentes parce que la membrane est plus perméable au potassium qu'au sodium et parce que la pompe à sodium et à potassium éjecte $3Na^+$ de la cellule chaque fois qu'elle y admet $2K^+$.

Potentiels membranaires: fonction de signalisation (p. 352-359)

5. La dépolarisation est une diminution du potentiel membranaire (l'intérieur devient moins négatif); l'hyperpolarisation est une augmentation du potentiel membranaire (l'intérieur devient plus négatif).

6. Les potentiels gradués sont des modifications locales, faibles et brèves du potentiel membranaire qui jouent le rôle de signaux de courte portée. Le courant produit se dissipe sur une courte distance.

7. Un potentiel d'action, ou influx nerveux, est un signal de dépolarisation (et d'inversion de polarité) intense, mais bref, qui sous-tend la communication neuronale de longue portée. Il obéit à la loi du tout ou rien.

8. La production du potentiel d'action s'effectue en trois phases: (1) Une augmentation de la perméabilité au sodium et une inversion du potentiel membranaire jusqu'à environ + 30 mV (intérieur positif). La dépolarisation locale ouvre les canaux sodiques voltage-dépendants. Au seuil d'excitation, la dépolarisation se poursuit d'elle-même (sous l'effet de l'afflux d'ions sodium). (2) Une diminution de la perméabilité au sodium. (3) Une augmentation de la perméabilité au potassium et une repolarisation.

9. Dans la propagation de l'influx nerveux, chaque potentiel d'action fournit le stimulus dépolarisant qui déclenche un potentiel d'action dans la région adjacente de la membrane. Les régions qui viennent de produire des potentiels d'action sont réfractaires; par conséquent, l'influx nerveux se propage dans une seule direction.

10. Si le seuil d'excitation est atteint, un potentiel d'action est produit; sinon, la dépolarisation demeure locale.

11. Les potentiels d'action sont indépendants de l'intensité du stimulus. En effet, les potentiels d'action produits par des stimulus intenses sont plus fréquents que les potentiels d'action produits par des stimulus faibles, mais leur amplitude n'est pas plus grande.

12. Pendant la période réfractaire absolue, un neurone est incapable de répondre à un autre stimulus parce qu'il produit déjà un potentiel d'action. La période réfractaire relative est le laps de temps pendant lequel le seuil d'excitation du neurone est élevé du fait que la repolarisation s'effectue.

13. Dans les neurofibres amyélinisées, les potentiels d'action sont produits en vagues tout le long de l'axone. Dans les neurofibres myélinisées, les potentiels d'action ne sont produits qu'au niveau des nœuds de Ranvier et, grâce à la conduction saltatoire, ils se propagent plus rapidement que dans les neurofibres amyélinisées.

14. Suivant leur diamètre, leur degré de myélinisation et leur vitesse de propagation, les neurofibres appartiennent au groupe A, au groupe B ou au groupe C.

Synapse (p. 359-362)

15. Une synapse est une jonction fonctionnelle entre des neurones ou entre un neurone et une cellule des effecteurs musculaires ou glandulaires. Le neurone qui transmet l'information est le neurone présynaptique; le neurone situé de l'autre côté de la synapse est le neurone postsynaptique.

16. Les synapses électriques permettent aux ions de circuler directement d'un neurone à un autre.

17. Les synapses chimiques sont les sites de libération et de liaison des neurotransmetteurs. Quand l'influx nerveux atteint les terminaisons axonales présynaptiques, le Ca^{2+} entre dans la cellule et permet la libération du neurotransmetteur. Les neurotransmetteurs diffusent à travers la fente synaptique et s'attachent aux récepteurs membranaires postsynaptiques, ce qui provoque l'ouverture des canaux ioniques. Après la liaison, les neurotransmetteurs sont retirés de la fente par décomposition enzymatique ou par recaptage dans la terminaison présynaptique.

Potentiels postsynaptiques et intégration synaptique (p. 362-365)

18. La liaison des neurotransmetteurs aux synapses chimiques excitatrices entraîne des dépolarisations graduées locales. Ces dépolarisations, appelées PPSE, sont provoquées par l'ouverture des canaux qui permettent le passage simultané de Na^+ et de K^+.

19. La liaison des neurotransmetteurs aux synapses chimiques inhibitrices entraîne des hyperpolarisations appelées PPSI qui sont provoquées par l'ouverture de canaux K^+ et/ou de canaux Cl^-. Les PPSI éloignent le potentiel membranaire du seuil d'excitation.

20. Les PPSE et les PPSI s'additionnent dans le temps et dans l'espace. La membrane du cône d'implantation de l'axone joue le rôle d'intégrateur neuronal des PPSE et des PPSI.

21. La potentialisation synaptique, durant laquelle la réponse postsynaptique du neurone s'intensifie, est produite par une stimulation intense et répétée. Le calcium ionique semble produire cet effet, qui est peut-être à la base de l'apprentissage.

22. L'inhibition présynaptique est généralement imputable à des synapses axo-axonales qui réduisent la quantité de neurotransmetteur libérée par le neurone inhibé. Il y a neuromodulation lorsque des substances chimiques (souvent autres que des neurotransmetteurs) modifient l'activité du neurone ou du neurotransmetteur.

Neurotransmetteurs (p. 365-370)

23. Du point de vue chimique, les principales classes de neurotransmetteurs sont l'acétylcholine, les amines biogènes, les acides aminés et les peptides.

24. Du point de vue fonctionnel, les neurotransmetteurs sont: (1) inhibiteurs ou excitateurs (ou les deux); (2) ionotropes ou métabotropes. Les neurotransmetteurs ionotropes entraînent l'ouverture des canaux ioniques. Les effets des neurotransmetteurs métabotropes sont complexes. On sait qu'ils utilisent des seconds messagers.

INTÉGRATION NERVEUSE: CONCEPTS FONDAMENTAUX (p. 370-373)

Organisation des neurones: groupes de neurones (p. 371)

1. Les neurones du SNC sont répartis en groupes de divers types. Dans chacun des groupes, les connexions synaptiques présentent une distribution caractéristique appelée réseau.

Types de réseaux (p. 371-372)

2. Les quatre principaux types de réseaux sont les réseaux divergents, les réseaux convergents, les réseaux réverbérants et les réseaux parallèles postdécharges.

Modes de traitement neuronal (p. 372-373)

3. Dans le traitement en série simple, un neurone stimule le suivant, ce qui produit des réponses spécifiques et prévisibles, tels les réflexes spinaux. Un réflexe est une réponse motrice rapide et involontaire à un stimulus.

4. Les influx à l'origine des réflexes se propagent le long de voies neuronales appelées arcs réflexes. Un arc réflexe comprend au moins cinq éléments: un récepteur, un neurone sensitif, un centre d'intégration, un neurone moteur et un effecteur.

5. Dans le traitement parallèle, qui sous-tend les fonctions mentales complexes, les influx nerveux sont acheminés le long de plusieurs voies jusqu'à des centres d'intégration différents.

DÉVELOPPEMENT ET VIEILLISSEMENT DES NEURONES (p. 373-375)

1. Le développement des neurones comprend une phase de prolifération, une phase de migration et une phase de différenciation cellulaire. La différenciation cellulaire repose sur la spécialisation des neurones, la synthèse de neurotransmetteurs spécifiques et la formation de synapses.

2. La croissance de l'axone et la formation des synapses sont guidées par d'autres neurones, des neurofibres gliales et des substances chimiques (telles que le N-CAM et le facteur de croissance nerveuse).

3. Les neurones qui n'établissent pas de synapses appropriées meurent. Les deux tiers environ des neurones formés dans l'embryon subissent une mort cellulaire programmée avant la naissance.

Questions de révision

Choix multiples/associations

1. Parmi les structures suivantes, laquelle ne fait pas partie du système nerveux central? (a) L'encéphale. (b) Un nerf. (c) La moelle épinière. (d) Un faisceau.

2. Associez les noms des cellules gliales énumérés dans la colonne B aux descriptions de la colonne A.

Colonne A	Colonne B
______ **(1)** Myélinise les neurofibres dans le SNC	**(a)** Astrocyte
______ **(2)** Tapisse les cavités de l'encéphale	**(b)** Cellule épendymaire
______ **(3)** Myélinise les neurofibres dans le SNP	**(c)** Cellule de la microglie
______ **(4)** Phagocytes du CNS	**(d)** Oligodendrocyte
______ **(5)** Contribue peut-être à ajuster la composition ionique du liquide extracellulaire	**(e)** Cellule satellite
	(f) Cellule de Schwann

3. Quel type de courant circule dans l'axolemme pendant la phase abrupte de la repolarisation? (a) Principalement un courant de sodium. (b) Principalement un courant de potassium. (c) Des courants de sodium et de potassium d'intensités approximativement égales.

4. Supposez qu'un PPSE est produit sur la membrane dendritique. Que se produira-t-il? (a) Des canaux Na^+ s'ouvriront. (b) Des canaux K^+ s'ouvriront. (c) Des canaux d'un seul type s'ouvriront et permettront un flux simultané de Na^+ et de K^+. (d) Les canaux Na^+ s'ouvriront, puis ils se fermeront quand les canaux K^+ s'ouvriront.

5. Où la vitesse de propagation de l'influx nerveux est-elle la plus grande? (a) Dans les neurofibres fortement myélinisées de grand diamètre. (b) Dans les neurofibres faiblement myélinisées de petit diamètre. (c) Dans les neurofibres amyélinisées de petit diamètre. (d) Dans les neurofibres amyélinisées de grand diamètre.

6. Parmi les caractéristiques suivantes, laquelle ne s'applique pas aux synapses chimiques? (a) La libération d'un neurotransmetteur par les membranes présynaptiques. (b) La présence, sur les membranes postsynaptiques, de récepteurs qui se lient au neurotransmetteur. (c) Un flux d'ions du neurone présynaptique au neurone postsynaptique à travers des canaux protéiques. (d) Un espace rempli de liquide qui sépare les neurones.

7. Parmi les substances suivantes, laquelle n'est pas une amine biogène? (a) La noradrénaline. (b) L'acétylcholine. (c) La dopamine. (d) La sérotonine.

8. Parmi les neuropeptides suivants, lesquels jouent le rôle d'opiacés naturels? (a) La substance P. (b) La somatostatine. (c) La cholécystokinine. (d) Les enképhalines.

9. L'inhibition de l'acétylcholinestérase causée par une intoxication bloque la neurotransmission au niveau de la synapse neuromusculaire parce que: (a) la terminaison présynaptique ne libère plus d'acétylcholine; (b) la synthèse de l'acétylcholine est bloquée dans la terminaison présynaptique; (c) l'acétylcholine n'est pas dégradée, ce qui prolonge la dépolarisation sur le neurone postsynaptique; (d) l'acétylcholine ne peut pas se lier aux récepteurs de l'acétylcholine postsynaptiques.

10. La région anatomique du neurone multipolaire qui présente le seuil d'excitation le plus bas est: (a) le corps cellulaire; (b) les dendrites; (c) le cône d'implantation de l'axone; (d) l'axone distal.

11. Un PPSI est inhibiteur parce que: (a) il hyperpolarise la membrane postsynaptique; (b) il réduit la quantité de neurotransmetteur libérée par la terminaison présynaptique; (c) il empêche l'entrée d'ions calcium dans la terminaison présynaptique; (d) il modifie le seuil d'excitation du neurone.

12. Associez les noms des réseaux neuronaux aux descriptions suivantes.
(a) Réseau convergent. **(b)** Réseau divergent. **(c)** Réseau parallèle postdécharge. **(d)** Réseau réverbérant.

______ **(1)** Les influx nerveux parcourent le réseau jusqu'à ce qu'un neurone cesse de produire des potentiels d'action.

______ **(2)** Une ou quelques informations sensorielles finissent par stimuler un grand nombre de neurones.

______ **(3)** De nombreux neurones stimulent quelques neurones.

______ **(4)** Intervient peut-être dans les activités mentales exigeantes.

Questions à court développement

13. Expliquez les divisions et subdivisions anatomiques et fonctionnelles du système nerveux.

14. (a) Décrivez la composition et la fonction du corps cellulaire. (b) Quelles sont les similitudes entre les axones et les dendrites? Quelles sont leurs différences (structurales et fonctionnelles)?

15. (a) Qu'est-ce que la myéline? (b) Expliquez ce qui distingue le processus de myélinisation dans le SNC et dans le SNP.

16. Qu'est-ce que la polarisation d'une membrane? Comment est-elle maintenue? (Traitez du mécanisme passif et du mécanisme actif.)

17. Décrivez les phénomènes nécessaires à la production d'un potentiel d'action. Indiquez comment les canaux ioniques sont régis et expliquez pourquoi le potentiel d'action obéit à la loi du tout ou rien.

18. Puisque tous les potentiels d'action produits par une neurofibre donnée ont la même intensité, comment le SNC détermine-t-il si un stimulus est faible ou fort?

19. (a) Expliquez la différence entre un PPSE et un PPSI. (b) Qu'est-ce qui détermine si un PPSE ou un PPSI sera produit au niveau de la membrane postsynaptique?

20. Les effets de la liaison des neurotransmetteurs sont très brefs. Expliquez.

21. Pendant un cours de neurobiologie, un professeur emploie fréquemment les termes «neurofibre A», «neurofibre B», «période réfractaire absolue» et «nœuds de Ranvier». Définissez ces termes.

22. Faites la distinction entre le traitement en série simple et le traitement parallèle.

23. Décrivez brièvement les trois stades du développement du neurone.

24. Quels facteurs semblent guider la croissance d'un axone et sa capacité d'établir les contacts synaptiques appropriés?

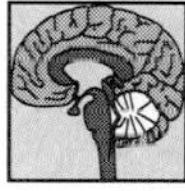

Réflexion et application

1. M. Millaire est hospitalisé en raison de problèmes cardiaques. À la suite d'une erreur, il reçoit une solution intraveineuse enrichie en K^+ destinée à un patient qui prend des diurétiques causant une excrétion excessive de potassium dans l'urine. M. Millaire avait une concentration de potassium normale avant la perfusion. Selon vous, comment la solution de K^+ modifiera-t-elle les potentiels de repos neuronaux de M. Millaire? La capacité de ses neurones de produire des potentiels d'action?

2. En bloquant la production de potentiels d'action, les anesthésiques locaux et généraux entraînent la quiescence du système nerveux pendant une intervention chirurgicale. Quel processus les anesthésiques entravent-ils, et en quoi cela influe-t-il sur la transmission nerveuse?

3. Lorsque Jean a été admis en salle d'urgence, il avait une plaie perforante à la paume de la main droite. Il était tombé sur un clou dans une grange. On lui a fait une injection antitétanique afin de prévenir des complications neurologiques. La bactérie du tétanos prolifère dans les plaies profondes et sombres, mais comment la toxine qu'elle secrète se propage-t-elle dans le tissu nerveux?

12 Le système nerveux central

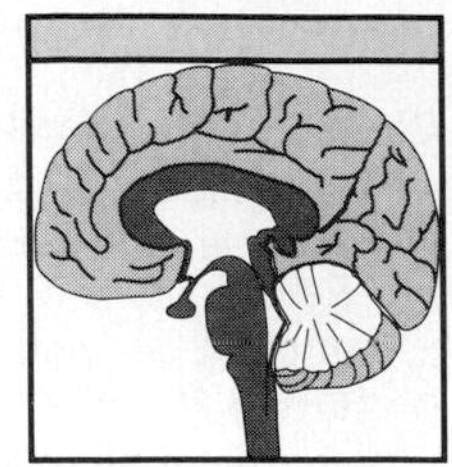

Sommaire et objectifs d'apprentissage

Encéphale (p. 378-407)

1. Décrire le développement de l'encéphale.
2. Nommer les principales régions de l'encéphale.
3. Définir le terme «ventricule» et situer les ventricules cérébraux.
4. Situer les principaux lobes, fissures et aires fonctionnelles du cortex cérébral.
5. Expliquer la latéralisation fonctionnelle des hémisphères cérébraux.
6. Expliquer la différence entre les neurofibres commissurales, les neurofibres d'association et les neurofibres de projection.
7. Expliquer la fonction des noyaux gris centraux.
8. Situer le diencéphale et nommer ses subdivisions.
9. Nommer les trois régions principales du tronc cérébral et expliquer leurs fonctions respectives.
10. Décrire la structure et la fonction du cervelet.
11. Situer le système limbique et la formation réticulée et expliquer leur rôle.
12. Expliquer comment les méninges, le liquide céphalo-rachidien et la barrière hémato-encéphalique protègent le système nerveux central.
13. Décrire la formation du liquide céphalo-rachidien et expliquer sa circulation.
14. Expliquer la différence entre commotion cérébrale et contusion cérébrale.
15. Décrire la cause (si elle est connue) ainsi que les principaux signes et symptômes des accidents vasculaires cérébraux et de la maladie d'Alzheimer.

Moelle épinière (p. 407-417)

16. Expliquer le développement embryonnaire de la moelle épinière.
17. Décrire la structure macroscopique et microscopique de la moelle épinière.
18. Énumérer les principaux faisceaux de la moelle épinière, situer leur origine et leur extrémité, et expliquer leurs fonctions.
19. Distinguer la paralysie flasque de la paralysie spastique et la paralysie de la paresthésie.

Procédés visant à diagnostiquer un dysfonctionnement du SNC (p. 417)

20. Énumérer et expliquer quelques techniques servant à diagnostiquer les troubles cérébraux.

Développement et vieillissement du système nerveux central (p. 417-419)

21. Indiquer quelques facteurs maternels qui peuvent perturber le développement du système nerveux embryonnaire.
22. Expliquer les différences entre la sénilité véritable et la sénilité réversible.

On a longtemps comparé le **système nerveux central (SNC)** — c'est-à-dire l'encéphale et la moelle épinière — à un standard téléphonique où un très grand nombre d'appels convergent vers l'intérieur et vers l'extérieur. De nos jours, on a plutôt tendance à comparer le SNC à un ordinateur. Ces analogies expliquent partiellement le fonctionnement de la moelle épinière, mais aucune ne rend justice à la complexité et à la souplesse extraordinaires de l'encéphale humain. Nous pouvons tenir l'encéphale humain pour un organe évolué, un puissant ordinateur ou un miracle : il est certes l'une des plus grandes merveilles que nous connaissions.

La **céphalisation** s'est produite au cours de l'évolution du cerveau. Autrement dit, il y a eu élaboration de la partie antérieure du système nerveux central et accroissement du nombre de neurones dans la tête. Ce phénomène est particulièrement développé chez l'être humain.

Ce chapitre porte sur la structure du système nerveux central et traite des fonctions associées à ses régions anatomiques.

Encéphale

Bien à l'abri dans la boîte crânienne, l'**encéphale,** constitué du cerveau, du cervelet et du tronc cérébral, s'est soustrait au regard de la science pendant des siècles.

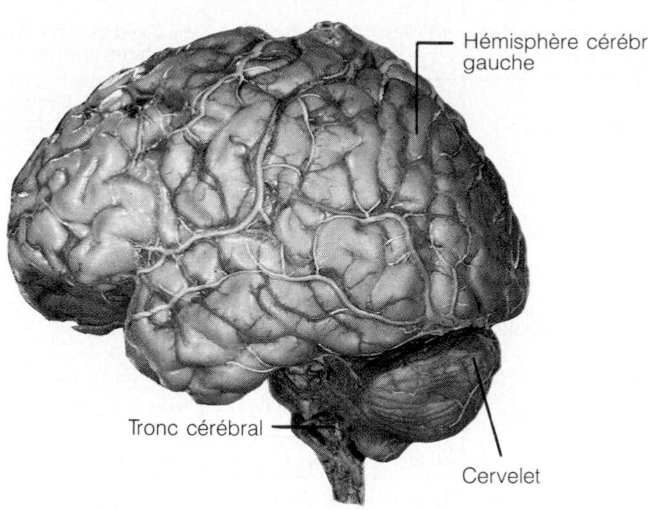

Figure 12.1 Anatomie de surface de l'encéphale humain, face latérale gauche.

Aujourd'hui, nous savons que l'apparence quelque peu insignifiante de l'encéphale humain (figure 12.1) ne laisse rien transparaître de ses remarquables possibilités. Le cerveau, la principale structure de l'encéphale, se présente en effet comme une masse de tissu gris rosâtre deux fois grosse comme le poing, il est plissé comme une noix et sa consistance rappelle celle du gruau froid. Comment croire que cet amas gélatineux est le gardien de nos souvenirs et de nos pensées, et le moteur de nos comportements! Le poids de l'encéphale est d'environ 1600 g chez l'homme adulte moyen et d'environ 1450 g chez la femme, ce qui, proportionnellement à la masse corporelle totale, correspond à des dimensions équivalentes. De toute manière, il semble que ce ne soit pas le volume mais la complexité des connexions neuronales qui détermine la puissance du cerveau. Einstein, un des plus grands génies de tous les temps, avait un cerveau de taille moyenne.

Développement embryonnaire de l'encéphale

Nous ferons ici exception à notre habitude et traiterons dans un premier temps du développement embryonnaire de l'encéphale. En effet, il est plus facile de comprendre la terminologie associée aux divisions structurales de l'encéphale adulte si l'on est familiarisé avec l'embryologie cérébrale. La figure 12.2 illustre la première phase du développement de l'encéphale. Dès la troisième semaine de la grossesse, l'ectoderme s'épaissit le long de l'axe médian postérieur de l'embryon, et il forme la **plaque neurale** d'où émergeront tous les tissus nerveux. Ensuite, la plaque neurale s'invagine et compose la gouttière neurale, flanquée de deux **replis neuraux.** À mesure que la gouttière s'approfondit, la partie supérieure des replis se rapproche et fusionne, fermant ainsi la gouttière, pour constituer le **tube neural.** Ce tube va bientôt se détacher de l'ectoderme superficiel et s'enfoncer. Le tube

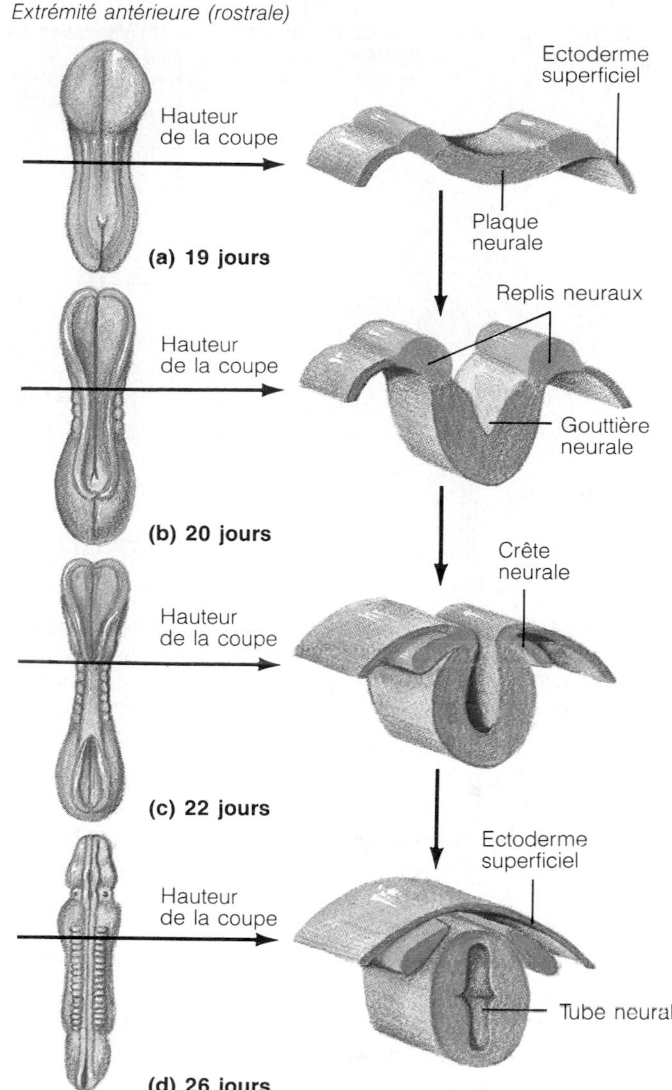

Figure 12.2 Développement du tube neural à partir de l'ectoderme embryonnaire. À gauche, vues postérieures de la surface de l'embryon; à droite, coupes transversales. (**a**) Formation de la plaque neurale à partir de l'ectoderme superficiel. (**b** à **d**) Développement de la plaque neurale en gouttière neurale (flanquée des replis neuraux), puis en tube neural. Le tube neural donnera naissance aux structures du SNC, tandis que les cellules de la crête neurale formeront quelques-unes des structures du SNP.

neural est formé dès la quatrième semaine de la grossesse et, rapidement, il se différencie et donne naissance aux organes du SNC. Sa partie antérieure (ou rostrale) donne l'encéphale, et sa partie postérieure (ou caudale) la moelle épinière. De petits groupes de cellules des replis neuraux migrent latéralement entre l'ectoderme superficiel et le tube neural. Ils vont former la **crête neurale** dans laquelle les neurones sensitifs et certains neurones autonomes prendront naissance.

Dès que la formation du tube neural est achevée, son extrémité rostrale croît plus rapidement que le reste. Des constrictions apparaissent et délimitent les trois **vésicules cérébrales primaires** (figure 12.3), soit le **prosencéphale** (ou **cerveau antérieur**), le **mésencéphale** (ou **cerveau**

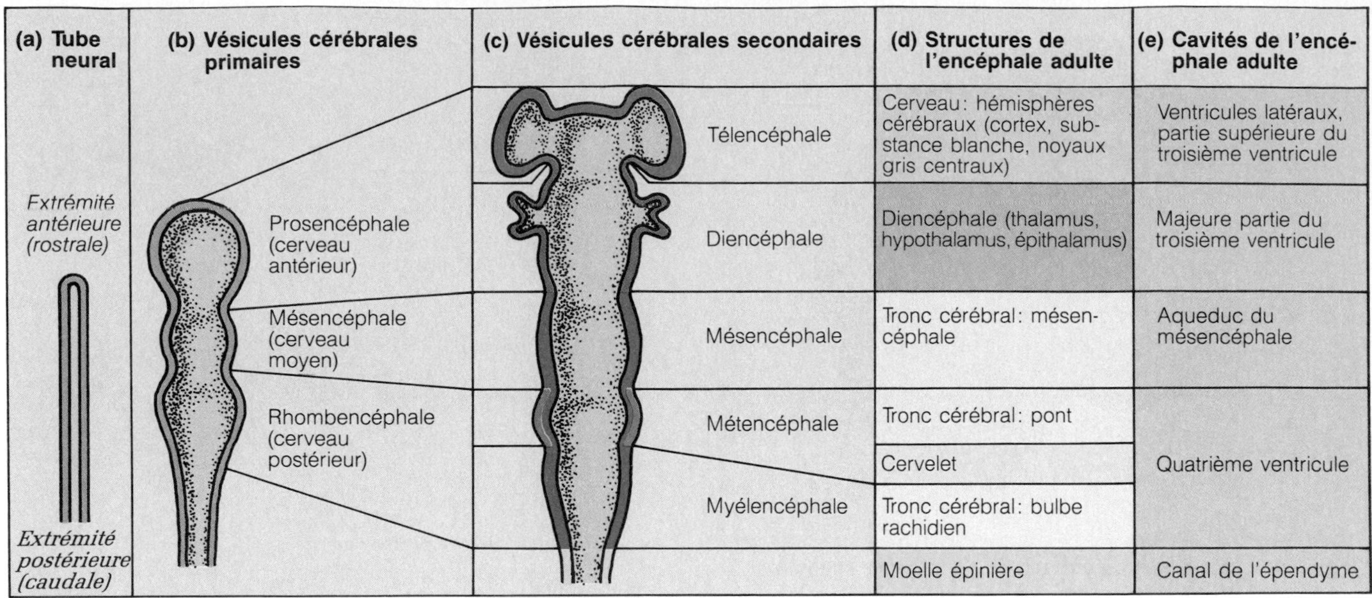

Figure 12.3 Développement embryonnaire de l'encéphale humain. (**a**) Le tube neural se subdivise en (**b**) vésicules cérébrales primaires, qui formeront (**c**) les vésicules cérébrales secondaires, lesquelles se différencieront pour donner (**d**) les structures de l'encéphale adulte. (**e**) Les structures de l'encéphale adulte dérivées des vésicules cérébrales secondaires.

moyen) et le **rhombencéphale** (ou **cerveau postérieur**). Le reste du tube neural forme la moelle épinière; nous traiterons de son développement plus loin.

À la cinquième semaine, cinq régions appelées **vésicules cérébrales secondaires** apparaissent. Le prosencéphale se divise en **télencéphale** et en **diencéphale**; le mésencéphale ne se divise pas; le rhombencéphale se resserre pour former le **métencéphale** et le **myélencéphale.** Chacune des cinq vésicules cérébrales secondaires croît ensuite rapidement, ce qui constitue les principales structures de l'encéphale adulte (figure 12.3d). Les changements les plus marqués se produisent dans le télencéphale, d'où émergent deux renflements qui se projettent vers l'avant, un peu comme les oreilles de Mickey Mouse. Ces renflements deviennent les *hémisphères cérébraux,* qui composent le **cerveau.** Le diencéphale, issu lui aussi du prosencéphale, se spécialise en différentes régions, qui forment l'*hypothalamus,* le *thalamus* et l'*épithalamus.* Des changements moins spectaculaires se produisent dans le métencéphale et le myélencéphale, le premier donnant naissance au *pont* et au *cervelet,* le second au *bulbe rachidien.* L'ensemble des structures du mésencéphale et du rhombencéphale, à l'exception du cervelet, forme le **tronc cérébral.** La cavité centrale du tube neural s'élargit à quatre endroits pour former les *ventricules* («petits ventres») cérébraux, que nous décrirons plus loin.

La situation relative des parties de l'encéphale se modifie également au cours de sa croissance. Cette dernière est entravée par un crâne membraneux, si bien que deux courbures, la *courbure mésencéphalique* et la *courbure cervicale,* se forment et infléchissent le prosencéphale en direction du tronc cérébral (figure 12.4a). Le manque d'espace a aussi pour conséquence d'arrêter la projection des hémisphères cérébraux vers l'avant et de les forcer à croître vers l'arrière et les côtés, en fer à cheval. Par conséquent, ils finissent par envelopper presque complètement le diencéphale et le mésencéphale (figure 12.4b et c). À mesure que se poursuit la croissance des hémisphères cérébraux, leur surface se froisse et se plisse (figure 12.4d), ce qui produit leurs *gyrus* caractéristiques et accroît leur surface. Un grand nombre de neurones peut ainsi occuper un espace restreint.

Régions de l'encéphale

On peut décrire la structure de l'encéphale de différentes façons. Certains auteurs l'abordent sous l'angle des cinq vésicules secondaires (voir la figure 12.3c); c'est le *modèle embryonnaire.* En milieu clinique, on emploie plutôt les noms des régions de l'encéphale adulte (voir la figure 12.3d). Quant à nous, nous étudierons l'encéphale suivant les subdivisions montrées à la figure 12.5, soit les hémisphères cérébraux, le diencéphale (le thalamus, l'hypothalamus et l'épithalamus), le tronc cérébral (le mésencéphale, le pont et le bulbe rachidien) et le cervelet. La plupart des neuroanatomistes privilégient cette approche, mais certains d'entre eux considèrent le diencéphale comme étant une partie du tronc cérébral, tandis que d'autres estiment qu'il fait partie, avec les hémisphères cérébraux, du *cerveau.* Dans ce manuel, nous considérons le cerveau comme étant formé des hémisphères cérébraux.

De l'extérieur vers l'intérieur, les hémisphères cérébraux et le cervelet sont composés d'un cortex, c'est-à-dire une «écorce» de substance grise (des corps cellulaires

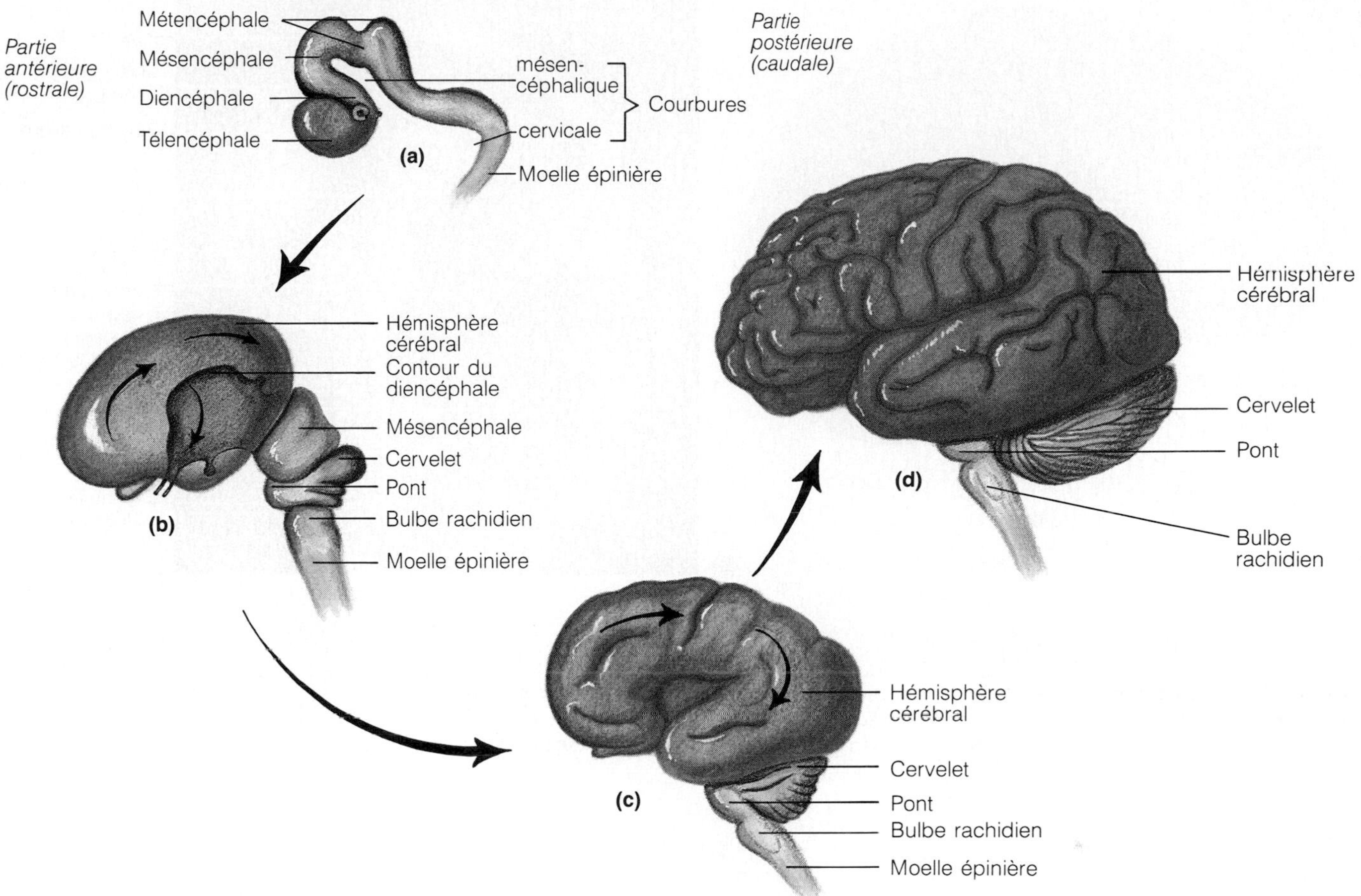

Figure 12.4 Conséquences du manque d'espace sur le développement de l'encéphale. (**a**) La formation des deux grandes courbures à la cinquième semaine du développement repousse le télencéphale et le diencéphale vers le tronc cérébral. Développement des hémisphères cérébraux à (**b**) 13 semaines; (**c**) 26 semaines; (**d**) la naissance. À l'origine, la surface du cerveau est lisse; les gyrus apparaissent au cours du développement. Les hémisphères cérébraux se développent en direction postéro-latérale et finissent par recouvrir complètement le diencéphale et la partie supérieure du tronc cérébral.

de neurones), d'une région sous-corticale (intermédiaire) formée de substance blanche et d'un centre contenant de nombreux noyaux constitués de substance grise. Cette composition se modifie en descendant dans le tronc cérébral. À l'extrémité caudale du tronc cérébral, elle est la même que celle de la moelle épinière, c'est-à-dire qu'il n'y a pas de cortex, la substance grise se trouve à l'intérieur et la substance blanche, à l'extérieur.

Pour vous aider à vous représenter les relations spatiales entre les diverses régions de l'encéphale, nous étudierons tout d'abord les ventricules remplis de liquide qui sont enfouis profondément à l'intérieur de l'encéphale. Ensuite, nous décrirons la situation et la structure de chacune des régions encéphaliques en procédant de l'avant vers l'arrière afin d'étoffer le résumé présenté au tableau 12.1, page 394.

Ventricules cérébraux

Comme nous l'avons déjà mentionné, les **ventricules cérébraux** sont issus de renflements de la lumière du tube neural embryonnaire. Ils communiquent entre eux et avec le canal de l'épendyme de la moelle épinière (figure 12.6). Leur face interne est tapissée de *cellules épendymaires* (cellules de la névroglie) et leurs cavités sont remplies de liquide céphalo-rachidien (voir la figure 11.2c).

Les **ventricules latéraux** sont de grandes cavités dont la forme en C rappelle le déroulement de la croissance cérébrale. On trouve un ventricule latéral enfoui dans chaque hémisphère cérébral. À l'avant, les ventricules latéraux ne sont séparés que par une mince membrane appelée **septum pellucidum** («cloison transparente»). (Le septum pellucidum n'apparaît pas dans la figure 12.6; voir plutôt la figure 12.13a.) Chaque ventricule latéral communique avec le **troisième ventricule,** assez étroit et situé dans le diencéphale, par le truchement d'un petit orifice appelé **foramen interventriculaire** (ou *trou de Monro*). Le troisième ventricule communique à son tour avec le **quatrième ventricule** par l'intermédiaire d'un canal qui traverse le mésencéphale, appelé **aqueduc du mésencéphale** (ou aqueduc de Sylvius). Le quatrième ventricule apparaît comme une cavité située entre le pont

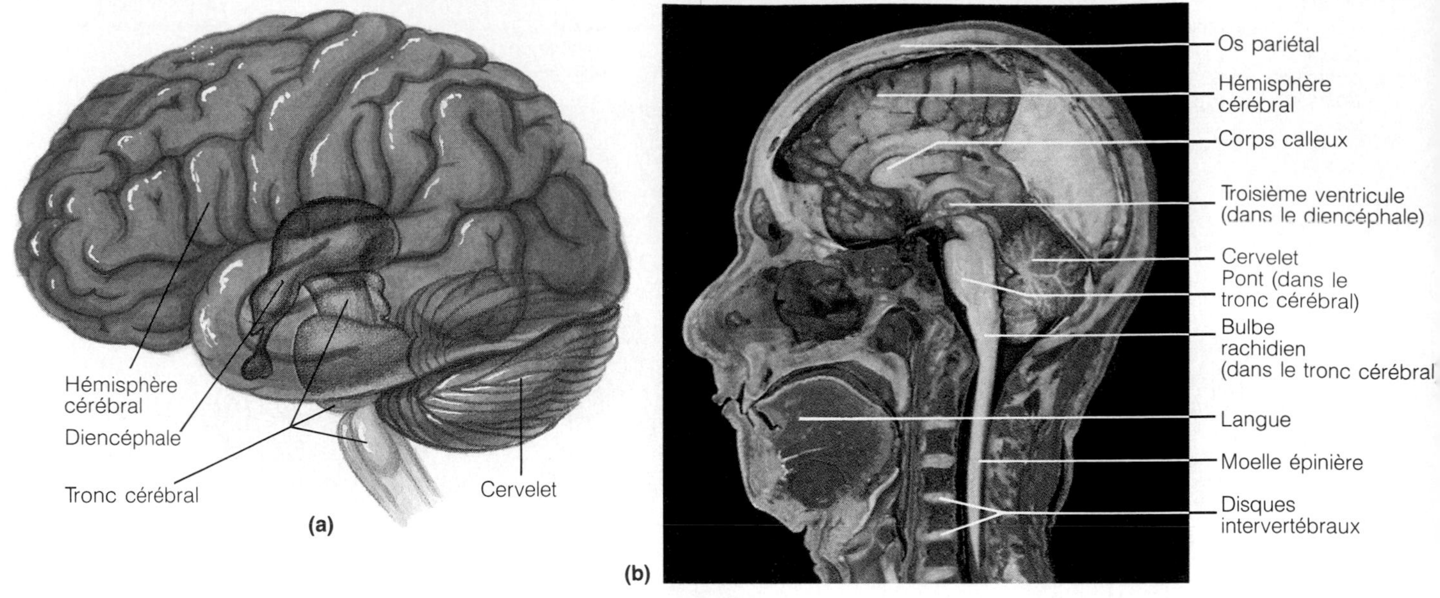

Figure 12.5 Régions de l'encéphale. (**a**) L'encéphale comprend quatre grandes structures bilatérales et symétriques: les hémisphères cérébraux et le diencéphale (formant le cerveau), le tronc cérébral et le cervelet. (**b**) Coupe sagittale de l'encéphale *in situ* (c'est-à-dire dans sa situation normale à l'intérieur du crâne) montrant ces structures.

et le cervelet; sa partie inférieure communique avec le canal de l'épendyme de la moelle épinière. Ses parois latérales sont percées de deux orifices, nommés **ouvertures latérales du quatrième ventricule** (ou *trous de Luschka)*; l'orifice situé sur son toit est appelé **ouverture médiane du quatrième ventricule** (ou *trou de Magendie)*. Ces ouvertures relient ainsi les ventricules à la *cavité subarachnoïdienne* qui entoure l'encéphale et la moelle épinière et qui est remplie de liquide céphalo-rachidien. C'est grâce à tout ce système d'ouvertures que le liquide céphalo-rachidien peut circuler dans les différentes cavités internes de l'encéphale et s'écouler vers la cavité subarachnoïdienne.

Hémisphères cérébraux

Les **hémisphères cérébraux** composent la partie supérieure de l'encéphale (figure 12.7). Ils représentent environ 83 % de la masse de l'encéphale et ce sont les parties les plus visibles de l'encéphale intact. Les hémisphères cérébraux couvrent le diencéphale et le sommet du tronc cérébral (voir la figure 12.5), un peu comme le chapeau d'un champignon en couronne le pied.

La surface des hémisphères cérébraux (le cortex) est presque entièrement parcourue de saillies de tissu appelées **gyrus** (ou *circonvolutions*) qui sont séparés par des rainures. Les rainures profondes partagent le cortex en plusieurs parties et sont appelées **fissures,** tandis que les rainures superficielles séparent les gyrus et sont appelées **sillons.** Les gyrus et les sillons les plus prononcés constituent d'importants points de repère anatomiques car on les retrouve chez tous les individus. La **fissure longitudinale du cerveau** sépare les deux hémisphères cérébraux (voir la figure 12.7c), tandis que la **fissure transverse du cerveau** sépare les hémisphères cérébraux du cervelet situé en contrebas (voir la figure 12.7a).

Quelques sillons un peu plus profonds que les autres divisent la surface corticale de chaque hémisphère en cinq lobes, dont quatre sont nommés d'après les os qui les surmontent (voir la figure 12.7a). Dans le plan frontal, le **sillon central** sépare le **lobe frontal** du **lobe pariétal.** De part et d'autre du sillon central, on trouve deux gyrus importants: le **gyrus précentral** à l'avant, et le **gyrus postcentral** à l'arrière. La limite entre le lobe pariétal et le **lobe occipital** est établie par plusieurs repères, le plus évident étant le **sillon pariéto-occipital.** Ce sillon est situé sur la face médiale de l'hémisphère (figure 12.7b).

Le profond **sillon latéral** délimite le **lobe temporal** en le séparant des parties inférieures des lobes pariétal et frontal. Le cinquième lobe de l'hémisphère cérébral est appelé **lobe insulaire** (littéralement, «île»): il est enfoui profondément dans le sillon latéral et constitue une partie de son plancher. Le lobe insulaire est partiellement recouvert par les lobes temporal, pariétal et frontal (figure 12.8).

Les parties inférieures des lobes frontaux et temporaux s'ajustent parfaitement au crâne. Les lobes frontaux occupent la fosse crânienne antérieure, tandis que les parties antérieures des lobes temporaux comblent la fosse crânienne moyenne. La fosse crânienne postérieure abrite

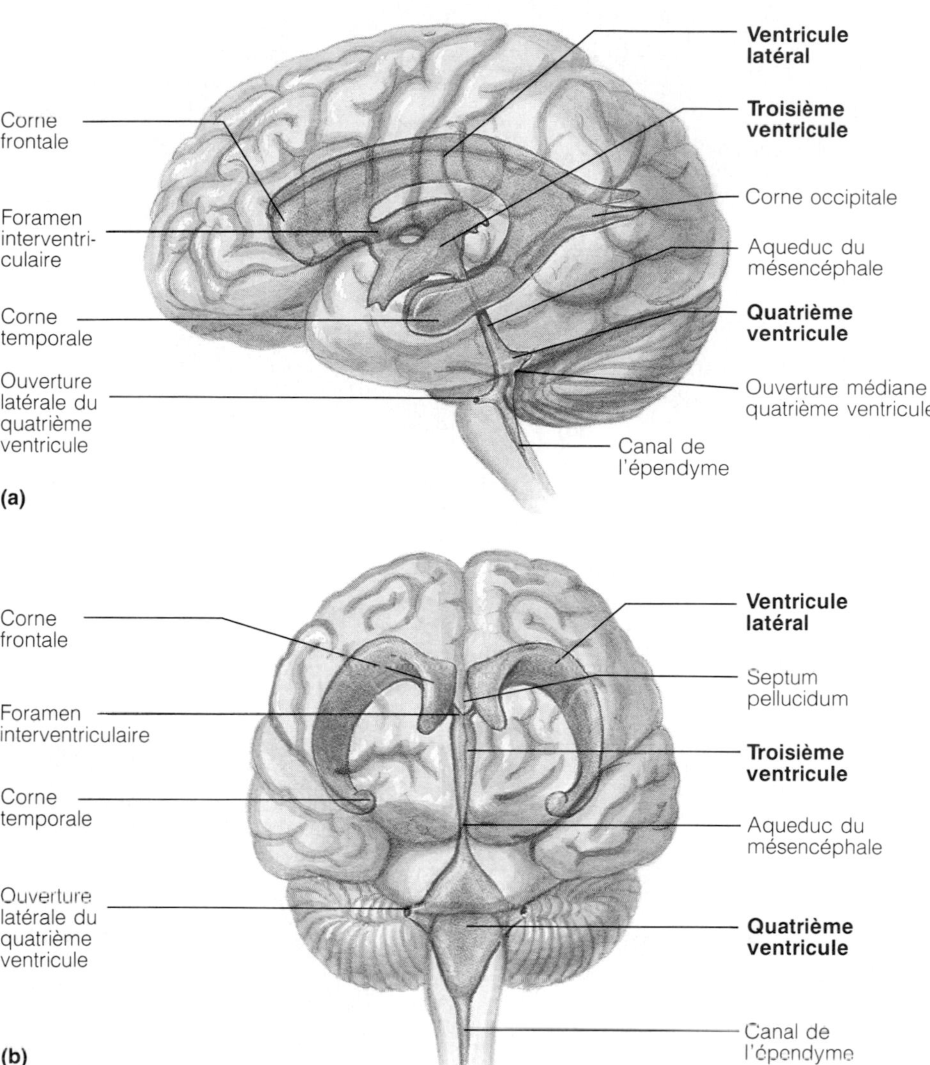

Figure 12.6 Vue en trois dimensions des ventricules cérébraux. (**a**) Vue latérale gauche. (**b**) Vue antérieure. Notez que les grands ventricules latéraux comprennent une corne frontale, une corne occipitale et une corne temporale.

le tronc cérébral et le cervelet; les lobes occipitaux, qui se trouvent au-dessus du cervelet, sont situés bien au-dessus de cette fosse (voir la figure 12.5b).

Une coupe frontale de l'encéphale expose les trois régions fondamentales de chacun des hémisphères cérébraux soit, de l'extérieur vers l'intérieur: le *cortex,* qui est constitué de substance grise (corps des neurones); la *substance blanche* (axones myélinisés), qui constitue la région sous-corticale; et les *noyaux gris centraux* (amas de corps cellulaires distribués dans la substance blanche) (figure 12.8).

Cortex cérébral

Le **cortex cérébral** est le sommet hiérarchique du système nerveux. C'est lui qui nous fournit nos facultés de perception, de communication, de mémorisation, de compréhension, de jugement et d'accomplissement des mouvements volontaires. Toutes ces facultés relèvent du *comportement conscient,* ou **conscience.** Le cortex cérébral est composé principalement de corps cellulaires de neurones et de neurofibres amyélinisées (ainsi que des cellules gliales et des vaisseaux sanguins qui leur sont associés); il n'a que de 2 à 4 mm d'épaisseur, mais ses nombreux gyrus et sillons triplent sa surface: c'est ainsi qu'il représente environ 40 % de la masse de l'encéphale.

À la fin du XIXe siècle, les anatomistes qui étudiaient le cortex cérébral découvrirent que son épaisseur et la structure de ses neurones présentaient de subtiles variations. En 1906, K. Brodmann parvint à cartographier 52 aires corticales, appelées **aires de Brodmann.** Disposant dès lors d'une carte structurale, les premiers neurologues se mirent fébrilement à la recherche des régions *fonctionnelles* du cortex. À cette époque, deux écoles de pensée s'opposaient quant au siège des fonctions cérébrales. La **théorie de la spécialisation régionale** voulait que des aires structuralement distinctes du cortex accomplissent des fonctions différentes, tandis que la **théorie des niveaux superposés** soutenait que le cerveau fonctionnait comme un tout. Conformément à cette théorie, une lésion d'une région précise aurait perturbé toutes les fonctions mentales supérieures. Aujourd'hui, grâce aux techniques expérimentales modernes (comme la tomographie par émission de positons), nous savons que les deux théories comportaient une part de vérité. Certaines fonctions motrices et sensitives sont effectivement reliées à l'activité d'*aires corticales spécifiques.* Cependant,

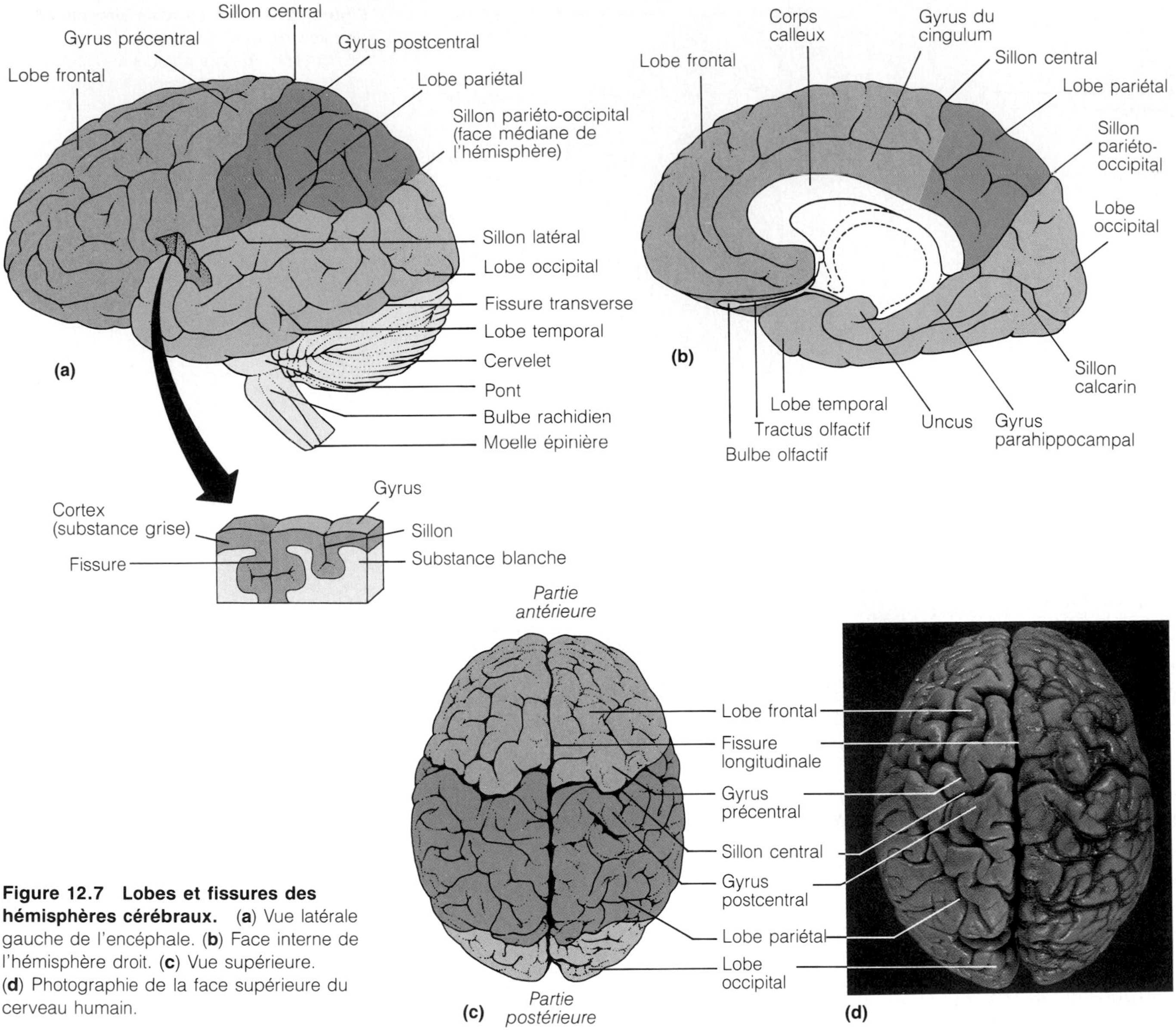

Figure 12.7 Lobes et fissures des hémisphères cérébraux. (**a**) Vue latérale gauche de l'encéphale. (**b**) Face interne de l'hémisphère droit. (**c**) Vue supérieure. (**d**) Photographie de la face supérieure du cerveau humain.

plusieurs fonctions mentales supérieures (la mémoire et le langage, par exemple) semblent résulter du chevauchement des fonctions de plusieurs régions du cerveau; le siège de leur déroulement ne peut donc être attribué à une aire ou à une région sous-corticale spécifiques. Vous trouverez quelques-unes des plus importantes aires de Brodmann à la figure 12.9, mais nous traiterons brièvement des régions fonctionnelles du cortex cérébral. Dans un premier temps, nous allons énumérer quelques caractéristiques générales du cortex cérébral.

1. Le cortex cérébral renferme trois types d'aires fonctionnelles: les **aires motrices,** qui président à la fonction motrice volontaire, les **aires sensitives,** qui permettent les perceptions sensorielles somatiques et autonomes, et les **aires associatives,** qui servent principalement à intégrer les diverses informations sensorielles (c'est-à-dire les messages) afin d'envoyer des commandes motrices aux effecteurs musculaires et glandulaires.
2. Le cortex de chacun des hémisphères cérébraux est essentiellement le siège de la perception sensorielle et de la régulation de la motricité volontaire du côté opposé du corps.
3. La structure du cortex des deux hémisphères est presque symétrique, mais ils ne sont pas absolument égaux sur le plan fonctionnel. Il y a plutôt latéralisation, c'est-à-dire spécialisation du cortex de chaque hémisphère par rapport à certaines fonctions cérébrales. Nous reviendrons plus loin sur ce point.
4. Enfin, et surtout, il est important de se rappeler que notre approche est grossièrement simplifiée. *Aucune* aire fonctionnelle du cortex n'agit isolément; le comportement conscient touche, d'une façon ou d'une autre, l'ensemble du cortex.

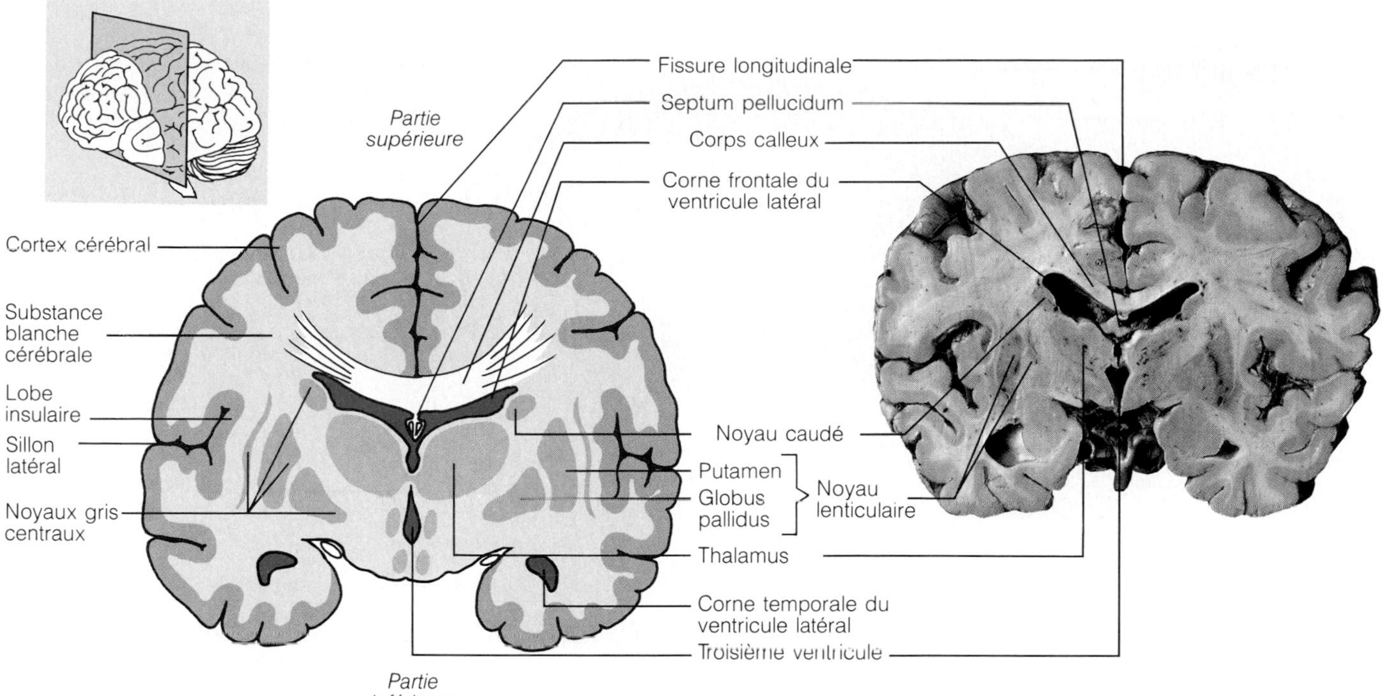

Figure 12.8 Principales régions des hémisphères cérébraux. Coupe frontale du cerveau humain montrant la situation du cortex cérébral, de la substance blanche et des noyaux gris centraux à l'intérieur de celle-ci. Les hémisphères cérébraux enveloppent les structures du diencéphale, c'est pourquoi cette région du cerveau est également représentée.

Aires motrices. Les aires corticales régissant les fonctions motrices sont situées dans la partie postérieure des lobes frontaux. Il s'agit de l'aire motrice primaire, de l'aire prémotrice, de l'aire motrice du langage (aire de Broca) et de l'aire oculo-motrice frontale.

1. **Aire motrice primaire.** L'**aire motrice primaire,** aussi appelée **aire motrice somatique,** est située dans le gyrus précentral. Les neurones de ce gyrus, appelés **cellules pyramidales,** régissent les mouvements volontaires des muscles squelettiques. Ils possèdent de longs axones qui forment les faisceaux de projection de la voie motrice principale; ces faisceaux régissent la contraction des muscles squelettiques. Les **faisceaux cortico-spinaux,** comme leur nom l'indique, transportent les influx nerveux du cortex cérébral jusqu'à la moelle épinière; les **faisceaux cortico-nucléaires** transportent les influx du cortex jusqu'aux noyaux moteurs des nerfs crâniens.

Chaque partie du corps est projetée dans une section du gyrus précentral de l'aire motrice primaire de chaque hémisphère. Cette correspondance entre le corps et les structures du SNC est appelée **somatotopie.** La figure 12.10 montre que le corps est représenté à l'envers dans le cortex cérébral, c'est-à-dire que la tête correspond à l'extrémité latérale inférieure du gyrus précentral et les orteils à la face interne. La plupart des neurones de ce gyrus commandent les muscles des régions du corps où les contractions musculaires doivent être très précises, c'est-à-dire le visage, la langue et les mains. Chacune de ces régions occupe ainsi une surface importante et disproportionnée de l'**homoncule moteur** («petit homme») dessiné au-dessus du gyrus dans la figure 12.10. Le gyrus gauche régit les muscles situés du côté droit du corps, et le gyrus droit régit les muscles situés du côté gauche: on dit que la motricité est croisée.

Des lésions de l'aire motrice primaire (comme celles que provoque un accident vasculaire cérébral) entraînent la paralysie des muscles squelettiques régis par cette aire. Si la lésion touche l'hémisphère droit, le côté gauche du corps est paralysé, et vice versa. Toutefois, seuls les mouvements volontaires sont impossibles, les muscles demeurent aptes aux contractions réflexes dont la plupart sont commandées par des centres de la moelle épinière. ■

2. **Aire prémotrice.** L'**aire prémotrice** est située à l'avant du gyrus précentral (voir la figure 12.9). Cette aire régit les habiletés motrices apprises de nature répétitive telles que la pratique d'un instrument de musique et la dactylographie. L'aire prémotrice coordonne les mouvements de plusieurs groupes de muscles squelettiques simultanément, successivement ou des deux façons à la fois. Son mode d'action principal consiste à envoyer des influx activateurs à l'aire motrice primaire. Elle a aussi une action directe sur l'activité motrice dans la mesure où elle renferme environ 15 % des neurofibres des faisceaux cortico-spinaux. On peut comparer cette aire à une banque de données (une «mémoire») dans laquelle sont enregistrées des activités motrices spécialisées.

La destruction totale ou partielle de l'aire prémotrice entraîne la perte des habiletés motrices qui y sont

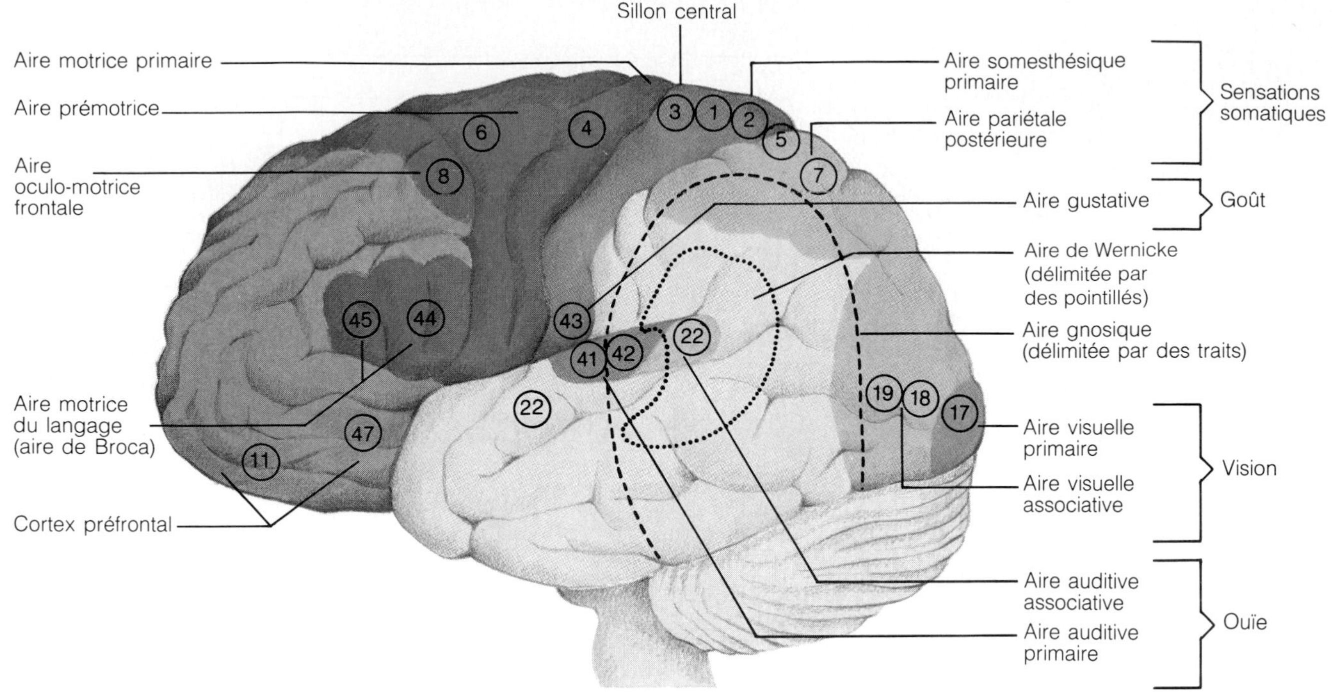

Figure 12.9 Aires fonctionnelles du cortex cérébral gauche. Les régions fonctionnelles du cortex apparaissent dans des couleurs différentes. Les numéros indiquent les aires définies par Brodmann. L'aire olfactive, qui est située sur la face interne du lobe temporal, n'est pas représentée.

programmées, sans diminuer la force des muscles squelettiques ni leur capacité d'accomplir des mouvements individuels. Si, par exemple, la partie de l'aire prémotrice qui régit le va-et-vient de vos doigts au-dessus d'un clavier était endommagée, vous ne pourriez plus dactylographier aussi rapidement qu'avant, mais vous pourriez accomplir les mêmes mouvements avec vos doigts. Vous devriez faire des exercices pour programmer l'habileté dans un autre groupe de neurones prémoteurs, tout comme il vous avait fallu le faire pour acquérir cette habileté. ■

3. Aire motrice du langage. L'aire motrice du langage (aire de Broca) est située à l'avant de l'aire prémotrice; elle chevauche les aires de Brodmann 44 et 45. On a longtemps pensé que cette aire ne se trouvait que dans un seul hémisphère (généralement le gauche), et qu'elle était un *centre moteur du langage* dirigeant les muscles de la langue, de la gorge et des lèvres associés à l'articulation. Cependant, des études récentes utilisant la tomographie par émission de positons pour «éclairer» les aires actives du cortex cérébral ont montré que l'aire motrice du langage a peut-être d'autres fonctions. Ces études ont en effet révélé que cette aire (et le centre correspondant dans l'autre hémisphère) se mettent en activité lorsque nous nous préparons à parler ou à accomplir de nombreuses activités motrices volontaires autres que la parole.

4. Aire oculo-motrice frontale. L'**aire oculo-motrice frontale** est située à l'avant de l'aire prémotrice et au-dessus de l'aire motrice du langage. Cette aire commande les mouvements volontaires des yeux.

Aires sensitives. Contrairement aux aires motrices qui sont limitées au lobe frontal, les aires reliées à la conscience des sensations sont situées dans les lobes pariétal, temporal et occipital (voir la figure 12.9).

1. Aire somesthésique primaire. L'**aire somesthésique primaire** se trouve dans le gyrus postcentral, immédiatement à l'arrière du sillon central et, par conséquent, de l'aire motrice primaire. Les neurones de ce gyrus reçoivent des messages parvenant des récepteurs somatiques de la peau et des propriocepteurs des muscles squelettiques; ils localisent également la provenance des stimulus. Cette faculté est appelée **discrimination spatiale.** Dans cette aire, tout comme dans l'aire motrice primaire, le corps est représenté à l'envers (voir la figure 12.10), et l'hémisphère droit reçoit les informations sensorielles issues du côté gauche du corps. La perception des différents stimulus est donc aussi croisée. La surface de l'aire somesthésique réservée à la perception sensorielle d'une région spécifique du corps dépend du degré de sensibilité de cette région (c'est-à-dire du nombre de récepteurs qu'elle renferme), et non de sa taille. Le visage (en particulier les lèvres) et le bout des doigts sont les régions les plus sensibles chez l'être humain. Ce sont donc les régions qui correspondent aux surfaces les plus importantes dans l'**homoncule sensitif.**

2. Aire pariétale postérieure. L'**aire pariétale postérieure** est située immédiatement à l'arrière de l'aire

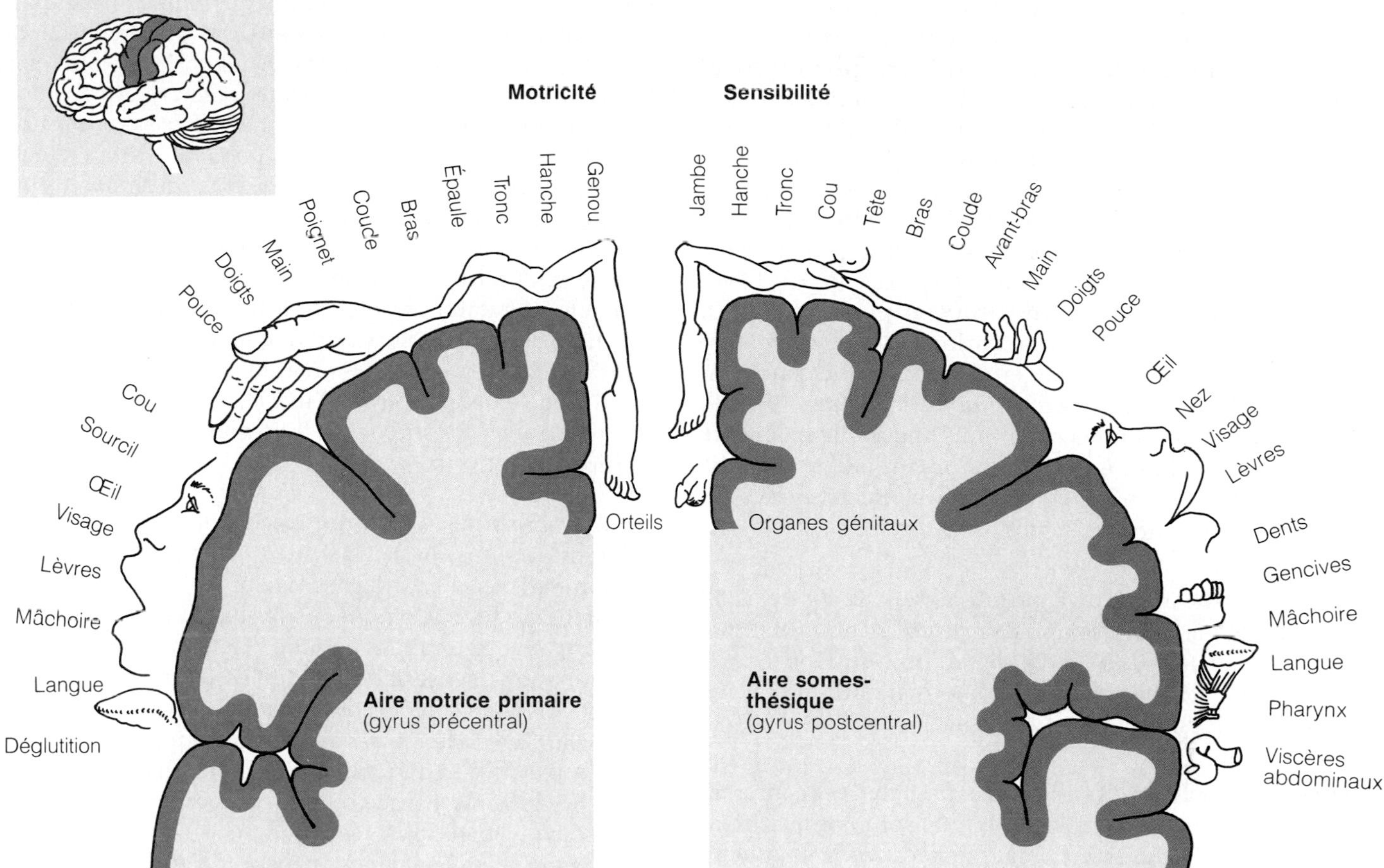

Figure 12.10 Aires sensitives et motrices du cortex cérébral. La quantité de tissu cortical réservée à la perception sensorielle provenant de chaque partie du corps correspond à la surface du gyrus occupée par le diagramme de cette partie. L'aire motrice primaire, dans le gyrus précentral, est représentée à gauche, tandis que l'aire somesthésique, dans le gyrus postcentral, est représentée à droite.

somesthésique primaire (voir la figure 12.9) et y est reliée par de nombreuses connexions. Sa principale fonction consiste à intégrer les différentes informations somesthésiques et à les traduire en perceptions de taille, de texture et d'organisation spatiale. Quand vous mettez la main dans votre poche, par exemple, le cortex pariétal postérieur «consulte» vos souvenirs d'expériences sensitives et identifie les objets que vous touchez comme des pièces de monnaie ou des clés. Une personne chez qui cette aire aurait été endommagée ne pourrait reconnaître ces objets sans les regarder.

3. Aires visuelles. Le lobe occipital de chaque hémisphère cérébral abrite l'**aire visuelle primaire,** laquelle est située en majeure partie dans le *sillon calcarin* (voir la figure 12.7b) et entourée de l'**aire visuelle associative.** L'aire primaire reçoit l'information en provenance de la rétine, et l'aire associative interprète ces stimulus visuels d'après les expériences visuelles antérieures. C'est grâce à elle que nous pouvons reconnaître une fleur ou un visage. La vision en tant que telle dépend des neurones corticaux de cette aire (bien que plusieurs autres aires corticales interviennent dans l'interprétation des stimulus visuels).

Des lésions de l'aire visuelle primaire entraînent la cécité fonctionnelle. Par ailleurs, les personnes qui ont subi des lésions de l'aire visuelle associative sont capables de voir, mais elles ne comprennent pas ce qu'elles regardent. ■

4. Aires auditives. L'**aire auditive primaire** est située dans la partie supérieure du lobe temporal, accolée au sillon latéral. Les ondes sonores stimulent les récepteurs auditifs (cochléaires) de l'oreille interne et déclenchent la transmission des influx nerveux à l'aire auditive primaire, qui en décode l'amplitude, le rythme et l'intensité. Derrière l'aire auditive primaire, l'**aire auditive associative** permet ensuite la perception du stimulus sonore, que nous interprétons comme des paroles, de la musique, un coup de tonnerre, un bruit, etc.

5. Aire olfactive. L'aire olfactive se trouve au creux du lobe temporal, sur la face interne de l'hémisphère, dans une région appelée **uncus** (partie du gyrus parahippocampal) et dans la région située immédiatement devant (voir la figure 12.7b, page 384). Les neurofibres afférentes des récepteurs olfactifs situés dans les cavités nasales transmettent des influx nerveux le long du tractus olfactif;

ces influx parviendront finalement jusqu'à l'aire olfactive, avec pour résultat la perception des odeurs.

L'aire olfactive fait partie du **rhinencéphale** (littéralement, «cerveau du nez») qui est entièrement consacré à la réception et à la perception des influx olfactifs chez les vertébrés primitifs. Le rhinencéphale comprend l'uncus et les parties associées du cortex cérébral situées sur ou dans les faces internes des lobes temporaux, ainsi que les tractus olfactifs et les bulbes olfactifs protubérants qui s'étendent jusqu'à la région nasale. Au cours de l'évolution, la majeure partie du rhinencéphale primitif a acquis des fonctions rattachées principalement aux émotions et à la mémoire. Nous étudions ce «nouveau» rhinencéphale, appelé *système limbique,* à la page 400. Les seules parties du rhinencéphale qui interviennent encore dans l'odorat chez l'être humain sont les bulbes olfactifs et les tractus olfactifs, ainsi que l'aire olfactive qui s'est atrophiée au cours de l'évolution.

6. Aire gustative. L'**aire gustative** (voir la figure 12.9) est associée à la perception des stimulus gustatifs; elle se trouve au creux du lobe pariétal, près du lobe temporal (aire de Brodmann 43). Elle correspond au bout de la langue dans l'homoncule sensitif.

Aires associatives. Les **aires associatives** comprennent toutes les aires corticales qui ne sont pas qualifiées par l'adjectif *primaire*. Comme nous l'avons déjà mentionné, l'aire somesthésique primaire et chacune des aires sensitives primaires sont situées à proximité des aires associatives avec lesquelles elles communiquent. Les aires associatives communiquent également entre elles et avec l'aire motrice de manière à reconnaître les informations sensorielles, à les analyser et à y réagir. Les aires associatives reçoivent et envoient des messages indépendamment des aires sensitives et motrices primaires, ce qui témoigne de la complexité de leur fonction. Nous décrivons ci-dessous les aires associatives dont nous n'avons pas encore parlé.

1. Cortex préfrontal. Le **cortex préfrontal** occupe la partie antérieure du lobe frontal (voir la figure 12.9); il est la plus complexe des régions corticales. Il est relié à l'intellect, à la cognition (c'est-à-dire aux capacités d'apprentissage) ainsi qu'à la personnalité. De lui dépendent la production des idées abstraites, le jugement, le raisonnement, la persévérance, l'anticipation, l'altruisme et la conscience. Comme toutes ces facultés se développent très progressivement chez l'enfant, il semble que la croissance du cortex préfrontal s'effectue lentement et qu'elle soit largement déterminée par les rétroactivations et les rétro-inhibitions provenant du milieu social. Le cortex préfrontal est également associé à l'humeur car il est étroitement relié au système limbique (le siège des émotions). C'est l'élaboration de cette région qui distingue l'être humain des autres animaux.

Les tumeurs ou d'autres lésions du cortex préfrontal peuvent provoquer des troubles mentaux et des troubles de la personnalité. Elles peuvent causer des sautes d'humeur marquées ainsi qu'une perte de l'attention et des inhibitions. La personne atteinte peut montrer de l'indifférence aux contraintes sociales. Ainsi, elle peut négliger son apparence ou encore préférer l'attaque brutale à la fuite devant un opposant qui la dépasse d'une tête.

Entre 1930 et 1950 environ, on employait une technique chirurgicale appelée *lobotomie préfrontale* pour traiter les maladies mentales graves. L'intervention, qui consistait à sectionner certains faisceaux qui se rendent au cortex préfrontal, semblait prometteuse à ses débuts car elle atténuait l'anxiété. Or, le traitement était pire que la maladie, puisqu'il causait fréquemment l'épilepsie et des changements de personnalité anormaux tels que la perte du jugement ou de l'initiative. Aujourd'hui, les psychotropes constituent le traitement de choix dans la plupart des troubles mentaux. ■

2. Aire gnosique. L'**aire gnosique** ou aire de l'interprétation est une région mal définie du cortex cérébral. Elle comprend des parties des lobes temporal, pariétal et occipital (figure 12.9). On ne la trouve que dans un seul hémisphère, en général le gauche. Cette aire reçoit les informations sensorielles de toutes les aires *sensitives* associatives, et semble constituer un «entrepôt» pour les souvenirs complexes associés aux perceptions sensorielles. À partir d'un ensemble d'informations sensorielles, elle produit une pensée ou une compréhension unifiée. Elle envoie ensuite ce résultat au cortex préfrontal, qui y ajoute des touches émotionnelles et détermine la réponse appropriée. Supposons par exemple qu'une bouteille d'acide chlorhydrique vous tombe des mains et que le contenu vous éclabousse. Vous voyez la bouteille voler en éclats, vous entendez le bruit du verre brisé, vous sentez la brûlure sur votre peau, vous respirez les vapeurs de l'acide. Or, ce ne sont pas ces perceptions qui dominent votre conscience, mais bien le message global de «danger». Instantanément, les muscles de vos jambes se contractent et vous portent en toute hâte jusqu'à la douche d'urgence.

Les lésions de l'aire gnosique provoquent l'imbécillité, même si toutes les autres aires sensitives associatives sont intactes; la destruction de cette aire rend la personne incapable d'interpréter les situations. ■

D'après des recherches récentes, il semblerait que l'aire gnosique et le cortex préfrontal travaillent de concert à assembler les nouvelles expériences en constructions logiques, en «récits» fondés sur nos expériences passées. Si tel est le cas, notre vision du monde n'est pas véritablement objective, mais façonnée par ce que nous savons et comprenons déjà. Les récits exercent beaucoup d'attrait sur les représentants de toutes les cultures. Serait-ce parce que la narration est un des mécanismes de notre fonctionnement mental?

3. Aires du langage. Les régions corticales associées au langage se trouvent dans les deux hémisphères. On trouve une aire d'intégration spécialisée, appelée **aire de Wernicke** (voir la figure 12.9), dans la partie postérieure du lobe temporal d'un hémisphère (généralement le gauche). Cette aire est aussi appelée «centre de la parole»; elle entoure et comprend une partie de l'aire auditive associative. On pensait jusqu'à tout récemment que l'aire de Wernicke était la seule aire associée à la compréhension du langage écrit et parlé. Mais la tomographie par émission de positons a révélé que cette aire est probablement reliée à la prononciation de mots inconnus, tandis que le processus plus complexe de *compréhension* du langage se déroule en fait dans les aires préfrontales, à mi-chemin entre les aires de Brodmann 45 et 11. Nous reviendrons plus en détail sur cette hypothèse controversée et sur d'autres hypothèses concernant le langage au chapitre 15 (p. 492-493).

Les **aires du langage affectif,** qui président aux aspects non verbaux et émotionnels du langage, semblent situées dans l'hémisphère opposé à l'aire motrice du langage et à l'aire de la compréhension du langage. Ces aires font que le rythme ou le ton de notre voix ainsi que nos gestes expriment nos émotions pendant que nous parlons, et ce sont elles qui nous permettent de comprendre le contenu émotionnel de ce que nous entendons. (Par exemple, une réponse douce et mélodieuse ne véhicule pas la même signification qu'une repartie sèche.)

Les troubles des aires affectives portent le nom collectif d'*aprosodie* (littéralement, «absence d'intonation»). Une personne à l'expression fermée qui vous dirait d'une voix atone (et pourtant sincèrement) qu'elle est «heureuse de vous rencontrer» présenterait les signes de ce dérèglement. ■

Latéralisation fonctionnelle des hémisphères cérébraux. Nous avons recours à nos deux hémisphères cérébraux dans presque toutes nos activités. Ils partagent les mêmes souvenirs et semblent presque identiques. Il y a néanmoins une division du travail entre les hémisphères. En effet, chacun est doté de facultés dont l'autre est dépourvu, et l'un ou l'autre domine dans l'accomplissement de chacune de nos tâches. Ce phénomène est appelé **latéralisation fonctionnelle.** Les connaissances que nous en avons proviennent d'observations faites sur des individus ayant subi une déconnexion interhémisphérique. Le terme **dominance cérébrale** désigne la prépondérance d'un hémisphère *par rapport au langage.* Chez 90 % des gens environ, l'hémisphère gauche est celui qui exerce le plus de maîtrise sur les habiletés du langage, les habiletés mathématiques et la logique. Cet hémisphère dit dominant se met à l'œuvre lorsque nous écrivons une phrase, vérifions notre carnet de chèques et mémorisons une liste de noms. L'autre hémisphère (généralement le droit) intervient plutôt dans les habiletés spatio-visuelles, l'intuition, l'émotion, l'appréciation de l'art et de la musique, ainsi que la reconnaissance des visages: c'est le côté poétique, créatif et intuitif de notre nature. La plupart des individus chez qui l'hémisphère gauche est dominant sont droitiers.

Chez les 10 % restants de la population, les rôles des hémisphères sont inversés ou égaux. La plupart des gens chez qui l'hémisphère droit est dominant sont gauchers et de sexe masculin. Les gauchers dont les fonctions corticales sont bilatérales ont dans la main non dominante une force et une adresse supérieures à la moyenne, et ils sont ambidextres. La dualité de la commande cérébrale peut aussi occasionner de la confusion («Est-ce ton tour ou le mien?») et des troubles d'apprentissage. Certains cas de *dyslexie,* un trouble de la lecture caractérisé, en l'absence de toute déficience intellectuelle, par des inversions des lettres ou des syllabes dans les mots (et des mots dans les phrases), seraient dus à l'absence de dominance cérébrale.

Par ailleurs, chaque hémisphère exerce une influence sur l'autre. L'hémisphère dominant, plus intellectuel, empêche l'hémisphère non dominant de se livrer à des épanchements émotionnels outrés. Inversement, le côté émotif du cerveau nous pousse à briser la routine, à nous laisser aller à la rêverie ou à agir de manière spontanée. La croyance populaire voulant que nous ayons «deux cerveaux» et que l'un domine l'autre est donc fausse. Les deux hémisphères cérébraux communiquent presque instantanément l'un avec l'autre par l'intermédiaire de faisceaux (dont la plupart passent par la commissure du corps calleux), ce qui explique que l'intégration de leurs fonctions respectives soit totale. De plus, bien que le terme «latéralisation» signifie que chaque hémisphère s'acquitte mieux que l'autre de certaines fonctions, aucun ne prime de façon absolue.

Substance blanche cérébrale

On déduit de ce qui précède que l'échange d'informations dans le cerveau est constant. Les aires corticales des deux hémisphères cérébraux communiquent entre elles et avec les centres sous-corticaux du SNC par l'intermédiaire de la **substance blanche cérébrale** (voir la figure 12.8). Cette substance est en grande partie composée de neurofibres myélinisées regroupées en faisceaux. Suivant leur orientation, ces neurofibres sont dites *commissurales*, *d'association* ou *de projection.*

Les **neurofibres commissurales** forment les commissures qui relient les aires homologues des hémisphères et permettent leur coordination. Les deux commissures principales sont la **commissure antérieure du cerveau** et le **corps calleux** (littéralement, «corps épaissi»). Ce dernier est situé au-dessus des ventricules latéraux, au fond de la fissure longitudinale du cerveau (figure 12.11b).

Les **neurofibres d'association** forment les faisceaux d'association qui transmettent les influx nerveux à l'intérieur d'un même hémisphère. Les neurofibres courtes (neurofibres arquées du cerveau) relient les gyrus adjacents, tandis que les neurofibres longues forment des faisceaux d'association (faisceau longitudinal supérieur et cingulum) qui relient les lobes corticaux.

Les **neurofibres de projection** forment les faisceaux de projection qui pénètrent dans les hémisphères en provenance des centres inférieurs de l'encéphale ou de la moelle épinière; elles comprennent également les neurofibres qui partent du cortex en direction de régions inférieures. Les neurofibres de projection relient le cortex au reste du système nerveux ainsi qu'aux récepteurs et aux effecteurs du corps. Contrairement aux commissures et

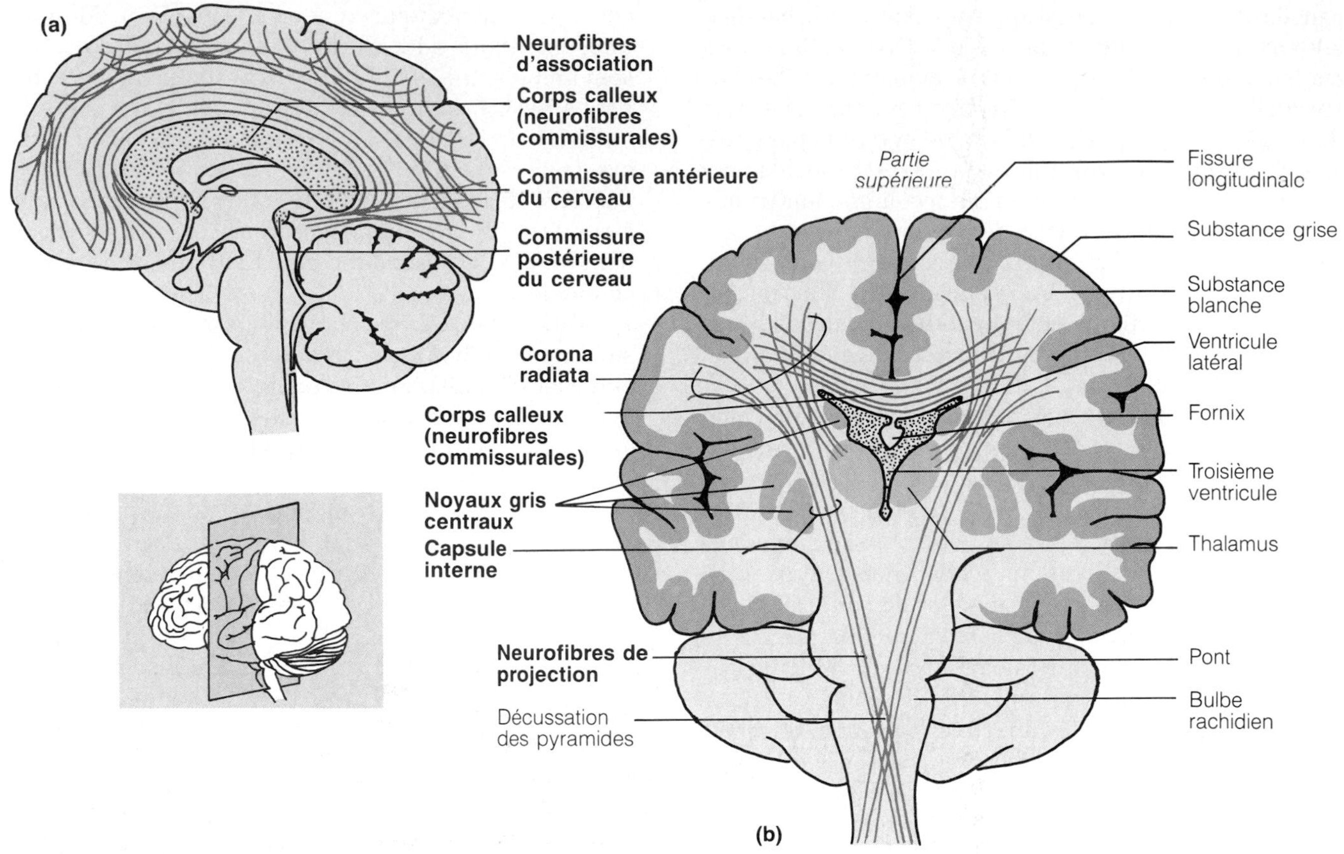

Figure 12.11 Neurofibres composant la substance blanche cérébrale. (**a**) Coupe sagittale médiane de l'hémisphère cérébral droit montrant quelques neurofibres d'association qui relient différentes parties du même hémisphère. Le corps calleux est une commissure qui permet aux deux hémisphères cérébraux de communiquer. (**b**) Coupe frontale de l'encéphale montrant des neurofibres commissurales du cerveau et des neurofibres de projection qui s'étendent entre le cerveau et les centres inférieurs (tronc cérébral et moelle épinière). Entre le thalamus et les noyaux gris centraux, les neurofibres de projection ascendantes et descendantes se regroupent en une bande compacte appelée capsule interne. Puis elles s'étalent en éventail dans la substance blanche cérébrale (entre le cortex et le thalamus) pour former la corona radiata.

aux faisceaux d'association, les faisceaux de projection sont verticaux. Nous verrons plus loin qu'ils peuvent être ascendants ou descendants selon qu'ils appartiennent à la voie sensitive ou à la voie motrice.

Les neurofibres de projection situées de part et d'autre du sommet du tronc cérébral forment une bande compacte appelée **capsule interne** (voir les figures 12.11b et 12.12a), qui passe entre le thalamus et certains des noyaux gris centraux. Au-delà de ce point, elles rayonnent en éventail jusqu'au cortex à travers la substance blanche. Cette structure est appelée **corona radiata** (littéralement, «couronne rayonnante»).

Noyaux gris centraux

Au cœur de la substance blanche cérébrale de chaque hémisphère se trouve un groupe de noyaux sous-corticaux appelés **noyaux gris centraux.** Bien que la question soit matière à controverse, on convient généralement que les noyaux gris centraux regroupent essentiellement le **noyau caudé,** le **putamen** et le **globus pallidus** (voir la figure 12.12). Le putamen (littéralement, «gousse») et le globus pallidus (littéralement, «globe pâle») constituent une masse ovoïde, le **noyau lenticulaire,** qui borde latéralement la capsule interne. Le noyau caudé est en forme de virgule et se recourbe par-dessus le diencéphale, sur la face interne de la capsule interne. Le noyau lenticulaire et le noyau caudé sont appelés ensemble **corps strié,** car les neurofibres de projection de la capsule interne semblent y imprimer des stries (voir la figure 12.12a). Sur le plan fonctionnel, les noyaux gris centraux sont associés aux *noyaux subthalamiques* (situés sur le «plancher» latéral du diencéphale) et à la *substance noire* du mésencéphale.

Le **corps amygdaloïde** (*amygdala* = amande) se trouve sur la queue du noyau caudé et renferme plusieurs noyaux. Du point de vue anatomique, on l'associe traditionnellement aux noyaux gris centraux alors que, fonctionnellement, il appartient au système limbique (voir la page 400).

Chacun des noyaux gris centraux reçoit un grand nombre d'informations sensorielles de l'ensemble du

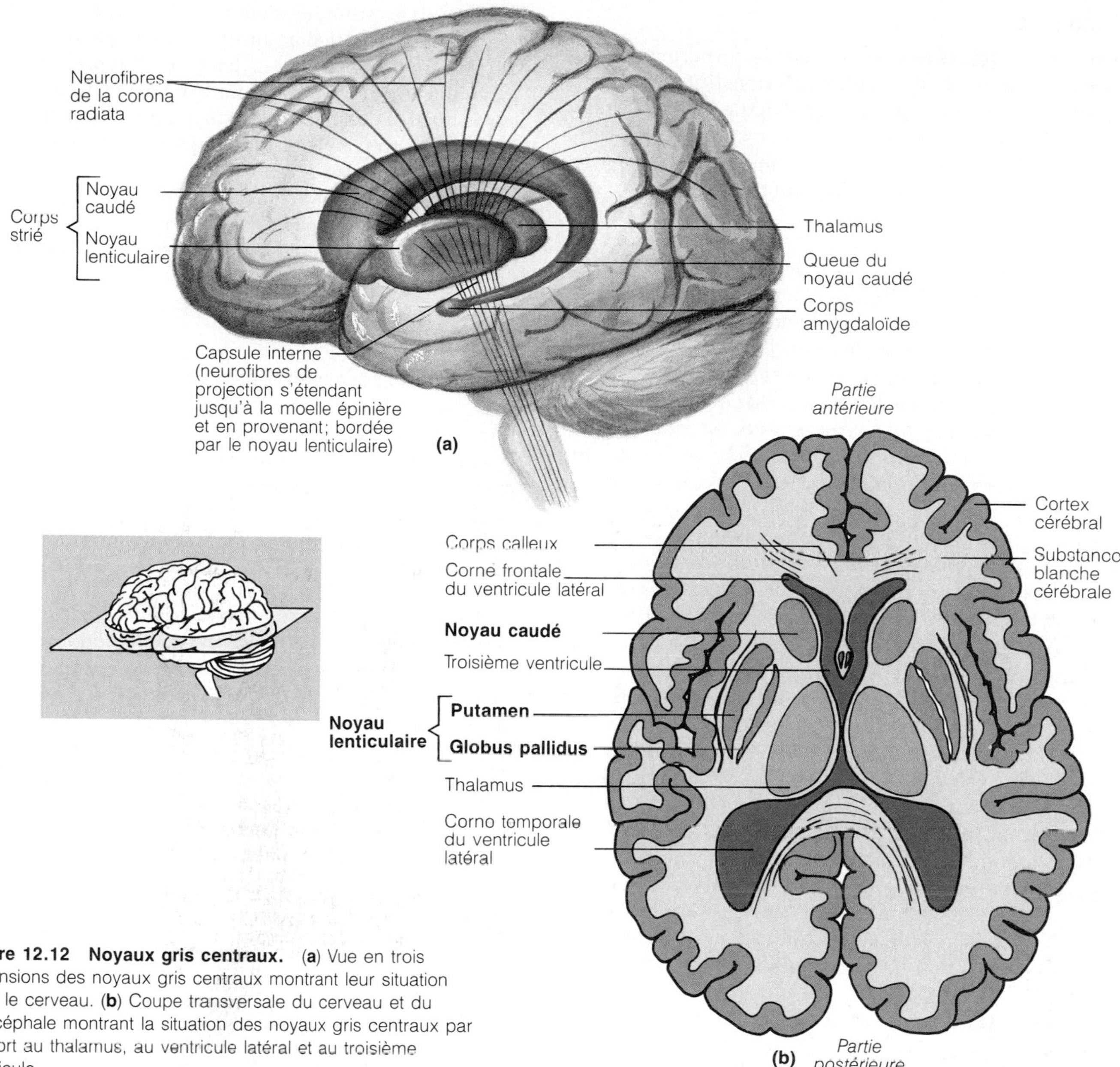

Figure 12.12 Noyaux gris centraux. (**a**) Vue en trois dimensions des noyaux gris centraux montrant leur situation dans le cerveau. (**b**) Coupe transversale du cerveau et du diencéphale montrant la situation des noyaux gris centraux par rapport au thalamus, au ventricule latéral et au troisième ventricule.

cortex cérébral ainsi que des autres noyaux sous-corticaux et des autres noyaux gris centraux. Par l'intermédiaire de faisceaux d'association passant par le thalamus, les noyaux gris centraux sont en communication avec l'aire prémotrice et le cortex préfrontal et influent ainsi sur les mouvements musculaires dirigés par l'aire motrice primaire. Les noyaux gris centraux n'ont aucune liaison directe avec les voies motrices.

Le rôle des noyaux gris centraux est longtemps resté insaisissable. En effet, leur situation les rend inaccessibles et leurs fonctions se superposent dans une certaine mesure à celles du cervelet. Cependant, on s'aperçoit aujourd'hui que leur apport à la régulation motrice est plus complexe qu'on ne le croyait, et on sait qu'ils participent à la cognition. Ils semblent jouer un rôle particulièrement important dans le déclenchement et la régulation des mouvements, surtout en ce qui concerne les mouvements relativement lents et soutenus, ou encore les mouvements stéréotypés comme le balancement des bras pendant la marche. En outre, les noyaux gris centraux inhibent les mouvements antagonistes ou superflus. Leur apport semble donc nécessaire à l'accomplissement simultané de plusieurs activités. Les lésions des noyaux gris centraux provoquent des perturbations de la posture et du tonus musculaire, des mouvements involontaires tels que des tremblements, et une lenteur anormale des mouvements.

Diencéphale

Le **diencéphale** est recouvert des hémisphères cérébraux. Il se compose essentiellement de trois structures, soit le thalamus, l'hypothalamus et l'épithalamus, situées de chaque côté du troisième ventricule (voir les figures 12.8 et 12.13).

Thalamus

Le **thalamus** (*thalamos* = lit) est de forme ovoïde; il représente 80 % du diencéphale. Il constitue les parois supéro-latérales du troisième ventricule (voir la figure 12.8a). Il est composé de deux masses jumelles de substance grise retenues par une commissure médiane appelée **commissure interthalamique** (ou adhérence interthalamique).

Le thalamus comprend de nombreux noyaux aux fonctions spécifiques dont la plupart sont nommés d'après leur situation relative (figure 12.13b). Chacun de ces noyaux projette des neurofibres vers une région définie du cortex, et chacun reçoit des neurofibres issues de cette même région. Les afférences provenant de tous les organes des sens et de toutes les parties du corps convergent dans le thalamus et y font synapse avec au moins un de ses noyaux. C'est pourquoi l'on considère les noyaux du thalamus comme des relais pour les informations sensitives qui se rendent aux différentes aires corticales. Dans le *noyau ventral postérieur latéral,* par exemple, on trouve d'importantes synapses entre les neurofibres qui acheminent les influx en provenance des récepteurs sensoriels somatiques (du toucher, de la pression, etc.). De même, le *noyau du corps géniculé latéral* et le *noyau du corps géniculé médial* sont d'importants relais pour les influx visuels et auditifs respectivement. Le tri et une certaine forme de traitement de l'information s'effectuent dans le thalamus. Les influx reliés à des fonctions semblables y sont groupés et retransmis aux aires sensitives et associatives appropriées par l'intermédiaire des faisceaux d'association et des neurofibres de la capsule interne. À mesure que les afférences sensitives atteignent le thalamus, nous pouvons distinguer grossièrement si la sensation que nous sommes sur le point d'éprouver sera agréable ou désagréable. Toutefois, la localisation et la distinction des stimulus se déroulent dans les différentes aires du cortex cérébral.

En fait, la *quasi-totalité* des influx nerveux envoyés au cortex cérébral passent par les noyaux thalamiques: les influx qui participent à la régulation des émotions et des fonctions viscérales traversent les noyaux antérieurs en provenance de l'hypothalamus; ceux qui dirigent l'activité des aires motrices proviennent du cervelet, des noyaux gris centraux et d'autres noyaux sous-corticaux. Le thalamus joue ainsi un rôle essentiel dans la sensibilité, la motricité, l'excitation corticale et la mémoire; il constitue la véritable porte d'entrée du cortex cérébral pour les informations sensitives.

Hypothalamus

L'**hypothalamus** (littéralement, «sous le thalamus») couronne le tronc cérébral. Il compose les parois et le plancher du troisième ventricule, et pénètre par sa partie inférieure dans le mésencéphale (voir la figure 12.13a). Il s'étend du chiasma optique (le point de croisement des nerfs optiques) à l'extrémité postérieure des corps mamillaires. Les **corps mamillaires** (littéralement, «petits seins») sont deux noyaux jumeaux en forme de pois qui font saillie à l'avant de l'hypothalamus; ils servent de relais pour les stimulus olfactifs. L'**infundibulum** est une tige de tissu hypothalamique (principalement formée de neurofibres), qui relie la base de l'hypothalamus à l'**hypophyse**; il est situé entre le chiasma optique et les corps mamillaires. Comme le thalamus, l'hypothalamus contient de nombreux noyaux importants du point de vue fonctionnel (figure 12.13c).

En dépit de sa petite taille, l'hypothalamus constitue le principal centre de régulation des fonctions physiologiques et il est essentiel au maintien de l'homéostasie. La plupart des organes du corps se trouvent sous son influence. Nous résumons ci-dessous ses principales fonctions homéostatiques.

1. Régulation des centres du SNA. L'hypothalamus régit l'activité du système nerveux autonome en dirigeant les fonctions des centres autonomes du tronc cérébral et de la moelle épinière. L'hypothalamus peut ainsi régler la pression artérielle, la fréquence et la force des contractions cardiaques, la motilité du tube digestif, la fréquence et l'amplitude respiratoires, le diamètre pupillaire et de nombreuses autres activités viscérales.

2. Régulation des réactions émotionnelles et du comportement. L'hypothalamus possède de nombreux liens avec les aires associatives corticales et les centres de la partie inférieure du tronc cérébral. Il constitue en fait le «moteur» du système limbique (la partie émotionnelle du cerveau). Il abrite les noyaux associés à la perception de la douleur, au plaisir, à la peur et à la colère, ainsi que les noyaux reliés aux rythmes et aux pulsions biologiques (comme la pulsion sexuelle).

L'hypothalamus, par le truchement de voies du SNA, déclenche la plupart des manifestations physiques des émotions. Celles de la peur, par exemple, sont les palpitations, l'élévation de la pression artérielle, la pâleur, la transpiration et la bouche sèche (xérostomie).

3. Régulation de la température corporelle. Le thermostat de l'organisme est situé dans l'hypothalamus. Certains de ses neurones «enregistrent» la température du sang qui le traverse et déclenchent les mécanismes de refroidissement ou de réchauffement (transpiration, grelottement, etc.) nécessaires au maintien d'une température relativement constante du milieu interne (voir le chapitre 25).

4. Régulation de l'apport alimentaire. En réponse aux changements des concentrations sanguines de certains nutriments (le glucose et probablement les acides aminés) ou de certaines hormones (notamment l'insuline), l'hypothalamus régit l'apport alimentaire en agissant sur la sensation de faim ou de satiété (voir le chapitre 25).

5. Régulation de l'équilibre hydrique et de la soif. Des neurones de l'hypothalamus appelés *osmorécepteurs* perçoivent une augmentation trop élevée de la concentration de soluté dans les liquides organiques. Ils stimulent alors d'autres noyaux hypothalamiques qui déclenchent la libération de l'hormone antidiurétique (ADH) par la neurohypophyse. Cette hormone «commande» aux reins de

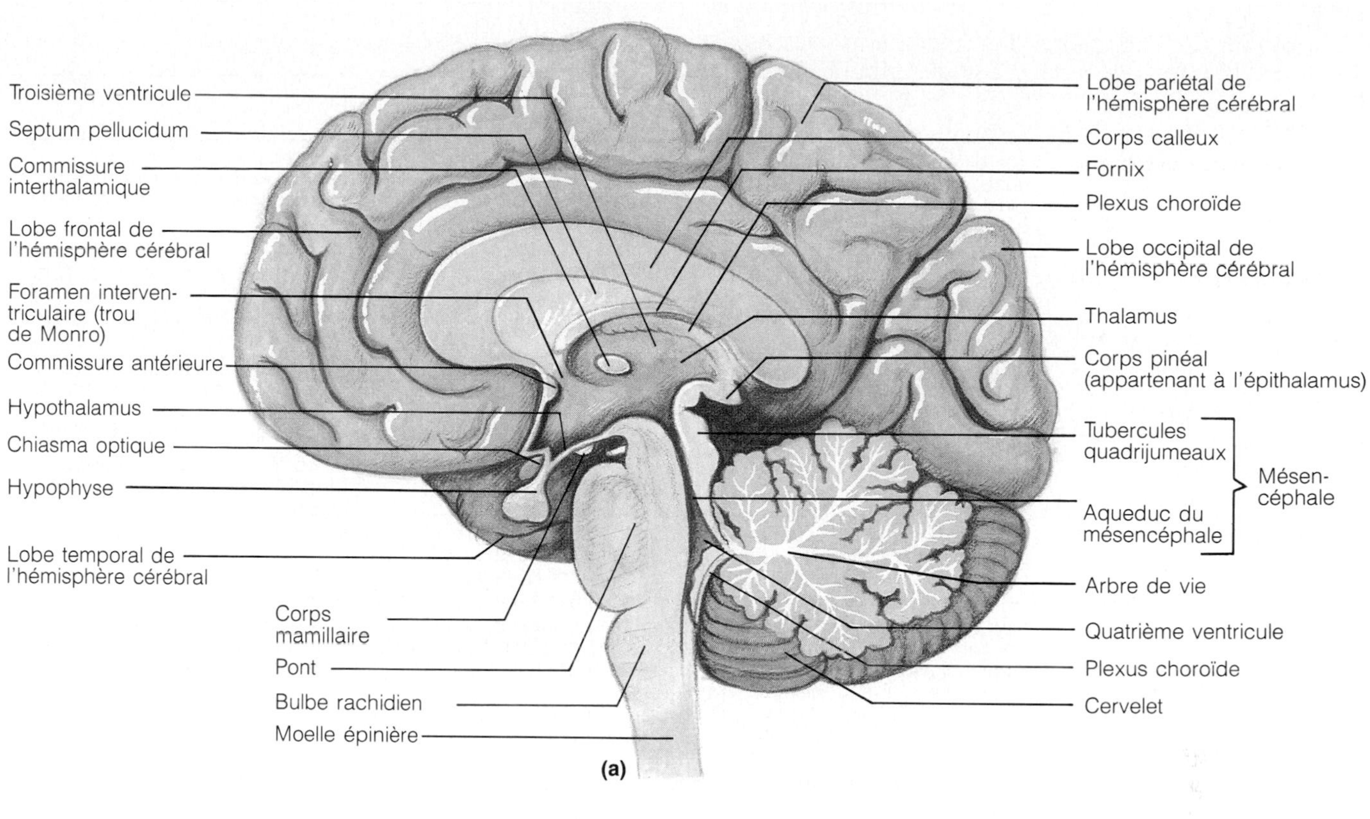

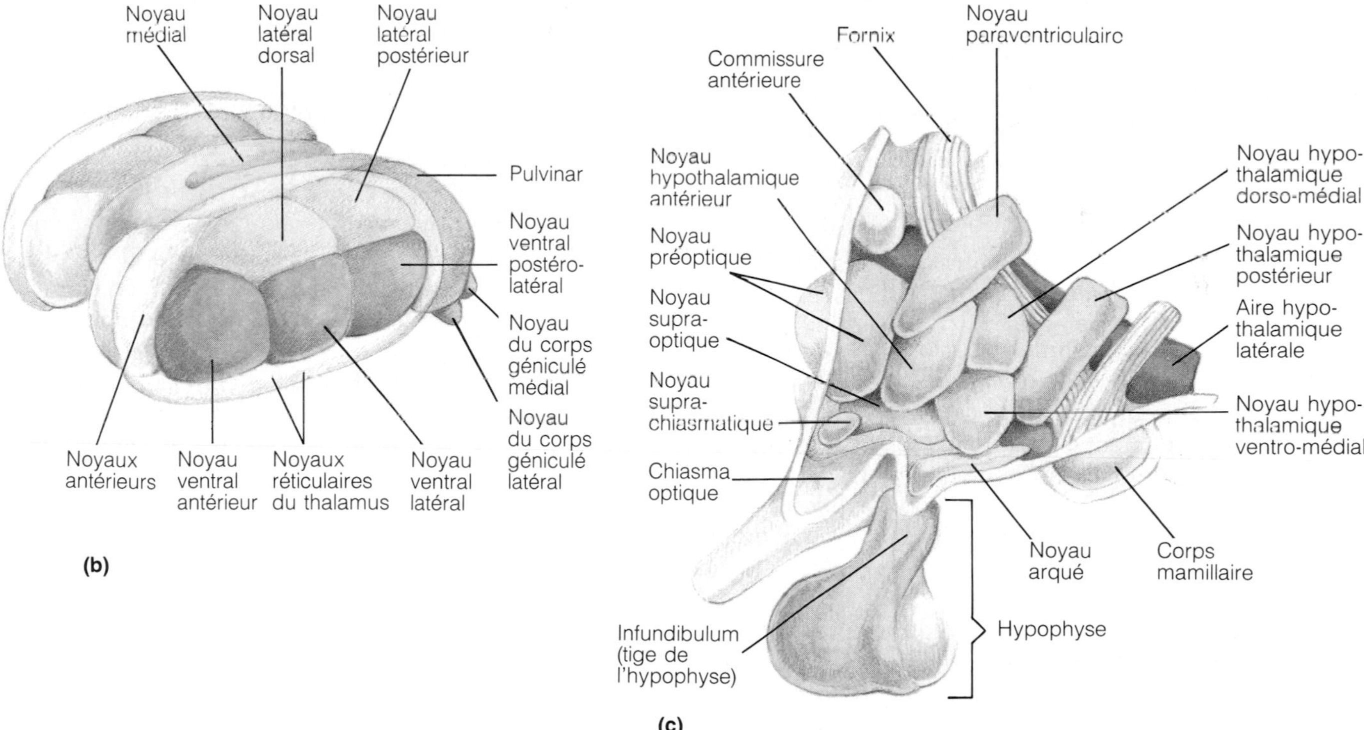

Figure 12.13 Diencéphale et structures du tronc cérébral. (**a**) Coupe sagittale médiane de l'encéphale. (**b**) Le thalamus et les principaux noyaux thalamiques. (Les noyaux réticulaires du thalamus qui entourent les noyaux thalamiques sont représentés sous forme de structures translucides incurvées.) (**c**) L'hypothalamus et les principaux noyaux hypothalamiques.

Tableau 12.1 Fonctions des principales régions de l'encéphale

Région	Fonctions
Hémisphères cérébraux (p. 382-391)	Les différentes aires de la substance grise corticale localisent et interprètent les influx sensitifs, gouvernent l'activité des muscles squelettiques volontaires et contribuent au fonctionnement intellectuel et aux réactions émotives; les noyaux gris centraux sont des centres moteurs sous-corticaux importants dans le déclenchement des mouvements des muscles squelettiques
Diencéphale (p. 392-394)	Les noyaux thalamiques sont des relais sur le parcours: (1) des influx sensitifs dirigés vers les aires corticales pour y être interprétés; (2) des influx dirigés vers l'aire motrice et les centres moteurs inférieurs (sous-corticaux), y compris le cervelet, et de ceux qui en proviennent; le thalamus intervient aussi dans la mémorisation d'informations
	L'hypothalamus est le centre d'intégration le plus important du système nerveux autonome (involontaire); il régit la température corporelle, l'apport alimentaire, l'équilibre hydrique, la soif ainsi que les rythmes et les pulsions biologiques; il régularise la sécrétion hormonale de l'adénohypophyse et il constitue en soi une glande endocrine (il produit l'hormone antidiurétique et l'ocytocine); il fait partie du système limbique
Système limbique (p. 400)	Système fonctionnel composé de structures appartenant aux hémisphères cérébraux et au diencéphale, et dont la fonction est d'adapter les différents systèmes de l'organisme par rapport aux réactions émotionnelles
Tronc cérébral Mésencéphale (p. 395)	Lien entre les centres cérébraux inférieurs et supérieurs (par exemple, les pédoncules cérébraux contiennent les neurofibres des faisceaux cortico-spinaux); ses tubercules quadrijumeaux supérieurs et inférieurs sont des centres réflexes visuels et auditifs; la substance noire et les noyaux rouges sont des centres moteurs sous-corticaux; contient les noyaux des nerfs crâniens III et IV
Pont (p. 395-396)	Lien entre les centres cérébraux supérieurs et inférieurs; ses noyaux servent de relais aux informations qui partent du cerveau pour se rendre au cervelet; ses centres respiratoires contribuent avec les centres respiratoires du bulbe rachidien à la régulation de la fréquence et de l'amplitude respiratoires; abrite les noyaux des nerfs crâniens V, VI et VII
Bulbe rachidien (p. 396-398)	Lien entre les centres cérébraux supérieurs et la moelle épinière; site de la décussation des faisceaux cortico-spinaux; abrite les noyaux des nerfs crâniens VIII à XII; contient le noyau cunéiforme et le noyau gracile (points de synapse des voies sensitives ascendantes qui transmettent les influx sensitifs des récepteurs cutanés et des propriocepteurs) et d'autres noyaux qui régissent la fréquence cardiaque, le diamètre des vaisseaux sanguins (vasomotricité), la fréquence respiratoire, le vomissement, la toux, etc.; les olives bulbaires constituent des relais sensitifs vers le cervelet
Formation réticulée (p. 400-402)	Système fonctionnel du tronc cérébral qui assure la vigilance du cortex cérébral (système réticulé activateur ascendant) et filtre les stimulus répétitifs; ses noyaux moteurs concourent à la régulation de l'activité des muscles squelettiques, des muscles lisses des viscères et du muscle cardiaque
Cervelet (p. 398-400)	Traite l'information reçue de l'aire motrice, des propriocepteurs ainsi que des voies de l'équilibre et de la vision; donne des «directives» à l'aire motrice et aux centres moteurs sous-corticaux de manière à maintenir l'équilibre et la posture, et à produire des mouvements coordonnés

retenir l'eau. Les mêmes conditions stimulent les neurones hypothalamiques du *centre de la soif* et nous poussent à ingérer des liquides.

6. Régulation du cycle veille-sommeil. L'hypothalamus participe à la régulation du phénomène complexe qu'est le sommeil, conjointement avec d'autres régions du cerveau. Par le truchement de son noyau suprachiasmatique (l'horloge biologique de notre organisme), l'hypothalamus règle le cycle du sommeil en réponse aux informations relatives à la clarté ou à l'obscurité qui proviennent des voies visuelles (voir l'encadré de la page 570).

7. Régulation du fonctionnement endocrinien. L'hypothalamus est à double titre le timonier du système endocrinien. Premièrement, il régit la sécrétion des hormones par l'adénohypophyse en produisant des *hormones de libération.* Deuxièmement, son *noyau supraoptique* et son *noyau paraventriculaire* produisent respectivement l'hormone antidiurétique et l'ocytocine. Nous reviendrons sur les rapports entre l'hypothalamus et le système endocrinien au chapitre 17.

Les troubles hypothalamiques sont à l'origine de plusieurs perturbations de l'homéostasie, notamment l'amaigrissement et l'obésité graves, les troubles du sommeil et la déshydratation. ■

Épithalamus

L'**épithalamus** est la partie postérieure du diencéphale; il forme le toit du troisième ventricule. De son extrémité postérieure pointe le **corps pinéal,** ou **glande pinéale,** visible de l'extérieur (voir les figures 12.13 et 12.15). La glande pinéale sécrète l'hormone appelée mélatonine; cette glande semble participer, avec les noyaux hypothalamiques, à la régulation du cycle veille-sommeil et de l'humeur.

Tronc cérébral

De haut en bas, le tronc cérébral est composé du mésencéphale, du pont et du bulbe rachidien (voir les figures 12.13, 12.14 et 12.15). Chacune de ces régions mesure environ 2,5 cm de longueur. Le tronc cérébral est semblable à la moelle épinière sur le plan histologique, c'est-à-dire qu'il est constitué de substance grise entourée de faisceaux de substance blanche.

Les centres du tronc cérébral produisent les comportements automatiques et immuables requis pour la survie. Placé entre le cerveau et la moelle épinière, le tronc cérébral constitue un passage pour les faisceaux ascendants et descendants qui relient les centres supérieurs et inférieurs. En outre, le tronc cérébral est un élément primordial de l'innervation de la tête, car un grand nombre de ses noyaux sont associés à 10 des 12 paires de nerfs crâniens (qui sont décrits au chapitre 13).

Mésencéphale

Le **mésencéphale** est situé au-dessous du diencéphale et au-dessus du pont (voir la figure 12.14). Sa face antérieure présente deux renflements, les **pédoncules cérébraux,** qui ressemblent à des piliers verticaux soutenant le cerveau, d'où leur nom qui signifie littéralement «petits pieds du cerveau». Ces pédoncules contiennent les grands faisceaux moteurs cortico-spinaux (pyramidaux) qui descendent vers la moelle épinière. Les *pédoncules cérébelleux supérieurs,* qui sont eux aussi constitués de faisceaux, relient la partie postérieure du mésencéphale au cervelet (figure 12.15).

Le mésencéphale est parcouru par l'**aqueduc du mésenséphale** qui unit le troisième et le quatrième ventricule. L'aqueduc est entouré de substance grise qui contient des noyaux associés à deux paires de nerfs crâniens, les *nerfs oculo-moteurs* (III) et les *nerfs trochléaires* (IV) (voir les figures 12.15 et 12.16). Des noyaux sont aussi disséminés dans la substance blanche qui enrobe le tout. Les plus gros portent le nom de **tubercules quadrijumeaux** et forment quatre protubérances sur la face postérieure du mésencéphale (voir les figures 12.13 et 12.15). Les **tubercules quadrijumeaux supérieurs** commandent les réflexes visuels, c'est-à-dire qu'ils coordonnent les mouvements de la tête et des yeux que nous accomplissons quand nous suivons des yeux le déplacement d'un objet. Les **tubercules quadrijumeaux inférieurs**, situés immédiatement sous les précédents, appartiennent au relais auditif qui met en communication les récepteurs auditifs de l'oreille et l'aire sensitive. Ils interviennent aussi dans les réponses réflexes au son, et notamment dans le *réflexe de tressaillement*, qui provoque un déplacement de la tête en direction d'un bruit inattendu.

La substance blanche du mésencéphale renferme également deux noyaux pigmentés, soit la substance noire et le noyau rouge (figure 12.16a). La **substance noire** est un noyau allongé, enfoui profondément dans le pédoncule cérébral; elle constitue la plus grande masse nucléaire du mésencéphale. Sa couleur sombre est due à sa forte teneur en mélanine. Structuralement et fonctionnellement, la substance noire est reliée aux noyaux gris centraux des hémisphères cérébraux, si bien que de nombreux spécialistes estiment qu'elle en fait partie. Le **noyau rouge,** de forme ovale, se trouve entre la substance noire et l'aqueduc du mésencéphale. Sa teinte rougeâtre est causée par sa forte vascularisation et la présence de pigment ferreux dans le corps cellulaire de ses neurones. Les noyaux rouges servent de relais dans certaines voies motrices descendantes qui produisent la flexion des membres. Le mésencéphale contient également des noyaux associés à la *formation réticulée* (décrite aux pages 400 à 402). Au-dessus du mésencéphale, le SNC ne contient plus de neurones moteurs, c'est-à-dire de neurones qui atteignent la périphérie du corps et innervent des muscles et des glandes.

Pont

Le **pont** est la région proéminente du tronc cérébral comprise entre le mésencéphale et le bulbe rachidien (voir les figures 12.13, 12.14 et 12.15). Sa face postérieure constitue une partie de la paroi antérieure du quatrième ventricule.

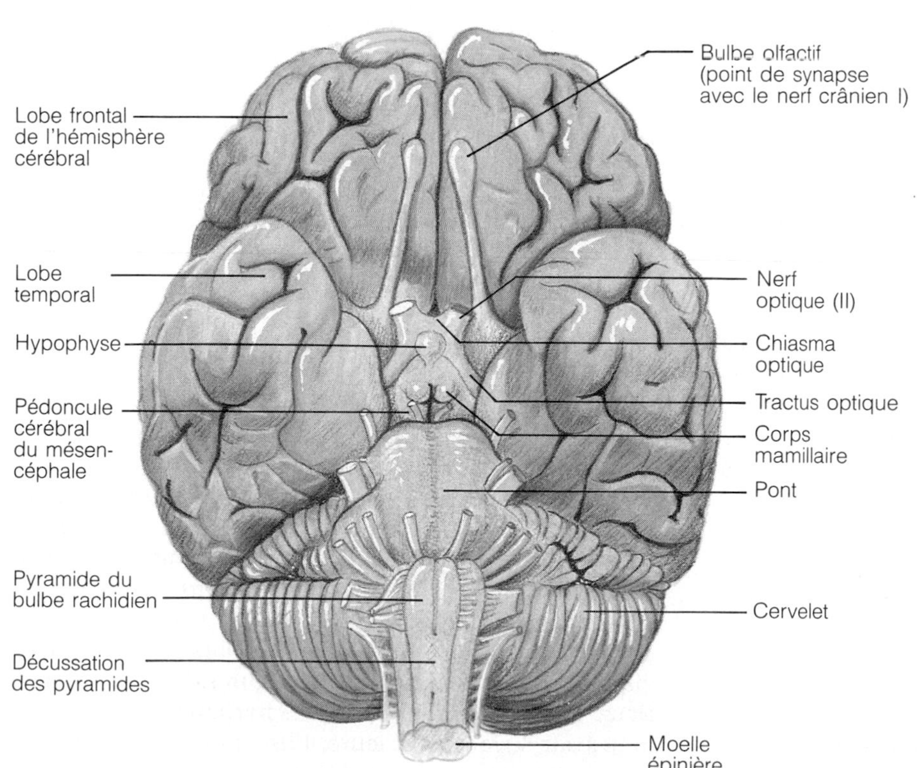

Figure 12.14 Vue antérieure de l'encéphale humain montrant les trois régions du tronc cérébral. Seule une petite partie du mésencéphale est visible, le reste étant entouré par d'autres régions de l'encéphale.

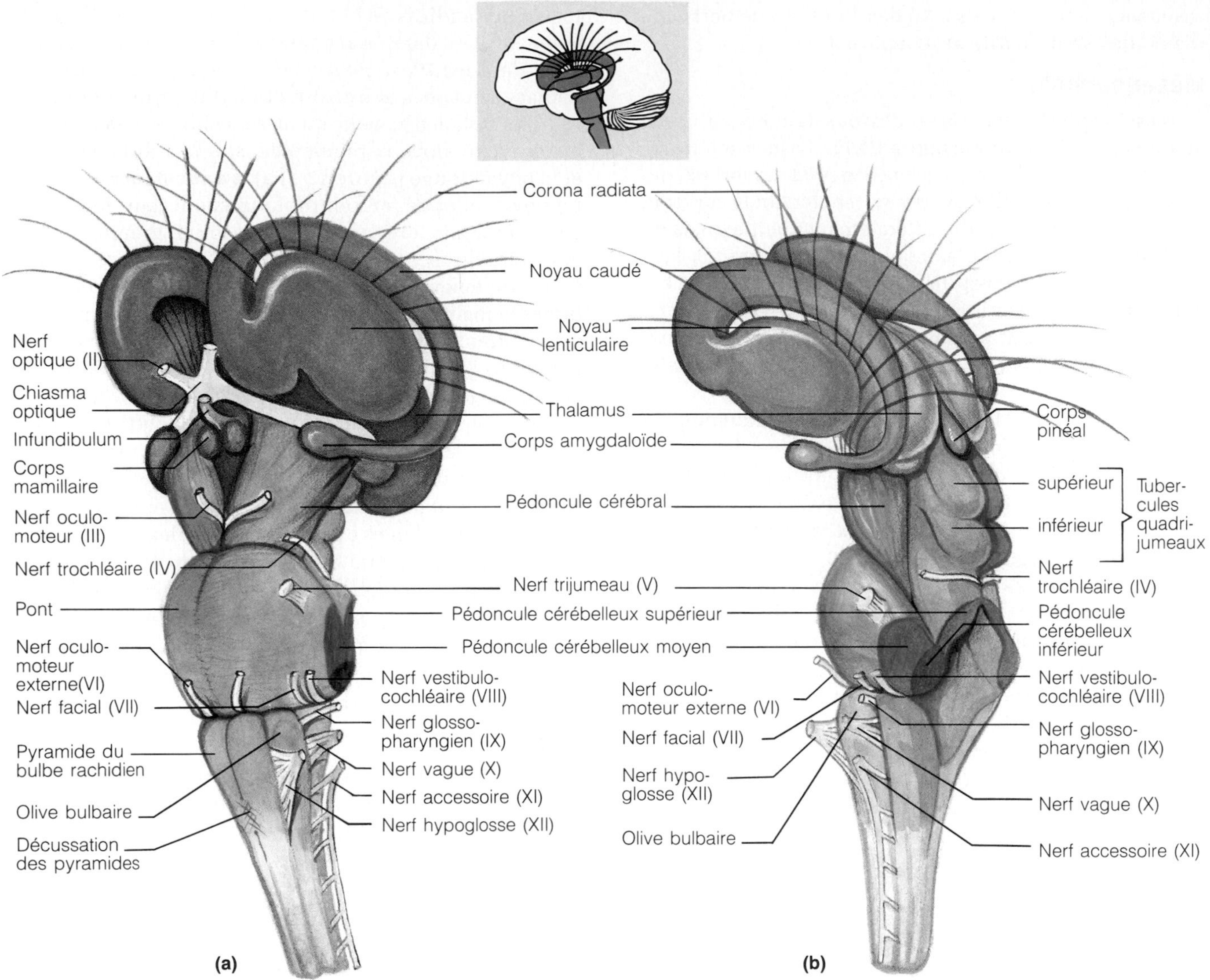

Figure 12.15 Relations entre le tronc cérébral, le diencéphale et les noyaux gris centraux. Les hémisphères cérébraux ont été retirés. (**a**) Vue antéro-latérale. (**b**) Vue postéro-latérale.

Le pont est composé principalement de neurofibres de projection disposées longitudinalement et transversalement. Les neurofibres longitudinales sont profondes; elles assurent la communication entre les centres cérébraux supérieurs et la moelle épinière. Les neurofibres transversales, plus superficielles, forment les *pédoncules cérébelleux moyens,* et elles relient le pont au cervelet.

Plusieurs paires de nerfs crâniens émergent des noyaux du pont (voir les figures 12.15 et 12.16c), notamment les *nerfs trijumeaux* (V), les *nerfs oculo-moteurs externes* (VI) et les *nerfs faciaux* (VII). D'autres noyaux importants du pont sont des centres de la respiration qui appartiennent à la formation réticulée. Avec les centres de la respiration du bulbe rachidien, ils concourent au maintien du rythme normal de la respiration.

Bulbe rachidien

Le **bulbe rachidien,** de forme conique, est la partie inférieure du tronc cérébral. Il s'unit à la moelle épinière à la hauteur du trou occipital (voir les figures 12.13 et 12.14). Le canal de l'épendyme de la moelle épinière se poursuit dans le bulbe rachidien, où il s'élargit pour constituer la cavité du quatrième ventricule. Le bulbe rachidien et le pont forment donc la paroi antérieure du quatrième ventricule.

Le bulbe rachidien présente plusieurs caractéristiques visibles de l'extérieur (voir les figures 12.14 et 12.15). Deux saillies longitudinales, les **pyramides,** sont apparentes sur sa face antérieure. Elles sont constituées par les gros faisceaux cortico-spinaux (pyramidaux) qui descendent de l'aire motrice. Juste au-dessus de la jonction

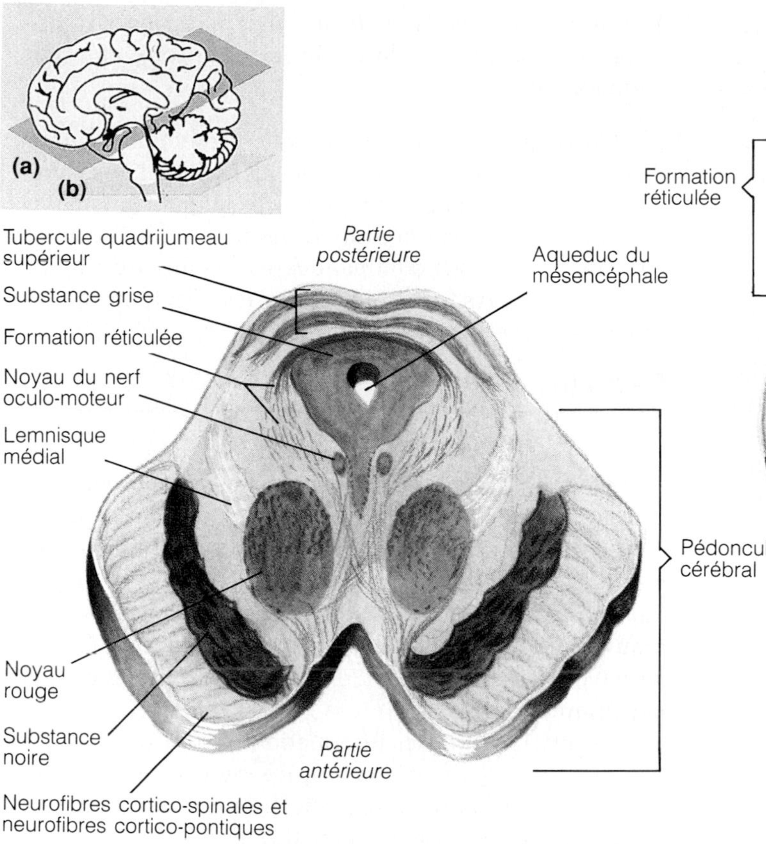

(a) Mésencéphale

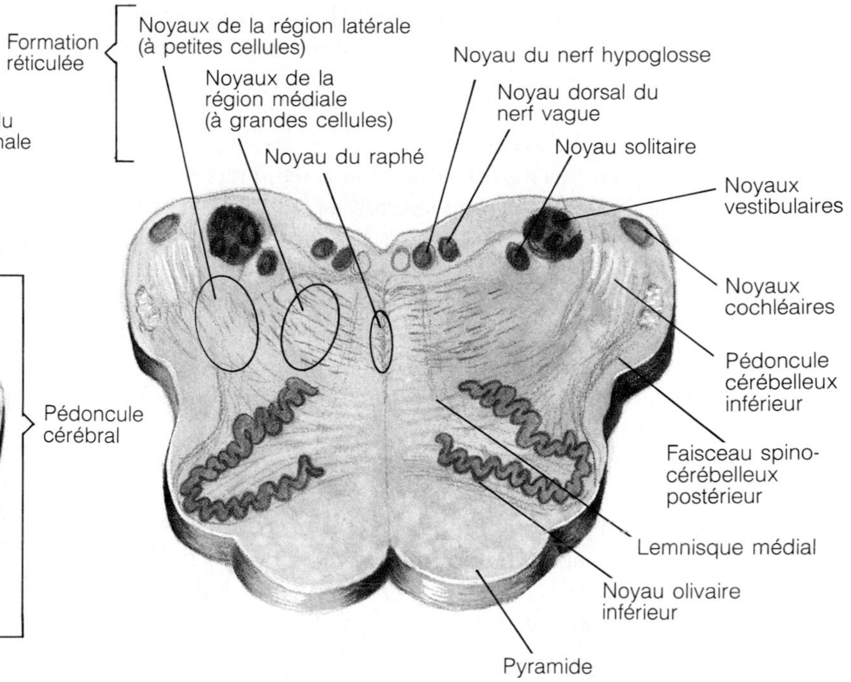

(b) Bulbe rachidien

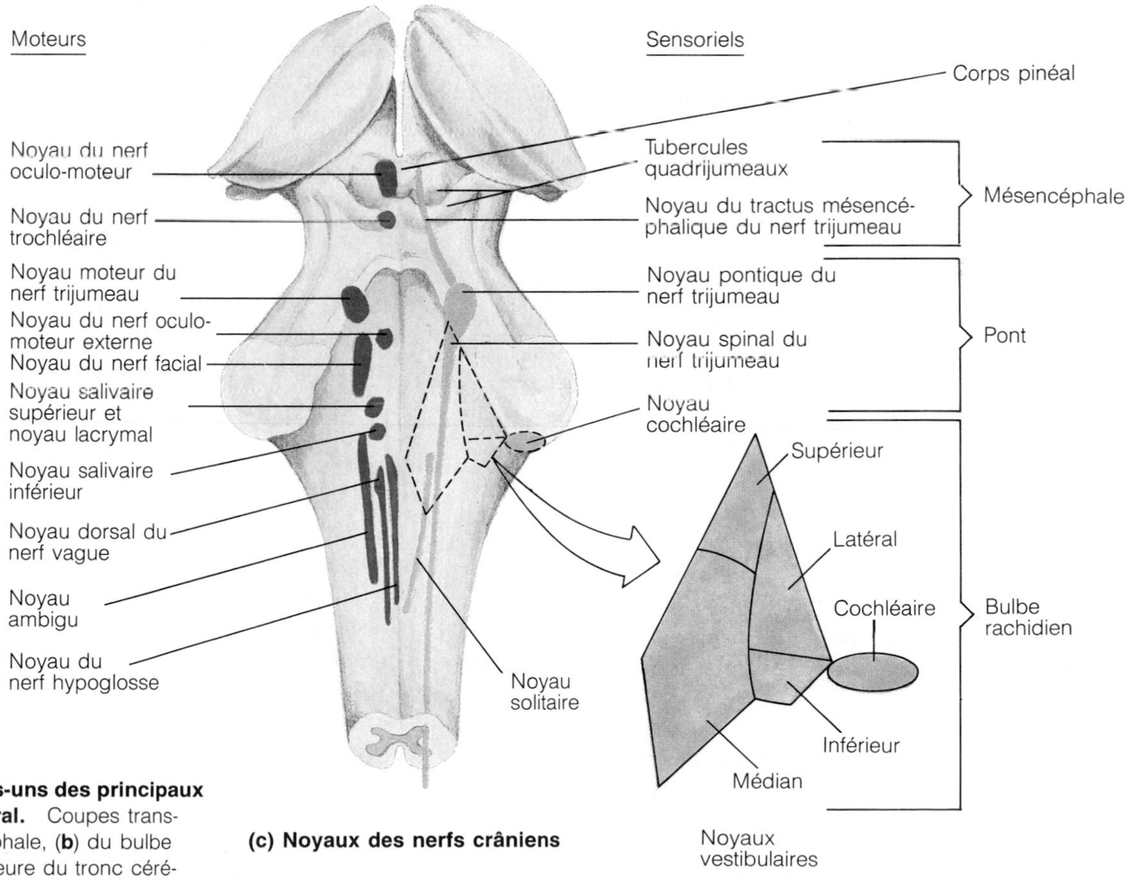

(c) Noyaux des nerfs crâniens

Figure 12.16 Quelques-uns des principaux noyaux du tronc cérébral. Coupes transversales (**a**) du mésencéphale, (**b**) du bulbe rachidien. (**c**) Vue postérieure du tronc cérébral montrant la situation de quelques noyaux des nerfs crâniens dans le mésencéphale, le pont et le bulbe rachidien.

du bulbe rachidien et de la moelle épinière, la plupart de ces faisceaux bifurquent vers le côté opposé avant de poursuivre leur descente dans la moelle épinière. Ce point de croisement est appelé **décussation des pyramides.** Comme nous l'avons déjà indiqué, la conséquence de ce croisement est que chaque hémisphère régit les mouvements volontaires des muscles du côté opposé, ou *controlatéral,* du corps.

Les pédoncules cérébelleux inférieurs, les olives bulbaires et quelques nerfs crâniens sont également visibles de l'extérieur. Les *pédoncules cérébelleux inférieurs* sont des faisceaux qui relient la partie postérieure du bulbe rachidien au cervelet. Situées à côté des pyramides, les **olives bulbaires** sont des renflements ovales renfermant les noyaux olivaires inférieurs, lesquels sont en fait des replis de substance grise (figure 12.16b). Les noyaux olivaires servent de relais aux informations sensorielles relatives à l'étirement des muscles et des articulations, qui se rendent au cervelet. Les racines des *nerfs hypoglosses* (XII) sortent du sillon séparant la pyramide de l'olive bulbaire, de chaque côté du tronc cérébral. Les autres nerfs crâniens associés au bulbe rachidien sont les *nerfs glosso-pharyngiens* (IX), les *nerfs vagues* (X) et, en partie, les *nerfs accessoires* (XI) (voir les figures 12.15 et 12.16c). De plus, les neurofibres des *nerfs vestibulo-cochléaires* (VIII) font synapse avec les **noyaux cochléaires** (qui reçoivent les informations sensorielles auditives) et avec plusieurs **noyaux vestibulaires** tant dans le pont que dans le bulbe rachidien (voir la figure 12.16b et c). Les noyaux vestibulaires dans leur ensemble participent à la transmission des commandes motrices en rapport avec le maintien de l'équilibre.

Le bulbe rachidien abrite également quelques noyaux associés à des faisceaux sensitifs ascendants. Le *noyau gracile* et le *noyau cunéiforme* sont les plus importants; ces noyaux sont situés dans la partie postérieure du bulbe rachidien et ils sont associés au lemnisque médial (voir la figure 12.25). Ils servent de premier relais sur la voie sensitive par laquelle les informations somesthésiques passent de la moelle épinière au thalamus (deuxième relais) et enfin à l'aire somesthésique du cortex.

La petite taille du bulbe rachidien ne doit pas nous faire oublier qu'il constitue un important centre réflexe autonome et qu'il participe au maintien de l'homéostasie. Nous allons énumérer ci-dessous les noyaux moteurs viscéraux importants du bulbe rachidien.

1. *Le centre cardiaque.* Le centre cardiaque adapte la force et la fréquence des contractions cardiaques aux besoins de l'organisme.

2. *Le centre vasomoteur.* Le centre vasomoteur règle la pression artérielle en agissant sur les muscles lisses de la paroi vasculaire.

3. *Les centres respiratoires.* Les centres respiratoires du bulbe rachidien régissent le rythme et l'amplitude de la respiration.

4. D'autres centres gèrent des activités telles que le vomissement, le hoquet, la déglutition, la toux et l'éternuement.

Notez que plusieurs des fonctions que nous venons d'énumérer ont aussi été attribuées à l'hypothalamus (voir la page 392). Ce chevauchement s'explique facilement: l'hypothalamus régit la plupart des fonctions viscérales en transmettant ses commandes aux centres du bulbe rachidien, qui les font exécuter par les effecteurs appropriés.

Cervelet

Le **cervelet,** dont la forme évoque celle d'un chou-fleur, est la plus grosse partie de l'encéphale, après le cerveau. Il représente environ 11 % de la masse de l'encéphale. Le cervelet est situé à l'arrière du pont et du bulbe rachidien (dont il est séparé par le quatrième ventricule). Il fait saillie sous les lobes occipitaux des hémisphères cérébraux, dont il est séparé par la fissure transverse du cerveau (voir la figure 12.7a). Il repose dans la fosse crânienne postérieure.

Le cervelet traite les informations sensorielles reçues de l'aire motrice, de divers noyaux du tronc cérébral et de plusieurs récepteurs sensoriels, et il synchronise les contractions des muscles squelettiques de manière à produire des mouvements coordonnés. L'activité du cervelet est subconsciente, c'est-à-dire que nous n'en avons nullement connaissance. Avant d'étudier le fonctionnement du cervelet, nous allons nous pencher sur son anatomie.

Anatomie du cervelet

Le cervelet est composé de deux hémisphères latéraux et symétriques, les **hémisphères cérébelleux,** qui sont réunis par une structure médiane en forme de ver, le **vermis** (figure 12.17). Sa surface est parcourue de nombreuses fissures superficielles, mais comme celles-ci sont toutes transversales, elles délimitent de fins replis semblables à des feuilles superposées, les **lamelles du cervelet.** Chaque hémisphère est subdivisé en trois lobes par des fissures profondes: le **lobe antérieur**, le **lobe postérieur** et le **lobe flocculo-nodulaire.** Ce dernier est petit et en forme d'hélice; il est situé sous le vermis et le lobe postérieur, et n'est pas visible de l'extérieur.

Comme le cerveau, chaque hémisphère cérébelleux présente, de l'extérieur vers l'intérieur, un cortex de substance grise, une masse de substance blanche (sous-corticale) et des masses jumelles de substance grise formant les noyaux du cervelet, dont le plus connu est le **noyau dentelé.** Ces noyaux transmettent la plupart des commandes motrices du cervelet (lesquelles sont toutefois déclenchées par les cellules du cortex cérébral). La disposition de la substance blanche dans le cervelet est caractéristique. En coupe sagittale (voir la figure 12.13a), elle évoque la forme d'un arbre, d'où son nom poétique d'*arbre de vie du cervelet.*

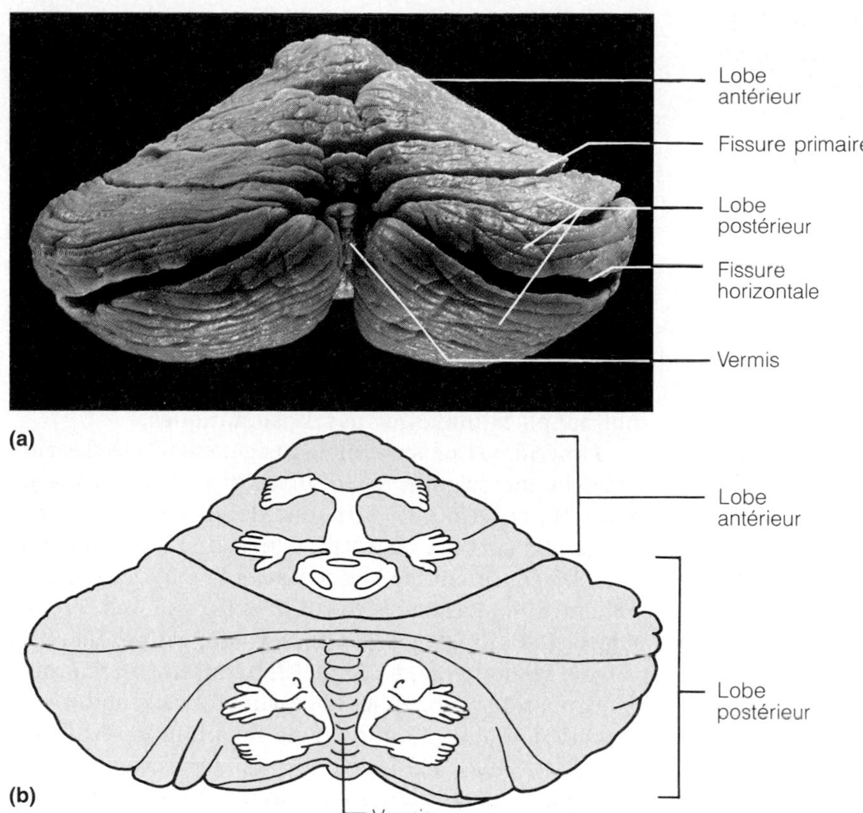

Figure 12.17 Cervelet. (**a**) Photographie de la face postérieure du cervelet. Le lobe flocculo-nodulaire, situé derrière le vermis, n'est pas visible ici. (**b**) Situation des représentations motrices et sensitives du corps dans le cervelet. La région cérébelleuse médiane correspondant au vermis coordonne les grands mouvements des ceintures et du tronc. Les parties intermédiaires des hémisphères cérébelleux coordonnent les mouvements fins des membres. Les régions latérales des hémisphères interviennent dans la planification des mouvements.

Les fonctions motrices et sensitives du corps entier se retrouvent symétriquement dans les lobes antérieur et postérieur du cervelet (voir la figure 12.17b). Les parties médianes (correspondant au vermis) reçoivent l'information sensorielle provenant du tronc et influent sur les activités motrices du tronc et des muscles des ceintures en transmettant cette information à l'aire motrice du cortex cérébral. Les parties intermédiaires des hémisphères sont associées aux parties distales des membres. Enfin, les parties latérales de chaque hémisphère reçoivent l'information sensorielle provenant des aires associatives du cortex cérébral et elles semblent participer davantage à la planification qu'à l'exécution des mouvements; ces régions sont donc des centres d'intégration. Les petits lobes flocculo-nodulaires reçoivent l'information sensorielle des organes de l'équilibre situés dans l'oreille interne; leur rôle est d'envoyer les commandes motrices en rapport avec le maintien de l'équilibre et certains mouvements des yeux.

Comme nous l'avons déjà mentionné, trois paires de pédoncules cérébelleux relient le cervelet au tronc cérébral (voir la figure 12.15). Les **pédoncules cérébelleux supérieurs** relient le cervelet au mésencéphale. Les neurofibres de ces pédoncules sont issues de neurones situés dans les noyaux cérébelleux profonds et la plupart d'entre elles communiquent avec l'aire motrice du cortex cérébral en passant d'abord dans le thalamus que l'on peut considérer comme un relais. Comme les noyaux gris centraux, le cervelet n'a aucun lien direct avec le cortex cérébral.

Les **pédoncules cérébelleux moyens** relient le pont au cervelet et assurent une liaison à sens unique entre les neurones du pont et ceux du cervelet. Le cervelet se trouve ainsi « informé » des activités motrices volontaires déclenchées par l'aire motrice (par l'intermédiaire de relais dans les noyaux du pont). Les **pédoncules cérébelleux inférieurs** relient le cervelet au bulbe rachidien. Ces pédoncules contiennent des faisceaux afférents qui acheminent au cervelet l'information sensorielle provenant des propriocepteurs des muscles et des noyaux vestibulaires du tronc cérébral, qui sont associés à l'équilibre. Contrairement à ce qui se produit dans le cortex cérébral (qui présente une distribution controlatérale), la plupart des neurofibres qui pénètrent dans le cervelet et qui en sortent ont une distribution *homolatérale* (*homo* = même), c'est-à-dire qu'elles relient à chacun des hémisphères cérébelleux les parties du corps situées du *même* côté.

Fonctionnement du cervelet

Le fonctionnement du cervelet semble s'articuler selon les étapes décrites ci-dessous.

1. L'aire motrice cérébrale déclenche les contractions des muscles squelettiques et, par l'intermédiaire des neurofibres collatérales des faisceaux cortico-spinaux, informe simultanément le cervelet de son activité.
2. Le cervelet reçoit en même temps de l'information des propriocepteurs (à propos de la tension des muscles et des tendons et de la position des articulations) ainsi

que des voies de l'équilibre (oreille interne) et de la vision. Grâce à cette information, le cervelet est en mesure d'apprécier la position des parties du corps dans l'espace et la nature de leurs mouvements.

3. Le cortex cérébelleux analyse cette information et détermine la meilleure façon de coordonner l'intensité, la direction et la durée de la contraction des muscles squelettiques de manière à éviter que les mouvements dépassent leur cible et afin de conserver la posture et de produire des mouvements coordonnés.
4. Enfin, par le biais des pédoncules cérébelleux supérieurs, le cervelet fait part de son «plan d'action» à l'aire motrice, qui y apporte les corrections appropriées. Par ailleurs, les neurofibres cérébelleuses s'étendent aussi jusqu'aux noyaux du tronc cérébral, et notamment aux *noyaux rouges* du mésencéphale, qui se rendent à leur tour jusqu'aux neurones moteurs de la moelle épinière.

On peut comparer le cervelet à un pilote automatique. En effet, il compare sans cesse les intentions du cerveau aux mouvements effectués par le corps et émet les messages visant à effectuer les corrections nécessaires à la précision des mouvements volontaires. Les lésions cérébelleuses entraînent une perte du tonus et de la coordination musculaires.

Systèmes de l'encéphale

Les systèmes de l'encéphale sont des réseaux de neurones et de noyaux qui participent à la même tâche bien qu'ils s'étendent dans plusieurs parties de l'encéphale. Par exemple, le *système limbique* s'étend dans des aires corticales et sous-corticales, et le *système réticulé* (formation réticulée) traverse le tronc cérébral pour se rendre, entre autres, au thalamus (voir le tableau 12.1).

Système limbique

Le **système limbique** est composé d'un groupe complexe d'aires corticales et de noyaux sous-corticaux qui échangent des informations par l'intermédiaire de faisceaux d'association et de commissures situés sur la face interne des hémisphères et dans le diencéphale. Ses structures cérébrales encerclent (*limbus* = frange) le sommet du tronc cérébral (figure 12.18) et comprennent des parties du rhinencéphale (le *gyrus du cingulum*, le *gyrus parahippocampal* et l'*hippocampe* en forme de C) ainsi qu'une partie du *corps amygdaloïde.* Dans le diencéphale, les principales structures limbiques sont l'*hypothalamus* et les *noyaux antérieurs du thalamus.* Le *fornix* (une commissure) et certains faisceaux relient ces régions du système limbique.

Le système limbique est le *cerveau émotionnel* ou *affectif.* Si les odeurs suscitent des réactions émotionnelles et rappellent des souvenirs, c'est qu'une partie du système limbique trouve son origine dans le rhinencéphale (l'encéphale olfactif primitif). Les réactions aux odeurs sont rarement neutres (une mouffette sent *mauvais* et nous nous éloignons de son chemin); d'autre part, les odeurs sont intimement liées aux traces laissées dans la mémoire par les expériences émotionnelles.

Les nombreuses connexions qui relient le système limbique aux régions corticales et sous-corticales des hémisphères cérébraux lui permettent d'intégrer des stimulus environnementaux très divers et d'y réagir. Comme l'hypothalamus est en quelque sorte le bureau central tant des fonctions autonomes que des réactions émotionnelles, il n'est pas surprenant que les personnes soumises à une tension émotionnelle aiguë ou prolongée soient prédisposées aux maladies viscérales telles que les ulcères gastriques, l'hypertension artérielle et le syndrome du côlon irritable. Les maladies provoquées par les émotions sont appelées **maladies psychosomatiques.**

Le système limbique interagit également avec les aires corticales supérieures tel le cortex préfrontal. Les sentiments (le cerveau affectif) sont donc liés de près aux pensées (le cerveau cognitif). C'est ainsi que nous pouvons être conscients de la richesse des émotions qui colorent notre vie. La communication entre le cortex cérébral et le système limbique explique pourquoi les émotions priment quelquefois la logique et, inversement, pourquoi la raison nous empêche d'exprimer nos émotions de manière déplacée. Comme nous l'expliquons au chapitre 15 (page 491), l'hippocampe et le corps amygdaloïde participent aussi à la conversion de données nouvelles en souvenirs durables.

Il est difficile de préciser l'origine des troubles du système limbique en raison de la grande complexité de ses connexions. On sait cependant que des lésions spécifiques des corps amygdaloïdes entraînent des changements de la personnalité tels que la docilité, l'instabilité émotionnelle et l'agitation, ainsi qu'un accroissement de l'agressivité, de l'appétit ou de la libido. Par ailleurs, les lésions de la partie antérieure du gyrus du cingulum anéantissent la volonté et le désir d'agir. ■

Formation réticulée

La **formation réticulée** (ou *système réticulé*) s'étend à travers le bulbe rachidien, le pont et le mésencéphale (figure 12.19). Ce système complexe est composé de neurones dont les corps cellulaires constituent des noyaux réticulaires disséminés au milieu de la substance blanche. Les axones de ces neurones forment trois larges colonnes le long du tronc cérébral (voir la figure 12.16b): les **noyaux du raphé** (*raphê* = couture), au milieu; les **noyaux de la région médiale** (à grandes cellules), de part et d'autre des noyaux du raphé; les **noyaux de la région latérale** (à petites cellules). Nous décrirons ces noyaux plus en détail au chapitre 15, lorsque nous traiterons du sommeil.

Les neurones de la formation réticulée se démarquent par l'éloignement de leurs connexions axonales. En effet, ils rejoignent des cellules de l'hypothalamus, du thalamus, du cervelet et de la moelle épinière. De ce fait, ils sont particulièrement aptes à gouverner l'activation de l'encéphale dans son ensemble. Certains neurones réticulaires, par exemple, à moins que d'autres régions cérébrales ne les inhibent, envoient un courant continu d'influx nerveux (par l'intermédiaire de noyaux thalamiques)

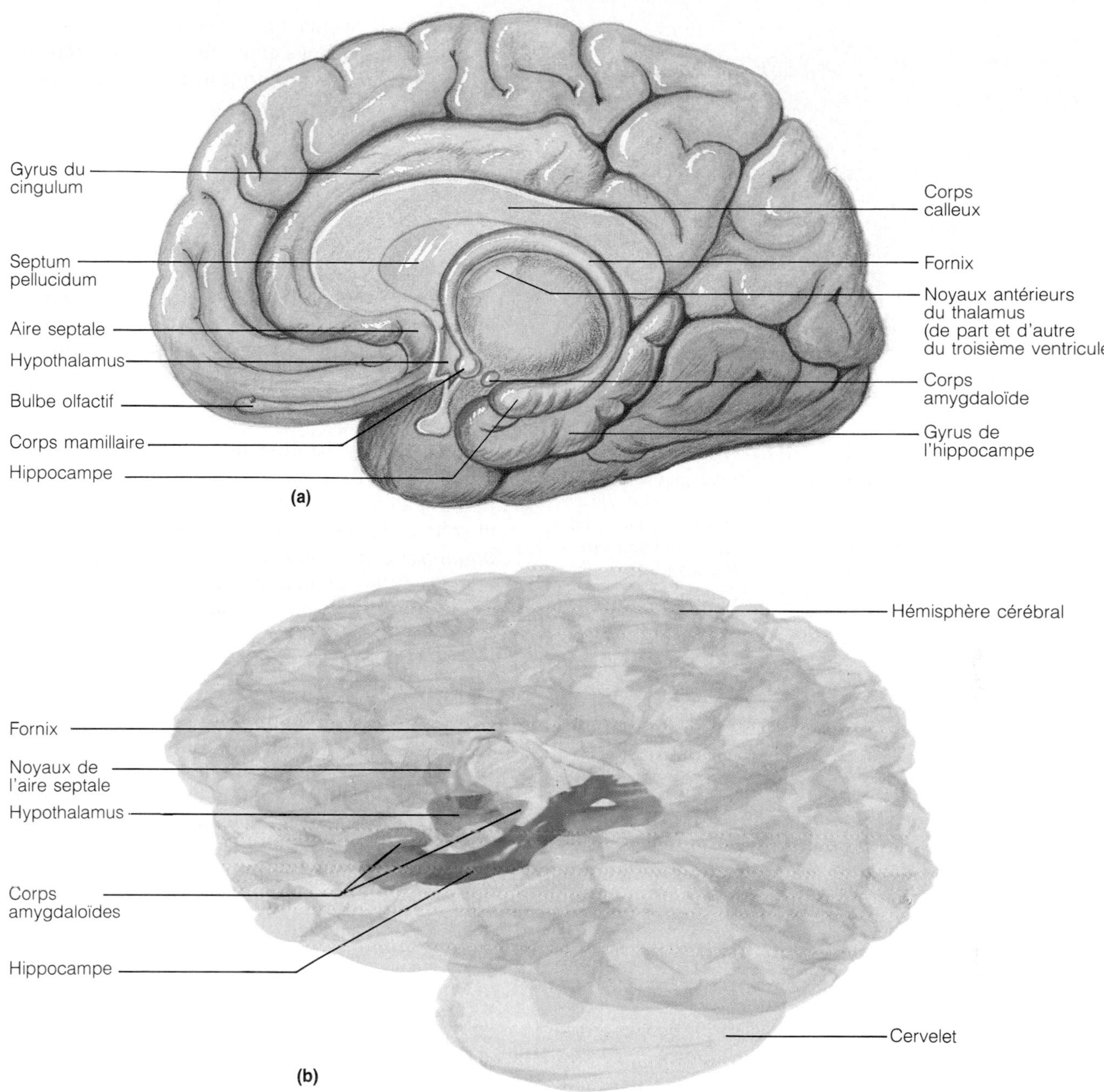

Figure 12.18 Système limbique. (**a**) Coupe sagittale médiane du cerveau montrant quelques-unes des structures qui composent le système limbique (le cerveau émotionnel et viscéral). Le tronc cérébral n'est pas représenté. (**b**) Image produite par ordinateur des structures limbiques apparaissant à travers le «nuage» des hémisphères cérébraux.

au cortex cérébral, le maintenant en état de veille. Cette «branche» de la formation réticulée est appelée **système réticulé activateur ascendant.** Les influx provenant de tous les grands faisceaux sensitifs ascendants parviennent aux neurones de ce système, les gardant ainsi en activité et augmentant leur effet excitateur sur le cortex cérébral. Le système réticulé activateur ascendant semble aussi servir de filtre à cet afflux d'informations sensorielles. Il amortit les signaux répétitifs, familiers ou faibles, mais il laisse parvenir à la conscience les influx inusités, importants ou intenses. Par exemple, vous n'êtes probablement pas dérangé par le tic-tac de votre montre.

Le système réticulé activateur ascendant et le cortex cérébral négligent sans doute 99 % des stimulus sensoriels enregistrés par nos récepteurs. S'il n'en était pas ainsi, la surcharge sensorielle viendrait à bout de notre raison. Le LSD désactive les filtres sensoriels et entraîne justement une forme de surcharge. (Prêtez attention

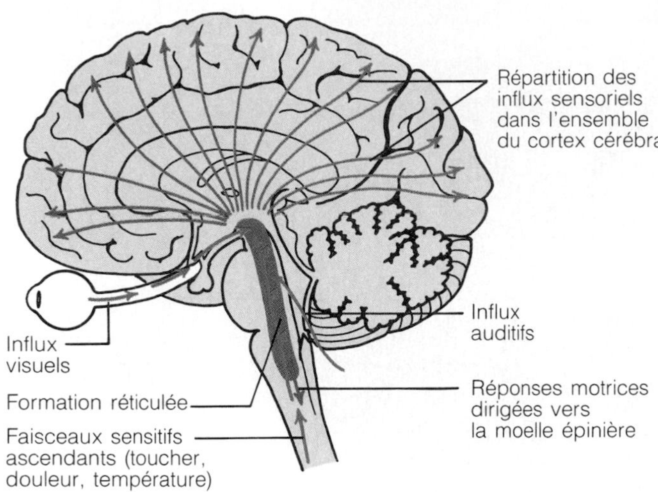

Figure 12.19 Formation réticulée. La formation réticulée s'étend le long du tronc cérébral. Une partie de la formation réticulée, le système réticulé activateur ascendant, maintient le cortex cérébral en état de veille. Les flèches ascendantes représentent les influx sensitifs qui parviennent au système réticulé activateur ascendant (flèches rouges) et les commandes motrices (flèches roses) acheminées au cortex cérébral par l'intermédiaire de noyaux thalamiques. D'autres noyaux réticulaires participent à la coordination de l'activité des muscles squelettiques. Leurs commandes motrices sont indiquées par la flèche bleue qui descend du tronc cérébral.

pendant quelques secondes à tous les stimulus de votre environnement. Notez les couleurs, les formes, les odeurs, les sons. Combien de ces stimulus parviennent *ordinairement* à votre conscience?) Le système réticulé activateur ascendant est inhibé par les centres du sommeil situés dans l'hypothalamus et dans d'autres régions de l'encéphale; l'alcool, les somnifères et les tranquillisants réduisent son activité. Les lésions graves de ce système (comme peuvent en subir des boxeurs mis hors de combat par des coups qui impriment une torsion au tronc cérébral) entraînent une inconscience permanente (un *coma* irréversible).

La formation réticulée possède également une «branche» motrice. En effet, certains de ses noyaux moteurs sont reliés à des neurones moteurs de la moelle épinière par l'intermédiaire des *faisceaux réticulo-spinaux.* De concert avec les centres cérébelleux, ils maintiennent le tonus musculaire et coordonnent les contractions des muscles squelettiques. D'autres noyaux moteurs de la formation réticulée, tels les centres vasomoteur, cardiaque et respiratoire du bulbe rachidien, sont des centres autonomes qui régissent les fonctions motrices des muscles lisses des viscères et du muscle cardiaque.

Protection de l'encéphale

Le tissu nerveux est fragile: une pression même légère peut endommager les neurones irremplaçables dont il est composé. Mais l'encéphale est abrité par une boîte osseuse (la tête), des membranes (les méninges) et un coussin aqueux (le liquide céphalo-rachidien). Il est également protégé des substances nuisibles présentes dans le sang par ce que l'on appelle la «barrière hémato-encéphalique». Nous avons déjà décrit la tête au chapitre 7. Nous nous pencherons ici sur les autres protections de l'encéphale.

Méninges

Les **méninges** (*mênigx* = membrane) sont trois membranes de tissu conjonctif. Elles se nomment, de l'extérieur vers l'intérieur, la dure-mère, l'arachnoïde et la pie-mère (figure 12.20a). Ces membranes recouvrent et protègent le SNC (encéphale et moelle épinière); elles protègent également les vaisseaux sanguins et entourent les sinus de la dure-mère. Les méninges contiennent une partie du liquide céphalo-rachidien, et forment des cloisons à l'intérieur du crâne.

Dure-mère. La **dure-mère** est une membrane résistante formée de deux feuillets là où elle entoure l'encéphale. Le *feuillet externe* est une membrane inélastique attachée à la surface interne de la boîte crânienne; il ne recouvre pas la moelle épinière. Le *feuillet interne* constitue l'enveloppe la plus externe de l'encéphale; il se prolonge à l'arrière dans le canal rachidien en formant la dure-mère spinale qui protège la moelle épinière. Les deux feuillets de la dure-mère sont soudés, sauf en quelques endroits où ils délimitent les **sinus de la dure-mère** (des sinus veineux), qui recueillent le sang veineux de l'encéphale et l'envoient dans les veines jugulaires internes du cou.

Le feuillet interne de la dure-mère s'enfonce à plusieurs endroits dans l'encéphale et forme des cloisons plates qui fixent celui-ci au crâne. Ces cloisons limitent ainsi les mouvements de l'encéphale à l'intérieur du crâne; en voici une description:

- La **faux du cerveau,** comme son nom l'indique, est un pli en forme de faucille qui pénètre dans la fissure longitudinale entre les hémisphères cérébraux (voir la figure 12.20a). Elle s'insère sur l'apophyse crista galli, située à la base de la boîte crânienne.
- La **faux du cervelet** est une petite lame verticale dans le plan sagittal qui forme une cloison médiane s'étendant le long du vermis.
- La **tente du cervelet** est un pli presque horizontal qui pénètre dans la fissure transverse du cerveau (voir la figure 12.20b). Comme son nom l'indique, elle surmonte le cervelet. Elle forme une cloison entre celui-ci et les hémisphères cérébraux, qu'elle soutient en partie.

Arachnoïde. La méninge intermédiaire, appelée **arachnoïde,** constitue une enveloppe souple de l'encéphale, qui ne pénètre jamais dans les sillons. Elle est séparée de la dure-mère par une étroite cavité séreuse, l'**espace subdural,** et de la pie-mère, la méninge la plus profonde, par la **cavité subarachnoïdienne**; l'arachnoïde se rattache à la pie-mère par des prolongements filamenteux. (L'enchevêtrement de ces prolongements évoque une toile d'araignée, d'où le nom d'«arachnoïde».) La cavité subarachnoïdienne est remplie de liquide céphalo-rachidien et elle contient les plus gros vaisseaux sanguins

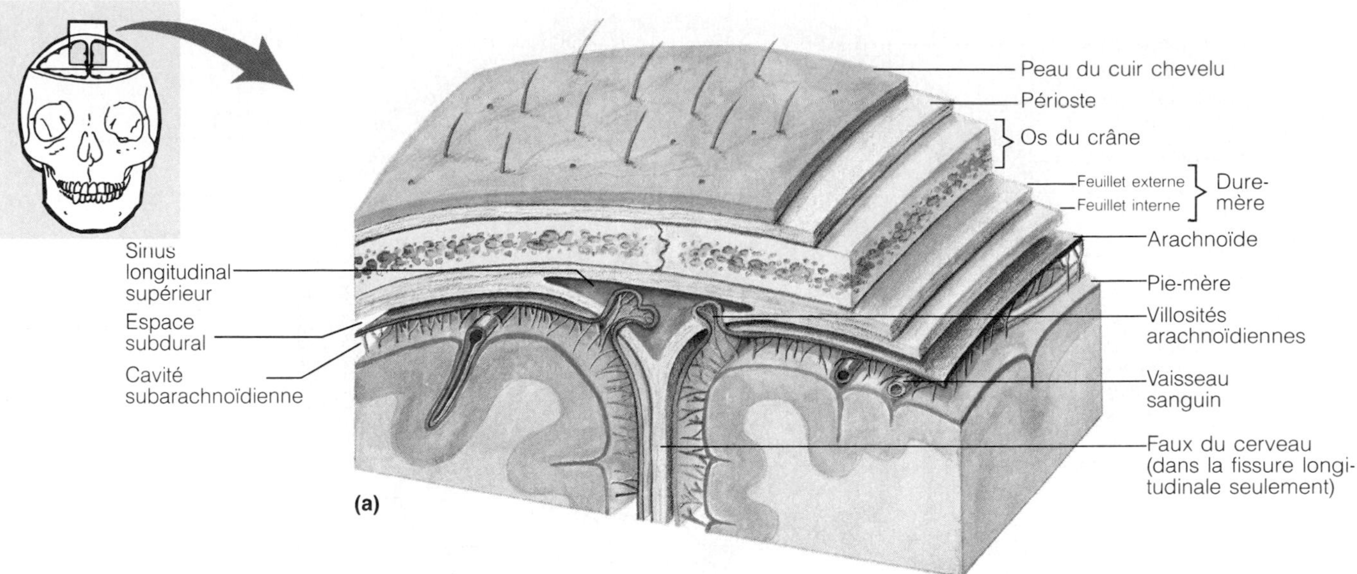

Figure 12.20 Protection du système nerveux central. (**a**) Les méninges du cerveau. Coupe frontale en trois dimensions montrant la situation de la dure-mère, de l'arachnoïde et de la pie-mère. Le feuillet interne de la dure-mère forme la faux du cerveau, qui pénètre dans la fissure longitudinale et attache l'encéphale à l'os ethmoïde. Un sinus de la dure-mère, le sinus longitudinal supérieur, est recouvert par les feuillets de la dure-mère. Vous pouvez voir aussi les villosités arachnoïdiennes qui renvoient le liquide céphalo-rachidien dans le sinus de la dure-mère.

qui desservent l'encéphale. Ces vaisseaux ne sont pas bien protégés car l'arachnoïde est fine et élastique.

Des saillies de l'arachnoïde, appelées **villosités arachnoïdiennes**, traversent la dure-mère et pénètrent dans les sinus de la dure-mère qui surmontent la partie supérieure de l'encéphale (figure 12.20). Ces villosités transfèrent le liquide céphalo-rachidien dans le sang veineux des sinus de la dure-mère.

Pie-mère. La **pie-mère** est composée de tissu conjonctif délicat, parcouru de minuscules vaisseaux sanguins. C'est la seule méninge qui adhère fermement à l'encéphale et en épouse tous les gyrus et sillons. Des gaines de pie-mère enveloppent de courts segments des petites artères qui pénètrent dans le tissu cérébral.

La *méningite,* l'inflammation des méninges, constitue une menace grave pour l'ensemble de l'encéphale. En effet, la méningite virale ou bactérienne peut se propager au tissu nerveux du SNC et dégénérer en *encéphalite.* On diagnostique la méningite à l'aide de l'examen d'un échantillon de liquide céphalo-rachidien prélevé dans la cavité subarachnoïdienne de la colonne vertébrale. ■

Liquide céphalo-rachidien

Le **liquide céphalo-rachidien,** ou **LCR,** que l'on trouve à l'intérieur et autour de l'encéphale et de la moelle épinière, constitue un coussin aqueux pour les organes du SNC. En flottant dans le liquide céphalo-rachidien, l'encéphale, qui est gélatineux, perd 97 % de son poids et évite ainsi de s'effondrer sous son propre poids. En outre, le liquide céphalo-rachidien protège l'encéphale et la moelle épinière contre les coups et autres traumatismes. Enfin, bien que l'encéphale soit abondamment irrigué par de nombreux vaisseaux sanguins, le liquide céphalo-rachidien contribue aussi à le nourrir.

Le liquide céphalo-rachidien est un «bouillon» aqueux dont la composition est semblable à celle du plasma sanguin duquel il est issu. Toutefois, il contient moins de protéines et plus de vitamine C que le plasma, et sa concentration ionique est différente. Par exemple, le liquide céphalo-rachidien contient plus d'ions sodium, chlorure, magnésium et hydrogène et moins d'ions calcium et potassium que le plasma. La composition du liquide céphalo-rachidien, et particulièrement son pH, influe sur la circulation sanguine et la respiration comme nous le verrons dans des chapitres ultérieurs.

Le liquide céphalo-rachidien est élaboré par les **plexus choroïdes** qui pendent du toit de chaque ventricule (figure 12.20b). Ces plexus sont des amas de capillaires en forme de frondes (*plexus* = entrelacement) entourés de cellules épithéliales ciliées en continuité avec les cellules épendymaires qui tapissent les ventricules. Les capillaires des plexus choroïdes sont assez perméables et une partie du plasma sanguin filtre continuellement de la circulation sanguine vers le liquide interstitiel. Cependant, les cellules épithéliales des plexus sont unies par des jonctions serrées, et elles sont dotées de pompes ioniques qui leur permettent de modifier ce filtrat en transportant activement certains ions seulement à travers leurs membranes, jusque dans le liquide céphalo-rachidien. Ce mécanisme établit des gradients ioniques qui entraînent la diffusion d'eau dans les ventricules. Le liquide céphalo-rachidien est donc une véritable sécrétion de l'épithélium

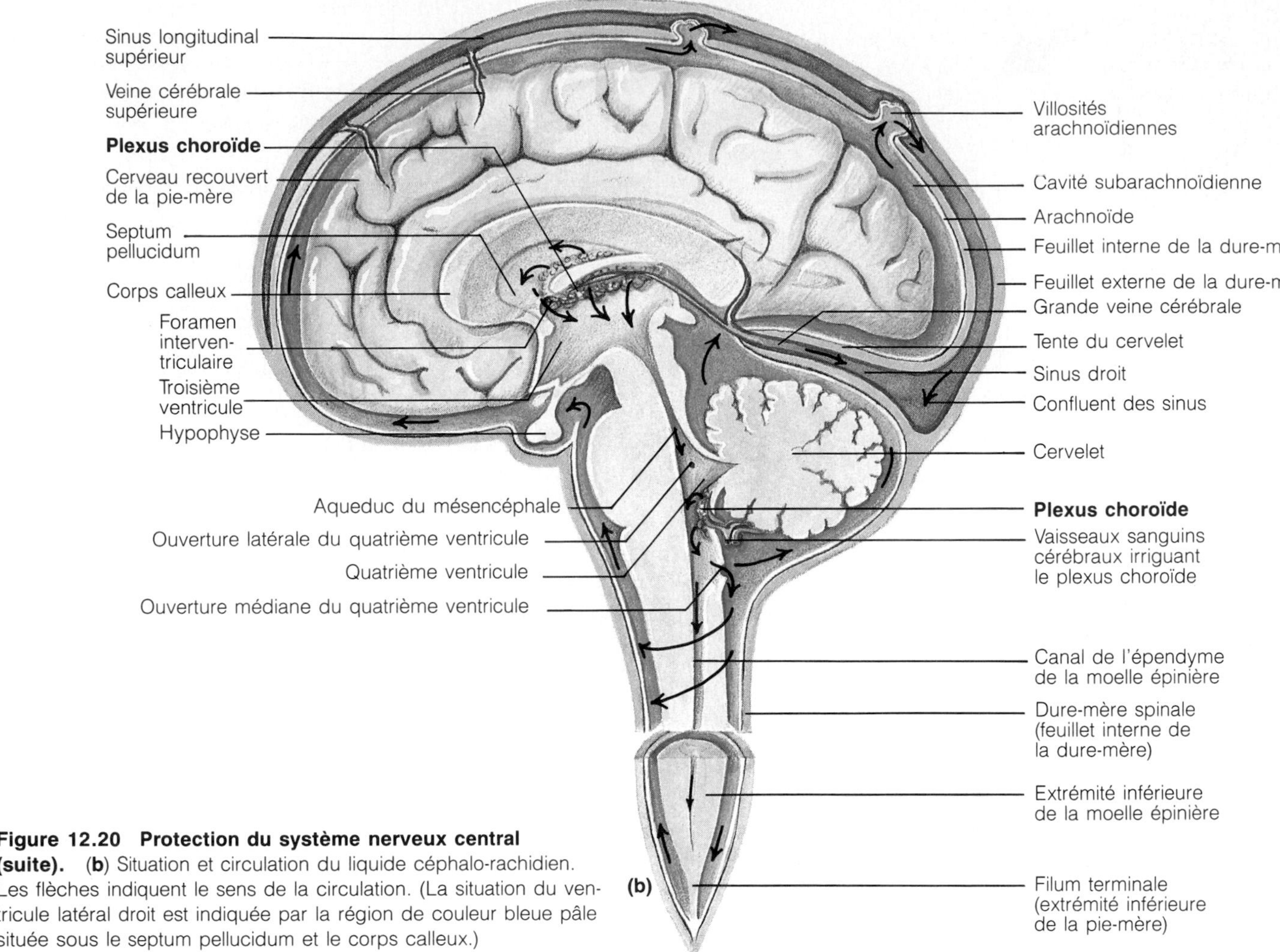

Figure 12.20 Protection du système nerveux central (suite). (**b**) Situation et circulation du liquide céphalo-rachidien. Les flèches indiquent le sens de la circulation. (La situation du ventricule latéral droit est indiquée par la région de couleur bleue pâle située sous le septum pellucidum et le corps calleux.)

des plexus choroïdes. Chez l'adulte, le volume total du liquide céphalo-rachidien est d'environ 150 mL; il est remplacé toutes les trois ou quatre heures. Il se forme donc quotidiennement de 900 mL à 1200 mL de liquide céphalo-rachidien. Les plexus choroïdes contribuent aussi à débarrasser le liquide céphalo-rachidien des déchets et des solutés inutiles (qui sont retournés dans le sang).

Une fois produit, le liquide céphalo-rachidien circule librement dans les ventricules. Une certaine quantité passe des ventricules dans le canal de l'épendyme de la moelle épinière, mais la majeure partie pénètre dans la cavité subarachnoïdienne par l'ouverture latérale du quatrième ventricule (trou de Luschka) et par l'ouverture médiane du quatrième ventricule (figure 12.20b). Les cils des cellules épendymaires qui tapissent les ventricules facilitent le mouvement continuel du liquide céphalo-rachidien. Dans la cavité subarachnoïdienne, le liquide céphalo-rachidien baigne les surfaces externes de l'encéphale et de la moelle épinière. Ce sont les villosités arachnoïdiennes des sinus de la dure-mère (sinus veineux) qui assurent le drainage du liquide céphalo-rachidien vers le sang et l'uniformité de son volume.

Habituellement, la production et le drainage du liquide céphalo-rachidien se font à une vitesse régulière. Cependant, le liquide céphalo-rachidien peut s'accumuler dans les ventricules et exercer une pression sur les hémisphères cérébraux si quelque chose (une tumeur par exemple) fait obstacle à sa circulation ou à son drainage. C'est ce qu'on appelle l'*hydrocéphalie.* Chez le nouveau-né, dont les os du crâne ne sont pas encore soudés, l'hydrocéphalie provoque une augmentation du volume de la tête. Chez l'adulte, dont le crâne est rigide, l'hydrocéphalie va plutôt entraîner des lésions cérébrales. En effet, l'accumulation de liquide comprime les vaisseaux sanguins qui desservent l'encéphale et écrase le fragile tissu nerveux. L'hydrocéphalie se traite par l'insertion dans les ventricules d'une dérivation par valve, qui draine le surplus de liquide dans une veine du cou. ■

Barrière hémato-encéphalique

La **barrière hémato-encéphalique** est un mécanisme de protection qui assure une stabilité absolument essentielle au milieu interne de l'encéphale. Dans les autres régions de l'organisme, les concentrations extracellulaires d'hormones, d'acides aminés et d'ions varient considérablement, particulièrement après les repas et les périodes d'activité physique. Si l'encéphale était soumis à de telles fluctuations chimiques, ses neurones ne pourraient pas fonctionner normalement. En effet, certaines hormones et certains acides aminés sont des neurotransmetteurs, et certains ions (les ions potassium en particulier) influent sur le seuil d'excitation et de dépolarisation des neurones.

Le sang circulant dans les capillaires de l'encéphale est séparé de l'espace extracellulaire et des neurones par l'endothélium continu de la paroi du capillaire d'une part; par une lame basale relativement épaisse entourant la face externe des capillaires d'autre part; et enfin, dans une certaine mesure, par les pieds bulbeux des astrocytes (cellules de la névroglie) fixés aux capillaires. Les cellules endothéliales des capillaires cérébraux sont unies de manière presque parfaite, sur leur pourtour, par des *jonctions serrées* (voir le chapitre 20, page 636) qui en font les capillaires les plus imperméables de l'organisme. Cette imperméabilité relative constitue l'essentiel (sinon la totalité) de la barrière hémato-encéphalique. On a pensé pendant longtemps que les astrocytes contribuaient à la barrière hémato-encéphalique, mais la microscopie électronique a révélé que leurs pieds sont trop distants pour assurer une quelconque étanchéité.

La barrière hémato-encéphalique ne fonctionne pas de manière absolue mais sélective. Des nutriments comme le glucose, les acides aminés essentiels et certains électrolytes la franchissent passivement par diffusion facilitée à travers les membranes des cellules endothéliales des capillaires. Les déchets du métabolisme transportés par le sang, comme l'urée et la créatinine, de même que les protéines, certaines toxines et la plupart des médicaments ne peuvent diffuser du sang vers le tissu cérébral. Non seulement les petits acides aminés secondaires et les ions potassium ne peuvent-ils pénétrer dans l'encéphale, mais ils en sont retirés activement par l'endothélium des capillaires.

La barrière hémato-encéphalique est impuissante contre les matières liposolubles comme les acides gras, l'oxygène, le gaz carbonique, qui diffusent aisément à travers la couche de phospholipides de toutes les membranes plasmiques. Cela explique pourquoi l'alcool, la nicotine, les drogues et les anesthésiques circulant dans le sang peuvent diffuser à travers la barrière hémato-encéphalique et entraver le fonctionnement des neurones de l'encéphale.

La structure de la barrière hémato-encéphalique n'est pas uniforme. Comme nous l'avons mentionné précédemment, les capillaires des plexus choroïdes sont très poreux, mais les cellules épithéliales qui les entourent sont dotées de jonctions serrées. La barrière hémato-encéphalique est absente dans certaines régions de l'encéphale; comme l'endothélium des capillaires y est perméable, les molécules transportées par le sang ont un accès facile au tissu nerveux. Tel est le cas du centre du vomissement dans le tronc cérébral, qui détecte les substances toxiques dans le sang, ainsi que de l'hypothalamus, qui régit l'équilibre hydrique, la température corporelle et de nombreuses activités métaboliques. Si l'hypothalamus était pourvu d'une barrière hémato-encéphalique, il ne pourrait analyser la composition chimique du sang.

Chez les personnes atteintes d'une tumeur au cerveau, on injecte une solution concentrée de mannitol (du sucre) avant d'administrer les médicaments chimiothérapeutiques. Le mannitol provoque la constriction des cellules endothéliales des capillaires et l'ouverture de leurs jonctions serrées. Les médicaments peuvent alors traverser la barrière hémato-encéphalique et atteindre la tumeur cérébrale. ■

Déséquilibres homéostatiques de l'encéphale

Les dysfonctionnements du SNC sont incroyablement nombreux et variés. Nous nous pencherons ici sur les traumatismes et les affections dégénératives de l'encéphale.

Traumatismes de l'encéphale

Aux États-Unis, les traumatismes crâniens sont la principale cause de mort accidentelle. Songez par exemple à ce qui peut se produire si votre voiture emboutit l'arrière d'un autre véhicule. Si vous n'avez pas bouclé votre ceinture de sécurité, votre tête sera entraînée vers l'avant, puis brusquement arrêtée dans son mouvement au moment de l'impact avec le pare-brise. Votre encéphale subira non seulement des lésions à l'endroit du choc contre le pare-brise, mais également à l'endroit où il heurtera, par contrecoup, la paroi opposée du crâne.

Une **commotion** est causée par un choc peu important et se caractérise par des symptômes légers et transitoires. La personne peut être étourdie, «voir des étoiles» ou perdre brièvement connaissance, mais elle ne subit pas d'atteinte neurologique permanente. Par contre, une **contusion** se caractérise par une destruction importante du tissu nerveux, qui se manifestera par des signes et des symptômes très variés. Les contusions corticales n'entraînent pas toujours l'inconscience, tandis que les contusions graves du tronc cérébral provoquent toujours un coma plus ou moins prolongé (de quelques heures à un coma permanent) en raison des lésions du système réticulé activateur ascendant.

Des coups portés à la tête peuvent déclencher une *hémorragie subdurale* ou une *hémorragie subarachnoïdienne* (accumulation de sang dans ces espaces causée par une rupture des vaisseaux sanguins), parfois mortelle. Quand un individu qu'un traumatisme crânien avait laissé lucide commence à présenter des signes de détérioration neurologique, on peut conclure à une hémorragie intracrânienne. L'accumulation de sang à l'intérieur du crâne accroît la pression intracrânienne et comprime le tissu cérébral. Si la pression monte à tel point que le tronc cérébral est poussé vers le bas dans le trou occipital, la pression artérielle, la fréquence cardiaque et la respiration se dérèglent. Le traitement chirurgical des hémorragies intracrâniennes consiste à évacuer l'hématome (la masse de sang) et à réparer les vaisseaux sanguins rompus.

Les traumatismes crâniens entraînent aussi un **œdème**, autrement dit un gonflement, de l'encéphale. L'œdème résulte de la formation d'exsudat pendant la réaction inflammatoire et de l'absorption d'eau par le tissu cérébral. D'ordinaire, on administre des anti-inflammatoires aux victimes d'un traumatisme crânien afin d'éviter qu'un œdème n'aggrave leurs lésions.

Affections dégénératives de l'encéphale

Les accidents vasculaires cérébraux et la maladie d'Alzheimer font partie des affections dégénératives les plus courantes du système nerveux central.

Accidents vasculaires cérébraux.

Les **accidents vasculaires cérébraux (AVC)**, plus souvent appelés **attaques**, sont les plus répandus et aussi les plus meurtriers des troubles du système nerveux central. Une attaque se produit lorsqu'une région de l'encéphale est privée d'irrigation sanguine et que les tissus sont détruits. (La diminution ou l'arrêt de l'apport sanguin dans un tissu, l'**ischémie** (littéralement, «qui arrête le sang»), prive les cellules de l'oxygène et des nutriments qui leur sont essentiels.) Les AVC peuvent survenir à la suite de l'obstruction d'une artère cérébrale par un caillot (la cause la plus fréquente), du rétrécissement progressif des artères cérébrales dû à l'athérosclérose, ou encore de la compression du tissu cérébral par une hémorragie, une tumeur (un gliome) ou un œdème post-traumatique.

La plupart des personnes qui survivent à un AVC restent paralysées d'un côté et un grand nombre présentent des déficits sensoriels. Si les centres du langage ont subi des lésions, il s'ensuit des difficultés de compréhension ou d'émission du langage. Quelle que soit la cause de l'accident, la nature des déficits neurologiques qu'il entraîne varie selon la région touchée et l'étendue des lésions corticales et sous-corticales. Les personnes dont l'accident a été causé par un caillot sont sujettes à des problèmes de coagulation et, par conséquent, à d'autres AVC. Pourtant, la situation n'est pas désespérée. Certains patients recouvrent une partie de leurs facultés car les neurones intacts produisent de nouveaux prolongements qui vont s'étendre dans la région de la lésion et s'acquitter de quelques-unes des fonctions perdues. Cependant, l'étalement neuronal se limite à 5 mm environ, et la récupération est toujours incomplète après des lésions étendues.

Les attaques ne sont pas toutes foudroyantes. Les **accès ischémiques transitoires cérébraux** sont un type fréquent d'attaque; ils durent de 5 à 50 minutes et se caractérisent par un engourdissement, une paralysie et une altération du langage. Ces déficits sont passagers, mais ces ischémies constituent des avertissements qui préviennent la personne du risque d'accidents plus graves.

Jusqu'à maintenant, la médecine était relativement impuissante face aux AVC. Or, récemment, le mécanisme de la mort cellulaire à la suite d'un AVC a fait l'objet de découvertes intéressantes. Il semble que le principal responsable soit le *glutamate,* un neurotransmetteur qui intervient dans l'apprentissage et la mémoire. Normalement, la liaison du glutamate aux récepteurs de la membrane plasmique appropriés ouvre des canaux ioniques qui laissent entrer les ions calcium (qui entraînent les changements essentiels à l'apprentissage ou à la potentialisation) dans le neurone stimulé. Après une lésion cérébrale, les neurones qui ont été totalement privés d'oxygène commencent à se désintégrer et libèrent autour d'eux d'énormes quantités de glutamate. On pense que le «surdosage» de calcium dans le cytoplasme déclenche des réactions chimiques qui vont détruire des neurones sains. Quoi qu'il en soit, les neurones nouvellement privés d'oxygène se mettent à leur tour à libérer du glutamate; une réaction en chaîne s'installe alors et détruit un nombre croissant de cellules saines. Ces découvertes ont conduit les scientifiques à se mettre à la recherche de médicaments qui puissent prévenir cet «effet domino» neurotoxique et éclairer le pronostic des accidents vasculaires cérébraux.

Maladie d'Alzheimer.

La **maladie d'Alzheimer** est une maladie dégénérative de certaines régions du cerveau qui conduit irrémédiablement à la démence (détérioration mentale). Une grande partie de la clientèle des centres d'accueil est constituée de personnes ayant subi un AVC ou atteintes de la maladie d'Alzheimer. La maladie d'Alzheimer touche habituellement des personnes âgées, mais elle peut survenir à l'âge mûr. Elle se caractérise par des déficits cognitifs étendus, dont la perte de mémoire (touchant particulièrement les événements récents), la réduction de la durée de l'attention et la désorientation. Des personnes faciles à vivre deviennent irritables, maussades et désorientées, et finissent par connaître des hallucinations. Cette dégénérescence s'installe au cours d'une période de quelques années pendant laquelle les proches de la personne atteinte la voient lentement «diminuer».

La maladie d'Alzheimer est associée à des changements structuraux du cortex cérébral et de l'hippocampe en particulier, qui sont les régions reliées aux fonctions cognitives et à la mémoire. L'examen microscopique du tissu cérébral révèle des dépôts anormaux de *protéines amyloïdes* en **plaques séniles** (des agrégats de cellules et de neurofibres dégénérées autour d'un centre protéique) et en **enchevêtrements neurofibrillaires** (des fibrilles enchevêtrées dans le corps cellulaire des neurones). La tomographie par émission de positons révèle une diminution importante de l'utilisation du glucose dans le cortex. La maladie d'Alzheimer peut ainsi être diagnostiquée avant même que la personne atteinte ne présente les symptômes caractéristiques.

Jusqu'à une date récente, aucun médicament ne parvenait à renverser ou à arrêter le cours de la maladie d'Alzheimer. Il semblerait actuellement que l'injection d'une substance chimique naturelle appelée *facteur de croissance des cellules nerveuses* (NGF) fasse rétrocéder en partie l'atrophie cérébrale et améliore la mémoire. Cette découverte encourageante permettra peut-être de traiter les neurones et de rétablir leur fonctionnement. ■

Moelle épinière

Anatomie macroscopique et protection de la moelle épinière

La moelle épinière est enfermée dans la colonne vertébrale ; elle s'étend du trou occipital, où elle s'unit au bulbe rachidien, jusqu'à la première vertèbre lombaire, juste sous les côtes (figure 12.21). La **moelle épinière** est d'un blanc luisant à l'extérieur, d'une longueur d'environ 42 cm et d'une épaisseur de 1,8 cm. Elle achemine les influx nerveux provenant de l'encéphale et ceux qui se dirigent vers lui. De plus, elle constitue un important centre réflexe : c'est là en effet que les réflexes spinaux sont émis. Nous revenons sur les fonctions réflexes de la moelle épinière au chapitre 13. Enfin, la moelle épinière peut déclencher des activités motrices complexes comme l'alternance des flexions et des extensions pendant la marche. Cette section porte sur l'anatomie de la moelle épinière ainsi que sur la situation et la dénomination de ses faisceaux ascendants et descendants.

La moelle épinière, comme l'encéphale, est protégée par des os, par les méninges et par le liquide céphalo-rachidien. Elle est enveloppée par le feuillet interne de la dure-mère, appelé **dure-mère spinale** (voir les figures 12.20b et 12.23), qui n'est pas fixé aux parois osseuses de la colonne vertébrale. Entre les vertèbres et la dure-mère spinale se trouve la **cavité épidurale,** un espace assez large rempli de graisse et parcouru d'un réseau de veines. La graisse forme un coussin moelleux autour de la moelle épinière. La cavité subarachnoïdienne, située entre l'*arachnoïde* et la *pie-mère,* est remplie de liquide céphalo-rachidien. La dure-mère et l'arachnoïde se prolongent bien au-delà de l'extrémité inférieure de la moelle épinière dans le canal rachidien, soit jusqu'à la deuxième vertèbre sacrée (S_2) environ. Comme la moelle épinière se termine habituellement à la hauteur de L_1, il n'y a en général aucun risque de l'atteindre au-delà de L_3. C'est donc à partir de ce niveau qu'on peut effectuer une **ponction lombaire,** c'est-à-dire un prélèvement de liquide céphalo-rachidien dans la cavité subarachnoïdienne.

Dans sa partie inférieure, la moelle épinière se termine par une structure conique appelée **cône médullaire.** Le **filum terminale** est un prolongement fibreux de la pie-mère qui s'étend du cône médullaire à la face postérieure du coccyx où il s'attache (figure 12.21).

Chez l'être humain, 31 paires de *nerfs rachidiens* naissent de la moelle épinière à partir de deux racines, émergent de la colonne vertébrale par les trous de conjugaison, puis s'étendent jusqu'aux parties du corps qu'elles desservent. Tout comme la colonne vertébrale, la moelle épinière est segmentée (bien que ses segments médullaires ne soient pas visibles de l'extérieur). Chaque segment est rattaché à une paire de nerfs rachidiens qui passent au-dessus de la vertèbre correspondante. Sur presque toute sa longueur, la moelle épinière n'est pas plus large que le pouce, mais elle présente des renflements notables dans les régions cervicale et lombo-sacrée, d'où émergent les nerfs qui desservent les quatre membres. Ces renflements sont appelés **renflement cervical** et **renflement lombaire** (voir la figure 12.21a). Comme la moelle épinière n'atteint pas l'extrémité inférieure de la colonne vertébrale, les racines des nerfs rachidiens lombaires et sacrés s'infléchissent brusquement et parcourent une certaine distance dans le canal rachidien avant d'atteindre leur trou de conjugaison. L'ensemble des racines situées à l'extrémité inférieure du canal rachidien porte le nom évocateur de **queue de cheval.** Cette configuration quelque peu étrange s'explique par le fait que la colonne vertébrale croît plus rapidement vers le bas que la moelle épinière au cours du développement fœtal. Les racines des nerfs rachidiens inférieurs sont alors contraintes de chercher leur point d'émergence plus bas dans le canal rachidien.

Développement embryonnaire de la moelle épinière

La moelle épinière émerge de la partie caudale du tube neural embryonnaire (voir les figures 12.2 et 12.3, pages 379 et 380). Six semaines après la conception, on reconnaît deux masses de substance grise dans la moelle : la **lame alaire** dans la partie postérieure et la **lame basale** dans la partie antérieure (figure 12.22). Les deux lames sont grossièrement séparées par le **sillon limitant,** un sillon longitudinal formé par l'épaississement des cloisons latérales de la cavité du tube neural, et qui porte désormais le nom de **canal de l'épendyme.**

À mesure que se poursuit le développement, les lames s'étendent et produisent la masse centrale de substance grise en forme de H caractéristique de la moelle épinière adulte. Les cellules de la crête neurale qui se placent le long de la moelle forment les *ganglions rachidiens de la racine postérieure.* Ceux-ci contiennent des corps cellulaires de neurones sensitifs qui projettent leurs axones dans la partie postérieure de la moelle. La substance blanche externe de la moelle est formée par les axones de neurones faisant partie des faisceaux de projection ascendants et descendants.

Anatomie de la moelle épinière en coupe transversale

De l'avant vers l'arrière, la moelle épinière est quelque peu aplatie et sa surface présente deux dépressions linéaires : le **sillon médian antérieur** et le **sillon médian postérieur,** moins profond que le premier (voir la figure 12.23).

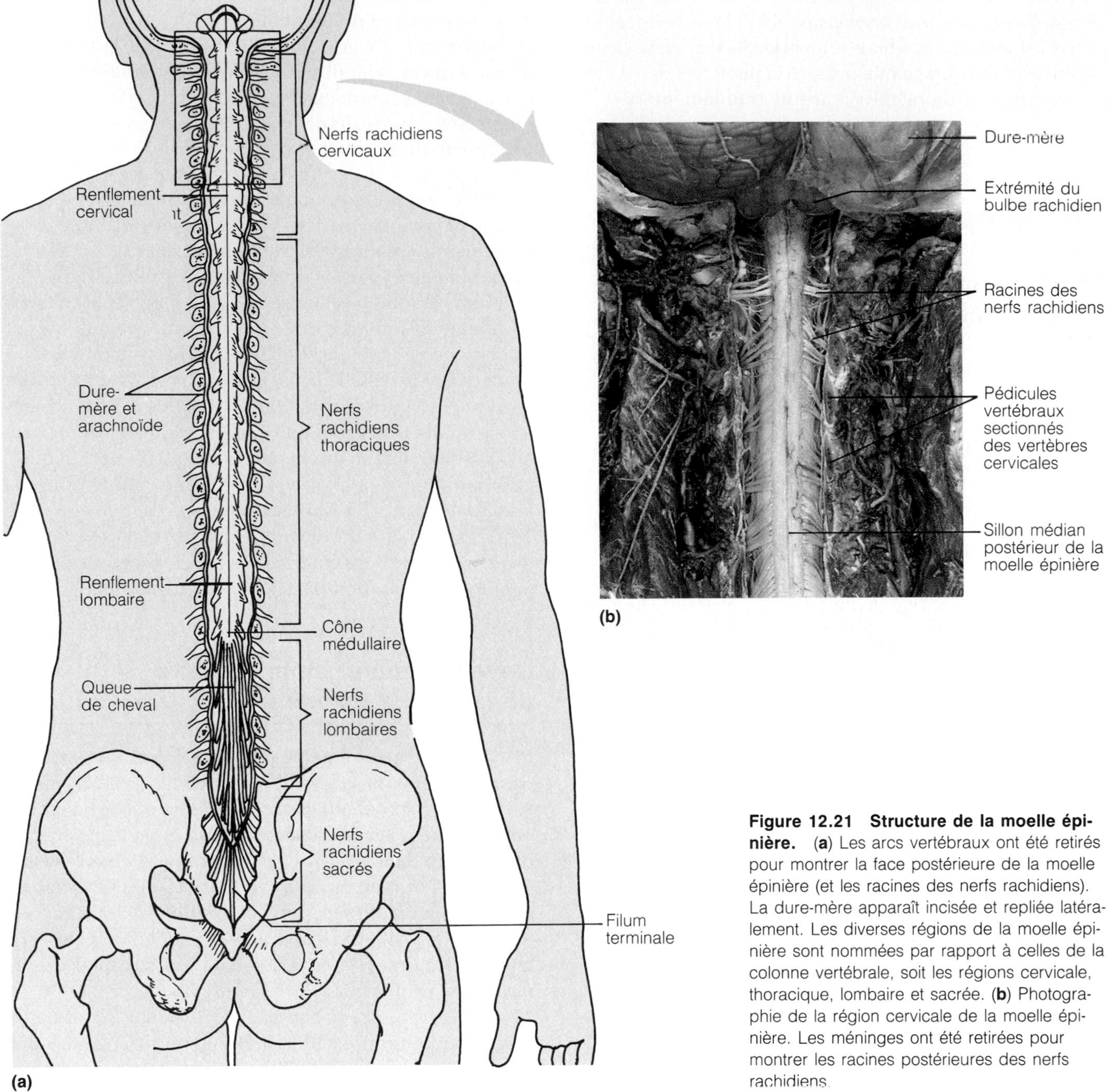

Figure 12.21 Structure de la moelle épinière. (**a**) Les arcs vertébraux ont été retirés pour montrer la face postérieure de la moelle épinière (et les racines des nerfs rachidiens). La dure-mère apparaît incisée et repliée latéralement. Les diverses régions de la moelle épinière sont nommées par rapport à celles de la colonne vertébrale, soit les régions cervicale, thoracique, lombaire et sacrée. (**b**) Photographie de la région cervicale de la moelle épinière. Les méninges ont été retirées pour montrer les racines postérieures des nerfs rachidiens.

Ces sillons parcourent toute la longueur de la moelle et la divisent partiellement en une moitié gauche et une moitié droite. Comme nous l'avons déjà mentionné, la substance grise est enveloppée par la substance blanche.

Substance grise et racines des nerfs rachidiens

Dans la moelle épinière comme dans les autres régions du système nerveux central, la substance grise est composée d'un mélange de corps cellulaires de neurones, de leurs prolongements amyélinisés et de cellules de la névroglie. Tous les neurones dont le corps cellulaire est situé dans la substance grise de la moelle sont des neurones multipolaires.

Comme nous l'avons déjà fait remarquer, la substance grise de la moelle épinière présente, en coupe transversale, la forme d'un H ou d'un papillon (figure 12.23a). Elle est formée de masses grises symétriques reliées par un pont de substance grise, appelé **commissure grise,** qui entoure le canal de l'épendyme. Les deux projections postérieures de la substance grise sont appelées **cornes postérieures,** tandis que les deux projections antérieures sont appelées **cornes antérieures.** On trouve une autre paire de projections de substance grise, moins étendues que

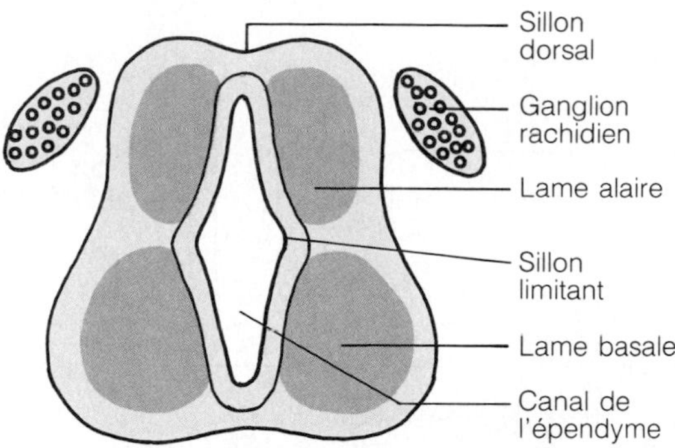

Figure 12.22 Structure de la moelle épinière embryonnaire. Six semaines après la conception, les lames alaire et basale (agrégats de substance grise) sont formées, et les ganglions rachidiens ont émergé des cellules de la crête neurale.

les précédentes, les **cornes latérales,** dans les segments thoracique et lombaire supérieur de la moelle.

Les cornes postérieures contiennent des interneurones. Les cornes antérieures renferment principalement des corps cellulaires de neurones moteurs somatiques. Les axones de ces neurones passent dans les **racines antérieures** des nerfs rachidiens (figure 12.23b) avant d'atteindre les muscles squelettiques. La quantité de substance grise des cornes antérieures dans un segment donné de la moelle épinière est reliée à la quantité de muscle squelettique à innerver. Par conséquent, les cornes antérieures atteignent leurs plus grandes dimensions dans les régions cervicale et lombaire de la moelle, qui innervent les membres, ce qui explique la présence de renflements à ces niveaux.

Les symptômes de la *poliomyélite* (*polio* = gris et *myélite* = inflammation de la moelle épinière) proviennent de la destruction des neurones moteurs de la corne antérieure par le virus de la poliomyélite. Les premiers symptômes de la maladie sont de la fièvre, des maux de tête, des douleurs et une faiblesse musculaires ainsi que la perte de certains réflexes somatiques. La maladie évolue en paralysie et en atrophie musculaire. Si des neurones du bulbe rachidien sont détruits, la paralysie des muscles respiratoires ou un arrêt cardiaque peuvent causer la mort. Dans la plupart des cas, le virus pénètre dans l'organisme par l'intermédiaire d'eau contenant des matières fécales (l'eau d'une piscine publique par exemple). Fort heureusement, les vaccins Salk et Sabin ont pratiquement éliminé la poliomyélite. ■

Les cornes latérales renferment des neurones moteurs du système nerveux autonome (sympathique) qui desservent les muscles lisses des viscères, le musque cardiaque et les glandes. Leurs axones sortent de la moelle épinière par les racines antérieures, avec ceux des neurones moteurs somatiques. Puisque les racines antérieures comportent à la fois des efférents somatiques et autonomes, elles servent autant au système nerveux somatique qu'au système nerveux autonome.

Les axones des neurones afférents qui acheminent les influx nerveux provenant des récepteurs sensoriels périphéques forment les **racines postérieures** de la moelle épinière (voir la figure 12.23b). Les corps cellulaires de ces neurones sensitifs se trouvent dans un renflement de la racine postérieure appelé **ganglion rachidien.** Une fois entrés dans la moelle épinière, les axones de ces neurones peuvent prendre plusieurs directions. Ainsi, quelques-uns s'introduisent directement dans la substance blanche postérieure de la moelle épinière et vont faire synapse plus haut dans la moelle ou dans l'encéphale. D'autres font synapse avec des interneurones dans la substance grise de la moelle épinière à la hauteur où ils y pénètrent.

Les racines antérieures et postérieures sont très courtes et s'associent latéralement pour former les **nerfs rachidiens** qui émergent de chaque côté de la moelle épinière. Nous étudions ces nerfs, qui font partie du système nerveux périphérique, au chapitre 13.

Substance blanche

La substance blanche de la moelle épinière comprend des neurofibres myélinisées et des neurofibres amyélinisées. Cette partie de la moelle épinière prend la couleur blanche de la myéline, car le nombre d'axones myélinisés y est de beaucoup supérieur à celui des axones amyélinisés; c'est également le cas de la région sous-corticale du cerveau. Les neurofibres sont orientées dans trois directions: vers les centres supérieurs de l'encéphale (influx sensitifs); vers le bas de la moelle épinière à partir de l'encéphale ou de la moelle (influx moteurs); d'un côté de la moelle épinière à l'autre (neurofibres commissurales). Les faisceaux de projection verticaux (ascendants ou descendants) prédominent.

De part et d'autre de la moelle épinière, la substance blanche se divise en trois **cordons** appelés, selon leur situation, **cordon postérieur, cordon latéral** et **cordon antérieur** (voir la figure 12.23b). Chaque cordon contient quelques faisceaux de projection, et chaque faisceau est composé d'axones aux destinations et aux fonctions semblables. À quelques exceptions près, les noms des faisceaux de la moelle épinière indiquent à la fois leur origine et leur destination. Les principaux faisceaux ascendants et descendants sont représentés schématiquement à la figure 12.24.

Les principaux faisceaux de la moelle épinière font partie de voies formées de plusieurs milliers d'axones qui relient l'encéphale à la périphérie du corps (récepteurs et muscles). Ces faisceaux de projection ascendants et descendants contiennent non seulement les axones de neurones médullaires mais également des portions d'axones de neurones périphériques et de neurones cérébraux. Avant d'aller plus loin dans l'étude des faisceaux de la moelle épinière, nous allons présenter certaines de leurs caractéristiques générales.

1. Les neurofibres de la plupart des faisceaux passent d'un côté du SNC à l'autre (croisent la ligne médiane) en un point spécifique de leur trajectoire.

2. La relation entre la périphérie et l'encéphale se fait généralement par trois neurones qui établissent des jonctions synaptiques. Les points où s'établissent ces

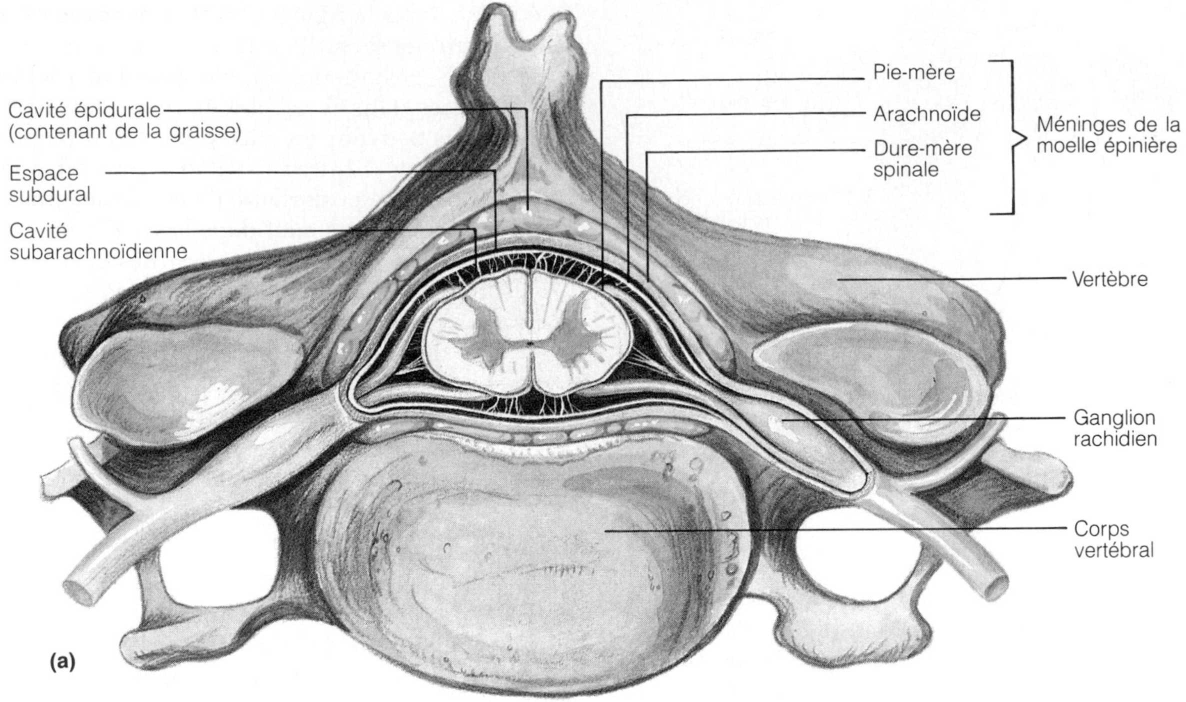

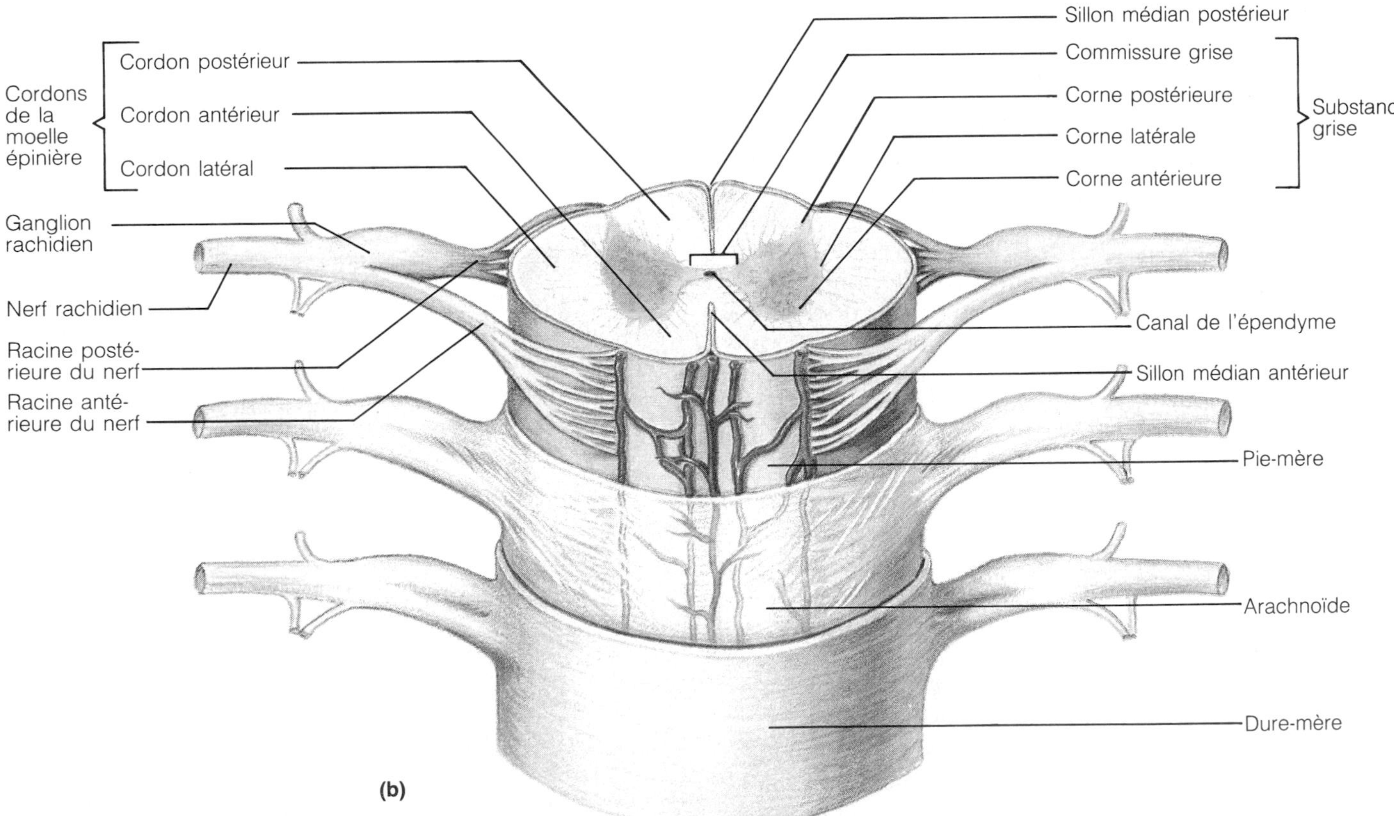

Figure 12.23 Anatomie de la moelle épinière. (**a**) Coupe transversale de la moelle épinière montrant ses relations avec la colonne vertébrale. (**b**) Vue en trois dimensions de la moelle épinière et des méninges adultes.

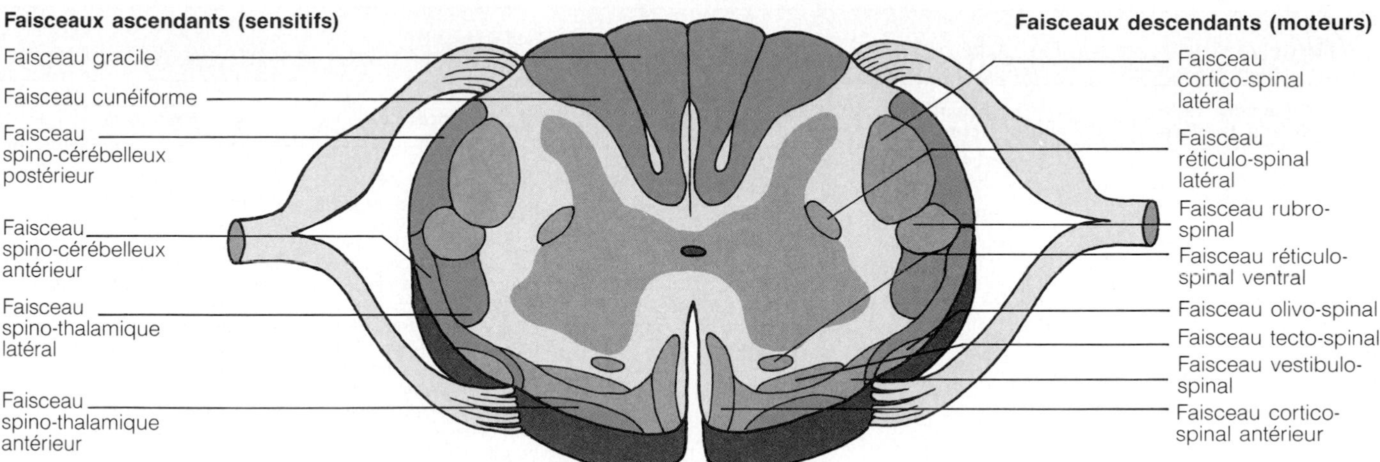

Figure 12.24 Coupe transversale montrant les principaux faisceaux ascendants (sensitifs) et descendants (moteurs) de la moelle épinière. Les faisceaux ascendants sont représentés en bleu et énumérés du côté gauche de la figure. Les faisceaux descendants sont représentés en rose et énumérés du côté droit.

jonctions ainsi que le cordon médullaire où chemine l'axone permettent de différencier les faisceaux.

3. La plupart des faisceaux sont *somatotopiques,* c'est-à-dire que leur situation dans l'*espace* (les cordons de la moelle épinière) reflète l'organisation du corps. Dans un faisceau sensitif ascendant, par exemple, les neurofibres qui transmettent les influx provenant des parties supérieures du corps sont latérales et elles occupent une situation spécifique par rapport à celles qui véhiculent l'information provenant des régions inférieures.

4. Tous les faisceaux vont par paires. Autrement dit, on trouve un faisceau de la paire dans un cordon situé du côté gauche de la moelle épinière, et l'autre faisceau dans un cordon situé du côté droit de la moelle épinière.

Faisceaux ascendants (sensitifs). Les faisceaux ascendants transportent les influx sensitifs vers les diverses régions de l'encéphale au moyen de trois neurones consécutifs unis par des synapses (*neurones* de *premier ordre,* de *deuxième ordre* et de *troisième ordre*). La majeure partie des influx sensitifs proviennent de la stimulation des récepteurs cutanés du toucher, de la pression, de la température et de la douleur, ainsi que de la stimulation des propriocepteurs qui mesurent le degré d'étirement des muscles, des tendons et des ligaments des articulations. En règle générale, l'ensemble de ces informations chemine dans six paires de faisceaux répartis également dans les cordons de gauche et de droite de la moelle épinière. Quatre de ces faisceaux sensitifs transmettent les influx aux aires somesthésiques du cortex cérébral, où les stimulus vont être *traités de manière consciente.* Le **faisceau cunéiforme** et le **faisceau gracile** du cordon postérieur transmettent l'information provenant des récepteurs du toucher fin et de la pression légère, ainsi que des propriocepteurs des articulations; cette information peut être localisée avec exactitude sur la surface du corps (selon l'homoncule que nous avons vu plus haut). Les influx de ces deux faisceaux déterminent le *toucher discriminant* (épicritique) et la *proprioception consciente* (sensibilité profonde). Comme le montre la figure 12.25a, le neurone de premier ordre des faisceaux gracile et cunéiforme fait synapse avec le neurone de deuxième ordre dans les noyaux gracile et cunéiforme du bulbe rachidien. Pour ces deux faisceaux, c'est le neurone de deuxième ordre qui croise la ligne médiane avant de se rendre au noyau du thalamus où il fait synapse avec le neurone de troisième ordre (relais du thalamus). C'est ce dernier neurone qui transporte les influx nerveux vers l'aire somesthésique du gyrus postcentral. Le **faisceau spino-thalamique latéral** et le **faisceau spino-thalamique antérieur** acheminent les influx provenant des récepteurs de la douleur (nociception), de la température, de la pression intense et du toucher grossier. Ces sensations sont conscientes mais plus difficiles à localiser avec précision que les précédentes. Les axones de ces deux faisceaux croisent la ligne médiane avant d'arriver au cortex. Comme vous pouvez le voir également à la figure 12.25b, les neurones de premier ordre entrent dans la moelle épinière et font synapse avec les neurones de deuxième ordre qui traversent immédiatement du côté opposé. Les neurofibres de ces neurones constituent les faisceaux et font synapse dans un noyau du thalamus (relais) avec les neurones de troisième ordre. Ce sont ces derniers qui transportent les influx nerveux à l'aire somesthésique du gyrus postcentral. Les neurofibres croisent donc la ligne médiane à des endroits différents selon qu'elles appartiennent à un faisceau spécifique. Enfin, le **faisceau spino-cérébelleux antérieur** et le **faisceau spino-cérébelleux postérieur** transmettent les influx provenant des propriocepteurs (étirement des muscles et des tendons) au cervelet, qui les interprète de manière à coordonner l'activité des muscles squelettiques. Ces faisceaux n'atteignent pas l'aire somesthésique, ils *ne* contribuent donc *pas* aux sensations conscientes. Les axones de ces faisceaux croisent deux fois la ligne médiane, ce qui, en principe, «annule» la décussation. Le tableau 12.2 présente plus

Tableau 12.2 Principaux faisceaux ascendants (sensitifs) de la moelle épinière

Faisceaux de la moelle épinière	Situation (cordon)	Origine	Extrémité	Fonctions
Faisceau cunéiforme et faisceau gracile	Postérieur	Les axones de neurones sensitifs (de premier ordre) entrent dans la racine postérieure de la moelle épinière et se ramifient; les ramifications entrent dans le cordon postérieur du même côté sans faire synapse	Synapses avec des neurones de deuxième ordre dans le noyau cunéiforme et le noyau gracile du bulbe rachidien; les neurofibres des neurones du bulbe rachidien croisent la ligne médiane et montent dans les lemnisques médiaux jusqu'au thalamus, où elles font synapse avec des neurones de troisième ordre; les neurones thalamiques transmettent ensuite les influx nerveux à l'aire somesthésique du gyrus postcentral	Ces deux faisceaux transmettent les influx provenant des récepteurs cutanés et des propriocepteurs, qui sont ensuite interprétés dans l'aire somesthésique opposée comme des sensations tactiles, baresthésiques (perception de la pression) et «positionnelles» (position et déplacement des articulations et des membres); le faisceau cunéiforme achemine les influx afférents provenant des membres supérieurs, de la partie supérieure du tronc et du cou; il est absent dans la moelle épinière au-dessous de T_6; le faisceau gracile transporte les influx provenant des membres inférieurs et de la partie inférieure du tronc
Spino-thalamique latéral	Latéral	Interneurones (de deuxième ordre) de la corne postérieure; les neurofibres croisent la ligne médiane avant leur ascension	Synapses avec des neurones de troisième ordre dans le thalamus; les neurones thalamiques acheminent ensuite les influx jusqu'à l'aire somesthésique	Transmet les influx sensitifs aux aires somesthésiques situées du côté opposé du cerveau par rapport aux récepteurs cutanés; ces influx sont interprétés comme de la douleur ou de la chaleur par les neurones de ces aires
Spino-thalamique antérieur	Antérieur	Interneurones des cornes postérieures; les neurofibres croisent la ligne médiane avant leur ascension	Synapses avec des neurones de troisième ordre dans le thalamus; les neurones thalamiques acheminent les influx jusqu'à l'aire somesthésique	Transmet les influx sensitifs aux structures sous-corticales du côté opposé du cerveau, où ils sont interprétés comme étant une sensation tactile ou une pression par l'aire somesthésique
Spino-cérébelleux postérieur*	Latéral (partie postérieure)	Interneurones (de deuxième ordre) de la corne postérieure du même côté de la moelle; les neurofibres ne croisent pas la ligne médiane avant leur ascension	Synapses dans le cervelet	Transmet les influx provenant des propriocepteurs du tronc et des membres inférieurs d'un côté du corps au même côté du cervelet; proprioception inconsciente
Spino-cérébelleux antérieur*	Latéral (partie antérieure)	Interneurones (de deuxième ordre) de la corne postérieure; contient des neurofibres croisées qui croisent à nouveau la ligne médiane dans le pont	Synapses dans le cervelet	Transmet les influx provenant du tronc et des membres inférieurs d'un côté du corps au même côté du cervelet; proprioception inconsciente

* Les faisceaux spino-cérébelleux antérieur et postérieur transmettent seulement les influx provenant des membres inférieurs et du tronc. L'étude des faisceaux qui transmettent les influx provenant des membres supérieurs et du cou dépasse les limites du présent ouvrage.

en détail les faisceaux ascendants de la moelle épinière en spécifiant l'organisation synaptique de leurs neurones. L'organisation des neurones de quatre faisceaux est représentée à la figure 12.25. Notez que seuls le faisceau cunéiforme et le faisceau gracile sont formés par les axones de neurones sensitifs (de premier ordre). Les autres faisceaux ascendants présentés dans le tableau 12.2 sont composés d'axones de neurones de deuxième ordre (interneurones) de la moelle épinière reliés aux neurones sensitifs transmetteurs.

Le *tabès dorsalis* (ou maladie de Duchenne de Boulogne) est une maladie à évolution lente provoquée par la détérioration des faisceaux gracile et cunéiforme et des racines postérieures (sensitives) qui y sont associées. C'est la manifestation tardive des lésions neurologiques causées par la bactérie de la syphilis. Les faisceaux qui transportent les influx provenant des propriocepteurs des articulations sont détruits, ce qui entraîne une mauvaise coordination musculaire et une démarche instable chez les personnes atteintes. ■

Nous avons déjà parlé de la répartition spécifique des neurones de l'aire somesthésique (l'homoncule du gyrus postcentral) que l'on peut rattacher à des régions déterminées de la peau ou à des structures anatomiques.

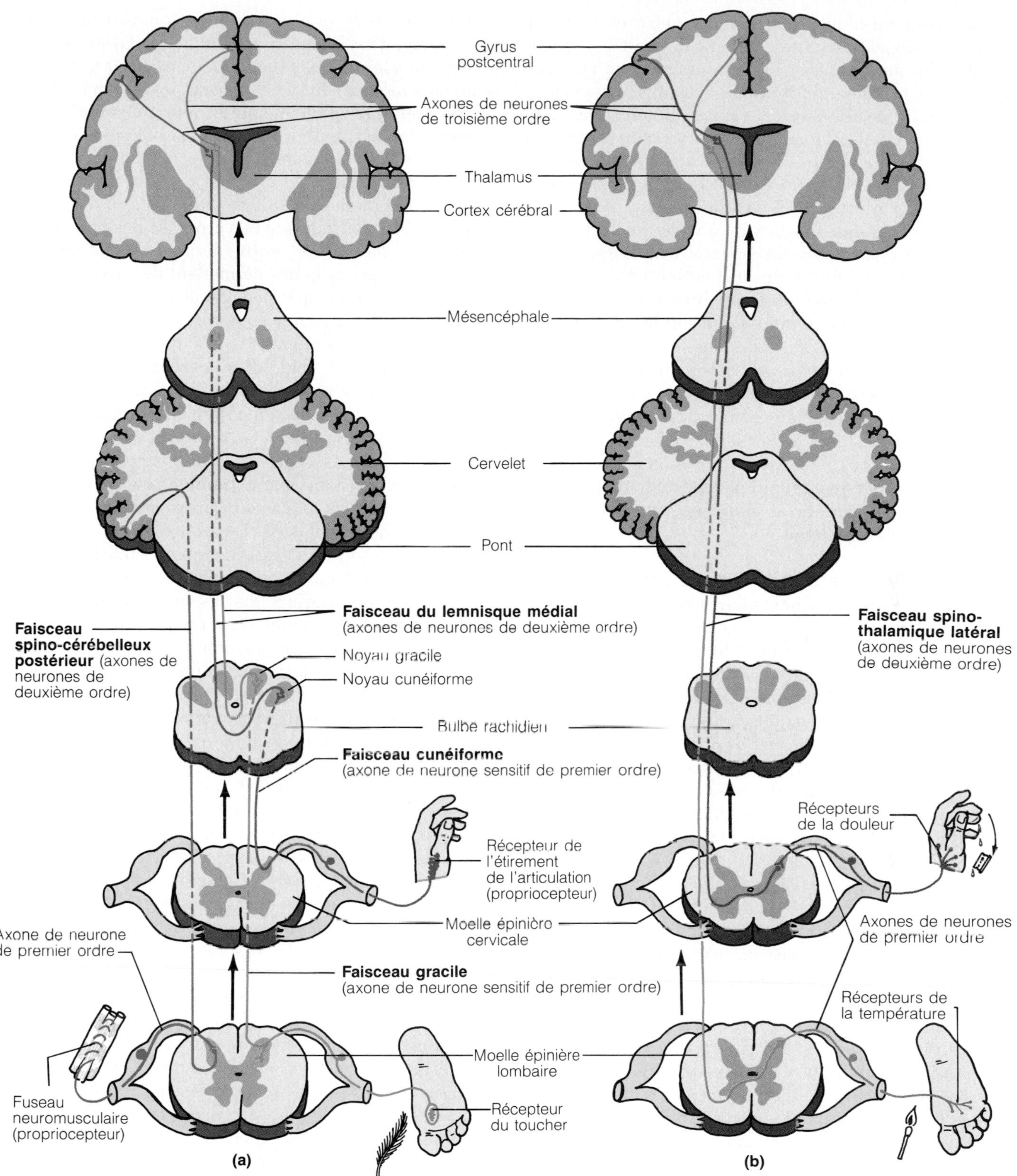

Figure 12.25 Chaînes de neurones de quelques faisceaux ascendants.
(**a**) Trajet et jonctions synaptiques des neurones à l'intérieur des faisceaux gracile et cunéiforme, qui transportent les influx sensitifs du toucher, de la pression et de la proprioception consciente (ces faisceaux s'étendent jusqu'au bulbe rachidien seulement), ainsi qu'à l'intérieur du faisceau spino-cérébelleux postérieur (qui s'étend jusqu'au cervelet seulement). (**b**) Trajet et jonctions synaptiques des neurones à l'intérieur du faisceau spino-thalamique latéral (qui s'étend jusqu'au thalamus seulement), qui transporte les influx sensitifs de la douleur, de la température, de la pression intense et du toucher grossier. Notez que l'organisation des neurones est représentée en entier dans chaque cas.

Notre capacité d'identifier la provenance d'un stimulus donné et la sensation qui en découle dépend de la situation des neurones cibles de l'aire somesthésique, avec lesquels les neurofibres qui partent du thalamus font synapse; elle n'est pas liée à la nature du message, qui correspond toujours à un potentiel d'action. On peut comparer chaque neurofibre sensitive à une «ligne directe» dans un système téléphonique, que le cortex cérébral associe à une modalité sensitive particulière. Il va identifier son «interlocuteur» (un bourgeon du goût ou un barorécepteur par exemple) grâce à la ligne qui achemine le message. D'autre part, le cortex cérébral interprète l'activité d'un neurone stimulé comme une modalité sensitive spécifique (température, douleur, etc.), quelle que soit la façon dont le récepteur est activé. C'est ainsi que, si nous appuyons sur un barorécepteur de l'index, ou si nous lui appliquons une secousse électrique, ou encore si nous stimulons électriquement la région de l'aire somesthésique qui le reconnaît, le résultat est toujours le même. Nous percevons une sensation tactile ou une pression que nous pouvons relier à l'index. Ce phénomène, qui permet au cortex cérébral d'associer les sensations au point de stimulation habituel, est appelé **projection.**

Faisceaux descendants (moteurs). Plusieurs faisceaux moteurs sont nécessaires pour acheminer les influx efférents des aires motrices du cerveau à la moelle épinière. Ils se divisent en deux groupes, soit les faisceaux de la voie motrice principale et les faisceaux de la voie motrice secondaire. Nous nous contenterons ici d'une description sommaire de ces faisceaux, car le tableau 12.3 (page 416) fournit l'essentiel de l'information.

Les **faisceaux cortico-spinaux** (pyramidaux) et **cortico-nucléaires** constituent les faisceaux de la voie motrice principale; ils acheminent les commandes motrices qui permettent la contraction des muscles squelettiques et la régulation des mouvements volontaires. Les premiers conduisent les influx nerveux vers les muscles squelettiques des membres supérieurs et inférieurs, alors que les seconds transportent les influx vers les noyaux des nerfs crâniens qui régissent la motricité des muscles squelettiques de la tête et du cou. Les faisceaux cortico-spinaux commandent les mouvements fins et précis requis pour écrire ou enfiler une aiguille (figure 12.26a). Les faisceaux cortico-spinaux sont aussi appelés **faisceaux de la voie motrice principale,** car leurs axones s'étendent des cellules pyramidales de l'aire motrice primaire jusqu'à la moelle épinière sans faire synapse. Ils font synapse dans la moelle épinière, essentiellement avec des interneurones, mais également avec les neurones moteurs de la corne antérieure, en particulier avec ceux qui gouvernent les muscles squelettiques des membres. Les neurones moteurs de la corne antérieure activent les muscles squelettiques auxquels ils sont associés. Les faisceaux cortico-spinaux croisent la ligne médiane dans le bulbe rachidien à la décussation des pyramides, et leurs neurofibres présentent une disposition somatotopique, c'est-à-dire selon l'homoncule moteur du gyrus précentral.

Les faisceaux descendants de la voie motrice secondaire possèdent une organisation beaucoup plus complexe dans la mesure où ils acheminent les influx nerveux vers les muscles squelettiques à partir de plusieurs noyaux moteurs du tronc cérébral. Il s'agit des faisceaux **rubro-spinal, vestibulo-spinal, réticulo-spinal** et **tecto-spinal** qui assurent principalement la contraction musculaire semi-volontaire. Ces faisceaux servent à la régulation des contractions des muscles de la tête et du tronc qui maintiennent l'équilibre et la posture, des muscles qui dirigent les mouvements grossiers des parties proximales des membres et, enfin, des mouvements de la tête, du cou et des yeux qui permettent de suivre les objets placés dans le champ visuel. Plusieurs des activités régies par les noyaux moteurs sous-corticaux sont étroitement reliées à l'activité réflexe. Par exemple, le faisceau rubro-spinal véhicule des influx nerveux moteurs semi-volontaires qui régissent le tonus des muscles squelettiques. La figure 12.26b représente l'organisation des neurones du faisceau rubro-spinal. On désignait autrefois l'ensemble de ces faisceaux par les termes faisceaux extrapyramidaux, ou système extrapyramidal, car on pensait que les noyaux sous-corticaux, où ils prennent leur origine, étaient indépendants des faisceaux cortico-spinaux du système pyramidal. On sait maintenant que les neurones de ces derniers émettent des collatérales qui rejoignent la plupart des noyaux du système extrapyramidal et influent sur leur activité. C'est pourquoi les anatomistes modernes préfèrent employer les termes **faisceaux de la voie motrice secondaire** ou, simplement, les noms de ces différents faisceaux moteurs. (Toutefois, les cliniciens emploient encore les adjectifs «pyramidal» et «extrapyramidal» pour qualifier de nombreux problèmes neurologiques.)

Le cervelet coordonne l'activité des muscles volontaires, mais aucun efférent moteur ne descend directement du cervelet à la moelle épinière. En effet, le cervelet joue un rôle dans l'activité motrice par l'entremise de jonctions synaptiques entre ses neurones et les neurones de l'aire motrice. Le cervelet interagit également avec des centres moteurs sous-corticaux tels que le noyau rouge du mésencéphale et divers noyaux de la formation réticulée.

La classification de nombreux troubles neurologiques provoquant une faiblesse musculaire s'effectue selon le type de lésion qui les a amenés, c'est-à-dire des *lésions motrices inférieures* ou *supérieures*. C'est pourquoi la littérature médicale va souvent nommer **neurones moteurs inférieurs,** les neurones moteurs de la corne antérieure, tandis que les cellules pyramidales de l'aire motrice (ainsi que les neurones des noyaux moteurs sous-corticaux qui donnent naissance aux faisceaux de la motricité secondaire) sont appelées **neurones moteurs supérieurs.**

Notre étude des voies sensitives et motrices a porté sur les régions situées au-dessous de la tête, c'est-à-dire le tronc et les membres. En règle générale, les voies sensitives et motrices qui innervent la tête leur sont semblables, sauf que les axones ne passent pas par la moelle épinière. (Les corps cellulaires partent de noyaux du tronc cérébral, les axones sortent des nerfs crâniens et non des nerfs rachidiens.) Nous reviendrons sur cette particularité lorsque nous étudierons les nerfs crâniens.

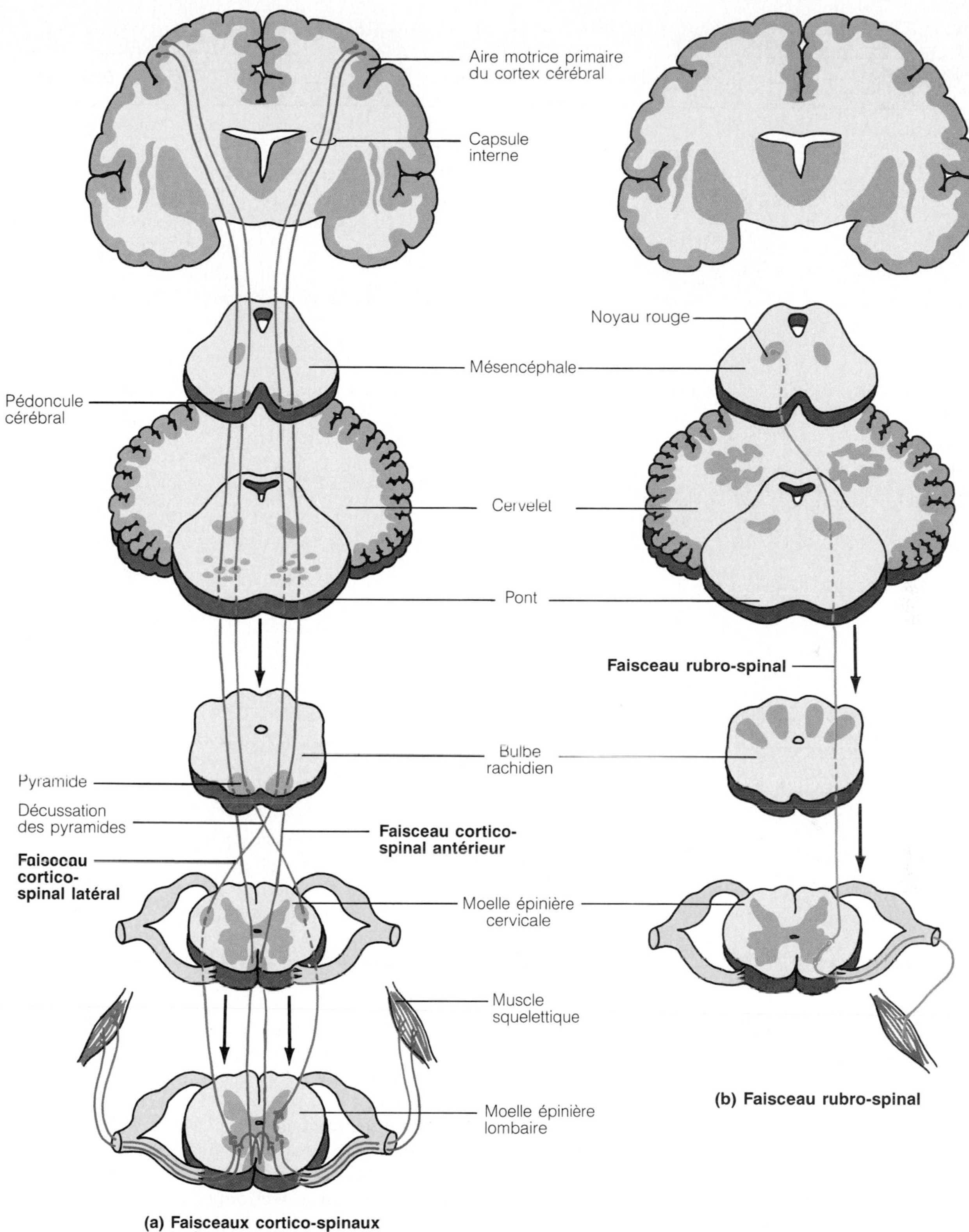

Figure 12.26 Chaînes de neurones de quelques faisceaux descendants de la voie motrice principale et de la voie motrice secondaire. (**a**) Trajet et jonctions synaptiques des neurones à l'intérieur des faisceaux cortico-spinaux latéral et antérieur transportant les influx moteurs aux muscles squelettiques. (**b**) Trajet et jonctions synaptiques des neurones à l'intérieur du faisceau rubro-spinal qui participe à la régulation du tonus musculaire du côté opposé du corps.

Tableau 12.3 Principaux faisceaux descendants (moteurs) de la moelle épinière

Faisceaux de la moelle épinière	Situation (cordon)	Origine	Extrémité	Fonctions
Faisceaux de la voie motrice principale Cortico-spinal latéral	Latéral	Neurones pyramidaux de l'aire motrice; décussation dans les pyramides du bulbe rachidien	Interneurones de la corne antérieure qui influent sur les neurones moteurs; peuvent faire synapse directement avec les neurones moteurs de la corne antérieure	Transmet les influx moteurs de l'aire motrice primaire aux neurones moteurs de la moelle épinière (qui activent les muscles squelettiques situés de l'autre côté du corps); faisceau moteur de la motricité volontaire
Cortico-spinal antérieur	Antérieur	Neurones pyramidaux de l'aire motrice; les neurofibres croisent la ligne médiane dans la moelle épinière	Corne antérieure (comme ci-dessus)	Comme le faisceau cortico-spinal latéral
Faisceaux de la voie motrice secondaire (autrefois appelés extrapyramidaux) Tecto-spinal	Antérieur	Tubercule quadrijumeau supérieur dans le mésencéphale (les neurofibres traversent du côté opposé de la moelle épinière)	Corne antérieure (comme ci-dessus)	Transmet les influx moteurs provenant des noyaux du mésencéphale, qui sont essentiels pour la coordination des mouvements (réflexes) de la tête et des yeux en direction de cibles visuelles
Vestibulo-spinal	Antérieur	Noyaux vestibulaires du bulbe rachidien (les neurofibres descendent sans croiser la ligne médiane)	Corne antérieure (comme ci-dessus)	Transmet les influx moteurs qui maintiennent le tonus musculaire et activent les muscles extenseurs homolatéraux des membres et du tronc qui déplacent la tête; préserve ainsi l'équilibre en position debout et pendant la marche
Faisceau rubro-spinal	Latéral	Noyau rouge du mésencéphale (les neurofibres traversent du côté opposé immédiatement au-dessous du noyau rouge)	Corne antérieure (comme ci-dessus)	Transmet les influx moteurs reliés au tonus des muscles de la partie distale des membres (principalement des fléchisseurs) du côté opposé du corps
Réticulo-spinal (antérieur, médian et latéral)	Antérieur et latéral	Formation réticulée du tronc cérébral (noyaux de la région médiane du pont et du bulbe rachidien); certaines neurofibres croisent la ligne médiane alors que d'autres ne la croisent pas	Corne antérieure (comme ci-dessus)	Transmet les influx reliés au tonus musculaire et à de nombreuses fonctions motrices viscérales; régit peut-être la plupart des mouvements grossiers

Déséquilibres homéostatiques de la moelle épinière

Toute lésion de la moelle épinière ou des racines des nerfs rachidiens est associée à une perte fonctionnelle, qu'il s'agisse de **paralysie** (perte de la motricité) ou d'**anesthésie** (perte sensorielle). Les lésions des cellules de la racine antérieure (des nerfs rachidiens) ou de la corne antérieure (de la moelle) entraînent la **paralysie flasque** des muscles squelettiques correspondants (comme dans le cas de la poliomyélite). Les neurones moteurs inférieurs étant endommagés, les influx nerveux n'atteignent pas ces muscles et, par conséquent, ils deviennent incapables de mouvements volontaires ou involontaires. Privés de stimulation, les muscles s'atrophient. Les lésions limitées aux neurones moteurs supérieurs de l'aire motrice primaire causent la **paralysie spastique**; les neurones moteurs spinaux sont intacts, et l'activité réflexespinale continue de stimuler les muscles. Dans ce cas, les muscles squelettiques ne s'atrophient pas, mais leur mouvement échappe à la commande volontaire.

Tout sectionnement transversal de la moelle épinière, quel qu'en soit le niveau, entraîne une perte de la sensibilité et de la motricité dans les régions situées au-dessous de la lésion. Si le sectionnement se produit entre T_1 et L_1, les deux membres inférieurs sont touchés: c'est la **paraplégie.** Si, par ailleurs, le sectionnement se produit dans la région cervicale, les quatre membres sont touchés: c'est la **quadriplégie.** L'*hémiplégie,* la paralysie d'un côté du corps, est généralement provoquée par une lésion de l'une des aire motrices du cortex cérébral (comme un accident vasculaire cérébral) plutôt que de la moelle épinière (voir la page 406). Comme la motricité est croisée, cette paralysie atteint le côté opposé du corps par rapport à l'hémisphère qui a subi la lésion.

Il faut observer de près les personnes ayant subi un traumatisme de la moelle épinière afin de détecter chez elles les symptômes du *choc spinal*, une période de perte fonctionnelle qui suit l'accident. Ce phénomène est fréquent dans les cas de *coup de fouet cervical antéro-postérieur*; il entraîne une réduction immédiate de toute l'activité réflexe produite au-dessous du siège de la lésion. Le réflexe vésical et le réflexe de défécation cessent, la pression artérielle chute, et tous les muscles squelettiques (somatiques) et lisses (viscéraux) situés sous la lésion deviennent paralysés et insensibles. La fonction nerveuse se rétablit habituellement quelques heures après l'accident. Si elle ne reprend pas dans les 48 heures, la paralysie devient permanente dans la plupart des cas. ■

Procédés visant à diagnostiquer un dysfonctionnement du SNC

Quiconque a déjà subi un examen physique sait en quoi consiste la recherche du réflexe rotulien. Le médecin frappe doucement le tendon rotulien au moyen d'un marteau à percussion, les muscles de la jambe se contractent et produisent une extension partielle de la jambe. Cette réponse indique que la moelle épinière et les centres cérébraux supérieurs fonctionnent normalement. Toutefois, lorsque les réflexes sont anormaux ou lorsque l'on soupçonne une tumeur cérébrale, une hémorragie intracrânienne, la sclérose en plaques ou l'hydrocéphalie, il faut procéder à des épreuves neurologiques plus poussées afin de formuler un diagnostic.

La pneumo-encéphalographie fournit une radiographie relativement claire des ventricules cérébraux; elle a longtemps constitué le procédé d'élection pour le diagnostic de l'hydrocéphalie. On prélève dans un premier temps une petite quantité de liquide céphalo-rachidien, puis on injecte de l'air (ou un autre gaz) dans la cavité subarachnoïdienne. On laisse monter le gaz jusque dans les ventricules, ce qui permet ensuite de les visualiser.

L'*angiographie cérébrale* permet d'évaluer l'état des artères qui desservent l'encéphale (ou celui des artères carotides du cou, qui alimentent la plupart de ces vaisseaux). On injecte un colorant radio-opaque dans une artère et on le laisse se disperser dans l'encéphale. On prend ensuite une radiographie des artères que l'on souhaite examiner. Le colorant fait ressortir les artères rétrécies par l'artériosclérose ou obstruées par des caillots. On prescrit fréquemment ce procédé après un accident vasculaire cérébral ou un accès ischémique transitoire cérébral.

Les nouvelles techniques d'imagerie décrites au chapitre 1 (voir les pages 20-21) ont révolutionné le diagnostic des lésions cérébrales. La *tomographie* permet de déceler rapidement la plupart des tumeurs, des infarctus et des lésions intracrâniennes. Par ailleurs, la *remnographie* (RMN) montre clairement certaines tumeurs et certaines plaques de sclérose qui échappent à la tomographie. La tomographie et la remnographie permettent de visualiser avec beaucoup de précision l'anatomie de l'encéphale, tandis que la tomographie par émission de positons (TEP) apporte des renseignements sur son activité biochimique. Cette technique permet de localiser les lésions cérébrales qui engendrent des crises convulsives (foyers épileptogènes), de diagnostiquer la maladie d'Alzheimer et d'observer l'activité des différentes structures de l'encéphale dans certaines maladies fonctionnelles.

Développement et vieillissement du système nerveux central

Formés pendant le premier mois du développement embryonnaire, l'encéphale et la moelle épinière poursuivent leur croissance et leur maturation pendant toute la période prénatale. L'exposition de la mère aux radiations, à diverses substances (alcool, nicotine, opiacés, etc.), ainsi que des infections peuvent empêcher le développement normal des neurones et endommager le système nerveux du fœtus, particulièrement pendant les premiers stades de son développement. Ainsi, la rubéole entraîne souvent la surdité et d'autres lésions du SNC chez le nouveau-né. En outre, comme le tissu nerveux est, de tous les tissus de l'organisme, celui dont le métabolisme est le plus rapide, une privation d'oxygène de courte durée peut détruire des neurones qui ne seront pas remplacés. L'usage du tabac diminue la quantité d'oxygène présente dans la circulation sanguine, si bien qu'une femme enceinte qui fume expose son enfant à des risques de lésions cérébrales.

L'*infirmité motrice cérébrale* peut être causée par une privation temporaire d'oxygène au cours d'une naissance difficile, mais également par n'importe lequel des facteurs énumérés ci-dessus. Elle résulte d'une lésion cérébrale et se traduit par une mauvaise régulation ou par la paralysie des muscles squelettiques qui régissent les mouvements volontaires. Les personnes atteintes de cette maladie présentent de la spasticité, des difficultés d'élocution et d'autres troubles moteurs. Environ la moitié d'entre elles connaissent des crises convulsives, la moitié souffrent d'une déficience intellectuelle, et le tiers sont atteintes d'un déficit auditif. Les déficiences visuelles ne sont pas rares non plus. L'infirmité motrice cérébrale n'évolue pas, mais les déficits qu'elle entraîne sont irréversibles.

De nombreuses anomalies congénitales liées à des facteurs génétiques ou environnementaux peuvent toucher le système nerveux central pendant les premiers stades du développement embryonnaire. Les plus graves de ces malformations sont l'hydrocéphalie (voir la page 404), l'anencéphalie et le spina bifida.

Dans l'*anencéphalie* (littéralement, « absence d'encéphale »), le cerveau et une partie du tronc cérébral ne se forment pas, probablement parce que les parties postérieures des replis neuraux ne fusionnent pas. L'enfant mène une vie complètement végétative; il est incapable de voir, d'entendre et d'éprouver des sensations. Ses muscles sont flasques et tout mouvement volontaire est impossible.

GROS PLAN Le cerveau a-t-il un sexe?

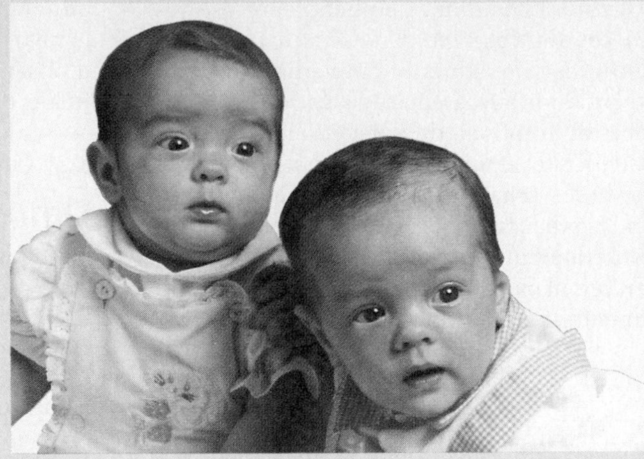

Les jeunes femmes qui revendiquent l'égalité avec les hommes sur le marché du travail ont à combattre des notions culturelles qui veulent que les hommes soient plus capables qu'elles. Pourtant, hors de tout préjugé sexiste et abstraction faite de l'éducation, il y a réellement une différence entre les hommes et les femmes, une différence d'ordre biologique.

Au début de la puberté, les garçons tendent à démontrer plus d'agressivité que les filles, et cette différence s'explique indubitablement par l'afflux d'hormone sexuelle mâle. Les mécanismes suivant lesquels la testostérone engendre l'agressivité ou la violence restent cependant à élucider. Pour modifier le comportement, une hormone doit d'abord influer sur le cerveau. La scintigraphie a montré que les hormones sexuelles femelles et mâle (les œstrogènes et la testostérone, respectivement) se concentrent de manière sélective dans les régions du cerveau qui déterminent les comportements sexuels et l'agressivité, les domaines dans lesquels les deux sexes divergent le plus. On sait également que les différences de comportement entre les sexes sont établies bien avant le déclenchement de la puberté et de ses «tempêtes hormonales». Peu de temps après la naissance, par exemple, les garçons manifestent plus de force et de tonus musculaire que les filles, tandis que celles-ci sont plus sensibles au toucher, au goût et à la lumière, et sourient plus fréquemment. Des études approfondies menées auprès d'enfants d'âge scolaire ont révélé que les filles obtiennent de meilleurs résultats que les garçons aux tests mesurant l'habileté à l'expression verbale, tandis que les garçons réussissent mieux les tâches spatiovisuelles. Par ailleurs, l'hypothèse selon laquelle les lésions de l'hémisphère gauche entravent surtout l'habileté verbale, et les lésions de l'hémisphère droit diminuent l'habileté spatiale, n'a été vérifiée que pour les hommes. À la suite de ces études, on suppose que le chevauchement hémisphérique des fonctions verbales et spatiales est plus marqué chez les femmes que chez les hommes, lesquels démontrent une latéralisation plus hâtive du fonctionnement cortical.

Une fonction plus latéralisée est-elle nécessairement une fonction mieux développée? Il semble que non. Les femmes présentent une latéralisation moindre des fonctions du langage, et pourtant leur habileté à l'expression verbale tend à surpasser celle des hommes. D'autre part, une latéralisation marquée se paie cher. En effet, si une aire fonctionnelle fortement latéralisée est endommagée, la fonction est supprimée. Ainsi, l'aphasie consécutive aux lésions de l'hémisphère gauche est trois fois plus fréquente chez les hommes que chez les femmes.

Comment peut-on expliquer ces différences de comportements et d'habiletés? Il faut chercher la réponse dans les profondeurs du cerveau. En 1973, il fut démontré pour la première fois que le cerveau féminin et le cerveau masculin diffèrent en bien des points sur le plan structural. Le plus notable de ces points est la configuration synaptique d'une région de la partie antérieure de l'hypothalamus, aujourd'hui appelée *noyau du dimorphisme sexuel.* Si l'on castre des singes mâles peu après leur naissance, on obtient la configuration hypothalamique féminine, tandis que si l'on injecte de la testostérone à des femelles, on déclenche l'élaboration de la configuration masculine. Cette découverte secoua fortement les neurologues, car elle permettait d'attester pour la première fois les différences structurales entre le cerveau des hommes et celui des femmes. De plus, elle prouvait que les hormones sexuelles circulant avant, pendant ou après la naissance pouvaient *modifier* l'encéphale. En se fondant sur ces résultats et sur des observations ultérieures, les scientifiques conclurent que le cerveau des mammifères est féminin à l'origine, et qu'il le demeure jusqu'à ce que les hormones masculinisantes «l'avisent du contraire». C'est la testostérone produite par les fœtus de sexe masculin qui assure le développement des structures anatomiques de l'homme. À l'heure actuelle, il semble que la testostérone fœtale déclenche l'élaboration de la configuration cérébrale masculine.

Depuis ces découvertes, on a décelé d'autres différences liées au sexe dans le système nerveux central:

1. Le lobe temporal gauche tend à être plus long chez les femmes.

2. La partie postérieure du corps calleux est bulbeuse et large chez les femmes, tandis que, chez les hommes, le corps calleux est généralement cylindrique et de diamètre uniforme. Cette différence indique peut-être qu'il y a plus de neurofibres de communication entre les hémisphères des femmes, ce qui appuierait l'hypothèse suivant laquelle le cerveau féminin est moins latéralisé que le cerveau masculin.

3. Dans la moelle épinière, certains groupes de neurones qui desservent les organes génitaux externes sont beaucoup plus étendus chez les hommes que chez les femmes; ces neurones contiennent des récepteurs de la testostérone, mais pas d'œstrogènes. C'est l'exposition à la testostérone avant la naissance qui donne à ces neurones leur configuration masculine.

Quelle conclusion tirer de ces résultats? Les différences observées entre les sexes sont-elles ou non liées aux subtilités du comportement? Expliquent-elles les manifestations de la masculinité et de la féminité? Si oui, dans quelle mesure? Il est trop tôt pour le savoir, car l'étude du dimorphisme sexuel encéphalique en est encore «au berceau».

Il n' a pas de vie mentale à proprement parler. Généralement, la mort survient peu de temps après la naissance.

Le *spina bifida* (littéralement, «épine fendue en deux») est la conséquence d'une formation incomplète des arcs vertébraux et touche habituellement la région lombo-sacrée. Elle se définit techniquement comme l'absence de lame vertébrale et d'apophyse épineuse sur au moins une vertèbre: la queue de cheval de la moelle épinière peut sortir du canal rachidien et former une protubérance (hernie) au niveau lombaire ou sacré. Dans les cas graves, il se produit des déficits neurologiques de même que des malformations de la moelle épinière. Le *spina bifida occulta* est la forme la moins grave de cette anomalie; il ne touche qu'une ou quelques vertèbres, et n'entraîne pas de troubles neurologiques. Il ne se traduit extérieurement que par une petite fossette ou une touffe de poils surmontant la malformation. Le *spina bifida aperta* est la forme la plus grave: une hernie sacciforme des méninges émerge de la moelle épinière de l'enfant. Si la hernie contient du liquide céphalo-rachidien, l'anomalie est une *méningocèle;* si la hernie renferme une partie de la moelle épinière et des racines, l'anomalie est une *myéloméningocèle.* Plus la hernie est volumineuse et plus elle contient de structures neuronales, plus le déficit neurologique est prononcé. Dans le pire des cas, lorsque la partie inférieure de la moelle épinière est atteinte, il y a incontinence anale, paralysie des muscles de la vessie (qui prédispose l'enfant aux infections urinaires et à l'insuffisance rénale) et paralysie des membres inférieurs. Les infections sont fréquentes, car la hernie a tendance à se rompre ou à suinter. Le spina bifida aperta s'accompagne d'hydrocéphalie dans 90 % des cas. ■

L'hypothalamus est l'une des dernières structures du SNC à atteindre la maturité. Comme cet organe contient les centres de régulation de la température corporelle, les nouveau-nés prématurés sont sujets à des pertes de chaleur et doivent être placés en incubateur. La tomographie par émission de positons a montré que le thalamus et l'aire somesthésique sont actifs chez l'enfant de cinq jours, mais non l'aire visuelle. C'est ce qui explique pourquoi les nouveau-nés répondent au toucher mais ont une faible perception visuelle de leur environnement. À 11 semaines, une plus grande partie du cortex est active et le bébé peut tendre les mains vers un jouet. À huit mois, le cortex est très actif et l'enfant peut penser à ce qu'il voit. La croissance et la maturation du système nerveux se poursuivent pendant l'enfance, parallèlement à la progression de la myélinisation des axones. Comme nous l'avons vu au chapitre 9, la coordination neuromusculaire se développe dans les directions céphalo-caudale et proximo-distale, et nous savons que la myélinisation se déroule dans le même ordre.

L'encéphale atteint sa masse maximale au début de l'âge adulte. Pendant les quelque 60 ans qui suivent, les neurones se détériorent et meurent, et la masse et le volume du cerveau diminuent constamment. Toutefois, le nombre de neurones que nous perdons au fil du temps ne représente qu'un faible pourcentage du total. De plus, les neurones qui subsistent peuvent modifier leurs connexions synaptiques et nous pouvons ainsi continuer d'apprendre tout au long de notre vie.

L'habileté spatiale, la vitesse de perception, l'aptitude à la prise de décisions, le temps de réaction et la mémoire déclinent avec l'âge. Cependant, ces pertes n'ont de conséquences notables chez l'*individu sain* qu'à compter de l'âge de 80 ans environ. À ce moment, certaines de ces facultés subissent un déclin rapide. Le recours à l'expérience, les aptitudes mathématiques et la facilité d'expression verbale ne diminuent pas avec l'âge, et beaucoup de gens s'acquittent de tâches intellectuellement astreignantes toute leur vie. Moins de 5 % des gens de 65 ans et plus présentent une véritable sénilité. Malheureusement, on rencontre de nombreux cas de sénilité réversible dus à l'hypotension artérielle, à la constipation, à une mauvaise alimentation, aux effets des médicaments sur ordonnance, à la dépression, à la déshydratation et à des déséquilibres hormonaux non diagnostiqués.

L'atrophie du cerveau survient normalement à mesure que l'on avance en âge, mais certaines personnes (notamment les alcooliques et les boxeurs professionnels) déclenchent le processus bien avant que la nature ne s'en charge. Quelle que soit l'issue de ses combats, la probabilité de lésions et d'atrophie cérébrales s'accroît à chaque coup qu'un boxeur reçoit. Par ailleurs, tout le monde convient que l'alcool a des effets marqués tant sur le corps que sur l'esprit. Or, ces effets ne sont peut-être pas tous temporaires. La tomographie démontre que la diminution de la taille et de la densité du cerveau surviennent de manière précoce chez les alcooliques. Les boxeurs comme les alcooliques peuvent présenter des signes de sénilité sans rapport avec le vieillissement. Par exemple, il arrive que des alcooliques témoignent d'un dysfonctionnement important de la mémoire, particulièrement évident au cours de l'apprentissage et de la mémorisation de nouvelles connaissances (amnésie antérograde).

* * *

La complexité des hémisphères cérébraux est stupéfiante. Le diencéphale et le tronc cérébral, les régions de l'encéphale qui gouvernent toutes les fonctions subconscientes du système nerveux autonome, ne sont pas moins complexes, surtout si l'on tient compte de leur taille. La moelle épinière, qui sert de centre réflexe et de lien de communication entre l'encéphale et le reste du corps, est tout aussi importante pour l'homéostasie.

Le chapitre 13, que vous aborderez sous peu, porte sur les structures du système nerveux périphérique qui donnent des informations au système nerveux central et acheminent ses ordres jusqu'aux effecteurs.

Termes médicaux

Cordotomie Intervention chirurgicale qui consiste à sectionner un cordon de la moelle épinière (les faisceaux spino-thalamiques le plus souvent), afin de soulager une douleur irréductible.

Encéphalopathie (*enképhalos* = encéphale, *pathê* = maladie) Maladie ou trouble qui entraînent le plus souvent des altérations sévères des structures anatomiques de l'encéphale.

Micro-encéphalie Anomalie congénitale se traduisant par la formation d'un petit encéphale, le signe extérieur en étant la taille réduite du crâne. La plupart des enfants atteints présentent un déficit intellectuel.

Monoplégie (*monos* = un, *plêssein* = frapper) Paralysie d'un membre.

Myélite (*muélos* = moelle épinière, *itis* = inflammation) Inflammation de la moelle épinière.

Myélographie (*graphê* = écriture) Radiographie de la moelle épinière après injection d'une substance de contraste (radio-opaque).

Sclérose latérale amyotrophique Maladie chronique et généralement mortelle caractérisée par l'atrophie des muscles squelettiques, provoquée par la dégénérescence des neurones moteurs supérieurs du cortex et des neurones moteurs inférieurs de la moelle épinière. Cette détérioration entraîne la formation de tissu cicatriciel qui durcit (sclérose) les parties latérales de la moelle épinière. On ne connaît pas la cause de la maladie, mais il pourrait s'agir d'une infection virale (comme dans le cas de la polio).

Troubles cérébraux fonctionnels Troubles psychologiques auxquels on ne peut trouver de cause structurale; comprennent les névroses et les psychoses.

Résumé du chapitre

ENCÉPHALE (p. 378-407)

1. Le cerveau gouverne les mouvements volontaires, l'interprétation et l'intégration des sensations, la conscience et la cognition.

Développement embryonnaire de l'encéphale (p. 379-380)

2. L'encéphale croît à partir de la partie rostrale du tube neural embryonnaire.

3. La céphalisation provoque l'enveloppement du diencéphale et de la partie supérieure du tronc cérébral par les hémisphères cérébraux.

Régions de l'encéphale (p. 380-381)

4. On divise généralement l'encéphale en quatre régions: les hémisphères cérébraux, le diencéphale, le tronc cérébral et le cervelet.

5. Les hémisphères cérébraux et le cervelet sont composés d'un cortex formé de substance grise et d'une région sous-corticale constituée de substance blanche et comprenant plusieurs noyaux de substance grise. Le tronc cérébral est dépourvu de cortex.

Ventricules cérébraux (p. 381-382)

6. L'encéphale contient quatre ventricules remplis de liquide céphalo-rachidien. Les ventricules latéraux se trouvent dans les hémisphères cérébraux. Le troisième ventricule est situé dans le diencéphale. Le quatrième ventricule est situé dans le tronc cérébral et il communique avec le canal de l'épendyme de la moelle épinière.

Hémisphères cérébraux (p. 382-391)

7. Les deux hémisphères cérébraux présentent des gyrus, des sillons et des fissures. La fissure longitudinale sépare partiellement les hémisphères. Les autres fissures et sillons divisent les hémisphères en lobes.

8. Chaque hémisphère cérébral est formé du cortex cérébral (surface), de substance blanche (région sous-corticale) et de noyaux gris centraux (région sous-corticale).

9. Le cortex de chaque hémisphère cérébral reçoit des influx sensitifs du côté opposé du corps et y envoie des commandes motrices. Le corps est représenté tête en bas (homoncule) dans les aires motrices et sensitives.

10. Les aires fonctionnelles du cortex cérébral sont: (1) les aires motrices, soit l'aire motrice primaire, l'aire prémotrice, l'aire visuelle frontale et l'aire motrice du langage, situées dans le lobe frontal d'un hémisphère (généralement le gauche); (2) les aires sensitives, soit l'aire somesthésique primaire, l'aire pariétale postérieure et l'aire gustative dans le lobe pariétal, l'aire visuelle dans le lobe occipital, les aires olfactive et auditive dans le lobe temporal; (3) les aires associatives, soit le cortex préfrontal dans le lobe frontal, l'aire gnosique à la jonction des lobes temporal, pariétal et occipital d'un hémisphère (généralement le gauche), l'aire de la compréhension du langage dans le lobe temporal d'un hémisphère (généralement le gauche), les aires du langage affectif dans un hémisphère (généralement le droit).

11. Les faisceaux de la substance blanche cérébrale sont formés par les neurofibres commissurales, les neurofibres d'association et les neurofibres de projection.

12. Les noyaux gris centraux sont pairés et comprennent le noyau lenticulaire (le globus pallidus et le putamen) et le noyau caudé. Ce sont des noyaux sous-corticaux qui participent à la régulation du mouvement des muscles squelettiques.

Diencéphale (p. 391-394)

13. Le diencéphale est composé du thalamus, de l'hypothalamus et de l'épithalamus, et il recouvre le troisième ventricule.

14. Le thalamus constitue le principal relais pour: (1) les influx sensitifs qui montent à l'aire sensitive; (2) les influx qui vont des noyaux moteurs sous-corticaux et du cervelet à l'aire motrice.

15. L'hypothalamus est le centre de régulation le plus important du système nerveux autonome, et la pierre angulaire du système limbique. Il maintient l'équilibre hydrique; il régit la soif, l'appétit, l'activité gastro-intestinale, la température corporelle ainsi que l'activité de l'adénohypophyse.

Tronc cérébral (p. 394-398)

16. Le tronc cérébral comprend le mésencéphale, le pont et le bulbe rachidien.

17. Le mésencéphale contient les tubercules quadrijumeaux (centres réflexes visuels et auditifs), le noyau rouge (centre moteur sous-cortical) ainsi que les noyaux des nerfs crâniens III et IV. Les pédoncules cérébraux, sur sa face antérieure, abritent les faisceaux cortico-spinaux (moteurs). Le mésencéphale entoure l'aqueduc du mésencéphale.

18. Le pont est principalement une structure servant à la propagation des influx nerveux ascendants et descendants. Ses noyaux contribuent à la régulation de la respiration et donnent naissance aux nerfs crâniens V, VI et VII.

19. Les pyramides du bulbe rachidien sont formées par les faisceaux cortico-spinaux descendants et constituent sa face antérieure. Ces neurofibres croisent la ligne médiane (décussation des pyramides) avant d'entrer dans la moelle épinière. D'importants noyaux de la partie bulbaire de la formation réticulée régissent le rythme respiratoire, la fréquence cardiaque et la pression artérielle, et donnent naissance aux nerfs crâniens VIII à XII. L'olive bulbaire de même que les centres de la toux, de l'éternuement, de la déglutition et du vomissement sont situés dans le bulbe rachidien.

Cervelet (p. 398-400)

20. Le cervelet est formé de deux hémisphères parcourus de lamelles transversales et séparés par le vermis. Le cervelet est relié au tronc cérébral par les pédoncules cérébelleux supérieurs, moyens et inférieurs.

21. Le cervelet traite et interprète les influx provenant de l'aire motrice et des voies sensitives, et il coordonne l'activité motrice de manière à synchroniser les mouvements.

Systèmes de l'encéphale (p. 400-402)

22. Le système limbique est composé de nombreuses structures qui encerclent le diencéphale. Il correspond au «cerveau émotionnel et viscéral».

23. La formation réticulée comprend des noyaux qui s'étendent sur toute la longueur du tronc cérébral. Elle maintient la vigilance du cortex cérébral (système réticulé activateur ascendant) et ses noyaux moteurs interviennent dans les activités motrices tant somatiques que viscérales.

Protection de l'encéphale (p. 402-405)

24. L'encéphale est protégé par les os de la tête, les méninges, le liquide céphalo-rachidien et la barrière hémato-encéphalique.

25. De l'extérieur vers l'intérieur, les méninges sont la dure-mère, l'arachnoïde et la pie-mère. Elles entourent l'encéphale et la moelle épinière ainsi que leurs vaisseaux sanguins. En se repliant vers l'intérieur, le feuillet interne de la dure-mère attache l'encéphale au crâne.

26. Le liquide céphalo-rachidien est élaboré par les plexus choroïdes à partir du plasma sanguin et il circule à travers les ventricules et dans la cavité subarachnoïdienne. Les villosités arachnoïdiennes le renvoient dans les sinus de la dure-mère. Le liquide céphalo-rachidien sert de soutien et de coussin à l'encéphale et à la moelle épinière, et il contribue à les nourrir.

27. La barrière hémato-encéphalique est engendrée par l'imperméabilité relative de l'épithélium des capillaires de l'encéphale. Elle laisse entrer l'eau, les gaz respiratoires, les nutriments essentiels et les molécules liposolubles dans le tissu nerveux, mais elle en interdit l'entrée aux autres substances hydrosolubles potentiellement nuisibles.

Déséquilibres homéostatiques de l'encéphale (p. 405-407)

28. Les traumatismes crâniens peuvent provoquer des lésions cérébrales appelées commotions (lésions réversibles) ou contusions (lésions irréversibles). Quand le tronc cérébral est touché, une inconscience temporaire ou permanente survient.

29. Les accidents vasculaires cérébraux (attaques) surviennent lorsque les neurones cérébraux sont privés d'irrigation sanguine et que le tissu cérébral est détruit. Ils peuvent entraîner l'hémiplégie, des déficits sensoriels ou des troubles de l'élocution.

30. La maladie d'Alzheimer est une maladie cérébrale dégénérative caractérisée par l'apparition de dépôts protéiques anormaux et d'enchevêtrements neurofibrillaires dans les neurones. Elle cause une perte progressive de la mémoire et de la régulation motrice, ainsi que la démence.

MOELLE ÉPINIÈRE (p. 407-417)

Anatomie macroscopique et protection de la moelle épinière (p. 407)

1. La moelle épinière achemine les influx dans les deux sens. Elle est aussi un centre réflexe. Elle est située à l'intérieur de la colonne vertébrale, et elle est protégée par les méninges et le liquide céphalo-rachidien. Elle s'étend du trou occipital jusqu'à la première vertèbre lombaire.

2. Trente et une paires de nerfs rachidiens émergent de la moelle épinière. La moelle épinière présente des renflements dans les régions cervicale et lombaire, aux endroits où naissent les nerfs rachidiens qui desservent les muscles squelettiques des membres.

Développement embryonnaire de la moelle épinière (p. 407)

3. La moelle épinière se développe à partir du tube neural. Sa substance grise se forme à partir des lames alaire et basale. Des faisceaux composent la substance blanche externe. La crête neurale forme les ganglions rachidiens (sensitifs).

Anatomie de la moelle épinière en coupe transversale (p. 407-416)

4. La substance grise située au centre de la moelle épinière a la forme d'un H. Les cornes antérieures contiennent des neurones moteurs somatiques. Les cornes latérales contiennent des neurones moteurs autonomes. Les cornes postérieures contiennent des interneurones.

5. Les axones des neurones des cornes latérales et antérieures émergent de la moelle épinière par l'intermédiaire des racines antérieures. Les axones des neurones sensitifs (dont les corps cellulaires sont situés dans les ganglions rachidiens) entrent dans la partie postérieure de la moelle épinière et forment les racines postérieures. Les racines antérieures et postérieures s'associent pour former les nerfs rachidiens.

6. De chaque côté de la moelle épinière, la substance blanche se répartit en cordons postérieur, latéral et antérieur. Chaque cordon comprend des faisceaux ascendants et descendants. Tous les faisceaux sont pairés et la plupart croisent la ligne médiane à un niveau ou à un autre de la moelle.

7. Les faisceaux ascendants (sensitifs) sont le faisceau gracile et le faisceau cunéiforme (toucher et sensibilité proprioceptive consciente des articulations), les faisceaux spino-thalamiques (douleur, toucher, température) et les faisceaux spino-cérébelleux (sensibilité proprioceptive inconsciente des muscles et des tendons).

8. Les faisceaux descendants (moteurs) sont les faisceaux cortico-spinaux latéral et antérieur qui prennent naissance dans l'aire motrice primaire et les autres faisceaux moteurs qui prennent naissance dans les noyaux moteurs sous-corticaux.

Déséquilibres homéostatiques de la moelle épinière (p. 416-417)

9. Les lésions des neurones des cornes antérieures ou des racines antérieures entraînent la paralysie flasque. (Les lésions des neurones moteurs supérieurs de l'encéphale provoquent la paralysie spastique.) L'atteinte des racines postérieures ou des faisceaux sensitifs cause la paresthésie.

PROCÉDÉS VISANT DIAGNOSTIQUER UN DYSFONCTIONNEMENT DU SNC (p. 417)

1. Les procédés diagnostiques servant à l'évaluation neurologique vont de la recherche des réflexes aux techniques perfectionnées telles la pneumo-encéphalographie, l'angiographie cérébrale, la tomographie, la remnographie et la tomographie par émission de positons.

DÉVELOPPEMENT ET VIEILLISSEMENT DU SYSTÈME NERVEUX CENTRAL (p. 417-419)

1. Des facteurs maternels et environnementaux peuvent entraver le développement cérébral de l'embryon. Par ailleurs, la privation d'oxygène détruit les cellules cérébrales. Au nombre des anomalies congénitales graves de l'encéphale, on trouve l'infirmité motrice cérébrale, l'anencéphalie, l'hydrocéphalie et le spina bifida.

2. La régulation de la température corporelle est entravée chez les bébés prématurés, car l'hypothalamus est l'une des dernières structures de l'encéphale à atteindre la maturité pendant le développement prénatal.

3. L'évolution de la régulation motrice est parallèle à la myélinisation et à la maturation du système nerveux de l'enfant.

4. La croissance de l'encéphale prend fin au début de l'âge adulte. Tout au long de la vie, des neurones meurent sans être remplacés. Par conséquent, la masse et le volume de l'encéphale diminuent au cours des années.

5. Les personnes âgées en bonne santé jouissent d'un fonctionnement intellectuel optimal. La maladie, la cardiopathie ischémique en particulier, est la principale cause du déclin des fonctions mentales au cours de la vieillesse.

Questions de révision

Choix multiples/associations

1. L'aire motrice primaire, l'aire motrice du langage (aire de Broca) et l'aire prémotrice sont situées dans: (a) le lobe frontal; (b) le lobe pariétal; (c) le lobe temporal; (d) le lobe occipital.

2. Associez les termes suivants à leurs définitions.

(a) Cervelet
(b) Tubercules quadrijumeaux
(c) Corps strié
(d) Corps calleux
(e) Hypothalamus
(f) Bulbe rachidien
(g) Mésencéphale
(h) Pont
(i) Thalamus

_____ (1) Noyaux gris centraux intervenant dans la motricité fine.

_____ (2) Région où les neurofibres des faisceaux corticospinaux descendants de la voie motrice principale croisent la ligne médiane.

_____ (3) Régulation de la température, des réflexes du système nerveux autonome, de la faim et de l'équilibre hydrique.

_____ (4) Abrite la substance noire et l'aqueduc du mésencéphale.

_____ (5) Relais pour les influx visuels et auditifs situé dans le mésencéphale.

_____ (6) Abrite les centres de régulation de la fréquence cardiaque, de la respiration et de la pression artérielle.

_____ (7) Région du cerveau que doivent traverser tous les influx sensitifs pour atteindre le cortex cérébral.

_____ (8) Région de l'encéphale qui intervient surtout dans l'équilibre, la posture et la coordination de l'activité motrice.

3. La méninge la plus profonde, qui est composée de tissu délicat et adhère au tissu cérébral, est: (a) la dure-mère; (b) le corps calleux; (c) l'arachnoïde; (d) la pie-mère.

4. Le liquide céphalo-rachidien est élaboré par: (a) les villosités arachnoïdiennes; (b) la dure-mère; (c) les plexus choroïdes; (d) toutes ces réponses.

5. Un patient a subi une hémorragie cérébrale qui a entraîné un dysfonctionnement du gyrus précentral de l'hémisphère droit. Cette personne ne peut donc plus: (a) bouger volontairement son bras ou sa jambe gauches; (b) éprouver de sensation du côté gauche du corps; (c) éprouver de sensation du côté droit du corps.

6. Les voies ascendantes de la moelle épinière acheminent: (a) les influx moteurs; (b) les influx sensitifs; (c) les influx commissuraux; (d) toutes ces réponses.

7. La destruction des cellules de la corne antérieure de la moelle épinière entraîne une perte: (a) des influx intégrateurs; (b) des influx sensitifs; (c) des influx moteurs volontaires; (d) toutes ces réponses.

8. Les neurofibres qui permettent la communication entre les neurones d'un même hémisphère cérébral sont: (a) les neurofibres d'association; (b) les neurofibres commissurales; (c) les neurofibres de projection.

9. Tout à coup, un professeur souffle dans un clairon pendant un cours d'anatomie et de physiologie. Tous les étudiants lèvent les yeux, ébahis. Les mouvements réflexes de leurs yeux sont commandés par: (a) le cortex cérébral; (b) les olives bulbaires; (c) les noyaux du raphé; (d) les tubercules quadrijumeaux supérieurs; (e) le noyau gracile.

Questions à court développement

10. Faites un diagramme montrant les trois vésicules cérébrales primaires (embryonnaires). Nommez chaque vésicule ainsi que la région cérébrale adulte à laquelle elle donne naissance, en employant la terminologie clinique.

11. (a) Quels avantages nous confèrent les nombreux gyrus du cerveau? (b) Par quel terme désigne-t-on ses rainures? ses saillies? (c) Quelle rainure divise le cerveau en deux hémisphères? (d) Quelle rainure sépare le lobe pariétal du lobe frontal? le lobe pariétal du lobe temporal?

12. (a) Faites un schéma du profil de l'hémisphère cérébral gauche. (b) Situez les aires suivantes et indiquez leurs principales fonctions: aire motrice primaire, aire prémotrice, aire pariétale postérieure, aire sensitive primaire, aire visuelle, aire auditive, cortex préfrontal, aire de la compréhension du langage et aire motrice du langage.

13. (a) Qu'est-ce que la latéralisation du fonctionnement cortical? (b) Pourquoi le terme *dominance cérébrale* est-il impropre?

14. (a) Quelle est la fonction des noyaux gris centraux? (b) Quels noyaux gris centraux forment le noyau lenticulaire? (c) Qu'est-ce qui se recourbe par-dessus le diencéphale?

15. (a) Expliquez comment le cervelet est physiquement relié au tronc cérébral. (b) Énumérez les ressemblances étroites entre le cervelet et le cerveau.

16. Expliquez comment le cervelet coordonne et synchronise l'activité des muscles squelettiques.

17. (a) Où est situé le système limbique? (b) Quelles structures composent ce système? (c) Quel est le rôle du système limbique par rapport au comportement?

18. (a) Situez la formation réticulée dans l'encéphale. (b) Qu'est-ce que le système réticulé activateur ascendant et quelle est sa fonction?

19. Énumérez quatre protections du SNC.

20. (a) Comment le liquide céphalo-rachidien est-il formé et drainé? Indiquez le trajet qu'il parcourt à l'intérieur et autour du SNC. (b) Qu'arrive-t-il lorsque le liquide céphalo-rachidien n'est pas adéquatement drainé? Pourquoi cette conséquence est-elle plus grave chez l'adulte que chez l'enfant?

21. Qu'est-ce qui compose la barrière hémato-encéphalique?

22. (a) Distinguez une commotion d'une contusion. (b) Pourquoi les contusions graves du tronc cérébral provoquent-elles l'inconscience?

23. Décrivez la moelle épinière du point de vue de son étendue, de sa composition en substance grise et en substance blanche, ainsi que des racines des nerfs rachidiens.

24. Quels faisceaux de la moelle épinière ascendants acheminent les influx sensitifs reliés au toucher et à la pression? Lesquels n'interviennent que dans la sensibilité proprioceptive? Lesquels acheminent les influx reliés à la douleur et à la température?

25. (a) Nommez les faisceaux descendants qui interviennent dans les mouvements squelettiques volontaires et qui forment la voie motrice principale. (b) Nommez trois faisceaux moteurs qui ne sont pas classés parmi les faisceaux de la voie motrice principale.

26. Distinguez la paralysie spastique de la paralysie flasque.

27. Quelles sont les différences entre la paraplégie, l'hémiplégie et la quadriplégie?

28. (a) Qu'est-ce qu'un accident vasculaire cérébral (AVC)? (b) Décrivez ses causes et ses conséquences possibles.

29. (a) Sur quels facteurs repose la croissance de l'encéphale après la naissance? (b) Énumérez quelques-uns des changements structuraux que le vieillissement provoque dans l'encéphale.

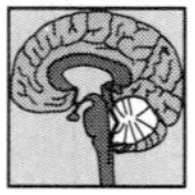

Réflexion et application

1. Un nourrisson de 10 mois présente une augmentation du périmètre crânien et un retard général de développement. Sa fontanelle antérieure fait saillie et la pression de son liquide céphalo-rachidien est élevée. (a) Quelles sont les causes possibles de l'augmentation du périmètre crânien? (b) À quelles épreuves pourrait-on procéder pour diagnostiquer le problème de l'enfant? (c) En supposant que les épreuves révèlent une constriction de l'aqueduc du mésencéphale, quels ventricules ou quelles régions contenant du liquide céphalo-rachidien seront probablement distendus? Lesquels ne seront sans doute pas visibles? Répondez aux mêmes questions en supposant que les épreuves révèlent une obstruction des villosités arachnoïdiennes.

2. Robert, un brillant programmeur analyste, a reçu une pierre sur le devant du crâne au cours d'une escalade. Peu de temps après, ses collègues ont constaté d'importants changements dans son comportement. Contrairement à son habitude, il négligeait sa tenue vestimentaire. Un jour, quelqu'un l'a surpris alors qu'il déféquait dans une corbeille à papiers. Son supérieur l'a enjoint de consulter sans tarder le médecin de l'entreprise. Quelle région de l'encéphale de Robert a-t-elle été atteinte par le choc?

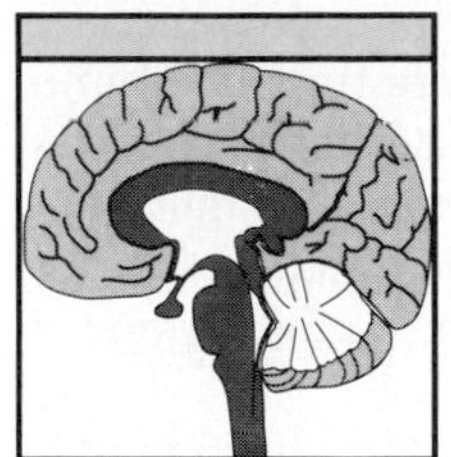

Le système nerveux périphérique et l'activité réflexe 13

Sommaire et objectifs d'apprentissage

Système nerveux périphérique (p. 424-430)

1. Définir le système nerveux périphérique et énumérer ses éléments.
2. Classer les récepteurs sensoriels selon leur situation anatomique, les stimulus qu'ils perçoivent et la complexité de leur structure. Décrire l'anatomie des récepteurs sensoriels.
3. Décrire les potentiels récepteurs et définir l'adaptation.
4. Définir le nerf et décrire sa structure générale.
5. Faire la distinction entre nerf sensitif, nerf moteur et nerf mixte.
6. Définir le ganglion et situer les ganglions dans les parties périphériques du corps.
7. Expliquer le processus de régénération des neurofibres.
8. Comparer les terminaisons motrices des neurofibres somatiques et autonomes.

Nerfs crâniens (p. 430-438)

9. Nommer les 12 paires de nerfs crâniens et décrire la région et les structures que chacune dessert.

Nerfs rachidiens (p. 438-447)

10. Expliquer la formation d'un nerf rachidien et faire la distinction entre les racines et les branches d'un nerf rachidien. Décrire la distribution des branches antérieures et postérieures.
11. Définir le plexus. Nommer les principaux plexus, situer leur origine, énumérer les principaux nerfs qui en émergent; décrire la distribution et la fonction des nerfs périphériques.

Activité réflexe (p. 447-453)

12. Distinguer les réflexes autonomes des réflexes somatiques.
13. Comparer le réflexe d'étirement, le réflexe des raccourcisseurs et le réflexe d'extension croisée.

Développement et vieillissement du système nerveux périphérique (p. 454)

14. Expliquer, du point de vue du développement, la relation entre la disposition en segments des nerfs périphériques, celle des muscles squelettiques et celle des dermatomes.

En dépit de son haut degré de perfectionnement, l'encéphale humain n'aurait pas une grande utilité sans les liens qui le mettent en communication avec le monde extérieur, c'est-à-dire sans le **système nerveux périphérique (SNP).** Le fonctionnement des centres d'intégration de l'encéphale (et donc notre santé mentale) repose sur un apport constant d'information. On a mené des expériences avec des volontaires sains: on les a enfermés, les yeux bandés, dans un caisson de déprivation sensorielle où ils flottaient dans l'eau chaude. Ils furent rapidement victimes d'hallucinations. L'un vit des troupeaux déchaînés d'éléphants roses et violets; un autre entendit chanter un chœur; d'autres encore eurent des hallucinations gustatives. Les ordres que le SNC envoie presque sans arrêt sous forme d'influx nerveux aux muscles squelettiques et aux autres effecteurs musculaires et glandulaires ne sont pas moins importants que les stimulus sensoriels, dans la mesure où ils nous permettent de bouger et de pourvoir à nos besoins fondamentaux. La frustration qu'éprouvent les personnes atteintes de paralysie en témoigne éloquemment, dans son implacable réalité.

Le système nerveux périphérique est composé de nerfs répartis dans tout le corps. Ce sont eux qui transmettent les informations sensorielles au SNC et qui exécutent ses décisions en transportant les commandes motrices qui en émergent vers les effecteurs. Le système nerveux périphérique comprend toutes les structures nerveuses autres que l'encéphale et la moelle épinière, soit les *récepteurs sensoriels,* les *nerfs périphériques* et leurs *ganglions* ainsi que les *terminaisons motrices.* Ce chapitre s'ouvre sur un aperçu de l'anatomie fonctionnelle des éléments du SNP. Nous traitons ensuite de la distribution et de la fonction des nerfs crâniens et rachidiens. Nous décrivons enfin les composants des arcs réflexes avant d'expliquer comment le SNP, par l'intermédiaire d'importants réflexes somatiques, participe au maintien de l'homéostasie.

Système nerveux périphérique: caractéristiques générales

Récepteurs sensoriels

Les **récepteurs sensoriels** sont des structures chargées de réagir aux changements qui se produisent dans l'environnement, ou **stimulus.** En règle générale, la stimulation d'un récepteur sensoriel par un stimulus suffisamment fort engendre des dépolarisations locales ou des potentiels gradués qui, à leur tour, déclenchent des potentiels d'action (influx nerveux) dans les neurofibres afférentes menant au SNC. (Nous expliquons ce mécanisme aux pages 425 et 427.) La *sensation* (la conscience du stimulus) et la *perception* (l'interprétation du stimulus) ont lieu dans les aires sensorielles du cerveau. Nous reviendrons sur ce point plus en détail au chapitre 15. Nous allons dans un premier temps présenter la classification des récepteurs sensoriels.

Classification des récepteurs sensoriels

Les récepteurs sensoriels sont classés selon leur situation anatomique, le type de stimulus qu'ils perçoivent et la complexité de leur structure.

Selon la situation anatomique. Selon leur situation anatomique ou celle des stimulus auxquels ils réagissent, les récepteurs se divisent en trois classes. Les **extérocepteurs** sont sensibles aux stimulus provenant de l'environnement. Comme leur nom l'indique, la plupart des extérocepteurs sont situés à la surface du corps ou à proximité. Ce sont les récepteurs cutanés du toucher, de la pression, de la douleur et de la température ainsi que la plupart des récepteurs des organes des sens. Les stimulus qu'ils enregistrent deviennent conscients au niveau du cortex cérébral.

Les **intérocepteurs,** ou **viscérocepteurs,** réagissent aux stimulus produits dans le milieu interne, c'est-à-dire dans les viscères et les vaisseaux. Divers stimulus, comme les changements chimiques, l'étirement des tissus et la température, excitent différents intérocepteurs. Ils peuvent provoquer de la douleur, un malaise, la faim ou la soif. Les stimulus perçus par les intérocepteurs parviennent aux structures de l'encéphale, mais demeurent souvent inconscients. Les **propriocepteurs** réagissent également aux stimulus internes, mais on ne les trouve que dans les muscles squelettiques, les tendons, les articulations, les ligaments et le tissu conjonctif qui recouvre les os et les muscles. (Certains spécialistes considèrent que les récepteurs de l'équilibre situés dans l'oreille interne font également partie des propriocepteurs.) Les propriocepteurs informent constamment l'encéphale de nos mouvements (*proprio* = à soi) en mesurant le degré d'étirement des tendons et des muscles. La majorité des informations sensorielles captées par les propriocepteurs restent inconscientes.

Selon le type de stimulus. On divise les récepteurs en cinq classes en fonction des stimulus qu'ils enregistrent. (Le nom de ces classes indique le type de stimulus.) Les **mécanorécepteurs** produisent des influx nerveux lorsqu'eux-mêmes ou les tissus adjacents sont déformés par des facteurs mécaniques tels que le toucher, la pression (y compris la pression artérielle), les vibrations et l'étirement.

Les **thermorécepteurs** répondent aux changements de température, et les **photorécepteurs,** ceux de la rétine par exemple, réagissent à l'énergie lumineuse. Les **chimiorécepteurs** sont sensibles aux substances chimiques en solution, aux molécules respirées ou goûtées ainsi qu'un changement de la composition chimique du sang.

Les **nocicepteurs** (*noci* = mal) réagissent aux stimulus potentiellement nuisibles et les informations sensorielles qu'ils transmettent sont interprétées comme de la douleur par le cerveau. Tous les récepteurs ou presque jouent occasionnellement le rôle de nocicepteurs, car la plupart des stimulus intenses peuvent devenir nuisibles et douloureux. Par exemple, la chaleur intense, le froid extrême, la pression excessive et les médiateurs chimiques libérés dans la région d'une inflammation sont des stimulus interprétés comme étant douloureux.

Selon la complexité de la structure. Sur le plan de la structure, on trouve des **récepteurs simples** et des **récepteurs complexes.** La plupart des récepteurs sont simples; structuralement, ce sont des terminaisons dendritiques modifiées de neurones sensitifs. Les récepteurs simples sont situés dans la peau, les muqueuses, les muscles et les tissus conjonctifs. Ce sont eux qui régissent la plupart des informations sensorielles. Quant aux récepteurs complexes, ce sont en fait des **organes sensoriels,** c'est-à-dire des amas de cellules (généralement de plusieurs types) qui participent à un même processus de réception. Les récepteurs complexes sont associés à la sensibilité spécifique, c'est-à-dire la vue, l'ouïe, l'odorat et le goût. Ainsi, l'œil est composé non seulement de neurones sensitifs mais également d'autres types de cellules non nerveuses formant sa paroi de soutien, le cristallin, etc. Nous connaissons mieux les organes des sens (dont nous traitons en détail au chapitre 16), mais les récepteurs sensoriels simples associés à la sensibilité générale sont tout aussi importants. La section suivante porte sur la structure et la fonction de ces minuscules sentinelles qui rapportent au SNC les événements survenant dans les profondeurs du corps comme à sa surface.

Anatomie des récepteurs sensoriels simples

Les **récepteurs sensoriels simples** sont disséminés dans tout le corps. Ils captent les stimulus tactiles (toucher, pression, étirement et vibration), la température (le chaud et le froid) et la douleur; avec les propriocepteurs, ils enregistrent également les stimulus (étirement) au niveau des tendons et des muscles squelettiques. Sur le plan anatomique, ces récepteurs sont soit des *terminaisons dendritiques libres,* soit des *terminaisons dendritiques encapsulées.* Le tableau 13.1 présente des illustrations des récepteurs sensoriels simples de même que leurs classes structurale et fonctionnelle. Il faut noter cependant que la classification fonctionnelle ne fait pas l'unanimité, dans la mesure où des récepteurs de classes différentes peuvent réagir à des stimulus semblables et qu'un même récepteur peut capter des stimulus très variés.

Terminaisons dendritiques libres. Les **terminaisons dendritiques libres,** ou **dénudées,** des neurones sensitifs se retrouvent dans la plupart des tissus, mais elles sont particulièrement abondantes dans le tissu épithélial et dans le tissu conjonctif. Toutes les neurofibres sensitives ont un faible diamètre, et leurs dendrites se terminent en général par des renflements. Elles réagissent surtout à la douleur et à la température, mais certaines captent aussi les mouvements des tissus causés par la pression. Par conséquent, bien qu'on associe le plus souvent les terminaisons dendritiques libres aux récepteurs de la douleur (nocicepteurs), elles peuvent également jouer le rôle de mécanorécepteurs.

Certaines terminaisons dendritiques libres se lient à des cellules épidermiques en forme de rondelles (les *cellules de Merkel*) et constituent ainsi les **disques de Merkel**; ceux-ci se fixent dans les couches profondes de l'épiderme et jouent le rôle de récepteurs du toucher léger. Les **plexus de la racine des poils** sont également des terminaisons dendritiques libres, qui s'entrelacent autour des follicules pileux, et des récepteurs du toucher léger, qui détectent le mouvement des poils. (Vous éprouvez un chatouillement lorsqu'un moustique se pose sur votre peau: cela correspond à la perception des informations sensorielles transportées au cerveau par les neurones de ces plexus.)

Terminaisons dendritiques encapsulées. Dans toutes les **terminaisons dendritiques encapsulées,** on trouve au moins une dendrite d'un neurone sensitif enfermée dans une capsule de tissu conjonctif. Les récepteurs encapsulés sont pour la plupart des mécanorécepteurs, mais leur forme, leur taille et leur distribution peuvent varier considérablement.

Les **corpuscules de Meissner** sont de petits récepteurs ovoïdes formés d'une mince capsule de tissu conjonctif enfermant quelques dendrites enroulées en spirale et entourées de cellules de Schwann. Les corpuscules de Meissner sont situés dans les papilles du derme, sous l'épiderme; on les trouve en grand nombre dans les régions sensibles et glabres de la peau telles que les lèvres, les mamelons et le bout des doigts. On les appelle également **corpuscules tactiles** car ce sont des récepteurs du toucher discriminant et, apparemment, ils sont à la peau glabre ce que les plexus des racines des poils sont à la peau velue.

On considère que les **corpuscules de Krause** sont une variante des corpuscules de Meissner, à cette différence près que ces derniers sont situés dans la peau, tandis que les corpuscules de Krause abondent surtout dans les muqueuses. C'est pourquoi on les appelle aussi **corpuscules cutanéo-muqueux.**

Les **corpuscules de Pacini** sont disséminés dans les profondeurs du derme et dans le tissu sous-cutané. Ces mécanorécepteurs ne réagissent qu'à une pression intense, et seulement à la première application de cette pression. Ils sont donc particulièrement aptes à reconnaître la vibration (une pression intermittente). Ce sont les plus grands récepteurs corpusculaires. Certains d'entre eux mesurent 2 mm de longueur et 1 mm de largeur et sont visibles à l'œil nu. En coupe, un corpuscule de Pacini ressemble à un oignon tranché. Des couches de cellules de Schwann aplaties (dont le nombre peut atteindre la soixantaine) entourent son unique dendrite, et ces cellules sont elles-mêmes enfermées dans une capsule de tissu conjonctif.

Les **corpuscules de Ruffini** sont logés dans le derme, le tissu sous-cutané et les capsules articulaires; ils sont composés d'une gerbe de terminaisons dendritiques enfermée dans une capsule aplatie. Ces corpuscules ressemblent à s'y méprendre aux organes tendineux de Golgi (qui mesurent l'étirement des tendons) et on pense qu'ils jouent un rôle analogue dans d'autres tissus conjonctifs denses.

Les **fuseaux neuromusculaires** sont des propriocepteurs fusiformes parsemés dans les muscles squelettiques. Chaque fuseau neuromusculaire est composé d'un groupe de fibres musculaires modifiées, appelées **fibres intrafusales** (*intra* = à l'intérieur, *fusal* = du fuseau), enfermé dans une capsule de tissu conjonctif (voir le tableau 13.1). Ces fibres musculaires spécialisées sont entourées par des dendrites de neurones sensitifs. Les fibres intrafusales détectent l'étirement du muscle; les neurofibres acheminent alors les informations sensorielles vers le SNC, qui va déclencher un réflexe s'opposant à cet étirement. Nous reviendrons plus loin sur les fuseaux neuromusculaires, lorsque nous décrirons le réflexe d'étirement (voir la page 448).

Les **fuseaux neurotendineux** (organes tendineux de Golgi) sont intégrés aux tendons, près du point d'insertion du muscle squelettique. Ils sont constitués de petits amas de fibres tendineuses (collagènes) entourés de dendrites et enfermés dans une capsule formée de couches superposées. L'activité des fuseaux neurotendineux est liée à celle des fuseaux neuromusculaires. En effet, ils sont stimulés lorsque le muscle auquel ils sont associés se contracte et étire le tendon. La contraction musculaire est alors inhibée, puis le muscle se détend, et la stimulation des fuseaux neurotendineux cesse.

Les **récepteurs kinesthésiques des articulations** sont des propriocepteurs qui mesurent l'étirement dans les capsules articulaires entourant les articulations synoviales. Ils comprennent au moins quatre types de récepteurs (voir le tableau 13.1) qui, collectivement, informent le cerveau de la position et du mouvement (*kines* = mouvement) des articulations. Nous sommes très conscients de cette sensation. Fermez les yeux et bougez votre index: vous *sentez* précisément quelles articulations se meuvent.

Potentiels récepteurs

L'information relative au milieu interne et à l'environnement correspond à différentes formes d'énergie. Les récepteurs sensoriels associés aux neurones sensitifs réagissent au son, à la pression, aux substances chimiques, etc. Ils doivent traduire ces stimulus en influx nerveux afin de

Tableau 13.1 Classification des récepteurs sensoriels simples selon leur structure et leur fonction

Classe anatomique (structure)	Illustration	Classe fonctionnelle Selon la situation anatomique (S) Selon le type de stimulus (T)	Situation
Terminaisons libres Terminaisons dendritiques de neurones sensitifs	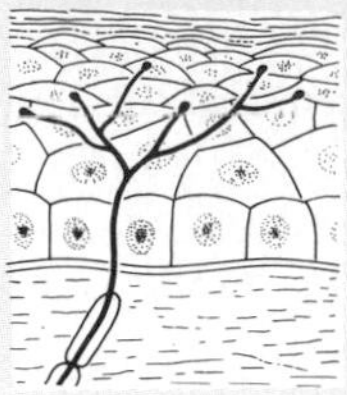	S: extérocepteurs, intérocepteurs et propriocepteurs T: nocicepteurs (douleur), thermorécepteurs (chaleur et froid)	La plupart des tissus; très denses dans les tissus conjonctifs (ligaments, tendons, derme, capsules articulaires, périoste) et dans l'épithélium (épiderme, cornée, muqueuses et glandes)
Terminaisons dendritiques modifiées: disques de Merkel	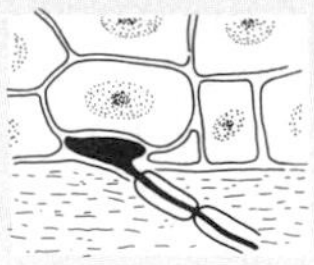	S: extérocepteurs T: mécanorécepteurs (pression légère)	À la base de l'épiderme
Plexus de la racine des poils	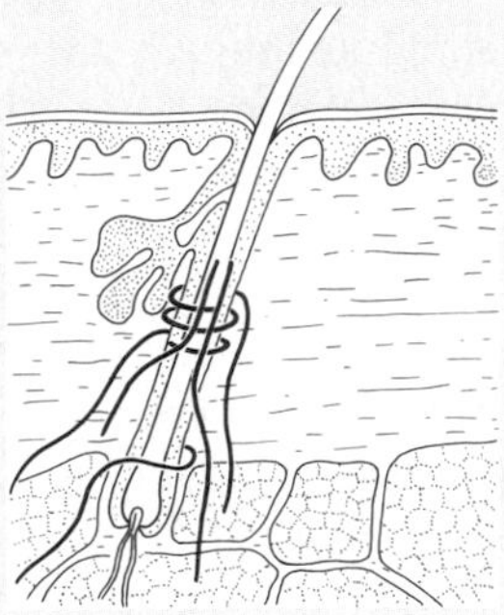	S: extérocepteurs T: mécanorécepteurs (mouvement des poils)	À l'intérieur et autour des follicules pileux
Terminaisons encapsulées Corpuscules de Meissner	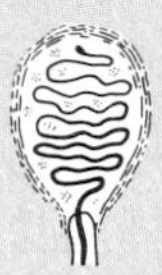	S: extérocepteurs T: mécanorécepteurs (pression légère, toucher discriminant, vibrations de basse fréquence)	Papilles du derme de la peau glabre, et particulièrement des lèvres, des mamelons, des organes génitaux externes, du bout des doigts, et des paupières
Corpuscules de Krause		S: extérocepteurs T: mécanorécepteurs (probablement des corpuscules de Meissner modifiés)	Tissu conjonctif des muqueuses (bouche, conjonctive) et de la peau glabre près des orifices (lèvres)
Corpuscules de Pacini	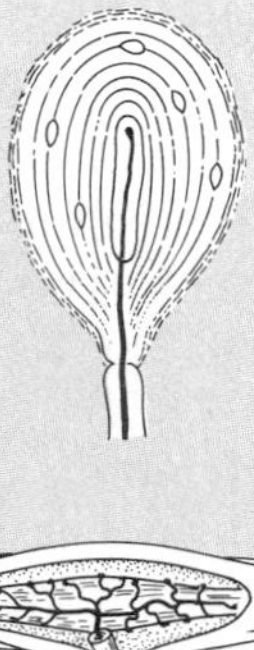	S: extérocepteurs, intérocepteurs et certains propriocepteurs T: mécanorécepteurs (pression intense, étirement, vibrations de haute fréquence); adaptation rapide	Tissu sous-cutané; périoste, mésentère, tendons, ligaments, capsules articulaires; très abondants dans les doigts, la plante des pieds, les organes génitaux externes et les mamelons
Corpuscules de Ruffini		S: extérocepteurs et propriocepteurs T: mécanorécepteurs (pression intense et étirement); adaptation lente	Profondeur du derme, hypoderme et capsules articulaires

Classe anatomique (structure)	Illustration	Classe fonctionnelle Selon la situation anatomique (S) Selon le type de stimulus (T)	Situation
Fuseaux neuromusculaires	Fibres intrafusales	S: propriocepteurs T: mécanorécepteurs (étirement des muscles)	Muscles squelettiques, et particulièrement ceux des membres
Fuseaux neurotendineux		S: propriocepteurs T: mécanorécepteurs (étirement des tendons)	Tendons
Récepteurs kinesthésiques des articulations (corpuscules de Pacini et de Ruffini, terminaisons dendritiques libres et récepteurs ressemblant aux fuseaux neurotendineux)		S: propriocepteurs T: mécanorécepteurs	Capsules articulaires des articulations synoviales

pouvoir communiquer avec d'autres neurones. On peut dire que les influx constituent en quelque sorte le langage universel du système nerveux.

Quand l'énergie du stimulus est absorbée par le récepteur, elle est convertie en énergie électrique selon un processus appelé **transduction.** Autrement dit, le stimulus modifie la perméabilité de la membrane plasmique dans la région du récepteur, engendrant ainsi un potentiel gradué local appelé **potentiel récepteur.** Le potentiel récepteur est comparable à un PPSE produit par la membrane postsynaptique en réponse à la liaison d'un neurotransmetteur. Dans les deux cas, un type de canaux ioniques s'ouvre et laisse passer des flux d'ions (généralement d'ions sodium et d'ions potassium) à travers la membrane; il y a ensuite sommation de ces potentiels locaux.

Si l'intensité du potentiel récepteur est liminaire ou supraliminaire quand il atteint les canaux du sodium voltage-dépendants de la zone gâchette de l'axone (lesquels sont généralement proches de la membrane réceptrice, et souvent même au premier nœud de Ranvier), il va provoquer l'ouverture des canaux du sodium et produire un potentiel d'action (influx nerveux) qui sera acheminé jusqu'au SNC. Par conséquent, un potentiel récepteur liminaire ou supraliminaire est un **potentiel générateur.** La production de potentiels d'action se poursuit tant que persiste le stimulus liminaire et, comme nous l'avons déjà expliqué, l'intensité du stimulus s'exprime par la fréquence de transmission des influx par le récepteur. Par exemple, un coup reçu à la main envoie au SNC plus de potentiels d'action à la seconde que ne le fait un contact délicat.

Les potentiels récepteurs sont donc des potentiels gradués qui varient selon l'intensité du stimulus et peuvent s'additionner. Cependant, un phénomène particulier appelé **adaptation** peut survenir dans certains récepteurs sensoriels lorsqu'ils sont soumis à un stimulus invariable. Les chercheurs n'ont pas encore complètement élucidé le mécanisme de l'adaptation, mais ils pensent que les membranes réceptrices perdent momentanément leur capacité de se dépolariser et de générer des potentiels récepteurs liminaires capables de déclencher des potentiels d'action. En conséquence, les récepteurs diminuent la fréquence d'émission des potentiels récepteurs ou cessent d'en produire. Le cortex cérébral ne recevant plus d'informations sensorielles, il n'y a plus de perception sensorielle. Certains récepteurs, et notamment ceux qui réagissent à la pression, au toucher et aux odeurs, s'adaptent rapidement. Ils sont appelés **récepteurs phasiques.** C'est l'adaptation qui explique pourquoi, après un laps de temps assez court, nous ne remarquons plus le contact des vêtements avec notre peau. Les récepteurs ne s'adaptent pas tous avec autant de célérité, et certains ne s'adaptent pas du tout. Les récepteurs de la douleur et les propriocepteurs, par exemple, réagissent plus ou moins continuellement aux stimulus liminaires. Heureusement, d'ailleurs, car la douleur nous avertit en général de l'imminence ou de la présence d'une lésion, et l'équilibre et la coordination musculaire reposent en grande partie sur la proprioception. Un bon nombre des intérocepteurs qui réagissent aux fluctuations des substances chimiques dans le sang font également partie des récepteurs à adaptation lente, dits aussi **récepteurs toniques.**

Nerfs et ganglions

Structure et classification

Un nerf est un organe en forme de cordon qui appartient au système nerveux périphérique. La taille des nerfs varie mais pas leur composition: ils sont tous formés de faisceaux parallèles d'axones périphériques (myélinisés et amyélinisés) entourés d'enveloppes superposées de tissu conjonctif (figure 13.1).

Dans un nerf, chaque axone, avec sa gaine de myéline et/ou sa gaine de Schwann, est entouré d'une mince couche de tissu conjonctif lâche appelée **endonèvre.** Les axones sont groupés en **fascicules** par une enveloppe de tissu conjonctif plus épaisse que la première, le **périnèvre.**

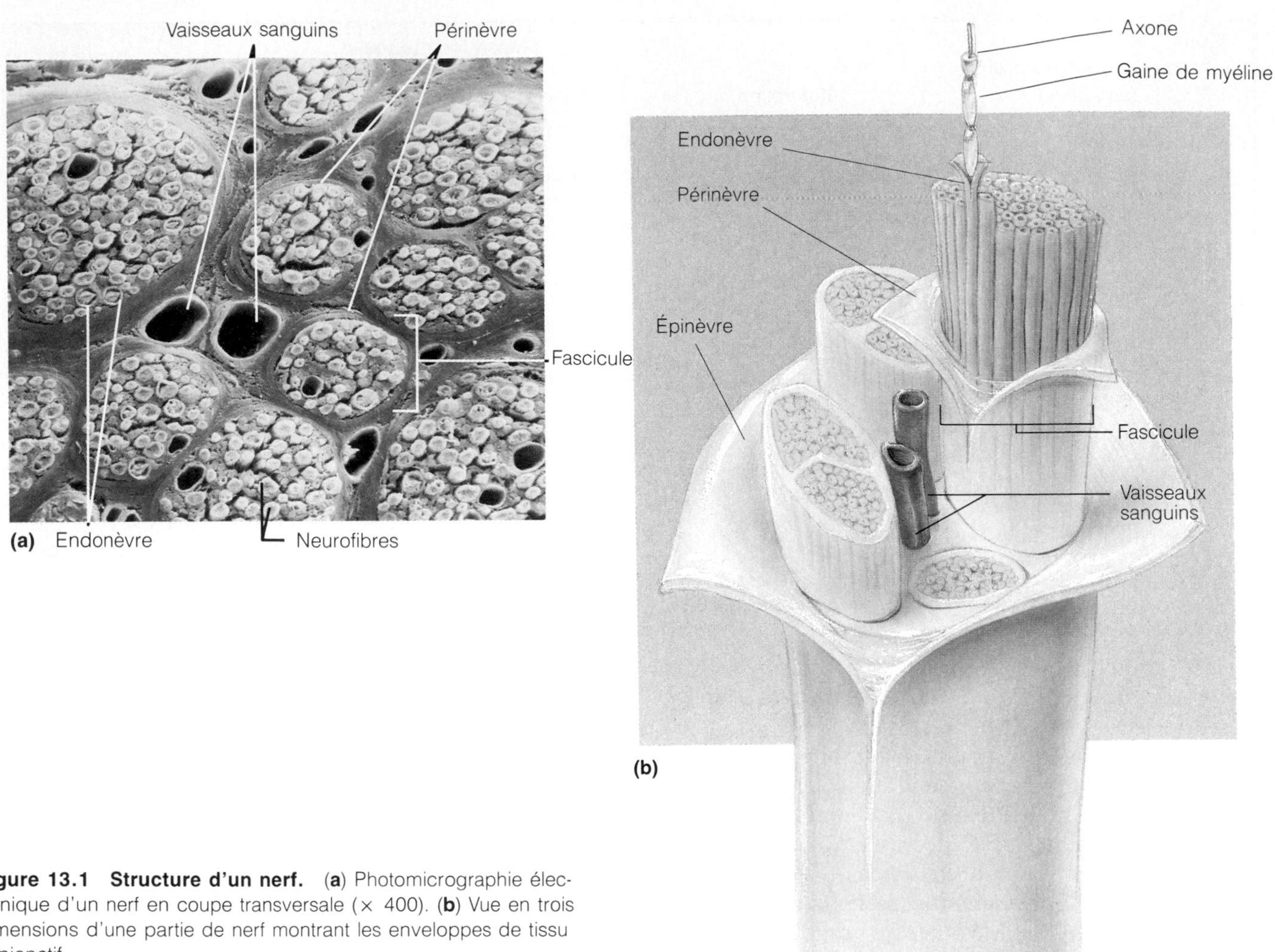

Figure 13.1 Structure d'un nerf. (**a**) Photomicrographie électronique d'un nerf en coupe transversale (× 400). (**b**) Vue en trois dimensions d'une partie de nerf montrant les enveloppes de tissu conjonctif.

Enfin, tous les fascicules sont enveloppés d'une gaine fibreuse résistante, l'**épinèvre.** Les prolongements neuronaux ne forment qu'une petite fraction du nerf, dont l'essentiel de la masse est constitué par la myéline et par les enveloppes protectrices de tissu conjonctif. Le nerf contient également des vaisseaux sanguins et des vaisseaux lymphatiques.

Nous avons vu que le SNP comprend une voie *sensitive* (afférente) et une voie *motrice* (efférente). Par conséquent, on classe les nerfs selon le type d'influx nerveux qu'ils acheminent, soit une information sensorielle, soit une commande motrice. Les nerfs qui contiennent des neurofibres sensitives et des neurofibres motrices (qui transportent des influx dirigés vers le SNC et des influx qui en proviennent) sont des **nerfs mixtes.** Les nerfs qui transmettent seulement les influx vers le SNC sont des **nerfs sensitifs (afférents).** Enfin, les nerfs qui conduisent seulement les influx provenant du SNC sont des **nerfs moteurs (efférents).** La plupart des nerfs sont mixtes ; les nerfs exclusivement sensitifs ou moteurs sont extrêmement rares.

Les nerfs mixtes comprennent souvent des neurofibres du système nerveux somatique et des neurofibres du système nerveux autonome (viscéral). On peut donc classer ces neurofibres, selon la région qu'elles innervent, en *afférentes somatiques, efférentes somatiques, afférentes viscérales* (autonomes) et *efférentes viscérales* (autonomes).

Pour des raisons de commodité, on classe les nerfs périphériques en *nerfs crâniens* et en *nerfs rachidiens,* selon qu'ils émergent de l'encéphale ou de la moelle épinière du SNC. Nous ferons parfois référence aux neurofibres efférentes autonomes des nerfs crâniens dans ce chapitre, mais nous nous attacherons surtout aux fonctions somatiques du système nerveux périphérique. Nous traitons du système nerveux autonome et des fonctions viscérales qu'il assume au chapitre 14.

Les **ganglions** sont constitués d'amas de corps cellulaires de neurones associés aux nerfs du SNP. Les ganglions liés aux nerfs *afférents* contiennent *seulement* des corps cellulaires de neurones sensitifs : ce sont les *ganglions rachidiens* que nous avons étudiés au chapitre 12. Les ganglions liés aux nerfs *efférents* contiennent des corps cellulaires de neurones moteurs autonomes de même qu'un type particulier de neurones d'intégration ; ce sont les ganglions autonomes. Nous revenons sur ces ganglions particulièrement complexes du système nerveux autonome au chapitre 14.

Régénération des neurofibres

Les lésions du tissu nerveux sont inquiétantes parce que les neurones matures ne se divisent pas. Si la lésion est

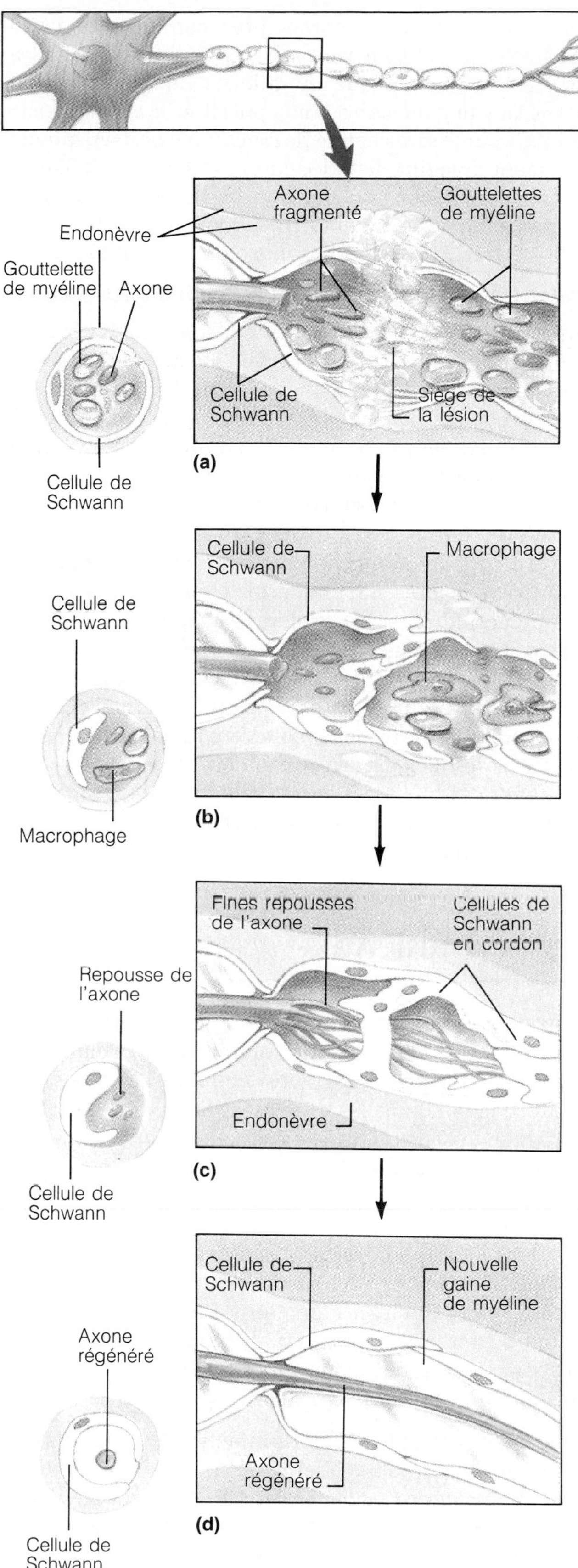

Figure 13.2 Régénération des neurofibres des nerfs périphériques.

grave ou proche du corps cellulaire, elle peut détruire toute la cellule ainsi que les neurones que son axone stimulait. Dans certains cas, cependant, les axones sectionnés ou écrasés des nerfs périphériques peuvent se régénérer.

Les extrémités d'un axone périphérique se referment peu de temps après un sectionnement ou un écrasement et gonflent rapidement à cause de l'accumulation des substances transportées dans l'axone (figure 13.2a). En quelques minutes, la partie de l'axone et de sa gaine de myéline située en aval du siège de la lésion commence à se désintégrer parce qu'elle ne reçoit plus du corps cellulaire les nutriments et les autres substances qui lui sont essentielles. Ce processus est appelé **dégénérescence wallérienne.** L'extrémité distale se trouve complètement fragmentée en l'espace de trois ou quatre jours (figure 13.2b). Des cellules de Schwann et des macrophages migrent dans la zone du traumatisme en provenance des tissus avoisinants et commencent à phagocyter la myéline en décomposition et les débris de l'axone. Généralement, la partie distale de l'axone se dégrade complètement en une semaine, tandis que le neurilemme (contenant le cytoplasme et le noyau de la cellule de Schwann) reste intact dans l'endonèvre. Une fois les débris nettoyés, les cellules de Schwann intactes prolifèrent et migrent vers le siège de la lésion. Là, elles forment des cordons cellulaires qui guident les «repousses» de l'axone en voie de régénération vers leurs points de contact antérieurs (figure 13.2c et d). Ces mêmes cellules de Schwann protègent, soutiennent et remyélinisent l'axone, tout en libérant des facteurs qui favorisent sa croissance.

Le corps cellulaire du neurone subit également des changements caractéristiques après la désintégration de la partie distale de son axone. Deux jours après la survenue de la lésion, le corps cellulaire gonfle (souvent même jusqu'à doubler de volume), ses corps de Nissl se divisent et se dispersent en périphérie de la cellule. Ces événements indiquent que le neurone se prépare à synthétiser des protéines qui serviront à la régénération de la membrane plasmique de l'axone.

Les axones en voie de régénération croissent de 1 à 5 mm par jour. Plus les extrémités sont éloignées, plus la probabilité de guérison est faible, car les tissus adjacents entravent la croissance en faisant irruption dans les vides. En outre, les repousses de l'axone tendent à envahir les régions environnantes et à former une masse de tissu appelée *névrome.* Les neurochirurgiens réunissent les extrémités de l'axone sectionné afin de favoriser la régénération. Dans les cas de lésions graves des nerfs périphériques, ils réussissent à guider la croissance de l'axone en greffant des supports (des tubes de silicone remplis de collagène biodégradable). Mais quelles que soient les mesures entreprises, l'axone ne retrouve jamais exactement son état antérieur à la lésion. Par exemple, il est impossible de replacer les neurofibres motrices et les cellules musculaires squelettiques avec une précision absolue. De fait, la réadaptation fonctionnelle après une lésion nerveuse consiste en grande partie à rétablir la coordination du stimulus et de la réponse par une véritable rééducation du système nerveux.

Contrairement aux neurofibres du SNP, celles du SNC ne se régénèrent jamais sur plus de 1 mm dans des circonstances normales. Par conséquent, les lésions de l'encéphale ou de la moelle épinière sont considérées comme irréversibles. Il semble que cette différence entre le SNC et le SNP ne soit pas tant liée aux neurones qu'à leurs cellules gliales. Après une lésion du SNC, des cellules de la microglie et des astrocytes débarrassent la région des débris cellulaires. Mais les oligodendrocytes entourant la neurofibre endommagée meurent (c'est ce qu'on appelle la *démyélinisation secondaire*) et ne peuvent donc ni faciliter ni guider sa repousse. De plus, les oligodendrocytes morts sont remplacés par une **cicatrice gliale** dense composée d'astrocytes, qui va entraver le cheminement des repousses de l'axone. Par ailleurs, les gaines de myéline des axones voisins contiennent des substances chimiques qui inhibent la croissance. (La présence d'inhibiteurs de croissance dans l'encéphale peut sembler paradoxale, mais rappelez-vous que des « garde-fous » [dans ce cas-ci, de nature chimique] doivent s'ériger pendant le développement neural pour maintenir les jeunes axones «sur le droit chemin».) Cependant, la recherche a démontré que les axones du SNC croissent d'une part dans des segments de nerfs périphériques sectionnés contenant des cellules de Schwann, d'autre part dans des *ponts d'astrocytes* (de minuscules implants de papier recouverts d'astrocytes fœtaux), et qu'ils peuvent établir des connexions efficaces. De plus, chez le rat, l'inhibition par les anticorps des inhibiteurs de croissance liés à la myéline peut provoquer une régénération non négligeable des neurofibres de la moelle épinière. La science n'a pas encore percé le secret de la régénération du SNC, mais on pense qu'il réside dans les molécules qui maintiennent le fragile équilibre entre la stimulation et l'inhibition de la croissance.

Terminaisons motrices

Nous avons étudié jusqu'à présent les récepteurs sensoriels qui enregistrent les stimulus, ainsi que la structure des nerfs qui contiennent des neurofibres afférentes et efférentes. Nous allons maintenant passer en revue les terminaisons motrices qui transmettent les influx nerveux aux effecteurs musculaires et glandulaires en libérant des neurotransmetteurs. Nous n'en ferons qu'un bref résumé, car nous avons déjà étudié le sujet lorsque nous avons traité de l'innervation des muscles.

Boutons terminaux des neurofibres somatiques

Ainsi que vous pouvez le voir dans la figure 9.10 (page 258), les terminaisons des neurofibres motrices somatiques qui innervent les muscles squelettiques forment des *jonctions neuromusculaires* (synapses) avec leurs cellules effectrices. Quand un axone rejoint sa fibre musculaire cible, il se ramifie en plusieurs dentrites qui forment les terminaisons axonales, ou boutons terminaux, qui se fixent sur la plaque motrice de la fibre musculaire. Les boutons terminaux contiennent des mitochondries et des vésicules synaptiques remplies d'un neurotransmetteur appelé acétylcholine (ACh). Lorsqu'un influx nerveux atteint un bouton terminal (la membrane présynaptique), le neurotransmetteur est libéré par exocytose; il diffuse alors à travers la fente synaptique remplie de liquide interstitiel (d'une largeur d'environ 50 nm), puis il se lie aux récepteurs de l'ACh sur le sarcolemme (la membrane postsynaptique) fortement invaginé de la jonction synaptique. La liaison de l'ACh déclenche l'ouverture des canaux du sodium, la propagation d'un potentiel d'action dans le sarcolemme et la contraction de la fibre musculaire stimulée.

Varicosités axoniques des neurofibres autonomes

Les terminaisons motrices des neurones moteurs autonomes forment des jonctions avec les muscles lisses, le muscle cardiaque et les glandes viscérales. Ces jonctions sont beaucoup plus simples que celles que nous venons de voir. En effet, les axones moteurs autonomes se ramifient successivement, chaque ramification formant des *synapses consécutives* avec ses cellules effectrices. L'axone qui dessert un muscle lisse ou une glande (mais non le muscle cardiaque) ne se termine pas par un regroupement de boutons, mais présente une série de renflements remplis de mitochondries et de vésicules synaptiques, appelés **varicosités axoniques,** qui lui confèrent l'apparence d'un collier de perles. Les vésicules synaptiques des neurones moteurs autonomes contiennent un neurotransmetteur, de l'acétylcholine ou de la noradrénaline. Certaines varicosités axoniques sont en contact étroit avec leurs cellules effectrices, mais la fente synaptique qui les sépare est toujours plus large que dans les jonctions neuromusculaires somatiques.

Nerfs crâniens

Douze paires de **nerfs crâniens** émergent de l'encéphale à travers les divers trous ou foramens du crâne (figure 13.3). Les deux premières paires prennent naissance dans le prosencéphale et les autres, dans le tronc cérébral. Exception faite des nerfs vagues (pneumo-gastriques), qui s'étendent jusque dans les cavités thoracique et abdominale, les nerfs crâniens ne desservent que les structures de la tête et du cou.

Dans la plupart des cas, les noms des nerfs crâniens indiquent les principales structures qu'ils desservent ou encore leurs principales fonctions. Par ailleurs, les nerfs crâniens sont numérotés (la tradition veut que ce soit en chiffres romains) de l'avant vers l'arrière. Voici une brève présentation des nerfs crâniens.

I. **Nerfs olfactifs.** Les nerfs olfactifs sont les nerfs sensitifs de l'odorat. Veillez à ne pas confondre ces petits nerfs (qui s'étendent de la muqueuse nasale aux bulbes olfactifs) avec les *tractus olfactifs* plus épais (qui transportent les influx nerveux du bulbe olfactif jusqu'au cerveau) (voir la figure 13.3).

II. **Nerfs optiques.** Les nerfs optiques sont les nerfs sensitifs de la vision. Ils forment en fait un faisceau cérébral, puisqu'ils sont une excroissance de l'encéphale.

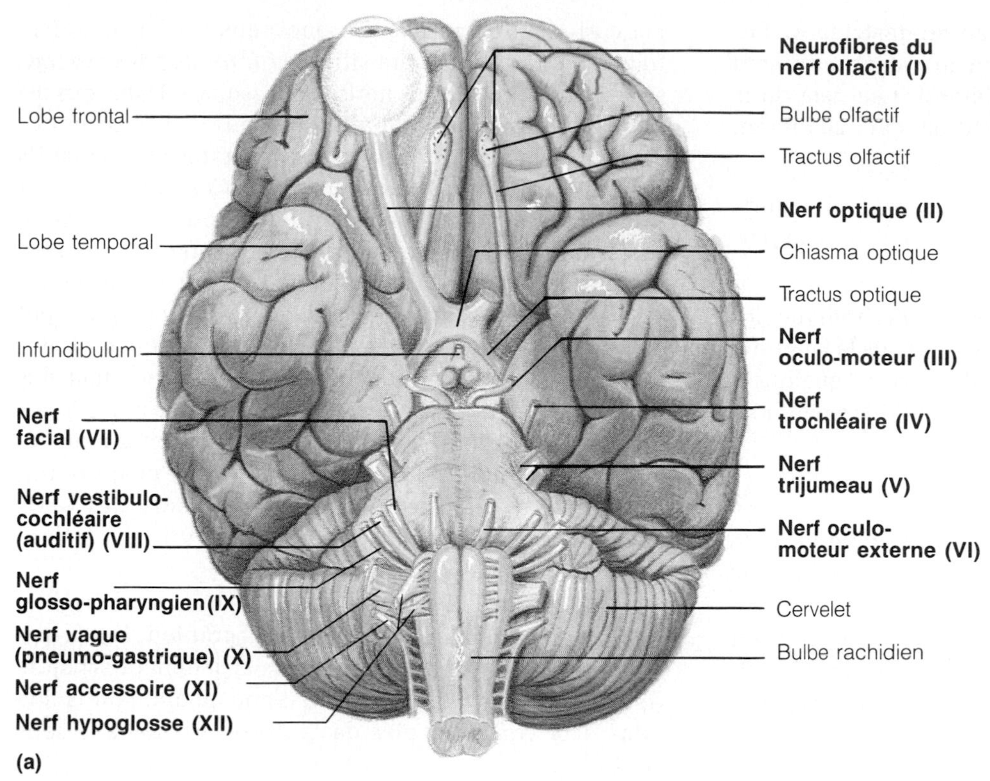

Figure 13.3 Nerfs crâniens: situation et fonction. (**a**) Vue de la face inférieure de l'encéphale humain montrant les nerfs crâniens. (**b**) Résumé des nerfs crâniens selon leur fonction. Tous les nerfs crâniens ayant une fonction motrice contiennent aussi des neurofibres afférentes provenant des propriocepteurs des muscles qu'ils desservent; seules les fonctions sensorielles autres que la proprioception sont indiquées dans le tableau. Notez que trois nerfs crâniens (I, II et VIII) ont uniquement une fonction sensorielle. Notez également que quatre nerfs crâniens (III, VII, IX et X) comprennent des neurofibres parasympathiques qui desservent des muscles lisses, le muscle cardiaque et des glandes.

Nerf	Nom	Fonction sensorielle	Fonction motrice	Neurofibres parasympathiques
I	Olfactif	Oui (odorat)	Non	Non
II	Optique	Oui (vision)	Non	Non
III	Oculo-moteur	Non	Oui	Oui
IV	Trochléaire	Non	Oui	Non
V	Trijumeau	Oui (sensations tactiles)	Oui	Non
VI	Oculo-moteur externe	Non	Oui	Non
VII	Facial	Oui (goût)	Oui	Oui
VIII	Vestibulo-cochléaire (auditif)	Oui (ouïe et équilibre)	Non	Non
IX	Glosso-pharyngien	Oui (goût)	Oui	Oui
X	Vague (pneumo-gastrique)	Oui (goût)	Oui	Oui
XI	Accessoire	Non	Oui	Non
XII	Hypoglosse	Non	Oui	Non

(b)

III. Nerfs oculo-moteurs. Comme leur nom l'indique, les nerfs oculo-moteurs desservent quatre des muscles squelettiques extrinsèques responsables des mouvements du globe oculaire dans l'orbite.

IV. Nerfs trochléaires, ou **nerfs pathétiques.** Les nerfs trochléaires desservent chacun un muscle extrinsèque de l'œil qui décrit une boucle à travers la trochlée, un ligament en forme de poulie situé dans l'orbite.

V. Nerfs trijumeaux. Les nerfs trijumeaux, les plus gros des nerfs crâniens, se divisent chacun en trois branches. Ils desservent les neurofibres sensitives du visage et les neurofibres motrices des muscles de la mastication.

VI. Nerfs oculo-moteurs externes. Chacun des nerfs oculo-moteurs externes gouverne le muscle extrinsèque de l'œil qui tourne le globe oculaire de côté.

VII. Nerfs faciaux. Les nerfs faciaux sont de grandes dimensions; ils desservent entre autres les muscles qui produisent les expressions du visage.

VIII. Nerfs vestibulo-cochléaires, ou **nerfs auditifs.** Les nerfs vestibulo-cochléaires sont les nerfs sensitifs de l'ouïe et de l'équilibre.

IX. Nerfs glosso-pharyngiens. Comme leur nom l'indique, les nerfs glosso-pharyngiens desservent la langue et le pharynx.

X. Nerfs vagues, ou **nerfs pneumo-gastriques.** Les « nerfs vagues » (au sens ancien de « vagabond ») sont les seuls nerfs crâniens à s'étendre au-delà de la tête et du cou, jusque dans le thorax et l'abdomen.

XI. Nerfs accessoires. Les nerfs accessoires (ainsi appelés car ils sont une partie *accessoire* des nerfs vagues) émergent du bulbe rachidien et de la partie cervicale de la moelle épinière.

XII. Nerfs hypoglosses. Comme leur nom l'indique, les nerfs hypoglosses (littéralement, « sous la langue ») s'étendent sous la langue et desservent quelques-uns des muscles qui lui permettent de se déplacer dans la bouche.

Dans le chapitre précédent, nous avons expliqué que chaque nerf rachidien est formé par la fusion d'une racine antérieure (motrice) et d'une racine postérieure (sensitive). Il n'en est pas ainsi des nerfs crâniens. La plupart sont des nerfs mixtes (voir la figure 13.3b); cependant, le nerf olfactif, le nerf optique et le nerf vestibulo-cochléaire sont associés à des organes sensoriels et on considère généralement qu'ils sont strictement sensitifs. Les corps cellulaires des neurones sensitifs du nerf olfactif et du nerf optique sont situés *à l'intérieur* des organes sensoriels auxquels ces nerfs sont associés. Dans tous les autres cas, les corps cellulaires des neurones sensitifs des nerfs crâniens se trouvent dans des **ganglions sensitifs crâniens,** à l'extérieur de l'encéphale. Ces ganglions sont semblables aux ganglions rachidiens; toutefois, certains nerfs crâniens ne possèdent qu'un seul ganglion sensitif, d'autres en ont plusieurs et d'autres enfin n'en ont aucun.

Quelques-uns des nerfs crâniens mixtes comprennent à la fois des neurofibres motrices somatiques et des neurofibres motrices autonomes; ils desservent donc des muscles squelettiques, des muscles lisses, le muscle cardiaque et des glandes. À part certains neurones moteurs autonomes situés dans des ganglions (voir le chapitre 14), les corps cellulaires des neurones moteurs des nerfs crâniens se trouvent dans les noyaux du tronc cérébral (régions de substance grise).

Le tableau 13.2 présente le nom, le numéro, l'origine, le trajet et la fonction de chaque nerf crânien. Notez que nous décrivons les voies des nerfs strictement sensitifs (I, II et VIII) des récepteurs vers l'encéphale, tandis que nous décrivons les voies des autres nerfs dans le sens contraire.

Tableau 13.2 Nerfs crâniens

I Nerfs olfactifs

Origine et trajet: les neurofibres des nerfs olfactifs émergent des cellules olfactives réceptrices situées dans la région olfactive de la muqueuse nasale; elles traversent la lame criblée de l'ethmoïde et font synapse dans le bulbe olfactif; les neurofibres des neurones du bulbe olfactif s'étendent vers l'arrière en formant le tractus olfactif, qui passe sous le lobe frontal, pénètre dans les hémisphères cérébraux et se termine dans l'aire olfactive primaire; voir aussi la figure 16.3.

Fonction: strictement sensitifs; ils transmettent les influx afférents de l'odorat.

Épreuve clinique: on demande au sujet de renifler et d'identifier des substances aromatiques telles que de l'huile de clou de girofle et de la vanille.

Les fractures de l'ethmoïde ou les lésions des neurofibres olfactives peuvent entraîner une perte totale ou partielle de l'odorat, appelée *anosmie.* ■

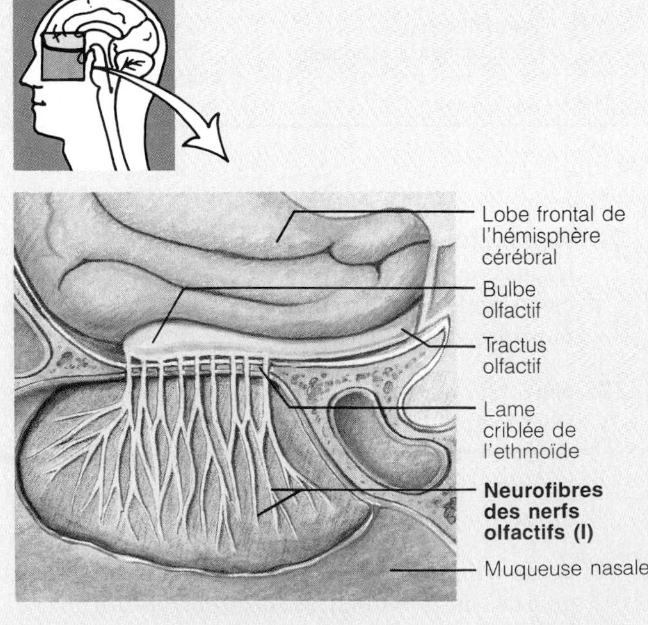

II Nerfs optiques

Origine et trajet: les neurofibres émergent de la rétine et forment le nerf optique, qui traverse le canal optique situé dans la partie postérieure du sphénoïde; les nerfs optiques convergent et forment le chiasma optique, où ils croisent partiellement la ligne médiane; de là, ils forment le tractus optique, entrent dans le thalamus et y font synapse; les neurofibres thalamiques rejoignent (sous la forme des radiations optiques) l'aire visuelle du cortex occipital, où ont lieu la perception et l'interprétation des stimulus visuels; voir aussi la figure 16.21.
Fonction: strictement sensitifs; ils acheminent les influx afférents de la vision.
Épreuve clinique: on évalue la vision et le champ visuel à l'aide d'un tableau d'optotypes et en cherchant le point où un objet (le doigt de l'examinateur) entre dans le champ visuel du sujet; on observe le fond de l'œil avec un ophtalmoscope pour détecter l'œdème papillaire (l'enflure du disque du nerf optique, l'endroit où le nerf optique sort du globe oculaire) et pour évaluer l'état du disque et des vaisseaux sanguins de la rétine.

Les lésions d'un des nerfs optiques entraînent la cécité de l'œil desservi par le nerf. Les lésions de la voie visuelle située en aval du chiasma optique causent des pertes visuelles partielles. Les cécités passagères sont appelées *anopsies*. ■

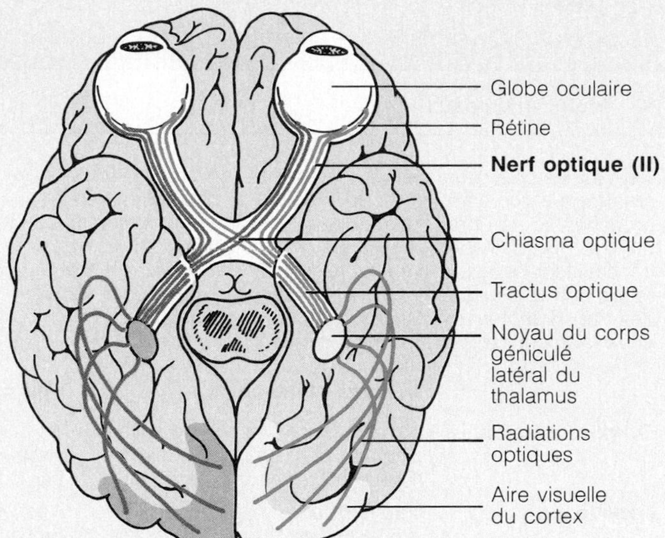

III Nerfs oculo-moteurs

Origine et trajet: les neurofibres s'étendent de la partie antérieure du mésencéphale (près de sa jonction avec le pont), traversent l'orbite par la fissure orbitaire supérieure puis rejoignent l'œil.
Fonction: mixtes; bien qu'ils contiennent quelques afférents proprioceptifs, ce sont surtout des nerfs moteurs, comme leur nom l'indique; chacun contient:

- des neurofibres motrices somatiques rejoignant quatre des six muscles extrinsèques qui dirigent les mouvements du globe oculaire (l'oblique inférieur, le droit supérieur, le droit inférieur et le droit médial) et le muscle releveur de la paupière supérieure;
- des neurofibres motrices parasympathiques (autonomes) rejoignant le muscle sphincter de la pupille et le muscle ciliaire, qui gouvernent la forme du cristallin pour l'accommodation de l'œil;
- des neurofibres afférentes en provenance des propriocepteurs, qui s'étendent des quatre mêmes muscles extrinsèques jusqu'au mésencéphale.

Épreuve clinique: on examine le diamètre, la forme et la symétrie des pupilles; on recherche le réflexe pupillaire à l'aide d'un crayon lumineux (les pupilles devraient se contracter sous l'effet de la lumière); on vérifie la convergence de la vision de près, de même que la capacité de suivre les mouvements horizontaux, verticaux et diagonaux des objets.

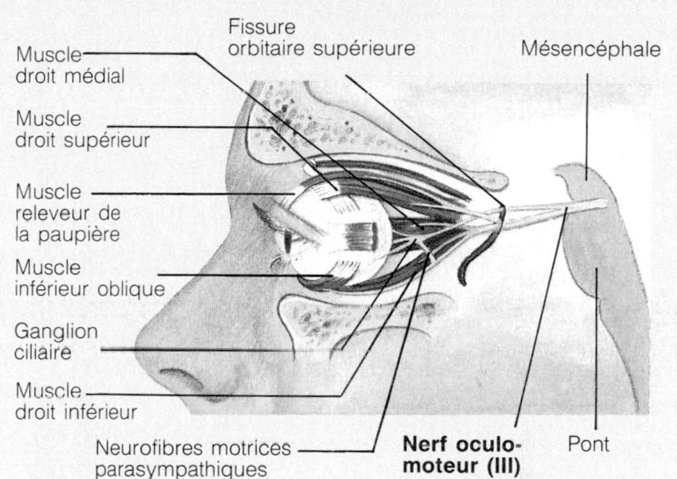

La paralysie du nerf oculo-moteur empêche l'œil de bouger vers le haut, vers le bas ou vers l'intérieur. Au repos, l'œil tourne vers le côté (*strabisme divergent*) parce que rien ne s'oppose aux mouvements des deux muscles extrinsèques non desservis par le nerf crânien III. La paupière supérieure s'affaisse (*ptose*). Le sujet est atteint de diplopie et il a de la difficulté à accommoder sa vision sur des objets rapprochés. ■

IV Nerfs trochléaires

Origine et trajet: les neurofibres émergent de la partie postérieure du mésencéphale, le contournent et entrent dans les orbites par les *fissures orbitaires supérieures*, avec les nerfs oculo-moteurs.
Fonction: mixtes, mais principalement moteurs; ils fournissent des neurofibres motrices somatiques au muscle oblique supérieur, l'un des muscles extrinsèques de l'œil, et comprennent des neurofibres proprioceptives qui en proviennent.
Épreuve clinique: évalué en même temps que le nerf crânien III.

Les lésions ou la paralysie des nerfs trochléaires causent la diplopie et entravent la capacité de tourner l'œil dans le sens inféro-externe. ■

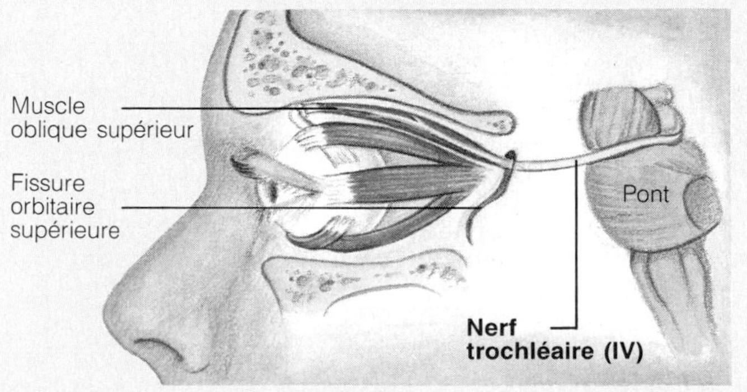

Tableau 13.2 (suite)

V Nerfs trijumeaux

Ce sont les plus gros des nerfs crâniens; ils s'étendent du pont au visage et, comme leur nom l'indique, se divisent en trois branches: le nerf ophtalmique, le nerf maxillaire et le nerf mandibulaire; ils constituent les principaux nerfs sensitifs du visage; ils transmettent les influx afférents associés au toucher, à la température et à la douleur; les corps cellulaires des neurones sensitifs des trois branches sont situés dans les gros *ganglions trigéminaux* (aussi appelés ganglions *semi-lunaires,* ou *de Gasser*).

Les nerfs mandibulaires contiennent également quelques neurofibres motrices qui innervent les muscles de la mastication.

Les dentistes insensibilisent les mâchoires en injectant des anesthésiques locaux (comme la novocaïne) près des nerfs alvéolaires, qui sont des ramifications des nerfs maxillaire et mandibulaire. Les neurofibres qui transmettent la douleur à partir des dents se trouvent anesthésiées, ce qui provoque l'engourdissement des tissus avoisinants.

	Nerf ophtalmique (V_1)	**Nerf maxillaire (V_2)**	**Nerf mandibulaire (V_3)**
Origine et trajet:	les neurofibres s'étendent du visage jusqu'au pont en passant par la fissure orbitaire supérieure.	les neurofibres s'étendent du visage jusqu'au pont en passant par le foramen rond.	les neurofibres traversent le crâne en passant par le foramen ovale du sphénoïde.
Fonction:	il achemine les influx sensitifs provenant de la peau de la partie antérieure du cuir chevelu, de la paupière supérieure, du nez, de la muqueuse de la cavité nasale, de la cornée et de la glande lacrymale.	il achemine les influx sensitifs provenant de la muqueuse de la cavité nasale, du palais, des dents supérieures, de la peau des joues, de la lèvre supérieure et de la paupière inférieure.	il achemine les influx sensitifs provenant de la partie antérieure de la langue (bourgeons gustatifs exceptés), des dents inférieures, de la peau du menton et de la partie temporale du cuir chevelu; il fournit des neurofibres motrices aux muscles de la mastication et renferme des neurofibres proprioceptives qui en proviennent.
Épreuve clinique:	on recherche le réflexe cornéen: le contact d'un brin de coton avec la cornée devrait provoquer le cillement.	on évalue les sensations douloureuses, tactiles et thermiques à l'aide d'une épingle de sûreté ainsi que d'objets chauds et froids.	on évalue la branche motrice en demandant au sujet de serrer les dents, d'ouvrir la bouche contre une résistance et de bouger la mâchoire latéralement.

On convient généralement que le *tic douloureux de la face,* ou *névralgie essentielle du trijumeau,* causé par l'inflammation du nerf trijumeau, est la pire des douleurs. La douleur pongitive (en coup de poignard) dure de quelques secondes à une minute, mais elle peut survenir une centaine de fois par jour. La douleur est généralement déclenchée par un stimulus sensitif, le brossage des dents ou même une bouffée d'air atteignant le visage par exemple, mais elle peut découler d'une pression sur la racine du nerf trijumeau. Les analgésiques n'ont qu'une efficacité partielle contre cette douleur. Dans les cas graves, on sectionne le nerf en amont du ganglion trigéminal. L'intervention soulage la souffrance, mais entraîne également une perte de la sensation du côté du visage concerné. ■

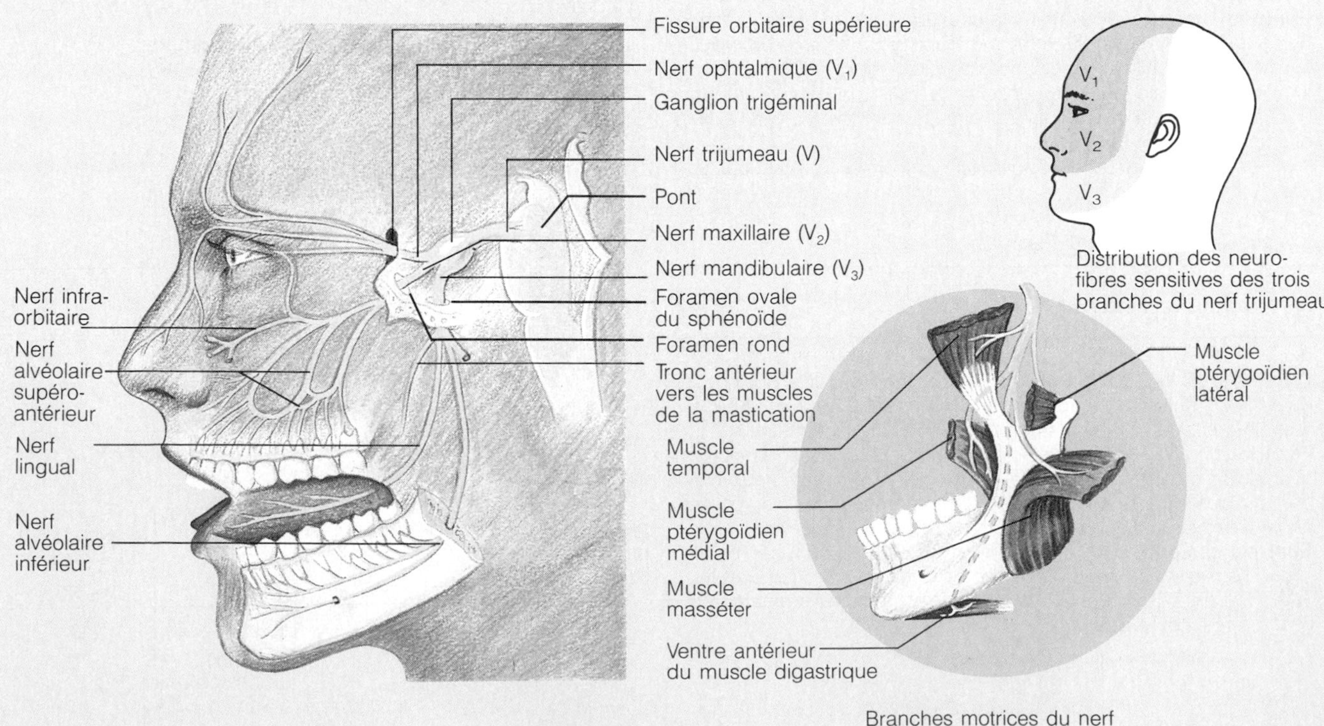

Distribution des neurofibres sensitives des trois branches du nerf trijumeau

Branches motrices du nerf mandibulaire (V_3)

VI Nerfs oculo-moteurs externes

Origine et trajet: les neurofibres émergent de la partie inférieure du pont, entrent dans l'orbite par la fissure orbitaire supérieure et s'étendent jusqu'aux muscles de l'œil.
Fonction: nerfs mixtes, mais principalement moteurs; ils fournissent des neurofibres motrices somatiques au muscle droit latéral (un muscle extrinsèque de l'œil); ils acheminent à l'encéphale les influx proprioceptifs provenant de ce muscle.
Épreuve clinique: évalué en même temps que le nerf crânien III.
La paralysie du nerf oculo-moteur externe empêche les mouvements latéraux de l'œil; au repos, le globe oculaire atteint tourne vers l'intérieur (*strabisme convergent*). ■

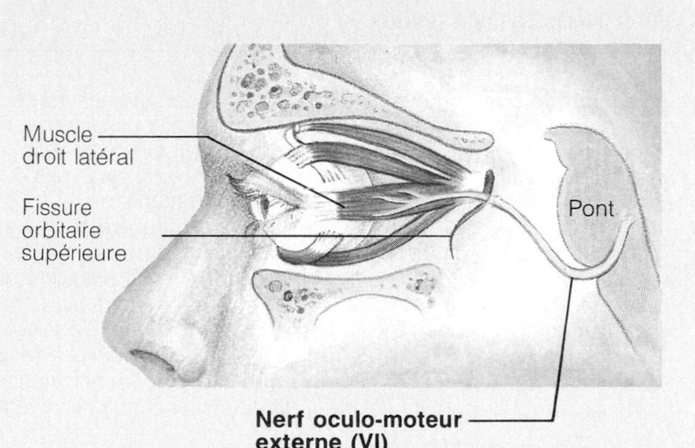

VII Nerfs faciaux

Origine et trajet: les neurofibres émergent du pont, juste à côté des nerfs oculo-moteurs externes (voir la figure 13.3), entrent dans l'os temporal par le *conduit auditif interne* et y passent (ainsi que dans la cavité de l'oreille interne) avant d'émerger par le *foramen stylo-mastoïdien*. Le nerf se ramifie ensuite vers le côté du visage.
Fonction: nerfs mixtes, principaux nerfs moteurs du visage; plusieurs branches terminales du nerf facial s'anastomosent pour former le plexus parotidien (situé dans la glande salivaire parotide) duquel émergent les rameaux temporal, zygomatique, buccal, mandibulaire et cervical (voir **a**). De ces rameaux partent les neurofibres qui innervent les muscles squelettiques de la face. (Par exemple, les neurofibres des rameaux temporaux se rendent aux muscles squelettiques, au muscle frontal, à l'orbiculaire de l'œil et au muscle corrugateur du sourcil.)

- Ils acheminent les influx moteurs aux muscles squelettiques du visage (muscles de l'expression), à l'exception des muscles de la mastication, qui sont desservis par les nerfs trijumeaux; ils transmettent au pont les influx proprioceptifs provenant des muscles du visage (voir **c**).
- Ils transmettent les influx moteurs parasympathiques (autonomes) aux glandes lacrymales, nasales, palatines, submandibulaires et sublinguales. Certains corps cellulaires des neurones moteurs parasympathiques sont situés dans les *ganglions ptérygo-palatins* et *submandibulaires* des nerfs trijumeaux (voir **b**).
- Ils transportent les influx sensitifs provenant des bourgeons gustatifs des deux tiers antérieurs de la langue; les corps cellulaires des neurones sensitifs sont situés dans les *ganglions géniculés* (voir **b**).

(a) Une méthode simple pour mémoriser les trajets des cinq rameaux moteurs du nerf facial

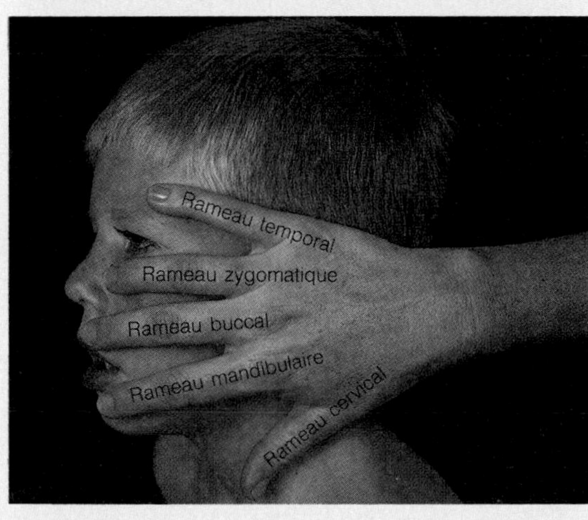

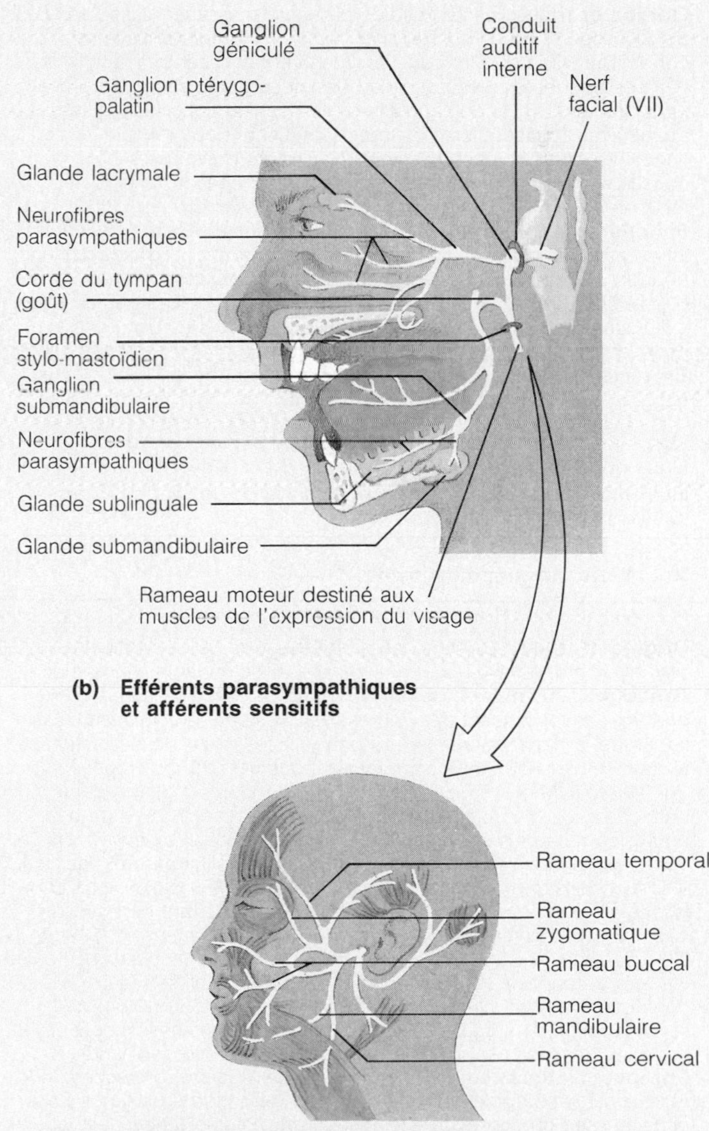

(b) Efférents parasympathiques et afférents sensitifs

(c) Rameaux moteurs innervant les muscles du cuir chevelu et de l'expression du visage

Tableau 13.2 (suite)

VII Nerfs faciaux (suite)

Épreuve clinique: on évalue dans les deux tiers antérieurs de la langue la perception du sucré, du salé, de l'acide (vinaigre) et de l'amer (quinine); on vérifie la symétrie du visage; on demande au sujet de fermer les yeux, de sourire, de siffler, etc.; on évalue la sécrétion des larmes à l'aide de vapeurs d'ammoniac.

La *paralysie de Bell* se manifeste par la paralysie des muscles faciaux du côté touché et par une perte partielle des sensations gustatives; elle peut s'installer rapidement (souvent du jour au lendemain). On en ignore la cause, mais on soupçonne en général une inflammation du nerf facial. La paupière inférieure s'abaisse et le coin de la bouche s'affaisse (ce qui nuit à l'alimentation et à la parole); l'œil pleure continuellement et ne peut se fermer complètement. L'affection peut disparaître spontanément, en l'absence de traitement. ■

VIII Nerfs vestibulo-cochléaires

Origine et trajet: les neurofibres prennent naissance dans l'appareil de l'audition et de l'équilibre, situé dans l'os temporal, traversent le conduit auditif interne et pénètrent dans le tronc cérébral à la limite entre le pont et le bulbe rachidien; les neurofibres afférentes provenant des récepteurs de l'audition de la cochlée constituent le *nerf cochléaire*; les neurofibres afférentes provenant des récepteurs de l'équilibre dans les canaux semi-circulaires et dans le vestibule constituent le *nerf vestibulaire*; ces deux branches fusionnent et forment le nerf vestibulo-cochléaire; voir aussi la figure 16.24.
Fonction: nerfs strictement sensitifs; le nerf vestibulaire transmet les influx afférents du sens de l'équilibre, et les corps cellulaires des neurones sensitifs sont situés dans les *ganglions vestibulaires*; le nerf cochléaire transmet les influx afférents du sens de l'ouïe, et les corps cellulaires des neurones sensitifs sont situés dans les *ganglions spiraux* (de Corti), à l'intérieur de la cochlée.
Épreuve clinique: on évalue l'audition par conduction aérienne et osseuse au moyen d'un diapason.

Les lésions du nerf cochléaire ou des récepteurs cochléaires entraînent la *surdité centrale,* ou *surdité nerveuse,* tandis que les lésions du nerf vestibulaire causent des vertiges, des mouvements involontaires des yeux (le nystagmus), la perte de l'équilibre, des nausées et des vomissements. ■

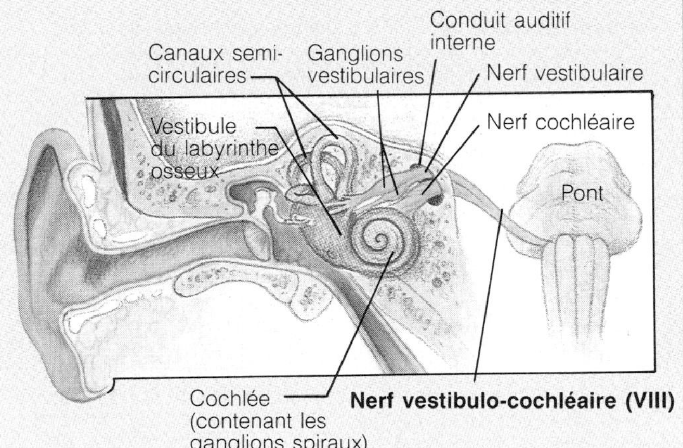

IX Nerfs glosso-pharyngiens

Origine et trajet: les neurofibres émergent du bulbe rachidien, sortent du crâne par le *foramen jugulaire* et s'étendent jusqu'à la gorge.
Fonction: nerfs mixtes qui innervent une partie de la langue et du pharynx; ils fournissent des neurofibres motrices aux muscles squelettiques de la partie supérieure du pharynx associés à la déglutition et au réflexe nauséeux et ils comprennent des neurofibres proprioceptives qui en proviennent; ils fournissent des neurofibres motrices parasympathiques aux glandes parotides (certains corps cellulaires de ces neurones moteurs parasympathiques sont situés dans le *ganglion otique*);

Les neurofibres sensitives conduisent les influx associés au goût, au toucher, à la pression et à la douleur provenant du pharynx et de la partie postérieure de la langue, les influx provenant des chimiorécepteurs du corpuscule carotidien (qui règlent la teneur en O_2 et en CO_2 du sang ainsi que la fréquence et l'amplitude respiratoires), et les influx provenant des barorécepteurs du sinus carotidien (qui contribuent à la régulation de la pression artérielle au moyen de la rétroactivation); les corps cellulaires des neurones sensitifs sont situés dans les *ganglions supérieur* et *inférieur* du nerf glosso-pharygien.
Épreuve clinique: on vérifie la position de la luette; on recherche le réflexe nauséeux et le réflexe palatin; on demande au sujet de parler et de tousser; on peut évaluer le goût dans le tiers postérieur de la langue.

Les lésions ou l'inflammation des nerfs glosso-pharyngiens entravent la déglutition et les sensations gustatives, particulièrement celles qui sont provoquées par les substances acides et amères. ■

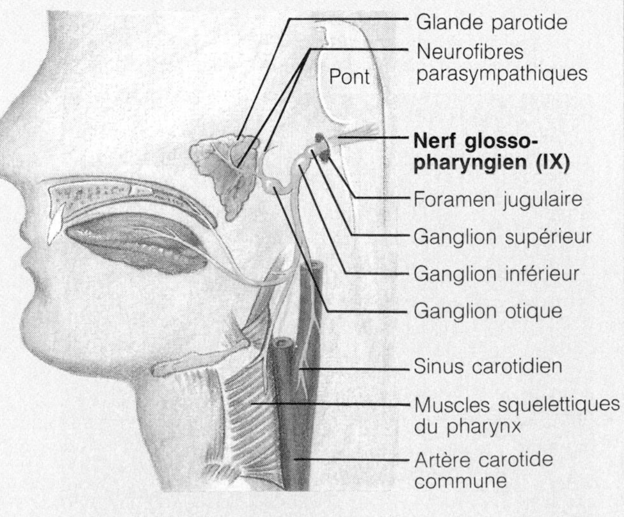

X Nerfs vagues (pneumo-gastriques)

Origine et trajet: les nerfs vagues sont les seuls nerfs crâniens à s'étendre au-delà de la tête et du cou; les neurofibres prennent naissance dans le bulbe rachidien, traversent le crâne en passant par le foramen jugulaire, descendent le long du cou et atteignent le thorax et l'abdomen; voir aussi la figure 14.2.
Fonction: nerfs mixtes; presque toutes les neurofibres motrices sont des efférents parasympathiques, sauf celles qui desservent les muscles squelettiques du pharynx et du larynx (intervenant dans la déglutition); les neurofibres motrices parasympathiques desservent le cœur, les poumons et les viscères abdominaux, et elles contribuent à la régulation de la fréquence cardiaque, de la respiration et de l'activité du système digestif; les nerfs vagues transmettent les influx sensitifs provenant des viscères thoraciques et abdominaux, du sinus carotidien (récepteurs de la pression artérielle) et des zones chimioréceptrices de l'aorte et du corpuscule carotidien (chimiorécepteurs pour la respiration) ainsi que des bourgeons gustatifs de la partie postérieure de la langue et du pharynx; ils comprennent des neurofibres proprioceptives provenant des muscles du larynx et du pharynx.
Épreuve clinique: la même que pour le nerf crânien IX. (On évalue les nerfs IX et X simultanément, puisqu'ils innervent tous deux les muscles de la gorge et de la bouche.)

Puisque la plupart des muscles du larynx sont innervés par des branches du nerf vague, c'est-à-dire les nerfs laryngés, la paralysie du nerf vague peut entraîner l'enrouement ou l'aphonie, entraver la déglutition et perturber la motilité du tube digestif. La destruction totale des deux nerfs vagues est mortelle, car ces nerfs parasympathiques sont essentiels au maintien de l'activité viscérale et donc de l'homéostasie. Sans leur influence, rien ne s'opposerait à l'activité des nerfs sympathiques, qui mobilisent et accélèrent les processus vitaux (et arrêtent la digestion). ■

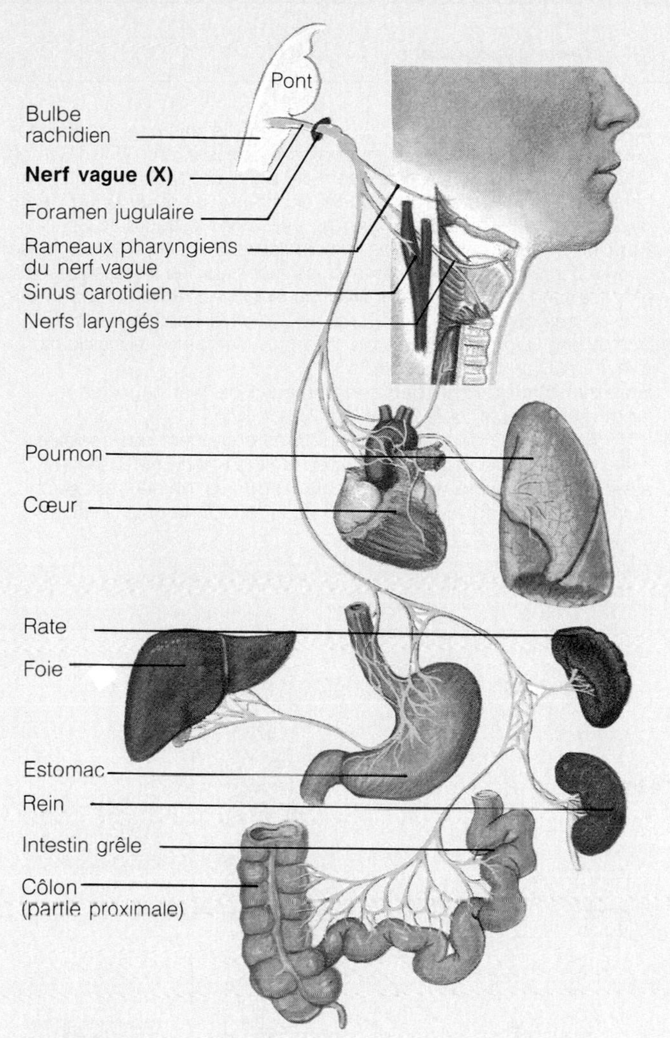

XI Nerfs accessoires

Origine et trajet: ils sont uniques en ce sens qu'ils sont formés par l'union d'une *racine crânienne* et d'une *racine rachidienne;* la racine crânienne émerge de la partie latérale du bulbe rachidien; la racine rachidienne naît de la région supérieure de la moelle épinière (C_1 à C_5), monte le long de la moelle épinière, entre dans le crâne par le trou occipital et s'unit sur une courte distance à la racine crânienne; le nerf accessoire qui en résulte sort du crâne par le foramen jugulaire; ensuite, les neurofibres crâniennes et rachidiennes divergent; les premières s'unissent aux neurofibres du nerf vague, tandis que les secondes s'étendent jusqu'aux gros muscles squelettiques du cou.
Fonction: nerfs mixtes, mais principalement moteurs; la racine crânienne s'unit au nerf vague (X) et fournit des neurofibres motrices au larynx, au pharynx et au voile du palais; la racine rachidienne fournit des neurofibres motrices aux muscles trapèze et sterno-cléido-mastoïdien qui, à eux deux, permettent les mouvements de la tête et du cou; en outre, elle achemine vers l'encéphale les influx proprioceptifs provenant de ces muscles.
Épreuve clinique: on vérifie la force des muscles sterno-cléidomastoïdien et trapèze en demandant au sujet de tourner la tête et de hausser les épaules contre une résistance.

Les lésions de la racine rachidienne d'un des nerfs accessoires provoque une rotation de la tête vers le côté touché, en raison de la paralysie du muscle sterno-cléido-mastoïdien. Le haussement de l'épaule (dû au muscle trapèze) est difficile. ■

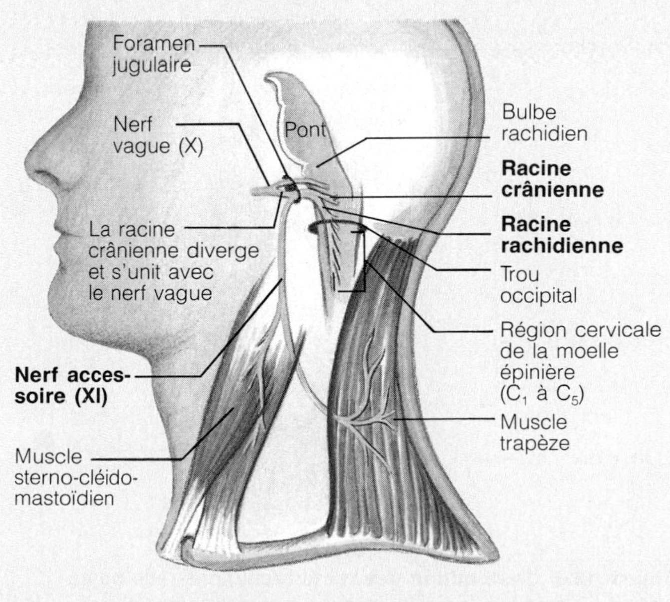

Tableau 13.2 (suite)

XII Nerfs hypoglosses

Origine et trajet : comme leur nom l'indique (*hypo* = au-dessous, *glossa* = langue), les nerfs hypoglosses desservent principalement la langue ; les neurofibres naissent de plusieurs racines situées au niveau du bulbe rachidien, sortent du crâne par le *canal du nerf hypoglosse* et atteignent la langue ; voir aussi la figure 13.3.
Fonction : nerfs mixtes, mais principalement moteurs ; ils conduisent des neurofibres motrices somatiques aux muscles intrinsèques et extrinsèques de la langue et ils acheminent au tronc cérébral des neurofibres proprioceptives qui proviennent de ces muscles ; ils permettent les mouvements de la langue servant à la mastication, à la déglutition et à la parole.
Épreuve clinique : on demande au sujet de tirer et de rentrer la langue et on note toute déviation.

▲ Les lésions des nerfs hypoglosses entraînent des troubles de la parole et de la déglutition. Si les deux nerfs sont atteints, la personne ne peut tirer la langue ; si un seul est touché, la langue pend du même côté. Avec le temps, le côté paralysé s'atrophie. ■

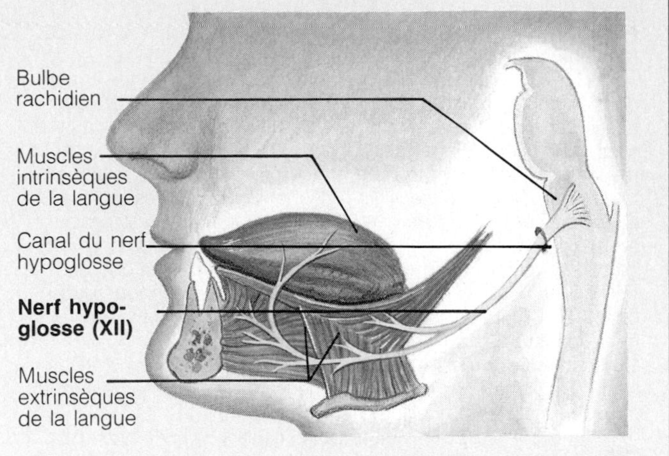

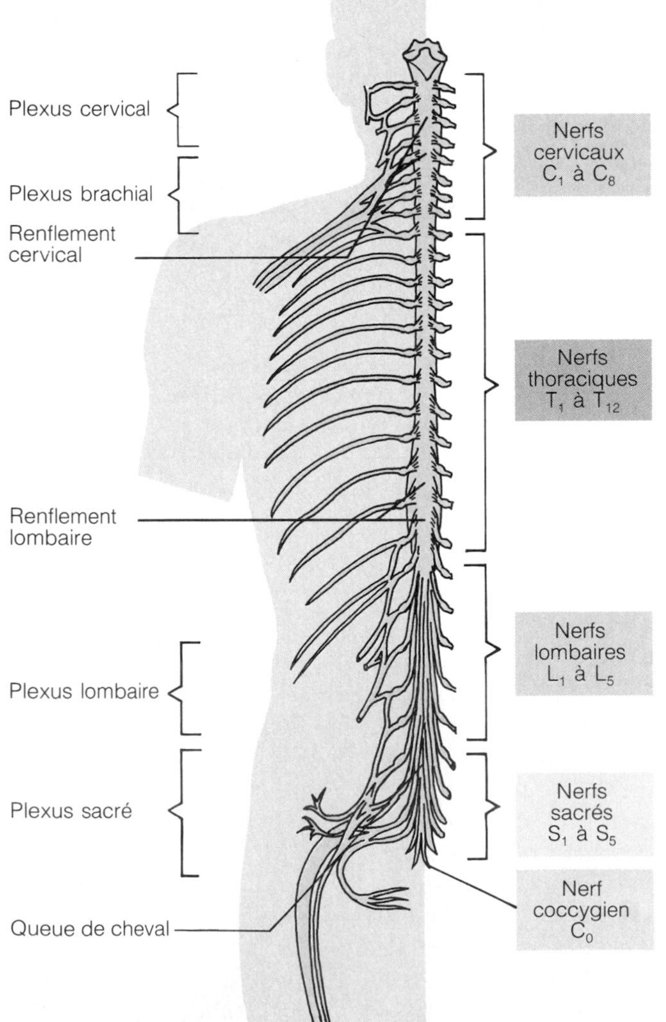

Figure 13.4 Distribution des nerfs rachidiens, vue postérieure. Notez que les nerfs rachidiens sont nommés d'après leur point d'émergence.

Nerfs rachidiens

Trente et une paires de **nerfs rachidiens** contenant chacun des milliers de neurofibres émergent de la moelle épinière et innervent toutes les parties du corps, à l'exception de la tête et de certaines régions du cou. Tous les nerfs rachidiens sont mixtes. Comme le montre la figure 13.4, les nerfs rachidiens sont nommés d'après leur point d'émergence de la moelle épinière. Il y 8 paires de nerfs cervicaux (C_1 à C_8), 12 paires de nerfs thoraciques (T_1 à T_{12}), 5 paires de nerfs lombaires (L_1 à L_5), 5 paires de nerfs sacrés (S_1 à S_5) et 1 paire de nerfs coccygiens (C_0).

Le fait qu'il y ait huit paires de nerfs cervicaux mais seulement sept vertèbres cervicales s'explique aisément. En effet, les sept premières paires de nerfs cervicaux quittent le canal rachidien *au-dessus* de la vertèbre d'après laquelle elles sont nommées. Le nerf C_8, en revanche, émerge en dessous de la septième vertèbre cervicale (entre C_7 et T_1). Au-delà de la région cervicale, chaque nerf rachidien sort de la colonne vertébrale *au-dessous* de la vertèbre portant le même numéro que lui.

Distribution des nerfs rachidiens

Comme nous l'avons vu au chapitre 12, chaque nerf rachidien est relié à la moelle épinière et comprend une **racine antérieure** et une **racine postérieure.** Chaque racine est composée d'une série de *filets radiculaires* qui se rattachent sur toute sa longueur au segment analogue de la moelle épinière (figure 13.5). Les *racines antérieures* renferment des neurofibres *motrices* (efférentes) qui correspondent aux axones des neurones moteurs de la corne antérieure et qui se rendent jusqu'aux muscles

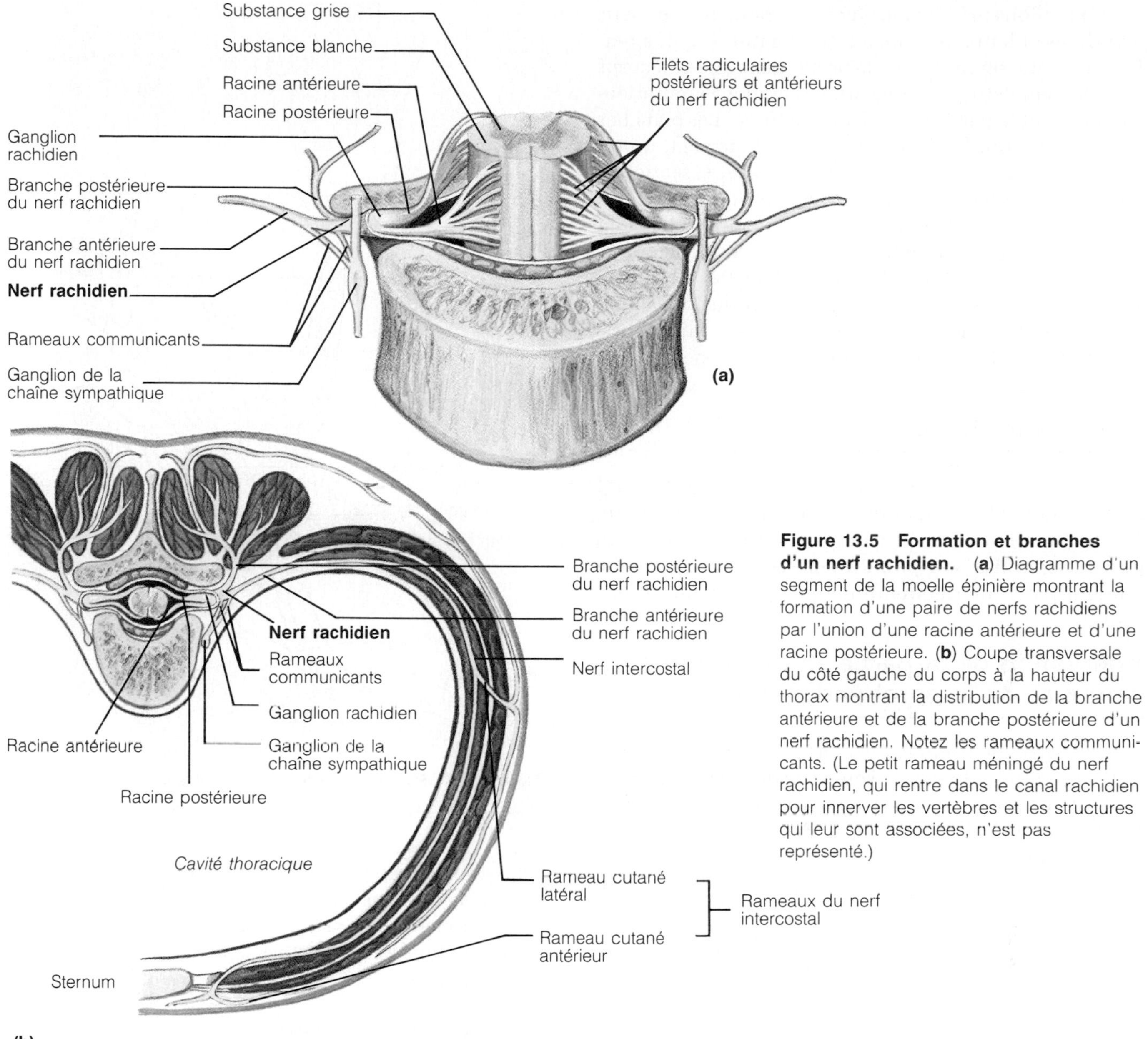

Figure 13.5 Formation et branches d'un nerf rachidien. (**a**) Diagramme d'un segment de la moelle épinière montrant la formation d'une paire de nerfs rachidiens par l'union d'une racine antérieure et d'une racine postérieure. (**b**) Coupe transversale du côté gauche du corps à la hauteur du thorax montrant la distribution de la branche antérieure et de la branche postérieure d'un nerf rachidien. Notez les rameaux communicants. (Le petit rameau méningé du nerf rachidien, qui rentre dans le canal rachidien pour innerver les vertèbres et les structures qui leur sont associées, n'est pas représenté.)

squelettiques. (Nous décrivons au chapitre 14 les efférents du système nerveux autonome qui font également partie des racines antérieures.) Les *racines postérieures* comprennent des neurofibres *sensitives* (afférentes) qui correspondent aux axones des neurones sensitifs dont les corps cellulaires sont situés dans les ganglions rachidiens et qui acheminent à la moelle épinière les influx provenant des extérocepteurs (peau) et des propriocepteurs (muscles squelettiques et tendons) situés en périphérie.

Les racines antérieure et postérieure du nerf rachidien émergent de la moelle épinière et elles s'unissent en aval du ganglion rachidien. Le nerf rachidien qui en résulte sort de la colonne vertébrale par un trou de conjugaison (l'incisure vertébrale inférieure). Le nerf rachidien proprement dit est court (il ne mesure que de 1 à 2 cm) et réunit des neurofibres motrices et sensitives, si bien qu'il contient à la fois des neurofibres afférentes et des neurofibres efférentes. La longueur des racines rachidiennes augmente progressivement de haut en bas de la moelle épinière. Dans la région cervicale, les racines sont courtes et horizontales; dans la partie inférieure du canal rachidien, les racines des nerfs lombaires et sacrés sont orientées vers le bas, ce qui forme la *queue de cheval* (voir la figure 13.4).

Presque immédiatement après avoir émergé de son trou de conjugaison, chaque nerf rachidien se divise en une **branche antérieure (ventrale)**, une **branche postérieure (dorsale)** et un minuscule **rameau méningé du nerf rachidien.** Celui-ci rentre dans le canal rachidien et innerve les méninges et leurs vaisseaux sanguins. On trouve enfin les *rameaux communicants,* qui contiennent des neurofibres autonomes (motrices); ils sont reliés à la base des branches antérieures des nerfs rachidiens de la région thoracique. Nous reviendrons en détail sur ces rameaux au chapitre 14.

Nous allons maintenant étudier les branches des nerfs rachidiens et leurs principales ramifications, qui, à partir du cou, desservent toute la partie somatique du corps (muscles squelettiques et peau). Les branches postérieures innervent la partie postérieure du tronc. Les branches antérieures, dont le diamètre est plus important, innervent le reste du tronc et les membres. Il est essentiel de bien faire la différence entre les racines et les branches. Les racines sont à la base des nerfs rachidiens et elles sont plus profondes qu'eux; elles sont toutes soit strictement sensitives, soit strictement motrices. Les branches sont situées en aval des nerfs et elles en sont des divisions; comme les nerfs rachidiens, les branches contiennent à la fois des neurofibres sensitives et des neurofibres motrices.

Innervation du dos

Les branches postérieures innervent la partie postérieure du tronc suivant une distribution simple et segmentaire. Chacune innerve l'étroite bande de muscle (et de peau) qui correspond à son point d'émergence de la moelle épinière par l'intermédiaire de quelques ramifications (figure 13.5).

Innervation de la partie antéro-externe du thorax et de la paroi abdominale

Les branches antérieures de T_1 à T_{12} s'étendent vers la partie antérieure du corps, sous chaque côte, et forment les **nerfs intercostaux.** Les minuscules nerfs T_1 et T_{12} font exception. En effet, la plupart des neurofibres du premier entrent dans le plexus brachial; le second, dans la mesure où il s'étend sous la douzième côte, devient un **nerf subcostal** (branche antérieure du nerf T_{12}). Les nerfs intercostaux desservent les muscles intercostaux, les muscles et la peau de la partie antéro-externe du thorax et la majeure partie de la paroi abdominale.

Les branches antérieures ont une distribution segmentaire qui correspond à celle des branches postérieures seulement dans le thorax. Les branches antérieures de presque tous les autres nerfs rachidiens s'associent pour former des réseaux appelés *plexus.*

Plexus desservant le cou et les membres

Tous les nerfs rachidiens, à l'exception de T_2 à T_{12}, ont ceci de particulier que leurs branches antérieures se ramifient et s'enchevêtrent en **plexus** complexes (voir la figure 13.4). On trouve des plexus dans les régions cervicale, brachiale, lombaire et sacrée, et ils desservent principalement les membres. Par ailleurs, les plexus sont constitués seulement des branches antérieures des nerfs rachidiens. Les neurofibres de ces dernières s'entrecroisent et se redistribuent dans les plexus, si bien que chaque branche qui en résulte comprend des neurofibres provenant de nerfs rachidiens différents; d'autre part, les neurofibres de chaque nerf rachidien s'étendent jusqu'aux parties périphériques du corps en empruntant différents trajets. Par conséquent, tous les muscles d'un membre sont innervés par plusieurs nerfs rachidiens. Ce regroupement des neurofibres de plusieurs nerfs constitue un avantage: la lésion d'une racine ou d'un segment rachidien ne peut paralyser complètement un muscle d'un membre.

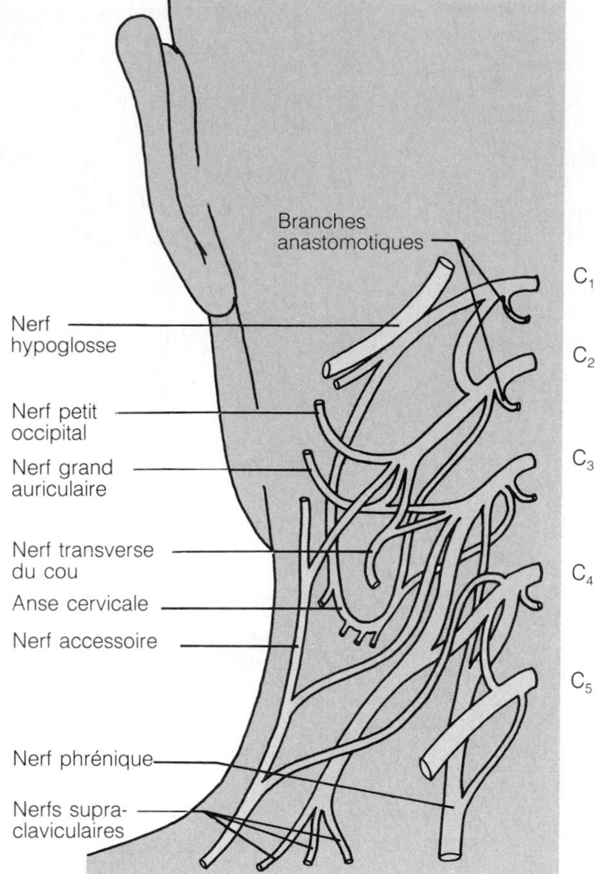

Figure 13.6 Plexus cervical. (Voir le tableau 13.3.)

Plexus cervical et cou

Le **plexus cervical** est enfoui profondément dans le cou, sous le muscle sterno-cléido-mastoïdien. Il est composé des branches antérieures des quatre nerfs cervicaux supérieurs (figure 13.6). Le nerf le plus important de ce plexus est le **nerf phrénique** (dont les principaux tributaires sont les branches des nerfs C_3 et C_4). Le nerf phrénique s'étend vers le bas et traverse le thorax pour se rendre au diaphragme auquel il fournit son innervation motrice et sensitive (*phrên* = diaphragme). C'est principalement ce muscle qui intervient dans les mouvements de la respiration (voir le chapitre 23).

L'irritation du nerf phrénique entraîne des spasmes du diaphragme, c'est-à-dire le hoquet. Si les deux nerfs phréniques sont sectionnés, ou si la région de la moelle épinière comprise entre C_3 et C_5 est écrasée ou détruite, le diaphragme est paralysé: c'est l'arrêt respiratoire. On peut sauver des personnes ayant subi de telles lésions grâce à des respirateurs mécaniques qui insufflent de l'air dans leurs poumons. ■

Tableau 13.3 Ramifications du plexus cervical (voir la figure 13.6)

Nerfs	Branches antérieures des nerfs rachidiens	Structures innervées
Branches cutanées (superficielles)		
Nerf petit occipital	C_2 et C_3	Peau de la partie postéro-externe du cou
Nerf grand auriculaire	C_2 et C_3	Peau de l'oreille et peau recouvrant la glande parotide
Nerf transverse du cou	C_2 et C_3	Peau des parties antérieure et externe du cou
Nerfs supraclaviculaires (rameaux antérieurs, moyens et postérieurs)	C_3 et C_4	Peau de l'épaule et de la partie antérieure de la poitrine
Branches motrices (profondes)		
Anse cervicale (racines supérieure et inférieure)	C_1 à C_3	Muscles infra-hyoïdiens du cou (omo-hyoïdien, sterno-hyoïdien, sterno-thyroïdien)
Branche anastomotique et autres branches musculaires	C_1 à C_5	Muscles profonds du cou (génito-hyoïdien et thyro-hyoïdien) et des parties des muscles scalène, élévateur de la scapula, trapèze et sterno-cléido-mastoïdien
Nerf phrénique	C_3 à C_5	Diaphragme (seul nerf moteur)

Les nombreuses branches cutanées (superficielles) du plexus cervical acheminent les influx sensitifs de la peau du cou, de la région de l'oreille et de l'épaule. Les branches motrices (profondes), autres que les nerfs phréniques, innervent les muscles de la partie antérieure du cou. Le tableau 13.3 présente un résumé des branches du plexus cervical.

Plexus brachial et membre supérieur

Le **plexus brachial** est de grandes dimensions: une partie est localisée dans le cou, et une autre dans l'aisselle. Il joue également un rôle important, car il regroupe pratiquement tous les nerfs qui desservent le membre supérieur. On peut le palper chez un sujet vivant juste au-dessus de la clavicule, à la bordure externe du muscle sterno-cléido-mastoïdien.

Le plexus brachial est composé de l'enchevêtrement des branches antérieures des quatre nerfs cervicaux inférieurs (C_5 à C_8) et de la majeure partie de T_1. En outre, il n'est pas rare que des neurofibres de C_4, de T_2, ou des deux à la fois, y soient jointes.

La complexité du plexus brachial est telle que son étude peut représenter un véritable cauchemar pour les étudiants en anatomie. La façon la plus simple de l'aborder consiste probablement à assimiler les termes qui désignent ses trois principaux groupes de ramifications (voir la figure 13.7a et b). De la partie proximale à la partie distale, ces groupes sont: (1) les *branches antérieures des nerfs rachidiens;* (2) les *troncs;* (3) les *faisceaux.*

Les cinq **branches antérieures** (de C_5 à T_1) du plexus brachial sont situées sous le muscle sterno-cléido-mastoïdien. Elles s'unissent au bord externe de ce muscle pour former les **troncs supérieur, moyen** et **inférieur** du plexus brachial. Ces troncs se séparent presque immédiatement et constituent les **faisceaux latéral, médial** et **postérieur** qui vont passer sous la clavicule et pénétrer dans la région axillaire (aisselle). Le plexus brachial émet sur toute sa longueur des petits nerfs qui desservent les muscles ainsi que la peau de l'épaule et de la partie supérieure du thorax.

Les lésions du plexus brachial sont assez répandues; les plus graves peuvent provoquer la faiblesse ou la paralysie de tout le membre supérieur. La lésion peut provenir d'un étirement causé par une traction horizontale du bras (comme lorsqu'un plaqueur tire le bras du demi-arrière au football) ou d'un écrasement amené par un coup, sur le dessus de l'épaule, qui pousse l'humérus vers le bas. ■

Le plexus brachial se termine dans la région axillaire, où ses trois faisceaux suivent l'artère axillaire et émettent les principaux nerfs du membre supérieur. Cinq de ces nerfs sont particulièrement importants: ce sont le nerf axillaire, le nerf musculo-cutané, le nerf médian, le nerf cubital et le nerf radial (voir la figure 13.7c). Nous décrivons brièvement leur distribution et leurs cibles ci-dessous et plus en détail au tableau 13.4.

Le **nerf axillaire** est issu du faisceau postérieur. Il s'étend à l'arrière du col de l'humérus et il innerve les muscles deltoïde et petit rond, ainsi que la peau et la capsule articulaire de l'épaule.

Le **nerf musculo-cutané** est la principale branche terminale du faisceau latéral. Il s'étend vers le bas dans la partie antérieure du bras et il fournit des neurofibres motrices aux muscles fléchisseurs de l'avant-bras. Au-delà du coude, il transmet les sensations cutanées de la partie externe de l'avant-bras.

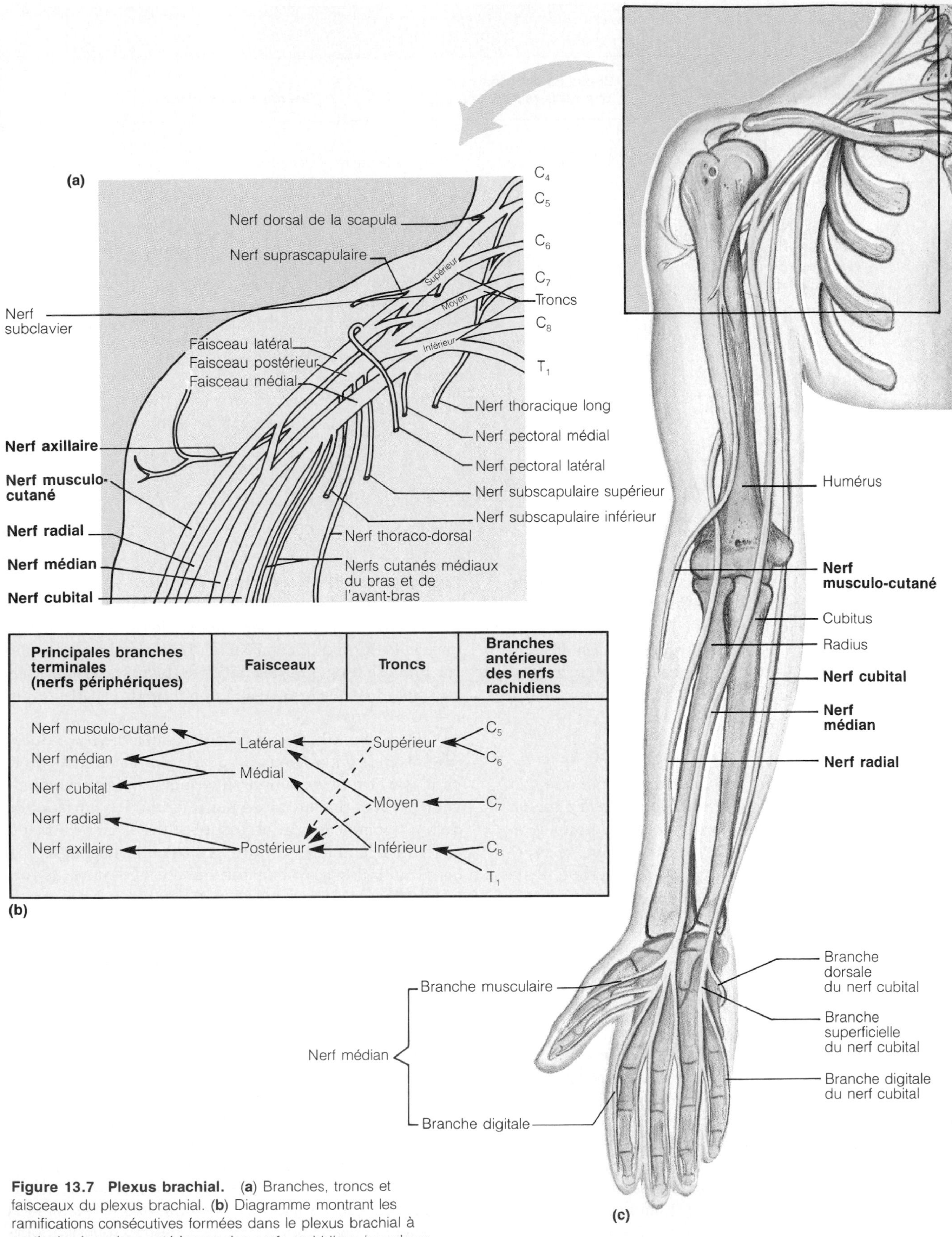

Figure 13.7 Plexus brachial. (**a**) Branches, troncs et faisceaux du plexus brachial. (**b**) Diagramme montrant les ramifications consécutives formées dans le plexus brachial à partir des branches antérieures des nerfs rachidiens jusqu'aux principaux nerfs formés à partir des faisceaux. (**c**) Distribution des principaux nerfs périphériques du membre supérieur (voir le tableau 13.4).

Tableau 13.4 Ramifications du plexus brachial (voir la figure 13.7)

Nerfs	Faisceaux et branches antérieures des nerfs rachidiens	Structures innervées
Nerf musculo-cutané	Faisceau latéral (C_5 à C_7)	Branches musculaires: muscles fléchisseurs de la partie antérieure du bras (biceps brachial, brachial et coraco-brachial) Branches cutanées: peau de la partie antéro-latérale de l'avant-bras (extrêmement variable)
Nerf médian	Formé par l'anastomose du faisceau médial (C_8 et T_1) et du faisceau latéral (C_5 à C_7)	Branches musculaires destinées au groupe fléchisseur de la partie antérieure de l'avant-bras (long palmaire, fléchisseur superficiel des doigts, long fléchisseur du pouce, fléchisseur profond des doigts et rond pronateur); muscles de la partie externe de la paume et des deux premiers doigts Branches cutanées: peau des deux tiers externes de la main, côté de la paume et dos des doigts 2 et 3
Nerf cubital	Faisceau médial (C_8 et T_1)	Branches musculaires: muscles fléchisseurs de la partie antérieure de l'avant-bras (cubital antérieur et moitié médiane du fléchisseur profond des doigts); la plupart des muscles intrinsèques de la main Branches cutanées: peau du tiers médian de la main, faces postérieure et antérieure
Nerf radial	Faisceau postérieur (C_5 à C_8, et T_1)	Branches musculaires: muscles postérieurs du bras, de l'avant-bras et de la main (triceps brachial, anconé, supinateur, brachio-radial, extenseurs radiaux du carpe, cubital postérieur et quelques muscles extenseurs des doigts) Branches cutanées: peau de la face postéro-latérale du membre entier (sauf le dos des doigts 2 et 3)
Nerf axillaire	Faisceau postérieur (C_5 et C_6)	Branches musculaires: muscles deltoïde et petit rond Branches cutanées: une partie de la peau de l'épaule
Nerf dorsal de la scapula	Ramifications de la branche C_5	Muscles rhomboïdes et élévateur de la scapula
Nerf thoracique long	Ramifications des branches C_5 à C_7	Muscle dentelé antérieur
Nerfs subscapulaires	Faisceau postérieur; branches C_5 et C_6	Muscles grand rond et subscapulaire
Nerf suprascapulaire	Tronc supérieur (C_5 et C_6)	Articulation de l'épaule; muscles supra-épineux et infra-épineux
Nerfs pectoral médial et pectoral latéral	Ramifications des faisceaux latéral (C_5 à C_7) et médial (C_8 et T_1)	Muscles grand pectoral et petit pectoral

Le **nerf médian** parcourt le bras sans se ramifier. À la partie antérieure de l'avant-bras, il émet des ramifications dans la peau et dans la plupart des muscles fléchisseurs. Parvenu dans la main, il innerve cinq muscles intrinsèques de la partie externe de la paume. Le nerf médian stimule les muscles responsables de la pronation de l'avant-bras, de la flexion du poignet et des doigts et de l'opposition du pouce.

Les lésions du nerf médian entravent l'opposition du pouce à l'auriculaire et, par conséquent, la préhension des petits objets. Ce nerf suit l'axe médian de l'avant-bras et du poignet, et se trouve donc souvent sectionné par les personnes qui tentent de se suicider en se tailladant les poignets. ■

Le **nerf cubital** parcourt la partie interne du bras en direction du coude, passe derrière l'épycondyle médial et suit le cubitus dans la partie interne de l'avant-bras. Là, il innerve le muscle cubital antérieur et une partie du muscle fléchisseur profond des doigts (les muscles que le nerf médian ne dessert pas). Il se poursuit dans la main, où il innerve la plupart des muscles et la peau de la partie médiane. Le nerf cubital produit la flexion et l'adduction du poignet et des doigts, de même que l'abduction des doigts 3, 4 et 5 (avec le nerf médian).

Dans la partie superficielle de son trajet, le nerf cubital est très vulnérable. Sa stimulation à la hauteur de l'épycondyle médial ou du poignet provoque un picotement dans l'auriculaire. Les lésions graves ou chroniques (causées par un appui constant sur le coude, par exemple) peuvent entraîner l'anesthésie, la paralysie et l'atrophie des muscles qu'il dessert. Les personnes atteintes de telles lésions ne peuvent écarter les doigts et elles ont de la difficulté à fermer le poing et à saisir les objets. La flexion des deux dernières phalanges de l'auriculaire et de l'annulaire et l'extension de leurs premières phalanges sur le carpe provoquent une déformation de la main appelée *main en griffe.* ■

Le **nerf radial** est un prolongement du faisceau postérieur et constitue la ramification la plus importante du plexus brachial. Ce nerf s'enroule autour de l'humérus (dans le sillon du nerf radial) et passe devant l'épycondyle latéral au niveau du coude. Là, il se divise en une branche superficielle qui suit le bord externe du radius jusqu'à la main et en une branche profonde (n'apparaissant pas dans la figure) qui se dirige vers la face postérieure. Tout le long de son trajet, le nerf radial dessert la peau de la face postérieure du membre. Ses branches motrices innervent tous les muscles extenseurs du membre supérieur.

Le nerf radial permet l'extension du coude, la supination de l'avant-bras, l'extension du poignet et des doigts ainsi que l'abduction du pouce.

Les lésions du nerf radial empêchent le mouvement de la main au niveau du poignet: cette affection est appelée *main tombante* (ou main en col de cygne). De nombreuses fractures de l'humérus se produisent le long du sillon du nerf radial et entraînent des lésions de ce nerf. Lorsqu'une personne utilise une béquille de façon inadéquate ou s'endort avec un bras pendant d'un fauteuil ou d'un canapé, le nerf radial est comprimé, ce qui provoque une ischémie. ■

Plexus lombo-sacré et membre inférieur

Le plexus lombaire et le plexus sacré se chevauchent en grande partie. On les désigne fréquemment par le terme **plexus lombo-sacré,** car de nombreuses neurofibres du plexus lombaire parcourent le plexus sacré par l'intermédiaire du **tronc lombo-sacré.** Le plexus lombo-sacré dessert principalement le membre inférieur, mais il émet également des ramifications vers l'abdomen, le bassin et les fesses.

Plexus lombaire. Le **plexus lombaire** naît des quatre premiers nerfs lombaires et s'étend à l'intérieur du muscle grand psoas (figure 13.8). Ses branches proximales innervent des parties des muscles de la paroi abdominale et le muscle ilio-psoas; par contre, ses branches principales vont innerver les parties antérieure et interne de la cuisse. Le **nerf fémoral** est le plus gros nerf du plexus lombaire; il pénètre dans la cuisse au-dessous du ligament inguinal, puis il se divise en plusieurs grosses branches. Les branches motrices innervent les muscles de la partie antérieure de la cuisse, qui sont les principaux fléchisseurs de la cuisse et extenseurs du genou. Les branches cutanées desservent la peau du devant de la cuisse et la face médiane de la jambe, du genou au pied. Le **nerf obturateur** entre dans la face médiane de la cuisse par le foramen obturé et innerve les muscles adducteurs. Le tableau 13.5 présente les différentes branches du plexus lombaire.

La compression des branches rachidiennes du plexus lombaire, qui peut notamment être causée par une hernie discale, perturbe gravement la démarche, car le nerf fémoral dessert les principaux muscles fléchisseurs de la hanche et extenseurs du genou. Les autres symptômes se traduisent par l'anesthésie de la face antérieure de la cuisse et, si le nerf obturateur est touché, par des douleurs dans la face médiane de la cuisse. ■

Plexus sacré. Le **plexus sacré** naît des nerfs rachidiens L_4 à S_4; il est situé immédiatement à l'arrière du plexus lombaire (figure 13.9). Une douzaine de ses branches sont nommées et environ la moitié d'entre elles desservent les fesses et le membre inférieur; les autres innervent les structures du bassin. Nous décrivons les

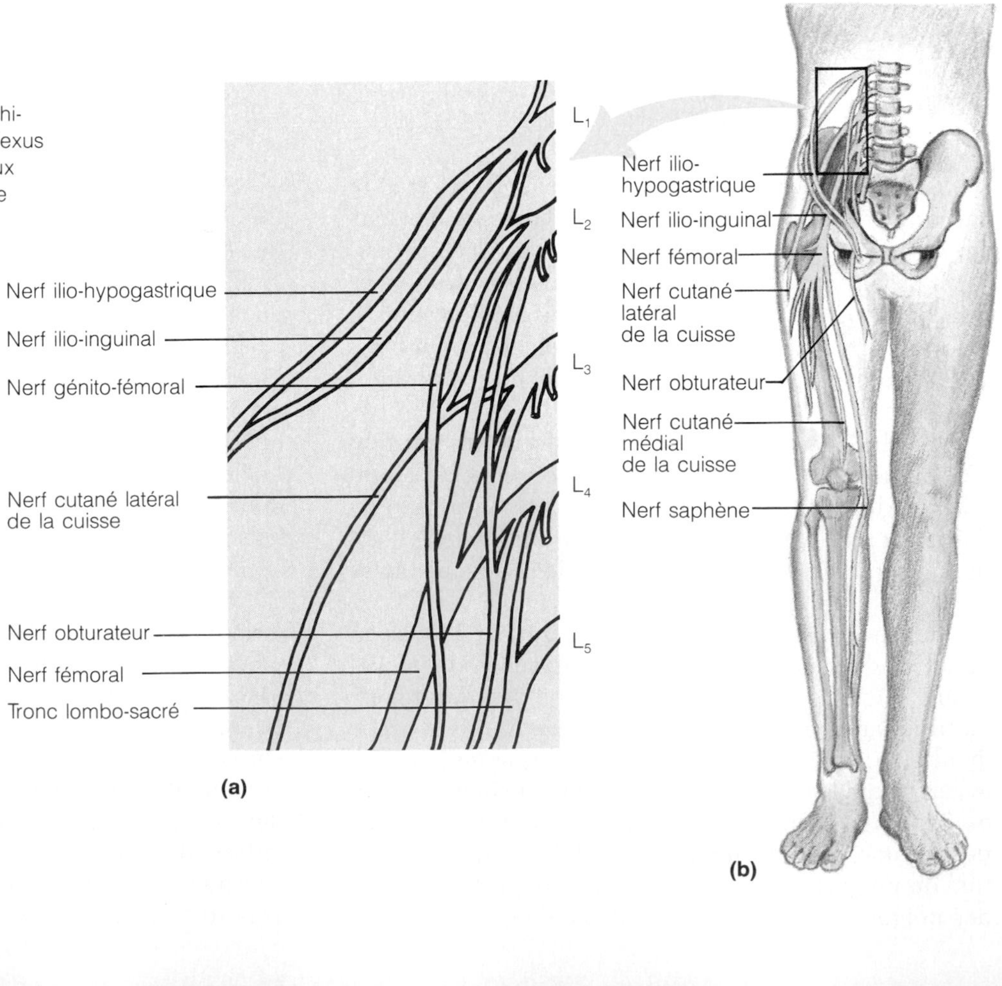

Figure 13.8 Plexus lombaire. (**a**) Branches antérieures des nerfs rachidiens et principales ramifications du plexus lombaire. (**b**) Distribution des principaux nerfs périphériques du plexus lombaire dans la face antérieure du membre inférieur (voir le tableau 13.5).

Tableau 13.5 Ramifications du plexus lombaire (voir la figure 13.8)

Nerfs	Branches antérieures des nerfs rachidiens	Structures innervées
Nerf fémoral	L_2 à L_4	Peau des faces antérieure et médiane de la cuisse par l'intermédiaire du *nerf cutané médial de la cuisse*; peau de la face médiane de la jambe et du pied, et peau de la hanche; articulation du genou par l'intermédiaire du *nerf saphène*; nerf moteur des muscles antérieurs de la cuisse (quadriceps et sartorius); muscles pectiné et iliaque
Nerf obturateur	L_2 à L_4	Nerf moteur des muscles grand adducteur (en partie), long adducteur, court adducteur, droit interne de la cuisse et obturateur externe; nerf sensitif de la peau de la face médiane de la cuisse ainsi que des articulations de la hanche et du genou
Nerf cutané latéral de la	L_2 et L_3	Peau de la face latérale de la cuisse; quelques branches sensitives destinées au péritoine
cuisse ilio-hypogastrique	L_1	Peau de la partie région pubienne, de la partie inférieure du dos et de la hanche; muscles de la partie antéro-latérale de la paroi abdominale (obliques et transverse de l'abdomen) et du pubis
Nerf ilio-inguinal	L_1	Peau des organes génitaux externes et de la partie proximale médiane de la cuisse; muscles obliques et transverse de l'abdomen
Nerf génito-fémoral	L_1 et L_2	Peau du scrotum, des grandes lèvres et de la face antérieure de la cuisse en dessous de la partie médiane de la région inguinale; muscle crémaster

plus importantes de ces branches ci-dessous et dans le tableau 13.6.

Le **nerf sciatique** est le plus gros et le plus long des nerfs de tout le corps; il constitue la principale branche du plexus sacré. Le nerf sciatique est en fait formé de deux nerfs enveloppés dans une même gaine, le nerf tibial et le nerf péronier commun. Il quitte le bassin par la grande incisure sciatique. Ensuite, il court sous le muscle grand fessier et entre dans la partie postérieure de la cuisse juste à l'intérieur de l'articulation de la hanche (*sciaticus* = hanche). Là, il émet des branches motrices vers les muscles de la loge postérieure de la cuisse (qui sont tous des extenseurs de la cuisse et des fléchisseurs du genou) et vers une partie du muscle grand adducteur. Ses deux nerfs constitutifs se séparent juste au-dessus du genou.

Le **nerf tibial** parcourt le creux du genou et innerve les muscles de la loge postérieure, la peau du mollet et la plante du pied. Il possède deux branches importantes, le **nerf saphène externe,** qui dessert la peau de la partie postéro-latérale de la jambe, et les **nerfs plantaires,** qui desservent la majeure partie du pied. Le **nerf péronier**

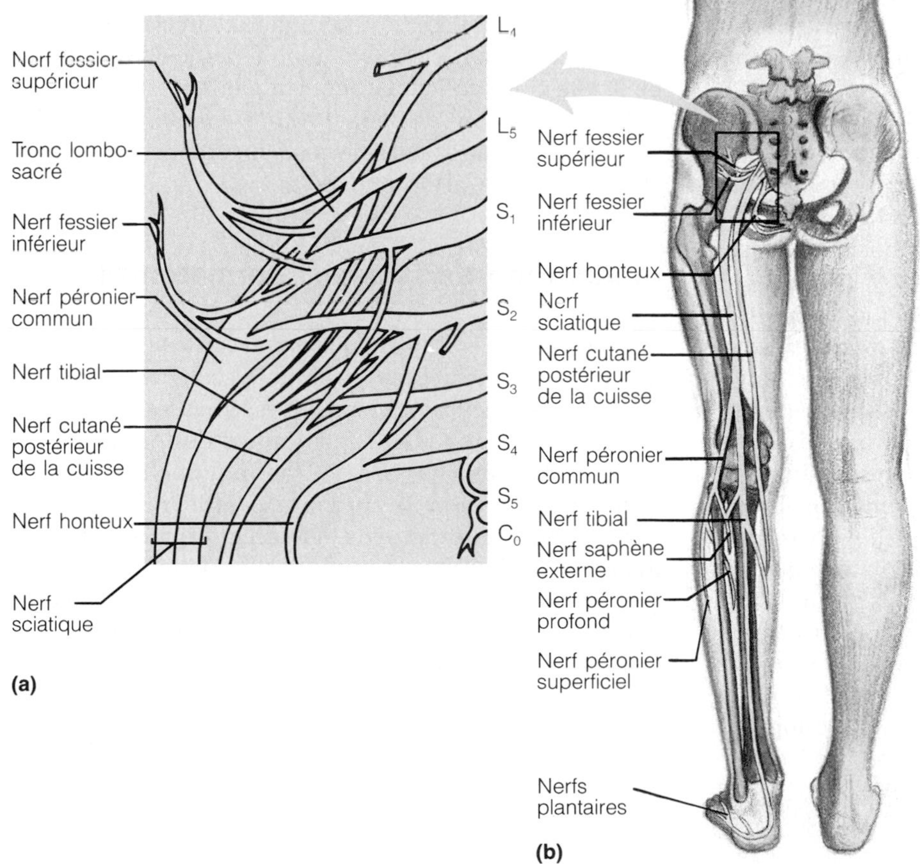

Figure 13.9 Plexus sacré. (**a**) Branches antérieures des nerfs rachidiens et principales ramifications du plexus sacré. (**b**) Distribution des principaux nerfs périphériques dans la face postérieure du membre inférieur (voir le tableau 13.6).

Tableau 13.6 Ramifications du plexus sacré (voir la figure 13.9)

Nerfs	Branches antérieures des nerfs rachidiens	Structures innervées
Nerf sciatique	L_4 et L_5, S_1 à S_3	Formé de deux nerfs (tibial et péronier commun) enveloppés dans une même gaine et divergeant juste au-dessus du genou
• Tibial (incluant le nerf saphène externe et les nerfs plantaires médial et latéral)	L_4 à S_3	Branches cutanées: peau de la face postérieure de la jambe et peau de la plante du pied Branches motrices: muscles de la face postérieure de la cuisse, de la jambe et du pied (muscles de la loge postérieure [à l'exception du chef court du biceps fémoral], partie postérieure du grand adducteur, triceps sural, tibial postérieur, poplité, long fléchisseur des orteils, long fléchisseur propre du gros orteil et muscles du pied)
• Péronier commun (branches superficielle et profonde)	L_4 à S_2	Branches cutanées: peau de la face antérieure de la jambe et du dos du pied Branches motrices: chef court du biceps fémoral, muscles péroniers de la loge latérale de la jambe, tibial antérieur et extenseurs des orteils (extenseur propre du gros orteil, court extenseur des orteils et long extenseur des orteils)
Nerf fessier supérieur	L_4, L_5 et S_1	Branches motrices: muscles moyen fessier et petit fessier et muscle tenseur du fascia lata
Nerf fessier inférieur	L_5 à S_2	Branches motrices: muscle grand fessier
Nerf cutané postérieur de la cuisse	S_1 à S_3	Peau des fesses, de la face postérieure de la cuisse et de la région postérieure du genou; longueur variable; peut aussi innerver une partie de la peau du mollet et du talon
Nerf honteux	S_2 à S_4	Innerve la majeure partie de la peau et des muscles du périnée (région comprenant les organes génitaux externes et l'anus, ainsi que le clitoris, les lèvres et la muqueuse vaginale chez la femme, le scrotum et le pénis chez l'homme); muscle sphincter externe de l'anus

commun descend de son point d'émergence, s'enroule autour de la tête du péroné, puis se divise en une branche superficielle et en une branche profonde. Celles-ci innervent l'articulation du genou, la peau de la face externe du mollet et du dos du pied, ainsi que les muscles de la face antéro-latérale de la jambe (les extenseurs qui assurent la dorsiflexion du pied).

Le **nerf fessier supérieur** et le **nerf fessier inférieur** sont également des branches importantes du plexus sacré. Ils innervent les muscles fessiers et le muscle tenseur du fascia lata. Le **nerf honteux** innerve les muscles et la peau du périnée, gouverne l'érection et intervient dans la maîtrise volontaire de la miction (voir le tableau 10.7, page 308). Les autres branches du plexus sacré desservent les muscles rotateurs de la cuisse et les muscles du plancher pelvien.

Les lésions de la partie proximale du nerf sciatique, et notamment celles qui sont causées par une chute, une hernie discale ou l'administration inadéquate d'une injection dans la fesse, entraînent divers dysfonctionnements du membre inférieur, suivant les racines touchées. La *sciatique* est une affection répandue; elle se caractérise par une douleur pongitive qui irradie le long du trajet du nerf sciatique. Lorsque le nerf sciatique est sectionné, la jambe devient pratiquement inutilisable. La flexion de la jambe de même que les mouvements de la cheville et du pied sont rendus impossibles. Le pied s'affaisse alors en flexion plantaire: c'est ce qu'on appelle le *pied tombant.* Généralement, la guérison des lésions du nerf sciatique est lente et reste partielle.

Les muscles de la cuisse sont épargnés si la lésion survient en dessous du genou. Quand le nerf tibial est touché, les muscles du mollet sont paralysés et ne peuvent assurer la flexion plantaire du pied, et la démarche devient traînante. Le nerf péronier commun est exposé aux blessures du fait de sa situation superficielle au niveau de la tête et du col du péroné. Un plâtre serré autour de la jambe ou le fait de demeurer trop longtemps couché sur le côté sur un matelas ferme peut comprimer ce nerf et provoquer le pied tombant. ■

Innervation de la peau: dermatomes

Un **dermatome** (« segment de peau ») correspond à la surface de peau innervée par les branches cutanées d'un nerf rachidien (ses neurofibres sensitives). Tous les nerfs rachidiens, à l'exception de C_1, délimitent des dermatomes. Les dermatomes adjacents du tronc ont une largeur uniforme, ils sont presque horizontaux et leur distribution correspond à celle des nerfs rachidiens (figure 13.10). La disposition des dermatomes des membres est moins précise. La peau des membres supérieurs est desservie par les branches antérieures de C_5 à T_1 (ou T_2). Les branches antérieures des nerfs lombaires innervent la majeure partie de la face antérieure des cuisses et des jambes, tandis que les branches antérieures des nerfs sacrés desservent la majeure partie de la face postérieure des membres inférieurs.

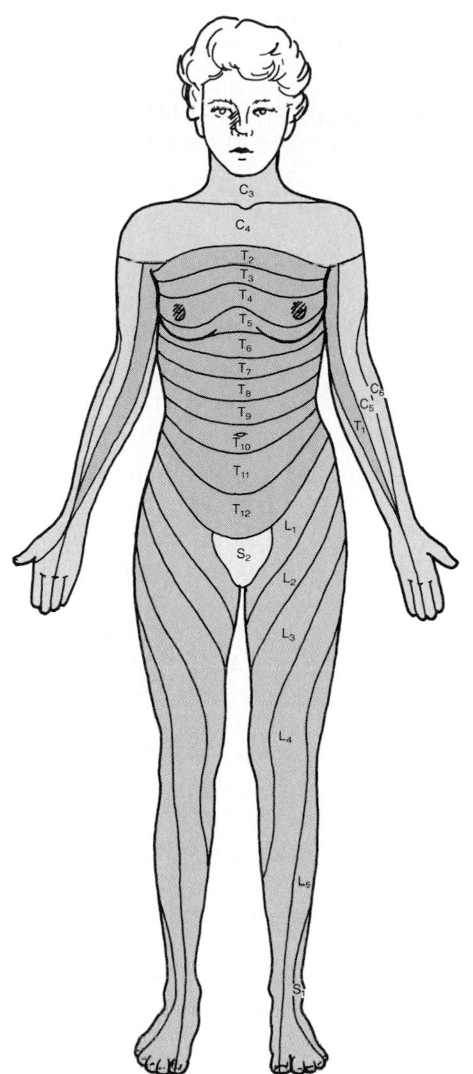

Figure 13.10 Les dermatomes (segments de peau) correspondent à l'innervation sensitive des nerfs rachidiens. Tous les nerfs rachidiens, à l'exception de C_1, délimitent des dermatomes.

En réalité, les dermatomes ne sont pas aussi clairement définis que dans un schéma. Les dermatomes du tronc se chevauchent en grande partie (d'environ 50 %); par conséquent, la destruction d'un nerf rachidien n'entraîne nulle part un engourdissement complet. Le chevauchement est moins important dans les membres, et certaines zones de la peau ne sont innervées que par un seul nerf rachidien.

Innervation des articulations

Pour vous rappeler quels nerfs desservent chaque articulation synoviale, pensez à la **loi de Hilton** : *Tout nerf desservant un muscle responsable du mouvement d'une articulation innerve aussi l'articulation elle-même et la peau qui la recouvre.* Vous pouvez donc vous contenter d'apprendre quels nerfs desservent les principaux muscles et groupes musculaires. Par exemple, les mouvements du genou sont produits par le muscle quadriceps, par le muscle droit interne de la cuisse et par les muscles de la loge postérieure de la cuisse. Les nerfs qui desservent ces muscles sont le nerf fémoral à l'avant et des branches des nerfs sciatique et obturateur à l'arrière. Par conséquent, ces nerfs innervent également l'articulation du genou.

Activité réflexe

Plusieurs mécanismes de régulation de l'organisme sont de l'ordre des enchaînements stimulus-réponse appelés réflexes. Au sens le plus strict du terme, un **réflexe** est une réponse motrice rapide et prévisible à un stimulus. La plupart des réflexes ne sont ni appris, ni prémédités, ni volontaires; ils sont en quelque sorte intégrés à la physiologie de notre système nerveux.

Dans bien des cas, nous avons conscience du résultat de l'activité réflexe. Si vous renversez une casserole remplie d'eau bouillante sur votre bras, vous la laisserez tomber sur-le-champ et involontairement avant même d'éprouver une douleur. Cette réponse est la conséquence d'un réflexe spinal dans lequel l'encéphale n'intervient pas. Par contre, les influx signalant la douleur sont captés par les interneurones de la moelle épinière et parviennent rapidement aux aires somesthésiques du cerveau : quelques secondes plus tard, vous percevez la douleur à un endroit précis et vous comprenez ce qui l'a provoquée.

Par ailleurs, certains réflexes se produisent sans atteindre le seuil de notre conscience. C'est le cas de nombreuses activités viscérales, qui sont régies par les régions inférieures du système nerveux central, plus précisément par les noyaux gris centraux, certains noyaux du tronc cérébral et la moelle épinière.

Outre les réflexes élémentaires innés, il existe de nombreux *réflexes acquis,* ou *conditionnés,* qui proviennent de l'exercice ou de la répétition. Pensez par exemple à l'enchaînement complexe de réactions qui se déroule lorsqu'un conducteur expérimenté prend le volant. La plupart de ses actes sont automatiques, mais ils ne le sont devenus qu'au prix d'un travail long et appliqué. La plupart des réflexes peuvent être modifiés par l'apprentissage et le travail. Si vous vous éclaboussez d'eau bouillante alors qu'un petit enfant est à vos côtés, vous prendrez le temps de déposer la casserole, car vous savez que la laisser tomber représenterait un danger pour l'enfant. Autrement dit, la distinction est loin d'être nette entre réflexes élémentaires et réflexes acquis.

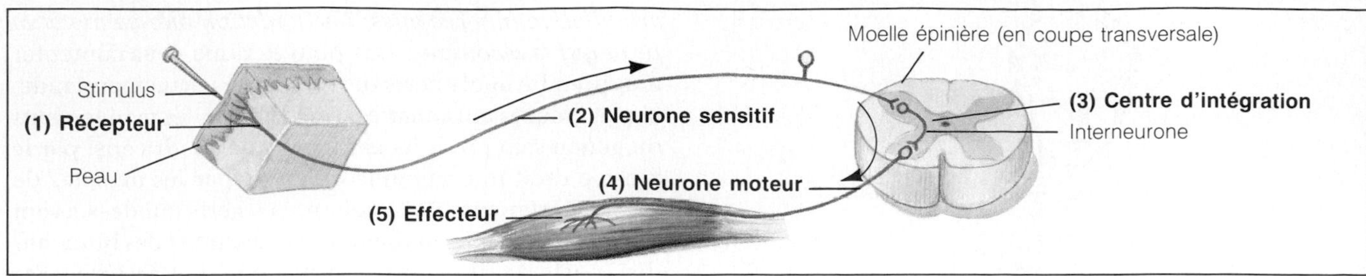

Figure 13.11 Éléments fondamentaux de tous les arcs réflexes chez l'être humain: un récepteur, un neurone sensitif, un centre d'intégration (au moins une synapse dans le SNC), un neurone moteur et un effecteur. (L'arc réflexe représenté est polysynaptique.)

Éléments d'un arc réflexe

Comme nous l'avons vu au chapitre 11, les réflexes se produisent dans des voies neuronales très particulières appelées **arcs réflexes.** Mais pour comprendre les réflexes que nous allons présenter ici, vous devez étudier les arcs réflexes plus en détail. En résumé, tous les arcs réflexes nécessitent la présence de cinq éléments essentiels (figure 13.11).

1. Un **récepteur,** l'endroit où se produit le stimulus.

2. Un **neurone sensitif,** qui achemine les influx afférents au SNC (généralement à la moelle épinière).

3. Un **centre d'intégration** qui, dans les arcs réflexes les plus simples, peut être constitué d'une synapse unique entre le neurone sensitif et un neurone moteur **(réflexes monosynaptiques).** Les réflexes complexes font intervenir des chaînes de neurones et, partant, plusieurs synapses **(réflexes polysynaptiques).** Le centre d'intégration est toujours situé dans le SNC (la moelle épinière dans la figure 13.11).

4. Un **neurone moteur,** qui propage les influx efférents du centre d'intégration à un organe effecteur (muscle ou glande).

5. Un **effecteur,** c'est-à-dire une fibre musculaire ou une cellule glandulaire, qui répond aux influx efférents de manière caractéristique (par la contraction ou la sécrétion).

Sur le plan fonctionnel, on classe les réflexes en **réflexes somatiques** et en **réflexes autonomes (viscéraux),** suivant qu'ils activent des muscles squelettiques ou des effecteurs viscéraux (comme les muscles lisses, le muscle cardiaque et/ou les glandes). Nous allons étudier ici les réflexes somatiques dont les centres d'intégration sont situés dans la moelle épinière. Nous traiterons des réflexes autonomes dans des chapitres ultérieurs, en même temps que des processus viscéraux qu'ils contribuent à régir.

Réflexes spinaux

Les **réflexes spinaux** correspondent aux réflexes somatiques dont les centres d'intégration sont situés dans la moelle épinière. Les centres cérébraux supérieurs (régions corticales du cerveau) n'interviennent pas dans la plupart des réflexes spinaux. À preuve, ces réflexes subsistent chez les animaux décérébrés (dont on a détruit l'encéphale), aussi longtemps que la moelle épinière est intacte. Mais il existe également des réflexes spinaux dont le fonctionnement repose sur l'activité cérébrale. D'autre part, le cortex cérébral reçoit la plupart des informations sensorielles à l'origine des réflexes spinaux et peut décider d'intervenir en facilitant ou en inhibant la réponse motrice de l'arc réflexe. De plus, la moelle épinière doit recevoir constamment des signaux facilitants de l'encéphale pour fonctionner normalement. En effet, comme nous l'avons mentionné au chapitre 12, le sectionnement soudain de la moelle épinière provoque le *choc spinal,* c'est-à-dire l'arrêt immédiat de toutes les fonctions qu'elle gouverne.

En clinique, la recherche des réflexes somatiques permet d'évaluer l'état du système nerveux central et périphérique. L'exagération, la perturbation ou l'absence des réflexes dénotent une dégénérescence ou une affection de certaines régions du système nerveux, souvent même avant l'apparition d'autres signes.

Réflexe d'étirement et réflexe tendineux

Deux conditions président au bon fonctionnement des muscles squelettiques. Premièrement, l'encéphale doit constamment être informé de leur degré de contraction ou de relâchement. Deuxièmement, ils doivent présenter du *tonus,* c'est-à-dire qu'ils doivent résister à l'étirement actif ou passif au repos. La première condition repose sur la transmission de l'information, perçue au niveau des *fuseaux neuromusculaires* et des *fuseaux neurotendineux* (des propriocepteurs situés dans les muscles squelettiques et dans leurs tendons), jusqu'au cervelet et au cortex cérébral. La seconde condition repose sur le **réflexe d'étirement** déclenché par les fuseaux neuromusculaires, qui captent les modifications de la longueur des muscles (étirement ou contraction). Non seulement ces processus sont-ils essentiels au fonctionnement des muscles squelettiques, mais ils jouent également un rôle important dans la posture et la locomotion.

Avant d'aborder le rôle des fuseaux neuromusculaires, nous devons faire quelques remarques sur leurs particularités. Chaque fuseau neuromusculaire est composé de 3 à 10 **fibres intrafusales**, des fibres musculaires modifiées quatre fois plus petites que les fibres effectrices du muscle squelettique, et qui sont enfermées dans une capsule de tissu conjonctif (voir la figure 13.12). Il existe deux types de fibres intrafusales. Dans les *fibres à sac nucléaire,* de nombreux noyaux sont regroupés autour du centre, tandis que dans les *fibres à chaîne nucléaire,* plus minces, les noyaux sont répartis uniformément. Les parties centrales des fibres intrafusales sont dépourvues de myofilaments, elles ne sont pas contractiles, et elles jouent le rôle de surfaces réceptrices du fuseau neuromusculaire. Deux types de terminaisons afférentes les enrobent et envoient des influx sensoriels au SNC. Il s'agit d'une part des **terminaisons primaires** (ou **annulo-spiralées**) des grosses *neurofibres sensitives de type Ia,* qui sont stimulées par la fréquence et l'intensité de l'étirement du fuseau ; ces terminaisons sont attachées au centre du fuseau. Il existe d'autre part des **terminaisons secondaires** des petites *neurofibres sensitives de type II,* qui ne sont stimulées que par le degré d'étirement du muscle ; ces terminaisons sont associées aux extrémités du fuseau neuromusculaire. Les extrémités contractiles des fibres intrafusales sont innervées par des **neurofibres efférentes gamma** (γ) qui émergent de petits neurones moteurs situés dans la corne antérieure de la moelle épinière. Ces neurofibres motrices, qui ont pour rôle d'assurer la stimulation du fuseau, sont différentes des **neurofibres efférentes alpha** (α), qui provoquent la contraction des grosses fibres des muscles squelettiques, appelées **fibres extrafusales.**

L'étirement, et donc l'excitation du fuseau neuromusculaire, peut se produire de deux façons. Premièrement, par l'allongement (étirement) du muscle entier sous l'effet d'une force extérieure comme le soulèvement d'un objet lourd ou la contraction de muscles antagonistes (*étirement externe*). Deuxièmement, par la stimulation des neurones moteurs gamma qui causent la contraction des extrémités distales des fibres intrafusales, étirant ainsi la partie centrale du fuseau (*étirement interne*). Lorsque les fuseaux sont stimulés, peu importe par quel stimulus, la fréquence des influx envoyés à la moelle épinière par les neurones sensitifs augmente. Les neurones sensitifs y font directement synapse avec les **neurones moteurs alpha** (α), qui excitent rapidement les fibres extrafusales du muscle squelettique étiré (figure 13.13). La contraction musculaire réflexe qui s'ensuit s'oppose à un étirement plus important de ce muscle. Des ramifications des neurofibres afférentes font aussi synapse avec des interneurones qui inhibent les neurones moteurs régissant les muscles antagonistes ; l'inhibition qui en résulte est appelée **inhibition réciproque.** Par conséquent, le stimulus d'étirement provoque, dans une certaine mesure, le relâchement des muscles antagonistes, de manière qu'ils ne puissent plus s'opposer au raccourcissement des fibres extrafusales du muscle « étiré », c'est-à-dire la contraction induite par l'arc réflexe principal.

Au cours de ce réflexe spinal, les influx transitent par les faisceaux ascendants des cordons postérieurs de

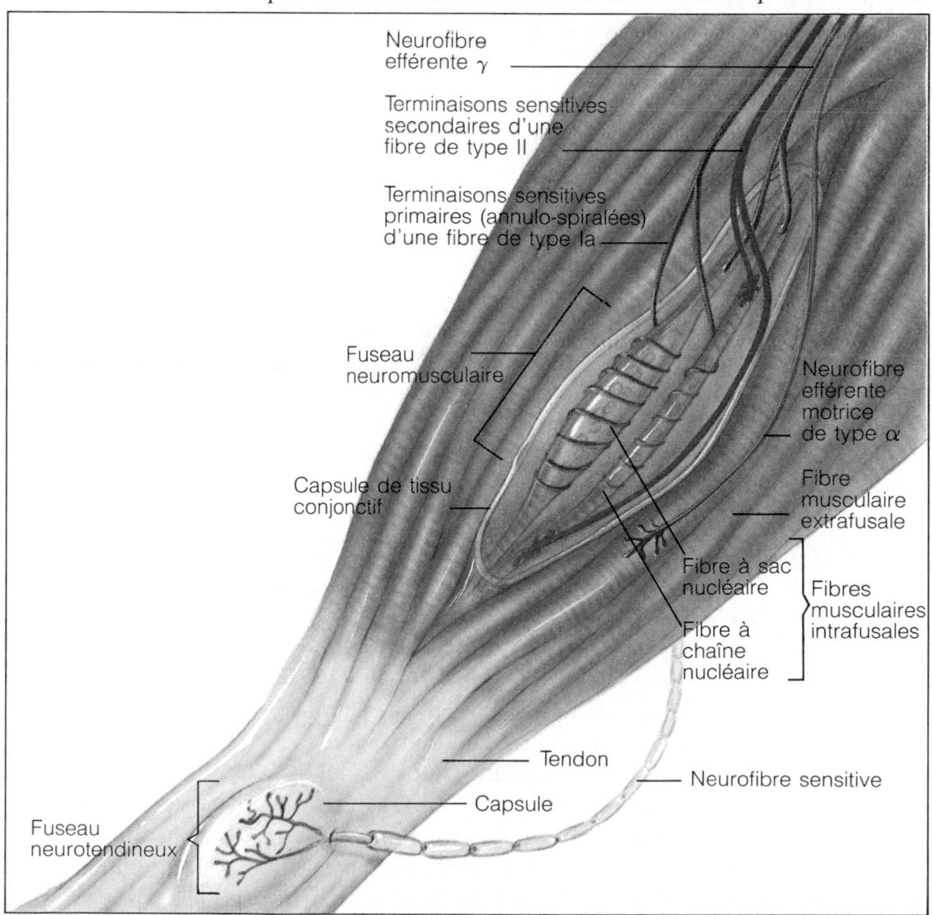

Figure 13.12 Anatomie du fuseau neuromusculaire et du fuseau neurotendineux. Notez les neurofibres afférentes provenant du fuseau neuromusculaire et les neurofibres efférentes qui s'y rendent.

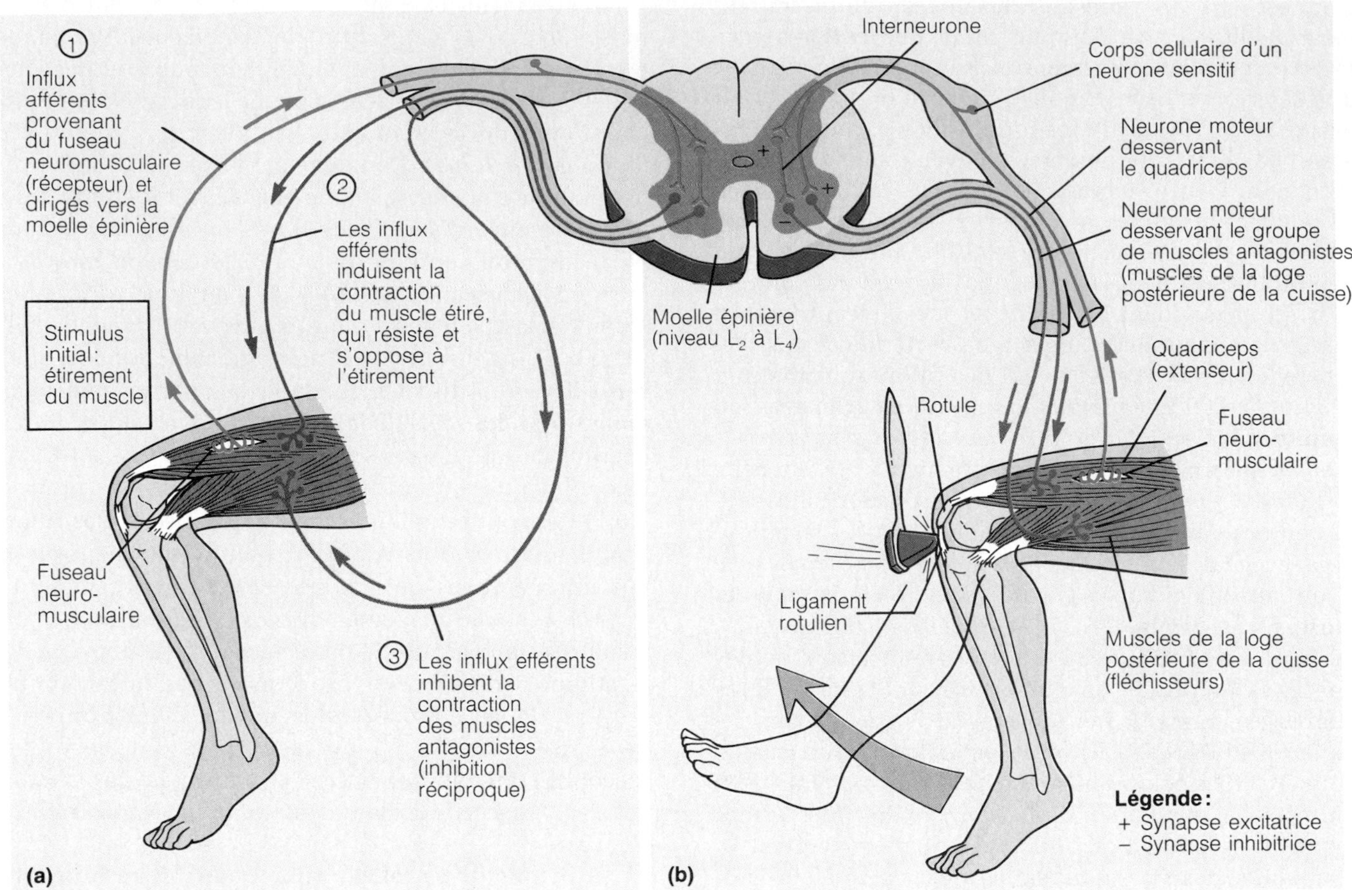

Figure 13.13 Étapes du réflexe d'étirement. (**a**) Présentées sous forme de cycle, les étapes du réflexe d'étirement menant à l'inhibition de l'étirement du muscle. (1) L'étirement du muscle stimule un fuseau neuromusculaire. (2) Les influx transmis par les neurofibres afférentes du fuseau neuromusculaire aux neurones moteurs alpha (α) de la moelle épinière induisent la contraction du muscle étiré. (3) Les influx transmis par les neurofibres afférentes du fuseau neuromusculaire aux interneurones de la moelle épinière provoquent l'inhibition réciproque du muscle antagoniste. (**b**) Le réflexe rotulien. La percussion du tendon rotulien cause l'étirement des fuseaux neuromusculaires du muscle quadriceps. Les influx afférents atteignent la moelle épinière, où les neurones moteurs et les interneurones font synapse. Les neurones moteurs envoient des influx activateurs au quadriceps, ce qui provoque sa contraction, l'extension du genou et une projection du pied contrant l'étirement initial. Les interneurones forment des synapses inhibitrices avec les neurones de la corne antérieure desservant le groupe de muscles antagonistes (les muscles de la loge postérieure de la cuisse), l'empêchant de s'opposer à la contraction.

la moelle épinière et parviennent aux centres cérébraux supérieurs, qu'ils informent de la longueur du muscle et de la vitesse du raccourcissement. Le tonus musculaire est ainsi conservé et adapté aux exigences de la posture et du mouvement. Si les neurofibres afférentes ou efférentes étaient sectionnées, le muscle perdrait aussitôt son tonus et deviendrait flasque. Le réflexe d'étirement atteint son intensité maximale dans les muscles posturaux et dans les grands muscles extenseurs, comme le quadriceps, qui maintiennent la station debout. Par exemple, les contractions des muscles posturaux de la colonne vertébrale sont presque continuellement régies par des réflexes d'étirement déclenchés d'un côté de la colonne, puis de l'autre.

Le réflexe d'étirement est essentiel au tonus et à l'activité des muscles, mais il ne se produit jamais seul. En effet, il est toujours accompagné par l'**arc réflexe des neurones moteurs gamma.** Il y a une bonne raison à cela. Quand le muscle se contracte (raccourcissement), la fréquence des influx envoyés par le fuseau neuromusculaire diminue, ce qui fait aussi diminuer la fréquence des influx produits par les neurones moteurs alpha. À lui seul, le réflexe d'étirement donnerait des contractions brusques et saccadées. S'il n'en est pas ainsi, c'est que les arcs réflexes des neurones moteurs gamma adaptent la force des contractions provoquées par le réflexe d'étirement. Par conséquent, les efférents gamma coordonnent la réponse des fibres intrafusales du fuseau neuromusculaire. Les neurofibres descendantes des voies motrices font synapse avec des neurones alpha et des neurones gamma, et les influx moteurs sont transmis simultanément aux fibres extrafusales et aux fibres intrafusales. La stimulation des fibres intrafusales préserve la tension (et la sensibilité) du fuseau neuromusculaire pendant la contraction musculaire afin que l'encéphale soit continuellement informé de l'évolution de la contraction du muscle. Sans un tel système, l'information relative à la longueur du muscle et à la vitesse de ses changements cesserait d'être émise par le muscle contracté.

L'innervation motrice du fuseau neuromusculaire nous permet également de gouverner le réflexe d'étirement et la fréquence des influx des neurones moteurs alpha grâce à la stimulation ou à l'inhibition des neurones gamma. Quand les neurones gamma sont stimulés rapidement par des influx provenant de l'encéphale, le fuseau est étiré et très sensible; la force de la contraction musculaire est alors maintenue ou augmentée. Quand les neurones gamma sont inhibés, le fuseau ressemble à un élastique détendu et il n'est pas sensible; dans ce cas, les fibres extrafusales se détendent.

La capacité de modifier le réflexe d'étirement est importante dans bien des situations. Par exemple, si vous vous préparez à lancer une balle de base-ball, il est essentiel que le réflexe d'étirement soit supprimé, de façon que vos muscles puissent produire un mouvement ample. Par ailleurs, quand vous avez besoin d'une force maximale, l'étirement du muscle doit être aussi poussé et aussi rapide que possible juste avant le mouvement, de manière qu'une volée d'influx efférents involontaires (gamma) atteigne le muscle au moment même où la commande volontaire est donnée. On voit une manifestation de cet avantage chez les athlètes qui s'accroupissent juste avant de sauter ou de s'élancer.

L'exemple clinique le mieux connu du réflexe d'étirement est le **réflexe rotulien**, que l'on déclenche en frappant le tendon rotulien avec un marteau à réflexes (figure 13.13b). La percussion du tendon étire dans un premier temps le muscle quadriceps; puis elle stimule les fuseaux neuromusculaires; elle provoque enfin la contraction du muscle quadriceps et l'inhibition de ses muscles antagonistes, c'est-à-dire les muscles de la loge postérieure de la cuisse. On peut provoquer des réflexes d'étirement dans tout muscle squelettique en le percutant brusquement ou en percutant son tendon. Tous les réflexes d'étirement sont monosynaptiques et **homolatéraux**, c'est-à-dire qu'ils font intervenir une seule synapse et qu'ils déclenchent l'activité motrice du même côté du corps.

L'extension de la jambe (ou un résultat positif à la recherche de tout réflexe d'étirement) fournit deux renseignements importants. Premièrement, elle prouve le bon fonctionnement des connexions motrices et sensitives entre le muscle et la moelle épinière. Deuxièmement, la vigueur de la réponse motrice indique le degré d'excitabilité de la moelle épinière. Lorsque les influx descendant des centres cérébraux supérieurs stimulent fortement les neurones moteurs de la corne antérieure de la moelle épinière, le seul fait de toucher le tendon provoque une réponse réflexe intense. Au contraire, si les neurones moteurs de la corne antérieure reçoivent des signaux inhibiteurs, on pourrait marteler le tendon sans pour autant obtenir de réponse réflexe.

Les réflexes d'étirement sont en général faibles voire absents dans les cas de lésions des nerfs périphériques ou de la corne antérieure correspondant à la région évaluée. Ils sont absents chez les personnes atteintes de diabète sucré chronique ou de neurosyphilis, ainsi que chez les sujets comateux. En revanche, les réflexes d'étirement sont exagérés lorsque des lésions du faisceau cortico-spinal amoindrissent l'effet inhibiteur de l'encéphale sur la moelle épinière (comme dans les cas de polio ou d'accident vasculaire cérébral). ■

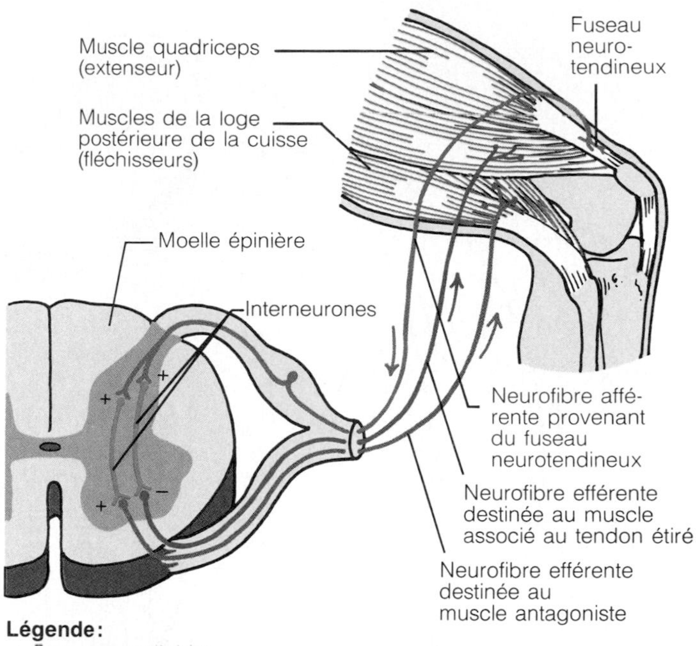

Figure 13.14 Réflexe tendineux. Lorsque le muscle quadriceps se contracte, la tension augmente dans le tendon rotulien, avec pour effet la stimulation des fuseaux neurotendineux. Les neurones afférents qui leur sont associés font synapse avec des interneurones de la moelle épinière; ces interneurones inhibent les neurones moteurs desservant le muscle contracté et stimulent les neurones moteurs activant le groupe de muscles antagonistes (les muscles de la loge postérieure de la cuisse). Au bout du compte, le muscle contracté se détend et s'allonge en même temps que le muscle antagoniste se contracte et raccourcit.

Alors que le résultat du réflexe d'étirement est la contraction du muscle en réaction à son allongement, celui du **réflexe tendineux** est le relâchement et l'allongement du muscle en réaction à sa contraction (figure 13.14). Les fuseaux neurotendineux sont stimulés lorsque la tension musculaire s'accroît modérément pendant la contraction ou l'étirement passif. Ils transmettent alors des influx afférents à la moelle épinière et, de là, au cervelet, qui ajuste la tension musculaire. En même temps, les neurones moteurs de la moelle épinière desservant le muscle contracté sont inhibés, et les muscles antagonistes sont stimulés: c'est ce qu'on appelle l'**activation réciproque.** En conséquence, le muscle contracté se détend alors que le muscle antagoniste se contracte.

Les fuseaux neurotendineux contribuent au déclenchement et à la cessation de la contraction musculaire, et ils sont particulièrement importants dans les activités qui nécessitent des passages rapides entre la flexion et l'extension, la course par exemple. Il est à noter que les fuseaux neurotendineux sont également stimulés lors de la recherche clinique d'un réflexe d'étirement, comme le réflexe des raccourcisseurs. Cependant, la brièveté du stimulus et le fait que le muscle étiré soit déjà décontracté empêchent le réflexe tendineux de l'inhiber.

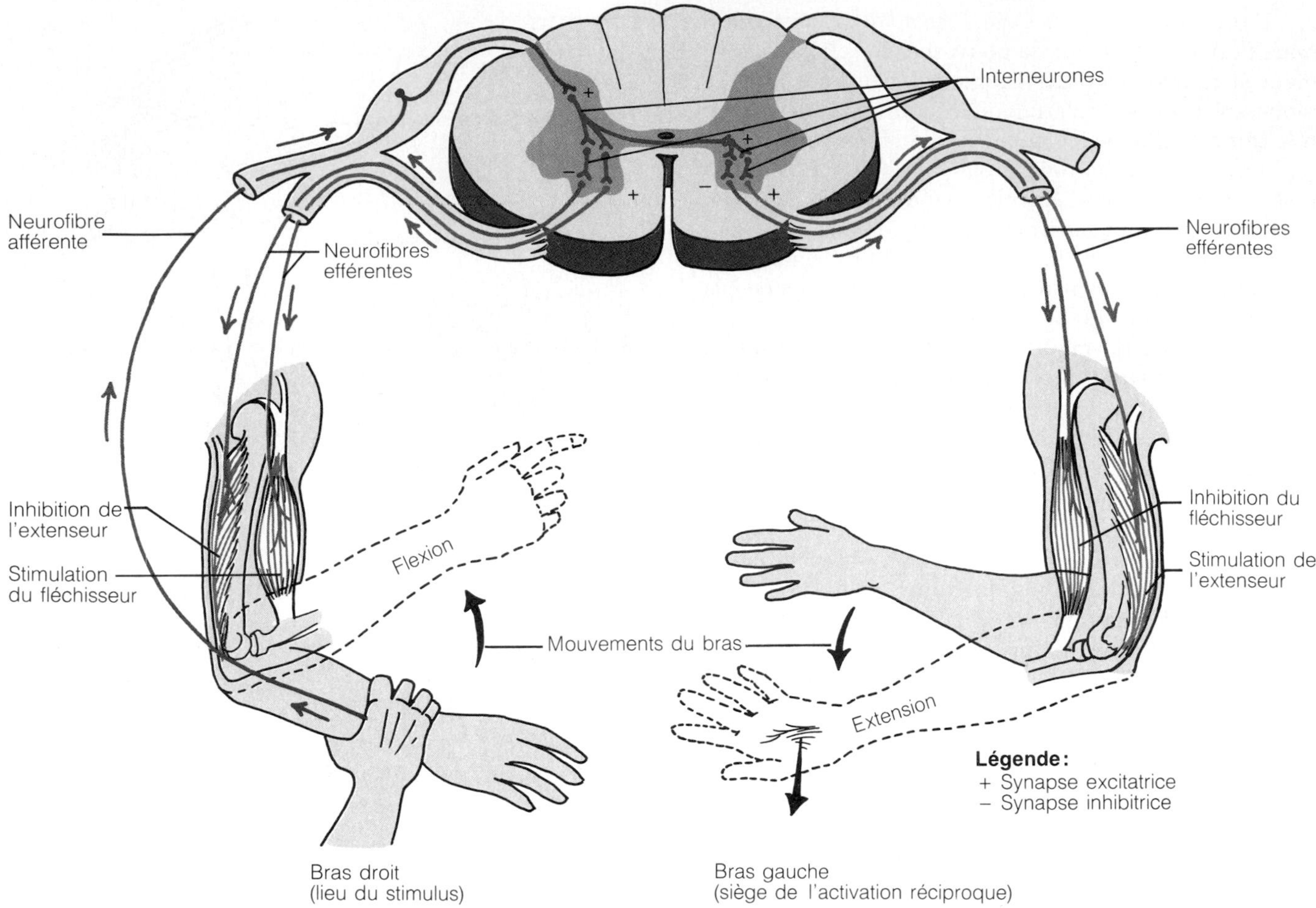

Figure 13.15 Réflexe d'extension croisée. Le réflexe d'extension croisée provoque le retrait de la partie du corps du côté stimulé (réflexe des raccourcisseurs, à gauche de la figure) et l'extension des muscles du côté opposé du corps (réflexe d'extension, à droite de la figure). La figure montre l'enchaînement des événements qui se produiraient si un inconnu vous attrapait le bras. Le réflexe des raccourcisseurs provoquerait le retrait immédiat du bras empoigné, tandis que le réflexe d'extension vous ferait immédiatement pousser l'inconnu avec l'autre bras en contractant les muscles extenseurs du côté opposé du corps.

Réflexe des raccourcisseurs

Le **réflexe des raccourcisseurs** est déclenché par un stimulus douloureux (réel ou perçu). Il a pour effet d'éloigner automatiquement du stimulus la partie du corps menacée (voir la figure 13.15). Vous pouvez observer ce réflexe lorsque vous vous piquez un doigt ou lorsque quelqu'un fait mine de vous donner un coup de poing dans l'abdomen et que vous fléchissez le tronc. Le réflexe des raccourcisseurs est homolatéral et *polysynaptique.* Puisqu'il s'agit d'un réflexe de protection important pour la survie, il *mobilise* les voies médullaires, c'est-à-dire qu'il en interdit l'accès à tous les autres réflexes.

Réflexe d'extension croisée

Le **réflexe d'extension croisée** est un réflexe spinal complexe constitué d'un réflexe des raccourcisseurs homolatéral et d'un réflexe d'extension controlatéral. Les neurofibres afférentes font synapse avec des interneurones qui gouvernent le réflexe des raccourcisseurs du même côté du corps, ainsi qu'avec des interneurones qui dirigent les muscles extenseurs du côté opposé. Ce réflexe se manifeste lorsque quelqu'un empoigne soudainement votre bras (figure 13.15). Il survient également dans des situations moins particulières, par exemple lorsque vous posez un pied nu sur des éclats de verre. La réponse homolatérale vous fait soulever le pied blessé, tandis que la réponse controlatérale active les muscles extenseurs de la jambe opposée afin qu'ils supportent la masse qui leur est soudainement transférée. Le réflexe d'extension croisée est particulièrement important pour le maintien de l'équilibre.

Réflexes superficiels

Les **réflexes superficiels** sont provoqués par une stimulation cutanée légère, comme celle qui est produite par le contact d'un bâtonnet ou d'une clé sur la langue. Sur le plan clinique, les réflexes superficiels témoignent du bon fonctionnement des voies motrices supérieures et des arcs réflexes spinaux. Les réflexes superficiels les plus connus sont le réflexe plantaire et les réflexes cutanés abdominaux.

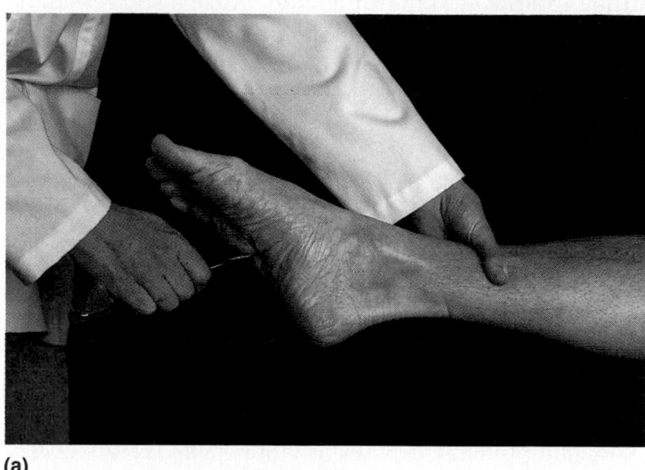

(a)

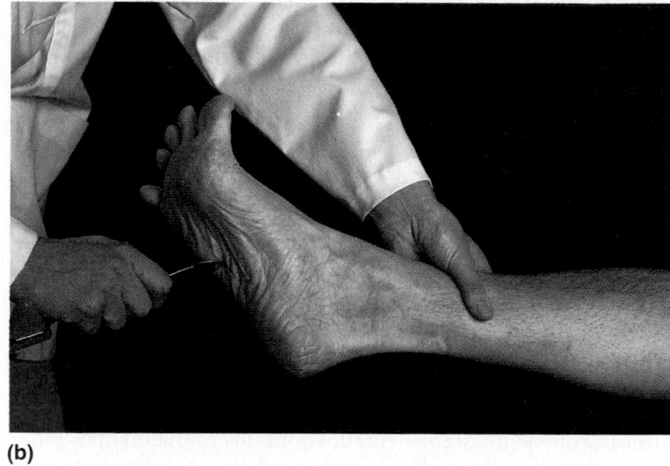

(b)

Figure 13.16 Réflexe plantaire. (**a**) Le réflexe normal. (**b**) Le signe de Babinski.

Le **réflexe plantaire** est une réponse complexe qui démontre l'intégrité de la moelle épinière de L_4 à S_2 et, indirectement, le bon fonctionnement des faisceaux cortico-spinaux (descendants). Pour le provoquer, on gratte la partie externe de la plante du pied de l'arrière vers l'avant avec un objet émoussé. La réponse normale est une flexion plantaire des orteils (figure 13.16a). Cependant, si l'aire motrice primaire ou le faisceau cortico-spinal sont endommagés, le réflexe plantaire est remplacé par le **signe de Babinski,** qui consiste en une dorsiflexion du gros orteil et en une abduction des autres orteils (figure 13.16b). Les nourrissons présentent le signe de Babinski jusqu'à l'âge de un an environ parce que les axones de leur système nerveux ne sont pas encore complètement myélinisés. En dépit de l'importance clinique du signe de Babinski, on ne comprend pas encore le mécanisme physiologique qui y préside.

En grattant la peau de l'abdomen au-dessus, à côté ou en dessous de l'ombilic, on peut induire des contractions des muscles abdominaux et un déplacement de l'ombilic en direction de l'endroit du stimulus. Ces réflexes, appelés **réflexes cutanés abdominaux,** permettent de vérifier l'intégrité de la moelle épinière et des branches postérieures de T_8 à T_{12}. Les réflexes cutanés abdominaux varient en intensité d'un sujet à l'autre. Ils sont absents dans les cas de lésions du faisceau cortico-spinal.

Développement et vieillissement du système nerveux périphérique

Comme nous l'avons vu au chapitre 9, la plupart des muscles squelettiques dérivent de masses appariées de mésoderme (somites) distribuées en segments dans la partie postérieure de l'embryon. Les nerfs rachidiens émergent de la moelle épinière, sortent entre les vertèbres en voie de formation et s'associent aux masses musculaires adjacentes. Les nerfs rachidiens fournissent des neurofibres motrices et des neurofibres sensitives aux muscles et contribuent à guider leur maturation. Les nerfs crâniens issus du tronc cérébral innervent les muscles de la tête de façon comparable.

Les nerfs cutanés ont une distribution semblable. Les nerfs trijumeaux innervent la majeure partie du cuir chevelu et de la peau du visage. Les nerfs rachidiens fournissent des branches cutanées à des dermatomes précis (adjacents), qui deviennent ultérieurement des segments dermiques. Par conséquent, la distribution et la croissance des nerfs rachidiens sont en rapport avec la segmentation du corps, laquelle est établie dès la quatrième semaine du développement embryonnaire.

La croissance des membres et celle, inégale, des autres parties du corps explique l'inégalité de la taille, de la forme et du chevauchement des dermatomes chez les adultes (voir la figure 13.10, page 447). Comme les cellules musculaires de l'embryon migrent considérablement, la segmentation initiale disparaît en grande partie. Il est primordial que les médecins connaissent la distribution des nerfs sensitifs. Par exemple, dans les régions où le chevauchement des dermatomes est important, les médecins doivent insensibiliser deux ou trois nerfs rachidiens avant de procéder à une intervention chirurgicale sous anesthésie locale.

Les récepteurs sensoriels s'atrophient quelque peu au cours des années, et le tonus musculaire décroît dans le visage et dans le cou. En outre, les réflexes deviennent un peu plus lents pendant la vieillesse. Toutefois, il semble que ce phénomène soit dû à une déperdition neuronale et à un ralentissement de l'intégration nerveuse plutôt qu'à des modifications des neurofibres périphériques. En fait, les nerfs périphériques demeurent en état de fonctionner tout au long de la vie, sauf s'ils subissent un traumatisme ou une ischémie. Le symptôme le plus courant de l'ischémie (arrêt de l'irrigation sanguine) est une sensation de picotement ou d'engourdissement.

* * *

Nous avons vu dans ce chapitre que le système nerveux périphérique constitue un élément essentiel du système nerveux central, qu'il met en contact avec le milieu interne et l'environnement grâce à son réseau de nerfs. Nous pouvons maintenant aborder au chapitre 14 l'étude du système nerveux autonome, qui est une subdivision du système nerveux périphérique.

Termes médicaux

Études de la conduction nerveuse Épreuves diagnostiques qui visent à évaluer l'intégrité des nerfs d'après leur vitesse de conduction des influx nerveux. Elles consistent à stimuler un nerf en deux points et à noter le temps que met le stimulus à atteindre le muscle desservi. On procède à ces études pour confirmer un diagnostic de neuropathie périphérique.

Neurofibromatose Maladie héréditaire atteignant les nerfs, les muscles, les os et la peau. Chez les deux tiers des personnes atteintes, les seuls signes visibles sont des pigmentations cutanées; chez les autres, il y a formation de neurofibromes (des tumeurs du tissu conjonctif des faisceaux). Ces tumeurs sont défigurantes, elles peuvent détruire les os en pleine croissance et provoquer des déformations du crâne; autrefois improprement appelée maladie de l'homme éléphant.

Névralgie (*neuron* = nerf, *algos* = douleur) Douleur intense à caractère spastique ressentie le long du trajet d'un ou de plusieurs nerfs, et généralement provoquée par une inflammation ou une lésion.

Névrite Inflammation d'un nerf. Il existe différentes formes de névrites ayant chacune des effets particuliers (diminution ou augmentation de la sensibilité du nerf, paralysie de la structure desservie et douleur).

Paresthésie Sensation anormale (de brûlure ou de picotement) résultant de l'atteinte d'un nerf sensitif.

Zona Inflammation virale produite par l'invasion des racines postérieures des nerfs rachidiens par le virus de la varicelle, habituellement contracté pendant l'enfance et réactivé en période de faiblesse immunitaire. Le virus migre le long des neurofibres sensitives associées au ganglion rachidien atteint, ce qui provoque de la douleur et l'éruption de vésicules le long d'un ou de plusieurs dermatomes.

Résumé du chapitre

SYSTÈME NERVEUX PÉRIPHÉRIQUE (p. 424-430)

1. Le système nerveux périphérique comprend des récepteurs sensoriels, des nerfs (qui acheminent des influx hors du SNC et vers le SNC), des ganglions qui leur sont associés et des terminaisons motrices.

Récepteurs sensoriels (p. 424-427)

2. Les récepteurs sensoriels génèrent des influx nerveux lorsqu'ils sont stimulés par des changements dans l'environnement (stimulus). La plupart des récepteurs sont composés de dendrites modifiées de neurones sensitifs. Un organe sensoriel est une structure complexe et spécialisée composée de neurones sensitifs et d'autres cellules.

3. On trouve des récepteurs sensoriels simples dans la peau, où ils servent à capter la douleur, le toucher, la pression et la température; on en trouve également dans les muscles squelettiques, les tendons et les viscères. Les récepteurs complexes (les organes sensoriels) sont ceux de la vision, de l'ouïe, de l'équilibre, de l'odorat et du goût.

4. Selon leur situation, on classe les récepteurs en extérocepteurs, intérocepteurs ou propriocepteurs. Selon les stimulus qu'ils détectent, on les classe en mécanorécepteurs, thermorécepteurs, photorécepteurs, chimiorécepteurs ou nocicepteurs.

5. Sur le plan de la structure, on classe les récepteurs sensoriels simples en terminaisons dendritiques libres et en terminaisons dendritiques encapsulées. Au nombre de ces dernières, on trouve les corpuscules de Meissner, les corpuscules de Pacini, les corpuscules de Krause, les corpuscules de Ruffini, les fuseaux neuromusculaires, les fuseaux neurotendineux et les récepteurs kinesthésiques des articulations.

6. La transduction est la conversion de l'énergie du stimulus en potentiels d'action par les récepteurs sensoriels. Lorsque la membrane réceptrice absorbe l'énergie, un seul type de canaux ioniques s'ouvrent, ce qui permet aux ions de traverser la membrane et produit un potentiel récepteur comparable à un PPSE. Si le stimulus est d'intensité liminaire, il y production et propagation d'un potentiel d'action.

7. L'adaptation se définit comme la diminution de la réponse d'un récepteur sensoriel à une stimulation prolongée. Les nocicepteurs et les propriocepteurs ne s'adaptent pas.

Nerfs et ganglions (p. 427-430)

8. Un nerf est un ensemble de neurofibres du SNP. L'enveloppe de chaque neurofibre est appelée endonèvre, celle des fascicules, périnèvre et celle du nerf dans son ensemble, épinèvre.

9. Selon la direction des influx nerveux qu'ils transmettent, on classe les nerfs en nerfs moteurs, en nerfs sensitifs et en nerfs mixtes. La plupart des nerfs sont mixtes. Les neurofibres efférentes peuvent être somatiques ou autonomes.

10. Les neurofibres endommagées du SNP peuvent se régénérer si les cellules de Schwann prolifèrent, phagocytent les débris et constituent un canal pour guider les repousses de l'axone vers leurs points de contact antérieurs. Normalement, les neurofibres du SNC ne se régénèrent pas, parce que les oligodendrocytes ne peuvent pas contribuer au processus.

11. Les ganglions sont des regroupements de corps cellulaires de neurones dont les axones sont associés à des nerfs. On trouve des ganglions rachidiens (sensitifs) et des ganglions autonomes (moteurs).

Terminaisons motrices (p. 430)

12. Les terminaisons motrices des neurofibres somatiques (plaques motrices) concourent à former les jonctions neuromusculaires avec les cellules des muscles squelettiques. Les boutons terminaux des axones comprennent des vésicules synaptiques remplies d'acétylcholine. Lorsque ce neurotransmetteur est libéré, il entraîne la contraction des cellules musculaires.

13. Les terminaisons motrices autonomes, appelées varicosités axoniques, sont des terminaisons renflées semblables aux précédentes sur le plan fonctionnel, mais leur structure est plus simple. Elles innervent les muscles lisses et les glandes. (Celles qui desservent le muscle cardiaque ont un diamètre uniforme.) Elles ne forment pas de jonctions neuromusculaires spécialisées; une large fente synaptique les sépare en général de leurs cellules effectrices.

NERFS CRÂNIENS (p. 430-438)

1. Douze paires de nerfs crâniens émergent de l'encéphale, sortent du crâne et innervent la tête et le cou. Seuls les nerfs vagues (pneumo-gastriques) s'étendent jusque dans les cavités thoracique et abdominale.

2. Les nerfs crâniens sont numérotés de l'avant vers l'arrière, selon leur ordre d'émergence de l'encéphale. Leurs noms indiquent les structures qu'ils desservent et/ou leurs fonctions.

3. Les nerfs crâniens sont:

- Les nerfs olfactifs (I): strictement sensitifs; ils sont associés au sens de l'odorat.

- Les nerfs optiques (II): strictement sensitifs; ils acheminent les influx visuels de la rétine au thalamus.
- Les nerfs oculo-moteurs (III): nerfs mixtes, surtout moteurs; ils émergent du mésencéphale et desservent quatre des muscles extrinsèques de l'œil, ainsi que le muscle releveur de la paupière supérieure, le muscle ciliaire et le muscle sphincter de la pupille; ils transmettent également des influx proprioceptifs provenant des muscles squelettiques qu'ils desservent.
- Les nerfs trochléaires (IV): nerfs mixtes; ils émergent de la partie postérieure du mésencéphale et transmettent des influx moteurs au muscle oblique supérieur de l'œil, ainsi que des influx proprioceptifs qui en proviennent.
- Les nerfs trijumeaux (V): nerfs mixtes; ils émergent de la partie externe du pont. Ce sont les principaux nerfs sensitifs du visage. Chacun comprend trois branches: le nerf ophtalmique, le nerf maxillaire et le nerf mandibulaire; ce dernier contient aussi des neurofibres motrices qui innervent les muscles de la mastication.
- Les nerfs oculo-moteurs externes (VI): nerfs mixtes; ils émergent du pont et participent aux fonctions motrices et proprioceptives des muscles droits latéraux des yeux.
- Les nerfs faciaux (VII): nerfs mixtes; ils émergent du pont. Ce sont les principaux nerfs moteurs du visage. Ils transmettent aussi les influx sensitifs provenant des bourgeons gustatifs des deux tiers antérieurs de la langue.
- Les nerfs vestibulo-cochléaires (VIII): strictement sensitifs; ils transmettent les influx provenant des récepteurs de l'audition et de l'équilibre situés dans l'oreille interne.
- Les nerfs glosso-pharyngiens (IX): nerfs mixtes; ils émergent du bulbe rachidien. Ils transmettent les influx sensitifs provenant des bourgeons gustatifs de la partie postérieure de la langue, du pharynx ainsi que des chimiorécepteurs et des barorécepteurs des corpuscules et des sinus carotidiens. Ils innervent les muscles pharyngiens et les glandes parotides.
- Les nerfs vagues (pneumo-gastriques) (X): nerfs mixtes; ils émergent du bulbe rachidien. Les neurofibres motrices sont presque toutes des neurofibres parasympathiques autonomes. Ils donnent des efférents au pharynx, au larynx ainsi qu'aux viscères des cavités thoracique et abdominale. Ils comprennent des neurofibres sensitives qui proviennent de ces organes.
- Les nerfs accessoires (XI): nerfs mixtes; ils sont composés d'une racine crânienne émergeant du bulbe rachidien et d'une racine rachidienne émergeant de la moelle épinière cervicale. La racine crânienne fournit des neurofibres motrices au pharynx et au larynx; la racine rachidienne fournit des efférents somatiques aux muscles trapèze et sterno-cléido-mastoïdien du cou, et elle comprend des afférents proprioceptifs qui en proviennent.
- Les nerfs hypoglosses (XII): nerfs mixtes; ils émergent du bulbe rachidien. Ils comprennent des efférents somatiques destinés aux muscles intrinsèques et extrinsèques de la langue ainsi que des neurofibres proprioceptives qui en proviennent.

NERFS RACHIDIENS (p. 438-447)

1. Les 31 paires de nerfs rachidiens (tous mixtes) sont numérotées successivement d'après leur point d'émergence de la moelle épinière.

Distribution des nerfs rachidiens (p. 438-440)

2. Les nerfs rachidiens sont constitués par l'union d'une racine antérieure et d'une racine postérieure de la moelle épinière. Les nerfs rachidiens proprement dits sont courts et dépassent à peine les trous de conjugaison.

3. Chaque nerf rachidien se divise en une branche antérieure, une branche postérieure, un rameau méningé et des rameaux communicants (appartenant au SNA).

Innervation du dos, de la partie antéro-externe du thorax, et de la paroi abdominale (p. 440)

4. Les branches postérieures desservent les muscles et la peau de la partie postérieure du tronc. Les branches antérieures, à l'exception de celles de T_2 à T_{12}, forment des plexus qui desservent les membres. Les branches antérieures de T_2 à T_{12} donnent naissance aux nerfs intercostaux qui desservent la paroi du thorax et la surface abdominale.

Plexus desservant le cou et les membres (p. 440-446)

5. Le plexus cervical (C_1 à C_4) innerve les muscles et la peau du cou et de l'épaule. Son nerf phrénique dessert le diaphragme.

6. Le plexus brachial dessert l'épaule, certains muscles du thorax et le membre supérieur. Il émerge principalement de C_5 à T_1. Dans le sens proximo-distal, le plexus brachial comprend des branches, des troncs et des faisceaux. Les principaux nerfs issus de ces derniers sont les nerfs axillaire, musculo-cutané, médian, radial et cubital.

7. Le plexus lombaire (L_1 à L_4) fournit l'innervation motrice aux muscles des parties antérieure et médiane de la cuisse, ainsi que l'innervation cutanée de la partie antérieure de la cuisse et d'une portion de la jambe. Ses principales branches sont les nerfs fémoral et obturateur.

8. Le plexus sacré (L_4 à S_4) innerve les muscles postérieurs et la peau du membre inférieur. Le nerf principal est le nerf sciatique, qui se divise pour donner le nerf tibial et le nerf péronier commun.

Innervation des dermatomes et des articulations (p. 446-447)

9. Tous les nerfs rachidiens, à l'exception de C_1, innervent des segments de peau appelés dermatomes. Les articulations sont innervées par les mêmes nerfs que leurs muscles.

ACTIVITÉ RÉFLEXE (p. 447-453)

Éléments d'un arc réflexe (p. 448)

1. Un réflexe est une réponse motrice rapide et involontaire à un stimulus. L'arc réflexe nécessite la présence de cinq éléments: un récepteur, un neurone sensitif, un centre d'intégration, un neurone moteur et un effecteur.

Réflexes spinaux (p. 448-453)

2. Les réflexes spinaux donnent des indications sur l'intégrité des voies réflexes et sur le degré d'excitabilité de la moelle épinière.

3. Les réflexes spinaux somatiques sont le réflexe d'étirement, le réflexe tendineux, le réflexe des raccourcisseurs, le réflexe d'extension croisée et les réflexes superficiels.

4. Le réflexe d'étirement est déclenché par l'étirement des fuseaux neuromusculaires; il provoque la contraction du muscle stimulé et l'inhibition de son muscle antagoniste. C'est un réflexe homolatéral et monosynaptique. Les réflexes d'étirement sont essentiels au tonus musculaire, au maintien de la posture et aux mouvements.

5. Le réflexe tendineux est déclenché par la stimulation des fuseaux neurotendineux (accroissement de la tension musculaire). C'est un réflexe polysynaptique. Les réflexes tendineux provoquent la décontraction du muscle stimulé et la contraction de son muscle antagoniste.

6. Le réflexe des raccourcisseurs est déclenché par un stimulus douloureux. C'est un réflexe polysynaptique et homolatéral qui joue un rôle de protection.

7. Le réflexe d'extension croisée est constitué d'un réflexe des raccourcisseurs homolatéral et d'un réflexe d'extension controlatéral.

8. Les réflexes superficiels sont provoqués par une stimulation cutanée. Ils révèlent le bon fonctionnement des arcs réflexes spinaux et des faisceaux cortico-spinaux de la moelle épinière. Le réflexe plantaire et les réflexes cutanés abdominaux sont des réflexes superficiels.

DÉVELOPPEMENT ET VIEILLISSEMENT DU SYSTÈME NERVEUX PÉRIPHÉRIQUE (p. 454)

1. Chaque nerf rachidien fournit l'innervation sensitive et motrice d'une masse musculaire adjacente (destinée à former les muscles squelettiques) et l'innervation cutanée d'un dermatome (segment de peau).

2. Les réflexes deviennent plus lents au cours des années, probablement en raison d'une déperdition neuronale ou d'un affaiblissement des réseaux d'intégration du SNC.

Questions de révision

Choix multiples/associations

1. Les grands récepteurs en forme d'oignons situés dans le derme et dans le tissu sous-cutané et qui réagissent à une pression intense sont: (a) les disques de Merkel; (b) les corpuscules de Pacini; (c) les terminaisons nerveuses libres; (d) les corpuscules de Krause.

2. Les propriocepteurs comprennent toutes les structures suivantes sauf: (a) les fuseaux neuromusculaires; (b) les fuseaux neurotendineux; (c) les disques de Merkel; (d) les récepteurs kinesthésiques des articulations.

3. La gaine de tissu conjonctif qui entoure un fascicule de neurofibres est: (a) l'épinèvre; (b) l'endonèvre; (c) le périnèvre; (d) le neurilemme.

4. Associez les noms des nerfs crâniens de la colonne B aux descriptions de la colonne A.

	Colonne A	Colonne B
_____	**(1)** Provoque la constriction des pupilles.	**(a)** Nerf oculo-moteur externe
_____	**(2)** Principal nerf sensitif du visage.	**(b)** Nerf accessoire
_____	**(3)** Dessert les muscles sterno-cléido-mastoïdien et trapèze.	**(c)** Nerf facial
_____	**(4)** Strictement sensitifs (trois nerfs).	**(d)** Nerf glosso-pharyngien
_____	**(5)** Dessert les muscles de la langue.	**(e)** Nerf hypoglosse
_____	**(6)** Permet la mastication.	**(f)** Nerf oculo-moteur
_____	**(7)** Atteint dans le tic douloureux de la face.	**(g)** Nerf olfactif
_____	**(8)** Contribue à la régulation de l'activité cardiaque.	**(h)** Nerf optique
_____	**(9)** Contribue à l'audition et à l'équilibre.	**(i)** Nerf trijumeau
_____	**(10)** Contiennent des neurofibres motrices parasympathiques (quatre nerfs).	**(j)** Nerf trochléaire
		(k) Nerf vague
		(l) Nerf vestibulo-cochléaire

5. Donnez les plexus (liste A) et les nerfs périphériques (liste B) correspondant aux régions ou aux muscles suivants.

_____,_____	**(1)** Diaphragme	**Liste A: plexus**
_____,_____	**(2)** Muscles de la partie postérieure de la cuisse et de la jambe	**(a)** Brachial
_____,_____	**(3)** Muscles de la partie antérieure de la cuisse	**(b)** Cervical
_____,_____	**(4)** Muscles de la partie médiane de la cuisse	**(c)** Lombaire
_____,_____	**(5)** Muscles de la partie antérieure du bras qui fléchissent l'avant-bras	**(d)** Sacré
_____,_____	**(6)** Muscles fléchisseurs du poignet et des doigts (deux nerfs)	**Liste B: nerfs**
_____,_____	**(7)** Muscles extenseurs du poignet et des doigts	**(1)** Péronier commun
_____,_____	**(8)** Peau et muscles extenseurs de la partie postérieure du bras	**(2)** Fémoral
_____,_____	**(9)** Muscles péroniers, tibial antérieur et extenseur commun des orteils	**(3)** Médian
		(4) Musculo-cutané
		(5) Obturateur
		(6) Phrénique
		(7) Radial
		(8) Tibial
		(9) Cubital

6. Caractérisez chacun des récepteurs stimulés dans les situations suivantes en choisissant la lettre appropriée dans la liste A et la liste B.

Liste A:	Liste B:
(a) Extérocepteur	**(1)** Chimiorécepteur
(b) Intérocepteur	**(2)** Mécanorécepteur
(c) Propriocepteur	**(3)** Nocicepteur
	(4) Photorécepteur
	(5) Thermorécepteur

_____,_____ Vous dégustez une glace.
_____,_____ Vous renversez du café chaud sur vous.
_____,_____ Les rétines de vos yeux sont stimulées.
_____,_____ Vous heurtez (légèrement) quelqu'un.
_____,_____ Vous avez soulevé des poids et vous éprouvez une sensation dans vos membres supérieurs.

7. Le réflexe homolatéral qui éloigne une partie du corps d'un stimulus douloureux est: (a) le réflexe d'extension croisée; (b) le réflexe des raccourcisseurs; (c) le réflexe tendineux; (d) le réflexe d'étirement.

Questions à court développement

8. Quelle est, du point de vue fonctionnel, la relation entre le système nerveux périphérique et le système nerveux central?

9. Énumérez les principaux éléments du système nerveux périphérique et décrivez leurs fonctions.

10. Quelles sont les ressemblances et les différences entre un potentiel récepteur et un PPSE?

11. Expliquez pourquoi les lésions des neurofibres du SNP sont souvent réversibles, tandis que celles des neurofibres du SNC le sont rarement.

12. (a) Décrivez la formation et la composition d'un nerf rachidien. (b) Nommez les branches d'un nerf rachidien (autres que les rameaux communicants) et indiquez leur distribution.

13. (a) Définissez le terme plexus. (b) Indiquez les racines rachidiennes qui donnent naissance aux quatre principaux plexus et nommez les régions du corps que chacun innerve.

14. Distinguez un réflexe homolatéral d'un réflexe controlatéral.

15. Sur le plan homéostatique, quel est le rôle des réflexes des raccourcisseurs?

16. Comparez le réflexe des raccourcisseurs au réflexe d'extension croisée.

17. Quels renseignements cliniques peut-on obtenir à l'aide de la recherche des réflexes somatiques?

18. Quelles sont les relations structurales et fonctionnelles entre les nerfs rachidiens, les muscles squelettiques et les dermatomes?

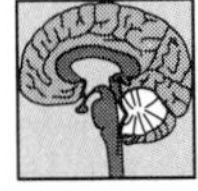

Réflexion et application

1. En 1962, un garçon qui jouait sur une voie ferrée fut happé par un train, et une roue lui sectionna le bras droit. Les chirurgiens replacèrent le bras et suturèrent les nerfs et les vaisseaux sanguins. Ils annoncèrent au garçon qu'il retrouverait l'usage de son bras mais que le membre ne redeviendrait jamais assez fort pour lancer une balle. Expliquez pourquoi.

2. Jefferson, un joueur de football qui occupe la position d'arrière, a subi une déchirure des ménisques articulaires du genou droit après avoir été plaqué de côté. La même blessure a écrasé le nerf péronier commun contre la tête du péroné. De quels problèmes locomoteurs Jefferson souffre-t-il?

3. En tombant d'une échelle, Marie a agrippé une branche d'arbre de la main droite, mais elle n'a pu se retenir et a chuté lourdement. Plusieurs jours plus tard, Marie s'est plainte d'un engourdissement du membre supérieur. Quelle lésion la chute a-t-elle provoquée?

4. M. Filion s'est remarquablement bien remis d'un accident vasculaire cérébral. Dernièrement, il a soudain commencé à éprouver de la difficulté à lire. Il dit voir double et il a du mal à monter et descendre les escaliers. Il est incapable de tourner son œil gauche vers le bas et le côté. Quel nerf crânien est endommagé? Précisez s'il s'agit du droit ou du gauche.

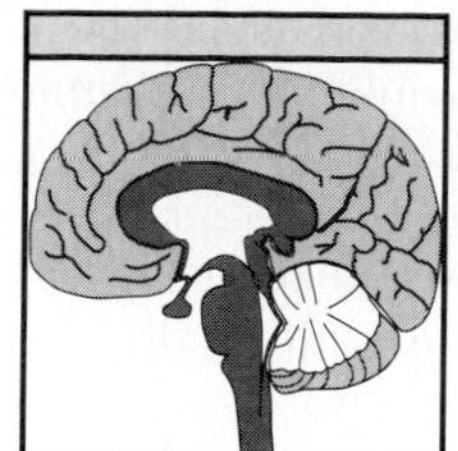

Le système nerveux autonome

14

Sommaire et objectifs d'apprentissage

Système nerveux autonome: caractéristiques générales (p. 458-460)

1. Comparer le système nerveux autonome et le système nerveux somatique du point de vue des effecteurs, des voies efférentes et des neurotransmetteurs libérés.
2. Comparer les fonctions du système nerveux sympathique et celles du système nerveux parasympathique.

Anatomie du système nerveux autonome (p. 460-466)

3. Donner l'origine du système nerveux autonome dans le système nerveux central, situer ses ganglions et décrire les voies du système nerveux parasympathique et du système nerveux sympathique.

Physiologie du système nerveux autonome (p. 466-472)

4. Définir les neurofibres cholinergiques et adrénergiques et énumérer les différents types de récepteurs cholinergiques et adrénergiques.
5. Exposer brièvement l'importance clinique des médicaments qui reproduisent ou inhibent les effets adrénergiques et cholinergiques.
6. Décrire les effets du système nerveux sympathique et du système nerveux parasympathique sur le cœur, les vaisseaux sanguins, le tube digestif, les poumons, la médullosurrénale et les organes génitaux externes.
7. Indiquer à quels échelons du système nerveux central s'effectue la régulation du système nerveux autonome.

Déséquilibres homéostatiques du système nerveux autonome (p. 472-473)

8. Décrire l'hypertension artérielle, la maladie de Raynaud et le syndrome de l'hyperréflectivité autonome en tant que troubles du système nerveux autonome.

Développement et vieillissement du système nerveux autonome (p. 473)

9. Décrire les effets du vieillissement sur le système nerveux autonome.

Nous avons vu que l'organisme travaille sans cesse au maintien de l'homéostasie. Tous les organes contribuent à la stabilité relative du milieu interne, mais c'est le **système nerveux autonome (SNA)** qui y préside par l'intermédiaire de neurones moteurs innervant les muscles lisses, le muscle cardiaque et les glandes. À chaque instant, les viscères transmettent des signaux au système nerveux central par des voies sensitives, tandis que les nerfs des voies motrices autonomes acheminent les commandes motrices nécessaires au bon fonctionnement de l'organisme. Le système nerveux autonome réagit aux fluctuations de l'environnement en augmentant l'irrigation dans les régions qui nécessitent un apport sanguin accru, en accélérant ou en ralentissant les fréquences cardiaque et respiratoire, en ajustant la pression artérielle et la température corporelle, ou encore en augmentant ou en diminuant les sécrétions gastriques. La plupart de ces modulations ne franchissent pas le seuil de la conscience. Ainsi, rares sont les personnes qui se rendent compte de la dilatation de leurs pupilles ou de la constriction de leurs vaisseaux sanguins. En revanche, s'il vous est déjà arrivé d'être «torturé» par votre vessie lorsque vous patientiez à la caisse du supermarché, vous avez parfaitement ressenti le fonctionnement de cet organe. Comme son nom l'indique (*autos* = soi-même, *nomos* = loi), le système nerveux autonome est doté d'une certaine indépendance. Il est aussi appelé **système nerveux involontaire** à cause de ses mécanismes inconscients, et **système moteur viscéral** en raison de la situation de la majorité de ses effecteurs.

Système nerveux autonome : caractéristiques générales

Comparaison entre le système nerveux somatique et le système nerveux autonome

Jusqu'à présent, notre étude des nerfs moteurs a porté principalement sur les nerfs qui composent le système nerveux somatique. Avant d'aborder l'anatomie du système nerveux autonome, nous allons donc souligner dans un premier temps ce qui le distingue du système nerveux somatique d'une part et ce qui l'en rapproche sur le plan fonctionnel d'autre part. Les deux systèmes comprennent tous deux des neurofibres motrices, mais ils diffèrent sur trois points essentiels : leurs effecteurs, leurs voies efférentes et, dans une certaine mesure, les réponses que provoquent leurs neurotransmetteurs dans les organes cibles. La figure 14.1 présente un résumé de ces différences.

Effecteurs

Le système nerveux somatique stimule les muscles squelettiques, tandis que le système nerveux autonome innerve le muscle cardiaque, les muscles lisses et les glandes. Les autres différences entre les effets somatiques et les effets autonomes sur les organes cibles reposent pour la plupart sur les caractéristiques physiologiques de ces derniers.

Voies efférentes et ganglions

Les corps cellulaires des neurones moteurs du système nerveux somatique sont situés dans le système nerveux central, et leurs axones s'étendent dans les nerfs rachidiens jusqu'aux muscles squelettiques qu'ils desservent. Généralement, les neurofibres motrices somatiques sont des neurofibres de type A, épaisses et fortement myélinisées, qui transmettent très rapidement les influx nerveux.

Le système nerveux autonome, quant à lui, comprend des *chaînes de deux neurones.* Le corps cellulaire du premier neurone, ou **neurone préganglionnaire,** se trouve dans l'encéphale ou dans la moelle épinière. Son axone,

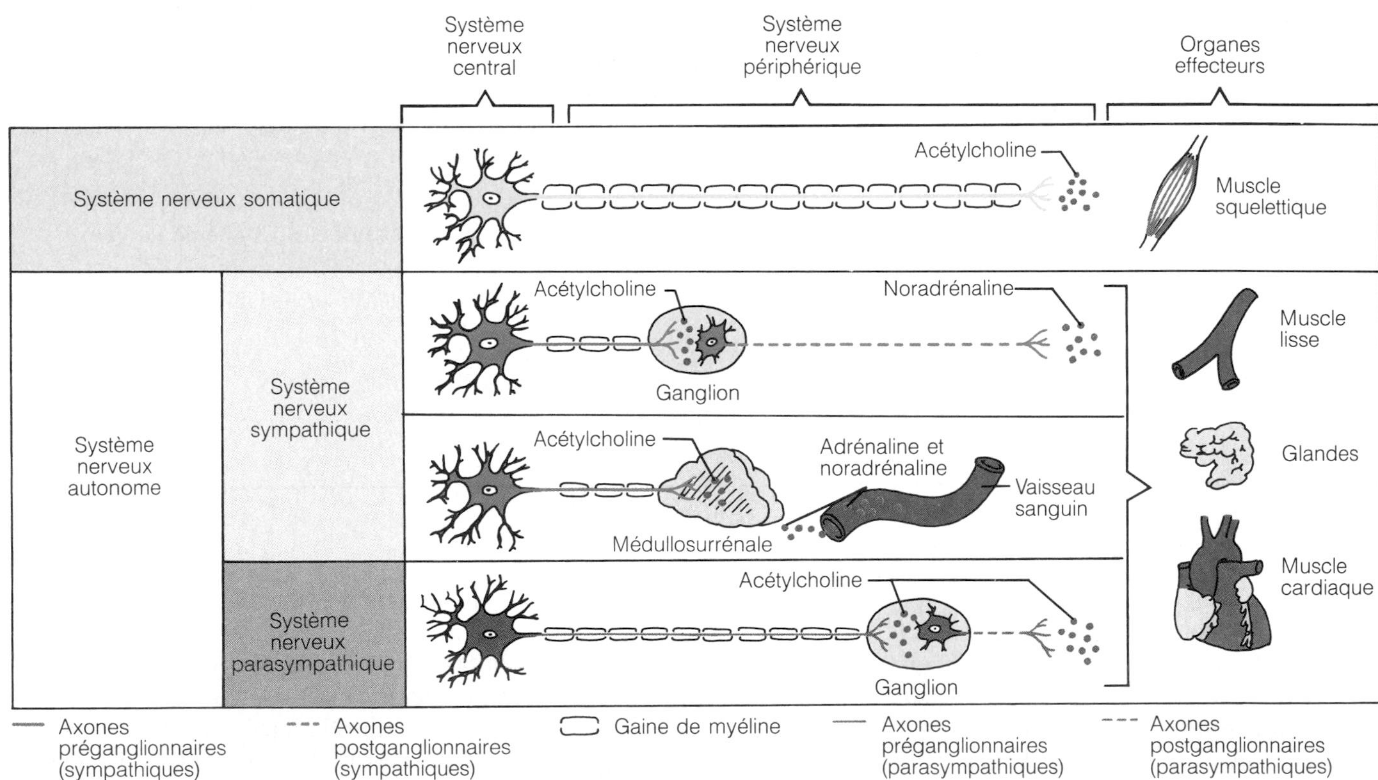

Figure 14.1 Comparaison entre le système nerveux somatique et le système nerveux autonome. *Système nerveux somatique :* les axones des neurones moteurs somatiques s'étendent du système nerveux central jusqu'aux effecteurs (cellules musculaires squelettiques). Généralement, ces axones sont fortement myélinisés. Les neurones moteurs somatiques libèrent de l'acétylcholine, dont l'effet est toujours stimulant. *Système nerveux autonome :* les axones de la plupart des neurones préganglionnaires émergent du système nerveux central et font synapse avec un neurone postganglionnaire dans un ganglion autonome périphérique. Quelques axones préganglionnaires sympathiques font synapse avec des cellules de la médullosurrénale. Les axones des neurones postganglionnaires s'étendent des ganglions jusqu'aux effecteurs (fibres musculaires cardiaques et lisses, glandes). Les axones préganglionnaires sont faiblement myélinisés ; les axones postganglionnaires sont amyélinisés. Tous les axones préganglionnaires autonomes libèrent de l'acétylcholine ; tous les axones postganglionnaires parasympathiques libèrent de l'acétylcholine ; la plupart des axones postganglionnaires sympathiques libèrent de la noradrénaline. Après leur stimulation, les cellules de la médullosurrénale libèrent de la noradrénaline et de l'adrénaline dans la circulation sanguine. Les effets autonomes sont excitateurs ou inhibiteurs, selon le neurotransmetteur postganglionnaire libéré et les récepteurs protéiques des effecteurs.

appelé **axone préganglionnaire**, fait généralement synapse avec le corps cellulaire du second neurone moteur, ou **neurone postganglionnaire,** dans un **ganglion autonome** situé à l'extérieur du système nerveux central. L'axone postganglionnaire rejoint ensuite l'organe effecteur. Si vous prenez le temps d'assimiler la signification de ces termes tout en consultant la figure 14.1, votre étude du chapitre s'en trouvera grandement facilitée. Notez que le terme «neurone postganglionnaire» est en fait impropre, car le corps cellulaire est situé dans le ganglion et non pas au-delà («post»). Les ganglions autonomes sont des ganglions *moteurs* qui contiennent les corps cellulaires de neurones moteurs. Techniquement parlant, il s'agit de synapses entre des neurones préganglionnaires et postganglionnaires. Cependant, la présence de *cellules ganglionnaires intrinsèques* dans certains de ces ganglions porte à penser que l'information n'y est pas seulement transmise, mais aussi, dans une certaine mesure, intégrée. En outre, rappelez-vous que la voie motrice du système nerveux somatique est totalement *dépourvue* de ganglions. Les ganglions rachidiens appartiennent uniquement à la voie sensitive du système nerveux périphérique.

Les axones préganglionnaires sont minces et faiblement myélinisés; les axones postganglionnaires sont encore plus minces et ils sont amyélinisés. La propagation n'est pas saltatoire et, par conséquent, elle se fait plus lentement dans la chaîne efférente autonome que dans le système nerveux somatique. De nombreux axones préganglionnaires et postganglionnaires se joignent à des nerfs rachidiens ou crâniens sur l'essentiel de leur trajet.

Effets des neurotransmetteurs

Tous les neurones moteurs somatiques libèrent de l'acétylcholine à leurs jonctions avec les fibres musculaires squelettiques. L'effet est toujours excitateur, et si la stimulation atteint le seuil d'excitation, la fibre musculaire squelettique se contracte.

Les neurotransmetteurs que les neurofibres autonomes postganglionnaires libèrent dans un organe effecteur viscéral sont la **noradrénaline** (sécrétée par la plupart des neurofibres sympathiques) et l'**acétylcholine** (libérée par les neurofibres parasympathiques). La réponse de l'organe cible à ces neurotransmetteurs sera excitatrice ou inhibitrice selon les récepteurs de ses cellules.

Chevauchement fonctionnel des systèmes nerveux somatique et autonome

Les centres cérébraux supérieurs régissent et coordonnent les activités motrices somatiques et viscérales, et la plupart des nerfs rachidiens (ainsi que plusieurs nerfs crâniens) comportent à la fois des neurofibres motrices somatiques et des neurofibres autonomes. En outre, la plupart des adaptations de l'organisme aux changements du milieu interne et de l'environnement se traduisent par la stimulation ou l'inhibition de l'activité de certains viscères ou des muscles squelettiques. Par exemple, lorsque les muscles squelettiques travaillent de manière intense, leurs besoins en oxygène et en glucose augmentent; les mécanismes de régulation autonomes accélèrent alors la fréquence cardiaque et respiratoire de façon à satisfaire ces besoins et à maintenir l'homéostasie.

Composants du système nerveux autonome

Le *système nerveux parasympathique* et le *système nerveux sympathique* sont les deux composants du système nerveux autonome; ils desservent généralement les mêmes viscères, mais leur action est antagoniste. Si l'un des systèmes provoque la contraction de certains muscles lisses ou la sécrétion d'une glande, l'autre va inhiber cet effet. Les deux se font contrepoids de manière à assurer le bon fonctionnement de l'organisme. Le système nerveux sympathique mobilise l'organisme dans les situations extrêmes (la peur, l'exercice ou la colère, par exemple), tandis que le système nerveux parasympathique nous permet de nous détendre pendant qu'il s'acquitte des tâches routinières de l'organisme. Nous allons examiner d'un peu plus près les différences fonctionnelles entre ces systèmes en décrivant brièvement les situations où chacun prédomine.

Rôle du système nerveux parasympathique

L'activité du **système nerveux parasympathique** se manifeste surtout dans les situations neutres. Son rôle principal consiste à réduire la consommation d'énergie tout en accomplissant les activités banales mais vitales que sont par exemple la digestion et l'élimination des déchets. C'est d'ailleurs pour empêcher l'activité sympathique d'entraver la digestion qu'il est recommandé de se reposer après un gros repas. Ainsi, une personne qui se détend en lisant son journal après un repas permet l'activité du système nerveux parasympathique. La pression artérielle de cette personne, sa fréquence cardiaque et sa fréquence respiratoire sont basses, son tube digestif digère le repas, et sa peau est chaude; dans ce genre de situation, les muscles squelettiques et les organes vitaux n'ont pas besoin d'un apport sanguin supplémentaire.

Rôle du système nerveux sympathique

C'est le **système nerveux sympathique** qui, dans les situations d'urgence, nous prépare à la fuite ou à la lutte. Son activité se manifeste lorsque nous sommes excités, effrayés ou menacés. Le cœur qui s'emballe, la respiration rapide et profonde, la peau froide et moite et les pupilles dilatées sont des signes incontestables de la mobilisation du système nerveux sympathique. Les modifications des tracés des ondes électroencéphalographiques et de la résistance électrique cutanée sont moins visibles mais tout aussi caractéristiques. Le polygraphe (détecteur de mensonges) permet d'enregistrer ces événements.

Le système nerveux sympathique déclenche diverses autres adaptations au cours d'une activité physique intense. Les vaisseaux sanguins des viscères (et, peut-être, de la peau) se contractent, tandis que ceux du cœur et des muscles squelettiques se dilatent, ce qui a pour effet d'accroître l'irrigation de ces organes. Les bronchioles des poumons se dilatent pour augmenter la ventilation (et, par conséquent, l'apport d'oxygène aux cellules), et le foie libère du glucose dans la circulation sanguine afin de fournir un surcroît d'énergie aux cellules. Simultanément, il y a ralentissement des activités dont l'importance est moindre temporairement, comme la motilité du tube digestif et des conduits urinaires. Si vous fuyez un assaillant dans une rue sombre, la digestion de votre souper peut attendre! D'abord et avant tout, vos muscles doivent obtenir tout ce qui leur est nécessaire pour vous mettre hors de danger. ■

Le système nerveux sympathique amorce une série de réactions qui permettent à l'organisme de s'adapter de manière rapide et efficace aux situations qui pourraient perturber l'homéostasie. Son rôle est d'instaurer les conditions les plus favorables au déclenchement de la réaction appropriée à toute menace, que cette réaction soit la fuite, une meilleure vision ou la pensée critique.

Il peut sembler que le fonctionnement du système nerveux sympathique et celui du système nerveux parasympathique soient mutuellement exclusifs; en fait, leur antagonisme est plutôt d'ordre dynamique et les deux procèdent sans cesse à de subtils ajustements. Nous apporterons des précisions à ce sujet dans la section consacrée à la physiologie du système nerveux autonome.

Anatomie du système nerveux autonome

Le système nerveux sympathique et le système nerveux parasympathique se distinguent premièrement par leurs lieux d'origine (les neurofibres parasympathiques émergent de l'encéphale et de la région sacrée de la moelle épinière, tandis que les neurofibres sympathiques prennent naissance dans la région thoraco-lombaire de la moelle); deuxièmement, par la longueur de leurs neurofibres (les neurofibres préganglionnaires sont longues et les neurofibres postganglionnaires sont courtes dans le système nerveux parasympathique, et inversement dans le système nerveux sympathique); troisièmement, par la situation de leurs ganglions (la plupart des ganglions parasympathiques sont situés dans les organes viscéraux, tandis que les ganglions sympathiques se trouvent à proximité de la colonne vertébrale). Le tableau 14.1 (page 462) résume ces distinctions, et la figure 14.2 les schématise.

Système nerveux parasympathique (cranio-sacré)

Nous commencerons notre étude de la structure du système nerveux autonome en abordant le système nerveux parasympathique, dont la structure anatomique est plus simple que celle du système nerveux sympathique. Le système nerveux parasympathique est aussi appelé **système cranio-sacré,** car ses neurofibres préganglionnaires émergent des extrémités opposées du système nerveux central (le tronc cérébral et la région sacrée de la moelle épinière) (voir la partie droite de la figure 14.2). Les axones préganglionnaires s'étendent du système nerveux central jusqu'aux structures qu'ils innervent; une fois qu'ils y sont parvenus, ils font synapse avec des neurones postganglionnaires situés dans des **ganglions terminaux** qui se trouvent soit très près des organes cibles, soit à l'intérieur ou dans la paroi de ceux-ci. Les axones postganglionnaires, très courts, naissent des ganglions terminaux et font synapse avec des cellules effectrices situées à proximité.

Neurofibres d'origine crânienne

Les neurofibres parasympathiques d'origine crânienne passent dans quelques nerfs crâniens (figure 14.2). Plus précisément, les neurofibres préganglionnaires sont situées dans les nerfs oculo-moteurs, faciaux, glosso-pharyngiens et vagues (pneumo-gastriques); leurs corps cellulaires se trouvent dans les noyaux moteurs de ces nerfs, localisés dans le tronc cérébral (voir la figure 12.16c). Nous présentons ci-dessous la situation exacte des neurones préganglionnaires et postganglionnaires des neurofibres parasympathiques d'origine crânienne.

1. **Nerfs oculo-moteurs (III).** Les neurofibres parasympathiques des nerfs oculo-moteurs innervent les muscles lisses de l'œil qui induisent la constriction des pupilles et la saillie des cristallins, ce qui permet l'accommodation sur les objets rapprochés. Les axones préganglionnaires situés dans les nerfs oculo-moteurs émergent des **noyaux oculo-moteurs** accessoires du mésencéphale. Les corps cellulaires des neurones postganglionnaires sont situés dans les **ganglions ciliaires,** à l'intérieur des orbites (voir le tableau 13.2, page 433).

2. **Nerfs faciaux (VII).** Les neurofibres parasympathiques des nerfs faciaux induisent la sécrétion de nombreuses glandes (de grandes dimensions) situées dans la tête. La voie qui stimule les glandes nasales et lacrymales prend naissance dans les **noyaux lacrymaux** du pont. Les neurofibres préganglionnaires font ensuite synapse avec des neurones postganglionnaires situés dans les **ganglions ptérygo-palatins,** juste à l'arrière des maxillaires. Dans la voie qui mène aux glandes salivaires submandibulaires et sublinguales, les neurones préganglionnaires émergent des **noyaux salivaires supérieurs** du pont, et ils font synapse avec des neurones postganglionnaires dans les **ganglions submandibulaires,** situés sous les angles mandibulaires.

3. **Nerfs glosso-pharyngiens (IX).** Les neurofibres parasympathiques des nerfs glosso-pharyngiens émergent des **noyaux salivaires inférieurs** parasympathiques situés dans le bulbe rachidien; elles font synapse dans les **ganglions otiques** qui se trouvent au-dessous du foramen ovale. Ensuite, les neurofibres postganglionnaires rejoignent et activent les glandes parotides, situées à l'avant des oreilles.

Ces trois paires de nerfs crâniens (III, VII et IX) assurent la totalité de l'innervation parasympathique de la tête. Cependant, on n'y retrouve que des *neurofibres préganglionnaires*. Les extrémités distales des neurofibres préganglionnaires se rendent directement jusqu'aux nerfs trijumeaux (V) pour y faire synapse, puis les neurofibres postganglionnaires se joignent aux neurofibres des nerfs

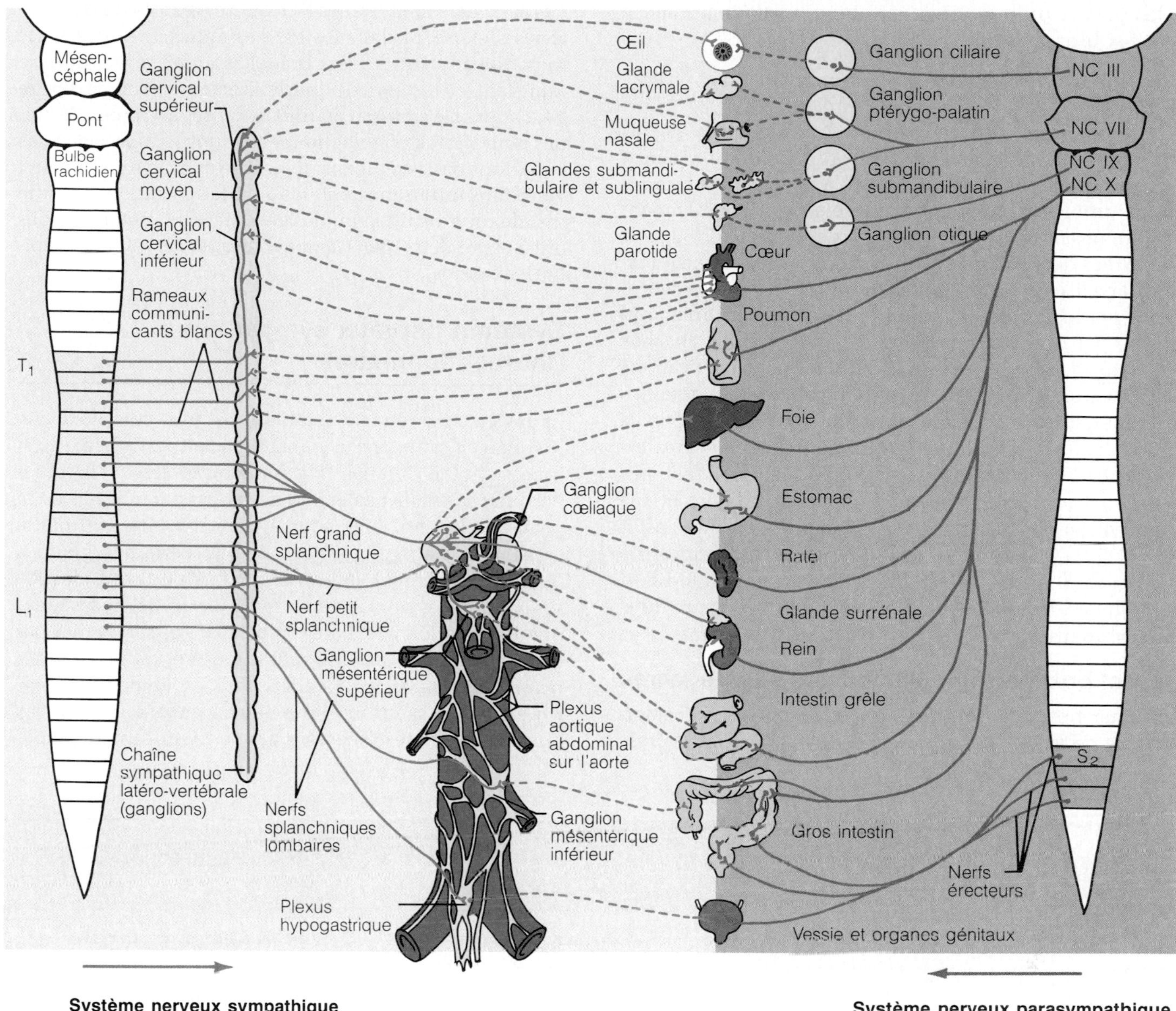

Figure 14.2 Système nerveux autonome. Les lignes pleines indiquent les neurofibres préganglionnaires, tandis que les lignes pointillées indiquent les neurofibres postganglionnaires. Les ganglions terminaux des neurofibres du nerf vague ne sont pas représentés; la plupart de ces ganglions sont situés dans ou sur l'organe cible. (Bien que les nerfs splanchniques lombaires du système sympathique soient au nombre de quatre, deux seulement sont représentés pour des raisons de simplicité. Note: NC = nerf crânien.)

trijumeaux (les nerfs crâniens les plus largement distribués dans le visage) et atteignent le visage.

4. **Nerfs vagues,** ou **nerfs pneumo-gastriques (X).** Les autres neurofibres parasympathiques d'origine crânienne empruntent les nerfs vagues, qui contiennent environ 90 % des neurofibres préganglionnaires parasympathiques du corps. Les deux nerfs vagues fournissent des neurofibres au cou et contribuent aux plexus nerveux (réseaux de nerfs) qui desservent pratiquement tous les organes des cavités thoracique et abdominale. Les axones préganglionnaires des nerfs vagues émergent principalement des **noyaux moteurs dorsaux** et **ambigus** du bulbe rachidien et se terminent en faisant synapse dans des ganglions terminaux qui sont habituellement situés à l'intérieur de l'organe cible. La plupart de ces ganglions terminaux ne portent pas de nom individuel: ils sont collectivement appelés **ganglions intramuraux,** ce qui signifie «à l'intérieur de la paroi». Sur leur trajet dans le thorax, les nerfs vagues émettent des ramifications dans les plexus suivants, situés à l'intérieur ou près des organes desservis:

- les **plexus cardiaques,** qui fournissent au cœur des neurofibres parasympathiques ralentissant la fréquence cardiaque;

- les **plexus pulmonaires**, qui desservent les poumons et les bronches;
- les **plexus œsophagiens**, qui innervent l'œsophage.

Lorsque les principales branches des nerfs vagues atteignent l'œsophage, leurs neurofibres s'entremêlent et forment le plexus œsophagien d'où émergent les **troncs vagal antérieur** et **vagal postérieur**, qui contiennent chacun des neurofibres provenant des deux nerfs vagues. Ces troncs descendent ensuite le long de l'œsophage jusque dans la cavité abdominale, et ils émettent des neurofibres par l'intermédiaire du **plexus aortique abdominal** (formé par un certain nombre de petits plexus attachés à l'aorte abdominale) avant de donner des ramifications aux viscères abdominaux. Les neurofibres sympathiques et parasympathiques sont entremêlées dans ces plexus abdominaux; contrairement aux neurofibres sympathiques, les neurofibres parasympathiques n'y font pas synapse. Parmi les organes abdominaux qui reçoivent une innervation des nerfs vagues, on compte le foie, l'estomac, l'intestin grêle, les reins, le pancréas et la moitié proximale du gros intestin. Le reste du gros intestin et les organes du bassin sont desservis par des neurofibres parasympathiques provenant de la région sacrée.

Neurofibres parasympathiques d'origine sacrée

Les neurofibres parasympathiques d'origine sacrée émergent de neurones situés dans la substance grise latérale des segments médullaires S_2 à S_4. Les axones de ces neurones s'étendent dans les racines antérieures des nerfs rachidiens, jusqu'à leurs branches antérieures, puis se ramifient et forment les **nerfs érecteurs** (voir la figure 14.2), qui passent par le **plexus hypogastrique.** Certaines neurofibres préganglionnaires font synapse avec des ganglions dans ce plexus, mais la plupart s'unissent aux ganglions intramuraux situés dans les parois de la moitié distale du gros intestin, de la vessie, des uretères et des organes génitaux (par exemple l'utérus et les organes génitaux externes).

Système nerveux sympathique (thoraco-lombaire)

Le système nerveux sympathique est plus complexe que le système nerveux parasympathique, en partie parce qu'il innerve plus d'organes. Il dessert non seulement les organes internes mais également des éléments internes de la peau et des muscles squelettiques. Cette étonnante constatation s'explique du fait que certaines glandes (comme les glandes sudoripares) et certains muscles lisses (comme les muscles arrecteurs des poils) nécessitent une innervation autonome et ne sont desservis que par des neurofibres sympathiques. En outre, toutes les artères et toutes les veines (qu'elles soient profondes ou superficielles) possèdent dans leurs parois des fibres musculaires lisses innervées par des neurofibres sympa-

Tableau 14.1 Différences anatomiques et physiologiques entre le système nerveux parasympathique et le système nerveux sympathique

Caractéristiques	Système nerveux parasympathique	Système nerveux sympathique
Origine	Neurofibres d'origine cranio-sacrée: noyaux des nerfs crâniens III, VII, IX et X dans le tronc cérébral; segments médullaires S_2 à S_4	Neurofibres d'origine thoraco-lombaire: corne latérale de substance grise des segments médullaires T_1 à L_2
Situation des ganglions	Ganglions terminaux situés à l'intérieur (ganglions intramuraux) ou près des viscères desservis (ganglions extramuraux)	Ganglions situés à quelques centimètres du SNC: le long de la colonne vertébrale (ganglions de la chaîne sympathique) et à l'avant de la colonne vertébrale (ganglions prévertébraux)
Longueur relative des neurofibres préganglionnaires et postganglionnaires	Neurofibres préganglionnaires longues, neurofibres postganglionnaires courtes	Neurofibres préganglionnaires courtes, neurofibres postganglionnaires longues
Rameaux communicants	Aucun	Rameaux communicants gris et blancs; les blancs contiennent des neurofibres préganglionnaires myélinisées; les gris contiennent des neurofibres postganglionnaires amyélinisées
Degré de ramification des neurofibres préganglionnaires	Minime	Élevé
Rôle fonctionnel	Maintien des grandes fonctions physiologiques; stockage et économie de l'énergie	Adapte le corps aux urgences et à l'activité musculaire intense
Neurotransmetteurs	Toutes les neurofibres libèrent de l'ACh (neurofibres cholinergiques)	Toutes les neurofibres préganglionnaires libèrent de l'ACh; la plupart des neurofibres postganglionnaires libèrent de la noradrénaline (neurofibres adrénergiques); certaines neurofibres postganglionnaires (celles qui desservent les glandes sudoripares et les vaisseaux sanguins des muscles squelettiques, par exemple) libèrent de l'ACh; la libération des hormones de la médullosurrénale (la noradrénaline et l'adrénaline) augmente l'activité de plusieurs effecteurs

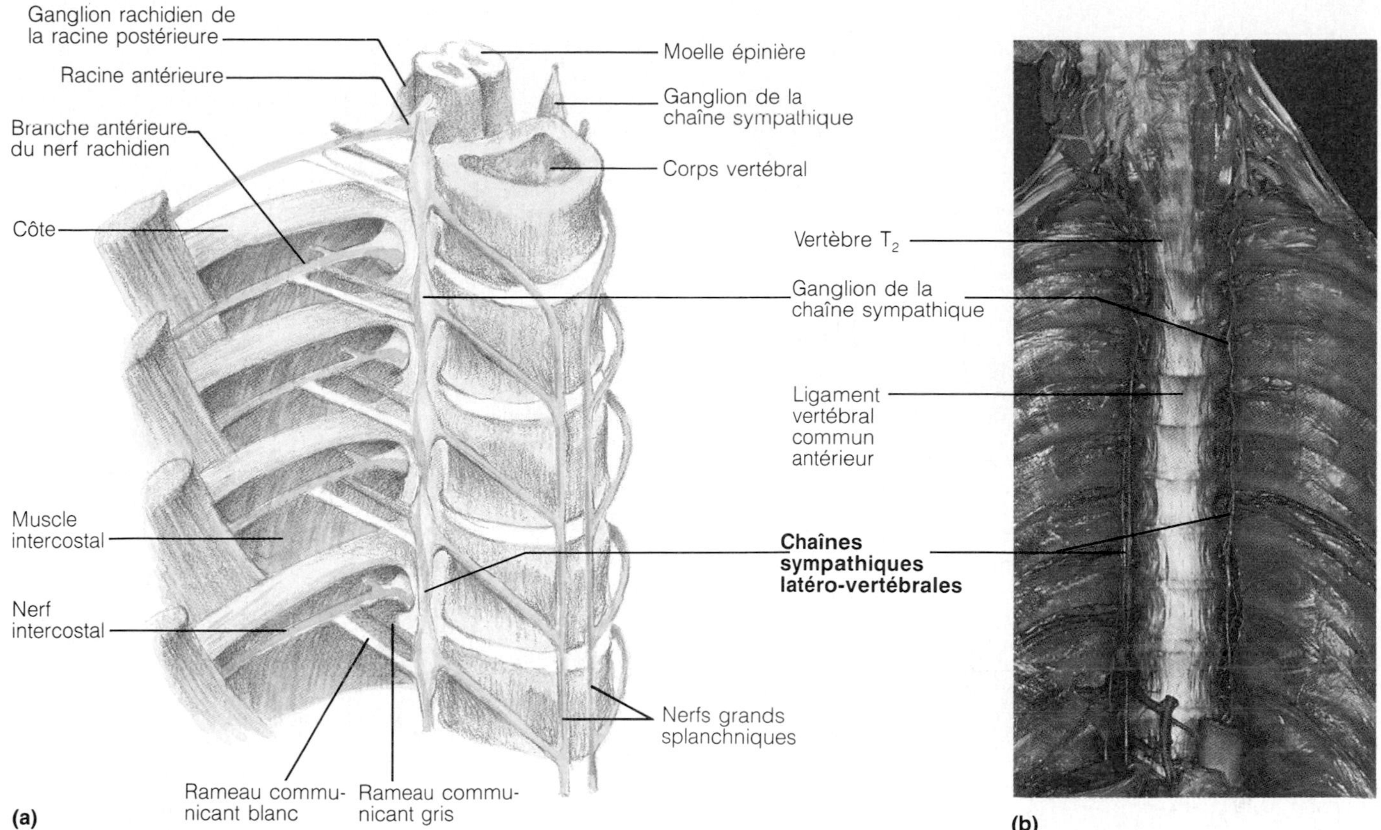

Figure 14.3 Chaînes sympathiques (latéro-vertébrales). Les organes de la partie antérieure du thorax ont été retirés pour révéler les ganglions des chaînes sympathiques. (**a**) Vue schématique. (**b**) Photographie.

thiques. Nous reviendrons ultérieurement plus en détail sur ce sujet; concentrons-nous pour l'instant sur l'anatomie du système nerveux sympathique.

Tous les axones préganglionnaires du système nerveux sympathique émergent des corps cellulaires de neurones préganglionnaires situés dans les segments médullaires T_1 à L_2 (voir la partie gauche de la figure 14.2). C'est la raison pour laquelle le système nerveux sympathique est aussi appelé **système thoracolombaire.** Les nombreux neurones préganglionnaires sympathiques présents dans la substance grise de la moelle épinière forment les **cornes latérales** (appelées aussi **zones motrices viscérales**) qui font saillie entre les cornes antérieures et postérieures, lesquelles abritent les neurones moteurs somatiques. (Les neurones préganglionnaires parasympathiques de la région sacrée de la moelle épinière sont beaucoup moins abondants que les neurones sympathiques analogues de la région thoracolombaire; d'autre part, il n'y a pas de cornes latérales dans la région sacrée de la moelle épinière. Il s'agit là d'une différence anatomique importante entre le système nerveux sympathique et le système nerveux parasympathique.) Après être sorties de la moelle épinière par la racine antérieure, les neurofibres préganglionnaires sympathiques passent par un **rameau communicant blanc** puis entrent dans le **ganglion de la chaîne sympathique** adjacent (figure 14.3). Les chaînes sympathiques latéro-vertébrales s'étendent de part et d'autre de la colonne vertébrale et ressemblent à des chapelets de billes luisantes.

Bien que les chaînes sympathiques s'étendent du cou au bassin, les neurofibres sympathiques émergent seulement des segments thoraciques et lombaires de la moelle épinière, comme le montre la figure 14.2. La taille, la situation et le nombre des ganglions peuvent varier, mais on en trouve généralement 23 dans chaque chaîne sympathique, soit 3 cervicaux, 11 thoraciques, 4 lombaires, 4 sacrés et 1 coccygien.

Une fois qu'un axone préganglionnaire a atteint un ganglion d'une chaîne sympathique, il peut emprunter une des trois voies décrites ci-dessous.

1. Il peut faire synapse avec le corps cellulaire d'un neurone postganglionnaire situé dans le même ganglion (voir la figure 14.4a).

2. Il peut monter ou descendre dans la chaîne sympathique et faire synapse dans un autre ganglion de cette même chaîne (voir la figure 14.4b). (Ce sont ces neurofibres qui, passant d'un ganglion à un autre, relient les ganglions dans la chaîne sympathique.)

3. Il peut traverser le ganglion et émerger de la chaîne sympathique sans faire synapse (voir la figure 14.4c).

Les axones préganglionnaires qui empruntent ce dernier trajet contribuent à former les **nerfs grands splanchniques,** qui font synapse avec des **ganglions prévertébraux,** comme le ganglion cœliaque, situés à l'avant

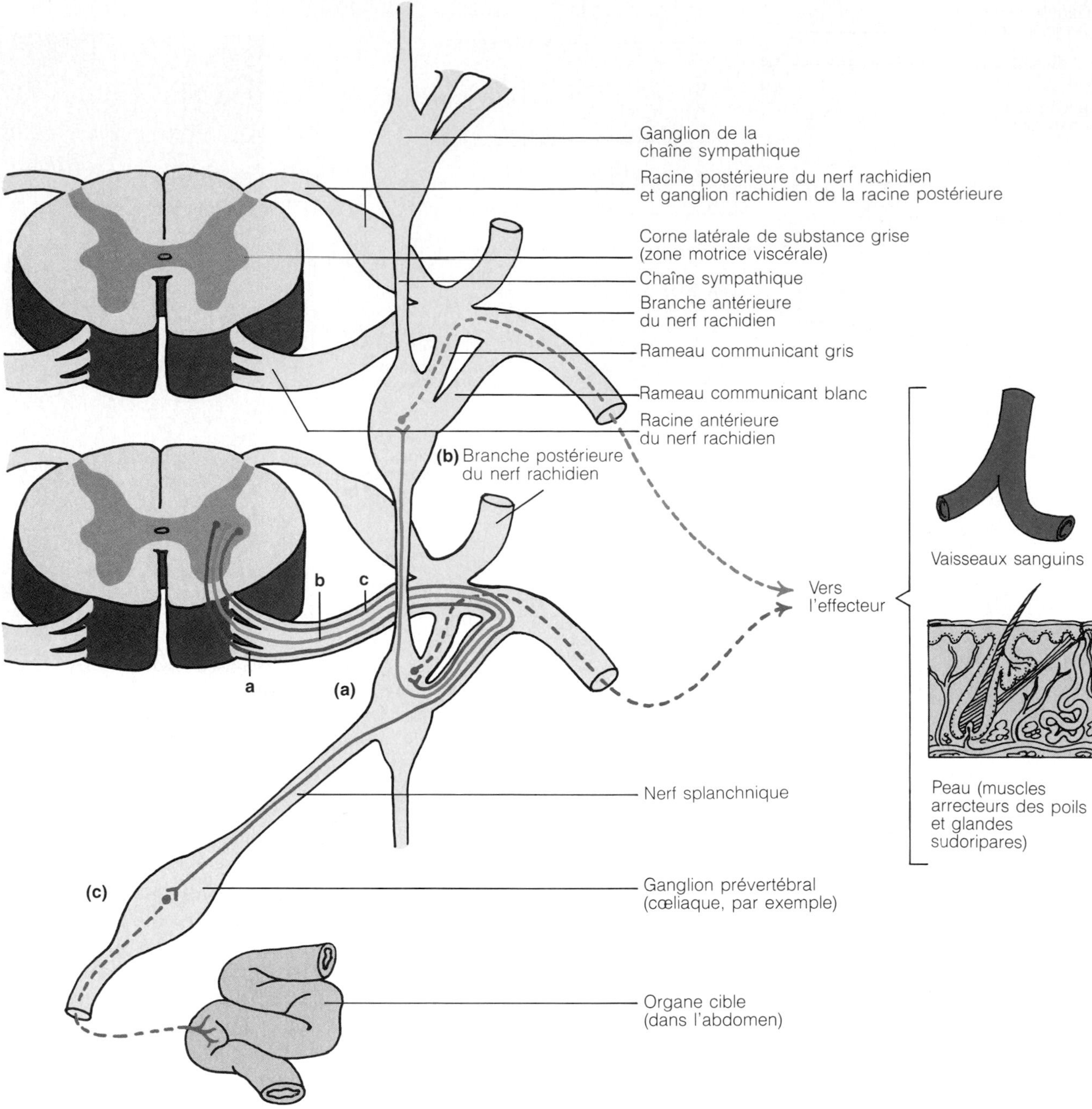

Figure 14.4 Voies sympathiques. (**a**) L'axone préganglionnaire fait synapse dans un ganglion de la chaîne sympathique situé au même niveau. (**b**) L'axone préganglionnaire fait synapse dans un ganglion de la chaîne sympathique situé à un niveau différent. (**c**) L'axone préganglionnaire fait synapse dans un ganglion prévertébral situé à l'avant de la colonne vertébrale.

de la colonne vertébrale (principalement sur l'aorte abdominale). Contrairement aux ganglions des chaînes sympathiques, les ganglions prévertébraux ne sont pas disposés de manière segmentaire. Quel que soit l'endroit de la synapse, tous les ganglions sympathiques sont proches de la mœlle épinière, et les neurofibres postganglionnaires, qui s'étendent d'un ganglion aux organes qu'elles desservent, sont généralement beaucoup plus longues que les neurofibres préganglionnaires. (Rappelez-vous que l'inverse se produit dans le système nerveux parasympathique.)

Voies avec synapses dans un ganglion de la chaîne sympathique

Quand les axones préganglionnaires font synapse dans les ganglions de la chaîne sympathique, les axones postganglionnaires pénètrent dans la branche antérieure (ou postérieure) des nerfs rachidiens adjacents par les **rameaux communicants gris** (voir la figure 14.4). Ils se distribuent par leur intermédiaire jusqu'aux glandes sudoripares et aux muscles arrecteurs des poils. Tout au long de leur trajet, les axones postganglionnaires peuvent se diriger vers des vaisseaux sanguins, puis suivre et innerver leurs fibres musculaires lisses.

Notez que les qualificatifs «gris» et «blancs» révèlent l'apparence des rameaux communicants et qu'ils indiquent aussi si leurs axones sont myélinisés ou non. Les axones préganglionnaires qui composent les rameaux blancs sont myélinisés, tandis que les axones postganglionnaires formant les rameaux gris sont amyélinisés.

Les rameaux blancs, qui acheminent les axones préganglionnaires aux chaînes sympathiques, ne se trouvent que dans les segments médullaires T_1 à L_2, c'est-à-dire les régions où passent les axones des neurones sympathiques. Cependant, des rameaux gris transportant les axones postganglionnaires destinés à la périphérie du corps émergent de *chaque* ganglion des chaînes sympathiques de la région cervicale à la région sacrée. Les axones des neurones sympathiques peuvent ainsi atteindre toutes les parties du corps. Comme les axones des neurones parasympathiques n'empruntent jamais les nerfs rachidiens, les rameaux communicants ne sont associés qu'au système nerveux sympathique.

Les axones préganglionnaires sympathiques desservant le cou, la tête et le thorax émergent des segments médullaires T_1 à T_6, et montent dans la chaîne sympathique pour faire synapse avec des neurones postganglionnaires situés à l'intérieur des ganglions cervicaux du cou. Les axones postganglionnaires issus des *ganglions cervicaux* (voir la figure 14.2) fournissent l'innervation sympathique à quelques autres régions de la tête et du cou. Certains axones de neurones émergeant du **ganglion cervical supérieur** rejoignent quelques nerfs crâniens et les trois ou quatre nerfs rachidiens cervicaux supérieurs; ils empruntent également leur trajet. Ces neurofibres se distribuent dans la peau et dans les vaisseaux sanguins de la tête, et elles stimulent les muscles dilatateurs des pupilles, inhibent les glandes nasales et salivaires et innervent le muscle tarsal supérieur (muscle lisse). Le ganglion cervical supérieur donne aussi des ramifications directes au corpuscule et au sinus carotidiens, au larynx et au pharynx, et il fournit quelques **nerfs cardiaques** qui, comme leur nom l'indique, se rendent au cœur.

Les neurofibres postganglionnaires issues des **ganglions cervical moyen** et **cervico-thoracique** entrent dans les nerfs cervicaux C_4 à C_8. Certaines de ces neurofibres innervent le cœur, mais la plupart desservent la peau. (À cause de sa forme, le ganglion cervico-thoracique est aussi appelé **ganglion stellaire.**) En outre, certaines neurofibres postganglionnaires issues des quelque cinq premiers ganglions thoraciques se rendent directement au cœur, à l'aorte, aux poumons et à l'œsophage. En cours de route, elles passent dans les plexus associés à ces organes. Le tableau 14.2 présente un résumé de l'innervation sympathique en fonction des segments médullaires.

Voies avec synapses dans un ganglion prévertébral

Les neurofibres préganglionnaires de T_5 à L_2 font synapse dans les ganglions prévertébraux. Ces neurofibres pénètrent dans les chaînes sympathiques, en sortent sans faire synapse et descendent afin de former les **nerfs splanchniques.** Ce sont d'une part les nerfs grands splanchniques, les nerfs petits splanchniques et les nerfs splanchniques inférieurs, qui prennent naissance dans la cavité thoracique et traversent le diaphragme pour se rendre dans la cavité abdominale. D'autre part, les nerfs splanchniques lombaires et sacrés prennent naissance dans la partie abdominale de la chaîne sympathique et desservent les organes de la région pelvienne. Les nerfs splanchniques se joignent à un certain nombre de plexus enchevêtrés qui forment collectivement le **plexus aortique abdominal,** attaché à la surface de l'aorte abdominale (voir la figure 14.2). Ce plexus complexe contient quelques ganglions, des grands et des petits, qui desservent l'ensemble des viscères abdomino-pelviens (*splagkhnon* = viscère). De haut en bas, les plus importants de ces ganglions sont les **ganglions cœliaque, mésentérique supérieur et mésentérique inférieur** selon les artères principales auxquelles ils sont associés. Ces ganglions font partie de plexus du système autonome appelés plexus cœliaque, mésentérique supérieur, mésentérique inférieur et plexus hypogastrique. Les neurofibres postganglionnaires issues de ces ganglions atteignent habituellement leurs organes cibles en compagnie des artères qui les desservent.

Certains *nerfs splanchniques* (*grands splanchniques, petits splanchniques, splanchniques inférieurs*) font synapse principalement dans les ganglions cœliaque et mésentérique supérieur, et les neurofibres postganglionnaires issues de ces ganglions se distribuent jusque dans la plupart des viscères abdominaux: l'estomac, les intestins (à l'exception de la moitié distale du gros intestin), le foie, la rate et les reins. Les *nerfs splanchniques lombaires* et *sacrés* envoient l'essentiel de leurs neurofibres au ganglion mésentérique inférieur et au plexus hypogastrique, d'où les neurofibres postganglionnaires émergent afin de desservir la moitié distale du gros intestin,

Tableau 14.2 Innervation sympathique segmentaire

Segment médullaire	Organes desservis
T_1 à T_5	Tête, cou et cœur
T_2 à T_4	Bronches et poumons
T_2 à T_5	Membre supérieur
T_5 et T_6	Œsophage
T_6 à T_{10}	Estomac, rate et pancréas
T_7 à T_9	Foie
T_9 et T_{10}	Intestin grêle
T_{10} à L_1	Rein, organes génitaux (utérus, testicules, ovaires, etc.)
T_{10} à L_2	Membre inférieur
T_{11} à L_2	Gros intestin, uretère et vessie

la vessie et les organes génitaux internes. La plupart des neurofibres sympathiques inhibent l'activité des viscères qu'elles desservent.

Voies avec synapses dans la médullosurrénale

Certaines des neurofibres qui empruntent les nerfs splanchniques passent dans le ganglion cœliaque sans faire synapse, mais se terminent en faisant synapse avec les cellules productrices d'hormones de la médullosurrénale (voir la figure 14.2). Lorsque les cellules médullaires sont stimulées par les neurofibres préganglionnaires, elles sécrètent de la *noradrénaline* et de l'*adrénaline* (parfois appelées norépinéphrine et épinéphrine) dans le liquide interstitiel; ces hormones diffusent vers les capillaires sanguins afin d'être transportées par la circulation sanguine vers les autres organes du corps. Les ganglions sympathiques et la médullosurrénale proviennent du même tissu embryonnaire. C'est pour cette raison que certains chercheurs assimilent la médullosurrénale à un ganglion sympathique «égaré» et ses cellules productrices d'hormones à des neurones postganglionnaires sympathiques, bien que ces cellules soient dépourvues des prolongements de la cellule nerveuse.

Neurones sensitifs viscéraux

La plupart des anatomistes estiment que le système nerveux autonome est un système moteur viscéral: la présence de neurofibres sensitives (pour la plupart des afférents nociceptifs viscéraux) dans les nerfs autonomes est donc souvent passée sous silence. Toutefois, les neurones sensitifs viscéraux, qui signalent les changements chimiques, l'étirement et l'irritation des viscères, sont les premiers maillons des réflexes autonomes qui sont à l'origine des mécanismes de régulation physiologique reliés au maintien de l'homéostasie. Plusieurs nerfs dont nous avons fait la description possèdent des neurofibres motrices sympathiques et parasympathiques ainsi que des neurofibres afférentes qui conduisent les influx sensitifs provenant des organes et des structures musculaires. Les prolongements périphériques des neurones sensitifs viscéraux se trouvent dans les nerfs crâniens VII, IX et X, dans les nerfs splanchniques et dans d'autres nerfs qui sont rattachés à la chaîne sympathique, ainsi que dans les nerfs rachidiens. Comme pour les neurones sensitifs somatiques qui desservent les structures somatiques (les muscles squelettiques et la peau), les corps cellulaires des neurones sensitifs viscéraux sont situés dans les ganglions sensitifs des nerfs crâniens associés ou dans les ganglions rachidiens.

La **douleur projetée** est une douleur qui prend naissance dans les organes mais qui est perçue en périphérie du corps. Ce phénomène s'explique par le fait que les afférents nociceptifs viscéraux empruntent les mêmes voies que les neurofibres nociceptives somatiques. Par exemple, une crise cardiaque peut produire une douleur qui irradie jusque dans la partie supérieure de la paroi thoracique et sur la face interne du bras gauche. Comme le cœur

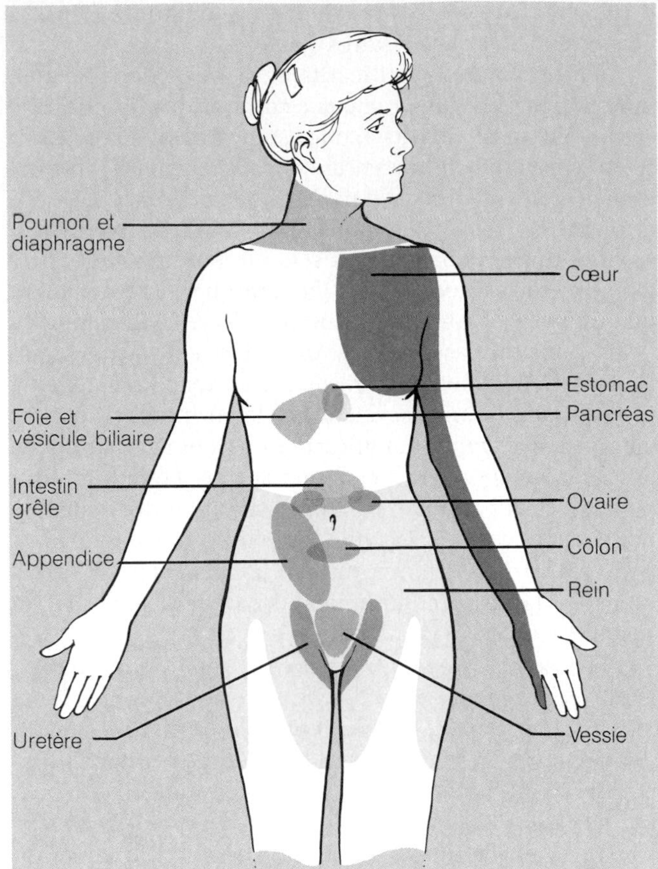

Figure 14.5 Douleur projetée. La figure montre les régions cutanées de la face antérieure du corps où se projette la douleur provenant de certains organes.

et les régions de projection des douleurs du tissu cardiaque sont innervés par les mêmes segments médullaires (soit T_1 à T_5), les aires somesthésiques du cerveau déduisent que les influx douloureux proviennent de la voie somatique la plus utilisée. La figure 14.5 montre les régions cutanées où se projette habituellement la douleur viscérale. (Nous traitons de la douleur somatique et viscérale dans le «Gros plan» du chapitre 15.)

Physiologie du système nerveux autonome

Neurotransmetteurs et récepteurs

Les neurones du système nerveux autonome libèrent principalement de l'*acétylcholine (ACh)* et de la *noradrénaline (NA)*. Les neurones moteurs somatiques sécrètent aussi de l'acétylcholine; ce neurotransmetteur est libéré par tous les axones préganglionnaires du système nerveux sympathique et du système nerveux parasympathique, ainsi que par tous les axones postganglionnaires parasympathiques au niveau de leurs synapses avec les effecteurs (voir la figure 14.1 et le tableau 14.1). Les neurofibres qui libèrent de l'acétylcholine sont appelées **neurofibres cholinergiques.**

Tableau 14.3 Récepteurs cholinergiques et adrénergiques

Neurotransmetteur	Type de récepteurs	Principales situations	Effet de la liaison
Acétylcholine	**Cholinergiques**		
	Nicotiniques	Tous les neurones postganglionnaires; cellules de la médullosurrénale (et jonctions neuromusculaires des muscles squelettiques)	Excitation
	Muscariniques	Tous les organes cibles du système nerveux parasympathique	Excitation dans la plupart des cas; inhibition du muscle cardiaque
		Certaines cibles du système nerveux sympathique: • glandes sudoripares • vaisseaux sanguins des muscles squelettiques	 Activation Inhibition (entraîne la vasodilatation)
Noradrénaline (et adrénaline libérée par la médullosurrénale)	**Adrénergiques**		
	β_1	Cœur, tissu adipeux	Accroissement de la fréquence et de la force cardiaques (effet ionotrope); déclenchement de la lipolyse (effet métabotrope)
	β_2	Reins, poumons et la plupart des autres organes cibles du système nerveux sympathique; abondantes sur les vaisseaux sanguins desservant les muscles squelettiques et le cœur	Déclenchement de la sécrétion de rénine; les autres effets sont principalement inhibiteurs: dilatation des vaisseaux sanguins et des bronchioles; relâchement des muscles lisses de la paroi du tube digestif et de certains éléments du système urinaire
	α_1	Principalement les vaisseaux sanguins desservant la peau, les muqueuses, les organes abdominaux, les reins et les glandes salivaires; pratiquement tous les organes cibles du système nerveux sympathique, à l'exception du cœur	Activation: constriction des vaisseaux sanguins et des sphincters des viscères
	α_2	Membrane des terminaisons axonales adrénergiques; membrane plasmique des plaquettes sanguines	Modulation de l'inhibition de la libération de NA par les terminaisons adrénergiques; facilitation de la coagulation sanguine

Par ailleurs, la plupart des axones postganglionnaires sympathiques libèrent de la noradrénaline et sont appelés **neurofibres adrénergiques.** Les seules exceptions sont les neurofibres postganglionnaires sympathiques innervant les glandes sudoripares et certains vaisseaux sanguins situés dans les muscles squelettiques et dans les organes génitaux externes, qui, elles, libèrent toutes de l'acétylcholine.

Malheureusement, l'acétylcholine et la noradrénaline n'ont pas toujours le même effet excitateur ou inhibiteur sur les effecteurs musculaires ou glandulaires. La réaction de ces effecteurs dépend non seulement des neurotransmetteurs eux-mêmes mais également des récepteurs de la membrane plasmique auxquels ils se lient. Comme il existe au moins deux types de récepteurs pour chaque neurotransmetteur autonome, ces substances chimiques exercent des effets différents (activation ou inhibition) sur les cellules cibles des effecteurs (tableau 14.3).

Récepteurs cholinergiques

Les deux types de récepteurs cholinergiques (qui se lient à l'acétylcholine) sont nommés d'après les substances exogènes qui, en se liant à eux, reproduisent les effets de l'acétylcholine. Les **récepteurs nicotiniques** ont été les premiers identifiés. Lorsque la nicotine se lie à ces récepteurs, elle produit les mêmes effets que l'acétylcholine. La *muscarine,* une substance toxique extraite d'un champignon, active un autre groupe de récepteurs cholinergiques, les **récepteurs muscariniques.** La muscarine n'a aucun effet sur les récepteurs nicotiniques, et la nicotine n'en a pas sur les récepteurs muscariniques. Tous les récepteurs cholinergiques sont soit nicotiniques, soit muscariniques.

On trouve des récepteurs nicotiniques sur les plaques motrices terminales des cellules des muscles squelettiques (qui sont toutefois des cibles somatiques et non autonomes); sur tous les neurones postganglionnaires, tant sympathiques que parasympathiques; et sur les cellules productrices d'hormones de la médullosurrénale. L'effet de la liaison de l'acétylcholine aux récepteurs nicotiniques est *toujours* stimulant et il entraîne l'excitation du neurone ou de la cellule effectrice (postsynaptique). On trouve des récepteurs muscariniques sur toutes les cellules effectrices stimulées par les neurofibres cholinergiques postganglionnaires, c'est-à-dire sur tous les organes cibles du système nerveux parasympathique et sur quelques cibles du système nerveux sympathique comme les glandes sudoripares et certains vaisseaux sanguins des muscles squelettiques. L'effet de la liaison de l'acétylcholine aux récepteurs muscariniques est inhibiteur ou excitateur, selon l'organe cible. Par exemple, la liaison de l'acétylcholine aux récepteurs du muscle cardiaque ralentit l'activité du cœur, tandis que la liaison de l'acétylcholine aux récepteurs des muscles lisses du tube digestif accroît la motilité de celui-ci.

Récepteurs adrénergiques

Il existe également deux classes principales de récepteurs adrénergiques (qui se lient à la noradrénaline): les **récepteurs alpha** (α) et les **récepteurs bêta** (β). Les organes qui réagissent à la noradrénaline présentent un type de récepteurs ou les deux. En général, la liaison de la noradrénaline aux récepteurs α a un effet excitateur, tandis que sa liaison aux récepteurs β a un effet inhibiteur. Il existe cependant des exceptions remarquables. Par exemple, la liaison de la noradrénaline aux récepteurs β du muscle cardiaque stimule l'activité du cœur. Ces différences sont dues au fait que les récepteurs α et β se divisent en sous-classes (α_1, α_2, β_1 et β_2) et que chaque type de récepteurs tend à prédominer dans certains organes cibles. Le tableau 14.3 présente un résumé des situations et des effets des récepteurs appartenant à ces sous-classes.

Effets des médicaments

Du point de vue clinique, il est très important de connaître la situation des récepteurs de type cholinergique et adrénergique afin de prescrire les médicaments qui provoqueront l'effet désiré sur les organes cibles. Par exemple, la néostigmine, un médicament anticholinestérasique, inhibe l'enzyme acétylcholinestérase; ce médicament prévient ainsi la dégradation enzymatique de l'acétylcholine et permet son accumulation dans les synapses. On l'utilise dans le traitement de la myasthénie, une perturbation de l'activité des muscles squelettiques causée par une diminution notable du nombre de récepteurs de l'acétylcholine sur la membrane plasmique des cellules de ces muscles. Par ailleurs, les *antidépresseurs tricycliques* soulagent la dépression en prolongeant l'effet de la noradrénaline sur la membrane postsynaptique. Comme nous l'expliquons dans l'encadré de la page 470, la noradrénaline est l'un des «neurotransmetteurs du plaisir». La recherche pharmaceutique est en grande partie orientée vers l'élaboration de médicaments qui puissent agir sur une seule sous-classe de récepteurs, sans perturber l'ensemble du système adrénergique ou cholinergique. C'est ainsi que la découverte d'inhibiteurs adrénergiques qui se lient aux récepteurs β_1 du muscle cardiaque a constitué un progrès important en pharmacologie. Ces médicaments, aussi appelés *bêtabloqueurs,* dont le propranolol, servent à diminuer la fréquence cardiaque et à prévenir les arythmies (irrégularité du rythme cardiaque) chez les personnes atteintes de maladies du cœur, sans perturber les autres effets sympathiques.

Interactions des systèmes nerveux sympathique et parasympathique

La plupart des organes sont innervés par des neurofibres sympathiques et par des neurofibres parasympathiques, c'est-à-dire qu'ils reçoivent une *double innervation.* Normalement, l'activité des deux composants du système nerveux autonome n'est que partielle: c'est cet antagonisme dynamique qui permet une régulation très précise de l'activité viscérale et, par le fait même, le maintien de l'homéostasie. Cependant, un système ou l'autre prédomine généralement dans des circonstances données. Plus rarement, les deux coopèrent en vue d'un résultat spécifique. Le tableau 14.4 présente les principaux effets du système nerveux sympathique et du système nerveux parasympathique.

Effets antagonistes

Comme nous l'avons vu plus haut, les effets antagonistes touchent particulièrement l'activité du cœur, du système respiratoire et du système digestif. Dans une situation d'urgence, le système nerveux sympathique accroît les fréquences respiratoire et cardiaque ainsi que l'utilisation des nutriments par les cellules, tout en inhibant la fonction digestive et la fonction d'élimination au niveau des reins. Lorsque la situation d'urgence est passée, le système nerveux parasympathique ramène les fréquences cardiaque et respiratoire au repos, puis favorise le réapprovisionnement des cellules en nutriments et l'élimination des déchets.

Tonus sympathique et parasympathique

Bien que nous ayons mentionné que le système nerveux parasympathique est surtout associé au repos et à la digestion, le système nerveux sympathique est le principal agent régulateur de la pression artérielle, même au repos. À quelques exceptions près, le système vasculaire est entièrement innervé par des neurofibres sympathiques, qui préservent au niveau des muscles lisses des vaisseaux sanguins un état de constriction partielle appelé **tonus sympathique** ou **vasomoteur.** Lorsque la circulation doit s'accélérer, ces neurofibres émettent des influx plus rapidement, ce qui provoque la constriction des vaisseaux et l'élévation de la pression artérielle. Inversement, lorsque la pression artérielle doit diminuer, les neurofibres provoquent la dilatation des vaisseaux en diminuant le nombre des influx nerveux. On traite souvent l'hypertension à l'aide de médicaments (comme la phentolamine) qui diminuent l'activité de ces **neurofibres vasomotrices.** Lorsqu'une personne est en état de choc (irrigation inadéquate des tissus) ou lorsque des muscles squelettiques nécessitent un surcroît de sang, les vaisseaux sanguins desservant la peau et les organes abdominaux se contractent. Cette «dérivation» du sang contribue principalement à l'irrigation du cœur et du cerveau ainsi que des muscles squelettiques.

Par ailleurs, les effets parasympathiques prédominent dans le fonctionnement normal du cœur et des muscles lisses des systèmes digestif et urinaire. Ces organes présentent donc un **tonus parasympathique.** Le système nerveux parasympathique empêche une accélération inutile de la fréquence cardiaque et établit les niveaux d'activité normaux des systèmes digestif et urinaire. Toutefois, le système nerveux sympathique peut annuler les effets parasympathiques en situation d'urgence. Les médicaments qui bloquent les réactions parasympathiques accroissent la fréquence cardiaque et provoquent la rétention fécale et urinaire. À l'exception des surrénales et des glandes sudoripares, la plupart des glandes sont activées par des neurofibres parasympathiques.

Effets synergiques

Les effets synergiques des systèmes nerveux sympathique et parasympathique ne sont nulle part plus manifestes que dans la régulation des organes génitaux externes. En effet, la stimulation parasympathique induit la dilatation des vaisseaux qui les irriguent et provoque l'érection

Tableau 14.4 Effets des systèmes nerveux sympathique et parasympathique sur divers organes

Cible (organe ou système)	Effets du système nerveux parasympathique	Effets du système nerveux sympathique
Œil (iris)	Stimulation du muscle sphincter de la pupille; constriction des pupilles	Stimulation du muscle dilatateur de la pupille, dilatation des pupilles
Œil (muscle ciliaire)	Stimulation du muscle ciliaire entraînant la saillie du cristallin aux fins de l'accommodation et de la vision de près	Aucun
Glandes (glandes nasales, lacrymales, salivaires, gastriques, et pancréas)	Stimulation de l'activité sécrétoire	Inhibition de l'activité sécrétoire; vasoconstriction des vaisseaux sanguins desservant les glandes
Glandes sudoripares	Aucun	Déclenchement de la diaphorèse (neurofibres cholinergiques)
Médullosurrénale	Aucun	Déclenchement de la sécrétion d'adrénaline et de noradrénaline par les cellules de la médullosurrénale
Muscles arrecteurs des poils attachés aux follicules pileux	Aucun	Déclenchement de la contraction (redresse les poils et produit la chair de poule)
Muscle cardiaque	Diminution de la fréquence cardiaque; ralentissement et stabilisation	Accroissement de la fréquence et de la force cardiaques
Cœur: vaisseaux coronaires	Constriction des vaisseaux coronaires	Vasodilatation
Vessie/urètre	Contraction du muscle lisse de la paroi vésicale; relâchement du sphincter lisse de l'urètre; stimulation de la miction	Relâchement du muscle lisse de la paroi vésicale; contraction du sphincter lisse de l'urètre; inhibition de la miction
Poumons	Constriction des bronchioles	Dilatation des bronchioles et légère constriction des vaisseaux sanguins
Système digestif	Accroissement de la motilité (péristaltisme) et de la sécrétion; relâchement des sphincters permettant la progression des aliments dans le tube digestif	Diminution de l'activité des glandes et des muscles lisses du système digestif et contraction des sphincters (comme le sphincter anal)
Foie	Aucun	L'adrénaline provoque la libération de glucose par le foie
Vésicule biliaire	Excitation (contraction de la vésicule biliaire provoquant l'expulsion de la bile)	Inhibition (relâchement de la vésicule biliaire)
Reins	Aucun	Vasoconstriction; diminution de la diurèse; formation de rénine
Pénis	Érection (vasodilatation)	Éjaculation
Vagin/clitoris	Érection (vasodilatation) du clitoris	Antipéristaltisme (contraction) du vagin
Vaisseaux sanguins	Minimes ou nuls	Constriction de la plupart des vaisseaux sanguins et augmentation de la pression artérielle; constriction des vaisseaux des organes abdominaux et de la peau permettant la dérivation du sang vers les muscles squelettiques, l'encéphale et le cœur au besoin; dilatation des vaisseaux des muscles squelettiques (par l'intermédiaire de neurofibres cholinergiques et de l'adrénaline) pendant une activité physique
Coagulation sanguine	Aucun	Accroissement de la coagulation
Métabolisme cellulaire	Aucun	Augmentation de la vitesse du métabolisme
Tissu adipeux	Aucun	Déclenchement de la lipolyse (dégradation des graisses)
Activité mentale	Aucun	Augmentation de la vigilance

du pénis ou du clitoris pendant l'excitation sexuelle. (Cela peut expliquer pourquoi la libido diminue lorsque les gens sont anxieux ou bouleversés et que le système nerveux sympathique prédomine.) La stimulation sympathique entraîne ensuite l'éjaculation chez l'homme et le péristaltisme réflexe du vagin chez la femme.

Rôles exclusifs du système nerveux sympathique

Le système nerveux sympathique régit de nombreuses fonctions qui ne sont pas sujettes à l'influence parasympathique. Par exemple, la médullosurrénale, les glandes sudoripares, les muscles arrecteurs des poils, les vaisseaux des reins et la plupart des autres vaisseaux sanguins ne reçoivent que des neurofibres sympathiques. (Il est facile de se rappeler que le système nerveux sympathique innerve ces structures, car une situation d'urgence déclenche la transpiration, la peur donne la chair de poule et l'excitation fait monter en flèche la pression artérielle, sous l'effet d'une vasoconstriction généralisée.) Nous avons déjà vu que l'influence du système nerveux sympathique sur les vaisseaux sanguins permet la régulation de la pression artérielle et la dérivation du sang dans le système vasculaire. Il y a lieu de mentionner ici quelques autres fonctions exclusives du système nerveux sympathique.

GROS PLAN **Faites-moi plaisir!**

Au creux de l'hypothalamus se trouve un petit amas de tissu nerveux qui préside à une bonne partie des comportements: c'est le *centre du plaisir.* C'est lui qui nous incite à manger, à boire et à procréer et qui, par la même occasion, nous rend pathétiquement vulnérables. Qui oserait nier qu'une grande partie de ses actions et de ses valeurs est guidée par le «principe du plaisir»? Or, c'est de ce principe que naissent les dépendances.

Le plaisir repose sur l'action de neurotransmetteurs cérébraux. C'est ainsi qu'on a pu décrire la passion amoureuse comme un «déluge» de noradrénaline et de dopamine dans le cerveau: ces deux neurotransmetteurs activent le centre du plaisir et provoquent toutes les sensations agréables associées à l'amour. Chimiquement parlant, la noradrénaline et la dopamine ressemblent aux amphétamines, et les utilisateurs de métamphétamines (le «speed») peuvent obtenir artificiellement la vague de plaisir que soulèvent naturellement ces deux neurotransmetteurs. Toutefois, ce bien-être est de courte durée car, inondé par des substances étrangères qui imitent si bien ses neurotransmetteurs, le cerveau en produit moins (pourquoi s'en donnerait-il la peine?). Dans sa sagesse, l'organisme évite les efforts inutiles.

La cocaïne entretient elle aussi des rapports étroits avec le centre du plaisir. Sous sa forme granulée au coût prohibitif, cette drogue est prisée depuis fort longtemps. Or, elle se présente de nos jours sous une forme moins chère et beaucoup plus puissante, le «crack». Pour quelque 10 $, le non-initié peut se procurer ces petits cristaux, respirer leur fumée et s'abandonner à un raz-de-marée de plaisir. Mais le «crack» est une drogue insidieuse dont l'utilisateur ne peut bientôt plus se passer. Comparativement à la cocaïne en poudre, il produit non seulement une euphorie plus intense mais également une dépression plus profonde qui ne laisse qu'un choix à l'utilisateur: en consommer encore plus.

Les chercheurs commencent à comprendre les effets de la cocaïne. Elle stimule le centre du plaisir, puis elle l'épuise. Elle produit l'euphorie en bloquant le recaptage de la dopamine et de la noradrénaline (la première étant reliée de plus près que la seconde à la sensation d'euphorie). En conséquence, les neurotransmetteurs demeurent dans la synapse et stimulent sans arrêt les cellules postsynaptiques, ce qui explique le prolongement de leurs effets sur l'organisme. Cette sensation s'accompagne d'une augmentation de la fréquence cardiaque, de la pression artérielle et de l'appétit sexuel. Avec le temps, cependant, et parfois après une seule prise, l'effet se modifie. La dopamine qui s'accumule dans les synapses finit par être évacuée, et les réserves de neurotransmetteur dans le cerveau ne suffisent pas à maintenir l'euphorie. Les cellules émettrices (présynaptiques) ne peuvent produire de la dopamine assez rapidement pour compenser l'évacuation du neurotransmetteur, et les circuits du plaisir «tombent en panne». En même temps, les cellules postsynaptiques deviennent hypersensibles et elles tentent désespérément de capter d'autres signaux de dopamine en augmentant le nombre des récepteurs au niveau de leur membrane plasmique. L'utilisateur devient anxieux et physiologiquement incapable d'éprouver du plaisir sans cocaïne. Le cercle vicieux de la dépendance est alors établi. L'utilisateur a besoin de cocaïne pour ressentir du plaisir, mais chaque consommation diminue un peu plus ses réserves de neurotransmetteur. L'usage intense et prolongé de cocaïne peut causer un épuisement tel des réserves que tout plaisir est impossible et qu'une profonde dépression s'installe. Les cocaïnomanes maigrissent, dorment mal, présentent des anomalies cardiaques et pulmonaires et contractent beaucoup d'infections.

Des flacons et une pipe contenant du «crack»

Il est notoire que la dépendance à la cocaïne est très difficile à traiter. Divers médicaments ont donné des résultats mitigés. Les médicaments traditionnellement prescrits contre la dépendance sont si longs à calmer l'état de manque que la majorité des cocaïnomanes abandonnent le traitement. Cependant, deux nouveaux médicaments donnent une lueur d'espoir. Le décanoate de flupenthixol, un antidépresseur, soulage le besoin de cocaïne en quelques jours, ce qui représente une nette amélioration par rapport aux deux ou trois semaines nécessaires aux autres médicaments ayant des effets analogues. D'après des études récentes, un analgésique appelé buprénorphine serait encore plus prometteur. En effet, les chercheurs ont constaté que des singes de laboratoire cocaïnomanes se désintéressaient rapidement de la drogue après avoir reçu ce médicament.

L'usage du «crack» en Amérique du Nord pose un problème d'envergure. Comme l'héroïne, le «crack» s'est abattu sur les centres-villes avec la furie soudaine d'un ouragan. Mais alors que l'héroïne était entachée d'une réputation sordide, la cocaïne est en quelque sorte bien considérée, et elle a fait son chemin jusque chez les cadres et les professionnels. Le nombre de décès reliés à l'usage de la cocaïne (dus aux troubles cardiovasculaires causés par la crise hypertensive) augmente de jour en jour. Le tableau s'assombrit encore à mesure que croît le nombre de bébés affligés de lésions cérébrales et d'un poids trop faible qui naissent de consommatrices de «crack».

Et comme si le «crack» ne suffisait pas, un mélange de métamphétamines et de «crack» appelé «croak» est apparu dans le sud de la Californie. Qui plus est, une forme fumable de métamphétamines, le «ice», a récemment été importée d'Hawaï en Amérique du Nord. Alors que l'euphorie causée par le «crack» ne dure que de 20 à 30 minutes, celle qu'induit le «ice» persiste de 12 à 24 heures, et elle est suivie par une dépression si dévastatrice qu'elle entraîne apparemment une psychose hallucinatoire chronique. Les autorités estiment que le «ice» se substituera au «crack» dans les rues et deviendra la pire des drogues illégales.

Avec son insatiable appétit, le centre du plaisir est une sirène tyrannique. Nous rêvons de jeunesse et de puissance éternelles, et nous cherchons des solutions instantanées à nos problèmes. Or, les drogues ne constituent que des solutions temporaires. Le cerveau, avec sa biochimie complexe, déjoue toutes les tentatives que nous mettons en œuvre pour le maintenir dans les brumes de l'euphorie. Il faut peut-être en déduire que le plaisir est nécessairement éphémère et qu'il se mesure à l'aune de son absence.

Thermorégulation. Les neurofibres du système nerveux sympathique transportent les informations sensorielles ainsi que les commandes motrices reliées aux réflexes qui régissent la température corporelle. Par exemple, l'application de chaleur sur la peau induit la dilatation réflexe des vaisseaux sanguins de la région touchée. Lorsque la température systémique est élevée, les nerfs sympathiques déclenchent une dilatation généralisée des vaisseaux cutanés (artérioles), ce qui entraîne un afflux de sang chaud à la peau. Ils activent également les glandes sudoripares qui sécrètent la sueur, dont l'évaporation a pour conséquence un refroidissement de la peau (comme l'évaporation de l'alcool ou de l'éther sur la peau). Inversement, lorsque la température corporelle s'abaisse, les nerfs sympathiques déclenchent une vasoconstriction des vaisseaux sanguins de la peau de manière à confiner le sang aux organes vitaux profonds afin d'empêcher un refroidissement généralisé.

Libération de rénine. Sous l'effet d'influx nerveux sympathiques, les reins libèrent de la rénine, une enzyme qui influe sur l'angiotensine; l'action de cette molécule sur des effecteurs spécifiques élève la pression artérielle. Nous expliquons au chapitre 26 les mécanismes d'action du système rénine-angiotensine.

Effets métaboliques. Par l'intermédiaire de la stimulation directe et des hormones libérées par les cellules de la médullosurrénale, le système nerveux sympathique déclenche un certain nombre d'effets métaboliques que l'activité parasympathique ne contre pas. Il s'agit premièrement de l'augmentation de la vitesse du métabolisme des cellules dans le but de fabriquer de l'ATP, deuxièmement de l'élévation du taux de glucose sanguin, troisièmement de la mobilisation des graisses en vue de leur utilisation comme combustibles (synthèse de l'ATP), et quatrièmement d'un accroissement de la vigilance dû à la stimulation du système réticulé activateur ascendant du tronc cérébral.

Effets localisés et effets diffus

Dans le système nerveux parasympathique, un neurone préganglionnaire fait synapse avec un très petit nombre de neurones postganglionnaires (un, la plupart du temps). De plus, toutes les neurofibres parasympathiques libèrent de l'acétylcholine, mais celle-ci est rapidement dégradée par l'acétylcholinestérase. Par conséquent, le système nerveux parasympathique exerce une régulation éphémère et localisée sur ses effecteurs. En revanche, les axones préganglionnaires sympathiques ont tendance à se ramifier considérablement à leur entrée dans la chaîne sympathique et à faire synapse avec de nombreux neurones postganglionnaires situés à divers niveaux. C'est pourquoi le système nerveux sympathique a des réactions diffuses et fortement interdépendantes lorsqu'il est activé. D'ailleurs, au sens étymologique, le terme «sympathique» (*sun* = ensemble, *pathos* = ce qu'on éprouve) fait référence à la mobilisation générale de l'organisme.

Les effets de l'activation sympathique sont aussi beaucoup plus durables que ceux de l'activation parasympathique et ce, pour trois raisons. Premièrement, la noradrénaline est inactivée plus lentement que l'acétylcholine parce qu'elle doit être recaptée dans la terminaison présynaptique avant d'être emmagasinée à nouveau dans les vésicules synaptiques. Deuxièmement, en tant que neurotransmetteur métabotrope agissant par l'intermédiaire de seconds messagers (voir la page 370), la noradrénaline exerce ses effets plus lentement que ne le fait l'acétylcholine, qui est ionotrope. Troisièmement, lorsque le système nerveux sympathique est mobilisé, les cellules de la médullosurrénale libèrent dans la circulation sanguine de petites quantités (15 %) de noradrénaline et de grandes quantités (85 %) d'adrénaline. Bien que l'adrénaline augmente la fréquence cardiaque, le taux de glucose sanguin et la vitesse du métabolisme de manière plus efficace que la noradrénaline, ces deux hormones provoquent essentiellement les mêmes effets que la noradrénaline libérée par les neurones sympathiques. En fait, on estime que les hormones circulantes de la médullosurrénale produisent de 25 % à 50 % des effets sympathiques agissant sur l'organisme à un moment donné. Ces effets se font sentir pendant quelques minutes, jusqu'à ce que le foie dégrade ces hormones. Par conséquent, bien que la durée d'action des influx des nerfs sympathiques soit brève, ils produisent des effets hormonaux de longue durée. L'effet prolongé et généralisé de l'activation sympathique explique pourquoi les symptômes du stress extrême mettent un certain temps à disparaître, même après la disparition du stimulus.

Régulation du système nerveux autonome

On tient généralement pour acquis que le système nerveux autonome est involontaire, mais son activité n'en est pas moins soumise à une régulation. Cette régulation s'effectue à plusieurs échelons du système nerveux central, soit la moelle épinière, le tronc cérébral, l'hypothalamus et le cortex cérébral.

Tronc cérébral et moelle épinière

La formation réticulée du tronc cérébral semble exercer l'influence la plus *directe* sur les fonctions autonomes. Par exemple, de nombreuses réponses autonomes peuvent être déclenchées par la stimulation de centres moteurs qui, situés dans le bulbe rachidien, régissent de manière réflexe la fréquence cardiaque (*centres cardiaques*), le diamètre des vaisseaux sanguins (*centre vasomoteur*), la respiration et plusieurs activités gastro-intestinales. La plupart des influx sensitifs qui provoquent ces réflexes autonomes sont acheminés au tronc cérébral par l'intermédiaire de neurofibres afférentes du nerf vague. Le pont contient aussi des *centres respiratoires* qui interagissent avec ceux du bulbe rachidien, et certains centres du mésencéphale (*noyaux oculo-moteurs*) contribuent à la régulation du diamètre des pupilles. Les réflexes de défécation et de miction, qui entraînent l'évacuation du rectum et de la vessie, sont intégrés à l'échelon de la moelle épinière mais ils sont soumis à une inhibition consciente par les centres cérébraux supérieurs.

Les arcs réflexes autonomes (viscéraux) comprennent essentiellement les mêmes éléments que les arcs réflexes somatiques (soit un récepteur, un neurone sensitif, un centre d'intégration, un neurone moteur et un effecteur); par contre, ils font intervenir une voie motrice de *deux neurones.* Nous décrivons tous les réflexes autonomes dans des chapitres ultérieurs, en même temps que les organes qu'ils desservent.

Hypothalamus

L'hypothalamus est le principal centre d'intégration du système nerveux autonome. Plusieurs noyaux des parties interne et antérieure de l'hypothalamus semblent diriger des fonctions parasympathiques, tandis que d'autres noyaux des parties externe et postérieure président à des fonctions sympathiques. Ces centres agissent par l'intermédiaire de relais situés dans la *formation réticulée,* qui influe à son tour sur les neurones moteurs préganglionnaires du système nerveux autonome logés dans l'encéphale et la moelle épinière. Non seulement l'hypothalamus contient-il des centres qui coordonnent l'activité cardiaque et endocrinienne, la pression artérielle, la température corporelle et l'équilibre hydrique, mais il en renferme aussi qui ont un effet sur diverses émotions (la colère et le plaisir) et les pulsions biologiques (la soif, la faim et le désir sexuel). (L'encadré de la page 470 traite de l'effet de certaines drogues sur les centres du plaisir de l'hypothalamus.)

Au chapitre 12 (page 400), nous avons indiqué que la partie émotionnelle du cerveau (c'est-à-dire le système limbique) est liée de près à l'hypothalamus. En fait, c'est la réaction émotionnelle du système limbique au danger et à une situation génératrice d'anxiété qui signale à l'hypothalamus de régler le système nerveux sympathique en mode «lutte ou fuite». L'hypothalamus est donc la pierre angulaire du cerveau émotionnel et viscéral, et c'est par ses centres que les émotions se répercutent sur le fonctionnement du système nerveux autonome, sur la physiologie des organes et sur le comportement.

Cortex cérébral

On a pensé pendant longtemps que le système nerveux autonome échappait à la volonté. Cependant, les études portant sur la méditation et la rétroaction biologique ont démontré qu'il est possible de maîtriser les activités viscérales, même si cette capacité demeure inexploitée chez la plupart des gens.

Influence de la méditation. L'observation des yogis a révélé que la méditation crée un état physiologique qui se situe presque exactement à l'opposé de l'hyperactivité d'origine sympathique. Les fréquences cardiaque et respiratoire s'abaissent, la consommation d'oxygène et le métabolisme diminuent, et les tracés électroencéphalographiques indiquent un état de relaxation profonde. Cette réaction généralisée diffère considérablement des effets locaux habituels de l'activité parasympathique, et elle tendrait à prouver que l'adepte de la méditation maîtrise consciemment son fonctionnement autonome.

Influence de la rétroaction biologique. Selon le principe de base de la **rétroaction biologique,** nous ne maîtrisons pas nos activités viscérales parce que nous n'en avons pas conscience (ou alors très peu). Pendant les séances d'apprentissage de la rétroaction biologique, les sujets sont reliés à un appareil qui détecte et amplifie les processus physiologiques tels que la fréquence cardiaque, la pression artérielle et le tonus des muscles squelettiques; ces données sont ensuite retransmises au sujet sous la forme de clignotants ou de tonalités. On demande au sujet d'essayer de modifier ou de maîtriser certaines fonctions «involontaires» en se concentrant sur des pensées calmes et agréables. Comme l'appareil indique les changements physiologiques recherchés, le sujet apprend peu à peu à reconnaître les sentiments qui leur sont associés et à les susciter à volonté.

Les techniques de rétroaction biologique apportent un soulagement certain aux personnes qui souffrent de migraines. De même, elles permettent aux cardiaques de gérer leur anxiété; beaucoup ont diminué leur risque de crise cardiaque en apprenant à abaisser leur pression artérielle et leur fréquence cardiaque.

Déséquilibres homéostatiques du système nerveux autonome

Comme le système nerveux autonome participe à presque toutes les fonctions d'importance, il n'est pas étonnant que ses anomalies aient des effets étendus. Ces perturbations peuvent notamment entraver la circulation sanguine et l'élimination des déchets, voire entraîner la mort.

La plupart des troubles du système nerveux autonome sont reliés à un excès ou à une insuffisance de la régulation des muscles lisses. Les plus graves touchent les vaisseaux sanguins: il s'agit entre autres de l'hypertension, de la maladie de Raynaud et du syndrome de l'hyperréflectivité autonome.

L'*hypertension* peut être causée par une hyperactivité du système nerveux sympathique due au stress extrême et prolongé. L'hypertension est toujours grave, d'une part parce qu'elle impose un surcroît de travail au cœur, ce qui peut hâter une cardiopathie; d'autre part parce qu'elle use prématurément les parois des artères. On traite l'hypertension due au stress à l'aide de médicaments qui bloquent les récepteurs adrénergiques.

La *maladie de Raynaud* se caractérise par des crises durant lesquelles la peau des doigts et des orteils devient blême, cyanosée puis douloureuse. Ces crises sont généralement provoquées par l'exposition au froid. On pense qu'il s'agit d'une réponse exagérée de vasoconstriction dans certaines parties du corps. Les effets de la maladie vont du simple malaise à une constriction vasculaire telle qu'une ischémie et la gangrène peuvent s'ensuivre. Pour traiter les cas graves, on sectionne les neurofibres sympathiques préganglionnaires desservant les régions atteintes (cette intervention est appelée *sympathectomie*). Les vaisseaux touchés se dilatent et l'irrigation se rétablit.

Le *syndrome de l'hyperréflectivité autonome* est un phénomène très grave qui se traduit par une activation anarchique des neurones moteurs autonomes et somatiques. Dans la plupart des cas, il se manifeste chez des personnes quadriplégiques ou atteintes de lésions médullaires situées au-dessus de T_6. La lésion initiale est suivie par le choc spinal (voir la page 417). Quand l'activité réflexe se rétablit, elle est généralement exagérée, faute d'inhibition par les centres cérébraux supérieurs. Surviennent ensuite des périodes d'hyperréflectivité autonome provoquées par des vagues d'influx nerveux provenant de régions étendues de la moelle épinière. Le facteur déclenchant est habituellement un stimulus cutané douloureux ou la distension d'un viscère, la vessie notamment. Le syndrome de l'hyperréflectivité autonome se traduit par des réflexes des raccourcisseurs, l'évacuation du côlon et de la vessie et la diaphorèse. L'activité sympathique extrême élève la pression artérielle (jusqu'à 200 mm Hg ou plus), ce qui peut causer la rupture d'un vaisseau sanguin de l'encéphale et un accident vasculaire cérébral. On ne connaît pas le mécanisme exact de ce syndrome, mais certains y voient une forme d'épilepsie de la moelle épinière. ■

Développement et vieillissement du système nerveux autonome

Les neurones préganglionnaires du système nerveux autonome se développent à partir du *tube neural* embryonnaire, comme les neurones moteurs somatiques. Les structures du système nerveux autonome dans le système nerveux périphérique (les neurones postganglionnaires et tous les ganglions autonomes) proviennent quant à elles de la *crête neurale* (de même que tous les neurones sensitifs) (voir la figure 12.2). Certaines cellules de la crête neurale forment les chaînes sympathiques localisés; d'autres migrent vers l'avant et atteignent un site adjacent à l'aorte, où elles forment les ganglions prévertébraux. Les deux types de ganglions reçoivent des axones des neurones sympathiques localisés dans la moelle épinière, et ils émettent des axones qui font synapse avec leurs cellules effectrices en périphérie du corps. Ce processus semble guidé par le **facteur de croissance des cellules nerveuses,** c'est-à-dire une protéine sécrétée par les cellules cibles des axones postganglionnaires. Après un long trajet, certaines des cellules de la crête neurale se différencient et forment la partie médullaire de la glande surrénale. Les cellules de la crête neurale contribuent également aux ganglions ciliaires et à d'autres ganglions parasympathiques de la tête ainsi qu'aux ganglions terminaux parasympathiques des organes. Il semble que les cellules de la crête neurale atteignent leurs destinations en migrant le long des axones en voie de développement.

Les anomalies congénitales du système nerveux autonome sont rares. Il convient cependant de citer l'exemple de la *maladie de Hirschsprung* (appelée aussi *mégacôlon congénital*), une affection due à une absence de neurones dans les ganglions terminaux (intramuraux) de la partie distale du gros intestin (dans la paroi du côlon). Comme cette partie demeure immobile, elle se distend par suite de l'accumulation des matières fécales en amont. On corrige l'anomalie en excisant chirurgicalement le segment d'intestin inactif. ■

Pendant la jeunesse, les perturbations du système nerveux autonome sont habituellement dues à des lésions de la moelle épinière ou des nerfs autonomes. Par ailleurs, l'efficacité du système nerveux autonome diminue au cours des années. Beaucoup de personnes âgées se plaignent de constipation (provoquée par un ralentissement de la motilité gastro-intestinale), ont les yeux secs et souffrent d'infections oculaires répétées (en raison d'une diminution de la sécrétion lacrymale). En outre, certaines personnes âgées ont tendance à s'évanouir quand elles passent de la position couchée à la position debout. Elles souffrent alors d'**hypotension orthostatique** (*orthos* = droit, *statos* = debout), une forme d'hypotension artérielle causée par un ralentissement de la réponse des centres vasoconstricteurs sympathiques. Bien que ces problèmes soient ennuyeux, ils sont généralement bénins, et la plupart peuvent être surmontés par des changements dans le mode de vie ou l'emploi de substances artificielles. Ainsi, on conseille aux personnes âgées de changer de position lentement pour laisser à leur système nerveux sympathique le temps de stabiliser la pression artérielle. On leur recommande aussi de boire beaucoup de liquides pour soulager la constipation et d'humecter leurs yeux à l'aide de gouttes pour instillations oculaires (des larmes artificielles).

* * *

Nous avons décrit dans ce chapitre la structure et le fonctionnement du système nerveux autonome, qui constitue l'une des voies motrices du système nerveux périphérique. Nous y reviendrons à plusieurs reprises, car la plupart des organes que nous allons étudier dans les chapitres ultérieurs sont soumis à des mécanismes de régulation autonomes.

Termes médicaux

Achalasie (*a* = sans, *khalasis* = relâchement) Défaut de relâchement de l'œsophage et de son sphincter inférieur lors de la déglutition, entravant le passage des aliments. La partie distale de l'œsophage se distend et les vomissements sont fréquents. On ne connaît pas la cause de la maladie, mais il se peut qu'elle soit due à une anomalie congénitale des neurones postganglionnaires parasympathiques de la paroi de l'œsophage, ou qu'elle soit secondaire à une fibrose de l'œsophage (comme dans la sclérodermie).

Syndrome de Horner Syndrome provoqué par la destruction de la chaîne sympathique supérieure d'un côté du corps et entraînant un affaissement (ptose) de la paupière supérieure, le myosis et l'anhidrose du côté touché de la tête.

Vagotomie Section ou résection d'un nerf vague visant à réduire la sécrétion d'acide gastrique et d'autres substances érosives, et à faire disparaître ainsi les symptômes des ulcères gastro-intestinaux.

Vessie atonique Flaccidité de la vessie entraînant un remplissage excessif et des fuites d'urine par les sphincters. L'affection peut résulter d'une perte temporaire de l'innervation autonome à la suite d'une lésion de la moelle épinière.

Résumé du chapitre

1. Le système nerveux autonome est le volet moteur du système nerveux périphérique qui régit les activités viscérales afin de préserver l'homéostasie.

SYSTÈME NERVEUX AUTONOME: CARACTÉRISTIQUES GÉNÉRALES (p. 458-460)

Comparaison entre le système nerveux somatique et le système nerveux autonome (p. 458-459)

1. Le système nerveux somatique (volontaire) fournit des neurofibres motrices aux muscles squelettiques. Le système nerveux autonome (involontaire ou moteur viscéral) donne des neurofibres motrices aux muscles lisses, au muscle cardiaque et aux glandes.

2. Dans le système nerveux somatique, un neurone moteur unique forme la voie efférente qui va du système nerveux central aux effecteurs. La voie efférente du système nerveux autonome consiste en une chaîne de deux neurones: le neurone préganglionnaire dans le système nerveux central et le neurone postganglionnaire dans un ganglion.

3. L'acétylcholine est le neurotransmetteur des neurones moteurs somatiques; elle stimule les neurofibres des muscles squelettiques. Les neurotransmetteurs libérés par les neurones moteurs autonomes (l'acétylcholine et la noradrénaline) peuvent être excitateurs ou inhibiteurs.

Composants du système nerveux autonome (p. 459-460)

4. Le système nerveux autonome est composé du système nerveux sympathique et du système nerveux parasympathique. Ces deux systèmes exercent généralement des effets antagonistes sur les mêmes organes cibles.

5. Le système nerveux parasympathique (repos et digestion) économise l'énergie et maintient les activités corporelles à leurs niveaux de base.

6. Les effets parasympathiques comprennent la constriction des pupilles, la sécrétion glandulaire, l'accroissement de la motilité gastro-intestinale et les mécanismes musculaires menant à l'élimination des matières fécales et de l'urine.

7. Le système nerveux sympathique prépare l'organisme à faire face aux situations d'urgence.

8. Les effets sympathiques sont la dilatation des pupilles et des bronchioles, l'augmentation de la fréquence cardiaque et respiratoire, l'élévation de la pression artérielle, l'augmentation du taux de glucose sanguin et la transpiration. Pendant une activité physique, la vasoconstriction sympathique détourne le sang de la peau et du système digestif vers le cœur, l'encéphale et les muscles squelettiques.

ANATOMIE DU SYSTÈME NERVEUX AUTONOME (p. 460-466)

Système nerveux parasympathique (cranio-sacré) (p. 460-462)

1. Les neurones préganglionnaires parasympathiques émergent du tronc cérébral et de la région sacrée (S_2 à S_4) de la moelle épinière.

2. Les neurofibres préganglionnaires font synapse avec des neurones postganglionnaires dans des ganglions terminaux situés à l'intérieur ou près de leurs organes effecteurs. Les neurofibres préganglionnaires sont longues, tandis que les neurofibres postganglionnaires sont courtes.

3. Les neurofibres d'origine crânienne naissent dans les noyaux des nerfs crâniens III, VII, IX et X, dans le tronc cérébral, et elles font synapse dans des ganglions situés dans la tête, le thorax et l'abdomen. Le nerf vague dessert pratiquement tous les organes logés dans les cavités thoracique et abdominale.

4. Les neurofibres d'origine sacrée (S_2 à S_4) sont issues de la région latérale de la moelle épinière et elles forment certains des nerfs splanchniques. Ces nerfs desservent les viscères du bassin. Les axones préganglionnaires n'empruntent ni les rameaux communicants ni les nerfs rachidiens.

Système nerveux sympathique (thoraco-lombaire) (p. 462-466)

5. Les neurones préganglionnaires sympathiques sont issus de la corne latérale des segments médullaires T_1 à L_2.

6. Les axones préganglionnaires quittent la moelle épinière en passant par les rameaux communicants blancs et atteignent les ganglions de la chaîne sympathique. Un axone peut faire synapse dans un de ces ganglions, au même niveau ou à un niveau différent, ou encore émerger de la chaîne sympathique sans faire synapse. Les neurofibres préganglionnaires sont courtes, tandis que les neurofibres postganglionnaires sont longues.

7. Lorsque la synapse se fait dans un ganglion de la chaîne sympathique, la neurofibre postganglionnaire peut entrer dans la branche du nerf rachidien par le rameau communicant gris puis atteindre la périphérie du corps. Les neurofibres postganglionnaires issues des ganglions cervicaux de la chaîne sympathique desservent aussi les organes et les vaisseaux sanguins de la tête, du cou et du thorax.

8. Lorsque la synapse ne se fait pas dans les ganglions de la chaîne sympathique, les neurofibres préganglionnaires forment les nerfs splanchniques (grands et petits splanchniques, splanchniques inférieurs, lombaires et sacrés). La plupart des neurofibres des nerfs splanchniques font synapse dans les ganglions prévertébraux, et les neurofibres postganglionnaires desservent les organes abdominaux. Certaines neurofibres des nerfs splanchniques font synapse avec des cellules de la médullosurrénale.

Neurones sensitifs viscéraux (p. 466)

9. Pratiquement tous les nerfs autonomes contiennent des neurofibres sensitives viscérales.

PHYSIOLOGIE DU SYSTÈME NERVEUX AUTONOME (p. 466-472)

Neurotransmetteurs et récepteurs (p. 466-468)

1. Les neurones moteurs autonomes libèrent deux importants neurotransmetteurs, l'acétylcholine (ACh) et la noradrénaline (NA). Selon le neurotransmetteur qu'elles libèrent, les neurofibres sont dites cholinergiques ou adrénergiques.

2. L'acétylcholine est libérée par toutes les neurofibres préganglionnaires et par toutes les neurofibres postganglionnaires parasympathiques. La noradrénaline est libérée par toutes les neurofibres postganglionnaires sympathiques, à l'exception de celles qui desservent les glandes sudoripares de la peau, certains vaisseaux sanguins des muscles squelettiques et les organes génitaux externes (qui, elles, sécrètent de l'acétylcholine).

3. Selon les récepteurs auxquels ils se lient, les neurotransmetteurs ont des effets différents. Les récepteurs cholinergiques (ACh) sont soit muscariniques, soit nicotiniques. Les récepteurs adrénergiques (NA) se divisent en quatre sous-classes: α_1, α_2, β_1 et β_2.

Effets des médicaments (p. 468)

4. On traite les troubles causés par un fonctionnement excessif ou inadéquat du système nerveux autonome par des médicaments qui reproduisent, favorisent ou inhibent l'action de ses neurotransmetteurs. Certains médicaments se lient à un seul type de récepteurs, facilitant ou inhibant de la sorte des activités précises.

Interactions des systèmes nerveux sympathique et parasympathique (p. 468-471)

5. Les systèmes sympathique et parasympathique innervent tous deux la plupart des organes; ils ont de nombreuses interactions mais présentent habituellement un antagonisme dynamique. Les effets antagonistes touchent principalement le cœur, le système respiratoire et le système digestif. Le système nerveux sympathique stimule l'activité cardiaque et respiratoire et il ralentit

l'activité gastro-intestinale. Le système nerveux parasympathique inverse ces effets.

6. La plupart des vaisseaux sanguins ne sont innervés que par des neurofibres sympathiques et présentent un tonus vasomoteur. L'activité parasympathique prédomine dans le cœur, les muscles lisses du système digestif (qui présentent normalement un tonus parasympathique) et les glandes.

7. Les systèmes nerveux sympathique et parasympathique ont des effets synergiques sur les organes génitaux externes.

8. Les rôles exclusifs du système nerveux sympathique sont la régulation de la pression artérielle, la dérivation du sang dans le système vasculaire, la thermorégulation, le déclenchement de la sécrétion de rénine par les reins et les effets métaboliques.

9. L'activation du système nerveux sympathique entraîne une mobilisation prolongée de l'organisme en vue d'une situation d'urgence (lutte ou fuite). Les effets parasympathiques sont localisés et de courte durée.

Régulation du système nerveux autonome (p. 471-472)

10. Le régulation du système nerveux autonome s'effectue à divers échelons. (1) L'activité réflexe est régularisée par les centres de la moelle épinière et du tronc cérébral (particulièrement ceux du bulbe rachidien). (2) Les centres d'intégration hypothalamiques interagissent avec les centres cérébraux supérieurs et inférieurs pour orchestrer les réactions autonomes, somatiques et endocriniennes. (3) Les centres corticaux influent sur le fonctionnement autonome par l'intermédiaire de connexions avec le système limbique. La maîtrise consciente des fonctions autonomes est possible, notamment par la méditation et la rétroaction biologique.

DÉSÉQUILIBRES HOMÉOSTATIQUES DU SYSTÈME NERVEUX AUTONOME (p. 472-473)

1. La plupart des troubles du système nerveux autonome se répercutent sur la régulation des muscles lisses. Les anomalies de la régulation vasculaire, comme l'hypertension, la maladie de Raynaud et le syndrome de l'hyperréflectivité autonome, en sont les plus graves exemples.

DÉVELOPPEMENT ET VIEILLISSEMENT DU SYSTÈME NERVEUX AUTONOME (p. 473)

1. Les neurones préganglionnaires se développent à partir du tube neural; les neurones postganglionnaires proviennent de la crête neurale embryonnaire.

2. La maladie de Hirschsprung est une obstruction fonctionnelle du gros intestin due à l'absence de neurones parasympathiques dans les ganglions terminaux (intramuraux) de cet organe.

3. L'âge entraîne une perte d'efficacité du système nerveux autonome, qui se traduit par une diminution de la sécrétion glandulaire et de la motilité gastro-intestinale ainsi que par un ralentissement des réactions vasomotrices sympathiques aux changements de position.

Questions de révision

Choix multiples/associations

1. Parmi les caractéristiques suivantes, laquelle n'appartient pas au système nerveux autonome? (a) Des chaînes efférentes de deux neurones. (b) La présence de corps cellulaires de neurones dans le système nerveux central. (c) La présence de corps cellulaires de neurones dans les ganglions. (d) L'innervation des muscles squelettiques.

2. Associez les structures ou les caractéristiques suivantes au système nerveux sympathique (S) ou au système nerveux parasympathique (P).

_____ (1) Neurofibres préganglionnaires courtes et neurofibres postganglionnaires longues
_____ (2) Ganglions terminaux
_____ (3) Neurofibres d'origine cranio-sacrée
_____ (4) Neurofibres adrénergiques
_____ (5) Ganglions cervicaux
_____ (6) Ganglions otiques et ciliaires
_____ (7) Régulation précise
_____ (8) Augmentation des fréquences cardiaque et respiratoire et élévation de la pression artérielle
_____ (9) Augmentation de la motilité gastrique et sécrétion des larmes, de la salive et des sucs digestifs
_____ (10) Innervation des vaisseaux sanguins
_____ (11) Activé lorsque vous vous balancez dans un hamac
_____ (12) Activé lorsque vous participez à un marathon

Questions à court développement

3. Expliquez brièvement pourquoi l'on qualifie parfois le système nerveux autonome d'involontaire et pourquoi on l'associe aux émotions et à l'activité viscérale.

4. Décrivez la relation anatomique entre les rameaux communicants gris et blanc et le nerf rachidien et mentionnez le type de neurofibres que l'on trouve dans chaque rameau.

5. Énumérez les effets de l'activation du système nerveux sympathique sur les glandes sudoripares, les pupilles, la médullosurrénale, le cœur, les poumons, le foie, les vaisseaux sanguins des muscles squelettiques pendant une activité physique intense, les vaisseaux sanguins du système digestif et les glandes salivaires.

6. Parmi les effets que vous avez mentionnés dans vos réponses à la question 5, lesquels sont inversés par l'activité du système nerveux parasympathique?

7. Quelles neurofibres du système nerveux autonome libèrent de l'acétylcholine? Lesquelles libèrent de la noradrénaline?

8. Définissez le tonus sympathique et le tonus parasympathique et expliquez leur importance.

9. Énumérez les sous-classes de récepteurs de l'acétylcholine et de la noradrénaline et indiquez les principaux endroits où on trouve chacun de ces neurotransmetteurs.

10. Quelle région de l'encéphale intervient le plus directement dans les réflexes autonomes?

11. Expliquez l'importance de l'hypothalamus pour la régulation du système nerveux autonome.

12. Définissez la rétroaction biologique et expliquez ses différentes utilisations.

13. Comment la perte d'efficacité du système nerveux autonome se manifeste-t-elle chez les personnes âgées?

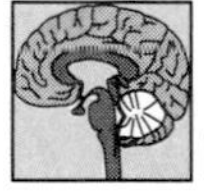

Réflexion et application

1. M. Johnson souffre de rétention urinaire fonctionnelle et d'atonie de la vessie. On lui prescrit du béthanéchol, un médicament qui reproduit les effets de l'acétylcholine sur le système nerveux autonome. Justifiez ce choix thérapeutique. Ensuite, relevez parmi les réactions indésirables suivantes celles que M. Johnson est susceptible d'éprouver: vertiges, hypotension artérielle, sécheresse oculaire, respiration sifflante, augmentation de la production de mucus dans les bronches, xérostomie, diarrhée, crampes, diaphorèse et érections indésirables.

2. Lorsque M. Lacroix a été admis à l'hôpital, il se plaignait de douleurs atroces dans l'épaule et le bras gauches. Une crise cardiaque a été diagnostiquée. Expliquez le phénomène de douleur projetée observé chez M. Lacroix.

3. Une femme de 32 ans se plaint de douleurs aux majeurs et aux annulaires et indique que, losqu'elles se produisent, ses doigts blêmissent puis bleuissent. On note ses antécédents, et on remarque qu'elle fume beaucoup. Le médecin lui conseille d'arrêter de fumer. Il ajoute qu'il ne lui prescrira aucun médicament avant qu'elle n'ait passé un mois sans faire usage du tabac. De quoi souffre cette femme et pourquoi doit-elle cesser de fumer?

4. Gabriel est âgé de deux ans. Son abdomen est distendu et il est toujours constipé. La palpation révèle une masse dans le côlon descendant et la radiographie montre une importante distension. Selon vous, de quel trouble Gabriel est-il atteint et quels sont les liens entre cette affection et l'innervation du côlon?

15 L'intégration nerveuse

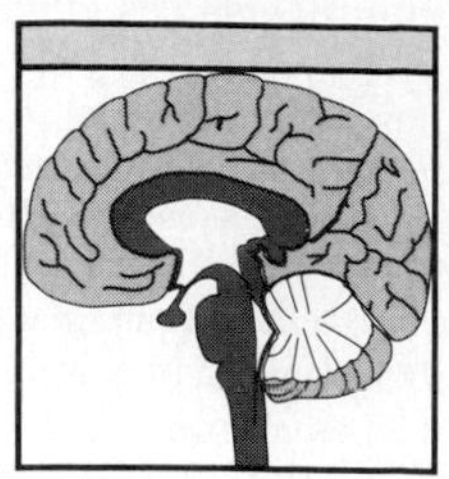

Sommaire et objectifs d'apprentissage

Intégration sensorielle: de la réception à la perception (p. 476-479)

1. Expliquer le rôle que jouent les récepteurs dans le traitement des informations sensorielles.
2. Comparer les faisceaux des voies ascendantes antéro-latérale et lemniscale du système somesthésique.
3. Expliquer les principales caractéristiques du traitement perceptif des influx sensitifs.

Intégration motrice: de l'intention à l'acte (p. 479-485)

4. Décrire les niveaux hiérarchiques de la régulation motrice sur les muscles squelettiques.
5. Décrire le programme médullaire et le neurone de commande.
6. Comparer le rôle de la voie motrice principale et de la voie motrice secondaire dans la régulation de l'activité motrice.
7. Expliquer la fonction du cervelet et des noyaux gris centraux dans l'intégration somesthésique et motrice.
8. Décrire les symptômes des troubles du cervelet et des noyaux gris centraux.

Fonctions mentales supérieures (p. 485-493)

9. Décrire l'électroencéphalogramme et distinguer les ondes alpha, bêta, thêta et delta.
10. Expliquer l'importance du sommeil lent et du sommeil paradoxal et indiquer les variations qu'ils présentent au cours de la vie.
11. Expliquer la signification du terme *traitement holistique* par rapport à la conscience chez l'être humain.
12. Comparer les stades et les catégories de la mémoire.
13. Indiquer les principales structures cérébrales que l'on pense associées à la mémoire déclarative et à la mémoire procédurale et décrire leurs rôles.
14. Énumérer quelques-unes des aires corticales associées à la compréhension et à l'émission du langage et indiquer le rôle qu'on leur attribue dans l'état actuel des connaissances.

Nous considérons rarement l'activité du système nerveux dans son ensemble; cependant, toutes ses fonctions, qu'elles soient sensitives, intégratrices ou motrices, s'accomplissent simultanément. Imaginez par exemple que vous faites une balade en voiture avec un ami. Les objets qui entrent dans votre champ visuel et la pression de l'accélérateur sur votre pied sont autant de stimulus qui, traduits en influx sensitifs, informent à tout moment votre système nerveux central des conditions qui règnent à l'intérieur comme à l'extérieur de votre organisme. Vos muscles obéissent aux ordres de votre système nerveux central, et vous freinez ou accélérez tout en soutenant une conversation animée avec votre passager. Ce chapitre porte sur les phénomènes nerveux qui sous-tendent ces actions coutumières.

À cause de leur immédiateté, les expériences sensorielles conscientes constituent un bon point de départ pour l'étude de l'intégration nerveuse. Après avoir traité de l'intégration sensorielle, nous examinerons le déroulement de quelques activités motrices, notamment la marche et la station debout. Nous ferons ensuite le lien entre ces deux sujets en abordant l'intégration sensori-motrice. Enfin, nous nous pencherons sur la pensée, la mémoire et le langage, sujets obscurs s'il en est mais combien propices à la spéculation.

Intégration sensorielle: de la réception à la perception

Notre survie dépend non seulement de la **sensation** mais aussi de la **perception.** La première se définit comme la conscience des variations dans le milieu interne et l'environnement, et la seconde comme l'interprétation consciente des stimulus, de laquelle découlent nos réactions. Par exemple, lorsque nous entendons un avertisseur, ce qui constitue une sensation, nous comprenons que notre voiture a dévié et risque de causer un accident, ce qui constitue une perception.

Dans cette section, nous suivrons le trajet des influx sensitifs des récepteurs au cortex cérébral, et nous examinerons le rôle que jouent les structures nerveuses à chacune des étapes de ce parcours.

Organisation générale du système somesthésique

Le **système somesthésique,** la partie du système sensitif consacrée à la réception en périphérie du corps, reçoit des influx des extérocepteurs, des propriocepteurs et des intérocepteurs. Par conséquent, il transmet des renseignements relatifs à différentes modalités sensitives du milieu interne du corps comme de son environnement.

Les faisceaux sensitifs ascendants qui unissent les récepteurs au cortex cérébral sont généralement formés de chaînes de trois neurones : le corps cellulaire du *neurone de premier ordre* dans le ganglion rachidien, le corps cellulaire du *neurone de deuxième ordre* dans la corne postérieure de la moelle épinière ou dans le bulbe rachidien et le corps cellulaire du *neurone de troisième ordre* dans le thalamus (voir la figure 12.25). On trouve aussi des synapses collatérales tout au long de ce trajet.

Dans le système somesthésique (comme dans tout système sensitif), l'intégration nerveuse comprend trois niveaux : le *niveau des récepteurs,* le *niveau des voies ascendantes* et le *niveau de la perception.* Ces niveaux correspondent respectivement aux récepteurs sensoriels, aux faisceaux ascendants et aux réseaux de neurones du cortex cérébral (figure 15.1). Les neurones des trois ordres relaient les influx sensitifs en direction de l'encéphale, mais ils traitent et utilisent ces informations en cours de route.

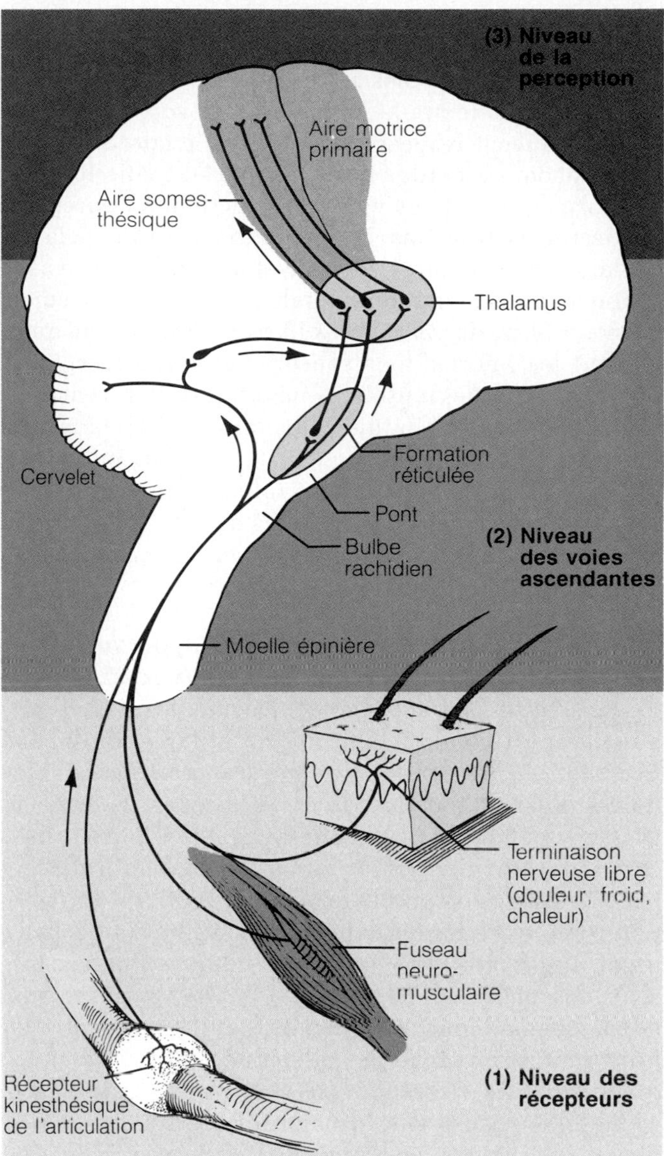

Figure 15.1 Organisation générale du système somatosensitif. Les trois niveaux fondamentaux de l'intégration nerveuse sont le niveau des récepteurs (niveau 1), le niveau des voies ascendantes (niveau 2) et le niveau de la perception (niveau 3). Le niveau des voies ascendantes comprend tous les centres du système nerveux central, à l'exception des aires somesthésiques.

Traitement au niveau des récepteurs

L'information relative au milieu interne et à l'environnement se présente sous forme d'énergie sonore, mécanique, chimique, etc. Les neurones des récepteurs sensoriels réagissent à ces stimulus en les convertissant en influx nerveux (**transduction**). Les autres neurones du système nerveux déclenchent des influx nerveux en réaction aux neurotransmetteurs sécrétés lorsqu'un potentiel d'action stimule un neurone présynaptique.

Lorsque le récepteur absorbe l'énergie d'un stimulus, il s'ensuit un *potentiel récepteur* (voir le chapitre 13, page 425). Si le potentiel récepteur est d'intensité liminaire, il déclenche un potentiel d'action au niveau de la zone gâchette. La transmission d'influx nerveux vers le système nerveux central se poursuit tant que continue le stimulus. Comme l'intensité du stimulus se traduit par la fréquence de la transmission d'influx (et non par une variation du potentiel d'action), les stimulus forts provoquent plus d'influx à la seconde que les stimulus faibles.

Traitement au niveau des voies ascendantes

Les neurofibres sensitives qui transportent les influx provenant des récepteurs cutanés et des propriocepteurs se ramifient considérablement à leur entrée dans la moelle épinière. Certaines de leurs collatérales font directement sypnase avec des neurones moteurs de la substance grise qui déclenchent des activités réflexes (réflexes spinaux) des muscles squelettiques. Les autres afférents sensitifs font synapse avec des neurones de deuxième ordre dans la corne postérieure ou continuent leur ascension dans les cordons de la moelle épinière et font synapse dans les noyaux du bulbe rachidien. Les neurofibres nociceptives de faible diamètre font synapse avec des neurones superficiels de la corne postérieure (substance gélatineuse). Les grosses neurofibres myélinisées provenant des récepteurs de la pression et du toucher forment des synapses collatérales avec des neurones des cornes postérieures.

Les influx sensitifs somatiques atteignent l'aire somesthésique en empruntant les axones situés dans les faisceaux de deux voies ascendantes parallèles, la *voie antéro-latérale* (extra-lemniscale) et la *voie lemniscale,* qui se trouvent respectivement dans le cordon antéro-latéral et dans le cordon postérieur de la moelle épinière. L'information que ces voies transmettent à l'encéphale est destinée à trois fins: la perception sensorielle, la formulation de la réponse motrice et la régulation de cette réponse. Dans le cordon latéral, on retrouve également les neurofibres des *faisceaux spino-cérébelleux,* qui transportent les informations sensorielles (proprioceptives) en provenance des muscles squelettiques et des tendons. Comme leur nom l'indique, ces faisceaux se terminent dans le cervelet (voir la figure 12.25a). Les influx proprioceptifs qu'ils transportent informent le cervelet de l'état de contraction des muscles squelettiques durant l'exécution d'un mouvement et ne servent pas à la sensibilité consciente en tant que telle.

Voie ascendante antéro-latérale. La **voie ascendante antéro-latérale** est formée des *faisceaux spino-thalamiques antérieur et latéral,* que nous avons présentés au chapitre 12 (voir le tableau 12.2 et la figure 12.25b). Les neurofibres spino-thalamiques croisent la ligne médiane dans la moelle épinière. La plupart d'entre elles transmettent des influx douloureux et thermiques, mais certaines véhiculent de l'information relative au toucher léger, à la pression ou à l'état des articulations. La sensation complexe qu'est la démangeaison emprunte aussi ce trajet. Les neurofibres spino-thalamiques font synapse avec des neurones de troisième ordre dans quelques noyaux thalamiques; en cours de route, cependant, elles projettent de nombreuses collatérales dans la formation réticulée du tronc cérébral. Les neurones réticulaires font à leur tour synapse avec la majorité des parties de l'encéphale, soit divers noyaux moteurs du tronc cérébral, les noyaux du système réticulé activateur ascendant et le cortex cérébral.

La voie ascendante antéro-latérale concourt aux aspects émotionnels de la perception (notamment au plaisir et à l'aversion) et à la perception de la douleur (voir l'encadré de la p. 480). De plus, elle contribue à l'excitation corticale, à certains réflexes moteurs de haut niveau et aux réactions d'orientation (comme celle qui consiste à tourner la tête en direction d'un stimulus inusité).

Voie ascendante lemniscale. Les axones passant dans la **voie ascendante lemniscale** interviennent principalement dans la propagation d'influx provenant d'un seul type (ou de quelques types apparentés) de récepteurs sensoriels. Cette voie est formée des *faisceaux gracile* et *cunéiforme* qui montent dans le **cordon postérieur** de la moelle épinière pour atteindre les noyaux gracile et cunéiforme du bulbe rachidien où ces axones font synapse avec le corps cellulaire d'autres neurones. Les neurofibres qui émergent de ces noyaux forment le **lemnisque médial** et permettent la propagation des influx jusqu'aux noyaux ventraux postérieurs du thalamus (voir le tableau 12.2 et la figure 12.25a). Du thalamus, les influx sont acheminés vers des régions déterminées de l'aire somesthésique du cortex. Les neurofibres des nerfs trijumeaux (nerfs crâniens V) rejoignent aussi le lemnisque médial. Les faisceaux de la voie ascendante lemniscale transmettent au cortex l'information concernant la discrimination tactile, la pression, la vibration et la proprioception consciente (position des membres et des articulations). Leurs neurofibres projettent des collatérales qui se rendent aux noyaux du système réticulé activateur ascendant et contribuent de la sorte au mécanisme d'excitation du cortex et d'autres structures de l'encéphale.

Les faisceaux ascendants des voies antéro-latérale et lemniscale sont parallèles et ils sont activés simultanément; leurs interactions les uns avec les autres et avec le cortex cérébral sont nombreuses et quelque peu redondantes. Cependant, leur parallélisme comporte des avantages: d'une part, il confère de la richesse aux perceptions en permettant à la même information de subir divers traitements; d'autre part, il constitue une forme d'assurance contre les lésions, en ce sens que si l'une de ces voies est endommagée, une partie des influx peut emprunter l'autre.

Traitement au niveau de la perception

La perception est le dernier stade du traitement sensoriel: elle comprend la conscience des stimulus et la discrimination de leurs caractéristiques. À l'approche du thalamus, l'information sensorielle accède graduellement au niveau de la conscience. Le thalamus reconnaît vaguement l'origine de l'influx sensitif et perçoit grossièrement ses modalités. Mais ce sont les aires somesthésiques du cortex qui en déterminent précisément les caractéristiques et qui le localisent avec exactitude.

Les aires somesthésiques primaires et les aires associatives du cortex sont formées de colonnes de neurones corticaux, chacune constituant une unité élémentaire de la perception sensorielle. Selon l'origine du stimulus, le thalamus projette des neurofibres (différenciées par le type de sensation) jusqu'aux aires sensitives appropriées, ce qui permet un traitement parallèle des divers influx sensitifs. Ce traitement produit une image interne et consciente du stimulus.

Une fois que le traitement cortical a produit une image consciente du stimulus, nous pouvons agir ou ne pas agir, suivant l'information que recèle cette image et l'estimation consciente que nous faisons des résultats de chaque choix. Le choix que nous faisons dépend bien entendu de notre expérience en matière d'influx sensitifs semblables.

Les principaux aspects de la perception sensorielle sont la détection, l'estimation de l'intensité du stimulus, la discrimination spatiale, la discrimination des caractéristiques, la discrimination des qualités et la reconnaissance des formes.

Détection perceptive. Le niveau le plus simple de la perception correspond à la capacité de détecter qu'un stimulus s'est produit. En règle générale, la **détection**

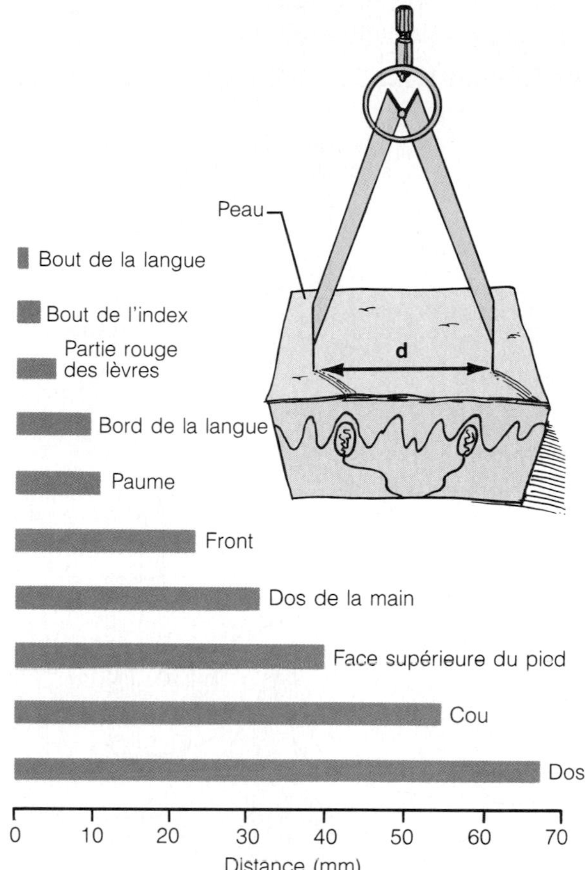

Figure 15.2 Discrimination spatiale chez l'adulte. Les bandes indiquent la distance minimale, (**d**), qui doit séparer les pointes du compas de Weber pour que se produise une double sensation tactile.

perceptive repose sur la sommation (au niveau des aires somesthésiques) de plusieurs influx captés par des récepteurs.

Estimation de l'intensité du stimulus. L'**estimation de l'intensité du stimulus** correspond à la capacité des aires somesthésiques de *quantifier* le stimulus agissant sur l'organisme. Comme les stimulus sont codés suivant la fréquence des potentiels d'action, la perception s'intensifie proportionnellement au nombre de stimulus.

Discrimination spatiale. La **discrimination spatiale** est la capacité des aires somesthésiques de déceler le siège ou le mode de la stimulation. En laboratoire, on étudie la discrimination spatiale en mesurant sur la peau la distance minimale qui sépare deux points perçus comme distincts. L'épreuve permet d'estimer la densité des récepteurs tactiles dans les diverses régions de la peau. Comme le montre la figure 15.2, la distance séparant deux points perçus comme distincts varie de moins de 5 mm à plus de 50 mm, suivant la sensibilité des régions, qui est proportionnelle au nombre de récepteurs par unité de surface.

Discrimination des caractéristiques. La perception sensorielle repose généralement sur l'interaction de plusieurs propriétés d'un stimulus. Ainsi, le toucher nous indique que le velours est une matière chaude, souple, lisse et légèrement discontinue. On en déduit qu'une unité de perception, ou module, est apte à capter et à associer un ensemble plus ou moins grand de propriétés du stimulus et, par conséquent, à lui rattacher une *caractéristique*. Le mécanisme suivant lequel un neurone ou un réseau de neurones est apte à capter une caractéristique plutôt qu'une autre est appelé **discrimination des caractéristiques.** Lorsque nous passons les doigts sur du marbre, nous remarquons d'abord qu'il est froid, ensuite qu'il est dur, puis qu'il est lisse, trois caractéristiques dont l'association contribue à notre perception du marbre.

La peau comprend des récepteurs du toucher, de la pression, de la douleur et de la température; elle ne contient pas de récepteurs de la texture. Or, lorsque les influx sont intégrés parallèlement par les aires somesthésiques du cortex, nous pouvons apprécier la dureté, la froideur et le poli du marbre. La discrimination des caractéristiques nous permet d'identifier une substance ou un objet présentant une texture ou une forme particulière.

Discrimination des qualités. Chaque modalité sensorielle est dotée de quelques **qualités,** ou sous-modalités. Par exemple, les sous-modalités du goût sont le sucré, le salé, l'amer et l'acide. La **discrimination des qualités** est l'importante capacité de distinguer les sous-modalités d'une sensation. Elle témoigne du haut degré de perfectionnement de notre système sensoriel.

La discrimination des qualités peut être analytique ou synthétique. Certains sens ne permettent que la discrimination analytique, d'autres ne permettent que la discrimination synthétique et d'autres enfin permettent les deux. La **discrimination analytique** conserve à chaque qualité sa nature propre. Si nous mélangeons du sucré et du salé, par exemple, les deux qualités ne se fondent pas en une tierce saveur et nous goûtons chacune individuellement (miel et beurre d'arachides sur des rôties, par exemple). En revanche, la perception du goût du chocolat correspond à de la **discrimination synthétique.** Ce goût est un mélange de qualités (sucré, amer et un peu de salé), et notre perception est en fait une *synthèse* de ces trois qualités primaires distinctes. La discrimination synthétique est très importante pour la vision. Nos photorécepteurs de la couleur réagissent principalement aux longueurs d'onde du rouge, du bleu et du vert. Or, grâce au traitement synthétique, nous voyons du jaune, du violet et de l'orangé, suivant le nombre de récepteurs de chaque couleur qui sont stimulés. La vision et l'olfaction reposent sur la discrimination synthétique uniquement.

Reconnaissance des formes. La **reconnaissance des formes** est la capacité de détecter une forme familière, une forme inconnue ou une forme chargée de sens dans notre environnement. Par exemple, nous reconnaissons un visage connu dans un ensemble de points et, lorsque nous écoutons de la musique, nous entendons la mélodie et pas seulement une suite de notes. En fait, la plupart de nos expériences sensorielles sont engendrées par des formes complexes que nous percevons comme des touts. Malheureusement, ce mécanisme échappe encore aux explications de la science.

GROS PLAN La douleur: importune mais utile

La douleur est une expérience primitive que l'être humain partage avec presque tous les autres animaux. Rares sont les personnes qui ont échappé à la persistance d'un mal de tête. La douleur a pour fonction de signaler l'imminence ou la survenue d'une lésion, mais il est difficile d'apprécier sa valeur lorsque nous en sommes victimes.

Cliniquement, on ne peut mesurer la douleur qu'au moyen de techniques indirectes comme celle qui consiste à percuter la zone douloureuse puis à observer la réaction du sujet. En revanche, l'autre signe fréquent de maladie ou de lésion, c'est-à-dire la fièvre, se mesure tout simplement avec un thermomètre.

Réception de la douleur

Les principaux récepteurs de la douleur sont des terminaisons nerveuses libres disséminées par millions dans tous les tissus et tous les organes (à l'exception du cerveau). Ces récepteurs réagissent aux stimulus nocifs, autrement dit à tout ce qui peut endommager les tissus. Or, c'est la bradykinine, une substance chimique très puissante, qui semble constituer le stimulus douloureux par excellence. Quel que soit le siège des lésions, des enzymes agissent sur des molécules précurseures que l'on retrouve dans de nombreux tissus afin de former la bradykinine. À son tour, la bradykinine déclenche la sécrétion de plusieurs substances chimiques, telles l'histamine et les prostaglandines, qui amorcent le processus inflammatoire à l'origine de la guérison de la lésion. Certains scientifiques pensent que la bradykinine se lie également aux terminaisons axonales des récepteurs de la douleur, les amenant à produire des potentiels d'action.

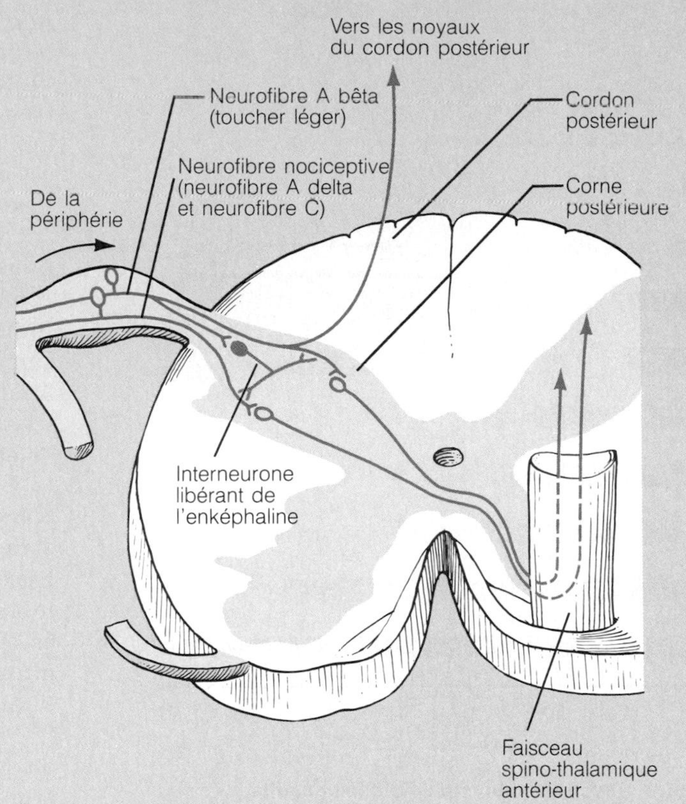

Lorsque les neurofibres de la douleur de type A delta et de type C sont stimulées, elles émettent des influx douloureux vers les neurones du faisceau spino-thalamique de la moelle épinière afin que ce dernier les transporte vers les aires somesthésiques. Lorsque le mécanisme des portillons est activé, les influx ne sont pas transmis au faisceau spino-thalamique; la propagation de la douleur est donc bloquée au niveau de la moelle.

Transmission et réception de la douleur

Du point de vue clinique, on distingue la douleur *somatique* de la douleur *viscérale.* La douleur somatique provient de la peau, des muscles ou des articulations et elle peut être superficielle ou profonde. La douleur somatique superficielle est aiguë et cuisante et nous pousse souvent à crier. Elle tend à être brève au niveau de l'épiderme ou des muqueuses. Ce type de douleur est transmis dans des neurofibres A delta (δ) finement myélinisées. La douleur somatique profonde est brûlante et persistante; elle résulte de la stimulation de nocicepteurs situés dans les couches profondes de la peau, dans les muscles, dans les os, ou dans les articulations. Elle est plus diffuse et plus durable que la douleur somatique superficielle, et elle indique toujours une destruction tissulaire. Les influx provenant des nocicepteurs profonds sont transmis lentement par de petites neurofibres C amyélinisées.

Intégration motrice: de l'intention à l'acte

Le système moteur somatique possède une organisation différente de celle du système sensitif dans la mesure où il comprend des effecteurs (fibres musculaires squelettiques) plutôt que des récepteurs sensoriels, et des faisceaux efférents descendants plutôt que des faisceaux afférents ascendants; d'autre part, il est voué au comportement moteur plutôt qu'à la perception. En revanche, les mécanismes fondamentaux du système moteur, tout comme ceux du système sensitif, s'articulent en trois niveaux qui constituent la hiérarchie de la régulation motrice.

Niveaux de la régulation motrice

En 1873, le neurologue britannique John Jackson postula

La douleur viscérale résulte de la stimulation de récepteurs situés dans les organes des cavités thoracique et abdominale. Comme la douleur somatique profonde, elle est généralement sourde, brûlante ou déchirante. Elle est déclenchée principalement par un étirement extrême des tissus, une ischémie, des substances chimiques irritantes et des spasmes musculaires. Comme les influx de la douleur viscérale et ceux de la douleur somatique empruntent les mêmes faisceaux ascendants de la moelle épinière, l'aire somesthésique du cortex peut les confondre, ce qui donne lieu au phénomène de la *douleur projetée* (voir p. 466).

Les neurofibres de la douleur somatique superficielle et celles des douleurs somatique et viscérale profondes font synapse avec des neurones de deuxième ordre dans les cornes postérieures de la moelle épinière. La transmission des influx douloureux dans les neurones de premier ordre provoque la libération de la *substance P,* le neurotransmetteur de la douleur, dans la fente synaptique. La suite des événements est mal connue, mais il semble que les axones de la plupart des neurones de deuxième ordre traversent la moelle et entrent dans les faisceaux spino-thalamiques antéro-latéraux qui montent jusqu'au thalamus. De là, les influx sont relayés à l'aire somesthésique du cortex, où ils sont perçus comme de la douleur. Certaines neurofibres de deuxième ordre «prennent un raccourci», c'est-à-dire qu'elles montent directement au thalamus, ce qui permet à l'aire somesthésique de déterminer la cause et l'intensité de la douleur. Les autres neurofibres des faisceaux spino-thalamiques projettent un grand nombre de collatérales qui font synapse dans le tronc cérébral, dans l'hypothalamus et dans d'autres structures du système limbique avant d'atteindre le thalamus. Ce deuxième ensemble de neurofibres transporte les influx à l'origine des réactions excitatrices et émotionnelles à la douleur, et il a des effets plus durables sur le système nerveux central.

Le *seuil* de la douleur est le même chez tous les êtres humains; en d'autres termes, nous percevons la douleur à partir de la même intensité de stimulus. Par exemple, la chaleur est perçue comme douloureuse à partir de 44 °C environ, soit le degré où les tissus commencent à être endommagés. En revanche, la *tolérance à la douleur* varie considérablement d'un individu à l'autre, et elle est fortement influencée par des facteurs culturels et psychologiques. Lorsque nous disons d'une personne qu'elle est «très sensible à la douleur», nous évoquons sa tolérance à la douleur et non pas son seuil de la douleur. D'autre part, les émotions et l'état mental ont également une incidence sur la douleur. Après une catastrophe, par exemple, on peut voir de grands blessés n'éprouver aucune douleur alors qu'ils se portent au secours d'autres victimes.

Modulation de la douleur

L'aspect extraordinairement changeant de la douleur chez l'être humain laisse croire à l'existence de mécanismes nerveux qui modulent la transmission et la perception de la douleur. Nous savons depuis un certain temps que certains neurones du cerveau libèrent des opiacés naturels (les bêta-endorphines et les enképhalines) qui réduisent la perception de la douleur. On pense que l'hypnose et l'analgésie induite par stimulation font intervenir la sécrétion de ces opiacés naturels. On a découvert récemment que, dans certaines conditions, les opiacés naturels modulent la transmission de la douleur à l'échelon de la moelle épinière. La théorie de la porte médullaire sélective (ou théorie du portillon) de Melzcak et Wall explique les mécanismes de la douleur en plusieurs étapes énumérées ci-dessous.

1. La douleur résulte de l'interaction complexe de neurofibres dans lesquelles la propagation des influx est lente ou rapide et de neurofibres descendant du cerveau.
2. Le portillon semble situé dans la corne postérieure (la substance gélatineuse), où les influx nerveux provenant des récepteurs périphériques (par l'intermédiaire des deux types de neurofibres de la douleur et des neurofibres du toucher) entrent dans la moelle épinière.
3. Si les influx qui empruntent les neurofibres lentes de la douleur (petites neurofibres de type C) dépassent en nombre les influx qui sont acheminés dans les neurofibres rapides du toucher (grosses neurofibres de type A bêta), le portillon s'ouvre et les influx douloureux sont transmis et perçus.
4. La stimulation d'un plus grand nombre de neurofibres A bêta ferme le portillon, ce qui inhibe la transmission des influx douloureux et réduit la perception de la douleur. C'est ce que l'on appelle la *théorie de l'interaction sensorielle.*

Ces phénomènes indiquent que les collatérales des afférentes A bêta forment des présynapses excitatrices avec de petits *interneurones libérant de l'enképhaline* situés dans les cornes postérieures. De leur côté, ces interneurones ont des terminaisons présynaptiques inhibitrices qui font synapse avec les neurofibres du toucher et les neurofibres de la douleur (voir l'illustration). Lorsque les neurofibres du toucher sont actives, les interneurones libèrent des enképhalines qui empêchent la transmission des influx douloureux et tactiles au cortex cérébral par les faisceaux spino-thalamiques. Voilà pourquoi le massage et la friction peuvent calmer la douleur. Autrement dit, si les techniques analgésiques, qu'il s'agisse des médicaments, de la stimulation électrique ou de l'acupuncture, ont quelque efficacité, c'est parce que l'organisme le permet!

l'existence d'une **hiérarchie de la motricité.** Selon Jackson, le premier niveau de la hiérarchie motrice était occupé par la moelle épinière et le tronc cérébral avec leur activité réflexe, le deuxième, par le cervelet et le troisième, par l'aire motrice du cortex.

La recherche moderne a quelque peu modifié le modèle de Jackson. Nous savons maintenant que le cortex cérébral est l'instrument de la volition (la volonté de faire exécuter des mouvements spécifiques) et qu'il se situe effectivement au sommet des voies motrices conscientes, mais nous savons aussi qu'il ne constitue pas l'ultime étape de la planification et de la coordination des activités motrices complexes. En effet, ce rôle appartient au cervelet et aux noyaux gris centraux, ce qui les place au faîte de la hiérarchie de la régulation motrice. Pour ce qui est des niveaux inférieurs, nous estimons aujourd'hui que certaines activités motrices sont régies par des *arcs réflexes* (des réponses motrices automatiques et stéréotypées aux stimulus), mais que le comportement moteur complexe, comme la marche et la nage, dépend de schèmes fixes. Les **schèmes fixes** sont des enchaînements stéréotypés d'actions motrices produits dans les

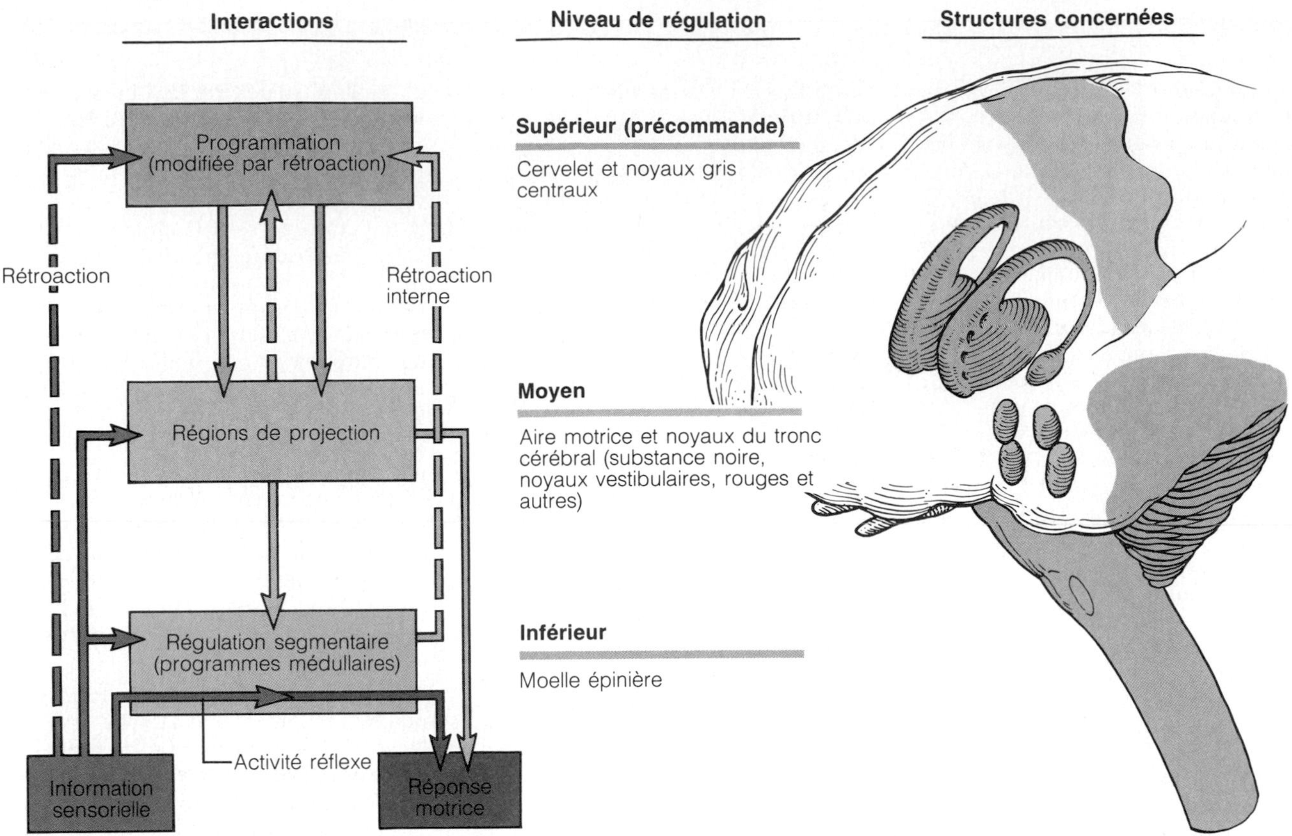

Figure 15.3 Hiérarchie de la régulation motrice.

différents centres moteurs ou déclenchés par des stimulus externes appropriés. Une fois lancés, ces enchaînements se déroulent jusqu'à leur terme, suivant la loi du tout-ou-rien. À l'heure actuelle, nous reconnaissons trois niveaux de régulation motrice : le *niveau segmentaire,* le *niveau de la projection* et le *niveau de la programmation.* La figure 15.3 schématise ces niveaux, leurs interactions et les structures qu'ils concernent.

Niveau segmentaire

Le niveau le plus bas de la hiérarchie motrice, le **niveau segmentaire,** est composé des **réseaux segmentaires de la moelle épinière.** Un réseau segmentaire est généralement formé de quelques neurones de la substance grise qui activent les neurones de la corne antérieure d'un seul segment médullaire et qui les amène à stimuler un groupe précis de fibres musculaires squelettiques. Ces réseaux engendrent des **programmes médullaires** spécifiques qui régissent la locomotion.

Les données que nous possédons au sujet de la régulation de l'activité motrice par le système nerveux nous proviennent d'études menées au cours des 100 dernières années. Les premiers chercheurs ont découvert que des portions isolées de la moelle épinière, libérées de toutes leurs connexions afférentes et efférentes et placées dans une solution physiologique, produisaient les volées d'influx moteurs propres à exciter les muscles extenseurs et fléchisseurs suivant le rythme et l'enchaînement nécessaires aux mouvements normaux de la locomotion chez un animal intact. Constatant que la moelle épinière possède en soi la capacité d'exciter les muscles de la locomotion de manière appropriée, les chercheurs conclurent à l'existence de programmes médullaires. Toutes ces données proviennent d'études sur des animaux, mais il est probable que la locomotion humaine est régie de façon similaire et que le programme de la marche est imprimé dans les neurones de notre moelle épinière. La marche serait une capacité innée et non acquise que même les nourrissons posséderaient.

Qu'est-ce qui régit un programme médullaire (ou tout autre réseau segmentaire) de façon qu'il produise des mouvements coordonnés ? Nous ne nous déplaçons pas à tout instant et, lorsque cela se produit, nous pouvons le faire d'un pas lent, ou en courant à vitesse modérée ou très rapide. La théorie qui prévaut en la matière veut que l'appareil segmentaire soit mis en marche ou arrêté par un « interrupteur » situé dans les centres nerveux supérieurs. Apparemment, cet interrupteur est constitué d'interneurones du tronc cérébral appelés *neurones de commande* et appartenant au niveau de la projection.

Niveau de la projection

Les différents segments de la moelle épinière sont directement régis par le **niveau de la projection.** Ce niveau comprend les aires motrices du cortex (voies motrices principales ou système pyramidal) et les noyaux moteurs du tronc cérébral (voie motrice secondaire ou système extrapyramidal). Les axones de ces neurones *se projettent* vers la moelle épinière en formant les faisceaux de projection (descendants) que nous avons décrits au chapitre 12 (figure 12.26); à ce niveau, ils contribuent aux activités réflexes et aux schèmes fixes et produisent des mouvements volontaires. Comme nous l'avons déjà mentionné, le niveau de la projection abrite les neurones de commande qui régissent les neurones du niveau segmentaire.

Neurones de commande. Un **neurone de commande** est un interneurone qui peut activer une partie de la séquence d'un comportement coordonné en excitant ou en inhibant des neurones moteurs précis de la moelle épinière (par l'intermédiaire de son influence sur les neurones qui déclenchent les programmes médullaires). En tant que neurone d'ordre supérieur, sa fonction est de déclencher, d'arrêter ou de modifier le rythme fondamental du programme médullaire ou d'autres réseaux segmentaires régissant l'une des catégories suivantes de schèmes fixes: les postures, les mouvements épisodiques, les mouvements répétitifs et les enchaînements progressifs de mouvements. Chez les vertébrés, les neurones de commande se trouvent dans les noyaux réticulaires moteurs, dans les noyaux rouges et dans les noyaux vestibulaires du tronc cérébral.

Comment les neurones de commande sont-ils eux-mêmes régis? Dans certains cas (la régulation du rythme respiratoire notamment), ils sont toujours activés mais leur activité accélère ou ralentit suivant le niveau d'activité physique ou psychologique. Dans d'autres cas, ils doivent «privilégier» un comportement moteur par rapport à un autre. Bien que les influx sensitifs qui se rendent à l'encéphale n'interviennent pas directement dans le déclenchement des commandes motrices du niveau de la projection, ils agissent sur les neurones de commande et influent sur leur «prise de décision».

Voie motrice principale (système pyramidal). Les neurones du niveau de la projection du cortex cérébral regroupent les neurones pyramidaux, situés dans l'aire motrice du gyrus précentral, et certains neurones de l'aire prémotrice du lobe frontal. Ces neurones envoient des influx dans le tronc cérébral par l'intermédiaire des gros **faisceaux cortico-spinaux** (ou **faisceaux pyramidaux**) (voir la figure 12.26a). La plupart des neurofibres de ces faisceaux font synapse avec des interneurones dans la moelle épinière ou directement avec des neurones moteurs de la corne antérieure. L'activation des neurones de la corne antérieure produit les contractions des muscles squelettiques. Au fil de leur descente dans la région sous-corticale et le tronc cérébral, les faisceaux cortico-spinaux émettent des collatérales aux noyaux gris centraux, aux noyaux moteurs du tronc cérébral ainsi qu'au cervelet. Les **faisceaux cortico-nucléaires** font également partie de la voie motrice principale; ils innervent les noyaux moteurs des nerfs crâniens situés dans le tronc cérébral.

Bien que les axones des faisceaux cortico-spinaux agissent sur *toutes* les cellules de la corne antérieure (les cellules α comme les cellules γ), ils influent principalement sur les neurones moteurs alpha les plus externes, qui régissent les muscles de la partie distale des membres. Par conséquent, la voie motrice principale régit surtout les mouvements volontaires fins ou complexes.

Voie motrice secondaire (système extrapyramidal). La voie motrice secondaire comprend *tous les faisceaux moteurs* à l'exception des faisceaux cortico-spinaux. Les noyaux du tronc cérébral les plus importants de cette partie du niveau de la projection sont les noyaux réticulaires, les noyaux rouges et vestibulaires ainsi que les noyaux des tubercules quadrijumeaux supérieurs. Ensemble, ces noyaux déclenchent les principales modalités du comportement moteur coutumier, c'est-à-dire qu'ils intègrent les commandes motrices descendantes et traitent les influx ascendants (sensibilité proprioceptive) de façon à conserver la posture et le tonus musculaire et à effectuer les activités associées dont la voie motrice principale a besoin pour produire des mouvements coordonnés.

Les **noyaux réticulaires**, dont les influx se propagent par l'intermédiaire des **faisceaux réticulo-spinaux** descendants, possèdent des fonctions complexes et opposées. Certains inhibent les muscles fléchisseurs tandis que d'autres les activent; il en va de même pour l'innervation des extenseurs. L'effet global de ces noyaux est de conserver l'équilibre en variant le tonus des muscles squelettiques de la posture. Les **noyaux vestibulaires** reçoivent des influx du cervelet et des organes de l'équilibre (situés dans le vestibule de l'oreille interne). Les influx conduits vers le bas dans les **faisceaux vestibulo-spinaux** participent à la régulation des réseaux de neurones du niveau segmentaire (médullaire) dans la position debout, autrement dit, dans le soutien du corps contre la force gravitationnelle. De plus, ils modulent l'activité motrice des muscles des yeux et du cou. Par l'intermédiaire des **faisceaux rubro-spinaux**, les **noyaux rouges** envoient des influx facilitants (PPSE) aux neurones moteurs qui régissent les fléchisseurs, tandis que les noyaux des **tubercules quadrijumeaux supérieurs**, par le biais des **faisceaux tecto-spinaux**, coordonnent les mouvements de la tête accomplis en réaction à des stimulus visuels. Les interactions de ces noyaux du tronc cérébral semblent diriger les programmes médullaires pendant la locomotion et d'autres activités rythmiques, telles que le balancement des bras et le grattement.

Il convient de noter que les commandes provenant de l'aire motrice peuvent éviter les réseaux du niveau segmentaire de la moelle épinière et activer directement les neurones moteurs de la corne antérieure (voir la figure 15.3). De plus, chaque niveau du système moteur renvoie continuellement de l'information aux autres. Non seulement les faisceaux du niveau de projection acheminent-ils de l'information aux neurones moteurs inférieurs, mais ils en envoient également une copie (par *rétroaction interne*) aux niveaux de commande supérieurs, les informant constamment sur l'exécution de la commande motrice par les muscles squelettiques. Les voies motrices principale et secondaire fournissent, dans une certaine mesure, des faisceaux distincts et parallèles afin de régir le niveau segmentaire de la moelle épinière, mais ces systèmes travaillent en synergie.

Niveau de la programmation

Deux autres grands systèmes de neurones encéphaliques, situés dans les noyaux gris centraux et dans le cervelet, sont nécessaires à la régulation de l'activité motrice, notamment au déclenchement et à l'arrêt précis des mouvements, à la coordination des mouvements avec la posture, au blocage des mouvements indésirables et à la régulation du tonus musculaire. Ces systèmes, qui portent le nom collectif de **système de précommande,** régissent les influx provenant des centres moteurs du cortex et du tronc cérébral et représentent le plus haut niveau de la hiérarchie motrice, c'est-à-dire le **niveau de la programmation.** Dans une certaine mesure, c'est à ce niveau que les systèmes moteur et sensitif fusionnent et sont intégrés.

Le **cervelet** est la structure clé de l'encéphale en ce qui concerne l'intégration sensorimotrice «directe». Nous avons vu au chapitre 12 que cet organe constitue en effet la cible ultime des influx ascendants relatifs à la proprioception, au toucher, à la vision et à l'équilibre, c'est-à-dire de la rétroaction dont il a besoin pour corriger rapidement les «erreurs» de l'activité motrice. Il reçoit également de l'information des aires motrices par l'intermédiaire de collatérales des faisceaux moteurs corticospinaux (descendants) et de divers noyaux du tronc cérébral. Comme le cervelet est dépourvu de connexions directes avec la moelle épinière, il agit sur les faisceaux des voies motrices principale et secondaire par l'entremise du niveau de projection du tronc cérébral, et sur les aires motrices par l'entremise du thalamus. En général, la région du vermis commande les muscles de la tête, du tronc et de la ceinture pelvienne par l'intermédiaire des noyaux vestibulaires et des noyaux réticulaires du tronc cérébral. Les régions intermédiaires du cervelet influent sur les muscles régissant les parties distales des membres par le biais des aires motrices du cortex cérébral et des noyaux rouges du tronc cérébral.

Les **noyaux gris centraux** participent aussi à la régulation des activités motrices déclenchées par les neurones corticaux et, comme le cervelet, ils sont situés au carrefour de nombreuses voies afférentes et efférentes. Par contre, ils ne reçoivent pas de neurofibres sensitives somatiques, et ils n'envoient pas non plus de neurofibres efférentes à la moelle épinière. Ils reçoivent plutôt des influx de *toutes* les aires corticales et ils en émettent principalement à l'aire prémotrice et au cortex préfrontal par l'intermédiaire de connexions thalamiques. Les noyaux gris centraux sont unis par des neurones formant des liens complexes (au moyen de synapses inhibitrices et excitatrices) les uns avec les autres ainsi qu'avec le *noyau subthalamique* du diencéphale et la *substance noire* du mésencéphale. Comparativement au cervelet, les noyaux gris centraux semblent participer à des aspects plus complexes de la régulation motrice (et peut-être même à des fonctions cognitives). Des cellules des noyaux gris centraux et du cervelet émettent des influx préalablement aux mouvements volontaires des muscles squelettiques.

Une fois que les aires motrices associatives du cortex frontal (l'aire motrice du langage et les autres) ont fait part de leur intention d'accomplir un mouvement, le tambourinement des doigts par exemple, la planification inconsciente de ce mouvement (qui peut faire intervenir des milliers de synapses situées dans différentes parties de l'encéphale) s'effectue dans le système de précommande; l'aire motrice primaire est inactive pendant cette phase. Les structures les plus actives sont alors les parties externes des hémisphères cérébelleux (et les noyaux dentelés) ainsi que le noyau caudé et le putamen. Lorsque les doigts se mettent à bouger, le système de précommande et l'aire motrice primaire sont actifs. Le système de précommande donne les «ordres», et l'aire motrice les exécute en envoyant des commandes d'activation aux groupes musculaires appropriés.

Au risque de simplifier à l'excès, on peut dire que les aires motrices associatives du cortex frontal (niveau conscient) déclarent «Je veux faire ceci», puis laissent le système de précommande s'occuper du reste. Les noyaux gris centraux semblent jouer le rôle d'agents de liaison entre les aires motrices du cortex et le cervelet dans la planification et le déclenchement de l'activité motrice. Plus exactement, ils soulignent la commande corticale en émettant eux-mêmes un signal au cervelet, puis laissent ce dernier coordonner l'exécution des mouvements désirés. Les programmes du système de précommande régissent les aires motrices et les préparent à déclencher un acte volontaire. Ensuite, la partie consciente du cortex choisit d'agir ou de ne pas agir, mais le terrain est déjà préparé.

Déséquilibres homéostatiques de l'intégration motrice

Le cervelet est une structure étonnante. Bien que l'organisme s'y trouve entièrement cartographié (par l'homoncule), tant du point de vue sensitif que du point de vue moteur, les lésions du cervelet ne provoquent ni faiblesse musculaire ni trouble de la perception. De plus, elles sont homolatérales. Suivant le siège de la lésion, les troubles cérébelleux se divisent en trois grands groupes, soit les troubles de la synergie et du tonus musculaire, les troubles de l'équilibre et les troubles du langage.

La **synergie** (*sunergia* = coopération) est la coordination des muscles agonistes et antagonistes par le cervelet, visant l'harmonie et la coordination des mouvements. Les perturbations de la fonction synergique causent l'**ataxie.** Les personnes qui en sont atteintes ont des mouvements lents, hésitants et imprécis. Elles sont incapables de poser leur doigt sur leur nez les yeux fermés, ce que les individus sains accomplissent sans mal. Les personnes ataxiques ont une démarche titubante caractéristique, ce qui les prédispose aux chutes.

Lorsque le tonus des muscles squelettiques est adéquat, les membres opposent une certaine résistance au mouvement passif. Or, dans les cas de lésions du cervelet, le tonus musculaire diminue et la personne atteinte présente une **dysmétrie,** c'est-à-dire qu'elle est incapable de mesurer l'amplitude de ses gestes et dépasse la cible. De plus, elle présente des tremblements au début et à la fin de ses mouvements.

Les atteintes du cervelet peuvent aussi entraîner des troubles de l'équilibre et du langage, notamment la **scansion,** c'est-à-dire une élocution scandée, embarrassée, lente et quelque peu chantante.

Les affections qui touchent les noyaux gris centraux perturbent leur régulation, soit en les soustrayant aux influences inhibitrices, soit en les exposant à un surcroît de stimulation. Les symptômes caractéristiques déterminant la **dyskinésie** (*dus* = mauvais; *kinêsis* = mouvement) comprennent des troubles du tonus musculaire et de la posture ainsi que des mouvements involontaires. Les mouvements anormaux varient du *tremblement* aux mouvements amples et violents des membres (*biballisme*) en passant par les mouvements lents et irréguliers des mains, des doigts et de la face (*athétose*). Les affections les plus répandues des noyaux gris centraux sont la maladie de Parkinson et la maladie de Huntington, toutes deux causées par des troubles des réseaux de neurones coordonnant le déclenchement et l'exécution des mouvements.

La **maladie de Parkinson** survient le plus souvent chez des personnes dans la cinquantaine et la soixantaine. Elle est causée par une insuffisance de synthèse de la dopamine (un neurotransmetteur) par la substance noire, un noyau du tronc cérébral dont les projections innervent le noyau caudé et le putamen. Chez l'individu sain, la libération de ce neurotransmetteur par les neurones de la substance noire explique leur effet inhibiteur (PPSI) sur les neurones des noyaux gris centraux, ce qui les empêche ces derniers d'exercer une stimulation trop forte sur leur cible dans le thalamus. Dans la maladie de Parkinson, les neurones de la substance noire qui libèrent de la dopamine se détériorent et, privés de ce neurotransmetteur, les noyaux gris centraux deviennent hyperactifs, d'où les symptômes bien connus de la maladie. Les personnes atteintes présentent un tremblement persistant au repos (qui se traduit par le hochement de la tête et les mouvements d'émiettement des doigts), marchent inclinées vers l'avant et d'un pas traînant, perdent l'expression du visage et se meuvent lentement. Dans bien des cas, le médicament appelé *lévodopa* (L-dopa), un intermédiaire dans la synthèse de la dopamine, soulage temporairement ces symptômes. Un nouveau médicament, le déprényl, ralentit quelque peu la détérioration neurologique lorsqu'il est administré durant les premiers stades de la maladie. Il peut ainsi retarder de 18 mois l'apparition des symptômes graves et, par le fait même, l'administration de lévodopa. Les implants cérébraux de tissu de la médullosurrénale (qui produit de la dopamine en plus de l'adrénaline et de la noradrénaline) et de substance noire fœtale sont encore plus prometteurs, en raison même de la durée de leurs effets. La cause de la maladie de Parkinson est inconnue, mais le fait qu'une forme grave de la maladie ait été provoquée par l'injection d'héroïne synthétique porte à croire qu'elle est liée à des substances chimiques de l'environnement (pesticides et herbicides notamment).

La **chorée de Huntington** (*khoréia* = danse) est une affection héréditaire qui entraîne la dégénérescence des noyaux gris centraux puis du cortex cérébral. Elle survient au début de l'âge adulte et se caractérise dans un premier temps par des mouvements brusques, saccadés et presque continuels. Contrairement aux apparences, ces mouvements sont involontaires. Ces manifestations se situent à l'opposé des déficits moteurs amenés par la maladie de Parkinson, et on les traite généralement au moyen de médicaments qui bloquent les effets de la dopamine. La maladie de Huntington est évolutive et la mort survient au cours des 15 années qui suivent l'apparition des symptômes. Dans ses dernières phases, elle cause une détérioration mentale prononcée (démence). ■

Fonctions mentales supérieures

Au cours des 20 dernières années, notre «espace intérieur» a fait l'objet d'une exploration qui, bien que passionnante, a pratiquement échappé à l'attention du public. En effet, la psychologie et la biologie ont conjugué leurs efforts pour étudier ce que nous appelons communément l'*esprit*, c'est-à-dire les fonctions mentales supérieures que sont la conscience, la mémoire, le raisonnement et le langage. La valeur des recherches entreprises est d'ordre à la fois théorique (déterminer les mécanismes biologiques des fonctions mentales supérieures) et pratique (trouver des médicaments qui guérissent ou soulagent certaines maladies mentales). Cependant, les chercheurs qui se penchent sur les processus de la cognition n'ont pas encore réussi à comprendre comment les fonctions mentales supérieures naissent de tissu vivant et d'influx électriques: il est difficile de trouver l'âme dans les synapses!

Puisque les ondes cérébrales témoignent de l'activité électrique sur laquelle repose le fonctionnement mental, nous les étudierons en premier lieu, en même temps qu'un sujet apparenté, le sommeil. Ensuite, nous traiterons de la conscience, de la mémoire et du langage. Rappelez-vous toutefois qu'en passant de la cellule nerveuse unique aux vastes constellations de neurones associées aux fonctions mentales supérieures, nous entrons dans le domaine de l'incertitude et devons nous en remettre à des hypothèses ou aux modèles théoriques qui en découlent.

Ondes cérébrales et électroencéphalogramme

Lorsque l'encéphale fonctionne normalement, les neurones sont en constante activité électrique. Bien qu'on n'ait pas encore quantifié l'apport des divers éléments de cette activité (potentiels d'action, potentiels synaptiques, etc.), on peut en enregistrer certains aspects au moyen de l'**électroencéphalogramme,** ou **EEG.** Pour procéder à un EEG, on place à divers endroits du cuir chevelu des électrodes reliées à un appareil qui mesure les différences de potentiel entre diverses aires corticales (figure 15.4a). Les tracés que l'on obtient alors sont appelés **ondes cérébrales.**

Comme le code génétique et l'expérience façonnent le cerveau, chaque individu présente un tracé électroencéphalographique aussi unique que ses empreintes digitales. Cependant, à des fins de commodité, on peut grouper les ondes cérébrales en quatre classes, représentées à la figure 15.4b.

Les **ondes alpha** sont des ondes de faible amplitude, lentes et synchrones, dont la fréquence moyenne est de 8 à 13 Hz (hertz, ou cycles par seconde). Dans la plupart des cas, ces ondes indiquent un état de veille diffuse, de relaxation mentale.

Les **ondes bêta** sont rythmiques elles aussi, mais elles sont plus irrégulières que les ondes alpha et leur fréquence est plus élevée (de 14 à 25 Hz). Les ondes bêta se produisent lorsque nous sommes en état de veille active et lorsque nous nous concentrons sur un problème ou un stimulus visuel.

Les **ondes thêta** sont encore plus irrégulières que les ondes bêta, et leur fréquence est de 4 à 7 Hz. Courantes chez les adultes au cours des premiers stades du sommeil de même que chez les enfants, les ondes thêta sont considérées comme anormales chez les adultes éveillés.

Les **ondes delta** ont une forte amplitude et une fréquence de 4 Hz ou moins. Elles surviennent pendant le sommeil profond et lorsque le système réticulé activateur ascendant est amorti, au cours d'une anesthésie par exemple.

L'étendue de la fréquence des ondes cérébrales est de 1 à 30 Hz, avec un rythme dominant de 10 Hz et une amplitude moyenne de 20 à 100 μV. L'amplitude reflète le nombre de neurones produisant simultanément des potentiels d'action, et non pas le degré d'activité électrique de neurones pris individuellement. Lorsqu'un individu est en état de veille et que les neurones corticaux accomplissent des activités nombreuses et diverses, on observe des ondes cérébrales complexes et de faible amplitude. En revanche, lorsqu'un individu est inactif, pendant le sommeil notamment, un grand nombre de neurones corticaux déchargent simultanément, ce qui engendre des ondes semblables et de forte amplitude.

Les ondes cérébrales sont influencées par l'âge, les stimulus sensoriels, les affections cérébrales et l'état chimique de l'organisme. Les tracés électroencéphalographiques ont longtemps servi à diagnostiquer et à localiser de nombreux types de lésions cérébrales, tels les tumeurs, les infarctus, les infections, les abcès et les lésions épileptiques en particulier. Des ondes cérébrales trop rapides ou trop lentes indiquent une perturbation des fonctions corticales; l'inconscience s'ensuit à un extrême comme à l'autre. Les médicaments dépresseurs du système nerveux central et le coma produisent des tracés anormalement lents, tandis que la peur, diverses intoxications et l'épilepsie sont associées à des ondes excessivement rapides. L'absence d'ondes cérébrales, traduite par un électroencéphalogramme plat, est un signe clinique de mort cérébrale.

Épilepsie : une anomalie de l'activité électrique du cerveau

Les crises d'épilepsie surviennent généralement sans signes précurseurs. Envahie par des spasmes incoercibles, la personne épileptique perd conscience et tombe brutalement sur le sol, les muscles raidis. Les **crises d'épilepsie** sont généralement dues à des décharges anormales de groupes de neurones cérébraux (appelés foyers épileptogènes) ; aucun autre message ne peut être analysé par les différentes structures de l'encéphale pendant l'activité non maîtrisée de ces neurones. L'épilepsie peut résulter de facteurs génétiques, mais également de lésions cérébrales causées par des coups à la tête, des infarctus, des infections ou des tumeurs. L'épilepsie atteint environ 1 % de la population.

Il existe trois formes principales d'épilepsie : le petit mal, l'épilepsie temporale et l'épilepsie tonico-clonique, ou grand mal. Le **petit mal** est une forme mineure d'épilepsie qui touche les jeunes enfants et disparaît habituellement vers l'âge de 10 ans. Le petit mal se manifeste par une perte soudaine de l'expression du visage et une « absence » pouvant durer jusqu'à 30 secondes. Il peut y avoir de légers tremblements des muscles du visage, mais

(a)

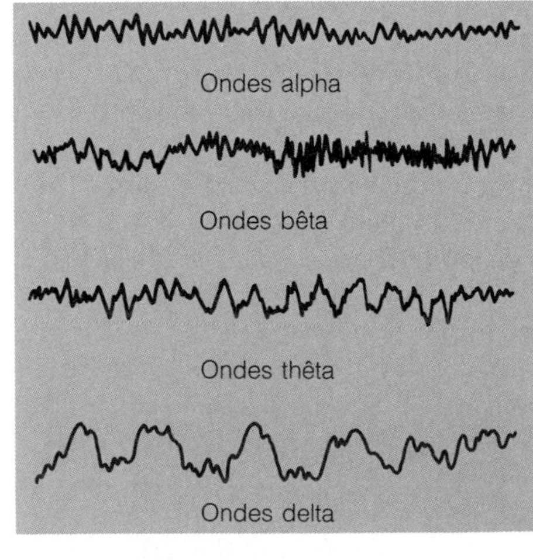

(b)

Figure 15.4 Électroencéphalogramme et ondes cérébrales. (**a**) Pour obtenir un enregistrement de l'activité électrique cérébrale (un électroencéphalogramme, ou EEG), on place sur le cuir chevelu des électrodes que l'on relie à un appareil appelé électroencéphalographe. (**b**) Ondes EEG typiques. Les ondes alpha sont caractéristiques de l'état de veille diffuse ; les ondes bêta surviennent en état de veille active ; les ondes thêta sont courantes chez les enfants, mais non chez les adultes sains en état de veille ; les ondes delta se produisent durant le sommeil profond.

on n'observe ni convulsions ni perte de conscience. L'hypothalamus et le thalamus présentent une diminution de la fréquence des tracés électroencéphalographiques (autour de 3 Hz) pendant la crise.

L'**épilepsie temporale** (ou *épilepsie jacksonienne*) est accompagnée d'ondes cérébrales extrêmement rapides du lobe temporal. Elle se manifeste par une perte de contact avec la réalité et une activité motrice non maîtrisée de groupes musculaires squelettiques isolés produisant des mouvements des mains ou des lèvres et un comportement erratique. À cause de ses manifestations singulières, l'épilepsie temporale a souvent été confondue avec une maladie mentale.

Les crises **d'épilepsie tonico-clonique** sont la forme la plus grave de l'épilepsie; elles sont accompagnées d'ondes cérébrales rapides de 30 Hz ou plus. Elles se traduisent par une perte de conscience et des convulsions si intenses que les contractions musculaires causent parfois des fractures. De plus, on observe fréquemment une perte de la maîtrise des sphincters et de graves morsures de la langue. Au bout de quelques minutes, les muscles se décontractent et la personne revient à elle, mais reste désorientée pendant un certain temps. De nombreuses personnes éprouvent une hallucination de nature gustative, olfactive ou visuelle juste avant le début de la crise. Ce phénomène, appelé **aura,** a au moins l'avantage de constituer un avertissement dont la personne peut profiter pour se prémunir contre les chutes brutales. Généralement, on peut prévenir les crises tonico-cloniques au moyen de médicaments anticonvulsivants. ■

Stades du sommeil et cycle veille-sommeil

La plupart des gens passent environ le tiers de leur vie à dormir; nous connaissons pourtant peu de chose sur les fondements biologiques du sommeil. Nous savons cependant que l'alternance du sommeil et de l'état de veille fait intervenir le cerveau et le tronc cérébral et suit un rythme naturel de 24 heures, le *rythme circadien.* Le **sommeil** se définit comme une altération de la conscience ou une inconscience partielle à laquelle on peut mettre fin par une stimulation. La relative précarité du sommeil le distingue du *coma,* un état d'inconscience qui *résiste* aux stimulus les plus vigoureux. Bien que l'activité corticale diminue pendant le sommeil, certaines fonctions régies par des noyaux du tronc cérébral subsistent, notamment la respiration, la fréquence cardiaque et la pression artérielle. Le dormeur conserve même un certain contact avec l'environnement puisque des stimulus forts (des bruits dans la nuit) le réveillent. Du reste, les somnambules se déplacent sans se heurter aux obstacles tout en étant profondément endormis.

En état de veille, la vigilance du cortex cérébral (le «cerveau conscient») dépend des influx qui lui parviennent du *système réticulé activateur ascendant* (voir la figure 12.19, page 402). Lorsque l'activité de ce système diminue, celle du cortex cérébral diminue également; c'est ce qui explique pourquoi les lésions de certains noyaux du système réticulé activateur ascendant entraînent l'inconscience. Cependant, le sommeil ne se réduit pas à la «mise hors tension» du mécanisme d'excitation de ce système. Il s'agit en effet d'un processus actif par lequel le cerveau entre en repos. Les centres du système réticulé activateur ascendant participent non seulement au maintien de l'état de veille, mais ils sont aussi à l'origine de certains stades du sommeil, et particulièrement du stade du rêve. L'hypothalamus synchronise les stades du sommeil, en ce sens que son *noyau suprachiasmatique* (notre horloge biologique) régit son *noyau préoptique* (le centre qui induit le sommeil).

Stades du sommeil

Les stades du sommeil sont déterminés par les ondes enregistrées sur les tracés électroencéphalographiques. Les deux principaux types de sommeil, qui alternent durant la majeure partie du cycle, sont le **sommeil lent (SL)** et le **sommeil paradoxal (SP).** La fréquence des ondes cérébrales de même que les signes vitaux ne sont pas les mêmes au cours des deux types de sommeil.

Sommeil lent. Au cours des 30 à 45 minutes suivant l'endormissement, on distingue quatre stades de sommeil de plus en plus profond qui constituent le sommeil lent. Le tableau 15.1 résume les quatre stades du sommeil lent, au cours duquel la fréquence des ondes cérébrales et les signes vitaux (température corporelle, fréquence respiratoire, pouls, pression artérielle) s'abaissent.

Sommeil paradoxal. Environ 90 minutes après l'endormissement, le tracé électroencéphalographique change de façon soudaine. Il devient très irrégulier et semble rétrograder à travers les différents stades jusqu'à l'apparition des ondes alpha, caractéristiques du stade 1 et annonciatrices du sommeil paradoxal. Ce changement s'accompagne d'une augmentation de la température corporelle, des fréquences cardiaque et respiratoire et de la pression artérielle ainsi que d'une diminution de la motilité gastro-intestinale. D'ailleurs, le qualificatif «paradoxal» vient du fait que le tracé électroencéphalographique alors obtenu se rapproche de celui qu'on enregistre pendant l'état de veille. Le cerveau consomme une énorme quantité d'oxygène au cours du sommeil paradoxal, plus encore que durant l'état de veille.

Bien que les yeux se déplacent rapidement sous les paupières pendant le sommeil paradoxal, la plupart des muscles squelettiques sont temporairement paralysés (inhibés activement), ce qui nous empêche d'effectuer en réalité les mouvements que nous accomplissons en rêve. Les rêves se produisent généralement pendant le sommeil paradoxal et, selon certains chercheurs, les mouvements des yeux sont reliés à l'imagerie onirique. Chez l'adolescent et l'homme adulte, les épisodes de sommeil paradoxal sont fréquemment associés à l'érection. Le seuil d'éveil atteint son plus haut point pendant le sommeil paradoxal. Par ailleurs, la personne endormie est plus susceptible de s'éveiller spontanément et de se rappeler ses rêves pendant cette période.

Au début et au milieu de l'âge adulte, la nuit de sommeil type est faite d'une alternance de périodes de

Tableau 15.1 Stades du sommeil

Sommeil lent	
Stade 1.	Les yeux sont fermés et la détente commence. Les pensées vont et viennent et la sensation de flotter se fait sentir. Les signes vitaux (température corporelle, respiration, pouls et pression artérielle) sont normaux. Le tracé électroencéphalographique montre des ondes alpha. L'éveil est immédiat en cas de stimulation.
Stade 2.	Le tracé électroencéphalographique devient irrégulier; les *fuseaux du sommeil* (des bouffées d'ondes courtes et soudaines de 12 à 14 Hz) apparaissent, et le réveil est plus difficile.
Stade 3.	Le sommeil s'approfondit, et les ondes thêta et delta apparaissent. Les signes vitaux commencent à s'abaisser, et les muscles squelettiques sont très décontractés. Le rêve est fréquent. Stade généralement atteint 20 minutes environ après le début du stade 1.
Stade 4.	Le tracé électroencéphalographique est dominé par des ondes delta (d'où le terme sommeil lent). Les signes vitaux atteignent leurs niveaux normaux les plus bas, et la motilité digestive (l'activité des muscles lisses du tube digestif) s'accroît. Les muscles squelettiques sont décontractés, mais les dormeurs normaux changent de position toutes les 20 minutes environ. Le réveil est difficile. L'énurésie (incontinence nocturne d'urine) et le somnambulisme surviennent pendant cette phase.
Sommeil paradoxal	Le tracé électroencéphalographique repasse par tous les stades du sommeil lent, jusqu'au stade 1. Les signes vitaux s'intensifient et l'activité digestive diminue. Les muscles squelettiques (sauf les muscles oculaires) sont inhibés. C'est le stade où se produisent la plupart des rêves.

sommeil lent et de sommeil paradoxal. Chaque épisode de sommeil paradoxal est suivi par un retour au stade 4. Le sommeil paradoxal recommence toutes les 90 minutes environ, chaque période s'allongeant par rapport à la précédente. La première dure de 5 à 10 minutes et la dernière peut durer jusqu'à 50 minutes. Par conséquent, les rêves les plus longs se déroulent au petit matin. L'éveil se produit lorsque les neurones des noyaux postérieurs du raphé, dans la formation réticulée, atteignent leur activité maximale.

Les taux de neurotransmetteurs peuvent également varier dans certaines régions de l'encéphale au cours du sommeil. Pendant le sommeil profond, le taux de noradrénaline diminue et le taux de sérotonine augmente. La noradrénaline contribue au maintien de la vigilance, et la sérotonine a longtemps été considérée comme le «neurotransmetteur du sommeil», plus particulièrement du sommeil lent. Cependant, des expériences récentes ont démontré que l'inhibition de la synthèse de la sérotonine a pour effet de causer une insomnie qui dure sept jours. Après cette période, le sommeil lent ainsi que le sommeil paradoxal reviennent à 70 % de la normale malgré la suppression presque totale de ce neurotransmetteur dans l'encéphale. Par conséquent, la sérotonine ne serait pas le facteur qui déclenche le sommeil lent ou le sommeil paradoxal. La substance chimique (ou le neurotransmetteur) qui induirait le sommeil reste donc à découvrir.

Importance du sommeil

Bien que la portée du sommeil échappe en grande partie à la science, tout porte à croire que le sommeil lent et le sommeil paradoxal ont des fonctions différentes. On pense que le sommeil lent constitue le stade réparateur, la période pendant laquelle la plupart des mécanismes nerveux passent à leur niveau de base. De fait, à la suite d'un manque de sommeil, le sommeil lent dure plus longtemps qu'en temps normal.

Les sujets qui, à des fins expérimentales, sont continuellement privés de sommeil paradoxal présentent une certaine instabilité émotionnelle et divers troubles de la personnalité pouvant aller jusqu'à l'hallucination. Il se peut que le sommeil paradoxal donne au cerveau l'occasion d'analyser les événements de la journée et de s'attaquer par le rêve aux problèmes émotionnels. D'autres spécialistes estiment que le sommeil paradoxal est un apprentissage inversé. D'après eux, nous captons sans cesse des messages contingents, répétitifs et absurdes que nous devons éliminer de nos réseaux nerveux au moyen du rêve pour conserver à notre cerveau sa stabilité et sa vigueur.

L'alcool et la plupart des somnifères (les barbituriques notamment) suppriment le sommeil paradoxal, mais non le sommeil lent. Par ailleurs, certains tranquillisants, tels le diazépam (Valium) et le chlordiazépoxyde (Librium) réduisent le sommeil lent bien davantage que le sommeil paradoxal.

Le besoin de sommeil quotidien diminue constamment au cours des années: il est de l'ordre de 16 heures environ chez le nourrisson, d'approximativement 7 heures chez le jeune adulte et il baisse encore chez la personne âgée. L'organisation du sommeil change également au cours de la vie. Le sommeil paradoxal occupe environ la moitié du temps de sommeil total chez le nourrisson, puis il diminue jusqu'à ce que l'enfant atteigne l'âge de 10 ans. La durée du sommeil paradoxal se stabilise alors à environ 25 % (soit de 1,5 à 2 heures par nuit). Inversement, le stade 4 du sommeil raccourcit constamment à compter de la naissance et, souvent, il disparaît complètement chez les personnes de plus de 60 ans. Les personnes âgées s'éveillent plus fréquemment que les jeunes au cours de la nuit, parce qu'elles dorment toujours d'un sommeil léger.

Troubles du sommeil

La narcolepsie et l'insomnie sont deux importants troubles du sommeil. Les personnes atteintes de *narcolepsie* tombent inopinément endormies au beau milieu de la journée; en général, elles entrent immédiatement dans le sommeil paradoxal. Leurs épisodes de sommeil diurne durent environ 15 minutes, peuvent survenir brusquement à tout moment et semblent souvent provoqués par des circonstances agréables, qu'il s'agisse d'une bonne plaisanterie, d'une partie de cartes ou d'une manifestation sportive. Ce trouble comporte des risques considérables pour la personne qui conduit une voiture, fait fonctionner une machine ou prend un bain. Chez les narcoleptiques, le cerveau ou le tronc cérébral semblent incapables de régir les réseaux de neurones qui induisent le sommeil paradoxal. Dans ces conditions, la formation réticulée inhibe les commandes motrices envoyées aux muscles squelettiques, entre autres à ceux qui permettent de maintenir la posture durant l'éveil. C'est ce qui explique que durant une période de narcolepsie l'individu n'a aucune maîtrise sur l'ensemble de ses muscles squelettiques.

L'*insomnie* est l'incapacité chronique d'obtenir la *quantité* ou la *qualité* de sommeil nécessaires à l'accomplissement des activités quotidiennes. Comme le besoin de sommeil varie de 4 à 9 heures par jour parmi les individus sains, il est impossible de déterminer ce qu'est la «bonne» quantité de sommeil. Les personnes qui se disent insomniaques ont tendance à exagérer l'étendue de leur manque de sommeil, et elles ont une propension notoire à l'automédication et à l'abus de barbituriques.

L'insomnie véritable est souvent liée à des changements dus au vieillissement. Cependant, les troubles psychologiques en sont la cause la plus fréquente. Nous avons de la difficulté à trouver le sommeil lorsque nous sommes anxieux ou inquiets, et la dépression s'accompagne souvent de réveils hâtifs. ■

Conscience

La **conscience** englobe la perception consciente des sensations, le déclenchement volontaire et la maîtrise des mouvements ainsi que les capacités associées au traitement mental supérieur (la mémoire, la logique, le jugement, la persévérance, etc.). Cliniquement, la conscience peut se comparer à une échelle où s'insèrent les niveaux de comportement présentés en réponse aux stimulus, soit la *vigilance,* la *somnolence* ou *léthargie* (qui précède le sommeil), la *stupeur* et le *coma.* La vigilance est le niveau le plus élevé de la conscience et de l'activité corticale, tandis que le coma en est le niveau le plus bas. Hors du domaine clinique, toutefois, la conscience est très difficile à définir. Une personne endormie est manifestement dépourvue de quelque chose qu'elle possède lorsqu'elle est éveillée, et nous appelons ce «quelque chose» conscience. De même, il est évident que la conscience humaine, avec sa riche mosaïque de perceptions et de concepts, est bien plus que le contraire du sommeil; sa complexité nous distingue des autres animaux.

Il y a longtemps déjà que les scientifiques se sont penchés sur la pensée. Mais la conscience humaine demeure une énigme, et la majeure partie des ouvrages écrits sur ce sujet relève probablement de la spéculation, d'une tentative d'explication des stupéfiantes possibilités du cerveau conscient. Pour les spécialistes de la cognition, par exemple, la conscience est une manifestation du **traitement holistique de l'information,** un concept sous-tendu par les présupposés suivants:

1. *La conscience suppose l'activité simultanée de régions étendues du cortex cérébral.* Les lésions localisées du cortex cérébral n'abolissent *pas* la conscience.

2. *La conscience se superpose à d'autres types d'activités neuronales.* À tout moment, des neurones et des groupes de neurones précis participent à des activités localisées (telles la régulation motrice et la perception sensorielle) et aux comportements cognitifs conscients.

3. *La conscience n'est pas un phénomène isolé.* L'information nécessaire à la «pensée» peut être tirée simultanément de nombreux endroits du cerveau. Par exemple, le rappel d'un souvenir précis peut être provoqué par un facteur parmi tant d'autres, une odeur, un lieu, une personne, etc. Les croisements corticaux sont innombrables.

L'inconscience (à part celle qui caractérise le sommeil) indique toujours une perturbation du fonctionnement cérébral. Une perte temporaire de la conscience est appelée **évanouissement,** ou **syncope** (littéralement, «brisure»). La plupart du temps, l'évanouissement est dû à une diminution de l'irrigation sanguine du cerveau (accès ischémiques transitoires) résultant d'une hypotension artérielle à la suite par exemple d'une tension émotionnelle soudaine. L'évanouissement est généralement précédé par une sensation d'engourdissement également reliée à l'hypotension.

Le **coma** est une absence totale et prolongée de réponse aux stimulus sensoriels. La personne comateuse a les yeux fermés et n'émet aucune parole intelligible. Le coma n'est pas un sommeil profond. Pendant le sommeil, en effet, le cortex et le tronc cérébral sont actifs et la consommation d'oxygène est comparable à celle qui est observée dans l'état de veille. Par contre, la consommation d'oxygène est toujours inférieure aux niveaux de repos chez les patients comateux.

Les coups à la tête peuvent induire le coma en causant des lésions étendues, une hémorragie ou un œdème du cortex ou du tronc cérébral et particulièrement de la formation réticulée. De même, les tumeurs et les infections qui envahissent le tronc cérébral peuvent entraîner le coma. Les troubles métaboliques tels que l'hypoglycémie (un taux sanguin de glucose anormalement bas), les doses excessives d'opiacés, de barbituriques ou d'alcool, ainsi que l'insuffisance hépatique et/ou rénale perturbent le fonctionnement global de l'encéphale et peuvent mener au coma. Les infarctus cérébraux causent rarement le coma, à moins qu'ils ne soient massifs et qu'ils ne s'accompagnent d'un œdème très important.

Lorsque le cerveau et le tronc cérébral ont subi des lésions irréparables, un coma irréversible survient, même si des mesures de maintien des fonctions vitales conservent le fonctionnement normal des autres organes. C'est la **mort cérébrale.** Les médecins doivent alors déterminer si le patient est mort aux yeux de la loi. ■

Mémoire

Le stockage et le rappel d'expériences passées ou, plus simplement, la capacité de se souvenir constituent la **mémoire.** La mémoire est essentielle à l'apprentissage, au façonnement du comportement et à la conscience.

En un mot, toute votre vie repose dans les coffres de votre mémoire.

Trois principes résument l'essentiel des connaissances sur la mémoire et l'apprentissage. Premièrement, le stockage s'effectue par stades et les données emmagasinées sont en constante mutation. Deuxièmement, l'hippocampe et les structures avoisinantes jouent un rôle particulier dans le traitement mnésique. Troisièmement, les traces mnésiques, codées sous forme de changements chimiques ou structuraux, sont disséminées à travers l'encéphale.

Stades de la mémoire

Le stockage de données, ou fixation, s'effectue en au moins deux stades : celui de la mémoire à court terme et celui de la mémoire à long terme (figure 15.5). La **mémoire à court terme** emmagasine temporairement les événements qui ne cessent de survenir dans notre vie. Avec sa durée de rétention de quelques secondes à quelques heures, la mémoire à court terme est l'antichambre de la mémoire à long terme, l'instrument qui permet de chercher un numéro de téléphone dans l'annuaire, de le composer et de l'oublier à tout jamais. La capacité de la mémoire à court terme semble limitée à sept ou huit unités d'information, tels les chiffres d'un numéro de téléphone ou les mots d'une phrase complexe.

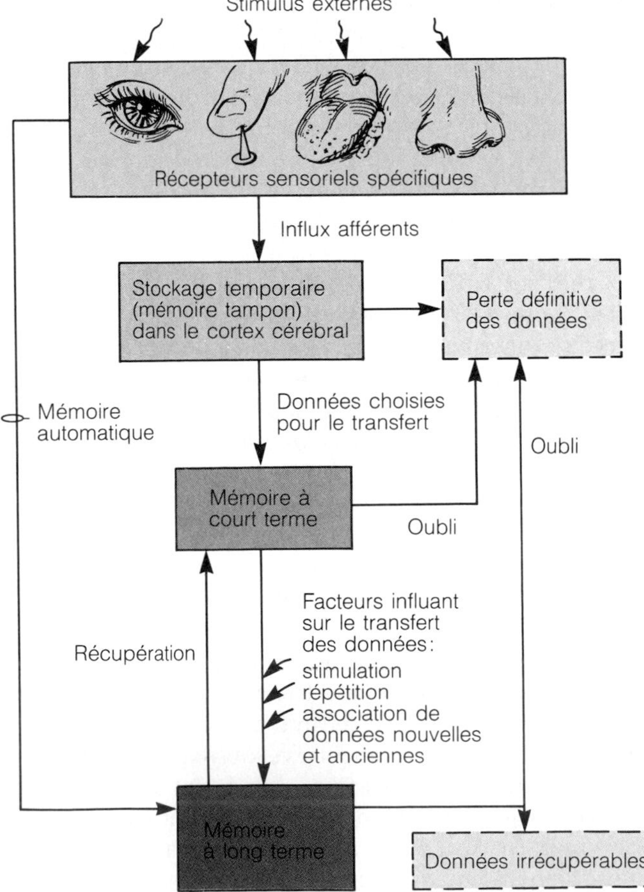

Figure 15.5 Traitement mnésique. Les influx sensitifs sont traités par le cortex cérébral (représenté par l'aire de stockage temporaire), qui choisit ce qui doit être envoyé dans la mémoire à court terme. Certains facteurs, dont la répétition, favorisent le transfert de l'information de la mémoire à court terme à la mémoire à long terme. Pour qu'une trace mnésique devienne permanente, il doit y avoir consolidation. Certaines unités d'information qui ne subissent pas de traitement conscient passent directement dans la mémoire à long terme (mémoire automatique).

Contrairement à la mémoire à court terme, la **mémoire à long terme** semble dotée d'une capacité illimitée. Alors que la mémoire à court terme peut à peine retenir un numéro de téléphone, la mémoire à long terme peut en receler des dizaines.

Nous ne nous rappelons pas la majeure partie des événements qui se déroulent dans notre vie, pas plus d'ailleurs que nous ne les enregistrons consciemment. Notre cortex cérébral traite les influx sensitifs à mesure qu'ils lui parviennent, et il choisit parmi ces données celles qu'il transférera dans la mémoire à court terme (figure 15.5). La mémoire à court terme joue en quelque sorte le rôle d'entrepôt temporaire pour des données que nous conserverons ou non. Plusieurs facteurs influent sur le transfert de l'information de la mémoire à court terme à la mémoire à long terme.

1. *État émotionnel.* La qualité de l'apprentissage repose sur la vigilance, la motivation et la stimulation.

2. *Répétition.* La répétition des données favorise leur stockage.

3. *Association de données nouvelles à des données déjà stockées dans la mémoire à long terme.* Un inconditionnel du football peut vous rendre compte de tous les jeux importants d'une partie, alors qu'un néophyte les trouve difficiles à comprendre et, partant, à mémoriser.

4. *Mémoire automatique.* Les impressions qui s'intègrent à la mémoire à long terme ne sont pas toutes formées consciemment. Ainsi, nous pouvons enregistrer le motif de la cravate d'un conférencier en même temps que le contenu de son exposé.

Les souvenirs transférés dans la mémoire à long terme mettent un certain temps à devenir permanents. La **consolidation mnésique** consiste apparemment à organiser des données nouvelles dans les diverses catégories de connaissances déjà établies dans le cortex cérébral.

Catégories de la mémoire

Le cerveau fait la distinction entre les connaissances factuelles et les habiletés, et il les traite et les emmagasine différemment. La **mémoire déclarative** (**mémoire des faits**) est liée à l'apprentissage de données explicites telles que des noms, des visages, des mots et des dates. Elle est reliée à nos pensées conscientes et à notre capacité de manipuler les symboles et le langage. Les souvenirs factuels sont acquis par apprentissage, et beaucoup s'évanouissent rapidement ; mais lorsqu'ils sont transférés dans la mémoire à long terme, ils sont généralement classés avec les autres éléments du contexte dans lequel ils ont été formés. Ainsi, lorsque vous pensez à votre nouvel ami Luc, vous le voyez sans doute à la partie de hockey où vous l'avez rencontré.

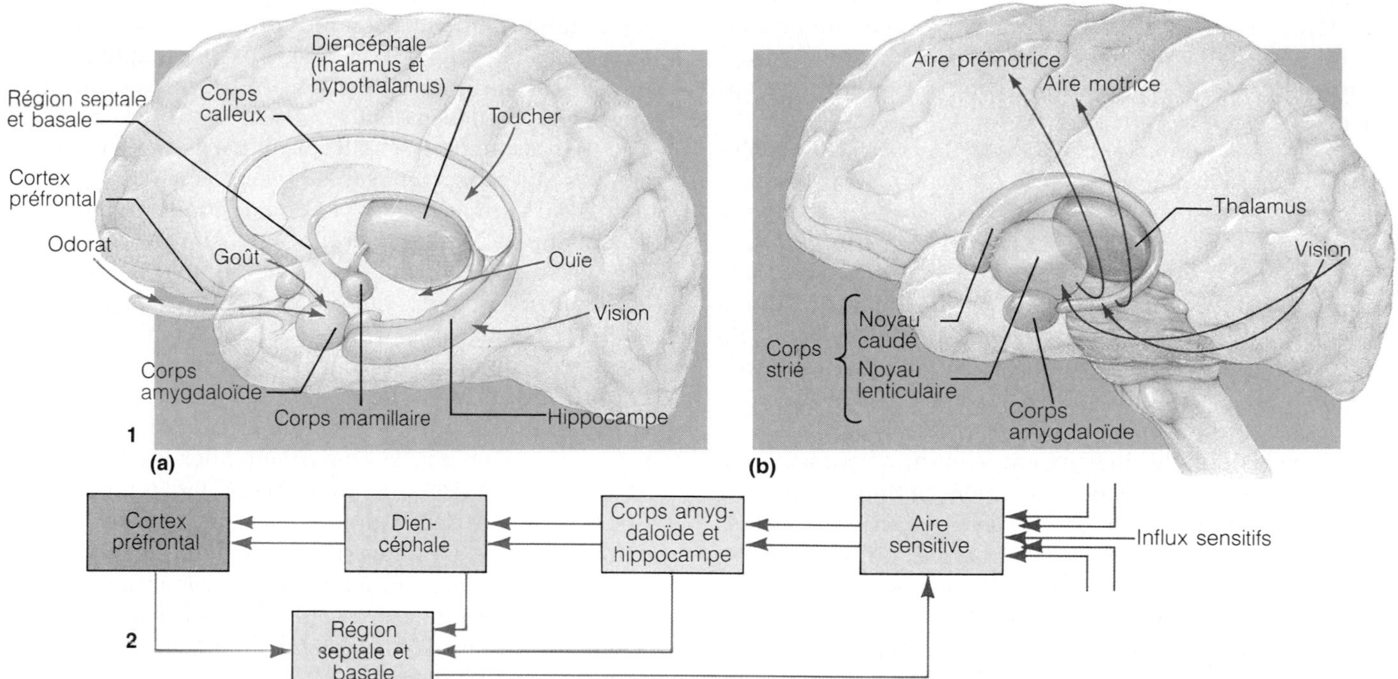

Figure 15.6 Réseaux hypothétiques du traitement mnésique. (**a**) **1** Structures qui renferment les réseaux de neurones de la mémoire déclarative. **2** Le diagramme indique la séquence des interactions probables de ces structures dans le processus de la mémorisation. Les influx sensitifs provenant du cortex empruntent des réseaux parallèles, dont l'un se rend à l'hippocampe et l'autre au corps amygdaloïde. Ces deux réseaux de neurones se rendent à des parties du diencéphale, de la région septale et basale et du cortex préfrontal. La région septale et basale renvoie l'information au cortex sensitif, ce qui ferme la boucle de la mémoire. (**b**) Principales structures intervenant dans la mémoire procédurale. Le corps strié permet au cerveau d'engendrer une réponse (motrice) musculaire squelettique automatique ou semi-automatique à la suite d'un stimulus (ici, visuel).

La **mémoire procédurale** passe par un apprentissage moins conscient et elle concerne généralement des activités motrices. L'exercice est le seul moyen de retenir une habileté comme la pratique de la bicyclette ou du violon. La mémoire procédurale n'enregistre pas les circonstances dans lesquelles une habileté a été acquise; en fait, c'est en l'exerçant que nous mémorisons une habileté motrice. Ainsi, vous n'avez pas à réfléchir pour nouer vos lacets. Une fois qu'une habileté est acquise, il est difficile de s'en débarrasser.

Structures cérébrales associées à la mémoire

La majeure partie des connaissances que nous possédons au sujet de l'apprentissage et de la mémoire proviennent de deux sources: des expériences menées sur des macaques et des études sur l'amnésie chez l'être humain. Ces recherches ont montré que les deux catégories de la mémoire font intervenir différentes structures cérébrales (figure 15.6).

Si le cerveau humain effectue un traitement holistique, alors le traitement qu'accomplit la mémoire déclarative devrait être holistique aussi. Le cerveau devrait emmagasiner des éléments précis de chaque souvenir près des régions qui en ont besoin afin d'associer rapidement les nouveaux influx aux anciens. Ainsi, les souvenirs visuels devraient être stockés dans le cortex occipital, les souvenirs musicaux dans le cortex temporal, et ainsi de suite. Par conséquent, le souvenir d'une tante qui vous est chère — son parfum, la douceur de ses mains — devrait être morcelé à travers votre cortex. Mais alors, comment les liens s'effectuent-ils?

Des recherches approfondies ont démontré que les structures essentielles à l'incorporation et au stockage des perceptions sensorielles dans la mémoire déclarative sont l'*hippocampe* et le *corps amygdaloïde* (qui font tous deux partie du système limbique), le *diencéphale* (des régions précises du thalamus et de l'hypothalamus), la *partie antéro-interne du cortex préfrontal* (une région corticale enfouie sous le devant du lobe frontal) et la *région septale et basale* (un amas de neurones sécrétant de l'acétylcholine situé à l'avant de l'hypothalamus) (voir la figure 15.6a). Hypothétiquement, l'information suit le trajet suivant. Lorsqu'une perception sensorielle se forme dans le cortex sensitif, les neurones corticaux distribuent les influx dans deux réseaux parallèles destinés à l'hippocampe et au corps amygdaloïde, qui ont chacun des connexions avec le diencéphale, la région septale et basale et le cortex préfrontal. La région septale et basale, par l'intermédiaire de ses nombreuses connexions avec le cortex sensitif, ferme ensuite la boucle de la mémoire en renvoyant les influx aux aires sensitives qui avaient initialement formé la perception. On pense que cette rétroaction transforme la perception en un souvenir relativement durable. En vertu de cette hypothèse, les structures sous-corticales établissent les connexions initiales entre les souvenirs emmagasinés et la nouvelle perception en communiquant avec les régions corticales où réside la mémoire à long terme au moyen d'un «appel conférence», et ce jusqu'à ce que la nouvelle donnée puisse être consolidée. Le souvenir récent resurgira à l'occasion d'une stimulation des mêmes neurones corticaux.

L'hippocampe semble affecté à la surveillance des réseaux de neurones qui participent à l'apprentissage et à la mémorisation des relations spatiales, tandis que le corps amygdaloïde semble constituer le carrefour ou la tête de pont du système mnésique. Le corps amygdaloïde est relié à toutes les aires sensitives, de même qu'au thalamus et aux centres émotionnels de l'hypothalamus. En outre, il se peut que le corps amygdaloïde associe les souvenirs formés par l'entremise de différents sens et les relie aux états émotionnels engendrés dans l'hypothalamus.

Les lésions de l'hippocampe et du noyau amygdalien n'entraînent qu'une légère perte de mémoire, mais la destruction bilatérale de ces deux structures cause une amnésie globale. Les souvenirs consolidés subsistent, mais les nouveaux influx sensitifs ne peuvent être associés aux anciens, et la personne atteinte vit littéralement dans l'instant présent. Ce phénomène est appelé *amnésie antérograde*, et il se distingue de l'*amnésie rétrograde*, qui consiste en une perte des souvenirs formés dans le passé lointain. Une personne atteinte d'amnésie antérograde peut soutenir avec vous une conversation animée et vous avoir oublié cinq minutes plus tard. La même situation se produit lorsque les connexions de l'hippocampe ou du corps amygdaloïde avec le diencéphale ou le cortex préfrontal sont sectionnées. Toutes les expériences qui ont tenté d'associer le processus de la mémoire à une région corticale ou à une structure sous-corticale particulière ont échoué. Il semble donc que la mémoire repose sur l'intégrité de l'ensemble des réseaux de neurones que renferment les différentes structures du cerveau participant au processus mnésique. ■

Les personnes atteintes d'amnésie antérograde peuvent quand même apprendre des habiletés sensorimotrices ou des règles de raisonnement (mémoire procédurale). Des chercheurs en ont déduit l'existence d'un second réseau d'apprentissage, indépendant des voies servant à la mémoire déclarative (voir la figure 15.6b). Il semble que le cortex cérébral, activé par des influx sensitifs, signale au *corps strié* (formé du noyau lenticulaire et du noyau caudé) son intention de mobiliser la mémoire procédurale. Le corps strié communique ensuite avec au moins un des noyaux du tronc cérébral ainsi qu'avec le cortex afin de déclencher le mouvement désiré. Par conséquent, le corps strié constitue le lien entre un stimulus perçu et une réponse motrice. Comme de nombreuses habiletés nécessitent le conditionnement de contractions musculaires volontaires, on pense que le cervelet participe lui aussi aux voies de la mémoire procédurale. Certains spécialistes parlent alors d'**habitudes** plutôt que de mémoire au sens strict.

Mécanismes de la mémoire

Au début du XXe siècle, Karl Lashley, un des premiers neuropsychologues, se mit à la recherche de l'**engramme,** l'unité de mémoire hypothétique ou la trace mnésique permanente. Aujourd'hui, le siècle tire à sa fin, et l'engramme garde tout son mystère. La mémoire à court terme est si vacillante qu'on ne la croit pas apte à déterminer des changements permanents dans les réseaux de neurones. On présume que les mécanismes de la mémoire à court terme se rattachent d'une part à des réseaux réverbérants qui conservent les données pendant un temps limité et d'autre part à la rétention des données qui serait secondaire à l'effet de certaines substances chimiques intracellulaires, comme le Ca^{2+} et l'AMP cyclique (seconds messagers), sur la sécrétion de neurotransmetteurs.

Si l'engramme existe, il faut probablement le chercher dans la mémoire à long terme. Des études expérimentales soulignent plusieurs facteurs relatifs à l'apprentissage: premièrement, la teneur en acides nucléiques du neurone est modifiée; deuxièmement, les épines dendritiques changent de forme; troisièmement, des protéines extracellulaires spéciales se déposent dans les synapses participant à la mémoire à long terme. Les animaux, dont le bagage mnésique est essentiellement restreint à des habiletés, offrent de bien piètres modèles pour l'étude de la mémoire déclarative chez l'être humain. Jusqu'à présent, la localisation et l'analyse biochimique des traces mnésiques chez l'être humain ont avancé à pas très lents.

Or, il se peut que la découverte récente des *canaux du NMDA*, qui permettent l'entrée du calcium ionique dans les neurones, dénoue l'impasse. Ces canaux inusités sont activés à la fois par le voltage (un courant dépolarisant) et par une substance chimique (la liaison subséquente du glutamate). Ces signaux, que l'on croit successifs, semblent créer et solidifier les liens qui sous-tendent l'apprentissage et la mémoire. En outre, il a été démontré que la PKC (protéine-kinase C) joue un rôle dans la mémoire. Au cours de l'apprentissage, la PKC passe du corps cellulaire à la membrane plasmique, où elle concourt à ouvrir les canaux du Ca^{2+} et à fermer les canaux du K^{+}, soit directement soit en influant sur les protéines G. Le neurone devient alors sensible à des stimulus semblables.

Cependant, un afflux excessif de calcium dans la cellule peut causer des dommages importants, semblables à ceux qu'entraîne un accident vasculaire cérébral (voir p. 406). Les médicaments appelés inhibiteurs calciques empêchent ces dommages et réduisent apparemment la perte de mémoire à court terme caractéristique de la maladie d'Alzheimer.

Langage

Les fonctions cérébrales les plus distinctives de l'être humain ont, directement ou indirectement, le **langage** pour composante. La pensée consciente, la mémoire et le langage sont inextricablement liés; l'un ne peut exister sans les autres.

Le langage parlé est remarquablement complexe. Pour exprimer une pensée, nous devons choisir des mots qui correspondent à notre intention, les organiser suivant les

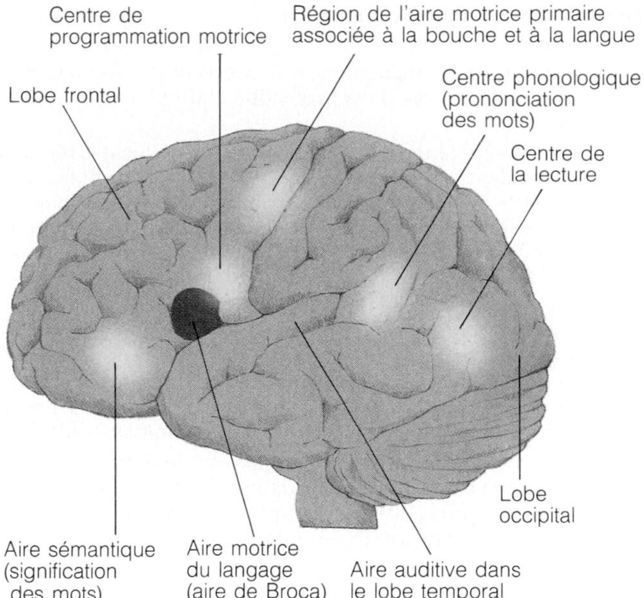

Figure 15.7 Aires hypothétiques du langage. Les taches jaunes superposées au schéma du cortex humain représentent les régions corticales très actives pendant l'émission du langage (révélées par la tomographie par émission de positons).

règles de la syntaxe et activer les muscles de l'articulation (dans le larynx, la langue, les lèvres, etc.). Comme ce processus s'accomplit en une fraction de seconde, il est peu probable qu'il soit entièrement dominé par la conscience. En revanche, le discours de chaque individu est généralement si original (dans sa forme sinon dans son contenu) que le langage ne peut s'expliquer uniquement par l'activité réflexe. Le langage humain est un champ d'étude extrêmement difficile.

Jusqu'à la fin des années 1980, la médecine expliquait la compréhension et l'émission des mots en comparant le langage à une forme de «course à relais» mentale. Les chercheurs croyaient que la course débutait dans le cortex occipital, qui s'active lorsque nous lisons. Le cortex aurait ensuite «passé le témoin» à l'aire de la compréhension du langage (aire de Wernicke), où les mots auraient été déchiffrés. Puis, l'aire motrice du langage (aire de Broca) se serait emparée du témoin et aurait indiqué aux muscles de la bouche, de la langue et des lèvres comment former les mots.

Or, grâce à la tomographie par émission de positons, on a pu examiner le cortex du cerveau humain pendant qu'il voit, entend, émet et cherche des mots. Ces études récentes ont infirmé le modèle linéaire simple de la course à relais en révélant que les centres du langage sont plus nombreux qu'on ne le croyait (figure 15.7) et que les fonctions des premiers centres connus ne sont pas dans tous les cas celles que l'on présumait. De plus, ces études ont démontré que le langage fait intervenir quelques voies parallèles et que ce trajet plus flexible permet le contournement d'étapes ou de régions cérébrales dans certaines conditions. Voyons ce qu'il en est pour la lecture.

Chez l'adulte qui lit un texte simple, les influx sont envoyés directement du cortex visuel aux aires motrices régissant les muscles de l'articulation ou aux aires sémantiques du lobe frontal. Toutefois, l'aire de la compréhension du langage s'active chez l'enfant qui lit et chez l'adulte qui rencontre des mots inconnus ou qui analyse un contenu textuel, la prosodie d'un poème par exemple. En outre, l'aire motrice du langage, l'aire prémotrice adjacente et la région appropriée de l'aire motrice primaire sont *toutes* actives, non seulement lorsque nous parlons, mais aussi lorsque nous bougeons notre langue ou nos mains. La région du cortex associée à la sémantique (l'assignation d'un sens aux mots), à l'association verbale et au traitement symbolique n'est pas l'aire de la compréhension du langage, mais bien un amas de neurones situé dans le cortex frontal gauche et dans la *partie antérieure du gyrus du cingulum.* De plus, le cervelet intervient dans l'utilisation du langage (voir le passage sur la scansion, p. 484), mais on comprend mal encore dans quelle mesure.

Des études futures démontreront probablement que des aires émotionnelles du cerveau participent aussi au traitement du langage lorsque nous lisons à haute voix des passages dont les sons, les images et les associations verbales sont évocateurs. Toutefois, chaque découverte fait inévitablement surgir de nouvelles questions. L'«esprit» que le cerveau abrite échappe encore à notre examen.

* * *

Dans le présent chapitre, nous avons fait la synthèse des mécanismes nerveux étudiés dans les chapitres précédents, et nous avons examiné la façon dont les influx sensitifs s'intègrent à l'activité motrice dans le système nerveux central. Nous avons aussi jeté un regard sur les aspects les plus complexes de l'intégration nerveuse, ceux-là même qui nous permettent de penser, de nous souvenir et de converser. Maintenant que nous avons considéré le système nerveux dans son intégralité, nous sommes prêts à aborder les sens, sujet qui fait l'objet du chapitre 16.

Termes médicaux

Analgésie (*an* = sans; *algêsis* = douleur) Réduction de la sensibilité à la douleur sans perte de la conscience. Un analgésique est un médicament contre la douleur.

Apraxie Perte de la capacité d'accomplir volontairement des activités motrices qui peuvent toutefois survenir automatiquement. L'**apraxie motrice** abolit la capacité de former des phrases grammaticales à cause de lésions de l'aire motrice du langage et/ou des parties avoisinantes de la partie antérieure du cortex frontal. L'apraxie est fréquente chez les personnes ayant subi un accident vasculaire cérébral à l'hémisphère gauche avec paralysie du côté droit.

Douleur des membres fantômes Douleur chronique perçue dansun membre amputé comme s'il était toujours présent.

Dysarthrie Atteinte des voies motrices qui cause de la faiblesse, un manque de coordination et des troubles caractéristiques du langage en perturbant la respiration, l'articulation ou le rythme du langage. Par exemple, les lésions des nerfs crâniens IX, X et XII résultent en une prononciation nasillarde et haletante, et les lésions des voies motrices supérieures provoquent l'enrouement.

Dystonie Perturbation du tonus musculaire.

Hypersomnie Trouble amenant à dormir jusqu'à 15 heures par jour. On observe ce symptôme dans la maladie du sommeil et dans certaines tumeurs cérébrales.

Myoclonie (*mys* = muscle; *klonos* = agitation) Contraction soudaine d'un muscle ou d'une partie d'un muscle (généralement d'un membre). On croit que les contractions myocloniques survenant chez les individus normaux au moment de l'endormissement sont liées à une réactivation passagère du système réticulé activateur ascendant. La myoclonie peut aussi être due à des troubles de la formation réticulée et/ou du cervelet.

Résumé du chapitre

INTÉGRATION SENSORIELLE: DE LA RÉCEPTION À LA PERCEPTION (p. 476-479)

1. La sensation est la conscience des stimulus dans le milieu interne et l'environnement, tandis que la perception en est l'interprétation consciente.

Organisation générale du système somesthésique (p. 477-479)

2. L'intégration sensorielle comprend le niveau des récepteurs, le niveau des réseaux et le niveau de la perception. Ces niveaux relèvent respectivement des récepteurs sensoriels, des faisceaux ascendants et du cortex cérébral.

3. Les récepteurs sensoriels effectuent la transduction (conversion) de l'énergie du stimulus en potentiels d'action. L'intensité du stimulus se traduit par la fréquence de transmission des influx.

4. Certaines neurofibres sensitives entrant dans la moelle épinière interviennent dans les arcs réflexes. Certaines font synapse avec les neurones de la corne postérieure (faisceaux ascendants de la voie antéro-latérale); d'autres continuent leur course vers le haut et font synapse dans les noyaux du bulbe rachidien (faisceaux ascendants de la voie lemniscale). Les neurones de deuxième ordre de ces deux voies ascendantes se terminent dans le thalamus.

5. La voie ascendante lemniscale est composée du faisceau cunéiforme, du faisceau gracile et du lemnisque médial, qui réalisent la transmission précise et directe d'une ou de plusieurs modalités sensorielles apparentées. La voie ascendante antéro-latérale, formée des faisceaux spino-thalamiques, est une voie qui permet au tronc cérébral de traiter les influx ascendants.

6. Le thalamus détermine grossièrement l'origine et les modalités des influx sensitifs, puis il les projette dans l'aire somesthésique du cortex et dans d'autres aires sensitives associatives.

7. La perception, l'image interne et consciente du stimulus qui constitue le fondement de la réponse, est le fruit du traitement cortical. L'étendue de l'aire somesthésique du cortex consacrée à une région du corps en particulier (l'homoncule) dépend du nombre de récepteurs siégeant dans cette région.

8. Les principaux aspects de la perception sensorielle sont la détection perceptive, l'estimation de l'intensité du stimulus, la discrimination spatiale, la discrimination des caractéristiques, la discrimination des qualités et la reconnaissance des formes.

INTÉGRATION MOTRICE: DE L'INTENTION À L'ACTE (p. 480-485)

1. Le système moteur somatique comprend des effecteurs (fibres musculaires squelettiques) et des faisceaux descendants, et sa régulation est hiérarchisée.

Niveaux de la régulation motrice (p. 480-484)

2. La hiérarchie de la régulation motrice est constituée du niveau segmentaire, du niveau de la projection et du niveau de la programmation.

3. Le niveau segmentaire est formé par l'ensemble des réseaux de neurones de la moelle épinière. Ces réseaux activent les neurones moteurs de la corne antérieure qui, à leur tour, stimulent les muscles squelettiques. Le niveau segmentaire régit directement les réflexes et les schèmes fixes. Les réseaux segmentaires régissant la locomotion sont appelés programmes médullaires.

4. Le niveau de la projection est constitué des faisceaux descendants qui atteignent et régissent le niveau segmentaire. Les neurofibres qui composent ces faisceaux naissent des noyaux moteurs du tronc cérébral (voie motrice secondaire) et du cortex (voie motrice principale). Les neurones de commande, dans le tronc cérébral, semblent moduler les programmes médullaires.

5. Le niveau de la programmation est constitué du cervelet et des noyaux gris centraux. Ces structures forment le système de précommande qui intègre au niveau subconscient les commandes que transportent les faisceaux du niveau de la projection.

Déséquilibres homéostatiques de l'intégration motrice (p. 484-485)

6. Les atteintes cérébelleuses provoquent des symptômes homolatéraux, dont des troubles de la synergie, du tonus musculaire, de l'équilibre et du langage. L'ataxie en est le symptôme le plus courant.

7. Les atteintes des noyaux gris centraux perturbent le tonus musculaire et causent des mouvements involontaires (tremblements, athétose et chorée). La maladie de Parkinson et la chorée de Huntington résultent de telles atteintes.

FONCTIONS MENTALES SUPÉRIEURES (p. 485-493)

Ondes cérébrales et électroencéphalogramme (p. 485-487)

1. L'activité électrique du cortex cérébral se traduit par des ondes cérébrales; l'enregistrement de cette activité est un électroencéphalogramme (EEG).

2. L'épilepsie est une anomalie de l'activité électrique des neurones cérébraux. Les trois formes de l'épilepsie sont le petit mal, l'épilepsie temporale et l'épilepsie tonico-clonique, ou grand mal.

Stades du sommeil et cycle veille-sommeil (p. 487-489)

3. Le sommeil est une altération de la conscience à laquelle une stimulation peut mettre fin.

4. Les deux principaux types de sommeil sont le sommeil lent (SL) et le sommeil paradoxal (SP).

5. Pendant les stades 1 à 4 du sommeil lent, les ondes cérébrales perdent en régularité et gagnent en amplitude jusqu'à l'apparition des ondes delta (stade 4). Le sommeil paradoxal se manifeste par un retour au stade 1 du sommeil lent. Durant le sommeil paradoxal, les yeux se déplacent rapidement sous les paupières. Les périodes de sommeil lent et de sommeil paradoxal alternent au cours de la nuit.

6. Le sommeil réparateur semble être celui du stade 4. Le sommeil paradoxal est important pour la stabilité émotionnelle.

7. La narcolepsie consiste en accès involontaires et soudains de sommeil. L'insomnie est l'incapacité chronique d'obtenir la quantité ou la qualité de sommeil nécessaires au bon fonctionnement de la personne.

Conscience (p. 489)

8. La conscience comprend la perception sensorielle, le déclenchement et la maîtrise des mouvements volontaires ainsi que les aptitudes mentales supérieures. La conscience s'articule suivant une échelle dont les principaux échelons sont la vigilance, la somnolence, la stupeur et le coma.

9. On pense que la conscience humaine fait intervenir un traitement holistique de l'information: (1) qui est impossible à localiser; (2) qui se superpose à d'autres types d'activités neuronales; (3) dont les éléments sont étroitement liés.

10. L'évanouissement (la syncope) est une perte temporaire de la conscience généralement due à une diminution de l'irrigation sanguine du cerveau. Le coma est un état d'inconscience auquel les stimulus ne peuvent mettre fin.

Mémoire (p. 489-492)

11. La mémoire est la capacité de se rappeler nos pensées. Elle est essentielle à l'apprentissage et elle s'incorpore à la conscience.

12. La mémorisation s'effectue en deux stades: celui de la mémoire à court terme et celui de la mémoire à long terme. Le transfert de l'information de la mémoire à court terme à la mémoire à long terme dure de quelques minutes à quelques heures, mais il faut davantage de temps pour que soient consolidés les souvenirs à long terme.

13. La mémoire déclarative est la capacité d'apprendre et de mémoriser consciemment de l'information. La mémoire procédurale est l'apprentissage d'actes moteurs qui peuvent ensuite être accomplis sans réflexion consciente.

14. La mémoire déclarative semble faire intervenir l'hippocampe, le corps amygdaloïde, le diencéphale, la région septale et basale et le cortex préfrontal. Les voies de la mémoire procédurale passent par le corps strié.

15. On ne connaît pas la nature biochimique des traces mnésiques. Certaines lésions corticales, même étendues, ne nuisent pas à la mémoire.

Langage (p. 492-493)

16. Le langage est indissociable de la mémoire et de la conscience. Nos souvenirs et nos pensées prennent la forme de mots et d'autres symboles.

17. Le langage fait intervenir l'aire visuelle, l'aire de la compréhension du langage, l'aire motrice du langage et les régions avoisinantes de l'aire prémotrice, l'aire sémantique dans le cortex frontal gauche et la partie antérieure du gyrus du cingulum.

18. Les lésions des aires du langage situées dans l'hémisphère gauche ou celles des voies de conduction qui les relient causent les aphasies.

Questions de révision

Choix multiples/associations

1. Le cortex cérébral détermine le siège ou la modalité d'une stimulation par: (a) la détection perceptive; (b) la discrimination des caractéristiques; (c) la reconnaissance des formes; (d) la discrimination spatiale.

2. Les réseaux de neurones de la moelle épinière se trouvent au niveau: (a) de la programmation; (b) de la projection; (c) segmentaire.

3. Parmi les structures suivantes, laquelle fait partie de la voie motrice secondaire? (a) Les noyaux vestibulaires. (b) Le noyau rouge. (c) Les noyaux des tubercules quadrijumeaux supérieurs. (d) Les noyaux réticulaires. (e) Toutes ces structures.

4. Associez les stades du sommeil aux caractéristiques suivantes. (Les réponses a à d correspondent au sommeil lent.)
Stades: (**a**) stade 1; (**b**) stade 2; (**c**) stade 3; (**d**) stade 4; (**e**) sommeil paradoxal.

(1) Stade pendant lequel les signes vitaux (fréquence respiratoire, pouls, pression artérielle et température corporelle) atteignent leurs niveaux les plus bas.

(2) Stade pendant lequel se produisent les rêves et les mouvements des yeux sous les paupières.

(3) Stade pendant lequel se produisent les épisodes de somnambulisme.

(4) Stade des ondes alpha, pendant lequel le dormeur peut s'éveiller très facilement.

Questions à court développement

5. Distinguez clairement la sensation de la perception.

6. Quelles sont les différences entre la discrimination synthétique et la discrimination analytique des qualités?

7. Les programmes médullaires se trouvent au niveau segmentaire de la régulation motrice. (a) Quelle est la fonction des programmes médullaires? (b) Qu'est-ce qui les régit et où ce centre de commande est-il situé?

8. Faites un diagramme de la hiérarchie de la régulation motrice. Indiquez les programmes médullaires, les neurones de commande, le cervelet et les noyaux gris centraux.

9. Quelles sont les différences entre les activités motrices dirigées par la voie motrice principale et celles qui sont dirigées par la voie motrice secondaire?

10. Pourquoi le cervelet et les noyaux gris centraux sont-ils des centres de *précommande*?

11. Expliquez l'électroencéphalogramme.

12. Quelles sont les variations de l'organisation du sommeil, du temps de sommeil et de la durée du sommeil lent et du sommeil paradoxal au cours de la vie?

13. (a) Définissez la narcolepsie et l'insomnie. (b) Pourquoi croit-on que la narcolepsie est liée à un trouble des centres de régulation du sommeil? (c) Pourquoi la narcolepsie est-elle un trouble sérieux?

14. (a) Définissez l'épilepsie. (b) Quelle forme de ce trouble est la plus bénigne? Laquelle est la plus grave? Développez.

15. Qu'est-ce que le traitement holistique de l'information et quelles sont ses caractéristiques essentielles?

16. Comparez la mémoire à court terme et la mémoire à long terme du point de vue de la capacité de stockage et de la durée de rétention.

17. (a) Nommez quelques facteurs qui favorisent le transfert de l'information de la mémoire à court terme à la mémoire à long terme. (b) Définissez la consolidation mnésique.

18. Comparez la mémoire déclarative et la mémoire procédurale du point de vue des données mémorisées et de l'importance de la récupération consciente.

19. Expliquez pourquoi la conscience, la mémoire et le langage sont indissociables.

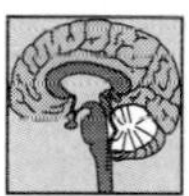

Réflexion et application

1. Peu de temps après avoir remarqué une faiblesse dans son bras droit, M. Aubin devint incapable de le bouger et de parler. Pendant l'examen médical, M. Aubin semblait comprendre ce qu'on lui disait, mais il ne pouvait répondre de manière appropriée. Ses paroles étaient insensées et il marmonnait; de plus, sa joue droite et le côté droit de sa bouche étaient affaissés. La force et les réflexes de ses membres inférieurs étaient normaux, mais les réflexes étaient faibles dans son bras droit. L'examen n'a révélé ni pertes sensorielles ni problèmes de démarche. D'après ces renseignements, répondez aux questions suivantes. (a) Quelle voie motrice (principale ou secondaire) et quelles régions du cerveau sont atteintes? (b) Quels changements les lésions de ce système causent-elles dans les réflexes abdominaux et plantaires? (c) Comment appelle-t-on le trouble du langage dont M. Aubin est atteint?

2. Mme Lalonde souffre d'une douleur lancinante à la jambe qui l'empêche de dormir. L'infirmière auxiliaire lui masse le dos et, peu de temps après, Mme Lalonde s'endort tranquillement. En faisant référence à la théorie de Melzcak et Wall, expliquez pourquoi un massage (ou une friction vigoureuse) peut soulager la douleur.

3. Le dossier médical d'un homme de 68 ans comprend les notes suivantes: «Léger tremblement de la main droite au repos; absence d'expression du visage; déclenchement des mouvements difficile.» (a) Formulez un diagnostic en faisant appel à vos connaissances. (b) Selon toute probabilité, quelle structure cérébrale est atteinte chez cet homme et quelle est son anomalie? (c) Quel est le traitement courant de ce trouble?

16 Les sens

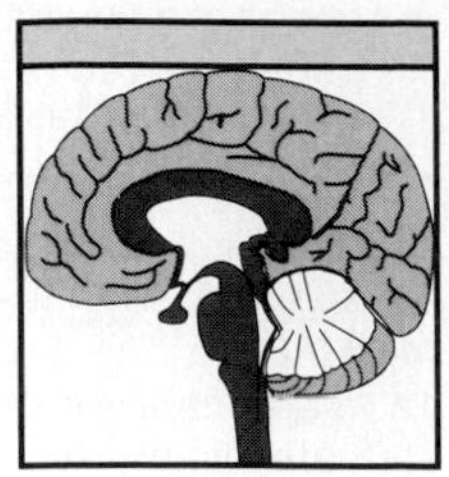

Sommaire et objectifs d'apprentissage

Sens chimiques: goût et odorat (p. 496-501)

1. Décrire la situation, la structure et les voies afférentes des récepteurs gustatifs et olfactifs et expliquer comment ces récepteurs sont stimulés.

Œil et vision (p. 501-520)

2. Décrire la structure et la fonction des structures annexes de l'œil, des tuniques, du cristallin, de l'humeur aqueuse et du corps vitré.
3. Expliquer le trajet que parcourt la lumière jusqu'à la rétine et expliquer comment la lumière est focalisée pour la vision éloignée et la vision rapprochée.
4. Décrire le déroulement de la stimulation des photorécepteurs par la lumière et comparer le rôle des cônes et celui des bâtonnets.
5. Exposer les causes et les conséquences de l'astigmatisme, de la cataracte, du glaucome, de l'hypermétropie, de la myopie et de l'achromatopsie.
6. Comparer l'adaptation à la lumière et l'adaptation à l'obscurité.
7. Décrire le trajet de la voie visuelle jusqu'à l'aire visuelle du cortex occipital et expliquer brièvement le traitement des informations sensorielles.

Oreille: ouïe et équilibre (p. 520-533)

8. Décrire la structure et la fonction de l'oreille externe, de l'oreille moyenne et de l'oreille interne.
9. Expliquer la transmission du son jusqu'aux liquides de l'oreille interne et décrire la voie auditive de l'organe spiral à l'aire auditive du cortex temporal.
10. Expliquer comment s'effectue la reconnaissance de la hauteur, de l'intensité et de la source des sons.
11. Expliquer le rôle que jouent les organes de l'équilibre, situés dans les canaux semi-circulaires et dans le vestibule, dans l'équilibre dynamique et statique.
12. Énumérer les causes possibles et les symptômes de l'otite moyenne, de la surdité, du syndrome de Ménière et du mal des transports.

Développement et vieillissement des organes des sens (p. 533-535)

13. Décrire le développement embryonnaire des organes des sens et énumérer les changements qu'ils subissent au cours du vieillissement.

Les êtres humains sont très sensibles aux stimulus. Une miche de pain chaud nous met l'eau à la bouche. Un coup de tonnerre nous fait sursauter. Notre système nerveux ne cesse de capter et d'interpréter des stimulus.

On nous apprend généralement que nous avons cinq sens: le toucher, le goût, l'odorat, la vue et l'ouïe. En réalité, le toucher comprend un ensemble de récepteurs sensoriels simples dont nous avons traité au chapitre 13. Par ailleurs, nous sommes aussi dotés du sens de l'*équilibre,* dont les récepteurs sont situés dans l'oreille, avec ceux de l'ouïe. Les récepteurs de ce que l'on appelle couramment le toucher sont disséminés dans la peau et sont pour la plupart des dendrites modifiées de neurones sensitifs, alors que les **récepteurs sensoriels spécifiques** de l'*odorat,* du *goût,* de la *vue* et de l'*ouïe* sont des *cellules réceptrices* à proprement parler. Ces cellules sont regroupées dans la tête et elles occupent des endroits précis, soit dans les organes des sens (les yeux et les oreilles), soit dans des structures épithéliales bien délimitées (les bourgeons du goût et l'épithélium de la région olfactive).

Le présent chapitre porte sur l'anatomie et la physiologie de l'odorat, du goût, de la vue, de l'ouïe et de l'équilibre. Rappelez-vous en le lisant que nos perceptions sensorielles se chevauchent et que nous appréhendons notre environnement par l'intermédiaire de stimulus diversifiés.

Sens chimiques: goût et odorat

Les récepteurs du goût et de l'odorat sont des **chimiorécepteurs,** car ils réagissent aux substances chimiques en

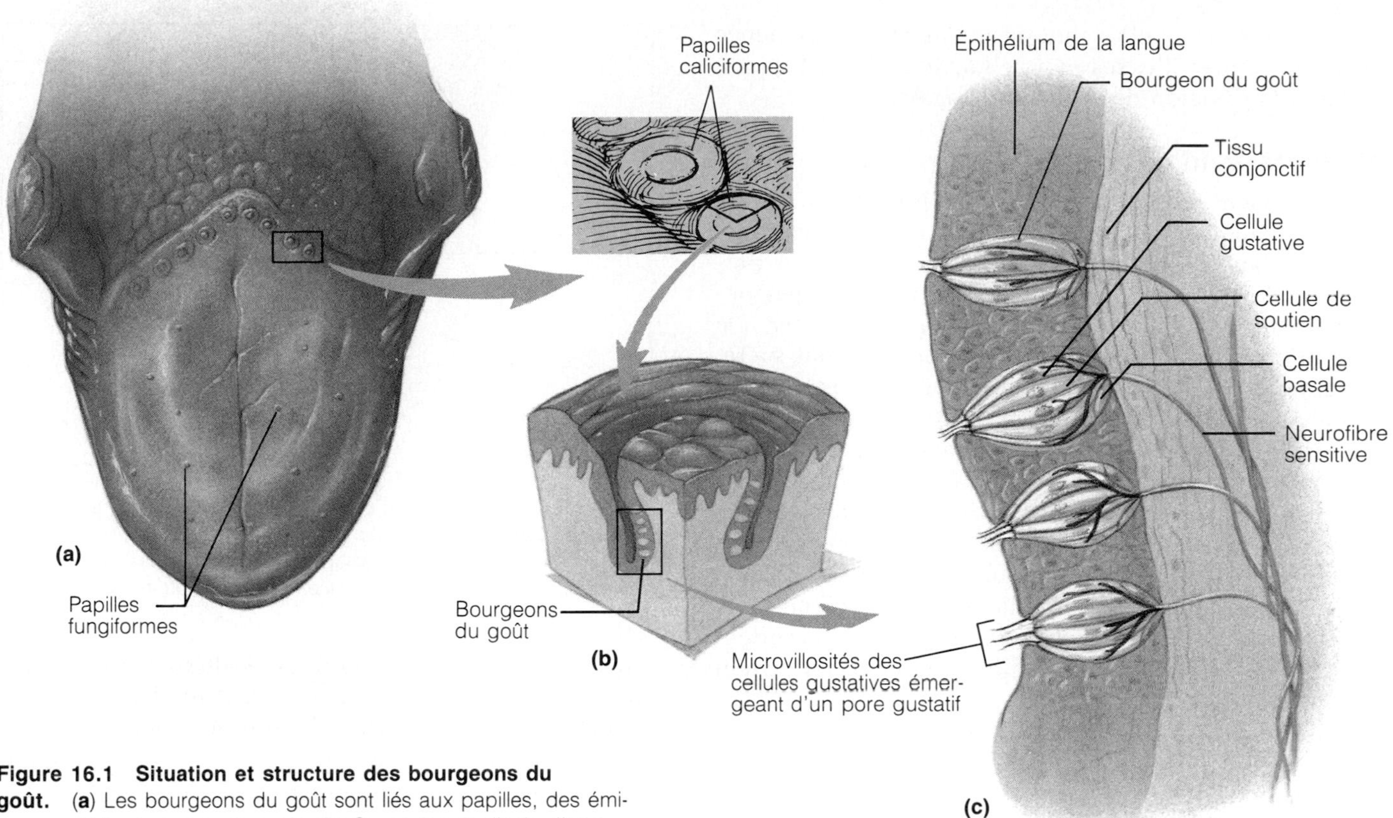

Figure 16.1 Situation et structure des bourgeons du goût. (**a**) Les bourgeons du goût sont liés aux papilles, des éminences de la muqueuse linguale. (**b**) Coupe longitudinale d'une papille caliciforme montrant la situation des bourgeons du goût dans ses parois latérales. (**c**) Agrandissement de quatre bourgeons du goût montrant les cellules gustatives, les cellules de soutien et les cellules basales.

solution aqueuse. Les récepteurs gustatifs sont stimulés par les substances chimiques contenues dans les aliments et dissoutes dans la salive; les récepteurs olfactifs sont stimulés par des substances chimiques en suspension dans l'air qui se dissolvent dans les liquides des membranes nasales. Les récepteurs du goût et ceux de l'odorat se complètent et réagissent à plusieurs des mêmes stimulus.

Bourgeons du goût et gustation

L'étymologie nous enseigne que le mot *goût* vient d'un mot indo-européen, *geus*, qui signifie «éprouver, goûter, apprécier». Effectivement, le goût nous permet d'éprouver ou de juger directement notre environnement. Beaucoup de personnes estiment que le goût est le sens qui nous procure le plus de plaisir.

Situation et structure des bourgeons du goût

La plupart des quelque 10 000 **bourgeons du goût,** les récepteurs sensoriels du goût, sont situés sur la langue. On en trouve quelques-uns sur le palais mou, sur la face interne des joues, sur le pharynx et sur l'épiglotte.

En majorité, les bourgeons du goût siègent dans des éminences de la muqueuse linguale appelées **papilles,** qui donnent à la surface de la langue sa texture rugueuse. On distingue trois principaux types de papilles: les papilles filiformes, les papilles fungiformes et les papilles caliciformes. Chez l'adulte, seuls les deux derniers types de papilles renferment des bourgeons du goût. Les **papilles fungiformes,** comme leur nom l'indique, ont la forme de champignons; elles sont disséminées sur toute la surface de la langue, mais sont particulièrement abondantes sur le bout de la langue et ses côtés (figure 16.1a). Les **papilles caliciformes,** de forme ronde, sont les plus grandes et les moins nombreuses; on en trouve de 7 à 12, en V inversé, à l'arrière de la langue (voir la figure 16.1a). Les bourgeons du goût sont situés dans les parois latérales des papilles caliciformes (figure 16.1b) et au sommet des papilles fungiformes.

Chaque bourgeon du goût, de forme sphérique, est formé de 40 à 60 *cellules épithéliales* de trois types: des cellules de soutien, des cellules gustatives et des cellules basales (figure 16.1c). Les **cellules de soutien** constituent l'essentiel de la masse du bourgeon du goût. Elles isolent les cellules chimioréceptrices, appelées **cellules gustatives,** les unes des autres et de l'épithélium lingual avoisinant. De longues **microvillosités** émergent des extrémités des cellules gustatives et des cellules de soutien, passent par un **pore gustatif** et apparaissent à la surface de l'épithélium, où elles baignent dans la salive. Il semble qu'elles soient les parties sensitives (*membranes réceptrices*) des cellules gustatives. Ces dernières sont entourées de dendrites sensitives entremêlées qui représentent le segment initial de la voie gustative menant au cerveau (plus précisément à la région de l'aire somesthésique correspondant à la langue). Étant donné leur situation, les cellules des bourgeons du goût sont sujettes à une friction intense, et elles sont parmi les plus dynamiques de l'organisme. Elles se renouvellent tous les 7 à 10 jours, grâce à la division des **cellules basales.**

Saveurs fondamentales

Normalement, les sensations gustatives sont provoquées par des mélanges complexes de saveurs. Or, les épreuves réalisées au moyen de composés chimiques purs permettent de décomposer les saveurs en quatre groupes fondamentaux: le *sucré,* l'*acide,* le *salé* et l'*amer.* De nombreuses substances organiques ont un goût sucré, notamment les sucres, la saccharine, les alcools, certains acides aminés et certains sels de plomb (comme ceux que contient la peinture au plomb). Les acides, et plus précisément leurs ions hydrogène (H^+) en solution, ont bien entendu un goût acide, tandis que les ions des métaux (les sels inorganiques) ont un goût salé. Le sel ordinaire (le chlorure de sodium) est la substance la plus «salée». Enfin, les alcaloïdes (comme la quinine, la nicotine, la caféine, la morphine et la strychnine) ainsi qu'un certain nombre de substances non alcaloïdes (comme l'aspirine) ont un goût amer.

Il n'existe pas de différence *structurale* entre les bourgeons du goût des différentes parties de la langue. Cependant, le bout de la langue est surtout sensible au sucré et au salé, les côtés, à l'acide, et l'arrière (près de la racine), à l'amer (figure 16.2). Mais ces différences ne sont pas absolues; en effet, la plupart des bourgeons du goût réagissent à deux, trois ou quatre saveurs sur les quatre, et beaucoup de substances ont une saveur mixte. De plus, certaines substances changent de saveur à mesure qu'elles se déplacent dans la bouche. La saccharine a d'abord un goût sucré, mais elle prend un arrière-goût amer à l'arrière de la langue.

En matière de goût, les préférences et les aversions ont une valeur homéostatique. Une prédilection pour le sucré et le salé pousse à satisfaire les besoins en glucides et en minéraux (ainsi qu'en certains acides aminés). De nombreux aliments naturellement acides (comme l'orange, le citron et la tomate) sont riches en vitamine C, qui est une vitamine essentielle. Beaucoup de poisons naturels et d'aliments gâtés ont un goût amer, si bien que notre aversion pour l'amertume a une fonction protectrice. (Il faut cependant noter que la situation des récepteurs de l'amer, à l'arrière de la langue, n'est pas des plus stratégiques, car nous avons déjà avalé une partie d'une substance amère au moment où nous la goûtons.) Les gens s'habituent souvent à l'amertume et apprécient les aliments comme les olives et le soda, tandis que la plupart des animaux évitent soigneusement les substances amères.

Activation des récepteurs gustatifs

Pour provoquer une sensation gustative, une substance chimique doit se dissoudre dans la salive, diffuser dans le pore gustatif et entrer en contact avec les microvillosités des cellules gustatives. La science n'a pas encore élucidé le mécanisme de la transduction des stimulus gustatifs. Dans l'état actuel des connaissances, nous

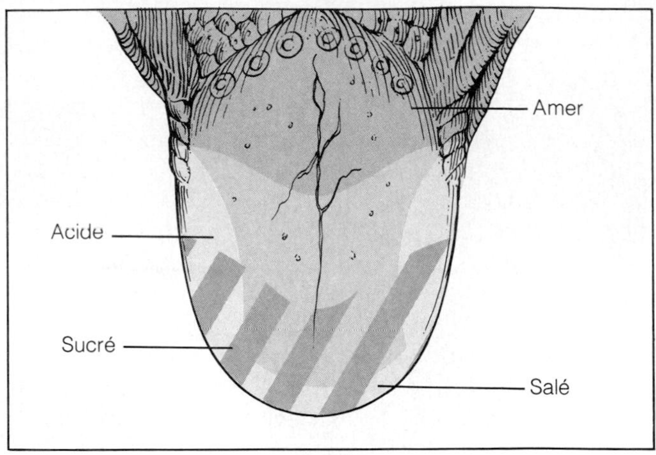

Figure 16.2 Topographie de la sensibilité gustative sur le dos de la langue. (Note: comme la partie la plus sensible au sucré chevauche la partie sensible à l'acide et la partie sensible au salé, respectivement représentées en gris et en jaune, elle est indiquée par des bandes saumon.)

savons que la liaison de la substance dissoute à un récepteur de la membrane plasmique des cellules gustatives entraîne une dépolarisation; d'autre part, ces cellules présentent l'organisation typique d'une synapse chimique avec des neurofibres afférentes et elles contiennent des vésicules synaptiques. Cependant, nous ignorons si les potentiels générateurs déclenchant les potentiels d'action dans les dendrites sensitives liées aux cellules gustatives sont produits par un stimulus électrique direct ou par un stimulus chimique (par la libération du contenu des vésicules synaptiques).

Plus une substance chimique est concentrée, plus sa saveur est intense. Cependant, les divers types de cellules gustatives présentent des seuils d'excitation différents. Conformément à leur fonction protectrice, les récepteurs de l'amer détectent les substances présentes en d'infimes quantités. Les récepteurs de l'acide sont moins sensibles, et ceux du sucré et du salé le sont encore moins. Les récepteurs gustatifs s'adaptent très rapidement; plus précisément, l'adaptation partielle s'effectue en 3 à 5 secondes, et l'adaptation complète se réalise en 1 à 5 minutes.

Voie gustative

Comme nous l'avons expliqué au chapitre 13, les neurofibres afférentes qui acheminent les messages gustatifs provenant de la langue se trouvent en majorité dans deux paires de nerfs crâniens. Le **nerf facial** (VII) transmet les influx provenant des récepteurs gustatifs situés dans les deux tiers antérieurs de la langue, tandis que le **nerf glosso-pharyngien** (IX) en dessert le tiers postérieur. Les influx gustatifs provenant des rares bourgeons du goût situés dans l'épiglotte et dans le pharynx empruntent principalement le **nerf vague** (X). Les neurofibres afférentes font synapse dans le **noyau solitaire** du bulbe rachidien; de là, les influx sont transmis au thalamus et, finalement, à l'aire gustative située dans la partie inférieure (région de la langue) de l'homoncule somesthésique des lobes pariétaux.

Parmi les rôles du goût, l'un des plus importants est de provoquer les réflexes associés à la digestion. En traversant le noyau solitaire, les influx gustatifs déclenchent des réflexes autonomes (par l'intermédiaire de synapses formées avec certains noyaux parasympathiques des nerfs glosso-pharyngien et vague) qui accroissent la sécrétion de salive dans la bouche et de suc gastrique dans l'estomac. La salive contient un mucus qui humecte les aliments et une enzyme digestive qui commence à digérer l'amidon. Les aliments acides sont d'exceptionnels déclencheurs du réflexe salivaire. D'autre part, l'ingestion de substances répugnantes peut déclencher des haut-le-cœur et même le réflexe du vomissement, associé à un noyau moteur du tronc cérébral situé près du noyau solitaire.

Influence des autres sensations sur le goût

Ce que nous appelons couramment le goût est intimement lié à la stimulation des récepteurs olfactifs. En fait, le goût relève à 80 % de l'odorat. Les subtilités qui distinguent un grand porto du jus de raisin et un rôti de bœuf de la viande hachée reposent sur le passage des arômes à travers le nez en même temps que nous absorbons ces aliments. Lorsque la congestion (ou l'obstruction mécanique des narines) inhibe les récepteurs olfactifs de la cavité nasale, les aliments paraissent insipides. Sans l'odorat, le café du matin perdrait toute sa richesse pour ne conserver que son amertume.

La bouche contient aussi des thermorécepteurs, des mécanorécepteurs et des nocicepteurs ; de ce fait, la température et la texture des aliments ajoutent ou nuisent à leur saveur. Certaines personnes ont une véritable aversion pour les aliments à la texture pâteuse (comme les avocats) ou grumeleuse (comme les poires), et peu de gens sont tentés par de la viande hachée froide et graisseuse. Quant aux aliments forts, comme les piments, ils excitent les nocicepteurs de la bouche.

Épithélium de la région olfactive et odorat

Bien que l'odorat humain soit beaucoup moins développé que celui de nombreux autres animaux, le nez humain n'en est pas moins apte à capter de subtiles différences entre les odeurs. Dans le domaine de la parfumerie, de l'œnologie et de la production de café, certaines personnes font de cette faculté leur gagne-pain.

Situation et structure des récepteurs olfactifs

L'odorat, comme le goût, permet de reconnaître les substances chimiques en solution. L'organe de l'odorat est l'**épithélium de la région olfactive,** une plaque jaunâtre d'épithélium pseudostratifié située dans le toit de la cavité nasale (figure 16.3a). Comme l'air qui entre dans la cavité nasale doit décrire un virage en tête d'épingle pour stimuler les récepteurs olfactifs avant de pénétrer dans les voies respiratoires situées plus bas, l'épithélium olfactif humain occupe une situation désavantageuse. (C'est pourquoi le reniflement, qui attire un surcroît d'air vers l'épithélium olfactif, augmente les capacités olfactives.) L'épithélium de la région olfactive surmonte le cornet nasal supérieur de chaque côté de la cloison nasale, et il contient des millions de **cellules olfactives,** qui jouent le rôle de récepteurs. Ces neurones en forme de quilles sont entourés et protégés par des **cellules de soutien** allongées, qui composent l'essentiel de la fine muqueuse (figure 16.3b). Les cellules de soutien contiennent un pigment jaune brun semblable à la lipofuscine, qui donne à l'épithélium olfactif sa teinte jaunâtre. Les « courtes » **cellules basales** constituent la base de l'épithélium.

Les cellules olfactives sont des neurones bipolaires particuliers : elles sont toutes pourvues d'une fine dendrite apicale terminée par un renflement portant quelques longs cils appelés **cils olfactifs.** Ces cils, qui augmentent considérablement la surface réceptrice, sont généralement repliés sur l'épithélium nasal et recouverts d'une couche de mucus clair continuellement sécrété par les cellules de soutien et par les glandes à mucus du tissu conjonctif sous-jacent. Le mucus humecte la face externe de la membrane olfactive et constitue un solvant pour les molécules des substances odorantes. Contrairement aux autres cils de l'organisme, qui vibrent rapidement et de manière coordonnée, les cils olfactifs sont essentiellement immobiles. Les minces axones amyélinisés des cellules olfactives sont rassemblés en petits faisceaux, les **filets du nerf olfactif** (nerf crânien I). Les neurofibres de ces filets montent à travers les orifices de la lame criblée de l'ethmoïde, et elles font synapse dans le bulbe olfactif sus-jacent.

Les cellules olfactives ont ceci de particulier qu'elles sont les seules cellules nerveuses à se renouveler tout au long de l'âge adulte. Elles vivent environ 60 jours, après quoi elles sont remplacées par différenciation des cellules basales de l'épithélium de la région olfactive.

Spécificité des cellules olfactives

L'odorat est un sujet de recherche difficile, car toute odeur (la fumée du tabac par exemple) peut être composée de centaines de substances chimiques. Alors que les saveurs se répartissent commodément en quatre groupes, les odeurs échappent encore aux tentatives de classification scientifique. L'odorat de l'être humain peut distinguer quelque 10 000 substances chimiques, mais la recherche tend à démontrer que les cellules olfactives sont stimulées par diverses combinaisons d'**odeurs primaires.** Le nombre des odeurs primaires est matière à controverse : certains avancent qu'il est de sept (florale, musquée, camphrée, mentholée, éthérée, âcre [piquante] et putride) ; d'autres soutiennent que l'être humain réagit à 30 classes d'odeurs pures. Or, les recherches les plus récentes laissent croire qu'il existe au moins 1000 « gènes de l'odorat », qui codent pour des protéines réceptrices spécifiques (situées sur la membrane plasmique des cellules olfactives) et que chacune de ces protéines réagit à un petit groupe de molécules de substances odorantes.

Les neurones olfactifs sont extrêmement sensibles, au point que quelques molécules seulement suffisent à activer certains d'entre eux. Il semble toutefois que la plupart de leurs protéines réceptrices présentent une spécificité relativement faible ; autrement dit, elles réagissent à une variété de molécules chimiques. Comme les sensations gustatives, les sensations olfactives sont parfois

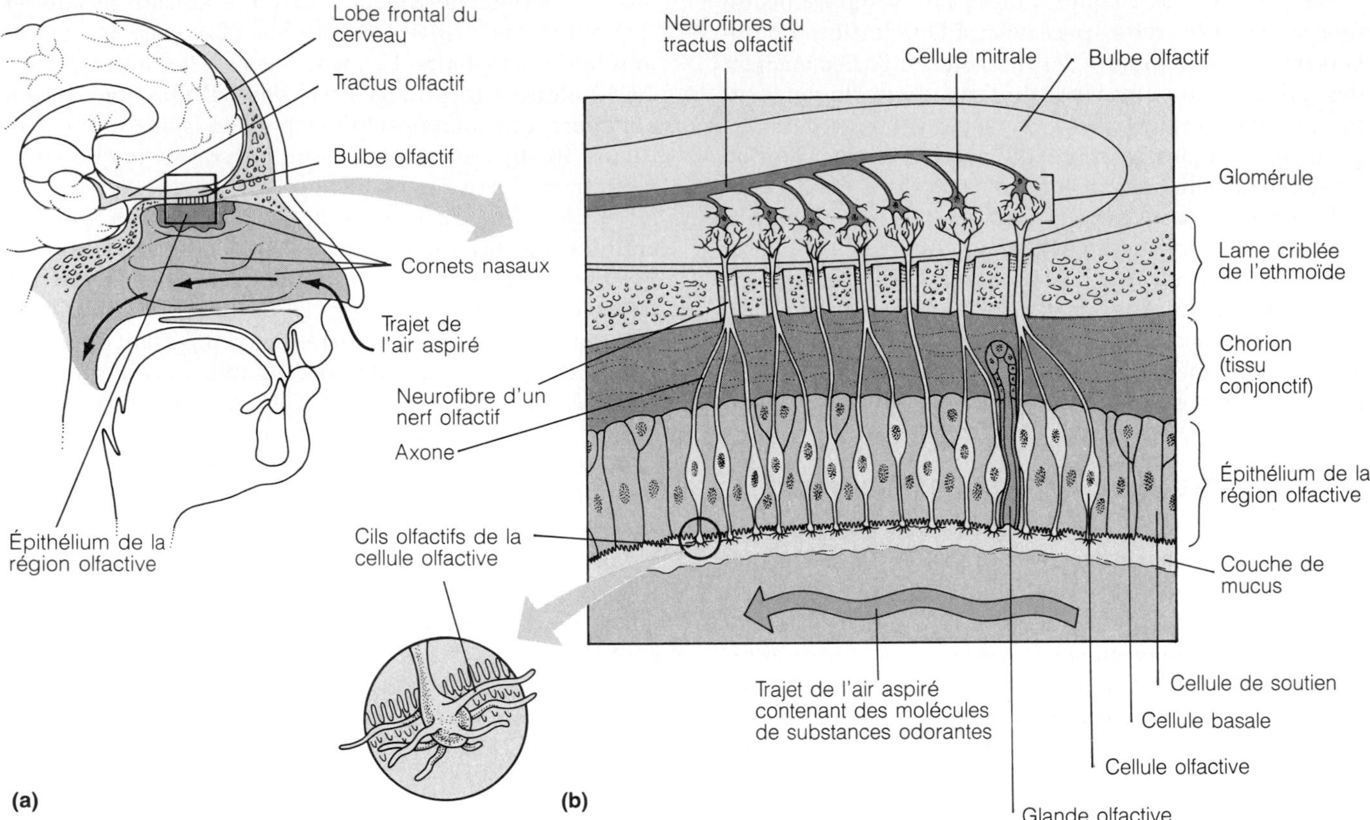

Figure 16.3 Région olfactive de la muqueuse du nez. (**a**) Situation de l'épithélium de la région olfactive dans la partie supérieure de la cavité nasale. (**b**) Agrandissement montrant la composition cellulaire de l'épithélium de la région olfactive et le trajet des neurofibres du nerf olfactif (I) à travers la lame criblée de l'ethmoïde, jusqu'à leurs synapses dans le bulbe olfactif sus-jacent. Le diagramme montre aussi les glomérules et les cellules mitrales (neurones postsynaptiques) dans le bulbe olfactif.

douloureuses. Les cavités nasales contiennent des nocicepteurs qui réagissent aux irritants comme l'âcreté de l'ammoniac, le feu du piment et le froid du menthol. Les influx provenant de ces nocicepteurs sont acheminés aux aires olfactives par des neurofibres afférentes des nerfs trijumeaux.

Activation des récepteurs olfactifs

Pour être odorante, une substance chimique doit être *volatile,* c'est-à-dire qu'elle doit entrer à l'état gazeux dans la cavité nasale. De plus, elle doit être suffisamment hydrosoluble pour se dissoudre dans le mucus qui recouvre l'épithélium de la région olfactive. Les substances chimiques dissoutes peuvent stimuler les cellules olfactives en se liant aux protéines réceptrices des membranes des cils olfactifs et en ouvrant des canaux Na^+ et K^+ spécifiques. Le potentiel récepteur ainsi engendré produit (à condition que la stimulation soit liminaire) un potentiel d'action qui se propage dans les neurofibres d'un nerf olfactif jusqu'au premier relais synaptique situé dans le bulbe olfactif.

Le sens de l'odorat s'adapte rapidement. Cependant, l'adaptation olfactive n'est pas due à l'affaiblissement de la réponse des cellules sensorielles, mais bien à des influences inhibitrices dans les voies olfactives centrales (bulbes olfactifs).

Voie olfactive

Comme nous l'avons déjà mentionné, les axones des cellules olfactives forment les nerfs olfactifs. Les synapses que les neurofibres de ces nerfs réalisent avec les **cellules mitrales** (neurones de deuxième ordre) dans les *bulbes olfactifs* sont appelées *glomérules* (littéralement «pelotes») (voir la figure 16.3b). Les cellules mitrales semblent jouer un rôle d'intégration, local mais non moins important, dans l'olfaction et, suivant les conditions environnantes, elles peuvent être activées ou inhibées. Les bulbes olfactifs renferment aussi des **cellules microgliales** qui libèrent de l'acide gamma-amino-butyrique (GABA); l'action de ce neurotransmetteur sur les cellules mitrales est inhibitrice (par l'entremise de synapses dendrodendritiques), de façon à n'assurer que la transmission des influx olfactifs hautement excitateurs. On pense que cette inhibition contribue au mécanisme de l'*adaptation olfactive,* mécanisme qui permet aux employés des usines de traitement des eaux usées d'apprécier leur repas du midi! En outre, les cellules microgliales reçoivent du cerveau des influx qui modifient la réaction des bulbes olfactifs aux odeurs dans certaines conditions. Par exemple, nous percevons les arômes des aliments différemment selon que nous sommes affamés ou repus.

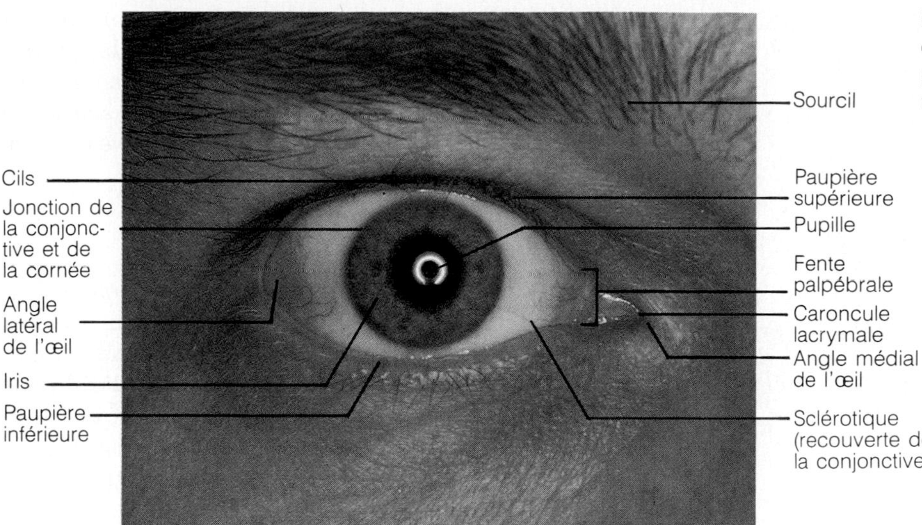

Figure 16.4 Anatomie de surface de l'œil et de ses structures annexes. Les paupières sont anormalement écartées pour montrer la totalité de l'iris.

Lorsque les cellules mitrales sont activées, les influx provenant des bulbes olfactifs empruntent les *tractus olfactifs* (composés des axones des cellules mitrales); ils passent d'abord par le thalamus pour se diriger vers les aires olfactives du cortex (uncus de l'hippocampe), où les odeurs sont consciemment interprétées; ils passent ensuite par la région sous-corticale pour s'acheminer vers l'hypothalamus et d'autres régions du système limbique, qui analysent les aspects émotionnels des odeurs et y réagissent. Les odeurs associées au danger, celles de la fumée, du gaz et de la mouffette par exemple, déclenchent les réactions du système nerveux sympathique rattachées à la fuite ou à la lutte. Tout comme les saveurs appétissantes, les odeurs alléchantes accroissent la salivation et stimulent le système digestif, tandis que certaines odeurs désagréables provoquent des réflexes de défense comme l'éternuement et l'arrêt de l'inspiration.

Déséquilibres homéostatiques des sens chimiques

Parmi les dysfonctions des sens chimiques, ce sont celles de l'odorat, les *anosmies* (littéralement «absence d'odeur»), qui amènent la majorité des personnes atteintes en consultation. La plupart des anosmies résultent de traumatismes crâniens (de la base du crâne) qui rompent les nerfs olfactifs, d'inflammations de la cavité nasale (dues à un rhume, à une allergie ou à l'usage du tabac), d'obstructions physiques de la cavité nasale (notamment les polypes) et du vieillissement. Dans un tiers des cas de perte d'un sens chimique, l'agent causal est une carence en zinc, et la guérison est rapide une fois prescrite la forme appropriée de supplément. Le zinc est en effet un facteur de croissance reconnu pour les récepteurs des sens chimiques.

Les affections cérébrales peuvent perturber le sens de l'odorat. Certaines personnes subissent des *crises uncinées,* c'est-à-dire des hallucinations olfactives au cours desquelles elles perçoivent une odeur particulière (généralement répugnante), comme celle de l'essence ou de la viande pourrie. Certaines de ces hallucinations sont indéniablement d'origine psychologique, mais beaucoup résultent d'une irritation de la voie olfactive survenant à la suite d'une intervention chirurgicale à l'encéphale ou d'un traumatisme crânien. Les *auras olfactives* que certains épileptiques éprouvent juste avant une crise sont des crises uncinées. ■

Œil et vision

Soixante-dix pour cent des récepteurs sensoriels de l'organisme sont situés dans les yeux. Les photorécepteurs captent et encodent, par transduction, les motifs formés par la lumière dans notre environnement. Les tractus optiques qui acheminent les messages codés (sous forme d'influx nerveux) des yeux au cortex cérébral contiennent plus d'un million de neurofibres. Seuls les faisceaux corticospinaux régissant l'ensemble des muscles volontaires contiennent plus de neurofibres que ces tractus. Le cerveau assigne un sens aux influx nerveux qui lui arrivent des yeux et élabore les images du monde qui nous entoure.

L'**œil** adulte est une sphère d'un diamètre d'environ 2,5 cm. Seul le sixième antérieur de la surface de l'œil est visible; le reste est entouré et protégé par un coussin de graisse et par les parois osseuses de l'orbite. Le coussin de graisse occupe presque tout le volume de l'orbite laissé libre par l'œil lui-même. L'œil est une structure complexe et une petite partie seulement de ses tissus est consacrée à la photoréception. Avant d'étudier l'œil proprement dit, nous allons examiner les structures annexes qui le protègent ou qui permettent son fonctionnement.

Structures annexes de l'œil

Les **structures annexes** de l'œil sont le sourcil, les paupières, la conjonctive, l'appareil lacrymal et les muscles extrinsèques.

Sourcil

Le **sourcil** est composé de poils courts et grossiers surmontant l'arcade sourcilière (figures 16.4 et 16.5a). Il

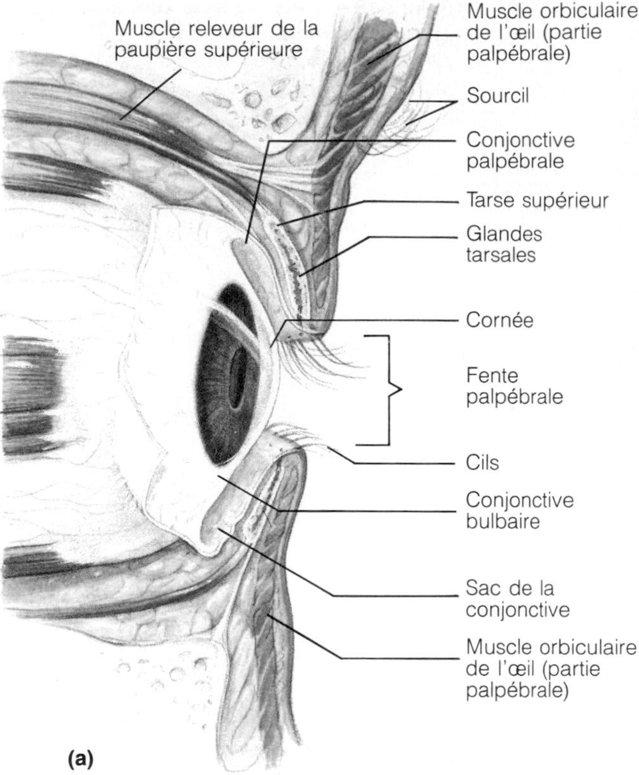

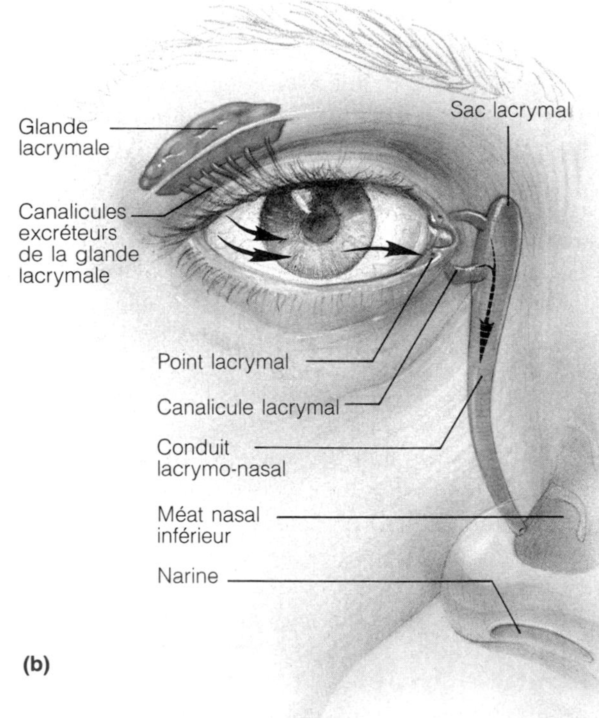

Figure 16.5 Structures annexes de l'œil. (**a**) Coupe sagittale des structures annexes de la partie antérieure de l'œil. (**b**) Appareil lacrymal. Les flèches indiquent le trajet des larmes sécrétées par la glande lacrymale.

protège l'œil de la lumière et des gouttes de sueur coulant du front. Sous la peau du sourcil se trouvent des parties du muscle orbiculaire de l'œil et du muscle sourcilier. La contraction du muscle orbiculaire de l'œil abaisse le sourcil, tandis que celle du muscle sourcilier le déplace vers l'axe médian.

Paupières

À l'avant, l'œil est protégé par des **paupières** mobiles qui, séparées par la **fente palpébrale,** s'unissent au niveau des angles interne et externe de l'œil, respectivement appelés **angle médial de l'œil** et **angle latéral de l'œil** (voir la figure 16.4). L'angle médial de l'œil présente une éminence charnue (en réalité une portion détachée de la paupière inférieure) appelée **caroncule lacrymale.** La caroncule lacrymale contient des glandes sébacées et sudoripares, et elle produit la sécrétion huileuse et blanchâtre qui s'accumule parfois dans l'angle médial de l'œil, pendant le sommeil notamment. Beaucoup de personnes d'origine asiatique présentent de part et d'autre du nez un pli de peau vertical, appelé bride épicanthique, qui recouvre parfois l'angle médial de l'œil.

Les paupières sont de minces replis recouverts de peau que soutiennent intérieurement deux feuillets de tissu conjonctif appelés **tarse supérieur** pour la paupière supérieure et **tarse inférieur** pour la paupière inférieure (voir la figure 16.5a). Ces deux tarses servent d'ancrage au muscle orbiculaire de l'œil et au muscle releveur de la paupière supérieure, qui parcourent la paupière. Le muscle orbiculaire de l'œil encercle l'œil; quand il se contracte, l'œil se ferme. La paupière supérieure est plus grande et beaucoup plus mobile que la paupière inférieure, grâce surtout à la présence du muscle releveur de la paupière supérieure qui la lève pour ouvrir l'œil. Les muscles des paupières ont une activité réflexe qui produit le clignement toutes les 3 à 7 secondes et qui protège l'œil des corps étrangers. Le clignement réflexe prévient la dessication de l'œil, car chaque fois qu'il se produit les sécrétions des structures annexes (huile, mucus et solution saline) se répandent sur la surface du globe oculaire.

Le bord libre de chaque paupière porte des **cils.** Les follicules des cils sont richement pourvus de terminaisons nerveuses (plexus de la racine du poil); tout objet (et même un souffle d'air) qui entre en contact avec les cils déclenche le réflexe du clignement.

Plusieurs types de glandes sont associés aux paupières. Les **glandes tarsales** (ou glandes de Meibomius) sont enfermées dans les deux tarses des paupières (voir la figure 16.5a), et leurs canaux s'ouvrent au bord de la paupière, juste à l'arrière des cils. Ces glandes sébacées modifiées produisent une sécrétion huileuse qui lubrifie l'œil et les paupières et qui empêche ces dernières de se coller l'une à l'autre. Un certain nombre de glandes sébacées plus petites et plus typiques sont associées aux follicules des cils. Des glandes sudoripares modifiées appelées *glandes ciliaires* se trouvent entre les follicules pileux.

L'infection des glandes tarsales engendre un kyste disgracieux appelé *chalazion*. L'inflammation d'une glande plus petite est appelée *orgelet.* ■

Conjonctive

La **conjonctive** est une muqueuse délicate qui tapisse les paupières (**conjonctive palpébrale**) et se replie sur la face antérieure du globe oculaire (**conjonctive bulbaire**) (voir la figure 16.5a). La conjonctive bulbaire recouvre le blanc de l'œil seulement, et non la cornée (c'est-à-dire la «fenêtre» transparente posée sur l'iris et la pupille). La conjonctive bulbaire est très mince et laisse transparaître les vaisseaux sanguins sous-jacents. Lorsque l'œil est fermé, un espace très mince, le **sac de la conjonctive**, sépare le globe oculaire recouvert de la conjonctive et les paupières. Les lentilles cornéennes s'insèrent dans le sac de la conjonctive et les collyres (médicaments pour les yeux) sont souvent administrés dans son repli inférieur. La conjonctive protège l'œil en empêchant les corps étrangers de pénétrer au-delà du sac de la conjonctive, mais sa principale fonction est de produire un mucus lubrifiant qui prévient la dessication de l'œil.

L'inflammation de la conjonctive, la *conjonctivite*, provoque un rougissement et une irritation des yeux (qui deviennent «injectés de sang»). La *conjonctivite aiguë contagieuse* est une forme infectieuse d'origine bactérienne ou virale de la conjonctivite et elle est très contagieuse. ■

La vitamine A est indispensable à la santé de tous les tissus épithéliaux, y compris la conjonctive. Les carences en vitamine A arrêtent la production de mucus par la conjonctive. Celle-ci s'assèche, devient écailleuse et entrave considérablement la vision.

Appareil lacrymal

L'**appareil lacrymal** est constitué de la glande lacrymale et du conduit lacrymo-nasal qui draine les sécrétions lacrymales dans la cavité nasale (figure 16.5b). La glande lacrymale est située à l'intérieur de l'orbite, au-dessus du bord externe de l'œil, et elle est visible à travers la conjonctive lorsque la paupière est retournée. Elle libère continuellement une solution saline diluée appelée **sécrétion lacrymale** ou, plus simplement, **larmes**, dans la partie supérieure du sac de la conjonctive par l'intermédiaire de quelques canalicules excréteurs de petites dimensions. Le clignement répand les larmes vers le bas et la partie médiane du globe oculaire, jusqu'à l'angle médial de l'œil; là, les larmes entrent dans les deux **canalicules lacrymaux** par deux minuscules orifices appelés **points lacrymaux**, qui apparaissent sous forme de points rouges sur le bord interne de chaque paupière. Des canalicules lacrymaux, les larmes s'écoulent dans le **sac lacrymal** puis dans le **conduit lacrymo-nasal**, qui s'ouvre dans la cavité nasale, juste sous le cornet nasal inférieur.

Les larmes contiennent du mucus, des anticorps et du **lysozyme**, une enzyme antibactérienne. Elles nettoient, protègent, humectent et lubrifient la surface de l'œil. L'activité des glandes lacrymales diminuant au cours des années, les yeux sont prédisposés à l'assèchement, à l'infection et à l'irritation pendant la vieillesse. Lorsque la sécrétion lacrymale est excessive, les larmes débordent des paupières et remplissent les cavités nasales, provoquant une congestion. Cela se produit quand des corps étrangers ou des substances chimiques nocives irritent les yeux et quand nous éprouvons un bouleversement émotionnel. Dans le cas d'une irritation de l'œil, l'accroissement de la sécrétion lacrymale a pour fonction d'éliminer ou de diluer la substance irritante. Quant aux larmes provoquées par les émotions, leur importance est mal comprise. Comme les larmes contiennent des enképhalines (des opiacés naturels) et comme seuls les êtres humains versent des larmes sous le coup de l'émotion, il semble que les pleurs jouent un rôle important pour la réduction de la tension émotionnelle. Toute personne qui a déjà pleuré à chaudes larmes le croira aisément, mais cela est difficile à démontrer scientifiquement.

Comme la muqueuse de la cavité nasale est abouchée aux conduits lacrymaux, un rhume et une inflammation nasale causent souvent une inflammation et un œdème de la muqueuse lacrymale. Le drainage de la surface de l'œil s'en trouve réduit, et l'œil devient larmoyant. ■

Muscles extrinsèques de l'œil

Le mouvement de chaque globe oculaire est commandé par six muscles rubanés, les **muscles extrinsèques de l'œil.** Ces muscles naissent de l'orbite et s'insèrent sur la face externe du globe oculaire (figure 16.6). Ils permettent à l'œil de suivre le mouvement d'un objet. De plus, ils constituent des sortes de haubans qui préservent la forme du globe oculaire et le maintiennent dans l'orbite.

Quatre des muscles extrinsèques, les *muscles droits*, émergent d'un même anneau tendineux situé à l'arrière de l'orbite, l'**anneau tendineux commun**, et vont directement vers leurs points d'insertion sur le globe oculaire. Les noms qu'ils portent indiquent leurs points d'insertion et les mouvements qu'ils permettent: **muscles droits supérieur, inférieur, latéral** et **médial de l'œil.** On déduit moins facilement les mouvements produits par les deux *muscles obliques*, car ces muscles suivent des trajets assez singuliers dans l'orbite. Les muscles obliques déplacent l'œil dans le plan vertical lorsque le globe oculaire est déjà tourné vers l'intérieur par le muscle droit. Le **muscle oblique supérieur** a la même origine que les muscles droits et il suit la paroi interne de l'orbite; ensuite, il décrit un angle droit et passe à travers une boucle fibrocartilagineuse appelée **trochlée** avant de s'insérer sur la partie supéro-latérale du globe oculaire. Sa contraction fait tourner l'œil vers le bas et, dans une certaine mesure, vers l'extérieur. Le **muscle oblique inférieur** naît sur la face interne de l'orbite, s'étend obliquement vers l'extérieur et s'insère sur la face inféro-latérale du globe oculaire. Par conséquent, il déplace l'œil vers le haut et vers l'extérieur. À l'exception des muscles droit latéral et oblique supérieur, qui sont innervés respectivement par le *nerf oculo-moteur externe* et par le *nerf trochléaire*, tous les muscles extrinsèques de l'œil sont desservis par le *nerf oculo-moteur*. La figure 16.6c fournit un résumé des actions et de l'innervation de ces muscles. (Les trajets des nerfs crâniens associés sont présentés dans le tableau 13.2.)

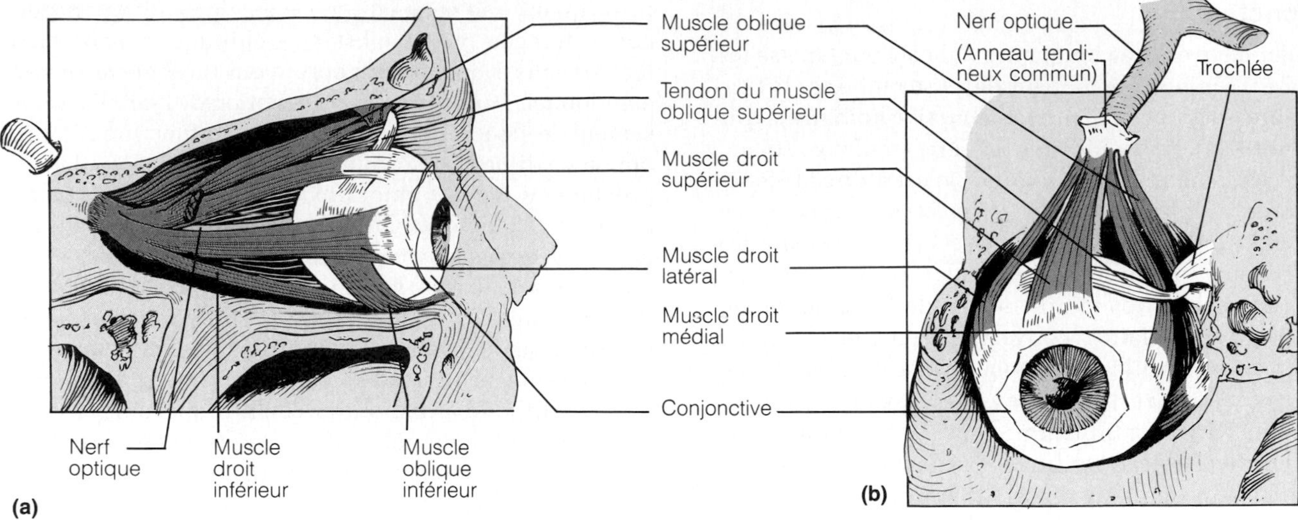

(c)

Muscle	Nerf crânien	Actions
Droit latéral	VI (oculo-moteur externe)	Déplace l'œil vers l'extérieur
Droit médial	III (oculo-moteur)	Déplace l'œil vers l'intérieur
Droit supérieur	III (oculo-moteur)	Élève l'œil ou le déplace vers le haut
Droit inférieur	III (oculo-moteur)	Abaisse l'œil ou le déplace vers le bas
Oblique inférieur	III (oculo-moteur)	Élève l'œil et le tourne vers l'extérieur
Oblique supérieur	IV (trochléaire)	Abaisse l'œil et le tourne vers l'extérieur

Figure 16.6 Muscles extrinsèques de l'œil. (**a**) Vue latérale de l'œil droit. (**b**) Vue antéro-supérieure de l'œil droit. (**c**) Résumé de l'innervation crânienne et des actions des muscles extrinsèques de l'œil.

Les muscles extrinsèques de l'œil font partie des muscles squelettiques dont la régulation nerveuse est la plus précise et la plus rapide. En effet, le rapport des axones aux fibres musculaires y est très élevé; les unités motrices de ces muscles contiennent de 8 à 12 fibres musculaires, et moins dans certains cas. Les muscles extrinsèques réalisent deux types fondamentaux de mouvements: les **mouvements saccadés** et les **mouvements de balayage.** Les premiers sont des mouvements brusques et de faible amplitude qui portent rapidement l'œil d'un point à un autre et couvrent en peu de temps la totalité du champ visuel. (Le **champ visuel** est l'étendue de l'espace que l'œil peut couvrir lorsque la tête est immobile.) Les mouvements oculaires rapides du sommeil paradoxal sont des mouvements saccadés accomplis pour suivre le déroulement des rêves. Les lents mouvements de balayage permettent de suivre un objet se déplaçant dans le champ visuel et de fixer le regard sur un objet en dépit des mouvements de la tête. La plupart des mouvements qui permettent la fixation du regard font intervenir au moins deux muscles extrinsèques de l'œil.

Lorsque les mouvements des muscles extrinsèques des deux yeux ne sont pas parfaitement coordonnés, l'image provenant de la même région du champ visuel se forme sur des points différents des deux rétines et elle se dédouble. Ce trouble est appelé *diplopie,* ou vision double. Il peut résulter de la paralysie ou de la faiblesse congénitale de certains muscles extrinsèques ou constituer une conséquence temporaire de l'ivresse.

La faiblesse congénitale des muscles extrinsèques de l'œil peut causer le *strabisme* (*strabos* = louche), le défaut de parallélisme des yeux. Pour compenser, l'œil normal et l'œil dévié vers l'intérieur ou l'extérieur fixent alternativement les objets. Il arrive aussi que seul l'œil normal soit utilisé et que le cerveau néglige les influx provenant de l'œil déviant, qui devient fonctionnellement aveugle. Le strabisme ne se corrige pas avec le temps. On peut traiter les cas les moins graves par des exercices visant à renforcer les muscles faibles ou par le port temporaire d'un cache-œil, qui oblige l'enfant à utiliser son œil le plus faible. Seule la chirurgie peut venir à bout des cas les plus tenaces. ■

Structure de l'œil

L'œil proprement dit, appelé *globe oculaire* ou bulbe de l'œil, est une sphère creuse légèrement irrégulière (figure 16.7). Sa paroi est composée d'une tunique fibreuse, d'une tunique vasculaire et d'une tunique sensitive. Il est rempli de liquides qui concourent à lui donner sa forme. Le cristallin, la «lentille» de l'œil, est soutenu verticalement à l'intérieur de l'œil, et il le divise en un **segment antérieur**

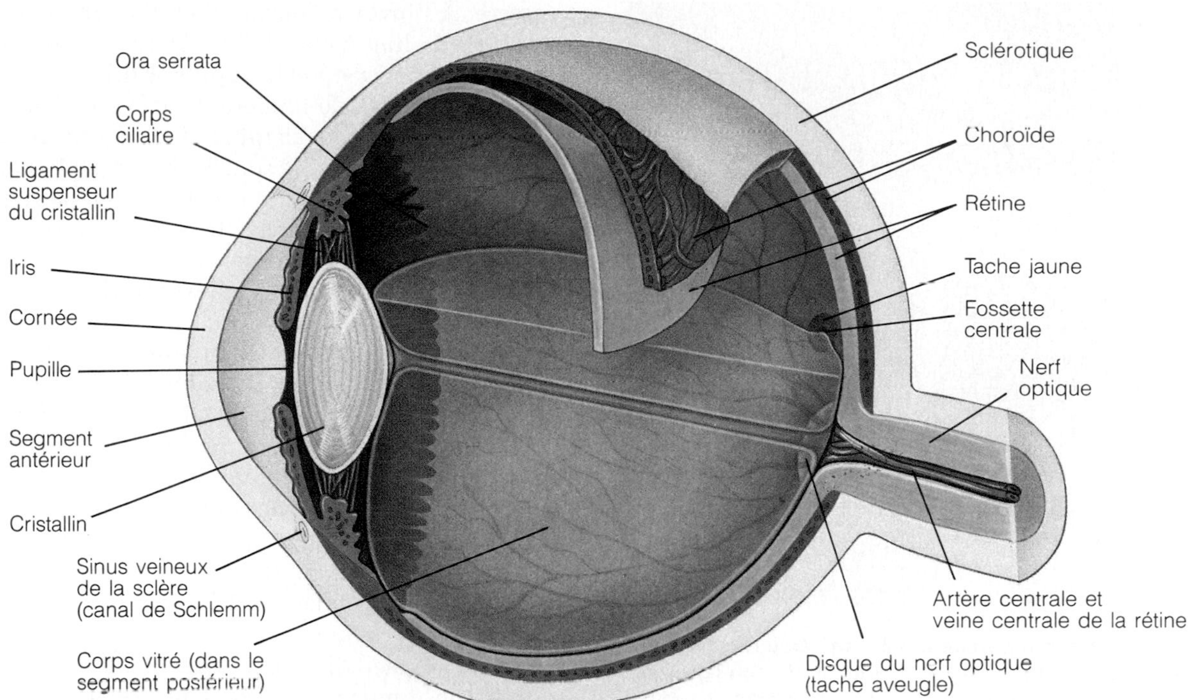

Figure 16.7 Structure interne de l'œil (coupe sagittale). Le corps vitré n'est représenté que dans la moitié inférieure du globe oculaire.

et un **segment postérieur.** Le segment antérieur contient l'*humeur aqueuse*, tandis que le segment postérieur est rempli d'une substance gélatineuse appelée *corps vitré*.

Tuniques de l'œil

Tunique fibreuse. L'enveloppe externe de l'œil, la **tunique fibreuse,** est composée d'un tissu conjonctif dense et peu vascularisé. Elle comprend deux parties bien définies, la sclérotique et la cornée. La **sclérotique** (aussi appelée sclère), qui forme la partie postérieure et l'essentiel de la tunique fibreuse, est d'un blanc brillant et opaque. Se présentant sur la face antérieure comme le «blanc de l'œil», la sclérotique, résistante et de texture tendineuse (*sklêros* = dur), protège et façonne le globe oculaire, tout en fournissant un ancrage solide aux muscles extrinsèques de l'œil. À l'arrière, à l'endroit où le nerf optique la perce, la sclérotique est réunie à la dure-mère. Le sixième antérieur de la tunique fibreuse se modifie et forme la **cornée,** qui fait saillie vers l'avant. La disposition régulière des fibres collagènes donne à la cornée sa transparence et en fait une fenêtre qui laisse pénétrer la lumière dans l'œil. Comme nous l'expliquerons ultérieurement, la cornée fait aussi partie de l'appareil de réfraction de la lumière.

Les deux faces de la cornée sont recouvertes par des feuillets épithéliaux (voir la figure 16.11, page 508). Le feuillet externe, un épithélium pavimenteux stratifié non kératinisé, s'unit à la conjonctive bulbaire à la jonction de la sclérotique et de la cornée, et protège celle-ci de toute abrasion. Un épithélium pavimenteux simple, aussi appelé *endothélium* cornéen, tapisse la face interne de la cornée. Ses cellules sont dotées de pompes à sodium actives qui préservent la transparence de la cornée en rejetant continuellement les ions sodium dans les liquides du globe oculaire. L'eau suit le même chemin (dans le sens de ses gradients osmotiques), et les fibres collagènes serrées de la cornée demeurent ainsi à l'abri des accumulations de liquide interstitiel qui pourraient les séparer.

La cornée est riche en terminaisons nerveuses, pour la plupart des neurofibres nociceptives ; le contact d'un objet avec la cornée provoque le réflexe du clignement et accroît la sécrétion lacrymale. La cornée demeure cependant la partie la plus exposée de l'œil, et elle subit très souvent des lésions causées par la poussière, les éclats, etc. Fort heureusement, sa capacité de régénération et de guérison est remarquable, et elle peut être remplacée chirurgicalement. La cornée est le seul tissu qu'on peut transplanter sans risque de rejet. En effet, elle ne contient aucun vaisseau sanguin et se trouve donc hors de portée des cellules du système immunitaire.

Tunique vasculaire (uvée). La **tunique vasculaire** du bulbe, l'enveloppe moyenne du globe oculaire, est aussi appelée **uvée** (*uva* = raisin). Cette tunique pigmentée comprend trois éléments distincts : la choroïde, le corps ciliaire et l'iris (voir la figure 16.7).

La **choroïde** est une membrane (*khorion* = membrane) fortement vascularisée, de couleur brun foncé, qui

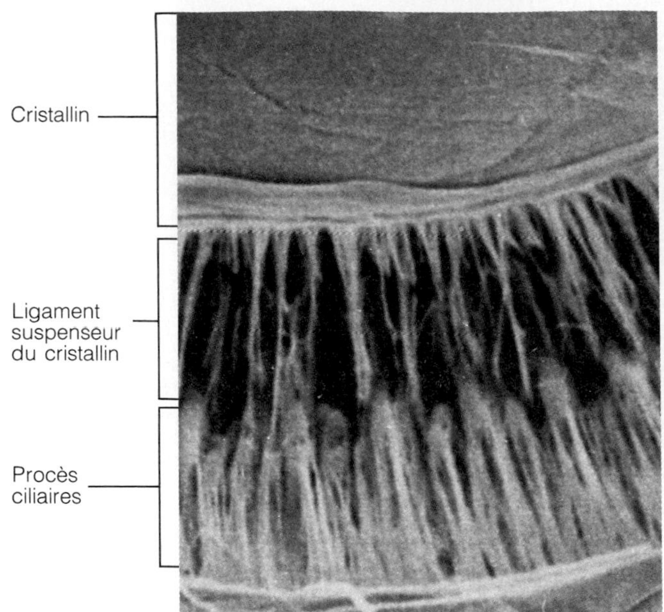

Figure 16.8 Photomicrographie à balayage électronique de la face postérieure d'une partie du cristallin, de son ligament suspenseur et du corps ciliaire. Notez la délicatesse des fibres du ligament suspenseur, qui soutient le cristallin à l'intérieur de l'œil (× 15).

forme les cinq sixièmes postérieurs de la tunique vasculaire. Ses vaisseaux sanguins fournissent des nutriments à toutes les tuniques de l'œil. Son pigment brun, produit par des mélanocytes, absorbe la lumière, l'empêchant de se diffuser et de se réfléchir à l'intérieur de l'œil (ce qui brouillerait la vision). La choroïde s'interrompt à l'arrière, à l'endroit où le nerf optique quitte l'œil. À l'avant, elle s'unit au **corps ciliaire** par une jonction en dents de scie appelée **ora serrata** (littéralement «bouche en dents de scie»). Le corps ciliaire, un anneau de tissu épais et richement irrigué entourant le cristallin, est formé principalement de faisceaux musculaires lisses entrecroisés qui constituent le muscle ciliaire et régissent la forme du cristallin. La surface du corps ciliaire est parcourue de plis appelés **procès ciliaires,** dont les capillaires sécrètent l'humeur aqueuse qui remplit la cavité du segment antérieur du globe oculaire. Le **ligament suspenseur du cristallin,** ou **zone ciliaire,** s'étend du corps ciliaire au cristallin. Ce halo de fibres délicates encercle le cristallin et le maintient à la verticale dans l'œil (figure 16.8).

L'**iris,** la partie colorée et visible de l'œil, est la partie la plus antérieure de la tunique vasculaire du bulbe. De la forme d'un beigne aplati, il est situé entre la cornée et le cristallin et sa partie postérieure est unie au corps ciliaire. Son ouverture centrale, la **pupille,** est ronde et laisse pénétrer la lumière dans l'œil. L'iris est composé de fibres musculaires lisses disposées en rayon (qui constituent le muscle dilatateur de la pupille) et en cercle (qui forment le muscle sphincter de la pupille); par son action réflexe sur le diamètre de la pupille, l'iris joue le rôle d'un diaphragme. Lorsque l'œil fixe un objet rapproché et lorsque la lumière est abondante, le muscle sphincter de la pupille se contracte et la pupille se resserre. À l'inverse, lorsque l'œil fixe un objet éloigné et lorsque la lumière est faible, le muscle dilatateur de la pupille se contracte et la pupille se dilate, ce qui laisse entrer un surcroît de lumière dans l'œil. Comme nous l'avons expliqué au chapitre 14, la dilatation et la contraction de la pupille sont régies respectivement par des neurofibres sympathiques et parasympathiques. La contraction rapide des pupilles qui se produit lorsque les yeux sont exposés à une lumière vive (potentiellement nuisible), est appelée **réflexe pupillaire** (ou réflexe photomoteur).

Les variations du diamètre pupillaire sont également liées à l'intérêt porté aux stimulus visuels ou aux réactions émotionnelles que ceux-ci suscitent. En effet, il arrive fréquemment que les pupilles se dilatent pendant l'étude d'un sujet intéressant ou pendant la résolution de problèmes. (Ainsi, vos pupilles doivent se dilater pendant que vous préparez votre déclaration d'impôt!) Par ailleurs, l'ennui ou des images désagréables entraînent la contraction des pupilles.

Bien que l'on trouve des iris de différentes couleurs (*iris* = arc-en-ciel), ils ne contiennent tous qu'un pigment brun. Si le pigment est abondant, les yeux paraissent bruns ou noirs. Si le pigment est peu abondant et circonscrit à la face postérieure des iris, les parties non pigmentées diffusent les longueurs d'ondes les plus courtes de la lumière et les yeux paraissent bleus, verts ou gris. Ce phénomène de diffusion est semblable à celui qui donne au ciel sa couleur bleue. La plupart des nouveau-nés ont les yeux bleus ou gris foncé parce que la pigmentation de leur iris n'est pas encore développée.

Tunique sensitive (rétine). La tunique interne de l'œil, la **rétine,** est délicate et formée de deux couches. La **couche pigmentaire** (externe) est contiguë à la choroïde et, à l'avant, elle couvre le corps ciliaire et la face postérieure de l'iris. Ses cellules épithéliales pigmentées (cellules pigmentaires), comme celles de la choroïde, absorbent la lumière et l'empêchent de se diffuser dans l'œil. Elles jouent également le rôle de phagocytes et de réserves de vitamine A pour les neurones photorécepteurs. La **couche nerveuse** (interne) de la rétine est transparente, et elle ne s'étend vers l'avant que jusqu'à l'ora serrata (voir la figure 16.7). Elle équivaut en fait à une émergence des cellules nerveuses du cerveau, et elle contient les millions de neurones photorécepteurs réalisant la transduction de l'énergie lumineuse (photons) en influx nerveux de même que les autres neurones participant au traitement et à la propagation des stimulus lumineux dans les nerfs optiques. Les deux couches de la rétine sont très rapprochées, mais non pas fusionnées (elles sont séparées par l'espace rétinien). Bien que l'on désigne la rétine par le terme **tunique sensitive,** seule sa couche nerveuse joue un rôle direct dans la vision.

La couche nerveuse de la rétine comprend trois principaux types de neurones: des **photorécepteurs,** des **cellules bipolaires** et des **cellules ganglionnaires** (figure 16.9). Les potentiels récepteurs produits sous l'effet de la lumière dans les photorécepteurs (contigus au feuillet externe) sont conduits aux neurones bipolaires puis aux

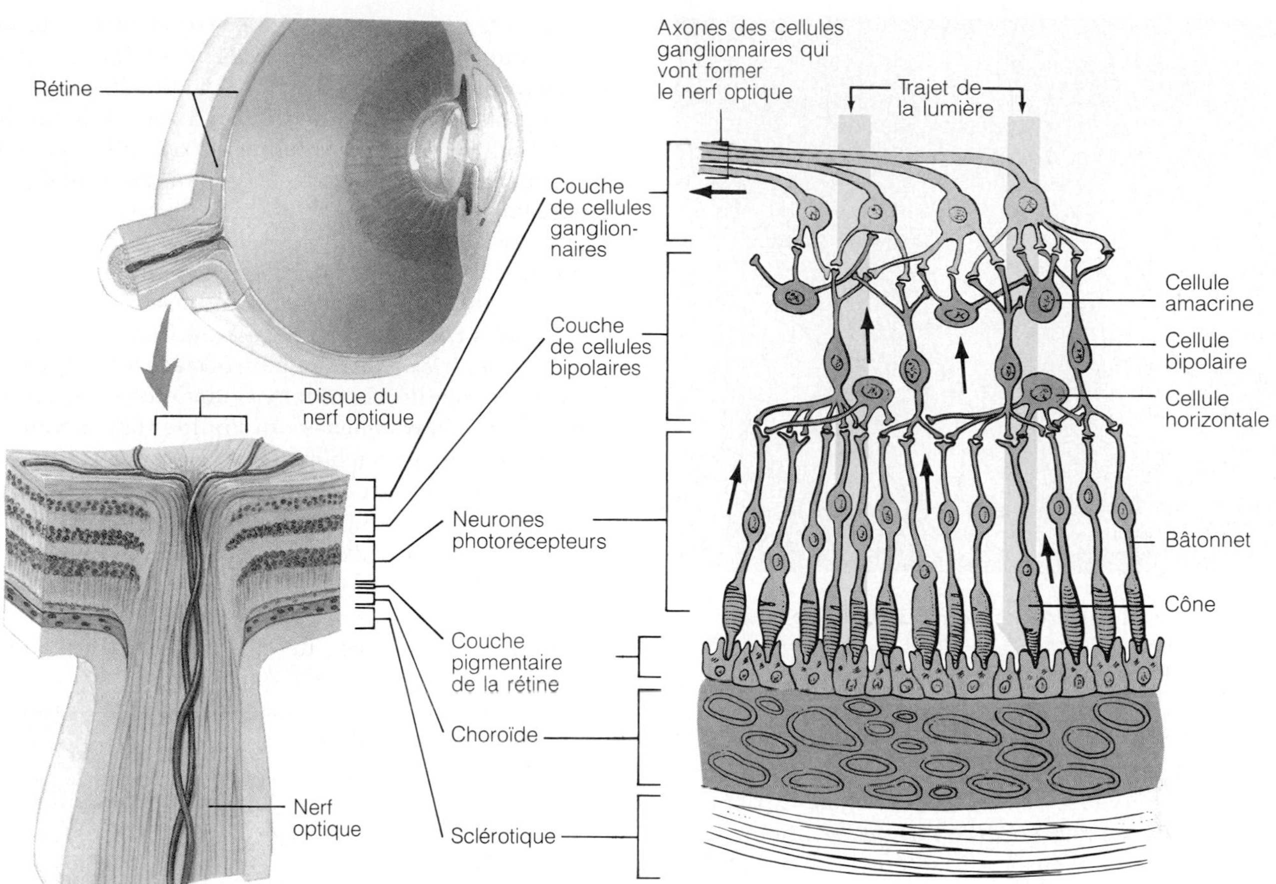

Figure 16.9 Schéma des trois principaux types de neurones (photorécepteurs, cellules bipolaires et cellules ganglionnaires) de la couche nerveuse de la rétine. Les axones des cellules ganglionnaires forment le nerf optique, qui quitte l'arrière du globe oculaire au niveau du disque du nerf optique. Notez que la lumière traverse la couche nerveuse de la rétine pour stimuler les photorécepteurs. Les influx nerveux circulent dans la direction opposée, soit des photorécepteurs aux cellules bipolaires et enfin aux cellules ganglionnaires.

cellules ganglionnaires, où sont engendrés les potentiels d'action qui transportent les informations sensorielles jusqu'aux aires visuelles du cortex occipital. Les axones des cellules ganglionnaires forment un angle droit sur la face interne de la rétine, puis ils quittent la partie postérieure de l'œil en formant le nerf optique. Les autres types de neurones de la rétine, les cellules horizontales et les cellules amacrines, sont indiqués dans la figure 16.9. Le **disque du nerf optique,** l'endroit où le nerf optique sort de l'œil, est un point faible du **fond** (paroi postérieure) de l'œil, car il est privé du soutien de la sclérotique. Le disque du nerf optique est aussi appelé **tache aveugle,** car il est dépourvu de photorécepteurs.

Les 250 millions de photorécepteurs de la couche nerveuse de la rétine se répartissent en deux types, soit les **bâtonnets** et les **cônes.** Les premiers, plus nombreux que les seconds, sont à l'origine de la vision périphérique et de la vision crépusculaire. Ils sont plus sensibles à la lumière que les cônes, mais ils fournissent des images floues et incolores. C'est pourquoi les couleurs et les contours des objets sont indistincts dans la pénombre et à la périphérie du champ visuel. Les cônes, en revanche, s'activent en pleine lumière et fournissent une vision très précise des couleurs. À côté du disque du nerf optique de chaque œil se trouve une zone ovale appelée **tache jaune** dont le centre est creusé d'une minuscule dépression, la **fossette centrale** (ou fovéa centralis) (voir la figure 16.7). Dans cette région, les structures rétiniennes contiguës au corps vitré sont déplacées vers les côtés. La lumière peut ainsi atteindre presque directement les photorécepteurs (des cônes pour la plupart) plutôt que de traverser les couches de la rétine, ce qui améliore considérablement l'acuité visuelle. Les cônes sont les seuls photorécepteurs de la fossette centrale, et ils sont majoritaires dans la tache jaune ; puis, du bord de la tache jaune à la périphérie de la rétine, la densité des cônes décroît graduellement. La périphérie de la rétine contient seulement des bâtonnets, dont la densité décroît constamment à mesure que l'on s'approche de la tache jaune. Seule la fossette centrale est assez densément pourvue de cônes pour fournir une vision détaillée des couleurs, et c'est pourquoi l'image des objets que nous observons attentivement se forme à son niveau. Comme chaque fossette centrale n'est pas plus grande qu'une tête d'épingle, un millième seulement du champ visuel converge à tout moment vers elle. Par conséquent, si nous voulons capter une scène animée (lorsque nous conduisons à une heure de pointe par exemple), nos yeux

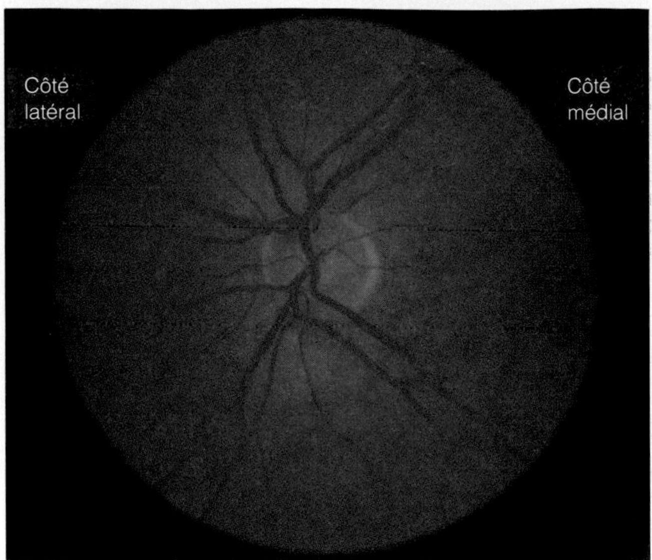

Figure 16.10 Paroi postérieure (fond) de la rétine vue à l'ophtalmoscope. Notez que les vaisseaux sanguins rayonnent du disque optique.

doivent se porter successivement sur différentes parties du champ visuel par des mouvements saccadés rapides.

La couche nerveuse de la rétine est irriguée par deux sources. Son tiers externe (qui contient les photorécepteurs) est alimenté par des vaisseaux de la choroïde. Ses deux tiers internes sont desservis par l'**artère centrale** (une ramification de l'artère ophtalmique) et par la **veine centrale,** qui entrent dans l'œil et en sortent par le centre du nerf optique. Rayonnant à partir du disque du nerf optique, ces vaisseaux donnent naissance à un riche réseau vasculaire qui parcourt la face interne de la rétine (*retina* = filet) et que l'on distingue clairement en examinant l'intérieur du globe oculaire à l'aide d'un ophtalmoscope (figure 16.10). Le fond de l'œil est le seul endroit du corps où l'on peut observer directement de petits vaisseaux sanguins chez un sujet vivant.

À cause de la structure et de la disposition des vaisseaux sanguins de la rétine, ses deux couches sont prédisposées à une lésion qui peut causer la cécité permanente, le *décollement de la rétine.* Ce trouble survient généralement à la suite d'un coup à la tête qui provoque une déchirure de la rétine et un écoulement de corps vitré dans l'espace rétinien qui sépare ses deux couches. La plupart des personnes atteintes disent qu'elles ont l'impression qu'« un rideau est tiré devant leur œil », mais d'autres voient des taches noirâtres ou des éclats de lumière. Si le décollement est diagnostiqué sans retard, il est souvent possible de le corriger chirurgicalement ou au moyen du laser avant que les dommages infligés aux cellules nerveuses photoréceptrices ne deviennent permanents. ■

Chambres et liquides de l'œil

Comme nous l'avons déjà mentionné, le cristallin et son ligament suspenseur circulaire divisent l'œil en un segment antérieur et un segment postérieur (figure 16.11). Ce dernier, la chambre vitrée, est rempli d'une substance gélatineuse transparente, appelée **corps vitré,** composée d'une trame de fibrilles collagènes prises dans un liquide visqueux qui se lie à une énorme quantité d'eau. Le corps vitré assure plusieurs fonctions : il transmet la lumière ; il soutient la face postérieure du cristallin et presse fermement la couche nerveuse de la rétine contre sa couche pigmentaire ; il contribue à la pression intra-oculaire, contrant ainsi la traction exercée sur la partie externe du globe oculaire par les muscles extrinsèques de l'œil.

L'iris subdivise partiellement le segment antérieur (figure 16.11) en une **chambre antérieure** (située entre la cornée et l'iris) et une **chambre postérieure** (située entre l'iris et le cristallin). Le segment antérieur est *entièrement* rempli d'**humeur aqueuse,** un liquide transparent dont la composition est semblable à celle du plasma sanguin. Contrairement au corps vitré, qui se forme dans l'embryon et qui dure toute la vie, l'humeur aqueuse est continuellement agitée et renouvelée. Elle filtre des capillaires des procès ciliaires dans la chambre postérieure, traverse la pupille, pénètre dans la chambre antérieure et s'écoule vers le sang veineux par l'intermédiaire du **sinus veineux**

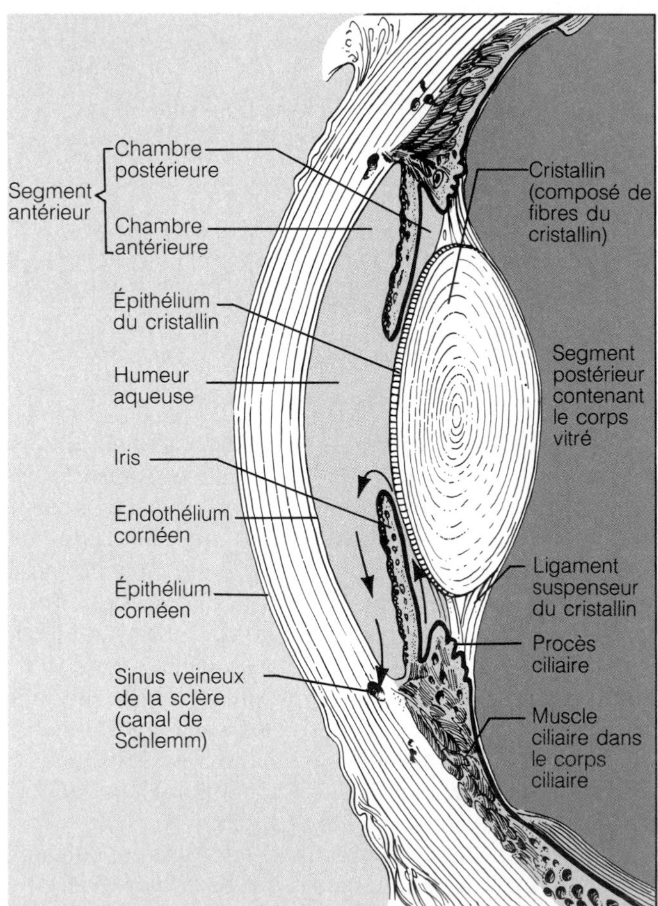

Figure 16.11 Structures révélées par une coupe transversale de la partie antérieure de l'œil. Le segment antérieur, à l'avant du cristallin, est partiellement divisé en une chambre antérieure (à l'avant de l'iris) et une chambre postérieure (à l'arrière de l'iris), qui communiquent par la pupille. L'humeur aqueuse, qui remplit le segment antérieur, filtre des capillaires des procès ciliaires et est drainée vers le sang veineux par le sinus veineux de la sclère. Les flèches indiquent le trajet de l'humeur aqueuse.

de la sclère (ou canal de Schlemm). Ce canal singulier encercle l'œil et est situé dans l'angle formé par la jonction de la sclérotique et de la cornée. Normalement, la production et l'écoulement de l'humeur aqueuse s'effectuent au même rythme. Par conséquent, la pression intra-oculaire demeure constante, ce qui contribue à soutenir le globe oculaire par l'intérieur. L'humeur aqueuse fournit des nutriments et de l'oxygène au cristallin et à la cornée, et elle les débarrasse de leurs déchets métaboliques.

Si l'écoulement de l'humeur aqueuse est entravé, la pression intra-oculaire peut atteindre un niveau dangereux et comprimer la rétine et le nerf optique; cette affection est appelée *glaucome.* Si le glaucome n'est pas diagnostiqué à temps, la destruction des structures nerveuses aboutit à la cécité (*glaukos* = verdâtre). Malheureusement, plusieurs formes de glaucome évoluent si lentement et de manière si insidieuse que les personnes atteintes se rendent compte trop tard du problème. Les signes tardifs comprennent la vision de halos autour des lumières, des maux de tête et une vision trouble. L'examen visant à détecter le glaucome est simple. Il consiste à anesthésier la cornée et à mesurer la déformation qu'elle présente sous une légère pression appliquée à l'aide d'un instrument appelé *tonomètre*. Les personnes de plus de 40 ans devraient subir cet examen annuellement. On traite le glaucome dans ses stades initiaux au moyen de collyres (médicaments appliqués sur la conjonctive) myotiques qui accroissent la vitesse d'écoulement de l'humeur aqueuse. ■

Cristallin

Le **cristallin** est une «lentille» biconvexe, transparente et flexible qui peut changer de forme de manière à focaliser précisément la lumière sur la rétine. Il est enfermé dans une capsule mince et élastique et maintenu juste à l'arrière de l'iris par le ligament suspenseur du cristallin (voir les figures 16.8 et 16.11). Comme la cornée, le cristallin n'est pas vascularisé, car les vaisseaux sanguins nuisent à la transparence.

Le cristallin comprend deux éléments: l'**épithélium du cristallin** et les **fibres du cristallin** (voir la figure 16.11). L'épithélium, cantonné à la surface antérieure, est composé de cellules cubiques qui se différencient pour former les fibres du cristallin, un type de fibres anucléées qui constituent l'essentiel de la masse du cristallin. Les fibres sont superposées comme les couches d'un oignon; elles contiennent des protéines au pli précis appelées **cristallines,** dont la fonction est double. La structure des cristallines les rend transparentes. D'autre part, leurs propriétés enzymatiques leur permettent de convertir le glucose en énergie destinée au cristallin. Comme des fibres ne cessent de s'ajouter au cristallin, celui-ci grossit au cours de la vie. Il devient donc plus dense, plus convexe et moins souple et perd peu à peu sa capacité d'accommodation.

Une *cataracte* est une opacité du cristallin qui embrouille la vision. Certaines cataractes sont congénitales, mais la plupart résultent d'un durcissement et d'un épaississement du cristallin dus au vieillissement, ou sont causés par le diabète sucré. D'autre part, des études récentes tendent à montrer que l'usage du tabac et l'exposition fréquente au soleil (particulièrement aux rayons ultraviolets B) prédisposent aux cataractes. Mais quels que soient les facteurs prédisposants, la cause *immédiate* des cataractes est probablement un apport insuffisant de nutriments aux fibres profondes du cristallin. On pense que les changements métaboliques qui s'ensuivent favorisent l'oxydation et l'agglomération des cristallines. Fort heureusement, on peut exciser chirurgicalement le cristallin touché et le remplacer par un cristallin artificiel. En portant des chapeaux à larges bords, en utilisant des filtres solaires, en évitant de fumer et en mangeant des aliments riches en vitamines C et E (des antioxydants qui empêchent l'oxydation des cristallines), on peut retarder d'environ 10 ans la formation des cataractes. ■

Physiologie de la vision

Lumière et optique

Pour bien comprendre le fonctionnement de l'œil en tant qu'organe de la photoréception, il faut connaître quelques-unes des propriétés de la lumière.

Longueur d'onde et couleur. Le **rayonnement électromagnétique** comprend toutes les longueurs d'ondes de l'énergie, de celles des ondes radio (qui se mesurent en mètres) à celles des rayons gamma (γ) et des rayons X, égales ou inférieures à 0,001 μm. Les seules longueurs d'onde auxquelles les yeux humains réagissent sont celles de la portion de ce spectre dite de la **lumière visible,** qui mesurent de 400 à 700 nm (figure 16.12). (1 nm = 10^{-9} m, ou un milliardième de mètre.) La lumière est composée de particules d'énergie appelées **photons** ou **quanta** qui se propagent sous forme d'ondes très précisément mesurables à la vitesse de 300 000 km/s. La lumière est donc une vibration d'énergie pure plutôt qu'une substance matérielle.

Lorsqu'un rayon de lumière traverse un prisme, chacune des ondes qui le composent est plus ou moins déviée, de telle façon que le rayon se décompose en un **spectre visible** (voir la figure 16.12). (De même, l'arc-en-ciel qui se forme après une averse est dû à la décomposition de la lumière frappant les gouttelettes d'eau en suspension dans l'atmosphère.) Le spectre visible va du rouge au violet. Les ondes de la lumière rouge sont les plus longues et les moins riches en énergie, tandis que celles de la lumière violette sont les plus courtes et les plus riches en énergie. Les objets sont colorés parce qu'ils absorbent certaines longueurs d'ondes et en réfléchissent d'autres. Les objets blancs réfléchissent toutes les longueurs d'onde de la lumière, et les objets noirs les absorbent toutes. Ainsi, une pomme rouge réfléchit principalement de la lumière rouge, et le gazon réfléchit surtout de la lumière verte.

Réfraction et lentilles. La lumière se propage en ligne droite et tout objet opaque lui fait obstacle. Comme le son, la lumière peut rebondir sur une surface: ce phénomène est appelé **réflexion.** La majeure partie de la lumière qui atteint nos yeux a été réfléchie par les objets qui nous entourent.

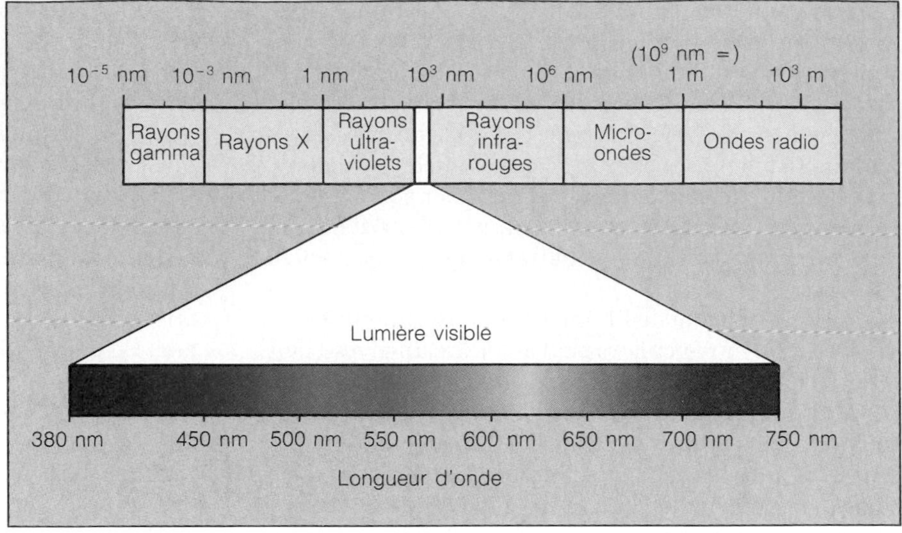

Figure 16.12 Spectre électromagnétique. Le spectre électromagnétique s'étend des très courtes ondes des rayons gamma aux longues ondes radio. Les longueurs d'onde du spectre électromagnétique sont indiquées en nanomètres (1 nm = 10^{-9} m). Le spectre de la lumière visible ne constitue qu'une petite portion du spectre électromagnétique.

Dans un milieu uniforme, la lumière se propage à une vitesse constante. Mais lorsqu'elle passe d'un milieu transparent à un autre milieu transparent de densité différente, sa vitesse se modifie. La lumière accélère en entrant dans un milieu moins dense, et elle ralentit en pénétrant dans un milieu plus dense. Ces changements de vitesse sont à l'origine de la réfraction (déviation) qu'un rayon de lumière subit lorsqu'il atteint la surface d'un deuxième milieu obliquement plutôt que perpendiculairement. Plus l'angle d'incidence est grand, plus la déviation est forte. La figure 16.13 montre l'effet de la réfraction de la lumière: un crayon placé obliquement dans un verre à moitié plein semble se briser à la surface de séparation de l'air et de l'eau.

Une lentille est un morceau de matériau transparent dont au moins une des deux surfaces est courbe et qui réfracte la lumière. Une lentille convexe, c'est-à-dire plus épaisse au centre qu'en périphérie (comme l'objectif d'un appareil photo), fait converger la lumière en un point appelé **foyer** (figure 16.14). En règle générale, plus la lentille est épaisse (plus elle est convexe), plus la lumière dévie et plus la distance focale (la distance entre la lentille et le foyer) est courte. L'image formée par une lentille convexe, appelée **image réelle,** est inversée de haut en bas et de gauche à droite. Par ailleurs, une lentille concave, c'est-à-dire plus épaisse en périphérie qu'au centre (comme la lentille d'une loupe) fait diverger la lumière. La distance focale d'une lentille concave est plus longue que celle d'une lentille convexe.

Convergence de la lumière sur la rétine

En passant de l'air dans l'œil, la lumière traverse successivement la cornée, l'humeur aqueuse, le cristallin, le corps vitré puis *toute l'épaisseur de la couche nerveuse de la rétine* avant de stimuler les photorécepteurs de la couche nerveuse, qui sont contigus à la couche pigmentaire (voir les figures 16.7 et 16.9). La lumière est donc déviée trois fois: à son entrée dans la cornée, à son entrée dans le cristallin et à sa sortie du cristallin. La cornée produit la majeure partie de la réfraction dans l'œil, mais comme son épaisseur est uniforme, sa puissance de réfraction est constante. Le cristallin, lui, est très élastique, et sa courbure peut se modifier pour permettre une focalisation précise de la lumière. L'humeur aqueuse et le corps vitré jouent un rôle minime dans la réfraction de la lumière.

Convergence pour la vision éloignée. Les yeux humains sont mieux adaptés à la vision éloignée qu'à la vision rapprochée. Pour regarder des objets éloignés, nous n'avons qu'à fixer nos globes oculaires sur le même point. Le **punctum remotum** est le point le plus éloigné au niveau duquel la vision distincte d'un objet ne nécessite

Figure 16.13 Un crayon placé dans un verre d'eau semble se briser à la surface de séparation de l'eau et de l'air. Ce phénomène est dû au fait que la lumière dévie vers la perpendiculaire lorsqu'elle passe d'un milieu à un deuxième milieu plus dense (ici, de l'air à l'eau).

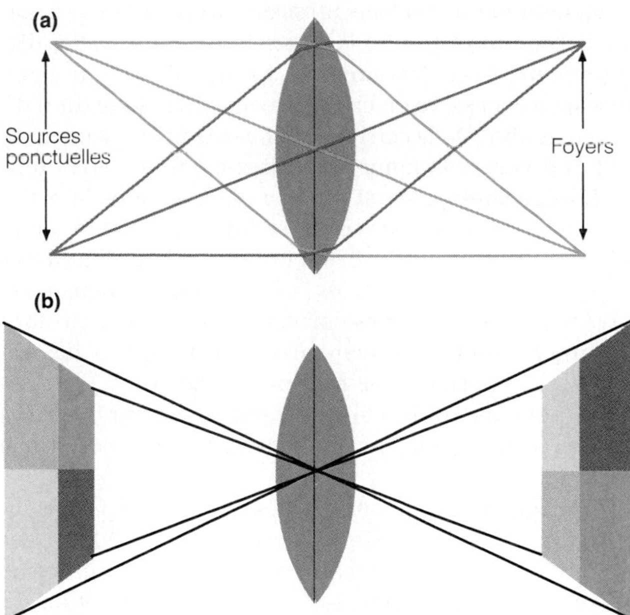

Figure 16.14 Réfraction de rayons lumineux issus de sources ponctuelles par une lentille convexe. (**a**) Le schéma montre comment se focalisent les rayons issus de deux points après avoir traversé la lentille. (**b**) Formation d'une image par une lentille convexe. Notez que l'image est inversée de haut en bas et de droite à gauche.

aucun changement (accommodation): la courbure du cristallin n'a pas besoin d'être modifiée pour permettre la convergence de la lumière sur la rétine. Pour l'œil normal, ou **emmétrope,** le punctum remotum est situé à environ 6 m (au-delà de cette distance, la courbure du cristallin doit s'adapter).

On peut dire que tout objet capté par la vue est composé de très nombreux points desquels la lumière rayonne dans toutes les directions. Cependant, comme les objets éloignés paraissent petits, la lumière provenant d'un objet situé au punctum remotum ou plus loin atteint l'œil sous forme de rayons quasi parallèles et elle est précisément focalisée sur la rétine par l'appareil de réfraction statique (la cornée, l'humeur aqueuse et le corps vitré) et par le cristallin au repos (figure 16.15a). Pour la vision éloignée, les muscles ciliaires sont complètement relâchés, et le cristallin (que la traction sur son ligament suspenseur aplatit) a son épaisseur minimale. Par conséquent, sa puissance de réfraction est à son plus bas.

Convergence pour la vision rapprochée. La lumière provenant des objets situés à moins de 6 m diverge à mesure qu'elle s'approche de l'œil et converge derrière la rétine. Par conséquent, la vision de près demande à l'œil trois adaptations actives qu'il n'a pas besoin d'effectuer pour la vision éloignée: l'accommodation, la contraction de la pupille et la convergence des globes oculaires. Il semble que la formation d'une image floue sur la rétine provoque ces trois réflexes simultanés.

1. **Accommodation.** Le processus par lequel la puissance de réfraction du cristallin augmente pour faire dévier les rayons lumineux divergents est appelé **accommodation.** Il s'effectue par la contraction des muscles ciliaires, qui tirent le corps ciliaire vers la pupille, relâchant ainsi la tension du ligament suspenseur du cristallin. Libéré de la traction, le cristallin bombe. Sa distance focale s'en trouve raccourcie et l'image d'un objet rapproché peut ainsi converger sur la rétine (figure 16.15b). La contraction des muscles ciliaires est régie principalement par les neurofibres parasympathiques des nerfs oculo-moteurs.

Le point le plus rapproché de l'espace que l'œil peut distinguer nettement est appelé **punctum proximum ;** c'est à ce point que le cristallin atteint son renflement maximal

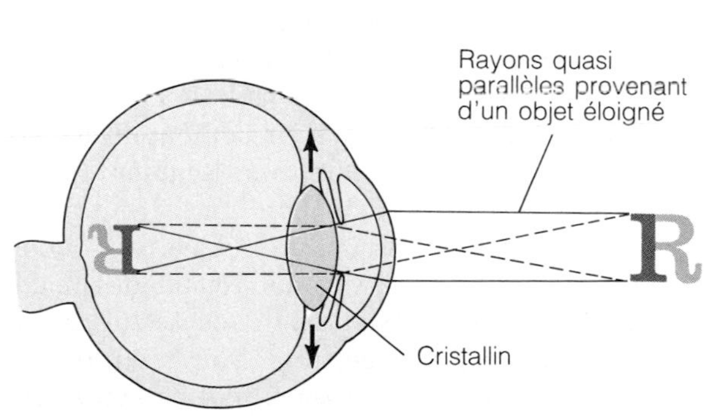

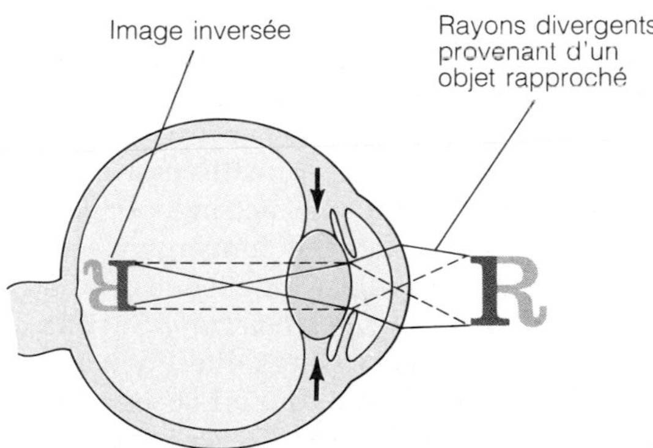

(a) Aplatissement du cristallin pour la vision éloignée

(b) Bombement du cristallin pour la vision de près

Figure 16.15 Convergence pour la vision éloignée et la vision rapprochée. (**a**) La lumière provenant d'un objet éloigné (situé à plus de 6 m) atteint l'œil sous forme de rayons parallèles et, dans l'œil normal, se focalise sur la rétine sans nécessiter d'adaptation. (**b**) La lumière provenant d'un objet rapproché (situé à moins de 6 m) tend à diverger, et la convexité du cristallin doit s'accroître (accommodation) pour que les rayons se focalisent correctement. Notez que, dans les deux cas, l'image formée sur la rétine est inversée de haut en bas et de gauche à droite (c'est-à-dire qu'il s'agit d'une image réelle).

pour permettre la convergence de la lumière sur la rétine. Bien que nous puissions voir des objets situés en deçà de notre punctum proximum, leur image est floue. Pour le jeune adulte dont les yeux sont emmétropes, le punctum proximum est situé de 20 à 25 cm de l'œil. Le punctum proximum est plus rapproché chez l'enfant et il recule au cours des années, ce qui explique pourquoi les enfants peuvent tenir leur livre très près de leur visage et pourquoi de nombreuses personnes âgées tiennent leur journal à bout de bras. La diminution graduelle de l'amplitude de l'accommodation est liée à la perte d'élasticité du cristallin. Chez beaucoup de gens de plus de 45 ans, l'amplitude de l'accommodation est nulle, ce qui constitue une anomalie appelée *presbytie* (littéralement «vision de la personne âgée»).

2. **Contraction de la pupille.** Le muscle sphincter de la pupille (qui est circulaire) accentue l'effet de l'accommodation en réduisant le diamètre de la pupille à 2 mm. Ce **réflexe d'accommodation** de la pupille empêche les rayons lumineux les plus divergents d'entrer dans l'œil et de traverser le pourtour du cristallin. En effet, ces rayons ne se focaliseraient pas correctement sur la fossette centrale de la tache jaune et ils embrouilleraient la vision. La contraction de la pupille accompagnant la vision de près fait de l'œil un appareil photo miniature et accroît considérablement la clarté de l'image et la profondeur des champs.

3. **Convergence des globes oculaires.** Le synchronisme des mouvements des globes oculaires (favorisé par les muscles extrinsèques de l'œil) nous permet de fixer notre regard sur un objet. Il a pour fonction de toujours focaliser les images sur la fossette centrale de chaque œil. Lorsque nous regardons des objets éloignés, nous dirigeons nos deux yeux parallèlement, soit droit devant nous soit de côté; en revanche, lorsque nous observons un objet rapproché, nos yeux convergent. La **convergence** est la rotation médiane que les muscles droits médiaux font subir aux globes oculaires de façon que chacun soit dirigé vers l'objet considéré. Plus l'objet est rapproché, plus le degré de convergence doit être élevé; lorsque vous regardez le bout de votre nez, vous louchez.

La lecture et les autres tâches réalisées à courte distance des yeux nécessitent une accommodation, une contraction de la pupille et une convergence presque continuelles. C'est pourquoi les longues séances de lecture peuvent causer une *fatigue oculaire.* Si vous lisez pendant un laps de temps prolongé, il est bon que vous leviez les yeux et regardiez au loin à l'occasion afin de décontracter les muscles internes de vos yeux.

Déséquilibres homéostatiques de la réfraction. Les défauts de réfraction oculaire peuvent relever d'une réfraction excessive ou insuffisante du cristallin ou d'anomalies structurales du globe oculaire.

La **myopie** (*muôps* = qui cligne des yeux) est une anomalie de la vision dans laquelle l'image des objets éloignés se forme non pas sur la rétine mais à l'avant de la fossette centrale (figure 16.16b). Les personnes myopes voient nettement les objets rapprochés (du fait de la capacité d'accommodation de leurs cristallins), mais elles distinguent mal les objets éloignés. La myopie est due à une puissance excessive du cristallin ou à une élongation du globe oculaire. On la corrige au moyen d'un verre concave qui fait diverger la lumière avant son entrée dans l'œil.

L'**hypermétropie** est une anomalie dans laquelle l'image des objets rapprochés se forme à l'arrière de la rétine (figure 16.16c). Les personnes hypermétropes voient parfaitement bien les objets éloignés, mais elles doivent porter des verres correcteurs convexes qui font converger la lumière provenant des objets rapprochés. En général, l'hypermétropie est due à l'incapacité du cristallin de changer de forme (faible puissance de réfraction) ou à une diminution anormale de la longueur du globe oculaire.

L'inégalité de la courbure des différentes parties du cristallin (ou de la cornée) produit une vision floue, car les points de lumière se focalisent sur la rétine sous forme de lignes (et non de points). Ce défaut de réfraction est appelé **astigmatisme** (*astigma* = absence de point), et on le corrige au moyen de verres cylindriques. ■

Photoréception

Une fois que la lumière s'est focalisée sur la fossette centrale de la rétine, les photorécepteurs entrent en jeu. Nous aborderons la **photoréception,** le processus par lequel l'œil détecte l'énergie lumineuse, en examinant quelques sujets apparentés. Dans un premier temps, nous décrirons l'anatomie fonctionnelle des cellules photoréceptrices en nous attardant à la situation et à la disposition des pigments visuels qui absorbent le stimulus lumineux. Ensuite, nous traiterons de la chimie des pigments visuels et de leur réaction à la lumière. Enfin, nous expliquerons l'activation des photorécepteurs et leurs réactions aux diverses intensités de la lumière.

Anatomie fonctionnelle des photorécepteurs.

Bien que les photorécepteurs soient des neurones modifiés, ils s'assimilent sur le plan structural à de grandes cellules épithéliales renversées dont l'extrémité serait enfouie dans la couche nerveuse de la rétine (figure 16.17a). De la couche pigmentaire à la couche nerveuse, les cônes et les bâtonnets présentent un **segment externe** (la région réceptrice) uni à un **segment interne** par une tige renfermant un cil. Le segment interne est relié au *corps cellulaire,* ou région nucléaire, qui communique avec une *fibre interne,* laquelle établit des jonctions synaptiques avec les cellules bipolaires. Le segment externe des bâtonnets est allongé (d'où leur nom) et leur segment interne est relié au corps cellulaire par une *fibre externe.* Les cônes sont trapus, et leur segment externe est court et conique; leur segment interne et leur corps cellulaire sont adjacents et communicants.

Les pigments visuels photosensibles sont contenus dans des disques entourés d'une membrane et situés dans les segments externes. Ce couplage des pigments photorécepteurs à des membranes cellulaires accroît considérablement la surface consacrée à la réception de la lumière. Dans les bâtonnets, les disques sont isolés et

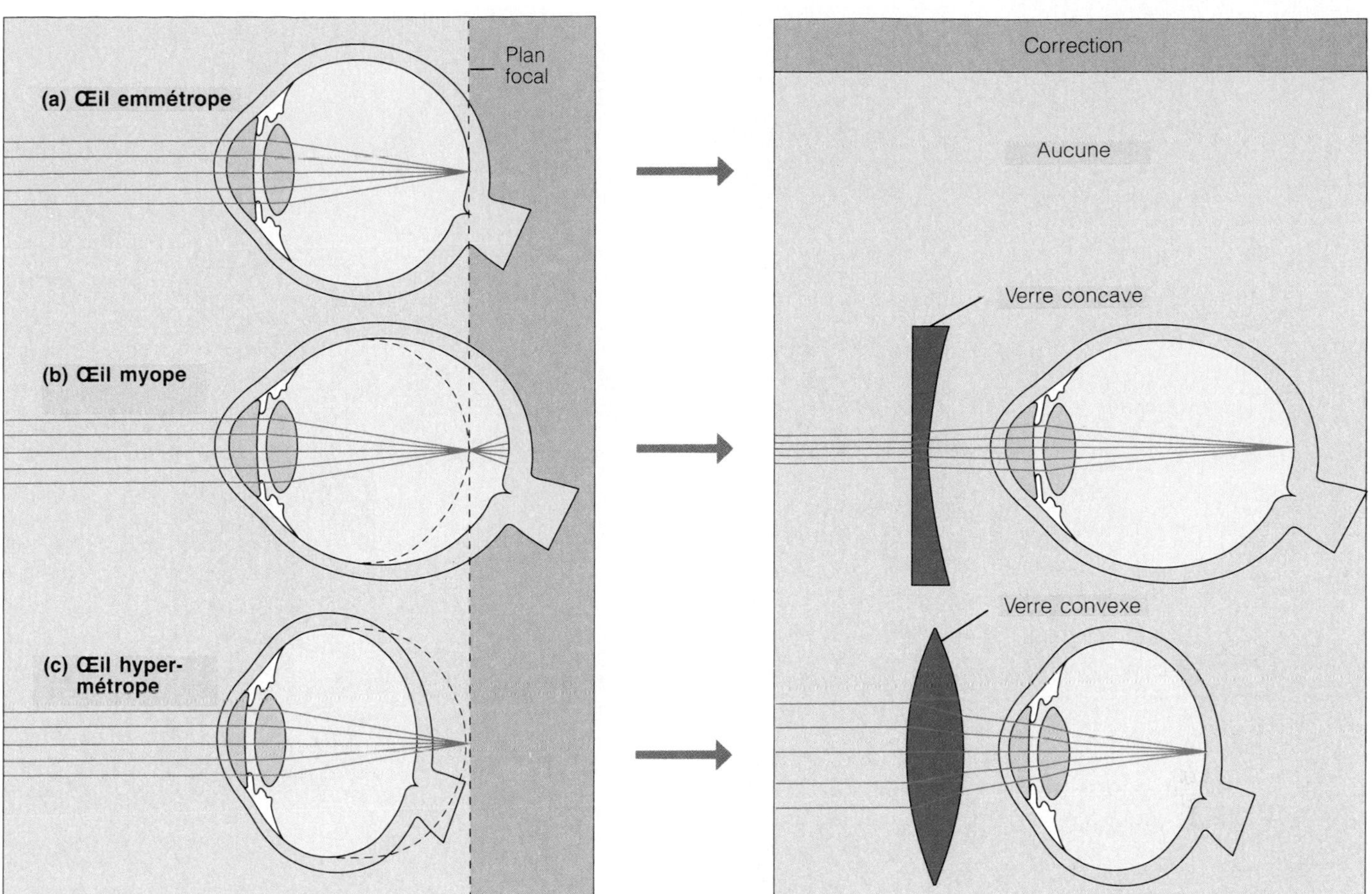

Figure 16.16 Défauts de réfraction. (**a**) Dans l'œil emmétrope (normal), la lumière provenant des objets rapprochés et des objets éloignés se focalise correctement sur la rétine. (**b**) Dans l'œil myope, la lumière provenant des objets éloignés converge avant d'atteindre la rétine puis diverge à nouveau. (**c**) Dans l'œil hypermétrope, la lumière provenant des objets rapprochés converge à l'arrière de la rétine. (Les diagrammes ne tiennent pas compte de l'effet réfracteur de la cornée.)

empilés comme des pièces de monnaie creuses à l'intérieur de la membrane plasmique. Dans les cônes, les disques rapetissent à mesure que l'on s'approche de l'extrémité de la cellule, et leurs membranes sont unies à la membrane plasmique. L'intérieur des disques des cônes communique donc avec l'espace interstitiel.

Les cellules photoréceptrices sont très fragiles; si la rétine se détache de la tunique vasculaire, les photorécepteurs commencent immédiatement à dégénérer. Les photorécepteurs sont également détruits par la lumière intense, l'énergie même qu'ils sont censés détecter. Dans ces conditions, comment se fait-il que nous ne devenions pas graduellement aveugles? La réponse réside dans le renouvellement des segments externes des photorécepteurs. Dans les bâtonnets, de nouveaux disques formés à partir de substances synthétisées dans le corps cellulaire s'ajoutent à l'extrémité proximale du segment externe. À mesure qu'ils se forment, les nouveaux disques poussent les autres vers la périphérie. Les disques situés à l'extrémité du segment externe se fragmentent et sont phagocytés par les cellules de la couche pigmentaire de la rétine. Les segments externes des cônes se renouvellent également, mais sans déplacement ni destruction des disques. Les pigments photorécepteurs semblent plutôt transportés lentement le long des piles de disques existants.

Maintenant que vous savez comment sont «construits» les photorécepteurs, nous pouvons mettre leurs structures et leurs situations en rapport avec les rôles qu'ils jouent dans la vision. Comme les bâtonnets et les trois types de cônes contiennent des pigments visuels qui leur sont propres, ils absorbent différentes longueurs d'onde de la lumière et présentent des seuils d'excitation distincts. Par exemple, les bâtonnets sont très sensibles (ils réagissent à la lumière très faible), et ils sont donc adaptés à la vision nocturne et à la vision périphérique; d'autre part, ils absorbent toutes les longueurs d'onde de la lumière visible, mais leurs influx ne sont perçus par les aires visuelles que comme des nuances de gris. Par ailleurs, les cônes sont peu sensibles (ils réagissent à la lumière très intense); ils contiennent en revanche des pigments qui nous permettent de capter toute une palette de couleurs.

En outre, les bâtonnets et les cônes sont reliés différemment aux autres neurones rétiniens (et aux cellules ganglionnaires qui transmettent les influx provenant de la rétine), ce qui leur confère des capacités propres. Jusqu'à 100 bâtonnets peuvent communiquer avec une cellule ganglionnaire: ils forment ainsi des réseaux convergents. En conséquence, les effets des bâtonnets s'additionnent et sont traités collectivement, ce qui produit une faible résolution et une vision floue. (Les aires

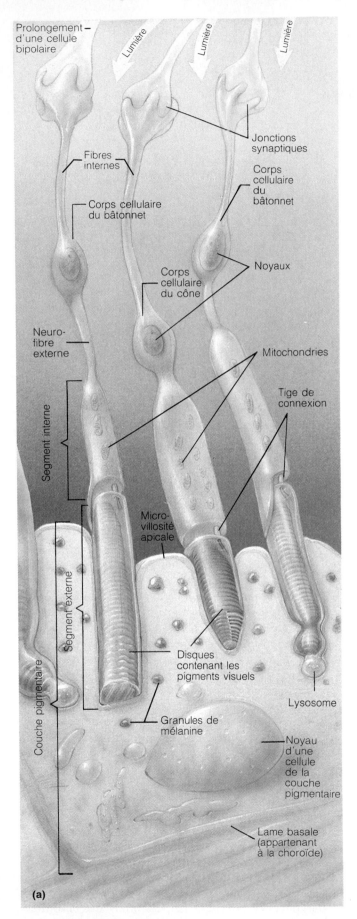

Prolongement d'une cellule bipolaire
Lumière
Lumière
Lumière
Jonctions synaptiques
Fibres internes
Corps cellulaire du bâtonnet
Corps cellulaire du bâtonnet
Noyaux
Corps cellulaire du cône
Neuro-fibre externe
Mitochondries
Segment interne
Tige de connexion
Micro-villosité apicale
Segment externe
Disques contenant les pigments visuels
Couche pigmentaire
Lysosome
Granules de mélanine
Noyau d'une cellule de la couche pigmentaire
Lame basale (appartenant à la choroïde)
(a)

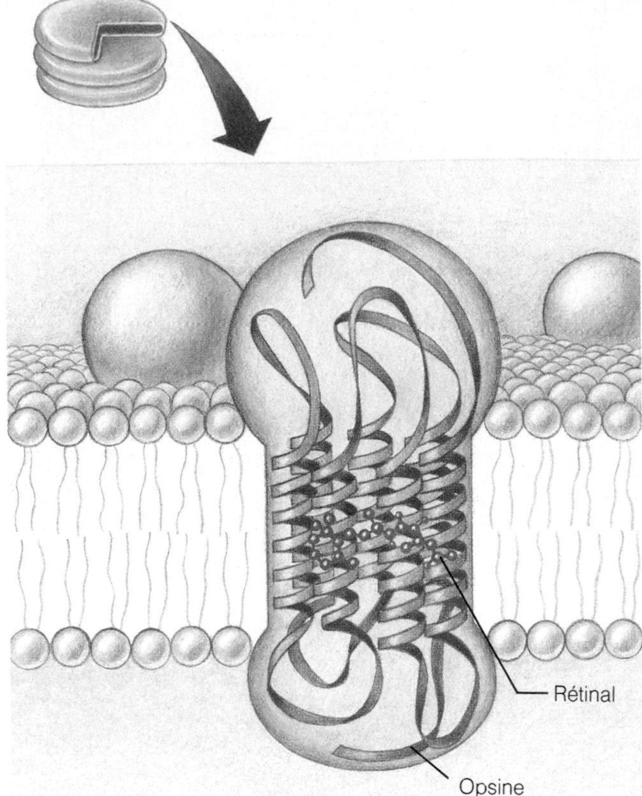

Figure 16.17 Photorécepteurs de la rétine. (**a**) Diagramme des photorécepteurs (cônes et bâtonnets). La jonction entre les segments externes des photorécepteurs et la couche pigmentaire de la rétine est aussi représentée. Notez que l'extrémité du segment externe du bâtonnet de droite est étranglée. (**b**) Les pigments visuels sont composés d'une molécule photosensible appelée rétinal (dérivée de la vitamine A) liée à une protéine appelée opsine. Les photorécepteurs de chaque type contiennent une forme caractéristique d'opsine, qui influe sur le spectre d'absorption du rétinal. Dans les bâtonnets, l'ensemble du complexe pigment-opsine est appelé rhodopsine. Notez que le rétinal occupe le centre de l'opsine.

visuelles n'ont aucun moyen de distinguer, parmi le grand nombre de bâtonnets qui influent sur une cellule ganglionnaire, ceux qui sont activés.) À l'inverse, les cônes de la fossette centrale sont individuellement (ou en très petits nombres) reliés par des voies directes à leurs «cellules ganglionnaires personnelles». Chaque cône est donc uni par une «ligne rouge» aux aires visuelles. C'est pourquoi les cônes fournissent des images nettes et détaillées de portions très petites du champ visuel.

Puisqu'il n'y a pas de bâtonnets dans les fossettes centrales et que les cônes ne réagissent pas à la lumière faible, nous distinguons mieux les objets faiblement éclairés lorsque nous ne les regardons pas directement. Cependant, sans la focalisation sur la fossette centrale, notre vision est non discriminante. Nous ne voyons que les contours des objets, et nous pouvons mieux les distinguer lorsqu'ils sont en mouvement. Si vous en doutez, sortez dans votre jardin au clair de lune et constatez par vous-même votre capacité de discrimination.

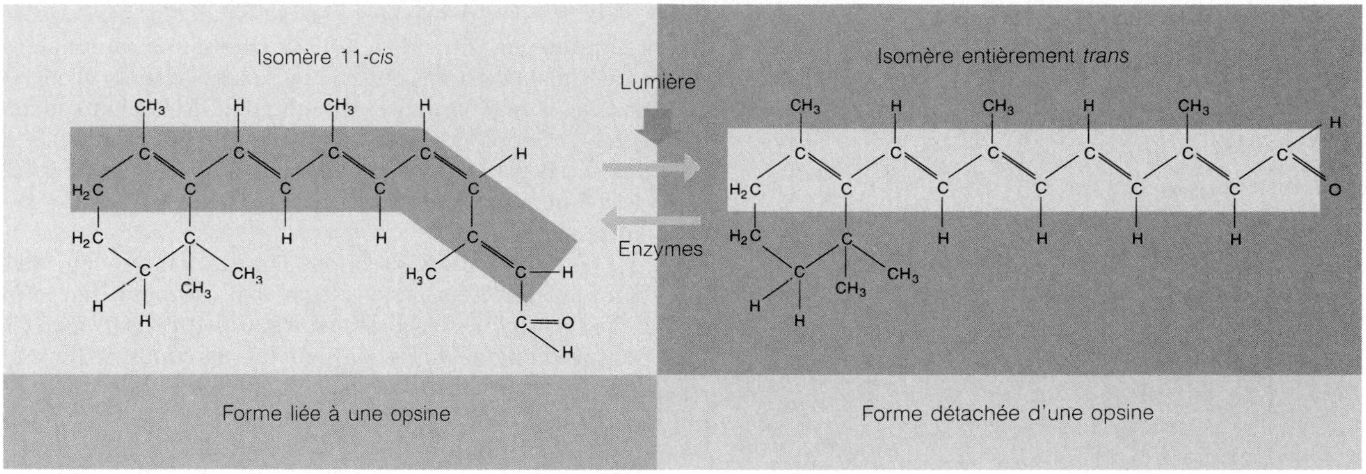

Figure 16.18 Structure des isomères du rétinal intervenant dans la photoréception. L'absorption de la lumière par les pigments visuels entraîne la transformation du rétinal 11-*cis* en rétinal entièrement *trans*.

Chimie des pigments visuels. Comment les photorécepteurs convertissent-ils la lumière en signaux électriques ? Ce processus s'effectue au moyen d'une molécule photosensible appelée **rétinal** (ou **rétinène**) qui se combine à des protéines appelées **opsines** et forme quatre types de pigments visuels. Selon le type d'opsine à laquelle il se lie, le rétinal absorbe différentes longueurs d'onde du spectre visible. Le rétinal est chimiquement apparenté à la vitamine A, dont il est dérivé. Le foie emmagasine la vitamine A et la libère à mesure que les photorécepteurs en ont besoin pour produire leurs pigments visuels. Les cellules du feuillet externe de la rétine absorbent la vitamine A de la circulation sanguine et l'entreposent à l'intention des cônes et des bâtonnets.

Le rétinal peut adopter diverses structures tridimensionnelles appelées isomères. Lorsque le rétinal se lie à une opsine, il prend une forme entortillée appelée **isomère** ou **rétinal 11-*cis*** (figure 16.18). Cependant, quand le pigment est frappé par la lumière et qu'il absorbe les photons, le rétinal se redresse et prend sa forme d'**isomère** ou **rétinal entièrement *trans*,** ce qui le détache de l'opsine. C'est là le *seul* stade qui dépend de la lumière, et ce phénomène photochimique simple déclenche une chaîne de réactions chimiques et électriques dans les cônes et les bâtonnets. Ces réactions finissent par entraîner la propagation d'influx nerveux dans les nerfs optiques.

Stimulation des photorécepteurs.

1. **Excitation des bâtonnets.** Le pigment visuel des bâtonnets est la **rhodopsine.** De couleur pourpre, ce pigment est disposé en une couche unique dans les membranes des milliers de disques des segments externes (voir la figure 16.17b). Bien que la rhodopsine absorbe la lumière de tout le spectre visible, elle absorbe surtout les longueurs d'onde de 497 nm (lumière verte).

La rhodopsine se forme et s'accumule dans l'obscurité, au cours de l'enchaînement de réactions montré à la gauche de la figure 16.19. La vitamine A s'oxyde et se mue en rétinal 11-*cis*, qui se combine à la **scotopsine,** l'opsine présente dans les bâtonnets, pour former la rhodopsine. Lorsque la rhodopsine absorbe la lumière, le rétinal passe de la forme 11-*cis* à la forme entièrement *trans*, puis la combinaison rétinal-scotopsine se dégrade, ce qui permet au rétinal et à la scotopsine de se séparer. Cette dégradation est appelée **décoloration de la rhodopsine.** En fait, le processus est bien plus complexe, et la dégradation de la rhodopsine qui déclenche la transduction passe par des étapes intermédiaires (indiquées à la droite de la figure 16.19) ne durant que quelques millisecondes. Une fois que le rétinal entièrement *trans* frappé par la lumière est détaché de l'opsine, une protéine vectrice le précipite dans le liquide gélatineux du mince espace sous-rétinien jusqu'à l'épithélium pigmentaire. Dans les cellules de l'épithélium pigmentaire, des enzymes reconvertissent le rétinal en son isomère 11-*cis*, au cours d'un processus d'une durée de plusieurs minutes nécessitant de l'ATP. Ensuite, le rétinal retourne dans les segments externes des photorécepteurs. La rhodopsine se régénère lorsque le rétinal 11-*cis* se lie à nouveau à l'opsine.

Nous allons voir maintenant quels phénomènes électroniques se produisent dans les bâtonnets. Dans l'obscurité, des ions sodium s'écoulent dans les segments externes et produisent des potentiels récepteurs dépolarisants qui gardent les canaux Ca^{2+} ouverts dans les terminaisons synaptiques. Les bâtonnets peuvent ainsi libérer plus ou moins continuellement leur neurotransmetteur au niveau de leurs synapses avec les cellules bipolaires. Mais lorsque la lumière amorce la dégradation de la rhodopsine, la perméabilité au sodium des membranes des segments externes décroît brusquement. Le mécanisme fait intervenir la destruction enzymatique de GMP cyclique, un second messager intracellulaire qui garde les canaux sodiques ouverts dans l'obscurité. Par conséquent, la lumière a pour effet d'arrêter l'entrée de sodium, ce qui amène les bâtonnets à produire un *potentiel récepteur hyperpolarisant* qui inhibe la libération de neurotransmetteur. Voilà qui est déroutant, c'est le moins qu'on puisse dire. Des récepteurs destinés à détecter la lumière sont dépolarisés dans l'obscurité (produisant ce

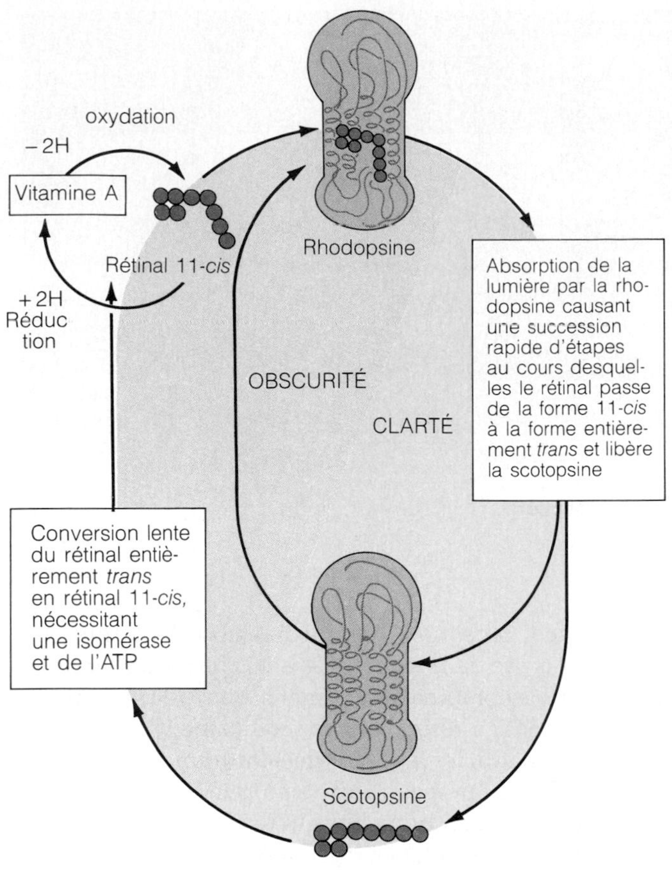

Figure 16.19 Cycle de la rhodopsine. Sous l'effet de la lumière, la rhodopsine se dégrade et se convertit en ses précurseurs en passant par de nombreuses étapes intermédiaires. L'absorption de la lumière entraîne une conversion rapide du rétinal 11-*cis* en rétinal entièrement *trans*, un phénomène qui cause la transduction du stimulus lumineux et, plus tard, la séparation du rétinal entièrement *trans* et de la scotopsine. Ensuite, des enzymes régénèrent le rétinal 11-*cis* à partir de rétinal entièrement *trans* ou de vitamine A au cours de réactions nécessitant une certaine énergie (de l'ATP). Enfin, le rétinal 11-*cis* se combine à nouveau à la scotopsine pour former de la rhodopsine.

qu'on appelle un *courant d'obscurité*) et hyperpolarisés dans la clarté! Néanmoins, comme nous l'expliquerons dans la section intitulée «Traitement visuel», l'arrêt des influx nerveux (l'hyperpolarisation) permet d'acheminer l'information de manière tout aussi efficace que leur déclenchement.

Les photorécepteurs n'engendrent pas de potentiels d'action. En fait, parmi les neurones rétiniens, seules les cellules ganglionnaires produisent de grands potentiels d'action, ce qui est conséquent à leur fonction: ce sont leurs axones qui propagent les influx nerveux dans les nerfs optiques. Tous les autres neurones rétiniens produisent des potentiels récepteurs. Cela ne devrait pas vous surprendre si vous vous rappelez que la fonction première des potentiels d'action est de transporter rapidement de l'information sur de longues distances. Comme les cellules rétiniennes sont très rapprochées, les potentiels récepteurs peuvent servir adéquatement de signaux pour régler la libération de neurotransmetteur.

2. Excitation des cônes. La science n'a pas encore complètement élucidé le fonctionnement chimique des cônes, mais il semble que leurs pigments visuels se dégradent et se régénèrent essentiellement de la même façon que la rhodopsine. Le seuil d'excitation pour l'activation des cônes est cependant beaucoup plus élevé que celui des bâtonnets, car les cônes ne réagissent qu'à la lumière intense.

Les pigments visuels des cônes, comme ceux des bâtonnets, sont formés de rétinal et d'opsines différentes de la scotopsine, les **photopsines.** Suivant les propriétés de la photopsine qu'ils contiennent, les cônes se divisent en trois types sensibles à des longueurs d'onde différentes. Chaque photopsine établit un milieu électrique particulier qui détermine la sensibilité du rétinal aux différentes longueurs d'onde de la lumière. Les noms des types de cônes indiquent les couleurs (autrement dit, les longueurs d'onde) qu'ils absorbent le mieux et qui induisent le plus efficacement le changement de forme du rétinal et sa séparation de l'opsine. Les cônes bleus réagissent surtout aux longueurs d'onde de 455 nm, les verts, aux longueurs d'onde de 530 nm, et les rouges, aux longueurs d'onde de 625 nm (figure 16.20). Toutefois, comme le montre la figure 16.20, les spectres d'absorption des cônes se chevauchent et la perception des couleurs intermédiaires comme l'orangé, le jaune et le violet résulte de l'activation simultanée mais plus ou moins prononcée de plus d'un type de cônes. Par exemple, la lumière jaune stimule les cônes rouges et les cônes verts, mais si les premiers sont stimulés plus fortement que les seconds, nous voyons de l'orangé à la place du jaune. Lorsque tous les cônes sont stimulés de manière égale, nous voyons du blanc. Notre perception de l'éclat et de la saturation des couleurs (du rouge par opposition au rose par exemple) est aussi liée au degré de stimulation de chaque type de cônes.

L'*achromatopsie* (aussi appelée daltonisme) est une anomalie héréditaire due à une insuffisance congénitale d'au moins un type de cônes. Sa transmission est liée au sexe, et elle est beaucoup plus répandue chez les hommes que chez les femmes. Sa forme la plus fréquente résulte d'une déficience totale ou partielle en cônes verts ou en cônes rouges. Les personnes atteintes perçoivent le rouge et le vert comme une seule et même couleur, soit le rouge soit le vert, suivant le type de cônes qu'elles possèdent. ■

Adaptation à la lumière et à l'obscurité. La rhodopsine est extraordinairement sensible; même la lumière des étoiles entraîne la décoloration de quelques molécules. Tant que la lumière est faible, la rhodopsine se régénère rapidement, et la rétine continue de réagir aux stimulus lumineux. Dans la lumière intense, cependant, la rhodopsine est décolorée presque aussitôt qu'elle est produite, et les bâtonnets n'ont plus d'efficacité. Les cônes prennent alors la relève. La sensibilité de la rétine s'adapte donc automatiquement à l'intensité de la lumière. Toutefois, la dégradation des pigments photosensibles n'explique que partiellement cette adaptation. Il semble que les neurones rétiniens autres que les photorécepteurs jouent également un rôle.

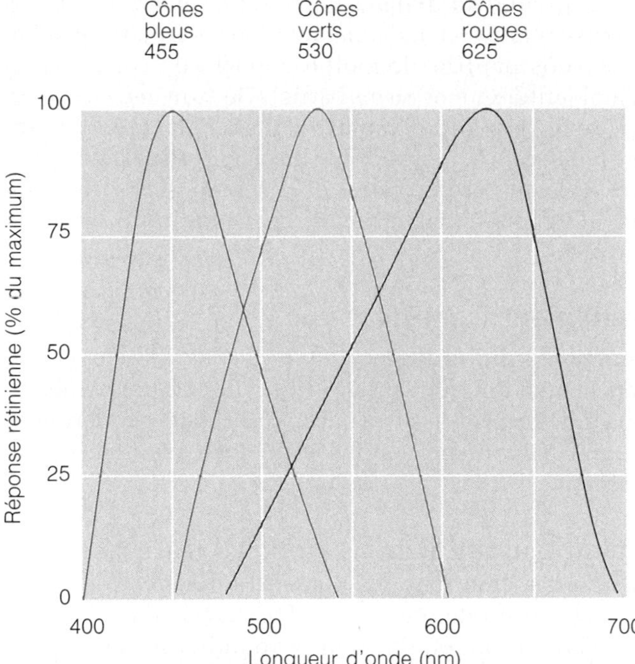

Figure 16.20 Sensibilité des trois types de cônes aux différentes longueurs d'onde du spectre visible.

L'**adaptation à la lumière** se produit lorsque nous passons de l'obscurité à la clarté, comme lorsque nous sortons au grand jour d'une salle de cinéma. Nous sommes momentanément aveuglés (nous ne voyons que de la lumière blanche), car la sensibilité de la rétine est encore réglée en «mode pénombre». Les bâtonnets et les cônes sont fortement stimulés et de grandes quantités de pigments photosensibles se dégradent presque instantanément, produisant un déluge de signaux et causant l'aveuglement. Des mécanismes de compensation se mettent alors en place: d'une part la sensibilité de la rétine décroît abruptement (la dégradation de moins de 1 % de la rhodopsine cause une diminution considérable de la sensibilité des bâtonnets); d'autre part les neurones rétiniens subissent une adaptation rapide qui inhibe le fonctionnement des bâtonnets et active les cônes. Ces événements élèvent le seuil d'excitation de la rétine et, en 60 secondes environ, les cônes sont suffisamment excités pour prendre le relais. L'acuité visuelle et la vision des couleurs continuent de s'améliorer au cours des 5 à 10 minutes qui suivent. Par conséquent, la sensibilité rétinienne diminue pendant l'adaptation à la lumière, mais l'acuité visuelle augmente.

L'**adaptation à l'obscurité** est l'inverse de l'adaptation à la lumière, et elle se produit lorsque nous passons d'un milieu bien éclairé à un milieu sombre. Dans un premier temps, nous ne voyons qu'une noirceur veloutée parce que nos cônes cessent de fonctionner et que la lumière intense a décoloré les pigments de nos bâtonnets et inhibé leur fonctionnement. Mais peu à peu la rhodopsine s'accumule et la sensibilité de la rétine augmente. L'adaptation à l'obscurité est beaucoup plus lente que l'adaptation à la lumière et elle peut se poursuivre pendant des heures. En règle générale, cependant, il faut de 20 à 30 minutes pour que la rhodopsine s'accumule en une quantité suffisant à la vision dans la pénombre.

Pendant que se déroulent ces phénomènes d'adaptation, le diamètre de la pupille subit des changements réflexes. La lumière intense atteignant les yeux cause la contraction de la pupille: les commandes motrices du *réflexe photomoteur,* ou *pupillaire,* atteignent le muscle sphincter de la pupille, qui se contracte. Le *réflexe consensuel* se produit lorsqu'on éclaire un seul œil: dans ce cas, la pupille de l'autre œil rétrécit également. Ces réactions trouvent leur origine dans le noyau prétectal du mésencéphale, et les influx nerveux sont acheminés par des neurofibres parasympathiques. Dans la pénombre, les pupilles sont dilatées, ce qui laisse entrer un surcroît de lumière dans l'œil.

La *cécité nocturne*, ou *hespéranopie,* est un dysfonctionnement des bâtonnets causé le plus souvent par une carence prolongée en vitamine A, associée à une dégénérescence des bâtonnets. Les suppléments de vitamine A rétablissent le fonctionnement des bâtonnets s'ils sont administrés avant les changements dégénératifs. Bien que, dans les cas de cécité nocturne, la teneur en pigment visuel des bâtonnets et des cônes soit réduite, celle de ces derniers est généralement suffisante pour permettre une réaction aux stimulus lumineux intenses, sauf dans les cas particulièrement graves. Par ailleurs, même une faible carence en rhodopsine réduit considérablement la sensibilité des bâtonnets et entrave leur fonctionnement dans la pénombre. ■

Voie visuelle

Comme nous l'avons déjà mentionné, les axones des cellules ganglionnaires quittent l'arrière des globes oculaires en formant le **nerf optique** (figure 16.21). Au niveau du **chiasma optique** (*khiasmos* = disposé en croix), les neurofibres issues de la partie interne de chaque œil croisent et forment les **tractus optiques.** Par conséquent, chaque tractus optique contient les neurofibres issues de la partie externe (temporale) de l'œil homolatéral et les neurofibres issues de la partie interne (nasale) de l'œil controlatéral; d'autre part, il achemine tous les messages provenant de la moitié homolatérale du champ visuel. Comme les cristallins inversent les images, la moitié interne de chaque rétine reçoit les rayons lumineux provenant de la partie *temporale* du champ visuel (c'est-à-dire de l'extrême gauche ou de l'extrême droite), et la moitié externe de chaque rétine reçoit les rayons lumineux provenant de la partie *nasale* (centrale) du champ visuel. Chaque tractus optique achemine ainsi au cerveau une représentation complète de la moitié opposée du champ visuel.

Les deux tractus optiques contournent l'hypothalamus et la majeure partie de leurs axones font synapse avec des neurones dans le **corps géniculé latéral** du thalamus, lequel préserve la séparation des neurofibres établie au niveau du chiasma. Les axones des neurones thalamiques traversent ensuite la capsule interne pour former la **radiation optique** que l'on peut observer dans la région sous-corticale du cerveau (la substance blanche). Les neurofibres de la radiation optique s'étendent jusqu'à l'**aire**

visuelle primaire du cortex occipital, où se produit la perception consciente des stimulus visuels (la vision proprement dite).

Certaines neurofibres se projettent directement de la rétine au mésencéphale. Ces neurofibres se terminent dans les **tubercules quadrijumeaux supérieurs**, les centres visuels réflexes qui régissent les muscles extrinsèques de l'œil, et dans les **noyaux prétectaux** qui, nous l'avons déjà mentionné, envoient les influx à l'origine du réflexe photomoteur de la pupille. Enfin, d'autres neurofibres de la voie visuelle s'étendent jusqu'au **noyau suprachiasmatique** de l'hypothalamus, qui joue le rôle de minuterie de nos biorythmes quotidiens. Les influx visuels assurent sa synchronisation avec le cycle naturel de la clarté et de l'obscurité.

Vision binoculaire et vision stéréoscopique

Les humains, la plupart des primates, les oiseaux de proie et les félins possèdent une **vision binoculaire.** Comme les deux yeux sont placés à l'avant du crâne et regardent à peu près dans la même direction, leurs champs visuels (d'environ 170° chacun) se chevauchent considérablement. Néanmoins, ils captent les images sous des angles quelque peu différents (voir la figure 16.21). De plus, le croisement d'environ la moitié des neurofibres du nerf optique au niveau du chiasma fournit à chaque aire visuelle deux images légèrement dissemblables. Beaucoup d'autres animaux, comme les pigeons et les lapins, sont dotés d'une vision panoramique. Leurs yeux sont placés sur les côtés de la tête, de sorte que les deux champs visuels se chevauchent très peu; le croisement des neurofibres du nerf optique est presque total chez ces animaux. Par conséquent, chacune de leurs aires visuelles reçoit des influx provenant d'un seul œil et d'un champ visuel complètement différent de l'autre.

Comparativement à la vision panoramique, la vision binoculaire fournit un champ visuel réduit mais, en revanche, elle permet la **vision stéréoscopique,** un moyen précis d'évaluer les distances et de situer les objets dans l'espace. Cette faculté, aussi appelée **vision du relief,** résulte de la «fusion» corticale d'images légèrement différentes envoyées par les yeux aux aires visuelles du cortex occipital.

La vision stéréoscopique nécessite une coordination des deux yeux et une convergence précise sur les objets. Une personne qui perd l'usage d'un œil perd aussi la vision stéréoscopique, et elle doit apprendre à évaluer la position des objets d'après des indices cognitifs. (Elle doit se dire par exemple que plus un objet est près, plus il paraît grand et que les lignes parallèles convergent à l'horizon.)

Les relations que nous venons de décrire expliquent les formes de cécité dues aux lésions des différentes structures visuelles. La destruction d'un œil ou d'un nerf optique anéantit la vision stéréoscopique et abolit la vision périphérique du côté homolatéral. Par exemple, si vous perdiez votre œil gauche dans un accident de chasse, vous ne pourriez rien voir dans la partie du champ visuel représentée en bleu à la figure 16.21. D'autre part, si la lésion se situait au-delà du chiasma optique, soit dans un des tractus optiques, dans le thalamus ou dans l'aire visuelle, alors vous perdriez la moitié opposée de votre champ visuel (entièrement ou en partie). De la même façon, un accident vasculaire cérébral touchant l'aire visuelle gauche fait perdre la moitié droite du champ visuel mais épargne la vision stéréoscopique de la moitié gauche, car l'aire visuelle droite (intacte) reçoit encore des influx des deux yeux. ■

Traitement visuel

Comment l'information captée par les cônes et les bâtonnets se mue-t-elle en sensation visuelle? De très nombreuses études ont porté sur la question au cours des dernières années. Nous en présentons ici quelques résultats fondamentaux.

Traitement rétinien. Les cellules ganglionnaires de la rétine engendrent des potentiels d'action à une fréquence constante (de 20 à 30 Hz), même dans l'obscurité. Curieusement, l'illumination uniforme de la rétine entière n'a aucun effet sur la fréquence basale de décharge. Cependant, l'activité des cellules ganglionnaires prises individuellement se modifie de manière substantielle lorsqu'un minuscule faisceau de lumière atteint certaines portions de leur champ récepteur. Le champ récepteur d'une cellule ganglionnaire est une partie de la rétine contenant des cônes ou des bâtonnets qui, lorsqu'elle est stimulée, provoque une modification de son activité électrique (les potentiels récepteurs de ces photorécepteurs convergent vers la cellule ganglionnaire).

En étudiant des cellules ganglionnaires ne recevant d'influx que des bâtonnets, des chercheurs ont découvert que ces cellules possèdent deux types de champs récepteurs, en forme de cercle. (figure 16.22). Ces champs sont appelés **champ récepteur à photosensibilité centrale «on»** et **champ récepteur à photosensibilité centrale «off»**, suivant ce qui arrive à la cellule ganglionnaire lorsque les photorécepteurs du centre du champ sont illuminés. Les cellules ganglionnaires reliées aux bâtonnets d'un champ récepteur à photosensibilité centrale «on» sont stimulées (dépolarisées) lorsque la lumière frappe le centre du champ (la région «on»), et elles sont inhibées lorsque la lumière frappe la périphérie du champ (la région «off»). Les cellules ganglionnaires reliées aux bâtonnets d'un champ récepteur à photosensibilité centrale «off» sont inhibées lorsque la lumière frappe le centre du champ (la région «off»), et elles sont stimulées lorsque la lumière frappe leur périphérie (la région «on»). Une illumination égale du centre et de la périphérie du champ récepteur modifie peu la fréquence basale de décharge. Cependant, les cellules ganglionnaires réagissent à différentes illuminations de parties de leurs champs, ce qui modifie leur taux de production d'influx nerveux (voir la figure 16.22).

Dans l'état des connaissances actuelles, on estime que le mécanisme du traitement rétinien est le suivant.

1. La lumière déclenche une hyperpolarisation des photorécepteurs.

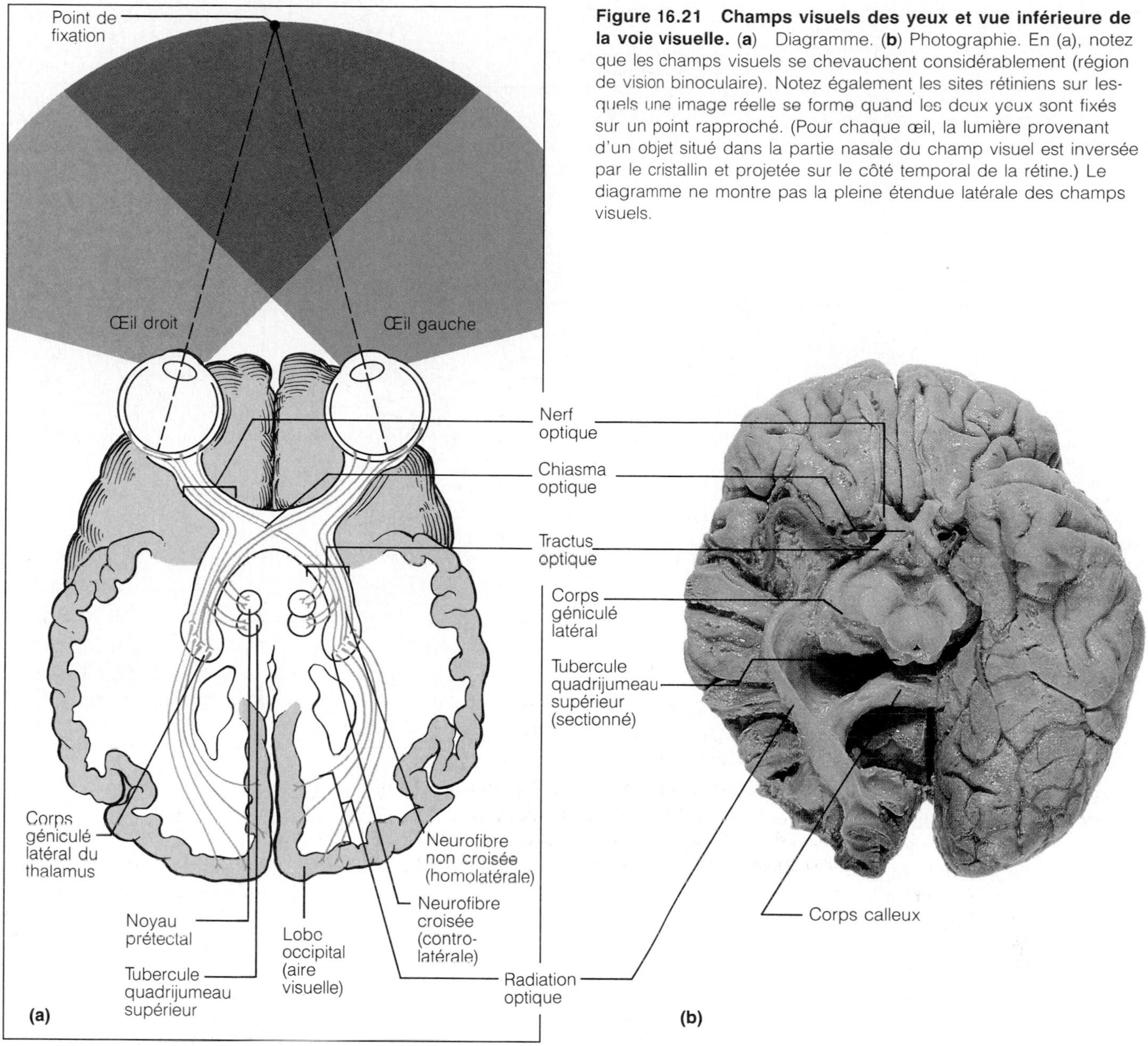

Figure 16.21 Champs visuels des yeux et vue inférieure de la voie visuelle. (**a**) Diagramme. (**b**) Photographie. En (a), notez que les champs visuels se chevauchent considérablement (région de vision binoculaire). Notez également les sites rétiniens sur lesquels une image réelle se forme quand les deux yeux sont fixés sur un point rapproché. (Pour chaque œil, la lumière provenant d'un objet situé dans la partie nasale du champ visuel est inversée par le cristallin et projetée sur le côté temporal de la rétine.) Le diagramme ne montre pas la pleine étendue latérale des champs visuels.

2. Les neurones bipolaires situés dans les régions «on» sont excités (dépolarisés) lorsque les bâtonnets qui y convergent sont illuminés (et hyperpolarisés). Les neurones bipolaires des régions «off» sont inhibés (hyperpolarisés) lorsque les bâtonnets qui y convergent sont stimulés. Notez que les bâtonnets ne libèrent qu'un seul neurotransmetteur. Les réponses opposées des neurones bipolaires des régions «on» (dépolarisées) et «off» (hyperpolarisées) sont liées au fait qu'ils captent le même neurotransmetteur au moyen de différents types de récepteurs.

3. Les neurones bipolaires situés au centre d'un champ récepteur communiquent directement avec la cellule ganglionnaire par ce qu'on appelle la *voie directe.* Par conséquent, les neurones bipolaires dépolarisés excitent la cellule ganglionnaire, tandis que les neurones bipolaires hyperpolarisés l'inhibent.

4. L'activité des neurones bipolaires en périphérie du champ, qui constitue la *voie indirecte,* est modifiée (sujette à l'*inhibition latérale*) par les *cellules horizontales* de la rétine (voir la figure 16.9). Celles-ci, reliées tant aux photorécepteurs qu'aux neurones bipolaires, sont unies les unes aux autres par des synapses électriques. Ce sont des intégrateurs locaux qui font en sorte que les cellules ganglionnaires reçoivent de la périphérie du champ une information *antagoniste* à celle qu'elles reçoivent du centre du champ. Par exemple, la réponse à la lumière atteignant directement le centre du champ d'une cellule ganglionnaire est contrée par la lumière frappant directement la périphérie de son champ : ce phénomène est appelé **antagonisme centre-périphérie.** En outre, les cellules horizontales transportent les influx nerveux dont dépendent les réactions antagonistes entre les régions rétiniennes avoisinantes. L'«élimination sélective» de certains influx des bâtonnets par des interactions «on-off»

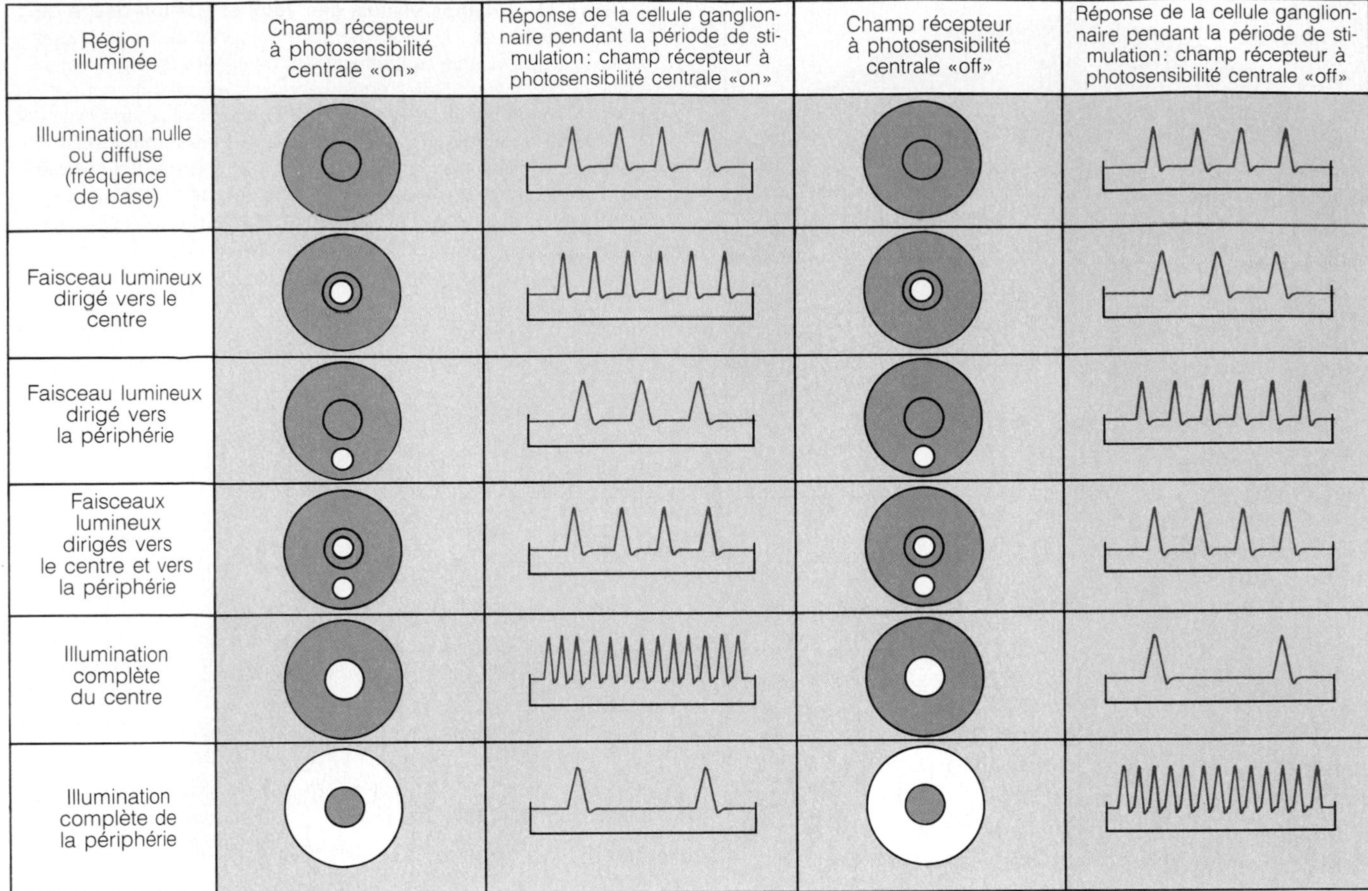

Région illuminée	Champ récepteur à photosensibilité centrale «on»	Réponse de la cellule ganglionnaire pendant la période de stimulation : champ récepteur à photosensibilité centrale «on»	Champ récepteur à photosensibilité centrale «off»	Réponse de la cellule ganglionnaire pendant la période de stimulation : champ récepteur à photosensibilité centrale «off»
Illumination nulle ou diffuse (fréquence de base)				
Faisceau lumineux dirigé vers le centre				
Faisceau lumineux dirigé vers la périphérie				
Faisceaux lumineux dirigés vers le centre et vers la périphérie				
Illumination complète du centre				
Illumination complète de la périphérie				

Figure 16.22 Réponses des cellules ganglionnaires aux différents types d'illumination.

et par l'antagonisme centre-périphérie accentue les contrastes et permet ainsi à la rétine de convertir les influx lumineux en une image cohérente, comme le représente très simplement la figure 16.23.

5. Les cellules amacrines sont également des intégrateurs locaux qui transportent les influx nerveux dont dépendent les interactions antagonistes ; elles exercent des effets inhibiteurs temporaires sur les cellules ganglionnaires.

Traitement thalamique. Les corps géniculés latéraux du thalamus relaient l'information relative au mouvement, «isolent» les axones des cellules ganglionnaires aux fins de la vision stéréoscopique et précisent l'information relative aux contrastes reçue de la rétine. Les influx provenant des deux yeux atteignent les couches discontinues de chaque noyau des corps géniculés latéraux, et ils convergent pour la première fois dans le thalamus. Cependant, les parties de la rétine ne sont pas représentées de manière égale. En effet, les synapses réalisées avec les axones provenant du centre de la rétine sont beaucoup plus nombreuses que les synapses formées avec les axones provenant de la périphérie. Par conséquent, les noyaux thalamiques semblent intervenir surtout dans la vision détaillée des couleurs, et leurs prolongements destinés aux aires visuelles du cortex accentuent les influx visuels provenant de la région riche en cônes.

Traitement cortical. Deux grands types de neurones participent au traitement des influx rétiniens dans les aires visuelles : les neurones corticaux simples et les neurones corticaux complexes. Le champ récepteur d'un **neurone cortical simple** est formé d'un groupe de champs de cellules ganglionnaires rétiniennes ayant tous la même orientation et le même genre de centre. Les neurones corticaux simples réagissent aux lignes droites et aux contrastes. Comme nous pouvons voir les rayons d'une roue, il doit exister des cellules corticales simples qui réagissent à tous les rayons possibles sur la surface de la rétine. Les **neurones corticaux complexes** possèdent des champs récepteurs qui recouvrent ceux de quelques neurones corticaux simples, et leur réaction se poursuit tant que l'une des cellules simples qui les alimentent est activée. Les cellules complexes peuvent ainsi suivre le mouvement des objets dans le champ visuel. Enfin, d'autres classes de neurones corticaux réagissent principalement à la couleur ou aux indices relatifs à la vision stéréoscopique.

Oreille : ouïe et équilibre

De prime abord, les mécanismes de l'ouïe et de l'équilibre paraissent fort rudimentaires. En effet, les mécanoré-

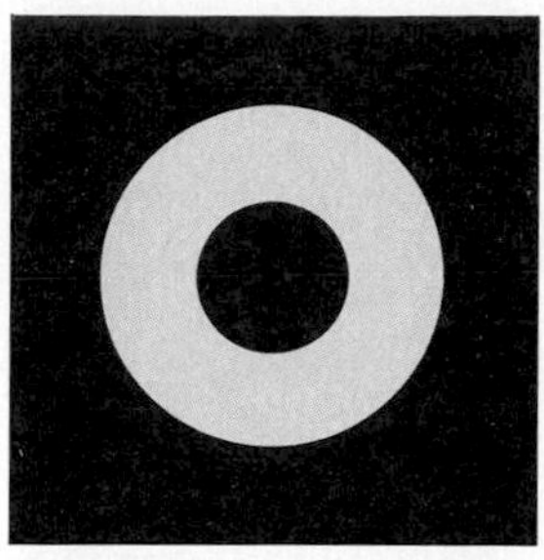
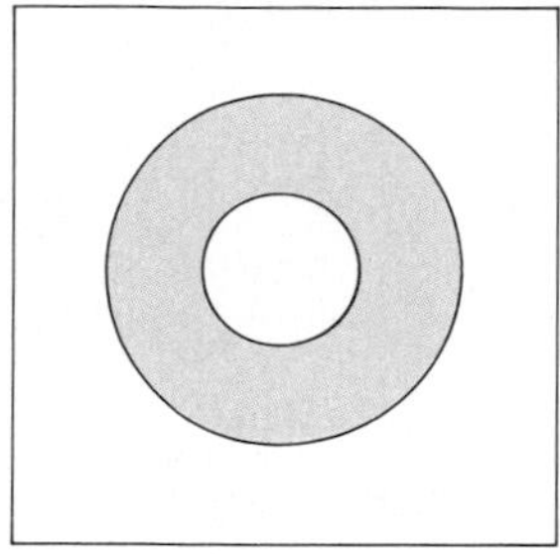

Figure 16.23 Illusion visuelle montrant que l'intensité des couleurs est relative et liée aux contrastes. Les anneaux ont la même taille et la même couleur, mais l'intensité de leur gris semble varier suivant le contraste qu'offre le fond sur lequel ils sont posés.

cepteurs de l'ouïe sont stimulés par des liquides eux-mêmes agités par les vibrations sonores. Par ailleurs, les mouvements amples de la tête remuent les liquides entourant les organes de l'équilibre. Pourtant, l'ouïe humaine capte un extraordinaire éventail de sons, et les récepteurs de l'équilibre fournissent continuellement des informations à plusieurs structures de l'encéphale sur la position et les mouvements de la tête. Bien que les organes de l'ouïe et de l'équilibre, à l'intérieur de l'oreille, soient structuralement associés, leurs récepteurs respectifs réagissent à des stimulus différents et ils sont activés indépendamment les uns des autres. C'est ce qui explique que les personnes sourdes soient en mesure de maintenir leur équilibre.

Structure de l'oreille

L'oreille se divise en trois grandes régions: l'oreille externe, l'oreille moyenne et l'oreille interne (figure 16.24). L'oreille externe et l'oreille moyenne servent uniquement à l'audition et leurs configurations sont relativement simples. L'oreille interne sert à l'audition et à l'équilibre, et sa structure est extrêmement complexe.

Oreille externe

L'**oreille externe** est composée du pavillon et du conduit auditif externe. Le **pavillon** (ce que l'on appelle «oreille» dans le langage courant) est la partie saillante en forme de coquille qui entoure l'orifice du conduit auditif externe. Le pavillon est constitué de cartilage élastique recouvert d'une mince couche de peau et de poils clairsemés. Son bord, l'**hélix**, est plus épais que son centre, et sa partie inférieure charnue, le **lobule** (couramment appelé «lobe de l'oreille») ne contient pas de cartilage. La fonction du pavillon est de diriger les ondes sonores dans le conduit auditif externe. Certains animaux (le coyote notamment) peuvent déplacer leurs pavillons en direction de la source d'un son, mais les muscles qui permettent ces mouvements sont atrophiés et inopérants chez l'être humain.

Le **conduit auditif externe** est une cavité courte et étroite (d'environ 2,5 cm de long sur 0,6 cm de large) qui relie le pavillon à la membrane du tympan. Il est creusé dans l'os temporal, sauf près du pavillon, où sa charpente est formée de cartilage élastique. La peau qui le recouvre comporte des poils, des glandes sébacées et des glandes sudoripares apocrines modifiées, les **glandes cérumineuses.** Ces glandes sécrètent une substance cireuse de couleur jaune brunâtre appelée **cérumen** (*cera* = cire), qui emprisonne les corps étrangers et chasse les insectes. Chez beaucoup de gens, le cérumen sèche et tombe du conduit auditif externe. Chez d'autres individus, le cérumen peut s'accumuler, durcir et former un *bouchon* qui nuit à l'audition.

Les ondes sonores qui entrent dans le conduit auditif externe frappent la **membrane du tympan,** ou **tympan** (*tumpanon* = tambourin), la limite entre l'oreille externe et l'oreille moyenne. Le tympan est une membrane mince et translucide de tissu conjonctif fibreux dont la face externe est recouverte de peau et la face interne, d'une muqueuse. Il a la forme d'un cône aplati dont le sommet pénètre dans l'oreille moyenne. Les ondes sonores font vibrer le tympan, qui transfère cette énergie aux petits osselets de l'ouïe situés dans l'oreille moyenne.

Oreille moyenne

L'**oreille moyenne,** ou **caisse du tympan,** est une petite cavité, remplie d'air et tapissée d'une muqueuse, creusée dans la partie pétreuse de l'os temporal. Sa limite externe est le tympan, et sa limite interne est une paroi osseuse percée de deux orifices, la **fenêtre du vestibule** (ou fenêtre ovale) et la **fenêtre de la cochlée** (ou fenêtre ronde). Cette dernière est fermée par le *tympan secondaire.* Le toit de l'oreille moyenne est formé par la **logette des osselets.** Un orifice pratiqué dans la paroi postérieure de la caisse du tympan, l'**antre mastoïdien,** met celle-ci en communication avec les *cellules mastoïdiennes.* La **trompe auditive** (ou trompe d'Eustache) est un conduit oblique qui relie l'oreille moyenne au nasopharynx (la partie supérieure de la gorge); la muqueuse de l'oreille moyenne est donc unie à celle de la gorge. Normalement, la trompe auditive est aplatie et fermée, mais la déglutition et le bâillement peuvent l'ouvrir momentanément pour équilibrer la pression de l'air entre l'oreille moyenne et l'environnement. C'est là un mécanisme important car le tympan ne peut vibrer librement que si la pression exercée sur ses deux surfaces est égale. Dans le cas contraire, le tympan fait saillie vers l'intérieur ou vers l'extérieur, ce qui entrave l'audition (les voix semblent lointaines) et peut causer une otalgie. L'équilibration de la pression «débouche» les oreilles, une sensation que connaissent toutes les personnes qui ont déjà pris un avion.

L'inflammation de la muqueuse de l'oreille moyenne, l'*otite moyenne,* est une conséquence fréquente des infections de la gorge, particulièrement chez les enfants, dont les trompes auditives sont courtes et horizontales. Les formes aiguës d'otite moyenne, dans lesquelles des bactéries infectieuses envahissent l'oreille moyenne, causent la saillie, l'inflammation et le rougissement du tympan. Lorsque de grandes quantités de liquide ou de pus s'accumulent dans la cavité, il faut parfois pratiquer d'urgence une *myringotomie* (paracentèse du tympan) pour réduire la pression. ■

La caisse du tympan renferme les trois plus petits os du corps, les **osselets de l'ouïe** (voir la figure 16.24). Les

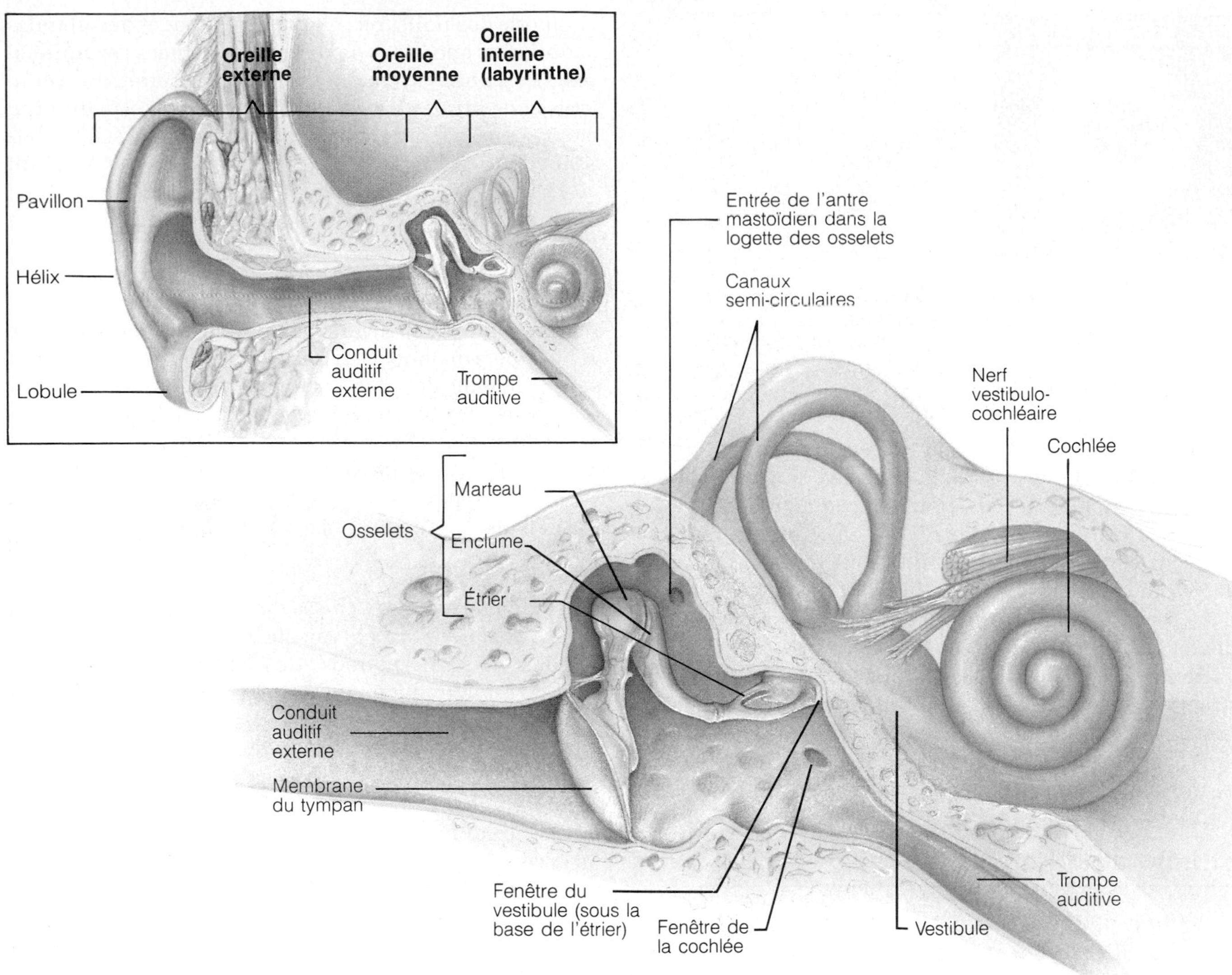

Figure 16.24 Structure de l'oreille. Notez que les canaux semi-circulaires, le vestibule et la cochlée de l'oreille interne forment le labyrinthe osseux.

noms des osselets évoquent leur forme: le **marteau,** l'**enclume** et l'**étrier.** La «poignée» du marteau est rattachée au tympan, et la base de l'étrier s'insère dans la fenêtre du vestibule. L'enclume s'articule avec le marteau et l'étrier par des articulations synoviales. Les osselets transmettent le mouvement vibratoire du tympan à la fenêtre du vestibule qui, à son tour, agite les liquides de l'oreille interne. Ce sont les mouvements de ces liquides qui stimulent les récepteurs de l'audition.

Deux minuscules muscles squelettiques se trouvent dans la caisse du tympan. Le **muscle du marteau** naît de la paroi de la trompe auditive et s'insère sur la poignée du marteau. Le **muscle de l'étrier** naît de la paroi postérieure de la caisse et s'insère sur l'étrier. L'action réflexe de ces muscles, déclenchée par les sons exceptionnellement forts, protège les récepteurs de l'audition. Plus précisément, le muscle du marteau tend le tympan en le tirant vers l'intérieur, et le muscle de l'étrier atténue les vibrations de la chaîne des osselets ainsi que les mouvements de l'étrier dans la fenêtre du vestibule. Ce **réflexe tympanique,** ou **réflexe d'atténuation du son,** diminue la propagation du son vers l'oreille interne, mais comme il se produit après une période de latence de 40 ms, il ne protège pas les récepteurs contre les bruits *soudains,* comme ceux des armes à feu.

Oreille interne

L'**oreille interne** est aussi appelée **labyrinthe,** étant donné sa forme compliquée (voir la figure 16.24). Sa situation dans l'os temporal, à l'arrière de l'orbite, protège les délicats récepteurs qu'elle abrite. L'oreille interne comprend deux grandes divisions: le labyrinthe osseux et le labyrinthe membraneux. Le **labyrinthe osseux** est un système de canaux tortueux creusés dans l'os; ses trois régions, qui possèdent des caractéristiques particulières tant du point de vue structural que du point de vue fonctionnel, sont le vestibule, la cochlée et les canaux semi-circulaires. Les diagrammes que l'on trouve dans la plupart des manuels, y compris le présent ouvrage, ont quelque chose de trompeur, car le labyrinthe osseux est en réalité une

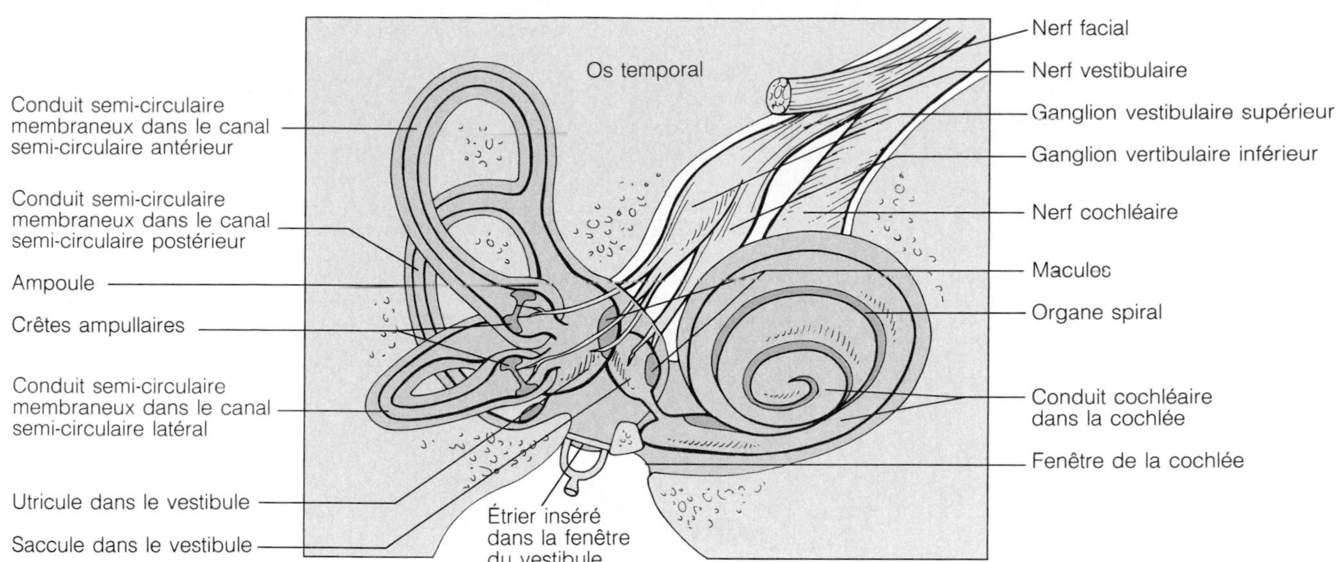

Figure 16.25 Labyrinthe membraneux de l'oreille interne par rapport aux cavités du labyrinthe osseux. Les situations des récepteurs spécialisés de l'audition (organe spiral) et de l'équilibre (macules et crêtes ampullaires) sont aussi indiquées.

cavité. La représentation que fournit la figure 16.24 peut se comparer à un moulage de cette cavité. Le **labyrinthe membraneux** est un réseau de vésicules et de conduits membraneux logé dans le labyrinthe osseux et épousant plus ou moins ses contours (figure 16.25).

Le labyrinthe osseux est tapissé d'endoste et rempli d'un certain volume de périlymphe, un liquide semblable au liquide céphalo-rachidien. Le labyrinthe membraneux flotte dans la périlymphe; il contient l'**endolymphe,** un liquide dont la composition chimique est semblable à celle du liquide intracellulaire. La périlymphe et l'endolymphe acheminent les vibrations sonores et réagissent aux forces mécaniques produites lors des changements de position du corps et de l'accélération. Elles n'ont aucun rapport avec la lymphe qui circule dans les vaisseaux lymphatiques.

Vestibule. Le **vestibule** est la cavité ovoïde située au centre du labyrinthe osseux. Il est situé à l'arrière de la cochlée et à l'avant des canaux semi-circulaires, et il borde la face interne de l'oreille moyenne. La fenêtre du vestibule est percée dans sa paroi externe. Deux vésicules du labyrinthe membraneux, le **saccule** et l'**utricule,** sont unies par un petit canal et flottent dans sa périlymphe (figure 16.25). Le saccule se prolonge vers l'avant et rejoint la cochlée (dans le *canal cochléaire*); l'utricule, plus grand que le saccule, est uni par l'arrière aux canaux semi-circulaires. Le saccule et l'utricule abritent les récepteurs de l'équilibre, appelés *macules*, qui réagissent à la gravité et encodent les changements de position de la tête.

Canaux semi-circulaires. Les **canaux semi-circulaires osseux** sont issus de la partie postérieure du vestibule. Ils occupent chacun un des trois plans de l'espace. On trouve donc un canal semi-circulaire *antérieur* (ou *supérieur*), un canal semi-circulaire *postérieur* (ou *inférieur*) et un canal semi-circulaire *latéral* (ou *externe*). Le canal antérieur et le canal postérieur forment un angle droit dans le plan vertical, tandis que le canal latéral est horizontal et forme un angle droit avec les deux autres (voir la figure 16.25). Chaque canal semi-circulaire osseux contient un **conduit semi-circulaire membraneux** correspondant qui s'ouvre dans l'utricule, à l'avant. Ces conduits membraneux portent chacun une extrémité renflée appelée **ampoule,** laquelle abrite la *crête ampullaire,* un récepteur de l'équilibre qui réagit aux mouvements angulaires de la tête.

Cochlée. La **cochlée** (*cochlea* = limaçon) est une cavité osseuse spiralée et conique deux fois plus petite qu'un pois cassé. La cochlée naît de la partie antérieure du vestibule, puis elle décrit environ deux tours et demi autour d'un pilier osseux appelé **columelle** (figure 16.26a). Le **conduit cochléaire** membraneux serpente au centre de la cochlée et se termine en cul-de-sac à son sommet. Le conduit cochléaire abrite l'**organe spiral** (ou organe de Corti), le récepteur de l'audition (figure 16.26b). Le conduit cochléaire et la **lame spirale osseuse,** un prolongement mince et plat qui s'enroule en spirale autour de la columelle, divisent la cochlée en trois cavités distinctes. Ces cavités sont, de haut en bas, la **rampe vestibulaire,** unie au vestibule et contiguë à la fenêtre du vestibule, le **conduit cochléaire** proprement dit et la **rampe tympanique,** qui se termine à la fenêtre de la cochlée. La rampe vestibulaire et la rampe tympanique sont remplies de périlymphe, tandis que le conduit cochléaire est rempli d'endolymphe. Les deux rampes communiquent au sommet de la cochlée, une région appelée **hélicotrème** (littéralement «ouverture dans la spirale»).

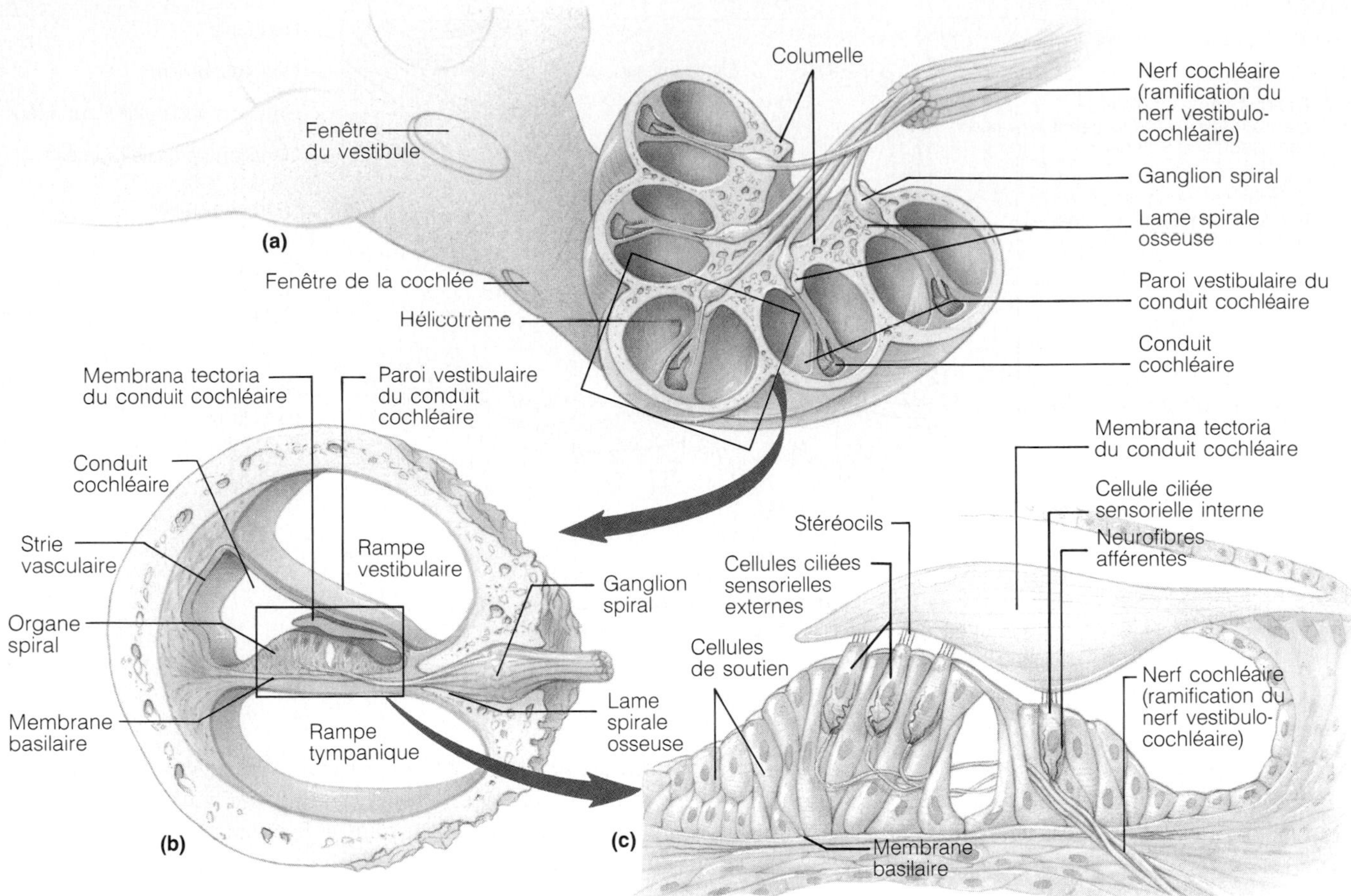

Figure 16.26 Anatomie de la cochlée. (**a**) Coupe transversale de la cochlée. (**b**) Agrandissement d'une spire de la cochlée en coupe transversale montrant la situation des deux rampes séparées par le conduit cochléaire. La rampe vestibulaire et la rampe tympanique contiennent la périlymphe; le conduit cochléaire contient l'endolymphe. (**c**) Détail de l'organe spiral.

Le toit du conduit cochléaire (situé entre ce dernier et la rampe vestibulaire) est formé par la **paroi vestibulaire du conduit cochléaire** (ou membrane de Reissner) (voir la figure 16.26b), tandis que sa paroi externe est constituée par la **strie vasculaire**, une muqueuse richement vascularisée qui sécrète l'endolymphe. Le plancher du conduit cochléaire est composé de la lame spirale osseuse et de la **membrane basilaire,** flexible et fibreuse, qui soutient l'organe spiral. (Nous décrirons l'organe spiral lorsque nous exposerons le mécanisme de l'audition.) La membrane basilaire est étroite et épaisse près de la fenêtre du vestibule, mais s'élargit et s'amincit près du sommet de la cochlée. Comme vous le verrez, sa structure joue un rôle primordial dans la réception du son. Le nerf cochléaire, une ramification du nerf vestibulo-cochléaire (nerf crânien VIII), naît de l'organe spiral et traverse la columelle avant de se diriger vers le cerveau.

Son et mécanismes de l'audition

Le mécanisme de l'audition humaine peut se résumer en quelques phrases simples. Le son fait vibrer l'air. Ces vibrations frappent le tympan. Le tympan ébranle une chaîne d'osselets. Les osselets poussent le liquide de l'oreille interne contre des membranes. Les membranes produisent des forces de cisaillement qui tirent sur les cellules ciliées. Les cellules ciliées stimulent les neurones qui les environnent. Les neurones engendrent des influx qui aboutissent au cerveau. Le cerveau interprète ces influx, et l'on entend. Mais avant d'étudier les détails de cet enchaînement, considérons le son, stimulus de l'audition.

Propriétés du son

Contrairement à la lumière, qui peut se propager dans le vide, le son ne se transmet que dans un milieu élastique. Alors que la vitesse de la lumière est d'environ 300 000 km/s, celle du son dans l'air sec n'est que de 331 m/s. Un éclair est presque instantanément visible, mais le son qu'il produit (le tonnerre) met un certain temps à atteindre l'oreille. La vitesse du son est constante dans un milieu uniforme; elle est plus grande dans les solides que dans les gaz, y compris l'air.

Le **son** est une perturbation de la pression causée par un objet vibrant et propagée par les molécules de l'environnement. Prenons l'exemple du son émis par un diapason (figure 16.27a). Si l'on frappe la gauche du diapason, ses dents se déplacent d'abord vers la droite et créent une zone de haute pression de ce côté en comprimant les molécules d'air. Puis, en rebondissant, les dents compriment l'air à gauche du diapason, et la pression s'en trouve réduite à droite (puisque la majeure partie des molécules d'air de cette zone ont déjà été poussées plus loin vers la droite). En vibrant de droite à gauche, le diapason produit une série de zones de compression et de raréfaction, c'est-à-dire une *onde sonore,* qui se propage dans toutes les directions (figure 16.27b). Toutefois, chaque molécule d'air ne vibre que sur une courte distance, car elle heurte d'autres molécules et rebondit. Comme les molécules qui se déplacent vers l'extérieur donnent de l'énergie cinétique aux molécules qu'elles heurtent, l'énergie est toujours transférée dans la direction qu'emprunte l'onde sonore. Par conséquent, l'énergie de l'onde diminue avec le temps et la distance, et le son s'éteint.

On peut représenter graphiquement une onde sonore sous la forme d'une courbe en S, ou *onde sinusoïdale,* dont les crêtes sont formées par les zones de compression et les creux, par les zones de raréfaction (figure 16.27c). D'un tel graphique se dégagent deux propriétés physiques du son, soit la fréquence et l'amplitude.

Fréquence. L'onde sinusoïdale d'un son pur est *périodique;* autrement dit, ses crêtes et ses creux se répètent à des distances définies. La distance entre deux crêtes consécutives (ou deux creux consécutifs) est appelée **longueur d'onde,** et elle est constante pour un son donné. La **fréquence** (exprimée en hertz) est le nombre d'ondes qui passent par un point donné en un temps donné. Plus la longueur d'onde est courte, plus la fréquence du son est élevée (figure 16.28a).

L'ouïe humaine est sensible aux fréquences de 20 à 20 000 Hz, et plus particulièrement aux fréquences de 1500 à 4000 Hz, parmi lesquelles elle peut distinguer des différences de l'ordre de 2 à 3 Hz. La fréquence d'un son correspond pour nous à sa **hauteur** : plus la fréquence est élevée, plus le son est aigu. Un diapason produit un *son pur* (simple) ne possédant qu'une seule fréquence, tandis que la plupart des sons sont composés de plusieurs fréquences. Cette caractéristique du son, appelée **timbre,** nous permet de reconnaître une note de musique, un *do* par exemple, qu'elle soit chantée par une soprano ou jouée sur un piano ou une clarinette. C'est le timbre qui donne aux sons et à la musique leur richesse et leur complexité ; c'est lui également qui fournit l'influx sonore que nous appelons «bruit».

Amplitude. L'**intensité** d'un son est liée à son énergie, c'est-à-dire aux différences de pression entre ses zones de compression et ses zones de raréfaction. Dans la représentation graphique d'un son, comme celle de la figure 16.28b, l'intensité correspond à l'**amplitude,** ou hauteur, des crêtes de l'onde sinusoïdale.

Alors que l'intensité est une propriété physique objective et précisément mesurable du son, la **force** correspond

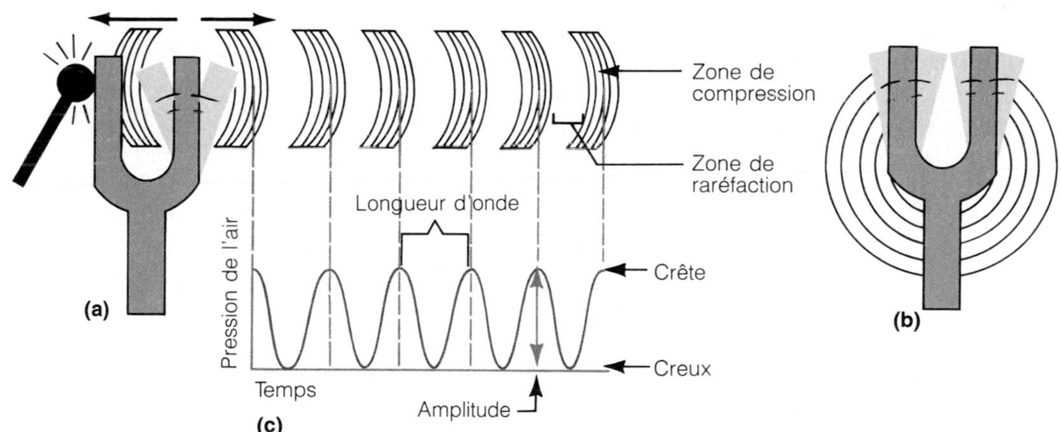

Figure 16.27 Source et propagation du son. La source du son est un objet vibrant. (**a**) On frappe la gauche d'un diapason à l'aide d'un marteau. Les dents se déplacent vers la droite et compriment les molécules d'air dans cette zone. (Seul le mouvement de la dent de droite est représenté, sous forme exagérée.) Ensuite, les dents se déplacent dans la direction opposée, compriment les molécules d'air de ce côté et créent une zone de raréfaction à droite du diapason. (**b**) Il se forme ainsi des ondes sonores composées d'une alternance de zones de compression et de raréfaction qui se propagent dans toutes les directions à partir de la source sonore. (**c**) On peut représenter une onde sonore sous la forme d'une onde sinusoïdale. Les crêtes de l'onde représentent les zones de haute pression (de compression), tandis que les creux représentent les zones de basse pression (de raréfaction). Quel que soit le son, la distance entre deux points correspondants de l'onde (deux crêtes ou deux creux) est appelée longueur d'onde. La hauteur (amplitude) des crêtes est liée à l'énergie, ou intensité, de l'onde sonore.

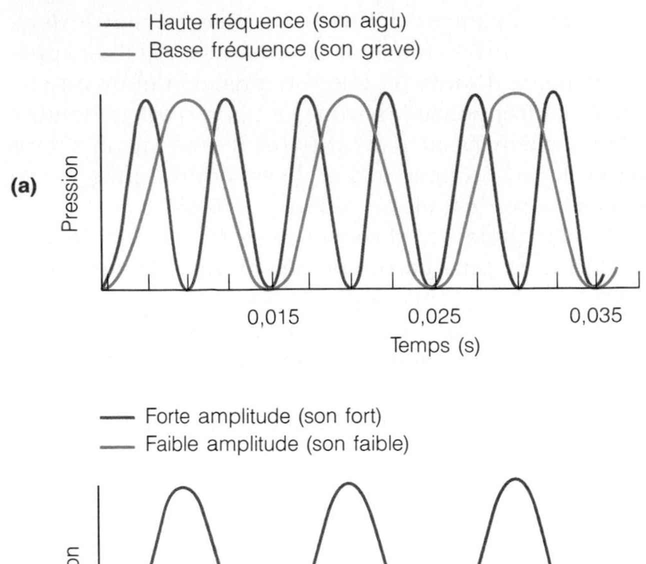

Figure 16.28 Fréquence et amplitude des ondes sonores. (**a**) L'onde représentée en rouge a une plus courte longueur d'onde que l'onde représentée en bleu; elle a donc une plus grande fréquence. La fréquence du son correspond à sa hauteur. (**b**) L'onde représentée en rouge a une plus grande amplitude (intensité) que l'onde représentée en bleu; le son émis est perçu comme étant plus fort.

à notre interprétation subjective de l'intensité. Notre champ auditif est extrêmement étendu: du bruit d'une épingle qui tombe à celui d'un sifflet à vapeur, l'intensité du son se multiplie par 100 billions. C'est pourquoi on mesure l'intensité (et la force) des sons à l'aide d'une unité logarithmique appelée **décibel** (**dB**). Sur un audiomètre médical, le début de l'échelle des décibels est arbitrairement fixé à 0 dB, soit le seuil de l'audition (sons à peine audibles) pour l'oreille normale. Chaque augmentation de 10 dB représente un décuplement de l'intensité sonore. Ainsi, un son de 10 dB renferme 10 fois plus d'énergie qu'un son de 0 dB, et un son de 20 dB possède 100 fois (10 × 10) plus d'énergie qu'un son de 0 dB. Toutefois, une augmentation de 10 dB ne représente qu'un doublement de la force du son. En d'autres termes, la plupart des gens diraient qu'un son de 20 dB leur paraît 2 fois plus fort qu'un son de 10 dB. L'oreille adulte saine peut discerner des différences d'intensité allant jusqu'à 0,1 dB, et le champ auditif normal (échelonné des sons à peine audibles aux sons juste en dessous du seuil de la douleur) couvre plus de 120 dB. (Le seuil de la douleur se situe à 130 dB.)

L'exposition fréquente ou prolongée à des sons de plus de 90 dB cause une perte auditive importante. Ce chiffre prend tout son sens lorsqu'on considère que le bruit de fond se situe aux environs de 50 dB dans une maison moyenne, à 80 dB dans un restaurant animé et bien au-dessus de 90 dB dans le cas de la musique rock amplifiée.

Transmission du son à l'oreille interne

L'audition résulte de la stimulation des aires auditives des lobes temporaux. Pour qu'il y ait audition, cependant, les ondes sonores doivent traverser de l'air, des os et des liquides, puis stimuler les cellules réceptrices de l'organe spiral situé dans la cochlée.

Les sons qui pénètrent dans le conduit auditif externe frappent le tympan et le font vibrer à la même fréquence qu'eux. Le mouvement du tympan est transmis à la fenêtre du vestibule par les osselets qui, en outre, amplifient l'énergie. Si le son atteignait directement la fenêtre du vestibule, la majeure partie de son énergie serait réfléchie et perdue, étant donné la forte impédance (résistance à la transmission) du liquide cochléaire. Toutefois, le système de leviers formé par les osselets, semblable en cela à une presse hydraulique, transmet intégralement à la fenêtre du vestibule la force exercée sur le tympan. Comme l'aire du tympan est de 17 à 20 fois plus grande que celle de la fenêtre du vestibule, la pression (la force par unité d'aire) réellement exercée sur cette dernière est environ 20 fois plus grande que la force exercée sur le tympan. Une fois multipliée, la pression l'emporte sur l'impédance du liquide cochléaire et y déclenche des mouvements ondulatoires. Pour mieux expliquer ce phénomène, prenons l'exemple de deux personnes de 70 kg marchant sur un revêtement de sol de vinyle souple, l'une avec de larges talons de caoutchouc et l'autre, avec des talons aiguilles. Le poids de la première personne se répartit sur plusieurs centimètres carrés, et ses talons n'abîment pas le revêtement. Par contre, le poids de la deuxième personne se concentre sur une aire d'environ 2,5 cm^2, et ses talons abîment le revêtement.

Résonance de la membrane basilaire

En vibrant d'avant en arrière contre la fenêtre du vestibule, l'étrier transmet ses vibrations à la périlymphe de la rampe vestibulaire. Sous l'effet de ces mouvements, la membrane basilaire monte et descend et fait osciller à son tour la partie adjacente (basale) du conduit cochléaire. Une onde de pression se propage dans la périlymphe de l'extrémité basale vers l'hélicotrème, comme le mouvement ondulatoire imprimé à l'extrémité d'une corde tenue horizontalement se propage à l'autre extrémité. En atteignant la fenêtre du vestibule, les sons de très basse fréquence créent des ondes de pression qui parcourent toute la cochlée: elles montent dans la rampe vestibulaire, contournent l'hélicotrème, suivent la rampe tympanique et parviennent à la fenêtre de la cochlée (figure 16.29a). Ces sons n'activent pas l'organe spiral et se trouvent donc sous le seuil de l'audition. Or, les sons de fréquence plus élevée (et de plus courte longueur d'onde) créent des ondes de pression qui, plutôt que d'atteindre l'hélicotrème, sont transmises à travers la paroi vestibulaire du conduit cochléaire (qui est flexible), l'endolymphe du conduit cochléaire, la membrane basilaire puis la périlymphe de la rampe tympanique. Comme les liquides sont incompressibles, la membrane de la fenêtre de la cochlée fait saillie dans la cavité de l'oreille moyenne et joue le rôle de soupape chaque fois que l'étrier pousse sur le liquide adjacent à la fenêtre du vestibule.

L'onde de pression qui descend à travers la membrane basilaire la fait vibrer entièrement, mais l'oscillation atteint un maximum aux endroits où les fibres de la membrane sont «accordées» avec une fréquence sonore particulière (figure 16.29c). (Cette caractéristique de nombreuses substances naturelles est appelée *résonance.*) Les fibres de la membrane basilaire parcourent sa largeur comme les cordes d'une guitare. Les fibres situées près de la fenêtre du vestibule (base de la cochlée) sont courtes et rigides, et elles résonnent sous l'effet d'ondes de pression de haute fréquence (figure 16.29b). Les fibres situées près du sommet de la cochlée, longues et flexibles, résonnent sous l'effet d'ondes de pression de basse fréquence. Les signaux sonores sont donc traités mécaniquement, avant même d'atteindre les récepteurs, par la résonance de la membrane basilaire.

Excitation des cellules ciliées dans l'organe spiral

L'organe spiral, qui repose sur la membrane basilaire, est composé de cellules de soutien et de quelques longues rangées de cellules ciliées cochléaires, plus précisément d'une rangée de **cellules ciliées sensorielles internes** et de trois rangées de **cellules ciliées sensorielles externes**, dont la base est entourée par les neurofibres afférentes du **nerf cochléaire.** Les «cils» (qui sont en fait des stéréocils) de ces cellules sont disposés en forme de V ouvert et ils se prennent dans la membrana tectoria du conduit cochléaire sus-jacente, de texture gélatineuse (voir la figure 16.26c). Les vibrations de la membrane basilaire fléchissent les cils dans un sens puis dans l'autre, ouvrant et fermant les canaux ioniques de leur membrane plasmique. L'inflexion des stéréocils dans un sens dépolarise les cellules ciliées et déclenche la libération d'un neurotransmetteur; ensuite, le neurotransmetteur amène les neurofibres du nerf cochléaire enroulées à la base des cellules ciliées à produire des potentiels d'action et à les transmettre aux aires auditives du cortex cérébral, où ils sont interprétés. L'inflexion des stéréocils dans le sens opposé hyperpolarise les cellules ciliées, met fin à la libération du neurotransmetteur et, par conséquent, inhibe la production de potentiels d'action dans les neurofibres du nerf cochléaire. La fréquence des ondes sonores détermine donc le rythme des changements du potentiel membranaire qui se produisent dans les cellules ciliées et la fréquence des messages envoyés par les neurofibres du nerf cochléaire. Comme vous l'aviez sans doute deviné, les cellules ciliées sont activées aux endroits où la membrane basilaire vibre avec force. Les cellules ciliées

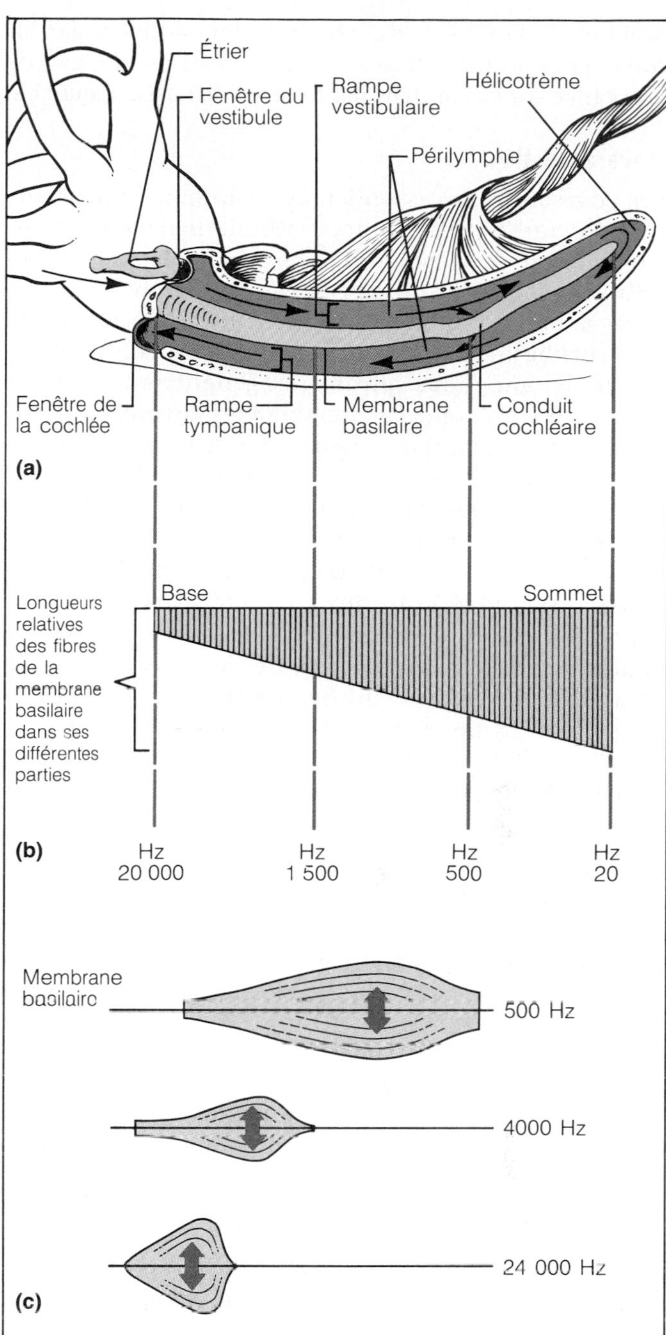

Figure 16.29 Résonance de la membrane basilaire et activation des cellules ciliées de la cochlée. (**a**) La cochlée est déroulée pour mieux représenter la transmission du son. Les ondes sonores de basse fréquence se trouvant sous le seuil de l'audition contournent l'hélicotrème sans exciter les cellules ciliées. En revanche, les sons de haute fréquence créent des ondes de pression qui pénètrent dans le conduit cochléaire et la membrane basilaire puis atteignent la rampe tympanique. Elles déclenchent dans la membrane basilaire des vibrations qui atteignent leur maximum dans certaines régions sous l'effet de fréquences particulières. (**b**) Longueurs relatives des fibres de la membrane basilaire dans ses différentes parties. (**c**) Les ondes de haute fréquence créent une résonance et un déplacement maximaux (et excitent les cellules ciliées) de la membrane basilaire près de la fenêtre du vestibule, tandis que les ondes de basse fréquence excitent les cellules ciliées près du sommet de la cochlée. Les flèches rouges indiquent les degrés relatifs de déplacement vertical.

proches de la fenêtre du vestibule sont activées par les sons aigus, et les cellules ciliées situées au sommet de la cochlée sont stimulées par les sons de basse fréquence.

Voie auditive

Les voies auditives ascendantes comprennent plusieurs noyaux auditifs du tronc cérébral, mais nous nous contenterons ici d'en étudier les principales étapes. Les influx engendrés dans la cochlée empruntent les neurofibres afférentes du nerf cochléaire (une ramification du nerf vestibulo-cochléaire, ou nerf crânien VIII), ils traversent les **ganglions spiraux** (les ganglions sensitifs du nerf cochléaire), puis ils atteignent les **noyaux cochléaires** du bulbe rachidien (figure 16.30). De là, les influx se dirigent vers le **noyau olivaire supérieur** du pont, suivent le **lemnisque latéral**, transitent par le **tubercule quadrijumeau inférieur** (centre auditif réflexe du mésencéphale) et par le noyau du **corps géniculé médial** du thalamus, pour arriver enfin aux **aires auditives** situées dans le premier gyrus du lobe temporal. Comme certaines des neurofibres issues de chaque oreille croisent la ligne médiane, chaque aire auditive reçoit des influx provenant des deux oreilles.

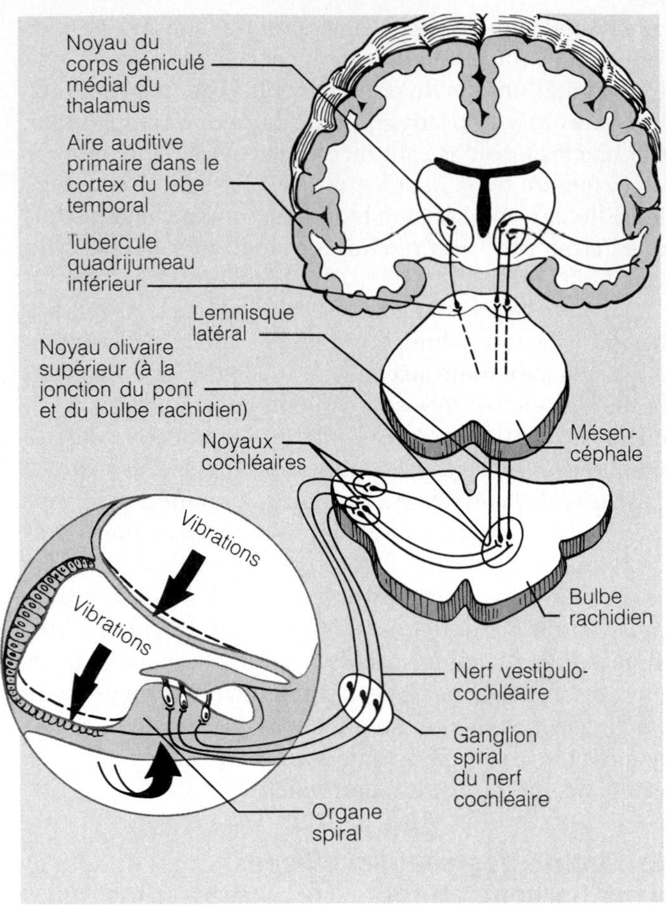

Figure 16.30 Diagramme simplifié de la voie auditive menant de l'organe spiral à l'aire auditive, dans le lobe temporal. Pour simplifier, seule la voie issue de l'oreille droite est représentée.

Traitement auditif

Lorsqu'on assiste à une comédie musicale, le son des instruments, les voix des chanteurs et le bruissement des costumes se fondent en un tout. Pourtant, les aires auditives sont aptes à distinguer les divers éléments de ce mélange sonore. Contrairement à la perception des couleurs, qui relève d'un traitement synthétique (voir la page 479), la perception des sons relève d'un traitement analytique. Chaque fois que la différence entre les longueurs d'onde suffit à la discrimination, vous entendez deux sons distincts. En fait, la puissance analytique des aires auditives est telle que nous sommes capables de reconnaître les instruments dans un orchestre et de détecter des changements de fréquence de l'ordre de 0,3 %.

Le traitement cortical des stimulus sonores semble très complexe. Par exemple, certaines cellules corticales se dépolarisent au début d'un son, d'autres se dépolarisent à la fin, d'autres encore se dépolarisent continuellement, d'autres semblent présenter des seuils élevés (une faible sensibilité), etc. Nous nous attarderons ici aux aspects les plus simples de la détection corticale de la hauteur, de l'intensité et de la source des sons.

Perception de la hauteur. Suivant la situation qu'elles occupent dans l'organe spiral, les cellules ciliées réagissent à des fréquences données. Elles délimitent ainsi différentes régions réceptrices, qui ont une représentation spatiale dans les noyaux cochléaires du bulbe rachidien. En outre, les diverses fréquences sont traitées dans des parties particulières des aires auditives, ce qui laisse croire à une représentation de l'organe spiral dans ces aires. Lorsque le son est composé de plusieurs fréquences, quelques populations de cellules ciliées et de cellules corticales sont activées simultanément et en permettent la perception. La plupart des chercheurs contemporains pensent que le mécanisme de codage de la hauteur est très complexe et qu'il fait intervenir un traitement local dans les noyaux cochléaires et, probablement, dans d'autres régions aussi.

Détection de l'intensité. Le fait que nous percevions l'intensité des sons porte à croire que certaines cellules cochléaires sont moins sensibles que d'autres à une même fréquence. Par exemple, certains des récepteurs sensibles aux sons de 540 Hz peuvent être stimulés par une onde sonore de très faible intensité. À mesure que l'intensité du son augmente, un nombre croissant de cellules ciliées occupant la même situation relative sur la membrane basilaire sont activées par la vibration grandissante de la membrane. Par conséquent, les aires auditives reçoivent un nombre accru d'influx et elles les interprètent comme une intensification du son.

Localisation du son. Lorsque les deux oreilles fonctionnent normalement, deux indices permettent à plusieurs noyaux du tronc cérébral (et particulièrement aux noyaux olivaires supérieurs) de situer l'origine d'un son dans l'espace: la *différence d'intensité* et l'*écart tempo-*

rel entre les ondes sonores atteignant chaque oreille. Si la source sonore se situe directement à l'avant, à l'arrière ou au-dessus de la tête, le son parvient aux deux oreilles simultanément et avec la même intensité. Si la source sonore est située d'un côté ou de l'autre de la tête, les récepteurs de l'oreille la plus proche sont activés un peu plus tôt et un peu plus vigoureusement que ceux de l'autre (à cause de la plus grande intensité des ondes sonores atteignant cette oreille).

Déséquilibres homéostatiques de l'audition

Surdité. Toute perte auditive, quel qu'en soit le degré, constitue une forme de **surdité.** Les pertes auditives peuvent varier de l'incapacité d'entendre les sons d'une hauteur ou d'une intensité donnée à l'incapacité totale de détecter les sons. Selon sa cause, la surdité est dite de transmission ou de perception.

La **surdité de transmission** résulte d'entraves à la transmission des vibrations jusqu'aux liquides de l'oreille interne. Il existe une variété presque infinie de ce type d'obstacles. Par exemple, un bouchon de cérumen ou une obstruction du conduit auditif due à un rhume nuisent à l'audition en gênant les vibrations du tympan. La *perforation* ou la *déchirure* du tympan empêchent la transmission des vibrations jusqu'aux osselets. Les causes les plus fréquentes de la surdité de transmission sont probablement l'inflammation de l'oreille moyenne (l'otite moyenne) et l'*otospongiose,* un trouble fréquent lié au vieillissement. L'otospongiose est une fusion de la base de l'étrier et de la fenêtre du vestibule ou une fusion des osselets due à une prolifération de tissu conjonctif. Immobilisés, les osselets ne sont plus en mesure de transmettre le son, qui est alors envoyé aux récepteurs à travers les os du crâne et donc perçu moins clairement. Le traitement de l'otospongiose consiste généralement à exciser chirurgicalement le tissu en excès ou à remplacer les osselets ou la fenêtre du vestibule.

La **surdité de perception** résulte de lésions des structures nerveuses situées entre les cellules ciliées cochléaires et les neurones des aires auditives du cortex inclusivement. Elle peut être partielle ou totale et elle est généralement due à la perte graduelle de cellules réceptrices. Une détonation ou l'exposition prolongée à des sons très intenses, comme la musique rock amplifiée et le bruit qui règne aux environs d'un aéroport, peuvent détruire les cellules réceptrices bien avant l'âge mûr. Les lésions dégénératives du nerf cochléaire, les infarctus cérébraux et les tumeurs touchant les aires auditives peuvent en faire autant. Pour traiter les cas de lésions cochléaires liées à l'âge ou au bruit, on peut forer une cavité dans l'os temporal et y insérer un implant cochléaire. Cet appareil de transduction miniature convertit l'énergie sonore en stimulus électriques qui sont acheminés directement aux neurofibres du nerf cochléaire. Les implants cochléaires ne rétablissent pas l'audition normale, tant s'en faut; ils donnent notamment à la voix humaine un son métallique.

Acouphène. Un acouphène est un tintement ou un bourdonnement perçu dans l'oreille en l'absence de stimulus auditif. Les acouphènes sont des symptômes plus que des troubles et ils sont parmi les premiers à se manifester dans les cas de dégénérescence du nerf cochléaire. Ils peuvent aussi résulter d'une inflammation de l'oreille moyenne ou de l'oreille interne et constituer un effet indésirable de certains médicaments, notamment de l'aspirine.

Syndrome de Ménière. Le *syndrome de Ménière* classique est un trouble du labyrinthe et plus particulièrement des conduits semi-circulaires et de la cochlée. Il entraîne des crises passagères mais répétées de vertiges, de nausées et de vomissements, de même que des acouphènes qui nuisent à l'audition et, finalement, l'abolissent. L'équilibre est perturbé au point que la station debout est presque impossible. La cause du syndrome est obscure, mais il peut s'agir d'une déformation du labyrinthe membraneux due à une accumulation excessive d'endolymphe. On peut généralement traiter les cas légers au moyen de médicaments contre le mal des transports. Dans les cas les plus débilitants, on recommande un régime hyposodique et on prescrit des diurétiques pour diminuer le volume des liquides interstitiels et, partant, celui de l'endolymphe. Les cas graves peuvent nécessiter une intervention chirurgicale visant à drainer l'excès d'endolymphe de l'oreille interne. ■

Mécanismes de l'équilibre et de l'orientation

Un chat retombe toujours sur ses pattes. Si on penche un nourrisson vers l'arrière, il tourne ses yeux vers le bas de façon à préserver la fixation de son regard, un réflexe appelé *mouvement des yeux de poupée.* Ces deux phénomènes font partie des innombrables compensations qu'oppose le système nerveux aux perturbations de l'équilibre et qu'amorcent les récepteurs sensoriels situés dans le vestibule et dans les canaux semi-circulaires. Le terme **appareil vestibulaire** désigne l'ensemble des récepteurs de l'équilibre logés dans l'oreille interne.

Il est malaisé de décrire le sens de l'équilibre : il ne nous fournit pas de « sensations » à proprement parler mais réagit (souvent sans même que nous en soyons conscients) aux divers mouvements de la tête. De plus, ce sens repose sur des influx provenant non seulement de l'oreille mais aussi des yeux et des récepteurs de l'étirement situés dans les muscles squelettiques et les tendons. L'organisme peut s'adapter à un dysfonctionnement de l'appareil vestibulaire. C'est pourquoi il est difficile d'attribuer à un ensemble de récepteurs le maintien de l'équilibre et de l'orientation dans l'espace. Nous savons néanmoins que les récepteurs de l'équilibre de l'oreille interne se divisent en deux groupes : ceux de **l'équilibre statique,** dans le vestibule, et ceux de **l'équilibre dynamique,** dans les canaux semi-circulaires.

Fonction des macules dans l'équilibre statique

Les récepteurs sensoriels servant à l'équilibre statique sont situés dans la paroi du saccule et dans la paroi de l'utricule, en des points appelés **macules** (*macula* = tache). Ces récepteurs détectent la position de la tête par rapport à la gravité lorsque le corps est immobile, de même que les forces d'accélération *linéaires*. Autrement dit, ils réagissent aux variations rectilignes de la vitesse et de la direction, mais non pas à la rotation.

Les macules sont des plaques d'épithélium contenant des **cellules de soutien** et des cellules réceptrices éparses appelées **cellules sensorielles** (figure 16.31a). Tout mouvement linéaire de la tête active les récepteurs situés soit dans les utricules soit dans les saccules. Le sommet des cellules sensorielles (surface libre) porte de nombreux *stéréocils* (de longues microvillosités) et un unique *kinocil* (véritable cil). Ces «cils» pénètrent dans la membrane otolithique sus-jacente, une plaque gélatineuse parsemée de cristaux de carbonate de calcium appelés **otolithes** (littéralement «pierres d'oreille»). Bien que minuscules, les otolithes sont denses et elles ajoutent à la masse et à l'inertie (résistance au mouvement) de la membrane. Dans l'utricule, la macule est horizontale et les cils sont orientés verticalement lorsque la tête est droite. La macule utriculaire réagit surtout à l'accélération dans le plan horizontal, car les mouvements verticaux ne remuent pas sa membrane otolithique. Dans le saccule, la macule est presque verticale, et les cils s'introduisent horizontalement dans la membrane otolithique. La macule sacculaire réagit surtout aux mouvements verticaux. Le fléchissement des cils stimule les cellules réceptrices, qui transmettent leur excitation aux neurofibres du **nerf vestibulaire** enroulées autour de leurs bases. Les corps cellulaires des neurones sensitifs sont logés dans les **ganglions vestibulaires supérieur** et **inférieur**, situés à proximité.

Lorsque la tête commence ou termine un mouvement linéaire, l'inertie fait glisser la membrane otolithique vers l'arrière ou vers l'avant par-dessus les cellules sensorielles, ce qui courbe les cils (voir la figure 16.31b). Lorsque vous courez, par exemple, les membranes otolithiques de vos macules utriculaires reculent et fléchissent les cils vers l'arrière. Si vous arrêtez soudainement, vos membranes otolithiques sont brusquement projetées vers l'avant (comme un conducteur qui applique les freins), et les cils plient vers l'avant. De même, lorsque vous remuez la tête de haut en bas ou lorsque vous tombez, les otolithes de vos macules sacculaires glissent vers le bas et plient les cils. Quand les cils s'inclinent en direction du kinocil, les cellules sensorielles sont activées (dépolarisées) et envoient des influx à l'encéphale (figure 16.31c). Quand les cils s'inclinent dans le sens opposé, les cellules sensorielles sont inhibées (hyperpolarisées). Dans les deux cas, l'encéphale est informé de la position de la tête dans l'espace.

Les macules ont donc pour fonction de conserver à la tête une position normale par rapport à la force gravitationnelle. Dans l'obscurité des profondeurs, les plongeurs ne peuvent s'en remettre qu'au fonctionnement de leurs macules pour distinguer le fond de la surface.

Fonction de la crête ampullaire dans l'équilibre dynamique

Les récepteurs de l'équilibre dynamique, appelés **crêtes ampullaires,** sont de minuscules éminences situées dans les ampoules des conduits semi-circulaires (voir la figure 16.25). Comme les macules, les crêtes ampullaires sont excitées par les mouvements de la tête (accélération et décélération), et les principaux stimulus dans leur cas sont les mouvements rotatoires (angulaires). Lorsque vous virevoltez sur une piste de danse ou subissez le roulis d'un navire, vos crêtes ampullaires sont mises à rude épreuve. Comme les conduits semi-circulaires sont orientés dans les trois plans de l'espace, tous les mouvements rotatoires de la tête perturbent une paire de crêtes ampullaires (une crête dans chaque oreille). Chaque crête est composée de cellules de soutien et de cellules sensorielles dont les cils se projettent dans la **cupule,** une masse gélatineuse semblable à un capuchon pointu (figures 16.32b et 16.32c). La cupule est un délicat réseau de filaments gélatineux qui rayonnent pour entrer en contact avec les cils des cellules sensorielles. Les neurofibres sensitives du nerf vestibulaire entourent la base des cellules sensorielles de la cupule, comme pour les cellules sensorielles de la macule.

Les crêtes ampullaires réagissent aux *changements* de vitesse des mouvements de la tête, c'est-à-dire à l'accélération angulaire. À cause de l'inertie, l'endolymphe des conduits semi-circulaires membraneux se déplace brièvement dans la direction opposée à celle de la rotation du corps et déforme la crête ampullaire. À mesure que les cils se courbent (figure 16.32d), les cellules sensorielles se dépolarisent à un rythme croissant. Le cerveau interprète ce message comme un mouvement de la tête dans la direction opposée à celle de la courbure des cils (ce qui est conforme à la réalité). Si la rotation du corps se poursuit à un rythme constant, l'endolymphe finit par s'immobiliser (par se déplacer à la même vitesse que le corps) et la stimulation des cellules sensorielles cesse. Par conséquent, après les premières secondes d'une rotation continue effectuée les yeux bandés, nous ne pouvons déterminer si nous nous déplaçons à vitesse constante ou si nous sommes immobiles. Or, si nous nous arrêtons

Figure 16.31 Structure et fonction d'une macule. (**a**) Les cils des cellules réceptrices de la macule pénètrent dans la membrane otolithique gélatineuse. Les neurofibres du nerf vestibulaire s'enroulent autour de la base des cellules sensorielles. (**b**) Effet de la force gravitationnelle sur une macule utriculaire quand la tête est droite, couchée et inversée. (**c**) Quand le mouvement de la membrane otolithique (dont le sens est indiqué par la flèche) incline les cellules sensorielles en direction du kinocil, il les dépolarise et produit un potentiel d'action dans les neurofibres du nerf vestibulaire. Quand les cils s'inclinent dans la direction opposée, les cellules sensorielles sont hyperpolarisées et les neurofibres restent inertes.

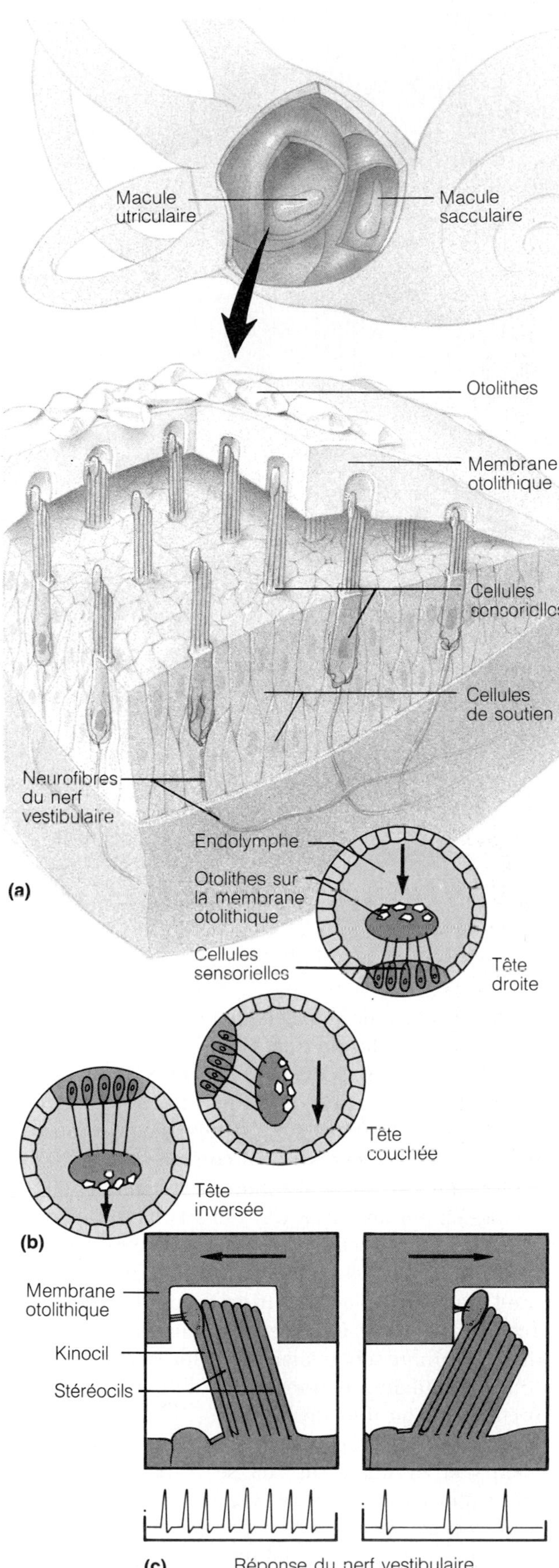

(a) (b) (c)

soudainement, le déplacement de l'endolymphe se poursuit, mais en sens inverse à l'intérieur du conduit. Cette inversion soudaine de la courbure des cils hyperpolarise les cellules réceptrices et diminue la fréquence des influx nerveux, ce qui indique au cerveau que nous avons ralenti ou que nous nous sommes arrêtés.

Le fonctionnement des récepteurs de l'équilibre statique et de l'équilibre dynamique tient essentiellement au fait que le labyrinthe osseux, rigide, se déplace avec le corps, tandis que les liquides (et les substances gélatineuses) contenus dans le labyrinthe membraneux sont libres de se mouvoir à différentes vitesses, selon les forces (force gravitationnelle, accélération, etc.) qui s'exercent sur eux.

Les influx nerveux provenant des conduits semi-circulaires sont liés aux mouvements réflexes des yeux et des muscles squelettiques nécessaires au maintien de l'équilibre et à la fixation d'un objet dans le champ visuel. (Nous décrirons quelques-unes des voies utilisées dans la section suivante.) Le **nystagmus vestibulaire** est un ensemble de mouvements oculaires quelque peu singuliers qui se produisent pendant et immédiatement après un mouvement de rotation. Quand vous tournez, vos yeux glissent lentement dans la direction opposée à votre mouvement, comme s'ils étaient fixés sur un objet de votre environnement. Cette réaction est liée au reflux de l'endolymphe dans les conduits semi-circulaires. Puis, à cause des mécanismes de compensation de votre système nerveux central, vos yeux sautent rapidement dans la direction de la rotation pour trouver un nouveau point de fixation. Cette alternance de mouvements oculaires se poursuit jusqu'à ce que l'endolymphe s'immobilise. Lorsque vous arrêtez de tourner, vos yeux continuent de se déplacer dans la direction de votre dernière rotation, puis ils sautent brusquement dans la direction opposée. Ce changement soudain est causé par l'inversion de la courbure des crêtes ampullaires. Le nystagmus est souvent accompagné par une sensation appelée *vertige.*

Voie de l'équilibre

Les messages provenant des récepteurs de l'équilibre atteignent directement les centres réflexes du tronc cérébral, contrairement aux messages émis par les organes des autres sens, qui sont destinés aux aires du cortex cérébral. En effet, les réponses à la perte de l'équilibre doivent être rapides et automatiques. Si nous prenions le temps de réfléchir à la façon de nous rétablir, nous nous casserions le nez à chacune de nos chutes! Toutefois, les voies nerveuses qui relient l'appareil vestibulaire à l'encéphale sont complexes et obscures. La transmission débute lorsque les cellules sensorielles des récepteurs de l'équilibre statique ou dynamique sont activées. Comme le montre la figure 16.33, les influx se dirigent initialement vers les **noyaux vestibulaires**, dans le tronc cérébral, ou vers le **cervelet** (dans la partie latérale du lobe flocculonodulaire). Les noyaux vestibulaires, le principal centre d'intégration de l'équilibre, reçoivent aussi des influx des récepteurs visuels et somatiques, et particulièrement des

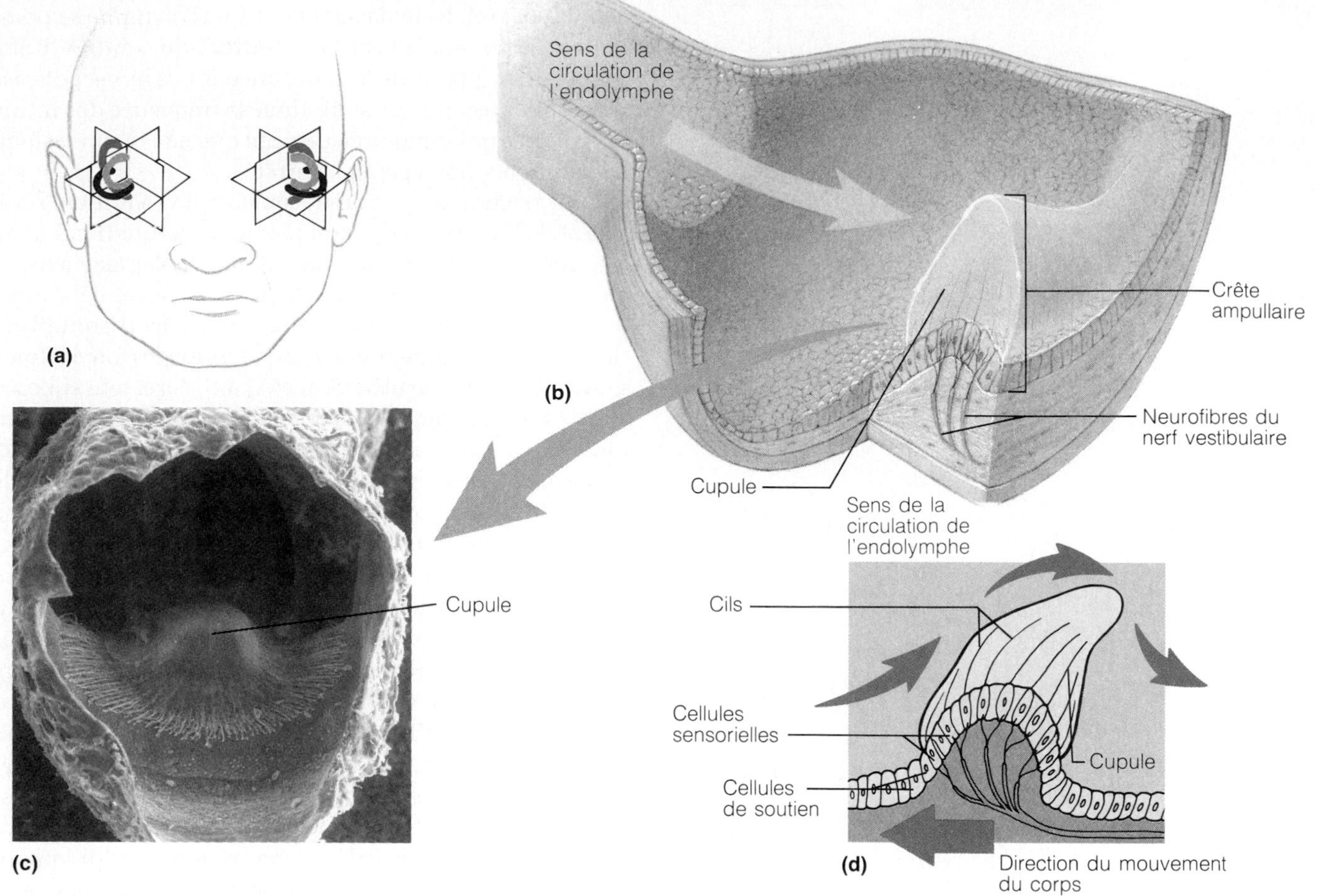

Figure 16.32 Situation et structure d'une crête ampullaire. (**a**) Situation des canaux semi-circulaires dans l'os temporal. (**b**) L'ampoule d'un conduit semi-circulaire membraneux a été sectionnée pour montrer la situation d'une crête ampullaire. (**c**) Photomicrographie à balayage électronique d'une crête ampullaire (× 180). (**d**) Le mouvement de l'endolymphe pendant la rotation accélératrice déplace la cupule et stimule les cellules sensorielles. La direction du mouvement de l'endolymphe et de la cupule est toujours contraire à celle du mouvement du corps, étant donné l'inertie de l'endolymphe.

propriocepteurs situés dans les muscles du cou, qui détectent l'angle ou l'inclinaison de la tête. Les noyaux vestibulaires intègrent ces données puis envoient des ordres aux centres moteurs du tronc cérébral qui régissent les muscles extrinsèques de l'œil (noyaux des nerfs crâniens III, IV et VI) et les mouvements réflexes des muscles du cou, des membres et du tronc (par l'intermédiaire des faisceaux vestibulo-spinaux). Les mouvements réflexes des yeux et du corps produits par ces muscles nous permettent de conserver un point de fixation et d'adapter rapidement notre position de manière à préserver ou à rétablir notre équilibre. Le cervelet intègre lui aussi les influx provenant des yeux et des récepteurs somatiques (de même que du cerveau). Il coordonne l'activité des muscles squelettiques et régit le tonus musculaire de manière à conserver la position de la tête, la posture et l'équilibre face, souvent, à des influx versatiles. Sa «spécialité» est la régulation des mouvements posturaux fins et la synchronisation.

Comme, d'une part, les noyaux vestibulaires communiquent continuellement avec le cervelet et les noyaux réticulaires du tronc cérébral et que, d'autre part, quelques neurofibres vestibulaires atteignent le cortex cérébral, nous sommes conscients des changements de la position de la tête, de l'accélération du corps et de l'équilibre. Les influx provenant des yeux et des récepteurs somatiques sont aussi transmis aux noyaux réticulaires, mais leur fonction dans les mécanismes de l'équilibre n'est pas encore bien comprise.

Notez que l'appareil vestibulaire ne compense pas automatiquement les forces qui s'exercent sur le corps. Son rôle est plutôt d'émettre des avertissements à l'encéphale qui effectue les rectifications nécessaires au maintien de l'équilibre, à la répartition du poids corporel et à la fixation des yeux. Comme les réponses aux signaux relatifs à l'équilibre sont totalement réflexes, nous ne nous rendons compte du fonctionnement de l'appareil vestibulaire que lorsqu'il se dérègle.

Les troubles de l'équilibre sont généralement évidents et désagréables. Ils se traduisent le plus souvent par des nausées, des vertiges et des pertes d'équilibre et, occasionnellement, par un nystagmus en l'absence de mouvement rotatoire.

Le *mal des transports,* un trouble de l'équilibre répandu, est resté longtemps mystérieux, mais on pense maintenant qu'il est dû à une «dissonance» des influx

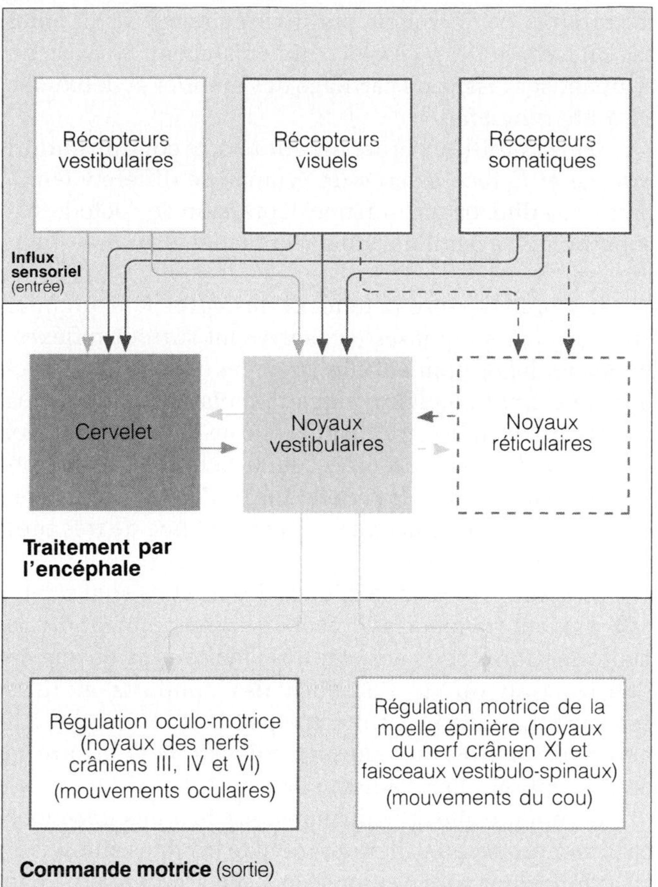

Figure 16.33 Voies du système de l'équilibre et de l'orientation. Les trois sources d'informations sensorielles, les récepteurs vestibulaires, visuels et somatiques (de la peau, des muscles et des articulations) envoient des influx en direction de deux principaux centres de traitement, les noyaux vestibulaires du tronc cérébral et le cervelet. (On connaît mal les fonctions des noyaux réticulaires et les voies qui y mènent.) Après avoir été traités dans les noyaux vestibulaires, les influx sont envoyés pour transformation en commandes motrices soit vers les centres de régulation des mouvements oculaires (régulation oculo-motrice), soit vers les centres de régulation des muscles squelettiques du cou (régulation motrice de la moelle épinière).

sensoriels. Par exemple, si vous êtes à bord d'un navire pendant une tempête, les influx visuels indiquent que votre corps est immobile par rapport à un milieu stationnaire (votre cabine). Mais votre appareil vestibulaire détecte les mouvements que la houle imprime au navire, et il émet des influx qui «contredisent» l'information visuelle. Votre cerveau reçoit des messages contradictoires et sa «confusion» produit le mal des transports. Les signaux d'alarme, qui précèdent les nausées et les vomissements, sont une sécrétion salivaire exagérée (ptyalisme), la pâleur, une respiration rapide et profonde ainsi qu'une transpiration abondante (diaphorèse). La cessation du stimulus met habituellement fin aux symptômes. Les médicaments en vente libre contre le mal des transports, tels le chlorhydrate de méclizine (Bonanine) et le dimenhydrinate (Gravol), abaissent les influx vestibulaires et apportent un certain soulagement. Les timbres transdermiques libérant progressivement de la scopolamine sont aussi très appréciés pour le soulagement du mal des transports, et ils ont une efficacité d'environ trois jours. ■

Développement et vieillissement des organes des sens

Tous les sens fonctionnent, à un degré ou à un autre, dès la naissance. L'odorat et le goût sont alors aiguisés de sorte que les nourrissons raffolent d'aliments que les adultes trouvent insipides. Certains chercheurs affirment que l'odorat autant que le toucher guide le nourrisson vers le sein de sa mère. Toutefois, les très jeunes enfants semblent indifférents aux odeurs et peuvent manipuler leurs excréments avec beaucoup de plaisir. À mesure que les enfants vieillissent, leurs réactions émotionnelles aux odeurs et aux aliments s'intensifient.

L'acuité des sens chimiques varie peu au cours de l'enfance et au début de l'âge adulte. L'odorat des femmes est généralement plus fin que celui des hommes, de même que celui des non-fumeurs est plus aiguisé que celui des fumeurs. Au début de la quarantaine, l'odorat et le goût déclinent, car la régénération des récepteurs ralentit considérablement. Environ 50 % des personnes de plus de 65 ans ont énormément de difficulté à détecter les odeurs et les saveurs, ce qui explique peut-être leur manque d'appétit et leur indifférence face à des odeurs qu'elles trouvaient autrefois désagréables.

À la quatrième semaine du développement embryonnaire, l'œil commence à s'élaborer dans la **vésicule optique** qui fait saillie sur le diencéphale (figures 16.34a à e). Bientôt, cette vésicule creuse s'enfonce et forme les deux couches de la **cupule optique**; la partie proximale de la proéminence, le **pédoncule optique**, s'intégrera au nerf optique. Une fois que la vésicule optique en voie de développement a rejoint l'ectoderme superficiel sus-jacent, celui-ci s'épaissit et forme la **placode cristallinienne,** qui s'invagine pour former la **vésicule cristallinienne.** Peu de temps après, la vésicule cristallinienne se détache et s'enfonce dans la cavité de la cupule optique, où elle forme le cristallin. La couche interne de la cupule optique produit la couche nerveuse de la rétine, et la couche externe de la cupule forme la couche pigmentaire de la rétine. La *fissure optique,* située sur la face inférieure de la cupule optique et du pédoncule optique, fournit aux vaisseaux sanguins un accès direct à l'intérieur de l'œil. Lorsque la fissure se ferme, le pédoncule optique, qui est désormais tubulaire, constitue un tunnel à travers lequel les neurofibres du nerf optique, issues de la rétine, peuvent accéder au cerveau, et les vaisseaux sanguins se placent au centre du nerf optique en voie de développement. Le reste des tissus oculaires et le corps vitré se forment à partir de cellules mésenchymateuses dérivées du mésoderme. L'intérieur des globes oculaires est richement irrigué pendant le développement embryonnaire, mais presque tous les vaisseaux sanguins (sauf ceux qui desservent la tunique vasculaire et la rétine) dégénèrent avant la naissance.

Dans l'obscurité de l'utérus, le fœtus ne voit pas. Néanmoins, même avant que ne se développent les portions photosensibles des récepteurs, les connexions sont établies et opérantes dans le cerveau. Pendant la première année de vie, un grand nombre des synapses réalisées au cours du développement embryonnaire disparaissent, et les champs typiques des aires corticales permettant la vision binoculaire sont définis.

Les affections congénitales de l'œil sont relativement rares, mais certaines infections maternelles, particulièrement la rubéole, survenant au cours des trois premiers mois de la grossesse augmentent considérablement leur fréquence. La cécité et les cataractes sont des séquelles fréquentes de la rubéole. ■

En règle générale, la vue est le seul sens qui ne soit pas pleinement opérant à la naissance. La plupart des bébés sont hypermétropes, car leurs globes oculaires sont courts. Le nouveau-né ne voit que des nuances de gris, ne coordonne pas ses mouvements oculaires et n'utilise souvent qu'un œil à la fois. Comme les glandes lacrymales n'atteignent leur plein développement qu'environ deux semaines après la naissance, les nouveau-nés ne versent pas de larmes, même s'ils pleurent à fendre l'âme. À cinq mois, les nourrissons peuvent suivre des yeux les mouvements des objets, mais leur acuité visuelle est encore faible (20/200). À l'âge de cinq ans, l'enfant a une vision stéréoscopique, sa vision des couleurs est bien développée et son acuité visuelle atteint 20/30, ce qui le rend apte à l'apprentissage de la lecture. L'hypermétropie des premières années de vie a fait place à l'emmétropie, qui subsiste jusqu'à ce que, vers l'âge de 40 ans, le durcissement du cristallin cause la presbytie.

Au cours des années, le cristallin s'opacifie et se décolore. Le muscle dilatateur de la pupille se relâche et la pupille demeure partiellement contractée. Ces deux changements diminuent de moitié la quantité de lumière qui atteint la rétine, et l'acuité visuelle des personnes de plus de 70 ans est grandement affaiblie. De plus, les personnes âgées sont vulnérables à des troubles qui entraînent la cécité, notamment le glaucome, les cataractes, l'artériosclérose et le diabète sucré.

La formation de l'oreille commence au cours de la troisième semaine du développement embryonnaire (figures 16.34f à i). L'oreille interne commence à s'élaborer en premier, à partir d'un épaississement de l'ectoderme superficiel appelé **placode otique,** situé sur la face externe du rhombencéphale. La placode otique s'invagine et forme la **fosse otique**; ensuite, les bords de la fosse otique se soudent et forment la **vésicule otique,** qui se détache de l'épithélium superficiel. La vésicule otique donne naissance au labyrinthe membraneux. Le mésenchyme environnant forme les parois du labyrinthe osseux.

Pendant que se développent les structures de l'oreille interne, celles de l'oreille moyenne apparaissent. Des évaginations latérales appelées **sacs pharyngiens** se forment à partir de l'endoderme qui tapisse le pharynx. La caisse du tympan et la trompe auditive naissent du premier sac pharyngien; les osselets, qui enjambent la caisse du tympan, sont issus du cartilage des premier et deuxième sacs pharyngiens.

Dans l'oreille externe, par ailleurs, le conduit auditif externe et la face externe du tympan se différencient à partir du **sillon branchial,** une dépression de l'ectoderme superficiel. Le pavillon naît de renflements du tissu environnant.

Les nouveau-nés entendent dès après leur premier cri, mais leurs réponses aux sons sont surtout réflexes. Par exemple, ils pleurent et plissent les paupières en réaction à un bruit soudain. À quatre mois, les nourrissons localisent les sons et tournent la tête en direction de voix familières. L'écoute attentive commence au stade du trottineur, au moment où le vocabulaire de l'enfant augmente. L'habileté à s'exprimer verbalement est liée de très près à une bonne audition.

Les anomalies congénitales des oreilles sont relativement fréquentes. Il peut s'agit notamment d'une malformation ou de l'absence des pavillons ou encore de l'obstruction ou de l'absence des conduits auditifs externes. La rubéole contractée pendant le premier trimestre de la grossesse entraîne fréquemment la surdité de perception chez l'enfant. ■

Exception faite des inflammations dues aux infections bactériennes ou aux allergies, peu de troubles atteignent les oreilles pendant l'enfance et l'âge adulte. Vers l'âge de 60 ans, toutefois, on assiste à la détérioration et à l'atrophie de l'organe spiral. À la naissance, les cellules sensorielles sont au nombre de 20 000 environ dans chaque oreille, mais elles ne se renouvellent pas si elles sont endommagées ou détruites par des bruits forts, des maladies ou des médicaments.

La perception des sons aigus diminue en premier. Cette affection, appelée **presbyacousie,** est une forme de surdité de perception. Bien que la presbyacousie soit considérée comme un trouble de la vieillesse, elle se répand parmi les jeunes, qui vivent dans un monde de plus en plus bruyant. Le bruit étant un facteur de stress, l'une de ses conséquences physiologiques est la vasoconstriction, et une irrigation inadéquate rend l'oreille encore plus sensible aux effets nocifs du bruit.

* * *

La vue, l'ouïe, le goût et l'odorat, ainsi que certaines réponses aux effets de la force gravitationnelle, relèvent principalement du fonctionnement de l'encéphale. Il n'en reste pas moins que les récepteurs sensoriels sont en eux-mêmes de véritables œuvres d'art, comme nous l'avons vu dans ce dernier chapitre consacré au système nerveux.

Le dernier chapitre de cette partie décrit la façon dont les substances chimiques appelées hormones régissent les fonctions de l'organisme. Vous constaterez en l'étudiant que la régulation hormonale diffère grandement de la régulation nerveuse.

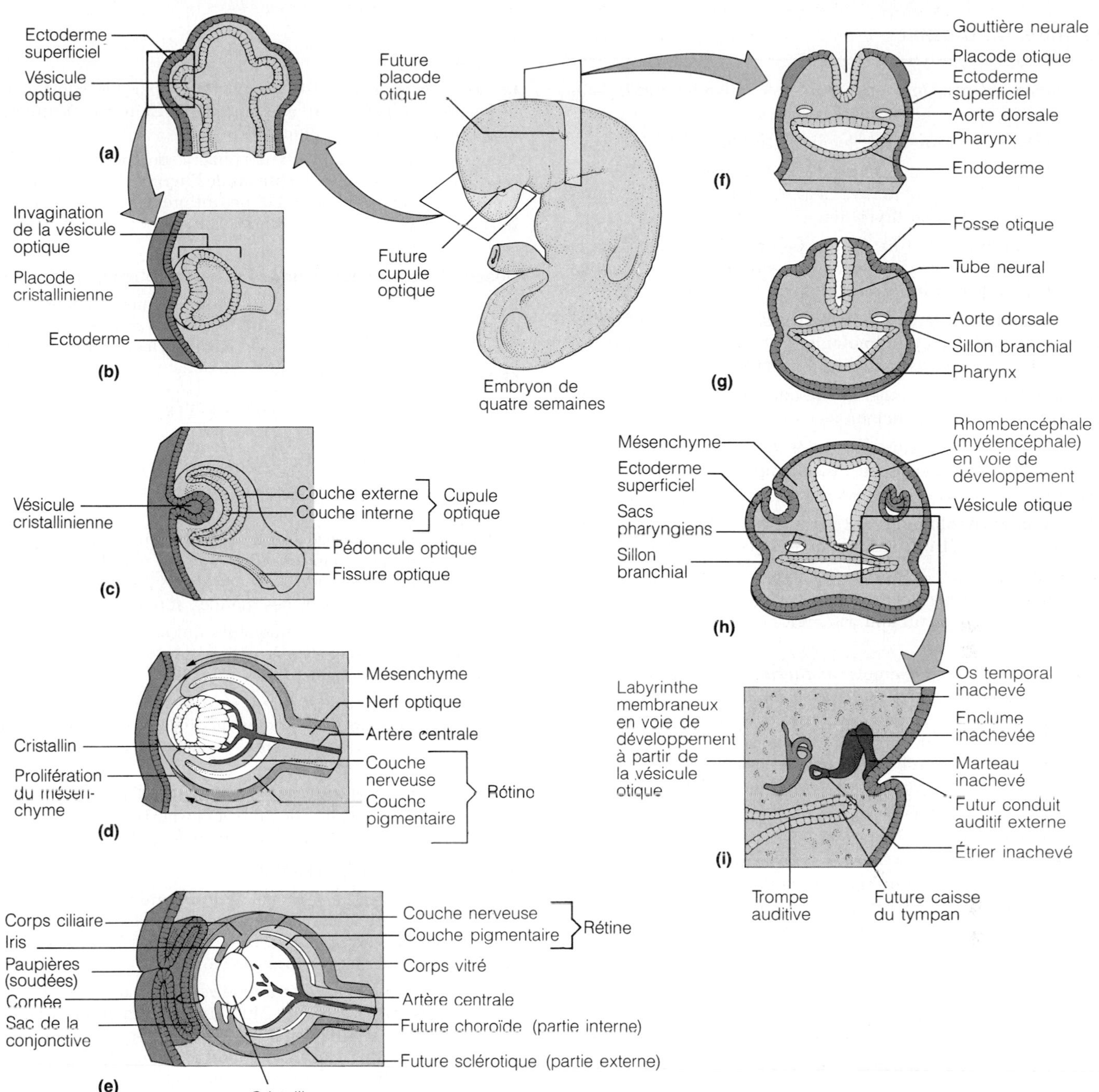

Figure 16.34 Développement embryonnaire de l'œil et de l'oreille. (**a**) à (**e**) Développement de l'œil. (**a**) Coupe transversale du diencéphale et de la vésicule optique au moment de la formation de la placode cristallinienne. (Le diagramme de référence, en haut, montre le plan de la coupe.) (**b**) Le contact avec la vésicule optique amène la placode cristallinienne à s'invaginer. (**c**) La placode cristallinienne forme la vésicule cristallinienne, qui s'enferme dans la cupule optique puis se détache. (**d**) Les vaisseaux sanguins atteignent l'intérieur de l'œil en passant par la fissure optique, puis ils s'incorporent au pédoncule optique (qui devient le nerf optique). La cupule optique forme la couche nerveuse et la couche pigmentaire de la rétine, et le mésoderme forme les tuniques externes et le corps vitré. (**e**) La vésicule cristallinienne se différencie et forme le cristallin; les structures annexes avoisinantes se développent à partir de l'ectoderme superficiel. (**f**) à (**i**) Développement de l'oreille. (Le diagramme de référence, en haut, montre le plan de la coupe.) (**f**) Au 21e jour du développement environ, les placodes otiques se sont formées à partir d'épaississements de l'ectoderme superficiel, et le pharynx s'est développé à partir de l'endoderme. (**g**) Les placodes otiques s'invaginent et forment les fosses otiques; les deux sillons branchiaux commencent à se creuser latéralement dans l'ectoderme superficiel. (**h**) À environ 28 jours, les vésicules otiques se sont formées à partir des fosses otiques, et les sillons branchiaux se sont approfondis. (**i**) De la cinquième à la huitième semaine du développement, les structures de l'oreille interne se forment à partir des vésicules otiques, l'endoderme des sacs pharyngiens donne naissance aux trompes auditives et à la caisse du tympan, et les sillons branchiaux produisent les conduits auditifs externes. Le mésenchyme forme les structures osseuses environnantes.

Termes médicaux

Blépharite (*blépharon* = paupière; *ite* = inflammation) Inflammation du bord de la paupière.

Énucléation Ablation chirurgicale d'un globe oculaire.

Exophtalmie (*exô* = au-dehors de; *ophthalmos* = œil) Saillie anormale des globes oculaires hors de leurs orbites, quelquefois causée par l'hyperthyroïdie.

Œdème papillaire Saillie du disque du nerf optique dans le globe oculaire révélée par l'ophtalmoscopie et due à un accroissement de la pression intracrânienne.

Ophtalmologie Branche de la médecine qui traite de l'œil et de ses maladies. Un **ophtalmologiste** est un médecin spécialisé dans le traitement des maladies des yeux.

Optométriste Professionnel de la santé qui mesure la vision et prescrit des verres correcteurs.

Otite externe Inflammation et infection du conduit auditif externe causée par des bactéries ou des champignons provenant de l'environnement et proliférant dans l'humidité.

Oto-rhino-laryngologie Branche de la médecine qui traite de l'oreille, du nez et du larynx ainsi que de leurs maladies.

Scotome (*skotôma* = obscurcissement) Lacune, ou îlot de non-perception, fixe dans le champ visuel; témoigne souvent de la présence d'une tumeur cérébrale comprimant les neurofibres du nerf optique.

Synesthésie (*sun* = ensemble; *aïsthêsis* = perception) Littéralement, «perception simultanée»; trouble rare caractérisé par le mélange des perceptions sensorielles. Ainsi, la perception de couleurs peut se superposer à celle de sons, ou la perception de textures peut se superposer à celle de saveurs. La cause du trouble est inconnue, mais il semble qu'elle réside dans la région limbique de l'encéphale.

Trachome (*trakhôma* = aspérité) Infection très contagieuse de la conjonctive et de la cornée, provoquée par Chlamydia trachomatis. Très répandu dans le monde et particulièrement dans les pays pauvres d'Afrique et d'Asie, le trachome fait des millions d'aveugles. On le traite à l'aide d'onguents oculaires antibiotiques.

Résumé du chapitre

SENS CHIMIQUES: GOÛT ET ODORAT (p. 496-501)

Bourgeons du goût et gustation (p. 497-499)

1. La plupart des bourgeons du goût sont situés dans les papilles linguales.

2. Les cellules gustatives, les cellules réceptrices des bourgeons du goût, présentent des microvillosités. La liaison de substances chimiques aux membranes de ces microvillosités stimule les cellules gustatives.

3. Les quatre saveurs fondamentales, le sucré, l'acide, le salé et l'amer, sont perçues dans différentes parties de la langue.

4. La gustation fait intervenir les nerfs crâniens VII, IX et X, qui envoient des influx au noyau solitaire du bulbe rachidien. De là, les influx sont transmis au thalamus et à l'aire gustative.

Épithélium de la région olfactive et odorat (p. 499-501)

5. L'épithélium de la région olfactive est situé dans le toit de la cavité nasale. Les récepteurs olfactifs, ou cellules olfactives, sont des neurones bipolaires. Leurs axones forment les neurofibres du nerf olfactif (nerf crânien I).

6. Les neurones olfactifs sont excités par les substances chimiques volatiles qui se lient aux différents récepteurs membranaires des cils olfactifs.

7. Les potentiels d'action du nerf olfactif sont transmis au bulbe olfactif puis à l'aire olfactive (uncus de l'hippocampe) par l'intermédiaire du tractus olfactif. Les neurofibres qui acheminent les influx issus des récepteurs olfactifs se projettent aussi dans le système limbique.

Déséquilibres homéostatiques des sens chimiques (p. 501)

8. La plupart des dysfonctionnements des sens chimiques touchent l'odorat. Les causes les plus répandues sont les lésions ou l'obstruction des structures nasales ainsi que les carences en zinc.

ŒIL ET VISION (p. 501-520)

1. L'œil est inséré dans l'orbite et protégé par un coussin de graisse.

Structures annexes de l'œil (p. 501-504)

2. Le sourcil protège l'œil de la lumière et des gouttes de sueur coulant du front.

3. Les paupières protègent et lubrifient l'œil par leurs clignements réflexes. Les paupières recouvrent le muscle orbiculaire de l'œil, le muscle releveur de la paupière supérieure, des glandes sébacées modifiées et des glandes sudoripares.

4. La conjonctive est une muqueuse qui tapisse les paupières et recouvre la face antérieure du globe oculaire. Son mucus lubrifie la surface du globe oculaire.

5. L'appareil lacrymal est composé de la glande lacrymale (qui produit une solution saline contenant du mucus, de la lysozyme et des anticorps), des canalicules lacrymaux, du sac lacrymal et du conduit lacrymo-nasal.

6. Les muscles extrinsèques de l'œil (muscles droits supérieur, inférieur, latéral et médial de l'œil et muscles oblique supérieur et oblique inférieur de l'œil) meuvent le globe oculaire.

Structure de l'œil (p. 504-509)

7. La paroi de l'œil est formée de trois tuniques. La tunique externe, ou tunique fibreuse, est composée de la sclérotique et de la cornée. La sclérotique protège l'œil et lui donne sa forme; la cornée laisse entrer la lumière dans l'œil.

8. La tunique moyenne, ou tunique vasculaire du bulbe (uvée), est composée de la choroïde, du corps ciliaire et de l'iris. La choroïde fournit des nutriments à l'œil et empêche la lumière de s'y diffuser. Le muscle ciliaire du corps ciliaire modifie la forme du cristallin; l'iris régit le diamètre de la pupille.

9. La tunique sensitive, ou rétine, est composée d'une couche pigmentaire et d'une couche nerveuse. La couche nerveuse contient des photorécepteurs (les cônes et les bâtonnets), des cellules bipolaires et des cellules ganglionnaires. Les axones des cellules ganglionnaires forment le nerf optique, qui sort de l'œil au niveau du disque du nerf optique («tache aveugle»).

10. Dans le segment externe des photorécepteurs, des disques entourés d'une membrane contiennent le pigment photosensible.

11. Le cristallin est biconvexe et suspendu dans l'œil par le ligament suspenseur du cristallin, attaché au corps ciliaire. C'est la seule structure réfractrice dynamique (adaptable) de l'œil.

12. Le segment postérieur de l'œil, à l'arrière du cristallin, contient le corps vitré, qui donne sa forme au globe oculaire et soutient la rétine. Le segment antérieur, à l'avant du cristallin, est rempli d'humeur aqueuse, un liquide formé par les capillaires des procès ciliaires et drainé par le sinus veineux de la sclère. L'humeur aqueuse contribue au maintien de la pression intraoculaire.

Physiologie de la vision (p. 509-520)

13. La lumière est composée des longueurs d'onde du spectre électromagnétique qui stimulent les photorécepteurs.

14. La lumière dévie quand elle passe d'un milieu transparent à un second milieu transparent de densité différente ou quand elle frappe une surface courbe. Les lentilles concaves font diverger les rayons de lumière, tandis que les lentilles convexes les font converger en un point appelé foyer.

15. En traversant l'œil, la lumière est déviée par la cornée et le cristallin et focalisée sur la rétine. La cornée produit l'essentiel de la réfraction, mais le cristallin focalise activement la lumière en fonction de la distance la séparant de l'œil.

16. La convergence pour la vision éloignée ne demande aucun mouvement particulier aux structures de l'œil. La convergence pour la vision rapprochée fait intervenir l'accommodation (bombement du cristallin), la contraction de la pupille et la convergence des globes oculaires. Ces trois réflexes sont régis par les neurofibres parasympathiques du nerf crânien III.

17. Les défauts de réfraction sont la myopie, l'hypermétropie et l'astigmatisme.

18. Les bâtonnets réagissent à la lumière faible et permettent la vision nocturne et la vision périphérique. Les cônes réagissent à la lumière intense et permettent la vision des couleurs et des détails. Toutes les images que l'on regarde attentivement se focalisent sur la fossette centrale.

19. Le pigment visuel des bâtonnets, la rhodopsine, est une combinaison de rétinal et de scotopsine. Les changements que la lumière provoque dans le rétinal entraînent l'hyperpolarisation des bâtonnets. Les photorécepteurs et les cellules bipolaires n'engendrent que des potentiels récepteurs; ce sont les cellules ganglionnaires qui produisent les potentiels d'action.

20. Les trois types de cônes contiennent du rétinal mais des opsines différentes. Chaque type de cônes réagit plus particulièrement à une couleur de la lumière, le rouge, le bleu ou le vert. Du point de vue chimique, le fonctionnement des cônes est semblable à celui des bâtonnets.

21. Pendant l'adaptation à la lumière, les pigments photosensibles sont décolorés et les bâtonnets sont inactivés; puis, à mesure que les cônes réagissent à la lumière intense, l'acuité de la vision augmente. Pendant l'adaptation à l'obscurité, les cônes cessent de fonctionner et l'acuité visuelle diminue; les bâtonnets commencent à fonctionner lorsque la rhodopsine s'est accumulée en quantité suffisante.

22. La voie visuelle commence avec les neurofibres du nerf optique (les axones des cellules ganglionnaires), dans la rétine. Au niveau du chiasma optique, les neurofibres issues de la moitié interne de chaque rétine croisent la ligne médiane, forment les tractus optiques et continuent jusqu'au thalamus. Les neurones thalamiques se projettent jusqu'aux aires visuelles du cortex occipital en passant par la radiation optique. Les neurofibres s'étendent aussi de la rétine aux noyaux prétectaux du mésencéphale, aux tubercules quadrijumeaux supérieurs et au noyau suprachiasmatique de l'hypothalamus.

23. La vision binoculaire consiste en la formation d'images légèrement dissemblables sur les deux rétines. Les aires visuelles fusionnent ces images et produisent la vision stéréoscopique.

24. Au cours du traitement rétinien, l'élimination sélective d'influx émis par les bâtonnets accentue les contrastes. (Les cellules horizontales de la rétine participent à l'inhibition latérale des influx des bâtonnets dirigés vers les cellules ganglionnaires.) Le traitement thalamique favorise l'acuité visuelle et la vision stéréoscopique. Le traitement cortical fait intervenir les neurones corticaux simples, qui reçoivent des influx des cellules ganglionnaires de la rétine, et les neurones corticaux complexes, qui reçoivent des influx de quelques neurones corticaux simples.

OREILLE: OUÏE ET ÉQUILIBRE (p. 520-533)

Structure de l'oreille (p. 521-524)

1. L'oreille externe est composée du pavillon et du conduit auditif externe. La membrane du tympan, ou tympan, constitue la limite entre l'oreille externe et l'oreille moyenne et transmet les ondes sonores à cette dernière.

2. L'oreille moyenne est une petite cavité creusée dans l'os temporal; elle est reliée au nasopharynx par la trompe auditive. Les osselets de l'ouïe sont logés dans l'oreille moyenne et transmettent les vibrations sonores du tympan à la fenêtre du vestibule.

3. L'oreille interne est composée du labyrinthe osseux, dans lequel le labyrinthe membraneux est suspendu. Les cavités du labyrinthe osseux contiennent la périlymphe; les conduits et les vésicules du labyrinthe membraneux contiennent l'endolymphe.

4. Le vestibule contient le saccule et l'utricule. Les canaux semi-circulaires osseux sont situés à l'arrière du vestibule et ils sont orientés dans les trois plans de l'espace. Ils contiennent les conduits semi-circulaires membraneux.

5. La cochlée abrite le conduit cochléaire, qui contient l'organe spiral (le récepteur de l'audition). Dans le conduit cochléaire, les cellules ciliées (réceptrices) reposent sur la membrane basilaire, et leurs cils pénètrent dans la membrana tectoria du conduit cochléaire, de texture gélatineuse.

Son et mécanismes de l'audition (p. 524-529)

6. Le son naît d'un objet vibrant et se propage sous forme d'ondes où alternent des zones de compression et des zones de raréfaction.

7. La longueur d'onde d'un son est la distance entre deux crêtes de l'onde sinusoïdale. Plus la longueur d'onde est courte, plus la fréquence (mesurée en hertz) est élevée. La fréquence correspond à la hauteur du son.

8. L'amplitude d'un son est la hauteur des pics de l'onde sinusoïdale, et elle détermine l'intensité. L'intensité sonore se mesure en décibels et correspond à la force du son.

9. En traversant le conduit auditif externe, le son transmet ses vibrations au tympan. Les osselets amplifient les vibrations et les communiquent à la fenêtre du vestibule.

10. Les ondes de pression qui se propagent dans les liquides cochléaires produisent la résonance de certaines fibres de la membrane basilaire. Aux endroits où les vibrations de la membrane atteignent un maximum, les cellules «ciliées» de l'organe spiral sont excitées. Les sons de haute fréquence excitent les cellules ciliées situées près de la fenêtre du vestibule; les sons de basse fréquence excitent les cellules ciliées situées près du sommet.

11. Les influx produits dans le nerf cochléaire passent par les noyaux cochléaires du bulbe rachidien et par plusieurs noyaux du tronc cérébral avant d'atteindre les aires auditives du cortex. Chaque aire auditive reçoit des influx des deux oreilles.

12. Le traitement auditif est analytique, c'est-à-dire que chaque son est perçu indépendamment. La perception de la hauteur est reliée à la situation des cellules ciliées excitées sur la membrane basilaire. La perception de l'intensité porte à penser que le nombre de cellules ciliées activées augmente à mesure que le son s'intensifie. Les différences d'intensité et l'écart temporel entre les sons parvenant à chaque oreille permettent la localisation du son.

Déséquilibres homéostatiques de l'audition (p. 529)

13. La surdité de transmission résulte d'entraves à la propagation des vibrations sonores dans les liquides de l'oreille interne. La surdité de perception est due à des lésions des structures nerveuses.

14. L'acouphène est un signe annonciateur de la surdité de perception; il peut aussi constituer un effet indésirable de certains médicaments.

15. Le syndrome de Ménière est un trouble du labyrinthe membraneux. Il se manifeste par des acouphènes, la surdité et des vertiges. On pense qu'il est causé par une accumulation d'endolymphe.

Mécanismes de l'équilibre et de l'orientation (p. 529-533)

16. Les récepteurs de l'équilibre, situés dans l'oreille interne, forment l'appareil vestibulaire.

17. Les récepteurs de l'équilibre statique sont les macules situées dans le saccule et dans l'utricule. Une macule est composée de cellules sensorielles dotées de stéréocils et d'un kinocil pénétrant dans la membrane otolithique sus-jacente. Les mouvements linéaires entraînent la membrane otolithique, et ce déplacement fléchit les cils des cellules sensorielles. La courbure des cils produit des potentiels d'action dans les neurofibres du nerf vestibulaire.

18. Les récepteurs de l'équilibre dynamique sont les crêtes ampullaires situées dans l'ampoule de chaque conduit semi-circulaire. Ils réagissent aux mouvements angulaires ou rotatoires dans un plan de l'espace. Une crête ampullaire est composée d'un groupe de cellules sensorielles dont les microvillosités pénètrent dans une cupule gélatineuse. Les rotations déplacent l'endolymphe dans la direction opposée à celle du mouvement, fléchissent la cupule et stimulent les cellules sensorielles.

19. Les influx provenant de l'appareil vestibulaire se propagent dans les neurofibres du nerf vestibulaire jusqu'au cervelet et aux noyaux vestibulaires du tronc cérébral. Ces centres activent les muscles qui concourent au maintien de l'équilibre et permettent aux yeux de fixer un objet.

DÉVELOPPEMENT ET VIEILLISSEMENT DES ORGANES DES SENS (p. 533-535)

1. Les sens chimiques ont une acuité maximale à la naissance, puis ils s'émoussent au cours des années, à mesure que ralentit la régénération des cellules réceptrices.

2. L'œil se développe à partir de la vésicule optique, une saillie du diencéphale qui s'invagine pour former la cupule optique, puis la rétine. L'ectoderme sus-jacent se plie et forme la vésicule cristallinienne. En se déposant dans la cupule optique, la vésicule cristallinienne forme le cristallin. Les autres tissus de l'œil et les structures annexes sont formées par le mésenchyme.

3. Le globe oculaire est court à la naissance et atteint sa taille adulte à l'âge de huit ou neuf ans. La vision stéréoscopique et la vision chromatique se développent pendant la petite enfance.

4. Au cours des années, le cristallin perd son élasticité et sa transparence, et la pupille perd sa capacité de se dilater. L'acuité visuelle diminue. Les personnes âgées sont prédisposées aux troubles oculaires dus à la maladie.

5. Le labyrinthe membraneux se développe à partir de la placode otique, un épaississement de l'ectoderme situé sur la face externe du rhombencéphale. Le mésenchyme forme les structures osseuses environnantes. L'endoderme des sacs pharyngiens, en conjonction avec le mésenchyme, forme les structures de l'oreille moyenne; l'oreille externe provient en grande partie de l'ectoderme.

6. Chez le nouveau-né, les réactions au son sont de nature réflexe. À l'âge de cinq mois, le nourrisson peut localiser les sons. L'écoute attentive se développe au stade du trottineur.

7. Le bruit, la maladie et les médicaments auxquels les cellules ciliées cochléaires sont exposées au cours de la vie causent la détérioration de l'organe spiral. La presbyacousie (perte auditive liée au vieillissement) apparaît autour de 60 ou de 70 ans.

Questions de révision

Choix multiples/associations

1. Les lésions du tractus olfactif nuisent à: (a) la vision; (b) l'audition; (c) la perception de la douleur; (d) l'olfaction.

2. Les influx sensitifs transmis par les nerfs faciaux, glosso-pharyngiens et vagues donnent lieu: (a) aux sensations gustatives; (b) aux sensations tactiles; (c) à la sensation de l'équilibre; (d) aux sensations olfactives.

3. Les bourgeons du goût sont situés: (a) sur la partie antérieure de la langue; (b) sur la partie postérieure de la langue; (c) sur le palais; (d) toutes ces réponses.

4. Les cellules gustatives sont stimulées par: (a) le mouvement des otolithes; (b) l'étirement; (c) les substances en solution; (d) les photons.

5. Les cellules du bulbe olfactif qui servent d'«intégrateurs» locaux des influx olfactifs sont: (a) les cellules ciliées; (b) les cellules microgliales; (c) les cellules basales; (d) les cellules mitrales; (e) les cellules de soutien.

6. Les neurofibres du nerf olfactif passent dans: (a) les bulbes optiques; (b) la lame criblée de l'ethmoïde; (c) les tractus optiques; (d) les aires olfactives du cortex.

7. Les glandes annexes qui produisent une sécrétion huileuse sont: (a) la conjonctive; (b) les glandes lacrymales; (c) les glandes tarsales.

8. La portion blanche et opaque de la tunique fibreuse est: (a) la choroïde; (b) la cornée; (c) la rétine; (d) la sclérotique.

9. Parmi les trajets suivants, lequel les larmes empruntent-elles pour passer des yeux à la cavité nasale? (a) Canalicules lacrymaux, conduits lacrymo-nasaux, cavité nasale. (b) Canalicules excréteurs, canalicules lacrymaux, conduits lacrymo-nasaux. (c) Conduits lacrymo-nasaux, canalicules lacrymaux, sacs lacrymaux.

10. Les milieux réfracteurs de l'œil sont, dans l'ordre où ils dévient la lumière: (a) le corps vitré, le cristallin, l'humeur aqueuse, la cornée; (b) la cornée, l'humeur aqueuse, le cristallin, le corps vitré; (c) la cornée, le corps vitré, le cristallin, l'humeur aqueuse; (d) le cristallin, l'humeur aqueuse, la cornée, le corps vitré.

11. Une lésion du muscle droit médial de l'œil peut entraver: (a) l'accommodation; (b) la réfraction; (c) la convergence; (d) la contraction de la pupille.

12. L'adaptation à la lumière s'explique par le fait que: (a) la rhodopsine ne fonctionne pas dans la pénombre; (b) la rhodopsine se dégrade lentement; (c) les bâtonnets exposés à la lumière intense produisent lentement de la rhodopsine; (d) les cônes sont stimulés par la lumière intense.

13. L'obstruction du sinus veineux de la sclère peut causer: (a) un orgelet; (b) un glaucome; (c) une conjonctivite; (d) une cataracte.

14. Parmi les neurones de la rétine, quels sont ceux dont les axones forment le nerf optique? (a) Les neurones bipolaires. (b) Les cellules ganglionnaires. (c) Les cônes. (d) Les cellules horizontales.

15. Quel enchaînement de réactions se produit lorsqu'une personne regarde un objet éloigné? (a) Les pupilles se contractent, le ligament suspenseur du cristallin se relâche, les cristallins s'aplatissent. (b) Les pupilles se dilatent, le ligament suspenseur se tend, les cristallins s'aplatissent. (c) Les pupilles se dilatent, le ligament suspenseur se tend, les cristallins bombent. (d) Les pupilles se contractent, le ligament suspenseur se relâche, les cristallins bombent.

16. Pendant le développement embryonnaire, le cristallin se forme à partir: (a) de la choroïde; (b) de l'ectoderme superficiel sus-jacent à la cupule optique; (c) de la sclérotique; (d) du mésoderme.

17. Le disque du nerf optique est situé: (a) à l'endroit où les bâtonnets sont plus nombreux que les cônes; (b) à la tache jaune; (c) à l'endroit où il n'y a que des cônes; (d) à l'endroit où le nerf optique sort de l'œil.

18. Le son est transmis de l'oreille moyenne à l'oreille interne par les vibrations: (a) du marteau contre la membrane tympanique; (b) de l'étrier dans la fenêtre du vestibule; (c) de l'enclume dans la fenêtre de la cochlée; (d) de l'étrier contre la membrane tympanique.

19. Les vibrations sonores sont transmises dans l'oreille interne principalement par: (a) des neurofibres; (b) l'air; (c) un liquide; (d) l'os.

20. Parmi les énoncés suivants, lequel ne correspond pas à l'organe spiral? (a) Les sons de haute fréquence stimulent les cellules ciliées de la base. (b) Les «cils» des cellules réceptrices pénètrent dans la membrana tectoria du conduit cochléaire. (c) La membrane basilaire joue le rôle de résonateur. (d) Les sons de haute fréquence stimulent les cellules situées au sommet de la membrane basilaire.

21. La hauteur des sons est à la fréquence ce que la force est: (a) au timbre; (b) à l'intensité; (c) aux harmoniques; (d) toutes ces réponses.

22. La structure qui rétablit l'équilibre entre la pression de l'oreille moyenne et la pression atmosphérique est: (a) le conduit cochléaire; (b) la trompe auditive; (c) la membrane du tympan; (d) le pavillon.

23. Parmi les éléments suivants, lequel contribue au maintien de l'équilibre? (a) Les indices visuels. (b) Les conduits semi-circulaires. (c) Le saccule. (d) Les propriocepteurs. (e) Toutes ces réponses.

24. Les récepteurs de l'équilibre statique qui détectent la position de la tête par rapport à la force gravitationnelle sont: (a) les organes spiraux; (b) les macules; (c) les crêtes ampullaires.

25. Lequel des troubles suivants *ne* cause *pas* la surdité de transmission? (a) Le bouchon de cérumen. (b) L'otite moyenne. (c) La dégénérescence du nerf cochléaire. (d) L'otospongiose.

Questions à court développement

26. Nommez les quatre saveurs fondamentales et indiquez la partie de la langue la plus sensible à chacune.

27. Où sont situées les cellules olfactives et pourquoi cette situation est-elle mal adaptée à leur fonction?

28. Pourquoi a-t-on besoin de se moucher après avoir pleuré?

29. Quelles sont les différences fonctionnelles entre les cônes et les bâtonnets?

30. Où la fossette centrale est-elle située et quelle est son importance?

31. Décrivez la réaction de la rhodopsine aux stimulus lumineux. Quel est le résultat de cet enchaînement d'événements?

32. Expliquez pourquoi nous voyons de très nombreuses couleurs en dépit du fait qu'il n'existe que trois types de cônes.

33. Expliquez l'effet du vieillissement sur les organes des sens.

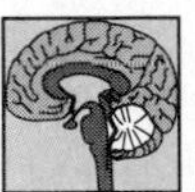

Réflexion et application

1. L'ophtalmoscopie révèle que Mme Julien souffre d'un œdème papillaire bilatéral. Un examen approfondi démontre que son état est dû à une tumeur intracrânienne en croissance rapide. Définissez l'œdème papillaire, puis expliquez sa présence par rapport au diagnostic formulé à l'endroit de Mme Julien.

2. Sabrine, une petite fille de neuf ans, dit à son médecin «qu'elle a mal à la bosse de l'oreille, qu'elle est étourdie et qu'elle tombe souvent». Tout en parlant, Sabrine montre son apophyse mastoïde. L'otoscopie du conduit auditif externe révèle une rougeur et un œdème du tympan; il y a également une inflammation de la gorge. Le médecin diagnostique une mastoïdite doublée d'une labyrinthite (inflammation du labyrinthe) secondaire. Décrivez le trajet que l'infection a probablement suivi dans le cas de Sabrine et nommez les structures infectées. Expliquez également la cause de ses étourdissements et de ses chutes.

3. M. Joly se présente à l'hôpital en disant qu'il a un éclat de bois dans l'œil. On ne trouve aucun corps étranger dans son œil, mais on constate que la conjonctive est enflammée. Quel nom donne-t-on à cette inflammation? Où chercheriez-vous un corps étranger qui a flotté pendant un certain temps sur la surface de l'œil?

4. Depuis quelque temps, Mme Bélanger voyait des éclats de lumière et des mouches volantes dans son champ visuel droit. Elle a pris rendez-vous avec son ophtalmologiste lorsqu'elle a commencé à voir un «voile» flotter devant son œil droit. Quel est votre diagnostic? L'état de Mme Bélanger est-il grave? Justifiez votre réponse.

5. Un étudiant en génie travaille dans une discothèque depuis environ huit mois pour payer ses études. Il remarque qu'il a de plus en plus de difficulté à entendre les sons aigus. Quelle est la relation de cause à effet dans son cas?

17 Le système endocrinien

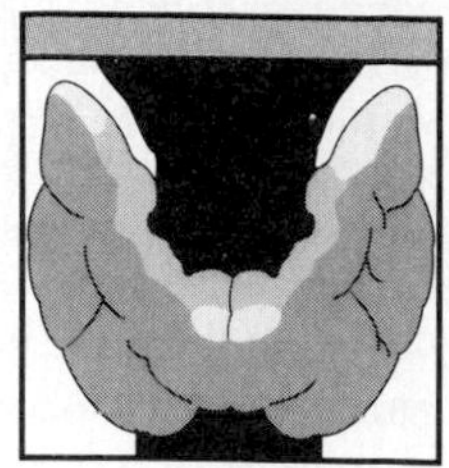

Sommaire et objectifs d'apprentissage

1. Indiquer les principales différences entre la régulation endocrinienne et la régulation nerveuse.

Système endocrinien et hormones: caractéristiques générales (p. 540-541)

2. Énumérer et situer les principales glandes endocrines.

Hormones (p. 541-547)

3. Expliquer la classification chimique des hormones.
4. Décrire les deux principaux mécanismes d'action des hormones et expliquer la régulation de leur libération.

Glandes endocrines (p. 547-569)

5. Décrire les relations structurales et fonctionnelles entre l'hypothalamus et l'hypophyse.
6. Énumérer et décrire les principaux effets des hormones de l'adénohypophyse.
7. Expliquer le rôle de la neurohypophyse et indiquer les effets des deux hormones qu'elle libère.
8. Décrire les principaux effets des deux groupes d'hormones produites par la glande thyroïde. Expliquer la formation et la libération de la thyroxine.
9. Indiquer les fonctions de la parathormone.
10. Énumérer les hormones produites par la corticosurrénale et la médullosurrénale et indiquer leurs effets physiologiques.
11. Comparer les effets des deux principales hormones sécrétées par le pancréas.
12. Décrire les rôles des hormones produites par les testicules et les ovaires.
13. Décrire brièvement l'importance des hormones sécrétées par le thymus dans le fonctionnement du système immunitaire.

Développement et vieillissement du système endocrinien (p. 569-571)

14. Décrire les effets du vieillissement sur le système endocrinien.

Lorsque les molécules d'insuline, transportées passivement dans le sang, s'accrochent aux récepteurs protéiniques des cellules cibles, la réaction est spectaculaire: les molécules de glucose sont absorbées par la membrane plasmique et l'activité cellulaire s'intensifie. Le **système endocrinien,** le second système de régulation de l'organisme en importance, a en effet d'étonnantes capacités. Cependant, loin de fonctionner isolément, il travaille en synergie avec le système nerveux pour coordonner l'activité cellulaire dont dépend l'homéostasie. Or, les mécanismes et la vitesse d'action de ces deux systèmes diffèrent grandement. Le système nerveux régit l'activité des muscles et des glandes au moyen d'influx nerveux déclenchés par les neurones; la réaction des organes effecteurs ne se fait pas attendre plus que quelques millisecondes. Le système endocrinien (*endon* = en dedans; *krinein* = sécréter), quant à lui, influe sur les activités métaboliques des cellules par l'intermédiaire d'**hormones** (*hormôn* = exciter), des messagers chimiques déversés dans le sang et lentement transportés dans tout l'organisme. Les réactions des tissus ou des organes cibles aux hormones surviennent généralement après une période de latence de quelques secondes ou même de quelques jours. Une fois amorcées, cependant, elles tendent à durer beaucoup plus longtemps que les réactions induites par le système nerveux. On peut dire que la plupart des cellules de l'organisme réagissent aux hormones.

Système endocrinien et hormones: caractéristiques générales

Comparativement aux autres organes, les glandes qui forment le système endocrinien sont de petites dimensions et d'apparence modeste. Pour recueillir 1 kg de tissu hormonopoïétique, il faudrait prélever *tous* les tissus endocriniens de huit ou neuf adultes! En outre, les organes du système endocrinien ne présentent pas la continuité anatomique caractéristique de la plupart des autres systèmes. En effet, les glandes endocrines sont disséminées dans tout l'organisme (figure 17.1).

Comme nous l'avons expliqué au chapitre 4, il existe deux types de glandes: les glandes endocrines et les glandes exocrines. Les glandes exocrines sont dotées de conduits au moyen desquels elles déversent leurs sécrétions non hormonales dans une structure tubulaire ou une cavité. Les glandes endocrines, aussi appelées *glandes à sécrétion interne,* libèrent des hormones dans le sang ou dans la lymphe et elles sont généralement pourvues d'un abondant drainage vasculaire. La disposition caractéristique des cellules hormonopoïétiques en chapelets et en réseaux multiplie leurs contacts avec les capillaires sanguins et lymphatiques qui reçoivent leurs sécrétions. Les glandes endocrines sont l'hypophyse, la thyroïde, les parathyroïdes, les surrénales, le corps pinéal et le thymus. Par ailleurs, plusieurs organes renferment des incrustations de tissu endocrinien et produisent des hormones en plus de sécrétions exocrines. Ces organes, dont le pancréas et les gonades (les ovaires et les testicules), sont aussi des glandes endocrines. Bien que l'hypothalamus fasse partie intégrante du système nerveux, il produit et libère des hormones et peut donc être considéré comme un **organe neuro-endocrinien.**

Outre les principales glandes endocrines, divers autres tissus et organes produisent des hormones. Ainsi, on trouve des poches de cellules hormonopoïétiques dans les parois d'organes dont les fonctions principales sont tout autres que la production d'hormones, notamment l'intestin grêle, l'estomac, les reins et le cœur. Le placenta, un organe temporaire qui se forme dans l'utérus des femmes enceintes, produit des hormones généralement considérées comme des hormones ovariennes (les œstrogènes et la progestérone). De plus, certaines cellules tumorales, comme celles qui apparaissent dans quelques cancers du poumon et du pancréas, synthétisent des hormones identiques à celles qu'élaborent les glandes endocrines normales, mais elles le font de manière excessive et anarchique.

En dépit de l'existence de nombreux autres sites de production hormonale, nous considérons ici que le *système endocrinien* est composé des principales glandes endocrines, c'est-à-dire des organes qui sont sensibles à des signaux internes précis et qui sécrètent des hormones de manière prévisible. Nous présentons un résumé des hormones produites par d'autres organes dans le tableau 17.1 et nous en traitons dans les chapitres portant sur les systèmes qui en font la synthèse.

Les hormones ont des effets étendus et diversifiés; les principaux processus qu'elles régissent et intègrent sont la reproduction, la croissance et le développement, la mobilisation des moyens de défense de l'organisme, le maintien de l'équilibre des électrolytes, des liquides et des nutriments dans le sang ainsi que la régulation du métabolisme cellulaire et de l'équilibre énergétique. C'est dire que le système endocrinien coordonne des processus relativement longs, voire continuels.

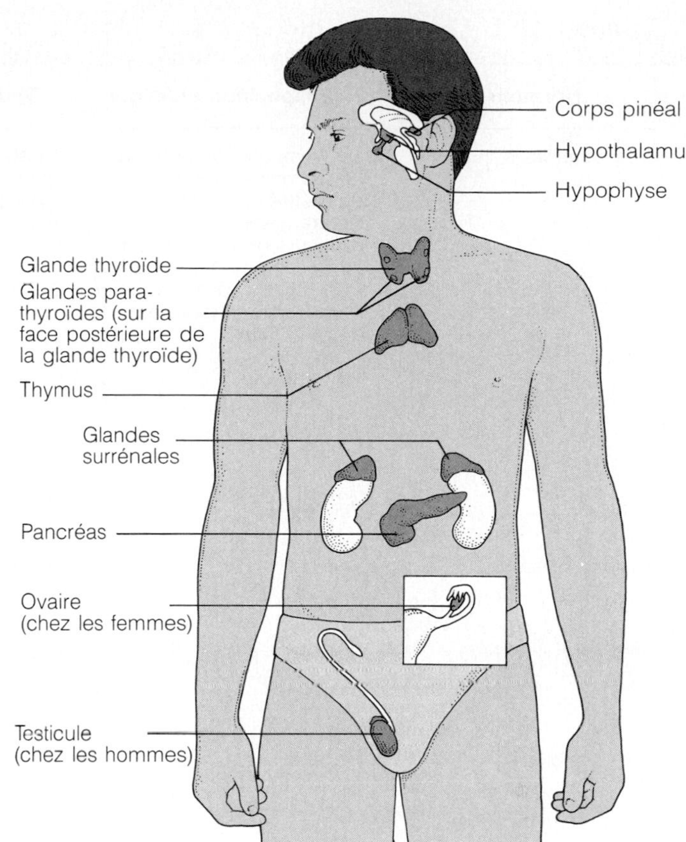

Figure 17.1 Situation des principales glandes endocrines.

Hormones

Chimie des hormones

On peut définir les **hormones** comme des substances chimiques que des cellules sécrètent dans le liquide interstitiel (extracellulaire) et qui régissent le métabolisme d'autres cellules, la contraction des cellules musculaires lisses ainsi que la sécrétion de certaines glandes. Bien que l'organisme produise des hormones très diverses, on peut presque toutes les classer en deux grands groupes: les *hormones dérivées d'acides aminés,* qui sont hydrosolubles et les *hormones stéroïdes,* qui sont liposolubles.

Le premier groupe comprend la plupart des hormones. Des amines et de la thyroxine aux macromolécules protéiques (de longs polymères d'acides aminés) en passant par les peptides (de courtes chaînes d'acides aminés), la taille des molécules de ce groupe varie considérablement. Les hormones du deuxième groupe, les stéroïdes, sont synthétisées à partir du cholestérol.

Tableau 17.1 Hormones produites par des organes autres que les principales glandes endocrines

Hormones	Composition chimique	Source/facteur déclenchant	Organe cible/effets
Prostaglandines (PG)	Dérivées d'acides gras à 20 atomes de carbone synthétisés à partir de l'acide arachidonique; plusieurs groupes, désignés par les lettres A à I (PGA à PGI), et sous-groupes, indiqués par des nombres (p. ex. PGE_2)	Associées à la membrane plasmique de la plupart des cellules; divers facteurs déclenchants (irritation locale, hormones, etc.)	Cibles multiples; action locale; de très nombreux effets induisent notamment la réaction hormonale et stimulent les muscles lisses des artérioles (augmentent la pression artérielle) ou de l'utérus (intensifient les contractions au cours de l'accouchement); diminuent la sécrétion de HCl (acide chlorhydrique) et de pepsinogène par l'estomac; causent l'agrégation plaquettaire (favorisent la coagulation); causent la constriction des bronchioles; stimulent la réaction inflammatoire et augmentent la douleur; déclenchent la fièvre
Gastrine	Peptide	Estomac; sécrétion stimulée par les aliments	Estomac; déclenche la libération de HCl
Gastrine intestinale	Peptide	Duodénum; sécrétion stimulée par les aliments, en particulier les matières grasses	Estomac; inhibe la sécrétion de HCl et la motilité gastro-intestinale
Sécrétine	Peptide	Duodénum; sécrétion stimulée par les aliments	Pancréas: stimule la libération de suc riche en bicarbonate; foie: augmente la libération de bile; estomac: inhibe l'activité sécrétrice
Cholécystokinine	Peptide	Duodénum; sécrétion stimulée par les aliments	Pancréas: stimule la libération de suc riche en enzymes; vésicule biliaire: stimule l'expulsion de la bile emmagasinée; sphincter de l'ampoule hépato-pancréatique: cause un relâchement qui permet à la bile et au suc pancréatique d'être déversés dans le duodénum
Hormones hématopoïétiques (érythropoïétine et facteur de stimulation des colonies [CSF])	Glycoprotéine	Reins; la sécrétion de l'érythropoïétine est stimulée en réaction à l'hypoxie Macrophages et divers leucocytes; des agents inflammatoires provoquent la sécrétion des CSF	Moelle osseuse; l'érythropoïétine stimule la production d'érythrocytes (globules rouges) et les CSF stimulent la production de leucocytes (globules blancs)
Vitamine D_3 active	Stéroïde	Les reins activent la vitamine D produite par les cellules de l'épiderme; activée et libérée par la parathormone	Intestin; stimule le transport actif du calcium alimentaire à travers la membrane plasmique des cellules de l'intestin
Hormone natriurétique auriculaire	Peptide	Oreillettes; sécrétion stimulée par la dilatation des oreillettes	Reins: inhibe la résorption des ions sodium et la libération de rénine; corticosurrénale: inhibe la sécrétion d'aldostérone

Parmi les hormones produites par les principales glandes endocrines, seules les hormones gonadiques et les hormones corticosurrénales sont des stéroïdes.

Si nous tenons compte des hormones à action locale appelées **prostaglandines** (voir le tableau 17.1), nous devons ajouter un troisième groupe à cette classification, car les prostaglandines sont des lipides biologiquement actifs présents dans presque toutes les membranes cellulaires.

Spécificité des hormones et de leurs cellules cibles

Bien que les principales hormones atteignent la plupart des tissus, une hormone donnée agit sur certaines cellules seulement, ses **cellules cibles.** Pour réagir à une hormone, une cellule cible doit posséder sur sa membrane plasmique des récepteurs protéiniques auxquels l'hormone peut se lier de manière complémentaire. (Ces récepteurs sont des protéines intégrées qui ont la même fonction que les récepteurs membranaires des neurotransmetteurs, c'est-à-dire celle de capter une molécule ayant une structure tridimensionnelle complémentaire. Par contre, les récepteurs d'hormones ne possèdent pas de canaux permettant la diffusion d'ions à travers la membrane plasmique.) Par exemple, on ne trouve normalement des récepteurs de la corticotrophine (ACTH) que sur certaines cellules de la corticosurrénale. En revanche, presque toutes les cellules de l'organisme possèdent des récepteurs de la thyroxine, le principal stimulant hormonal du métabolisme cellulaire. On peut voir une analogie entre une glande endocrine et un poste émetteur d'une part, et entre une cellule cible et un poste récepteur d'autre part. Comme une radio ne captant qu'une seule station, les récepteurs membranaires ne réagissent qu'à un seul signal, même en présence de plusieurs autres signaux. Un récepteur radiophonique réagit au signal en produisant un son, tandis que les récepteurs membranaires répondent à la liaison des hormones en provoquant dans les cellules une réaction génétiquement déterminée, le plus souvent en relation avec la fonction de ces cellules. Autrement dit, les hormones sont des «gâchettes» moléculaires et non pas des molécules messagères.

La liaison de l'hormone au récepteur membranaire constitue certes une étape primordiale, mais l'étendue de l'activation des cellules cibles repose sur trois facteurs d'importance égale: (1) la concentration sanguine de l'hormone; (2) le nombre relatif de récepteurs de l'hormone sur la membrane plasmique ou à l'intérieur des cellules cibles; (3) l'*affinité* entre l'hormone et le récepteur (c'est-à-dire la force de leur liaison). Or, ces trois facteurs varient rapidement sous l'effet des stimulus et des changements survenant dans l'organisme. En règle générale, un grand nombre de récepteurs à forte affinité entraînent un effet prononcé, tandis qu'un petit nombre de récepteurs à faible affinité produisent, pour la même concentration sanguine de l'hormone, une réaction faible, voire un dérèglement endocrinien. Qui plus est, les récepteurs sont des structures dynamiques. Dans certains cas, leur nombre augmente lorsque s'élèvent les taux des hormones auxquelles les cellules réagissent, un phénomène appelé **régulation positive.** Dans d'autres cas, les cellules cibles longuement exposées à de fortes concentrations hormonales se désensibilisent et réagissent de plus en plus faiblement à la stimulation hormonale. On pense que ce phénomène de **régulation négative** est dû à une diminution du nombre des récepteurs et qu'il prévient une réponse excessive. En outre, les hormones peuvent influer sur le nombre et sur l'affinité non seulement des récepteurs qui les captent, mais aussi des récepteurs d'autres hormones. Par exemple, la progestérone provoque une diminution des récepteurs des œstrogènes dans l'utérus, s'opposant ainsi à leur action. Les œstrogènes, au contraire, favorisent l'augmentation des récepteurs de la progestérone sur la membrane plasmique de ces cellules, et accroissent ainsi leur sensibilité à la progestérone.

Mécanismes de l'action hormonale

Les hormones agissent sur les cellules cibles en modifiant leur activité, c'est-à-dire en accélérant ou en ralentissant leurs processus normaux. La réponse suscitée par l'hormone est fonction du type de cellule cible. Par exemple, les cellules musculaires lisses des vaisseaux sanguins sont les *seules* à se contracter à la suite de la liaison de l'adrénaline.

En général, un stimulus hormonal produit au moins un des effets suivants:

1. Modification de la perméabilité ou du potentiel de repos de la membrane plasmique.
2. Synthèse de protéines ou de molécules régulatrices (comme des enzymes) dans la cellule.
3. Activation ou désactivation d'enzymes.
4. Déclenchement de l'activité sécrétrice.
5. Stimulation de la mitose.

Deux grands mécanismes président au déclenchement des processus intracellulaires visés par les hormones. Le premier consiste en la formation d'au moins un second messager intracellulaire entraînant la réaction de la cellule cible à l'hormone. Le second est l'activation directe d'un gène (ADN) par l'hormone elle-même.

Seconds messagers

Les protéines et les peptides ne peuvent traverser la membrane plasmique des cellules car celle-ci est principalement composée d'une double couche de phospholipides; presque toutes les hormones protéiques ou dérivées d'acides aminés (hydrosolubles) agissent donc par l'intermédiaire de **seconds messagers** intracellulaires produits par la liaison des hormones aux récepteurs de la membrane plasmique. Parmi les seconds messagers, l'*AMP cyclique*, qui induit aussi les effets de certains neurotransmetteurs, est de loin le mieux connu, et c'est sur lui que nous nous attarderons. Lorsqu'une hormone se lie à un récepteur associé à l'**adénylate cyclase,** cette enzyme membranaire (figure 17.2a) est activée, et elle catalyse la conversion d'ATP intracellulaire en **AMP cyclique** (adénosine monophosphate-3',5' cyclique). Dans ce mécanisme d'action, l'hormone, considérée comme le premier messager, utilise un intermédiaire appelé protéine G afin d'activer l'adénylate cyclase, laquelle produira l'AMP cyclique. L'énergie nécessaire à la conversion du premier message (hormonal) en un deuxième message (AMP cyclique) provient de la transformation de la **GTP** (guanosine-triphosphate), un composé riche en énergie, sous l'action de la protéine G. (La protéine G possède une activité GTPase et brise le groupement phosphate terminal de la GTP, comme les enzymes ATPases transforment l'ATP afin de libérer de l'énergie.)

Maintenant que vous savez comment se forme l'AMP cyclique, vous pouvez aborder la façon dont ce

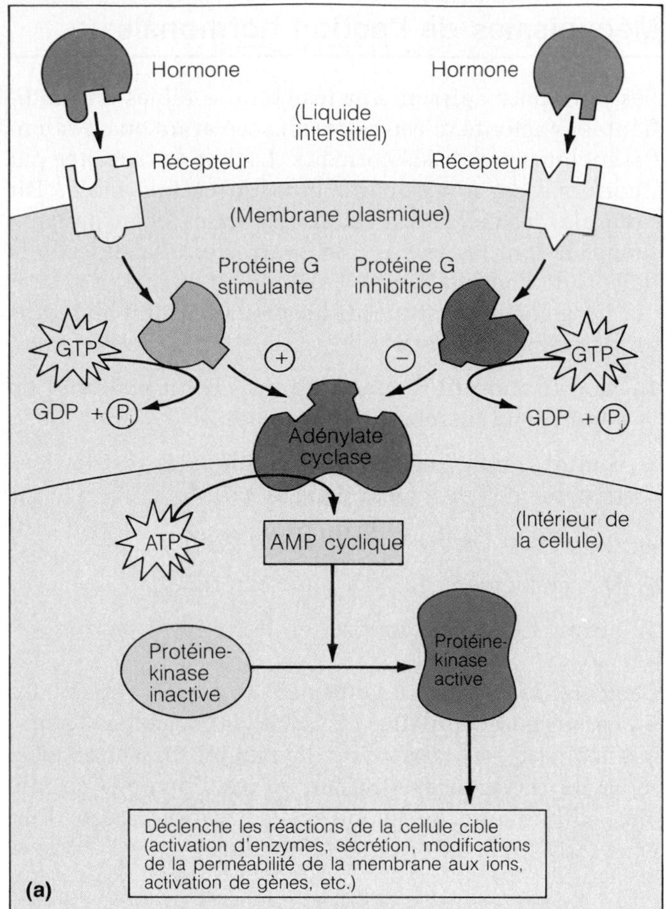

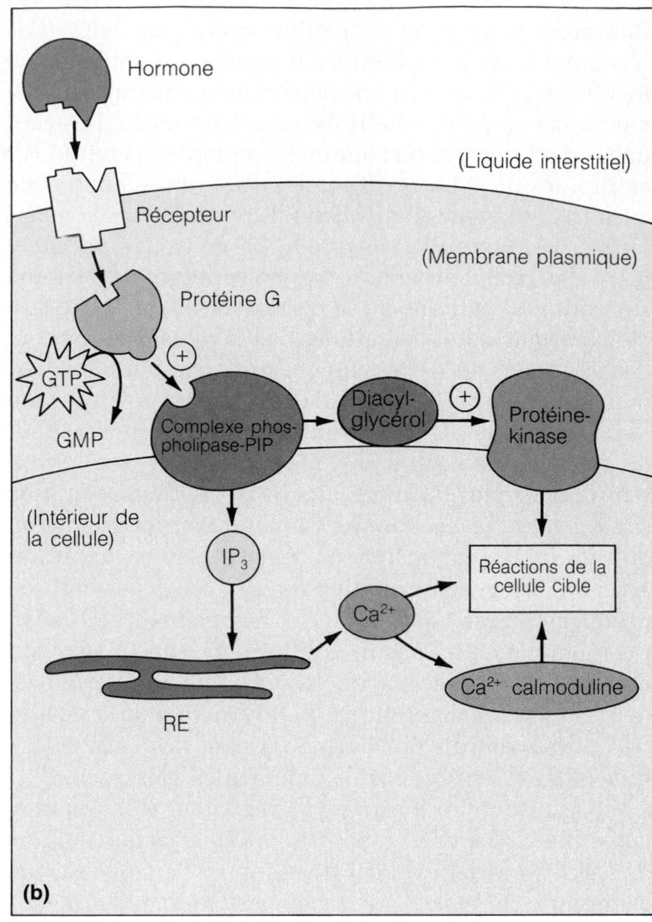

Figure 17.2 Seconds messagers des hormones protéino-peptidiques. (**a**) L'activation de l'adénylate cyclase et la production d'AMP cyclique qui s'ensuit sont déclenchées par des protéines G. Ces protéines sont activées par la liaison de l'hormone aux récepteurs membranaires. Elles ont une activité GTPase qui catalyse la libération d'énergie par transformation de la GTP. Une fois produite, l'AMP cyclique agit comme second messager à l'intérieur de la cellule de manière à activer des protéines-kinases qui induisent les réactions à l'hormone. (**b**) Le diacylglycérol active des protéines-kinases, et l'inositol triphosphate (IP_3) augmente la concentration cytoplasmique d'ions calcium; tous deux agissent comme seconds messagers. Le Ca^{2+} sert ensuite de troisième messager pour modifier l'activité des protéines cellulaires. (Notez que les molécules ayant des fonctions semblables sont représentées à l'aide de la même couleur.)

«messager», libre de diffuser dans la cellule, stimule les réponses d'une cellule cible à une hormone. L'AMP cyclique est surtout connue pour sa capacité de déclencher une série de réactions chimiques au cours desquelles une enzyme au moins, appelée **protéine-kinase,** est activée. Une cellule donnée peut posséder plusieurs types de protéines-kinases, chacune ayant des substrats distincts. Les protéines-kinases catalysent la *phosphorylation* de diverses protéines (c'est-à-dire leur ajoutent un groupement phosphate), dont beaucoup sont d'autres enzymes. Comme la phosphorylation active certaines de ces protéines et en inhibe d'autres, diverses réactions peuvent se produire simultanément dans la même cellule cible. Par exemple, une cellule hépatique réagit à la liaison de l'adrénaline à ses récepteurs en dégradant le glycogène et les triglycérides emmagasinés; ces réactions sont produites par des enzymes différentes.

Une seule enzyme peut catalyser plusieurs centaines de fois la même réaction, ce qui explique l'effet amplificateur des réactions enzymatiques. Théoriquement, la liaison d'une seule molécule d'hormone à un récepteur peut engendrer des millions de molécules de produit final!

La succession des réactions biochimiques amorcées par l'AMP cyclique dépend du type de cellule cible, des protéines-kinases qu'elle contient et des hormones servant de premiers messagers. Dans les cellules thyroïdiennes, par exemple, l'AMP cyclique produite en réaction à la liaison de la thyréotrophine (TSH) favorise la synthèse de la thyroxine; dans les cellules osseuses et musculaires, l'AMP cyclique produite en réaction à la liaison de l'hormone de croissance (GH) provoque des réactions anabolisantes (de synthèse) au cours desquelles des acides aminés forment des protéines tissulaires. Notez également que les protéines G ne sont pas toutes des activateurs de l'adénylate cyclase; en effet, certaines l'inhibent (voir la figure 17.2a), réduisant ainsi la concentration cytoplasmique d'AMP cyclique. Ces effets opposés permettent à une cellule cible de réagir à d'infimes variations du taux des hormones antagonistes qui modulent son activité.

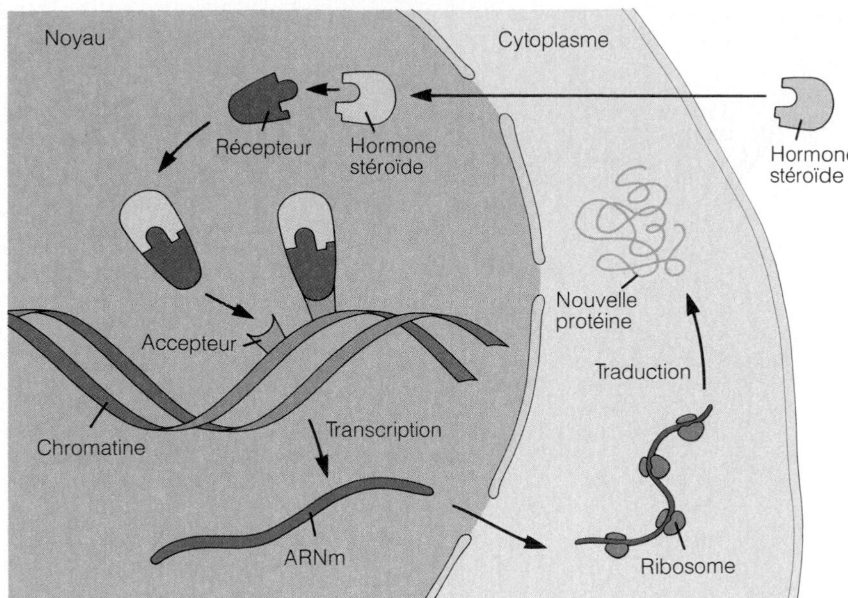

Figure 17.3 Activation directe d'un gène par une hormone stéroïde. L'hormone stéroïde liposoluble traverse la membrane plasmique de la cellule cible et se lie à des récepteurs intracellulaires probablement situés dans le noyau. Une fois formé, le complexe hormone-récepteur se lie à un accepteur, une protéine de la chromatine, ce qui active la transcription de certains gènes en ARN messager. L'ARNm ainsi formé migre dans le cytoplasme, où il participe à la synthèse de protéines spécifiques.

Comme l'AMP cyclique est rapidement dégradée par la phosphodiestérase, une enzyme intracellulaire, sa durée d'action est brève. Cela pourrait sembler problématique à première vue, mais il n'en est rien. La plupart des hormones provoquent les résultats désirés en très peu de temps grâce à l'effet amplificateur que nous avons expliqué plus haut. Une production hormonale continuelle entraîne une activité cellulaire continuelle; aucune régulation extracellulaire n'est nécessaire à la cessation de l'activité.

Dans certains tissus, l'AMP cyclique est le second messager activateur d'au moins 12 des hormones dérivées d'acides aminés, mais quelques-unes de ces mêmes hormones agissent dans d'autres tissus par l'intermédiaire d'un autre second messager. En se fixant à leurs récepteurs, par exemple, certaines hormones activent une **phospholipase** de la membrane plasmique qui scinde la **phosphatidyl-inositol** (PIP_2) en **diacylglycérol** et en **inositol triphosphate** (IP_3), comme le montre la figure 17.2b. Ces deux molécules servent de seconds messagers: le diacylglycérol active des protéines-kinases particulières, tandis que l'inositol triphosphate agit sur des canaux calciques du réticulum endoplasmique (RE) et d'autres sites de stockage intracellulaires, qui libèrent des ions calcium. Le Ca^{2+} agit ensuite comme **troisième messager**, soit en modifiant directement l'activité d'enzymes particulières, soit en se liant à une protéine intracellulaire appelée **calmoduline.**

La science n'a pas encore fait le tour des types de seconds messagers et de leurs actions, et nous ne fournirons ici qu'un petit échantillon des connaissances acquises à ce sujet. L'hormone antidiurétique (ADH), par exemple, influe sur les tubules rénaux par l'intermédiaire de l'AMP cyclique, mais lorsqu'elle se lie aux cellules hépatiques, c'est le mécanisme de la phosphatidyl-inositol qui se met en branle. D'autres hormones agissent sur leurs cellules cibles au moyen de mécanismes ou de messagers différents (inconnus dans certains cas). Ainsi, l'insuline abaisse le taux d'AMP cyclique plutôt que de l'élever, et on pense que la GMP cyclique (guanosine monophosphate-3',5' cyclique) est le second messager de certaines hormones. Il arrive que n'importe lequel des seconds messagers que nous avons mentionnés, de même que le récepteur de l'hormone elle-même, modifient la concentration intracellulaire de calcium ionique.

Activation directe de gènes

Étant liposolubles, les hormones stéroïdes (et, curieusement, la thyroxine, une petite amine iodée) diffusent aisément dans leurs cellules cibles. Une fois parvenues à l'intérieur, les hormones se lient à des récepteurs fort probablement situés dans le noyau. Ensuite, le complexe hormone-récepteur activé interagit avec la chromatine nucléaire, où l'hormone se fixe à une *protéine réceptrice* liée à l'ADN qui lui est spécifique. Cette interaction déclenche la transcription de gènes de l'ADN en molécules d'ARN messager qui, à leur tour, commandent la synthèse de molécules protéiques spécifiques. Il peut s'agir d'enzymes qui favorisent les activités métaboliques induites par l'hormone et, dans certains cas, de protéines structurales ou de protéines qui seront libérées par la cellule cible. Ce mécanisme d'activation des gènes par une hormone stéroïde est représenté à la figure 17.3.

Apparition et durée de l'activité hormonale

Les hormones sont des substances particulièrement puissantes et, même à de très faibles concentrations sanguines, elles exercent des effets marqués sur leurs organes cibles. À tout moment, la concentration sanguine d'une hormone est liée à la vitesse de sa libération d'une part et à la vitesse de son inactivation et de son élimination de l'organisme d'autre part. Certaines hormones sont rapidement dégradées par des enzymes à l'intérieur de leurs cellules cibles; cependant, la plupart sont éliminées du sang par les cellules des reins et du foie, tandis que le produit de leur dégradation est bientôt excrété dans

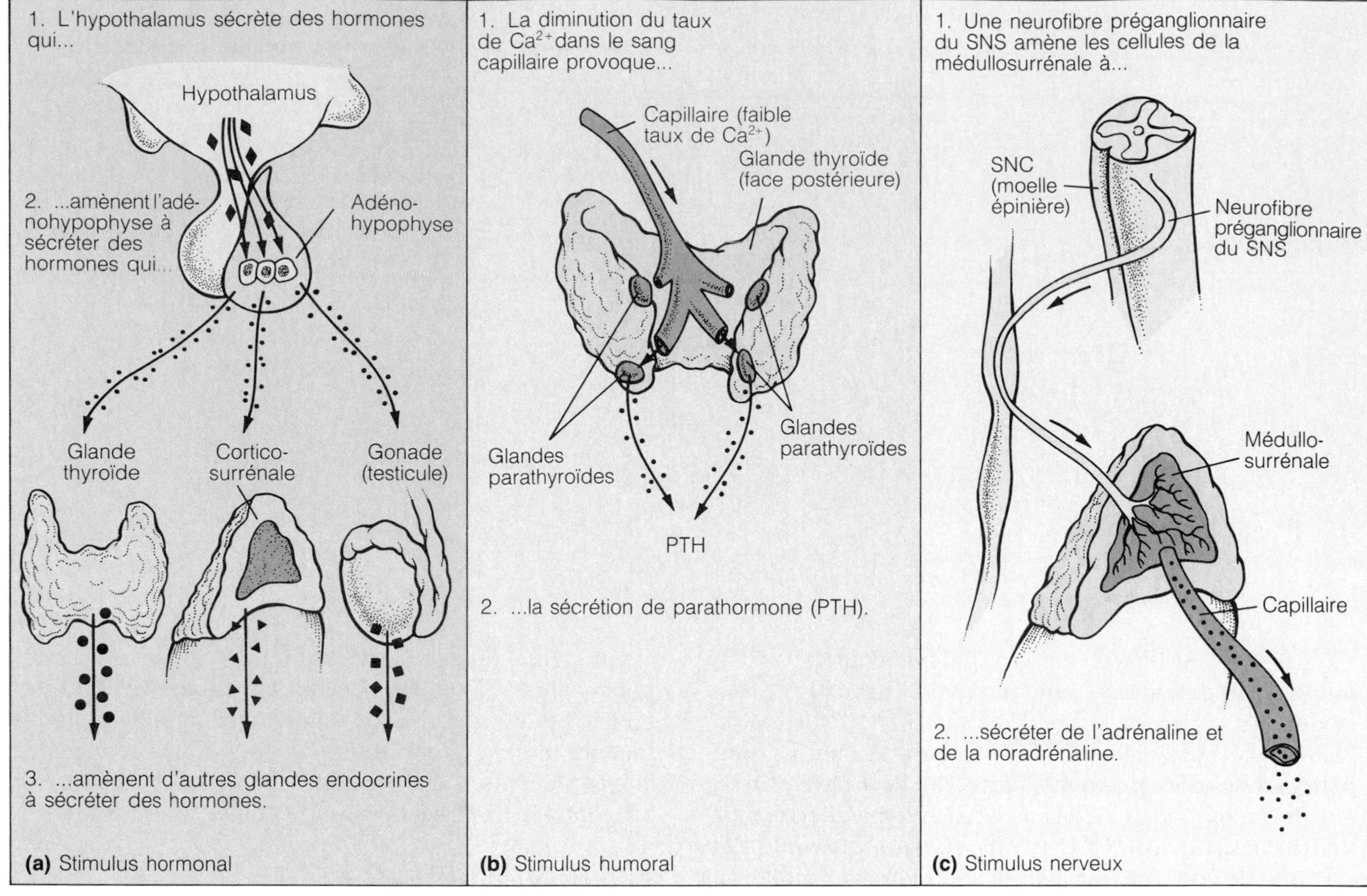
1. L'hypothalamus sécrète des hormones qui...
Hypothalamus
2. ...amènent l'adénohypophyse à sécréter des hormones qui...
Adénohypophyse
Glande thyroïde
Corticosurrénale
Gonade (testicule)
3. ...amènent d'autres glandes endocrines à sécréter des hormones.
(a) Stimulus hormonal
1. La diminution du taux de Ca2+ dans le sang capillaire provoque...
Capillaire (faible taux de Ca2+)
Glande thyroïde (face postérieure)
Glandes parathyroïdes
Glandes parathyroïdes
PTH
2. ...la sécrétion de parathormone (PTH).
(b) Stimulus humoral
1. Une neurofibre préganglionnaire du SNS amène les cellules de la médullosurrénale à...
SNC (moelle épinière)
Neurofibre préganglionnaire du SNS
Médullosurrénale
Capillaire
2. ...sécréter de l'adrénaline et de la noradrénaline.
(c) Stimulus nerveux

Figure 17.4 Stimulation des glandes endocrines. (**a**) Stimulus hormonal. Dans l'exemple représenté, les hormones libérées par l'hypothalamus stimulent l'adénohypophyse; celle-ci va libérer des hormones qui amènent d'autres glandes endocrines à sécréter des hormones. (**b**) Stimulus humoral. La diminution du taux sanguin de calcium déclenche la libération de parathormone (PTH) par les glandes parathyroïdes. La parathormone élève le taux sanguin de calcium en stimulant la libération de Ca^{2+} des os, ce qui va mettre fin au stimulus provoquant la sécrétion de parathormone. (**c**) Stimulus nerveux. La stimulation des cellules de la médullosurrénale par le système nerveux sympathique (SNS) déclenche la libération d'adrénaline et de noradrénaline (catécholamines) dans le sang.

l'urine et, dans une moindre mesure, les matières fécales. Par conséquent, le séjour d'une hormone dans le sang, c'est-à-dire sa **demi-vie**, est habituellement bref (il varie de quelques secondes à 30 minutes). Le temps nécessaire à l'apparition des effets hormonaux varie considérablement. Certaines hormones provoquent des réactions quasi immédiates; d'autres, et en particulier les hormones stéroïdes, mettent des heures, voire des jours, à faire sentir leurs effets. De plus, certaines hormones, dont la testostérone produite par les testicules, sont sécrétées sous une forme relativement inactive (sous forme de *prohormones*) et doivent être activées dans les cellules cibles. La durée d'action des hormones est limitée et peut aller de 20 minutes à quelques heures, suivant l'hormone. Les effets peuvent disparaître aussi rapidement que s'abaisse le taux sanguin ou peuvent se prolonger pendant des heures après l'atteinte d'un taux très bas. Étant donné ces nombreuses variations, les taux sanguins d'hormones doivent être précisément et individuellement régis pour satisfaire les besoins fluctuants de l'organisme.

Régulation de la libération des hormones

La synthèse et la libération de la plupart des hormones sont régies par **rétro-inhibition** (voir le chapitre 1, à la p. 13). Autrement dit, un stimulus interne ou externe déclenche la sécrétion d'une hormone, puis l'augmentation de sa concentration (tout en influant sur les organes cibles) inhibe sa libération par la glande endocrine. Par conséquent, les taux sanguins de nombreuses hormones ne varient que très peu.

Stimulation des glandes endocrines

Trois principaux types de stimulus amènent les diverses glandes endocrines à produire et à libérer des hormones: les *stimulus hormonaux*, *humoraux* et *nerveux*.

Stimulus hormonaux. La libération de la plupart des hormones adénohypophysaires est régie par des hormones hypothalamiques de libération et d'inhibition;

à leur tour, de nombreuses hormones adénohypophysaires amènent d'autres glandes endocrines à libérer leurs hormones dans le sang (figure 17.4a). À mesure que les hormones produites par les dernières glandes cibles se concentrent dans le sang, elles inhibent la libération d'hormones adénohypophysaires et, ainsi, leur propre libération. Cette boucle de rétro-inhibition entre l'hypothalamus, l'adénohypophyse et les autres glandes endocrines est le fondement même de l'endocrinologie, et nous y reviendrons à plusieurs reprises dans ce chapitre. La libération d'hormones induite par d'autres hormones tend à la rythmicité, les taux sanguins d'hormones s'élevant et s'abaissant dans un enchaînement précis.

Stimulus humoraux. Les variations des taux sanguins de certains ions et de certains nutriments entraînent la libération d'hormones et, à ce titre, elles constituent le plus simple des mécanismes de régulation endocrinienne. On qualifie ces variations de *stimulus humoraux* pour les distinguer des stimulus hormonaux, lesquels sont aussi des substances chimiques qui diffusent du sang vers le liquide interstitiel. L'adjectif *humoral* est dérivé du terme archaïque *humeur,* qui désignait les liquides organiques (le sang, la bile, etc.) Par exemple, la libération de la parathormone (PTH) par les cellules des glandes parathyroïdes est provoquée par la diminution du taux sanguin de calcium. Comme la parathormone emprunte plusieurs trajets pour bloquer cette diminution, le taux sanguin de Ca^{2+} a tôt fait de s'élever et de mettre fin à la libération de parathormone (figure 17.4b). Parmi les autres hormones libérées en réaction à des stimulus humoraux, on trouve la calcitonine, sécrétée par la glande thyroïde, l'insuline, produite par le pancréas, et l'aldostérone, l'une des hormones sécrétées par la corticosurrénale.

Stimulus nerveux. Des neurofibres stimulent parfois la libération d'hormones. L'exemple classique est celui du système nerveux sympathique qui amène la médullosurrénale à libérer de l'adrénaline et de la noradrénaline (catécholamines) pendant les périodes de stress (figure 17.4c). De plus, la neurohypophyse (l'hypophyse postérieure) libère de l'ocytocine et de l'hormone antidiurétique en réaction à des influx nerveux provenant de neurones hypothalamiques.

Bien que ces trois types de stimulus soient représentatifs, ils ne constituent en rien une liste exhaustive des mécanismes régulateurs de la libération hormonale. En effet, il faut se rappeler que certaines glandes endocrines réagissent à des stimulus multiples.

Modulation par le système nerveux

L'activité du système nerveux peut moduler tant les facteurs stimulants (les stimulus hormonaux, humoraux et nerveux) que les facteurs inhibiteurs (la rétro-inhibition notamment). Sans cette influence, le système endocrinien aurait une activité strictement mécanique et fonctionnerait ni plus ni moins comme un thermostat. Un thermostat peut maintenir la température de votre maison à un certain degré, mais il ne peut sentir les frissons de votre grand-mère venue de la Floride et se régler en conséquence. *Vous* devez le faire. De même, le système nerveux peut, dans certains cas, prendre le pas sur les mécanismes de régulation endocriniens de manière à maintenir l'homéostasie. Par exemple, l'action de l'insuline et de diverses autres hormones maintient normalement la glycémie entre 4,4 et 6,7 mmol/L de sang. Mais lorsque l'organisme est soumis à un stress important, l'hypothalamus et les centres du système nerveux sympathique sont fortement activés et élèvent considérablement la glycémie. Ce mécanisme fait en sorte que les cellules reçoivent le carburant (c'est-à-dire le glucose) que requiert leur surcroît d'activité.

Rappelez-vous que l'hypothalamus est non seulement un centre autonome réglant l'équilibre hydrique et la température mais aussi un centre d'intégration des émotions et des rythmes biologiques. C'est pourquoi un stimulus externe unique, comme une hémorragie, une perception visuelle ou encore un traumatisme grave, peut être suivi par des adaptations neuro-endocriniennes généralisées.

Glandes endocrines

Hypophyse

L'**hypophyse** (littéralement «croissance en dessous»), autrefois appelée glande pituitaire, est située dans la selle turcique du sphénoïde. On dit volontiers qu'elle a la forme et la taille d'un pois, mais il serait plus juste de la comparer à un pois surmontant une tige. Cette tige en forme d'entonnoir, l'**infundibulum**, relie l'hypophyse à la partie inférieure de l'hypothalamus (figure 17.5). Chez l'être humain, l'hypophyse comprend deux lobes, l'un formé de tissu nerveux et l'autre, de tissu glandulaire. Le **lobe postérieur**, ou **neurohypophyse**, est composé principalement de cellules gliales et de neurofibres. Il libère des neurohormones qu'il reçoit, préfabriquées, de l'hypothalamus. Par conséquent, la neurohypophyse est bien plus un site de stockage qu'une glande endocrine à proprement parler. Le **lobe antérieur**, ou **adénohypophyse**, est composé de cellules hormonopoïétiques; contrairement au lobe postérieur, il produit et libère plusieurs hormones (tableau 17.2, p. 552-553).

Le sang artériel est acheminé à l'hypophyse par deux ramifications de l'artère carotide interne. L'*artère hypophysaire supérieure* dessert l'adénohypophyse et l'infundibulum, tandis que l'*artère hypophysaire inférieure* irrigue la neurohypophyse. Les veines sortant de l'hypophyse se jettent dans le sinus caverneux (voir à la p. 668) et dans d'autres sinus de la dure-mère situés à proximité.

Relations entre l'hypophyse et l'hypothalamus

Les différences histologiques entre les deux lobes de l'hypophyse s'expliquent par la double origine de cette petite glande. En effet, la neurohypophyse se forme à

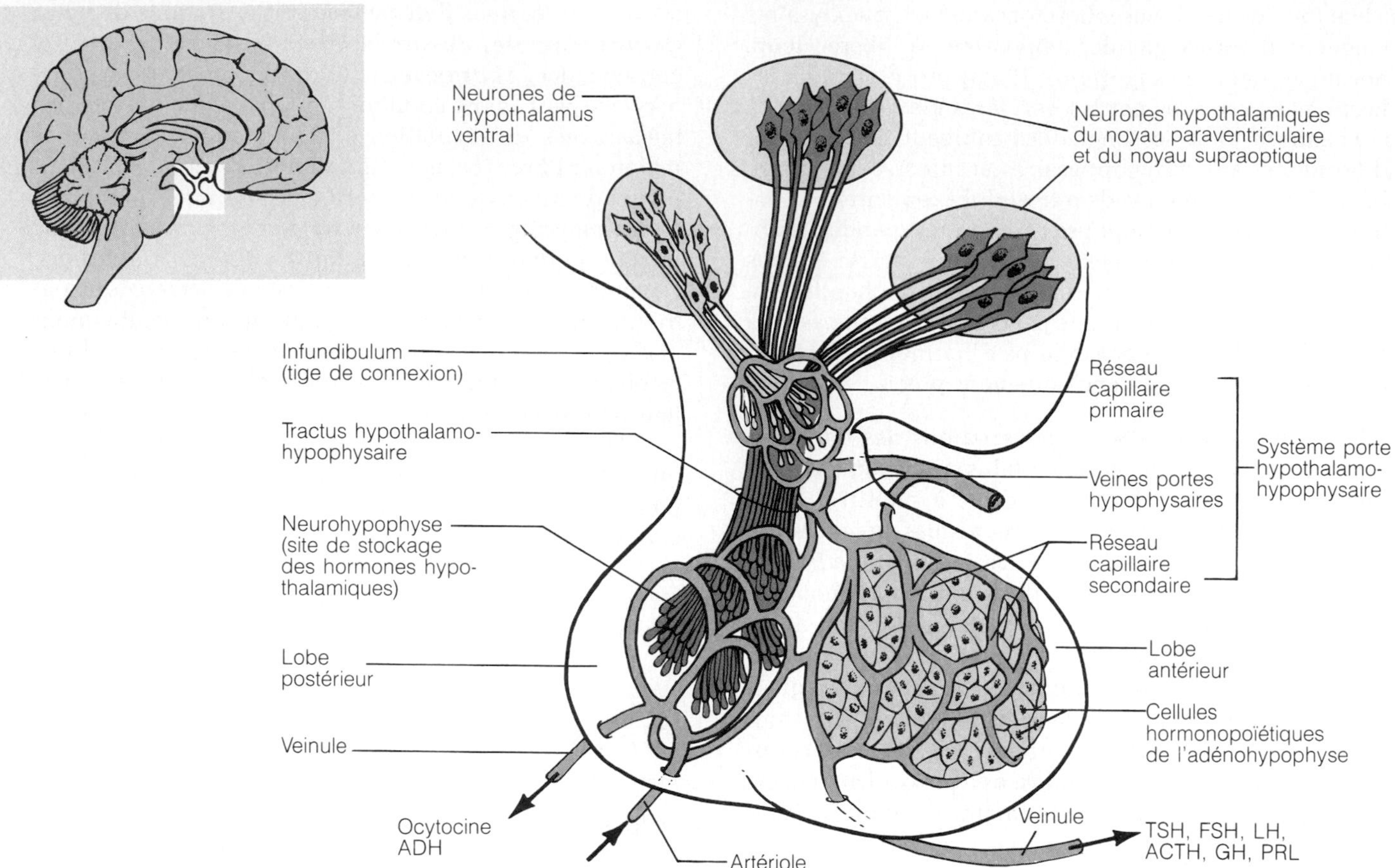

Figure 17.5 Relations structurales et fonctionnelles entre l'hypophyse et l'hypothalamus. Les neurones hypothalamiques du noyau supraoptique et du noyau paraventriculaire synthétisent l'ADH et l'ocytocine. Ces hormones sont transportées le long des axones (tractus hypothalamo-hypophysaire) jusqu'à la neurohypophyse, où elles sont emmagasinées. Certains neurones de l'hypothalamus ventral sont dotés d'axones très courts qui déversent des facteurs de libération et d'inhibition dans les capillaires du système porte hypothalamo-hypophysaire, qui rejoint l'adénohypophyse. Ces facteurs amènent les cellules hormonopoïétiques de l'adénohypophyse à libérer (ou à retenir) leurs hormones.

partir d'une excroissance du tissu hypothalamique (nerveux), et elle reste unie à l'hypothalamus par un réseau de neurofibres appelé **tractus hypothalamo-hypophysaire** (figure 17.5), qui passe dans l'infundibulum. Ce tractus naît de neurones neurosécréteurs situés dans le **noyau supraoptique** et le **noyau paraventriculaire** de l'hypothalamus (voir la figure 12.13c, à la p. 393). Les neurones paraventriculaires synthétisent l'ocytocine, et les neurones supraoptiques élaborent l'ADH, ou hormone antidiurétique. Ces **neurohormones** sont transportées jusqu'aux terminaisons axonales, dans la neurohypophyse, où elles sont emmagasinées. Lorsque les neurones hypothalamiques produisent des potentiels d'action, les hormones sont déversées (par exocytose) dans le liquide interstitiel, à proximité d'un lit capillaire d'où elles seront distribuées dans l'organisme.

Par ailleurs, le lobe antérieur provient d'une évagination de la partie supérieure de la muqueuse buccale (*poche de Rathke*) et il est dérivé du tissu épithélial. Après être entrée en contact avec le lobe postérieur, l'adénohypophyse perd son lien avec la muqueuse buccale et adhère à la neurohypophyse. Les deux lobes forment l'hypophyse. La connexion entre l'adénohypophyse et l'hypothalamus n'est pas nerveuse mais vasculaire. Plus précisément, la partie inférieure du **réseau capillaire primaire,** dans l'infundibulum, communique avec le **réseau capillaire secondaire,** dans l'adénohypophyse, au moyen des petites **veines portes hypophysaires.** Les réseaux capillaires primaire et secondaire ainsi que les veines portes hypophysaires forment le **système porte hypothalamo-hypophysaire*** (figure 17.5). Par l'intermédiaire du système porte, les **hormones de libération** et **d'inhibition** sécrétées par les neurones de l'hypothalamus ventral atteignent l'adénohypophyse, et régissent l'activité sécrétrice de ses cellules hormonopoïétiques. Toutes les hormones hypothalamiques régulatrices sont dérivées d'acides aminés mais, des amines aux polypeptides, leur taille varie considérablement.

Hormones adénohypophysaires

Comme l'adénohypophyse élabore de nombreuses hormones dont plusieurs régissent l'activité d'autres

* Un *système porte* est un réseau de vaisseaux sanguins où un lit capillaire aboutit à des veines qui, à leur tour, se jettent dans un autre lit capillaire.

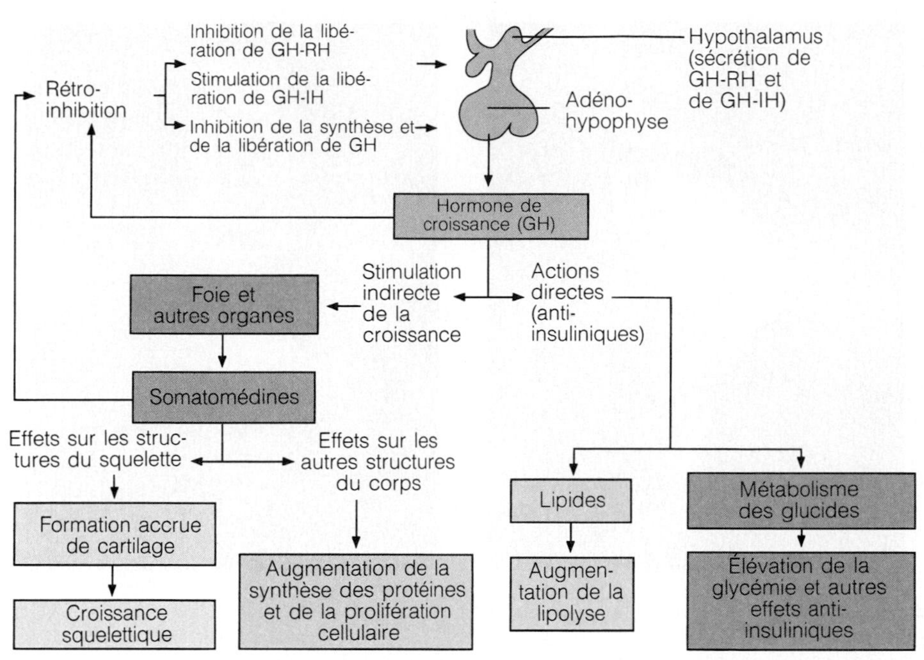

Figure 17.6 Essai de classification des effets métaboliques de l'hormone de croissance (GH). L'hormone de croissance stimule la dégradation des triglycérides (lipolyse) et leur libération des tissus adipeux; de plus, elle diminue l'absorption du glucose sanguin par les cellules, lui conservant ainsi une forte concentration. (Comme ces actions s'opposent à celles de l'insuline, elles sont dites actions anti-insuliniques.) On peut rattacher certains effets anabolisants indirects de la GH à son effet sur la synthèse des somatomédines, qui agissent aussi sur la croissance de certains tissus. Par rétro-inhibition, l'élévation des concentrations de l'hormone de croissance et de somatomédines favorise la libération de GH-IH (qui inhibe la libération de GH-RH par l'hypothalamus et celle de GH par l'adénohypophyse).

glandes endocrines, elle était autrefois considérée comme la «glande maîtresse». Ce titre revient aujourd'hui à l'hypothalamus qui, on le sait maintenant, commande l'adénohypophyse. Néanmoins, on connaît six hormones adénohypophysaires ayant chacune des effets physiologiques distincts sur l'être humain. De plus, on a réussi à isoler dans les cellules de l'adénohypophyse une grosse molécule appelée **proopiomélanocortine** (POMC). Il s'agit d'une *prohormone*, c'est-à-dire d'un précurseur duquel se détachent d'autres molécules sous l'effet d'enzymes. De la proopiomélanocortine proviennent la corticotrophine, deux opiacés naturels (une enképhaline et une bêta-endorphine, décrites au chapitre 11) et l'*hormone mélanotrope* (MSH, «melanocyte stimulating hormone»), qui accroît la synthèse de mélanine dans les mélanocytes et pourrait être un neurotransmetteur hypothalamique.

Lorsque l'adénohypophyse reçoit un stimulus chimique adéquat de l'hypothalamus, certaines de ses cellules libèrent une hormone ou plus. Bien que de nombreuses hormones de libération et d'inhibition passent de l'hypothalamus à l'adénohypophyse, les diverses cellules cibles de l'adénohypophyse distinguent les messages qui leur parviennent et réagissent de façon appropriée. Ainsi, elles synthétisent et sécrètent des hormones en réaction à des hormones de libération (RH, «releasing hormones»), et elles cessent de libérer des hormones en réaction à des hormones d'inhibition (IH, «inhibiting hormones»). Les hormones de libération constituent des facteurs régulateurs beaucoup plus importants que les hormones d'inhibition, car les cellules sécrétrices de l'adénohypophyse n'emmagasinent qu'une petite quantité d'hormones.

Quatre des six hormones adénohypophysaires, la thyréotrophine (TSH), la corticotrophine (ACTH), l'hormone folliculostimulante (FSH) et l'hormone lutéinisante (LH) sont des **stimulines,** c'est-à-dire qu'elles régissent le fonctionnement hormonal d'autres glandes endocrines. Les deux autres hormones adénohypophysaires, l'hormone de croissance (GH) et la prolactine (PRL), agissent principalement sur des cibles non endocriniennes. Toutes les hormones adénohypophysaires agissent par l'intermédiaire de seconds messagers. (Le tableau 17.2 présente un résumé des hormones adénohypophysaires, de leurs effets et de leurs relations avec les facteurs de régulation hypothalamiques.)

Hormone de croissance (GH). L'**hormone de croissance** (GH, «growth hormone»), aussi appelée **somatotrophine**, est une hormone protéique produite par les **cellules somatotropes.** Bien que la GH provoque la croissance et la division de la plupart des cellules de l'organisme, ses cibles principales sont les os et les muscles squelettiques. En effet, elle entraîne la croissance des os longs en stimulant l'activité du cartilage de conjugaison, et elle favorise l'accroissement de la masse musculaire.

De nature essentiellement anabolisante, l'hormone de croissance favorise la synthèse des protéines et facilite la conversion des triglycérides en acides gras (carburant), épargnant ainsi le glucose (figure 17.6). Les seconds messagers de la GH sont encore matière à controverse, mais on sait que les effets de cette hormone sur la croissance sont indirectement liés à son effet sur la synthèse et la sécrétion des **somatomédines,** des protéines qui jouent un rôle dans la croissance; ces protéines sont produites par le foie et, peut-être, par les reins et les muscles également. Plus précisément, la GH: (1) stimule l'absorption cellulaire des acides aminés du sang et la synthèse des protéines; (2) stimule l'absorption du soufre par les cellules de la matrice du cartilage (nécessaire à la synthèse de la chondroïtine-sulfate); (3) stimule la lipolyse des triglycérides dans les cellules

Figure 17.7 Personne atteinte d'acromégalie. L'acromégalie est due à une hypersécrétion de GH chez l'adulte. Notez l'hypertrophie de la mâchoire, du nez et des mains. De gauche à droite, la même personne est photographiée à l'âge de 16 ans, de 33 ans et de 52 ans.

adipeuses, élevant ainsi le taux sanguin d'acides gras; (4) ralentit l'absorption du glucose et son métabolisme, concourant ainsi à la stabilité de la glycémie.

Deux hormones hypothalamiques aux effets antagonistes régissent la sécrétion de l'hormone de croissance. La **somatocrinine** (GH-RH, «growth hormone-releasing hormone») provoque la libération de GH, tandis que la **somatostatine** (GH-IH, «growth hormone-inhibiting hormone») l'inhibe. (Il semble que la libération de somatostatine soit amorcée par la rétroaction de la GH et des somatomédines). Les effets de la somatostatine sont si étendus qu'ils méritent qu'on s'y attarde. La GH-IH inhibe non seulement la sécrétion de GH, mais également la libération de plusieurs autres hormones adénohypophysaires (voir le tableau 17.2). En outre, elle inhibe la libération de presque toutes les sécrétions gastro-intestinales et pancréatiques, tant endocrines qu'exocrines.

La sécrétion de GH suit en général un cycle diurne, et la concentration atteint son maximum pendant le sommeil nocturne; cependant, la sécrétion quotidienne de GH diminue au cours des années. Par ailleurs, comme l'indique le tableau 17.2, la libération de GH est très variable, et elle est sujette à des déclencheurs secondaires qui agissent directement sur l'hypothalamus afin de moduler la sécrétion de ses deux hormones régulatrices.

L'hypersécrétion et l'hyposécrétion de l'hormone de croissance peuvent causer des anomalies. Chez l'enfant, l'hypersécrétion peut entraîner le *gigantisme,* un trouble caractérisé par une croissance exceptionnellement rapide et l'atteinte d'une taille excessive (jusqu'à 2,4 m), sans altération des proportions corporelles. La sécrétion de quantités excessives de GH après l'atteinte de la taille adulte et la soudure des cartilages de conjugaison cause l'*acromégalie* (*akron* = extrémité; *megas* = grand). Ce trouble se caractérise par l'hypertrophie et l'épaississement des régions osseuses encore sensibles à la GH, notamment les os des mains, des pieds et du visage (figure 17.7). L'épaississement des tissus mous peut provoquer une déformation des traits du visage et une hypertrophie de la langue. L'hypersécrétion de GH résulte généralement d'une tumeur de l'adénohypophyse qui rend la glande insensible aux mécanismes de régulation hypothalamiques. Le traitement courant consiste en l'ablation chirurgicale de la tumeur, mais les changements anatomiques survenus auparavant sont irréversibles.

L'hyposécrétion de GH chez l'adulte demeure le plus souvent sans conséquence mais, dans de rares cas, le déficit est tel que les tissus s'atrophient et que les signes cliniques du vieillissement précoce apparaissent. Chez l'enfant, le déficit en GH ralentit la croissance des os longs et cause le *nanisme hypophysaire.* Les personnes atteintes de ce trouble ne dépassent pas 1,2 m mais présentent habituellement des proportions corporelles relativement normales. Le déficit en GH s'accompagne souvent d'autres déficits en hormones adénohypophysaires; une insuffisance de thyréotrophine (TSH) ou de gonadotrophines (FSH et LH) perturbe les proportions corporelles de même que le développement sexuel. Lorsque le nanisme hypophysaire est diagnostiqué avant la puberté, l'administration de GH peut rétablir une croissance presque normale. Fort heureusement, grâce au génie génétique, la GH est aujourd'hui produite commercialement. Des scientifiques pensent même que la GH-RH synthétique constituera un traitement encore plus efficace que la GH. Mais la médaille a son revers: certains athlètes consomment maintenant de la GH, comme des stéroïdes anabolisants, pour améliorer leurs performances (voir l'encadré de la p. 289). ■

Thyréotrophine (TSH). La **thyréotrophine** (TSH, «thyroid-stimulating hormone»), ou **hormone thyréotrope,** est une stimuline glycoprotéique qui stimule le développement normal et l'activité sécrétrice de la thyroïde. La thyréotrophine est sécrétée par les **cellules thyréotropes** de l'adénohypophyse, sous l'effet d'un peptide hypothalamique appelé **thyréolibérine** (TRH, «thyrotropin-releasing hormone»); l'élévation des taux sanguins des hormones thyroïdiennes agissant tant sur l'adénohypophyse que sur l'hypothalamus inhibe sa libération par rétro-inhibition. L'hypothalamus libère alors de la somatostatine (GH-IH), qui renforce l'inhibition de la libération de thyréotrophine par l'adénohypophyse. Certains facteurs externes, agissant par l'intermédiaire des mécanismes de régulation hypothalamiques, peuvent aussi influer sur la sécrétion de la thyréotrophine. Nous y reviendrons dans la section consacrée aux hormones thyroïdiennes.

Corticotrophine (ACTH). La **corticotrophine** (ACTH, «adrenocorticotropic hormone»), ou **hormone corticotrope,** est sécrétée par les **cellules corticotropes** de l'adénohypophyse. Elle amène la corticosurrénale à libérer les hormones corticostéroïdes, et plus particulièrement les hormones glucocorticoïdes qui aident l'organisme à résister aux facteurs de stress. La libération de la corticotrophine, provoquée par la **corticolibérine** (CRF, «corticotropin-releasing factor») hypothalamique, suit un rythme fondamentalement diurne, les plus fortes concentrations étant atteintes le matin, peu après le lever. L'élévation des concentrations de glucocorticoïdes exerce une rétro-inhibition sur la sécrétion de CRF par l'hypothalamus et, par conséquent, sur la libération d'ACTH par l'adénohypophyse. La fièvre, l'hypoglycémie et les facteurs de stress en tout genre perturbent le rythme de sécrétion d'ACTH en déclenchant la libération de CRF. Comme la CRF est à la fois le régulateur de l'ACTH et un neurotransmetteur du système nerveux central, certains spécialistes estiment qu'elle constitue l'intégrateur du stress.

Gonadotrophines. Les gonadotrophines sont l'**hormone folliculostimulante** (FSH, «follicle-stimulating hormone») et l'**hormone lutéinisante** (LH, «luteinizing hormone»); elles régissent le fonctionnement des gonades (les ovaires et les testicules). Chez les deux sexes, la FSH stimule la production des gamètes (spermatozoïdes et ovules), tandis que la LH favorise la production des hormones gonadiques. La FSH agit en synergie avec la LH afin de provoquer la maturation du follicule ovarien chez les femmes; ensuite, la LH déclenche à elle seule l'ovulation (l'expulsion de l'ovule du follicule) et stimule la synthèse et la libération des hormones ovariennes (les œstrogènes et la progestérone). Chez les hommes, la LH stimule la production de la testostérone par les cellules interstitielles des testicules.

Avant la puberté, les gonadotrophines sont présentes dans le sang mais elles ne sont pas fonctionnelles. Pendant la puberté, les **cellules gonadotropes** s'activent et les concentrations de FSH et de LH commencent à s'élever, ce qui entraîne la maturation des gonades. Chez les deux sexes, la libération des gonadotrophines par l'adénohypophyse est provoquée par la **gonadolibérine** (LH-RH, «luteinizing hormone-releasing hormone») que produit l'hypothalamus. Les hormones gonadiques, produites en réaction aux gonadotrophines, exercent une rétro-inhibition sur la libération de FSH et de LH.

Prolactine (PRL). La **prolactine** (PRL) (*pro* = en faveur de; *lactus* = lait) est une hormone protéique semblable, du point de vue structural, à l'hormone de croissance. Produite par les **cellules lactotropes** de l'adénohypophyse, elle stimule les ovaires de certains animaux, et certains chercheurs la considèrent comme une gonadotrophine. Toutefois, son principal effet chez l'humain est la stimulation de la lactation (la fabrication de lait par les glandes mammaires). Comme celle de la GH, la libération de la prolactine est régie par des hormones hypothalamiques de libération et d'inhibition: le **PRF** («prolactin-releasing factor»), le facteur déclenchant la sécrétion de prolactine, et le **PIF** («prolactin-inhibiting factor»), le facteur inhibant la sécrétion de prolactine, c'est-à-dire la dopamine, un neurotransmetteur. L'influence du PIF prédomine chez les femmes qui n'allaitent pas et chez les hommes, mais le taux de prolactine fluctue en fonction des taux d'œstrogènes chez les femmes. De faibles taux d'œstrogènes stimulent la libération du PIF, tandis que des taux élevés d'œstrogènes favorisent la libération du PRF et, par conséquent, celle de la prolactine elle-même. L'élévation transitoire du taux de PRL précédant la menstruation est une des causes du gonflement et de la sensibilité des seins que certaines femmes éprouvent alors; cependant, le séjour de la PRL dans le sang est trop bref pour déclencher la lactation. En revanche, le taux sanguin de PRL s'élève énormément à la fin de la grossesse et provoque cette fois la lactation. Après la naissance, la succion stimule la libération du PRF et prolonge la lactation.

L'hypersécrétion de prolactine est plus répandue que son hyposécrétion (qui n'est problématique que pour les femmes qui désirent allaiter). En fait, l'hyperprolactinémie est la plus fréquente des anomalies causées par les tumeurs de l'adénohypophyse. Les signes cliniques de ce trouble sont la galactorrhée et l'aménorrhée chez les femmes et l'impuissance chez les hommes. ■

Neurohypophyse et hormones hypothalamiques

La neurohypophyse, composée principalement de cellules gliales, d'axones et de terminaisons axonales, n'est pas une glande endocrine à proprement parler. Les terminaisons axonales emmagasinent l'ocytocine et l'hormone antidiurétique synthétisées et libérées par les neurones hypothalamiques du noyau paraventriculaire et du noyau supraoptique. Ces hormones sont sécrétées «sur demande» lorsque les terminaisons axonales sont stimulées par des influx nerveux.

Tableau 17.2 Régulation et effets des hormones hypophysaires

Hormones	Structure chimique	Libération	Cible/effets	Effets de l'hyposécrétion et de l'hypersécrétion
Hormones adénohypophysaires				
Hormone de croissance (GH)	Protéine	Stimulée par la libération de GH-RH*, elle-même provoquée par la diminution du taux sanguin de GH ainsi que par des déclencheurs secondaires, dont l'hypoglycémie, l'élévation du taux sanguin d'acides aminés, la diminution du taux sanguin d'acides gras, l'exercice, etc.; rétro-inhibition par la GH et les somatomédines ainsi que par l'hyperglycémie, l'hyperlipidémie et les carences affectives, qui provoquent toutes la libération de GH-IH*	Principalement les cellules osseuses et musculaires; hormone anabolisante; stimule la croissance somatique; mobilise les triglycérides; épargne le glucose	*Hyposécrétion*: Nanisme hypophysaire chez l'enfant *Hypersécrétion*: Gigantisme chez l'enfant; acromégalie chez l'adulte
Thyréotrophine (TSH)	Glycoprotéine	Stimulée par la TRH* et, indirectement, par la grossesse et le froid; rétro-inhibition par les hormones thyroïdiennes sur l'adénohypophyse et l'hypothalamus ainsi que par la GH-IH*	Glande thyroïde; stimule la libération des hormones thyroïdiennes	*Hyposécrétion*: Crétinisme chez l'enfant; myxœdème chez l'adulte *Hypersécrétion*: Maladie de Graves; exophtalmie
Corticotrophine (ACTH)	Polypeptide (39 acides aminés)	Stimulée par la CRF*; les stimulus qui favorisent la libération de CRF sont, entre autres, la fièvre, l'hypoglycémie et d'autres facteurs de stress; rétro-inhibition par les glucocorticoïdes	Corticosurrénale; favorise la libération des glucocorticoïdes et des androgènes (et, dans une moindre mesure, des minéralocorticoïdes)	*Hyposécrétion*: Rare *Hypersécrétion*: Maladie de Cushing
Hormone folliculo-stimulante (FSH)	Glycoprotéine	Stimulée par la LH-RH*; rétro-inhibition par les œstrogènes chez la femme et par la testostérone et l'inhibine chez l'homme	Ovaires et testicules; chez la femme, stimule la maturation du follicule ovarien et la production d'œstrogènes; chez l'homme, stimule la spermatogenèse	*Hyposécrétion*: Absence de maturation sexuelle *Hypersécrétion*: Aucun effet important

L'ADH et l'ocytocine ne diffèrent que par deux des neuf acides aminés dont elles sont composées. Pourtant, elles ont sur leurs organes cibles des effets physiologiques fort dissemblables. L'ADH influe sur l'équilibre hydrique, tandis que l'ocytocine stimule la contraction des muscles lisses de l'utérus et des cellules myoépithéliales des glandes mammaires (voir le tableau 17.2). Ces deux hormones agissent par l'intermédiaire de seconds messagers.

Ocytocine. L'**ocytocine** est un puissant stimulant des contractions utérines; dans une moindre mesure, elle provoque aussi la contraction des muscles lisses vasculaires. La synthèse et la libération de l'ocytocine ne sont notables que durant l'accouchement (*ôkus* = rapide; *tokos* = accouchement) et la lactation. Dans l'utérus, le nombre de récepteurs de l'ocytocine (situés sur la membrane plasmique des cellules musculaires) augmente considérablement à la fin de la grossesse, et le muscle lisse devient alors de plus en plus sensible aux effets stimulants de l'ocytocine. La dilatation de l'utérus et du col observée à l'approche de la naissance provoque l'envoi d'influx nerveux à l'hypothalamus. Celui-ci réagit en synthétisant l'ocytocine et en provoquant sa libération par la neurohypophyse. Ensuite, l'élévation de la concentration sanguine d'ocytocine favorise les contractions du muscle utérin. L'ocytocine provoque aussi l'éjection du lait (le réflexe de déclenchement de la sécrétion lactée) chez les femmes dont les seins produisent du lait en réaction à la prolactine. La succion cause

Tableau 17.2 (suite)

Hormones	Structure chimique	Libération	Cible/effets	Effets de l'hyposécrétion et de l'hypersécrétion
Hormone lutéinisante (LH)	Glycoprotéine	Stimulée par la LH-RH*; rétro-inhibition par les œstrogènes et la progestérone chez la femme et par la testostérone chez l'homme	Ovaires et testicules; chez la femme, déclenche l'ovulation et stimule la production ovarienne d'œstrogènes et de progestérone; chez l'homme, favorise la production de testostérone	Mêmes que ceux de la FSH
Prolactine (PRL)	Protéine	Stimulée par le PRF*; la libération de PRF est favorisée par les œstrogènes, les contraceptifs oraux, les opiacés et l'allaitement; inhibée par le PIF*	Tissu sécréteur des seins; stimule la lactation	*Hyposécrétion*: Insuffisance de la sécrétion lactée chez la femme qui allaite *Hypersécrétion*: Galactorrhée; aménorrhée chez la femme; impuissance chez l'homme
Hormones neurohypophysaires (produites par les neurones hypothalamiques et emmagasinées dans la neurohypophyse)				
Ocytocine	Peptide	Stimulée (rétroactivation) par des influx provenant des neurones hypothalamiques émis en réaction à la dilatation de l'utérus et du col et à la succion; inhibée par l'absence des stimulus nerveux appropriés	Utérus; stimule les contractions utérines; déclenche le travail; seins; provoque l'éjection du lait	Inconnus
Hormone antidiurétique (ADH)	Peptide	Stimulée par des influx provenant des neurones hypothalamiques émis en réaction à une augmentation de l'osmolarité sanguine ou à une diminution du volume sanguin; aussi stimulée par la douleur, certains médicaments et l'hypotension artérielle; inhibée par une hydratation adéquate et par l'alcool	Reins; stimule la réabsorption de l'eau par les tubules rénaux	*Hyposécrétion*: Diabète insipide *Hypersécrétion*: Syndrome de sécrétion inappropriée d'ADH

* Hormones hypothalamiques de libération ou d'inhibition: GH-RH = somatocrinine; GH-IH = somatostatine; PRF = facteur déclenchant la sécrétion de prolactine; PIF = facteur inhibant la sécrétion de prolactine; TRH = thyréolibérine; LH-RH = gonadolibérine; CRF = corticolibérine.

la libération réflexe de l'ocytocine, laquelle atteint les cellules myoépithéliales spécialisées entourant les glandes mammaires. Ces cellules se contractent et éjectent le lait dans la bouche de l'enfant. Ces deux mécanismes constituent *une rétroactivation,* et nous y revenons plus en détail au chapitre 29.

On emploie des médicaments ocytociques naturels et synthétiques (Syntocinon et autres) pour provoquer le travail ou l'accélérer. Plus rarement, on administre des ocytociques pour combattre les hémorragies de la délivrance (ces médicaments entraînent la constriction des vaisseaux sanguins rompus au niveau de l'endomètre) et pour stimuler la sécrétion lactée.

Hormone antidiurétique (ADH). La *diurèse* étant la production d'urine, un *antidiurétique* est une substance chimique qui inhibe ou empêche la formation d'urine. L'**hormone antidiurétique** (ADH, «antidiuretic hormone») agit sur les tubules rénaux, qui réabsorbent davantage d'eau de l'urine en formation et qui la renvoient dans la circulation sanguine. Par conséquent, la production d'urine diminue et le volume sanguin augmente.

L'ADH prévient les fluctuations excessives du bilan hydrique et, par conséquent, la déshydratation ou la surhydratation. Des neurones hypothalamiques hautement spécialisés, appelés *osmorécepteurs*, règlent constamment la concentration de solutés (et donc la concentration de l'eau) dans le sang. Lorsque les solutés deviennent trop concentrés (à cause de la diaphorèse ou d'un apport hydrique insuffisant), les osmorécepteurs émettent des influx excitateurs en direction des neurones hypothalamiques qui synthétisent et libèrent l'ADH. Celle-ci, libérée dans le sang par la neurohypophyse, se lie aux cellules des tubules rénaux et les amène à réabsorber plus d'eau; ensuite, le volume sanguin s'élève à son niveau normal. À l'opposé, lorsque la concentration des solutés diminue, les osmorécepteurs cessent d'émettre des influx nerveux et mettent ainsi fin à la libération d'ADH. La douleur, l'hypotension artérielle et certains médicaments (tels la nicotine, la morphine et les barbituriques) déclenchent aussi la libération d'ADH.

L'ingestion d'alcool inhibe la sécrétion d'ADH et provoque une abondante diurèse. La xérostomie et la soif intense du «lendemain de la veille» sont dues à l'effet déshydratant de l'alcool. Comme vous pouviez vous y attendre, l'ingestion de quantités excessives d'eau inhibe aussi la libération d'ADH. Certains médicaments, appelés *diurétiques*, s'opposent aux effets de l'ADH et accroissent la diurèse. Ces médicaments servent à traiter l'œdème (la rétention d'eau dans les tissus) caractéristique de l'insuffisance cardiaque.

Dans certaines conditions, lors d'une hémorragie notamment, l'ADH est libérée en quantités exceptionnellement grandes. Lorsque sa concentration sanguine est élevée, l'ADH cause une vasoconstriction, en particulier celle des vaisseaux sanguins des viscères, et entraîne ainsi une augmentation de la pression artérielle systémique. C'est la raison pour laquelle l'ADH est aussi appelée **vasopressine.**

Le seul trouble important de la sécrétion d'ADH est le *diabète insipide*, un syndrome caractérisé par l'excrétion de grandes quantités d'urine (polyurie) et par une soif intense. Jadis, les médecins goûtaient à l'urine pour déterminer la cause de la polyurie. Ils qualifièrent cette forme de diabète d'«insipide» (l'urine n'a alors aucun goût) pour la distinguer du diabète sucré, dans lequel l'insuffisance d'insuline cause la glycosurie par augmentation de la glycémie.

Le diabète insipide est généralement causé par un traumatisme de l'hypothalamus comme peut en provoquer un coup à la tête; plus rarement, il est dû à une lésion tumorale de la neurohypophyse. Dans les deux cas, il y a insuffisance d'ADH. Le trouble, bien qu'incommodant, est sans gravité si le centre de la soif fonctionne normalement et si la personne atteinte boit suffisamment pour prévenir la déshydratation. Toutefois, le diabète insipide peut constituer un danger mortel pour une personne inconsciente ou comateuse; c'est pourquoi il faut surveiller de près les victimes de traumatismes crâniens.

L'hypersécrétion d'hormone antidiurétique est rare, mais elle peut résulter d'une lésion de l'hypothalamus ou encore de l'activité ectopique de cellules cancéreuses (et particulièrement de cellules engendrées par le cancer du poumon). Ce trouble provoque le *syndrome de sécrétion inappropriée d'hormone antidiurétique*, qui se caractérise par une rétention d'eau, un accroissement pondéral et une hypo-osmolarité sanguine. ■

Glande thyroïde

Situation et structure

Organe en forme de papillon, la glande thyroïde est située dans la partie antérieure du cou; elle repose sur la trachée, juste au-dessous du larynx (figure 17.8a). Ses deux **lobes** latéraux sont reliés par une masse de tissu étroite appelée **isthme.** La thyroïde est la plus grande des glandes purement endocrines et son irrigation (fournie par les *artères thyroïdiennes supérieure* et *inférieure*) est extrêmement abondante, ce qui complique énormément les interventions chirurgicales qui la touchent.

L'intérieur de la glande thyroïde est constitué de structures sphériques creuses appelées follicules (figure 17.8b). Les parois des follicules sont formées principalement de cellules épithéliales cubiques appelées cellules folliculaires, qui produisent la glycoprotéine appelée **thyroglobuline.** La cavité centrale des follicules est remplie d'un colloïde ambré composé de molécules de thyroglobuline auxquelles s'attachent des atomes d'iode. Deux hormones appelées *hormones thyroïdiennes* sont dérivées de cette substance. Les follicules sont séparés les uns des autres par du tissu conjonctif contenant les *cellules parafolliculaires*, qui élaborent une hormone, la *calcitonine* (voir à la p. 558).

Hormones thyroïdiennes (TH)

Les **hormones thyroïdiennes** (TH, «thyroid hormones»), que beaucoup considèrent comme les principales hormones métaboliques, contiennent toutes deux de l'iode. Il s'agit de la **thyroxine,** ou $\mathbf{T_4}$ (tétraiodothyronine), et de la **triiodothyronine,** ou $\mathbf{T_3}$. La thyroxine est sécrétée par les follicules thyroïdiens, tandis que la majeure partie de la triiodothyronine est formée dans les tissus cibles à partir de la thyroxine. Étant composées de deux tyrosines (des acides aminés), ces hormones sont fort semblables; mais alors que la thyroxine possède quatre atomes d'iode, la triiodothyronine n'en a que trois (d'où les abréviations T_4 et T_3).

À l'exception de certains organes adultes (la rate, les testicules, l'utérus et la glande thyroïde elle-même), les hormones thyroïdiennes agissent sur les cellules de presque tous les tissus. En règle générale, elles stimulent les enzymes effectuant l'oxydation du glucose. Par voie de conséquence, elles accélèrent le métabolisme basal et

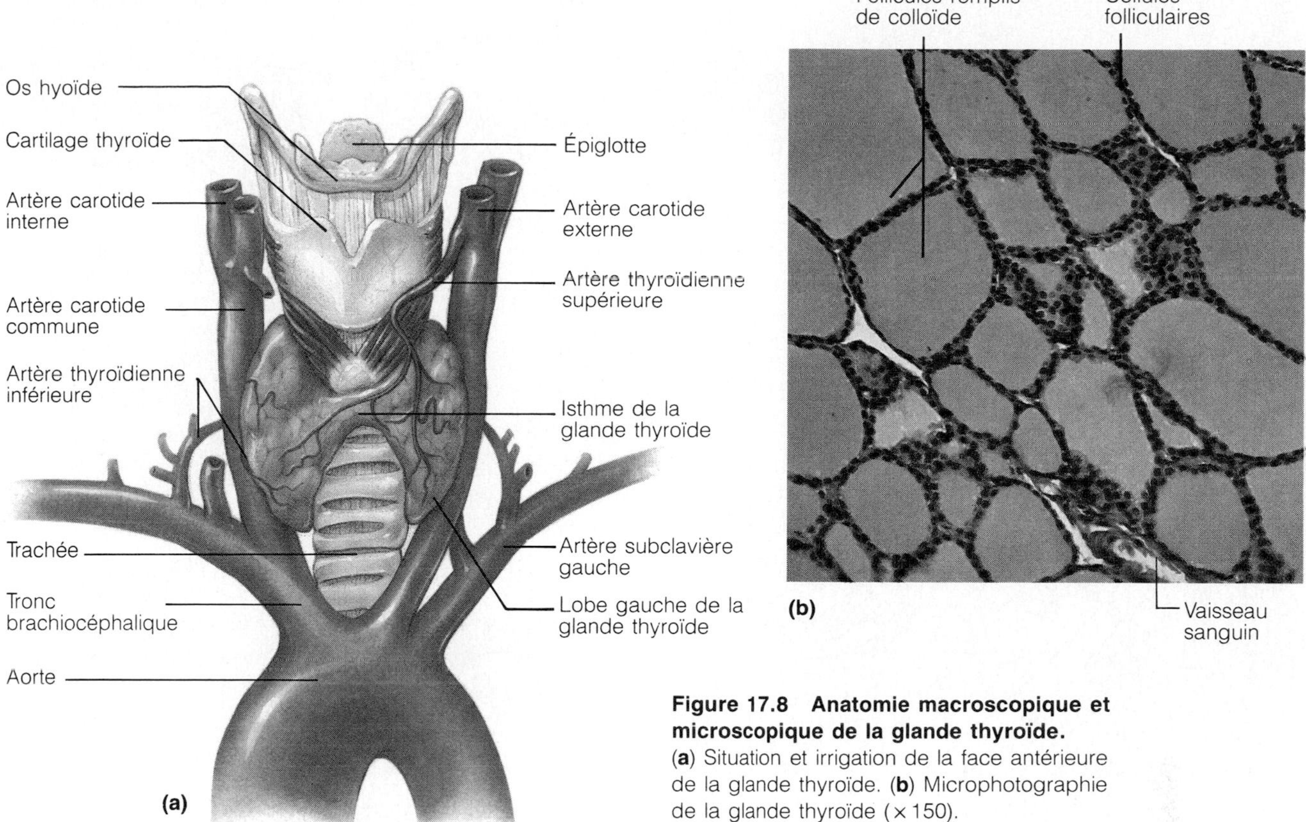

Figure 17.8 Anatomie macroscopique et microscopique de la glande thyroïde. (**a**) Situation et irrigation de la face antérieure de la glande thyroïde. (**b**) Microphotographie de la glande thyroïde (× 150).

augmentent la consommation d'oxygène ainsi que la production de chaleur; elles ont donc un **effet calorigène.** La diminution des concentrations sanguines d'hormones thyroïdiennes produit l'effet contraire. Par ailleurs, les hormones thyroïdiennes influent sur la croissance et le développement des tissus; elles sont essentielles au développement du système squelettique et du système nerveux ainsi qu'aux fonctions de reproduction. Le tableau 17.3, à la p. 557, présente un résumé des nombreux effets des hormones thyroïdiennes.

La synthèse des hormones thyroïdiennes repose sur trois processus interdépendants qui débutent avec la liaison de la thyréotrophine (TSH) aux récepteurs membranaires des cellules folliculaires.

1. *Formation de la thyroglobuline.* La thyroglobuline est synthétisée dans les ribosomes, puis transportée dans l'appareil de Golgi, où elle se lie à des résidus de sucre et s'entasse dans des vésicules de sécrétion. Celles-ci se déplacent vers le sommet des cellules folliculaires et déchargent leur contenu dans la cavité centrale du follicule, puis la thyroglobuline s'intègre au colloïde.

2. *Liaison de l'iode à la thyroglobuline (figure 17.9, étapes 1 à 4).* Pour que soient produites les hormones thyroïdiennes, les cellules folliculaires doivent activement prélever des iodures (des anions d'iode) du sang. Une fois à l'intérieur des cellules, les iodures sont convertis (oxydés) en iode. L'iode entre ensuite dans la cavité centrale des follicules et s'attache aux tyrosines (acides aminés) faisant partie de la thyroglobuline du colloïde. La liaison de deux iodures à une tyrosine produit la **diiodotyrosine** (DIT), tandis que la liaison d'un iodure produit la **monoiodotyrosine** (MIT). Des enzymes du colloïde unissent ces molécules. Deux molécules de diiodotyrosine forment la thyroxine, et l'union d'une molécule de monoiodotyrosine et d'une molécule de diiodotyrosine forme la triiodothyronine. À ce stade, cependant, les hormones sont encore liées à la thyroglobuline.

3. *Séparation des hormones (voir la figure 17.9, étapes 5 et 6).* Pour que les hormones soient sécrétées, il faut que les cellules folliculaires absorbent la thyroglobuline iodée par endocytose et que les vésicules qui en résultent s'associent à des lysosomes. Une fois que les hormones ont été séparées de la thyroglobuline par des enzymes lysosomiales, elles diffusent dans la circulation sanguine. Une partie de la thyroxine est convertie en triiodothyronine avant que ne survienne la sécrétion.

Il faut se rappeler que la *réaction initiale* à la liaison de la thyréotrophine (TSH) est la sécrétion des hormones thyroïdiennes. La synthèse de colloïde reprend ensuite, pour «faire le plein» de la cavité centrale des follicules. La thyroïde est la seule des glandes endocrines à

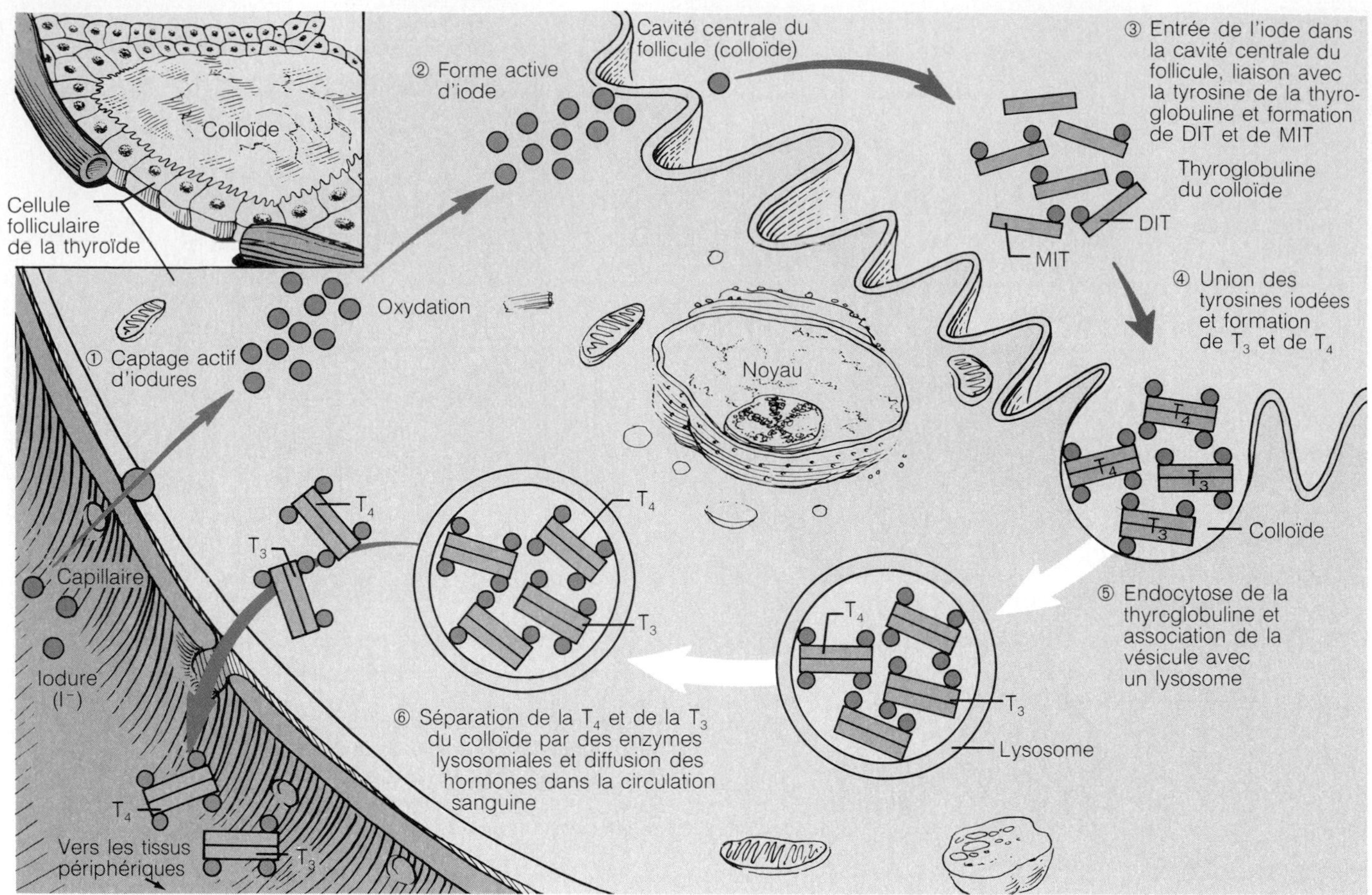

Figure 17.9 Biosynthèse des hormones thyroïdiennes. Étapes menant à la synthèse de la thyroxine (T_4) et de la triiodothyronine (T_3). La liaison de la TSH aux récepteurs des cellules folliculaires stimule la synthèse du colloïde (non représentée), les étapes illustrées ci-dessus et la libération de thyroxine et de triiodothyronine. Ces événements sont décrits au long dans le texte. (Note: seules les tyrosines iodées du colloïde sont indiquées. Le reste du colloïde est représenté en jaune.)

emmagasiner ses hormones puis à les libérer lentement. Dans une glande thyroïde saine, le volume de colloïde emmagasiné est relativement constant, et il suffit à produire des quantités normales d'hormones pendant une période de plus de trois mois.

La majeure partie des hormones thyroïdiennes libérées se lie immédiatement aux protéines plasmatiques, dont la plus importante est la *TBG* («thyroxine-binding globulin», c'est-à-dire la globuline liant la thyroxine), produite par le foie. La thyroxine et la triiodothyronine se lient aux récepteurs membranaires des cellules cibles; la seconde est environ 10 fois plus active que la première et se lie aussi beaucoup plus facilement (son affinité est très grande). La plupart des tissus périphériques sont dotés des enzymes nécessaires à la conversion de la thyroxine en triiodothyronine, selon un processus qui passe par la séparation enzymatique d'un atome d'iode. Les modes d'action des hormones thyroïdiennes sont nombreux et se réalisent en fonction des récepteurs des cellules cibles visées. Il est indubitable que l'AMP cyclique sert de second messager des hormones thyroïdiennes auprès de certaines cellules cibles. Néanmoins, ces hormones, et particulièrement la triiodothyronine, pénètrent dans certaines cellules cibles et se fixent à des récepteurs situés dans les mitochondries (stimulant le captage de l'oxygène) et dans le noyau (déclenchant la transcription de l'ADN).

La diminution du taux sanguin de thyroxine provoque la libération de thyréotrophine par l'adénohypophyse et, en bout de ligne, la libération de thyroxine. En revanche, l'augmentation du taux sanguin de thyroxine exerce une rétro-inhibition sur l'axe hypothalamus-adénohypophyse, interrompant le stimulus déclencheur de la libération de TSH. L'accroissement des besoins énergétiques, causé notamment par la grossesse et le froid prolongé, stimule la sécrétion de *thyréolibérine* (TRH, «thyrotropin-releasing hormone») par l'hypothalamus, laquelle entraîne la libération de TSH; dans de telles conditions, la TRH surmonte la rétro-inhibition. La thyroïde libérant une quantité accrue d'hormones thyroïdiennes, le métabolisme et la production de chaleur s'en trouvent augmentés. Parmi les facteurs qui inhibent la libération de TSH, on trouve l'élévation des taux de glucocorticoïdes et d'hormones sexuelles (œstrogènes ou testostérone).

Tableau 17.3 Principaux effets des hormones thyroïdiennes (T_4 et T_3)

Processus ou système touché	Effets physiologiques normaux	Effets de l'hyposécrétion	Effets de l'hypersécrétion
Métabolisme basal/régulation de la température	Stimulent la consommation d'oxygène et accélèrent le métabolisme basal; augmentent la production de chaleur; facilitent les effets des catécholamines (adrénaline et noradrénaline) et du système nerveux sympathique	Diminution du métabolisme basal; diminution de la température corporelle; intolérance au froid; anorexie; gain pondéral; diminution de la sensibilité aux catécholamines	Augmentation du métabolisme basal; augmentation de la température corporelle; intolérance à la chaleur; augmentation de l'appétit; perte pondérale; augmentation de la sensibilité aux catécholamines; peut causer l'hypertension
Métabolisme des glucides, des lipides et des protéines	Favorisent le catabolisme du glucose; mobilisent les lipides; essentielles à la production d'énergie pour la synthèse des protéines; facilitent la sécrétion hépatique de cholestérol	Diminution du métabolisme du glucose; augmentation des taux sanguins de cholestérol et de triglycérides; diminution de la synthèse des protéines; œdème	Augmentation du catabolisme du glucose et des lipides; perte pondérale; augmentation du catabolisme des protéines; diminution de la masse musculaire
Système nerveux	Favorisent le développement du système nerveux chez le fœtus et le nourrisson; nécessaires au fonctionnement du système nerveux chez l'adulte	Chez l'enfant, ralentissement ou déficience du développement cérébral; arriération mentale; chez l'adulte, diminution des aptitudes mentales, dépression, paresthésies, troubles de la mémoire, apragmatisme, diminution des réflexes	Irritabilité, agitation, insomnie, hypersensibilité aux stimulus environnementaux, exophtalmie, changements de la personnalité
Système cardiovasculaire	Favorisent le fonctionnement normal du cœur	Diminution de l'efficacité de l'action de pompage du cœur; diminution de la fréquence cardiaque et de la pression artérielle	Augmentation de la fréquence cardiaque et palpitations; hypertension artérielle; si prolongée, cause l'insuffisance cardiaque
Système musculaire	Favorisent le développement, le tonus et le fonctionnement des muscles	Hypotonie; crampes musculaires; myalgie	Atrophie et faiblesse musculaires
Système squelettique	Favorisent la croissance et la maturation du squelette	Chez l'enfant, retard de la croissance, arrêt de la croissance squelettique, proportions inadéquates du squelette; chez l'adulte, douleurs articulaires	Chez l'enfant, croissance squelettique excessive au début, suivie par la soudure précoce des cartilages de conjugaison et l'atteinte d'une faible taille; chez l'adulte, déminéralisation squelettique
Système digestif	Favorisent la motilité et le tonus gastro-intestinaux; accroissent la sécrétion de sucs digestifs	Diminution de la motilité, du tonus et de l'activité sécrétrice; constipation	Motilité gastro-intestinale excessive; diarrhée; anorexie
Système génital	Permettent le fonctionnement normal des organes génitaux et stimulent la lactation chez la femme	Diminution de la fonction ovarienne; stérilité; diminution de la lactation	Chez la femme, diminution de la fonction ovarienne; chez l'homme, impuissance
Système tégumentaire	Favorisent l'hydratation et stimulent l'activité sécrétrice de la peau	Peau pâle, épaisse et sèche; œdème facial; cheveux rudes et minces; ongles durs et épais	Peau rouge, mince et humide; cheveux fins et doux; ongles mous et minces

Tant l'hyperfonctionnement que l'hypofonctionnement de la glande thyroïde peuvent causer de graves troubles métaboliques (voir le tableau 17.3). Les hypothyroïdies peuvent résulter d'une anomalie de la glande thyroïde ou être secondaires à une déficience en TSH ou en TRH. Elles surviennent aussi à la suite de l'ablation chirurgicale de la glande thyroïde (*thyroïdectomie*) ou d'une carence alimentaire en iode.

Chez l'adulte, le syndrome hypothyroïdien complet est appelé *myxœdème*. Il se manifeste par un métabolisme basal lent, des sensations de froid, la constipation, l'assèchement et l'épaississement cutanés, la bouffissure des yeux, l'œdème, la léthargie et la diminution des aptitudes mentales (mais non l'arriération). Si l'hypothyroïdie est causée par une carence en iode, la glande thyroïde s'hypertrophie, ce qui produit le **goitre endémique,** ou **myxœdémateux.** Les cellules folliculaires élaborent la thyroglobuline du colloïde, mais elles ne peuvent l'ioder ni produire des hormones actives. L'hypophyse sécrète davantage de TSH afin de stimuler la production d'hormones thyroïdiennes, mais cela ne parvient qu'à causer une accumulation de colloïde *inutilisable* dans les follicules de la glande. Laissées sans traitement, les cellules thyroïdiennes finissent par s'épuiser et la glande s'atrophie. Avant la mise sur marché de sel iodé, le goitre était très répandu dans certaines régions centrales des États-Unis. En effet, le sol y est pauvre en iode et les habitants ne pouvaient pas se procurer d'aliments riches en iode comme des fruits de mer. Suivant la cause, on peut traiter le myxœdème au moyen de suppléments iodés ou d'une hormonothérapie de substitution.

Chez l'enfant, l'hypothyroïdie grave est appelée *crétinisme*. Ce trouble se manifeste par une petite taille et des proportions corporelles anormales, une langue et un cou épais ainsi qu'une arriération mentale. Le crétinisme peut résulter d'anomalies génétiques de la glande thyroïde fœtale ou encore de facteurs maternels, telle une carence alimentaire en iode. On peut prévenir le crétinisme par une hormonothérapie thyroïdienne de substitution mais, une fois apparues, les anomalies du développement et l'arriération mentale sont irréversibles.

Le trouble hyperthyroïdien le plus répandu (et le plus déroutant) est la *maladie de Graves* (ou de Basedow). Comme le sérum de nombreuses personnes atteintes contient des auto-anticorps appelés TSI («thyroid-stimulating immunoglobulins»), on considère actuellement que cette maladie est auto-immune. L'anticorps reproduit les effets de la TSH: il stimule les récepteurs membranaires de cette hormone (situés sur les cellules folliculaires) et entraîne ainsi la synthèse et la sécrétion de T_3 et T_4. La maladie de Graves se manifeste le plus souvent par une accélération du métabolisme basal, la diaphorèse, des pulsations cardiaques rapides et irrégulières, une augmentation de la nervosité et une perte pondérale. Une *exophtalmie*, ou saillie anormale des globes oculaires, peut survenir si le tissu situé à l'arrière des yeux devient œdémateux puis fibreux. Le traitement consiste en l'ablation chirurgicale de la glande thyroïde ou en l'administration d'iode radioactif, qui se fixe dans la glande thyroïde et détruit les cellules les plus actives. ■

Calcitonine

La **calcitonine**, aussi appelée **thyrocalcitonine**, est une hormone polypeptidique produite par les **cellules parafolliculaires**, ou **cellules C**, de la glande thyroïde (voir à la p. 169). Son effet le plus important est d'abaisser le taux sanguin de calcium. La calcitonine est un antagoniste direct de la parathormone élaborée par les glandes parathyroïdes. La calcitonine agit sur le squelette en inhibant la résorption osseuse et la libération de calcium ionique de la matrice osseuse d'une part, et en stimulant le captage du calcium et son incorporation à la matrice osseuse d'autre part.

Un taux sanguin excessif de calcium ionique (de 20 % supérieur à la normale environ) constitue un stimulus humoral pour la libération de calcitonine; inversement, un taux sanguin insuffisant inhibe l'activité sécrétrice des cellules parafolliculaires. La régulation qu'exerce la calcitonine sur le taux sanguin de calcium est extrêmement rapide.

La calcitonine ne semble revêtir une certaine importance que pendant l'enfance, période au cours de laquelle la masse, la taille et la forme des os changent de façon spectaculaire. Chez l'adulte, la calcitonine ne constitue, tout au plus, qu'un faible agent hypocalcémique.

Glandes parathyroïdes

Les petites **glandes parathyroïdes**, de couleur jaune brun, s'incrustent sur la face postérieure de la glande thyroïde, où elles sont à peine visibles (figure 17.10). Leur nombre est variable et, s'il est habituellement de quatre, il peut atteindre huit. Chez certains sujets, on peut en trouver ailleurs que sur la thyroïde et même dans le thorax. Les glandes parathyroïdes mesurent environ 6 mm de long, 4 mm de large et 2 mm d'épaisseur.

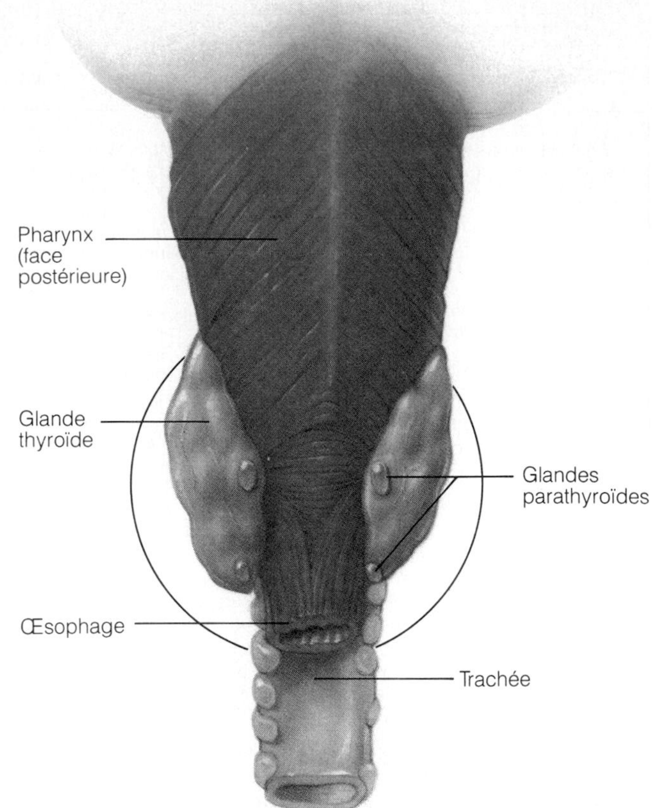

Figure 17.10 Situation des glandes parathyroïdes sur la face postérieure de la glande thyroïde. Dans la réalité, les glandes parathyroïdes peuvent être encore moins visibles qu'elles ne le sont dans la figure.

La découverte des glandes parathyroïdes a été le fruit du hasard. Autrefois, les chirurgiens constataient, déroutés, que certains patients se rétablissaient parfaitement de l'ablation partielle (voire totale) de la glande thyroïde, tandis que d'autres présentaient des spasmes musculaires incoercibles, souffraient de douleurs intenses et glissaient rapidement vers la mort. Ce n'est qu'après plusieurs décès qu'on décela l'existence des glandes parathyroïdes et de leurs hormones, fort différentes des hormones thyroïdiennes.

La **parathormone** (PTH, «parathyroid hormone»), ou **hormone parathyroïdienne**, est l'hormone protéique produite par les glandes parathyroïdes; elle préside au maintien de l'équilibre calcique dans le sang et a un effet antagoniste à la calcitonine. La diminution du taux sanguin de calcium provoque sa libération, et l'hypercalcémie l'inhibe. La PTH a pour principal effet d'élever le taux de calcium ionique en stimulant trois organes cibles: le squelette (dont la matrice contient des quantités considérables de sel de calcium), les reins et les intestins (figure 17.11).

Trois événements simultanés suivent la libération de la parathormone: (1) les ostéoclastes (les cellules effectuant la résorption osseuse) digèrent une partie de la matrice osseuse et libèrent du calcium ionique et du

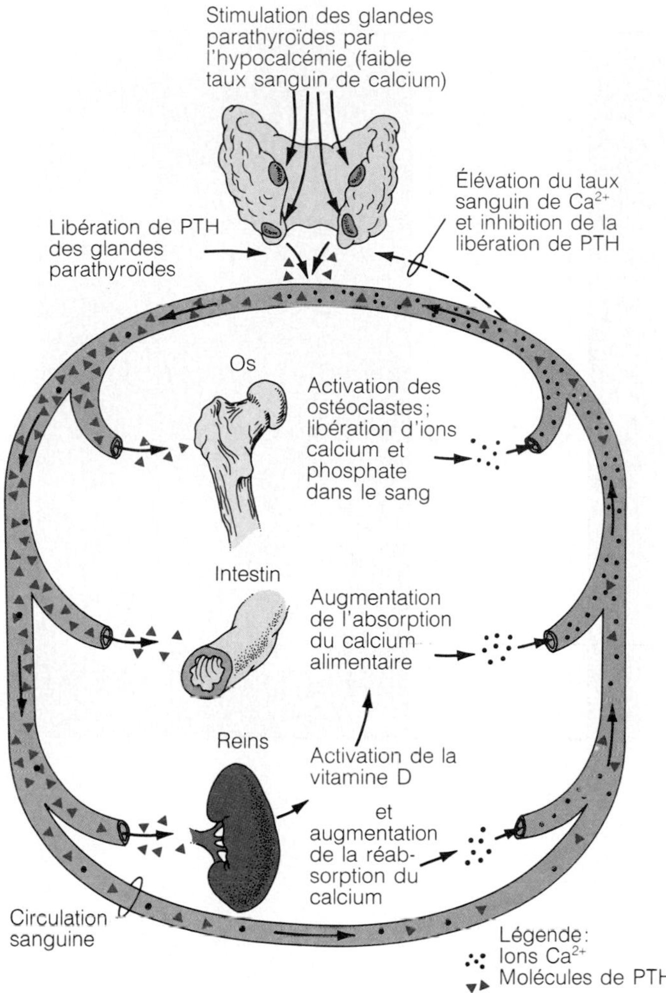

Figure 17.11 Résumé des effets de la parathormone sur les os, les reins et l'intestin. (Notez que l'effet de la parathormone sur l'intestin s'exerce par l'intermédiaire de la forme active de la vitamine D.)

phosphate dans le sang; (2) les cellules des tubules rénaux réabsorbent plus d'ions calcium (et retiennent moins de phosphate); (3) les cellules de la muqueuse intestinale absorbent plus de calcium. La parathormone facilite l'absorption intestinale du calcium indirectement, soit par l'intermédiaire de son effet sur l'activation de la vitamine D. En effet, cette vitamine nécessaire à l'absorption du calcium alimentaire est ingérée ou produite par la peau sous une forme relativement inactive. Pour que la vitamine D exerce ses effets physiologiques, les reins doivent d'abord la convertir en sa forme active, le calcitriol, une transformation que stimule la parathormone.

Comme l'équilibre des ions calcium plasmatiques est indispensable à de très nombreuses fonctions, y compris la transmission des influx nerveux, les contractions musculaires et la coagulation du sang, la régulation du taux de calcium ionique revêt une importance capitale.

L'*hyperparathyroïdie* est plutôt rare et résulte généralement d'une tumeur d'une glande parathyroïde. Comme elle entraîne le lessivage du calcium osseux, la substitution de tissu conjonctif fibreux aux sels minéraux cause le ramollissement et la déformation des os. L'élévation du taux sanguin de calcium (l'hypercalcémie) a de nombreuses conséquences, dont les deux plus notables sont la réduction de l'activité nerveuse, qui se traduit par des réflexes anormaux et une faiblesse des muscles squelettiques, et la formation de calculs rénaux résultant de la précipitation dans les tubules des sels calciques en excès. En outre, des dépôts de calcium peuvent se former dans les tissus mous et entraver le fonctionnement des organes vitaux. Dans les cas graves, les os présentent un aspect criblé à la radiographie et ils ont tendance à se fracturer spontanément.

L'*hypoparathyroïdie*, la déficience en parathormone, est le plus souvent secondaire aux lésions des glandes parathyroïdes ou à leur ablation lors d'une thyroïdectomie. L'hypocalcémie qu'elle provoque accroît l'excitabilité des neurones et explique les symptômes classiques de la *tétanie*, soit la paresthésie, les spasmes musculaires et les convulsions. Laissé sans traitement, le trouble cause des spasmes du larynx, une paralysie respiratoire et la mort. ■

Glandes surrénales

Les deux glandes surrénales sont des organes en forme de pyramide perchés au sommet des reins (d'où leur nom) et enveloppés d'une capsule fibreuse et d'une couche de graisse (voir la figure 17.1).

Chaque glande surrénale comprend deux portions qui diffèrent tant du point de vue structural que du point de vue fonctionnel. La médulla (portion interne), appelée *médullosurrénale*, tient plus du « nœud » de tissu nerveux que d'une glande, et elle dérive de la crête neurale; fonctionnellement, elle appartient au système nerveux sympathique. Le cortex (portion externe), appelé *corticosurrénale*, est la portion la plus volumineuse, et il recouvre la médulla; il provient du mésoderme embryonnaire. Chacune de ces portions produit ses hormones propres (tableau 17.4, p. 562).

Corticosurrénale

La corticosurrénale synthétise une trentaine d'hormones stéroïdes, appelées **corticostéroïdes,** à partir du cholestérol (ou, plus rarement, de l'acétate). Le processus comprend de nombreuses étapes et fait intervenir divers intermédiaires, suivant l'hormone formée. Le tableau 17.4 présente la structure de quelques corticostéroïdes.

Les cellules corticales, de grandes dimensions et chargées de lipides, sont disposées en trois zones concentriques (figure 17.12). Les amas de cellules formant la **zone glomérulée,** en surface, produisent les minéralocorticoïdes, des hormones qui concourent à l'équilibre hydro-électrolytique du sang. Au milieu, les cellules de la **zone fasciculée** forment des cordons plus ou moins rectilignes et sécrètent les hormones métaboliques appelées glucocorticoïdes. Enfin, les cellules de la **zone réticulée,** à l'intérieur, sont contiguës à la médullo-surrénale

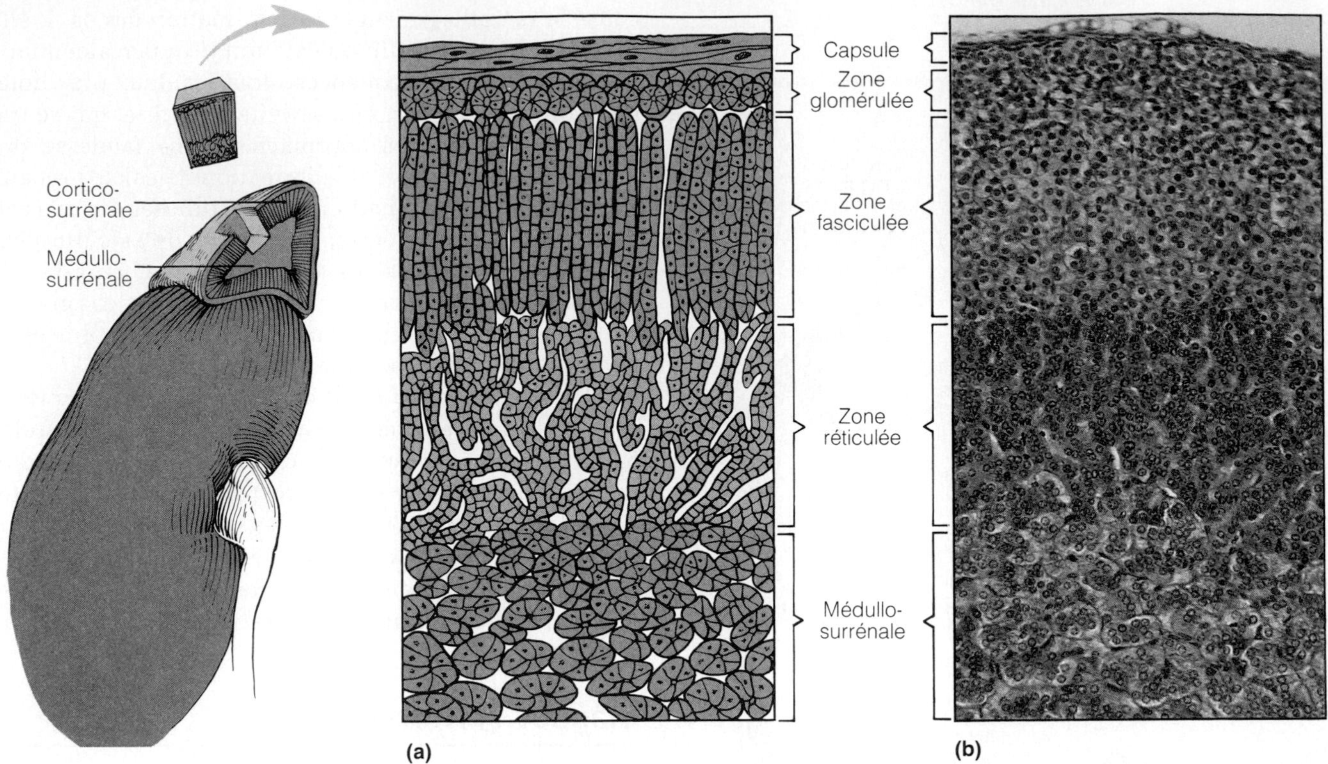

Figure 17.12 Structure microscopique de la glande surrénale. (**a**) Diagramme. (**b**) Photomicrographie de la zone glomérulée, de la zone fasciculée et de la zone réticulée de la corticosurrénale (×50). (On aperçoit aussi une partie de la médullosurrénale.)

et sont disposées en réseaux; elles élaborent des glucocorticoïdes et de petites quantités d'hormones sexuelles surrénaliennes, ou gonadocorticoïdes. Bien que chaque zone ait sa «spécialité», les trois fabriquent l'ensemble des corticostéroïdes.

Minéralocorticoïdes. La principale fonction des minéralocorticoïdes est la régulation des concentrations d'électrolytes (sels minéraux), et particulièrement celles des ions sodium et potassium, dans le sang et les liquides extracellulaires. Bien qu'il existe plusieurs minéralocorticoïdes, l'**aldostérone** (voir le tableau 17.4) est le plus puissant et le plus abondant (elle représente plus de 95 % de la production de minéralocorticoïdes).

Le maintien de l'équilibre des ions sodium est le but premier de l'activité de l'aldostérone. En effet, le sodium est l'ion positif (cation) le plus abondant dans le liquide extracellulaire et, bien que le sodium soit essentiel à l'homéostasie, un apport et une rétention excessifs peuvent causer une hypertension artérielle chez des individus prédisposés.

L'aldostérone réduit l'excrétion du sodium. Sa cible principale est la partie distale des tubules rénaux, où elle stimule la réabsorption des ions sodium de l'urine en formation et leur retour dans la circulation sanguine. L'aldostérone facilite aussi la réabsorption des ions sodium de la sueur, de la salive et des sucs gastriques. Le mode d'action de l'aldostérone semble faire intervenir la synthèse d'une enzyme nécessaire au transport du sodium.

La régulation de plusieurs autres ions (notamment le potassium, l'hydrogène, le bicarbonate et le chlore) est associée à celle du sodium. En outre, la réabsorption de l'eau suit fidèlement celle du sodium, et ce phénomène modifie le volume sanguin et la pression artérielle. Par conséquent, la régulation de la concentration des ions sodium est essentielle au bon fonctionnement de l'organisme. En bref, l'action de l'aldostérone sur les tubules rénaux entraîne la rétention du sodium et de l'eau, l'élimination des ions potassium et, dans une certaine mesure, la régulation de l'équilibre acido-basique du sang. Comme les effets régulateurs de l'aldostérone sont de courte durée (ils ne durent environ que 20 minutes), l'équilibre des électrolytes plasmatiques peut être très précisément mesuré et sans cesse modifié. Nous traitons de ces questions plus en détail au chapitre 27.

Des facteurs interdépendants stimulent la sécrétion de l'aldostérone: l'élévation du taux sanguin d'ions potassium, la diminution du taux sanguin de sodium et la diminution du volume sanguin et de la pression artérielle. Les conditions opposées inhibent la sécrétion de l'aldostérone. Quatre mécanismes président à la régulation complexe de la sécrétion de l'aldostérone: le système rénine-angiotensine, les concentrations plasmatiques d'ions sodium et potassium, la sécrétion d'ACTH (corticotrophine) et la concentration plasmatique du facteur natriurétique auriculaire (figure 17.13).

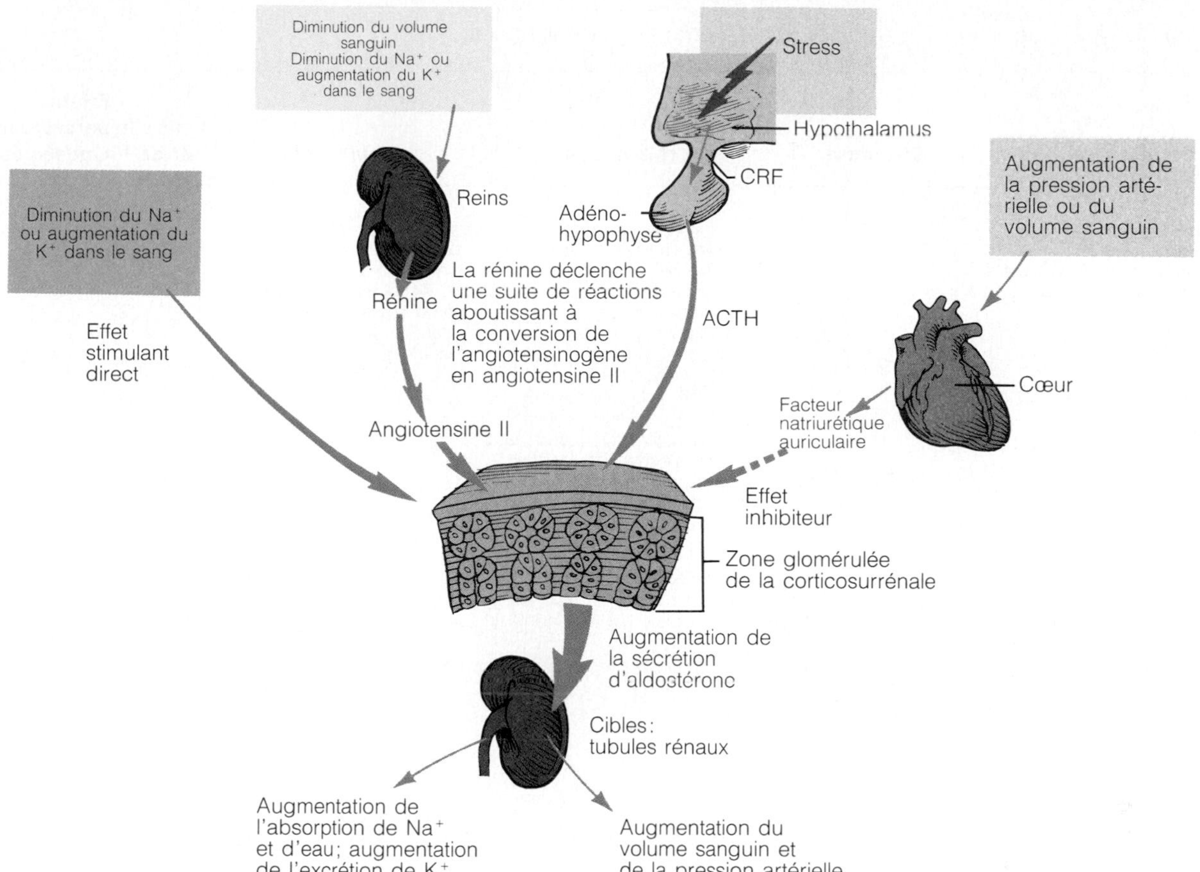

Figure 17.13 Principaux mécanismes de régulation de la libération de l'aldostérone.

1. Système rénine-angiotensine. Le système rénine-angiotensine, le principal mécanisme de régulation de la libération de l'aldostérone, porte tant sur l'équilibre hydro-électrolytique du sang que sur la pression artérielle. Les cellules spécialisées de l'*appareil juxtaglomérulaire*, dans les reins, sont stimulées lorsque la pression artérielle ou l'osmolarité plasmatique (la concentration de solutés) diminuent. Elles réagissent en libérant dans le sang une enzyme appelée **rénine,** qui rompt une partie de la protéine plasmatique appelée **angiotensinogène.** L'enchaînement de réactions enzymatiques qui s'amorce alors aboutit à la formation d'**angiotensine II,** un puissant stimulant de la libération de l'aldostérone par les cellules glomérulées de la corticosurrénale. Toutefois, le système rénine-angiotensine fait bien plus que déclencher la libération de l'aldostérone, et l'ensemble de ses effets concourt à élever la pression artérielle systémique. Nous traitons de ces effets en détail aux chapitres 26 et 27.

2. Concentration plasmatique d'ions sodium et potassium. Les variations des concentrations sanguines d'ions sodium et potassium peuvent influer directement sur les cellules de la zone glomérulée. L'augmentation de la concentration de potassium et la diminution de la concentration de sodium sont stimulantes; les conditions inverses sont inhibitrices.

3. Corticotrophine (ACTH). Dans des conditions normales, l'ACTH libérée par l'adénohypophyse a peu d'effet ou n'en a aucun sur la libération de l'aldostérone. Cependant, un stress intense accroît la sécrétion de **corticolibérine** (CRF) par l'hypothalamus. L'élévation du taux sanguin d'ACTH qui s'ensuit intensifie la sécrétion de l'aldostérone. Ensuite, l'augmentation du volume sanguin et de la pression artérielle facilite la distribution des nutriments et des gaz respiratoires pendant la période de stress.

4. Facteur natriurétique auriculaire (FNA). Sous l'effet de la distension provoquée par une augmentation de la pression artérielle les cellules des oreillettes sécrètent le facteur natriurétique auriculaire (appelé aussi auriculine). Cette hormone ajuste la pression artérielle ainsi que l'équilibre de l'eau et du sodium en s'opposant aux effets du système rénine-angiotensine. Elle inhibe la sécrétion de rénine et d'aldostérone et s'oppose à d'autres mécanismes qui, provoqués par l'angiotensine, facilitent la réabsorption de l'eau et du sodium. Le facteur natriurétique auriculaire a donc pour effet d'abaisser la pression artérielle en favorisant l'excrétion de Na^+, et donc d'eau, dans l'urine (*natriurétique* = littéralement, «qui produit de l'urine salée»).

L'hypersécrétion d'aldostérone, l'*hyperaldostéronisme,* est généralement due à des néoplasmes bénins (adénomes) de la surrénale. Ce trouble entraîne deux types de conséquences importantes: d'une part, une

Tableau 17.4 Régulation et effets des hormones surrénaliennes

Hormones	Structure	Libération	Cible/effets	Effets de l'hypersécrétion et de l'hyposécrétion
Hormones cortico-surrénales Minéralocorticoïdes (principalement l'aldostérone)	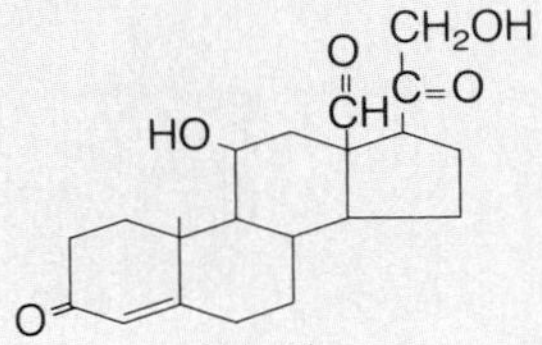 Aldostérone	Stimulée par le système rénine-angiotensine (lui-même activé par la diminution du volume sanguin ou de la pression artérielle), l'augmentation du taux sanguin de K^+ ou la diminution du taux sanguin de Na^+, et l'ACTH (influence minime); inhibée par l'augmentation du volume sanguin et de la pression artérielle, l'augmentation du taux sanguin de Na^+ et la diminution du taux sanguin de K^+	Reins; augmentation du taux sanguin de Na^+ et diminution du taux sanguin de K^+; comme la réabsorption d'eau accompagne la rétention de sodium, le volume sanguin et la pression artérielle augmentent	*Hypersécrétion*: Hyperaldostéronisme *Hyposécrétion*: Maladie d'Addison
Glucorticoïdes (principalement le cortisol)	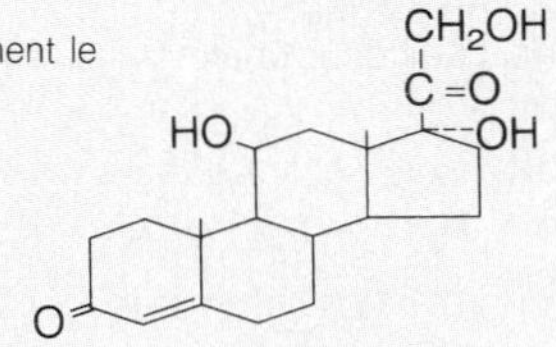 Cortisol	Stimulée par l'ACTH; inhibée par une rétro-inhibition déclenchée par le cortisol	Cellules; favorisent la néoglucogenèse et l'hyperglycémie; mobilisent les graisses en vue du métabolisme énergétique; stimulent le catabolisme des protéines; aident l'organisme à résister aux facteurs de stress: réduisent la réaction inflammatoire et la réponse immunitaire	*Hypersécrétion*: Maladie de Cushing *Hyposécrétion*: Maladie d'Addison
Gonadocorticoïdes (principalement les androgènes comme la testostérone)	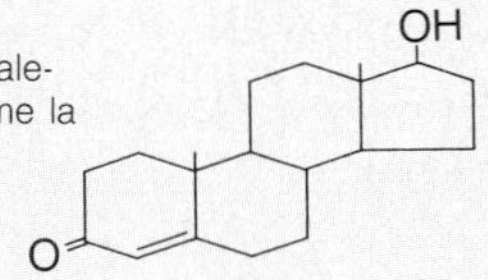 Testostérone	Stimulée par l'ACTH; le mécanisme d'inhibition demeure obscur, mais il ne semble pas comprendre de rétro-inhibition	Effets négligeables chez l'adulte; probablement à la source de la libido féminine et de la sécrétion d'œstrogènes après la ménopause	*Hypersécrétion*: Virilisation chez la femme (syndrome androgénique) *Hyposécrétion:* Aucun effet connu
Hormones de la médullosurrénale Adrénaline et noradrénaline	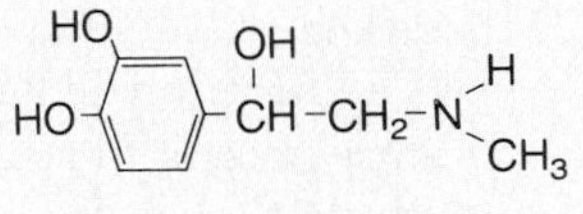 Adrénaline	Stimulée par les neurofibres préganglionnaires du système nerveux sympathique	Organes cibles du système nerveux sympathique; leurs effets imitent l'activation du système nerveux sympathique; augmentent la fréquence cardiaque, la mobilisation des acides gras et le métabolisme; augmentent la pression artérielle en favorisant la vasoconstriction	*Hypersécrétion*: Prolongation de la réaction de lutte ou de fuite; hypertension *Hyposécrétion*: Effets négligeables

hypertension et un œdème causés par la rétention excessive de sodium et d'eau; d'autre part, l'excrétion accélérée des ions potassium. Si la déperdition potassique est extrême, les neurones deviennent insensibles aux stimulus et les muscles s'affaiblissent (jusqu'à la paralysie). L'hyposécrétion de la corticosurrénale se traduit généralement par une insuffisance en minéralocorticoïdes et en glucocorticoïdes. Nous décrivons brièvement ce syndrome, appelé *maladie d'Addison,* dans la section suivante. ■

Glucocorticoïdes. Les **glucocorticoïdes** influent sur le métabolisme de la plupart des cellules et contribuent à leur résistance aux facteurs de stress. Ils sont absolument nécessaires à la vie. Dans des conditions normales, ils permettent à l'organisme de s'adapter aux changements de l'environnement et à l'intermittence de l'apport alimentaire en stabilisant la glycémie; de plus, ils maintiennent l'équilibre du volume sanguin en empêchant l'eau de pénétrer dans les cellules. Tout stress important, qu'il soit causé par une hémorragie, une infection ou un traumatisme physique ou émotionnel, provoque une augmentation spectaculaire de la sécrétion de glucocorticoïdes, lesquels aident l'organisme à traverser la crise. Les glucocorticoïdes sont le **cortisol (hydrocortisone)** (voir le tableau 17.4), la **cortisone** et la **corticostérone**; parmi ces hormones, seul le cortisol est sécrété en quantités notables chez l'être humain. Comme toutes les hormones stéroïdes, les glucocorticoïdes agissent sur les cellules cibles en modifiant la transcription de l'ADN.

La régulation de la sécrétion des glucocorticoïdes répond à une rétro-inhibition typique. La libération du cortisol est déclenchée par l'ACTH (corticotrophine), laquelle est sécrétée sous l'effet de la CRF (corticolibérine) hypothalamique. En agissant sur l'hypothalamus et sur l'adénohypophyse, l'élévation du taux de cortisol inhibe la libération de la CRF et, par le fait même, la sécrétion d'ACTH et de cortisol. La sécrétion de cortisol est fonction de l'apport alimentaire et du degré d'activité, et elle s'échelonne de manière définie au cours d'une période de 24 heures. Le taux sanguin de cortisol atteint son maximum peu après le lever et son minimum, dans la soirée, avant et après l'endormissement. Tout stress aigu perturbe ce rythme, car le système nerveux sympathique prend le pas sur les effets inhibiteurs du taux élevé de cortisol et provoque la libération de CRF. L'élévation du taux d'ACTH qui s'ensuit cause un «déversement» de cortisol de la corticosurrénale.

Par l'intermédiaire du cortisol, le stress provoque une augmentation marquée des taux sanguins de glucose, d'acides gras et d'acides aminés. Le principal effet métabolique du cortisol est la *néoglucogenèse,* c'est-à-dire la formation de glucose à partir de molécules non glucidiques (comme les acides aminés des protéines et le glycérol des triglycérides). En outre, le cortisol mobilise les acides gras du tissu adipeux, favorisant leur utilisation à des fins énergétiques et «réservant» le glucose au système nerveux. Sous l'influence du cortisol, les protéines emmagasinées se dégradent puis sont affectées à la réparation ou à la fabrication d'enzymes destinées aux processus métaboliques. Par ailleurs, le cortisol intensifie les effets vasoconstricteurs de l'adrénaline. L'augmentation de la pression artérielle et de l'efficacité circulatoire assure ensuite aux cellules un apport rapide de nutriments et d'oxygène.

Des taux excessivement élevés de glucocorticoïdes: (1) ralentissent la formation des os et du cartilage; (2) inhibent la réaction inflammatoire en stabilisant les membranes lysosomiales et en empêchant la vasodilatation; (3) freinent l'activité du système immunitaire; (4) modifient le fonctionnement des systèmes cardiovasculaire, nerveux et digestif.

Rappelez-vous que *des quantités normales de glucocorticoïdes favorisent le fonctionnement normal de l'organisme.* En effet, un excès de glucocorticoïdes apporte des effets anti-inflammatoires et diminue de façon marquée la réponse immunitaire, tandis que des taux physiologiques de glucocorticoïdes n'entraînent généralement pas ce résultat. La découverte des effets de l'hypersécrétion de glucocorticoïdes a pavé la voie à l'utilisation de ces substances dans le traitement de nombreux troubles inflammatoires chroniques comme l'arthrite rhumatoïde et les allergies. L'utilisation de ces puissants médicaments constitue toutefois une lame à deux tranchants: s'ils soulagent certains symptômes, ils causent aussi les mêmes effets indésirables que des taux excessifs des hormones naturelles (par exemple leur effet inhibiteur sur le système immunitaire).

L'excès pathologique de cortisone, la *maladie* (ou le *syndrome*) *de Cushing*, peut être causé par une tumeur de l'hypophyse libérant de l'ACTH ou par une tumeur de la corticosurrénale libérant des glucocorticoïdes. La plupart du temps, cependant, la maladie de Cushing résulte de l'administration de fortes doses de glucocorticoïdes. Elle se caractérise par une hyperglycémie persistante (*diabète stéroïde*), par une perte marquée des protéines musculaires et osseuses ainsi que par une rétention d'eau et de sel, ce qui provoque de l'hypertension et un œdème. Les signes dits cushingoïdes sont l'arrondissement lunaire du visage, la redistribution de graisse dans l'abdomen et à l'arrière du cou (causant la «bosse du bison»), une fragilité cutanée aux traumatismes et la lenteur de la cicatrisation. Comme la cortisone intensifie les effets anti-inflammatoires, les infections peuvent rester longtemps cachées et ne produire de symptômes reconnaissables qu'une fois devenues extrêmement graves. Avec le temps, la faiblesse musculaire et le risque de fractures spontanées confinent la personne atteinte au lit. Le seul traitement possible est l'élimination de la cause, c'est-à-dire l'ablation chirurgicale de la tumeur ou le retrait du médicament.

La *maladie d'Addison,* le principal trouble hyposécrétoire de la corticosurrénale, se traduit généralement par des déficiences en glucocorticoïdes (cortisol) et en minéralocorticoïdes (aldostérone). Ce trouble entraîne souvent une perte pondérale, une diminution du taux plasmatiques de glucose et de sodium et une augmentation du taux de potassium. La déshydratation et l'hypotension graves sont fréquentes. Le traitement courant consiste en l'administration de corticostéroïdes de substitution en doses physiologiques. ■

Gonadocorticoïdes (hormones sexuelles).

Dans le groupe des **gonadocorticoïdes,** les **androgènes** (ou hormones sexuelles mâles), et particulièrement la *testostérone* (voir le tableau 17.4), sont les plus abondants. La corticosurrénale élabore aussi de petites quantités d'hormones femelles (œstrogènes et progestérone). La production de ces hormones stéroïdes est substantielle pendant la vie prénatale et le début de la puberté, après quoi elle décline rapidement. La quantité d'hormones sexuelles fabriquée par la corticosurrénale est négligeable comparativement à celle qu'élaborent les gonades à la fin de la puberté et à l'âge adulte. Le rôle précis des hormones sexuelles surrénaliennes demeure obscur, mais on pense que les androgènes surrénaliens sont à l'origine de la libido chez la femme adulte. Il est possible que les œstrogènes surrénaliens compensent partiellement l'arrêt de la production d'œstrogènes ovariens après la ménopause. La régulation de la sécrétion des gonadocorticoïdes n'est pas mieux définie. Il semble que l'ACTH stimule la libération des gonadocorticoïdes, mais ceux-ci n'exerceraient pas de rétro-inhibition sur la libération d'ACTH.

Comme les androgènes prédominent, l'hypersécrétion de gonadocorticoïdes cause généralement la *virilisation,* ou *masculinisation,* aussi dite *syndrome androgénique.* Cet effet peut être dissimulé chez l'homme adulte, puisque la testostérone testiculaire s'est déjà acquittée de la virilisation. Avant la puberté, cependant, les conséquences peuvent être dramatiques. Chez le jeune homme, la maturation des organes génitaux, l'apparition des caractères sexuels secondaires et l'émergence de la libido sont précoces. La jeune fille acquiert une pilosité masculine (barbe et répartition des poils), et son clitoris s'hypertrophie au point de ressembler à un petit pénis. ■

Médullosurrénale

Les **cellules chromaffines,** les cellules hormonopoïétiques de la médullosurrénale, sont groupées en amas irréguliers autour de capillaires et de sinusoïdes. Comme nous l'avons mentionné au chapitre 14, la médullosurrénale fonctionne en synergie avec le système nerveux autonome, et les cellules médullaires sont stimulées directement par des neurofibres sympathiques préganglionnaires.

La médullosurrénale élabore les **catécholamines,** soit l'**adrénaline,** aussi appelée **épinéphrine** (voir le tableau 17.4), et la **noradrénaline,** aussi appelée **norépinéphrine.** Ces hormones analogues sont formées à partir de la tyrosine, au cours d'un enchaînement de réactions enzymatiques dont la dernière étape est la transformation de la noradrénaline en adrénaline (voir la figure 11.21). Rappelez-vous que la noradrénaline est également un neurotransmetteur libéré par les terminaisons postganglionnaires des neurones sympathiques.

Lorsqu'un facteur de stress ou une urgence transitoires amorcent la réaction de lutte ou de fuite dans l'organisme, les neurofibres du système nerveux sympathique mettent en jeu plusieurs fonctions physiologiques. La glycémie s'élève, les vaisseaux sanguins se contractent et le cœur bat plus vite (ce qui élève la pression artérielle); en outre, le sang est dérivé vers l'encéphale, le cœur et les muscles squelettiques. Simultanément, les terminaisons nerveuses sympathiques stimulent la médullosurrénale, qui se met alors à libérer de l'adrénaline et de la noradrénaline; celles-ci prolongent ou intensifient la réaction de lutte ou de fuite.

L'adrénaline représente environ 80 % de la quantité de catécholamines libérée. À quelques exceptions près, les deux hormones ont les mêmes effets: elles stimulent le cœur, entraînent la vasoconstriction des vaisseaux de la peau et des viscères, inhibent la contraction des muscles lisses viscéraux, dilatent les bronchioles, accélèrent la fréquence respiratoire, favorisent l'hyperglycémie et intensifient le métabolisme cellulaire. L'adrénaline agit surtout sur le cœur et sur le métabolisme, tandis que la noradrénaline amène principalement la vasoconstriction périphérique (et l'augmentation de la pression artérielle). L'adrénaline est employée à des fins médicales comme stimulant cardiaque et comme bronchodilatateur pendant les crises d'asthme.

Contrairement aux hormones corticosurrénales, qui suscitent des réponses prolongées aux facteurs

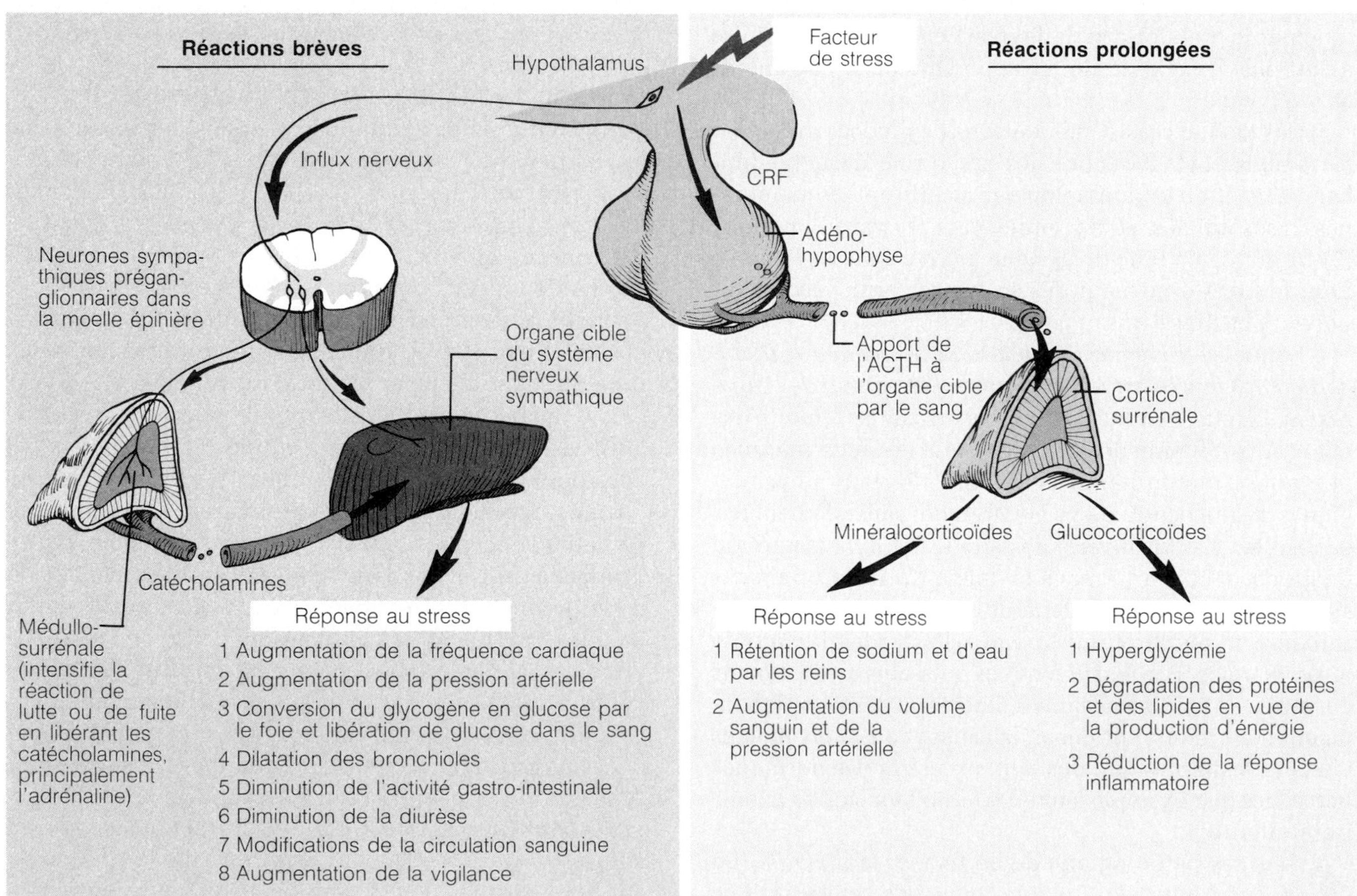

Figure 17.14 Rôle de l'hypothalamus, de la médullosurrénale et de la corticosurrénale dans la réponse au stress. Notez que l'ACTH ne stimule que faiblement la libération des minéralocorticoïdes dans des conditions normales.

de stress, les catécholamines provoquent des réactions brèves. La figure 17.14 présente les rapports entre les hormones surrénaliennes et l'hypothalamus, le «chef d'orchestre» de la réponse au stress.

Comme les hormones de la médullosurrénale ne font qu'intensifier les activités instaurées par les neurones du système nerveux sympathique, leur insuffisance est sans conséquence. Contrairement aux glucocorticoïdes, les catécholamines ne sont pas essentielles à la vie. Cependant, leur surabondance, quelquefois causée par une tumeur des cellules chromaffines appelée *phéochromocytome*, provoque les symptômes d'une activité sympathique massive et anarchique, soit l'hyperglycémie, l'accélération du métabolisme et de la fréquence cardiaque, des palpitations, l'hypertension, la nervosité et la diaphorèse. ■

Pancréas

Le **pancréas** est un organe mou, de forme triangulaire, situé à l'arrière de l'estomac. Il est à la fois une glande endocrine et une glande exocrine (figure 17.15). Comme la thyroïde et les parathyroïdes, il dérive d'une évagination de l'endoderme embryonnaire, qui forme l'enveloppe épithéliale (et les glandes) des voies gastro-intestinales et respiratoires. Les cellules acineuses (partie exocrine) forment l'essentiel de la masse du pancréas; elles produisent un suc riche en enzymes qu'un petit conduit déverse dans l'intestin grêle pendant la digestion. Nous traitons de cette substance exocrine au chapitre 24.

Disséminés entre les cellules acineuses, de minuscules amas de cellules appelés **îlots pancréatiques** (îlots de Langerhans) produisent les hormones pancréatiques (partie endocrine). Au nombre d'environ un million, ces îlots contiennent deux grandes populations de cellules hormonopoïétiques: les **cellules alpha** (α), qui synthétisent le glucagon, et les **cellules bêta** (β), plus nombreuses, qui élaborent l'insuline. L'insuline et le glucagon interviennent différemment mais de manière tout aussi essentielle dans diverses phases du métabolisme et de la régulation de la glycémie. Leurs effets sont opposés: l'insuline est une hormone *hypoglycémiante*, tandis que le glucagon est une hormone *hyperglycémiante* (figure 17.16). Les îlots pancréatiques synthétisent également de petites quantités d'autres peptides. Parmi eux, on trouve la somatostatine (GH-IH) (sécrétée par les *cellules delta* [δ]), qui inhibe la libération de toutes les hormones des îlots, et l'*amyline* (sécrétée par les cellules bêta), que l'on croit être un antagoniste de l'insuline.

Glucagon

Le **glucagon**, un polypeptide composé de 29 acides aminés, est un agent hyperglycémiant extrêmement puissant. Une seule molécule de cette hormone peut susciter la libération de 100 millions de molécules de glucose dans le sang! La cible principale du glucagon est le foie. Par l'intermédiaire de l'AMP cyclique, il y provoque d'une part la glycogénolyse, ou conversion du glycogène en glucose, et d'autre part la néoglucogenèse, ou formation de glucose à partir du glycérol des triglycérides et à partir d'acides aminés provenant de la dégradation des protéines. Ensuite, le foie déverse du glucose dans la circulation sanguine, et la glycémie s'élève. Le glucagon a aussi pour effet d'abaisser les taux sanguins d'acides aminés, car les cellules hépatiques prélèvent des acides aminés dans le sang pour synthétiser de nouvelles molécules de glucose.

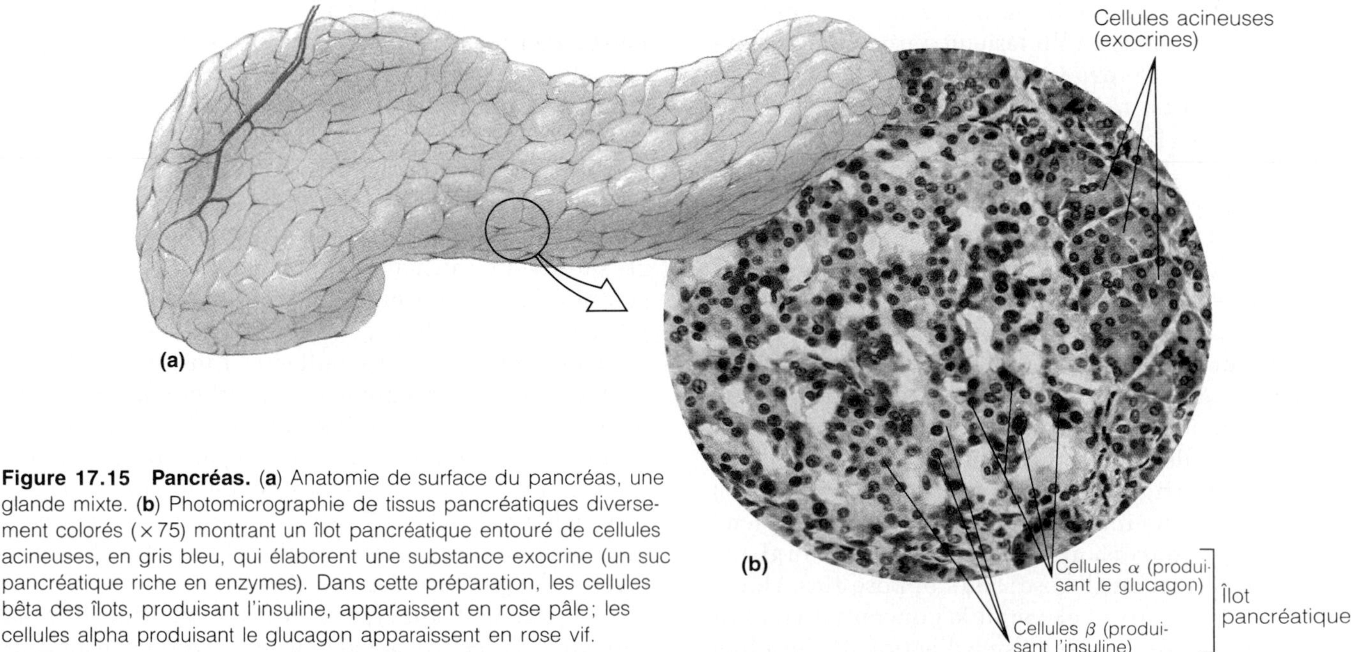

Figure 17.15 Pancréas. (**a**) Anatomie de surface du pancréas, une glande mixte. (**b**) Photomicrographie de tissus pancréatiques diversement colorés (×75) montrant un îlot pancréatique entouré de cellules acineuses, en gris bleu, qui élaborent une substance exocrine (un suc pancréatique riche en enzymes). Dans cette préparation, les cellules bêta des îlots, produisant l'insuline, apparaissent en rose pâle; les cellules alpha produisant le glucagon apparaissent en rose vif.

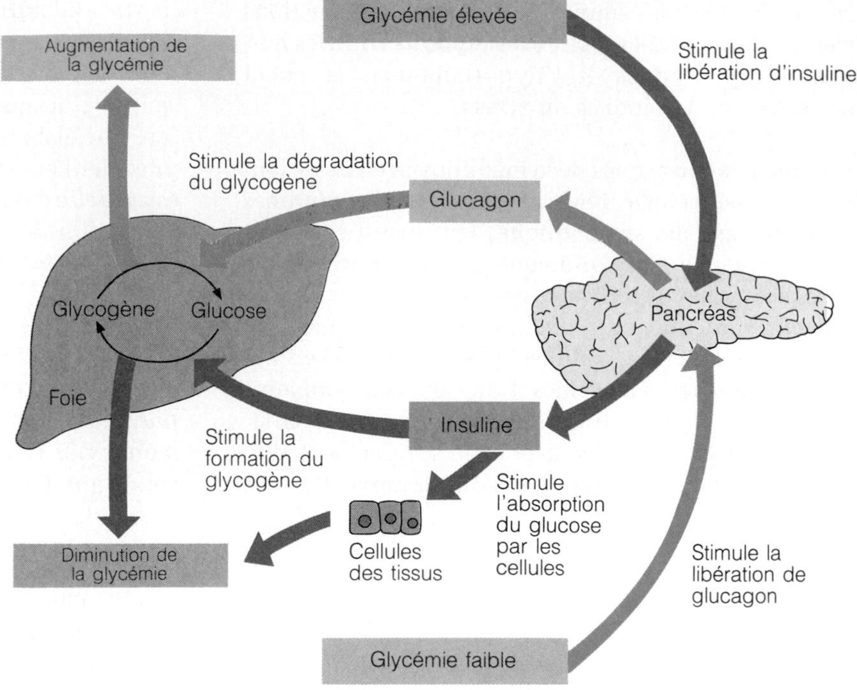

Figure 17.16 Régulation de la glycémie par l'insuline et le glucagon. Lorsque la glycémie est élevée, le pancréas libère de l'insuline. L'insuline stimule l'absorption du glucose par les cellules et la formation de glycogène dans le foie, ce qui abaisse la glycémie. L'insuline est donc une hormone hypoglycémiante. Lorsque la glycémie est faible, le pancréas libère du glucagon. Le glucagon provoque la dégradation du glycogène en glucose ainsi que sa libération et, par le fait même, élève la glycémie. Le glucagon est donc une hormone hyperglycémiante.

Ce sont des stimulus humoraux qui provoquent la sécrétion du glucagon. Le principal stimulus est la diminution du glucose dans le sang, mais il faut aussi mentionner l'augmentation des taux d'acides aminés (qui suit notamment un repas riche en protéines). L'élévation de la glycémie et la somatostatine (GH-IH) suppriment la libération du glucagon. Étant donné l'importance du glucagon en tant qu'agent hyperglycémiant, certains spécialistes pensent que l'hypoglycémie résulte d'une déficience en glucagon.

Insuline

L'**insuline** est une petite protéine dont les 51 acides aminés sont répartis en deux chaînes reliées par des ponts disulfure. Comme le montre la figure 17.17, l'insuline est d'abord synthétisée à l'intérieur d'une chaîne polypeptidique appelée **pro-insuline,** dont des enzymes rompent la portion médiane, libérant ainsi l'insuline. Cette rupture survient dans les vésicules sécrétrices, juste avant que la cellule bêta ne sécrète l'insuline. C'est après les repas que les effets de l'insuline sont les plus manifestes. En effet, l'insuline ne fait pas qu'abaisser la glycémie, elle influe aussi sur le métabolisme des protéines et des lipides. L'insuline circulante abaisse la glycémie en favorisant le transport membranaire du glucose (et d'autres glucides simples) dans les cellules musculaires, les cellules adipeuses et les leucocytes. (L'insuline *n'*accélère *pas* l'entrée du glucose dans le foie, les reins et l'encéphale, dont les tissus sont abondamment pourvus de glucose sanguin quel que soit le taux d'insuline.) En outre, l'insuline inhibe la dégradation du glycogène en glucose et la conversion des acides aminés et du glycérol des triglycérides en glucose; elle s'oppose ainsi à toute activité métabolique qui élèverait la concentration plasmatique de glucose. Le mécanisme d'action de l'insuline fait encore l'objet d'études, mais on présume notamment que: (1) la liaison de l'insuline engendre un second messager; (2) la cellule cible capte le complexe insuline-récepteur par endocytose et que l'insuline est ensuite libérée en vue d'une action intracellulaire; (3) la liaison de l'insuline active une kinase associée au récepteur et que celle-ci amorce des réactions de phosphorylation activant des enzymes intracellulaires. Mais quel que soit son mécanisme d'action, l'insuline n'agit pas par l'intermédiaire de l'AMP cyclique; en fait, comme nous l'avons déjà indiqué, l'insuline abaisse le taux d'AMP cyclique. (Par conséquent, il se peut que le principal effet de l'insuline sur le foie soit simplement d'inhiber les effets stimulants du glucagon.)

Après l'entrée du glucose dans les cellules cibles, la liaison de l'insuline suscite des réactions enzymatiques qui: (1) catalysent l'oxydation du glucose en vue de la production d'ATP; (2) unissent des molécules de glucose de façon à former du glycogène; (3) transforment le glucose en acides gras et en glycérol, les molécules nécessaires à la synthèse des triglycérides (particulièrement dans le tissu adipeux). En règle générale, les besoins énergétiques sont satisfaits en premier, après quoi il y a synthèse du glycogène. Enfin, s'il reste encore du glucose, il y a synthèse de triglycérides dans les cellules adipeuses et le foie. Par ailleurs, l'insuline induit le captage des acides aminés et la synthèse des protéines dans le tissu musculaire; l'activité de l'insuline est donc nécessaire à la croissance et à la réparation des tissus. En résumé, l'insuline retire le glucose du sang afin qu'il serve à la production d'énergie ou qu'il soit converti en glycogène ou en graisses (en vue du stockage), et elle favorise la synthèse des protéines.

Le principal stimulus de la sécrétion d'insuline par les cellules β est l'augmentation de la glycémie, mais celle

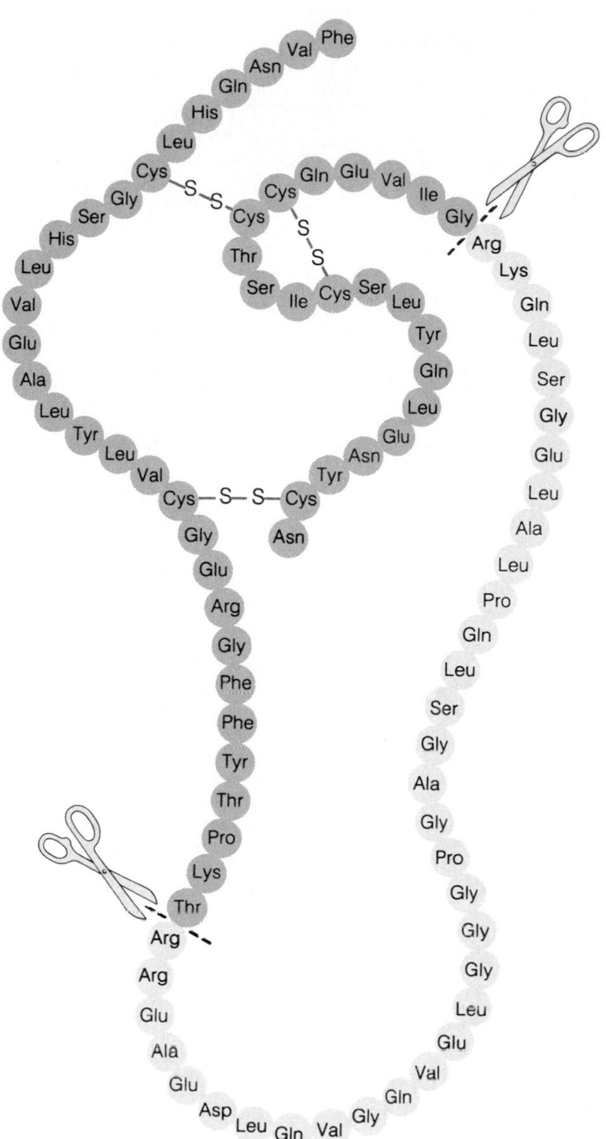

Figure 17.17 Structure de l'insuline. Le produit initialement synthétisé par les cellules bêta du pancréas est une chaîne polypeptidique unique comprenant trois ponts disulfure (-S-S-) appelée pro-insuline. Ce produit inactif est converti en insuline lorsque des enzymes détachent sa partie médiane. Chacune des «billes» de ce modèle représente un acide aminé.

des taux plasmatiques d'acides gras et d'acides aminés déclenche aussi sa libération. À mesure que les cellules absorbent du glucose et d'autres nutriments, les taux plasmatiques de ces substances s'abaissent et la sécrétion d'insuline diminue (par rétro-inhibition). D'autres hormones peuvent influer sur la libération de l'insuline. Ainsi, toute hormone hyperglycémiante (tels le glucagon, l'adrénaline, l'hormone de croissance, la thyroxine et les glucocorticoïdes) entrant en jeu sous l'effet de la diminution de la glycémie stimule indirectement la libération de l'insuline en favorisant l'entrée de glucose dans la circulation sanguine. La somatostatine (GH-IH) réduit la libération d'insuline. En somme, la glycémie repose sur un équilibre entre les influences humorales et les influences hormonales. L'insuline et, indirectement, la GH-IH sont les facteurs hypoglycémiants qui contrent et compensent les effets de nombreuses hormones hyperglycémiantes.

Le *diabète sucré* résulte de l'absence, de l'insuffisance ou de l'inefficacité de l'insuline. Étant donné que le glucose ne peut être absorbé par les cellules, le diabète sucré se traduit par une glycémie élevée après les repas. Même si les hormones hyperglycémiantes ne sont pas libérées, l'hyperglycémie excessive cause des nausées qui précipitent la réponse de lutte ou de fuite. Celle-ci traîne à sa suite toutes les réactions que l'hypoglycémie (le jeûne) provoque normalement pour mettre du glucose en circulation, soit la glycogénolyse, la lipolyse et la néoglucogenèse. Par conséquent, la glycémie s'élève encore davantage et l'organisme commence à excréter l'excès de glucose dans l'urine (glycosurie).

Lorsque le glucose ne peut pas servir de combustible cellulaire, l'organisme mobilise une quantité accrue d'acides gras. Dans les cas graves de diabète sucré, les taux sanguins d'acides gras et de leurs métabolites (acide acétylacétique, acétone, etc.) s'élèvent de façon marquée. Les métabolites des acides gras, les **cétones,** ou **corps cétoniques,** sont des acides organiques. S'ils s'accumulent plus rapidement que l'organisme ne peut les utiliser ou les excréter, le pH sanguin chute, ce qui cause la **cétose,** ou **acidocétose.** L'acidocétose peut être mortelle. Le système nerveux y réagit en instaurant une respiration rapide et profonde afin que le gaz carbonique s'évacue du sang et que l'élimination des ions H^+ qui en découle produise une augmentation du pH sanguin. (Nous expliquons les fondements physiologiques de ce mécanisme au chapitre 23.) Laissée sans traitement, l'acidocétose perturbe presque tous les processus physiologiques, y compris l'activité cardiaque et le transport de l'oxygène. L'affaiblissement de l'activité nerveuse amène le coma et, finalement, la mort.

Le diabète sucré présente trois signes majeurs. Le premier, la **polyurie,** est l'excrétion de quantités excessives d'urine. La polyurie est due à la présence d'un surcroît de glucose (et, dans les cas d'acidocétose, de corps cétoniques) dans le filtrat rénal, ce qui entrave la réabsorption de l'eau par les tubules rénaux. La polyurie provoque la diminution du volume sanguin et la déshydratation. Cherchant à éliminer l'excès de corps cétoniques, l'organisme excrète aussi de grandes quantités d'électrolytes. En effet, les corps cétoniques ont une charge négative, et ils entraînent avec eux des ions positifs, notamment du sodium et du potassium ainsi qu'un certain volume d'eau, ce qui accentue la déshydratation. (Le glucose, les corps cétoniques et les électrolytes sont à l'origine de la diurèse osmotique.) Le déséquilibre électrolytique cause des douleurs abdominales et des vomissements, et le stress continue de s'accentuer. Le deuxième signe du diabète sucré est la **polydipsie,** c'est-à-dire une soif excessive. La polydipsie est occasionnée par la déshydratation qui stimule les centres hypothalamiques de la soif. Enfin, le troisième signe est la **polyphagie,** une exagération de la faim et de la consommation d'aliments. La polyphagie indique que l'organisme ne peut utiliser le glucose

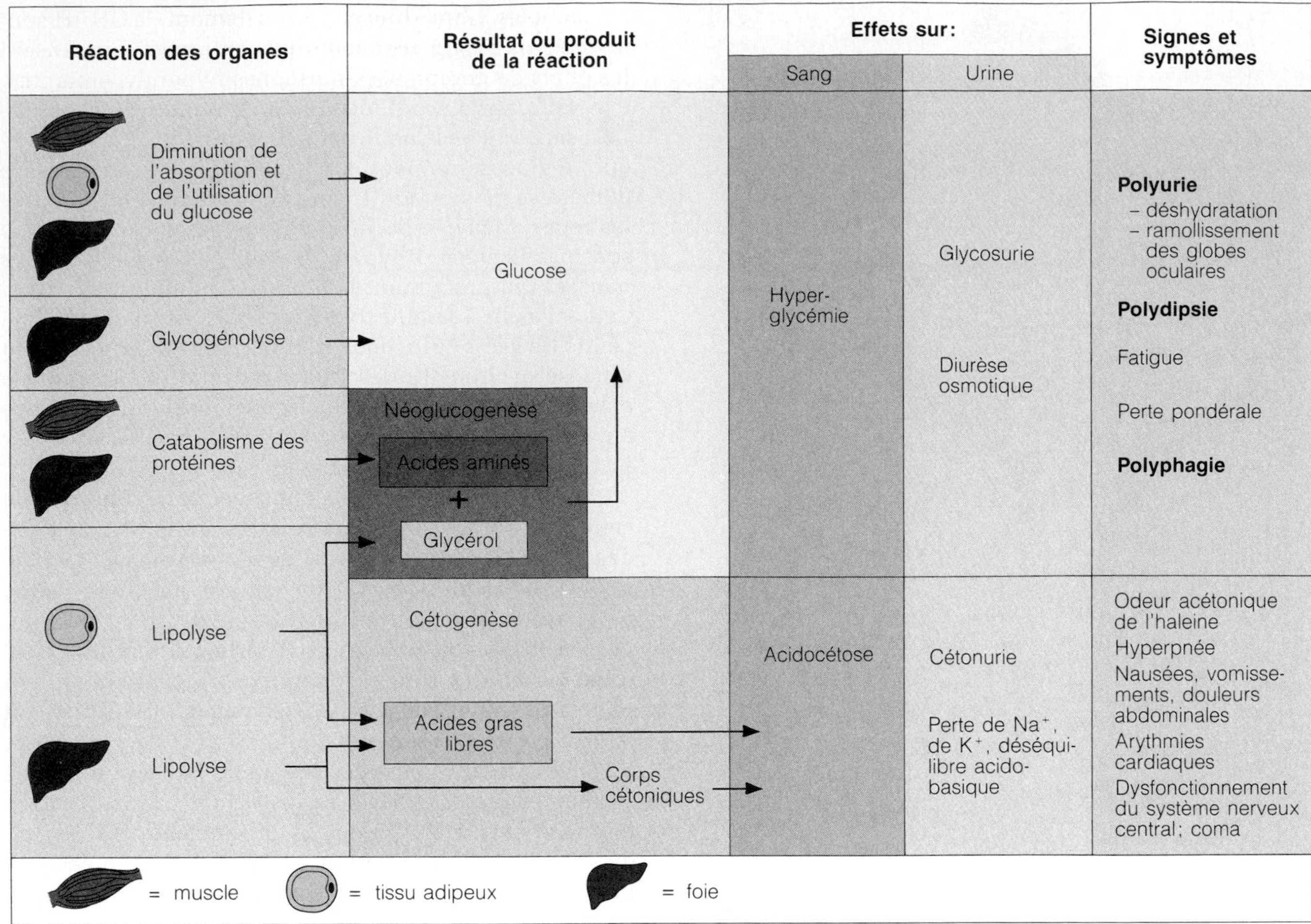

Figure 17.18 Conséquences d'une déficience en insuline (diabète sucré).

dont il est pourtant abondamment pourvu et qu'il puise dans ses réserves de lipides et de protéines pour son métabolisme énergétique. La figure 17.18 présente un résumé des conséquences d'une déficience en insuline.

Dans la plupart des cas, l'hérédité est un facteur capital du diabète sucré. Certaines formes de cette affection sont reliées à la destruction des îlots pancréatiques par des virus, mais la forme la plus grave est une réaction auto-immune. Il existe deux grandes formes de diabète sucré, le type I et le type II.

Le *diabète de type I*, ou *diabète insulinodépendant* (DID), était autrefois appelé *diabète juvénile.* Il apparaît soudainement, généralement avant l'âge de 15 ans, et résulte de la destruction des cellules bêta des îlots pancréatiques par des auto-anticorps (réponse auto-immune). La plupart des chercheurs incriminent le *mimétisme moléculaire.* Autrement dit, un corps étranger (une bactérie, un virus, etc.) que l'organisme a reconnu comme un «ennemi» est si semblable à certaines protéines membranaires des cellules bêta que le système immunitaire s'en prend à elles aussi. Le diabète de type I se traduit par l'absence totale d'insuline. Les personnes qui en sont atteintes doivent s'administrer quotidiennement une ou plusieurs injections d'insuline afin de contenir l'acidocétose et, dans une moindre mesure, l'hyperglycémie. Depuis la mise sur le marché d'insuline humaine synthétique, plusieurs des effets indésirables des insulines animales sont épargnés aux diabétiques.

Étant donné que la maladie les frappe en bas âge, les personnes atteintes de diabète de type I présentent des complications de nature vasculaire et nerveuse à plus ou moins longue échéance. Parmi les problèmes vasculaires, on compte l'athérosclérose, les accidents vasculaires cérébraux, les crises cardiaques, la gangrène et la cécité; la perte de sensibilité, les troubles vésicaux et l'impuissance découlent des neuropathies.

Le *diabète de type II,* ou *diabète non insulinodépendant* (DNID), était autrefois appelé *diabète de l'adulte*; en effet, il apparaît la plupart du temps après l'âge de 40 ans, et sa fréquence augmente au cours des années. Il représente plus de 90 % des cas connus de diabète sucré. L'hérédité est le facteur prédominant de cette maladie. Si un jumeau identique est atteint de diabète de type II, la probabilité que l'autre jumeau en souffre aussi est de 100 %. Le diabète de type II se caractérise par une insuffisance (et non une absence) de l'insuline ou par une anomalie des récepteurs de cette hormone. Il cause presque toujours l'embonpoint mais rarement l'acidocétose;

l'exercice physique et un régime alimentaire approprié viennent fréquemment à bout des symptômes. La maîtrise du poids est primordiale, car l'obésité à elle seule réduit la sensibilité des récepteurs de l'insuline.

L'*hyperinsulinisme,* la sécrétion excessive d'insuline, cause l'hypoglycémie. Cet état provoque la libération d'hormones hyperglycémiantes et, par le fait même, l'anxiété, la nervosité, les tremblements et la sensation de faiblesse. Une insuffisance de l'apport de glucose à l'encéphale suscite la désorientation, les convulsions, l'inconscience et même la mort. Dans de rares cas, l'hyperinsulinisme est causé par une tumeur des îlots pancréatiques. La plupart du temps, il résulte de l'administration d'une dose excessive d'insuline chez une personne diabétique et il ne résiste pas à l'ingestion de sucre. ■

Gonades

Chez l'homme comme chez la femme, les hormones sexuelles que produisent les **gonades** (voir la figure 17.1) sont en tout point identiques à celles qu'élabore la corticosurrénale, sauf qu'elles sont moins abondantes au niveau surrénalien. Les ovaires sont deux petits organes de forme ovale logés dans la cavité pelvienne de la femme. En plus de produire des ovules, les ovaires synthétisent deux grands types d'hormones stéroïdes, les **œstrogènes** et la **progestérone.** Les premiers provoquent à eux seuls la maturation des organes génitaux et l'apparition des caractères sexuels secondaires féminins à la puberté. En conjonction avec la seconde, ils favorisent le développement des seins et les modifications cycliques de la muqueuse utérine (le cycle menstruel). Les taux des deux hormones s'élèvent dans le sang de la femme enceinte et concourent à la continuation de la grossesse; toutefois, c'est alors le placenta, et non les ovaires, qui constitue la source de ces hormones.

Les testicules sont enfermés dans une enveloppe cutanée externe attachée à la partie inférieure de l'abdomen, le scrotum. Ils produisent les spermatozoïdes et les hormones sexuelles mâles, en particulier la **testostérone.** Cette hormone suscite la maturation des organes génitaux à la puberté, l'apparition des caractères sexuels secondaires masculins et l'émergence de la libido. De plus, la testostérone est nécessaire à la production de spermatozoïdes ainsi qu'au fonctionnement des organes génitaux chez l'homme adulte.

La libération des hormones gonadiques est régie par les gonadotrophines (FSH et LH), comme nous l'avons mentionné plus haut. L'interaction entre les gonadotrophines et leurs organes cibles est complexe et obéit à des rythmes bien précis. Nous traiterons des gonadotrophines, des hormones gonadiques et des hormones placentaires plus en détail aux chapitres 28 et 29, qui sont consacrés aux organes génitaux et à la grossesse.

Corps pinéal (glande pinéale)

Le **corps pinéal**, ou **glande pinéale,** est une petite glande de forme conique qui s'accroche au toit du troisième ventricule, dans le diencéphale (voir la figure 17.1). Elle est composée de cellules gliales (de soutien) et de cellules sécrétrices appelées **pinéalocytes.** Chez l'adulte, on trouve entre les grappes de pinéalocytes des concrétions composées de sels de calcium (le « sable pinéal »). Comme ces sels sont radio-opaques, ils font du corps pinéal un point de repère commode pour déterminer l'orientation du cerveau dans les radiographies. La fonction endocrine de la glande pinéale est encore obscure. Bien qu'on ait isolé de nombreux peptides et de nombreuses amines (y compris la sérotonine, la noradrénaline, la dopamine et l'histamine) de cette glande minuscule, sa seule sécrétion importante reste la **mélatonine.** La concentration sanguine de mélatonine oscille suivant un cycle diurne. Le taux atteint son maximum pendant la nuit et son minimum, aux alentours de midi.

La glande pinéale reçoit des voies visuelles des influx relatifs à l'intensité et à la durée de la lumière du jour. Chez certains animaux, le comportement sexuel et les dimensions des gonades varient selon la durée du jour et de la nuit, et c'est la mélatonine qui induit ces effets. Chez l'humain, la mélatonine semble avoir un effet antigonadotrope. Autrement dit, elle agit sur l'hypothalamus de l'enfant de manière à inhiber la libération de la gonadolibérine (LH-RH). Il semble que la mélatonine prévient ainsi une maturation sexuelle précoce. En effet, on a pu observer que certains enfants chez qui la puberté apparaît précocement présentent des tumeurs de la glande pinéale (cependant, cette observation n'est ni constante ni fréquente), tandis que la sécrétion de mélatonine diminue quelque peu à la puberté. Il se peut en outre que les variations du taux de mélatonine soient la voie qu'emprunte le cycle circadien pour influer sur des processus physiologiques rythmiques, tels la température corporelle, le sommeil, l'appétit et l'activité hypothalamique en général (voir l'encadré de la p. 570).

Thymus

Le **thymus** est composé de deux lobes et il est situé dans le thorax, à l'arrière du sternum. De grandes dimensions chez l'enfant, cette glande diminue de volume au cours de l'âge adulte. À la fin de la vie, il n'en reste plus que du tissu adipeux et du tissu conjonctif fibreux.

Les cellules épithéliales du thymus sécrètent principalement une famille d'hormones peptidiques, dont la **thymopoïétine** et la **thymosine,** qui semblent jouer un rôle essentiel dans l'établissement de la réponse immunitaire. Nous décrivons le rôle des hormones thymiques au chapitre 22, qui est consacré au système immunitaire.

GROS PLAN L'horloge interne: un cadran solaire

On sait depuis longtemps que plusieurs processus physiologiques «marchent au même pas». Ainsi, la température corporelle, le pouls et le cycle veille-sommeil semblent se coordonner en cycles d'environ 24 heures, tandis que d'autres processus suivent des «cadences» différentes. Qu'est-ce qui peut dérégler ces rythmes? Ce peut être la maladie, les médicaments, le décalage horaire, le travail de nuit ainsi que la lumière solaire.

La lumière exerce ses effets biochimiques internes par l'intermédiaire de l'œil. En frappant la rétine, la lumière engendre des influx nerveux qui empruntent le nerf optique, le tractus optique et la radiation optique pour atteindre l'aire visuelle (où s'effectue la vision à proprement parler). Des neurofibres acheminent également des influx au noyau suprachiasmatique (SNC), que l'on considère comme l'horloge biologique de l'hypothalamus. Dans le corps pinéal, la lumière inhibe la sécrétion d'une hormone appelée mélatonine, et l'obscurité la stimule. D'ailleurs, la tradition veut que le corps pinéal soit le «troisième œil» de l'être humain. Comme les autres rythmes de l'organisme, la sécrétion de mélatonine et celle des diverses hormones adénohypophysaires est orchestrée par le système nerveux central.

Par le biais de la mélatonine, la lumière influe sur la reproduction, l'alimentation et le sommeil des animaux, mais l'on croyait jusqu'à tout récemment que l'être humain échappait à ses effets. Or, grâce à de nombreux travaux, nous savons maintenant que l'être humain subit l'influence de trois caractéristiques de la lumière: son intensité, son spectre (les couleurs qu'elle contient) et ses variations dans le temps (alternance du jour et de la nuit et succession des saisons).

La lumière influe sur plusieurs aspects de la vie humaine:

1. *Comportement et humeur.* Beaucoup de gens présentent des variations de l'humeur liées aux saisons. Le phénomène s'observe surtout dans les régions éloignées de l'équateur, où le cycle du jour et de la nuit varie énormément au cours de l'année. Nous nous sentons bien pendant l'été, mais nous devenons irritables et déprimés pendant les jours courts et gris de l'hiver. Sommes-nous victimes de notre imagination? Il semble que non. Des chercheurs ont découvert un trouble relativement répandu appelé trouble de l'humeur à caractère saisonnier ou, plus simplement, dépression hivernale. À l'automne, quand les jours raccourcissent, les personnes atteintes de ce trouble deviennent irritables, angoissées, somnolentes; elles ont tendance à se replier sur elles-mêmes. Elles deviennent boulimiques, consommant de préférence des glucides, et prennent du poids. La photothérapie, c'est-à-dire l'exposition à une lumière très intense pendant deux heures par jour, élimine ces symptômes en deux à quatre jours chez près de 90 % des patients étudiés (beaucoup plus rapidement que ne le font les médicaments antidépresseurs). Lorsqu'on interrompt le traitement ou qu'on administre de la mélatonine à ces patients, leurs symptômes réapparaissent aussi rapidement qu'ils s'étaient évanouis, ce qui fait penser que la mélatonine est la clé des changements d'humeur saisonniers.

Les symptômes de la dépression hivernale sont presque identiques à ceux de l'obésité consécutive à la prise de glucides et du syndrome prémenstruel, sauf que le premier trouble se fait sentir quotidiennement et le second, mensuellement (deux semaines avant la menstruation).

Un médecin mesure l'intensité lumineuse avant de procéder à une séance de photothérapie.

Ces troubles cycliques du comportement semblent aussi reposer sur le photopériodisme; d'ailleurs, la photothérapie soulage les symptômes du syndrome prémenstruel chez certaines femmes.

2. *Travail de nuit et décalage horaire.* Chez les personnes qui travaillent de nuit, le mode de sécrétion de la mélatonine est inversé, c'est-à-dire que leur organisme ne sécrète pas l'hormone pendant la nuit (dans l'éclairage artificiel) mais en libère de grandes quantités pendant le sommeil diurne. Si l'on réveille ces personnes et qu'on les expose à une lumière intense, leur taux de mélatonine chute. De même, le mode de sécrétion de la mélatonine s'inverse (mais beaucoup plus rapidement) chez les passagers des vols intercontinentaux.

3. *Immunité.* La lumière ultraviolette stimule des leucocytes appelés lymphocytes T suppresseurs, qui entravent la réponse immunitaire. Chez les animaux, on a constaté que le traitement aux ultraviolets met fin au rejet des greffons provenant de donneurs non apparentés. Cette technique laisse espérer que les greffes de pancréas seront un jour possibles chez les diabétiques, qui souffrent d'une maladie auto-immune attaquant leur propre pancréas.

Le soleil fait l'objet d'un culte depuis les temps les plus reculés, mais les scientifiques commencent à peine à déceler les raisons de cette adoration. Dans le même temps, ils considèrent d'un œil de plus en plus inquiet les bureaux sans fenêtre, l'éclairage artificiel et insuffisant des lieux de travail et le nombre croissant de personnes âgées hospitalisées qui sentent rarement sur leur peau la caresse du soleil. La lumière artificielle n'offre pas le spectre complet de la lumière solaire. Les lampes à incandescence d'usage domestique émettent principalement de la lumière rouge, et les tubes fluorescents des édifices publics dégagent de la lumière jaune vert. L'exposition prolongée à l'éclairage artificiel provoque des anomalies de la reproduction et accroît la vulnérabilité au cancer chez les animaux. Se pourrait-il que certains d'entre nous subissent sans le savoir les mêmes effets?

Développement et vieillissement du système endocrinien

Les glandes hormonopoïétiques dérivent des trois tissus embryonnaires, mais la plupart naissent de l'endoderme. Les glandes endocrines issues du mésoderme produisent les hormones stéroïdes; toutes les autres élaborent des hormones dérivées d'acides aminés (protéines et polypeptides).

Exception faite des troubles liés à leur hyposécrétion ou à leur hypersécrétion, la plupart des glandes endocrines semblent fonctionner sans heurt jusqu'à la fin de la vie. Le vieillissement peut faire varier la fréquence de la sécrétion hormonale, les réponses des glandes aux stimulus ou la vitesse de la dégradation et de l'excrétion des hormones. De plus, la sensibilité des récepteurs des cellules cibles peut diminuer au cours des années. Cependant, il est difficile d'étudier le fonctionnement endocrinien des personnes âgées, car il est souvent perturbé par les maladies chroniques qui frappent ce groupe d'âge.

Le vieillissement modifie la structure de l'adénohypophyse; la quantité de tissu conjonctif et de pigment augmente, la vascularisation décroît et le nombre de cellules hormonopoïétiques diminue. Ces changements n'ont aucun effet sur le taux sanguin et la libération de la corticotrophine (ACTH), tandis qu'ils font augmenter les taux de thyréotrophine (TSH) et de gonadotrophines (FSH et LH). Le taux de l'hormone de croissance (GH) diminue au cours des années, ce qui explique en partie l'atrophie musculaire. Récemment, des endocrinologues ont découvert un effet prometteur des suppléments de GH. Pendant six mois, ils ont administré des injections de GH synthétique à des personnes âgées. Ces dernières ont vu leurs muscles reprendre de la vigueur et leur apparence rajeunir de 20 ans!

Les surrénales présentent aussi des changements structuraux liés au vieillissement, mais la régulation du cortisol semble demeurer intacte tant que la personne est en bonne santé. La concentration plasmatique d'aldostérone diminue de moitié chez la personne âgée, mais cela est peut-être imputable aux reins qui, devenus moins sensibles aux stimulus, libèrent moins de rénine. Enfin, les chercheurs n'ont trouvé aucune différence liée à l'âge dans la libération des catécholamines (adrénaline et noradrénaline).

Le vieillissement fait subir des changements marqués aux gonades, et particulièrement aux ovaires. À la fin de l'âge mûr, les ovaires deviennent insensibles aux gonadotrophines, et leur taille et leur poids diminuent. L'arrêt de la production des hormones femelles par les ovaires met fin à la capacité de reproduction; apparaissent alors les troubles associés à la déficience en œstrogènes, notamment l'artériosclérose et l'ostéoporose. Chez les représentants de l'autre sexe, la production de testostérone ne diminue pas avant un âge très avancé.

La tolérance au glucose (la capacité d'éliminer efficacement une charge en glucose) commence à se détériorer dès la quarantaine. La glycémie monte plus haut et revient plus lentement à la normale chez la personne âgée que chez le jeune adulte. L'*épreuve de l'hyperglycémie provoquée* a démontré qu'une forte proportion de personnes âgées sont atteintes de diabète *chimique*, ou *asymptomatique*. Comme les îlots pancréatiques continuent de sécréter des quantités d'insuline proches de la normale chez ces sujets, on pense que l'affaiblissement de la tolérance au glucose est dû à une diminution de la sensibilité des récepteurs de l'insuline (prédiabète de type II).

La synthèse et la libération des hormones thyroïdiennes diminuent quelque peu au cours des années. Les follicules thyroïdiens de la personne âgée sont le plus souvent surchargés de colloïde, et la fibrose envahit la glande. Le métabolisme basal ralentit, mais l'hypothyroïdie légère n'est pas le seul facteur en cause. L'augmentation des dépôts de graisse au détriment des muscles joue un rôle tout aussi important dans ce cas, car le tissu musculaire est beaucoup plus actif du point de vue métabolique (il utilise beaucoup plus d'oxygène) que le tissu adipeux.

Les glandes parathyroïdes changent peu au cours du vieillissement, et la parathormone conserve une concentration normale. Néanmoins, les femmes ménopausées, déjà menacées par l'ostéoporose, sont plus sensibles aux effets déminéralisants de la parathormone, que les œstrogènes ne sont plus là pour contrer.

* * *

Nous avons présenté dans ce chapitre les grands mécanismes de l'action hormonale. Nous avons également passé en revue les principales glandes endocrines, leurs cibles et leurs effets physiologiques les plus importants (voir la figure 17.19). Soulignons toutefois que nous revenons sur chacune des hormones étudiées ici dans au moins un autre chapitre, alors que nous considérons ses actions dans le contexte du fonctionnement d'un système en particulier. Par exemple, nous décrivons les effets qu'ont la parathormone et la calcitonine sur la déminéralisation osseuse au chapitre 6, en même temps que nous exposons le remaniement osseux. Par ailleurs, aux chapitres 28 et 29, nous accordons une attention particulière aux hormones gonadiques, les agents de la maturation et du fonctionnement du système génital.

Système endocrinien

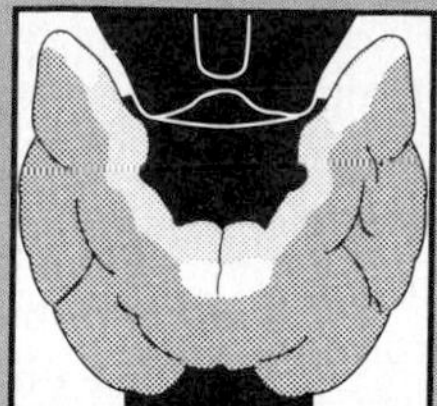

Système tégumentaire

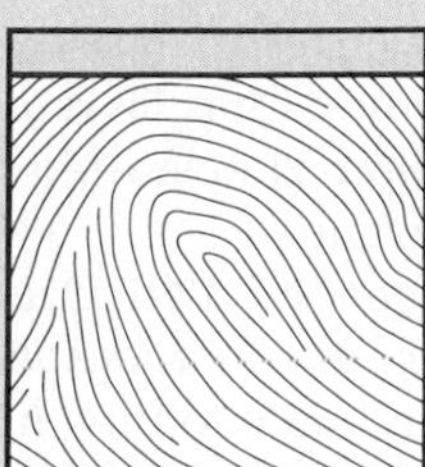

Les androgènes stimulent les glandes sébacées; les œstrogènes favorisent l'hydratation de la peau

Système squelettique

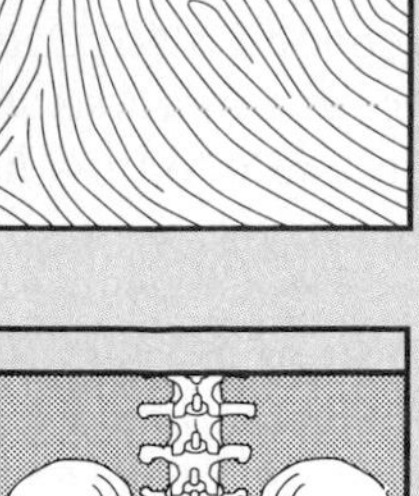

Protège les glandes endocrines

La PTH et la calcitonine régissent le taux sanguin de calcium; la GH, la T_3, la T_4 et les hormones sexuelles sont nécessaires au développement du squelette

Système musculaire

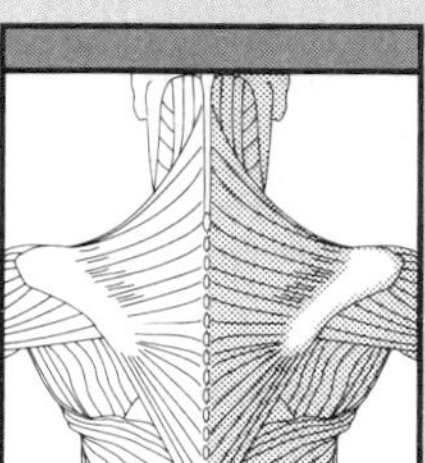

La GH est indispensable au développement musculaire

Système nerveux

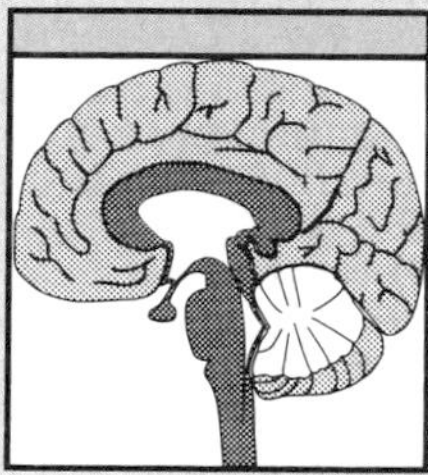

L'hypothalamus produit deux hormones et commande à l'adénohypophyse

Plusieurs hormones (la GH, la T_4 et les hormones sexuelles) influent sur le développement et sur le fonctionnement du système nerveux

Système cardiovasculaire

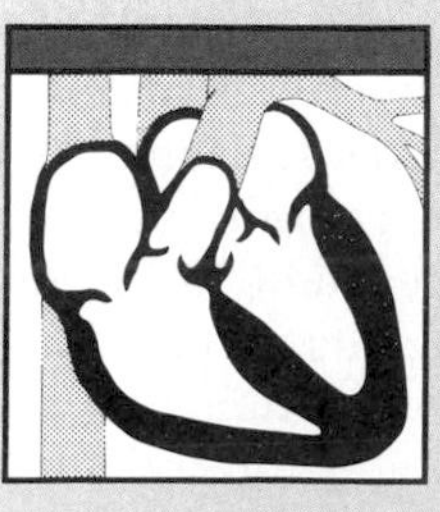

Le sang transporte les hormones; les oreillettes du cœur produisent le facteur natriurétique auriculaire

Plusieurs hormones influent sur le volume sanguin, la pression artérielle et la contractilité cardiaque

Système lymphatique

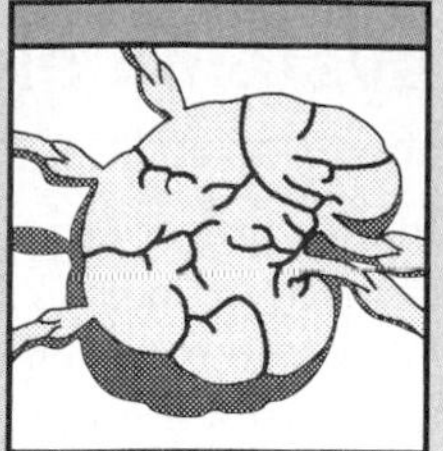

La lymphe transporte les hormones vers le sang

Des lymphocytes «programmés» par les hormones thymiques parsèment les ganglions lymphatiques

Système immunitaire

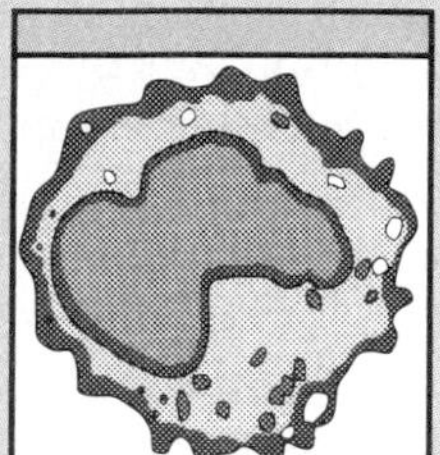

La thymosine libérée par le thymus intervient dans la «programmation» de la réponse immunitaire; les glucocorticoïdes affaiblissent la réponse immunitaire

Système respiratoire

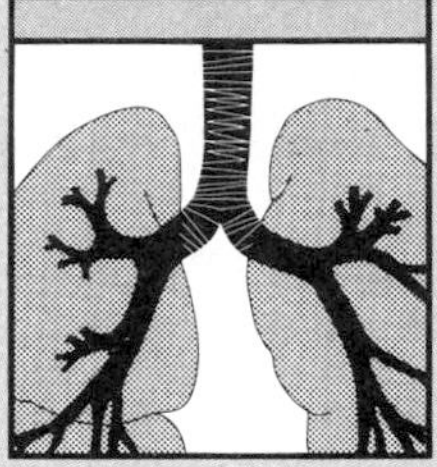

Fournit de l'oxygène; élimine le gaz carbonique

L'adrénaline influe sur la ventilation (en dilatant les bronchioles)

Système digestif

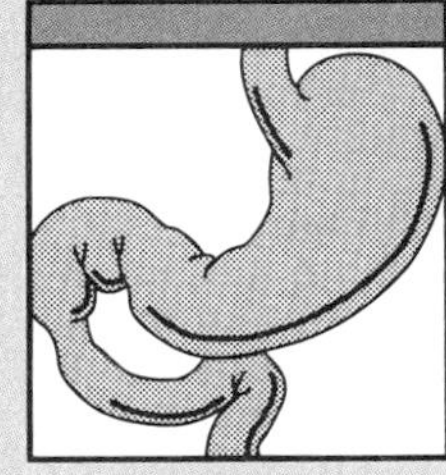

Fournit des nutriments aux glandes endocrines

Des hormones gastro-intestinales locales influent sur la digestion; la vitamine D activée est nécessaire à l'absorption du calcium alimentaire

Système urinaire

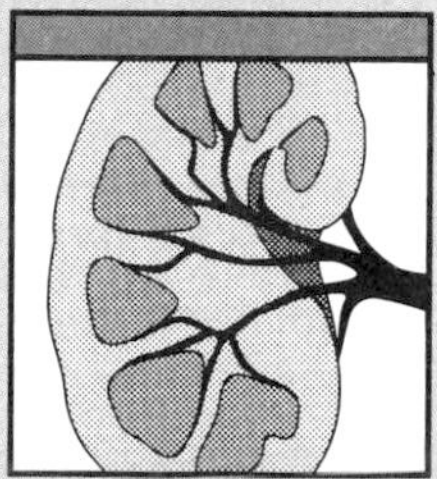

Les reins activent la vitamine D (considérée comme une hormone)

L'aldostérone et l'ADH influent sur le fonctionnement rénal; la rénine libérée par les reins influe sur la pression artérielle, sur l'équilibre hydrique et sur l'équilibre du sodium

Système génital

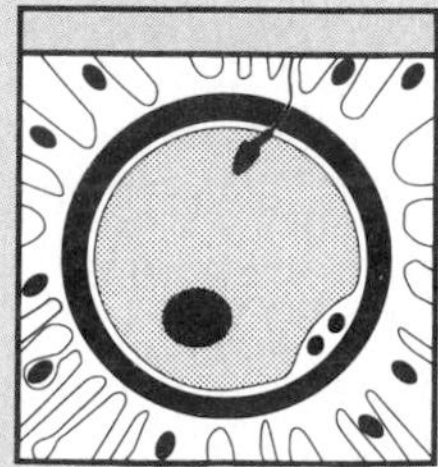

Les hormones gonadiques influent par rétroaction sur le fonctionnement du système endocrinien

Les hormones hypothalamiques, adénohypophysaires et gonadiques régissent le développement et le fonctionnement du système génital

Figure 17.19 Relations homéostatiques entre le système endocrinien et les autres systèmes de l'organisme.

Termes médicaux

Crise thyrotoxique Exacerbation soudaine et grave de tous les symptômes de l'hyperthyroïdie due à un excès d'hormones thyroïdiennes circulantes. Les symptômes de cet état hypermétabolique sont la fièvre, l'augmentation de la fréquence cardiaque, l'hypertension artérielle, la déshydratation, la nervosité et les tremblements. Les facteurs déclenchants sont les situations génératrices de stress, un apport excessif de suppléments d'hormones thyroïdiennes et les lésions de la glande thyroïde.

Hirsutisme Développement excessif du système pileux; le phénomène est considéré comme un trouble dans le cas des femmes, chez lesquelles il est lié à une hypersécrétion d'androgènes par la corticosurrénale.

Hypophysectomie Ablation chirurgicale de l'hypophyse.

Idiopathie (*idios* = propre) Maladie de cause indéterminée ou inconnue.

Prolactinome Type le plus courant de tumeur de l'hypophyse (30 % à 40 % ou plus des cas), se traduisant par une hypersécrétion de prolactine et des troubles menstruels chez la femme.

Résumé du chapitre

1. Le système nerveux et le système endocrinien sont les principaux systèmes de régulation de l'organisme. Le système nerveux agit rapidement et brièvement par l'intermédiaire d'influx nerveux; le système endocrinien agit lentement et durablement par l'intermédiaire des hormones.

SYSTÈME ENDOCRINIEN ET HORMONES: CARACTÉRISTIQUES GÉNÉRALES (p. 540-541)

1. Les glandes endocrines sont richement vascularisées et déversent des hormones directement dans le sang ou dans la lymphe. Elles sont de petites dimensions et disséminées dans l'organisme.

2. Les principales glandes endocrines sont l'hypophyse, la thyroïde, les parathyroïdes, les surrénales, le corps pinéal; le thymus, le pancréas et les gonades sont des organes ayant une fonction endocrinienne. L'hypothalamus est un organe neuroendocrinien. Plusieurs autres organes contiennent des amas isolés de cellules hormonopoïétiques, notamment l'estomac, l'intestin grêle, les reins et le cœur.

3. De nombreux processus physiologiques sont régis par des hormones: la reproduction, la croissance et le développement, la mobilisation des moyens de défense contre les facteurs de stress, l'équilibre des électrolytes, des liquides et des nutriments ainsi que la régulation du métabolisme cellulaire.

HORMONES (p. 541-547)

Chimie des hormones (p. 541-542)

1. La plupart des hormones sont des hormones stéroïdes ou des hormones dérivées d'acides aminés.

Spécificité des hormones et de leurs cellules cibles (p. 542-543)

2. La sensibilité d'une cellule cible à une hormone repose sur la présence, sur la membrane plasmique ou à l'intérieur de la cellule, de récepteurs auxquels l'hormone peut se lier.

3. Les récepteurs des hormones sont des structures dynamiques. Leur nombre et leur sensibilité peuvent varier selon que les taux d'hormones stimulantes sont faibles ou élevés.

Mécanismes de l'action hormonale (p. 543-545)

4. Les hormones agissent sur les cellules en stimulant ou en inhibant leurs processus caractéristiques.

5. Dans les cellules, les stimulus hormonaux provoquent, entre autres réponses, des modifications de la perméabilité membranaire, la synthèse, l'activation ou l'inhibition d'enzymes, le déclenchement de l'activité sécrétrice et l'activation de gènes.

6. Les hormones protéiques, peptidiques et aminées interagissent avec leurs cellules cibles par l'intermédiaire de seconds messagers intracellulaires. Ainsi, certaines hormones se lient à un récepteur de la membrane plasmique associé à l'adénylate cyclase, laquelle catalyse la synthèse de l'AMP cyclique à partir de l'ATP. L'AMP cyclique déclenche des réactions au cours desquelles des protéines-kinases et d'autres enzymes sont activées et qui aboutissent à la réponse cellulaire. D'autres hormones agissent par l'intermédiaire de la phosphatidyl-inositol. On suppose enfin que la GMP cyclique et le calcium servent aussi de seconds messagers.

7. Les hormones stéroïdes (et la thyroxine) pénètrent dans les cellules cibles, activent l'ADN, provoquent la formation d'ARN messager et entraînent ainsi la synthèse de protéines.

Apparition et durée de l'activité hormonale (p. 545-546)

8. Les concentrations sanguines des hormones reposent sur un équilibre entre la sécrétion d'une part et la dégradation et l'excrétion d'autre part. Les hormones sont dégradées principalement par le foie et les reins; le produit de la dégradation est excrété dans l'urine et les matières fécales.

9. La demi-vie et la durée de l'activité des hormones sont limitées et varient d'une hormone à l'autre.

Régulation de la libération des hormones (p. 546-547)

10. La libération des hormones est déclenchée par des stimulus hormonaux, humoraux et nerveux. La rétro-inhibition est un important mécanisme de régulation des concentrations sanguines des hormones.

11. Le système nerveux, par l'intermédiaire de mécanismes hypothalamiques, peut dans certains cas prendre le pas sur les effets hormonaux ou les moduler.

GLANDES ENDOCRINES (p. 547-569)

Hypophyse (p. 547-554)

1. L'hypophyse s'attache à la base de l'encéphale par une tige et elle est entourée d'os. Elle comprend une portion glandulaire (lobe antérieur ou adénohypophyse), qui produit des hormones, et une portion neurale (lobe postérieur ou neurohypophyse), qui constitue un prolongement de l'hypothalamus.

2. L'hypothalamus régit la sécrétion hormonale de l'adénohypophyse par l'intermédiaire d'hormones de libération et d'inhibition; d'autre part, il synthétise deux hormones qui sont emmagasinées puis libérées par la neurohypophyse.

3. Quatre des six hormones adénohypophysaires sont des stimulines qui régissent le fonctionnement d'autres glandes endocrines. La plupart des hormones adénohypophysaires sont libérées suivant un rythme diurne subordonné à des stimulus qui agissent sur l'hypothalamus.

4. L'hormone de croissance (GH) est une hormone anabolisante qui stimule la croissance de tous les tissus, et particulièrement des muscles squelettiques et des os. Elle peut agir directement ou par l'intermédiaire des somatomédines élaborées par le foie. Elle mobilise les acides gras, stimule la synthèse des protéines et inhibe l'absorption du glucose et son métabolisme. Sa sécrétion est régie par la somatocrinine (GH-RH) et la somatostatine (GH-IH). L'hypersécrétion de GH cause le gigantisme chez l'enfant et l'acromégalie chez l'adulte; l'hyposécrétion chez l'enfant provoque le nanisme hypophysaire.

5. La thyréotrophine (TSH) favorise le développement normal et l'activité de la glande thyroïde. Sa libération est stimulée par la thyréolibérine (TRH) et inhibée par la rétro-inhibition des hormones thyroïdiennes.

6. La corticotrophine (ACTH) stimule la libération des corticostéroïdes par la corticosurrénale. Sa libération est stimulée par la corticolibérine (CRF) et inhibée (rétro-inhibition) par l'élévation des concentrations de glucocorticoïdes.

7. Les gonadotrophines, l'hormone folliculostimulante (FSH) et l'hormone lutéinisante (LH) régissent le fonctionnement des

gonades chez les deux sexes. L'hormone folliculostimulante stimule la production de cellules sexuelles; l'hormone lutéinisante stimule la production d'hormones gonadiques. Les taux de gonadotrophines s'élèvent en réaction à la libération de gonadolibérine (LH-RH). La rétro-inhibition des hormones gonadiques inhibe la libération des gonadotrophines.

8. La prolactine (PRL) stimule la lactation. Sa sécrétion est provoquée par le facteur déclenchant la sécrétion de prolactine (PRF) et inhibée par le facteur inhibant la sécrétion de prolactine (PIF).

9. La neurohypophyse emmagasine et libère deux hormones hypothalamiques, l'ocytocine et l'hormone antidiurétique (ADH).

10. L'ocytocine stimule le muscle lisse de l'utérus (au cours du travail et de l'accouchement) et les cellules myoépithéliales des glandes mammaires (lactation). Sa libération est induite de manière réflexe par l'hypothalamus et obéit à une rétroactivation.

11. L'hormone antidiurétique (ADH) stimule la réabsorption de l'eau par les tubules rénaux; le volume sanguin et la pression artérielle s'élèvent à mesure que diminue la diurèse. La libération d'ADH est déclenchée par de fortes concentrations sanguines de solutés et inhibée par la situation inverse. L'hyposécrétion d'hormone antidiurétique cause le diabète insipide.

Glande thyroïde (p. 554-558)

12. La glande thyroïde est située dans la partie antérieure de la gorge. Les follicules thyroïdiens renferment la thyroglobuline, un colloïde dont les hormones thyroïdiennes sont dérivées.

13. Les hormones thyroïdiennes (TH) sont la thyroxine (T_4) et la triiodothyronine (T_3). Ces hormones accélèrent le métabolisme cellulaire et, par le fait même, favorisent la consommation d'oxygène et la production de chaleur.

14. Pour que les hormones thyroïdiennes soient sécrétées, sous l'effet de la thyréotrophine (TSH), les cellules folliculaires doivent absorber la thyroglobuline et les hormones doivent s'en détacher. L'augmentation des taux d'hormones thyroïdiennes exerce une rétro-inhibition qui inhibe l'hypophyse et l'hypothalamus.

15. La majeure partie de la thyroxine est convertie en triiodothyronine (plus active) dans les tissus cibles. Ces hormones semblent s'attacher à de nombreux récepteurs et agir par l'intermédiaire de plusieurs mécanismes.

16. L'hypersécrétion des hormones thyroïdiennes cause principalement la maladie de Graves; l'hyposécrétion provoque le crétinisme chez l'enfant et le myxœdème chez l'adulte.

17. La calcitonine (thyrocalcitonine), produite par les cellules parafolliculaires de la glande thyroïde en réaction à l'augmentation du taux sanguin de calcium, abaisse celui-ci en inhibant la résorption de la matrice osseuse et en favorisant le dépôt du calcium dans les os.

Glandes parathyroïdes (p. 558-559)

18. Les glandes parathyroïdes sont situées sur la face postérieure de la glande thyroïde. Elles sécrètent la parathormone (PTH), qui élève le taux sanguin de calcium en se fixant dans les os, les intestins et les reins. La parathormone est l'antagoniste de la calcitonine.

19. La libération de la parathormone est stimulée par la diminution du taux sanguin de calcium et inhibée par la situation inverse.

20. L'hyperparathyroïdie cause l'hypercalcémie et une perte osseuse très importante. L'hypoparathyroïdie provoque l'hypocalcémie, qui se traduit par la tétanie et la paralysie respiratoire.

Glandes surrénales (p. 559-565)

21. Les deux glandes surrénales sont situées au sommet des reins. Chacune comprend une portion fonctionnelle, soit une portion corticale (la corticosurrénale) et une portion médullaire (la médullosurrénale).

22. La corticosurrénale élabore trois groupes d'hormones stéroïdes à partir du cholestérol.

23. Les minéralocorticoïdes (et principalement l'aldostérone) régissent la réabsorption des ions sodium par les reins et, indirectement, les concentrations d'autres électrolytes et d'eau associés au transport du sodium. La libération de l'aldostérone est stimulée par le système rénine-angiotensine, l'augmentation du taux sanguin d'ions potassium, la diminution du taux sanguin d'ions sodium et par l'ACTH. Le facteur natriurétique auriculaire inhibe la libération de l'aldostérone.

24. Les glucocorticoïdes (et principalement le cortisol) sont d'importantes hormones métaboliques qui aident l'organisme à résister aux facteurs de stress en élevant la pression artérielle ainsi que les taux sanguins de glucose, d'acides gras et d'acides aminés. De fortes concentrations de glucocorticoïdes affaiblissent le système immunitaire et la réaction inflammatoire. L'ACTH est le principal stimulus de la libération des glucocorticoïdes.

25. Les gonadocorticoïdes (et principalement les androgènes) sont produits en petites quantités tout au long de la vie.

26. L'hyposécrétion des hormones corticosurrénales cause la maladie d'Addison. L'hypersécrétion provoque l'hyperaldostéronisme, la maladie de Cushing et la virilisation.

27. Stimulée par des neurofibres sympathiques, la médullosurrénale libère les catécholamines (l'adrénaline et la noradrénaline). Ces hormones intensifient et prolongent la réaction de lutte ou de fuite vis-à-vis de facteurs de stress passagers. L'hypersécrétion cause les symptômes caractéristiques de l'hyperactivité sympathique.

Pancréas (p. 565-569)

28. Le pancréas, situé près de l'estomac, est à la fois une glande endocrine et une glande exocrine. Sa portion endocrine (les îlots pancréatiques) libère l'insuline et le glucagon dans le sang.

29. Le glucagon, libéré par les cellules alpha (α) lorsque la glycémie est faible, stimule la libération de glucose dans le sang par le foie.

30. L'insuline est libérée par les cellules bêta (β) lorsque le taux sanguin de glucose (et d'acides aminés) est élevé. Elle accélère l'absorption du glucose et son métabolisme par la plupart des cellules. L'hyposécrétion d'insuline cause le diabète sucré, dont les signes majeurs sont la polyurie, la polydipsie et la polyphagie.

Gonades (p. 569)

31. Les ovaires, situés dans la cavité pelvienne de la femme, libèrent deux types d'hormones. La sécrétion des œstrogènes par les follicules ovariens commence à la puberté sous l'influence de la FSH. Les œstrogènes stimulent la maturation des organes génitaux et l'apparition des caractères sexuels secondaires. La progestérone est libérée sous l'effet de fortes concentrations de LH. En conjonction avec les œstrogènes, elle établit le cycle menstruel.

32. Chez l'homme, les testicules commencent à produire la testostérone à la puberté sous l'influence de la LH. La testostérone provoque la maturation des organes génitaux, l'apparition des caractères sexuels secondaires et la production de spermatozoïdes.

Corps pinéal (glande pinéale) (p. 569)

33. La glande pinéale est située dans le diencéphale. Elle sécrète principalement la mélatonine, qui semble avoir un effet antigonadotrope chez l'être humain et qui influe sur les rythmes physiologiques.

Thymus (p. 569)

34. Le thymus, situé dans la partie supérieure du thorax, diminue de volume au cours de la vie. Les hormones qu'il sécrète, la thymosine et la thymopoïétine, concourent à l'établissement de la réponse immunitaire.

DÉVELOPPEMENT ET VIEILLISSEMENT DU SYSTÈME ENDOCRINIEN (p. 569-571)

1. Les glandes endocrines dérivent des trois tissus embryonnaires. Celles qui sont issues du mésoderme produisent les hormones stéroïdes; les autres élaborent les hormones dérivées d'acides aminés et les hormones protéiques.

2. Le déclin naturel de l'activité ovarienne cause la ménopause à la fin de l'âge mûr.

3. L'efficacité de toutes les glandes endocrines semble décroître graduellement au cours des années. Par conséquent, le risque de diabète sucré augmente et le métabolisme ralentit.

Questions de révision

Choix multiples/associations

1. La libération de la parathormone est déclenchée principalement par un stimulus: (a) hormonal; (b) humoral; (c) nerveux.

2. Associez les hormones suivantes aux descriptions.

Hormones: **(a)** aldostérone **(b)** hormone antidiurétique **(c)** somatotrophine **(d)** hormone lutéinisante **(e)** ocytocine **(f)** prolactine **(g)** thyroxine et triiodothyronine **(h)** thyréotrophine

_____ **(1)** Importante hormone anabolisante dont plusieurs effets sont déclenchés par les somatomédines.

_____ **(2)** Concourt à l'équilibre hydrique et à la réabsorption de l'eau par les reins.

_____ **(3)** Stimule la lactation.

_____ **(4)** Stimuline qui provoque la sécrétion des hormones sexuelles par les gonades.

_____ **(5)** Intensifie les contractions utérines pendant l'accouchement.

_____ **(6)** Principale(s) hormone(s) métabolique(s).

_____ **(7)** Cause la réabsorption des ions sodium par les reins.

_____ **(8)** Stimuline qui déclenche la sécrétion des hormones thyroïdiennes.

_____ **(9)** Hormone sécrétée par la neurohypophyse (deux choix possibles).

_____ **(10)** Seule hormone stéroïde de la liste.

3. L'adénohypophyse ne sécrète pas: (a) l'hormone antidiurétique; (b) la somatotrophine; (c) les gonadotrophines; (d) la thyréotrophine.

4. Parmi les hormones suivantes, laquelle n'intervient pas dans le métabolisme du glucose? (a) Le glucagon. (b) La cortisone. (c) L'aldostérone. (d) L'insuline.

5. La parathormone: (a) favorise la formation des os et abaisse le taux sanguin de calcium; (b) augmente l'excrétion du calcium; (c) diminue l'absorption intestinale du calcium; (d) déminéralise les os et élève le taux sanguin de calcium.

6. Une injection hypodermique d'adrénaline: (a) augmente la fréquence cardiaque, élève la pression artérielle, dilate les bronches et intensifie le péristaltisme; (b) diminue la fréquence cardiaque, abaisse la pression artérielle, contracte les bronches et intensifie le péristaltisme; (c) diminue la fréquence cardiaque, élève la pression artérielle, contracte les bronches et diminue le péristaltisme; (d) augmente la fréquence cardiaque, élève la pression artérielle, dilate les bronches et diminue le péristaltisme.

7. Parmi les hormones suivantes, laquelle est à la femme ce que la testostérone est à l'homme? (a) L'hormone lutéinisante. (b) La progestérone. (c) Les œstrogènes. (d) La prolactine.

8. Si la sécrétion des hormones adénohypophysaires est insuffisante chez un enfant, celui-ci: (a) sera atteint d'acromégalie; (b) sera atteint de nanisme mais conservera des proportions corporelles normales; (c) atteindra la maturité sexuelle précocement; (d) sera toujours vulnérable à la déshydratation.

9. Si l'apport glucidique est adéquat, la sécrétion d'insuline: (a) abaisse la glycémie; (b) favorise l'utilisation du glucose par les cellules; (c) provoque le stockage du glycogène; (d) toutes ces réponses.

10. Les hormones: (a) sont produites par les glandes exocrines; (b) sont distribuées dans tout l'organisme par le sang; (c) sont en concentrations constantes dans le sang; (d) influent seulement sur des organes non hormonopoïétiques.

11. Certaines hormones agissent: (a) en accroissant la synthèse d'enzymes; (b) en convertissant une enzyme inactive en une enzyme active; (c) sur des organes cibles précis seulement; (d) toutes ces réponses.

12. L'absence de thyroxine cause: (a) une accélération de la fréquence cardiaque et une intensification des contractions cardiaques; (b) l'affaiblissement du système nerveux central et la léthargie; (c) l'exophtalmie; (d) une accélération du métabolisme.

13. Les cellules chromaffines se trouvent dans: (a) les glandes parathyroïdes; (b) l'adénohypophyse; (c) les glandes surrénales; (d) la glande pinéale.

14. Parmi les hormones suivantes, laquelle est sécrétée par la zone glomérulée et a des effets opposés à ceux du facteur natriurétique auriculaire? (a) L'hormone antidiurétique. (b) L'adrénaline. (c) La calcitonine. (d) L'aldostérone. (e) Les androgènes.

Questions à court développement

15. Définissez le terme hormone.

16. (a) Situez l'adénohypophyse, la glande pinéale, le pancréas, les ovaires, les testicules et les glandes surrénales. (b) Nommez les hormones que ces glandes endocrines produisent.

17. Nommez deux glandes (ou régions) endocrines qui interviennent dans le stress et expliquez leur importance.

18. L'adénohypophyse est souvent appelée la glande maîtresse, mais elle aussi est subordonnée à un organe. Quel est-il?

19. La neurohypophyse n'est pas une glande endocrine à proprement parler. Pourquoi? Quelle est sa nature?

20. Le goitre endémique ne résulte pas véritablement d'un dysfonctionnement de la glande thyroïde. Par quoi est-il causé?

21. Énumérez quelques troubles que la diminution de la production hormonale peut causer chez les personnes âgées.

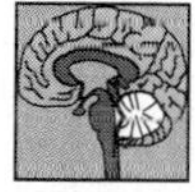

Réflexion et application

1. Un patient présentait les symptômes d'une hypersécrétion de parathormone (il avait notamment un fort taux sanguin de calcium). Ses médecins étaient persuadés qu'il était atteint d'une tumeur d'une des glandes parathyroïdes. Pourtant, pendant l'intervention pratiquée dans son cou, le chirurgien ne put trouver ces glandes. Où le chirurgien devrait-il alors chercher la glande parathyroïde tumorale?

2. Marie Bédard vient d'être admise à la salle d'urgence du centre hospitalier. Elle transpire abondamment et sa respiration est rapide et irrégulière. Son haleine a une odeur d'acétone (sucrée et fruitée) et sa glycémie est de 36 mmol/L. Elle est en état d'acidose. Quelle hormone faut-il lui administrer et pourquoi?

3. Sébastien, un garçon de cinq ans, a grandi par à-coups. Sa taille est de 100 % supérieure à la normale pour son groupe d'âge. La tomodensitométrie révèle qu'il est atteint d'une tumeur de l'hypophyse. (a) Quelle hormone son organisme sécrète-t-il en excès? (b) Comment s'appelle le trouble que présentera Sébastien si son état reste sans traitement?

4. Un matin, Martine parcourait tranquillement le journal lorsqu'une manchette attira son attention: «Les stéroïdes anabolisants deviennent des médicaments contrôlés». «Intéressant, se dit-elle avant de tourner la page. Il est grand temps que l'on donne à ces substances la place qu'elles méritent à côté de l'héroïne.» Cette nuit-là, Martine fit un cauchemar dont elle s'éveilla en sueur. Elle rêva que des policiers arrêtaient tous ses amis et collègues masculins pour possession illégale d'un médicament contrôlé. Y a-t-il un lien entre la manchette du journal et le rêve de Martine? Si oui, quel est-il?

QUATRIÈME PARTIE

MAINTIEN DE L'HOMÉOSTASIE

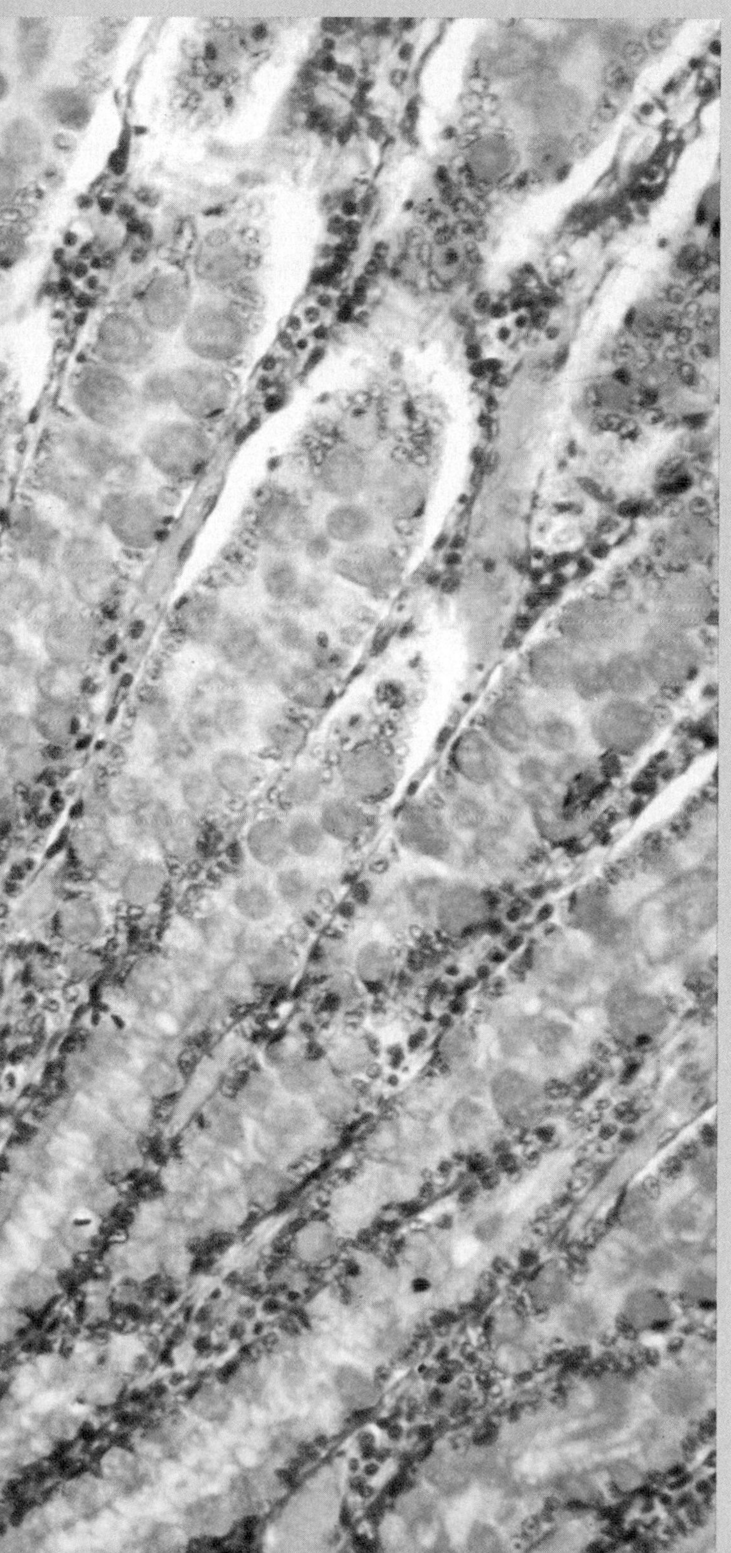

Dans les dix chapitres que comporte la quatrième partie de ce manuel, nous couvrons un pan relativement vaste de l'anatomie et de la physiologie. Nous traitons en effet des systèmes qui, jour après jour, maintiennent l'homéostasie de l'organisme. Plus précisément, nous voyons comment les cellules obtiennent l'oxygène et les nutriments nécessaires à la production d'énergie et nous étudions les mécanismes qui rendent le milieu interne propice à cette activité.

Photomicrographie optique d'une coupe transversale du côlon montrant les nombreuses cellules caliciformes de la muqueuse

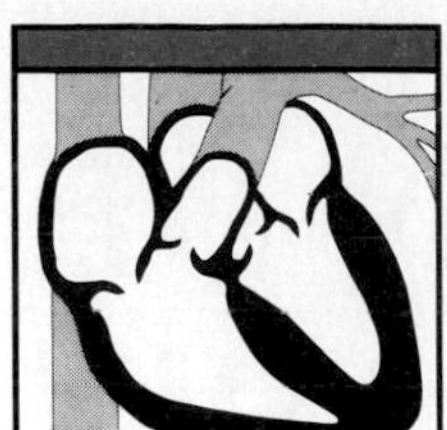

Le sang

18

Sommaire et objectifs d'apprentissage

Composition et fonctions du sang: caractéristiques générales (p. 579-580)

1. Décrire la composition et les caractéristiques physiques du sang total. Expliquer pourquoi le sang est considéré comme un tissu conjonctif.
2. Énumérer six fonctions du sang.

Éléments figurés (p. 580-592)

3. Décrire la structure, la fonction et la production des érythrocytes.
4. Énumérer les classes, les caractéristiques structurales et les fonctions des leucocytes. Décrire la production des leucocytes.
5. Décrire la structure et la fonction des plaquettes.
6. Donner des exemples de troubles causés par des anomalies de chacun des éléments figurés du sang. Expliquer le mécanisme de chaque trouble.

Plasma (p. 592)

7. Expliquer la composition et les fonctions du plasma.

Hémostase (p. 592-597)

8. Décrire les phases de l'hémostase. Indiquer les facteurs qui limitent la croissance du caillot et ceux qui préviennent la coagulation dans les vaisseaux intacts.
9. Donner des exemples de troubles hémostatiques. Indiquer la cause de chacun de ces troubles.

Transfusion (p. 597-600)

10. Décrire les systèmes ABO et Rh. Expliquer la réaction hémolytique.
11. Donner quelques exemples de solutions de remplissage vasculaire. Décrire leurs fonctions et les circonstances dans lesquelles elles sont généralement administrées.

Analyses sanguines (p. 600-601)

12. Expliquer l'importance des analyses sanguines en tant qu'outils de diagnostic.

Développement et vieillissement du sang (p. 601)

13. Indiquer les organes hématopoïétiques aux différents stades de la vie et le type d'hémoglobine produit avant et après la naissance.

Comme un fleuve impétueux, le sang transporte dans l'organisme presque tout ce qui doit y circuler. Bien avant la naissance de la médecine moderne, nos ancêtres accordaient au sang des propriétés magiques, quasi mystiques. À leurs yeux, en effet, le sang était le principe vital, l'élixir qui, en s'écoulant du corps, emportait la vie avec lui. Les siècles ont passé, mais la médecine n'a pas perdu son intérêt vis-à-vis du sang. Plus que tout autre tissu, c'est le sang qu'on analyse pour tenter de déterminer la cause d'une maladie. Dans ce chapitre, nous décrivons la composition et les fonctions du sang, ce liquide vital qui sert de «transporteur» au système cardiovasculaire.

Nous allons dans un premier temps donner un aperçu de la circulation sanguine. Le sang sort du cœur par les *artères,* lesquelles se ramifient pour former des *capillaires.* En traversant les minces parois de ces minuscules vaisseaux, l'oxygène et les nutriments se séparent du sang et pénètrent dans le liquide interstitiel des tissus; en sens inverse, le gaz carbonique et les déchets passent du liquide interstitiel au sang. En quittant les lits capillaires, le sang pauvre en oxygène s'engage dans les *veines* et, par cette voie, atteint le cœur. De là, il entre dans les poumons, où il s'approvisionne en oxygène, puis il retourne au cœur, d'où il sera renvoyé dans tout l'organisme. Penchons-nous maintenant sur la nature du sang.

Composition et fonctions du sang : caractéristiques générales

Composants

Le sang est le seul tissu liquide de l'organisme. Bien qu'il semble épais et homogène, il contient des éléments solides et des éléments liquides. Le sang est un tissu conjonctif complexe où des cellules vivantes, les **éléments figurés,** sont en suspension dans une matrice extracellulaire liquide appelée **plasma.** Contrairement à la plupart des autres tissus conjonctifs, le sang est dépourvu de fibres collagènes et élastiques, mais des protéines fibreuses dissoutes apparaissent sous forme de filaments de fibrine lorsque le sang coagule.

Si on mélange un échantillon de sang avec un anticoagulant et qu'on le centrifuge, les éléments figurés se déposent au fond de l'éprouvette tandis que le plasma, moins dense, flotte à la surface (figure 18.1). La majeure partie de la masse rougeâtre accumulée au fond de l'éprouvette est composée d'*érythrocytes* (ou globules rouges) dont la fonction est de transporter l'oxygène. Une mince couche blanchâtre, la **couche leucocytaire,** se forme à la surface de séparation des érythrocytes et du plasma. Comme son nom l'indique, cette couche comprend les *leucocytes* (ou globules blancs), qui constituent un des moyens de défense de l'organisme, et les *plaquettes,* des fragments de cellules qui interviennent dans la coagulation. Normalement, le volume d'un échantillon de sang est composé d'environ 45 % d'érythrocytes (cette proportion est appelée **hématocrite**), de moins de 1 % de leucocytes et de plaquettes et de 55 % de plasma.

Caractéristiques physiques et volume

Le sang est un liquide visqueux et opaque. Dès notre plus tendre enfance, nous découvrons une autre de ses caractéristiques, son goût salé, lorsque nous portons à notre bouche un doigt coupé. Le sang riche en oxygène a une couleur écarlate, tandis que le sang pauvre en oxygène est d'un rouge sombre. Le sang est plus dense (plus lourd) que l'eau et environ cinq fois plus visqueux, surtout à cause de ses éléments figurés. Le pH du sang varie entre 7,35 et 7,45 : il est donc légèrement alcalin. Sa température est toujours un peu plus élevée que celle du corps (38 °C).

Le sang représente environ 8 % du poids corporel. Son volume est de 5 à 6 L chez l'homme adulte sain et de 4 à 5 L chez la femme adulte saine.

Fonctions

Le sang assume de nombreuses fonctions qui sont toutes liées de près ou de loin au transport de substances, à la régulation de la concentration sanguine de certaines substances et à la protection de l'organisme. Ces fonctions se chevauchent et interagissent de manière à maintenir l'homéostasie.

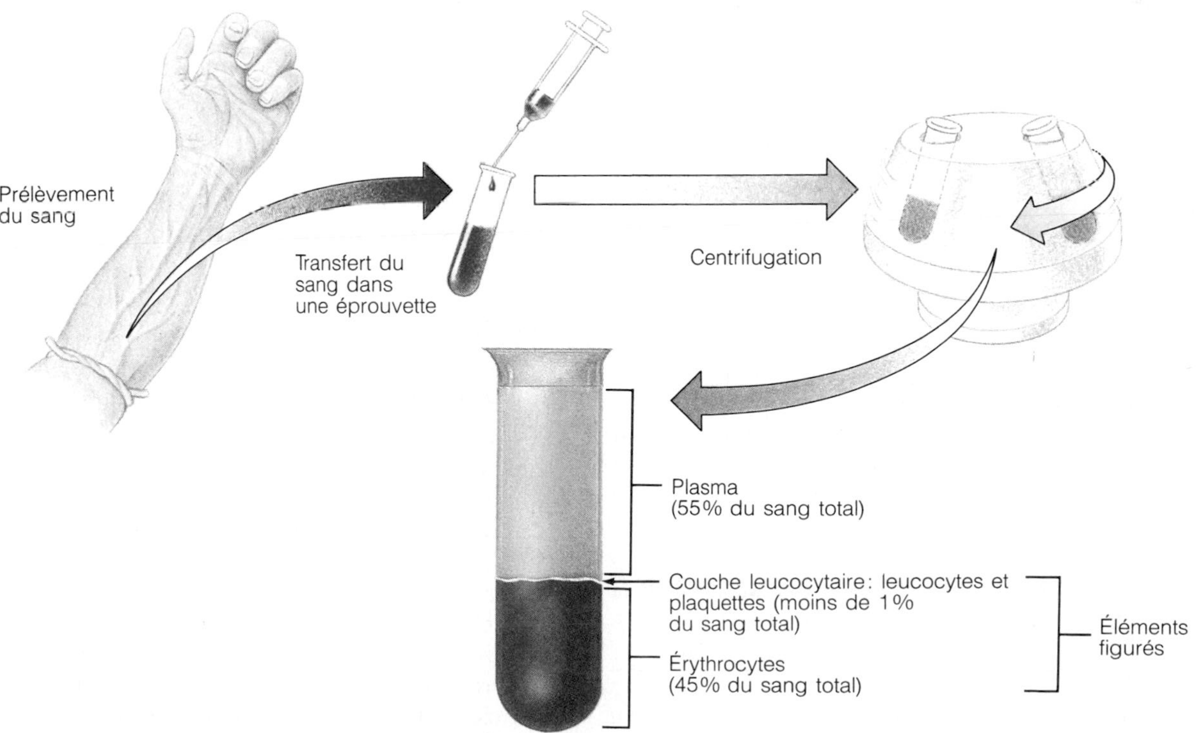

Figure 18.1 Principaux composants du sang total.

Transport

Au point de vue du *transport,* les fonctions du sang sont les suivantes:

- Apport à toutes les cellules d'oxygène et de nutriments provenant respectivement des poumons et du système digestif.
- Transport des déchets du métabolisme cellulaire vers les sites d'élimination (les poumons pour le gaz carbonique et les reins pour les déchets azotés).
- Transport des hormones des glandes endocrines vers leurs organes cibles.

Régulation

Au point de vue de la *régulation,* les fonctions du sang sont les suivantes:

- Maintien d'une température corporelle appropriée au moyen de l'absorption et de la répartition de la chaleur.
- Maintien d'un pH normal dans les tissus. De nombreuses protéines sanguines et d'autres solutés du sang servent de tampons et préviennent ainsi des variations brusques ou excessives du pH sanguin. De plus, le sang constitue un réservoir de bicarbonate.
- Maintien d'un volume adéquat de liquide dans le système circulatoire. Le chlorure de sodium et d'autres sels, en conjonction avec des protéines sanguines comme l'albumine, empêchent le transfert de plasma dans le liquide interstitiel. Ainsi, le volume de liquide dans les vaisseaux sanguins reste suffisant pour assurer l'irrigation de toutes les parties de l'organisme.

Protection

Au point de vue de la *protection* de l'organisme, les fonctions du sang sont les suivantes:

- Prévention de l'hémorragie. Lorsqu'un vaisseau sanguin se rompt, les plaquettes et les protéines plasmatiques forment un caillot et arrêtent l'écoulement du sang.
- Prévention de l'infection. Le sang transporte des anticorps, des protéines du complément ainsi que des leucocytes qui, tous, défendent l'organisme contre des corps étrangers tels que les bactéries, les virus et les toxines.

Éléments figurés

Si vous examinez un frottis coloré de sang humain au microscope optique, vous y verrez des érythrocytes en forme de disques, des leucocytes multicolores et, çà et là, quelques plaquettes à l'allure de débris (figure 18.2). Comme le montre la photomicrographie, les érythrocytes sont beaucoup plus nombreux que les autres éléments figurés. Le tableau 18.1, à la p. 588, présente un résumé des principales caractéristiques structurales et fonctionnelles des divers éléments figurés.

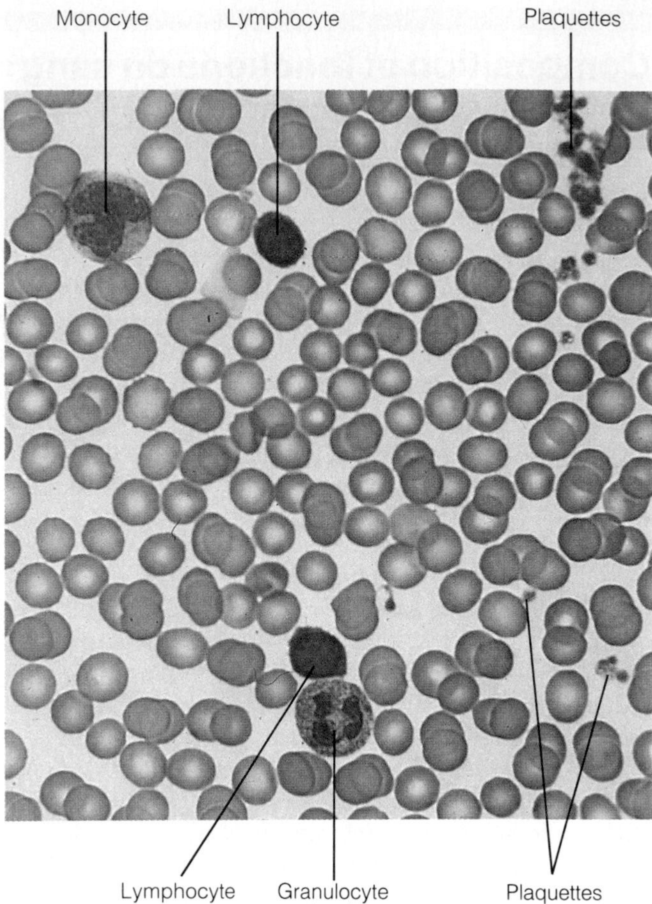

Figure 18.2 Photomicrographie d'un frottis de sang. La plupart des cellules comprises dans le champ sont des érythrocytes en forme de disques. On aperçoit également trois types de globules blancs et des plaquettes. (× 500)

Érythrocytes

Structure

Les **érythrocytes** (*éruthros* = rouge), aussi appelés **globules rouges** ou **hématies,** ont pour principale fonction d'apporter l'oxygène à toutes les cellules de l'organisme. Ce sont de merveilleux exemples d'adaptation de la structure à la fonction. Les érythrocytes matures sont *anucléés* (sans noyau) et ne possèdent que de rares organites. Ils ne sont à toutes fins utiles que des sacs de molécules d'*hémoglobine.* D'ailleurs, leur poids est composé à 33 % environ de cette protéine qui se lie de manière réversible à l'oxygène. Les autres protéines que contiennent les érythrocytes ont surtout pour fonction de maintenir l'intégrité de leur membrane plasmique ou d'en modifier

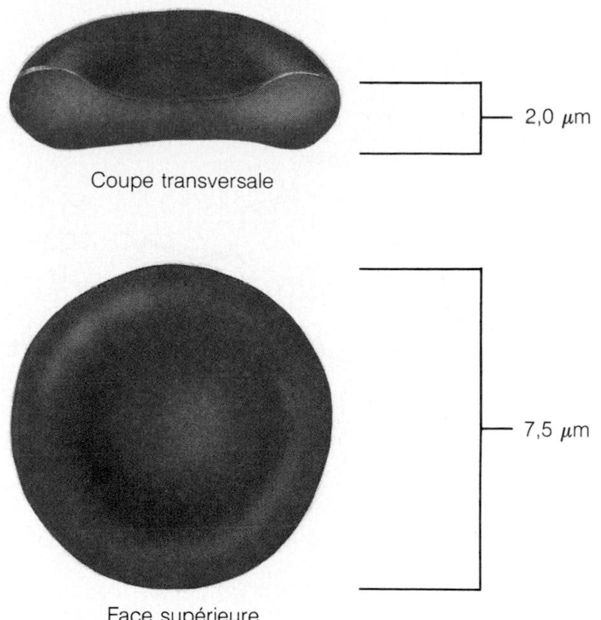

Figure 18.3 Structure des érythrocytes. Coupe transversale et face supérieure d'un érythrocyte. Notez la forme biconcave caractéristique.

la forme au besoin. Comme les érythrocytes sont dépourvus de mitochondries et produisent de l'ATP par des mécanismes anaérobies, ils n'utilisent pas l'oxygène qu'ils transportent et constituent de ce fait des transporteurs hautement efficaces.

Avec leur diamètre d'environ 7,5 μm, les érythrocytes sont de petites cellules. Ils ont la forme de disques biconcaves (figure 18.3) dont le centre, mince, paraît plus pâle que la périphérie. Au microscope, ils ressemblent à de minuscules beignes. Du fait de leurs dimensions et de leur forme, les érythrocytes présentent une surface relativement étendue par rapport à leur volume. Leur forme convient parfaitement aux échanges gazeux avec le liquide interstitiel des tissus, car aucun point du cytoplasme n'est loin de la membrane plasmique. Toutefois, cette membrane n'est pas rigide et elle se déforme constamment pour s'adapter au diamètre des vaisseaux sanguins dans lesquels les érythrocytes s'écoulent passivement. Cette souplesse vient de l'abondance de la **spectrine,** une protéine fibreuse du cytosquelette attachée à la face interne de la membrane plasmique des érythrocytes. Grâce à la spectrine, les érythrocytes peuvent se tordre, se plier et se creuser dans les capillaires dont le diamètre est inférieur au leur, puis reprendre leur forme biconcave.

Les érythrocytes sont 800 fois plus nombreux que les leucocytes et ils constituent les principaux facteurs de la viscosité du sang. Les femmes possèdent généralement entre 4,3 et 5,2 × 10^{12} érythrocytes par litre de sang, tandis que les hommes en ont de 5,1 et 5,8 × 10^{12} par litre de sang. Lorsque le nombre d'érythrocytes s'élève au-dessus de la normale, la viscosité du sang augmente et la circulation sanguine peut ralentir. Inversement, lorsque le nombre d'érythrocytes baisse sous la normale, le sang s'éclaircit et circule plus rapidement.

Fonctions

La principale fonction des érythrocytes est de capter l'oxygène dans les poumons et de le distribuer aux cellules des tissus. L'hémoglobine qu'ils contiennent se lie facilement et de façon réversible à l'oxygène; du reste, la majeure partie de l'oxygène transporté dans le sang est lié à l'hémoglobine. Normalement, la concentration de l'hémoglobine, en grammes par litre de sang, est de 140 à 200 chez l'enfant, de 130 à 180 chez l'homme adulte et de 120 à 160 chez la femme adulte.

La molécule d'hémoglobine est formée de quatre groupements prosthétiques d'un pigment rouge appelé **hème** et d'une protéine globulaire appelée **globine.** Chaque hème, en forme d'anneau, porte en son centre un atome de fer (figure 18.4). La globine est composée de quatre chaînes polypeptidiques, deux alpha (α) et deux bêta (β). Chacune de ces chaînes est liée à l'un des hèmes et chaque atome de fer peut se combiner de façon réversible à une molécule d'oxygène (à deux atomes). Par conséquent, une molécule d'hémoglobine peut transporter quatre molécules d'oxygène. Comme un érythrocyte contient quelque 250 millions de molécules d'hémoglobine, il peut transporter environ un milliard de molécules d'oxygène!

Lorsque le sang pauvre en oxygène passe dans les poumons, l'oxygène diffuse des alvéoles vers le plasma sanguin puis traverse la membrane plasmique des érythrocytes et se lie aux molécules d'hémoglobine libre présentes dans le cytoplasme. Au cours de la liaison de l'oxygène au fer, l'hémoglobine adopte une nouvelle structure tridimensionnelle; elle prend alors le nom d'**oxyhémoglobine** et se colore en rouge vif. Dans les capillaires des tissus, le processus est inversé. L'oxygène se dissocie du fer, et l'hémoglobine reprend sa forme antérieure; elle porte alors le nom de **désoxyhémoglobine,** ou *hémoglobine réduite,* et se colore en rouge sombre. L'oxygène libéré diffuse du cytoplasme des érythrocytes vers le plasma, du plasma vers le liquide interstitiel et, enfin, du liquide interstitiel vers le cytoplasme des cellules.

Le gaz carbonique se formant dans les cellules diffuse du cytoplasme vers le liquide interstitiel et de ce dernier vers le plasma sanguin (au niveau des capillaires systémiques). Seulement 20 % de ce CO_2 se lie à l'hémoglobine des érythrocytes afin de former la **carbhémoglobine**; il se lie à un acide aminé (lysine) de la globine plutôt qu'aux atomes de fer des hèmes. La formation de carbhémoglobine est plus facile lorsque l'hémoglobine a libéré son oxygène (s'est réduite) dans les capillaires systémiques. Le sang transporte ensuite le gaz carbonique jusqu'aux poumons (capillaires pulmonaires) afin de l'éliminer et de se recharger en oxygène. Nous décrivons au chapitre 23 les mécanismes de liaison et de séparation des gaz respiratoires.

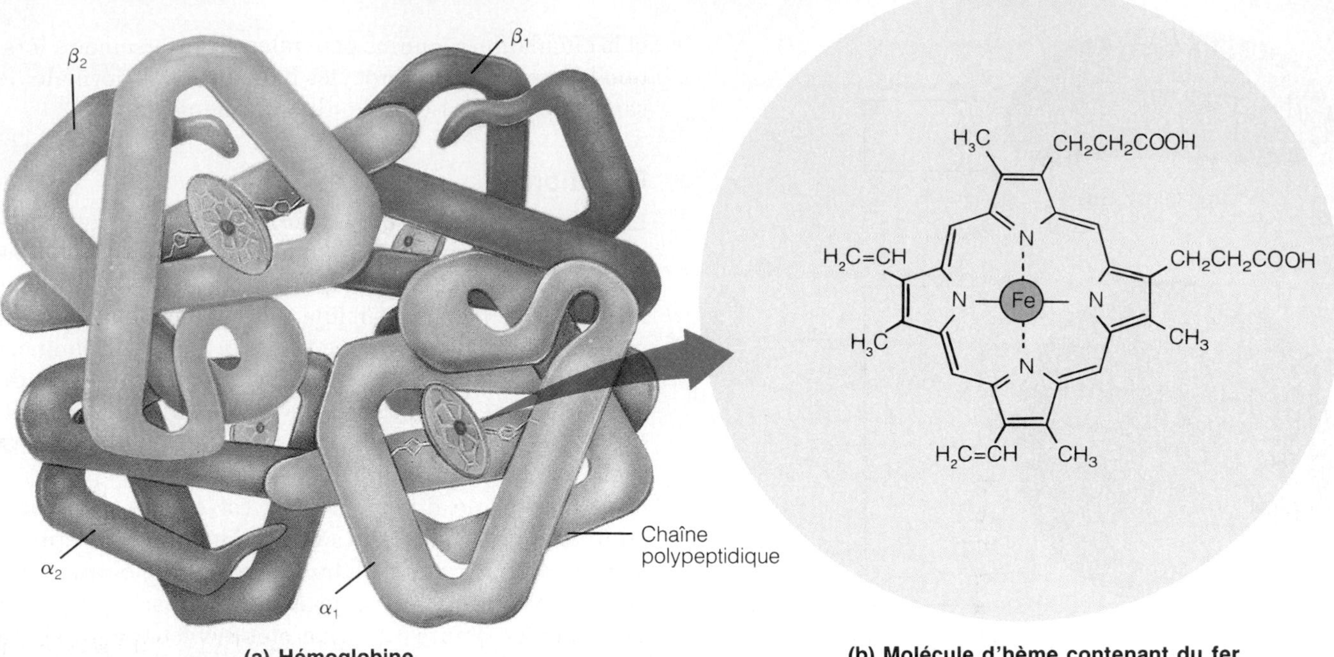

Figure 18.4 Structure de l'hémoglobine. (**a**) La molécule d'hémoglobine intacte est composée de globine et d'hème, un pigment contenant du fer. La molécule de globine est formée de quatre chaînes polypeptidiques: deux alpha (α) et deux bêta (β). Chaque chaîne est associée à un groupement hème apparaissant dans l'illustration sous forme de disque vert. (**b**) Structure d'un groupement hème.

Production des érythrocytes

La formation des cellules sanguines est appelée **hématopoïèse,** ou **hémopoïèse** (*haïma, haïmatos* = sang; *poïein* = faire). Ce processus se déroule dans la **moelle osseuse rouge,** ou **tissu myéloïde,** où les cellules sanguines immatures reposent sur un réseau de fibres réticulées bordant de larges capillaires appelés *sinusoïdes.* Dans ce réseau se trouvent des macrophages, des cellules adipeuses et les fibroblastes qui sécrètent les fibres. Chez l'adulte, ce tissu est situé principalement dans les os plats du tronc et des ceintures ainsi que dans les épiphyses proximales de l'humérus et du fémur. Les diverses cellules sont produites en nombre variable suivant les besoins de l'organisme et les différents facteurs de régulation. Les érythrocytes passent entre les cellules non jointives des sinusoïdes pour entrer dans le sang.

En dépit de leurs fonctions différentes, les éléments figurés ont une origine commune. Tous naissent d'une même *cellule souche,* l'**hémocytoblaste** (*kutos* = cellule; *blastos* = germe), qui réside dans la moelle osseuse rouge. Certains chercheurs appellent cette cellule *cellule souche hématopoïétique multipotentielle,* car elle donne naissance à plusieurs types de globules. (Nous emploierons quant à nous le terme «hémocytoblaste», plus général.) Cette cellule souche se divise par mitose pour donner un *précurseur;* le potentiel de différenciation de ce dernier étant restreint, il va produire une lignée particulière de globules. En effet, des récepteurs spécifiques apparaissent sur la membrane plasmique des précurseurs; ils réagissent à certaines hormones qui orientent la spécialisation ou différenciation de la cellule.

La production des érythrocytes, ou **érythropoïèse,** s'effectue en trois phases distinctes:

1. Production d'un nombre élevé de ribosomes par les érythrocytes immatures.
2. Synthèse de l'hémoglobine dans ces ribosomes et accumulation de l'hémoglobine dans le cytoplasme de la cellule.
3. Éjection du noyau et de la plupart des organites de l'érythrocyte.

Pendant les deux premières phases, les cellules se divisent à de nombreuses reprises.

L'érythropoïèse débute lorsqu'une cellule souche myéloïde issue d'un hémocytoblaste se différencie en **proérythroblaste** (précurseur des érythrocytes) (figure 18.5). À son tour, celui-ci engendre un **érythroblaste basophile** contenant un grand nombre de ribosomes. La synthèse et l'accumulation de l'hémoglobine ont lieu au cours de la transformation de l'érythroblaste basophile en **érythroblaste polychromatophile,** puis en **normoblaste.** Lorsqu'un normoblaste présente une concentration d'hémoglobine d'environ 34 %, ses fonctions nucléaires cessent et son noyau dégénère. Le noyau est ensuite expulsé, ce qui cause l'affaissement de la cellule et lui donne sa forme biconcave. On a alors un **réticulocyte,** c'est-à-dire un jeune érythrocyte qui contient des résidus

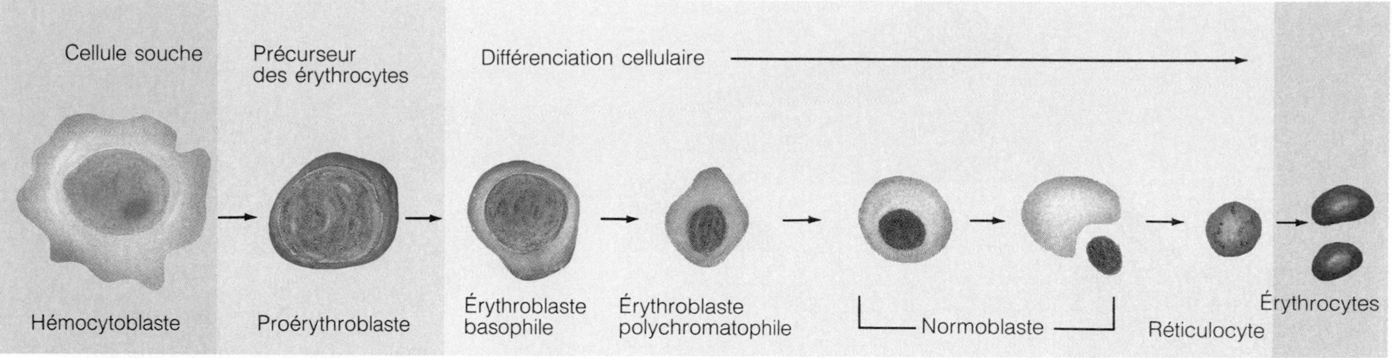

Figure 18.5 Érythropoïèse: production des globules rouges. L'érythropoïèse est un processus de prolifération et de différenciation au cours duquel les érythroblastes et les normoblastes forment les réticulocytes libérés dans la circulation sanguine. (La cellule souche myéloïde, la phase intermédiaire entre l'hémocytoblaste et le proérythroblaste, n'est pas représentée.)

de ribosomes et de réticulum endoplasmique rugueux. De l'hémocytoblaste au réticulocyte, la transformation dure de trois à cinq jours. Le réticulocyte entre ensuite dans la circulation périphérique et commence à y transporter l'oxygène; deux jours après sa libération, il atteint sa pleine maturité. Au cours d'évaluations cliniques, la **réticulocytose** (le nombre des réticulocytes) donne une indication approximative de la *vitesse* de l'érythropoïèse.

Régulation et conditions de l'érythropoïèse

Le nombre d'érythrocytes circulant chez un individu est remarquablement constant. L'équilibre entre la production et la destruction des globules rouges revêt une importance capitale, car une insuffisance d'érythrocytes cause l'hypoxémie (manque d'oxygène dans le sang) tandis qu'un nombre excessif confère au sang une viscosité excessive. Pour que la teneur du sang en érythrocytes demeure à l'intérieur des limites de la normale, l'organisme d'un sujet sain engendre de nouvelles cellules au taux vertigineux de deux millions par seconde. Ce processus obéit à une régulation hormonale et il nécessite un apport adéquat de fer et de certaines vitamines du groupe B.

Régulation hormonale. Le stimulus à l'origine de l'érythropoïèse est l'**érythropoïétine,** une hormone glycoprotéique. Normalement, une petite quantité d'érythropoïétine circule dans le sang en tout temps et maintient l'érythropoïèse à la vitesse basale. L'érythropoïétine est produite par les reins et, dans une moindre mesure semble-t-il, par le foie. Lorsque les cellules rénales ne reçoivent pas assez d'oxygène, elles libèrent de l'érythropoïétine (figure 18.6). La diminution de la concentration sanguine d'oxygène peut résulter des facteurs suivants:

1. Diminution du nombre d'érythrocytes causée par une hémorragie ou par une destruction excessive.
2. Diminution de la disponibilité de l'oxygène dans le sang causée notamment par l'altitude ou par une pneumonie.
3. Augmentation des besoins en oxygène des tissus (fréquente chez les adeptes de l'exercice aérobique).

Inversement, une surabondance d'érythrocytes ou d'oxygène dans la circulation ralentit la production d'érythropoïétine. Il faut bien se rappeler que la vitesse de l'érythropoïèse repose sur la capacité des érythrocytes de transporter la quantité requise d'oxygène aux tissus *et non* sur leur concentration dans le sang.

L'érythropoïétine stimule la prolifération des *précurseurs* (proérythroblastes) et accélère les différentes étapes de leur différenciation en réticulocytes. La libération des réticulocytes (et, partant, leur nombre) augmente de façon notable un ou deux jours après l'augmentation de la concentration sanguine d'érythropoïétine.

Il est à noter que l'hypoxémie initiale n'active pas directement la moelle osseuse. Elle stimule plutôt les reins qui, à leur tour, sécrètent l'hormone qui active les précurseurs de la moelle osseuse. Chez les personnes atteintes d'insuffisance rénale qui reçoivent des traitements par dialyse, on dénombre habituellement deux fois moins d'érythrocytes que chez les individus sains. L'administration d'érythropoïétine synthétique améliore nettement l'état de ces patients.

L'hormone sexuelle mâle, la *testostérone,* favorise aussi la production d'érythropoïétine dans les reins. Comme les hormones sexuelles femelles n'ont pas cet effet stimulant, on peut supposer que la testostérone explique, en partie du moins, pourquoi le nombre d'érythrocytes et la concentration d'hémoglobine sont plus élevés chez les hommes que chez les femmes. Enfin, certaines substances chimiques libérées par les leucocytes provoquent des accès d'érythropoïèse.

Besoins nutritionnels: fer et vitamines du groupe B. Les matières premières de l'érythropoïèse sont les nutriments habituels, les protéines, les lipides et les glucides. En outre, le fer et les vitamines du groupe B sont essentiels à la synthèse de l'hémoglobine (figure 18.7). Le fer provient de l'alimentation et son absorption dans la circulation sanguine est régie de manière très précise

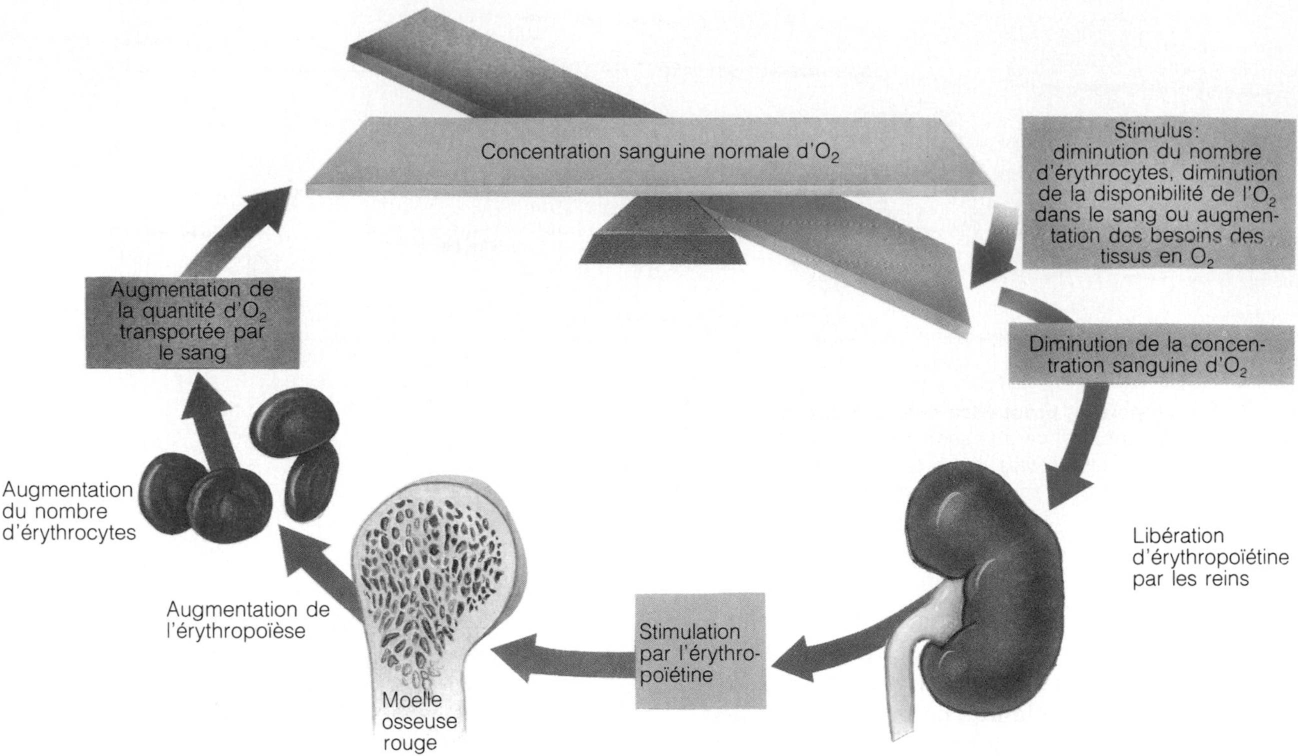

Figure 18.6 Régulation de la vitesse de l'érythropoïèse par l'érythropoïétine. L'érythropoïétine stimule l'érythropoïèse dans la moelle osseuse. Notez que les reins produisent une plus grande quantité de cette hormone lorsque, pour une raison quelconque, la concentration sanguine d'oxygène ne suffit plus aux besoins reliés à l'activité cellulaire.

par des cellules intestinales activées en réaction aux fluctuations des réserves de fer de l'organisme.

Environ 65 % des réserves de fer de l'organisme (soit approximativement 4 g) se trouvent dans l'hémoglobine. La majeure partie du reste est emmagasinée dans le foie, la rate et (dans une très faible mesure) la moelle osseuse. Comme le fer libre est cytotoxique, il est emmagasiné dans les cellules sous forme de complexes protéiques comme la **ferritine** et l'**hémosidérine.** Dans le sang, le fer est associé de manière lâche à une protéine vectrice appelée **transferrine** (ou sidérophiline), et les érythrocytes en voie de formation captent du fer au besoin pour élaborer des molécules d'hémoglobine fonctionnelles.

Chaque jour, l'organisme excrète de petites quantités de fer dans les matières fécales, l'urine et la sueur. La femme en perd encore un peu plus dans le flux menstruel. La déperdition quotidienne moyenne de fer est de 1,7 mg chez la femme et de 0,9 mg chez l'homme.

Deux vitamines du groupe B, la vitamine B_{12} et l'acide folique, sont nécessaires à l'érythropoïèse. Non seulement interviennent-elles à différentes étapes du processus, mais elles sont aussi essentielles à la synthèse de l'ADN. Une carence, même légère, a tôt fait de mettre en danger les populations de cellules souches, qui se divisent rapidement, et notamment les hémocytoblastes qui donnent naissance aux érythrocytes.

Destinée et destruction des érythrocytes

L'absence de noyau pose aux érythrocytes un certain nombre de limites importantes. Les globules rouges ne peuvent ni synthétiser de protéines, ni croître, ni se diviser. À mesure qu'ils «vieillissent», leur membrane plasmique devient rigide et fragile, et l'hémoglobine qu'ils contiennent dégénère. Les globules rouges ont une durée de vie utile de 100 à 120 jours, après quoi ils sont pris au piège dans les petits vaisseaux, particulièrement ceux de la rate, où ils sont phagocytés et digérés par les macrophages. Du reste, la rate est parfois appelée le «cimetière des globules rouges». Par ailleurs, des macrophages engloutissent et détruisent une partie des érythrocytes mourants avant qu'ils se fragmentent. L'hème de l'hémoglobine se dégrade en **bilirubine,** un pigment jaune sécrété par le foie dans la bile, tandis que la globine est dégradée en acides aminés, qui sont libérés dans la circulation (voir la figure 18.7). Le fer libéré est récupéré, associé à la ferritine ou à l'hémosidérine et emmagasiné en vue d'une réutilisation ultérieure. Chez l'individu sain, la destruction des érythrocytes est compensée par la formation de nouvelles cellules, due à l'érythropoïétine (voir la figure 18.6).

Troubles érythrocytaires

La plupart des troubles érythrocytaires entrent dans la catégorie des anémies ou dans celle des polycythémies.

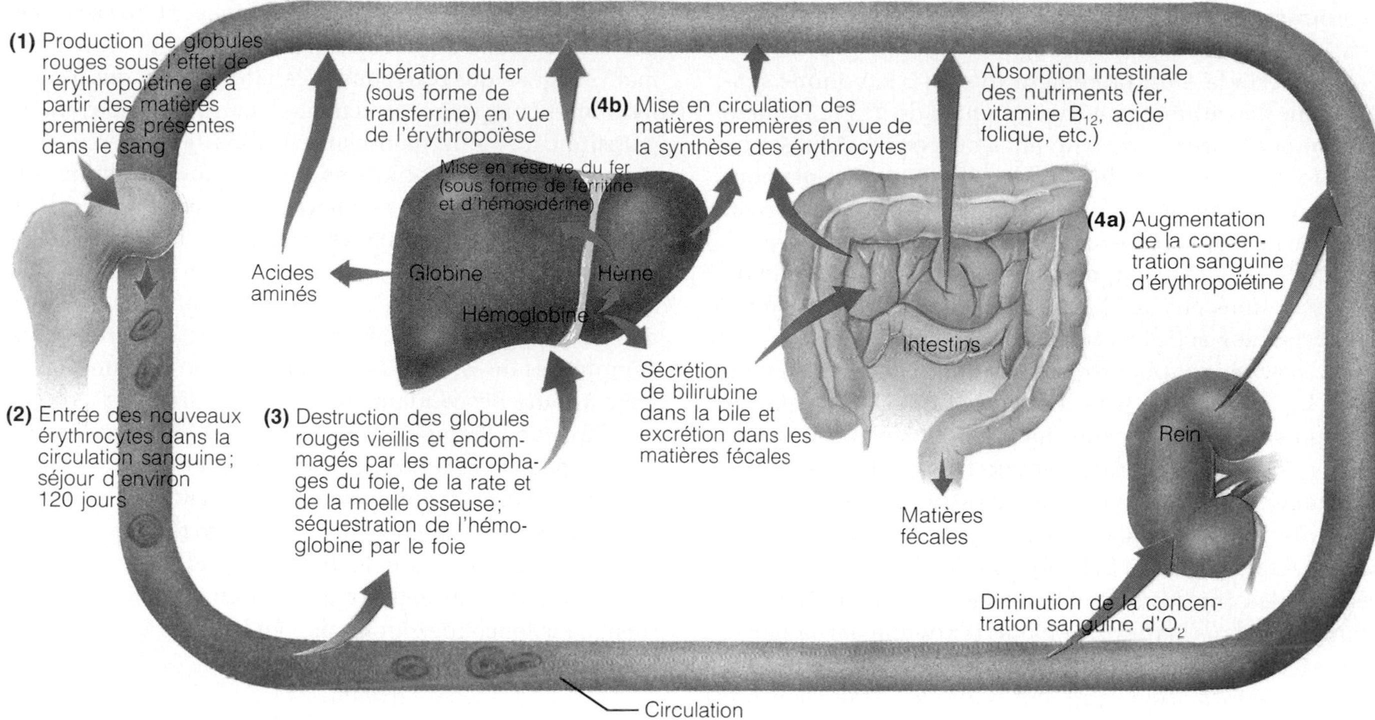
(1) Production de globules rouges sous l'effet de l'érythropoïétine et à partir des matières premières présentes dans le sang
Libération du fer (sous forme de transferrine) en vue de l'érythropoïèse
(4b) Mise en circulation des matières premières en vue de la synthèse des érythrocytes
Absorption intestinale des nutriments (fer, vitamine B_{12}, acide folique, etc.)
Mise en réserve du fer (sous forme de ferritine et d'hémosidérine)
(4a) Augmentation de la concentration sanguine d'érythropoïétine
Acides aminés
Globine
Hème
Hémoglobine
Intestins
Sécrétion de bilirubine dans la bile et excrétion dans les matières fécales
(2) Entrée des nouveaux érythrocytes dans la circulation sanguine; séjour d'environ 120 jours
(3) Destruction des globules rouges vieillis et endommagés par les macrophages du foie, de la rate et de la moelle osseuse; séquestration de l'hémoglobine par le foie
Rein
Matières fécales
Diminution de la concentration sanguine d'O_2
Circulation

Figure 18.7 Cycle de vie des globules rouges.

Nous décrivons ci-dessous les variétés et les causes de ces troubles.

Anémies. L'**anémie** (*an* = sans; *haïma* = sang) est une réduction de la capacité du sang de transporter l'oxygène en quantité suffisant à la production de l'énergie cellulaire (ATP). Il s'agit d'un *symptôme* plus que d'une maladie en soi. La personne anémique est pâle, facilement essoufflée et constamment fatiguée, et elle a souvent froid. Les causes les plus fréquentes de l'anémie sont les suivantes.

1. **Nombre insuffisant de globules rouges.** Les facteurs qui réduisent le nombre de globules rouges sont l'hémorragie, les mécanismes de destruction et l'incapacité de la moelle osseuse de produire des érythrocytes en nombre suffisant.

Les *anémies hémorragiques* résultent de pertes de sang. On traite l'anémie hémorragique aiguë, résultant par exemple d'une blessure grave, au moyen de la transfusion. Les pertes de sang légères mais continuelles, comme celles qui sont causées par des hémorroïdes ou un ulcère hémorragique de l'estomac non diagnostiqué, entraînent une anémie hémorragique chronique. Une fois la cause traitée, les mécanismes érythropoïétiques normaux rétablissent le nombre adéquat de globules rouges.

Les *anémies hémolytiques* sont dues à une lyse, ou destruction, précoce des érythrocytes. Elles peuvent être la conséquence d'anomalies de l'hémoglobine, d'une transfusion de sang incompatible, d'infections bactériennes ou parasitaires, ou encore d'anomalies congénitales de la membrane plasmique des érythrocytes.

L'*anémie aplasique* est causée par la destruction ou l'inhibition de la moelle rouge. Ainsi, dans le cancer de la moelle osseuse rouge (myélome multiple), des cellules néoplasiques se substituent aux cellules souches de la moelle. De même, les radiations ionisantes, tels les rayons gamma, certains médicaments utilisés en cancérologie, comme la vinblastine, et des substances toxiques, dont l'arsenic, peuvent détruire les cellules souches de la moelle osseuse rouge. Comme la destruction de la moelle entrave la formation de *tous* les éléments figurés, l'anémie n'en constitue qu'un des signes, à côté des hémorragies et d'une faible résistance à l'infection. En attendant de procéder à une greffe de cellules souches afin de reconstituer la moelle osseuse rouge, on traite la personne atteinte par des transfusions de sang.

2. **Diminution de la teneur en hémoglobine.** En présence de molécules d'hémoglobine normales mais en nombre insuffisant dans les érythrocytes, on soupçonne toujours une anémie nutritionnelle.

L'*anémie ferriprive* résulte d'un apport inadéquat d'aliments riches en fer, d'un défaut de l'absorption du fer ou, plus fréquemment, d'une anémie hémorragique (due par exemple à une hémorragie interne ou à une ménorragie). Les érythrocytes produits, appelés **microcytes,** sont petits et pâles. Le traitement consiste évidemment en l'administration de suppléments de fer. Si une hémorragie chronique est en cause, des transfusions peuvent aussi s'imposer.

En période d'entraînement intensif, le volume sanguin des athlètes peut augmenter de 15 %. Comme les composants du sang peuvent s'en trouver dilués, une mesure de la teneur en fer du sang effectuée à ce moment porterait à formuler un diagnostic d'anémie ferriprive. Cette carence apparente, appelée **anémie des athlètes,** disparaît dès que les composants du sang retrouvent leurs concentrations physiologiques, soit un jour environ après la reprise des activités normales. ■

L'*anémie pernicieuse* est due à une carence en vitamine B_{12}. La viande, la volaille et le poisson fournissent d'amples quantités de cette vitamine, si bien que le régime alimentaire constitue rarement un facteur de cette forme d'anémie, sauf chez les végétariens stricts. Une substance produite par la muqueuse gastrique, le **facteur intrinsèque,** est nécessaire à l'absorption de la vitamine B_{12} par les cellules intestinales. Or, le facteur intrinsèque est insuffisant dans la plupart des cas d'anémie pernicieuse, en particulier chez les personnes âgées. Les érythrocytes en voie de formation croissent mais ne se divisent pas et donnent naissance à de grandes cellules pâles appelées **macrocytes.** Le traitement consiste en des injections intramusculaires de vitamine B_{12}.

3. Anomalies de l'hémoglobine. Les anomalies de la formation de l'hémoglobine ont généralement des causes héréditaires. Deux de ces affections, la thalassémie et l'anémie à hématies falciformes, sont des maladies graves, incurables et souvent mortelles. Dans les deux cas, la part de globine dans la molécule d'hémoglobine est anormale et les érythrocytes produits, fragiles, se rompent prématurément. Le traitement courant est la transfusion sanguine.

La *thalassémie* atteint typiquement des sujets d'ascendance méditerranéenne, comme les Grecs et les Italiens. Les érythrocytes sont minces, leur membrane plasmique délicate, et leur nombre est généralement inférieur à 2×10^{12} par litre de sang.

Dans l'*anémie à hématies falciformes,* ou *drépanocytose,* l'hémoglobine anormale, appelée *hémoglobine S* (HbS), est formée de molécules pointues et acérées. Par conséquent, les globules rouges prennent la forme de faucilles lorsqu'ils se délestent des molécules d'oxygène ou lorsque la concentration sanguine d'oxygène descend sous la normale, sous l'effet d'un exercice musculaire vigoureux, de l'anxiété ou d'autres types de stress. Les érythrocytes déformés, fragiles, s'entassent dans les petits vaisseaux sanguins de plusieurs organes et y favorisent la formation de caillots. Ces phénomènes entravent la distribution de l'oxygène et causent de violentes douleurs. Chose stupéfiante, ces ravages sont dus à la substitution d'un seul des 287 acides aminés de la molécule de globine.

L'anémie à hématies falciformes atteint principalement les descendants de race noire des habitants de la ceinture du paludisme située en Afrique, et de certaines parties de l'Asie et de l'Europe méridionale. Apparemment, le gène qui provoque la falciformation des globules rouges empêche également leur rupture devant le parasite causant le paludisme. Les porteurs de ce gène résistent mieux au paludisme que les autres individus et, par conséquent, ont de meilleures chances de survie dans les régions où le paludisme est répandu. L'anémie à hématies falciformes n'est grave que chez les individus homozygotes. Les sujets hétérozygotes sont dits porteurs du trait drépanocytaire ; bien qu'ils ne présentent pas les symptômes de la maladie, ils peuvent en transmettre le gène à leurs descendants (voir le chapitre 30, p. 1008).

Puisque l'hémoglobine fœtale (HbF) ne se «falciforme» pas, même chez les sujets qui produiront l'hémoglobine S et présenteront l'anémie à hématies falciformes, les scientifiques cherchent des moyens de réactiver le gène de l'hémoglobine fœtale dans les cellules souches. L'hydroxyurée, un médicament employé dans le traitement de la leucémie chronique, semble apte à cette tâche.

Polycythémie. Dans la polycythémie (littéralement, «nombreux globules»), l'excès d'érythrocytes augmente la viscosité du sang et ralentit sa circulation. La *polycythémie primitive* (ou maladie de Vaquez), résultant le plus souvent du cancer de la moelle osseuse, est une maladie grave caractérisée par des étourdissements et une numération érythrocytaire exceptionnellement élevée (soit de 8 à 11×10^{12} par litre de sang). L'hématocrite peut atteindre 0,80 et le volume sanguin peut doubler, ce qui engorge le système vasculaire et fait obstacle à la circulation.

Les *polycythémies secondaires* sont la conséquence d'une diminution de la disponibilité de l'oxygène ou d'une augmentation de la production d'érythropoïétine. La polycythémie secondaire qui apparaît chez les personnes vivant en altitude constitue une réaction physiologique normale qui compense la diminution de la pression atmosphérique et de la teneur en oxygène de l'air. Des numérations érythrocytaires de l'ordre de 6 à 8×10^{12} par litre de sang sont fréquentes chez ces sujets. ■

Le **dopage sanguin** auquel s'adonnent certains athlètes pratiquant des disciplines aérobiques est une polycythémie artificielle. Il consiste à prélever des érythrocytes de l'athlète et à les lui réinjecter quelques jours avant une compétition. Comme l'érythropoïétine entre en jeu peu après le prélèvement, l'organisme remplace rapidement les érythrocytes perdus. Puis, au moment où le sang est réinjecté, une polycythémie transitoire s'installe. Les adeptes de cette pratique estiment qu'en augmentant le nombre de leurs globules rouges ils gagnent en endurance et en rapidité. Bien que les résultats semblent leur donner raison, il ne faut pas oublier que le dopage sanguin est contraire à l'esprit sportif et interdit aux Jeux olympiques. ■

Leucocytes

Structure et caractéristiques fonctionnelles

Les **leucocytes,** ou **globules blancs** (*leukos* = blanc), sont beaucoup moins nombreux que les globules rouges, mais ils jouent un rôle essentiel dans la lutte de l'organisme contre les maladies (les maladies infectieuses en particulier). En moyenne, les leucocytes sont au nombre de 4 à 11 × 10⁹ par litre de sang, et ils représentent environ 1 % du volume sanguin. Parmi les éléments figurés du sang, les leucocytes sont les seuls à posséder un noyau et les organites habituels.

On peut comparer les leucocytes à une armée sur le pied de guerre ; en effet, ils protègent l'organisme contre les bactéries, les virus, les parasites, les toxines et les cellules tumorales. Pour ce faire, ils sont dotés de caractéristiques fonctionnelles très particulières. Contrairement aux globules rouges, qui accomplissent leurs fonctions en demeurant à l'intérieur des vaisseaux sanguins, les globules blancs peuvent s'échapper des capillaires selon un processus appelé **diapédèse** (*dia* = à travers ; *pêdân* = jaillir). Ils n'empruntent les vaisseaux sanguins que pour cheminer jusqu'aux régions (principalement les tissus conjonctifs lâches et les tissus lymphoïdes) où ils instaureront les réactions inflammatoire et immunitaire (voir le chapitre 22). Une fois hors de la circulation sanguine, les leucocytes se déplacent dans le liquide interstitiel par des **mouvements amiboïdes,** c'est-à-dire en émettant des prolongements cytoplasmiques. Les leucocytes réagissent aux substances chimiques libérées par les cellules endommagées ou par d'autres leucocytes et repèrent ainsi le siège d'une lésion ou d'une infection. Ce phénomène, appelé **chimiotactisme positif,** les rassemble en grand nombre autour des particules étrangères ou des cellules mortes, dont ils entreprennent aussitôt la phagocytose et la destruction.

Chaque fois que les globules blancs se mobilisent, l'organisme accélère leur production et peut en doubler le nombre en quelques heures. L'**hyperleucocytose** indique un *nombre de globules blancs* supérieur à 11 × 10⁹ par litre de sang. Cet état constitue une réponse homéostatique à une invasion bactérienne ou virale de l'organisme.

Suivant leurs caractéristiques structurales et chimiques, les leucocytes se divisent en deux grandes catégories : les *granulocytes* et les *agranulocytes.* Les premiers contiennent des granulations spécialisées liées à la membrane, tandis que les seconds en sont dépourvus. Nous décrivons ci-après les divers types de leucocytes, et nous présentons leurs diamètres, leurs concentrations dans le sang et leurs pourcentages dans la figure 18.8 et le tableau 18.1.

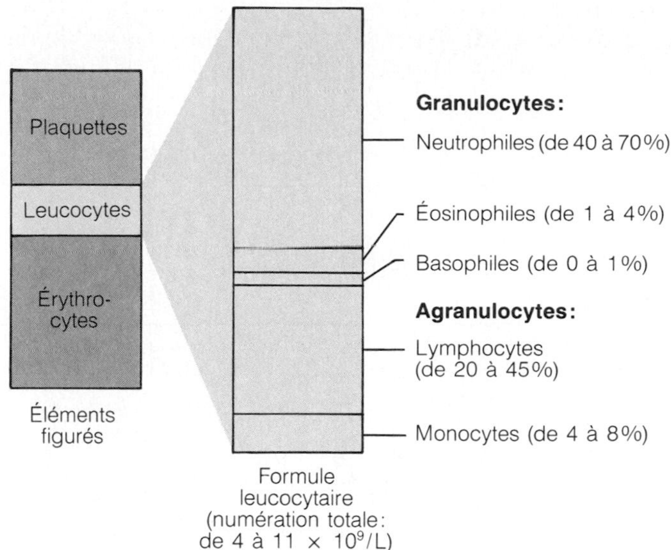

Figure 18.8 Types de leucocytes. (Notez que, dans la colonne de gauche, les proportions ne sont pas à l'échelle. En effet, les érythrocytes représentent presque 98 % des éléments figurés, tandis que les leucocytes et les plaquettes forment les quelque 2 % restants.)

Granulocytes

Les **granulocytes,** qu'ils soient neutrophiles, basophiles ou éosinophiles, sont tous plus grands que les érythrocytes. Ils sont typiquement dotés d'un noyau présentant plusieurs lobes reliés entre eux par de très fins ponts, et la coloration de Wright donne à leurs granulations cytoplasmiques une teinte caractéristique. Au point de vue fonctionnel, tous les granulocytes sont des phagocytes.

Granulocytes neutrophiles. Les **granulocytes neutrophiles** forment habituellement la moitié au moins de la population des globules blancs. Ils sont environ deux fois plus gros que les érythrocytes.

Le cytoplasme des granulocytes neutrophiles se colore en lilas clair et il contient deux types de granulations très fines difficiles à discerner (voir le tableau 18.1 et la figure 18.2). L'adjectif « neutrophile » (littéralement, « qui aime le neutre ») indique qu'un type de granulations absorbent le colorant basique (bleu) et l'autre, le colorant acide (rouge). La réunion des deux types donne au cytoplasme une couleur lilas intermédiaire. Certaines granulations contiennent des peroxydases et d'autres enzymes hydrolytiques, et elles sont considérées comme des lysosomes. D'autres, particulièrement les plus petites, renferment un puissant mélange de protéines à caractère antibiotique, appelées collectivement **lysozyme.** Les

Tableau 18.1 Résumé des éléments figurés du sang

Cellule	Illustration	Description*	Nombre par litre (L) de sang	Durée du développement (D) et de la vie (V)	Fonction
Érythrocytes (globules rouges)		Disques biconcaves anucléés; couleur saumon; 7 à 8 μm de diamètre	De 4 à 6 × 10^{12}	D: de 5 à 7 jours V: de 100 à 120 jours	Transport de l'oxygène et du gaz carbonique
Leucocytes (globules blancs)		Cellules sphériques nucléées	De 4 à 11 × 10^{9}		
Granulocytes • Neutrophiles		Noyau plurilobé; granulations cytoplasmiques; 10 à 14 μm de diamètre	De 3 à 7 × 10^{9}	D: de 6 à 9 jours V: de 6 h à quelques jours	Phagocytose des bactéries
• Éosinophiles		Noyau bilobé; granulations cytoplasmiques rouges; 10 à 14 μm de diamètre	De 0,1 à 0,4 × 10^{9}	D: de 6 à 9 jours V: de 8 à 12 jours	Destruction des vers parasites et des complexes antigène-anticorps; inactivation de certaines substances chimiques allergènes associées à la réaction inflammatoire
• Basophiles		Noyau lobé; grosses granulations cytoplasmiques bleu violet; 10 à 12 μm de diamètre	De 0,02 à 0,05 × 10^{9}	D: de 3 à 7 jours V: ? (de quelques heures à quelques jours)	Libération de l'histamine et d'autres médiateurs chimiques associés à la réaction inflammatoire
Agranulocytes • Lymphocytes		Noyau sphérique ou échancré; cytoplasme bleu pâle; 5 à 17 μm de diamètre	De 1,5 à 3,0 × 10^{9}	D: de quelques jours à quelques semaines V: de quelques heures à quelques années	Défense de l'organisme par l'attaque directe de cellules ou par l'entremise d'anticorps
• Monocytes		Noyau en forme de U ou de haricot; cytoplasme gris bleu; 14 à 24 μm de diamètre	De 0,1 à 0,7 × 10^{9}	D: de 2 à 3 jours V: plusieurs mois	Phagocytose; transformation en macrophages dans les tissus
Plaquettes		Fragments cytoplasmiques discoïdes contenant des granulations violettes; 2 à 4 μm de diamètre	De 250 à 500 × 10^{9}	D: de 4 à 5 jours V: de 5 à 10 jours	Réparation des petites déchirures des vaisseaux sanguins; coagulation

* Apparence à la coloration de Wright.

granulocytes neutrophiles possèdent des noyaux composés de trois à six lobes; de ce fait, on les appelle aussi **polynucléaires.**

Les granulocytes neutrophiles sont chimiquement attirés vers les sièges d'inflammation où ils accomplissent de manière active leur mission de phagocytes. Ils s'acharnent particulièrement sur les bactéries et sur certains champignons, qu'ils ont le pouvoir de phagocyter et de digérer. Les granulations (lysosomes) se fixent au phagosome et y déversent le lysozyme; cette protéine enzymatique peut perforer la membrane plasmique de l'«ennemi» ingéré. Par ailleurs, l'**explosion respiratoire** utilise l'oxygène absorbé par les neutrophiles et produit du peroxyde d'hydrogène (H_2O_2), du superoxyde (O_2^-) et des hypochlorites (ClO^-), de puissants germicides déversés aussi bien dans le phagosome qu'à l'extérieur de la cellule. Le nombre de granulocytes neutrophiles augmente de façon spectaculaire au cours d'infections bactériennes aiguës comme la méningite et l'appendicite.

Granulocytes éosinophiles. Les **granulocytes éosinophiles** représentent de 1 à 4 % des leucocytes et ont à peu près les mêmes dimensions que les granulocytes neutrophiles. Leur noyau violacé rappelle la forme des anciens combinés de téléphone: il comprend deux lobes reliés par une large bande de matériau nucléaire (voir le tableau 18.1). Leur cytoplasme est rempli de grosses granulations rugueuses que les colorants acides teintent du rouge brique au cramoisi. Ces granulations sont des lysosomes élaborés contenant une variété unique d'enzymes digestives.

Les granulocytes éosinophiles assument plusieurs fonctions, dont la plus importante consiste sans doute à mener l'attaque contre les vers parasites comme les plathelminthes (ténias et douves) et les némathelmintes (oxyures et ankylostomes), trop gros pour être phagocytés. Ces vers pénètrent dans l'organisme par l'intermédiaire des aliments ou à travers la peau et se logent le plus souvent dans la muqueuse intestinale ou respiratoire. Or, c'est à ces endroits que résident les granulocytes éosinophiles. Lorsqu'ils rencontrent un ver parasite, un grand nombre d'entre eux l'encerclent et libèrent à sa surface les enzymes de leurs granulations cytoplasmiques qui vont permettre sa digestion. Par ailleurs, les granulocytes éosinophiles phagocytent les protéines étrangères et les complexes antigène-anticorps immuns causant les allergies. Enfin, ils inactivent certains médiateurs de la réaction inflammatoire libérés au cours des réactions allergiques.

Granulocytes basophiles. Les **granulocytes basophiles** sont les moins nombreux des globules blancs, dont ils représentent seulement 0,5 % de la population. Leurs dimensions sont égales ou légèrement inférieures à celles des granulocytes neutrophiles (voir le tableau 18.1). On trouve dans leur cytoplasme de grosses granulations contenant de l'histamine qui ont une affinité pour les colorants basiques et qui se teintent à leur contact en violet sombre. L'*histamine* est un médiateur sécrété au cours de la réaction inflammatoire. Elle est à l'origine de la vasodilatation et de l'augmentation de la perméabilité des capillaires, et attire les autres globules blancs dans la région enflammée (chimiotactisme). Le noyau pourpre des granulocytes basophiles a généralement la forme d'un U ou d'un S et présente deux ou trois étranglements bien visibles.

On trouve dans les tissus conjonctifs des cellules semblables aux granulocytes basophiles, les *mastocytes.* Certains chercheurs pensent qu'il s'agit de granulocytes basophiles *tissulaires,* mais la plupart estiment que ces deux types de cellules sont distincts. Quoi qu'il en soit, il est presque impossible de discerner un granulocyte basophile d'un mastocyte au microscope, et les deux se lient à un anticorps (l'immunoglobuline E) qui provoque la libération de l'histamine.

Agranulocytes

Les **agranulocytes** comprennent les lymphocytes et les monocytes, qui sont tous dépourvus de granulations cytoplasmiques visibles. Bien que semblables du point de vue structural, ils sont différents du point de vue fonctionnel et n'ont aucune parenté. Leurs noyaux ont généralement la forme de sphères ou de haricots.

Lymphocytes. Parmi les leucocytes, les **lymphocytes** sont les plus nombreux après les granulocytes neutrophiles. Malgré cette abondance, une faible proportion seulement de leur population se trouve dans la circulation sanguine. D'ailleurs, le nom de ces leucocytes témoigne de leur étroite association avec les tissus lymphoïdes (ganglions lymphatiques, rate, etc.), où ils jouent un rôle prépondérant dans l'immunité. Les **lymphocytes T** participent à la réaction immunitaire en combattant activement les cellules infectées par un virus et les cellules tumorales. Les **lymphocytes B** donnent naissance aux *plasmocytes* qui produisent les **anticorps** (immunoglobulines) libérés dans le sang. (Nous décrivons plus en détail au chapitre 22 les fonctions des lymphocytes B et T.)

À la coloration, un lymphocyte typique présente un gros noyau violet qui occupe l'essentiel du volume de la cellule. Le noyau est généralement sphérique, mais il peut être légèrement échancré ; il est entouré d'un mince anneau de cytoplasme bleu pâle (voir le tableau 18.1 et la figure 18.2). Le diamètre des lymphocytes varie de 5 à 17 μm ; de 5 à 8 μm, on parle de petits lymphocytes, de 10 à 12 μm, de lymphocytes moyens et de 14 à 17 μm, de gros lymphocytes. Les petits lymphocytes sont majoritaires dans le sang, tandis que les grands se trouvent principalement dans les organes lymphoïdes et rarement dans le sang.

Monocytes. Avec un diamètre moyen de 18 μm, les **monocytes** sont les plus gros des leucocytes. Ils sont pourvus d'un abondant cytoplasme bleu pâle et d'un noyau violet en forme de U ou de haricot caractéristique (voir le tableau 18.1 et la figure 18.2). Une fois parvenus dans les tissus par diapédèse, les monocytes se transforment en **macrophages** dont la mobilité et le potentiel phagocytaire sont remarquables. Les macrophages se multiplient et s'activent à l'occasion d'infections *chroniques* comme la tuberculose ; ils sont essentiels à la lutte contre les virus et contre certains parasites bactériens intracellulaires. Comme nous l'expliquons au chapitre 22, ils concourent également à lancer les lymphocytes dans la réponse immunitaire.

Production et durée de vie des leucocytes

Comme l'érythropoïèse, la **leucopoïèse,** ou production de globules blancs, repose sur une stimulation hormonale. Non seulement les hormones hématopoïétiques, appelées **facteurs de croissance des colonies** (CSF, *colony stimulating factor*), provoquent-elles la division et la différenciation des précurseurs des différentes lignées leucocytaires, mais elles accroissent également la force défensive des leucocytes matures. Parmi les cellules productrices de facteurs de croissance des colonies, les macrophages et les lymphocytes T sont les plus importants. Les facteurs de croissance des colonies sont nommés d'après la population de leucocytes dont ils favorisent la production. Jusqu'à maintenant, on a identifié le *facteur de croissance des macrophages* (M-CSF, « macrophage-monocyte CSF »), le *facteur de croissance des granulocytes* (G-CSF, « granulocyte CSF »), le *facteur de croissance granulo-monocytaire* (GM-CSF, « granulocyte-macrophage CSF ») ainsi que l'*interleukine 3* (IL-3), laquelle stimule la différenciation des précurseurs dont sont issus les différents types de globules blancs.

Figure 18.9 Formation des leucocytes. Comme tous les autres éléments figurés du sang, les leucocytes sont issus de cellules souches appelées hémocytoblastes. (**a-c**) Les granulocytes (éosinophiles, neutrophiles et basophiles) descendent d'une lignée commencée par les myéloblastes. Ils connaissent une même évolution jusqu'à l'apparition de leurs granulations caractéristiques. (**d-e**) Les agranulocytes (les monocytes et les lymphocytes) proviennent respectivement de monoblastes et de lymphoblastes. Notez toutefois que les monocytes, comme les granulocytes, sont engendrés par la cellule souche myéloïde. Seuls les lymphocytes naissent de la lignée lymphoïde. Ceux que la moelle osseuse libère sont immatures et poursuivent leur différenciation dans les organes lymphoïdes.

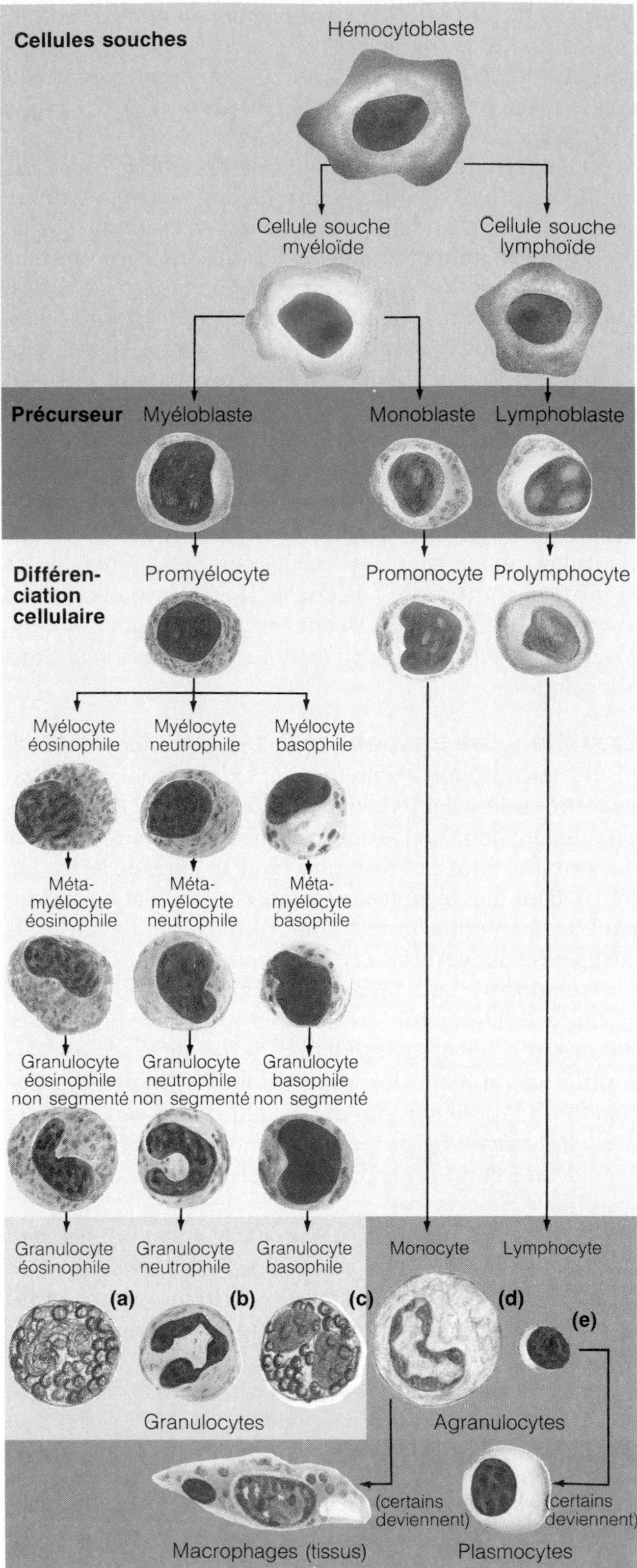

Apparemment, les gènes codant la formation des facteurs de croissance des colonies sont activés par des signaux chimiques provenant du milieu interne. Ainsi, la production du facteur de croissance des granulocytes est déclenchée dans les monocytes et les macrophages exposés à des endotoxines bactériennes; par ailleurs, l'interleukine 3 est libérée par les lymphocytes T qui se sont activés à la suite de leur liaison à un antigène (une substance étrangère pour l'organisme). Le réseau d'interactions chimiques qui soulève une armée de leucocytes est fort complexe et s'associe de près à la réaction immunitaire.

La figure 18.9 représente le processus de différenciation des leucocytes. Dès le début, les **cellules souches lymphoïdes,** qui donnent naissance aux lymphocytes, se séparent des **cellules souches myéloïdes,** qui engendrent tous les autres éléments figurés (les autres leucocytes, les érythrocytes et les plaquettes). Dans la lignée des granulocytes, le précurseur est appelé **myéloblaste** et devient un **promyélocyte.** Au stade des **myélocytes** apparaissent les granulations caractéristiques qui vont différencier les trois types de granulocytes. Ensuite, la division cellulaire s'arrête. Au stade suivant, celui des **métamyélocytes,** les noyaux se déforment et s'incurvent pour former les **cellules non segmentées.** Juste avant que la moelle ne déverse les granulocytes dans la circulation sanguine, les noyaux se compriment et commencent à se segmenter. La moelle osseuse emmagasine les granulocytes (mais non les érythrocytes) matures, et elle contient généralement de 10 à 20 fois plus de granulocytes que le sang. Le rapport normal entre les granulocytes et les érythrocytes produits est de 3 sur 1 environ, étant donné que les premiers ont une durée de vie beaucoup plus brève (de 0,5 à 9,0 jours) que les seconds. Il semble que la plupart des granulocytes «périssent» en combattant des microorganismes.

En dépit de leurs similitudes physiques, les deux types d'agranulocytes ont des origines très dissemblables. Les monocytes ont la même ancêtre que les granulocytes, la cellule souche myéloïde; ensuite, leur évolution suit une branche différente, depuis le **monoblaste** jusqu'au **promonocyte** (voir la figure 18.9). Les lymphocytes, pour leur part, dérivent de la cellule souche lymphoïde et passent par les stades du **lymphoblaste** et du **prolymphocyte.** Après avoir quitté la moelle osseuse, les promonocytes et les prolymphocytes cheminent jusqu'aux tissus lymphoïdes, où leur différenciation se poursuit (voir le chapitre 22). Les monocytes peuvent vivre plusieurs mois, tandis que les lymphocytes ont une durée de vie de quelques jours à quelques dizaines d'années.

Troubles leucocytaires

La leucémie et la mononucléose infectieuse se caractérisent par une production excessive de leucocytes anormaux. À l'opposé, la *leucopénie* (*pénia* = pauvreté)

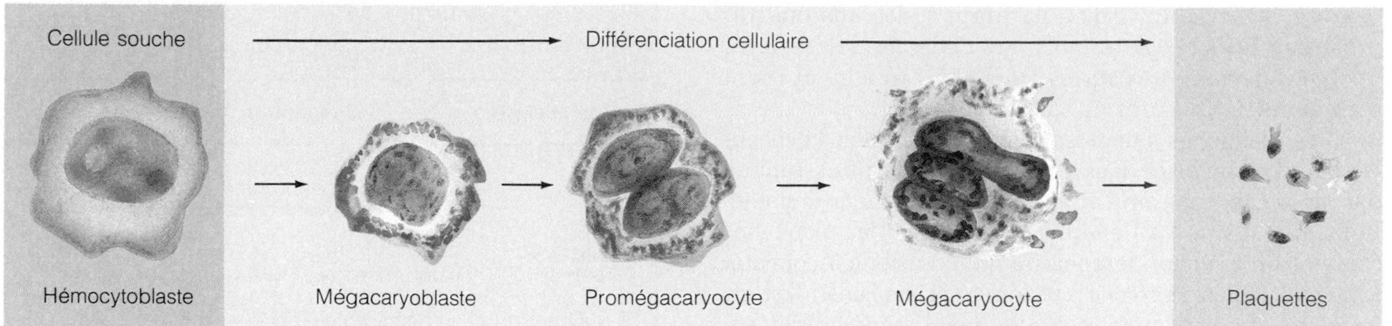

Figure 18.10 Genèse des plaquettes. La cellule souche (l'hémocytoblaste) engendre des cellules qui, après plusieurs mitoses sans division du cytoplasme, deviennent des mégacaryocytes. Des membranes compartimentent le cytoplasme du mégacaryocyte, puis la membrane plasmique se fragmente, libérant les plaquettes. (Les stades intermédiaires entre l'hémocytoblaste et le mégacaryoblaste ne sont pas représentés.)

se définit comme une réduction prononcée du nombre de globules blancs. Elle est fréquemment causée par des médicaments, surtout les glucocorticoïdes et les agents anticancéreux.

Leucémie. Le terme *leucémie,* qui signifie littéralement «sang blanc», désigne un groupe d'états cancéreux des globules blancs. En règle générale, les leucocytes anormaux appartiennent à un même *clone* (descendent d'un seul précurseur); ils ne se différencient pas et se divisent constamment par mitose. Ces cellules cancéreuses entravent et suppriment progressivement la fonction hématopoïétique de la moelle osseuse rouge. Les formes de leucémie sont nommées d'après le type de cellules anormales produites. Ainsi, la *leucémie myéloïde* concerne les descendants des myéloblastes (les granulocytes), tandis que la *leucémie lymphoïde* concerne les descendants des lymphoblastes (les lymphocytes). La leucémie est *aiguë* (à évolution rapide) si elle touche des cellules blastiques comme les lymphoblastes, et *chronique* (à évolution lente) si elle fait intervenir la prolifération de cellules matures comme les myélocytes. Les formes aiguës sont plus graves et atteignent principalement les enfants, alors que les formes chroniques s'observent le plus souvent chez les personnes âgées. Laissées sans traitement, toutes les formes de leucémie sont mortelles, à plus ou moins long terme.

Dans les leucémies aiguës, les leucocytes anormaux finissent par occuper presque toute la moelle osseuse. Le nombre de cellules souches et de précurseurs des autres éléments figurés diminue au point qu'une anémie grave s'installe (par manque de globules rouges) et que des hémorragies se déclarent (par manque de plaquettes). Les autres symptômes de la maladie sont la fièvre, la perte pondérale et les douleurs osseuses. En dépit de leur nombre prodigieux, les leucocytes ne sont pas en mesure de remplir leur fonction de défense contre les microorganismes provenant de l'environnement. Le plus souvent, ce sont des hémorragies internes et des infections foudroyantes qui entraînent la mort.

Le traitement consiste à administrer des médicaments antileucémiques visant à détruire les cellules anarchiques, tant de la tumeur d'origine (tumeur primaire) que des métastases (tumeurs secondaires). Ce traitement permet d'obtenir des rémissions (des disparitions provisoires des symptômes) allant de quelques mois à quelques années. Certains patients peuvent également subir une greffe de moelle osseuse provenant d'un donneur compatible.

Mononucléose infectieuse. Surnommée la «maladie du baiser», la *mononucléose infectieuse* est une affection virale hautement contagieuse qui atteint la plupart du temps des enfants et de jeunes adultes. Elle est causée par le virus Epstein-Barr et se caractérise par un nombre excessif de monocytes et de lymphocytes, dont beaucoup sont atypiques. Elle occasionne de la fatigue, des douleurs, un mal de gorge chronique et une légère élévation de la température. Il n'existe aucun médicament contre la mononucléose infectieuse mais, avec du repos, elle guérit habituellement en quelques semaines. ■

Plaquettes

Les **plaquettes** ne sont pas des cellules à proprement parler. Ce sont des fragments cytoplasmiques de cellules extraordinairement grosses (mesurant jusqu'à 60 μm de diamètre) appelées **mégacaryocytes.** Ces cellules géantes sont issues de l'hémocytoblaste et de la cellule souche myéloïde, mais leur formation est quelque peu singulière (figure 18.10). Dans cette lignée, il se produit des mitoses répétées du **mégacaryoblaste,** mais aucune cytocinèse. En outre, comme les cellules filles ne se séparent jamais complètement, le mégacaryocyte qui en résulte est une cellule bizarre dotée d'un énorme noyau plurilobé et d'une grande masse cytoplasmique. Une fois ce stade atteint, la membrane plasmique forme dans le cytoplasme un réseau d'invaginations qui le divisent en milliers de compartiments. Enfin, la cellule se rompt, libérant les fragments de plaquettes comme on déchire des timbres d'une feuille. Rapidement, les membranes plasmiques liées aux fragments se referment autour du cytoplasme et forment les plaquettes, granuleuses et discoïdes (voir le tableau 18.1), dont le diamètre varie de 2 à 4 μm. Un litre de sang contient de 250 à 500 $\times 10^9$ plaquettes. Les plaquettes sont parfois appelées **thrombocytes** (*thrombos* = caillot), mais la plupart des anatomistes préfèrent utiliser ce terme pour désigner les *cellules nucléées* de vertébrés autres que l'être humain, qui sont comparables du point de vue fonctionnel.

Les plaquettes jouent un rôle essentiel dans la coagulation qui prend place dans le plasma à la suite d'une rupture des vaisseaux sanguins ou d'une lésion de leur endothélium. En adhérant à l'endroit endommagé, les plaquettes forment un bouchon temporaire qui contribue à colmater la brèche. (Nous décrivons plus loin ce mécanisme.) Comme les plaquettes sont anucléées, elles vieillissent rapidement et dégénèrent en 10 jours environ si elles ne servent pas à la coagulation. La formation des plaquettes est régie par une hormone appelée **thrombopoïétine.**

Plasma

Une fois que les éléments figurés ont été retirés du sang, le volume restant (correspondant à 55 % de celui du sang) est constitué par un liquide visqueux de couleur jaunâtre, le **plasma** (voir la figure 18.1). Composé à 90 % d'eau, le plasma contient plus de 100 solutés, dont des nutriments, des gaz, des hormones, divers produits et déchets de l'activité cellulaire, des ions et des protéines (albumine, enzymes, facteurs de coagulation et globulines). Le tableau 18.2 présente un résumé des principaux composants du plasma.

Les protéines plasmatiques, qui représentent environ 8 % (au poids) du volume plasmatique, sont les plus abondants des solutés du plasma. Exception faite des hormones circulant dans le sang et des gammaglobulines, la plupart des protéines plasmatiques sont produites par le foie. Bien que les protéines plasmatiques assument diverses fonctions, les cellules *ne* les utilisent *pas* à des fins énergétiques ou métaboliques comme elles le font avec la plupart des autres solutés plasmatiques, notamment le glucose, les acides gras et l'oxygène. L'**albumine,** qui constitue environ 60 % des protéines plasmatiques, est un important tampon du sang (c'est-à-dire qu'elle contribue au maintien du pH sanguin). Parmi les protéines sanguines, c'est elle qui contribue le plus à la pression osmotique du plasma (la pression qui garde l'eau dans les vaisseaux), suivie par d'autres solutés, dont les ions sodium.

La composition du plasma varie continuellement, selon que les cellules captent ou libèrent des substances dans le sang. Toutefois, si le régime alimentaire est sain, divers mécanismes homéostatiques conservent au plasma une composition relativement constante. Par exemple, lorsque la concentration sanguine de protéines s'abaisse trop, le foie élabore davantage de protéines; et lorsque le sang devient trop acide (acidose), le système respiratoire et les reins entrent en action pour rétablir le pH normal du plasma, légèrement alcalin. À tout moment, divers organes procèdent à des réajustements afin de maintenir les nombreux solutés plasmatiques aux concentrations physiologiques. Non seulement le plasma transporte-t-il différentes substances dans l'organisme, mais il contribue aussi à y répartir la chaleur (un sous-produit du métabolisme cellulaire).

Tableau 18.2 Composition du plasma

Composants	Description/importance
Eau	Représente 90% du volume plasmatique; milieu de dissolution et de suspension pour les solutés du sang; absorbe la chaleur
Solutés	
Protéines	Représentent 8% (au poids) du volume plasmatique
• Albumine	Représente 60% des protéines plasmatiques; produite par le foie; exerce une pression osmotique qui préserve l'équilibre hydrique entre le plasma et le liquide interstitiel
• Globulines	Représentent 36% des protéines plasmatiques
alpha et bêta	Produites par le foie; protéines vectrices qui se lient aux lipides, aux ions des métaux et aux vitamines liposolubles
gamma	Libérées par les lymphocytes B et par les plasmocytes; équivalentes aux anticorps libérés pendant la réaction immunitaire
• Facteurs de coagulation	Représentent 4% des protéines plasmatiques; comprennent le fibrinogène et la prothrombine produits par le foie; interviennent dans la coagulation
• Autres	Enzymes métaboliques, protéines antibactériennes (complément), hormones
Substances azotées non protéiques	Sous-produits du métabolisme cellulaire comme l'urée, l'acide urique, la créatinine et les sels d'ammonium
Nutriments (organiques)	Matières absorbées par le tube digestif et transportées dans l'organisme entier; comprennent le glucose et d'autres glucides simples, les acides aminés (produits de la digestion des protéines), les acides gras, le glycérol et les triglycérides (lipides), le cholestérol et les vitamines
Électrolytes	Cations dont le sodium, le potassium, le calcium, le fer et le magnésium; anions dont le chlorure, le phosphate, le sulfate et le bicarbonate; concourent à maintenir la pression osmotique du plasma et le pH sanguin
Gaz respiratoires	Oxygène et gaz carbonique; un peu d'oxygène dissous (en majeure partie lié à l'hémoglobine dans les érythrocytes); le gaz carbonique est transporté par l'hémoglobine des érythrocytes et sous forme d'ions bicarbonate dissous dans le plasma

Hémostase

Normalement, le sang circule librement contre l'endothélium des vaisseaux sanguins. Mais en cas de rupture d'un vaisseau sanguin, une série de réactions s'établit: c'est l'**hémostase** (*stasis* = arrêt). Cette réponse rapide, localisée et précise fait intervenir de nombreux facteurs de coagulation normalement présents dans le plasma, de même que des substances libérées par les plaquettes et les tissus endommagés (tableau 18.3).

L'hémostase s'effectue en trois phases successives: (1) spasmes vasculaires; (2) formation du clou plaquettaire; (3) coagulation, ou formation du caillot. Une fois

Tableau 18.3 Facteurs de coagulation

Numéro du facteur	Nom du facteur	Nature/origine	Fonction ou voie
I	Fibrinogène	Protéine plasmatique; synthétisée par le foie	Converti en fibrine insoluble dont les filaments formeront le caillot
II	Prothrombine	Protéine plasmatique; synthétisée par le foie; la vitamine K est nécessaire à sa formation	Converti en thrombine, qui transforme le fibrinogène en fibrine par des mécanismes enzymatiques
III	Thromboplastine	Complexe lipoprotéique; libéré par les tissus endommagés (voie extrinsèque)	Catalyse la formation de thrombine
IV	Ions calcium	Ion inorganique présent dans le plasma; ingéré dans les aliments ou libéré par les os	Nécessaire à presque tous les étapes de la coagulation
V	Proaccélérine, ou facteur A labile	Protéine plasmatique; synthétisée par le foie; libérée aussi par les plaquettes	Voies extrinsèque et intrinsèque
VI	Ce numéro n'est plus usité; cette substance serait identique au facteur V		
VII	Proconvertine	Protéine plasmatique; synthétisée par le foie au cours d'un processus nécessitant de la vitamine K	Voie extrinsèque
VIII	Facteur antihémophilique A, ou thromboplastinogène	Globuline synthétisée par le foie; un déficit cause l'hémophilie A	Voie intrinsèque
IX	Facteur antihémophilique B, ou facteur Christmas	Protéine plasmatique; synthétisée par le foie; un déficit cause l'hémophilie B; la vitamine K est nécessaire à sa synthèse	Voie intrinsèque
X	Facteur Stuart, ou Stuart-Prower	Protéine plasmatique; synthétisée par le foie; la vitamine K est nécessaire à sa synthèse	Voies extrinsèque et intrinsèque
XI	Facteur prothromboplastique plasmatique C	Protéine plasmatique; synthétisée par le foie; un déficit cause l'hémophilie C (ou maladie de Rosenthal)	Voie intrinsèque
XII	Facteur Hageman	Protéine plasmatique; enzyme protéolytique; source inconnue	Voie intrinsèque; active la plasmine; activé par le contact avec le verre et déclenche peut-être la coagulation *in vitro*
XIII	Facteur de stabilisation de la fibrine (FSF)	Protéine présente dans le plasma et les plaquettes, source plasmatique inconnue	Stabilise les monomères de fibrine dans les filaments

que des filaments de fibrine se sont développés dans le caillot, ils comblent l'ouverture présente dans le vaisseau sanguin et empêchent le saignement à cet endroit.

Spasmes vasculaires

La première réaction que provoque la lésion d'un vaisseau sanguin est sa constriction (vasoconstriction). Plusieurs facteurs la favorisent: l'atteinte du muscle lisse du vaisseau, la compression exercée sur le vaisseau par le sang qui s'écoule, les substances chimiques libérées par les cellules endothéliales et les plaquettes ainsi que les réflexes amorcés par l'activation des nocicepteurs de la région. Cette réaction comporte un avantage évident: l'intense contraction d'une artère peut endiguer une hémorragie pendant 20 à 30 minutes, soit le temps nécessaire à la formation du clou plaquettaire et du caillot.

Le mécanisme du spasme vasculaire atteint une efficacité maximale lorsque le vaisseau est écrasé ou meurtri par un objet contondant. Une coupure nette comme celle qu'inflige un objet acéré produit moins de stimulus propres à déclencher la vasoconstriction, car elle abîme une quantité moins importante de tissu.

Formation du clou plaquettaire

Le rôle des plaquettes dans l'hémostase est capital: il consiste à former un bouchon qui obture temporairement l'ouverture dans le vaisseau sanguin. En outre, les plaquettes interviennent dans la coordination des phases subséquentes de la formation du caillot. La figure 18.11a présente, sous une forme schématique, le déroulement de ces événements.

En règle générale, les plaquettes n'adhèrent ni les unes aux autres ni à l'endothélium lisse des vaisseaux sanguins. Mais dès que cet endothélium est endommagé et que les fibres collagènes sous-jacentes sont exposées, les plaquettes subissent des changements étonnants. Elles gonflent, forment des prolongements acérés, deviennent collantes et s'amarrent fermement aux fibres du pourtour de la lésion. Ensuite, les lipides de leur membrane plasmique engendrent un dérivé des prostaglandines appelé **thromboxane A_2**; à ce moment, les granulations des plaquettes commencent à se dégrader et à libérer des substances chimiques. Certaines de ces substances, telle la **sérotonine,** favorisent le spasme vasculaire; d'autres, comme l'**adénosine-diphosphate** (ADP), sont de puissants agents d'agrégation qui attirent un surcroît de plaquettes et leur font libérer leur contenu. Ces deux événements sont provoqués par la thromboxane A_2. D'autres phospholipides sont aussi libérés au cours de la dégranulation. Il s'établit ainsi une boucle d'attraction et de rétroactivation entraînant l'agrégation d'un nombre

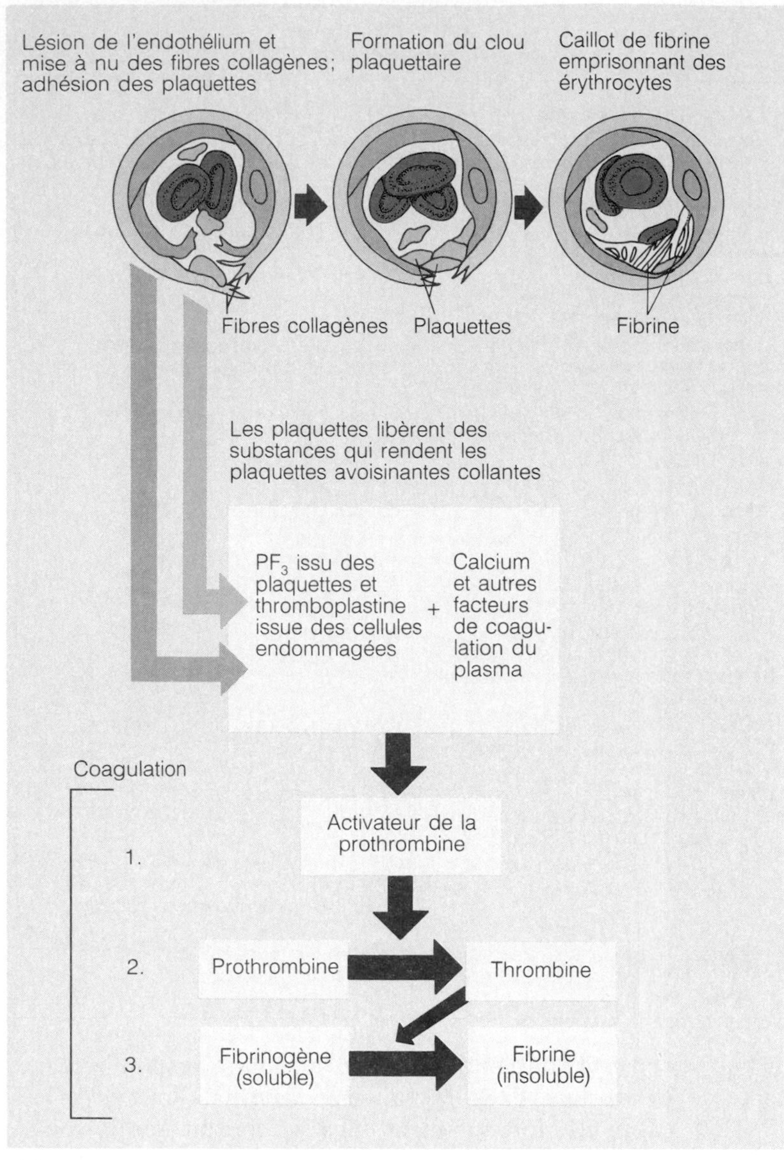

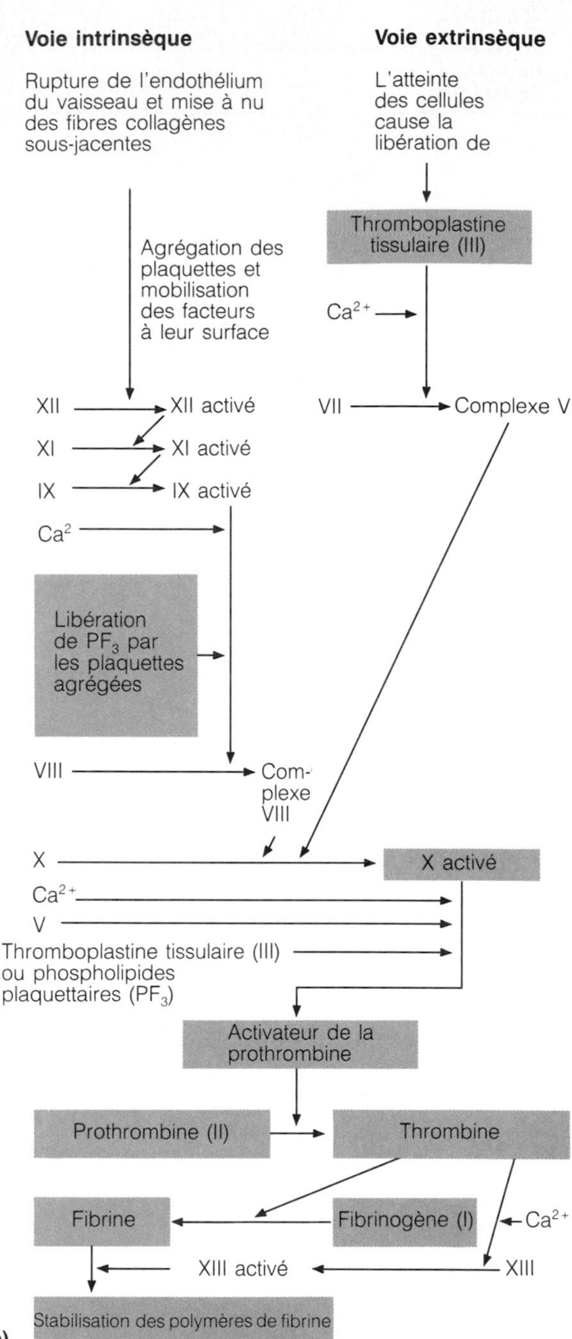

Figure 18.11 Déroulement de la formation du clou plaquettaire et de la coagulation. (**a**) Représentation schématique simplifiée. Les étapes numérotées de 1 à 3 correspondent aux principaux jalons de la coagulation. La flèche rose indique que les substances proviennent des tissus, la flèche verte indique qu'elles proviennent des plaquettes, et la flèche jaune indique qu'elles sont destinées à la formation de la fibrine. (**b**) Diagramme détaillé montrant les phases de la formation du clou plaquettaire, les intermédiaires du phénomène ainsi que les voies intrinsèque et extrinsèque de la coagulation.

croissant de plaquettes et, en moins d'une minute, un clou plaquettaire se forme, qui endigue généralement le saignement. La prostaglandine appelée **PGI_2**, ou **prostacycline,** un puissant inhibiteur de l'agrégation plaquettaire produit par les cellules endothéliales, circonscrit le clou plaquettaire à la région immédiate de la lésion. Bien qu'ils soient lâchement tissés, les clous plaquettaires suffisent à fermer les petites déchirures que subissent les vaisseaux sanguins dans le cadre de l'activité normale. La formation du clou plaquettaire déclenche le stade suivant, celui de la coagulation.

Coagulation

La **coagulation,** ou **formation du caillot,** est la transformation du sang en masse gélatineuse. Elle s'effectue en trois étapes capitales (figure 18.11a). Premièrement, une substance complexe appelée *activateur de la prothrombine* se forme. Deuxièmement, l'activateur de la prothrombine convertit une protéine plasmatique, la *prothrombine,* en *thrombine.* Enfin, la thrombine catalyse la transformation des molécules de *fibrinogène* présentes dans le plasma en filaments de fibrine qui emprisonnent les globules sanguins; le *caillot* ainsi formé colmate le vaisseau jusqu'à sa guérison définitive.

En réalité, le processus de coagulation est beaucoup plus complexe que la description que nous venons d'en faire, car il fait intervenir plus de 30 substances. Son efficacité repose sur un fragile équilibre entre les **facteurs de coagulation** et les **facteurs anticoagulants.** En situation normale, ces derniers prédominent et inhibent la coagulation; mais en cas de rupture d'un vaisseau, l'activité des facteurs de coagulation s'intensifie aux alentours de la lésion et un caillot commence à se former. Les facteurs de coagulation sont numérotés de I à XIII (tableau 18.3), suivant l'ordre dans lequel ils ont été *découverts* et non pas celui dans lequel ils interviennent. On désigne généralement la thromboplastine et le Ca^{2+} par leurs noms usuels plutôt que par leurs numéros (III et IV respectivement). La plupart des facteurs de coagulation sont des protéines plasmatiques élaborées par le foie qui circulent sous forme inactive dans le sang jusqu'à ce qu'elles soient utilisées dans le processus de la coagulation.

La coagulation peut emprunter la **voie intrinsèque** ou la **voie extrinsèque** dans l'organisme, toutes deux étant déclenchées par des lésions. La coagulation *in vitro* (à l'extérieur de l'organisme, dans une éprouvette par exemple) n'est amenée que par la voie intrinsèque, tandis que la coagulation du sang qui s'est infiltré dans les tissus est établie par la voie extrinsèque. Examinons maintenant les raisons de cette différence.

Les deux mécanismes font jouer une molécule clé, un phospholipide appelé **facteur plaquettaire 3** (PF_3), qui est lié à la surface des plaquettes agrégées. Il semble que de nombreux intermédiaires relevant des deux voies ne puissent être activés qu'en présence de ce facteur. Dans la voie intrinsèque, tous les facteurs nécessaires à la coagulation sont présents dans le sang (d'où le terme «intrinsèque»). En revanche, lorsque le sang est exposé à un autre facteur libéré par les cellules abîmées, la **thromboplastine tissulaire,** ou **facteur tissulaire,** le mécanisme extrinsèque se déclenche. Ce mécanisme «saute» complètement plusieurs étapes de la voie intrinsèque. Chaque voie nécessite du calcium ionique et passe par l'activation d'une série de facteurs de coagulation; chacun d'entre eux fonctionne comme une enzyme et active celui qui le suit dans l'enchaînement. Les étapes intermédiaires de chaque voie se déroulent en cascade vers un facteur commun, le facteur X, qu'elles activent; par la suite, elles aboutissent à la formation de fibrine.

La figure 18.11b montre les étapes menant à l'activation du facteur X dans les deux voies. Après l'activation du facteur X, quatre phénomènes se succèdent.

1. Le facteur X forme un complexe avec la thromboplastine tissulaire ou avec le PF_3, le facteur V et les ions calcium, et donne naissance à l'**activateur de la prothrombine.** Cette étape est généralement la plus lente de la coagulation, mais elle est suivie de la formation du caillot après moins de 15 secondes.

2. L'activateur de la prothrombine catalyse la transformation de la protéine plasmatique appelée **prothrombine** en une enzyme active appelée **thrombine.**

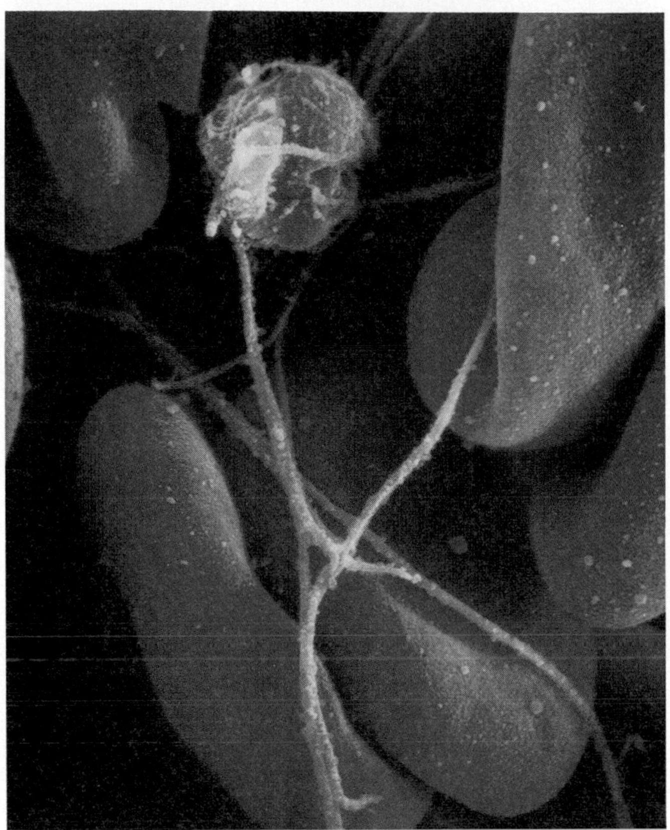

Figure 18.12 Micrographie au microscope électronique à balayage d'érythrocytes emprisonnés dans un caillot de fibrine. L'objet gris plus ou moins sphérique apparaissant au haut du cliché est une plaquette (× 15 000).

3. La thrombine scinde les molécules de **fibrinogène** (une autre protéine plasmatique produite par le foie) pour donner les monomères de fibrine (une protéine insoluble) dont la polymérisation donne les filaments de **fibrine** (polymères). Ces filaments s'attachent aux plaquettes et s'entremêlent de façon à former la charpente du caillot, lequel emprisonne les éléments figurés présents (figure 18.12).

4. En présence d'ions calcium, la thrombine active aussi le **facteur XIII** (facteur de stabilisation de la fibrine), l'enzyme qui catalyse la formation de liaisons entre les filaments de fibrine et qui stabilise le caillot.

La formation du caillot s'achève normalement en trois à six minutes après la rupture du vaisseau sanguin. Comme la voie extrinsèque comporte moins d'étapes que la voie intrinsèque, elle est plus rapide et, en cas de traumatisme grave, elle peut mener à la coagulation en moins de 15 secondes.

Rétraction du caillot et fibrinolyse

En 30 à 60 minutes, la **rétraction du caillot,** un processus provoqué par les plaquettes, complète la stabilisation du caillot. Les plaquettes contiennent en effet un complexe protéique contractile appelé **actomyosine,** qui leur permet de se contracter à la façon des cellules musculaires.

Ce faisant, elles exercent une traction sur les filaments de fibrine et expulsent le **sérum** (le plasma moins les protéines de coagulation) de la masse. Le caillot se resserre et les lèvres de la lésion se rapprochent. La cicatrisation a déjà débuté. Le **facteur de croissance dérivé des plaquettes** (PDGF, «platelet-derived growth factor»), libéré pendant la dégranulation, stimule la division des cellules musculaires et des fibroblastes et favorise ainsi la reconstruction de la paroi vasculaire. Les plaquettes libèrent aussi le **facteur de croissance des cellules endothéliales** (ECGF, «endothelial cell growth factor»), lequel stimule la division de ces cellules qui recouvrent l'intérieur de la paroi vasculaire. En même temps que les fibroblastes forment une «pièce» de tissu conjonctif, les cellules endothéliales se multiplient.

Le caillot est une solution temporaire aux lésions des vaisseaux sanguins. Un processus appelé **fibrinolyse** l'élimine dès que la cicatrisation est achevée. Comme il se forme continuellement de petits caillots dans les vaisseaux sanguins, ce processus revêt une importance cruciale. Sans la fibrinolyse, l'obstruction complète guetterait tous les vaisseaux sanguins.

La fibrinolyse résulte de l'action d'une enzyme protéolytique appelée **plasmine** (ou fibrinolysine), qui est capable de dégrader la fibrine; elle est le produit de l'activation du plasminogène. Cette protéine sanguine est incorporée en grande quantité au caillot en cours de formation, où elle demeure inactive jusqu'à ce qu'elle reçoive les signaux appropriés. La présence d'un caillot à l'intérieur ou autour d'un vaisseau sanguin amène les cellules endothéliales intactes à sécréter l'**activateur tissulaire du plasminogène.** Le facteur XII activé et la thrombine libérée pendant la coagulation jouent aussi le rôle d'activateurs du plasminogène. Par conséquent, la plasmine agit presque exclusivement sur le caillot et, s'il s'en échappe dans le plasma, les enzymes circulantes ont tôt fait de la détruire. La fibrinolyse débute dans les deux jours qui suivent la lésion, elle se poursuit lentement pendant quelques jours, jusqu'à ce que le caillot soit dissous.

Limitation de la croissance du caillot et prévention de la coagulation

Limitation de la croissance du caillot

Une fois déclenchée, la coagulation suit son cours jusqu'à la formation d'un caillot. Normalement, deux importants mécanismes homéostatiques empêchent les caillots d'atteindre des dimensions excessives: (1) le retrait rapide des facteurs de coagulation; (2) l'inhibition des facteurs de coagulation activés. Pour que la coagulation se produise, les concentrations de facteurs de coagulation activés doivent atteindre des niveaux précis. Généralement, toute amorce de coagulation échoue dans le sang circulant, car les facteurs de coagulation activés sont dilués et entraînés dans la circulation sanguine. Pour les mêmes raisons, le contact avec le sang circulant limite la croissance d'un caillot en formation.

D'autres mécanismes entravent l'étape finale, celle de la polymérisation des monomères de fibrine, en cantonnant la thrombine au caillot ou encore en l'inactivant si elle réussit à s'échapper dans la circulation. Quand un caillot se forme, presque toute la thrombine produite est adsorbée (fixée) sur les filaments de fibrine. Paradoxalement, la fibrine joue ainsi le rôle d'un anticoagulant: elle prévient l'augmentation du volume du caillot en empêchant la thrombine d'amorcer la transformation d'autres molécules de fibrinogène en monomères de fibrine. La thrombine qui n'est pas adsorbée à la fibrine est inhibée par l'**antithrombine III.** Cette alphaglobuline présente dans le plasma inhibe l'activité enzymatique de la thrombine et l'inactive complètement en 20 à 30 minutes. Elle s'oppose aussi à l'activité d'autres facteurs de coagulation de la voie intrinsèque, comme le fait la **protéine C,** une autre protéine produite par les cellules du foie.

L'**héparine,** l'anticoagulant contenu dans les granulations des granulocytes basophiles et des mastocytes et produit par les cellules endothéliales, est ordinairement sécrétée en petite quantité dans le plasma. Elle joue le rôle d'inhibiteur de la thrombine en favorisant l'activité de l'antithrombine III. Comme la plupart des inhibiteurs de la coagulation, l'héparine inhibe aussi la voie intrinsèque.

Prévention de la coagulation

La prévention de la coagulation dans les vaisseaux intacts relève de caractéristiques structurales et moléculaires de l'endothélium des vaisseaux sanguins. Tant que l'endothélium est intact, les plaquettes ne peuvent ni s'y attacher ni s'accumuler. De même, les substances antithrombiques sécrétées par les cellules endothéliales, l'héparine et la prostacycline, préviennent normalement l'agrégation plaquettaire. Plus précisément, la prostacycline sécrétée par la surface de l'endothélium repousse activement les plaquettes présentes dans la circulation.

Anomalies de l'hémostase

Les deux principales catégories d'anomalies de l'hémostase sont diamétralement opposées. Les **affections thrombo-emboliques** résultent de la formation inopportune d'un caillot, tandis que les **affections hémorragiques** découlent de phénomènes empêchant la coagulation.

Affections thrombo-emboliques

En dépit des nombreux mécanismes qui s'y opposent, il arrive parfois que des caillots se forment à l'intérieur des vaisseaux sanguins. Un caillot qui se développe dans un vaisseau sanguin *intact* et qui y demeure est un **thrombus.** Un thrombus de grandes dimensions peut faire obstacle à l'irrigation des cellules situées en aval et causer la nécrose des tissus. Par exemple, une obstruction de la circulation coronarienne (thrombose coronaire) peut provoquer la mort des fibres musculaires cardiaques au cours d'un infarctus du myocarde, qui pourrait être fatal. Par ailleurs, un caillot qui se détache de la paroi du vaisseau et flotte librement dans la circulation est appelé **embole** (littéralement, «insertion»). Habituellement, un embole ne cause aucun dégât tant qu'il circule dans des vaisseaux dont le calibre est assez grand pour le laisser passer. Mais il peut entraver l'apport d'oxygène aux tissus s'il reste bloqué dans les poumons (embolie pulmonaire) et causer un accident vasculaire cérébral s'il se loge dans l'encéphale (embolie cérébrale). Nous présentons dans l'encadré des p. 646 et 647, au chapitre 20, de nouveaux médicaments fibrinolytiques (l'activateur tissulaire du plasminogène et la streptokinase par exemple) ainsi que des techniques innovatrices de retrait des caillots.

La rugosité persistante de l'endothélium vasculaire, causée notamment par l'artériosclérose, les brûlures graves et l'inflammation, prédispose aux affections thrombo-emboliques, car elle offre des points d'attache aux plaquettes. De même, la lenteur de la circulation et la stase sanguine accroissent les risques de thrombo-embolie, particulièrement chez les patients immobilisés. Dans un tel cas, les facteurs de coagulation *ne* se dissipent *pas* normalement et ils s'accumulent au point de permettre la formation d'un caillot. Bon nombre de médicaments, principalement l'aspirine, l'héparine et le dicoumarol, préviennent la coagulation chez les patients prédisposés aux crises cardiaques et aux accidents vasculaires cérébraux. L'**aspirine** s'oppose à l'action des prostaglandines et inhibe la formation de thromboxane A_2 (et, par voie de conséquence, l'agrégation plaquettaire et l'élaboration du clou plaquettaire). Des études cliniques ont démontré que l'incidence (prévue) des crises cardiaques diminuait de 50 % chez des hommes prenant de faibles doses d'aspirine (un comprimé tous les deux jours) pendant plusieurs années. De même, l'héparine, qui potentialise l'action de l'antithrombine III, est prescrite comme agent anticoagulant. Enfin, le **dicoumarol** exerce ses effets suivant un mécanisme différent, soit en entravant l'action de la vitamine K (voir la section intitulée «Perturbation de la fonction hépatique»).

Affections hémorragiques

Tout ce qui fait obstacle à la coagulation peut causer des hémorragies. Il s'agit le plus souvent d'un déficit en plaquettes (thrombopénie), de déficits en certains facteurs de coagulation provoqués par une perturbation de la fonction hépatique ou par certaines maladies héréditaires (comme l'hémophilie).

Thrombopénie. La **thrombopénie** (ou thrombocytopénie), l'insuffisance du nombre de plaquettes circulantes, se traduit par des saignements spontanés des petits vaisseaux sanguins. Les mouvements les plus banals causent des hémorragies étendues révélées par l'apparition sur la peau de marques violacées appelées *pétéchies*. La thrombopénie est causée par des facteurs qui s'attaquent au tissu myéloïde, par exemple le cancer de la moelle osseuse, l'exposition aux radiations ionisantes et certains médicaments. Une numération plaquettaire inférieure à 50×10^9 par litre de sang permet généralement de poser le diagnostic de cette maladie. On pallie temporairement les hémorragies qu'elle entraîne par des transfusions de sang total.

Perturbation de la fonction hépatique. Lorsque le foie est incapable de synthétiser les quantités normales de facteurs de coagulation, des saignements anormaux et souvent graves se produisent. À l'origine de cette insuffisance, on trouve les maladies hépatiques graves comme l'hépatite et la cirrhose, mais aussi les carences en vitamine K (fréquentes chez les nouveau-nés et après l'administration d'antibiotiques systémiques). En effet, la synthèse hépatique des facteurs de coagulation requiert de la vitamine K. Or, comme cette vitamine est produite par la flore bactérienne intestinale, l'alimentation est rarement en cause. Les carences en vitamine K sont surtout dues à une malabsorption des lipides, car la vitamine K est liposoluble et absorbée dans le sang avec les lipides. Circonstance aggravante, les maladies du foie entravent non seulement la production des facteurs de coagulation mais aussi celle de la bile, qui est nécessaire à la digestion des lipides, dont dépend à son tour l'absorption de la vitamine K.

Hémophilie. Le terme **hémophilie** désigne des affections hémorragiques héréditaires qui se manifestent de façon semblable. L'*hémophilie A* résulte d'un déficit en **facteur VIII** (facteur antihémophilique). Représentant 83 % des cas, c'est la forme d'hémophilie la plus répandue. L'*hémophilie B*, par ailleurs, est due à un déficit en facteur IX. Les deux formes de la maladie sont liées au sexe et touchent des hommes.

Les symptômes de l'hémophilie apparaissent dans les premières années de la vie; la moindre blessure provoque un saignement prolongé qui peut mettre en danger la vie de la personne atteinte. L'exercice physique et les traumatismes provoquent des hémarthroses si fréquentes que les articulations perdent leur mobilité et deviennent douloureuses. On traite toutes les formes d'hémophilie par des transfusions de plasma frais ou par des injections du facteur de coagulation approprié, sous forme purifiée. Beaucoup d'hémophiles ont contracté par cette voie le virus de l'hépatite et, plus récemment, le virus HIV, qui cause le SIDA en affaiblissant le système immunitaire (voir le chapitre 22). Fort heureusement, le facteur VIII synthétique mis depuis peu sur le marché protège maintenant les hémophiles contre ce risque. ■

Transfusion

Transfusion de sang total

Le système cardiovasculaire de l'être humain pare les effets d'une perte de sang en réduisant le volume des vaisseaux sanguins d'une part et en accélérant l'érythropoïèse d'autre part. Or, ces mécanismes de compensation ont leurs limites. Les pertes de 15 à 30 % du volume sanguin causent la pâleur et la faiblesse. Les pertes supérieures à 30 % entraînent un état de choc grave, voire fatal. Devant de telles conséquences, on comprend aisément que la mise au point de techniques de transfusion sûres soit un des principaux exploits de la médecine moderne.

Les **transfusions de sang total** visent généralement à compenser les pertes de sang importantes et à traiter l'anémie ou la thrombopénie graves. Les injections de **globules rouges concentrés** (c'est-à-dire de sang total dont la majeure partie du plasma a été retirée) sont peut-être encore plus courantes dans le traitement de l'anémie. Habituellement, la banque de sang prélève le sang d'un donneur puis le mélange à un anticoagulant (un sel de citrate ou d'oxalate par exemple) qui, en se liant aux ions calcium, empêche ces derniers de participer au processus de la coagulation. Ensuite, la banque peut conserver le sang pendant quelques semaines à la température de 4 °C. Lorsqu'on transfuse du sang fraîchement prélevé, on emploie de l'héparine (qui agit de la même façon que les sels) comme anticoagulant.

Groupes sanguins humains

La membrane plasmique de toutes les cellules porte des glycoprotéines hautement spécifiques (des antigènes) qui font de chaque individu un être unique. Les érythrocytes ne font pas exception. Et comme, dans certaines conditions, leurs antigènes provoquent l'agglutination des globules rouges, ils sont appelés **agglutinogènes.** La transfusion de sang incompatible (c'est-à-dire de sang dont les globules rouges portent des agglutinogènes différents de ceux du receveur) peut être fatale. En effet, l'organisme du receveur ne reconnaît pas les antigènes étrangers, et des anticorps spécifiques de son plasma causent l'agglutination des cellules du donneur, qui sont alors détruites.

On compte au moins 30 variétés d'agglutinogènes dans la population humaine. Qui plus est, on en dénombre quelque 100 autres chez quelques familles (des antigènes «privés»). La présence ou l'absence de chaque antigène permet de classer les globules sanguins de tout individu. Les antigènes déterminant les systèmes ABO et Rh causent d'importantes réactions hémolytiques (au cours desquelles les érythrocytes étrangers sont détruits) s'ils sont transfusés à un receveur incompatible. C'est pourquoi l'on procède *toujours* à la détermination du groupe sanguin avant de transfuser du sang. Les autres antigènes (les systèmes M, N, P, Kell et Lewis) ont été moins étudiés. Comme ces facteurs entraînent des réactions hémolytiques faibles ou nulles, il n'est pas usuel de rechercher leur présence, à moins qu'on ne prévoie administrer plusieurs transfusions à la même personne, auquel cas les réactions du système immunitaire pourraient s'additionner. Nous ne décrivons ci-dessous que les systèmes ABO et Rh.

Système ABO. Comme le montre le tableau 18.4, le **système ABO** est fondé sur la présence ou sur l'absence de l'agglutinogène A et de l'agglutinogène B. Le groupe O, caractérisé par l'absence d'agglutinogènes, est le plus répandu des groupes du système ABO chez les Américains de race blanche, de race noire et d'origine asiatique; le groupe AB, caractérisé par la présence des deux agglutinogènes, est le moins fréquent. La présence de l'agglutinogène A ou de l'agglutinogène B donne lieu respectivement au groupe A et au groupe B.

Les groupes du système ABO se distinguent par la présence dans le plasma d'*anticorps naturels* appelés **agglutinines.** Les agglutinines s'attaquent aux antigènes qui *ne* sont *pas* présents sur les érythrocytes d'un individu. Elles sont absentes à la naissance, mais elles apparaissent dans le plasma au cours des deux premiers mois de la vie. Elles atteignent leur concentration maximale entre l'âge de 8 et 10 ans, après quoi elles diminuent lentement. Comme l'indique le tableau 18.4, un bébé qui ne possède ni l'antigène A ni l'antigène B (groupe O) forme les agglutinines anti-A et anti-B. Les sujets de groupe A forment des agglutinines anti-B, tandis que les sujets de groupe B forment des agglutinines anti-A. Les sujets de groupe AB ne forment aucune agglutinine.

Système Rh. Il existe au moins huit agglutinogènes Rh, ou **facteurs Rh.** Trois d'entre eux seulement, les agglutinogènes C, D et E, sont répandus. La dénomination «Rh» vient du fait qu'on a identifié l'agglutinogène D chez le singe *rhésus* avant de le découvrir chez l'être humain. La plupart des Américains (soit environ 85 %) sont Rh positif (Rh^+), c'est-à-dire que leurs érythrocytes portent l'agglutinogène D.

Contrairement aux agglutinines du système ABO, les agglutinines anti-Rh ne se forment pas spontanément dans le sang des individus Rh négatif (Rh^-). Toutefois, si une personne Rh négatif reçoit du sang Rh positif, son système immunitaire se sensibilise et, peu après la transfusion, commence à produire des agglutinines anti-D pour combattre l'agglutinogène D des globules rouges étrangers. La première transfusion de sang incompatible ne provoque pas l'hémolyse, car le système immunitaire met un certain temps à réagir et à produire des agglutinines. Mais toutes les transfusions subséquentes occasionnent une réaction au cours de laquelle les agglutinines anti-D du receveur attaquent et détruisent les érythrocytes du donneur.

Un grave problème est associé au facteur Rh chez les femmes enceintes Rh^- qui portent des fœtus Rh^+. Les femmes enceintes pour la première fois donnent habituellement naissance à des bébés bien portants. Cependant, lors de l'accouchement ou du décollement du placenta, il arrive qu'un certain volume de sang du bébé entre en contact avec le sang maternel. (La même chose peut également se produire au cours d'un avortement.) Dans ces conditions, le système immunitaire de la mère réagit et cause la formation d'agglutinines anti-D. Au cours d'une seconde grossesse, les agglutinines anti-D de la mère traversent la barrière placentaire et détruisent les globules rouges du fœtus (Rh^+), qui portent l'agglutinogène D. Le fœtus sera atteint de la **maladie hémolytique du nouveau-né,** ou **érythroblastose fœtale.** Certaines situations graves nécessitent des transfusions

Tableau 18.4 Système ABO

Groupe sanguin	Fréquence (% de la population des États-Unis) Blancs	Noirs	Asiatiques	Antigènes des érythrocytes (agglutinogènes)	Illustration	Anticorps du plasma (agglutinines)	Sang compatible
AB	3	4	5	A B	A, B	Aucun	A, B, AB, O
B	9	20	27	B	Anti-A, B	Anti-A	B, O
A	41	27	28	A	Anti-B, A	Anti-B	A, O
O	47	49	40	Aucun	Anti-B, Anti-A	Anti-A Anti-B	O

intra-utérines (*avant* la naissance) afin de remplacer les érythrocytes détruits. Ce traitement permet d'assurer le transport d'oxygène nécessaire à la survie et au développement normal du fœtus. En outre, on effectue une ou plusieurs *transfusions d'échange* (voir la section «Termes médicaux», à la p. 601) après la naissance. On retire du sang Rh^+ du bébé et on lui substitue du sang Rh^-. On évite ainsi que les agglutinines anti-D de la mère encore présentes dans l'organisme du bébé ne détruisent ses globules rouges Rh^+. En six semaines environ, l'organisme du bébé dégrade les érythrocytes Rh^- transfusés et les remplace par des globules Rh^+. Il est maintenant possible d'éviter la maladie hémolytique du nouveau-né en injectant du RhoGAM à la mère dans les heures qui suivent l'accouchement ou l'avortement. Le RhoGAM est un sérum qui contient des anticorps anti-D; leur fixation sur l'agglutinogène D des érythrocytes provenant du fœtus provoque leur destruction. Le système immunitaire de la mère n'est donc pas sensibilisé. ■

Réaction hémolytique: agglutination et hémolyse

L'injection de sang incompatible entraîne une **réaction hémolytique** au cours de laquelle les agglutinines (anticorps) du receveur se fixent aux agglutinogènes (antigènes) des érythrocytes du donneur. (Il est à noter que les anticorps du donneur agglutinent *aussi* les érythrocytes du receveur, mais ils sont tellement dilués dans la circulation sanguine qu'ils ne causent habituellement aucun problème grave.) L'événement initial, l'agglutination des globules rouges étrangers, obstrue les petits vaisseaux sanguins de l'organisme entier. Au cours des heures qui suivent, les érythrocytes agglutinés se décomposent ou sont phagocytés par les macrophages, et leur hémoglobine est libérée dans la circulation sanguine. (Lorsque la réaction hémolytique est exceptionnellement grave, la lyse des érythrocytes est quasi immédiate.) Ces événements engendrent deux problèmes manifestes: (1) les érythrocytes agglutinés perdent leur capacité de transporter l'oxygène; (2) l'agglutination des érythrocytes dans les petits vaisseaux entrave l'irrigation des tissus situés en aval. Les conséquences de la libération de l'hémoglobine dans la circulation sont moins évidentes mais plus néfastes encore. L'hémoglobine circulante pénètre librement dans les tubules rénaux et, si sa concentration est élevée, elle s'y précipite et les obstrue, causant l'oligo-anurie. Or, l'oligo-anurie totale (insuffisance rénale aiguë) peut être mortelle.

Une réaction hémolytique peut se manifester par de la fièvre, des frissons, des nausées, des vomissements et une intoxication générale; en l'absence d'oligo-anurie, toutefois, la réaction est rarement mortelle. Pour prévenir l'atteinte rénale, on procède à des injections de liquides alcalins qui, en diluant et en dissolvant l'hémoglobine, facilitent son élimination de l'organisme. À cette fin, on administre également des diurétiques. ■

Ainsi que l'indique le tableau 18.4, les érythrocytes du groupe O ne portent ni l'antigène A ni l'antigène B. C'est pourquoi on a longtemps considéré les personnes de ce groupe sanguin comme des **donneurs universels.** Selon le même raisonnement, on appelait autrefois **receveurs universels** les sujets du groupe AB, dépourvus des

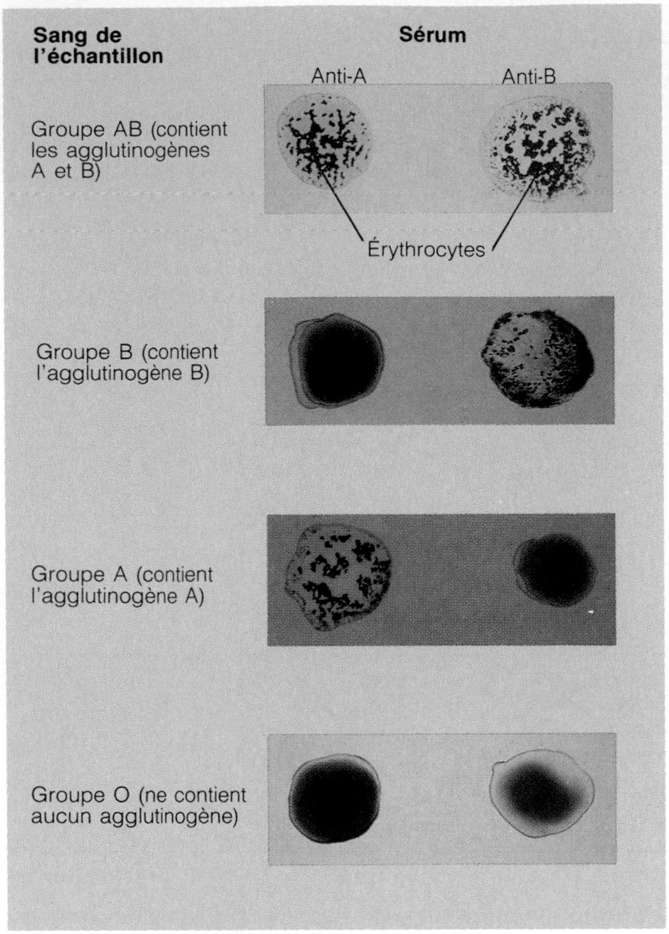

Figure 18.13 Détermination des groupes sanguins dans le système ABO. On place deux gouttes de sang sur une lame de verre et on ajoute à chacune du sérum contenant soit de l'agglutinine anti-A soit de l'agglutinine anti-B. Les agglutinines se fixent aux agglutinogènes correspondants (A ou B). L'agglutination se produit avec les deux sérums dans le groupe AB, avec le sérum anti-B dans le groupe B et avec le sérum anti-A dans le groupe A. Aucun des deux sérums ne cause l'agglutination dans le groupe O.

anticorps qui attaquent les antigènes A et B. Ces deux notions ont toutefois été abandonnées, car elles ne tenaient pas compte des autres agglutinogènes du sang susceptibles de causer des réactions hémolytiques.

Détermination du groupe sanguin

Il va de soi que la détermination du groupe sanguin du donneur et du receveur *avant* la transfusion est d'une importance capitale. La figure 18.13 présente succinctement la marche à suivre. Pour plus de sûreté, on effectue également une *épreuve de compatibilité croisée.* Le procédé consiste à vérifier si le sérum du receveur provoque l'agglutination des érythrocytes du donneur et si le sérum du donneur provoque l'agglutination des érythrocytes du receveur. On détermine les groupes du système Rh de la même façon que les groupes du système ABO.

Plasma et solutions de remplissage vasculaire

Lorsque le volume sanguin d'un patient est diminué au point qu'un état de choc menace sa vie, l'équipe médicale n'a pas toujours le temps de procéder à une détermination du groupe sanguin ou de trouver le sang total approprié. Une telle situation d'urgence exige que l'on rétablisse le *volume* sanguin sans délai afin de restaurer la circulation dans tout l'organisme.

On peut administrer du *plasma* sans crainte, car les anticorps qu'il contient se diluent dans le sang du receveur et ne peuvent avoir d'effets nocifs. À l'exception des érythrocytes, le plasma comprend tout ce qu'il faut pour se substituer au sang. Faute de plasma, on peut injecter diverses solutions colloïdales appelées **solutions de remplissage vasculaire,** comme l'*albumine sérique humaine purifiée,* le *plasmanate* et le *dextran.* Toutes ces substances ont des propriétés osmotiques qui accroissent directement le volume liquidien du sang. L'injection de solutions salines isotoniques constitue un autre recours. Ainsi, il est courant d'employer une *solution physiologique salée* ou une *solution d'électrolytes* reproduisant la composition électrolytique du plasma (la *solution de Ringer* par exemple).

Analyses sanguines

L'analyse du sang en laboratoire fournit des renseignements qui peuvent servir à évaluer l'état de santé d'une personne. Par exemple, une concentration d'hémoglobine et un hématocrite faibles sont des signes d'anémie. Un sang laiteux contient une forte concentration de lipides (*hyperlipémie*), un état qui devrait alerter les personnes atteintes d'une cardiopathie. De même, la mesure de la glycémie indique si le diabète est bien équilibré. Les infections se manifestent par l'hyperleucocytose et par l'épaississement de la couche leucocytaire dans l'hématocrite. Dans certaines formes de leucémie, la couche leucocytaire peut dépasser en épaisseur la couche érythrocytaire.

En dévoilant des variations de la taille et de la forme des érythrocytes, les analyses microscopiques du sang peuvent révéler une carence en fer ou l'anémie pernicieuse. En outre, la détermination des proportions des divers leucocytes, ou **formule leucocytaire,** constitue un appréciable instrument diagnostique; ainsi, un nombre élevé de granulocytes éosinophiles peut indiquer une infection parasitaire ou une réaction allergique.

Diverses épreuves donnent des indications sur l'état du système hémostatique. On évalue par exemple la quantité de prothrombine présente dans le sang en déterminant le **temps de prothrombine,** et on procède à une **numération plaquettaire** en cas de thrombopénie possible.

On réalise couramment une batterie d'épreuves appelée **numération globulaire,** ou **hémogramme,** dans le cadre d'un bilan de santé ou à l'occasion d'une hospitalisation. L'hémogramme fournit une numération des différents éléments figurés, un hématocrite, un coagulogramme et plusieurs autres indicateurs. En comparant les résultats aux valeurs normales, on obtient un tableau global de l'état de santé.

Développement et vieillissement du sang

Avant la naissance, la vésicule ombilicale, le foie et la rate font partie des nombreux organes hématopoïétiques. Au septième mois de la vie fœtale, cependant, la moelle rouge devient le siège principal de l'hématopoïèse, et elle le demeure jusqu'à la mort, sauf en cas de maladie grave. Chez l'adulte, la dépression de la fonction de la moelle rouge des os ou la destruction des globules rouges peuvent redonner au foie et à la rate le rôle hématopoïétique qu'ils assumaient pendant la vie fœtale. Dans les cas graves, la moelle osseuse jaune (essentiellement composée de graisse) peut même se convertir en moelle rouge active.

Les globules sanguins sont issus de cellules mésenchymateuses dérivées du mésoderme embryonnaire, les *îlots sanguins*. Le fœtus possède une hémoglobine spéciale, l'**hémoglobine F,** qui a plus d'affinité pour l'oxygène que l'hémoglobine adulte (hémoglobine A). La molécule d'hémoglobine F contient deux chaînes polypeptidiques alpha et deux chaînes polypeptidiques gamma au lieu des paires de chaînes alpha et de chaînes bêta de l'hémoglobine A typique. Après la naissance, le foie détruit rapidement les érythrocytes fœtaux portant l'hémoglobine F, et les érythrocytes du nouveau-né commencent à produire de l'hémoglobine A.

Les troubles hématologiques les plus souvent associés au vieillissement sont les formes chroniques de la leucémie, l'anémie et les affections thrombo-emboliques. Il faut cependant préciser que la plupart des troubles hématologiques liés au vieillissement sont généralement déclenchés par des affections cardiaques, vasculaires ou immunitaires. Par exemple, on pense que l'apparition de la leucémie est due à l'affaiblissement du système immunitaire, tandis que les thrombus et les emboles résulteraient de l'athérosclérose qui durcit les parois des vaisseaux sanguins. Les anémies qui touchent les personnes âgées sont souvent secondaires à des carences alimentaires, à des traitements médicamenteux ou à des maladies comme le cancer et la leucémie. Les personnes âgées sont particulièrement prédisposées à l'anémie pernicieuse, car la muqueuse gastrique (qui produit le facteur intrinsèque) s'atrophie au cours des années.

* * *

Compte tenu de la fonction de transporteur du sang, on peut le considérer comme le serviteur du système cardiovasculaire. Mais sachant que les fonctions du cœur et des vaisseaux ne sauraient s'accomplir sans lui, on pourrait tout aussi bien affirmer que ces organes, présentés aux chapitres 19 et 20, lui sont subordonnés. Quoi qu'il en soit, le sang et les organes du système cardiovasculaire sont indissociablement liés par leurs fonctions: apporter les nutriments, l'oxygène et les autres substances vitales à toutes les cellules de l'organisme et, par la même occasion, les débarrasser de leurs déchets.

Termes médicaux

Analyses biochimiques du sang Analyses portant sur la concentration des diverses molécules du plasma sanguin, des H^+ (pH) et sur la teneur en glucose, en fer, en calcium, en protéines et en bilirubine.

Biopsie de la moelle osseuse Prélèvement par aspiration d'un échantillon de moelle osseuse rouge (habituellement du sternum ou de la crête iliaque). L'examen des cellules permet de diagnostiquer les anomalies de l'hématopoïèse, la leucémie, diverses infections médullaires et l'anémie résultant d'une lésion ou d'une insuffisance de la moelle osseuse.

Fraction du sang Tout composant du sang total, comme les plaquettes ou les facteurs de coagulation, qui a été isolé des autres.

Hématome Accumulation de sang coagulé dans les tissus, résultant généralement d'un traumatisme; se manifeste par des ecchymoses ou des meurtrissures. Un hématome est graduellement absorbé, sauf en cas d'infection.

Hémochromatose Trouble lié à une surcharge en fer dans l'organisme, particulièrement dans le foie.

Plasmaphérèse Technique de filtration servant à débarrasser le plasma de composants comme les protéines et les toxines. Il semble que sa principale indication soit le retrait d'anticorps ou de complexes immuns dans des cas de maladies auto-immunes (sclérose en plaques, myasthénie grave, etc.).

Pus Liquide épais, blanchâtre ou jaunâtre, composé de leucocytes (principalement des granulocytes neutrophiles) morts, en décomposition ou vivants, de microorganismes vivants et de débris liquéfiés par les enzymes que libèrent les leucocytes; typiquement produit dans de nombreuses infections bactériennes.

Septicémie (sêpein = pourrir) État d'infection générale grave causé par une décharge importante de bactéries dans le sang; communément appelée «empoisonnement du sang».

Transfusion d'échange Technique consistant à prélever le sang d'un sujet et à le remplacer à mesure par le sang d'un donneur. Ce type de transfusion est employé dans le traitement des intoxications et de certaines incompatibilités (comme la maladie hémolytique du nouveau-né).

Résumé du chapitre

COMPOSITION ET FONCTIONS DU SANG: CARACTÉRISTIQUES GÉNÉRALES (p. 579-580)

Composants (p. 579)

1. Le sang est composé d'éléments figurés et de plasma.

Caractéristiques physiques et volume (p. 579)

2. Le sang est un liquide visqueux et légèrement alcalin représentant environ 8 % du poids corporel. Le volume sanguin d'un adulte sain est d'environ 5 L.

Fonctions (p. 579-580)

3. Au point de vue du transport, les fonctions du sang sont l'apport d'oxygène et de nutriments aux tissus, l'élimination des déchets du métabolisme et la distribution des hormones.

4. Au point de vue de la régulation, les fonctions du sang sont le maintien de la température corporelle, du pH et d'un volume adéquat liquidien.

5. Au point de vue de la protection de l'organisme, les fonctions du sang sont l'hémostase et la prévention de l'infection.

ÉLÉMENTS FIGURÉS (p. 580-591)

1. Les éléments figurés sont les érythrocytes, les leucocytes et les plaquettes. Ils représentent 45 % du sang total. Ils dérivent tous des hémocytoblastes situés dans la moelle osseuse rouge.

Érythrocytes (p. 580-586)

2. Les érythrocytes (aussi appelés globules rouges ou hématies) sont de petites cellules biconcaves renfermant de grandes quantités d'hémoglobine. Ils sont dépourvus de noyau et possèdent peu d'organites. Grâce à la spectrine qu'ils contiennent, ils peuvent changer de forme pour passer dans les capillaires.

3. La principale fonction des érythrocytes est le transport de l'oxygène. Dans les poumons, l'oxygène se lie aux atomes de fer des molécules d'hémoglobine, ce qui produit l'oxyhémoglobine. Dans les tissus, l'oxygène se sépare du fer, ce qui produit la désoxyhémoglobine.

4. Les érythrocytes sont issus des hémocytoblastes. Au cours de l'érythropoïèse, ils passent par le stade du proérythroblaste (précurseur), de l'érythroblaste (basophile et polychromatophile), du normoblaste et du réticulocyte. Pendant ce processus, l'hémoglobine s'accumule dans la cellule, et le noyau et les organites en sont expulsés. La différenciation des réticulocytes en globules rouges matures s'achève dans la circulation sanguine.

5. L'érythropoïétine et la testostérone favorisent l'érythropoïèse.

6. Le fer, la vitamine B_{12} et l'acide folique sont essentiels à la production de l'hémoglobine.

7. Les érythrocytes ont une durée de vie d'environ 120 jours. Les macrophages du foie et de la rate éliminent les érythrocytes vieillis et endommagés de la circulation. Le fer libéré de l'hémoglobine est emmagasiné sous forme de ferritine ou d'hémosidérine, puis réutilisé. Les acides aminés de la globine sont métabolisés ou recyclés.

8. Les troubles érythrocytaires comprennent les anémies et la polycythémie.

Leucocytes (p. 587-591)

9. Les leucocytes (ou globules blancs) sont tous nucléés. Ils jouent un rôle capital dans la lutte de l'organisme contre les maladies (infectieuses en particulier). Il en existe deux grandes catégories: les granulocytes et les agranulocytes.

10. Les granulocytes sont neutrophiles, basophiles ou éosinophiles. Les granulocytes basophiles contiennent de l'histamine, une substance qui favorise la vasodilatation et la migration des leucocytes vers les sièges d'infection. Les granulocytes neutrophiles sont des phagocytes actifs. Les granulocytes éosinophiles combattent les vers parasites et leur nombre s'accroît pendant les réactions allergiques.

11. Les agranulocytes jouent un rôle fondamental dans l'immunité. Ils comprennent les lymphocytes (les «cellules immunitaires») et les monocytes (qui se différencient en macrophages dans les tissus).

12. La leucopoïèse dépend des facteurs de croissance des colonies (CSF) libérés principalement par les lymphocytes.

13. Les troubles leucocytaires comprennent la leucémie et la mononucléose infectieuse.

Plaquettes (p. 591-592)

14. Les plaquettes sont des fragments détachés des mégacaryocytes, de grandes cellules au noyau plurilobé formées dans la moelle rouge. Lorsqu'un vaisseau sanguin se rompt, les plaquettes forment un bouchon appelé clou plaquettaire qui empêche l'effusion de sang; elles jouent un rôle essentiel dans la coagulation.

PLASMA (p. 592)

1. Le plasma est un liquide visqueux de couleur jaunâtre composé à 90 % d'eau et à 10 % de solutés tels des nutriments, des gaz respiratoires, des sels, des hormones et des protéines. Le plasma représente 55 % du sang total.

2. Les protéines plasmatiques, pour la plupart élaborées par le foie, comprennent l'albumine, les globulines et les facteurs de coagulation. L'albumine est un important tampon du sang et contribue à sa pression osmotique.

HÉMOSTASE (p. 592-597)

1. L'hémostase est la prévention et l'arrêt des hémorragies. Les trois principales phases de ce processus sont les spasmes vasculaires, la formation du clou plaquettaire et la coagulation.

Coagulation (p. 594-595)

2. La coagulation peut suivre la voie intrinsèque ou la voie extrinsèque. Les deux font intervenir un phospholipide appelé facteur plaquettaire 3 (PF_3). La thromboplastine produite par les cellules endommagées amorce les étapes de la voie extrinsèque. Les étapes intermédiaires de chaque voie sont déterminées par l'activation en cascade d'une série de facteurs de coagulation.

Rétraction du caillot et fibrinolyse (p. 595-596)

3. Après sa formation, le caillot se rétracte. Le sérum en est expulsé et les lèvres de la lésion du vaisseau se rapprochent. La prolifération et la migration des cellules musculaires lisses, de l'endothélium et du tissu conjonctif réparent le vaisseau. Une fois la guérison achevée, le caillot est décomposé (fibrinolyse).

Limitation de la croissance du caillot et prévention de la coagulation (p. 596)

4. Le retrait des facteurs de coagulation au contact de la circulation sanguine et l'inhibition des facteurs activés empêchent le caillot d'atteindre des dimensions excessives. La prostacycline (PGI_2) sécrétée par les cellules endothéliales prévient la coagulation dans les vaisseaux intacts.

Anomalies de l'hémostase (p. 596-597)

5. Les affections thrombo-emboliques résultent de la formation d'un caillot dans un vaisseau intact. Un thrombus ou un embole peuvent obstruer un vaisseau sanguin.

6. La thrombopénie, le déficit en plaquettes, provoque des saignements spontanés dans les petits vaisseaux sanguins. L'hémophilie est causée par l'absence d'un facteur de coagulation dans le sang que l'on attribue à une anomalie génétique. Les maladies hépatiques peuvent aussi entraîner des troubles hémorragiques, car la grande majorité des facteurs protéiques de la coagulation sont synthétisés par les cellules hépatiques.

TRANSFUSION (p. 597-600)

Transfusion de sang total (p. 597-600)

1. Les transfusions de sang total visent à compenser les pertes de sang importantes ainsi qu'à traiter l'anémie et la thrombopénie.

2. Les groupes sanguins sont déterminés par les agglutinogènes (antigènes) présents sur la membrane des érythrocytes.

3. À la suite d'une transfusion de sang incompatible, les agglutinines (anticorps du plasma) du receveur entraînent l'agglutination des érythrocytes étrangers et provoquent ainsi leur lyse. Les érythrocytes agglutinés peuvent obstruer les vaisseaux sanguins; l'hémoglobine libérée durant l'hémolyse peut précipiter dans les tubules rénaux et causer l'oligo-anurie.

4. Avant de procéder à une transfusion de sang total, il faut effectuer une détermination du groupe sanguin (systèmes ABO et

Rh en particulier) ainsi qu'une épreuve de compatibilité croisée, de manière à éviter une réaction hémolytique.

Plasma et solutions de remplissage vasculaire (p. 600)

5. L'administration de plasma ou de solutions de remplissage vasculaire vise à rétablir rapidement le volume sanguin.

ANALYSES SANGUINES (p. 600-601)

1. Les analyses sanguines diagnostiques peuvent fournir de nombreux renseignements sur le sang et sur l'état de santé en général.

DÉVELOPPEMENT ET VIEILLISSEMENT DU SANG (p. 601)

1. Avant la naissance, la vésicule ombilicale, le foie et la rate font partie des nombreux organes hématopoïétiques. Au septième mois de la vie fœtale, la moelle rouge devient le siège principal de l'hématopoïèse.

2. Les globules sanguins sont issus d'îlots sanguins dérivés du mésoderme. Le sang fœtal contient l'hémoglobine F qui, après la naissance, est remplacée par l'hémoglobine A.

3. Les principaux troubles hématologiques associés au vieillissement sont la leucémie, l'anémie et les affections thromboemboliques.

Questions de révision

Choix multiples/associations

1. En moyenne, le volume sanguin d'un adulte est d'environ: (a) 1 L; (b) 3 L; (c) 5 L; (d) 7 L.

2. L'hormone qui déclenche la formation des globules rouges est: (a) la sérotonine; (b) l'héparine; (c) l'érythropoïétine; (d) la thrombopoïétine.

3. Parmi les caractéristiques suivantes, laquelle ne s'applique pas aux érythrocytes matures? (a) Ils ont la forme de disques biconcaves. (b) Ils ont une durée de vie d'environ 120 jours. (c) Ils contiennent de l'hémoglobine. (d) Ils possèdent un noyau.

4. Les globules blancs les plus nombreux sont les: (a) granulocytes éosinophiles; (b) granulocytes neutrophiles; (c) monocytes; (d) lymphocytes.

5. Les protéines sanguines jouent un rôle important dans: (a) la coagulation; (b) l'immunité; (c) le maintien du volume sanguin; (d) toutes ces réponses.

6. Les globules blancs qui libèrent de l'histamine et d'autres substances intervenant dans la réaction inflammatoire sont les: (a) granulocytes basophiles; (b) granulocytes neutrophiles; (c) monocytes; (d) granulocytes éosinophiles.

7. Le globule sanguin qui possède une compétence immunologique est le: (a) lymphocyte; (b) mégacaryocyte; (c) granulocyte neutrophile; (d) granulocyte basophile.

8. Le nombre d'érythrocytes (par litre de sang) normal chez l'adulte est de: (a) 3 à 4×10^{12}; (b) 4,5 à 5×10^{12}; (c) 8×10^{12}; (d) 500×10^9.

9. Le pH normal du sang est d'environ: (a) 8,4; (b) 7,8; (c) 7,4; (d) 4,7.

10. Supposez que votre sang est AB positif. Cela signifie que: (a) vos globules rouges présentent les agglutinogènes A et B; (b) votre plasma ne contient ni agglutinines anti-A ni agglutinines anti-B; (c) votre sang est du groupe Rh^+; (d) toutes ces réponses.

Questions à court développement

11. (a) Définissez les éléments figurés et énumérez-en les trois principales catégories. (b) Lesquels sont les moins nombreux? (c) Lesquels forment la couche leucocytaire dans un hématocrite?

12. Indiquez la structure chimique de l'hémoglobine, sa fonction et les changements de couleur qu'elle subit lorsqu'elle se charge et se décharge d'oxygène.

13. Si votre hématocrite est élevé, est-ce que la teneur en hémoglobine de votre sang est forte ou faible? Justifiez votre réponse.

14. Quels nutriments sont nécessaires à l'érythropoïèse?

15. (a) Décrivez le processus de l'érythropoïèse. (b) Quel nom donne-t-on aux globules immatures libérés dans la circulation? (c) En quoi diffèrent-ils des érythrocytes matures?

16. Outre les mouvements amiboïdes, quelles caractéristiques physiologiques permettent aux globules blancs de remplir leurs fonctions?

17. (a) Si vous êtes atteint d'une infection grave, est-ce que votre numération leucocytaire est de l'ordre de 5, 10 ou 15×10^9 par litre? (b) Comment s'appelle cet état?

18. (a) Décrivez l'apparence des plaquettes et indiquez leur principale fonction. (b) Pourquoi ne devrait-on pas qualifier les plaquettes de «cellules»?

19. (a) Définissez l'hémostase. (b) Énumérez et décrivez les trois principales étapes de la coagulation. (c) Quelles sont les différences fondamentales entre la voie intrinsèque et la voie extrinsèque? (d) Quel ion est essentiel à presque toutes les étapes de la coagulation?

20. (a) Définissez la fibrinolyse. (b) Quelle est l'importance de ce processus?

21. (a) Qu'est-ce qui limite habituellement la croissance du caillot? (b) Indiquez deux facteurs qui peuvent provoquer la formation d'un caillot dans un vaisseau intact.

22. Pourquoi les maladies du foie peuvent-elles causer des troubles hémorragiques?

23. (a) Qu'est-ce qu'une réaction hémolytique et par quoi est-elle causée? (b) Quelles sont ses conséquences possibles?

24. Comment une alimentation inadéquate peut-elle entraîner une anémie?

25. Quels problèmes hématologiques sont les plus répandus chez les personnes âgées?

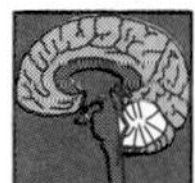

Réflexion et application

1. Les médicaments antinéoplasiques détruisent les cellules à division rapide. Pourquoi procède-t-on à de fréquentes numérations érythrocytaires et leucocytaires chez les personnes atteintes du cancer qui reçoivent de tels médicaments?

2. Une jeune femme présentant des saignements vaginaux importants est admise à la salle d'urgence. Elle est enceinte de trois mois et le volume de sang qu'elle perd inquiète le médecin. (a) Quel type de transfusion cette jeune femme est-elle susceptible de recevoir? (b) Quelles analyses sanguines réalisera-t-on avant de procéder à la transfusion?

3. Un homme d'âge mûr, professeur dans une université, compte passer son année sabbatique dans les Alpes suisses à étudier l'astronomie. Deux jours après son arrivée, il remarque qu'il s'essouffle facilement et que toute activité physique le fatigue indûment. Mais ses symptômes disparaissent graduellement et, au bout de deux mois, il retrouve une bonne forme physique. À son retour au Canada, il subit un examen physique complet et son médecin lui indique que sa numération érythrocytaire est supérieure à la normale. (a) Expliquez ce résultat. (b) Est-ce que la numération érythrocytaire de cet homme restera supérieure à la normale? Justifiez votre réponse.

4. On diagnostique une leucémie aiguë lymphoblastique chez une fillette prénommée Mylène. Ses parents ne comprennent pas pourquoi toute infection présente des risques particuliers pour elle, étant donné que sa numération leucocytaire est exceptionnellement élevée. Pouvez-vous donner une explication aux parents de Mylène?

5. Mme Lafontaine, une femme d'âge mûr, présente de nombreuses ecchymoses de petites dimensions et des saignements de nez abondants. Elle se rend à la clinique, et le médecin apprend au cours de l'anamnèse que Mme Lafontaine prend un certain somnifère pour combattre ses insomnies. Or, il est connu que ce médicament est toxique pour la moelle osseuse rouge. En faisant appel à vos connaissances en physiologie, expliquez le lien entre le trouble hémorragique de Mme Lafontaine et l'usage de ce somnifère.

19 Système cardiovasculaire : le cœur

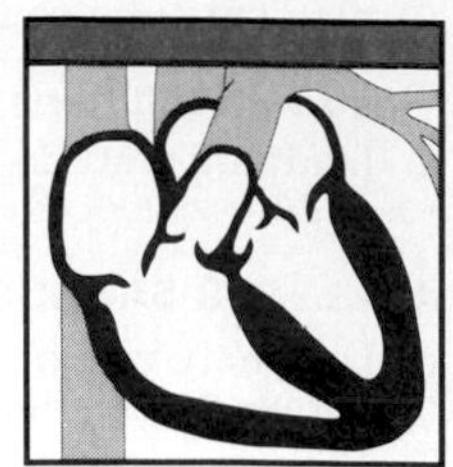

Sommaire et objectifs d'apprentissage

Anatomie du cœur (p. 604-613)

1. Indiquer les dimensions et la forme du cœur et donner sa situation dans le thorax.
2. Décrire l'enveloppe du cœur.
3. Décrire la structure et la fonction des trois tuniques de la paroi du cœur.
4. Nommer les quatre cavités du cœur et décrire leur structure et leurs fonctions. Nommer les gros vaisseaux associés à chaque cavité et indiquer leur trajet.
5. Expliquer le trajet du sang dans le cœur.
6. Nommer les valves cardiaques et indiquer leur situation, leur rôle et leur fonctionnement.
7. Nommer les principales ramifications des artères coronaires et décrire leur distribution.

Physiologie du cœur (p. 614-629)

8. Indiquer les propriétés structurales et fonctionnelles du tissu musculaire cardiaque et expliquer ce qui le distingue du tissu musculaire.
9. Décrire brièvement la contraction des cellules du muscle cardiaque.
10. Nommer les éléments du système de conduction du cœur et indiquer le trajet de l'influx.
11. Dessiner un électrocardiogramme normal; nommer les ondes et les intervalles et indiquer ce qu'ils représentent. Nommer quelques-unes des anomalies que l'électrocardiogramme permet de détecter.
12. Décrire les étapes de la révolution cardiaque.
13. Décrire les bruits normaux du cœur et expliquer ce qui les distingue des souffles cardiaques.
14. Nommer les divers facteurs intervenant dans la régulation du volume systolique et de la fréquence cardiaque, et expliquer leurs effets.
15. Expliquer le rôle du système nerveux autonome dans la régulation du débit cardiaque.

Développement et vieillissement du cœur (p. 629-630)

16. Décrire la formation du cœur fœtal et indiquer ce qui distingue le cœur fœtal du cœur adulte.
17. Énumérer quelques effets du vieillissement sur le fonctionnement du cœur.

Depuis des siècles, l'être humain s'interroge sur l'organe qui bat sans cesse au creux de sa poitrine. Les Grecs de l'Antiquité croyaient que le cœur était le siège de l'intelligence; d'autres y ont vu la source des émotions. Ces théories sont depuis longtemps tombées en désuétude, mais il est vrai que les émotions se répercutent sur la fréquence cardiaque. Lorsque votre cœur s'emballe, vous prenez brusquement conscience que votre vie tout entière dépend des battements de cet organe.

Plus prosaïquement, on peut comparer les vaisseaux sanguins à un réseau routier, et les cellules de l'organisme, aux habitants de la ville desservie par le réseau. Jour et nuit, ces «habitants» absorbent de l'oxygène et des nutriments et ils excrètent des déchets. Or, les cellules n'ont aucun moyen de se déplacer et, pour échapper à la disette et à la pollution, elles dépendent des allées et venues d'un transporteur, le sang.

Ce transporteur ne peut se mouvoir par lui-même. Une pompe doit le propulser à travers le réseau de vaisseaux. Cette pompe, c'est le **cœur.** Sa structure et son fonctionnement font l'objet de ce chapitre. Les autres éléments du «système de transport», le sang et les vaisseaux sanguins, sont traités respectivement aux chapitres 18 et 20.

Anatomie du cœur

Dimensions et situation

La taille et le poids du cœur ne laissent deviner ni sa force ni sa vigueur. En effet, le cœur n'est pas plus gros qu'un poing fermé, et son poids varie entre 250 et 350 g.

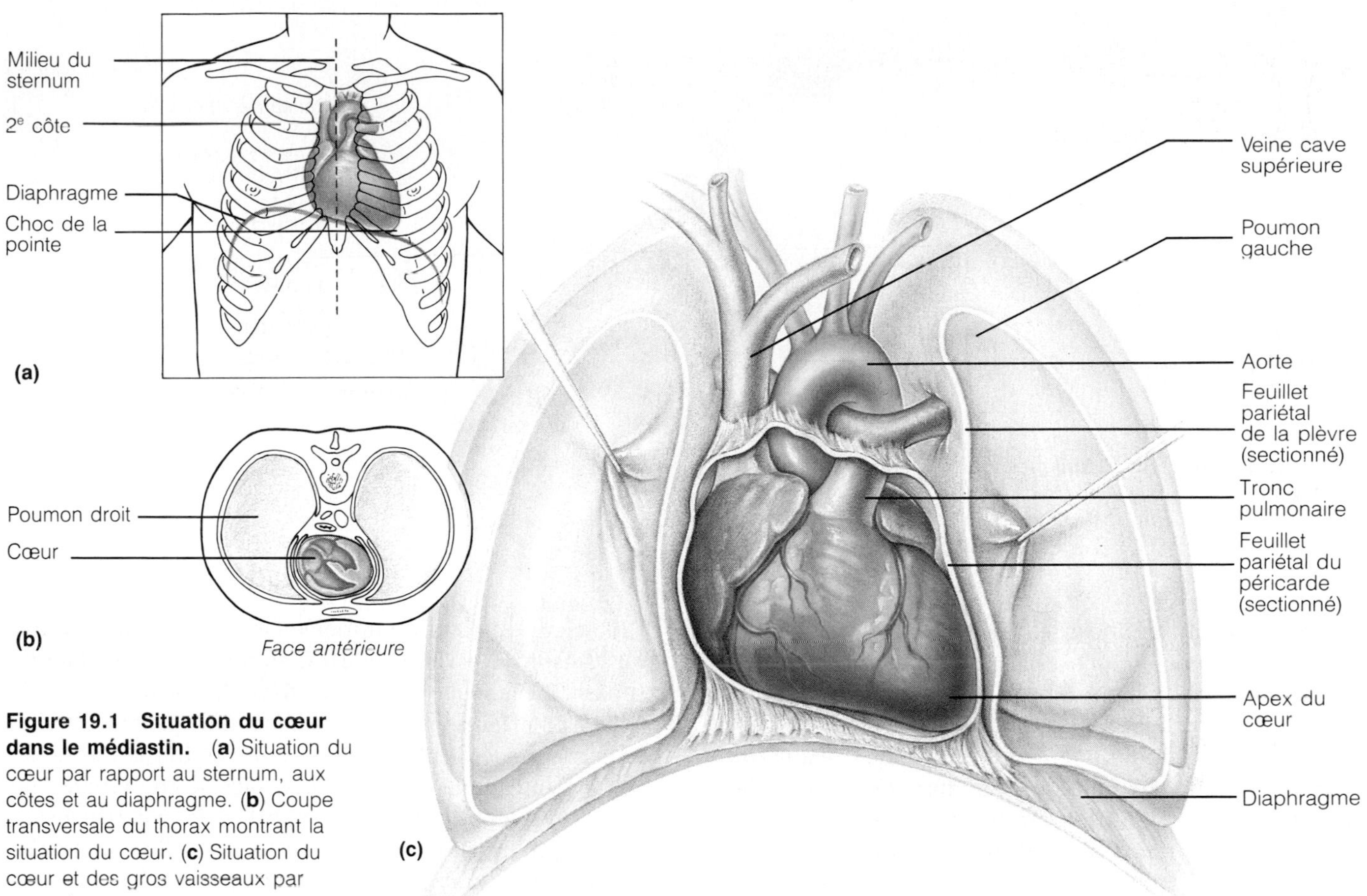

Figure 19.1 Situation du cœur dans le médiastin. (**a**) Situation du cœur par rapport au sternum, aux côtes et au diaphragme. (**b**) Coupe transversale du thorax montrant la situation du cœur. (**c**) Situation du cœur et des gros vaisseaux par rapport aux poumons.

Entre cet organe de forme conique et son image populaire existent des ressemblances vagues mais suffisantes pour contenter les plus romantiques (figure 19.1).

Le cœur est logé à l'intérieur du **médiastin** (la cavité centrale du thorax). Il s'étend de la deuxième côte au cinquième espace intercostal, et mesure de 12 à 14 cm (figure 19.1a). Il est situé à l'avant de la colonne vertébrale et à l'arrière du sternum; latéralement, il est bordé et partiellement recouvert par les poumons. Le cœur est placé obliquement dans le thorax: les deux tiers environ de sa masse se trouvent à gauche de l'axe médian du sternum, et l'autre tiers, à droite. Sa **base,** ou partie postéro-supérieure, mesure environ 9 cm de large et elle fait face à l'épaule droite. Son **apex** est orienté vers la hanche gauche et il repose sur le diaphragme. Si vous posez vos doigts sous votre mamelon gauche, entre la cinquième et la sixième côte, vous percevrez facilement les battements de votre cœur. Là, en effet, l'apex du cœur touche à la paroi thoracique; ce que vous ressentez est appelé **choc de la pointe** du coeur.

Enveloppe du cœur

Le cœur est enveloppé dans un sac fibro-séreux à double paroi appelé **péricarde** (*péri* = autour; *kardia* = cœur) (figure 19.2). La couche superficielle du péricarde, le **péricarde fibreux,** est lâche et composée de tissu conjonctif. Dense et résistante, elle protège le cœur et l'amarre au diaphragme, au sternum et aux gros vaisseaux. Le péricarde fibreux recouvre le **péricarde séreux,** une séreuse formée de deux feuillets. Le **feuillet pariétal** tapisse la face interne du péricarde fibreux. À la base du cœur, le feuillet pariétal se replie et se prolonge sur la face externe du cœur pour constituer le **feuillet viscéral,** aussi appelé **épicarde** (littéralement, «sur le cœur»). L'épicarde fait partie intégrante de la paroi du cœur.

Les deux feuillets du péricarde séreux délimitent la mince **cavité péricardique,** qui renferme un liquide séreux produit par les cellules péricardiques. Ce liquide lubrifie les feuillets et élimine une bonne part de la friction créée entre eux par les battements du cœur.

L'inflammation du péricarde, la *péricardite,* peut résulter d'une infection bactérienne comme la pneumonie. Elle entrave la formation du liquide séreux et abrase les feuillets. En battant contre le péricarde, le cœur produit alors un bruissement audible au stéthoscope, le *frottement péricardique.* La péricardite peut mener à la formation de douloureuses adhérences qui réunissent les feuillets et gênent l'activité du cœur. ■

Paroi du cœur

La paroi du cœur est formée de trois tuniques, soit de l'extérieur vers l'intérieur: l'épicarde (décrit plus haut),

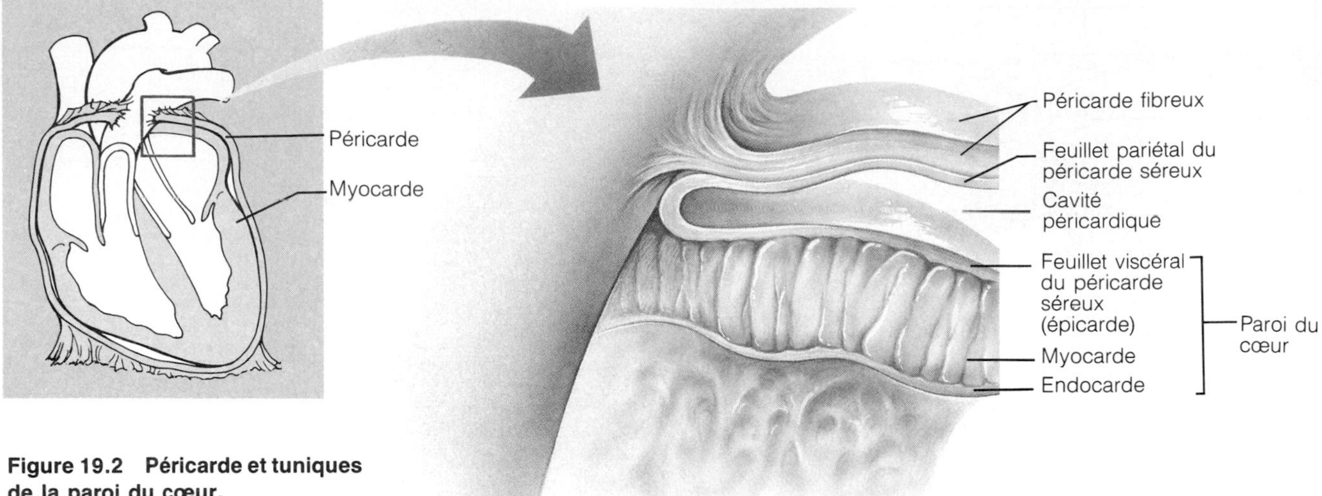

Figure 19.2 Péricarde et tuniques de la paroi du cœur.

le myocarde et l'endocarde (figure 19.2). Les trois tuniques sont riches en vaisseaux sanguins.

Le **myocarde,** la tunique intermédiaire, est composé principalement de cellules musculaires cardiaques, et il constitue l'essentiel de la masse du cœur. C'est la tunique dotée de la capacité de se contracter. À l'intérieur du myocarde, les cellules ramifiées du muscle cardiaque sont rattachées par des fibres de tissu conjonctif enchevêtrées et elles forment des faisceaux spiralés ou circulaires (figure 19.3). Ces faisceaux entrelacés relient toutes les parties du cœur. Les fibres collagènes et élastiques de tissu conjonctif tissent un réseau dense, le **squelette fibreux du cœur,** qui renforce la paroi interne du myocarde. Par endroits, le réseau s'épaissit et forme des anneaux de tissu fibreux qui soutiennent le pourtour des valves et les points d'émergence des gros vaisseaux (voir aussi la figure 19.7 à la p. 611). Étant donné que le tissu conjonctif ne peut transmettre les potentiels d'action (phénomène électrique) nécessaires à la contraction des cellules musculaires cardiaques, la propagation des influx se fait par l'intermédiaire de structures spécifiques. (Nous traiterons plus loin dans le chapitre de l'importance de cette caractéristique.)

L'**endocarde** est une lame d'endothélium (épithélium pavimenteux) d'un blanc brillant posée sur une mince couche de tissu conjonctif. Accolé à la face interne du myocarde, il tapisse les cavités du cœur et recouvre le squelette de tissu conjonctif des valves. L'endocarde est en continuité avec l'endothélium des vaisseaux sanguins qui aboutissent au cœur (veines) ou qui en émergent (artères).

Cavités et gros vaisseaux du cœur

Le cœur renferme quatre cavités: deux **oreillettes** (*auricula* = petite oreille), ou atriums, dans sa partie supérieure et deux **ventricules** dans sa partie inférieure (figure 19.4). La cloison qui divise longitudinalement l'intérieur du cœur est appelée **cloison interauriculaire** ou **cloison interventriculaire,** selon les cavités qu'elle sépare. Le ventricule droit constitue la majeure partie de la face antérieure du cœur. Le ventricule gauche domine la partie postéro-inférieure du cœur et forme l'apex du cœur. Deux sillons visibles à la surface du cœur indiquent les limites des quatre cavités et portent les vaisseaux sanguins qui irriguent le myocarde. Le **sillon auriculo-ventriculaire** (aussi appelé sillon coronaire) encercle la jonction des oreillettes et des ventricules à la manière d'une couronne. Le **sillon interventriculaire antérieur** marque, sur la face antérieure du cœur, la situation de la cloison interventriculaire séparant les ventricules droit et gauche. Sur la face postérieure du cœur, le **sillon interventriculaire postérieur** fournit un repère équivalent.

Au point de vue fonctionnel, les oreillettes constituent le point d'arrivée du sang en provenance de la circulation. Comme elles sont de petite taille et que leurs parois sont relativement minces, elles contribuent peu au remplissage des ventricules et à l'action de pompage du cœur. Un prolongement aplati et plissé, appelé **auricule,** fait saillie sur la partie supérieure de chaque oreillette et accroît quelque peu son volume. La paroi interne de l'oreillette droite est parcourue, sauf en sa partie postérieure, de crêtes de tissu musculaire. Étant donné l'aspect qu'ils donnent à la paroi, ces faisceaux musculaires sont appelés **muscles pectinés** (*pecten* = peigne). La cloison interauriculaire est creusée d'une légère dépression, la **fosse ovale,** qui constitue un vestige du **foramen ovale,** un orifice du cœur fœtal.

Trois veines entrent dans l'oreillette droite: (1) la **veine cave supérieure** déverse le sang provenant des régions situées au-dessus du diaphragme; (2) la **veine cave inférieure** transporte le sang provenant des régions situées en dessous du diaphragme; (3) le **sinus coronaire** recueille le sang drainé du myocarde lui-même. Quatre **veines pulmonaires** pénètrent dans l'oreillette gauche. Elles ramènent le sang des poumons au cœur. Ces vaisseaux s'observent mieux sur la face postérieure du cœur (figure 19.4d).

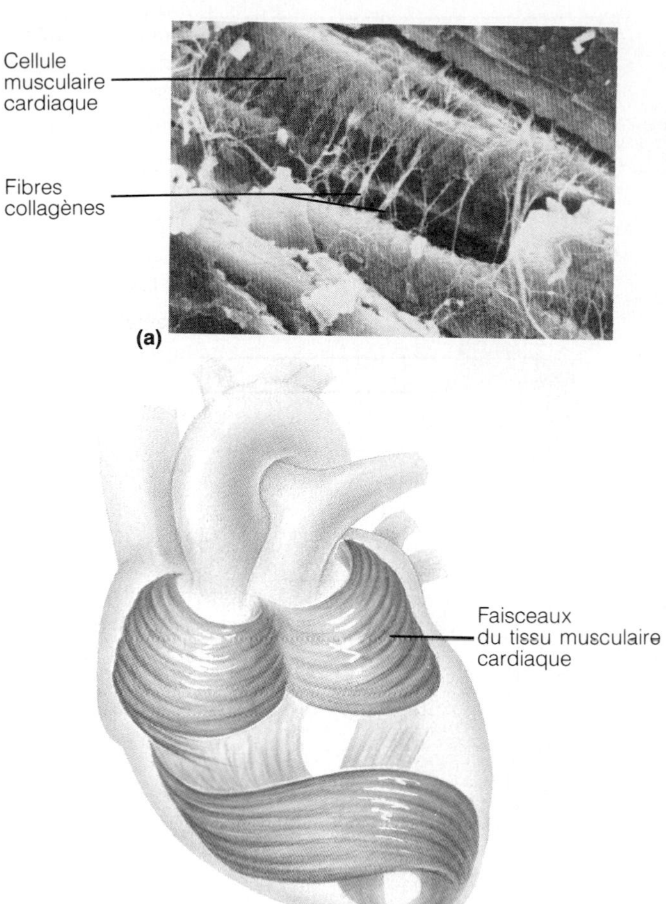

Figure 19.3 Disposition du muscle cardiaque dans le cœur. (**a**) Micrographie au microscope électronique à balayage montrant les fibres collagènes et élastiques qui relient les côtés des cellules musculaires cardiaques (× 1700). (**b**) Vue longitudinale du cœur montrant les spirales et les cercles formés par les faisceaux de tissu musculaire cardiaque.

Les ventricules (littéralement, «petits ventres») sont les points de départ de la circulation du sang, les pompes proprement dites du cœur (leurs parois sont d'ailleurs beaucoup plus épaisses que celles des oreillettes). En se contractant, les ventricules projettent le sang hors du cœur, dans les vaisseaux. Le ventricule droit éjecte le sang dans le **tronc pulmonaire,** qui achemine le sang dans les poumons en vue des échanges gazeux. Le ventricule gauche propulse le sang dans l'**aorte,** la plus grosse des artères, dont les ramifications successives alimentent tous les organes.

Des saillies musculaires irrégulières appelées **trabécules charnues** sillonnent les parois internes des ventricules. D'autres faisceaux musculaires, les **muscles papillaires,** épousent la forme de tiges. Nous décrirons plus loin le rôle que jouent ces muscles dans le fonctionnement des valves cardiaques.

Trajet du sang dans le cœur

Jusqu'au XVIe siècle, on croyait que le sang circulait d'un côté à l'autre du cœur en s'écoulant par des pores de la cloison. Nous savons aujourd'hui que les passages du cœur ne sont pas horizontaux (d'oreillette à oreillette) mais bien verticaux (d'oreillette à ventricule). En fait, le cœur est composé de deux pompes placées côte à côte qui desservent chacune un circuit distinct (figure 19.5, p. 610). La **circulation pulmonaire,** ou **petite circulation,** reçoit le sang provenant de l'organisme et l'envoie dans les poumons pour qu'il y soit oxygéné; sa seule fonction est d'assurer les échanges gazeux. La **circulation systémique,** ou **grande circulation,** ravitaille l'organisme entier en sang oxygéné.

Le côté droit du cœur est la *pompe de la circulation pulmonaire.* Le sang qui vient de l'organisme, pauvre en oxygène et riche en gaz carbonique entre dans l'oreillette droite puis descend dans le ventricule droit. La contraction de ce dernier propulse le sang dans le tronc pulmonaire, d'où partent les deux artères pulmonaires qui transportent le sang vers les poumons. Dans les poumons, le sang se débarrasse du gaz carbonique et absorbe de l'oxygène. Il emprunte ensuite les veines pulmonaires pour retourner au cœur dans l'oreillette gauche.

Le côté gauche du cœur est la *pompe de la circulation systémique.* À sa sortie des poumons, le sang entre dans l'oreillette gauche puis dans le ventricule gauche, qui l'expulse dans l'aorte. De là, les petites artères systémiques transportent le sang jusqu'aux tissus, où gaz et nutriments sont échangés à travers les parois des capillaires. Le sang pauvre en oxygène retourne au côté droit du cœur par les veines systémiques; il entre dans l'oreillette droite par les veines caves supérieure et inférieure.

Bien que des quantités égales de sang se trouvent dans chaque circulation en tout temps, les ventricules sont loin de travailler aussi fort l'un que l'autre. En effet, la circulation pulmonaire est peu étendue et la pression y est faible. À l'opposé, la circulation systémique couvre l'organisme entier et la résistance opposée à l'écoulement du sang y est environ cinq fois plus grande que dans la circulation pulmonaire. L'anatomie comparative des deux ventricules révèle cette différence fonctionnelle (figure 19.6). Tandis que le ventricule gauche est presque circulaire, le ventricule droit s'aplatit en forme de croissant et entoure partiellement le ventricule gauche, un peu à la manière d'une main posée autour d'un poing fermé. De plus, les parois du ventricule gauche sont trois fois plus épaisses que celles de son vis-à-vis. Par conséquent, le ventricule gauche déploie beaucoup plus de puissance que le ventricule droit au cours de sa contraction.

Valves cardiaques

Le sang circule à sens unique dans le cœur: il passe des oreillettes aux ventricules, puis il s'engage dans les grosses

Suite du texte à la p. 610

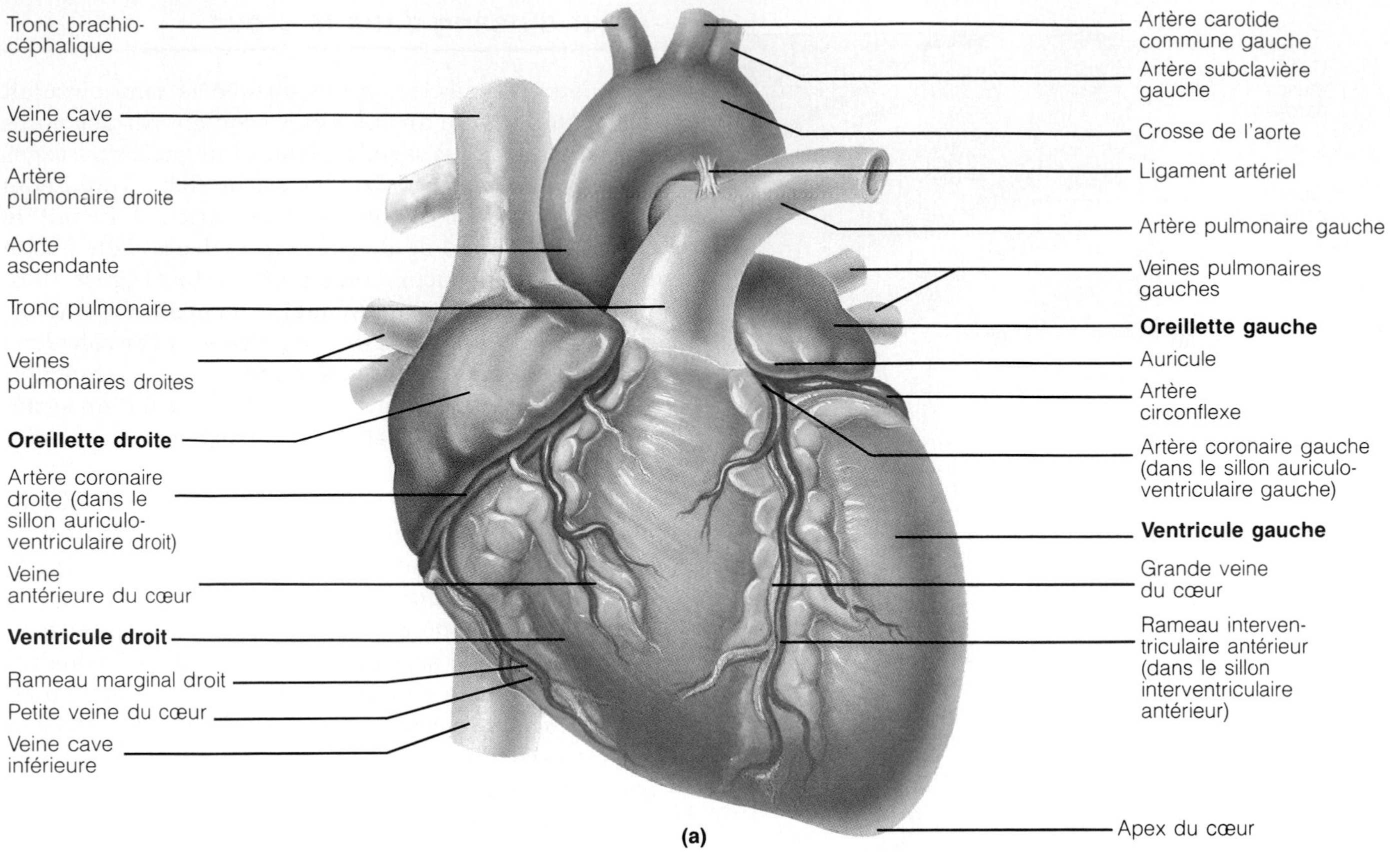

Tronc brachio-céphalique
Veine cave supérieure
Artère pulmonaire droite
Aorte ascendante
Tronc pulmonaire
Veines pulmonaires droites
Oreillette droite
Artère coronaire droite (dans le sillon auriculo-ventriculaire droit)
Veine antérieure du cœur
Ventricule droit
Rameau marginal droit
Petite veine du cœur
Veine cave inférieure
Artère carotide commune gauche
Artère subclavière gauche
Crosse de l'aorte
Ligament artériel
Artère pulmonaire gauche
Veines pulmonaires gauches
Oreillette gauche
Auricule
Artère circonflexe
Artère coronaire gauche (dans le sillon auriculo-ventriculaire gauche)
Ventricule gauche
Grande veine du cœur
Rameau interventriculaire antérieur (dans le sillon interventriculaire antérieur)
Apex du cœur

(a)

Tronc brachio-céphalique
Artère carotide commune gauche
Crosse de l'aorte
Oreillette droite
Tronc pulmonaire
Veines antérieures du cœur
Rameau interventriculaire antérieur
Ventricule droit
Artère subclavière gauche
Ligament artériel
Auricule gauche
Artère circonflexe
Grande veine du cœur
Apex du cœur (ventricule gauche)

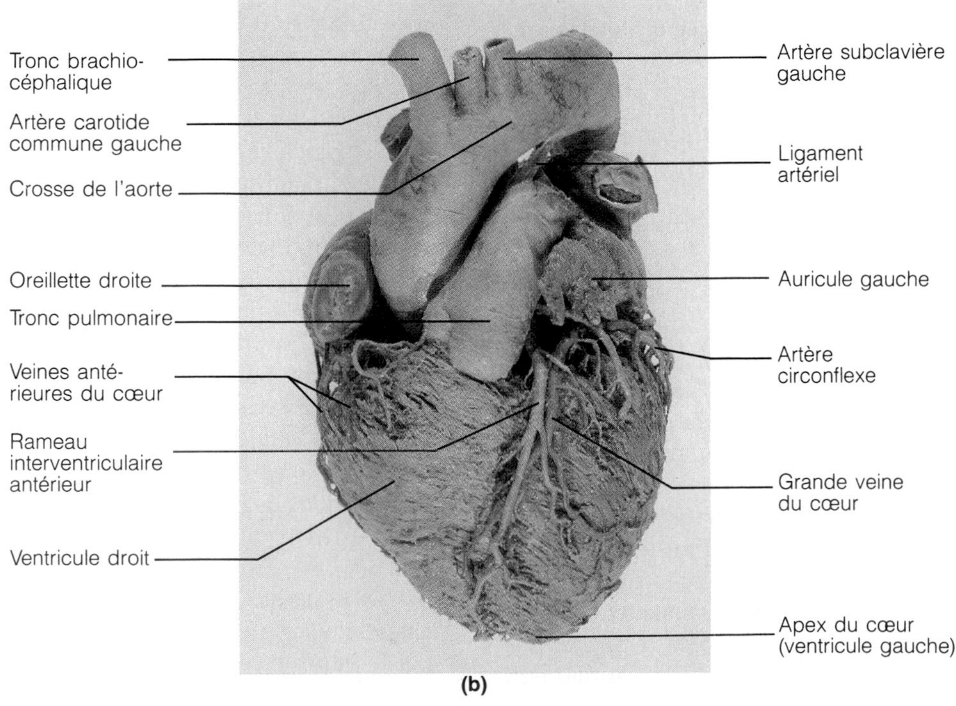

(b)

Figure 19.4 Anatomie macroscopique du cœur. (**a**) Face antérieure. (**b**) Photographie de la face antérieure du cœur (péricarde retiré). (**c**) Coupe frontale montrant les cavités et les valves. (**d**) Face postérieure.

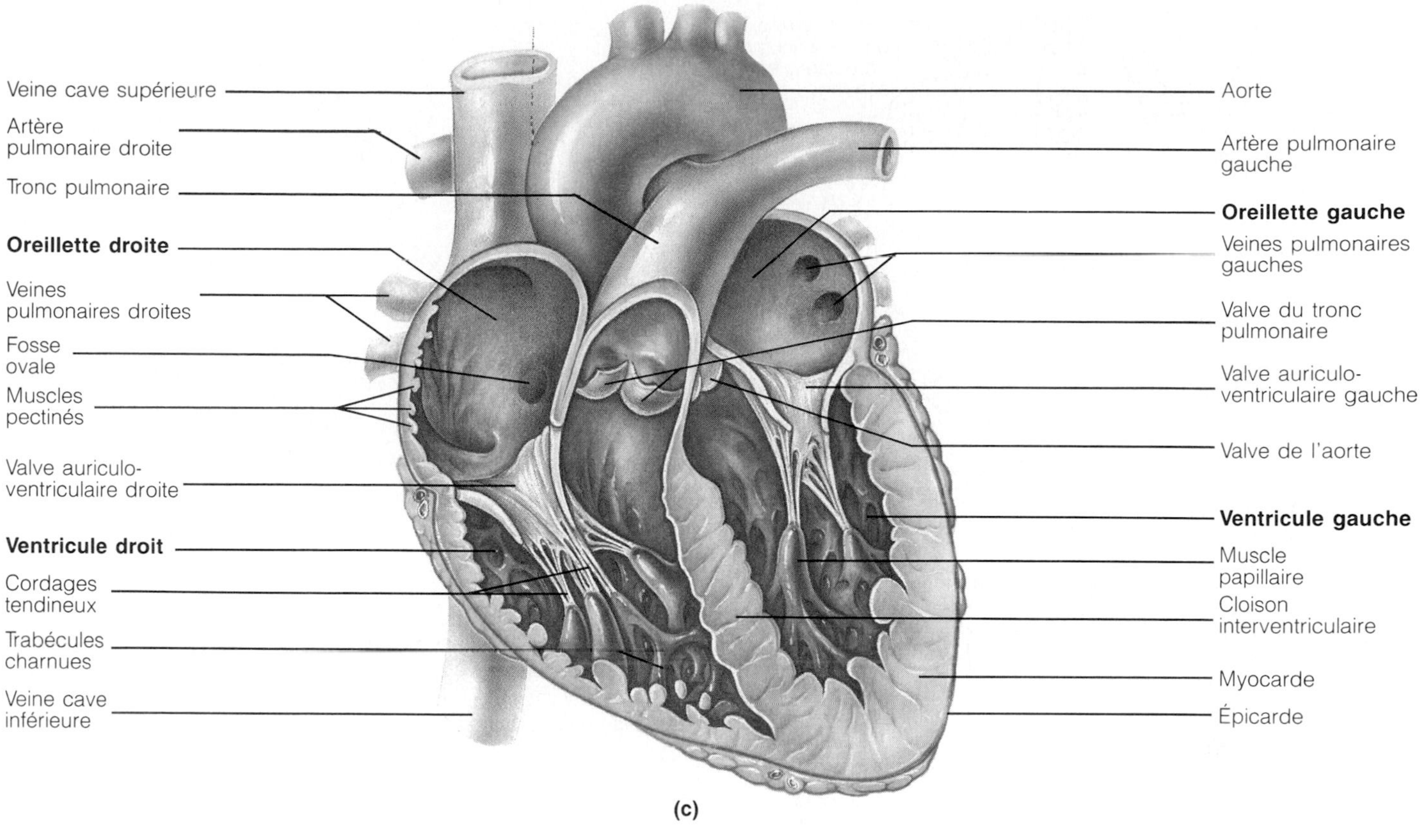

Veine cave supérieure
Artère pulmonaire droite
Tronc pulmonaire
Oreillette droite
Veines pulmonaires droites
Fosse ovale
Muscles pectinés
Valve auriculo-ventriculaire droite
Ventricule droit
Cordages tendineux
Trabécules charnues
Veine cave inférieure
Aorte
Artère pulmonaire gauche
Oreillette gauche
Veines pulmonaires gauches
Valve du tronc pulmonaire
Valve auriculo-ventriculaire gauche
Valve de l'aorte
Ventricule gauche
Muscle papillaire
Cloison interventriculaire
Myocarde
Épicarde

(c)

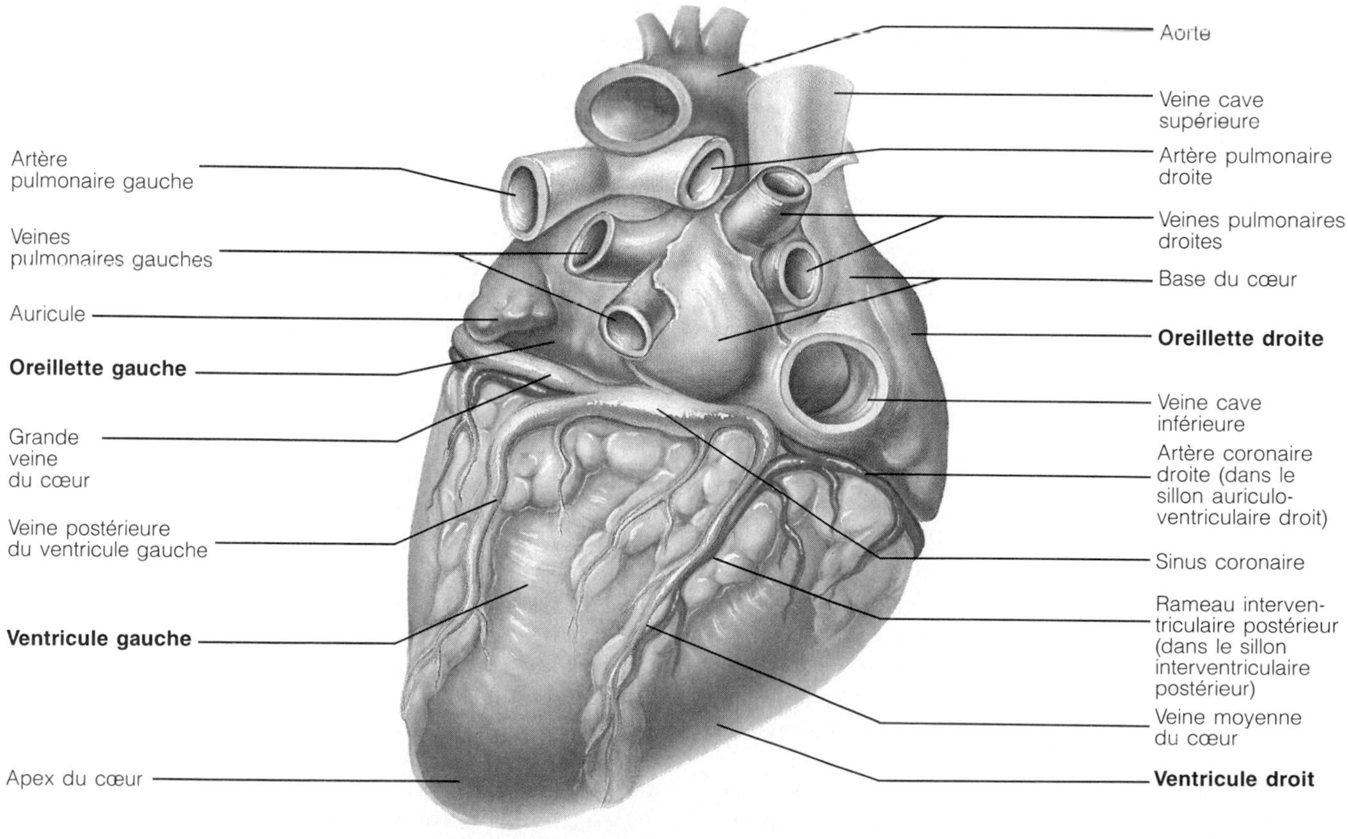

Artère pulmonaire gauche
Veines pulmonaires gauches
Auricule
Oreillette gauche
Grande veine du cœur
Veine postérieure du ventricule gauche
Ventricule gauche
Apex du cœur
Aorte
Veine cave supérieure
Artère pulmonaire droite
Veines pulmonaires droites
Base du cœur
Oreillette droite
Veine cave inférieure
Artère coronaire droite (dans le sillon auriculo-ventriculaire droit)
Sinus coronaire
Rameau interventriculaire postérieur (dans le sillon interventriculaire postérieur)
Veine moyenne du cœur
Ventricule droit

(d)

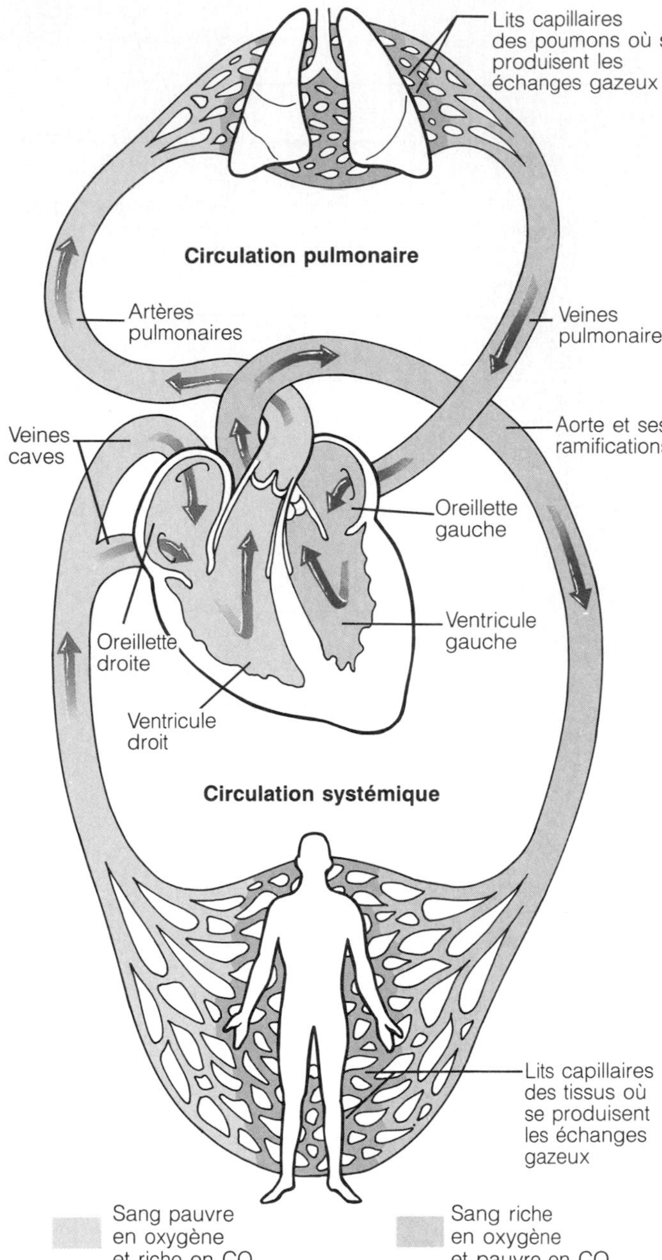

Figure 19.5 Circulation pulmonaire et circulation systémique. Le côté gauche du cœur est la pompe de la circulation systémique; le côté droit est la pompe de la circulation pulmonaire. (Bien qu'il existe deux artères pulmonaires, l'une destinée au poumon gauche et l'autre, au poumon droit, le schéma n'en montre qu'une pour plus de simplicité.)

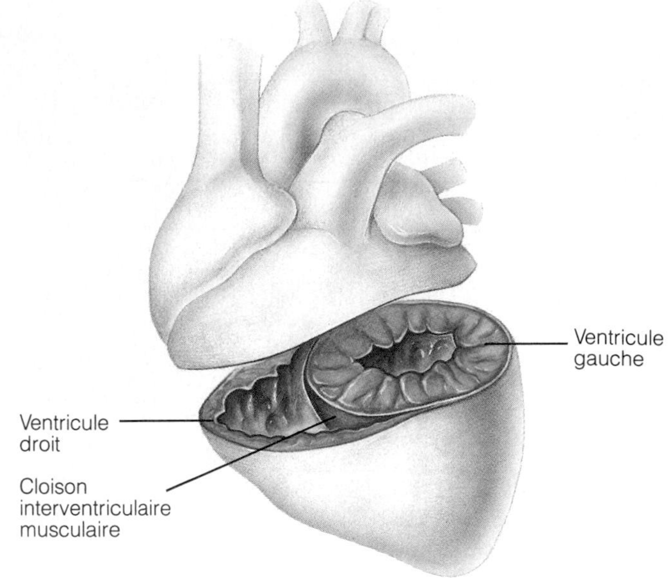

Figure 19.6 Différences anatomiques entre le ventricule gauche et le ventricule droit. Le ventricule gauche est épais et circulaire; le ventricule droit, plus mince, a la forme d'un croissant et entoure le ventricule gauche.

artères qui émergent de la partie supérieure du cœur. Quatre valves assurent l'immuabilité de ce trajet: les deux valves auriculo-ventriculaires, la valve du tronc pulmonaire et la valve de l'aorte (figures 19.4c et 19.7). Ces valves s'ouvrent et se ferment en réaction aux variations de la pression sanguine appliquée sur leurs surfaces.

Les deux valves auriculo-ventriculaires, situées à la jonction des oreillettes et de leurs ventricules correspondants, empêchent le sang de refluer dans les oreillettes lorsque les ventricules se contractent. La **valve auriculo-ventriculaire droite,** ou *valve tricuspide,* est composée de trois lames flexibles appelées cuspides. La **valve auriculo-ventriculaire gauche,** appelée aussi *valve bicuspide* ou encore *valve mitrale* à cause de sa ressemblance avec la mitre d'un évêque, comprend deux cuspides. De fins cordons de collagène blanc appelés **cordages tendineux** sont attachés à chacune des valves auriculo-ventriculaires. Ils ancrent leurs cuspides aux muscles papillaires qui jaillissent des parois internes des ventricules.

Lorsque le cœur est complètement relâché, les valves auriculo-ventriculaires pendent, inertes, dans la partie supérieure des ventricules; le sang s'écoule dans les oreillettes, traverse passivement les valves ouvertes et entre dans les ventricules. Ensuite, les ventricules se contractent à partir de l'apex et la pression intraventriculaire s'élève, ce qui pousse le sang vers le haut, contre les cuspides des valves auriculo-ventriculaires. Leurs bords se touchent et les valves se ferment (figure 19.8). Les cordages tendineux et les muscles papillaires, à la manière de haubans, maintiennent les cuspides des valves en position fermée. Sans cet ancrage, les cuspides seraient repoussées dans l'oreillette, comme un parapluie qu'une rafale tourne à l'envers.

Les **valves de l'aorte** et **du tronc pulmonaire** sont situées à la base de l'aorte et du tronc pulmonaire, respectivement, et elles empêchent le sang de refluer dans les ventricules. Chacune de ces valves est formée de trois valvules semi-lunaires en forme de pochettes et recouvertes d'endocarde. Leur fonctionnement diffère de celui des valves auriculo-ventriculaires (figure 19.9). Lorsque les ventricules se contractent, la pression intraventriculaire *dépasse* la pression régnant dans l'aorte et dans le tronc pulmonaire. En conséquence, les valves du tronc

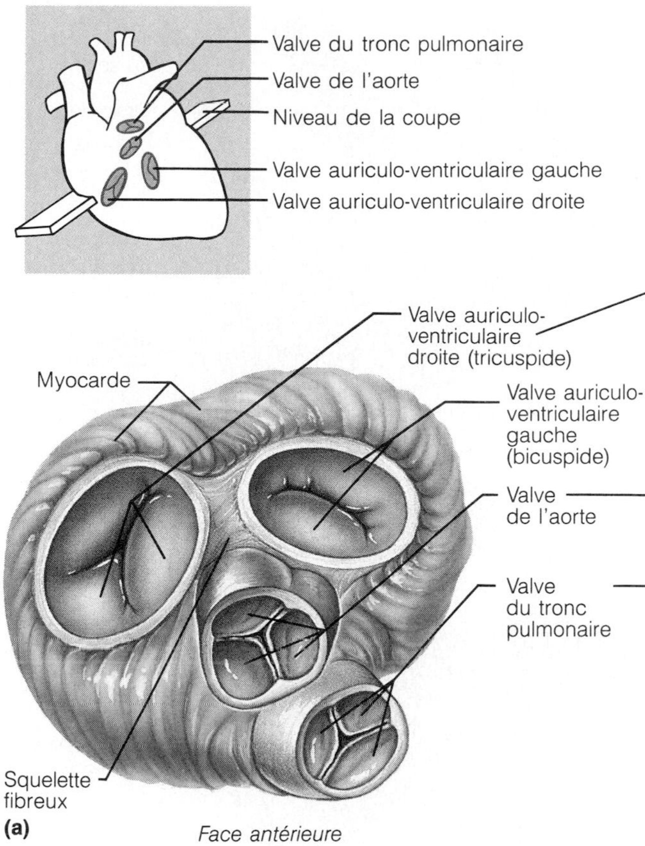

Valve du tronc pulmonaire
Valve de l'aorte
Niveau de la coupe
Valve auriculo-ventriculaire gauche
Valve auriculo-ventriculaire droite

Myocarde
Valve auriculo-ventriculaire droite (tricuspide)
Valve auriculo-ventriculaire gauche (bicuspide)
Valve de l'aorte
Valve du tronc pulmonaire
Squelette fibreux
(a) Face antérieure

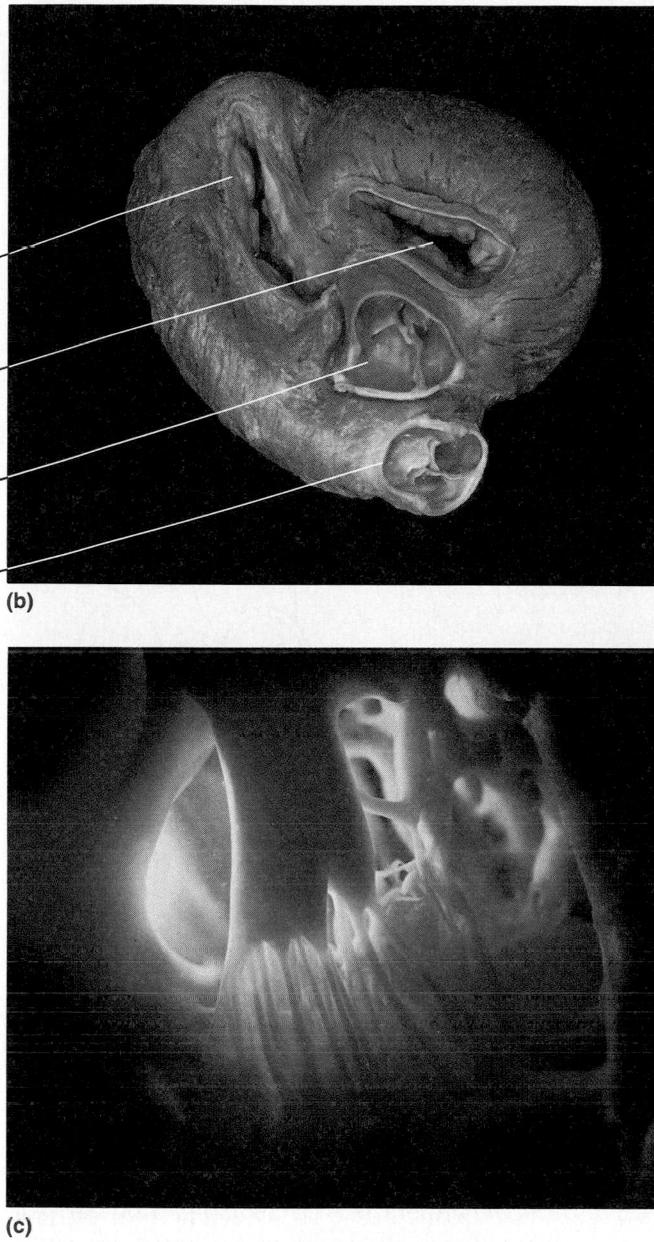

(b)

(c)

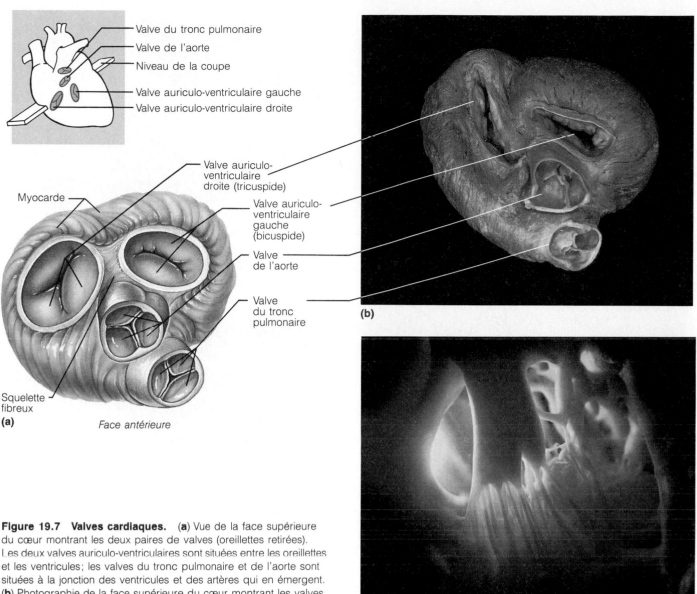

Figure 19.7 Valves cardiaques. (**a**) Vue de la face supérieure du cœur montrant les deux paires de valves (oreillettes retirées). Les deux valves auriculo-ventriculaires sont situées entre les oreillettes et les ventricules; les valves du tronc pulmonaire et de l'aorte sont situées à la jonction des ventricules et des artères qui en émergent. (**b**) Photographie de la face supérieure du cœur montrant les valves. (**c**) Photographie de la valve auriculo-ventriculaire droite. La vue est en contre-plongée et montre le passage du ventricule droit à l'oreillette droite.

pulmonaire et de l'aorte s'ouvrent et le passage du sang aplatit les valvules contre leurs parois. Lorsque les ventricules se relâchent, la pression intraventriculaire diminue et le sang commence à se retirer en direction du cœur. Il remplit alors les valvules semi-lunaires et ferme les valves.

Les valves cardiaques sont des dispositifs assez simples. Comme n'importe quelle pompe mécanique, le cœur peut fonctionner en dépit de «fuites» mineures de ses valves. Toutefois, certaines malformations graves des valves peuvent gêner considérablement le fonctionnement du cœur. Ainsi, l'*insuffisance valvulaire,* qui correspond à un défaut de fermeture d'une valve et au reflux du sang, oblige le cœur à pomper sans cesse le même sang. Dans le *rétrécissement valvulaire,* aussi appelé *sténose,* les valves durcissent (à cause, souvent, de la formation de tissu cicatriciel consécutive à une endocardite) et obstruent l'orifice. Cette rigidité force le cœur à se contracter plus fortement qu'il ne le devrait. Dans les deux cas, le cœur fournit un surcroît de travail et, avec le temps, s'affaiblit. Ces troubles dictent un remplacement de la valve défectueuse (la valve auriculo-ventriculaire gauche, le plus souvent) par une valve artificielle ou une valve provenant d'un cœur de porc. ■

Circulation coronarienne

Le sang qui circule continuellement dans les cavités du cœur nourrit très peu les tissus cardiaques. Le myocarde est trop épais pour que la diffusion des nutriments et des gaz puisse répondre aux besoins de toutes ces cellules.

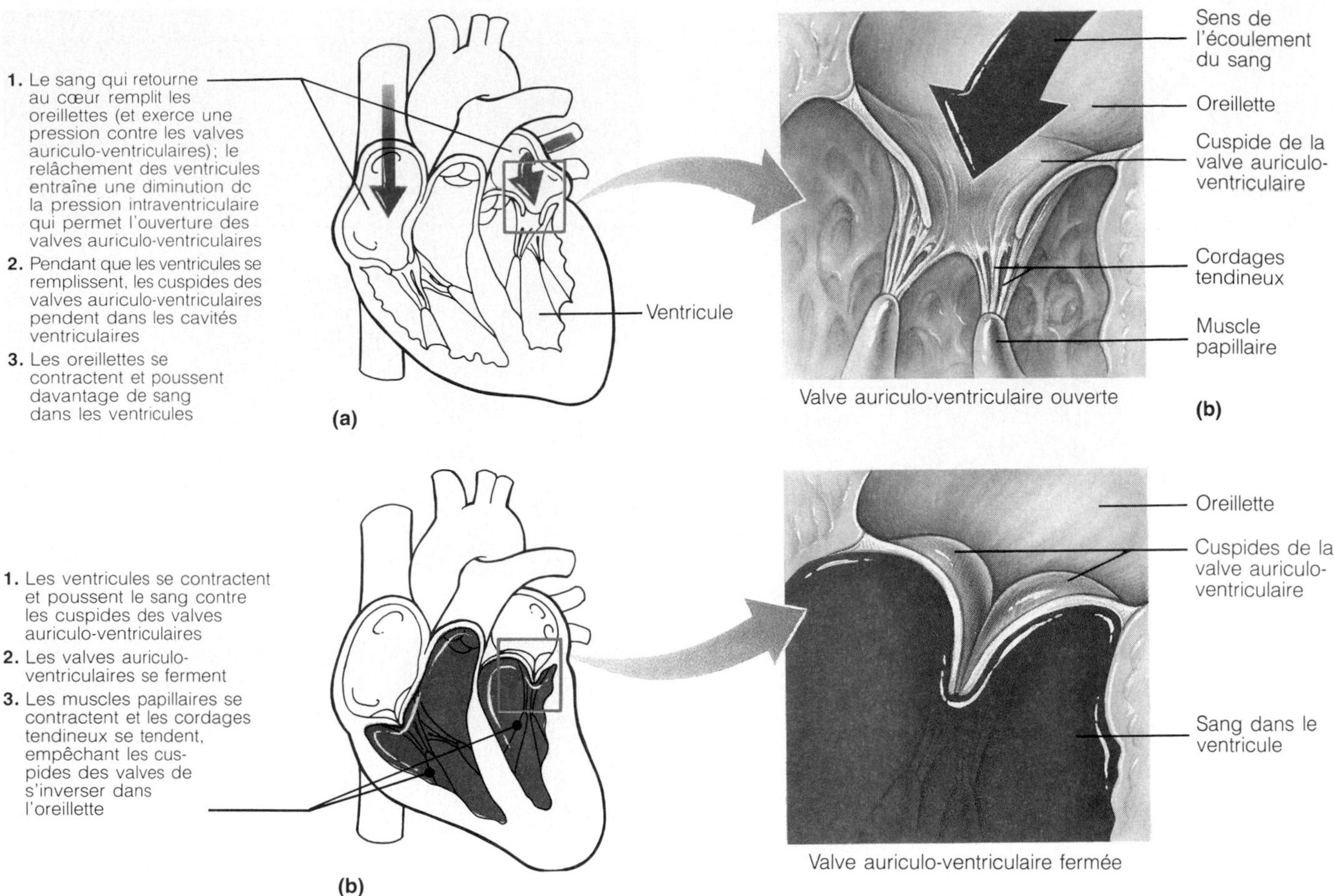
1. Le sang qui retourne au cœur remplit les oreillettes (et exerce une pression contre les valves auriculo-ventriculaires); le relâchement des ventricules entraîne une diminution de la pression intraventriculaire qui permet l'ouverture des valves auriculo-ventriculaires
2. Pendant que les ventricules se remplissent, les cuspides des valves auriculo-ventriculaires pendent dans les cavités ventriculaires
3. Les oreillettes se contractent et poussent davantage de sang dans les ventricules
Ventricule
(a)
Sens de l'écoulement du sang
Oreillette
Cuspide de la valve auriculo-ventriculaire
Cordages tendineux
Muscle papillaire
Valve auriculo-ventriculaire ouverte
(b)
1. Les ventricules se contractent et poussent le sang contre les cuspides des valves auriculo-ventriculaires
2. Les valves auriculo-ventriculaires se ferment
3. Les muscles papillaires se contractent et les cordages tendineux se tendent, empêchant les cuspides des valves de s'inverser dans l'oreillette
(b)
Oreillette
Cuspides de la valve auriculo-ventriculaire
Sang dans le ventricule
Valve auriculo-ventriculaire fermée

Figure 19.8 Fonctionnement des valves auriculo-ventriculaires. (**a**) Les valves s'ouvrent lorsque la pression artérielle exercée contre leur face auriculaire dépasse la pression exercée contre leur face ventriculaire. (**b**) Les valves se ferment lorsque les contractions des ventricules et l'élévation de la pression intraventriculaire poussent le sang vers le haut. Les muscles papillaires et les cordages tendineux maintiennent les cuspides en position fermée.

L'irrigation fonctionnelle du cœur relève des **artères coronaires droite** et **gauche.** Ces artères naissent de la base de l'aorte et encerclent le cœur dans le sillon auriculo-ventriculaire (figure 19.10a). L'artère coronaire gauche se dirige du côté gauche du cœur puis elle donne le **rameau interventriculaire antérieur** et l'**artère circonflexe.** Le premier suit le sillon interventriculaire antérieur et il irrigue la cloison interventriculaire et les parois antérieures des deux ventricules; la seconde dessert l'oreillette gauche et la paroi postérieure du ventricule gauche.

L'artère coronaire droite s'étend vers le côté droit du cœur, où elle émet deux ramifications. Le **rameau marginal droit** irrigue le myocarde de la partie latérale du côté droit du cœur. Le **rameau interventriculaire postérieur,** plus important, atteint l'apex du cœur et dessert les parois postérieures des ventricules. Les ramifications des rameaux interventriculaires antérieur et postérieur se rejoignent (s'anastomosent) près de l'apex du cœur. La constitution du réseau artériel du cœur est fort variable. Chez 15 % des gens, par exemple, l'artère coronaire gauche est très grosse et elle donne naissance aux *deux* rameaux interventriculaires. De plus, les ramifications des artères coronaires forment de nombreuses anastomoses, fournissant des voies supplémentaires (*collatérales*) pour l'irrigation du muscle cardiaque. C'est pourquoi l'obstruction partielle d'une artère coronaire ne suffit généralement pas à arrêter la circulation de sang oxygéné dans le cœur. Une occlusion complète, cependant, entraîne la nécrose tissulaire (la mort des cellules cardiaques) et un infarctus du myocarde (voir plus loin).

Les artères coronaires fournissent au myocarde un apport sanguin intermittent et rythmique. Ces vaisseaux et leurs principales ramifications sont logés dans l'épicarde et leurs branches pénètrent dans le myocarde pour le nourrir. Ils transportent du sang lorsque le muscle cardiaque est relâché, mais ils sont virtuellement inefficaces au cours de la contraction ventriculaire. En effet: (1) ils sont alors comprimés par le myocarde contracté; (2) leurs entrées sont partiellement obstruées par la valve de l'aorte, qui est ouverte à ce moment. Bien que le cœur ne représente qu'environ 1/200 du poids corporel, il utilise 1/20 du sang. Il va sans dire que le ventricule gauche reçoit la majeure partie de cet apport.

Après son passage dans les lits capillaires du myocarde, le sang veineux est recueilli par les **veines du cœur,** dont les trajets sont plus ou moins jumelés à ceux

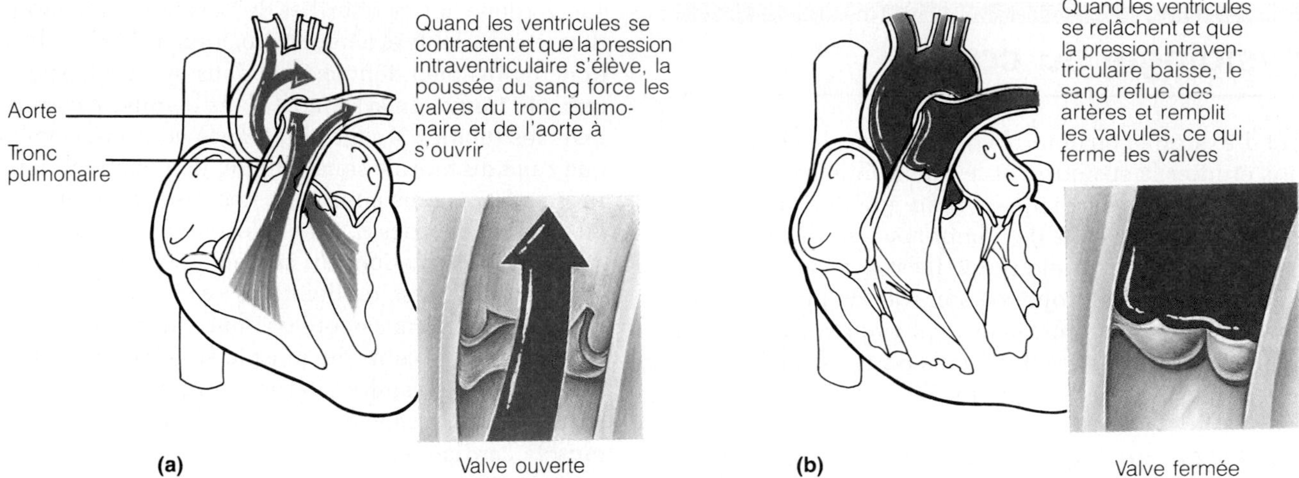

Figure 19.9 Fonctionnement des valves du tronc pulmonaire et de l'aorte. (**a**) Pendant la contraction des ventricules, les valves sont ouvertes et leurs valvules sont aplaties contre les parois artérielles. (**b**) Lorsque les ventricules se relâchent, le reflux du sang remplit les valvules et ferme ainsi les valves.

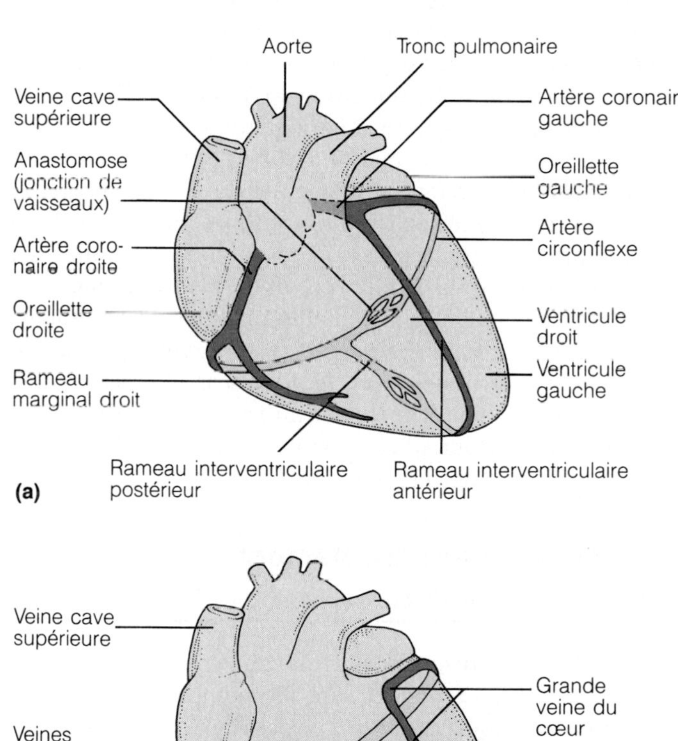

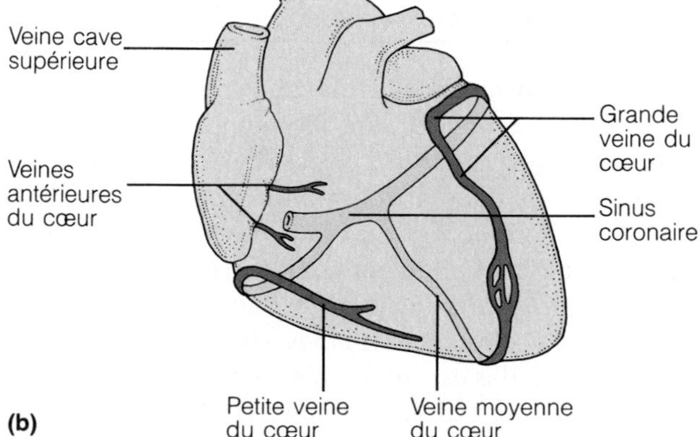

Figure 19.10 Circulation coronarienne.

des artères coronaires. Ces veines se réunissent en un gros vaisseau, le **sinus coronaire,** qui déverse le sang dans l'oreillette droite. Le sinus coronaire est bien visible sur la face postérieure du cœur (figure 19.10b). Il a quatre grands tributaires: la **grande veine du cœur** (à gauche de l'artère coronaire gauche), dans le sillon interventriculaire antérieur, la **petite veine du cœur** (satellite de l'artère coronaire droite), dans le sillon auriculo-ventriculaire droit, la **veine moyenne du cœur,** dans le sillon interventriculaire postérieur et la **veine postérieure du ventricule gauche,** qui draine la face diaphragmatique du ventricule gauche. De plus, quelques **veines antérieures du cœur** se jettent directement dans la partie antérieure de l'oreillette droite.

Toute entrave à la circulation artérielle coronarienne peut avoir des conséquences graves, voire fatales. L'**angine de poitrine** est une douleur siégeant au niveau du sternum et causée par une diminution momentanée de l'irrigation du myocarde. Elle peut résulter de spasmes des artères coronaires dus au stress ou encore d'un surcroît de travail imposé à un cœur dont le réseau artériel est partiellement obstrué. Le manque temporaire d'oxygène affaiblit les cellules myocardiques mais ne les détruit pas. L'obstruction ou le spasme prolongés d'une artère coronaire sont plus inquiétants, car ils peuvent provoquer un **infarctus du myocarde,** communément appelé **crise cardiaque** (voir l'encadré de la p. 624). Comme les cellules du muscle cardiaque adulte sont amitotiques, un tissu cicatriciel non contractile se développe dans les régions nécrosées. Les chances de survivre à un infarctus du myocarde sont liées au siège et à l'étendue des lésions. Compte tenu du rôle du ventricule gauche dans la circulation systémique, les lésions de cette région sont plus graves. ■

Physiologie du cœur

Avant d'examiner en détail la physiologie du cœur, nous allons étudier la structure et le fonctionnement des cellules musculaires cardiaques. Bien que le tissu musculaire cardiaque présente de nombreuses similitudes avec le tissu musculaire squelettique, il est doté de caractéristiques anatomiques propres à son rôle de pompe. Nous avons traité de l'anatomie et de la physiologie du muscle squelettique au chapitre 9, et nous pouvons maintenant comparer les deux types de muscle.

Propriétés du tissu musculaire cardiaque

Anatomie microscopique

Comme le muscle squelettique, le muscle cardiaque est strié, et ses contractions s'effectuent suivant le même mécanisme de glissement des myofilaments. Mais tandis que les fibres musculaires squelettiques sont longues, cylindriques et multinucléées, Les fibres musculaires cardiaques sont courtes, épaisses, ramifiées et anastomosées. Chacune porte en son centre un ou, au plus, deux gros noyaux pâles (figure 19.11a). Les espaces intercellulaires sont remplis d'une trame de tissu conjonctif lâche (l'*endomysium*) renfermant de nombreux capillaires. À son tour, cette trame délicate est rattachée au squelette fibreux du cœur qui, comme nous l'avons déjà mentionné, relie les cellules cardiaques en spirale et renforce les parois du cœur (voir les figures 19.3 et 19.7a). Ce squelette joue le double rôle de tendon et de point d'insertion, et c'est sur lui que les cellules cardiaques peuvent exercer leur force lorsqu'elles se contractent.

Contrairement aux fibres musculaires squelettiques, qui sont indépendantes tant du point de vue structural que du point de vue fonctionnel, les cellules cardiaques sont rattachées par des jonctions appelées **disques intercalaires.** Ces disques, qui prennent une teinte foncée à la coloration (figure 19.11b), contiennent des *desmosomes* et des *jonctions ouvertes* (des jonctions cellulaires spécialisées dont nous avons traité au chapitre 3). Les desmosomes empêchent les cellules cardiaques de se séparer pendant la contraction. Les jonctions ouvertes, quant à elles, laissent passer librement les ions d'une cellule à l'autre et permettent la transmission directe du courant dépolarisant dans tout le tissu cardiaque. Comme les jonctions ouvertes couplent électriquement toutes les fibres cardiaques, le myocarde fonctionne d'un bloc: il *se comporte* comme un **syncytium fonctionnel.**

De grosses mitochondries occupent environ 25 % du volume des fibres musculaires cardiaques (contre 2 % seulement dans le muscle squelettique); la majeure partie de l'espace restant est comblée par des myofibrilles composées de sarcomères typiques. Les sarcomères présentent des stries Z et des bandes A et I, formées de filaments de myosine (épais) et d'actine (minces) (figure 19.11c). Toutefois, contrairement à celles du muscle squelettique, les myofibrilles du muscle cardiaque ont un diamètre variable et tendent à fusionner. Les bandes sont donc moins bien définies que dans le muscle squelettique. On trouve un système T dans le muscle cardiaque, mais les tubules T sont plus larges et moins nombreux que ceux du muscle squelettique. Ils pénètrent dans les fibres musculaires au niveau des disques intercalaires, au-dessus des stries Z. (Rappelez-vous que les tubules T sont des invaginations du sarcolemme. Dans le muscle squelettique, ils se replient aux jonctions des bandes A et I.) Le réticulum sarcoplasmique cardiaque est moins développé que celui du muscle squelettique, et il est dépourvu des grandes citernes terminales propres à ce dernier. Par conséquent, il n'y a pas de *triades* dans le muscle cardiaque.

Besoins énergétiques

L'abondance des mitochondries révèle que le muscle cardiaque a, plus que le muscle squelettique, besoin d'un apport continuel d'oxygène pour son métabolisme énergétique. Comme nous l'avons décrit au chapitre 9, le muscle squelettique peut se contracter pendant de longues périodes, même si l'oxygène est insuffisant, grâce à la respiration cellulaire anaérobie et à la dette d'oxygène. Par contre, le muscle cardiaque a une respiration cellulaire presque exclusivement aérobie, et il ne peut fonctionner efficacement avec une lourde dette d'oxygène.

Les deux types de tissu musculaire peuvent utiliser de nombreuses molécules afin de produire les molécules d'ATP nécessaires à leur contraction, notamment le glucose, les acides gras et l'acide lactique. Cependant, le muscle cardiaque s'adapte plus facilement que le muscle squelettique car il peut utiliser plusieurs voies métaboliques selon la disponibilité des molécules. Le myocarde est donc plus sensible au manque d'oxygène qu'au manque de nutriments.

Mécanisme et déroulement de la contraction

La contraction du cœur est déclenchée par des potentiels d'action qui se propagent dans les membranes des cellules myocardiques. Environ 1 % des fibres cardiaques ont la capacité de se dépolariser spontanément et, partant, d'amorcer la contraction du cœur. Le reste du muscle cardiaque est essentiellement composé de *fibres musculaires contractiles* responsables de l'action de pompage. L'enchaînement des phénomènes électriques dans ces cellules contractiles est semblable à celui qui se déroule dans les fibres musculaires squelettiques:

1. Un changement du potentiel de repos de la membrane sarcoplasmique engendre l'ouverture des *canaux rapides* du sodium voltage-dépendants (figure 19.12) et la diffusion rapide des ions sodium du liquide interstitiel vers le sarcoplasme. L'entrée des ions sodium

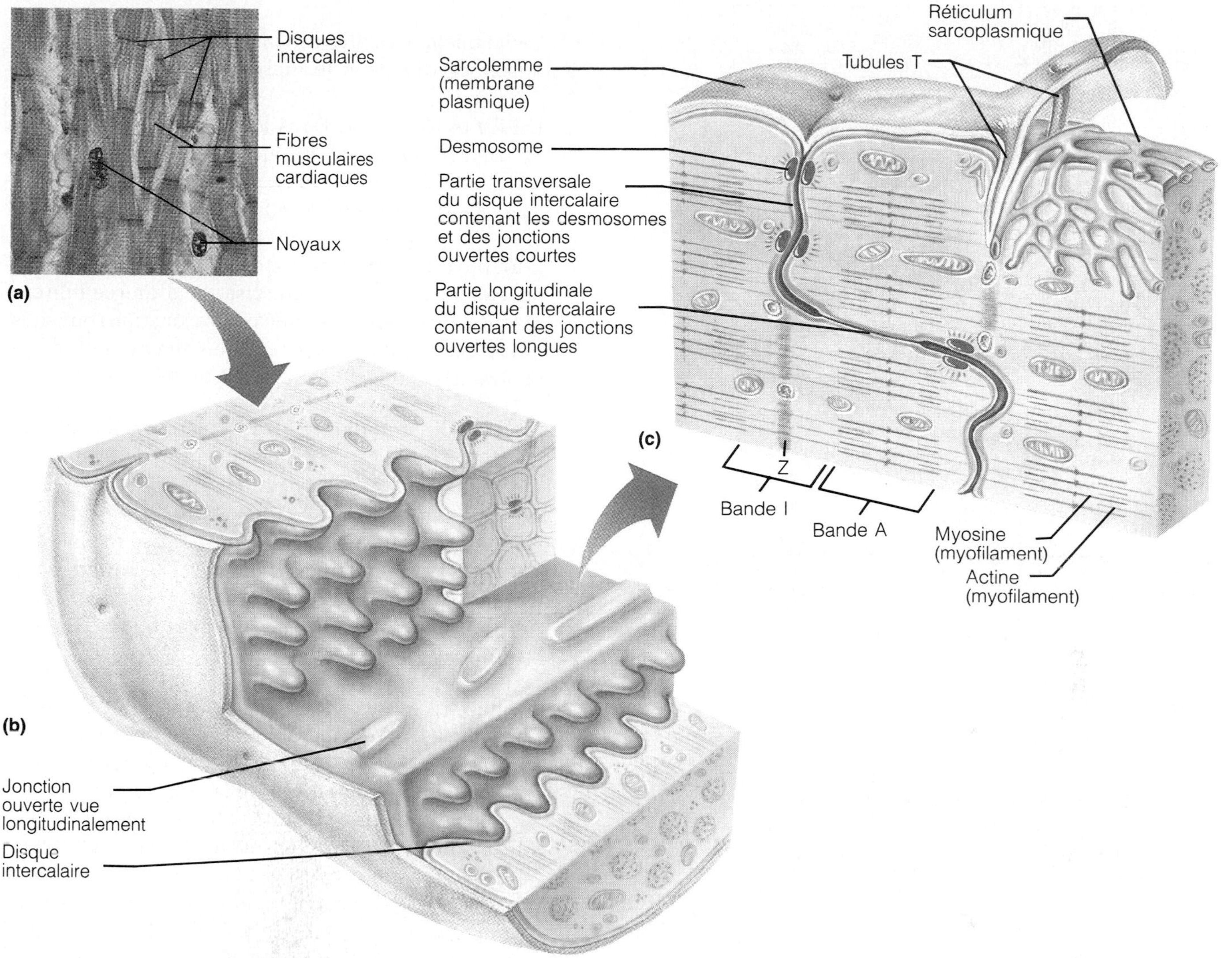

Figure 19.11 Anatomie microscopique du muscle cardiaque. (**a**) Photomicrographie du muscle cardiaque (×300). Notez que les fibres musculaires cardiaques sont courtes, ramifiées et striées. Remarquez aussi les disques intercalaires sombres entre les fibres musculaires adjacentes. (**b**) Diagramme en trois dimensions montrant les fibres cardiaques au niveau des disques intercalaires. (**c**) Diagramme de cellules musculaires cardiaques en coupe montrant les bandes formées par les filaments d'actine et de myosine. Le diagramme montre également des segments du réticulum sarcoplasmique et du système T, de même que la situation des desmosomes et des jonctions ouvertes au niveau du disque intercalaire reliant deux cellules.

a pour effet d'inverser le potentiel de membrane de − 90 mV à près de + 30 mV, ce qui détermine la phase ascendante du potentiel d'action. La période de perméabilité accrue au sodium est très brève car, à la suite de l'inactivation presque instantanée de leurs vannes, les canaux sodiques se referment.

2. La transmission de l'onde de dépolarisation dans les tubules T amène le réticulum sarcoplasmique (RS) à libérer du calcium dans le sarcoplasme.
3. Le calcium ionique (Ca^{2+}) sert de signal (par l'entremise de sa liaison à la troponine) pour l'activation des têtes de myosine et il couple l'onde de dépolarisation au glissement des filaments d'actine et de myosine (couplage excitation-contraction).

Cependant, répétons-le, le réticulum sarcoplasmique (la réserve de calcium ionique) est moins élaboré dans les cellules du muscle cardiaque que dans celles du muscle squelettique. Par conséquent, le calcium nécessaire au déclenchement de la contraction dans le muscle cardiaque doit provenir autant du liquide interstitiel que du réticulum sarcoplasmique. Or, dans les cellules cardiaques, la dépolarisation de la membrane sarcoplasmique entraîne *aussi* l'ouverture de **canaux lents** du calcium et du sodium (ainsi appelés car leur ouverture est légèrement retardée). Cela permet aux ions Ca^{2+} et Na^{+} de diffuser du liquide interstitiel vers le sarcoplasme (figure 19.12b). L'afflux de calcium et de sodium à travers la membrane prolonge un peu le potentiel de dépolarisation, dessinant un **plateau** dans le tracé du potentiel d'action (figure 19.12a).

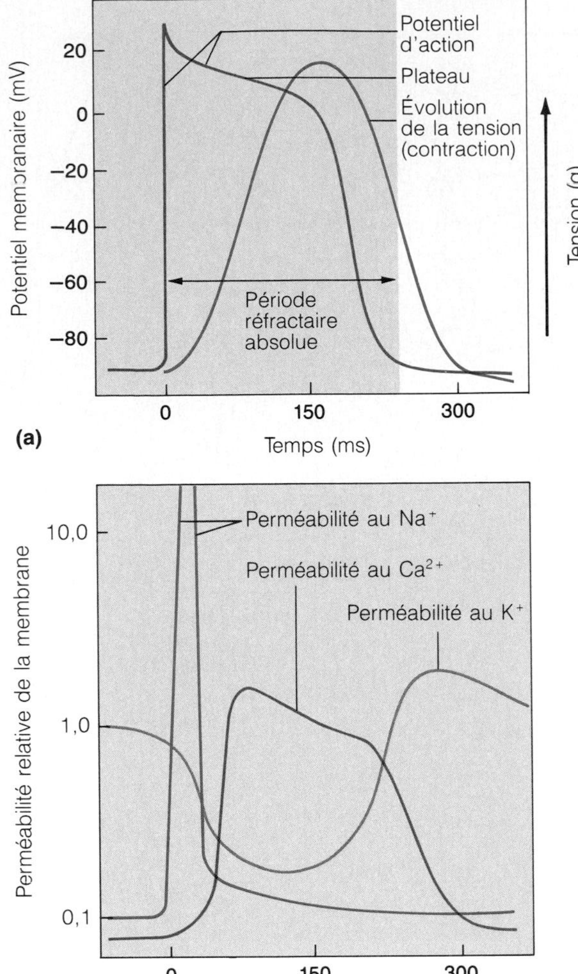

Figure 19.12 Changements du potentiel membranaire et de la perméabilité de la membrane pendant les potentiels d'action des cellules contractiles du muscle cardiaque. (**a**) Relation entre le potentiel d'action (changements du potentiel de membrane), la période de contraction (évolution de la tension) et la période réfractaire absolue dans une cellule ventriculaire. (Le tracé est semblable pour une cellule auriculaire, mais la phase de plateau est plus courte.) (**b**) Changements de la perméabilité de la membrane pendant le potentiel d'action d'une cellule cardiaque contractile. (La perméabilité au Na^+ s'élève au-delà de l'échelle utilisée pendant le pic du potentiel d'action.)

Simultanément, la perméabilité de la membrane sarcoplasmique au potassium diminue, ce qui empêche la diffusion des ions K^+ vers le liquide interstitiel, prolonge le plateau et prévient une repolarisation rapide. Ultérieurement (soit après quelque 200 ms), le tracé du potentiel d'action s'infléchit abruptement. Cette chute est causée par la fermeture des canaux du calcium et du sodium et par l'ouverture des canaux du K^+, qui donnent lieu à une brusque diffusion des ions potassium du sarcoplasme vers le liquide interstitiel et au rétablissement du potentiel de repos. Pendant la repolarisation, les ions calcium sont ramenés dans le réticulum sarcoplasmique et dans le liquide interstitiel.

Voici quelques autres différences fondamentales entre le muscle cardiaque et le muscle squelettique:

1. **Loi du tout-ou-rien.** Dans le muscle squelettique, la *loi du tout-ou-rien* s'applique à l'activité contractile cellulaire; les influx ne se propagent pas d'une cellule à l'autre. Dans le muscle cardiaque, en revanche, la loi s'applique à l'organe entier: le cœur se contracte d'un bloc ou il ne se contracte pas. En effet, la transmission de l'onde de dépolarisation d'une cellule cardiaque à une autre s'effectue par les jonctions ouvertes, qui rassemblent toutes les cellules en une seule entité contractile (ou syncitium fonctionnel).

2. **Moyens de stimulation.** Pour se contracter, chaque cellule musculaire squelettique doit être stimulée individuellement par une terminaison nerveuse. Or, certaines cellules musculaires cardiaques sont autoexcitables; elles peuvent produire elles-mêmes leur dépolarisation et la propager au reste du cœur, de manière spontanée et rythmique. Nous décrivons cette propriété, appelée **automatisme cardiaque,** dans la section suivante.

3. **Longueur de la période réfractaire absolue.** Dans les fibres musculaires squelettiques, la période réfractaire absolue (la période d'inexcitabilité au cours de laquelle les ions potassium sortent de la cellule) dure de 1 à 2 ms et la contraction, de 20 à 100 ms. Dans les cellules musculaires cardiaques, en revanche, la période réfractaire absolue dure environ 250 ms, soit presque aussi longtemps que la contraction (voir la figure 19.12a). Normalement, cette longue période réfractaire empêche la sommation temporelle des contractions et, par conséquent, les contractions tétaniques (contractions prolongées) qui mettraient fin à l'action de pompage du cœur.

Excitation et phénomènes électriques

Système de conduction du cœur

Normalement, la capacité de dépolarisation et de contraction du muscle cardiaque est intrinsèque, c'est-à-dire qu'elle ne repose pas sur des influx nerveux provenant de l'extérieur du cœur. En effet, même détaché de toutes ses connexions nerveuses, le cœur continue de battre régulièrement, comme on peut le constater au cours des greffes du cœur.

Cette activité indépendante mais coordonnée est due à deux facteurs, soit la présence de jonctions ouvertes et le système de commande «intégré» du cœur. Ce système, appelé **système de conduction du cœur** ou **système cardionecteur,** est composé de cellules cardiaques non contractiles nommées *cellules cardionectrices.* La fonction de ces cellules consiste à produire des potentiels d'action (influx) et à les propager dans le cœur afin que les cellules musculaires se dépolarisent et se contractent systématiquement des oreillettes aux ventricules. Par conséquent, le cœur bat (presque) comme s'il n'était formé que d'une seule cellule.

Production des potentiels d'action par les cellules cardionectrices. Au cours de la dépolarisation des cellules contractiles du cœur, le potentiel de la membrane plasmique passe rapidement de son potentiel de repos au potentiel d'action (phase ascendante rapide de la dépolarisation) (figure 19.12 a). La dépolarisation des cellules cardionectrices se déroule différemment. Immédiatement après avoir atteint leur potentiel de repos, ces cellules amorcent une dépolarisation lente (**potentiel de pacemaker**) qui élève le potentiel membranaire vers le seuil d'excitation, lequel permet le déclenchement d'un potentiel d'action (figure 19.13). Ce sont les potentiels d'action qui, en se propageant dans le cœur, produisent ses contractions rythmiques. Le mécanisme à la base de ce type de dépolarisation demeure obscur. La théorie la plus largement acceptée en ce moment veut qu'il soit dû à une réduction de la perméabilité de la membrane au K^+ ; par conséquent, comme la perméabilité au Na^+ ne change pas et que le Na^+ continue de diffuser lentement dans la cellule, l'intérieur de la membrane devient de moins en moins négatif. Lorsque le seuil d'excitation (− 40 mV) est atteint, les canaux du calcium et du sodium s'ouvrent et permettent l'entrée du Ca^{2+} et du Na^+. Dans les cellules cardionectrices, la diffusion du calcium et du sodium vers le sarcoplasme est donc à l'origine de l'inversion du potentiel membranaire et de la phase ascendante du potentiel d'action. Comme dans d'autres cellules excitables, la phase descendante du potentiel d'action et la repolarisation traduisent l'accroissement de la perméabilité aux ions K^+ et leur diffusion vers le liquide interstitiel. Lorsque la repolarisation est complète, les canaux du K^+ se ferment, la perméabilité au K^+ diminue, et la membrane sarcoplasmique revient à son potentiel de repos avant que ne débute une autre dépolarisation lente.

Déroulement de l'excitation. Les cellules cardionectrices sont situées dans le nœud sinusal, le nœud auriculo-ventriculaire, le faisceau auriculo-ventriculaire (faisceau de His), les branches droite et gauche du faisceau auriculo-ventriculaire et les myofibres de conduction cardiaque des parois ventriculaires (figure 19.14). Les influx parcourent le cœur dans l'ordre de cette énumération.

Le **nœud sinusal** se trouve dans la paroi de l'oreillette droite, au-dessous de l'entrée de la veine cave supérieure. En tant que **centre rythmogène** (ou pacemaker), ce minuscule amas de cellules en forme de croissant accomplit une tâche herculéenne. Typiquement, le nœud sinusal se dépolarise spontanément de 70 à 80 fois par minute. (Toutefois, sa fréquence intrinsèque de dépolarisation, en l'absence de facteurs hormonaux et d'influx nerveux inhibiteur, est d'environ 100 fois par minute.) Comme cette fréquence de dépolarisation dépasse celle des autres

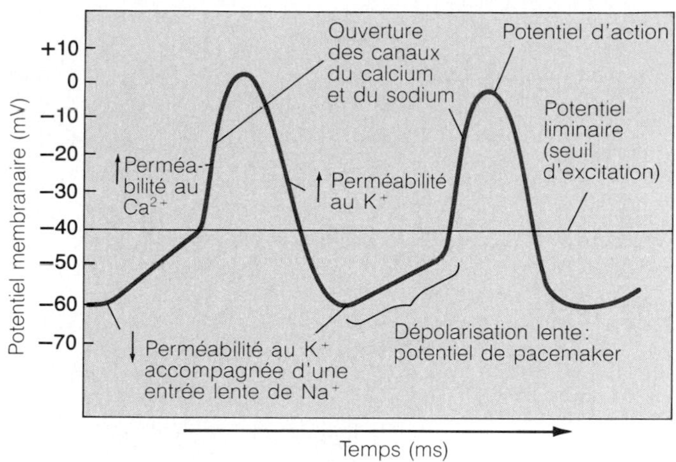

Figure 19.13 Potentiel de pacemaker et potentiel d'action des cellules cardionectrices.

éléments du système de conduction du cœur, le nœud sinusal marque la cadence de toutes les cellules contractiles cardiaques. Le rythme caractéristique du nœud sinusal, le **rythme sinusal**, détermine la fréquence cardiaque.

Du nœud sinusal, l'onde de dépolarisation (potentiel d'action) se propage dans les oreillettes par les jonctions ouvertes. Elle emprunte ensuite les *tractus internodaux du cœur* qui relient le nœud sinusal au **nœud auriculo-ventriculaire** situé au bas de la cloison interauriculaire, juste au-dessus de la valve auriculo-ventriculaire droite (ce trajet prend 0,04 s). Au nœud auriculo-ventriculaire, l'influx est retardé pendant environ 0,1 s, ce qui permet aux oreillettes de réagir et d'achever leur contraction. Ce retard est en grande partie lié au fait que les fibres ont à cet endroit un petit diamètre et propagent le potentiel d'action plus lentement que ne le font les autres éléments du système de conduction. Ensuite, l'influx parcourt rapidement le **faisceau auriculo-ventriculaire,** dans la cloison interauriculaire, les **branches du faisceau auriculo-ventriculaire,** dans les cloisons interauriculaire et interventriculaire, et les **myofibres de conduction cardiaque** (aussi appelées fibres de Purkinje). Marquant la fin du trajet dans la cloison interventriculaire, ces dernières pénètrent dans l'apex du cœur puis remontent dans les parois des ventricules. Les branches du faisceau auriculo-ventriculaire assurent l'excitation des cellules de la cloison, mais l'essentiel de la dépolarisation ventriculaire relève des grosses myofibres de conduction cardiaque et, en dernière analyse, de la transmission de l'influx d'une cellule musculaire à l'autre. Comme le ventricule gauche est beaucoup plus volumineux que le droit, le réseau des myofibres de conduction cardiaque est plus élaboré dans cette partie du myocarde. Fait intéressant, les myofibres de conduction cardiaque alimentent les muscles papillaires *avant* les parois latérales des ventricules. Les muscles papillaires peuvent ainsi se contracter et tendre les cordages tendineux avant que la force de la contraction ventriculaire ne projette le sang de plein fouet contre les

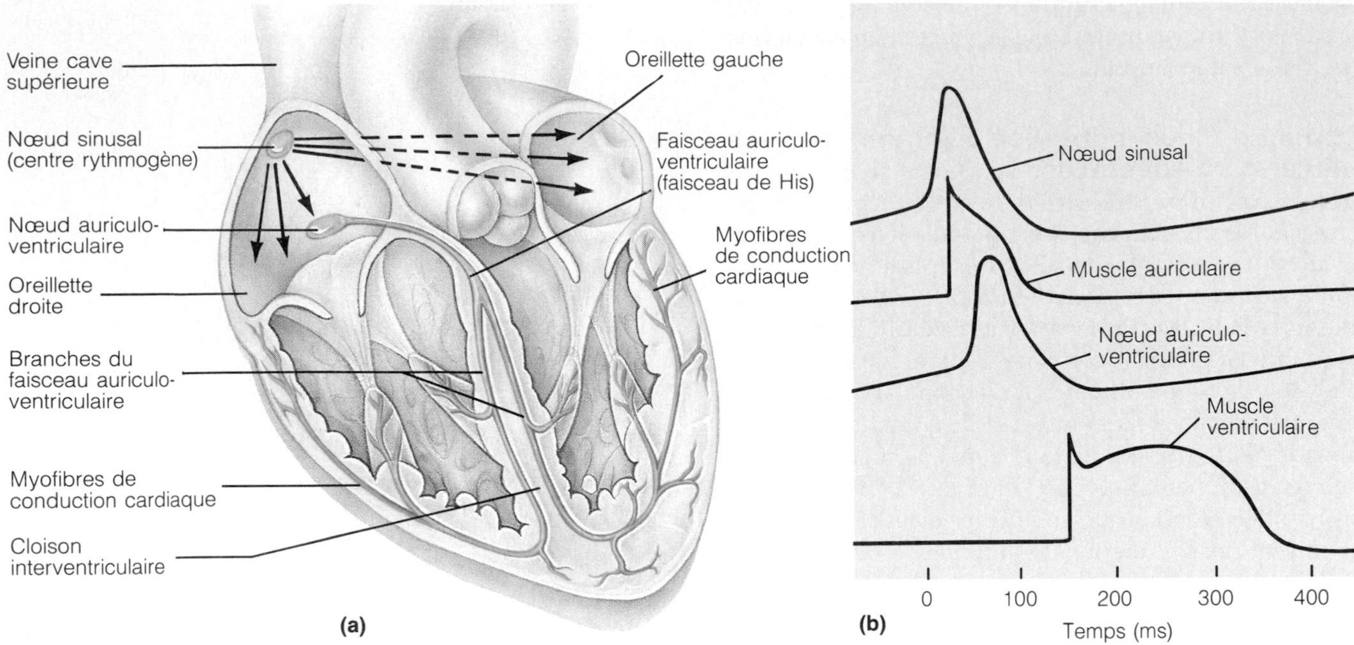

Figure 19.14 Système de conduction du cœur et succession des potentiels d'action dans quelques parties du cœur pendant un battement. (**a**) L'onde de dépolarisation trouve son origine dans les cellules du nœud sinusal, après quoi elle traverse le myocarde auriculaire pour atteindre le nœud auriculo-ventriculaire, le faisceau auriculo-ventriculaire, les branches gauche et droite du faisceau auriculo-ventriculaire et les myofibres de conduction cardiaque, dans le myocarde ventriculaire. (**b**) La succession des potentiels engendrés dans le cœur est représentée de haut en bas, du potentiel d'action produit par les cellules du nœud sinusal jusqu'au potentiel d'action (au plateau étendu) typique des cellules contractiles des ventricules.

cuspides des valves auriculo-ventriculaires. De la production de l'influx par le nœud sinusal à la dépolarisation des dernières cellules musculaires des ventricules, il s'écoule approximativement 0,22 s dans un cœur humain sain.

La contraction ventriculaire suit presque immédiatement l'onde de dépolarisation ventriculaire. Elle naît à l'apex du cœur et se propage vers la partie supérieure des ventricules, suivant la direction de l'onde d'excitation dans les ventricules. Elle engendre l'ouverture des valves de l'aorte et du tronc pulmonaire et éjecte un certain volume de sang dans ces vaisseaux.

Notez que le faisceau auriculo-ventriculaire, qui naît du nœud auriculo-ventriculaire, est le *seul couplage électrique* à relier les oreillettes et les ventricules. Les valves auriculo-ventriculaires et la partie supérieure de la cloison inter-auriculaire sont formées de tissu conjonctif fibreux et non excitable. Par conséquent, les tractus internodaux du cœur ainsi que le nœud et le faisceau auriculo-ventriculaires doivent être intacts pour permettre la propagation des potentiels d'action du nœud sinusal aux ventricules.

Bien que l'on trouve des cellules cardionectrices dans presque toutes les parties du cœur, leurs fréquences de dépolarisation spontanée diffèrent. Par exemple, tandis que le nœud sinusal impose normalement au cœur une cadence de 70 à 80 battements par minute, le nœud auriculo-ventriculaire se dépolarise environ 50 fois par minute, le faisceau auriculo-ventriculaire, 35 fois par minute et les myofibres de conduction cardiaque, en dépit de leur conduction très rapide, 30 fois par minute seulement. Toutefois, chacun des autres centres rythmogènes ne peut prendre le dessus qu'en cas de défaillance des centres plus rapides que lui.

Le système cardionecteur ne fait pas que coordonner et synchroniser l'activité cardiaque, il force aussi le cœur à battre plus vite. Sans lui, l'influx se propagerait beaucoup plus lentement dans le myocarde, soit à la vitesse de 0,3 à 0,5 m/s, comparativement aux quelques mètres par seconde qu'il parcourt dans la plupart des éléments du système cardionecteur. Certaines fibres musculaires se contracteraient alors bien avant d'autres, ce qui nuirait à l'action de pompage.

Les anomalies du système de conduction du cœur peuvent causer des irrégularités du rythme cardiaque, ou **arythmies,** des désynchronisations des contractions auriculaires et ventriculaires, et même la fibrillation. La **fibrillation** correspond à des contractions rapides et irrégulières (voir la figure 19.17d) de plusieurs régions du myocarde, ce qui revient à dire que le cœur ne travaille plus comme un syncytium fonctionnel et que la loi du tout-ou-rien ne s'applique plus. La fibrillation ventriculaire brasse littéralement le sang dans les ventricules ; elle abolit l'action de pompage et cause, si elle persiste, l'arrêt de la circulation et la mort cérébrale. On procède à la défibrillation en exposant le cœur à une secousse électrique intense qui dépolarise le myocarde entier. En faisant repartir le cœur « à zéro », on espère que le nœud sinusal retrouvera son fonctionnement normal et que le rythme sinusal se rétablira de lui-même.

L'automatisme cardiaque peut présenter diverses anomalies. Ainsi, on parle de **foyer ectopique** lorsque l'excitation prend sa source ailleurs que dans le nœud sinusal, et notamment dans le nœud auriculo-ventriculaire. La cadence établie par le nœud auriculo-ventriculaire, appelée **rythme jonctionnel** ou **rythme nodal**, de 40 à 60 battements par minute, est plus lente que le rythme sinusal, mais elle suffit quand même à assurer la circulation. Il arrive aussi que des foyers ectopiques apparaissent même dans un système cardionecteur normal. Une petite région du cœur devient hyperexcitable, à la suite parfois de l'absorption d'un excès de caféine (plusieurs tasses de café) ou de nicotine (plusieurs cigarettes). Elle se met alors à engendrer des influx plus rapidement que ne le fait le nœud sinusal. Une *contraction prématurée*, ou **extrasystole**, se produit avant que le nœud sinusal ne déclenche la prochaine contraction.

Comme l'influx ne peut se transmettre des oreillettes aux ventricules que par l'intermédiaire du nœud auriculo-ventriculaire, toute lésion de ce nœud (ou des autres structures du système cardionecteur qui y sont rattachées), appelée **bloc cardiaque**, peut empêcher les ventricules de recevoir l'onde de dépolarisation sinusale. Dans le bloc auriculo-ventriculaire complet, ou bloc du troisième degré (aucune propagation de l'influx des oreillettes aux ventricules), les ventricules battent à leur rythme intrinsèque, trop lent pour assurer une circulation adéquate. Dans ce cas, la pratique courante consiste à implanter un stimulateur cardiaque à rythme fixe (aussi appelé pacemaker), qui transmet au myocarde des influx électriques réguliers. Dans les cas de bloc auriculo-ventriculaire incomplet, ou bloc du premier ou du deuxième degré (propagation partielle des influx aux ventricules), on implante généralement un stimulateur sentinelle, qui fournit des influx «à la demande». ■

Innervation extrinsèque du cœur

Le cœur n'a pas besoin d'une stimulation nerveuse externe pour se contracter. Néanmoins, le système nerveux autonome exerce une influence considérable sur son activité. Par exemple, si le système nerveux sympathique instaure la réaction de lutte ou de fuite dans l'organisme, la fréquence et la force des battements augmentent; inversement, le système nerveux parasympathique ralentit la fréquence cardiaque. C'est dire que les mécanismes de régulation du système nerveux autonome influent sur le système de conduction du cœur. Nous reviendrons sur ces mécanismes de régulation plus en détail à la p. 626; nous nous contentons ici de décrire l'innervation du cœur.

Les centres cardiaques sont situés dans le bulbe rachidien. Le **centre cardio-accélérateur** sympathique projette des prolongements jusqu'aux neurones moteurs du segment T_1 à T_5 de la moelle épinière. Ces neurones, à leur tour, font synapse avec des neurones postganglionnaires situés dans les ganglions cervicaux et thoraciques supérieurs (voir la figure 14.2, à la p. 461). De là, les neurofibres postganglionnaires traversent le plexus cardiaque et atteignent le cœur, où elles font synapse avec les nœuds

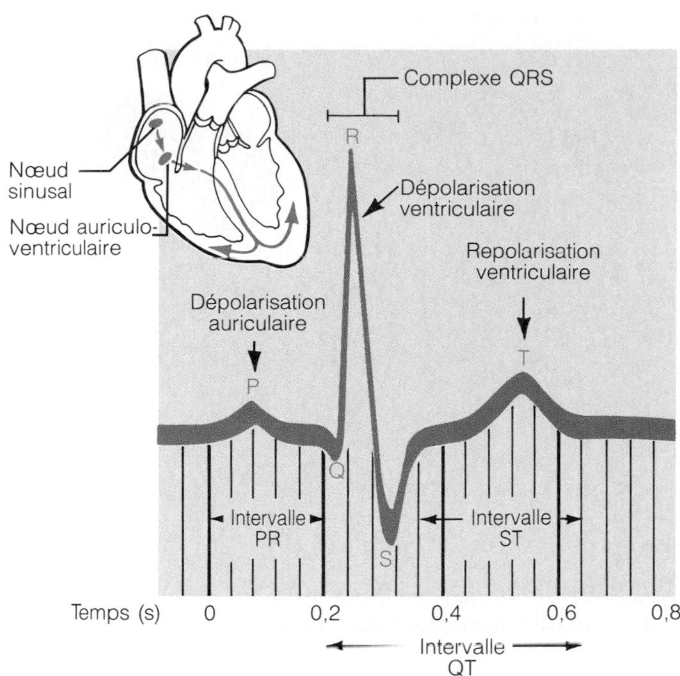

Figure 19.15 Électrocardiogramme normal montrant les cinq ondes et les intervalles importants.

sinusal et auriculo-ventriculaire ainsi qu'avec les fibres musculaires contractiles du myocarde lui-même. Les neurofibres du **centre cardio-inhibiteur** parasympathique vont du bulbe rachidien au cœur en passant par les nerfs vagues (nerfs crâniens X). La plupart des neurones moteurs postganglionnaires sont logés dans des ganglions de la paroi du cœur et innervent les nœuds sinusal et auriculo-ventriculaire; quelques-uns desservent également le muscle cardiaque.

Électrocardiographie

Les courants électriques engendrés et propagés dans le cœur se transmettent facilement dans les liquides (eau et ions) de l'organisme, et on peut les enregistrer au moyen d'un instrument appelé **électrocardiographe.** Le tracé obtenu est appelé **électrocardiogramme (ECG)** (*gramma* = écriture). Pour enregistrer l'ECG, on utilise 12 dérivations standard, dont 3 sont bipolaires et mesurent la différence de voltage entre les bras ou entre un bras et une jambe. Les neuf autres dérivations sont unipolaires. L'ensemble des dérivations fournit un tableau global de l'activité électrique du cœur.

Un électrocardiogramme typique est composé de cinq **ondes** (figure 19.15). La première, l'**onde P**, est de faible amplitude et dure environ 0,08 s; elle résulte de la dépolarisation des oreillettes engendrée par le nœud sinusal. Environ 0,1 s après le début de l'onde P, les oreillettes se contractent.

Le **complexe QRS** est formé des ondes Q, R et S. Il est lié à la dépolarisation ventriculaire et précède la contraction des ventricules. Sa forme compliquée reflète la taille inégale des ventricules de même que le temps que

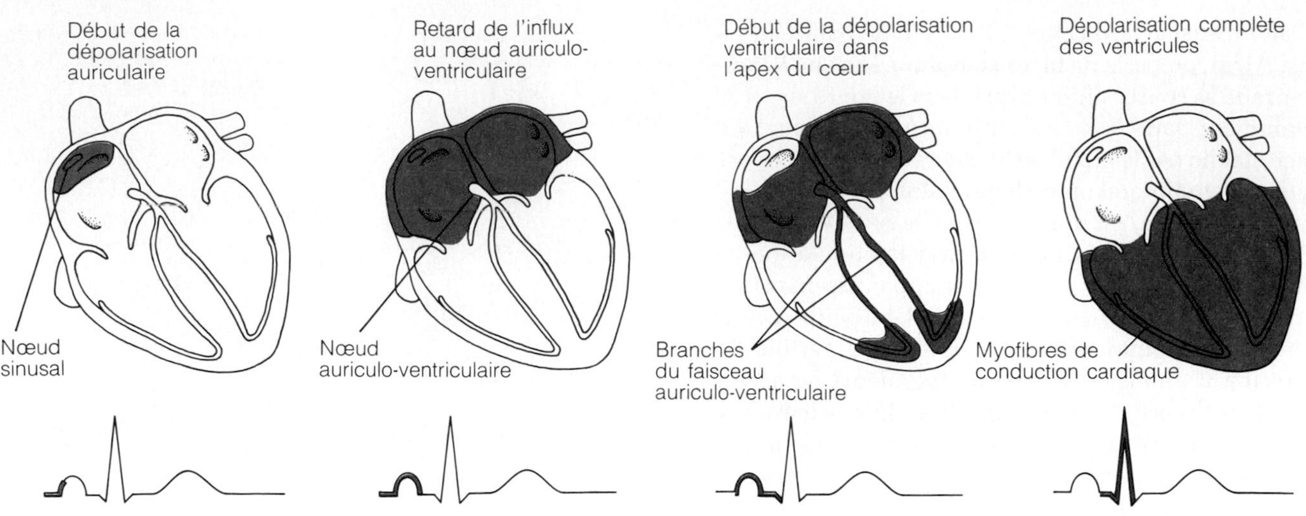

Figure 19.16 Correspondances entre les étapes de la dépolarisation du cœur et les ondes de l'électrocardiogramme.

chacun met à se dépolariser. Le complexe QRS a une durée moyenne de 0,08 s.

L'**onde T** est causée par la repolarisation ventriculaire et elle dure généralement 0,16 s. Comme la repolarisation est plus lente que la dépolarisation, l'onde T est plus longue que l'onde QRS et son amplitude (sa hauteur) est plus faible. La repolarisation auriculaire survenant pendant la période de dépolarisation ventriculaire, son déroulement est généralement masqué par l'enregistrement simultané du grand complexe QRS.

L'**intervalle PR** (**PQ**) représente le temps qui s'écoule (environ 0,16 s) entre le début de la dépolarisation auriculaire et celui de la dépolarisation ventriculaire. Il couvre donc la dépolarisation et la contraction des oreillettes ainsi que le passage de l'onde de dépolarisation dans le nœud auriculo-ventriculaire et dans le reste du système de conduction du cœur. L'**intervalle QT**, d'une durée d'environ 0,36 s, est la période qui s'étend entre le début de la dépolarisation des ventricules et leur repolarisation, et il couvre le temps de contraction ventriculaire. La figure 19.16 montre les correspondances entre les parties de l'électrocardiogramme et le mouvement du potentiel d'action dans le cœur.

Dans un cœur sain, l'amplitude, la durée et la succession des ondes sont assez constantes. Par conséquent, toute irrégularité peut révéler une anomalie du système de conduction du cœur ou une cardiopathie. Par exemple, l'inversion ou l'absence de l'onde P indiquent un foyer ectopique. La figure 19.17 donne quelques exemples d'anomalies que l'électrocardiogramme permet de dépister.

Révolution cardiaque

Le cœur est sans cesse animé de mouvements vigoureux : le tissu musculaire formant la paroi des oreillettes et des ventricules se contracte pour éjecter le sang, puis il se relâche afin que ces cavités se remplissent. Les termes **systole** et **diastole** désignent respectivement les phases successives de *contraction* et de *relâchement* du muscle cardiaque (*sustolê* = contraction ; *diastolê* = dilatation). La systole et la diastole auriculaires suivies de la systole et de la diastole ventriculaires correspondent à la **révolution cardiaque.** Comme le veut la tradition, nous décrirons ce cycle sous l'angle du *cœur gauche* (figure 19.18).

La révolution cardiaque est marquée par des variations successives de la pression et du volume sanguins à l'intérieur du cœur. Bien que les variations de la pression soient cinq fois plus grandes dans le ventricule gauche que dans le ventricule droit, les deux ventricules pompent le même volume de sang par battement et ces deux cavités ont le même rapport d'éjection. Comme le sang circule sans interruption, il nous faut, pour expliquer son trajet dans le cœur, choisir arbitrairement un point de départ. Admettons donc qu'il se situe entre la mésodiastole (milieu de la diastole) et la télédiastole (fin de la diastole). Le cœur est complètement décontracté, et les oreillettes et les ventricules sont au repos.

1. Phase de remplissage ventriculaire : de la mésodiastole à la télédiastole. La pression est basse à l'intérieur des cavités cardiaques et le sang provenant de la circulation s'écoule passivement dans les oreillettes et, par les valves auriculo-ventriculaires ouvertes, dans les ventricules. Les valves de l'aorte et du tronc pulmonaire sont fermées, car la pression exercée sur leur face artérielle est supérieure à la pression exercée sur leur face ventriculaire. Cette phase est représentée par la phase 1 dans la figure 19.18. Les ventricules se remplissent à environ 70 % pendant cette période, et les cuspides des valves auriculo-ventriculaires commencent à monter vers la position fermée. Tout est alors prêt pour la systole auriculaire.

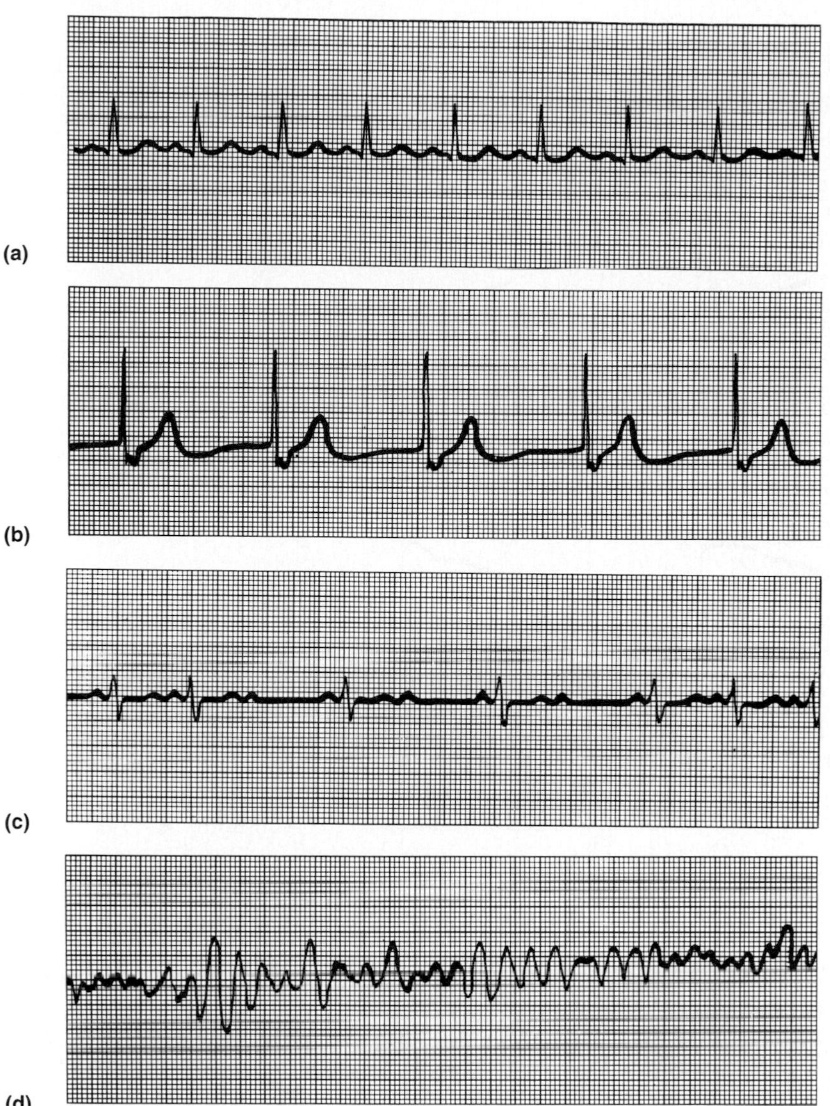

Figure 19.17 Électrocardiogramme normal et électrocardiogrammes anormaux. (**a**) Rythme sinusal normal. (**b**) Rythme jonctionnel. Le nœud sinusal ne fonctionne pas, les ondes P sont absentes et le nœud auriculo-ventriculaire fixe la fréquence cardiaque entre 40 et 60 battements par minute. (**c**) Bloc auriculo-ventriculaire du deuxième degré. Les ondes P ne sont pas toutes conduites dans le nœud auriculo-ventriculaire; par conséquent, on enregistre plus d'ondes P que de complexes QRS. Lorsque les ondes P sont conduites normalement, le rapport entre les ondes P et les complexes QRS est de 1:1. Dans le bloc auriculo-ventriculaire complet, le rapport entre les ondes P et les complexes QRS n'est pas exprimé par un nombre entier, et le nœud sinusal n'entraîne pas la dépolarisation des ventricules. (**d**) Fibrillation ventriculaire. La dépolarisation des fibres musculaires est anarchique, les ondes sont irrégulières et bizarres. On obtient un tel tracé dans les cas de crise cardiaque aiguë, de choc électrique et de mort imminente.

Suivant la dépolarisation des parois auriculaires (onde P de l'électrocardiogramme), les oreillettes se contractent et compriment le sang qu'elles contiennent. La pression auriculaire s'élève faiblement mais soudainement, et le sang résiduel (les 30 % manquants) est éjecté dans les ventricules. Ensuite, les oreillettes se relâchent et les ventricules se dépolarisent (complexe QRS de l'électrocardiogramme). La diastole auriculaire se maintient jusqu'à la fin de la révolution cardiaque.

2. **Systole ventriculaire.** Au moment où la diastole auriculaire débute, les ventricules commencent à se contracter. Leurs parois compriment le sang qu'ils renferment, et la pression ventriculaire s'élève abruptement, fermant les valves auriculo-ventriculaires. Pendant une fraction de seconde, toutes les issues des ventricules sont fermées, et le volume du sang y reste constant; c'est la **phase de contraction isovolumétrique**, qui correspond à la phase 2a dans la figure 19.18. La pression ventriculaire continue de monter et elle finit par dépasser la pression qui règne dans les grosses artères émergeant des ventricules. Les valves de l'aorte et du tronc pulmonaire s'ouvrent et le sang est expulsé dans l'aorte et le tronc pulmonaire. Pendant cette **phase d'éjection ventriculaire** (phase 2b dans la figure 19.18), la pression atteint normalement 120 mm Hg dans l'aorte.

3. **Relaxation isovolumétrique: protodiastole** (début de la diastole). Durant la protodiastole, la courte phase suivant l'onde T, les ventricules se relâchent. Comme le sang qui y est demeuré n'est plus comprimé, la pression ventriculaire chute, et le sang contenu dans l'aorte et dans le tronc pulmonaire reflue vers les ventricules, fermant les valves de l'aorte et du tronc pulmonaire. La fermeture de la valve de l'aorte cause une brève élévation de la pression aortique, qui se traduit par l'**incisure catacrote** dans la figure 19.18. Une fois de plus, les ventricules sont entièrement clos. Cette **phase de relaxation isovolumétrique** correspond à la phase 3 dans la figure 19.18.

Pendant toute la systole ventriculaire, les oreillettes sont en diastole. Elles se remplissent de sang et la pression s'y s'élève. Lorsque la pression exercée sur la face auriculaire des valves auriculo-ventriculaires dépasse

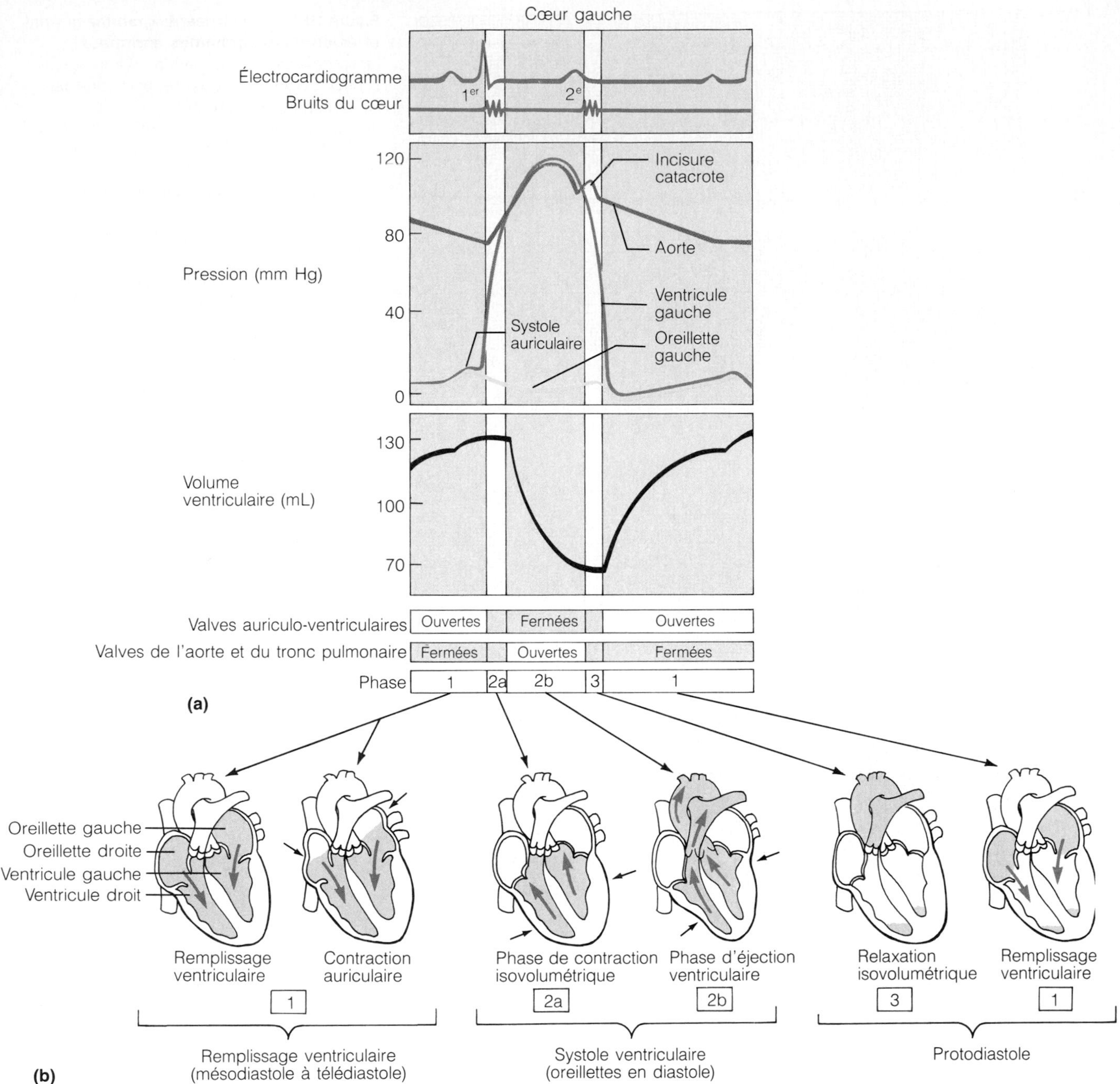

Figure 19.18 Révolution cardiaque. (**a**) Événements survenant dans le côté gauche du cœur. L'électrocardiogramme reproduit au haut du graphique permet de relier les variations de pression et de volume aux phénomènes électriques. Les bruits du cœur sont aussi indiqués en fonction du temps. (**b**) Diagrammes du cœur montrant les phases 1 à 3 de la révolution cardiaque.

celle qui règne dans les ventricules, les valves auriculo-ventriculaires s'ouvrent et le remplissage ventriculaire, la phase 1, recommence. La pression auriculaire atteint son point le plus bas et la pression ventriculaire commence à s'élever, ce qui complète la révolution.

En supposant que le cœur bat environ 75 fois par minute, la durée de la révolution cardiaque est d'environ 0,8 s, soit 0,1 s pour la systole auriculaire, 0,3 s pour la systole ventriculaire et 0,4 s pour la période de relaxation complète, ou **phase de quiescence.**

Deux points importants sont à retenir : (1) la circulation du sang dans le cœur est entièrement régie par des variations de pression ; (2) le sang suit un gradient de pression, c'est-à-dire qu'il s'écoule toujours des régions de haute pression vers les régions de basse pression, empruntant pour ce faire n'importe quelle ouverture. D'autre part, les variations de pression résultent de l'alternance des contractions et des relâchements du myocarde ; elles provoquent l'ouverture et la fermeture des valves cardiaques, qui orientent la circulation du sang.

Bruits du cœur

Pendant chaque révolution cardiaque, l'auscultation du thorax au stéthoscope révèle deux bruits. Souvent évoqués par l'onomatopée toc-tac, les **bruits du cœur** sont émis par la fermeture des valves cardiaques. La figure 19.18 montre leur succession dans la révolution cardiaque.

Le rythme fondamental des bruits du cœur est toc-tac, pause, toc-tac, pause, et ainsi de suite. La pause correspond à la période de quiescence. Le premier bruit est fort, long et résonant; associé à la fermeture des valves auriculo-ventriculaires, il indique le début de la systole ventriculaire, le moment où la pression ventriculaire dépasse la pression auriculaire. Le second bruit est bref et sec; il traduit la fermeture soudaine des valves de l'aorte et du tronc pulmonaire, au début de la diastole ventriculaire. Comme la valve auriculo-ventriculaire gauche se ferme avant la valve auriculo-ventriculaire droite et que la fermeture de la valve de l'aorte précède celle de la valve du tronc pulmonaire, il est possible de distinguer le bruit de chaque valve en auscultant quatre points précis du thorax (figure 19.19). Bien que ces points ne soient pas situés directement au-dessus des valves, ils définissent tout de même les quatre coins du cœur normal. Pour dépister une hypertrophie (agrandissement souvent pathologique) du cœur, il est essentiel de connaître la situation et les dimensions normales de cet organe.

Les bruits anormaux ou inusités du cœur sont appelés **souffles.** Le sang circule en silence tant que son écoulement est continu. Mais si le sang rencontre des obstacles, son écoulement devient turbulent et produit des bruits audibles au stéthoscope. Beaucoup de jeunes enfants (et de personnes âgées) au cœur parfaitement sain présentent des souffles cardiaques; on pense que ces souffles sont dus aux vibrations que le passage du sang imprime aux minces parois de leur cœur. La plupart du temps, néanmoins, les souffles signalent des troubles des valves cardiaques. Dans l'*insuffisance valvulaire,* par exemple, le reflux, ou régurgitation, du sang produit un sifflement *après* la fermeture (incomplète) de la valve atteinte. Le *rétrécissement valvulaire,* s'il touche la valve de l'aorte, crée un son aigu que l'on peut détecter au moment où la valve devrait être grande ouverte, soit pendant la systole. ■

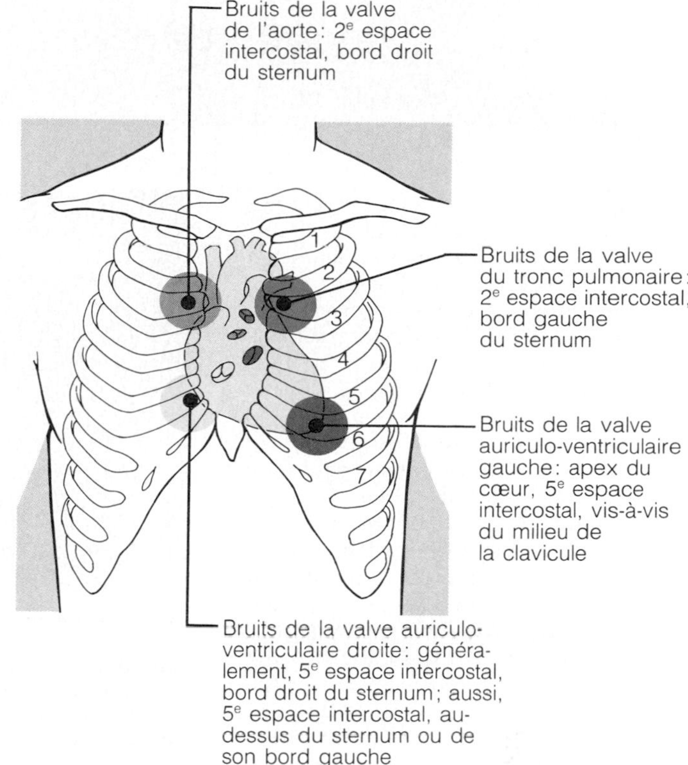

Figure 19.19 Points de la surface du thorax où l'on peut entendre les bruits du cœur.

Débit cardiaque

Le **débit cardiaque** (DC) est la quantité de sang éjectée par *chaque* ventricule en une minute. On le calcule en multipliant la fréquence cardiaque (FC) par le volume systolique (VS). Le **volume systolique** est le volume de sang éjecté par un ventricule à chaque battement. En général, le volume systolique est directement proportionnel à la force de contraction des parois ventriculaires.

Étant donné les valeurs normales de la fréquence cardiaque au repos (75 battements par minute) et du volume systolique (70 mL par battement), il est facile de calculer le débit cardiaque moyen de l'adulte:

$$DC = FC\ (75\ \text{battements/min}) \times VS\ (70\ \text{mL/battement})$$

$$DC = 5250\ \text{mL/min}\ (5{,}25\ \text{L/min})$$

Le volume sanguin normal de l'adulte est d'environ 5 L. Par conséquent, la totalité du sang passe dans les deux côtés du cœur en une minute. Le débit cardiaque varie suivant les besoins de l'organisme. Il s'élève lorsque le volume systolique et/ou la fréquence cardiaque augmentent. Il baisse lorsque ces paramètres diminuent.

Le débit cardiaque peut s'élever considérablement dans des circonstances particulières, notamment à l'occasion d'un effort physique soudain. La différence entre le débit cardiaque au repos et le débit cardiaque à l'effort est appelée **réserve cardiaque.** Chez le commun des mortels, le débit cardiaque maximal est environ quatre fois plus grand que le débit cardiaque au repos; chez les athlètes en compétition, cependant, le débit cardiaque peut atteindre 35 L par minute (sept fois plus que le débit au repos). Pour comprendre ce qui donne au cœur une telle capacité, voyons ce qui régit le volume systolique et la fréquence cardiaque.

Régulation du volume systolique

Un cœur sain éjecte environ 60 % du sang contenu dans ses cavités (voir la figure 19.18a). Le volume systolique (VS)

GROS PLAN L'infarctus du myocarde: avant et après

Subir un infarctus du myocarde, c'est un peu comme être frappé par la foudre. Peu d'événements sont plus terrifiants. Une douleur atroce vous tord la poitrine. Couvert de sueurs froides, nauséeux, vous êtes submergé par un sentiment de mort imminente. De un à deux millions d'Américains connaîtront cette expérience cette année, et un tiers d'entre eux mourront presque aussitôt après.

Mais qu'est-ce au juste qu'un infarctus du myocarde ou, plus couramment, une crise cardiaque? Il s'agit essentiellement d'une interruption complète de l'apport d'oxygène dans une partie du myocarde, qui provoque la mort des cellules touchées et leur remplacement par du tissu cicatriciel. Contrairement à ce que l'on pensait jusqu'à une date récente, ce n'est pas le manque d'oxygène qui endommage les cellules myocardiques, ce sont plutôt les radicaux libres et les superoxydes que libèrent les granulocytes neutrophiles (un type de globules blancs présenté au chapitre 18) activés par le manque d'oxygène. Si ce déluge de substances toxiques ne provoque pas la fibrillation et si les lésions du myocarde ne sont pas trop étendues, la personne survit. La cause la plus fréquente de l'infarctus du myocarde est l'obstruction d'une artère coronaire par un thrombus ou un embole, mais des spasmes irréguliers et inexplicables des vaisseaux coronaires sont encore à craindre après la crise.

Les premiers signes de la cardiopathie ischémique ne sont pas les mêmes chez les hommes que chez les femmes. Chez presque les deux tiers des hommes, le premier symptôme est l'infarctus du myocarde, voire la mort subite. Chez 56 % des femmes, en revanche, le premier signe est l'angine de poitrine, c'est-à-dire des douleurs thoraciques aiguës et passagères. À l'heure actuelle, les victimes de crise cardiaque qui ont la chance d'atteindre un centre hospitalier à temps reçoivent de l'activateur tissulaire du plasminogène ou d'autres agents fibrinolytiques. Ces médicaments ont la propriété d'arrêter l'évolution d'un infarctus du myocarde en dissolvant le caillot qui obstrue le vaisseau bloqué.

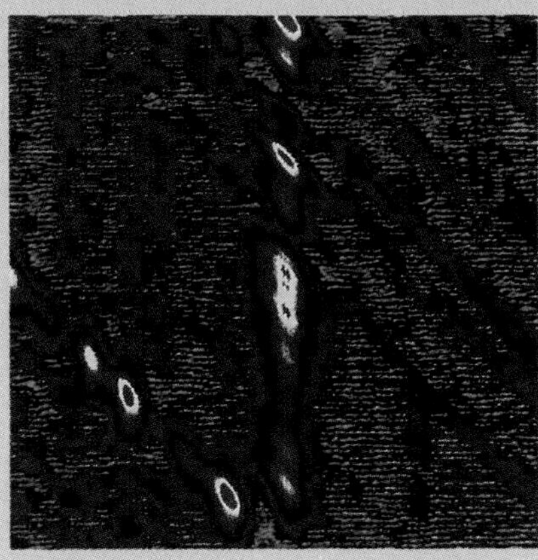

(a)

(b)

Une diminution infime du chaos du rythme cardiaque annonce un infarctus. L'image de gauche montre le battement d'un cœur sain; celle de droite montre le battement d'un cœur quelques minutes avant un infarctus. (Le rouge indique un fort degré de chaos et le bleu, un faible degré.)

L'angine de poitrine et l'infarctus du myocarde sont en quelque sorte des signes du destin. En effet, ces troubles avertissent leurs victimes qu'il est grand temps de modifier leur régime alimentaire, de prendre des médicaments cardiovasculaires ou de subir des pontages coronariens. Ce procédé, qui consiste à créer, au moyen de vaisseaux sanguins prélevés d'un siège intact, de nouvelles voies pour la circulation coronarienne, est l'intervention chirurgicale la plus fréquemment pratiquée aux États-Unis. Malheureusement, il arrive que l'ischémie cardiaque soit asymptomatique. Elle peut alors se répéter impunément, jusqu'à causer un infarctus du myocarde. Et cette crise, si elle n'est pas mortelle, laisse des lésions permanentes au myocarde. Les causes de la cardiopathie asymptomatique sont encore mal connues; certains chercheurs pensent qu'elle est due à des anomalies des mécanismes de la douleur. Quoi qu'il en soit, l'état d'un cœur gravement endommagé ne s'améliore jamais, bien au contraire: il dérive vers l'insuffisance cardiaque et la mort.

En matière de cardiopathie, la clé de la prévention est le dépistage rapide des sujets prédisposés au moyen de techniques d'imagerie perfectionnées, notamment la tomodensitométrie et la remnographie (voir les p. 20 et 21).

Un outil de diagnostic révolutionnaire est actuellement en préparation. Il s'agit d'un logiciel fondé sur la *théorie du chaos,* familière aux mathématiciens, qui permettra de déceler l'imminence d'une crise cardiaque. En mathématiques, le terme «chaos» n'est pas synonyme, comme dans l'usage courant, de «confusion», de «désordre complet». Il désigne plutôt un désordre recouvrant un ordre que l'analyse permet de déceler. Les tenants de la théorie du chaos prétendent que de nombreux phénomènes qui semblent périodiques, y compris la fréquence cardiaque, sont en fait essentiellement chaotiques. Même dans un cœur normal, en effet, l'intervalle entre les battements varie énormément, soit jusqu'à 20 battements par minute en quelques battements. Au cours d'une journée, la fréquence de contraction d'un cœur sain oscille entre 40 et 180 battements par minute. Ce chaos est probablement dû à la coexistence des neurofibres sympathiques et parasympathiques dans le cœur, dont l'antagonisme se répercute sur la fréquence de dépolarisation du nœud sinusal. En effet, un cœur que l'on vient de greffer (libre de toutes connexions nerveuses) bat très régulièrement. Les systèmes chaotiques ont ceci de fascinant qu'ils sont extrêmement souples et qu'ils peuvent s'adapter aux aléas d'un milieu versatile. Or, le cœur perd de son adaptabilité et devient de moins en moins chaotique au cours des semaines et des heures qui précèdent un infarctus du myocarde (voir les images). Pour le patient, l'obtention de cette donnée grâce au logiciel fera peut-être la différence entre la vie et la mort.

Une fois que la possibilité d'un infarctus du myocarde a été détectée, il faut bien sûr s'efforcer de l'éviter. L'usage des médicaments cardiovasculaires traditionnels, tels que la nitroglycérine (qui dilate les vaisseaux coronaires) et la digitaline (qui, en ralentissant la fréquence cardiaque, favorise le retour veineux et repose le cœur), est encore répandu; l'aspirine, qui réduit l'agrégation plaquettaire, est indiquée, à raison d'un comprimé tous les deux jours, pour les personnes sujettes à une coagulation excessive. D'apparition plus récente, quelques médicaments «miracle», dont les bêtabloqueurs (ou adrénolytiques bêta) et les bloqueurs (ou antagonistes) des canaux calciques lents, sont en voie de transformer la cardiologie. Les bêtabloqueurs inhibent la liaison de la noradrénaline et de l'adrénaline aux récepteurs bêta de la membrane plasmique des cellules cardiaques et empêchent ainsi ces neurotransmetteurs de stimuler la force et la fréquence cardiaques. Par le fait même, ils préviennent l'augmentation de la pression artérielle et atténuent l'effort imposé au cœur.

Quant aux bloqueurs des canaux calciques lents comme le vérapamil, ils préviennent les spasmes des artères coronaires qui sont souvent à l'origine des infarctus du myocarde. Comme le calcium est nécessaire à la contraction des muscles lisses vasculaires, ces médicaments empêchent la vasoconstriction et dilatent les artères, allégeant ainsi le travail du cœur affaibli.

Mais quels choix s'offrent à la personne dont le cœur est si mal en point que toutes ces mesures sont inutiles? Jusqu'à une date récente, la transplantation cardiaque représentait leur seul espoir. Or, ce procédé n'a rien de simple. Premièrement, il faut trouver un donneur compatible. Deuxièmement, l'intervention est complexe et traumatisante. Enfin, le receveur doit prendre des immunosuppresseurs pour prévenir le rejet du greffon. Dans les meilleurs centres de transplantation cardiaque, le taux de survie après un an est d'environ 80 %, mais rares sont les receveurs qui survivent plus de 10 ans à l'intervention.

En décembre 1982, Barney Clark fut le premier être humain à recevoir un cœur artificiel permanent. M. Clark ne survécut que 10 jours à l'implantation du cœur Jarvik-7 (d'après le nom de son inventeur) mais, depuis lors, quelques autres personnes ont subi la même intervention. Reliées au lourd compresseur à air qui actionne le cœur artificiel, ces personnes ont succombé à des accidents vasculaires cérébraux, à des infections massives et à l'insuffisance rénale. Devant des résultats aussi décevants, le gouvernement américain a restreint l'usage du cœur artificiel aux situations où, dans l'attente d'un cœur compatible, il représente la seule mesure salvatrice.

La plus récente et la plus prometteuse des techniques chirurgicales est l'autotransplantation, qui consiste à réparer la paroi du cœur ou à augmenter son action de pompage au moyen de tissu musculaire squelettique prélevé sur le patient lui-même. Les principales étapes de l'intervention, pratiquée pour la première fois en février 1985, sont l'excision de la portion endommagée de la paroi cardiaque, la suture des lèvres de l'incision et l'implantation d'une parcelle du muscle grand dorsal. Ensuite, le chirurgien attache un stimulateur au greffon et il en accélère graduellement la fréquence jusqu'à la synchroniser avec celle du cœur. Le procédé ne comporte évidemment aucun risque de rejet et il évite la recherche d'un donneur compatible. La principale difficulté à surmonter est d'amener le muscle squelettique à se contracter comme le muscle cardiaque, c'est-à-dire de manière constante plutôt que sporadique. Les chercheurs pensent qu'en stimulant électriquement le muscle squelettique, ils pourront accroître le pourcentage de fibres rouges à contraction lente et résistantes à la fatigue. Le jour n'est peut-être pas loin où cette technique représentera la planche de salut pour les personnes atteintes d'une cardiopathie ischémique grave.

représente la différence entre le **volume télédiastolique** (VTD), le volume de sang présent dans un ventricule à la fin de la diastole ventriculaire, et le **volume télésystolique** (VTS), le volume de sang qui reste dans un ventricule à la fin de sa contraction. Le volume télédiastolique, déterminé par la durée de la diastole ventriculaire et la pression veineuse (l'augmentation de l'une ou de l'autre élève le volume télédiastolique), est normalement de 120 mL environ. Le volume télésystolique, déterminé par la force de la contraction ventriculaire, est d'environ 50 mL. Une augmentation du volume systolique entraîne toujours une augmentation de la pression artérielle et une diminution du volume télésystolique. Pour calculer le volume systolique normal, il suffit de résoudre l'équation suivante:

$$\text{DS (mL/battement)} = \text{VTD (120 mL)} - \text{VTS (50 mL)}$$

$$\text{VS} = 70 \text{ mL/battement}$$

Par conséquent, chaque ventricule éjecte environ 70 mL de sang à chaque battement.

Mais, direz-vous, à quoi veut-on en venir ici? Que faut-il tirer de cette avalanche de sigles? Selon la **loi de Starling**, le facteur déterminant du volume systolique est *le degré d'étirement que présentent les cellules myocardiques juste avant leur contraction,* lequel dépend de la **précharge ventriculaire**, c'est-à-dire de la tension passive qui se développe dans les parois ventriculaires à la suite de l'accumulation de sang dans les ventricules. Rappelez-vous que: (1) l'étirement des fibres musculaires (et des sarcomères) accroît le nombre de ponts actifs qui peuvent se créer entre l'actine et la myosine; (2) plus les fibres musculaires sont étirées, à l'intérieur des limites physiologiques, plus la contraction est forte. Il y a dans le muscle cardiaque, comme dans le muscle squelettique, une relation entre l'étirement des filaments, la tension développée et la force de contraction. Or, tandis que les fibres musculaires squelettiques au repos conservent la longueur permettant une tension maximale, les fibres cardiaques au repos ont une longueur *moindre* que leur longueur optimale. Par conséquent, tout étirement augmente formidablement leur force contractile. Le principal facteur de l'étirement du muscle cardiaque est la quantité de sang qui retourne au cœur par les veines (retour veineux) et qui distend ses ventricules (volume télédiastolique). Comme la circulation pulmonaire et la circulation systémique sont «en série», ce mécanisme égalise les débits des ventricules et répartit le sang entre les deux circulations. Si un côté du cœur se met soudainement à pomper plus de sang que l'autre, l'augmentation du retour veineux dans le ventricule opposé force celui-ci à pomper un volume égal, prévenant ainsi l'immobilisation ou l'accumulation du sang dans la circulation correspondante.

Tout ce qui accroît le volume ou la vitesse du retour veineux, notamment la diminution de la fréquence cardiaque ou l'exercice physique, augmente aussi le volume télédiastolique et, par le fait même, la force de la contraction et le volume systolique. Une fréquence cardiaque basse laisse plus de temps pour le remplissage ventriculaire. L'exercice accélère le retour veineux, car il élève la fréquence cardiaque et provoque une compression des veines par les muscles squelettiques. Ces effets peuvent doubler le volume systolique. Inversement, un faible retour veineux, résultant par exemple d'une hémorragie grave ou de la tachycardie, réduit l'étirement des fibres musculaires. La diminution de la précharge ventriculaire qui s'ensuit diminue la force de contraction des ventricules ainsi que le volume systolique.

Il est généralement admis que la loi de Starling explique l'étirement du myocarde. Toutefois, les chercheurs qui assimilent le cœur à une pompe aspirante dynamique contestent ce modèle. Ils estiment que la déformation du squelette fibreux du cœur pendant la contraction résulte d'un relâchement naturel des parois ventriculaires au cours de la diastole. Selon ces chercheurs, le relâchement entraîne une expansion soudaine des ventricules et crée une pression négative qui aspire littéralement le sang des veines caves et pulmonaires dans ces cavités. Quoi qu'il en soit, l'essentiel est de comprendre que la distension des ventricules détermine la précharge ventriculaire, la force de leur contraction et, par conséquent, le volume systolique.

Bien que le volume télédiastolique soit le principal *facteur intrinsèque* influant sur le volume systolique, des *facteurs extrinsèques* peuvent aussi l'augmenter en intensifiant la force de contraction du myocarde, sans pour autant faire varier le volume télédiastolique. C'est exactement ce que provoque l'augmentation de la stimulation sympathique. Comme nous l'avons mentionné à la p. 619, les neurofibres sympathiques innervent non seulement le système cardionecteur mais aussi l'ensemble du muscle cardiaque. D'autre part, la libération de noradrénaline et d'adrénaline a, entre autres effets, celui d'accroître l'entrée de Ca^{2+} dans le sarcoplasme; cet afflux favorise la liaison des têtes de myosine et intensifie la force de contraction des ventricules. Or, la **contractilité** est indépendante du volume télédiastolique; autrement dit, pour un *même* volume télédiastolique, les contractions sont plus vigoureuses et, par le fait même, l'éjection est plus complète. En résumé, le volume systolique est fonction de l'étirement des fibres myocardiques suscité par des variations du volume télédiastolique ou de l'activité sympathique (laquelle fait fluctuer les concentrations intracellulaires de calcium qui agissent sur la force de contraction du myocarde). Une augmentation d'un de ces facteurs accroît le volume systolique.

Régulation de la fréquence cardiaque

Dans un système cardiovasculaire sain, le volume systolique est relativement constant. Mais si le volume sanguin diminue abruptement ou que le cœur est gravement affaibli, le volume systolique diminue et la fréquence cardiaque doit s'accélérer pour pallier cette diminution. Par ailleurs, des facteurs de stress passagers peuvent influer sur la fréquence cardiaque et, partant, sur le débit cardiaque, par le biais de mécanismes nerveux, chimiques et physiques.

Régulation nerveuse par le système autonome. Parmi les mécanismes extrinsèques de régulation de la fréquence cardiaque, le système nerveux autonome est, de loin, le plus important. Lorsque des facteurs de stress émotionnel ou physique tels que la peur, l'anxiété, l'excitation ou l'exercice activent le système nerveux sympathique (figure 19.20), les neurofibres sympathiques libèrent de la noradrénaline à leurs synapses cardiaques. Comme ce neurotransmetteur (de même que l'adrénaline) diminue le seuil d'excitation du nœud sinusal, le cœur y réagit en battant plus vite. Outre qu'elle accroît la fréquence cardiaque, la stimulation sympathique augmente la force des contractions myocardiques, comme nous l'avons déjà expliqué. L'augmentation de la fréquence cardiaque et de la force de contraction contribuent à l'augmentation du débit cardiaque.

Le système nerveux parasympathique a un effet contraire (antagoniste) à celui du système sympathique, et il réduit la fréquence cardiaque une fois passée la situation génératrice de stress. Toutefois, certains états émotionnels, tels le chagrin et la dépression grave, peuvent activer le système nerveux parasympathique pendant de longues périodes. Les réponses cardiaques dépendent alors de la libération d'acétylcholine, qui hyperpolarise les membranes plasmiques en *ouvrant* les canaux du potassium des cellules musculaires.

Au repos, le système nerveux sympathique et le système nerveux parasympathique envoient sans cesse des influx au nœud sinusal, mais l'influence *prédominante*

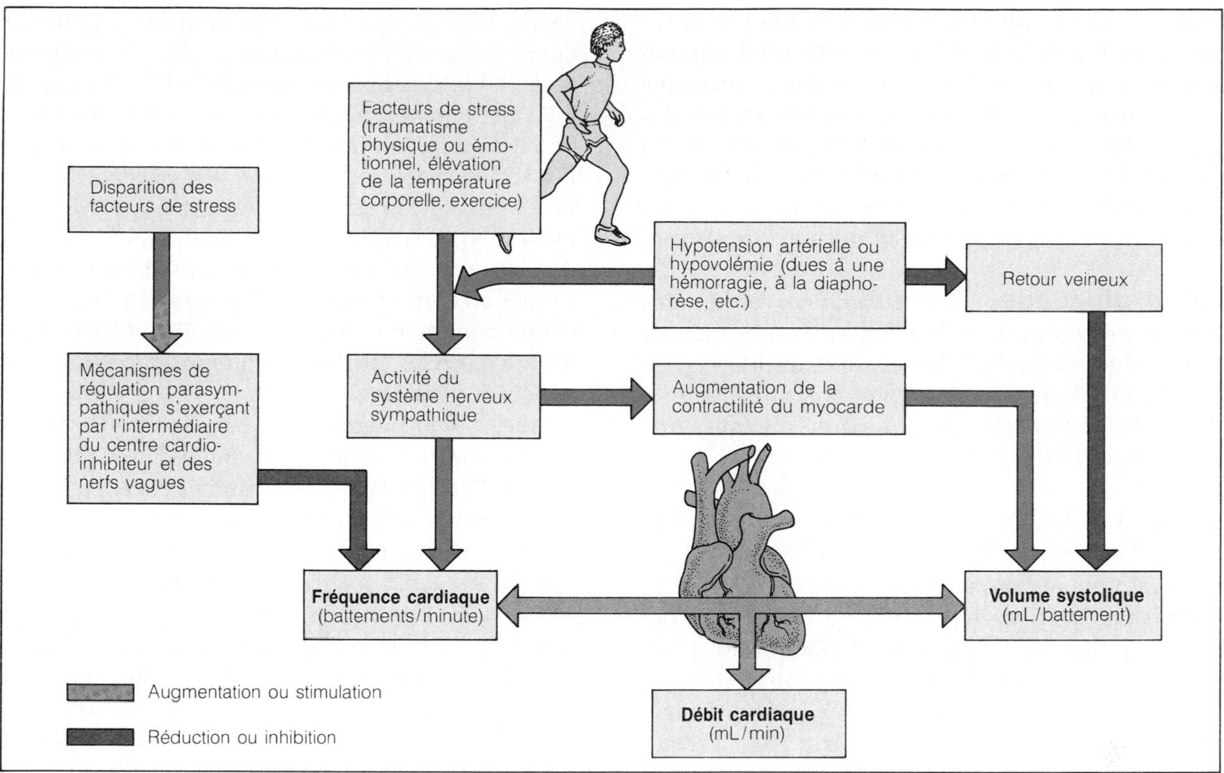

Figure 19.20 Influence du système nerveux autonome sur le débit cardiaque.

est l'inhibition provenant de stimulation du nœud sinusal par les neurofibres motrices des nerfs vagues (nerfs crâniens X). Le muscle cardiaque a donc un **tonus vagal,** et la sécrétion d'acétylcholine par les neurofibres des nerfs vagues ralentit la fréquence de ses battements. La preuve, le sectionnement de ces nerfs a pour effet presque immédiat d'accélérer la fréquence cardiaque d'environ 30 battements par minute (autrement dit, elle passe de 70 à 100 battements/min), soit la cadence déterminée par le nœud sinusal.

Lorsque des influx sensoriels provenant des diverses parties du système cardiovasculaire stimulent inégalement les deux parties du système nerveux autonome, celui qui est le plus faiblement excité est temporairement inhibé. La plupart de ces influx sont issus de *barorécepteurs*, des récepteurs qui réagissent aux variations de la pression artérielle systémique. Comme une augmentation du débit cardiaque entraîne une élévation de la pression artérielle systémique, et vice versa, la régulation de la pression artérielle fait souvent intervenir des mécanismes

Tableau 19.1 Régulation réflexe de la fréquence cardiaque par des mécanismes liés à la régulation de la pression artérielle

Réflexe	Situation des récepteurs	Stimulus	Effets
Réflexe sinocarotidien	Bifurcation de l'artère carotide commune qui donne les artères carotides interne et externe (dans le cou)	Étirement du sinus carotidien dû à l'élévation de la pression artérielle systémique, stimulation des barorécepteurs	La stimulation du centre cardio-inhibiteur déclenche la transmission d'influx au cœur par l'intermédiaire des neurofibres motrices des nerfs vagues; la fréquence cardiaque, la force des contractions et la pression artérielle diminuent*
Réflexe aortique	Crosse de l'aorte	Étirement de la crosse de l'aorte dû à l'élévation de la pression artérielle systémique, stimulation des barorécepteurs	Mêmes que ci-dessus*
Réflexe de Bainbridge	Jonction des veines caves et de l'oreillette droite et jonction des veines pulmonaires et de l'oreillette gauche	Élévation de la pression intra-auriculaire, stimulation des barorécepteurs	La stimulation du centre cardio-accélérateur, par l'intermédiaire des neurofibres sensitives des nerfs vagues, intensifie la transmission d'influx par les neurofibres motrices sympathiques vers le cœur; ces influx augmentent la fréquence cardiaque, la force des contractions et la pression artérielle; le débit cardiaque augmente, ce qui diminue le volume de sang dans les ventricules

* Ces réflexes abaissent aussi la pression artérielle en provoquant la dilatation des vaisseaux.

de régulation réflexes de la fréquence cardiaque. Nous résumons dans le tableau 19.1 les mécanismes de régulation nerveuse de la pression artérielle, et nous y revenons plus en détail au chapitre 20. Notez que le **réflexe de Bainbridge,** mentionné dans le tableau, n'a pas les mêmes effets que les réflexes amorcés par les barorécepteurs situés dans les artères. Son rôle est de prévenir l'immobilisation du sang dans le cœur et de le chasser dans la circulation.

Régulation chimique. Les substances chimiques normalement présentes dans le sang et dans les autres liquides organiques peuvent influer sur la fréquence cardiaque, particulièrement si elles deviennent excessives ou insuffisantes. Nous décrivons ci-dessous quelques-uns de ces facteurs chimiques.

1. **Hormones.** L'*adrénaline,* une hormone libérée par la médullosurrénale durant les périodes d'activation du système nerveux sympathique, a sur le cœur le même effet que la noradrénaline libérée par les neurofibres sympathiques : elle augmente sa force de contraction et la fréquence de ses battements. La *thyroxine,* une hormone thyroïdienne, cause une augmentation plus lente mais plus durable de la fréquence cardiaque lorsqu'elle est libérée en grandes quantités. De plus, elle potentialise l'action de l'adrénaline et de la noradrénaline. L'hyperthyroïdie grave, en prolongeant les effets de la thyroxine, peut affaiblir le cœur.

2. **Ions.** Pour que le cœur fonctionne normalement, les rapports de concentration entre les ions intracellulaires et les ions du liquide interstitiel doivent demeurer à l'intérieur des limites physiologiques. Les déséquilibres des électrolytes plasmatiques et, par conséquent, du liquide interstitiel peuvent entraîner des dysfonctionnements importants de la pompe cardiaque.

La diminution de la concentration sanguine de calcium ionique (*hypocalcémie*) déprime l'activité cardiaque. Inversement, l'*hypercalcémie* resserre le couplage excitation-contraction et prolonge le plateau du potentiel d'action. Ces phénomènes augmentent l'irritabilité du cœur au point que ses contractions peuvent devenir spastiques et exténuantes. Beaucoup de médicaments cardiovasculaires agissent sur le transport du calcium dans les cellules cardiaques (voir l'encadré de la p. 624).

Les excès de sodium et de potassium ioniques ne sont pas moins inquiétants. Un excès de sodium (*hypernatrémie*) inhibe le transport du calcium ionique dans les cellules cardiaques et entrave la contraction. Un excès de potassium (*hyperkaliémie*) gêne le mécanisme de dépolarisation en abaissant le potentiel de repos, ce qui peut mener au bloc et à l'arrêt cardiaques. L'*hypokaliémie,* enfin, est extrêmement dangereuse, car elle affaiblit les battements du cœur et provoque l'apparition d'arythmies. ■

Autres facteurs. L'âge, le sexe, l'exercice et la température corporelle, bien qu'ils soient moins importants que les facteurs nerveux, influent aussi sur la fréquence cardiaque. De 140 à 160 battements par minute chez le fœtus, la fréquence cardiaque diminue graduellement au cours de la vie. La fréquence cardiaque moyenne est de 72 à 80 battements par minute chez les femmes et de 64 à 72 battements par minute chez les hommes.

Par l'intermédiaire du système nerveux sympathique, l'exercice accélère la fréquence cardiaque, augmente la pression artérielle systémique et améliore l'irrigation des muscles (voir la figure 19.20). Toutefois, la fréquence cardiaque au repos est beaucoup plus basse chez les personnes en bonne forme physique que chez les sédentaires, et elle peut même se situer entre 40 et 60 battements par minute chez les athlètes. Nous expliquons ci-dessous cet apparent paradoxe.

La chaleur augmente la vitesse du métabolisme des cellules cardiaques et, par le fait même, la fréquence cardiaque. C'est pourquoi une forte fièvre et l'exercice (pendant lequel les muscles produisent de la chaleur) accélèrent la fréquence cardiaque. Le froid a l'effet opposé.

La fréquence cardiaque varie suivant le degré d'activité. Cependant, des variations marquées et persistantes traduisent généralement une maladie cardiovasculaire. La **tachycardie** est une fréquence cardiaque anormalement élevée (supérieure à 100 battements par minute) ; elle peut être causée par une température corporelle excessive, le stress, certains médicaments ou une cardiopathie. Comme elle est propice à la fibrillation, la tachycardie persistante est considérée comme pathologique.

La **bradycardie** est une fréquence cardiaque inférieure à 60 battements par minute. Elle peut être provoquée par une température corporelle basse, certains médicaments ou l'activation du système nerveux parasympathique. C'est aussi une conséquence bien connue de l'entraînement axé sur l'endurance. À mesure que la condition physique et cardiovasculaire s'améliore, le cœur s'hypertrophie et son volume systolique augmente. Par conséquent, la fréquence cardiaque au repos, même faible, suffit à produire un débit cardiaque adéquat. Chez les personnes sédentaires, toutefois, la bradycardie persistante peut priver les tissus d'une irrigation adéquate. Enfin, elle constitue un signe fréquent de l'œdème cérébral consécutif à un traumatisme crânien. ■

Déséquilibres homéostatiques du débit cardiaque

En temps normal, l'action de pompage du cœur maintient l'équilibre entre le débit cardiaque et le retour veineux. Si tel n'était pas le cas, le sang s'accumulerait (congestion) dans les vaisseaux sanguins.

L'**insuffisance cardiaque** désigne une faiblesse de l'action de pompage telle que la circulation ne suffit pas à satisfaire les besoins des tissus. L'insuffisance cardiaque a généralement une évolution défavorable liée à l'affaiblissement du myocarde par l'athérosclérose des artères coronaires, l'hypertension artérielle ou les infarctus du myocarde répétés. Ces divers facteurs ont sur le myocarde des effets différents mais tout aussi néfastes.

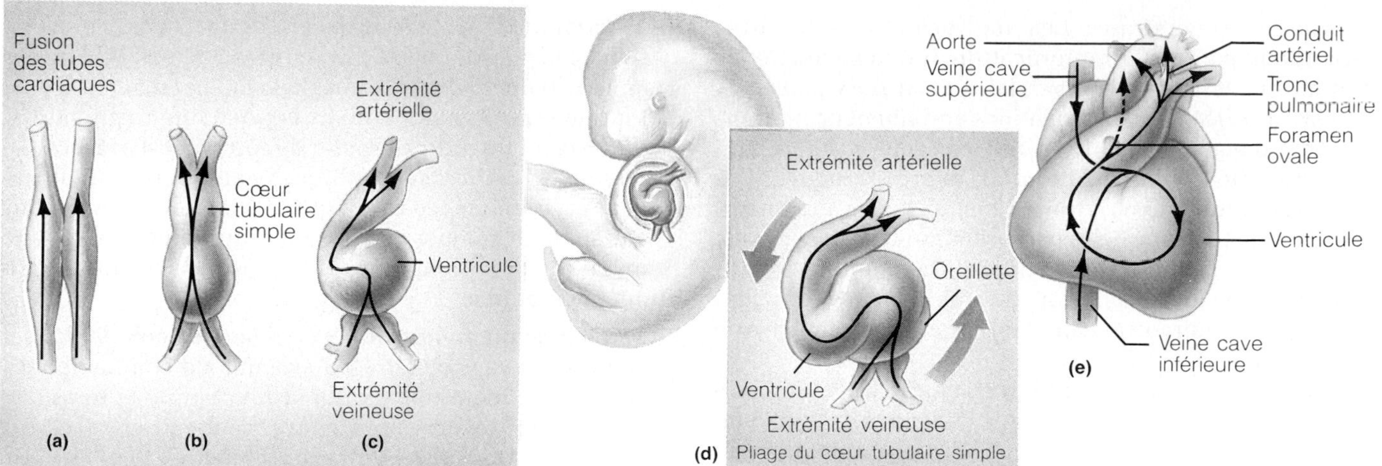

Figure 19.21 Développement du cœur humain. Les flèches indiquent le sens de la circulation sanguine.

1. L'athérosclérose des artères coronaires, qui se définit essentiellement comme une obstruction des vaisseaux coronaires par des dépôts lipidiques (athérome artériel), entrave l'apport de sang et d'oxygène aux cellules cardiaques. Le cœur devient de plus en plus hypoxique et ses contractions perdent leur efficacité.

2. Normalement, la pression dans l'aorte est de 80 mm Hg à la fin de la diastole (pression diastolique); le ventricule gauche exerce une force à peine supérieure pour expulser le sang qu'il contient. Mais si la pression dans l'aorte dépasse 90 mm Hg à la fin de la diastole, le myocarde doit forcer davantage pour faire ouvrir la valve de l'aorte et pour chasser le sang du ventricule. Si cette situation se prolonge, le volume télédiastolique augmente. Le myocarde s'hypertrophie et, peu à peu, s'affaiblit.

3. Des infarctus du myocarde répétés affaiblissent l'action de pompage car un tissu fibreux non contractile (cicatriciel) se substitue aux cellules cardiaques mortes.

Le cœur étant une double pompe, l'insuffisance cardiaque peut toucher un de ses côtés avant l'autre. Si elle atteint le côté gauche, elle cause la **congestion pulmonaire.** Le ventricule droit continue de propulser le même volume de sang vers les poumons, mais le ventricule gauche n'est plus en mesure d'éjecter le volume de sang qui en revient dans la circulation systémique. Le ventricule droit éjectant plus de sang que le ventricule gauche, les vaisseaux sanguins des poumons s'engorgent, la pression s'y élève et le plasma sanguin diffuse dans le tissu pulmonaire, causant l'*œdème pulmonaire.* Laissé sans traitement, l'œdème pulmonaire entraîne la suffocation et la mort de l'individu.

L'insuffisance cardiaque du côté droit provoque la **congestion périphérique.** Le sang stagne dans les organes et l'accumulation de liquides dans les espaces interstitiels gêne l'apport d'oxygène et de nutriments aux cellules, de même que l'élimination de leurs déchets. L'œdème se remarque surtout dans les pieds, les chevilles et les doigts, et la peau peut garder quelque temps l'empreinte des doigts (godet).

L'insuffisance d'un côté du cœur impose un surcroît de travail au côté opposé et finit par s'installer dans le cœur entier. La *décompensation cardiaque,* ou affaiblissement extrême du cœur, est incurable. Le traitement vise principalement à ménager l'énergie du cœur et à faire excréter de l'eau par les reins en administrant un diurétique. Depuis peu, les transplantations cardiaques et les autotransplantations de muscle squelettique donnent une lueur d'espoir à certains patients (voir l'encadré de la p. 624). ■

Développement et vieillissement du cœur

Dérivé du mésoderme, le cœur humain commence à s'élaborer sous forme de deux tubes cardiaques. La fusion de ces tubes crée une cavité qui pompe le sang dès la quatrième semaine de la gestation (figure 19.21). Au cours des trois semaines qui suivent, d'importants changements structuraux transforment le cœur en un organe à quatre cavités qui, dès lors, fonctionne comme une double pompe fiable et régulière. Puis, jusqu'à la naissance, le cœur ne fait plus que croître.

La cloison interauriculaire du cœur fœtal est percée par le *foramen ovale* (littéralement, «trou ovale»); grâce à cet orifice, le sang qui entre dans le cœur droit contourne les poumons, affaissés et inactifs. Une autre voie de contournement des poumons, le **conduit artériel,** relie le tronc pulmonaire et l'aorte. (Nous revenons plus en détail sur la circulation fœtale au chapitre 29.) À la naissance, la fermeture de ces dérivations achève la séparation des deux côtés du cœur. Dans le cœur adulte, le foramen ovale et le conduit artériel laissent deux vestiges, la fosse ovale et le **ligament artériel,** respectivement (voir la figure 19.4a et c).

Chez les nouveau-nés, les *cardiopathies congénitales* causent près de la moitié des décès attribuables à une anomalie congénitale. Les malformations les plus répandues sont la communication interauriculaire, la communication interventriculaire et la *persistance du conduit artériel.* Ces malformations entraînent un mélange du sang oxygéné et du sang non oxygéné mais ne causent la cyanose qu'à la suite d'un effort physique. Elles nécessitent toutefois un traitement chirurgical ou médicamenteux. La plupart des malformations cardiaques sont dues à des facteurs environnementaux ou maternels (infection maternelle, absorption de drogues, etc.) qui atteignent l'embryon au cours des premières semaines de la grossesse. ■

En revanche, un cœur bien constitué est admirablement résistant et peut fonctionner pendant de très nombreuses années. Normalement, les mécanismes homéostatiques sont si efficaces que le cœur travaille sans se faire remarquer. Chez les gens qui pratiquent régulièrement un exercice intense, le cœur s'adapte graduellement à l'effort, et il gagne en puissance et en efficacité. Les chercheurs ont découvert que l'exercice aérobique concourt également à éliminer les dépôts lipidiques des vaisseaux sanguins et, de ce fait, qu'il prévient l'athérosclérose et la cardiopathie. En l'absence de maladies chroniques, ces bienfaits de l'exercice peuvent se faire sentir jusqu'à un âge très avancé.

Or, l'exercice n'est bénéfique que s'il est *régulier.* En effet, c'est à cette condition seulement qu'il améliore l'endurance et la force du myocarde. L'exercice vigoureux occasionnel, celui que pratiquent les «athlètes du dimanche», peut imposer au cœur un effort qu'il est incapable de fournir et provoquer un infarctus du myocarde.

Étant donné l'incroyable quantité de travail qu'accomplit le cœur en une vie, le vieillissement lui fait subir des changements anatomiques inévitables:

1. **Sclérose et épaississement des valves.** Comme l'écoulement du sang atteint sa force maximale dans le ventricule gauche, ce sont surtout les cuspides de la valve auriculo-ventriculaire gauche qui durcissent et épaississent. L'âge accentue l'insuffisance de la valve, et les souffles cardiaques sont relativement répandus chez les personnes âgées.

2. **Diminution de la réserve cardiaque.** Les années modifient peu la fréquence cardiaque au repos. Au fil des années, toutefois, le cœur réagit de moins en moins vigoureusement aux facteurs de stress, soudains ou prolongés, qui exigent un accroissement de son débit. Les mécanismes de régulation sympathiques perdent de leur efficacité, et la fréquence cardiaque devient de plus en plus variable. La fréquence maximale diminue, mais d'une manière moins prononcée chez les personnes âgées physiquement actives.

3. **Fibrose du myocarde.** Avec l'âge, les nœuds sinusal et auriculo-ventriculaire du système de conduction du cœur deviennent fibreux. La production et la transmission de l'influx nerveux s'en trouvent entravées, ce qui provoque, entre autres, des arythmies.

4. **Athérosclérose.** Bien que l'athérosclérose commence dès l'enfance ses insidieux ravages, l'inactivité, le tabagisme et le stress accélèrent sa progression. Ses conséquences les plus graves sur le cœur sont la cardiopathie due à l'hypertension et l'occlusion des artères coronaires. Ces troubles, à leur tour, prédisposent à l'infarctus du myocarde. Bien que le vieillissement lui-même altère les parois des vaisseaux, bon nombre de chercheurs estiment que le régime alimentaire est le plus important facteur causal des maladies cardiovasculaires. On convient généralement qu'un régime alimentaire pauvre en graisses animales, en cholestérol et en sel, de même que la réduction du stress et l'exercice modéré et régulier réduisent les risques de maladie cardiovasculaire.

* * *

La structure du cœur est remarquable de finesse et d'efficacité. Fiable et précise, cette double pompe propulse le sang dans les grosses artères qui s'y abouchent. Or, le fonctionnement de ce mécanisme repose essentiellement sur les variations de la pression dans les vaisseaux sanguins. Au chapitre suivant, nous étudions la structure et la fonction des vaisseaux sanguins, et nous faisons le lien entre ces données et le travail du cœur. À la fin du chapitre 20, nous aurons brossé un tableau complet du système cardiovasculaire.

Termes médicaux

Asystole Disparition des contractions cardiaques.

Cathétérisme cardiaque Procédé diagnostique qui consiste à introduire un fin cathéter (tube) dans le cœur en passant par un vaisseau sanguin. Les résultats de l'analyse des échantillons de sang et la mesure de la pression intracardiaque permettent le dépistage de troubles valvulaires, de malformations et d'autres cardiopathies.

Cœur pulmonaire Insuffisance cardiaque droite consécutive à l'élévation de la pression artérielle dans la circulation pulmonaire (hypertension pulmonaire); l'embolie pulmonaire peut précipiter sa forme aiguë. Sa forme chronique est généralement associée à un trouble pulmonaire chronique tel l'emphysème.

Myocardite Nom générique des inflammations du myocarde; elle peut être aiguë et résulter d'une infection streptococcique laissée sans traitement chez l'enfant. La myocardite peut affaiblir le cœur et entraver son action de pompage.

Palpitation Battement fort, rapide ou irrégulier au point d'être incommodant. Les palpitations peuvent être causées par des médicaments, des drogues, la nervosité ou une cardiopathie.

Prolapsus mitral Anomalie d'au moins une cuspide de la valve auriculo-ventriculaire gauche (mitrale), qui ballonne dans l'oreillette gauche au moment de la systole ventriculaire et laisse refluer le sang. Atteignant jusqu'à 5 % de la population, le plus souvent des jeunes femmes, l'anomalie semble due à des facteurs génétiques. Le traitement courant est le remplacement de la valve.

Tamponade cardiaque Compression du cœur par des liquides accumulés dans la cavité péricardique. Elle peut résulter d'hémorragies dues à des plaies pénétrantes au cœur (comme une perforation par une côte) ou de la péricardite grave, laquelle produit une grande quantité d'exsudat inflammatoire.

Tétralogie de Fallot Cardiopathie congénitale rare et très grave associant un rétrécissement de la valve du tronc pulmonaire, une dextroposition de l'aorte, une communication interventriculaire et une hypertrophie du ventricule droit. Comme la malformation cause la cyanose dans les premières minutes suivant la naissance, la survie des nouveau-nés atteints repose sur la célérité de la correction chirurgicale.

Résumé du chapitre

ANATOMIE DU CŒUR (p. 604-613)

Dimensions et situation (p. 604-605)

1. Le cœur humain a la taille d'un poing fermé. Il est placé obliquement dans le médiastin.

Enveloppe du cœur (p. 605)

2. Le cœur est enveloppé dans un sac à double paroi formé du péricarde fibreux externe et du péricarde séreux interne (feuillets pariétal et viscéral). La cavité péricardique, entre les feuillets séreux, contient un liquide séreux lubrifiant.

Paroi du cœur (p. 605-606)

3. Les tuniques du cœur sont, de l'intérieur vers l'extérieur, l'endocarde, le myocarde (renforcé par un squelette fibreux) et l'épicarde (feuillet viscéral du péricarde séreux).

Cavités et gros vaisseaux du cœur (p. 606-607)

4. Le cœur renferme deux oreillettes dans sa partie supérieure et deux ventricules dans sa partie inférieure. Du point de vue fonctionnel, le cœur est une double pompe.

5. La veine cave supérieure, la veine cave inférieure et le sinus coronaire entrent dans l'oreillette droite. Quatre veines pulmonaires pénètrent dans l'oreillette gauche.

6. Le ventricule droit expulse le sang dans les artères du tronc pulmonaire; le ventricule gauche propulse le sang dans l'aorte.

Trajet du sang dans le cœur (p. 607)

7. Le cœur droit est la pompe de la circulation pulmonaire, destinée aux échanges gazeux. Le sang des veines systémiques, pauvre en oxygène, entre dans l'oreillette droite, passe dans le ventricule droit, emprunte le tronc pulmonaire pour se rendre aux poumons et revient, oxygéné, dans l'oreillette gauche par les veines pulmonaires.

8. Le cœur gauche est la pompe de la circulation systémique. Le sang riche en oxygène provenant des poumons entre dans l'oreillette gauche, s'écoule dans le ventricule gauche et emprunte l'aorte, dont les ramifications le distribuent dans tout l'organisme. Les veines systémiques ramènent le sang pauvre en oxygène dans l'oreillette droite.

Valves cardiaques (p. 607-611)

9. Les valves auriculo-ventriculaires droite et gauche (tricuspide et bicuspide) empêchent le reflux du sang dans les oreillettes au moment de la contraction ventriculaire. Les valves de l'aorte et du tronc pulmonaire empêchent le reflux du sang dans les ventricules au moment du relâchement du muscle cardiaque.

Circulation coronarienne (p. 611-613)

10. Les artères coronaires gauche et droite, nées de l'aorte, émettent des ramifications (rameaux interventriculaires antérieur et postérieur, rameau marginal droit et artère circonflexe) qui irriguent le cœur lui-même. Le sang veineux, recueilli par la grande veine du cœur et la petite veine du cœur, se jette dans le sinus coronaire; la veine moyenne du cœur et la veine postérieure du ventricule gauche sont aussi des tributaires du sinus coronaire.

11. Le myocarde est irrigué pendant le relâchement du cœur.

PHYSIOLOGIE DU CŒUR (p. 614-629)

Propriétés du tissu musculaire cardiaque (p. 614)

1. Les cellules musculaires cardiaques sont ramifiées, striées et généralement uninucléées. Elles contiennent des myofibrilles composées de sarcomères typiques.

2. Les cellules cardiaques adjacentes sont rattachées par des disques intercalaires contenant des desmosomes et des jonctions ouvertes. Étant donné le couplage électrique fourni par ces dernières, le myocarde se comporte comme un syncytium fonctionnel.

3. Les cellules du muscle cardiaque contiennent d'abondantes mitochondries. Leur production d'ATP repose presque exclusivement sur la respiration aérobie.

Mécanisme et déroulement de la contraction (p. 614-616)

4. Dans les cellules contractiles du muscle cardiaque, les potentiels d'action sont produits de la même façon que dans les cellules musculaires squelettiques. La dépolarisation de la membrane ouvre les canaux sodiques voltage-dépendants. L'entrée du sodium détermine la phase ascendante de la courbe du potentiel d'action. En outre, la dépolarisation ouvre les canaux lents du calcium et du sodium, et l'entrée du Ca^{2+} la prolonge (ce qui crée le plateau). Le calcium ionique libéré par le réticulum sarcoplasmique (ainsi que celui qui diffuse du liquide interstitiel) permet de coupler le potentiel d'action au glissement des filaments d'actine et de myosine. La période réfractaire est plus longue dans le muscle cardiaque que dans le muscle squelettique, ce qui prévient la contraction tétanique.

Excitation et phénomènes électriques (p. 616-620)

5. Certaines cellules non contractiles du muscle cardiaque présentent un automatisme qui leur permet de déclencher d'elles-mêmes des potentiels d'action. Ces cellules cardionectrices amorcent une lente dépolarisation immédiatement après avoir atteint leur potentiel de repos. Cette forme de dépolarisation explique pourquoi le potentiel de membrane tend lentement vers le seuil d'excitation, lequel permet le déclenchement d'un potentiel d'action. Ces cellules forment le système de conduction du cœur.

6. Le système de conduction du cœur, ou système cardionecteur, est composé du nœud sinusal, du nœud auriculo-ventriculaire, du faisceau auriculo-ventriculaire et de ses branches ainsi que des myofibres de conduction cardiaque. Ce système coordonne la dépolarisation et les battements du cœur. Étant donné que le nœud sinusal a la fréquence de dépolarisation spontanée la plus rapide, il constitue le centre rythmogène; il détermine le rythme sinusal.

7. Les anomalies du système de conduction du cœur peuvent causer des arythmies, la fibrillation et le bloc cardiaque.

8. Le cœur est innervé par le système nerveux autonome. Les centres cardiaques autonomes sont situés dans le bulbe rachidien. Les neurones du centre cardio-accélérateur sympathique émettent des prolongements jusqu'aux neurones du segment T_1 à T_5 de la moelle épinière. À leur tour, ces neurones sont reliés aux ganglions cervicaux et thoraciques supérieurs. Les neurofibres postganglionnaires innervent les nœuds sinusal et auriculo-ventriculaire ainsi que les cellules du muscle cardiaque. Le centre cardio-inhibiteur parasympathique exerce son influence par l'intermédiaire des nerfs vagues (X), qui s'étendent jusqu'à la paroi du cœur. La plupart des neurofibres parasympathiques desservent les nœuds sinusal et auriculo-ventriculaire.

9. Un électrocardiogramme est une représentation graphique des phénomènes électriques survenant dans le muscle cardiaque. L'onde P est associée à la dépolarisation auriculaire, le complexe QRS, à la dépolarisation ventriculaire et l'onde T, à la repolarisation ventriculaire.

Révolution cardiaque (p. 620-622)

10. La révolution cardiaque est l'ensemble des événements qui se produisent pendant un battement. De la mésodiastole à la télédiastole, les ventricules se remplissent et les oreillettes se contractent. La systole ventriculaire recouvre la phase de contraction isovolumétrique et la phase d'éjection ventriculaire. Pendant la protodiastole, les ventricules sont relâchés et complètement clos. Ensuite, la pression auriculaire étant supérieure à la pression ventriculaire, les valves auriculo-ventriculaires s'ouvrent, ce qui marque le début d'une autre révolution. À la fréquence normale de 75 battements par minute, une révolution cardiaque dure 0,8 s.

11. Les variations de la pression font circuler le sang à l'intérieur du cœur, de même qu'elles entraînent l'ouverture et la fermeture des valves.

Bruits du cœur (p. 623)

12. Les bruits normaux du cœur proviennent essentiellement de la fermeture des valves. Les bruits anormaux, appelés souffles, traduisent généralement des troubles valvulaires.

Débit cardiaque (p. 623-629)

13. Le débit cardiaque est typiquement de 5 L/min. Il correspond à la quantité de sang éjectée par chaque ventricule en une minute. Le volume systolique est la quantité de sang expulsée par un ventricule à chaque contraction. On calcule le débit cardiaque en multipliant la fréquence cardiaque par le volume systolique.

14. Le volume systolique repose dans une grande mesure sur le degré d'étirement que le sang veineux imprime aux fibres musculaires des ventricules. D'environ 70 mL, il représente la

différence entre le volume télédiastolique et le volume télésystolique. Tout ce qui influe sur la fréquence cardiaque et sur le volume sanguin influe aussi sur le retour veineux et, par conséquent, sur le volume systolique.

15. L'activation du système nerveux sympathique accroît la fréquence et la force de contraction du muscle cardiaque. L'activation du système nerveux parasympathique a les effets opposés. Le cœur présente ordinairement un tonus vagal.

16. La régulation chimique de la fréquence cardiaque est due à des hormones (l'adrénaline et la thyroxine) et à des ions (sodium, potassium et calcium). Les déséquilibres ioniques entravent considérablement l'activité de la pompe cardiaque.

17. L'âge, le sexe, l'exercice et la température corporelle influent sur la fréquence cardiaque.

18. L'insuffisance cardiaque désigne une faiblesse de l'action de pompage telle que la circulation ne suffit pas à satisfaire les besoins des tissus. L'insuffisance cardiaque droite cause l'œdème périphérique; l'insuffisance cardiaque gauche entraîne l'œdème pulmonaire.

DÉVELOPPEMENT ET VIEILLISSEMENT DU CŒUR (p. 629-630)

1. Le cœur se forme à partir des tubes cardiaques et, dès la quatrième semaine de gestation, présente une action de pompage. Le cœur fœtal contient deux dérivations pulmonaires: le foramen ovale et le conduit artériel.

2. Les cardiopathies congénitales causent plus de la moitié des décès de nouveau-nés. Les plus répandues sont la persistance du conduit artériel, la communication interauriculaire et la communication interventriculaire.

3. Le vieillissement cause la sclérose et l'épaississement des valves, la diminution de la réserve cardiaque, la fibrose du myocarde et l'athérosclérose.

4. La consommation de graisses animales et de sel, le stress excessif, l'usage du tabac et le manque d'exercice exposent aux maladies cardiovasculaires.

Questions de révision

Choix multiples/associations

1. Qu'arrive-t-il lorsque les valves de l'aorte et du tronc pulmonaire sont ouvertes? (a) 2, 3, 5, 6; (b) 1, 2, 3, 7; (c) 1, 3, 5, 6; (d) 2, 4, 5, 7.
(1) Les artères coronaires se remplissent.
(2) Les valves auriculo-ventriculaires sont fermées.
(3) Les ventricules se contractent.
(4) Les ventricules se dilatent.
(5) Le sang entre dans l'aorte.
(6) Le sang entre dans le tronc pulmonaire.
(7) Les oreillettes se contractent.

2. La partie du système de conduction du cœur qui est située dans la cloison interventriculaire est: (a) le nœud auriculo-ventriculaire; (b) le nœud sinusal; (c) le faisceau auriculo-ventriculaire; (d) les myofibres de conduction cardiaque.

3. Un électrocardiogramme révèle: (a) le débit cardiaque; (b) le mouvement de l'onde de dépolarisation dans le cœur; (c) l'état de la circulation coronarienne; (d) l'insuffisance valvulaire.

4. Dans les cavités du cœur, la contraction se propage: (a) de manière aléatoire; (b) des cavités gauches aux cavités droites; (c) des deux oreillettes aux deux ventricules; (d) de l'oreillette droite au ventricule droit à l'oreillette gauche et au ventricule gauche.

5. La paroi du ventricule gauche est plus épaisse que celle du ventricule droit parce qu'elle: (a) expulse un plus grand volume de sang; (b) doit surmonter plus de résistance; (c) dilate la cage thoracique; (d) expulse le sang à travers une valve plus petite.

6. Les cordages tendineux: (a) ferment les valves auriculo-ventriculaires; (b) empêchent les cuspides des valves auriculo-ventriculaires de s'inverser; (c) contractent les muscles papillaires; (d) ouvrent les valves de l'aorte et du tronc pulmonaire.

7. Dans le cœur: (1) les potentiels d'action sont transmis d'une cellule du myocarde à l'autre par l'intermédiaire de jonctions ouvertes; (2) le nœud sinusal détermine la fréquence des battements; (3) les cellules peuvent se dépolariser spontanément en l'absence de stimulation nerveuse; (4) le muscle peut se contracter longtemps sans oxygène.
(a) Toutes ces réponses; (b) 1, 3, 4; (c) 1, 2, 3; (d) 2, 3.

8. L'activité du cœur repose sur les propriétés intrinsèques du myocarde et sur des facteurs nerveux. Par conséquent: (a) les nerfs vagues stimulent le nœud sinusal et provoquent un ralentissement de la fréquence cardiaque; (b) la stimulation sympathique raccourcit la période laissée libre pour le remplissage ventriculaire; (c) la stimulation sympathique accroît la force de contraction des ventricules; (d) toutes ces réponses.

9. Le sang riche en oxygène entre dans: (a) l'oreillette droite; (b) l'oreillette gauche; (c) le ventricule droit; (d) le ventricule gauche.

Questions à court développement

10. Décrivez la situation et la position du cœur dans l'organisme.

11. Décrivez le péricarde et distinguez le péricarde fibreux du péricarde séreux du point de vue de leur situation et de leur structure histologique.

12. Expliquez le cheminement d'une goutte de sang de son entrée dans l'oreillette droite à son entrée dans l'oreillette gauche. Comment appelle-t-on ce trajet?

13. (a) Expliquez l'influence de la contraction et du relâchement du muscle cardiaque sur le débit coronarien. (b) Nommez les principales ramifications des artères coronaires et indiquez les parties du cœur que chacune irrigue.

14. La période réfractaire du muscle cardiaque est beaucoup plus longue que celle du muscle squelettique. Pourquoi s'agit-il là d'une propriété fonctionnelle opportune?

15. (a) Nommez les éléments du système de conduction du cœur dans l'ordre, en commençant par le centre rythmogène. (b) Quelle est l'importante fonction du système de conduction du cœur?

16. Dessinez un électrocardiogramme normal. Nommez les ondes et expliquez leur signification.

17. Définissez la révolution cardiaque et énumérez ses étapes.

18. Qu'est-ce que le débit cardiaque et comment le calcule-t-on?

19. Comment la loi de Starling explique-t-elle l'influence du retour veineux sur le volume systolique?

20. (a) Décrivez la fonction commune du foramen ovale et du conduit artériel chez le fœtus. (b) Quels troubles résultent de la persistance de ces dérivations après la naissance?

Réflexion et application

1. Un jeune homme est poignardé à la poitrine pendant une rixe. À son arrivée au centre hospitalier, il est cyanosé et, du fait de l'ischémie cérébrale, inconscient. L'équipe médicale diagnostique une tamponade cardiaque. Définissez cet état et expliquez comment il cause les symptômes présentés par le patient.

2. On vous demande de démontrer la technique d'auscultation des bruits du cœur. (a) Où placeriez-vous votre stéthoscope pour détecter: (1) l'insuffisance grave de la valve de l'aorte? (2) le rétrécissement de la valve auriculo-ventriculaire gauche? (b) À quel(s) moment(s) êtes-vous susceptible d'entendre le plus clairement les souffles produits par ces anomalies (pendant la diastole auriculaire, la systole ventriculaire, la diastole ventriculaire ou la systole auriculaire)? (c) Sur quels indices vous baseriez-vous pour distinguer l'insuffisance valvulaire du rétrécissement d'une valve?

3. Une femme d'âge mûr est admise à l'unité de soins coronariens pour une insuffisance du ventricule gauche résultant d'un infarctus du myocarde. L'anamnèse révèle que des douleurs thoraciques aiguës ont réveillé la patiente au milieu de la nuit. Sa peau est pâle et froide, et on entend des râles humides dans la partie inférieure de ses poumons. Expliquez comment l'insuffisance du ventricule gauche peut causer ces symptômes.

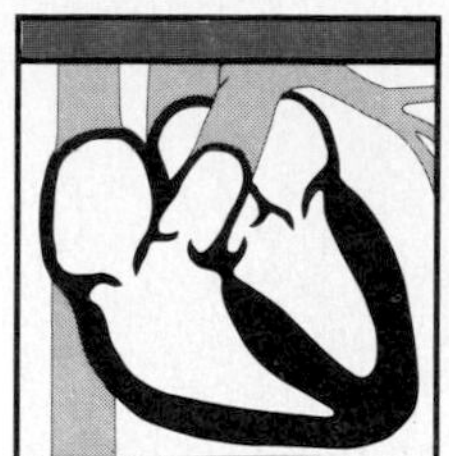

Système cardiovasculaire: les vaisseaux sanguins 20

Sommaire et objectifs d'apprentissage

Structure et fonction des vaisseaux sanguins: caractéristiques générales (p. 633-639)

1. Décrire les trois tuniques qui forment la paroi d'un vaisseau sanguin typique et indiquer la fonction de chacune.
2. Définir la vasoconstriction et la vasodilatation.
3. Comparer la structure et la fonction des trois types d'artères.
4. Décrire la structure et la fonction des veines et expliquer ce qui distingue les veines des artères.
5. Décrire la structure et la fonction d'un lit capillaire.

Physiologie de la circulation (p. 639-653)

6. Définir le débit sanguin, la pression sanguine et la résistance, et expliquer les relations entre ces facteurs.
7. Énumérer et expliquer les facteurs qui influent sur la pression artérielle et décrire la régulation de cette dernière.
8. Définir l'hypertension. Indiquer ses symptômes et ses conséquences.
9. Expliquer la régulation du débit sanguin dans l'organisme et dans les divers organes.
10. Définir l'état de choc et indiquer quelques-unes de ses causes.
11. Énumérer les facteurs qui influent sur les échanges capillaires et expliquer l'importance de chacun.

Anatomie du système vasculaire (p. 653-675)

12. Décrire la circulation pulmonaire et expliquer son importance.
13. Expliquer les grandes fonctions de la circulation systémique. Nommer et situer les principales artères et veines de la circulation systémique.
14. Expliquer la structure et la fonction particulière du système porte hépatique.

Développement et vieillissement des vaisseaux sanguins (p. 675)

15. Expliquer le développement des vaisseaux sanguins chez le fœtus.
16. Énumérer quelques effets du vieillissement sur les vaisseaux sanguins.

Les vaisseaux sanguins forment un réseau qui commence et finit au cœur. On doit la découverte de la circulation sanguine à William Harvey, un médecin anglais du XVIIe siècle. De Galien jusqu'à cette époque, on croyait que le sang allait et venait dans l'organisme comme une marée, partant du cœur et y retournant par les mêmes vaisseaux.

Comme toute analogie, celle qui compare les vaisseaux sanguins à des tuyaux de plomberie est boiteuse. En effet, les vaisseaux sanguins ne sont ni rigides ni statiques. Ce sont des structures dynamiques qui se contractent, se relâchent et, même, qui prolifèrent suivant les besoins de l'organisme. Ce chapitre porte sur la structure et la fonction de ces importantes voies de circulation.

Structure et fonction des vaisseaux sanguins: caractéristiques générales

Les vaisseaux sanguins se divisent en trois grandes catégories: les *artères,* les *capillaires* et les *veines.* Les contractions du cœur chassent le sang dans les grosses artères issues des ventricules. Ensuite, le sang parcourt les ramifications des artères, jusqu'aux plus petites, les *artérioles.* Il aboutit ainsi dans les lits capillaires des organes et des tissus. À sa sortie des capillaires, le sang emprunte les *veinules,* les veines et, enfin, les grosses veines qui convergent au cœur. Le voyage est long: mis

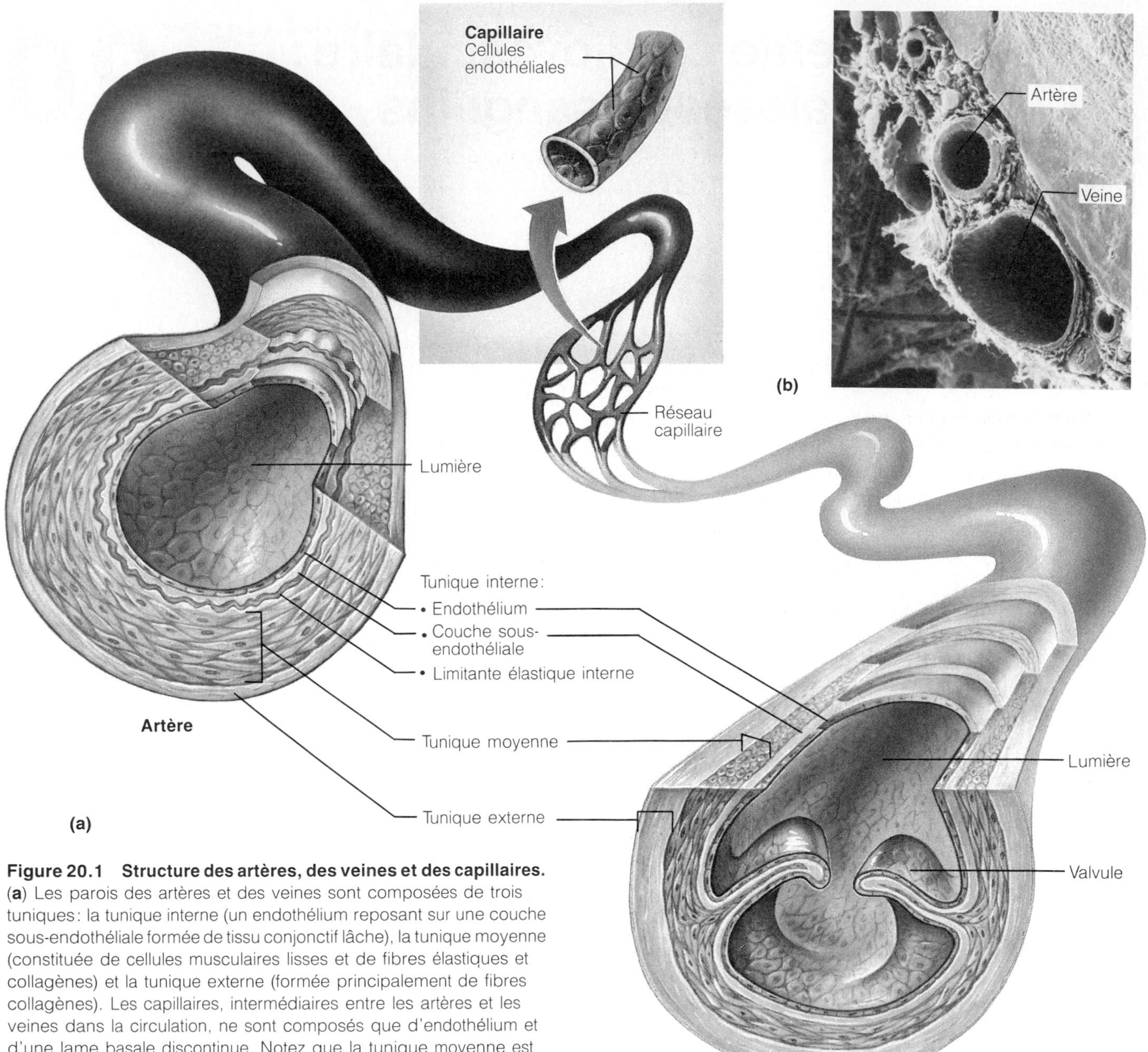

Figure 20.1 Structure des artères, des veines et des capillaires. (**a**) Les parois des artères et des veines sont composées de trois tuniques: la tunique interne (un endothélium reposant sur une couche sous-endothéliale formée de tissu conjonctif lâche), la tunique moyenne (constituée de cellules musculaires lisses et de fibres élastiques et collagènes) et la tunique externe (formée principalement de fibres collagènes). Les capillaires, intermédiaires entre les artères et les veines dans la circulation, ne sont composés que d'endothélium et d'une lame basale discontinue. Notez que la tunique moyenne est épaisse dans les artères et mince dans les veines, tandis que la tunique externe est mince dans les artères et relativement épaisse dans les veines. (**b**) Micrographie au microscope électronique à balayage montrant une artère et une veine en coupe transversale (× 120).

bout à bout, les vaisseaux sanguins d'un humain adulte mesureraient quelque 100 000 km!

Les artères et les veines servent simplement de conduits pour le sang. Seuls les capillaires sont en contact étroit avec les cellules. Leurs parois extrêmement fines permettent les échanges entre le sang et le liquide interstitiel dans lequel baignent les cellules. Ces échanges fournissent aux cellules les nutriments et l'oxygène nécessaires à leur physiologie normale.

Structure des parois vasculaires

Les parois des artères et des veines sont composées de trois couches, ou *tuniques*, entourant un espace central rempli de sang, la **lumière** (figure 20.1).

La **tunique interne** (intima) est formée d'*endothélium,* un épithélium pavimenteux simple qui tapisse la lumière de tous les vaisseaux. L'endothélium est en continuité avec l'endocarde; ses cellules plates s'imbriquent les unes dans les autres et constituent une surface lisse qui réduit au minimum la friction entre le sang et la surface interne des vaisseaux. Dans les vaisseaux dont le diamètre est supérieur à 1 mm, l'endothélium repose sur une couche sous-endothéliale faite de tissu conjonctif lâche.

La **tunique moyenne** (média) comprend principalement des cellules musculaires lisses disposées en anneaux, des fibres élastiques disséminées et des feuillets d'élastine continus. En règle générale, l'activité du muscle lisse vasculaire est régie par les *neurofibres vasomotrices* du système nerveux sympathique. Suivant les besoins de l'organisme, ces neurofibres peuvent causer la **vasoconstriction** (une réduction du calibre due à la contraction du muscle lisse) ou la **vasodilatation** (une augmentation du calibre due au relâchement du muscle lisse). Comme de légères variations du diamètre des vaisseaux sanguins ont des effets marqués sur le débit et sur la pression du sang, la tunique moyenne joue un rôle prépondérant dans la régulation de la circulation (voir plus loin). Généralement, la tunique moyenne est la couche la plus épaisse dans les artères.

La **tunique externe** (externa ou adventice) est composée principalement de fibres collagènes lâchement entrelacées qui protègent les vaisseaux et les ancrent aux structures environnantes. La tunique externe est parcourue de neurofibres et de vaisseaux lymphatiques ainsi que, dans les gros vaisseaux, de minuscules vaisseaux sanguins. Ces vaisseaux, appelés **vasa vasorum** (littéralement, «vaisseaux des vaisseaux») nourrissent les tissus externes de la paroi des gros vaisseaux (la partie interne étant nourrie directement par le sang qui coule dans la lumière).

Les trois types de vaisseaux diffèrent par leur longueur, par leur diamètre ainsi que par l'épaisseur et la composition de leurs parois. Nous décrivons ces différences ci-après.

Artères

Les **artères** sont les vaisseaux qui acheminent le sang du ventricule gauche du cœur *vers* les organes. On a coutume de dire que les artères transportent le sang oxygéné et que les veines véhiculent le sang pauvre en oxygène. Or, cette règle générale ne vaut ni pour les vaisseaux de la circulation pulmonaire (voir la figure 20.14) ni pour les vaisseaux ombilicaux du fœtus (voir la figure 29.13a).

Selon leur taille et leur fonction, les artères se divisent en trois groupes: les artères élastiques, les artères musculaires et les artérioles.

Artères élastiques

Les **artères élastiques** sont les grosses artères à la paroi épaisse situées près du cœur, telles l'aorte et ses principales ramifications. Ces artères sont celles qui possèdent le plus grand diamètre et la plus grande élasticité. Étant donné leur gros calibre, elles servent de conduits à faible résistance pour le sang qui va du cœur aux artères de taille moyenne; c'est pourquoi on les appelle parfois **artères conductrices.** Les artères élastiques contiennent plus d'élastine que tous les autres vaisseaux. On trouve de l'élastine dans leurs trois tuniques, mais surtout dans leur tunique moyenne. Dans cette dernière, l'élastine forme des feuillets épais, «troués» et concentriques de tissu conjonctif, appelés lames élastiques fenestrées, qui ressemblent à des tranches de gruyère, et entre lesquels s'insèrent des cellules musculaires lisses. Grâce à l'abondance de l'élastine, les artères élastiques peuvent supporter et compenser de grandes fluctuations de pression: durant la systole ventriculaire, les fibres élastiques s'étirent (les artères se dilatent) sous l'effet de l'arrivée du sang sous pression; durant la diastole ventriculaire, elles tendent à revenir à leur degré d'étirement initial (c'est ainsi que le sang continue à circuler pendant cette période de repos du muscle cardiaque). Bien que les artères élastiques contiennent aussi des quantités substantielles de muscle lisse, elles ont un rôle peu actif dans la vasoconstriction. Au point de vue fonctionnel, elles s'assimilent à de simples tubes élastiques.

Comme les parois des artères élastiques se dilatent et se resserrent passivement selon le volume sanguin éjecté, le sang y reste toujours sous pression. Par conséquent, il s'écoule de manière continue et non par à-coups, au gré des contractions cardiaques. Mais si les vaisseaux sanguins durcissent et raidissent, comme c'est le cas dans l'artériosclérose, le sang s'y écoule par intermittence, un peu comme l'eau s'écoule d'un boyau d'arrosage rigide. Lorsqu'on ouvre le robinet, la pression chasse l'eau à l'extérieur du boyau. Mais lorsqu'on ferme le robinet, le flux diminue puis s'arrête, car les parois du boyau ne peuvent se resserrer pour maintenir la pression.

Pouls artériel. À chaque révolution cardiaque, l'alternance de la dilatation et du resserrement des artères élastiques crée une onde de pression, le **pouls,** qui se transmet dans l'arbre artériel. On peut sentir le pouls en comprimant n'importe quelle artère superficielle contre un tissu ferme et ainsi obtenir facilement une mesure de la fréquence cardiaque. Pour des raisons de commodité, on prend généralement le pouls au point où l'artère radiale fait surface au poignet (le pouls radial), mais on peut aussi palper le pouls artériel en quelques autres points importants (figure 20.2). Ces points sont aussi appelés **points de compression,** car ce sont eux que l'on comprime pour faire cesser les hémorragies. Ainsi, si vous vous infligez de graves lacérations à la main, vous pouvez faire diminuer le saignement en appuyant sur votre artère radiale ou votre artère brachiale.

Comme le pouls artériel est lié à la fréquence cardiaque, il est influencé par l'activité, les changements de position et les émotions. De fait, le pouls peut osciller autour de 66 battements par minute chez un homme en bonne santé en position couchée, passer à 70 battements par minute si l'homme s'assoit et monter à 80 battements par minute si l'homme se lève brusquement. En période d'exercice intense ou sous le coup d'une émotion, il n'est pas rare que le pouls atteigne des fréquences de 140 ou même de 180 battements par minute.

Artères musculaires

Les artères élastiques donnent naissance aux **artères musculaires,** ou **distributrices.** Ces artères apportent le sang aux divers organes et ce sont surtout elles que l'anatomie nomme et étudie. Leur diamètre va de celui du petit doigt à celui d'une mine de crayon. Toutes proportions

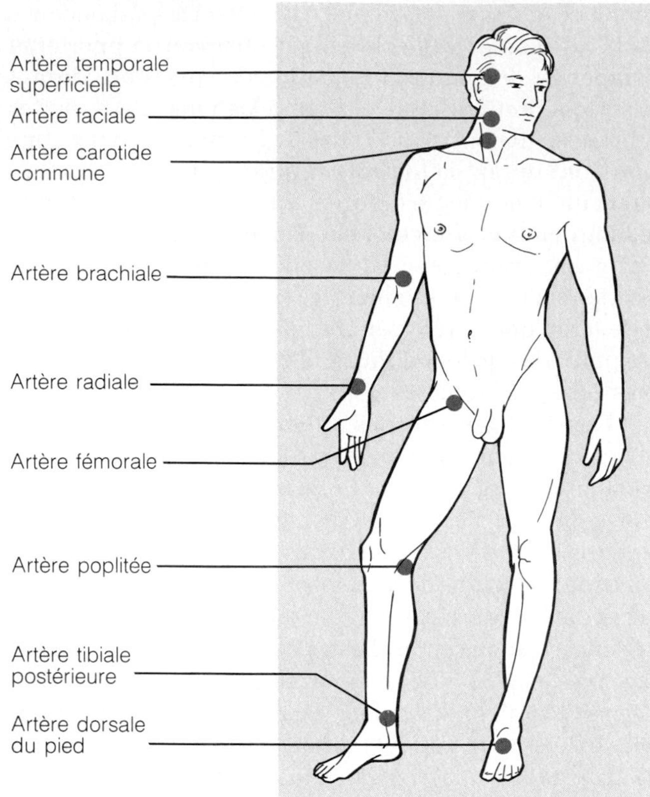

Figure 20.2 Endroits où le pouls est le plus facile à percevoir. (Les artères indiquées sont présentées aux p. 656-664.)

gardées, leur tunique moyenne dépasse en épaisseur celle de tous les autres vaisseaux. En outre, elle contient plus de muscle lisse et moins de tissu élastique que celle des artères élastiques (bien que chacune de ses faces, la limitante élastique interne et la limitante élastique externe, porte un feuillet élastique). Par conséquent, les artères musculaires ont un rôle plus actif que les artères élastiques dans la vasoconstriction, mais elles sont moins extensibles.

Artérioles

Avec leur calibre inférieur à 0,3 mm, les artérioles sont les plus petites artères. Les plus grosses artérioles sont dotées des trois tuniques, mais leur tunique moyenne est composée principalement de muscle lisse et de quelques fibres élastiques clairsemées. Les plus petites artérioles, qui se jettent dans les lits capillaires, ne sont constituées que d'une seule couche de cellules musculaires lisses enroulées en spirale autour de l'endothélium (figure 20.3).

L'écoulement du sang dans les lits capillaires est déterminé par des variations du diamètre des artérioles (vasomotricité). Ces variations font suite à des stimulus nerveux et à des influences chimiques locales sur les muscles lisses de leur paroi. Lorsque les artérioles se contractent (vasoconstriction), le sang contourne les tissus qu'elles desservent. Mais lorsqu'elles se dilatent (vasodilatation), le débit sanguin augmente de façon marquée dans les capillaires locaux.

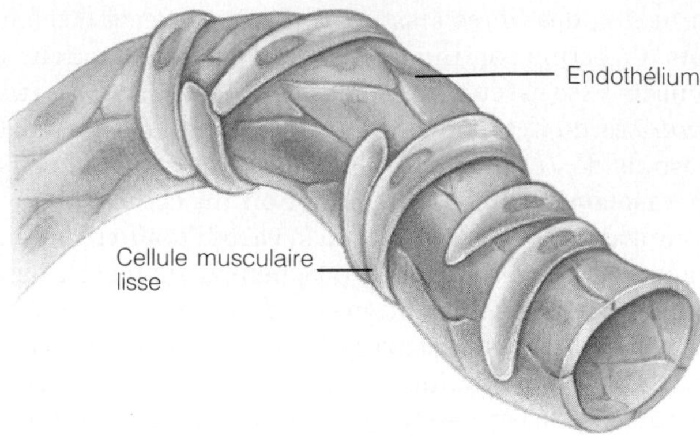

Figure 20.3 Structure d'une très petite artériole.

Capillaires

Les **capillaires** sont les plus petits vaisseaux sanguins. Leurs parois, extrêmement minces, ne sont formées que de cellules endothéliales (voir la figure 20.1a). Dans certains cas, une seule cellule endothéliale constitue l'entière circonférence de la paroi. Les capillaires mesurent en moyenne 1 mm de long et leur calibre moyen n'est que de 8 à 10 μm, soit juste ce qu'il faut pour laisser passer les globules rouges à la file. La plupart des tissus sont riches en capillaires. Il y a cependant des exceptions notables. Les tendons et les ligaments sont peu vascularisés; le cartilage et les épithéliums sont dépourvus de capillaires, mais ils sont irrigués par les vaisseaux des tissus conjonctifs environnants; enfin, la cornée et le cristallin de l'œil ne sont aucunement irrigués.

Si l'on compare les vaisseaux sanguins à un réseau routier, alors les capillaires en sont les ruelles et les allées, car ils fournissent un accès à presque toutes les cellules. Compte tenu de leurs situations et de la minceur de leurs parois, les capillaires sont admirablement bien adaptés à leur rôle, c'est-à-dire à l'échange de substances entre le sang et le liquide interstitiel. Nous décrivons plus loin les mécanismes de ces échanges; nous allons dans un premier temps examiner la structure des capillaires.

Types de capillaires

Au point de vue structural, les capillaires se divisent en deux types: les *capillaires continus* et les *capillaires fenestrés* (figure 20.4). Les **capillaires continus,** abondants dans la peau et dans les muscles, sont les plus répandus. Ils sont continus dans la mesure où leurs cellules endothéliales forment un revêtement ininterrompu. Les cellules adjacentes sont réunies latéralement par des *jonctions serrées* (étanches) qui sont cependant incomplètes dans la plupart des cas. En effet, elles laissent entre les membranes des espaces disjoints appelés **fentes intercellulaires.** Ces fentes sont juste assez larges pour permettre le passage de quantités limitées de liquides et de petites molécules de solutés. Typiquement, le cytoplasme des cellules endothéliales contient de nombreuses vésicules pinocytaires qui, semble-t-il, transportent les liquides à travers la

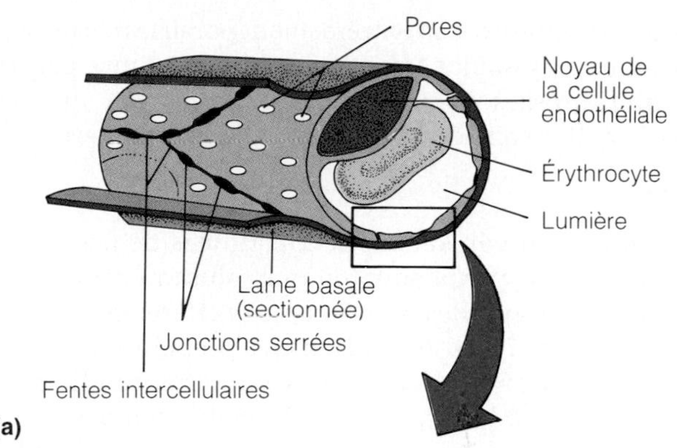

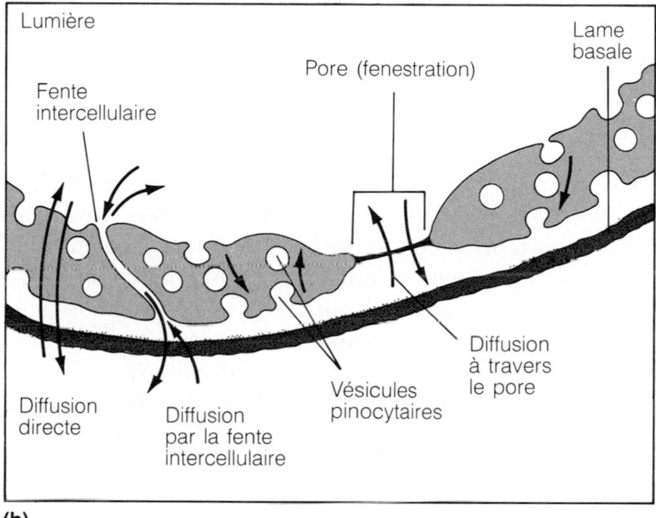

Figure 20.4 Structure des capillaires et mécanismes de transport. (**a**) Structure d'un capillaire fenestré. Notez que les capillaires continus sont semblables aux capillaires fenestrés, mais qu'ils sont dépourvus de pores. (**b**) Les quatre voies de passage possibles à travers la paroi d'une cellule endothéliale (montrée en coupe transversale).

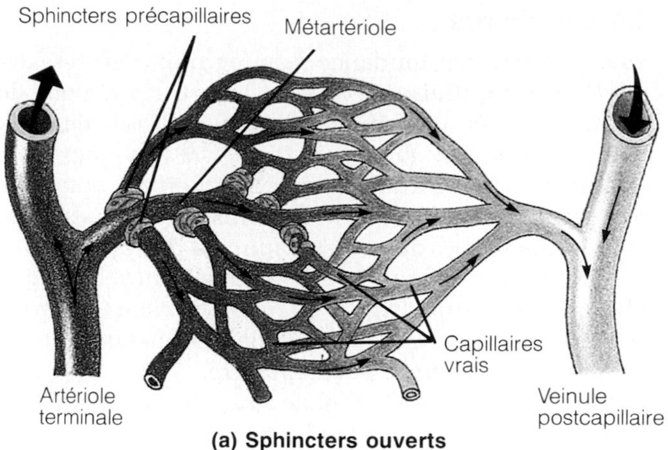

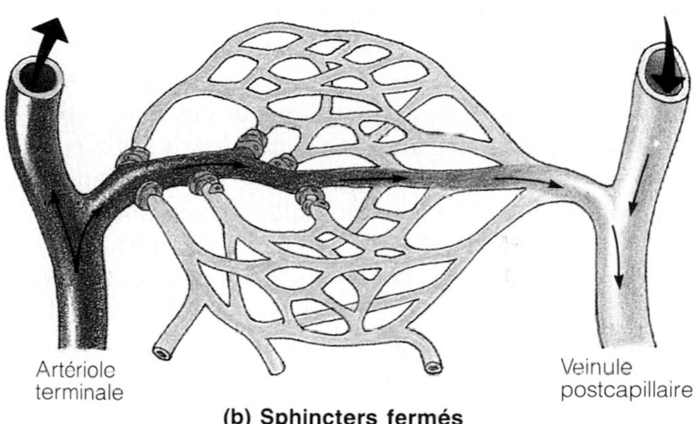

Figure 20.5 Anatomie d'un lit capillaire. La dérivation formée par la métartériole permet au sang de contourner les capillaires vrais lorsque les sphincters précapillaires sont fermés.

paroi capillaire par pinocytose (transport en vrac). Il est important de préciser qu'il n'y a pas de fentes intercellulaires dans l'endothélium des capillaires continus de l'encéphale; l'intégrité des jonctions serrées constitue le fondement structural de la *barrière hémato-encéphalique* décrite au chapitre 12. Les capillaires du placenta (*barrière placentaire*) et de la rétine de l'œil ne possèdent pas non plus de fentes intercellulaires.

Les **capillaires fenestrés** sont semblables aux capillaires continus, sauf en un point: certaines de leurs cellules endothéliales sont percées de *pores* ovales (aussi appelés *fenestrations*) généralement recouverts par une membrane, ou diaphragme, très mince (figure 20.4). En dépit de ce diaphragme, la perméabilité des capillaires fenestrés aux liquides et aux solutés demeure supérieure à celle des capillaires continus. On trouve des capillaires fenestrés dans les organes où se produit une absorption capillaire importante. Par exemple, les capillaires fenestrés de l'intestin grêle reçoivent les nutriments absorbés par la muqueuse intestinale, et ceux des glandes endocrines permettent aux hormones d'entrer rapidement dans le sang. Il y a dans les reins des capillaires fenestrés dont les pores sont toujours ouverts, car il est essentiel que la filtration du plasma sanguin s'y fasse rapidement.

Un type particulier de capillaires, les **sinusoïdes** (ou **capillaires discontinus**), relient les artérioles et les veinules dans le foie, la moelle osseuse, les tissus lymphoïdes et certaines glandes endocrines. Les sinusoïdes possèdent de grandes lumières irrégulières, et ils sont généralement fenestrés; leurs jonctions serrées sont moins nombreuses et leurs fentes intercellulaires, plus larges que celles des capillaires ordinaires. Les grosses molécules (comme les protéines) et même les globules sanguins peuvent donc passer du sang aux tissus environnants et vice versa. Dans le foie, la paroi des sinusoïdes comprend des cellules endothéliales sur lesquelles reposent de gros macrophages mobiles appelés **cellules de Kupffer.** Dans d'autres organes, telle la rate, des phagocytes enfoncent leurs prolongements cytoplasmiques dans les fentes intercellulaires, jusqu'à la lumière des sinusoïdes, pour capturer leurs «proies». Le sang s'écoule lentement dans les méandres des sinusoïdes, ce qui laisse aux organes qu'il traverse le temps de le transformer. Par exemple, le foie absorbe les nutriments contenus dans le sang veineux provenant du système digestif et les cellules de Kuppfer détruisent les bactéries qu'il renferme.

Lits capillaires

Les capillaires ont tendance à se regrouper en réseaux appelés **lits capillaires.** Dans la plupart des régions de l'organisme, les lits capillaires sont composés de deux types de vaisseaux: (1) une *métartériole* (un court vaisseau intermédiaire, du point du vue structural, entre une artère et un capillaire), qui relie directement l'artériole et la veinule situées de part et d'autre du lit; (2) des *capillaires vrais,* où s'effectuent les échanges entre le sang et le liquide interstitiel (figure 20.5). L'**artériole terminale** s'anastomose avec une métartériole. La métartériole se draine dans la **veinule postcapillaire.**

On compte généralement de 10 à 100 capillaires vrais dans un lit capillaire, suivant l'organe ou le tissu irrigués. Ils se ramifient habituellement à partir de l'extrémité proximale de la métartériole et la majorité s'anastomosent à son extrémité distale. À l'occasion, ils naissent de l'artériole terminale et se jettent directement dans la veinule. Un manchon de muscle lisse appelé **sphincter précapillaire** entoure la racine de chaque capillaire vrai qui se détache de la métartériole. Son rôle est de régir, comme une valvule, l'écoulement du sang dans le capillaire. À partir d'une artériole terminale, le sang peut prendre deux voies: il peut soit emprunter la métartériole et passer dans les capillaires vrais, soit s'écouler seulement dans la métartériole si les sphincters précapillaires sont fermés. S'il prend la première, il participe aux échanges avec les cellules du tissu; s'il prend la seconde, il contourne le lit capillaire et les cellules.

La quantité de sang qui s'écoule dans les capillaires vrais est régie par les neurofibres vasomotrices et par les conditions chimiques locales. Le sang peut inonder un lit capillaire ou le contourner presque complètement, selon les conditions qui règnent dans l'organisme ou dans un organe donné. Imaginez par exemple qu'après un bon repas vous écoutez tranquillement votre musique préférée. Vous digérez, et le sang circule librement dans les capillaires vrais de votre système digestif, où il reçoit les produits de la digestion. Entre les repas, cependant, la plupart de ces capillaires sont fermés. Qui plus est, lorsque vous vous livrez à un exercice intense, le sang est dérivé de votre système digestif (que vous ayez mangé ou non) vers les lits capillaires de vos muscles squelettiques, qui en ont davantage besoin. C'est l'une des raisons pour lesquelles l'exercice peut causer une indigestion ou des crampes abdominales s'il est pratiqué immédiatement après un repas.

Veines

Les veines amènent le sang des lits capillaires au cœur. Le long du trajet, le diamètre des veines augmente, et leurs parois épaississent graduellement.

Veinules

Les **veinules,** dont le diamètre varie entre 8 et 100 μm, sont formées par l'union des capillaires. Les plus petites, les veinules postcapillaires, sont entièrement composées d'endothélium entouré de quelques fibroblastes agglomérés. Les veinules sont extrêmement poreuses; le plasma et les globules blancs traversent aisément leurs parois. Les plus grosses veinules comprennent une tunique moyenne clairsemée et une mince tunique externe.

Veines

Les **veines** sont généralement constituées de trois tuniques, mais leurs parois sont toujours plus minces et leurs lumières, plus grandes, que celles des artères correspondantes (voir la figure 20.1). Dans les préparations histologiques courantes, les veines sont habituellement affaissées, et leur lumière réduite à l'état de fente. La tunique moyenne des veines est mince, et même celle des plus grosses veines contient peu de muscle lisse et d'élastine. La tunique externe est la plus robuste, et elle est souvent bien plus épaisse que la tunique moyenne. Dans les plus grosses veines, les veines caves (qui déversent le sang dans l'oreillette droite), des bandes longitudinales de muscle lisse ajoutent encore à l'épaisseur de la tunique externe.

Grâce à leur grande lumière et à leurs parois minces, les veines peuvent contenir un volume de sang substantiel. Comme les veines renferment à tout moment jusqu'à 65 % du sang, et qu'elles constituent un réservoir de sang, elles sont aussi appelées **vaisseaux capacitifs.** Néanmoins, les veines ne sont que partiellement remplies.

En dépit de la minceur de leurs parois, les veines ne sont pas menacées d'éclater car la pression du sang y est basse. Pour renvoyer le sang au cœur au même rythme qu'il a été propulsé dans le réseau artériel, les veines sont donc dotées d'adaptations structurales. Ainsi, le grand diamètre de leur lumière offre peu de résistance à l'écoulement du sang. En outre, les veines contiennent des valvules qui empêchent le reflux du sang. Les valvules sont particulièrement abondantes dans les veines des membres, où la force gravitationnelle s'oppose à la remontée du sang. Il n'y a pas de valvules dans les veines de la cavité abdominale. Les valvules des veines sont des replis de la tunique interne et, tant par leur structure que par leur fonction, elles ressemblent aux valvules semi-lunaires de la valve du tronc pulmonaire.

Une expérience simple vous démontrera l'efficacité de ces valvules. Laissez pendre une de vos mains le long de votre corps jusqu'à ce que les vaisseaux de sa face dorsale se gorgent de sang. Ensuite, placez le bout de deux doigts sur l'une des veines distendues et, en appuyant fermement, déplacez le doigt supérieur vers votre poignet, puis relevez ce doigt. La veine demeurera aplatie, en dépit de la force gravitationnelle. Enfin, relevez le doigt inférieur. La veine aura tôt fait de se remplir à nouveau.

Les *varices* sont des veines dilatées et tortueuses du fait de l'insuffisance de leurs valvules. Elles ont plusieurs causes, notamment l'hérédité et les facteurs qui entravent le retour veineux, comme la position debout prolongée, l'obésité et la grossesse. La «brioche» d'une personne obèse et l'utérus distendu d'une femme enceinte compriment les vaisseaux des aines et réduisent le retour veineux. Le sang tend à stagner dans les membres inférieurs et, peu à peu, les valvules s'affaiblissent et les parois des veines se distendent. Les veines superficielles, mal soutenues par les tissus environnants, sont particulièrement fragiles. Les varices peuvent aussi être provoquées par une forte pression veineuse. Par exemple, les efforts déployés pendant l'accouchement ou la défécation élèvent la pression intra-abdominale et empêchent le sang de se drainer du canal anal. Les varices des veines anales sont appelées *hémorroïdes.* ■

Les **sinus veineux** sont des veines aplaties hautement spécialisées dont les parois extrêmement minces ne sont composées que d'endothélium. Ils ne sont soutenus que par les tissus qui les entourent. Les *sinus de la dure-mère,* qui reçoivent le sang de l'encéphale et réabsorbent le liquide céphalo-rachidien, sont renforcés par la dure-mère. Le *sinus coronaire,* quant à lui, draine le myocarde.

Anastomoses vasculaires

Les **anastomoses** (ou **shunts**) **vasculaires** (*anastomôsis* = embouchure) sont des abouchements de vaisseaux sanguins. La plupart des organes sont irrigués par plus d'une branche artérielle, et il arrive souvent que les artères qui desservent le même territoire se réunissent et forment des **anastomoses artérielles.** Les anastomoses artérielles font communiquer directement les vaisseaux et fournissent des voies supplémentaires, appelées **vaisseaux collatéraux,** au sang destiné à une région donnée. Si une branche artérielle est obstruée par un caillot ou sectionnée, le vaisseau collatéral peut suffire à l'irrigation de la région. Les anastomoses artérielles sont abondantes dans les organes abdominaux et autour des articulations, où les mouvements sont susceptibles d'interdire l'accès du sang à un vaisseau. Les artères qui irriguent la rétine, les reins et la rate ne s'anastomosent pas ou forment des anastomoses peu élaborées. Si la circulation est interrompue dans ces artères, les cellules qu'elles alimentent meurent.

Les **anastomoses artério-veineuses** sont des vaisseaux spécialisés qui permettent le passage direct du sang des artérioles terminales aux veines. Les veines s'unissent davantage que les artères, et les **anastomoses veineuses** sont nombreuses dans l'organisme. Par conséquent, il est rare que l'occlusion d'une veine interrompe l'écoulement du sang et cause une nécrose tissulaire.

Physiologie de la circulation

Le rôle vital de la circulation sanguine est une notion facilement compréhensible, mais le mécanisme même de cette circulation l'est beaucoup moins. Vous savez maintenant que le cœur s'assimile à une pompe, les artères à des conduits, les artérioles à des conduits de résistance, les capillaires à des lieux d'échange et les veines à des réservoirs. Il convient maintenant de définir trois facteurs importants, le débit sanguin, la pression sanguine et la résistance, et d'étudier leur rôle dans la physiologie de la circulation sanguine.

Débit sanguin, pression sanguine et résistance

Débit sanguin

Le débit sanguin est le volume de sang qui s'écoule dans un vaisseau, dans un organe ou dans le système vasculaire entier en une période donnée. À l'échelle du système vasculaire, le débit sanguin équivaut au débit cardiaque et, au repos, il est relativement constant. À tout instant, néanmoins, le débit sanguin dans un organe déterminé peut varier considérablement, suivant les besoins immédiats de l'organe.

Pression sanguine

La **pression sanguine** est la force par unité de surface que le sang exerce sur la paroi d'un vaisseau. Les *différences* de pression dans le système vasculaire fournissent la force propulsive nécessaire à la circulation du sang dans l'organisme. La pression sanguine s'exprime en millimètres de mercure (mm Hg). Par exemple, une pression artérielle de 120 mm Hg est égale à la pression exercée par une colonne de mercure de 120 mm de haut. Des mécanismes d'autorégulation régissent la *pression artérielle*, dont dépend la *pression veineuse*. C'est la raison pour laquelle on traite le plus souvent de la pression artérielle.

Résistance périphérique

La **résistance** est la force qui s'oppose à l'écoulement du sang, et elle résulte de la friction du sang sur la paroi des vaisseaux. Comme la friction est surtout manifeste dans la circulation périphérique, loin du cœur, on parle généralement de **résistance périphérique.** Trois facteurs importants peuvent influer sur la résistance: la *viscosité du sang,* la *longueur des vaisseaux* et le *diamètre des vaisseaux.*

Viscosité du sang. La **viscosité** est la résistance inhérente d'un liquide à l'écoulement et elle varie selon que le liquide est fluide ou épais. Plus le frottement entre les molécules est important, plus la viscosité est grande, et plus le déplacement du liquide est difficile à amorcer et à maintenir. Le sang est beaucoup plus visqueux que l'eau car il contient des éléments figurés et des protéines plasmatiques; dans les mêmes conditions il s'écoule donc beaucoup plus lentement que l'eau.

Longueur des vaisseaux sanguins. Entre la longueur des vaisseaux et la résistance, la relation est fort simple: plus le vaisseau est long, plus la résistance est grande. Comme la viscosité du sang et la longueur des vaisseaux sont normalement invariables, on peut estimer que l'influence de ces facteurs est constante chez un sujet en bonne santé.

Diamètre des vaisseaux sanguins. Le diamètre des vaisseaux sanguins, quant à lui, change fréquemment, et il constitue un facteur capital de la résistance périphérique. En quoi? La réponse réside dans les principes de l'écoulement des liquides. Près des parois d'un tube ou d'un conduit, l'écoulement des liquides est ralenti par la friction tandis qu'au centre, l'écoulement est libre et rapide. Pour vérifier ce principe, observez le courant de l'eau dans une rivière. Près des berges, l'eau semble presque immobile, tandis qu'elle coule rapidement au milieu. En outre, la friction est plus forte dans un petit conduit que dans un gros, car la proportion de liquide en contact avec les parois est plus grande. Étant donné que les artérioles ont un petit diamètre et qu'elles peuvent se dilater ou se contracter en réaction à des mécanismes de régulation nerveux ou chimique, elles sont les principaux déterminants de la résistance périphérique.

Relation entre le débit sanguin, la pression sanguine et la résistance périphérique

Maintenant que nous avons défini ces facteurs, résumons leurs relations. Le débit sanguin (D) est directement proportionnel à la différence de pression sanguine (ΔP) entre deux points du système cardiovasculaire; autrement dit, si ΔP augmente, D augmente et vice versa. Par ailleurs, le débit sanguin est inversement proportionnel à la résistance périphérique (R); autrement dit, si R augmente, D diminue. La formule suivante exprime ces relations:

$$\text{Débit sanguin } (D) = \frac{\text{différence de pression sanguine } (\Delta P)}{\text{résistance périphérique } (R)}$$

Des deux facteurs influant sur le débit sanguin, la résistance est beaucoup plus importante que la différence de pression. En effet, si les diamètres des artérioles desservant un tissu augmentent (diminuant ainsi la résistance), le débit sanguin dans ce tissu augmente aussi, même si la pression systémique demeure constante ou diminue.

Pression artérielle systémique

Tout liquide propulsé par une pompe dans un circuit de conduits fermés circule sous pression; plus le liquide est près de la pompe, plus sa pression est grande. L'écoulement du sang dans les vaisseaux ne fait pas exception à la règle, et il s'effectue suivant un *gradient de pression.* En d'autres termes, le sang se déplace toujours des zones de haute pression vers les zones de basse pression. On peut dire que *l'action de pompage du cœur provoque l'écoulement du sang. La pression artérielle est une conséquence de la contraction du ventricule gauche, qui tente de comprimer le sang alors que celui-ci est, comme tous les liquides, incompressible.*

La pression artérielle dans les artères élastiques est essentiellement liée à deux facteurs, soit leur élasticité et le volume de sang propulsé. Si le volume de sang qui pénètre dans les artères élastiques était égal au volume de sang qui en sort à un moment quelconque, la pression artérielle serait constante. Mais, comme le montre la figure 20.6, la pression artérielle varie sans cesse dans les artères élastiques proches du cœur, et l'écoulement du sang y est manifestement *pulsatile.*

Lorsque le ventricule gauche se contracte et expulse le sang dans l'aorte (systole ventriculaire), il confère de l'énergie cinétique au sang. Le sang étire les parois élastiques de l'aorte, et la pression aortique atteint son point maximal. Si l'on ouvrait l'aorte à ce moment, le sang jaillirait à une hauteur d'environ 2 m! Cette pression maximale, appelée **pression artérielle systolique,** se situe en moyenne à 120 mm Hg chez l'adulte en bonne santé. Le sang avance dans le lit artériel parce que la pression est plus élevée dans l'aorte que dans les vaisseaux en aval. Pendant la diastole ventriculaire, la fermeture de la valve de l'aorte empêche le sang de refluer dans le ventricule gauche, et les parois de l'aorte (comme celles des autres artères élastiques) reprennent leur position initiale. L'évacuation du sang de l'aorte explique pourquoi la pression aortique atteint alors son point minimal (de 70 à 80 mm Hg chez l'adulte en bonne santé), appelé **pression artérielle diastolique** (voir la figure 20.6). On peut comparer les artères élastiques à des pompes auxiliaires passives et à des réservoirs de pression qui, après avoir accumulé du sang et de l'énergie cinétique pendant la systole, peuvent maintenir l'écoulement du sang et la pression artérielle dans le réseau vasculaire durant la diastole.

Puisque la pression aortique monte et descend à chaque battement du cœur, la valeur à retenir est la **pression artérielle moyenne,** car c'est cette pression qui propulse le sang dans les tissus tout au long de la révolution cardiaque. Comme la diastole dure généralement plus longtemps que la systole, la pression moyenne ne correspond pas simplement à la valeur intermédiaire entre la pression systolique et la pression diastolique. Elle est approximativement égale à la pression diastolique additionnée au tiers de la **pression différentielle** (la différence entre la pression systolique et la pression diastolique). Sous forme d'équation, on a ainsi:

$$\begin{array}{c}\text{Pression}\\ \text{artérielle}\\ \text{moyenne}\end{array} = \begin{array}{c}\text{pression}\\ \text{diastolique}\end{array} + \frac{\text{pression différentielle}}{3}$$

Par conséquent, une pression systolique de 120 mm Hg et une pression diastolique de 80 mm Hg donnent une pression artérielle moyenne d'environ 93 mm Hg [80 + (40/3)]. La pression différentielle est la pression qui propulse véritablement le sang dans le système vasculaire.

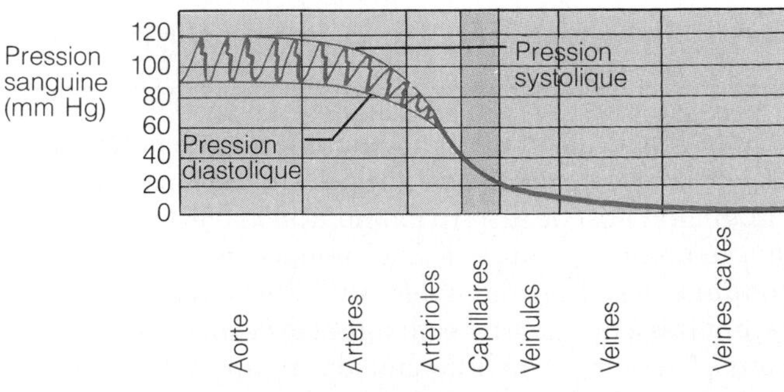

Figure 20.6 Pression sanguine dans divers vaisseaux de la circulation systémique.

Gradient de pression systémique

Comme le montre la figure 20.6, la pression systémique atteint son niveau le plus élevé dans l'aorte, puis elle diminue peu à peu pour atteindre 0 mm Hg dans l'oreillette droite. La baisse la plus abrupte de la pression artérielle se produit dans les artérioles, qui offrent la résistance maximale à l'écoulement du sang. Toutefois, tant que le gradient de pression subsiste, le sang continue de s'écouler des zones de haute pression vers les zones de basse pression jusqu'à ce qu'il revienne au cœur droit. Contrairement à la pression artérielle, qui oscille à chaque contraction du ventricule gauche, la pression veineuse fluctue très peu au cours de la révolution cardiaque. Le gradient de pression n'est que d'environ 10 mm Hg dans les veines, des veinules aux extrémités terminales des veines caves, tandis qu'il se situe en moyenne à 50 mm Hg dans les artères.

Cette différence entre la pression artérielle et la pression veineuse est particulièrement évidente quand on observe des vaisseaux endommagés. En effet, le sang s'écoule uniformément d'une veine blessée; en revanche, il jaillit par à-coups d'une artère lacérée. La très faible pression du réseau veineux résulte des effets cumulatifs de la résistance périphérique, qui dissipe la majeure partie de l'énergie de la pression artérielle (sous forme de chaleur) au cours de chaque «tour du circuit».

Facteurs favorisant le retour veineux

Comme la pression veineuse est habituellement trop basse pour provoquer le retour veineux (en dépit des modifications structurales décrites à la p. 638), des adaptations fonctionnelles doivent y pourvoir. Ainsi, les changements de pression qui se produisent dans la cavité abdominale durant la respiration créent une **pompe respiratoire** qui aspire le sang vers le cœur. À l'inspiration, la compression des organes de l'abdomen par le diaphragme comprime les veines locales; comme les valvules veineuses empêchent le reflux, le sang est chassé en direction du cœur. Simultanément, la pression diminue dans la cage thoracique et la dilatation des veines thoraciques accélère l'entrée du sang dans l'oreillette droite. Une autre adaptation, la **pompe musculaire,** se révèle encore plus importante. Les contractions et les relâchements des muscles squelettiques entourant les veines profondes propulsent le sang en direction du cœur, de valvule en valvule (figure 20.7). Les gens qui travaillent debout, comme les coiffeuses et les dentistes, présentent souvent un œdème aux chevilles, car l'inactivité de leurs muscles squelettiques fait stagner le sang dans leurs membres inférieurs.

Facteurs influant sur la pression artérielle

Le *débit cardiaque,* la *résistance périphérique* et le *volume sanguin* sont les principaux facteurs agissant sur la pression artérielle. Une formule simple montre la relation entre le débit cardiaque (débit sanguin total), la résistance périphérique et la pression artérielle:

$$\text{Pression artérielle} = \text{débit cardiaque} \times \begin{matrix}\text{résistance}\\ \text{périphérique}\end{matrix}$$

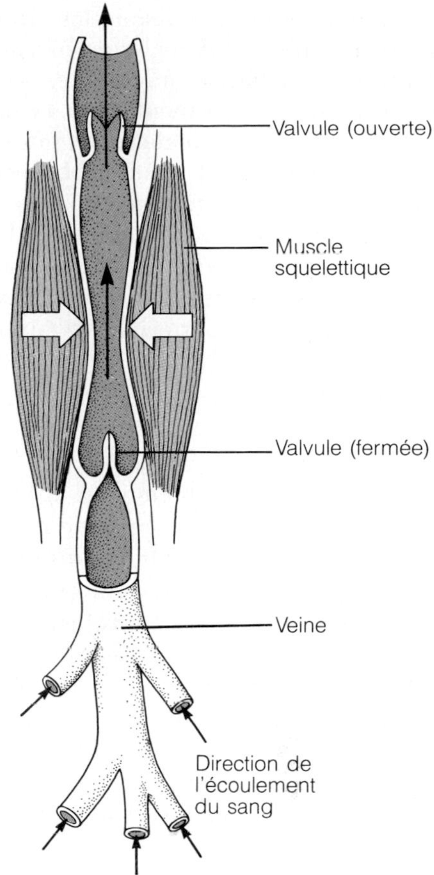

Figure 20.7 Fonctionnement de la pompe musculaire. En se contractant, les muscles squelettiques compriment les veines flexibles. Les valvules situées en aval du point de compression s'ouvrent et le sang est propulsé vers le cœur. Le reflux du sang ferme les valvules situées en amont du point de compression.

Examinons chacun de ces facteurs plus en détail.

Débit cardiaque. Nous avons vu au chapitre 19 que le débit cardiaque (mL/min) est égal au *volume systolique* (mL/battement) multiplié par la *fréquence cardiaque* (battements/min); le débit cardiaque normal est d'environ 5,5 L/min. Comme la pression artérielle est directement proportionnelle au débit cardiaque, elle est influencée par les variations du volume systolique et de la fréquence cardiaque.

Résistance périphérique. Les changements passagers du diamètre des vaisseaux sanguins, et particulièrement de celui des artérioles, sont les principaux facteurs qui influent sur la pression artérielle et sur le débit sanguin. De très faibles variations du diamètre modifient considérablement la résistance et la pression artérielle, car la résistance est *inversement* proportionnelle au rayon (la moitié du diamètre) des vaisseaux élevé à la *puissance quatre.* Par conséquent, si le rayon d'un vaisseau double, la résistance est divisée par 16 ($r^4 = 2 \times 2 \times 2 \times 2 = 16$ et $1/r^4 = 1/16$) et la pression artérielle diminue proportionnellement. Lorsque les artérioles se contractent, le sang ralentit dans les artères qui les alimentent, et la pression artérielle augmente.

Nous l'avons déjà mentionné, la viscosité est un facteur constant, mais des états rares, comme la polycythémie (nombre excessif de globules rouges), peuvent l'augmenter et, par le fait même, élever la pression artérielle. Inversement, si le nombre de globules rouges est insuffisant, comme dans certaines anémies, le sang devient moins visqueux, et la résistance périphérique ainsi que la pression artérielle diminuent. ■

Volume sanguin. La pression artérielle est directement proportionnelle à la quantité de sang qui se trouve dans le système vasculaire. Bien que le volume sanguin (ou *volémie*) varie en fonction de l'âge et du sexe, les fonctions homéostatiques des reins le maintiennent à environ 5 L chez l'adulte. Or, la diminution du volume sanguin consécutive à une hémorragie ou à la déshydratation extrême réduit le retour veineux (et, par conséquent, le volume systolique et le débit cardiaque). Une baisse soudaine de la pression artérielle indique souvent une hémorragie interne, auquel cas il convient de rétablir le volume sanguin. Inversement, tout ce qui accroît le volume sanguin, comme un apport excessif de sel (qui augmente la rétention d'eau), élève la pression artérielle.

Régulation de la pression artérielle

Le sang doit circuler uniformément de la tête aux pieds afin d'assurer le bon fonctionnement des organes. Pour éviter l'évanouissement à la personne qui bondit hors du lit le matin, le cœur, les vaisseaux sanguins et les reins doivent interagir de façon précise, sous la surveillance étroite du cerveau et du tronc cérébral.

La pression artérielle est régie par des mécanismes nerveux, chimiques et rénaux qui modifient le débit cardiaque, la résistance périphérique et/ou le volume sanguin. Nous avons étudié les mécanismes de régulation du débit cardiaque au chapitre 19. Ici, nous nous pencherons sur les facteurs qui règlent la pression artérielle en modifiant la résistance périphérique et le volume sanguin. La figure 20.9, à la p. 644, présente néanmoins un diagramme résumant l'influence de presque tous les facteurs importants.

Mécanismes nerveux. Les mécanismes nerveux visent principalement à : (1) distribuer le sang de manière à favoriser des fonctions précises ; (2) maintenir une pression artérielle systémique adéquate. Pendant l'exercice, par exemple, un certain volume de sang est dérouté de la peau et du système digestif vers les muscles squelettiques, et la dilatation des vaisseaux cutanés favorise la dissipation de la chaleur qui résulte de la contraction des muscles squelettiques. En état d'hypovolémie, les artérioles, sauf celles qui desservent le cœur et l'encéphale, se contractent afin que ces organes vitaux reçoivent le plus de sang possible. Le système nerveux autonome joue un rôle fondamental dans la régulation de la pression et la distribution du sang en modifiant le diamètre des artérioles.

La plupart des mécanismes nerveux de régulation agissent par l'intermédiaire d'arcs réflexes composés des barorécepteurs et des neurofibres afférentes associées, du centre vasomoteur du bulbe rachidien, des neurofibres vasomotrices autonomes (efférentes) et du muscle lisse vasculaire. Il arrive aussi que des influx provenant des chimiorécepteurs et des centres cérébraux supérieurs influent sur les mécanismes nerveux.

- **Neurofibres vasomotrices autonomes.** Les neurofibres vasomotrices sont des efférents du système nerveux sympathique qui innervent la couche de muscle lisse des vaisseaux sanguins, des artérioles plus particulièrement. La plupart des neurofibres vasomotrices libèrent de la noradrénaline (un puissant vasoconstricteur) comme neurotransmetteur. Dans le muscle squelettique, en revanche, certaines neurofibres vasomotrices peuvent libérer de l'acétylcholine et ainsi causer la vasodilatation. Ces neurofibres vasodilatatrices sont importantes à l'échelle locale, mais *non pas* à l'échelle de la pression artérielle systémique.

- **Centre vasomoteur.** Le centre vasomoteur, un amas de neurones sympathiques situé dans le bulbe rachidien, est un centre d'intégration qui assure la régulation de la pression artérielle. Il transmet des influx à un rythme constant dans les neurofibres vasomotrices. Par conséquent, les artérioles sont presque toujours partiellement contractées, un état appelé **tonus vasomoteur.** Toute augmentation de l'activité sympathique et de la fréquence des influx vasomoteurs produit une vasoconstriction généralisée des artérioles et une élévation de la pression artérielle systémique. La diminution de l'activité sympathique provoque un certain relâchement du muscle lisse des artérioles et une baisse de la pression artérielle. L'activité du centre vasomoteur est modifiée par des influx sensitifs provenant des barorécepteurs, des chimiorécepteurs et des centres cérébraux supérieurs ainsi que des hormones et d'autres substances chimiques qui diffusent du sang.

- **Barorécepteurs.** Les barorécepteurs sont des mécanorécepteurs qui détectent les variations de la pression artérielle. Ils sont situés dans le sinus carotidien et dans le sinus de l'aorte, mais également dans presque toutes les grosses artères du cou et du thorax. Lorsque la pression artérielle s'élève, ces récepteurs s'étirent et ils transmettent des influx plus fréquents au centre vasomoteur. Le centre vasomoteur s'en trouve inhibé, ce qui entraîne la vasodilatation et la diminution de la pression artérielle (figure 20.8). Les influx afférents des barorécepteurs atteignent aussi le centre cardio-inhibiteur du bulbe rachidien, ce qui réduit la fréquence cardiaque et la force de contraction du cœur. Inversement, une diminution de la pression artérielle moyenne

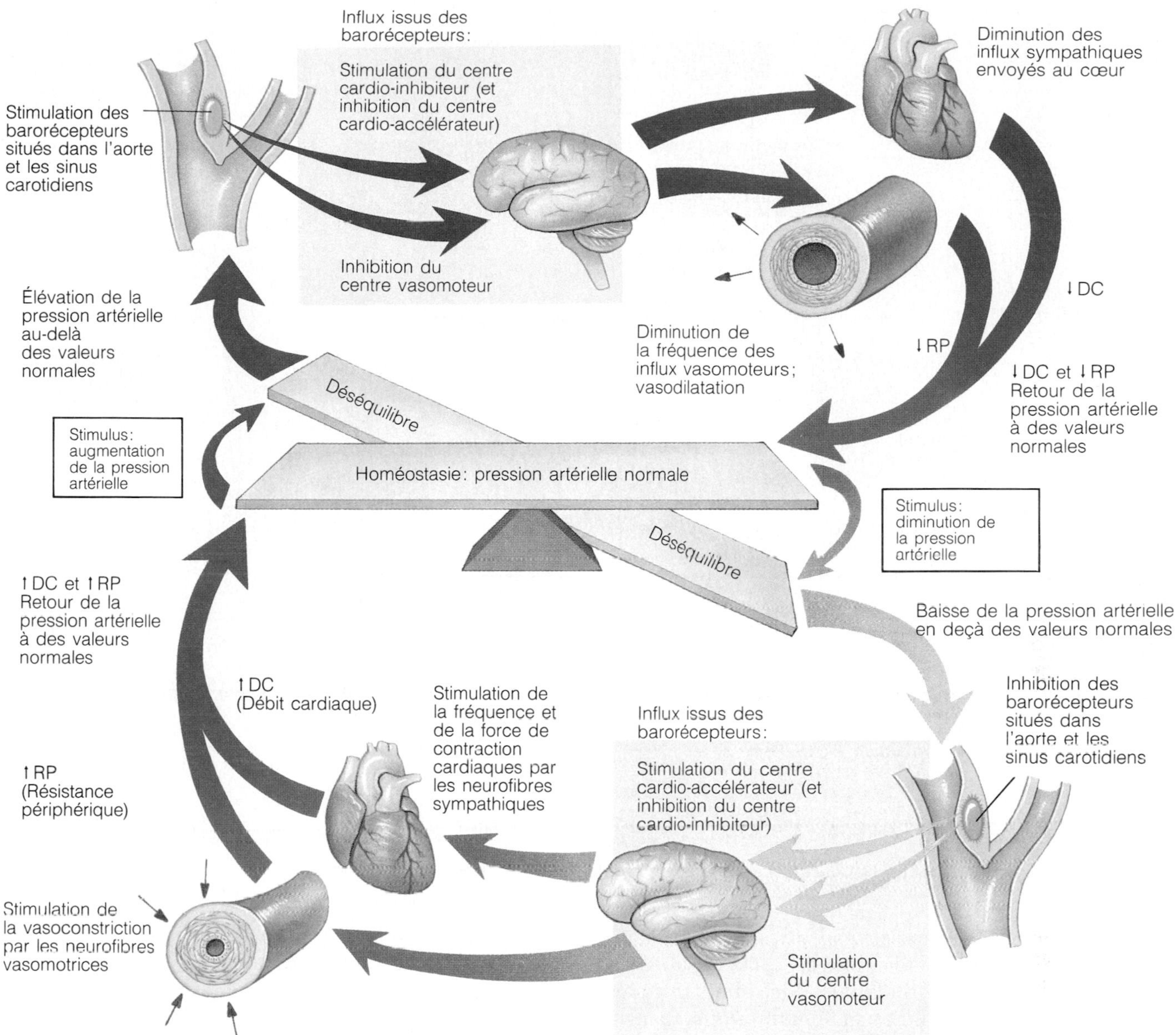

Figure 20.8 Réflexes déclenchés par les barorécepteurs qui concourent à maintenir la pression artérielle à des valeurs normales. (DC = débit cardiaque; RP = résistance périphérique.)

suscite une vasoconstriction réflexe et une augmentation du débit cardiaque, et la pression artérielle s'élève. On voit donc que la résistance périphérique et le débit cardiaque sont régis conjointement, en fonction des influx provenant des barorécepteurs.

La principale fonction des barorécepteurs est d'empêcher les variations transitoires de la pression artérielle, celles qui se produisent à l'occasion des changements de position par exemple. Les barorécepteurs sont relativement *inefficaces* face aux changements de pression prolongés, comme en témoigne l'existence de l'hypertension chronique. Il semble alors que le «réglage» des barorécepteurs soit modifié de telle façon qu'ils ne détectent que des changements de pression plus marqués encore.

- **Chimiorécepteurs.** Lorsque la teneur en oxygène ou le pH du sang diminuent brusquement, les *chimiorécepteurs de la crosse de l'aorte* et les *corpuscules carotidiens* transmettent des influx au centre vasomoteur, provoquant la vasoconstriction réflexe. L'élévation de la pression artérielle qui s'ensuit accélère le retour veineux au cœur puis aux poumons. Comme ils sont plus importants pour la régulation de la fréquence et de l'amplitude respiratoires que pour celle de la pression artérielle, nous y revenons plus en détail au chapitre 23.

- **Centres cérébraux supérieurs.** Les réflexes qui régissent la pression artérielle sont intégrés dans le bulbe rachidien. Bien que le cortex cérébral et l'hypothalamus n'interviennent pas de façon courante dans la régulation de la pression artérielle, ces centres cérébraux supérieurs peuvent modifier la pression artérielle par

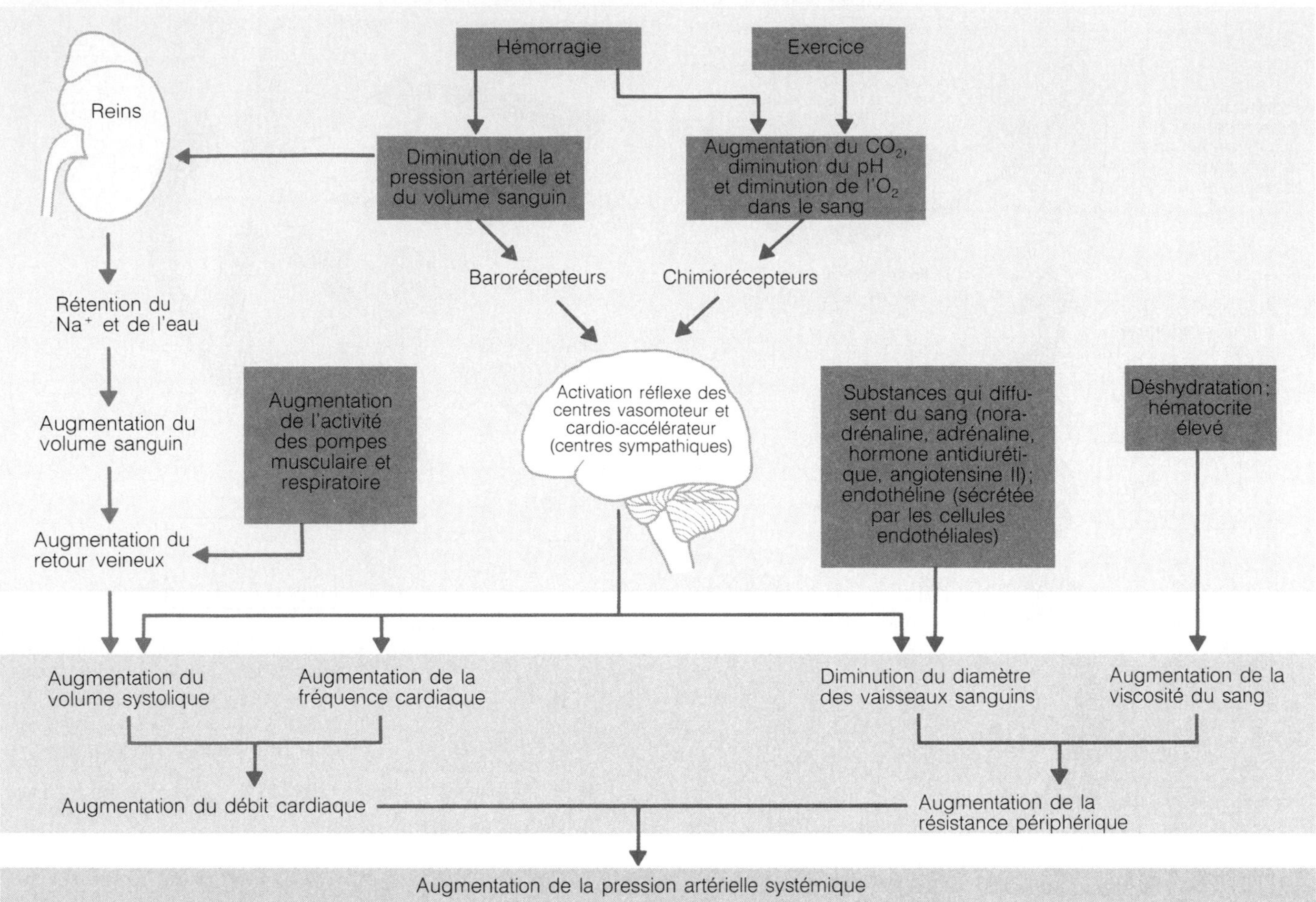

Figure 20.9 Résumé des facteurs causant l'augmentation de la pression artérielle systémique.

l'intermédiaire de relais avec les centres du bulbe rachidien. Par exemple, la réaction de lutte ou de fuite commandée par l'hypothalamus a des effets marqués sur la pression artérielle et sur nombre de systèmes. (Même le simple fait de parler peut faire monter la pression artérielle si votre interlocuteur vous rend anxieux.) L'hypothalamus règle aussi la redistribution du débit sanguin, de même que d'autres réactions cardiovasculaires se produisant pendant les périodes d'exercice physique et à l'occasion de changements de la température corporelle.

Mécanismes chimiques. Les variations des concentrations d'oxygène et de gaz carbonique concourent à la régulation de la pression artérielle par l'intermédiaire de réflexes issus des chimiorécepteurs. Or, de nombreuses autres substances véhiculées par le sang influent sur la pression artérielle en agissant directement sur le muscle lisse vasculaire ou sur le centre vasomoteur.

- **Hormones de la médullosurrénale.** En période de stress, la glande surrénale libère dans le sang de la noradrénaline et de l'adrénaline, deux substances qui intensifient la réaction de lutte ou de fuite (figure 20.9). La noradrénaline a un effet vasoconstricteur, comme nous l'avons vu plus haut; l'adrénaline accroît le débit cardiaque et provoque une vasoconstriction généralisée (sauf dans le muscle squelettique, où elle cause la vasodilatation).

- **Facteur natriurétique auriculaire (FNA).** Les oreillettes produisent une hormone peptidique, le facteur natriurétique auriculaire, qui est libéré sous l'influence de la distension des oreillettes créée par l'augmentation de la pression artérielle. Comme nous l'avons mentionné au chapitre 17, le facteur natriurétique auriculaire stimule l'excrétion du sodium et de l'eau, ce qui entraîne une diminution du volume sanguin et, par conséquent, de la pression artérielle. L'action de ce facteur s'oppose donc à celle de l'aldostérone, qui stimule la réabsorption du sodium et de l'eau au niveau des reins. Enfin, le facteur natriurétique auriculaire produit une vasodilatation généralisée et diminue la formation du liquide céphalo-rachidien dans l'encéphale.

- **Hormone antidiurétique (ADH).** L'hormone antidiurétique est sécrétée par l'hypothalamus et elle réduit la diurèse. Dans des circonstances normales, elle joue un rôle minime dans la régulation de la pression artérielle. Cependant, elle est libérée en quantités accrues lorsque la pression artérielle baisse de manière dangereuse (comme lors d'une hémorragie). Elle concourt alors au rétablissement de la pression artérielle en provoquant une intense vasoconstriction.

- **Facteurs endothéliaux.** L'endothélium est source de quelques substances chimiques qui influent sur le muscle lisse vasculaire (de même que sur la coagulation). Ainsi, un peptide appelé **endothéline** constitue l'un des plus puissants vasoconstricteurs connus. L'endothéline semble provoquer ses effets durables en favorisant l'entrée du calcium dans le muscle lisse vasculaire. Par ailleurs, le **facteur de dilatation provenant de l'endothélium artériel** (EDRF, «endothelium derived relaxation factor») produit une vasodilatation passagère et très locale. Ce facteur a donc beaucoup moins d'influence que l'endothéline sur la pression artérielle.
- **Alcool.** L'alcool provoque une baisse de la pression artérielle, car il inhibe la libération de l'hormone antidiurétique, déprime le centre vasomoteur et favorise la vasodilatation, particulièrement dans la peau. C'est la dilatation des vaisseaux cutanés qui explique les rougeurs que présentent certaines personnes après l'ingestion d'une grande quantité d'alcool.

Mécanismes rénaux. Les mécanismes rénaux, l'un direct et l'autre indirect, sont les principales influences régulatrices durables à s'exercer sur la pression artérielle. Le mécanisme direct est lié à la modification du volume sanguin. Lorsque le volume sanguin ou la pression artérielle augmente, les reins excrètent beaucoup d'eau; le volume sanguin diminue et la pression baisse. Inversement, lorsque la pression ou le volume du sang est faible, les reins retiennent l'eau et la renvoient dans la circulation (voir la figure 20.9).

Le mécanisme rénal indirect fait intervenir le *système rénine-angiotensine.* Lorsque la pression artérielle diminue, les cellules spécialisées de l'appareil juxtaglomérulaire des reins libèrent une enzyme appelée *rénine* dans le sang. La rénine déclenche une série de réactions enzymatiques qui se soldent par la formation d'**angiotensine II,** un puissant vasoconstricteur. L'angiotensine II stimule aussi la libération d'*aldostérone,* une hormone produite par la corticosurrénale qui favorise la résorption rénale du sodium. La résorption de l'eau étant proportionnelle à celle du sodium, le volume sanguin augmente et la pression artérielle s'élève. Nous donnons plus de précisions sur le mécanisme rénal indirect au chapitre 27.

Variations de la pression artérielle

Le pouls et la pression artérielle sont des indicateurs de l'efficacité de la circulation. (En milieu clinique, ces mesures constituent, avec la fréquence respiratoire et la température corporelle, les **signes vitaux.**) Généralement, on mesure la pression artérielle systémique indirectement, soit par la **méthode auscultatoire.**

Le procédé consiste à prendre la pression artérielle dans l'artère brachiale. On enroule le brassard gonflable du sphygmomanomètre fermement autour du bras, juste au-dessus du coude, et on le gonfle jusqu'à ce que la pression qui règne à l'intérieur du brassard dépasse la pression artérielle systolique. À ce moment, le sang cesse de s'écouler dans le bras, et on ne peut plus entendre ni sentir le pouls brachial. On réduit graduellement la pression à l'intérieur du brassard tout en auscultant l'artère brachiale à l'aide d'un stéthoscope. La valeur indiquée par le manomètre au moment où on entend les premiers bruits (indiquant qu'une petite quantité de sang jaillit dans l'artère comprimée) représente la pression systolique. À mesure que la pression continue de baisser dans le brassard, les bruits se font plus forts et plus distincts. Ils s'évanouissent lorsque cesse la compression de l'artère et que le sang s'écoule librement. La valeur indiquée au moment où les bruits s'éteignent représente la pression artérielle diastolique.

Chez l'adulte normal au repos, la pression systolique varie entre 110 et 140 mm Hg et la pression diastolique, entre 75 et 80 mm Hg. Cependant, il faut se rappeler que la pression artérielle varie en fonction de l'âge, du sexe, du poids, de la race et de la situation socio-économique du sujet. Votre pression «normale» n'est peut-être pas celle de votre grand-père ou de votre voisine. La pression artérielle est aussi liée à l'humeur, à l'activité physique et à la position. Presque toutes les variations sont dues aux facteurs dont nous venons de traiter.

Hypotension. L'**hypotension,** ou basse pression, artérielle correspond à une pression systolique inférieure à 100 mm Hg. Dans bien des cas, l'hypotension résulte simplement de variations individuelles et ne porte pas à conséquence. En fait, l'hypotension est souvent associée à la longévité et à une bonne santé.

Les personnes âgées sont sujettes à l'*hypotension orthostatique,* un état qui se caractérise par des étourdissements lors du passage de la position couchée à la position debout ou assise. Comme le système nerveux sympathique des personnes âgées réagit lentement aux changements de position, le sang stagne dans les extrémités inférieures. La pression artérielle baisse et l'irrigation du cerveau diminue. Pour empêcher ce désagrément, on conseille généralement aux gens de changer lentement de position pour laisser à leur système nerveux le temps de procéder aux ajustements nécessaires.

L'*hypotension artérielle chronique* est parfois un signe d'anémie et d'hypoprotéinémie consécutives à une mauvaise alimentation, car ces états réduisent la viscosité du sang. L'hypotension artérielle chronique peut aussi être un symptôme de la maladie d'Addison (dysfonctionnement de la corticosurrénale), de l'hypothyroïdie ou de l'atrophie tissulaire grave due notamment au cancer. L'*hypotension artérielle aiguë* est l'un des signes majeurs de l'état de choc (voir à la p. 652). ■

Hypertension. Les élévations transitoires de la pression artérielle systolique sont des adaptations normales à la fièvre, à l'effort physique et aux bouleversements émotionnels comme la colère et la peur. Mais l'**hypertension** persistante, ou haute pression, est fréquente parmi les personnes obèses, chez lesquelles la longueur totale des vaisseaux sanguins est plus grande que chez les

GROS PLAN Comment traiter l'artériosclérose: sortez vos débouchoirs

Lorsque l'eau s'écoule trop lentement d'un évier de cuisine, on s'empare d'un débouchoir et on élimine les débris d'aliments qui obstruent le tuyau. Et le tour est joué. L'entretien de la plomberie vasculaire n'est pas si simple. En effet, les parois des artères peuvent épaissir. Il suffit ensuite d'un caillot vagabond ou de spasmes artériels pour obstruer complètement la lumière déjà rétrécie d'une artère. Un infarctus du myocarde ou un accident vasculaire cérébral peuvent alors survenir.

Si tous les vaisseaux sanguins peuvent être touchés par l'**athérosclérose,** l'aorte et les artères coronaires sont les plus vulnérables. Bien des stades précèdent celui de la rigidité vasculaire, mais même les premiers comportent des risques mortels.

Quel est le facteur à l'origine d'un tel fléau? Certains chercheurs pensent qu'il s'agit d'une lésion de la tunique interne des vaisseaux causée par des substances qui circulent dans le sang, des virus, ou des facteurs physiques comme un coup ou l'hypertension. Les cellules endothéliales endommagées libèrent des agents chimiotactiques et des facteurs de croissance (qui stimulent la mitose), et elles commencent à absorber et à modifier des quantités accrues de lipides sanguins. Les monocytes s'accrochent aux lésions, puis ils migrent sous la tunique interne où ils se transforment en macrophages. Bientôt, ils sont rejoints par des cellules musculaires lisses en provenance de la tunique moyenne. Les cellules des deux types accumulent des lipides et se transforment en *cellules spumeuses*; cette étape marque le début du stade des **stries lipidiques.** Bien que les stries lipidiques initiales soient composées principalement de macrophages, les cellules musculaires lisses prolifèrent rapidement et deviennent le principal composant cellulaire des lésions. Les cellules musculaires sécrètent également du collagène et de l'élastine qui forment des fibres. La tunique interne épaissit et présente des lésions appelées **athéromes** ou **plaques athéroscléreuses.** Lorsque ces dépôts lipidiques de cellules musculaires lisses et de fibres commencent à faire saillie dans la lumière du vaisseau, l'athérosclérose est pleinement installée (voir les photographies).

L'**artériosclérose** est le dernier stade de la maladie. Les plaques

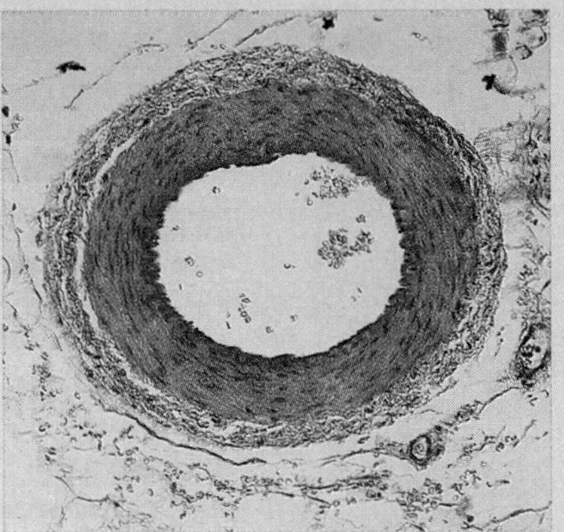
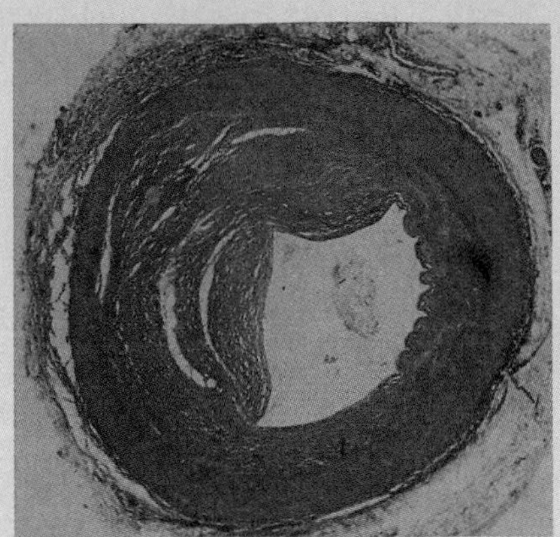

Une artère normale et une artère athéroscléreuse. (a) Coupe transversale d'une artère normale (×170). (b) Coupe transversale d'une artère partiellement obstruée par un athérome (×30).

personnes minces. En effet, chaque kilogramme de graisse nécessite des kilomètres de vaisseaux sanguins supplémentaires.

L'hypertension chronique est une maladie grave et répandue qui traduit un accroissement de la résistance périphérique. On estime que 30 % des personnes de plus de 50 ans sont hypertendues. Bien que l'hypertension soit généralement asymptomatique pendant les 10 à 20 premières années de son évolution, elle fatigue le cœur et endommage les artères. L'hypertension prolongée est la principale cause de l'insuffisance cardiaque, des maladies vasculaires, de l'insuffisance rénale et de l'accident vasculaire cérébral. Comme le cœur doit surmonter une résistance accrue, il travaille plus fort qu'il ne le devrait et, au fil des années, le myocarde s'hypertrophie. Lorsque le cœur finit par outrepasser ses capacités, il s'affaiblit et ses parois deviennent flasques. L'hypertension cause aussi dans l'endothélium des vaisseaux sanguins de petites déchirures qui accélèrent les ravages de l'athérosclérose et provoquent l'artériosclérose, c'est-à-dire le durcissement des artères (voir l'encadré des p. 646-647). À mesure que les vaisseaux s'obstruent, l'irrigation des tissus diminue, et des complications cérébrales, oculaires, cardiaques et rénales apparaissent.

Bien qu'hypertension et athérosclérose soient souvent liées, il est difficile d'attribuer l'hypertension à une quelconque anomalie. Au point de vue physiologique, l'hypertension se définit comme la persistance d'une pression artérielle de 140/90 ou plus; plus la pression artérielle est élevée, plus les risques de problèmes cardiovasculaires et cérébraux sont grands. En règle générale, l'élévation de la pression diastolique est plus inquiétante, parce qu'elle indique toujours une occlusion et/ou un durcissement progressifs du réseau artériel.

Dans environ 90 % des cas, l'hypertension est **essentielle,** c'est-à-dire qu'elle n'a pas de cause organique précise. Toutefois, il est fort possible que le régime gênent la diffusion des nutriments dans les tissus profonds de la paroi artérielle, les cellules musculaires lisses de la tunique moyenne meurent, et les fibres élastiques se détériorent. Ces éléments sont remplacés par du tissu cicatriciel non élastique, et des sels de calcium se déposent dans les athéromes. Les parois artérielles s'usent et, souvent, s'ulcèrent; la rigidité des parois vasculaires, normalement élastiques, cause l'hypertension. L'ensemble de ces phénomènes accroît les risques d'infarctus du myocarde, d'accident vasculaire cérébral et d'anévrisme. (Toutefois, un régime alimentaire riche en acides gras omega-3, que l'on trouve dans la chair de certains poissons, peut abaisser la concentration sanguine de cholestérol et diminuer la production du facteur de croissance dérivé des plaquettes (PDGF, «platelet derived growth factor»).

Quelles mesures peut-on prendre lorsque l'athérosclérose coronarienne représente un danger pour le cœur? Traditionnellement, on effectuait des pontages coronariens, c'est-à-dire que l'on greffait dans le cœur des veines prélevées dans les jambes ou de petites artères prises dans la cavité thoracique. Depuis peu, cependant, les chirurgiens emploient des instruments intravasculaires pour désobstruer les vaisseaux. Ainsi, l'*angioplastie transluminale percutanée* se pratique au moyen d'une sonde munie d'un ballonnet. Lorsque la sonde atteint le siège de l'obstruction, le chirurgien gonfle le ballonnet et la masse lipidique est comprimée contre la paroi du vaisseau. Ce procédé a toutefois l'inconvénient de n'éliminer que quelques obstructions très localisées. Une sonde encore plus perfectionnée vient de faire son apparition. Elle renferme un fibroscope qui permet d'illuminer et de visionner le vaisseau, un ballonnet qui arrête temporairement l'écoulement du sang et une fibre qui envoie un rayon laser pour dissoudre l'obstruction. Bien que les techniques intravasculaires soient plus rapides, moins coûteuses et beaucoup moins risquées que le pontage, elles ont la même limite: elles n'éliminent pas la maladie sous-jacente. Avec le temps, il se produit des *resténoses* (de nouvelles obstructions). En fait, des études récentes ont démontré que certaines resténoses sont dues, en partie du moins, à la prolifération du tissu cicatriciel dans les vaisseaux endommagés au cours de l'intervention.

On avait fondé beaucoup d'espoir dans les médicaments hypocholestérolémiants comme la cholestyramine et la lovastatine. Malheureusement, leurs effets indésirables (nausées, ballonnement et constipation) sont si gênants que la plupart des gens cessent tout simplement de les prendre. Lorsque l'obstruction est causée par un caillot, les médecins prescrivent des *agents thrombolytiques* (qui dissolvent les caillots). Au nombre de ces médicaments révolutionnaires, on trouve la *streptokinase* (une enzyme) et l'*activateur tissulaire du plasminogène*, une substance naturelle reproduite grâce au génie génétique. L'injection directe d'activateur tissulaire du plasminogène dans le cœur au moyen d'un cathéter rétablit rapidement le débit sanguin et interrompt le cours de nombreuses crises cardiaques. En outre, la fréquence de la tachycardie ventriculaire et de la mort subite consécutives à un infarctus du myocarde semble diminuer chez les sujets qui reçoivent ce type de médicaments.

Le stress émotionnel, l'usage du tabac, l'obésité, le manque d'exercice ainsi qu'un régime alimentaire riche en matières grasses et en cholestérol sont sans aucun doute des facteurs de l'athérosclérose et de l'hypertension. Cependant, il est extrêmement difficile de modifier ses habitudes. Comment convaincre les Nord-Américains de renoncer au beurre et aux «hamburgers»? Par ailleurs, la médecine cardiovasculaire commence à peine à intégrer les techniques de gestion du stress et de modification du comportement. Pourtant, si l'on parvient un jour à prévenir la cardiopathie en guérissant l'artériosclérose, bien des gens accepteront de troquer leurs vieilles habitudes contre une vieillesse heureuse!

alimentaire, l'obésité, l'hérédité, la race et le stress jouent un certain rôle. Les signes cliniques de la maladie apparaissent habituellement après l'âge de 40 ans, et son évolution diffère selon les groupes de la population. Ainsi, on trouve plus d'hypertendus de race noire que de race blanche. L'hypertension est héréditaire: l'enfant d'un parent hypertendu court deux fois plus de risques d'être atteint de la maladie que l'enfant né de parents normotendus. Le sodium, les graisses saturées, le cholestérol et les carences en certains ions de métaux (potassium, calcium et magnésium) font partie des facteurs alimentaires de l'hypertension. Les facteurs de risque les plus importants sont la gravité de l'élévation de la pression artérielle, le taux sanguin de cholestérol, l'usage du tabac, le diabète sucré et le stress (particulièrement chez les personnes dont la pression artérielle monte en flèche à chaque événement générateur de stress). L'hypertension essentielle est incurable, mais elle peut être maîtrisée par un régime alimentaire faible en sel et en cholestérol, la perte pondérale et les médicaments antihypertenseurs. Dans cette catégorie, on trouve notamment les diurétiques, les inhibiteurs du système nerveux sympathique et les bloqueurs des canaux calciques.

Dans 10 % des cas, l'hypertension est due à des troubles identifiables, dont l'hypersécrétion de rénine, l'artériosclérose et des troubles endocriniens telles l'hyperthyroïdie et la maladie de Cushing. Le traitement de l'hypertension vise à éliminer le facteur causal. ■

Débit sanguin

Le débit sanguin détermine: (1) l'apport d'oxygène et de nutriments aux cellules des tissus et l'élimination de leurs déchets; (2) les échanges gazeux dans les poumons; (3) l'absorption des nutriments contenus dans le système digestif; (4) le traitement du sang par les reins. Le débit sanguin est très précisément ajusté au fonctionnement de chaque tissu et de chaque organe. Lorsque l'organisme est au repos, le cerveau reçoit environ 13 % du débit sanguin total, le cœur, 4 %, les reins, 20 % et les organes abdominaux, 24 %. Les muscles squelettiques, qui représentent près de la moitié du poids corporel, reçoivent normalement 20 % du débit sanguin; pendant l'exercice, cependant, c'est à eux que profite l'augmentation du débit cardiaque (figure 20.10).

Vitesse de l'écoulement sanguin

Comme le montre la figure 20.11, la vitesse de l'écoulement sanguin varie dans les différents vaisseaux de la circulation systémique. Elle est rapide dans l'aorte et dans les autres grosses artères, elle diminue dans les capillaires, puis elle augmente quelque peu dans les veines caves.

La vitesse de l'écoulement sanguin dans un type de vaisseaux est *inversement* proportionnelle à l'aire de la section transversale totale de ces vaisseaux (somme des aires de la section transversale). Autrement dit, elle atteint son maximum dans les vaisseaux dont la section transversale totale est la plus petite (artères) et son minimum dans les vaisseaux dont la section transversale totale est la plus grande (capillaires). En effet, d'une ramification du réseau artériel à l'autre, le nombre de vaisseaux augmente : le nombre des capillaires est plus élevé que celui des artérioles, lequel est supérieur à celui des artères. Même si les branches successives ont un calibre décroissant par rapport à celui de l'aorte, l'aire de leur section transversale totale est beaucoup plus grande. Par exemple, l'aire de la section transversale totale de l'aorte est de 2,5 cm², et la vitesse moyenne de l'écoulement sanguin y est de 40 à 50 cm/s. En revanche, l'aire de la section transversale totale des capillaires est de 2500 cm², et la vitesse de l'écoulement sanguin y est d'environ 0,03 cm/s. Les échanges entre le sang et les cellules ont donc amplement le temps de se dérouler.

Le même principe s'applique aux veines. En effet, des capillaires aux veinules puis aux veines, l'aire de la section transversale totale diminue, et la vitesse de l'écoulement sanguin augmente. L'aire de la section transversale des veines caves est de 8 cm², et la vitesse de l'écoulement sanguin y varie de 10 à 30 cm/s, selon le degré d'activité des muscles squelettiques (qui influe sur le retour veineux).

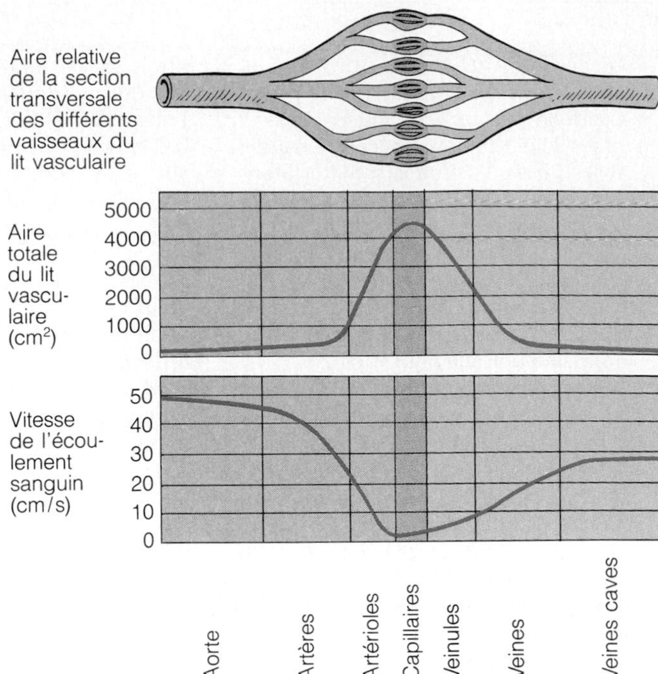

Figure 20.11 Relation entre la vitesse de l'écoulement sanguin et l'aire de la section transversale totale des divers vaisseaux de la circulation systémique.

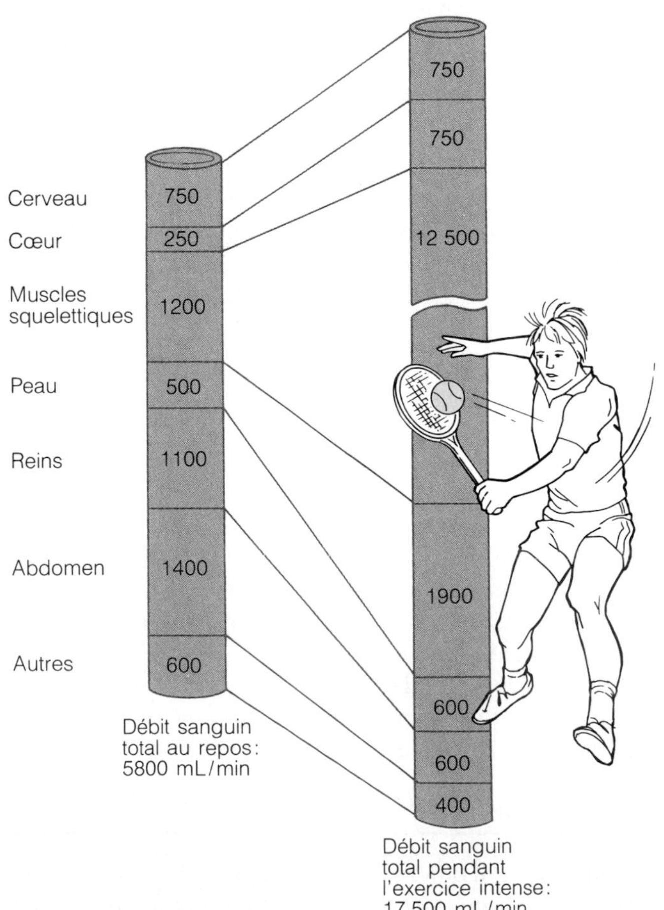

Figure 20.10 Débit sanguin dans certains organes, au repos et pendant l'exercice intense.

Autorégulation du débit sanguin

L'**autorégulation** est l'adaptation automatique du débit sanguin aux besoins de chaque tissu. Ce processus repose sur des conditions locales et il est peu influencé par les facteurs systémiques. Comme la pression artérielle moyenne est constante dans l'organisme, les variations du débit sanguin dans les organes relèvent d'un mécanisme *intrinsèque,* la modification du diamètre des artérioles locales alimentant les capillaires. Les organes régissent donc le débit sanguin qui les traverse en modifiant la résistance de leurs artérioles.

Dans la plupart des tissus, la diminution des concentrations de nutriments, et particulièrement de l'oxygène, est le principal stimulus de l'autorégulation. Dans l'encéphale, toutefois, une augmentation localisée de la concentration de gaz carbonique (accompagnée par une diminution du pH) constitue un déclencheur encore plus puissant, car les variations de la concentration de gaz carbonique modifient l'activité des neurones. Parmi les autres stimulus de l'autorégulation, on trouve des substances libérées par les cellules des tissus dont l'activité métabolique est importante (comme les ions potassium et hydrogène, l'adénosine et l'acide lactique), les prostaglandines et les substances sécrétées durant la réaction inflammatoire (l'histamine et les kinines).

Les facteurs physiques locaux sont d'importants stimulus de l'autorégulation. Ainsi, le muscle lisse vasculaire réagit à l'étirement passif par une augmentation de son tonus, laquelle cause la vasoconstriction. Inversement, la diminution de l'étirement provoque la vasodilatation. Ces réactions aux variations du volume (et de la pression) du sang pénétrant dans une artériole sont appelées **réponses myogènes** (*myo* = muscle; *genês* = origine). En général, des facteurs chimiques (métaboliques) autant que physiques déterminent la réponse autorégulatrice finale d'un tissu. Par exemple, l'**hyperémie passive** est une augmentation marquée du débit sanguin dans un tissu à la suite d'un blocage temporaire de son irrigation. Elle résulte à la fois de la réponse myogène et de l'accumulation de déchets métaboliques survenue pendant l'occlusion.

Mais quel que soit le stimulus à son origine, l'autorégulation entraîne une dilatation immédiate des artérioles desservant les lits capillaires des tissus «en manque» et, par voie de conséquence, une augmentation temporaire du débit sanguin dans la région. Cela s'accompagne d'un relâchement des sphincters précapillaires (voir la figure 20.5) qui permet au sang de jaillir dans les capillaires vrais et d'atteindre les cellules. Dans le cerveau, le cœur et les reins, l'autorégulation est extraordinairement efficace. Même si la pression artérielle moyenne fluctue, l'irrigation de ces organes demeure relativement constante.

Si les besoins d'un tissu sont tels que le mécanisme d'autorégulation à court terme ne suffit pas à les combler, un mécanisme à long terme peut s'établir en quelques semaines ou quelques mois de manière à augmenter le débit sanguin local. Le nombre de vaisseaux s'accroît dans le tissu et les vaisseaux existants grossissent. Ce phénomène se produit notamment dans le cœur en cas d'occlusion partielle d'un vaisseau coronaire; il survient également dans tout l'organisme des gens qui vivent en altitude, où l'air contient moins d'oxygène qu'au niveau de la mer.

Débit sanguin dans certains organes

Chaque organe a des fonctions et des besoins dont la spécificité transparaît dans ses mécanismes d'autorégulation.

Muscles squelettiques. Dans les muscles squelettiques, le débit sanguin est extrêmement variable, et il est lié au degré d'activité. Au repos, les muscles squelettiques reçoivent environ 1 L de sang par minute, et environ 25 % seulement de leurs capillaires sont ouverts. Le débit sanguin y est alors régi par les mécanismes myogènes et nerveux habituels. Comme dans les muscles lisses vasculaires, la noradrénaline cause la constriction des artérioles des muscles squelettiques. Mais quand les muscles s'activent, le débit sanguin augmente (*hyperémie*) proportionnellement à l'activité *métabolique,* un phénomène appelé **hyperémie active.** Le système nerveux sympathique règle aussi la vasodilatation dans les muscles squelettiques, mais les mécanismes de cette régulation sont encore mal connus. Dans les muscles squelettiques, les cellules musculaires lisses des artérioles sont dotées de récepteurs cholinergiques *et* de récepteurs bêta-adrénergiques (qui se lient respectivement à l'acétylcholine et à l'adrénaline), et ces deux types de récepteurs entraînent la vasodilatation lorsqu'ils sont «occupés». Nous ne savons pas quelle substance joue le rôle prédominant, mais nous avons de bonnes raisons de croire qu'il s'agit de l'adrénaline. Quoi qu'il en soit, il suffit de se rappeler que le débit sanguin peut décupler pendant l'exercice intense (voir la figure 20.10) et que presque tous les capillaires s'ouvrent pour admettre ce surcroît de sang. L'activité physique intense est incontestablement l'une des situations les plus exigeantes pour le système cardiovasculaire.

L'autorégulation musculaire est presque entièrement due à une diminution de la concentration d'oxygène (accompagnée par une augmentation locale de la concentration de gaz carbonique, d'acide lactique et d'autres métabolites) résultant de l'accélération du métabolisme des muscles actifs. Cependant, l'irrigation des muscles requiert également des adaptations systémiques générées par le centre vasomoteur. L'intense vasoconstriction des vaisseaux jouant le rôle de réservoirs sanguins, ceux du système digestif et de la peau notamment, chasse temporairement le sang de ces régions afin d'assurer une augmentation du débit sanguin dans les muscles squelettiques. En dernière analyse, ce sont les capacités du système cardiovasculaire à fournir les nutriments et l'oxygène nécessaires qui déterminent le temps que les muscles peuvent passer à se contracter vigoureusement.

Cerveau. Le débit sanguin total dans le cerveau est d'environ 750 mL/min, et il est relativement constant. Étant donné que le cerveau est enfermé à l'intérieur du crâne et que les neurones ne peuvent tolérer l'ischémie, cette constance revêt une importance capitale.

Le débit sanguin cérébral est régi par l'un des mécanismes autorégulateurs les plus précis de l'organisme, et il s'adapte aux besoins locaux des neurones. Ainsi, lorsque vous fermez le poing droit, les neurones qui déterminent ce mouvement, situés dans votre cortex moteur gauche, reçoivent plus de sang que leurs voisins. Le tissu cérébral est exceptionnellement sensible aux diminutions du pH (lesquelles sont provoquées par une augmentation de la concentration de gaz carbonique) qui causent une vasodilatation marquée; cette réaction permet d'éliminer le gaz carbonique en excès et de rétablir la valeur normale du pH dans le cerveau. Les déficits en oxygène sont des stimulus bien moins puissants de l'autorégulation. Cependant, une concentration excessive de gaz carbonique abolit les mécanismes autorégulateurs et déprime gravement l'activité cérébrale.

Outre la régulation survenant en réaction aux métabolites, le cerveau présente un mécanisme myogène qui le protège contre les variations potentiellement nuisibles de la pression artérielle. Lorsque la pression artérielle moyenne diminue, les vaisseaux cérébraux se dilatent, assurant ainsi une irrigation suffisante au cerveau. Lorsque la pression artérielle augmente, en revanche, les vaisseaux cérébraux se contractent afin d'éviter la rupture des petits vaisseaux fragiles situés en aval. Dans certaines circonstances, comme dans l'ischémie cérébrale causée par une hypertension intracrânienne (résultant par exemple de la compression des vaisseaux par une tumeur), le cerveau régit son débit sanguin en déclenchant une augmentation de la pression artérielle systémique (par l'intermédiaire des centres cardiovasculaires médullaires). Or, les variations extrêmes de la pression systémique rendent le cerveau vulnérable. L'évanouissement (la *syncope*) survient lorsque la pression artérielle moyenne tombe sous 60 mm Hg; un œdème cérébral résulte généralement de pressions supérieures à 160 mm Hg, qui accroissent considérablement la perméabilité des capillaires cérébraux.

Peau. Dans la peau, le sang apporte des nutriments aux cellules et il concourt à la thermorégulation. Les vaisseaux cutanés servent aussi de réservoirs sanguins. La première fonction est assurée par l'autorégulation en réaction aux besoins en oxygène. La deuxième et la troisième font intervenir des mécanismes nerveux. Nous nous attarderons ici à la fonction thermorégulatrice de la peau.

La peau recouvre des plexus veineux étendus dans lesquels le débit sanguin peut varier entre 50 et 2500 mL/min, suivant la température corporelle. Cette variabilité est due aux adaptations nerveuses autonomes survenant dans des anastomoses artério-veineuses spiralées et dans les artérioles. Ces minuscules dérivations sont situées principalement dans le bout des doigts, la paume des mains, les orteils, la plante des pieds, les oreilles, le nez et les lèvres. Elles sont pourvues d'un grand nombre de terminaisons sympathiques (une caractéristique qui les distingue des dérivations de la plupart des autres lits capillaires), et elles sont régies par des réflexes que déclenchent les récepteurs de la température ou les signaux issus des centres supérieurs du système nerveux central. Les artérioles sont elles aussi sensibles à des stimulus autorégulateurs locaux et métaboliques.

Lorsque la surface de la peau est exposée à la chaleur ou que la température corporelle s'élève pour d'autres raisons (pendant un exercice intense, par exemple), le «thermostat» hypothalamique fait diminuer la stimulation vasomotrice des artérioles de la peau et cause une vasodilatation. Le sang chaud jaillit dans les lits capillaires et la chaleur irradie de la surface de la peau. La transpiration favorise encore davantage la dilatation des artérioles, car la sueur contient une enzyme qui agit sur une protéine du liquide interstitiel et qui produit de la *bradykinine,* un puissant vasodilatateur.

Lorsque la température ambiante est basse et que la température corporelle diminue, l'organisme doit conserver sa chaleur. Dans ce cas, les artérioles superficielles de la peau se contractent fermement, et le sang contourne presque complètement les capillaires associés aux anastomoses artério-veineuses. Il est ainsi dérivé vers les organes profonds afin d'en maintenir la température normale. Paradoxalement, la peau peut conserver une coloration rosée, car un peu de sang reste «emprisonné» dans les capillaires superficiels lorsque le sang passe dans les anastomoses artério-veineuses.

Poumons. Dans la circulation pulmonaire, le débit sanguin présente plus d'une particularité. Toutes proportions gardées, le trajet est court. Les artères et les artérioles pulmonaires ont une structure semblable à celle des veines et des veinules, c'est-à-dire qu'elles ont des parois minces et de grandes lumières. Comme elles opposent peu de résistance à l'écoulement, il faut moins de pression pour propulser le sang dans le système artériel pulmonaire. Par conséquent, la pression artérielle est beaucoup plus basse dans la circulation pulmonaire que dans la circulation systémique (25/10 contre 120/80).

En outre, le mécanisme autorégulateur est inversé dans la circulation pulmonaire: une faible concentration d'oxygène cause la vasoconstriction des artérioles tandis qu'une forte concentration provoque la vasodilatation. Ce phénomène en apparence singulier est pourtant parfaitement conforme à la fonction d'échange gazeux de la circulation pulmonaire. Quand les sacs alvéolaires sont remplis d'air riche en oxygène, les capillaires pulmonaires se gorgent de sang et sont prêts à recevoir l'oxygène. Si les sacs alvéolaires sont affaissés ou obstrués par du mucus, la concentration d'oxygène baisse dans la région et le sang la contourne.

Cœur. Le mouvement du sang dans les petits vaisseaux de la circulation coronarienne est influencé par la pression aortique et par l'action de pompage des ventricules. La contraction des ventricules comprime les vaisseaux coronaires, et le sang cesse de s'écouler dans le myocarde. Au cours de la diastole, la forte pression qui règne dans l'aorte pousse le sang dans la circulation coronarienne. En temps normal, la myoglobine des cellules cardiaques contient suffisamment d'oxygène pour alimenter leurs mitochondries pendant la systole. Cependant, une fréquence cardiaque anormalement rapide, qui réduit la longueur de la diastole, peut réduire considérablement l'apport d'oxygène et de nutriments au myocarde durant cette phase du cycle cardiaque.

Au repos, le débit sanguin est d'environ 250 mL/min dans le cœur. Pendant l'exercice intense, les artérioles du muscle cardiaque se dilatent en réaction à une accumulation locale d'adénosine-diphosphate (un produit de l'hydrolyse de l'ATP) et de gaz carbonique, et le débit sanguin peut tripler ou quadrupler (voir la figure 20.10). Cette augmentation est importante car, au repos, les cellules cardiaques utilisent jusqu'à 65 % de l'oxygène qui leur parvient. (La plupart des autres cellules ne consomment que 25 % environ de l'oxygène qui leur est livré à chaque tour de circuit.) Par conséquent, l'augmentation du débit sanguin constitue le seul moyen d'apporter au cœur le surcroît d'oxygène dont il a besoin en période d'activité intense.

Échanges capillaires

L'écoulement du sang dans les réseaux de capillaires est lent et intermittent. Ce phénomène est lié à l'ouverture et à la fermeture des sphincters précapillaires sous l'effet des mécanismes autorégulateurs locaux.

Échanges des gaz respiratoires et des nutriments. L'oxygène, le gaz carbonique, la plupart des nutriments (les acides aminés, le glucose et les lipides) et les déchets métaboliques passent du sang au liquide interstitiel, ou vice versa, par **diffusion.** La diffusion se fait toujours selon un gradient de concentration, c'est-à-dire que les substances vont toujours des régions où elles sont plus concentrées aux régions où elles le sont moins. L'oxygène et les nutriments sortent du sang, où leur concentration est élevée, ils traversent le liquide interstitiel puis ils atteignent les cellules. Le gaz carbonique et les déchets métaboliques sortent des cellules, où leur concentration est élevée, et ils entrent dans le sang capillaire. En général, les solutés hydrosolubles, tels les acides aminés et les glucides, empruntent les fentes intercellulaires remplies de liquides (et parfois les pores), tandis que les molécules liposolubles, comme les gaz respiratoires, diffusent directement à travers la double couche de phospholipides de la membrane plasmique des cellules endothéliales (voir la figure 20.4). Des vésicules cytoplasmiques semblent assurer le transport de quelques grosses molécules, comme les petites protéines. Ainsi que nous l'avons mentionné, les capillaires n'ont pas tous la même perméabilité. Par exemple, les cellules endothéliales des sinusoïdes du foie sont disjointes et laissent passer même les protéines, tandis que les capillaires continus du cerveau sont imperméables à la plupart des substances, y compris les médicaments (barrière hémato-encéphalique).

Échanges liquidiens. Les lits capillaires sont aussi le siège d'échanges liquidiens. Le liquide (de l'eau et des solutés auxquels la paroi des capillaires est perméable) est expulsé des capillaires dans les fentes situées à l'extrémité artérielle du lit, mais il retourne en majeure partie dans la circulation à l'extrémité veineuse du lit. Comme le veut la conception traditionnelle des échanges capillaires, les forces opposées de la pression hydrostatique et de la pression osmotique déterminent la quantité de liquide qui traverse les parois capillaires et sa direction.

La **pression hydrostatique** est la force exercée par un liquide contre une paroi. Dans les capillaires, la pression hydrostatique correspond à la **pression capillaire** (PH_c), c'est-à-dire à la pression du sang contre les parois des capillaires. La pression capillaire est aussi appelée **pression de filtration,** car elle pousse les liquides entre les cellules de la paroi des capillaires. Comme la pression sanguine diminue à mesure que le sang avance dans un lit capillaire, la pression capillaire est plus élevée à l'extrémité artérielle du lit (25 à 35 mm Hg) qu'à son extrémité veineuse (10 à 15 mm Hg).

En théorie, la pression sanguine, qui pousse le liquide hors des capillaires, s'oppose à la pression hydrostatique du liquide interstitiel agissant à l'extérieur des capillaires. Pour déterminer la pression hydrostatique *nette* agissant sur un point quelconque des capillaires, il faut trouver la différence entre la pression hydrostatique qui pousse le liquide *hors* du capillaire (pression sanguine) et la pression hydrostatique qui pousse le liquide *dans* le capillaire (pression du liquide interstitiel). Toutefois, on trouve très peu de liquide dans le compartiment interstitiel, car les vaisseaux lymphatiques le drainent constamment (voir le chapitre 21). On a coutume de supposer que la pression hydrostatique est d'environ zéro dans le compartiment interstitiel, et nous endosserons ce point de vue dans un souci de simplification. Néanmoins, des recherches récentes tendent à démontrer que la **pression du liquide interstitiel** (PH_{li}) a en réalité une valeur négative (environ -6 à -7 mm Hg) dans des conditions normales (en l'absence d'œdème). Si tel est le cas, la pression du liquide interstitiel *favorise* le mouvement du liquide hors des capillaires, et la pression de filtration réelle (force nette) correspond à la *somme* de la pression capillaire et de la pression du liquide interstitiel. La figure 20.12a présente un résumé des *pressions hydrostatiques nettes* aux extrémités artérielle et veineuse du lit capillaire.

La **pression osmotique** naît de la présence dans un liquide de grosses molécules non diffusibles, telles les protéines plasmatiques. Ces substances attirent l'eau; autrement dit, elles favorisent l'osmose (voir le chapitre 3) chaque fois que la concentration d'eau est plus faible autour d'elles que du côté opposé de la membrane capillaire. Les protéines plasmatiques contenues dans le sang capillaire (principalement des molécules d'albumine) exercent une **pression osmotique capillaire** (PO_c) d'environ 25 mm Hg. Comme le liquide interstitiel contient peu de protéines, sa pression osmotique est de beaucoup inférieure: elle varie entre 0,1 et 5 mm Hg. Contrairement à la pression hydrostatique, la pression osmotique ne varie pas d'une extrémité à l'autre du lit capillaire. Dans notre exemple, la *pression osmotique nette* (force nette) qui attire le liquide dans le sang capillaire se monte donc à 22 mm Hg (figure 20.12b).

Tout le long d'un capillaire, les liquides s'échappent si la pression hydrostatique nette dépasse la pression

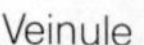

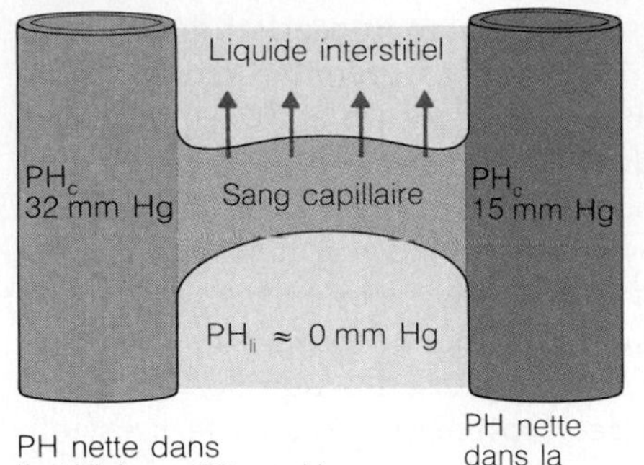

PH nette dans l'artériole = 32 mm Hg [PH nette = PH_c (32) − PH_{li} (0)]

PH nette dans la veinule = 15 mm Hg [PH nette = PH_c (15) − PH_{li} (0)]

(a) Pressions hydrostatiques

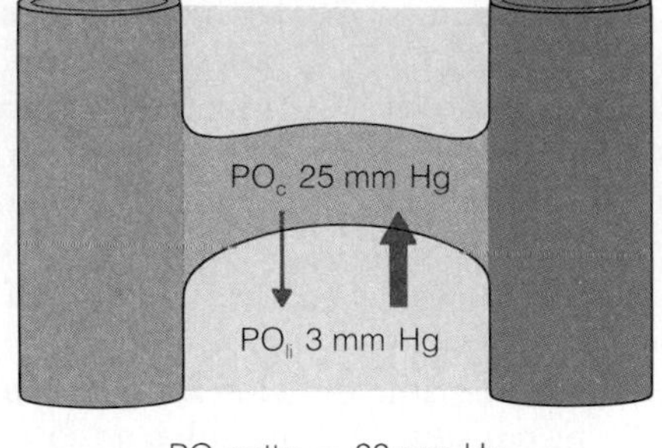

PO nette = 22 mm Hg [PO nette = PO_c (25) − PO_{li} (3)]

(b) Pression osmotique

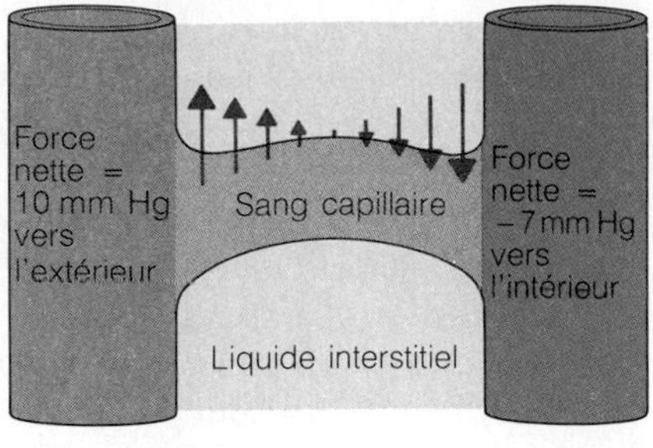

(Force nette = PH nette (32) − PO nette (22) = 10 mm Hg vers l'extérieur)

(Force nette = PH nette (15) − PO nette (22) = −7 mm Hg vers l'intérieur)

(c) Mouvement du liquide

Figure 20.12 Pressions déterminant les mouvements du liquide dans un lit capillaire. (PH = pression hydrostatique; PH_c = pression hydrostatique dans les capillaires; PH_{li} = pression hydrostatique dans le liquide interstitiel; PO_c = pression osmotique dans les capillaires; PO_{li} = pression osmotique dans le liquide interstitiel.) Les flèches indiquent la direction du mouvement (hors du capillaire = filtration nette; dans le capillaire = absorption nette).

osmotique nette. Inversement, les liquides entrent si la pression osmotique nette est supérieure à la pression hydrostatique nette. Comme le montre la figure 20.12c, la pression hydrostatique domine à l'extrémité artérielle (force nette = + 10 mm Hg), tandis que la pression osmotique (force nette = -7 mm Hg) domine à l'extrémité veineuse. Par conséquent, le liquide sort de la circulation à l'extrémité artérielle du lit capillaire, et il pénètre dans la circulation à son extrémité veineuse. Toutefois, la quantité de liquide qui entre dans le compartiment interstitiel est supérieure à celle qui retourne dans la circulation sanguine, ce qui se solde par une perte de liquide de l'ordre de 1,5 mL/min. Les vaisseaux lymphatiques captent ce liquide ainsi que les petites protéines et ils les renvoient dans le réseau vasculaire (principalement par le conduit thoracique de la circulation lymphatique). C'est pour cette raison que les concentrations de liquide et de protéines sont relativement faibles dans le compartiment interstitiel. Sans l'action des vaisseaux lymphatiques, ces pertes «insignifiantes» de liquide suffiraient à vider les vaisseaux sanguins de leur plasma en 24 heures environ!

Les mouvements du liquide dans les lits capillaires font l'objet d'une nouvelle théorie selon laquelle, lorsque les sphincters précapillaires sont ouverts et que les capillaires sont remplis de sang, l'accroissement de la pression capillaire entraîne une fuite du liquide tout le long du capillaire. Par conséquent, lorsque les sphincters se ferment et que la pression capillaire baisse, la pression osmotique prédomine et favorise l'absorption du liquide dans le sang. Mais quelle que soit l'explication que l'on adopte, il reste qu'une partie du liquide échappé des capillaires ne retourne pas immédiatement dans la circulation sanguine.

État de choc

L'**état de choc** résulte d'une diminution importante de la pression artérielle entraînant une baisse du débit sanguin et une mauvaise irrigation des tissus. Si cette situation persiste, elle cause la mort cellulaire et des lésions des organes.

La forme la plus répandue de l'état de choc, le **choc hypovolémique** (*hypo* = bas; *volémie* = volume sanguin total) résulte d'une diminution considérable du volume sanguin, à la suite notamment d'une hémorragie aiguë, de vomissements ou de diarrhée graves ou de brûlures étendues. Si le volume sanguin diminue brusquement, la fréquence cardiaque accélère pour rectifier la situation. Un pouls faible et filant est souvent le premier signe du choc hypovolémique. On observe également une intense vasoconstriction, qui chasse le sang des divers réservoirs dans les vaisseaux principaux et favorise le retour veineux. La pression artérielle est stable au début, mais elle finit par baisser si le volume sanguin continue de décroître; par conséquent, une baisse marquée de la pression artérielle est un signe tardif et alarmant du choc hypovolémique. Le traitement de cet état consiste à administrer des solutions de remplissage vasculaire dans les meilleurs délais.

Bien que les réactions de plusieurs systèmes de l'organisme au choc hypovolémique soient encore mal comprises, l'hémorragie aiguë est tellement grave qu'il nous a semblé bon de présenter ses signes, de même que les mécanismes que l'organisme met en action pour rétablir l'homéostasie. Nous le faisons sous forme de diagramme à la figure 20.13. Faites-en une première lecture dès maintenant, et revenez-y lorsque vous aurez terminé l'étude des autres systèmes de l'organisme.

Dans le *choc d'origine vasculaire,* le volume sanguin est normal et constant. L'entrave à la circulation provient d'une expansion anormale du volume interne du réseau vasculaire consécutive à une vasodilatation extrême des artérioles. La baisse rapide de la pression artérielle révèle la chute de la résistance périphérique. Le plus souvent, ce type de choc est causé par la perte du tonus vasomoteur due à l'insuffisance de la régulation autonome ou à la sécrétion

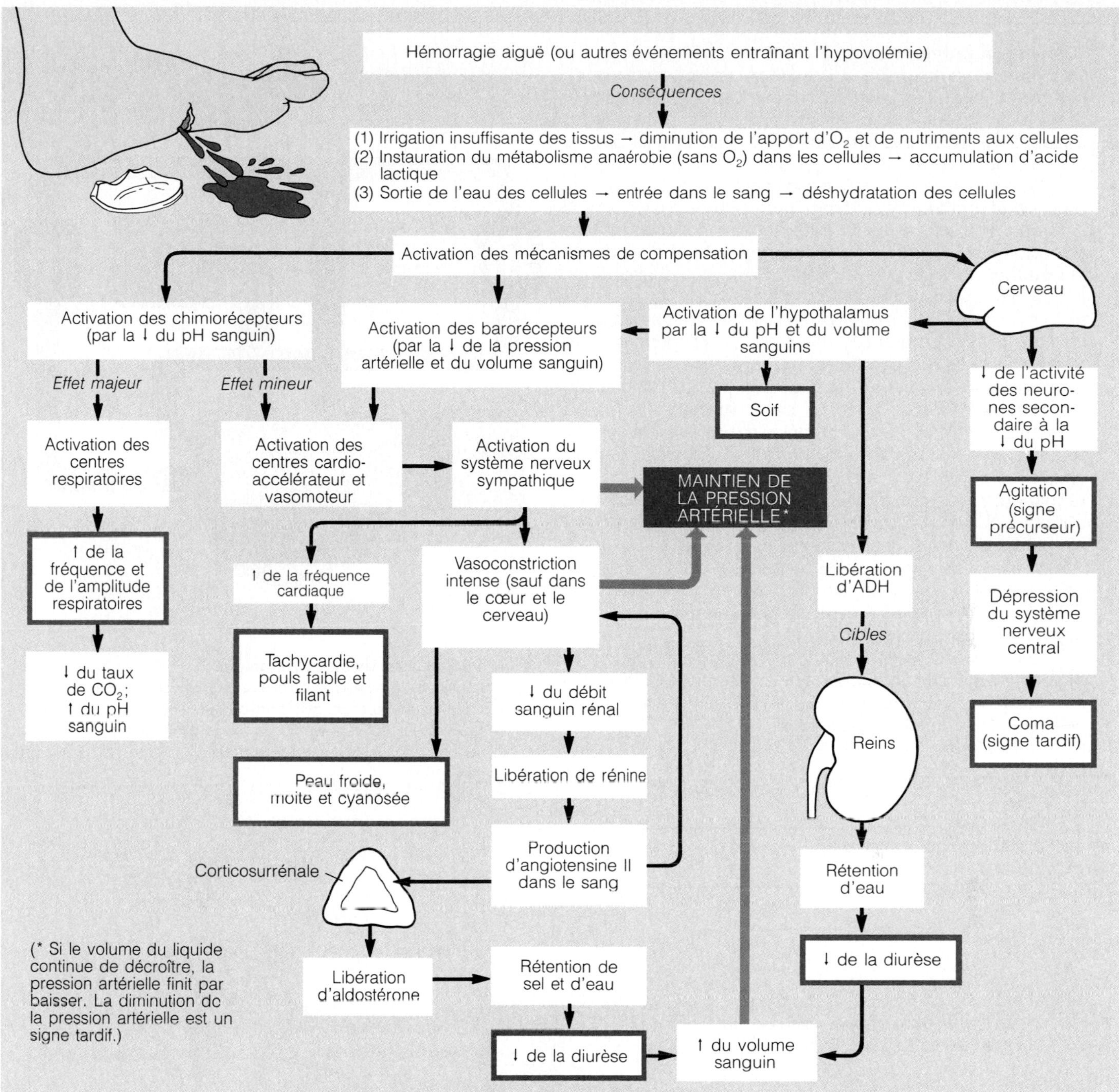

Figure 20.13 Signes et conséquences du choc hypovolémique. (Les signes cliniques reconnaissables sont indiqués *dans un cadre rouge*.)

de substances vasodilatatoires. Par exemple, chez certaines personnes, l'injection de pénicilline peut provoquer la libération d'histamine, qui occasionne une vasodilatation systémique et un *choc anaphylactique* pouvant entraîner la mort en quelques minutes.

Les bains de soleil prolongés peuvent entraîner une forme transitoire du choc vasculaire. La chaleur du soleil sur la peau provoque la dilatation des vaisseaux cutanés et, lors du passage soudain à la position debout, le sang stagne pendant un moment dans les membres inférieurs plutôt que de retourner au cœur. Par voie de conséquence, la pression artérielle baisse. Un étourdissement indique alors que le cerveau ne reçoit pas suffisamment d'oxygène.

Le *choc cardiogénique,* c'est-à-dire la défaillance de la pompe cardiaque, survient lorsque le cœur est faible au point de ne plus pouvoir faire circuler le sang. Ce choc est habituellement causé par des lésions myocardiques, comme celles que laissent des infarctus répétés. ■

Anatomie du système vasculaire

Le **système vasculaire** comprend deux circulations distinctes, chacune possédant son réseau d'artères, de capillaires et de veines. La *circulation pulmonaire* est la courte boucle qui part du cœur, parcourt les poumons

Suite du texte à la p. 675

Tableau 20.1 Circulations pulmonaire et systémique

Circulation pulmonaire

La circulation pulmonaire (figure 20.14a) a pour seul rôle de faire entrer le sang en contact étroit avec les alvéoles des poumons de manière que puissent se produire les échanges gazeux; elle ne sert pas directement les besoins métaboliques du tissu pulmonaire.

Le ventricule droit propulse le sang pauvre en oxygène, d'un rouge sombre, dans le **tronc pulmonaire** (figure 20.14b). Le tronc pulmonaire monte en diagonale sur une distance d'environ 8 cm, puis il donne les **artères pulmonaires droite** et **gauche.** Dans les poumons, les artères pulmonaires émettent de nombreuses branches qui desservent les lobes. Après avoir suivi les bronches principales, ces branches se ramifient, forment de très nombreuses artérioles et, enfin, produisent les réseaux denses des **capillaires pulmonaires** qui entourent les alvéoles. C'est là que l'échange d'oxygène et de gaz carbonique s'effectue entre le sang et l'air alvéolaire. À mesure que s'élève la concentration d'oxygène dans les globules rouges, le sang prend une couleur rouge clair. Les lits capillaires pulmonaires s'écoulent dans des veinules, qui se réunissent pour former les deux **veines pulmonaires** de chaque poumon. Les quatre veines pulmonaires bouclent le circuit en déversant leur contenu dans l'oreillette gauche. Rappelez-vous qu'un vaisseau désigné par un terme comprenant le mot *pulmonaire* fait nécessairement partie de la circulation pulmonaire. Tous les autres vaisseaux appartiennent à la circulation systémique.

Les artères pulmonaires transportent du sang pauvre en oxygène et riche en gaz carbonique, et les veines pulmonaires conduisent du sang riche en oxygène. La situation est inversée dans la circulation systémique.

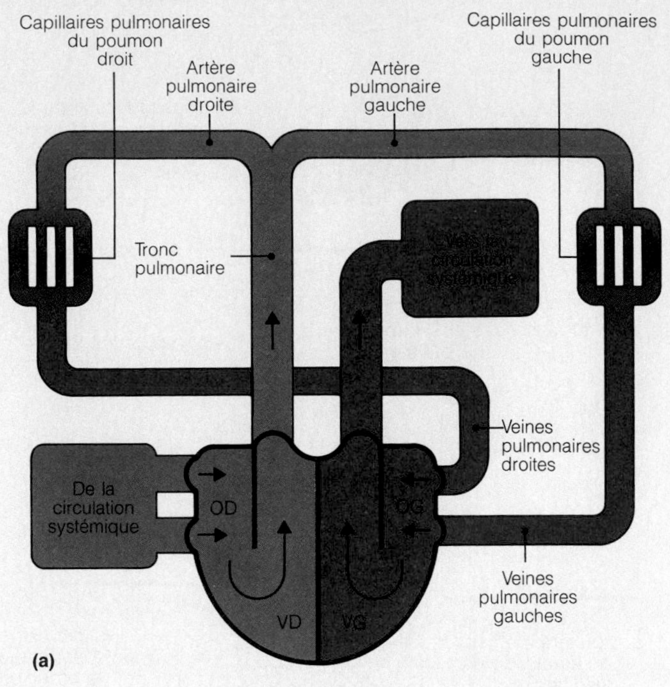

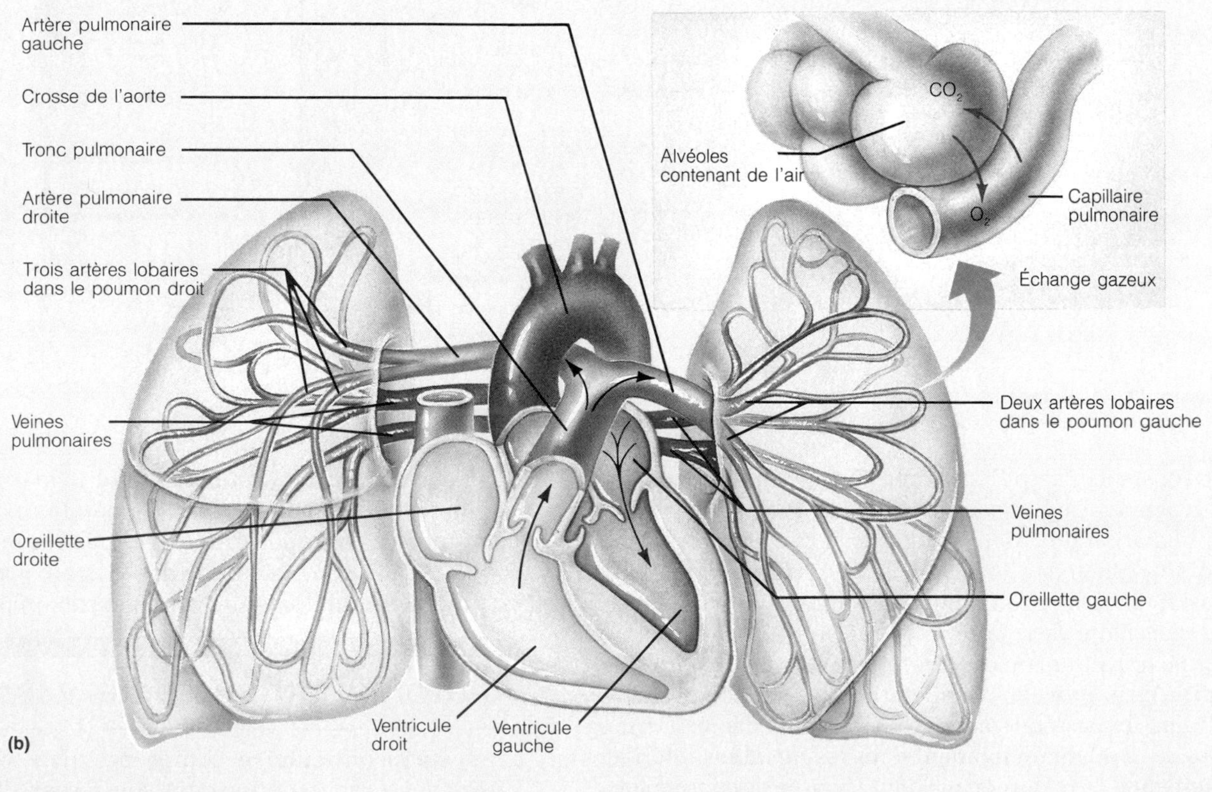

Figure 20.14 Circulation pulmonaire.
(**a**) Schéma. (**b**) Illustration. Le réseau artériel est représenté en bleu pour indiquer que le sang qu'il transporte est pauvre en oxygène; le réseau veineux est représenté en rouge pour indiquer que le sang qu'il transporte est riche en oxygène.

Tableau 20.1 (suite)

Circulation systémique

La circulation systémique fournit à tous les tissus de l'organisme leur *irrigation fonctionnelle*; autrement dit, elle leur apporte de l'oxygène, des nutriments et d'autres substances essentielles, et elle les débarrasse du gaz carbonique et des autres déchets métaboliques. Après sa sortie des poumons, le sang fraîchement oxygéné est propulsé dans l'aorte par le ventricule gauche (figure 20.15). Le sang peut s'engager dans différentes voies à partir de l'aorte, puisque c'est d'elle que la plupart des artères systémiques prennent naissance. L'aorte décrit une courbe vers le haut, puis elle s'infléchit et descend le long de l'axe médian du corps. Dans le bassin, elle se divise pour former les deux grosses artères desservant les membres inférieurs. Les diverses ramifications de l'aorte se subdivisent, produisent les artérioles et, enfin, les innombrables lits capillaires qui parcourent les organes. Le sang veineux qui s'écoule des organes situés au-dessous du diaphragme pénètre dans la veine cave inférieure. Exception faite du sang veineux du thorax (qui entre dans les veines azygos), le sang veineux des régions situées au-dessus du diaphragme emprunte la veine cave supérieure. Les veines caves déversent leur sang riche en gaz carbonique dans l'oreillette droite.

Il convient d'insister sur deux points : (1) le sang ne passe des veines systémiques aux artères systémiques qu'après avoir traversé la circulation pulmonaire (figure 20.14a); (2) bien que tout le débit du ventricule droit passe dans la circulation pulmonaire, une petite fraction seulement du débit du ventricule gauche s'écoule à travers un organe déterminé (figure 20.15). On peut comparer la circulation systémique à un réseau de conduits parallèles distribuant le sang à tous les organes.

Dans votre étude des tableaux qui suivent, soyez à l'affût d'indices propres à faciliter la mémorisation. Dans bien des cas, le nom d'une veine ou d'une artère indique la région que le vaisseau traverse (axillaire, fémorale, brachiale, etc.), l'organe qu'il dessert (rénale, hépatique, ovarique, etc.) ou l'os qu'il suit (vertébrale, radiale, tibiale, etc.). Notez également que les artères et les veines ont tendance à cheminer côte à côte et qu'en plusieurs endroits elles suivent le même trajet que des nerfs. Enfin, rappelez-vous que si la plupart des vaisseaux de la tête et des membres présentent une symétrie latérale, ce n'est pas le cas de tous les vaisseaux systémiques. Ainsi, quelques-uns des gros vaisseaux profonds du tronc sont asymétriques ou non appariés (leur symétrie originelle disparaît au cours du développement embryonnaire).

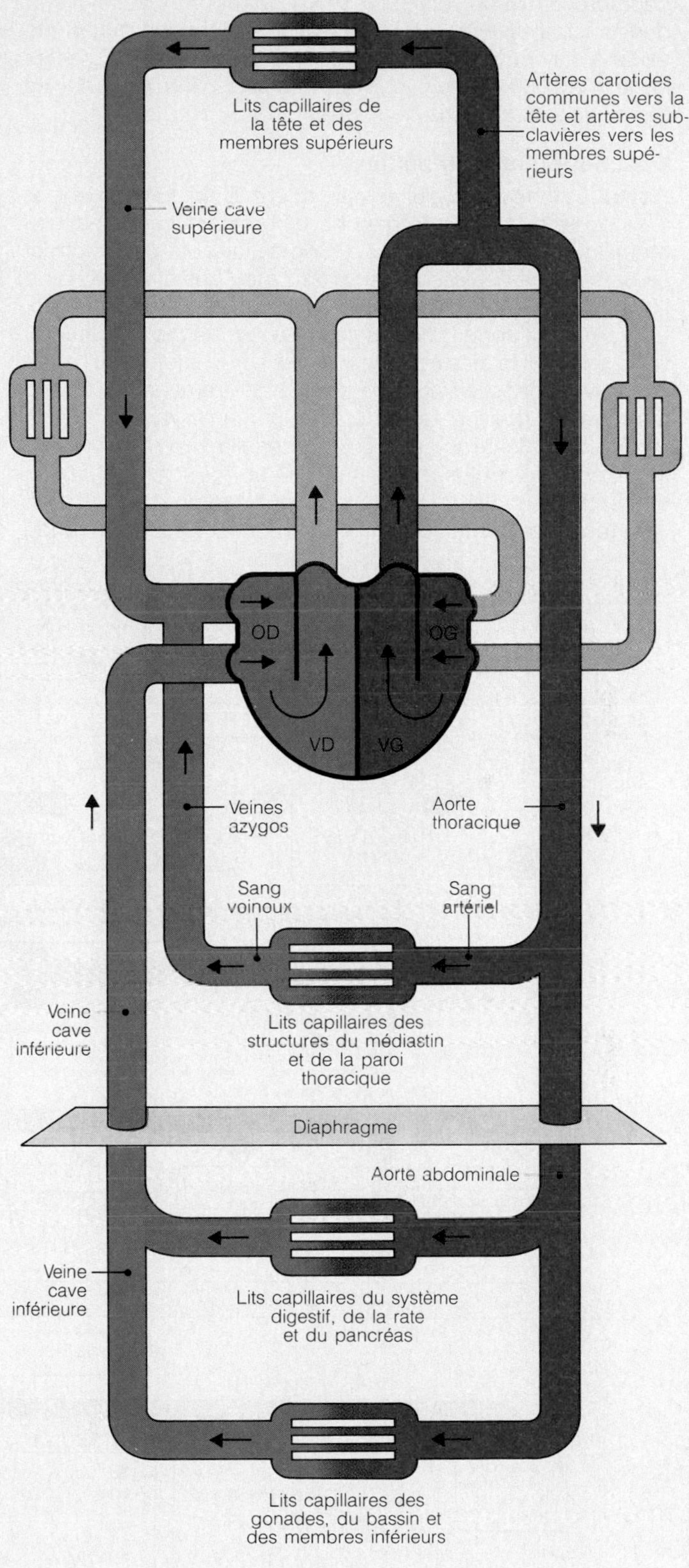

Figure 20.15 Schéma de la circulation systémique. La circulation pulmonaire est représentée en gris à titre indicatif.

Tableau 20.2 Aorte et principales artères de la circulation systémique

La figure 20.16 présente un schéma (a) et une illustration (b) des principales artères de la circulation systémique. Notez que seule la distribution de l'aorte y est indiquée en détail. En effet, les tableaux 20.3 à 20.6 fournissent plus de précisions sur les divers vaisseaux issus de l'aorte.

Description et distribution

Aorte. L'aorte est la plus grosse artère. Chez l'adulte, elle a, à sa sortie du ventricule gauche, approximativement le diamètre d'un boyau d'arrosage. Son calibre est de 2,5 cm et sa paroi a une épaisseur d'environ 2 mm. Les dimensions de l'aorte diminuent quelque peu près de son extrémité terminale. La valve de l'aorte, située à sa base, empêche le reflux du sang pendant la diastole. Les valvules semi-lunaires de l'aorte se trouvent dans le *sinus de l'aorte,* une dilatation de la paroi aortique qui contient les barorécepteurs intervenant dans la régulation réflexe de la pression artérielle (voir à la p. 643).

Les différentes portions de l'aorte sont nommées conformément à leur forme ou à leur situation. La première, l'**aorte ascendante,** chemine à l'arrière et vers la droite du tronc pulmonaire. Au bout d'environ 5 cm, elle se courbe vers la gauche et forme la crosse de l'aorte. Les seules ramifications de l'aorte ascendante sont les **artères coronaires droite** et **gauche** (voir à la p. 612). La **crosse de l'aorte,** située sous le sternum, commence et finit à l'angle sternal (à la hauteur de T_4). Ses trois principales branches sont, de gauche à droite: (1) le **tronc brachio-céphalique** («relatif au bras et à la tête»), qui passe sous la clavicule droite et donne l'**artère carotide commune droite** et l'**artère subclavière droite**; (2) l'**artère carotide commune gauche**; (3) l'**artère subclavière gauche.** Ces trois vaisseaux irriguent la tête, le cou, les membres supérieurs et une partie de la paroi thoracique. L'**aorte thoracique,** ou **descendante,** suit la face antérieure de la colonne vertébrale de T_5 à T_{12}, et elle émet de nombreuses ramifications vers la paroi thoracique et les viscères avant de traverser le diaphragme. En entrant dans la cavité abdominale, elle prend le nom d'**aorte abdominale.** Cette portion de l'aorte dessert les parois abdominales et les viscères, et elle se termine à la hauteur de L_4 en donnant naissance aux **artères iliaques communes droite** et **gauche.**

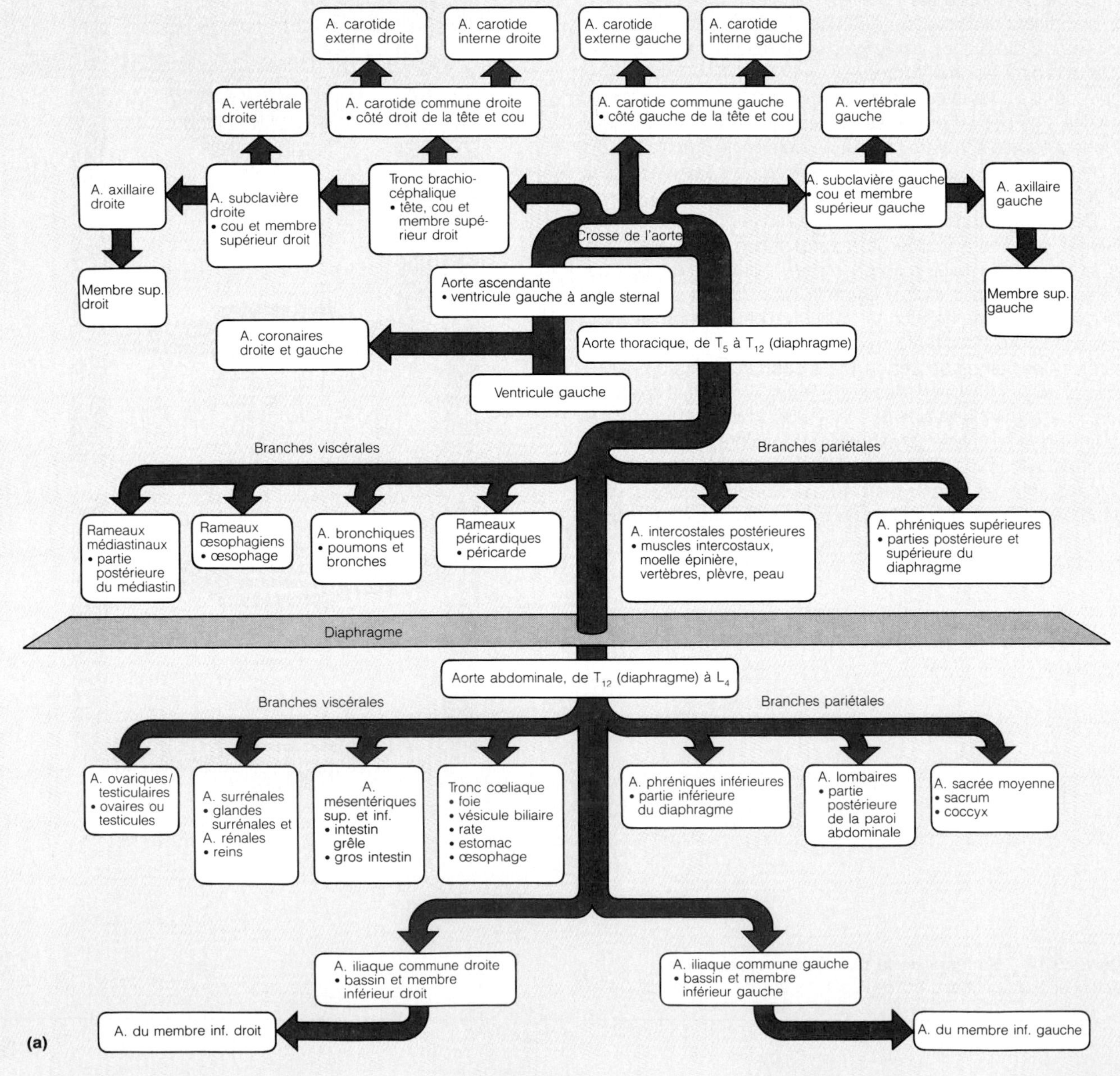

(a)

Figure 20.16 Principales artères de la circulation systémique. (**a**) Schéma. (**b**) Illustration, face antérieure.

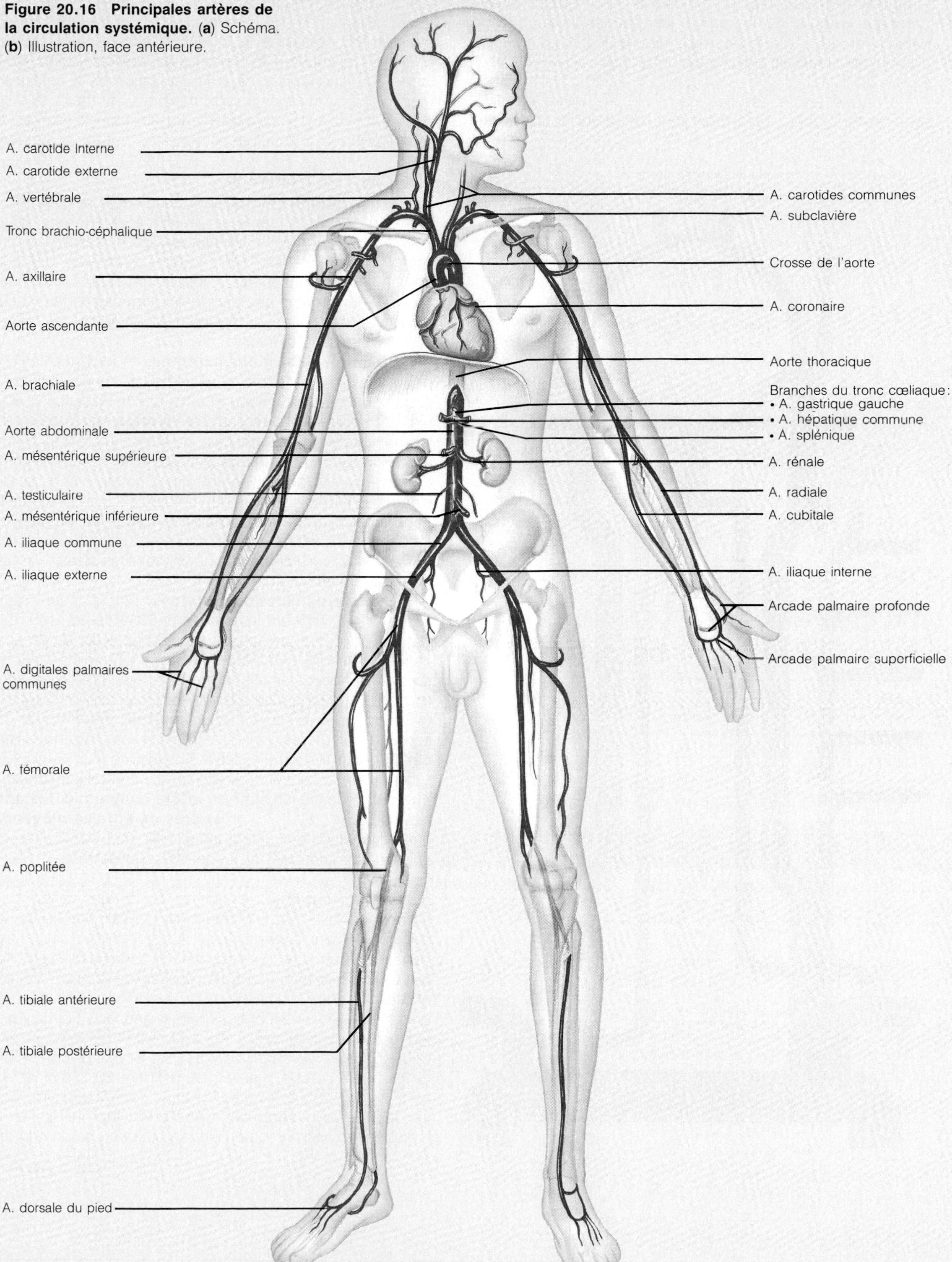

Quatre paires d'artères irriguent la tête et le cou: les artères carotides communes, les artères vertébrales, le tronc thyro-cervical et le tronc costo-cervical (figure 20.17b). Parmi ces artères, les carotides communes ont la plus vaste distribution (figure 20.17a).

Chaque artère carotide commune se divise en deux grandes branches, les artères carotides interne et externe.

(a)

À la bifurcation, chaque artère carotide interne présente une légère dilatation, le *sinus carotidien,* qui contient les barorécepteurs concourant à la régulation réflexe de la pression artérielle systémique. Les *corpuscules carotidiens,* des chimiorécepteurs intervenant dans la régulation de la fréquence respiratoire, sont situés à proximité. La compression du cou dans la région des sinus carotidiens peut causer l'évanouissement (*karoûn* = assoupir) en entravant l'irrigation du cerveau.

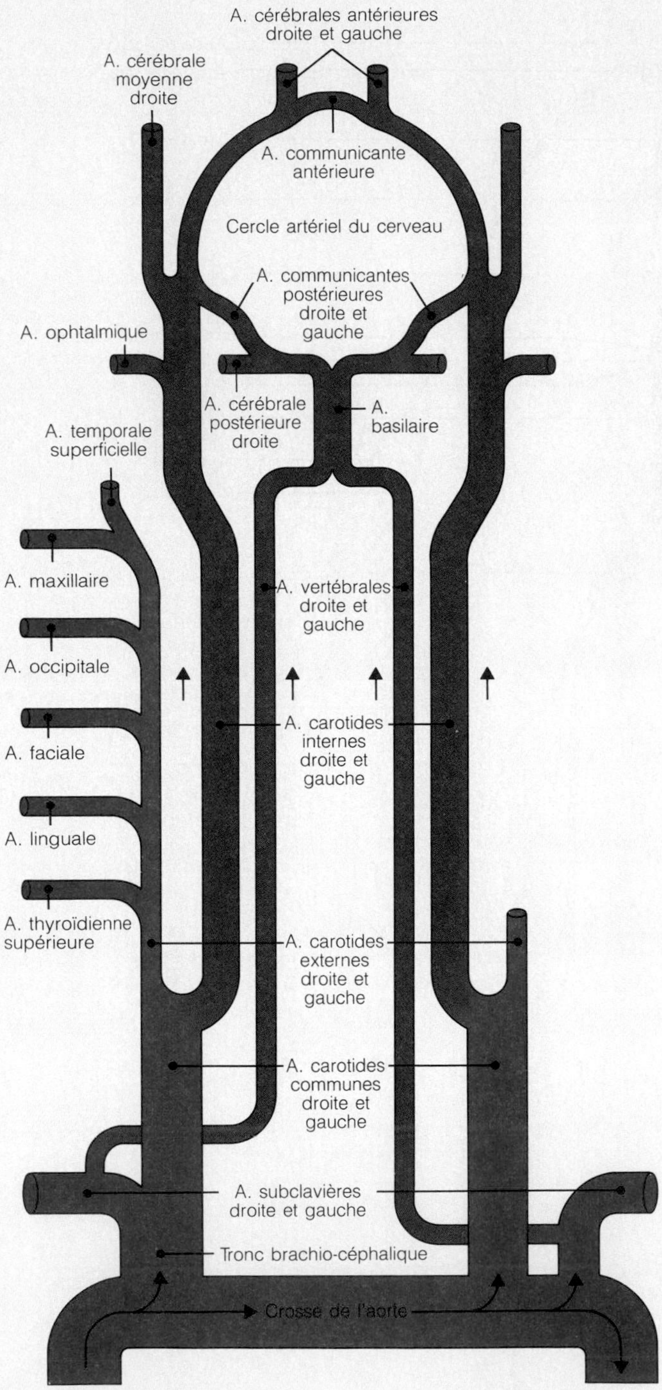

Description et distribution

Artères carotides communes. Les artères carotides communes n'ont pas la même origine. En effet, la droite naît du tronc brachio-céphalique, tandis que la gauche est la deuxième branche de la crosse de l'aorte. Les artères carotides communes montent sur les côtés du cou et, à la limite supérieure du larynx (à la hauteur de la «pomme d'Adam»), chacune donne ses deux branches principales, les *artères carotides externe* et *interne*.

Les **artères carotides externes** desservent la majeure partie des tissus de la tête, à l'exception de l'encéphale et des orbites. En montant, chacune émet des ramifications vers la glande thyroïde et le larynx (**artère thyroïdienne supérieure**), la langue (**artère linguale**), la peau et les muscles de la partie antérieure du visage (**artère faciale**) et la partie postérieure du cuir chevelu (**artère occipitale**). Chaque artère carotide externe se termine en donnant naissance aux **artères maxillaire** et **temporale superficielle,** lesquelles irriguent les mâchoires, les muscles de la mastication, les dents, la cavité nasale, la majeure partie du cuir chevelu, les côtés du visage et la dure-mère.

Les **artères carotides internes,** plus grosses que les précédentes, irriguent les orbites et 80% du cerveau. Elles cheminent profondément et pénètrent dans le crâne par les canaux carotidiens des os temporaux. Une fois à l'intérieur du crâne, chacune émet une branche principale, l'artère ophtalmique, après quoi elle donne l'artère cérébrale antérieure et l'artère cérébrale moyenne. Les **artères ophtalmiques** desservent les yeux, les orbites, le front et le nez. Chaque **artère cérébrale antérieure** irrigue la face interne d'un hémisphère cérébral et s'anastomose avec l'artère cérébrale opposée, en une courte dérivation appelée **artère communicante antérieure** (figure 20.17d). Les **artères cérébrales moyennes** cheminent dans la scissure latérale de leurs hémisphères et irriguent les côtés des lobes temporal et pariétal.

Artères vertébrales. Les artères vertébrales naissent des artères subclavières à la racine du cou, elles montent à travers les trous transversaires des vertèbres cervicales et elles entrent dans le crâne par le trou occipital. En chemin, elles émettent des ramifications vers la partie cervicale de la moelle épinière et vers quelques structures profondes du cou. À l'intérieur du crâne, les artères vertébrales droite et gauche s'unissent pour former l'**artère basilaire.** Celle-ci monte le long de la face antérieure du tronc cérébral, donnant des branches au cervelet, au pont et à l'oreille interne (voir la figure 20.17b et d). À la limite entre le pont et le mésencéphale, l'artère basilaire donne les deux **artères cérébrales postérieures,** qui desservent les lobes occipitaux et la partie inférieure des lobes temporaux.

Suite du texte à la page suivante

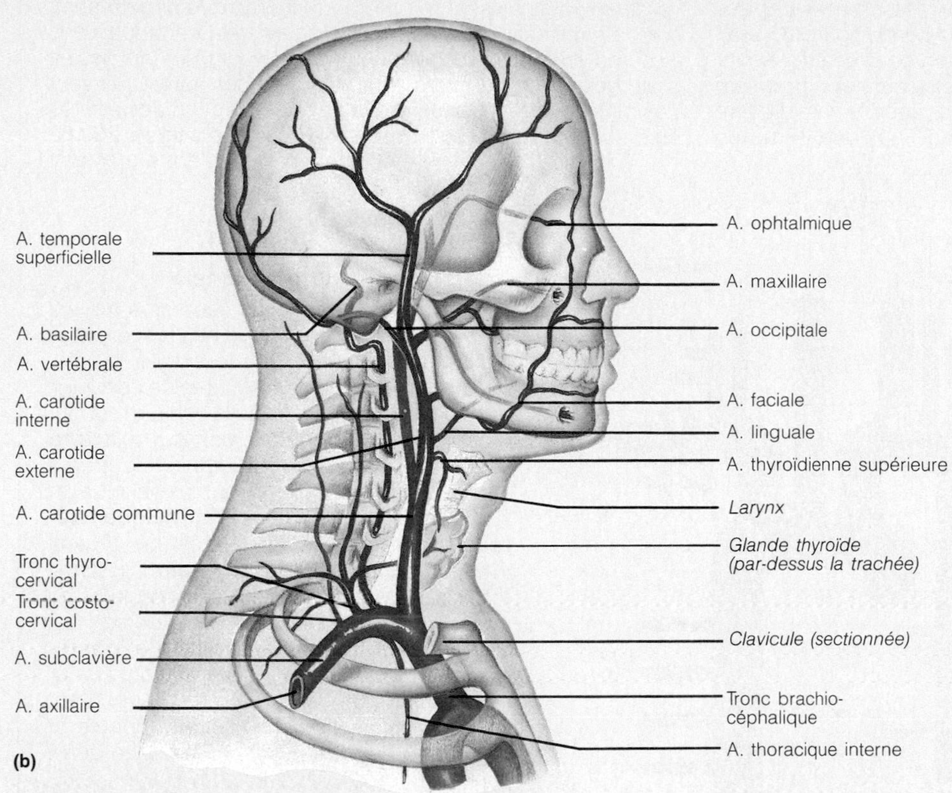

Figure 20.17 Artères de la tête, du cou et de l'encéphale.
(**a**) Schéma. (**b**) Artères de la tête et du cou, profil droit. (**c**) Artériographie de l'encéphale. (**d**) Principales artères desservant l'encéphale et le cercle artériel du cerveau. Dans cette vue inférieure de l'encéphale, le côté droit du cervelet et une partie du lobe temporal droit ont été retirés pour montrer la distribution des artères cérébrales moyenne et postérieure.

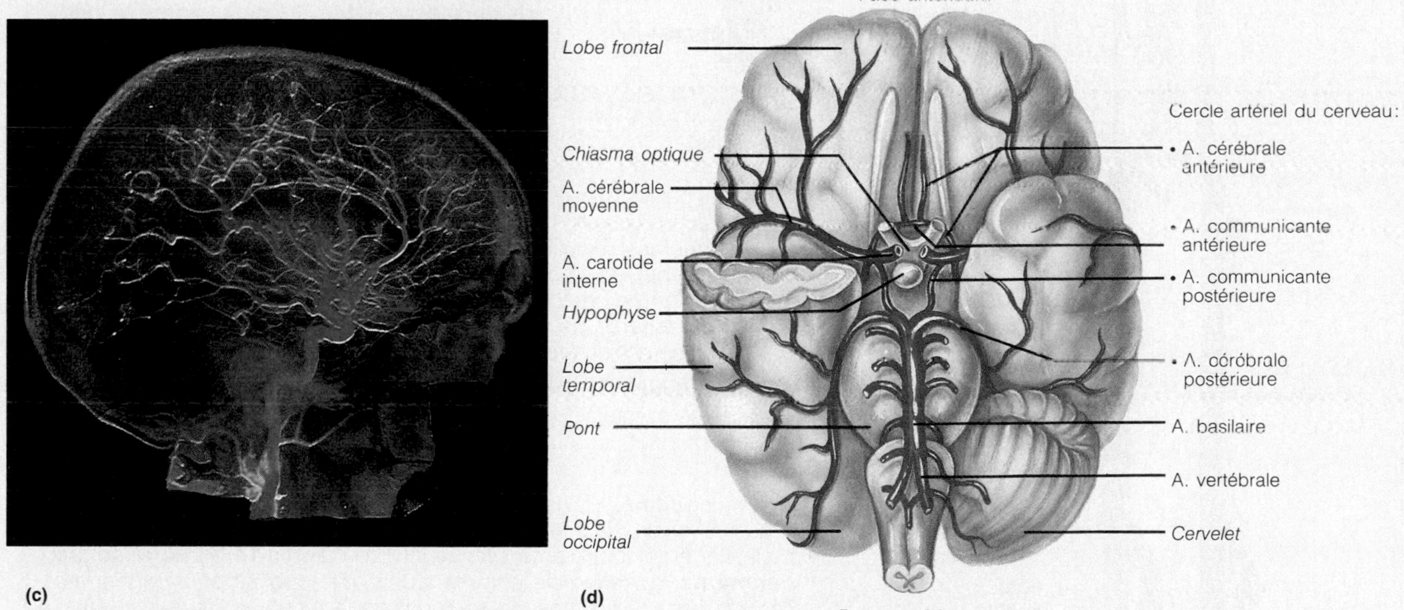

Des dérivations artérielles appelées **artères communicantes postérieures** relient les artères cérébrales postérieures aux artères cérébrales moyennes. Les deux artères communicantes postérieures et l'unique artère communicante antérieure complètent une anastomose appelée **cercle artériel du cerveau** (cercle de Willis). Le cercle artériel du cerveau entoure l'hypophyse et le chiasma optique, et il unit les vaisseaux antérieurs et postérieurs de l'encéphale. Il donne aussi au sang un accès supplémentaire au tissu cérébral en cas d'occlusion d'une artère carotide ou vertébrale.

Troncs thyro-cervical et costo-cervical. Ces courts vaisseaux naissent de l'artère subclavière, en aval des artères vertébrales (figures 20.17b et 20.18). Le tronc thyro-cervical dessert principalement la glande thyroïde et quelques muscles scapulaires. Le tronc costo-cervical irrigue les structures profondes du cou et les muscles intercostaux supérieurs.

Tableau 20.4 Artères des membres supérieurs et du thorax

Les membres supérieurs sont entièrement desservis par des artères issues des **artères subclavières** (voir la figure 20.18a). Après avoir donné des branches au cou, chaque artère subclavière chemine vers le côté, entre la clavicule et la première côte, puis elle entre dans l'aisselle, où elle prend le nom d'artère axillaire. La paroi thoracique est irriguée par une trame de vaisseaux qui naissent soit de l'aorte thoracique directement, soit de ramifications des artères subclavières. La plupart des viscères du thorax reçoivent leur apport sanguin de petites branches de l'aorte thoracique. Comme ces vaisseaux sont très petits et que leur nombre varie (à l'exception des artères bronchiques), ils ne sont pas représentés dans la figure 20.18a et b. En revanche, certains d'entre eux sont énumérés à la p. 661.

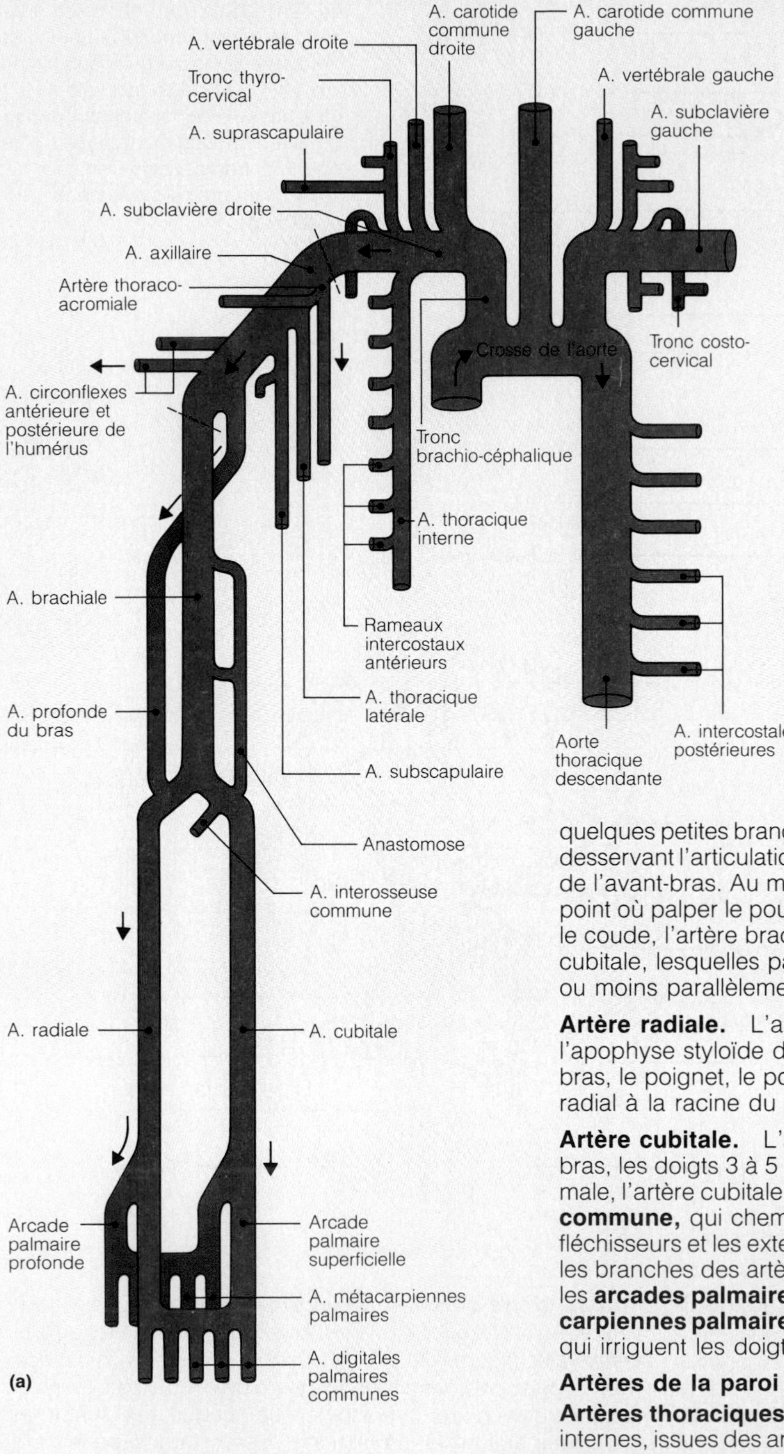

Description et distribution

Artères du membre supérieur

Artère axillaire. Dans sa course à travers l'aisselle, où l'accompagnent des faisceaux du plexus brachial, chaque artère axillaire émet des branches vers les structures de l'aisselle, de la paroi thoracique et de la ceinture scapulaire. Parmi ces branches, on trouve l'**artère thoraco-acromiale,** qui dessert la partie supérieure de l'épaule (le muscle deltoïde) et la région pectorale; l'**artère thoracique latérale,** qui irrigue la partie latérale de la paroi thoracique; l'**artère subscapulaire,** destinée à la scapula, à la partie dorsale de la paroi thoracique et au muscle grand dorsal; les **artères circonflexes antérieure** et **postérieure de l'humérus,** qui s'enroulent autour du col chirurgical de l'humérus et concourent à l'irrigation de l'articulation de l'épaule et du muscle deltoïde. À sa sortie de l'aisselle, l'artère axillaire prend le nom d'artère brachiale.

Artère brachiale. L'artère brachiale descend le long de la face interne de l'humérus et elle irrigue les muscles fléchisseurs antérieurs du bras. Une de ses principales branches, l'**artère profonde du bras,** dessert la partie postérieure du triceps brachial. À l'approche du coude, l'artère brachiale émet quelques petites branches; ces branches contribuent à une anastomose desservant l'articulation du coude et relient l'artère brachiale aux artères de l'avant-bras. Au milieu du pli du coude, l'artère brachiale fournit un point où palper le pouls (pouls brachial) (voir la figure 20.2). Juste sous le coude, l'artère brachiale se divise et forme l'artère radiale et l'artère cubitale, lesquelles parcourent la face antérieure de l'avant-bras, plus ou moins parallèlement aux os pareillement nommés.

Artère radiale. L'artère radiale, qui chemine de la fosse cubitale à l'apophyse styloïde du radius, irrigue les muscles latéraux de l'avant-bras, le poignet, le pouce et l'index. On peut aisément palper le pouls radial à la racine du pouce.

Artère cubitale. L'artère cubitale dessert la face interne de l'avant-bras, les doigts 3 à 5 et la face interne de l'index. Dans sa partie proximale, l'artère cubitale émet une courte branche, l'**artère interosseuse commune,** qui chemine entre le radius et le cubitus pour irriguer les fléchisseurs et les extenseurs profonds de l'avant-bras. Dans la paume, les branches des artères radiale et cubitale s'anastomosent et forment les **arcades palmaires profonde** et **superficielle.** Les **artères métacarpiennes palmaires** et les **artères digitales palmaires communes** qui irriguent les doigts naissent de ces arcades.

Artères de la paroi thoracique

Artères thoraciques internes. Les artères thoraciques (mammaires) internes, issues des artères subclavières, irriguent l'essentiel de la partie antérieure de la paroi thoracique. Chacune de ces artères descend à côté du sternum et émet les **rameaux intercostaux antérieurs,** qui alimentent les structures antérieures des espaces intercostaux. Les

Tableau 20.4 (suite)

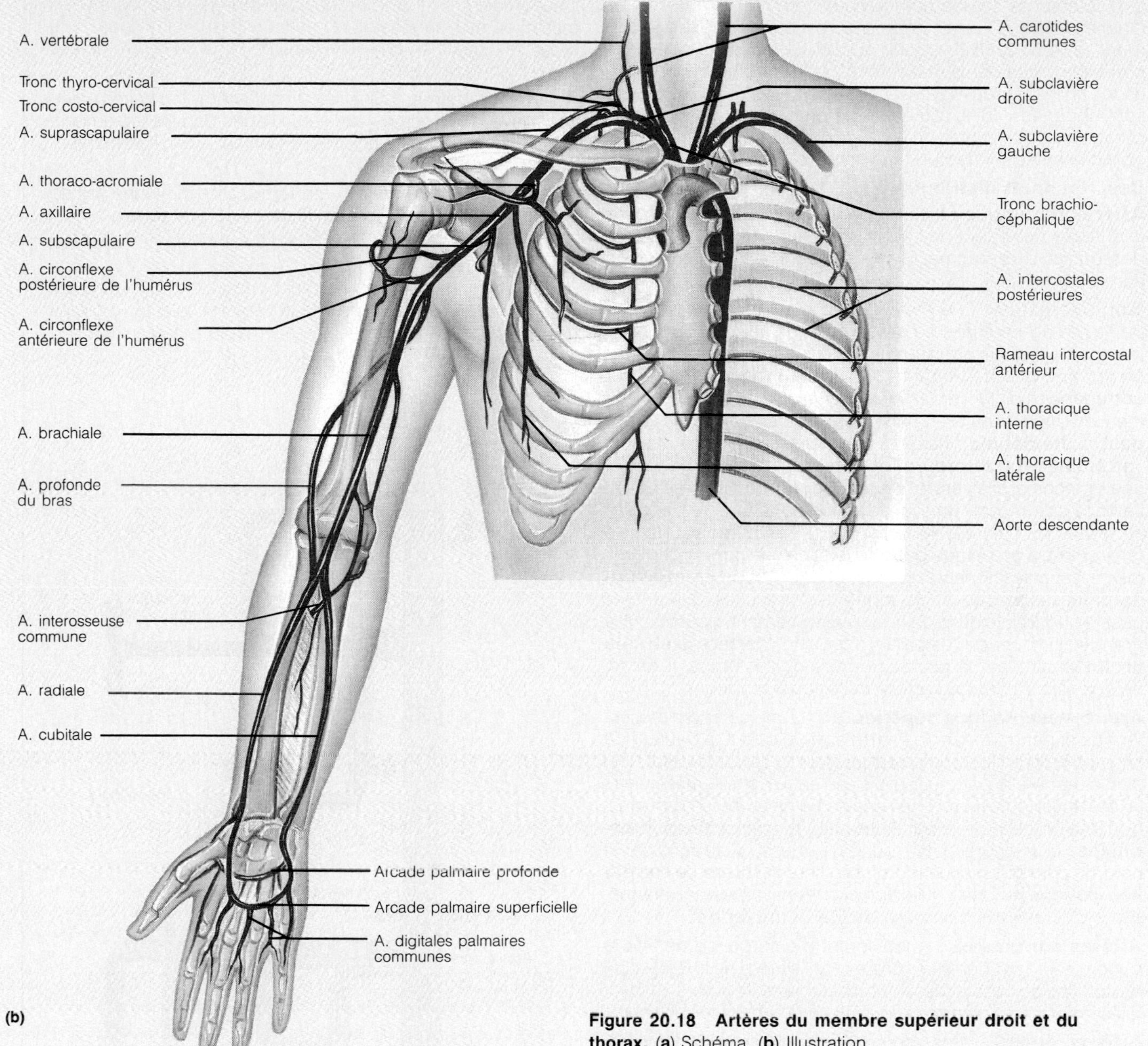

Figure 20.18 Artères du membre supérieur droit et du thorax. (**a**) Schéma. (**b**) Illustration.

artères thoraciques internes desservent aussi les glandes mammaires et elles se terminent par de fins rameaux destinés à l'avant de la paroi abdominale et au diaphragme.

Artères intercostales postérieures. Neuf paires d'*artères intercostales postérieures* naissent de l'aorte thoracique et encerclent la cage thoracique pour s'anastomoser, à l'avant, avec les *rameaux intercostaux antérieurs.* Les deux paires supérieures sont dérivées du tronc costo-cervical. Sous la douzième côte, une paire d'**artères subcostales** (non représentées) émerge de l'aorte thoracique. Les artères intercostales postérieures irriguent les espaces intercostaux postérieurs, les muscles profonds du dos, les vertèbres et la moelle épinière. Les artères intercostales postérieures et les rameaux intercostaux antérieurs alimentent les muscles intercostaux.

Artères phréniques supérieures. Les artères phréniques supérieures (au moins une paire) vascularisent la partie postéro-supérieure du diaphragme.

Artères des viscères thoraciques

Rameaux péricardiques. Plusieurs branches de petites dimensions desservent la partie postérieure du péricarde.

Artères bronchiques. Les artères bronchiques, deux à gauche et une à droite, apportent le sang systémique (riche en oxygène) aux poumons, aux bronches et à la plèvre.

Rameaux œsophagiens. Les rameaux œsophagiens (de deux à quatre) qui irriguent l'œsophage sont des branches collatérales de l'aorte, de l'artère gastrique gauche et de l'artère thyroïdienne inférieure.

Rameaux médiastinaux. De nombreuses branches collatérales de l'aorte thoracique vascularisent les structures postérieures du médiastin et le péricarde fibreux.

Tableau 20.5 Artères de l'abdomen

Les artères de l'abdomen naissent de l'aorte abdominale (figure 20.19a). Quand l'organisme est au repos, elles renferment environ la moitié du sang artériel. Exception faite du tronc cœliaque, des artères mésentériques inférieure et supérieure et de l'artère sacrée moyenne, toutes les artères de l'abdomen sont appariées. Elles alimentent la paroi abdominale, le diaphragme et les viscères de la cavité abdomino-pelvienne. Elles sont présentées ci-dessous suivant l'ordre de leur émergence.

Description et distribution

Artères phréniques inférieures. Les artères phréniques inférieures émergent de l'aorte à la hauteur de T_{12}, juste au-dessous du diaphragme. Elles alimentent la face inférieure du diaphragme.

Tronc cœliaque. Le tronc cœliaque, une grosse branche de l'aorte abdominale, se divise presque immédiatement en trois branches: les artères hépatique commune, splénique et gastrique gauche (figure 20.19b). L'**artère hépatique commune** se dirige vers le haut, donnant des branches à l'estomac, au duodénum et au pancréas. À la naissance de l'**artère gastro-duodénale,** l'artère hépatique commune devient l'**artère hépatique propre,** qui émet une branche gauche et une branche droite vers le foie. En passant derrière l'estomac, l'**artère splénique** émet des ramifications vers le pancréas et l'estomac, puis elle se termine par des branches dans la rate. L'**artère gastrique gauche** dessert une portion de l'estomac et la partie inférieure de l'œsophage. Les **artères gastro-épiploïques droite** et **gauche,** des branches des artères gastro-duodénale et splénique respectivement, nourrissent la grande courbure de l'estomac, à gauche. L'**artère gastrique droite** desservant la petite courbure de l'estomac, à droite, naît généralement de l'artère hépatique commune.

Artère mésentérique supérieure. L'unique artère mésentérique supérieure naît de l'aorte abdominale à la hauteur de L_1, au-dessous du tronc cœliaque (voir la figure 20.19d). Elle passe derrière le pancréas, puis elle entre dans le mésentère; là, ses nombreuses branches anastomotiques desservent presque tout l'intestin grêle par l'intermédiaire des **artères intestinales,** la majeure partie du gros intestin (l'appendice, le cæcum et le côlon ascendant) par l'intermédiaire de l'**artère iléo-colique,** et une partie du côlon transverse par l'intermédiaire des **artères coliques droite** et **moyenne.**

Artères surrénales. À leur point d'émergence de l'aorte abdominale, les artères surrénales sont situées de chaque côté de l'origine de l'artère mésentérique supérieure (figure 20.19c). Elles irriguent les glandes surrénales qui surmontent les reins.

Artères rénales. Les artères rénales droite et gauche sont courtes mais larges. Elles émergent des côtés de l'aorte, un peu au-dessous de l'artère mésentérique supérieure (entre L_1 et L_2). Chacune dessert un rein.

Artères ovariques ou **testiculaires.** Chez la femme, les **artères ovariques** s'étendent dans le bassin, et elles irriguent les ovaires et une partie des trompes utérines. Les **artères testiculaires** de l'homme sont beaucoup plus longues que les artères ovariques; elles parcourent le bassin et le canal inguinal, puis elles entrent dans le scrotum, où elles desservent les testicules.

Artère mésentérique inférieure. La dernière branche de l'aorte abdominale est unique et elle naît de la partie antérieure de l'aorte à la hauteur de L_3. Elle assure l'irrigation de la partie distale du gros intestin (du milieu du côlon transverse au milieu du rectum) par l'intermédiaire de ses branches, l'**artère colique gauche,** les **artères sigmoïdiennes** et les **artères rectales supérieure, moyenne** et **inférieure.** Des anastomoses en forme de boucles situées entre les artères mésentériques supérieure et inférieure assurent l'irrigation du système digestif en cas de lésions de l'une ou l'autre de ces artères abdominales.

Artères lombaires. Quatre paires d'artères lombaires émergent de la face postéro-latérale de l'aorte dans la région lombaire. Ces artères segmentaires desservent la partie postérieure de la paroi abdominale.

Artère sacrée moyenne. L'artère sacrée moyenne naît de la face postérieure de l'extrémité terminale de l'aorte abdominale. Cette minuscule artère alimente le sacrum et le coccyx.

Artères iliaques communes. À la hauteur de L_4, l'aorte donne les artères iliaques communes droite et gauche, qui irriguent la partie inférieure de la paroi abdominale, les organes du bassin et les membres inférieurs (voir la figure 20.20).

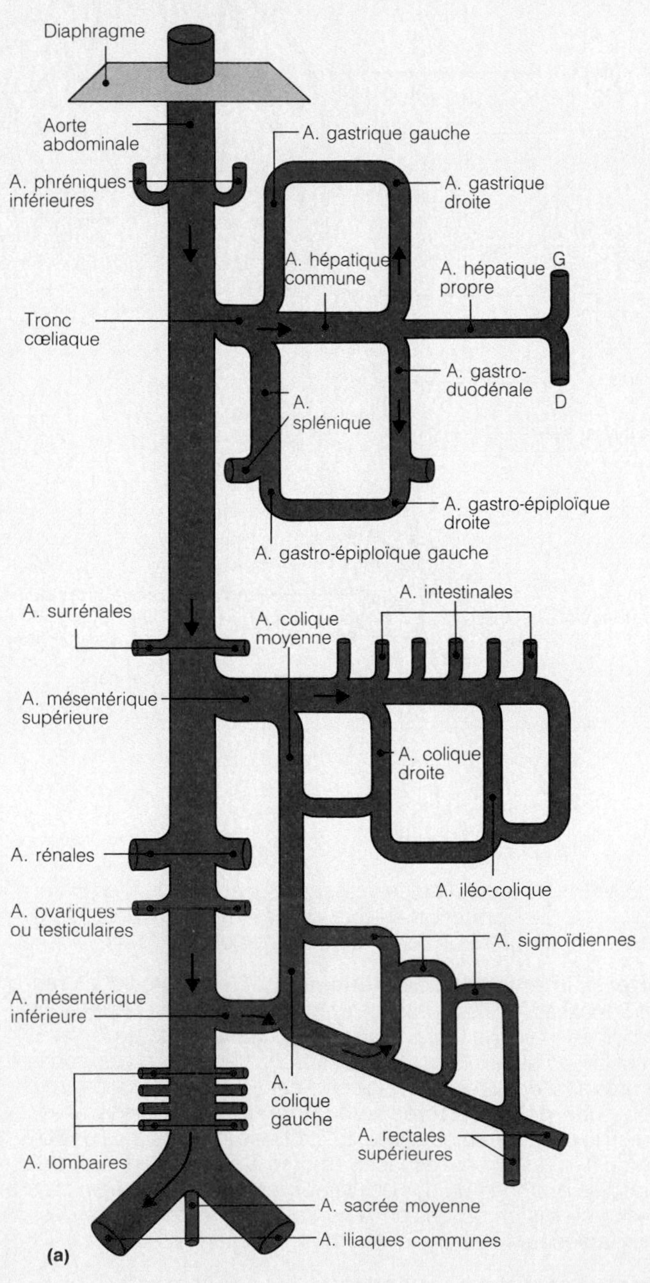

Tableau 20.5 (suite)

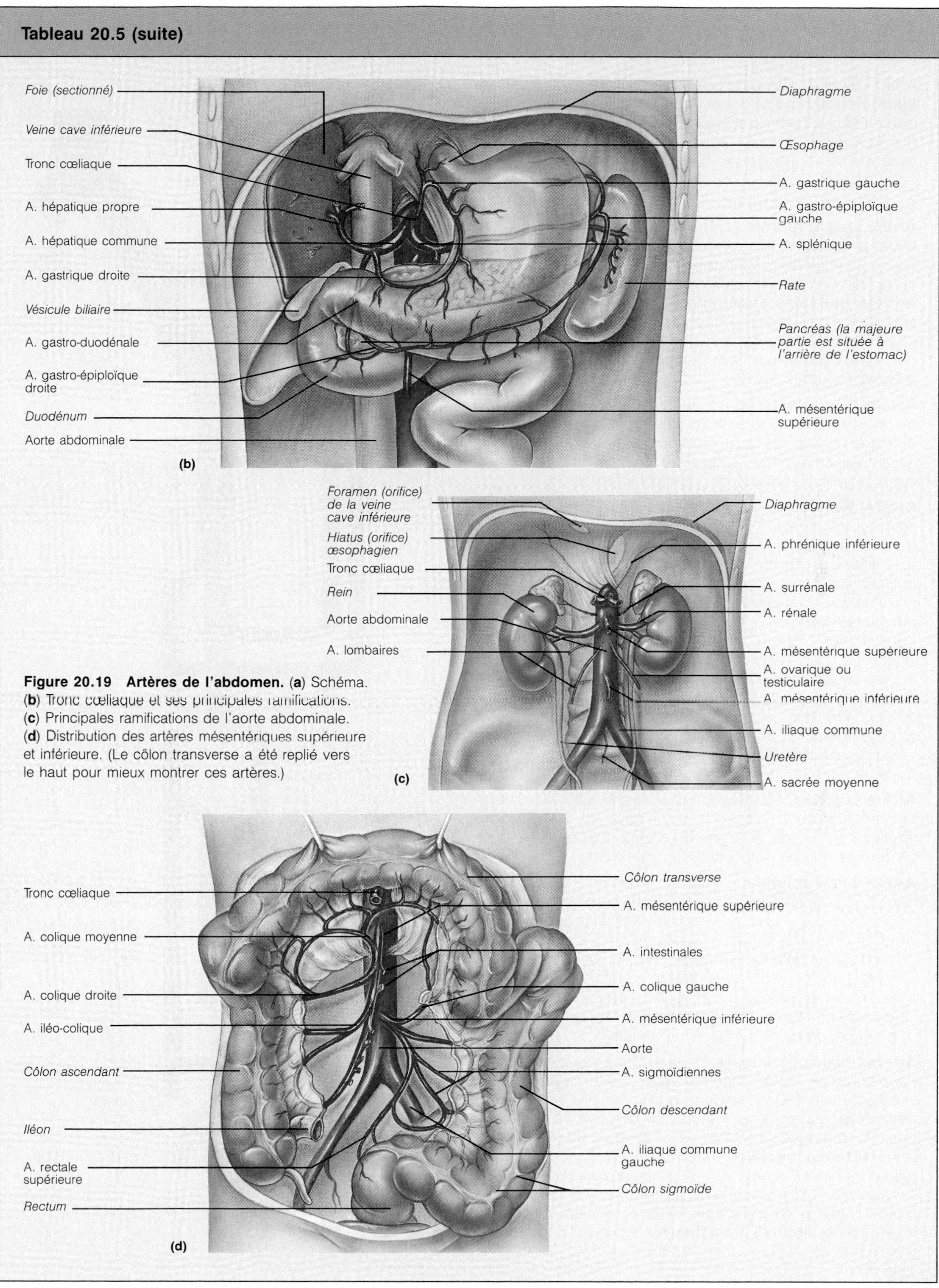

Figure 20.19 Artères de l'abdomen. (**a**) Schéma. (**b**) Tronc cœliaque et ses principales ramifications. (**c**) Principales ramifications de l'aorte abdominale. (**d**) Distribution des artères mésentériques supérieure et inférieure. (Le côlon transverse a été replié vers le haut pour mieux montrer ces artères.)

Tableau 20.6 Artères du bassin et des membres inférieurs

À la hauteur des articulations sacro-iliaques, chaque **artère iliaque commune** se divise en deux grandes branches, les artères iliaques interne et externe (figure 20.20a). La première distribue le sang dans la région du bassin principalement. La seconde émet quelques ramifications dans la paroi abdominale, mais elle irrigue surtout le membre inférieur.

Description et distribution

Artère iliaque interne. L'artère iliaque interne descend dans le bassin et assure l'irrigation des parois et des viscères (vessie, rectum, utérus, vagin, prostate et conduits déférents). En outre, elle nourrit les muscles fessiers par l'intermédiaire des **artères glutéales supérieure** et **inférieure,** les muscles adducteurs de la loge médiane de la cuisse par l'intermédiaire de l'**artère obturatrice,** ainsi que les organes génitaux externes et le périnée par l'intermédiaire de l'**artère honteuse interne** (non représentée).

Artère iliaque externe. L'artère iliaque externe irrigue le membre inférieur (figure 20.20b). Dans le bassin, elle donne des ramifications à la partie antérieure de la paroi abdominale. Après être entrée dans la cuisse en passant sous le ligament inguinal, elle prend le nom d'artère fémorale.

Artère fémorale. En descendant dans la partie antéro-interne de la cuisse, l'artère fémorale émet des ramifications dans les muscles de la cuisse. Sa plus grosse branche profonde est l'**artère profonde de la cuisse,** qui dessert les muscles postérieurs de la cuisse (fléchisseurs du genou). Les branches proximales de l'artère profonde de la cuisse, les **artères circonflexes latérale** et **médiale de la cuisse,** encerclent le col du fémur. L'artère circonflexe médiale de la cuisse irrigue la tête et le col du fémur. Les branches descendantes des deux artères circonflexes alimentent les muscles de la loge postérieure de la cuisse. Au niveau du genou, l'artère fémorale passe dans un orifice appelé *hiatus tendineux de l'adducteur,* situé dans le muscle grand adducteur, poursuit sa course derrière le genou et entre dans le creux poplité, où elle prend le nom d'artère poplitée.

Artère poplitée. L'artère poplitée chemine sur la face postérieure du membre inférieur; elle contribue à une anastomose artérielle qui irrigue la région du genou. Elle donne ensuite les artères tibiales antérieure et postérieure.

Artère tibiale antérieure. L'artère tibiale antérieure descend dans la loge antérieure de la jambe, où elle alimente les muscles extenseurs. À la cheville, elle devient l'**artère dorsale du pied,** qui irrigue la cheville et le dos du pied. L'artère dorsale du pied donne l'**artère arquée du pied,** laquelle émet les artères métatarsiennes dorsales dans le métatarse. L'artère dorsale du pied est le siège du pouls pédieux (voir la figure 20.2). Si le pouls pédieux est bien perceptible, on peut en conclure que l'irrigation de la jambe est adéquate.

Artère tibiale postérieure. L'artère tibiale postérieure parcourt la partie postéro-interne de la jambe et irrigue les muscles fléchisseurs. Dans sa partie proximale, elle émet l'**artère péronière,** qui irrigue les muscles long et court péroniers latéraux. À la cheville, l'artère tibiale postérieure donne les **artères plantaires médiale** et **latérale,** lesquelles desservent la plante du pied. L'artère plantaire latérale donne naissance à l'arcade plantaire où les artères digitales communes plantaires prennent leur origine. Ces dernières deviennent les **artères digitales communes plantaires** qui assurent l'irrigation des orteils.

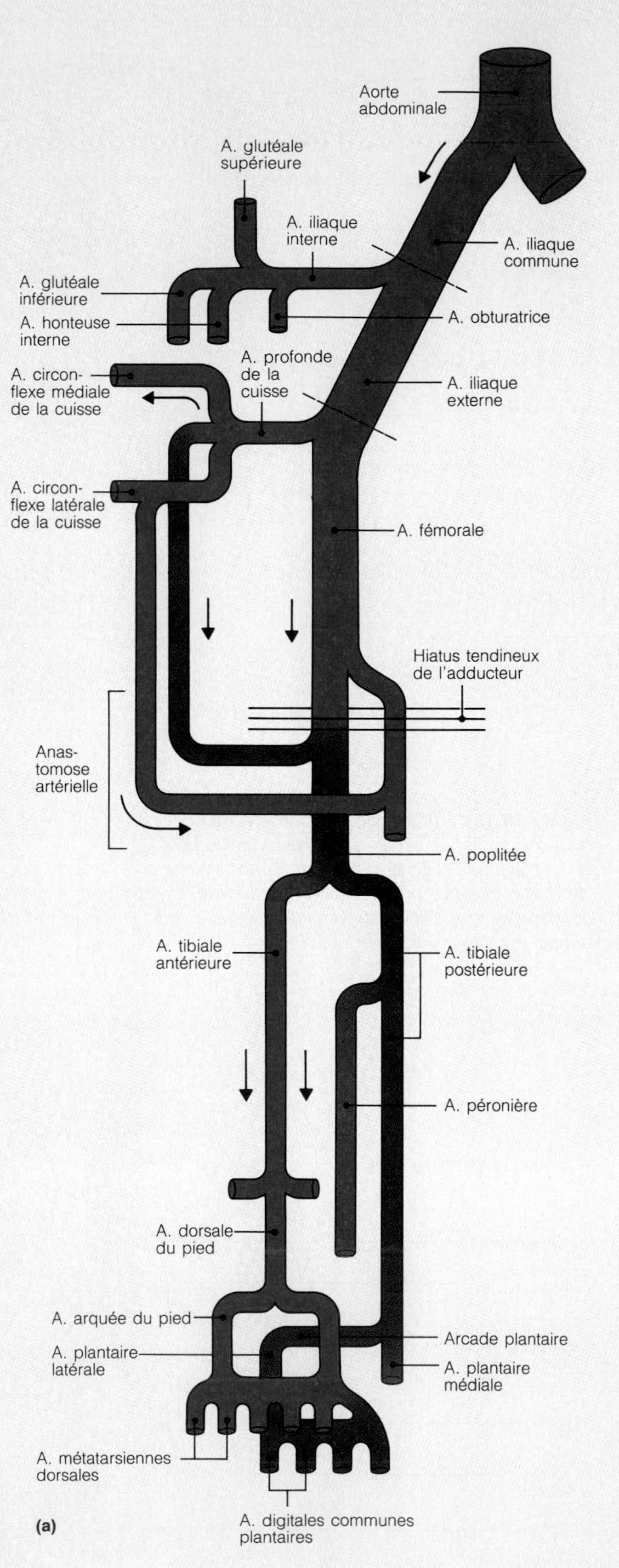

(a)

Tableau 20.6 (suite)

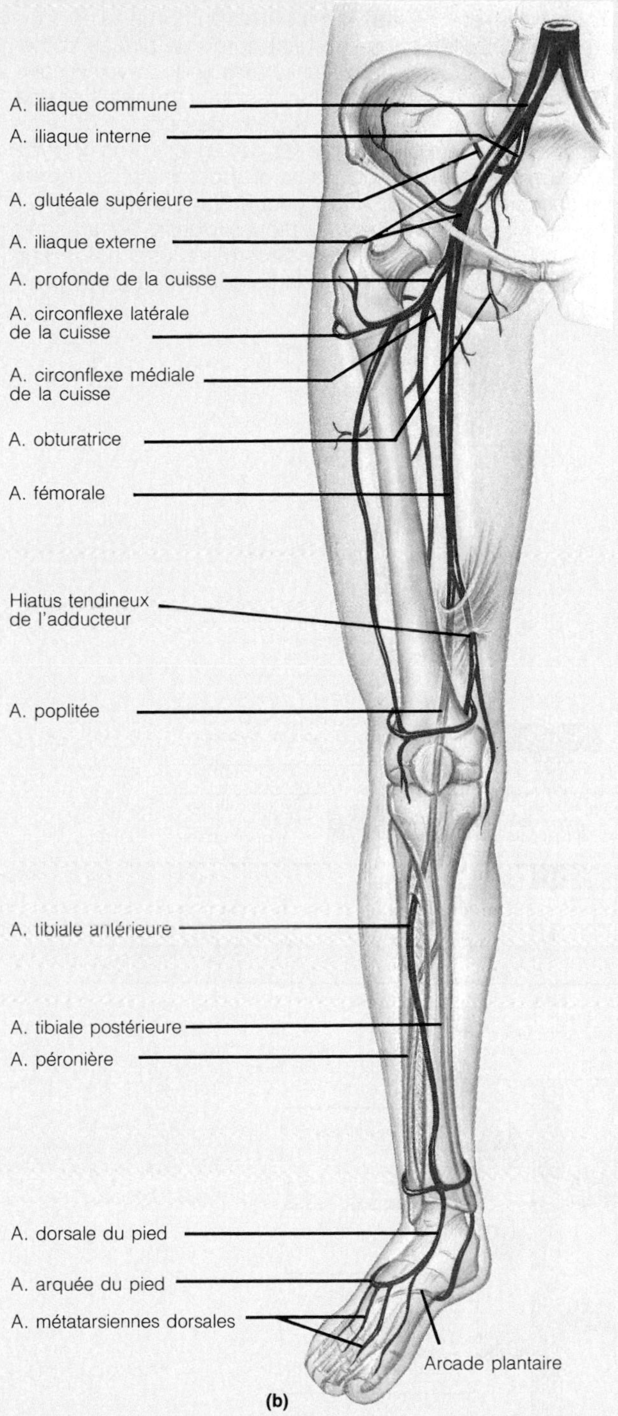

Figure 20.20 Artères du bassin et des membres inférieurs. **(a)** Schéma. **(b)** Illustration.

Tableau 20.7 Veines caves et principales veines de la circulation systémique

Les veines et les artères systémiques présentent de nombreuses similitudes, mais aussi d'importantes différences.

1. Tandis que le sang sort du cœur par une seule artère systémique, l'aorte, il rentre dans le cœur par deux veines terminales, les veines caves supérieure et inférieure. Une seule exception à cette règle : le sang qui se draine du myocarde est recueilli par quatre veines rattachées au sinus coronaire, qui se déversent dans l'oreillette droite (voir à la p. 614).

2. Alors que toutes les artères sont profondes et protégées par des tissus sur la majeure partie de leur trajet, les veines sont profondes ou superficielles. Les veines profondes sont parallèles aux artères systémiques et, à quelques exceptions près, ces vaisseaux portent les mêmes noms. Les veines superficielles cheminent tout près de la peau et elles sont bien visibles, particulièrement dans les membres, le visage et le cou. Comme il n'y a pas d'artères superficielles, les noms des veines superficielles ne correspondent pas à ceux d'artères.

3. Contrairement aux voies artérielles, les voies veineuses tendent à former de nombreuses anastomoses, et plusieurs veines se dédoublent. Les voies veineuses sont donc plus difficiles à suivre que les voies artérielles.

4. Dans la majeure partie de l'organisme, l'irrigation artérielle et le drainage veineux se correspondent de manière prévisible. Cependant, l'agencement du drainage veineux se distingue dans au moins deux régions importantes. Premièrement, le sang veineux de l'encéphale se draine dans les *sinus de la dure-mère* (du cerveau) et non dans des veines typiques. Deuxièmement, le sang issu du système digestif entre dans une structure vasculaire spéciale, le *système porte hépatique,* et il parcourt le foie avant de réintégrer la circulation générale dans la veine cave inférieure.

Notre étude des veines systémiques portera d'abord sur les principaux tributaires des veines caves ; nous décrirons ensuite, dans les tableaux 20.8 à 20.11, les veines des diverses régions de l'organisme. Les veines voyageant en direction du cœur, notre énumération procédera du distal au proximal. Comme les veines profondes drainent des régions qu'irriguent des artères déjà décrites, nous nous contenterons de les nommer. La figure 20.21 présente une vue d'ensemble des veines systémiques.

Suite du tableau à la page suivante

Tableau 20.7 Veines caves et principales veines de la circulation systémique (*suite*)

Description et régions drainées

Veine cave supérieure. La veine cave supérieure reçoit le sang issu de toutes les régions situées au-dessus du diaphragme, exception faite des poumons (veines pulmonaires). Elle est formée par l'union des **veines brachio-céphaliques droite** et **gauche,** et elle aboutit dans la partie supérieure de l'oreillette droite (figure 20.21b). Notez qu'il existe deux veines brachio-céphaliques mais un seul tronc artériel du même nom. Chaque veine brachio-céphalique est constituée par la fusion des **veines jugulaire interne** et **subclavière.** Le schéma qui suit présente seulement les vaisseaux drainant le côté droit de l'organisme (il mentionne toutefois le système azygos du thorax).

Veine cave inférieure. La veine cave inférieure, le vaisseau sanguin le plus large de l'organisme, est beaucoup plus longue que la veine cave supérieure. Elle ramène au cœur le sang provenant des régions situées sous le diaphragme, et elle correspond très étroitement à l'aorte abdominale placée immédiatement à sa gauche. L'extrémité distale de la veine cave inférieure est formée par la jonction des deux **veines iliaques communes,** à la hauteur de L_5. À partir de ce point, la veine cave inférieure monte le long de la face antérieure de la colonne vertébrale, recevant le sang de la paroi abdominale, des gonades et des reins. Juste avant de pénétrer dans le diaphragme, elle est rejointe par les veines hépatiques, qui drainent le sang du foie. La veine cave inférieure se termine juste au-dessus du diaphragme, en entrant dans la partie inférieure de l'oreillette droite.

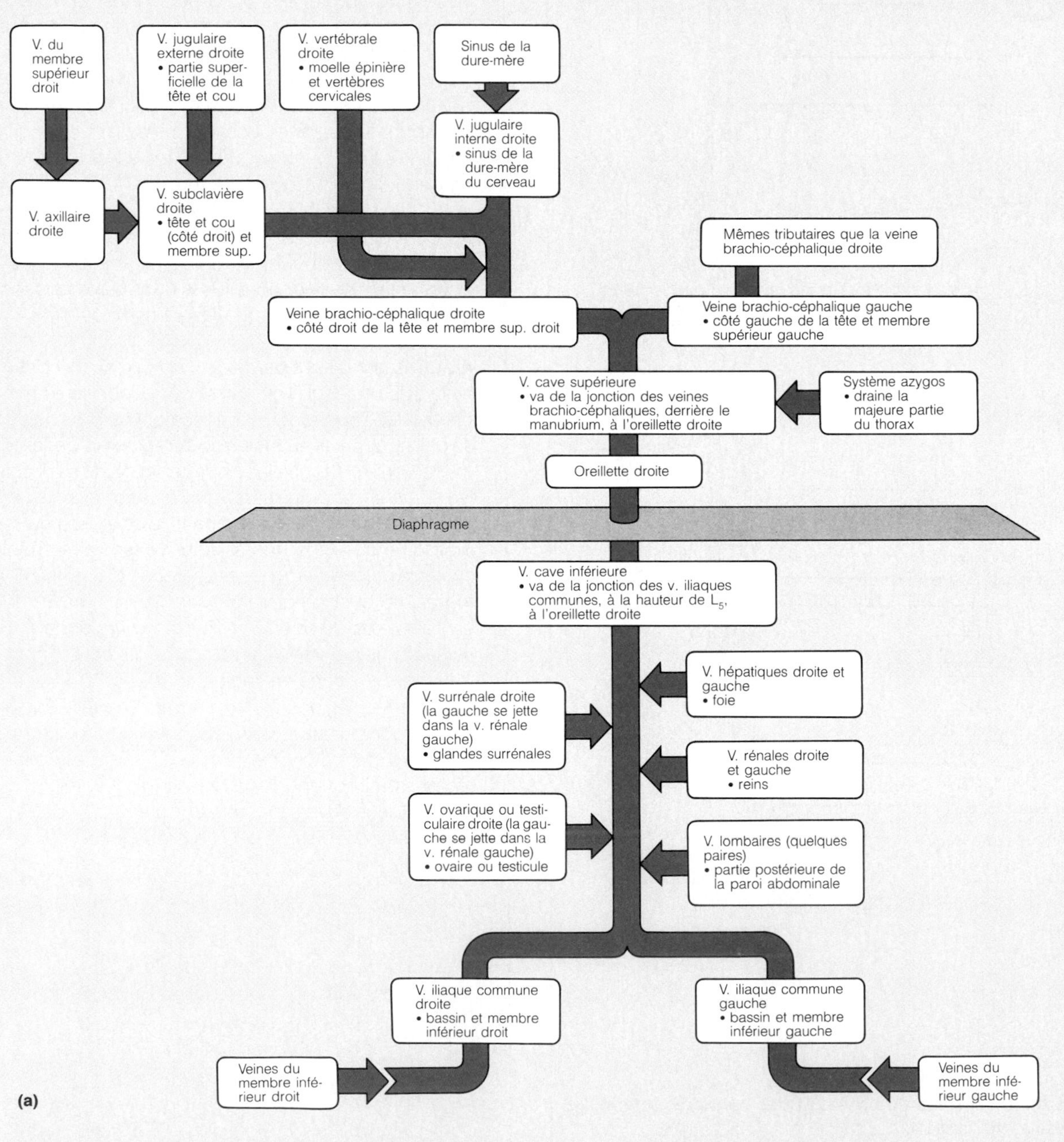

Tableau 20.7 (suite)

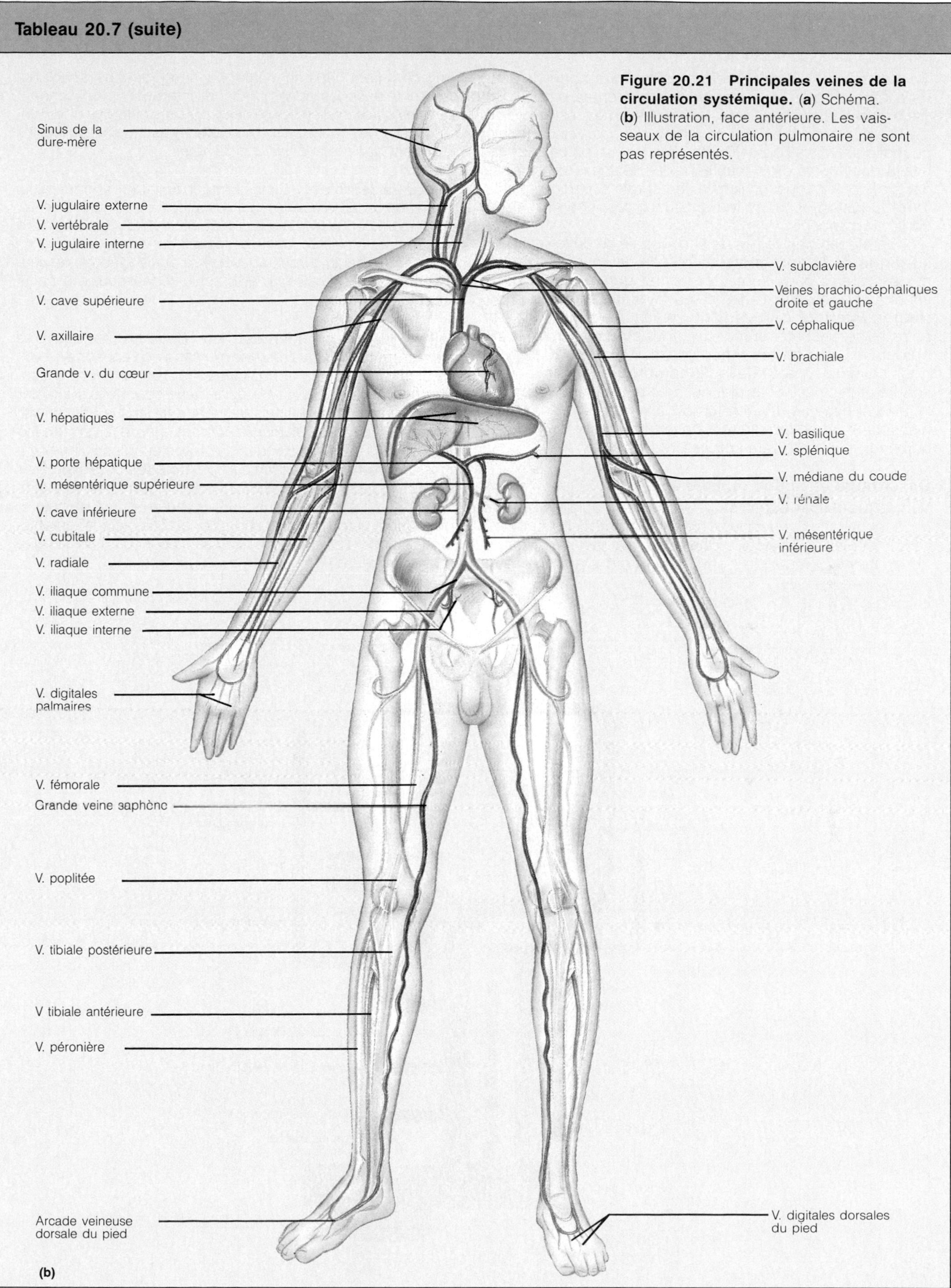

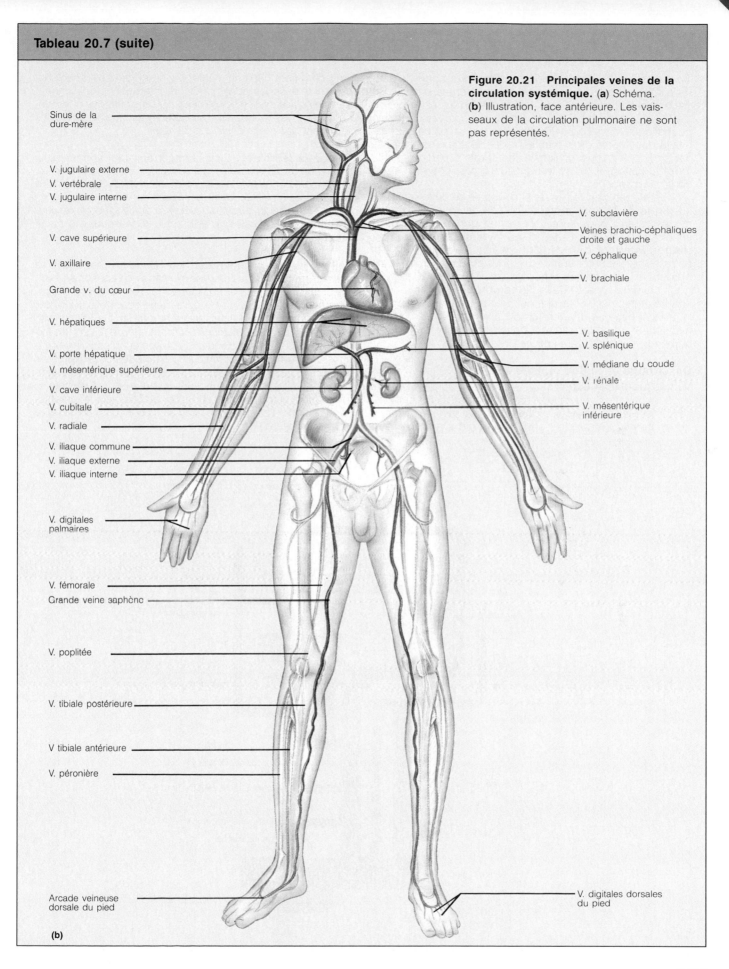

Figure 20.21 Principales veines de la circulation systémique. (**a**) Schéma. (**b**) Illustration, face antérieure. Les vaisseaux de la circulation pulmonaire ne sont pas représentés.

Tableau 20.8 Veines de la tête et du cou

Trois paires de veines recueillent la majeure partie du sang de la tête et du cou : les veines jugulaires externes, qui se vident dans les veines subclavières, les veines jugulaires internes et les veines vertébrales, qui se jettent dans la veine brachio-céphalique (voir la figure 20.22a). Bien que la plupart des veines et des artères extra-crâniennes portent les mêmes noms (faciale, ophtalmique, occipitale, temporale superficielle, etc.), leurs anastomoses et leurs trajets respectifs diffèrent considérablement.

La plupart des veines de l'encéphale se déversent dans les **sinus de la dure-mère,** une série de cavités communicantes situées dans l'épaisseur de la dure-mère. Les plus importants de ces sinus veineux sont les **sinus sagittaux supérieur** et **inférieur** de la faux du cerveau, laquelle s'enfonce entre les hémisphères cérébraux, et les **sinus caverneux,** qui bordent le corps de l'os sphénoïde (voir la figure 20.22c). Le sinus caverneux reçoit de la **veine ophtalmique** le sang de l'orbite et de la veine faciale, qui draine le sang du nez et de la lèvre supérieure. L'artère carotide interne et les nerfs crâniens III, IV, VI et, en partie, V *traversent* tous le sinus caverneux sur leur trajet vers l'orbite et le visage.

Description et région drainée

Veines jugulaires externes. Les veines jugulaires externes droite et gauche drainent les structures superficielles de la tête (le cuir chevelu et le visage) desservies par les artères carotides externes. Toutefois, leurs tributaires s'anastomosent abondamment, et une partie du sang de ces structures emprunte aussi les veines jugulaires internes. En descendant dans les côtés du cou, les veines jugulaires externes obliquent au-dessus des muscles sterno-cléido-mastoïdiens, puis elles se vident dans les veines subclavières.

Veines vertébrales. Contrairement aux artères vertébrales, les veines vertébrales ont peu à voir avec l'encéphale. En effet, elles ne drainent que les vertèbres cervicales, la moelle épinière et quelques petits muscles du cou. Les veines vertébrales descendent dans le trou transversaire des vertèbres cervicales et elles rejoignent les veines brachio-céphaliques à la racine du cou.

Veines jugulaires internes. Les deux veines jugulaires internes, qui reçoivent l'essentiel du sang de l'encéphale, sont les plus grosses veines appariées drainant la tête et le cou. Elles naissent des sinus de la dure-mère, sortent du crâne par les *foramens jugulaires* puis descendent dans le cou le long des artères carotides internes. Ce faisant, elles reçoivent le sang de quelques veines profondes du visage et du cou, des branches des **veines temporales superficielles** et **faciale** (voir la figure 20.22b). À la base du cou, chaque veine jugulaire interne s'unit à la veine subclavière située du même côté et forme une veine brachio-céphalique. Les veines brachio-céphaliques droite et gauche s'unissent pour constituer la veine cave supérieure.

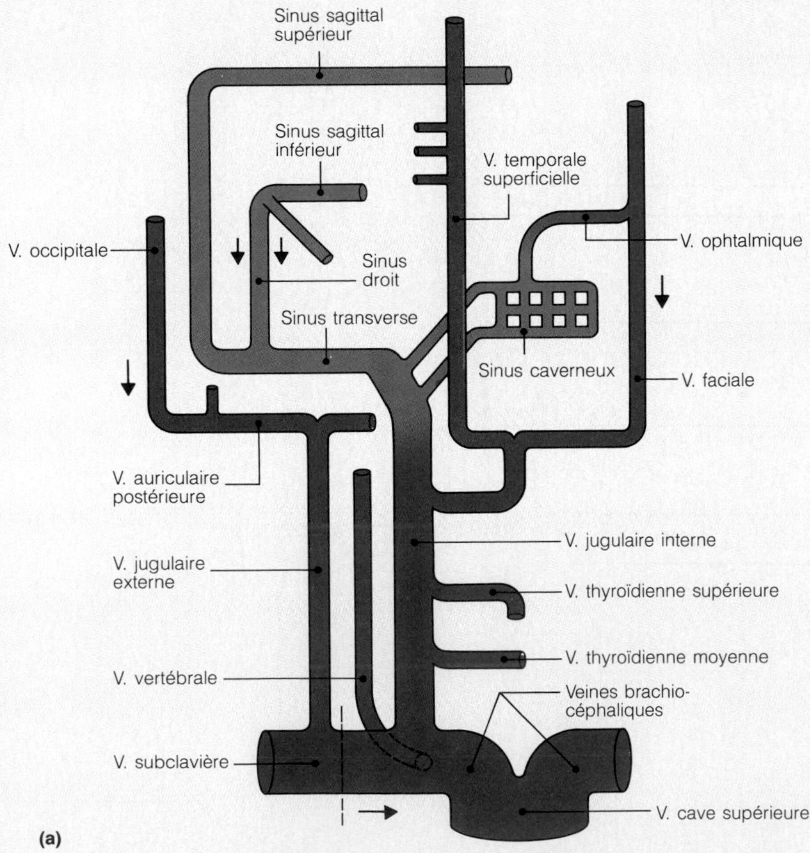

(a)

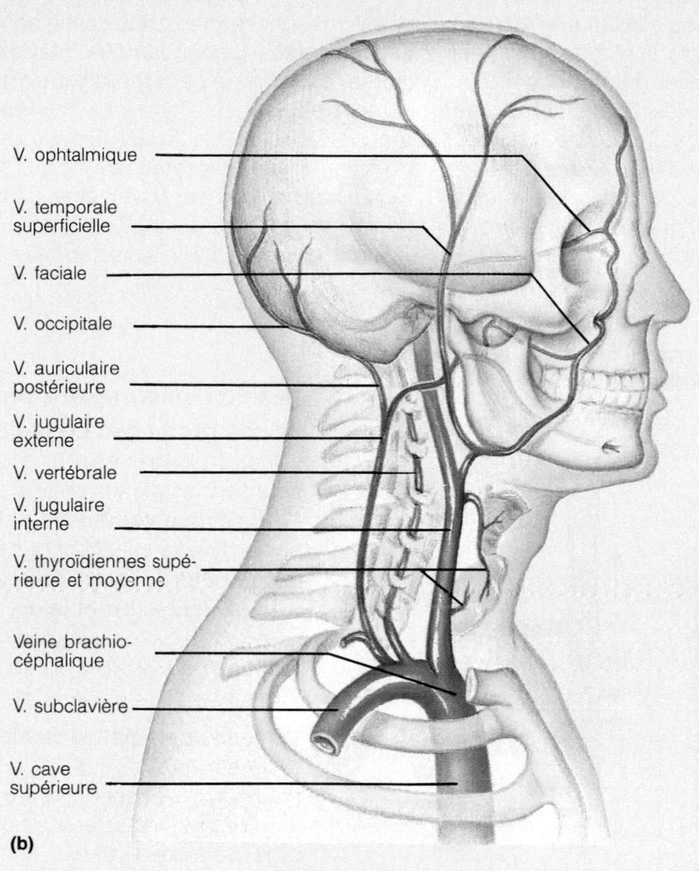

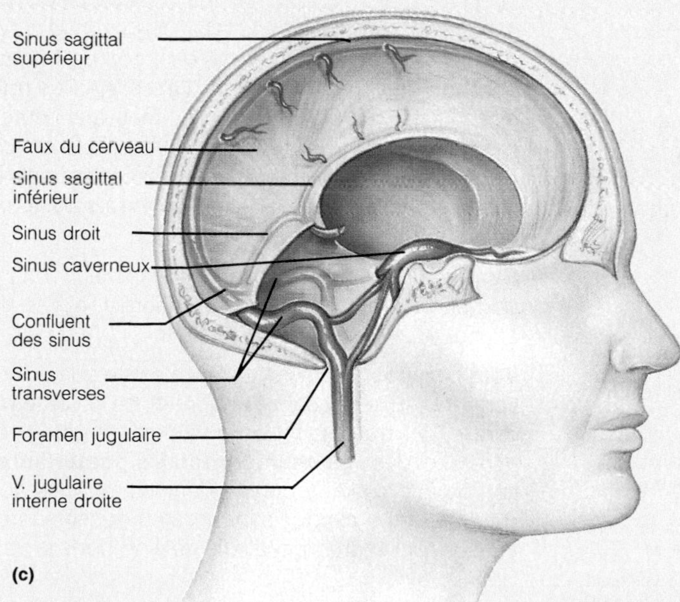

Figure 20.22 Drainage veineux de la tête, du cou et de l'encéphale. (**a**) Schéma. (**b**) Veines superficielles de la tête et du cou, profil droit. (**c**) Sinus de la dure-mère, profil droit.

Tableau 20.9 Veines des membres supérieurs et du thorax

Les veines profondes des membres supérieurs suivent des artères qui portent les mêmes noms qu'elles (figure 20.23a). À l'exception des plus grosses, toutefois, la plupart de ces veines sont paires et cheminent de part et d'autre des artères correspondantes. Les veines superficielles des membres supérieurs sont plus grosses que les veines profondes et on peut les apercevoir à travers la peau. C'est dans la veine médiane du coude, qui passe devant le coude, que l'on prélève habituellement les échantillons de sang et que l'on administre les médicaments intraveineux et les transfusions.

Le sang des glandes mammaires et des deux ou trois premiers espaces intercostaux entre dans les **veines brachiocéphaliques.** Cependant, la majeure partie des tissus thoraciques et de la paroi thoracique est drainée par le réseau complexe des veines formant le **système azygos.** Les nombreuses ramifications de ces veines forment des voies collatérales pour le sang provenant de la paroi abdominale et d'autres régions desservies par la veine cave inférieure; en outre, on trouve de nombreuses anastomoses entre la veine azygos et la veine cave inférieure (anastomoses azygo-caves).

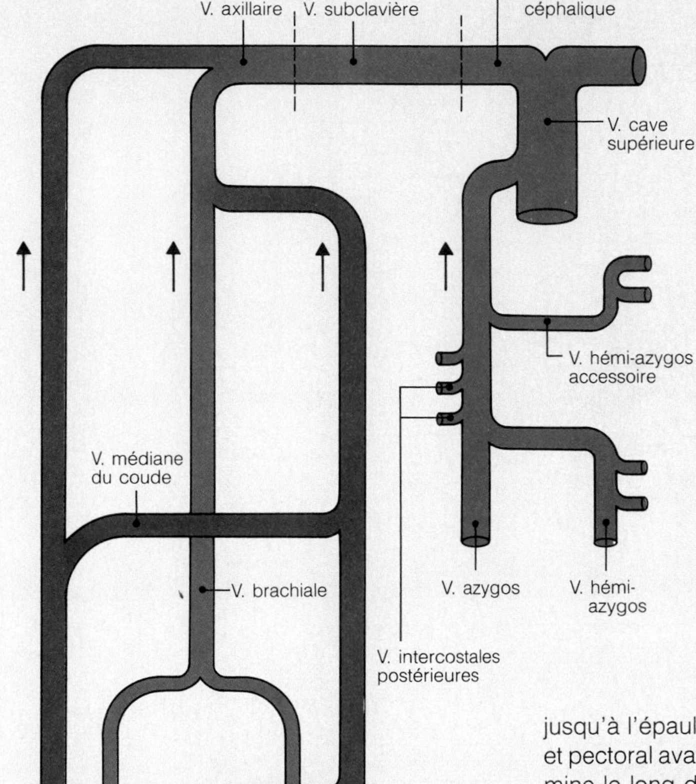

Description et régions drainées

Veines profondes du membre supérieur. Les veines profondes les plus distales du membre supérieur sont les veines radiales et les veines cubitales. Les **arcades veineuses palmaires profonde** et **superficielle** se jettent dans les **veines radiales** et **cubitales** de l'avant-bras, qui s'unissent pour former les **veines brachiales.** En entrant dans l'aisselle, ces veines fusionnent pour former la **veine axillaire,** qui devient elle-même la **veine subclavière** à la hauteur de la première côte.

Veines superficielles du membre supérieur. Le système veineux superficiel commence avec un plexus appelé **réseau veineux dorsal de la main** (non représenté). Dans la partie distale de l'avant-bras, ce réseau veineux se jette dans deux grandes veines superficielles, la veine céphalique et la veine basilique, qui s'anastomosent abondamment au cours de leur montée (voir la figure 20.23b). La **veine céphalique** s'enroule autour du radius, après quoi elle monte le long de la face externe du bras, jusqu'à l'épaule, où elle suit le sillon creusé entre les muscles deltoïde et pectoral avant de rejoindre la veine axillaire. La **veine basilique** chemine le long de la face postéro-interne de l'avant-bras, passe devant le coude puis s'enfonce. Dans l'aisselle, elle s'unit à la veine brachiale et forme la veine axillaire. Sur la face antérieure du coude, la **veine médiane du coude** relie la veine basilique et la veine céphalique. La **veine médiane de l'avant-bras** est située entre les veines radiale et cubitale et elle se termine généralement à la hauteur du coude, en s'abouchant à la veine médiane du coude.

Système azygos. Le système azygos est formé de veines, situées de part et d'autre de la colonne vertébrale, qui se drainent dans la veine azygos.

Veine azygos. La veine azygos n'existe que du côté droit de la colonne vertébrale. Elle naît dans l'abdomen, de la **veine lombaire ascendante droite,** qui draine la majeure partie de la partie droite de la paroi abdominale, et des **veines intercostales postérieures droites** (à l'exception de la première), qui drainent les muscles du thorax. À la hauteur de T_4, la veine azygos s'incurve au-dessus des gros vaisseaux destinés au poumon droit, et elle se vide dans la veine cave supérieure.

Suite du texte à la page suivante

Tableau 20.9 (suite)

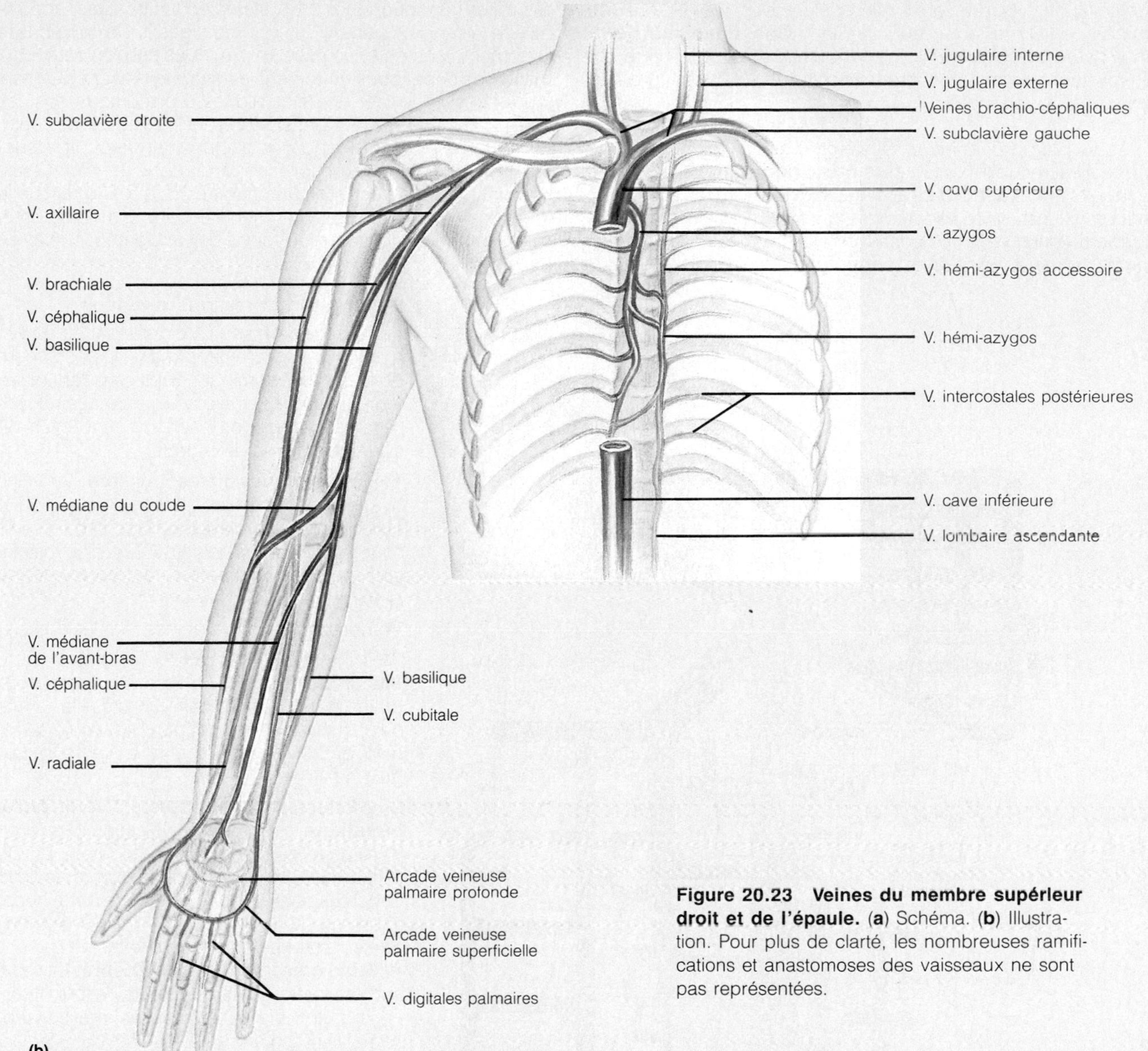

Figure 20.23 Veines du membre supérieur droit et de l'épaule. (**a**) Schéma. (**b**) Illustration. Pour plus de clarté, les nombreuses ramifications et anastomoses des vaisseaux ne sont pas représentées.

Veine hémi-azygos. La veine hémi-azygos monte du côté gauche de la colonne vertébrale. Ses sources, la **veine lombaire ascendante gauche** et les **veines intercostales postérieures** inférieures (de la neuvième à la onzième), sont symétriques à celles de la veine azygos. Au milieu du thorax, la veine hémi-azygos passe devant la colonne vertébrale et se jette dans la veine azygos.

Veine hémi-azygos accessoire. La veine hémi-azygos accessoire complète le drainage du côté gauche (et de la partie médiane) du thorax et on peut la considérer comme un prolongement de la veine hémi-azygos vers le haut. Elle reçoit le sang de la quatrième à la huitième veine intercostale postérieure, puis elle passe à droite pour se vider dans la veine azygos. Comme cette dernière, elle reçoit le sang veineux des poumons (veines bronchiques).

Tableau 20.10 Veines de l'abdomen

Le sang des viscères abdomino-pelviens et de la paroi abdominale retourne au cœur par la **veine cave inférieure** (figure 20.24a). Les noms des tributaires de cette veine correspondent en majorité à ceux des artères qui alimentent les organes abdominaux.

Le sang provenant du système digestif (veines mésentériques) est recueilli par la **veine porte hépatique** et transporté à travers le foie avant d'être réintroduit dans la circulation systémique par les veines hépatiques (figure 20.24b). Un tel système, formé de sinusoïdes interposés entre des veines, est un *système porte*. Tous les systèmes portes pourvoient à des besoins tissulaires très spécifiques. Le système porte hépatique apporte au foie le sang provenant du système digestif. Ce sang passe lentement dans les sinusoïdes du foie, et les cellules parenchymateuses hépatiques en retirent les nutriments nécessaires à leurs diverses fonctions métaboliques. En même temps, les phagocytes (cellules de Kupffer) tapissant les sinusoïdes débarrassent prestement le sang des bactéries et des autres substances étrangères qui ont pénétré dans la muqueuse intestinale. Nous décrivons au chapitre 25 le rôle que joue le foie dans le traitement des nutriments et dans le métabolisme. Nous énumérons ci-après les veines de l'abdomen, de bas en haut.

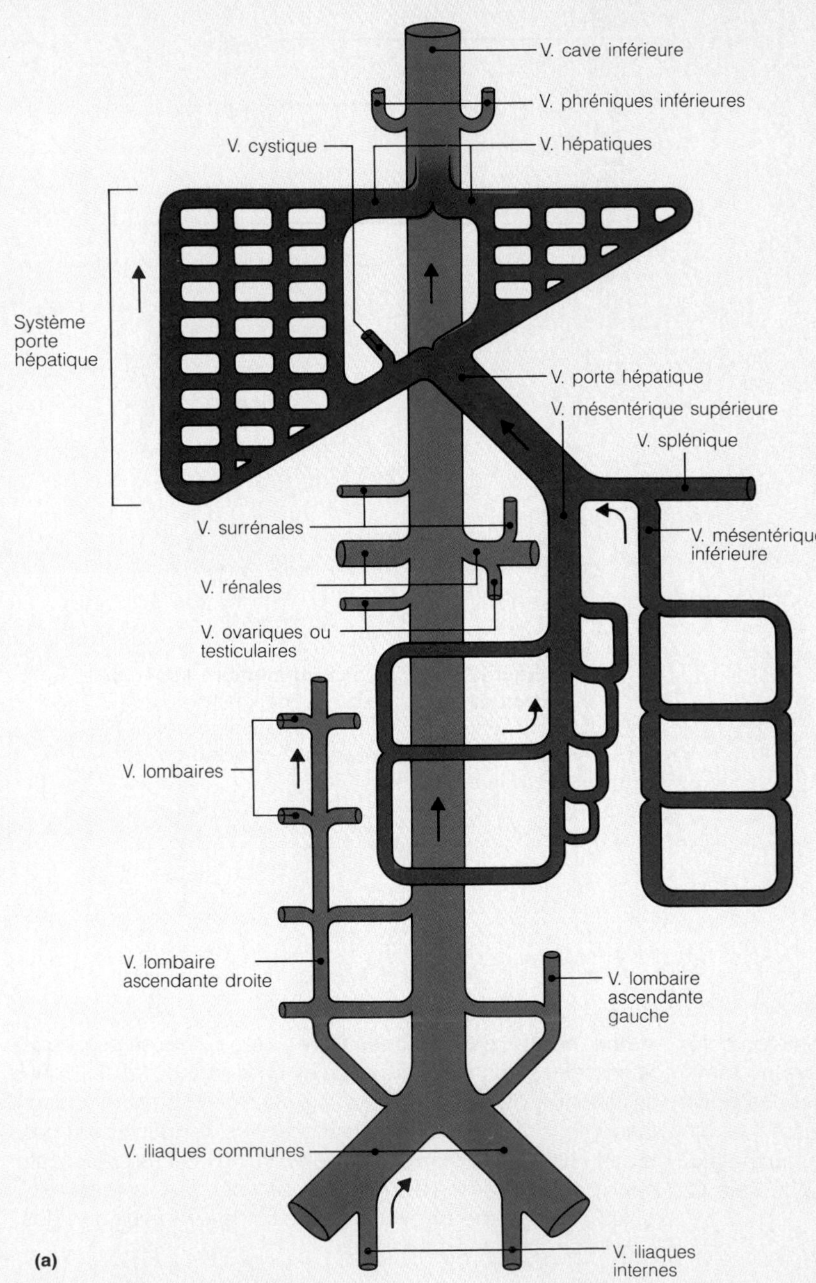

Figure 20.24 Veines de l'abdomen. (**a**) Schéma. (**b**) Tributaires de la veine cave inférieure. Veines des organes abdominaux que ne drainent pas la veine porte hépatique. (**c**) Système porte hépatique.

Description et régions drainées

Veines lombaires. Quelques paires de veines lombaires drainent la partie postérieure de la paroi abdominale. Elles se vident directement dans la veine cave inférieure ainsi que dans les veines lombaires ascendantes du système azygos du thorax.

Veines ovariques ou testiculaires. La veine ovarique ou testiculaire droite draine l'ovaire ou le testicule droits et elle se vide dans la veine cave inférieure. La veine ovarique ou testiculaire gauche se jette plus haut dans la veine rénale gauche.

Veines rénales. Les veines rénales droite et gauche drainent les reins.

Veines surrénales. La veine surrénale droite draine la glande surrénale droite et elle se jette dans la veine cave inférieure. La veine surrénale gauche s'abouche à la veine rénale gauche.

Système porte hépatique. La **veine porte hépatique** est un court vaisseau d'environ 8 cm de long qui naît à la hauteur de L_2. De nombreuses veines issues de l'estomac et du pancréas contribuent au système porte hépatique (voir la figure 20.24c), mais ses principaux tributaires sont les suivants.

- **Veine mésentérique supérieure.** La veine mésentérique supérieure draine tout l'intestin grêle, une partie du gros intestin (segments ascendant et transverse) et l'estomac.
- **Veine splénique.** La veine splénique recueille le sang de la rate, d'une partie de l'estomac et du pancréas. Elle s'unit à la veine mésentérique supérieure pour former la veine porte hépatique.
- **Veine mésentérique inférieure.** La veine mésentérique inférieure draine les segments distaux du gros intestin et le rectum. Elle fusionne avec la veine splénique juste avant l'union de ce vaisseau avec la veine mésentérique supérieure.

Veines hépatiques. Les veines hépatiques droite et gauche transportent le sang veineux du foie à la veine cave inférieure.

Veines cystiques. Les veines cystiques drainent la vésicule biliaire et s'unissent aux veines hépatiques.

Veines phréniques inférieures. Les veines phréniques inférieures drainent la face inférieure du diaphragme.

Tableau 20.10 (suite)

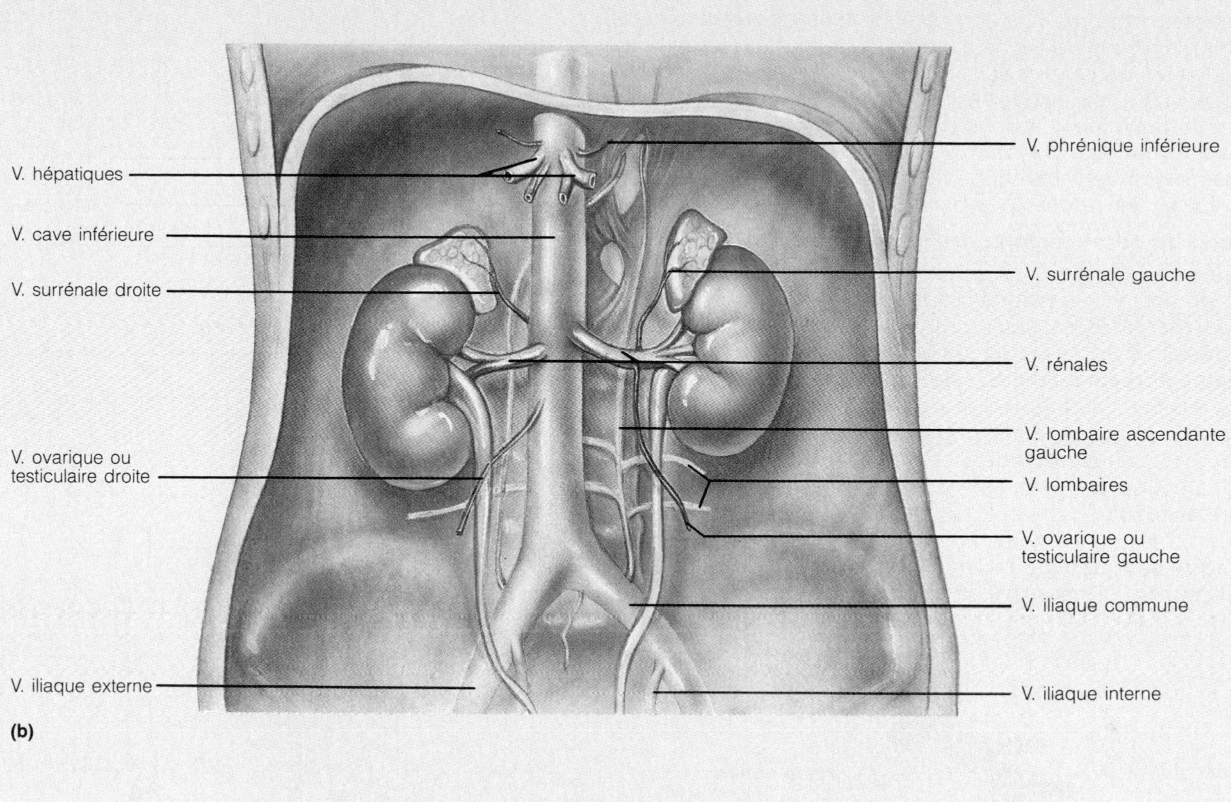
V. hépatiques
V. cave inférieure
V. surrénale droite
V. ovarique ou testiculaire droite
V. iliaque externe
V. phrénique inférieure
V. surrénale gauche
V. rénales
V. lombaire ascendante gauche
V. lombaires
V. ovarique ou testiculaire gauche
V. iliaque commune
V. iliaque interne

(b)

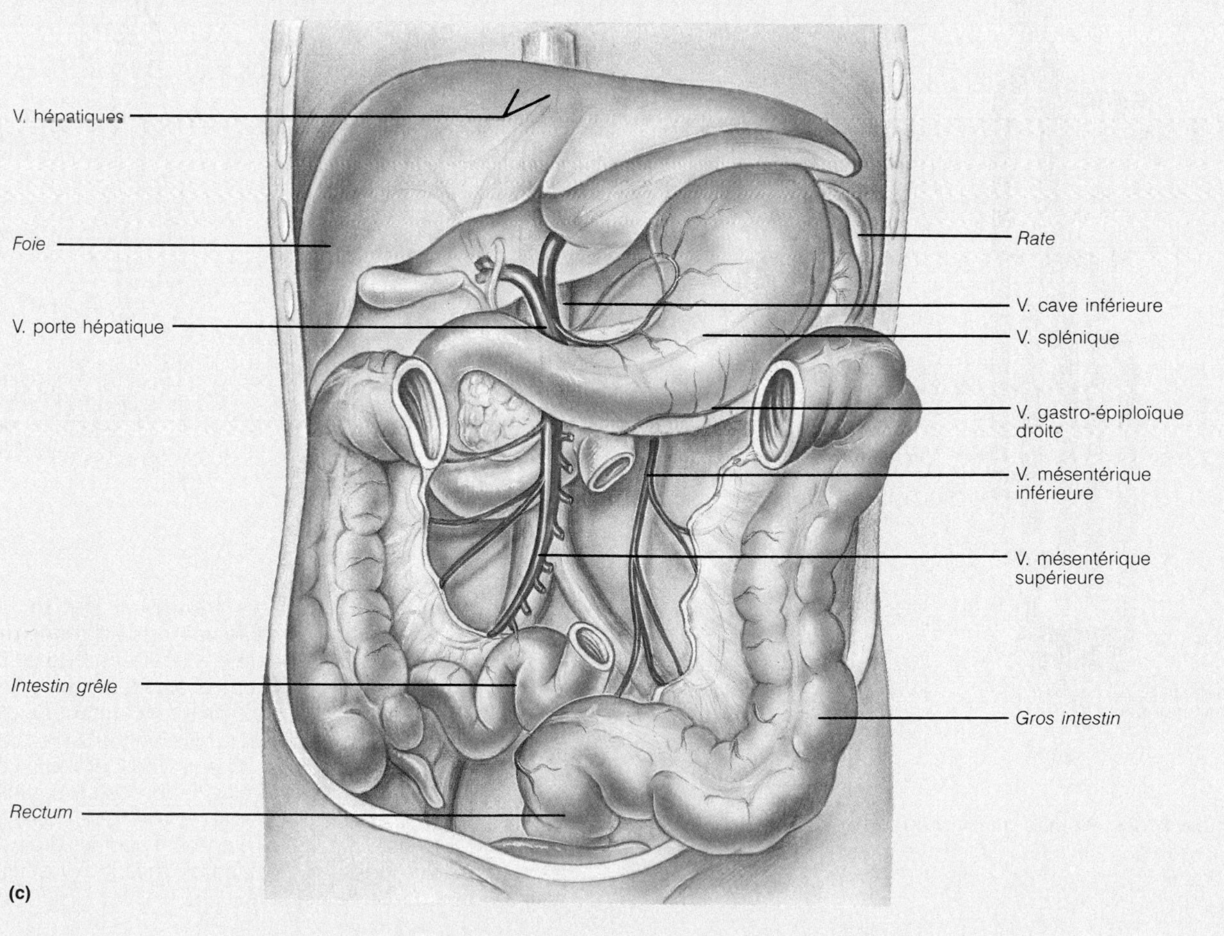
V. hépatiques
Foie
V. porte hépatique
Intestin grêle
Rectum
Rate
V. cave inférieure
V. splénique
V. gastro-épiploïque droite
V. mésentérique inférieure
V. mésentérique supérieure
Gros intestin

(c)

Tableau 20.11 Veines du bassin et des membres inférieurs

Dans les membres inférieurs comme dans les membres supérieurs, la plupart des veines profondes portent les mêmes noms que les artères qu'elles accompagnent. En outre, plusieurs sont appariées. Les deux veines saphènes, la grande et la petite, sont fréquemment le siège de varices, car elles sont superficielles et mal soutenues par les tissus environnants. Par ailleurs, c'est la grande veine saphène (*saphênês* = apparent) qu'on prélève pour réaliser des pontages coronariens.

Description et régions drainées

Veines profondes. La **veine tibiale postérieure** naît de la fusion des petites **veines plantaires latérale** et **médiale,** et elle monte dans le triceps sural (figure 20.25). La **veine tibiale antérieure** est le prolongement supérieur de l'**arcade veineuse dorsale du pied.** Au genou, elle s'unit à la veine tibiale postérieure et forme la **veine poplitée,** laquelle parcourt l'arrière du genou. En émergeant du genou, la veine poplitée devient la **veine fémorale** et elle draine les structures profondes de la cuisse. La veine fémorale prend le nom de **veine iliaque externe** en entrant dans le bassin. Là, la veine iliaque externe se joint à la **veine iliaque interne** et constitue la **veine iliaque commune.** La distribution des veines iliaque internes est parallèle à celle des artères iliaques internes.

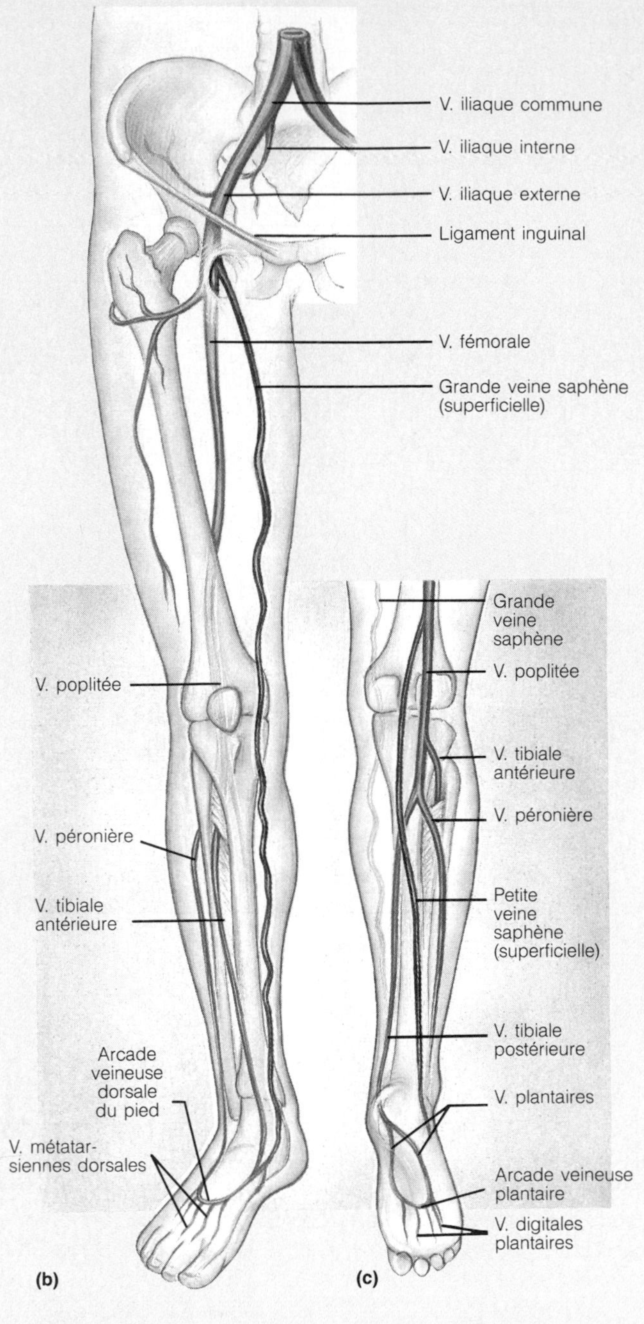

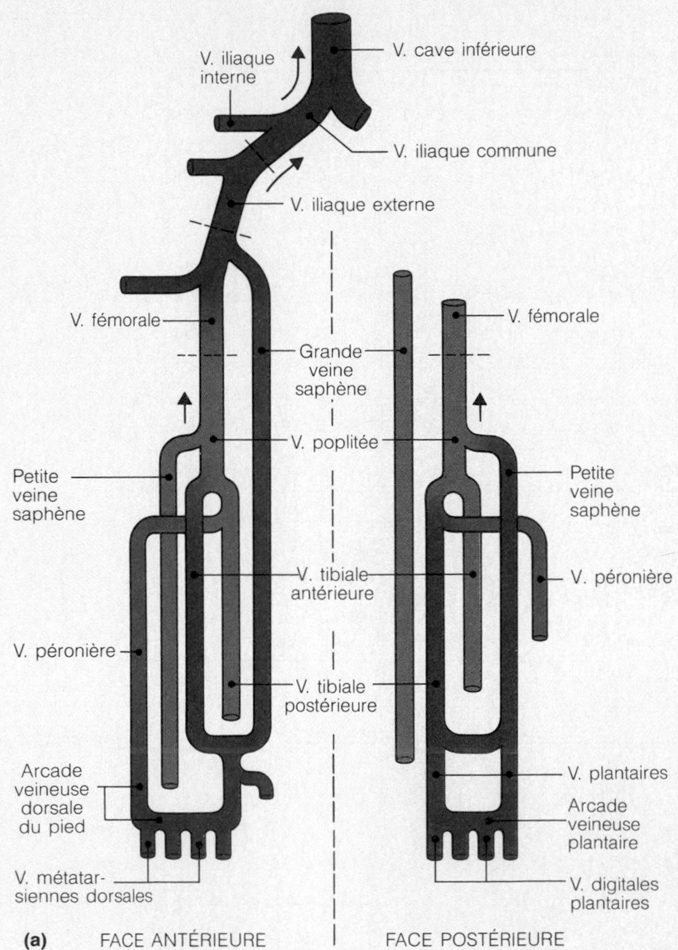

Figure 20.25 Veines du membre inférieur droit. (**a**) Schéma des vaisseaux de la face antérieure et de la face postérieure. (**b**) Face antérieure du membre inférieur. (**c**) Face postérieure de la jambe et du pied.

Veines superficielles. Les **grande** et **petite veines saphènes** émergent de l'**arcade veineuse dorsale du pied** (extrémités médiale et latérale, respectivement) (figure 20.25b). Ces veines forment de nombreuses anastomoses entre elles et avec les veines profondes qu'elles rencontrent sur leur trajet. La grande veine saphène est la plus longue de l'organisme. Elle monte le long de la face interne de la jambe jusqu'à la cuisse; là, elle s'ouvre dans la veine fémorale, juste au-dessous du ligament inguinal. La petite veine saphène court le long de la face externe du pied et elle pénètre pour les drainer dans les fascias profonds des muscles du mollet. Au genou, elle se jette dans la veine poplitée.

puis revient au cœur. La *circulation systémique* est la longue boucle qui amène le sang dans toutes les parties du corps et qui se termine là où elle a commencé, au cœur également. Le tableau 20.1 présente des schémas des deux circulations.

Les tableaux 20.2 à 20.11 présentent les artères et les veines principales de la circulation systémique, exception faite des dérivations et des vaisseaux particuliers du fœtus (traités au chapitre 29, à la p. 988). Notez que, suivant la convention, le sang riche en oxygène est représenté en rouge et le sang pauvre en oxygène, en bleu, quel que soit le type de vaisseau.

Développement et vieillissement des vaisseaux sanguins

Dans l'embryon microscopique, l'endothélium des vaisseaux sanguins est formé de cellules mésodermiques qui se transforment en angioblastes et se regroupent en petits amas appelés **îlots sanguins.** Ensuite, les cellules forment les esquisses des tubes vasculaires en convergeant les unes vers les autres et vers le cœur en voie de formation. Simultanément, les cellules mésenchymateuses adjacentes entourent les tubes endothéliaux et constituent les couches musculaires et fibreuses des parois vasculaires. Comme nous l'avons mentionné au chapitre 19, le cœur commence à propulser le sang dans le système vasculaire dès la quatrième semaine de gestation.

Les dérivations qui contournent les poumons, le *foramen ovale* et le *conduit artériel,* ne sont pas les seules particularités du système vasculaire fœtal. En effet, un vaisseau spécial appelé conduit veineux (ou canal d'Arantius) permet au sang de contourner en grande partie le foie; de plus, la veine et les artères ombilicales assurent le transfert du sang entre la circulation fœtale et le placenta (voir la figure 29.13 et les p. 988-989). Une fois que la circulation fœtale est établie, le système vasculaire subit peu de changements jusqu'à la naissance, moment où se ferment les vaisseaux ombilicaux et les dérivations de la circulation fœtale.

Contrairement aux malformations cardiaques, les anomalies vasculaires congénitales sont rares. Jusqu'à la puberté, filles et garçons sont exemptés de problèmes vasculaires. «On a l'âge de ses artères», dit le dicton. Effectivement, le vieillissement apporte son lot de problèmes. Chez certains, les valvules veineuses s'affaiblissent et dessinent à fleur de peau des varices violacées et tortueuses. Chez d'autres, l'inefficacité de la circulation se manifeste de manière plus insidieuse, par des picotements dans les extrémités et par des crampes.

Bien que l'athérosclérose commence ses ravages pendant la jeunesse, ses conséquences ne se révèlent qu'à l'âge mûr ou à la vieillesse, par un infarctus du myocarde ou un accident vasculaire cérébral. Jusqu'à l'âge de 45 ans, la fréquence de l'athérosclérose est beaucoup moins élevée chez les femmes que chez les hommes, phénomène qui s'explique probablement par l'effet protecteur des œstrogènes.

La pression artérielle change au cours des années. D'environ 90/55 chez le nouveau-né, elle augmente régulièrement pendant l'enfance avant d'atteindre la valeur typique de l'âge adulte, soit 120/80. Tard dans la vie, la pression artérielle s'élève en moyenne à 150/90, ce qui serait considéré comme excessif chez une personne jeune. La fréquence de l'hypertension augmente brusquement chez les sujets de plus de 40 ans. Contrairement à l'athérosclérose, qui frappe surtout des personnes âgées, l'hypertension fait beaucoup de victimes jeunes. Parmi les maladies cardiovasculaires, c'est celle qui cause le plus de morts soudaines chez les hommes de 40 à 50 ans.

Les maladies vasculaires sont pour une bonne part des conséquences du mode de vie occidental. Avec notre régime alimentaire riche en protéines et en lipides, nos collations sucrées, nos voitures et notre stress, nous devenons sensibles à ces troubles de plus en plus tôt. Pourtant, nous pouvons les prévenir en améliorant notre alimentation, en pratiquant régulièrement un exercice aérobique et en cessant de fumer. On peut presque affirmer que l'abus de matières grasses, le manque d'exercice et l'usage du tabac font plus de tort aux vaisseaux sanguins que le vieillissement ne pourra jamais en causer!

* * *

Maintenant que nous avons décrit la structure et la fonction des vaisseaux sanguins, notre étude du système cardiovasculaire touche à sa fin. Le cœur, les vaisseaux sanguins et le sang forment un système dynamique qui concourt à l'homéostasie de tous les autres, comme le montre la figure 20.26. Cependant, notre étude du *système circulatoire* serait incomplète si nous ne traitions pas du système lymphatique. Au chapitre 21, nous verrons que le système lymphatique participe au maintien de l'écoulement sanguin et qu'il fournit aux lymphocytes les places fortes depuis lesquelles ils assurent la défense de l'organisme.

Termes médicaux

Anévrisme (*anerusma* = dilatation) Poche formée dans une paroi artérielle à la suite d'une faiblesse congénitale ou, le plus souvent, de l'usure graduelle causée par l'hypertension chronique ou l'artériosclérose. Les sièges les plus fréquents d'un anévrisme sont l'aorte abdominale et les artères de l'encéphale et des reins.

Angiographie (*agéion* = vaisseau; *graphein* = écriture) Examen radiologique des vaisseaux sanguins réalisé après injection d'une substance radio-opaque.

Bruits de Korotkoff Bruits produits par le passage du sang dans une artère comprimée; ces bruits sont perceptibles au stéthoscope au cours de la mesure de la pression artérielle par la méthode auscultatoire.

Diurétique (*diourêtikos* = qui fait uriner) Substance chimique favorisant l'excrétion d'urine et réduisant par le fait même le volume sanguin; les diurétiques sont fréquemment utilisés dans le traitement de l'hypertension.

Lésion microangiopathique (*mikros* = petit) Épaississement pathologique de la membrane basale d'un capillaire, d'une artériole ou d'une veinule dû à l'accumulation de glycoprotéines et créant des fuites dans la paroi; l'un des signes majeurs de l'atteinte vasculaire consécutive au diabète sucré ancien.

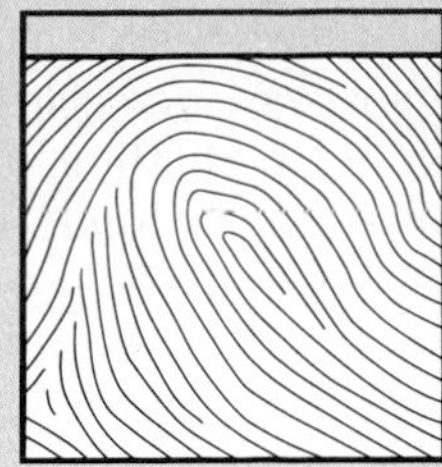

Système tégumentaire

▶ Les vaisseaux cutanés sont d'importants réservoirs de sang et ils concourent à la thermorégulation

◀ Apporte de l'oxygène et des nutriments; débarrasse des déchets

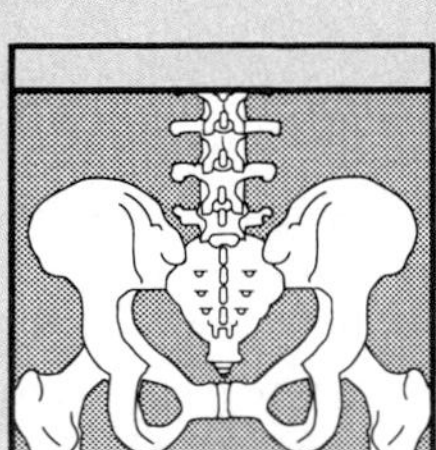

Système osseux

▶ Siège de l'hématopoïèse; protège le système cardiovasculaire; réserves de calcium

◀ Apporte de l'oxygène et des nutriments; débarrasse des déchets

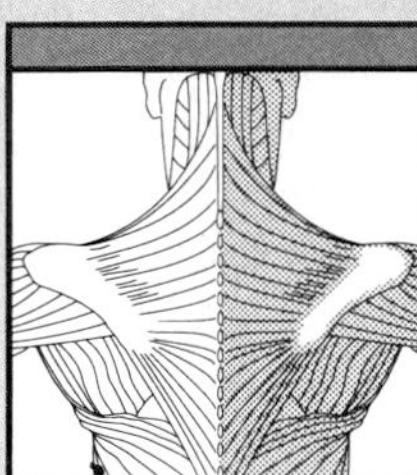

Système musculaire

▶ L'exercice aérobique améliore l'efficacité cardiovasculaire et prévient l'artériosclérose; la pompe musculaire favorise le retour veineux

◀ Apporte de l'oxygène et des nutriments; débarrasse des déchets

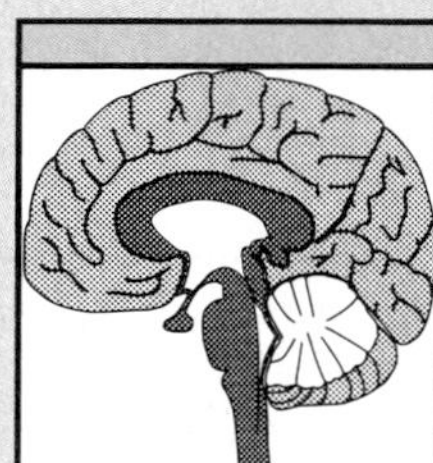

Système nerveux

▶ Le SNA régit la force et la fréquence des battements cardiaques; le système nerveux sympathique régit la pression artérielle et adapte la distribution du sang aux besoins de l'organisme

◀ Apporte de l'oxygène et des nutriments; débarrasse des déchets

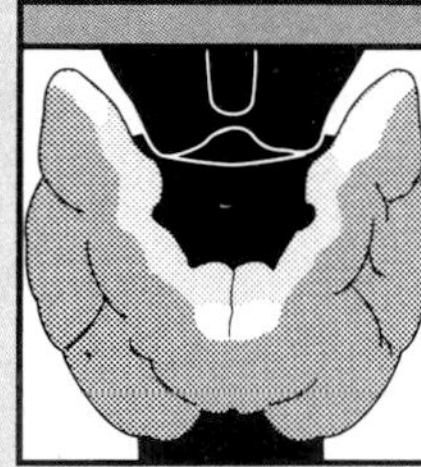

Système endocrinien

▶ Diverses hormones (adrénaline, FNA, T_4, ADH) influent sur la pression artérielle; les œstrogènes favorisent l'intégrité des structures vasculaires

◀ Apporte de l'oxygène et des nutriments; débarrasse des déchets; le sang est le véhicule des hormones

Système lymphatique

◀ Recueille le liquide et les protéines plasmatiques qui se sont écoulés des vaisseaux et les renvoie dans le système cardiovasculaire

▶ Apporte de l'oxygène et des nutriments; débarrasse des déchets

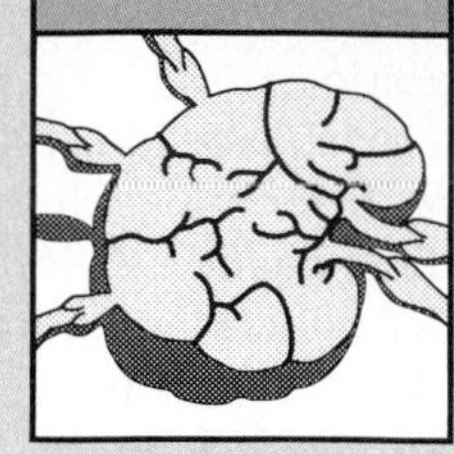

Système immunitaire

◀ Protège le cœur et les vaisseaux sanguins des agents pathogènes

▶ Apporte de l'oxygène et des nutriments aux organes lymphatiques, qui abritent les cellules immunitaires; fournit un véhicule aux lymphocytes

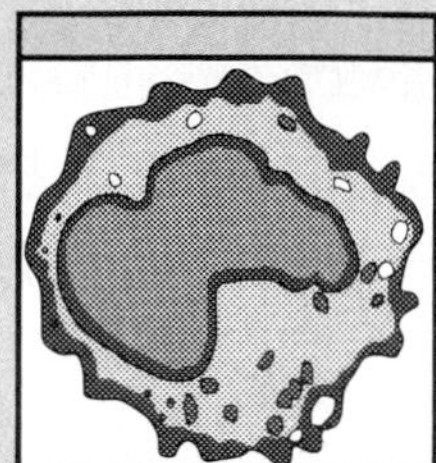

Système respiratoire

◀ Effectue les échanges gazeux; charge le sang en oxygène et le débarrasse du gaz carbonique; la pompe respiratoire favorise le retour veineux

▶ Apporte de l'oxygène et des nutriments; débarrasse des déchets

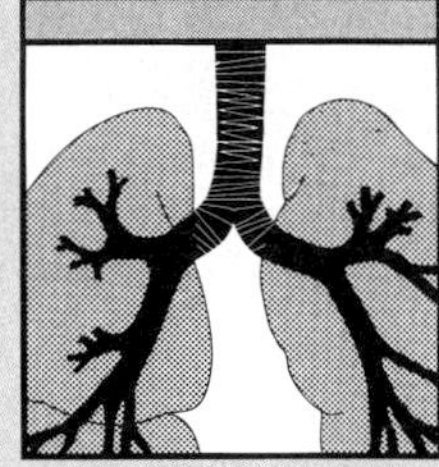

Système digestif

◀ Fournit au sang des nutriments, y compris le fer et les vitamines du groupe B essentiels à la formation des érythrocytes (et de l'hémoglobine)

▶ Apporte de l'oxygène et des nutriments; débarrasse des déchets

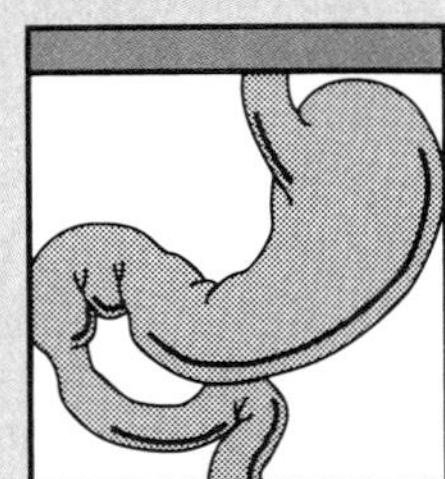

Système urinaire

◀ Concourt à la régulation de la pression artérielle en modifiant la diurèse et en libérant de la rénine

▶ Apporte de l'oxygène et des nutriments; débarrasse des déchets; la pression artérielle maintient la fonction rénale

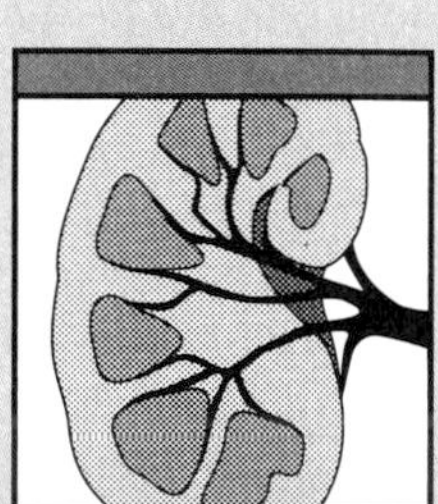

Système génital

◀ Les œstrogènes favorisent l'intégrité des structures vasculaires

▶ Apporte de l'oxygène et des nutriments; débarrasse des déchets

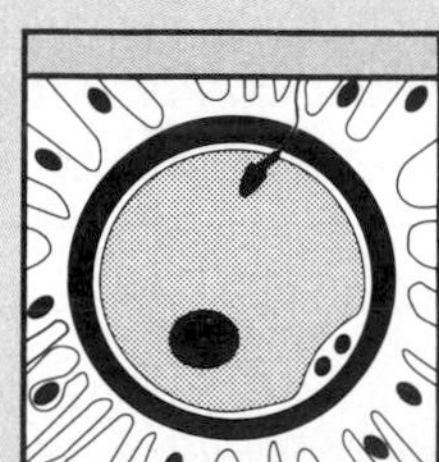

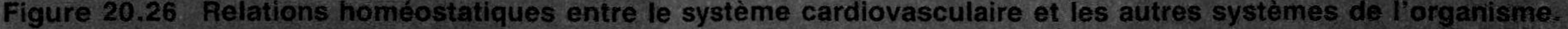

Figure 20.26 Relations homéostatiques entre le système cardiovasculaire et les autres systèmes de l'organisme.

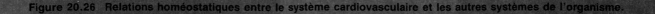

Phlébite (*phlebos* = veine; *ite* = inflammation) Inflammation d'une veine accompagnée d'un rougissement et d'une sensibilité de la peau sus-jacente; les causes les plus fréquentes de la phlébite sont l'infection bactérienne et les traumatismes locaux.

Phlébotomie (*tomê* = section) Incision pratiquée dans une veine à des fins de prélèvement sanguin ou de saignée, ou encore pour introduire un cathéter ou extraire un caillot.

Thrombophlébite Formation d'un caillot dans une veine à la suite de l'abrasion de sa paroi, souvent consécutive à une phlébite grave. Sa complication, la formation d'un embole, est toujours à redouter.

Résumé du chapitre

STRUCTURE ET FONCTION DES VAISSEAUX SANGUINS: CARACTÉRISTIQUES GÉNÉRALES (p. 633-639)

1. Le sang est transporté dans l'organisme par un réseau de vaisseaux sanguins. Les artères expédient le sang hors du cœur et les veines l'y ramènent. Les capillaires apportent le sang aux cellules et constituent des lieux d'échange.

Structure des parois vasculaires (p. 634-635)

2. Les artères et les veines sont composées de trois couches: la tunique interne, la tunique moyenne et la tunique externe. Les parois des capillaires ne sont formées que de cellules endothéliales.

Artères (p. 635-636)

3. Les artères élastiques (conductrices) sont les grosses artères situées près du cœur qui se dilatent et se resserrent suivant les variations du volume sanguin. Les artères musculaires (distributrices) apportent le sang aux divers organes; elles sont moins extensibles que les artères élastiques. Les artérioles régissent l'écoulement du sang dans les lits capillaires par le biais de la vasoconstriction.

4. Le pouls est l'onde de pression créée à chaque révolution cardiaque par l'alternance de la dilatation et du resserrement des parois artérielles. Les points où le pouls est perceptible sont aussi des points de compression.

5. L'athérosclérose est une maladie vasculaire dégénérative. Déclenchée par des lésions endothéliales, la maladie passe par le stade des stries lipidiques et par celui des plaques athéroscléreuses avant de se muer en artériosclérose.

Capillaires (p. 636-638)

6. Les capillaires sont des vaisseaux microscopiques aux parois très minces. Leurs cellules sont séparées par des fentes qui facilitent les échanges entre le sang et le liquide interstitiel. Aux endroits d'absorption active, les capillaires présentent des pores qui favorisent leur perméabilité.

7. Une dérivation vasculaire formée par une métartériole relie l'artériole terminale et la veinule postcapillaire situées de part et d'autre d'un lit capillaire. La plupart des capillaires vrais naissent de la dérivation et s'y terminent. La quantité de sang qui s'écoule dans les capillaires vrais est régie par les sphincters précapillaires.

Veines (p. 638-639)

8. Dans les veines, la lumière est plus grande que dans les artères, et des valvules empêchent le reflux du sang. Les pompes musculaire et respiratoire facilitent le retour veineux.

9. Normalement, la plupart des veines ne sont que partiellement remplies; elles peuvent ainsi servir de réservoirs sanguins.

Anastomoses vasculaires (p. 639)

10. Une anastomose artérielle est l'abouchement d'artères desservant un même organe. Elle fournit des voies supplémentaires au sang destiné à cet organe. Les artérioles et les veinules forment aussi des anastomoses vasculaires. Les veines forment des anastomoses veineuses.

PHYSIOLOGIE DE LA CIRCULATION (p. 639-653)

Débit sanguin, pression sanguine et résistance (p. 639-640)

1. Le débit sanguin est le volume de sang qui s'écoule dans un vaisseau, dans un organe ou dans le système vasculaire entier en une période donnée. La pression sanguine est la force par unité de surface que le sang exerce sur la paroi d'un vaisseau. La résistance est la force qui s'oppose à l'écoulement du sang; ses facteurs sont la viscosité du sang, la longueur des vaisseaux et le diamètre des vaisseaux.

2. Le débit sanguin est directement proportionnel à la pression sanguine et inversement proportionnel à la résistance.

Pression artérielle systémique (p. 640-647)

3. Chez l'adulte, la pression artérielle normale s'élève à 120/80 (systolique/diastolique). La pression sanguine atteint son maximum dans l'aorte et son minimum dans les veines caves. Étant donné les effets cumulatifs de la résistance, la pression veineuse est faible.

4. Le débit cardiaque, la résistance périphérique et le volume sanguin influent sur la pression artérielle. Le principal facteur de la pression artérielle est le diamètre des vaisseaux. De très faibles variations du diamètre (particulièrement de celui des artérioles) modifient considérablement la pression artérielle.

5. La pression artérielle est directement proportionnelle au débit cardiaque et au volume sanguin; elle est inversement proportionnelle au diamètre des vaisseaux.

6. La pression artérielle est régie par des réflexes autonomes (faisant intervenir des barorécepteurs, des chimiorécepteurs, le centre vasomoteur et les neurofibres vasomotrices reliées au muscle lisse vasculaire), par des influx issus des centres supérieurs du système nerveux central, par des substances chimiques telles les hormones ainsi que par des mécanismes rénaux.

7. Généralement, on mesure la pression artérielle par la méthode auscultatoire, à l'aide d'un sphygmomanomètre. L'hypotension porte rarement à conséquence. L'hypertension, au contraire, est la principale cause de l'infarctus du myocarde, des accidents vasculaires cérébraux et de l'insuffisance rénale.

Débit sanguin (p. 647-653)

8. La vitesse de l'écoulement du sang est inversement proportionnelle à l'aire de la section transversale totale des vaisseaux. Dans les capillaires, la lenteur de l'écoulement sanguin permet le déroulement des échanges nutriments-déchets.

9. L'autorégulation est l'adaptation automatique du débit sanguin aux besoins immédiats des divers organes. Elle repose sur des facteurs chimiques locaux qui causent la dilatation des artérioles et qui ouvrent les sphincters précapillaires.

10. Dans la plupart des cas, l'autorégulation est régie par les variations des concentrations d'oxygène et par l'accumulation locale de métabolites. Dans le cerveau, toutefois, l'autorégulation dépend principalement d'une baisse du pH et de la réponse myogène; la dilatation des vaisseaux pulmonaires est causée par de fortes concentrations d'oxygène.

11. Les nutriments, les gaz et les autres solutés plus petits que les protéines plasmatiques franchissent la paroi capillaire par diffusion. Les substances hydrosolubles passent par les fentes ou les pores; les substances liposolubles traversent la portion lipidique de la membrane plasmique des cellules endothéliales.

12. Dans les lits capillaires, les échanges liquidiens sont reliés au jeu de la pression hydrostatique nette (mouvement vers l'extérieur) et de la pression osmotique nette (mouvement vers l'intérieur). En général, le liquide s'écoule du lit capillaire à l'extrémité artérielle et réintègre le sang capillaire à l'extrémité veineuse.

13. La petite quantité de liquide et de protéines qui s'écoule dans le compartiment interstitiel est recueillie par les vaisseaux lymphatiques et renvoyée dans le système cardiovasculaire.

14. L'état de choc est l'état où le débit sanguin dans les vaisseaux est insuffisant. Il peut être dû à l'hypovolémie (choc hypovolémique), à une dilatation excessive des vaisseaux (choc d'origine vasculaire) ou à une défaillance de la pompe cardiaque (choc cardiogénique).

ANATOMIE DU SYSTÈME VASCULAIRE (p. 653-675)

Circulation pulmonaire (p. 654)

1. Le ventricule droit propulse le sang riche en gaz carbonique dans le tronc pulmonaire, les artères pulmonaires droite et gauche, les branches pulmonaires et les capillaires pulmonaires. Dans les poumons, le sang se débarrasse du gaz carbonique et se charge en oxygène. Les veines pulmonaires déversent dans l'oreillette gauche le sang qui sort des poumons. (Voir le tableau 20.1 et la figure 20.14.)

Circulation systémique (p. 655-674)

2. La circulation systémique transporte le sang oxygéné du ventricule gauche à tous les tissus de l'organisme, par l'intermédiaire de l'aorte et de ses ramifications. Les veines caves inférieure et supérieure déversent dans l'oreillette droite le sang veineux provenant de la circulation systémique.

3. Les tableaux 20.1 à 20.11 ainsi que les figures 20.15 à 20.25 présentent les artères et les veines de la circulation systémique.

DÉVELOPPEMENT ET VIEILLISSEMENT DES VAISSEAUX SANGUINS (p. 675)

1. Le système vasculaire fœtal émerge des îlots sanguins et du mésenchyme; il commence à transporter du sang dès la quatrième semaine de gestation.

2. La circulation fœtale se caractérise par la présence de dérivations pulmonaire et hépatique et de vaisseaux ombilicaux. Normalement, ces vaisseaux se ferment peu de temps après la naissance.

3. La pression artérielle est faible chez le nourrisson et elle s'élève graduellement au cours de la jeunesse.

4. Les troubles vasculaires dus au vieillissement comprennent les varices, l'hypertension et l'artériosclérose (qui est la cause la plus importante de ce type de troubles chez les personnes âgées). L'hypertension est la maladie cardiovasculaire qui provoque le plus de morts soudaines chez les hommes d'âge mûr.

Questions de révision

Choix multiples/associations

1. Lequel des énoncés suivants est faux? (a) Les veines contiennent moins de tissu élastique et de muscle lisse que les artères. (b) Les veines contiennent plus de tissu fibreux que les artères. (c) La plupart des veines des extrémités contiennent des valvules. (d) Les veines transportent toujours du sang pauvre en oxygène.

2. Lequel des tissus suivants est le principal agent de la vasoconstriction? (a) Le tissu élastique. (b) Le muscle lisse. (c) Le tissu conjonctif. (d) Le tissu adipeux.

3. Dans le système cardiovasculaire, la résistance périphérique: (a) est inversement proportionnelle au diamètre des artérioles; (b) tend à s'accroître si la viscosité du sang augmente; (c) est directement proportionnelle à la longueur du lit vasculaire; (d) toutes ces réponses.

4. Lequel des facteurs suivants entrave le retour veineux? (a) L'augmentation du volume sanguin. (b) L'augmentation de la pression veineuse. (c) Les lésions des valvules veineuses. (d) L'augmentation de l'activité musculaire.

5. Lequel des facteurs suivants peut faire augmenter la pression artérielle? (a) L'augmentation du volume systolique. (b) L'augmentation de la fréquence cardiaque. (c) L'artériosclérose. (d) L'augmentation du volume sanguin. (e) Toutes ces réponses.

6. Dans les lits capillaires, l'échange des nutriments et des déchets est régi par des mécanismes chimiques et physiques locaux. Lequel des facteurs suivants *ne* cause *pas* la dilatation des artérioles et l'ouverture des sphincters précapillaires dans les lits capillaires? (a) La diminution de la concentration sanguine d'oxygène. (b) L'augmentation de la concentration sanguine de gaz carbonique. (c) L'augmentation de la concentration locale d'histamine. (d) L'augmentation locale du pH.

7. La structure d'une paroi capillaire se distingue de celle d'une paroi veineuse ou artérielle par: (a) la présence de deux tuniques au lieu de trois; (b) la moindre quantité de muscle lisse; (c) la présence d'une seule enveloppe, la tunique interne; (d) aucune de ces réponses.

8. Les barorécepteurs des sinus carotidien et de l'aorte sont sensibles: (a) à la diminution de la concentration de gaz carbonique; (b) aux variations de la pression artérielle; (c) à la diminution de la concentration d'oxygène; (d) toutes ces réponses.

9. Le myocarde reçoit son irrigation directement: (a) de l'aorte; (b) des artères coronaires; (c) du sinus coronaire; (d) des artères pulmonaires.

10. En dépit de l'action de pompage rythmique du cœur, l'écoulement du sang est constant à cause: (a) de l'élasticité des grosses artères; (b) du faible diamètre des capillaires; (c) de la minceur des parois veineuses; (d) des valvules veineuses.

11. Du cœur à la main droite, le sang emprunte l'aorte ascendante, l'artère subclavière droite, l'artère axillaire, l'artère brachiale puis l'artère radiale ou l'artère cubitale. Quelle artère manque dans cette énumération? (a) L'artère coronaire. (b) Le tronc brachio-céphalique. (c) L'artère céphalique. (d) L'artère carotide commune droite.

12. Laquelle ou lesquelles des veines suivantes ne se jettent pas directement dans la veine cave inférieure? (a) Les veines lombaires. (b) Les veines hépatiques. (c) La veine mésentérique inférieure. (d) Les veines rénales.

Questions à court développement

13. Pourquoi peut-on dire que l'anatomie des capillaires et des lits capillaires est bien adaptée à leur fonction?

14. Comparez les artères élastiques, les artères musculaires et les artérioles du point de vue de la situation, de l'histologie et des adaptations fonctionnelles.

15. Écrivez une équation qui traduit la relation entre la résistance périphérique, le débit sanguin et la pression sanguine.

16. (a) Définissez la pression artérielle. Faites la distinction entre la pression artérielle systolique et la pression artérielle diastolique. (b) Quelle est la pression artérielle normale chez le jeune adulte?

17. Décrivez les mécanismes nerveux qui régissent la pression artérielle.

18. Expliquez pourquoi la vitesse de l'écoulement sanguin varie dans les différentes régions du système vasculaire.

19. Dans la peau, en quoi la régulation du débit sanguin diffère-t-elle suivant que la fonction visée est la thermorégulation ou l'apport de nutriments aux cellules?

20. Décrivez les influences nerveuses et chimiques (tant systémiques que locales) qui s'exercent sur les vaisseaux sanguins d'une personne qui fuit un assaillant. (Prenez garde, la question n'est pas si simple qu'il y paraît!)

21. Comment les nutriments, les déchets et les gaz respiratoires sont-ils transportés entre le sang et le compartiment interstitiel?

22. (a) Quels vaisseaux sanguins forment le système porte hépatique? (b) Quelle est la fonction de ce système? (c) Qu'est-ce qu'un système porte a de singulier?

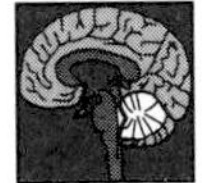

Réflexion et application

1. En manipulant du verre, Michel s'est infligé une profonde coupure au milieu de la face antérieure de son avant-bras. Michel avait entendu parler de gens qui s'étaient suicidés en s'ouvrant les poignets, et il a parcouru dans l'angoisse le trajet vers le centre hospitalier. La crainte de Michel était-elle fondée? Justifiez votre réponse.

2. Mme Dumouchel est admise à la salle d'urgence après un accident de la route. Elle perd beaucoup de sang et son pouls est rapide et filant; cependant, sa pression artérielle est normale. Décrivez les mécanismes de compensation grâce auxquels la pression artérielle de la patiente reste stable en dépit de l'hémorragie.

3. Un homme de 60 ans est incapable de parcourir plus de 100 m sans éprouver une douleur intense dans la jambe gauche. Après un repos de 5 à 10 minutes, la douleur disparaît. Son médecin lui annonce que les artères de sa jambe sont obstruées par des matières grasses. Elle lui conseille de subir une neurotomie des nerfs sympathiques de sa jambe. Expliquez pourquoi cette intervention peut soulager le patient.

Le système lymphatique

21

Sommaire et objectifs d'apprentissage

Lorsqu'on nous demande d'énumérer les systèmes de l'organisme, il est rare que le système lymphatique nous vienne à l'esprit en premier. Sans lui, pourtant, notre système cardiovasculaire cesserait de fonctionner et notre système immunitaire perdrait toute efficacité. Le **système lymphatique** comprend deux parties plus ou moins indépendantes : (1) un réseau sinueux de vaisseaux lymphatiques ; (2) divers organes et tissus lymphatiques disséminés à des endroits stratégiques dans l'organisme. Les vaisseaux lymphatiques ramènent dans la circulation sanguine le surplus de liquide interstitiel résultant de la filtration des capillaires ; les organes lymphatiques abritent les phagocytes et les lymphocytes, les agents essentiels de la défense de l'organisme et de la résistance aux maladies (principalement aux infections bactériennes et virales).

Vaisseaux lymphatiques

Les échanges de nutriments, de déchets et de gaz se déroulent entre le liquide interstitiel et le sang qui circule dans l'organisme. Comme nous l'avons expliqué au chapitre 20, les pressions hydrostatique et osmotique s'exerçant dans les lits capillaires chassent le liquide hors du sang aux extrémités artérielles des capillaires et provoquent sa réabsorption partielle à leurs extrémités veineuses. Le liquide non réabsorbé (3 L par jour) s'intègre au liquide interstitiel. Le liquide interstitiel et les protéines plasmatiques échappées de la circulation doivent retourner dans le sang pour que le volume sanguin (volémie) reste normal et maintienne la pression artérielle nécessaire au bon fonctionnement du système cardiovasculaire. Les **vaisseaux lymphatiques** s'acquittent de cette tâche. Lorsque le liquide interstitiel est entré dans les vaisseaux lymphatiques, il prend le nom de **lymphe** (*lympha* = eau).

Distribution et structure des vaisseaux lymphatiques

Dans les vaisseaux lymphatiques, la lymphe circule à sens unique vers le cœur. Les premières structures de ce réseau sont les **capillaires lymphatiques,** de microscopiques vaisseaux en culs-de-sac (figure 21.1a) qui s'insinuent entre les cellules et les capillaires sanguins de tous les tissus, sauf ceux du système nerveux central, des os, des dents et de la moelle osseuse.

Bien que semblables aux capillaires sanguins, les capillaires lymphatiques sont si perméables qu'on les croyait autrefois ouverts à une de leurs extrémités. Nous savons aujourd'hui que leur perméabilité est liée à deux spécialisations structurales :

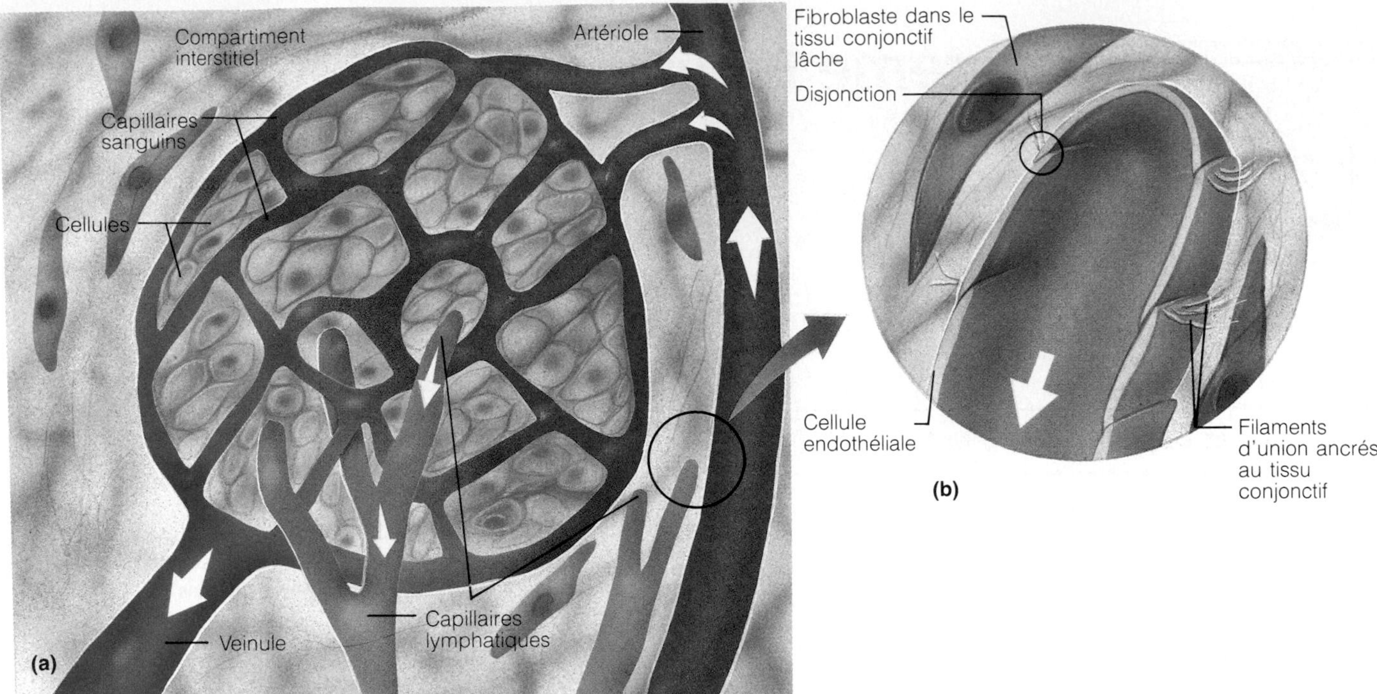

Figure 21.1 Distribution et caractéristiques structurales des capillaires lymphatiques. (**a**) Relations structurales entre un lit capillaire (système vasculaire) et des capillaires lymphatiques. (**b**) Les capillaires lymphatiques naissent sous forme de culs-de-sac. Les cellules endothéliales de leurs parois se chevauchent et forment des disjonctions.

1. Les cellules endothéliales qui forment les parois des capillaires lymphatiques ne sont pas solidement attachées; leurs bords se chevauchent lâchement et constituent des *disjonctions* en forme de rabats (figure 21.1b).
2. Des faisceaux de filaments d'union ancrent les cellules endothéliales aux fibres collagènes du tissu conjonctif avoisinant, de telle façon que toute augmentation du volume du liquide interstitiel exerce une traction sur les disjonctions; le liquide interstitiel pénètre dans le capillaire lymphatique plutôt que de l'écraser.

Comme des portes battantes, les disjonctions entre les cellules endothéliales s'ouvrent lorsque la pression du liquide est plus élevée dans le compartiment interstitiel que dans le capillaire lymphatique. Inversement, les disjonctions se ferment lorsque la pression est plus grande dans le capillaire qu'à l'extérieur; la lymphe ne peut refluer dans le compartiment interstitiel et elle est poussée dans le vaisseau.

Normalement, les protéines contenues dans le compartiment interstitiel ne peuvent entrer dans les capillaires sanguins, mais elles s'introduisent facilement dans les capillaires lymphatiques. Lorsque les tissus présentent une inflammation, les capillaires lymphatiques se percent d'orifices qui permettent le captage de particules encore plus grosses que les protéines, notamment des débris cellulaires, des agents pathogènes (bactéries et virus) et des cellules cancéreuses. Les agents pathogènes et les cellules cancéreuses peuvent rejoindre la circulation sanguine et ensuite se répandre dans l'organisme en utilisant les vaisseaux lymphatiques. En revanche, la lymphe fait des «détours» par les ganglions lymphatiques, dans lesquels elle est épurée par les cellules du système immunitaire. Nous y reviendrons plus loin.

On trouve dans les villosités de la muqueuse intestinale des capillaires lymphatiques hautement spécialisés appelés **vaisseaux chylifères.** Ces vaisseaux transportent le **chyle,** la lymphe issue des intestins. Comme les vaisseaux chylifères absorbent les graisses digérées dans l'intestin grêle, le chyle est d'un blanc laiteux.

Des capillaires lymphatiques, la lymphe s'écoule dans des vaisseaux dont l'épaisseur des parois et le diamètre vont croissant (figure 21.2). Les **vaisseaux collecteurs lymphatiques** sont analogues aux veines, mais ils s'en distinguent par la minceur de leurs trois tuniques ainsi que par leur plus grand nombre de valvules (situées sur leur tunique interne) et d'anastomoses. En général, les vaisseaux lymphatiques superficiels sont parallèles aux veines superficielles, tandis que les vaisseaux lymphatiques profonds du tronc et des viscères digestifs suivent les artères profondes et forment des anastomoses autour d'elles. De même que les grosses veines, les gros vaisseaux lymphatiques reçoivent leur irrigation de vasa vasorum ramifiés.

Lorsque les vaisseaux lymphatiques sont gravement enflammés, les vasa vasorum qui leur sont associés se congestionnent, et le trajet des vaisseaux lymphatiques

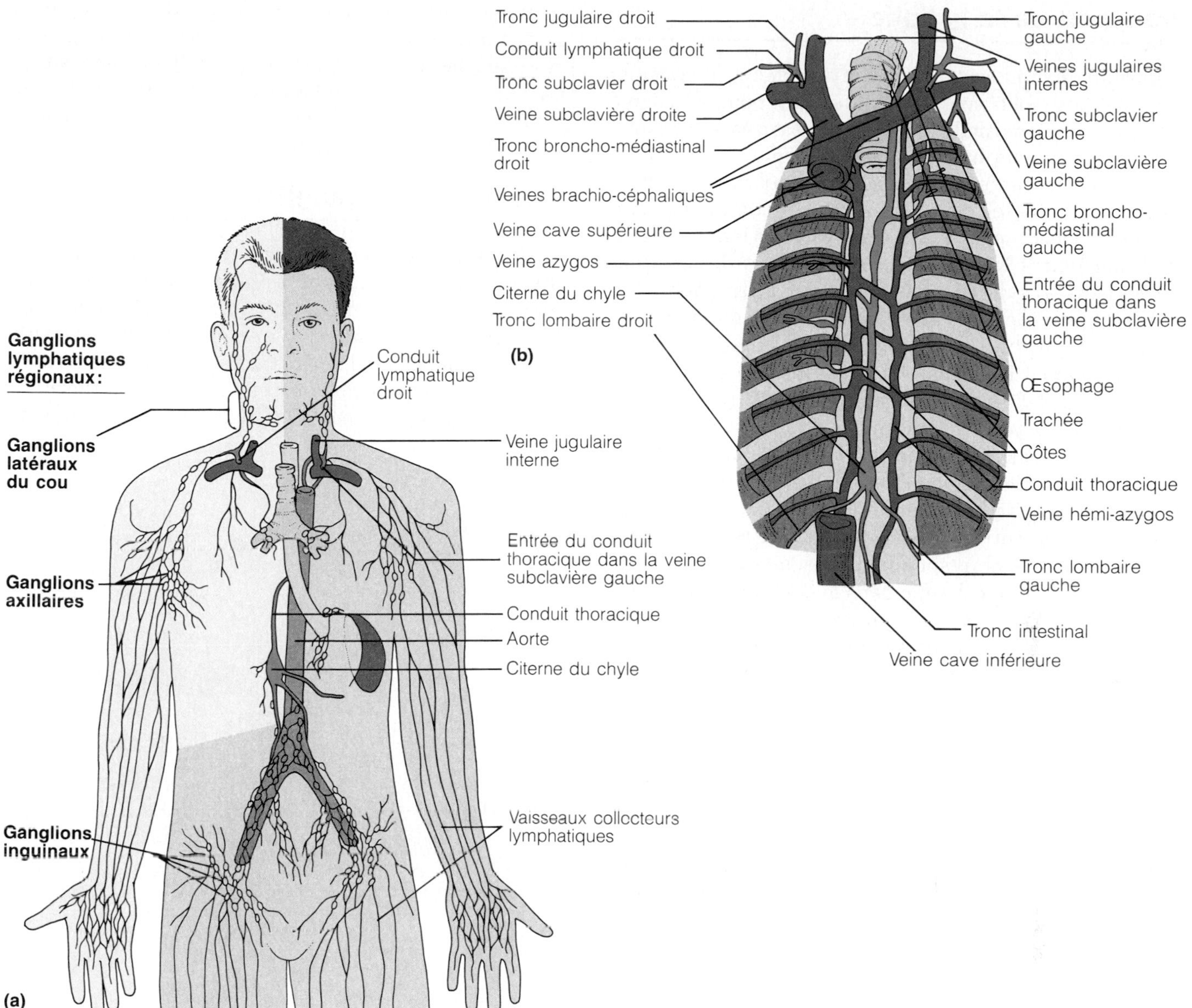

Figure 21.2 Système lymphatique. (**a**) Distribution générale des vaisseaux collecteurs et des ganglions lymphatiques régionaux. Le conduit lymphatique droit draine la région représentée en bleuté; le conduit thoracique draine le reste de l'organisme. (**b**) Principales veines de la partie supérieure du thorax et points d'entrée du conduit lymphatique droit et du conduit thoracique. Les principaux troncs lymphatiques sont aussi indiqués.

superficiels apparaît à travers la peau sous forme de lignes rouges sensibles. Cet état incommodant est appelé *lymphangite.* ■

Les **troncs lymphatiques** sont formés par l'union des plus gros vaisseaux collecteurs et ils drainent des régions étendues de l'organisme. Les principaux troncs, nommés pour la plupart d'après les régions dont ils recueillent la lymphe, sont les *troncs lombaire, intestinal, broncho-médiastinal, subclavier et jugulaire* (figure 21.2b).

La lymphe atteint finalement deux gros conduits situés dans le thorax. Le **conduit lymphatique droit** draine la lymphe du bras droit et du côté droit de la tête et du thorax (figure 21.2a). Le **conduit thoracique,** beaucoup plus gros, reçoit la lymphe provenant du reste de l'organisme; il naît à l'avant de la deuxième vertèbre lombaire sous la forme d'un sac, la **citerne du chyle** (ou citerne de Pecquet). La citerne du chyle recueille la lymphe en provenance des membres inférieurs par les deux gros troncs lombaires et celle qui vient du système digestif par les troncs intestinaux. Au cours de sa montée, le conduit thoracique reçoit le drainage lymphatique du côté gauche du thorax, du membre supérieur gauche et de la tête. Le conduit lymphatique droit et le conduit thoracique déversent la lymphe dans la circulation veineuse à la jonction de la veine jugulaire interne et de la veine subclavière, chacun de leur côté (figure 21.2b).

Transport de la lymphe

Contrairement au système cardiovasculaire, le système lymphatique fonctionne sans l'aide d'une pompe et, dans des conditions normales, la pression est très faible dans les vaisseaux lymphatiques. La lymphe y circule donc grâce à des mécanismes analogues à ceux du retour veineux, soit l'effet de propulsion dû à la contraction des muscles squelettiques, l'action des valvules lymphatiques (qui empêchent le reflux) et les variations de pression créées dans la cavité thoracique pendant l'inspiration. En outre, la pulsation des artères favorise l'écoulement de la lymphe, puisque les mêmes gaines de tissus conjonctif enveloppent les vaisseaux sanguins et les vaisseaux lymphatiques. Enfin, il faut ajouter à cette liste de mécanismes les contractions rythmiques du muscle lisse des parois des troncs et du conduit thoracique. Malgré tout, le transport de la lymphe demeure sporadique, et il est beaucoup plus lent que celui du sang veineux. Les 3 L de lymphe qui entrent dans la circulation sanguine toutes les 24 heures correspondent presque exactement au volume de liquide échappé dans le compartiment interstitiel au cours de la même période. On ne saurait trop insister sur l'importance des mouvements des tissus adjacents pour la propulsion de la lymphe. Lorsque l'activité physique ou les mouvements passifs s'intensifient, l'écoulement de la lymphe accélère considérablement (ce qui compense l'accroissement des fuites se produisant alors). L'immobilité, au contraire, entrave le drainage des substances inflammatoires des régions infectées.

Tout ce qui nuit au retour de la lymphe dans le sang, et notamment les tumeurs ou l'ablation chirurgicale de vaisseaux lymphatiques (au cours d'une mastectomie radicale, par exemple), cause un important œdème localisé (*lymphœdème*). Toutefois, la régénération des vaisseaux restants finit généralement par rétablir le drainage d'une région où des vaisseaux lymphatiques ont été enlevés. ■

Ganglions lymphatiques

La lymphe est filtrée dans les **ganglions lymphatiques** (ou nœuds lymphatiques) groupés le long des vaisseaux lymphatiques. Bien qu'ils se comptent par centaines, les ganglions lymphatiques sont généralement invisibles, car ils sont enchâssés dans du tissu conjonctif. On trouve des groupes particulièrement étendus de ganglions lymphatiques près de la surface des régions de l'aine, de l'aisselle et du cou, soit aux endroits où la convergence des vaisseaux lymphatiques forme des troncs (voir la figure 21.2a).

Les ganglions lymphatiques renferment des **macrophages,** des cellules qui englobent et détruisent les bactéries, des cellules cancéreuses et toute autre particule présente dans le courant lymphatique. Les ganglions lymphatiques jouent donc le rôle de filtres qui épurent la lymphe avant qu'elle ne réintègre le sang. Les **lymphocytes** qui, eux aussi, sont stratégiquement situés dans les ganglions lymphatiques, interviennent dans le déclenchement de la réaction immunitaire aux agents pathogènes et aux autres corps étrangers.

Structure d'un ganglion lymphatique

Les ganglions lymphatiques présentent des formes et des dimensions variables, mais la plupart sont réniformes (en forme de haricot) et mesurent moins de 2,5 cm de long. Chaque ganglion lymphatique est entouré d'une **capsule** de tissu conjonctif dense; les travées incomplètes de tissu conjonctif que projette la capsule, appelées **trabécules,** divisent le ganglion en lobules (figure 21.3). La charpente

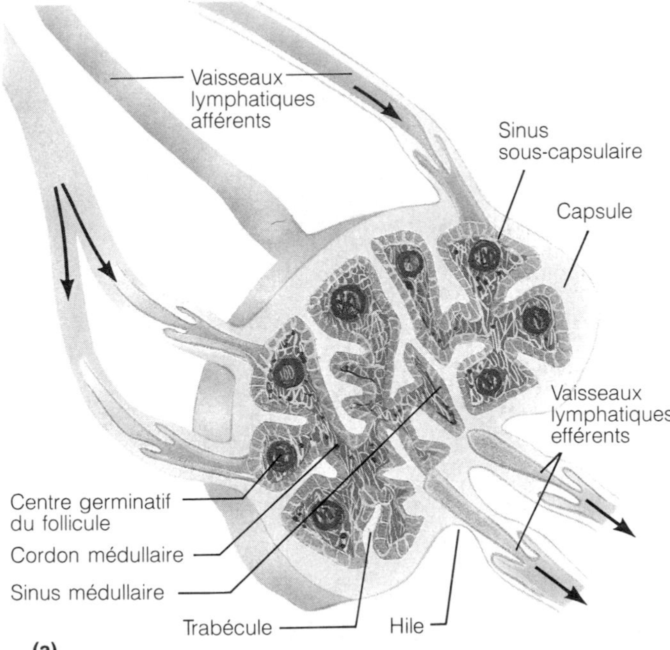

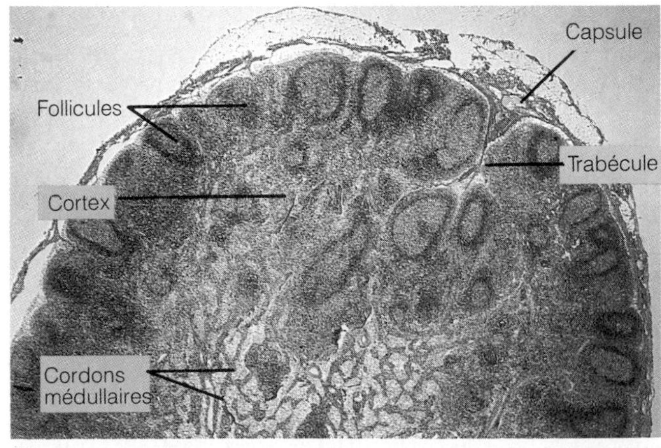

Figure 21.3 Structure d'un ganglion lymphatique. (**a**) Coupe longitudinale d'un ganglion lymphatique et des vaisseaux lymphatiques associés. Notez que les vaisseaux lymphatiques efférents qui sortent du ganglion au hile sont moins nombreux que les vaisseaux lymphatiques afférents qui pénètrent dans le ganglion du côté convexe. Les flèches indiquent le sens de l'écoulement de la lymphe. (**b**) Photomicrographie d'une partie d'un ganglion lymphatique (× 20).

interne du ganglion, ou **stroma,** est constituée par un réseau ouvert et souple de fibres réticulées qui soutiennent la population fluctuante de lymphocytes. (Comme nous l'avons mentionné au chapitre 18, les lymphocytes naissent de la moelle osseuse, puis ils migrent vers les organes lymphatiques, où leur prolifération se poursuit.)

Le ganglion lymphatique comprend deux régions distinctes au point de vue histologique: le **cortex** et la **médulla.** Le cortex contient des **follicules,** des amas sphériques de lymphocytes. De nombreux follicules possèdent un centre se colorant en pâle, le **centre germinatif,** où les **lymphocytes B** prédominent. Les centres germinatifs se dilatent lorsque les lymphocytes B en cours de division rapide engendrent les **plasmocytes** producteurs d'anticorps. Le reste du cortex est composé principalement de **lymphocytes T** qui transitent par les ganglions lymphatiques pendant leurs incessants voyages entre le sang et la lymphe. Les prolongements filamenteux du cortex, qui abritent des lymphocytes et des plasmocytes, sont appelés **cordons médullaires.** Ils parcourent la médulla, où un grand nombre de macrophages sont attachés aux fibres réticulées limitant les sinus médullaires. (Les rôles des populations cellulaires des ganglions lymphatiques dans l'immunité sont traités au chapitre 22.)

Circulation dans les ganglions lymphatiques

La lymphe entre par des **vaisseaux lymphatiques afférents** dans le côté convexe du ganglion lymphatique. Elle passe ensuite dans un gros sinus en forme de sac, le **sinus sous-capsulaire.** De là, elle s'écoule dans les sinus corticaux, des sinus communicants de moindres dimensions creusés dans le cortex, puis elle pénètre dans les sinus médullaires (médulla). Après y avoir décrit un trajet sinueux, elle sort au **hile,** la partie concave du ganglion, par les **vaisseaux lymphatiques efférents.** Comme les vaisseaux efférents sont moins nombreux que les vaisseaux afférents, la lymphe stagne quelque peu dans le ganglion, ce qui laisse aux lymphocytes et aux macrophages le temps d'agir. En outre, les fibres réticulées qui parcourent les sinus créent des turbulences dans le courant de la lymphe et favorisent le contact des particules étrangères avec les macrophages. En général, la lymphe doit traverser plusieurs ganglions pour être complètement purifiée.

Il arrive que les ganglions lymphatiques soient envahis par les agents infectieux et les cellules cancéreuses qu'ils sont censés éliminer de la lymphe. La présence d'un grand nombre de bactéries ou de virus dans un ganglion cause son inflammation et le rend douloureux. Le ganglion ainsi infecté est appelé *bubon*. Par ailleurs, les ganglions lymphatiques peuvent devenir des foyers cancéreux secondaires (métastases), particulièrement dans les cancers qui se propagent par l'intermédiaire des vaisseaux lymphatiques (le cancer du sein atteint souvent les ganglions lymphatiques axillaires). Contrairement aux ganglions infectés par des microorganismes, les ganglions cancéreux ne sont pas douloureux. ■

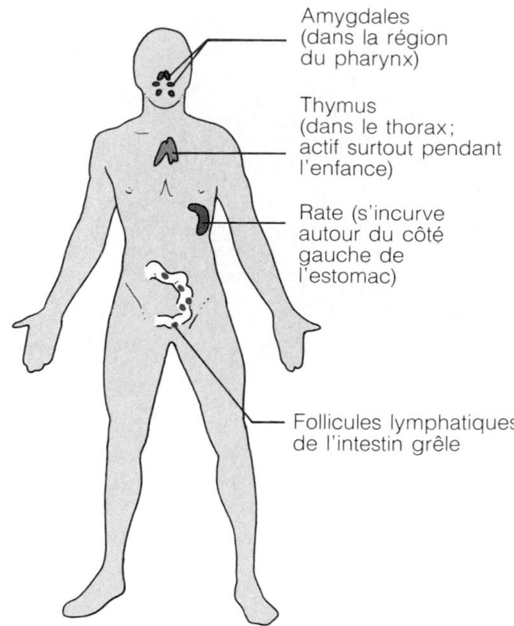

Figure 21.4 Organes lymphatiques. Situation des amygdales, de la rate, du thymus et des follicules lymphatiques de l'intestin grêle.

Autres organes lymphatiques

Outre les ganglions lymphatiques, les **organes lymphatiques** sont la rate, le thymus, les amygdales et les follicules lymphatiques de l'intestin grêle (figure 21.4). On trouve aussi des parcelles de tissu lymphatique çà et là dans les tissus conjonctifs. Tous ces organes possèdent une même composition histologique: ils sont formés d'un tissu conjonctif lâche appelé **tissu conjonctif réticulé,** qui se caractérise par la prédominance de fibres réticulées et de cellules libres (principalement des lymphocytes). Suivant l'organe, les lymphocytes sont disséminés ou agglutinés en des amas sphériques appelés *follicules lymphatiques.* Bien que tous les organes lymphatiques concourent à la protection de l'organisme, les ganglions lymphatiques sont les seuls à filtrer la lymphe. Les autres organes et tissus lymphatiques portent des vaisseaux lymphatiques efférents, mais aucun vaisseau lymphatique afférent. Nous présentons ci-dessous les caractéristiques de ces organes lymphatiques.

Rate

La **rate** est un organe mou et richement irrigué. De la taille d'un poing, c'est le plus gros des organes lymphatiques. La rate est située du côté gauche de la cavité abdominale, juste au-dessous du diaphragme, et elle s'incurve autour de la partie antérieure de l'estomac. Elle est desservie par l'artère splénique et par la veine splénique.

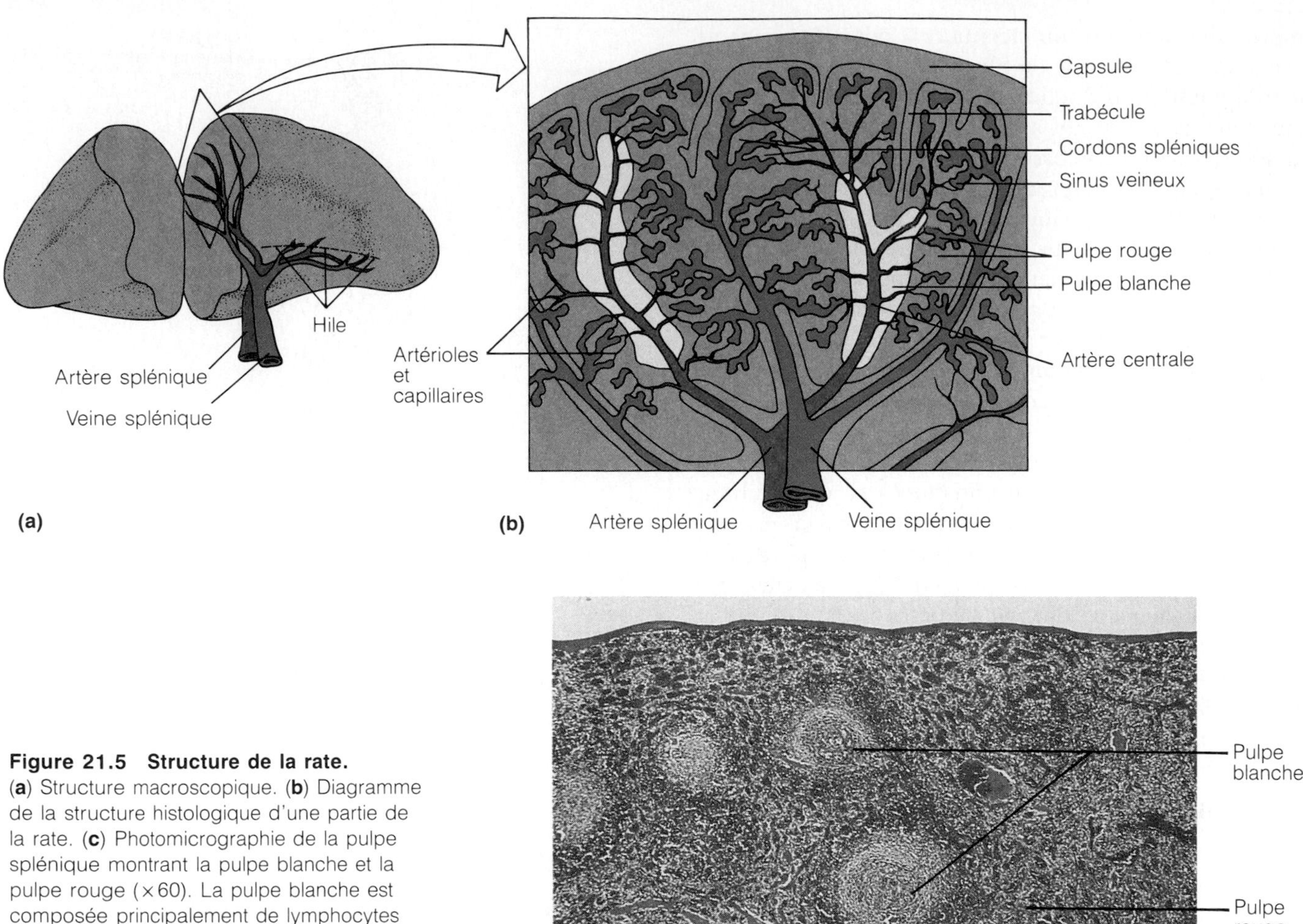

Figure 21.5 Structure de la rate. (**a**) Structure macroscopique. (**b**) Diagramme de la structure histologique d'une partie de la rate. (**c**) Photomicrographie de la pulpe splénique montrant la pulpe blanche et la pulpe rouge (×60). La pulpe blanche est composée principalement de lymphocytes entourant les ramifications de l'artère splénique; la pulpe rouge, autour de la pulpe blanche, contient des érythrocytes et des sinus veineux.

Comme les ganglions lymphatiques, la rate est un siège de prolifération des lymphocytes et d'élaboration de la réaction immunitaire. De plus, la rate a pour fonction de purifier le sang. Non seulement en extrait-elle les globules et les plaquettes détériorées, mais elle en retire à travers ses sinus les débris, les corps étrangers, les bactéries, les virus, les toxines, etc. La rate assume aussi trois autres fonctions apparentées. Premièrement, elle emmagasine une partie des produits de la dégradation des globules rouges en vue d'une réutilisation ultérieure, et elle en libère une autre partie dans le sang, à destination du foie. Par exemple, le fer est récupéré et emmagasiné dans les macrophages de la rate avant d'être réutilisé par la moelle osseuse pour la production de l'hémoglobine. Deuxièmement, la rate est le siège de l'érythropoïèse chez le fœtus. Cette fonction cesse à la naissance, mais elle peut être réactivée en cas de déficit grave en globules rouges. Troisièmement, la rate emmagasine des plaquettes.

La rate est entourée par une capsule fibreuse qui se prolonge vers l'intérieur par les trabécules de la rate (figure 21.5), et elle renferme des lymphocytes ainsi que des macrophages. Les sinus veineux et le tissu conjonctif réticulé qui contiennent les érythrocytes et les macrophages constituent la **pulpe rouge**; les régions composées principalement de lymphocytes suspendus à des fibres réticulées constituent la **pulpe blanche.** La pulpe blanche forme des manchons autour des petites ramifications de l'artère splénique, et elle dessine des îlots dans la pulpe rouge. Les macrophages de la pulpe rouge interviennent dans la destruction des vieux érythrocytes et des agents pathogènes circulant dans le sang, tandis que la pulpe blanche a surtout une fonction immunitaire. Il est à noter que les adjectifs «rouge» et «blanche» dénotent l'apparence de la pulpe splénique fraîche et non pas ses réactions à la coloration. En fait, comme le montre la photomicrographie de la figure 21.5c, la pulpe blanche prend une teinte plutôt violacée.

La minceur relative de sa capsule expose la rate à la rupture et à l'hémorragie interne à la suite d'un coup direct ou d'une infection grave. De tels événements dictent l'ablation de la rate (une intervention appelée *splénectomie*) et l'excision de l'artère splénique. En dépit de la taille imposante et des fonctions importantes de cet organe, son ablation chirurgicale entraîne peu de problèmes. Les macrophages du foie et de la moelle osseuse suppléent en effet à son absence. ■

Thymus

Le **thymus** est une glande bilobée qui ne joue un rôle important que pendant les premières années de la vie. Chez le nourrisson, le thymus est situé au bas du cou et il s'étend jusque dans le médiastin, où il est sous-jacent au sternum (voir la figure 21.4). Grâce aux hormones qu'il sécrète (les thymosines, par exemple), le thymus rend les lymphocytes T immunocompétents, c'est-à-dire aptes à agir contre des agents pathogènes précis dans le cadre de la réaction immunitaire (voir le chapitre 22). La taille du thymus varie au cours des années. Déjà étendu chez le nouveau-né, il croît pendant l'enfance, période au cours de laquelle il est le plus actif. Il cesse de croître à l'adolescence, après quoi il s'atrophie graduellement, tout en conservant une certaine activité physiologique. Chez la personne âgée, il est entièrement remplacé par du tissu fibreux et du tissu adipeux, et on peut difficilement le distinguer du tissu conjonctif environnant.

En règle générale, la structure du thymus est analogue à celle de la rate et des ganglions lymphatiques, mais sa charpente est composée de cellules épithéliales plutôt que de tissu réticulé. Les *lobules du thymus,* semblables aux bouquets d'un chou-fleur, comprennent une portion périphérique, le cortex, et une portion centrale plus pâle, la médulla (figure 21.6). Les lymphocytes sont densément entassés dans la première, tandis qu'ils sont peu nombreux dans la seconde. La médulla contient également de curieuses structures sphériques appelées **corpuscules thymiques,** qui semblent constituées de cellules épithéliales en train de dégénérer, mais dont le rôle est encore mal connu.

Amygdales

Les **amygdales** forment un anneau de tissu lymphatique autour de l'entrée du pharynx, où elles apparaissent comme des «renflements» de la muqueuse (figure 21.4). Les **amygdales palatines** sont situées de part et d'autre de l'extrémité postérieure de la cavité buccale. Ce sont les amygdales les plus grosses et les plus fréquemment infectées. Les **amygdales linguales** sont logées à la base de la langue, et les **amygdales pharyngées** (*végétations adénoïdes*) se trouvent dans la paroi postérieure du rhinopharynx. Les petites **amygdales tubaires** entourent les ouvertures des trompes d'Eustache dans le pharynx. Les amygdales recueillent et détruisent la majeure partie des agents pathogènes qui, portés par l'air ou par les aliments, pénètrent dans le pharynx.

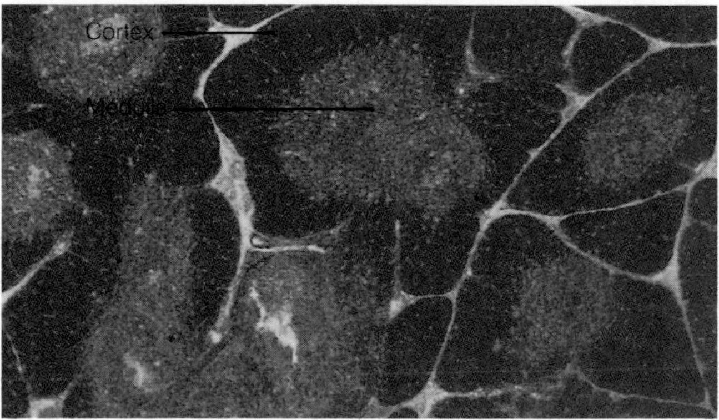

Figure 21.6 Structure histologique du thymus. Photomicrographie d'une partie du thymus montrant le cortex et la médulla des lobules (× 25).

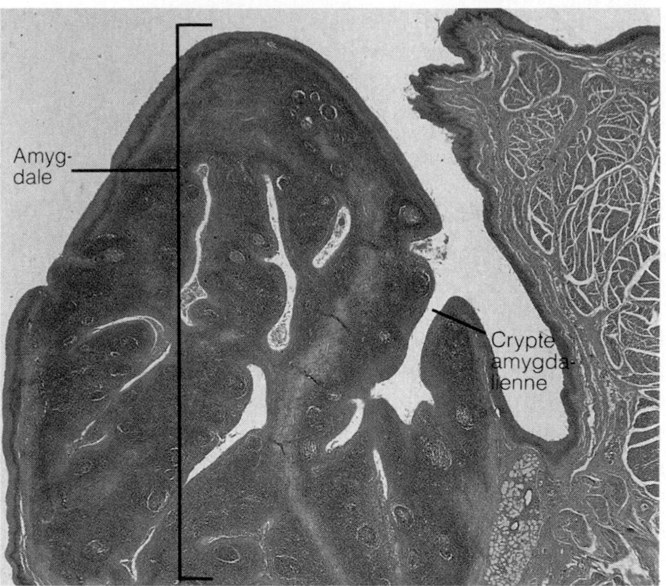

Figure 21.7 Structure histologique d'une amygdale palatine. La surface de l'amygdale est recouverte d'un épithélium pavimenteux qui s'invagine profondément. Les structures sphériques sont des follicules (× 10).

Le tissu lymphatique des amygdales, dans le chorion de tissu conjonctif, comprend des follicules dont les centres germinatifs apparents sont entourés de lymphocytes clairsemés. La masse des amygdales n'est pas complètement encapsulée, et l'épithélium qui les recouvre s'invagine profondément, formant des culs-de-sac appelés **cryptes amygdaliennes** (figure 21.7). Les bactéries et les particules qu'emprisonnent les cryptes amygdaliennes traversent l'épithélium muqueux et parviennent au tissu lymphatique, où la plupart sont détruites. De prime abord, la stratégie qui consiste à «attirer» l'infection de la sorte semble assez dangereuse. Cependant, les cellules immunitaires alors produites gardent le «souvenir» des agents pathogènes rencontrés (mémoire immunitaire), et elles peuvent mobiliser tout au long de la vie les défenses organisées contre eux. L'organisme prend donc pendant l'enfance un risque calculé dont il retire les bénéfices ultérieurement.

Follicules lymphatiques de l'intestin grêle

Les **follicules lymphatiques de l'intestin grêle** (ou plaques de Peyer), situés plus précisément dans la paroi de l'iléon, la partie distale de l'intestin grêle (figure 21.4), sont de gros amas isolés de tissu lymphatique dont la structure est semblable à celle des amygdales. Les macrophages qu'ils abritent occupent une position idéale pour capturer et détruire les bactéries avant qu'elles ne franchissent la paroi intestinale. Les follicules lymphatiques de l'intestin grêle et ceux de l'appendice vermiforme ainsi que les amygdales sont au nombre des petits tissus appelés

formations lymphatiques associées aux muqueuses, dont le rôle est de protéger les voies respiratoires et digestives contre les assauts répétés des corps étrangers.

Développement et vieillissement du système lymphatique

Dès la cinquième semaine du développement embryonnaire, les ébauches des vaisseaux lymphatiques et les principaux groupes de ganglions lymphatiques apparaissent dans les **sacs lymphatiques** irréguliers qui se développent à partir des veines en voie de formation. Les premiers de ces sacs, les *sacs lymphatiques jugulaires,* émergent aux jonctions des veines jugulaires internes primitives et des veines subclavières primitives, et ils forment un réseau de vaisseaux lymphatiques dans le thorax, les extrémités supérieures et la tête. Les principales connexions entre les sacs lymphatiques jugulaires et le réseau veineux subsistent et donnent naissance au conduit lymphatique droit et, sur la gauche, à la partie supérieure du conduit thoracique. À l'extrémité caudale de l'embryon, le réseau élaboré des vaisseaux lymphatiques abdominaux se développe surtout à partir de la veine cave inférieure primitive, et les vaisseaux lymphatiques du bassin et des extrémités inférieures naissent de sacs situés près de la jonction des veines iliaques primitives.

À l'exception du thymus, d'origine endodermique, les organes lymphatiques proviennent du mésoderme. Les cellules mésenchymateuses du mésoderme migrent vers des sites caractéristiques, où elles se transforment en tissu réticulé. Le thymus est le premier organe lymphatique à apparaître. D'abord constitué par une excroissance du revêtement du pharynx primitif, il croît en direction de l'extrémité caudale, puis il est infiltré par des lymphocytes immatures dérivés de tissus hématopoïétiques. Tous les organes lymphatiques sauf la rate sont imparfaitement développés chez le fœtus. Peu de temps après la naissance, cependant, ils se peuplent d'un très grand nombre de lymphocytes, et leur développement se poursuit parallèlement à celui du système immunitaire (voir le chapitre 22). Il semble que le thymus embryonnaire produit des hormones qui régissent le développement des organes lymphatiques.

* * *

Nous venons de voir que le système lymphatique est subordonné à deux systèmes: le système cardiovasculaire et le système immunitaire. Bien que les fonctions des vaisseaux lymphatiques et des organes lymphatiques se chevauchent, ces deux types de structures concourent chacun à leur façon au maintien de l'homéostasie (figure 21.8). Les vaisseaux lymphatiques renvoient le liquide interstitiel et ses protéines dans la circulation sanguine, contribuant ainsi au maintien du volume sanguin. Les macrophages des ganglions lymphatiques détruisent les corps étrangers qu'ils retirent du courant lymphatique, tandis que ceux de la rate débarrassent le sang des corps étrangers et des globules rouges vieillis. Dans les autres organes et tissus lymphatiques, les lymphocytes «analysent» les liquides corporels et luttent contre les antigènes par la libération d'anticorps ou l'interaction cellulaire directe. Au chapitre 22, nous étudions les réactions inflammatoire et immunitaire qui nous permettent de résister aux attaques incessantes des agents pathogènes.

Termes médicaux

Adénopathie (*adên* = glande; *pathê* = maladie) État pathologique des ganglions lymphatiques d'origine le plus souvent inflammatoire ou tumorale.

Amygdalite (*itis* = inflammation) Inflammation aiguë ou chronique des amygdales palatines généralement causée par des bactéries infectieuses et accompagnée de rougeur, d'œdème et de sensibilité.

Éléphantiasis des pays chauds Maladie tropicale dans laquelle les vaisseaux lymphatiques (particulièrement ceux des membres inférieurs et du scrotum chez l'homme) sont obstrués par des vers parasites; elle se caractérise par un œdème très prononcé.

Lymphographie Examen radiologique des vaisseaux lymphatiques réalisé après injection d'une substance radio-opaque.

Maladie de Hodgkin Cancer des ganglions lymphatiques se traduisant par un œdème indolore des ganglions lymphatiques, de la fatigue et, souvent, une fièvre persistante et des sueurs nocturnes. Le traitement courant, la radiothérapie, permet d'obtenir un fort taux de guérison.

Splénomégalie (*splên* = rate; *megas* = grand) Augmentation du volume de la rate due à l'accumulation de microorganismes infectieux; typiquement causée par la septicémie, la mononucléose et la leucémie.

Résumé du chapitre

1. Le système lymphatique est composé des vaisseaux lymphatiques, des ganglions lymphatiques et des autres organes et tissus lymphatiques. Ce système renvoie dans la circulation sanguine le liquide et les protéines qui s'en sont échappés, élimine les corps étrangers de la lymphe et participe à la fonction immunitaire.

VAISSEAUX LYMPHATIQUES (p. 679-682)

Distribution et structure des vaisseaux lymphatiques (p. 679-681)

1. Dans les vaisseaux lymphatiques (capillaires lymphatiques, vaisseaux collecteurs lymphatiques, troncs lymphatiques, conduit lymphatique droit et conduit thoracique), le liquide s'écoule en direction du cœur uniquement. Le conduit lymphatique droit draine la lymphe du bras droit et du côté droit de la partie supérieure du corps; le conduit thoracique reçoit la lymphe provenant du reste de l'organisme. Ces vaisseaux se jettent dans le système vasculaire à la jonction de la veine jugulaire interne et de la veine subclavière, dans le cou.

Transport de la lymphe (p. 682)

2. L'écoulement de la lymphe est lent; il est maintenu par la contraction des muscles squelettiques, les variations de pression dans le thorax et (probablement) la contraction des vaisseaux lymphatiques. Des valvules empêchent le reflux.

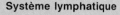

Système lymphatique

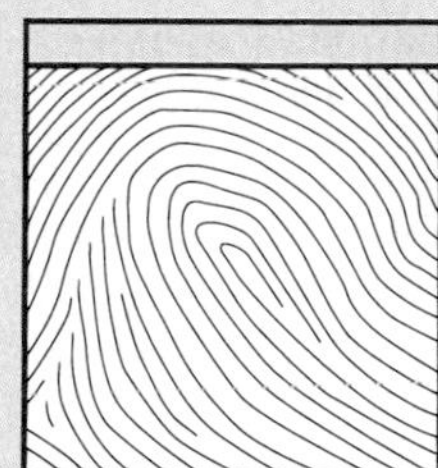

Système tégumentaire

Protège l'organisme dans son ensemble

Capte le liquide et les protéines plasmatiques échappés dans le derme

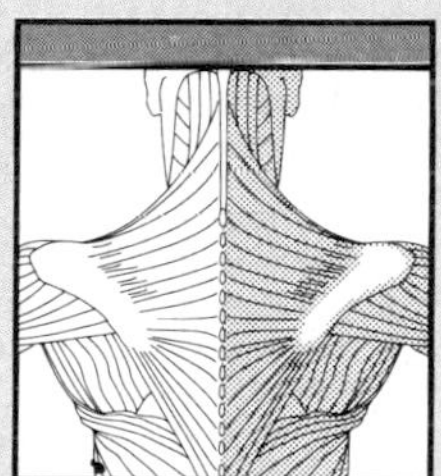

Système osseux

Le tissu hématopoïétique de la moelle osseuse produit les lymphocytes (et les macrophages) contenus dans les organes lymphatiques

Capte le liquide et les protéines plasmatiques échappés dans le périoste

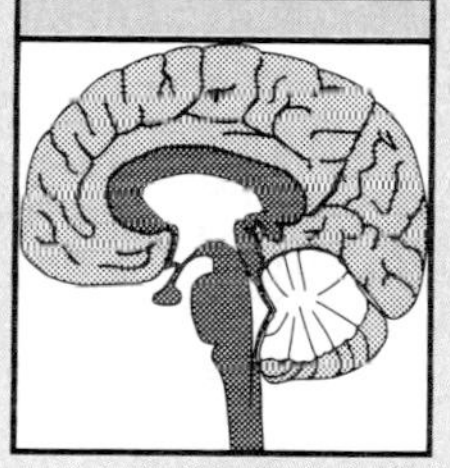

Système musculaire

La «pompe» musculaire favorise l'écoulement de la lymphe

Capte le liquide et les protéines plasmatiques échappés dans le tissu musculaire squelettique

Système nerveux

Fournit des neurofibres motrices et sensitives aux gros vaisseaux lymphatiques

Capte le liquide et les protéines plasmatiques échappés dans les structures du système nerveux périphérique

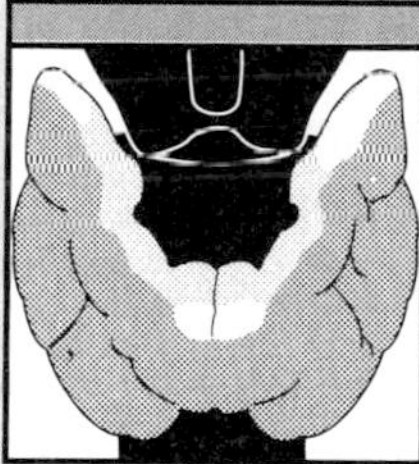

Système endocrinien

Le thymus produit des hormones qui favorisent le développement des organes lymphatiques et des lymphocytes T

La lymphe est le véhicule de certaines hormones

Système cardiovasculaire

Le plasma échappé des vaisseaux sanguins constitue la lymphe; les vaisseaux lymphatiques se développent à partir des veines

La rate détruit les érythrocytes détériorés, constitue des réserves de fer et débarrasse le sang des débris; les vaisseaux lymphatiques renvoient le plasma et les protéines dans la circulation sanguine

Système immunitaire

Les cellules immunitaires peuplent les organes lymphatiques

Abrite la maturation, la prolifération et l'action des lymphocytes; véhicule des antigènes dans la lymphe à travers les ganglions lymphatiques

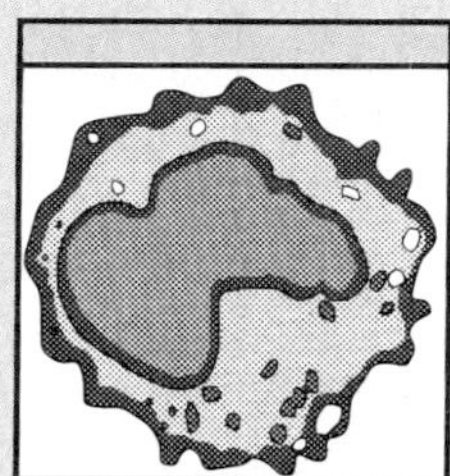

Système respiratoire

L'action de la «pompe» respiratoire facilite l'écoulement de la lymphe

Réabsorbe le liquide et les protéines plasmatiques échappés

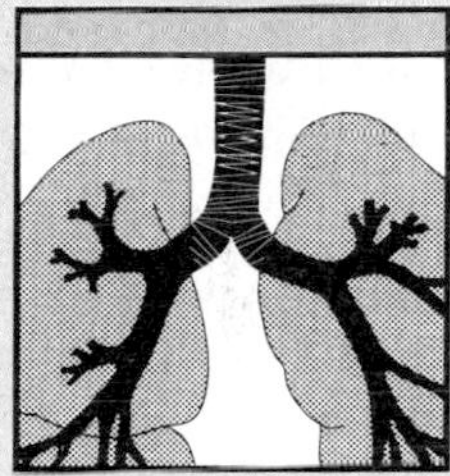

Système digestif

Absorbe les nutriments nécessaires aux organes et aux tissus lymphatiques

Capte certains produits de la digestion des graisses et les achemine vers le sang

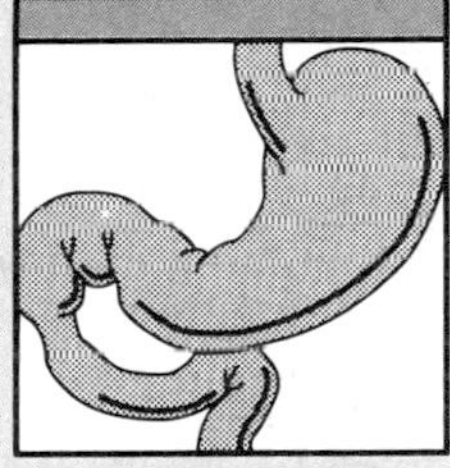

Système urinaire

Excrète les déchets métaboliques, l'eau en excès, etc., présents dans le sang

Capte le liquide et les protéines plasmatiques échappés dans le système urinaire

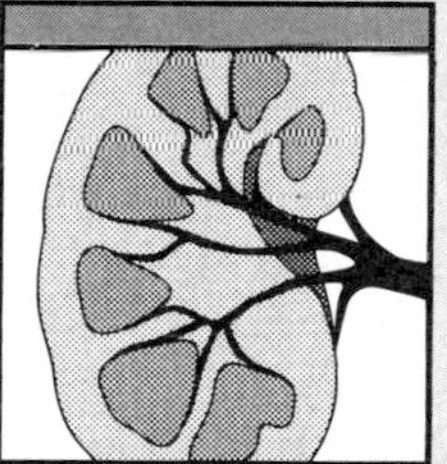

Système génital

Capte le liquide et les protéines plasmatiques échappés dans le système génital

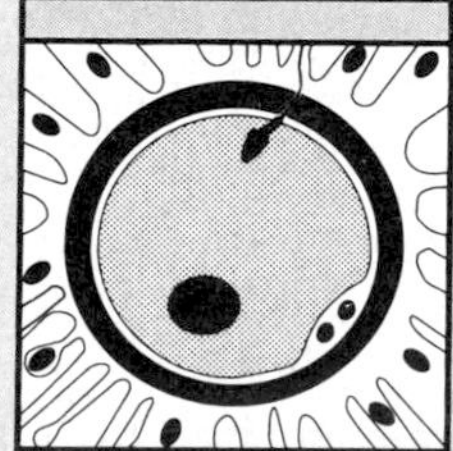

Figure 21.8 Relations homéostatiques entre le système lymphatique et les autres systèmes de l'organisme.

3. Les capillaires lymphatiques sont exceptionnellement perméables; ils admettent les protéines et les particules provenant du compartiment interstitiel.

4. Les agents pathogènes et les cellules cancéreuses peuvent se propager dans l'organisme par la circulation lymphatique.

GANGLIONS LYMPHATIQUES (p. 682-683)

Structure d'un ganglion lymphatique (p. 682-683)

1. Les ganglions lymphatiques, regroupés le long des vaisseaux lymphatiques, filtrent la lymphe. Un ganglion lymphatique est composé d'une capsule fibreuse, d'un cortex et d'une médulla. Le cortex contient principalement des lymphocytes, qui interviennent dans la réaction immunitaire. La médulla renferme des lymphocytes, des plasmocytes et des macrophages; les macrophages englobent et détruisent les virus, les bactéries et les autres corps étrangers.

Circulation dans les ganglions lymphatiques (p. 683)

2. La lymphe entre dans les ganglions lymphatiques par les vaisseaux lymphatiques afférents, et elle en sort par les vaisseaux efférents. Comme les vaisseaux efférents sont moins nombreux que les vaisseaux afférents, la lymphe stagne dans les ganglions lymphatiques et peut ainsi être purifiée.

AUTRES ORGANES LYMPHATIQUES (p. 683-686)

1. Contrairement aux ganglions lymphatiques, la rate, le thymus, les amygdales et les follicules lymphatiques de l'intestin grêle ne filtrent pas la lymphe. Par contre, la plupart des organes lymphatiques contiennent des macrophages et des lymphocytes.

Rate (p. 683-684)

2. La rate est le siège de la prolifération des lymphocytes ainsi que de la destruction des vieux érythrocytes et des agents pathogènes circulant dans le sang. En outre, la rate accumule et libère les produits de la dégradation de l'hémoglobine, emmagasine les plaquettes et produit les érythrocytes chez le fœtus.

Thymus (p. 685)

3. Le thymus est actif pendant la jeunesse. Ses hormones rendent les lymphocytes T immunocompétents.

Amygdales et follicules lymphatiques de l'intestin grêle (p. 685-686)

4. Les amygdales, dans le pharynx, les follicules lymphatiques, dans la paroi intestinale et dans l'appendice vermiforme, sont les formations lymphatiques associées aux muqueuses. Ces tissus empêchent les agents pathogènes de franchir les muqueuses des voies respiratoires et digestives.

DÉVELOPPEMENT ET VIEILLISSEMENT DU SYSTÈME LYMPHATIQUE (p. 686)

1. Les vaisseaux lymphatiques naissent de renflements des veines en voie de formation. Le thymus provient de l'endoderme; les autres organes lymphatiques dérivent des cellules mésenchymateuses du mésoderme.

2. Le thymus est le premier organe lymphatique à apparaître. Il joue un rôle important dans le développement des autres organes lymphatiques.

3. Les organes lymphatiques contiennent des lymphocytes issus du tissu hématopoïétique.

Questions de révision

Choix multiples/associations

1. Les vaisseaux lymphatiques: (a) sont le siège de la surveillance immunitaire; (b) filtrent la lymphe; (c) renvoient les liquides et les protéines plasmatiques dans le système cardiovasculaire; (d) ressemblent à des artères, à des capillaires ou à des veines.

2. La partie initiale du conduit thoracique, en forme de sac, est: (a) le vaisseau chylifère; (b) le conduit lymphatique droit; (c) la citerne du chyle; (d) le sac lymphatique.

3. Qu'est-ce qui favorise l'entrée de la lymphe dans les capillaires lymphatiques? (Il y a plus d'un élément.) (a) Des disjonctions formées par le chevauchement des cellules endothéliales. (b) La pompe respiratoire. (c) La pompe musculaire. (d) La pression du liquide dans le compartiment interstitiel.

4. La charpente des organes lymphatiques est formée de: (a) tissu conjonctif lâche; (b) tissu hématopoïétique; (c) tissu réticulé; (d) tissu adipeux.

5. Les ganglions lymphatiques sont nombreux dans toutes les régions suivantes *sauf*: (a) l'encéphale; (b) les aisselles; (c) les aines; (d) le cou.

6. Les centres germinatifs du follicule des ganglions lymphatiques abritent surtout: (a) des macrophages; (b) des lymphocytes B en voie de prolifération; (c) des lymphocytes T; (d) toutes ces réponses.

7. La pulpe rouge de la rate contient: (a) des sinus veineux, des macrophages et des érythrocytes; (b) des groupes de lymphocytes; (c) des cloisons de tissu conjonctif.

8. L'organe lymphatique surtout actif pendant l'enfance et qui s'atrophie au cours de la vie est: (a) la rate; (b) le thymus; (c) les amygdales palatines; (d) la moelle osseuse.

9. Les formations lymphatiques associées aux muqueuses comprennent toutes les structures suivantes *sauf*: (a) les follicules lymphatiques de l'appendice vermiforme; (b) les amygdales; (c) les follicules lymphatiques de l'intestin grêle; (d) le thymus.

Questions à court développement

10. Comparez le sang, le liquide interstitiel et la lymphe.

11. Comparez la structure et les fonctions des ganglions lymphatiques et celles de la rate.

12. (a) Quelle caractéristique anatomique ralentit l'écoulement de la lymphe dans les ganglions lymphatiques? (b) Pourquoi cette caractéristique est-elle opportune?

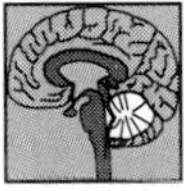

Réflexion et application

1. Une femme de 59 ans a subi une mastectomie radicale gauche (l'ablation du sein gauche ainsi que des vaisseaux et des ganglions lymphatiques axillaires gauches). Elle présente un œdème et de la douleur au bras gauche, et elle ne peut lever le bras plus haut que l'épaule. (a) Expliquez les symptômes de la patiente. (b) La patiente peut-elle espérer que ces symptômes disparaîtront? Justifiez votre réponse.

2. Une jeune femme se présente à l'hôpital en se plaignant de douleur et de rougeurs à l'annulaire droit. Le doigt et le dos de la main sont œdémateux; l'avant-bras droit porte des stries rouges indiquant une inflammation des vaisseaux lymphatiques. Le médecin prescrit des antibiotiques et le port d'une écharpe, et il recommande à la patiente d'éviter de bouger le bras. Expliquez ces recommandations.

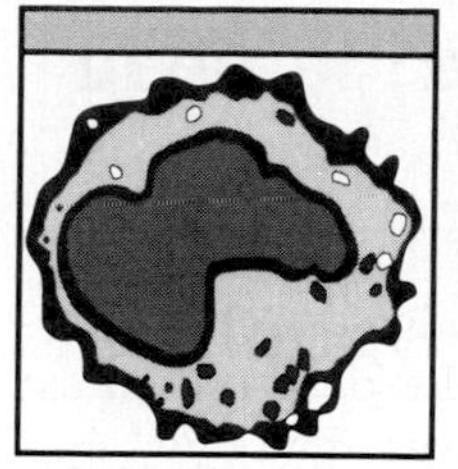

Défenses non spécifiques de l'organisme et système immunitaire

22

Sommaire et objectifs d'apprentissage

DÉFENSES NON SPÉCIFIQUES DE L'ORGANISME (p. 690-697)

Barrières superficielles: la peau et les muqueuses (p. 690)

1. Décrire les barrières superficielles que constituent la peau et les muqueuses et décrire leurs fonctions de protection.

Défenses cellulaires et chimiques non spécifiques (p. 691-697)

2. Expliquer l'importance de la phagocytose et des cellules tueuses naturelles dans la défense non spécifique de l'organisme.
3. Établir le lien entre les événements de la réaction inflammatoire. Identifier plusieurs médiateurs chimiques libérés durant la réaction inflammatoire et décrire leurs rôles spécifiques.
4. Nommer les substances antimicrobiennes de l'organisme et décrire leur fonction.
5. Expliquer comment la fièvre aide l'organisme à se protéger contre les agents pathogènes qui l'envahissent.

DÉFENSES SPÉCIFIQUES DE L'ORGANISME: LE SYSTÈME IMMUNITAIRE (p. 697-721)

Cellules du système immunitaire: caractéristiques générales (p. 698-700)

6. Comparer l'origine, le processus de maturation et la fonction générale des lymphocytes B et T. Décrire le rôle des macrophages dans l'immunité.
7. Définir l'immunocompétence et l'autotolérance.

Antigènes (p. 700-701)

8. Expliquer ce qu'est un antigène et quels sont ses effets sur le système immunitaire.
9. Expliquer ce qu'est un antigène complet, un haptène et un déterminant antigénique.

Réaction immunitaire humorale (p. 701-709)

10. Définir l'immunité humorale.
11. Décrire le processus de sélection clonale d'une cellule B.
12. Expliquer les rôles des plasmocytes et des cellules mémoires dans l'immunité humorale.
13. Comparer l'immunité humorale active et l'immunité humorale passive.
14. Décrire la structure d'un anticorps monomère et nommer les cinq classes d'anticorps.
15. Expliquer les fonctions des anticorps.
16. Décrire le développement des anticorps monoclonaux et leurs usages cliniques.

Réaction immunitaire à médiation cellulaire (p. 709-714)

17. Définir l'immunité à médiation cellulaire et décrire le processus de sélection clonale des lymphocytes T.
18. Décrire les rôles fonctionnels des lymphocytes T dans l'organisme.
19. Indiquer les tests prescrits avant une transplantation d'organe, et énumérer les méthodes utilisées pour prévenir le rejet du greffon.

Déséquilibres homéostatiques de l'immunité (p. 715-721)

20. Donner des exemples de déficits immunitaires et d'états d'hypersensibilité.
21. Énumérer les facteurs qui interviennent dans une maladie auto-immune.

Développement et vieillissement du système immunitaire (p. 721)

22. Décrire les changements qui se produisent dans l'immunité au cours du vieillissement.
23. Décrire brièvement le rôle du système nerveux dans la régulation de la réaction immunitaire.

La plupart d'entre nous serions ravis de pouvoir entrer dans une seule boutique de vêtements et d'en repartir habillé de pied en cap malgré les particularités de notre morphologie. Nous *savons* qu'il est à peu près impossible d'avoir accès à un tel service. Et pourtant, il nous paraît naturel de posséder un *système immunitaire,* c'est-à-dire un **système de défense spécifique** intégré, capable de traquer et d'éliminer, toujours avec la même précision, à peu près n'importe quel type d'agents pathogènes qui s'introduit dans notre organisme.

Même si certaines structures (en particulier les organes lymphatiques et certaines cellules sanguines) participent de près à la réaction immunitaire, le système immunitaire est un *système fonctionnel* plutôt qu'un système au sens anatomique du terme. Ses «structures» sont les billions de cellules immunitaires individuelles logées dans les tissus lymphatiques et circulant dans les liquides organiques, ainsi qu'un ensemble impressionnant de molécules diverses. Les cellules immunitaires les plus importantes sont les *lymphocytes* et les *macrophages.*

Lorsque le système immunitaire fonctionne de manière efficace, il assume parfaitement sa fonction de protection de l'organisme contre la plupart des microorganismes infectieux, les tissus et les organes transplantés, et même ses propres cellules qui se retournent contre lui (les cellules cancéreuses, par exemple). Il arrive à ce résultat de façon directe, en attaquant les cellules, et de façon indirecte, en libérant des substances chimiques mobilisatrices et des molécules d'anticorps protecteurs. La résistance extrêmement spécifique à la maladie qui en résulte est appelée **immunité** (*immunis* = exempt de mal).

Le système immunitaire souffre d'un défaut majeur: il lui faut d'abord «rencontrer» une substance étrangère (*antigène*) ou être sensibilisé par une exposition initiale *avant* de pouvoir protéger l'organisme contre cette substance. Par contre, les **défenses non spécifiques,** moins spectaculaires, réagissent promptement pour protéger l'organisme contre toute substance étrangère. Les défenses non spécifiques sont assurées par une peau et des muqueuses intactes, par la réaction inflammatoire et par un certain nombre de protéines que fabriquent les cellules de l'organisme. Ces défenses réduisent efficacement la charge de travail du système immunitaire en empêchant l'entrée et la propagation des microorganismes dans tout l'organisme. Nous allons étudier séparément les défenses spécifiques et non spécifiques, mais il ne faut pas oublier qu'elles travaillent toujours en étroite collaboration dans un but commun: la protection de l'organisme.

DÉFENSES NON SPÉCIFIQUES DE L'ORGANISME

Une certaine forme de résistance non spécifique aux maladies est héréditaire; c'est la *spécificité d'espèce.* Il existe donc des maladies dont les humains ne sont jamais victimes, par exemple certaines formes de tuberculose qui affectent les oiseaux. En revanche, les oiseaux ne sont pas sensibles aux bactéries qui causent les maladies transmissibles sexuellement chez les humains. Dans la plupart des cas, cependant, le terme *défense non spécifique de l'organisme* fait référence aux barrières mécaniques qui recouvrent la surface de l'organisme et à diverses cellules et substances chimiques qui combattent à l'avant-garde afin de protéger l'organisme contre l'invasion des **agents pathogènes** (microorganismes nocifs ou responsables de maladies). Le tableau 22.1 présente un résumé des défenses non spécifiques les plus importantes.

Barrières superficielles: la peau et les muqueuses

La *première ligne de défense* de l'organisme contre l'invasion des microorganismes responsables de maladies est constituée par la *peau* et les *muqueuses.* Tant que l'épithélium kératinisé de l'épiderme est intact, il représente une barrière physique redoutable bloquant l'entrée à la plupart des microorganismes qui fourmillent sur la peau. La kératine résiste aussi à la plupart des acides et des bases faibles ainsi qu'aux enzymes bactériennes et aux toxines. Les muqueuses en bon état fournissent une protection semblable à l'intérieur du corps. Il faut se rappeler que les muqueuses tapissent toutes les cavités corporelles qui s'ouvrent sur l'extérieur: le tube digestif, les voies respiratoires et urinaires ainsi que le système génital. Outre leur fonction de barrières physiques, ces épithéliums produisent diverses substances chimiques protectrices énumérées ci-dessous.

1. L'acidité des sécrétions cutanées (pH de 3 à 5) inhibe la croissance bactérienne et les substances chimiques contenues dans le sébum sont toxiques pour les bactéries. Les sécrétions vaginales chez la femme adulte sont aussi très acides.

2. La muqueuse gastrique sécrète une solution concentrée d'acide chlorhydrique et des enzymes qui hydrolysent les protéines. Ces deux facteurs tuent les agents pathogènes.

3. La salive, qui nettoie la cavité orale et les dents, et le liquide lacrymal, qui lave la surface externe de l'œil, contiennent le **lysozyme,** une enzyme qui détruit les bactéries.

4. Le mucus, une sécrétion collante, emprisonne un grand nombre de microorganismes qui pénètrent dans les voies digestives et respiratoires.

Les muqueuses des voies respiratoires présentent également des modifications structurales qui neutralisent les agresseurs potentiels. Le réseau de petits poils recouverts de mucus à l'intérieur du nez retient les particules inhalées; les cils qui tapissent la muqueuse des voies respiratoires supérieures font remonter vers la bouche le mucus chargé de poussières et de bactéries, empêchant ainsi ces dernières de pénétrer dans la partie inférieure des voies respiratoires où le milieu chaud et humide constitue un endroit idéal pour la croissance bactérienne.

Même si les barrières superficielles sont tout à fait efficaces, elles sont parfois percées de petites entailles et de coupures causées, par exemple, par le brossage des dents ou le rasage de la barbe. Lorsque cela se produit et que les microbes envahissent les tissus plus profonds, d'autres mécanismes non spécifiques entrent en jeu.

Tableau 22.1 Résumé des défenses non spécifiques de l'organisme

Catégorie/éléments associés	Mécanisme de protection
Barrières superficielles: la peau et les muqueuses	
Épiderme de la peau intacte	Forme une barrière mécanique qui empêche l'infiltration d'agents pathogènes et d'autres substances nocives dans l'organisme
• Acidité de la peau	Les sécrétions de la peau (sueur et sébum) rendent la surface de l'épiderme acide, ce qui inhibe la croissance des bactéries; le sébum contient aussi des agents chimiques bactéricides
• Kératine	Assure la résistance contre les acides, les alcalis et les enzymes bactériennes
Muqueuses intactes	Forment une barrière mécanique qui empêche l'infiltration d'agents pathogènes
• Mucus	Emprisonne les microorganismes dans les voies respiratoires et digestives
• Poils des narines	Filtrent et emprisonnent les microorganismes dans les narines
• Cils	Font remonter le mucus chargé de débris vers la partie supérieure des voies respiratoires
• Suc gastrique	Contient de l'acide chlorhydrique concentré et des enzymes qui hydrolysent les protéines et détruisent les agents pathogènes dans l'estomac
• Acidité de la muqueuse vaginale	Inhibe la croissance des bactéries et des champignons dans les voies génitales de la femme
• Sécrétion lacrymale (larmes); salive	Lubrifient et nettoient constamment les yeux (larmes) et la cavité orale (salive); contiennent le lysozyme, une enzyme qui détruit les microorganismes
• Urine	Le pH normalement acide inhibe la croissance bactérienne; nettoie les voies urinaires inférieures lorsqu'elle est éliminée de l'organisme
Défenses cellulaires et chimiques non spécifiques	
Phagocytes	Ingèrent et détruisent les agents pathogènes qui percent les barrières superficielles; les macrophages contribuent aussi à la réaction immunitaire
Cellules tueuses naturelles (NK)	Attaquent directement les cellules infectées par des virus ou les cellules cancéreuses et provoquent leur lyse; leur action ne repose pas sur la reconnaissance d'un antigène spécifique
Réaction inflammatoire	Empêche les agents nocifs de se propager aux tissus adjacents, élimine les agents pathogènes et les cellules mortes, et permet la réparation des tissus; les médiateurs chimiques libérés attirent les phagocytes (et les cellules immunocompétentes) au siège de la lésion
Protéines antimicrobiennes	
• Interférons	Protéines que libèrent les cellules infectées par des virus et qui protègent les cellules des tissus non infectés de l'envahissement par des virus; stimulent le système immunitaire
• Système du complément	Provoque la lyse des microorganismes, favorise la phagocytose par opsonisation et intensifie la réaction inflammatoire
Fièvre	Réaction systémique déclenchée par des substances pyrogènes; la température corporelle élevée inhibe la multiplication microbienne et favorise le processus de réparation de l'organisme

Défenses cellulaires et chimiques non spécifiques

L'organisme a recours à un grand nombre de moyens de défense cellulaires et chimiques non spécifiques pour assurer sa protection. Certains d'entre eux reposent sur le pouvoir destructeur des phagocytes et des cellules tueuses naturelles. Divers éléments de l'organisme participent à la réaction inflammatoire: les macrophages, les mastocytes et tous les types de leucocytes, de même que des douzaines de substances chimiques qui tuent les agents pathogènes et contribuent à réparer les tissus. En outre, d'autres mécanismes font intervenir des protéines antimicrobiennes (système du complément et interféron) présentes dans le sang ou le liquide interstitiel. La fièvre peut aussi être considérée comme une réaction de protection non spécifique. Ces quelques exemples de mécanismes représentent les réactions de protection les plus importantes.

Phagocytes

Les agents pathogènes qui pénètrent dans le tissu conjonctif sous-jacent à la peau et aux muqueuses font face aux *phagocytes* (*phagein* = manger). Les principaux phagocytes sont les **macrophages** («gros mangeurs»); ces cellules se retrouvent dans la majorité des organes et circulent dans le compartiment interstitiel à la recherche de débris cellulaires ou d'«envahisseurs étrangers». Bien que les macrophages portent le nom de *cellules de Kupffer* dans le foie, *cellules de Langerhans* dans la peau et *histiocytes* dans le tissu conjonctif, ils présentent tous la même structure et assument la même fonction. Les **neutrophiles**, qui sont les leucocytes les plus abondants, deviennent aussi phagocytaires lorsqu'ils rencontrent des agents infectieux dans les tissus.

Un phagocyte englobe une particule à la manière d'une amibe qui ingère une particule de nourriture. Des prolongements cytoplasmiques s'étendent et se fixent à la particule (figure 22.1), l'attirent à l'intérieur de la

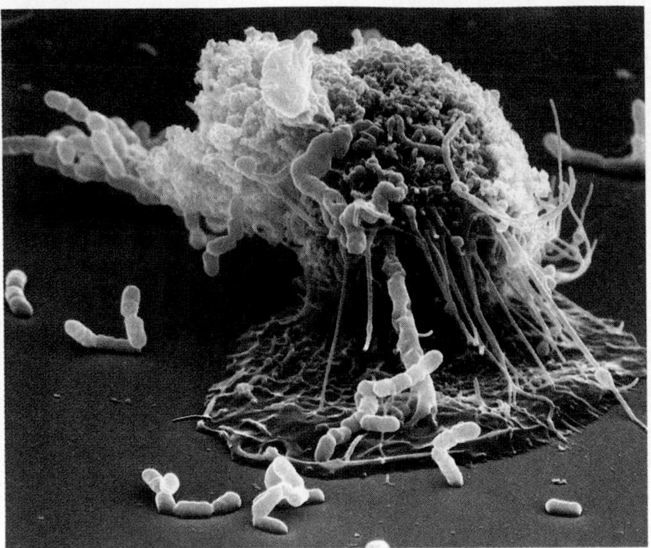

Figure 22.1 Phagocytose par un macrophage. Micrographie au microscope électronique à balayage (×4300) d'un macrophage attirant vers lui une bactérie *E. coli* en forme de saucisse, à l'aide de ses longs prolongements cytoplasmiques. Plusieurs bactéries à la surface du macrophage sont sur le point d'être englobées.

cellule et l'englobent dans une vacuole (la vacuole phagocytaire) limitée par une membrane. Le *phagosome* ainsi constitué fusionne ensuite avec un *lysosome* pour donner un *phagolysosome* (voir la figure 22.6 à la p. 699).

Le mécanisme par lequel les neutrophiles et les macrophages détruisent la proie ingérée est bien plus complexe qu'une simple digestion du microorganisme par les enzymes lysosomiales. Une fois le phagolysosome formé, des enzymes lysosomiales spécifiques entrent en activité. Certaines de ces enzymes peuvent utiliser l'oxygène consommé en grandes quantités par la cellule pour élaborer des radicaux libres (dont le superoxyde) selon un processus appelé **explosion respiratoire.** Ces radicaux libres possèdent une grande capacité de destruction des cellules. Les neutrophiles sécrètent également des substances chimiques semblables à des antibiotiques, soit le *lysozyme,* qui provoque la destruction de la paroi bactérienne, ainsi que la *lactoferrine,* qui inhibe la multiplication des bactéries (voir le chapitre 18 à la p. 587). L'action des neutrophiles est plus étendue que celle des macrophages : ils libèrent le superoxyde et une substance identique à l'eau de Javel (hypochlorite) dans le compartiment interstitiel. Malheureusement, les neutrophiles se détruisent eux-mêmes dans le processus alors que les macrophages, qui ne procèdent qu'à une destruction intracellulaire, peuvent continuer leur tâche.

L'activité phagocytaire n'est pas toujours couronnée de succès. Afin d'accomplir l'ingestion, les phagocytes doivent d'abord adhérer à la particule. L'adhérence a de meilleures chances de se produire, et est aussi plus efficace, lorsque les corps étrangers sont recouverts des protéines du complément et d'anticorps, car ces derniers forment des sites auxquels les récepteurs de la membrane plasmique des phagocytes peuvent se fixer ; ce processus est appelé **opsonisation** (littéralement, « rendre appétissant »).

Cellules tueuses naturelles

Les **cellules tueuses naturelles,** ou **cellules NK** (NK, « natural killer »), nettoient le sang et la lymphe de l'organisme ; elles forment un groupe spécifique de cellules de défense qui peuvent provoquer la lyse de la membrane plasmique. Elles sont capables de tuer les cellules cancéreuses et les cellules infectées par des virus avant que le système immunitaire entre en action. La différenciation des cellules tueuses naturelles est un mécanisme encore mal connu ; ces cellules font partie d'un petit groupe distinct de *grands* lymphocytes *granuleux* appelés **lymphocytes nuls.** Contrairement aux lymphocytes du système immunitaire, qui ont la capacité de reconnaître des cellules infectées par des virus ou des cellules tumorales *spécifiques* et de ne réagir qu'avec elles, les cellules tueuses naturelles sont capables d'agir spontanément contre *n'importe laquelle* de ces cibles, apparemment grâce à la reconnaissance des altérations qui interviennent sur la membrane plasmique des cellules tumorales et des cellules infectées par des virus. Le terme cellules tueuses « naturelles » indique la non-spécificité de leur action destructrice.

Inflammation : réaction des tissus à une lésion

La **réaction inflammatoire,** *deuxième ligne de défense* de l'organisme, comprend la suite de réactions non spécifiques qui est déclenchée dès que les tissus sont touchés. Elle peut se mettre en place à la suite d'un traumatisme physique (un coup), d'une chaleur intense ou d'une irritation due à des substances chimiques de même qu'à la suite d'une infection causée par des virus ou des bactéries. L'inflammation (1) empêche la propagation des agents toxiques dans les tissus environnants, (2) élimine les débris cellulaires et les agents pathogènes et (3) amorce les premières étapes du processus de réparation. Les quatre *signes majeurs* de l'inflammation aiguë (à court terme) sont la *rougeur*, la *chaleur*, la *tuméfaction* et la *douleur.* Nous allons voir comment chacun de ces effets se produit en examinant les principales étapes de la réaction inflammatoire qui sont représentées à la figure 22.2.

Vasodilatation et accroissement de la perméabilité vasculaire

La réaction inflammatoire débute par une « alerte » chimique, c'est-à-dire qu'un certain nombre de substances chimiques sont libérées dans le liquide interstitiel. Les cellules des tissus lésés, les phagocytes, les lymphocytes, les mastocytes et les protéines plasmatiques provoquent la libération de ces médiateurs de la réation inflammatoire, dont les plus importants sont l'*histamine,* les *kinines,* les *prostaglandines,* les *protéines du système*

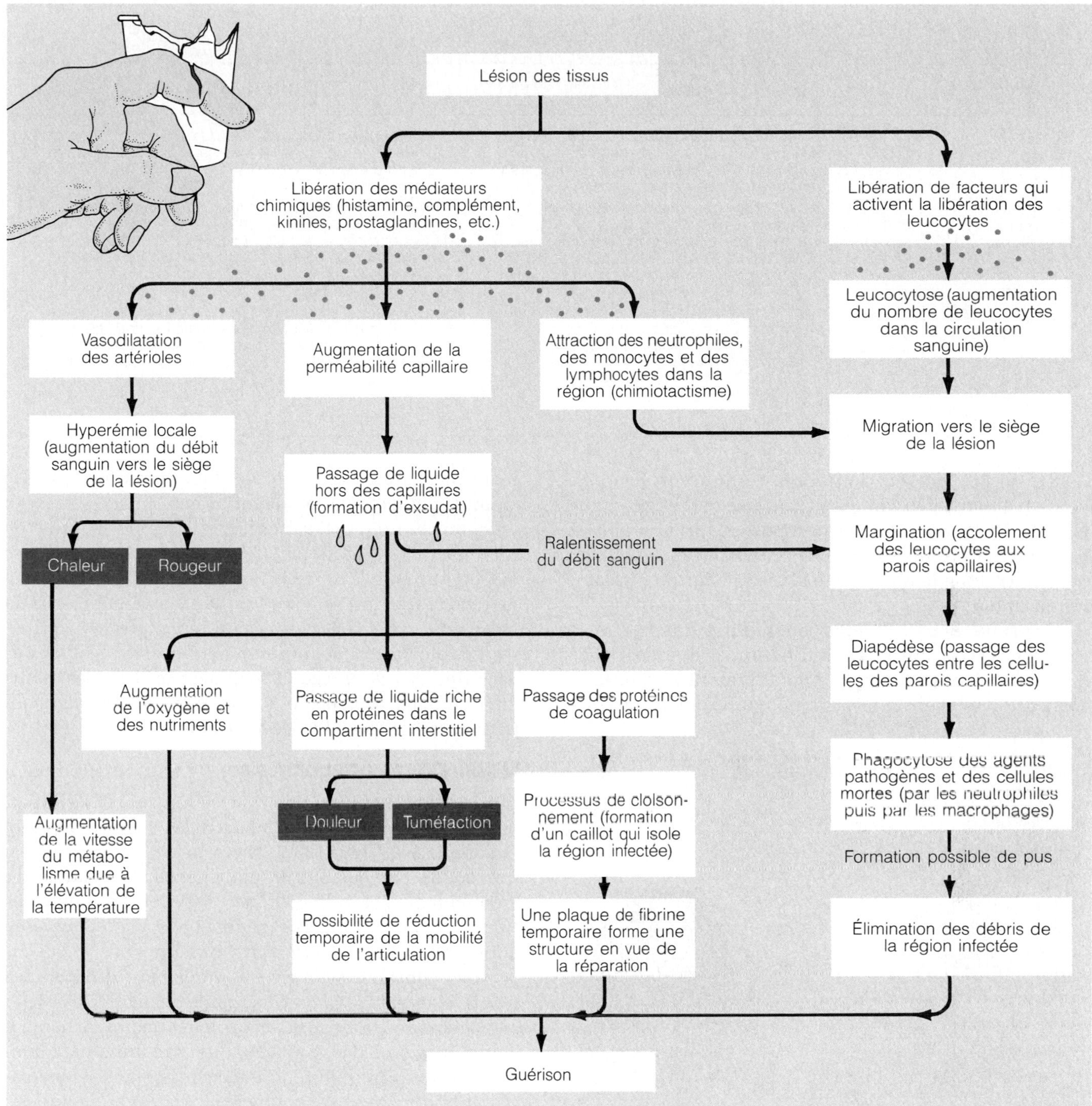

Figure 22.2 Étapes de la réaction inflammatoire. Les quatre signes majeurs de l'inflammation aiguë apparaissent dans les carrés rouges.

du complément et les *lymphokines.* Bien que quelques-uns de ces médiateurs jouent aussi un rôle individuel dans l'inflammation (voir le tableau 22.2 à la p. 694), ils contribuent tous à la dilatation des artérioles situées près du siège de la lésion. L'augmentation du débit sanguin vers cette région est accompagnée d'*hyperémie* locale (congestion), d'où la *rougeur* et la *chaleur* des tissus enflammés.

Les médiateurs augmentent aussi la perméabilité des capillaires de la région. En conséquence, l'**exsudat,** un liquide contenant des protéines comme les facteurs de coagulation et les anticorps, s'échappe de la circulation sanguine vers le compartiment interstitiel. L'exsudat est la cause d'un œdème localisé, ou *tuméfaction,* qui à son tour comprime les terminaisons nerveuses et détermine ainsi une sensation de *douleur.* La douleur résulte également de la libération de toxines bactériennes, du manque de nutriments des cellules et des effets sensibilisants des prostaglandines et de la bradykinine. L'aspirine et quelques autres anti-inflammatoires produisent leurs effets analgésiques (qui calment la douleur) en inhibant la synthèse des prostaglandines.

Tableau 22.2 Médiateurs chimiques libérés au cours de la réaction inflammatoire

Médiateur chimique	Source	Effets physiologiques
Histamine	Granules des leucocytes basophiles et de mastocytes; libérée en réaction à un traumatisme mécanique, à la présence de certains microorganismes et de substances chimiques libérées par les neutrophiles	Facilite la vasodilatation locale des artérioles; augmente localement la perméabilité des capillaires, ce qui favorise la formation d'exsudat
Kinines (bradykinine et autres)	Une protéine plasmatique, la kininogène, est clivée par une enzyme, la kallicréine, qui se trouve dans le plasma, l'urine, la salive et les lysosomes des neutrophiles et d'autres types de cellules; le clivage libère des kinines actives	Même action locale que l'histamine sur les artérioles et les capillaires; déclenche en outre le chimiotactisme des leucocytes et stimule la libération d'enzymes lysosomiales par les neutrophiles, favorisant de la sorte l'apparition d'autres kinines; la bradykinine provoque la douleur en agissant sur les neurofibres sensitives
Prostaglandines	Molécules d'acides gras produites à partir de l'acide arachidonique; se retrouvent dans toutes les membranes cellulaires; libérées par les enzymes lysosomiales des neutrophiles et d'autres types de cellules	Sensibilisent les vaisseaux sanguins aux effets d'autres médiateurs de la réaction inflammatoire; une des étapes intermédiaires de la formation des prostaglandines produit des radicaux libres qui peuvent eux-mêmes causer l'inflammation; provoquent la douleur
Complément	Voir le tableau 22.1	
Lymphokines	Voir le tableau 22.4	

Si l'endroit enflé et douloureux est une articulation, les mouvements peuvent être temporairement gênés. La partie lésée est donc forcée au repos, ce qui contribue à la guérison. Certains spécialistes considèrent la *perte de fonction* comme le cinquième signe majeur de l'inflammation aiguë.

De prime abord, l'œdème peut sembler nuisible, mais tel n'est pas le cas. En effet, l'infiltration de liquides riches en protéines dans le compartiment interstitiel contribue à la dilution des substances toxiques qui sont éventuellement présentes; d'autre part, elle apporte les grandes quantités d'oxygène et de nutriments nécessaires au processus de réparation; enfin, elle permet l'entrée de protéines de coagulation (figure 22.2). Ces protéines élaborent, dans le compartiment interstitiel, un réseau de fibrine (caillot) semblable à de la gelée, qui isole de façon efficace le siège de la lésion (y compris les capillaires lymphatiques) et empêche ainsi la propagation des bactéries et autres agents pathogènes dans les tissus environnants. Ce réseau forme aussi la structure qui permettra la réparation de la lésion.

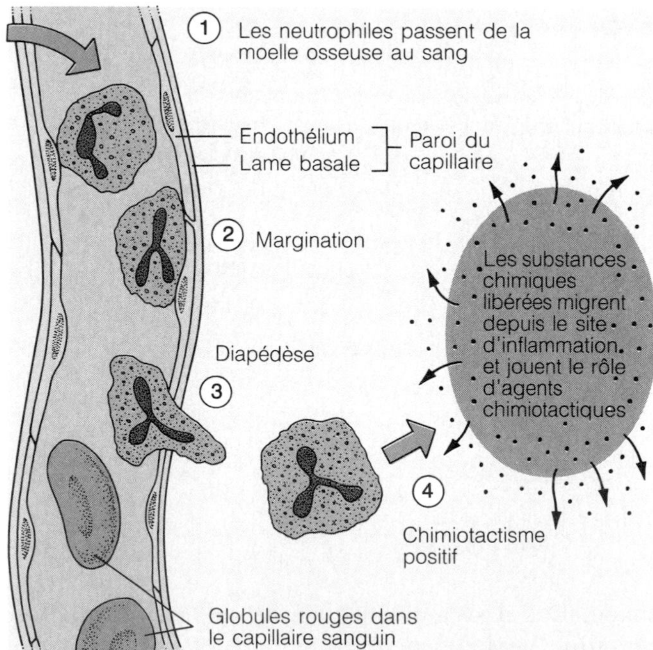

Figure 22.3 Phases de la mobilisation des phagocytes. Lorsque les cellules lésées du foyer d'inflammation libèrent des facteurs qui activent la libération des leucocytes, (1) les neutrophiles passent rapidement de la moelle osseuse vers le sang. Comme la circulation sanguine perd du liquide au siège de l'inflammation, le débit sanguin ralentit et (2) la margination se met en place au moment où les neutrophiles s'accolent aux parois des capillaires; (3) la diapédèse est déclenchée lorsque les neutrophiles traversent les parois capillaires. La migration continue des leucocytes vers le foyer d'inflammation où les substances chimiques sont libérées constitue (4) le chimiotactisme positif.

Mobilisation phagocytaire

Dès le début de l'inflammation, le siège de la lésion est envahi par de nombreux phagocytes (neutrophiles et macrophages) (figure 22.3). Lorsque l'inflammation est provoquée par des agents pathogènes, le système du complément est activé et des cellules immunitaires (lymphocytes et anticorps) gagnent aussi la région lésée et organisent une réaction immunitaire.

Des substances chimiques provenant des cellules lésées favorisent la libération rapide de neutrophiles par la moelle osseuse rouge et, en quelques heures, le nombre de neutrophiles dans la circulation sanguine peut quadrupler ou quintupler. La leucocytose est un signe caractéristique de l'inflammation. Habituellement les neutrophiles migrent au hasard, mais les substances chimiques sécrétées au cours de l'inflammation semblent jouer le rôle de têtes chercheuses, ou plus précisément **d'agents chimiotactiques**, qui les attirent, ainsi que d'autres leucocytes, vers le foyer inflammatoire. L'énorme quantité de liquide qui s'écoule du sang vers le siège de la lésion entraîne un ralentissement de la circulation sanguine dans cette région; les neutrophiles (puis les monocytes) commencent à s'accoler à la face interne des parois capillaires. Ce phénomène est connu sous le nom de **margination.** Les déformations de la membrane plasmique des neutrophiles (mouvement amiboïde) leur permettent de s'insinuer entre les cellules endothéliales des capillaires pour passer du sang vers le liquide interstitiel; ce processus est appelé **diapédèse.** Moins d'une heure après le début de la réaction inflammatoire, les neutrophiles sont accumulés au siège de la lésion et dévorent activement les bactéries, les toxines et les cellules mortes.

La contre-attaque ne s'arrête pas là: les monocytes suivent les neutrophiles et quittent la circulation sanguine pour pénétrer dans la région lésée. La capacité phagocytaire des monocytes est assez faible, mais huit à douze heures après leur infiltration dans les tissus, ils se gonflent, déversent le contenu d'un grand nombre de lysosomes et se transforment en macrophages dotés d'un appétit dévorant. Ces nouveaux macrophages remplacent les neutrophiles sur le champ de bataille et continuent le combat. Ils sont les principaux agents de l'élimination finale des débris cellulaires au cours d'une inflammation aiguë. Ils prédominent également au siège d'une inflammation prolongée, ou *chronique.* L'objectif final de la réaction inflammatoire est de débarrasser la région lésée des agents pathogènes et des cellules mortes en vue de la réparation des tissus. Une fois cette tâche accomplie, la guérison a lieu habituellement très vite.

Dans les endroits gravement infectés, le combat fait de nombreuses victimes dans chaque camp et un *pus* jaunâtre de consistance crémeuse peut s'accumuler dans la plaie. Le **pus** est un mélange de neutrophiles morts ou affaiblis, de cellules nécrosées et d'agents pathogènes morts ou vivants. Si le mécanisme de l'inflammation ne réussit pas à éliminer complètement les débris de la région lésée, le sac de pus peut se tapisser de fibres collagènes et former un *abcès.* Un drainage chirurgical est souvent nécessaire pour permettre la guérison. ■

Protéines antimicrobiennes

Les **protéines antimicrobiennes** les plus importantes, mis à part celles qui sont produites par la réaction inflammatoire, sont les protéines du système du complément et l'interféron (tableau 22.1).

Système du complément

Le **complément** est un système complexe qui comprend un groupe d'au moins vingt protéines plasmatiques (ou facteurs) normalement présentes dans le sang sous forme inactive. (Ces protéines sont appelées C1 à C9, et facteurs B, D et P.) Le complément constitue l'un des principaux mécanismes de destruction des substances étrangères dans l'organisme. Lorsqu'il est activé, il libère des médiateurs chimiques qui accentuent presque tous les aspects de la réaction inflammatoire. Le complément élimine aussi les bactéries et certains autres types de cellules par cytolyse. Bien que le complément soit lui-même un mécanisme de défense non spécifique, il «complète» les *deux* systèmes de défense, spécifique et non spécifique, ou accroît leur efficacité.

Le facteur C3 du complément peut être activé par l'une ou l'autre des deux voies schématisées à la figure 22.4, soit la voie classique ou la voie alterne. La **voie classique** est déclenchée par la fixation des anticorps sur les agents pathogènes envahisseurs et la fixation subséquente du facteur C1 aux complexes antigène-anticorps; cette étape est appelée **fixation du complément.** La **voie alterne** est habituellement amorcée par l'interaction entre les facteurs B, D et P (le facteur P est aussi appelé properdine) et les molécules de polysaccharides présentes à la surface de certains microorganismes.

Dans chacune des voies intervient une cascade de réactions conduisant à l'activation séquentielle des facteurs protéiques du complément, c'est-à-dire que chaque composant catalyse l'étape suivante. Les premiers composants des voies classique et alterne agissent sur le facteur C3 pour le cliver en deux fragments protéiques, les facteurs C3a et C3b. Cette étape amorce une voie terminale commune qui provoque la cytolyse, favorise la phagocytose et accentue la réaction inflammatoire.

Cette séquence finale d'événements débute avec la fixation du C3b sur la surface de la cellule cible, ce qui entraîne l'insertion, dans la membrane plasmique, d'un groupe de protéines du complément dénommé **complexe d'attaque membranaire (CAM)**. Puis, le CAM forme un trou dans la membrane de la cellule cible et le maintient ouvert afin d'assurer la lyse en laissant s'échapper les solutés de la cellule. Les molécules du C3b qui recouvrent le microorganisme ou se fixent à la molécule étrangère deviennent des «sites de fixation» pour les récepteurs de la membrane plasmique des macrophages et des neutrophiles (par immuno-adhérence); la phagocytose de l'élément étranger se fait de manière plus rapide. Comme nous l'avons mentionné précédemment, ce processus est appelé *opsonisation.* Le C3a et les autres produits de clivage élaborés au cours de la fixation du complément accentuent la réaction inflammatoire en stimulant la libération d'histamine par les mastocytes et les basophiles (vasodilatation et perméabilité capillaire) et en attirant les neutrophiles et d'autres cellules inflammatoires vers le siège de l'infection (chimiotactisme).

Interféron

Les virus, pour l'essentiel des acides nucléiques recouverts d'une enveloppe protéique, ne possèdent pas la machinerie cellulaire requise pour la production d'ATP ou la synthèse de protéines. Ils accomplissent leur «sale boulot», c'est-à-dire les dommages à l'organisme, en envahissant les cellules et en détournant à leur profit la machinerie cellulaire nécessaire à leur reproduction; ce sont des parasites au vrai sens du terme. Bien que les cellules infectées par les virus soient impuissantes à se protéger, elles peuvent cependant contribuer à la défense des cellules qui n'ont pas encore été touchées en élaborant de petites protéines appelées **interférons.** Les molécules d'interféron diffusent vers les cellules voisines pour y stimuler la synthèse d'autres protéines qui activent la ribonucléase L (ou TIP, «translation inhibitory protein»), laquelle inhibe la réplication virale dans ces cellules en «interférant» avec la synthèse de protéines virales. La protection assurée par l'interféron n'a pas de *spécificité virale* (c'est-à-dire que l'interféron fabriqué pour lutter contre un virus en particulier assure une protection contre d'autres virus). Par ailleurs, les interférons possèdent une

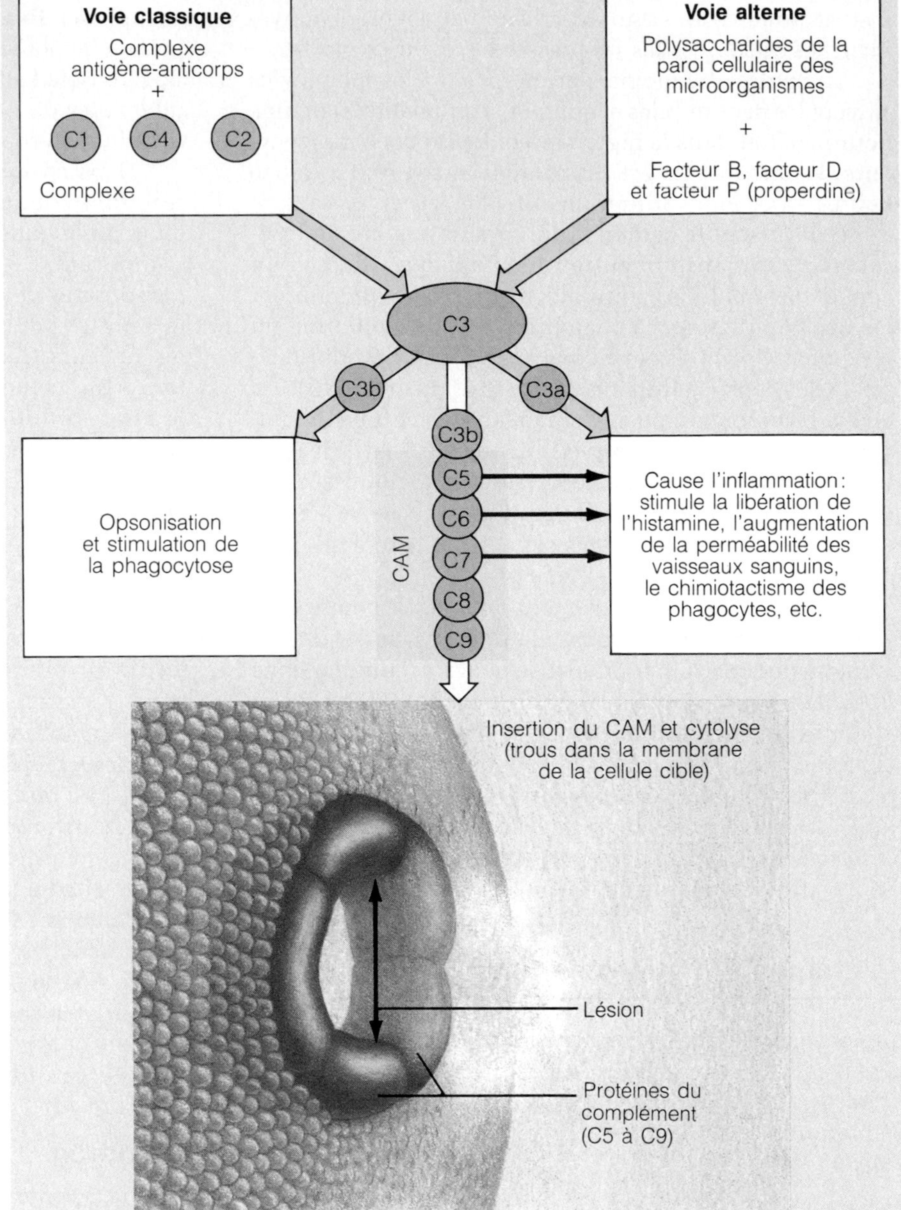

Figure 22.4 Phases d'activation des facteurs du complément et leurs résultats. Le facteur C3 du complément peut être activé soit par la voie classique soit par la voie alterne. L'activation de la voie classique, avec comme médiateurs onze protéines complémentaires désignées C1 à C9 (le complexe C1 est constitué de trois protéines), requiert la stimulation d'un complexe antigène-anticorps. La voie alterne se produit lorsque les protéines plasmatiques, nommées B, D et P, entrent en interaction avec les polysaccharides des parois cellulaires de certaines bactéries et champignons. Les deux voies convergent pour activer le facteur C3 (par clivage en C3a et en C3b), ce qui amorce une séquence terminale commune responsable de la majeure partie des activités biologiques du complément. Une fois que le C3b s'est fixé à la surface de la cellule cible, il met en marche, à l'aide d'enzymes, les étapes subséquentes de l'activation du complément. Ces étapes aboutissent à l'incorporation, dans la membrane de la cellule cible, du CAM, le complexe d'attaque membranaire (facteurs C5 à C9); il se crée alors une lésion en forme d'entonnoir qui induit la cytolyse. Le C3b fixé stimule aussi la phagocytose (une fonction appelée opsonisation). Le C3a libéré et les autres produits de l'activation du complément favorisent les événements bien connus de l'inflammation (libération d'histamine, augmentation de la perméabilité vasculaire, etc.).

spécificité d'hôte. Par exemple, les interférons produits par la souris ont peu ou pas d'activité antivirale chez l'être humain et vice versa.

L'interféron est en fait une famille de protéines apparentées dont les effets physiologiques diffèrent légèrement. Les lymphocytes T sécrètent l'interféron gamma (γ), mais la plupart des autres leucocytes fabriquent l'interféron alpha (α) alors que les fibroblastes produisent de l'interféron bêta (β). Outre leurs effets antiviraux, tous les interférons activent les macrophages, tandis que les interférons gamma stimulent les cellules. À cause de l'action directe des macrophages et des cellules sur les cellules malignes, on attribue aux interférons un certain rôle de protection contre le cancer.

Lors de la découverte des interférons en 1957, les chercheurs fondèrent de grands espoirs sur la possibilité de les utiliser dans le traitement du cancer et des maladies virales humaines. Il a été difficile dans les premiers temps de vérifier cette hypothèse car les interférons ne sont produits qu'en très petites quantités par l'organisme, mais, dans les années 80, les nouvelles techniques de génie génétique ont permis la fabrication de ces protéines en quantités suffisantes pour effectuer des épreuves cliniques. Malheureusement, les prédictions optimistes de guérison du cancer par l'interféron ne se sont pas réalisées. Son emploi n'a obtenu que des succès limités, observés surtout dans le traitement d'une forme rare de leucémie et de la maladie de Kaposi, un cancer qui touche surtout les personnes atteintes du SIDA (voir l'encadré de la p. 716). Toutefois, l'interféron s'est révélé utile comme agent antiviral: c'est le premier médicament à combattre avec succès l'hépatite C (transmise par voie sanguine et par voie sexuelle). On utilise également l'interféron pour lutter contre les infections virales foudroyantes chez les personnes ayant subi une transplantation d'organe.

Fièvre

La **fièvre**, c'est-à-dire une température corporelle anormalement élevée, constitue une réaction systémique aux microorganismes envahisseurs. Comme nous le décrivons en détail, au chapitre 25, la température de l'organisme est régie par un groupe de neurones dans l'hypothalamus, communément considéré comme le thermostat de l'organisme. Normalement, le thermostat est à environ 37 °C. Cependant, il est réglé à une température supérieure sous l'effet de substances chimiques appelées **pyrogènes** (*puro* = feu), qui sont sécrétées principalement par les macrophages exposés à des bactéries et à d'autres substances étrangères dans l'organisme.

Bien qu'une forte fièvre représente un danger pour l'organisme à cause de la probabilité de l'inactivation enzymatique provoquée par la chaleur, une fièvre légère ou modérée semble bénéfique. En effet, les bactéries ont besoin de grandes quantités de fer et de zinc pour se multiplier, mais pendant un accès de fièvre, le foie et la rate séquestrent ces nutriments et diminuent ainsi leur disponibilité. La fièvre augmente aussi, globalement, la vitesse du métabolisme cellulaire; les réactions de défense et le processus de réparation s'en trouvent ainsi accélérés.

DÉFENSES SPÉCIFIQUES DE L'ORGANISME: LE SYSTÈME IMMUNITAIRE

La *troisième ligne de défense* de l'organisme, la **réaction immunitaire**, accentue considérablement la réaction inflammatoire et est presque entièrement responsable de l'activation du complément. De plus, contrairement aux défenses non spécifiques, elle assure une *protection adaptive* dirigée avec précision contre des *antigènes spécifiques* (molécules étrangères ou du *non-soi*) d'une part, et d'autre part elle possède une mémoire, c'est-à-dire qu'après une exposition initiale à un antigène, l'organisme réagit de façon plus vigoureuse quand il rencontre de nouveau le même antigène.

La réaction immunitaire est provoquée par le **système immunitaire**, le *système de défense spécifique* (ou *adaptif*) de l'organisme. Le système immunitaire est essentiellement un système fonctionnel dont les cellules reconnaissent les antigènes étrangers et entrent en action afin de les immobiliser, de les neutraliser et de les détruire. Quand ce système fonctionne de manière efficace, il protège l'organisme contre un grand nombre d'agents infectieux (bactéries et virus) et de cellules anormales de l'organisme. Lorsqu'il échoue, se dérègle ou cesse de fonctionner, certaines maladies foudroyantes, comme le cancer, l'arthrite rhumatoïde et le SIDA, peuvent survenir.

L'*immunologie* est une science relativement jeune, mais les Grecs de l'Antiquité savaient déjà que si une personne avait souffert d'une maladie infectieuse quelconque, il était peu probable qu'elle fût de nouveau frappée par cette maladie. Il y a environ 2500 ans, Thucydide, un historien athénien, précise dans sa description d'une épidémie (probablement de la peste) que le soin des malades et des mourants incombait à ceux qui avaient été guéris et qui «étaient eux-mêmes libres de toute crainte. Car personne n'avait jamais subi une attaque une seconde fois avec des conséquences fatales».

Les fondements de l'immunité ont été découverts vers la fin du XIXe siècle: on a pu démontrer que des animaux ayant survécu à une grave infection bactérienne possèdent dans leur sang des facteurs de protection qui les défendent en cas de nouvelles attaques par le même agent pathogène. On sait maintenant que ces facteurs sont des protéines uniques en leur genre et très réactives appelées *anticorps*. Par ailleurs, il fut montré que, pour une infection spécifique, l'immunité pouvait être transférée à un animal non immunisé en procédant à une injection de sérum (*immunosérum*) contenant les anticorps d'un animal qui avait survécu à cette maladie infectieuse. Ces expériences présentent un grand intérêt car elles ont fait connaître trois aspects importants de la réaction immunitaire:

1. **Elle est spécifique à un antigène**: le système immunitaire reconnaît les substances étrangères ou les agents pathogènes *particuliers* et il dirige son attaque contre eux, c'est-à-dire contre les antigènes spécifiques qui stimulent la réaction immunitaire.

2. **Elle est systémique**: l'immunité n'est pas restreinte au siège initial de l'infection.

3. **Elle possède une «mémoire»**: le système immunitaire reconnaît les agents pathogènes déjà rencontrés et il élabore contre eux des attaques encore plus énergiques.

Puis, au milieu du XXe siècle, les chercheurs découvrirent que l'inoculation de sérum contenant des anticorps *ne protégeait pas toujours* le receveur contre les maladies auxquelles le donneur avait survécu; dans de tels cas, cependant, l'injection de lymphocytes du donneur assurait l'immunité. À mesure que les morceaux du puzzle s'assemblaient, il apparut que l'immunité se divise en deux branches différentes mais qui possèdent des points communs et utilisent des mécanismes d'attaque variant selon le genre d'intrus.

L'**immunité humorale**, aussi appelée **immunité à médiation humorale**, est assurée par les anticorps présents dans les «humeurs», ou liquides organiques. Bien que les anticorps soient élaborés par les lymphocytes et les plasmocytes, ils circulent librement dans le sang et la lymphe où ils se fixent principalement aux bactéries et à leurs toxines ainsi qu'aux virus libres, qu'ils inactivent temporairement et qu'ils marquent pour favoriser leur destruction par les phagocytes ou le complément. Lorsque les lymphocytes défendent l'organisme, l'immunité est appelée **immunité cellulaire** ou à **médiation cellulaire**, parce que les facteurs de protection sont des cellules vivantes. La voie cellulaire a aussi des cibles cellulaires: les cellules des tissus infectées par des virus ou des parasites, les cellules cancéreuses et les cellules

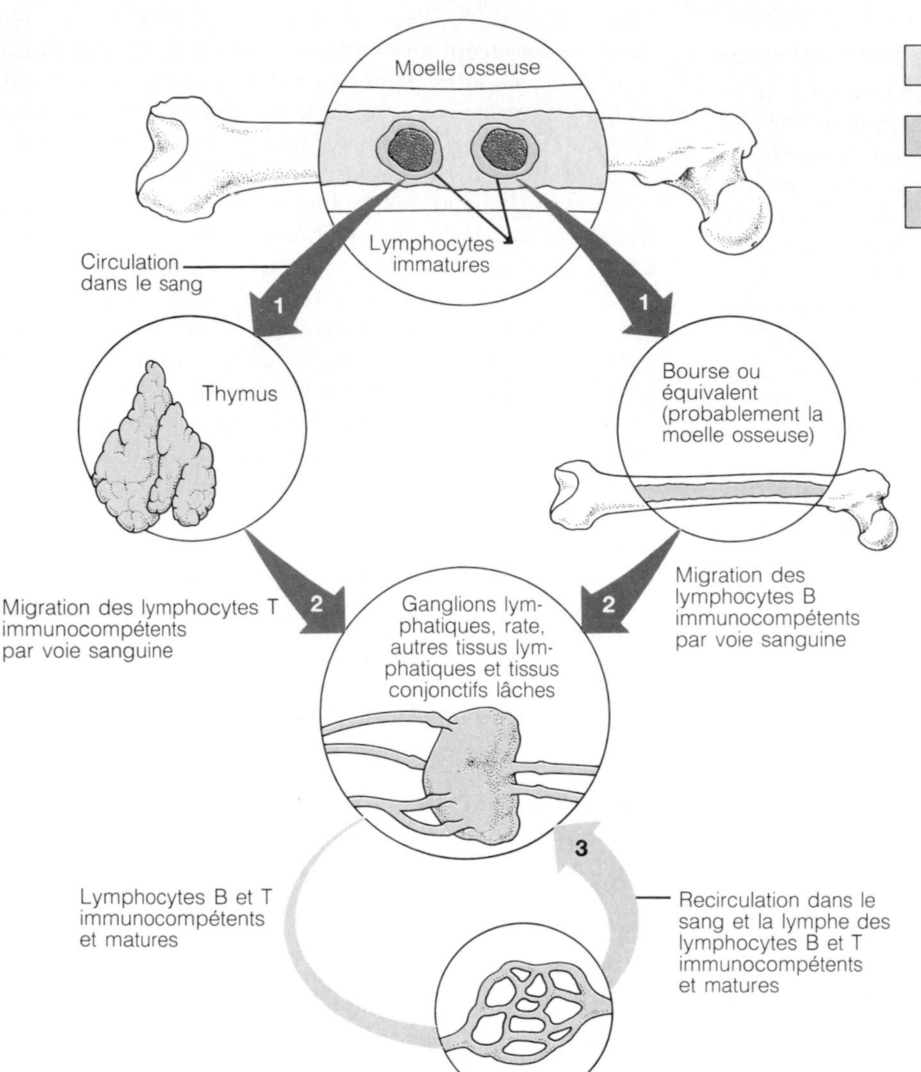

Figure 22.5 Circulation des lymphocytes. Les lymphocytes immatures sont issus de la moelle osseuse. (Notez qu'il n'y a pas de moelle rouge dans la cavité médullaire de la diaphyse des os longs chez l'adulte.) (**1**) Les lymphocytes destinés à devenir des lymphocytes T migrent vers le thymus et y acquièrent leur immunocompétence. Les lymphocytes B demeurent dans la moelle osseuse pour acquérir leur immunocompétence. (**2**) Après avoir quitté le thymus ou la moelle osseuse sous forme de cellules immunocompétentes, les lymphocytes «garnissent» les ganglions lymphatiques, la rate et les autres tissus lymphatiques où se déroule la stimulation antigénique. (**3**) Les lymphocytes immunocompétents et matures (qui ont une activité antigénique) circulent continuellement dans le sang, dans la lymphe et dans tous les organes lymphatiques de l'organisme.

des greffons étrangers. Les lymphocytes agissent contre de telles cibles soit *directement*, en effectuant la lyse des cellules étrangères, soit *indirectement*, en libérant les médiateurs chimiques qui accentuent la réaction inflammatoire ou activent d'autres lymphocytes ou macrophages.

Avant de décrire séparément les réactions humorale et à médiation cellulaire, nous allons passer en revue les extraordinaires cellules intervenant dans ces réactions immunitaires et les antigènes étrangers qui déclenchent leur activité.

Cellules du système immunitaire: caractéristiques générales

Les deux populations distinctes de lymphocytes et les macrophages constituent les trois principaux types de cellules du système immunitaire. Les **lymphocytes B**, ou **cellules B**, produisent des anticorps et sont responsables de l'immunité humorale; les **lymphocytes T**, ou **cellules T**, ne produisent pas d'anticorps et sont chargés des réactions immunitaires à médiation cellulaire. Contrairement aux deux types de lymphocytes, les macrophages ne répondent pas à des antigènes spécifiques mais jouent plutôt des rôles auxiliaires essentiels. Les mécanismes de défense non spécifique et spécifique sont donc en interaction fonctionnelle constante.

Comme tous les globules sanguins, les lymphocytes sont issus des hémocytoblastes présents dans la moelle osseuse rouge, et tous les lymphocytes immatures libérés par la moelle sont essentiellement identiques (figure 22.5). La maturation d'un lymphocyte en lymphocyte B ou en lymphocyte T dépend de la région de l'organisme où il acquiert son **immunocompétence,** autrement dit la capacité de reconnaître un antigène spécifique en se liant à lui. Les lymphocytes T sont issus des lymphocytes immatures qui migrent de la moelle osseuse rouge vers le thymus (organe lymphatique), où ils subissent un processus de maturation de deux ou trois jours, stimulé par les hormones thymiques (dont la *thymosine* et la *thymopoïétine*). Dans le thymus, les lymphocytes immatures se divisent rapidement et leur nombre s'accroît de manière considérable, mais seuls survivent ceux qui acquièrent la meilleure capacité de distinguer les antigènes *étrangers*.

Les lymphocytes qui ont le pouvoir de se lier fortement aux **antigènes du soi** (protéines de la membrane plasmique des cellules de l'organisme) et de lancer une attaque contre eux sont détruits. De cette façon, le développement de l'**autotolérance,** c'est-à-dire l'absence de réaction aux antigènes du soi, constitue un élément essentiel de l'«éducation» des lymphocytes durant la vie fœtale. Cela est vrai aussi pour les lymphocytes B. Il semble que les lymphocytes B acquièrent leur immunocompétence au cours de leur séjour dans la moelle osseuse, mais les facteurs qui régissent leur maturation chez les êtres humains sont encore mal connus. Les lymphocytes B portent ce nom parce qu'ils ont d'abord été identifiés dans la *bourse de Fabricius,* une poche de tissu lymphatique associée au tube digestif chez les oiseaux.

Lorsque les lymphocytes B ou T deviennent immunocompétents, ils présentent, à leur surface, un seul type de récepteur, unique en son genre. Ces récepteurs (environ 10^4 à 10^5 par cellule) donnent aux lymphocytes la capacité de reconnaître un antigène spécifique et de s'y lier. Après l'apparition de ces récepteurs, un lymphocyte est contraint de ne réagir qu'avec un seul antigène parce que *tous* les récepteurs d'antigènes sur sa membrane plasmique sont identiques. Par exemple, les récepteurs d'un lymphocyte ne peuvent reconnaître que le virus de l'hépatite A. Malgré leur différence de structure globale, les récepteurs antigéniques des lymphocytes T et B peuvent, dans bien des cas, répondre à la même variété d'antigène.

De nombreux aspects de la transformation des lymphocytes restent encore à élucider, mais nous savons que ces cellules acquièrent l'immunocompétence *avant* la rencontre avec les antigènes qu'elles attaqueront peut-être plus tard. (Le système immunitaire élaborerait au hasard une très grande variété de lymphocytes permettant de protéger l'organisme contre un grand nombre d'antigènes potentiels.) En conséquence, *ce sont nos gènes, et non les antigènes, qui déterminent quelles substances étrangères spécifiques notre système immunitaire aura la possibilité de reconnaître et auxquelles il pourra résister.* (Un antigène détermine seulement lequel des lymphocytes T ou B existants va proliférer et élaborer une attaque contre lui.) Parmi tous les antigènes possibles contre lesquels la résistance de nos lymphocytes a été programmée, seuls quelques-uns pénétreront dans notre organisme. En conséquence, une partie seulement de notre armée de cellules immunocompétentes seront mobilisées au cours de notre vie; les autres demeurent inactives.

Après être devenus immunocompétents, les lymphocytes T et B se dispersent dans les ganglions lymphatiques, la rate et les autres organes lymphatiques où auront lieu leurs rencontres avec les antigènes (figure 22.5). Puis, lorsque les lymphocytes se lient aux antigènes reconnus, ils achèvent leur différenciation en lymphocytes T et B complètement fonctionnels.

Les **macrophages,** très répandus également dans tous les organes lymphatiques et les tissus conjonctifs, proviennent des monocytes élaborés dans la moelle osseuse rouge. Ainsi que nous l'avons mentionné précédemment, la principale fonction des macrophages dans l'immunité consiste à digérer les particules étrangères et à présenter des parties d'antigènes, comme des panneaux de signalisation, sur la face externe de leur membrane plasmique où les lymphocytes T immunocompétents peuvent les reconnaître (figure 22.6); en d'autres termes, les macrophages jouent le rôle de *cellules présentatrices d'antigènes* (CPA). (Cette fonction sera décrite en détail un peu plus loin.) Les macrophages sécrètent aussi des protéines solubles qui activent les lymphocytes T. Les lymphocytes T activés libèrent à leur tour des substances chimiques qui poussent les macrophages à s'activer; ces derniers deviennent de véritables «tueurs»: leur pouvoir phagocytaire se trouve accentué et ils sécrètent des agents chimiques bactéricides. Comme vous le verrez ultérieurement, une coopération entre les différents types de lymphocytes, et entre les lymphocytes et les macrophages, est à l'œuvre dans presque toutes les phases de la réaction immunitaire.

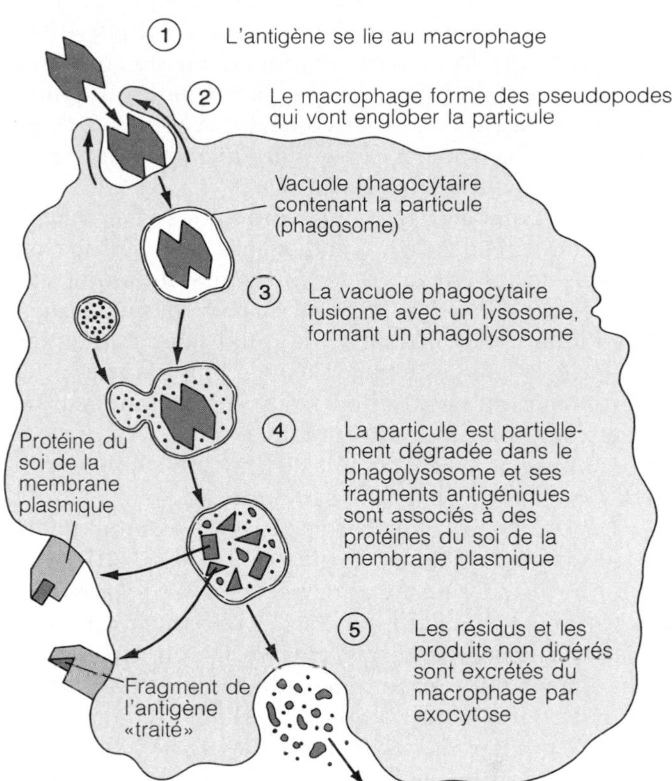

Figure 22.6 Rôle du macrophage dans l'immunité: phagocytose (assimilation de l'antigène), transformation et présentation de l'antigène.

Bien que l'on retrouve des macrophages et des lymphocytes dans chacun des organes lymphatiques, des cellules spécifiques vont se concentrer en plus grand nombre dans certaines régions. Par exemple, les follicules du cortex des ganglions lymphatiques hébergent surtout des lymphocytes B et T, alors qu'une population relativement plus dense de macrophages se regroupe autour des sinus médullaires. Les macrophages tendent à demeurer immobiles dans les organes lymphatiques, comme s'ils attendaient que les antigènes viennent à eux; par contre, les lymphocytes, en particulier les lymphocytes T (qui représentent de 65 à 85 % des lymphocytes transportés par voie sanguine), circulent sans cesse dans tout l'organisme (voir la figure 22.5). Cette particularité augmente considérablement la possibilité qu'un lymphocyte entre en contact avec des antigènes logés dans différentes parties de l'organisme, de même qu'avec un très grand nombre de macrophages et d'autres lymphocytes.

Du fait que les capillaires lymphatiques recueillent des protéines et des agents pathogènes dans presque tous les tissus de l'organisme, les cellules immunitaires logées dans les ganglions lymphatiques occupent une position stratégique pour rencontrer un grand nombre d'antigènes variés. Dans les amygdales, les lymphocytes et les macrophages agissent surtout contre les microorganismes qui envahissent la cavité buccale et la cavité nasale; la rate, pour sa part, joue un rôle de filtre qui capte les antigènes transportés par voie sanguine.

En résumé, on peut dire que le système immunitaire est un système défensif à deux volets qui utilise des lymphocytes, des macrophages et des molécules spécifiques en vue de l'identification et de la destruction de toute substance dans l'organisme, vivante ou non, qui est identifiée comme *non-soi,* autrement dit comme ne faisant pas partie de l'organisme. La réaction du système immunitaire à de telles menaces dépend de la capacité de ses cellules à reconnaître les substances étrangères (antigènes) à l'organisme en se liant avec celles-ci d'une part, et d'autre part à communiquer entre elles de telle sorte que le système immunitaire dans son ensemble organise une réponse spécifique à ces antigènes.

Antigènes

Les **antigènes,** ou **Ag,** sont des substances qui ont la capacité de mobiliser le système immunitaire et de provoquer une réaction immunitaire. La plupart des antigènes forment de grosses molécules complexes (macromolécules) que l'on ne trouve pas normalement dans l'organisme. En conséquence, notre système immunitaire les considère comme des intrus, ou molécules du *non-soi.*

Antigènes complets et haptènes

Les **antigènes complets** présentent deux propriétés fonctionnelles importantes: (1) l'**immunogénicité,** c'est-à-dire la capacité de stimuler la prolifération de lymphocytes T et B immunocompétents spécifiques et la formation d'anticorps spécifiques (le terme *antigène* vient de «en*gendrer* des *anti*corps», ce qui fait référence à cette propriété antigénique particulière); et (2) la **réactivité,** c'est-à-dire la capacité de réagir avec les lymphocytes spécifiques activés et les anticorps libérés en réponse à leur présence.

Une variété quasi infinie de molécules étrangères peuvent jouer le rôle d'antigènes complets; elles comprennent à peu près toutes les protéines étrangères, les acides nucléiques, certains lipides et de nombreux polysaccharides de grande taille. Parmi toutes ces substances, ce sont les protéines qui constituent les antigènes les plus puissants. Les grains de pollens et les microorganismes sont antigéniques parce que leur membrane superficielle (enveloppe ou capside dans le cas des virus) portent de nombreuses macromolécules étrangères différentes.

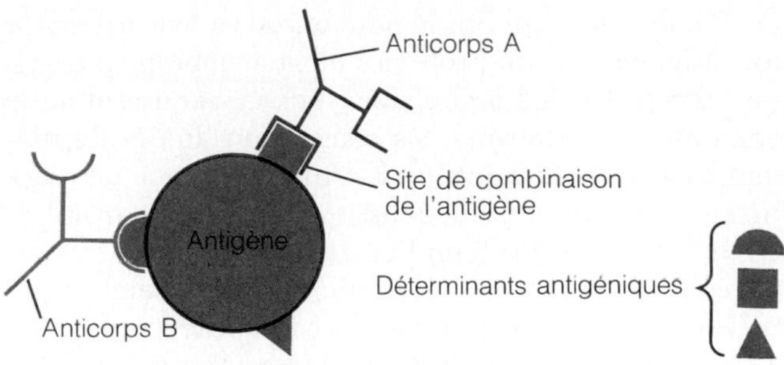

Figure 22.7 Déterminants antigéniques. Les anticorps se lient aux déterminants antigéniques (molécules spécifiques) à la surface des antigènes. La plupart des antigènes portent plusieurs déterminants antigéniques différents; ainsi, des anticorps différents peuvent se lier au même antigène complexe. L'antigène illustré possède trois déterminants antigéniques différents, et l'on s'attendrait à ce qu'il induise l'élaboration de trois types différents d'anticorps. (Notez que chaque déterminant antigénique devrait être représenté de nombreuses fois.)

En général, les petites molécules, telles que les peptides, les nucléotides et de nombreuses hormones, ne sont pas antigéniques, mais lorsqu'elles se lient avec les propres protéines de l'organisme, le système immunitaire peut reconnaître l'association comme étrangère et déclencher une attaque dont les effets sont plus dommageables que protecteurs. (Ces réactions, appelées *allergies,* seront décrites plus loin dans ce chapitre.) Dans de tels cas, la petite molécule responsable du trouble est appelée **haptène** (*haptein* = saisir) ou **antigène incomplet.** Les haptènes possèdent la propriété de réactivité mais non celle d'immunogénicité; en d'autre termes, ils peuvent réagir avec les anticorps ou les lymphocytes T activés, mais ils ne peuvent pas susciter de réaction immunitaire à moins d'être couplés à des protéines porteuses. Outre certains médicaments (en particulier la pénicilline), des substances chimiques peuvent se comporter comme des haptènes; on les retrouve dans le sumac vénéneux, les phanères des animaux et même dans certains cosmétiques et autres produits domestiques et industriels courants.

Déterminants antigéniques

La capacité d'une molécule à se comporter comme un antigène repose non seulement sur sa taille mais aussi sur la complexité de sa structure. Seules quelques petites parties précises sur un antigène complet sont antigéniques, et les anticorps libres ou bien les lymphocytes B ou T activés peuvent se lier à ces sites, appelés **déterminants** ou **sites antigéniques.** Cette combinaison se produit de manière semblable à la liaison d'une enzyme avec un substrat, c'est-à-dire par complémentarité de la structure tridimensionnelle des molécules.

La majorité des antigènes naturels présentent, à leur surface, de nombreux déterminants antigéniques différents (figure 22.7), certains plus aptes que d'autres à

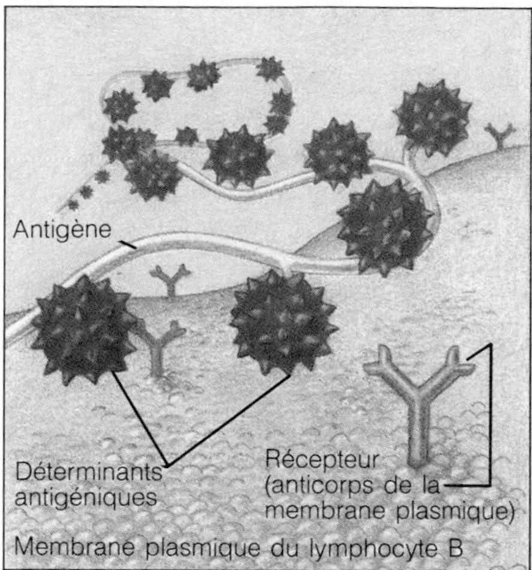

Figure 22.8 Théorie du capping pour l'activation des lymphocytes B. Selon cette théorie, un lymphocyte B est activé lorsqu'un antigène se lie aux récepteurs (anticorps spécifiques) de sa membrane plasmique et les redistribue en un groupe sur une partie limitée de la surface cellulaire. Afin d'illustrer le processus du capping de la façon la plus simple, l'antigène est représenté avec l'unique type de déterminant antigénique correspondant au lymphocyte B qui se lierait avec lui. (Un antigène possède cependant de nombreux types de déterminants antigéniques.) Le capping ne peut se produire que si l'antigène possède de multiples déterminants antigéniques du même type (mais pas trop pour ne pas redistribuer les récepteurs adjacents en groupes différents).

provoquer une réaction immunitaire. Des déterminants antigéniques différents sont «reconnus» par des lymphocytes différents, de sorte qu'un seul antigène peut mobiliser contre lui de nombreux lymphocytes différents et stimuler la formation d'une grande variété de types d'anticorps. On appelle *valence* le nombre de déterminants antigéniques à la surface d'un antigène. Les grosses protéines portent des centaines de déterminants antigéniques différents, ce qui explique leur haut degré d'immunogénicité et de réactivité. Cependant, de grosses molécules de structure simple, comme les plastiques, qui possèdent plusieurs unités identiques régulièrement répétées et qui, par conséquent, ne sont pas chimiquement complexes, ont peu ou pas d'immunogénicité. De telles substances servent à la fabrication d'implants artificiels (prothèses de hanche et autres) parce qu'elles ne sont pas rejetées par l'organisme.

Réaction immunitaire humorale

La **stimulation antigénique,** c'est-à-dire la stimulation d'un lymphocyte immunocompétent par un antigène envahisseur, a lieu habituellement dans la rate ou dans un ganglion lymphatique, mais elle peut aussi survenir dans n'importe lequel des tissus lymphatiques. La stimulation antigénique du lymphocyte B provoque la *réaction immunitaire humorale,* soit la synthèse et la sécrétion d'anticorps réagissant spécifiquement avec l'antigène rencontré.

Sélection clonale et différenciation des lymphocytes B

Les lymphocytes B deviennent immunocompétents lorsqu'un grand nombre de récepteurs protéiques identiques (anticorps) apparaissent sur la face externe de leur membrane plasmique. Toutefois, leur différenciation n'est pas complète et ils ne deviennent pas actifs avant que les déterminants antigéniques d'un antigène spécifique se fixent à leurs récepteurs membranaires. (Nous verrons plus loin que les lymphocytes T collaborent également à ce processus.) Selon une théorie récente, la mobilisation des lymphocytes B requiert la liaison d'un antigène multivalent à plusieurs récepteurs adjacents et leur redistribution sur une partie limitée de la surface cellulaire; cet événement est appelé «**capping**» (figure 22.8). (Le capping explique pourquoi les haptènes seuls ne peuvent induire de réaction immunitaire: ils sont trop petits et présentent trop peu de déterminants antigéniques pour regrouper les récepteurs de surface de la cellule.) Le capping est immédiatement suivi de l'endocytose des complexes antigène-récepteur. Ces événements déclenchent le processus de **sélection clonale**; c'est-à-dire qu'ils stimulent la croissance et la mitose rapide du lymphocyte B afin de former une armée de cellules identiques possédant les mêmes récepteurs spécifiques pour l'antigène qui a déclenché le processus (figure 22.9). La «famille de cellules identiques» qui en résulte, issue de la même cellule souche, est appelée **clone.** Dans la sélection clonale, c'est l'antigène qui «choisit» un lymphocyte B portant des récepteurs membranaires complémentaires.

La plupart des cellules du clone se transforment en **plasmocytes,** les cellules effectrices de la réaction humorale qui sécrètent les anticorps. Même si les lymphocytes B ne propagent que des quantités limitées d'anticorps, les plasmocytes élaborent la machinerie interne complexe (en grande partie constituée de réticulum endoplasmique rugueux) nécessaire à la synthèse des anticorps au rythme extraordinaire d'environ 2000 molécules par seconde. Chacun des plasmocytes fonctionne à cette allure pendant

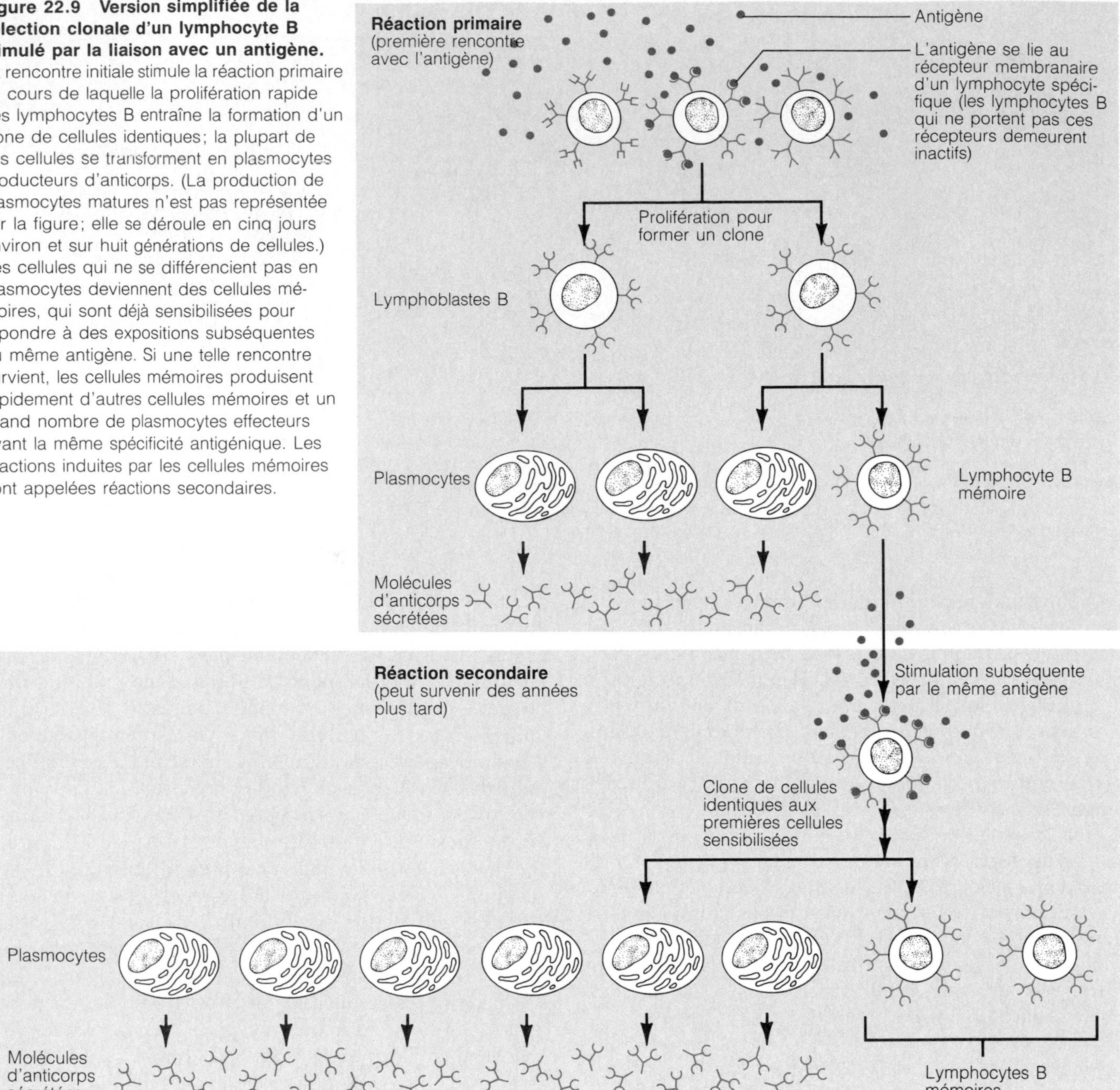

Figure 22.9 Version simplifiée de la sélection clonale d'un lymphocyte B stimulé par la liaison avec un antigène. La rencontre initiale stimule la réaction primaire au cours de laquelle la prolifération rapide des lymphocytes B entraîne la formation d'un clone de cellules identiques; la plupart de ces cellules se transforment en plasmocytes producteurs d'anticorps. (La production de plasmocytes matures n'est pas représentée sur la figure; elle se déroule en cinq jours environ et sur huit générations de cellules.) Les cellules qui ne se différencient pas en plasmocytes deviennent des cellules mémoires, qui sont déjà sensibilisées pour répondre à des expositions subséquentes au même antigène. Si une telle rencontre survient, les cellules mémoires produisent rapidement d'autres cellules mémoires et un grand nombre de plasmocytes effecteurs ayant la même spécificité antigénique. Les réactions induites par les cellules mémoires sont appelées réactions secondaires.

quatre à cinq jours, puis il meurt. Les anticorps sécrétés, dont chacun possède les mêmes propriétés de liaison à l'antigène que les récepteurs membranaires de la cellule souche, circulent dans le sang ou la lymphe, où ils se lient aux antigènes libres pour former le complexe antigène-anticorps. Les antigènes ainsi marqués sont détruits grâce à d'autres mécanismes spécifiques ou non spécifiques. Certains lymphocytes du clone ne se transforment pas en plasmocytes et deviennent des **cellules mémoires** à durée de vie prolongée qui peuvent provoquer une réaction humorale quasi immédiate si elles rencontrent de nouveau le même antigène (voir la figure 22.9).

Mémoire immunitaire

La prolifération et la différenciation cellulaires décrites ci-dessus constituent la **réaction immunitaire primaire**; cette réponse se met en place lorsque l'organisme est exposé pour la première fois à un antigène particulier. La réaction primaire est caractérisée par une phase de latence de plusieurs jours (de trois à six) après la stimulation antigénique. Cette phase représente le temps nécessaire pour la prolifération des quelques lymphocytes B spécifiques à cet antigène et pour la différenciation de leurs descendants en plasmocytes (usines de synthèse

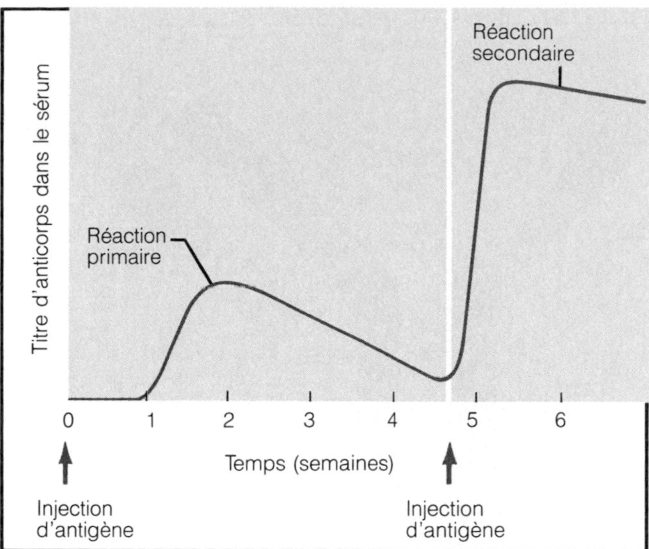

Figure 22.10 Réactions humorales primaire et secondaire. Les deux réactions à l'antigène A, primaire et secondaire, sont représentées sur le graphique. Dans la réaction primaire, on observe une augmentation graduelle suivie d'une diminution assez rapide de la concentration des anticorps dans le sang. La réaction secondaire est à la fois plus rapide et plus intense. Par ailleurs, la concentration d'anticorps demeure élevée pendant une plus longue période, même si elle n'apparaît pas sur le graphique.

d'anticorps fonctionnels). Après cette phase, la concentration plasmatique d'anticorps augmente et atteint une concentration maximale vers le dixième jour: c'est la phase de croissance. La phase de décroissance intervient lorsque la synthèse des anticorps commence à diminuer (figure 22.10).

Une nouvelle exposition au même antigène, que ce soit pour une deuxième ou une vingt-deuxième fois,

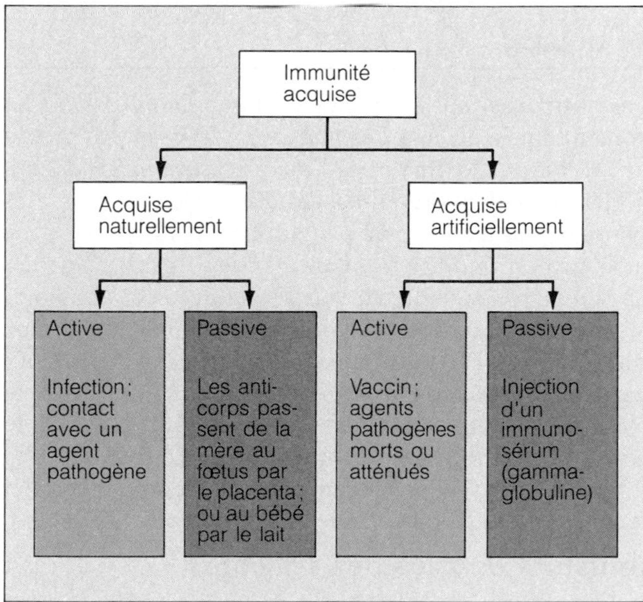

Figure 22.11 Types d'immunité acquise. Les carrés verts représentent les types actifs d'immunité dans lesquels s'établit la mémoire immunitaire. Les carrés orangés représentent les types passifs d'immunité de courte durée; aucune mémoire immunitaire ne se constitue.

provoque une **réaction immunitaire secondaire** qui est plus rapide, plus efficace et plus prolongée que la réponse initiale. Ce type de réaction est possible parce que le système immunitaire a déjà été sensibilisé à l'antigène et que les cellules mémoires sont en place et «en état d'alerte». Ces cellules mémoires assurent ce qui est communément appelé la **mémoire immunitaire.**

Moins de quelques heures après la mise en contact avec l'antigène, une nouvelle armée de plasmocytes s'est constituée et les anticorps envahissent la circulation sanguine, atteignant une concentration maximale en deux jours environ. Les anticorps fabriqués au cours d'une réaction secondaire se lient plus facilement et leur concentration dans le sang demeure élevée pendant des semaines, voire des mois. (C'est ainsi qu'en présence des signaux chimiques appropriés, les plasmocytes peuvent continuer à fonctionner pendant un laps de temps beaucoup plus long que les quatre ou cinq jours de la réaction primaire.) Même en l'absence de stimulation antigénique, les cellules mémoires subsistent pendant de longues périodes chez les humains et conservent leur capacité de provoquer des réactions humorales secondaires tout au long de la vie.

Les mêmes phénomènes se produisent au cours de la réaction immunitaire à médiation cellulaire: une réaction primaire crée un groupe de lymphocytes activés (dans ce cas, des lymphocytes T) et produit des cellules mémoires qui peuvent ensuite déclencher des réactions secondaires.

Immunités humorales active et passive

Lorsque vos lymphocytes B rencontrent des antigènes et que des anticorps sont élaborés contre ces derniers, vous présentez une **immunité humorale active** (figure 22.11). L'immunité active peut être (1) *acquise naturellement* lors d'infections bactériennes et virales pendant lesquelles nous pouvons présenter les symptômes de la maladie et souffrir un peu (ou beaucoup), et (2) *acquise artificiellement* lorsque nous recevons des **vaccins.** Quel que soit le mode d'introduction de l'antigène (que l'antigène pénètre dans l'organisme par ses propres moyens ou qu'il y soit introduit sous la forme d'un vaccin), la réaction du système immunitaire ne varie guère. De fait, après avoir constaté que les réactions secondaires sont nettement plus vigoureuses, on a assisté à une véritable course au développement de vaccins de façon à «amorcer» une réaction immunitaire en permettant une première rencontre avec l'antigène. La plupart des vaccins contiennent des agents pathogènes morts ou *atténués* (vivants, mais extrêmement affaiblis). Les vaccins sont doublement bénéfiques: (1) ils nous épargnent la plupart des symptômes de la maladie qui nous affecteraient au cours de la réaction primaire, et (2) leurs antigènes affaiblis présentent des déterminants antigéniques fonctionnels qui stimulent la production d'anticorps et assurent la mémoire immunitaire. Des chercheurs ont également mis au point ce qu'il est convenu d'appeler des injections de rappel capables d'intensifier la réaction immunitaire au moment de rencontres ultérieures avec le même antigène. Il existe aujourd'hui des

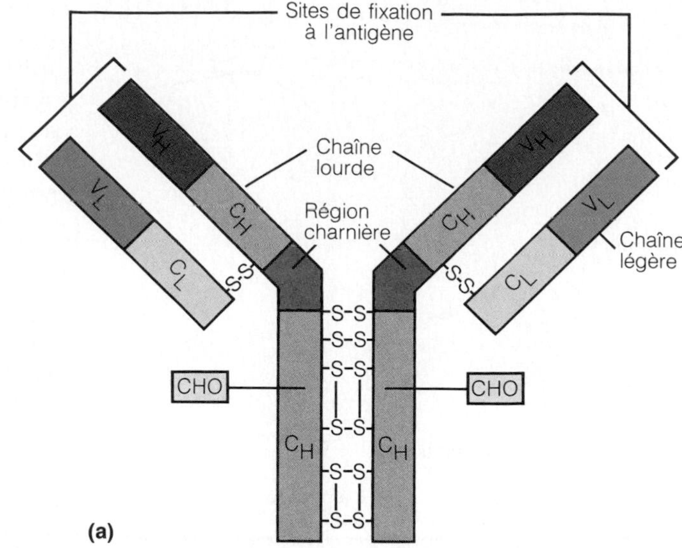

Figure 22.12 Structure de base des anticorps. (**a**) La structure de base d'un anticorps comprend quatre chaînes polypeptidiques reliées par des ponts disulfure (S-S). Deux des chaînes sont des *chaînes légères* (L) courtes; les deux autres sont des *chaînes lourdes* (H) longues. Chaque chaîne possède une région variable (V) dont la séquence d'acides aminés est sensiblement différente pour des anticorps différents, et une région constante (C) essentiellement identique dans différents anticorps de la même classe. Les régions variables constituent les sites de fixation à l'antigène; il s'ensuit que chaque monomère d'anticorps possède deux sites de fixation à l'antigène.

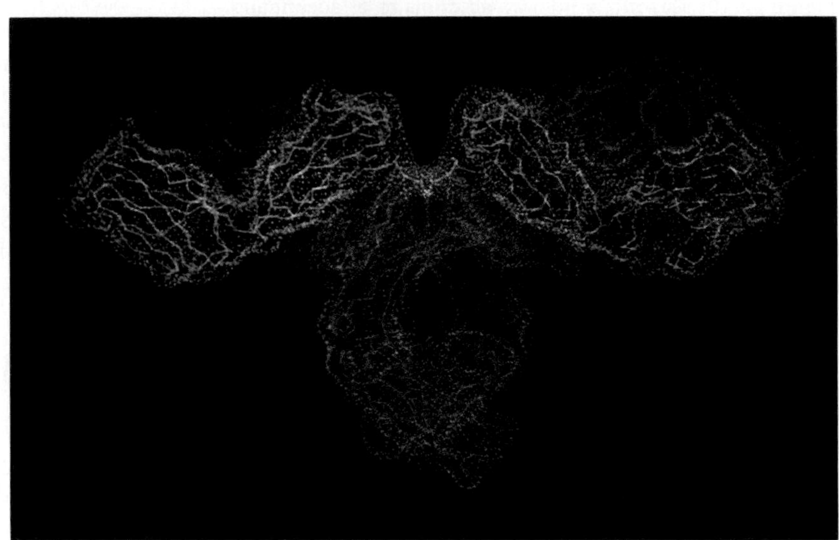

vaccins contre les microorganismes qui causent la tuberculose, la pneumonie, la variole, la poliomyélite, le tétanos, la rougeole, la diphtérie et bien d'autres maladies. De nombreuses maladies infantiles potentiellement graves ont été à peu près éradiquées en Amérique du Nord grâce à des programmes intensifs d'immunisation.

L'**immunité humorale passive** se distingue de l'immunité active par le degré de protection qu'elle procure et par la source de ses anticorps (voir la figure 22.11). Au lieu d'être élaborés par vos plasmocytes, les anticorps sont récoltés (ou transmis) à partir du sérum d'un être humain ou d'un animal immunisés. En conséquence, vos lymphocytes B ne sont pas stimulés, la mémoire immunitaire *ne* s'établit *pas* et la protection fournie par les anticorps «empruntés» cesse dès que ces derniers se sont naturellement dégradés dans l'organisme. L'immunité passive est communiquée *naturellement* au fœtus lorsque les anticorps de la mère traversent le placenta pour atteindre la circulation fœtale. Pendant plusieurs mois après la naissance, le bébé est protégé contre tous les antigènes auxquels la mère a été exposée. L'immunité passive est *artificiellement* conférée lorsqu'une personne reçoit une injection d'un immunosérum comme la gammaglobuline (fraction gamma du sérum sanguin contenant les anticorps d'un individu). La gammaglobuline est administrée de façon courante après une exposition au virus de l'hépatite. On fabrique certains immunosérums spécifiques en laboratoire pour traiter les morsures de serpents venimeux (sérum antivenimeux), le botulisme et le tétanos (antitoxines) ainsi que la rage, car ces maladies pourraient tuer une personne avant que l'immunité active ait eu le temps de se constituer. Les anticorps administrés assurent une protection immédiate, mais leur effet est de courte durée (de deux à trois semaines). Entre-temps, cependant, les propres défenses de l'organisme prennent la relève.

Anticorps

Les **anticorps,** aussi appelés **immunoglobulines** ou **Ig,** constituent le groupe des *gammaglobulines* des protéines sériques. Comme nous l'avons mentionné, les anticorps sont des protéines solubles sécrétées par les lymphocytes B activés ou par leurs descendants (les plasmocytes) en réponse à un antigène et ils sont capables de se combiner de façon spécifique avec cet antigène.

Les anticorps sont élaborés en réaction à un nombre impressionnant d'antigènes différents. Malgré leur variété, tous les anticorps appartiennent à l'une des cinq classes d'Ig établies selon leur structure et leur fonction. Nous verrons ultérieurement en quoi ces classes d'Ig diffèrent; nous allons nous pencher dans un premier temps sur les caractéristiques communes des anticorps.

Structure de base des anticorps

Indépendamment de sa classe, chaque anticorps possède une structure de base formée de quatre chaînes polypeptidiques reliées par des ponts disulfure (liaisons soufre-soufre) (figure 22.12). Deux de ces chaînes, les **chaînes lourdes** ou **H** (H, *heavy* = lourd), sont identiques et

Tableau 22.3 Classes d'immunoglobulines

Classe	Structure générale	Région constante de la chaîne lourde	Localisation	Fonction biologique
IgD	Monomère	δ (delta)	Presque toujours attachée à un lymphocyte B	Pourrait jouer un rôle de récepteur sur la membrane plasmique des lymphocytes B immunocompétents; important agent d'activation des lymphocytes B
IgM	Chaîne J Pentamère	μ (mu)	Monomère: attaché au lymphocyte B; pentamère: libre dans le sérum	Lorsque liée à la membrane d'un lymphocyte B, joue le rôle de récepteur antigénique; première classe d'Ig libérée dans le sérum par les plasmocytes au cours de la réaction primaire; puissant agent agglutinant; fixe le complément
IgG	Monomère	γ (gamma)	Anticorps majoritaire dans le sérum; 75 à 85% des anticorps circulants	Principal anticorps des réactions primaire et secondaire; traverse le placenta et produit une immunité passive chez le fœtus; fixe le complément
IgA	Chaîne J Monomère ou dimère	α (alpha)	Une partie se retrouve dans le plasma (monomère); sous forme de dimère (représenté) dans les sécrétions telles que la salive, les larmes, le suc intestinal et le lait	Protège les surfaces des muqueuses; empêche les agents pathogènes de s'attacher à la surface des cellules épithéliales
IgE	Monomère	ϵ (epsilon)	Sécrétée par les plasmocytes dans la peau, les muqueuses des voies gastro-intestinales et respiratoires, et les amygdales; traces dans le sérum mais les concentrations augmentent dans les cas d'allergies graves ou de parasitoses chroniques du tube digestif	Se lie aux mastocytes et aux basophiles; lorsque associée aux antigènes, déclenche la libération d'histamine et d'autres substances chimiques par les mastocytes ou les basophiles; ces substances participent à la réaction inflammatoire et à certaines réactions allergiques et rassemblent les éosinophiles pour le combat contre les parasites intestinaux (p. ex., l'ascaris)

comportent chacune approximativement 400 acides aminés. Les deux autres chaînes polypeptidiques, les **chaînes légères** ou **L** (L, *light* = léger), sont identiques elles aussi, mais elles sont environ deux fois plus courtes que les chaînes lourdes. Les chaînes lourdes présentent chacune une région *charnière* flexible située à peu près en leur milieu. La molécule en forme de Y est appelée **monomère d'anticorps** et comprend deux moitiés identiques composées chacune d'une chaîne lourde et d'une chaîne légère.

Les chercheurs qui se penchèrent sur l'étude de la structure des anticorps firent une découverte assez déconcertante. Chacune des quatre chaînes d'un anticorps possède une **région variable** (**V**) à une extrémité et une **région constante** (**C**), beaucoup plus importante, à l'autre extrémité. La séquence des acides aminés dans les régions variables présente des différences importantes dans les anticorps qui réagissent avec des antigènes différents; par contre, la séquence des acides aminés des régions constantes est la même (ou presque) dans tous les anticorps d'une classe donnée. Ces caractéristiques commencèrent à prendre un sens lorsqu'il fut découvert que les régions variables des chaînes lourdes et légères de chaque moitié s'associent pour former un **site de fixation à l'antigène** (voir la figure 22.12) qui possède un arrangement unique afin de «s'ajuster» à un déterminant antigénique spécifique d'un antigène. Chaque monomère d'anticorps est *bivalent* parce qu'il possède deux sites de fixation à l'antigène.

Les régions constantes des chaînes polypeptidiques qui forment la tige du monomère d'anticorps peuvent être comparées à l'anneau d'une clé. L'anneau d'une clé a une fonction commune à toutes les clés: il vous permet de tenir la clé et de placer dans la serrure la partie qui agit sur le pêne. De même, les régions constantes des chaînes d'anticorps assurent des fonctions communes à tous les anticorps: ce sont les régions de l'anticorps qui déterminent quelle classe d'anticorps sera élaborée et comment la classe d'anticorps va fonctionner en vue d'éliminer l'antigène. Par exemple, certains anticorps, mais pas tous, ont la capacité de fixer le complément ou de circuler dans le sang alors que d'autres se retrouvent principalement dans les sécrétions organiques ou possèdent la capacité de traverser la barrière placentaire, et ainsi de suite.

Classes d'anticorps

Les cinq principales classes d'immunoglobulines sont désignées IgD, IgM, IgG, IgA et IgE, selon la structure des régions C de leurs chaînes lourdes. Comme vous pouvez le constater dans le tableau 22.3, l'IgD, l'IgG et l'IgE ont la même structure de base en Y et sont donc des *monomères.* L'IgA existe à la fois sous forme de monomère et de *dimère* (deux monomères liés). (Seule la forme dimère est illustrée au tableau 22.3.) En comparaison avec les autres classes, l'IgM est un énorme anticorps, un *pentamère* (*penta* = cinq) formé de cinq monomères réunis. Chaque classe assume un rôle différent dans la réaction immunitaire. Par exemple, l'IgM est la première classe d'anticorps libérée dans le sang par les plasmocytes. L'IgG est l'anticorps le plus abondant dans le sérum et le seul à traverser la barrière placentaire; c'est ainsi que l'immunité passive est transmise par la mère au fœtus. *Seules* l'IgM et l'IgG ont la capacité de fixer le complément. L'IgA sous forme de dimère, aussi appelé **IgA sécrétoire**, se retrouve surtout dans le mucus et les autres sécrétions qui humectent les surfaces corporelles. Il joue un rôle de premier plan en empêchant les agents pathogènes de pénétrer dans l'organisme. Sous leur forme monomère, l'IgM et l'IgD sont des protéines de la membrane plasmique exposées à la surface des lymphocytes B et elles agissent par conséquent comme récepteurs antigéniques de ces cellules. Les anticorps IgE ne se trouvent presque jamais dans le sérum et ils sont les «fauteurs de troubles» responsables de certaines allergies. Toutes ces caractéristiques, spécifiques de chacune des classes d'immunoglobulines, sont résumées dans le tableau 22.3.

Mécanismes de la diversité des anticorps

Les divers clones des plasmocytes peuvent fabriquer plus de 100 milliards de types d'anticorps différents. Comme une personne, au cours de sa vie, est probablement en contact avec plusieurs milliers d'antigènes différents, le système immunitaire laisse une marge d'erreur importante. Étant donné que les anticorps, comme toutes les protéines, sont spécifiés par les gènes, il semblerait qu'un individu possède des milliards de gènes. Or, il n'en est rien; chaque cellule de l'organisme contient environ 100 000 gènes qui codent pour toutes les protéines que doivent élaborer les cellules.

Comment un nombre limité de gènes peut-il générer un nombre apparemment sans limite d'anticorps différents? Des études portant sur la recombinaison génétique

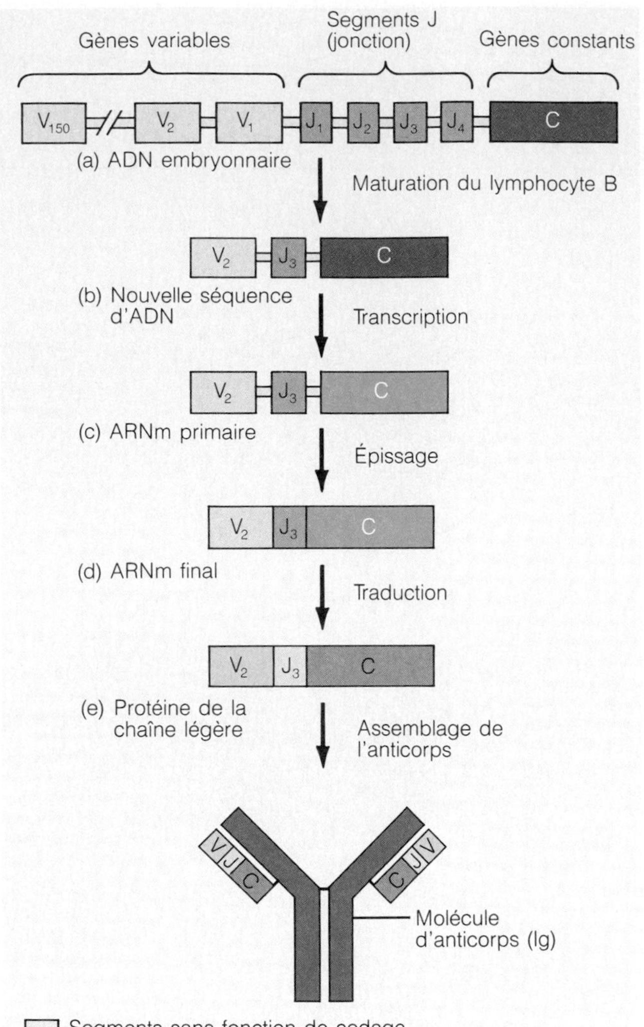

Figure 22.13 Recombinaison somatique et formation d'une chaîne légère d'anticorps (de type kappa). (**a**) Dans les cellules embryonnaires, on trouve un gène codant pour la région constante (C), quatre segments codant pour la chaîne J (J) et de 200 à 300 segments codant pour les régions variables (V); les segments servent à former la chaîne légère d'anticorps de type kappa. Ces segments sont séparés par des segments d'ADN ne possédant pas de fonctions de codage (gris). (**b**) Au cours de la maturation des lymphocytes B, un segment V choisi au hasard est recombiné avec un des segments J et avec le gène C afin de former le gène actif pour la chaîne légère. Les segments intermédiaires sont éliminés (épissage). (**c**) Transcription du nouveau gène pour former l'ARN messager primaire (ARNm). (**d**) Épissage des segments sans fonction de codage pour former l'ARN messager final. (**e**) Traduction de l'ARNm final en protéine, formant la chaîne légère avec les régions variables, constantes et J (jonction). (Notez que les régions V, J et C des chaînes lourdes ne sont pas indiquées dans la molécule d'anticorps illustrée afin de simplifier la figure.)

de segments d'ADN ont démontré que les gènes qui codent pour les protéines de chaque anticorps ne sont pas présents comme tels dans les cellules embryonnaires et les cellules souches d'un individu. Plutôt que d'héberger une série complète et active de «gènes d'anticorps», les cellules souches des lymphocytes B contiennent quelques centaines de pièces détachées (segments d'ADN) que l'on peut se représenter comme un «jeu de construction pour des gènes d'anticorps». Ces segments d'ADN sont

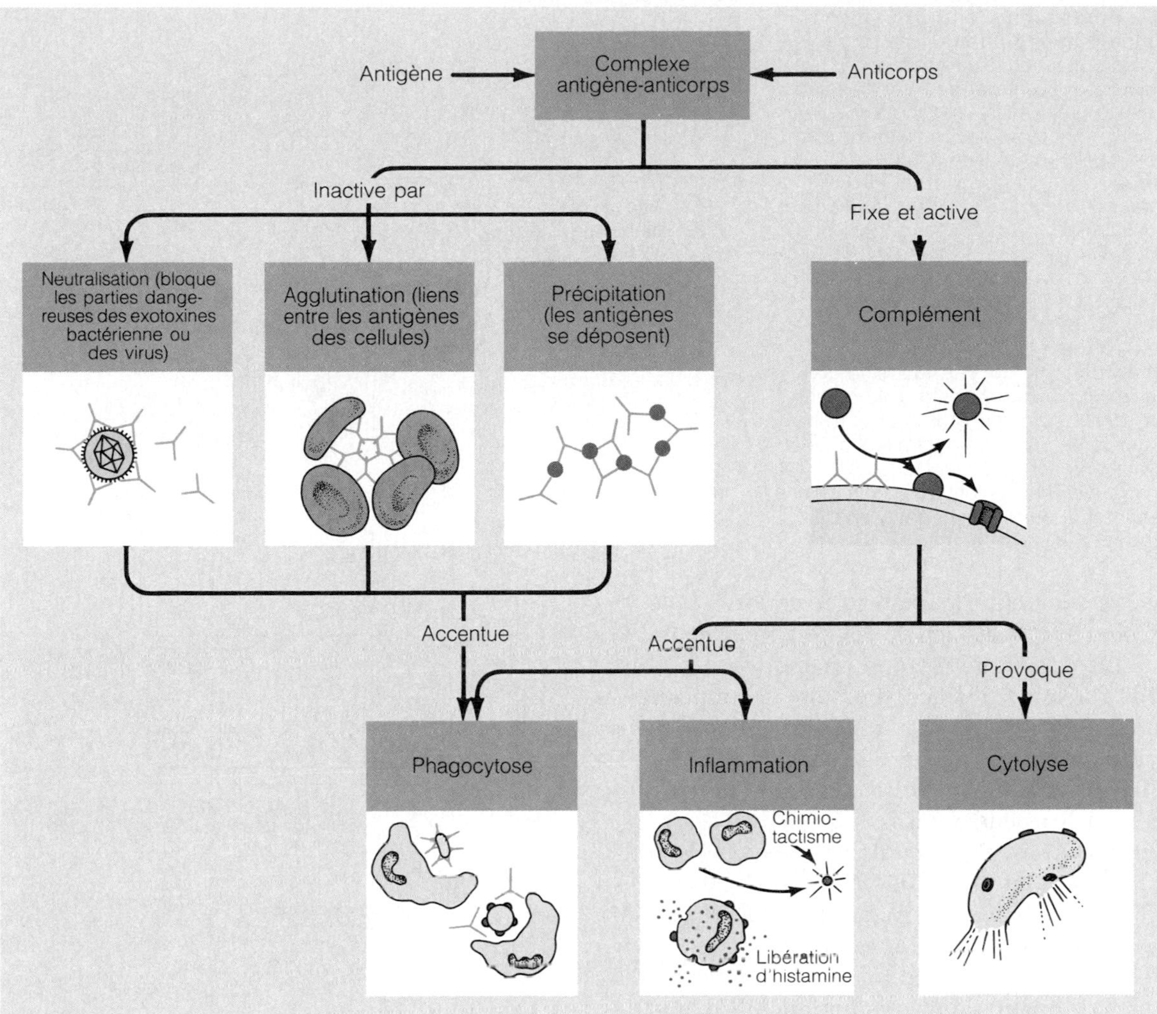

Figure 22.14 Mécanisme d'action des anticorps. Les anticorps réagissent contre les antigènes de bactéries et de globules rouges, les toxines bactériennes et les virus libres.

réarrangés, mis bout à bout, et constituent le gène de l'anticorps pour un lymphocyte B lorsque ce dernier se transforme en plasmocyte et devient immunocompétent; ce processus est appelé **recombinaison somatique** et présuppose que le lymphocyte B a été stimulé par un antigène donné pour sécréter un anticorps spécifique. Ce gène peut alors s'exprimer par la synthèse d'un anticorps qui forme soit les récepteurs de la membrane plasmique des lymphocytes B soit les anticorps qui sont libérés plus tard à la suite de la stimulation de l'antigène.

Dans un lymphocyte B immature, les segments de gènes qui codent les chaînes légères et lourdes sont physiquement séparés par des segments d'ADN qui ne possèdent pas de fonctions de codage pour la synthèse d'une protéine, mais ils sont situés sur le même chromosome. Les chaînes légères et lourdes sont fabriquées séparément et par la suite réunies pour former la molécule d'anticorps. Une version simplifiée du processus de recombinaison somatique utilisé dans la production d'un type de chaîne légère d'anticorps est décrite et représentée à la figure 22.13. Bien que la séquence d'événements dans la formation des chaînes lourdes soit semblable, le processus est beaucoup plus complexe à cause de la plus grande variété des gènes qui codent les régions constantes des chaînes lourdes. (Rappelez-vous que ce sont les régions C des chaînes lourdes qui déterminent la classe d'un anticorps.)

Cibles et fonctions des anticorps

Les anticorps ne possèdent pas la capacité de détruire directement les «envahisseurs» porteurs d'antigènes, mais ils peuvent inactiver les antigènes et les marquer afin qu'ils soient détruits par les macrophages (figure 22.14). L'événement commun à toutes les interactions entre un anticorps et un antigène est la formation des **complexes antigène-anticorps** (ou **complexes immuns**). Les mécanismes de défense employés par les anticorps comprennent la fixation du complément, la neutralisation, l'agglutination et la précipitation, les deux premiers étant les plus importants pour la protection de l'organisme.

La **fixation et l'activation du complément** constituent l'arme principale des anticorps contre les antigènes cellulaires tels que les bactéries ou les globules rouges incompatibles. Lorsque les anticorps se fixent aux cellules cibles, leur forme se modifie et les sites de fixation du complément sont exposés sur leurs régions constantes.

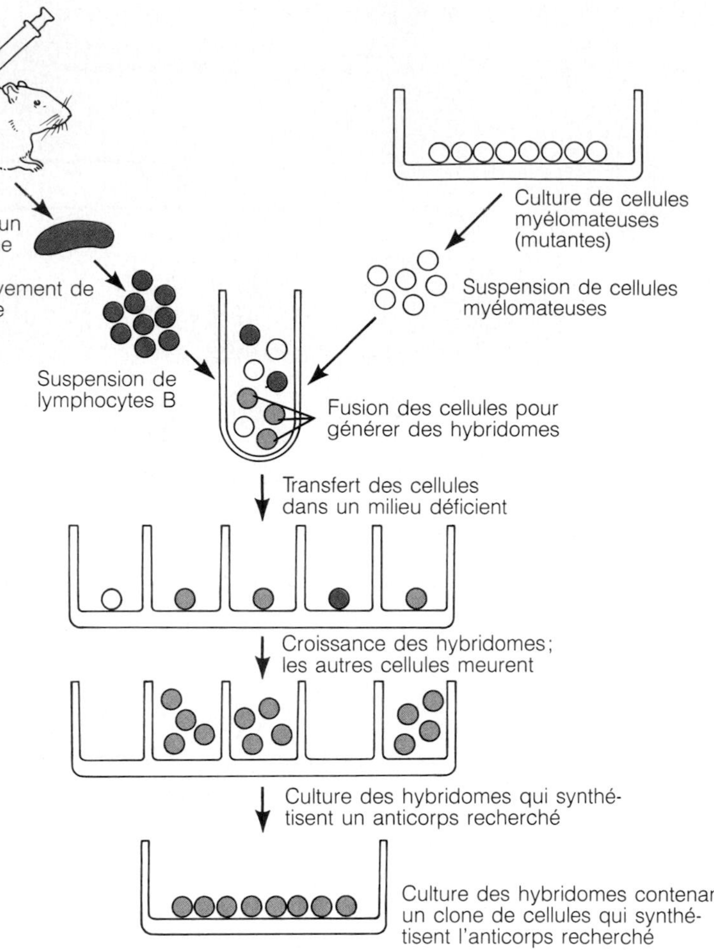

Figure 22.15 Production d'anticorps monoclonaux à l'aide d'hybridomes. Une souris inoculée avec un antigène spécifique fabrique des anticorps dirigés contre le déterminant antigénique. La rate est ensuite prélevée et les lymphocytes B sont isolés. Les lymphocytes sont mélangés avec des cellules de myélome (tumeur cancéreuse) qui ne peuvent se diviser à moins qu'un nutriment particulier ne leur soit fourni. Quelques lymphocytes et cellules myélomateuses fusionnent et deviennent des hybridomes. On est en présence d'hybridomes quand toutes les cellules croissent dans un milieu déficient en nutriments nécessaires aux cellules myélomateuses. Toute cellule myélomateuse non fusionnée meurt, mais les hybridomes survivent parce que l'ADN des lymphocytes fournit le gène indispensable à leur survie. Chaque clone d'hybridome est évalué afin de déterminer quelles cellules génèrent les anticorps qui réagissent avec le déterminant antigénique spécifique. Les clones qui donnent une épreuve positive sont isolés et repiqués en culture dans le but de fabriquer l'anticorps recherché à grande échelle.

Ce phénomène déclenche la fixation de certains facteurs du complément sur la surface de la cellule antigénique, suivie de la lyse de sa membrane plasmique. De plus, comme nous l'avons vu précédemment, les molécules libérées au cours de l'activation du complément accentuent la réaction inflammatoire et déclenchent le processus d'opsonisation, lequel favorise la phagocytose par les macrophages et les neutrophiles.

La **neutralisation,** le mécanisme effecteur le plus simple, est mise en œuvre lorsque l'anticorps bloque les sites spécifiques situés sur les virus ou les exotoxines bactériennes (substances chimiques toxiques sécrétées par les bactéries). Le virus ou l'exotoxine ne peuvent plus se fixer sur les récepteurs de la membrane plasmique de la cellule et causer son dysfonctionnement ou sa mort. Les complexes antigène-anticorps finissent par être détruits par les phagocytes.

Les anticorps possèdent au moins deux sites de fixation à l'antigène; en conséquence, un anticorps peut s'attacher à des déterminants antigéniques identiques portés par plusieurs molécules d'antigène. Quand les antigènes de plusieurs cellules sont réunis par des anticorps, les liens établis entre les antigènes provoquent l'apparition d'amas de cellules étrangères, ou **agglutination.** L'IgM, munie de dix sites de fixation à l'antigène (voir le tableau 22.3), est un agent agglutinant particulièrement puissant. Il faut se rappeler que c'est ce type de réaction qui se déroule lorsque du sang incompatible est transfusé (les globules rouges étrangers s'agglutinent) et qui est utilisée dans les épreuves de détermination des groupes sanguins (voir à la p. 600). La **précipitation** est un mécanisme similaire dans lequel des molécules solubles (plutôt que des cellules) sont réunies pour former de gros complexes qui se déposent et ne font plus partie du solvant. Ces bactéries agglutinées et ces molécules d'antigène précipitées (immobilisées) sont beaucoup plus facilement capturées et englobées par les phagocytes que ne le sont les antigènes libres.

Anticorps monoclonaux

Outre leur rôle dans l'immunité passive, les anticorps sont préparés à l'échelle commerciale en vue d'une utilisation sur le plan de la recherche fondamentale et de la recherche clinique ainsi que dans le traitement de certains cancers. Les **anticorps monoclonaux,** auxquels on a recours dans ces cas, sont synthétisés par les descendants d'une seule cellule; il s'agit de préparations d'anticorps purs qui présentent une spécificité pour un déterminant antigénique unique.

La technique actuelle pour fabriquer des anticorps monoclonaux, décrite à la figure 22.15, fait intervenir la fusion de cellules tumorales (myélomes) et de lymphocytes B. Les cellules hybrides qui en résultent, appelées **hybridomes,** possèdent les caractéristiques recherchées des deux lignées parentales. Elles prolifèrent indéfiniment en culture de tissu et elles élaborent un type d'anticorps hautement spécifique pour un antigène donné (comme le font les lymphocytes B).

On utilise les anticorps monoclonaux pour confirmer un diagnostic de grossesse, de certaines maladies transmissibles sexuellement, de l'hépatite et de la rage. Les épreuves d'anticorps monoclonaux sont beaucoup plus spécifiques, sensibles et rapides que les épreuves diagnostiques traditionnelles dans le cas de ces affections. Elles sont également utilisés pour la détection de certains types de cancer (le cancer du côlon, par exemple) avant que les symptômes cliniques de la maladie n'apparaissent. En vue d'augmenter les chances de succès d'une greffe de moelle osseuse, on a recours aux anticorps monoclonaux afin de détruire, dans la moelle osseuse des donneurs, les cellules susceptibles d'attaquer les cellules du receveur. Depuis 1980, les anticorps monoclonaux ont servi dans des cas isolés pour le traitement de cancers comme la leucémie et les lymphomes, qui se manifestent dans la circulation sanguine et sont ainsi facilement accessibles par les anticorps injectés. De nombreux cas de rémission partielle ont été signalés dans des cas qui semblaient sans espoir. Dans le traitement de certains cancers, les anticorps monoclonaux sont également couplés à des médicaments anticancéreux (comme des «missiles à tête chercheuse») afin de diriger un médicament toxique vers des cellules cancéreuses disséminées dans l'organisme. Cette approche innovatrice revêt une importance essentielle. En effet, la chimiothérapie traditionnelle consiste souvent à injecter des médicaments hautement toxiques, qui circulent librement dans le sang: ces médicaments tuent non seulement les cellules cancéreuses mais aussi les cellules saines qui doivent se diviser rapidement pour assurer leur fonction (cellules souches de la moelle osseuse rouge).

Réaction immunitaire à médiation cellulaire

Les lymphocytes T, les médiateurs de l'immunité cellulaire, forment un groupe de cellules diverses, beaucoup plus complexes que les lymphocytes B tant sur le plan de leur classification que sur le plan de leur fonction. En considérant leurs fonctions en général, on peut répartir les lymphocytes T en trois populations principales: les **lymphocytes T effecteurs,** appelés *lymphocytes T cytotoxiques* ou encore *lymphocytes T tueurs,* et deux variétés de **lymphocytes T régulateurs**, les *lymphocytes T auxiliaires* et *suppresseurs.* Cependant, il existe une nouvelle classification des lymphocytes T, qui distingue les lymphocytes T4 ou CD4 exprimant l'antigène CD4 et les lymphocytes T8 ou CD8 exprimant l'antigène CD8, selon les récepteurs (glycoprotéines) présents sur la membrane plasmique des lymphocytes matures (CD4 ou CD8). (Ces récepteurs de la membrane plasmique sont différents des récepteurs d'antigène des lymphocytes T, mais ils jouent un rôle dans les interactions qui s'établissent entre une cellule et d'autres cellules ou des antigènes étrangers.) Cette terminologie étant clairement établie, il importe donc de se rappeler que les lymphocytes T4 sont surtout des lymphocytes T auxiliaires, alors que les lymphocytes T8 comprennent les populations de lymphocytes T cytotoxiques et suppresseurs.

Avant d'aborder en détail la réaction immunitaire à médiation cellulaire, nous allons résumer quelques informations préliminaires et comparer l'importance des réactions humorale et cellulaire dans le plan d'ensemble de l'immunité. Dans les deux voies de la réaction immunitaire, l'organisme réagit presque aux mêmes antigènes, mais il le fait de façons très différentes.

Les anticorps solubles produits par la lignée des lymphocytes B (les plasmocytes effecteurs) réagissent avec les microorganismes infectieux intacts, les antigènes solubles et les antigènes sur la surface des cellules étrangères qui circulent librement dans les liquides de l'organisme. La formation des complexes antigène-anticorps ne détruit pas l'antigène; elle *prépare* plutôt *l'antigène pour la destruction* par les mécanismes de défense non spécifiques et par les réactions à médiation cellulaire déclenchées par l'activation des lymphocytes T.

En revanche, les lymphocytes T sont incapables de «voir» les antigènes libres qui circulent dans le sang ou la lymphe. Selon des études récentes, la majorité des récepteurs membranaires des lymphocytes T ne peuvent reconnaître que les fragments transformés (les séquences d'acides aminés plutôt que la structure tridimensionnelle) des antigènes attachés ou disposés à la surface de certaines cellules de l'organisme. La présentation des antigènes doit se faire dans des circonstances précises. En conséquence, les lymphocytes T sont mieux adaptés aux interactions intercellulaires, et la plupart des attaques directes sur les antigènes (dont les lymphocytes T cytotoxiques sont les médiateurs) sont déclenchées contre les cellules de l'organisme infectées par des virus ou d'autres parasites intracellulaires tels les bactéries, et contre les cellules de l'organisme anormales ou cancéreuses ainsi que les cellules de tissus étrangers injectés ou greffés. Comme dans la réaction inflammatoire, des médiateurs chimiques renforcent la réaction immunitaire. Les médiateurs chimiques que l'on retrouve dans l'immunité cellulaire, appelés **cytokines,** comprennent des substances semblables aux hormones, les **lymphokines,** qui sont des glycoprotéines libérées par les lymphocytes T activés. Les lymphokines accentuent l'activité défensive non seulement des lymphocytes T mais aussi des lymphocytes B et des macrophages. De plus, les macrophages sécrètent des **monokines** qui stimulent les lymphocytes T (voir le tableau 22.4 à la p. 713).

Sélection clonale et différenciation des lymphocytes T

Le facteur déclencheur de la sélection clonale et de la différenciation est, de façon générale, le même pour les lymphocytes B et T: il s'agit de la fixation à l'antigène. Cependant, ainsi que nous allons le voir bientôt, le mécanisme par lequel les lymphocytes T reconnaissent «leur» antigène est très différent et comporte certaines restrictions propres à ces cellules.

Récepteurs des lymphocytes T et restrictions du CMH

L'activation des lymphocytes T immunocompétents, tout comme celle des lymphocytes B, est déclenchée par la liaison des antigènes aux récepteurs de leur membrane plasmique. Cependant, le récepteur du lymphocyte T n'est constitué que de deux chaînes d'acides aminés (a et b), chacune avec des régions constante et variable. De plus, la sélection clonale des lymphocytes T fait intervenir une *double reconnaissance,* c'est-à-dire une reconnaissance simultanée du non-soi et du soi. Le non-soi fait

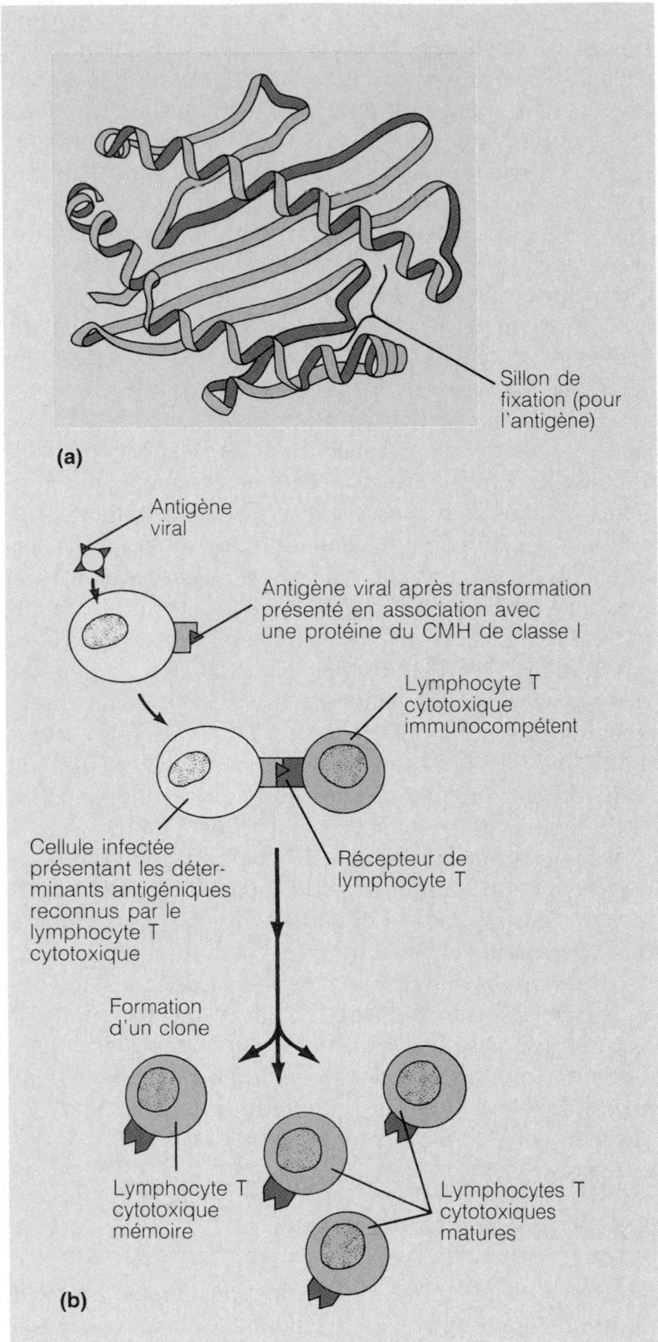

Figure 22.16 La sélection clonale des lymphocytes T auxiliaires et cytotoxiques fait intervenir la reconnaissance simultanée du soi et du non-soi. Les lymphocytes T auxiliaires et cytotoxiques reçoivent la stimulation nécessaire à leur prolifération et se différencient lorsqu'ils se lient à des fragments d'antigènes étrangers fixés aux protéines du CMH (complexe majeur d'histocompatibilité). (**a**) Structure en forme de hamac d'une protéine du CMH de classe I, vue du dessus. L'antigène se fixe dans le sillon de fixation (site de liaison peptidique). (**b**) Les lymphocytes T cytotoxiques immunocompétents sont activés lorsqu'ils se fixent aux antigènes (non-soi) — dans le présent exemple, une partie d'un virus — associés à une protéine du CMH de classe I. (Les protéines de la classe I sont disposées sur la surface des cellules nucléées de l'organisme; elles permettent ainsi aux lymphocytes T cytotoxiques de réagir aux cellules infectées ou cancéreuses de l'organisme.) L'activation des lymphocytes T auxiliaires est semblable, sauf que l'antigène traité est associé à une protéine du CMH de classe II qui ne se retrouve ordinairement que sur les cellules présentatrices d'antigènes comme les macrophages.

référence à un antigène étranger, généralement une protéine, alors que le soi est une protéine de la membrane plasmique de cellules nucléées, que les lymphocytes reconnaissent comme appartenant à l'organisme. Ces protéines de la membrane qui servent de marqueurs pour distinguer la cellule en tant que soi sont les protéines codées par les gènes du **complexe majeur d'histocompatibilité** (**CMH**). Des millions de combinaisons différentes de ces gènes sont possibles, et il est donc peu probable que deux individus, sauf les vrais jumeaux, possèdent des protéines du CMH identiques. Nous verrons ultérieurement le rôle de ces protéines dans le rejet des greffons.

Plusieurs protéines différentes qui interviennent dans la réaction immunitaire (y compris le complément) sont des protéines du CMH, mais deux classes seulement de ces protéines jouent un rôle important dans l'activation des lymphocytes T: ce sont les **protéines du CMH de classe I** et **de classe II.** Les protéines du CMH de classe I sont présentes sur toutes les cellules nucléées de l'organisme; les protéines du CMH de classe II apparaissent seulement à la surface des lymphocytes B matures, des macrophages et de certains lymphocytes T, et confèrent aux cellules du système immunitaire la capacité de se reconnaître. Le rôle des protéines du CMH dans la réaction immunitaire est essentiel: elles agissent comme marqueurs du soi qui doivent être reconnus par un lymphocyte T afin que ce dernier soit activé. Une protéine du CMH prend la forme d'un hamac à l'intérieur duquel vient se nicher l'antigène étranger (figure 22.16a). Les protéines du CMH peuvent se fixer à un grand nombre de fragments d'antigènes différents, mais il existe certaines exceptions et restrictions qui limitent la capacité des lymphocytes T à répondre à des antigènes spécifiques. Par exemple, il pourrait ne pas y avoir de lymphocytes T capables de répondre à des antigènes qui sont très semblables structurellement à certaines de nos protéines du soi.

Les lymphocytes T auxiliaires et cytotoxiques ont des affinités différentes pour la classe de protéines du CMH qui contribue à donner le signal d'activation. Cette contrainte, acquise durant le processus «d'éducation» thymique, est appelée **restriction du CMH.** Les lymphocytes T auxiliaires immunocompétents n'ont la capacité de se fixer qu'aux antigènes associés aux protéines du CMH de classe II qui sont habituellement disposées à la surface des **cellules présentatrices d'antigènes,** généralement des macrophages. Comme nous l'avons décrit précédemment (figure 22.6, p. 699), les macrophages portent, sur leur surface, de très petites parties de l'antigène phagocyté, attachées aux protéines du CMH de classe II. Au contraire, les lymphocytes T cytotoxiques sont activés par des fragments d'antigène présentés en association avec les protéines du CMH de classe I (figure 22.16b). Comme toutes les cellules nucléées de l'organisme portent des protéines du CMH de classe I, il est généralement admis que les lymphocytes T cytotoxiques n'ont *pas* besoin de cellules spéciales présentatrices d'antigènes: toute cellule de l'organisme qui porte un marqueur du soi sur sa membrane plasmique fera l'affaire. (Néanmoins, les cellules présentatrices d'antigènes produisent des molécules stimulatrices *nécessaires* à l'activation des

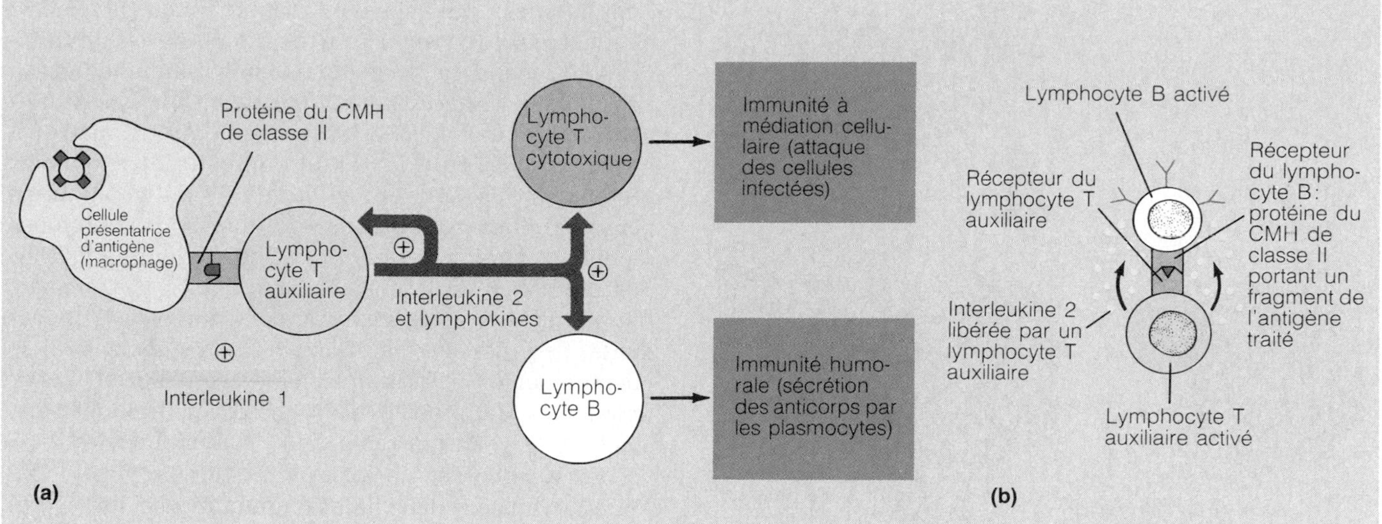

Figure 22.17 Rôle majeur des lymphocytes T auxiliaires. Les lymphocytes T auxiliaires mobilisent les deux voies (cellulaire et humorale) de la réaction immunitaire. Après s'être lié à la cellule présentatrice d'antigène (CPA), par exemple un macrophage, et après avoir reconnu la protéine du CMH de classe II portant un fragment du même antigène, un lymphocyte T auxiliaire immunocompétent produit un clone de lymphocytes T auxiliaires (non illustré ici). Tous ces lymphocytes portent des récepteurs membranaires identiques qui peuvent se fixer au complexe CMH-antigène. De plus, le macrophage libère l'interleukine 1 qui accroît l'activation des lymphocytes T. (**a**) Les lymphocytes T auxiliaires activés libèrent l'interleukine 2 qui stimule la prolifération et l'activité d'autres lymphocytes T auxiliaires (spécifiques pour le même déterminant antigénique). L'interleukine 2 contribue aussi à l'activation des lymphocytes T cytotoxiques et des lymphocytes B. (**b**) Les lymphocytes T auxiliaires et les lymphocytes B doivent quelquefois coopérer de façon directe afin que se produise l'activation complète des lymphocytes B. Dans de tels cas, les lymphocytes T auxiliaires se lient aux protéines du CMH de classe II portant un fragment de l'antigène traité par le lymphocyte B; ce complexe est situé sur la membrane plasmique du lymphocyte B activé.

lymphocytes T.) Il s'ensuit que le processus de présentation de l'antigène est essentiellement le même, qu'il s'agisse d'un lymphocyte T auxiliaire ou cytotoxique: seuls le type de cellules de présentation et la classe de protéines du CMH diffèrent. Le processus au cours duquel les lymphocytes T adhèrent et glissent à la surface d'autres cellules à la recherche d'antigènes qu'ils pourraient reconnaître est appelé **surveillance immunitaire.** (Notez que ce terme est habituellement utilisé pour indiquer *uniquement* la surveillance constante des cellules de l'organisme par les lymphocytes T cytotoxiques ou les cellules dans le but de détecter les antigènes de virus ou de cellules anormales issues de mutations [cancers].)

Le mécanisme d'activation des lymphocytes T suppresseurs est encore loin d'être clair. Il semble que certaines de ces cellules se fixent à des antigènes *libres* (comme les lymphocytes B) sans restriction du CMH, alors que d'autres affichent une restriction typique du CMH pour la reconnaissance des antigènes.

Une fois qu'un lymphocyte T a été activé grâce à sa liaison avec la protéine du CMH, il grossit et prolifère pour former un clone de cellules qui se différencient et remplissent les fonctions réservées à leur classe de lymphocytes T. Cette réaction primaire atteint un maximum moins d'une semaine après une seule exposition et, par la suite, décroît progressivement. Dans tous les cas, certains descendants du clone deviennent des cellules mémoires; la mémoire est telle qu'elle peut persister longtemps, voire le restant de la vie; il se constitue ainsi un réservoir de lymphocytes T ayant le pouvoir de déclencher, en cas de nécessité, les réactions secondaires au même antigène.

La prolifération des lymphocytes T est accentuée par deux *cytokines,* les interleukines 1 et 2 (voir la figure 22.17). L'**interleukine 1 (Il-1)**, libérée par les macrophages, se fixe à un récepteur d'un lymphocyte T; elle active la sécrétion de l'**interleukine 2 (Il-2)** et la synthèse d'autres récepteurs d'Il-2 qui migrent vers la membrane plasmique du lymphocyte. L'interleukine 2 met en place un cycle de rétroactivation qui pousse les lymphocytes T activés à se diviser encore et plus rapidement. (L'interleukine 2 obtenue par des techniques de génie génétique et utilisée dans des études cliniques a contribué à accentuer l'activité des lymphocytes T cytotoxiques de l'organisme contre le cancer.)

En outre, tous les lymphocytes T activés sécrètent une ou plusieurs lymphokines qui contribuent à l'accroissement et à la régulation de la réaction immunitaire et des défenses non spécifiques. De nombreuses lymphokines mobilisent d'autres lymphocytes; d'autres agissent surtout sur les macrophages. Par exemple, le **facteur d'activation des macrophages** (MAF, «macrophage activating factor») augmente l'activité phagocytaire des macrophages. Nous présentons un résumé des lymphokines et de leurs effets sur les cellules cibles au tableau 22.4 de la p. 713.

Rôles spécifiques des lymphocytes T

Lymphocytes T auxiliaires

Les **lymphocytes T auxiliaires,** ou lymphocytes T

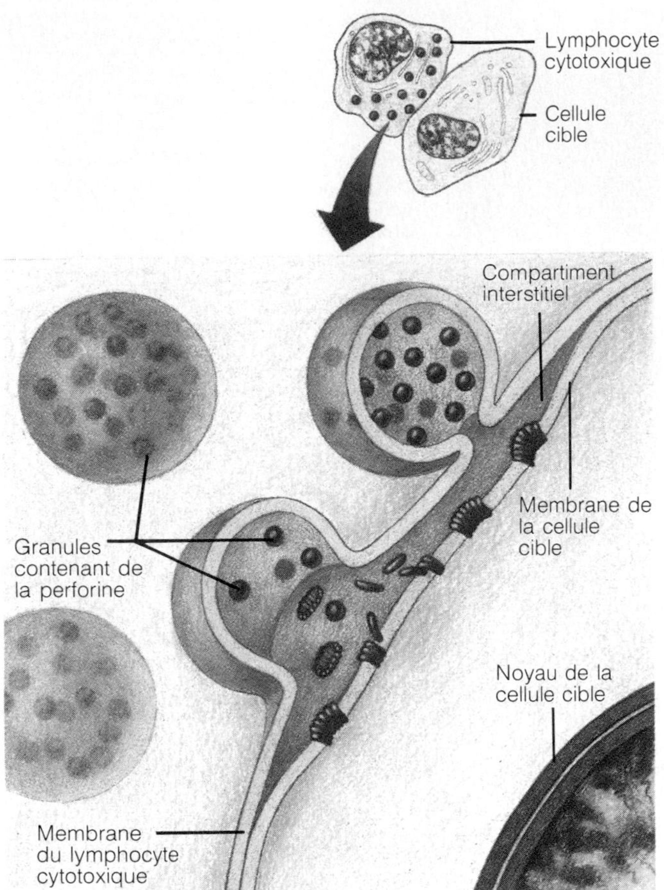

Figure 22.18 Mécanisme proposé pour la lyse des cellules cibles par les lymphocytes T cytotoxiques. L'événement initial est la liaison solide du lymphocyte cytotoxique à la cellule cible. Pendant ce temps, les granules à l'intérieur du lymphocyte cytotoxique se soudent à sa membrane plasmique et libèrent, par exocytose, la perforine qu'ils contiennent. Les molécules de perforine s'insèrent sur la membrane de la cellule cible et, en présence de calcium ionique, se polymérisent; la formation de trous cylindriques qui s'ensuit permet le libre échange des ions et de l'eau. La lyse des cellules cibles survient longtemps après que le lymphocyte cytotoxique s'est détaché.

«helper», sont des cellules de régulation qui jouent un rôle central dans la réaction immunitaire. Une fois sensibilisés grâce à la présentation de l'antigène par le macrophage, leur principale fonction consiste à stimuler chimiquement ou directement la prolifération d'autres lymphocytes T et des lymphocytes B qui sont déjà liés à l'antigène (figure 22.17). En fait, sans le rôle de «chef d'orchestre» joué par les lymphocytes T auxiliaires, il n'y a pas de réaction immunitaire. Des lymphokines apportent l'assistance chimique nécessaire au recrutement d'autres cellules immunitaires pour combattre les envahisseurs (figure 22.17a). Les lymphocytes T auxiliaires entrent aussi en interaction directe avec les lymphocytes B qui portent sur leur surface des fragments d'antigènes liés aux récepteurs du CMH de classe II (figure 22.17b); dans ce cas, ce sont les lymphocytes B qui présentent l'antigène aux lymphocytes T auxiliaires. Chaque fois qu'un lymphocyte T auxiliaire se fixe à un lymphocyte B activé, le lymphocyte T libère l'interleukine 2 (et d'autres lymphokines); il n'est pas encore certain que la fixation elle-même soit un signal d'activation pour les lymphocytes B. Cependant, un grand nombre d'immunologistes pensent que l'interleukine 2 stimulerait à la fois la division des lymphocytes B activés et leur production d'anticorps. Les lymphocytes B peuvent être activés uniquement par le capping de certains antigènes (**antigènes T indépendants**), mais la plupart des antigènes requièrent l'«aide» des lymphocytes T pour activer les lymphocytes B sur lesquels ils se sont fixés. Cette variété plus fréquente d'antigènes est appelée **antigènes T dépendants.** Le processus de division des lymphocytes B se poursuit tant qu'il est stimulé par les lymphocytes T auxiliaires. Les lymphocytes T auxiliaires contribuent donc à activer le potentiel protecteur des lymphocytes B.

Les lymphokines libérées par les lymphocytes T auxiliaires mobilisent les cellules immunitaires et les macrophages; elles attirent également d'autres types de globules blancs, comme les neutrophiles, dans la région de l'invasion et accentuent considérablement les défenses non spécifiques. Tandis que les substances chimiques font venir de plus en plus de cellules dans la bataille, la réaction immunitaire s'accélère, et les antigènes sont submergés par le nombre même des éléments immunitaires qui luttent contre eux.

Lymphocytes T cytotoxiques

Les **lymphocytes T cytotoxiques,** aussi appelés **lymphocytes T tueurs,** sont les seuls lymphocytes T capables d'attaquer directement d'autres cellules et de les détruire. Les lymphocytes T cytotoxiques activés patrouillent la voie sanguine et la voie lymphatique et parcourent les organes lymphatiques à la recherche d'autres cellules qui portent des antigènes auxquels ils ont été sensibilisés. Bien que leurs cibles principales soient les cellules infectées par des virus, ils s'attaquent aussi aux cellules infectées par certaines bactéries intracellulaires (comme le bacille de la tuberculose) et par des parasites. Ils prennent également pour cibles les cellules cancéreuses (dont la membrane plasmique porte des antigènes spécifiques du non-soi) et les cellules humaines étrangères (qui ne portent pas les mêmes protéines du CMH). En général, ces cellules ont été introduites dans l'organisme lors de transfusions sanguines ou de transplantations d'organes.

Il faut se rappeler que toutes les cellules nucléées de l'organisme portent des protéines du CMH de classe I sur leur membrane plasmique et que, par conséquent, les cellules anormales ou infectées peuvent être détruites par les lymphocytes T cytotoxiques. Au début de l'attaque, le lymphocyte T cytotoxique doit «s'arrimer» à une protéine du CMH de classe I de la cellule cible qui présente un fragment de l'antigène. L'attaque contre des cellules humaines étrangères est plus difficile à expliquer parce que *toutes* les protéines du CMH de classe I sont identifiées au non-soi ou considérées comme des antigènes. Dans ce cas, il semble que les lymphocytes T cytotoxiques du receveur «voient» les protéines du CMH de classe I comme une association d'une protéine du CMH de classe I avec un antigène.

Le mécanisme du **coup mortel** porté par les

Tableau 22.4 Résumé des fonctions des cellules et des molécules jouant un rôle dans la réaction immunitaire

Élément	Fonction dans la réaction immunitaire
Lymphocyte B	Lymphocyte présent dans les ganglions lymphatiques, la rate ou autres tissus lymphatiques où il est amené à se répliquer grâce à la liaison à un antigène et aux interactions avec les lymphocytes T auxiliaires; ses descendants (cellules du clone) forment des cellules mémoires et des plasmocytes
Plasmocyte	«Machinerie» qui produit les anticorps; synthétise d'énormes quantités d'anticorps (immunoglobulines) qui présentent la même spécificité antigénique; représente une spécialisation plus poussée des descendants d'un clone du lymphocyte B
Lymphocyte T auxiliaire	Lymphocyte T de régulation qui se lie avec un antigène spécifique présenté par un macrophage; en circulant dans la rate et dans les ganglions lymphatiques, il stimule la production d'autres cellules (lymphocytes T cytotoxiques et lymphocytes B) pour aider à combattre l'envahisseur; agit à la fois directement et indirectement en libérant des lymphokines et de l'interleukine 2
Lymphocyte T cytotoxique	Aussi appelé lymphocyte T tueur; activé par un antigène du non-soi que présente toute cellule de l'organisme; les lymphocytes T auxiliaires le recrutent et accroissent son activité; sa fonction spécifique consiste à tuer les cellules cancéreuses et les cellules envahies par un virus; joue un rôle dans le rejet des greffons de tissus étrangers
Lymphocyte T suppresseur	Très probablement activé par un antigène présenté par un macrophage; atténue ou arrête l'activité des lymphocytes B et T une fois que l'infection (ou une attaque par des cellules étrangères) a été maîtrisée
Cellule mémoire	Cellule de la lignée d'un lymphocyte B activé ou de toute catégorie de lymphocyte T; générée au cours de la réaction immunitaire primaire; peut demeurer dans l'organisme pendant des années, le rendant capable de réagir de façon rapide et intense à une nouvelle stimulation par un antigène déjà rencontré
Macrophage	Cellule phagocytaire qui englobe les antigènes qu'elle rencontre et présente des parties de ces antigènes (CPA) sur sa membrane plasmique pour la reconnaissance par les lymphocytes T porteurs de récepteurs pour le même antigène; cette fonction, appelée présentation de l'antigène, est essentielle au fonctionnement normal des réactions à médiation cellulaire; libère aussi de l'interleukine 1, qui active les lymphocytes T, et certaines substances qui empêchent la multiplication virale
Anticorps (immunoglobuline)	Protéine produite par un lymphocyte B ou par un plasmocyte; les anticorps générés par les plasmocytes sont libérés dans les liquides de l'organisme (sang, lymphe, salive, mucus, etc.) où ils s'attachent aux antigènes, provoquant la fixation du complément, la neutralisation, la précipitation ou l'agglutination, ce qui «marque» les antigènes pour qu'ils soient détruits par le complément ou par les phagocytes
Lymphokines	Substances chimiques libérées par les lymphocytes T sensibilisés: • *Facteur inhibant la migration des macrophages (MIF)*: inhibe la migration des macrophages et provoque leur accumulation dans la région où les antigènes ont été introduits • *Facteur d'activation des macrophages (MAF)*: augmente le pouvoir bactéricide et cytotoxique des macrophages activés (MIF et MAF peuvent être la même substance chimique) • *Interleukine 2* (Il-2): hormone du système immunitaire qui stimule la prolifération des lymphocytes T • *Facteurs sécrétés par les cellules suppressives*: suppriment la formation d'anticorps ou les réactions immunitaires dont les lymphocytes T sont les médiateurs • *Facteurs chimiotactiques*: attirent les leucocytes (neutrophiles, éosinophiles et basophiles) vers le foyer inflammatoire • *Perforine*: toxine cellulaire, provoque la lyse de la cellule • *Facteur de transfert*: libéré par les lymphocytes T cytotoxiques, mobilise les lymphocytes non sensibilisés, leur conférant les mêmes caractéristiques que les lymphocytes T cytotoxiques activés • *Interféron gamma*: rend les cellules des tissus résistantes à l'infection virale; stimule l'augmentation de l'expression des protéines du CMH des classes I et II, active les macrophages et les cellules tueuses naturelles, accentue l'activité des lymphocytes T et la transformation des lymphocytes B • *Facteur nécrosant des tumeurs*: comme la perforine, cause la mort cellulaire mais agit plus lentement; cause des dommages vasculaires sélectifs dans les tumeurs; accroît le chimiotactisme des granulocytes; contribue à l'activation des lymphocytes T
Monokines	Substances chimiques libérées par les macrophages activés: • *Interleukine 1* (Il-1): stimule la prolifération des lymphocytes T et cause la fièvre (elle pourrait être le pyrogène qui remonte le thermostat de l'hypothalamus) • *Interféron* (sous-type bêta 2, aussi appelé Il-6): contribue à la protection des cellules de tissus envahies par un virus en empêchant la réplication des virions; accentue l'activité des lymphocytes B et T • *Facteur nécrosant des tumeurs* (TNF) (voir plus haut)
Complément	Ensemble de protéines sériques activées après leur liaison aux complexes antigène-anticorps; provoque la lyse du microorganisme et accentue la réaction inflammatoire

lymphocytes cytotoxiques, qui conduit à la cytolyse, est longtemps demeuré mal connu, mais des recherches récentes ont mis en lumière des événements qui se déroulent dans certains cas au moins: (1) le lymphocyte T cytotoxique se lie fermement à la cellule cible et, durant cette période, les granules du lymphocyte T libèrent une substance chimique cytotoxique, la **perforine**, qui s'insère dans la membrane plasmique de la cellule cible (figure 22.18); (2) puis le lymphocyte cytotoxique se détache et se met à la recherche d'autres proies. Un peu plus tard, les molécules de perforine commencent à se polymériser dans la membrane de la cellule cible et forment des pores transmembranaires tout à fait semblables à ceux qui sont fabriqués par le système du complément. Ces pores agissent comme des canaux ioniques non spécifiques; étant donné que la concentration extracellulaire de Ca^{2+} est beaucoup plus élevée que sa concentration intracellulaire, le calcium envahit la cellule cible et provoque sa mort en moins de deux heures. Il semble que d'autres lymphocytes T cytotoxiques utilisent des signaux différents pour induire la lyse de la cellule cible et la fragmentation de son ADN, sans que l'on ait pu déceler une activité quelconque attribuable à la perforine. Les lymphocytes T cytotoxiques sécrètent aussi le **facteur nécrosant des tumeurs** (TNF, «tumor necrosis factor»), qui tue lentement les cellules cibles en l'espace de 48 à 72 heures (par un mécanisme encore inconnu).

Outre son rôle direct dans la cytolyse, le lymphocyte T

cytotoxique est également la source de nombreuses lymphokines, en particulier le facteur d'activation des macrophages (MAF), qui confère à ces derniers un effet cytotoxique, et les lymphokines qui inhibent leur migration (MIF, «macrophage migration inhibitory factor»); on compte aussi l'interféron, le facteur de transfert (TF, «transfer factor») qui confère aux lymphocytes non sensibilisés se trouvant dans la région de l'invasion les caractéristiques des lymphocytes cytotoxiques activés, ainsi que de nombreuses autres lymphokines(voir le tableau 22.4).

Lymphocytes T suppresseurs

À l'instar des lymphocytes T auxiliaires, les **lymphocytes T suppresseurs** matures sont des cellules de régulation. Ils ont cependant une action inhibitrice, car ils libèrent des lymphokines qui suppriment l'activité des lymphocytes T et B. Le rôle des lymphocytes T suppresseurs est essentiel pour diminuer et finalement arrêter la réaction immunitaire à la suite de l'inactivation et de la destruction de l'antigène. Ils empêchent ainsi une activité non maîtrisée ou inutile du système immunitaire. Les lymphocytes suppresseurs jouent également un rôle important dans la prévention des réactions auto-immunes et leur dysfonctionnement peut provoquer certains types de déficits immunitaires.

Greffes d'organes et prévention du rejet

Les greffes d'organes représentent le seul traitement efficace pour de nombreux patients en phase terminale d'une maladie cardiaque ou rénale; elles ont été pratiquées depuis plus de 30 ans avec un succès inégal. C'est le rejet par le système immunitaire qui pose un problème particulier quand il faut doter ces patients d'organes fonctionnels prélevés sur un donneur vivant ou mort depuis peu. Il existe quatre principales variétés de greffes:

1. Les **autogreffes** sont des greffes de tissus prélevés dans une région de l'organisme et transplantés dans une autre sur la même personne.
2. Les **isogreffes** sont des greffes dans lesquelles les donneurs sont des individus génétiquement identiques (les vrais jumeaux).
3. Les **allogreffes** sont des greffes effectuées à partir d'individus qui ne sont pas génétiquement identiques mais qui appartiennent à la même espèce.
4. Les **xénogreffes** sont des greffes dans lesquelles les donneurs et les receveurs n'appartiennent pas à la même espèce (la transplantation d'un cœur de babouin à un être humain, par exemple).

La réussite de la transplantation dépend de la compatibilité des tissus, parce que les lymphocytes T cytotoxiques vont réagir fortement pour détruire tout tissu étranger à l'organisme. Dans le cas des autogreffes et des isogreffes, les tissus proviennent d'un donneur idéal. Pourvu que l'apport sanguin soit suffisant et qu'il n'y ait pas d'infection, ces greffes sont toujours réussies car les protéines du CMH sont identiques. Les xénogreffes quant à elles ne sont jamais couronnées de succès chez l'être humain. Le type de greffe qui pose le plus de problèmes, et qui est aussi le plus fréquemment pratiqué, est l'allogreffe, dans laquelle le greffon provient habituellement d'un cadavre.

Plusieurs mesures doivent être prises avant de tenter une allogreffe. Il est nécessaire de déterminer dans un premier temps les antigènes des groupes sanguins du système ABO et des autres systèmes du donneur et du receveur. Leur compatibilité est essentielle afin d'empêcher le rejet provenant des attaques sur les antigènes des groupes sanguins, qui sont aussi présents sur la plupart des cellules de l'organisme. Ensuite, il faut déterminer le niveau de compatibilité des antigènes du CMH du receveur et du donneur. À cause de la variété considérable de CMH dans les tissus humains, une bonne compatibilité entre les tissus d'individus sans lien de parenté est difficile à obtenir. La compatibilité doit cependant être d'au moins 75 %.

Après l'intervention chirurgicale, le patient doit suivre un *traitement immunosuppresseur* qui fait intervenir un ou plusieurs des éléments suivants: (1) les corticostéroïdes, comme la prednisone, pour éliminer l'inflammation; (2) les médicaments cytotoxiques, comme l'azathioprine; (3) les radiations ionisantes (rayons X); (4) les globulines antilymphocytaires (GAL); (5) la cyclosporine. Plusieurs de ces médicaments détruisent les cellules qui se divisent rapidement (comme les lymphocytes activés), et tous provoquent des effets indésirables prononcés. Malgré tout, la cyclosporine a remarquablement amélioré les chances de survie des patients ayant subi des transplantations rénale, hépatique, cardiaque et cœur-poumon. Autorisée en 1983, la cyclosporine est un immunosuppresseur sélectif; ses cellules cibles sont les lymphocytes T auxiliaires dont elle inhibe la fonction immunitaire de façon sélective et réversible. La cyclosporine pénètre dans le noyau des lymphocytes T auxiliaires et inhibe la transcription des lymphokines, notamment l'interleukine 2. En l'absence de cette dernière, les cellules effectrices du processus inflammatoire ne sont plus stimulées et les signes cliniques s'estompent. En revanche, la fonction hématopoïétique de la moelle rouge des os n'est pas affectée, non plus que la production d'anticorps par les lymphocytes déjà sensibilisés. Par ailleurs, le risque d'infection n'est pas augmenté parce que la cyclosporine n'agit aucunement sur les macrophages.

Lorsque le système immunitaire du patient n'est plus en mesure de protéger l'organisme contre d'autres agents étrangers, on parle d'**immunosuppression**: il s'agit là du problème majeur relié au traitement immunosuppresseur. Des signes cliniques de cancer apparaissent parfois chez les patients qui ont reçu un traitement immunosuppresseur, mais le cancer tend à disparaître lorsque le traitement médicamenteux est interrompu. L'infection bactérienne et virale fulminante demeure la cause de décès la plus fréquente chez ces patients. Pour assurer le succès de la greffe et la survie du patient, il faut que l'immunosuppression soit suffisante pour empêcher le rejet du greffon, sans toutefois être toxique, et il est nécessaire d'avoir recours aux antibiotiques afin de maîtriser les infections.

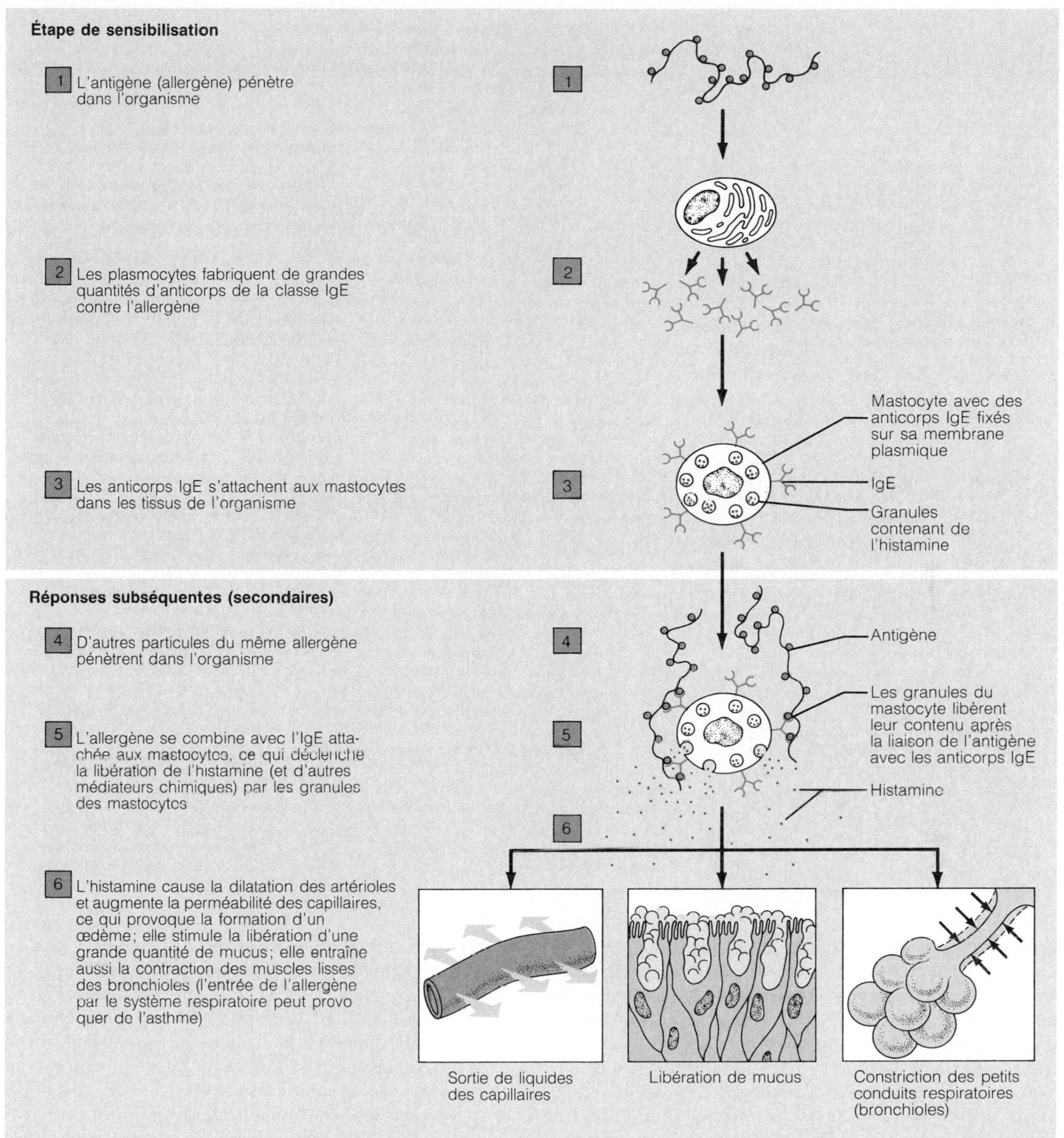
Étape de sensibilisation
1 L'antigène (allergène) pénètre dans l'organisme
1
2 Les plasmocytes fabriquent de grandes quantités d'anticorps de la classe IgE contre l'allergène
2
Mastocyte avec des anticorps IgE fixés sur sa membrane plasmique
3 Les anticorps IgE s'attachent aux mastocytes dans les tissus de l'organisme
3
IgE
Granules contenant de l'histamine
Réponses subséquentes (secondaires)
4 D'autres particules du même allergène pénètrent dans l'organisme
4
Antigène
Les granules du mastocyte libèrent leur contenu après la liaison de l'antigène avec les anticorps IgE
5 L'allergène se combine avec l'IgE attachée aux mastocytes, ce qui déclenche la libération de l'histamine (et d'autres médiateurs chimiques) par les granules des mastocytes
5
Histamine
6
6 L'histamine cause la dilatation des artérioles et augmente la perméabilité des capillaires, ce qui provoque la formation d'un œdème; elle stimule la libération d'une grande quantité de mucus; elle entraîne aussi la contraction des muscles lisses des bronchioles (l'entrée de l'allergène par le système respiratoire peut provoquer de l'asthme)
Sortie de liquides des capillaires
Libération de mucus
Constriction des petits conduits respiratoires (bronchioles)

Figure 22.19 Mécanisme d'une réponse allergique de type I.

Déséquilibres homéostatiques de l'immunité

Dans certaines circonstances, le système immunitaire se trouve en état d'immunosuppression ou bien agit de façon à porter atteinte à l'organisme lui-même. La plupart de ces problèmes relèvent de déficits immunitaires, d'hypersensibilités ou de maladies auto-immunes.

Déficits immunitaires

Les **déficits immunitaires** comprennent les affections congénitales et acquises dans lesquelles la production et

GROS PLAN SIDA: la peste du XXe siècle

En octobre 1347, plusieurs navires firent escale en Sicile et, en l'espace de quelques jours, tous les marins qu'ils transportaient moururent de la peste bubonique. Vers la fin du XIVe siècle, environ 70 % de la population européenne avait été décimée par la «peste noire». En janvier 1987, aux États-Unis, le ministre de la Santé et des Affaires sociales mit en garde ses concitoyens contre le *syndrome d'immunodéficience acquise* (SIDA) qui, selon lui, pourrait bien être la peste du XXe siècle. Ces termes semblent excessifs; mais représentent-ils la réalité?

Aux États-Unis, le SIDA a été détecté pour la première fois en 1981 chez des hommes homosexuels et des toxicomanes des deux sexes utilisant des produits injectables; mais il avait déjà atteint la population hétérosexuelle africaine depuis plusieurs années. Le «SIDA avéré» se présente sous deux formes: le syndrome associé au SIDA (ARC, «AIDS-related complex») se caractérise par une importante perte pondérale, des sueurs nocturnes et des ganglions lymphatiques gonflés; dans sa forme complète, le SIDA présente les mêmes symptômes accompagnés d'infections opportunistes dont la fréquence va en augmentant, et qui comprennent une forme rare de pneumonie (appelée *pneumocystose*) due à un protozoaire, *Pneumocystis carinii,* ainsi qu'une affection maligne bizarre, le *sarcome de Kaposi,* une maladie vasculaire de type cancéreux se manifestant par des lésions violacées de la peau. Certaines victimes du SIDA finissent par présenter un trouble de l'élocution et une démence profonde. La progression du SIDA est inexorable; la maladie évolue vers un affaiblissement et la mort causés par le cancer ou par une infection contre laquelle le système immunitaire est impuissant.

Le SIDA est causé par un virus transmis uniquement par les sécrétions de l'organisme: le sang, le sperme et, peut-être, les sécrétions vaginales. Le virus pénètre dans l'organisme par l'intermédiaire de transfusions sanguines ou d'aiguilles contaminées par le sang, ainsi qu'au cours de contacts sexuels dans lesquels la muqueuse est déchirée (et saigne) ou présente des lésions actives causées par des maladies transmissibles sexuellement. Bien que le virus du SIDA ait aussi été détecté dans la salive et dans les larmes, il ne semble pas se transmettre par ces sécrétions.

Le virus, appelé VIH (virus de l'immunodéficience humaine), détruit les lymphocytes T auxiliaires, ce qui provoque un déficit de l'immunité à médiation cellulaire. Bien que, dans un premier temps, le taux d'anticorps et l'activité des lymphocytes T cytotoxiques augmentent en réponse à l'exposition virale, un important déficit d'anticorps normaux se produit peu à peu, et les lymphocytes cytotoxiques ne réagissent plus aux signaux du virus. Tout le système immunitaire est complètement bouleversé. Le virus envahit aussi le cerveau, ce qui explique les symptômes neurologiques (démence) de certains patients. Malgré quelques exceptions, la plupart des victimes du SIDA meurent en l'espace de quelques mois à huit ans après le diagnostic.

La spécificité infectieuse du VIH souligne le fait que les protéines CD4 (grâce auxquelles les informations sont échangées entre les cellules immunitaires) constituent un élément important dans l'attaque du VIH. Une protéine particulière de l'enveloppe virale du VIH s'insère dans le récepteur du lymphocyte CD4, comme le culot d'une ampoule dans une douille, et lorsque les deux protéines sont arrimées, le contenu du virus pénètre à l'intérieur de la cellule. Une fois entré, le VIH «s'installe», utilisant l'enzyme transcriptase inverse pour synthétiser une molécule d'ADN à partir des informations encodées dans son ARN. Cette copie d'ADN, dès lors appelée provirus, s'insère ensuite dans l'ADN de la cellule hôte et devient temporairement latente. Lorsque le provirus est activé, il oblige la cellule hôte à fabriquer de nouvelles copies de l'ARN viral (et des protéines) si bien que le virus peut se multiplier et infecter d'autres cellules immunitaires. Le récepteur CD4 facilite aussi la transmission du virus d'une cellule infectée à une cellule non infectée. Bien que les lymphocytes T auxiliaires soient les principales cibles du VIH, d'autres cellules de l'organisme porteuses de ce récepteur CD4 (comme les macrophages, les neutrophiles et les

la fonction des cellules immunitaires, des phagocytes ou du complément sont anormales. Les *affections congénitales* les plus néfastes sont l'**aplasie thymique,** caractérisée par le non-développement du thymus, et les **syndromes d'immunodéficience combinée sévère** (**SCID**), qui se traduisent par un déficit marqué en lymphocytes B et T. Comme les lymphocytes T sont essentiels au fonctionnement normal des *deux* voies du système immunitaire, les enfants affligés de l'une ou l'autre de ces affections ne possèdent qu'une faible protection, voire aucune, contre les agents pathogènes en tout genre. Des infections mineures, dont la plupart des enfants se débarrassent facilement, apparaissent peu après la naissance et causent un affaiblissement considérable. Laissées sans traitement, ces affections sont mortelles, mais des transplantations de tissu thymique fœtal se sont avérées prometteuses chez les enfants qui n'ont pas de thymus, et des greffes de moelle osseuse (qui fournissent des cellules souches normales) ont amélioré la condition des victimes de SCID. Cependant, dans certains cas, les cellules souches transplantées ne réussissent ni à survivre ni à se multiplier, tandis que, chez d'autres patients, les lymphocytes transplantés déclenchent une attaque qui met en danger les tissus du receveur; cette réaction est appelée *réaction du greffon contre l'hôte.* (L'usage d'anticorps monoclonaux en vue d'éliminer les lymphocytes T du greffon de moelle a permis de résoudre ce dernier problème.) Sans ces traitements, le seul espoir de survie pour les enfants atteints consiste à passer le restant de leurs jours derrière des barrières de protection qui ne laissent pas pénétrer les agents infectieux.

Il existe divers *déficits immunitaires acquis.* Par exemple, la *maladie de Hodgkin,* un cancer des ganglions lymphatiques, peut conduire à un déficit immunitaire en s'attaquant aux cellules de ces ganglions; par ailleurs, certains médicaments utilisés dans le traitement du cancer visent l'immunosuppression. De nos jours, cependant, le plus important et le plus néfaste des déficits immunitaires acquis est le **syndrome d'immunodéficience acquise** (**SIDA**). Dans l'encadré des p. 716 et 717, nous faisons le point sur cette maladie qui affaiblit le système immunitaire en détruisant les lymphocytes T auxiliaires.

neurones du cerveau) sont exposées à l'infection par le VIH.

Depuis 1981, une épidémie de SIDA s'est déclarée aux États-Unis. À la fin de 1989, plus de 115 000 cas avaient été diagnostiqués à l'échelle nationale, dont plus de 68 000 (59 %) étaient décédés. En outre, pour chaque cas diagnostiqué, il y a probablement cent porteurs asymptomatiques, car le provirus peut se cacher dans les lymphocytes T sans être détecté par l'épreuve de détection des anticorps du VIH. En effet, l'épreuve d'antigènes du VIH (l'épreuve la plus perfectionnée qui détecte des parties de l'ADN du virus dans les cellules infectées) indique qu'entre 20 et 25 % des sujets à risque chez lesquels une épreuve antérieure pour détecter les anticorps du VIH s'était révélée négative étaient en fait infectés par le virus. De plus, la maladie a une longue période d'incubation (de quelques mois à dix ans) entre l'exposition au virus et l'apparition des symptômes cliniques. Non seulement le nombre de cas détectés a-t-il grimpé de façon exponentielle dans les populations à risque, mais le «profil du SIDA» évolue. On dénombre maintenant des victimes qui ne font pas partie des groupes considérés, au début, comme à risque élevé. Avant l'existence d'épreuves fiables pour l'analyse des dons de sang, certaines personnes ont été contaminées par le virus à la suite de transfusions sanguines. Les hémophiles ont été particulièrement frappés car les facteurs de la coagulation sanguine (principalement le facteur VIII) dont ils ont besoin provenaient de groupes de donneurs. À partir de 1984, les fabricants ont commencé à prendre des mesures pour éliminer le virus, mais 60 % des hémophiles aux États-Unis avaient déjà été infectés à cette époque selon les estimations. Le virus peut aussi être transmis au fœtus par une mère infectée. Même si ce sont toujours les hommes homosexuels qui forment le contingent le plus important de cas transmis sexuellement, de plus en plus d'hétérosexuels sont victimes de la maladie. L'augmentation quasi épidémique des cas diagnostiqués chez les adolescents est particulièrement inquiétante.

À la fin de 1989, il a été dénombré 24 000 cas de SIDA chez les toxicomanes qui utilisent des drogues injectables. Actuellement, les drogués comptent pour 25 % de tous les cas de SIDA. De plus, 75 % des cas de SIDA chez les nouveau-nés surviennent dans les milieux où la toxicomanie est fréquente. Cette révélation bouleversante a poussé le Conseil national de la recherche à recommander au gouvernement de fournir des aiguilles stériles aux toxicomanes; des programmes de distribution gratuite d'aiguilles ont été mis sur pied dans de nombreuses villes.

Même si la maladie ne se propage pas par simple contact, des groupes de gens apeurés réclament que les enfants porteurs du SIDA soient écartés des écoles, des employeurs exigent des épreuves de détection du SIDA préalablement à l'embauche et des compagnies d'assurances refusent d'assurer les personnes qui ne se soumettent pas à ce genre d'épreuves. Des gens ont cessé de donner du sang par peur de l'infection (ils ne peuvent pas être infectés), de sorte que les réserves de sang nécessaires aux patients en chirurgie sont insuffisantes.

Malgré le perfectionnement croissant des épreuves de détection des porteurs du VIH, aucun remède n'a encore été trouvé pour combattre le SIDA. L'AZT (azidothymidine), le seul médicament entièrement approuvé pour le traitement du SIDA, s'est révélé apte à prolonger la vie en inhibant la réplication virale. Les médecins encouragent les gens à subir des épreuves pour le SIDA, ce qui leur permettrait de commencer un traitement le plus tôt possible.

Plusieurs des «nouveaux» médicaments, ainsi que ceux qui en sont encore au stade expérimental, peuvent se révéler des agents anti-SIDA efficaces. Le facteur de transfert, une des lymphokines libérées par les lymphocytes T cytotoxiques, apporte de grands espoirs aux patients atteints du syndrome associé au SIDA (ARC); une version en aérosol de la pentamidine, un antibiotique habituellement utilisé pour combattre la pneumocystose, est prescrite pour prévenir cette pneumonie dont l'issue est fatale. La protéine CD4 de synthèse (qui peut jouer le rôle de leurre et attirer le virus hors des cellules immunitaires de l'organisme) et les inhibiteurs de protéase (qui inactivent les enzymes nécessaires à la réplication du VIH) semblent aussi porteurs d'espoir.

Comme le conseillent les médias, la meilleure prévention actuellement consiste probablement à utiliser des condoms pour s'assurer de rapports sexuels «sans risque» avec un ou une partenaire que l'on connaît bien. La seule alternative, c'est l'abstinence sexuelle.

Hypersensibilités

On a pensé pendant un certain temps que la réaction immunitaire était toujours bénéfique; les dangers qu'elle représente furent cependant rapidement découverts. Les **hypersensibilités** ou **allergies** (*allos* = autre; *ergon* = réaction) sont des réactions immunitaires anormalement vigoureuses au cours desquelles le système immunitaire cause des lésions tissulaires en combattant ce qu'il perçoit comme une «menace» (tels le pollen ou les phanères animaux) mais qui ne représenterait par ailleurs aucun danger pour l'organisme. Le terme **allergène** établit la distinction entre ce type d'antigènes et les antigènes qui déclenchent des réactions immunitaires protectrices normales.

Il existe différents types de réactions d'hypersensibilité qui se distinguent par le temps d'apparition de leurs symptômes d'une part et par la nature des principaux éléments immunitaires en jeu, soit les anticorps ou les lymphocytes, d'autre part. Dans la classification des réactions d'hypersensibilités établie selon leur mécanisme immunologique par Coombs et Gell, ces réactions appartiennent à quatre types (I, II, III et IV). Les *hypersensibilités de type I (anaphylactiques)* et *de type II (cytotoxiques)* sont des allergies provoquées par des anticorps. Les complexes antigène-anticorps sont en cause dans les *hypersensibilités de type III (semi-retardées)* tandis que les lymphocytes T interviennent dans les *hypersensibilités de type IV (retardées).*

Hypersensibilités de type I

Les effets des **hypersensibilités de type I** (**anaphylactiques**) commencent à se faire sentir presque immédiatement après le contact avec l'allergène. La libération des médiateurs chimiques de l'inflammation est responsable des signes cliniques de l'allergie. Ces derniers disparaissent habituellement après une demi-heure environ.

Anaphylaxie. L'**anaphylaxie** représente le type le plus courant d'hypersensibilité de type I. L'anaphylaxie, qui signifie littéralement «protection à rebours», est déclenchée lorsque les molécules de l'allergène se fixent aux anticorps IgE attachés à la membrane plasmique des

mastocytes et des **basophiles.** La liaison de l'allergène aux anticorps IgE stimule la dégranulation des mastocytes et des basophiles et libère ainsi un flot d'histamine et de sérotonine (médiateurs vasomoteurs) ainsi que d'autres médiateurs qui provoquent la réaction inflammatoire caractéristique de l'anaphylaxie (figure 22.19).

Les réactions anaphylactiques sont soit locales soit générales (systémiques). Comme les mastocytes sont particulièrement abondants dans les tissus conjonctifs de la peau et dans les voies respiratoires et gastro-intestinales, ces régions sont fréquemment le siège de réactions allergiques localisées. Toutes les réactions localisées se caractérisent par la formation d'un œdème, car l'histamine libérée rend les vaisseaux sanguins perméables. D'autres signes et symptômes bien connus, comme l'écoulement nasal, le larmoiement et les démangeaisons et rougeurs de la peau (urticaire) touchent des tissus spécifiques. Lorsque l'allergène est inhalé dans les poumons, les symptômes de l'asthme apparaissent à mesure que les muscles lisses des parois des bronchioles se contractent, ce qui réduit le diamètre de ces petits conduits et réduit l'écoulement de l'air. Lorsque l'allergène est ingéré (dans les aliments ou par l'intermédiaire de médicaments), des malaises gastro-intestinaux (crampes, vomissements ou diarrhée) surviennent. Les médicaments anti-allergiques vendus sans ordonnance et contenant des antihistaminiques neutralisent de manière efficace ces effets dus à l'histamine.

Fort heureusement, le **choc anaphylactique,** c'est-à-dire la réaction systémique (qui affecte l'organisme dans son ensemble), est assez rare. Le choc anaphylactique survient habituellement lorsque l'allergène est introduit directement dans le sang et circule rapidement dans tout l'organisme, comme cela peut arriver dans certains cas de piqûres d'abeilles ou d'araignées. Il peut se déclencher aussi chez des individus sensibles, à la suite de l'injection d'une substance étrangère (tels la pénicilline ou d'autres médicaments qui jouent le rôle d'haptènes). Le mécanisme du choc anaphylactique est essentiellement le même que celui des réponses locales; mais, lorsqu'un très grand nombre de mastocytes et de basophiles libèrent de l'histamine dans toutes les régions de l'organisme, le résultat peut être mortel. Les bronchioles se resserrent et rendent la respiration difficile; de plus, la vasodilatation soudaine et la perte de liquide de la circulation sanguine peuvent provoquer un état de choc, dont l'un des symptômes est une chute marquée de la pression artérielle. Le choc anaphylactique peut entraîner la mort en quelques minutes. L'adrénaline, un vasoconstricteur et un bronchodilatateur, est le médicament le plus efficace pour contrer ses effets.

Atopie. Bien que le terme «anaphylaxie» englobe la plupart des hypersensibilités de type I, il n'inclut pas un cas assez fréquent appelé **atopie** (*a* = sans; *topos* = lieu). Environ 10% de la population des États-Unis ont une prédisposition héréditaire à avoir spontanément (sans étape préalable de sensibilisation) des allergies de type I à certains antigènes environnementaux (comme les pollens de plantes ou la poussière de maison). En conséquence, lorsque ces personnes se trouvent en présence de quantités même infimes de l'allergène approprié, elles manifestent rapidement des symptômes d'urticaire, de rhume des foins ou d'asthme.

Hypersensibilités de type II

Les **hypersensibilités de type II** (**cytotoxiques**), tout comme les hypersensibilités de type I, sont causées par des anticorps (dans ce cas, les IgG et les IgM plutôt que les IgE) et sont transmissibles par l'intermédiaire du plasma ou du sérum. Toutefois, leur apparition est plus lente (de une à trois heures après l'exposition à l'antigène au lieu de quelques minutes) et la durée de la réaction est plus longue (de dix à quinze heures au lieu de moins d'une heure).

Les réactions de type II interviennent dans l'auto-immunité et les réactions transfusionnelles. Des réactions cytotoxiques se déclenchent lorsque les anticorps se lient aux antigènes attachés à la membrane plasmique de cellules spécifiques de l'organisme et que, par la suite, ils stimulent la phagocytose et la lyse, en présence du complément. Par exemple, les globules rouges incompatibles transfusés s'agglutinent parce que les anticorps se fixent aux antigènes, et ils sont lysés par le système du complément.

Hypersensibilités de type III

Les **hypersensibilités de type III** (**semi-retardées**) surviennent lorsque les antigènes se sont répartis dans le sang et dans l'organisme, et que les complexes immuns (antigène-anticorps) formés ne peuvent pas être éliminés d'une région précise. (Cette situation peut être la manifestation d'une infection persistante ou de la présence d'une énorme quantité de complexes antigène-anticorps.) Il se produit une réaction inflammatoire intense, accompagnée de cytolyse en présence du complément et de phagocytose par les neutrophiles, ce qui provoque localement de graves lésions des tissus. Les hypersensibilités de type III comprennent les affections pulmonaires comme la *maladie du poumon de fermier* (due à l'inhalation de foin moisi) et la *maladie des champignonnistes* (causée par l'inhalation de spores de champignons). De plus, de nombreuses réactions allergiques de type III accompagnent des affections auto-immunes, comme nous le verrons ultérieurement.

Hypersensibilités de type IV

Les **hypersensibilités de type IV** (**retardées**) regroupent les réactions qui apparaissent plus de 12 heures après le contact avec l'antigène et qui persistent plus longtemps (de un à trois jours) qu'une réaction d'hypersensibilité (laquelle dépend de la présence d'anticorps, comme dans l'anaphylaxie ou la réaction cytotoxique). Ce type d'hypersensibilités repose sur l'interaction entre un antigène et les lymphocytes T. Leur mécanisme est fondamentalement celui de la réaction immunitaire à médiation cellulaire. Cependant, la réaction *normale* à la plupart des agents pathogènes est fonction en grande partie des lymphocytes T cytotoxiques dirigés contre des antigènes spécifiques, alors que les réactions d'hypersensibilité retardée font intervenir, outre des lymphocytes cytotoxiques, un sous-groupe particulier de lymphocytes CD4 déjà sensibilisés, parfois appelés **lymphocytes T de l'hypersensibilité retardée.** De plus, les réactions d'hypersensibilité retardée reposent en grande partie sur la stimulation de l'activité des macrophages par des lymphokines et la destruction de n'importe quel type de cellules. L'hypersensibilité retardée aux antigènes peut être transmise de façon passive d'une personne à une autre par des transfusions de sang total contenant les lymphocytes T qui déclenchent cette réaction.

Les lymphokines libérées par les lymphocytes T sont les principaux médiateurs de ces réactions inflammatoires. C'est la raison pour laquelle les antihistaminiques ne sont d'aucun secours contre les réactions d'hypersensibilité retardée; par contre, les corticostéroïdes procurent un certain soulagement.

Les exemples les plus connus de réactions d'hypersensibilité retardée sont les cas d'**eczémas de contact** qui apparaissent après un contact de la peau avec le sumac vénéneux, avec des métaux lourds (plomb, mercure et autres) et certains produits chimiques (cosmétiques et déodorants), qui agissent tous comme haptènes. Après avoir diffusé à travers la peau et s'être attachés aux protéines du soi, ces agents sont perçus comme étrangers et attaqués par les cellules immunitaires. Le *test de Mantoux* et le *test à la tuberculine,* des épreuves cutanées destinées à détecter la tuberculose, reposent sur des réactions d'hypersensibilité retardée. Dans le test de Mantoux, la tuberculine introduite par injection intradermique provoque la formation d'une petite lésion dure (induration), qui peut persister pendant des jours, si la personne a été sensibilisée à l'antigène.

Les réactions d'hypersensibilité retardée sont responsables d'un grand nombre de réactions de protection aussi bien que de destruction, incluant (1) la protection contre les virus, les bactéries, les champignons et les protozoaires; (2) la résistance au cancer; (3) le rejet de greffons étrangers ou d'organes transplantés. Elles sont particulièrement efficaces contre certains agents pathogènes intracellulaires comme les salmonelles (bactéries) et certaines levures. Ces agents pathogènes sont facilement phagocytés par les macrophages mais ils ne sont pas tués. Ils peuvent même se multiplier à l'intérieur de leurs hôtes à moins que les macrophages ne soient activés par les lymphokines pour tuer les microorganismes. Ainsi, la libération d'une grande quantité de lymphokines au cours des réactions d'hypersensibilité retardée joue un rôle de protection important.

Maladies auto-immunes

Il arrive que le système immunitaire perde sa remarquable capacité de distinguer le soi (ami) du non-soi (ennemi), c'est-à-dire d'accepter les auto-antigènes tout en reconnaissant et en attaquant les antigènes étrangers. Lorsque tel est le cas, l'organisme sécrète des anticorps (*auto-anticorps*) et des lymphocytes T effecteurs sensibilisés contre ses propres tissus, ce qui cause leur destruction. Ce phénomène est appelé **maladie auto-immune.** Il semble que l'un des événements suivants (ou plusieurs) soit le facteur déclenchant des maladies auto-immunes.

1. Changements dans la structure des auto-antigènes. Les protéines de l'organisme peuvent subitement devenir des «intruses» si elles sont déformées ou modifiées d'une façon quelconque. Si les auto-antigènes sont associés à des haptènes, par exemple, ils peuvent être reconnus comme étrangers. La *thrombopénie auto-immune,* un trouble au cours duquel les plaquettes sont détruites par des auto-anticorps, peut apparaître chez les personnes sensibles aux médicaments comme l'aspirine et les antihistaminiques, qui se lient aux membranes plaquettaires et élaborent de «nouveaux» antigènes.

Les anticorps qui sont endommagés ou partiellement dégradés par les enzymes libérées au cours de la réaction immunitaire peuvent ne pas être reconnus comme faisant partie du soi. Cela peut être la cause de certaines formes d'arthrite rhumatoïde, dans lesquelles une réaction inflammatoire initiale aux streptocoques dans une cavité articulaire est à l'origine de la dégradation des anticorps IgG formés contre l'agent pathogène. Les complexes immuns formés par la liaison des IgM (dénommés *facteurs rhumatoïdes*) aux anticorps IgG modifiés activent le complément, ce qui conduit à la destruction locale de tissus. Ce type d'auto-immunité est en réalité un exemple d'hypersensibilité de type III (où interviennent les complexes immuns).

Les auto-antigènes situés sur les cellules endommagées par une maladie ou une infection peuvent aussi manifester une certaine vulnérabilité. Par exemple, les infections virales peuvent conduire à des réactions auto-immunes et jouer un rôle primordial dans la *sclérose en plaques* et dans le *diabète insulinodépendant,* deux maladies auto-immunes. L'apparition d'auto-antigènes entièrement nouveaux découle fréquemment de mutations génétiques dans une cellule. Si la nouvelle protéine est liée à la surface externe de la cellule, elle sera reconnue comme étrangère.

2. Apparition, dans la circulation, de protéines du soi qui n'ont pas déjà été exposées au système immunitaire. Des auto-antigènes échappent à la surveillance du système immunitaire au cours du développement fœtal et ne sont pas, par conséquent, reconnus comme faisant partie du soi. Ces antigènes «cachés» sont situés dans les spermatozoïdes, le cristallin, le tissu nerveux et la glande thyroïde. Par exemple, les spermatozoïdes en cours de développement sont protégés du système immunitaire par la barrière hémato-testiculaire et, étant donné que les spermatozoïdes ne se forment pas avant la puberté, le système immunitaire n'est pas exposé à leurs antigènes. Si les testicules deviennent enflammés, cependant, il se peut que les antigènes des spermatozoïdes s'échappent dans la circulation; les testicules deviennent alors une cible de la réaction immunitaire, ce qui cause la stérilité.

3. Réaction croisée des anticorps produits contre les antigènes étrangers avec les auto-antigènes. Les anticorps produits contre un antigène étranger effectuent parfois une réaction croisée avec un auto-antigène qui possède des sites très semblables. Par exemple, nous savons que les anticorps générés lors d'une infection streptococcique opèrent une réaction croisée avec les antigènes du

Système immunitaire

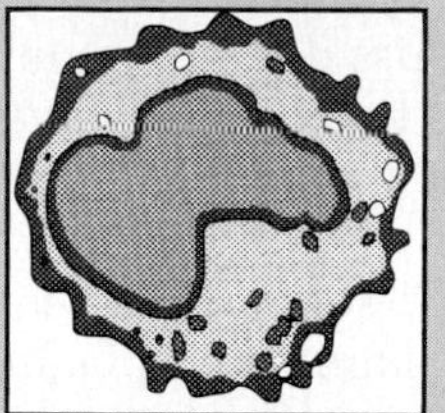

Système tégumentaire

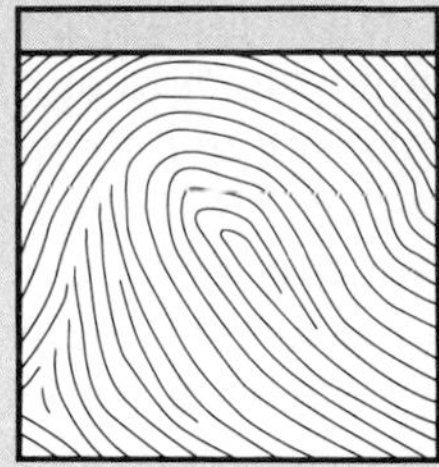

▶ Les cellules épithéliales kératinisées forment une barrière mécanique contre les agents pathogènes; les macrophages jouent le rôle de cellules présentatrices d'antigènes

◀ Renforce le rôle protecteur de la peau en assurant les mécanismes de défense spécifique

Système osseux

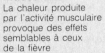

▶ Les lymphocytes et les macrophages sont issus de la moelle osseuse

◀ Protège contre des agents pathogènes, les cellules cancéreuses et les toxines bactériennes

Système musculaire

▶ La chaleur produite par l'activité musculaire provoque des effets semblables à ceux de la fièvre

◀ Protège contre des agents pathogènes, les cellules cancéreuses et les toxines bactériennes

Système nerveux

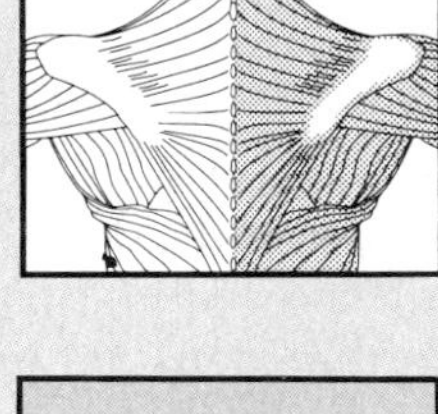

▶ Les neuropeptides opiacés peuvent influer sur la fonction immunitaire; contribue à la modulation et à la régulation de la réaction immunitaire

◀ Protège seulement les structures du système nerveux périphérique, car les cellules immunitaires ne pénètrent pas dans le SNC

Système endocrinien

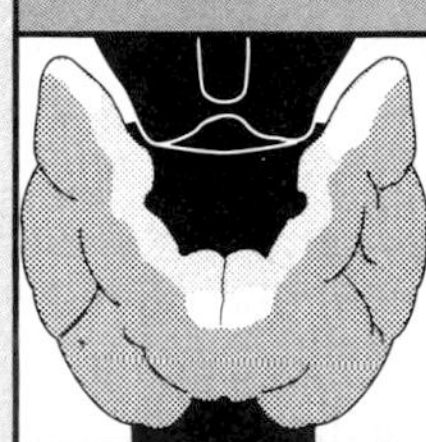

▶ Les hormones libérées au cours d'un stress (adrénaline, glucocorticoïdes) dépriment l'activité immunitaire; les hormones thymiques «programment» les lymphocytes T

◀ Protège contre des agents pathogènes, les cellules cancéreuses et les toxines bactériennes

Système cardiovasculaire

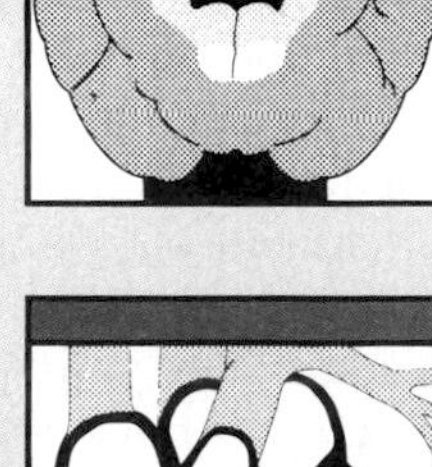

▶ Le sang permet la circulation des cellules immunitaires, du complément, etc.

◀ Protège contre des agents pathogènes, les cellules cancéreuses et les toxines bactériennes

Système lymphatique

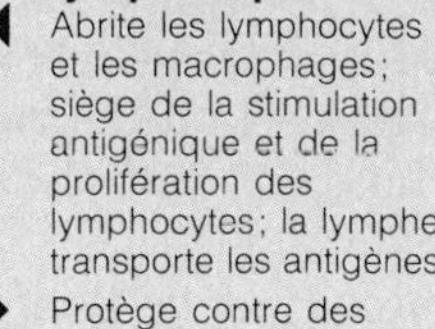

◀ Abrite les lymphocytes et les macrophages; siège de la stimulation antigénique et de la prolifération des lymphocytes; la lymphe transporte les antigènes

▶ Protège contre des agents pathogènes, les cellules cancéreuses et les toxines bactériennes

Système respiratoire

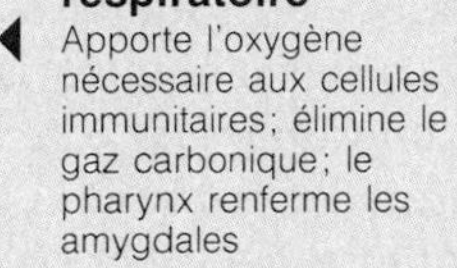

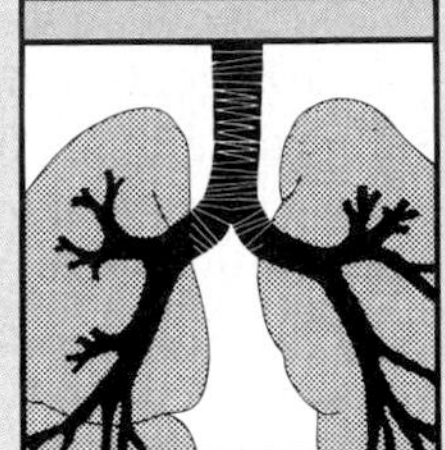

◀ Apporte l'oxygène nécessaire aux cellules immunitaires; élimine le gaz carbonique; le pharynx renferme les amygdales

▶ Les lymphocytes «garnissent» les amygdales et sécrètent l'IgA pour protéger la muqueuse respiratoire; l'asthme est une réponse allergique

Système digestif

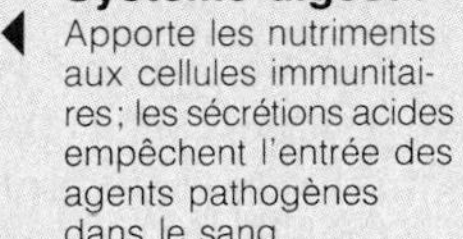

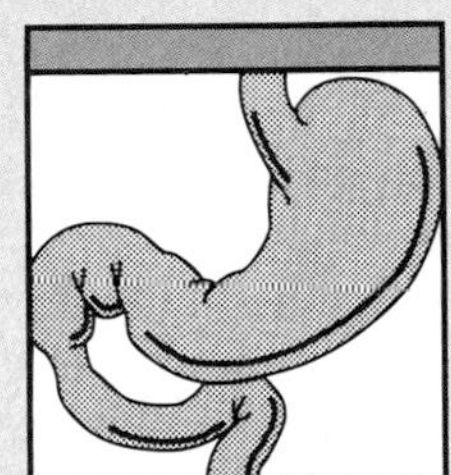

◀ Apporte les nutriments aux cellules immunitaires; les sécrétions acides empêchent l'entrée des agents pathogènes dans le sang

▶ Les lymphocytes sont nombreux dans la paroi intestinale; protège contre des agents pathogènes et les cellules cancéreuses

Système urinaire

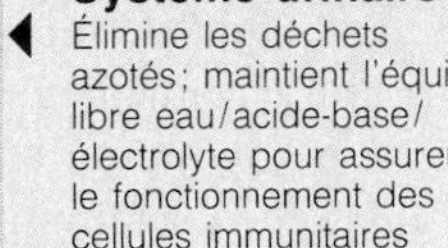

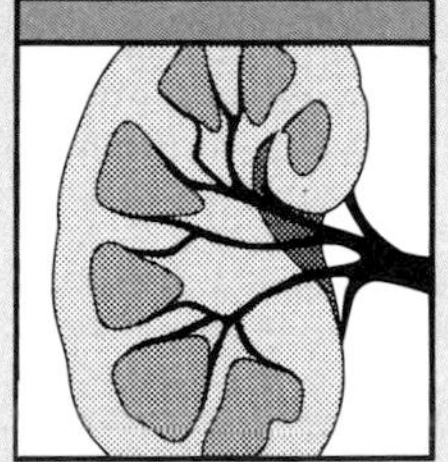

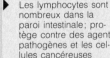

◀ Élimine les déchets azotés; maintient l'équilibre eau/acide-base/électrolyte pour assurer le fonctionnement des cellules immunitaires

▶ Protège contre des agents pathogènes et les cellules cancéreuses

Système génital

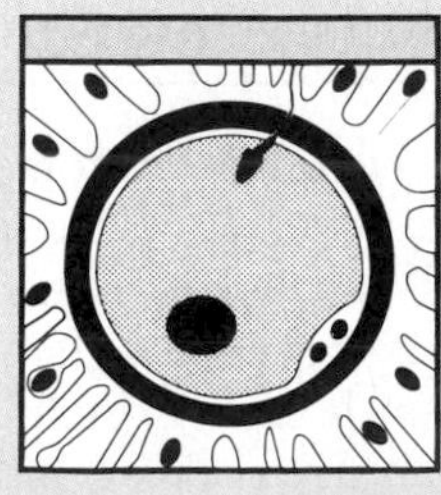

◀ Les hormones de reproduction peuvent influer sur le fonctionnement de l'immunité; l'acidité des sécrétions vaginales empêche la multiplication des bactéries

▶ Protège contre des agents pathogènes et les cellules cancéreuses

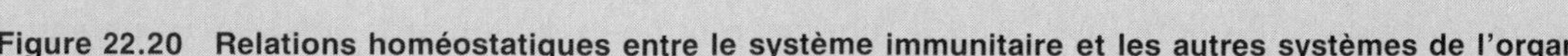

Figure 22.20 Relations homéostatiques entre le système immunitaire et les autres systèmes de l'organisme.

cœur, d'où des lésions permanentes au muscle et aux valves cardiaques, ainsi qu'aux articulations et aux reins. Cette séquelle auto-immune est connue sous le nom de *rhumatisme articulaire aigu.* ■

Développement et vieillissement du système immunitaire

L'apparition de l'immunité est liée au développement ordonné des organes et des cellules lymphatiques. Comme le développement des organes du système lymphatique a déjà été décrit au chapitre 21, nous allons maintenant concentrer notre attention sur les cellules du système immunitaire. Les cellules souches du système immunitaire prennent naissance dans le foie et la rate très tôt au cours du développement embryonnaire. Plus tard, au cours du développement fœtal, la moelle osseuse devient la source principale des cellules souches (hémocytoblastes), et elle continue à jouer ce rôle tout au long de la vie adulte. Vers la fin de la vie fœtale et peu après la naissance, les jeunes lymphocytes deviennent autotolérants et immunocompétents au sein des organes qui les «programment» (thymus et moelle osseuse) et migrent ensuite vers les autres tissus lymphatiques. Après la stimulation antigénique, les populations de lymphocytes T et B complètent leur développement pour achever leur maturation en cellules effectrices et régulatrices.

La capacité du système immunitaire à reconnaître les substances étrangères est déterminée génétiquement. Cependant, le système nerveux joue aussi un rôle important sur le plan à la fois de la régulation et de l'activité de la réaction immunitaire. En dépit de leurs «langages» différents, les systèmes nerveux et immunitaire semblent partager quelques «mots» communs, c'est-à-dire quelques neuropeptides opiacés. À l'instar des neurones, de nombreuses cellules intervenant dans la réaction immunitaire élaborent ou possèdent des récepteurs pour les neuropeptides opiacés, des facteurs dont on sait depuis longtemps qu'ils influent sur l'humeur et le comportement. Il semble que quelques-uns de ces neuropeptides possèdent aussi une fonction spécifique dans le système immunitaire. De nombreux scientifiques sont persuadés que les macrophages possèdent des récepteurs pour ces neuropeptides, qui sont libérés par des neurones sensitifs régissant la douleur et par des lymphocytes. On ignore la raison pour laquelle ces cellules, qui jouent un rôle dans l'immunité, libèrent des substances chimiques utilisées par le système nerveux ou réagissent avec elles afin de lutter contre la douleur, mais il est possible qu'elles soient un lien important dans la communication entre le cerveau et l'organisme. En effet, des taux élevés d'opiacés naturels et d'héroïne (qui se lient aux mêmes récepteurs) annulent l'activité des cellules.

Des hormones telles que les corticostéroïdes et l'adrénaline peuvent aussi assurer les liens chimiques entre les deux systèmes. Par exemple, les lymphocytes T sont moins efficaces au cours d'un stress, tandis qu'une forte dépression affaiblit le système immunitaire en augmentant notre sensibilité aux maladies physiques.

Le système immunitaire nous sert normalement très bien jusqu'à un âge avancé; son efficacité commence alors à décroître et sa capacité à lutter contre l'infection diminue. La vieillesse s'accompagne aussi d'une plus grande sensibilité aux maladies auto-immunes et aux déficits immunitaires. La fréquence plus élevée de cancers chez les personnes âgées est considérée comme un autre exemple de la diminution graduelle de l'efficacité du système immunitaire. La véritable cause de cette perte d'efficacité n'est pas connue, mais il se pourrait que le «vieillissement génétique» et ses conséquences en soient partiellement responsables.

* * *

Le système immunitaire fournit à l'organisme des moyens de défense remarquables contre la maladie; leur diversité est extraordinaire et leur régulation est assurée de manière très précise par une quantité considérable de médiateurs chimiques et par l'interaction fonctionnelle entre les cellules. Les mécanismes de défense non spécifique font appel à un arsenal différent pour assurer la défense de l'organisme. Cependant, les défenses spécifique et non spécifique coopèrent étroitement, chacune accentuant les effets de l'autre et procurant ce qu'elle ne peut apporter. Ainsi que vous pouvez le constater dans le résumé de la figure 22.20, tous les systèmes de l'organisme tirent profit des mécanismes de défense abordés dans ce chapitre.

Termes médicaux

Eczéma Lésions cutanées «suintantes» et démangeaisons intenses dues à une hypersensibilité retardée. Ces lésions apparaissent au cours des cinq premières années de la vie dans 90% des cas. L'allergène n'est pas connu, mais les antécédents familiaux semblent jouer un rôle important.

Immunisation Processus par lequel l'immunité est conférée au sujet, soit par vaccination soit par injection d'immunosérum.

Immunopathologie Maladie associée au système immunitaire.

Lupus érythémateux disséminé (LED) Affection auto-immune systémique frappant surtout la jeune femme. La présence d'anticorps antinucléaires (anti-ADN) dans le sérum de la patiente permet de confirmer le diagnostic de cette maladie. Des complexes ADN — anti-ADN sont localisés dans les reins (les filtres capillaires, ou glomérules), dans les vaisseaux sanguins et dans les membranes synoviales des articulations, et peuvent provoquer la glomérulonéphrite, des problèmes vasculaires et une arthrite douloureuse. On observe fréquemment des éruptions cutanées rougeâtres sur le visage.

Résumé du chapitre

DÉFENSES NON SPÉCIFIQUES DE L'ORGANISME (p. 690-697)

BARRIÈRES SUPERFICIELLES: LA PEAU ET LES MUQUEUSES (p. 690)

1. Le rôle de la peau et des muqueuses est d'empêcher l'entrée

d'agents pathogènes dans l'organisme. Des membranes protectrices tapissent toutes les cavités corporelles et les organes qui s'ouvrent sur l'environnement.

2. Les épithéliums constituent des barrières mécaniques contre les agents pathogènes. Certains d'entre eux subissent des modifications structurales et fabriquent des sécrétions qui stimulent leurs actions défensives: l'acidité de la peau, le lysozyme, le mucus, la kératine et les cils en sont des exemples.

DÉFENSES CELLULAIRES ET CHIMIQUES NON SPÉCIFIQUES (p. 691-697)

Phagocytes (p. 691-692)

1. Les phagocytes (macrophages et neutrophiles) englobent et détruisent les agents pathogènes qui percent les barrières épithéliales. Ce processus est stimulé lorsque la surface de l'agent pathogène est modifiée par la fixation des anticorps et/ou du complément auxquels les récepteurs du phagocyte peuvent se lier.

Cellules tueuses naturelles (p. 692)

2. Les cellules tueuses naturelles (ou cellules NK) sont de gros lymphocytes granuleux dont l'action non spécifique consiste à lyser les cellules malignes et les cellules infectées par des virus.

Inflammation: réaction des tissus à une lésion (p. 692-695)

3. La réaction inflammatoire empêche la propagation des agents nocifs, élimine les agents pathogènes et les cellules mortes, et favorise la guérison. Il se forme un exsudat; les leucocytes protecteurs pénètrent dans la région; le foyer de l'infection est isolé par un réseau de fibrine; et la réparation du tissu s'effectue.

4. Les signes majeurs de l'inflammation sont la tuméfaction, la rougeur, la chaleur et la douleur. Ils résultent de la vasodilatation et de l'augmentation de la perméabilité des vaisseaux sanguins, lesquelles sont provoquées par des médiateurs chimiques de la réaction inflammatoire.

Protéines antimicrobiennes (p. 695-697)

5. Lorsque le complément (un système de protéines plasmatiques) est fixé à la membrane d'une cellule étrangère, la lyse de la cellule cible s'effectue. Le complément stimule aussi la phagocytose et les réactions inflammatoire et immunitaire.

6. L'interféron est un ensemble de protéines apparentées que synthétisent les cellules infectées par des virus et certaines cellules immunitaires; il empêche la prolifération des virus dans d'autres cellules de l'organisme.

Fièvre (p. 697)

7. La fièvre active la lutte de l'organisme contre les agents pathogènes envahisseurs de deux façons: en stimulant le métabolisme, ce qui déclenche les actions défensives et les processus de réparation, et en forçant le foie et la rate à séquestrer le fer et le zinc nécessaires à la multiplication bactérienne.

DÉFENSES SPÉCIFIQUES DE L'ORGANISME: LE SYSTÈME IMMUNITAIRE (p. 697-721)

1. Le système immunitaire reconnaît un élément étranger et son action consiste à l'immobiliser, le neutraliser ou l'éliminer. La réaction immunitaire est spécifique à un antigène; elle est également systémique et possède une mémoire.

CELLULES DU SYSTÈME IMMUNITAIRE: CARACTÉRISTIQUES GÉNÉRALES (p. 698-700)

1. Les lymphocytes prennent naissance dans les hémocytoblastes de la moelle osseuse. Les lymphocytes T acquièrent leur immunocompétence dans le thymus et confèrent l'immunité à médiation cellulaire. Les lymphocytes B acquièrent leur immunocompétence dans la moelle osseuse et assurent l'immunité humorale. Les lymphocytes immunocompétents garnissent les organes lymphatiques où se produit la stimulation antigénique, et ils circulent entre le sang, la lymphe et les organes lymphatiques.

2. L'immunocompétence se manifeste par l'apparition de récepteurs spécifiques de l'antigène sur la membrane plasmique des lymphocytes.

3. Les macrophages sont issus des monocytes fabriqués dans la moelle osseuse. Ils phagocytent les agents pathogènes et présentent à leur surface les déterminants antigéniques pour la reconnaissance par les lymphocytes T.

ANTIGÈNES (p. 700-701)

1. Les antigènes sont des substances qui ont le pouvoir de générer une réaction immunitaire.

Antigènes complets et haptènes (p. 700)

2. Les antigènes complets sont à la fois immunogènes et réactifs. Les antigènes incomplets, ou haptènes, doivent se combiner avec une protéine organique avant de devenir immunogènes.

Déterminants antigéniques (p. 700-701)

3. Les déterminants antigéniques sont les fragments de l'antigène qui sont reconnus comme étrangers. La plupart des antigènes possèdent de nombreux déterminants antigéniques.

RÉACTION IMMUNITAIRE HUMORALE (p. 701-709)

Sélection clonale et différenciation des lymphocytes B (p. 701-702)

1. La sélection clonale et la différenciation des lymphocytes B surviennent lorsque les antigènes se fixent aux récepteurs de leur membrane plasmique, causant leur prolifération. La plupart des cellules du clone deviennent des plasmocytes qui sécrètent les anticorps. C'est la réaction immunitaire primaire.

Mémoire immunitaire (p. 702-703)

2. D'autres cellules du clone deviennent des lymphocytes B mémoires dotés de la capacité de déclencher une attaque rapide contre le même antigène au moment de rencontres subséquentes (réactions immunitaires secondaires). Les lymphocytes B mémoires assurent la mémoire immunitaire humorale.

Immunités humorales active et passive (p. 703-704)

3. L'immunité humorale active est acquise lors d'une infection ou par l'intermédiaire d'une vaccination. L'immunité humorale passive est conférée lorsque les anticorps d'un donneur sont injectés dans la circulation sanguine, ou lorsque les anticorps de la mère traversent le placenta.

Anticorps (p. 704-709)

4. Le monomère d'anticorps est constitué de quatre chaînes polypeptidiques, deux lourdes et deux légères, reliées par des ponts disulfure. Chaque chaîne possède une région constante et une région variable. Les régions constantes déterminent la fonction et la classe de l'anticorps. Les régions variables donnent à l'anticorps la capacité de reconnaître son antigène approprié.

5. Il existe cinq classes d'anticorps: IgA, IgG, IgM, IgD et IgE. Elles diffèrent par leur structure et par leur fonction.

6. Les fonctions des anticorps comprennent la fixation du complément et la neutralisation, la précipitation et l'agglutination de l'antigène.

7. Les anticorps monoclonaux sont des préparations pures d'un seul type d'anticorps, qui se révèlent particulièrement utiles dans les épreuves diagnostiques et le traitement du cancer.

RÉACTION IMMUNITAIRE À MÉDIATION CELLULAIRE (p. 709-714)

Sélection clonale et différenciation des lymphocytes T (p. 709-711)

1. Les lymphocytes T auxiliaires et cytotoxiques immunocompétents sont activés en se liant simultanément à un antigène et à une protéine du complexe majeur d'histocompatibilité (CMH), respectivement disposés à la surface d'un macrophage et sur d'autres cellules de l'organisme. La sélection clonale se produit et les cellules du clone se différencient en lymphocytes T régulateurs ou effecteurs appropriés qui induisent la réaction immunitaire primaire. Quelques cellules du clone deviennent des lymphocytes T mémoires.

Rôles spécifiques des lymphocytes T (p. 711-714)

2. Les lymphocytes T auxiliaires libèrent des lymphokines et de l'interleukine 2 qui contribuent à l'activation d'autres cellules immunitaires et qui coopèrent directement avec les lymphocytes B liés à l'antigène. Les lymphocytes T cytotoxiques attaquent directement les cellules infectées et les cellules cancéreuses et les lysent. Les lymphocytes T suppresseurs mettent fin aux réactions immunitaires normales en libérant des lymphokines qui diminuent l'activité des lymphocytes T auxiliaires et des lymphocytes B.

3. La réaction immunitaire est accentuée par l'interleukine 1, laquelle est libérée par les macrophages, ainsi que par les lymphokines (interleukine 2, MIF, MAF, etc.), lesquelles sont libérées par les lymphocytes T activés.

Greffes d'organes et prévention du rejet (p. 714)

4. Les greffons et les organes transplantés sont rejetés par des réactions à médiation cellulaire à moins que le système immunitaire du patient ne soit en état d'immunosuppression. Les infections sont des complications majeures chez ces patients.

DÉSÉQUILIBRES HOMÉOSTATIQUES DE L'IMMUNITÉ (p. 715-721)

Déficits immunitaires (p. 715-716)

1. Les maladies immunitaires comprennent l'aplasie thymique, les syndromes d'immunodéficience combinée sévère et le syndrome d'immunodéficience acquise (SIDA). Des infections fulminantes causent la mort parce que le système immunitaire est incapable de les combattre.

Hypersensibilités (p. 717-719)

2. L'hypersensibilité, ou allergie, est une réaction anormalement intense à un allergène à la suite de la réaction immunitaire initiale. Les hypersensibilités de type I déclenchées par les anticorps comprennent l'anaphylaxie et l'atopie. Les hypersensibilités de type II mettent en jeu les anticorps et le complément. Les hypersensibilités de type III comprennent les maladies des complexes immuns. Les hypersensibilités de type IV sont à médiation cellulaire.

Maladies auto-immunes (p. 719-721)

3. La maladie auto immune survient lorsque l'organisme reconnaît ses propres tissus comme étrangers et déclenche une attaque immunitaire contre eux. L'arthrite rhumatoïde en est un exemple.

DÉVELOPPEMENT ET VIEILLISSEMENT DU SYSTÈME IMMUNITAIRE (p. 721)

1. Le développement de la réaction immunitaire s'effectue à peu près au moment de la naissance. La capacité du système immunitaire à reconnaître les substances étrangères est déterminée génétiquement.

2. Le système nerveux joue un rôle important dans la régulation des réactions immunitaires, probablement par l'intermédiaire de médiateurs communs (neuropeptides). La dépression affaiblit la fonction immunitaire.

3. Au fil des années, le système immunitaire réagit moins bien. Les personnes âgées souffrent plus souvent de déficit immunitaire, de maladies auto-immunes et de cancer.

Questions de révision

Choix multiples/associations

1. Tous les éléments suivants font partie des défenses non spécifiques de l'organisme *sauf*: (a) le système du complément; (b) la phagocytose; (c) les anticorps; (d) le lysozyme; (e) l'inflammation.

2. Le processus par lequel les neutrophiles traversent les parois capillaires en réponse aux signaux inflammatoires est appelé: (a) diapédèse; (b) chimiotactisme; (c) margination; (d) opsonisation.

3. Les anticorps libérés par les plasmocytes interviennent dans: (a) l'immunité humorale; (b) les réactions d'hypersensibilité de type I; (c) les maladies auto-immunes; (d) toutes ces réponses.

4. Les petites molécules qui doivent s'associer à de grosses protéines afin de devenir immunogènes sont appelées: (a) antigènes complets; (b) réagines; (c) idiotypes; (d) haptènes.

5. Parmi les éléments suivants, lequel participe à l'activation d'un lymphocyte B? (a) Un antigène; (b) un lymphocyte T auxiliaire; (c) une lymphokine; (d) toutes ces réponses.

Questions à court développement

6. En plus d'agir comme barrières mécaniques, l'épiderme de la peau et les muqueuses de l'organisme possèdent d'autres qualités qui facilitent leur rôle protecteur. Citez les régions de l'organisme où se retrouvent normalement le mucus, le lysozyme, la kératine, un pH acide et les cils, et expliquez la fonction de chacun.

7. Expliquez pourquoi les tentatives de phagocytose ne réussissent pas toujours; énumérez les facteurs qui augmentent ses chances de succès.

8. Qu'est-ce que le complément? Comment provoque-t-il la lyse bactérienne? Quels sont quelques-uns des autres rôles du complément?

9. Faites la distinction entre immunité humorale et immunité à médiation cellulaire.

10. La réaction immunitaire est un système à deux voies; expliquez alors l'affirmation selon laquelle «il n'y a pas d'immunité sans lymphocytes T».

11. Décrivez le processus de sélection clonale d'un lymphocyte T auxiliaire.

12. Faites la distinction entre une réaction immunitaire primaire et une réaction immunitaire secondaire. Laquelle est la plus rapide et pourquoi?

13. Nommez les cinq classes d'anticorps et dites dans quelle région de l'organisme il est le plus probable de retrouver chacune d'entre elles.

14. Les vaccins confèrent-ils une immunité humorale active ou passive? Justifiez votre réponse. Pourquoi l'immunité passive est-elle moins satisfaisante?

15. Décrivez les rôles caractéristiques des lymphocytes T auxiliaires, suppresseurs et cytotoxiques dans l'immunité à médiation cellulaire normale.

16. Définissez l'hypersensibilité. Nommez trois types de réactions d'hypersensibilité. Dans chacun des cas, mentionnez si des anticorps ou des lymphocytes T sont en jeu, et donnez deux exemples.

17. Quels événements peuvent conduire à des maladies auto-immunes?

18. Quel événement s'explique par la diminution, au fil des années, de l'efficacité du système immunitaire?

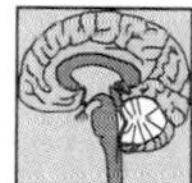

Réflexion et application

1. Julie a été élevée, depuis sa naissance jusqu'à l'âge de six ans, dans un environnement sans germes. Après une greffe de moelle osseuse qui s'est soldée par un échec, elle meurt, victime d'un des cas les plus graves d'anomalie du système immunitaire. L'autopsie a montré que Julie était aussi atteinte d'un cancer causé par le virus d'Epstein-Barr (un virus qui habituellement ne provoque pas de cancer chez les humains). Répondez aux questions suivantes se rapportant à ce cas. (a) Qu'arrive-t-il aux enfants qui souffrent de la même affection que Julie, dans des circonstances semblables? (b) Pour quelle raison une greffe de moelle osseuse a-t-elle été tentée (quels étaient les résultats escomptés)? (c) Pourquoi le frère de Julie a-t-il été choisi comme donneur? (d) Essayez d'expliquer le cancer de Julie. (e) Quels sont les points communs et les différences entre la maladie de Julie et le SIDA?

2. Certaines personnes ayant un déficit en IgA présentent des infections récurrentes des sinus paranasaux et des voies respiratoires. Expliquez ces symptômes.

3. Expliquez les mécanismes responsables des signes majeurs d'une inflammation aiguë: chaleur, douleur, rougeur, tuméfaction.

23 Le système respiratoire

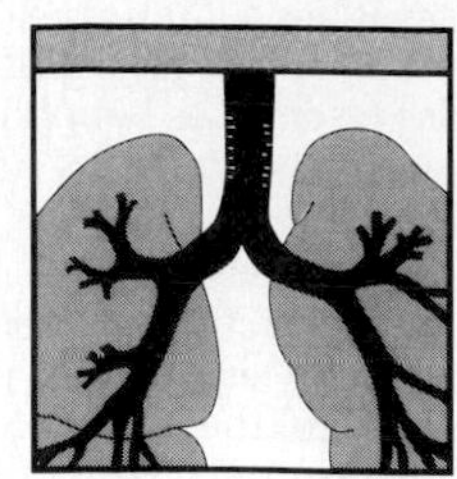

Sommaire et objectifs d'apprentissage

Anatomie fonctionnelle du système respiratoire (p. 725-736)

1. Nommer, du nez aux alvéoles, les organes formant le système respiratoire. Distinguer la zone de conduction de la zone respiratoire.
2. Énumérer et décrire quelques mécanismes de protection du système respiratoire.
3. Décrire la composition de la membrane alvéolo-capillaire et établir le rapport entre sa structure et sa fonction.
4. Décrire la structure et la fonction des poumons et des feuillets de la plèvre.

Mécanique de la respiration (p. 736-743)

5. Établir le rapport entre la loi de Boyle-Mariotte et le déroulement de l'inspiration et de l'expiration.
6. Expliquer les rôles des muscles respiratoires et de l'élasticité pulmonaire dans les variations de volume entraînant l'écoulement de l'air dans les poumons.
7. Expliquer l'importance fonctionnelle du vide partiel dans la cavité pleurale.
8. Décrire quelques facteurs physiques qui influent sur la ventilation pulmonaire.
9. Expliquer et comparer les divers volumes et capacités pulmonaires. Énoncer les renseignements révélés par les épreuves fonctionnelles respiratoires.
10. Définir l'espace mort anatomique.

Échanges gazeux (p. 743-748)

11. Décrire globalement et expliquer les différences de composition entre l'air atmosphérique et l'air alvéolaire.
12. Énoncer la loi des pressions partielles de Dalton et la loi de Henry; établir le rapport entre ces lois et la respiration interne et externe.

Transport des gaz respiratoires dans le sang (p. 748-754)

13. Décrire comment l'oxygène est transporté dans le sang; expliquer l'effet de la température, du pH, du 2,3-DPG et de la pression partielle du gaz carbonique sur la liaison et la dissociation de l'oxygène.
14. Décrire le transport du gaz carbonique dans le sang.

Régulation de la respiration (p. 754-759)

15. Décrire la régulation nerveuse de la respiration.
16. Comparer l'influence des facteurs suivants sur la fréquence et l'amplitude respiratoires: réflexes pulmonaires, volition, émotions, pH du sang artériel et pressions partielles de l'oxygène et du gaz carbonique dans le sang artériel.

Adaptation à l'exercice et à l'altitude (p. 759-760)

17. Comparer l'hyperpnée provoquée par l'exercice et l'hyperventilation involontaire.
18. Décrire l'acclimatation à l'altitude et ses effets.

Déséquilibres homéostatiques du système respiratoire (p. 760-761)

19. Comparer les causes et les conséquences de la bronchite chronique, de l'emphysème pulmonaire et du cancer du poumon.

Développement et vieillissement du système respiratoire (p. 761-764)

20. Expliquer le développement embryonnaire du système respiratoire.
21. Décrire les changements que subit le système respiratoire au cours de la vie.

« Nul n'est une île», disait John Donne au XVIIe siècle. La métaphore du poète renvoie à l'esprit, mais il n'est pas faux de l'appliquer à l'organisme. Loin d'être autonome, en effet, l'organisme est prodigieusement influencé par l'environnement, dont il tire les substances essentielles à sa survie et où il déverse ses déchets.

Les milliards de cellules de l'organisme ont besoin d'un apport continuel d'oxygène pour accomplir leurs fonctions vitales. Nous pouvons survivre quelque temps sans nourriture et sans eau, mais nous ne pouvons absolument pas nous passer d'oxygène. Par ailleurs, à mesure que les cellules consomment de l'oxygène, elles doivent

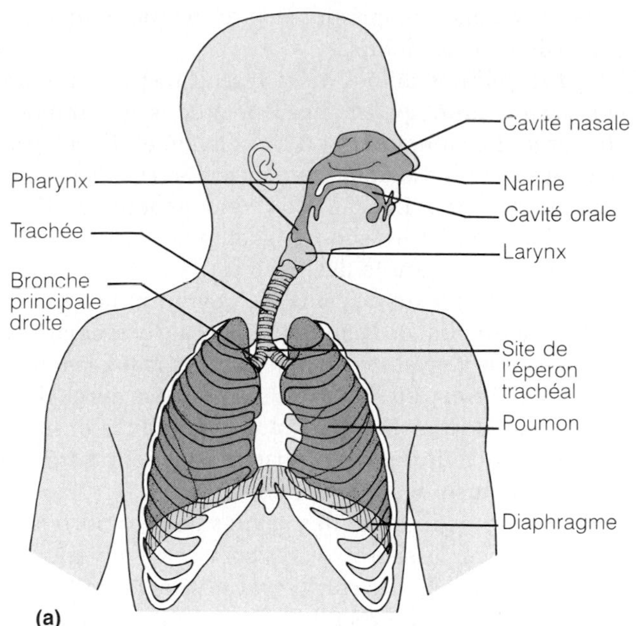

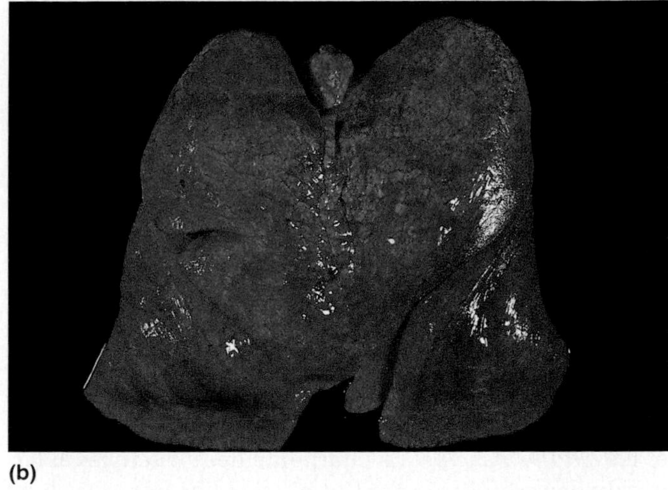

Figure 23.1 Organes du système respiratoire. (**a**) Les principaux organes du système respiratoire par rapport aux structures environnantes. (**b**) Photographie de poumons humains.

libérer le gaz carbonique qui est produit. La principale fonction du **système respiratoire** est de fournir de l'oxygène à l'organisme et de le débarrasser du gaz carbonique. Cette fonction fait intervenir quatre processus, qui sous-tendent la **respiration**:

1. **Ventilation pulmonaire.** L'air doit circuler dans les poumons afin de renouveler sans cesse les gaz contenus dans les alvéoles des sacs alvéolaires.
2. **Respiration externe.** Il doit y avoir échange gazeux entre le sang et les alvéoles, c'est à dire diffusion de l'oxygène vers le sang et diffusion du gaz carbonique vers les alvéoles.
3. **Transport des gaz respiratoires.** L'oxygène et le gaz carbonique doivent être transportés des poumons aux cellules et vice versa. Tel est le rôle du système cardiovasculaire et du sang.
4. **Respiration interne.** Il doit y avoir échange gazeux entre le sang des capillaires systémiques et les cellules.*

* L'utilisation d'oxygène et la production de gaz carbonique par les cellules, c'est-à-dire la *respiration cellulaire,* est la pierre angulaire de toutes les réactions chimiques qui produisent de l'énergie (ATP) dans l'organisme. La respiration cellulaire, qui a lieu dans toutes les cellules de l'organisme, est expliquée en détail au chapitre 25.

Nous abordons tous ces processus dans ce chapitre. Bien que seuls les deux premiers relèvent directement du système respiratoire, ils sont impensables sans les deux autres. Le système respiratoire et le système cardiovasculaire sont donc inextricablement liés, tant et si bien que si l'un des deux défaille, le manque d'oxygène fait mourir les cellules.

Anatomie fonctionnelle du système respiratoire

Les organes du système respiratoire sont le *nez,* le *pharynx,* le *larynx,* la *trachée,* les *bronches* et les *poumons*, qui contiennent les sacs alvéolaires où s'ouvrent les *alvéoles pulmonaires* (figure 23.1). Au point de vue fonctionnel, le système respiratoire est constitué d'une zone de conduction et d'une zone respiratoire. La **zone de conduction,** parfois appelée *espace mort anatomique,* comprend toutes les voies respiratoires, des conduits relativement rigides qui acheminent l'air à la zone respiratoire. Les organes de la zone de conduction ont aussi pour rôle de purifier, d'humidifier et de réchauffer l'air inspiré. Parvenu dans les poumons, l'air contient beaucoup moins d'agents irritants (poussière, bactéries, etc.) qu'à son entrée dans le système, et il est analogue à l'air chaud et humide des climats tropicaux. La **zone respiratoire,** le siège des échanges gazeux, est composée des bronchioles respiratoires, des conduits alvéolaires et des alvéoles. Le tableau 23.1, à la p. 735, résume les fonctions des principaux organes du système respiratoire.

Nez

Le nez est la seule partie visible extérieurement du système respiratoire. Parmi les traits du visage, le nez fait figure de parent pauvre: on nous enjoint de le baisser et de ne pas le mettre dans les affaires des autres. Pourtant, étant donné ses importantes fonctions, le nez mériterait plus d'estime. En effet, le nez: (1) fournit un passage pour la respiration; (2) humidifie et réchauffe l'air inspiré; (3) filtre l'air inspiré et le débarrasse des corps étrangers; (4) sert de caisse de résonance à la voix; (5) abrite les récepteurs olfactifs.

Pour plus de commodité, nous regrouperons les structures du nez en deux catégories: les *structures externes* et les *cavités nasales.* La charpente des **structures externes du nez** est fournie par l'os nasal et l'os frontal en haut (qui forment respectivement l'arête et la racine du nez), par les maxillaires latéralement et par des plaques flexibles de cartilage hyalin (cartilages latéraux du nez, cartilages de la cloison nasale et cartilages alaires) dans la partie inférieure (figure 23.2a). Les cartilages du nez déterminent les variations considérables de la taille et de la forme du nez.

Les structures externes du nez abritent les **cavités nasales,** où l'air pénètre par les **narines** (figures 23.2b et 23.2c). Les cavités nasales sont séparées par la **cloison nasale,** composée à l'avant par du cartilage hyalin (cartilage de la cloison nasale) et à l'arrière par le vomer et par la lame perpendiculaire de l'ethmoïde (voir la figure 7.10b à la p. 193). L'arrière des cavités nasales communique avec le pharynx par les **choanes** («entonnoirs»).

Le toit des cavités nasales est formé par les os ethmoïde et sphénoïde, tandis que leur plancher, qui les sépare de la cavité buccale, est constitué par le *palais.* Dans sa partie antérieure, le palais est supporté par les apophyses palatines des maxillaires et les os palatins, et il est appelé **palais osseux.** La partie postérieure du palais, sans soutien et de composition musculaire, est appelée **palais mou.**

La partie des cavités nasales située au-dessus des narines, le **vestibule nasal,** est tapissée de peau contenant des glandes sébacées et sudoripares ainsi que de nombreux follicules pileux. Les poils, ou **vibrisses,** filtrent les grosses particules en suspension dans l'air inspiré. Le reste des cavités nasales est recouvert de la **muqueuse nasale.** La muqueuse nasale se subdivise en deux régions différentes, l'une inférieure, la **région respiratoire,** l'autre supérieure, la **région olfactive.** La première est formée d'un épithélium pseudostratifié cilié qui comprend des *cellules caliciformes* éparses; elle repose sur un chorion riche en *glandes muqueuses* et *séreuses.* La deuxième région contient les récepteurs olfactifs. (Par définition, les cellules muqueuses sécrètent du mucus, et les cellules séreuses sécrètent un liquide aqueux contenant des enzymes.) Chaque jour, ces glandes sécrètent environ 1 L d'un mucus collant contenant du *lysozyme.* Cette enzyme antibactérienne détruit chimiquement les bactéries que le mucus a emprisonnées, en même temps que la poussière et les débris.

Les cellules ciliées de la région respiratoire créent un léger courant qui achemine le mucus contaminé vers la gorge (l'oropharynx), où il est avalé et digéré par les sucs gastriques. Cet important mécanisme passe habituellement inaperçu. Lorsqu'il fait froid, cependant, l'action des cils ralentit; le mucus s'accumule dans les cavités nasales et il dégoutte des narines.

Un riche plexus de veines aux parois minces parcourt le tissu épithélial de la muqueuse nasale et réchauffe l'air qui s'écoule auprès de la muqueuse. Lorsque la température de l'air inspiré s'abaisse, ce plexus se gorge de sang et intensifie le réchauffement. L'abondance et la situation superficielle de ces vaisseaux expliquent la fréquence et l'abondance des saignements de nez.

Les parois internes des cavités nasales portent trois proéminences osseuses recourbées et recouvertes de la muqueuse nasale, les *cornets nasal supérieur, moyen* et *inférieur.* Chaque cornet délimite un sillon appelé *méat*; ces méats donnent accès aux cellules de certains sinus paranasaux. Les cornets accroissent la turbulence de l'air dans les cavités nasales, et leur présence augmente la surface de la muqueuse exposée à l'air. L'air inspiré tourbillonne dans les anfractuosités des cavités nasales, tandis que les particules non gazeuses, plus lourdes, sont déviées vers les surfaces recouvertes de mucus. De la sorte, peu de particules dépassant 4 μm pénètrent plus loin que les cavités nasales.

Sinus paranasaux

Les cavités nasales sont entourées par un anneau de cavités, les **sinus paranasaux,** creusées dans les os frontal, sphénoïde, ethmoïde et maxillaire (voir la figure 7.11 à la p. 193). Comme nous l'avons mentionné au chapitre 7, les sinus allègent la tête. Avec les cavités nasales, les sinus paranasaux font office de caisses de résonance pour la voix, et ils réchauffent et humidifient l'air. Le mucus qu'ils produisent se draine dans les cavités nasales et emprisonne les débris contenus dans l'air inspiré. L'effet de succion créé par le mouchage contribue à vider les sinus.

Les virus du rhume, les streptocoques et divers allergènes causent la *rhinite,* une inflammation de la muqueuse nasale accompagnée par une production excessive de mucus provoquant la congestion nasale. Comme la muqueuse nasale communique avec le reste des voies respiratoires et s'étend jusque dans les conduits lacrymonasaux et les sinus paranasaux, les infections des cavités nasales peuvent se propager à ces structures. La *sinusite,* l'inflammation des sinus, est difficile à traiter et elle peut altérer considérablement la qualité de la voix. Lorsque du mucus ou des matières infectieuses obstruent les voies qui relient les cavités nasales aux sinus, l'air que ceux-ci contiennent est absorbé. Le vide partiel qui en résulte cause la céphalée typique de la sinusite aiguë. ■

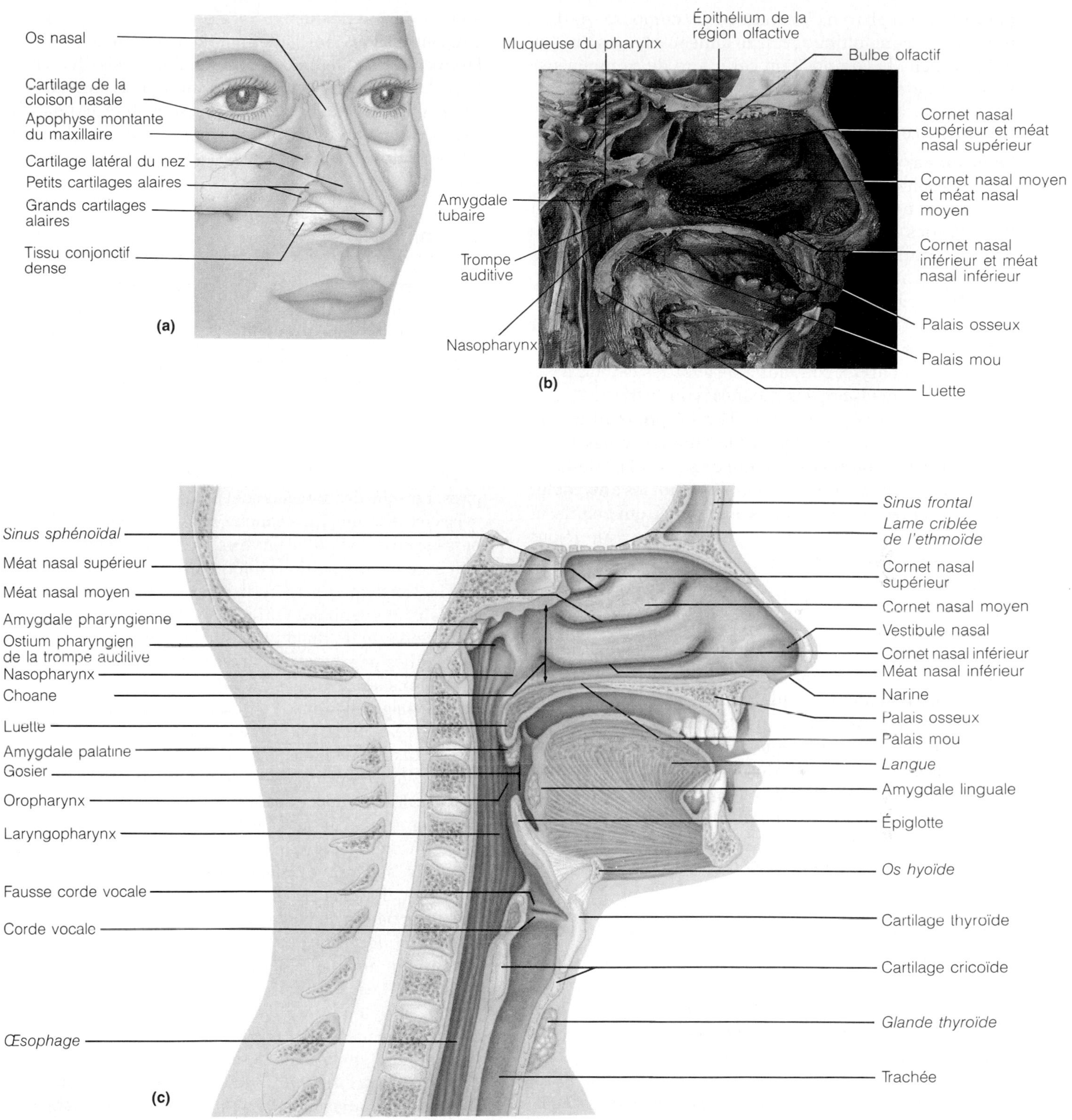

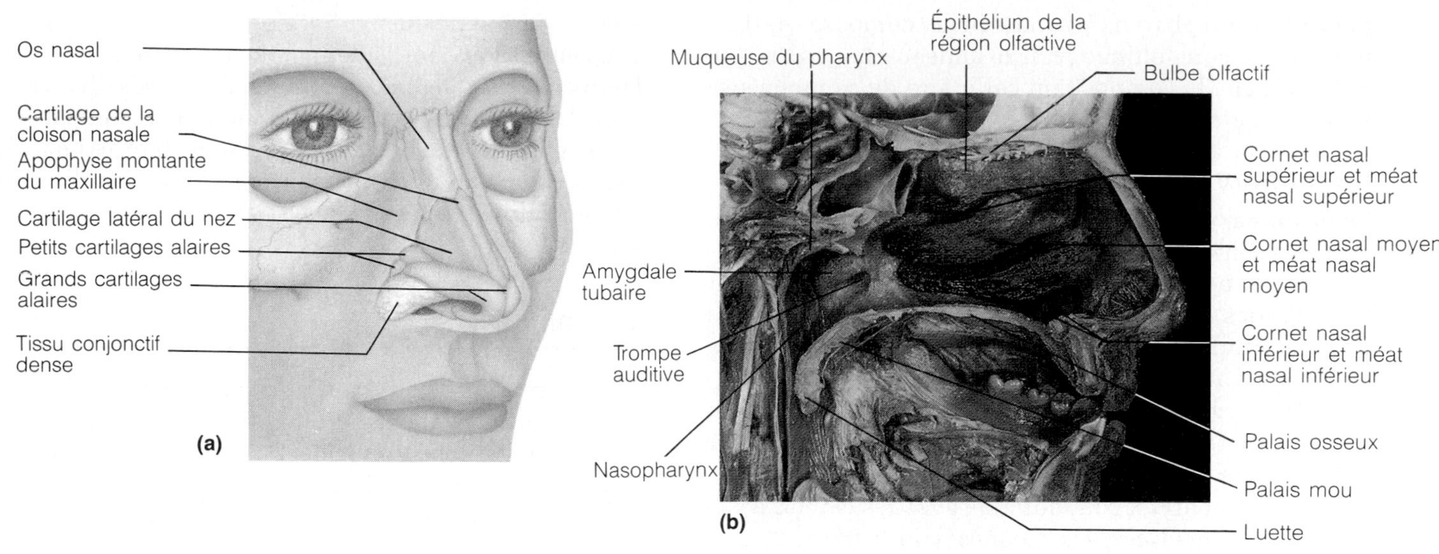

Sinus sphénoïdal
Méat nasal supérieur
Méat nasal moyen
Amygdale pharyngienne
Ostium pharyngien de la trompe auditive
Nasopharynx
Choane
Luette
Amygdale palatine
Gosier
Oropharynx
Laryngopharynx
Fausse corde vocale
Corde vocale
Œsophage
(c)
Sinus frontal
Lame criblée de l'ethmoïde
Cornet nasal supérieur
Cornet nasal moyen
Vestibule nasal
Cornet nasal inférieur
Méat nasal inférieur
Narine
Palais osseux
Palais mou
Langue
Amygdale linguale
Épiglotte
Os hyoïde
Cartilage thyroïde
Cartilage cricoïde
Glande thyroïde
Trachée

Figure 23.2 Anatomie des voies respiratoires supérieures. (**a**) Charpente externe du nez. Coupe sagittale de la tête et du nez: (**b**) photographie; (**c**) illustration.

Pharynx

Le **pharynx**, en forme d'entonnoir, relie les cavités nasales et la bouche au larynx et à l'œsophage. L'air comme les aliments empruntent donc ce passage. Communément appelé *gorge*, le pharynx s'étend sur une longueur d'environ 13 cm, de la base du crâne à la sixième vertèbre cervicale (voir les figures 23.1 et 23.2c).

De haut en bas, le pharynx se divise en trois sections: le nasopharynx (ou partie nasale du pharynx), l'oropharynx (ou partie orale du pharynx) et le laryngopharynx (ou partie laryngée du pharynx). La paroi musculaire du pharynx est entièrement composée de tissu musculaire squelettique (voir le tableau 10.3 aux p. 298 et 299), mais la composition cellulaire de sa muqueuse varie d'une section à l'autre.

Nasopharynx

Le **nasopharynx** est situé à l'arrière des cavités nasales, sous l'os sphénoïde et au-dessus du niveau du palais mou. Comme le nasopharynx se trouve au-dessus du point d'entrée des aliments dans l'organisme, il ne reçoit que de l'*air.* Pendant la déglutition, le palais mou et la *luette* s'élèvent, fermant le nasopharynx et empêchant les aliments d'y accéder. (Lorsque nous rions, cette action est abolie, et les liquides que nous sommes en train d'avaler peuvent être projetés hors du nez.)

Le nasopharynx communique avec les cavités nasales par l'intermédiaire des choanes (voir la figure 23.2c), et son épithélium pseudostratifié cilié poursuit la propulsion du mucus amorcée par la muqueuse nasale. La muqueuse de la partie supérieure de sa paroi postérieure contient des masses de tissu lymphatique, les **amygdales pharyngiennes,** ou **végétations adénoïdes,** qui emprisonnent et détruisent les agents pathogènes de l'air. (Nous avons décrit au chapitre 21 la fonction protectrice des amygdales.)

L'infection et l'œdème des végétations adénoïdes obstruent le passage de l'air dans le nasopharynx. Cet état nécessite le passage à la respiration buccale, si bien que l'air atteint les poumons sans avoir été adéquatement humidifié, réchauffé et filtré. ■

Les *trompes auditives,* qui drainent les cavités de l'oreille moyenne et qui y équilibrent la pression de l'air, s'ouvrent dans les parois externes du nasopharynx (voir la figure 23.2b). Une crête de tissu lymphatique, l'*amygdale tubaire,* surmonte chaque ouverture et protège l'oreille moyenne contre les infections qui pourraient s'y propager à partir des bactéries présentes dans le nasopharynx.

Oropharynx

L'**oropharynx** est situé à l'arrière de la cavité orale, et il communique avec elle par un passage arqué appelé **gosier** (voir la figure 23.2b et c). L'oropharynx s'étend du palais mou à l'épiglotte. Étant donné sa situation, les aliments avalés et l'air inspiré le traversent.

Au point de rencontre du nasopharynx et de l'oropharynx, l'épithélium, de pseudostratifié qu'il était, devient pavimenteux et stratifié. Cette adaptation structurale protège l'oropharynx contre la friction et l'irritation chimique qui accompagnent le passage des aliments.

Deux paires d'amygdales sont enchâssées dans la muqueuse de l'oropharynx. Les **amygdales palatines** sont logées dans les parois externes du gosier; les **amygdales linguales** couvrent la base de la langue.

Laryngopharynx

Comme l'oropharynx qui le surmonte, le **laryngopharynx** livre passage aux aliments et à l'air, et il est tapissé d'un épithélium pavimenteux stratifié. Le laryngopharynx est situé juste à l'arrière de l'épiglotte, et il s'étend jusqu'au larynx, où les voies respiratoires et digestives divergent. Là, le laryngopharynx s'unit à l'œsophage, le conduit qui, situé derrière la trachée, amène les aliments et les liquides dans l'estomac. Au cours de la déglutition, les aliments ont la priorité, et le passage de l'air est temporairement interrompu.

Larynx

Le **larynx** est une structure hautement spécialisée qui s'étend sur une longueur d'environ 5 cm de la quatrième à la sixième vertèbre cervicale. Dans sa partie supérieure, il est relié à l'os hyoïde et il s'ouvre dans le laryngopharynx; dans sa partie inférieure, il communique avec la trachée (voir la figure 23.2b et c).

Le larynx assume trois importantes fonctions. Ses deux principales fonctions consistent à fournir un passage à l'air et à aiguiller l'air et les aliments dans les conduits appropriés. Lorsque des aliments sont propulsés dans le pharynx, le larynx se ferme. En revanche, quand le pharynx ne livre passage qu'à de l'air, le larynx s'ouvre largement et laisse l'air accéder aux portions inférieures des voies respiratoires. La troisième fonction du larynx est la phonation, et elle fait intervenir les cordes vocales.

La charpente du larynx est constituée de neuf cartilages reliés par des membranes et des ligaments (figure 23.3). Tous les cartilages du larynx, sauf l'épiglotte, sont des cartilages hyalins. Le grand **cartilage thyroïde,** en forme de bouclier, est formé par deux lames recourbées dont la fusion médiane forme une saillie visible extérieurement, la *proéminence laryngée* ou *pomme d'Adam.* À cause de l'influence des hormones sexuelles mâles pendant la puberté, le cartilage thyroïde est plus développé chez l'homme que chez la femme. Sous le cartilage thyroïde se trouve le **cartilage cricoïde,** en forme d'anneau, dont la partie inférieure est ancrée à la trachée.

Trois paires de petits cartilages, les *cartilages aryténoïdes, cunéiformes* et *corniculés* (figure 23.3b et c), constituent une partie des parois latérales et postérieure du larynx. Les plus importants de ces cartilages sont les cartilages aryténoïdes en forme de pyramides qui ancrent les cordes vocales au larynx.

Le neuvième cartilage, l'**épiglotte,** est élastique, et il a la forme d'une cuiller. Il est presque entièrement recouvert par une muqueuse contenant des bourgeons du goût. La partie supérieure de l'épiglotte est située à l'arrière de la langue, et sa tige s'ancre à la face antérieure du cartilage thyroïde (voir la figure 23.3b et c). À l'inspiration, le bord libre de l'épiglotte se soulève. Pendant la déglutition, en revanche, le larynx se soulève et l'épiglotte s'incline: elle ferme le larynx et dirige les aliments et les liquides dans l'œsophage. Si une substance autre que l'air pénètre dans le larynx, le réflexe de la toux se déclenche afin de l'expulser. Puisque ce réflexe est aboli en état d'inconscience, il faut éviter d'administrer des liquides à une personne que l'on tente de ranimer.

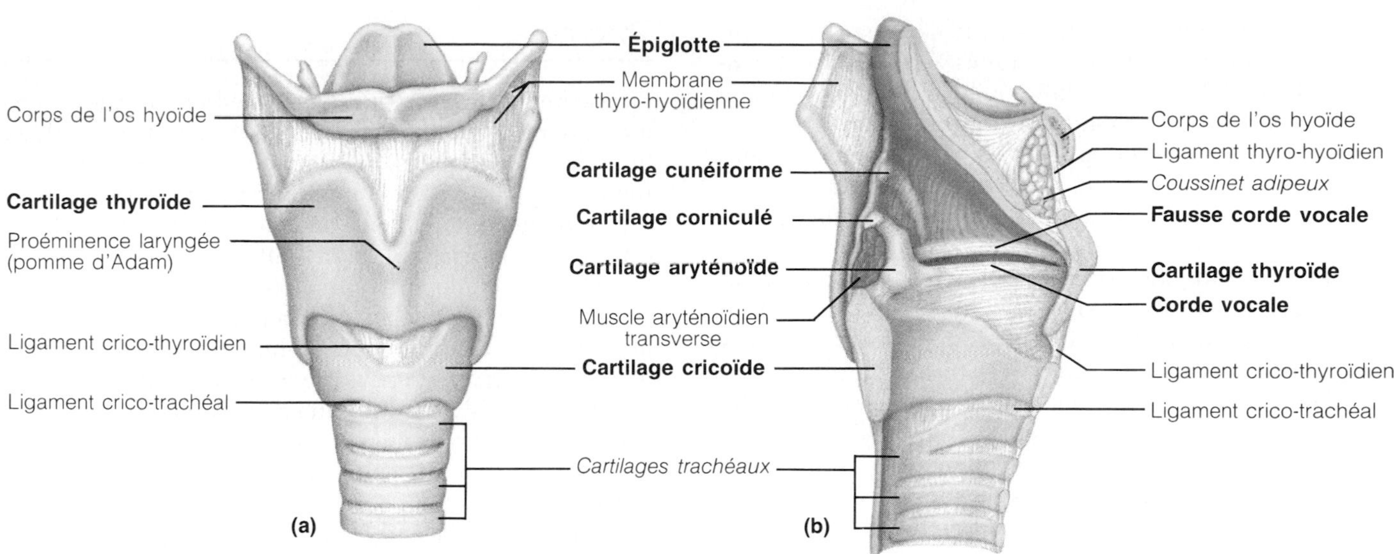

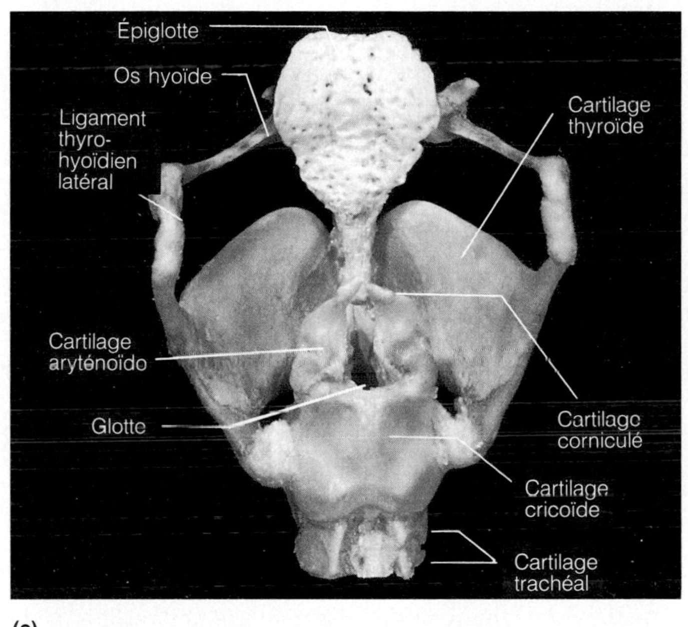

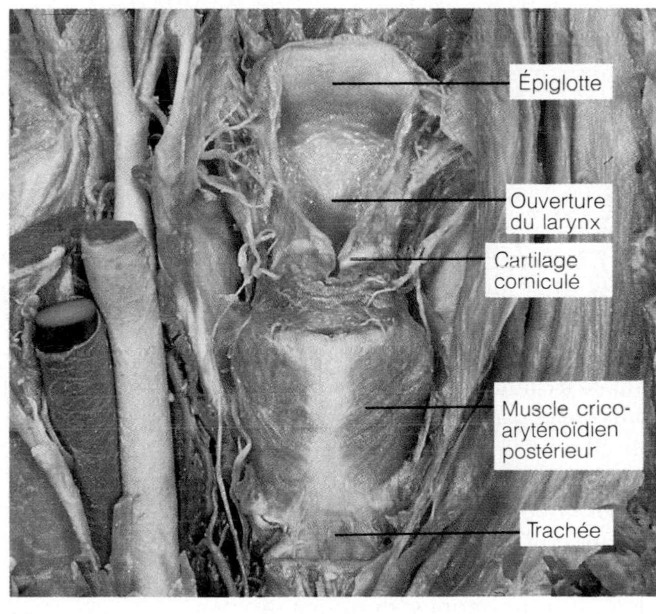

Figure 23.3 Anatomie du larynx. (**a**) Face antérieure du larynx. (**b**) Profil droit du larynx. (**c**) Coupe sagittale du larynx en profil droit. (**d**) Photographie de la face postérieure du larynx.

Sous la muqueuse laryngée se trouvent les **ligaments vocaux,** qui attachent les cartilages aryténoïdes au cartilage thyroïde. Ces ligaments, principalement composés de fibres élastiques, soutiennent une paire de replis muqueux horizontaux, situés latéralement l'un par rapport à l'autre, appelés **cordes vocales,** ou **plis vocaux.** Comme elles ne sont pas vascularisées, les cordes vocales paraissent blanches (figure 23.3b). Les cordes vocales vibrent et émettent des sons sous l'impulsion de l'air provenant des poumons. L'ouverture qu'emprunte l'air entre les cordes vocales est appelée **glotte.** Au-dessus des cordes vocales est située une paire de replis muqueux semblables, les **fausses cordes vocales,** ou **plis vestibulaires.** Ces structures n'interviennent pas dans la phonation.

L'épithélium qui tapisse la portion supérieure du larynx, une région exposée aux aliments, est pavimenteux et stratifié. En dessous des cordes vocales, cependant, l'épithélium devient pseudostratifié, cylindrique et cilié. La poussée des cils s'exerce en direction du pharynx, de sorte que le mucus est toujours *éloigné* des poumons. «S'éclaircir la gorge» équivaut à faciliter la montée du mucus dans le larynx et son expulsion hors de ce dernier.

Phonation

La phonation correspond à l'expulsion intermittente d'air accompagnée de l'ouverture et de la fermeture de la glotte.

Les muscles du larynx, attachés aux cartilages aryténoïdes, modifient la longueur des cordes vocales et les dimensions de la glotte. Les variations de la longueur et de la tension des cordes vocales déterminent la hauteur des sons. En règle générale, plus les cordes vocales sont tendues, plus leurs vibrations sont rapides et plus le son est aigu. La glotte s'ouvre largement lorsque nous produisons des sons graves, et elle se referme lorsque nous produisons des sons aigus. À la puberté, le larynx du garçon croît, et ses cordes vocales gagnent en longueur et en épaisseur. Comme elles vibrent alors lentement, la voix de l'adolescent devient grave.

Le volume de la voix dépend de la force avec laquelle l'air est expulsé. Plus cette force est grande, plus les vibrations des cordes vocales sont prononcées et plus le son est intense. Les cordes vocales ne se meuvent pas lorsque nous murmurons, mais elles vibrent vigoureusement quand nous crions.

Bien que les cordes vocales soient à l'origine des sons, la voix doit son timbre à plusieurs autres structures. Comme une caisse de résonance, le pharynx amplifie et rehausse le timbre. La cavité buccale, les cavités nasales et les sinus contribuent aussi à cette fonction. En outre, la parole et l'élocution impliquent que nous «façonnions» les sons en des consonnes et des voyelles reconnaissables au moyen des muscles du pharynx, de la langue, du palais mou et des lèvres.

L'inflammation de la muqueuse laryngée et en particulier des cordes vocales, la *laryngite,* est causée par l'usage excessif de la voix, l'exposition à de l'air très sec, une infection bactérienne ou l'inhalation de substances irritantes. L'œdème provoqué par l'irritation des tissus laryngés empêche les cordes vocales de se mouvoir librement et cause l'enrouement ou l'aphonie. Le «traitement» temporaire de la laryngite, réservé aux personnes qui ont besoin de leur voix pour exercer leur profession, consiste à instiller des gouttes d'adrénaline (un vasoconstricteur) sur les cordes vocales ou à faire une injection d'hormones stéroïdes. ■

Fonctions de sphincter du larynx

L'action musculaire peut provoquer la fermeture du larynx en deux points. Comme nous l'avons mentionné plus haut, l'épiglotte clôt le larynx pendant la déglutition. Outre qu'elles ouvrent et ferment la glotte pour l'émission de la voix, les cordes vocales jouent le rôle d'un sphincter pendant la toux, l'éternuement et l'effort de défécation. Le tableau 23.3, à la p. 745, résume les mécanismes qui interviennent pendant la toux et l'éternuement. Durant l'effort abdominal (associé à la défécation et à la miction), la fermeture de la glotte retient temporairement l'air inspiré dans les voies respiratoires inférieures. La contraction du diaphragme (associée à l'inspiration) et celle des muscles abdominaux qui s'ensuit contribuent à l'augmentation de la pression intra-abdominale, ce qui facilite la vidange du rectum ou de la vessie. Ces phénomènes, qui constituent la **manœuvre de Valsalva,** peuvent aussi stabiliser le tronc lorsqu'on soulève un objet lourd.

Trachée

La **trachée** s'étend du larynx au médiastin. Elle se termine au milieu du thorax en donnant naissance aux deux bronches principales, ou bronches souches (voir la figure 23.1). Chez l'être humain, la trachée mesure de 10 à 12 cm de longueur et son diamètre est de 2,5 cm. Contrairement à la plupart des autres organes du cou, la trachée est mobile et très flexible.

La paroi de la trachée est composée de couches communes à de nombreux organes tubulaires : une *muqueuse,* une *sous-muqueuse,* une *tunique moyenne* et une *adventice* (figure 23.4). L'épithélium de sa muqueuse, comme celui qui recouvre la majeure partie des voies respiratoires, est cylindrique, pseudostratifié et cilié et contient des cellules caliciformes. Ses cils (figure 23.5) propulsent continuellement le mucus chargé de poussières et de débris en direction du pharynx. Le chorion de la trachée est riche en fibres élastiques.

L'usage du tabac inhibe le mouvement des cils de la trachée et finit par les détruire. La toux devient alors le seul moyen d'empêcher l'accumulation de mucus dans les poumons. C'est la raison pour laquelle il ne faut jamais administrer à des fumeurs atteints de congestion respiratoire des médicaments qui inhibent le réflexe de la toux. ■

La **sous-muqueuse,** une couche de tissu conjonctif sur laquelle repose la muqueuse, contient des glandes séromuqueuses qui contribuent à la production du mucus qui tapisse la trachée. La **tunique moyenne** est un tissu conjonctif renforcé intérieurement par 16 à 20 anneaux incomplets de cartilage hyalin en forme de fer à cheval (figure 23.4). L'**adventice,** la couche superficielle, est constituée de tissu conjonctif lâche contenant des vaisseaux sanguins et les nerfs trachéaux. Étant donné ses éléments élastiques, la trachée est assez flexible pour s'étirer et s'abaisser durant l'inspiration et pour raccourcir pendant l'expiration. Cependant, les anneaux cartilagineux l'empêchent de s'affaisser au gré des variations de pression provoquées par la respiration. Dans la paroi postérieure de la trachée, les deux bords libres de chacun des anneaux sont attachés à l'œsophage par les fibres musculaires lisses du **muscle trachéal** (voir la figure 23.4 a). La paroi postérieure de la trachée est également fixée à la paroi antérieure de l'œsophage par du tissu conjonctif lâche. L'œsophage peut donc se dilater vers l'avant pendant la déglutition sans que les anneaux de la trachée n'entravent ce mouvement. La contraction du muscle trachéal diminue le diamètre de la trachée et accroît la poussée imprimée à l'air expiré. De même, la contraction de ce muscle pendant la toux contribue à expulser le mucus de la trachée en poussant à 160 km/h la vitesse de l'air expiré! Le dernier cartilage de la trachée est élargi (voir la figure 23.1), et une pointe appelée **éperon trachéal** fait saillie sur sa face interne, marquant la bifurcation de la trachée. La muqueuse de l'éperon trachéal est l'un des points les plus sensibles du système respiratoire, et tout contact avec un corps étranger déclenche une toux violente.

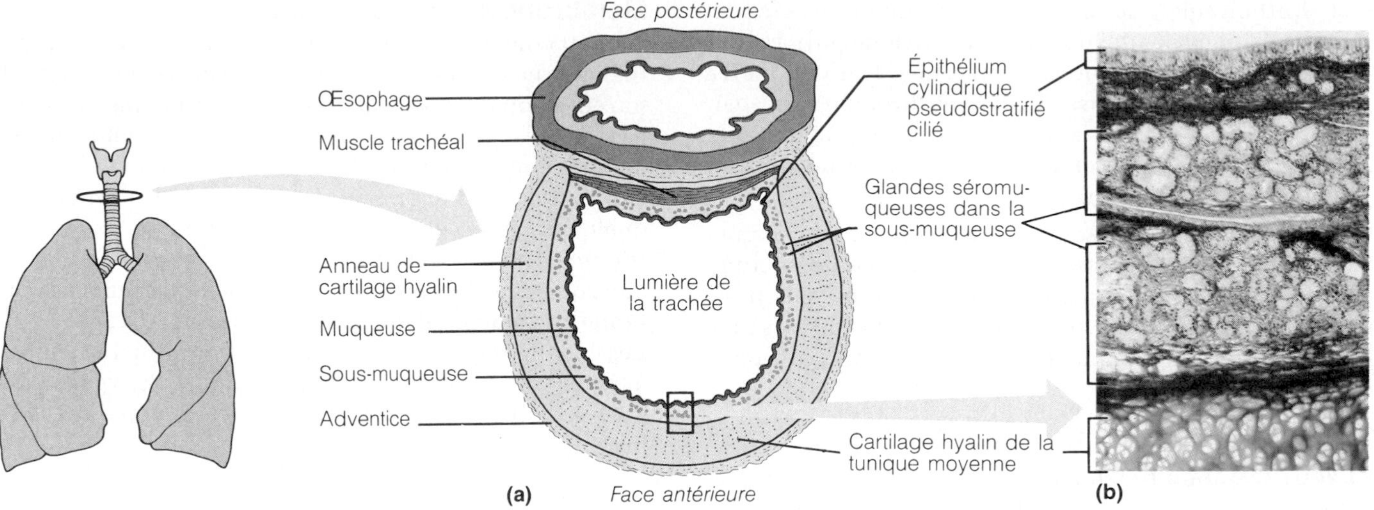

Figure 23.4 Composition histologique de la paroi de la trachée. (**a**) Coupe transversale montrant la situation de la trachée par rapport à l'œsophage, la situation des anneaux de cartilage hyalin et le muscle trachéal reliant les bords libres des anneaux. (**b**) Photomicrographie d'une partie de la paroi de la trachée en coupe transversale (×50).

L'obstruction de la trachée (ou de la glotte) par un morceau d'aliment est une situation extrêmement grave qui cause chaque année de nombreux décès. La **manœuvre de Heimlich,** qui consiste à expulser le morceau d'aliment au moyen de l'air contenu dans les poumons de la personne atteinte, permet de sauver bien des vies. Le procédé est simple, mais il vaut mieux l'apprendre *de visu,* car une application malhabile peut causer des fractures des côtes. ■

Arbre bronchique

Structures de la zone de conduction

Les **bronches principales droite** et **gauche** (ou bronches souches) sont formées par la division de la trachée à la hauteur de l'angle sternal (figure 23.6a). Chacune chemine obliquement dans le médiastin avant de s'enfoncer dans le hile d'un poumon. La bronche principale droite est plus large, plus courte et plus verticale que la gauche, et c'est généralement en elle que se logent les corps étrangers inspirés. Quand l'air atteint les bronches, il est réchauffé, débarrassé de la plupart des impuretés et saturé de vapeur d'eau.

Une fois entrées dans les poumons, les bronches principales se subdivisent en **bronches lobaires** (ou **secondaires**), trois à droite et deux à gauche, une pour chaque lobe pulmonaire. Les bronches lobaires donnent naissance aux **bronches segmentaires** (ou **tertiaires**), lesquelles émettent des bronches de plus en plus petites (de quatrième ordre, de cinquième ordre et ainsi de suite). Les conduits aériens mesurant moins de 1 mm de diamètre, appelés **bronchioles**, pénètrent dans les lobules pulmonaires. Les bronchioles se subdivisent en **bronchioles terminales,** qui mesurent moins de 0,5 mm de diamètre. Il y a en tout 23 ordres de conduits aériens dans les poumons, et l'on désigne souvent l'ensemble par le terme **arbre bronchique,** ou **respiratoire.** La figure 23.6b montre un moulage de résine de l'arbre bronchique et de l'irrigation artérielle pulmonaire.

La composition histologique des parois des bronches principales est analogue à celle de la trachée mais, au fil des ramifications, on observe un certain nombre de changements structuraux:

1. Les anneaux cartilagineux sont remplacés par des *plaques* irrégulières de cartilage et, à la hauteur des bronchioles, le cartilage de soutien est disparu des parois. Toutefois, on trouve des fibres élastiques dans toutes les parois de l'arbre bronchique.

Figure 23.5 Cils. Micrographie au microscope électronique à balayage montrant les cils de la trachée (×221 000). Les cils sont les filaments de couleur jaune. Des cellules muqueuses caliciformes (en orangé) dotées de courtes microvillosités sont disséminées entre les cellules ciliées.

2. L'épithélium de la muqueuse amincit en passant de cylindrique pseudostratifié à cylindrique puis à cubique dans les bronchioles terminales. Il n'y a ni cils ni cellules muqueuses dans les bronchioles; par conséquent, les débris logés dans les bronchioles ou plus bas sont normalement détruits par les macrophages situés dans les alvéoles.
3. La proportion de muscle lisse dans les parois s'accroît à mesure que rapetissent les conduits. Comme les bronchioles sont entièrement entourées de muscle lisse circulaire, elles offrent dans certaines conditions une résistance appréciable au passage de l'air (voir plus loin).

Structures de la zone respiratoire

La zone respiratoire commence à l'endroit où les bronchioles terminales se jettent dans les **bronchioles respiratoires.** Celles-ci se prolongent par les **conduits alvéolaires,** auxquels font suite les **atriums alvéolaires,** les **sacs alvéolaires** (ou **saccules alvéolaires**) et les **alvéoles,** les cavités où l'essentiel des échanges gazeux prend place. Ces relations sont représentées à la figure 23.7a.

Les alvéoles (*alveolus* = petite cavité) sont de minuscules renflements plus ou moins sphériques de la paroi des sacs alvéolaires; les alvéoles sont densément regroupées et donnent aux sacs alvéolaires l'apparence de grappes de raisins. Deux ou trois sacs alvéolaires s'ouvrent dans une chambre commune appelée atrium alvéolaire qui communique avec un conduit alvéolaire (figure 23.7a). Les quelque 300 millions d'alvéoles constituent la majeure partie du volume des poumons et offrent une aire extrêmement étendue aux échanges gazeux.

Membrane alvéolo-capillaire. Les parois des alvéoles sont composées d'une couche unique de cellules épithéliales pavimenteuses appelées **pneumocytes de type I** (ou épithéliocytes respiratoires) apposée sur une fine lame basale. Ces parois sont si minces qu'un mouchoir en papier semble épais à côté d'elles. Une trame dense de capillaires pulmonaires recouvre les alvéoles, tandis que quelques fibres élastiques entourent leurs ouvertures (figure 23.8a). Les parois des alvéoles et des capillaires ainsi que leurs lames basales fusionnées forment la **membrane alvéolo-capillaire (barrière air-sang)** (figure 23.8c). Les échanges gazeux se produisent par diffusion simple à travers la membrane alvéolo-capillaire, l'oxygène passant des alvéoles au sang et le gaz carbonique du sang aux alvéoles.

Des **pneumocytes de type II** (ou grands épithéliocytes), de forme cubique, sont disséminés entre les pneumocytes de type I (figure 23.8b). Ces cellules sécrètent un liquide, le **surfactant alvéolaire,** qui tapisse la surface interne de l'alvéole exposée à l'air alvéolaire et contribue à l'efficacité des échanges gazeux. (Nous décrivons plus loin comment le surfactant diminue la tension superficielle du liquide alvéolaire.)

Les alvéoles abritent les **macrophages alvéolaires,** communément appelés **cellules à poussières,** qui s'attaquent aux poussières, aux bactéries et aux autres particules étrangères inspirées avec l'air. Ces macrophages libres possèdent une efficacité remarquable. En effet, les surfaces alvéolaires sont le plus souvent stériles en dépit du très grand nombre de microorganismes infectieux transportés dans les alvéoles. Comme les alvéoles sont des culs-de-sac, il est important que les macrophages

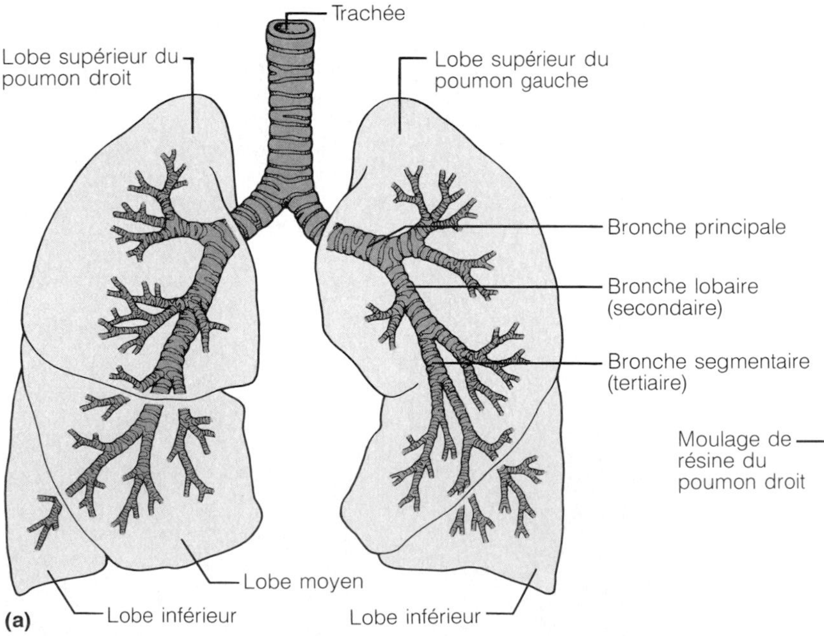

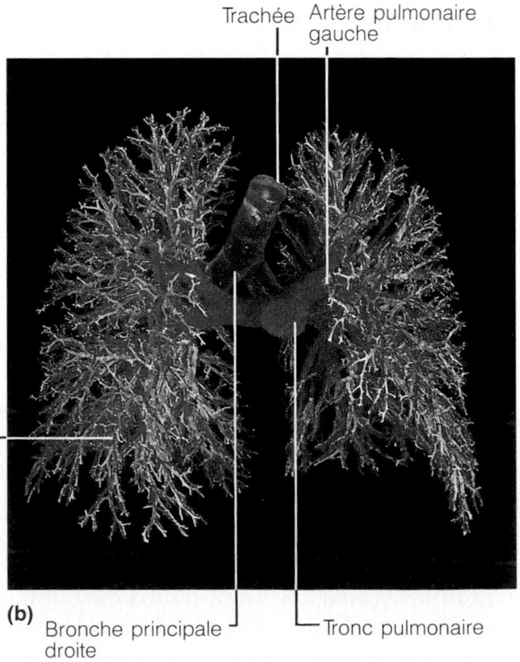

Figure 23.6 Structures de la zone de conduction. (**a**) Sous le larynx, les voies respiratoires sont composées de la trachée ainsi que des bronches principales, lobaires et segmentaires, lesquelles se ramifient en bronchioles et en bronchioles terminales. (**b**) Face antérieure d'un moulage de résine de l'arbre bronchique et artériel des poumons. Les conduits aériens sont remplis de résine transparente, tandis que les artères pulmonaires et leurs ramifications sont remplies de résine rouge.

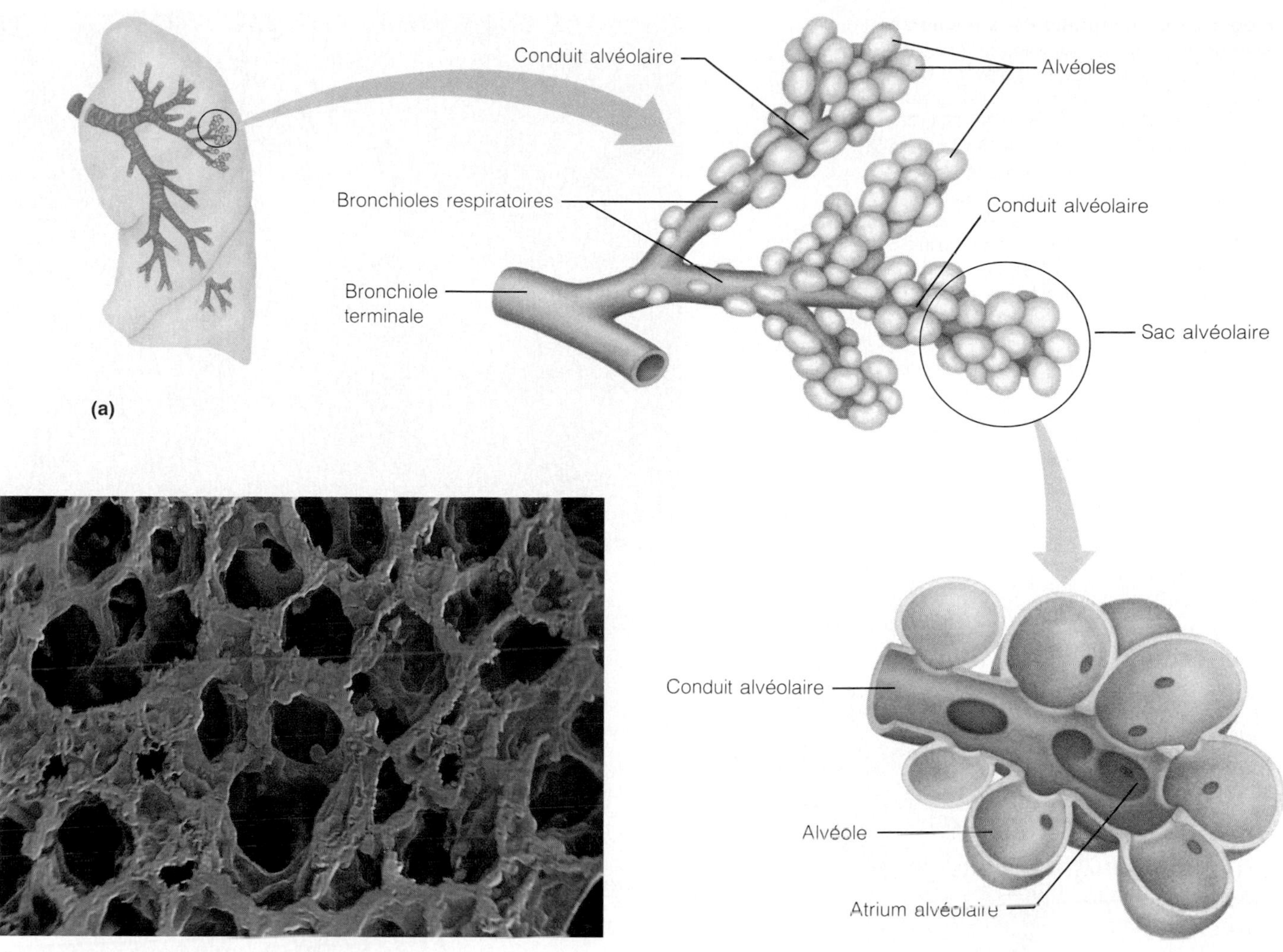

Figure 23.7 Structures de la zone respiratoire. (**a**) Diagramme de l'acinus (bronchiole respiratoire, conduits alvéolaires, sacs alvéolaires et alvéoles). (**b**) Micrographie au microscope électronique à balayage d'une coupe de poumon humain montrant le réseau des conduits alvéolaires et les alvéoles qui forment l'aboutissement de l'arbre bronchique (× 475). Notez la minceur des parois des alvéoles.

morts ne s'y accumulent pas. Ils sont donc emportés par le courant ciliaire et transportés passivement vers le pharynx. Ce mécanisme débarrasse les poumons de plus de deux millions de macrophages alvéolaires par heure!

Poumons et plèvre

Anatomie macroscopique des poumons

Les deux **poumons** occupent la partie de la cavité thoracique laissée libre par le *médiastin*, l'espace abritant le cœur, les gros vaisseaux sanguins, les bronches, l'œsophage et d'autres organes (figure 23.9). Chaque poumon est suspendu dans sa cavité pleurale et rattaché à la paroi postérieure de la cavité thoracique par des liens vasculaires et bronchiques formant la **racine du poumon.** Les faces antérieure, externe et postérieure des poumons sont en contact étroit avec les côtes et déterminent un plan courbé appelé **face costale du poumon.** L'extrémité supérieure du poumon, en pointe, est appelée **apex,** et est située à l'arrière de la clavicule; la face inférieure, concave, est appelée **base du poumon,** et elle repose sur le diaphragme, un muscle squelettique. La face interne (médiastinale) de chaque poumon porte une dépression, le **hile du poumon,** où pénètrent les vaisseaux sanguins des circulations pulmonaire et systémique, les vaisseaux lymphatiques, les nerfs ainsi que la bronche principale. Toutes les subdivisions des bronches principales sont enfouies dans la substance des poumons.

Comme le cœur est légèrement incliné vers la gauche par rapport à l'axe médian, les deux poumons n'ont pas tout à fait la même forme ni les mêmes dimensions. Le poumon gauche est plus petit que le droit, et sa face interne est creusée d'une concavité appelée **incisure cardiaque du poumon gauche,** qui épouse la forme du cœur (voir la figure 23.9a). Le poumon gauche est divisé en deux **lobes** (supérieur et inférieur) par une *scissure oblique,* tandis que le poumon droit est divisé en trois lobes (supérieur, moyen et inférieur) par une *scissure oblique* et la *scissure horizontale.* Les lobes pulmonaires se subdivisent à leur tour en **segments pulmonaires** possédant chacun leur artère, leur veine et leur bronche segmentaire propres. Les segments, au nombre de 10 par poumon, sont disposés de façon analogue mais non pas

Figure 23.8 Anatomie de la membrane alvéolo-capillaire. (**a**) Micrographie au microscope électronique à balayage d'un moulage d'alvéoles et des capillaires pulmonaires associés (×255). (**b**) et (**c**) Détails de l'anatomie de la membrane alvéolo-capillaire: cellules épithéliales pavimenteuses (pneumocytes de type I), endothélium capillaire et membrane basale (lames basales fusionnées) située entre les deux couches de cellules. Les pneumocytes de type II (sécrétant le surfactant) sont aussi représentés, de même que les pores alvéolaires reliant les alvéoles adjacentes. Les macrophages alvéolaires libres phagocytent les débris. L'oxygène diffuse de l'air alvéolaire au sang des capillaires pulmonaires; le gaz carbonique diffuse du sang pulmonaire aux alvéoles.

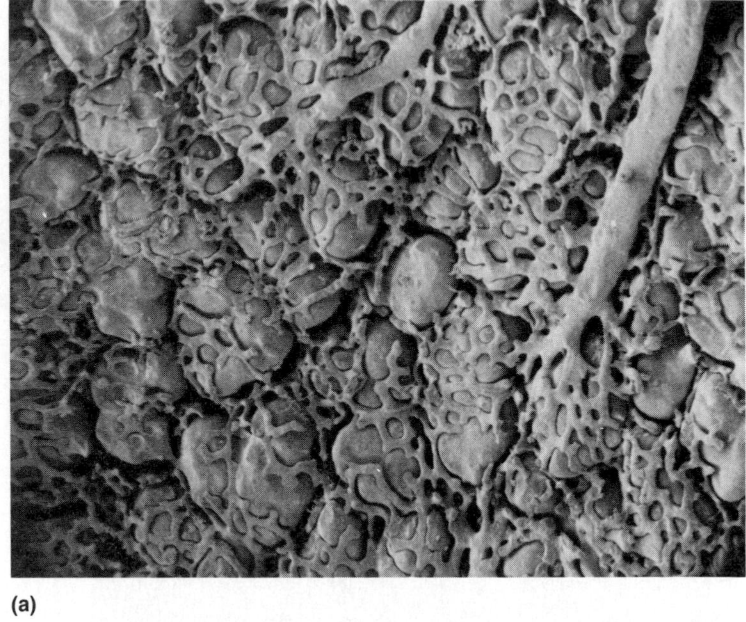

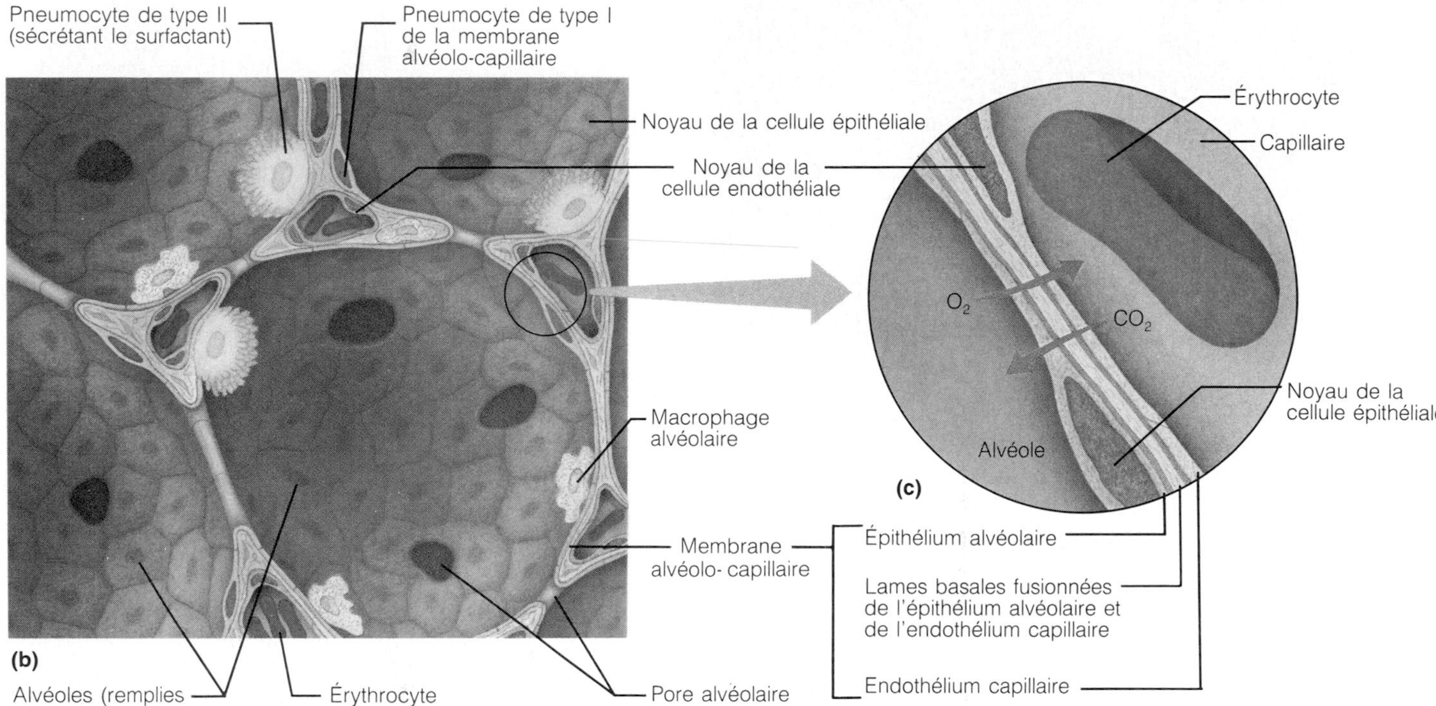

identique dans les deux poumons. Les cloisons de tissu conjonctif qui séparent les segments permettent de procéder à l'ablation chirurgicale d'un segment malade sans endommager les segments sains ni leurs vaisseaux sanguins. Comme les maladies pulmonaires sont souvent circonscrites à un segment pulmonaire (ou, au plus, à quelques-uns), les segments revêtent une importance certaine au point de vue clinique.

La partie des poumons qui n'est pas occupée par les alvéoles est constituée par le **stroma** (littéralement «tapis»), un tissu conjonctif élastique. Les poumons sont par conséquent des organes mous, spongieux et élastiques dont le poids dépasse à peine 1 kg. L'élasticité des poumons sains facilite la respiration, comme nous allons le voir plus loin.

Vascularisation des poumons

Le sang est apporté aux poumons par les **artères pulmonaires,** qui cheminent parallèlement aux bronches principales (figures 23.6b et 23.9b). Une fois à l'intérieur des poumons, les artères pulmonaires se ramifient abondamment avant de donner naissance aux **réseaux capillaires pulmonaires** entourant les conduits alvéolaires et les alvéoles (voir la figure 23.8a). Le sang fraîchement oxygéné est transporté de la zone respiratoire des poumons au cœur par les **veines pulmonaires,** qui rejoignent le hile

Tableau 23.1 Principaux organes du système respiratoire

Structure	Description, caractéristiques générales et spécifiques	Fonctions
Nez	La partie externe, proéminente, est soutenue par des os et des cartilages; les cavités nasales sont séparées par la cloison nasale et revêtues d'une muqueuse	Produit du mucus; filtre, réchauffe et humidifie l'air inspiré; caisse de résonance pour la voix
	Le toit des cavités nasales contient l'épithélium de la région olfactive de la muqueuse nasale	Récepteurs olfactifs
	Les sinus paranasaux entourent les cavités nasales	Mêmes que celles des cavités nasales; allègent la tête
Pharynx	Conduit reliant les cavités nasales au larynx et la cavité buccale à l'œsophage; trois segments: le nasopharynx, l'oropharynx et le laryngopharynx	Conduit pour l'air et les aliments
	Abrite les amygdales	Facilite l'exposition des antigènes inspirés aux cellules immunitaires
Larynx	Relie le pharynx à la trachée; charpente de cartilage et de tissu conjonctif dense; son ouverture (la glotte) est fermée par l'épiglotte ou par les cordes vocales	Conduit aérien; empêche les aliments d'entrer dans les voies respiratoires inférieures
	Abrite les cordes vocales	Phonation
Trachée	Tube flexible naissant dans le larynx et se divisant en deux bronches principales; ses parois contiennent des cartilages en forme d'anneaux qui, dans leur partie postérieure, sont ouverts et reliés par le muscle trachéal	Conduit aérien; filtre, réchauffe et humidifie l'air inspiré
Arbre bronchique	Composé des bronches principales droite et gauche, qui se subdivisent dans les poumons en bronches lobaires, en bronches segmentaires et en bronchioles; les parois des bronchioles sont entièrement entourées de muscle lisse dont les contractions facilitent l'expiration	Ensemble de conduits aériens reliant la trachée aux alvéoles; réchauffe et humidifie l'air inspiré
Alvéoles	Cavités microscopiques marquant l'aboutissement de l'arbre bronchique; leurs parois sont composées d'un épithélium pavimenteux simple reposant sur une fine lame basale; leurs surfaces externes sont intimement associées aux cellules endothéliales des capillaires pulmonaires	Principaux sites des échanges gazeux
	Des cellules alvéolaires spéciales sécrètent le surfactant	Réduisent la tension superficielle et préviennent l'affaissement des poumons
Poumons	Organes situés dans les cavités pleurales; composés principalement des alvéoles et des conduits respiratoires; le stroma est un tissu conjonctif élastique et fibreux qui permet aux poumons de se rétracter passivement pendant l'expiration	Abritent les conduits aériens à partir des bronches principales
Plèvre	Séreuse; le feuillet pariétal tapisse la cavité thoracique, tandis que le feuillet viscéral recouvre les surfaces externes des poumons	Produit un liquide lubrifiant et enveloppe les poumons

du poumon en traversant les cloisons de tissu conjonctif qui séparent les segments pulmonaires.

Le sang riche en oxygène est fourni au tissu pulmonaire par les **artères bronchiques** (une à droite et deux à gauche) qui émergent de l'aorte. Le sang veineux sort des poumons par les **veines bronchiques** (qui rejoignent les veines azygos et hémi-azygos) et par les *veines pulmonaires.*

Plèvre

La **plèvre** est une fine séreuse composée de deux feuillets; chacun de ces feuillets recouvre un poumon et délimite une étroite cavité appelée **cavité pleurale** (voir la figure 23.9). Le **feuillet pariétal de la plèvre** tapisse la paroi thoracique et la face supérieure du diaphragme. Il se poursuit latéralement entre le poumon et le cœur et enveloppe la racine du poumon. De là, le feuillet pariétal adhère à la surface externe du poumon et forme le **feuillet viscéral de la plèvre,** qui s'enfonce dans les scissures.

Les feuillets de la plèvre produisent le **liquide pleural,** une sécrétion séreuse lubrifiante qui remplit l'étroite cavité pleurale et qui réduit la friction des poumons contre la paroi thoracique pendant la respiration. Les feuillets de la plèvre peuvent glisser l'un contre l'autre, mais la tension superficielle du liquide pleural qu'ils enferment résiste fortement à leur séparation. Par conséquent, chaque poumon adhère fermement à la paroi thoracique, et il se dilate et se rétracte suivant les variations du volume de la cavité thoracique, lequel augmente durant l'inspiration et diminue durant l'expiration.

La plèvre divise la cavité thoracique en trois parties: le médiastin au centre et, de part et d'autre, les deux compartiments pleuraux contenant chacun un poumon. Cette compartimentation prévient les contacts entre les organes mobiles. De plus, elle limite la propagation des infections locales et l'étendue des traumatismes.

La *pleurésie,* l'inflammation de la plèvre, peut être causée par une diminution de la sécrétion de liquide pleural. Dans ce cas, les feuillets s'assèchent et s'abrasent, causant une friction douloureuse à chaque respiration. Inversement, la pleurésie peut résulter d'un excès de liquide pleural. Bien que le liquide gêne la respiration

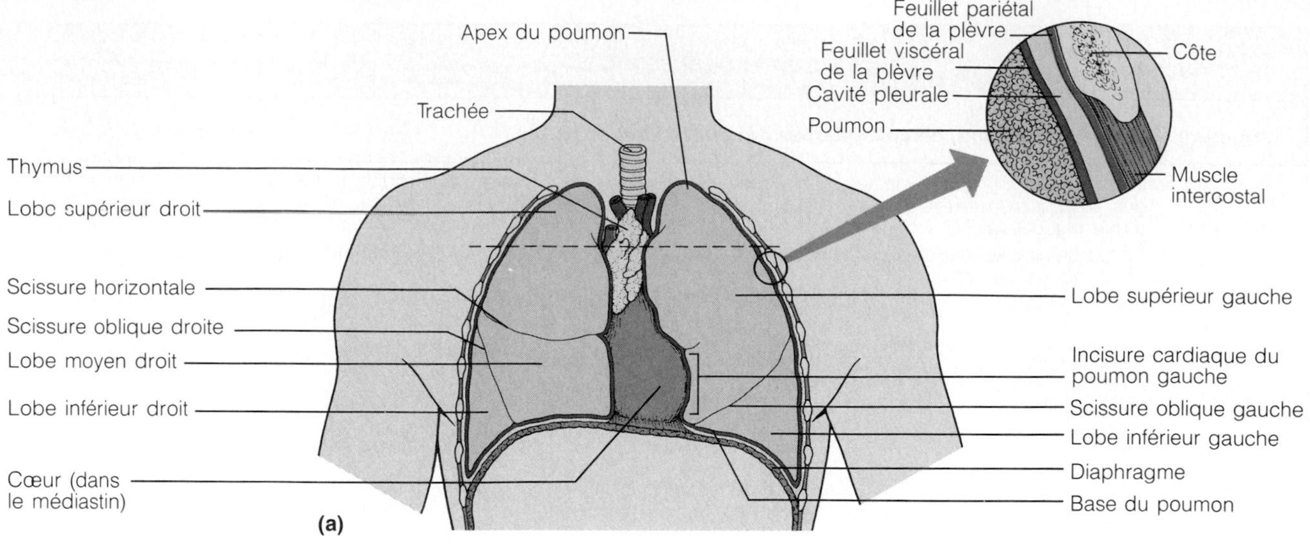

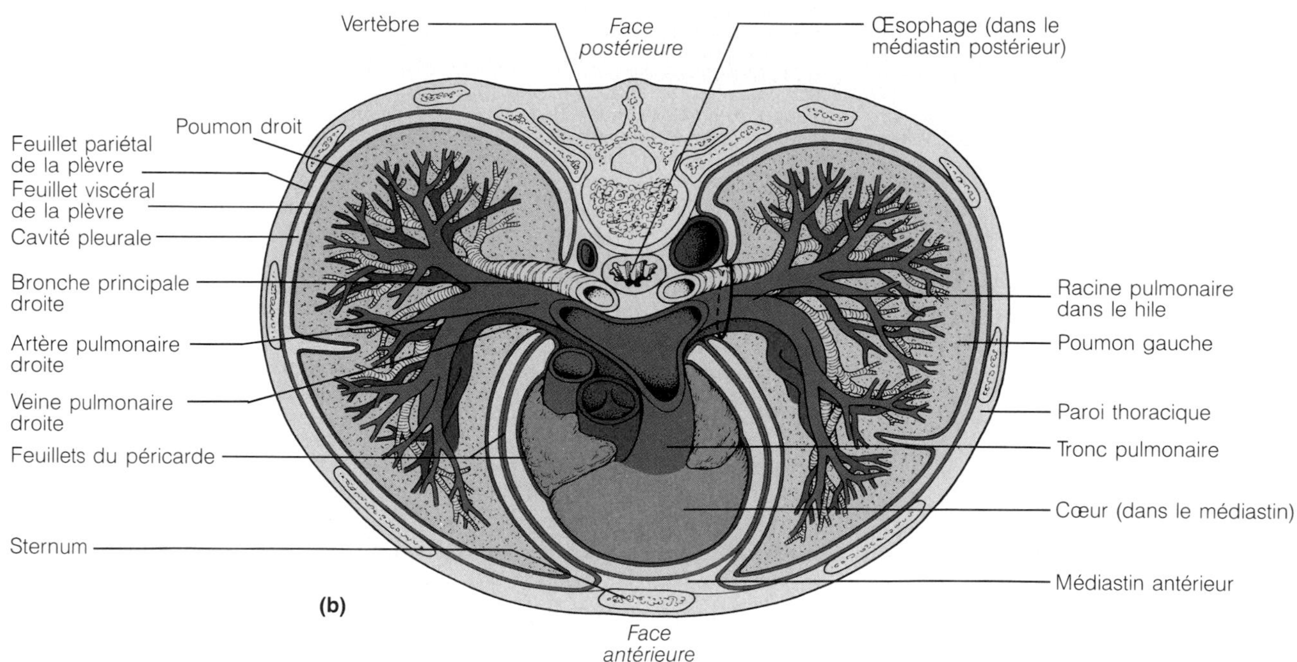

Figure 23.9 Organes de la cavité thoracique. (**a**) Vue de la face antérieure de la cavité thoracique montrant la situation des poumons par rapport aux structures situées dans le médiastin. (**b**) Coupe transversale du thorax montrant les poumons, les feuillets de la plèvre et les principaux organes du médiastin. (Le plan de la coupe correspond à la ligne pointillée en **a**; le thymus a été enlevé pour plus de clarté.)

en exerçant une pression sur les poumons, cette forme de pleurésie est beaucoup moins douloureuse que la forme sèche. ■

Mécanique de la respiration

La **respiration**, ou **ventilation pulmonaire**, comprend deux phases: l'**inspiration**, la période pendant laquelle l'air entre dans les poumons, et l'**expiration**, la période pendant laquelle les gaz sortent des poumons. La présente section porte sur les facteurs mécaniques qui facilitent l'écoulement des gaz.

Pression dans la cavité thoracique

Avant d'entreprendre la description de la respiration, il est important de rappeler que *les pressions respiratoires sont toujours exprimées par rapport à la pression atmosphérique.* La pression atmosphérique est la pression exercée par l'air (un mélange de gaz) entourant l'organisme; au niveau de la mer, la pression atmosphérique est de 760 mm Hg (soit la pression exercée par une colonne de mercure de 760 mm de hauteur). Par conséquent, une pression respiratoire de − 4 mm Hg est inférieure de 4 mm Hg à la pression atmosphérique (soit 760 − 4 = 756 mm Hg). De même, une pression respiratoire positive est supérieure à la pression atmosphérique, et une pression respiratoire de 0 est égale à la pression atmosphérique. Examinons maintenant les variations de la pression qui se produisent normalement dans la cavité thoracique.

La **pression intra-alvéolaire** (ou **intrapulmonaire**), la pression qui règne à l'intérieur des alvéoles, monte et descend suivant les deux phases de la respiration, mais elle s'égalise *toujours* avec la pression atmosphérique (figure 23.10). La **pression intrapleurale,** la pression qui règne à l'intérieur de la cavité pleurale, fluctue aussi selon les phases de la respiration. Toutefois, elle est toujours inférieure d'environ 4 mm Hg à la pression intra-alvéolaire. Par conséquent, on dit qu'elle est négative par rapport à la pression intra-alvéolaire et à la pression atmosphérique. Les 4 mm Hg de différence sont dus à l'interaction des mécanismes qui retiennent les poumons à la paroi thoracique et de ceux qui les en éloignent.

Trois grands facteurs retiennent les poumons à la paroi thoracique:

1. L'adhérence (la tension superficielle) créée par le liquide pleural dans la cavité pleurale. Le liquide pleural, en effet, unit les feuillets de la plèvre comme une goutte d'eau retient deux lames de verre l'une contre l'autre. Il est facile de faire glisser les lames l'une sur l'autre, mais il faut exercer une très grande force pour les séparer.
2. La pression positive dans les poumons. Cette pression, égale à la pression atmosphérique lorsque la respiration est temporairement interrompue, est toujours supérieure à la pression intrapleurale. Par conséquent, il se crée un gradient de pression qui pousse les poumons contre la paroi thoracique.
3. La pression atmosphérique s'exerçant sur le thorax. Comme la pression atmosphérique poussant contre la paroi thoracique est toujours supérieure à la pression intrapleurale, la paroi thoracique tend à «comprimer» quelque peu les poumons.

Deux forces tendent à éloigner les poumons (feuillet viscéral de la plèvre) de la paroi thoracique (feuillet pariétal de la plèvre):

1. La tendance naturelle des poumons à se rétracter. Étant donné la grande élasticité que leur confèrent les fibres élastiques, les poumons ont toujours tendance à prendre les plus petites dimensions possibles.
2. La tension superficielle de la pellicule de liquide dans les alvéoles. Cette tension fait prendre aux alvéoles les plus petites dimensions possibles.

On ne saurait trop insister sur l'importance de la pression négative dans la cavité pleurale, non plus que sur l'adhérence entre les feuillets de la plèvre de chaque poumon. *Tout état qui amène la pression intrapleurale à égalité avec la pression intra-alvéolaire (ou atmosphérique) entraîne un affaissement immédiat des poumons.*

L'*atélectasie*, ou affaissement des alvéoles pulmonaires, rend les poumons inaptes à la ventilation alors que le sang circule dans les capillaires alvéolaires. Ce phénomène est fréquemment provoqué par l'entrée d'air dans la cavité pleurale à la suite d'une blessure au thorax occasionnant la rupture du feuillet pariétal, mais il peut aussi résulter d'une rupture du feuillet viscéral de la plèvre, auquel cas l'air pénètre dans la cavité pleurale par le tissu pulmonaire. La présence d'air dans la cavité pleurale est appelée *pneumothorax.* Pour remédier au pneumothorax, on obture l'orifice et on aspire l'air de la cavité pleurale, ce qui permet aux poumons de se gonfler à nouveau et de retrouver leur fonctionnement normal. Notez qu'un poumon peut être affaissé sans nuire à l'autre, car chacun est recouvert de ses feuillets pleuraux. Si les plèvres des poumons étaient en communication, un pneumothorax entraînerait obligatoirement la mort. ■

Ventilation pulmonaire: inspiration et expiration

La ventilation pulmonaire, ou respiration, est un processus entièrement mécanique qui repose sur des variations de volume se produisant dans la cavité thoracique. Au fil de votre étude, gardez toujours à l'esprit la règle suivante. *Les variations de volume engendrent des variations de pression, les variations de pression provoquent l'écoulement des gaz, et les gaz s'écoulent de manière à égaliser la pression.*

La relation entre la pression et le volume des gaz est exprimée par la **loi de Boyle-Mariotte,** aussi appelée *loi des gaz parfaits,* qui veut qu'à température constante, la pression d'un gaz soit inversement proportionnelle à son volume. Autrement dit, $P_1V_1 = P_2V_2$, où P_1 représente la pression du gaz en millimètres de mercure, V, son volume en millimètres cubes, et les chiffres 1 et 2 en indice inférieur, les conditions initiales et résultantes, respectivement. Les gaz, comme les liquides, prennent la forme du récipient qui les contient. Contrairement aux liquides, toutefois, les gaz *remplissent* toujours entièrement le récipient qui les contient. Par conséquent, plus le volume est grand, plus les molécules de gaz sont éloignées les unes des autres, et plus la pression est faible. Inversement, plus le volume est faible, plus les molécules de gaz sont comprimées et plus la pression est forte. Voyons comment tout cela s'applique à l'inspiration et à l'expiration.

Inspiration

Pour comprendre le processus de l'inspiration (ou inhalation), imaginez que la cavité thoracique est une boîte percée dans sa face supérieure d'une ouverture unique, la trachée. Le volume de la boîte peut s'accroître par suite de l'augmentation des distances entre ses parois, ce qui

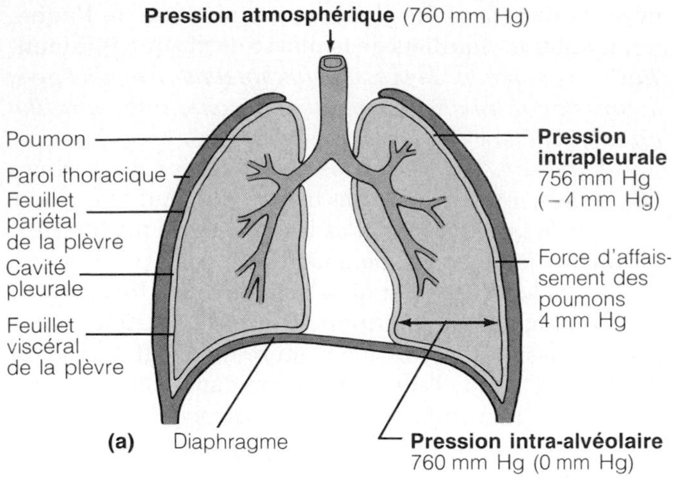

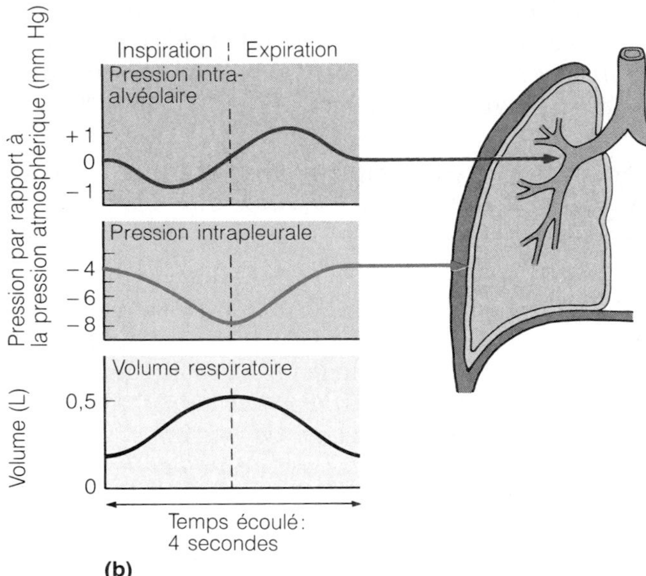

Figure 23.10 Relations entre la pression intra-alvéolaire et la pression intrapleurale. (**a**) Pression intra-alvéolaire et pression intrapleurale en position de repos. Les différences par rapport à la pression atmosphérique sont indiquées entre parenthèses. (**b**) Variations de la pression intra-alvéolaire et de la pression intrapleurale pendant l'inspiration et l'expiration. Notez que la pression atmosphérique normale (760 mm Hg) a une valeur de 0 sur l'échelle.

abaisse la pression qui y règne. La diminution de la pression fait pénétrer l'air dans la boîte, puisque les gaz s'écoulent toujours dans le sens des gradients de pression (vers une région de plus basse pression).

Les mêmes relations président à l'inspiration calme normale, sous l'action des **muscles inspiratoires,** le diaphragme et les muscles intercostaux externes.

1. En se contractant, le diaphragme (convexe) s'abaisse et s'aplatit (figure 23.11a). Par le fait même, la hauteur de la cavité thoracique augmente.

2. La contraction des muscles intercostaux externes élève la cage thoracique et pousse le sternum vers l'avant (figure 23.11a et b). Comme les côtes sont incurvées vers l'avant et vers le bas, la largeur et la profondeur de la cage thoracique sont normalement dans un plan oblique descendant. Mais lorsque les côtes s'élèvent et se rapprochent, elles font aussi saillie vers l'extérieur, augmentant le diamètre du thorax tant en largeur qu'en profondeur. La même chose se produit quand on soulève la poignée incurvée d'un seau.

Même si les dimensions du thorax n'augmentent que de quelques millimètres dans chaque plan, cela suffit à accroître le volume de la cavité thoracique d'environ 500 mL, soit le volume d'air qui entre dans les poumons au cours d'une inspiration calme normale. Dans les changements de volume associés à l'inspiration calme normale, l'action du diaphragme a beaucoup plus d'influence que celle des muscles intercostaux.

L'augmentation des dimensions du thorax durant l'inspiration étire les poumons et entraîne un accroissement du volume intrapulmonaire. Par le fait même, la pression intra-alvéolaire diminue d'environ 1 mm Hg par rapport à la pression atmosphérique, et l'air s'écoule dans les poumons dans le sens de ce gradient jusqu'à ce que les pressions intra-alvéolaire et atmosphérique s'égalisent. Pendant la même période, la pression intrapleurale passe à environ − 8 mm Hg par rapport à la pression atmosphérique (voir la figure 23.10b).

Pendant les *inspirations profondes* ou *forcées* accompagnant l'exercice intense et certaines pneumopathies obstructives (voir à la p. 760), l'activation de muscles accessoires de la respiration augmente encore la capacité du thorax. Différents muscles, dont les scalènes, les sterno-cléïdo-mastoïdiens et les pectoraux, élèvent les côtes plus haut encore que pendant l'inspiration calme. Le redressement de la courbure thoracique par les muscles érecteurs du rachis contribue également à accroître le volume de la cage thoracique.

Expiration

L'expiration (ou exhalation) calme chez l'individu sain est un processus passif qui repose plus sur l'élasticité naturelle des poumons que sur la contraction musculaire. À mesure que les muscles inspiratoires se relâchent et retrouvent leur longueur initiale, la cage thoracique s'abaisse et les poumons se rétractent. Par conséquent, le volume thoracique et le volume intrapulmonaire diminuent. Les alvéoles sont alors comprimées, et la pression intra-alvéolaire dépasse d'environ 1 mm Hg la pression atmosphérique (voir la figure 23.10b). Les gaz s'écoulent alors hors des poumons.

Par ailleurs, l'**expiration forcée** est un processus actif provoqué par la contraction des muscles de la paroi abdominale, principalement l'oblique externe et l'oblique interne de l'abdomen ainsi que le transverse de l'abdomen. Cette contraction: (1) accroît la pression intra-abdominale, ce qui pousse les organes abdominaux contre le diaphragme; (2) abaisse la cage thoracique. Les muscles intercostaux internes, grand dorsal et carré des lombes peuvent aussi contribuer à abaisser la cage thoracique et à diminuer le volume thoracique. Notons que la capacité de soutenir une note repose chez le bon chanteur sur l'activité coordonnée de plusieurs muscles normalement utilisés dans l'expiration forcée. Il est très important de maîtriser les muscles accessoires de l'expiration lorsqu'on désire régler avec précision l'écoulement de l'air hors des poumons.

Facteurs physiques influant sur la ventilation pulmonaire

Les poumons s'étirent pendant l'inspiration et se rétractent passivement pendant l'expiration. Les muscles inspiratoires consomment de l'énergie pour augmenter le volume interne de la cage thoracique. Il faut aussi de l'énergie pour surmonter les diverses résistances qui s'opposent au passage de l'air et à la ventilation pulmonaire. La résistance des conduits aériens, la compliance pulmonaire et la tension superficielle alvéolaire font l'objet des sections qui suivent.

Résistance des conduits aériens

La principale source de résistance à l'écoulement gazeux est la friction, ou frottement, entre l'air et la surface des conduits aériens. L'équation suivante exprime la relation entre l'écoulement gazeux, la pression et la résistance:

$$\text{Écoulement gazeux} = \frac{\text{gradient de pression}}{\text{résistance}}$$

Notez que l'écoulement du sang dans le système cardiovasculaire et celui des gaz dans les voies respiratoires sont déterminés par des facteurs équivalents. Le volume de gaz circulant dans les alvéoles est directement proportionnel à la différence de pression (gradient de pression) entre l'atmosphère et les alvéoles; de très faibles différences de pression suffisent à modifier considérablement le volume de l'écoulement gazeux. Le gradient de pression moyen pendant la respiration calme normale est de 2 mm Hg ou moins, et pourtant il fait entrer et sortir 500 mL d'air à chaque respiration.

L'équation indique aussi que l'écoulement gazeux est *inversement* proportionnel à la résistance; autrement dit, l'écoulement des gaz diminue à mesure qu'augmente la résistance. Dans le système respiratoire comme dans le système cardiovasculaire, la résistance dépend principalement du diamètre des conduits. En règle générale, la résistance des conduits aériens est insignifiante pour deux raisons: (1) le diamètre des conduits aériens est, toutes proportions gardées, énorme dans la partie initiale de la zone de conduction; (2) l'écoulement des gaz s'arrête dans les bronchioles terminales (avant que la faiblesse du diamètre commence à poser problème) et cède le pas à la diffusion. Par conséquent, comme le montre la figure 23.12, la plus grande résistance à l'écoulement gazeux se rencontre dans les bronches de dimensions moyennes.

Cependant, le muscle lisse des parois des bronchioles est extrêmement sensible à la stimulation du système nerveux parasympathique et aux substances inflammatoires, qui toutes deux causent une vigoureuse contraction des bronchioles et une diminution marquée de l'écoulement des gaz. De fait, l'intense bronchoconstriction qui accompagne une crise d'asthme aiguë peut faire cesser presque complètement la ventilation pulmonaire, quel que soit le gradient de pression. Inversement, l'adrénaline libérée à la suite de l'activation du système nerveux sympathique ou administrée à des fins thérapeutiques dilate les bronchioles et réduit la résistance. Les accumulations locales de mucus, les matières infectieuses et les tumeurs obstruant les conduits aériens constituent d'importantes sources de résistance dans les maladies respiratoires.

Tout facteur qui accroît la résistance des conduits aériens gêne les mouvements de la respiration, qui ne se font plus qu'au prix d'efforts considérables. Or, de tels efforts ont une portée limitée: en cas de constriction ou d'obstruction des bronchioles, même les efforts respiratoires les plus acharnés ne suffisent pas à rétablir une ventilation adéquate des alvéoles.

Compliance pulmonaire

L'élasticité des poumons sains est extraordinaire. L'aptitude des poumons à se dilater, leur élasticité, est appelée **compliance pulmonaire.** Plus précisément, la compliance pulmonaire (C_P) mesure la variation du volume pulmonaire (ΔV_P) en fonction de la variation de la pression intra-alvéolaire (ΔP), et elle s'exprime par l'équation suivante: $C_P = \Delta V_P / \Delta P$. Plus l'expansion pulmonaire (l'augmentation de volume) est grande à la suite d'une augmentation de la pression, plus la compliance est élevée.

La compliance pulmonaire dépend non seulement de l'élasticité du tissu pulmonaire proprement dit, mais aussi de celle de la cage thoracique. La compliance est réduite par tout facteur qui: (1) diminue l'élasticité naturelle des poumons, notamment la fibrose; (2) obstrue les bronches ou les bronchioles; (3) accroît la tension superficielle de la pellicule de liquide dans les alvéoles; (4) entrave la flexibilité de la cage thoracique.

Les malformations du thorax, l'ossification des cartilages costaux (due au vieillissement) et la paralysie des muscles intercostaux sont autant de facteurs qui réduisent la compliance pulmonaire en gênant l'expansion thoracique. ■

Élasticité des poumons

La rétraction pulmonaire est à l'expiration normale ce que l'expansion pulmonaire est à l'inspiration. Rétraction et expansion constituent les manifestations opposées d'un même attribut, l'*élasticité pulmonaire.* L'élasticité pulmonaire révèle toute son importance lorsqu'elle diminue, comme dans l'emphysème pulmonaire, maladie que nous décrivons en détail à la p. 760.

Tension superficielle dans les alvéoles

À la surface de séparation entre un gaz et un liquide, les molécules du liquide sont plus fortement attirées les unes

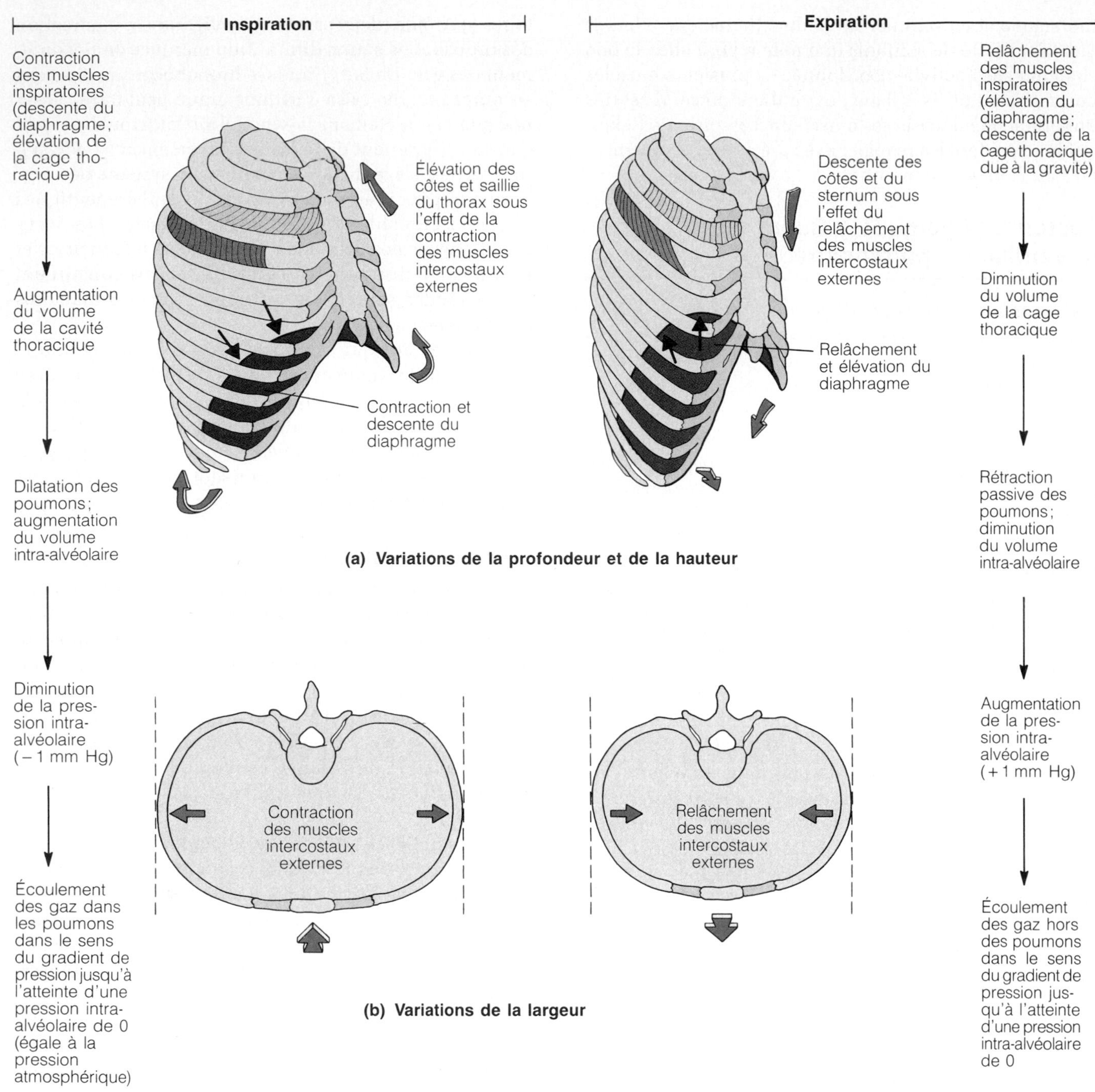
Inspiration
Contraction des muscles inspiratoires (descente du diaphragme; élévation de la cage thoracique)
Augmentation du volume de la cavité thoracique
Dilatation des poumons; augmentation du volume intra-alvéolaire
Diminution de la pression intra-alvéolaire (– 1 mm Hg)
Écoulement des gaz dans les poumons dans le sens du gradient de pression jusqu'à l'atteinte d'une pression intra-alvéolaire de 0 (égale à la pression atmosphérique)
Élévation des côtes et saillie du thorax sous l'effet de la contraction des muscles intercostaux externes
Contraction et descente du diaphragme
Expiration
Relâchement des muscles inspiratoires (élévation du diaphragme; descente de la cage thoracique due à la gravité)
Diminution du volume de la cage thoracique
Rétraction passive des poumons; diminution du volume intra-alvéolaire
Augmentation de la pression intra-alvéolaire (+ 1 mm Hg)
Écoulement des gaz hors des poumons dans le sens du gradient de pression jusqu'à l'atteinte d'une pression intra-alvéolaire de 0
Descente des côtes et du sternum sous l'effet du relâchement des muscles intercostaux externes
Relâchement et élévation du diaphragme
(a) Variations de la profondeur et de la hauteur
Contraction des muscles intercostaux externes
Relâchement des muscles intercostaux externes
(b) Variations de la largeur

Figure 23.11 Variations du volume thoracique entraînant l'écoulement des gaz pendant la respiration. (**a**) Profils du thorax pendant l'inspiration (à gauche) et l'expiration (à droite) montrant les variations de la hauteur (dues à la contraction et au relâchement du diaphragme) et de la profondeur (dues à la contraction et au relâchement des muscles intercostaux externes). (**b**) Coupes transversales du thorax montrant les variations de la largeur dues à la contraction (à gauche) et au relâchement (à droite) des muscles intercostaux externes pendant l'inspiration et l'expiration, respectivement. Nous présentons de part et d'autre des diagrammes le déroulement des variations de volume correspondantes.

par les autres que par celles du gaz. Cette inégalité dans l'attraction crée à la surface du liquide un état appelé **tension superficielle** qui: (1) attire toujours plus les molécules du liquide les unes vers les autres et réduit leurs contacts avec les molécules du gaz; (2) résiste à toute force qui tend à accroître l'aire de la surface.

L'eau est composée de molécules hautement polaires, et elle présente une très forte tension superficielle. L'eau étant le principal constituant de la pellicule de liquide qui recouvre les parois internes des alvéoles, son action ramène perpétuellement les alvéoles à leurs plus petites dimensions possibles (et contribue également à la rétraction naturelle des poumons pendant l'expiration). Si la pellicule alvéolaire n'était composée que d'eau pure, les alvéoles s'affaisseraient entre les respirations. Or, la pellicule alvéolaire contient du **surfactant.** Produit par

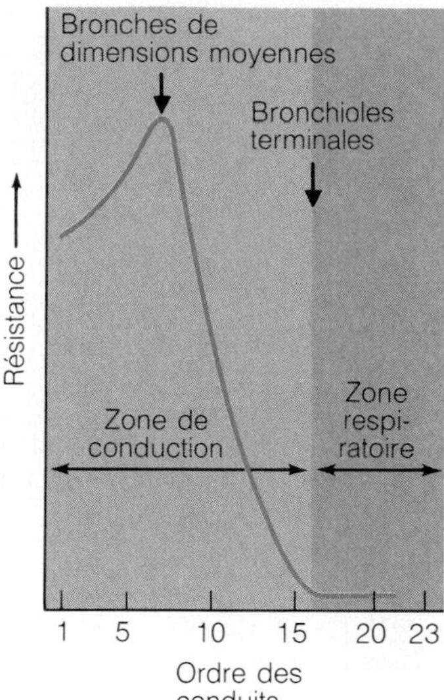

Figure 23.12 Résistance des divers conduits aériens. La résistance atteint un maximum dans les bronches de dimensions moyennes, puis elle diminue brusquement au moment de l'accroissement rapide de l'aire de la section transversale totale des conduits.

les pneumocytes de type II et composé de lipoprotéines, le surfactant réduit la cohésion des molécules d'eau, comme le fait un détergent pour la lessive. Par conséquent, la tension superficielle du liquide alvéolaire diminue, et il faut moins d'énergie pour dilater les poumons et empêcher l'affaissement des alvéoles.

Lorsque la quantité de surfactant est insuffisante, les alvéoles peuvent s'affaisser sous l'effet de la tension superficielle. Elles doivent se gonfler complètement à chaque inspiration, ce qui consomme énormément d'énergie. Tel est le problème auxquels font face les enfants atteints du *syndrome de détresse respiratoire du nouveau-né,* un trouble qui menace particulièrement les bébés prématurés, car le surfactant pulmonaire n'est élaboré qu'à la fin du développement fœtal. On traite la détresse respiratoire du nouveau-né au moyen de respirateurs à pression positive qui poussent de l'air dans les alvéoles et les maintiennent ouvertes entre les respirations. De plus, on pulvérise du surfactant dans les conduits aériens de l'enfant. ■

Volumes respiratoires et épreuves fonctionnelles respiratoires

Volumes et capacités respiratoires

La quantité d'air inspirée et expirée varie substantiellement suivant les conditions qui entourent la respiration. Par conséquent, on peut mesurer divers volumes respiratoires. Les combinaisons (les sommes) des volumes respiratoires, appelées capacités respiratoires, révèlent l'état respiratoire.

Volumes respiratoires. Les **volumes respiratoires,** ou **pulmonaires,** sont le volume courant, le volume de réserve inspiratoire, le volume de réserve expiratoire et le volume résiduel. La figure 23.13 en indique les valeurs normales pour un homme de 20 ans en bonne santé pesant environ 70 kg.

Normalement, à peu près 500 mL d'air entrent dans les poumons et en sortent à chaque respiration. Ce volume respiratoire est appelé **volume courant (VC)**. La quantité d'air qui peut être inspirée en plus avec un effort (de 2100 à 3200 mL) constitue le **volume de réserve inspiratoire (VRI)**.

Le **volume de réserve expiratoire (VRE)** est la quantité d'air (normalement de 1000 mL à 1200 mL) qui peut être évacuée des poumons après une expiration courante. Même après l'expiration la plus vigoureuse (qui nécessite la contraction des muscles abdominaux), il reste encore quelque 1200 mL d'air dans les poumons, une quantité appelée **volume résiduel (VR)**. Le volume résiduel contribue à maintenir l'expansion normale des alvéoles et à prévenir l'affaissement des poumons.

Capacités respiratoires. Les **capacités respiratoires** sont la capacité inspiratoire, la capacité résiduelle fonctionnelle, la capacité vitale et la capacité pulmonaire totale (voir la figure 23.13). Comme nous l'avons indiqué plus haut, les capacités respiratoires correspondent toutes à la somme d'au moins deux volumes respiratoires.

La **capacité inspiratoire (CI)** est la quantité totale d'air qui peut être inspirée après une expiration courante; par conséquent, elle équivaut à la somme du volume courant et du volume de réserve inspiratoire. La **capacité résiduelle fonctionnelle (CRF)** est la somme du volume résiduel et du volume de réserve expiratoire, et elle représente la quantité d'air qui demeure dans les poumons après une expiration courante.

La **capacité vitale (CV)** est la quantité totale d'air échangeable. Elle correspond à la somme du volume courant, du volume de réserve inspiratoire et du volume de réserve expiratoire. Chez le jeune homme en bonne santé, la capacité vitale se monte à environ 4800 mL. La **capacité pulmonaire totale (CPT)** est la somme de tous les volumes pulmonaires, et elle atteint normalement 6000 mL chez les hommes. Les volumes et les capacités pulmonaires (à l'exception peut-être du volume courant) ont tendance à être un peu plus faibles chez les femmes que chez les hommes, étant donné les différences de taille entre les sexes.

Espaces morts

Une partie de l'air inspiré remplit les conduits de la zone de conduction et ne participe jamais aux échanges gazeux dans les alvéoles. Le volume de ces conduits, qui constitue l'**espace mort anatomique** (figure 23.14), se situe généralement à environ 150 mL. Cela signifie que si le volume courant est de 500 mL, 350 mL seulement sont consacrés à la ventilation alvéolaire. Les 150 mL restants se trouvent dans l'espace mort anatomique.

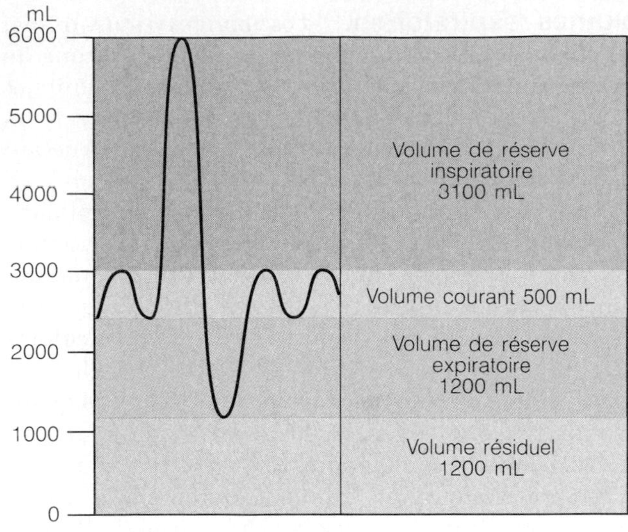

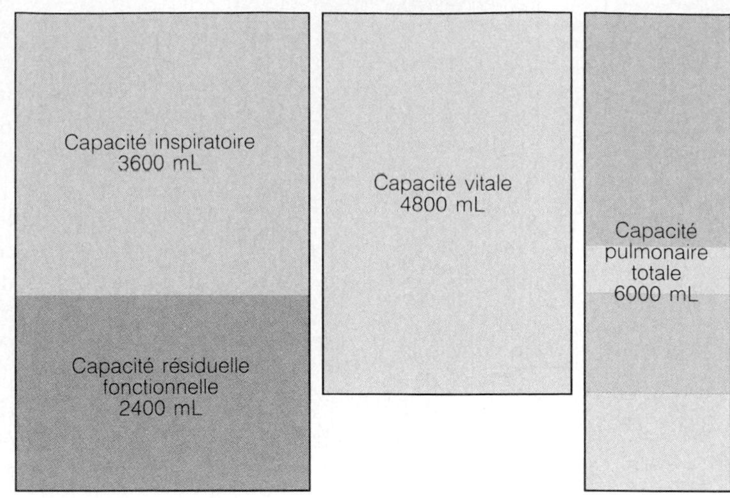

(a) Spirogramme

	Mesures	Valeurs moyennes chez l'homme adulte	Description
Volumes respiratoires	Volume courant (VC)	500 mL	Quantité d'air inspirée ou expirée à chaque respiration, au repos
	Volume de réserve inspiratoire (VRI)	3100 mL	Quantité d'air qui peut être inspirée avec un effort après une inspiration courante
	Volume de réserve expiratoire (VRE)	1200 mL	Quantité d'air qui peut être expirée avec un effort après une expiration courante
	Volume résiduel (VR)	1200 mL	Quantité d'air qui reste dans les poumons après une expiration forcée
Capacités respiratoires	Capacité pulmonaire totale (CPT)	6000 mL	Quantité maximale d'air contenue dans les poumons après un effort inspiratoire maximal: CPT = VC + VRI + VRE + VR
	Capacité vitale (CV)	4800 mL	Quantité maximale d'air qui peut être expirée après un effort inspiratoire maximal: CV = VC + VRI + VRE (devrait être égale à 80% de la CPT)
	Capacité inspiratoire (CI)	3600 mL	Quantité maximale d'air qui peut être inspirée après une expiration normale: CI = VC + VRI
	Capacité résiduelle fonctionnelle (CRF)	2400 mL	Volume d'air qui reste dans les poumons après une expiration courante: CRF = VRE + VR

(b) Résumé des volumes et des capacités respiratoires

Figure 23.13 Volumes et capacités respiratoires. (**a**) Spirogramme idéalisé des volumes respiratoires. (**b**) Résumé des volumes et des capacités respiratoires chez un jeune homme en bonne santé pesant environ 70 kg.

Si certaines des alvéoles cessent de participer aux échanges gazeux (parce qu'affaissées ou obstruées par du mucus, par exemple), on ajoute l'**espace mort alvéolaire** à l'espace mort anatomique, et on appelle **espace mort total** la somme des volumes ne participant pas aux échanges alvéolaires.

Épreuves fonctionnelles respiratoires

Comme une pneumopathie se traduit souvent par une altération des divers volumes et capacités pulmonaires, on procède souvent à leur évaluation. Un **spirographe** est un instrument simple composé d'un embout buccal relié à une cloche vide renversée sur de l'eau. La respiration du sujet déplace la cloche, et les résultats sont enregistrés sur un cylindre rotatif. La spirographie permet d'évaluer les pertes fonctionnelles respiratoires et de suivre l'évolution de certaines maladies respiratoires. Bien que la spirographie ne puisse conduire à un diagnostic précis, elle permet d'établir si une pneumopathie est *obstructive* ou *restrictive.* Dans le premier cas, il y a augmentation de la résistance des conduits aériens (comme dans la bronchite chronique et l'asthme); dans le second cas, il y a diminution de la capacité pulmonaire totale à la suite d'atteintes structurales ou fonctionnelles des poumons (comme dans la tuberculose et la poliomyélite). Ainsi, une augmentation de la capacité pulmonaire totale, de la capacité résiduelle fonctionnelle et du volume résiduel peut indiquer une distension des poumons due à une maladie obstructive, tandis qu'une diminution de la capacité vitale, de la capacité pulmonaire totale, de la capacité résiduelle fonctionnelle et du volume résiduel signale qu'un trouble ventilatoire restrictif limite l'expansion des poumons.

L'évaluation de la vitesse des mouvements gazeux fournit beaucoup plus d'information que la spirographie sur la fonction respiratoire. La **ventilation-minute** est la quantité totale de gaz (exprimée en litres) inspirés et expirés en une minute, au cours de mouvements respiratoires d'amplitude normale. On obtient ce volume en multipliant le volume courant par le nombre de respirations par minute. Pendant la respiration calme normale, la ventilation-minute chez un sujet sain est d'environ 6 L/min (500 mL par respiration multipliés par 12 respirations par minute). Pendant l'exercice intense, la ventilation-minute peut atteindre 200 L/min, à cause de l'augmentation de la fréquence et de l'amplitude respiratoires.

L'épreuve appelée **capacité vitale forcée (CVF)** mesure la quantité de gaz expulsée lorsqu'une personne fait une inspiration forcée (maximale) suivie d'une expiration forcée aussi complète et rapide que possible; le volume total expiré correspond à la capacité vitale (CV) du sujet. L'épreuve appelée **volume expiratoire maximal-seconde (VEMS)** détermine la quantité d'air expulsée au cours d'intervalles précis de la capacité vitale forcée. Par exemple, le volume d'air expiré durant la première seconde de l'épreuve correspond au $VEMS_1$. À la suite de cette épreuve, on établit le rapport entre $VEMS_1$ et VC. Les sujets dont les poumons sont sains peuvent expirer en une seconde environ 80 % de leur capacité vitale forcée. Dans les pneumopathies restrictives, le $VEMS_1$ et la CV sont faibles tandis que le rapport $VEMS_1/VC$ est normal (80 %) ou augmenté (90 %). Dans les maladies obstructives, le $VEMS_1$ est moins faible que la VC, ce qui donne un abaissement du rapport $VEMS_1/VC$ (42 %).

Ventilation alvéolaire (VA)

Alors que la ventilation-minute permet d'évaluer grossièrement l'efficacité respiratoire, la **ventilation alvéolaire (VA)** représente la fraction du volume d'air inspiré qui participe aux échanges gazeux. En effet, cette mesure tient compte du volume d'air inutilisé dans les espaces morts et elle indique la concentration de gaz frais dans les alvéoles à un moment donné. On calcule la ventilation alvéolaire à l'aide de l'équation suivante:

$$\underset{\text{(mL/min)}}{\text{VA}} = \underset{\text{(respirations/minute)}}{\text{fréquence}} \times \underset{\text{(mL/respiration)}}{\left(\text{VC} - \text{volume de l'espace mort}\right)}$$

Chez les sujets sains, la ventilation alvéolaire est d'environ 12 respirations par minute multipliées par la différence entre 500 mL (VC) et 150 mL (espace mort anatomique) par respiration, soit 4200 mL/min.

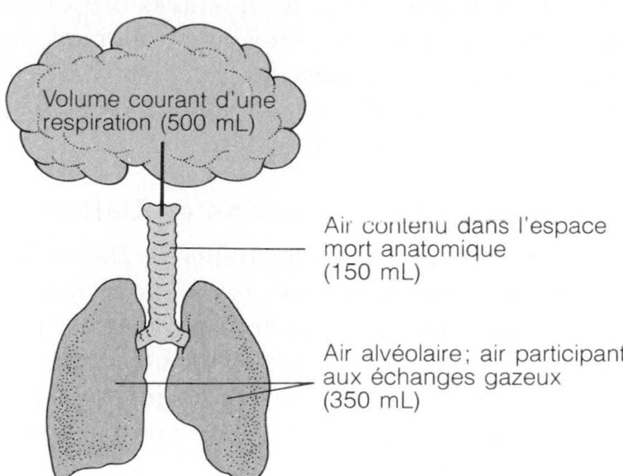

Figure 23.14 Volume courant. Le volume courant est la somme du volume de l'air contenu dans l'espace mort anatomique (l'air qui ne participe pas aux échanges gazeux) et du volume de l'air atteignant les alvéoles (qui participe aux échanges gazeux).

L'augmentation du volume de chaque inspiration réussit mieux que l'augmentation de la fréquence respiratoire à améliorer la ventilation alvéolaire et l'échange gazeux, car l'espace mort anatomique est constant chez un sujet donné. Lorsque la respiration est rapide et superficielle, la ventilation alvéolaire diminue radicalement, car la majeure partie de l'air inspiré n'atteint jamais les sites de l'échange gazeux. En outre, plus le volume courant diminue et se rapproche du volume de l'espace mort, plus la ventilation réelle tend vers zéro, quelle que soit la rapidité de la respiration. Le tableau 23.2 présente un résumé des effets de la fréquence et de l'amplitude respiratoires sur la ventilation alvéolaire réelle chez trois sujets hypothétiques.

Mouvements non respiratoires de l'air

Plusieurs processus autres que la respiration font circuler de l'air dans les poumons et peuvent ainsi modifier le rythme respiratoire normal. Tel est le cas de la toux et de l'éternuement (décrits en détail à la p. 756), qui libèrent les conduits aériens des débris et du mucus, ainsi que du rire et des pleurs, qui sont reliés aux émotions. La plupart de ces **mouvements non respiratoires de l'air** relèvent de l'activité réflexe, mais certains sont volontairement reproductibles. Le tableau 23.3 donne des exemples très courants de ces mouvements.

Échanges gazeux

Propriétés fondamentales des gaz

Les échanges gazeux dans l'organisme reposent sur l'écoulement des gaz (et des solutions de gaz) et sur leur diffusion à travers les tissus. Pour bien comprendre ces processus, il faut se rappeler quelques propriétés physiques des gaz ainsi que leur comportement dans les liquides. Deux autres *lois des gaz parfaits,* la *loi des pressions partielles de Dalton* et la *loi de Henry,* nous fourniront les éléments nécessaires.

Loi des pressions partielles de Dalton

Selon la **loi des pressions partielles de Dalton** ou, plus simplement, la **loi de Dalton,** la pression totale exercée par un mélange de gaz est égale à la somme des pressions exercées par chacun des gaz constituants. En outre, la pression exercée par chaque gaz, sa **pression partielle,** est directement proportionnelle au pourcentage du gaz dans le mélange.

La pression atmosphérique est d'environ 760 mm Hg au niveau de la mer. Comme l'indique le tableau 23.4, l'air est composé d'azote à 78,6 % ; la pression partielle de l'azote (P_{N_2}) équivaut donc à 78,6 % × 760 mm Hg, soit 597 mm Hg. L'oxygène, qui représente près de 21 % de l'atmosphère, a une pression partielle (P_{O_2}) de 159 mm Hg (20,9 % × 760 mm Hg). On constate que l'azote et l'oxygène fournissent près de 99 % de la pression atmosphérique totale. L'air contient aussi 0,04 % de gaz carbonique, jusqu'à 0,5 % de vapeur d'eau et des proportions négligeables de gaz inertes tels l'argon et l'hélium.

En altitude, où les effets de la gravité sont moindres, toutes les pressions partielles sont directement proportionnelles à la diminution de la pression atmosphérique. Par exemple, à 3000 m au-dessus du niveau de la mer, la pression atmosphérique est de 563 mm Hg, et la pression partielle de l'oxygène est de 110 mm Hg. Au-dessous du niveau de la mer, la pression atmosphérique augmente de 1 atmosphère (760 mm Hg) tous les 10 m. Par conséquent, à 30 m au-dessous du niveau de la mer, la pression totale exercée sur l'organisme équivaut à 4 atmosphères, ou 3040 mm Hg, et la pression partielle exercée par chaque gaz constituant est quadruplée.

Loi de Henry

Selon la **loi de Henry,** quand un mélange de gaz (phase gazeuse) est en contact avec un liquide (phase liquide), chaque gaz se dissout dans le liquide en proportion de sa pression partielle. Plus un gaz est concentré dans le mélange gazeux (plus le gradient de pression partielle du gaz au liquide est élevé), plus il se dissout en grande quantité (et rapidement) dans le liquide. Au point d'équilibre, les pressions partielles des gaz sont les mêmes dans les deux phases. Toutefois, si la pression partielle d'un gaz est plus forte dans le liquide que dans le mélange gazeux adjacent, une partie des molécules de gaz dissoutes réintègrent la phase gazeuse. La direction et le volume des mouvements des gaz sont donc déterminés par leurs pressions partielles (concentrations relatives) dans les deux phases. Telle est, exactement, la propriété qui préside aux échanges gazeux dans les poumons et les tissus.

Le volume d'un gaz qui se dissout dans un liquide dépend aussi de la solubilité du gaz dans le liquide et de la température du liquide. Les gaz de l'air ont différentes solubilités dans l'eau et dans le plasma. Le gaz carbonique est le plus soluble, l'oxygène est peu soluble (20 fois moins que le gaz carbonique) et l'azote, deux fois moins soluble que l'oxygène, est pratiquement insoluble. Pour une pression partielle donnée, par conséquent, il se dissoudra beaucoup plus de gaz carbonique que d'oxygène, et il se dissoudra très peu d'azote. Au-delà de cette condition précise, la solubilité de *tout* gaz dans l'eau : (1) augmente à mesure que s'élève la pression partielle ; (2) diminue à mesure que la température augmente. Pour comprendre ce concept, pensez à l'eau gazéifiée, que l'on produit en injectant du gaz carbonique à haute pression dans l'eau. Si vous décapsulez une bouteille d'eau gazéifiée réfrigérée et la laissez reposer à la température ambiante, l'eau devient plate au bout de quelques minutes. Tout le gaz carbonique s'échappe.

Tableau 23.2 Effets de la fréquence et de l'amplitude respiratoires sur la ventilation alvéolaire chez trois sujets hypothétiques

Respiration du sujet hypothétique	Espace mort anatomique	Volume courant (VC)	Fréquence respiratoire*	Ventilation-minute	Ventilation alvéolaire (VA)	% du VC = volume de l'espace mort
I—Fréquence et amplitude normales	150 mL	500 mL	20/min	10 000 mL/min	7000 mL/min	30%
II—Lente et profonde	150 mL	1000 mL	10 /min	10 000 mL/min	8500 mL/min	15%
III—Rapide et superficielle	150 mL	250 mL	40 /min	10 000 mL/min	4000 mL/min	60%

* Les valeurs de la fréquence respiratoire ont été ajustées, afin d'obtenir la même ventilation-minute et de pouvoir comparer les ventilations alvéolaires.

Tableau 23.3 Mouvements non respiratoires de l'air

Mouvement	Mécanisme et résultat
Toux	Inspiration profonde, fermeture de la glotte et poussée de l'air des poumons contre la glotte; ouverture subite de la glotte et expulsion rapide de l'air; peut déloger des particules étrangères ou du mucus des voies respiratoires inférieures et propulser ces substances vers les voies supérieures
Éternuement	Semblable à la toux, sauf que l'air est expulsé par les cavités nasales et la cavité buccale; l'abaissement de la luette sépare la cavité buccale du pharynx et dirige l'air vers les cavités nasales; libère les voies respiratoires supérieures
Pleurs	Inspiration suivie de l'expulsion d'air en de courtes expirations; réaction émotionnelle
Rire	Essentiellement les mêmes que ceux des pleurs au point de vue des mouvements de l'air; réaction émotionnelle
Hoquet	Inspirations soudaines dues à des spasmes du diaphragme; probablement déclenché par l'irritation du diaphragme ou des nerfs phréniques; le son est émis par le heurt de l'air inspiré contre les cordes vocales de la glotte fermée
Bâillement	Inspiration très profonde prise la bouche grande ouverte; autrefois attribué au besoin d'augmenter la concentration sanguine d'oxygène, mais cette hypothèse est aujourd'hui remise en question; ventile toutes les alvéoles (ce qui n'est pas le cas de la respiration calme normale)

Influence des conditions hyperbares

La loi des gaz parfaits explique l'effet des conditions hyperbares (de haute pression) sur l'échange gazeux dans l'organisme. D'ailleurs, les *caissons hyperbares* constituent des applications médicales de loi de Henry. Ces caissons contiennent de l'oxygène à des pressions dépassant 1 atmosphère, et ils servent à faire entrer des quantités d'oxygène supérieures à la normale dans le sang d'un sujet atteint d'oxycarbonisme (intoxication par le CO), d'état de choc et d'asphyxie. Ces dispositifs servent également à traiter les personnes atteintes de gangrène gazeuse ou de tétanos, car les bactéries anaérobies qui causent ces infections ne peuvent vivre en présence de fortes concentrations d'oxygène. Enfin, la loi de Henry trouve des applications dans le domaine de la plongée et du travail sous-marins (voir l'encadré).

Bien que l'inhalation d'oxygène à 2 atmosphères soit inoffensive si elle est de courte durée, la **toxicité de l'oxygène** est particulièrement élevée à une pression partielle supérieure à 2,5 ou 3 atmosphères. Les concentrations excessives d'oxygène produisent en effet de grandes quantités de radicaux libres nocifs, qui causent au système nerveux central de graves atteintes conduisant au coma et à la mort. ■

Composition du gaz alvéolaire

Comme le montre le tableau 23.4, la composition de l'atmosphère est bien différente de celle du gaz alvéolaire. Les alvéoles contiennent plus de gaz carbonique et de vapeur d'eau et beaucoup moins d'oxygène que l'atmosphère, laquelle est composée presque uniquement d'oxygène et d'azote. Ces différences s'expliquent par les processus suivants: (1) les échanges gazeux se produisant dans les poumons (diffusion de l'oxygène des alvéoles au sang pulmonaire et diffusion du gaz carbonique dans le sens inverse); (2) l'humidification de l'air s'effectuant dans la zone de conduction; (3) le mélange de gaz alvéolaires (entre le volume de gaz occupant l'espace mort anatomique et l'air qui entre dans les poumons) qui survient à chaque respiration. Comme 500 mL d'air seulement entrent dans les conduits aériens à chaque inspiration courante, le gaz alvéolaire est en fait un mélange de gaz fraîchement inspirés et de gaz demeurés dans les conduits entre les respirations.

Les pressions partielles de l'oxygène et du gaz carbonique sont fortement influencées par la fréquence et par l'amplitude de la respiration. Une forte ventilation alvéolaire pousse une grande quantité d'oxygène dans les

Tableau 23.4 Comparaison des pressions partielles et des pourcentages approximatifs des gaz dans l'atmosphère et dans les alvéoles

	Atmosphère (au niveau de la mer)		Alvéoles	
Gaz	Pourcentage approximatif	Pression partielle (mm Hg)	Pourcentage approximatif	Pression partielle (mm Hg)
N_2	78,6	597	74,9	569
O_2	20,9	159	13,7	104
CO_2	0,04	0,3	5,2	40
H_2O	0,46	3,7	6,2	47
	100%	760	100%	760

GROS PLAN L'ivresse au fond de l'eau, c'est mortel

Un plongeur évolue sans effort dans une eau d'un bleu étincelant, entouré de coraux multicolores et de poissons phosphorescents. La scène fait rêver même les plus pantouflards. Mais cette chatoyante beauté cache un danger mortel qui n'attend que l'inexpérience, l'imprudence ou la malchance pour frapper. En effet, les plongeurs sont exposés non seulement à la noyade mais aussi à l'embolie gazeuse et à la maladie des caissons.

La pression exercée sur l'organisme d'un adepte de la plongée sous-marine augmente proportionnellement à la profondeur. Autrefois, les plongeurs devaient revêtir de lourds scaphandres pressurisés alimentés en air par des tubes reliés à la surface. Aujourd'hui, la plupart des plongeurs utilisent des bonbonnes remplies d'un mélange de gaz comprimés. Cet équipement permet l'égalisation continuelle de la pression de l'air et de la pression de l'eau; autrement dit, l'air entre dans les poumons du plongeur à une pression supérieure à la normale. La descente s'effectue généralement sans problème, sauf si le plongeur séjourne longuement à des profondeurs supérieures à 30 m. L'azote a très peu d'effets physiologiques dans des conditions normales, mais il en va tout autrement en conditions hyperbares. À mesure que le séjour en profondeur se prolonge, l'azote se dissout et s'accumule dans le sang en quantités telles qu'il cause un état appelé *narcose à l'azote*. Comme l'azote est beaucoup plus soluble dans les lipides que dans l'eau, il tend à se concentrer dans les tissus riches en lipides tels le système nerveux central, la moelle osseuse et la graisse. Le plongeur est étourdi, désorienté et semble ivre, d'où le terme «ivresse des profondeurs» communément employé pour désigner cet état.

Si le plongeur a pris soin d'éviter ce risque et qu'il remonte graduellement à la surface (voir le graphique), l'azote dissous sort des tissus et s'élimine sans problème par la respiration. Par contre, si la remontée est rapide, la pression partielle de l'azote décroît brusquement; l'azote s'échappe des tissus en bouillonnant et entre dans les liquides organiques. Les bulles de gaz dans le sang représentent autant d'emboles potentiellement mortels, et celles qui se forment dans les articulations, les os et les muscles sont responsables de douleurs localisées associées à la *maladie des caissons*. Outre ces douleurs, la maladie cause des changements d'humeur, des crises convulsives, des démangeaisons, l'engourdissement, des éruptions cutanées migratrices et une forme de pneumatose. Ce syndrome se traduit par une douleur sous-sternale, de la toux, une dyspnée et, dans les cas graves, un état de choc. Ces signes apparaissent habituellement dans un délai d'une heure suivant la remontée, mais ils peuvent aussi se manifester 36 heures plus tard.

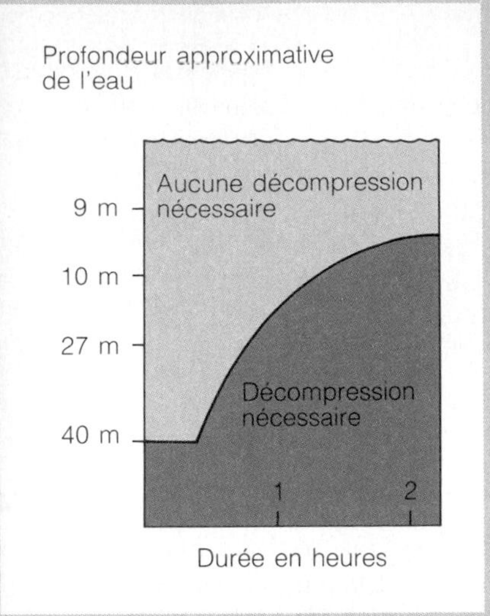

Une embolie gazeuse peut également se produire chez le plongeur qui remonte soudainement sans expirer, pris de panique à la suite d'un laryngospasme causé par l'aspiration d'eau, d'une défaillance du matériel ou d'autres aléas propres à l'hostilité du milieu aquatique. Les alvéoles sont alors susceptibles de se rompre. S'il s'établit une communication entre les alvéoles et la circulation pulmonaire, l'inspiration de la première bouffée d'air, à la surface, produit une embolie gazeuse dont les signes se manifestent dans les deux minutes qui suivent. Comme le plongeur remonte habituellement la tête la première, les emboles se logent le plus souvent dans les vaisseaux du cerveau et peuvent occasionner des crises convulsives, des atteintes motrices et sensorielles localisées et l'inconscience. De fait, de nombreuses noyades reliées à la plongée sous-marine semblent être consécutives à l'évanouissement causé par l'embolie gazeuse.

Le traitement courant de la maladie des caissons est la thérapie hyperbare, qui consiste en une recompression et en une décompression lente. Lorsqu'on soupçonne une embolie gazeuse, on administre de l'oxygène et des médicaments anticonvulsivants jusqu'à ce qu'on puisse entreprendre la thérapie hyperbare. Mais il n'y a rien de tel qu'un séjour dans un caisson de décompression pour gâcher des vacances. Alors, dans ce cas comme dans bien d'autres, il vaut mieux prévenir que guérir, et la meilleure prévention passe encore par la formation et l'information.

alvéoles, y augmente la pression partielle de l'oxygène et élimine rapidement le gaz carbonique des poumons.

Échanges gazeux entre le sang, les poumons et les tissus

Pendant la respiration externe, dans les poumons, l'oxygène entre dans le sang, et le gaz carbonique en sort. Ces gaz font le trajet inverse dans les tissus, où le processus est appelé respiration interne. Nous étudierons la respiration externe et la respiration interne l'une à la suite de l'autre pour en faire ressortir les similitudes, mais rappelez-vous que les gaz doivent être transportés aux sites d'échange par le sang.

Respiration externe: échanges gazeux dans les poumons

Pendant la respiration externe, le sang rouge sombre prend une couleur écarlate, puis il retourne au cœur gauche d'où il est distribué à tous les tissus par les artères systémiques. Bien que le changement de couleur soit causé par la liaison de l'oxygène à l'hémoglobine des érythrocytes, les échanges de gaz carbonique sont tout aussi rapides que ceux de l'oxygène.

Plusieurs facteurs influent sur le mouvement de l'oxygène et du gaz carbonique à travers la membrane alvéolo-capillaire: (1) les gradients de pression partielle et les solubilités des gaz; (2) les caractéristiques structurales de la membrane alvéolo-capillaire; (3) les aspects fonctionnels telle la concordance entre la ventilation alvéolaire et la perfusion sanguine dans les capillaires alvéolaires.

Gradients de pression partielle et solubilités des gaz. Puisque la pression partielle de l'oxygène n'est que de 40 mm Hg environ dans le sang des capillaires alvéolaires mais de 104 mm Hg dans les alvéoles, le gradient de pression partielle est élevé (64 mm Hg), et l'oxygène diffuse rapidement des alvéoles au sang des capillaires pulmonaires (figure 23.15). L'équilibre, soit une pression partielle d'oxygène de 104 mm Hg de part et d'autre de la membrane alvéolo-capillaire, s'établit habituellement en 0,25 s, c'est-à-dire environ le tiers du temps qu'un érythrocyte passe dans un capillaire pulmonaire (figure 23.16). On en déduit que la durée de l'écoulement sanguin dans les capillaires pulmonaires peut diminuer des deux tiers sans que l'oxygénation s'en trouve diminuée. Le gaz carbonique se déplace en sens inverse suivant un gradient de pression partielle d'environ 5 mm Hg (de 45 à 40 mm Hg) jusqu'à ce que soit atteint l'équilibre, à 40 mm Hg (voir la figure 23.15). Ensuite, le gaz carbonique est expulsé graduellement des alvéoles pendant l'expiration. Bien que le gradient de pression de l'oxygène soit beaucoup plus élevé que celui du gaz carbonique, ces gaz sont échangés en quantités égales, car la solubilité du gaz carbonique dans le plasma et dans le liquide alvéolaire est 20 fois plus grande que celle de l'oxygène.

Épaisseur de la membrane alvéolo-capillaire. Dans des poumons sains, la membrane alvéolo-capillaire ne mesure que de 0,5 à 1 μm d'épaisseur, et l'échange gazeux est généralement très efficace. L'efficacité des échanges gazeux est également favorisée par le fait que l'oxygène et le gaz carbonique sont liposolubles et, par conséquent, qu'ils diffusent rapidement à travers la membrane plasmique des pneumocytes et des cellules endothéliales des capillaires.

En cas d'œdème pulmonaire (notamment dans la pneumonie), l'épaisseur de la membrane alvéolo-capillaire peut augmenter de manière considérable. Dans une telle situation, même la durée totale (0,75 s) du transit des érythrocytes dans les capillaires pulmonaires ne suffit pas à un échange gazeux adéquat, et les tissus commencent à manquer d'oxygène. ■

Aire consacrée aux échanges gazeux. Plus l'aire de la membrane alvéolo-capillaire est étendue, plus grande est la quantité de gaz qui peut diffuser à travers elle en un laps de temps donné. L'aire des alvéoles, qui sont pourtant microscopiques, est immense dans des poumons sains. Elle atteint 145 m^2 chez un homme en bonne santé, soit approximativement 40 fois l'aire de sa peau!

Certaines pneumopathies réduisent considérablement l'aire effectivement consacrée aux échanges gazeux. Tel est le cas de l'emphysème pulmonaire, qui cause la rupture des parois d'alvéoles adjacentes, agrandissant ainsi les cavités alvéolaires. De même, les tumeurs, le mucus et les substances inflammatoires entravent l'écoulement gazeux dans les alvéoles. ■

Couplage ventilation-perfusion. Pour que l'échange gazeux présente un maximum d'efficacité, il doit y avoir concordance, ou couplage, entre la ventilation (la quantité de gaz atteignant les alvéoles) et la perfusion (l'écoulement sanguin dans les capillaires irriguant les alvéoles). Ainsi que nous l'avons expliqué au chapitre 20, des mécanismes autorégulateurs locaux adaptent continuellement les conditions qui règnent dans les alvéoles (figure 23.17). Quand la ventilation alvéolaire est inadéquate, la pression partielle de l'oxygène est faible; les artérioles pulmonaires se contractent, et le sang est dévié vers les parties de la membrane alvéolo-capillaire où le captage de l'oxygène peut s'effectuer de manière plus efficace. Inversement, lorsque la ventilation alvéolaire est maximale, les artérioles pulmonaires se dilatent, et la perfusion augmente dans les capillaires alvéolaires. Notez que le mécanisme autorégulateur qui commande au muscle des artérioles pulmonaires est l'inverse de celui qui régit la plupart des artérioles de la circulation systémique.

Les variations de la pression partielle du gaz carbonique dans les alvéoles modifient le diamètre des bronchioles. Les conduits desservant les régions où la concentration alvéolaire de gaz carbonique est élevée se dilatent, et le gaz carbonique peut ainsi s'éliminer rapidement; inversement, les conduits desservant les régions où la pression du gaz carbonique est faible se contractent.

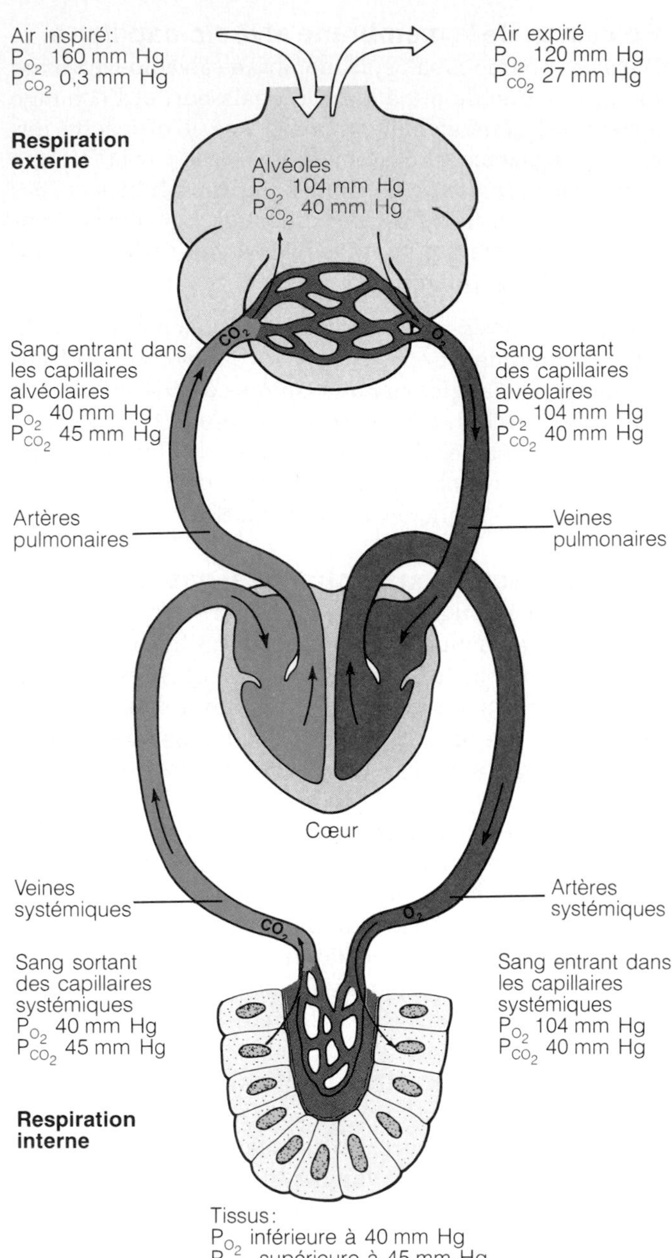

Figure 23.15 Gradients de pression partielle favorisant les mouvements des gaz dans l'organisme. Les gradients qui favorisent les échanges d'oxygène et de gaz carbonique à travers la membrane alvéolo-capillaire (respiration externe) sont représentés au haut de la figure. Les gradients qui favorisent les mouvements des gaz à travers les membranes des capillaires systémiques dans les tissus (respiration interne) sont indiqués au bas de la figure.

Ces deux systèmes font en sorte que la ventilation alvéolaire et la perfusion pulmonaire soient toujours synchronisées. Une ventilation alvéolaire insuffisante fait diminuer la concentration de l'oxygène et augmenter celle du gaz carbonique dans les alvéoles. Par voie de conséquence, les capillaires alvéolaires se contractent et les conduits aériens se dilatent, favorisant ainsi la synchronisation entre l'écoulement de l'air et celui du sang. L'augmentation de la pression partielle de l'oxygène et la diminution de celle du gaz carbonique causent

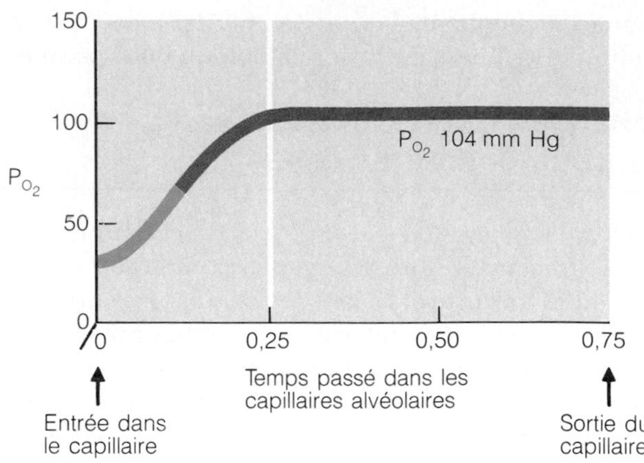

Figure 23.16 Oxygénation du sang dans les capillaires alvéolaires. Notez que le temps écoulé entre le moment où le sang entre dans les capillaires alvéolaires (indiqué par 0) et celui où la pression partielle de l'oxygène atteint 104 mm Hg est d'environ 0,25 s.

la constriction des conduits aériens et un afflux de sang dans les capillaires alvéolaires. En tout temps, ces mécanismes homéostatiques établissent les meilleures conditions possible pour les échanges gazeux.

Respiration interne: échanges gazeux dans les tissus

Bien que les gradients de pression partielle et de diffusion soient inversés, les facteurs favorisant les échanges gazeux entre les capillaires systémiques et les cellules sont identiques à ceux qui prévalent dans les poumons (voir la figure 23.15). Au cours de leurs activités métaboliques, les cellules produisent une quantité de gaz carbonique égale à la quantité d'oxygène qu'elles consomment. La pression partielle de l'oxygène est toujours plus faible dans le liquide interstitiel des tissus que dans le sang artériel systémique (40 mm Hg contre 104 mm Hg). L'oxygène passe donc rapidement du sang aux tissus jusqu'à ce que l'équilibre soit atteint, et le gaz carbonique parcourt le trajet inverse dans le sens de son gradient de pression partielle. Par conséquent, la pression partielle de l'oxygène est de 40 mm Hg et celle du gaz carbonique de 45 mm Hg dans le sang veineux issu des lits capillaires des tissus.

En résumé, les échanges gazeux entre le sang et les alvéoles et entre le sang et les cellules reposent sur la diffusion simple déterminée par les gradients de pression partielle de l'oxygène et du gaz carbonique régnant de part et d'autre des membranes.

Transport des gaz respiratoires dans le sang

Transport de l'oxygène

L'oxygène moléculaire est transporté dans le sang de deux façons: lié à l'hémoglobine à l'intérieur des érythrocytes

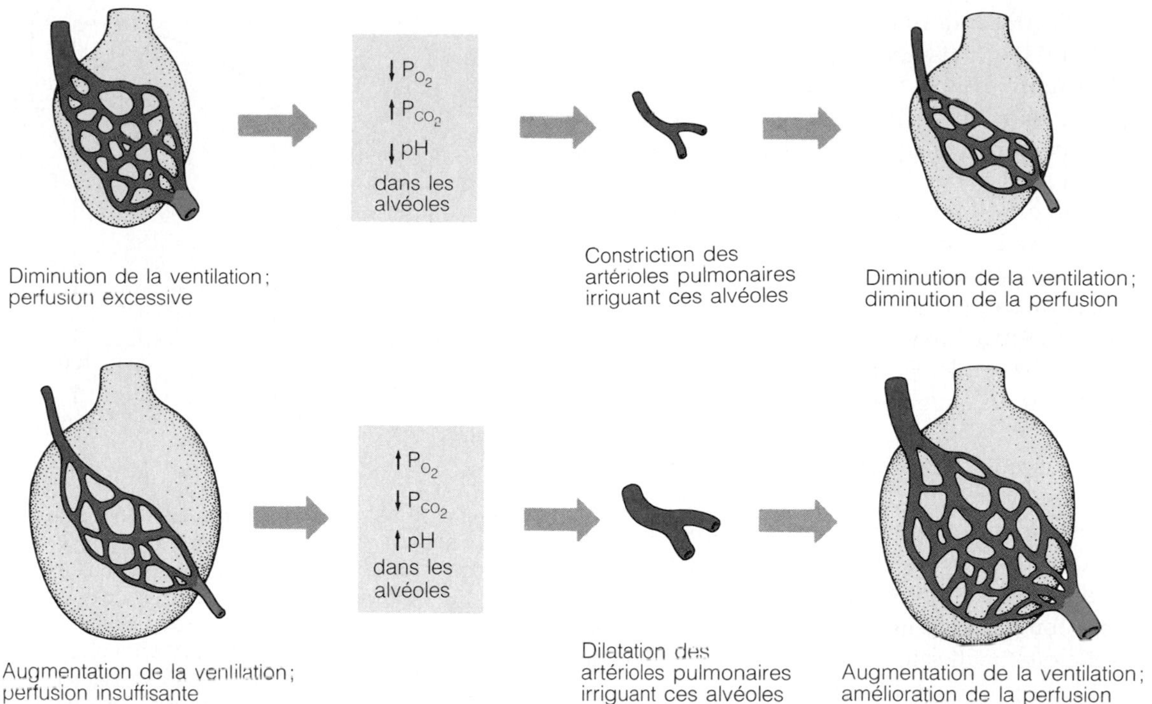

Figure 23.17 Couplage ventilation-perfusion. Le diagramme représente les phénomènes autorégulateurs qui se soldent par une concordance locale de la ventilation alvéolaire et de l'écoulement sanguin (perfusion) dans les capillaires alvéolaires.

et dissous dans le plasma (voir la figure 23.20 à la p. 753). Étant donné sa faible solubilité dans l'eau, l'oxygène n'est transporté qu'à 1,5 % environ sous forme de soluté. Du reste, si tel était le *seul* moyen de transport de l'oxygène, il faudrait une pression partielle de 3 atmosphères ou un débit cardiaque 15 fois plus grand que la normale pour fournir aux tissus la concentration physiologique d'oxygène! Bien entendu, l'hémoglobine surmonte cette contrainte: 98,5 % de l'oxygène acheminé des poumons aux tissus est transporté sous forme de combinaison chimique instable avec l'hémoglobine.

Association et dissociation de l'oxygène et de l'hémoglobine

Ainsi que nous l'avons décrit au chapitre 18, l'hémoglobine (Hb) est composée de quatre chaînes polypeptidiques liées à des groupements hème contenant chacun un atome de fer (voir la figure 18.4). Comme l'oxygène se lie aux atomes de fer, chaque molécule d'hémoglobine peut se combiner à quatre molécules d'oxygène, en un processus rapide et réversible.

On représente la combinaison oxygène-hémoglobine, appelée **oxyhémoglobine**, par le symbole $\mathbf{HbO_2}$, et l'hémoglobine qui a libéré l'oxygène, appelée **désoxyhémoglobine**, par le symbole **HHb.** On peut exprimer la liaison et la dissociation de l'oxygène par l'équation suivante:

$$\text{HHb} + O_2 \underset{\text{Tissus}}{\overset{\text{Poumons}}{\rightleftharpoons}} \text{HbO}_2 + \text{H}^+$$

Une forme de *coopération* s'établit entre les quatre polypeptides de la molécule d'hémoglobine. Après avoir admis la première molécule d'oxygène, la molécule d'hémoglobine change de forme. Sa nouvelle configuration lui permet de capter la seconde molécule d'oxygène plus aisément que la première et ainsi de suite jusqu'à la quatrième. De même, la dissociation d'une molécule d'oxygène facilite la dissociation de la suivante. Lorsque une, deux ou trois molécules d'oxygène sont liées à ses groupements hème, la molécule d'hémoglobine est dite *partiellement saturée*; lorsque quatre molécules d'oxygène sont liées, la molécule d'hémoglobine est dite *pleinement saturée.* L'*affinité* de l'hémoglobine pour l'oxygène varie suivant le degré de saturation, et la liaison et la dissociation de l'oxygène sont très efficaces.

La vitesse à laquelle l'hémoglobine capte ou libère l'oxygène dépend de plusieurs facteurs: les pressions partielles de l'oxygène et du gaz carbonique, la température, le pH sanguin et la concentration de 2,3-DPG dans les érythrocytes. L'interaction de ces facteurs assure aux cellules un approvisionnement suffisant en oxygène.

Hémoglobine et pression partielle de l'oxygène. La liaison de l'oxygène à l'hémoglobine est largement influencée par la pression partielle de l'oxygène dans le sang, mais la relation n'est pas rigoureusement linéaire. Lorsqu'on trace le graphique de la saturation de l'hémoglobine en fonction de la pression partielle de l'oxygène, la **courbe de dissociation de l'oxyhémoglobine,**

en forme de S, présente une pente abrupte entre 10 et 50 mm Hg, puis elle forme un plateau entre 70 et 100 mm Hg (figure 23.18).

Au repos, dans des conditions normales, chaque 100 mL de sang artériel systémique contient environ 20 mL d'oxygène; par conséquent, la *teneur en oxygène* du sang artériel est de 20 % par volume. La majeure partie de cet oxygène est liée à l'hémoglobine et, dans ces conditions, l'hémoglobine est saturée à près de 98 %. Au cours du trajet du sang artériel dans les capillaires systémiques, environ 5 mL d'oxygène par 100 mL de sang sont libérés, ce qui abaisse la saturation de l'hémoglobine à 75 % (et la teneur en oxygène à 15 % par volume) dans le sang veineux.

Comme l'hémoglobine est presque complètement saturée dans le sang artériel, une respiration profonde (qui amène la pression partielle de l'oxygène dans les alvéoles comme dans le sang artériel au-delà de 104 mm Hg) augmente *peu* sa saturation. Rappelez-vous que les mesures de la pression partielle de l'oxygène n'indiquent que la quantité d'oxygène dissoute dans le plasma, et non pas la quantité liée à l'hémoglobine. Toutefois, les mesures de la pression partielle de l'oxygène fournissent de bons indices de la fonction pulmonaire, et une disparité entre la pression partielle de l'oxygène dans le sang artériel et dans les alvéoles indique un certain degré de trouble respiratoire.

La courbe de saturation de l'hémoglobine donne deux renseignements importants. Premièrement, l'hémoglobine est presque complètement saturée à une pression partielle d'oxygène de 70 mm Hg, et les accroissements subséquents de cette pression n'augmentent que faiblement la liaison de l'oxygène. De la sorte, la liaison de l'oxygène et son acheminement aux tissus peuvent se poursuivre lorsque la pression partielle de l'oxygène dans l'air inspiré est de beaucoup inférieure aux valeurs habituelles, notamment en altitude et en cas de maladie cardiopulmonaire. Qui plus est, comme la *dissociation* de l'oxygène se produit principalement dans la partie abrupte de la courbe, où la pression partielle varie très peu, de 20 à 25 % seulement de l'oxygène lié se dissocie pendant un tour de circuit systémique (voir la figure 23.18), et des quantités substantielles d'oxygène demeurent disponibles dans le sang veineux (la *«réserve veineuse»*). Par conséquent, si la pression partielle de l'oxygène atteint de très bas niveaux dans les tissus, comme elle le fait pendant l'activité musculaire intense, une grande quantité d'oxygène peut se dissocier de l'hémoglobine et servir aux cellules pour la production d'ATP.

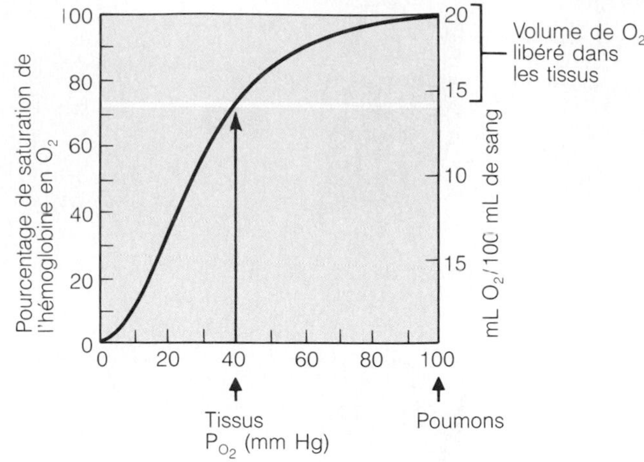

Figure 23.18 Courbe de dissociation de l'oxyhémoglobine. Le pourcentage de saturation de l'hémoglobine et la concentration sanguine de l'oxygène sont indiqués à différentes pressions partielles de l'oxygène (P_{O_2}). Notez que l'hémoglobine est presque complètement saturée à une pression partielle d'oxygène de 70 mm Hg. La liaison et la dissociation rapides de l'oxygène se produisent aux pressions partielles d'oxygène correspondant à la partie fortement inclinée de la courbe. Dans la circulation systémique, 25% environ de l'oxygène lié à l'hémoglobine est libéré dans les tissus (autrement dit, approximativement 5 mL sur les 20 mL d'oxygène par 100 mL de sang artériel sont libérés). Par conséquent, l'hémoglobine du sang veineux demeure saturée à 75%.

Hémoglobine et température.

À mesure que la température s'élève, l'affinité de l'hémoglobine pour l'oxygène s'affaiblit; la liaison de l'oxygène diminue, et sa dissociation augmente (figure 23.19a). La chaleur étant l'un des sous-produits du métabolisme cellulaire, les tissus actifs sont généralement plus chauds que les tissus inactifs. Par conséquent, une plus grande quantité d'oxygène se dissocie de l'hémoglobine au voisinage des tissus actifs. Inversement, le froid inhibe la dissociation de l'oxygène et, malgré la rougeur qui colore les parties découvertes du corps (due au sang qui reste bloqué dans les capillaires après l'activation des dérivations artério-veineuses), une faible quantité d'oxygène est libérée dans ces tissus.

Hémoglobine et pH.

L'augmentation de la concentration d'ions hydrogène (H^+) affaiblit la liaison entre l'hémoglobine et l'oxygène, un phénomène appelé **effet Bohr.** À mesure que diminue le pH sanguin (acidose), l'affinité de l'hémoglobine pour l'oxygène diminue aussi (figure 23.19b), et l'apport d'oxygène aux tissus augmente. L'effet Bohr est moins prononcé à de fortes pressions partielles de l'oxygène, notamment dans les poumons, et la diminution du pH sanguin réduit très peu le captage de l'oxygène. Toutefois, la pression partielle de l'oxygène est toujours beaucoup plus faible dans les tissus que dans les poumons et, à mesure que la concentration d'ions hydrogène augmente, une quantité accrue d'oxygène se détache de l'hémoglobine et devient disponible pour les cellules. La même chose se produit lorsque la pression partielle du gaz carbonique s'élève, car une baisse du pH sanguin s'ensuit (voir la figure 23.19b). Ce sont là des effets bénéfiques, car les tissus actifs, tels les muscles pendant l'exercice, libèrent une quantité importante de gaz carbonique et d'ions hydrogène, lesquels accélèrent la libération de l'oxygène de l'oxyhémoglobine.

Hémoglobine et 2,3-DPG. Comme les érythrocytes matures sont dépourvus de mitochondries, leur métabolisme du glucose est entièrement anaérobie. Le **2,3-diphosphoglycérate (2,3-DPG)**, un composé unique qui favorise la dissociation de l'oxyhémoglobine, se forme dans les érythrocytes à partir d'un intermédiaire de la glycolyse (voie anaérobie), laquelle fournit l'ATP nécessaire à la fonction de ces cellules.

Le 2,3-DPG est présent en très forte concentration dans les érythrocytes et il agit de la manière suivante sur l'oxyhémoglobine: en se liant à de multiples endroits de la molécule d'hémoglobine, un phénomène qui affaiblit l'affinité de l'hémoglobine pour l'oxygène, le 2,3-DPG favorise la libération de l'oxygène de la molécule d'hémoglobine et, par suite, la diffusion de ce gaz dans les tissus. Par exemple, la concentration de 2,3-DPG augmente au cours d'un séjour en altitude. Cette particularité compense la diminution de la pression partielle de l'oxygène dans les capillaires, qui empêcherait une libération suffisante d'oxygène par les globules rouges.

Certaines hormones, telles la thyroxine, la testostérone, les hormones de croissance et les catécholamines (l'adrénaline et la noradrénaline), accroissent la vitesse du métabolisme des érythrocytes et la formation de 2,3-DPG. Par le fait même, ces hormones favorisent directement l'apport d'oxygène aux tissus.

Altérations du transport de l'oxygène

Quelle qu'en soit la cause, toute diminution de l'apport d'oxygène aux tissus est appelée **hypoxie.** Cet état est facilement détectable chez les personnes au teint pâle, car leur peau et leurs muqueuses prennent une teinte bleuâtre (deviennent cyanosées); chez les individus à la peau foncée, le changement de couleur ne s'observe que dans les muqueuses et les lits des ongles.

L'*hypoxie des anémies* correspond à un apport insuffisant d'oxygène dû à un nombre peu élevé d'érythrocytes ou à une teneur anormale d'hémoglobine dans les érythrocytes.

L'*hypoxie d'origine circulatoire* traduit un ralentissement ou un arrêt de la circulation sanguine. L'insuffisance cardiaque peut causer une hypoxie généralisée, tandis que les emboles et les thrombus n'entravent l'apport d'oxygène que dans les tissus situés en aval.

L'*hypoxie d'origine respiratoire* résulte d'entraves aux échanges gazeux dans les poumons, établies notamment par certaines pneumopathies (comme l'emphysème pulmonaire) et par l'inhalation d'air pauvre en oxygène.

L'**oxycarbonisme,** l'intoxication par l'oxyde de carbone, est une forme particulière d'hypoxie d'origine respiratoire, et elle constitue la principale cause de décès en cas d'incendie. L'oxyde de carbone (CO) est un gaz incolore et inodore qui dispute âprement à l'oxygène les sites de liaison de l'hème. En outre, comme l'hémoglobine a 200 fois plus d'affinité pour l'oxyde de carbone que pour l'oxygène, la concurrence est déloyale: même à des pressions partielles infimes, l'oxyde de carbone parvient à déloger l'oxygène.

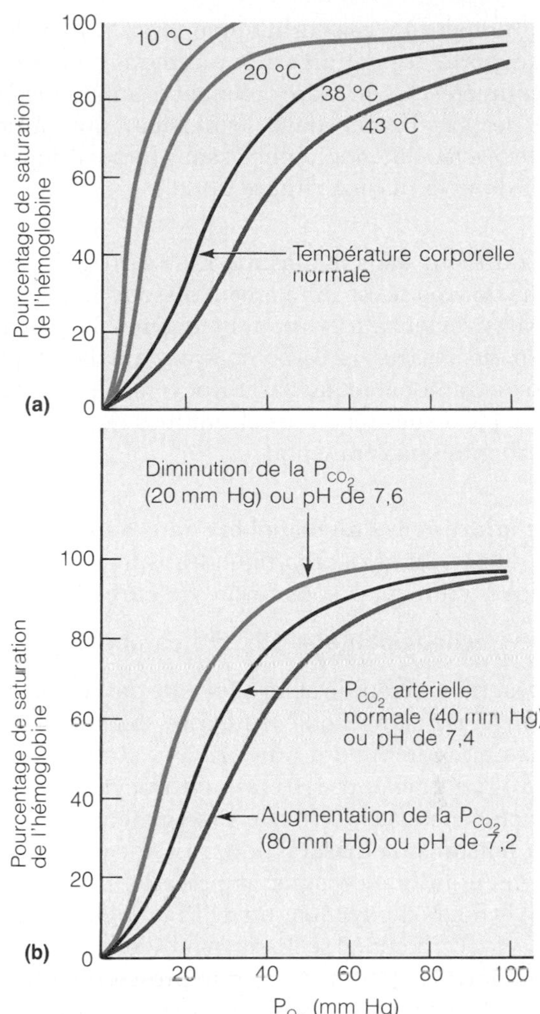

Figure 23.19 Effets de la température, de la pression partielle du gaz carbonique et du pH sanguin sur la courbe de dissociation de l'oxyhémoglobine. La dissociation de l'oxygène est accélérée par: (**a**) l'élévation de la température; (**b**) l'augmentation de la pression partielle du gaz carbonique et/ou la diminution du pH, ce qui incline la courbe de dissociation vers la droite.

L'oxycarbonisme a ceci d'insidieux qu'il ne produit pas les signes caractéristiques de l'hypoxie, soit la cyanose et la détresse respiratoire. Il se traduit plutôt par la désorientation et par une céphalée lancinante. Dans de rares cas, la peau pâle prend une couleur écarlate (celle du complexe hémoglobine-oxyde de carbone), qui peut facilement passer pour le signe d'une bonne santé. Le traitement de l'oxycarbonisme vise l'élimination complète de l'oxyde de carbone. Il consiste à administrer de l'oxygène hyperbare (si possible) ou à 100 % puisque, en augmentant la concentration de l'oxygène dans le sang, on parvient à déloger progressivement l'oxyde de carbone des molécules d'hémoglobine. ■

Transport du gaz carbonique

Dans des conditions normales, les cellules produisent environ 200 mL de gaz carbonique par minute, soit exactement le volume que les poumons éliminent dans la même période. Le gaz carbonique présent dans le sang est transporté des cellules aux poumons sous trois formes (énumérées ici en ordre croissant d'importance) : sous forme de gaz dissous dans le plasma, sous forme de complexe avec l'hémoglobine et sous forme d'ions bicarbonate dans le plasma (figure 23.20).

1. **Gaz dissous dans le plasma.** De 7 à 10 % du gaz carbonique transporté est simplement dissous dans le plasma (comparativement à 1,5 % pour l'oxygène). La plupart des autres molécules de gaz carbonique entrant dans le plasma s'unissent rapidement aux érythrocytes, où se produit la majeure partie des réactions chimiques qui préparent le gaz carbonique au transport.

2. **Complexe avec l'hémoglobine dans les érythrocytes.** De 20 à 30 % du gaz carbonique transporté est contenu dans les érythrocytes sous forme de **carbhémoglobine** :

$$CO_2 + \text{hémoglobine} \rightleftharpoons HbCO_2 \text{ (carbhémoglobine)}$$

Cette réaction est rapide et ne nécessite pas de catalyseur. Puisque le gaz carbonique se lie directement aux acides aminés de la globine (et non pas aux atomes de fer de l'hème), son transport dans les érythrocytes n'entre pas en concurrence avec celui de l'oxygène.

La liaison et la dissociation du gaz carbonique sont directement influencées par sa pression partielle d'une part, et le degré d'oxygénation de l'hémoglobine d'autre part. Le gaz carbonique se dissocie rapidement de l'hémoglobine dans les poumons, car sa pression partielle est moindre dans l'air alvéolaire que dans le sang ; le gaz carbonique se lie à l'hémoglobine dans les tissus, où sa pression partielle est plus élevée que dans le sang. La désoxyhémoglobine se combine plus facilement au gaz carbonique que l'oxyhémoglobine (voir plus loin la section portant sur l'effet Haldane).

3. **Ions bicarbonate dans le plasma.** De 60 à 70 % du gaz carbonique est converti en ions bicarbonate (HCO_3^-) et transporté dans le plasma. Comme le montre la figure 23.20a, le gaz carbonique se combine à l'eau en diffusant dans les érythrocytes, et il forme de l'acide carbonique instable (H_2CO_3), lequel se dissocie rapidement en ions hydrogène et en ions bicarbonate :

$$CO_2 + H_2O \rightleftharpoons H_2CO_3 \rightleftharpoons H^+ + HCO_3^-$$

Bien que cette réaction se déroule aussi dans le plasma, elle est des milliers de fois plus rapide dans les érythrocytes, car ceux-ci (contrairement au plasma) contiennent de l'**anhydrase carbonique,** une enzyme qui catalyse de manière réversible la conversion du gaz carbonique et de l'eau en acide carbonique. Les ions hydrogène libérés par la dissociation de l'acide carbonique abaissent le pH du cytoplasme des érythrocytes et diminuent l'affinité de l'oxygène pour l'hémoglobine, provoquant ainsi la libération des molécules d'oxygène (effet Bohr). Étant donné l'effet tampon de l'hémoglobine (sa capacité de capter momentanément les ions H^+), les ions hydrogène libérés influent peu sur le pH, et le sang devient à peine plus acide (le pH passe de 7,4 à 7,34) en passant dans les tissus (voir la figure 23.20a).

Une fois produits, les ions bicarbonate ont tôt fait de diffuser des érythrocytes au plasma, qui les transporte aux poumons. Pour compenser l'efflux soudain d'ions bicarbonate négatifs des érythrocytes, des ions chlorure (Cl^-) passent du plasma aux érythrocytes. Cet échange d'ions est appelé **phénomène de Hamburger** (voir la figure 23.20).

Dans les poumons, le processus est inversé (voir la figure 23.20b). Au cours du passage du sang dans la circulation pulmonaire, la pression partielle du gaz carbonique passe de 45 à 40 mm Hg (et de 54 à 49 % par volume). Pour que cela puisse avoir lieu, les ions HCO_3^- et H^+ doivent s'unir à nouveau pour former du gaz carbonique. Les ions bicarbonate réintègrent les érythrocytes, et ils se lient aux ions hydrogène pour donner de l'acide carbonique ; les ions chlorure retournent au plasma. À son tour, l'acide carbonique est retransformé par l'anhydrase carbonique en gaz carbonique et en eau. Ensuite, le gaz carbonique diffuse du sang aux alvéoles dans le sens de son gradient de pression partielle.

Effet Haldane

Nous avons vu plus haut l'effet de la concentration du gaz carbonique et des ions H^+ sur l'affinité des molécules d'oxygène pour l'hémoglobine (effet Bohr). Inversement, la pression partielle de l'oxygène dans les poumons ou les tissus influe sur l'affinité des molécules de gaz carbonique pour l'hémoglobine : c'est l'**effet Haldane.** La quantité de gaz carbonique transportée dans le sang est fonction du degré d'oxygénation du sang. En effet, dans les tissus, la pression partielle de l'oxygène est faible, et les molécules d'oxygène se dissocient de l'hémoglobine pour diffuser dans le liquide interstitiel ; la diminution de la concentration de gaz carbonique dans le liquide interstitiel qui s'ensuit explique l'augmentation de la quantité de CO_2 transportée dans le sang. L'effet Haldane est lié au fait que la désoxyhémoglobine a une forte tendance à former de la carbhémoglobine et à tamponner les ions hydrogène en se liant à eux (voir la figure 23.20a). En entrant dans la circulation systémique, le gaz carbonique abaisse le pH et facilite la dissociation de l'oxygène de l'oxyhémoglobine (effet Bohr), ce qui favorise en retour la formation de carbhémoglobine (effet Haldane), d'ions H^+ et d'ions bicarbonate. Dans la circulation pulmonaire (figure 23.20b), la situation est inversée : le captage de l'oxygène facilite la libération du gaz carbonique (conséquence de l'effet Haldane). À mesure que l'hémoglobine se sature en oxygène, les ions hydrogène libérés se combinent aux ions bicarbonate pour former de l'acide carbonique et, finalement, du gaz carbonique, ce qui concourt à la diffusion du gaz carbonique vers les alvéoles. L'effet Haldane favorise donc l'échange de gaz carbonique tant dans les tissus que dans les poumons.

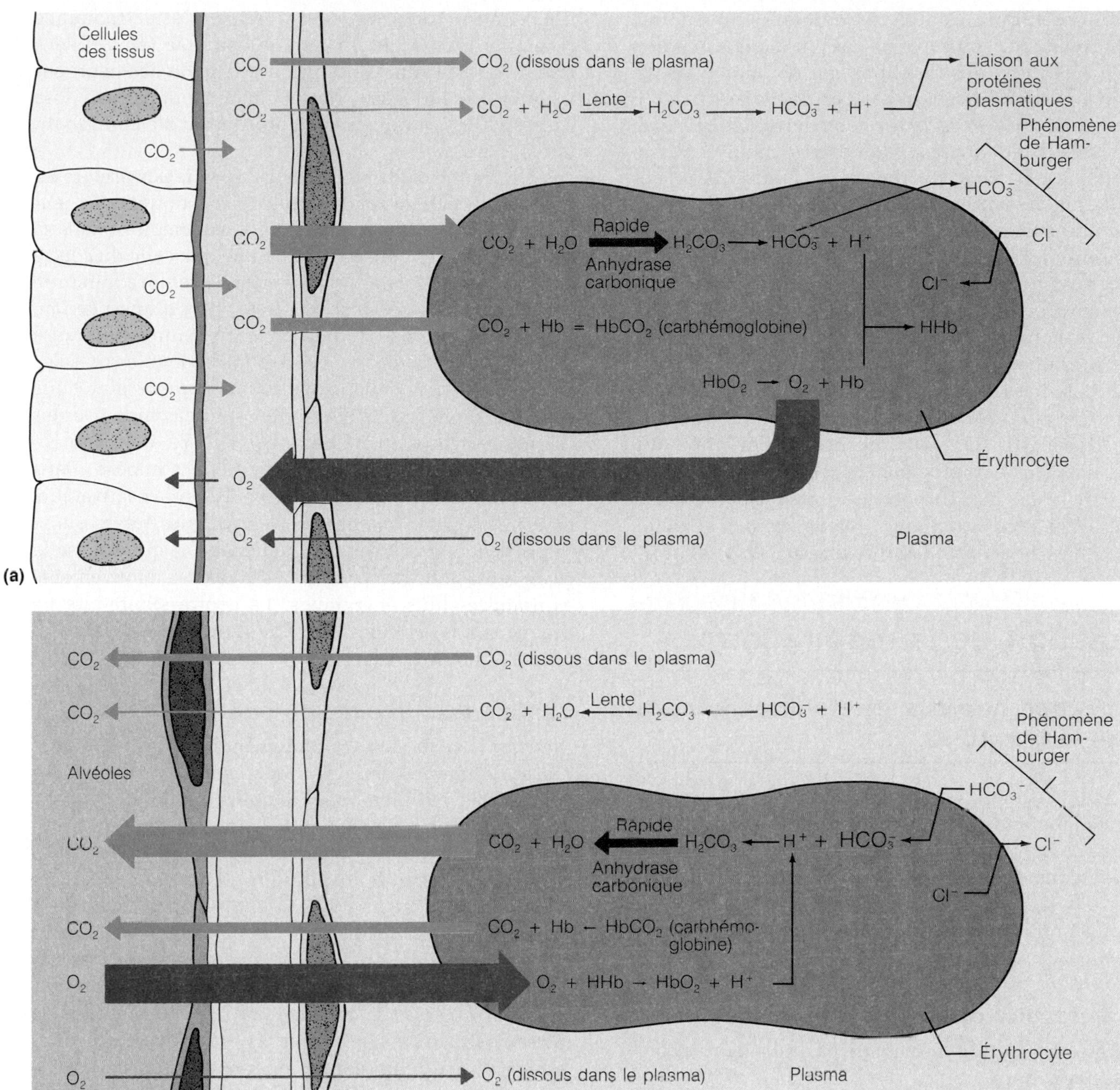

Figure 23.20 Transport et échange du gaz carbonique et de l'oxygène. Les échanges gazeux se produisant: (**a**) dans les tissus; (**b**) dans les poumons. Le gaz carbonique est transporté principalement sous forme d'ions bicarbonate (HCO_3^-) dans le plasma (70%); une moindre quantité est transportée sous forme de complexe avec l'hémoglobine ($HbCO_2$) dans les érythrocytes (22%) ou en solution physique dans le plasma (7%). Presque tout l'oxygène transporté dans le sang est lié à l'hémoglobine et forme de l'oxyhémoglobine (HbO_2) dans les érythrocytes. Une très petite quantité (environ 1,5%) est transportée en solution dans le plasma. (La désoxyhémoglobine est représentée par le symbole HHb). Notez que la grosseur des flèches indique les quantités relatives d'oxygène et de gaz carbonique transportées de chacune des façons.

Influence du gaz carbonique sur le pH sanguin

Typiquement, les ions hydrogène libérés au cours de la dissociation de l'acide carbonique sont tamponnés par l'hémoglobine ou par d'autres protéines contenues dans les érythrocytes ou dans le plasma. Les ions bicarbonate engendrés dans les érythrocytes diffusent dans le plasma, où ils servent de *réserve alcaline* dans le système tampon bicarbonate/acide carbonique du sang. Ce système revêt une grande importance pour l'équilibre du pH sanguin. Si, par exemple, la concentration des ions hydrogène commence à s'élever dans le sang (à cause d'une augmentation de la concentration d'acides organiques [acide lactique ou cétonique]), les ions hydrogène en excès se combinent à des ions bicarbonate et forment de l'acide carbonique (un acide faible qui ne se dissocie ni sous l'effet d'un pH physiologique ni sous celui d'un pH acide).

(Dans ces conditions, l'acide carbonique est transformé en gaz carbonique et en eau dans les poumons afin d'être évacué. C'est l'une des fonctions des poumons dans le maintien de l'équilibre acido-basique de l'organisme.) Si la concentration des ions hydrogène dans le sang baisse sous les valeurs adéquates, l'acide carbonique se dissocie, libérant des ions hydrogène et augmentant leur concentration. Les variations de la fréquence et de l'amplitude respiratoires peuvent avoir un effet radical sur le pH sanguin en modifiant la teneur en acide carbonique du sang. Par exemple, des respirations lentes et superficielles causent une accumulation de gaz carbonique dans le sang. De ce fait, la concentration d'acide carbonique augmente, et le pH diminue. Inversement, des respirations rapides et profondes chassent le gaz carbonique du sang et abaissent la concentration d'acide carbonique, augmentant ainsi le pH sanguin. On voit donc que la ventilation pulmonaire peut ajuster rapidement le pH sanguin (et la pression partielle du gaz carbonique) lorsque les cellules libèrent des acides organiques. (Nous traitons en détail de l'équilibre acido-basique du sang au chapitre 27.)

Régulation de la respiration

Mécanismes nerveux et établissement du rythme respiratoire

La respiration n'est pas un acte aussi simple qu'il y paraît. Fondamentalement, la respiration repose sur l'activité de neurones de la formation réticulée, dans le bulbe rachidien et le pont. Dans un premier temps, nous décrirons le rôle du bulbe rachidien, qui établit le rythme respiratoire, puis nous nous pencherons sur les rôles présumés des noyaux du pont.

Centres respiratoires du bulbe rachidien

Le rythme respiratoire est établi par un noyau appelé **centre inspiratoire,** situé dans la partie postérieure du bulbe rachidien (figure 23.21). Les neurones de ce centre ont la capacité de se dépolariser spontanément et rythmiquement, ce qui donne à la respiration sa périodicité.

Les influx émis par les neurones inspiratoires parcourent les **nerfs phréniques** et **intercostaux,** lesquels stimulent respectivement le diaphragme et les muscles intercostaux externes. Le thorax se dilate (les poumons augmentent de volume et la pression intra-alvéolaire diminue) et l'air s'engouffre dans les poumons. Ensuite, le centre inspiratoire devient inactif. Le relâchement des muscles inspiratoires a pour conséquence une diminution du volume de la cage thoracique ; la compression des poumons et l'augmentation de la pression intra-alvéolaire fait sortir l'air des poumons : c'est l'expiration. Cette activité cyclique des neurones inspiratoires est incessante et produit de 12 à 18 respirations par minute. Les phases d'inspiration durent environ 2 secondes, et les phases d'expiration, environ 3 secondes. Cette fréquence respiratoire normale est appelée **eupnée** (*eu* = bien; *pnein* = respirer). L'inhibition complète des neurones inspiratoires bulbaires, causée notamment par une dose excessive de somnifères, de morphine ou d'alcool, abolit la respiration.

Un second centre, situé dans la partie postérieure du bulbe rachidien, le **centre expiratoire,** contient des neurones inspiratoires et des neurones expiratoires, mais sa fonction n'est pas aussi bien connue que celle du centre inspiratoire. À l'instar de ce dernier, le centre expiratoire stimule les muscles inspiratoires, mais d'une manière différente. En effet, les neurones du centre expiratoire semblent maintenir une légère contraction des muscles respiratoires ; ils ont donc une activité *tonique* plutôt que cyclique. Toutefois, leur activité est interrompue par les influx nerveux provenant du centre inspiratoire lorsqu'une respiration plus vigoureuse s'impose. Dans ce cas, le centre expiratoire envoie des influx activateurs aux muscles de l'*expiration*, les muscles intercostaux internes et les muscles de l'abdomen, ce qui abaisse la cage thoracique avec force et rend les mouvements expiratoires plus énergiques. Le centre expiratoire ne provoque pas activement l'expiration pendant la respiration calme normale.

Centres respiratoires du pont

Bien que le centre inspiratoire du bulbe rachidien engendre le rythme respiratoire fondamental, la rupture des connexions entre le pont et le bulbe rachidien perturbe la respiration : elle devient saccadée tout en restant rythmique. Les deux centres du pont, qui exercent des effets opposés sur le centre inspiratoire, semblent adoucir les transitions de l'inspiration à l'expiration et vice versa.

Le **centre pneumotaxique,** le centre situé le plus haut dans le pont (voir la figure 23.21), envoie sans cesse des influx inhibiteurs au centre inspiratoire du bulbe rachidien. Lorsque ses signaux sont particulièrement forts, la durée de l'inspiration raccourcit et la fréquence respiratoire s'accélère. Le centre pneumotaxique corrige le rythme respiratoire et prévient le gonflement excessif des poumons.

Le **centre apneustique** sert de moteur à l'inspiration en stimulant constamment le centre inspiratoire du bulbe rachidien. Il a pour effet de prolonger l'inspiration ou de retenir la respiration pendant cette phase, un phénomène appelé *apneusis.* La respiration devient profonde et lente lorsque les efférents pneumotaxiques sont sectionnés, ce qui indique que le centre pneumotaxique inhibe normalement le centre apneustique.

Facteurs influant sur la fréquence et l'amplitude respiratoires

La fréquence et l'amplitude respiratoires peuvent varier suivant les besoins de l'organisme. L'amplitude respiratoire est déterminée par la fréquence des influx envoyés du centre respiratoire aux muscles respiratoires ; plus

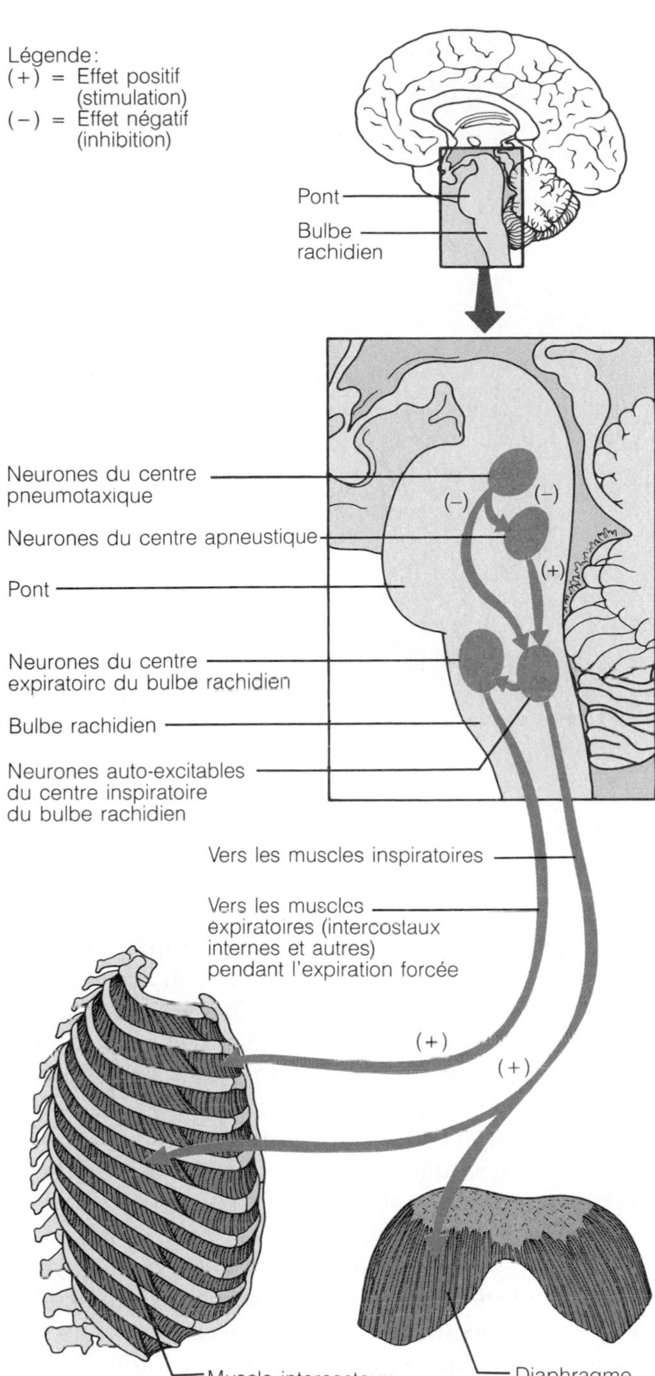

Figure 23.21 Voies nerveuses intervenant dans la régulation du rythme respiratoire. Pendant la respiration calme normale, les neurones auto-excitables du centre inspiratoire du bulbe rachidien établissent le rythme: (1) en se dépolarisant et en envoyant des influx nerveux aux muscles inspiratoires; (2) en devenant inactifs, ce qui donne lieu à l'expiration passive. Les neurones du centre expiratoire semblent inactifs pendant la respiration calme normale. Lorsque la respiration doit gagner en vigueur, le centre inspiratoire déclenche l'activité des muscles respiratoires accessoires et stimule le centre expiratoire, lequel active les muscles de l'expiration forcée. Les centres du pont interagissent avec ceux du bulbe rachidien de manière à rendre la respiration régulière. Le centre apneustique stimule continuellement le centre inspiratoire du bulbe rachidien jusqu'à ce qu'il soit inhibé par le centre pneumotaxique. Normalement, le centre pneumotaxique limite la phase d'inspiration et facilite l'expiration en inhibant les neurones du centre apneustique comme ceux du centre inspiratoire.

les influx sont fréquents, plus le nombre d'unités motrices excitées est grand et plus les contractions des muscles respiratoires sont intenses. La fréquence respiratoire, quant à elle, dépend de la durée de l'action du centre inspiratoire ou, inversement, de la rapidité de son inactivation.

Les centres respiratoires du bulbe rachidien et du pont sont sensibles à des stimulus excitateurs et inhibiteurs dont la figure 23.22 présente un aperçu.

Réflexes déclenchés par les agents irritants pulmonaires

Les poumons contiennent des récepteurs qui réagissent à une très grande variété d'agents irritants. Une fois activés, ces récepteurs communiquent avec les centres respiratoires par l'intermédiaire de neurones afférents du nerf vague. Le mucus accumulé, la poussière, la fumée de cigarette et les vapeurs nocives stimulent, dans les bronchioles, des récepteurs qui en provoquent la constriction réflexe. Les mêmes agents irritants engendrent la toux lorsqu'ils se logent dans la trachée et dans les bronches, et ils déclenchent l'éternuement s'ils envahissent les cavités nasales.

Réflexe de Hering-Breuer

Le feuillet viscéral de la plèvre et les conduits des poumons contiennent de nombreux mécanorécepteurs que la distension pulmonaire stimule vigoureusement. Les influx inhibiteurs alors acheminés au centre inspiratoire du bulbe rachidien mettent fin à l'inspiration et induisent l'expiration. À mesure que les poumons se rétractent, les mécanorécepteurs n'envoient plus d'influx nerveux, et l'inspiration reprend. On pense que ce réflexe, appelé **réflexe de Hering-Breuer** ou **réflexe de distension pulmonaire**, constitue davantage un mécanisme de protection qu'un mécanisme de régulation normal.

Influence des centres cérébraux supérieurs

Mécanismes hypothalamiques. Les émotions fortes et la douleur activent, par l'intermédiaire du système limbique, les centres sympathiques de l'hypothalamus. Ces centres peuvent moduler la fréquence et l'amplitude respiratoires en envoyant des signaux aux centres respiratoires. Avez-vous déjà eu le souffle coupé en touchant un objet froid et visqueux? Cette réaction a été commandée par l'hypothalamus. Il en va de même en ce qui concerne les modifications du rythme respiratoire associées au rire et aux pleurs.

Mécanismes corticaux (volition). La respiration est normalement un acte involontaire régi par les centres du tronc cérébral. Cependant, il nous est possible de modifier notre respiration afin de chanter, de parler et de siffler. Dans ces circonstances, les centres corticaux communiquent directement avec les neurones moteurs commandant aux muscles respiratoires, et les centres du bulbe rachidien n'interviennent pas. Nous n'avons

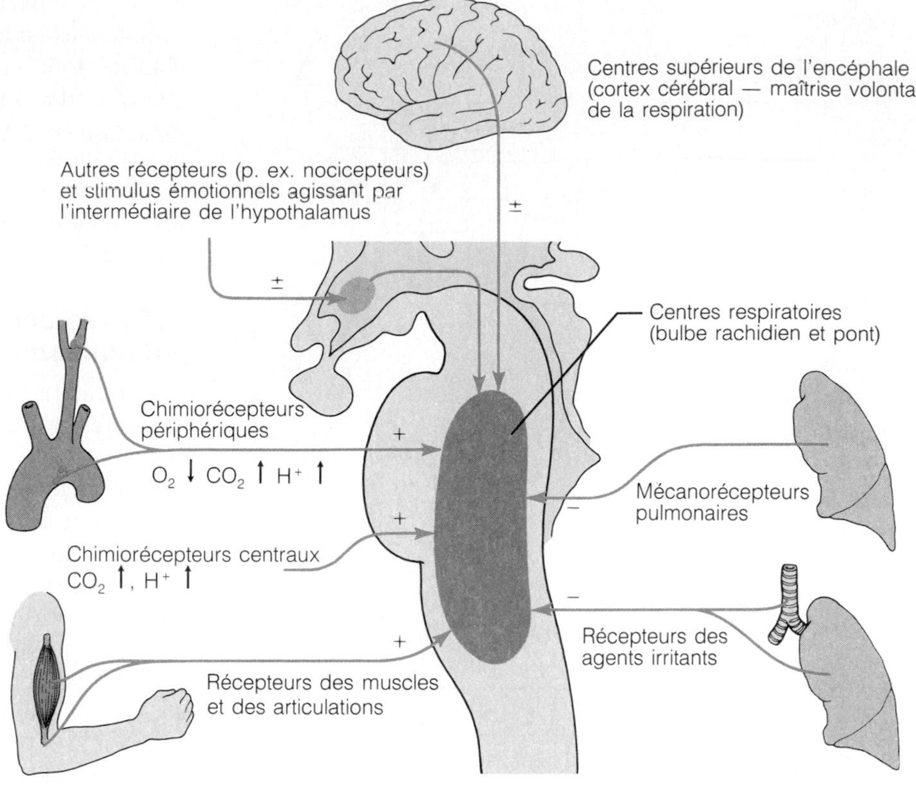

Figure 23.22 Influences nerveuses et chimiques s'exerçant sur les centres respiratoires du bulbe rachidien. Les influences excitatrices (+) accroissent la fréquence des influx nerveux envoyés aux muscles de la respiration et produisent une respiration profonde et rapide. L'inhibition du centre bulbaire (−) a l'effet opposé. Dans certains cas, les influx peuvent être soit excitateurs soit inhibiteurs (±), suivant les récepteurs ou les régions de l'encéphale activés.

toutefois qu'une maîtrise partielle sur notre respiration, et les centres respiratoires la rétablissent (échappent aux mécanismes conscients) lorsque la pression partielle du gaz carbonique atteint un niveau critique dans le sang.

Facteurs chimiques

Parmi les nombreux facteurs qui peuvent modifier la fréquence et l'amplitude respiratoires établies par le centre inspiratoire du bulbe rachidien, les plus importants sont les variations des concentrations de gaz carbonique, d'oxygène et d'ions hydrogène dans le sang artériel. Les récepteurs qui réagissent à ces fluctuations chimiques, les **chimiorécepteurs,** se divisent en deux grands groupes : les **chimiorécepteurs centraux,** situés de part et d'autre du bulbe rachidien, et les **chimiorécepteurs périphériques**, logés dans la crosse de l'aorte ainsi que dans les corpuscules carotidiens, lesquels se trouvent à la bifurcation des artères carotides communes.

Influence de la pression partielle du gaz carbonique. Le gaz carbonique est le plus puissant des facteurs chimiques influant sur la respiration. Normalement, la pression partielle de ce gaz dans le sang artériel est de 40 mm Hg et, grâce aux mécanismes homéostatiques, elle ne varie que de ± 3 mm Hg.

Comment la respiration s'ajuste-t-elle aux variations de cette pression partielle ? Étant donné que les chimiorécepteurs périphériques sont peu sensibles à la pression partielle du gaz carbonique dans le sang artériel, le mécanisme de régulation repose presque entièrement sur les effets du gaz carbonique sur le pH du liquide céphalo-rachidien entourant les centres respiratoires du tronc cérébral (figure 23.23). Le gaz carbonique diffuse aisément du sang au liquide céphalo-rachidien, où il réagit avec l'eau pour former de l'acide carbonique. En se dissociant, l'acide carbonique libère des ions hydrogène. (La même réaction se produit lorsque le gaz carbonique entre dans les érythrocytes, comme nous l'avons vu à la p. 752.) Toutefois, contrairement aux érythrocytes et au plasma, le liquide céphalo-rachidien ne contient presque pas de protéines qui puissent capter ou tamponner les ions hydrogène. Par conséquent, à mesure que s'élève la pression partielle du gaz carbonique, un état appelé **hypercapnie,** le pH du liquide céphalo-rachidien diminue. Les ions hydrogène stimulent les chimiorécepteurs centraux, qui font d'abondantes synapses avec les centres de régulation de la respiration. L'amplitude (voire la fréquence) de la respiration augmente. Cet état, appelé **hyperventilation,** augmente la ventilation alvéolaire et chasse le gaz carbonique hors du sang, ce qui augmente le pH. Une augmentation de 5 mm Hg seulement de la pression partielle du gaz carbonique dans le sang artériel accroît la ventilation alvéolaire de 100 %, même lorsque la concentration artérielle de l'oxygène et le pH restent inchangés. Quand la pression partielle de l'oxygène et le pH sont inférieurs à la normale, la réaction à l'augmentation de la pression partielle du gaz carbonique est encore plus marquée. L'hyperventilation cesse normalement d'elle-même, au moment où la pression partielle du gaz carbonique dans le sang revient à des niveaux homéostatiques.

Notons que si le stimulus initial est l'augmentation de la concentration du gaz carbonique, c'est la hausse de la concentration d'ions hydrogène qui déclenche l'activité des chimiorécepteurs centraux. En dernière analyse, *la régulation de la respiration au repos vise principalement à maintenir la concentration des ions hydrogène dans l'encéphale.*

L'hyperventilation involontaire accompagne souvent les crises d'anxiété, et elle peut alors causer des étourdissements et l'évanouissement. En effet, la diminution de la concentration sanguine du gaz carbonique (l'hypocapnie) cause la constriction des vaisseaux cérébraux et provoque ainsi une ischémie cérébrale. On recommande aux personnes qui connaissent de telles crises de respirer dans un sac de papier. Le fait d'inspirer à nouveau l'air expiré augmente la concentration sanguine de gaz carbonique, ce qui a pour effet de diminuer le pH du liquide céphalo-rachidien. ■

Lorsque la pression partielle du gaz carbonique est anormalement basse, la respiration est inhibée, et elle devient lente et superficielle, un état appelé **hypoventilation.** En fait, des périodes d'**apnée** (arrêt de la respiration) peuvent survenir jusqu'à ce que la pression partielle du gaz carbonique dans le sang artériel et la concentration des ions hydrogène dans le sang artériel et le liquide céphalo-rachidien s'élèvent et fassent reprendre la respiration.

Au cours de compétitions, certains nageurs pratiquent l'hyperventilation afin de pouvoir retenir leur souffle plus longuement. On ne saurait trop déplorer cette habitude. En temps ordinaire, le fait de retenir son souffle abaisse rarement la concentration sanguine de l'oxygène à moins de 60 % de la normale, car, à mesure que diminue la pression partielle de l'oxygène, la concentration du gaz carbonique s'élève suffisamment pour rendre la respiration irrépressible. Or, l'hyperventilation systématique peut abaisser la pression partielle du gaz carbonique à un point tel qu'une phase de latence précède son retour à des niveaux propres à restaurer la respiration. Au cours de cette phase de latence, la pression de l'oxygène peut descendre jusqu'à 15 ou 20 mm Hg, et le nageur peut s'évanouir (risquant ainsi la noyade) avant d'éprouver le besoin de respirer. ■

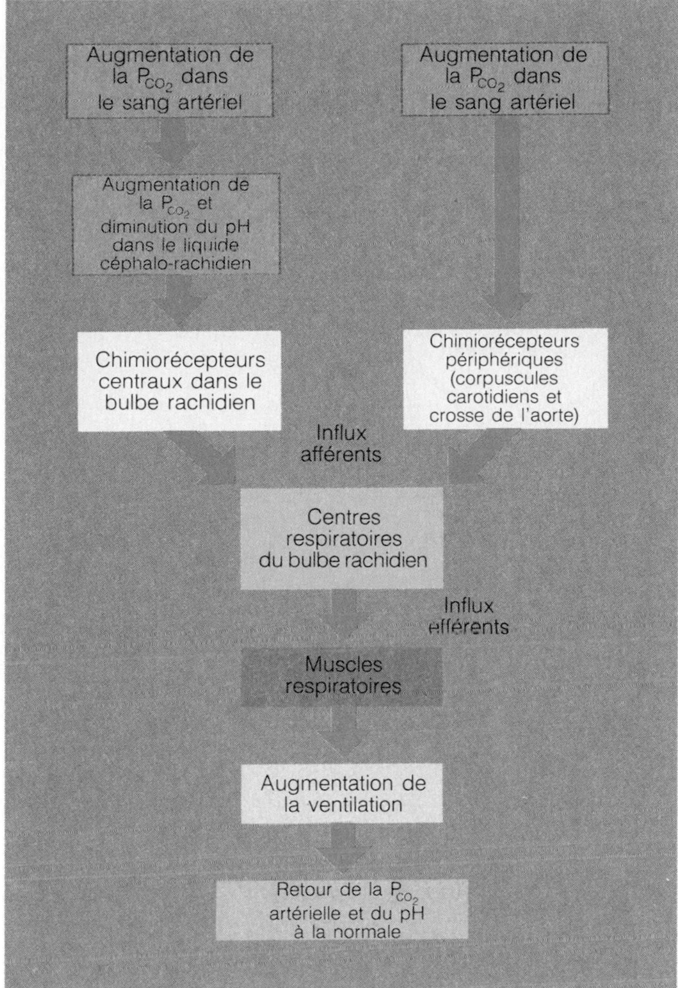

Figure 23.23 Maintien du pH du liquide céphalo-rachidien par la régulation de la ventilation.

Influence de la pression partielle de l'oxygène.

Les cellules sensibles à la concentration artérielle d'oxygène se trouvent dans les chimiorécepteurs périphériques, c'est-à-dire dans la crosse de l'aorte et dans les corpuscules carotidiens (figure 23.24). Les chimiorécepteurs des corpuscules carotidiens sont les principaux détecteurs de l'oxygène. Dans des conditions normales, l'effet de la diminution de la pression partielle de l'oxygène sur la ventilation est faible et se limite à une augmentation de la sensibilité des récepteurs centraux à l'élévation de la pression partielle du gaz carbonique. La pression partielle de l'oxygène dans le sang artériel doit diminuer *substantiellement* pour influer sur la ventilation. Le phénomène n'est pas aussi paradoxal qu'il y paraît. Rappelez-vous en effet que d'énormes réserves d'oxygène sont liées à l'hémoglobine et que celle-ci reste presque complètement saturée (à 75 %) tant que la pression partielle de l'oxygène dans le gaz alvéolaire et dans le sang artériel reste au-dessus de 60 mm Hg. En deçà de cette mesure, un individu est en hypoxémie, les chimiorécepteurs centraux commencent à souffrir du manque d'oxygène, et leur activité ralentit. Simultanément, les chimiorécepteurs périphériques sont excités et stimulent les centres respiratoires, qui déclenchent une augmentation de la ventilation, même si la pression partielle du gaz carbonique est normale. Le système réflexe des chimiorécepteurs périphériques peut donc maintenir la ventilation alvéolaire en présence de faibles concentrations alvéolaires d'oxygène, même si les récepteurs du tronc cérébral sont inactivés par l'hypoxie (conséquence de l'hypoxémie).

Chez les individus qu'une pneumopathie (comme l'emphysème pulmonaire et la bronchite chronique) empêche d'éliminer le gaz carbonique, la pression partielle de ce gaz dans le sang artériel est toujours élevée, et les chimiorécepteurs deviennent insensibles à ce stimulus chimique. Dans leur cas, l'effet de la diminution de la pression partielle de l'oxygène (ou hypoxémie) sur les chimiorécepteurs périphériques constitue le principal stimulus respiratoire. Les mélanges de gaz administrés

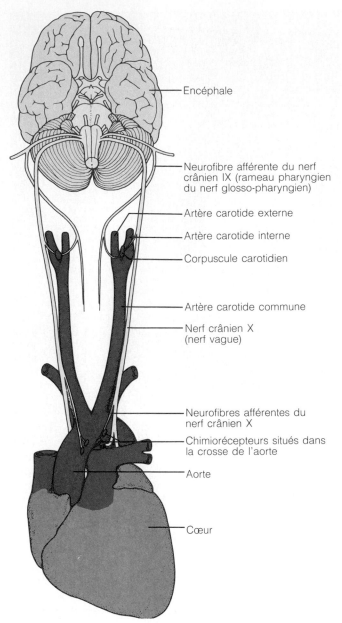

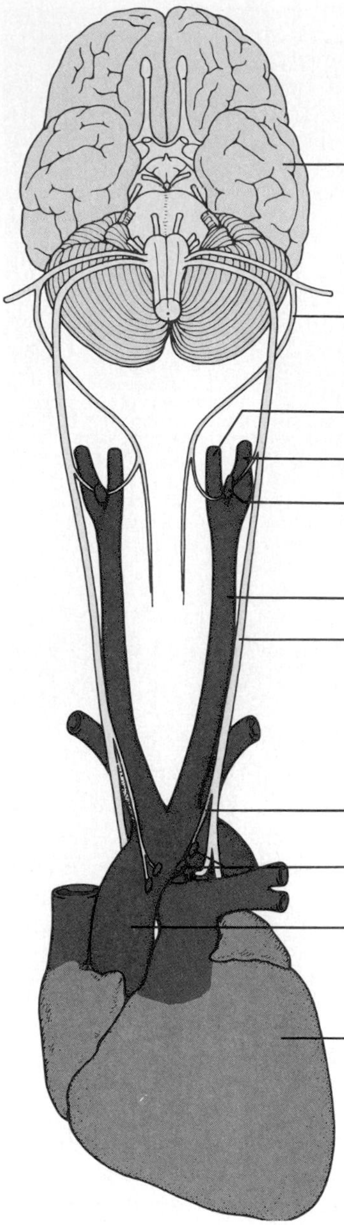

Figure 23.24 Situation des chimiorécepteurs périphériques. Le diagramme montre la voie afférente menant des chimiorécepteurs périphériques aux centres respiratoires du bulbe rachidien par l'intermédiaire des nerfs crâniens IX et X. Ces récepteurs sont moins sensibles à la concentration d'ions hydrogène et à la pression partielle du gaz carbonique qu'à la pression partielle de l'oxygène dans le sang.

à ces personnes en cas de détresse respiratoire ne sont que faiblement enrichis en oxygène. Si on leur donnait de l'oxygène pur, ils cesseraient de respirer, car ils perdraient leur stimulus respiratoire (une faible pression partielle de l'oxygène). ■

Influence du pH artériel. Les variations du pH artériel peuvent modifier la fréquence et le rythme respiratoires, même si les concentrations de gaz carbonique et d'oxygène sont normales. Contrairement au CO_2, les ions hydrogène diffusent plutôt mal du sang au liquide céphalo-rachidien; l'effet direct de la concentration artérielle d'ions hydrogène sur les chimiorécepteurs centraux est donc insignifiant comparativement à celui des ions hydrogène engendrés par l'élévation de la pression partielle du gaz carbonique dans le liquide céphalo-rachidien. L'accroissement de la ventilation qui survient en réaction à la diminution du pH artériel prend son origine dans les chimiorécepteurs périphériques.

Bien que les variations de la pression partielle du gaz carbonique et celles de la concentration d'ions hydrogène soient reliées, la concentration de H^+ peut être modifiée par d'autres facteurs. Une baisse du pH sanguin (acidose) peut être attribuable à la rétention du gaz carbonique, mais elle peut aussi résulter de la production d'acides par le métabolisme cellulaire. Parmi ces causes, on trouve l'accumulation d'acide lactique pendant l'exercice ou celle d'acides gras (ou d'autres acides organiques) chez les patients dont le diabète sucré est mal équilibré. Quelle que soit la cause de la diminution du pH artériel, les mécanismes de régulation de la respiration tentent de la compenser en éliminant l'acide carbonique du sang sous forme de CO_2 et de H_2O. Par conséquent, la fréquence et l'amplitude respiratoires augmentent.

Résumé des interactions entre la pression partielle du gaz carbonique, la pression partielle de l'oxygène et le pH artériel. Bien que chacune des cellules de l'organisme ait besoin d'oxygène, la nécessité d'éliminer le gaz carbonique est le principal stimulus de la respiration chez le sujet sain. Le système respiratoire est « suréquipé » pour obtenir l'oxygène, mais il parvient tout juste à éliminer le gaz carbonique.

Cependant, nous l'avons vu, le gaz carbonique n'agit pas isolément, et les divers facteurs chimiques renforcent ou inhibent mutuellement leurs effets. Voici un résumé de ces interactions.

1. L'accroissement de la concentration de gaz carbonique est le plus puissant stimulus respiratoire. À mesure que le gaz carbonique est transformé en acide carbonique dans le liquide céphalo-rachidien, les ions hydrogène libérés stimulent directement les chimiorécepteurs centraux, causant une augmentation réflexe de la fréquence et de l'amplitude respiratoires. De faibles pressions partielles du gaz carbonique ralentissent la respiration.

2. Dans des conditions normales, la pression partielle de l'oxygène dans le sang n'influe qu'indirectement sur la respiration, soit en modifiant la sensibilité des chimiorécepteurs aux variations de la pression partielle du gaz carbonique. De faibles pressions partielles de l'oxygène augmentent les effets de la pression partielle du gaz carbonique; de fortes pressions partielles de l'oxygène affaiblissent la stimulation du gaz carbonique.

3. Lorsque la pression partielle de l'oxygène descend sous 60 mm Hg dans le sang artériel (hypoxémie), elle devient le principal stimulus de la respiration, et la ventilation augmente par le biais des réflexes

déclenchés par les chimiorécepteurs périphériques. Ce phénomène peut accroître le captage de l'oxygène dans le sang, mais il cause aussi une hausse du pH sanguin relative à la diminution du CO_2 (hypocapnie); ce facteur inhibe la respiration.

4. Les variations du pH artériel résultant de la rétention de gaz carbonique ou de la production d'acides par le métabolisme cellulaire modifient la ventilation par l'intermédiaire des chimiorécepteurs périphériques; la ventilation, à son tour, modifie la pression partielle du gaz carbonique et le pH dans le sang artériel.

Adaptation à l'exercice et à l'altitude

Effets de l'exercice

Pendant l'exercice physique, la respiration s'adapte tant à l'intensité qu'à la durée de l'effort. Les muscles actifs consomment de prodigieuses quantités d'oxygène et produisent aussi beaucoup de gaz carbonique. Ainsi, la ventilation est de 10 à 20 fois supérieure à la normale pendant l'exercice intense. La respiration devient plus profonde et plus rapide, et on l'appelle **hyperpnée** pour bien marquer que, contrairement à l'hyperventilation, sa fréquence n'augmente pas de façon marquée. En outre, les changements respiratoires associés à l'hyperpnée correspondent à des besoins d'oxygène et d'excrétion de gaz carbonique et, de ce fait, n'ont pas grande influence sur la concentration de l'oxygène et du gaz carbonique dans le sang. L'hyperventilation, par contre, peut provoquer l'hypocapnie et l'alcalose parce que la sortie plus élevée de CO_2 n'est pas accompagnée par une augmentation de sa production, de sorte que l'activité métabolique produit un excès de gaz carbonique.

L'accroissement de la ventilation en période d'exercice *ne* semble *pas* lié à l'élévation de la pression partielle du gaz carbonique, à la diminution de la pression partielle de l'oxygène ou à la baisse du pH dans le sang, et ce, pour deux raisons. Premièrement, la ventilation s'intensifie brusquement au début de la période d'exercice, après quoi elle augmente graduellement puis se stabilise. De même, la ventilation diminue soudainement à la fin de la période d'exercice, après quoi elle revient peu à peu à son état habituel. Deuxièmement, pendant l'exercice, les pressions partielles de l'oxygène et du gaz carbonique changent dans le sang veineux, mais elles restent constantes dans le sang artériel. En fait, la pression partielle du gaz carbonique peut tomber en deçà des valeurs artérielles normales, tandis que la pression partielle de l'oxygène peut s'élever très légèrement, en raison de l'efficacité des adaptations respiratoires. Les raisons de ce phénomène sont mal connues, mais il est généralement accepté qu'elles s'énoncent comme suit.

L'augmentation soudaine de la ventilation observée au début de la période d'exercice est liée à l'interaction des facteurs nerveux suivants: (1) les stimulus psychiques (la préparation mentale à l'exercice); (2) l'activation simultanée des muscles squelettiques et des centres respiratoires par le cortex moteur; (3) les propriocepteurs des muscles, des tendons et des articulations, qui envoient des influx nerveux excitateurs aux centres respiratoires. L'augmentation graduelle et la stabilisation qui se produisent par la suite sont probablement dues à la stimulation centrale exercée par l'élévation de la température corporelle et par la sécrétion d'adrénaline au cours de l'activation du système nerveux sympathique.

La diminution brusque de la ventilation, à la fin de la période d'exercice, traduit la cessation des mécanismes de régulation nerveux. Par la suite, la ventilation diminue graduellement parce que la dette d'oxygène des muscles squelettiques doit être remboursée et que le pH artériel, que l'accumulation d'acide lactique a abaissé, continue de stimuler la respiration. L'augmentation de la concentration d'acide lactique *n'est pas* due à une insuffisance de la fonction respiratoire, car la ventilation alvéolaire et la perfusion pulmonaire concordent tout aussi bien pendant l'exercice qu'au repos. Elle résulte plutôt des limites du débit cardiaque ou de l'incapacité des muscles squelettiques d'augmenter leur consommation d'oxygène (voir le chapitre 9). Les athlètes qui, tels les joueurs de football, inhalent de l'oxygène pur pour hâter le ravitaillement de leur organisme se leurrent. L'athlète essoufflé *manque* effectivement d'oxygène, mais le supplément ne lui est d'aucun secours, car le déficit est d'origine musculaire et non pulmonaire. ■

Effets de l'altitude

La majeure partie de la population nord-américaine vit entre le niveau de la mer et une altitude de 2400 m. Les variations de la pression atmosphérique dans cette plage ne sont pas assez marquées pour incommoder les individus en bonne santé qui séjournent en altitude pour de courtes périodes. Toutefois, si une personne originaire d'une région située au niveau de la mer s'établit en montagne, où la densité de l'air et la pression partielle de l'oxygène sont plus faibles, son organisme doit procéder à des adaptations respiratoires et hématopoïétiques, un processus appelé **acclimatation.**

Ainsi que nous l'avons expliqué précédemment, la diminution de la pression partielle de l'oxygène dans le sang artériel accroît la sensibilité des chimiorécepteurs centraux aux augmentations de la pression partielle du gaz carbonique et, si la baisse est substantielle, elle stimule directement les chimiorécepteurs périphériques. Les centres respiratoires tentent alors de ramener les échanges gazeux aux valeurs habituelles, et la ventilation s'accroît. Au bout de quelques jours, la ventilation-minute se stabilise à environ 3 L/min de plus qu'au niveau de la mer. Comme l'augmentation de la ventilation alvéolaire abaisse la concentration de gaz carbonique, la pression partielle de ce gaz est typiquement inférieure à 40 mm Hg (sa valeur au niveau de la mer) chez les individus vivant en altitude.

Comme la quantité d'oxygène à capter est moindre en altitude qu'au niveau de la mer, le degré de saturation de l'hémoglobine est toujours inférieur à la normale. À 6000 m, par exemple, le sang artériel n'est saturé qu'à 67 % (contre 98 % au niveau de la mer). Mais comme l'hémoglobine ne libère que de 20 à 25 % de son oxygène au niveau de la mer, sa faible saturation en altitude ne compromet en rien l'apport d'oxygène aux tissus au repos. Pour compenser partiellement le moindre degré de saturation, l'affinité de l'hémoglobine pour l'oxygène diminue aussi, et une quantité accrue d'oxygène est libérée dans les tissus.

Si les tissus reçoivent suffisamment d'oxygène dans des conditions normales, il en va tout autrement lorsque les systèmes cardiovasculaire et respiratoire sont astreints à des efforts extrêmes. (Les athlètes qui ont participé aux Jeux olympiques de Mexico en ont fait la pénible expérience.) Faute d'une acclimatation complète, l'hypoxie est presque inéluctable. ■

Enfin, l'acclimatation comporte une phase lente au cours de laquelle les reins, à la suite de la diminution de la pression partielle de l'oxygène dans le sang, accélèrent la production d'érythropoïétine, une hormone qui stimule la production des érythrocytes dans la moelle osseuse (voir le chapitre 18).

Déséquilibres homéostatiques du système respiratoire

Le système respiratoire étant exposé aux agents pathogènes de l'air, il est particulièrement vulnérable aux maladies infectieuses. Nous avons déjà traité d'affections inflammatoires telles la rhinite et la laryngite, et nous nous pencherons ici sur les troubles respiratoires les plus invalidants: les **bronchopneumopathies chroniques obstructives** (**BPCO**) et le **cancer du poumon.** Ces maladies sont au nombre des conséquences les plus dévastatrices de l'usage du tabac. Reconnu de longue date comme un facteur des maladies cardiovasculaires, le tabac s'attaque aux poumons avec encore plus d'opiniâtreté qu'au cœur et aux vaisseaux sanguins.

Bronchopneumopathies chroniques obstructives (BPCO)

Les bronchopneumopathies chroniques obstructives, c'est-à-dire la bronchite chronique, l'emphysème pulmonaire et l'asthme, sont parmi les principales causes de décès et d'invalidité en Amérique du Nord, et leur prévalence est en progression. Ces maladies ont certaines caractéristiques en commun: (1) elles touchent presque invariablement des fumeurs ou d'anciens fumeurs; (2) elles provoquent la **dyspnée**, une respiration dont la difficulté va croissant; (3) elles s'accompagnent de toux et de fréquentes infections pulmonaires; (4) elles dégénèrent la plupart du temps en insuffisance respiratoire (accompagnée d'hypoxémie, de rétention du gaz carbonique et d'acidose respiratoire).

L'**emphysème pulmonaire** se caractérise par une distension permanente des alvéoles associée à une détérioration des parois alvéolaires. L'inflammation chronique conduit à la fibrose pulmonaire et, immanquablement, à la perte de l'élasticité pulmonaire (et à celle de la compliance). Les concentrations artérielles d'oxygène et de gaz carbonique restent normales jusqu'aux stades avancés de la maladie. Les poumons perdant leur élasticité, les conduits aériens s'affaissent pendant l'expiration et entravent l'expulsion de l'air. Cet affaissement a deux importantes conséquences pour les personnes atteintes. Premièrement, elles doivent utiliser des muscles de l'expiration forcée pour expirer, ce qui leur vaut d'être constamment épuisées, car la respiration accapare chez elles de 15 à 20 % des réserves d'énergie (contre 5 % chez les individus sains). Deuxièmement, pour des raisons complexes, les bronchioles s'ouvrent durant l'inspiration mais s'affaissent pendant l'expiration, emprisonnant de grandes quantités d'air dans les alvéoles. La distension alvéolaire cause une dilatation permanente du thorax, qui prend un aspect en tonneau. Malgré une respiration difficile, la cyanose ne s'établit que dans les derniers stades de la maladie, car les échanges gazeux demeurent jusqu'alors étonnamment adéquats. Outre l'usage du tabac, des facteurs héréditaires prédisposent dans certains cas à l'emphysème pulmonaire.

Dans la **bronchite chronique,** l'inhalation d'agents irritants cause une production excessive de mucus dans la muqueuse des voies respiratoires inférieures ainsi que l'inflammation et la fibrose du tissu. Il s'ensuit une obstruction des conduits aériens de même qu'une altération de la ventilation pulmonaire et des échanges gazeux. Comme les accumulations de mucus constituent un milieu propice à la prolifération bactérienne, les infections pulmonaires sont fréquentes. Les personnes atteintes de bronchite chronique sont souvent cyanosées, car l'hypoxie et la rétention du gaz carbonique surviennent tôt au cours de la maladie. En revanche, la dyspnée est moins marquée chez elles que chez les personnes atteintes d'emphysème pulmonaire. Les facteurs qui prédisposent à la bronchite chronique sont l'usage du tabac et, à un moindre degré, la pollution atmosphérique.

Cancer du poumon

Aux États-Unis, un cancer mortel sur trois est un cancer du poumon. Chez les deux sexes, c'est l'affection maligne la plus répandue. Et sa fréquence, en corrélation avec l'usage du tabac (plus de 90 % des individus atteints sont des fumeurs ou d'anciens fumeurs), augmente de jour en jour. Les chances de guérison sont faibles, et le taux de survie après cinq ans ne se monte qu'à 7 %. Comme le cancer du poumon est prodigieusement agressif et qu'il produit rapidement des métastases étendues, la plupart des cas ne sont diagnostiqués qu'une fois qu'ils sont très avancés.

Le cancer du poumon semble suivre les étapes d'activation des oncogènes décrites dans l'encadré du chapitre 3 (p. 94). L'usage du tabac abolit peu à peu les défenses que les poils du nez, le mucus et les cils lèvent contre les agents irritants chimiques et biologiques. L'irritation continuelle intensifie la production de mucus, mais la fumée de cigarette paralyse les cils qui l'évacuent et elle inhibe les macrophages alvéolaires. Par conséquent, les infections pulmonaires, dont la pneumonie et les bronchopneumopathies chroniques obstructives, sont fréquentes. Cependant, ce sont les effets irritants des quelque 15 agents cancérigènes présents dans la fumée du tabac qui, à la longue, induisent le cancer du poumon en causant la prolifération de cellules muqueuses dénuées de leur structure histologique caractéristique.

Les trois principales formes du cancer du poumon sont: (1) l'*épithélioma épidermoïde bronchique* (de 20 à 40 % des cas), qui naît dans l'épithélium des grosses bronches et qui tend à former des masses térébrantes et hémorragiques; (2) l'*épithélioma glandulaire* (ou adénocarcinome) (de 25 à 35 % des cas), qui débute en périphérie des poumons sous forme de nodules solitaires émergeant des glandes bronchiques et des cellules alvéolaires; (3) l'*épithélioma à petites cellules du poumon* (ou épithélioma à cellules en grains d'avoine) (de 10 à 20 % des cas), qui se compose de cellules semblables à des lymphocytes prenant naissance dans les bronches principales et s'étendant agressivement dans le médiastin sous forme de chapelets ou de grappes. Certains cancers pulmonaires à petites cellules ont des conséquences métaboliques en plus de leurs effets immédiats sur les poumons, car ils deviennent des sites ectopiques de production hormonale. Ainsi, certains sécrètent de la corticotrophine (et causent la maladie de Cushing) ou de la calcitonine (provoquant l'hypocalcémie).

La résection complète du tissu atteint est le traitement du cancer du poumon qui comporte le plus de chances de guérison. Toutefois, ce choix ne s'offre qu'à de très rares patients et, dans la plupart des cas, la radiothérapie et la chimiothérapie sont les seuls recours possibles. ■

Développement et vieillissement du système respiratoire

Comme le développement embryonnaire se déroule dans le sens céphalo-caudal, les structures respiratoires supérieures sont les premières à apparaître. Dès la quatrième semaine de la gestation, deux épaississements de l'ectoderme, les **placodes olfactives,** apparaissent sur la face antérieure de la tête (figure 23.25). Presque immédiatement après leur formation, les placodes olfactives s'invaginent: elles forment les **fossettes olfactives primaires** qui donneront les cavités nasales, et elles se prolongent vers la face postérieure pour s'unir à l'intestin antérieur, lequel émerge simultanément de l'endoderme.

L'épithélium des voies respiratoires inférieures provient d'une évagination de l'endoderme de l'intestin antérieur, qui se différencie pour former la muqueuse du pharynx. Ce prolongement, appelé **bourgeon laryngotrachéal,** est présent dès la cinquième semaine du développement. La partie proximale du bourgeon forme la muqueuse de la trachée, tandis que la partie distale se divise et donne les muqueuses des bronches et (ultérieurement) des alvéoles. À la huitième semaine du développement, le mésoderme entoure ces tissus d'origine ectodermique et endodermique, et il constitue les parois des voies respiratoires et le stroma des poumons. À la 28e semaine de la gestation, le système respiratoire est assez développé pour permettre à un prématuré de respirer de façon autonome. Les bébés nés avant la 28e semaine de la grossesse sont sujets au syndrome de détresse respiratoire du nouveau-né, car leurs alvéoles ne produisent pas suffisamment de surfactant.

Les poumons du fœtus sont remplis de liquide, et tous les échanges respiratoires s'effectuent dans le placenta. Les dérivations vasculaires (le conduit artériel et le foramen oval) détournent le sang des poumons (voir le chapitre 29 à la p. 989). À la naissance, les voies respiratoires se vident de leur liquide et elles se remplissent d'air; le bébé doit dès lors respirer par lui-même car il ne reçoit plus de sang oxygéné par le cordon ombilical. La pression partielle du gaz carbonique s'élève dans le sang du nouveau-né, le centre inspiratoire est stimulé, et le bébé prend sa première respiration. Les alvéoles se gonflent et les échanges gazeux s'y amorcent. Les poumons ne se dilatent pleinement que deux semaines plus tard.

La **fibrose kystique du pancréas** (ou **mucoviscidose**) est une grave affection héréditaire du système respiratoire. Elle se caractérise par l'hypersécrétion d'un mucus très visqueux qui bloque les conduits des organes atteints (contrairement à son nom, cette maladie ne touche pas seulement le pancréas). L'obstruction des conduits aériens prédispose ensuite l'enfant aux infections du système respiratoire. Responsable d'environ 5 % des décès d'enfants, la mucoviscidose entrave aussi la digestion. Récemment, un chercheur canadien a isolé le gène défectueux qui cause la maladie. Il sera peut-être possible, un jour, de guérir la mucoviscidose en introduisant des exemplaires normaux du gène dans les cellules muqueuses des voies respiratoires. ■

La fréquence respiratoire est de 40 à 80 respirations par minute chez le nouveau-né, d'environ 30 respirations par minute chez le nourrisson, d'environ 25 respirations par minute chez l'enfant de 5 ans et de 12 à 18 respirations par minute chez l'adulte. De la naissance au début de l'âge adulte, le nombre d'alvéoles est multiplié par six. Or, l'usage du tabac au début de l'adolescence empêche le développement complet des poumons, et les alvéoles qui restaient à apparaître sont à tout jamais perdues.

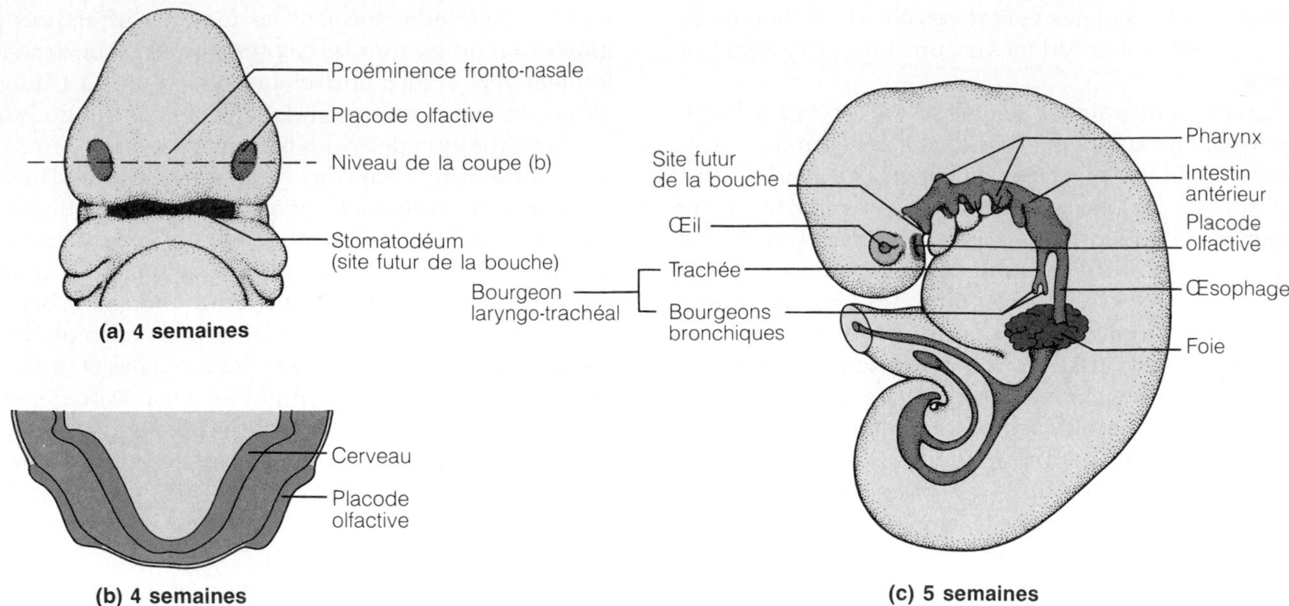

Figure 23.25 Développement embryonnaire du système respiratoire. (**a**) Vue superficielle de la face antérieure de la tête de l'embryon montrant les placodes olfactives. (**b**) Coupe transversale de la tête d'un embryon de quatre ou cinq semaines montrant la situation des placodes olfactives [le niveau de la coupe est indiqué en (**a**)]. (**c**) Développement des muqueuses des voies respiratoires inférieures. Le bourgeon laryngo-trachéal émerge de la muqueuse de l'intestin antérieur (endoderme).

Les côtes du nourrisson sont presque horizontales. Chez lui, l'accroissement du volume thoracique, à l'inspiration, repose presque entièrement sur la descente du diaphragme. Ce type de respiration est appelé **respiration abdominale** ou **diaphragmatique**, car la paroi abdominale s'élève et s'abaisse de manière visible au gré des mouvements du diaphragme. À deux ans, les côtes ont pris une position oblique, et la respiration adulte est établie.

La plupart des troubles du système respiratoire sont dus à des facteurs externes, notamment à des infections virales ou bactériennes et à l'obstruction de la trachée par un morceau d'aliment. L'*asthme* est une affection respiratoire, souvent d'origine allergique, qui se caractérise par la constriction des bronchioles et qui rend la respiration difficile. Autrefois, par ailleurs, la tuberculose et la pneumonie bactérienne étaient les principales causes de décès en Amérique du Nord. Les antibiotiques ont grandement diminué la létalité de ces maladies, mais il semble qu'elles n'aient pas dit leur dernier mot. Dans le monde entier, en effet, le nombre de cas de tuberculose ne cesse d'augmenter chez les personnes atteintes du SIDA. Enfin, les bronchopneumopathies chroniques obstructives et le cancer du poumon constituent *actuellement* les maladies les plus préoccupantes. ■

Au fil des ans, la paroi thoracique devient de plus en plus rigide, et les poumons perdent graduellement leur élasticité. La ventilation pulmonaire diminue. À l'âge de 70 ans, la capacité vitale est réduite d'environ un tiers. En outre, la concentration sanguine d'oxygène diminue, et la sensibilité au gaz carbonique s'émousse, particulièrement en décubitus dorsal. Beaucoup de personnes âgées sont sujettes à l'hypoxie pendant leur sommeil et présentent des *apnées du sommeil.*

Plusieurs des mécanismes de protection du système respiratoire perdent de leur efficacité avec le temps. L'activité des cils de la muqueuse ralentit, et les macrophages pulmonaires s'affaiblissent. C'est ce qui explique pourquoi les personnes âgées sont sujettes aux infections des voies respiratoires, particulièrement à la pneumonie et à la grippe.

* * *

Les poumons, l'arbre bronchique, le cœur et les vaisseaux sanguins qui les relient forment un remarquable système qui assure l'oxygénation du sang et l'expulsion du gaz carbonique. L'interaction des systèmes cardiovasculaire et respiratoire est manifeste; il n'en reste pas moins que tous les autres organes ne sauraient fonctionner sans le système respiratoire, comme le montre la figure 23.26, à la p. 763.

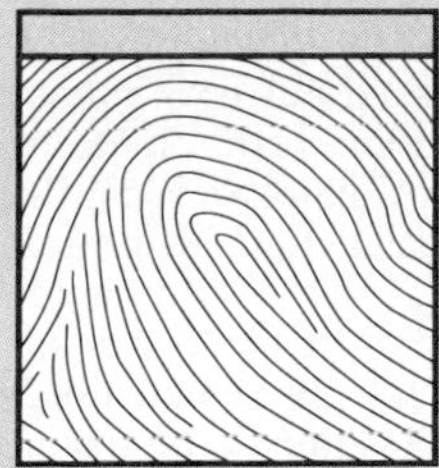

Système tégumentaire

Protège les organes du système respiratoire en formant des barrières superficielles

Fournit l'oxygène; élimine le gaz carbonique

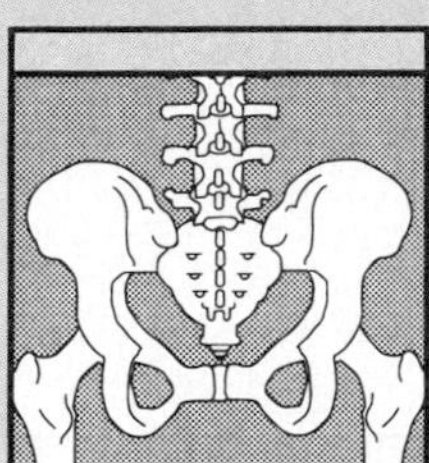

Système osseux

Protège les poumons et les bronches

Fournit l'oxygène; élimine le gaz carbonique

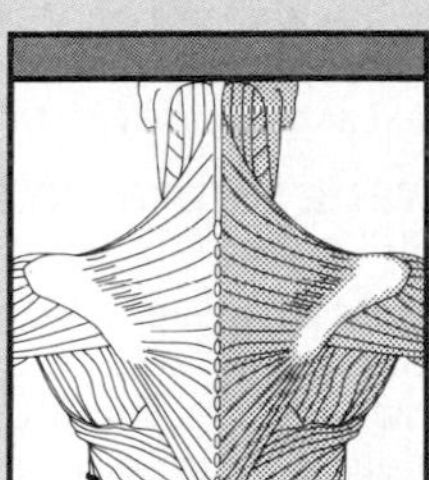

Système musculaire

Certains muscles squelettiques sont essentiels à la respiration; l'exercice régulier accroît l'efficacité de la respiration;

Fournit l'oxygène nécessaire à l'activité musculaire; élimine le gaz carbonique

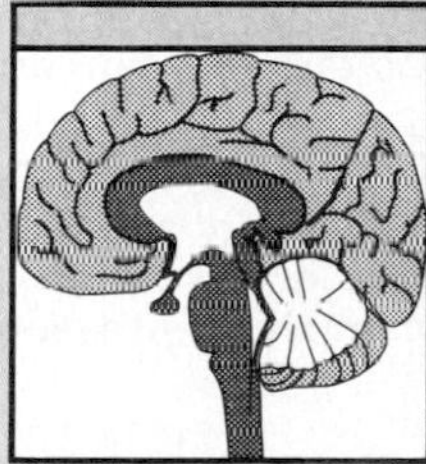

Système nerveux

Les centres du bulbe rachidien et du pont règlent la fréquence et l'amplitude respiratoires; les mécanorécepteurs pulmonaires fournissent les informations nécessaires à une rétroaction

Fournit l'oxygène nécessaire à l'activité des neurones; élimine le gaz carbonique

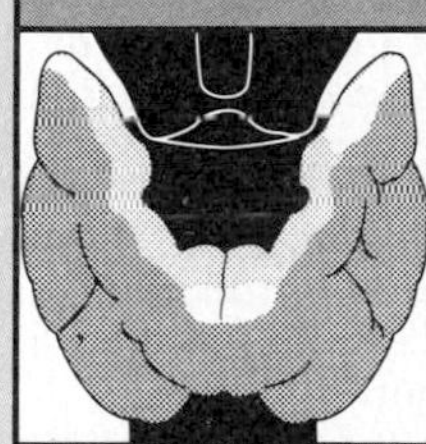

Système endocrinien

L'adrénaline dilate les bronchioles

Fournit l'oxygène; élimine le gaz carbonique

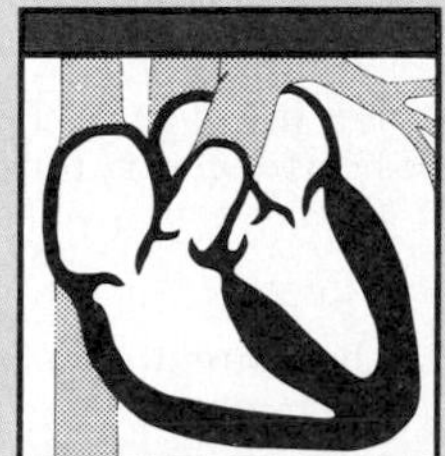

Système cardiovasculaire

Le sang est le véhicule des gaz respiratoires

Fournit l'oxygène; élimine le gaz carbonique; le gaz carbonique présent dans le sang sous forme de HCO_3^- et de H_2CO_3 contribue à l'équilibre acido-basique

Système respiratoire

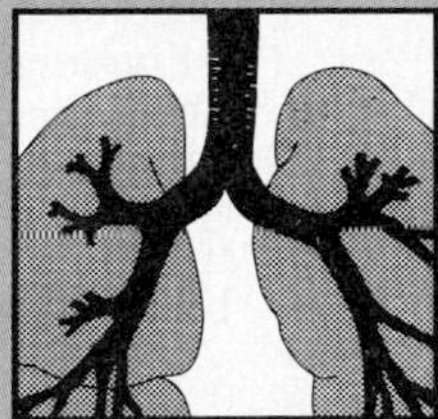

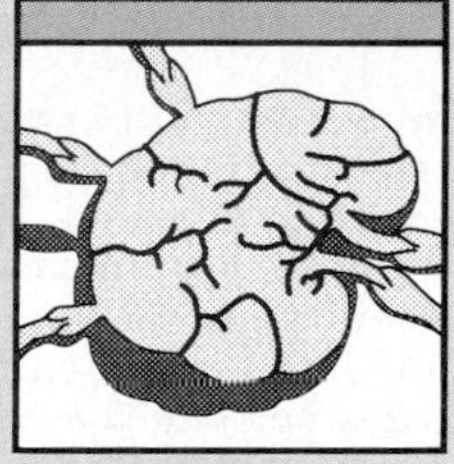

Système lymphatique

Contribue à maintenir le volume sanguin nécessaire au transport des gaz respiratoires

Fournit l'oxygène; élimine le gaz carbonique

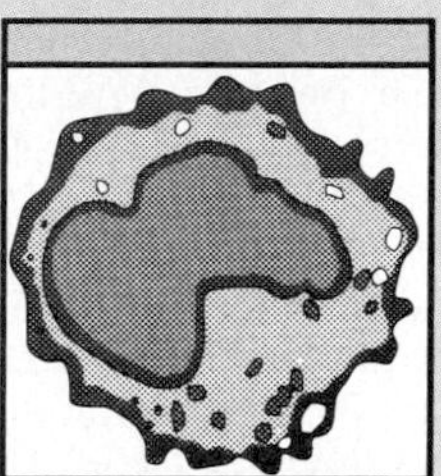

Système immunitaire

Protège les organes du système respiratoire contre les bactéries, les toxines bactériennes, les virus et le cancer

Fournit l'oxygène; élimine le gaz carbonique; les amygdales abritent des cellules immunitaires

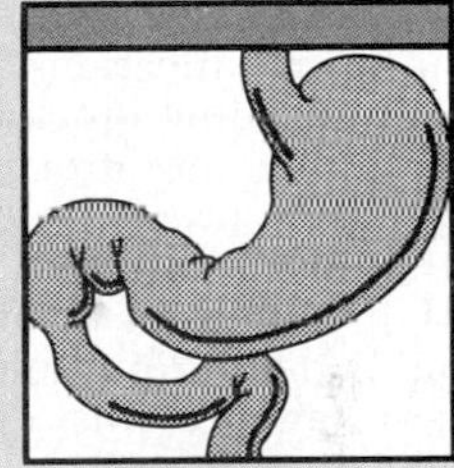

Système digestif

Fournit les nutriments nécessaires au système respiratoire

Fournit l'oxygène; élimine le gaz carbonique

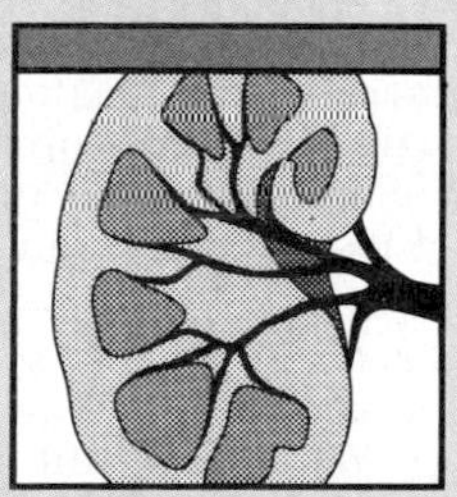

Système urinaire

Excrète les déchets métaboliques (autres que le gaz carbonique) des organes du système respiratoire

Fournit l'oxygène; élimine le gaz carbonique

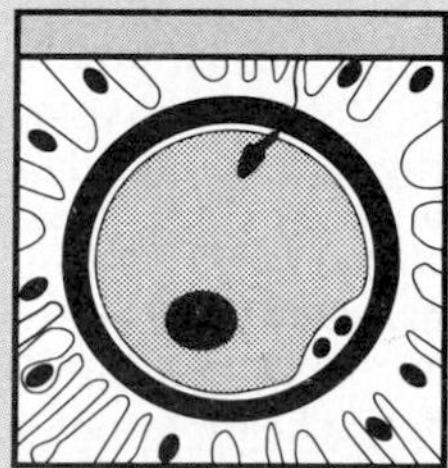

Système génital

Fournit l'oxygène; élimine le gaz carbonique

Figure 23.26 Relations homéostatiques entre le système respiratoire et les autres systèmes de l'organisme.

Termes médicaux

Aspiration (1) Acte d'attirer de l'air ou une autre substance dans les voies respiratoires ou les poumons. Pour éviter l'aspiration de vomissures ou de mucus chez le sujet inconscient ou sous anesthésie, on tourne sa tête sur le côté. (2) Retrait de sang ou d'autres liquides par succion (à l'aide d'un aspirateur) réalisé pendant une intervention chirurgicale. On aspire le mucus de la trachée des personnes ayant subi une trachéotomie.

Bégaiement Trouble de la maîtrise des cordes vocales occasionnant la répétition saccadée de la première syllabe des mots. Sa cause est indéterminée, mais on tend à l'attribuer à un manque de maîtrise neuromusculaire du larynx et à des facteurs émotionnels. Beaucoup de personnes bègues murmurent et chantent normalement, deux actions qui impliquent une modification de la phonation.

Bronchographie Examen radiographique après injection d'une substance radio-opaque dans un cathéter préalablement inséré dans la trachée (en passant par la bouche ou par le nez); le procédé vise à détecter les obstructions de l'arbre bronchique.

Déviation de la cloison du nez Situation oblique de la cloison nasale pouvant entraver la respiration; répandue chez les personnes âgées mais peut aussi résulter de blessures au nez.

Respiration de Cheyne-Stokes Respiration anormale parfois observée juste avant la mort (le «râle de l'agonie») et chez les sujets atteints de troubles neurologiques et cardiaques concomitants. La respiration se compose des phases successives d'augmentation et de diminution du volume courant alternant avec des phases d'apnée; on la croit due à l'hypoxie des centres respiratoires du tronc cérébral ainsi qu'à des déséquilibres entre la pression partielle du gaz carbonique dans le sang artériel et dans le liquide céphalo-rachidien.

Embolie pulmonaire Obstruction d'une artère pulmonaire ou de l'une de ses ramifications par un embole, le plus souvent constitué par un caillot provenant des membres inférieurs par l'intermédiaire du cœur droit. Les symptômes sont la douleur thoracique, la toux productive, l'hémoptysie, la tachycardie et la respiration rapide et superficielle. Peut causer la mort soudaine faute d'un traitement immédiat, qui consiste généralement à administrer de l'oxygène, de la morphine pour soulager la douleur et l'anxiété ainsi que des anticoagulants pour dissoudre le caillot.

Épistaxis (*staxis* = écoulement goutte à goutte) Aussi appelée saignement de nez et hémorragie nasale. Fréquente après un traumatisme au nez ou un mouchage excessivement vigoureux. L'hémorragie provient la plupart du temps de la partie antérieure de la cloison, fortement vascularisée, et on l'interrompt en pinçant les narines ou en les remplissant d'ouate.

Mort subite du nourrisson Décès imprévisible d'un nourrisson apparemment sain pendant son sommeil; c'est l'une des principales causes de mortalité avant l'âge de un an. La cause est inconnue, mais on la croit liée à l'immaturité des centres respiratoires.

Orthopnée (*orthos* = droit) Incapacité de respirer en décubitus dorsal; oblige la personne atteinte à s'assoir ou à rester debout.

Pneumonie Maladie infectieuse des poumons induisant une accumulation de liquide dans les alvéoles; elle constitue la sixième cause de décès aux États-Unis. On connaît plus de 50 formes de la maladie: la plupart sont d'origine virale ou bactérienne, mais certaines sont dues à des champignons (telle la forme souvent associée au SIDA, la pneumocystose).

Sonde endotrachéale Mince tube de plastique que l'on insère dans la trachée par la bouche ou par le nez afin de fournir de l'oxygène aux patients comateux, sous anesthésie ou atteints de maladies respiratoires.

Trachéotomie Ouverture chirurgicale de la trachée visant à acheminer l'air aux poumons en cas d'obstruction des voies respiratoires supérieures (par un morceau d'aliment ou un écrasement du larynx).

Tuberculose Maladie infectieuse causée par l'inhalation de *Mycobacterium tuberculosis*; l'infection atteint principalement les poumons mais peut aussi se répandre à d'autres organes par les vaisseaux lymphatiques. Une réaction inflammatoire et immunitaire massive combat l'infection primaire en la confinant à l'intérieur de nodules fibreux ou calcifiés dans les poumons (follicules tuberculeux). Souvent, cependant, les bactéries survivent, se détachent et provoquent d'autres infections. Les symptômes sont la toux (et l'hémoptysie), la fièvre et la douleur thoracique. L'administration d'antibiotiques constitue un traitement efficace.

Résumé du chapitre

1. La respiration comprend la ventilation pulmonaire, la respiration externe, la respiration interne et le transport des gaz respiratoires dans le sang. Le système respiratoire et le système cardiovasculaire interviennent tous deux dans la respiration.

ANATOMIE FONCTIONNELLE DU SYSTÈME RESPIRATOIRE (p. 725-736)

2. Au point de vue fonctionnel, les organes du système respiratoire se répartissent en une zone de conduction (du nez aux bronchioles), où l'air inspiré est filtré, réchauffé et humidifié, et en une zone respiratoire (des bronchioles respiratoires aux alvéoles), où ont lieu les échanges gazeux.

Nez (p. 726)

3. Le nez réchauffe, humidifie et purifie l'air inspiré, et il abrite les récepteurs olfactifs.

4. Les structures externes du nez ont une charpente formée d'os et de cartilages. Les cavités nasales, qui s'ouvrent sur l'environnement, sont séparées par la cloison nasale. Les sinus paranasaux et les conduits lacrymo-nasaux communiquent avec les cavités nasales.

Pharynx (p. 727-728)

5. Le pharynx s'étend de la base du crâne à la sixième vertèbre cervicale. Le nasopharynx est un conduit aérien; l'oropharynx et le laryngopharynx livrent passage aux aliments et à l'air. On trouve des paires d'amygdales dans l'oropharynx et dans le nasopharynx.

Larynx (p. 728-730)

6. Le larynx renferme les cordes vocales. Il fournit un passage à l'air, et il sert de mécanisme d'aiguillage pour diriger l'air et les aliments dans les conduits appropriés.

7. L'épiglotte empêche les aliments et les liquides d'entrer dans les conduits aériens au cours de la déglutition.

Trachée (p. 730-731)

8. La trachée s'étend du larynx aux bronches principales. Elle est renforcée et maintenue ouverte par des cartilages en forme d'anneaux, et sa muqueuse est ciliée.

Arbre bronchique (p. 731-733)

9. Les bronches principales droite et gauche entrent dans les poumons et s'y subdivisent.

10. Les bronchioles terminales mènent aux structures de la zone respiratoire: les conduits alvéolaires, les sacs alvéolaires et les alvéoles. Les échanges gazeux s'effectuent dans les alvéoles, à travers la membrane alvéolo-capillaire.

11. Le long des subdivisions des bronches, le cartilage disparaît peu à peu, la muqueuse amincit et la quantité de muscle lisse augmente dans les parois.

Poumons et plèvre (p. 733-736)

12. Les poumons, les deux organes de l'échange gazeux, sont situés dans la cavité thoracique, de part et d'autre du médiastin. Chacun a une racine qui l'ancre à la cavité pleurale, une base, un apex ainsi qu'une face interne et une face costale. Le poumon droit se divise en trois lobes, le gauche, en deux.

13. Les poumons sont essentiellement formés de cavités et de conduits aériens soutenus par un stroma fait de tissu conjonctif élastique.

14. Les artères pulmonaires transportent aux poumons le sang provenant de la circulation systémique. Les veines pulmonaires renvoient au cœur le sang oxygéné, d'où il est distribué dans l'organisme. Les poumons eux-mêmes sont irrigués par les artères bronchiques.

15. Le feuillet pariétal de la plèvre tapisse la paroi thoracique et la face supérieure du diaphragme; le feuillet viscéral de la plèvre recouvre la surface des poumons. Le liquide pleural (dans la cavité pleurale) réduit la friction produite par les mouvements de la respiration.

MÉCANIQUE DE LA RESPIRATION (p. 736-743)

Pression dans la cavité thoracique (p. 736-738)

1. La pression intra-alvéolaire est la pression qui règne dans les alvéoles. La pression intrapleurale est la pression qui règne dans la cavité pleurale; elle est toujours négative par rapport aux pressions intra-alvéolaire et atmosphérique.

Ventilation pulmonaire: inspiration et expiration (p. 737-739)

2. Les gaz s'écoulent des régions de haute pression aux régions de basse pression.

3. L'inspiration est due à la contraction du diaphragme et des muscles intercostaux, qui accroît les dimensions (et le volume) du thorax. À la suite de la diminution de la pression intra-alvéolaire, l'air s'engouffre dans les poumons jusqu'à ce que la pression intra-alvéolaire et la pression atmosphérique s'équilibrent.

4. L'expiration est essentiellement un mouvement passif consécutif au relâchement des muscles inspiratoires et à la rétraction des poumons. Les gaz s'écoulent hors des poumons quand la pression intra-alvéolaire excède la pression atmosphérique.

Facteurs physiques influant sur la ventilation pulmonaire (p. 739-741)

5. La résistance causée par la friction dans les conduits aériens entrave le passage de l'air et fait obstacle à la respiration. Les bronches de dimensions moyennes sont les conduits qui opposent le plus de résistance à l'écoulement de l'air.

6. La compliance pulmonaire dépend de l'élasticité du tissu pulmonaire et de la flexibilité du thorax. Lorsque l'une ou l'autre diminue, l'expiration devient un processus actif et nécessite une dépense d'énergie.

7. La tension superficielle du liquide alvéolaire tend à réduire la taille des alvéoles, ce à quoi s'oppose le surfactant.

Volumes respiratoires et épreuves fonctionnelles respiratoires (p. 741-743)

8. Les quatre volumes respiratoires sont le volume courant, le volume de réserve inspiratoire, le volume de réserve expiratoire et le volume résiduel. Les quatre capacités respiratoires sont la capacité vitale, la capacité résiduelle fonctionnelle, la capacité inspiratoire et la capacité pulmonaire totale. La spirographie mesure les volumes et les capacités respiratoires.

9. L'espace mort anatomique correspond au volume d'air (environ 150 mL) contenu dans la zone de conduction. Si des alvéoles cessent de participer aux échanges gazeux, on ajoute leur volume à l'espace mort anatomique, et on obtient l'espace mort total.

10. La ventilation alvéolaire (VA) est le meilleur indice de l'efficacité de la ventilation, car elle tient compte de l'espace mort.

$$\text{VA} = (\text{VC} - \text{espace mort anatomique}) \times \text{fréquence respiratoire}$$
(mL/respiration)

11. La capacité vitale forcée et le volume expiratoire maximal-seconde, qui déterminent la vitesse d'expulsion de la capacité vitale, sont des épreuves qui permettent de faire la distinction entre une pneumopathie obstructive et un trouble restrictif.

Mouvements non respiratoires de l'air (p. 743)

12. Les mouvements non respiratoires de l'air sont des actes réflexes ou volontaires qui libèrent les voies respiratoires ou traduisent des émotions.

ÉCHANGES GAZEUX (p. 743-748)

Propriétés fondamentales des gaz (p. 743-745)

1. Dans l'organisme, les échanges gazeux reposent sur l'écoulement et sur la diffusion des gaz.

2. Selon la loi de Dalton, la pression exercée par chacun des constituants d'un mélange de gaz est proportionnelle au pourcentage du gaz dans le mélange.

3. Selon la loi de Henry, la quantité d'un gaz qui se dissout dans un liquide est proportionnelle à sa pression partielle. La solubilité du gaz dans le liquide ainsi que la température sont d'importants facteurs.

Composition du gaz alvéolaire (p. 745-747)

4. Le gaz alvéolaire contient plus de gaz carbonique et de vapeur d'eau et moins d'oxygène que l'air atmosphérique.

Échanges gazeux entre le sang, les poumons et les tissus (p. 747-748)

5. La respiration externe correspond aux échanges gazeux dans les poumons. L'oxygène entre dans les capillaires pulmonaires; le gaz carbonique se sépare du sang et entre dans les alvéoles. Les gradients de pression partielle, l'épaisseur de la membrane alvéolo-capillaire, l'aire disponible et la concordance entre la ventilation alvéolaire et la perfusion pulmonaire influent sur la respiration externe.

6. La respiration interne correspond aux échanges gazeux entre les capillaires systémiques et les tissus. Le gaz carbonique entre dans le sang, et l'oxygène en sort puis pénètre dans les tissus.

TRANSPORT DES GAZ RESPIRATOIRES DANS LE SANG (p. 748-754)

Transport de l'oxygène (p. 748-751)

1. L'oxygène moléculaire est transporté par les érythrocytes sous forme de complexe avec l'hémoglobine. La quantité d'oxygène liée à l'hémoglobine dépend de la pression partielle de l'oxygène, de la pression partielle du gaz carbonique, du pH sanguin, de la présence de 2,3-DPG ainsi que de la température. Le plasma transporte une très petite quantité d'oxygène dissous.

2. L'hypoxie est un apport insuffisant d'oxygène aux tissus, et elle provoque la cyanose de la peau et des muqueuses.

Transport du gaz carbonique (p. 751-754)

3. Le gaz carbonique est transporté sous forme de soluté dans le plasma, sous forme de complexe avec l'hémoglobine et (principalement) sous forme d'ions bicarbonate dans le plasma. La liaison et la dissociation de l'oxygène et du gaz carbonique se facilitent mutuellement.

4. L'accumulation de gaz carbonique provoque l'acidose respiratoire, tandis que le manque de gaz carbonique cause l'alcalose respiratoire.

RÉGULATION DE LA RESPIRATION (p. 754-759)

Mécanismes nerveux et établissement du rythme respiratoire (p. 754)

1. Les centres respiratoires du bulbe rachidien sont le centre inspiratoire et le centre expiratoire. Le centre inspiratoire produit le rythme de la respiration.

2. Les centres respiratoires du pont, le centre pneumotaxique et le centre apneustique influent sur l'activité du centre inspiratoire bulbaire.

Facteurs influant sur la fréquence et l'amplitude respiratoires (p. 754-759)

3. La poussière, le mucus, les vapeurs et les polluants sont des agents irritants qui déclenchent des réflexes pulmonaires.

4. Le réflexe de Hering-Breuer est une réaction de protection déclenchée par la distension pulmonaire extrême; il provoque l'expiration.

5. Les émotions, la douleur et d'autres facteurs de stress peuvent influer sur la respiration par l'intermédiaire des centres hypothalamiques. La respiration peut aussi être modifiée volontairement pour de courtes périodes.

6. Les concentrations artérielles de gaz carbonique, d'ions hydrogène et d'oxygène sont d'importants facteurs chimiques qui influent sur la fréquence et l'amplitude respiratoires.

7. L'élévation de la concentration de gaz carbonique est le principal stimulus de la respiration. Elle excite (par l'intermédiaire de la libération d'ions hydrogène dans le liquide céphalorachidien) les chimiorécepteurs centraux qui provoquent une augmentation réflexe de la fréquence et de l'amplitude respiratoires. L'hypocapnie déprime la respiration et cause l'hypoventilation, voire l'apnée.

8. L'acidose et la diminution de la pression partielle de l'oxygène dans le sang stimulent les chimiorécepteurs périphériques et accentuent la réaction au gaz carbonique.

9. L'hypoxémie correspond à une pression partielle d'oxygène inférieure à 60 mm Hg dans le sang artériel.

ADAPTATION À L'EXERCICE ET À L'ALTITUDE (p. 759-760)

Effets de l'exercice (p. 759)

1. La ventilation s'accroît brusquement au début de la période d'exercice (hyperpnée), après quoi elle augmente graduellement puis se stabilise. À la fin de la période d'exercice, la ventilation diminue soudainement, après quoi elle revient peu à peu à la normale. L'accumulation d'acide lactique continue de stimuler la respiration pendant quelque temps.

2. La pression partielle de l'oxygène, la pression partielle du gaz carbonique et le pH sanguin restent constants pendant l'exercice et ne semblent pas influer sur la ventilation. On attribue plutôt les variations de la ventilation à des facteurs psychologiques et à la proprioception.

Effets de l'altitude (p. 759-760)

3. En altitude, la pression partielle de l'oxygène et la saturation de l'hémoglobine diminuent, car la pression atmosphérique est moindre qu'au niveau de la mer. L'hyperventilation contribue à ramener les échanges gazeux aux valeurs physiologiques.

4. L'acclimatation fait intervenir une augmentation de l'érythropoïèse.

DÉSÉQUILIBRES HOMÉOSTATIQUES DU SYSTÈME RESPIRATOIRE (p. 760)

1. Les principales maladies respiratoires sont les bronchopneumopathies chroniques obstructives (l'emphysème pulmonaire, la bronchite chronique et l'asthme) et le cancer du poumon, et leur facteur prédominant est l'usage du tabac.

Bronchopneumopathies chroniques obstructives (BPCO) (p. 760)

2. L'emphysème pulmonaire se caractérise par la distension permanente et la destruction des alvéoles. Les poumons perdent leur élasticité, et l'expiration devient un processus actif.

3. La bronchite chronique se caractérise par une production excessive de mucus dans les voies respiratoires inférieures ainsi que par une diminution marquée de la ventilation et des échanges gazeux. L'hypoxie chronique peut provoquer la cyanose.

Cancer du poumon (p. 760-761)

4. Le cancer du poumon est extrêmement agressif, et il produit rapidement des métastases.

DÉVELOPPEMENT ET VIEILLISSEMENT DU SYSTÈME RESPIRATOIRE (p. 761-764)

1. La muqueuse des voies respiratoires supérieures provient de l'invagination des placodes olfactives ectodermiques; la muqueuse des voies respiratoires inférieures naît d'une évagination de l'endoderme de l'intestin antérieur. Le mésoderme forme les parois des voies respiratoires et le stroma des poumons.

2. Chez les prématurés, le manque de surfactant tend à provoquer l'affaissement des poumons et à causer le syndrome de détresse respiratoire du nouveau-né. Le surfactant se forme à la fin du développement fœtal.

3. Au fil des années, le thorax devient rigide, les poumons perdent leur élasticité et la capacité vitale diminue. En outre, la stimulation exercée par l'augmentation de la concentration artérielle de gaz carbonique s'émousse, et les mécanismes de protection du système respiratoire s'affaiblissent.

Questions de révision

Choix multiples/associations

1. Le sectionnement des nerfs phréniques: (a) fait entrer de l'air dans la cavité pleurale; (b) cause la paralysie du diaphragme; (c) stimule le réflexe diaphragmatique; (d) cause la paralysie de l'épiglotte.

2. L'ablation du larynx rend: (a) la parole impossible; (b) la toux impossible; (c) la déglutition difficile; (d) la respiration difficile ou impossible.

3. Ordinairement, le réflexe de Hering-Breuer est déclenché par: (a) le centre inspiratoire; (b) le centre apneustique; (c) la distension des alvéoles et des bronchioles; (d) le centre pneumotaxique.

4. La molécule semblable à du détergent qui empêche les alvéoles de s'affaisser entre les respirations en réduisant la tension superficielle du liquide alvéolaire est appelée: (a) lécithine; (b) bile; (c) surfactant; (d) décapant.

5. Qu'est-ce qui détermine la *direction* de l'écoulement d'un gaz? (a) La solubilité du gaz dans l'eau; (b) le gradient de pression partielle; (c) la température; (d) la masse et la taille de la molécule du gaz.

6. Quand les muscles inspiratoires se contractent: (a) le diamètre de la cavité thoracique augmente; (b) la longueur de la cavité thoracique augmente; (c) le volume de la cavité thoracique diminue; (d) la longueur et le diamètre de la cavité thoracique augmentent.

7. L'irrigation des poumons est assurée par: (a) les artères pulmonaires; (b) l'aorte; (c) les veines pulmonaires; (d) les artères bronchiques.

8. Dans les poumons et dans toutes les membranes cellulaires, l'échange gazeux repose sur: (a) le transport actif; (b) la diffusion; (c) la filtration; (d) l'osmose.

9. Parmi les troubles suivants, lesquels ne sont pas traités par l'administration d'oxygène à 100 %? (a) L'hypoxie; (b) l'oxycarbonisme; (c) la crise respiratoire de l'emphysème pulmonaire; (d) l'eupnée.

10. Dans le sang, la majeure partie de l'oxygène est transportée sous forme de: (a) soluté dans le plasma; (b) complexe avec les protéines plasmatiques; (c) complexe avec l'hème des érythrocytes; (d) gaz dans les érythrocytes.

11. Parmi les éléments suivants, lequel exerce le plus de stimulation sur le centre respiratoire de l'encéphale? (a) L'oxygène; (b) le gaz carbonique; (c) le calcium; (d) la volonté.

12. Pour effectuer la réanimation par la méthode du bouche à bouche, le sauveteur insuffle de l'air provenant de son propre système respiratoire dans celui de la victime. Parmi les énoncés suivants, lesquels sont vrais?

   1. L'expansion des poumons de la victime est causée par l'entrée d'air dont la pression est supérieure à la pression atmosphérique (respiration à pression positive).

2. La pression intrapleurale augmente à mesure que les poumons se dilatent.
3. La technique est inefficace si la paroi thoracique de la victime est perforée, même si les poumons sont intacts.
4. L'expiration pendant l'intervention dépend de l'élasticité des parois des alvéoles et du thorax.

(a) 1, 2, 3, 4; (b) 1, 2, 4; (c) 1, 2, 3; (d) 2, 4.

13. Un bébé qui retient sa respiration: (a) subit des lésions cérébrales dues au manque d'oxygène; (b) recommence automatiquement à respirer quand sa concentration sanguine de gaz carbonique atteint le point critique; (c) s'inflige des lésions cardiaques dues à l'augmentation de la pression dans le sinus carotidien et dans la crosse de l'aorte; (d) est appelé «bébé bleu».

14. Dans des circonstances normales, lequel des constituants du sang suivants n'a aucune influence physiologique? (a) Les ions bicarbonate; (b) la carbhémoglobine; (c) l'azote; (d) l'ion chlorure.

15. Parmi les lésions suivantes, lesquelles causent l'arrêt respiratoire? (a) Les lésions du centre pneumotaxique; (b) les lésions du bulbe rachidien; (c) les lésions des mécanorécepteurs pulmonaires; (d) les lésions du centre apneustique.

16. Le gaz carbonique est en majeure partie transporté sous forme: (a) de complexe avec les acides aminés de l'hémoglobine des érythrocytes (carbhémoglobine); (b) d'ions HCO_3^- dans le plasma après son entrée dans les érythrocytes; (c) d'acide carbonique dans le plasma; (d) de complexe avec l'hème de l'hémoglobine.

Questions à court développement

17. Retracez le trajet de l'air des narines à une alvéole. Nommez les subdivisions des organes traversés, s'il y a lieu, et faites la distinction entre la zone de conduction et la zone respiratoire.

18. (a) Pourquoi est-il important que la trachée soit renforcée par des anneaux de cartilage? (b) Pourquoi la partie postérieure des anneaux est-elle ouverte?

19. Expliquez brièvement, du point de vue anatomique, pourquoi les hommes ont une voix plus grave que les garçons et les femmes.

20. Les poumons sont essentiellement composés de conduits aériens et de tissu élastique. (a) Quel est le rôle du tissu élastique? (b) Quel est le rôle des conduits aériens?

21. Décrivez les relations fonctionnelles entre les variations du volume et l'écoulement des gaz dans les poumons et hors des poumons.

22. Quelle caractéristique de la membrane alvéolo-capillaire fait des alvéoles un site idéal pour les échanges gazeux?

23. Expliquez l'influence qu'ont sur la ventilation pulmonaire la résistance des conduits aériens, la compliance et l'élasticité pulmonaires ainsi que la tension superficielle dans les alvéoles.

24. (a) Distinguez clairement la ventilation-minute et la ventilation alvéolaire. (b) Quelle mesure fournit le meilleur indice de l'efficacité de la ventilation? Justifiez votre réponse.

25. Énoncez la loi de Dalton et la loi de Henry.

26. Définissez la pression partielle d'un gaz.

27. (a) Définissez l'hyperventilation. (b) Si vous êtes en état d'hyperventilation, est-ce que vous retenez ou expulsez une plus grande quantité de gaz carbonique? (c) Quel est l'effet de l'hyperventilation sur le pH sanguin?

28. Décrivez les changements que le vieillissement fait subir à la fonction respiratoire.

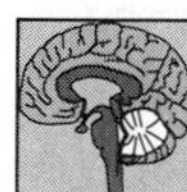

Réflexion et application

1. Hervé, le nageur le plus rapide de l'équipe de natation du collège, pratique l'hyperventilation avant les compétitions afin, dit-il, «de nager plus longtemps sans avoir à respirer». Premièrement, quel aspect fondamental de la liaison de l'oxygène Hervé a-t-il oublié (un trou de mémoire qui fausse son raisonnement)? Deuxièmement, quels risques Hervé court-il, non seulement quant à ses performances mais aussi quant à sa sécurité?

2. Une voiture grille un feu rouge et heurte de plein fouet le côté du véhicule de M. Jasmin. Lorsque les ambulanciers le libèrent des débris, M. Jasmin est fortement cyanosé et il ne respire pas. Son cœur bat, mais son pouls est rapide et filant. Sa tête est inclinée de façon curieuse, et les ambulanciers croient déceler une fracture de la deuxième vertèbre cervicale. (a) Comment s'explique l'arrêt respiratoire? (b) À quelles interventions les ambulanciers devraient-ils immédiatement procéder? (c) Pourquoi M. Jasmin est-il cyanosé? Définissez la cyanose.

3. Un jeune homme est admis à la salle d'urgence après avoir reçu un coup de couteau dans le côté gauche du thorax. L'équipe médicale diagnostique un pneumothorax et l'affaissement du poumon gauche. Expliquez exactement: (a) pourquoi le poumon s'est affaissé; (b) pourquoi un seul poumon s'est affaissé.

24 Le système digestif

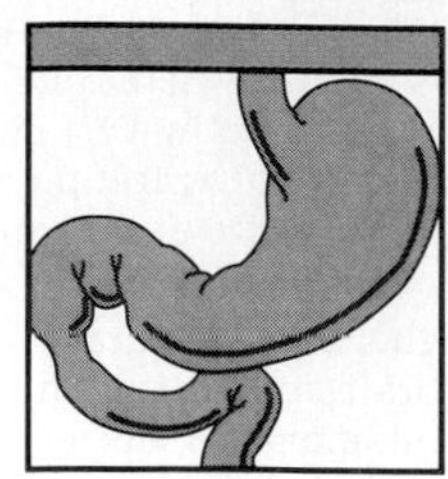

Sommaire et objectifs d'apprentissage

Système digestif: caractéristiques générales (p. 768-774)

1. Identifier la fonction générale du système digestif et faire la distinction entre les organes du tube digestif et les organes annexes du système digestif.
2. Énumérer et définir brièvement les principaux processus qui se déroulent au cours de l'activité du système digestif.
3. Décrire la situation et la fonction du péritoine et de la cavité péritonéale. Définir le terme rétropéritonéal et nommer les organes rétropéritonéaux.
4. Décrire la composition des tissus des quatre tuniques de la paroi du tube digestif et indiquer la fonction générale de chacune de ces tuniques.

ANATOMIE FONCTIONNELLE DU SYSTÈME DIGESTIF (p. 774-809)

5. Décrire l'anatomie macroscopique et microscopique de chacun des organes du tube digestif et des organes annexes, ainsi que leur fonction de base.
6. Expliquer la formule dentaire et distinguer les dents temporaires des dents permanentes.
7. Décrire la composition et les fonctions de la salive, et expliquer le mécanisme de régulation de la salivation.
8. Décrire les mécanismes de la mastication et de la déglutition.
9. Décrire les modifications structurales de la paroi de l'estomac et de l'intestin grêle qui facilitent le processus digestif dans ces régions.
10. Décrire la composition du suc gastrique, nommer les types de cellules responsables de la sécrétion de ses divers composants et décrire l'importance de chacun de ces composants dans l'activité gastrique.
11. Expliquer la régulation de la sécrétion et de la motilité gastriques.
12. Décrire la fonction des hormones sécrétées par l'intestin grêle.
13. Énumérer les rôles de la bile et du suc pancréatique dans le processus de la digestion.
14. Décrire les processus qui assurent la régulation de l'entrée du suc pancréatique et de la bile dans l'intestin grêle.
15. Énumérer les principales fonctions du gros intestin et décrire la régulation de la défécation.

PHYSIOLOGIE DE LA DIGESTION CHIMIQUE ET DE L'ABSORPTION (p. 809-816)

16. Énumérer les principales enzymes ou les groupes d'enzymes qui jouent un rôle dans la digestion chimique; nommer les aliments sur lesquels ces enzymes agissent; nommer le produit final de la digestion des protéines, des lipides, des glucides et des acides nucléiques.
17. Décrire le processus d'absorption des aliments digérés qui se produit dans l'intestin grêle.

Développement et vieillissement du système digestif (p. 816-818)

18. Indiquer le rôle de l'endoderme et du mésoderme dans le développement embryonnaire du système digestif.
19. Décrire les anomalies importantes du tube digestif à différentes étapes de la vie.

Le fonctionnement du système digestif exerce une fascination particulière sur les enfants: ils raffolent des pommes chips, se délectent à se dessiner des «moustaches» avec du lait et sont au comble de la joie quand leur estomac «gargouille». Les adultes savent qu'un système digestif en bonne santé est essentiel au maintien de la vie, car c'est ce système qui transforme la nourriture en matières premières nécessaires à l'élaboration et à l'énergie des cellules de notre organisme. En d'autres termes, le système digestif désintègre la nourriture en molécules de nutriments, permet l'absorption de ces nutriments dans la circulation sanguine et finalement élimine de l'organisme les résidus non digestibles.

Système digestif: caractéristiques générales

Les organes du système digestif sont divisés en deux groupes principaux: les *organes du tube digestif* et les *organes*

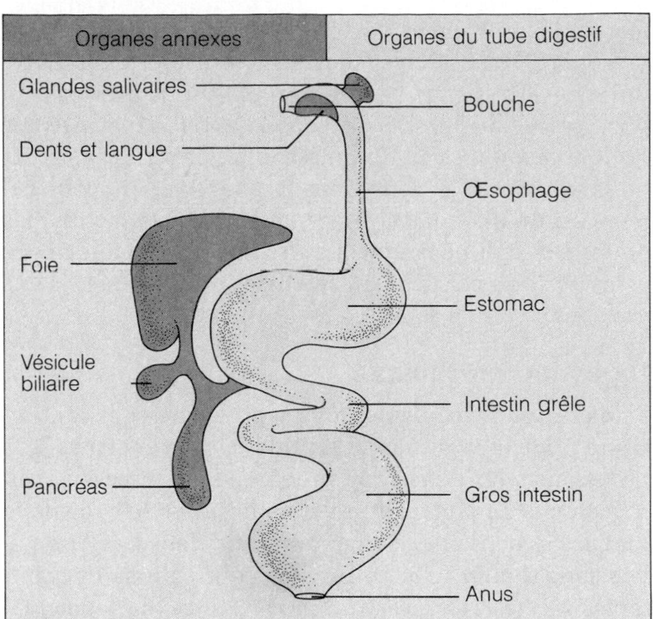

Figure 24.1 Schéma représentant les relations entre le tube digestif et ses organes annexes.

annexes. Le schéma de la figure 24.1 montre les relations structurales entre ces deux groupes d'organes.

Le **tube digestif**, aussi appelé **canal alimentaire**, est un tube musculeux continu, ondulé et creux qui s'étend dans la cavité ventrale du corps et qui s'ouvre sur l'environnement aux deux extrémités. Il **digère** la nourriture, c'est-à-dire la dégrade en fragments plus petits (*digerere* = distribuer) et **absorbe** les fragments digérés en les transférant vers le sang à travers sa muqueuse. Les organes du tube digestif comprennent la *bouche,* le *pharynx,* l'*œsophage,* l'*estomac,* l'*intestin grêle* et le *gros intestin*; le gros intestin se termine par un orifice, l'*anus.* Le tube digestif mesure environ 9 m de long sur un cadavre, mais il est bien plus court chez une personne vivante à cause du tonus musculaire, qui est relativement constant. Techniquement, on considère que la nourriture à l'intérieur de ce tube est à l'extérieur de l'organisme, car le tube digestif s'ouvre sur l'environnement à ses deux extrémités.

Les **organes annexes** comprennent les *dents,* la *langue,* la *vésicule biliaire* et un certain nombre de grosses glandes digestives: les *glandes salivaires,* le *foie* et le *pancréas.* Les dents et la langue sont situées dans la bouche, ou cavité orale, alors que certaines glandes digestives et la vésicule biliaire se trouvent à l'extérieur du tube digestif et communiquent avec lui grâce à des conduits. Les glandes annexes produisent la salive, la bile et des enzymes; ces sécrétions participent à la dégradation des aliments.

Processus digestifs

Nous pouvons nous représenter le tube digestif comme une «chaîne de démontage» le long de laquelle la nourriture devient de moins en moins complexe, et dont chaque étape met des nutriments à la disposition de l'organisme. Ces transformations se résument le plus souvent en deux mots, digestion et absorption; néanmoins, de nombreuses activités telles la contraction des muscles lisses, la sécrétion et la régulation ne sont pas vraiment englobées par ces termes. Il est donc nécessaire de prendre en compte six activités essentielles afin de compléter la description des processus digestifs, soit l'ingestion, la propulsion, la digestion mécanique, la digestion chimique, l'absorption et la défécation. Quelques-uns de ces processus sont accomplis par un seul organe; par exemple, l'ingestion ne s'effectue que par la bouche, et la défécation, par le gros intestin. Mais la plupart des activités du système digestif nécessitent la coopération de plusieurs organes et se déroulent graduellement au cours du transit de la

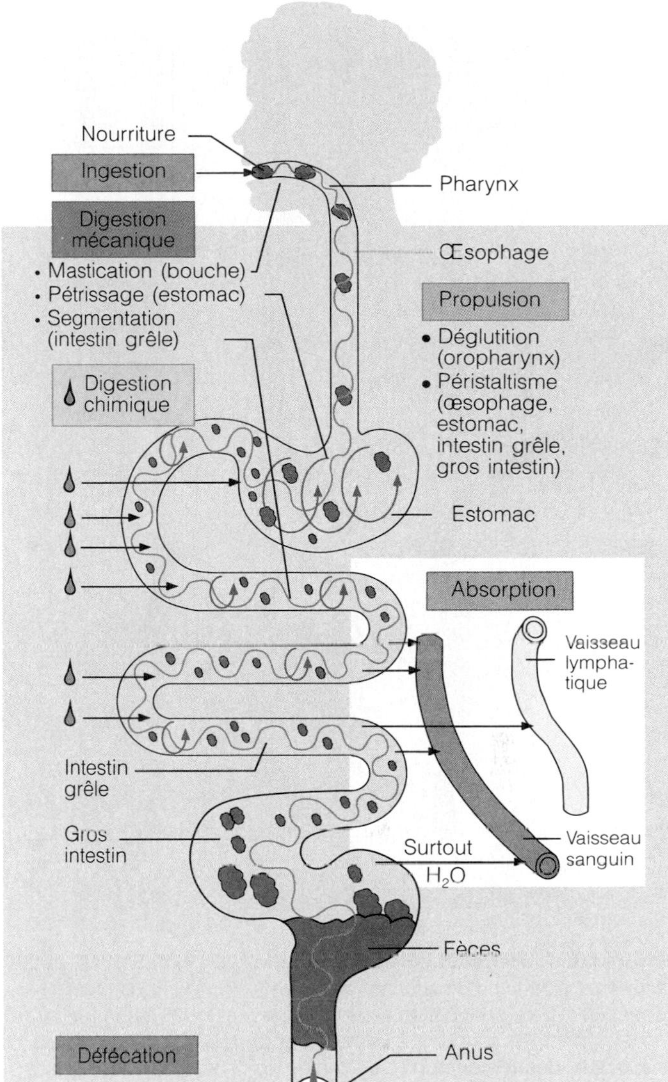

Figure 24.2 Représentation schématique des activités du tube digestif. Les activités du tube digestif comprennent l'ingestion, la digestion mécanique, la digestion chimique (enzymatique), la propulsion, l'absorption et la défécation. Les sites de la digestion chimique sont aussi les sites qui produisent des enzymes ou qui reçoivent des enzymes ou d'autres sécrétions élaborées par les organes annexes (situés à l'extérieur du tube digestif). Certaines cellules de la muqueuse digestive sécrètent du mucus qui la lubrifient et la protègent.

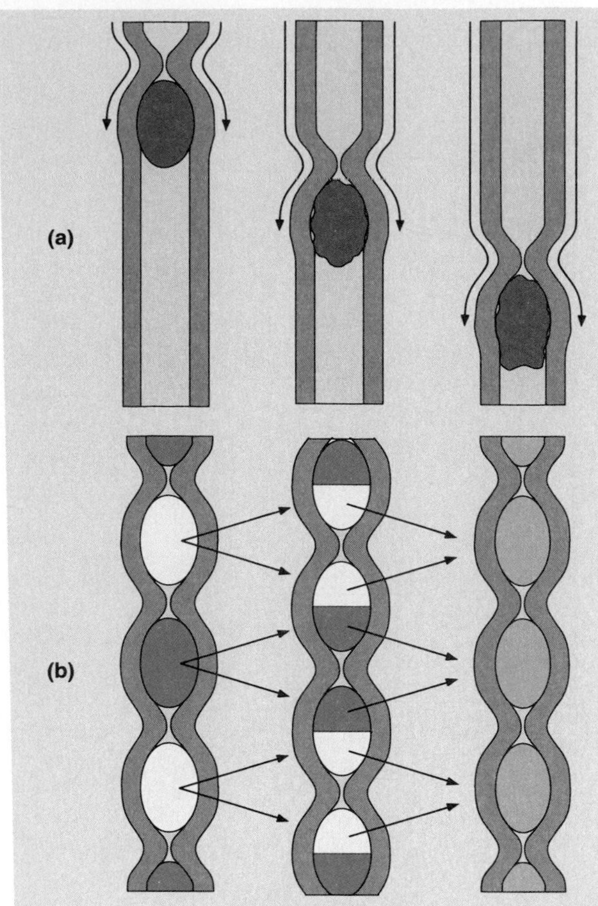

Figure 24.3 Péristaltisme et segmentation. (**a**) Dans le péristaltisme, les régions adjacentes de l'intestin (ou d'autres organes du tube digestif) se contractent et se relâchent alternativement, d'où un déplacement de la nourriture vers l'aval du tube. (**b**) Dans la segmentation, des régions non adjacentes de l'intestin se contractent et se relâchent alternativement. Comme les régions actives sont séparées par des régions inactives, la nourriture est déplacée vers l'avant puis vers l'arrière; il se produit ainsi un brassage des aliments plutôt que leur propulsion.

nourriture dans le tube digestif figure 24.2). Nous aborderons en détail les processus spécifiques accomplis par chacun des organes du système digestif au cours de l'étude de chaque organe (le tableau 24.2, p. 808, en présente un résumé), ainsi que les facteurs nerveux et hormonaux responsables de la régulation et de l'intégration de ces processus digestifs.

Ingestion

L'**ingestion** est tout simplement l'introduction de nourriture dans le tube digestif, par la bouche.

Propulsion

La **propulsion** est le processus par lequel la nourriture se déplace dans le tube digestif. Il comprend la *déglutition,* un processus volontaire, et le *péristaltisme,* un processus involontaire. Le **péristaltisme** (*péri* = autour; *stellein* = resserrer), le principal moyen de propulsion, met en jeu des ondes de contraction et de relâchement musculaires successives dans les parois des organes du tube digestif (figure 24.3a). Son effet global consiste à pousser la nourriture d'un organe à l'autre en même temps qu'il effectue un certain brassage. À partir du moment où la nourriture pénètre dans le pharynx, son déplacement est un phénomène entièrement réflexe. En fait, les ondes péristaltiques sont si puissantes que la nourriture et les liquides parviennent à votre estomac même si vous vous tenez sur la tête.

Digestion mécanique

La **digestion mécanique** prépare physiquement la nourriture pour la digestion chimique par les enzymes. Les processus mécaniques comprennent la mastication, soit le mélange de la nourriture et de la salive à l'aide de la langue, le pétrissage de la nourriture dans l'estomac et la **segmentation,** c'est-à-dire des contractions intermittentes locales de l'intestin (figure 24.3b). La segmentation mélange la nourriture avec les sucs digestifs et augmente le taux d'absorption grâce à des mouvements de va-et-vient qui mettent en contact la paroi intestinale et différentes parties du bol alimentaire.

Digestion chimique

La **digestion chimique** est un processus catabolique par lequel de grosses molécules de nourriture sont dégradées en monomères (acides aminés) assez petits pour être absorbés par la muqueuse du tube digestif. La digestion chimique s'effectue sous l'action des enzymes sécrétées par diverses glandes intramurales du tube digestif ainsi que par certaines glandes annexes. La dégradation enzymatique des aliments débute dans la bouche et s'achève dans l'intestin grêle.

Absorption

L'**absorption** est le passage des produits de la digestion (avec les vitamines, les minéraux et l'eau) depuis la lumière du tube digestif vers le sang et la lymphe. Ces substances doivent d'abord entrer dans les cellules de la muqueuse digestive par des mécanismes de transport actif ou passif pour pouvoir atteindre les capillaires sanguins et lymphatiques. L'intestin grêle est le principal site d'absorption.

Défécation

La **défécation** est l'élimination, hors de l'organisme par l'anus, des substances non digestibles (ou résidus) sous forme de fèces.

Concepts fonctionnels de base

Tout au long de ce manuel, nous avons mis l'accent sur l'importance de l'homéostasie, c'est-à-dire de l'effort fourni par l'organisme pour maintenir l'équilibre du milieu interne, particulièrement celui du sang. La majorité des systèmes de l'organisme réagissent aux changements subis par le milieu interne en essayant de rétablir

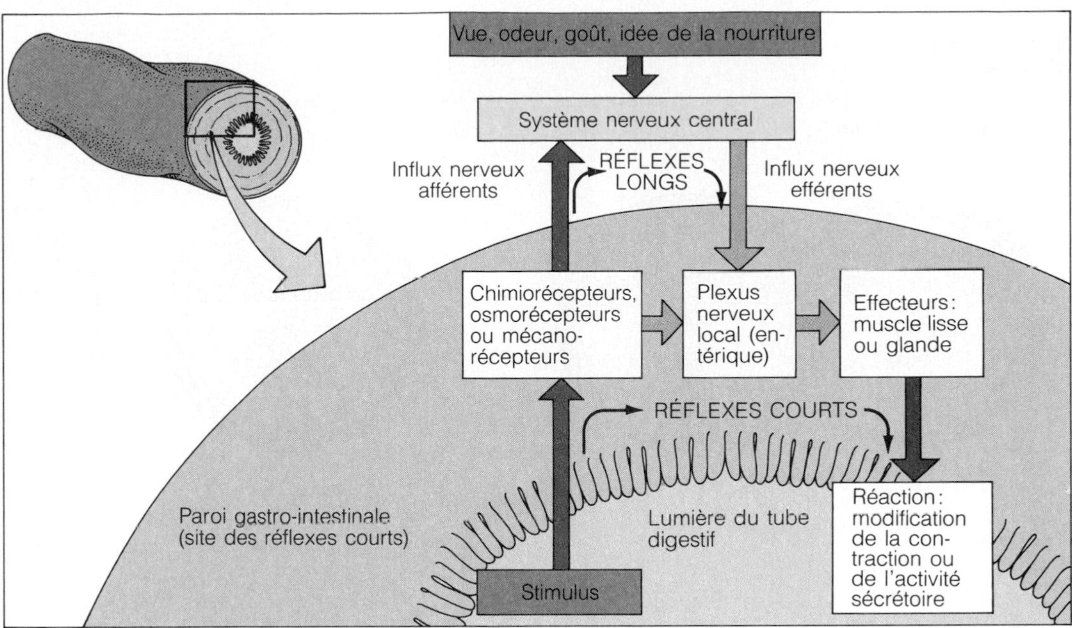

Figure 24.4 Représentation schématique des voies réflexes nerveuses longue et courte amorcées par des stimulus dans le tube digestif.

une variable plasmatique à son niveau antérieur ou en modifiant leur propre fonction. (Par exemple, en cas d'augmentation de la glycémie, le pancréas réagit en sécrétant de l'insuline; la fréquence cardiaque peut accélérer au cours de l'exercice physique.) Par contre, le système digestif crée un milieu optimal pour favoriser son fonctionnement, qui a lieu en fait dans une zone située à l'*extérieur* de l'organisme, c'est-à-dire dans la lumière du tube digestif. Les mécanismes de régulation du système digestif n'exercent aucune maîtrise directe sur la digestion; en revanche, ils régissent les glandes digestives et la motilité de l'intestin de sorte que la digestion et l'absorption puissent se produire de la façon la plus efficace.

Les récepteurs (divers mécanorécepteurs et chimiorécepteurs) responsables de la régulation des activités du tube digestif sont situés dans les parois des organes du système digestif. Ces récepteurs réagissent à un certain nombre de stimulus, les plus importants étant: (1) la distension des parois de l'organe par les aliments qui se trouvent dans la lumière; (2) l'osmolarité (concentration des solutés) et le pH des aliments; (3) la présence de substrats (par exemple les protéines) et de produits de la digestion (comme les acides aminés). Lorsqu'ils sont excités par les stimulus appropriés, les récepteurs déclenchent des réflexes qui activent ou inhibent les effecteurs; ces derniers sécrètent les sucs digestifs dans la lumière ou les hormones dans le sang (cellules glandulaires) ou encore brassent le contenu intraluminal et le déplacent le long du tube (muscle lisse des parois du tube digestif). Le tube digestif possède une autre caractéristique: plusieurs de ses systèmes de régulation sont eux-mêmes intrinsèques, c'est-à-dire qu'ils résultent de cellules sécrétrices d'hormones ou de plexus nerveux internes. La paroi du tube digestif renferme trois plexus nerveux que nous décrirons sous peu. Ces plexus longent le tube digestif sur presque toute sa longueur et ils s'influencent mutuellement dans la régulation des différents organes du tube digestif. Il en résulte deux types d'activité réflexe: les *réflexes courts,* transmis entièrement par des plexus locaux (*entériques*) en réponse aux stimulus qui proviennent du tube digestif, et les *réflexes longs,* mis en action par des stimulus qui proviennent de l'intérieur ou de l'extérieur du tube digestif et qui mettent en jeu des centres du SNC et des nerfs extrinsèques du système nerveux autonome (figure 24.4).

L'estomac et l'intestin grêle contiennent aussi des cellules qui élaborent des hormones. Ces cellules libèrent leurs sécrétions dans le compartiment interstitiel sous la stimulation de facteurs chimiques locaux, de neurofibres ou de la distension locale de l'organe. Les hormones circulent ensuite dans le sang et se rendent vers leurs cellules cibles, qui peuvent être situées dans le même organe ou dans d'autres organes du tube digestif; leur action se traduit par la sécrétion (glandes exocrines) et la contraction (muscles lisses).

Organes du système digestif: relations et organisation structurale

Relation entre les organes digestifs et le péritoine

La plupart des organes du système digestif sont situés dans la cavité abdomino-pelvienne, la plus grande de nos cavités ventrales. Nous avons vu dans le chapitre 1 que toutes les cavités ventrales contiennent des *séreuses* lubrifiantes. Le **péritoine** de la cavité abdomino-pelvienne est la plus étendue de ces membranes (figure 24.5a). Le

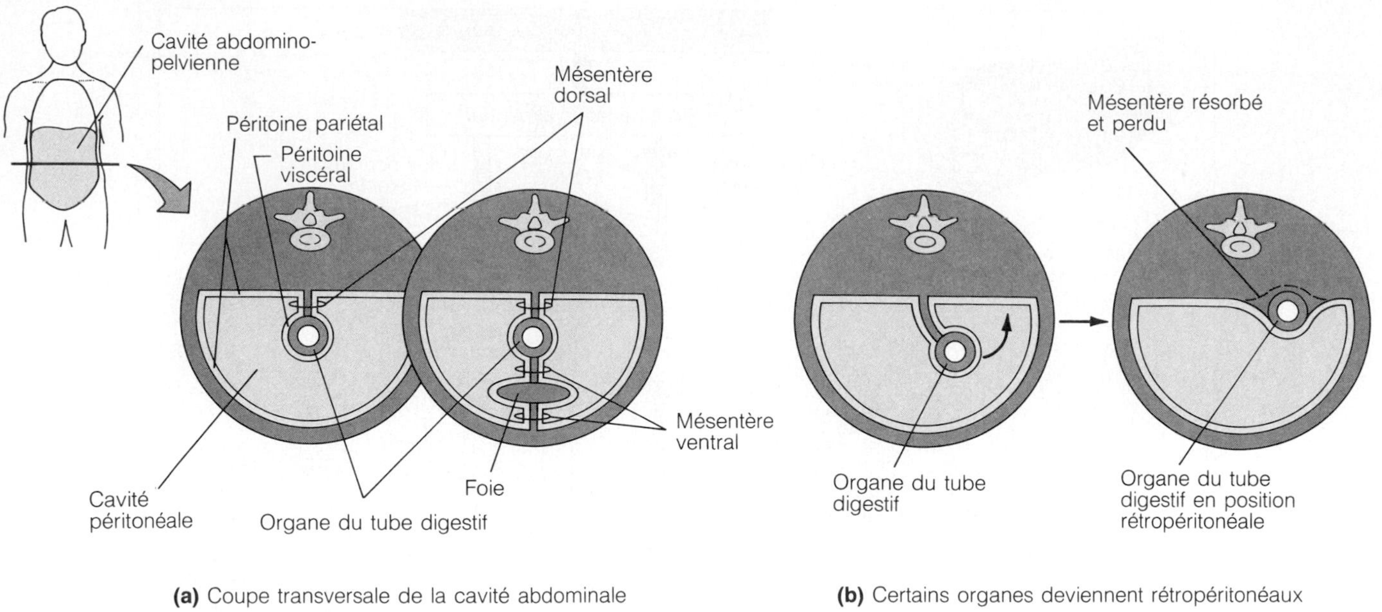

(a) Coupe transversale de la cavité abdominale

(b) Certains organes deviennent rétropéritonéaux

Figure 24.5 Péritoine et cavité péritonéale. (**a**) Coupes transversales simplifiées de la cavité abdominale montrant la situation relative des péritoines viscéral et pariétal ainsi que les mésentères dorsal (gauche) et ventral (droit). Notez que la cavité péritonéale est beaucoup plus petite que celle qui est représentée ici, car elle est presque complètement occupée par les organes qui s'y trouvent. (**b**) Quelques organes du tube digestif perdent leur mésentère au cours du développement et deviennent rétropéritonéaux.

péritoine viscéral recouvre les surfaces externes de la plupart des organes digestifs et est en continuité avec le **péritoine pariétal**, un espace virtuel qui contient le liquide sécrété par la séreuse pariétale. La sérosité lubrifie les organes digestifs mobiles et leur permet de glisser facilement les uns contre les autres au cours du péristaltisme ou de la segmentation.

Le **mésentère**, une double couche fusionnée de péritoine pariétal, relie les péritoines viscéral et pariétal. Il assure le passage aux vaisseaux sanguins et lymphatiques ainsi qu'aux nerfs qui se rendent aux viscères digestifs; il contribue à maintenir ces viscères en place et il emmagasine des lipides. Dans la plupart des cas, le mésentère est en position *dorsale* et s'attache à la paroi abdominale postérieure, mais il existe des exemples de mésentères *ventraux* (figure 24.5a). Certains mésentères, ou replis péritonéaux, ont reçu des noms spécifiques (comme les *épiploons*); un peu plus loin, nous décrirons ces derniers avec leurs points d'attache.

Les organes du tube digestif ne se trouvent pas tous dans la cavité péritonéale. Certaines parties de l'intestin grêle, par exemple, prennent naissance dans cette cavité mais adhèrent ensuite à la paroi dorsale de la cavité abdominale (figure 24.5b). Dans le même temps, elles perdent leur mésentère et se placent entre le péritoine pariétal et la paroi de la cavité abdominale. Les organes localisés à cet endroit, c'est-à-dire la majeure partie du pancréas et certaines portions des intestins, sont dits **organes rétropéritonéaux.** Par contre, les organes suspendus par un mésentère dans la cavité péritonéale sont appelés **organes intra-péritonéaux** ou **péritonéaux.** On ne connaît pas la raison pour laquelle certains organes digestifs sont rétropéritonéaux alors que d'autres sont suspendus librement. Une des explications avancées souligne que la fixation de divers segments du tube digestif à la paroi abdominale postérieure empêche l'enroulement ou l'entortillement du tube digestif au cours de ses mouvements péristaltiques. (Dans le volvulus, la torsion et l'obstruction du tube conduisent à la nécrose tissulaire et à la mort.)

La *péritonite*, ou inflammation du péritoine, peut survenir lorsqu'une personne présente une plaie perforante à l'abdomen ou lorsqu'elle souffre d'un ulcère perforant (qui laisse s'écouler les sucs gastriques dans la cavité péritonéale) ou d'un appendice déchiré (qui répand des fèces contenant des bactéries sur tout le péritoine). Les revêtements péritonéaux se plissent autour du siège de l'infection. Cette réaction a pour effet de circonscrire l'infection et accorde aux macrophages le temps de lancer une attaque en vue d'empêcher sa propagation. Si l'infection se *généralise* (se propage à l'intérieur de la cavité péritonéale), elle devient dangereuse et souvent fatale. Le traitement consiste à enlever la plus grande quantité possible de «débris infectieux» de la cavité péritonéale et à administrer des doses massives d'antibiotiques. ■

Apport sanguin

La **circulation splanchnique** comprend les ramifications de l'aorte abdominale, qui desservent les organes digestifs, et le *système porte hépatique.* Les artères de l'abdomen, c'est-à-dire d'une part les artères hépatique, splénique et gastrique gauche du tronc cœliaque, qui alimentent la rate, le foie et l'estomac et, d'autre part, les artères mésentériques (supérieure et inférieure), qui alimentent l'intestin grêle et le gros intestin (voir le

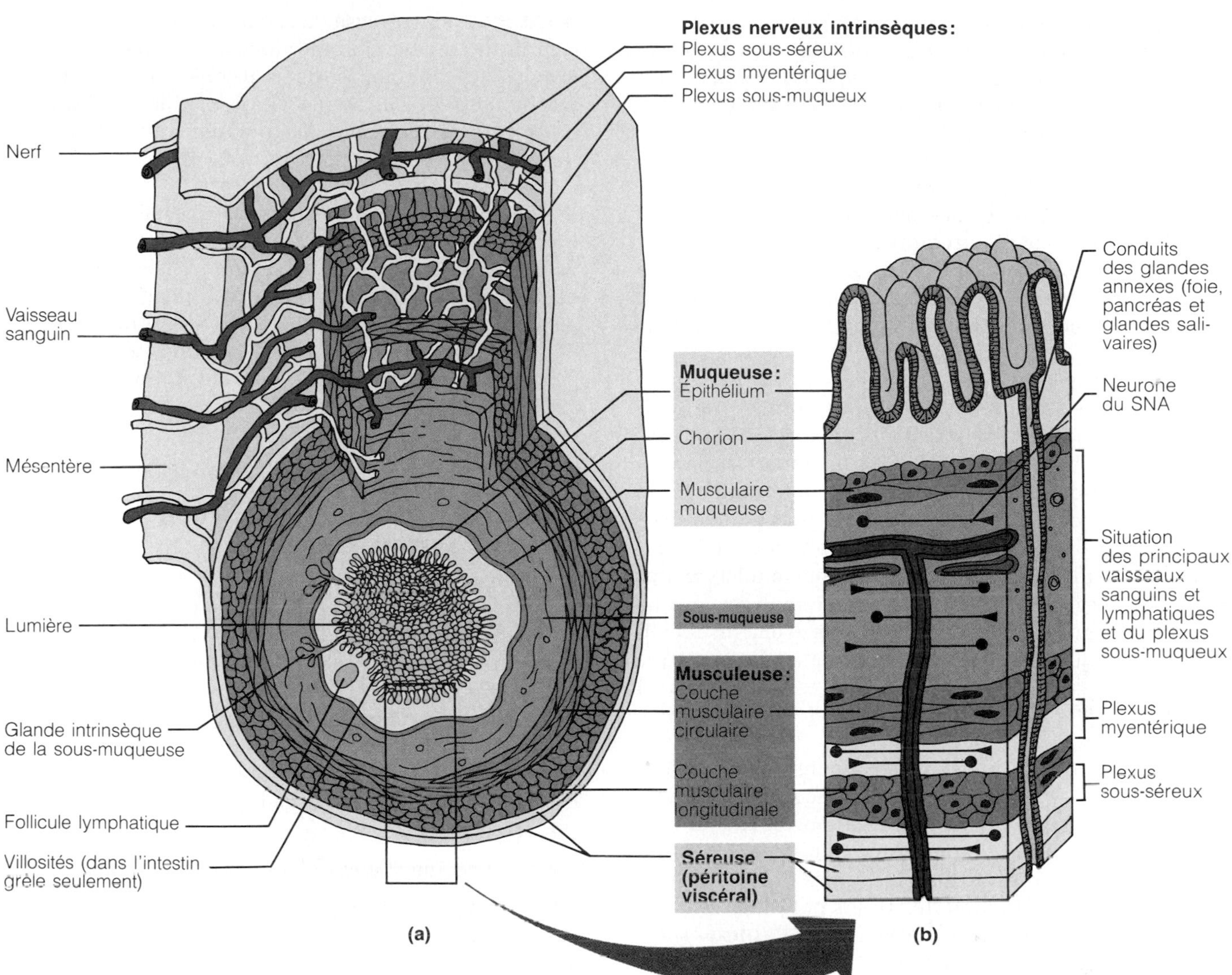

Figure 24.6 La structure de base de la paroi du tube digestif se compose de quatre couches: la muqueuse, la sous-muqueuse, la musculeuse et la séreuse. (**a**) Coupe transversale du tube digestif avec une section de la paroi enlevée pour montrer les plexus nerveux intrinsèques. (**b**) Représentation schématique d'une partie de la coupe transversale de la paroi montrant ses principaux composants et leur disposition.

tableau 20.5, à la p. 662), reçoivent normalement le quart du débit cardiaque. Cette proportion (volume sanguin) augmente après un repas. Le système porte hépatique (décrit aux p. 672 et 673) recueille le sang veineux drainé des viscères digestifs et riche en nutriments et l'apporte au foie qui retient une proportion des nutriments absorbés afin de les transformer ou de les emmagasiner avant de les libérer à nouveau dans la circulation sanguine pour le métabolisme cellulaire.

Histologie du tube digestif

La plupart des organes digestifs ne sont que des «associés» dans la tâche collective de la digestion. Il est donc utile d'étudier les structures responsables de fonctions semblables dans presque toutes les parties du tube digestif avant d'aborder la description de l'anatomie fonctionnelle du système digestif.

Depuis l'œsophage jusqu'au canal anal, les parois de tous les organes du tube digestif sont constituées de quatre couches de base appelées *tuniques* (figure 24.6). Les tuniques du tube digestif, de la lumière vers l'extérieur, sont: la *muqueuse,* la *sous-muqueuse,* la *musculeuse* et la *séreuse* (ou *adventice*). Chaque tunique comprend, de façon prépondérante, un type de tissu qui joue un rôle spécifique dans le processus de digestion.

Muqueuse. La **muqueuse,** ou **tunique muqueuse,** est un épithélium humide qui tapisse la lumière (la cavité) du tube digestif, depuis la cavité buccale jusqu'à l'anus. Ses principales fonctions sont: (1) la *sécrétion* de mucus, d'enzymes digestives et d'hormones; (2) l'*absorption* des produits de la digestion dans le sang; (3) la *protection* contre les maladies infectieuses. Dans une région particulière du tube digestif, la muqueuse peut n'exercer qu'une seule de ces fonctions ou les trois ensemble.

La muqueuse est formée d'un épithélium de revêtement qui recouvre une petite quantité de tissu conjonctif appelé chorion ainsi que d'une mince couche de fibres musculaires lisses appelée musculaire muqueuse. L'**épithélium** de la muqueuse est un *épithélium cylindrique simple,* riche en *cellules caliciformes* qui sécrètent du mucus. Ce mucus lubrifiant empêche la digestion de certains organes par les enzymes en activité dans leur cavité, et facilite le passage de la nourriture dans le tube digestif. Dans certains organes digestifs, comme l'estomac et l'intestin grêle, la muqueuse contient des cellules qui libèrent des enzymes et d'autres qui sécrètent des hormones. La muqueuse est donc, dans ces régions, une sorte de glande endocrine diffuse (système endocrinien diffus, ou SED) en même temps qu'elle fait partie de l'organe digestif.

Le **chorion** (*khorion* = membrane) se compose de tissu conjonctif lâche. Ses capillaires nourrissent l'épithélium et absorbent les nutriments digérés. Ses follicules lymphatiques épars jouent un rôle important dans la défense contre les bactéries et autres agents pathogènes qui ont libre accès à notre tube digestif. Des groupes particulièrement importants de tissu lymphatique se retrouvent à des endroits stratégiques, comme le pharynx (les amygdales) et l'appendice (follicules lymphatiques). La **musculaire muqueuse** produit des mouvements localisés de la muqueuse; dans l'intestin grêle, elle provoque une série de petits plis qui augmentent considérablement la surface de sa muqueuse.

Sous-muqueuse. La **sous-muqueuse,** située juste à l'extérieur de la muqueuse, est un tissu conjonctif de densité moyenne qui renferme des vaisseaux sanguins et lymphatiques, des follicules lymphatiques, des neurofibres et de nombreuses fibres élastiques. Son réseau vasculaire abondant alimente les tissus entourant la paroi du tube digestif. Son réseau nerveux, appelé **plexus sous-muqueux entérique** (ou **plexus de Meissner**), fait partie du réseau de neurofibres intrinsèques du tube digestif et appartient en fait au système nerveux autonome. Ce plexus joue un rôle primordial dans la régulation de la sécrétion par les glandes et la régulation de la contraction des muscles lisses de la tunique *muqueuse.*

Musculeuse. La **musculeuse** est responsable de la segmentation et du péristaltisme; autrement dit, elle mélange et propulse les aliments dans le tube digestif. Cette épaisse tunique musculeuse est caractérisée par une *couche circulaire* interne et une *couche longitudinale* externe composées de fibres musculaires lisses. En plusieurs endroits le long du tube digestif, la couche circulaire s'épaissit pour former des *sphincters* qui jouent le rôle de valves prévenant la régurgitation et régissant le passage de la nourriture d'un organe à l'autre.

Le **plexus myentérique** («muscle intestinal»), ou **plexus de Auerbach,** un autre plexus du système nerveux autonome, est situé entre les couches de muscle lisse circulaire et longitudinale. Il constitue le principal réseau nerveux du tube digestif et régit la motilité de sa paroi. En règle générale, les neurofibres parasympathiques accroissent la motilité et la sécrétion, tandis que les neurofibres sympathiques inhibent la motilité, ce qui réduit l'activité digestive.

Séreuse. La **séreuse,** la couche de protection la plus externe des organes intrapéritonéaux, forme le *péritoine viscéral.* Elle se compose de tissu conjonctif lâche recouvert de *mésothélium,* une couche unique de cellules d'épithélium pavimenteux. Le **plexus sous-séreux,** un troisième plexus du système nerveux autonome, est associé à la séreuse.

La séreuse est remplacée par une **adventice** dans l'œsophage (situé dans la cavité thoracique plutôt que dans la cavité abdomino-pelvienne). L'adventice est un tissu conjonctif fibreux qui relie l'œsophage aux structures environnantes. Les organes rétropéritonéaux possèdent *à la fois* une séreuse (sur la face du côté de la cavité péritonéale) et une adventice (sur la face touchant la paroi abdominale postérieure).

ANATOMIE FONCTIONNELLE DU SYSTÈME DIGESTIF

Maintenant que nous avons résumé certains points qui permettent une approche systémique du fonctionnement des organes du système digestif et que nous avons passé en revue leur «paysage anatomique» commun, nous sommes prêts à examiner les capacités structurales et fonctionnelles de chacun des organes de ce système. À la figure 24.7, la plupart des organes digestifs sont présentés dans leur situation normale.

Bouche, pharynx et œsophage

La bouche est la seule partie du tube digestif qui joue un rôle dans l'ingestion, c'est-à-dire l'entrée d'aliments dans la lumière des organes du système digestif. La plupart des fonctions digestives associées à la cavité orale sont cependant le résultat de l'activité d'organes annexes comme les dents, les glandes salivaires et la langue. En effet, c'est dans la bouche que la nourriture est mastiquée, mélangée et humidifiée avec la salive; les enzymes que contient cette dernière déclenchent le processus de digestion chimique. La bouche amorce aussi le processus propulsif de déglutition au cours duquel la nourriture passe par le pharynx et l'œsophage vers l'estomac.

Bouche

La **bouche** est une cavité tapissée de muqueuse; elle est aussi appelée **cavité orale,** ou **cavité buccale.** Elle est limitée à l'avant par les lèvres, sur les côtés par les joues, en haut par le palais et en bas par la langue (figure 24.8). La *fente orale* représente son ouverture antérieure. La cavité orale communique en arrière avec l'*oropharynx.* Les parois de la bouche, exposées à une usure considérable, sont tapissées d'épithélium pavimenteux stratifié non kératinisé, et non pas d'un d'épithélium cylindrique simple. L'épithélium des gencives, du palais

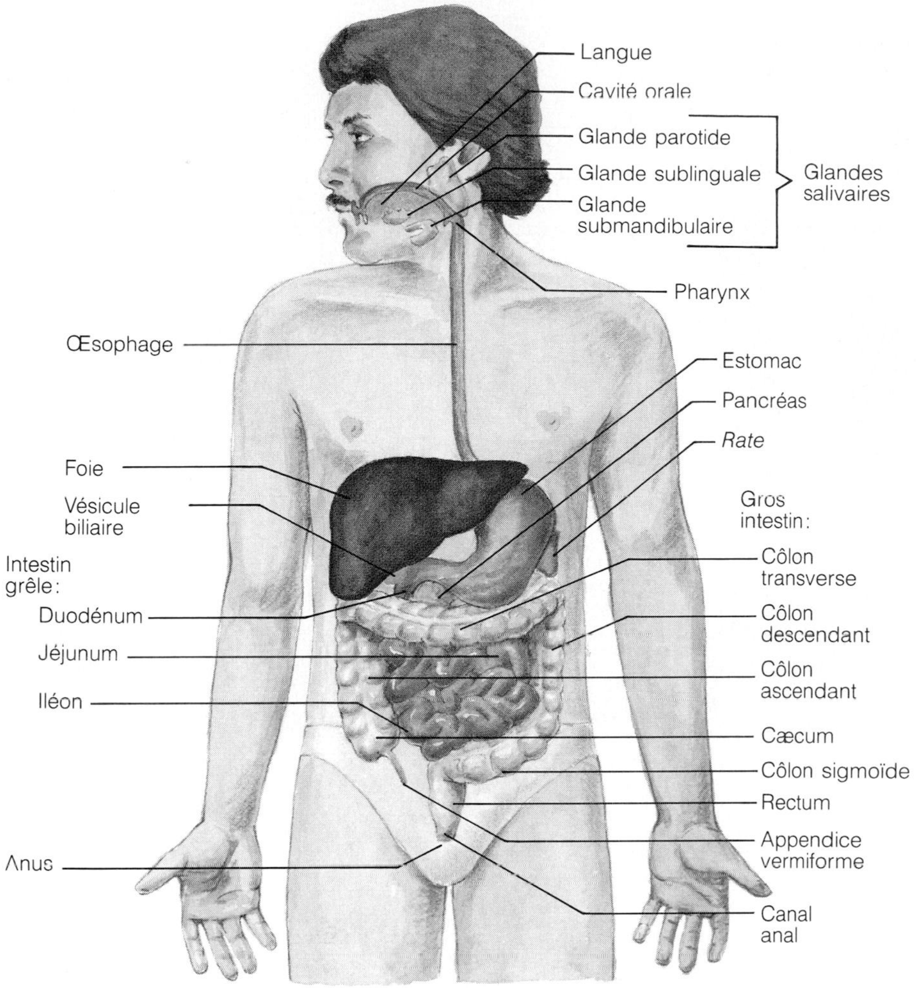

Figure 24.7 Organes du tube digestif et organes annexes.

osseux et du dos de la langue est légèrement kératinisé afin d'offrir un degré plus grand de protection contre l'abrasion causée par la mastication.

Lèvres et joues

Les **lèvres** et les **joues** possèdent une partie centrale composée de muscles squelettiques recouverts de peau à l'extérieur. Le muscle orbiculaire des lèvres forme l'essentiel de la partie charnue; les joues sont composées en grande partie par les muscles buccinateurs. Les lèvres et les joues contribuent à garder la nourriture entre les dents lorsque nous mastiquons; elles jouent aussi un rôle mineur dans l'élocution. L'espace limité à l'extérieur par les lèvres et les joues et à l'intérieur par les gencives et les dents est appelé **vestibule de la bouche**; la région située derrière les dents et les gencives est la **cavité propre de la bouche.**

Les lèvres sont beaucoup plus grandes que la plupart des gens ne le pensent: en effet, du point de vue anatomique, elles s'étendent du bord inférieur du nez à la limite supérieure du menton. Le bord rouge des lèvres, où s'applique éventuellement le rouge à lèvres et où se pose un baiser, est une zone de transition où la peau très kératinisée rejoint la muqueuse buccale. Le bord rouge, peu kératinisé, laisse transparaître la couleur rouge du sang dans les capillaires sous-jacents. Il n'y a pas de glandes sudoripares ou sébacées dans le bord rouge des lèvres, de sorte qu'il faut fréquemment l'humecter avec de la salive afin d'empêcher la déshydratation et les gerçures. Le **frein des lèvres** est un repli médian qui relie la face interne de chaque lèvre aux gencives (figure 24.8b).

Palais

Le palais qui forme le plafond de la bouche se divise en deux parties: le palais osseux à l'avant et le palais mou à l'arrière (voir la figure 24.8). Le **palais osseux** (**palais dur**) est sous-tendu par des os (les os palatins et les apophyses palatines des maxillaires) et il constitue une surface rigide contre laquelle la langue peut pousser la nourriture au cours de la mastication. La muqueuse située de chaque côté du *raphé* du palais, une saillie longitudinale médiane, est légèrement plissée, ce qui contribue à la friction.

Le **palais mou** est un repli formé surtout de muscles squelettiques et dépourvu de renforcement osseux. Un prolongement en forme de doigt, appelé **luette,** est suspendu à son bord libre. Le palais mou se relève par réflexe pour fermer le nasopharynx lorsque nous avalons. (Pour démontrer ce réflexe, essayez de respirer et de déglutir en même temps.) Le palais mou s'attache à la langue

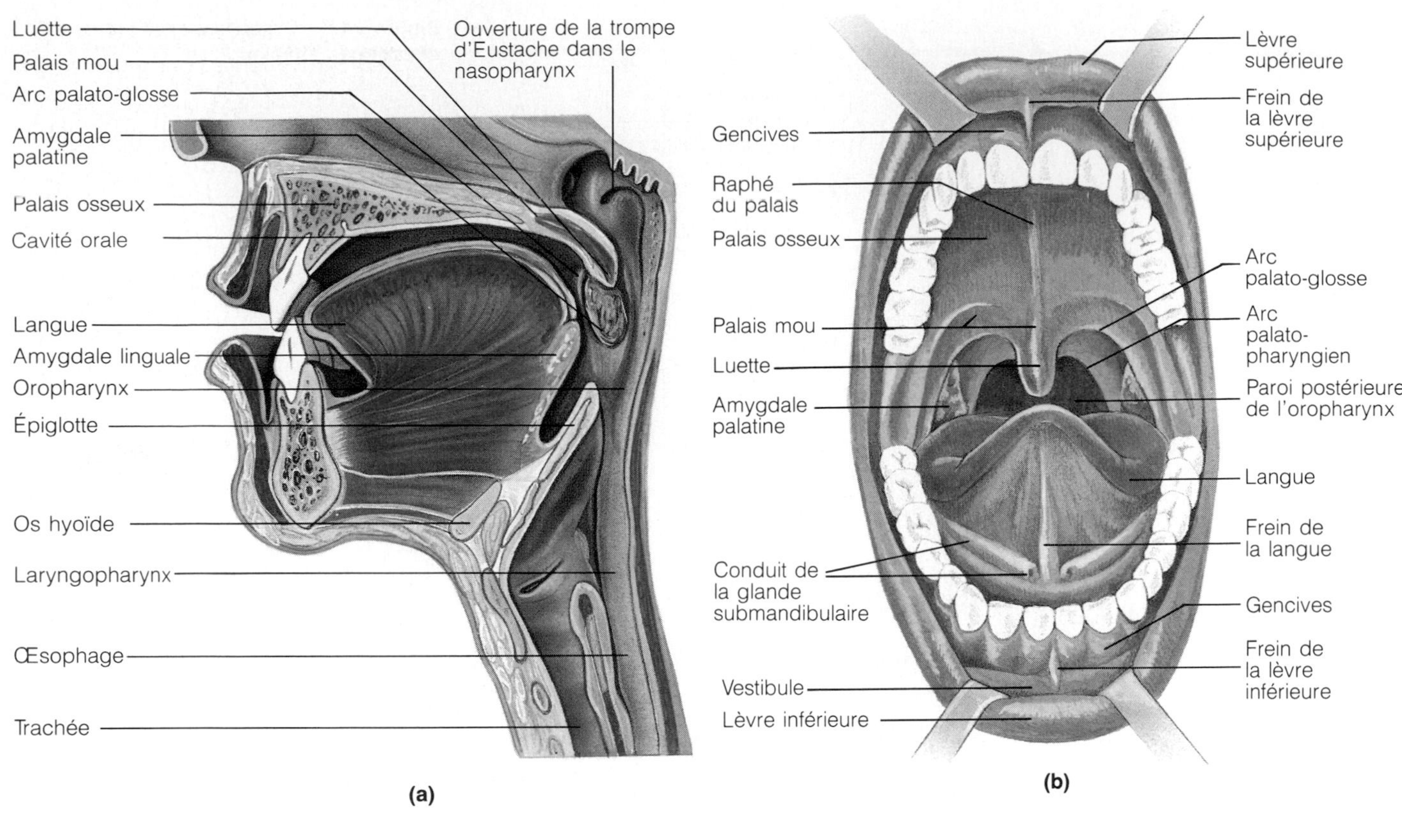

Figure 24.8 Anatomie de la cavité orale (bouche). (**a**) Coupe sagittale de la cavité orale et du pharynx. (**b**)Vue antérieure de la cavité orale.

latéralement par l'**arc palato-glosse** et à la paroi de l'oropharynx par l'**arc palato-pharyngien.** Ces deux paires de replis forment les limites du *gosier,* la région voûtée de l'oropharynx qui contient les *amygdales palatines.*

Langue

La **langue** occupe le plancher de la bouche et remplit la majeure partie de la cavité orale lorsque la bouche est fermée (voir la figure 24.8). La langue héberge la plupart de nos bourgeons gustatifs ; elle contient quelques glandes muqueuses et séreuses, mais elle est surtout formée de masses entrelacées de muscles squelettiques. Au cours de la mastication, la langue porte la nourriture et la replace constamment entre les dents. Les mouvements de la langue mélangent aussi les aliments avec la salive et les transforment en une masse compacte appelée **bol alimentaire** (*bolos* = morceau), qui est ensuite déglutie. Lorsque nous parlons, la souplesse de la langue nous permet de prononcer les consonnes (k, d, t, etc.).

La langue possède des muscles squelettiques intrinsèques et extrinsèques. Les **muscles intrinsèques** sont confinés à la langue et ne sont pas fixés à des os. Leurs faisceaux musculaires, qui sont orientés dans les trois plans (longitudinal, transversal et vertical), permettent à la langue de modifier sa forme (mais pas sa position), la rendant plus épaisse, plus mince, plus longue ou plus courte selon les besoins requis pour parler et avaler. Les **muscles extrinsèques** s'étendent jusqu'à la langue à partir de leurs origines sur les os du crâne ou le palais mou (voir le tableau 10.2 et la figure 10.6). Les muscles extrinsèques modifient la position de la langue : ils permettent de la sortir de la bouche, de la rentrer et de la déplacer latéralement. La langue est divisée en deux moitiés symétriques par un tissu conjonctif, le septum lingual.

Un repli de muqueuse, appelé **frein de la langue,** retient la langue au plancher de la bouche (voir la figure 24.8b). Ce frein limite aussi le mouvement de la langue vers l'arrière.

On dit souvent des enfants nés avec un frein de la langue extrêmement court qu'ils ont la « langue liée », car leur élocution est perturbée en raison des limites imposées aux mouvements de la langue. Ce trouble peut être corrigé chirurgicalement en sectionnant le frein. ■

La face supérieure de la langue est couverte de *papilles,* des excroissances en forme de piquets sur la muqueuse sous-jacente. La figure 24.9 présente les trois types de papilles : les papilles filiformes, fungiformes et caliciformes. Les **papilles filiformes** sont coniques et confèrent à la surface de la langue sa rugosité qui lui permet de lécher les aliments semi-solides (comme la crème glacée) et causent la friction nécessaire pour malaxer les aliments dans la bouche. Ces papilles, les plus petites et les plus nombreuses, sont alignées en rangs parallèles sur le dos

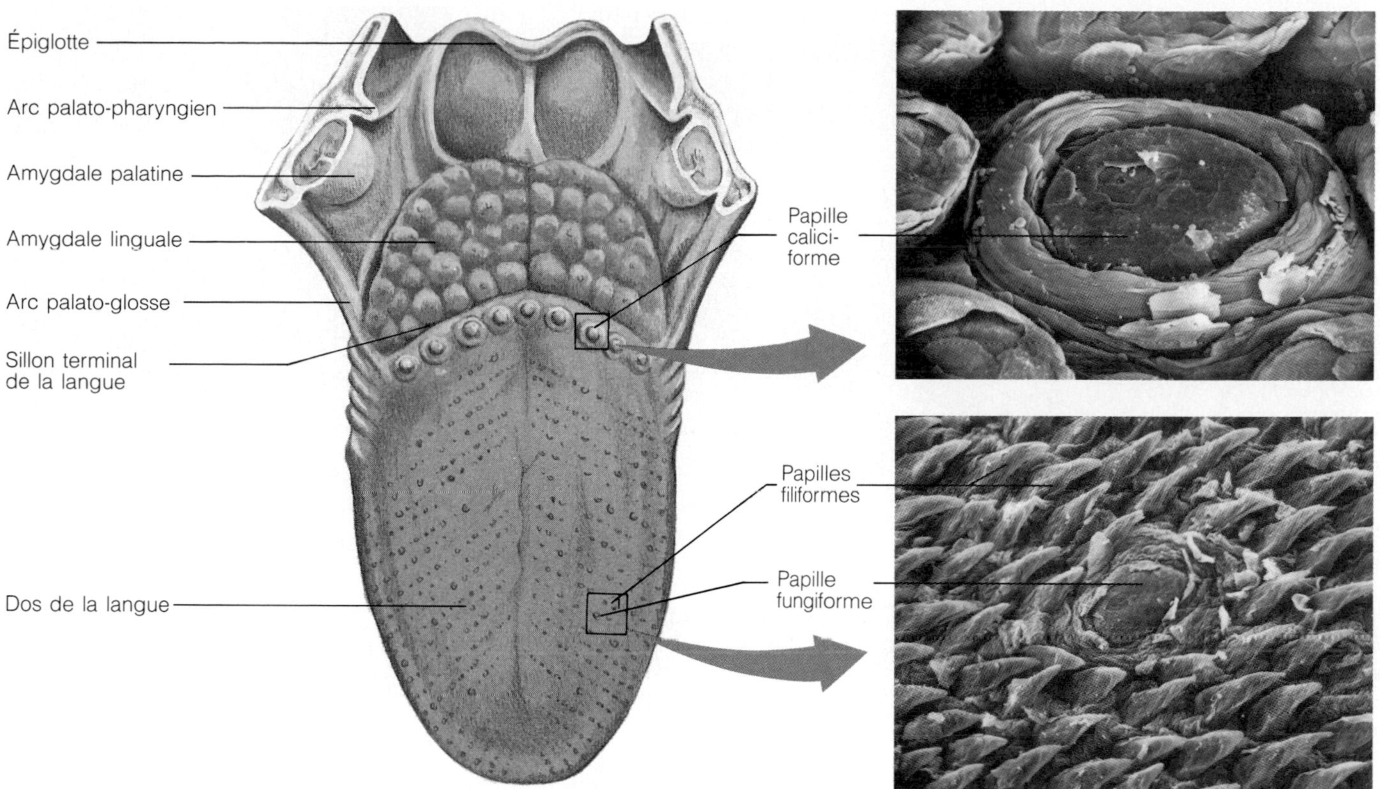

Figure 24.9 Vue superficielle de la face dorsale de la langue. Les situations et les structures détaillées des papilles caliciformes, fungiformes et filiformes sont aussi représentées, de même que les amygdales en étroite association avec la cavité orale. (En haut, à droite, ×300; en bas, à droite, ×140.)

de la langue. Elles contiennent de la kératine, ce qui les rend plus rigides et donne à la langue son apparence blanchâtre.

Les **papilles fungiformes** (en forme de champignons) se distribuent sur une surface importante de la langue. Chacune d'entre elles possède un centre vasculaire qui lui confère une teinte rougeâtre. Dix à douze grosses **papilles caliciformes** sont disposées sur une rangée en forme de V à l'arrière de la langue. Elles ressemblent aux papilles fungiformes mais possèdent en outre un sillon qui les englobe. Comme nous l'avons vu au chapitre 16, les papilles fungiformes et caliciformes contiennent les bourgeons gustatifs.

Tout juste à l'arrière des papilles caliciformes se trouve le **sillon terminal** qui sépare les deux tiers antérieurs de la langue, situés dans la cavité orale, du tiers postérieur qui occupe l'oropharynx. La muqueuse recouvrant la surface la plus postérieure et la racine de la langue est dépourvue de papilles, mais elle est quand même couverte de bosses causées par la présence des *amygdales linguales* nodulaires situées sous la muqueuse (voir la figure 24.9).

Glandes salivaires

Un certain nombre de glandes internes et externes de la cavité orale sécrètent la **salive.** La salive assume plusieurs fonctions: (1) elle nettoie la bouche; (2) elle dissout les constituants chimiques de la nourriture pour que leur goût soit perçu; (3) elle humidifie la nourriture et aide à la compacter en un bol alimentaire; (4) elle contient des enzymes qui amorcent la dégradation chimique des féculents.

La plus grande partie de la salive est produite par trois paires de **glandes salivaires extrinsèques,** situées à l'extérieur de la cavité orale mais qui y déversent leurs sécrétions. Leur débit est légèrement augmenté par les petites **glandes salivaires intrinsèques,** aussi appelées **glandes orales,** réparties sur toute la muqueuse de la cavité orale.

Les glandes salivaires extrinsèques comprennent les glandes parotides, submandibulaires et sublinguales (figure 24.10); ce sont des paires de glandes tubulo-acineuses composées qui prennent naissance dans la muqueuse de la cavité orale et lui demeurent reliées par des conduits. La grosse **glande parotide** (*para* = auprès de; *ous* = oreille) est située devant l'oreille, entre le muscle masséter et la peau. Un conduit important, le **conduit parotidien,** traverse le muscle buccinateur et s'ouvre dans le vestibule vis-à-vis de la deuxième molaire supérieure.

Les *oreillons,* une maladie fréquente chez l'enfant, sont l'inflammation des glandes parotides causée par un virus transmis par la salive. Si vous vérifiez la situation des glandes parotides à la figure 24.10a, vous comprendrez facilement pourquoi les personnes atteintes

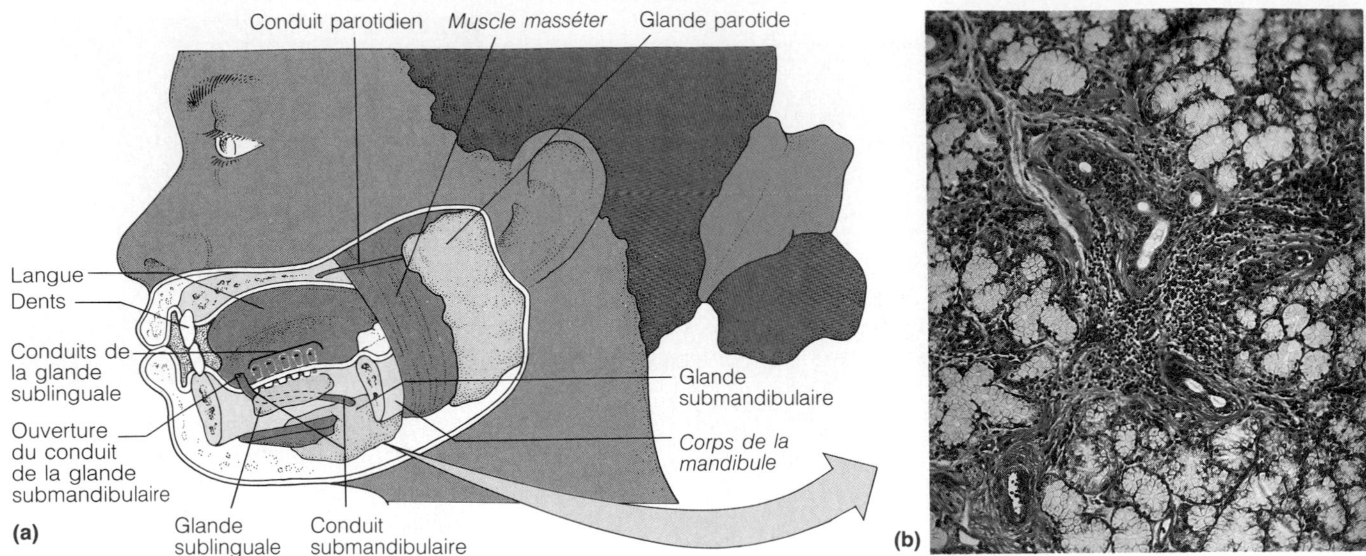

Figure 24.10 Principales glandes salivaires. (**a**) Les glandes salivaires parotide, submandibulaire et sublinguale appartenant à la partie gauche de la cavité orale. (**b**) Photomicrographie de la glande salivaire sublinguale (×75), qui est une glande salivaire mixte composée principalement de cellules qui élaborent la mucine (blanches) et de quelques unités qui sécrètent un liquide séreux (violettes).

des oreillons se plaignent de douleurs lorsqu'elles ouvrent la bouche ou mastiquent. ■

La **glande submandibulaire** occupe la portion médiane de la mandibule. Son conduit passe sous la muqueuse du plancher de la cavité orale et débouche à la base du frein (voir aussi la figure 24.8). La petite **glande sublinguale** est située devant la glande submandibulaire, sous la langue. Ses nombreux conduits s'ouvrent dans le plancher de la bouche.

Les glandes salivaires sont composées, dans des proportions diverses, de deux types de cellules sécrétrices: les cellules muqueuses et séreuses. Les **cellules séreuses** élaborent une sécrétion aqueuse contenant des enzymes et les ions de la salive, alors que les **cellules muqueuses** produisent du **mucus,** une solution filandreuse et visqueuse. Les glandes parotides ne contiennent que des cellules séreuses. Les glandes submandibulaires et orales sont constituées d'un nombre à peu près égal de cellules séreuses et muqueuses. Les glandes sublinguales (voir la figure 24.10b) renferment surtout des cellules muqueuses.

Plusieurs des substances que l'on trouve dans la salive remplissent des fonctions physiologiques importantes, par exemple l'augmentation de l'activité enzymatique ou la protection de la cavité orale. Il est donc nécessaire d'examiner plus en détail la composition de la salive.

Composition de la salive

La salive se compose en grande partie d'eau (97 à 99,5 %); elle est donc hypotonique. Son osmolarité varie selon les glandes en activité et selon la nature du stimulus à l'origine de la salivation. Les solutés de la salive comprennent des électrolytes (ions sodium, potassium, chlorure, phosphate et bicarbonate), une enzyme (l'amylase salivaire), des protéines (mucine, lysozyme et IgA) et des déchets métaboliques. Lorsque la salive est en solution dans l'eau, la *mucine* (une glycoprotéine) forme un épais mucus qui lubrifie la cavité orale et humidifie les aliments. La protection contre les microorganismes est assurée par: (1) les anticorps IgA; (2) le lysozyme, une enzyme bactériostatique qui inhibe la croissance bactérienne dans la bouche et peut contribuer à prévenir la carie; (3) une substance non encore identifiée produite par les glandes sublinguales et submandibulaires (cette substance bloque le virus du SIDA et l'empêche d'infecter les lymphocytes humains). En outre, un *facteur de croissance,* que l'on trouve dans la salive de nombreux animaux, peut faciliter la guérison des blessures léchées; ce facteur a été récemment identifié dans la salive humaine.

Régulation de la production de salive

Les glandes salivaires intrinsèques sécrètent continuellement de la salive en quantités suffisantes pour maintenir l'humidité de la bouche. Mais l'entrée d'aliments dans la bouche active les glandes extrinsèques, et d'abondantes quantités de salive se déversent. La production moyenne de salive est de 1000 à 1500 mL par jour.

La salivation est placée essentiellement sous la régulation de la division parasympathique du système nerveux autonome. Les neurofibres parasympathiques règlent la production de salive aussi bien en l'absence qu'en présence de stimulus alimentaires. Mais lorsque nous ingérons de la nourriture, les chimiorécepteurs et les barorécepteurs de la bouche envoient des signaux aux *noyaux salivaires* dans le tronc cérébral (pont et bulbe rachidien). Il en résulte un accroissement de l'activité du système nerveux parasympathique; les neurofibres motrices des nerfs faciaux (VII) et glosso-pharyngiens (IX) déclenchent alors une augmentation spectaculaire de la production d'une salive aqueuse et riche en enzymes. À peu près n'importe quel stimulus mécanique, même un élastique, stimule les barorécepteurs de la bouche. Les chimiorécepteurs sont plus fortement excités par des substances acides comme le vinaigre et le jus d'agrumes.

Il arrive que la vue ou l'odeur de nourriture suffise à entraîner une forte sécrétion de salive; en fait, la seule pensée de crème glacée nappée de chocolat chaud fait saliver de nombreuses personnes! L'irritation des régions inférieures du tube digestif par des toxines bactériennes, des aliments épicés ou l'hyperacidité augmente également la salivation, surtout lorsque l'irritation s'accompagne de nausées. Cette augmentation de la salivation permet de diluer les substances irritantes, voire de les neutraliser.

Contrairement à la régulation exercée par la division parasympathique, la division sympathique libère une salive épaisse riche en mucine. Une forte stimulation des glandes salivaires par les neurofibres de la division sympathique a pour effet de resserrer les vaisseaux sanguins qui alimentent ces glandes et d'inhiber presque complètement la libération de salive, ce qui provoque l'assèchement de la bouche. La déshydratation inhibe aussi la salivation parce qu'un faible volume de sang entraîne une pression de filtration réduite dans les lits capillaires.

Toute affection qui inhibe la sécrétion de salive cause une haleine fétide due à l'accumulation des particules d'aliments en décomposition et à l'augmentation du nombre de bactéries. ■

Dents

Les **dents** sont logées dans les alvéoles des bords de la mandibule et du maxillaire, qui sont recouverts des gencives. Le rôle majeur des dents dans la transformation de la nourriture est assez évident. Nous **mastiquons,** ou **mâchons,** en ouvrant et en fermant les mâchoires et en les déplaçant latéralement, tout en utilisant continuellement notre langue pour déplacer la nourriture entre nos dents. Au cours de ce processus, les dents déchirent et broient la nourriture, et la dégradent en morceaux plus petits.

Denture et formule dentaire

Ordinairement, vers l'âge de 21 ans, deux séries de dents, ou **dentures,** se sont formées: la denture primaire et la denture permanente (figure 24.11). La *denture primaire* est constituée des **dents temporaires,** aussi appelées **dents de lait** ou **dents déciduales.** Les premières dents qui apparaissent vers l'âge de six mois sont les incisives centrales inférieures. D'autres paires de dents viennent s'ajouter à des intervalles de un à deux mois jusqu'à 24 mois environ, l'âge auquel les 20 dents de lait sont sorties.

À mesure que les **dents permanentes** croissent et se développent, les racines des dents de lait se résorbent par le dessous, les rendant mobiles et provoquant leur chute entre six et douze ans. Généralement, toutes les dents de la *denture permanente,* sauf les troisièmes molaires, ont déjà poussé vers la fin de l'adolescence. Les troisièmes molaires, aussi appelées *dents de sagesse,* sortent plus tard, entre 17 et 25 ans. On compte habituellement 32 dents permanentes dans une série complète, mais les dents de sagesse n'apparaissent parfois jamais.

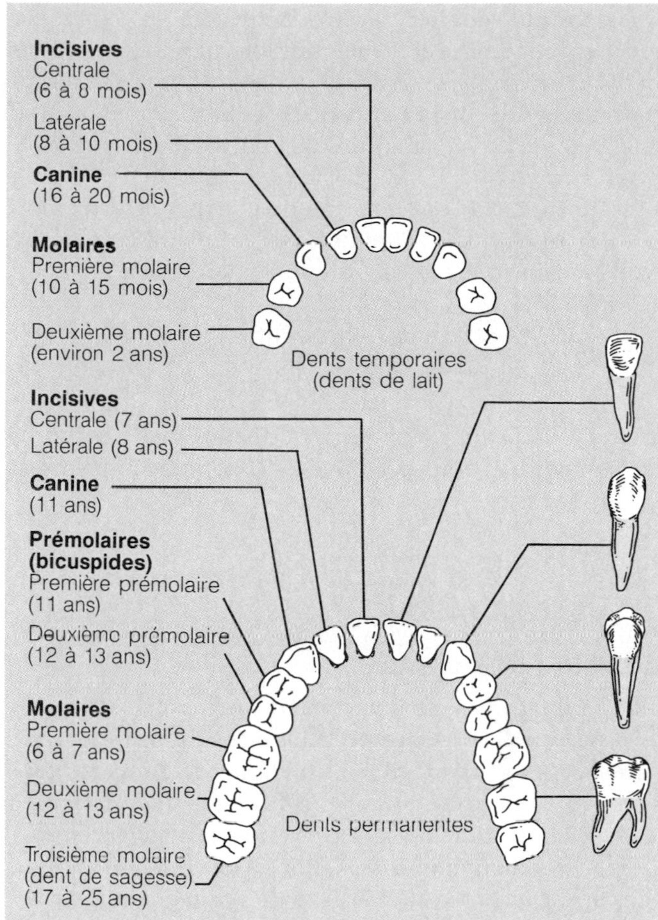

Figure 24.11 Dents humaines temporaires et permanentes. L'âge approximatif au moment de la sortie des dents est montré entre parenthèses. Comme il existe le même nombre et le même arrangement de dents dans les mâchoires supérieure et inférieure, seule la mâchoire inférieure est représentée. La forme de chaque type de dent est montrée à droite.

Losqu'une dent reste enfouie dans le maxillaire, on dit qu'elle est *incluse.* Les dents incluses peuvent causer beaucoup de pression et de douleur et doivent être extraites chirurgicalement. Les dents de sagesse sont souvent incluses. ■

Les dents sont classées selon leur forme et leur fonction en incisives, canines, prémolaires et molaires (voir la figure 24.11). Les **incisives,** au bord tranchant, servent à couper; les **canines** coniques et en forme de croc (canines supérieures) déchirent et percent. Les **prémolaires** (bicuspides) et les **molaires** possèdent des couronnes larges avec des tubercules (pointes) arrondis et sont particulièrement aptes à écraser et à broyer.

La **formule dentaire** est une façon abrégée d'indiquer les types, le nombre et la situation des dents dans la bouche. Cette formule se représente sous la forme d'un rapport entre les dents du haut et celles du bas pour la moitié de la bouche. Comme l'autre côté est une image en miroir, la denture totale est obtenue en multipliant la formule dentaire par 2. La denture primaire consiste en deux incisives (I), une canine (C) et deux molaires (M) sur le côté de chaque mâchoire, et la formule dentaire est la suivante:

$$\frac{\text{2I, 1C, 2M (mâchoire du haut)}}{\text{2 I, 1C, 2M (mâchoire du bas)}} \times 2 \text{ (20 dents)}$$

De la même façon, la denture permanente (deux incisives, une canine, deux prémolaires [PM] et trois molaires) est donnée par:

$$\frac{\text{2I, 1C, 2PM, 3M}}{\text{2 I, 1C, 2PM, 3M}} \times 2 \text{ (32 dents)}$$

Structure des dents

Chaque dent possède deux parties principales: la couronne et la racine (figure 24.12). La couronne recouverte d'émail est la partie visible de la dent au-dessus des **gencives** qui l'entourent comme un col serré. L'**émail** est un matériau acellulaire cassant qui dure pour la vie (et même après); fortement minéralisé grâce à des sels de calcium, il constitue la partie la plus dure de l'organisme. Les cellules qui élaborent l'émail dégénèrent au moment de l'apparition de la dent, ce qui n'en laisse aucune pour effectuer des réparations. En conséquence, toutes les brèches dans l'émail causées par une carie ou des fissures ne seront pas comblées, et elles doivent être obturées de manière artificielle.

La **racine** est la partie de la dent incluse dans le maxillaire. Les canines, les incisives et les prémolaires ont une racine, mais les premières prémolaires supérieures en ont habituellement deux. Les molaires supérieures ont trois racines alors que les molaires inférieures en ont deux. La couronne et la racine sont reliées par une constriction appelé **collet.** La surface externe de la racine est couverte de tissu conjonctif calcifié appelé **cément,** qui fixe la dent au mince **ligament alvéolo-dentaire (desmodonte).** Ce ligament maintient la dent en place dans l'alvéole osseux de la mâchoire et forme une articulation fibreuse appelée *gomphose* (voir à la p. 225). À l'endroit où la gencive entoure la dent, la gencive descend vers le bas pour former un sillon peu profond appelé *sillon gingival.* Chez l'enfant, le bord de la gencive adhère fermement à l'émail qui recouvre la couronne; mais au fil des années, les gencives commencent à se rétracter et adhèrent au cément plus sensible qui recouvre la partie supérieure de la racine. De la sorte, les dents semblent s'allonger au fil des années.

La **dentine** est une substance semblable au tissu osseux, située sous la coiffe d'émail; elle constitue la majeure partie de la dent. Elle forme une **chambre pulpaire** centrale qui contient un certain nombre de structures de tissus mous (tissu conjonctif, vaisseaux sanguins et neurofibres) dont l'ensemble est appelé **pulpe.** La pulpe alimente les tissus en nutriments et assure la sensibilité de la dent. La partie de la chambre pulpaire qui s'étend dans la racine devient le **canal de la racine de la dent.** À l'extrémité proximale de chaque canal, on trouve le *foramen de l'apex dentaire* qui assure un passage pour les vaisseaux sanguins, les nerfs et d'autres structures et leur permet de pénétrer dans la chambre pulpaire de la dent. Une couche **d'odontoblastes** (littéralement, «germe de dent»), des cellules responsables de la sécrétion de la dentine, tapisse la chambre pulpaire. La dentine est formée tout au long de l'âge adulte et empiète graduellement sur la chambre pulpaire. De la dentine peut aussi se déposer assez rapidement pour réparer les dommages ou la décomposition de la dent.

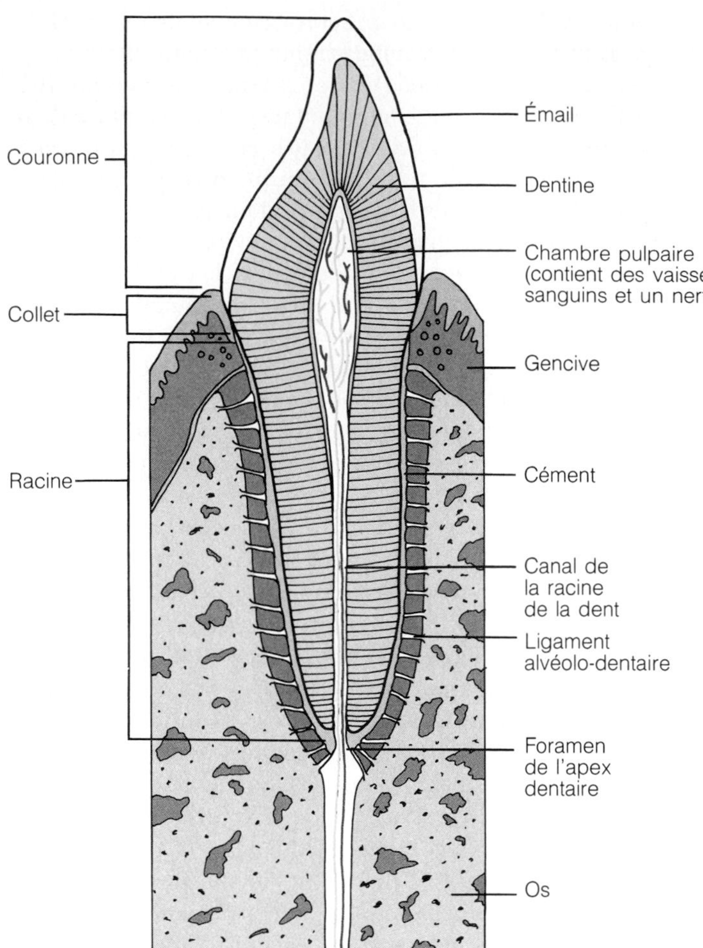

Figure 24.12 Coupe longitudinale d'une canine dans son alvéole osseux.

L'émail, la dentine et le cément sont calcifiés et semblables au tissu osseux, à part le fait qu'ils sont avasculaires. L'émail diffère aussi du cément et de la dentine parce que son composant organique principal n'est pas le collagène.

Lésions des dents et des gencives

 Les *caries dentaires* (*caries* = pourriture) sont des cavités dans la dent causées par une déminéralisation

graduelle de l'émail et de la dentine sous-jacente, sous l'action de bactéries. Le processus de décomposition se met en place lorsque la *plaque dentaire* (un film de sucre, de bactéries et d'autres débris de la cavité buccale) adhère aux dents. Les bactéries métabolisent les sucres emprisonnés et produisent des acides (particulièrement de l'acide lactique) qui dissolvent les sels de calcium des dents. Une fois les sels disparus, seule subsiste la matrice organique de la dent, laquelle est facilement digérée par les enzymes protéolytiques libérées par les bactéries. De fréquents brossages et l'usage de la soie dentaire contribuent à prévenir les dommages en éliminant la plaque.

La plaque qui n'est pas enlevée provoque un effet encore plus grave que la carie dentaire sur les gencives. À mesure que la plaque dentaire s'accumule, elle se calcifie et forme le *tartre dentaire.* Lorsque cela se produit dans le sillon gingival, les joints entre les gencives et les dents peuvent s'ouvrir et les gencives sont exposées à l'infection. Dans les premiers stades d'une telle infection, les gencives deviennent rouges, endolories et enflées, et peuvent saigner; cette inflammation est appelée *gingivite.* La gingivite est réversible si le tartre est enlevé, mais en cas de négligence, des bactéries finissent par envahir l'os autour des dents; des poches d'infection se forment et l'os se dissout. Cette affection plus grave est appelée *périodontite* ou *desmodontite.* La périodontite atteint jusqu'à 95 % de toutes les personnes âgées de plus de 35 ans, et elle est responsable de 80 à 90 % des pertes de dents chez les adultes. Pourtant, la perte de dents n'est pas inéluctable. Même les cas avancés de périodontite peuvent être traités en procédant à un détartrage des dents, au nettoyage des poches infectées, puis à l'incision des gencives en vue de réduire les poches, ainsi que par l'antibiothérapie. Ensemble, ces traitements atténuent les attaques bactériennes et améliorent l'attache des tissus aux dents et aux os qu'ils entourent. Après le traitement clinique, l'élimination de la plaque se poursuit chez soi par de fréquents brossages, par l'usage de la soie dentaire et par des rinçages au moyen de solutions de sel ou de peroxyde d'hydrogène.

La nécrose du nerf d'une dent et le noircissement qui s'ensuit sont souvent causés par un coup porté à la mâchoire. L'enflure de la région locale empêche l'apport sanguin à la dent (par compression) et le nerf meurt. Habituellement, la pulpe est infectée par des bactéries peu de temps après et doit être enlevée par un *traitement de canal.* Après stérilisation de la cavité et son remplissage avec un matériau inerte, la dent est obturée. ■

Pharynx

Depuis la bouche, la nourriture passe à l'arrière dans **l'oropharynx** puis dans le **laryngopharynx** (voir les figures 24.7 et 24.8), deux passages communs pour la nourriture, les liquides et l'air. (Le nasopharynx n'a aucun rôle digestif.)

L'histologie de la paroi pharyngienne est similaire à celle de la cavité orale. La muqueuse contient un épithélium pavimenteux stratifié non kératinisé, résistant à la friction et muni d'une grande quantité de glandes productrices de mucus. La tunique musculeuse externe est constituée de deux couches de *muscle squelettique.* Les fibres de la couche interne sont orientées de façon longitudinale; celles de la couche externe, formée des *muscles constricteurs du pharynx,* encerclent la paroi comme trois poings placés l'un par-dessus l'autre (voir la figure 10.7, p. 299). Ces muscles propulsent la nourriture vers le bas dans l'œsophage grâce à des contractions successives.

Œsophage

L'**œsophage** (*oisophagos* = qui porte ce qu'on mange) est un tube musculeux d'environ 25 cm de longueur, qui s'affaisse lorsqu'il ne propulse pas d'aliments. La nourriture acheminée à travers le laryngopharynx est dirigée vers l'arrière dans l'œsophage tandis que l'épiglotte ferme l'entrée du larynx.

Comme le représente la figure 24.7, l'œsophage suit un parcours à peu près droit à travers le médiastin du thorax et traverse ensuite le diaphragme en passant par le **foramen de l'œsophage,** pour déboucher dans l'estomac à l'**orifice du cardia.** Le bord gauche de l'orifice du cardia présente un repli de la muqueuse, qui forme la **valvule du cardia**; ce repli empêche le reflux des aliments de l'estomac vers l'œsophage. Le muscle lisse circulaire n'est que légèrement épaissi à cet endroit et constitue le **sphincter œsophagien inférieur.** Le diaphragme musculaire qui entoure ce sphincter aide à le maintenir fermé lorsqu'il n'y a pas de déglutition.

Contrairement à la bouche et au pharynx, l'œsophage possède les quatre couches de base du tube digestif décrites aux p. 773 et 774. Les caractéristiques suivantes présentent un certain intérêt.

1. La muqueuse œsophagienne est composée d'un épithélium pavimenteux stratifié non kératinisé contenant un grand nombre de *glandes œsophagiennes* qui sécrètent du mucus. À la jonction œsophage-estomac, la muqueuse œsophagienne, résistante à l'abrasion, se transforme en épithélium cylindrique simple de l'estomac, spécialisé dans la sécrétion (figure 24.13a).

2. Lorsque l'œsophage est vide, sa muqueuse et sa sous-muqueuse forment des replis longitudinaux (figure 24.13b), mais ces replis disparaissent au passage de la nourriture.

3. La musculeuse est un muscle squelettique dans son tiers supérieur, un mélange de muscles squelettiques et lisses dans son tiers central et entièrement du muscle lisse dans son tiers inférieur.

4. L'œsophage possède non pas une séreuse mais une adventice fibreuse composée entièrement de tissu conjonctif; l'adventice se mélange avec les structures environnantes sur son parcours.

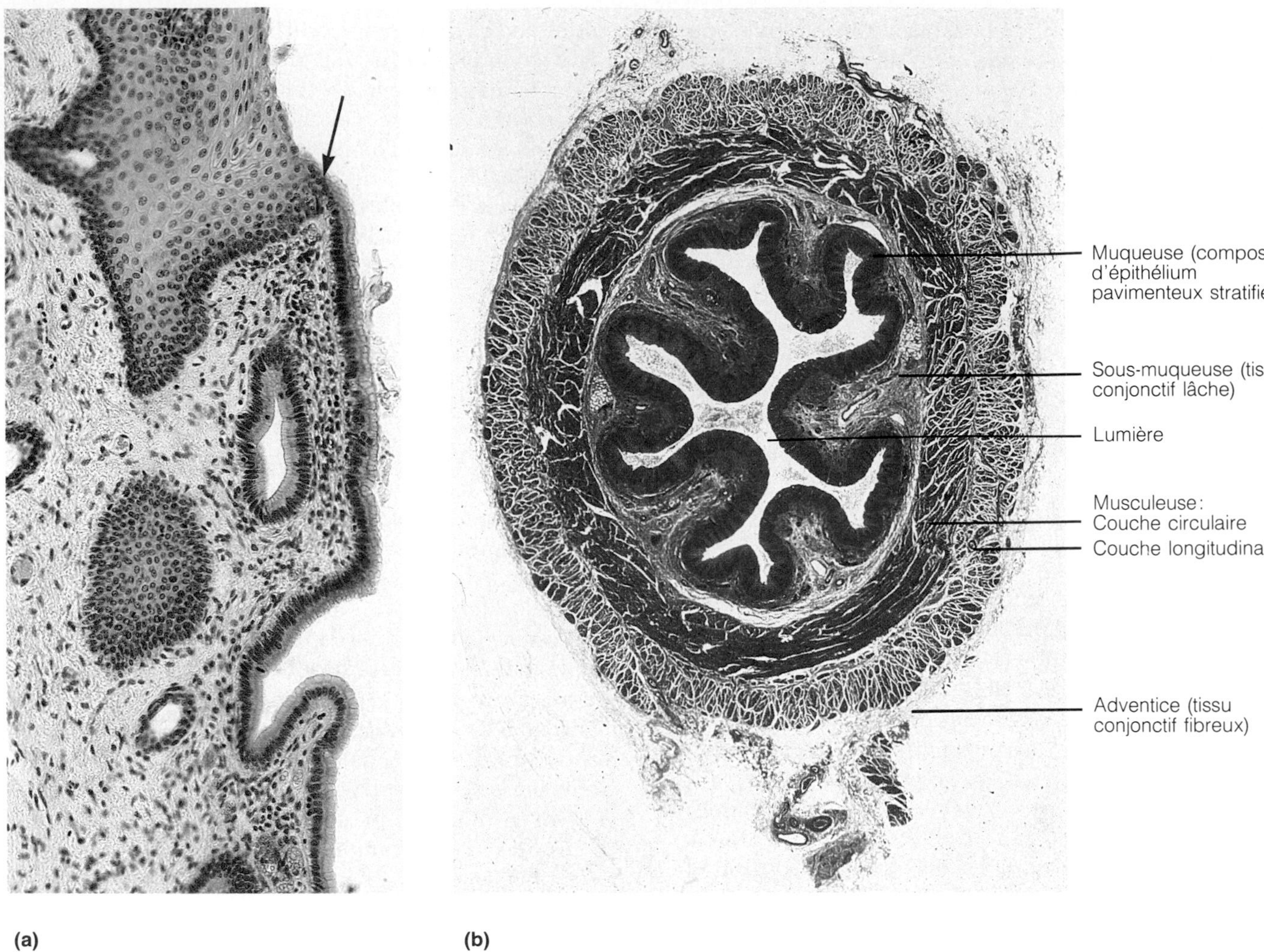

Figure 24.13 Structure microscopique de la paroi de l'œsophage. (**a**) Coupe longitudinale (×132) à travers la jonction œsophage-estomac, montrant la transition abrupte de l'épithélium pavimenteux stratifié de l'œsophage (en haut) à l'épithélium cylindrique simple de l'estomac (en bas). (**b**) Coupe transversale de l'œsophage montrant ses quatre tuniques (×5). La coupe représente la région située près de la jonction avec l'estomac, de sorte que la musculeuse est composée de muscle lisse. (Dans la partie supérieure, à la jonction avec le pharynx, la musculeuse œsophagienne est composée de muscle squelettique.)

Une *hernie hiatale* est une anomalie structurale caractérisée par une légère saillie de la partie supérieure de l'estomac dans la cage thoracique, au-dessus du diaphragme. Comme le diaphragme ne renforce plus l'action de la valvule du cardia, le suc gastrique (qui est extrêmement acide) peut refluer ou être régurgité dans l'œsophage. La régurgitation survient le plus souvent après un repas trop copieux et lorsque la personne est allongée ainsi que dans certaines conditions où le contenu abdominal est poussé vers le haut, par exemple chez les personnes très obèses et les femmes enceintes. La présence de suc gastrique dans l'œsophage (dont la protection n'est pas assurée de manière aussi efficace que celle de l'estomac) provoque une douleur rétrosternale rayonnante accompagnée d'une sensation de brûlure appelée *brûlure d'estomac.* En cas de crises fréquentes et prolongées, il peut se produire une *œsophagite* (inflammation de l'œsophage) et des *ulcères œsophagiens.* Cependant, ces conséquences peuvent habituellement être évitées ou maîtrisées si on s'abstient de prendre des repas, même légers, à des heures tardives et si on prend des préparations antiacides. ■

Processus digestifs qui se déroulent dans la bouche, le pharynx et l'œsophage

La bouche et ses organes annexes participent à la plupart des processus digestifs. La cavité orale ingère et, comme nous le verrons plus loin, commence la digestion mécanique par la mastication et débute la propulsion par la déglutition. L'**amylase salivaire,** l'enzyme de la salive, amorce la dégradation chimique des polysaccharides (amidon et glycogène) en fragments plus petits de molécules de glucose liées. (Si vous mâchez un morceau de pain pendant quelques minutes, vous lui trouverez un goût sucré puisque des sucres sont libérés.) À l'exception de quelques médicaments qui sont absorbés à travers

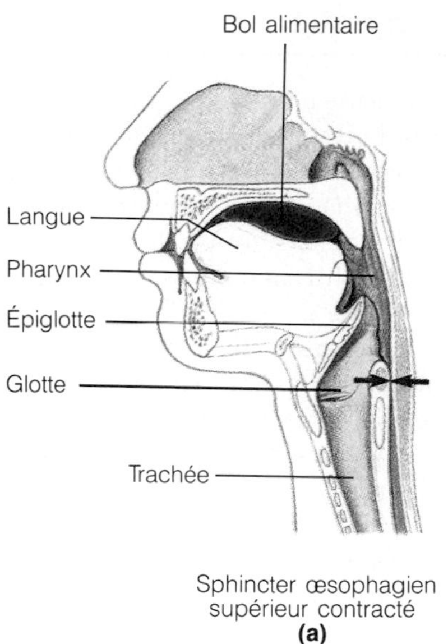

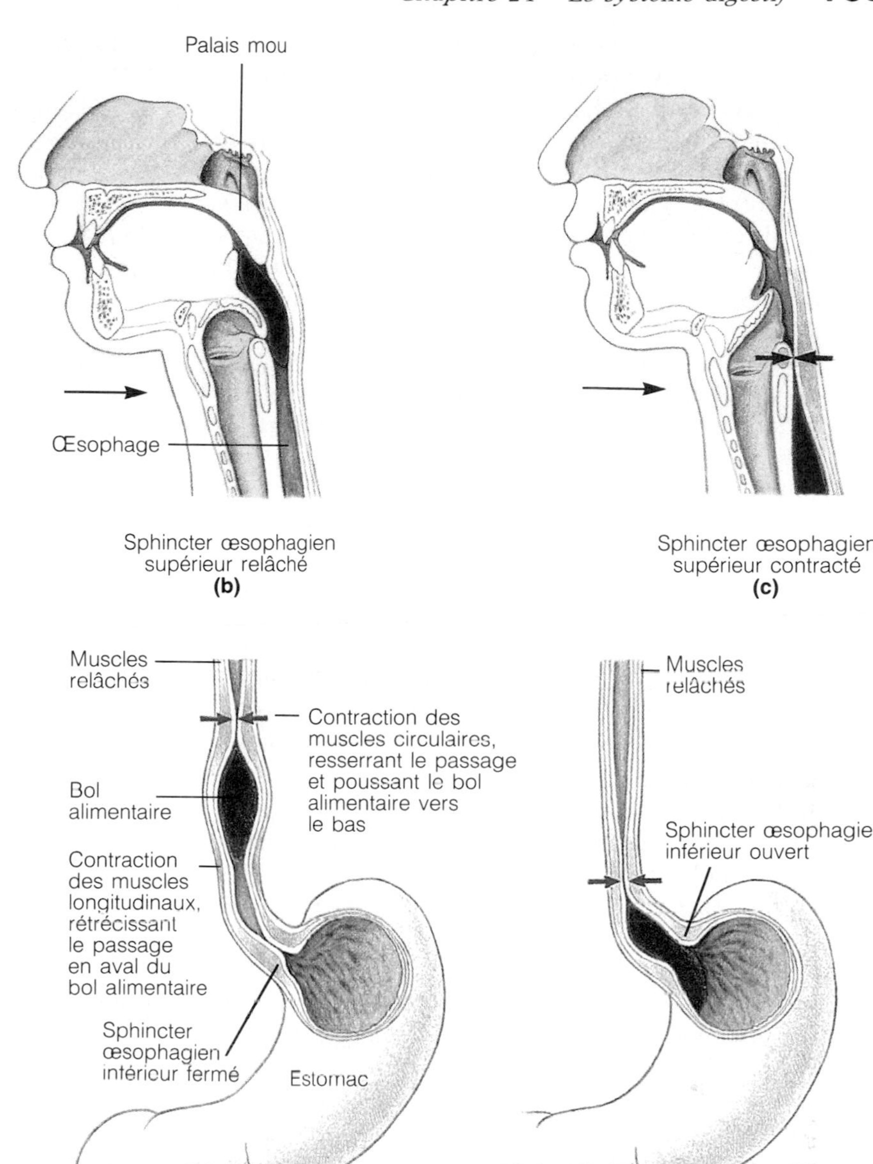

Figure 24.14 Déglutition. Le processus de déglutition se compose de deux étapes dont l'une est volontaire (orale) et l'autre, involontaire (pharyngo-œsophagienne). (**a**) Au cours de l'étape orale, la langue s'élève et pousse contre le palais osseux; de cette façon, elle force le bol alimentaire dans l'oropharynx. Une fois que les aliments ont pénétré dans le pharynx, l'étape involontaire de la déglutition se met en place. (**b**) Le passage de la nourriture dans les voies respiratoires est empêché par l'élévation de la luette, la fermeture de l'épiglotte et le relâchement du sphincter œsophagien supérieur pour permettre l'entrée des aliments dans l'œsophage. (**c**) Les muscles constricteurs du pharynx se contractent et poussent les aliments dans la partie inférieure de l'œsophage; le sphincter œsophagien supérieur se contracte après l'entrée des aliments. (**d**) Les aliments sont conduits le long de l'œsophage jusqu'à l'estomac par des ondes péristaltiques. (**e**) Le sphincter œsophagien inférieur s'ouvre et les aliments entrent dans l'estomac.

la muqueuse buccale (par exemple, la nitroglycérine), il ne se produit pratiquement pas d'absorption dans la bouche.

Contrairement à la bouche, qui assume de nombreuses fonctions, le pharynx et l'œsophage ne servent guère que de conduits pour propulser les aliments de la cavité orale à l'estomac. Cette unique fonction digestive est accomplie grâce à leur rôle dans la déglutition.

La digestion chimique est étudiée plus loin dans ce chapitre dans une section consacrée à la physiologie; seuls les processus mécaniques de la mastication et de la déglutition seront abordés ici.

Mastication

Lorsque la nourriture pénètre dans la bouche, sa dégradation mécanique est amorcée par la **mastication.** Les joues et les lèvres closes maintiennent les aliments entre les dents, la langue les mélange avec la salive pour les amollir et les dents coupent et broient les aliments solides en morceaux plus petits. La mastication est partiellement volontaire et partiellement réflexe. Nous la débutons en plaçant volontairement la nourriture dans notre bouche et en contractant les muscles qui ferment nos mâchoires. Cependant, les mouvements continus des mâchoires sont commandés par des réflexes d'étirement et par la pression stimulant des mécanorécepteurs situés dans les joues, les gencives et la langue.

Déglutition

Pour faire passer la nourriture de la bouche vers les autres organes, il faut d'abord la compacter en un bol alimentaire avec la langue, puis avaler. La **déglutition** est un processus complexe qui fait intervenir l'activité synchronisée de la langue, du palais mou, du pharynx, de l'œsophage et de plus de 22 groupes de muscles différents. On distingue deux étapes dans la déglutition, l'étape orale et l'étape pharyngo-œsophagienne (figure 24.14).

L'**étape orale** est volontaire et elle se déroule dans la bouche. Dans cette étape, nous plaçons le bout de la langue contre la palais osseux, puis nous contractons les muscles de la langue pour pousser le bol alimentaire dans l'oropharynx (figure 24.14a). En entrant dans le pharynx et en stimulant les récepteurs tactiles, la nourriture échappe à notre maîtrise et passe dans le domaine de l'activité réflexe involontaire.

L'**étape pharyngo-œsophagienne** de la déglutition est involontaire; elle est réglée par le centre de la déglutition situé dans le bulbe rachidien et à la base du pont. Les influx nerveux moteurs sont transmis de ce centre aux muscles du pharynx et de l'œsophage par l'intermédiaire de divers nerfs crâniens, dont les plus importants sont les nerfs vagues. Comme le montre la figure 24.14b, une fois que les aliments ont pénétré dans le pharynx, toutes les voies sont bloquées sauf la voie nécessaire, c'est-à-dire le tube digestif. La langue ferme la bouche, le palais mou s'élève pour clore le nasopharynx, et le larynx se dresse de sorte que l'épiglotte recouvre son ouverture vers les voies respiratoires.

La nourriture est propulsée à travers le pharynx vers l'œsophage grâce à des contractions péristaltiques semblables à des ondes (figure 24.14 c à e). Les aliments solides passent de l'oropharynx à l'estomac en 4 à 8 secondes; les liquides atteignent l'estomac en 1 à 2 secondes. Juste avant que l'onde péristaltique (et le bol alimentaire) atteigne l'extrémité de l'œsophage, le sphincter œsophagien inférieur se relâche de façon réflexe pour permettre l'entrée des aliments dans l'estomac.

Si nous essayons de parler ou d'inhaler tout en avalant, les divers mécanismes de protection peuvent être court-circuités et de la nourriture peut pénétrer dans les voies respiratoires. Cet événement déclenche habituellement le réflexe de la toux pour tenter d'expulser les aliments. ■

Estomac

Le tube digestif se dilate au-dessous de l'œsophage pour former l'**estomac** (voir la figure 24.7); c'est dans ce réservoir temporaire que débute la dégradation chimique des protéines et que le bol alimentaire est transformé en une bouillie crémeuse appelée **chyme** (*khumos* = suc). L'estomac est situé du côté gauche de la cavité abdominale, presque caché par le foie et le diaphragme. Bien retenu aux extrémités (œsophage et intestin grêle), il peut bouger librement entre les deux. Chez les personnes petites et corpulentes, il a tendance à être placé haut et à l'horizontale (estomac en corne de taureau); chez les personnes grandes et minces, il est souvent allongé à la verticale (estomac en forme de J).

Anatomie macroscopique

Chez l'adulte, l'estomac mesure environ 25 cm, mais son diamètre et son volume varient selon la quantité de nourriture qu'il contient. Un estomac vide possède un volume d'environ 500 mL, mais sa capacité est à peu près de 4 L de nourriture quand il est vraiment dilaté. Lorsqu'il est vide, l'estomac s'affaisse sur lui-même et sa muqueuse (et sa sous-muqueuse) présente de nombreux plis longitudinaux appelés **plis gastriques** (figure 24.15a et c).

Les principales régions de l'estomac sont présentées à la figure 24.15a. Le **cardia** constitue la jonction entre l'œsophage et l'estomac; l'**orifice du cardia** permet à la nourriture de pénétrer dans l'estomac en quittant l'œsophage. La **grosse tubérosité de l'estomac,** ou **fundus,** est la partie en forme de dôme qui se niche sous le diaphragme et fait saillie au-dessus et à côté du cardia. Le **corps** est la portion médiane de l'estomac et le **pylore,** en forme d'entonnoir, constitue sa partie terminale inférieure. Le pylore est constitué de l'*antre pylorique* et du *canal pylorique* qui communique avec le duodénum (portion initiale de l'intestin grêle) par l'**orifice pylorique.** À ce niveau, le **muscle sphincter pylorique** régit l'évacuation gastrique (*pulôros* = portier).

La face latérale convexe de l'estomac est nommée **grande courbure de l'estomac**; sa face médiane concave, **petite courbure de l'estomac.** Deux mésentères, appelés *épiploons*, se prolongent à partir de ces courbures et relient l'estomac à d'autres organes digestifs et à la paroi de l'abdomen (voir la figure 24.19, p. 793). Le **petit épiploon** s'étend du foie à la petite courbure de l'estomac, où il communique avec le péritoine viscéral qui recouvre l'estomac. Le **grand épiploon** forme une enveloppe au-dessous de l'estomac à partir de la grande courbure de l'estomac, et il recouvre les spirales de l'intestin grêle. Il chemine ensuite vers l'arrière et vers le haut (enfermant au passage la rate) pour envelopper la portion transverse du gros intestin avant de se confondre avec le *mésocôlon*, un mésentère dorsal qui relie le gros intestin au péritoine pariétal de la paroi abdominale postérieure. Le grand épiploon est criblé de dépôts graisseux, ce qui lui donne son apparence de tablier de dentelle recouvrant et protégeant le contenu de l'abdomen. Il contient aussi des amas de ganglions lymphatiques; les cellules immunitaires et les macrophages de ces ganglions exercent une surveillance dans la cavité péritonéale et les organes intrapéritonéaux.

Anatomie microscopique

La paroi de l'estomac est constituée des quatre tuniques caractéristiques de la majeure partie du tube digestif; la musculeuse et la muqueuse gastriques sont cependant modifiées pour remplir les rôles propres à l'estomac. Outre les couches circulaires et longitudinales habituelles de muscle lisse, la musculeuse possède une couche de muscle lisse plus profonde qui s'étend *obliquement* (figure 24.15a et b). Cette disposition permet à l'estomac

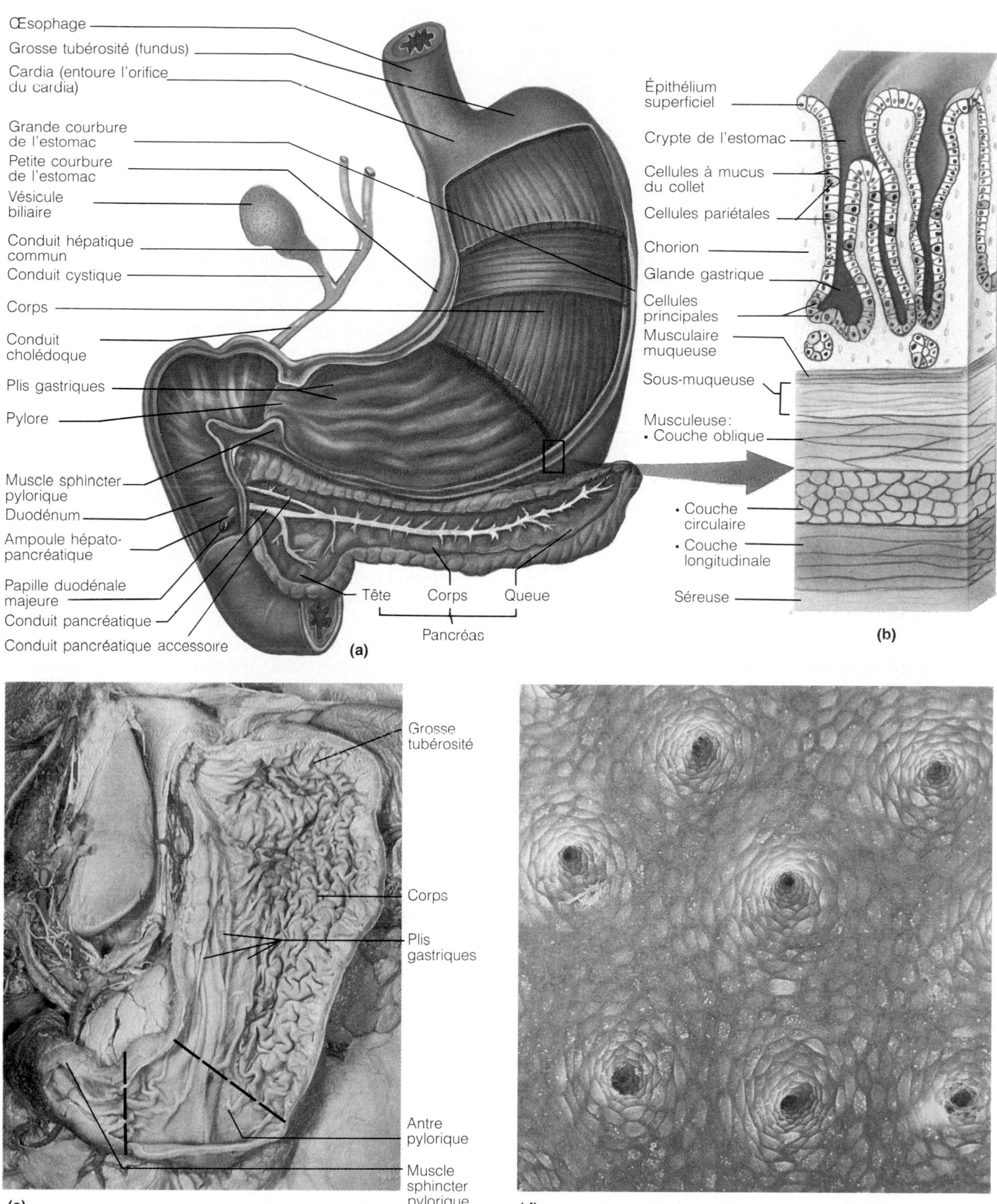

Figure 24.15 Anatomie de l'estomac. (**a**) Anatomie macroscopique interne (coupe frontale). Les conduits pancréatique, cystique et hépatique sont également représentés. (**b**) Vue agrandie de la paroi de l'estomac (coupe longitudinale) montrant les cryptes de l'estomac et les glandes gastriques. (**c**) Photographie de la face interne de l'estomac; notez les nombreux plis gastriques. (**d**) Micrographie au microscope électronique à balayage de la muqueuse gastrique, montrant les cryptes de l'estomac qui se prolongent jusqu'aux glandes gastriques (×800).

non seulement de déplacer la nourriture le long du tube, mais aussi de remuer, brasser et pétrir les aliments en les brisant physiquement en fragments plus petits.

Le revêtement épithélial de la muqueuse de l'estomac est un épithélium cylindrique simple entièrement composé de cellules caliciformes qui fabriquent de grandes quantités de mucus protecteur. Ce revêtement lisse est parsemé de millions d'invaginations appelées **cryptes de l'estomac** (figure 24.15b et d) qui se prolongent jusqu'aux **glandes gastriques,** lesquelles sécrètent le **suc gastrique.** Les cellules qui tapissent les parois des cryptes de l'estomac sont généralement semblables à celles de la muqueuse, tandis que les cellules qui composent les glandes gastriques varient selon les différentes régions de l'estomac. Par exemple, les cellules situées dans les glandes du cardia et du pylore sont surtout des cellules sécrétrices de mucus. Les glandes de la grosse tubérosité du corps et de l'estomac, où s'effectue la majeure partie de la digestion chimique, sont beaucoup plus grosses et élaborent la majorité des sécrétions servant à la digestion. Les glandes de ces régions contiennent des cellules sécrétrices diverses, dont les quatre types décrits ci-dessous.

1. Les **cellules à mucus du collet,** localisées dans les régions supérieures des glandes, ou régions du «collet», élaborent un type de mucus différent de celui des cellules sécrétrices de l'épithélium superficiel. La fonction *spécifique* de ce mucus n'est pas encore connue.

2. Les **cellules pariétales (bordantes)**, réparties à travers les cellules à mucus du collet, sécrètent de l'*acide chlorhydrique (HCl)* et le facteur intrinsèque. L'acide chlorhydrique rend le contenu de l'estomac très acide (pH de 1,5 à 3,5); cette condition est nécessaire pour, d'une part, activer le pepsinogène et, d'autre part, détruire un grand nombre de bactéries ingérées avec les aliments. Le **facteur intrinsèque** est une glycoprotéine nécessaire à l'absorption de la vitamine B_{12} dans l'intestin grêle.

3. Les **cellules principales** élaborent le *pepsinogène,* la forme inactive de la **pepsine,** une enzyme protéolytique. Les cellules principales se trouvent surtout dans les régions basales des glandes gastriques. Lorsque les cellules principales sont stimulées, les premières molécules de pepsinogène libérées sont activées par l'acide chlorhydrique (situé dans la région apicale de la glande); mais, dès que la pepsine est présente, elle aussi provoque la transformation du pepsinogène en pepsine. Ce phénomène de rétroactivation n'est limité que par la quantité de pepsinogène présent. Le processus d'activation fait intervenir la libération d'un petit fragment peptidique d'une molécule de pepsinogène, ce qui provoque un changement de la forme de cette enzyme et expose son site actif.

4. Les **cellules endocrines** libèrent directement dans le chorion diverses hormones et d'autres substances semblables à des hormones. Ces substances, parmi lesquelles la **gastrine,** l'**histamine,** les **endorphines** (opiacés naturels), la **sérotonine,** la **cholécystokinine** et la **somatostatine,** diffusent ensuite dans les capillaires sanguins et finissent par influer sur la physiologie de plusieurs organes cibles du système digestif (tableau 24.1). La gastrine, en particulier, joue un rôle essentiel dans la régulation des sécrétions et de la motilité gastriques, comme nous allons le voir plus loin.

La muqueuse gastrique est exposée à certaines conditions qui comptent parmi les plus rigoureuses dans tout le tube digestif. En effet, le suc gastrique est un acide corrosif (la concentration des ions H^+ dans l'estomac est cent mille fois supérieure à celle du sang) et ses enzymes protéolytiques ont la capacité de digérer l'estomac lui-même. La formation de la **barrière muqueuse** qui assure la protection de l'estomac est due à trois facteurs: (1) une couche épaisse de mucus s'accumule sur la paroi de l'estomac; (2) les cellules épithéliales de la muqueuse fusionnent par des jonctions serrées qui empêchent le suc gastrique de se répandre dans les couches de tissus sous-jacents; (3) les cellules épithéliales de la muqueuse endommagées sont rapidement remplacées grâce à la division de *cellules épithéliales indifférenciées* que l'on retrouve dans le collet des glandes et dans le fond des cryptes de l'estomac. L'épithélium de l'estomac est complètement renouvelé tous les trois à six jours.

Tout agent qui perce la barrière muqueuse provoque une inflammation des couches sous-jacentes de la paroi de l'estomac; cette affection est appelée *gastrite.* Une lésion persistante des tissus sous-jacents peut provoquer des *ulcères gastriques,* c'est-à-dire des érosions des parois de l'estomac, dont le symptôme le plus douloureux est la sensation (projetée dans la région épigastrique) que l'estomac est percé et rongé. La douleur survient habituellement une à deux heures après un repas et, selon les individus, elle est soulagée ou aggravée par l'ingestion de nourriture. Les facteurs courants de prédisposition à la formation d'ulcères incluent l'hypersécrétion de pepsinogène ou d'acide chlorhydrique, et/ou l'hyposécrétion de mucus. Le tabac, l'alcool, le café et le stress semblent aussi favoriser la formation d'ulcères, mais la cause exacte en est encore inconnue. Une théorie récente avance que certains ulcères sont la manifestation de la «sale besogne» de *Campylobacter,* une bactérie en forme de tire-bouchon résistante aux acides. Cependant, il a été difficile de confirmer cette théorie à cause de l'omniprésence de la bactérie. Désormais, les ulcères gastriques ne sont plus soignés à l'aide de régimes lactés, car même si les produits laitiers neutralisent brièvement l'acidité gastrique, leur haute teneur en calcium et en protéines stimule en fait la sécrétion d'acide chlorhydrique. Les médicaments qui inhibent la sécrétion de HCl constituent aujourd'hui le traitement de choix des ulcères gastriques. Les ulcères, quel que soit l'endroit où ils se forment, peuvent mener à la perforation de la paroi de l'organe suivie d'une péritonite et, éventuellement, d'une hémorragie massive. ■

Processus digestifs qui se déroulent dans l'estomac

L'estomac joue un rôle dans toutes les activités digestives, à l'exception de l'ingestion et de la défécation. Outre sa

Tableau 24.1 Hormones et substances semblables aux hormones qui jouent un rôle dans le digestion*

Hormone	Origine	Stimulus de la production	Organe cible	Activité
Gastrine	Muqueuse gastrique	Aliments (en particulier les protéines partiellement digérées) dans l'estomac (stimulation chimique); l'acétylcholine libérée par les neurofibres	Estomac	• Stimule la sécrétion des glandes gastriques; effets les plus marqués sur la sécrétion de HCl • Stimule l'évacuation de l'estomac
			Intestin grêle	• Stimule la contraction des muscles lisses de l'intestin
			Valve iléo-cæcale	• Relâche la valve iléo-cæcale
			Gros intestin	• Stimule les mouvements de masse
Sérotonine	Muqueuse gastrique	Aliments dans l'estomac	Estomac	• Cause la contraction des muscles lisses de l'estomac
Histamine	Muqueuse gastrique	Aliments dans l'estomac	Estomac	• Stimule la libération de HCl par les cellules pariétales
Somatostatine (GH-IH)	Muqueuse gastrique; muqueuse duodénale	Aliments dans l'estomac; stimulation par les neurofibres du système nerveux sympathique	Estomac	• Inhibe la sécrétion gastrique de toutes les substances; inhibe la motilité et l'évacuation gastriques
			Pancréas	• Inhibe la sécrétion
			Intestin grêle	• Diminue la circulation sanguine dans le tube digestif; inhibe ainsi l'absorption intestinale
			Vésicule biliaire	• Inhibe la contraction de l'organe et la libération de la bile
Gastrine entérique	Muqueuse du duodénum proximal	Aliments acides et partiellement digérés dans le duodénum	Estomac	• Stimule les glandes et la motilité gastriques
Sécrétine	Muqueuse duodénale	Chyme acide (aussi les protéines partiellement digérées, les graisses, les liquides hypertoniques et hypotoniques, ou les agents irritants dans le chyme)	Estomac	• Inhibe la sécrétion et la motilité gastriques au cours de la phase gastrique de la sécrétion
			Pancréas	• Augmente la sécrétion du suc pancréatique riche en ions bicarbonate; potentialise l'action de la CCK
			Foie	• Augmente la sécrétion de la bile
Cholécystokinine (CCK)	Muqueuse duodénale	Chyme gras, en particulier, mais aussi les protéines partiellement digérées	Foie/pancréas	• Potentialise l'action de la sécrétine sur ces organes
			Pancréas	• Augmente la sécrétion de suc pancréatique riche en enzymes
			Vésicule biliaire	• Stimule la contraction de l'organe et l'expulsion de la bile emmagasinée
			Sphincter de l'ampoule hépato-pancréatique	• Relâche le sphincter pour permettre l'entrée de la bile et du suc pancréatique dans le duodénum
Peptide inhibiteur gastrique (GIP)	Muqueuse duodénale	Chyme gras ou contenant du glucose	Estomac	• Inhibe la sécrétion et la motilité gastriques au cours de la phase gastrique

*À l'exception de la somatostatine, tous ces polypeptides stimulent aussi la croissance (particulièrement de la muqueuse) des organes sur lesquels ils agissent.

fonction de «zone de rétention» pour les aliments ingérés, l'estomac continue le travail de démolition entrepris dans la cavité buccale en dégradant encore davantage les aliments, à la fois physiquement et chimiquement. Il déverse ensuite le chyme dans l'intestin grêle selon un rythme approprié.

La digestion des protéines amorcée dans l'estomac est pratiquement le seul type de digestion enzymatique à se produire dans cet organe. La pepsine constitue l'enzyme protéolytique la plus importante élaborée par la muqueuse gastrique. Chez l'enfant, toutefois, les glandes gastriques sécrètent aussi du **lab-ferment,** une enzyme qui agit sur la protéine du lait (caséine) et la transforme en une substance coagulée semblable à du lait caillé. Deux substances liposolubles courantes, l'alcool et l'aspirine, ainsi que d'autres médicaments liposolubles, traversent facilement la muqueuse gastrique pour pénétrer dans le sang. Le passage de l'aspirine à travers la muqueuse gastrique peut causer des saignements d'estomac; les personnes souffrant d'ulcères gastriques devraient donc éviter d'ingérer de l'aspirine.

En dépit des avantages évidents que présente la préparation de l'entrée des aliments dans l'intestin, l'estomac ne possède qu'une seule fonction essentielle à la vie, la sécrétion du facteur intrinsèque. Le **facteur intrinsèque** est requis pour l'absorption intestinale de la

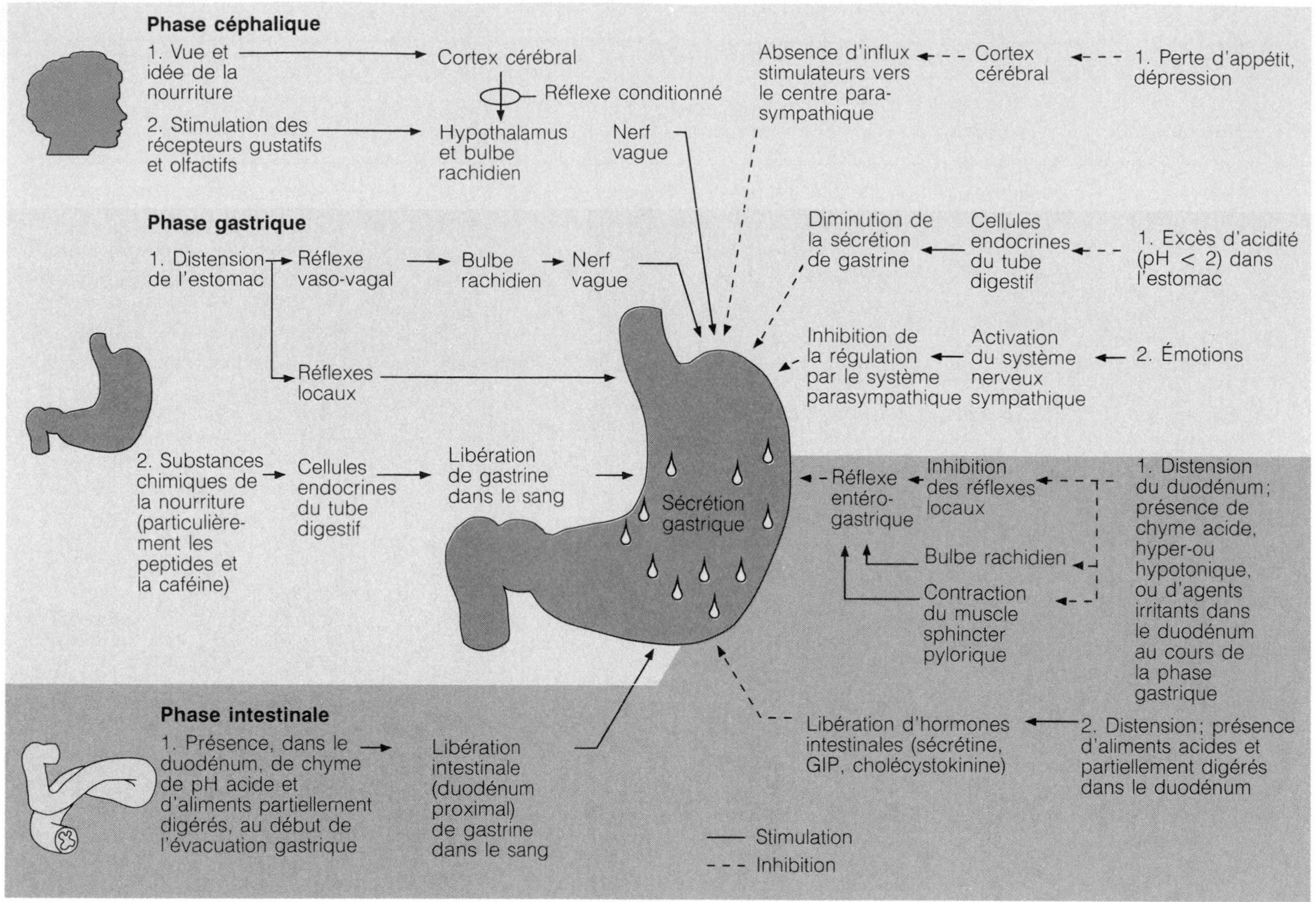

Figure 24.16 Mécanismes nerveux et hormonaux liés à la régulation de la libération de suc gastrique. Les facteurs de stimulation sont présentés à gauche; les facteurs d'inhibition, à droite.

vitamine B_{12}, nécessaire à la production d'érythrocytes matures; l'*anémie pernicieuse* survient en son absence. C'est ainsi que les personnes qui ont subi une gastrectomie totale (ablation de l'estomac) peuvent avoir une vie normale (à part des troubles digestifs minimes) si on leur injecte de la vitamine B_{12}. (Nous présentons un résumé des activités de l'estomac dans le tableau 24.2, p. 808.)

Nous traiterons ultérieurement de la digestion chimique et de l'absorption; nous allons compléter ici notre discussion des fonctions digestives gastriques en nous attachant aux événements qui d'une part régissent l'activité sécrétoire des glandes gastriques et d'autre part règlent la motilité et l'évacuation de l'estomac.

Régulation de la sécrétion gastrique

La sécrétion gastrique est régie par des mécanismes tant nerveux que hormonaux; dans des conditions normales, la muqueuse gastrique déverse jusqu'à 2 à 3 L de suc gastrique par jour. La régulation nerveuse est assurée par les réflexes nerveux longs (médiation par les nerfs vagues) et courts (réflexes entériques locaux). La stimulation de l'estomac par les nerfs vagues augmente la sécrétion de presque toutes les glandes, alors que l'activation par les nerfs sympathiques inhibe la sécrétion. La régulation hormonale de la sécrétion gastrique est en grande partie assurée par la gastrine, qui stimule la sécrétion d'enzymes et d'acide chlorhydrique; elle dépend aussi de la production des hormones de l'intestin grêle, qui sont surtout des antagonistes de la gastrine.

Les stimulus qui provoquent ou inhibent la sécrétion gastrique agissent à trois endroits, c'est-à-dire l'encéphale, l'estomac et l'intestin grêle; c'est pourquoi les trois phases de la sécrétion gastrique sont nommées phases céphalique, gastrique et intestinale (figure 24.16). Cependant, dans chacun des cas, les glandes et les muscles lisses de l'estomac sont les effecteurs et, une fois amorcées, une seule ou toutes les phases à la fois peuvent se dérouler.

1. Phase céphalique (réflexe). La phase céphalique, ou réflexe, de la sécrétion gastrique se met en place *avant* que les aliments ne pénètrent dans l'estomac, et elle est déclenchée par la vue, l'arôme, le goût ou l'idée de la nourriture. Au cours de cette phase, l'encéphale prépare l'estomac avant que ce dernier ne commence sa tâche de digestion. Les influx nerveux partent des récepteurs olfactifs et des bourgeons gustatifs activés, et sont relayés à l'hypothalamus qui, à son tour, stimule les noyaux des nerfs vagues du bulbe rachidien; les nerfs vagues envoient alors des influx moteurs vers les glandes gastriques.

L'augmentation de la sécrétion provoquée par la vue ou l'idée de la nourriture est considérée comme un *réflexe conditionné,* car elle se produit uniquement si nous aimons ou désirons cette nourriture. Si nous sommes déprimés ou sans appétit, cette partie du réflexe céphalique est amoindrie.

2. Phase gastrique. Une fois que les aliments ont atteint l'estomac, les mécanismes nerveux et hormonaux mettent en action la phase gastrique, au cours de laquelle les deux tiers environ du suc gastrique libéré sont fabriqués. La distension, les peptides et une faible acidité représentent les stimulus les plus importants. L'étirement de l'estomac active les mécanorécepteurs de sa paroi et provoque les réflexes locaux (myentériques) et les réflexes longs vaso-vagaux. Dans ce dernier type de réflexe, les influx se rendent au bulbe rachidien par les neurofibres afférentes des nerfs vagues, puis reviennent à l'estomac par l'intermédiaire des neurofibres efférentes des mêmes nerfs (les nerfs vagues sont des nerfs mixtes). Les deux types de réflexes conduisent à la libération d'acétylcholine (ACh), ce qui stimule encore plus la libération de suc gastrique.

Les changements nerveux provoqués par la distension de l'estomac sont importants, mais la gastrine, une hormone sécrétée dans le sang en réaction à la faible acidité et aux peptides, joue probablement un plus grand rôle dans la stimulation de la sécrétion au cours de la phase gastrique. Les stimulus chimiques que provoquent les protéines partiellement digérées et la caféine (présente dans les boissons à base de cola, le café et le thé) activent directement les cellules sécrétrices de gastrine. Cette hormone, à son tour, stimule le flux de suc gastrique. Elle active aussi la libération d'enzymes, mais ses principales cibles sont les cellules pariétales sécrétrices d'acide chlorhydrique. La sécrétion de gastrine est *inhibée* par une acidité élevée du contenu gastrique (pH inférieur à 2).

Quand des aliments protéiques se trouvent dans l'estomac, le pH du contenu gastrique augmente généralement à cause de l'effet tampon des protéines qui se lient aux ions H^+. L'augmentation du pH stimule la gastrine et, en conséquence, provoque la libération d'acide chlorhydrique, lequel maintient les conditions d'acidité nécessaires à la digestion des protéines. Plus le contenu protéique des aliments est élevé, plus la quantité de gastrine et d'acide chlorhydrique libérée est grande. Au cours de la digestion des protéines, le contenu de l'estomac devient de plus en plus acide, ce qui inhibe de nouveau les cellules sécrétrices de gastrine. Ce mécanisme de rétro-inhibition contribue au maintien d'un pH optimal pour le fonctionnement des enzymes gastriques.

Les cellules sécrétrices de gastrine sont aussi activées par les réflexes nerveux déjà décrits. Les émotions, la peur, l'anxiété ou tout autre état qui déclenche une réaction de lutte ou de fuite inhibent la sécrétion gastrique parce que (à ce moment-là) la division sympathique du système nerveux autonome annule les mécanismes régulateurs de la digestion exercés par la division parasympathique (figure 24.16).

La régulation des cellules pariétales sécrétrices d'acide chlorhydrique est unique et présente de nombreux aspects. En principe, la sécrétion de HCl est stimulée par trois substances chimiques : l'*acétylcholine,* libérée par les neurofibres parasympathiques, ainsi que la *gastrine* et l'*histamine,* libérées par les cellules endocrines. Quand seulement une des trois substances chimiques est liée à son récepteur de la membrane plasmique des cellules pariétales, la sécrétion d'acide chlorhydrique est peu abondante, mais lorsque les trois substances se fixent simultanément sur leur récepteur respectif, la quantité de HCl déversée est importante. (Les antihistaminiques, comme la cimétidine, sont utilisés avec succès dans le traitement des ulcères gastriques causés par l'hyperacidité.) Le processus de formation de HCl dans les cellules pariétales est complexe et jusqu'à présent mal connu. Actuellement, il y a consensus sur le fait que des ions H^+ sont activement introduits dans la lumière de l'estomac contre un important gradient de concentration. À mesure que les ions hydrogène sont sécrétés, les ions chlorure (Cl^-) sont aussi envoyés dans la lumière. Les ions Cl^- viennent du plasma sanguin, alors que les ions H^+ semblent provenir de la dégradation de l'acide carbonique (formé par la combinaison de gaz carbonique et d'eau) dans la cellule pariétale, c'est-à-dire : $CO_2 + H_2O \rightarrow H_2CO_3 \rightarrow H^+ + HCO_3^-$. Lorsque les ions H^+ sortent de la cellule et que la quantité de HCO_3^- (ions bicarbonate) devient excessive, les ions bicarbonate sont expulsés par la membrane plasmique du pôle basal de la cellule et rejoignent les capillaires sanguins de la sous-muqueuse. Par conséquent, le sang drainé de l'estomac est plus alcalin que celui qui l'irrigue ; ce phénomène est appelé **augmentation de l'alcalinité**.

3. Phase intestinale. La phase intestinale de la sécrétion gastrique possède deux composantes, l'une excitatrice et l'autre inhibitrice (figure 24.16). La partie *excitatrice* est mise en action lorsque les aliments partiellement digérés commencent à remplir la partie supérieure de l'intestin grêle (duodénum). Cet événement stimule la libération par les cellules de la muqueuse intestinale d'une hormone qui maintient l'activité sécrétoire des glandes gastriques. Bien que la nature précise de cette hormone ne soit pas connue, ses effets ressemblent à ceux de la gastrine, et elle a donc été nommée **gastrine intestinale** (**entérique**). Cependant, les mécanismes intestinaux ne stimulent que brièvement la sécrétion gastrique. En réponse à la distension de l'intestin par le chyme (qui contient de grandes quantités d'ions H^+, de graisses, de protéines partiellement digérées et diverses substances irritantes), la partie *inhibitrice* est déclenchée sous la forme du **réflexe entéro-gastrique.**

Le réflexe entéro-gastrique a en fait trois actions : (1) il inhibe les noyaux des nerfs vagues dans le bulbe rachidien ; (2) il inhibe les réflexes locaux ; (3) il active les neurofibres sympathiques qui provoquent le resserrement du muscle sphincter pylorique et empêchent l'entrée d'autres aliments dans l'intestin grêle. En conséquence, la sécrétion gastrique diminue. Comme nous le verrons plus en détail dans la section suivante, ces «freins» de l'activité gastrique protègent l'intestin grêle des dommages causés par une acidité élevée ; ils ajustent également la capacité digestive de l'intestin grêle en fonction de la quantité de chyme qui y pénètre à n'importe quel moment.

D'autre part, les facteurs déjà mentionnés déclenchent la libération de plusieurs hormones entériques, dont la **sécrétine**, la **cholécystokinine** (CCK) et le **peptide inhibiteur gastrique** (GIP, «gastric inhibitory peptide»). Toutes ces hormones inhibent la sécrétion gastrique au cours d'une activité intense de l'estomac. Elles remplissent aussi d'autres rôles qui sont résumés au tableau 24.1, p. 787.

Motilité et évacuation gastriques

La musculeuse, disposée en trois couches, exécute les contractions de l'estomac, qui non seulement causent son évacuation mais compressent, pétrissent, déforment et brassent continuellement les aliments avec le suc gastrique pour former le chyme. Dans l'estomac, les mouvements de brassage sont exécutés par un seul type de péristaltisme (dans le pylore, par exemple, il est bidirectionnel plutôt qu'unidirectionnel) ; c'est pourquoi les processus de digestion mécanique et de propulsion se produisent simultanément.

Réaction de l'estomac au remplissage. L'estomac s'étire pour recevoir la nourriture qui entre, mais la pression interne de l'estomac demeure constante jusqu'à ce que le volume de nourriture ingérée atteigne environ 1 L. (Par la suite, la pression s'élève.) La pression relativement stable dans un estomac qui se remplit est la manifestation de deux phénomènes: (1) le relâchement de la musculature gastrique grâce à un réflexe médiateur et (2) la plasticité du muscle lisse viscéral.

Le relâchement réflexe du muscle lisse gastrique survient aussi bien par anticipation que par réaction à l'entrée de nourriture dans l'estomac. Le muscle gastrique se relâche pendant que les aliments se déplacent le long de l'œsophage après avoir été avalés. Ce relâchement est coordonné par le centre de déglutition du bulbe rachidien. L'estomac se relâche également quand il est distendu par des aliments (c'est-à-dire par le remplissage gastrique), ce qui active les mécanorécepteurs situés dans sa paroi. Les nerfs vagues sont les médiateurs de ces deux types de relâchement réflexe.

La **plasticité** est la capacité intrinsèque du muscle lisse viscéral de manifester une réponse contraction-relâchement, c'est-à-dire de se distendre sans grande augmentation de sa tension et sans contraction d'expulsion. Comme nous l'avons décrit au chapitre 9 (p. 278), la plasticité est très importante dans les organes creux comme l'estomac, dont le rôle est de servir de réservoirs temporaires.

Contraction gastrique. Après un repas, le péristaltisme débute près du sphincter œsophagien inférieur où il ne provoque que de légers mouvements d'ondulation de la paroi gastrique. Mais lorsque les contractions péristaltiques s'approchent du pylore, où la musculature de l'estomac est plus épaisse, elles deviennent beaucoup plus puissantes. En conséquence, le contenu de la grosse tubérosité ne subit qu'un brassage minime alors que, dans l'antre pylorique, les aliments se font pétrir et se mélangent.

La région pylorique de l'estomac contient environ 30 mL de chyme ; elle agit comme un «filtre dynamique» qui ne laisse passer que les liquides et les petites particules par l'orifice pylorique, à peine ouvert au cours de la digestion. En général, chaque onde péristaltique qui atteint la musculature du pylore «éjecte» ou fait gicler au maximum 3 mL de chyme dans l'intestin grêle. Le reste (environ 27 mL) est reflué dans l'estomac, où il est brassé davantage parce que la contraction *ferme* aussi l'orifice pylorique (figure 24.17). Ce brassage en va-et-vient broie efficacement les solides du contenu gastrique.

L'intensité des ondes péristaltiques de l'estomac peut varier considérablement, mais la fréquence des contractions demeure de trois par minute environ. Ce rythme de contraction semble déterminé par l'activité

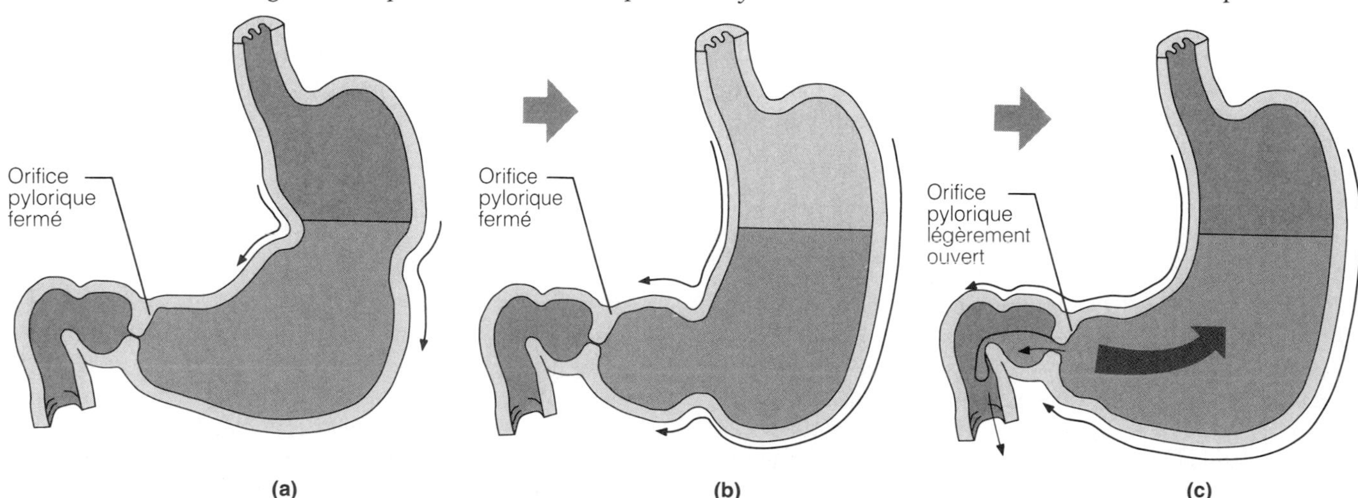

Figure 24.17 Les ondes péristaltiques agissent surtout sur la partie inférieure de l'estomac pour brasser le chyme et le faire passer à travers l'orifice pylorique. (**a**) Les ondes péristaltiques se déplacent vers le pylore. (**b**) L'effet de péristaltisme et le brassage le plus vigoureux se produisent près du pylore. (**c**) L'extrémité pylorique de l'estomac agit comme une pompe qui déverse de petites quantités de chyme dans le duodénum, tout en refluant simultanément la plus grande partie de son contenu dans l'estomac, où il continue à être brassé.

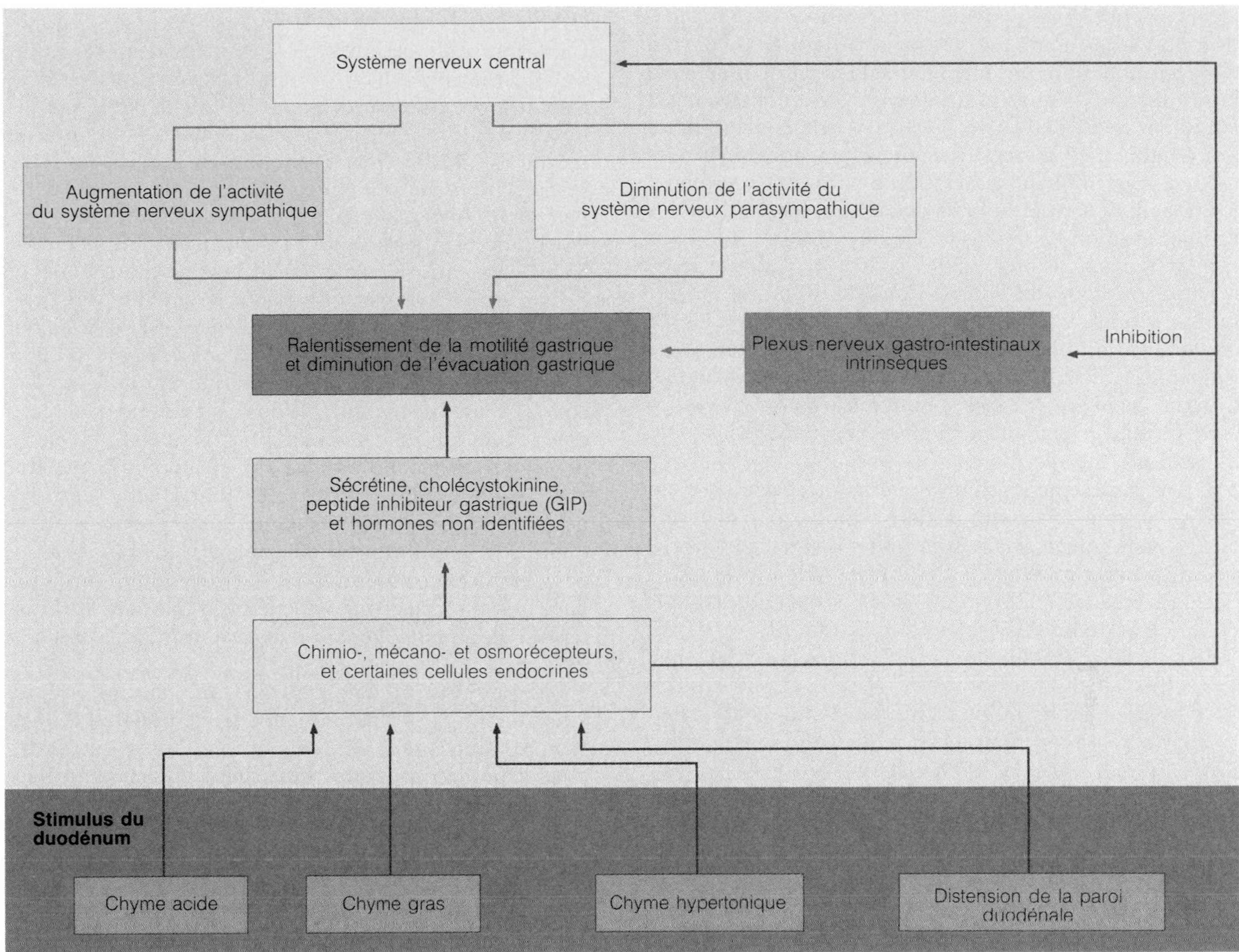

Figure 24.18 Facteurs nerveux et hormonaux qui inhibent l'évacuation gastrique. Ces mécanismes de régulation assurent une bonne liquéfaction des aliments dans l'estomac et empêchent une surcharge du duodénum.

spontanée de *cellules pacemakers* situées dans la couche longitudinale de muscle lisse au niveau de la grande courbure de l'estomac. Les cellules pacemakers se dépolarisent et se repolarisent à la fréquence de 3 cycles/min. Le rythme de base de l'activité électrique de l'estomac est donc *lent.* Comme les cellules pacemakers sont reliées au reste du feuillet de muscle lisse par des jonctions ouvertes (couplées électriquement), leur «excitation» est transmise rapidement et de manière efficace à toute la musculature de l'estomac. Les cellules pacemakers fixent la fréquence maximale de contraction, mais elles n'amorcent pas les contractions et ne règlent pas leur intensité. Elles génèrent plutôt des dépolarisations sous le seuil d'excitation des cellules musculaires (infraliminaires); ces dépolarisations sont amplifiées au-delà du seuil d'excitation par des facteurs extrinsèques.

Les mêmes facteurs, responsables de l'augmentation de la force des contractions de l'estomac, augmentent la sécrétion gastrique. La distension de la paroi gastrique par les aliments active les mécanorécepteurs sensibles à l'étirement et les cellules sécrétrices de gastrine qui, finalement, stimulent le muscle lisse de la paroi et augmentent ainsi la motilité gastrique. Par conséquent, plus il y a de nourriture dans l'estomac, plus les mouvements de mélange et d'évacuation sont vigoureux (jusqu'à une certaine limite) comme nous le décrirons dans la section suivante.

Régulation de l'évacuation gastrique. En général, l'estomac se vide complètement en moins de quatre heures après un repas. Cependant, plus le repas est copieux (plus la distension est importante) et plus les aliments sont liquides, plus l'estomac se vide rapidement. Les liquides traversent l'estomac très rapidement; les solides, par contre, y demeurent jusqu'à ce qu'ils soient bien mélangés avec le suc gastrique et transformés à l'état de liquide.

La vitesse d'évacuation de l'estomac est fonction du contenu du duodénum autant sinon plus que du degré de digestion des aliments dans l'estomac. En fait, ce sont les rétroactions du duodénum qui coordonnent l'évacuation du chyme acide de l'estomac. à l'entrée du chyme dans le duodénum, les récepteurs de la paroi duodénale répondent aux signaux chimiques et à la distension, et amorcent le réflexe entéro-gastrique et les mécanismes hormonaux (GIP et sécrétine) décrits précédemment. Ces mécanismes inhibent la sécrétion gastrique et empêchent le duodénum de se remplir davantage en réduisant la force des contractions pyloriques (figure 24.18)

Un repas riche en glucides se déplace de façon générale plus rapidement dans le duodénum, tandis que les graisses forment une couche huileuse sur le dessus du chyme et sont digérées plus lentement par les enzymes intestinales. Lorsque le chyme qui entre dans le duodénum est riche en graisses, la nourriture peut demeurer dans l'estomac pendant au moins six heures ou plus avant que celui-ci ne se vide.

Le **vomissement** est une expérience désagréable qui provoque l'évacuation de l'estomac par une voie autre que la voie normale. Il est généralement amorcé par une distension extrême de l'estomac ou de l'intestin, ou par la présence, dans ces organes, d'agents irritants comme des toxines bactériennes, une quantité excessive d'alcool, des aliments épicés et certains médicaments. Les influx sensitifs des zones irritées atteignent le **centre du vomissement** du bulbe rachidien et amorcent un certain nombre de réponses motrices. Les muscles squelettiques de la paroi abdominale et le diaphragme se contractent et augmentent la pression intra-abdominale, le sphincter œsophagien inférieur se relâche et le palais mou s'élève pour fermer les voies nasales. Le contenu de l'estomac et du duodénum est alors poussé vers le haut par l'œsophage et le pharynx et sort par la bouche. Avant de vomir, une personne présente une pâleur typique, se sent prise de nausées et salive abondamment. Des vomissements excessifs peuvent provoquer la déshydratation en raison de la perte d'eau qui serait normalement absorbée et des graves perturbations de l'équilibre électrolytique (ions) et acido-basique (H^+) de l'organisme (voir l'encadré de la p. 795). De grandes quantités d'acide chlorhydrique sont perdues en vomissant; l'estomac tente de compenser l'acide perdu (H^+), ce qui a pour effet de rendre le sang alcalin (HCO_3^-). ■

Intestin grêle et structures annexes

C'est dans l'intestin grêle que les nutriments sont finalement préparés en vue de leur transport dans les cellules de l'organisme. Cette fonction vitale ne peut toutefois s'accomplir sans l'aide des sécrétions du foie (bile) et du pancréas (enzymes digestives). Il sera donc également question de ces organes essentiels dans cette section.

Intestin grêle

L'**intestin grêle** est le principal organe de la digestion. La digestion s'achève dans ses passages enroulés, où s'effectue presque toute l'absorption.

Anatomie macroscopique

L'intestin grêle est un tube présentant des anses, qui s'étend du sphincter pylorique jusqu'à la **valve iléo-cæcale** (voir la figure 24.7). Il s'agit de la partie la plus longue du tube digestif, mais son diamètre n'est que de 2,5 cm. L'intestin grêle mesure de 6 à 7 m de long dans un cadavre, mais sa longueur n'est que de 2 m chez une personne vivante (à cause du tonus musculaire).

L'intestin grêle possède trois segments: le duodénum, en majeure partie rétropéritonéal, et le jéjunum et l'iléon, deux organes intrapéritonéaux. Le **duodénum** (littéralement, « d'une longueur de douze doigts ») est relativement immobile; il s'incurve autour de la tête du pancréas (voir la figure 24.15a) et mesure environ 25 cm de long. Les conduits qui amènent la bile du foie et le suc pancréatique du pancréas se rejoignent près du duodénum en un point qui forme un bulbe, appelé **ampoule hépato-pancréatique** (ou ampoule de Vater); cette dernière déverse son contenu dans le duodénum par l'intermédiaire de la **papille duodénale majeure** (ou grande caroncule) en forme de volcan (voir la figure 24.15). L'entrée de la bile et du suc pancréatique est réglée par le **sphincter de l'ampoule hépato-pancréatique** (ou sphincter d'Oddi).

Le **jéjunum** (littéralement, « à jeun ») mesure environ 2,5 m de long et s'étend du duodénum à l'iléon. L'**iléon** (*eilein* = enrouler) d'une longueur d'environ 3,6 m, débouche sur le gros intestin à la hauteur de la valve iléo-cæcale. Le jéjunum et l'iléon sont accrochés comme des saucisses enroulées dans la partie inférieure médiane de la cavité abdominale, et ils sont suspendus à la paroi abdominale postérieure par un **mésentère** en forme d'éventail (voir la figure 24.19). Les parties les plus distales de l'intestin grêle sont entourées par le gros intestin.

Anatomie microscopique

Modifications pour l'absorption. L'intestin grêle est parfaitement adapté à sa fonction d'absorption des nutriments. Sa longueur elle-même fournit une surface étendue, et sa paroi offre trois types de modifications structurales: les *plis circulaires,* les *villosités intestinales* et les *microvillosités;* ces éléments augmentent de manière considérable la surface de contact entre la muqueuse de l'intestin et les nutriments. La surface de l'intestin est évaluée approximativement à 200 m^2 (l'équivalent de la superficie d'une maison ordinaire de deux étages)! La majeure partie de l'absorption se produit dans la partie proximale de l'intestin grêle, et le nombre de saillies diminue vers l'extrémité de l'organe.

Les **plis circulaires** (ou **valvules conniventes**) sont des replis profonds et permanents de la muqueuse et de la sous-muqueuse (figure 24.20a). Un certain nombre d'entre eux font tout le périmètre de l'intestin grêle alors que d'autres ne s'étendent que sur une partie de ce périmètre. Les plis font tourner le chyme sur lui-même dans la lumière. Le chyme est ainsi continuellement mélangé avec le suc intestinal et son déplacement s'en trouve ralenti, ce qui favorise une absorption complète des nutriments.

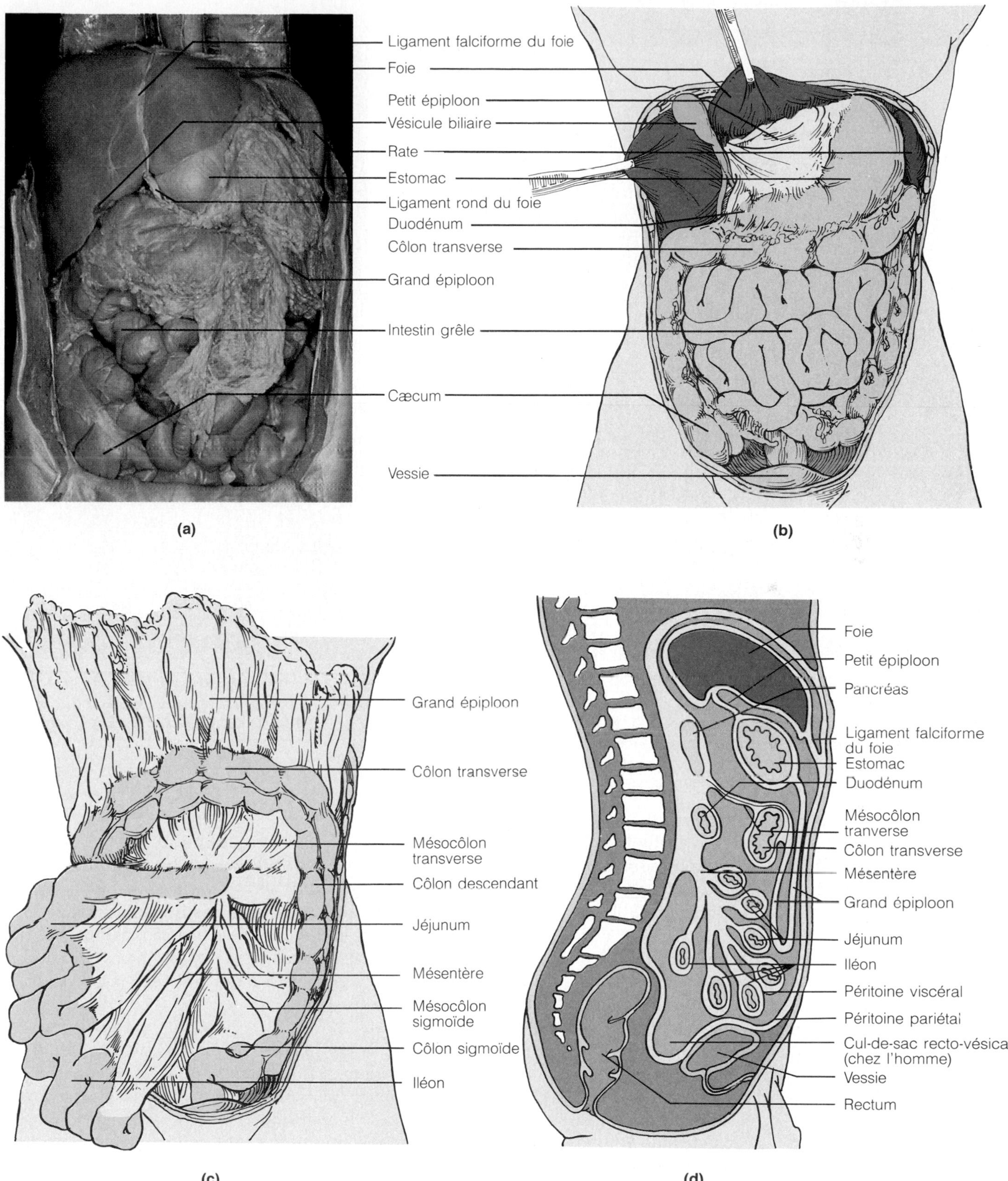

Figure 24.19 Mésentères des organes digestifs abdominaux. (**a**) Le grand épiploon, un mésentère dorsal qui relie la grande courbure de l'estomac à la paroi dorsale de l'abdomen, est présenté dans sa situation normale, recouvrant les viscères abdominaux. (**b**) Le petit épiploon, un mésentère ventral qui attache le foie à la petite courbure de l'estomac (le foie et la vésicule biliaire ont été soulevés). (**c**) Le grand épiploon a été relevé supérieurement pour montrer les points d'attache du mésentère de l'intestin grêle. (**d**) Coupe sagittale de la cavité abdomino-pelvienne chez l'homme, montrant les relations entre les points d'attache péritonéaux.

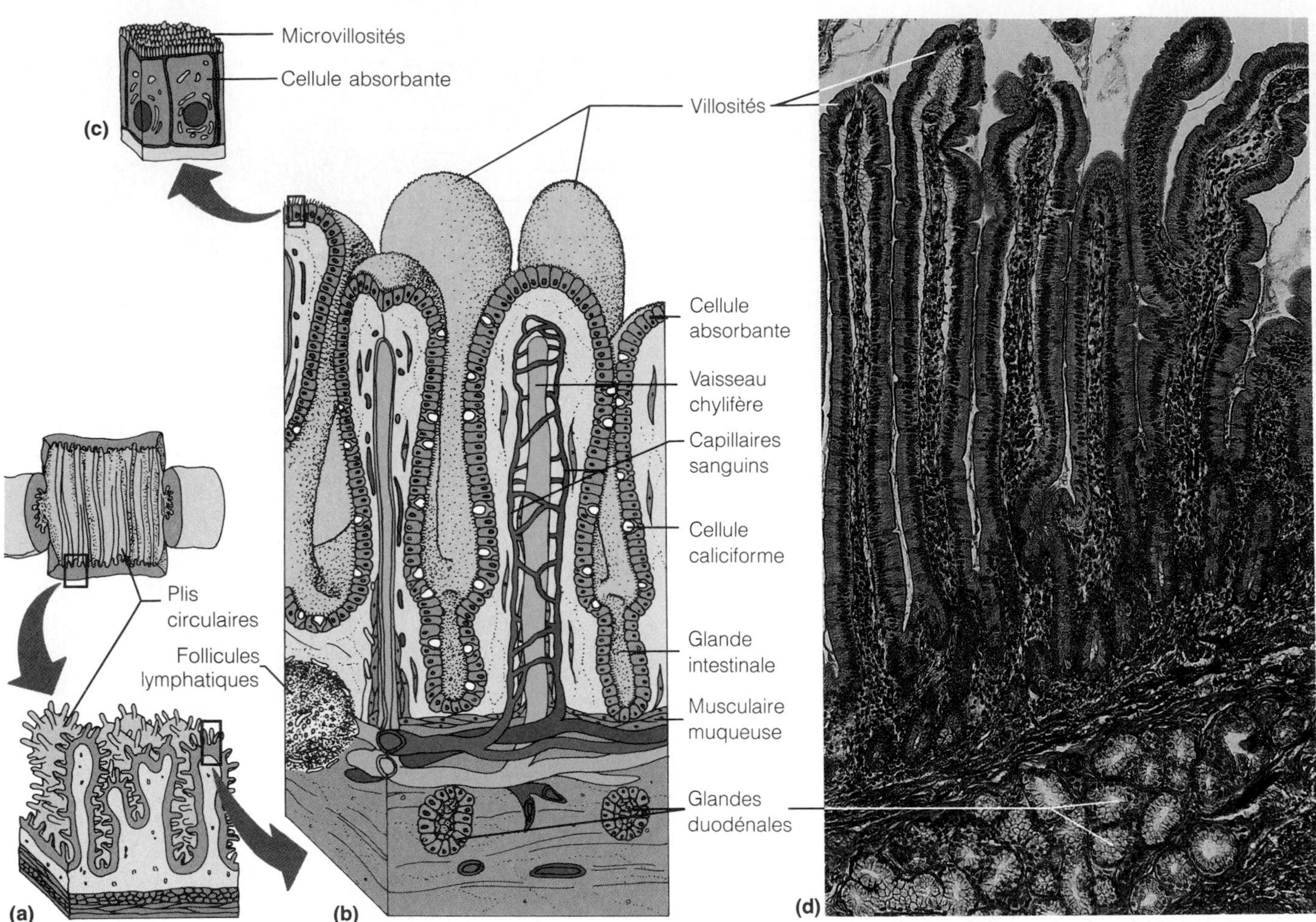

Figure 24.20 Modifications structurales de l'intestin grêle qui augmentent sa surface pour la digestion et l'absorption. (**a**) Agrandissement de quelques plis circulaires, montrant les villosités associées en forme de doigt. (**b**) Diagramme de la structure d'une villosité. (**c**) Deux cellules absorbantes qui présentent des microvillosités sur leur face libre (luminale). (**d**) Photomicrographie de la muqueuse de l'intestin grêle, montrant les villosités. Une petite portion de la sous-muqueuse contenant des glandes duodénales est aussi représentée (×150).

La muqueuse présente des saillies digitiformes mesurant plus de 1 mm de haut, les **villosités intestinales,** qui confèrent à la muqueuse son aspect duveteux semblable à celui d'une serviette éponge (figure 24.20b). Les cellules épithéliales des villosités sont surtout des cellules cylindriques absorbantes. L'intérieur de chaque villosité est formé de chorion et on y trouve un réseau capillaire et un capillaire lymphatique modifié appelé **vaisseau chylifère.** Les nutriments diffusent à travers les cellules absorbantes et sont captés par les capillaires sanguins et le vaisseau chylifère. Dans le duodénum (la section de l'intestin où l'absorption se déroule de la manière la plus active), les villosités sont grosses, en forme de feuilles, et deviennent graduellement plus étroites et plus courtes le long de l'intestin grêle. Chaque villosité contient une «bande» de muscle lisse qui lui permet d'allonger et de raccourcir en alternance. Ces pulsations (1) multiplient les surface de contact entre la villosité et le «bouillon» de nutriments contenu dans la lumière intestinale, ce qui rend l'absorption plus efficace, et (2) amènent la lymphe dans les vaisseaux chylifères.

Les **microvillosités** sont de minuscules saillies de la membrane plasmique des cellules absorbantes; elles forment collectivement la **bordure en brosse** (figure 24.20c). En plus d'augmenter l'absorption, les microvillosités renferment certaines enzymes digestives intestinales, appelées **enzymes de la bordure en brosse.** Ces enzymes sont surtout des disaccharidases et des peptidases qui achèvent la digestion des glucides et des protéines, respectivement, dans l'intestin grêle.

Histologie de la paroi. Les segments de l'intestin grêle semblent presque identiques quant à leur anatomie superficielle, mais c'est sur le plan de leur anatomie interne et de leur anatomie microscopique que l'on peut observer quelques différences importantes. Nous retrouvons les quatre tuniques caractéristiques du tube digestif, mais la muqueuse et la sous-muqueuse sont modifiées en raison de la situation relative de l'intestin dans le tube digestif (voir la figure 24.20b et d).

L'épithélium de la muqueuse est composé en grande partie de *cellules absorbantes* cylindriques simples liées entre elles par des jonctions serrées, et richement pourvues de microvillosités. Il présente aussi de nombreuses

GROS PLAN Le paradoxe de la boulimie

Les citoyens les plus fortunés de la Rome antique participaient de temps à autre à une orgie. Ils n'interrompaient ces festins accompagnés de plaisirs sexuels que pour aller vomir, afin de pouvoir se gaver davantage encore. La *boulimie,* une version contemporaine de ce comportement, qui consiste à ingérer une quantité excessive d'aliments puis à les vomir, est devenue une préoccupation quotidienne pour un nombre toujours croissant de jeunes Nord-Américains. La boulimie et l'anorexie mentale résultent de l'aversion du monde occidental contre l'obésité. Ces troubles affectent surtout des jeunes femmes. Récemment, toutefois, des adolescents membres d'équipes de lutte (voir la photographie), ou désireux d'en faire partie, ont joint les rangs des anorexiques et des boulimiques.

L'*anorexie mentale,* le plus connu de ces deux troubles, est un amaigrissement excessif que s'infligent à elles-mêmes les personnes atteintes: elles font souvent trop d'exercice et refusent de manger quoi que ce soit. La *boulimie* (*bou* = plus; *limos* = faim), ou faim excessive, est l'autre aspect du même problème, malgré des symptômes différents. Dans les deux cas, les troubles ont pour origine une peur pathologique de grossir et un besoin irrépressible de maîtriser son alimentation.

Pour certains boulimiques, le syndrome se transforme en habitude alimentaire qui leur coûte de 50 à 100 $ par jour. Ils ingurgitent d'énormes quantités de nourriture, ingérant souvent jusqu'à 200 000 KJ en une heure. Puis, ils se font vomir. Ce comportement paradoxal peut se répéter trois ou quatre fois par jour. D'autres boulimiques vont prendre 200 laxatifs ou plus chaque semaine pour empêcher leur organisme de retenir l'énorme quantité de nourriture consommée. Chose étonnante, la grande majorité des boulimiques ont un poids normal et paraissent en bonne santé; cependant, la plupart sont sujets à certaines affections telles que la parotidite, la pancréatite et des troubles du foie et des reins. Les vomissements constants causent des lésions de l'estomac et de l'œsophage, et l'acide gastrique qui reflue dans la bouche provoque une érosion importante de l'émail des dents. Dans les cas extrêmes, la boulimie est mortelle. Les vomissements entraînent une perte de potassium et causent un déséquilibre électrolytique grave qui expose le cœur à des défaillances. La rupture de l'estomac peut causer la mort par hémorragie massive.

Ces troubles ne sont exclusifs ni à une race ni à une classe sociale, mais les boulimiques se rencontrent le plus souvent chez les femmes blanches célibataires issues de milieux aisés et qui ont reçu une éducation universitaire. En dépit de succès évidents, les boulimiques ont peu d'estime pour elles-mêmes et redoutent le succès ou ont l'impression de ne pas le mériter. Elles éprouvent souvent des difficultés à assurer leur autonomie ou leur croissance personnelle au sein de leur famille. Certains chercheurs pensent que le fait de manger représente un exutoire pour la colère et la frustration qui se développent au fur at à mesure que ces jeunes s'efforcent d'atteindre la perfection. Manger leur inspire du dégoût. Mais l'action de se faire vomir, que le ou la boulimique maîtrise entièrement, représente sa «victoire» sur tous les obstacles et les facteurs de stress. Elle apporte un soulagement à l'anxiété et contribue à discipliner et à nettoyer le corps, pour prendre un nouveau départ. La récompense est une silhouette mince qui attire l'attention et reçoit l'approbation.

De nombreux boulimiques présentent des symptômes de dépression, et jusqu'à un tiers de ces patients ont tenté de se suicider. Dans 6 % des cas, la boulimie occupe la vie d'une personne au point de lui faire éviter toute vie sociale. Certains spécialistes sont d'avis que la boulimie est un trouble obsessionnel (comme se laver les mains de façon compulsive); d'autres y voient plutôt une accoutumance. Ces derniers pensent que les boulimiques ont recours aux aliments plutôt qu'à l'alcool ou aux drogues pour régler leurs tensions, parce qu'ils sont «de bonnes filles et de bons garçons» et que l'abus de nourriture n'entraîne pas de conséquences morales ou légales. Récemment, la boulimie a été associée à une sécrétion insuffisante de cholécystokinine, une hormone peptidique sécrétée au cours de l'alimentation, qui jouerait un rôle dans la sensation de satiété. Néanmoins, les facteurs psychologiques semblent toujours très importants.

Les troubles de l'alimentation évoluent lentement et deviennent bien ancrés au fil des années. Ce ne sont pas seulement des «trucs» pour attirer l'attention; en fait, les victimes de la boulimie ont tendance à garder le secret sur leurs fringales et la plupart d'entre elles attendent au moins cinq ans avant de chercher de l'aide. On sous-estime trop souvent la gravité de la boulimie, et il est notoire que son traitement est difficile. Les techniques qui sont le plus souvent utilisées comprennent à la fois l'hospitalisation (pour maîtriser la consommation et le rejet de nourriture ou pour isoler le patient de sa famille), une modification du comportement (apprendre à manger trois repas par jour), une éducation nutritionnelle et la prise d'antidépresseurs pour les patients les plus déprimés. Le traitement est généralement long et, en cas d'hospitalisation, toujours coûteux. En outre, il ne réussit qu'à supprimer les symptômes de la boulimie sans la guérir. Comme les toxicomanes qui doivent éviter toute prise de drogue ou d'alcool, les boulimiques doivent lutter, pour le restant de leurs jours, contre le besoin impératif de retourner à leurs habitudes d'ingestion excessive d'aliments, suivie de vomissements volontaires. La boulimie n'est pas seulement un paradoxe, elle représente un véritable cauchemar de frustration et de désespoir pour les personnes qui en souffrent.

cellules caliciformes sécrétrices de mucus et des *cellules endocrines* (système endocrinien du tube digestif) dispersées parmi les autres cellules de la muqueuse. Entre les villosités, la muqueuse est parsemée de *dépressions* (ouvertures) qui conduisent aux glandes intestinales tubulaires appelées **glandes intestinales de l'intestin grêle** (ou cryptes de Lieberkühn). Les cellules de ces glandes sécrètent le **suc intestinal,** un mélange aqueux de mucus qui sert à transporter les nutriments du chyme en vue de leur absorption. Des cellules sécrétrices spécialisées appelées *cellules séreuses de l'intestin grêle* (ou cellules de Paneth) sont situées au fond des glandes. Ces cellules contribuent à la défense de l'intestin grêle contre certaines bactéries en libérant le lysozyme, une enzyme antibactérienne. Le nombre de glandes diminue le long de l'intestin grêle, mais celui des cellules caliciformes augmente. Les diverses cellules épithéliales (cylindriques absorbantes, caliciformes et endocrines) prennent apparemment naissance dans les cellules souches à la base des glandes et elles montent graduellement le long de la paroi pour atteindre le sommet des villosités, où elles sont éliminées par érosion. De cette façon, l'épithélium des villosités est renouvelé tous les trois à six jours.

Le renouvellement rapide des cellules épithéliales intestinales (et gastriques) a une importance clinique aussi bien que physiologique. Les traitements contre le cancer, comme la radiothérapie et la chimiothérapie, visent la destruction des cellules de l'organisme qui se divisent le plus rapidement. Les cellules cancéreuses sont tuées, mais l'épithélium du tube digestif est aussi presque entièrement détruit après ces traitements, ce qui cause des nausées, des vomissements et de la diarrhée.

La sous-muqueuse se caractérise par la présence de tissu conjonctif lâche et elle contient des amas de tissu lymphatique et les **follicules lymphatiques de l'intestin grêle** (ou plaques de Peyer). Le nombre des follicules lymphatiques augmente vers l'extrémité de l'intestin grêle en raison de la quantité énorme de bactéries que contient le gros intestin, et dont l'accès à la circulation sanguine doit être empêché. Une série de glandes à mucus, les **glandes duodénales** (ou glandes de Brunner) se retrouvent uniquement dans la sous-muqueuse duodénale. Ces glandes (voir la figure 24.20d) produisent un mucus alcalin (riche en bicarbonate) qui contribue à la neutralisation du chyme acide provenant de l'estomac. Lorsque cette barrière muqueuse ne peut assurer une protection suffisante, la paroi intestinale subit une érosion et des *ulcères duodénaux* apparaissent.

La musculeuse est typique et formée de deux couches. La face externe de l'intestin est recouverte du péritoine viscéral (séreuse) à l'exception de la majeure partie du duodénum, qui est rétropéritonéale et possède une adventice.

Suc intestinal: composition et régulation

Les glandes intestinales sécrètent normalement de 1 à 2 L de *suc intestinal* par jour. Le principal stimulus à l'origine de la production de ce liquide est la distension ou l'irritation de la muqueuse intestinale par le chyme hypertonique ou acide. Normalement, le pH du suc intestinal se situe entre 6,5 et 7,8, et le suc intestinal est isotonique par rapport au plasma sanguin. Le suc intestinal est composé surtout d'eau mais il contient aussi une bonne part de mucus qui est sécrété par les glandes duodénales et les cellules caliciformes de la muqueuse. Le suc intestinal est relativement pauvre en enzymes parce que la majeure partie des enzymes intestinales sont liées aux microvillosités des cellules absorbantes (enzymes de la bordure en brosse).

Foie et vésicule biliaire

Le *foie* et la *vésicule biliaire* sont des organes annexes associés à l'intestin grêle. Le foie, l'un des organes les plus importants de l'organisme, remplit de nombreux rôles métaboliques et régulateurs (voir le tableau 24.2, p. 808). Cependant, sa seule fonction digestive consiste à produire la bile utilisée dans le duodénum. La bile est un agent émulsionnant des graisses; elle les brise en fines particules afin de faciliter leur digestion par les enzymes pancréatiques. Nous donnerons une description de la bile et du processus d'émulsion plus loin dans ce chapitre lorsque nous aborderons la digestion et l'absorption des lipides. Le foie puise plusieurs nutriments et déchets dans le sang veineux que lui déversent les organes digestifs, mais cette fonction est rattachée à son rôle métabolique plutôt que digestif. (Les fonctions métaboliques du foie sont décrites au chapitre 25.) La vésicule biliaire est un organe qui sert principalement à emmagasiner la bile.

Anatomie macroscopique du foie

Le **foie** rougeâtre, riche en sang, constitue la plus grosse glande de l'organisme; son poids s'élève à environ 1,4 kg chez l'adulte moyen. Il se situe sous le diaphragme et s'étend davantage du côté droit du plan médian du corps que du gauche. Il se trouve presque entièrement dans la cage thoracique et il masque à peu près complètement l'estomac (voir les figures 24.7 et 24.21c).

Le foie se divise en quatre lobes: le plus grand, le *lobe droit,* est visible sur toute les faces du foie; il est séparé du *lobe gauche,* plus petit, par un sillon profond (figure 24.21a). Le *lobe caudé,* postérieur, et le *lobe carré,* situé sous le lobe gauche, sont visibles lorsque le foie est observé par le dessous (figure 24.21b). Un fin cordon mésentérique, le **ligament falciforme du foie,** sépare les lobes droit et gauche et rattache le foie au diaphragme et à la paroi abdominale antérieure (voir aussi la figure 24.19a et d). Le **ligament rond du foie,** un vestige fibreux de la veine ombilicale du fœtus, court le long du bord libre du ligament falciforme (figures 24.21 et 24.19a). à l'exception de la partie supérieure du foie (la *face nue*) reliée au diaphragme, le foie est complètement enfermé dans une séreuse (le péritoine viscéral). Comme nous l'avons mentionné plus tôt, un mésentère dorsal, le petit épiploon (voir la figure 24.19b), relie le foie à la petite courbure de

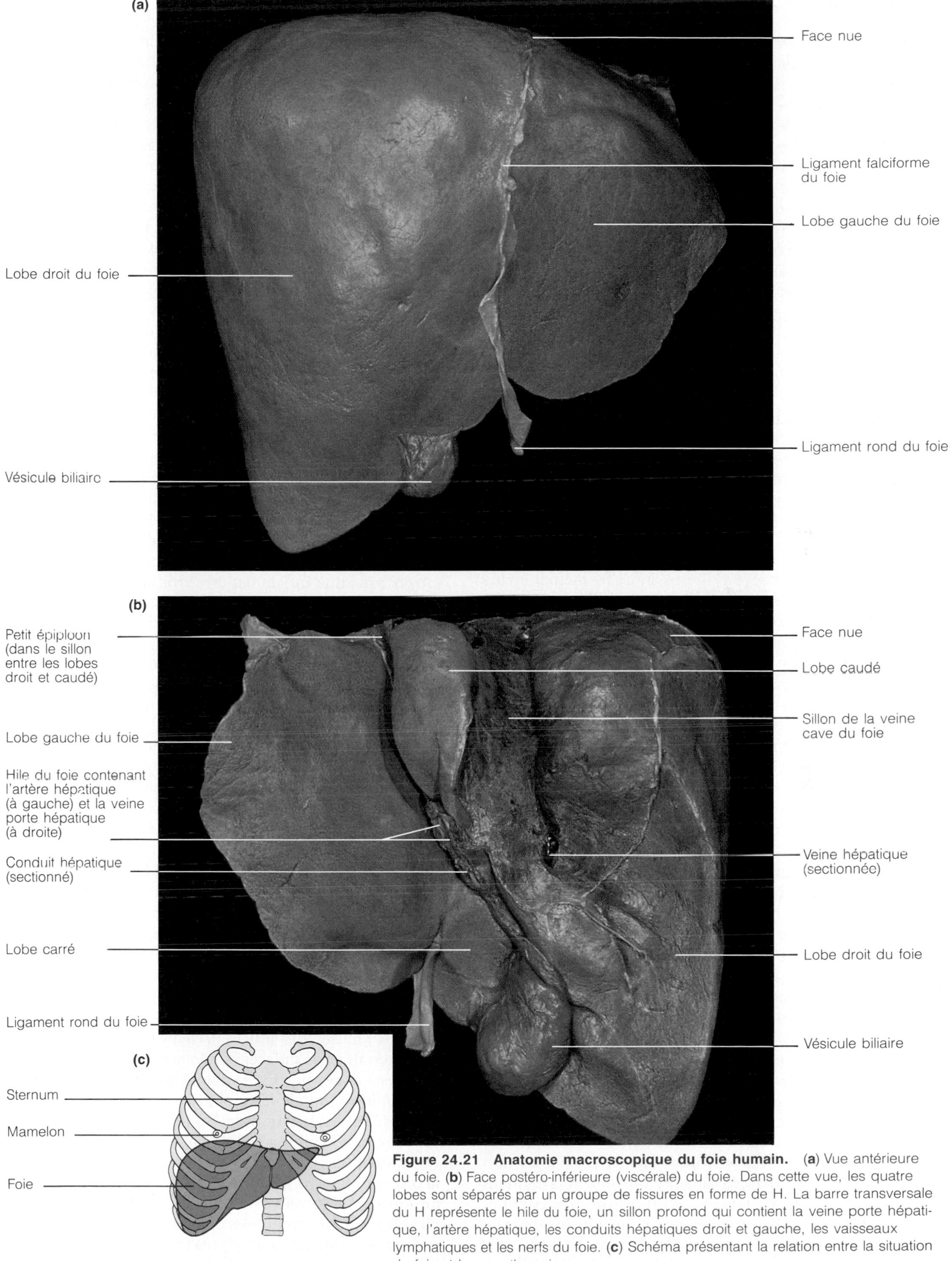

Figure 24.21 Anatomie macroscopique du foie humain. (**a**) Vue antérieure du foie. (**b**) Face postéro-inférieure (viscérale) du foie. Dans cette vue, les quatre lobes sont séparés par un groupe de fissures en forme de H. La barre transversale du H représente le hile du foie, un sillon profond qui contient la veine porte hépatique, l'artère hépatique, les conduits hépatiques droit et gauche, les vaisseaux lymphatiques et les nerfs du foie. (**c**) Schéma présentant la relation entre la situation du foie et la cage thoracique.

l'estomac. L'**artère hépatique** et la **veine porte hépatique** qui entrent dans le foie à la hauteur du *hile du foie,* ainsi que le conduit hépathique commun, qui sort de la partie inférieure du foie, passent tous par le petit épiploon. La vésicule biliaire est située dans une fossette sur la face inférieure du lobe droit du foie (figure 24.21).

La bile quitte le foie par l'intermédiaire des conduits hépatiques droit et gauche; ces derniers convergent pour former le volumineux **conduit hépatique commun** qui se dirige vers le bas afin de s'unir au **conduit cystique,** lequel draine la vésicule biliaire (figure 24.15a). L'union de ces deux conduits donne le **conduit cholédoque,** qui s'abouche au duodénum par l'ampoule hépato-pancréatique.

Anatomie microscopique du foie

Le foie est formé d'unités structurales et fonctionnelles de la grosseur de grains de sésame, appelées **lobules hépatiques** (figure 24.22). Chaque lobule possède une structure hexagonale, à peu près cylindrique, constituée de travées de cellules épithéliales appelées **hépatocytes,** ou **cellules hépatiques.** Les travées d'hépatocytes rayonnent vers l'extérieur à partir d'une **veine centro-lobulaire** dirigée vers le haut, dans l'axe longitudinal du lobule. Pour obtenir un «modèle» approximatif d'un lobule hépatique, ouvrez un livre de poche épais jusqu'à ce que les deux couvertures se touchent: les pages représentent les travées d'hépatocytes et le cylindre creux formé par le dos du livre enroulé représente la veine centro-lobulaire.

À chacun des six coins d'un lobule se trouve un **espace interlobulaire** (*espace porte*) composé de trois structures de base toujours présentes: une branche de l'*artère hépatique* (qui fournit le sang artériel au foie), une branche de la *veine porte hépatique* (qui apporte le sang veineux riche en nutriments des viscères digestifs) et un *conduit biliaire interlobulaire.* Les *sinusoïdes,* des capillaires sanguins discontinus, circulent entre les travées d'hépatocytes. Le sang de la veine porte hépatique et de l'artère hépatique traverse les sinusoïdes à partir des espaces interlobulaires et se déverse dans la veine centro-lobulaire. L'intérieur des sinusoïdes renferme des **macrophages hépatiques** en forme d'étoiles, également appelés **cellules de Kupffer** (voir la figure 24.22d); ces cellules étant en contact direct avec le sang, elles éliminent les débris tels que les bactéries provenant de l'intestin et les globules sanguins usés. Les hépatocytes sont des cellules étonnamment polyvalentes; en plus de produire la bile, ils transforment de diverses façons les nutriments transportés par le sang (par exemple, ils emmagasinent le glucose sous forme de glycogène et utilisent les acides aminés pour synthétiser des protéines plasmatiques telles que l'albumine et les facteurs de coagulation); ils emmagasinent les vitamines liposolubles et ils jouent un rôle important dans la détoxication, comme celui de débarrasser le sang de l'ammoniac en le transformant en urée (ce rôle est décrit au chapitre 25). Grâce aux hépatocytes, le sang qui quitte le foie contient moins de nutriments et de déchets que le sang qui y entre.

La bile sécrétée par les hépatocytes circule dans de minuscules conduits appelés **canalicules biliaires,** qui sont placés entre les hépatocytes adjacents et se dirigent vers les conduits biliaires interlobulaires situés dans les espaces interlobulaires (voir la figure 24.22d). Notez que le sang et la bile circulent en sens opposés dans le lobule hépatique. La bile qui entre dans les conduits biliaires interlobulaires finit par quitter le foie par les conduits hépatiques droit et gauche. En l'absence de digestion, le sphincter de l'ampoule hépato-pancréatique (qui régit l'entrée de la bile et du suc pancréatique dans le duodénum) est fermé hermétiquement, et le conduit cholédoque est plein de bile; la bile emprunte donc le conduit cystique pour se rendre dans la vésicule biliaire, où elle est emmagasinée et libérée en fonction des besoins de la digestion.

L'*hépatite,* ou inflammation du foie, est le plus souvent causée par une infection virale consécutive à la transmission du virus dans le sang (au moyen de transfusions sanguines ou d'aiguilles contaminées). Elle est aussi transmise par l'eau contaminée des égouts et par voie oro-fécale, ce qui constitue une bonne raison pour que les employés de restaurants se lavent les mains en sortant des toilettes. La forme C de la maladie est extrêmement grave, mais elle est maintenant soignée avec succès à l'aide d'une association médicamenteuse (la prednisone, un stéroïde immunosuppresseur, et l'interféron obtenu par génie génétique). Les causes non virales de l'hépatite aiguë incluent les médicaments toxiques et l'empoisonnement par des champignons sauvages. La *cirrhose* est une inflammation chronique diffuse et progressive du foie, habituellement causée par l'alcoolisme chronique ou une hépatite grave chronique. Le foie devient fibreux et rétrécit, ce qui gêne le débit sanguin dans les vaisseaux du système porte hépatique et entraîne l'*hypertension portale.* Toutes les fonctions d'un foie cirrhotique finissent par être réduites. ■

Composition de la bile. La bile est une solution alcaline d'un vert jaunâtre, qui contient des sels biliaires, des pigments biliaires, du cholestérol, des graisses neutres, des phospholipides et divers électrolytes. De tous ces composés, *seuls* les sels biliaires et les phospholipides participent au processus digestif.

Les **sels biliaires,** principalement l'acide cholique et les acides chénodésoxycholiques, sont des dérivés du cholestérol. Leur rôle consiste à *émulsionner* les graisses, c'est-à-dire à les disperser dans l'eau du chyme. (L'homogénéisation, qui consiste à disperser la crème dans la phase aqueuse du lait, est un autre exemple d'émulsion.) Les grosses gouttelettes de graisses qui entrent dans l'intestin sont donc physiquement séparées en millions de fines gouttelettes graisseuses en suspension, ce qui multiplie ainsi les surfaces de contact avec les enzymes digestives. Les sels biliaires facilitent également l'absorption des lipides et du cholestérol (dont il sera question plus loin) et la solubilisation du cholestérol, que ce dernier provienne de la bile ou des nutriments qui pénètrent dans l'intestin grêle. De nombreuses substances sécrétées dans la bile quittent l'organisme dans les fèces, mais les sels biliaires sont conservés au moyen d'un mécanisme de recyclage appelé **cycle entéro-hépatique.** Dans ce processus, les sels biliaires sont (1) réabsorbés dans le sang par la partie distale de l'intestin grêle (iléon), (2) retournés

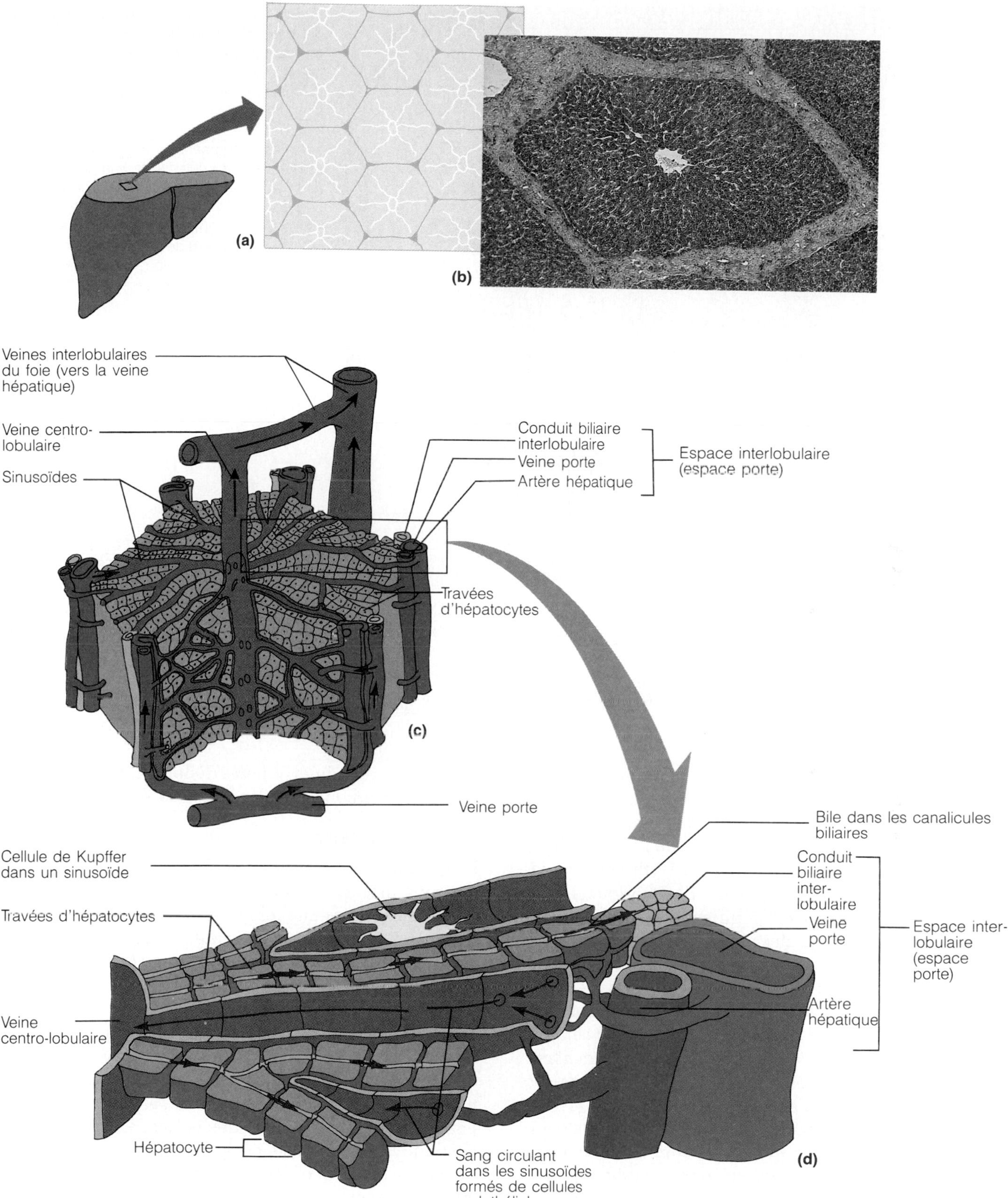

Figure 24.22 Anatomie microscopique du foie. (**a**) Schéma d'une coupe superficielle du foie, représentant la structure hexagonale de ses lobules. (**b**) Photomicrographie d'un lobule hépatique (×50). (**c**) Schéma d'un lobule hépatique, qui présente l'apport sanguin et la disposition des hépatocytes en travées. (Les flèches indiquent le sens de la circulation sanguine.) (**d**) Schéma agrandi d'une petite portion d'un lobule hépatique, qui montre les composantes de l'espace interlobulaire (espace porte), la situation des canalicules biliaires, et les cellules de Kupffer dans les sinusoïdes. Le sens de la circulation du sang et de la bile est aussi indiqué.

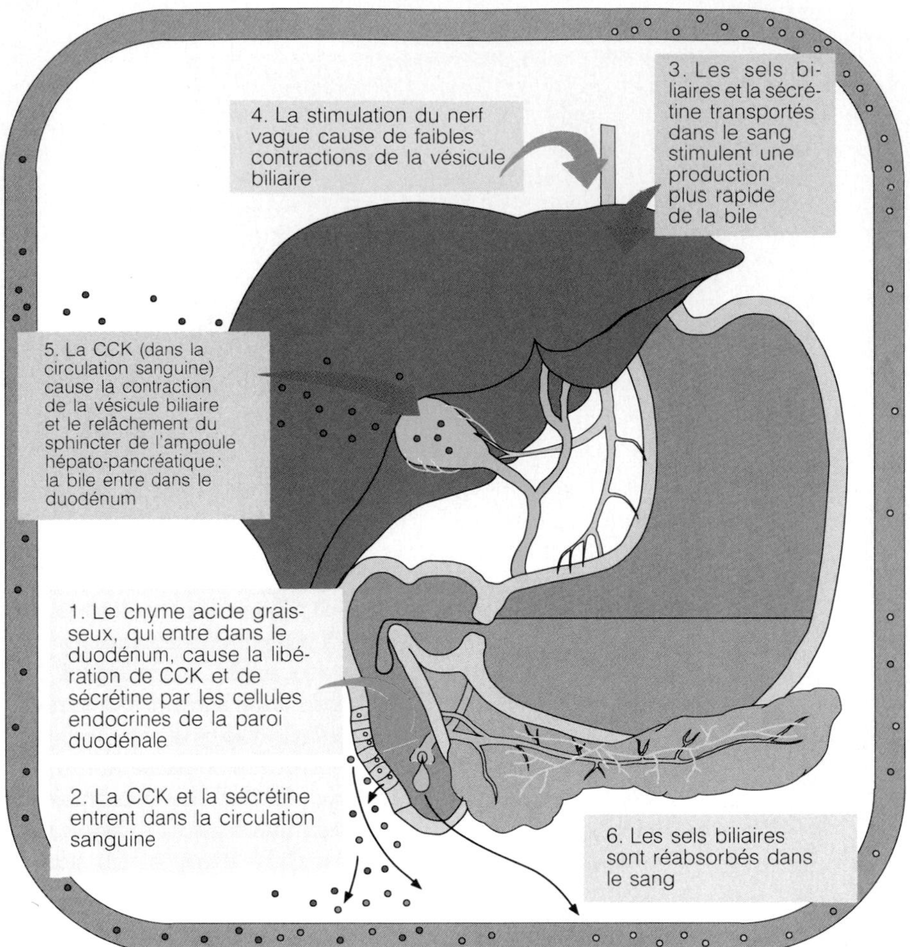
3. Les sels biliaires et la sécrétine transportés dans le sang stimulent une production plus rapide de la bile
4. La stimulation du nerf vague cause de faibles contractions de la vésicule biliaire
5. La CCK (dans la circulation sanguine) cause la contraction de la vésicule biliaire et le relâchement du sphincter de l'ampoule hépato-pancréatique; la bile entre dans le duodénum
1. Le chyme acide graisseux, qui entre dans le duodénum, cause la libération de CCK et de sécrétine par les cellules endocrines de la paroi duodénale
2. La CCK et la sécrétine entrent dans la circulation sanguine
6. Les sels biliaires sont réabsorbés dans le sang

Figure 24.23 Mécanismes responsables de la sécrétion de la bile et de son entrée dans le duodénum. En l'absence de digestion, la bile est emmagasinée et concentrée dans la vésicule biliaire. Cependant, lorsque le chyme acide pénètre dans le duodénum, certains mécanismes sont amorcés et augmentent le taux d'excrétion biliaire par le foie; ils causent la contraction de la vésicule biliaire et sont responsables du relâchement du sphincter de l'ampoule hépato-pancréatique, ce qui permet à la bile (et au suc pancréatique) d'entrer dans l'intestin grêle, où elle joue un rôle important dans l'émulsion des graisses. Le stimulus le plus important pour la sécrétion biliaire des hépatocytes est l'augmentation de la concentration des sels biliaires dans le sang (cycle entéro-hépatique).

au foie par le sang du système porte hépatique et (3) sécrétés à nouveau dans la bile nouvellement formée.

La **bilirubine** constitue le principal **pigment biliaire**; il s'agit d'un déchet de la partie hème de l'hémoglobine élaborée au cours de la dégradation des érythrocytes usés. La globine (protéine) et le fer de l'hémoglobine sont conservés et recyclés, mais la bilirubine est absorbée à partir du sang par les cellules hépatiques et excrétée activement dans la bile. La plus grande partie de la bilirubine de la bile est métabolisée dans l'intestin grêle par des bactéries résidentes, et un de ses produits de dégradation, l'*urobilinogène,* confère aux fèces leur couleur brunâtre. En l'absence de bile, les fèces sont d'un blanc grisâtre et présentent des bandes de graisses (dans ces conditions, les graisses ne sont presque pas digérées.

Les hépatocytes élaborent ensemble de 500 à 1000 mL de bile quotidiennement, et cette production augmente en présence de chyme graisseux dans le tube digestif. Les sels biliaires eux-mêmes constituent le principal stimulus de l'augmentation de la sécrétion biliaire (figure 24.23), et lorsque le cycle entéro-hépatique retourne de grandes quantités de sels biliaires au foie, le taux d'excrétion biliaire de ce dernier s'élève de façon marquée. La sécrétine, libérée par les cellules intestinales mises en présence de chyme graisseux (voir le tableau 24.1, p. 787), stimule la sécrétion, par les cellules qui tapissent les conduits biliaires du foie, d'un suc aqueux, riche en bicarbonate et dépourvu de sels biliaires.

Vésicule biliaire

La **vésicule biliaire** est une poche musculeuse verdâtre, à paroi mince, d'une longueur approximative de 10 cm, qui se niche dans une fossette peu profonde sur la face ventrale du foie (voir les figures 24.7 et 24.21). La vésicule biliaire emmagasine la bile qui n'est pas immédiatement nécessaire à la digestion et la concentre en absorbant une partie de son eau et de ses ions. (Dans certains cas, la bile libérée par la vésicule biliaire est dix fois plus concentrée que celle qui y entre.) Quand cet organe est vide, ou qu'il n'emmagasine que de faibles quantités de bile, sa muqueuse forme des replis semblables aux plis gastriques. Lorsque sa musculeuse se contracte, la bile est éjectée dans le conduit cystique et se déverse dans le conduit cholédoque. De même que la plus grande partie du foie, la vésicule biliaire est recouverte par le péritoine viscéral.

Régulation de la sécrétion biliaire dans l'intestin grêle

Malgré la production continue de bile par le foie, la bile n'entre habituellement pas dans l'intestin grêle avant que la vésicule biliaire se contracte et libère ses réserves de bile concentrée. Les influx nerveux du système parasympathique acheminés par les nerfs vagues ont un effet mineur sur la stimulation de la contraction de la vésicule biliaire; la cholécystokinine, une hormone intestinale, en est le principal stimulus (figure 24.23). La cholécystokinine est libérée dans le sang lorsque le chyme acide et graisseux entre dans le duodénum. En plus de stimuler la contraction de la vésicule biliaire, la cholécystokinine possède deux autres effets importants: elle stimule la sécrétion de suc pancréatique et elle cause le relâchement du sphincter de l'ampoule hépato-pancréatique, de sorte que la bile et le suc pancréatique puissent entrer dans le duodénum. Un résumé de l'activité de la cholécystokinine et des autres hormones digestives est présenté au tableau 24.1, p. 787.

La bile est le principal véhicule pour l'excrétion du cholestérol de l'organisme. Lorsque la quantité de sels biliaires (ou de lécithine) dans la bile ne suffit pas à solubiliser le cholestérol qu'elle contient (ou lorsque le cholestérol se trouve en quantité excessive), le cholestérol peut se cristalliser et former des *calculs biliaires,* un trouble appelé *lithiase biliaire,* qui obstruent le flux de bile de la vésicule biliaire ou dans les conduits cystiques et le conduit cholédoque. Les calculs peuvent causer une douleur intense (qui est projetée vers la région thoracique droite) lorsque la vésicule biliaire ou le conduit cystique se contractent. Les traitements habituels de cette affection comprennent l'administration de médicaments (par exemple l'ursodiol) qui dissolvent les calculs, la réduction en poudre des calculs à l'aide de vibrations par ultrasons (lithotritie), leur vaporisation à l'aide de rayons lasers et l'ablation chirurgicale de la vésicule, qui constitue le traitement classique. La vésicule biliaire peut être enlevée sans porter atteinte aux fonctions digestives parce que, dans de tels cas, le conduit cholédoque s'élargit tout simplement pour remplir le rôle de réservoir biliaire.

L'obstruction du conduit cholédoque empêche l'entrée des sels biliaires et de la bilirubine dans l'intestin. La bilirubine s'accumule dans le sang et se dépose dans la peau, ce qui lui donne une coloration jaune; cet état est appelé *ictère.* L'*ictère par obstruction* est causé par des conduits obstrués, mais il peut aussi refléter une maladie du foie (dans laquelle le foie est incapable d'excréter normalement la bilirubine, comme dans certaines formes d'hépatite). ■

Pancréas

Le **pancréas** (*pan* = tout; *kréas* = chair) est une glande lisse, rosée, en forme de têtard; elle s'étend d'un côté à l'autre de l'abdomen; sa *queue* touche la rate et sa *tête* est entourée par le duodénum en forme de C (voir les figures 24.7 et 24.15a). La majeure partie du pancréas est rétropéritonéale et située derrière la grande courbure de l'estomac.

Le pancréas est une glande annexe, mais il joue un rôle important dans le processus digestif en raison de sa production d'un large éventail d'enzymes qu'il déverse dans le duodénum; ces enzymes contribuent à la dégradation des glucides, des lipides et des protéines. Le **suc pancréatique,** produit de l'activité exocrine du pancréas, s'écoule de ce dernier par le **conduit pancréatique** situé au centre du pancréas. Le conduit pancréatique fusionne habituellement avec le *conduit cholédoque* (lequel transporte la bile de la vésicule biliaire), juste avant de déboucher dans le duodénum (à la hauteur de l'ampoule hépato-pancréatique).

Le pancréas abrite les **acinus,** des amas de cellules sécrétrices entourant les conduits (figure 24.24). Ces cellules regorgent de réticulum endoplasmique rugueux et contiennent des **grains de zymogène** (*zumê* = ferment; *génnan* = engendrer), qui prennent une teinte foncée à la coloration et renferment les enzymes digestives qu'elles fabriquent.

Le pancréas exerce également une fonction endocrine. Les *îlots pancréatiques* (îlots de Langerhans), plus légèrement colorés, libèrent l'insuline et le glucagon, des hormones qui jouent un rôle essentiel dans le métabolisme des glucides (voir le chapitre 17, p. 565).

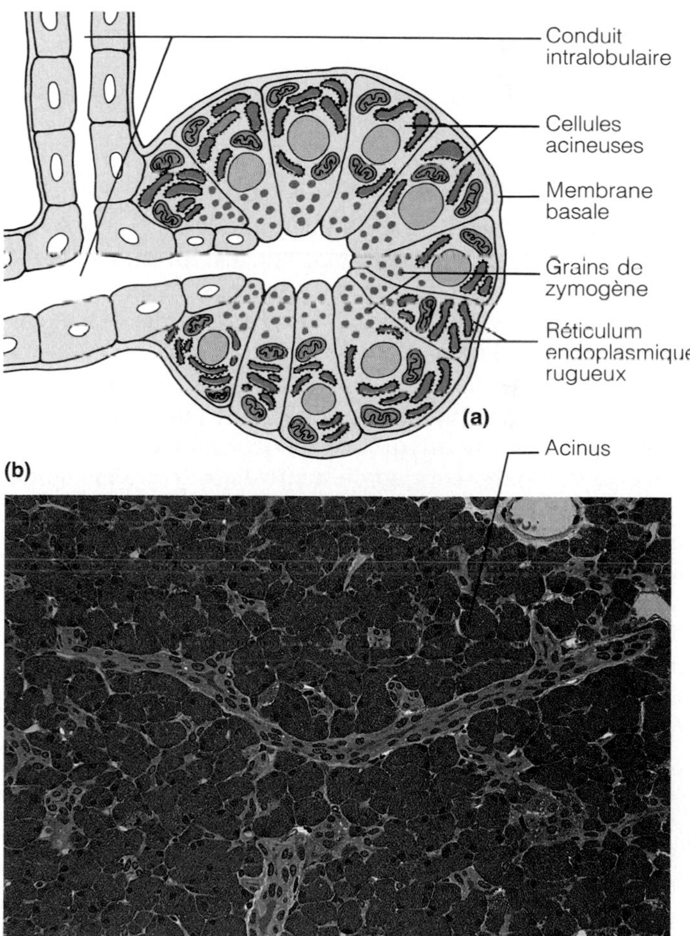

Figure 24.24 Structure d'un acinus pancréatique (qui synthétise les enzymes). (**a**) Un acinus (unité sécrétrice). Les cellules acineuses possèdent de grandes quantités de réticulum endoplasmique rugueux dans leurs régions basales, ce qui reflète leur taux élevé de synthèse protéique (enzymes). Les extrémités des cellules contiennent beaucoup de grains de zymogène (qui renferment les enzymes digestives). (**b**) Photomicrographie de tissu acineux pancréatique (×200).

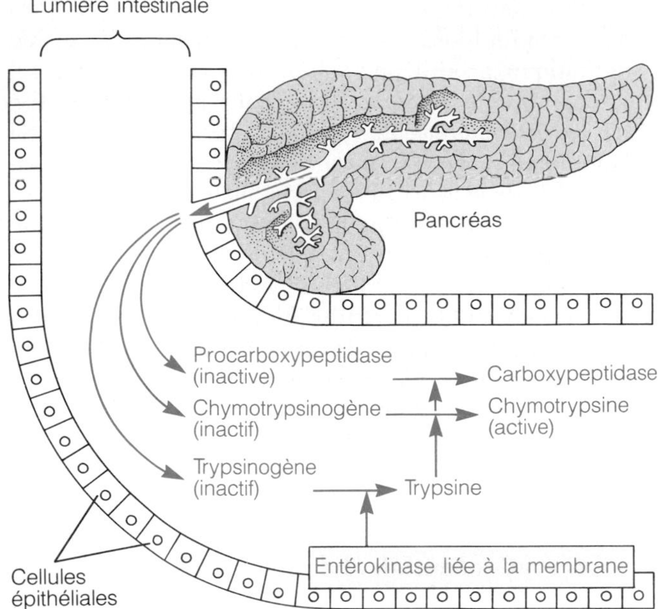

Figure 24.25 Activation des protéases pancréatiques dans l'intestin grêle. Les protéases pancréatiques sont sécrétées sous une forme inactive et activées dans le duodénum. L'entérokinase, une enzyme intestinale (de la bordure en brosse) liée à la membrane plasmique des cellules, active le trypsinogène en trypsine. La trypsine, elle-même une enzyme protéolytique, active ensuite la procarboxypeptidase et le chymotrypsinogène.

Composition du suc pancréatique

Le pancréas produit quotidiennement de 1200 à 1500 mL de suc pancréatique clair. Le suc est principalement constitué d'eau et contient des enzymes et des électrolytes (surtout des ions bicarbonate). Les cellules acineuses élaborent la fraction du suc pancréatique riche en enzymes, mais les cellules épithéliales qui tapissent les conduits pancréatiques libèrent les ions bicarbonate qui rendent le suc alcalin (pH de 8 environ). Ce pH élevé permet au suc pancréatique de neutraliser le chyme acide qui pénètre dans le duodénum et fournit le milieu idéal pour assurer l'action lytique des enzymes intestinales et pancréatiques. Les protéases (enzymes protéolytiques) dans le suc pancréatique, tout comme la pepsine dans l'estomac, sont produites et libérées sous leur forme inactive (zymogène), qui est par la suite activée dans le duodénum où ces enzymes accomplissent leur tâche. Le pancréas ne peut donc s'autodigérer. Dans le duodénum, par exemple, le *trypsinogène* est activé en **trypsine** par l'**entérokinase,** une enzyme de la bordure en brosse (intestinale) des cellules absorbantes. La trypsine active à son tour deux autres protéases pancréatiques (*procarboxypeptidase* et *chymotrypsinogène*) en **carboxypeptidase** et en **chymotrypsine,** respectivement (figure 24.25). D'autres enzymes pancréatiques (**amylase, lipases** et **nucléases**) sont sécrétées sous leur forme active, mais elles requièrent la présence d'ions ou de bile dans la lumière intestinale pour faire preuve d'une activité optimale.

Régulation de la sécrétion pancréatique

La sécrétion de suc pancréatique est réglée par le système nerveux parasympathique et par les hormones des cellules endocrines (figure 24.26). La stimulation du nerf vague provoque la libération de suc pancréatique, notamment au cours des phases céphalique et gastrique de la sécrétion gastrique. La régulation hormonale est le mécanisme de régulation le plus important; elle est exercée par deux hormones intestinales: la *sécrétine,* libérée en réaction à la présence d'acide chlorhydrique dans le duodénum, et la *cholécystokinine*, libérée en réaction à l'entrée de protéines et de lipides. Les deux hormones agissent sur le pancréas, mais la sécrétine a pour cible les cellules des conduits pancréatiques, ce qui favorise la libération d'un suc pancréatique aqueux, *riche en bicarbonate,* alors que la cholécystokinine stimule la libération par les acinus d'un suc pancréatique *riche en enzymes.*

La quantité d'acide chlorhydrique produite dans l'estomac est normalement en équilibre avec celle de bicarbonate (HCO_3^-) sécrété activement par le pancréas et, tandis que le HCO_3^- est sécrété dans le suc pancréatique, les ions H^+ entrent dans le sang. En conséquence, le pH du sang veineux qui retourne au cœur demeure relativement stable, car le sang alcalin en provenance de l'estomac est neutralisé par le sang acide du pancréas.

Processus digestifs qui se déroulent dans l'intestin grêle

La nourriture qui atteint l'intestin grêle est méconnaissable, mais sa digestion chimique est loin d'être achevée. Les glucides et les protéines sont partiellement dégradées, mais à peu près aucune digestion des graisses ne s'est encore produite. Le processus de digestion des aliments est accéléré quand le chyme entreprend son parcours tortueux d'une durée de 3 à 6 heures pour traverser l'intestin grêle; c'est là que s'effectue presque toute l'absorption des nutriments. L'intestin grêle, tout comme l'estomac, ne participe ni à l'ingestion ni à la défécation.

Conditions nécessaires à une activité digestive intestinale optimale

Le suc intestinal ne participe guère aux fonctions de digestion et d'absorption quand bien même «l'action se déroule» dans l'intestin grêle. La plupart des substances nécessaires à la digestion chimique sont *importées* du foie (la bile) et du pancréas (les enzymes digestives [à l'exception des enzymes de la bordure en brosse] et les ions bicarbonate [qui neutralisent le chyme acide et favorisent le pH requis par la catalyse enzymatique]). C'est la raison pour laquelle tout ce qui nuit au fonctionnement du foie et du pancréas ou empêche leurs sucs d'atteindre l'intestin grêle au moment opportun perturbe considérablement notre capacité de digérer les aliments et d'absorber leurs nutriments.

L'activité digestive optimale dans l'intestin grêle repose également sur un débit lent et mesuré du chyme provenant de l'estomac. Comme nous l'avons indiqué précédemment, l'intestin grêle possède la capacité de transformer une petite quantité seulement de chyme à la fois. Pourquoi en est-il ainsi? Au moment de son entrée dans l'intestin grêle, le chyme est habituellement hypertonique:

s'il était déversé en grande quantité dans l'intestin grêle, la concentration des molécules de la lumière duodénale attirerait un volume d'eau assez important et ferait subir au sang une perte d'eau, qui aurait pour conséquence d'abaisser dangereusement le volume sanguin. De plus, le faible pH du chyme qui entre doit être augmenté et le chyme doit être bien mélangé avec la bile et le suc pancréatique avant que la digestion puisse se poursuivre. Ces modifications prennent du temps. C'est pourquoi le déplacement de la nourriture dans l'intestin grêle est régi avec soin par l'action de pompage du pylore (voir à la p. 790), qui empêche le duodénum de recevoir un volume de chyme trop important. Nous aborderons ultérieurement la digestion chimique et l'absorption; nous allons maintenant examiner la façon dont l'intestin grêle mélange et propulse les aliments et la manière dont sa motilité est réglée.

Motilité de l'intestin grêle

Le muscle lisse intestinal mélange complètement le chyme avec la bile et les sucs pancréatique et intestinal, et déverse par la valve iléo-cæcale les résidus d'aliments dans le gros intestin. À l'opposé de l'estomac dont les ondes péristaltiques brassent et propulsent la nourriture, c'est la *segmentation* qui constitue le mouvement le plus fréquent de l'intestin grêle.

L'examen de l'intestin grêle après un repas, au moyen de la radioscopie, révèle que le contenu intestinal est déplacé par un simple mouvement de va-et-vient dans la lumière, quelques centimètres à la fois, grâce à des mouvements rythmiques de contraction et de relâchement des anneaux de muscle lisse (voir la figure 24.3b). Ces mouvements de segmentation de l'intestin, tout comme le péristaltisme de l'estomac, sont déclenchés par des cellules pacemakers intrinsèques situées dans la couche longitudinale de muscle lisse. Toutefois, contrairement aux cellules pacemakers gastriques qui semblent ne posséder qu'un seul rythme, les cellules pacemakers du duodénum se dépolarisent plus fréquemment (12 contractions par minute) que celles de l'iléon (8 ou 9 contractions par minute). C'est pourquoi la segmentation produit également un déplacement lent et régulier du contenu intestinal vers la valve iléo-cæcale, à une vitesse qui permet la digestion et l'absorption. L'intensité de la segmentation est modifiée par des réflexes long et court (intensifiés par l'activité du système parasympathique et diminués par celle du système sympathique) et par des hormones. Les effets de brassage sont d'autant plus grands que les contractions sont plus intenses; les rythmes contractiles de base des diverses régions intestinales demeurent par ailleurs inchangés.

Un véritable péristaltisme ne se produit qu'après l'absorption de la plupart des nutriments. À ce moment, les mouvements de segmentation diminuent, et les ondes péristaltiques déclenchées à l'extrémité du duodénum commencent à se déplacer lentement le long de l'intestin,

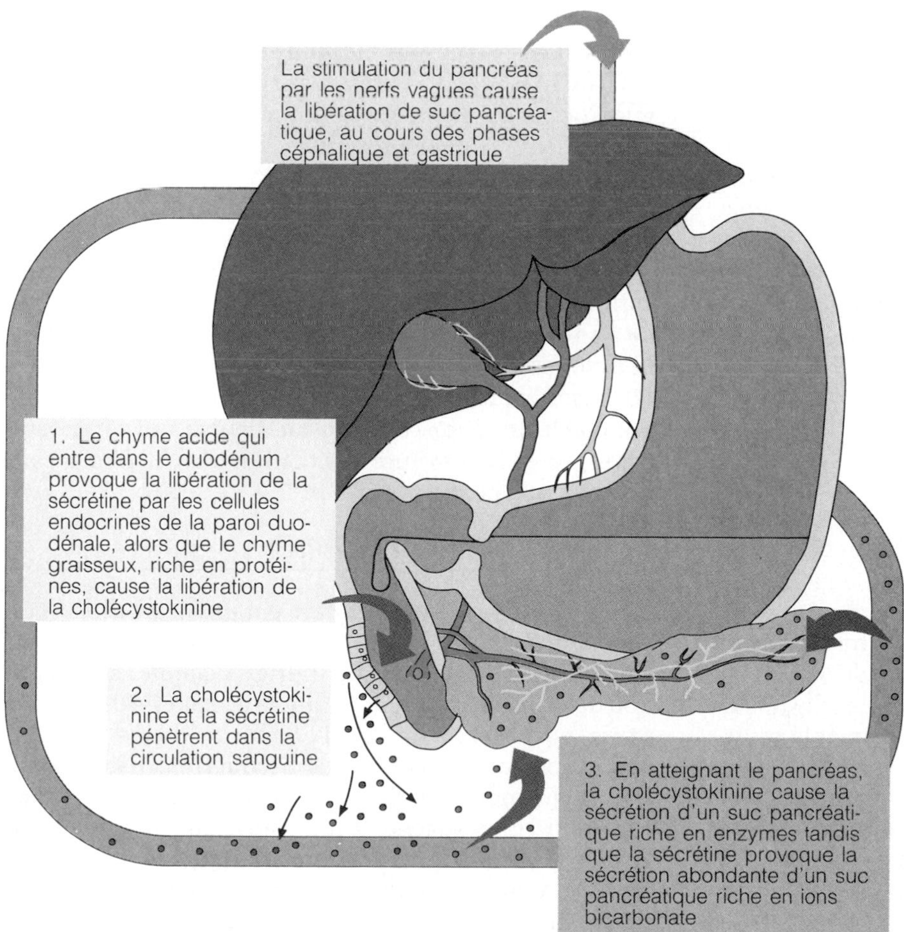
La stimulation du pancréas par les nerfs vagues cause la libération de suc pancréatique, au cours des phases céphalique et gastrique
1. Le chyme acide qui entre dans le duodénum provoque la libération de la sécrétine par les cellules endocrines de la paroi duodénale, alors que le chyme graisseux, riche en protéines, cause la libération de la cholécystokinine
2. La cholécystokinine et la sécrétine pénètrent dans la circulation sanguine
3. En atteignant le pancréas, la cholécystokinine cause la sécrétion d'un suc pancréatique riche en enzymes tandis que la sécrétine provoque la sécrétion abondante d'un suc pancréatique riche en ions bicarbonate

Figure 24.26 Régulation de la sécrétion du suc pancréatique par les facteurs nerveux et hormonaux. La régulation nerveuse s'accomplit par l'entremise des neurofibres parasympathiques des nerfs vagues, principalement au cours des phases céphalique et gastrique de la sécrétion gastrique. La régulation hormonale, exercée par la sécrétine et la cholécystokinine (étapes 1 à 3), est le facteur de régulation le plus important.

avançant de 10 à 70 cm avant de s'estomper. Chaque vague successive est déclenchée toujours un peu plus en aval. Un transit complet, du duodénum à l'iléon, requiert environ deux heures. Le processus se répète ensuite, récupérant les restes du repas ainsi que des bactéries, des cellules muqueuses détachées et d'autres débris, pour les envoyer dans le gros intestin. Cette fonction d'«entretien» s'avère essentielle pour empêcher la prolifération des bactéries qui migrent du gros intestin vers l'intestin grêle. Le péristaltisme cesse et la segmentation prend la relève lorsque de nouveaux aliments entrent dans l'estomac après un autre repas. Les neurones entériques de la paroi du tube digestif coordonnent ces modes de motilité intestinale.

La valve iléo-cæcale constitue un puissant sphincter qui est resserré et fermé la plupart du temps. Deux mécanismes, l'un nerveux et l'autre hormonal, provoquent toutefois son relâchement pendant les périodes d'intense motilité iléale et permettent l'entrée des résidus d'aliments dans le cæcum. L'augmentation de la sécrétion et de la contraction gastriques déclenche le **réflexe gastro-iléal**, un réflexe long qui intensifie les contractions à effet de segmentation dans l'iléon. De plus, la gastrine libérée par l'estomac intensifie la motilité de l'iléon et provoque le relâchement du sphincter de la valve iléo-cæcale. Une fois le passage du chyme effectué, les replis de la valve sont repoussés par la pression de retour du contenu du cæcum, empêchant le reflux vers l'iléon.

Gros intestin

Le **gros intestin** (voir la figure 24.7) entoure l'intestin grêle sur trois côtés et s'étend de la valve iléo-cæcale à l'anus. Il possède un diamètre supérieur à celui de l'intestin grêle (d'où le terme *gros* intestin), mais sa longueur est moindre (1,5 m en comparaison à 2 m). Sa fonction principale consiste à absorber l'eau des résidus alimentaires non digérés (introduits sous forme liquide) et à les éliminer de l'organisme sous forme de **fèces** semi-solides.

Anatomie macroscopique

Le gros intestin se divise en cinq segments: le cæcum, l'appendice, le côlon, le rectum et le canal anal. Le gros intestin débute par le **cæcum** en forme de poche, situé sous la valve iléo-cæcale dans la fosse iliaque droite (figure 24.27a). L'**appendice vermiforme,** un petit prolongement borgne en forme de ver, s'attache sur sa face postéro-médiane. L'appendice contient de nombreux follicules lymphatiques, mais sa structure flexueuse constitue un siège idéal pour l'accumulation et la prolifération de bactéries intestinales.

L'inflammation de l'appendice, ou *appendicite,* entraîne souvent l'ischémie et la gangrène (nécrose et dégradation) de l'appendice. En cas de rupture de l'appendice, des fèces contenant des bactéries sont répandues dans la cavité abdominale, ce qui cause la *péritonite.* Les symptômes de l'appendicite sont très variés, mais le premier qui se manifeste est habituellement une douleur dans la région ombilicale, suivie d'une perte de l'appétit, de nausées et de vomissements, puis du déplacement de la douleur vers le quadrant inférieur droit de l'abdomen. L'ablation chirurgicale immédiate de l'appendice (appendicectomie) est le traitement recommandé. L'appendicite est plus fréquente à l'adolescence, car c'est durant cette période que l'ouverture de l'appendice est la plus large. ■

Le **côlon** comprend plusieurs parties distinctes. Il forme le **côlon ascendant** lorsqu'il remonte du côté droit de la cavité abdominale et tourne à angle droit (**courbure colique droite** ou **angle colique droit**), et il constitue le **côlon transverse** lorsqu'il traverse la cavité abdominale. Il se replie fortement ensuite en décrivant la **courbure colique gauche** (**angle colique gauche**), et poursuit sa course vers le bas: c'est le **côlon descendant**; puis il devient le **côlon sigmoïde** (en forme de S) à son entrée dans le bassin. Le côlon est un organe rétropéritonéal à l'exception des sections transverse et sigmoïde qui sont ancrées à la paroi abdominale postérieure par des feuillets mésentériques appelés **mésocôlons** (voir la figure 24.19c et d).

À la hauteur de la troisième vertèbre sacrée, le côlon sigmoïde rejoint le **rectum,** dirigé vers l'arrière et vers le bas devant le sacrum. L'orientation naturelle du rectum permet le **toucher rectal,** c'est-à-dire l'examen digital (à l'aide d'un doigt) d'un certain nombre d'organes pelviens à travers la paroi rectale antérieure. Malgré son nom (*rectum* = droit), le rectum présente trois courbures qui se manifestent sous la forme de trois replis transverses internes appelés **plis transverses du rectum** (figure 24.27c). Ces plis séparent les fèces des flatuosités (c'est-à-dire qu'ils empêchent les fèces de passer avec les gaz intestinaux). Le **canal anal,** d'une longueur de 3 cm environ, débute à l'endroit où le rectum entre dans le muscle élévateur de l'anus du plancher pelvien et s'ouvre sur l'environnement par l'**anus.** Le canal anal possède deux sphincters (figure 24.27c), un **muscle sphincter interne de l'anus,** involontaire, composé de muscle lisse, et un **muscle sphincter externe de l'anus,** volontaire, composé de muscle squelettique. Les sphincters, dont l'action est semblable à celle du cordon d'une bourse, qui permet son ouverture et sa fermeture, sont ordinairement fermés sauf durant la défécation.

Anatomie microscopique

La paroi du gros intestin diffère par plusieurs aspects de celle de l'intestin grêle. La muqueuse du côlon est constituée d'épithélium cylindrique simple, à l'exception de celle du canal anal. Comme la majorité de la nourriture est absorbée avant d'atteindre le gros intestin, celui-ci ne possède pas de plis circulaires ni de villosités et pratiquement pas de cellules sécrétrices d'enzymes digestives. En revanche, la muqueuse du gros intestin est plus épaisse, ses glandes sont plus profondes et on y trouve un nombre élevé de cellules caliciformes (figure 24.28). Le mucus lubrifiant fabriqué par les cellules caliciformes facilite le passage des fèces vers l'extrémité du

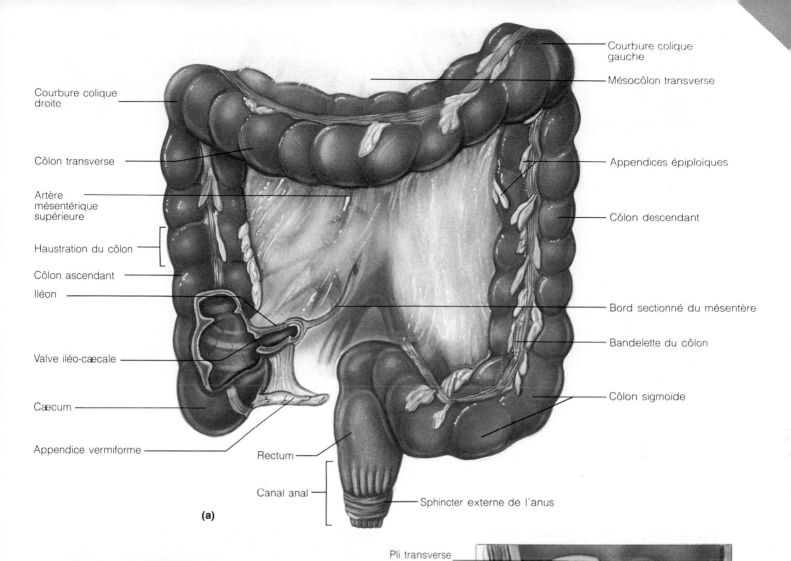

Courbure colique gauche
Mésocôlon transverse
Courbure colique droite
Côlon transverse
Appendices épiploïques
Artère mésentérique supérieure
Côlon descendant
Haustration du côlon
Côlon ascendant
Iléon
Bord sectionné du mésentère
Bandelette du côlon
Valve iléo-cæcale
Côlon sigmoïde
Cæcum
Appendice vermiforme
Rectum
Canal anal
Sphincter externe de l'anus
(a)

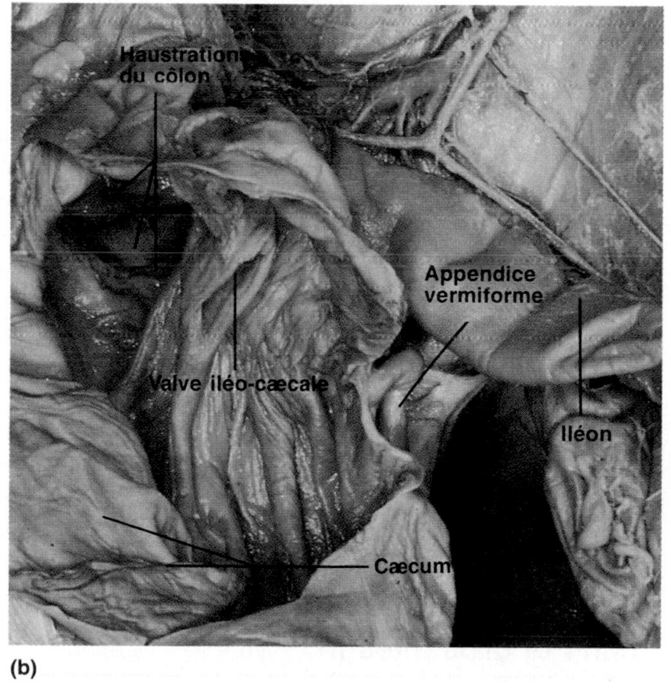

(b)

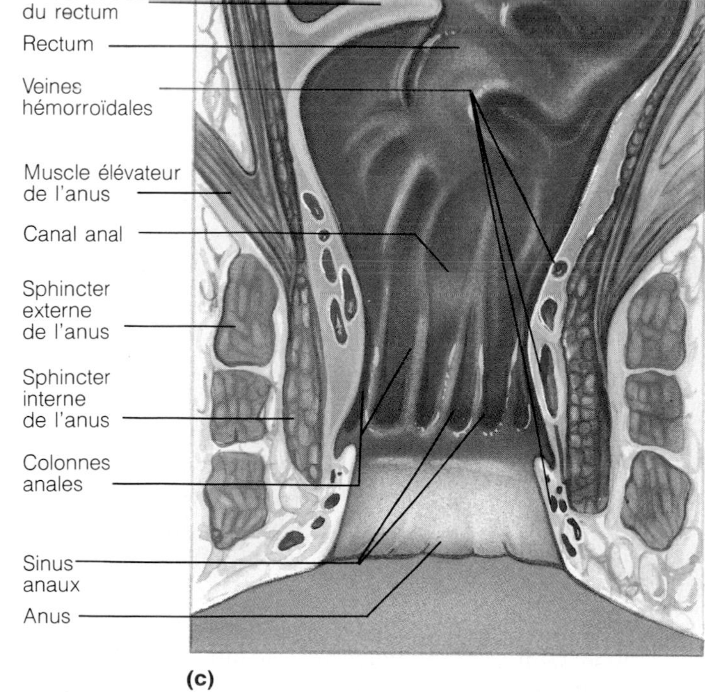

(c)

Figure 24.27 Anatomie macroscopique du gros intestin. (**a**) Schéma. (**b**) Photographie de l'intérieur du cæcum présentant l'ouverture de la valve iléo-cæcale et les haustrations dans le côlon ascendant. (**c**) Structure du canal anal.

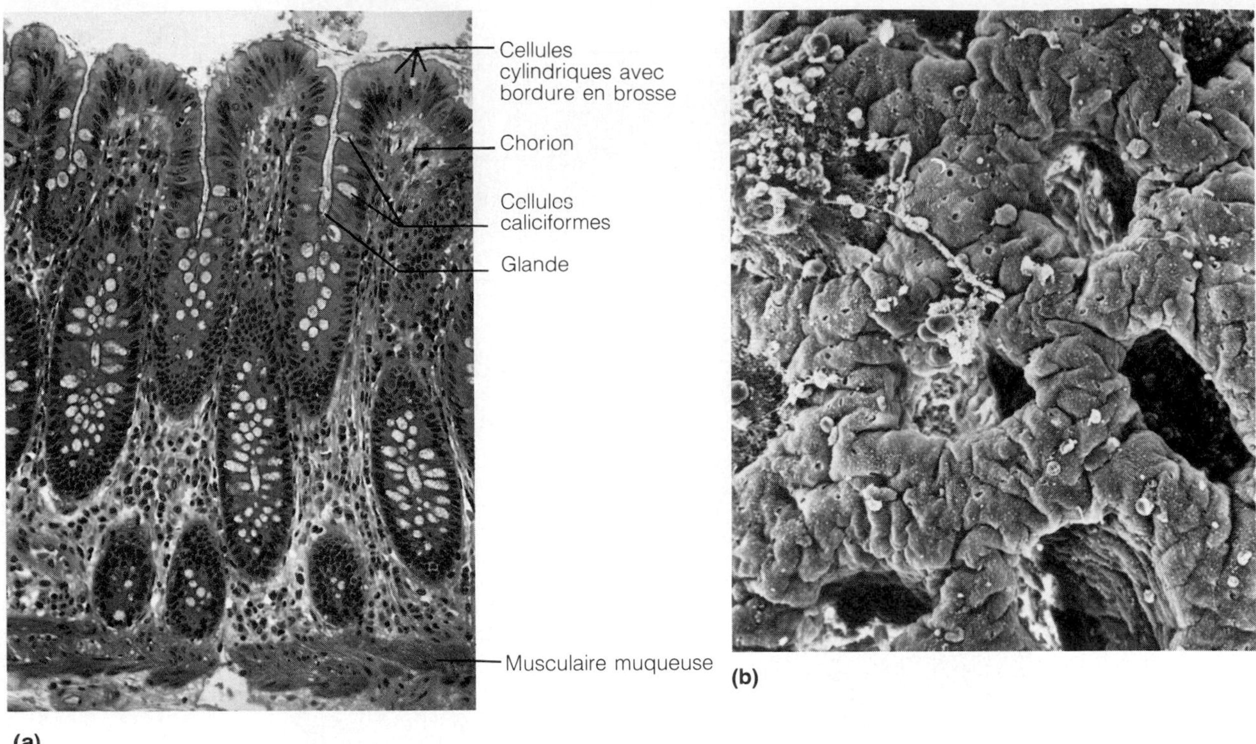

Figure 24.28 Muqueuse du gros intestin. (**a**) Photomicrographie optique de la muqueuse du gros intestin. Notez les abondantes cellules caliciformes sécrétrices de mucus (× 550). (**b**) Micrographie au microscope électronique à balayage de la muqueuse du côlon humain montrant les ouvertures des glandes dans la lumière (× 525).

tube digestif; il protège également la paroi intestinale des acides irritants et des gaz libérés par les bactéries logées dans le côlon. La muqueuse du canal anal est très différente. Elle est disposée en longues crêtes ou plis appelés **colonnes anales,** et elle contient un épithélium pavimenteux stratifié, ce qui reflète l'importance de l'abrasion dans cette région. Les **sinus anaux,** des sillons compris entre les colonnes anales, exsudent un mucus qui contribue à la vidange du canal anal lorsque ces sinus sont comprimés par les fèces. Deux plexus veineux superficiels sont associés au canal anal, l'un aux colonnes anales et l'autre à l'anus lui-même. L'inflammation de ces veines (hémorroïdales) cause des varices accompagnées de démangeaisons appelées *hémorroïdes.*

Dans la majeure partie du gros intestin, la couche de muscle longitudinale de la musculeuse est réduite à trois bandes de muscles appelées **bandelettes du côlon.** Leur tonus provoque le plissement de la paroi intestinale, qui donne des poches appelées **haustrations du côlon** (voir la figure 24.27a). La musculature du rectum est formée de fibres musculaires lisses longitudinales et circulaires (ce qui est compatible avec le rôle d'expulsion de cet organe au cours de la défécation), de telle sorte que cette région ne présente pas d'haustrations. Une autre caractéristique particulièrement évidente du côlon est la présence, sur son péritoine viscéral, de petites poches remplies de graisse, appelées *appendices épiploïques* (voir la figure 24.27a); en revanche, on ne connaît pas leur fonction.

Flore bactérienne

Si la plupart des bactéries qui pénètrent dans le cæcum en provenance de l'intestin grêle sont mortes (tuées par l'action du lysozyme, de l'acide chlorhydrique et d'enzymes protéolytiques), certaines d'entre elles sont encore vivantes et on peut même dire qu'elles «se portent bien». Elles constituent, avec les bactéries qui s'introduisent dans le tube digestif par l'anus, la **flore bactérienne** du gros intestin. Ces bactéries forment des colonies dans le côlon et font fermenter certains glucides non digérés (cellulose ou autres), ce qui provoque la libération d'acides irritants et d'un mélange de gaz (H_2, N_2 et CO_2). Quelques-uns de ces gaz (comme le méthane et le sulfure d'hydrogène) sont très odorants. Environ 500 mL de gaz (flatuosité) sont produits chaque jour, et parfois plus lorsque la nourriture, comme les haricots, est riche en glucides. La flore bactérienne synthétise aussi les vitamines du groupe B et presque toute la vitamine K dont le foie a besoin pour la synthèse de certains facteurs de coagulation.

Processus digestifs qui se déroulent dans le gros intestin

Les résidus qui parviennent finalement au gros intestin contiennent peu de nutriments, mais ils vont y demeurer pendant encore 12 à 24 heures. On peut observer dans le gros intestin une très faible activité digestive, qui est le fait des bactéries intestinales.

Le gros intestin absorbe les vitamines synthétisées par la flore bactérienne et récupère presque toute l'eau résiduelle ainsi que des électrolytes (en particulier des ions sodium et chlorure); cependant, l'absorption n'est pas la fonction *principale* de cet organe. Comme nous le verrons dans la section suivante, la tâche primordiale du gros intestin consiste à faire progresser les matières fécales vers l'anus et à les expulser de l'organisme (défécation).

Le gros intestin est un organe indispensable à notre bien-être, mais il n'est pourtant pas essentiel à la vie. Il est souvent nécessaire de procéder à l'ablation du côlon, notamment chez les personnes atteintes du cancer du côlon; l'extrémité de l'iléon est alors abouchée à la paroi abdominale grâce à une intervention appelée *iléostomie,* et les résidus de nourriture sont éliminés dans un sac attaché à la paroi abdominale.

Motilité du gros intestin

La musculature du gros intestin est inactive la plupart du temps et lorsqu'elle est mobile, ses contractions sont lentes ou de courte durée. Les mouvements les plus fréquemment perçus dans le côlon sont les **contractions haustrales,** des mouvements de segmentation très lents qui ne se produisent que toutes les 30 minutes environ. Ces contractions sont la manifestation de l'activation locale du muscle lisse dans les parois des haustrations. À mesure qu'une haustration se remplit de résidus alimentaires, la distension active la contraction de ses muscles, qui propulsent le contenu intraluminal vers l'haustration suivante. Ces mouvements brassent aussi les résidus, ce qui facilite l'absorption de l'eau.

Les **mouvements de masse** du côlon (péristaltisme de masse) sont des ondes de contraction longues et lentes, mais puissantes; ils se déplacent sur de grandes sections du côlon, trois ou quatre fois par jour, et poussent son contenu vers le rectum. Souvent, ces mouvements se produisent au cours de l'ingestion de nourriture ou immédiatement après, ce qui indique que la présence de nourriture dans l'estomac non seulement active le réflexe gastro-iliaque dans l'intestin grêle mais déclenche aussi un réflexe de contraction du côlon, le **réflexe gastrocolique.** Un régime alimentaire riche en fibres augmente la force des contractions du côlon et amollit les selles, ce qui favorise un fonctionnement efficace du côlon.

Si le régime alimentaire ne contient pas assez de fibres alimentaires et qu'il se trouve peu de résidus dans le côlon, ce dernier se rétrécit et la contraction de ses muscles circulaires devient plus puissante, ce qui augmente la pression sur ses parois. Ce phénomène entraîne la formation de *diverticules,* des petites hernies de la muqueuse dans la paroi du côlon. Cette affection, appelée *diverticulose,* survient le plus souvent dans le côlon sigmoïde. La *diverticulite* est caractérisée par l'inflammation des diverticules; elle peut être mortelle en cas de rupture des diverticules. ■

Les produits semi-solides amenés au rectum, les fèces ou selles, contiennent des résidus alimentaires non digérés, du mucus, des débris de cellules épithéliales, des millions de bactéries et de l'eau en quantité suffisante pour permettre leur évacuation en douceur. À peu près 150 des quelque 500 mL de résidus de nourriture qui entrent dans le cæcum chaque jour sont transformés en fèces.

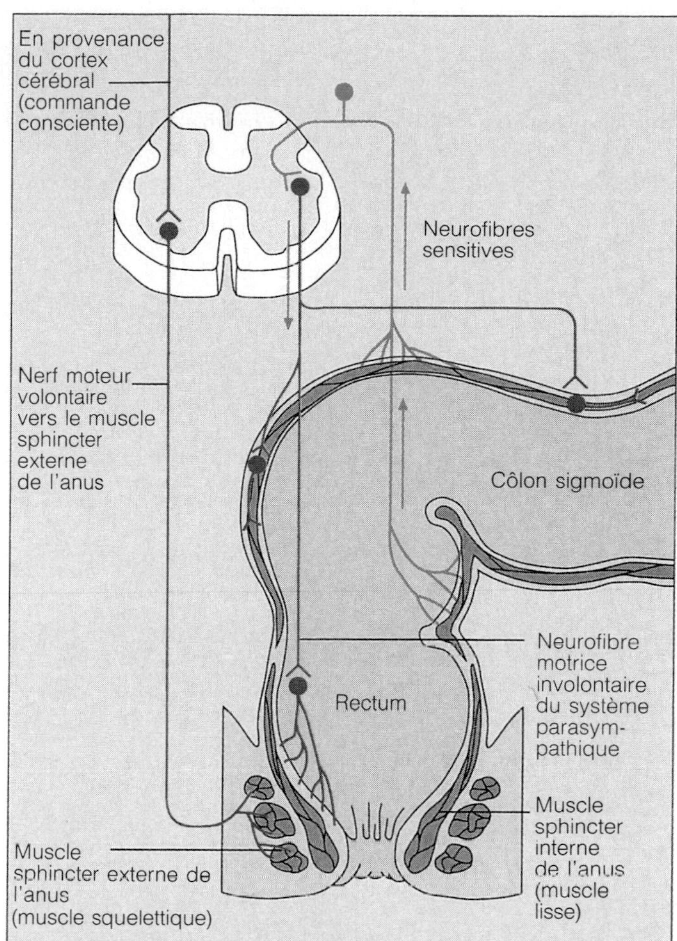

Figure 24.29 Réflexe de défécation. La distension, ou étirement, des parois rectales causée par le mouvement des résidus d'aliments dans le rectum déclenche la dépolarisation des neurofibres afférentes qui font synapse avec les neurones de la moelle épinière. Les neurofibres efférentes du système parasympathique, à leur tour, stimulent la contraction des parois rectales et la défécation. La défécation peut être retardée temporairement par des commandes conscientes (corticales) qui permettent la contraction volontaire du muscle sphincter externe de l'anus.

Défécation

Le rectum est habituellement vide, mais quand des fèces y sont poussées par des mouvements de masse, sa dilatation déclenche le **réflexe de défécation** (figure 24.29). Il s'agit d'un réflexe du système nerveux parasympathique, transmis par la moelle épinière, qui provoque la contraction des parois du côlon sigmoïde et du rectum et le relâchement des muscles sphincters interne et externe de l'anus. Au moment où les fèces sont poussées dans le canal anal, des influx nerveux atteignent le cerveau pour nous permettre de décider si le muscle sphincter externe de l'anus (volontaire) doit se relâcher ou bien se resserrer pour arrêter temporairement l'évacuation des fèces. Si la défécation est retardée, les contractions réflexes s'arrêtent en quelques secondes et les parois du rectum

Tableau 24.2 Vue d'ensemble des fonctions des organes gastro-intestinaux

Organe	Fonctions principales	Commentaires/autres fonctions
Bouche et organes annexes associés	● Ingestion : la nourriture est volontairement introduite dans la cavité buccale ○ Propulsion : la phase de déglutition volontaire (buccale) est amorcée par la langue ; propulse la nourriture dans le pharynx ● Digestion mécanique : mastication à l'aide des dents et mélange à l'aide de la langue ○ Digestion chimique : la dégradation chimique de l'amidon est amorcée grâce à l'amylase salivaire présente dans la salive, laquelle est sécrétée par les glandes salivaires	La bouche sert de réceptacle ; la plupart des fonctions sont accomplies par les organes annexes associés ; le mucus présent dans la salive aide à dissoudre les aliments pour que leur goût puisse être perçu et les humidifie pour que la langue puisse former un bol alimentaire qui peut être avalé ; la cavité buccale et les dents sont nettoyées et lubrifiées par la salive
Pharynx et œsophage	○ Propulsion : les ondes péristaltiques déplacent le bol alimentaire vers l'estomac, accomplissant ainsi la phase de déglutition involontaire (pharyngo-œsophagienne)	Principalement des passages pour la nourriture ; lubrifiés par le mucus
Estomac	● Digestion mécanique et propulsion : les ondes péristaltiques mélangent la nourriture au suc gastrique et la propulsent dans le duodénum ○ Digestion chimique : début de la digestion des protéines par la pepsine ● Absorption : absorbe certaines substances liposolubles (aspirine, alcool, certains médicaments)	Sert également à emmagasiner la nourriture jusqu'à ce qu'elle puisse être envoyée dans le duodénum ; l'acide chlorhydrique produit est un agent bactériostatique et il active les enzymes protéolytiques ; le mucus sécrété aide à lubrifier l'estomac et à l'empêcher de digérer ses propres tissus ; le facteur intrinsèque élaboré est essentiel à l'absorption intestinale de la vitamine B_{12}
Intestin grêle et organes annexes associés (foie, vésicule biliaire, pancréas)	● Digestion mécanique et propulsion : la segmentation par le muscle lisse de l'intestin grêle mélange continuellement le contenu gastrique avec les sucs digestifs et déplace lentement la nourriture à l'intérieur du tube digestif et à travers la valve iléo-cæcale, ce qui laisse assez de temps pour la digestion et l'absorption ○ Digestion chimique : les enzymes digestives provenant du pancréas et les enzymes de la bordure en brosse des microvillosités achèvent la digestion des aliments de toutes catégories (à part les vitamines et l'eau) ● Absorption : produits de la dégradation des protéines, des lipides, des acides nucléiques et des glucides ; les vitamines, les électrolytes et l'eau sont absorbés par des mécanismes actifs et passifs	L'intestin grêle présente de nombreuses modifications pour la digestion et l'absorption (plis circulaires, villosités et microvillosités) ; le mucus alcalin élaboré par les glandes intestinales et le suc riche en bicarbonate provenant du pancréas aident à neutraliser le chyme acide et fournissent l'environnement propice à l'activité enzymatique ; la bile produite par le foie émulsionne les graisses et accroît (1) la digestion des lipides et (2) l'absorption des acides gras, des monoglycérides, du cholestérol, des phospholipides et des vitamines liposolubles ; la vésicule biliaire emmagasine et concentre la bile ; la bile est envoyée dans l'intestin grêle en réponse à des signaux hormonaux
Gros intestin	○ Digestion chimique : quelques résidus alimentaires sont digérés par des bactéries intestinales (qui élaborent aussi la vitamine K et des vitamines B) ● Absorption : absorbe la majeure partie de l'eau résiduelle, des électrolytes (surtout NaCl) et les vitamines élaborées par les bactéries ● Propulsion : propulse les fèces vers le rectum par péristaltisme, pétrissage haustral et mouvements de masse ● Défécation : réflexe déclenché par la distension du rectum ; élimine les fèces de l'organisme	Emmagasine temporairement les résidus et les concentre jusqu'à ce que la défécation puisse se produire ; un mucus abondant élaboré par des cellules caliciformes facilite le passage des fèces dans le côlon

* Les cercles colorés vis-à-vis des fonctions correspondent au code de couleurs des fonctions digestives présentées à la figure 24.2

se relâchent. Le réflexe de défécation est déclenché de nouveau sous l'influence du mouvement de masse suivant.

Durant la défécation, les muscles du rectum se contractent pour expulser les fèces. Nous contribuons à ce processus de manière volontaire en fermant la glotte et en contractant le diaphragme et les muscles de la paroi abdominale de façon à augmenter la pression intra-abdominale (*manœuvre de Valsalva*). Nous contractons aussi le muscle élévateur de l'anus (p. 308), ce qui tire le canal anal vers le haut ; cette action de soulèvement expulse les fèces par l'anus, hors de l'organisme. La défécation involontaire ou automatique (incontinence des fèces) est normale chez les jeunes enfants parce qu'ils n'ont pas encore acquis la maîtrise de leur muscle sphincter externe de l'anus. Elle se produit également chez les personnes qui ont subi une section transversale de la moelle épinière.

Les selles liquides, ou *diarrhée,* sont causées par le passage rapide des résidus de nourriture dans le gros intestin, sans que cet organe ait pu disposer du laps de temps nécessaire à l'absorption de l'eau résiduelle (lors d'une irritation du côlon par des bactéries, par exemple). Une diarrhée persistante peut entraîner la déshydratation et des déséquilibres électrolytiques. À l'inverse, lorsque les résidus demeurent trop longtemps dans le côlon, une quantité excessive d'eau est absorbée et les selles deviennent dures, ce qui rend leur évacuation difficile. Cet état, appelé *constipation*, peut être dû à un régime alimentaire pauvre en fibres, à de mauvaises habitudes de défécation (répression de «l'envie»), à un manque d'exercice physique, à des états émotionnels ou à l'abus de laxatifs. ■

PHYSIOLOGIE DE LA DIGESTION CHIMIQUE ET DE L'ABSORPTION

Nous avons étudié jusqu'ici la structure et la fonction globale des organes qui constituent le système digestif. Nous allons maintenant examiner la transformation chimique complète (dégradation enzymatique et absorption) de chaque classe d'aliments tout au long de leur déplacement dans le tube digestif. Ces questions, décrites en détail ci-dessous, sont résumées à la figure 24.30.

Digestion chimique

Les aliments sont méconnaissables après un séjour, même bref, dans l'estomac. Et pourtant, ce sont toujours en bonne partie les féculents, les protéines des viandes, le beurre, etc., qui ont été ingérés. Seul leur aspect a changé sous l'effet de la digestion mécanique. Au contraire, les nutriments produits par la digestion chimique sont les unités structurales des aliments ingérés, c'est-à-dire des molécules chimiquement très différentes. Penchons-nous de plus près sur le processus et les produits de la digestion chimique.

Mécanisme de la digestion chimique: dégradation enzymatique

La **digestion chimique** est un processus catabolique au cours duquel de grosses molécules chimiques sont dissociées sous forme de *monomères* (unités structurales) suffisamment petits pour être absorbés par la muqueuse du tube digestif (cellules absorbantes). La digestion chimique s'effectue grâce à des enzymes sécrétées par les glandes intrinsèques et les glandes annexes dans la lumière du tube digestif. La dégradation enzymatique de tout type de molécules d'aliments est appelée **hydrolyse,** car elle implique l'addition d'une molécule d'eau à chaque liaison chimique rompue (lyse).

Digestion chimique de groupes spécifiques d'aliments

Glucides

Nous ingérons entre 200 et 600 g de glucides par jour, suivant nos goûts. Les monomères de glucides sont des *monosaccharides*, qui sont aussitôt absorbés, sans transformation. Trois d'entre eux seulement se retrouvent habituellement dans notre régime alimentaire: le *glucose,* le *fructose* et le *galactose.* Les *disaccharides*, comme le *saccharose* (sucre alimentaire), le *lactose* (sucre du lait) et le *maltose* (sucre du malt), ainsi que les *polysaccharides*, comme le *glycogène* et l'*amidon,* sont les seuls autres glucides plus complexes que notre organisme est apte à transformer en monosaccharides. Dans le régime alimentaire de l'Américain du Nord moyen, la plupart des glucides digestibles se présentent sous forme d'amidon accompagné de plus petites quantités de disaccharides et de monosaccharides. Les humains ne disposent pas des enzymes nécessaires à la dégradation des autres polysaccharides (la cellulose, par exemple). Les polysaccharides non digestibles ne peuvent donc pas nous servir de nourriture mais, comme nous l'avons mentionné précédemment, ils facilitent le déplacement de la nourriture le long du tube digestif en fournissant des fibres végétales.

La digestion chimique de l'amidon (et peut-être du glycogène) s'amorce dans la bouche. L'**amylase salivaire,** présente dans la salive, scinde l'amidon en *oligosaccharides*, des fragments plus petits constitués de deux à huit monosaccharides liés (dans ce cas, il s'agit de molécules de glucose). L'amylase salivaire fonctionne mieux dans un milieu légèrement acide à neutre (pH de 6,75 à 7,00), maintenu dans la bouche grâce au pouvoir tampon des ions bicarbonate et phosphate de la salive. La digestion de l'amidon se poursuit dans l'estomac jusqu'à ce que l'amylase soit inactivée par l'acide gastrique et dégradée par les enzymes protéolytiques de l'estomac. De façon générale, plus le repas est copieux, plus l'amylase agira longtemps dans l'estomac, car les aliments sont peu mélangés avec les sucs gastriques dans la grosse tubérosité, qui est immobile.

Les féculents et autres glucides digestibles qui échappent à l'action destructrice de l'amylase salivaire sont attaqués, dans l'intestin grêle, par l'**amylase pancréatique** (voir la figure 24.30). Dix minutes environ après être entré dans l'intestin grêle, l'amidon a été complètement transformé en divers oligosaccharides, principalement en maltose. Les enzymes intestinales de la bordure en brosse continuent la dégradation de ces produits en monosaccharides. Parmi ces enzymes, les plus importantes sont la **dextrinase** et la **glucoamylase,** qui agissent sur les oligosaccharides constitués de plus de trois sucres simples, ainsi que la **maltase,** la **saccharase** (invertase) et la **lactase,** des enzymes disaccharidases qui hydrolysent respectivement le maltose, le saccharose et le lactose en leurs monosaccharides constitutifs. La digestion chimique *se termine officiellement* dans l'intestin grêle parce que le côlon ne sécrète pas d'enzymes digestives. Comme nous l'avons par ailleurs mentionné plus haut, les bactéries que renferme le côlon continuent à dégrader et à métaboliser les glucides complexes qui restent, ce qui contribue davantage à leur nutrition qu'à la nôtre.

Chez certaines personnes, la lactase intestinale est présente à la naissance mais devient par la suite insuffisante, probablement à cause de facteurs génétiques. Dans de tels cas, la personne ne peut plus tolérer le lait (la source du lactose); cette carence entraîne plusieurs conséquences. Le lactose non digéré crée un gradient

(a) Digestion des glucides

Séquence et sites de la digestion chimique			Exemple de dégradation (hydrolyse)
Site d'action	Enzymes et source	Aliments	Maltose
		Lactose, Amidon, Saccharose	HO-CH_2 … O … OH (maltose)
Bouche	Amylase salivaire	→ Amidon	
Intestin grêle	Amylase pancréatique	→ Amidon	
		Oligosaccharides	Enzymes qui dégradent les glucides; H_2O
Intestin grêle	Enzymes intestinales (de la bordure en brosse): dextrinase et glucoamylase	→ Oligosaccharides	
		Lactose, Maltose, Saccharose	Glucose (2)
	Enzymes intestinales (de la bordure en brosse): lactase, maltase et saccharase	→ Lactose, Maltose, Saccharose	
		Galactose, Glucose, Fructose	HO-CH_2 … OH (2 glucose)

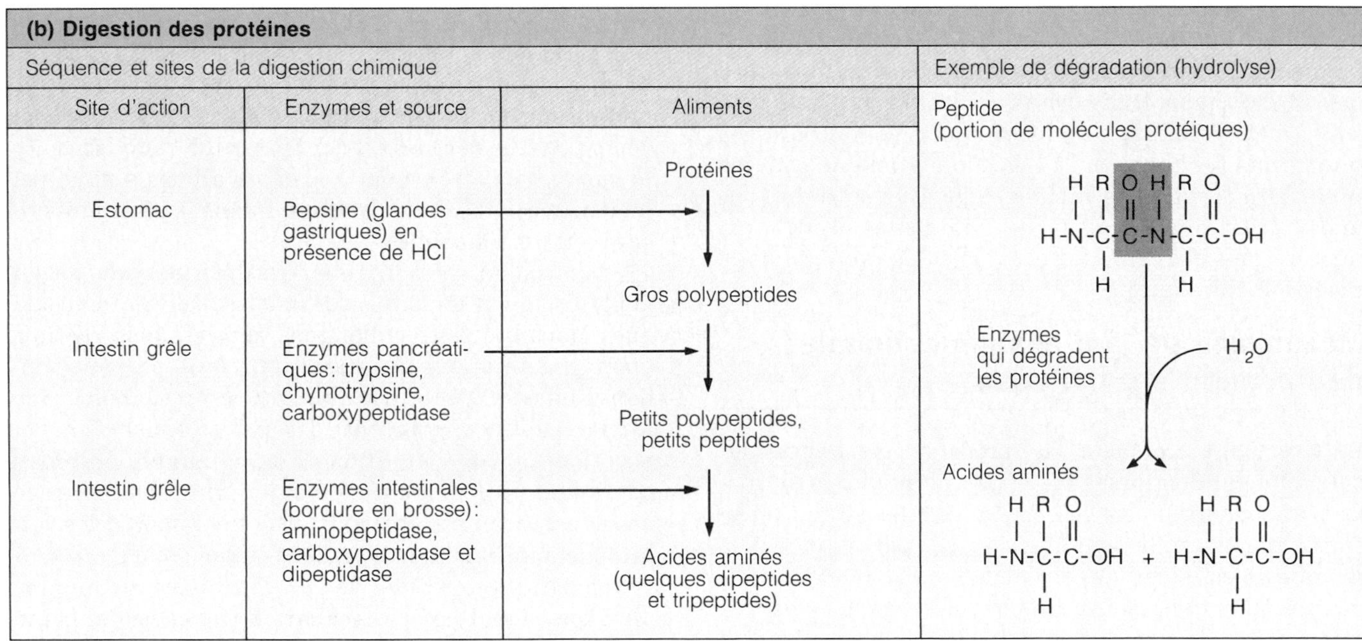

(b) Digestion des protéines

Séquence et sites de la digestion chimique			Exemple de dégradation (hydrolyse)
Site d'action	Enzymes et source	Aliments	Peptide (portion de molécules protéiques)
		Protéines	H-N-C-C-N-C-C-OH (peptide)
Estomac	Pepsine (glandes gastriques) en présence de HCl	→ Protéines	
		Gros polypeptides	
Intestin grêle	Enzymes pancréatiques: trypsine, chymotrypsine, carboxypeptidase	→ Gros polypeptides	Enzymes qui dégradent les protéines; H_2O
		Petits polypeptides, petits peptides	
Intestin grêle	Enzymes intestinales (bordure en brosse): aminopeptidase, carboxypeptidase et dipeptidase	→ Petits polypeptides, petits peptides	Acides aminés
		Acides aminés (quelques dipeptides et tripeptides)	H-N-C-C-OH + H-N-C-C-OH

Figure 24.30 Digestion chimique des glucides, des protéines, des lipides et des acides nucléiques. Dans la majorité des cas, la digestion chimique (enzymatique) des molécules d'aliments dans le tube digestif met en jeu la dégradation des molécules en monomères.

osmotique qui non seulement empêche l'absorption de l'eau dans l'intestin grêle et dans le gros intestin, mais attire l'eau du compartiment interstitiel vers la lumière intestinale. Il se produit alors une diarrhée. Le métabolisme bactérien des solutés non digérés produit de grandes quantités de gaz qui distendent le côlon et provoquent des crampes douloureuses. La solution à ce problème est simple: elle consiste à ajouter des «gouttes» de lactase au lait. ■

Protéines

Les protéines digérées dans le tube digestif comprennent non seulement les protéines alimentaires (habituellement 125 g par jour environ), mais aussi de 15 à 25 g de protéines enzymatiques sécrétées dans la lumière du tube digestif par ses nombreuses glandes et une quantité (probablement) égale de protéines provenant des cellules muqueuses détachées et désintégrées. Chez les individus en bonne santé, presque toutes ces protéines sont

(c) Digestion des lipides			
Séquence et sites de la digestion chimique			Exemple de dégradation (hydrolyse)
Site d'action	Enzymes et source	Aliments	
		Graisses non émulsionnées	Triglycéride $C_{17}H_{35}C(=O)-O-CH_2$ $C_{17}H_{35}C(=O)-O-CH$ $C_{17}H_{35}C(=O)-O-CH_2$
Intestin grêle	Émulsionnées par l'action détersive des sels biliaires du foie →		Enzymes qui dégradent les lipides ← $3H_2O$
Intestin grêle	Lipase pancréatique →	Monoglycérides et acides gras; Glycérol et acides gras	Acides gras + Glycérol $C_{17}H_{35}COOH$ $HO-CH_2$ $C_{17}H_{35}COOH$ + $HO-CH$ $C_{17}H_{35}COOH$ $HO-CH_2$

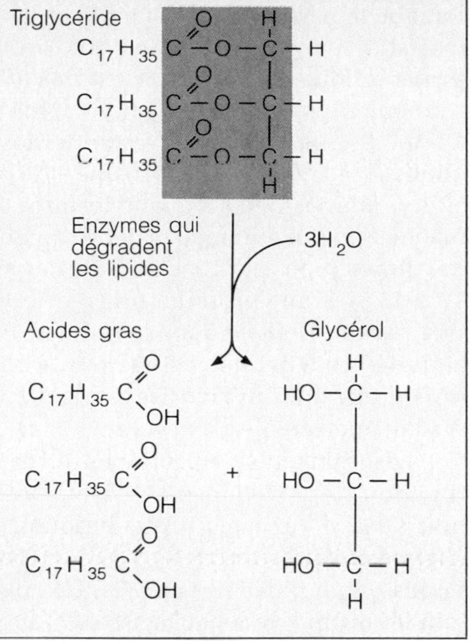

(d) Digestion des acides nucléiques			
Séquence et sites de la digestion chimique			Exemple de dégradation (hydrolyse)
Site d'action	Enzymes et source	Aliments	
		Acides nucléiques	Adénosine-monophosphate (AMP)
Intestin grêle	Nucléases pancréatiques →	Nucléotides	Enzymes qui hydrolysent les acides nucléiques ← $3H_2O$
Intestin grêle	Enzymes intestinales de la bordure en brosse →	Bases azotées, ribose, désoxyribose, phosphate	Adénine + Ribose + Phosphate $^{-}O-P(=O)(O^{-})-O^{-}$

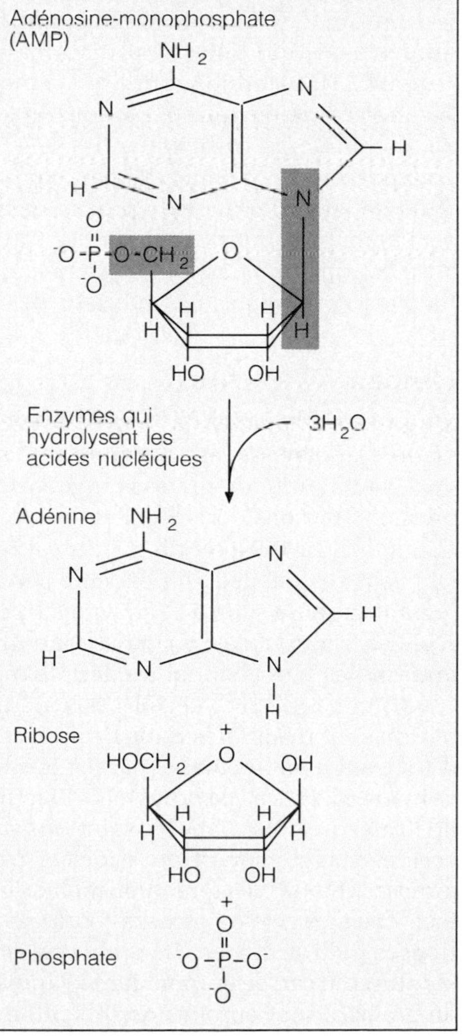

entièrement dégradées en *acides aminés* (des monomères).

La digestion des protéines s'amorce dans l'estomac lorsque le pepsinogène sécrété par les cellules principales est activé en **pepsine** (en fait, un groupe d'enzymes protéolytiques). La pepsine est très efficace dans l'environnement gastrique fortement acide où le pH varie de 1,5 à 3,5. Elle a tendance à scinder les liaisons dans lesquelles sont engagées la tyrosine et la phénylalanine (des acides aminés), de sorte que les protéines sont transformées en polypeptides et en petites quantités d'acides aminés libres (voir la figure 24.30). La pepsine dégrade de 10 à 15 % d'une protéine ingérée; elle est rendue inactive par le pH élevé dans le duodénum, si bien que son activité protéolytique est restreinte à l'estomac. La **rennine** (l'enzyme qui favorise la coagulation de la protéine du lait) ne semble pas sécrétée chez les adultes.

Les fragments de protéines qui entrent dans l'intestin grêle en provenance de l'estomac sont accueillis par une série d'enzymes protéolytiques. La **trypsine** et la **chymotrypsine** sécrétées par le pancréas scindent les protéines en peptides plus petits. Ces peptides sont à leur tour le substrat sur lequel agissent d'autres enzymes parmi lesquelles on retrouve : la **carboxypeptidase,** une enzyme du pancréas et de la bordure en brosse, qui libère un à un les acides aminés de l'extrémité carboxylique de la chaîne polypeptidique, ainsi que d'autres enzymes de la bordure en brosse comme l'**aminopeptidase** et la **dipeptidase,** qui détachent d'autres acides aminés (figure 24.31). L'aminopeptidase dégrade une protéine en libérant un acide aminé à la fois de l'extrémité aminée de la chaîne. La carboxypeptidase et l'aminopeptidase peuvent toutes les deux « démanteler » une protéine chacune de leur côté, mais le processus de dégradation est beaucoup plus rapide quand elles travaillent de concert avec la trypsine et la chymotrypsine, qui s'attaquent aux liaisons peptidiques à l'intérieur des chaînes.

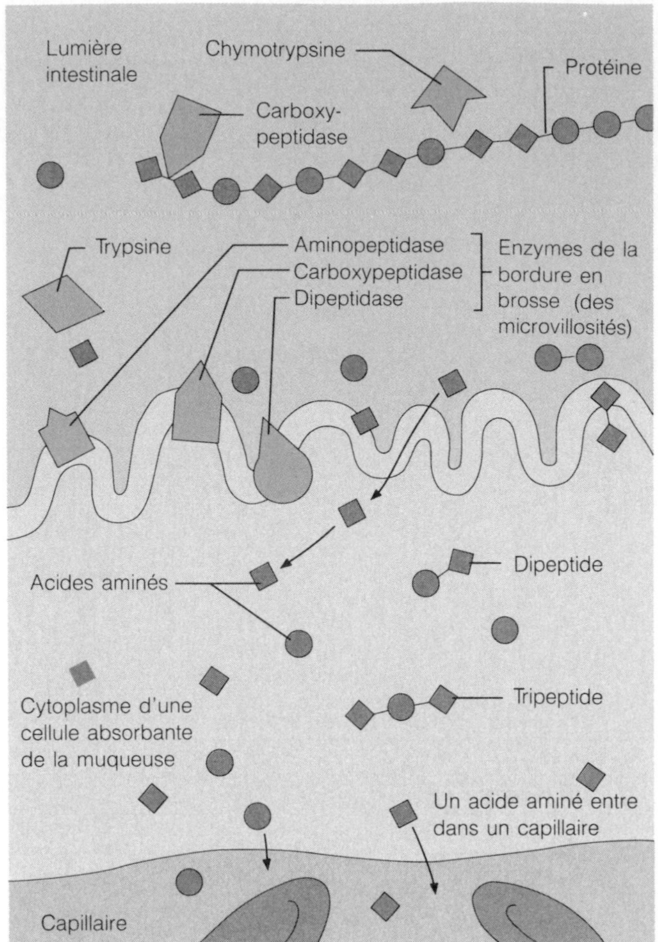

Figure 24.31 Digestion des protéines et absorption des acides aminés dans l'intestin grêle. Les protéines et les fragments de protéines sont dégradés en acides aminés sous l'action des protéases pancréatiques (trypsine, chymotrypsine, carboxypeptidase et aminopeptidases), des tripeptidases et des dipeptidases des cellules de la muqueuse intestinale. Les acides aminés sont par la suite absorbés grâce à des mécanismes de transport actif dans le sang capillaire des villosités.

Lipides

Malgré les recommandations de l'*American Heart Association,* qui favorisent un régime pauvre en graisses (lipides), la quantité de graisses ingérées chaque jour varie de manière considérable chez les Américains adultes, allant de 50 à 150 g ou plus. L'intestin grêle est l'unique site de digestion des lipides car le pancréas est essentiellement la seule source d'enzymes lipolytiques, ou **lipases.** Les triglycérides, ou graisses neutres, constituent les graisses les plus abondantes dans le régime alimentaire.

Comme les triglycérides et leurs produits de dégradation sont insolubles dans l'eau, les lipides ont besoin d'un traitement préalable par les sels biliaires pour pouvoir être digérés et absorbés dans l'environnement aqueux de l'intestin grêle. Dans les solutions aqueuses, les triglycérides s'agglomèrent pour former de gros agrégats de graisses. Seules les quelques molécules situées à la surface des agrégats de graisses sont alors accessibles aux lipases hydrosolubles. Ce problème est toutefois rapidement résolu car, en entrant dans le duodénum, les agrégats de graisses sont enrobés de sels biliaires (figure 24.32). Les sels biliaires possèdent des régions polaires et non polaires. Leurs parties non polaires (hydrophobes) adhèrent aux molécules de lipides, et leurs parties polaires (ionisées et hydrophiles) provoquent leur répulsion mutuelle et leur interaction avec l'eau. Les gouttelettes de graisses sont ainsi arrachées aux gros agrégats et il se forme une *émulsion* stable, c'est-à-dire une suspension aqueuse de gouttelettes de graisses, d'un diamètre d'environ 1 μm chacune. Ce mécanisme *ne* brise *pas* de liaisons chimiques (comme le font les enzymes). Il ne fait que réduire l'attraction entre les molécules de lipides de façon qu'elles soient davantage dispersées. Ce processus augmente considérablement le nombre de molécules de triglycérides exposées aux lipases. Sans la bile, le passage de la nourriture dans l'intestin grêle ne serait pas assez long pour que les lipides soient complètement digérés.

Les lipases pancréatiques catalysent la dégradation des lipides en détachant deux des chaînes d'acides gras, ce qui donne des *acides gras* libres et des *monoglycérides* (glycérol auquel n'est fixée qu'une chaîne d'acide

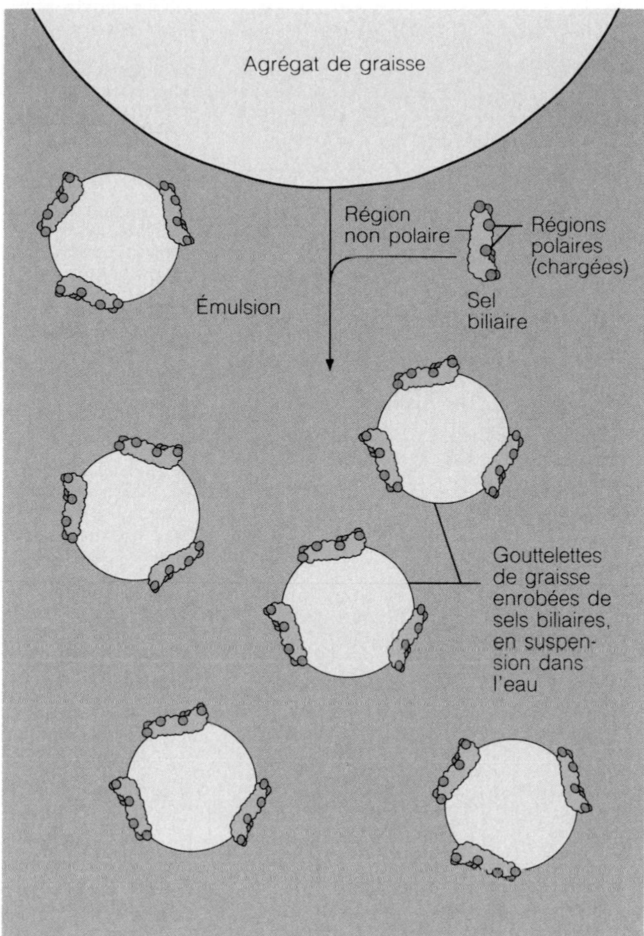

Figure 24.32 Rôle des sels biliaires dans l'émulsion des graisses. Lorsque de gros agrégats de graisses entrent dans l'intestin grêle, les sels biliaires adhèrent aux molécules de graisses par l'intermédiaire de leurs parties non polaires. Leurs parties polaires, dirigées vers la phase aqueuse, établissent des attractions avec l'eau et se repoussent, ce qui provoque la division physique des agrégats de graisses en gouttelettes plus fines et forme une émulsion stable.

gras). Les vitamines liposolubles transportées avec les lipides ne requièrent pas de digestion.

Acides nucléiques

L'ADN et l'ARN, présents en petites quantités dans la nourriture que nous ingérons (noyaux de cellules animales et végétales), sont dégradés en *nucléotides* (monomères) par les **nucléases pancréatiques** du suc pancréatique. Les nucléotides sont ensuite scindés par les enzymes de la bordure en brosse, ce qui libère les bases azotées, les pentoses (glucides) et les ions phosphate.

Un résumé, à la figure 24.30, présente la source, le substrat et le produit final de la dégradation des enzymes digestives.

Absorption

Le tube digestif reçoit quotidiennement jusqu'à 10 L de nourriture, de liquides et de sécrétions provenant du tube digestif lui-même, mais seulement 0,5 à 1 L atteint le gros intestin. Presque tous les aliments, 80 % des électrolytes et la majeure partie de l'eau sont absorbés au niveau de l'intestin grêle. L'absorption se produit tout le long de l'intestin grêle, mais elle est essentiellement achevée au moment où le chyme atteint l'iléon. Le rôle principal de l'iléon dans l'absorption consiste par conséquent à récupérer les sels biliaires pour les retourner au foie d'où ils seront sécrétés de nouveau. À la sortie de l'iléon, il ne reste qu'un peu d'eau, des matières alimentaires impossibles à digérer (principalement des fibres végétales comme la cellulose) et des millions de bactéries. Ces débris sont envoyés dans le gros intestin.

La plupart des nutriments sont absorbés à travers la muqueuse des villosités intestinales grâce à des mécanismes de *transport actif* dont la force motrice directe et indirecte (secondaire) provient de l'énergie (ATP) produite par le métabolisme cellulaire. Les nutriments pénètrent par la suite dans le sang capillaire des villosités pour être transportés vers le foie par la veine porte hépatique. Certains produits de la digestion des lipides constituent une exception ; ils sont absorbés passivement par diffusion et entrent ensuite dans le vaisseau chylifère de la villosité pour être transportés vers le sang par l'intermédiaire de la lymphe. Les substances ne peuvent passer *entre* les cellules épithéliales de la muqueuse intestinale parce que les faces luminales (apicales) de ces cellules sont unies par des jonctions serrées. Toutes les substances doivent donc passer *à travers* les cellules épithéliales et dans le liquide interstitiel contigu à leurs membranes basales afin d'entrer dans les capillaires. Ce mécanisme d'absorption est appellé **transport transépithélial.** Nous allons décrire ci-dessous l'absorption de chaque classe de nutriment.

Absorption de nutriments spécifiques

Glucides

Le glucose et le galactose (monosaccharides) libérés par la dégradation de l'amidon et des disaccharides pénètrent dans les cellules épithéliales au moyen de transporteurs protéiques de la membrane plasmique, puis ils sont amenés par *diffusion facilitée* (transport passif à l'aide d'un transporteur protéique) dans le chorion de la villosité, d'où ils peuvent atteindre le sang capillaire. Les transporteurs protéiques, situés très près des disaccharidases sur la membrane plasmique des microvillosités, s'unissent aux monosaccharides aussitôt que les disaccharides sont rompus. Le processus de transport de ces glucides est couplé au transport actif des ions sodium ; les ions sodium et les glucides sont transportés en même temps à travers la membrane plasmique (co-transport). L'ATP n'influe pas sur l'absorption du fructose, qui se déroule *entièrement* grâce à la diffusion facilitée.

Protéines

Il existe plusieurs types de transporteurs protéiques spécifiques pour les différentes classes d'acides aminés provenant de la digestion des protéines. Le transport des acides aminés, comme celui du glucose et du galactose, est couplé au transport actif du sodium. Des chaînes courtes de deux ou trois acides aminés (dipeptides et tripeptides, respectivement) sont également activement absorbées, mais elles sont dégradées en acides aminés dans les cellules épithéliales avant d'entrer dans le sang capillaire.

Les protéines *entières* ne sont habituellement pas absorbées, mais en de rares occasions elles peuvent être captées par endocytose puis libérées du côté opposé de la cellule épithéliale par exocytose. Ce processus très courant chez les nouveau-nés est un signe de l'immaturité de la muqueuse intestinale et il explique de nombreuses allergies alimentaires précoces. Le système immunitaire perçoit les protéines intactes présentes dans le chorion comme des antigènes et lance une attaque contre elles. Ces allergies alimentaires disparaissent généralement lorsque la muqueuse atteint sa maturité. Par ailleurs, ce mécanisme peut offrir une voie de pénétration aux anticorps IgA présents dans le lait maternel, ce qui leur permet d'atteindre la circulation sanguine du nourrisson. Ces anticorps confèrent une certaine immunité passive à l'enfant (protection temporaire contre les antigènes auxquels la mère a été sensibilisée). ■

Lipides

Les sels biliaires favorisent la digestion des lipides et sont essentiels à l'absorption des produits de leur dégradation. Lorsque les produits de la digestion des lipides (les monoglycérides et les acides gras libres), insolubles dans l'eau, sont libérés grâce à l'activité des lipases, ils s'associent aussitôt aux sels biliaires et à la *lécithine* (un phospholipide présent dans la bile) pour former des micelles. Les **micelles** sont des agrégats de lipides associés à des sels biliaires de telle façon que les extrémités polaires (hydrophobes) des molécules se trouvent du côté de l'eau et que leurs portions non polaires forment la partie centrale de la micelle. Des molécules de cholestérol et des vitamines liposolubles se trouvent enfermées dans la partie centrale hydrophobe. Les micelles ressemblent à des gouttelettes d'émulsion, mais elles sont des « vecteurs » beaucoup plus petits qui diffusent facilement entre les microvillosités pour entrer en contact avec la membrane plasmique des cellules absorbantes (figure 24.33). Les monoglycérides, les acides gras libres (AGL), le cholestérol et les vitamines liposolubles quittent alors les micelles et, en raison de leur haut degré de liposolubilité, se déplacent par diffusion simple à travers la double couche de phospholipides de la membrane plasmique. Les micelles assurent un apport constant de produits de dégradation des lipides en solution qui peuvent être libérés et absorbés, alors que se poursuit la digestion des lipides. Sans la formation des micelles, les lipides ne feraient que flotter à la surface du chyme (comme l'huile sur l'eau), loin des surfaces d'absorption des cellules épithéliales. L'absorption des lipides se termine le plus souvent dans l'iléon, mais en l'absence de bile (ce qui peut se produire quand un calcul biliaire obstrue le conduit cystique), elle s'effectue si lentement que la majeure partie des lipides passent dans le gros intestin et sont perdus dans les fèces (stéatorrhée).

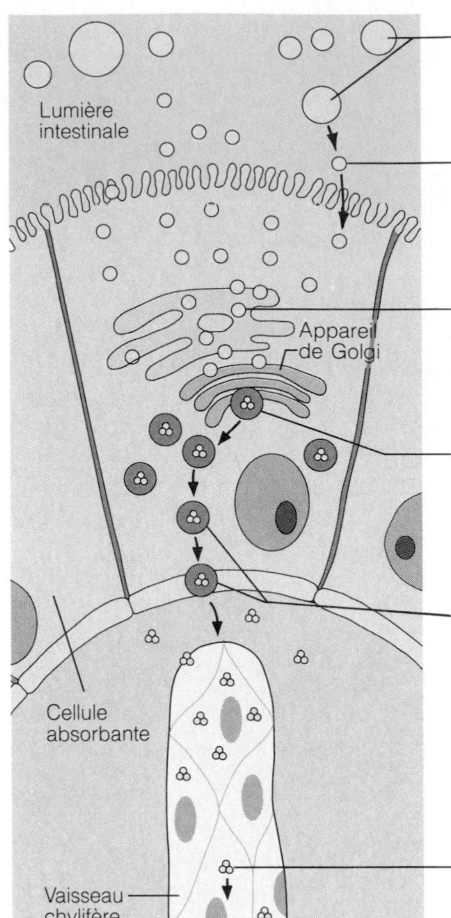

Figure 24.33 Absorption des acides gras. Les produits de la dégradation des lipides comprennent le glycérol, les acides gras et les monoglycérides. Les monoglycérides, les acides gras libres, les phospholipides et le cholestérol s'associent aux micelles de sels biliaires qui servent à les transporter vers la muqueuse intestinale. Ils se dissocient ensuite et entrent dans les cellules épithéliales absorbantes de la muqueuse par diffusion. Dans ces cellules, ils sont recombinés en lipides et associés à d'autres substances lipoïdiques (phospholipides et cholestérol) et à des protéines pour former les chylomicrons. Les chylomicrons sont expulsés des cellules absorbantes et entrent dans le vaisseau chylifère pour se disperser dans la lymphe. Les acides gras libres et les monoglycérides entrent dans le lit capillaire (lequel n'est pas représenté).

Une fois qu'ils ont pénétré dans les cellules absorbantes, les acides gras libres et les monoglycérides reforment des triglycérides. Les triglycérides se combinent avec de petites quantités de phospholipides, de cholestérol et d'acides gras libres et se recouvrent de protéines, pour former des gouttelettes de lipoprotéines hydrosolubles appelées **chylomicrons.** Ces derniers sont ensuite traités par l'appareil de Golgi pour être expulsés du cytoplasme cellulaire vers le chorion de la muqueuse. Cette séquence d'événements est tout à fait différente de l'absorption des acides aminés et des monosaccharides, qui passent à travers les cellules épithéliales sans transformation.

Quelques acides gras libres pénètrent dans le sang capillaire, mais les chylomicrons, d'un blanc laiteux, sont trop gros pour traverser les membranes basales des capillaires sanguins et ils pénètrent plutôt dans les vaisseaux chylifères plus perméables (grâce aux disjonctions entre les cellules endothéliales de ces vaisseaux). La plupart des lipides entrent donc dans la circulation lymphatique et se déversent finalement dans le sang veineux de la région du cou par l'intermédiaire du conduit thoracique, qui draine les viscères digestifs. Dans la circulation sanguine, les triglycérides des chylomicrons sont dégradés en acides gras libres et en glycérol par la *lipoprotéine lipase,* une enzyme associée à l'endothélium capillaire. Les acides gras et le glycérol peuvent alors passer à travers les parois capillaires pour être utilisés par les cellules comme source d'énergie ou emmagasinés sous forme de lipides dans les tissus adipeux et le foie. Les cellules hépatiques ajoutent des protéines aux résidus de chylomicrons et ces «nouvelles» lipoprotéines servent au transport du cholestérol dans le sang.

Acides nucléiques

Les pentoses, les bases azotées et les ions phosphate qui proviennent de la digestion des acides nucléiques traversent l'épithélium par transport actif grâce à des transporteurs spéciaux situés dans l'épithélium des villosités. Ils passent ensuite dans le sang.

Vitamines

L'intestin grêle absorbe les vitamines alimentaires, mais c'est le gros intestin qui absorbe certaines vitamines des groupes K et B élaborées par ses «hôtes», les bactéries intestinales. Comme nous l'avons déjà signalé, les vitamines liposolubles (A, D, E et K) se dissolvent dans les graisses alimentaires, s'incorporent aux micelles et traversent l'épithélium des villosités par diffusion simple. C'est pourquoi les vitamines liposolubles en comprimés sont absorbées seulement si la personne ingère en même temps des aliments contenant des graisses.

La plupart des vitamines hydrosolubles (vitamines B et C) sont facilement absorbées par diffusion. La vitamine B_{12} constitue une exception en raison de sa taille et de sa charge; elle se lie au *facteur intrinsèque* élaboré par l'estomac. Le complexe vitamine B_{12}-facteur intrinsèque se fixe ensuite, à l'extrémité terminale de l'iléon, sur des sites spécifiques de la muqueuse, qui déclenchent son endocytose.

Électrolytes

Les électrolytes absorbés proviennent des aliments ingérés et des sécrétions gastro-intestinales. La plupart des ions sont absorbés activement tout le long de l'intestin grêle; toutefois, l'absorption du fer et du calcium est presque limitée au duodénum.

Comme nous l'avons mentionné, l'absorption des ions sodium dans l'intestin grêle est associée à l'absorption active du glucose et des acides aminés. La plupart des anions suivent passivement le gradient électrochimique créé par le transport du sodium. Cependant, les ions chlorure sont aussi transportés activement et, à l'extrémité terminale de l'intestin grêle, l'ion HCO_3^- est activement sécrété dans la lumière en échange d'ions Cl^-.

Les ions potassium traversent la muqueuse intestinale par diffusion simple en réaction aux gradients osmotiques. À mesure que l'eau de la lumière est absorbée, la concentration de potassium dans le chyme augmente, ce qui crée un gradient de concentration entraînant l'absorption du potassium. Tout ce qui nuit alors à l'absorption de l'eau (la diarrhée, par exemple) non seulement réduit l'absorption du potassium mais «attire» aussi les ions K^+ du compartiment interstitiel vers la lumière intestinale.

Généralement, la quantité de nutriments absorbée est la même que celle qui *atteint* l'intestin, indépendamment de l'état nutritionnel de l'organisme. En revanche, l'absorption du fer et du calcium est étroitement liée aux besoins immédiats de l'organisme.

Le fer ionique, essentiel à la production d'hémoglobine est transporté activement à travers la membrane plasmique des cellules absorbantes de la muqueuse, où il se lie à la **ferritine,** une protéine. Le complexe fer-ferritine sert de réserve intracellulaire locale de fer. Lorsque les réserves organiques de fer s'avèrent suffisantes, seule une très petite quantité arrive à passer dans le chorion puis le sang, et la majorité du fer emmagasiné est perdue lorsque les cellules absorbantes se détachent de la muqueuse par érosion. Cependant, lorsque les réserves de fer sont épuisées (ce qui se produit au cours d'une hémorragie aiguë ou chronique), l'absorption du fer à partir de l'intestin et sa libération dans le sang sont accélérées. Chez la femme, les pertes menstruelles constituent un facteur important de diminution des réserves de fer, et les cellules épithéliales de son intestin possèdent environ quatre fois plus de protéines de transport du fer que celles de l'homme. Dans le sang, le fer se lie à la **transferrine,** une protéine plasmatique qui le transporte dans la circulation sanguine.

L'absorption du calcium est étroitement associée à la concentration sanguine de calcium ionique. Elle est localement réglée par la forme active de la **vitamine D** qui agit comme cofacteur pour faciliter l'absorption du calcium. Une diminution de la concentration sanguine de calcium ionique provoque la libération par les glandes parathyroïdes de la *parathormone* (*PTH*). En plus de faciliter la libération des ions calcium de la trame osseuse et de stimuler la réabsorption du calcium par les reins, la parathormone stimule l'activation rénale de la vitamine D qui, par la suite, accélère l'absorption des ions calcium dans l'intestin grêle.

Eau

Environ 9 L d'eau, provenant surtout des sécrétions du tube digestif, pénètrent quotidiennement dans l'intestin grêle. L'eau est la substance la plus abondante dans le chyme; 95 % est absorbée par osmose dans l'intestin grêle. Le taux normal d'absorption est de 300 à 400 mL par heure. L'eau traverse librement la muqueuse intestinale dans les deux directions, mais l'*osmose nette* se produit chaque fois que se crée un gradient de concentration en raison du transport actif des solutés (particulièrement Na^+) par les cellules absorbantes de la muqueuse. L'absorption de l'eau est donc en fait associée à celle des

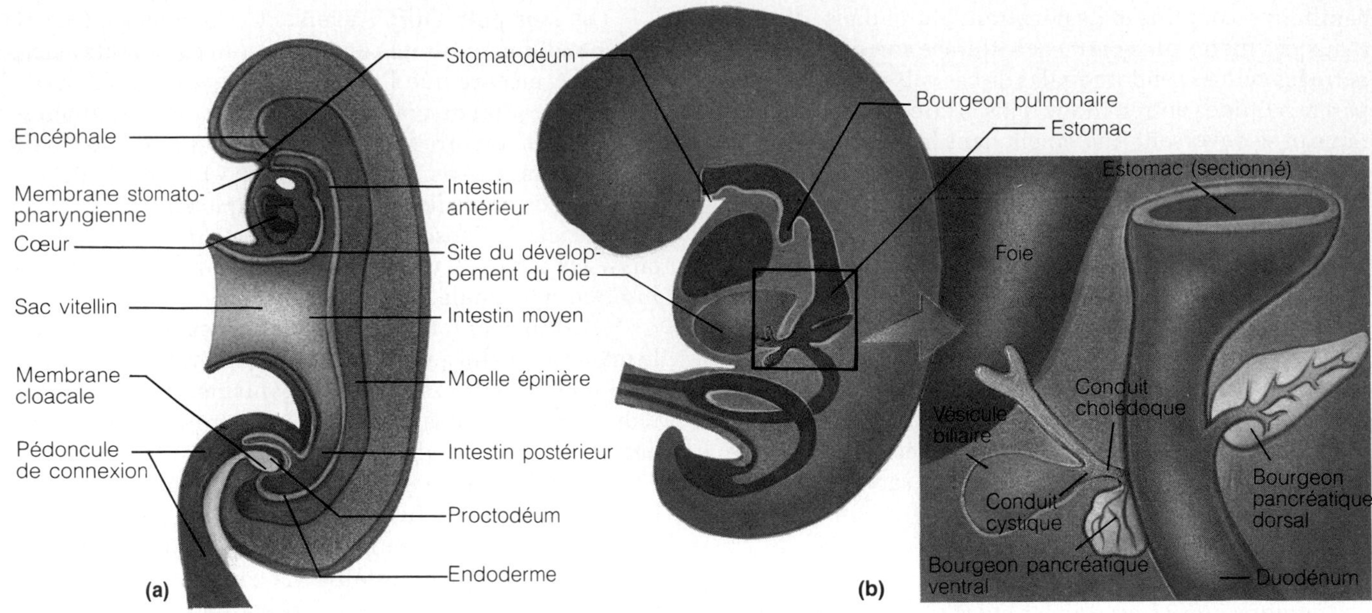

Figure 24.34 Développement embryonnaire du système digestif. (**a**) Embryon de trois semaines. L'endoderme s'est replié, l'intestin antérieur et l'intestin postérieur se sont formés. (L'intestin moyen est toujours ouvert et se continue avec le sac vitellin.) Les points antérieurs et postérieurs de la fusion ectoderme-endoderme (les membranes stomato-pharyngienne et cloacale, respectivement) vont bientôt se rompre pour former la bouche et l'anus. (**b**) Vers la huitième semaine du développement, les organes annexes se développent à partir de bourgeons sur la couche d'endoderme, comme vous pouvez le voir dans l'agrandissement.

solutés, et elle influe à son tour sur le taux d'absorption des substances qui passent normalement par diffusion (K^+). Ces substances se déplacent selon leurs gradients de concentration à mesure que l'eau pénètre dans le chorion.

Malabsorption

La **malabsorption** est une perturbation de l'absorption des nutriments dont les causes sont multiples et variées. Elle peut résulter, par exemple, de tout ce qui gêne le passage de la bile ou du suc pancréatique vers l'intestin grêle, ainsi que de facteurs qui provoquent des lésions de la muqueuse intestinale (infections bactériennes graves et antibiothérapie à la néomycine) ou qui en réduisent la surface d'absorption. La **maladie cœliaque,** aussi appelée *entéropathie par intolérance au gluten,* est un syndrome de malabsorption assez répandu mais mal connu. Dans cette affection, le gluten («glu, colle»), une protéine abondante dans certaines céréales (blé, seigle, orge, avoine), porte atteinte aux villosités intestinales et réduit la longueur des microvillosités de la bordure en brosse. On peut habituellement maîtriser la diarrhée et la malnutrition qui en résultent en éliminant du régime les aliments contenant du gluten. ■

Développement et vieillissement du système digestif

Comme nous l'avons dit à plusieurs reprises, l'embryon très jeune est plat et constitué de trois feuillets embryonnaires primitifs qui sont, de haut en bas, l'ectoderme, le mésoderme et l'endoderme. Toutefois, cette masse cellulaire aplatie se replie assez tôt pour former un corps cylindrique dont la cavité interne devient la cavité du tube digestif, fermée aux deux extrémités à l'origine. La muqueuse du tube alimentaire en voie de développement, ou *intestin primitif,* se forme à partir de l'endoderme (figure 24.34), et le reste de la paroi provient du mésoderme. La partie antérieure de l'endoderme (celle de l'intestin antérieur) atteint une dépression de la surface de l'ectoderme appelée *stomatodéum.* Le fond de cette dépression est limité par la *membrane stomato-pharyngienne* qui, rapidement, se rompt pour former la bouche. De la même façon, l'extrémité de l'intestin postérieur s'unit à une dépression ectodermale, appelée *proctodéum,* pour former la *membrane cloacale* (*cloaca* = égout), qui se rompt pour donner le canal anal et l'anus. Vers la huitième semaine, le tube digestif s'étend de la bouche à l'anus et communique avec l'environnement à chaque extrémité. Peu de temps après, les glandes (les glandes salivaires, le foie et la vésicule biliaire ainsi que le pancréas) se développent à partir de divers points le long de la muqueuse (figure 24.34b). Ces glandes restent reliées entre elles par des tissus qui se transforment en conduits de communication avec le tube digestif.

Le système digestif peut présenter de nombreuses malformations qui affectent l'alimentation. Les malformations les plus répandues sont la *fissure palatine* (dans laquelle les os ou les apophyses palatines des maxillaires, ou les deux, ne se joignent pas) et le *bec-de-lièvre,* qui sont souvent associés. La fente palatine est de loin

Système digestif

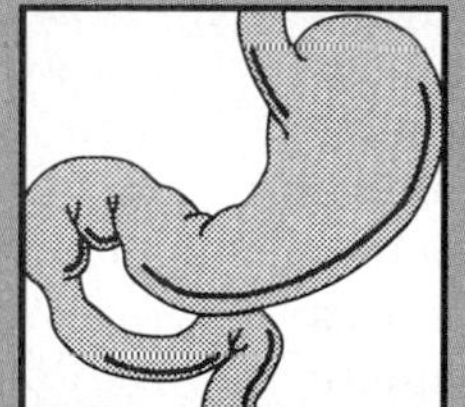

Système tégumentaire

▶ Synthétise la vitamine D nécessaire à l'absorption du calcium du cholestérol; protège en recouvrant

◀ Fournit les nutriments nécessaires aux besoins énergétiques, à la croissance et à l'entretien

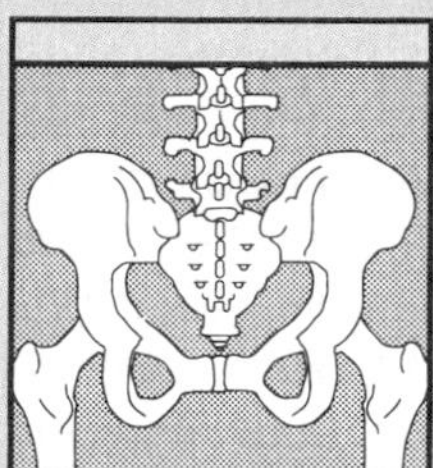

Système osseux

▶ Protège certains organes digestifs grâce aux os; les cavités emmagasinent des nutriments (p. ex., calcium, graisses)

◀ Fournit les nutriments nécessaires aux besoins énergétiques, à la croissance et à l'entretien

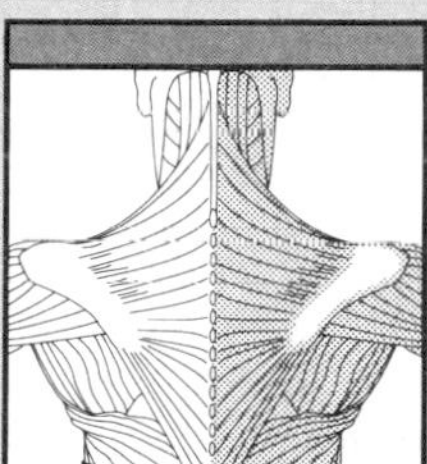

Système musculaire

▶ L'activité physique augmente la motilité du système digestif

◀ Fournit les nutriments nécessaires aux besoins énergétiques, à la croissance et à l'entretien

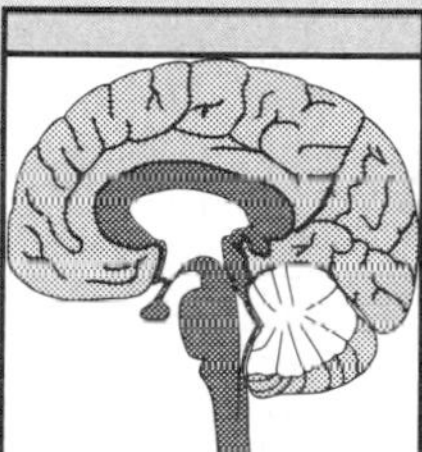

Système nerveux

▶ Assure la régulation nerveuse de la digestion; en général, les neurofibres parasympathiques accélèrent l'activité digestive tandis que les neurofibres sympathiques l'inhibent

◀ Fournit les nutriments nécessaires à un fonctionnement nerveux normal

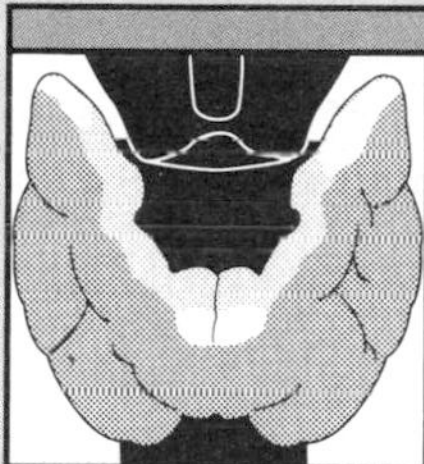

Système endocrinien

▶ Les hormones locales contribuent à la régulation de la digestion

◀ Le foie enlève les hormones du sang et met fin à leur activité; fournit les nutriments nécessaires aux besoins énergétiques, à la croissance et à l'entretien

Système cardiovasculaire

▶ Transporte les nutriments absorbés par le tube digestif dans tous les tissus de l'organisme

◀ Fournit des nutriments au cœur et aux vaisseaux sanguins; absorbe le fer nécessaire à la synthèse de l'hémoglobine

Système lymphatique

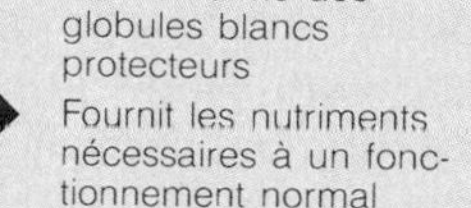

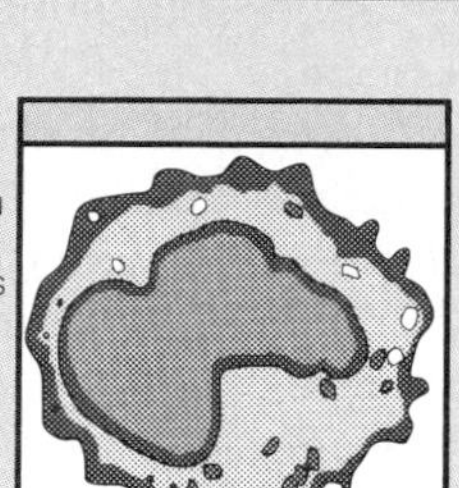

◀ Les vaisseaux chylifères drainent le chyle (lymphe) des organes du tube digestif et l'amènent au sang; le tissu lymphatique de l'intestin et du mésentère renferme des globules blancs protecteurs

▶ Fournit les nutriments nécessaires à un fonctionnement normal

Système immunitaire

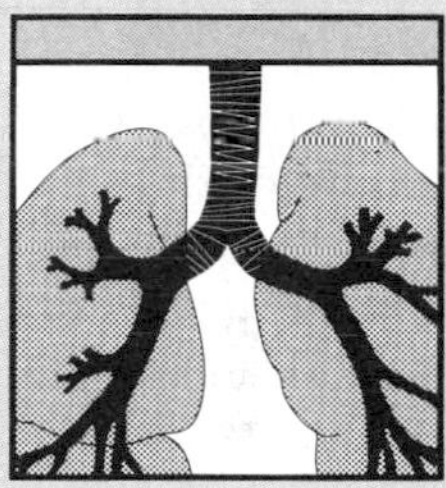

◀ Les follicules et le tissu lymphatique du mésentère renferment des macrophages et des cellules immunitaires qui protègent les organes du tube digestif contre l'infection

▶ Fournit les nutriments nécessaires à un fonctionnement normal

Système respiratoire

◀ Fournit l'oxygène et élimine le gaz carbonique produit par les organes du système digestif

▶ Fournit les nutriments nécessaires au métabolisme énergétique, à la croissance et à l'entretien

Système urinaire

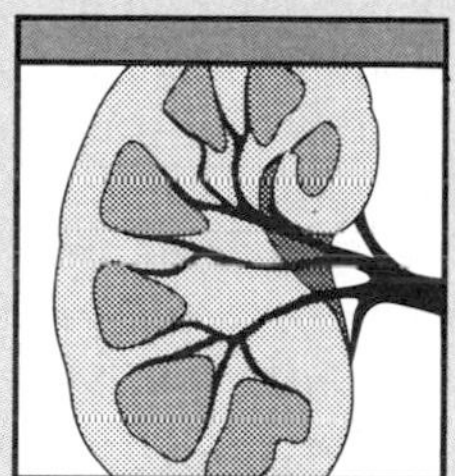

◀ Transforme la vitamine D en sa forme active, essentielle à l'absorption du calcium

▶ Fournit les nutriments nécessaires aux besoins énergétiques, à la croissance et à l'entretien

Système génital

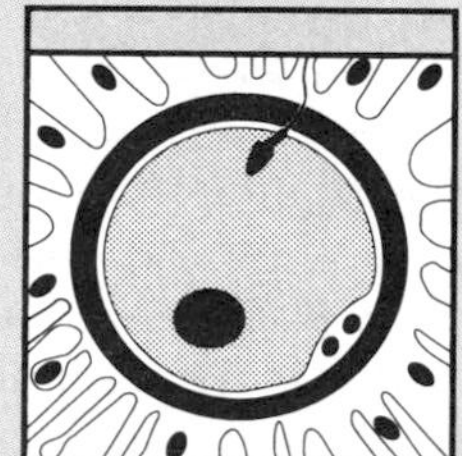

▶ Fournit les nutriments nécessaires aux besoins énergétiques, à la croissance et à l'entretien

Figure 24.35 Relations homéostatiques entre le système digestif et les autres systèmes de l'organisme.

la plus grave des deux anomalies car l'enfant est incapable de téter correctement. Une autre malformation répandue est la *fistule trachéo-œsophagienne*, qui se caractérise par une fistule (ouverture) entre l'œsophage et la trachée et, dans de nombreux cas, par l'absence de communication entre l'œsophage et l'estomac. Le bébé suffoque et devient cyanosé au cours de l'alimentation parce que la nourriture pénètre dans les voies respiratoires supérieures. Ces malformations sont habituellement corrigées de manière chirurgicale.

La *fibrose kystique du pancréas,* ou *mucoviscidose,* affecte surtout les poumons mais elle nuit aussi de façon importante à l'activité du pancréas. Dans cette maladie héréditaire, les glandes muqueuses produisent des quantités considérables d'un mucus très visqueux qui gêne le passage des sécrétions dans les conduits des organes touchés. L'occlusion partielle du conduit pancréatique empêche le suc pancréatique d'atteindre l'intestin grêle. En conséquence, la plupart des lipides et des vitamines liposolubles ne sont ni digérés ni absorbés, et les selles sont volumineuses et grasses. La fibrose kystique est une maladie grave dont l'évolution est mortelle, mais on peut pallier les problèmes digestifs inhérents au manque d'enzymes pancréatiques en prenant des enzymes pancréatiques de remplacement aux repas. ■

Au cours du développement, le fœtus reçoit tous ses nutriments du placenta; l'obtention et la transformation des nutriments ne posent aucun problème si l'alimentation de la mère est adéquate. Néanmoins, le tube digestif du fœtus est «conditionné» dans l'utérus pour parvenir plus tard à digérer de la nourriture, car le fœtus avale naturellement un peu du liquide amniotique qui l'entoure. Le liquide amniotique contient plusieurs substances chimiques qui stimulent la maturation du tube digestif, dont la gastrine et le facteur de croissance épidermique (EGF). En revanche, l'activité la plus importante du nouveau-né consiste à se nourrir, et plusieurs réflexes facilitent son alimentation: le *réflexe des points cardinaux* permet au nourrisson de trouver le mamelon, et le *réflexe de succion* lui permet de bien tenir le mamelon et d'avaler. En général, les nouveau-nés doublent leur poids de naissance en moins de six mois. L'activité de la gastrine dans l'estomac d'un nourrisson est de 5 à 10 fois supérieure à celle d'un adulte, et son ingestion d'énergie et sa capacité de transformer les aliments sont extraordinaires. Par exemple, un nourrisson de six semaines, qui pèse 4 kg, boit environ 600 mL de lait par jour. Il faudrait qu'un adulte de 65 kg boive 10 L de lait pour ingérer un volume équivalent de liquide! L'estomac d'un nourrisson est cependant très petit, de sorte que les tétées doivent être fréquentes (toutes les 3 à 4 heures). Le péristaltisme est inefficace et le vomissement, fréquent. Lorsque les dents percent les gencives, le nourrisson passe à des aliments solides et, dès l'âge de deux ans, son régime alimentaire est le même que celui d'un adulte.

À moins d'anomalies, le système digestif fonctionne relativement sans problème au cours de l'enfance et de l'âge adulte. Cependant, les aliments impropres à la consommation et la nourriture extrêmement épicée ou irritante causent parfois une inflammation du tube digestif, la *gastro-entérite.* Les personnes d'âge mûr peuvent souffrir d'ulcères ou de problèmes touchant la vésicule biliaire (inflammation, ou *cholécystite*, et calculs biliaires).

Au cours de la vieillesse, l'activité du tube digestif diminue. Les sucs digestifs étant produits en moins grandes quantités, l'absorption devient moins efficace et le péristaltisme ralentit. La constipation est donc plus fréquente. Le goût et l'odorat perdent de leur acuité, et la périodontite est un problème courant. De nombreuses personnes âgées vivent seules ou avec un revenu modique. Ces facteurs, ajoutés à une invalidité croissante, réduisent l'attrait de la nourriture, et beaucoup de personnes âgées s'alimentent de façon inadéquate.

La diverticulose et le cancer du tube digestif sont des affections relativement fréquentes chez les personnes âgées. En général, les symptômes des cancers de l'estomac et du côlon apparaissent tardivement, de sorte qu'il y a souvent des métastases (rendant une opération inutile) lorsque la personne consulte un médecin. En cas de métastases, il est à peu près certain qu'un cancer secondaire du foie se manifestera à cause du «détour» que le sang veineux splanchnique effectue dans le foie par l'intermédiaire de la circulation porte hépatique. Ces cancers peuvent toutefois être soignés s'ils sont détectés tôt. La plupart des cancers de la bouche sont détectés au cours d'examens dentaires de routine, 50 % de tous les cancers du rectum peuvent être décelés au moyen du toucher rectal, et près de 80 % des cancers du côlon peuvent être visualisés et retirés au cours d'une coloscopie. Comme la plupart des cancers colo-rectaux se forment à partir de tumeurs muqueuses bénignes appelés **polypes** et que la fréquence de formation des polypes est en corrélation avec l'âge, un examen annuel du côlon devrait être une priorité chez les personnes âgées de plus de 50 ans.

* * *

Comme le montre le résumé présenté à la figure 24.35, le système digestif approvisionne le sang en nutriments, dont ont besoin tous les tissus de l'organisme afin de répondre à leurs besoins en énergie et de synthétiser les nouvelles protéines nécessaires à la croissance et au maintien de l'homéostasie. Nous sommes maintenant en mesure d'examiner comment ces nutriments sont utilisés par les cellules de l'organisme, ce qui constitue la matière du chapitre 25.

Termes médicaux

Ascite (*askos* = outre) Accumulation anormale de liquide dans la cavité péritonéale qui cause un ballonnement visible de l'abdomen; l'ascite peut résulter de l'hypertension portale due à une cirrhose du foie, à une cardiopathie ou à une maladie rénale.

Colite (*kôlon* = colon) Inflammation du gros intestin, ou côlon.

Dysphagie (*dus* = difficile; *phagein* = manger) Difficulté à avaler généralement due à l'obstruction ou à un traumatisme de l'œsophage.

Endoscopie (*endon* = en dedans; *skopein* = examiner) Méthode d'exploration visuelle de la cavité ventrale du corps ou de l'intérieur d'un organe viscéral tubulaire à l'aide d'un endoscope; cet instrument tubulaire comprend une source lumineuse et une lentille; terme générique désignant la coloscopie (examen du côlon), la sigmoïdoscopie (examen du côlon sigmoïde), etc.

Entérite (*entéron* = intestin) Inflammation de la muqueuse intestinale, particulièrement de l'intestin grêle.

Gastrectomie (*gastêr* = estomac; *ektomê* = ablation) Résection totale ou partielle de l'estomac; couramment pratiquée dans les cas graves d'ulcères gastriques.

Hémochromatose (*haïma* = sang; *khrôma* = couleur) Syndrome causé par un trouble du métabolisme du fer, dû à un apport excessif ou prolongé de fer; l'excès de fer se dépose dans les tissus, provoquant une augmentation de la pigmentation cutanée et une fréquence accrue du cancer hépatique et de la cirrhose du foie; aussi appelée *diabète bronzé*.

Iléus Affection dans laquelle tout mouvement du tube digestif cesse et l'intestin semble paralysé; peut être due à des déséquilibres électrolytiques et à un blocage des influx nerveux parasympathiques par des médicaments (comme ceux qui sont habituellement utilisés au cours d'une intervention chirurgicale à l'abdomen; la suppression de la cause fait disparaître les symptômes; le rétablissement de la motilité est indiqué par la réapparition de bruits intestinaux (gargouillement, etc.).

Pancréatite Inflammation rare mais extrêmement grave du pancréas; le plus souvent due à l'activation des enzymes pancréatiques dans le conduit pancréatique, provoquant la digestion du tissu et du conduit pancréatique; cette affection douloureuse peut conduire à des carences nutritives car les enzymes pancréatiques sont essentielles à la digestion des aliments dans l'intestin grêle.

Proctologie (*prôktos* = anus; *logos* = discours) Branche de la médecine qui étudie les maladies du côlon, du rectum et de l'anus.

Sténose pylorique du nourrisson (*stenos* = étroit) Malformation qui provoque l'occlusion de l'orifice pylorique; ce trouble devient grave lorsque le bébé commence à prendre des aliments solides, qu'il vomit; on procède habituellement à une pylorotomie, une incision de la couche musculaire du pylore.

Résumé du chapitre

SYSTÈME DIGESTIF: CARACTÉRISTIQUES GÉNÉRALES (p. 768-774)

1. Le système digestif comprend les organes du tube digestif (bouche, pharynx, œsophage, estomac, intestin grêle et gros intestin) et les organes annexes (dents, langue, glandes salivaires, foie, vésicule biliaire et pancréas).

Processus digestifs (p. 769-770)

2. Les activités du système digestif comprennent six processus fonctionnels: l'ingestion, ou entrée de la nourriture; la propulsion, ou déplacement de la nourriture dans le tube digestif; la digestion mécanique, ou l'ensemble des processus qui mélangent physiquement ou dégradent les aliments en fragments plus petits; la digestion chimique, ou dégradation des aliments grâce à l'activité enzymatique; l'absorption, ou transport des produits de la digestion à travers la muqueuse intestinale vers le sang; et la défécation, ou élimination de l'organisme des résidus non digérés (fèces).

Concepts fonctionnels de base (p. 770-771)

3. Le système digestif assure la maîtrise de l'environnement intraluminal afin de promouvoir les conditions optimales pour la digestion et l'absorption des aliments.

4. Certains récepteurs de la paroi du tube digestif réagissent à la distension et à des signaux chimiques en sécrétant des hormones, qui stimulent ou inhibent l'activité sécrétoire ou la motilité du tube digestif. Le tube digestif possède aussi un plexus nerveux local (intrinsèque).

Organes du système digestif: relations et organisation structurale (p. 771-774)

5. Les tuniques pariétale et viscérale du péritoine sont en continuité l'une avec l'autre par l'intermédiaire de plusieurs prolongements (mésentère, ligament falciforme du foie, petit et grand épiploons), et sont séparées par un espace virtuel contenant une sérosité qui diminue la friction au cours de l'activité des organes.

6. Les viscères digestifs sont alimentés par la circulation splanchnique comprenant les branches artérielles du tronc cœliaque et de l'aorte et le système porte hépatique.

7. Les parois de tous les organes du tube digestif sont constituées des mêmes tuniques de base; c'est-à-dire qu'ils ont tous une muqueuse, une sous-muqueuse, une musculeuse et une séreuse (ou adventice). Des plexus nerveux intrinsèques se retrouvent dans la paroi.

ANATOMIE FONCTIONNELLE DU SYSTÈME DIGESTIF (p. 774-809)

BOUCHE, PHARYNX ET ŒSOPHAGE (p. 774-784)

1. La nourriture pénètre dans le tube digestif par l'intermédiaire de la bouche qui est en continuité avec l'oropharynx, à l'arrière. La bouche est délimitée par les lèvres et les joues, le palais et la langue.

2. La muqueuse buccale est constituée d'épithélium pavimenteux stratifié non kératinisé, une adaptation caractéristique des endroits qui subissent de l'abrasion.

3. La langue est un muscle squelettique couvert de muqueuse. Ses muscles intrinsèques causent ses changements de forme; ses muscles extrinsèques sont responsables de ses changements de position.

4. La salive est produite par de nombreuses petites glandes orales et par trois paires principales de glandes salivaires (parotides, submandibulaires et sublinguales) qui sécrètent leurs produits dans la bouche par l'intermédiaire de conduits. La salive est en grande partie composée d'eau mais elle contient aussi des ions, des protéines, des déchets métaboliques, du lysozyme, de l'IgA, de l'amylase salivaire et de la mucine.

5. La salive humidifie et nettoie la cavité orale; elle humidifie les aliments, ce qui facilite leur compression; elle dissout les substances chimiques responsables du goût; et elle débute la digestion chimique de l'amidon (amylase salivaire). La production de salive est accrue par des réflexes parasympathiques amorcés grâce à l'activation de chimiorécepteurs et de barorécepteurs dans la bouche et par des réflexes conditionnés. Le système nerveux sympathique réduit la salivation.

6. Les 20 dents temporaires commencent à tomber à l'âge de 6 ans et sont graduellement remplacées au cours de l'enfance et de l'adolescence par les 32 dents permanentes.

7. Les dents sont classées en incisives, canines, prémolaires et molaires. Chaque dent possède une couronne couverte d'émail et une racine couverte de cément. La dentine, qui entoure la chambre pulpaire centrale, constitue le corps de la dent. Un ligament alvéolo-dentaire ancre la dent dans l'alvéole osseux.

8. La nourriture propulsée à partir de la bouche traverse l'oropharynx et le laryngopharynx. La muqueuse du pharynx est constituée d'épithélium pavimenteux stratifié non kératinisé; les muscles squelettiques (constricteurs) de sa paroi déplacent les aliments vers l'œsophage.

9. L'œsophage part du laryngopharynx et s'abouche à l'estomac, au niveau du cardia qui est entouré par le sphincter œsophagien inférieur.

10. La muqueuse de l'œsophage est constituée d'épithélium pavimenteux stratifié non kératinisé. Sa musculeuse se compose de muscle squelettique dans la portion supérieure et de muscle lisse dans la portion inférieure. L'œsophage possède non pas une séreuse mais une adventice.

11. La bouche et les organes annexes accomplissent l'ingestion et la digestion mécanique de la nourriture (mastication et brassage), amorcent la digestion chimique de l'amidon (amylase salivaire) et propulsent la nourriture dans le pharynx (phase buccale de la déglutition).

12. La langue mélange la nourriture avec la salive, la comprime en un bol alimentaire et amorce la déglutition (phase volontaire). Le pharynx et l'œsophage sont principalement des conduits qui amènent la nourriture vers l'estomac par péristaltisme durant la déglutition. Le centre de la déglutition dans le bulbe rachidien et le pont maîtrise cette phase de manière réflexe.

ESTOMAC (p. 784-792)

13. L'estomac, en forme de C, se situe dans la partie supérieure gauche de l'abdomen. Le cardia, la grosse tubérosité, le corps et le pylore sont ses principales régions.

14. La muqueuse de l'estomac est constituée d'épithélium cylindrique simple parsemé des cryptes de l'estomac, qui conduisent aux glandes gastriques. Les cellules sécrétrices localisées dans les glandes gastriques sont les cellules principales qui élaborent le pepsinogène, les cellules pariétales qui sécrètent l'acide chlorhydrique et le facteur intrinsèque, les cellules à mucus du collet qui produisent du mucus et les cellules endocrines (système endocrine du tube digestif) qui sécrètent diverses hormones.

15. La barrière muqueuse, qui empêche l'estomac de digérer ses propres tissus et le protège de l'acide chlorhydrique, reflète le fait que les cellules de la muqueuse sont reliées par des jonctions serrées, qu'elles sécrètent un épais mucus et qu'elles sont rapidement remplacées lorsqu'elles sont endommagées ou détruites.

16. La digestion des protéines est amorcée dans l'estomac par la pepsine activée; elle exige des conditions acides (fournies par l'acide chlorhydrique). Peu de substances sont absorbées.

17. La sécrétion gastrique est réglée par des facteurs nerveux et hormonaux. Les phases céphalique, gastrique et intestinale constituent les trois phases de la sécrétion gastrique. Le plus souvent, ce sont les stimulus agissant sur l'encéphale et sur l'estomac (stimulus céphaliques et gastriques) qui stimulent la sécrétion gastrique. La plupart des stimulus agissant sur l'intestin grêle déclenchent le réflexe entéro-gastrique et libèrent la sécrétine, la CCK et le GIP, qui inhibent la sécrétion gastrique. L'activité du système sympathique inhibe aussi la sécrétion gastrique.

18. Dans l'estomac, la digestion mécanique est amorcée par la distension; elle est associée à la propulsion de la nourriture et à l'évacuation de l'estomac. Le déplacement de la nourriture vers le duodénum est réglé par le pylore et par des signaux de rétroaction provenant de l'intestin grêle.

INTESTIN GRÊLE ET STRUCTURES ANNEXES (p. 792-804)

19. L'intestin grêle s'étend du sphincter pylorique à la valve iléo-cæcale. Ses trois subdivisions comprennent le duodénum, le jéjunum et l'iléon. Le conduit cholédoque et le conduit pancréatique se rejoignent pour former l'ampoule hépato-pancréatique; ils déversent leurs sécrétions dans le duodénum par l'intermédiaire du sphincter de l'ampoule hépato-pancréatique.

20. La sous-muqueuse duodénale contient des glandes muqueuses complexes (glandes duodénales); celle de l'iléon contient des follicules lymphatiques (plaques de Peyer).

21. Les plis circulaires, les villosités intestinales et les microvillosités augmentent la surface intestinale pour la digestion et l'absorption.

22. L'intestin grêle est le principal organe de la digestion et de l'absorption. Le suc intestinal, relativement pauvre en enzymes, se compose en grande partie d'eau.

23. Le foie est un organe à quatre lobes, superposé à l'estomac. Son rôle digestif consiste à produire de la bile qu'il déverse dans le conduit hépatique commun (lequel se jette dans le conduit cholédoque).

24. Les lobules hépatiques constituent les unités structurales et fonctionnelles du foie. Le sang qui circule vers le foie par l'intermédiaire de l'artère hépatique et de la veine porte hépatique coule dans ses sinusoïdes où les cellules de Kupffer enlèvent les débris tandis que les cellules hépatiques prélèvent les nutriments. Les hépatocytes emmagasinent le glucose sous forme de glycogène, utilisent les acides aminés pour synthétiser des protéines plasmatiques et effectuent la détoxication des déchets métaboliques et des médicaments.

25. La bile est continuellement élaborée par les hépatocytes. Les sels biliaires, les nerfs vagues, et la sécrétine stimulent la production de bile.

26. La vésicule biliaire est une poche musculeuse située sous le lobe droit du foie; elle emmagasine la bile et la concentre.

27. La bile renferme des électrolytes, diverses matières grasses, des sels et des pigments biliaires dans un milieu aqueux. Les sels biliaires sont des agents émulsifiants; ils dispersent les graisses et forment des micelles hydrosolubles qui solubilisent les produits de la digestion des lipides.

28. La cholécystokinine libérée par l'intestin grêle stimule la contraction de la vésicule biliaire et le relâchement du sphincter de l'ampoule hépato-pancréatique, permettant à la bile (et au suc pancréatique) de pénétrer dans le duodénum.

29. Le pancréas est rétropéritonéal entre la rate et l'intestin grêle. Son produit exocrine, le suc pancréatique, est transporté au duodénum par l'intermédiaire du conduit pancréatique.

30. Le suc pancréatique est un liquide riche en HCO_3^-; il contient des enzymes qui digèrent toutes les catégories d'aliments. La sécrétion du suc pancréatique est réglée par les nerfs vagues et les hormones intestinales.

31. Dans l'intestin grêle, la digestion mécanique et la propulsion mélangent le chyme avec les sucs digestifs et la bile, et poussent les résidus à travers la valve iléo-cæcale, principalement par segmentation.

GROS INTESTIN (p. 804-809)

32. Les subdivisions du gros intestin sont le cæcum (et l'appendice), le côlon (ascendant, transverse, descendant et sigmoïde), le rectum et le canal anal. Le gros intestin s'ouvre sur l'environnement par l'anus.

33. La muqueuse de la majeure partie du gros intestin est constituée d'épithélium cylindrique simple contenant un nombre abondant de cellules caliciformes. Le muscle longitudinal dans la musculeuse est réduit à trois bandes (bandelettes du côlon) qui plissent sa paroi pour former les haustrations du côlon.

34. Les principales fonctions du gros intestin comprennent l'absorption de l'eau et de certains électrolytes (et de vitamines élaborées par des bactéries intestinales) ainsi que la défécation.

35. Le réflexe de défécation est déclenché lorsque les fèces atteignent le rectum. Il met en jeu des réflexes parasympathiques amenant la contraction des parois rectales.

PHYSIOLOGIE DE LA DIGESTION CHIMIQUE ET DE L'ABSORPTION (p. 809-816)

1. La digestion chimique s'accomplit par dégradation des molécules, laquelle est catalysée par des enzymes.

2. La majeure partie de la digestion chimique s'effectue dans l'intestin grêle au moyen des enzymes intestinales (de la bordure en brosse) et, de façon encore plus importante, grâce aux enzymes pancréatiques. Le suc pancréatique alcalin neutralise le chyme acide et fournit le milieu optimal pour le fonctionnement des enzymes. Le suc pancréatique (la seule source de lipases) et la bile sont nécessaires à une dégradation normale des lipides.

3. Presque tous les aliments et la majorité de l'eau et des électrolytes sont absorbés dans l'intestin grêle. La plupart des nutriments sont absorbés au moyen de mécanismes de transport actif, à l'exception des produits de digestion des lipides, des vitamines liposolubles et de la majorité des vitamines hydrosolubles (absorbées par diffusion).

4. Les produits de dégradation des lipides sont solubilisés par les sels biliaires (dans les micelles), synthétisés de nouveau en triglycérides dans les cellules absorbantes de la muqueuse intestinale et associés à d'autres lipides et à des protéines sous forme de chylomicrons pour entrer dans les vaisseaux chylifères. Les autres substances absorbées pénètrent dans les capillaires sanguins des villosités et sont transportées au foie par l'intermédiaire de la veine porte hépatique.

DÉVELOPPEMENT ET VIEILLISSEMENT DU SYSTÈME DIGESTIF (p. 816-818)

1. La muqueuse du tube digestif s'élabore à partir de l'endoderme, qui se replie pour donner un tube. Les glandes annexes (glandes salivaires, foie, pancréas et vésicule biliaire) se constituent par évagination de l'endoderme de l'intestin antérieur.

2. Les malformations importantes du tube digestif comprennent la fissure palatine et le bec-de-lièvre, la fibrose kystique du pancréas et la fistule trachéo-œsophagienne. Toutes ces anomalies empêchent une alimentation normale.

3. Diverses inflammations affectent le système digestif au cours de la vie. L'appendicite est répandue chez les adolescents, la gastro-entérite et l'empoisonnement alimentaire peuvent se manifester en tout temps (en présence de certains facteurs irritants);

la fréquence des ulcères et des problèmes touchant la vésicule biliaire augmente chez les personnes d'âge mûr.

4. L'efficacité de tous les processus du système digestif diminue chez les personnes âgées, et les périodontites sont fréquentes. La diverticulose et les cancers du tube digestif (comme les cancers de l'estomac et du côlon) se manifestent plus fréquemment chez les personnes âgées.

Questions de révision

Choix multiples/associations

1. L'occlusion du sphincter de l'ampoule hépato-pancréatique nuit à la digestion en réduisant la disponibilité: (a) de la bile et de l'acide chlorhydrique; (b) de l'acide chlorhydrique et du suc intestinal; (c) du suc pancréatique et du suc intestinal; (d) du suc pancréatique et de la bile.

2. La conversion des glucides est effectuée par: (a) la peptidase, la trypsine et la chymotrypsine; (b) l'amylase, la maltase et la saccharase; (c) les lipases; (d) les peptidases, les lipases et le galactose.

3. Le système nerveux parasympathique influe sur la digestion en: (a) relâchant les muscles lisses; (b) stimulant le péristaltisme et la sécrétion; (c) contractant les muscles sphincters; (d) aucune de ces réponses.

4. Le suc digestif qui contient des enzymes capables de digérer les quatre catégories d'aliments est: (a) pancréatique; (b) gastrique; (c) salivaire; (d) biliaire.

5. La vitamine associée à l'absorption du calcium est la vitamine: (a) A; (b) K; (c) C; (d) D.

6. Une personne a pris un repas composé de pain beurré, de crème et d'œufs. Parmi les situations suivantes, laquelle se produira, selon vous? (a) La motilité gastrique et la sécrétion d'acide chlorhydrique diminuent lorsque la nourriture atteint le duodénum par rapport à la période qui suit immédiatement le repas. (b) La motilité gastrique augmente au moment même où la personne mastique les aliments (avant la déglutition). (c) Les graisses seront émulsionnées dans le duodénum sous l'action de la bile. (d) Toutes ces réponses.

7. Laquelle des propositions suivantes n'est pas caractéristique du gros intestin? (a) Il est divisé en segments ascendant, transverse et descendant. (b) Il contient des bactéries en abondance, dont certaines synthétisent des vitamines. (c) C'est le principal site d'absorption. (d) Il absorbe beaucoup d'eau et de sels qui restent dans les déchets.

8. La vésicule biliaire: (a) élabore la bile; (b) est attachée au pancréas; (c) emmagasine et concentre la bile; (d) produit la sécrétine.

9. Le sphincter situé entre l'estomac et le duodénum est: (a) le muscle sphincter pylorique; (b) le sphincter œsophagien inférieur; (c) le sphincter de l'ampoule hépato-pancréatique; (d) le sphincter iléo-cæcal.

Dans les questions 10 à 14, suivez le parcours d'une seule protéine ingérée.

10. La protéine sera digérée par des enzymes sécrétées par: (a) la cavité orale, l'estomac et le côlon; (b) l'estomac, le foie et l'intestin grêle; (c) l'intestin grêle, la cavité buccale et le foie; (d) le pancréas, l'intestin grêle et l'estomac.

11. Une molécule de protéine doit être digérée avant d'être transportée aux cellules qui l'utiliseront parce que: (a) la protéine n'est utile que de façon directe; (b) la protéine a un pH faible; (c) les protéines dans la circulation produisent une pression osmotique défavorable; (d) la protéine est trop grosse pour être absorbée.

12. Les produits de la digestion des protéines pénètrent dans la circulation sanguine surtout par l'intermédiaire des cellules de la muqueuse: (a) de l'estomac; (b) de l'intestin grêle; (c) du gros intestin; (d) du conduit biliaire.

13. Avant que le sang qui transporte les produits de la digestion des protéines n'atteigne le cœur, il passe d'abord par un réseau de capillaires dans: (a) la rate; (b) les poumons; (c) le foie; (d) l'encéphale.

14. Après leur passage dans l'organe de régulation choisi plus haut, les produits de la digestion des protéines circulent dans tout l'organisme. Ils pénètreront dans des cellules de l'organisme par un processus: (a) de transport actif; (b) de diffusion; (c) d'osmose; (d) de pinocytose.

Questions à court développement

15. Dessinez un schéma simplifié des organes du tube digestif et identifiez chacun d'eux. Puis indiquez sur votre dessin les glandes salivaires, le foie et le pancréas; à l'aide de flèches, montrez à quel endroit chacun des organes déverse ses sécrétions dans le tube digestif.

16. Nommez les tuniques de la paroi du tube digestif. Indiquez la composition des tissus et la fonction principale de chaque tunique.

17. Qu'est-ce qu'un mésentère? Le mésocôlon? Le grand épiploon?

18. Nommez les six fonctions du système digestif.

19. (a) Quel est le nombre normal de dents permanentes? Le nombre des dents temporaires? (b) Quelle substance recouvre la couronne dentaire? Sa racine? (c) Quelle substance compose le corps d'une dent? (d) Qu'est-ce que la pulpe et où se trouve-t-elle?

20. Décrivez les deux phases de la déglutition en énumérant les organes en jeu et les événements qui se déroulent.

21. Décrivez le rôle des types de cellules suivantes situées dans les glandes gastriques: cellules pariétales, principales, à mucus du collet et endocrines.

22. Décrivez la régulation des phases céphalique, gastrique et intestinale de la sécrétion gastrique.

23. (a) Quelle est la relation entre les conduits cystique, hépatique, cholédoque et pancréatique? (b) Quel est le nom donné au point de rencontre des conduits cholédoque et pancréatique?

24. Expliquez pourquoi l'absence de bile ou de suc pancréatique produit des selles contenant une proportion anormale de lipides.

25. Donnez la fonction des cellules de Kupffer et des cellules hépatiques.

26. Définissez: (a) les enzymes de bordure en brosse; (b) les chylomicrons.

27. Quels sont les effets du vieillissement sur le système digestif?

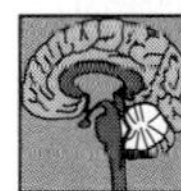

Réflexion et application

1. Vous êtes un jeune assistant de recherche dans une société pharmaceutique. Votre groupe s'est vu confier la tâche de synthétiser un laxatif efficace (1) qui fournisse des fibres et (2) qui ne soit pas irritant pour la muqueuse intestinale. Expliquez l'importance de ces exigences en décrivant ce qui se produirait si les conditions contraires étaient présentes.

2. Après un repas copieux et riche en aliments frits, une femme de 45 ans, qui a une tendance à l'embonpoint, est amenée au service des urgences; elle souffre de douleurs spasmodiques dans la région épigastrique, qui se projettent du côté droit de la cage thoracique. Elle explique que l'attaque est survenue soudainement, et on constate que son abdomen est sensible au toucher et un peu rigide. Selon vous, de quelle affection souffre cette patiente et pourquoi la douleur est-elle discontinue (à type de crampe)? Quels sont les traitements possibles et que se passerait-il si le problème n'était pas résolu?

3. Un avocat d'âge mûr se plaint d'une sensation de brûlure au «creux de l'estomac». Cette douleur se manifeste habituellement environ deux heures après un repas et se calme après l'ingestion d'un verre de lait. Lorsqu'on lui demande d'indiquer le siège de la douleur, il désigne la région épigastrique. L'équipe médicale procède à un examen du tube digestif par radioscopie, qui révèle un ulcère gastrique. Une vagotomie sélective (section des neurofibres vagales qui innervent l'estomac) est recommandée. (a) Pourquoi la vagotomie est-elle suggérée? (b) Quelles sont les conséquences possibles de l'absence de traitement?

25 Nutrition, métabolisme et régulation de la température corporelle

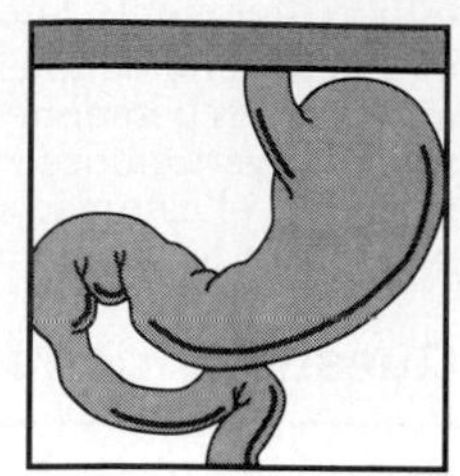

Sommaire et objectifs d'apprentissage

Nutrition (p. 823 à 835)

1. Définir les termes nutriment, nutriment essentiel et joule.
2. Énumérer les six principaux types de nutriments. Indiquer pour chacun les sources alimentaires importantes et les principaux rôles dans les cellules.
3. Distinguer, sur le plan nutritionnel, les protéines complètes des protéines incomplètes.
4. Définir le bilan azoté et indiquer les causes possibles des bilans azotés positif et négatif.
5. Distinguer les vitamines liposolubles des vitamines hydrosolubles, et énumérer les vitamines qui appartiennent à chaque groupe.
6. Pour chaque vitamine, énumérer les sources importantes et les fonctions dans l'organisme, et décrire les conséquences d'une carence ou d'un excès.
7. Énumérer les minéraux essentiels à l'homéostasie; nommer les sources alimentaires importantes de chacun et décrire comment il est utilisé dans l'organisme.

Métabolisme (p. 835 à 861)

8. Définir le métabolisme. Expliquer en quoi le catabolisme et l'anabolisme diffèrent.
9. Définir l'oxydation et la réduction et décrire l'importance de ces réactions dans le métabolisme. Expliquer le rôle des coenzymes utilisées dans les réactions cellulaires d'oxydation.
10. Expliquer la différence entre la phosphorylation au niveau du substrat et la phosphorylation oxydative.
11. Suivre le circuit de la dégradation du glucose dans les cellules de l'organisme. Résumer les étapes importantes et les produits de la glycolyse, du cycle de Krebs et de la chaîne respiratoire.
12. Définir la glycogenèse, la glycogénolyse et la néoglucogenèse.
13. Décrire le processus par lequel les acides gras sont dégradés pour obtenir de l'énergie.
14. Définir les corps cétoniques et nommer le facteur qui stimule leur formation.
15. Décrire la préparation des acides aminés en vue de leur dégradation pour obtenir de l'énergie.
16. Décrire la nécessité de la synthèse protéique dans les cellules.
17. Expliquer le concept de pool des acides aminés et de pool des glucides ou des lipides (graisses), et décrire les voies par lesquelles les substances de ces pools peuvent être interconverties.
18. Énumérer les buts et les étapes de l'état postprandial et de l'état de jeûne, et expliquer comment ces étapes sont réglées.
19. Énumérer et décrire plusieurs fonctions métaboliques du foie.
20. Établir la différence entre les LDL et les HDL selon leur structure et leurs principaux rôles dans l'organisme.

Équilibre énergétique (p. 861 à 868)

21. Expliquer ce que signifie l'expression bilan énergétique de l'organisme.
22. Décrire quelques théories actuelles sur la régulation de l'apport alimentaire.
23. Définir le métabolisme basal et le métabolisme total. Nommer plusieurs facteurs qui influent sur la vitesse du métabolisme.
24. Expliquer comment la température corporelle est maintenue, et décrire les mécanismes qui règlent la production et la rétention de chaleur ainsi que la déperdition de chaleur.

Développement et vieillissement en relation avec la nutrition et le métabolisme (p. 868 et 869)

25. Décrire les effets d'un apport protéique insuffisant sur le système nerveux du fœtus.
26. Décrire la cause et les conséquences du ralentissement du métabolisme, caractéristique des personnes âgées.
27. Expliquer comment des médicaments couramment employés par les personnes âgées peuvent influer sur leur état nutritionnel et leur homéostasie.

Quelle est votre attitude à l'égard de la nourriture? Faites-vous partie des gens qui vivent pour manger ou de ceux qui mangent pour vivre? Peu importe le groupe auquel nous appartenons, nous reconnaissons tous que la nourriture est essentielle à la vie. Une partie des nutriments que nous absorbons sert en effet à l'élaboration des matériaux structuraux des cellules, au remplacement des structures usées et à la synthèse de molécules fonctionnelles. La majeure partie des aliments constituent toutefois une source d'énergie métabolique, c'est-à-dire qu'ils sont oxydés et convertis en **ATP**, la forme d'énergie chimique nécessaire aux cellules pour la poursuite de leurs nombreuses activités. Dans le système international, l'unité d'énergie et de quantité de chaleur est le joule: 1 joule est le travail produit par une force de 1 newton qui déplace son point d'application de 1 mètre dans sa propre direction. Pour des considérations pratiques, la valeur énergétique des aliments se mesure en unités appelées **kilojoules;** c'est l'unité que les personnes à la diète comptent soigneusement.

Au chapitre 24, nous avons présenté les mécanismes de la digestion et de l'absorption des aliments. Mais qu'advient-il de ces aliments une fois qu'ils sont entrés dans le sang? Pourquoi avons-nous besoin de pain, de viande et de légumes frais? Pourquoi tout ce que nous mangeons semble-t-il se transformer en graisse? Dans ce chapitre, nous tenterons de répondre à ces questions en décrivant la nature des nutriments et en expliquant comment ils sont utilisés par le «feu métabolique sans flammes».

Nutrition

Un **nutriment** est une substance alimentaire utilisée par l'organisme pour assurer la croissance, l'entretien et la réparation des tissus. Les nutriments essentiels à la santé se divisent en six types bien définis. Les *nutriments majeurs* (les glucides, les lipides et les protéines) forment l'essentiel de ce que nous mangeons. Les vitamines et les minéraux sont également essentiels à l'homéostasie, mais ils ne sont requis qu'en quantités infimes. Au sens strict, l'eau, qui constitue environ 60 % du volume de nos aliments, est aussi considérée comme un nutriment majeur. Étant donné que nous avons décrit au chapitre 2 (pages 41 et 42) son importance comme milieu de dissolution (solvant), comme réactif dans de nombreuses réactions chimiques et dans quantité d'autres aspects du fonctionnement de l'organisme, nous n'étudierons pas son rôle ici.

La plupart des aliments apportent à l'organisme une variété de nutriments. Un bol de crème de champignons, par exemple, contient tous les nutriments majeurs ainsi que quelques vitamines et minéraux. Une alimentation comprenant des aliments choisis dans chacun des quatre groupes, c'est-à-dire le groupe des pains et céréales, le groupe des fruits et légumes, le groupe des viandes et poissons et le groupe des produits laitiers, fournit en principe des quantités adéquates de tous les nutriments nécessaires.

L'aptitude des cellules, particulièrement des cellules hépatiques, à convertir un type de molécules en un autre est vraiment extraordinaire. Ces interconversions permettent à l'organisme d'utiliser toute la gamme des substances présentes dans différents aliments et de s'ajuster aux variations des apports alimentaires. Mais cette capacité de créer de nouvelles molécules à partir d'autres molécules est limitée: au moins 45, et peut-être 50, molécules appelées **nutriments essentiels** ne peuvent être obtenues par de telles transformations et doivent être fournies par le régime alimentaire. L'organisme peut synthétiser les centaines de molécules additionnelles nécessaires au maintien de son homéostasie, tant que tous les nutriments essentiels sont ingérés. Le choix du terme «essentiel» pour décrire les substances chimiques qui doivent être obtenues de sources extérieures n'est pas très heureux et il porte même à confusion, car tous les nutriments, essentiels et non essentiels, sont également vitaux (essentiels) pour le fonctionnement de l'organisme.

Dans cette première section, nous allons passer en revue les sources, les besoins et l'apport quotidien recommandé de tous les types de nutriments, et nous allons montrer l'importance globale et les rôles de chacun dans l'organisme. La figure 25.1 présente, sous forme abrégée, la destinée des nutriments majeurs.

Glucides

Sources alimentaires

À l'exception du sucre du lait (lactose) et des petites quantités de glycogène présentes dans les viandes, tous les glucides que nous ingérons sont tirés de végétaux. Les sucres (monosaccharides et disaccharides) proviennent des fruits, du sucre de canne, de la betterave à sucre, du miel et du lait; l'amidon, un polysaccharide, est présent dans les céréales, le pain, les pâtes, le riz, les légumineuses et les racines comestibles. La cellulose, un autre polysaccharide, n'est pas digérée par les humains, mais fournit des fibres alimentaires, qui augmentent le volume des selles et facilitent la défécation.

Utilisation par l'organisme

Le *glucose* est le glucide qui se rend jusqu'aux cellules de l'organisme pour y être utilisé. La digestion des glucides donne aussi du fructose et du galactose, mais ces monosaccharides sont convertis en glucose par le foie avant d'entrer dans la circulation systémique. Le glucose est un des principaux combustibles de l'organisme, et il peut être utilisé directement pour la synthèse de l'ATP (figure 25.1a). Les neurones et les globules rouges dépendent presque exclusivement du glucose pour satisfaire leurs besoins énergétiques, mais de nombreuses cellules de l'organisme sont capables d'utiliser aussi les lipides comme source d'énergie. L'organisme effectue une surveillance et une régulation minutieuses de la glycémie (concentration sanguine de glucose), car une diminution importante du glucose dans le sang (hypoglycémie), même temporaire, peut entraîner des troubles graves de la fonction cérébrale et provoquer la mort des neurones.

Les monosaccharides ont peu d'autres usages. De petites quantités de pentoses entrent dans la synthèse des acides nucléiques, et divers sucres sont liés aux protéines et aux lipides de la face externe de la membrane plasmique. Lorsque le glucose sanguin excède les besoins de l'organisme pour la synthèse de l'ATP, il est converti en glycogène, emmagasiné dans les cellules musculaires

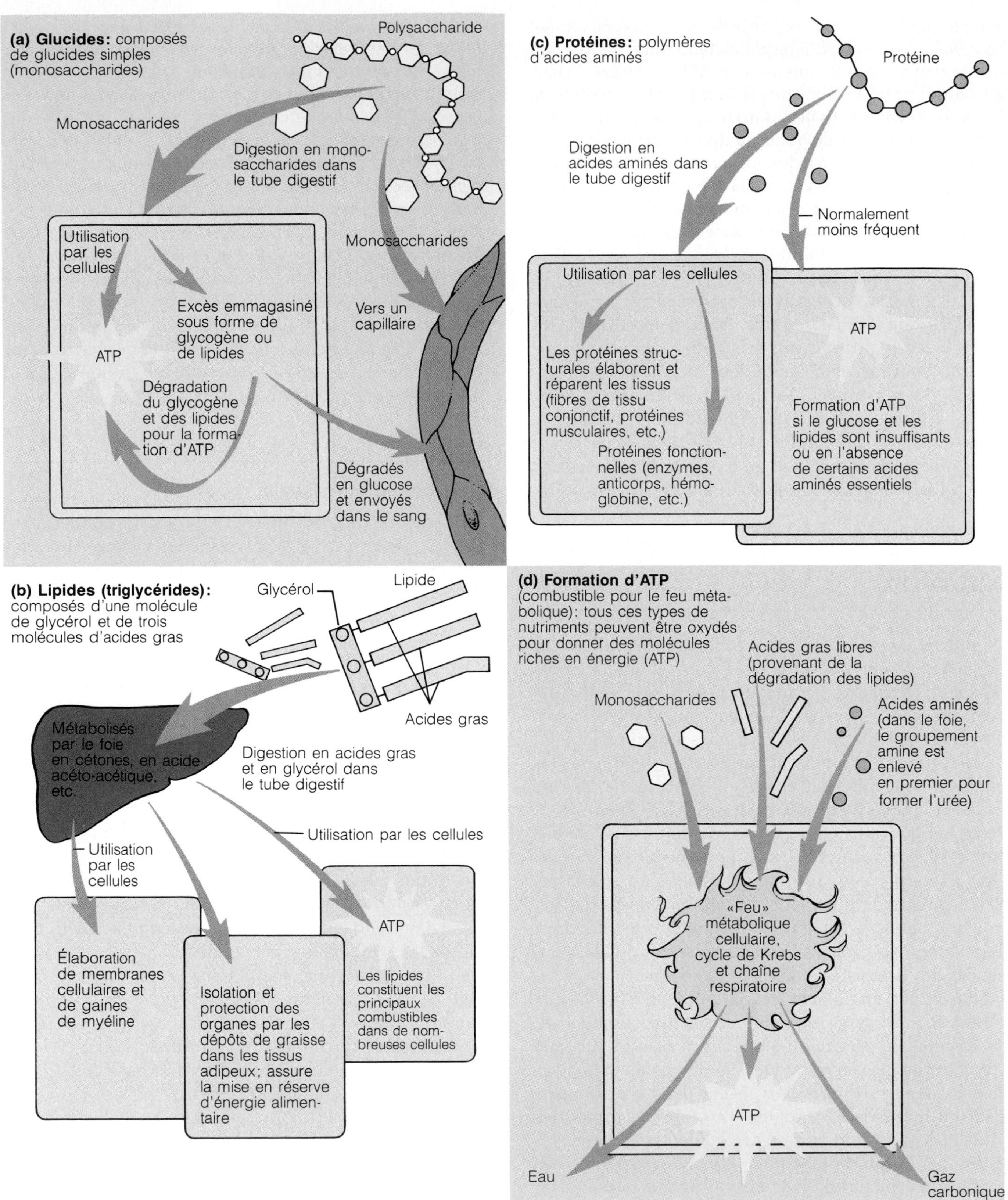

Figure 25.1 Vue d'ensemble de l'utilisation des nutriments par les cellules de l'organisme. (**a**) Glucides. (**b**) Lipides. (**c**) Protéines. (**d**) Formation d'ATP.

squelettiques et hépatiques, ou en lipides, stockés dans les cellules hépatiques et adipeuses.

Besoins et apport alimentaire

Les Inuit ont un régime alimentaire pauvre en glucides, alors que les Asiatiques ont un régime très riche en glucides, ce qui prouve que les humains peuvent vivre en santé malgré des apports en glucides très variables et indique sans aucun doute la capacité de l'organisme à utiliser les lipides et les acides aminés comme combustibles. L'apport minimal de glucide n'a pas été établi, mais il semble que 100 g par jour soit la plus petite quantité permettant le maintien d'une glycémie adéquate. On recommande actuellement un apport quotidien de 125 à 175 g de glucides avec une insistance sur les *glucides complexes.* Lorsque la consommation de glucides s'élève à moins de 50 g par jour, les protéines des tissus et les lipides sont dégradés pour fournir du combustible.

L'adulte nord-américain moyen consomme quotidiennement 200 à 300 g de glucides, ce qui constitue environ 46 % de l'énergie fournie par les aliments. Les féculents et le lait renferment de nombreux nutriments de grande valeur nutritive comme des vitamines et des minéraux, par exemple. En revanche, les aliments contenant des glucides très raffinés comme les bonbons et les boissons gazeuses n'apportent que des sources d'énergie (on dit souvent que ce sont des aliments sans valeur nutritive). Manger des aliments composés de sucres raffinés au lieu de glucides complexes (par exemple, remplacer le lait par des boissons gazeuses et le pain complet par des biscuits) peut causer aussi bien des carences nutritionnelles que l'obésité. Le tableau 25.1 à la page 827 présente d'autres conséquences de l'apport excessif de glucides simples.

Lipides

Sources alimentaires

Les lipides les plus abondants dans l'alimentation sont les triglycérides (graisses neutres), mais nous ingérons aussi du cholestérol et des phospholipides, deux composants importants de la membrane plasmique. Nous mangeons des lipides saturés d'origine animale, comme les viandes et les produits laitiers, et un peu de lipides de source végétale, comme la noix de coco. Les lipides insaturés sont présents dans les graines, les noix et la plupart des huiles végétales. Le jaune d'œuf, les viandes (particulièrement les abats comme le foie) et les produits laitiers constituent les principales sources alimentaires de cholestérol. Les lipides (mais pas le cholestérol) sont digérés en acides gras et en monoglycérides puis reconvertis en triglycérides avant d'être transportés dans la lymphe sous forme de chylomicrons.

Même s'il transforme facilement la plupart des acides gras en d'autres acides gras, le foie ne peut pas synthétiser l'*acide linoléique*, un acide gras qui entre dans la composition de la *lécithine.* L'acide linoléique est donc un *acide gras essentiel*, qui doit être présent dans l'alimentation. Des recherches récentes indiquent que l'acide linolénique pourrait bien être essentiel lui aussi. Ces deux acides gras se trouvent heureusement dans la plupart des huiles végétales.

Utilisation par l'organisme

Ce sont surtout le foie et les tissus adipeux qui régissent l'utilisation des triglycérides et du cholestérol. Tout comme les glucides, les lipides sont tombés en disgrâce, particulièrement chez les gens à l'aise où la nourriture est abondante et la lutte contre l'embonpoint un souci constant. Mais les lipides *sont* essentiels pour plusieurs raisons. Les lipides aident l'organisme à absorber les vitamines liposolubles, les triglycérides constituent le principal combustible des hépatocytes et du muscle squelettique, et les phospholipides entrent dans la composition des gaines de myéline et de *toutes* les membranes cellulaires (voir la figure 25.1b). La graisse contenue dans les tissus adipeux forme (1) un coussin protecteur autour des organes; (2) une couche isolante sous la peau; (3) une source concentrée de combustible. Les molécules de régulation appelées *prostaglandines,* formées à partir de l'acide linoléique par l'intermédiaire de l'acide arachidonique, jouent un rôle dans la contraction des muscles lisses, la régulation de la pression artérielle et la réaction inflammatoire.

Au contraire des triglycérides, le cholestérol ne sert pas à la production d'énergie. Il est important en tant qu'élément structural de base des membranes cellulaires, des sels biliaires, des hormones stéroïdes comme la testostérone et les œstrogènes et d'autres molécules fonctionnelles essentielles.

Besoins et apport alimentaire

Les lipides représentent plus de 40 % de l'énergie fournie par l'alimentation chez les Nord-Américains. Il n'existe aucune recommandation précise quant à la quantité ou au type de matières grasses à ingérer, mais l'*American Heart Association* recommande (1) que les lipides ne représentent pas plus de 30 % de l'apport énergétique, (2) que les lipides saturés ne composent pas plus de 10 % de l'apport total de matières grasses et (3) que l'apport quotidien de cholestérol soit inférieur à 250 mg (la quantité présente dans un jaune d'œuf). Ces conseils sont judicieux, car un régime alimentaire riche en lipides saturés et en cholestérol pourrait contribuer à l'apparition des maladies cardio-vasculaires. Le tableau 25.1 présente un résumé des sources des diverses classes de lipides ainsi que les conséquences de la carence et de l'excès de lipides. Les besoins en lipides sont toutefois plus grands chez les nourrissons et les enfants que chez les adultes.

Protéines

Sources alimentaires

Les cellules de l'organisme sont en mesure de convertir certains acides aminés en d'autres acides aminés (réaction de transamination) afin de combler leurs besoins

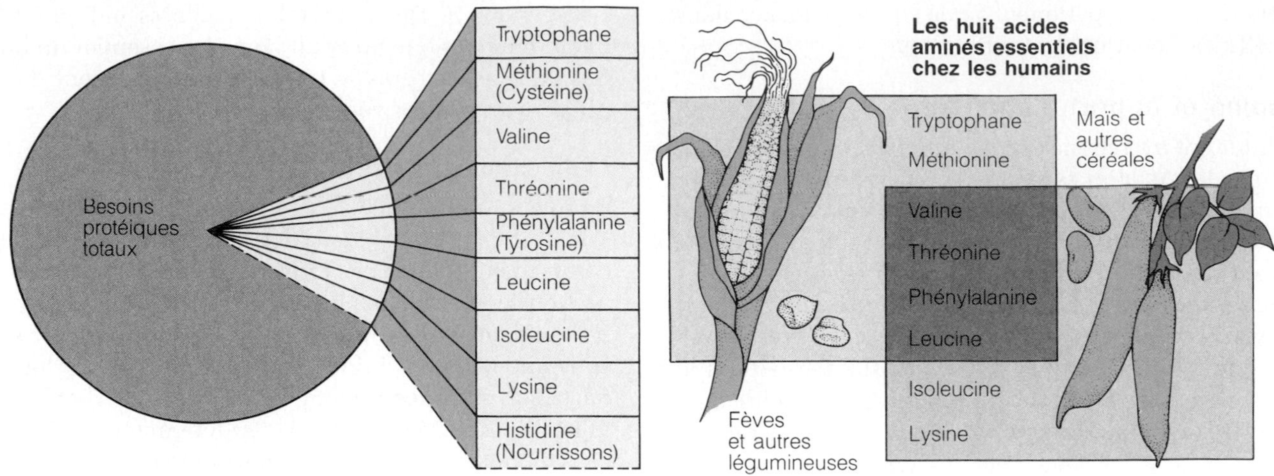

(a) Acides aminés essentiels

(b) Régimes alimentaires végétariens fournissant les huit acides aminés essentiels chez les humains

Figure 25.2 Acides aminés essentiels. Huit acides aminés doivent être disponibles simultanément et en quantités relatives adéquates pour la synthèse des protéines. (L'histidine est un neuvième acide aminé essentiel chez les nourrissons, mais non chez les adultes.) (**a**) Les quantités relatives d'acides aminés essentiels et des protéines totales requises chez les adultes. Notez que les acides aminés essentiels ne représentent qu'une faible partie de l'apport recommandé d'acides aminés (sous forme de protéines). L'histidine, essentielle chez les enfants, est représentée au moyen d'une ligne pointillée sur le graphique parce que son besoin chez les adultes n'a pas été démontré. Les acides aminés placés entre parenthèses ne sont *pas* essentiels, mais peuvent se substituer en partie à la méthionine et à la phénylalanine. (**b**) Les régimes alimentaires végétariens doivent être élaborés avec soin afin de fournir tous les acides aminés essentiels. Comme le montre le schéma, le maïs contient peu d'isoleucine et de lysine. Les fèves renferment beaucoup d'isoleucine et de lysine, mais peu de tryptophane et de méthionine. Tous les acides aminés essentiels peuvent être obtenus en consommant un repas composé de maïs et de fèves.

immédiats. Les acides aminés pouvant être synthétisés par les cellules sont considérés comme non essentiels. Cependant, ce mécanisme d'interconversion a des limites et certains acides aminés doivent provenir de l'alimentation; ce sont les *acides aminés essentiels.* Les produits d'origine animale contiennent des protéines de haute valeur biologique, c'est-à-dire des protéines qui renferment une plus grande proportion d'acides aminés essentiels (figure 25.2). Les œufs, le lait et les viandes (tableau 25.1) fournissent des *protéines complètes* qui satisfont tous les besoins de l'organisme en acides aminés essentiels pour la synthèse de toutes les protéines nécessaires à l'entretien des tissus et à la croissance. Les légumineuses (fèves et pois), les noix et les céréales sont également riches en protéines, mais leurs protéines sont incomplètes car elles contiennent peu d'un ou de plusieurs acides aminés essentiels. Les céréales ont généralement une faible teneur en lysine, alors que les légumineuses, riches en lysine, sont pauvres en méthionine. Les légumes verts à feuilles contiennent des quantités bien équilibrées de tous les acides aminés essentiels à l'exception de la méthionine, mais ne renferment que de petites quantités de protéines. Comme vous pouvez le voir, les végétariens stricts doivent planifier avec soin leur régime alimentaire afin d'obtenir tous les acides aminés essentiels et d'éviter une malnutrition protéinique. Les grains de céréales et les légumineuses fournissent tous les acides aminés essentiels s'ils sont ingérés en même temps (figure 25.2b), et cette combinaison se retrouve sous différentes formes dans toutes les cultures (les fèves et le riz présents dans presque tous les mets d'un restaurant mexicain en sont l'exemple le plus manifeste). Chez les non-végétariens, les céréales et les légumineuses peuvent se substituer partiellement aux protéines animales beaucoup plus chères.

Utilisation par l'organisme

Les protéines sont des constituants structuraux importants pour l'organisme. Pensez par exemple à la kératine de la peau, au collagène et à l'élastine des tissus conjonctifs ainsi qu'aux protéines des muscles (voir la figure 25.1c). De plus, les protéines fonctionnelles comme les enzymes, l'hémoglobine et certaines hormones, dont l'insuline et le glucagon, règlent une variété incroyable de fonctions physiologiques. Cependant, un certain nombre de facteurs déterminent si les acides aminés servent à la synthèse de nouvelles protéines ou s'ils sont brûlés pour fournir de l'énergie.

1. **La loi du tout-ou-rien.** *Tous* les acides aminés nécessaires à l'élaboration d'une protéine spécifique doivent être présents au même moment et en quantité suffisante dans une cellule. S'il en manque un, la protéine ne peut pas être synthétisée. Comme, par définition, les acides aminés essentiels ne peuvent pas être synthétisés ni emmagasinés, ceux qui ne sont pas utilisés immédiatement sont dégradés pour obtenir de l'énergie ou sont convertis en glucides ou en lipides.

2. **Apport énergétique suffisant.** Le régime alimentaire doit fournir, à partir des glucides ou des lipides, suffisamment d'énergie nécessaire à la production d'ATP afin que prévalent des conditions optimales pour la synthèse

Tableau 25.1 Glucides, lipides et protéines

Sources	Apport quotidien recommandé (AQR) chez les adultes	Problèmes	
		Excès	Carence
Glucides			
• *Glucides complexes (amidon):* pain, céréales, craquelins, farine, pâtes, noix, riz, pommes de terre • *Glucides simples:* boissons gazeuses, bonbons, fruits, crème glacée, pouding, légumes jeunes • Les aliments comme les tartes, biscuits, gâteaux contiennent à la fois des glucides complexes et des glucides simples	125 à 175 g; 55 à 60% de l'apport énergétique total	Obésité; déficits nutritionnels; caries dentaires; irritation gastro-intestinale; concentration plasmatique de triglycérides élevée	Atrophie tissulaire (carence extrême); acidose métabolique résultant de l'usage accéléré des lipides pour obtenir de l'énergie
Lipides			
• *Sources animales:* saindoux, viande, volaille, œufs, lait, produits laitiers • *Sources végétales:* chocolat; huiles de maïs, de soja, de coton, d'olive; noix de coco; maïs; arachides	80 à 100 g; 30% ou moins de l'apport énergétique total	Obésité et risque accru de maladie cardiovasculaire (particulièrement pour les excès de lipides saturés)	Perte de poids; réserves de lipides et protéines tissulaires catabolisées pour fournir l'énergie chimique; problèmes associés à la déperdition de chaleur (à cause de la déplétion de la graisse sous-cutanée)
• *Acides gras essentiels:* huiles de maïs, de coton, de soja; germe de blé; shortening végétal	6000 mg	Aucun problème connu	Croissance médiocre; lésions cutanées (eczémateuses)
• *Cholestérol:* abats (foie, rognons, cervelle), jaune d'œuf, œufs de poisson; en plus petites concentrations dans les produits laitiers et la viande	250 mg ou moins	Augmentation de la cholestérolémie et de la concentration de LDL; corrélation avec un risque accru de maladie cardiovasculaire	Rares parce que le cholestérol est fabriqué par le foie
Protéines			
• *Protéines complètes:* œufs, lait, produits laitiers, viandes (poisson, volaille, porc, bœuf, agneau) • *Protéines incomplètes:* légumineuses (fèves soja, haricots de lima, haricots rouges, lentilles); noix et graines; céréales; légumes	0,8 g/kg de poids corporel	Obésité; aggravation possible de maladies chroniques	Perte de poids importante et atrophie tissulaire; retard de croissance chez l'enfant; anémie; œdème (causé par des déficits en protéines plasmatiques). Au cours de la grossesse: avortement ou accouchement prématuré

des protéines. Dans le cas contraire, l'énergie est tirée des protéines alimentaires et tissulaires.

3. Bilan azoté de l'organisme. Chez l'adulte en santé, le taux de synthèse des protéines égale leur taux de dégradation et de déperdition. Cet état homéostatique se manifeste par le **bilan azoté** de l'organisme, qui peut être déterminé au moyen d'une analyse chimique basée sur le fait que le contenu en azote des protéines s'élève en moyenne à 16%. L'équilibre de l'azote est établi lorsque la quantité d'azote ingérée dans les protéines égale la quantité excrétée dans l'urine et les fèces.

On parle de *bilan azoté positif* lorsque le taux de synthèse des protéines est plus élevé que leur taux de dégradation et de déperdition; les enfants et les femmes enceintes ont normalement un bilan azoté positif. Le bilan est également positif lorsque les tissus se reforment ou se réparent à la suite d'une maladie ou d'un traumatisme. Un bilan azoté positif indique toujours que la quantité de protéines qui s'incorporent dans les tissus est plus élevée que la quantité qui se dégrade en acides aminés pour fournir de l'énergie.

Dans un *bilan azoté négatif,* la dégradation des protéines est plus importante que leur synthèse en vue de l'édification des molécules structurales ou fonctionnelles. Ce phénomène apparaît au cours d'un stress physique ou émotionnel (par exemple, une infection, une blessure, des brûlures, la dépression ou l'anxiété) lorsque les protéines alimentaires sont incomplètes, et en cas de sous-alimentation. Les tissus perdent alors leurs protéines plus rapidement qu'elles ne sont remplacées, une situation indésirable.

4. Régulation hormonale. Certaines hormones, appelées **hormones anabolisantes**, accélèrent la synthèse protéique et la croissance. Les effets de ces hormones varient continuellement au cours de la vie. Par exemple, l'*hormone de croissance* (GH) stimule le développement des tissus au cours de l'enfance et protège les protéines chez les adultes; les *hormones sexuelles* déclenchent la poussée de croissance de l'adolescence. (Nous avons traité des stéroïdes anabolisants dans l'encadré de la page 289. Ces hormones ont un effet favorable sur le bilan azoté car elles augmentent la synthèse des protéines dans les muscles squelettiques.) D'autres hormones, comme les *glucocorticoïdes* libérés par les surrénales au cours d'une période de stress, augmentent la dégradation des protéines et la conversion des acides aminés en glucose.

Besoins et apport alimentaire

Outre les acides aminés essentiels, les protéines alimentaires fournissent les matières premières nécessaires à la formation des acides aminés non essentiels et des diverses substances azotées non protéiques. La quantité de protéines nécessaires à une personne varie selon son âge, sa taille, la vitesse de son métabolisme et son bilan azoté. En règle générale, cependant, les nutritionnistes recommandent un apport protéique quotidien de 0,8 g/kg de poids corporel (environ 56 g pour un homme pesant 70 kg et 48 g pour une femme de 58 kg). Une petite portion de poisson et un verre de lait par jour fournissent cette quantité de protéines. La plupart des Nord-Américains mangent beaucoup plus de protéines que nécessaire.

Vitamines

Les **vitamines** (*vita* = vie) sont des composés organiques très importants dont des quantités infimes suffisent à assurer la croissance et le maintien de l'homéostasie. Contrairement aux autres nutriments organiques, les vitamines ne sont pas dégradées, ne servent pas de source d'énergie et ne sont pas les constituants d'autres substances. Elles sont quand même indispensables aux cellules, qui ont besoin d'elles pour être capables d'utiliser les nutriments remplissant ces fonctions. Sans vitamines, tous les glucides, les protéines et les lipides que nous mangeons seraient inutilisables.

La plupart des vitamines jouent le rôle de **coenzymes**; en d'autres mots, elles agissent de concert avec une enzyme pour accomplir un type particulier de réaction biochimique. Par exemple, la riboflavine et la niacine, deux vitamines B, agissent comme coenzymes (FAD et NAD, respectivement) dans la dégradation du glucose pour produire de l'énergie sous forme d'ATP. Nous décrirons un peu plus loin les rôles de quelques vitamines lorsque nous parlerons du métabolisme.

La plupart des vitamines ne sont pas élaborées dans l'organisme et doivent donc provenir des aliments ou des suppléments vitaminiques. La vitamine D fabriquée dans la peau et les vitamines B et K synthétisées par des bactéries du gros intestin constituent des exceptions à cette règle. En outre, l'organisme peut convertir le *carotène*, le pigment orange des carottes et d'autres aliments, en vitamine A. (Pour cette raison, le carotène et les substances semblables s'appellent *provitamines.*)

Les vitamines ne furent découvertes qu'au vingtième siècle et, à l'origine, il leur fut assigné une lettre qui indiquait l'ordre de leur découverte. Par exemple, l'acide ascorbique a été nommé vitamine C. Cette première terminologie est toujours employée, mais les termes décrivant la structure chimique des vitamines sont maintenant plus courants.

Les vitamines sont classées en **vitamines liposolubles** et en **vitamines hydrosolubles.** Les vitamines hydrosolubles, qui comprennent les vitamines du groupe B et la vitamine C, sont absorbées avec l'eau dans l'intestin grêle. (La vitamine B_{12} est une exception; elle doit se lier au facteur intrinsèque de l'estomac pour être absorbée.) L'organisme n'emmagasine que des quantités négligeables de ces vitamines, qui sont excrétées dans l'urine si elles ne sont pas utilisées. En conséquence, on connaît peu de troubles dus à un excès (*hypervitaminose*) de vitamines hydrosolubles.

Les vitamines liposolubles (vitamines A, D, E et K) se lient aux lipides ingérés et sont absorbées avec leurs produits de digestion dans l'intestin grêle ou le gros intestin. Tout facteur qui entrave l'absorption des lipides nuit également à l'assimilation des vitamines liposolubles. À l'exception de la vitamine K, les vitamines liposolubles s'accumulent dans l'organisme, et on connaît bien les troubles physiologiques dus à la toxicité des vitamines liposolubles, notamment à l'hypervitaminose A.

Les vitamines sont présentes dans tous les principaux types d'aliments, mais aucun aliment ne contient à lui seul toutes les vitamines requises. Un régime équilibré représente donc la meilleure façon de combler les besoins vitaminiques, d'autant plus que certaines vitamines (A, C et E) semblent posséder des effets anticancéreux. Une alimentation riche en brocoli, choux et choux de Bruxelles (tous de bonnes sources de vitamines A et C) semble réduire les risques de cancer. Il existe une grande controverse sur la capacité des vitamines à effectuer des merveilles, comme prévenir le rhume (doses massives de vitamine C). La théorie voulant que des doses massives de suppléments vitaminiques ouvrent la voie à la jeunesse éternelle et à une santé resplendissante est au mieux futile et au pire la cause de sérieux problèmes de santé, notamment en ce qui concerne les vitamines liposolubles. Le tableau 25.2 donne la liste des vitamines, leurs sources, leur rôle dans l'organisme et les problèmes qu'entraînent une carence ou un excès.

Minéraux

L'organisme requiert un apport suffisant de sept **minéraux** (calcium, phosphore, potassium, soufre, sodium, chlore et magnésium) et une quantité infime d'environ une douzaine d'autres, appelés oligoéléments (tableau 25.3, p. 832). Les minéraux constituent environ 4 % du poids corporel, le calcium et le phosphore (sous forme de sels dans les os) représentant les trois quarts de cette quantité.

Les minéraux, tout comme les vitamines, ne servent pas de combustibles, mais assurent en association avec d'autres nutriments le bon fonctionnement de l'organisme. Certains minéraux sont incorporés dans des structures pour les fortifier. Par exemple, les sels de calcium, de phosphore et de magnésium durcissent les dents et renforcent le squelette. Cependant, la plupart des

(suite du texte à la page 835)

Tableau 25.2 Vitamines

Vitamine	Description/ commentaires	Sources/ apport quotidien recommandé (AQR) pour les adultes	Rôle dans l'organisme	Problèmes	
				Excès	**Carence**
Vitamines liposolubles					
• A (rétinol)	Groupe de composés comprenant le rétinol et le rétinal; 90% est emmagasiné dans le foie, ce qui peut satisfaire les besoins du corps pendant un an; résistante à la chaleur, aux acides, aux alcalis; facilement oxydée; rapidement détruite par la lumière	Formée dans l'intestin, le foie et les reins à partir d'une provitamine, le carotène; le carotène est présent dans les légumes à feuilles jaunes et vert foncé; la vitamine A est présente dans les huiles de foie de poisson, le jaune d'œuf, le foie, les aliments enrichis (lait, margarine) AQR: hommes, 5000 UI; femmes, 4000 UI	Nécessaire à la synthèse des pigments photorécepteurs des bâtonnets et des cônes, à l'intégrité de la peau et des muqueuses, à la croissance normale des dents et des os, à des capacités de reproduction normales; agit avec la vitamine E pour stabiliser les membranes cellulaires	Toxique à un apport de plus de 50 000 UI quotidiennement pendant des mois; symptômes: nausées, vomissements, anorexie, mal de tête, perte des cheveux, douleur aux os et aux articulations, os fragiles, hypertrophie du foie et de la rate	Cécité nocturne; modifications de l'épithélium: peau et cheveux secs, lésions cutanées; augmentation des infections respiratoires, digestives et urogénitales; sécheresse de la conjonctive; opacification de la cornée; carence vitaminique la plus répandue au monde
• D (facteur antirachitique)	Groupe de stérols chimiquement distincts; concentrée dans le foie et dans une moindre mesure dans la peau, les reins, la rate et d'autres tissus; résistante à la chaleur, à la lumière, aux acides, aux alcalis, à l'oxydation	La vitamine D_3 (cholécalciférol) est la forme principale dans les cellules de l'organisme; produite dans la peau sous l'effet de l'irradiation par les UV du 7-déshydrocholestérol; le calcitriol (1,25 dihydroxyvitamine D_3) est une des formes actives produite par modification chimique de la vitamine D_3 dans le foie, puis les reins; principales sources alimentaires: huiles de foie de poisson, jaune d'œuf, lait enrichi AQR: 400 UI	Constitue une hormone, du point de vue fonctionnel; augmente le taux sanguin de calcium en stimulant son absorption; collabore avec la PTH pour mobiliser le calcium des os; les deux mécanismes favorisent le maintien de la calcémie (essentielle au fonctionnement neuromusculaire normal, à la coagulation sanguine, à la formation des os et des dents)	Une dose de 1800 UI/ jour peut être toxique pour les enfants, des doses massives produisent une intoxication chez les adultes; symptômes: vomissements, diarrhée, perte de poids, calcification des tissus mous, lésions rénales	Minéralisation anormale des os et des dents; rachitisme chez l'enfant, ostéomalacie chez l'adulte; tonus musculaire réduit, agitation, irritabilité
• E (facteur de la fécondité)	Groupe de six substances apparentées, appelées tocophérols, de structure chimique semblable à celle des hormones sexuelles; emmagasinée surtout dans les muscles et le tissu adipeux; résistante à la chaleur, à la lumière, aux acides; instable en présence d'oxygène	Huiles végétales, margarine, grains entiers, légumes à feuilles vert foncé AQR: 30 UI	Antioxydant qui désamorce les radicaux libres; aide à prévenir l'oxydation des vitamines A et C dans l'intestin grêle; dans les tissus, diminue l'oxydation des acides gras insaturés, contribuant ainsi au maintien de l'intégrité des membranes cellulaires	Thrombophlébite, hypertension, cicatrisation lente	Extrêmement rares, effets précis incertains: possibilité d'hémolyse des globules rouges, d'anémie macrocytaire; fragilité capillaire
• K (vitamine de la coagulation)	Plusieurs composés chimiques analogues connus sous le nom de quinones; petite quantité emmagasinée dans le foie; résistante à la chaleur; détruite par les acides, les alcalis, la lumière, les agents oxydants; activité inhibée par certains anticoagulants et antibiotiques qui gênent l'activité synthétique des bactéries intestinales	La majeure partie est synthétisée par les coliformes dans le gros intestin; sources alimentaires: légumes verts feuillus, choux, choux-fleur, foie de porc AQR: hommes (70 μg; femmes) 55 μg; la quantité nécessaire est obtenue sans difficulté	Essentielle à la formation des protéines de coagulation et de quelques autres protéines produites par le foie; intermédiaire dans la chaîne respiratoire de transport d'électrons, participe à la phosphorylation oxydative dans toutes les cellules	Aucun problème connu, n'est pas emmagasinée en quantité appréciable	Tendance à avoir des ecchymoses et des hémorragies (prolongation du temps de coagulation)

(*suite du tableau à la page suivante*)

Tableau 25.2 (suite)

Vitamine	Description/ commentaires	Sources/ apport quotidien recommandé (AQR) pour les adultes	Rôle dans l'organisme	Problèmes	
				Excès	Carence
Vitamines hydrosolubles					
• C (acide ascorbique)	Composé cristallin simple à six atomes de carbone dérivé du glucose; rapidement détruite par la chaleur, la lumière, les alcalis; environ 1500 mg sont emmagasinés, notamment dans les glandes surrénales, la rétine, l'intestin grêle, l'hypophyse; lorsque les tissus sont saturés, l'excès est excrété par les reins	Fruits et légumes, particulièrement les agrumes, le cantaloup, les fraises, les tomates, les pommes de terre fraîches, les légumes verts feuillus AQR: 60 mg; 100 mg pour les fumeurs	Joue un rôle dans les réactions d'hydroxylation pour la formation de presque tous les tissus conjonctifs, dans la conversion du tryptophane en sérotonine (vasoconstricteur), dans la conversion du cholestérol en sels biliaires; contribue à protéger contre l'oxydation les vitamines A et E et les lipides alimentaires; favorise l'absorption et l'utilisation du fer; requise pour la conversion de l'acide folique (une vitamine B) en sa forme active	Causés par des doses massives (10 fois l'AQR ou plus); augmente la mobilisation des minéraux osseux et la coagulation du sang; accès de goutte, formation de calculs rénaux	Assemblage anormal du collagène en fibres collagène; douleurs articulaires passagères, croissance inadéquate des dents et des os; mauvaise cicatrisation; diminution de la résistance aux infections; une carence extrême cause le scorbut (saignements des gencives, anémie, hémorragies cutanées, dégénérescence musculaire et cartilagineuse, perte de poids)
• B_1 (thiamine)	Rapidement détruite par la chaleur; emmagasinée dans l'organisme en quantité très limitée; excès éliminé dans l'urine	Viandes maigres, foie, œufs, grains entiers, légumes verts feuillus, légumineuses AQR: 1,5 mg	Coenzyme importante dans le métabolisme des glucides; requise pour la transformation de l'acide pyruvique en acétyl-CoA, pour la synthèse des pentoses et de l'acétylcholine; nécessaire pour l'oxydation de l'alcool	Aucun problème connu	Béribéri: perte d'appétit; troubles gastro-intestinaux; troubles du système nerveux périphérique, qui se manifestent par une faiblesse des jambes, des crampes musculaires du mollet, un engourdissement des pieds; hypertrophie, tachycardie
• B_2 (riboflavine)	Nommée en raison de sa ressemblance avec le ribose; possède une fluorescence jaune-vert; rapidement décomposée par les rayons UV, la lumière visible, les alcalis; la quantité emmagasinée par l'organisme est conservée avec soin; excès éliminé dans l'urine	Sources très variées comme le foie, la levure, le blanc d'œuf, les grains entiers, la volaille, le poisson, les légumineuses; le lait est la principale source AQR: 1,7 mg	Présente dans l'organisme sous forme de coenzymes FAD et FMN (flavine-mononucléotide), qui jouent toutes deux le rôle d'accepteurs d'hydrogène; également un composant des oxydases des acides aminés	Aucun problème connu	Dermatite; fissures aux commissures de la bouche (chéilite); les lèvres et la langue deviennent rouge violacé et brillantes; troubles oculaires: sensibilité à la lumière, vue brouillée; une des carences vitaminiques les plus courantes
• Niacine (nicotinamide)	Composé organique simple, résistant aux acides, aux alcalis, à la chaleur, à la lumière, à l'oxydation (même la cuisson à l'eau ne diminue pas son activité); emmagasinée dans l'organisme en quantité très limitée, un apport quotidien est désirable; l'excès est excrété dans l'urine	Un régime alimentaire qui fournit suffisamment de protéines assure habituellement un apport adéquat de niacine, car l'acide aminé tryptophane est facilement converti en niacine; la volaille, la viande, le poisson sont des sources de niacine déjà formée; les sources moins importantes comprennent le foie, la levure, les arachides, les pommes de terre, les légumes verts feuillus AQR: 20 mg	Composant du NAD et du NADP (nicotinamide adénine dinucléotide phosphate), des coenzymes liées aux réactions de glycolyse, de phosphorylation oxydative, de dégradation des lipides; inhibe la synthèse du cholestérol	Causés par des doses massives; hyperglycémie; vasodilatation provoquant des rougeurs de la peau, sensations de picotement; lésions au foie possibles; goutte	Pellagre après des mois de carence (rare au Canada); les premiers symptômes sont vagues: apragmatisme, mal de tête, perte de poids, perte d'appétit; évolue vers un endolorissement et une rougeur de la langue et des lèvres; nausées, vomissements, diarrhée; dermatite photosensible; la peau devient rugueuse, fissurée, sujette à des ulcérations; des symptômes neurologiques apparaissent également; maladie caractérisée par les «quatre D»: dermatite, diarrhée, démence et décès (en l'absence de traitement)

Tableau 25.2 (suite)

Vitamine	Description/ commentaires	Sources/ apport quotidien recommandé (AQR) pour les adultes	Rôle dans l'organisme	Problèmes: Excès	Problèmes: Carence
• B_6 (pyridoxine)	Groupe de trois pyridines présentes dans l'organisme sous deux formes, libre et phosphorylée; résiste à la chaleur, aux acides; détruite par les alcalis, la lumière; emmagasinée dans l'organisme en quantité très limitée	Viande, volaille, poisson; sources moins importantes: pommes de terre, patates douces, tomates, épinards AQR: 2 mg	Sa forme active est une coenzyme, le phosphate de pyridoxal, qui joue un rôle dans plusieurs systèmes enzymatiques liés au métabolisme des acides aminés; également essentielle à la conversion du tryptophane en niacine, à la glycogénolyse, et à la formation des anticorps et de l'hémoglobine	Réflexes tendineux réduits, engourdissement, perte de sensibilité dans les membres	Nourrissons: irritabilité nerveuse, convulsions, vomissements, faiblesse, douleur abdominale; adultes: lésions séborrhéiques autour des yeux et de la bouche
• Acide pantothénique	Très stable; la cuisson réduit peu son activité, sauf si on cuit les aliments dans des solutions acides ou alcalines; les tissus du foie, des reins, de l'encéphale, des glandes surrénales, du cœur en contiennent de grandes quantités	Nom dérivé du grec *pantothen* qui signifie «de toutes parts»; abondant dans les aliments d'origine animale, les grains entiers, les légumineuses; le foie, les levures, le jaune d'œuf, la viande sont des sources particulièrement riches; une certaine quantité produite par les bactéries intestinales AQR: 10 mg	Constituant de la coenzyme A, qui intervient dans les réactions d'élimination ou de transfert d'un groupement acétyl, comme la formation de l'acétyl-CoA à partir de l'acide pyruvique, l'oxydation et la synthèse des acides gras; également associé à la synthèse des stéroïdes et de l'hème de l'hémoglobine	Aucun problème connu	Symptômes imprécis: perte d'appétit, douleur abdominale, dépression, douleurs dans les bras et les jambes, spasmes musculaires, dégénérescence neuromusculaire (on soupçonne que la neuropathie des alcooliques est associée à cette carence)
• Biotine	Dérivé de l'urée contenant du soufre; cristalline sous sa forme libre; résiste à la chaleur, à la lumière, aux acides; dans les tissus, habituellement combinée avec des protéines; emmagasinée en quantité infime, notamment dans le foie, les reins, l'encéphale, les glandes surrénales	Foie, jaune d'œuf, légumineuses, noix; une certaine quantité synthétisée par des bactéries dans le tube digestif AQR: non établi, probablement autour de 0,3 mg (parce que le contenu en biotine des fèces et de l'urine est plus grand que l'apport alimentaire, on pense que la formation de la vitamine par les bactéries intestinales assure un apport largement supérieur à ce qui est nécessaire)	Joue le rôle de coenzyme pour de nombreuses enzymes qui catalysent les réactions de carboxylation, de décarboxylation, de désamination; essentielle aux réactions du cycle de Krebs, à la formation des purines et des acides aminés non essentiels, à l'utilisation des acides aminés comme sources d'énergie	Aucun problème connu	Peau écaillée, douleurs musculaires, pâleur, anorexie, nausées, fatigue; taux sanguin de cholestérol élevé
• B_{12} (cyanocobalamine)	Vitamine la plus complexe; contient du cobalt; résiste à la chaleur; inactivée par la lumière et les solutions fortement acides ou basiques; facteur intrinsèque de l'estomac essentiel pour son absorption à travers la muqueuse intestinale; emmagasinée surtout dans le foie; le foie emmagasine de 2000 à 3000 μg, une quantité suffisante pour les besoins de l'organisme pendant 3 à 5 ans	Foie, viande, volaille, poisson, produits laitiers à l'exception du beurre, œufs; n'est pas présente dans les végétaux AQR: de 3 à 6 μg	Joue le rôle de coenzyme dans toutes les cellules, notamment celles du tube digestif, du système nerveux et de la moelle osseuse; dans la moelle osseuse, joue un rôle dans la synthèse de l'ADN; en son absence, les érythrocytes sont anormaux et augmentent de volume; essentielle à la synthèse de la méthionine et de la choline	Aucun problème connu	Anémie pernicieuse, qui se manifeste par la pâleur, l'anorexie, la dyspnée, la perte de poids, des troubles neurologiques; la plupart des cas sont causés par une absorption insuffisante plutôt que par une carence réelle

(suite du tableau à la page suivante)

Tableau 25.2 (suite)

Vitamine	Description/ commentaires	Sources/ apport quotidien recommandé (AQR) pour les adultes	Rôle dans l'organisme	Problèmes: Excès	Problèmes: Carence
• Acide folique	À l'état pur, la vitamine est un composé cristallin jaune vif; résiste à la chaleur; facilement oxydée en solution acide et à la lumière; emmagasinée surtout dans le foie	Foie, légumes vert foncé, levures, bœuf maigre, œufs, veau, grains entiers; synthétisée par les bactéries intestinales AQR: 0,4 mg	Composant de base des coenzymes qui jouent un rôle dans la synthèse de la méthionine et de certains autres acides aminés, de la choline, de l'ADN; essentielle à la formation des globules rouges	Aucun problème connu	Anémie macrocytaire ou mégaloblastique; troubles gastro-intestinaux; diarrhée

Notes

1. Chaque vitamine remplit des fonctions spécifiques; une vitamine ne peut pas se substituer à une autre. De nombreuses réactions biochimiques de l'organisme ont besoin de plusieurs vitamines, et l'absence d'une seule bloque la chaîne de réactions enzymatiques à un niveau spécifique.

2. Une alimentation qui comprend les portions recommandées des quatre groupes d'aliments assure un apport adéquat de toutes les vitamines, à l'exception de la vitamine D. Chaque groupe d'aliments apporte sa contribution unique de vitamines. Par exemple, les fruits et les légumes constituent la principale source de vitamine C; les légumes à feuilles vert foncé et les légumes et les fruits jaunes sont les principales sources de vitamine A (carotène); le lait est la principale source de riboflavine; la viande, la volaille et le poisson sont d'excellentes sources de niacine, de thiamine et de vitamines B_6 et B_{12}. Les grains entiers sont aussi des sources importantes de niacine et de thiamine.

3. Comme la vitamine D n'est présente dans les aliments naturels qu'en très petites quantités, les nourrissons, les femmes enceintes et les femmes allaitant, ainsi que les gens qui s'exposent peu à la lumière solaire devraient utiliser des suppléments de vitamine D (ou des aliments enrichis, comme le lait).

4. Les vitamines A et D sont toxiques en quantités excessives et devraient être prises sous forme de suppléments seulement sur ordonnance. Comme l'excès de la plupart des vitamines hydrosolubles est excrété dans l'urine, l'efficacité des suppléments est douteuse.

5. De nombreuses carences vitaminiques sont secondaires à la maladie (notamment l'anorexie, les vomissements, la diarrhée ou les syndromes de malabsorption) ou sont des manifestations de besoins métaboliques accrus à cause de la fièvre ou du stress. Des carences vitaminiques spécifiques exigent un traitement à l'aide des vitamines qui font défaut.

Tableau 25.3 Minéraux

Minéral	Distribution dans l'organisme/ commentaires	Sources/ apport quotidien recommandé (AQR) pour les adultes	Rôle dans l'organisme	Problèmes: Excès	Problèmes: Carence
Calcium (Ca)	La majeure partie est emmagasinée sous forme de sel dans les os; cation le plus abondant dans l'organisme; absorbé dans l'intestin en présence de vitamine D; excès excrété dans les fèces; régulation du taux sanguin par la PTH et la calcitonine	Lait, produits laitiers, légumes verts à feuilles, jaune d'œuf, crustacés AQR: 1200 mg, diminuant à 800 mg après 25 ans	Sous forme de sel, nécessaire à la dureté des os et des dents; le calcium ionique dans le sang et les cellules est essentiel à la perméabilité membranaire normale, à la transmission des influx nerveux, à la contraction musculaire, à un rythme cardiaque normal, à la coagulation; active certaines enzymes	Fonction nerveuse réduite; dépôt de sels calciques dans les tissus mous; calculs rénaux	Tétanie musculaire; ostéomalacie, ostéoporose; retard de croissance et rachitisme chez les enfants
Phosphore (P)	Environ 80% se trouve sous forme de sels inorganiques dans les os, les dents; le reste dans les muscles, le tissu nerveux, le sang; son absorption est facilitée par la vitamine D; environ le tiers de l'apport alimentaire est excrété dans les fèces; les sous-produits métaboliques sont excrétés dans l'urine	Les régimes riches en protéines sont habituellement riches en phosphore; abondant dans le lait, les œufs, la viande, le poisson, la volaille, les légumineuses, les noix, les grains entiers AQR: 800 mg	Composant des os et des dents, des acides nucléiques, des protéines, des phospholipides, de l'ATP, des phosphates (tampons) des liquides organiques; en conséquence, important pour la mise en réserve et le transfert d'énergie, l'activité musculaire et nerveuse, la perméabilité cellulaire	Inconnus, mais un excès dans l'alimentation peut réduire l'absorption du fer et du manganèse	Rachitisme, croissance ralentie

Tableau 25.3 (suite)

Minéral	Distribution dans l'organisme/ commentaires	Sources/ apport quotidien recommandé (AQR) pour les adultes	Rôle dans l'organisme	Problèmes	
				Excès	**Carence**
Magnésium (Mg)	Présent dans toutes les cellules, particulièrement abondant dans les os; absorption analogue à celle du calcium; principalement excrété dans l'urine	Lait, produits laitiers, céréales à grains entiers, noix, légumineuses, légumes verts à feuilles AQR: 300 à 350 mg	Composant de nombreuses coenzymes qui jouent un rôle dans la conversion de l'ATP en ADP; nécessaire à la réponse musculaire et nerveuse normale	Diarrhée	Troubles neuromusculaires, tremblements; carence observée dans l'alcoolisme et les maladies rénales graves
Potassium (K)	Principal cation intracellulaire, 97% se trouve à l'intérieur des cellules; une proportion précise est fixée à des protéines, et la mesure du K sert à la détermination de la masse maigre de l'organisme; le K^+ quitte les cellules au cours du catabolisme des protéines, de la déshydratation, de la glycogénolyse; la majeure partie est excrétée dans l'urine	Présent dans un vaste choix d'aliments; une alimentation normale fournit de 2 à 6 g par jour; avocats, abricots secs, viande, poisson, volaille, céréales AQR: non établi; un régime adéquat quant à l'apport énergétique en fournit une quantité plus que suffisante (2500 mg)	Contribue au maintien de la pression osmotique intracellulaire; nécessaire à la transmission normale de l'influx nerveux, à la contraction musculaire, à la glycogenèse, à la synthèse des protéines	Constituent habituellement la complication d'une insuffisance rénale ou d'une déshydratation importante, mais peuvent être causés par l'alcoolisme grave; paresthésie, faiblesse musculaire, anomalies cardiaques	Rares mais peuvent résulter d'une diarrhée grave ou de vomissements; faiblesse musculaire, paralysie, nausées, vomissements, tachycardie, insuffisance cardiaque
Soufre (S)	Largement distribué: particulièrement abondant dans les cheveux, la peau, les ongles; excrété dans l'urine	Viande, lait, œufs, légumineuses (tous riches en acides aminés contenant du soufre) AQR: non établi; un apport adéquat de protéines répond aux besoins de l'organisme	Composant essentiel de plusieurs protéines (insuline), de certaines vitamines (thiamine et biotine); présent dans les glycosaminoglycanes (mucopolysaccharides) se trouvant dans le cartilage, les tendons, les os	Aucun problème connu	Aucun problème connu
Sodium (Na)	Largement distribué: 50% se trouve dans les liquides extracellulaires, 40% dans les sels des os, 10% à l'intérieur des cellules; l'absorption est rapide et presque complète; l'excrétion, principalement dans l'urine, est réglée par l'aldostérone	Sel de table (15 mL = 2000 mg); viandes salées (jambon, etc.), choucroute, fromage; l'alimentation fournit un excès important AQR: non établi; probablement environ 2500 mg	Cation le plus abondant dans les liquides extracellulaires: principal électrolyte responsable du maintien de la pression osmotique des liquides extracellulaires et de l'équilibre hydrique; contribue à l'équilibre acido-basique du sang essentiel au fonctionnement neuromusculaire normal; composant de la pompe pour le transport du glucose et d'autres nutriments	Hypertension; œdème	Rares mais peuvent se produire en cas de vomissements excessifs, de diarrhée, de sudation excessive ou d'apport alimentaire inadéquat; nausées, crampes abdominales et musculaires, convulsions
Chlore (Cl)	Existe dans l'organisme presque exclusivement sous la forme d'ion chlorure; principal anion du liquide extracellulaire; les concentrations les plus élevées se retrouvent dans le liquide céphalorachidien et le suc gastrique; excrété dans l'urine	Sel de table (comme pour le sodium); habituellement ingéré en excès AQR: non établi; un régime normal en contient de 3 à 9 g	Contribue, avec le sodium, au maintien de la pression osmotique et du pH des liquides extracellulaires; essentiel à la formation de HCl par les glandes gastriques; active l'amylase salivaire; contribue au transport du CO_2 par le sang (phénomène de Hamburger)	Vomissements	Vomissements ou diarrhée graves qui provoquent une perte de Cl et une alcalose; crampes musculaires; apathie

(suite du tableau à la page suivante)

Tableau 25.3 (suite)

Minéral	Distribution dans l'organisme/ commentaires	Sources/ apport quotidien recommandé (AQR) pour les adultes	Rôle dans l'organisme	Problèmes	
				Excès	**Carence**
Oligoéléments*					
Fer (Fe)	De 60 à 70% se trouve dans l'hémoglobine; le reste est lié à la ferritine dans les muscles squelettiques, le foie, la rate, la moelle osseuse; seulement 2 à 10% du fer alimentaire est absorbé à cause de la barrière muqueuse de l'intestin; le fer est éliminé dans l'urine, la transpiration et l'écoulement menstruel, ainsi que dans les cheveux, et les cellules de la peau et des muqueuses qui tombent	Meilleures sources: viande, foie; présent dans les crustacés, le jaune d'œuf, les fruits secs, les noix, les légumineuses, la mélasse AQR: hommes, 10 mg; femmes, 15 mg	Constituant de l'hème de l'hémoglobine, qui se lie à la majeure partie de l'oxygène transporté dans le sang; composant des cytochromes qui participent à la phosphorylation oxydative dans les mitochondries	Lésions au foie (cirrhose), au cœur, au pancréas	Anémie ferriprive; pâleur, troubles gastro-intestinaux, flatulence, anorexie, constipation, paresthésies
Iode (I)	Présent dans tous les tissus, mais en concentration élevée dans la glande thyroïde seulement; excrété dans l'urine	Huile de foie de morue, sel iodé, crustacés, légumes cultivés dans un sol riche en iode AQR: 0,15 mg	Nécessaire à la formation des hormones thyroïdiennes (T_3 et T_4), importantes dans la régulation de la vitesse cellulaire du métabolisme	Inhibe la synthèse des hormones thyroïdiennes	Hypothyroïdie: crétinisme chez les nourrissons, myxœdème chez les adultes (dans les cas moins graves, goitre simple)
Manganèse (Mn)	Concentré dans le foie, les reins, la rate; excrété en majeure partie dans les fèces	Noix, légumineuses, grains entiers, légumes verts à feuilles, fruits AQR: 2,5 à 5 mg	Agit avec des enzymes pour catalyser la synthèse des acides gras, du cholestérol, de l'urée, de l'hémoglobine; nécessaire au fonctionnement nerveux normal, à la dégradation des glucides et des protéines	Aucun problème connu	Aucun problème connu
Cuivre (Cu)	Concentré dans le foie, le cœur, l'encéphale, la rate; excrété dans les fèces	Foie, crustacés, grains entiers, légumineuses, viandes; un régime caractéristique fournit 2 à 5 mg par jour AQR: 2 à 3 mg	Nécessaire à la synthèse de l'hémoglobine; essentiel à la fabrication de la mélanine, de la myéline, de certains intermédiaires de la chaîne respiratoire	Rares; un stockage anormal provoque la maladie de Wilson	Rares
Zinc (Zn)	Concentré dans le foie, les reins, l'encéphale; excrété dans les fèces	Fruits de mer, viande, céréales, légumineuses, noix, germe de blé, levures AQR: 15 mg	Composant de plusieurs enzymes; comme composant de l'anhydrase carbonique, important dans le métabolisme du CO_2; essentiel à une croissance normale, à la cicatrisation, au goût, à l'odorat, à la production des spermatozoïdes	Difficulté à marcher; trouble de l'élocution; expression figée; tremblements	Perte du goût et de l'odorat; retard de la croissance; difficultés d'apprentissage; déficit immunitaire
Cobalt (Co)	Présent dans toutes les cellules; abondant dans la moelle osseuse	Foie, viande maigre, volaille, poisson, lait AQR: non établi	Composant de la vitamine B_{12}, qui est nécessaire à la maturation normale des globules rouges	Goitre, polycythémie; cardiopathie	Voir les carences en vitamine B_{12} (tableau 25.2)
Fluor (F)	Composant des os, des dents, d'autres tissus; excrété dans l'urine	Eau fluorée AQR: 1,5 à 4 mg	Important pour la structure des dents; pourrait contribuer à prévenir les caries dentaires (notamment chez les enfants) et l'ostéoporose chez les adultes	Dents tachetées	Aucun problème connu

Tableau 25.3 (suite)

Minéral	Distribution dans l'organisme/ commentaires	Sources/ apport quotidien recommandé (AQR) pour les adultes	Rôle dans l'organisme	Problèmes: Excès	Problèmes: Carence
Sélénium (Se)	Emmagasiné dans le foie, les reins	Viande, fruits de mer, céréales AQR: 0,05 à 2 mg	Antioxydant; composant de quelques enzymes; épargne la vitamine E	Nausées, vomissements, irritabilité, fatigue	Aucun problème connu
Chrome (Cr)	Distribué dans tout l'organisme	Foie, viande, fromage, grains entiers, levure de bière, vin AQR: 0,05 à 2 mg	Essentiel à une utilisation appropriée des glucides par l'organisme; augmente l'efficacité de l'insuline dans le métabolisme des glucides; peut augmenter la concentration sanguine des HDL tout en diminuant celle des LDL	Aucun problème connu	Aucun problème connu

* Les oligoéléments constituent ensemble moins de 0,005% du poids corporel.

minéraux existent sous forme ionique dans les liquides organiques ou se lient à des composés organiques pour former des molécules comme les phospholipides, les hormones, les enzymes et d'autres protéines fonctionnelles. Le fer, par exemple, est essentiel à l'hème de l'hémoglobine, qui se lie aux molécules d'oxygène afin de les transporter dans le sang. Les ions sodium et chlorure, les principaux électrolytes dans le sang, contribuent à maintenir l'osmolarité et l'équilibre hydrique des liquides organiques de même que la réactivité des neurones et des cellules musculaires aux stimulus. La quantité d'un minéral dans le corps humain ne témoigne pas vraiment de son importance dans le fonctionnement de l'organisme. Par exemple, quelques milligrammes d'iode peuvent faire toute la différence entre la santé et la maladie.

Il faut maintenir un équilibre subtil entre l'assimilation et l'excrétion afin de conserver les quantités nécessaires de minéraux tout en évitant une surcharge toxique. Par exemple, l'hypertension artérielle peut être associée à la consommation excessive de sodium, présent dans presque tous les aliments naturels (et ajouté en grandes quantités dans les aliments transformés); des carences en calcium et en potassium causent le même effet.

Les matières grasses et les glucides sont pratiquement dépourvus de minéraux, et les céréales très raffinées en contiennent peu. Les aliments les plus riches en minéraux sont les légumes, les légumineuses, le lait et certaines viandes. Le tableau 25.3 présente les minéraux importants et un résumé de leurs rôles dans l'organisme.

Métabolisme

Vue d'ensemble des processus métaboliques

Une fois à l'intérieur des cellules de l'organisme, les nutriments participent à une variété extraordinaire de réactions biochimiques. L'ensemble de ces réactions nécessaires au maintien de la vie constitue le **métabolisme.** Au cours du métabolisme, des substances sont continuellement élaborées et dégradées. Les cellules utilisent de l'énergie afin d'extraire l'énergie des nutriments; cette énergie est ensuite utilisée afin de subvenir à leurs besoins. Même au repos, l'organisme consomme une quantité d'énergie importante.

Anabolisme et catabolisme

Les processus métaboliques sont soit *anaboliques* (synthèse), soit *cataboliques* (dégradation). L'**anabolisme** regroupe les réactions dans lesquelles de grosses molécules ou structures sont élaborées à partir de plus petites; par exemple, les acides aminés se lient pour fabriquer des protéines, et les protéines et les lipides s'associent pour former les membranes cellulaires. Le **catabolisme** met en jeu des processus de dégradation de structures complexes en substances plus simples. La dégradation (hydrolyse) des aliments dans le tube digestif fait partie du catabolisme, tout comme les réactions au cours desquelles des combustibles alimentaires (le glucose notamment) sont dégradés à l'intérieur des cellules et une partie de l'énergie libérée est captée pour former l'ATP, l'unité d'énergie de la cellule. L'ATP sert «d'arbre de transmission chimique», reliant les réactions cataboliques qui fournissent de l'énergie au travail cellulaire. Nous avons vu au chapitre 2 que les réactions sous la conduite de l'ATP sont des réactions couplées. Lorsque les cellules utilisent l'ATP, les groupements phosphate riches en énergie sont plutôt transférés à d'autres molécules par des enzymes: c'est la **phosphorylation.** La phosphorylation stimule la transformation d'une molécule de façon à augmenter son activité, à produire du mouvement ou à effectuer un travail. Par exemple, de nombreuses enzymes régulatrices qui

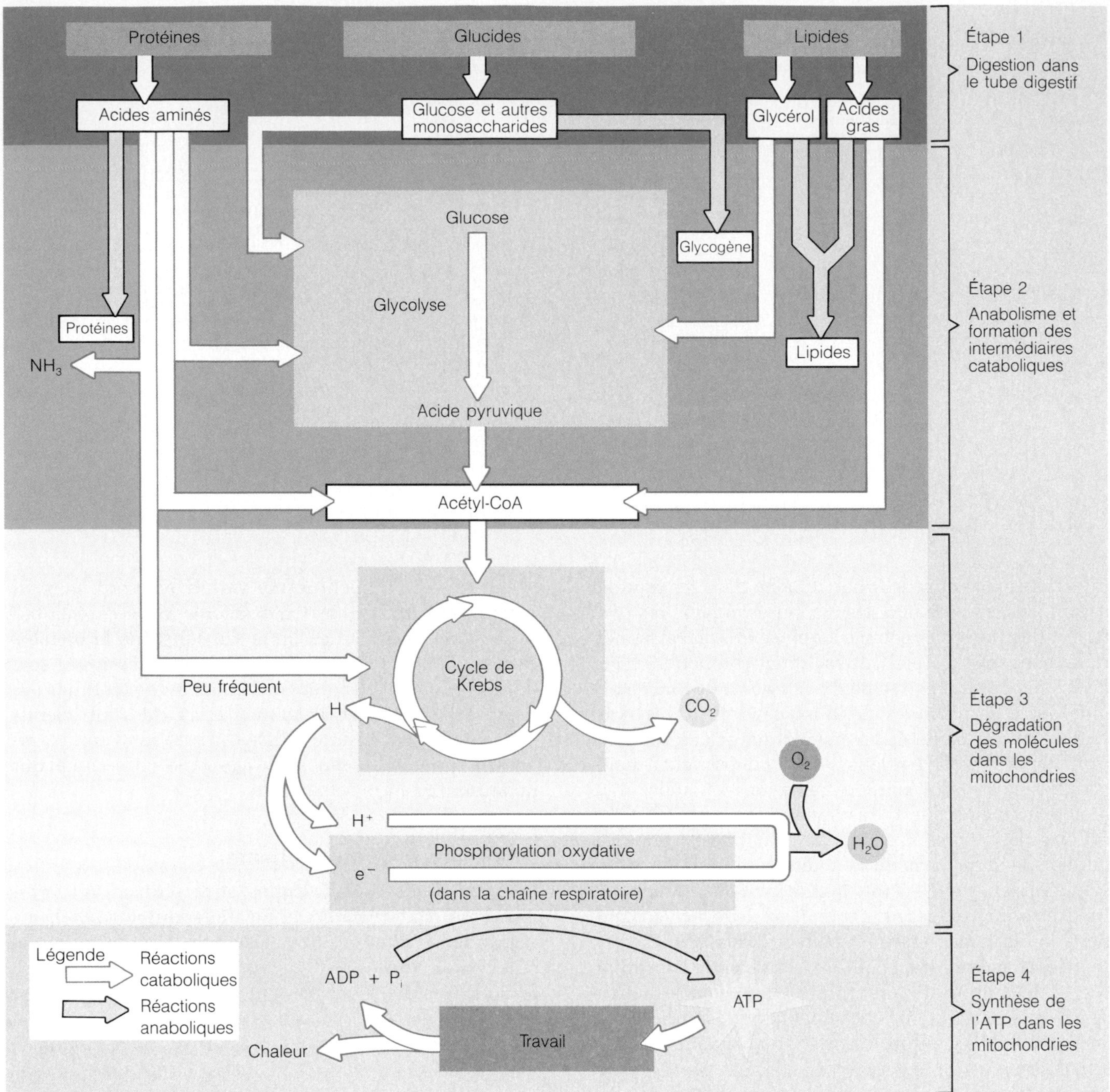

Figure 25.3 Les trois étapes du métabolisme des nutriments contenant de l'énergie. À l'étape 1, les aliments sont dégradés par les enzymes en leurs formes absorbables par les cellules absorbantes de la muqueuse digestive. À l'étape 2, les nutriments absorbés sont transportés dans le sang vers les cellules, où ils peuvent être incorporés dans les molécules cellulaires (anabolisme) ou dégradés par les voies cataboliques en acide pyruvique ou en acétyl-CoA, puis dirigés vers les voies cataboliques de l'étape 3. L'étape 3 se compose de la voie catabolique du cycle de Krebs et de la phosphorylation oxydative, qui se produisent à l'intérieur des mitochondries. Au cours du cycle de Krebs, l'acétyl-CoA est dégradé; ses atomes de carbone sont libérés sous forme de gaz carbonique (CO_2), et les atomes d'hydrogène éliminés sont cédés à une chaîne de récepteurs (chaîne respiratoire), qui les conduit enfin (comme ions H^+ et électrons libres) à l'oxygène moléculaire pour former de l'eau. Une partie de l'énergie libérée au cours des réactions de la chaîne respiratoire sert à la formation des liaisons des molécules d'ATP, riches en énergie (synthèse). Une fois générée, l'ATP apporte l'énergie nécessaire aux nombreuses activités des cellules.

catalysent des étapes clés dans les voies métaboliques sont activées par la phosphorylation.

La figure 25.3 présente un diagramme de la transformation dans l'organisme des nutriments contenant de l'énergie. Comme vous pouvez le constater, le métabolisme s'effectue en trois étapes principales. La première étape est la digestion des aliments dans le tube digestif, décrite au chapitre 24. Les nutriments absorbés sont ensuite transportés dans le sang vers les cellules des tissus. À la deuxième étape qui se produit dans le cytoplasme, les nutriments nouvellement arrivés (1) servent à l'élaboration des molécules cellulaires (lipides, protéines et glycogène) par les voies anaboliques ou (2) sont dégradés par des voies cataboliques en *acide pyruvique* et en *acétyl-CoA.* La troisième étape, presque totalement catabolique, se déroule dans les mitochondries. Elle nécessite de l'oxygène et achève la dégradation des nutriments absorbés ou emmagasinés afin de produire la majeure partie de l'ATP et tout le gaz carbonique (CO_2). La principale fonction de la glycolyse de l'étape 2 et de toutes les phases de l'étape 3 consiste à créer de l'ATP qui renferme dans ses propres liaisons (riches en énergie) une partie de l'énergie chimique provenant des molécules de nutriments. Ainsi, le glycogène et les lipides, *emmagasinés* dans certaines cellules, sont des molécules de réserve possédant une certaine quantité d'énergie potentielle et ayant la capacité de *libérer cette énergie* afin qu'elle participe à la formation de l'ATP (énergie chimique); l'ATP sera fabriquée et utilisée selon les besoins des cellules qui produisent du travail. Le diagramme constitue un résumé de l'ensemble des processus métaboliques.

Réactions d'oxydoréduction et rôle des coenzymes

Tel que nous l'avons expliqué au chapitre 2 (page 39), les réactions qui produisent de l'ATP dans les cellules sont des **réactions d'oxydoréduction** ou **réactions rédox** qui mettent en jeu un transfert d'électrons entre deux réactifs. Dans ce type de réaction, l'oxydation est couplée à la réduction; le réactif donneur d'électrons est oxydé alors que le réactif accepteur d'électrons est réduit. L'*oxydation* a d'abord été définie comme la combinaison de l'oxygène et d'autres éléments. La rouille du fer (la formation lente d'oxyde de fer) de même que la combustion du bois et d'autres combustibles constituent des exemples d'oxydation. Dans la combustion, l'oxygène se combine rapidement avec le carbone pour produire (en plus du gaz carbonique et de l'eau) une énorme quantité d'énergie libérée sous forme de chaleur et de lumière. Plus tard, on a découvert que l'oxydation peut *également* se produire lorsque des atomes d'hydrogène sont *retirés* des composés, de sorte que sa définition a été étendue à sa forme actuelle: l'oxydation est la réaction qui comporte un gain d'oxygène ou une perte d'hydrogène (perte d'électrons). Quelle que soit la façon dont l'oxydation se produit, la substance oxydée *perd* toujours (ou presque) des électrons qui se déplacent vers une substance les attirant plus fortement.

Le fait que les atomes n'attirent pas tous autant les électrons permet d'expliquer ce processus (voir la page 37). À cause de la grande électropositivité de l'hydrogène, son électron passe plus de temps dans le voisinage des autres atomes de la molécule à laquelle appartient l'hydrogène. Lorsqu'un *atome* d'hydrogène est enlevé, son électron est cédé avec lui, et la molécule entière perd cet électron. À l'opposé, l'oxygène est très électrophile (électronégatif), de sorte que lorsque l'oxygène se lie à d'autres atomes les électrons partagés passent la majeure partie du temps dans le voisinage de l'oxygène. Là encore, la molécule entière perd des électrons. Comme vous le verrez bientôt, à peu près toutes les réactions d'oxydation de combustibles alimentaires font intervenir la perte successive de paires d'atomes d'hydrogène (et, par conséquent, de paires d'électrons) par les molécules de substrats, ne laissant à la fin que du gaz carbonique (CO_2). Les atomes d'hydrogène libérés au cours de la dégradation du combustible réagissent avec l'oxygène moléculaire (O_2), qui est l'accepteur *final* d'électrons. Cette dernière réaction conduit à la formation de molécules d'eau (H_2O).

La clé de la compréhension des réactions d'oxydoréduction consiste à se rappeler que les substances oxydées *perdent* de l'énergie et que les substances réduites *gagnent* de l'énergie alors que les électrons riches en énergie sont transférés des premières aux deuxièmes. Par conséquent, lorsque les combustibles alimentaires sont oxydés (dégradés), l'énergie qu'ils perdent est transférée à d'autres molécules qui «font la chaîne» puis, en fin de chaîne, cette énergie est transférée à l'ADP pour former des molécules d'ATP riches en énergie.

Comme toutes les autres réactions chimiques, les réactions d'oxydoréduction sont catalysées par des enzymes. Les enzymes ont été étudiées en détail au chapitre 2 (pages 53 à 55). Les enzymes qui catalysent les réactions d'oxydoréduction en retirant l'hydrogène s'appellent de façon spécifique les **déshydrogénases**, alors que celles qui catalysent le transfert d'oxygène sont les **oxydases.** La plupart de ces enzymes requièrent l'aide d'une coenzyme spécifique, typiquement dérivée d'une vitamine du groupe B. Les enzymes et les coenzymes sont retrouvées intactes à la fin de la réaction; elles peuvent donc participer à de nouvelles réactions. Même si elles catalysent l'élimination des atomes d'hydrogène pour oxyder une substance, les déshydrogénases ne sont pas des *accepteurs* d'hydrogène (elles sont dans l'incapacité d'accepter les atomes d'hydrogène libérés). Leurs *coenzymes*, par contre, jouent le rôle d'accepteurs d'hydrogène (ou d'électrons), c'est-à-dire qu'elles peuvent capter temporairement les atomes d'hydrogène libérés: elles sont réduites quand elles acceptent les atomes d'hydrogène d'un substrat qui est oxydé. Deux coenzymes très importantes des voies oxydatives sont le **nicotinamide adénine dinucléotide (NAD)**, dérivé de la *niacine,* et la **flavine adénine dinucléotide (FAD)**, dérivée de la *riboflavine.* L'oxydation de l'acide succinique en acide fumarique et la réduction simultanée de la FAD en $FADH_2$, un exemple de réaction

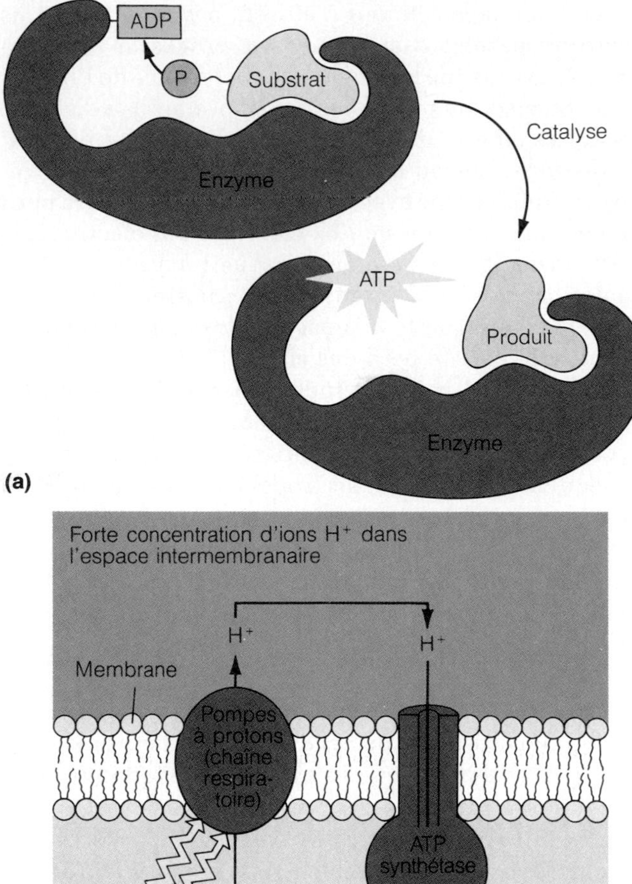

Figure 25.4 Mécanismes de phosphorylation. (**a**) La phosphorylation au niveau du substrat se produit lorsqu'un groupement phosphate riche en énergie est transféré directement, à l'aide d'enzymes, d'un substrat à l'ADP pour former l'ATP. La phosphorylation du substrat s'effectue dans le cytoplasme et dans la matrice mitochondriale. (**b**) La phosphorylation oxydative, qui se produit dans les mitochondries, reflète l'activité des protéines de transport d'électrons qui agissent comme des «pompes» à ions H^+ pour créer un gradient à travers la double membrane des crêtes. L'énergie libérée au cours de la dégradation des combustibles constitue la source d'énergie pour ce pompage. Lorsque les ions H^+ refluent passivement dans la matrice mitochondriale (par les ATP synthétases), l'énergie de leur gradient de diffusion sert à lier les groupements phosphate à l'ADP.

d'oxydoréduction, sont représentées ci-dessous.

FAD (oxydée) → $FADH_2$ (réduite)

COOH–CH(H)–CH(H)–COOH (Acide succinique) —Oxydation (-2H)→ COOH–CH=CH–COOH (Acide fumarique)

Mécanismes de synthèse de l'ATP

Comment nos cellules captent-elles de l'énergie pour produire des molécules d'ATP? Il semble exister deux mécanismes: la phosphorylation au niveau du substrat et la phosphorylation oxydative.

La **phosphorylation au niveau du substrat** se produit lorsque des groupements phosphate riches en énergie sont transférés directement des substrats phosphorylés (intermédiaires métaboliques) à l'ADP durant le processus de dégradation biochimique d'une molécule (figure 25.4a). Elle se produit essentiellement parce que les liaisons riches en énergie qui unissent les groupements phosphate aux substrats sont moins stables que celles de l'ATP. L'ATP est synthétisée par cette voie au cours d'une des étapes de la glycolyse, et une fois à chaque tour du cycle de Krebs (figure 25.5). Les enzymes qui catalysent la phosphorylation au niveau du substrat sont situées dans le cytoplasme et dans la matrice aqueuse mitochondriale.

La **phosphorylation oxydative** est beaucoup plus compliquée, mais elle produit la majeure partie de l'énergie chimique sauvegardée dans les liaisons de l'ATP au cours de la respiration cellulaire. Ce processus, qui s'effectue grâce aux protéines de transport d'électrons faisant partie de la membrane des crêtes mitochondriales, constitue un exemple de **processus chimiosmotique.** Les processus chimiosmotiques couplent le mouvement des substances à travers les membranes à des réactions chimiques. Dans ce cas, une partie de l'énergie libérée au cours de l'oxydation des combustibles (la partie «chimi» du terme) est utilisée pour pomper (*ôsmos* = poussée) les ions hydrogène ou protons (H^+) à travers la membrane mitochondriale interne (crête) jusqu'à l'espace intermembranaire (figure 25.4b). Cela crée un important gradient de diffusion pour les protons de part et d'autre de la membrane mitochondriale et, lorsque les protons refluent à travers cette membrane par un canal protéique appelé *ATP synthétase*, une partie de l'énergie du gradient est absorbée et utilisée pour lier les groupements phosphate à l'ADP.

Métabolisme des glucides

Comme tous les glucides alimentaires absorbés par la muqueuse intestinale finissent par être transformés en glucose, l'histoire du métabolisme des glucides se résume vraiment à celle du métabolisme du glucose. Le glucose pénètre dans les cellules des tissus grâce à la diffusion facilitée, un processus largement stimulé par l'insuline. Au moment de son entrée dans la cellule, le glucose est phosphorylé pour former le glucose 6-phosphate par transfert d'un groupe phosphate (PO_4^{3-}) sur son sixième atome de carbone au cours d'une réaction couplée avec l'ATP:

$$\text{Glucose} + \text{ATP} \rightarrow \text{glucose 6-PO}_4 + \text{ADP}$$

Étant donné que la plupart des cellules sont dépourvues des enzymes nécessaires à la réaction inverse et que le glucose 6-phosphate ne peut diffuser à travers la membrane plasmique, le glucose est efficacement retenu à

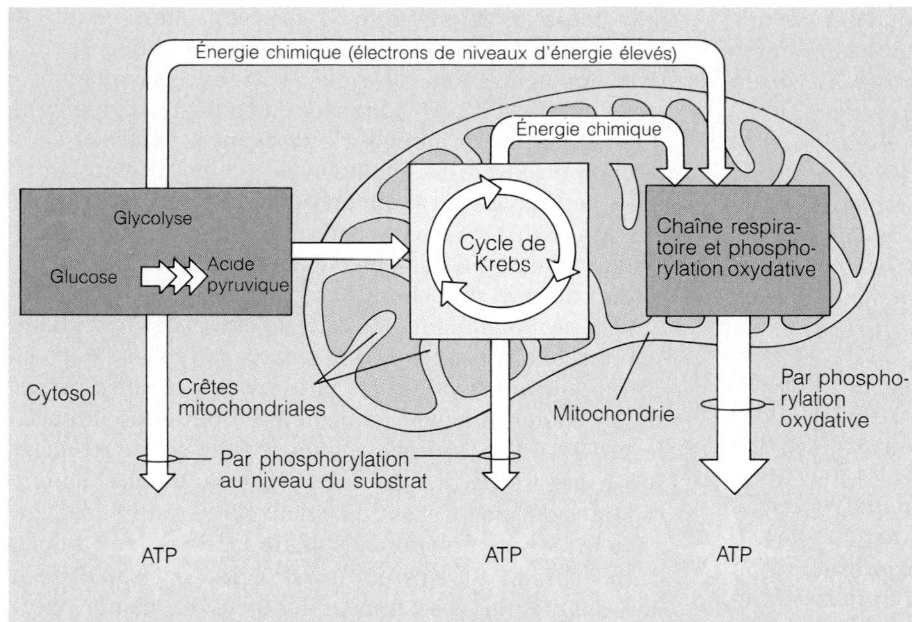

Figure 25.5 Vue d'ensemble des sites de formation d'ATP au cours du catabolisme complet du glucose. La glycolyse se produit à l'extérieur de la mitochondrie, dans le cytosol du cytoplasme. Le cycle de Krebs et les réactions de la chaîne respiratoire ont lieu à l'intérieur de la mitochondrie. Au cours de la glycolyse, chaque molécule de glucose est dégradée en deux molécules d'acide pyruvique. L'acide pyruvique entre dans la matrice mitochondriale où le cycle de Krebs le décompose en gaz carbonique. Au cours de la glycolyse et du cycle de Krebs, de petites quantités d'ATP sont formées par la phosphorylation au niveau du substrat. L'énergie chimique provenant de la glycolyse et du cycle de Krebs, sous forme d'électrons de niveaux d'énergie élevés, est alors transférée à la chaîne respiratoire qui s'établit dans la membrane des crêtes. La chaîne respiratoire effectue la phosphorylation oxydative, ce qui génère la majeure partie de l'ATP provenant de la dégradation complète du glucose.

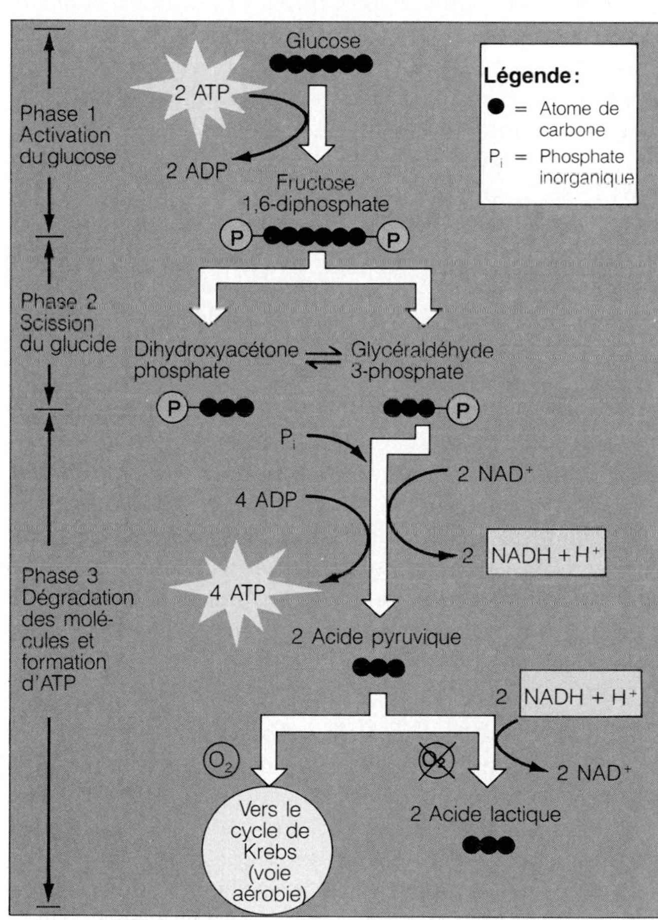

Figure 25.6 Les trois phases principales de la glycolyse. Au cours de la phase 1, le glucose est activé par phosphorylation et converti en fructose 1,6-diphosphate. À la phase 2, le fructose 1,6-diphosphate est scindé en deux fragments de trois atomes de carbone (isomères interconvertibles). Au cours de la phase 3, les fragments à trois atomes de carbone sont dégradés (par retrait d'hydrogène) et quatre molécules d'ATP sont formées. La destinée de l'acide pyruvique dépend de la présence ou de l'absence d'O_2 moléculaire.

l'intérieur des cellules. Comme le glucose 6-phosphate est une molécule *différente* du glucose simple, la réaction contribue également à conserver une faible concentration intracellulaire de glucose, ce qui maintient un gradient de diffusion pour l'entrée du glucose. Seules les cellules de la muqueuse intestinale, les cellules des tubules rénaux et les cellules hépatiques possèdent les enzymes nécessaires pour la réaction de phosphorylation inverse, ce qui reflète leur rôle unique dans l'accumulation *et* la libération du glucose. Les voies cataboliques et anaboliques pour les glucides commencent toutes avec le glucose 6-phosphate.

Oxydation du glucose

Le glucose est la principale molécule de combustible dans les voies oxydatives (qui produisent l'ATP). Le catabolisme complet du glucose est présenté dans la réaction globale:

$$C_6H_{12}O_6 + 6O_2 \rightarrow 6H_2O + 6CO_2 + 38\ ATP + \text{chaleur}$$

(glucose) (oxygène) (eau) (gaz carbonique)

Cette équation ne montre pas la complexité du processus de dégradation du glucose ni le fait qu'il fait intervenir trois des voies présentées à la figure 25.3: la glycolyse, le cycle de Krebs et la chaîne respiratoire (voir aussi la figure 25.5). Comme ces trois voies métaboliques se produisent dans un ordre défini, nous allons les considérer l'une à la suite de l'autre.

Glycolyse. La **glycolyse** (littéralement « dégradation d'un sucre ») est une série de dix étapes chimiques *réversibles* au cours desquelles le glucose est converti en deux molécules d'*acide pyruvique*, donnant des petites quantités d'ATP (2 molécules d'ATP par molécule de glucose). La glycolyse se produit dans le cytosol du cytoplasme cellulaire, où ses étapes sont catalysées par des enzymes solubles spécifiques. C'est un *processus anaérobie* (*a* privatif; *aero* = air). Parfois, ce terme est interprété comme s'il signifiait que la voie ne se produit qu'en l'*absence* d'oxygène, mais tel n'est pas le cas: *la glycolyse n'utilise pas d'oxygène et se produit aussi bien en présence qu'en l'absence d'oxygène.* La figure 25.6 présente la voie glycolytique sous une forme abrégée qui prend en compte ses trois phases principales. L'ensemble de la voie glycolytique, avec tous les noms et les formules structurales des intermédiaires et une description des événements de chaque étape, est présenté à l'appendice D.

1. **Activation du glucose.** À la phase 1, le glucose est phosphorylé et converti en fructose 6-phosphate qui est phosphorylé encore une fois. Ces trois étapes donnent le fructose 1,6-diphosphate et utilisent deux molécules d'ATP. Les deux réactions distinctes du glucide avec l'ATP fournissent l'*énergie d'activation* nécessaire pour déclencher les étapes ultérieures de la voie; cette phase est par conséquent considérée comme la *phase d'apport d'énergie.* (Le rôle de l'énergie d'activation est décrit au chapitre 2.)

2. **Scission du glucide.** Au cours de la phase 2, le fructose 1,6-diphosphate est scindé en deux fragments de trois atomes de carbone interconvertibles: le glycéraldéhyde 3-phosphate et le dihydroxyacétone phosphate, qui est immédiatement transformé en glycéraldéhyde 3-phosphate.

3. **Oxydation et formation d'ATP.** Durant la phase 3, qui comporte six étapes, deux phénomènes importants se produisent. Premièrement, les deux molécules de glycéraldéhyde 3-phosphate sont oxydées par retrait de l'hydrogène, qui est capté par le NAD. Une partie de l'énergie du glucose est donc transférée au NAD. Deuxièmement, un groupement phosphate inorganique (P_i) est uni par des liaisons riches en énergie à chacun des fragments oxydés, formant ainsi deux molécules de 1,3-diphosphoglycérique contenant chacune deux groupements phosphate. Par la suite, les groupements phosphate terminaux sont coupés, libérant suffisamment d'énergie pour former quatre molécules d'ATP. Comme nous l'avons mentionné précédemment, la formation d'ATP par ce moyen s'appelle *phosphorylation au niveau du substrat.*

Les produits finaux de la glycolyse sont deux molécules d'**acide pyruvique** et deux molécules de NAD (NADH + H^+)* réduites, avec un gain net de deux molécules d'ATP par molécule de glucose. (Quatre molécules d'ATP sont produites, mais deux sont utilisées au cours de la phase 1 pour amorcer la réaction.) La formule du glucose est $C_6H_{12}O_6$ et celle de l'acide pyruvique $C_3H_4O_3$; la dégradation du glucose en deux molécules d'acide pyruvique se solde donc par la perte de quatre atomes d'hydrogène, maintenant liés à deux molécules de NAD. Une petite quantité d'ATP a été recueillie, mais les deux autres produits finaux (H_2O et CO_2) de l'oxydation du glucose ne sont pas encore apparus.

La destinée de l'acide pyruvique, qui contient encore la majeure partie de l'énergie chimique du glucose, dépend de la disponibilité de l'oxygène au moment où il est produit. Si la glycolyse se poursuit et que l'acide pyruvique entre dans le cycle de Krebs, les coenzymes réduites (NADH + H^+) formées au cours de la glycolyse doivent perdre les atomes d'hydrogène acceptés afin de pouvoir être réutilisés comme accepteurs d'hydrogène. Lorsque l'oxygène est abondant, cela se fait sans difficulté. Le NADH + H^+ cède simplement les atomes d'hydrogène qu'il porte aux enzymes de la chaîne respiratoire dans la mitochondrie, qui à son tour les cède à l'oxygène moléculaire pour former de l'eau. Cependant, si l'oxygène n'est pas présent en quantités suffisantes, ce qui pourrait se produire dans les cellules musculaires squelettiques au cours d'une activité physique intense, le NADH + H^+ produit au cours de la glycolyse retourne son bagage d'hydrogène *sur l'acide pyruvique,* ce qui réduit ce dernier. Cet ajout de deux atomes d'hydrogène à l'acide pyruvique donne l'**acide lactique** (voir le bas de la figure 25.6). Une partie de l'acide lactique diffuse hors des cellules et est transportée au foie. Lorsque l'oxygène est de nouveau disponible, l'acide lactique est réoxydé en acide pyruvique et entre alors dans le cycle de Krebs et la chaîne respiratoire à l'intérieur des mitochondries, qui la dégradent complètement en eau et en gaz carbonique. Le foie peut aussi reconvertir complètement l'acide lactique en glucose 6-phosphate (glycolyse inversée) et ensuite l'emmagasiner sous forme de glycogène ou lui enlever son groupement phosphate et le libérer dans le sang.

La glycolyse génère l'ATP très rapidement, mais elle ne produit que 2 ATP par molécule de glucose, en comparaison des 38 ATP par molécule de glucose recueillies au cours de la dégradation complète du glucose. La respiration anaérobie prolongée finit par entraîner des problèmes acido-basiques sauf pour les globules rouges (qui effectuent *seulement* la glycolyse). Par conséquent, la respiration *totalement* anaérobie, qui met en jeu la formation d'acide lactique, ne constitue qu'un moyen temporaire (ou d'urgence) de produire rapidement de l'ATP pendant un état de déficit en oxygène. Elle peut se poursuivre sans dommages (lésions tissulaires) pendant de longues périodes dans le muscle squelettique, pendant une brève période dans le muscle cardiaque et à peu près pas dans l'encéphale.

Cycle de Krebs. Le **cycle de Krebs,** nommé en l'honneur de Hans Krebs, son découvreur, est l'étape suivante de la dégradation du glucose. Le cycle de Krebs s'effectue dans la matrice mitochondriale aqueuse. Il est alimenté en grande partie par l'acide pyruvique produit au cours de la glycolyse et par les acides gras résultant de la dégradation des lipides, principalement des triglycérides, qui constituent la forme de réserve la plus importante.

Une fois l'acide pyruvique entré dans la mitochondrie, la «première activité au programme» est sa

---

* Bien qu'on ne l'indique pas toujours, le NAD porte une charge positive (NAD^+). Ainsi, lorsqu'il accepte deux atomes d'hydrogène, le produit réduit obtenu est NADH + H^+.

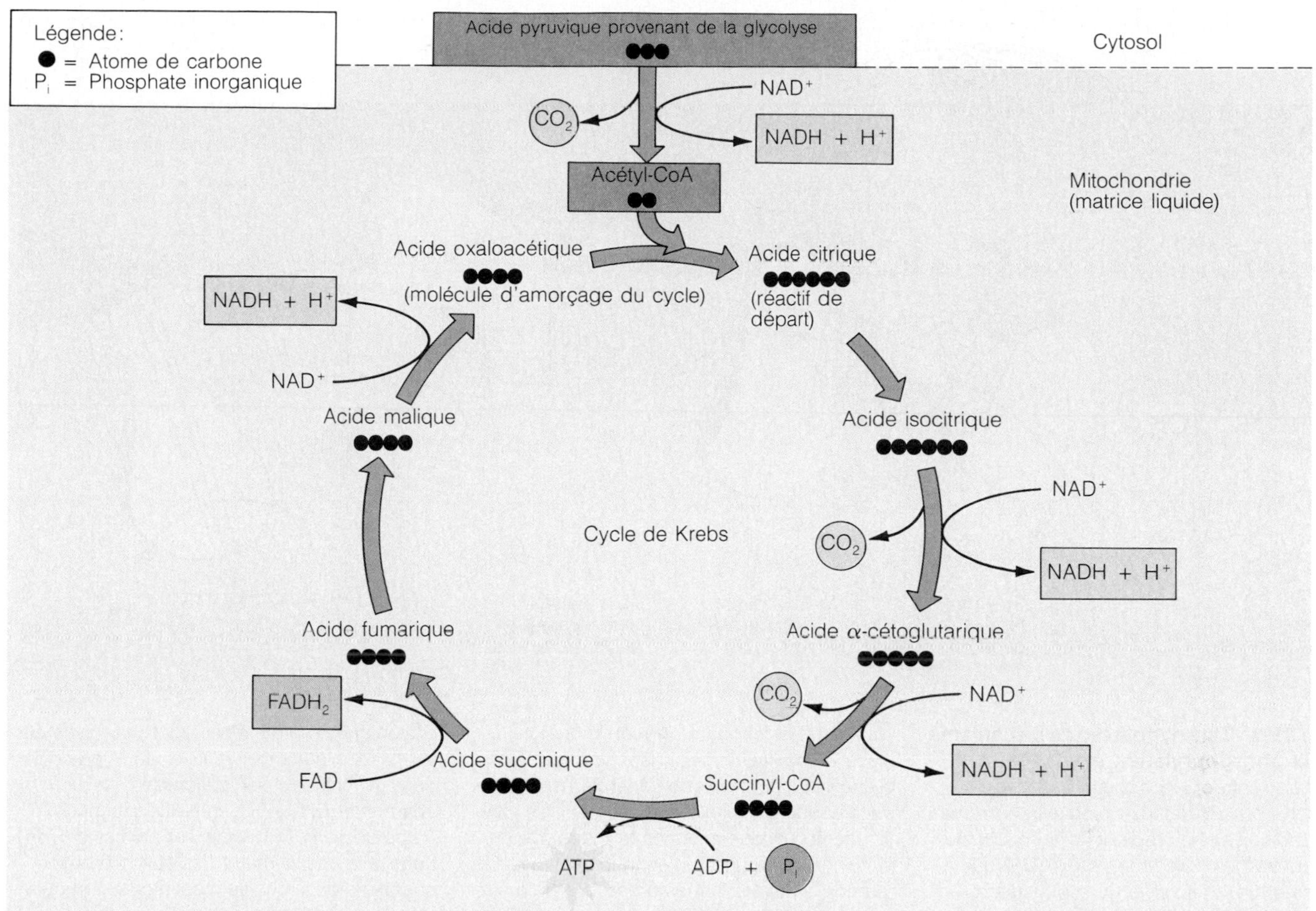

Figure 25.7 Représentation simplifiée du cycle de Krebs. À chaque étape du cycle, deux atomes de carbone sont retirés des substrats sous forme de CO_2 (réactions de décarboxylation); quatre réactions d'oxydation par perte d'atomes d'hydrogène s'effectuent, produisant quatre molécules de coenzymes réduites (3 NADH + H^+ et 1 $FADH_2$); une molécule d'ATP est synthétisée par phosphorylation au niveau du substrat. Une autre réaction de décarboxylation et une réaction d'oxydation se produisent pour convertir l'acide pyruvique, le produit de la glycolyse, en acétyl-CoA, la molécule qui entre dans le cycle de Krebs.

conversion en acétyl-CoA. Ce processus en plusieurs étapes, qui forme la transition entre la glycolyse et le cycle de Krebs, fait intervenir trois phénomènes:

1. La **décarboxylation,** par laquelle un atome de carbone de l'acide pyruvique est enlevé et libéré sous forme de gaz carbonique (un produit de déchet du catabolisme), qui diffuse à l'extérieur des cellules dans le sang pour être expulsé par les poumons.

2. L'**oxydation** par retrait d'atomes d'hydrogène. Les atomes d'hydrogène enlevés sont captés par le NAD^+.

3. La combinaison de l'acide acétique ainsi produit et de la *coenzyme A* pour donner le produit final, l'**acétyl coenzyme A,** plus simplement appelé **acétyl-CoA.** La coenzyme A (CoA-SH) est une coenzyme contenant du soufre et elle est dérivée de l'acide pantothénique, une vitamine du groupe B.

L'acétyl-CoA est alors prêt à entrer dans le cycle de Krebs et à être dégradé complètement par les enzymes mitochondriales. La coenzyme A transporte l'acide acétique à deux atomes de carbone jusqu'à l'enzyme qui peut le condenser à un acide à quatre atomes de carbone appelé **acide oxaloacétique** pour donner l'**acide citrique**, à six atomes de carbone. L'acide citrique est le premier substrat du cycle, et c'est pourquoi le cycle de Krebs s'appelle aussi **cycle de l'acide citrique.** La figure 25.7 présente un résumé des principaux événements du cycle de Krebs. Après les huit étapes du cycle, les atomes de l'acide citrique ont subi des réarrangements pour produire différentes molécules intermédiaires, appelées pour la plupart **acides cétoniques.** L'acide acétique qui entre dans le cycle est dégradé un atome de carbone à la fois (décarboxylé) et oxydé, générant simultanément le NADH + H^+ et la $FADH_2$. À la fin du cycle de Krebs, les deux atomes de carbone de chaque molécule d'acide acétique ont été éliminés sous forme de CO_2, de sorte que l'acide oxaloacétique, la *molécule d'amorçage* du cycle, est régénéré. Comme il se produit deux réactions de *décarboxylation* et quatre *d'oxydation* pour chaque molécule d'acétyl-CoA, les produits du cycle de Krebs sont deux molécules de gaz carbonique et quatre molécules de coenzymes réduites (3 NADH + H^+ et 1 $FADH_2$). L'ajout d'eau à certaines étapes est responsable de la libération d'une partie de l'hydrogène. Une molécule d'ATP est formée (par phosphorylation au niveau du substrat) à chaque tour du cycle. Les détails de chacune des huit étapes du cycle de Krebs sont décrits à l'appendice D.

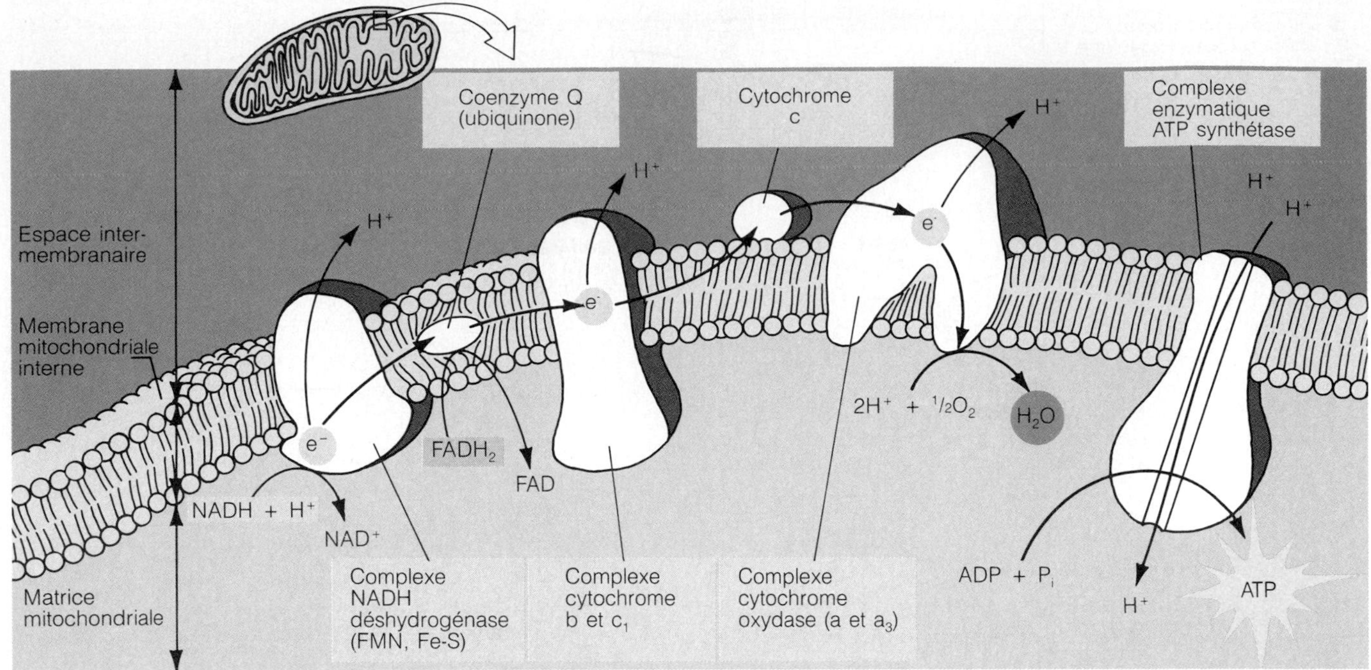

Figure 25.8 Une hypothèse de mécanisme pour la phosphorylation oxydative. Schéma montrant le courant d'électrons dans les trois principaux complexes enzymatiques de la chaîne respiratoire au cours du transfert de deux électrons du NAD réduit à l'oxygène. La coenzyme Q et le cytochrome c sont mobiles et jouent le rôle de transporteurs entre les trois complexes principaux. Quand les électrons de niveau d'énergie élevé se déplacent selon leur gradient d'énergie, une partie de l'énergie est utilisée par chaque complexe pour pomper les ions H^+ dans l'espace intermembranaire. Ces ions H^+ créent un gradient d'ions H^+ qui les ramène à travers la membrane interne à l'aide du complexe ATP synthétase. L'ATP synthétase utilise l'énergie du courant protonique (énergie électrique) pour synthétiser l'ATP à partir de l'ADP et du P_i présents dans la matrice. L'oxydation de chaque NADH + H^+ en NAD^+ donne 3 ATP. Parce que la $FADH_2$ remet ses atomes d'hydrogène à la coenzyme Q, qui suit le premier complexe de la chaîne respiratoire, une quantité moindre d'énergie (2 ATP) est captée à la suite de l'oxydation de chaque $FADH_2$ en FAD.

Expliquons maintenant ce que deviennent les molécules d'acide pyruvique qui entrent dans la mitochondrie. Au total, trois molécules de gaz carbonique et cinq molécules de coenzymes réduites (1 $FADH_2$ et 4 NADH + H^+, ce qui équivaut à la perte de 10 atomes d'hydrogène) sont formées pour chaque molécule d'acide pyruvique. Les produits de l'oxydation du glucose dans le cycle de Krebs sont donc le double (rappelez-vous que 1 glucose = 2 acides pyruviques): 6 CO_2, 10 molécules de coenzymes réduites et 2 molécules d'ATP. Remarquez que ce sont les réactions du cycle de Krebs qui produisent le CO_2 formé au cours de la dégradation du glucose. Les coenzymes réduites, qui portent leurs «électrons supplémentaires» dans des liaisons riches en énergie, doivent alors être oxydées de nouveau avant de retourner dans le cycle de Krebs et la glycolyse pour y accepter d'autres atomes d'hydrogène. C'est ainsi que le cycle de Krebs et la glycolyse peuvent se poursuivre. Le fait que ces coenzymes soient réoxydées explique pourquoi les besoins de FAD et NAD (deux vitamines) sont minimes.

La voie glycolytique est particulière à la dégradation du glucose, mais les produits de dégradation des glucides, des lipides et des protéines peuvent alimenter le cycle de Krebs afin de produire de l'énergie grâce à leur dégradation. De la même façon, certains intermédiaires du cycle de Krebs peuvent être prélevés afin de servir à la synthèse d'acides gras et d'acides aminés non essentiels, comme nous le décrirons bientôt. Le cycle de Krebs, en plus de servir de voie commune finale pour la dégradation des combustibles alimentaires, est donc également une source de matériaux structuraux pour les réactions anaboliques (biosynthèse).

Chaîne respiratoire de transport d'électrons et phosphorylation oxydative. Comme la glycolyse, aucune des réactions du cycle de Krebs n'utilise directement l'oxygène. C'est la fonction exclusive de la **chaîne respiratoire de transport d'électrons**, qui se charge des dernières réactions se produisant sur les crêtes de la membrane interne des mitochondries. Ces voies sont cependant couplées parce que les coenzymes produites (sous forme réduite) au cours du cycle de Krebs représentent l'«eau» (substrat) apportée au «moulin» de la chaîne respiratoire; ces deux phases (aérobies) exigent de l'oxygène.

Dans la chaîne respiratoire de transport d'électrons, les atomes d'hydrogène enlevés au cours de la dégradation des combustibles finissent par être combinés avec l'oxygène moléculaire, et l'énergie libérée au cours de ces réactions est utilisée pour lier les groupements phosphate inorganique (P_i) à l'ADP. Comme nous l'avons mentionné précédemment, ce type de phosphorylation

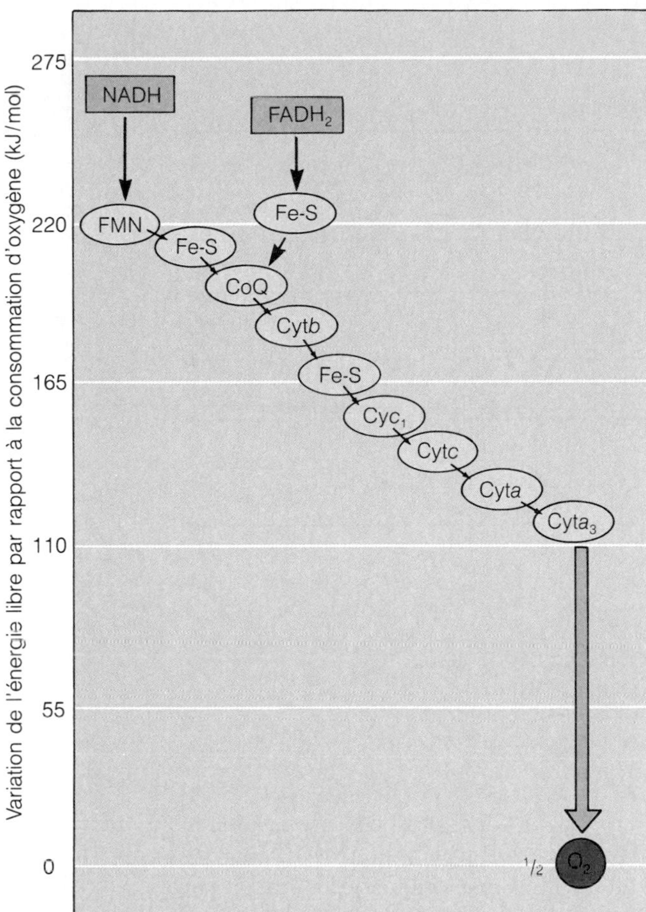

Figure 25.9 Gradient d'énergie électronique dans la chaîne respiratoire. Chaque élément de la chaîne oscille entre un état réduit et un état oxydé. Un composant de la chaîne devient réduit lorsqu'il accepte des électrons de son voisin «du haut» (qui possède une affinité électronique plus faible). Chaque élément de la chaîne retourne à sa forme oxydée lorsqu'il transfère des électrons à son voisin «du bas» (qui possède une affinité électronique plus élevée). Au «bas» de la chaîne se trouve l'oxygène, qui est *très* électronégatif. La diminution globale d'énergie pour les électrons qui se déplacent du NADH + H^+ à l'oxygène est de 220 kJ/mol, mais cette perte d'énergie se produit au cours d'une suite d'étapes dans la chaîne respiratoire.

s'appelle *phosphorylation oxydative.* Examinons de plus près ce processus assez complexe.

La plupart des composants de la chaîne respiratoire sont des protéines liées à des atomes métalliques (*cofacteurs*). Ces protéines, qui font partie de la membrane mitochondriale interne, ont des compositions très variées. Par exemple, certaines protéines, les **flavines,** contiennent la flavine mononucléotide (FMN) dérivée de la riboflavine; d'autres contiennent à la fois du soufre (S) et du fer (Fe); mais la plupart sont des pigments brillamment colorés contenant du fer, appelés **cytochromes** (*kutos* = cellule, *khrôma* = couleur). Les transporteurs adjacents sont groupés pour former trois **complexes enzymatiques** qui sont alternativement réduits et oxydés en recueillant des électrons et en les transférant au complexe qui suit dans la séquence. Comme le montre la figure 25.8, le premier de ces complexes (FMN, Fe-S) accepte des atomes d'hydrogène du NADH + H^+, en l'oxydant en NAD^+. La $FADH_2$ transfère son «chargement» d'atomes d'hydrogène directement à la coenzyme Q (ubiquinone), située un peu plus loin dans la chaîne. Les atomes d'hydrogène livrés à la chaîne respiratoire par les coenzymes réduites sont rapidement séparés en ions H^+ (protons) et en électrons; les ions H^+ s'échappent dans la matrice aqueuse et les électrons font la navette entre les différents accepteurs de la membrane interne. En fin de chaîne, les ions H^+ sont transférés à l'oxygène moléculaire pour former de l'eau, comme le montre la réaction

$$2H\ (2H^+ + 2e^-) + \tfrac{1}{2}O_2 \rightarrow H_2O$$

La presque totalité de l'eau qui provient de l'oxydation du glucose est formée au cours de la phosphorylation oxydative. Parce que le NADH + H^+ et la $FADH_2$ sont oxydés lorsqu'ils libèrent leur charge d'atomes d'hydrogène, la réaction globale pour la chaîne respiratoire de transport d'électrons est

$$\underset{\text{(coenzyme réduite)}}{\text{Coenzyme-2H}} + \tfrac{1}{2}O_2 \rightarrow \underset{\text{(coenzyme oxydée)}}{\text{coenzyme}} + H_2O$$

Le transfert d'électrons du NADH + H^+ à l'oxygène libère de grandes quantités d'énergie (réaction exothermique) et, si l'hydrogène se combinait directement avec l'oxygène moléculaire, l'énergie serait libérée d'un seul coup et perdue en grande partie dans l'environnement sous forme de chaleur. L'énergie est plutôt libérée graduellement au cours de nombreuses étapes, à mesure que les électrons passent d'un accepteur d'électrons à un autre. Chaque transporteur successif possède une affinité plus grande pour les électrons que celui qui le précède. En conséquence, les électrons descendent «en cascade» du NADH + H^+ vers des niveaux d'énergie de plus en plus bas pour être enfin transférés à l'oxygène, qui possède la plus grande affinité électronique (figure 25.9). On pourrait dire que l'oxygène «tire» les électrons vers le bas de la chaîne.

La chaîne respiratoire de transport d'électrons fonctionne comme une machine de transformation d'énergie utilisant la libération par étapes d'énergie électronique pour pomper les ions H^+ libérés dans la matrice vers l'espace intermembranaire. (Tous les éléments de la chaîne respiratoire ont la capacité de transférer des électrons, mais seuls certains transporteurs peuvent effectuer la réincorporation et la translocation de protons.) En raison de l'imperméabilité presque totale de la membrane interne des crêtes aux ions H^+, ce processus chimiosmotique crée un **gradient d'ions H^+** entre les deux faces de la membrane interne où l'énergie potentielle (gradient d'énergie) qui servira à la synthèse de l'ATP est emmagasinée temporairement (figure 25.8). Ce gradient d'ions H^+ présente deux caractéristiques importantes: (1) il crée un gradient de pH, la concentration en ions H^+ dans la matrice étant beaucoup plus faible que dans l'espace intermembranaire; et (2) il génère un voltage à travers la membrane, négatif (-) du côté de la matrice et positif (+) dans l'espace intermembranaire. Ces deux conditions attirent fortement les ions H^+ qui retournent dans la matrice. Les ions H^+ ne peuvent cependant

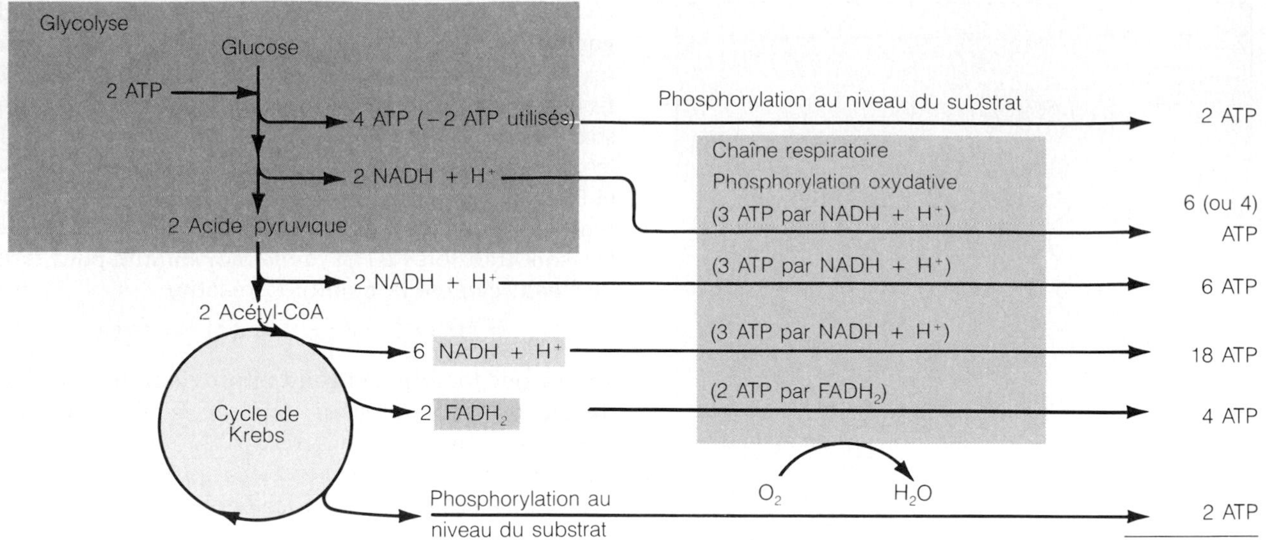

Figure 25.10 L'oxydation aérobie d'une molécule de glucose donne un gain net de 36 ou 38 molécules d'ATP. Un gain net de quatre molécules d'ATP est produit par la phosphorylation au niveau du substrat qui s'effectue au cours de la glycolyse et du cycle de Krebs. Le reste est produit par la phosphorylation oxydative qui s'effectue dans la chaîne respiratoire de transport d'électrons.

retraverser la membrane qu'à l'aide de l'**ATP synthétase** (un gros complexe enzyme-protéine). En prenant cette «route», ils créent un courant électrique, et l'ATP synthétase utilise cette énergie électrique pour catalyser la liaison d'un groupement phosphate à l'ADP et former l'ATP (figure 25.8), complétant ainsi le processus de phosphorylation oxydative. Les réactions d'oxydoréduction, associées au transport des électrons dans la chaîne respiratoire ainsi qu'à la libération d'énergie, sont donc couplées aux réactions permettant la synthèse de l'ATP à partir de l'ADP et du P_i.

Le gradient d'ions H^+ fournit également l'énergie nécessaire pour pomper activement les métabolites (ADP, acide pyruvique, phosphate inorganique) et les ions calcium à travers la membrane mitochondriale interne, relativement imperméable. (La membrane externe est très perméable à ces substances, de sorte qu'aucune «aide» n'est requise.) En effet, la réincorporation et le stockage du calcium par les mitochondries constituent un important mécanisme d'appoint en cas d'urgence pour éliminer les surcharges de Ca^{2+} dans le cytoplasme. L'apport énergétique de l'oxydation n'est cependant pas illimité; en conséquence, plus l'énergie du gradient d'ions H^+ sert à ces mécanismes de transport, moins elle est disponible pour la synthèse de l'ATP.

Nous avons insisté sur le transport d'électrons et son couplage à la synthèse de l'ATP, mais *l'élément clé* de la synthèse de l'ATP dans la chaîne respiratoire est le gradient d'ions H^+. Des expériences ont montré clairement que le gradient d'ions H^+, même sans un apport énergétique et un courant électronique correspondants, suffit à produire la synthèse d'ATP. Cependant, *dans l'organisme*, c'est le courant d'électrons qui fournit l'énergie nécessaire pour générer le gradient d'ions H^+.

Des études portant sur des poisons métaboliques, dont certains sont très meurtriers, confirment la théorie chimiosmotique de la phosphorylation oxydative. Par exemple, le cyanure interrompt ce processus en bloquant le courant des électrons entre le cytochrome a_3 et l'oxygène. Certains composés *ionophores* (permettant le passage rapide d'ions à travers les membranes), comme le dinitrophénol, sont des poisons que l'on appelle *agents découplants* parce qu'ils ont la propriété de découpler l'oxydation et la phosphorylation de la chaîne respiratoire. En augmentant la perméabilité de la membrane aux ions H^+, ils suppriment le gradient de ces ions. En conséquence, la chaîne respiratoire continue à transférer des électrons à l'oxygène à un rythme accéléré et la consommation d'oxygène s'élève, mais il n'y a pas de synthèse d'ATP. La diffusion incontrôlée empêche la constitution du gradient d'ions H^+ et, par conséquent, de l'énergie potentielle nécessaire à la transformation des ADP et des P_i en ATP. L'arrêt de la synthèse de l'ATP est donc relié directement au libre passage des ions H^+ à travers la membrane interne de la mitochondrie (de l'espace intermembranaire vers la matrice). C'est ainsi que le poison entraîne la mort des cellules et de l'organisme. ■

Le stimulus pour la production d'ATP est l'entrée d'*ADP* dans la matrice mitochondriale. Lorsque l'ADP est transporté dans la matrice, l'ATP en sort par un processus de transport couplé. En général, la concentration d'ATP dans le cytosol est de cinq à dix fois supérieure à celle de l'ADP.

Résumé de la production d'ATP. En présence d'oxygène, le catabolisme cellulaire est remarquablement efficace. Des 2900 kJ d'énergie présents dans une mole de glucose, jusqu'à 1200 kJ peuvent être captés dans les

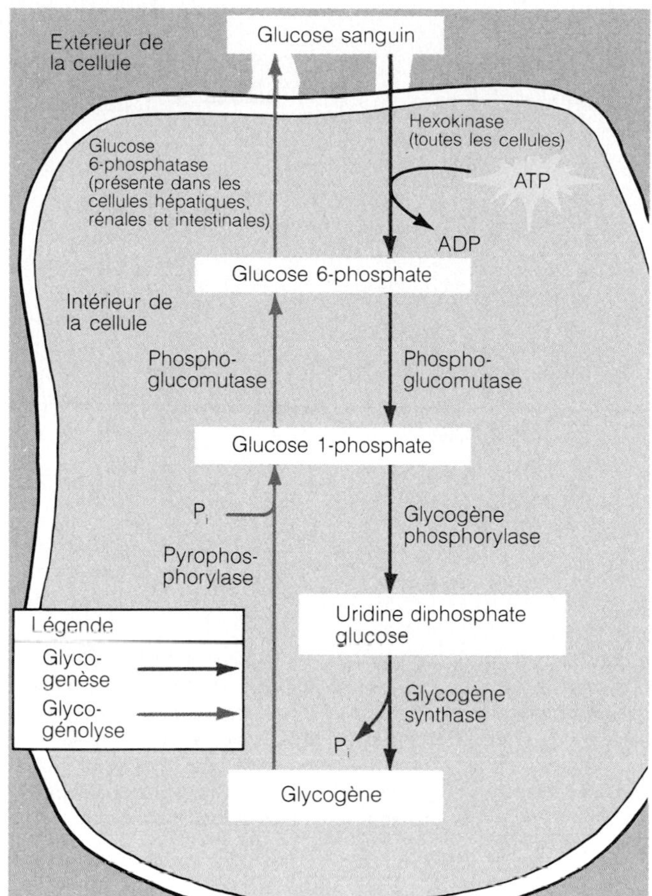

Figure 25.11 Glycogenèse et glycogénolyse. Lorsque l'apport de glucose excède les besoins cellulaires pour la synthèse d'ATP, la glycogenèse, conversion du glucose en glycogène pour la mise en réserve, se produit. La glycogénolyse, dégradation du glycogène pour libérer le glucose, est stimulée par une hormone, le glucagon, lorsque la concentration sanguine de glucose diminue. Remarquez que la synthèse du glycogène ne fait pas intervenir les mêmes enzymes que sa dégradation.

liaisons des molécules d'ATP; le reste est libéré sous forme de chaleur. (La mole, une unité servant à exprimer la concentration, est expliquée à la page 32.) Cela correspond à une capture d'environ 40 % de l'énergie libérée, ce qui est beaucoup plus efficace que toutes les machines (qui n'utilisent que 10 à 30 % de l'énergie réellement disponible).

Une fois que nous avons inscrit le gain net de quatre molécules d'ATP par molécule de glucose, produites directement par des réactions de phosphorylation au niveau du substrat (deux au cours de la glycolyse et deux au cours du cycle de Krebs), tout ce qu'il nous reste à calculer c'est le nombre de molécules d'ATP produites par phosphorylation oxydative dans la chaîne respiratoire.

Chaque NADH + H^+ qui cède une paire d'électrons de niveau d'énergie élevé à la chaîne respiratoire apporte suffisamment d'énergie au gradient d'ions H^+ pour générer trois molécules d'ATP. L'oxydation de $FADH_2$ est un peu moins efficace parce qu'elle ne cède pas d'électrons au «sommet» (premier complexe) de la chaîne respiratoire; pour chaque paire d'atomes d'hydrogène transférée, *deux* molécules d'ATP sont produites. Ainsi, les 8 NADH + H^+ et les 2 $FADH_2$ produits au cours du cycle de Krebs «valent» respectivement 24 et 4 ATP, et les 2 NADH + H^+ générés au cours de la glycolyse donnent 6 (ou 4) molécules d'ATP. Globalement, l'oxydation complète d'une molécule de glucose en gaz carbonique et en eau donne 38 ou 36 molécules d'ATP. Cette production d'énergie est représentée schématiquement à la figure 25.10. Le choix des valeurs données reflète l'actuel manque de certitude quant à la production d'énergie lorsque les NADH + H^+ (réduits) sont générés à l'extérieur des mitochondries. La membrane mitochondriale interne *n'est pas* perméable aux NADH + H^+ générés dans le cytosol durant la glycolyse, de sorte que ces coenzymes réduites cèdent leurs électrons à de nombreuses molécules pouvant servir d'intermédiaire pour laisser leurs paires d'électrons supplémentaires à la chaîne respiratoire. Le *malate* est un de ces intermédiaires; il laisse les électrons au tout début de la chaîne respiratoire, ce qui donne trois molécules d'ATP. Le glycérol phosphate en est un autre, mais il laisse ses électrons plus loin dans la chaîne et ne donne par conséquent que deux molécules d'ATP. On ne sait pas lequel de ces systèmes de navette prédomine dans les autres types de cellules humaines, mais on sait que les cellules du muscle cardiaque et les cellules hépatiques utilisent le système du malate, alors que le système du glycérol phosphate est particulièrement actif dans les cellules nerveuses.

Glycogenèse et glycogénolyse

La majeure partie du glucose sert à générer des molécules d'ATP, mais des quantités illimitées de glucose ne signifient pas pour autant une synthèse illimitée d'ATP. Si le glucose est disponible en quantité trop grande pour une dégradation immédiate, l'augmentation de la concentration intracellulaire d'ATP finit par inhiber le catabolisme du glucose et amorcer les processus qui conduisent à la mise en réserve du glucose sous forme de glycogène ou de lipides. Les lipides représentent 80 à 85 % de l'énergie emmagasinée parce que l'organisme peut entreposer beaucoup plus de lipides que de glycogène. (La synthèse des lipides sera abordée au cours de la discussion sur le métabolisme des lipides.)

Lorsque la glycolyse s'arrête sous l'effet de quantités élevées d'ATP, les molécules de glucose se combinent en longues chaînes pour former le glycogène, le produit de réserve des glucides chez les animaux. Ce processus appelé **glycogenèse** (*glukus* = doux; *gennan* = engendrer) commence dès l'entrée du glucose dans les cellules et sa phosphorylation en glucose 6-phosphate, qui est par la suite converti en son isomère, le *glucose 1-phosphate.* Le groupement phosphate terminal est enlevé lorsque l'enzyme *glycogène synthase* catalyse la liaison du glucose à la chaîne du glycogène qui s'allonge (figure 25.11). Les cellules du foie et des muscles squelettiques sont les plus actives dans la synthèse et la mise en réserve du glycogène.

Lorsque la concentration sanguine de glucose diminue, le processus inverse de **glycogénolyse,** littéralement lyse ou dégradation du glycogène, se produit. L'enzyme

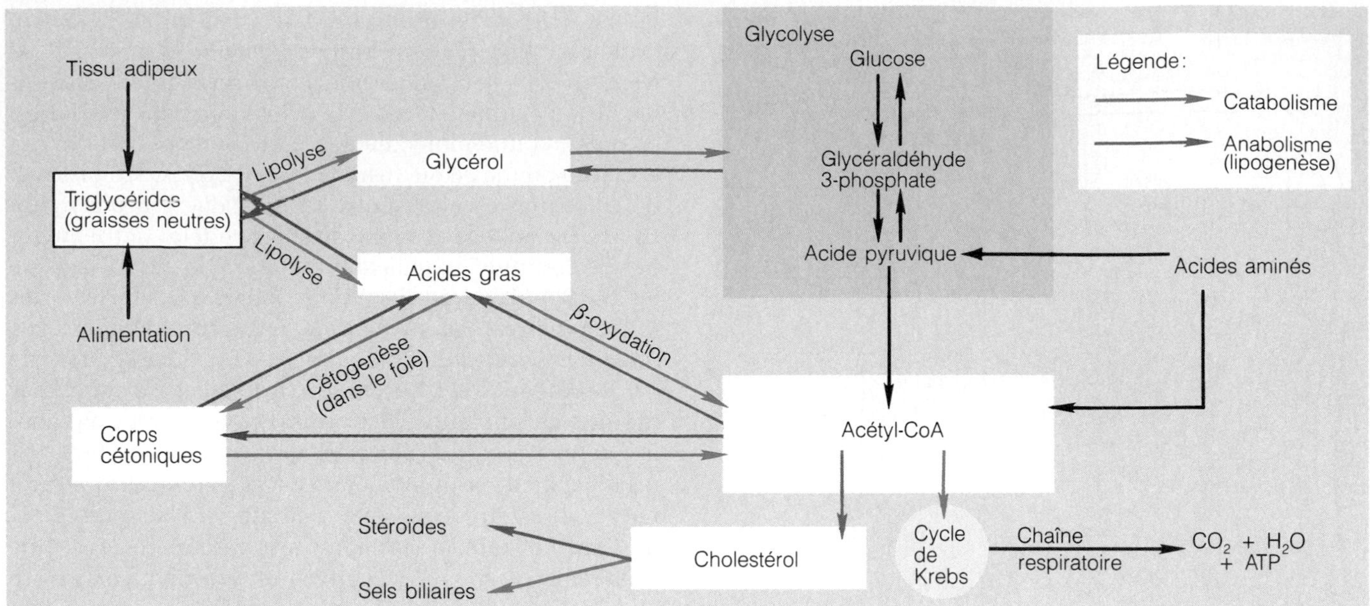

Figure 25.12 Métabolisme des triglycérides. Lorsqu'un besoin énergétique se manifeste, les lipides alimentaires et les lipides de réserve s'engagent dans les voies cataboliques. Le glycérol entre dans la voie glycolytique (sous forme de glycéraldéhyde 3-phosphate), et les acides gras sont dégradés par la β-oxydation en acétyl-CoA, qui peut être complètement dégradé dans le cycle de Krebs. Pour la synthèse (lipogenèse) et la mise en réserve des lipides, les intermédiaires sont obtenus de la glycolyse et du cycle de Krebs au moyen des réactions inverses des processus présentés dans la figure. De même, les surplus de lipides alimentaires sont emmagasinés dans les tissus adipeux. Lorsqu'il y a un surplus de triglycérides ou que ceux-ci sont la principale source d'énergie, le foie libère leurs produits de dégradation (acides gras → acétyl-CoA) sous la forme de corps cétoniques. Les surplus de glucides et d'acides aminés sont également convertis en triglycérides (lipogenèse).

appelée *glycogène phosphorylase* assure la phosphorylation et la dégradation du glycogène pour donner le glucose 1-phosphate, ensuite converti en glucose 6-phosphate, une forme qui peut entrer dans la voie glycolytique pour être dégradée et fournir de l'ATP.

Dans les cellules musculaires et la plupart des autres cellules, le glucose 6-phosphate provenant de la glycogénolyse est captif, car il ne peut pas traverser la membrane cellulaire. Cependant, les cellules hépatiques (et certaines cellules rénales et intestinales) contiennent une enzyme unique appelée *glucose 6-phosphatase* qui enlève le groupement phosphate terminal pour produire du glucose. Le glucose peut alors diffuser à travers la membrane plasmique afin d'atteindre le liquide interstitiel et d'entrer dans le sang. Le foie peut ainsi utiliser ses réserves de glycogène au profit des autres organes pour maintenir la glycémie lorsque la concentration sanguine de glucose diminue. Durant un effort musculaire intense, le glycogène hépatique peut être une source de glucose pour les muscles squelettiques qui ont épuisé leurs propres réserves de glycogène. Cependant, le glucose sanguin est généralement réservé aux neurones du système nerveux, qui ne peuvent utiliser que ce combustible pour produire leur ATP.

Il existe une opinion populaire selon laquelle les athlètes ont besoin de manger plus de protéines pour améliorer leurs performances et maintenir leur grande masse musculaire. En fait, un régime alimentaire riche en glucides *complexes*, qui sont emmagasinés dans le glycogène musculaire, est beaucoup plus efficace pour soutenir une activité musculaire intense que ne le sont les repas riches en protéines. Remarquez bien que l'accent porte sur les glucides *complexes.* Manger une tablette de chocolat avant une épreuve sportive pour se procurer de l'énergie «instantanée» est plus nuisible qu'utile parce que cela stimule la sécrétion d'insuline qui favorise l'utilisation du glucose et retarde celle des lipides, au moment où cette dernière devrait être à son maximum.

Les coureurs de fond connaissent bien une pratique appelée surcharge glucidique, ou surcompensation glycogénique, pour la préparation aux épreuves d'endurance. La surcharge glucidique, qui «trompe» les muscles en leur faisant emmagasiner plus de glycogène que ne le permet leur capacité normale, nécessite de manger des repas riches en protéines et en lipides tout en poursuivant des exercices physiques intenses pendant une période de plusieurs jours (cela a pour effet d'épuiser les réserves de glycogène musculaire), puis de cesser les exercices et de passer brusquement à un régime hyperglucidique (ce qui fait augmenter les réserves de glycogène musculaire jusqu'à deux à quatre fois plus que la normale). Cependant, le glycogène retient l'eau, et le gain pondéral qui résulte de cette retention d'eau peut empêcher les cellules musculaires d'obtenir suffisamment d'oxygène. Des athlètes ayant utilisé cette méthode se sont plaints de douleurs des muscles cardiaque et squelettiques. En conséquence, son emploi est déconseillé. ■

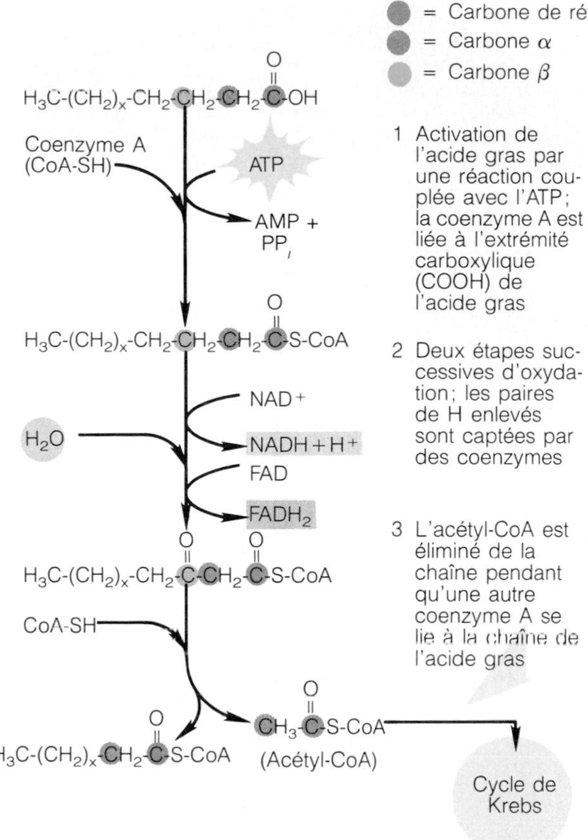

Figure 25.13 Phases de la β-oxydation. Le processus commence par l'activation de l'acide gras dans une réaction couplée avec l'ATP et la condensation de la coenzyme A au premier atome de carbone (atome de référence) de la chaîne d'acide gras. Chaque segment successif de deux atomes de carbone (acétyl) est oxydé deux fois puis clivé pendant qu'une autre coenzyme A est ajoutée à la partie restante de l'acide gras. Le clivage s'effectue entre les atomes de carbone α (deuxième) et β (troisième) de la chaîne de l'acide gras. L'acétyl-CoA libéré à chaque étape entre dans le cycle de Krebs. Les coenzymes réduites produites par la β-oxydation (de même que celles qui proviennent de l'oxydation de l'acétyl-CoA dans le cycle de Krebs) sont oxydées par la chaîne respiratoire de transport d'électrons. (PP_i = pyrophosphate [deux groupements phosphate liés])

Néoglucogenèse

Lorsque le glucose qui alimente le «feu métabolique» commence à manquer, le glycérol provenant de la dégradation des triglycérides et les acides aminés provenant de la dégradation des protéines sont convertis en glucose. Ce processus de formation d'un nouveau (*néo*) sucre à partir de molécules *non glucidiques*, appelé **néoglucogenèse**, se produit dans le foie. Il s'effectue lorsque les sources alimentaires et les réserves de glucose sont épuisées et que la glycémie commence à baisser. La néoglucogenèse protège l'organisme, notamment le système nerveux, contre les effets dommageables de l'*hypoglycémie* en assurant la poursuite de la synthèse d'ATP dans ses cellules. Dans les discussions sur le métabolisme des lipides et des protéines, nous prendrons en considération les hormones qui déclenchent ce processus et la façon dont les lipides et les protéines accèdent à ces voies.

Métabolisme des lipides

Les lipides constituent la source énergétique la plus concentrée de l'organisme. Ils contiennent très peu d'eau, et le rendement énergétique de leur catabolisme est approximativement le double de celui de la dégradation du glucose ou des protéines, c'est-à-dire 38 kJ/g de lipides par comparaison à 17 kJ/g de glucides ou de protéines. La majeure partie des produits d'absorption des lipides sont transportés dans la lymphe sous forme de *chylomicrons* (voir le chapitre 24). Les lipides des chylomicrons finissent par être dégradés par des enzymes plasmatiques, et les acides gras et le glycérol qui en résultent sont captés par les cellules où ils sont transformés de diverses façons. Dans cette section, nous nous pencherons sur la dégradation des lipides pour produire de l'énergie et sur quelques-uns de leurs rôles anaboliques (figure 25.12).

Oxydation du glycérol et des acides gras

Parmi toutes les différentes classes de lipides, seuls les triglycérides ou graisses neutres sont habituellement dégradés pour fournir de l'énergie. Le catabolisme des triglycérides met en jeu la dégradation séparée de deux constituants différents: le glycérol et les chaînes d'acide gras. La plupart des cellules de l'organisme convertissent facilement le glycérol en un des intermédiaires de la glycolyse, le glycéraldéhyde 3-phosphate qui est ensuite transformé en acide pyruvique et dégradé dans le cycle de Krebs. Comme le glycéraldéhyde (3 atomes de carbone) équivaut à la moitié d'une molécule de glucose (6 atomes de carbone), sa dégradation complète fournit à peu près la moitié de l'énergie obtenue grâce à la dégradation d'une molécule de glucose (18 ou 19 molécules d'ATP par glycéraldéhyde).

La **β-oxydation**, phase initiale de l'oxydation des acides gras, s'opère dans les mitochondries. Bien que la β-oxydation comprenne de nombreux types de réactions (oxydation, déshydratation et autres), son *résultat global* est la dégradation de chaînes d'acides gras en fragments d'*acide acétique* à deux atomes de carbone, accompagnée de la production de coenzymes réduites (figure 25.13). Chaque molécule d'acide acétique fusionne avec la coenzyme A, pour former l'acétyl-CoA. Le terme «β-oxydation» signifie que l'atome de carbone en position bêta est oxydé au cours de ce processus. Le clivage se produit entre le deuxième atome de carbone (alpha) et le troisième (bêta), c'est-à-dire entre le premier et le deuxième atome de carbone à partir de l'atome de carbone terminal (de référence). L'acétyl-CoA est lié à l'acide oxaloacétique, qui amorce le cycle de Krebs où les deux atomes de carbone de l'acide acétique (faisant partie de l'acétyl-CoA) serviront à la formation de deux molécules de gaz carbonique. Il faut se rappeler que les coenzymes réduites formées durant ces réactions cataboliques seront réoxydées dans la chaîne respiratoire afin de former de l'eau et de l'ATP.

Remarquez que contrairement au glycérol, qui entre dans la voie glycolytique, l'acétyl-CoA provenant de la dégradation des acides gras *ne peut pas* servir à la néoglucogenèse car la voie métabolique est irréversible au-delà de l'acide pyruvique.

Lipogenèse et lipolyse

Il y a un renouvellement continuel des triglycérides dans le tissu adipeux: de nouvelles molécules de lipides sont entreposées pour être utilisées plus tard, quand les lipides emmagasinés seront dégradés et libérés dans le sang. Le bourrelet de tissu adipeux que vous voyez aujourd'hui *ne contient pas* les mêmes molécules de lipides qu'il y a un mois.

Lorsque le glycérol et les acides gras des lipides alimentaires ne sont pas immédiatement requis pour fournir de l'ATP, ils sont associés pour former des triglycérides et emmagasinés dans les cellules adipeuses. Environ 50 % sont emmagasinés dans le tissu adipeux sous-cutané; le reste est accumulé dans d'autres réserves graisseuses (comme les épiploons de la cavité abdominale). La synthèse des triglycérides, ou **lipogenèse** (voir la figure 25.12), s'effectue lorsque la concentration cellulaire d'ATP est élevée. L'excès d'ATP entraîne non seulement une augmentation de la concentration cellulaire de glucose (dont une partie est convertie en glycogène) mais également une accumulation des intermédiaires du métabolisme du glucose, y compris l'acétyl-CoA et le glycéraldéhyde 3-phosphate, qui autrement entreraient dans le cycle de Krebs. S'ils sont présents en excès, par contre, ces deux métabolites sont dirigés dans des voies qui mènent à la synthèse de triglycérides. Les molécules d'acétyl-CoA s'unissent pour former des acides gras; c'est pourquoi ces chaînes s'allongent de deux atomes de carbone à la fois. (Cela explique le fait que presque tous les acides gras de l'organisme contiennent un nombre pair d'atomes de carbone.) Nous avons vu que l'acide pyruvique provenant de la glycolyse est transformé en acétyl-CoA et que cette molécule est à l'origine de la synthèse des acides gras (voir la figure 25.12). C'est de cette façon que le glucose ingéré en excès est transformé en triglycérides et emmagasiné dans les cellules adipeuses. Une certaine quantité du glycéraldéhyde 3-phosphate provenant de la glycolyse est transformée en glycérol auquel se lient des acides gras pour former des triglycérides. C'est pourquoi, même avec un régime pauvre en lipides, un apport excessif de glucides fournit *toutes les matières premières* nécessaires à la formation des triglycérides. Lorsque la glycémie est élevée, la lipogenèse devient l'activité principale dans les tissus adipeux et une fonction importante du foie.

La **lipolyse,** dégradation en glycérol et en acides gras des triglycérides de réserve, est essentiellement l'inverse de la lipogenèse. Les acides gras et le glycérol sont libérés dans le sang, contribuant à assurer l'approvisionnement continu des organes en combustible lipidique pour la formation d'ATP. (Le foie, le muscle cardiaque et les muscles squelettiques au repos préfèrent en réalité les acides gras comme combustible.) Lorsque l'apport de glucides est insuffisant, l'organisme tente de combler le manque de combustible en accélérant la lipolyse. Cependant, l'acide oxaloacétique doit être disponible pour qu'un acétyl-CoA puisse entrer dans le cycle de Krebs. Pendant une carence en glucides, l'acide oxaloacétique est converti en glucose (pour servir de combustible au cerveau). Dans de telles conditions, l'oxydation des lipides est incomplète, l'acétyl-CoA s'accumule et le foie transforme des molécules d'acétyl-CoA en **corps cétoniques,** ou **cétones,** qui sont libérés dans le sang. Ce processus de transformation s'appelle **cétogenèse** (figure 25.12). Les cétones comprennent l'acide acétyl-acétique, l'acide β-hydroxybutyrique et l'acétone, tous formés à partir de l'acide acétique. (Les *acides cétoniques* du cycle de Krebs et les *corps cétoniques* qui proviennent du métabolisme des lipides sont tout à fait différents et ne doivent pas être confondus.)

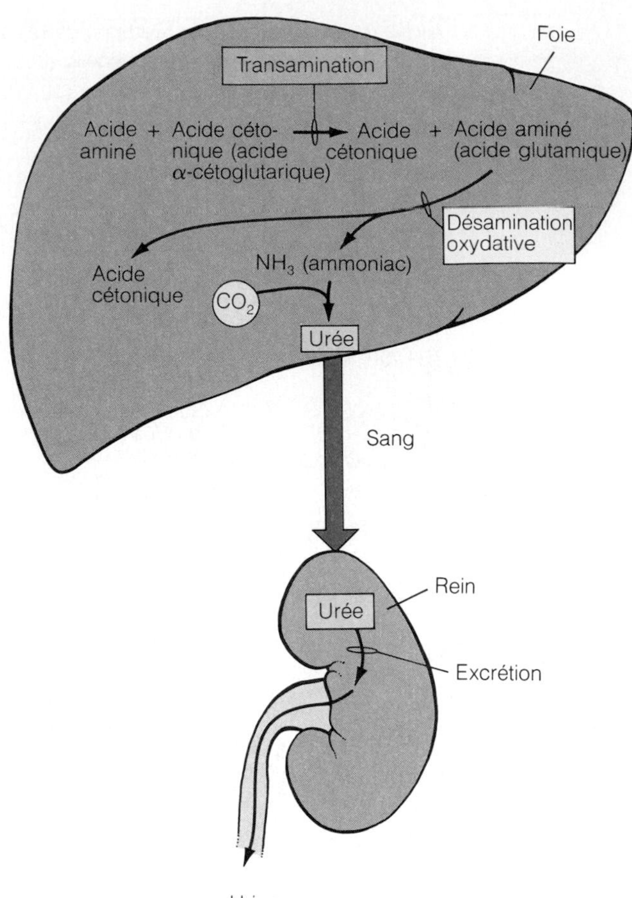

Figure 25.14 Représentation simplifiée des processus de transamination et d'oxydation conduisant à la production d'énergie lorsque les acides aminés sont dégradés. Comme le montre la partie supérieure de la figure, la transamination fait intervenir le transfert d'un groupement amine d'un acide aminé vers un acide cétonique (un intermédiaire du cycle de Krebs, habituellement l'acide α-cétoglutarique). L'acide aminé est ainsi transformé en acide cétonique (il porte maintenant un atome d'oxygène à la place de son groupement amine (NH_2), et l'acide cétonique en acide aminé, généralement l'acide glutamique. La désamination oxydative est le processus par lequel le groupement amine qui fait partie de l'acide glutamique est libéré sous forme d'ammoniac, puis il est lié au CO_2 par les cellules hépatiques pour former l'urée. (L'urée est ensuite libérée dans le sang et excrétée dans l'urine par les reins.)

La *cétose* est causée par l'accélération de la lipolyse et celle de la β-oxydation à un point tel que les corps cétoniques sont déversés dans le sang plus rapidement qu'ils ne peuvent être utilisés comme combustible par les cellules des tissus extra-hépatiques; de grandes quantités de corps cétoniques sont alors excrétés hors de l'organisme par les reins (urines). La cétose est la conséquence habituelle du jeûne, de régimes alimentaires mal équilibrés (dont le contenu en glucides est inadéquat) et une complication du diabète sucré. La cétose provoque une *acidose métabolique* car la plupart des corps cétoniques sont des acides organiques. Dans certaines conditions, comme l'hyperglycémie, les systèmes tampons de l'organisme ne peuvent pas neutraliser assez rapidement les ions H^+, et le pH sanguin diminue jusqu'à des niveaux dangereux. L'haleine de la personne prend une odeur acétonique due à l'évaporation de l'acétone au niveau des poumons, et la respiration devient plus rapide parce que le système respiratoire tente d'expulser du sang l'acide carbonique (sous forme de gaz carbonique) afin de faire remonter le pH sanguin. Dans les cas d'acidose métabolique grave non soignée, la personne peut devenir comateuse (comme dans le coma diabétique hyperglycémique) et même mourir, car le pH acide déprime le système nerveux. ■

Synthèse des matériaux structuraux

Toutes les cellules de l'organisme utilisent des triglycérides, des phospholipides et du cholestérol pour fabriquer leurs membranes; les phospholipides sont également des composants importants des gaines de myéline des neurones. De plus, le foie synthétise des lipoprotéines pour le transport du cholestérol, des lipides et d'autres substances dans le sang; produit la thromboplastine, un facteur de coagulation; synthétise le cholestérol à partir de l'acétyl-CoA; utilise le cholestérol pour former les sels biliaires. Certains organes endocriniens (ovaires, testicules et cortex surrénal) utilisent le cholestérol comme matière de base pour la synthèse de leurs hormones stéroïdes.

Métabolisme des protéines

Comme toutes les molécules biologiques, les protéines possèdent une durée de vie limitée et doivent être dégradées en acides aminés et remplacées avant qu'elles aient commencé à se détériorer. Les acides aminés qui proviennent de la digestion des protéines sont transportés dans le sang puis captés par les cellules grâce à des processus de transport actif de la membrane plasmique et utilisés pour la synthèse de protéines structurales (qui vont *remplacer* les protéines dégradées) au rythme d'environ 100 g par jour. Lorsque l'ingestion de protéines dépasse les besoins structuraux, les acides aminés sont dégradés pour produire de l'ATP ou transformés en lipides.

Oxydation des acides aminés

Avant que les acides aminés puissent être oxydés pour produire de l'énergie, ils doivent perdre leur groupement amine (NH_2). La molécule qui en résulte est ensuite convertie en acide pyruvique ou en un des acides cétoniques intermédiaires du cycle de Krebs. L'*acide glutamique*, un acide aminé non essentiel courant, est la molécule clé de ces interconversions. La figure 25.14 montre une représentation simplifiée de ce processus (expliqué en détail à l'appendice D); il comprend les étapes suivantes:

1. **Transamination.** Un certain nombre d'acides aminés peuvent transférer leur groupement fonctionnel amine à l'acide α-cétoglutarique (un acide cétonique du cycle de Krebs) pour former l'acide glutamique. L'acide aminé qui perd son groupement fonctionnel amine devient un acide cétonique (c'est-à-dire qu'il porte un atome d'oxygène à l'endroit où se trouvait le groupement amine), et l'acide cétonique (acide α-cétoglutarique) devient un acide aminé (acide glutamique). Cette réaction est totalement réversible.

2. **Désamination oxydative.** Dans le foie, le groupement amine de l'acide glutamique est éliminé sous forme d'**ammoniac (NH_3)**, et l'acide α-cétoglutarique est régénéré. Les molécules d'ammoniac libérées se lient avec le gaz carbonique pour donner de l'**urée** et de l'eau. L'urée est libérée dans le sang puis excrétée dans l'urine. À cause de la toxicité de l'ammoniac pour les cellules, particulièrement les cellules du cerveau, la facilité avec laquelle l'acide glutamique dirige les groupements amine vers le **cycle de l'urée** est extrêmement importante. Ce mécanisme débarrasse l'organisme non seulement de l'ammoniac produit au cours de la désamination oxydative des acides aminés, mais aussi de l'ammoniac produit par les bactéries intestinales.

3. **Modification des acides cétoniques.** La stratégie de la dégradation des acides aminés consiste à produire des molécules utilisables dans le cycle de Krebs ou converties en glucose. Ainsi, les acides cétoniques produits par transamination sont modifiés au besoin pour produire des combustibles qui peuvent entrer dans le cycle de Krebs. Les plus importants de ces combustibles sont l'acide pyruvique (en fait, un intermédiaire avant les voies du cycle de Krebs), l'acétyl-CoA, l'acide α-cétoglutarique et l'acide oxaloacétique (voir la figure 25.7). Comme les réactions de la glycolyse sont réversibles, les acides aminés convertis en acide pyruvique par désamination peuvent également subir la néoglucogenèse pour être transformés en glucose.

Synthèse des protéines

Les acides aminés sont des nutriments anaboliques très importants. Non seulement forment-ils toutes les structures protéiques, mais ils forment aussi la majeure partie des molécules fonctionnelles de l'organisme. Comme nous l'avons décrit au chapitre 3, la synthèse des protéines (conduite par les molécules d'ADN et d'ARN messager) s'effectue sur les ribosomes, où les enzymes cytoplasmiques guident la formation des liaisons peptidiques qui unissent les acides aminés pour former les protéines. La quantité et le type de protéines synthétisées sont régis avec précision par des hormones (hormone de croissance (somatotrophine), thyroxine, hormones sexuelles, insuline, etc.), de telle sorte que l'anabolisme des protéines reflète l'équilibre hormonal à chaque période de la vie.

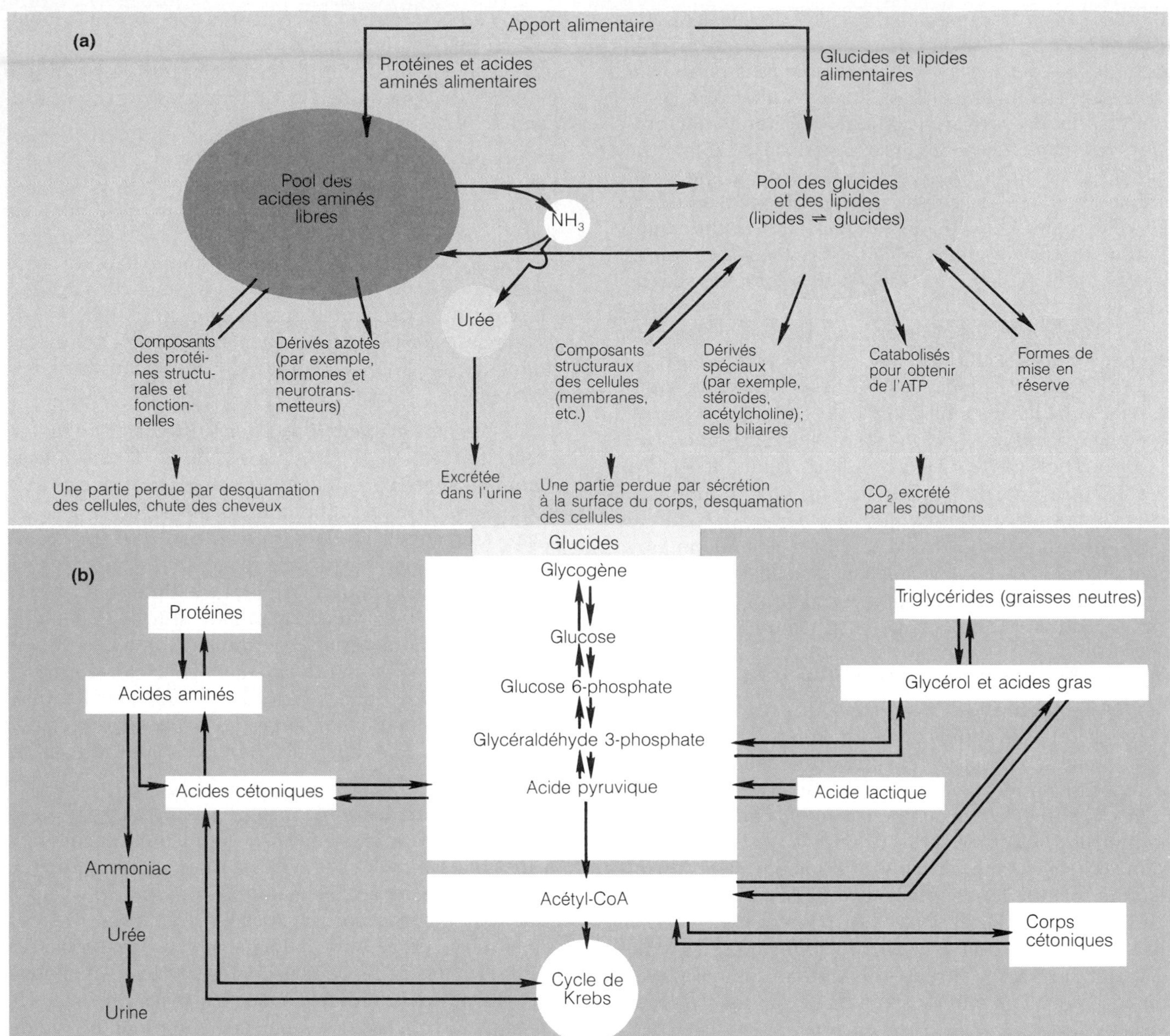

Figure 25.15 Pools des glucides, des lipides et des acides aminés et relations entre les voies métaboliques. (**a**) Pool des glucides et des lipides et pool des acides aminés. Représentation des sources qui alimentent les pools et du rôle des intermédiaires provenant des pools. (**b**) Diagramme simplifié représentant les intermédiaires grâce auxquels les glucides, les lipides et les protéines sont interconvertis.

Au cours de votre vie, vos cellules synthétiseront 225 à 450 kg de protéines, selon votre taille. Vous n'êtes toutefois pas obligé d'en consommer une telle quantité, car les acides aminés non essentiels sont facilement synthétisés en soutirant des acides cétoniques du cycle de Krebs et en leur transférant un groupement amine par transamination. La plupart de ces transformations s'effectuent dans le foie, qui fournit presque tous les acides aminés non essentiels nécessaires à la production des quantités relativement petites de protéines que l'organisme synthétise chaque jour. Cependant, la présence de tous les acides aminés est essentielle pour que la synthèse des protéines puisse avoir lieu ; l'alimentation doit donc fournir tous les acides aminés essentiels. S'il en manque quelques-uns, les autres sont dégradés pour produire de l'ATP même s'ils seraient nécessaires pour l'anabolisme. Dans de tels cas, on observe toujours un bilan azoté négatif, car les protéines de l'organisme sont dégradées pour assurer l'approvisionnement en acides aminés essentiels.

État d'équilibre entre le catabolisme et l'anabolisme

Un organisme en homéostasie se trouve dans un *état d'équilibre dynamique catabolique-anabolique.* Sauf pour quelques exceptions (notamment l'ADN), les molécules organiques sont continuellement dégradées et reformées, souvent à un rythme effréné.

Le sang constitue le milieu de transport de toutes les cellules, et il contient de nombreux types de nutriments :

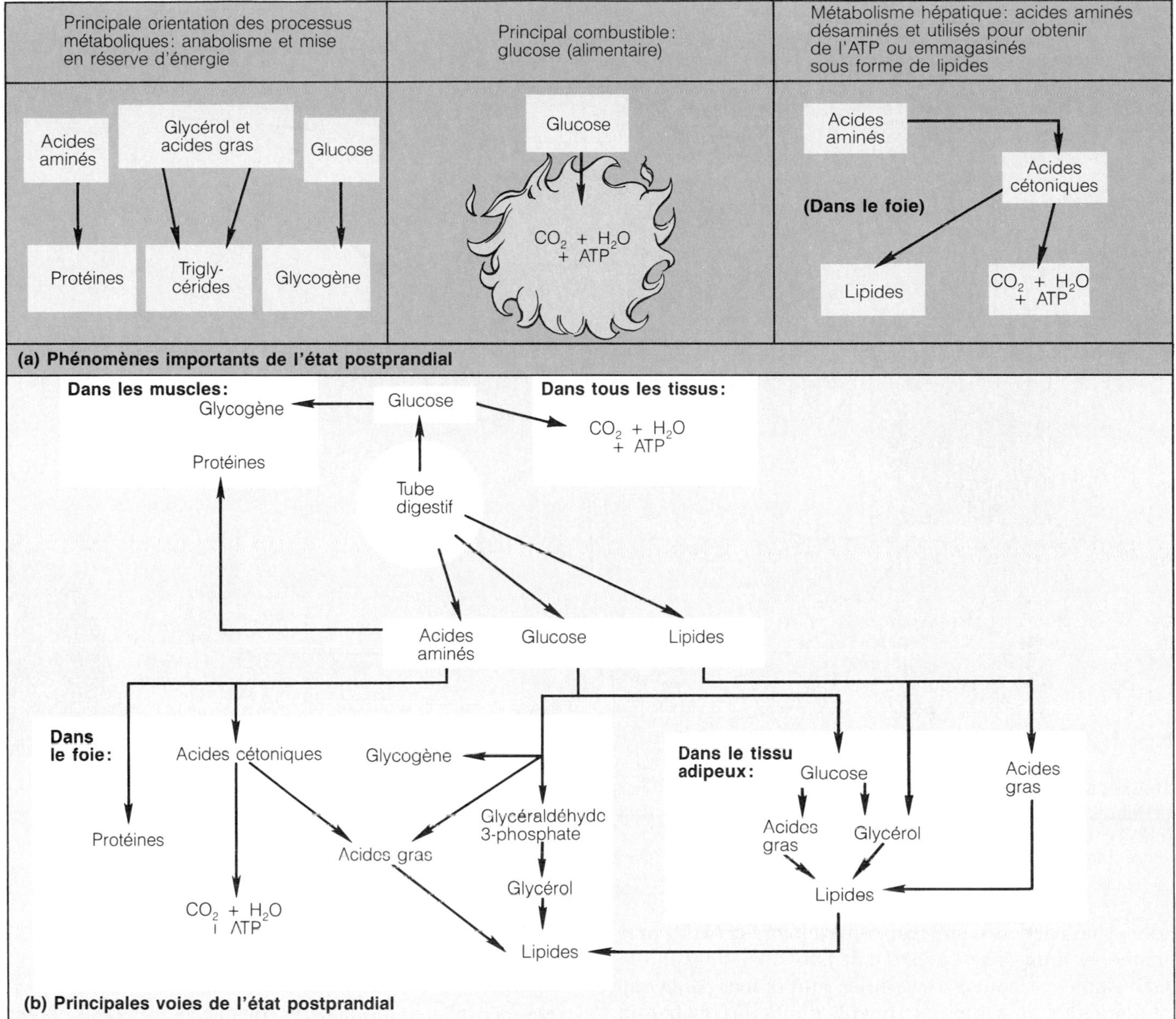

Figure 25.16 Phénomènes importants et principales voies métaboliques de l'état postprandial. (Même s'ils ne sont pas représentés dans la partie (**b**), les acides aminés sont aussi captés par les cellules des tissus et utilisés pour la synthèse protéique, et les lipides sont la principale source d'énergie pour les muscles, les cellules hépatiques et le tissu adipeux.)

glucose, acides aminés, corps cétoniques, acides gras, glycérol et acide lactique. Certains organes tirent habituellement du sang des sources d'énergie autres que le glucose, réservant ce dernier pour les cellules qui dépendent plus étroitement du glucose.

L'apport total de nutriments constitue les **pools de nutriments** (réserves d'acides aminés, de glucides et de lipides), auxquels l'organisme peut faire appel pour satisfaire ses besoins (figure 25.15a). Ces pools sont interreliés, c'est-à-dire que leurs voies sont reliées par des intermédiaires clés (voir la figure 25.15b). Le foie, le tissu adipeux et les muscles squelettiques sont les principaux organes qui déterminent le sens des conversions moléculaires présentées dans la figure.

Le pool des acides aminés (figure 25.15a) se compose de l'apport total de l'organisme en acides aminés libres. Une petite quantité d'acides aminés et de protéines est perdue quotidiennement dans l'urine, les cheveux tombés et les cellules cutanées desquamées, et elle doit être remplacée au moyen de l'alimentation. Si tel n'est pas le cas, les acides aminés provenant de la dégradation des protéines cellulaires retournent dans le pool. Ce pool est la source des acides aminés utilisés pour resynthétiser les protéines et pour former plusieurs dérivés d'acides aminés, notamment des neurotransmetteurs et des hormones. De plus, les acides aminés ayant perdu leur groupement amine peuvent participer à la synthèse des glucides et des lipides. Toutes les phases du métabolisme des acides aminés ne se produisent pas dans toutes les cellules. Par exemple, *seul* le foie fabrique l'urée, et le

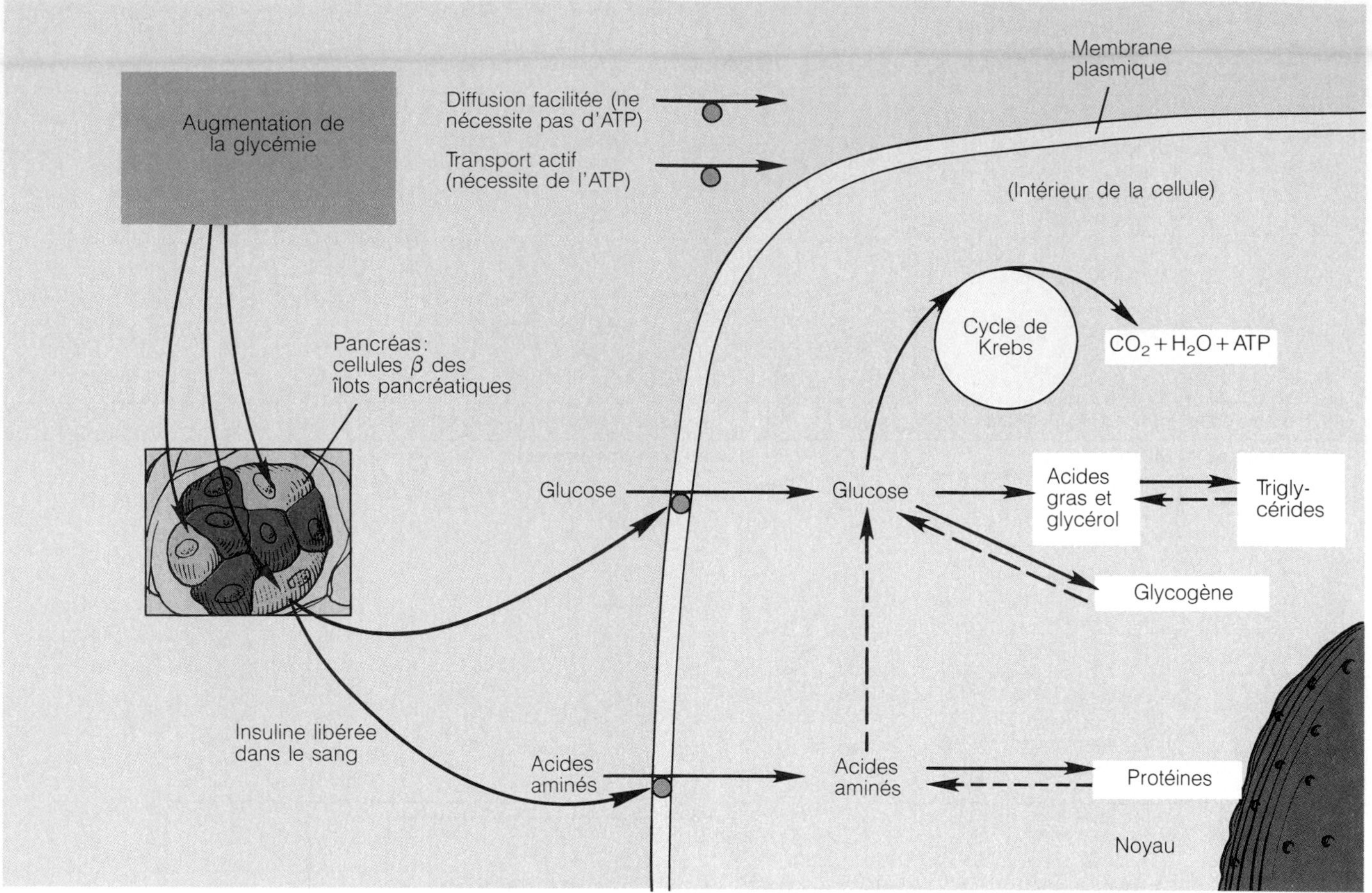

Figure 25.17 Effets de l'insuline sur le métabolisme. Les flèches pleines indiquent les processus stimulés par l'insuline; les flèches pointillées indiquent les réactions inhibées par l'insuline. Lorsque la concentration d'insuline est faible (au cours de l'état de jeûne), l'activité des voies aux flèches pointillées est accrue et les effets normaux de l'insuline sont inhibés. (Remarquez que tous les effets indiqués ne se produisent pas dans toutes les cellules.)

rôle principal des reins consiste à excréter l'urée de l'organisme. Néanmoins, le concept de pool des acides aminés est valable, car toutes les cellules sont reliées par le sang et peuvent y puiser les nutriments dont elles ont besoin.

Comme les glucides sont souvent et facilement convertis en lipides, les pools de glucides et de lipides sont généralement étudiés ensemble (figure 25.15). Il existe deux différences importantes entre ce pool et le pool des acides aminés : (1) les lipides et les glucides sont dégradés directement pour produire de l'énergie cellulaire, alors que les acides aminés fournissent de l'énergie *seulement après avoir été convertis en intermédiaires qui serviront à la synthèse des glucides;* (2) les surplus de glucides et de lipides peuvent être emmagasinés tels quels, alors que les acides aminés en excès *ne sont pas* mis en réserve sous forme de protéines, mais dégradés pour donner de l'ATP ou transformés en lipides ou en glycogène avant d'être emmagasinés.

Manger de grandes quantités de protéines ne se traduit pas nécessairement par une augmentation des protéines tissulaires et du diamètre des biceps ! La seule façon d'accroître la masse musculaire est la pratique d'exercices physiques contre résistance, comme nous l'avons décrit au chapitre 9 (page 273). ■

Métabolisme et régulation de l'état postprandial et de l'état de jeûne

Les mécanismes de régulation du métabolisme équilibrent les concentrations sanguines de nutriments entre les deux états nutritionnels. L'**état postprandial** est la période du repas et celle qui suit immédiatement le repas, lorsque les nutriments passent du tube digestif vers la circulation sanguine. L'**état de jeûne** est la période où le tube digestif est vide, lorsque les combustibles proviennent de la dégradation des réserves de l'organisme. Les personnes qui mangent trois bons repas par jour sont en état postprandial pendant quatre heures durant et après chaque repas et en état de jeûne à la fin de l'avant-midi, à la fin de l'après-midi et toute la nuit. Cependant, les mécanismes de l'état de jeûne peuvent soutenir l'organisme durant des intervalles beaucoup plus longs si nécessaire (il est possible de jeûner pendant des semaines pourvu que l'on boive de l'eau).

État postprandial

Dans l'organisme en état postprandial (figure 25.16), les processus anaboliques l'emportent sur les processus cataboliques et le glucose constitue la principale source

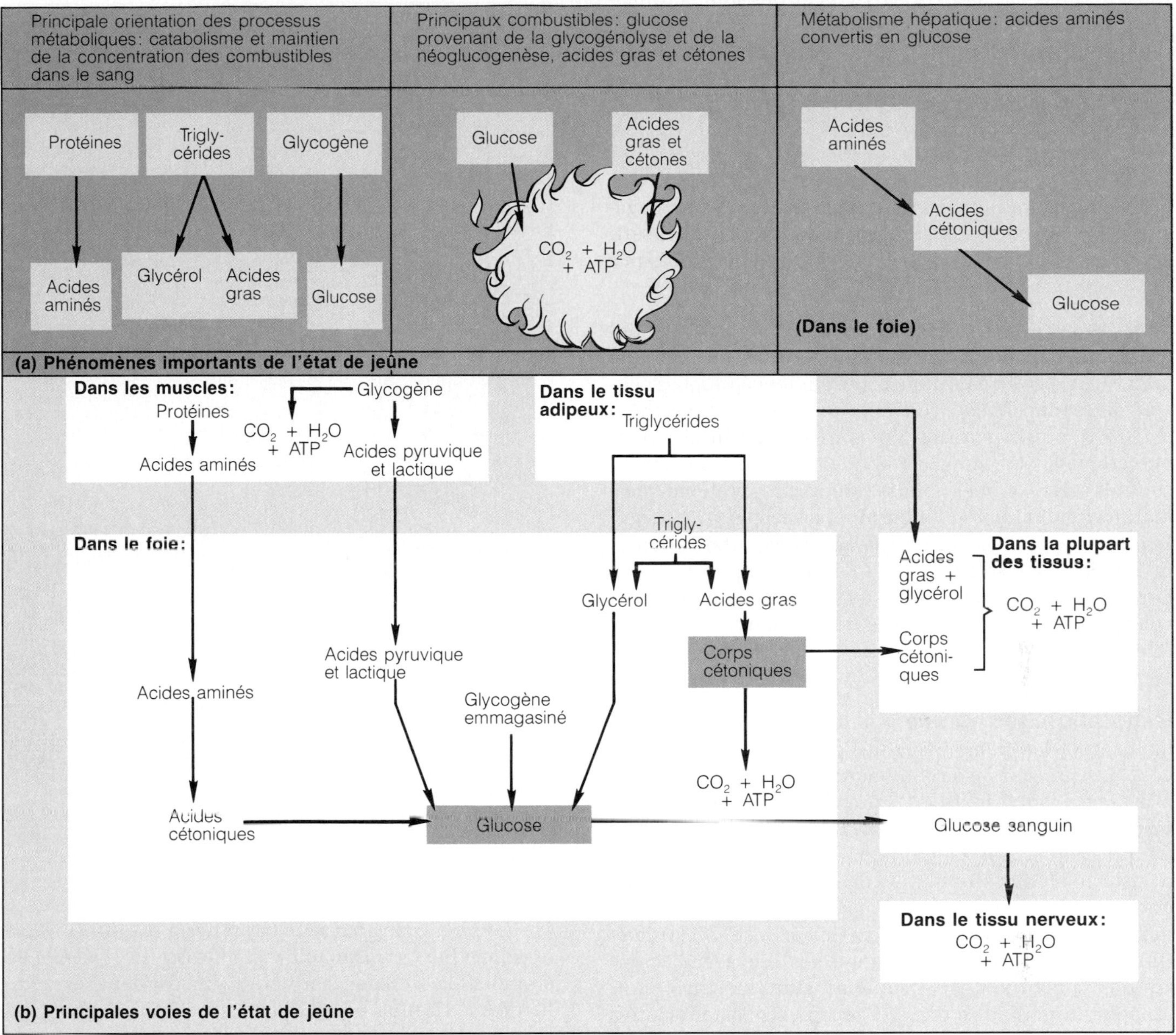

Figure 25.18 Phénomènes importants et principales voies métaboliques de l'état de jeûne.

d'énergie. Les acides aminés et les lipides ingérés servent à reformer les protéines et les lipides dégradés, et de petites quantités sont dégradées pour fournir de l'ATP. La plupart des *nutriments* en excès, qu'il s'agisse de glucides, de lipides ou d'acides aminés, sont transformés en lipides s'ils ne sont pas utilisés pour l'anabolisme. Nous allons étudier la destinée de chaque type de nutriment et la régulation hormonale des voies métaboliques au cours de cette période.

Glucides. Les monosaccharides absorbés par la muqueuse intestinale sont transportés directement au foie, où le fructose et le galactose sont transformés en glucose. Le glucose est ensuite libéré dans le sang ou converti en glycogène ou en lipides. Le glycogène produit dans le foie y est emmagasiné, mais la majeure partie des lipides synthétisés par les hépatocytes sont libérés dans le sang puis captés et emmagasinés dans le tissu adipeux. La proportion du glucose transporté par voie sanguine qui n'est pas séquestrée dans le foie entre dans les cellules afin d'y être catabolisée et de fournir de l'ATP; tout surplus est emmagasiné dans les cellules des muscles squelettiques sous forme de glycogène ou dans les cellules adipeuses sous forme de graisse.

Triglycérides. La presque totalité des produits de la digestion des *lipides* sont absorbés et entrent dans la lymphe sous forme de chylomicrons; c'est sous cette forme qu'ils sont déversés dans le sang par les conduits du système lymphatique. Dans le sang, les triglycérides des chylomicrons doivent être dégradés en acides gras et en glycérol avant de pouvoir traverser les parois des capillaires sanguins. La *lipoprotéine lipase,* l'enzyme qui catalyse cette transformation des lipides, est particulièrement active dans les capillaires sanguins des tissus musculaires et adipeux. Les triglycérides sont la principale source d'ATP des cellules adipeuses et des cellules des muscles squelettiques, ainsi que des cellules du foie; et si les glucides alimentaires sont insuffisants, d'autres cellules se mettent à dégrader davantage de lipides pour obtenir de l'ATP. Bien que certains acides gras et le glycérol soient utilisés à des fins anaboliques par les cellules des tissus en général, la majorité entrent dans le tissu adipeux où ils sont reconvertis en triglycérides et emmagasinés. En outre, tout le glucose en excédent est converti en acides gras et en glycérol avant d'être emmagasiné sous forme de triglycérides.

Acides aminés. Les acides aminés absorbés sont transportés jusqu'au foie qui en désamine une certaine quantité en acides cétoniques. Les acides cétoniques peuvent entrer dans le cycle de Krebs pour servir à la synthèse de l'ATP, ou ils peuvent être convertis en lipides pour être emmagasinés dans le foie. Le foie utilise également certains acides aminés pour synthétiser des protéines plasmatiques, notamment l'albumine, les facteurs de coagulation et les protéines qui servent à transporter certaines molécules peu solubles dans le sang (lipoprotéines). Cependant, la majeure partie des acides aminés qui parcourent les sinusoïdes du foie restent dans le sang pour être absorbés par d'autres cellules, où ils serviront à la synthèse protéique.

Régulation hormonale. L'**insuline** dirige essentiellement tous les phénomènes de l'état postprandial (figure 25.17). Après un repas contenant des glucides, la glycémie élevée (supérieure à 5,5 mmol/L de sang) constitue un stimulus humoral qui pousse les cellules bêta des îlots pancréatiques (de Langerhans) à sécréter davantage d'insuline. (Cette stimulation de la libération d'insuline, entraînée par le glucose, est intensifiée par plusieurs hormones du tube digestif dont la gastrine, la CCK et la sécrétine.) Des concentrations sanguines élevées d'acides aminés constituent un deuxième stimulus important. Lorsque l'insuline se fixe aux récepteurs membranaires des cellules cibles, elle active la diffusion facilitée du glucose dans les cellules; ce processus nécessite la présence d'un transporteur dans la membrane plasmique. En quelques secondes ou minutes, la vitesse d'entrée du glucose dans les cellules des tissus, notamment les cellules musculaires et adipeuses, est multipliée par 15 ou 20. (Les cellules du cerveau, qui captent activement le glucose en présence ou en l'absence d'insuline, représentent une exception.) L'insuline agit aussi sur les voies anaboliques à l'intérieur de la cellule en stimulant les enzymes qui leur sont nécessaires. Globalement, elle stimule l'utilisation du glucose comme combustible par la glycolyse et le cycle de Krebs afin de produire de l'ATP. Dans le foie et le tissu musculaire squelettique, elle stimule les enzymes responsables de la synthèse du glycogène; dans les cellules adipeuses et dans le foie, elle stimule les enzymes responsables de la lipogenèse et de la formation des triglycérides. L'insuline accélère également le transport actif des acides aminés dans les cellules, assure la synthèse protéique et inhibe presque toutes les enzymes du foie qui catalysent la néoglucogenèse.

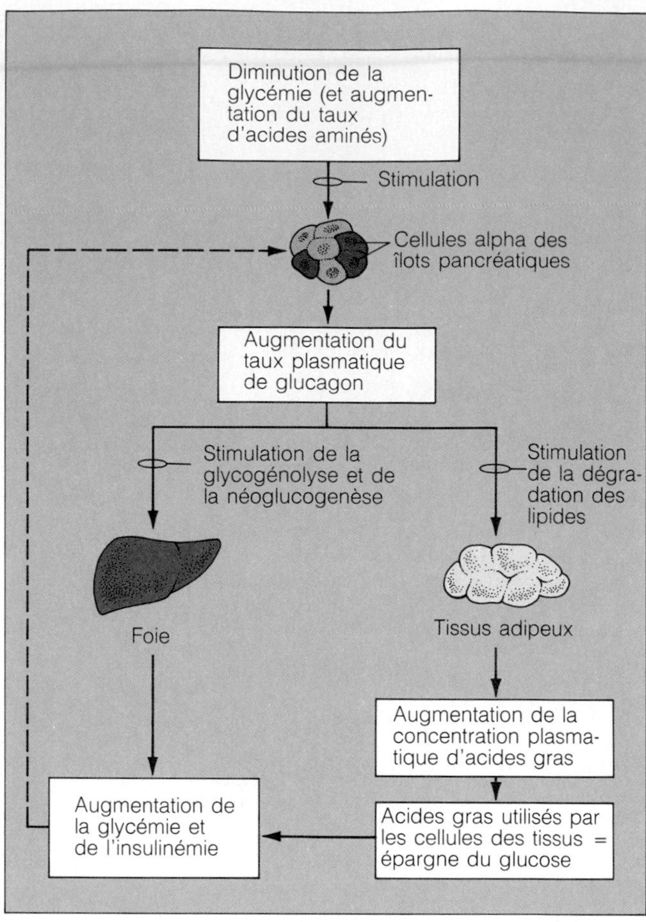

Figure 25.19 Influence du glucagon sur la concentration plasmatique de glucose. La rétro-inhibition exercée sur la sécrétion du glucagon par l'augmentation de la glycémie est également indiquée par la flèche en pointillés.

Comme vous pouvez le constater, l'insuline est une hormone hypoglycémiante: elle abaisse la glycémie en stimulant la diffusion facilitée du glucose dans ses cellules cibles. De plus, elle inhibe l'activité des enzymes qui feraient augmenter la glycémie en agissant sur certaines voies cataboliques.

Le *diabète sucré,* qui résulte d'une diminution importante de la production d'insuline ou de la production d'insuline anormale, est un trouble métabolique dont les conséquences sont considérables. Sans insuline (ou sans récepteur qui la «reconnaisse»), le glucose n'est plus transporté en quantité suffisante à travers la membrane plasmique des cellules cibles; la glycémie demeure donc élevée et de grandes quantités de glucose sont excrétées dans l'urine. L'organisme tire alors son énergie des lipides et des protéines des tissus. L'utilisation des lipides entraîne une augmentation des corps cétoniques, qui sont à l'origine de l'acidose métabolique, alors que la dégradation des protéines en acides aminés, utilisés dans les voies cataboliques, provoque une perte de poids (Le diabète sucré est décrit plus en détail au chapitre 17.) ■

État de jeûne

Le principal objectif au cours de l'état de jeûne, c'est-à-dire entre les repas, au moment où la concentration sanguine de glucose baisse, consiste à maintenir la glycémie à une valeur homéostatique (entre 5,0 et 5,5 mmol/L de sang). L'importance du maintien d'une glycémie constante a déjà été expliquée : en temps normal, le cerveau utilise *exclusivement* le glucose comme source d'énergie. La plupart des phénomènes de l'état de jeûne maintiennent le glucose disponible dans le sang ou bien l'économisent en faveur des organes dont la survie et la fonction dépendent de ce combustible (figure 25.18).

Sources de glucose sanguin. Le glucose peut être obtenu à partir du glycogène emmagasiné et des protéines tissulaires (et en quantité moindre à partir des lipides) par l'intermédiaire de plusieurs voies :

1. **Glycogénolyse dans le foie.** Les réserves de glycogène du foie (environ 100 g) sont les premières utilisées. Elles sont rapidement et efficacement mobilisées et peuvent maintenir la glycémie pendant environ quatre heures au cours de l'état de jeûne.

2. **Glycogénolyse dans les muscles squelettiques.** Les réserves de glycogène des muscles squelettiques sont à peu près équivalentes à celles du foie. Avant que le glycogène du foie ne soit épuisé, la glycogénolyse commence dans les muscles squelettiques et, dans une moindre mesure, dans d'autres tissus. Le glucose produit n'est cependant pas libéré dans le sang car, contrairement au foie, les muscles squelettiques ne possèdent pas les enzymes nécessaires à la déphosphorylation du glucose 6-phosphate. Le glucose est plutôt partiellement dégradé en acide pyruvique (conditions aérobies) ou en acide lactique (conditions anaérobies) dans la voie de la glycolyse, puis ces substances sont déversées dans le sang. Elles peuvent alors atteindre le foie, dont les cellules possèdent des enzymes pouvant transformer l'acide lactique en acide pyruvique et utiliser l'acide pyruvique pour produire du glucose par la voie de la néoglucogenèse (deux molécules d'acide pyruvique donnent une molécule de glucose). Le glucose ainsi formé est déversé dans le sang afin de maintenir la glycémie. Les muscles squelettiques contribuent donc indirectement au maintien de la glycémie, par l'intermédiaire des mécanismes hépatiques.

3. **Lipolyse dans les tissus adipeux et dans le foie.** Les cellules adipeuses et hépatiques produisent du glycérol par lipolyse et le foie convertit celui-ci en glucose (néoglucogenèse), qui est ensuite libéré dans le sang. Les acides gras ne peuvent être utilisés pour maintenir la glycémie parce que l'acétyl-CoA, produit de la β-oxydation des acides gras, ne peut être transformé en acide pyruvique ou en un autre intermédiaire de la néoglucogenèse.

4. **Catabolisme des protéines cellulaires.** Les protéines tissulaires deviennent la principale source de glucose sanguin lorsque le jeûne est prolongé et que les réserves de glycogène et de lipides sont presque épuisées (et au cours d'un effort accompagné d'une importante sécrétion de glucocorticoïdes). La désamination et la conversion des acides aminés cellulaires en glucose sont effectuées au moyen de la néoglucogenèse hépatique. Au cours d'un jeûne très long (plusieurs semaines), les reins effectuent également la néoglucogenèse et peuvent alors produire autant de glucose que le foie.

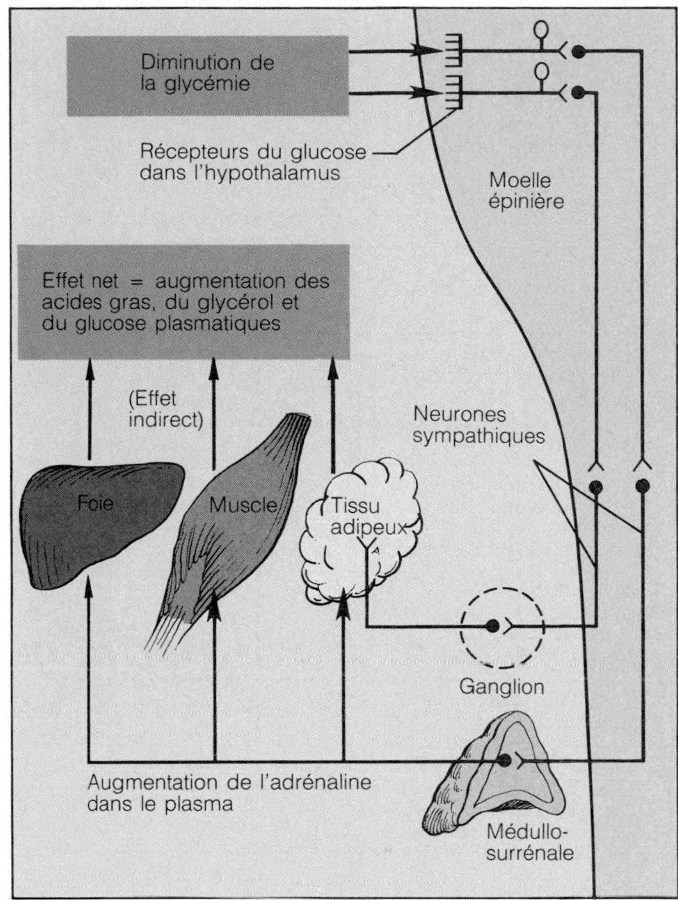

Figure 25.20 Interaction du système nerveux sympathique et de l'adrénaline afin de maintenir la glycémie pendant l'état de jeûne. Une diminution de la concentration sanguine de glucose stimule les récepteurs du glucose dans l'hypothalamus et, par l'intermédiaire d'un mécanisme réflexe (qui semble fonctionner comme dans l'illustration), les concentrations sanguines de glucose et d'acides gras sont augmentées.

L'organisme établit des priorités, même pendant un jeûne prolongé. Le tissu musculaire est le premier à disparaître ; le mouvement n'a pas autant d'importance que la poursuite de la cicatrisation et de la synthèse des anticorps essentiels à la réponse immunitaire. Mais aussi longtemps que la vie se maintient, la production de l'ATP nécessaire aux processus vitaux continue. De toute évidence, il y a des limites à la dégradation des protéines tissulaires que l'organisme peut supporter avant de cesser de fonctionner. Le cœur est constitué presque entièrement de protéines musculaires et la dégradation d'une grande partie d'entre elles entraîne la mort.

Épargne du glucose. Les mécanismes mis en œuvre pour augmenter le glucose sanguin, même tous ensemble, ne suffisent pas à produire l'ATP nécessaire pendant de longues périodes. Heureusement, l'organisme a la capacité de s'adapter pour brûler plus de lipides et de protéines, qui entrent dans le cycle de Krebs, comme l'acide pyruvique provenant de la glycolyse. L'augmentation de

Tableau 25.4 Résumé des effets normaux des hormones sur le métabolisme

Effets de l'hormone	Insuline	Glucagon	Adrénaline	Hormone de croissance	Thyroxine	Cortisol	Testostérone
Stimule l'absorption du glucose par les cellules	✓				✓		
Stimule l'absorption des acides aminés par les cellules	✓			✓			
Stimule le catabolisme du glucose pour obtenir de l'énergie	✓				✓		
Stimule la glycogenèse	✓						
Stimule la lipogenèse et le stockage des lipides	✓						
Inhibe la néoglucogenèse	✓						
Stimule la synthèse des protéines (anabolisme)	✓			✓	✓		✓
Stimule la glycogénolyse		✓	✓				
Stimule la lipolyse et la mobilisation des lipides		✓	✓	✓	✓	✓	
Stimule la néoglucogenèse		✓	✓	✓		✓	
Stimule la dégradation des protéines (catabolisme)						✓	

l'utilisation des molécules combustibles non glucidiques (notamment les triglycérides) afin de conserver le glucose s'appelle **épargne du glucose.**

Pendant que l'organisme passe de l'état postprandial à l'état de jeûne, le cerveau continue à prélever sa « part » de glucose sanguin ; mais presque tous les autres organes changent de combustible et utilisent principalement les acides gras des triglycérides, épargnant ainsi le glucose au profit du cerveau. Au cours de cette phase de transition, la lipolyse commence dans les tissus adipeux, et les acides gras libérés sont captés par les cellules des autres tissus puis dégradés au moyen de la β-oxydation et du cycle de Krebs pour obtenir de l'ATP. De plus, le foie transforme les lipides en corps cétoniques et les libère dans le sang pour qu'ils soient utilisés par les cellules des tissus. Si le jeûne se poursuit plus de quatre ou cinq jours, le cerveau commence à utiliser d'aussi grandes quantités de corps cétoniques que de glucose comme combustible. La capacité du cerveau à utiliser une autre source de combustible est évidemment très importante pour la survie : beaucoup moins de protéines tissulaires doivent être détruites pour former du glucose (les corps cétoniques proviennent de la dégradation des acides gras).

Régulation hormonale et nerveuse. Le système nerveux sympathique et plusieurs hormones interagissent pour régler les phénomènes de l'état de jeûne. En conséquence, la régulation de cet état est beaucoup plus complexe que celle de l'état postprandial, alors que c'est principalement l'insuline qui gère les voies anaboliques.

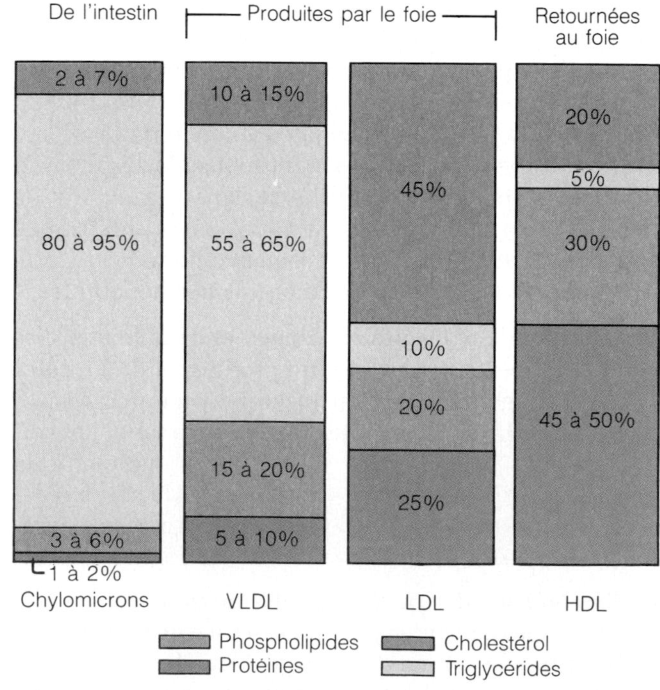

Figure 25.21 Composition des lipoprotéines liées au transport des lipides dans les liquides organiques. VLDL = lipoprotéine de très basse densité (*very-low density lipoprotein*); LDL = lipoprotéine de basse densité (*low-density lipoprotein*); HDL = lipoprotéine de haute densité (*high-density lipoprotein*).

Tableau 25.5 Résumé des fonctions métaboliques du foie

Processus métaboliques visés	Fonctions
Métabolisme des glucides Particulièrement important pour le maintien de la glycémie	1. Convertit le galactose et le fructose en glucose (glucogenèse hépatique) 2. Fonction de mise en réserve du glucose: emmagasine le glucose sous forme de glycogène lorsque la concentration sanguine de glucose est élevée; sous influence hormonale, effectue la glycogénolyse et libère le glucose dans le sang 3. Néoglucogenèse: convertit les acides aminés, l'acide lactique et le glycérol en glucose lorsque les réserves de glycogène sont épuisées et que la concentration sanguine de glucose chute 4. Emmagasine le glucose en le convertissant en lipides
Métabolisme des lipides Le foie est le principal responsable du métabolisme des lipides, bien que la plupart des cellules puissent les utiliser comme source d'énergie	1. Siège principal de la β-oxydation (dégradation des acides gras en acétyl-CoA) 2. Convertit le surplus d'acétyl-CoA en corps cétoniques qui passent dans le sang et se rendent aux cellules 3. Emmagasine les lipides 4. Forme les lipoprotéines pour le transport des triglycérides et du cholestérol dans le sang; ces lipides sont transportés vers les tissus ou vers le foie 5. Synthétise le cholestérol à partir de l'acétyl-CoA; transforme le cholestérol en sels biliaires qui seront sécrétés dans la bile
Métabolisme des protéines L'organisme pourrait se passer des autres fonctions métaboliques du foie et survivre; en revanche, sans le métabolisme des protéines, il est impossible de maintenir l'homéostasie: de nombreuses protéines de coagulation essentielles ne seraient pas fabriquées, l'ammoniac ne serait pas éliminé, etc.	1. Désamination des acides aminés (nécessaire pour leur conversion en glucose et leur utilisation dans la synthèse de l'ATP); le taux de désamination qui s'effectue hors du foie est négligeable 2. Formation d'urée pour éliminer l'ammoniac de l'organisme; l'incapacité de remplir cette fonction (p. ex., au cours d'une cirrhose ou d'une hépatite) provoque l'accumulation d'ammoniac dans le sang et un trouble du fonctionnement du cerveau, appelé *coma hépatique* 3. Forme la majorité des protéines plasmatiques à l'exception des anticorps, des hormones et de certaines enzymes; la déplétion des protéines plasmatiques cause la mitose rapide des hépatocytes et une croissance du foie, couplées à une augmentation de la synthèse des protéines plasmatiques jusqu'à ce que les paramètres sanguins redeviennent normaux 4. Transamination: interconversion des acides aminés non essentiels; la fraction qui s'effectue à l'extérieur du foie est minime
Divers Mise en réserve des vitamines et des minéraux	1. Emmagasine une réserve de 1 à 2 ans de vitamine A 2. Emmagasine une quantité appréciable de vitamines D et B_{12} (réserve de 1 à 4 mois) 3. Emmagasine le fer; la majeure partie du fer, à part celui qui est lié à l'hémoglobine, est emmagasiné dans le foie sous forme de ferritine jusqu'à ce que l'organisme en ait besoin; libère le fer dans le sang lorsque la concentration sanguine baisse
Fonctions de biotransformation	1. Relativement au métabolisme des médicaments, réalise des synthèses donnant des produits inactifs qui peuvent être sécrétés par les reins et des réactions non synthétiques donnant des produits plus actifs, moins actifs ou dont l'activité est modifiée 2. Transforme la bilirubine qui provient de la dégradation des globules rouges et excrète ce pigment biliaire dans la bile 3. Transforme les hormones en des formes qui peuvent être excrétées dans l'urine

La diminution de la libération d'insuline qui est associée à la baisse du taux sanguin de glucose constitue un facteur déclenchant important des phénomènes de l'état de jeûne. Lorsque le taux d'insuline diminue, toutes les réponses cellulaires entraînées par l'insuline sont aussi inhibées.

La diminution du taux de glucose stimule également la libération de **glucagon** par les cellules alpha des îlots pancréatiques; cette hormone a un rôle antagoniste de celui de l'insuline. Comme d'autres hormones qui agissent au cours de l'état de jeûne, le glucagon est une *hormone hyperglycémiante,* c'est-à-dire qu'il élève le taux sanguin de glucose. Les cellules cibles du glucagon sont les cellules hépatiques et adipeuses; comme l'insuline, le glucagon influe sur les voies cataboliques de ces cellules en se fixant sur un récepteur de leur membrane plasmique (figure 25.19). Les hépatocytes réagissent en accélérant la glycogénolyse et la néoglucogenèse, alors que les cellules adipeuses puisent dans leurs réserves de triglycérides (lipolyse) et libèrent des acides gras et du glycérol dans le sang. Le glucagon permet le maintien de la concentration normale de combustibles dans le sang en y faisant déverser du glucose et des acides gras par les cellules. La libération du glucagon est inhibée après le repas suivant ou chaque fois que la glycémie s'élève et que la sécrétion d'insuline est stimulée.

Jusqu'à maintenant, ce mécanisme n'a pas l'air compliqué. L'augmentation de la glycémie déclenche la libération d'insuline qui envoie du glucose dans les cellules, de sorte que la glycémie diminue. Cela stimule la libération de glucagon qui attire du glucose hors des cellules et vers le sang. Cependant, nous ne sommes pas en présence d'un simple mouvement de va-et-vient, car la libération de l'insuline et celle du glucagon sont *toutes les deux* fortement stimulées par un taux accru d'acides aminés dans le sang. Cet effet est négligeable lorsque nous mangeons un repas équilibré, mais son rôle adaptatif devient important lorsque nous mangeons un repas riche en protéines et pauvre en glucides. Dans ce cas, le stimulus pour la libération d'insuline est fort; s'il n'était pas contrebalancé par la sécrétion de glucagon, le cerveau pourrait être endommagé par l'apparition soudaine de l'hypoglycémie découlant de l'entrée du glucose dans les cellules. La libération simultanée du glucagon compense donc les effets de l'insuline et contribue à stabiliser la glycémie.

Le système nerveux sympathique joue un rôle crucial en fournissant rapidement du combustible lorsque la glycémie baisse soudainement (figure 25.20). Le tissu adipeux est innervé par un grand nombre de neurofibres sympathiques, et l'adrénaline libérée par la médullosurrénale en réponse à l'activation sympathique agit sur le foie, les muscles squelettiques et les tissus adipeux. Ensemble,

GROS PLAN Obésité : à la recherche de méthodes magiques

À partir de quel poids une personne est-elle obèse? Quelle est la distinction entre une personne obèse et une autre qui est simplement rondelette? Le pèse-personne de la salle de bain est un guide bien imprécis car le poids ne livre aucun renseignement sur la morphologie. Un danseur agile dont l'ossature est dense et la musculature bien développée peut peser plusieurs kilogrammes de plus qu'une personne sédentaire de la même taille. Les experts s'entendent pour dire qu'une personne est obèse lorsqu'elle dépasse de 20 % le «poids idéal» qu'on trouve dans les tableaux publiés par les compagnies d'assurances (qui est, soit dit en passant, trop faible). Ce qui est vraiment nécessaire, c'est une mesure de la graisse corporelle, puisque l'opinion la plus répandue sur l'obésité est qu'il s'agit d'un excès de stockage des triglycérides. Nous déplorons notre incapacité à nous débarrasser de notre graisse, mais le vrai problème est que nous continuons à remplir nos réserves par un apport énergétique trop élevé, c'est-à-dire que notre consommation quotidienne de kilojoules dépasse les dépenses énergétiques quotidiennes de notre métabolisme. Chez les adultes, un contenu en graisse de 18 à 22 % du poids corporel (chez les hommes et chez les femmes respectivement) est considéré comme normal; tout ce qui excède ces valeurs se définit comme de l'obésité.

Quelle que soit sa définition, l'obésité est une maladie déroutante et mal comprise. Le terme «maladie» est approprié car toutes les formes d'obésité mettent en jeu des déséquilibres des mécanismes de régulation de l'apport alimentaire. Malgré ses effets défavorables bien connus sur

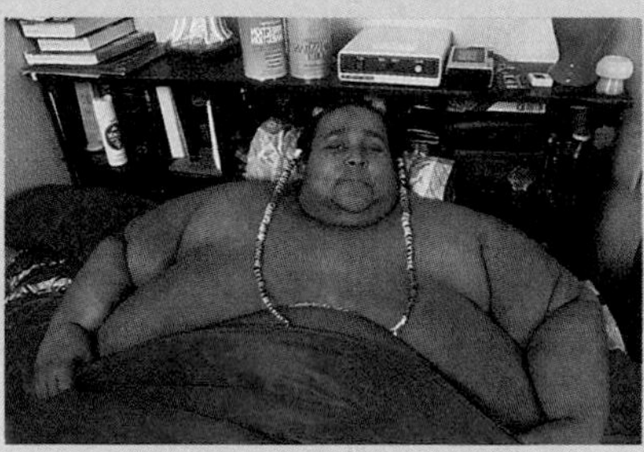

la santé (la fréquence de l'artériosclérose, de l'hypertension, de la maladie coronarienne et du diabète sucré est plus élevée chez les obèses), il s'agit du problème de santé le plus répandu aux États-Unis. Environ 50 % des adultes et 20 % des adolescents souffrent d'obésité. Non seulement les enfants nord-américains deviennent-ils plus gros mais, parce qu'ils aiment mieux s'installer devant des jeux vidéo qu'aller jouer dehors, leur état de santé cardiovasculaire est également à la baisse. En plus des problèmes de santé déjà mentionnés, les obèses peuvent emmagasiner dans leur organisme des taux excessifs de substances chimiques toxiques liposolubles comme la marijuana, l'insecticide DDT et les BPC (substances chimiques cancérigènes).

Comme si cela n'était pas suffisant, le discrédit social et les désavantages économiques de l'obésité sont notoires. Les obèses paient des primes d'assurance plus élevées, sont victimes de discrimination sur le marché de l'emploi, ont un choix de vêtements limité et subissent souvent des humiliations.

Compte tenu de tous les problèmes qui accompagnent l'obésité, il est peu probable que beaucoup de personnes deviennent obèses par choix. Quelles sont donc les causes de l'obésité? Examinons trois des plus récentes théories. (1) Des cellules adipeuses en grand nombre envoient des signaux qui ont tendance à stimuler une alimentation excessive. Certains chercheurs croient que les comportements d'hyperphagie apparaissent tôt dans la vie (le syndrome du «vide ton assiette») et préparent le terrain pour l'obésité à l'âge adulte en augmentant le nombre de cellules adipeuses formées au cours de l'enfance. À partir du début de l'âge adulte, davantage de lipides peuvent commencer à se déposer dans ces cellules adipeuses. Plus les cellules sont nombreuses, plus les lipides pourront être ainsi emmagasinés. De plus, lorsqu'il y a des armées de cellules adipeuses incomplètement remplies, la concentration plasmatique de base d'acides gras et de glycérol est basse, ce qui cause une faim anormale. En plus des signaux envoyés par les nutriments qui diffusent dans la circulation sanguine ou par les molécules de la satiété (hormones et autres), des chercheurs ont trouvé des indices montrant que les cellules adipeuses elles-mêmes peuvent mener la personne à trop manger. À l'appui de cette idée, on observe que le métabolisme ralentit brusquement lorsqu'une personne qui suit régime sur régime perd du poids. Quand elle reprend son poids, la vitesse de son métabolisme augmente comme la force d'un feu que l'on attise. Pendant chaque régime ultérieur, la perte de poids est plus lente, et la reprise du poids perdu est trois fois plus rapide. Il semble donc que les humains, comme les animaux de laboratoire, soumis à des alternances de «festins» et de jeûnes, transforment plus efficacement les aliments et que la vitesse de leur métabolisme s'ajuste

ces stimulus assurent la mobilisation des lipides et la glycogénolyse, essentiellement les mêmes effets que ceux du glucagon. Les traumatismes, l'anxiété, la colère ou tout autre facteur de stress qui mobilise la réaction de lutte ou de fuite, y compris la baisse de la glycémie qui agit sur les récepteurs centraux du glucose dans l'hypothalamus, déclenchent cette voie de régulation.

En plus du glucagon et de l'adrénaline, plusieurs hormones (notamment l'hormone de croissance, la thyroxine, les hormones sexuelles et les corticostéroïdes) exercent des effets importants sur le métabolisme et la circulation des nutriments. La sécrétion de l'hormone de croissance est stimulée par un jeûne prolongé ou par une baisse rapide de la glycémie et elle exerce des effets anti-insuline (voir le chapitre 17, page 549). Cependant, la libération et l'activité de la plupart de ces hormones ne sont pas reliées de façon spécifique à l'état postprandial ou à l'état de jeûne. Une liste des effets caractéristiques des diverses hormones sur le métabolisme est présentée au tableau 25.4.

Rôle du foie dans le métabolisme

L'anatomie du foie et son rôle dans la formation de la bile et la digestion ont été décrits au chapitre 24. Dans ce chapitre, nous porterons notre attention sur les fonctions métaboliques du foie. Essentiellement, le foie transforme presque tous les types de nutriments absorbés par le tube digestif. De plus, il joue un rôle dans la régulation du taux plasmatique de cholestérol.

pour contrer toute déviation de leur poids par rapport à une valeur fixe. Le moyen utilisé pour résoudre le problème, le régime (à répétition), devient une cause du problème. (2) Les obèses utilisent les combustibles et emmagasinent les lipides avec plus d'efficacité. La croyance selon laquelle les obèses mangent plus que les autres n'est qu'un préjugé, car beaucoup d'entre eux mangent en réalité moins que les personnes de poids normal.

Les matières grasses en tant que nutriments sont les pires ennemies des personnes obèses. Les lipides font grossir plus que les protéines et les glucides en raison de leur mode de transformation dans l'organisme. Par exemple, lorsque quelqu'un ingère 1000 kJ de glucides en excès, l'organisme utilise 230 kJ pour produire de l'énergie sous forme d'ATP et emmagasine 770 kJ sous forme de triglycérides. En revanche, si les 1000 kJ en excès proviennent de lipides, seulement 30 kJ sont «brûlés» et les 970 kJ qui restent sont emmagasinés sous forme de triglycérides. En outre, comme les glucides sont les combustibles préférés par la plupart des cellules, l'organisme ne va pas puiser dans ses réserves de lipides tant que celles des glucides ne sont pas à peu près épuisées.

Ces constatations s'appliquent à tout le monde, mais le sort des obèses est encore pire. Par exemple, la lipoprotéine lipase, l'enzyme qui dégrade les triglycérides du plasma afin qu'ils passent du sang vers le liquide interstitiel puis vers les cellules adipeuses, est exceptionnellement efficace chez les obèses. En outre, les cellules adipeuses de ces personnes font «apparaître» plus d'alpha-récepteurs au niveau de leur membrane plasmique, ce qui favorise l'accumulation des lipides dans ces cellules. En fait, des recherches sur l'obésité entreprises à la *Harvard Medical School* n'ont mis en lumière aucune corrélation entre l'apport énergétique et le poids corporel; elles ont cependant montré que les personnes dont l'alimentation contenait le plus de lipides (particulièrement de lipides saturés) affichaient le plus d'embonpoint, peu importe la quantité d'énergie consommée. (3) L'obésité pathologique est le sort réservé aux gens qui ont hérité de deux gènes de l'obésité. Cependant, une véritable prédisposition génétique à l'embonpoint (conférée par les gènes récessifs de l'obésité, récemment découverts) semble n'expliquer que 5 % des cas d'obésité aux États-Unis. L'excès d'énergie consommée par ces personnes se dépose toujours sous forme de graisse, alors que d'autres transforment en tissu musculaire une partie de l'excès d'énergie.

Pour perdre du poids, certains feraient presque n'importe quoi. Voici une liste de quelques méthodes d'amaigrissement à déconseiller.

1. Diurétiques. Les diurétiques, qui forcent les reins à excréter davantage d'eau, sont utilisés comme moyen de perdre du poids. Au mieux, ils font perdre quelques kilogrammes, mais leur effet est de courte durée; ils peuvent aussi causer un grave déséquilibre électrolytique et la déshydratation.

2. Anorexigènes. Certains obèses utilisent des amphétamines (mieux connues sous les noms de Dexédrine et de Benzédrine) pour diminuer l'appétit. Ces médicaments fonctionnent, mais seulement pour une période limitée (jusqu'à l'apparition d'une tolérance), et ils peuvent entraîner une dangereuse accoutumance. L'utilisateur fait alors face à un problème de toxicomanie. De plus, aucune des «pilules pour maigrir» ne fait fondre la graisse. Les produits riches en fibres qui sont censés éliminer les nutriments et empêcher leur absorption peuvent causer une malnutrition grave.

3. Régimes alimentaires à la mode. De nombreux magazines publient au moins un nouveau régime par année et les livres sur les régimes amaigrissants sont souvent des succès de librairie. Cependant, beaucoup de ces diètes sont nuisibles à la santé, particulièrement si elles limitent l'apport de certaines classes de nutriments.

4. Chirurgie. Parfois, en désespoir de cause, le recours à la chirurgie semble offrir une solution: immobilisation de la mâchoire, baguage gastrique, pontage intestinal, dérivation biliopancréatique et liposuccion (ablation de tissu graisseux par succion). Aucune de ces opérations ne peut être faite à la légère. La dérivation biliopancréatique est un «réaménagement» du tube digestif: les deux tiers de l'estomac sont enlevés; l'intestin grêle est coupé de moitié et une portion de 2,5 m est abouchée dans l'ouverture de l'estomac. Comme le suc pancréatique et la bile sont détournés de ce «nouvel intestin», beaucoup moins de nutriments (et aucune graisse) sont digérés et absorbés. Les patients peuvent manger tout ce qu'ils veulent sans prendre de poids, mais la dérivation biliopancréatique est une opération importante qui comporte des risques.

Malheureusement, il n'existe pas de solution magique à l'obésité. Le seul moyen de perdre du poids consiste à réduire l'apport énergétique et à augmenter l'activité physique pour accroître la vitesse du métabolisme (les muscles consomment plus d'énergie au repos que le tissu adipeux). Ce conseil met en lumière un fait souvent oublié; il y a deux membres à l'équation de l'équilibre énergétique: l'apport et la dépense d'énergie (voir la page 860). De plus, un taux d'activité faible porte à manger alors que l'activité physique diminue l'apport de nourriture et augmente la vitesse du métabolisme non seulement au cours de l'activité elle-même mais aussi pour quelque temps après. L'acquisition de meilleures habitudes alimentaires et la pratique régulière d'une activité physique constituent la seule façon d'éviter de prendre du poids.

Fonctions métaboliques générales

Les hépatocytes remplissent plus de 500 fonctions métaboliques, dont quelques-unes ont déjà été mentionnées. Ce manuel est trop court pour que nous puissions étudier le rôle du foie en détail, mais cette section en donne un aperçu.

Le foie emballe des acides gras sous des formes qui peuvent être emmagasinées ou transportées; il synthétise des protéines plasmatiques (albumine, facteurs de coagulation, etc.); il fabrique les acides aminés non essentiels et convertit l'ammoniac provenant de leur désamination oxydative en urée, un produit d'excrétion moins toxique; il emmagasine le glucose sous forme de glycogène et, grâce à son rôle central dans la glycogénolyse et la néoglucogenèse, il participe à la régulation de la glycémie.

En plus de ces rôles dans le métabolisme des lipides, des protéines et du glucose, les cellules hépatiques emmagasinent certaines vitamines, conservent le fer récupéré des globules rouges détruits et effectuent la détoxication de substances comme l'alcool et les médicaments. Ces fonctions métaboliques importantes sont présentées en détail au tableau 25.5 à la page 857.

Métabolisme du cholestérol et régulation du taux plasmatique de cholestérol

Jusqu'à présent, nous avons accordé peu d'attention au cholestérol, malgré son rôle très important comme lipide alimentaire, principalement parce qu'il n'est pas utilisé comme combustible. Il sert surtout de composant structural des sels biliaires, des hormones stéroïdes et de la vitamine D, et constitue un élément important des membranes plasmiques. Environ 15 % du cholestérol sanguin provient du régime alimentaire ; le reste, soit 85 % est élaboré à partir de l'acétyl-CoA par le foie et, dans une moindre mesure, par d'autres cellules, particulièrement les cellules intestinales. Une certaine quantité de cholestérol est sécrétée dans la bile, ce qui permet à l'organisme d'éliminer le cholestérol dans les fèces.

Transport des lipides par les lipoprotéines. Les triglycérides et le cholestérol ne circulent pas librement dans le courant sanguin parce qu'ils sont totalement insolubles dans l'eau. Ils sont plutôt transportés vers les cellules et hors de celles-ci dans les liquides organiques, liés à des petits complexes lipides-protéines appelés **lipoprotéines.** Les protéines (hydrosolubles) présentes dans ces complexes solubilisent les lipides. Les portions protéiques contiennent en outre des signaux qui règlent l'entrée et la sortie de lipides particuliers dans des cellules cibles spécifiques.

La proportion relative de lipides et de protéines dans les lipoprotéines varie considérablement, mais toutes contiennent des triglycérides, des phospholipides et du cholestérol en plus des protéines (figure 25.21). En général, plus le pourcentage des lipides dans une lipoprotéine est élevé, plus sa densité est basse; plus la proportion de protéines est élevée, plus sa densité est élevée. Il existe donc des **lipoprotéines de haute densité (HDL),** des **lipoprotéines de basse densité (LDL),** et des **lipoprotéines de très basse densité (VLDL).** Les chylomicrons qui transportent les lipides absorbés dans le tube digestif sont considérés comme formant une classe à part; ils possèdent la densité la plus basse.

Le foie est la principale source de VLDL, qui transportent vers les tissus périphériques, mais surtout *vers les tissus adipeux*, les triglycérides fabriqués ou transformés dans le foie. Une fois que tous les triglycérides sont relâchés, ce qui reste des VLDL est converti en LDL, riches en cholestérol. Le rôle des LDL consiste à transporter le cholestérol *vers les tissus périphériques,* ce qui permet aux cellules de s'en servir pour synthétiser des membranes ou des hormones, ou de les mettre en réserve en vue d'une utilisation ultérieure. Les LDL règlent également la synthèse du cholestérol dans les cellules. La fonction principale des HDL, qui sont particulièrement riches en protéines, en phospholipides et en cholestérol, est de transporter le cholestérol des tissus périphériques *vers le foie,* où il est transformé en un composant de la bile. Le foie fabrique les enveloppes protéiques des particules de HDL et déverse ces complexes protéines-lipides dans le sang sous une forme affaissée, un peu comme des ballons de plage dégonflés. Une fois dans la circulation, ces particules de HDL encore incomplètes se remplissent de cholestérol, qu'elles captent de la membrane plasmique des cellules endothéliales des parois artérielles ainsi que des cellules adipeuses.

Un taux plasmatique de cholestérol élevé (plus de 5,20 mmol/L de sang) est associé à des risques d'athérosclérose, qui obstrue les artères et cause des accidents vasculaires cérébraux et des infarctus du myocarde. Cependant, il ne suffit pas de mesurer le cholestérol total; sur le plan clinique, la forme sous laquelle le cholestérol est transporté est encore plus importante. En général, les taux élevés de HDL sont considérés comme bons car le cholestérol ainsi transporté est destiné à l'excrétion. Les taux élevés de LDL sont considérés comme dangereux, parce qu'un excès de LDL mène à l'accumulation de dépôts de cholestérol sur les parois artérielles et au déclenchement du processus de l'athérosclérose.

Facteurs de régulation de la concentration plasmatique de cholestérol. Une boucle de rétro-inhibition ajuste partiellement la quantité de cholestérol produit par le foie en fonction de l'apport de cholestérol dans le régime alimentaire. En d'autres mots, un apport élevé de cholestérol inhibe sa synthèse par le foie, mais pas dans un rapport de un pour un, puisque le foie produit une certaine quantité de base de cholestérol même lorsque l'apport alimentaire est élevé. Pour cette raison, une restriction importante du cholestérol alimentaire, bien qu'utile, ne conduit pas à une brusque réduction de la concentration sanguine de cholestérol, ou *cholestérolémie.*

Les quantités relatives d'acides gras saturés et non saturés dans le régime exercent un effet important sur la cholestérolémie. Les acides gras saturés *stimulent la synthèse hépatique* de cholestérol tout en *inhibant son excrétion* de l'organisme. Une diminution modérée de la consommation de lipides saturés (présents surtout dans les graisses animales et l'huile de coco) peut ainsi réduire la cholestérolémie de 15 à 20 %. En revanche, les acides gras insaturés (présents dans la plupart des huiles végétales) *augmentent l'excrétion* du cholestérol et sa transformation en sels biliaires, réduisant par le fait même la cholestérolémie. De plus, certains acides gras insaturés (acides gras oméga-3) présents en quantité assez importante dans certains poissons diminuent la proportion des triglycérides et du cholestérol. Ces acides gras oméga-3 semblent rendre les plaquettes sanguines moins adhérentes, contribuant ainsi à empêcher la coagulation spontanée qui peut obstruer les vaisseaux sanguins.

Des facteurs autres que le régime alimentaire influent également sur la concentration sanguine de cholestérol. Par exemple, la cigarette, le café et le stress ont été mis en cause dans l'augmentation du taux de LDL, tandis qu'une activité aérobie régulière abaisse le taux de LDL et augmente celui des HDL.

La plupart des cellules autres que celles du foie et de l'intestin tirent du plasma la majeure partie du cholestérol dont elles ont besoin pour la synthèse de leurs membranes. Lorsqu'une cellule a besoin de cholestérol, elle fabrique des récepteurs protéiques de LDL et les insère dans sa membrane plasmique. Les LDL se fixent aux récepteurs et pénètrent dans la cellule au moyen d'un processus de transport membranaire très sélectif appelé *endocytose par médiateur interposé* (voir la page 74). En 10 à 15 minutes, les vésicules d'endocytose fusionnent avec un lysosome d'où le cholestérol est largué à l'état libre. Lorsqu'un excès de cholestérol s'accumule dans une cellule, il inhibe la synthèse du cholestérol lui-même ainsi que la synthèse des récepteurs de LDL.

Une cholestérolémie élevée constitue indubitablement un facteur de risque pour les maladies cardiovasculaires et l'infarctus du myocarde. Des études ont cependant indiqué qu'une cholestérolémie inférieure à 4,91 mmol/L chez les hommes et inférieure à 4,60 mmol/L chez les femmes pourrait augmenter le risque d'accidents vasculaires cérébraux avec hémorragie et causer la mort par hémorragie cérébrale.

Équilibre énergétique

Quand un combustible brûle, il consomme de l'oxygène et libère de la chaleur. La «combustion» des combustibles alimentaires par nos cellules ne fait pas exception. Comme nous l'avons expliqué au chapitre 2, l'énergie ne peut être ni créée ni détruite; elle ne peut être que convertie d'une forme à une autre. Si nous appliquons ce principe (en réalité, le premier principe de la thermodynamique) au métabolisme cellulaire, cela signifie que l'énergie de liaison libérée lorsque les aliments sont catabolisés doit être en équilibre parfait avec l'énergie totale dépensée par l'organisme. Un équilibre dynamique s'établit donc entre l'apport et la dépense d'énergie:

Apport énergétique = Dépense énergétique totale (chaleur + travail + mise en réserve d'énergie)

On considère l'**apport énergétique** comme égal à l'énergie libérée au cours de la dégradation des combustibles dans les voies cataboliques. Les aliments non digérés ne font pas partie de l'équation parce que leur contribution énergétique est nulle. La **dépense énergétique** comprend l'énergie immédiatement perdue sous forme de chaleur (environ 60 % du total), utilisée sous forme d'ATP pour effectuer un travail et emmagasinée sous forme de lipides ou de glycogène. (On ne tient habituellement pas compte des pertes de molécules organiques dans l'urine, les fèces et la transpiration car, chez les personnes en santé, elles sont négligeables.) Un examen attentif de cette situation révèle que *presque toute l'énergie tirée des aliments est éventuellement convertie en chaleur.* De la chaleur est perdue au cours de chacune des activités cellulaires: la formation des liaisons de l'ATP et leur clivage pour effectuer un travail, la contraction musculaire et le frottement du sang circulant dans les vaisseaux sanguins qui offrent une résistance. Les cellules ne peuvent pas utiliser cette énergie pour effectuer un travail, mais la chaleur réchauffe les tissus et le sang et contribue au maintien d'une température corporelle permettant aux réactions enzymatiques du métabolisme de s'effectuer à une vitesse adéquate. La mise en réserve de l'énergie ne devient une partie importante de l'équation qu'au cours des périodes de croissance et de dépôt net de lipides.

Régulation de l'apport alimentaire

Lorsque l'apport énergétique et les dépenses énergétiques sont en équilibre, le poids corporel demeure stable; il y a gain ou perte de poids si les deux ne sont pas en équilibre. Puisque le poids de la plupart des gens est étonnamment stable, il doit exister des mécanismes physiologiques qui régissent l'apport alimentaire (et, par conséquent, la quantité de nutriments dégradés) ou la production de chaleur, ou les deux.

La régulation de l'apport alimentaire pose des problèmes difficiles à résoudre aux chercheurs. Par exemple, quel type de récepteur pourrait évaluer le contenu énergétique total de l'organisme et donner le signal de commencer ou d'arrêter de manger? Malgré d'importantes recherches menées sur ce sujet, aucune espèce de signal ou de récepteur semblable n'a pu être découvert. Les théories actuelles sur la façon dont le comportement nutritionnel et la faim sont réglés s'attachent à un ou plusieurs des quatre facteurs suivants: les stimulus nutritionnels reliés aux réserves d'énergie de l'organisme, les hormones, la température corporelle et les facteurs psychologiques. Tous ces facteurs semblent exercer leurs effets par des signaux de rétroaction aux centres de la faim du cerveau. On pense que les récepteurs du cerveau comprennent des thermorécepteurs et divers chimiorécepteurs (pour le glucose, l'insuline et autres). Pendant des années, on a cru que seuls les noyaux de l'hypothalamus réglaient la faim et la satiété; des indications récentes montrent, au contraire, que de nombreuses autres régions du cerveau interviennent.

Stimulus nutritionnels reliés aux réserves d'énergie

En tout temps, les taux plasmatiques de glucose, d'acides aminés, d'acides gras et de glycérol fournissent au cerveau une bonne quantité de renseignements qui peuvent servir à ajuster l'apport et les dépenses énergétiques. Par exemple:

1. Quand une personne mange, la glycémie s'élève et le métabolisme cellulaire du glucose s'accroît. L'activation subséquente des récepteurs du glucose du cerveau envoie des signaux aux régions appropriées du cerveau et supprime la faim. Au cours du jeûne, ce signal est absent, ce qui provoque la faim et met en marche des comportements de recherche d'aliments.

2. Un taux plasmatique élevé d'acides aminés supprime la faim, alors qu'un taux faible stimule l'appétit. Ni le mécanisme précis ni le type de récepteur par l'entremise duquel ces effets se produisent ne sont connus.

3. Les concentrations sanguines d'acides gras et de glycérol peuvent servir d'indicateurs des réserves énergétiques totales de l'organisme (dans les tissus adipeux) et jouer le rôle de mécanisme à long terme pour le contrôle de la faim. Selon cette théorie, plus les réserves de lipides sont importantes, plus les quantités basales d'acides gras et de glycérol libérées dans le sang sont importantes et plus la faim est inhibée.

Hormones

Les concentrations sanguines des hormones qui règlent le taux plasmatique des différents nutriments au cours de l'état postprandial et de l'état de jeûne peuvent également servir de signal de rétro-inhibition au cerveau. Nous savons que l'insuline libérée au cours de l'absorption des aliments réduit la faim et constitue le plus important des signaux de la satiété. En revanche, le taux de glucagon s'élève au cours du jeûne et stimule la faim. Les autres mécanismes de régulation hormonale font intervenir l'adrénaline (libérée au cours du jeûne) et la cholécystokinine, une hormone intestinale sécrétée au cours de la digestion des aliments. L'adrénaline stimule la faim alors que la cholécystokinine la supprime.

Température corporelle

L'augmentation de la température corporelle reliée à l'ingestion et à la transformation des aliments peut inhiber la faim. Le fonctionnement d'un signal thermique semblable permet d'expliquer pourquoi les personnes qui vivent dans des climats froids mangent normalement plus que ceux qui demeurent dans des régions plus tempérées ou chaudes.

Facteurs psychologiques

Tous les mécanismes décrits jusqu'ici sont entièrement réflexes. Leur résultat final peut cependant être stimulé ou inhibé par des facteurs psychologiques ayant peu de choses à voir avec l'équilibre énergétique, comme la vue, le goût, l'odeur et même l'idée de la nourriture. Les facteurs psychologiques seraient très importants chez les obèses. Cependant, ces individus *ne continuent pas* à gagner du poids indéfiniment même si les causes profondes de l'obésité sont des facteurs psychologiques. La régulation de leur faim continue de s'effectuer, mais à un niveau plus élevé, ce qui maintient leur contenu énergétique total à un taux plus élevé que la normale.

Vitesse du métabolisme et production de chaleur corporelle

La dépense énergétique de l'organisme ou l'utilisation d'énergie par unité de temps (habituellement par heure) s'appelle **vitesse du métabolisme.** La vitesse du métabolisme, qui est la somme de la quantité de chaleur produite par toutes les réactions chimiques et par le travail mécanique du corps, peut se mesurer directement ou indirectement. Dans la *méthode directe,* la personne entre dans une chambre appelée **calorimètre,** et la chaleur dégagée par le corps est absorbée par l'eau qui circule autour de la chambre. L'élévation de la température de l'eau est directement proportionnelle à la chaleur produite par l'organisme. La *méthode indirecte* fait appel à un **spiromètre** pour mesurer la consommation d'oxygène, qui est directement proportionnelle à la production de chaleur. Pour chaque litre d'oxygène utilisé, l'organisme produit environ 20 kJ.

La vitesse du métabolisme est habituellement mesurée dans des conditions standard, car elle peut être modifiée par de nombreux facteurs. La personne est à jeun (elle n'a pas mangé depuis au moins 12 heures), étendue, et mentalement et physiquement détendue. La température ambiante est maintenue entre 20 et 25 °C. La valeur obtenue dans ces conditions, appelée **métabolisme basal,** indique la quantité d'énergie nécessaire pour effectuer les activités les plus essentielles, comme la respiration et le maintien des fonctions nerveuse, cardiaque, hépatique et rénale à l'état de repos. Le métabolisme basal, souvent considéré comme le «coût de la vie en énergie», est exprimé en kilojoules par mètre carré de surface corporelle par heure ($kJ/m^2/h$). Bien qu'elle se nomme métabolisme *basal,* cette valeur ne représente pas l'état métabolique le plus bas de l'organisme. Cette situation se produit au cours du sommeil, lorsque les muscles sont complètement détendus. Un adulte moyen pesant 70 kg a un métabolisme basal d'environ 250 à 300 kJ/h.

De nombreux facteurs influent sur le métabolisme basal, comme la surface corporelle, l'âge, le sexe, le stress et les hormones. Bien que le métabolisme basal soit relié au poids corporel et à la taille, le facteur déterminant est la surface corporelle plutôt que le poids lui-même. Cela reflète le fait que la perte de chaleur dans l'environnement augmente en fonction du rapport de la surface corporelle sur le volume corporel et que le métabolisme doit être plus rapide pour remplacer la chaleur perdue. Par conséquent, entre deux personnes du même poids, la plus grande ou la plus mince aura un métabolisme basal plus élevé que la plus petite ou la plus grosse.

En général, plus une personne est jeune, plus son métabolisme basal est élevé. Les enfants et les adolescents ont besoin de grandes quantités d'énergie pour leur croissance; pendant la vieillesse, le métabolisme basal chute de façon spectaculaire alors que les muscles squelettiques commencent à s'atrophier. (Cela explique pourquoi les personnes âgées qui ne réduisent pas leur apport énergétique deviennent obèses.) Le sexe joue aussi un rôle; la vitesse du métabolisme est beaucoup plus élevée chez les hommes que chez les femmes. Les hommes ont habituellement plus de tissu musculaire, très actif sur le plan métabolique, même au repos. Le tissu adipeux, plus abondant chez les femmes, est métaboliquement lent comparé au tissu musculaire. La température corporelle tend à augmenter et à descendre suivant la vitesse du métabolisme. La fièvre (hyperthermie), causée par des infections ou d'autres facteurs, accroît sensiblement la vitesse du métabolisme. Le stress, qu'il soit de nature physique ou émotionnelle, augmente la vitesse du métabolisme en mobilisant le système nerveux sympathique. La noradrénaline et l'adrénaline (libérées par les cellules de la médullosurrénale), transportées par voie sanguine, provoquent une augmentation de la vitesse du métabolisme surtout par stimulation du catabolisme des lipides.

La quantité de **thyroxine** produite par la glande thyroïde est probablement le facteur hormonal le plus

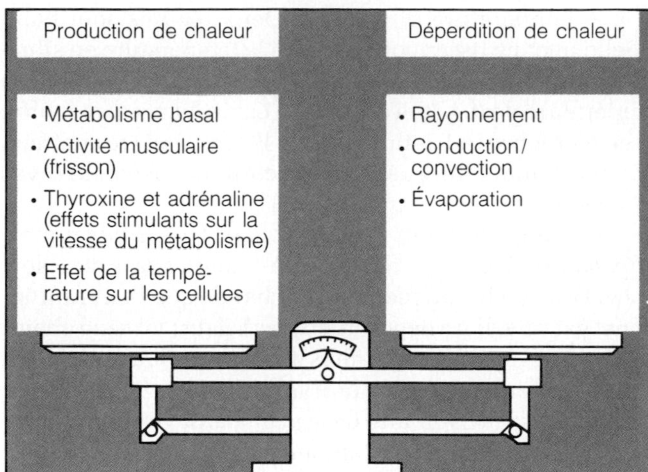

Figure 25.22 Tant que la production et la déperdition de chaleur sont en équilibre, la température corporelle demeure constante. Les facteurs qui contribuent à produire de la chaleur (et à élever la température) sont représentés à gauche sur la balance; ceux qui contribuent à la déperdition de chaleur (et à la baisse de la température) sont représentés à droite sur la balance.

important dans la détermination du métabolisme basal; la thyroxine a donc été surnommée l'«hormone métabolique». Son effet direct sur la majorité des cellules (à l'exception des cellules du système nerveux) est d'augmenter la consommation d'oxygène, probablement en accélérant l'utilisation de l'ATP cellulaire pour le fonctionnement de la pompe du sodium. À mesure que les réserves d'ATP intracellulaire diminuent, le catabolisme cellulaire est accéléré; par conséquent, plus la glande thyroïde libère de thyroxine, plus le métabolisme basal est élevé. Dans le passé, la plupart des évaluations du métabolisme basal étaient effectuées pour rechercher si la thyroxine était produite en quantité suffisante. De nos jours, l'activité thyroïdienne est plus facilement évaluée au moyen de tests sanguins.

L'*hyperthyroïdie* cause une foule d'effets provenant de l'augmentation du métabolisme qu'elle produit. L'organisme catabolise les lipides emmagasinés et les protéines tissulaires et, malgré l'accroissement de l'appétit et de l'apport alimentaire, la personne perd souvent du poids. Les os s'affaiblissent et les muscles, y compris le cœur, commencent à s'atrophier. À l'inverse, l'*hypothyroïdie* cause le ralentissement du métabolisme, l'obésité et une réduction des opérations de la pensée. ■

Le terme **métabolisme total** fait référence à la consommation totale de kilojoules pour alimenter en énergie *toutes* les activités, involontaires autant que volontaires. Le métabolisme basal représente une partie étonnamment importante du métabolisme total. Par exemple, une femme dont les besoins énergétiques quotidiens s'élèvent à environ 8400 kJ peut dépenser bien au-delà de la moitié de cette énergie (autour de 5900 kJ) pour le soutien des activités vitales de l'organisme. L'activité des muscles squelettiques provoque les plus spectaculaires changements à court terme du métabolisme total, ce qui met en évidence le fait que les muscles squelettiques représentent près de la moitié du poids corporel. Des augmentations même légères du travail musculaire peuvent causer des bonds remarquables de la vitesse du métabolisme et de la production de chaleur corporelle. Par exemple, une activité physique intense effectuée par un athlète bien entraîné pendant plusieurs minutes peut augmenter la vitesse du métabolisme jusqu'à 15 à 20 fois sa valeur normale et la maintenir à des valeurs élevées pour plusieurs heures. L'entraînement physique a étonnamment peu d'effet réel sur le métabolisme basal. On pourrait croire que les athlètes, à la masse musculaire beaucoup plus importante, ont un métabolisme basal beaucoup plus élevé que les non-athlètes, mais il y a peu de différence entre le métabolisme basal au repos de personnes du même sexe et de même surface corporelle. L'ingestion d'aliments entraîne également une augmentation rapide du métabolisme total. Cet effet, appelé **thermogenèse d'origine alimentaire**, est le plus marqué lorsque des protéines sont ingérées. L'activité métabolique du foie, accrue au cours de l'état postprandial, représente probablement la majeure partie de cette augmentation de l'utilisation d'énergie et de la production de chaleur. À l'inverse, le jeûne ou un apport énergétique très faible ralentit le métabolisme et se solde par une dégradation plus lente des réserves de l'organisme.

Régulation de la température corporelle

La température corporelle est le résultat de l'équilibre entre la production et la perte de chaleur (figure 25.22). Tous les tissus produisent de la chaleur, mais les plus actifs sur le plan métabolique en produisent les plus grandes quantités. Lorsque l'organisme est au repos, la majeure partie de la chaleur est générée par le foie, le cœur, le cerveau et les glandes endocrines; les muscles squelettiques inactifs fournissent de 20 à 30 % de la chaleur corporelle. Cette situation change cependant sous l'effet de modifications, même légères, du tonus musculaire; au cours d'une activité intense, la quantité de chaleur produite par les muscles squelettiques peut être de 30 à 40 fois supérieure à celle qui est produite par le reste de l'organisme. Pour cette raison, un changement de l'activité musculaire est un des moyens les plus importants de modifier la température corporelle.

La température corporelle des humains est habituellement maintenue dans un intervalle étroit de 36,1 à 37,8 °C, indépendamment de la température externe ou de la quantité de chaleur produite par l'organisme. La température d'un individu en santé varie rarement de plus de 1 °C au cours d'une journée, entre son minimum au début de l'avant-midi et son maximum à la fin de l'après-midi ou au début de la soirée. Le maintien de cette température précise est relié à l'influence de la température sur la vitesse des réactions chimiques, particulièrement sur l'activité enzymatique. À la température corporelle normale, les conditions sont optimales pour l'activité enzymatique. À mesure que la température corporelle s'élève, la catalyse enzymatique est accélérée: pour chaque

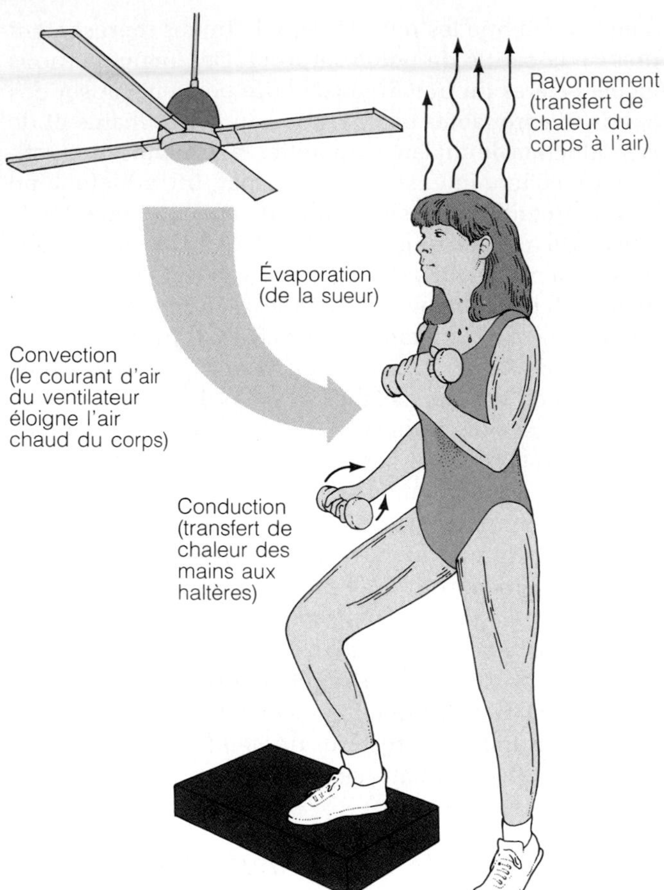

Figure 25.23 Mécanismes d'échange de chaleur entre le corps et l'environnement.

élévation de 1 °C, la vitesse des réactions chimiques augmente d'environ 10 %. Lorsque la température augmente au-delà de la limite supérieure normale, les protéines enzymatiques et structurales commencent à se dénaturer et l'activité des neurones du système nerveux diminue considérablement. La plupart des adultes souffrent de convulsions lorsque leur température atteint 41 °C; la limite absolue pour la survie est 43 °C. En revanche, la plupart des tissus peuvent résister à des baisses marquées de la température pourvu que les autres conditions soient parfaitement réglées. Ce phénomène explique pourquoi il est possible d'utiliser l'hypothermie ou refroidissement corporel au cours des interventions chirurgicales à cœur ouvert lorsque le cœur doit être arrêté. L'hypothermie réduit la vitesse du métabolisme (et, par conséquent, les besoins en nutriments et en oxygène du cœur), de sorte que le chirurgien a davantage de temps pour travailler avant que ne surviennent les lésions tissulaires entraînées par l'arrêt de la circulation du sang dans les artères coronaires.

Température centrale et température de surface

Différentes régions du corps ont des températures différentes au repos. La **température centrale** du corps, c'est-à-dire la température des organes localisés à l'intérieur des cavités crânienne, thoracique et abdominale, est la plus élevée. La surface du corps (la peau) se maintient à une température plus basse. Deux régions sont habituellement utilisées pour prendre la température en situation clinique; le rectum a généralement une température supérieure de 0,4 °C à celle de la cavité buccale et il offre une meilleure indication quant à la température centrale. C'est la température centrale du corps qui est réglée avec précision.

Le sang sert de principal *agent de transfert* ou *d'échange de chaleur* entre l'intérieur du corps et sa surface. Dès que la surface est plus chaude que l'environnement externe, il y a déperdition de chaleur; du sang chaud coule alors dans les capillaires de la peau. Par contre, lorsque la chaleur doit être conservée, le sang évite en grande partie le réseau capillaire de la peau, ce qui réduit la perte de chaleur et laisse la température de surface baisser jusqu'à celle de son environnement. Par conséquent, alors que la température interne demeure relativement constante, la température de surface peut fluctuer de façon importante (entre 20 et 40 °C par exemple); ces variations dépendent des changements d'activité corporelle et de la température externe. (Vous pouvez *vraiment* avoir les mains froides et le cœur chaud.)

Mécanismes d'échange de chaleur

Les mécanismes physiques qui gouvernent l'échange de chaleur entre notre peau et l'environnement externe sont identiques à ceux qui règlent le transfert de chaleur entre les objets inanimés. Il est utile de se représenter la température d'un objet (que cet objet soit la peau ou un radiateur) comme une indication de son contenu thermique (*pensez* «concentration» thermique). Puis, souvenez-vous seulement que la chaleur se déplace suivant son gradient de concentration, c'est-à-dire des régions les plus chaudes vers les plus froides. Le corps utilise quatre mécanismes de transfert de chaleur: le rayonnement, la conduction, la convection et l'évaporation (figure 25.23). Nous les examinerons dans les paragraphes qui suivent.

Rayonnement. Le **rayonnement** est la perte de chaleur sous forme d'ondes infrarouges (énergie thermique). Tout objet dense plus chaud que les objets de son environnement, par exemple un radiateur et (habituellement) le corps, transfère de la chaleur à ces objets. Dans des conditions normales, près de la moitié de la déperdition de chaleur s'effectue par rayonnement.

Comme le flux de l'énergie radiante va toujours du plus chaud vers le plus froid, le rayonnement explique pourquoi une pièce au départ froide se réchauffe en peu de temps quand plusieurs personnes y séjournent (grâce à la «chaleur humaine»). Le corps peut aussi capter de la chaleur par rayonnement, comme le démontre le réchauffement de la peau au cours d'un bain de soleil.

Conduction et convection. La **conduction** est le transfert de chaleur entre des objets qui sont en contact direct l'un avec l'autre. Par exemple, quand nous entrons dans un bain chaud, une partie de la chaleur de l'eau est transférée par conduction à notre peau, tout comme des fesses chaudes transfèrent de la chaleur au siège d'une chaise. Contrairement au rayonnement, la conduction

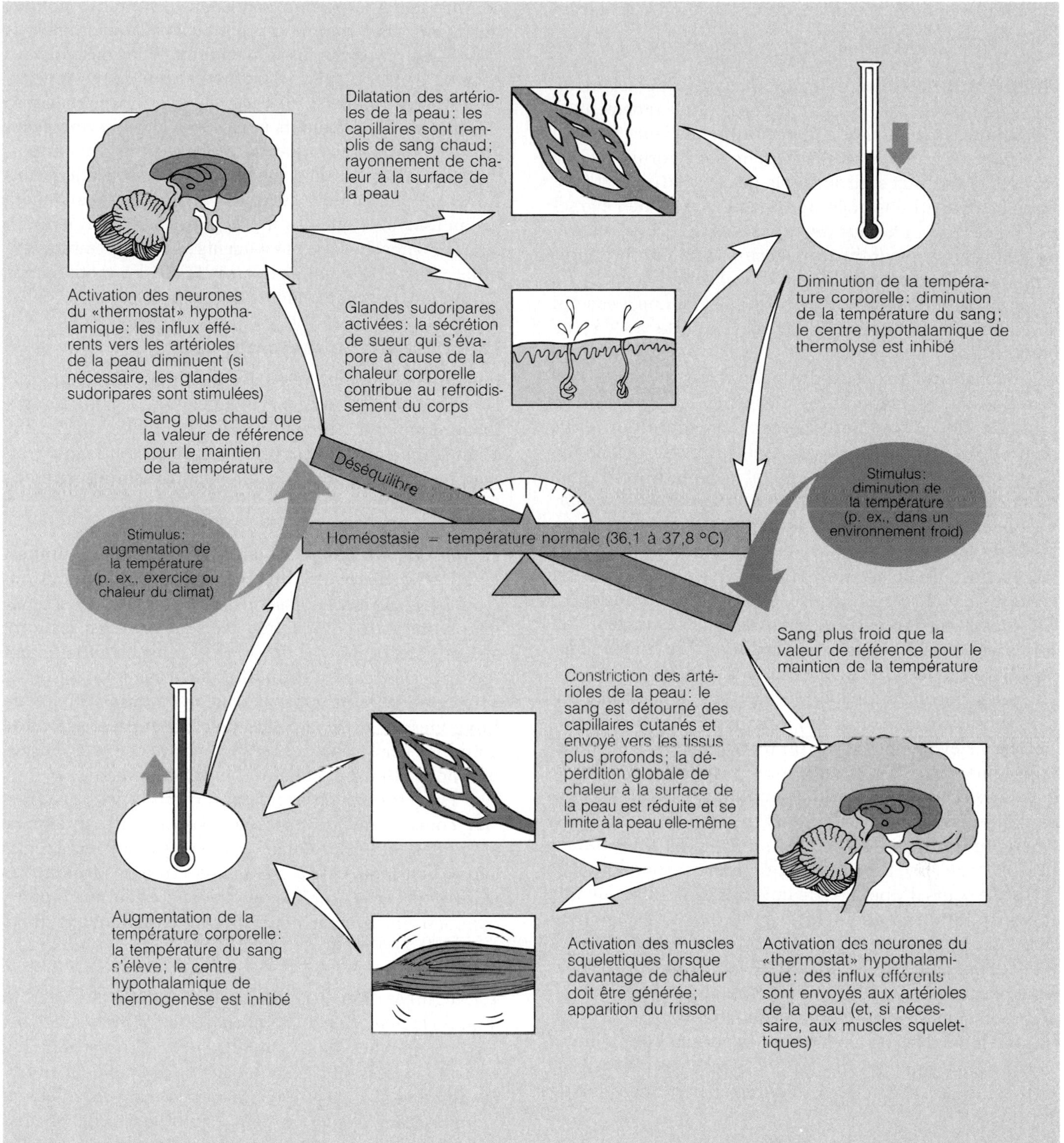

Figure 25.24 Mécanismes de régulation de la température corporelle.

exige un *contact* de molécule à molécule entre les objets, c'est-à-dire que l'énergie thermique se déplace dans un milieu matériel.

Lorsque la surface du corps transfère de la chaleur à l'air environnant, la convection entre également en jeu. Parce que l'air chaud a tendance à prendre de l'expansion et à s'élever, l'air réchauffé qui entoure le corps est continuellement remplacé par des molécules d'air plus froid. Ce processus, appelé **convection,** accroît considérablement l'échange de chaleur entre la surface corporelle et l'air, étant donné que l'air plus froid absorbe la chaleur par conduction plus rapidement que l'air déjà réchauffé. La conduction et la convection comptent ensemble pour 15 à 20 % de la déperdition de chaleur dans l'environnement. Ces processus sont augmentés par tout ce qui force le déplacement de l'air sur la surface corporelle, comme le vent ou un ventilateur, c'est-à-dire par la *convection forcée.*

Évaporation. L'eau s'évapore parce que ses molécules absorbent de la chaleur de l'environnement et possèdent assez d'énergie (c'est-à-dire que leur vibration est assez rapide) pour s'échapper sous forme de gaz (vapeur d'eau) aux endroits où la peau est en contact avec l'air. La chaleur absorbée par l'eau au cours de l'évaporation s'appelle **chaleur de vaporisation.** L'évaporation de l'eau des surfaces du corps retire une quantité importante de chaleur corporelle, car elle absorbe beaucoup de chaleur avant de se vaporiser. Chaque gramme d'eau qui s'évapore de la surface du corps emporte 2,43 kJ de chaleur.

Il existe un taux basal de déperdition de chaleur corporelle due à l'évaporation d'eau par les poumons, la muqueuse de la bouche et la peau. La déperdition d'eau se produisant par ces moyens, et qui passe inaperçue, s'appelle *perte insensible d'eau,* et la déperdition de chaleur qui l'accompagne, *déperdition insensible de chaleur.* La déperdition insensible de chaleur disperse environ 10 % de la production de chaleur corporelle basale de façon constante, c'est-à-dire qu'elle n'est pas sujette aux mécanismes de régulation de la température corporelle. Ce sont ces mécanismes de régulation qui amorcent toutefois les activités assurant la production de chaleur pour équilibrer cette perte si nécessaire.

La déperdition de chaleur par évaporation devient un processus actif (sensible) lorsque la température corporelle s'élève et que la transpiration apporte des quantités supplémentaires d'eau à évaporer. Les états émotionnels extrêmes activent le système nerveux sympathique, causant une élévation de la température corporelle de 1 °C ou à peu près, et une activité physique intense peut entraîner une brusque élévation de la température corporelle de 2 à 3 °C. Au cours d'une activité musculaire intense, lorsque la transpiration est abondante, de 1 à 2 L/h de sueur peuvent être produits et évaporés, causant l'élimination de 8370 kJ par heure. C'est plus de 30 fois la quantité de chaleur perdue par déperdition insensible de chaleur!

Lorsque la transpiration est abondante, la perte d'eau et de sel (NaCl) peut causer des spasmes douloureux des muscles squelettiques appelés *crampes de chaleur.* Cette situation est facilement corrigée par l'ingestion de liquides. ■

Rôle de l'hypothalamus

L'hypothalamus est le principal centre d'intégration de la thermorégulation, mais d'autres régions du cerveau y contribuent. Ensemble, le *centre de la thermolyse,* situé antérieurement dans l'aire préoptique, et le *centre de la thermogenèse,* localisé dans la partie postérieure de l'hypothalamus, forment les **centres thermorégulateurs.**

L'hypothalamus reçoit des influx afférents de **thermorécepteurs périphériques,** situés dans la peau, et de **thermorécepteurs centraux** (sensibles à la température du sang), situés plus profondément dans le corps, y compris dans la portion antérieure de l'hypothalamus lui-même. Tout comme un thermostat, l'hypothalamus réagit à cet influx en mettant en marche les mécanismes réflexes de thermogenèse ou de thermolyse appropriés, par l'intermédiaire de voies nerveuses ou hormonales qui influent sur les effecteurs autonomes. Les thermorécepteurs centraux sont situés dans des régions plus importantes que les périphériques, mais des variations des influx provenant de la surface avertissent probablement l'hypothalamus que des modifications doivent être faites pour empêcher les changements de la température centrale, c'est-à-dire qu'elles permettent à l'hypothalamus de prévoir les changements éventuels.

Mécanismes de thermogenèse

Lorsque la température environnante est froide (ou que la température du sang circulant baisse), le centre hypothalamique de la thermogenèse est activé. Il déclenche à son tour un ou plusieurs des mécanismes suivants pour maintenir ou augmenter la température centrale du corps (figure 25.24).

1. Vasoconstriction des vaisseaux sanguins cutanés. L'activation des neurofibres du système sympathique qui stimulent les muscles lisses des artérioles de la peau provoque une forte constriction. Le sang est ainsi restreint aux régions profondes du corps et presque entièrement détourné des réseaux capillaires de la peau. En raison de l'isolation de la peau par la couche de tissu adipeux de l'hypoderme, la déperdition de chaleur est très réduite et limitée à la surface, et la température de surface diminue pour atteindre celle de l'environnement.

La restriction de la circulation dans la peau pour une courte durée ne représente pas une difficulté, mais si cette période se prolonge (par exemple, au cours d'une exposition prolongée à une température très froide), les cellules cutanées, privées d'oxygène et de nutriments, commencent à mourir. Ce trouble extrêmement grave s'appelle *gelure.* ■

2. Augmentation de la vitesse du métabolisme. Le froid stimule la libération de noradrénaline par les neurofibres du système nerveux sympathique. La noradrénaline accroît la vitesse du métabolisme de ses cellules cibles, et augmente ainsi la production de chaleur (probablement en interférant avec le gradient de protons mitochondrial de sorte que la dégradation des combustibles n'est plus couplée avec la production d'ATP). Ce mécanisme s'appelle **thermogenèse chimique.**

3. Frisson. L'incapacité des mécanismes décrits précédemment de maîtriser la situation déclenche le frisson. Les centres de l'encéphale qui règlent le tonus musculaire s'activent (ce qui en soi augmente la production de chaleur) et, lorsque le tonus musculaire a atteint un niveau suffisant pour stimuler alternativement les mécanorécepteurs dans les muscles antagonistes, les contractions involontaires des muscles squelettiques commencent. Le frisson augmente la température corporelle parce que l'activité musculaire produit de grandes quantités de chaleur.

4. **Augmentation de la libération de thyroxine.** Lorsque la température environnante diminue graduellement, comme au moment de la transition d'une saison chaude à une saison froide, l'hypothalamus libère la *thyréolibérine* (TRH). Cela active l'adénohypophyse, qui sécrète de la *thyréostimuline* (TSH). Cette hormone stimule à son tour la glande thyroïde, qui libère une plus grande quantité de thyroxine dans le sang. En agissant sur ses cellules cibles, la thyroxine fait augmenter la vitesse du métabolisme et, par conséquent, la production de chaleur corporelle et la capacité de maintenir une température corporelle constante dans des températures environnantes froides.

En plus de ces adaptations involontaires, nous effectuons fréquemment des *modifications comportementales* pour empêcher le refroidissement de l'intérieur de notre corps. Nous pouvons en effet:

- porter plus de vêtements ou des vêtements plus chauds pour empêcher la déperdition de chaleur (une coiffure, des gants et, de préférence, des vêtements de dessus «isolés»);
- boire des liquides chauds;
- changer de posture pour réduire la surface corporelle exposée (se courber ou croiser les bras autour de la poitrine);
- augmenter notre activité musculaire volontaire pour générer plus de chaleur (sauter sur place, bouger les bras et taper des mains).

Mécanismes de thermolyse

Le corps est protégé des températures excessives par l'activation de ses mécanismes de thermolyse. La majeure partie de la déperdition de chaleur s'effectue par la peau au moyen des mécanismes physiques d'échange de chaleur décrits à la page 866, soit le rayonnement, la conduction, la convection et l'évaporation. Comment les mécanismes, d'échange de chaleur s'insèrent-ils dans le système de régulation de température par la thermolyse? La réponse est tout à fait simple. Chaque fois que la température centrale du corps s'élève au-dessus de la normale, le centre hypothalamique de thermogenèse est inhibé. Simultanément, le centre de thermolyse est activé et déclenche de la sorte l'une ou l'autre des réactions suivantes (figure 25.24):

1. **Vasodilatation des artérioles cutanées.** La modulation des neurofibres vasomotrices qui alimentent les artérioles cutanées cause la dilatation de ces vaisseaux. Lorsque les vaisseaux de la peau sont gorgés de sang chaud, la chaleur se dissipe à la surface de la peau par rayonnement, conduction et convection.

2. **Augmentation de la transpiration.** Si le corps est extrêmement surchauffé ou si l'environnement est tellement chaud (plus de 61 °C) que la chaleur ne peut pas être perdue par d'autres moyens, l'augmentation de l'évaporation devient nécessaire. Les glandes sudoripares sont fortement stimulées par les neurofibres du système sympathique et excrètent de grandes quantités de sueur. L'évaporation de la sueur est un moyen efficace de débarrasser le corps d'un excès de chaleur pourvu que l'air soit sec. Lorsque l'air est très humide, toutefois, l'évaporation s'effectue beaucoup plus lentement; elle s'arrête lorsque le taux d'humidité est de 60 %. Dans un tel cas, ce mécanisme de libération de chaleur n'est plus efficace, et nous nous sentons mal à l'aise et irritables.

Pour réduire notre chaleur, nous pouvons adopter plusieurs mesures volontaires et comportements courants comme:

- rechercher un environnement plus frais (un endroit ombragé) ou se servir d'un appareil pour augmenter la convection (un ventilateur) ou le refroidissement (un climatiseur);
- porter des vêtements amples, de couleurs claires, qui réfléchissent l'énergie radiante et réduisent le gain de chaleur (on a moins chaud habillé ainsi que nu, car la peau nue absorbe la majeure partie de l'énergie radiante qui la touche).

Lorsque les processus normaux de déperdition de chaleur deviennent inefficaces, l'*hyperthermie,* ou température corporelle élevée, qui s'ensuit inhibe l'hypothalamus. En conséquence, tous les mécanismes de régulation de la chaleur sont arrêtés, ce qui crée une boucle de rétroactivation néfaste: une forte augmentation de la température accroît la vitesse du métabolisme qui, à son tour, augmente la production de chaleur. La peau devient chaude et sèche, et comme la température continue de grimper, la probabilité de lésions permanentes au cerveau devient importante. Ce trouble, appelé *coup de chaleur,* peut être fatal à moins que des mesures correctives ne soient immédiatement prises (immersion dans l'eau fraîche et prise de liquides et d'électrolytes). Une insolation est souvent à l'origine du coup de chaleur.

Il existe une autre conséquence, moins grave, de l'exposition à une chaleur extrême; c'est *l'épuisement dû à la chaleur.* L'épuisement est causé par la perte excessive de liquides organiques et d'électrolytes et il se manifeste par une hypotension artérielle et une peau moite et froide. Contrairement à ce qui se produit dans le coup de chaleur, les mécanismes de thermolyse demeurent fonctionnels au cours de l'épuisement dû à la chaleur. ■

Fièvre

La *fièvre* est une *hyperthermie contrôlée.* Généralement, elle est causée par une infection dans une région de l'organisme, mais elle peut être provoquée par d'autres troubles (cancer, réaction allergique, traumatismes du système nerveux central). Les globules blancs, les cellules des tissus lésés et les macrophages libèrent des substances chimiques dites *pyrogènes,* qui agissent directement sur l'hypothalamus afin que ses neurones libèrent des prostaglandines. Les prostaglandines ajustent la valeur de référence du thermostat hypothalamique à une température supérieure, amenant ainsi l'organisme à mettre en marche ses mécanismes de thermogenèse. Par suite de la vasoconstriction, la déperdition de chaleur à la surface corporelle diminue, la peau devient froide et les frissons commencent à générer de la chaleur. Les frissons constituent un signe certain de l'élévation de température. La température s'élève jusqu'à ce qu'elle atteigne la nouvelle valeur de référence, puis la température corporelle est maintenue à cette valeur jusqu'à ce que les défenses naturelles de l'organisme ou des antibiotiques renversent le processus morbide. Le thermostat est alors réglé à un niveau plus bas (ou normal), ce qui stimule les mécanismes de thermolyse: il y a transpiration et la peau rougit et se réchauffe. Les médecins reconnaissent depuis longtemps dans ces signes une indication que la température corporelle descend.

Comme nous l'avons expliqué au chapitre 22, la fièvre, en augmentant la vitesse du métabolisme, accélère les divers processus de cicatrisation et semble inhiber la croissance bactérienne. La fièvre est dangereuse quand la valeur de référence du thermostat de l'organisme est réglée trop haut, ce qui peut causer la dénaturation des protéines et des lésions permanentes au cerveau.

Nutrition et métabolisme au cours du développement et du vieillissement

Une bonne nutrition est essentielle aussi bien *in utero* que pendant tout le reste de la vie. Si la mère est mal nourrie, le bébé ne peut pas se développer normalement. La carence la plus grave est celle des protéines nécessaires à la croissance des tissus fœtaux, du tissu nerveux en particulier. De plus, comme la croissance de l'encéphale se poursuit pendant les trois premières années de vie, un apport énergétique et protéique inadéquat pendant cette période entraîne des déficits intellectuels et des troubles d'apprentissage. Les protéines sont nécessaires pour la croissance musculaire et osseuse, et il faut du calcium pour former des os solides. Les processus anaboliques sont moins primordiaux une fois que la croissance est terminée, mais un apport suffisant de tous les types de nutriments est encore essentiel au maintien du remplacement normal des tissus et du métabolisme.

Il existe de nombreuses erreurs innées (ou affections héréditaires) du métabolisme, mais les deux plus fréquentes sont la *fibrose kystique du pancréas* (mucoviscidose) et la *phénylcétonurie.* La mucoviscidose est décrite au chapitre 24. Dans la phénylcétonurie, les cellules des tissus sont incapables d'utiliser un acide aminé, la phénylalanine, qui est présent dans toutes les protéines alimentaires. L'anomalie met en jeu une carence de l'enzyme qui convertit la phénylalanine en tyrosine. Parce que la phénylalanine ne peut pas être métabolisée, elle s'accumule dans le sang avec son produit de désamination; ces deux substances agissent comme des neurotoxines et entraînent des lésions cérébrales et un retard mental en l'espace de quelques mois. Ces conséquences sont rares de nos jours, car la plupart des provinces ont rendu obligatoire un test de dépistage urinaire ou sanguin pour déceler les nouveau-nés atteints, et ces enfants reçoivent un régime spécial pauvre en phénylalanine. Tous ces enfants sont blonds et ont la peau blanche, car la mélanine est un dérivé de la tyrosine.

Il existe un grand nombre d'autres carences enzymatiques, classées en troubles du métabolisme des glucides ou des lipides, selon la voie métabolique en cause. Par exemple, la galactosémie et la glycogénose sont deux troubles du métabolisme des glucides. La *galactosémie* est causée par une anomalie ou une absence des enzymes hépatiques nécessaires à la transformation du galactose en glucose. Le galactose s'accumule dans le sang et entraîne une déficience mentale. Dans la *glycogénose,* la synthèse du glycogène est normale, mais une des enzymes nécessaires à la reconversion du glycogène en glucose est absente. Les organes qui emmagasinent le glycogène (foie et muscles squelettiques) deviennent surchargés et hypertrophiés, en raison des quantités excessives accumulées.

À l'exception du *diabète sucré insulino-dépendant* (diabète de type I), les enfants libres d'affections héréditaires ont rarement des problèmes métaboliques. Cependant, vers l'âge moyen et particulièrement pendant la vieillesse, le *diabète sucré non insulino-dépendant* (diabète de type II) devient un problème important, surtout chez les personnes obèses. (Ces deux manifestations du diabète sont décrites au chapitre 17.)

La vitesse du métabolisme diminue progressivement pendant toute la vie. Au cours de la vieillesse, l'atrophie musculaire et osseuse de même que la diminution de l'efficacité des systèmes hormonaux se font sentir. Parce que beaucoup de personnes âgées sont aussi moins actives, le métabolisme devient si lent qu'il est à peu près impossible d'obtenir une nutrition adéquate sans apport énergétique excessif. Les personnes âgées prennent plus de médicaments que tous les autres groupes d'âge, à une époque de la vie où le foie s'acquitte moins efficacement de ses fonctions de détoxication. En conséquence, un grand nombre des agents thérapeutiques prescrits pour des problèmes de santé reliés à l'âge influent sur la nutrition. Par exemple:

- Certains diurétiques prescrits contre l'insuffisance cardiaque congestive ou l'hypertension (pour éliminer les liquides de l'organisme) peuvent causer une hypokaliémie grave en provoquant une perte excessive de potassium.
- Certains antibiotiques entravent l'absorption des nutriments. Par exemple, les sulfamides, la tétracycline et la pénicilline interfèrent avec les systèmes responsables de la digestion et de l'absorption. Ils peuvent aussi causer de la diarrhée, qui diminue l'absorption des nutriments.
- L'huile minérale, un laxatif populaire chez les personnes âgées, interfère avec l'absorption de vitamines liposolubles.
- Environ la moitié des Nord-Américains âgés consomment de l'alcool. Lorsque l'alcool remplace les aliments, les réserves de nutriments peuvent s'épuiser; la consom-

mation excessive d'alcool amène des problèmes de malabsorption, des carences vitaminiques et minérales ainsi que des lésions au foie et au pancréas.

Bref, les personnes âgées sont à risque non seulement en raison de la perte d'efficacité des processus métaboliques, mais aussi à cause du grand nombre des habitudes et des médicaments qui affectent leur état nutritionnel.

La malnutrition et un ralentissement du métabolisme basal causent des problèmes à certaines personnes âgées, mais les nutriments, particulièrement le glucose, semblent contribuer au processus de vieillissement chez les gens de tout âge.

* * *

La nutrition est l'un des domaines les plus négligés de la médecine clinique. Pourtant, ce que nous mangeons influe sur presque toutes les étapes du métabolisme et joue un rôle important sur notre état de santé général. Maintenant que nous avons examiné la destinée des nutriments dans nos cellules, nous sommes prêts à étudier le système urinaire, qui travaille inlassablement à éliminer de notre organisme les déchets azotés provenant du métabolisme, et qui maintient la concentration de ces déchets et des minéraux des liquides internes à l'intérieur des limites de la normale.

Termes médicaux

Appétit Désir de nourriture. Phénomène psychologique, par opposition à la faim qui est un besoin physiologique de nourriture.

Hypercholestérolémie primitive Trouble héréditaire dans lequel les récepteurs des LDL sont anormaux, l'assimilation du cholestérol par les cellules des tissus est bloquée et la concentration sanguine totale du cholestérol dépasse 7,75 mmol/L de sang (elle peut même atteindre 17,6 mmol/L). Les individus atteints font de l'artériosclérose à un jeune âge, et la plupart meurent de la maladie coronarienne au cours de l'enfance ou de l'adolescence.

Hypothermie Basse température corporelle résultant d'une exposition prolongée au froid. Les signes vitaux (fréquence respiratoire, pression artérielle et fréquence cardiaque) diminuent lorsque l'activité enzymatique des cellules ralentit. La somnolence s'installe et, curieusement, la personne se sent bien même si auparavant elle avait extrêmement froid. Si elle n'est pas corrigée, la situation évolue vers le coma et finalement vers la mort (par arrêt cardiaque) lorsque la température corporelle s'approche de 21 °C.

Kwashiorkor Carence grave en protéines chez les enfants, causant l'arriération mentale et le retard de la croissance. Affection caractérisée par un abdomen gonflé en raison d'une diminution importante des protéines plasmatiques; la diminution de la concentration d'albumine ne permet plus de maintenir le volume d'eau dans le sang.

Marasme Malnutrition protéique et énergétique, accompagnée d'une atrophie musculaire, d'une perte de tissu adipeux sous-cutané et d'un retard de croissance.

Pica Tendance à manger des substances non comestibles, comme l'argile.

Résumé du chapitre

NUTRITION (p. 823 à 835)

1. Les nutriments comprennent l'eau, les glucides, les lipides, les protéines, les vitamines et les minéraux. À l'exception des vitamines et des minéraux, les nutriments organiques sont utilisés comme combustibles pour produire de l'énergie cellulaire (ATP). La valeur énergétique des aliments est mesurée en kilojoules (kJ).

2. Les nutriments essentiels ne peuvent pas être synthétisés par les cellules et doivent être ingérés dans l'alimentation.

Glucides (p. 823 à 825)

3. Les glucides sont tirés principalement des végétaux. Les monosaccharides autres que le glucose sont convertis en glucose par le foie.

4. Les monosaccharides servent surtout de combustibles cellulaires.

5. L'apport minimal de glucides est de 100 g par jour.

Lipides (p. 825)

6. La plupart des lipides alimentaires sont des triglycérides. Les principales sources de lipides saturés sont les produits animaux; les lipides insaturés sont présents dans les végétaux. La principale source de cholestérol est le jaune d'œuf.

7. Les acides linoléique et linolénique sont des acides gras essentiels.

8. Les triglycérides (graisses neutres) constituent des réserves d'énergie, protègent les organes et isolent le corps. Les phospholipides sont utilisés pour la synthèse des membranes plasmiques et de la myéline. Le cholestérol sert dans les membranes plasmiques et constitue la structure de base de la vitamine D, des hormones stéroïdes et des sels biliaires.

9. Les lipides ne devraient pas représenter plus de 30 % de l'apport énergétique et les lipides saturés doivent être remplacés par des lipides insaturés si possible.

Protéines (p. 825 à 828)

10. Les produits animaux fournissent des protéines de haute valeur biologique contenant tous (8) les acides aminés essentiels. Un ou plusieurs acides aminés essentiels sont absents de la plupart des végétaux.

11. Les acides aminés sont les unités structurales de l'organisme (protéines) et d'importantes molécules de régulation (hormones et amines biogènes).

12. La synthèse des protéines peut s'effectuer, et s'effectuera, si tous les acides aminés essentiels sont présents et si des quantités suffisantes de glucides (ou de lipides) apportent l'énergie nécessaire pour produire de l'ATP.

13. Le bilan azoté est en équilibre lorsque la synthèse de protéines égale la déperdition de protéines.

14. Un apport alimentaire de 0,8 g de protéines/kg de poids corporel est recommandé pour les adultes.

Vitamines (p. 828)

15. Les vitamines sont des composés organiques nécessaires en quantités infimes. La plupart agissent comme coenzymes.

16. À l'exception de la vitamine D et des vitamines K et B élaborées par les bactéries intestinales, les vitamines ne sont pas produites par l'organisme.

17. Les vitamines hydrosolubles (B et C) ne sont pas mises en réserve jusqu'à l'excès dans l'organisme. Les vitamines liposolubles comprennent les vitamines A, D, E et K; toutes, à l'exception de la vitamine K, sont emmagasinées et peuvent s'accumuler en quantités toxiques.

Minéraux (p. 828-835)

18. En plus du calcium, du phosphore, du potassium, du soufre, du sodium, du chlorure et du magnésium, l'organisme a besoin d'au moins une douzaine d'autres minéraux (oligoéléments).

19. Les minéraux ne peuvent pas être dégradés afin de fournir de l'énergie. Certains sont utilisés pour minéraliser les os; d'autres sont liés à des composés organiques ou existent sous forme d'ions dans les liquides organiques, où ils jouent divers rôles dans les processus cellulaires et le métabolisme.

20. L'entrée et l'excrétion des minéraux sont soigneusement réglées pour prévenir les conséquences néfastes des déséquilibres. Les sources les plus riches en minéraux sont les produits animaux, les légumes et les légumineuses.

MÉTABOLISME (p. 835 à 861)

Vue d'ensemble des processus métaboliques (p. 835 à 838)

1. Le métabolisme comprend toutes les réactions chimiques nécessaires au maintien de la vie. Les processus métaboliques sont soit anaboliques, soit cataboliques.

2. De l'énergie est libérée lorsque les combustibles sont dégradés ou oxydés. La dégradation des combustibles s'accomplit surtout par élimination d'hydrogène (électrons). Lorsque des molécules sont oxydées, d'autres sont simultanément réduites en acceptant de l'hydrogène (ou des électrons).

3. La plupart des enzymes qui catalysent les réactions d'oxydoréduction ont besoin de coenzymes comme accepteurs d'hydrogène. Le NAD^+ et le FAD sont deux coenzymes accepteuses d'hydrogène importantes dans ces réactions.

4. Dans les cellules animales, les deux mécanismes de synthèse de l'ATP sont la phosphorylation au niveau du substrat et la phosphorylation oxydative dans les mitochondries.

Métabolisme des glucides (p. 838 à 847)

5. Le métabolisme des glucides est essentiellement le métabolisme du glucose.

6. À son entrée dans les cellules, le glucose est transformé en glucose 6-phosphate et ne peut plus sortir de la cellule. Ce processus de phosphorylation est réversible dans certains organes comme le foie.

7. Le glucose est oxydé complètement en gaz carbonique et en eau par l'intermédiaire de trois voies successives: la glycolyse, le cycle de Krebs et la chaîne respiratoire. De l'ATP est produite dans chaque voie, mais la majeure partie est synthétisée dans la chaîne respiratoire.

8. La glycolyse est une voie réversible dans laquelle le glucose est converti en deux molécules d'acide pyruvique: deux molécules de NAD réduit sont formées, et il y a un gain net de deux molécules d'ATP. Dans des conditions aérobies, l'acide pyruvique entre dans le cycle de Krebs; dans des conditions anaérobies, il est réduit en acide lactique.

9. Le cycle de Krebs est alimenté par l'acide pyruvique (et par les acides gras). Pour entrer dans le cycle, l'acide pyruvique est converti en acétyl-CoA. L'acétyl-CoA est ensuite décarboxylé. La dégradation complète de deux molécules d'acide pyruvique donne 6 CO_2, 8 NADH + H^+, 2 $FADH_2$, et un gain net de 2 ATP, par phosphorylation au niveau du substrat. Une grande partie de l'énergie présente au départ dans les liaisons de l'acide pyruvique est maintenant présente dans les coenzymes réduites.

10. Dans la chaîne respiratoire, (a) les coenzymes réduites sont oxydées au moyen du transfert de l'hydrogène à une série d'accepteurs qui alternent entre la réduction et l'oxydation; (b) l'hydrogène est scindé en ions hydrogène (H^+) et en électrons (comme les électrons descendent dans la chaîne, en passant d'un accepteur à l'autre, l'énergie libérée est utilisée pour pomper les ions H^+ dans l'espace intermembranaire mitochondrial, ce qui crée un gradient d'ions H^+; (c) l'énergie emmagasinée dans le gradient d'ions H^+ ramène ces ions au moyen de l'ATP synthétase, qui utilise l'énergie pour former de l'ATP; (d) les ions H^+ et les électrons sont combinés avec l'oxygène pour donner de l'eau.

11. Lorsque les réserves cellulaires d'ATP sont élevées, le catabolisme du glucose est inhibé et le glucose est converti en glycogène (glycogenèse) ou en lipides (lipogenèse). Beaucoup plus de lipides que de glycogène sont entreposés.

12. La néoglucogenèse est la formation de glucose à partir de molécules non glucidiques. Elle s'effectue dans le foie lorsque la concentration sanguine de glucose diminue.

Métabolisme des lipides (p. 847 à 849)

13. Les produits finaux de la digestion et de l'absorption des lipides (et du cholestérol) sont transportés dans le sang sous forme de chylomicrons.

14. Le glycérol est converti en glycéraldéhyde 3-phosphate et il s'engage dans le cycle de Krebs ou est converti en glucose.

15. Les acides gras sont oxydés en fragments d'acide acétique par la β-oxydation. Ces fragments sont liés à la coenzyme A et entrent dans le cycle de Krebs sous forme d'acétyl-CoA.

16. Il y a un renouvellement continu des lipides dans les dépôts de graisse. La dégradation des lipides en acides gras et en glycérol s'appelle lipolyse.

17. Quand des quantités excessives de lipides sont utilisées, le foie convertit une certaine partie de l'acétyl-CoA en corps cétoniques et les libère dans le sang. Comme les corps cétoniques sont des acides organiques, une augmentation de leur concentration (cétose) provoque l'acidose métabolique.

18. Toutes les cellules utilisent des triglycérides, des phospholipides et du cholestérol pour construire leurs membranes plasmiques.

Métabolisme des protéines (p. 849 et 850)

19. Afin d'être oxydés pour fournir de l'énergie, les acides aminés sont convertis en acides cétoniques qui peuvent entrer dans le cycle de Krebs.

20. Les groupements amine enlevés au cours de la désamination (sous forme d'ammoniac) sont liés au gaz carbonique par le foie pour former de l'urée. L'urée est excrétée dans l'urine.

21. Les acides aminés désaminés peuvent également être convertis en acides gras et en glucose.

22. Les acides aminés sont des éléments structuraux très importants de l'organisme. Les acides aminés non essentiels sont produits dans le foie par transamination.

23. La synthèse des protéines requiert la présence des acides aminés essentiels. Si l'un d'eux est absent, les acides aminés sont utilisés comme combustibles.

État d'équilibre entre le catabolisme et l'anabolisme (p. 850 à 852)

24. Les réserves d'acides aminés fournissent les acides aminés pour la synthèse des protéines et des amines biogènes, pour la synthèse de l'ATP et la mise en réserve d'énergie. Avant d'être emmagasinés, les acides aminés doivent être convertis en lipides et en glycogène.

25. Le pool des glucides et des lipides fournit surtout des combustibles pour la synthèse de l'ATP et des substances qui peuvent être emmagasinées comme réserves d'énergie.

Métabolisme et régulation de l'état postprandial et de l'état de jeûne (p. 852 à 858)

26. Au cours de l'état postprandial (pendant et immédiatement après un repas), le glucose est la principale source d'énergie; l'excès de glucides, de lipides et d'acides aminés est emmagasiné sous forme de glycogène et de lipides.

27. Les phénomènes de l'état postprandial sont réglés par l'insuline qui augmente l'entrée de glucose (et d'acides aminés) dans les cellules et accélère son utilisation pour la synthèse de l'ATP ou sa mise en réserve sous forme de glycogène ou de lipides.

28. L'état de jeûne est la période où les combustibles transportés par voie sanguine proviennent de la dégradation des réserves d'énergie. Le glucose est rendu disponible pour le sang par la glycogénolyse et la néoglucogenèse.

29. Les phénomènes de l'état de jeûne sont en grande partie réglés par le glucagon et le système nerveux sympathique (et l'adrénaline), qui mobilisent les réserves de glycogène et de lipides, et déclenchent la néoglucogenèse.

Rôle du foie dans le métabolisme (p. 858 à 861)

30. Le foie est le principal organe du métabolisme et il joue un rôle essentiel dans la transformation (ou la mise en réserve) de presque tous les types de nutriments. Il contribue au maintien des sources d'énergie dans le sang, il excrète les médicaments et il détoxique plusieurs autres substances.

31. Le foie synthétise le cholestérol, le catabolise et le sécrète sous forme de sels biliaires, et il élabore des lipoprotéines.

ÉQUILIBRE ÉNERGÉTIQUE (p. 861 à 868)

1. L'apport énergétique de l'organisme (dérivé de la dégradation des nutriments) est parfaitement équilibré avec la dépense d'énergie (chaleur, travail et mise en réserve d'énergie). Tout l'apport énergétique finit par être converti en chaleur.

Régulation de l'apport alimentaire (p. 861 et 862)

2. L'hypothalamus et d'autres centres du cerveau interviennent dans le comportement relatif à l'alimentation.

Vitesse du métabolisme et production de chaleur corporelle (p. 862 et 863)

3. La vitesse du métabolisme est la quantité d'énergie utilisée par l'organisme par heure.

4. Le métabolisme basal, indiqué en $kJ/m^2/h$, est la valeur obtenue dans des conditions basales, c'est-à-dire chez une personne à une température ambiante agréable, en position couchée, détendue et en état de jeûne. Le métabolisme basal indique l'énergie dépensée par les cellules d'un organisme au repos.

5. Les facteurs qui influent sur la vitesse du métabolisme comprennent l'âge, le sexe, la taille, la surface corporelle, le taux de thyroxine, l'action dynamique spécifique des aliments et l'activité musculaire.

Régulation de la température corporelle (p. 863 à 868)

6. La température corporelle est la manifestation de l'équilibre entre la production de chaleur et la déperdition de chaleur; elle se situe normalement entre 36,1 et 37,8 °C, ce qui représente les conditions optimales pour les activités physiologiques.

7. La température centrale correspond à la température des organes situés dans les cavités crânienne, thoracique et abdominale.

8. Le sang est le principal agent d'échange de chaleur entre les organes internes et la peau. Lorsque le sang pénètre dans les capillaires cutanés et que la peau est plus chaude que l'environnement, il y a déperdition de chaleur. Lorsque le sang se retire dans les organes profonds, la déperdition de chaleur par la surface est arrêté.

9. Les mécanismes d'échange de chaleur comprennent le rayonnement, la conduction et la convection, et l'évaporation.

10. L'hypothalamus agit en tant que thermostat de l'organisme. Ses centres de thermogenèse et de thermolyse reçoivent des influx de thermorécepteurs centraux et périphériques, intègrent ces influx et déclenchent des réponses provoquant la déperdition ou la production de chaleur.

11. Les mécanismes de thermogenèse comprennent la vasoconstriction des artérioles de la peau, l'augmentation de la vitesse du métabolisme (grâce à la libération de la noradrénaline) et le frisson. Si le froid environnant persiste, la glande thyroïde est stimulée pour libérer plus de thyroxine.

12. Lorsque l'organisme doit perdre de la chaleur, les artérioles de la peau se dilatent, favorisant ainsi la déperdition de chaleur par rayonnement, conduction et convection. Lorsqu'une plus grande déperdition de chaleur est nécessaire (ou que la température environnante est tellement élevée que le rayonnement et la conduction sont inefficaces), la transpiration commence. L'évaporation de la sueur est un moyen très efficace de déperdition de chaleur pourvu que l'humidité soit faible.

NUTRITION ET MÉTABOLISME AU COURS DU DÉVELOPPEMENT ET DU VIEILLISSEMENT (p. 868 et 869)

1. Les erreurs innées du métabolisme comprennent la fibrose kystique du pancréas, la phénylcétonurie, la glycogénose et la galactosémie. Les troubles hormonaux, par exemple, l'absence d'insuline ou de thyroxine, peuvent aussi causer des troubles métaboliques. Le diabète sucré est le trouble métabolique le plus important chez les jeunes autant que chez les personnes âgées.

2. Au cours de la vieillesse, la vitesse du métabolisme diminue alors que les systèmes enzymatiques et endocriniens deviennent moins efficaces et que les muscles squelettiques s'atrophient.

Questions de révision

Choix multiples/associations

1. Laquelle des réactions suivantes libère la plus grande quantité d'énergie? (a) La dégradation complète d'une molécule de sucrose en CO_2 et en eau; (b) la conversion d'une molécule d'ADP en ATP; (c) la dégradation d'une molécule de glucose qui donne de l'acide lactique; (d) la conversion d'une molécule de glucose en gaz carbonique et en eau.

2. La formation du glucose à partir du glycogène s'appelle: (a) néoglucogenèse; (b) glycogenèse; (c) glycogénolyse; (d) glycolyse.

3. Parmi les définitions suivantes, laquelle décrit le *mieux* la respiration cellulaire? (a) Entrée de gaz carbonique et sortie d'oxygène dans les cellules; (b) excrétion de déchets; (c) inhalation d'oxygène et exhalation de gaz carbonique; (d) oxydation de coenzymes réduites dans les mitochondries au cours de laquelle de l'énergie est libérée sous des formes utilisables par les cellules.

4. Au cours de la respiration aérobie, des électrons descendent la chaîne respiratoire de transport d'électrons et il y a formation: (a) d'oxygène; (b) d'eau; (c) de glucose; (d) de $NADH + H^+$.

5. Dans une région tempérée, sous des conditions ordinaires, la plus grande perte de chaleur corporelle s'effectue par: (a) rayonnement; (b) conduction; (c) évaporation; (d) aucune de ces réponses.

6. Les acides aminés sont essentiels (et importants) pour toutes les activités suivantes à l'exception de: (a) la production de certaines hormones; (b) la production d'anticorps; (c) la formation de la plupart des matériaux structuraux; (d) comme source d'énergie rapide.

7. Une personne fait la grève de la faim depuis sept jours. Par comparaison à la normale, elle présente: (a) une augmentation de la libération d'acides gras par les tissus adipeux, de la cétose et de la cétonurie; (b) une augmentation de la concentration du glucose dans le sang; (c) une augmentation de la concentration plasmatique d'insuline; (d) une augmentation de l'activité de la glycogène synthase (enzyme) dans le foie.

8. Trois jours après l'ablation du pancréas d'un animal, un chercheur découvre une augmentation persistante: (a) de la concentration d'acide acétyl-acétique dans le sang; (b) du volume d'urine; (c) du glucose sanguin; (d) toutes ces réponses.

9. La régulation de la température corporelle est: (a) influencée par les récepteurs de température de la peau; (b) influencée par la température du sang qui irrigue les centres de la régulation thermique du cerveau; (c) sujette à un contrôle nerveux et hormonal; (d) toutes ces réponses.

Questions à court développement

10. Qu'est-ce que la respiration cellulaire? Quel rôle commun possèdent le FAD et le NAD^+ dans la respiration cellulaire?

11. Décrivez le siège, les principales étapes et les résultats de la glycolyse.

12. L'acide pyruvique est le produit de la glycolyse, mais ce n'est pas la substance qui entre dans le cycle de Krebs. Quelle est cette substance, et que doit-il se produire pour que l'acide pyruvique soit transformé en cette molécule?

13. Définissez glycogenèse, glycogénolyse, néoglucogenèse et lipogenèse. Lequel (ou lesquels) de ces processus est (sont) le plus susceptible(s) de se produire (a) peu après un repas riche en glucides, (b) juste avant le réveil le matin?

14. Quel effet nuisible résulte de la combustion de quantités excessives de lipides pour obtenir de l'énergie? Nommez deux conditions qui pourraient conduire à ce résultat.

15. Faites un diagramme qui indique les intermédiaires grâce auxquels le glucose peut être converti en graisse.

16. Décrivez la différence entre le rôle des HDL et celui des LDL.

17. Énumérez certains facteurs qui influent sur la concentration plasmatique de cholestérol. Énumérez également les sources et les destinées du cholestérol dans l'organisme.

18. Expliquez l'effet de facteurs suivants sur la vitesse du métabolisme: le taux de thyroxine, l'alimentation, la surface corporelle, l'exercice musculaire, un choc émotionnel, le jeûne.

19. Comparez les mécanismes de thermolyse aux mécanismes de thermogenèse, et expliquez comment ces mécanismes maintiennent la température corporelle.

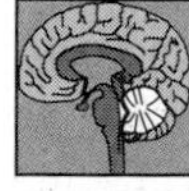

Réflexion et application

1. Calculez le nombre de molécules d'ATP qui peuvent être produites au cours de l'oxydation complète d'un acide gras à 18 atomes de carbone. (Prenez une grande respiration et réfléchissez... vous êtes *capable*.)

2. Chaque année, un certain nombre de personnes âgées sont trouvées mortes dans leur logis non chauffé et considérées comme des victimes de l'hypothermie. Qu'est-ce que l'hypothermie et comment tue-t-elle? Pourquoi les personnes âgées sont-elles plus sensibles à l'hypothermie que les jeunes?

26 Le système urinaire

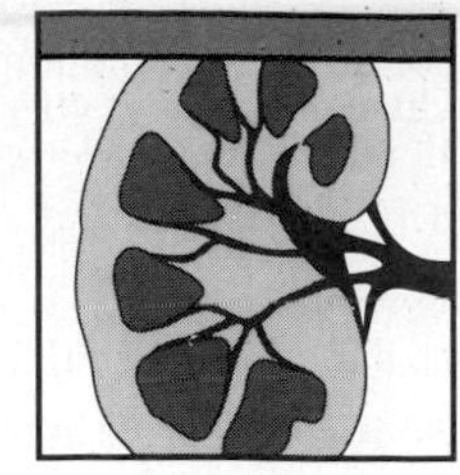

Sommaire et objectifs d'apprentissage

Anatomie des reins (p. 874-879)

1. Décrire l'anatomie macroscopique des reins et de leurs enveloppes.
2. Décrire l'irrigation sanguine des reins.
3. Décrire l'anatomie d'un néphron.

Physiologie des reins: formation de l'urine (p. 880-894)

4. Énumérer quelques-unes des fonctions rénales concourant au maintien de l'homéostasie.
5. Nommer les parties du néphron qui effectuent la filtration, la réabsorption et la sécrétion, et décrire les mécanismes qui sous-tendent chacun de ces processus.
6. Expliquer le rôle que jouent l'aldostérone et le facteur natriurétique auriculaire dans l'équilibre du sodium et de l'eau.
7. Décrire le mécanisme qui maintient le gradient osmotique dans la médulla rénale.
8. Expliquer ce qui distingue la formation d'urine diluée et d'urine concentrée.
9. Décrire les propriétés physiques et chimiques de l'urine normale.
10. Énumérer quelques constituants anormaux de l'urine et indiquer les circonstances dans lesquelles chacun est présent en quantités détectables.

Uretères (p. 894-895)

11. Décrire la structure et la fonction des uretères.

Vessie (p. 895-896)

12. Décrire la structure et la fonction de la vessie.

Urètre (p. 895-897)

13. Décrire la structure et la fonction de l'urètre.
14. Comparer le trajet, la longueur et les fonctions de l'urètre masculin à ceux de l'urètre féminin.

Miction (p. 897-898)

15. Définir la miction et décrire le réflexe de miction.

Développement et vieillissement du système urinaire (p. 898-901)

16. Décrire le développement embryonnaire des organes du système urinaire.
17. Énumérer quelques-uns des changements que le vieillissement fait subir à l'anatomie et à la physiologie du système urinaire.

Les reins, qui purifient et équilibrent les liquides du milieu interne, ont une fonction essentielle au maintien de l'homéostasie. Ils jouent, dans l'organisme, le même rôle qu'une usine d'épuration dans une ville: ils filtrent les liquides en circulation, et ils éliminent les «eaux usées». Ce travail passe habituellement inaperçu, sauf si une défaillance entraîne une accumulation des «déchets internes». Sans relâche, les reins filtrent le plasma, excrètent dans l'urine des toxines en provenance du foie de même que des déchets métaboliques comme l'urée et des ions en excès, et renvoient les substances nécessaires dans le sang. Bien que les poumons et la peau concourent aussi à l'excrétion, l'élimination des déchets azotés, des toxines et des médicaments relève principalement des reins.

Outre qu'ils excrètent les déchets de l'organisme, les reins règlent le volume et la composition chimique du sang en conservant le juste équilibre entre l'eau et les électrolytes d'une part et entre les acides et les bases d'autre part. La tâche confondrait un ingénieur chimiste, mais les reins s'en acquittent efficacement la plupart du temps.

Les fonctions régulatrices des reins ne s'arrêtent pas là. En effet, ils produisent l'enzyme appelée *rénine*, qui règle la pression artérielle et la fonction rénale, et l'hormone appelée *érythropoïétine*, qui stimule la formation des globules rouges dans la moelle rouge des os (voir le chapitre 18). Enfin, les cellules rénales transforment la vitamine D en sa forme active (voir le chapitre 17).

En plus des reins, le **système urinaire** comprend les deux *uretères* et l'*urètre*, les conduits de transport de l'urine, ainsi que la *vessie*, le réservoir où l'urine est temporairement emmagasinée (figure 26.1).

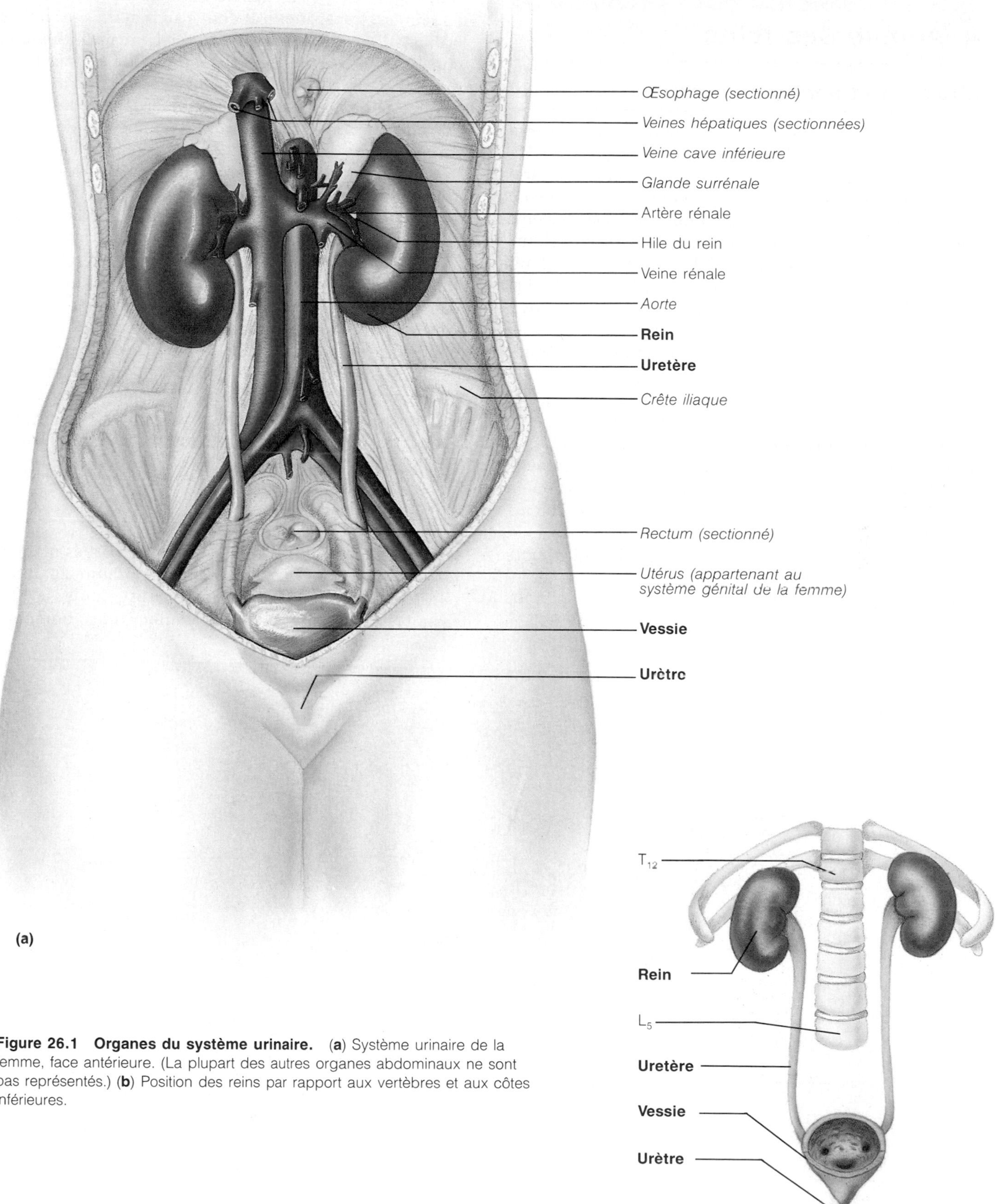

Figure 26.1 Organes du système urinaire. (**a**) Système urinaire de la femme, face antérieure. (La plupart des autres organes abdominaux ne sont pas représentés.) (**b**) Position des reins par rapport aux vertèbres et aux côtes inférieures.

Anatomie des reins

Situation et anatomie externe

Les reins, en forme de haricots, occupent une position rétropéritonéale dans la région lombaire *supérieure* (figure 26.2); autrement dit, ils sont situés entre la paroi dorsale et le péritoine pariétal. Comme ils s'étendent à peu près de la douzième vertèbre thoracique à la troisième vertèbre lombaire, ils sont protégés dans une certaine mesure par la partie inférieure de la cage thoracique (voir la figure 26.1b). Comprimé par le foie, le rein droit est un peu plus bas que le gauche. Un rein adulte pèse environ 150 g, et il mesure en moyenne 12 cm de long, 6 cm de large et 3 cm d'épais, soit à peu de chose près les dimensions d'un gros savon. La face externe du rein est convexe, tandis que sa face interne est concave et porte une fente verticale appelée *hile*; le hile conduit à une cavité appelée **sinus rénal.** Diverses structures, dont les uretères, les vaisseaux sanguins rénaux, des vaisseaux lymphatiques et des nerfs, entrent dans les reins ou en sortent au hile et sont regroupés dans le sinus. Chaque rein est surmonté d'une *glande surrénale*, un organe totalement distinct du point de vue fonctionnel car il sécrète des hormones et appartient de ce fait au système endocrinien (voir la figure 26.1a).

Trois couches de tissu entourent et soutiennent chaque rein (figure 26.2). La **capsule fibreuse du rein**, accolée au rein, est transparente et donne au rein frais ses reflets brillants. Tapissant aussi le sinus rénal, la capsule fibreuse constitue une barrière étanche qui refoule les infections provenant des régions avoisinantes. La couche intermédiaire est une masse adipeuse appelée **capsule adipeuse du rein**; elle appuie le rein contre les muscles de la partie postérieure du tronc et elle le protège contre les coups. La couche extérieure, le **fascia rénal**, est formée de tissu conjonctif dense. Elle entoure non seulement le rein et ses membranes, mais aussi la glande surrénale, et elle ancre ces organes aux structures voisines.

L'enveloppe adipeuse des reins joue un rôle extrêmement important, car elle maintient les reins dans leur position normale. La perte de tissu adipeux (résultant notamment de l'émaciation extrême et de la perte pondérale rapide) peut entraîner une *ptose*, ou descente, des reins. Si la ptose cause la déformation d'un uretère, l'urine peut refouler dans le rein et exercer une pression sur les tissus. Ce trouble, appelé *hydronéphrose*, peut provoquer de graves lésions, voire la nécrose et l'insuffisance rénale. ■

Anatomie interne

Une coupe frontale du rein révèle trois parties distinctes: le cortex, la médulla et le bassinet (figure 26.3). La partie externe, le **cortex rénal**, est pâle et granuleuse. Elle recouvre la **médulla rénale**, de couleur rouge brun, qui

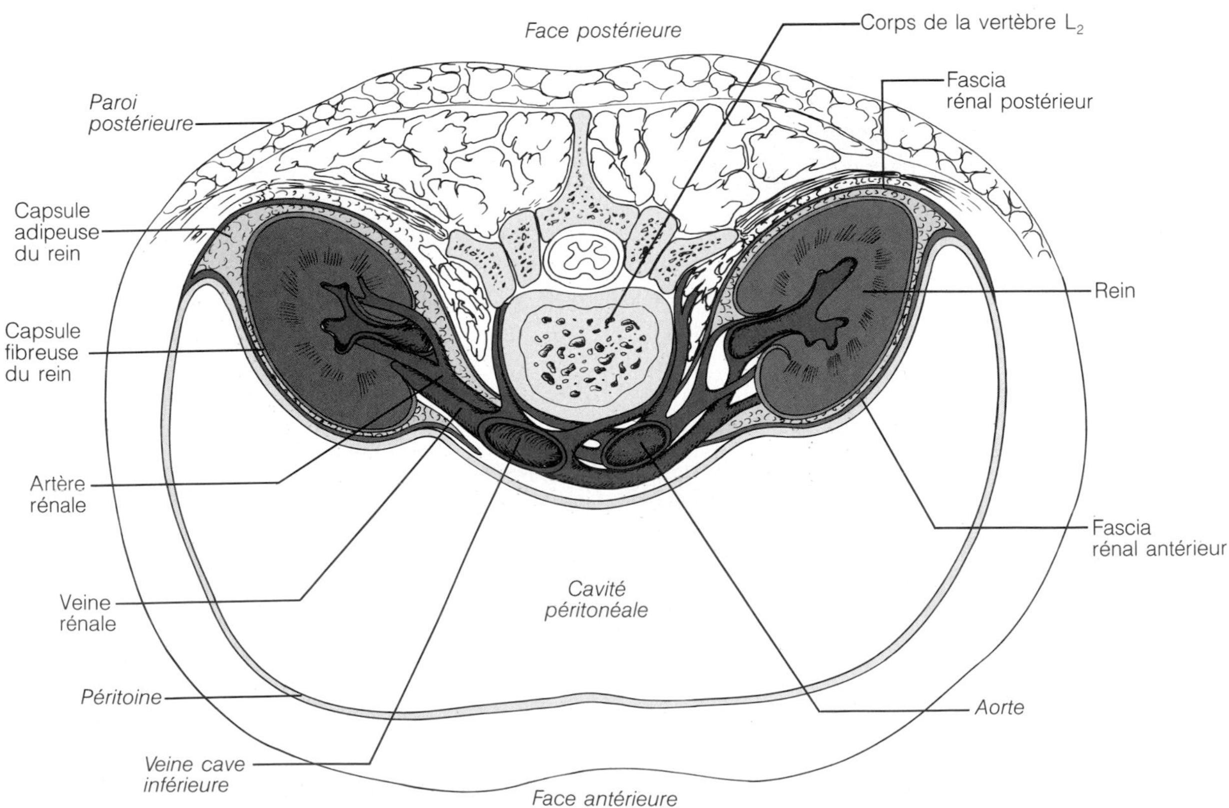

Figure 26.2 Position des reins contre la paroi postérieure de l'organisme. Les reins occupent une position rétropéritonéale, et ils sont entourés par trois enveloppes: la capsule fibreuse du rein, la capsule adipeuse du rein et le fascia rénal.

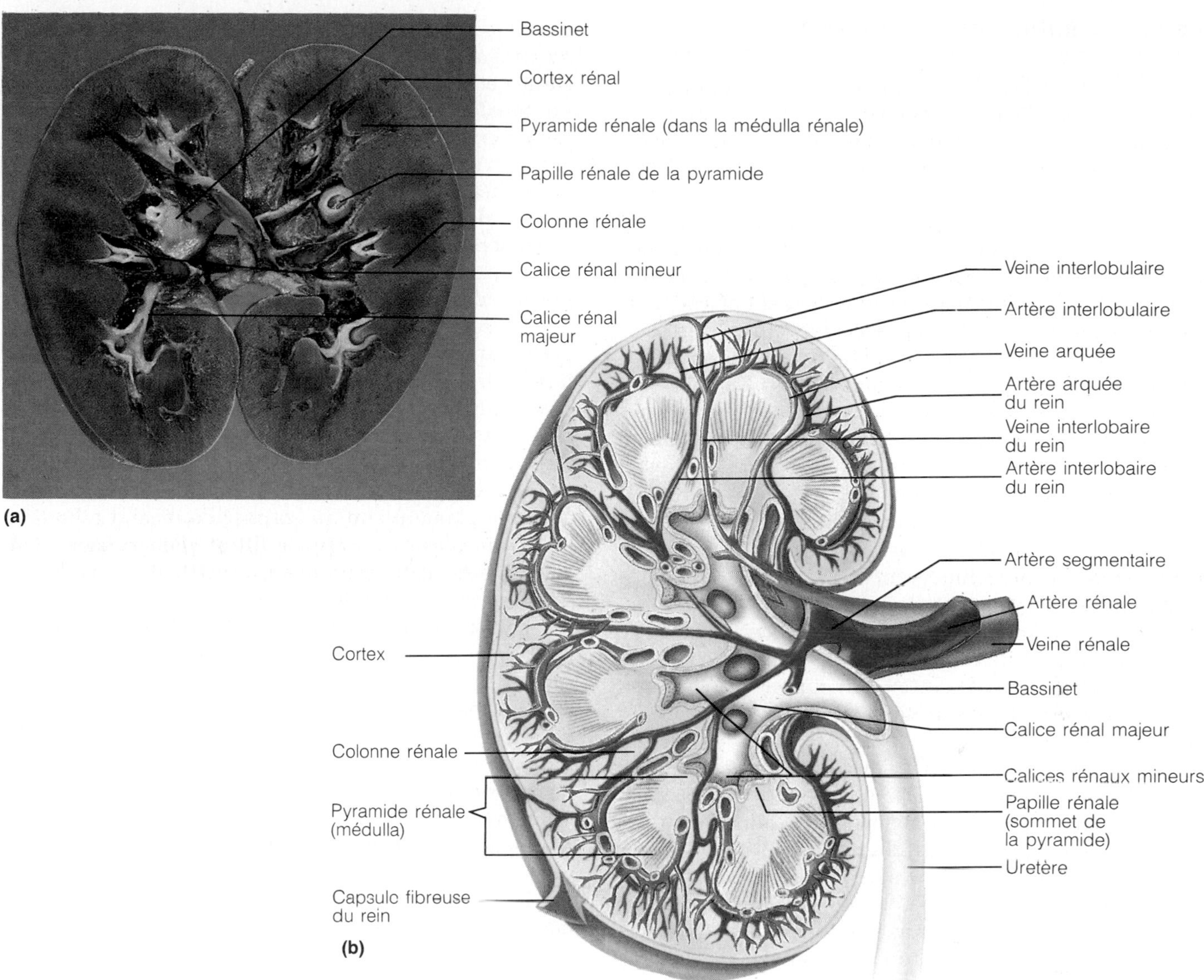

Figure 26.3 Anatomie interne du rein. (**a**) Photographie d'une coupe frontale des reins. (**b**) Diagramme d'un rein en coupe frontale montrant les principaux vaisseaux sanguins.

présente des masses de tissu coniques appelées **pyramides rénales**, ou **de Malpighi.** La *base* de chaque pyramide est orientée vers le cortex, tandis que sa pointe, ou *papille rénale*, est tournée vers l'intérieur du rein. Les pyramides semblent parcourues de rayures, car elles sont presque entièrement formées de faisceaux de tubules microscopiques à peu près parallèles. Les **colonnes rénales**, des zones de tissu prenant une teinte pâle à la coloration, sont des prolongements du tissu cortical qui séparent les pyramides. Chaque pyramide rénale constitue, avec son «capuchon» de tissu cortical, un **lobe rénal.** (Les lobes rénaux sont au nombre de huit environ.)

Au niveau du hile, dans le sinus rénal, se trouve un tube plat en forme d'entonnoir, le **bassinet**, ou **pelvis rénal**, qui communique avec l'uretère. Le bassinet se prolonge vers l'intérieur du rein par deux ou trois **calices majeurs**, qui se ramifient à leur tour en **calices mineurs**, les cavités où débouchent les papilles des pyramides. Les calices reçoivent l'urine qui se draine continuellement par les orifices papillaires, et ils la déversent dans le bassinet. L'uretère transporte ensuite l'urine jusqu'à la vessie. Les parois des calices, du bassinet et de l'uretère contiennent du tissu musculaire lisse qui se contracte rythmiquement et dont le péristaltisme propulse l'urine.

L'infection du bassinet et des calices est appelée *pyélite.* L'infection et l'inflammation du rein entier est appelée *pyélonéphrite.* Les infections du rein sont généralement causées par des bactéries fécales (*E. coli*) qui se propagent de la région anale aux voies urinaires inférieures. Il arrive aussi que les infections du rein soient dues à des bactéries que le sang apporte d'autres régions. La pyélonéphrite grave cause l'œdème du rein, la formation d'abcès et l'accumulation de pus dans le bassinet. Laissée sans traitement, la pyélonéphrite peut causer de graves lésions des reins, mais l'antibiothérapie permet habituellement une rémission complète. ■

Vascularisation et innervation

Étant donné que les reins purifient le sang et équilibrent sa composition, ils sont dotés de très nombreux vaisseaux sanguins (voir la figure 26.3). Au repos, les grosses **artères rénales** acheminent aux reins le quart environ du débit cardiaque total (soit approximativement 1200 mL de sang par minute). Les artères rénales émergent à angle droit de l'aorte abdominale, entre la première et la deuxième vertèbre lombaire. Comme l'aorte chemine à gauche de l'axe médian, l'artère rénale droite est généralement plus longue que la gauche. À l'approche des reins, les artères rénales donnent naissance aux cinq **artères segmentaires du rein**, lesquelles entrent dans le hile. À l'intérieur du sinus, chaque artère segmentaire se divise pour donner les **artères interlobaires du rein**, lesquelles rejoignent le cortex en passant dans les colonnes rénales, c'est-à-dire entre les pyramides rénales.

À la jonction de la médulla et du cortex, les artères interlobaires donnent des branches appelées **artères arquées du rein**, qui s'incurvent au-dessus des bases des pyramides rénales. Les petites **artères interlobulaires du rein** rayonnent des artères arquées et alimentent le tissu cortical (voir la figure 26.5). Plus de 90 % du sang entrant dans les reins irrigue le cortex, qui contient la majeure partie des *néphrons*, les unités structurales et fonctionnelles des reins.

Les veines qui sortent du rein suivent à peu de chose près le même trajet que les artères. Le sang qui s'écoule du cortex emprunte successivement les **veines interlobulaires**, les **veines arquées**, les **veines interlobaires** et les **veines rénales.** (Il n'y a pas de veines segmentaires.) Les veines rénales se déversent dans la veine cave inférieure située à droite de la colonne vertébrale; par conséquent, la veine rénale gauche est environ deux fois plus longue que la droite.

L'innervation du rein et de l'uretère est fournie par le **plexus rénal**, un réseau variable de neurofibres et de ganglions du système nerveux autonome. Le plexus rénal est principalement constitué de neurofibres sympathiques provenant des nerfs splanchniques inférieurs et de la première paire de nerfs splanchniques lombaires, qui cheminent jusqu'au rein parallèlement à l'artère rénale. Ces neurofibres vasomotrices régissent le débit sanguin rénal en ajustant le diamètre des artérioles.

Néphrons

Chaque rein contient plus de un million de **néphrons**, de minuscules unités de filtration du sang où se déroulent les processus menant à la formation de l'urine (figure 26.4). Chaque néphron est formé d'un **corpuscule rénal** associé à un **tubule rénal.** Le corpuscule rénal est une vésicule composée de la **capsule glomérulaire rénale**, ou **capsule de Bowman**, et d'un bouquet de capillaires artériels appelé **glomérule rénal** (*glomus* = peloton). La capsule glomérulaire entoure complètement le glomérule, comme un gant de base-ball entoure une balle. Elle est formée de deux feuillets séparés par une cavité, ou *chambre glomérulaire*, qui se prolonge par le tubule rénal. Le *feuillet pariétal* est constitué d'un épithélium pavimenteux simple et il a un rôle strictement structural; il forme la limite externe de la capsule et n'entre pas en contact avec le glomérule. Le *feuillet viscéral*, qui s'attache aux capillaires du glomérule (figure 26.4b), est composé de cellules épithéliales modifiées et ramifiées appelées **podocytes**; ces cellules en forme de pieuvres forment une partie de la membrane de filtration. Les ramifications des podocytes se terminent en **pédicelles** (littéralement, «petits pieds»), des formations enchevêtrées qui s'attachent à la lame basale des capillaires glomérulaires. Les espaces délimités par les pédicelles sont appelés **fentes de filtration** (voir la figure 26.8, à la page 881). L'endothélium des capillaires glomérulaires est *fenestré* (percé de pores), ce qui rend ces capillaires exceptionnellement poreux. Grâce à cette adaptation, ils peuvent laisser passer de grandes quantités de liquide riche en solutés du sang vers la chambre glomérulaire du corpuscule rénal. Ce liquide dérivé du plasma est appelé **filtrat glomérulaire**, et il constitue la matière première à partir de laquelle les tubules rénaux produisent l'urine.

Le reste du tubule rénal (figure 26.4b) mesure approximativement 3 cm de long. Après la capsule glomérulaire rénale, le tubule devient sinueux et forme le **tubule contourné proximal**; il décrit ensuite un virage en épingle à cheveux appelé **anse du néphron** (ou anse de Henlé). Enfin, il redevient sinueux et prend le nom de **tubule contourné distal** avant de se jeter dans un conduit appelé tubule rénal collecteur. La longueur conférée au tubule rénal par ses méandres favorise le traitement du filtrat glomérulaire.

Le **tubule rénal collecteur**, qui reçoit l'urine provenant de nombreux néphrons, parcourt la pyramide vers la papille rénale. À l'approche du bassinet, il devient plus large et forme le **conduit papillaire**, qui déverse l'urine dans le calice mineur par l'entremise des orifices papillaires. L'ensemble des tubules rénaux collecteurs donne aux pyramides rénales leurs rayures longitudinales.

Chaque segment du tubule rénal ayant une fonction particulière, il diffère aussi des autres par son histologie. Les parois du *tubule contourné proximal* sont formées de cellules épithéliales cubiques, qui réabsorbent activement les substances du filtrat glomérulaire et contribuent accessoirement à y sécréter d'autres substances. Ces cellules sont pourvues de grosses mitochondries et de microvillosités denses qui remplissent presque complètement la lumière du tubule. Les microvillosités accroissent incommensurablement la surface de contact des cellules avec le filtrat glomérulaire et, par le fait même, leur aptitude à réabsorber l'eau et les solutés du filtrat. L'*anse du néphron*, en forme de U, comprend une partie descendante et une partie ascendante. Le début de la partie descendante communique avec le tubule contourné proximal, et ses cellules sont semblables à celles de cette structure. Le reste de la partie descendante, appelé **segment grêle**, est formé d'un épithélium pavimenteux simple perméable à l'eau. L'épithélium devient cubique ou même cylindrique dans la partie ascendante de l'anse du

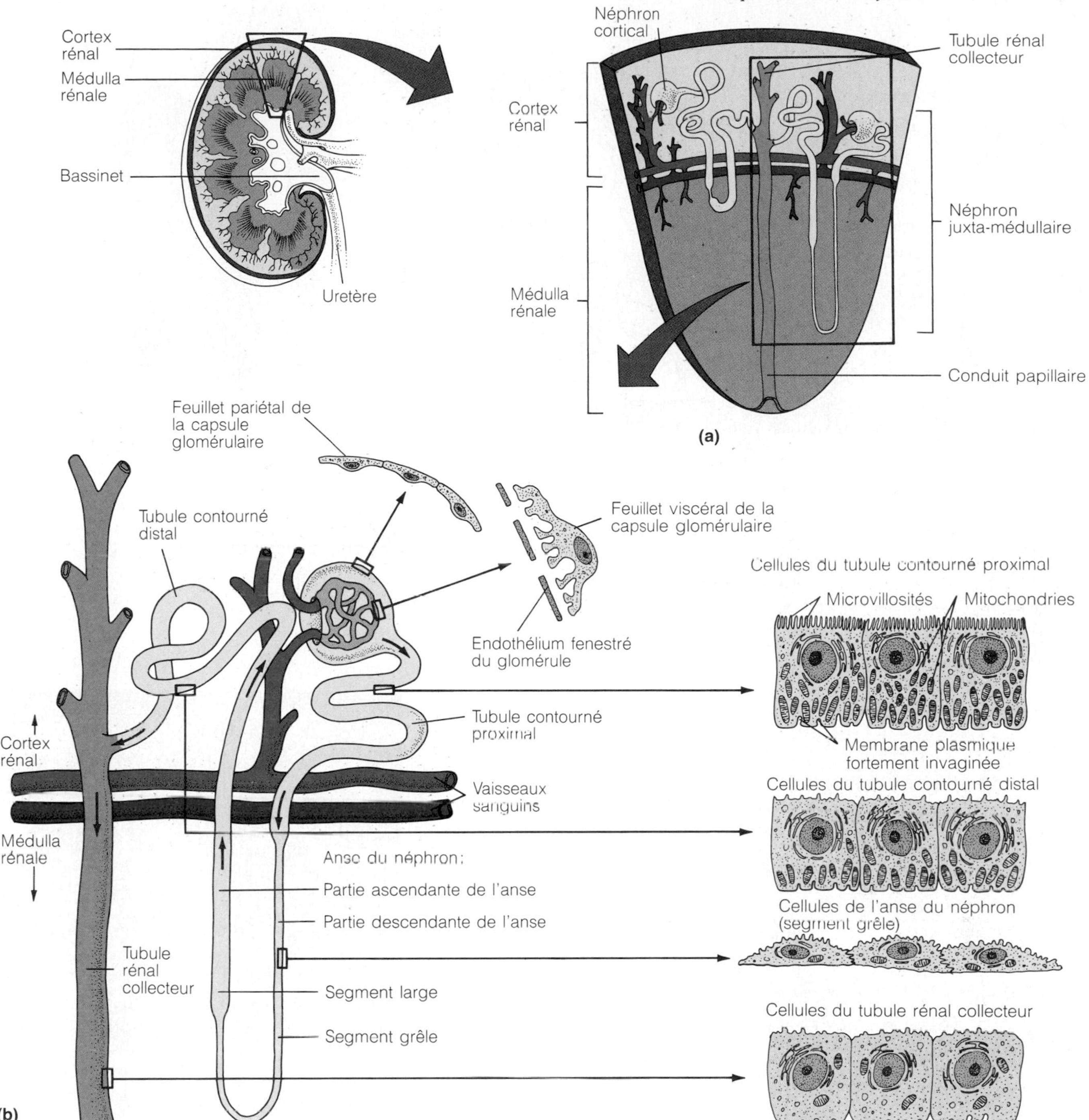

Figure 26.4 Situation et structure des néphrons. (**a**) Section conique (lobe) de tissu rénal montrant la situation des néphrons dans le rein. (**b**) Schéma d'un néphron montrant les caractéristiques structurales des cellules épithéliales formant ses diverses parties.

néphron, qui prend le nom de **segment large.** Dans certains néphrons, le segment grêle ne se trouve que dans la partie descendante de l'anse du néphron, tandis qu'il s'étend jusque dans la partie ascendante dans d'autres néphrons. Les cellules épithéliales du *tubule contourné distal*, comme celles du tubule contourné proximal, sont cubiques, mais elles sont plus minces et presque entièrement dépourvues de microvillosités. Ces particularités structurales laissent croire que le rôle des tubules distaux consiste davantage à sécréter des solutés dans le filtrat qu'à en réabsorber des substances.

La plupart des néphrons (85 % d'entre eux) sont des **néphrons corticaux**, car seule une petite portion de leurs anses s'enfonce dans la médulla rénale externe. Les autres néphrons, les **néphrons juxta-médullaires**, ont une structure quelque peu différente, et ils jouent un rôle important dans la capacité des reins de produire de l'urine concentrée. Ils sont situés près de la jonction du cortex

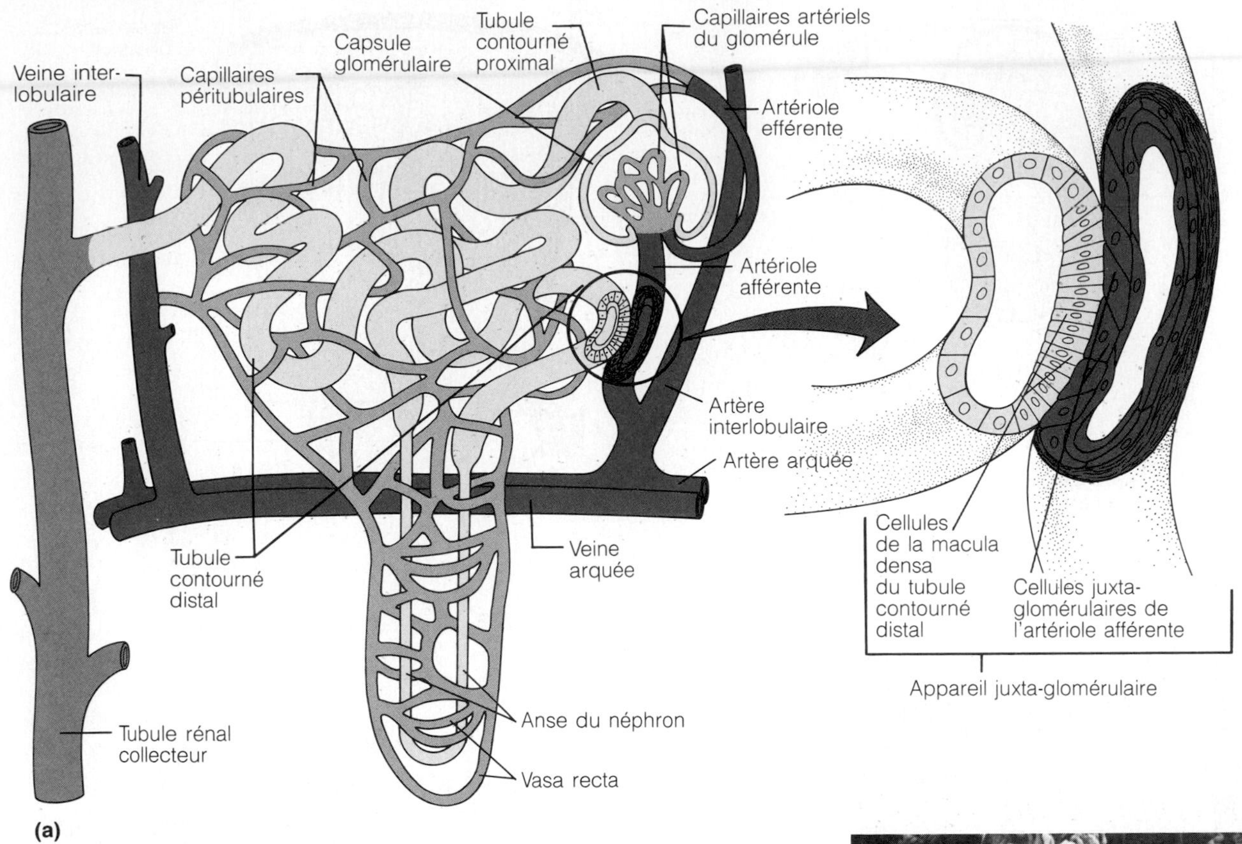

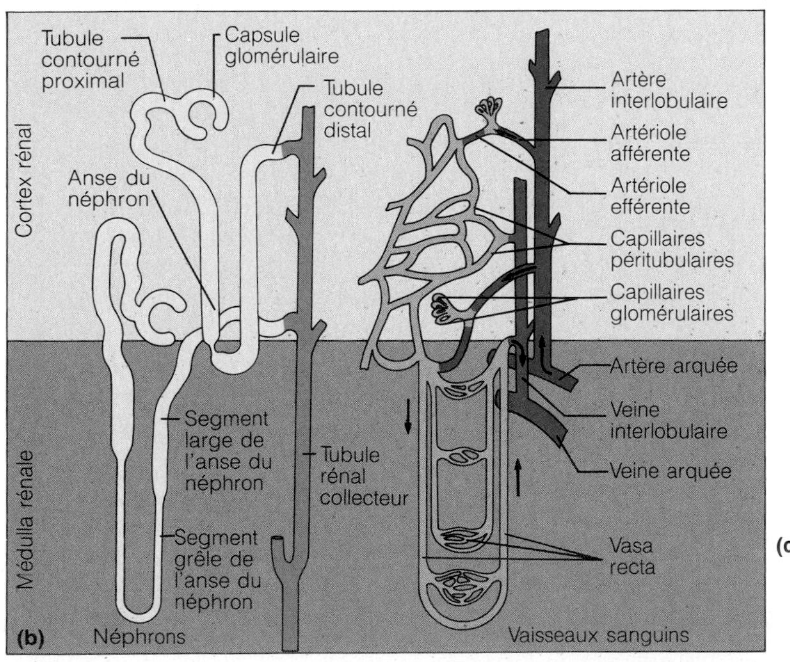

Figure 26.5 Anatomie détaillée d'un néphron et de ses vaisseaux sanguins. (**a**) Structure d'un néphron juxta-médullaire et de ses capillaires. (**b**) Comparaison entre les structures tubulaires et les vaisseaux sanguins d'un néphron cortical et ceux d'un néphron juxta-médullaire dessinés à la même échelle. (**c**) Photomicrographie au microscope électronique à balayage d'un moulage de vaisseaux sanguins associés à des néphrons (× 65).

et de la médulla. Leurs anses s'enfoncent profondément dans la médulla rénale, et leurs segments grêles sont beaucoup plus longs que ceux des **néphrons corticaux** (voir les figures 26.4a et 26.5b).

Lits capillaires du néphron

Chaque néphron est étroitement associé à deux lits capillaires: le *glomérule* et le *lit capillaire péritubulaire* (figure 26.5). Le glomérule, spécialisé dans la filtration,

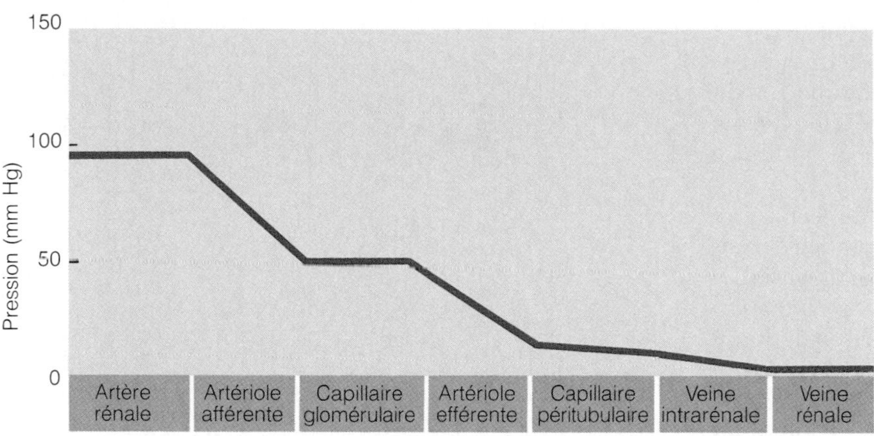

Figure 26.6 Pressions sanguines dans la circulation rénale. Les deux points où la résistance est la plus forte (et qui marquent des diminutions importantes de la pression sanguine) sont l'artériole afférente qui alimente le glomérule et l'artériole efférente qui le draine.

diffère de tous les autres lits capillaires en ceci qu'il est à la fois alimenté et drainé par des artérioles, l'**artériole glomérulaire afférente** et l'**artériole glomérulaire efférente** respectivement. Comme ces capillaires unissent deux artérioles et non une artériole à une veinule, on précise qu'il s'agit de capillaires artériels. Les artérioles afférentes naissent des *artères interlobulaires* qui parcourent le cortex rénal (voir aussi la figure 26.3b). Étant donné que (1) les artérioles sont des vaisseaux à forte résistance et que (2) l'artériole glomérulaire afférente a un plus grand diamètre que l'artériole glomérulaire efférente, la pression sanguine est beaucoup plus élevée dans les capillaires glomérulaires que dans n'importe quel autre lit capillaire. Par conséquent, la pression hydrostatique pousse facilement le liquide et les solutés du sang dans la chambre glomérulaire sur toute la surface des capillaires du glomérule. La majeure partie du filtrat glomérulaire (99 %) est ultérieurement réabsorbée par les cellules du tubule rénal et renvoyée dans le sang par l'intermédiaire des lits capillaires péritubulaires.

Le **lit capillaire péritubulaire** est composé de capillaires issus de l'artériole glomérulaire efférente qui draine le glomérule. Ces capillaires sont intimement liés au tubule rénal, et ils se jettent dans les veinules du réseau veineux rénal. Les capillaires péritubulaires sont adaptés à l'absorption: la pression sanguine y est faible, ils sont poreux, et ils captent facilement les solutés et l'eau à mesure que les cellules tubulaires réabsorbent ces substances du filtrat, c'est-à-dire de la lumière du tubule vers le liquide interstitiel. Les néphrons juxta-médullaires sont en outre dotés de vaisseaux à paroi mince appelés **vasa recta** (littéralement, « vaisseaux droits »); ces artérioles et veinules sont parallèles à l'anse du néphron qui s'enfonce jusque dans la médulla rénale (voir la figure 26.5). En résumé, le néphron comprend deux lits capillaires séparés par une artériole efférente. Le premier lit (le glomérule) produit le filtrat, tandis que le second (les capillaires péritubulaires) en récupère la majeure partie.

Résistance vasculaire dans le rein. En s'écoulant dans les reins, le sang rencontre une forte résistance, d'abord dans les artérioles glomérulaires afférentes, puis dans les artérioles glomérulaires efférentes. Par conséquent, la pression sanguine rénale, d'environ 95 mm Hg dans les artères rénales, chute à 8 mm Hg ou moins dans les veines rénales (figure 26.6). La résistance des artérioles glomérulaires afférentes protège les glomérules contre les fluctuations extrêmes de la pression artérielle systémique. La résistance rencontrée dans les artérioles glomérulaires efférentes augmente la pression hydrostatique dans les capillaires glomérulaires et la réduit dans les capillaires péritubulaires.

Appareil juxta-glomérulaire

Chaque néphron comprend une partie appelée **appareil juxta-glomérulaire**, où le tubule contourné distal s'appuie contre l'artériole afférente alimentant le glomérule (figure 26.5a). À leur point de contact, les deux structures sont modifiées.

La paroi de l'artériole afférente contient des **cellules juxta-glomérulaires**, ou **myo-épithéliocytes**, des cellules musculaires lisses dilatées dont les gros granules contiennent de la rénine. Ces cellules semblent correspondre à des mécanorécepteurs qui détectent directement la pression artérielle. La **macula densa** (« tache dense »), dans le tubule contourné distal, est un amas de grandes cellules accolé aux cellules juxta-glomérulaires de l'artériole afférente. Les cellules de la macula densa sont des chimiorécepteurs ou des osmorécepteurs qui réagissent aux variations de la concentration des solutés dans le filtrat. Ces deux populations cellulaires jouent un rôle important dans la régulation du volume du filtrat glomérulaire et de la pression artérielle systémique. Nous y reviendrons plus loin.

Physiologie des reins: formation de l'urine

Merveilleusement complexes, les reins traitent quotidiennement environ 180 L de liquide dérivé du sang. Ils n'excrètent sous forme d'urine qu'environ 1 % de cette quantité, soit 1,5 L, renvoyant le reste dans la circulation. Sur les 1000 à 1200 mL de sang qui traversent les glomérules chaque minute, on compte environ 650 mL de plasma, dont le cinquième (120 à 125 mL) passe à travers le filtre glomérulaire. Cela équivaut à filtrer le volume plasmatique entier d'un individu plus de 60 fois par jour! Considérant l'ampleur de leur tâche, il n'est pas étonnant que les reins (qui ne représentent qu'environ 1 % du poids corporel) utilisent de 20 à 25 % de l'oxygène consommé par l'organisme au repos afin de produire l'ATP nécessaire à leur fonction.

La formation de l'urine incombe entièrement aux néphrons. L'élaboration de l'urine et l'adaptation simultanée de la composition du sang se divisent essentiellement en trois processus (figure 26.7). La *filtration glomérulaire* s'effectue dans les glomérules, qui jouent le rôle de filtres non sélectifs. La *réabsorption tubulaire* et la *sécrétion tubulaire*, soumises à des mécanismes de régulation rénaux et hormonaux précis, relèvent des tubules rénaux.

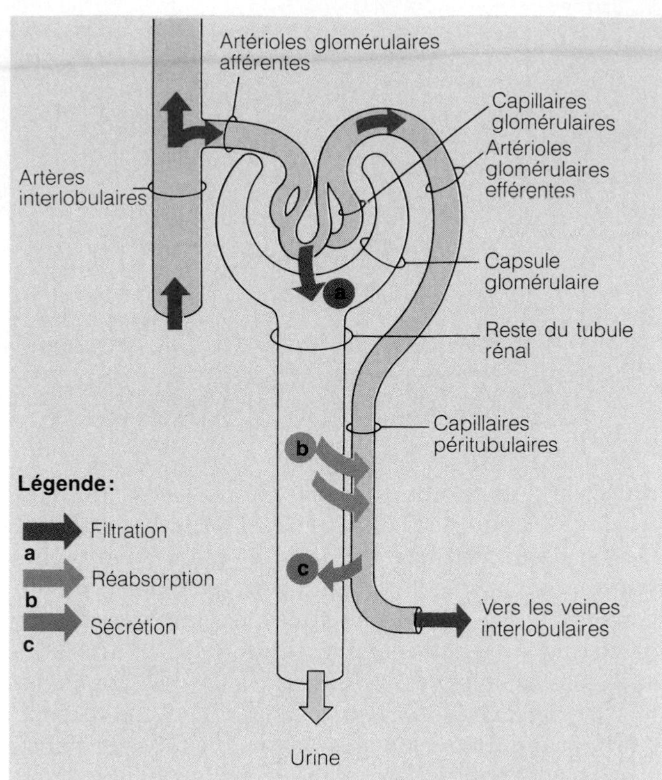

Figure 26.7 Rein représenté sous la forme d'un néphron unique. Un rein contient en réalité des millions de néphrons agissant en parallèle. Les trois principaux processus par lesquels les reins ajustent la composition du plasma sont: (**a**) la filtration glomérulaire; (**b**) la réabsorption tubulaire; (**c**) la sécrétion tubulaire.

Filtration glomérulaire

La formation de l'urine commence par la **filtration glomérulaire.** Il s'agit d'un processus passif et non sélectif au cours duquel les liquides et les solutés sont poussés à travers une membrane par la pression hydrostatique (voir le chapitre 3). Le filtrat glomérulaire ainsi formé se retrouve dans la chambre glomérulaire, qui s'abouche au tubule contourné proximal. Comme la formation du filtrat ne nécessite pas d'énergie métabolique, on peut considérer les glomérules comme de simples filtres mécaniques. Les principes de la dynamique des fluides présidant à la formation du liquide interstitiel dans tous les lits capillaires (voir le chapitre 20) s'appliquent également à la formation du filtrat dans les glomérules. Toutefois, le glomérule constitue un filtre beaucoup plus efficace que les autres lits capillaires. Il y a deux raisons à cela: (1) la *membrane de filtration* du glomérule est infiniment plus perméable à l'eau et aux solutés que ne le sont les autres membranes capillaires; (2) la pression sanguine est beaucoup plus élevée dans le glomérule que dans les autres lits capillaires (55 mm Hg plutôt que de 15 à 20 mm Hg), et elle produit une *pression nette de filtration* beaucoup plus forte. Par suite de ces différences, les reins produisent environ 180 L de filtrat quotidiennement, tandis que tous les autres lits capillaires de l'organisme n'en produisent collectivement que de 3 à 4 L.

Membrane de filtration

La **membrane de filtration** est le filtre interposé entre le sang et la chambre glomérulaire du néphron. C'est une membrane poreuse qui laisse librement passer l'eau et les solutés plus petits que les protéines plasmatiques. Elle est composée de trois couches: (1) l'endothélium capillaire fenestré (glomérulaire); (2) le feuillet viscéral de la capsule glomérulaire rénale formé de podocytes; (3) la membrane basale constituée par la fusion des lames basales des deux couches précédentes (figure 26.8).

Les pores des capillaires ne laissent pas passer les globules sanguins. La membrane basale, elle, laisse passer les très petites protéines et les autres solutés. À cause de sa composition, la membrane basale présente une certaine sélectivité et fait en quelque sorte office de «tamis moléculaire». En effet, la plupart de ses protéines sont des glycoprotéines anioniques (chargées négativement) qui repoussent les autres anions et gênent leur passage dans le tubule. Par conséquent, le filtrat contient relativement plus de molécules cationiques (chargées positivement) et neutres que de molécules anioniques. Le nom de «fentes de filtration» est en fait une impropriété, car les espaces séparant les pédicelles restreignent peu, si tant est qu'ils le fassent, le passage des molécules.

En général, la membrane de filtration laisse librement passer du plasma sanguin vers la chambre glomérulaire les molécules d'un diamètre inférieur à 3 nm, soit l'eau, le glucose, les acides aminés et les déchets azotés. Par conséquent, ces substances sont habituellement aussi concentrées dans le sang glomérulaire que dans le filtrat. Les molécules dont le diamètre est supérieur à 3 nm traversent la membrane avec difficulté, et celles dont le diamètre dépasse les 7 ou 9 nm n'ont aucun accès à la chambre glomérulaire. La concentration des protéines plasmatiques, principalement de l'albumine, engendre dans les capillaires glomérulaires une pression osmotique qu'on appelle **pression oncotique.** La pression oncotique est suffisante poür empêcher l'eau du plasma de filtrer totalement dans la chambre glomérulaire. La présence de protéines ou de globules sanguins dans l'urine traduit donc généralement une atteinte de la membrane de filtration.

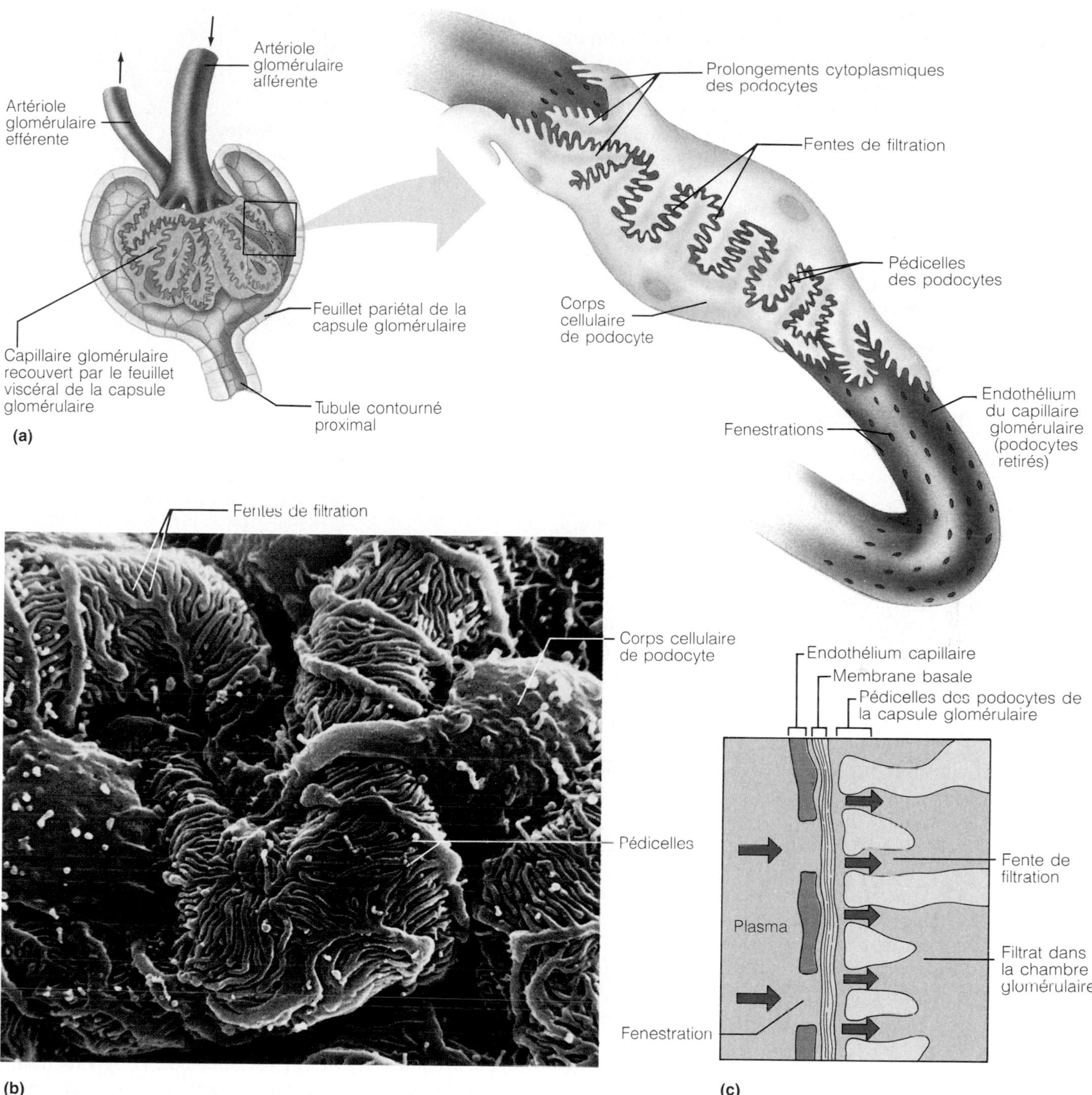

Figure 26.8 Membrane de filtration. La membrane de filtration est composée de trois couches: l'endothélium glomérulaire fenestré, le feuillet viscéral de la capsule glomérulaire rénale, contenant des podocytes, et la membrane basale. (**a**) Diagramme d'une vue tridimensionnelle montrant la relation entre le feuillet viscéral de la capsule glomérulaire rénale et les capillaires glomérulaires. Le dessin de l'épithélium viscéral est interrompu pour montrer les fenestrations de la paroi capillaire sous-jacente. (**b**) Photomicrographie au microscope électronique à balayage du feuillet viscéral. Les fentes de filtration entre les pédicelles des podocytes apparaissent clairement (× 39 000). (**c**) Diagramme d'une coupe de la membrane de filtration montrant les trois éléments structuraux.

Pression nette de filtration

Pour déterminer la **pression nette de filtration (PNF)** à l'origine de la formation du filtrat glomérulaire, il faut examiner les forces à l'œuvre dans les capillaires du glomérule et dans la chambre glomérulaire (figure 26.9). La **pression hydrostatique glomérulaire** (essentiellement, la pression sanguine glomérulaire) est la principale force qui pousse l'eau et les solutés à travers la membrane de filtration. Bien que, théoriquement, la pression oncotique régnant dans la chambre glomérulaire y «attire» le filtrat, elle est en réalité de zéro, car une quantité relativement faible de protéines entre dans la capsule.

La pression hydrostatique glomérulaire (55 mm Hg) s'oppose à deux forces qui tentent de ramener les liquides dans les capillaires glomérulaires: (1) la **pression osmotique glomérulaire**, ou la pression oncotique due à la présence des protéines plasmatiques dans le sang glomérulaire (environ 30 mm Hg); (2) la **pression hydrostatique capsulaire** (environ 15 mm Hg) exercée par les liquides dans la chambre glomérulaire. Par conséquent, la pression nette de filtration à l'origine de la formation du filtrat à partir du plasma est de 10 mm Hg:

$$\text{PNF} = \begin{matrix}\text{pression}\\ \text{hydrostatique}\\ \text{glomérulaire}\end{matrix} - \left(\begin{matrix}\text{pression}\\ \text{osmotique}\\ \text{glomérulaire}\end{matrix} + \begin{matrix}\text{pression}\\ \text{hydrostatique}\\ \text{capsulaire}\end{matrix}\right)$$

$$\text{PNF} = 55 \text{ mm Hg} - (30 \text{ mm Hg} + 15 \text{ mm Hg})$$

$$\text{PNF} = 10 \text{ mm Hg}$$

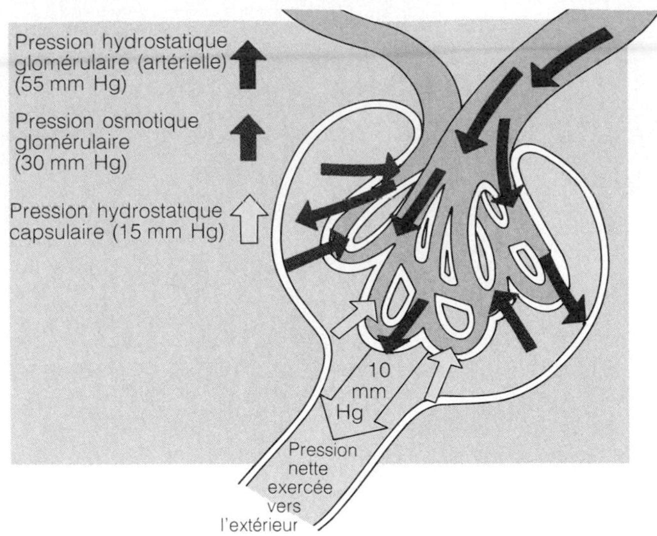

Figure 26.9 Forces déterminant la filtration glomérulaire et la pression nette de filtration. La pression hydrostatique glomérulaire (artérielle) est la principale force qui pousse les liquides et les solutés hors du sang des capillaires glomérulaires. Elle est contrée par la pression osmotique glomérulaire et par la pression hydrostatique régnant dans la chambre glomérulaire rénale. Les valeurs indiquées dans le diagramme sont approximatives.

Débit de filtration glomérulaire

La quantité de liquide filtrée du sang dans la chambre glomérulaire en une minute correspond au **débit de filtration glomérulaire.** Trois facteurs déterminent ce débit dans les lits capillaires: (1) l'aire consacrée à la filtration; (2) la perméabilité de la membrane de filtration; (3) la pression nette de filtration. Le débit de filtration glomérulaire est *directement proportionnel* à la pression nette de filtration. Comme les capillaires glomérulaires ont une perméabilité exceptionnelle et une aire très étendue (équivalente à celle de la peau), les modestes 10 mm Hg de pression nette de filtration peuvent produire d'énormes quantités de filtrat glomérulaire. Il y a malheureusement un revers à cette médaille: une baisse de la pression artérielle entraînant une diminution de 15 % seulement de la pression artérielle dans les capillaires glomérulaires suffit à faire cesser la filtration.

Chez l'adulte, le débit de filtration glomérulaire normal dans les deux reins est de 120 à 125 mL/min (7,5 L/h ou 180 L/d). Une variation d'une des pressions agissant au niveau de la membrane de filtration (voir la figure 26.9) modifie la pression nette de filtration et, par le fait même, le débit de filtration glomérulaire. L'élévation de la pression artérielle systémique et, par conséquent, de la pression artérielle dans les capillaires artériels du glomérule accroît donc le débit de filtration glomérulaire, tandis que la déshydratation (qui augmente la pression osmotique glomérulaire) diminue considérablement la formation du filtrat. Bien que certains états pathologiques puissent modifier ces pressions, les variations du débit de filtration glomérulaire résultent *normalement* de fluctuations de la pression artérielle glomérulaire, qui est soumise à des mécanismes de régulation intrinsèques et extrinsèques.

Régulation de la filtration glomérulaire

Mécanismes intrinsèques: autorégulation rénale.

Dans des conditions normales, la pression sanguine glomérulaire est régie par le système autorégulateur ou système intrinsèque des reins. En ajustant eux-mêmes la quantité de sang qui les traverse, les reins peuvent conserver un débit de filtration glomérulaire constant en dépit des fluctuations de la pression artérielle systémique. L'importance de l'**autorégulation rénale** saute aux yeux lorsqu'on considère que la réabsorption de l'eau et des autres substances du filtrat dépend dans une certaine mesure du *débit* du filtrat dans les tubules. Bien que le débit de filtration glomérulaire puisse augmenter de 30 % sans perturber l'équilibre entre la filtration glomérulaire et la réabsorption tubulaire, la formation de grandes quantités de filtrat s'écoulant rapidement entrave la réabsorption des substances nécessaires et provoque leur élimination dans l'urine. Si, d'un autre côté, le filtrat est peu abondant et s'écoule lentement, il est presque complètement réabsorbé, et avec lui la majeure partie des déchets qui devraient être éliminés. Le système de régulation intrinsèque doit donc ajuster précisément le débit de filtration glomérulaire de chaque néphron pour assurer un traitement adéquat du filtrat. Pour ce faire, il régit directement le diamètre des artérioles afférentes (et, hypothétiquement, des efférentes). Bien que l'autorégulation rénale reste à certains égards mystérieuse, on soupçonne qu'elle repose sur deux mécanismes: (1) un *mécanisme autorégulateur vasculaire myogène* qui réagit aux variations de la pression dans le réseau artériel des reins; (2) un *mécanisme de rétroaction tubulo-glomérulaire* qui s'amorce avec les changements détectés par l'appareil juxta-glomérulaire (figure 26.10). En outre, le *système rénine-angiotensine*, dont la principale fonction est de maintenir la pression artérielle, contribue (indirectement) au maintien du débit de filtration glomérulaire.

Le **mécanisme autorégulateur vasculaire myogène** correspond à la tendance du muscle lisse vasculaire à se contracter sous l'effet de l'étirement. L'élévation de la pression artérielle systémique cause donc la constriction des artérioles glomérulaires afférentes, ce qui réduit le débit

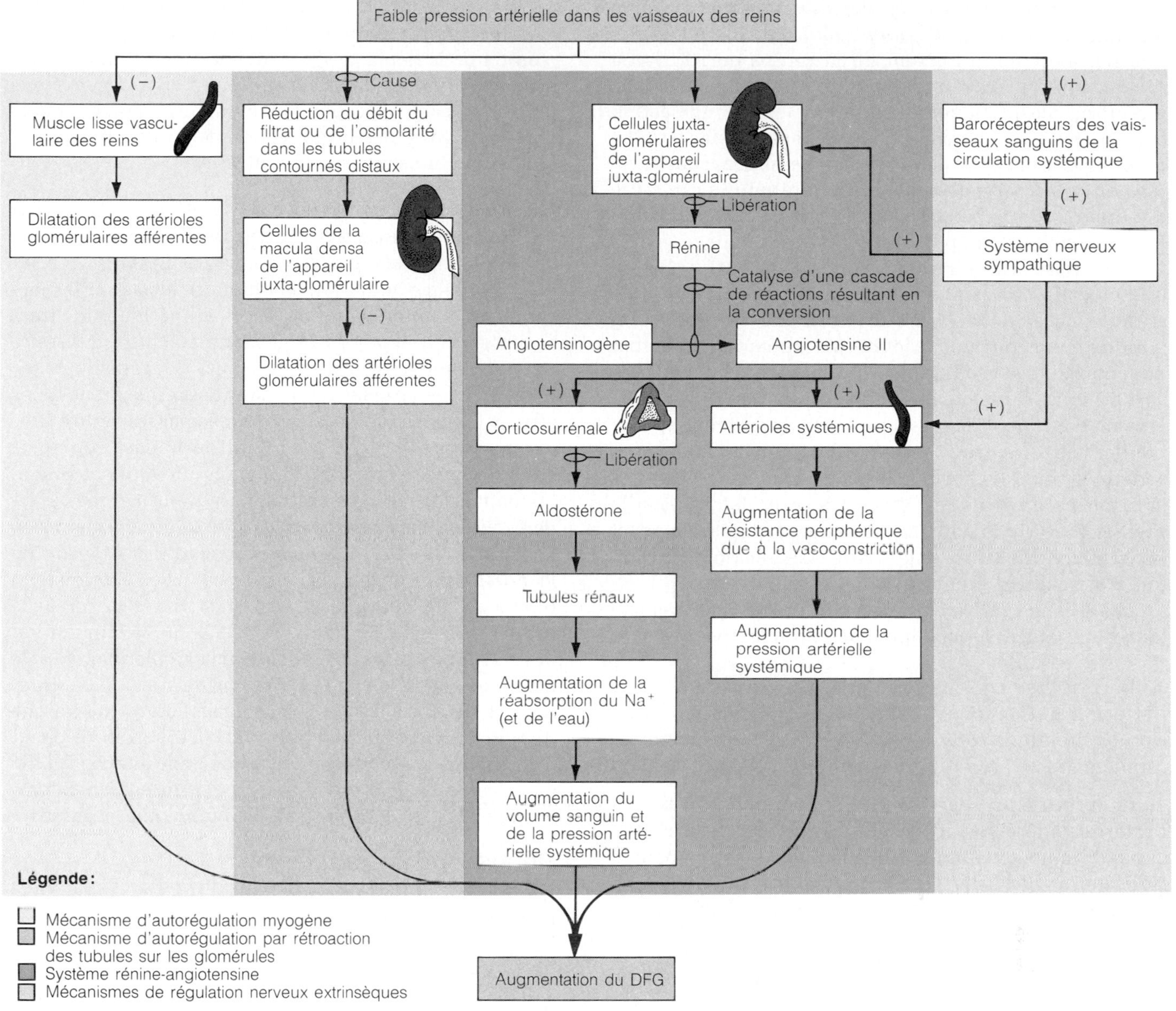

Figure 26.10 Diagramme des mécanismes de régulation du débit de filtration glomérulaire (DFG). (Notez que le symbole (+) représente une stimulation et que le symbole (−) représente une inhibition.)

sanguin dans les capillaires glomérulaires (et abaisse la pression artérielle en aval) et empêche la pression artérielle glomérulaire de s'élever au niveau de la pression artérielle systémique. Par ailleurs, la diminution de la pression artérielle systémique provoque la dilatation des artérioles glomérulaires afférentes, ce qui augmente le débit sanguin dans les capillaires artériels glomérulaires et, par conséquent, la pression artérielle, ou hydrostatique, dans ces capillaires. Les deux réactions contribuent à maintenir un débit de filtration glomérulaire normal.

Le **mécanisme de rétroaction tubulo-glomérulaire** est « dirigé » par les cellules de la *macula densa* de l'**appareil juxta-glomérulaire.** Ces cellules, situées dans les parois des tubules contournés distaux, sont sensibles au ralentissement de l'écoulement du filtrat et aux signaux osmotiques (hypothétiquement, à la faible teneur en ions sodium ou en ions chlorure du filtrat ou encore à une faible osmolarité en général) ; elles libèrent alors des substances chimiques qui provoquent une intense dilatation des artérioles glomérulaires afférentes (par un mécanisme d'action inconnu) et, par conséquent, une augmentation de la filtration glomérulaire. En revanche, les cellules de la macula densa causent la vasoconstriction sous l'effet d'un écoulement rapide du filtrat ou d'une forte osmolarité. La vasoconstriction réduit le débit sanguin dans le glomérule, abaisse le débit de filtration glomérulaire et prolonge la durée du traitement du filtrat glomérulaire dans les tubules rénaux. On croit que ce mécanisme est un important facteur de l'équilibre entre la filtration et la réabsorption tubulaire.

Le **système rénine-angiotensine** se met en branle lorsque les *cellules juxta-glomérulaires* de l'artériole glomérulaire afférente libèrent de la rénine en réaction à divers stimulus. La rénine a sur l'**angiotensinogène**, une globuline plasmatique produite par le foie, une action enzymatique qui l'amène à libérer l'**angiotensine I.** Celle-ci est à son tour convertie en **angiotensine II** par des *enzymes de conversion* associées à l'endothélium capillaire de divers tissus, et particulièrement des poumons. L'angiotensine II, un puissant vasoconstricteur, active les muscles lisses vasculaires de l'organisme entier et cause une élévation de la pression artérielle systémique. Elle stimule aussi dans la corticosurrénale la production d'aldostérone, qui amène les tubules rénaux à réabsorber davantage d'ions sodium (Na^+) du filtrat. Comme l'eau suit les ions Na^+ par osmose, le volume sanguin s'élève et, par conséquent, la pression artérielle systémique augmente (voir la figure 26.10). Certains spécialistes supposent que l'angiotensine II cause aussi la constriction des artérioles glomérulaires efférentes, accroissant ainsi la pression artérielle dans les capillaires glomérulaires et le débit de filtration glomérulaire. La question demeure toutefois matière à controverse.

La libération de rénine est déclenchée par des facteurs agissant indépendamment ou collectivement:

1. Le relâchement des cellules juxta-glomérulaires de l'artériole afférente, dû à une baisse de la pression artérielle systémique sous les 80 mm Hg; ce facteur stimule directement la libération de rénine.
2. La stimulation des cellules juxta-glomérulaires de l'artériole afférente par les cellules activées de la macula densa. Quand les cellules de la macula densa provoquent la dilatation de l'artériole afférente, elles stimulent aussi la libération de rénine par les cellules juxta-glomérulaires.
3. La stimulation des cellules juxta-glomérulaires de l'artériole afférente par le système nerveux sympathique.

Bien que le système rénine-angiotensine contribue à l'autorégulation rénale, sa principale fonction est de stabiliser la pression artérielle systémique et le volume du liquide extracellulaire, un processus que nous étudierons en de plus amples détails au chapitre 27.

Tant que la pression artérielle systémique se maintient entre 80 et 180 mm Hg, les mécanismes d'autorégulation rénale compensent ses fluctuations: en modifiant la résistance des artérioles afférentes, ils gardent au débit sanguin rénal une constance relative. Ils préviennent ainsi des variations marquées dans l'excrétion de l'eau et des ions sodium. Toutefois, ils deviennent inopérants lorsque la pression artérielle systémique atteint des niveaux extrêmement faibles, à la suite notamment d'une hémorragie grave (*choc hypovolémique*). Une fois que la pression artérielle systémique est descendue sous les 50 mm Hg (le point auquel la pression de filtration glomérulaire est égale à la pression qui s'y oppose), la filtration s'arrête. Un débit urinaire anormalement faible (inférieur à 50 mL par jour) est appelé *anurie.* Cet état indique généralement que la pression artérielle glomérulaire est trop basse pour assurer la filtration, mais il peut aussi résulter de la néphrite aiguë, de réactions hémolytiques ou du syndrome d'écrasement (aussi appelé syndrome de Bywaters et correspondant à une insuffisance rénale aiguë chez des blessés par écrasement qui ont subi des contusions musculaires étendues). ■

Mécanismes extrinsèques: stimulation du système nerveux sympathique. Les mécanismes de régulation nerveux pourvoient aux besoins globaux de l'organisme, et ils peuvent prendre le pas sur les mécanismes d'autorégulation rénale en période de stress extrême ou en situation d'urgence, quand il est nécessaire de détourner le sang vers le cœur, l'encéphale et les muscles squelettiques aux dépens des reins. En de telles circonstances, la stimulation exercée par les neurofibres sympathiques et par l'adrénaline cause une forte constriction des artérioles afférentes et réduit considérablement la formation du filtrat. Le système nerveux sympathique amène aussi les cellules juxta-glomérulaires de l'artériole afférente (par le truchement de la liaison de la noradrénaline aux récepteurs bêta-adrénergiques) à libérer de la rénine, provoquant ainsi une élévation de la pression artérielle systémique. (Du reste, la stimulation sympathique directe des cellules juxta-glomérulaires est le plus important facteur de régulation de la sécrétion de rénine.) Quand l'activité du système nerveux sympathique diminue, les artérioles afférentes et efférentes se relâchent proportionnellement. Comme la circulation du sang dans le glomérule est ralentie dans une proportion équivalente, le débit de filtration glomérulaire ne diminue que légèrement.

Réabsorption tubulaire

Le filtrat glomérulaire et l'urine sont bien différents. Le filtrat glomérulaire contient les mêmes éléments que le plasma sanguin, sauf les protéines. Or, une fois rendu dans les tubes rénaux collecteurs, le filtrat glomérulaire a perdu la majeure partie de l'eau, des nutriments et des ions essentiels qu'il contenait à l'origine. Ce qui reste, l'**urine**, est composé essentiellement de déchets métaboliques et de substances inutiles pour l'organisme. Comme le volume sanguin total passe dans les tubules rénaux toutes les 45 minutes environ, le plasma serait complètement éliminé sous forme d'urine en moins d'une heure si le gros du filtrat glomérulaire n'était pas récupéré et renvoyé dans le sang par les tubules rénaux. Cette récupération, appelée **réabsorption tubulaire**, est un *mécanisme de transport transépithélial* qui débute aussitôt que le filtrat pénètre dans les tubules contournés proximaux. Comme les cellules des tubules sont reliées par des jonctions serrées situées près de leurs faces apicales, le mouvement des substances (la réabsorption) entre ces cellules est extrêmement limité. Les substances transportées doivent traverser trois barrières avant d'atteindre le sang. Elles traversent la membrane plasmique de la face apicale, elles entrent dans le cytoplasme de la cellule tubulaire et elles se rendent à la membrane plasmique de la face basolatérale. En franchissant cette dernière, les

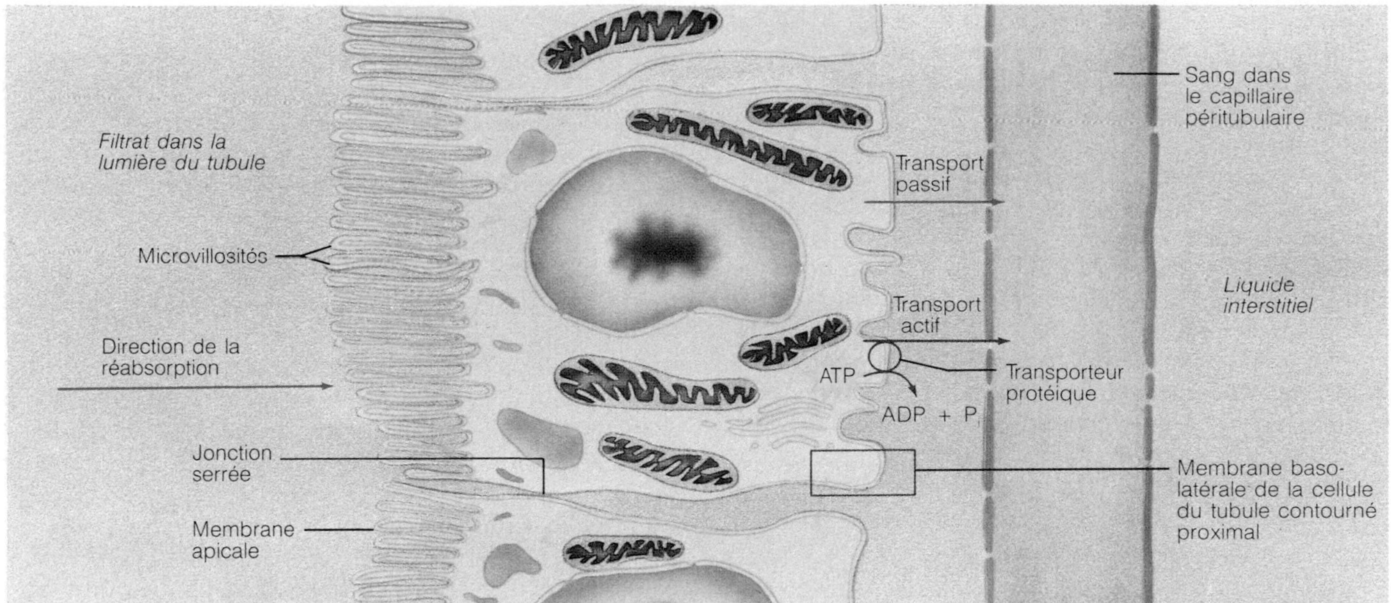

Figure 26.11 Mouvements des substances réabsorbées. La plupart des substances réabsorbées du filtrat diffusent à travers la membrane apicale des cellules tubulaires, traversent les cellules elles-mêmes et franchissent la membrane basolatérale située à proximité des capillaires péritubulaires. Ensuite, les substances passent dans le liquide interstitiel puis dans le capillaire péritubulaire. On pense que les transporteurs protéiques qui utilisent l'ATP pour transporter activement les ions sodium et d'autres substances sont situés dans la membrane basolatérale des cellules tubulaires. La plupart de ces protéines cotransportent un autre soluté en plus du sodium. Les jonctions serrées qui, près des faces apicales, relient les cellules tubulaires, empêchent le mouvement des substances entre les cellules.

substances entrent dans le liquide interstitiel. Elles diffusent ensuite dans le liquide interstitiel pour atteindre l'*endothélium* des capillaires péritubulaires, dernière des barrières qu'elles doivent traverser pour rejoindre le sang.

Des reins sains réabsorbent complètement presque tous les nutriments organiques tels le glucose et les acides aminés afin d'en maintenir ou d'en rétablir les concentrations plasmatiques normales. Par ailleurs, les reins ajustent la vitesse et le degré de la réabsorption de l'eau et de nombreux ions en réaction à des signaux hormonaux. Suivant les substances transportées, la réabsorption est *passive* (aucune de ses étapes ne nécessite d'ATP) ou *active* (au moins une de ses étapes nécessite la présence d'ATP).

Réabsorption tubulaire active

Les substances récupérées par **réabsorption tubulaire active** se déplacent généralement contre des gradients électriques et chimiques. Dans la plupart des cas, les substances passent du filtrat au cytoplasme des cellules tubulaires en diffusant à travers la membrane plasmique apicale. En revanche, leur passage à travers la membrane basolatérale et leur éjection dans le liquide interstitiel s'effectuent par transport actif (figure 26.11). Du liquide interstitiel, les substances entrent passivement dans les capillaires péritubulaires adjacents. Ce dernier mouvement est rapide, car le sang des capillaires péritubulaires a une faible pression hydrostatique et une forte pression osmotique. Rappelez-vous que la plupart des protéines ne passent pas dans le filtrat glomérulaire et restent dans le sang; c'est pourquoi la pression osmotique est élevée dans les capillaires glomérulaires et péritubulaires, comme dans les autres capillaires de l'organisme (voir à la page 651).

Parmi les substances qui sont réabsorbées au moyen d'un mécanisme de transport actif, on trouve le glucose, les acides aminés, l'acide lactique, les vitamines et la plupart des ions. Ces substances doivent se fixer à un récepteur spécifique situé sur un transporteur protéique de la membrane plasmique basolatérale, qui les transporte en même temps que les ions Na^+ (*cotransport*); le déversement de ces substances dans le liquide interstitiel dépend donc du transport actif des ions Na^+. Les ions Na^+ sont les cations les plus abondants dans le filtrat, et l'essentiel (80 %) de l'énergie consommée par le transport actif est consacré à leur réabsorption.

Dans une certaine mesure, les transporteurs protéiques font double emploi; ainsi, le fructose et le galactose sont en concurrence avec le glucose pour le récepteur du transporteur associé au transport des ions Na^+ (inhibition compétitive). Il n'en reste pas moins que les systèmes de transport des divers solutés sont spécifiques et *limités.*

Il existe un **taux maximal de réabsorption (T_m)**, exprimé en millimoles par minute, pour presque toutes les substances activement réabsorbées (sauf l'ion sodium); cette limite est liée au nombre de transporteurs protéiques disponibles sur les membranes basolatérales des cellules tubulaires. En général, les substances qui doivent être réabsorbées trouvent suffisamment de transporteurs protéiques, et leur taux maximal de réabsorption est élevé. Inversement, les transporteurs protéiques sont rares ou inexistants pour les substances qui ne doivent pas être réabsorbées. Quand les transporteurs sont saturés (quand ils sont tous liés aux substances qu'ils véhiculent), les substances en excès sont excrétées dans l'urine. Le meilleur exemple de ce phénomène est celui de la glycosurie associée au diabète sucré non équilibré. Quand le glucose approche une concentration de 22 mmol par litre de plasma, son taux maximal de réabsorption de 20 mmol/min est dépassé, et le surplus s'échappe en grandes quantités dans l'urine, même si les tubules rénaux continuent de fonctionner normalement.

Toutes les protéines plasmatiques qui se fraient un chemin à travers la membrane de filtration sont éliminées du du filtrat dans le tubule contourné proximal par pinocytose, un autre mécanisme de transport actif qui nécessite de l'ATP. Les cellules tubulaires dégradent les protéines en monomères d'acides aminés, qui sont excrétés dans le sang.

Réabsorption tubulaire passive

Dans la **réabsorption tubulaire passive**, que sous-tendent la diffusion, la diffusion facilitée et l'osmose, les substances diffusent du milieu où elles sont le plus concentrées vers le milieu où elles sont le moins concentrées sans utiliser l'ATP produit par le métabolisme (voir le chapitre 3). Dans les tubules rénaux, le gradient électrochimique qui meut le transport passif de l'eau et de nombreux solutés est établi par la réabsorption active des ions Na^+ du filtrat. En passant des cellules tubulaires au sang capillaire péritubulaire, les ions Na^+ chargés positivement instaurent un gradient électrique qui favorise la diffusion passive des anions (HCO_3^- ou Cl^-), dans les capillaires péritubulaires pour équilibrer les charges électriques du filtrat et du plasma. L'absorption de tel ou tel anion dépend du pH sanguin du moment. En outre, la réabsorption du sodium détermine un fort gradient osmotique, et l'eau passe par osmose dans les capillaires péritubulaires. Comme l'eau suit fatalement le sel, cet écoulement est appelé **réabsorption obligatoire de l'eau.**

À mesure que l'eau sort des tubules, les concentrations relatives des substances encore présentes dans le filtrat augmentent considérablement, et ces substances commencent elles aussi à se déplacer dans le sens de leurs gradients de concentration et à diffuser dans le cytoplasme des cellules tubulaires; autrement dit, elles vont du milieu où la concentration est plus élevée (lumière tubulaire) vers le milieu où la concentration est plus faible (cytoplasme des cellules). Ce phénomène de diffusion est à l'origine de la réabsorption passive d'une partie de l'urée ainsi que de celle d'autres substances liposolubles présentes dans le filtrat, notamment les acides gras. Rappelez-vous cependant que la taille moléculaire des solutés et leur plus ou moins grande solubilité dans les lipides peuvent freiner l'impulsion fournie par le gradient de concentration. Enfin, la réabsorption de l'eau de la lumière tubulaire vers le cytoplasme des cellules crée aussi un gradient de concentration pour les médicaments liposolubles et les toxines environnementales. C'est ce qui explique en partie pourquoi ces substances sont réabsorbées et difficiles à excréter.

Substances non réabsorbées

Certaines substances ne sont pas réabsorbées ou sont réabsorbées incomplètement pour l'une des trois raisons suivantes: (1) elles n'ont pas de transporteurs protéiques; (2) elle ne sont pas liposolubles; (3) leurs molécules sont trop grosses pour traverser les pores de la membrane plasmique des cellules tubulaires. Les plus importantes de ces substances sont les produits azotés du métabolisme des protéines et des acides nucléiques, soit l'**urée** et l'**acide urique** ou la **créatinine** provenant du métabolisme musculaire. Les molécules d'urée sont assez petites pour traverser les pores membranaires, et de 40 à 50 % de celles qui sont présentes dans le filtrat sont réabsorbées. La créatinine, une grosse molécule non liposoluble, n'est aucunement réabsorbée, et elle sert d'indice pour la mesure du débit de filtration glomérulaire et de la fonction glomérulaire (voir à la page 893).

Capacité d'absorption des différentes parties du tubule rénal

Bien que toutes les parties du tubule rénal participent à un degré ou à un autre à la réabsorption (tableau 26.1), les cellules du tubule contourné proximal sont de loin les plus actives, et les phénomènes que nous venons de décrire s'y déroulent en grande partie. Normalement, le glucose et les acides aminés sont entièrement réabsorbés au moment où le filtrat atteint l'anse du néphron. De 75 à 80 % du sodium (et, par conséquent, de l'eau) présent dans le filtrat est réabsorbé dans le tubule contourné proximal. Le filtrat qui entre dans l'anse du néphron, comme celui qui entre dans la capsule glomérulaire rénale, est donc iso-osmotique par rapport au plasma (il a la même concentration que le plasma en ions Na^+ et en eau). De même, l'essentiel de la réabsorption des électrolytes dépendant d'un mécanisme de transport actif ou *sélectif*, a eu lieu au moment où le filtrat atteint l'anse du néphron. La réabsorption des électrolytes obéit en grande partie à des mécanismes hormonaux, et elle vise essentiellement à en régler les concentrations plasmatiques. (Nous expliquons ces mécanismes de régulation au chapitre 27.) Les ions K^+ et les molécules d'acide urique sont presque tous réabsorbés dans le tubule contourné proximal, mais ils sont ultérieurement renvoyés dans le filtrat.

Au-delà du tubule contourné proximal, la perméabilité de l'épithélium tubulaire change du tout au tout (voir la figure 26.13, à la page 891). L'eau peut sortir de la partie descendante de l'anse du néphron mais non pas de la partie ascendante, laquelle, toutefois, est perméable aux ions Na^+ et Cl^-. Pour des raisons que nous exposerons plus loin, les différences de perméabilité entre les parties de l'anse du néphron fondent la capacité des reins de former de l'urine concentrée ou de l'urine diluée. La réabsorption du reste du filtrat (environ 20 % du volume total filtré) dans le tubule contourné distal et dans le tubule rénal collecteur est liée aux besoins ponctuels de l'organisme et régie par des hormones. Si besoin est, l'eau et les ions Na^+ atteignant ces parties peuvent être presque complètement réabsorbés. En l'absence d'hormones de régulation, le tube contourné distal et le tubule collecteur sont relativement imperméables à l'eau et aux ions Na^+.

Tableau 26.1 Capacité de réabsorption des différentes parties du tubule rénal

Partie du tubule	Substances réabsorbées	Mécanisme
Tubule contourné proximal	Ions Na^+	Transport actif par un transporteur protéique ATP-dépendant; établissent un gradient électrochimique pour la diffusion passive des solutés et l'osmose
	Presque tous les nutriments (glucose, acides aminés, vitamines)	Transport actif; cotransport avec le Na^+.
	Cations (K^+, Mg^{2+}, Ca^{2+}, etc.)	Transport actif; cotransport avec le Na^+.
	Anions (Cl^-, HCO_3^-)	Transport passif; dans le sens d'un gradient électrochimique.
	Eau	Osmose; à la suite de la réabsorption des solutés.
	Urée et solutés liposolubles	Diffusion passive à la suite du mouvement osmotique de l'eau.
	Petites protéines	Pinocytose par les cellules tubulaires et dégradation en acides aminés.
Anse du néphron		
Partie descendante	Eau	Osmose
Partie ascendante	Na^+ et Cl^-	Transport actif; probablement un mécanisme de cotransport.
Tubule contourné distal	Na^+	Transport actif; nécessite de l'aldostérone.
	Anions	Diffusion; dans le sens du gradient électrochimique créé par la réabsorption du Na^+.
	Eau	Osmose; réabsorption facultative de l'eau; l'hormone antidiurétique accroît la porosité de l'épithélium tubulaire.
Tubule rénal collecteur	Na^+, H^+, K^+, HCO_3^- et Cl^-	Le transport actif des cations (le transport des ions H^+ ou le transport du Na^+ stimulé par l'aldostérone) crée le gradient électrochimique du transport passif des anions (HCO_3^- et Cl^-).
	Eau	Osmose; réabsorption facultative de l'eau; l'hormone antidiurétique accroît la porosité de l'épithélium tubulaire.
	Urée	Diffusion dans le sens du gradient de concentration; la majeure partie demeure dans l'espace interstitiel de la médulla.

La réabsorption d'une quantité accrue d'eau repose sur la présence de l'hormone antidiurétique, qui accroît la perméabilité à l'eau de l'extrémité du tubule contourné distal et celle du tubule rénal collecteur. Nous étudierons ce mécanisme plus loin.

La réabsorption des ions Na^+ restant est assujettie à l'aldostérone. Divers états (dont l'hypovolémie et l'hypotension ainsi que l'hyponatrémie et l'hyperkaliémie dans le liquide extracellulaire) entraînent la libération d'aldostérone par la corticosurrénale. Tous ces états, à l'exception de l'hyperkaliémie, déclenchent le système rénine-angiotensine, qui provoque à son tour la libération d'aldostérone (voir la figure 26.10). L'aldostérone amène les cellules du tubule contourné distal et du tubule rénal collecteur à synthétiser plus de protéines membranaires formant les canaux du sodium, et elle favorise la réabsorption des ions Na^+, de telle sorte qu'une très faible quantité seulement est excrétée dans l'urine. En l'absence d'aldostérone, le tubule contourné distal et le tubule rénal collecteur n'absorbent pas les ions Na^+ : une telle quantité est éliminée que la vie devient impossible.

L'aldostérone a aussi pour effet d'accroître l'absorption de l'eau, car l'eau suit les ions Na^+ réabsorbés dans le sang (si la chose est possible). Enfin, l'aldostérone règle (en la réduisant) la concentration sanguine d'ions potassium, car la réabsorption des ions Na^+ qu'elle provoque est couplée à la sécrétion dans le filtrat d'ions K^+ par la pompe à Na^+-K^+ de certaines cellules.

Alors que l'aldostérone stimule la réabsorption des ions Na^+, le *facteur natriurétique auriculaire*, une hormone libérée par les cellules des oreillettes à la suite d'une élévation de la pression ou du volume sanguins, l'inhibe. Par le fait même, le facteur natriurétique auriculaire réduit la réabsorption de l'eau et le volume sanguin.

Sécrétion tubulaire

L'incapacité des cellules tubulaires de réabsorber en tout ou en partie certains solutés filtrés est l'un des principaux facteurs de l'élimination des substances indésirables du plasma. La **sécrétion tubulaire** en est un autre. Les substances telles que les ions H^+, les ions K^+, la créatinine, l'ammoniac et certains acides organiques passent des capillaires péritubulaires au filtrat en traversant les cellules tubulaires ou passent directement des cellules tubulaires au filtrat. Par conséquent, l'urine est composée *à la fois de substances filtrées et de substances sécrétées.* La sécrétion a lieu non seulement dans le tubule contourné proximal, mais aussi dans la partie corticale du tubule rénal collecteur et dans le segment qui relie cette partie au tubule contourné distal (voir la figure 26.13, à la page 891).

La sécrétion tubulaire a pour fonctions: (1) d'éliminer des substances qui ne se trouvent pas déjà dans le filtrat, et notamment certains médicaments comme la pénicilline et le phénobarbital; (2) d'éliminer les substances nuisibles qui ont été réabsorbées passivement, tels l'urée et l'acide urique; (3) de débarrasser l'organisme des ions K^+ en excès; (4) de régler le pH sanguin. Presque tous les ions K^+ contenus dans l'urine ont été activement sécrétés dans les tubules contournés distaux et collecteurs sous l'influence de l'aldostérone, car ceux qui se trouvent dans le filtrat sont réabsorbés dans les tubules contournés proximaux.

Quand le pH sanguin diminue, les cellules tubulaires sécrètent activement des ions H^+ dans le filtrat et elles retiennent plus d'ions HCO_3^- et d'ions K^+ qu'à l'ordinaire. Alors, le pH sanguin s'élève, et l'urine draine l'excès d'acidité. Inversement, quand le pH sanguin s'élève, les cellules tubulaires réabsorbent des ions Cl^- plutôt que des ions HCO_3^- et ceux-ci sont excrétés dans l'urine alors que les ions H^+ sont réabsorbés. Nous reviendrons en de plus amples détails sur les mécanismes rénaux qui régissent l'équilibre acido-basique du sang au chapitre 27, aux pages 921 à 923.

Régulation de la concentration et du volume de l'urine

Nous emploierons fréquemment le terme *osmolarité* dans les paragraphes qui suivent, et il convient de bien le définir. L'**osmolarité** d'une solution est le nombre de particules de soluté dissoutes dans 1 kg d'eau, et elle se traduit par la capacité de la solution de causer l'osmose, ou diffusion de l'eau. Cette capacité, appelée *activité osmotique*, est déterminée uniquement par le nombre de particules de soluté qui ne pénètrent pas, et non pas par leur type ni par leur nature. Dans un même volume de solution, 10 ions Na^+ ont la même activité osmotique que 10 molécules de glucose ou que 10 molécules d'acides aminés. L'osmolarité (concentration en solutés) des liquides corporels est exprimée en millimoles par kilogramme (mmol/kg). Par exemple, l'osmolarité du plasma sanguin se situe entre 280 et 300 mmol/kg. (Voir la définition de la mole au chapitre 2, page 32.)

L'une des fonctions capitales des reins est de maintenir la concentration de solutés dans les liquides corporels autour de 300 mmol/kg en réglant la concentration et le volume de l'urine. La façon dont les reins s'acquittent de cette tâche est encore matière à controverse, mais l'hypothèse la plus répandue est celle du **mécanisme à contre-courant**, c'est-à-dire de l'interaction entre le filtrat dans l'anse du néphron et le sang dans les vasa recta. Chacun des deux liquides s'écoule dans des directions opposées à l'intérieur de conduits adjacents, d'où le terme *contre-courant.* Cette relation établit et maintient un gradient osmotique qui s'étend du cortex rénal aux profondeurs de la médulla rénale et qui permet aux reins de varier la concentration de l'urine. Voyons comment fonctionne ce mécanisme.

Mécanisme à contre-courant et gradient osmotique de la médulla rénale

L'osmolarité du filtrat qui entre dans le tubule contourné proximal est égale à celle du plasma, soit environ 300 mmol/kg. Comme nous le mentionnions plus haut, les cellules du tubule contourné proximal réabsorbent de grandes quantités d'eau et d'ions; et bien que le filtrat ait diminué d'environ 80 % au moment où il atteint l'anse du néphron, il est encore iso-osmotique.

Du cortex aux profondeurs de la médulla, la concentration du liquide interstitiel ne cesse d'augmenter, ce qui prépare le terrain pour la conservation de l'eau dans l'organisme et l'élimination d'urine concentrée. En effet, la concentration de solutés, ou osmolarité, passe de 300 mmol/kg dans le cortex rénal à environ 1200 mmol/kg dans la partie la plus profonde de la médulla rénale (figure 26.12). Comment s'explique cette prodigieuse augmentation de l'osmolarité du liquide interstitiel de la médulla? La réponse semble résider dans le fonctionnement des anses et des vasa recta des néphrons juxtamédullaires, qui s'enfoncent profondément dans la médulla rénale. Notez que le filtrat et le sang descendent puis montent dans des conduits parallèles. Nous suivrons d'abord le traitement du filtrat dans l'anse du néphron (figure 26.12a) afin de voir comment il sert de **multiplicateur à contre-courant** du gradient osmotique.

1. **La partie descendante de l'anse du néphron est relativement imperméable aux solutés et très perméable à l'eau.** Comme l'osmolarité du liquide interstitiel de la médulla augmente graduellement le long de la partie descendante (nous décrirons plus loin le mécanisme de cette augmentation), l'eau passe du filtrat vers le liquide interstitiel (réabsorption) sur toute la longueur de la partie descendante de l'anse. Par conséquent, l'osmolarité du filtrat (particulièrement sa teneur en ions) atteint son point maximal (1200 mmol/kg) au «coude» de l'anse du néphron. (Certains prétendent que la partie descendante est passivement perméable aux ions Na^+ et Cl^-.)

2. **La partie ascendante de l'anse du néphron est imperméable à l'eau, et elle transporte activement les ions Na^+ et Cl^- vers le liquide interstitiel.** Au début de la partie ascendante, le tubule devient imperméable à l'eau et perméable aux ions. La concentration en ions Na^+ et en ions Cl^- du filtrat qui entre dans la partie ascendante est très élevée (supérieure à celle du liquide interstitiel). Le segment large de la partie ascendante, en particulier, transporte très activement les ions Na^+ (ainsi que les ions K^+ et Cl^-) et, à mesure que ces ions sont expulsés dans le liquide interstitiel de la médulla, ils contribuent à l'augmentation de son osmolarité. (Si la partie descendante de l'anse du néphron est *effectivement* perméable au sel, il est probable qu'au moins une partie des ions sortant de la partie ascendante y entre et hausse la concentration du filtrat.)

La nature exacte du mécanisme de transport actif dans la partie ascendante est obscure et elle fait l'objet de nombreuses théories. Toutefois, il semble bien que deux ions Cl^-, un ion Na^+ et un ion K^+ soient cotransportés par

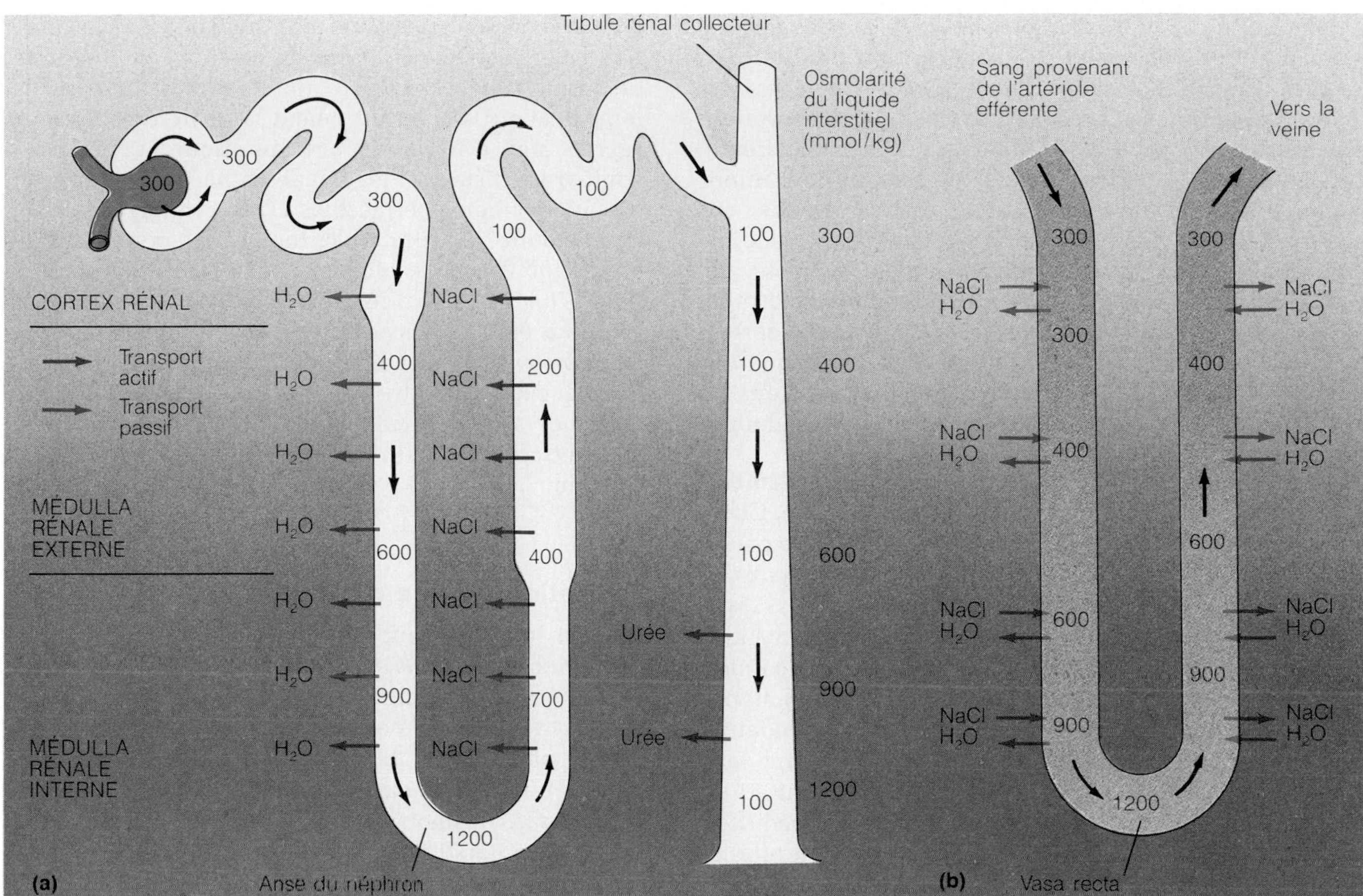

Figure 26.12 Mécanisme à contre-courant hypothétique réalisant et maintenant le gradient osmotique de la médulla. La figure montre la formation d'urine diluée. (**a**) Le filtrat qui entre dans la partie descendante de l'anse du néphron est iso-osmotique (isotonique) par rapport au plasma et au liquide interstitiel environnant (cortical). À mesure que le filtrat s'écoule dans la partie descendante, c'est-à-dire du cortex rénal vers la médulla rénale, l'eau sort du tubule par osmose, et la teneur en solutés (osmolarité) du filtrat passe de 300 à 1200 mmol/kg. Après le «virage», dans la partie ascendante de l'anse du néphron, la perméabilité s'inverse: de perméable à l'eau et imperméable aux ions, l'épithélium tubulaire devient imperméable à l'eau et perméable aux ions. Par conséquent, les ions sont réabsorbés par les cellules de la partie ascendante, et le filtrat se dilue à l'approche du cortex. Les différences de perméabilité entre les deux parties de l'anse du néphron établissent le gradient osmotique dans le liquide interstitiel de la médulla: la partie descendante produit un filtrat de plus en plus concentré, et la partie ascendante utilise cette forte concentration ionique pour maintenir la forte osmolarité du liquide interstitiel de la médulla. L'urée qui s'échappe de la partie inférieure du tubule rénal collecteur contribue aussi à la forte osmolarité de la médulla. (**b**) La médulla maintient son gradient osmotique, car le sang des vasa recta s'équilibre continuellement avec le liquide interstitiel et devient iso-osmotique par rapport à lui. La concentration ionique du sang augmente le long de la partie descendante et diminue à l'approche du cortex. Cette variation est due à la forte porosité des vasa recta et à la lenteur de l'écoulement du sang dans leur lumière.

un transporteur protéique ATP-dépendant. Quoi qu'il en soit, le mouvement des ions Na^+ et Cl^- hors du filtrat établit un fort gradient osmotique dans le liquide interstitiel. Toutefois, la partie ascendante de l'anse du néphron est quasi imperméable à l'eau qui, par voie de conséquence, demeure dans le filtrat. Comme le filtrat perd des ions mais non de l'eau, il se dilue jusqu'à devenir hypo-osmotique, ou hypotonique, par rapport au plasma sanguin et aux liquides corticaux. Comme le montre la figure 26.12, il existe un gradient osmotique plutôt constant entre les deux parties de l'anse du néphron; en termes plus précis, la concentration de solutés dans le filtrat de la partie ascendante est toujours d'environ 200 mmol/kg inférieure à celle du filtrat de la partie descendante (et à celle du liquide interstitiel environnant). Cependant, l'anse du néphron est capable de «multiplier» les petites variations de la concentration de solutés et de créer, de haut en bas (et à l'intérieur comme à l'extérieur de ses limites) un gradient approchant les 900 mmol/kg. Bien que les parties ascendante et descendante de l'anse ne soient pas en contact direct, elles sont assez rapprochées pour influer sur leurs échanges respectifs avec le liquide interstitiel qu'elles se partagent. Par conséquent, la diffusion de l'eau dans le liquide interstitiel ou hors de la partie descendante produit le filtrat de plus en plus concentré que la partie ascendante utilise pour augmenter l'osmolarité du liquide interstitiel de la médulla en y transportant activement les ions. L'augmentation de l'osmolarité du liquide interstitiel crée le gradient de concentration nécessaire à la réabsorption de l'eau par la partie descendante et, par conséquent, le filtrat devient hypertonique dans la partie descendante. La réabsorption de l'eau par la partie descendante est donc tributaire de la réabsorption des ions par la partie ascendante. L'interaction fonctionnelle entre les deux parties de l'anse du néphron établit un mécanisme de rétro-activation, car plus la partie ascendante réabsorbe activement les ions vers le liquide interstitiel, plus la partie descendante réabsorbe d'eau vers le liquide interstitiel également. L'énergie nécessaire à l'établissement du gradient osmotique du liquide interstitiel de la médulla provient principalement du transport actif du sodium dans la partie ascendante.

3. Les tubules rénaux collecteurs situés profondément dans la médulla rénale sont perméables à l'urée. Chez un individu normalement hydraté, l'urine diluée passe dans le tubule contourné distal et la partie supérieure du tubule rénal collecteur sans subir de modifications. Mais quand l'urine entre dans les parties profondes de la médulla rénale, une partie de l'urée s'échappe du tubule rénal collecteur vers l'espace interstitiel et contribue à y maintenir une forte osmolarité. Même si la partie ascendante de l'anse du néphron est peu perméable à l'urée, une certaine quantité d'urée y pénètre quand sa concentration est très élevée dans l'espace interstitiel de la médulla. Toutefois, l'urée est simplement renvoyée dans le tubule rénal collecteur, d'où elle diffuse à nouveau.

4. Les vasa recta servent d'échangeurs à contre-courant pour maintenir le gradient osmotique tout en irriguant les cellules. Les vasa recta, qui sont parallèles aux anses du néphron, jouent un rôle important dans le maintien du gradient osmotique établi par le transport cyclique des ions entre les parties descendante et ascendante de l'anse du néphron. Comme ces capillaires ne reçoivent que 10 % environ de l'apport sanguin rénal, le sang s'y écoule très lentement. En outre, ils sont perméables à l'eau et aux ions. Par conséquent, le sang des vasa recta effectue des échanges passifs avec le liquide interstitiel et atteint l'équilibre au cours de son trajet. En entrant dans les parties profondes de la médulla rénale, le sang perd de l'eau et gagne des ions (il devient hypertonique); puis, en émergeant dans le cortex rénal, il gagne de l'eau et perd des ions (voir la figure 26.12b). Comme le sang a la même concentration à son entrée dans le cortex qu'à sa sortie, le processus d'échange à contre-courant empêche une élimination rapide des ions de l'espace interstitiel de la médulla, ce qui annulerait le gradient osmotique établi par les anses du néphron.

Maintenant que nous avons décrit les mécanismes fondamentaux de l'établissement du gradient de la médulla, nous pouvons expliquer la formation d'urine diluée et d'urine concentrée.

Formation d'urine diluée

Comme le montre l'exemple de la figure 26.12, le filtrat se dilue au cours de son trajet dans la partie ascendante de l'anse du néphron; les reins n'ont donc qu'à le laisser poursuivre son chemin dans les bassinets pour sécréter de l'urine diluée (hypo-osmotique). Et c'est fondamentalement ce qui se produit quand la neurohypophyse ne sécrète pas d'hormone antidiurétique. Les tubules contournés distaux et les tubules collecteurs demeurent essentiellement imperméables à l'eau et ne la réabsorbent pas. En outre, les cellules des tubules contournés distaux et des tubules collecteurs peuvent réabsorber (vers le liquide interstitiel) un surcroît de sodium et d'autres ions du filtrat par des mécanismes actifs ou passifs de sorte que l'urine se dilue encore davantage. L'osmolarité de l'urine peut atteindre des valeurs aussi faibles que 50 mmol/kg, soit moins de un cinquième de la concentration du filtrat glomérulaire ou du plasma sanguin.

Formation d'urine concentrée

Comme son nom l'indique, l'**hormone antidiurétique (ADH)** inhibe la *diurèse*, c'est-à-dire l'excrétion d'urine. Cette hormone augmente le nombre (ou la taille) des canaux de l'eau situés dans les tubules contournés distaux et dans les tubules collecteurs de telle manière que l'eau passe aisément dans l'espace interstitiel. Par conséquent, l'osmolarité du filtrat tend à égaler celle du liquide interstitiel. L'osmolarité du filtrat est d'environ 100 mmol/kg dans les parties initiales des tubules contournés distaux, dans le cortex rénal; mais à mesure que le filtrat s'écoule dans les tubules collecteurs, il est exposé à la forte osmolarité de la médulla rénale, et l'eau diffuse rapidement vers le liquide interstitiel (réabsorption) (figure 26.13a). Selon la quantité d'hormone antidiurétique libérée (quantité adaptée au degré d'hydratation de l'organisme), la concentration de l'urine peut atteindre 1200 mmol/kg, une concentration égale à celle du liquide interstitiel des parties profondes de la médulla.

Bien que l'hormone antidiurétique favorise la réabsorption de l'eau en augmentant le nombre ou le diamètre des canaux, c'est en fait l'hypertonie du liquide interstitiel de la médulla, maintenue par le mécanisme à contre-courant, qui établit le gradient de concentration suivant lequel l'eau diffuse des tubules collecteurs vers le liquide interstitiel. En présence d'une sécrétion active d'hormone antidiurétique, 99 % de l'eau contenue dans le filtrat est réabsorbée et renvoyée dans le sang, et une très petite quantité d'urine fortement concentrée est excrétée. On appelle **réabsorption facultative de l'eau** la réabsorption fondée sur la présence d'hormone antidiurétique.

La neurohypophyse libère l'hormone antidiurétique plus ou moins continuellement, sauf si l'osmolarité du sang atteint des niveaux excessivement bas; en revanche, tout phénomène qui occasionne une perte d'eau et élève l'osmolarité du plasma au-dessus de 300 mmol/kg, notamment la diaphorèse, la diarrhée, l'hypovolémie et l'hypotension, augmente la libération d'hormone antidiurétique. Nous traitons de ces mécanismes au chapitre 27.

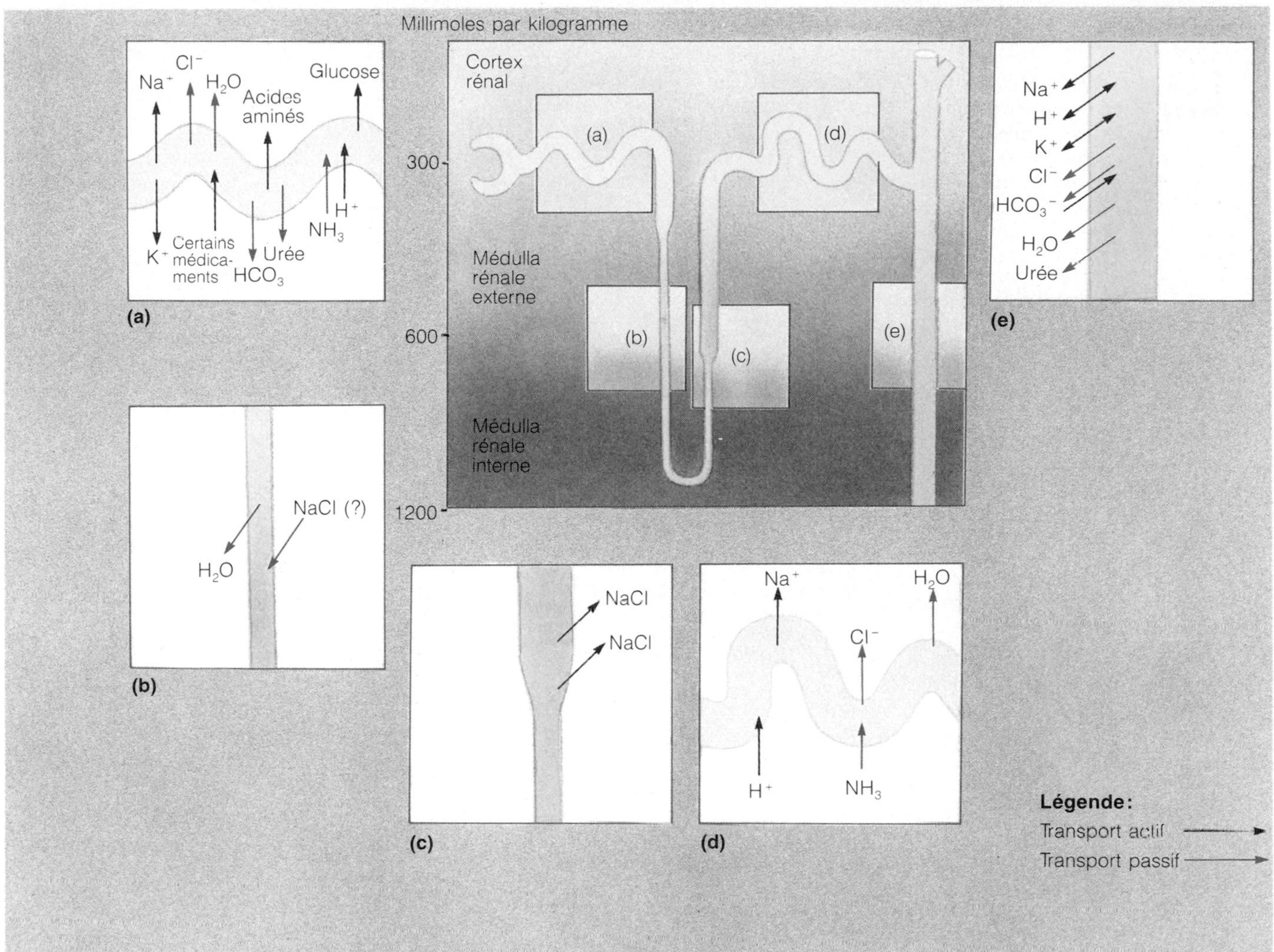

Figure 26.13 Résumé des fonctions du néphron. Le glomérule produit le filtrat que traite le tubule rénal. Les différentes parties du tubule rénal effectuent la réabsorption et la sécrétion et maintiennent un gradient osmotique dans le liquide interstitiel de la médulla. Les variations de l'osmolarité dans le tubule et dans le liquide interstitiel sont représentées par un dégradé de couleur dans la figure centrale. Les diagrammes qui entourent la figure centrale décrivent les principales fonctions de transport des quatre parties du tubule du néphron et du tubule rénal collecteur. Les flèches bleues symbolisent un mécanisme de transport passif, tandis que les flèches rouges symbolisent un mécanisme de transport actif. Les vaisseaux sanguins ne sont pas représentés.
(**a**) **Tubule contourné proximal.** Le filtrat qui sort de la chambre de la capsule glomérulaire rénale et qui entre dans le tubule contourné proximal a à peu près la même osmolarité que le plasma sanguin. La principale activité de l'épithélium du tubule contourné proximal est de ramener dans le sang certains solutés du filtrat. Presque tous les nutriments et environ 80% des ions Na^+ sont activement transportés hors du tubule dans les capillaires péritubulaires; les ions Cl^- et l'eau suivent passivement. Les cellules du tubule contourné proximal sécrètent aussi dans le filtrat des substances telles que des ions ammoniac et d'autres déchets azotés, et elles concourent à maintenir le pH du sang et du liquide interstitiel en contrôlant la sécrétion des ions H^+. A l'extrémité du tubule contourné proximal, le volume du filtrat a diminué de 80%.
(**b**) **Partie descendante.** La partie descendante de l'anse du néphron est perméable à l'eau, mais elle l'est peu aux ions. À mesure que le filtrat approche de la médulla, l'eau est réabsorbée par osmose et se retrouve dans le liquide interstitiel, qui devient de plus en plus hypertonique. Par conséquent, les ions et les autres solutés deviennent plus concentrés dans le filtrat.
(**c**) **Partie ascendante.** Le filtrat entre dans la partie ascendante de l'anse du néphron, qui est imperméable à l'eau mais non aux ions Na^+ et Cl^-. Ces ions, dont la concentration a augmenté dans la partie descendante, sont transportés activement hors de la partie ascendante et contribuent à la forte osmolarité du liquide interstitiel de la médulla rénale interne. Comme l'épithélium tubulaire est imperméable à l'eau à ce niveau, le filtrat se dilue à mesure que les ions sont transportés vers le liquide interstitiel.
(**d**) **Tubule contourné distal.** Le tubule contourné distal, comme le tubule contourné proximal, est spécialisé dans la sécrétion et la réabsorption sélectives, c'est à dire sous le contrôle de mécanismes régulateurs. Il sécrète des ions H^+ et ammoniac, il absorbe les ions HCO_3^- et, en présence d'aldostérone, il réabsorbe une quantité accrue d'ions Na^+. La réabsorption de l'eau est régie par l'hormone antidiurétique.
(**e**) **Tubule rénal collecteur.** Le tubule rénal collecteur ramène l'urine diluée sortant du tubule contourné distal jusque dans la médulla, où le gradient osmotique va croissant. Les cellules de la partie corticale du tubule rénal collecteur peuvent réabsorber ou sécréter des ions K^+, H^+ et HCO_3^-, suivant le pH sanguin. La paroi du tubule rénal collecteur est perméable à l'urée, et une certaine quantité de ce déchet azoté diffuse hors du tubule et contribue à la forte osmolarité de la médulla rénale interne. En l'absence d'hormone antidiurétique, le tubule rénal collecteur est quasi imperméable à l'eau, et le rein excrète de l'urine diluée. En présence d'hormone antidiurétique, les canaux de l'eau de la paroi du tubule rénal collecteur se dilatent, et le filtrat perd de l'eau par osmose en traversant les régions de la médulla dont l'osmolarité est croissante. Par conséquent, l'eau est conservée et le rein excrète de l'urine concentrée.

GROS PLAN **L'insuffisance rénale et le rein artificiel**

L'insuffisance rénale, un état heureusement peu répandu, survient lorsque le nombre de néphrons sains diminue au point que la fonction rénale ne peut plus maintenir l'homéostasie de l'organisme. Les causes de l'insuffisance rénale aiguë ou chronique sont les suivantes:

1. Des infections rénales répétées.
2. Des traumatismes aux reins ou à d'autres parties du corps (écrasement).
3. Une intoxication chimique des cellules tubulaires par des métaux lourds (le mercure ou le plomb) ou par des solvants organiques comme le perchloroéthylène (solvant utilisé pour le nettoyage à sec), le diluant à peinture, l'acétone, etc.
4. Une insuffisance de l'irrigation des cellules tubulaires (due notamment à l'artériosclérose).

L'insuffisance rénale est associée à une diminution ou à un arrêt de la formation du filtrat glomérulaire. Les déchets azotés ont tôt fait de s'accumuler dans le sang (*hyperazotémie*) et le pH sanguin diminue. L'*urémie* et le déséquilibre électrolytique suivent peu de temps après et perturbent complètement les processus physiologiques vitaux. L'urémie cause de la diarrhée, des vomissements, un œdème (dû à la rétention de sodium), une gêne respiratoire, des arythmies cardiaques (dues à l'hyperkaliémie), des convulsions, le coma et la mort.

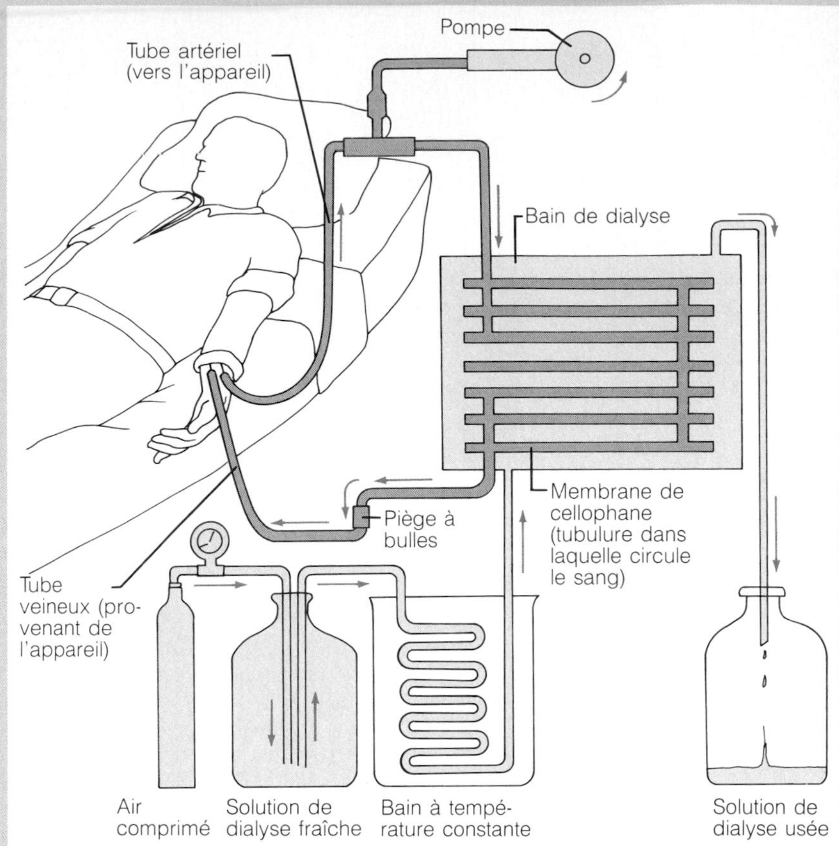

Hémodyaliseur

Pour prévenir l'urémie, il faut débarrasser le sang des déchets métaboliques et corriger sa composition ionique au moyen de la dialyse (*dialusis* = séparation). L'*hémodyalise*, qui s'effectue à l'aide d'un «rein artificiel», consiste à faire passer le sang du patient à travers une tubulure dont la membrane (voir le diagramme) n'est perméable qu'à certaines substances. La tubulure est immergée dans une solution dont la composition diffère légèrement de celle du plasma purifié normal et où les solutés engendrent un gradient osmotique par rapport à ce dernier. À mesure que le sang circule dans la tubulure, les déchets azotés et le potassium qu'il contient diffusent dans la solution (qui n'en contient pas). Les substances à ajouter au sang, principalement des molécules tampons pour éliminer les ions H^+ (et du glucose pour les patients souffrant de malnutrition) passent de la solution au sang. Les substances nécessaires sont ainsi conservées ou ajoutées dans le sang, tandis que les déchets et les ions en excès sont éliminés. Il faut généralement procéder à trois séances d'hémodyalise par semaine, à raison de quatre à huit heures par séance. L'hémodyalise comporte certains risques, telles la thrombose, l'infection et l'ischémie dans l'extrémité portant le pontage artério-veineux. En outre, l'héparine administrée aux patients pour prévenir la coagulation du sang à l'intérieur du rein artificiel peut causer des hémorragies.

Certains patients peuvent bénéficier d'un traitement moins efficace mais plus commode, la *dialyse péritonéale continue ambulatoire (DPCA)*. Dans ce procédé, c'est la membrane péritonéale (mésentère de l'intestin) du patient qui sert de membrane de dialyse. La DPCA consiste à introduire dans la cavité péritonéale, au moyen d'un cathéter, un liquide iso-osmotique dont la composition chimique est la même que celle du plasma et du liquide interstitiel normaux. Après une période de 15 à 60 minutes, on retire le dialysat de la cavité péritonéale et on répète l'opération avec du liquide frais jusqu'à ce que la chimie sanguine du patient revienne à la normale. Comme certains patients négligent de consulter leur médecin quand le dialysat est trouble ou sanguinolent, les infections sont plus fréquentes avec la DPCA qu'avec l'hémodyalise.

L'insuffisance rénale est irréversible. Les reins finissent par devenir totalement inaptes à filtrer le plasma et à concentrer l'urine, et la transplantation constitue la seule solution permanente. Malheureusement, les signes et les symptômes de ce trouple n'apparaissent que lorsque la fonction rénale a diminué de 75 %. (Cette étonnante proportion est due au fait que certains néphrons s'hypertrophient et gagnent en efficacité à mesure que d'autres cessent de fonctionner.) La filtration glomérulaire diminue. Les reins perdant leur capacité de former de l'urine concentrée et de l'urine diluée, l'hyperazotémie s'installe, et l'urine devient isotonique par rapport au plasma sanguin. L'insuffisance rénale chronique terminale est atteinte lorsque 90 % des néphrons ont cessé de fonctionner.

Bien que l'hormone antidiurétique déclenche la production d'urine concentrée, la sensibilité des reins à ce « signal » dépend du fort gradient osmotique de la médulla. Les mouvements des ions sont un important facteur de ce gradient, mais le rôle de l'urée n'est pas moins capital, comme l'illustre l'exemple suivant. L'organisme des personnes mal nourries et dont l'apport protéique est insuffisant produit peu d'urée. Chez ces personnes, la capacité des reins de réabsorber l'eau est considérablement diminuée, car le gradient de concentration de la médulla est anormalement faible. Ces individus doivent boire de grandes quantités d'eau afin d'éviter la déshydratation.

Tableau 26.2 Clairance rénale de diverses substances

Substances	Clairance rénale (mL/s)
Glucose	0,00
Urée	1,16
Acide urique	0,23
Créatinine	2,30
Inuline	2,08
PAH	9,75

Diurétiques

Les **diurétiques** sont des substances chimiques qui favorisent la diurèse. Toute substance filtrée qui n'est pas réabsorbée par les tubules rénaux augmente l'osmolarité du filtrat, retient l'eau dans la lumière tubulaire et tient lieu de *diurétique osmotique.* La glycémie élevée des personnes atteintes de diabète sucré non équilibré et la forte concentration en urée produite par les régimes alimentaires riches en protéines agissent comme des diurétiques osmotiques. L'alcool accentue la diurèse en inhibant la libération d'hormone antidiurétique. La caféine (contenue dans le café, le thé et les colas) accroît la diurèse en causant la dilatation des vaisseaux sanguins des reins et en augmentant le débit de filtration glomérulaire. Les diurétiques habituellement prescrits dans le traitement de l'hypertension ou de l'œdème causé par l'insuffisance cardiaque favorisent la diurèse en inhibant la réabsorption des ions Na^+ et, par le fait même, la réabsorption obligatoire de l'eau qui s'ensuit normalement.

Clairance rénale

Le terme **clairance rénale** désigne la capacité des reins d'éliminer une substance d'un volume donné de plasma en une seconde. Les épreuves de la clairance rénale servent à déterminer le débit de filtration glomérulaire, lequel renseigne sur la quantité de tissu rénal sain. Les épreuves de la clairance rénale permettent également de détecter des atteintes glomérulaires et de suivre l'évolution d'une maladie rénale.

La clairance rénale (CR) d'une substance quelconque, exprimée en millilitres par seconde, se calcule à l'aide de l'équation suivante:

CR = UV/P,

où: U correspond à la concentration (mg/mL) de la substance dans l'urine;
P correspond à la concentration de la même substance dans le plasma;
V correspond au taux de formation de l'urine (mL/s).

On utilise souvent l'*inuline*, un polysaccharide dont le poids moléculaire est d'environ 5000, comme étalon pour déterminer le débit de filtration glomérulaire au moyen de la clairance rénale, car cette substance n'est ni réabsorbée, ni emmagasinée, ni sécrétée par les reins. Comme l'inuline injectée est éliminée dans l'urine, sa clairance rénale est égale au débit de filtration glomérulaire. On mesure les valeurs suivantes: U = 125 mg/mL, V = 1 mL/60 s et P = 1 mg/mL. Par conséquent, la clairance rénale de l'inuline est CR = (125 × 0,0166)/1 = 2,08 mL/s; en clair, les reins ont éliminé en 1 seconde toute l'inuline présente dans 2,08 mL de plasma.

Une clairance rénale inférieure à celle de l'inuline indique que la substance mesurée est partiellement réabsorbée. Par exemple, la clairance rénale de l'urée est de 1,16 mL/s, ce qui signifie que 1,16 des 2,08 mL de filtrat glomérulaire formés chaque minute sont complètement débarrassés de l'urée, tandis que l'urée contenue dans les 0,92 mL restants est récupérée et renvoyée dans le plasma. Si la clairance rénale est de zéro, la réabsorption est complète; ainsi, la clairance rénale du glucose est de zéro chez les individus en bonne santé. Si la clairance rénale d'une substance est supérieure à celle de l'inuline, c'est que les cellules tubulaires sécrètent cette substance dans le filtrat; tel est le cas de la créatinine, dont la clairance rénale est de 2,3 mL/s. Le tableau 26.2 donne la clairance rénale de quelques substances.

Caractéristiques et composition de l'urine

Caractéristiques physiques

Couleur et transparence. L'urine fraîchement émise est généralement claire, et sa couleur jaune va du pâle à l'intense. La couleur jaune de l'urine est due à la présence d'**urochrome**, un pigment qui résulte de la transformation de la bilirubine provenant de la destruction de l'hémoglobine des érythrocytes. L'intensité de la couleur est proportionnelle à la concentration de l'urine. L'apparition d'une couleur anormale, comme le rose, le brun et le gris, peut découler de l'ingestion de certains aliments (betterave, rhubarbe) ou de la présence de pigments biliaires (jaune) ou de sang (rouge). En outre, certains médicaments couramment prescrits et certains suppléments vitaminiques altèrent la couleur de l'urine. L'urine qui sort de la vessie est normalement stérile, c'est-à-dire qu'elle ne contient pas de bactéries. Une urine trouble peut traduire une infection bactérienne des voies urinaires (mais aussi d'autres affections).

Odeur. L'urine fraîche est légèrement aromatique; l'urine qu'on laisse reposer dégage une odeur d'ammoniac attribuable à la décomposition ou à la transformation des substances azotées par les bactéries qui contaminent l'urine à sa sortie de l'organisme. Certains médicaments, certains légumes (les asperges) et quelques maladies modifient l'odeur de l'urine. En cas de diabète sucré, par exemple, l'urine prend une odeur fruitée caractéristique de la présence d'acétone. (On retrouve cette odeur fruitée dans l'haleine.)

pH. Ordinairement, le pH de l'urine est d'environ 6, mais il peut varier entre 4,5 et 8,0 selon le métabolisme et le régime alimentaire. Un régime alimentaire qui comprend beaucoup de protéines et de produits à grains entiers produit une urine acide. Le végétarisme, les vomissements prolongés et les infections urinaires rendent l'urine alcaline.

Densité. Comme l'urine est composée d'eau et de solutés, sa densité est plus grande que celle de l'eau distillée. La densité de l'eau distillée est de 1,0, tandis que celle de l'urine peut varier de 1,001 à 1,035, suivant sa concentration. Quand l'urine devient extrêmement concentrée, les solutés commencent à précipiter.

Composition chimique

L'urine est composée à 95 % environ d'eau et à 5 % de solutés. Après l'eau, son constituant le plus abondant, au poids, est l'urée, qui dérive de la dégradation des acides aminés. Les autres déchets azotés présents dans l'urine sont l'acide urique (un métabolite des acides nucléiques) et la créatinine (un produit de la créatine phosphate qui se trouve en grandes quantités dans le tissu musculaire squelettique). Les solutés normalement présents dans l'urine sont, par ordre décroissant de concentration, l'urée, les ions Na^+, K^+ et HPO_4^{2-} ainsi que la créatinine et l'acide urique. On trouve aussi dans l'urine des quantités très faibles mais fortement variables d'ions calcium, magnésium et bicarbonate. Des concentrations anormalement élevées de ces constituants peuvent traduire un état pathologique.

Certaines maladies modifient considérablement la composition de l'urine et font qu'elle contient, par exemple, du glucose, des protéines sanguines, des érythrocytes, de l'hémoglobine, des leucocytes (du pus) ou des pigments biliaires comme la bilirubine. La présence de ces substances dans l'urine est un signe important de maladie et peut faciliter la formulation d'un diagnostic (tableau 26.3).

Uretères

Les **uretères** sont de minces conduits mesurant de 25 à 30 cm de long et 6 mm de diamètre qui transportent l'urine des reins à la vessie (voir la figure 26.1). Chaque uretère

Tableau 26.3 Constituants anormaux de l'urine

Substance	État	Causes possibles
Glucose	Glycosurie	Non pathologique: apport excessif d'aliments sucrés / Pathologique: diabète sucré
Protéines	Protéinurie, albuminurie	Non pathologiques: exercice physique excessif; grossesse; régime alimentaire riche en protéines Pathologiques (plus de 0,15 g/d): insuffisance cardiaque, hypertension grave; glomérulonéphrite; souvent le signe initial d'une maladie rénale asymptomatique
Corps cétoniques	Cétonurie	Formation excessive et accumulation de corps cétoniques causées notamment par l'inanition et le diabète sucré non traité
Hémoglobine	Hémoglobinurie	Diverses: réaction hémolytique, anémie hémolytique, brûlures graves, syndrome d'écrasement, etc.
Pigments biliaires	Bilirubinurie	Maladie du foie (hépatite, cirrhose) ou obstruction du conduit de la vésicule biliaire
Érythrocytes	Hématurie	Saignement dans les voies urinaires (dû à un traumatisme, à des calculs rénaux, à une infection ou à un néoplasme)
Leucocytes (pus)	Pyurie	Infection des voies urinaires

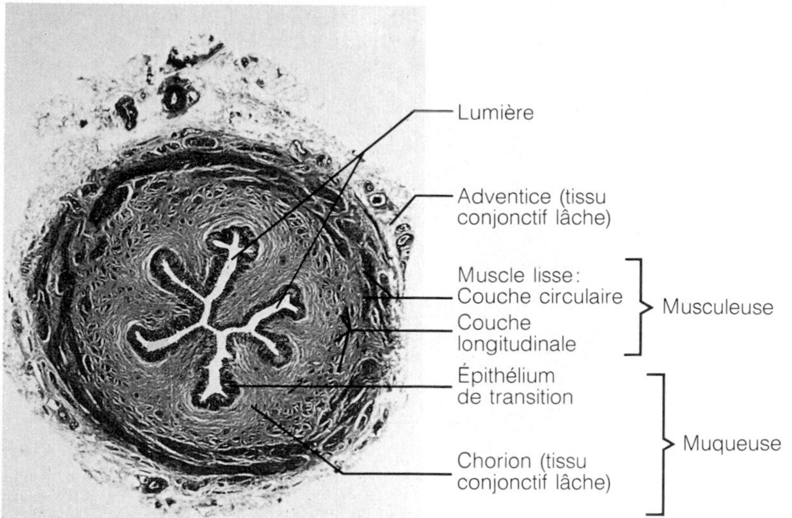

Figure 26.14 Structure de la paroi de l'uretère (en coupe transversale, × 10). La musculeuse de l'uretère contient deux couches de muscle lisse: une couche externe circulaire et une couche interne longitudinale. La lumière de l'uretère est tapissée par une muqueuse faite d'un épithélium de transition. La surface de l'uretère est recouverte par une adventice de tissu conjonctif lâche.

naît à la hauteur de L_2, sous forme de prolongement du bassinet. Ensuite, il descend derrière le péritoine jusqu'à la base de la vessie, tourne en direction de l'axe médian et entre obliquement dans la paroi postérieure de la vessie. La conformation des uretères empêche l'urine d'y refouler pendant que la vessie se remplit ou se vide; en ces occasions, en effet, la vessie comprime les extrémités distales des uretères.

La paroi de l'uretère est formée de trois couches. L'épithélium de transition de sa *muqueuse*, sa couche interne, est en continuité avec celui du bassinet, en amont, et avec celui de la vessie, en aval. La couche intermédiaire, la *musculeuse*, est composée principalement de deux couches de muscle lisse, l'intérieure étant longitudinale et l'extérieure, circulaire. L'*adventice* recouvrant l'uretère est faite de tissu conjonctif lâche (figure 26.14).

Les uretères jouent un rôle actif dans le transport de l'urine. Une fois l'urine parvenue dans les bassinets, des ondes péristaltiques la poussent dans les uretères qui, distendus, se contractent. La contraction propulse l'urine dans la vessie. La vigueur et la fréquence des ondes péristaltiques sont adaptées à la vitesse de la formation de l'urine; les ondes peuvent être espacées de quelques secondes ou de quelques minutes. Bien que les uretères soient innervés par des neurofibres tant sympathiques que parasympathiques, la régulation nerveuse de leur péristaltisme semble insignifiante comparativement à la réaction de leur muscle lisse à l'étirement.

Il arrive que le calcium, le magnésium ou les sels d'acide urique contenus dans l'urine se cristallisent et précipitent dans le bassinet, formant des *calculs rénaux* (*calculus* = caillou), communément appelés «pierres». Lorsque des calculs rénaux obstruent un uretère et entravent le passage de l'urine, la pression créée à l'intérieur du rein provoque une douleur extrême qui se projette jusque dans le flanc homolatéral. La contraction des parois de l'uretère autour des calculs acérés mus par le péristaltisme cause également de la douleur. Les infections fréquentes des voies urinaires, la rétention urinaire et l'alcalinité de l'urine prédisposent à la formation de calculs rénaux. Jusqu'à récemment, la chirurgie constituait le traitement d'élection des calculs rénaux. Or, on tend aujourd'hui à lui préférer la *lithotripsie*, un nouveau procédé non invasif qui consiste à pulvériser les calculs au moyen d'ultrasons. Les fragments des calculs sont ensuite éliminés dans l'urine. ■

Vessie

La **vessie** est un sac musculaire lisse et rétractile occupant une position rétropéritonéale sur le plancher pelvien, immédiatement derrière la symphyse pubienne. Chez l'homme, la vessie est située devant le rectum. Chez l'homme, la prostate (appartenant au système génital) entoure le col de la vessie, au point de jonction avec l'urètre. Chez la femme, la vessie est située devant le vagin et l'utérus.

L'intérieur de la vessie est percé d'orifices pour les deux uretères et pour l'urètre (figure 26.15). La base lisse et triangulaire de la vessie, délimitée par ces trois orifices, est appelée **trigone vésical.** Le trigone est important au point de vue clinique, car les infections tendent à y persister.

La paroi de la vessie comprend trois couches: une muqueuse formée d'un épithélium de transition, une couche musculaire et une adventice de tissu conjonctif (absente de la face supérieure, où elle est remplacée par le péritoine pariétal). La couche musculaire, appelée **muscle vésical**, est constituée par trois épaisseurs de fibres lisses enchevêtrées; les couches externe et interne sont longitudinales, et la couche moyenne est circulaire. Très extensible, la vessie est remarquablement bien adaptée à sa fonction de réservoir. Lorsqu'elle est vide ou qu'elle contient peu d'urine, elle est contractée et de forme pyramidale; ses parois sont épaisses et parcourues de *plis vésicaux transverses.* Mais quand l'urine s'accumule, la vessie se dilate et prend la forme d'une poire en s'élevant dans

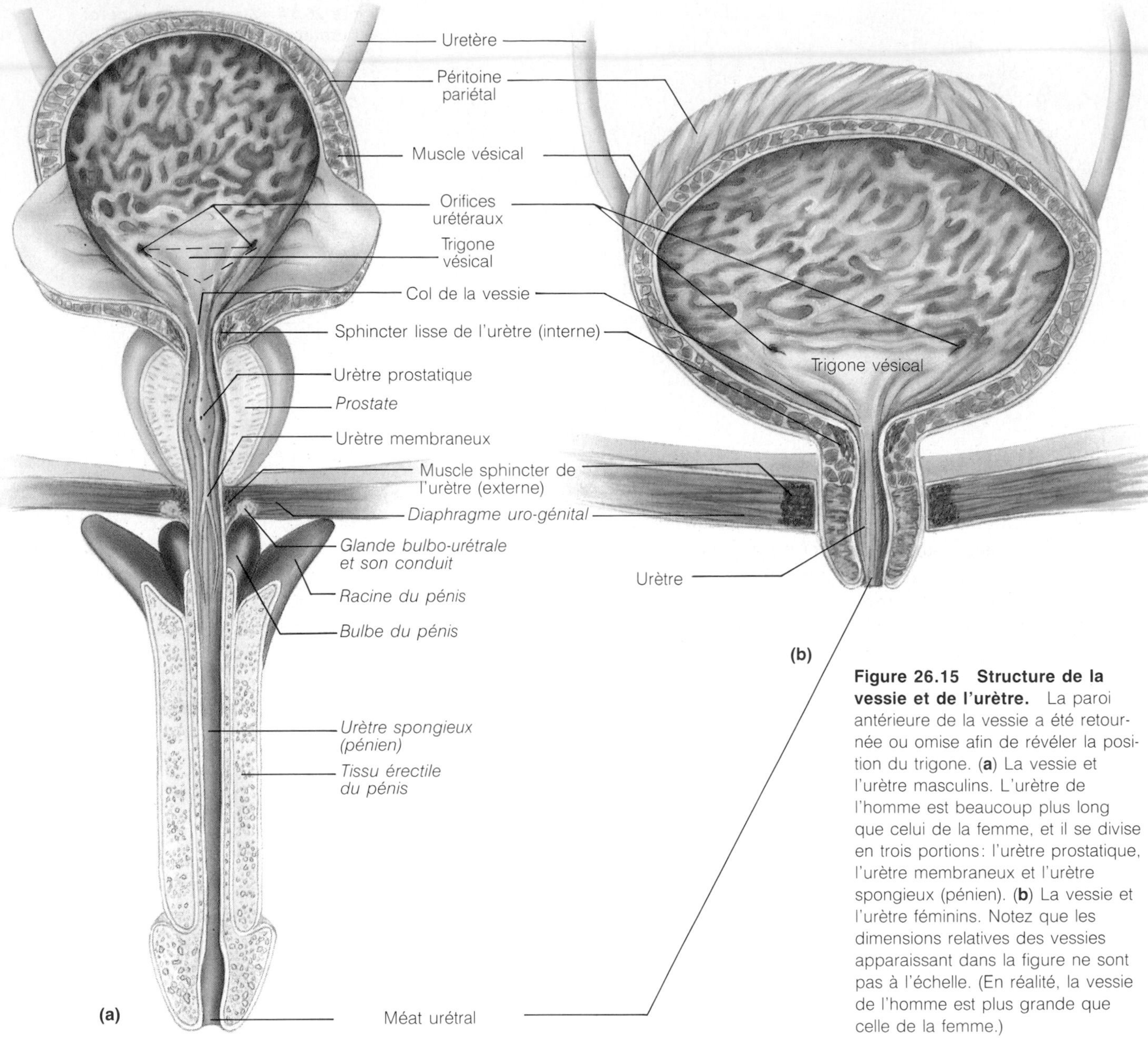

Figure 26.15 Structure de la vessie et de l'urètre. La paroi antérieure de la vessie a été retournée ou omise afin de révéler la position du trigone. (**a**) La vessie et l'urètre masculins. L'urètre de l'homme est beaucoup plus long que celui de la femme, et il se divise en trois portions: l'urètre prostatique, l'urètre membraneux et l'urètre spongieux (pénien). (**b**) La vessie et l'urètre féminins. Notez que les dimensions relatives des vessies apparaissant dans la figure ne sont pas à l'échelle. (En réalité, la vessie de l'homme est plus grande que celle de la femme.)

la cavité abdominale (figure 26.16). La paroi musculaire s'étire, l'épithélium de transition s'amincit et ses cellules glissent l'une sur l'autre, et les plis disparaissent. La vessie peut ainsi emmagasiner de grandes quantités d'urine (jusqu'à 300 mL) sans que sa pression interne ne s'élève de façon marquée. Une vessie partiellement remplie mesure approximativement 12,5 cm de long et a une capacité d'environ 500 mL. Cette quantité peut cependant doubler si besoin est. On peut palper une vessie distendue par l'urine bien au-dessus de la symphyse pubienne. La distension extrême peut causer la rupture de la vessie. Bien que sa formation soit continue, l'urine s'accumule dans la vessie jusqu'au moment approprié pour son excrétion.

Urètre

L'**urètre** est un conduit musculaire aux parois minces qui s'abouche au plancher de la vessie et qui transporte l'urine hors de l'organisme. L'épithélium de sa muqueuse est en grande partie cylindrique pseudostratifié. Il se transforme en épithélium de transition près de la vessie, et pavimenteux stratifié non kératinisé près du méat urétral.

À la jonction de l'urètre et de la vessie, un épaississement du muscle lisse forme le **sphincter lisse de l'urètre (interne).** Ce sphincter ferme l'urètre et empêche l'écoulement d'urine entre les mictions. Le relâchement

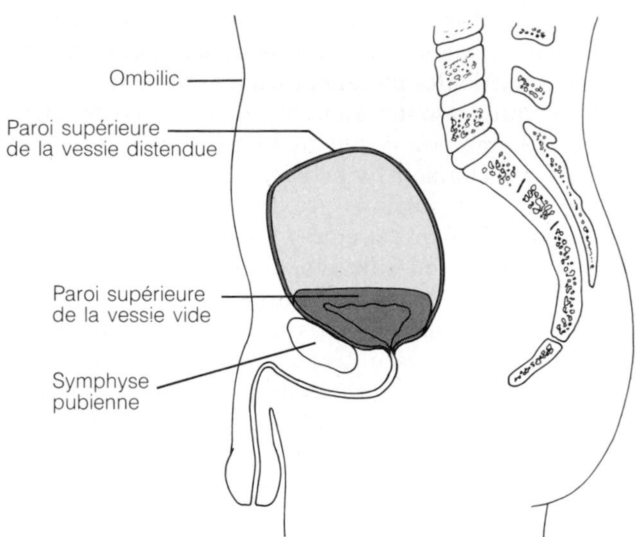

Figure 26.16 Position et forme relatives de la vessie distendue et de la vessie vide chez l'homme adulte.

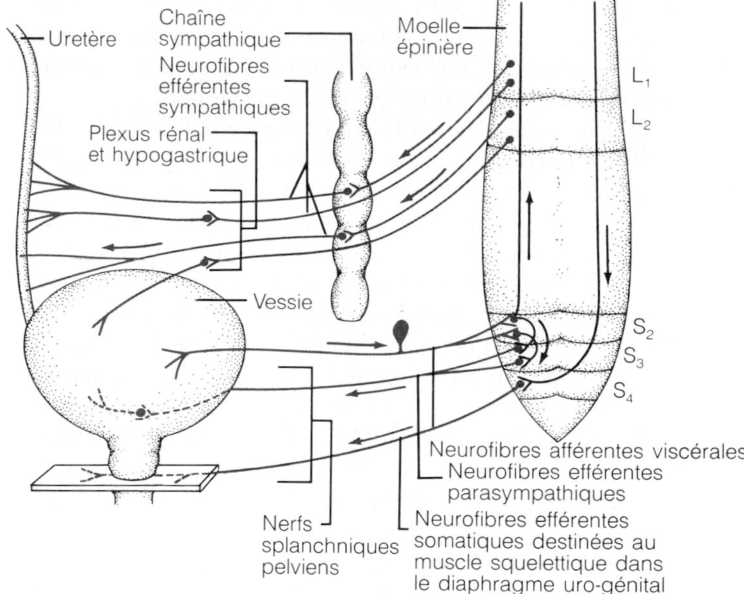

Figure 26.17 Arc réflexe de la miction. L'étirement de la paroi de la vessie transmet des influx afférents à la région sacrée de la moelle épinière. Les influx efférents sont envoyés au muscle vésical et au sphincter lisse de l'urètre par l'intermédiaire de neurofibres parasympathiques des nerfs splanchniques pelviens. Ces nerfs desservent aussi les fibres du muscle sphincter de l'urètre (principalement dans le diaphragme pelvien). Le rôle des efférents sympathiques est controversé. (Les neurofibres afférentes [sensorielles] sont représentées en bleu et les neurofibres efférentes [motrices], en rouge.)

de ce sphincter est indépendant de la volonté. Un second sphincter, le **muscle sphincter de l'urètre (externe)**, encercle l'urètre au point où il traverse le diaphragme uro-génital (plancher pelvien). Ce sphincter est formé de muscle squelettique et sa maîtrise est volontaire. Le *muscle élévateur de l'anus*, dans le périnée, sert aussi de constricteur volontaire de l'urètre (voir le tableau 10.7, à la page 308).

La longueur et les fonctions de l'urètre ne sont pas les mêmes chez l'homme et chez la femme (voir la figure 26.15). L'urètre féminin mesure de 3 à 4 cm de long, et il est fermement attaché à la paroi antérieure du vagin par du tissu conjonctif. Son orifice externe, le **méat urétral**, est situé entre l'ouverture du vagin et le clitoris (voir la figure 28.14, à la page 952).

Étant donné que l'urètre féminin est très court et que son orifice est proche de l'anus, les bactéries fécales y ont aisément accès. (C'est pourquoi les femmes doivent éviter de s'essuyer de l'arrière vers l'avant après la défécation.) La muqueuse de l'urètre étant en continuité avec celle du reste des voies urinaires, une inflammation de l'urètre (*urétrite*) peut se propager à la vessie (*cystite*), voire aux reins (*pyélite* ou *pyélonéphrite*). Les symptômes de l'infection des voies urinaires sont les mictions douloureuses, impérieuses et fréquentes, la fièvre et, parfois, l'émission d'urine trouble ou sanglante. L'atteinte rénale se traduit en plus par des douleurs lombaires et des céphalées intenses. ■

L'urètre masculin mesure environ 20 cm de long et se divise en trois parties. L'**urètre prostatique**, d'environ 2,5 cm de long, passe à l'intérieur de la prostate. L'urètre membraneux, qui traverse le *diaphragme uro-génital*, s'étend sur une longueur d'environ 2 cm, de la prostate à la racine du pénis. L'**urètre spongieux**, ou **pénien**, d'environ 15 cm de long, parcourt le pénis et s'ouvre à son extrémité par le *méat urétral*. L'urètre de l'homme a une double fonction: transporter l'urine et le sperme hors de l'organisme. Nous traitons de la fonction de reproduction de l'urètre masculin au chapitre 28.

Miction

La **miction** (*mingere* = uriner) correspond à l'émission d'urine. Ordinairement, la distension de la vessie consécutive à l'accumulation d'environ 200 mL d'urine active les mécanorécepteurs et déclenche un arc réflexe viscéral. Les influx afférents (sensoriels) sont transmis à la région sacrée de la moelle épinière, et les influx efférents retournent à la vessie par l'intermédiaire de nerfs parasympathiques appelés *nerfs splanchniques pelviens.* Le muscle vésical se contracte, et le sphincter lisse de l'urètre se relâche (figure 26.17). À mesure que les contractions s'intensifient, elles poussent l'urine à travers le sphincter lisse de l'urètre (muscle lisse involontaire), dans la partie supérieure de l'urètre. Des influx afférents parviennent aussi à l'encéphale, de sorte que la personne ressent le besoin d'uriner. Comme le muscle sphincter de l'urètre (externe) et le muscle élévateur de l'anus sont volontaires (muscles squelettiques), la personne peut choisir de les garder contractés et de retarder la miction. Si le moment est opportun, en revanche, la personne relâche le muscle sphincter de l'urètre, ce qui permet à l'urine de s'écouler de la vessie.

Lorsque la miction est retardée, les contractions réflexes de la vessie cessent pendant environ une minute, et l'urine continue de s'accumuler. Après l'accumulation de 200 à 300 mL supplémentaires, le réflexe de miction survient à nouveau ; il est amorti encore une fois si la miction est retardée. Le besoin d'uriner finit par devenir irrépressible, puis la miction a lieu forcément.

L'*incontinence*, l'incapacité de maîtriser la miction, est normale chez les très jeunes enfants. Une miction réflexe se produit chaque fois que la vessie d'un bébé se remplit suffisamment pour activer les mécanorécepteurs, mais le sphincter lisse de l'urètre empêche l'urine de s'écouler goutte à goutte entre les mictions, comme il le fait chez l'adulte. Après l'âge de deux ou trois ans, l'incontinence résulte généralement de problèmes émotionnels, d'une pression physique exercée sur la vessie pendant une grossesse ou de troubles du système nerveux (accident vasculaire cérébral ou lésions de la moelle épinière). Dans l'*incontinence à l'effort,* une augmentation soudaine de la pression intra-abdominale (consécutive au rire ou à la toux) pousse l'urine au-delà du muscle sphincter de l'urètre (externe). Ce type d'incontinence est une conséquence répandue de la grossesse, pendant laquelle l'utérus alourdi étire les muscles du périnée et du diaphragme uro-génital supportant le muscle sphincter de l'urètre. Ce problème peut être corrigé par des exercices visant à améliorer le tonus des muscles relâchés.

La *rétention urinaire* correspond à l'incapacité d'expulser l'urine. La rétention urinaire est fréquente après une anesthésie générale (il semble que les muscles lisses mettent un certain temps à redevenir actifs). Chez l'homme, la rétention urinaire traduit souvent l'hypertrophie de la prostate ; en comprimant l'urètre prostatique, la glande rend la miction difficile. En cas de rétention urinaire prolongée, il faut insérer un mince tube de plastique appelé *cathéter* dans l'urètre afin de drainer l'urine et d'éviter des lésions de la vessie. ■

Développement et vieillissement du système urinaire

Le développement embryonnaire des reins est quelque peu déroutant. Comme le montre la figure 26.18, trois jeux de reins émergent des *crêtes uro-génitales*, deux épaississements du mésoderme intermédiaire dorsal d'où dérivent les organes des systèmes urinaire et génital. Seul le dernier jeu persiste et donne naissance aux reins adultes. Le premier système de tubules, le **pronéphros** (« rein primitif ») se forme au cours de la quatrième semaine du développement, puis il dégénère pour laisser place au deuxième, plus bas. Bien que le pronéphros ne fonctionne jamais et disparaisse à la sixième semaine, le **conduit pronéphrique** qui le relie au cloaque demeure, et il est utilisé par les reins qui se développeront ultérieurement. (Le cloaque est la partie terminale de l'intestin, ouverte sur l'extérieur.) Au moment où le conduit **pronéphrique** est accaparé par le deuxième système rénal, le **mésonéphros** (« rein intermédiaire »), il prend le nom de **conduit mésonéphrique.** Le mésonéphros dégénère à son tour lorsque le troisième rein, le **métanéphros** (« rein final ») fait son apparition.

Le métanéphros commence à se développer pendant la cinquième semaine, sous forme de **bourgeons urétéraux**, ou **diverticules métanéphriques**, creux qui émergent du conduit mésonéphrique et montent plus haut dans le corps de l'embryon. Les extrémités distales des bourgeons urétéraux forment les bassinets et les tubules rénaux collecteurs ; leurs portions proximales, rudimentaires, prennent alors le nom d'**uretères.** Les néphrons émergent d'une masse de mésoderme intermédiaire qui se constitue autour du sommet de chaque bourgeon urétéral. Comme les reins se développent dans le bassin puis montent jusqu'à leur position définitive dans l'abdomen, ils reçoivent leur irrigation de sources de plus en plus élevées. Bien que les vaisseaux sanguins inférieurs dégénèrent habituellement à mesure que les vaisseaux supérieurs apparaissent, il arrive qu'ils persistent et produisent des artères rénales multiples. Le métanéphros excrète de l'urine dès le troisième mois de gestation, et le liquide amniotique est en grande partie composé d'urine fœtale. Néanmoins, les reins du fœtus sont loin de travailler à pleine capacité, car le système urinaire de la mère débarrasse le sang fœtal de la plupart des substances indésirables.

A mesure que se forme le métanéphros, le cloaque se subdivise et forme le **sinus uro-génital définitif**, où se jettent les conduits urinaires et génitaux, ainsi que le rectum et le canal anal. La vessie et l'urètre émergent ensuite du sinus uro-génital définitif.

Nombreuses sont les anomalies congénitales du système urinaire, mais le rein en fer à cheval, l'exstrophie vésicale, l'hypospadias et la polykystose rénale sont quatre des plus fréquentes.

Au moment de leur ascension dans l'abdomen, les reins sont très rapprochés et, 1 fois sur 600, ils fusionnent. L'anomalie, appelée *rein en fer en cheval*, est généralement asymptomatique, mais elle s'accompagne parfois de troubles rénaux, telle l'obstruction, qui prédisposent aux infections des reins.

L'*exstrophie vésicale* correspond à une saillie de la muqueuse vésicale et des extrémités distales des uretères dans une ouverture anormale de la paroi abdominale. Cette anomalie est généralement corrigée chirurgicalement au cours de la petite enfance.

L'*hypospadias* est la plus fréquente des anomalies congénitales de l'urètre. Il s'agit de l'ouverture de l'urètre sur la face ventrale du pénis. On la corrige chirurgicalement lorsque l'enfant atteint l'âge de 12 mois environ.

La *polykystose rénale,* ou le *rein polykystique*, est une maladie héréditaire qui se caractérise par la présence dans le rein du bébé de nombreux kystes remplis d'urine. Elle semble résulter d'une anomalie du développement des tubules rénaux collecteurs : ceux-ci ne reçoivent pas l'urine de certains néphrons, de sorte que l'urine s'accumule à l'intérieur de kystes. La maladie cause presque invariablement l'insuffisance rénale pendant l'enfance, mais les greffes de rein ont augmenté les chances de survie des enfants atteints. ■

Comme sa vessie est très petite et que ses reins sont inaptes à la formation d'urine concentrée jusqu'au troi-

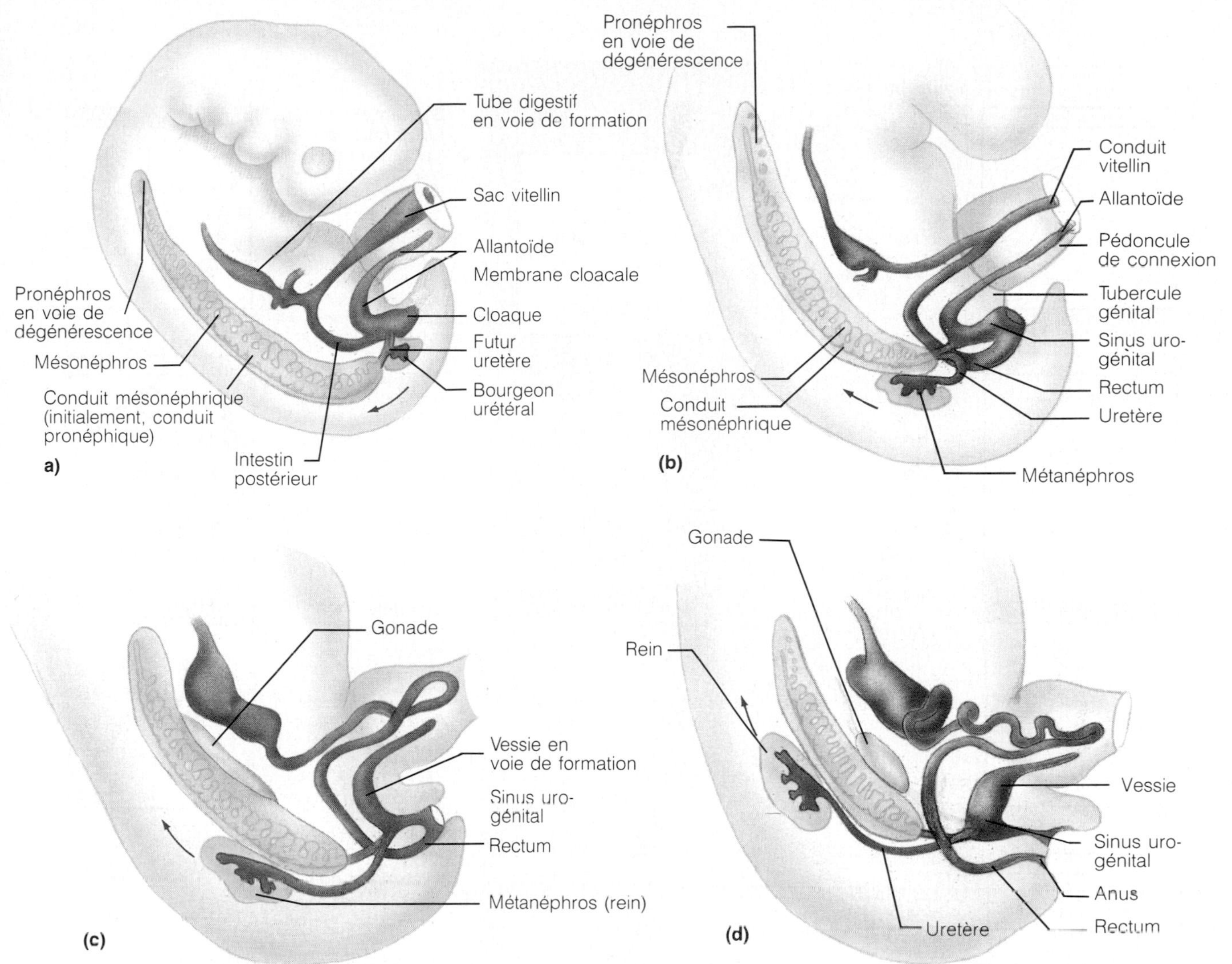

Figure 26.18 Développement embryonnaire du système urinaire. (**a**) Cinquième semaine. (**b**) Sixième semaine. (**c**) Septième semaine. (**d**) Huitième semaine.

sième mois de la vie, un nouveau-né urine de 5 à 40 fois par jour, suivant le volume des liquides ingérés. À l'âge de deux mois, le nourrisson excrète environ 400 mL d'urine par jour, et cette quantité augmente constamment jusqu'à l'adolescence, moment où le débit urinaire adulte (environ 1500 mL par jour) est atteint.

La maîtrise du muscle sphincter de l'urètre (externe) va de pair avec le développement du système nerveux. À l'âge de 15 mois, la plupart des enfants sont conscients de leurs mictions. À 18 mois, ils peuvent généralement se retenir pendant environ deux heures, ce qui indique qu'ils sont prêts à l'apprentissage de la propreté. La continence diurne précède généralement la continence nocturne. En règle générale, il est irréaliste de demander à un enfant de moins de quatre ans une continence nocturne totale.

De l'enfance à la fin de l'âge mûr, la plupart des troubles du système urinaire sont de nature infectieuse. *Escherichia coli*, une bactérie qui prolifère dans les voies digestives sans y causer de problèmes, est responsable de 80 % des infections urinaires. Les *maladies transmissibles sexuellement (MTS)*, qui sont en majorité des infections du système génital (voir le chapitre 28), peuvent aussi causer des inflammations et des obstructions des voies urinaires. Les infections streptococciques de l'enfance telles que l'angine streptococcique et la scarlatine peuvent causer, faute d'un traitement immédiat, des lésions inflammatoires chroniques des reins.

Trois pour cent seulement des personnes âgées ont des reins histologiquement normaux. Avec l'âge, les reins s'atrophient, les néphrons diminuent en taille et en nombre, et les cellules tubulaires perdent leur efficacité. Le débit de filtration glomérulaire d'une personne de 70 ans est deux fois moindre que celui d'une personne d'âge moyen. On pense que ce ralentissement est dû à l'altération de la circulation rénale consécutive à l'artériosclérose. Les personnes diabétiques sont particulièrement prédisposées aux maladies rénales, et plus de 50 % de celles qui ont présenté un diabète sucré pendant 20 ans (quel que soit leur âge) sont atteintes d'une insuffisance rénale attribuable à des atteintes vasculaires.

Système urinaire

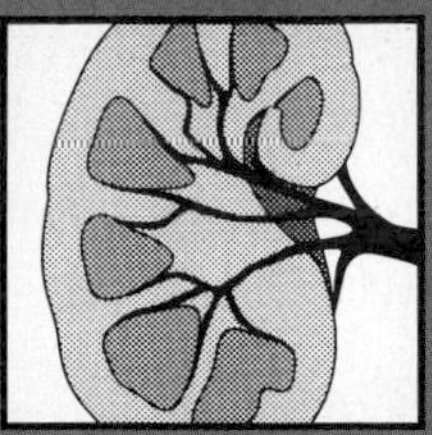

Système tégumentaire

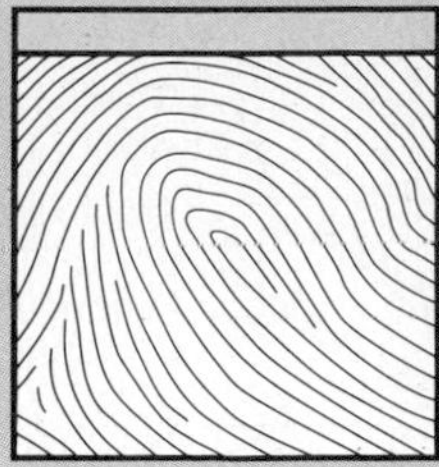

Fournit une protection externe; site de déperdition d'eau (par la transpiration); site de la synthèse de la vitamine D

Élimine les déchets azotés; maintient l'équilibre hydrique, électrolytique et acido-asique du sang

Système squelettique

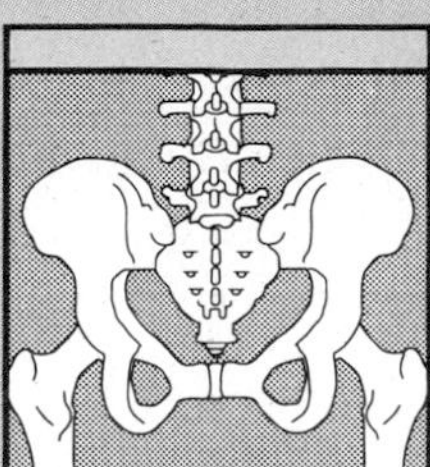

Les côtes fournissent une certaine protection aux reins

Élimine les déchets azotés; maintient l'équilibre hydrique, électrolytique et acido-basique du sang

Système musculaire

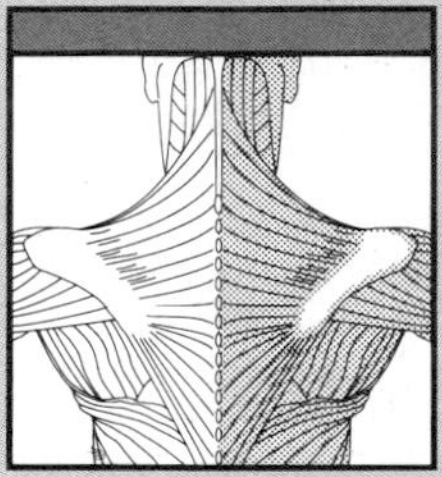

Les muscles du diaphragme pelvien et le muscle sphincter de l'urètre (externe) interviennent dans la maîtrise de la miction

Élimine les déchets azotés; maintient l'équilibre hydrique, électrotique et acido-basique du sang

Système nerveux

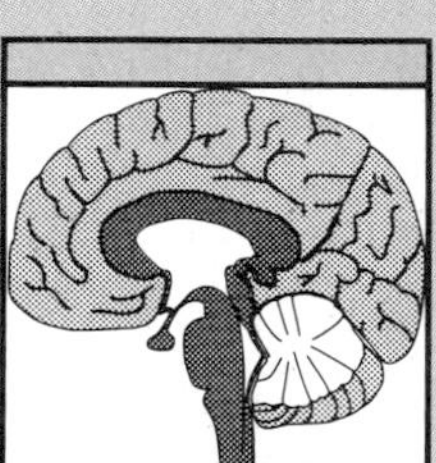

La miction fait intervenir des mécanismes de régulation nerveux; l'activité du système nerveux sympathique réduit le débit de filtration glomérulaire en situation de stress extrême

Élimine les déchets azotés; maintient l'équilibre hydrique, électrolytique et acido-basique du sang

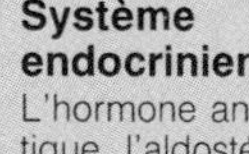

Système endocrinien

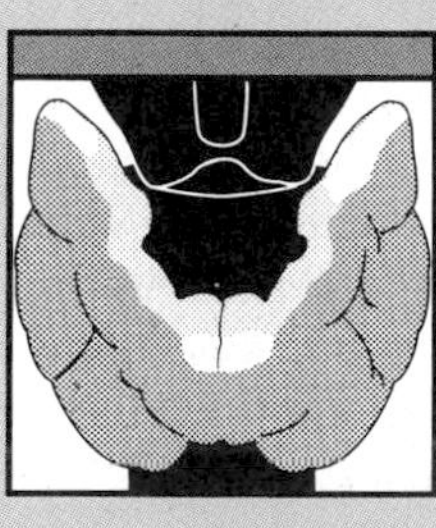

L'hormone antidiurétique, l'aldostérone, le facteur natriurétique auriculaire et d'autres hormones contribuent à la régulation de la réabsorption de l'eau et des électrolytes

Élimine les déchets azotés; maintient l'équilibre hydrique, électrolytique et acido-basique du sang; les reins produisent l'érythropoïétine

Système cardiovasculaire

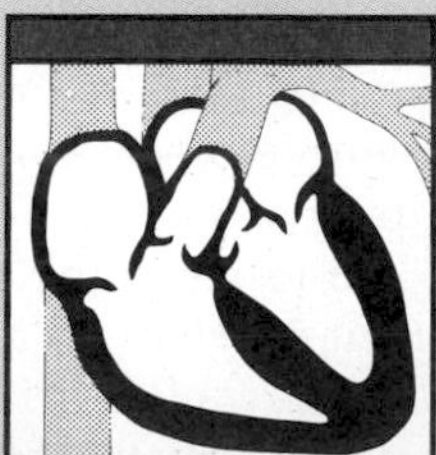

La pression artérielle systémique est le moteur de la filtration glomérulaire; le cœur sécrète le facteur natriurétique auriculaire

Élimine les déchets azotés; maintient l'équilibre hydrique, électrolytique et acido-basique du sang

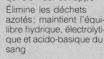

Système lymphatique

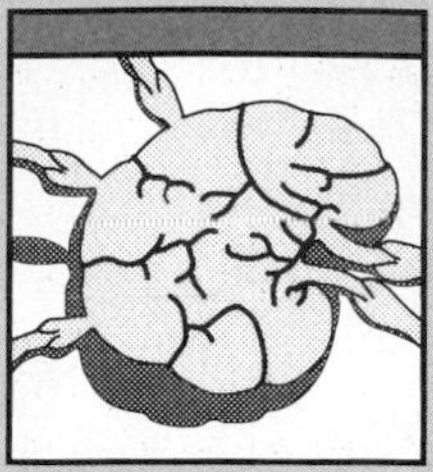

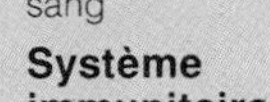

Maintient la pression artérielle systémique appropriée au fonctionnement des reins en renvoyant dans le système cardiovasculaire le plasma qui s'en est échappé

Élimine les déchets azotés; maintient l'équilibre hydrique, électrolytique et acido-basique du sang

Système immunitaire

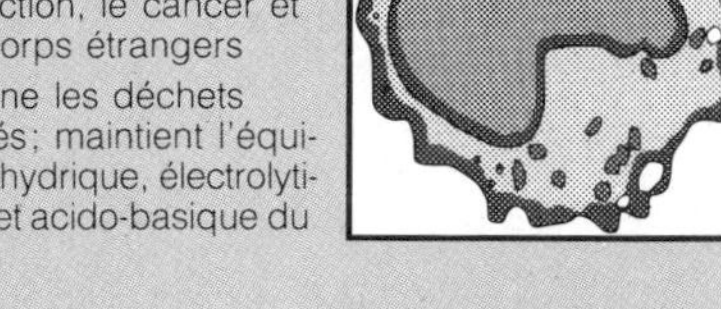

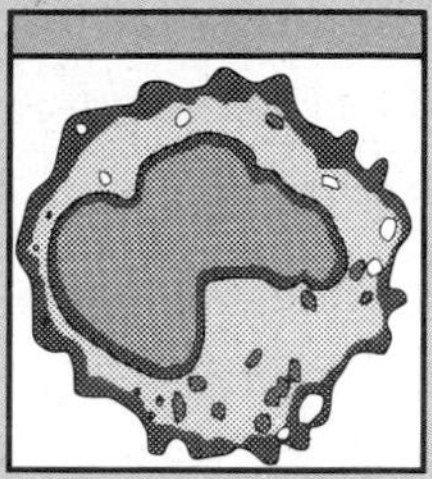

Protège les organes du système urinaire contre l'infection, le cancer et les corps étrangers

Élimine les déchets azotés; maintient l'équilibre hydrique, électrolytique et acido-basique du sang

Système respiratoire

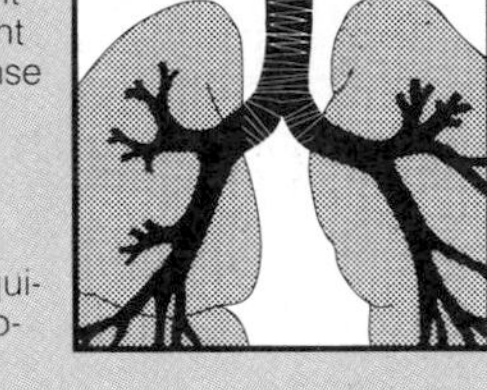

Fournit l'oxygène dont les cellules rénales ont besoin pour leur intense activité métabolique; élimine le gaz carbonique

Élimine les déchets azotés; maintient l'équilibre hydrique, électrolytique et acido-basique du sang

Système digestif

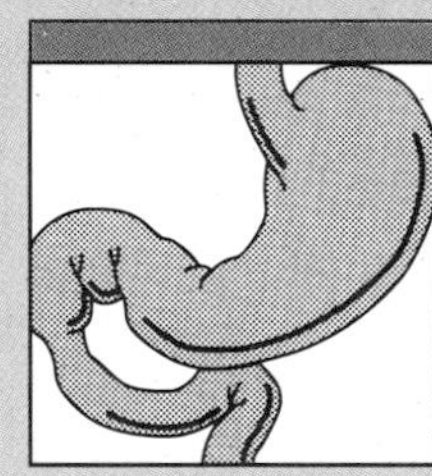

Fournit les nutriments nécessaires à la santé des cellules rénales

Élimine les déchets azotés; maintient l'équilibre hydrique, électrolytique et acido-basique du sang; métabolise la vitamine D en sa forme active nécessaire à l'absorption du calcium

Système génital

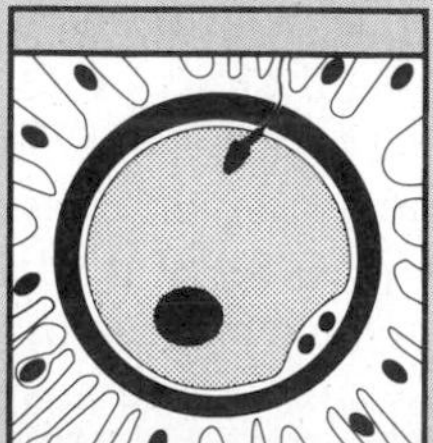

Élimine les déchets azotés; maintient l'équilibre hydrique, électrolytique et acido-basique du sang

Figure 26.19 Relations homéostatiques entre le système urinaire et les autres systèmes de l'organisme.

La vessie d'une personne âgée est rétrécie, et sa capacité est deux fois moins grande que celle d'un jeune adulte (250 mL par opposition à 600 mL). La perte du tonus vésical cause de fréquentes mictions. La *nycturie*, c'est-à-dire la nécessité de se lever la nuit pour uriner, atteint presque les deux tiers des personnes âgées. L'incontinence finit par se manifester chez beaucoup de gens, non sans porter un coup terrible à l'estime de soi.

* * *

Les uretères, la vessie et l'urètre jouent un rôle important dans le transport, l'entreposage et l'élimination de l'urine, mais le terme «système urinaire» évoque principalement les reins. Comme le résume la figure 26.19, à la page 900, les autres systèmes de l'organisme contribuent de bien des façons au maintien de l'homéostasie du système urinaire. Sans les reins, cependant, les liquides de l'organisme seraient vite contaminés par les déchets azotés, et l'équilibre des électrolytes dans le sang serait dangereusement perturbé. Et aucune cellule n'échappe aux dommages causés par un tel déséquilibre.

Maintenant que nous avons décrit le fonctionnement des reins, nous sommes prêts à l'intégrer au sujet plus vaste de l'équilibre des liquides et des électrolytes dans l'organisme. Tel sera le sujet du chapitre 27.

Termes médicaux

Cancer de la vessie Le cancer de la vessie cause environ 3 % des décès reliés au cancer. Il correspond généralement à des néoplasmes de l'épithélium vésical, et il peut être causé par des agents cancérigènes présents dans l'environnement ou le milieu de travail et se retrouvant dans l'urine. L'usage du tabac et de certains édulcorants artificiels semblent aussi lié au cancer de la vessie. La présence de sang dans l'urine est un signe fréquent de la maladie.

Cystocèle (*kustis* = vessie; *kêlê* = tumeur) Saillie de la vessie dans le vagin fréquemment causée par le déchirement des muscles du périnée pendant l'accouchement.

Cystoscopie (*kustis* = vessie; *skopein* = observer) Examen visuel de la muqueuse vésicale au moyen d'un tube inséré dans l'urètre.

Diabète insipide État caractérisé par l'élimination de grandes quantités (jusqu'à 40 L par jour) d'urine diluée. Causé par l'insuffisance ou l'absence de la sécrétion d'hormone antidiurétique, à la suite d'une lésion ou d'une tumeur de l'hypothalamus ou de la neurohypophyse. Peut provoquer une déshydratation et un déséquilibre électrolytique graves si la personne atteinte ne boit pas de grandes quantités de liquide.

Énurésie Incapacité de maîtriser la miction pendant le sommeil. Fréquente surtout chez les enfants dont le sommeil est profond et chez les personnes dont la capacité vésicale est faible (enfants et personnes âgées), mais elle peut aussi être due à des facteurs émotionnels.

Glomérulonéphrite aiguë Inflammation des glomérules souvent consécutive à une réaction immunitaire. Dans certains cas, des complexes immuns circulants (des anticorps liés à des substances étrangères telles que des streptocoques) se déposent dans les membranes basales des glomérules. Dans d'autres cas, des réactions immunitaires s'organisent contre le tissu rénal et causent des lésions glomérulaires (maladie auto-immune). Dans tous les cas, la réaction inflammatoire qui s'ensuit endommage la membrane de filtration et accroît sa perméabilité. Des protéines sanguines et même des globules sanguins entrent dans les tubules rénaux et sont éliminés dans l'urine. À mesure que diminue la pression osmotique du sang, le liquide s'échappe dans les espaces interstitiels et cause un œdème généralisé. L'oligo-anurie (nécessitant la dialyse; voir l'encadré de la page 892) peut apparaître temporairement, mais le fonctionnement des reins se rétablit en quelques mois. Les lésions glomérulaires permanentes peuvent provoquer la glomérulonéphrite chronique et, finalement, l'insuffisance rénale.

Infarctus rénal Zone de tissu rénal nécrosé. Peut résulter de l'inflammation, de l'hydronéphrose ou d'un arrêt de l'irrigation du rein. L'obstruction d'une artère interlobaire du rein est une cause fréquente de l'infarctus rénal localisé. Comme les artères interlobaires du rein sont terminales (elles ne s'anastomosent pas), leur obstruction provoque une ischémie et la nécrose des portions du rein qu'elles irriguent.

Néphrolysine Substance (métal lourd, solvant organique ou toxine bactérienne) toxique pour les reins.

Polykystose rénale de l'adulte Maladie dégénérative qui semble héréditaire, distincte de la polykystose rénale congénitale. Elle se caractérise par une distension des reins et par la présence de poches ulcéreuses contenant du sang, du mucus ou de l'urine et entravant le fonctionnement des reins. Dans les cas très graves, les reins deviennent noueux et hypertrophiés. Les dommages progressent lentement et beaucoup de personnes atteintes vivent jusqu'à la soixantaine sans éprouver de problèmes rénaux.

Urographie intraveineuse (*oûron* = urine; *graphein* = écriture) Examen radiologique du rein et de l'uretère réalisé après l'injection intraveineuse d'une substance de contraste. Permet de détecter les obstructions des vaisseaux sanguins rénaux, d'observer l'anatomie du rein (bassinet et calices) et de déterminer le taux d'excrétion (clairance) de la substance de contraste.

Résumé du chapitre

ANATOMIE DES REINS (p. 874-879)

Situation et anatomie externe (p. 874)

1. Les reins occupent une position rétropéritonéale dans la région lombaire supérieure.
2. Chaque rein est entouré par trois enveloppes: la capsule fibreuse du rein, la capsule adipeuse du rein et le fascia rénal. La capsule adipeuse conserve aux reins leur position normale.

Anatomie interne (p. 874-875)

3. De l'extérieur vers l'intérieur, le rein est constitué du cortex rénal, de la médulla rénale (composée principalement des pyramides rénales) et du bassinet. Les calices recueillent l'urine qui s'écoule des sommets des pyramides (papilles rénales) par les orifices papillaires et la déverse dans le bassinet.

Vascularisation et innervation (p. 876)

4. Les reins reçoivent 25 % du débit cardiaque.
5. Le sang suit le trajet suivant dans le rein: artère rénale → artères segmentaires → artères interlobaires → artères arquées → artères interlobulaires → artérioles afférentes → glomérules → artérioles efférentes → lits capillaires péritubulaires → veines interlobulaires → veines arquées → veines interlobaires → veine rénale.
6. L'innervation des reins provient du plexus rénal.

Néphrons (p. 876-879)

7. Les néphrons sont les unités structurales et fonctionnelles des reins.
8. Chaque néphron comprend un glomérule (un lit capillaire où la pression est élevée) et une capsule glomérulaire rénale qui se prolonge par un tubule rénal. Le tubule rénal s'abouche au glomérule et donne le tubule contourné proximal, l'anse du néphron et le tubule contourné distal. Un lit capillaire à faible pression, le lit capillaire péritubulaire, est étroitement associé au tubule rénal.
9. Les néphrons corticaux, les plus nombreux, sont presque entièrement compris dans le cortex rénal; une petite portion seulement de leurs anses s'enfonce dans la médulla rénale. Les néphrons juxta-médullaires sont situés à la jonction du cortex rénal et de la médulla rénale, et leurs anses pénètrent profondément dans la médulla rénale. Les néphrons juxta-médullaires jouent un rôle important dans l'établissement du gradient osmotique de la médulla.

10. Les tubules rénaux collecteurs reçoivent l'urine de nombreux néphrons et forment les pyramides rénales.

11. L'appareil juxta-glomérulaire est situé au point de contact entre l'artériole afférente et le tubule contourné distal. Il est formé des cellules juxta-glomérulaires de l'artériole afférente et de la macula densa.

PHYSIOLOGIE DES REINS: FORMATION DE L'URINE (p. 880-894)

1. Les fonctions du néphron sont la filtration, la réabsorption tubulaire et la sécrétion tubulaire. Par ces processus, les reins éliminent les déchets métaboliques azotés, et ils règlent le volume, la composition et le pH du sang.

Filtration glomérulaire (p. 880-884)

2. Les glomérules font office de filtres. La pression sanguine y est élevée (55 mm Hg), parce que les glomérules sont alimentés et drainés par des artérioles et parce que le diamètre des artérioles afférentes est plus grand que celui des artérioles efférentes.

3. Environ un cinquième du plasma filtré par les glomérules s'écoule dans les tubules rénaux.

4. La membrane de filtration est composée d'un endothélium fenestré, d'une membrane basale et du feuillet viscéral de la capsule glomérulaire rénale formé de podocytes. Elle laisse librement passer les substances plus petites que les protéines plasmatiques.

5. La pression nette de filtration (habituellement d'environ 10 mm Hg) est déterminée par l'interaction des forces favorisant la filtration (pression hydrostatique glomérulaire) et des forces s'y opposant (pression hydrostatique capsulaire et pression osmotique glomérulaire).

6. Le débit de filtration glomérulaire est directement proportionnel à la pression nette de filtration et il se chiffre à environ 125 mL/min (180 L/d).

7. L'autorégulation rénale permet aux reins de conserver une pression artérielle et un débit de filtration glomérulaire relativement constants. On pense que l'autorégulation fait intervenir un mécanisme autorégulateur vasculaire myogène, un mécanisme de rétroaction tubulo-glomérulaire régi par la macula densa ainsi que le système rénine-angiotensine mettant à contribution les cellules juxta-glomérulaires de l'artériole afférente.

8. L'activation du système nerveux sympathique cause la constriction des artérioles afférentes et, par le fait même, diminue la formation du filtrat et stimule la libération de rénine par les cellules juxta-glomérulaires de l'artériole afférente.

Réabsorption tubulaire (p. 884-887)

9. Pendant la réabsorption tubulaire, les cellules tubulaires retirent les substances nécessaires du filtrat et les renvoient dans le sang des capillaires péritubulaires.

10. La réabsorption tubulaire active nécessite de l'ATP et des transporteurs protéiques situés dans la membrane plasmique des cellules tubulaires. Le transport de nombreuses substances est couplé au transport actif des ions Na^+ et limité par le nombre de vecteurs disponibles. Les nutriments et la plupart des ions sont réabsorbés activement.

11. La réabsorption tubulaire passive repose sur des gradients électrochimiques établis par la réabsorption active des ions Na^+. L'eau, plusieurs anions et diverses autres substances (dont l'urée) sont réabsorbés passivement.

12. Certaines substances (la créatinine, les métabolites des médicaments, etc.) ne sont pas réabsorbées ou sont réabsorbées partiellement parce qu'elles n'ont pas de transporteurs protéiques, parce qu'elles ne sont pas liposolubles ou parce que leurs molécules sont trop volumineuses.

13. Les cellules du tubule contourné proximal sont les plus actives dans la réabsorption. La plupart des nutriments, 80 % de l'eau et des ions Na^+ et l'essentiel des ions activement transportés sont réabsorbés dans les tubules contournés proximaux.

14. La réabsorption d'un surcroît d'ions Na^+ et d'eau s'effectue dans le tubule contourné distal et dans le tubule rénal collecteur, et elle est régie par des hormones. L'aldostérone accroît la réabsorption du sodium (et la réabsorption obligatoire de l'eau); l'hormone antidiurétique favorise la réabsorption de l'eau dans le tubule rénal collecteur.

Sécrétion tubulaire (p. 887-888)

15. La sécrétion tubulaire, qui peut être active ou passive, est un moyen d'ajouter des substances (provenant du sang ou des cellules tubulaires) au filtrat. Elle joue un rôle important dans l'élimination des médicaments, de l'urée et des ions en excès ainsi que dans le maintien de l'équilibre acido-basique du sang.

Régulation de la concentration et du volume de l'urine (p. 888-893)

16. L'hyperosmolarité graduée des liquides de la médulla fait en sorte que le filtrat atteignant le tubule contourné distal est dilué (hypo-osmolaire). Elle permet la formation d'urine dont l'osmolarité varie entre 50 et 1200 mmol/kg.

- **a.** La partie descendante de l'anse du néphron est perméable à l'eau; l'eau diffuse du filtrat vers le liquide interstitiel puis vers le sang des vasa recta. A la pointe de l'anse du néphron, le filtrat et le liquide de la médulla sont hyperosmolaires.
- **b.** La partie ascendante est imperméable à l'eau, mais les ions Na^+ et Cl^- présents dans le filtrat sont activement transportés dans l'espace interstitiel. Le filtrat se dilue à mesure qu'il perd des ions.
- **c.** À mesure que le filtrat contenu dans le tubule rénal collecteur s'écoule dans la médulla rénale interne, l'urée diffuse dans l'espace interstitiel. Une partie de l'urée entre dans la partie ascendante et est recyclée.
- **d.** Le sang s'écoule lentement dans les vasa recta, et son osmolarité s'équilibre avec celle du liquide interstitiel de la médulla. Par conséquent, le sang qui entre dans la médulla rénale et qui en sort par les vasa recta est isotonique par rapport au liquide interstitiel. La forte concentration des solutés est ainsi maintenue dans la médulla.

17. En l'absence d'hormone antidiurétique, les reins forment de l'urine diluée, car le filtrat dilué atteignant le tubule contourné distal est excrété sans que l'eau ne soit réabsorbée vers le liquide interstitiel.

18. Quand la concentration sanguine d'hormone antidiurétique s'élève, le tubule contourné distal et le tubule collecteur deviennent plus perméables à l'eau, et l'eau diffuse vers le liquide interstitiel, c'est-à-dire dans les parties hyperosmotiques de la médulla rénale. Par conséquent, de petites quantités d'urine concentrée sont produites.

Clairance rénale (p. 893)

19. La clairance rénale est la vitesse à laquelle les reins débarrassent le plasma d'un soluté donné. Les épreuves de la clairance rénale renseignent sur la fonction rénale et sur l'évolution des maladies rénales.

Caractéristiques et composition de l'urine (pp. 893-894)

20. Normalement, l'urine est claire, jaune, aromatique et légèrement acide. Sa densité varie entre 1,001 et 1,035.

21. L'urine est composée à 95 % d'eau; ses solutés sont les déchets azotés (l'urée, l'acide urique et la créatinine) et divers ions (toujours des ions Na^+, K^+, SO_4^{2-} et HPO_4^{2-}).

22. Le glucose, les protéines, les érythrocytes, le pus, l'hémoglobine et les pigments biliaires sont des constituants anormaux de l'urine.

23. Le débit urinaire quotidien varie entre 1,5 et 1,8 L environ, et il dépend du degré d'hydratation de l'organisme.

URETÈRES (p. 894-895)

1. Les uretères sont de minces conduits qui s'étendent des reins à la vessie en position rétropéritonéale. Ils transportent l'urine par péristaltisme des bassinets à la vessie.

VESSIE (p. 895-896)

1. La vessie, où s'accumule l'urine, est un sac musculaire contractile situé derrière la symphyse pubienne. La vessie est percée de trois orifices (ceux des uretères et celui de l'urètre) délimitant le trigone vésical. Chez l'homme, la prostate entoure l'urètre.

2. La paroi de la vessie est composée d'une muqueuse formée d'un épithélium de transition, des trois épaisseurs du muscle vésical et d'une adventice.

URÈTRE (p. 896-897)

1. L'urètre est un conduit musculaire qui transporte l'urine de la vessie vers l'extérieur de l'organisme.

2. À l'endroit où l'urètre s'abouche à la vessie, il est entouré par le sphincter lisse de l'urètre (interne), formé de muscle lisse involontaire. Le muscle sphincter de l'urètre (externe), formé de muscle squelettique, entoure l'urètre à l'endroit où il traverse le diaphragme uro-génital.

3. Chez la femme, l'urètre mesure de 3 à 4 cm de long, et il ne transporte que l'urine. Chez l'homme, l'urètre mesure 20 cm de long, et il transporte l'urine et le sperme.

MICTION (p. 897-898)

1. La miction est l'émission d'urine.

2. L'accumulation d'urine étire la paroi de la vessie et déclenche le réflexe de miction. Ce réflexe cause la contraction du muscle vésical et le relâchement du sphincter lisse de l'urètre (interne).

3. Comme le muscle sphincter de l'urètre (externe) est volontaire, la miction peut généralement être retardée.

DÉVELOPPEMENT ET VIEILLISSEMENT DU SYSTÈME URINAIRE (p. 898-901)

1. Trois jeux de reins (pronéphros, mésonéphros et métanéphros) émergent du mésoderme intermédiaire. Le métanéphros excrète de l'urine dès le troisième mois de gestation.

2. Le rein en fer en cheval, la polykystose rénale, l'exstrophie vésicale et l'hypospadias sont des anomalies congénitales fréquentes.

3. Comme sa vessie est petite et que ses reins sont inaptes à la formation d'urine concentrée, le nouveau-né urine fréquemment. Le développement des fonctions neuromusculaires permet généralement l'apprentissage de la propreté vers l'âge de 18 mois.

4. Les infections bactériennes sont les troubles du système urinaire les plus fréquents de l'enfance à l'âge mûr.

5. L'insuffisance rénale est rare mais très grave. La concentration de l'urine est impossible, les déchets azotés s'accumulent dans le sang, et l'équilibre acido-basique et électrolytique est rompu.

6. Avec l'âge, le nombre de néphrons diminue, la filtration ralentit, et les cellules tubulaires concentrent l'urine moins efficacement.

7. La capacité et le tonus vésicaux diminuent avec l'âge, causant des mictions fréquentes et, souvent, l'incontinence. La rétention urinaire est répandue chez les hommes âgés.

Questions de révision

Choix multiples associations

1. Les déchets azotés atteignent leur plus faible concentration sanguine dans: (a) la veine hépatique; (b) la veine cave inférieure; (c) l'artère rénale; (d) la veine rénale.

2. Les capillaires glomérulaires diffèrent des autres capillaires parce qu'ils: (a) ont des anastomoses plus étendues; (b) proviennent d'artérioles et se jettent dans des artérioles; (c) ne sont pas formés d'endothélium; (d) sont les sites de la formation du filtrat.

3. Une lésion de la médulla rénale entraverait *d'abord* le fonctionnement: (a) des capsules glomérulaires rénales; (b) des tubules contournés distaux; (c) des tubules rénaux collecteurs; (d) des tubules contournés proximaux.

4. Laquelle des substances suivantes est réabsorbée par le tubule contourné proximal? (a) Le sodium. (b) Le potassium. (c) Les acides aminés. (d) Toutes ces substances.

5. Généralement, il n'y a pas de glucose dans l'urine parce que: (a) il ne traverse pas les parois des glomérules; (b) il est maintenu dans le sang par la pression oncotique; (c) il est réabsorbé par les cellules tubulaires; (d) il est absorbé par les cellules avant que le sang n'atteigne les reins.

6. Dans le glomérule, la filtration est directement reliée à: (a) la réabsorption de l'eau; (b) la pression artérielle; (c) la pression hydrostatique capsulaire; (d) l'acidité de l'urine.

7. La réabsorption rénale: (a) du glucose et de nombreuses autres substances est un processus actif limité par le taux maximal de réabsorption; (b) des ions chlorure est toujours liée au transport passif des ions sodium; (c) est le mouvement des substances du sang aux néphrons; (d) des ions sodium ne s'effectue que dans le tubule contourné proximal.

8. Si un échantillon d'urine fraîche contient des quantités excessives d'urochrome, il présente: (a) une odeur d'ammoniac; (b) un pH inférieur à la normale; (c) une couleur jaune foncé; (d) un pH supérieur à la normale.

9. Le diabète sucré, l'inanition et un régime alimentaire pauvre en glucides sont reliés à: (a) la cétose; (b) la pyurie; (c) l'albuminurie; (d) l'hématurie.

Questions à court développement

10. Quelle est l'importance de la capsule adipeuse entourant le rein?

11. Décrivez le trajet d'une molécule de créatinine d'un glomérule à l'urètre. Nommez toutes les structures microscopiques et macroscopiques qu'elle traverse en chemin.

12. Expliquez les différences importantes entre le plasma sanguin et le filtrat rénal. Mettez ces différences en rapport avec la structure de la membrane de filtration.

13. Décrivez les mécanismes qui contribuent à l'autorégulation rénale.

14. Décrivez la réabsorption tubulaire active et passive.

15. Expliquez en quoi les capillaires péritubulaires sont adaptés à la réception des substances réabsorbées.

16. Expliquez le déroulement et l'utilité de la sécrétion tubulaire.

17. Comment l'aldostérone modifie-t-elle la composition chimique de l'urine?

18. Expliquez pourquoi le filtrat devient hypotonique en s'écoulant dans la partie ascendante de l'anse du néphron. Expliquez aussi pourquoi le filtrat est hypertonique quand il atteint la pointe de l'anse du néphron (et le liquide interstitiel des parties profondes de la médulla rénale).

19. En quoi l'anatomie de la vessie est-elle adaptée à sa fonction de réservoir?

20. Définissez la miction et décrivez le réflexe de miction.

21. Décrivez les changements que le vieillissement fait subir à l'anatomie et à la physiologie des reins et de la vessie.

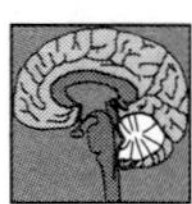

Réflexion et application

1. Une femme de 60 ans est amenée au centre hospitalier par des policiers qui l'ont trouvée étendue sur le trottoir. L'équipe médicale détermine qu'elle est atteinte d'une hépatite alcoolique. On lui donne un régime pauvre en sel et en protéines, et on lui prescrit des diurétiques pour éliminer son ascite (accumulation de liquides dans la cavité péritonéale). Comment les diurétiques faciliteront-ils l'élimination des liquides en excès? Nommez et décrivez le mécanisme d'action de trois types de diurétiques. Pourquoi recommande-t-on à cette femme un régime hyposodique?

2. Un réparateur de lignes de transport d'électricité fait une chute. L'examen révèle une fracture de la partie inférieure de la colonne vertébrale et un sectionnement de la moelle épinière dans la région lombaire. Dorénavant, l'homme aura-t-il la maîtrise de ses mictions? Éprouvera-t-il encore le besoin d'uriner? Y aura-t-il écoulement goutte à goutte d'urine entre les mictions? Justifiez vos réponses.

3. Qu'est-ce que la cystite? Pourquoi les femmes en sont-elles atteintes plus fréquemment que les hommes?

4. En cas d'hémorragie grave, le débit de filtration glomérulaire diminue et les concentrations sanguines de rénine, d'aldostérone et d'hormone antidiurétique augmentent. Expliquez la cause et les conséquences de chacun de ces phénomènes.

27 Équilibre hydrique, électrolytique et acido-basique

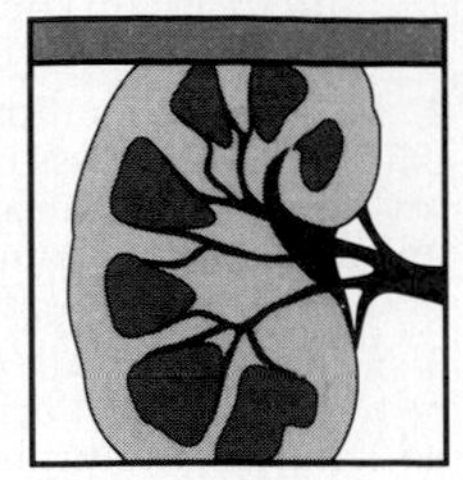

Sommaire et objectifs d'apprentissage

Liquides organiques (p. 904-908)

1. Énumérer les facteurs qui déterminent le poids hydrique de l'organisme et décrire les effets de chacun.
2. Indiquer le volume hydrique et les solutés contenus dans les compartiments hydriques de l'organisme.
3. Comparer les effets osmotiques globaux des électrolytes et ceux des non-électrolytes.
4. Décrire les facteurs qui déterminent les échanges hydriques dans l'organisme.

Équilibre hydrique (p. 908-911)

5. Énumérer les voies d'entrée et de sortie de l'eau dans l'organisme.
6. Décrire les mécanismes de rétroaction qui régissent l'apport hydrique et les mécanismes hormonaux qui régissent l'excrétion d'eau dans l'urine.
7. Expliquer l'importance des pertes d'eau obligatoires.
8. Décrire les causes et les conséquences possibles de la déshydratation, de l'hydratation hypotonique et de l'œdème.

Équilibre électrolytique (p. 911-918)

9. Indiquer les voies d'entrée et de sortie des électrolytes dans l'organisme.
10. Expliquer l'importance du sodium ionique dans l'équilibre hydrique et électrolytique de l'organisme; énoncer les rapports du sodium ionique avec le fonctionnement du système cardiovasculaire.
11. Décrire succinctement les mécanismes intervenant dans la régulation de l'équilibre des ions sodium et de l'eau.
12. Expliquer la régulation de l'équilibre plasmatique des ions potassium, calcium et magnésium et celle des anions.

Équilibre acido-basique (p. 918-926)

13. Énumérer les principales sources d'acides de l'organisme.
14. Nommer les trois principaux systèmes tampons chimiques de l'organisme et expliquer comment ils résistent aux variations du pH.
15. Expliquer l'influence du système respiratoire sur l'équilibre acido-basique.
16. Expliquer comment les reins règlent les concentrations sanguines des ions hydrogène (H^+) et bicarbonate (HCO_3^-).
17. Faire la distinction entre l'acidose et l'alcalose respiratoires et l'acidose et l'alcalose métaboliques. Expliquer l'importance des mécanismes de compensation respiratoires et rénaux pour l'équilibre acido-basique.

Équilibre hydrique, électrolytique et acido-basique au cours du développement et du vieillissement (p. 926-927)

18. Expliquer pourquoi les nourrissons et les personnes âgées sont plus exposés que les jeunes adultes aux déséquilibres hydriques et électrolytiques.

Vous êtes-vous déjà demandé pourquoi il vous arrive de passer des heures sans uriner, tandis qu'en d'autres occasions vous urinez abondamment et fréquemment? Savez-vous pourquoi votre soif semble parfois inextinguible? Ces phénomènes traduisent l'une des principales fonctions de l'organisme: le maintien de l'équilibre hydrique, électrolytique et acido-basique.

Le fonctionnement cellulaire dépend non seulement d'un apport continuel de nutriments et de l'excrétion des déchets métaboliques, mais aussi des conditions physiques et de la composition chimique des liquides qui entourent les cellules. Le principe fondamental de l'homéostasie fut énoncé en 1857 par le physiologiste français Claude Bernard, qui affirmait que l'équilibre dynamique du milieu interne est la condition d'une vie organique autonome. Dans ce chapitre, nous étudierons la composition et la distribution des liquides du milieu interne; ensuite, nous reviendrons en quelque sorte en arrière, et nous considérerons le rôle des divers organes et fonctions physiologiques dans la régulation et le maintien de l'état d'équilibre dynamique ainsi que dans les processus pouvant engendrer un déséquilibre.

Liquides organiques

Poids hydrique de l'organisme

L'eau représente environ la moitié du poids corporel d'un jeune adulte en bonne santé. Cependant, le poids

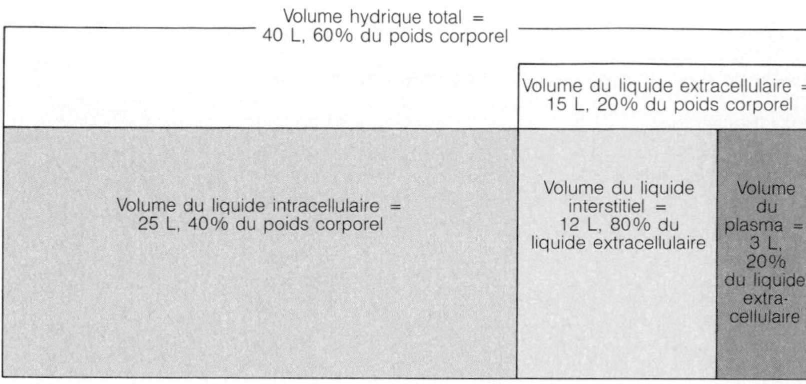

Figure 27.1 Principaux compartiments hydriques de l'organisme. Les volumes et les pourcentages sont approximatifs et ont été mesurés chez un homme de 70 kg.

hydrique varie d'une personne à l'autre, et l'eau corporelle totale est fonction du poids corporel, de l'âge, du sexe et de la quantité de tissu adipeux. Comme les nourrissons ont peu de tissu adipeux et que le poids de leurs os est faible, leur organisme est composé à 73 % ou plus d'eau; ce haut degré d'hydratation explique le velouté de leur peau. Mais le poids hydrique diminue au cours de la vie, et l'eau ne représente plus que 45 % environ du poids corporel d'une personne âgée. L'organisme d'un jeune homme en bonne santé est composé de 57 à 63 % d'eau, et celui d'une jeune femme, de 50 %. Cette différence substantielle est reliée au fait que les femmes ont plus de tissu adipeux et moins de muscle squelettique que les hommes. Le tissu adipeux est le *moins* hydraté des tissus; même l'os contient plus d'eau que la graisse. Par conséquent, l'organisme des personnes minces contient une plus grande proportion d'eau que celui des personnes obèses.

Compartiments hydriques de l'organisme

Dans l'organisme, l'eau se répartit essentiellement en deux endroits appelés **compartiments hydriques** (figure 27.1). Un peu moins des deux tiers du volume total se trouve dans le **compartiment intracellulaire**, qui est en fait composé de milliards de compartiments, les cellules. Chez un homme adulte de stature moyenne (70 kg), le compartiment intracellulaire (équivalent au cytosol) contient 25 L sur les 40 L totaux. Le tiers restant se trouve à l'extérieur des cellules, dans le **compartiment extracellulaire**. Le compartiment extracellulaire constitue d'une part le «milieu interne» auquel Claude Bernard faisait référence et d'autre part le milieu externe des cellules. En fait, le compartiment extracellulaire se compose de deux sous-compartiments: le **compartiment intravasculaire (plasmatique)** et le **compartiment interstitiel**. C'est ce qui explique que le plasma sanguin et le liquide interstitiel constituent le liquide extracellulaire. Le compartiment extracellulaire comporte de nombreux autres sous-compartiments, soit la lymphe, le liquide céphalorachidien, l'humeur aqueuse et le corps vitré de l'œil, le liquide synovial, les sérosités et les sécrétions gastrointestinales. La plupart de ces liquides, toutefois, sont analogues au liquide interstitiel, et on estime généralement qu'ils y sont assimilables. Chez l'homme adulte de 70 kg, le volume du liquide interstitiel se chiffre à 12 L et celui du plasma, à 3 L (figure 27.1).

Composition des liquides organiques

Solutés: électrolytes et non-électrolytes

L'eau est parfois appelée *solvant universel*, car elle peut dissoudre des substances très diverses. Les solutés se divisent principalement en **électrolytes** et en **non-électrolytes**. Ces derniers ont des liaisons (généralement covalentes) qui empêchent leur dissociation et, par conséquent, ils ne portent pas de charge électrique. La plupart des non-électrolytes sont des molécules organiques; tel est le cas du glucose, des lipides, de la créatinine et de l'urée. Les électrolytes, au contraire, sont des composés chimiques qui se dissocient en ions (qui s'ionisent) dans l'eau. (Voir le chapitre 2, au besoin, pour réviser ces notions de chimie.) Comme les ions sont des particules chargées, ils peuvent conduire le courant électrique, d'où leur nom d'*électrolytes*. Typiquement, les électrolytes comprennent des sels inorganiques, des acides et des bases tant inorganiques qu'organiques ainsi que certaines protéines.

Bien que toutes les molécules et tous les solutés contribuent à l'activité osmotique d'un liquide, la puissance osmotique des électrolytes est beaucoup plus grande que celle des molécules qui ne s'ionisent pas, car chaque molécule d'un électrolyte se dissocie en au moins deux ions. Par exemple, une molécule de chlorure de sodium (NaCl) fournit deux fois plus de particules qu'une molécule de glucose (dont les atomes restent unis); de même, une molécule de chlorure de magnésium ($MgCl_2$) en fournit trois fois plus:

$$\begin{array}{llll} \text{NaCl} & \rightarrow & Na^{+} + Cl^{-} & \text{(deux particules)} \\ MgCl_2 & \rightarrow & Mg^{2+} + Cl^{-} + Cl^{-} & \text{(trois particules)} \\ \text{glucose} & \rightarrow & \text{glucose} & \text{(une particule)} \end{array}$$

L'eau se déplace ou diffuse toujours dans le sens de gradients osmotiques, c'est-à-dire du compartiment de faible osmolarité (où le nombre des ions et des molécules est faible) vers le compartiment de plus forte osmolarité (où le nombre des ions et des molécules est élevé). Comme leur dissociation donne plusieurs ions, les électrolytes sont beaucoup plus aptes à causer des échanges hydriques (par osmose) que les molécules qui ne s'ionisent pas. Ce processus physiologique explique le mécanisme de réabsorption de l'eau engendré par la réabsorption des ions sodium (Na^+) dans le tubule contourné proximal des reins (voir le chapitre 26).

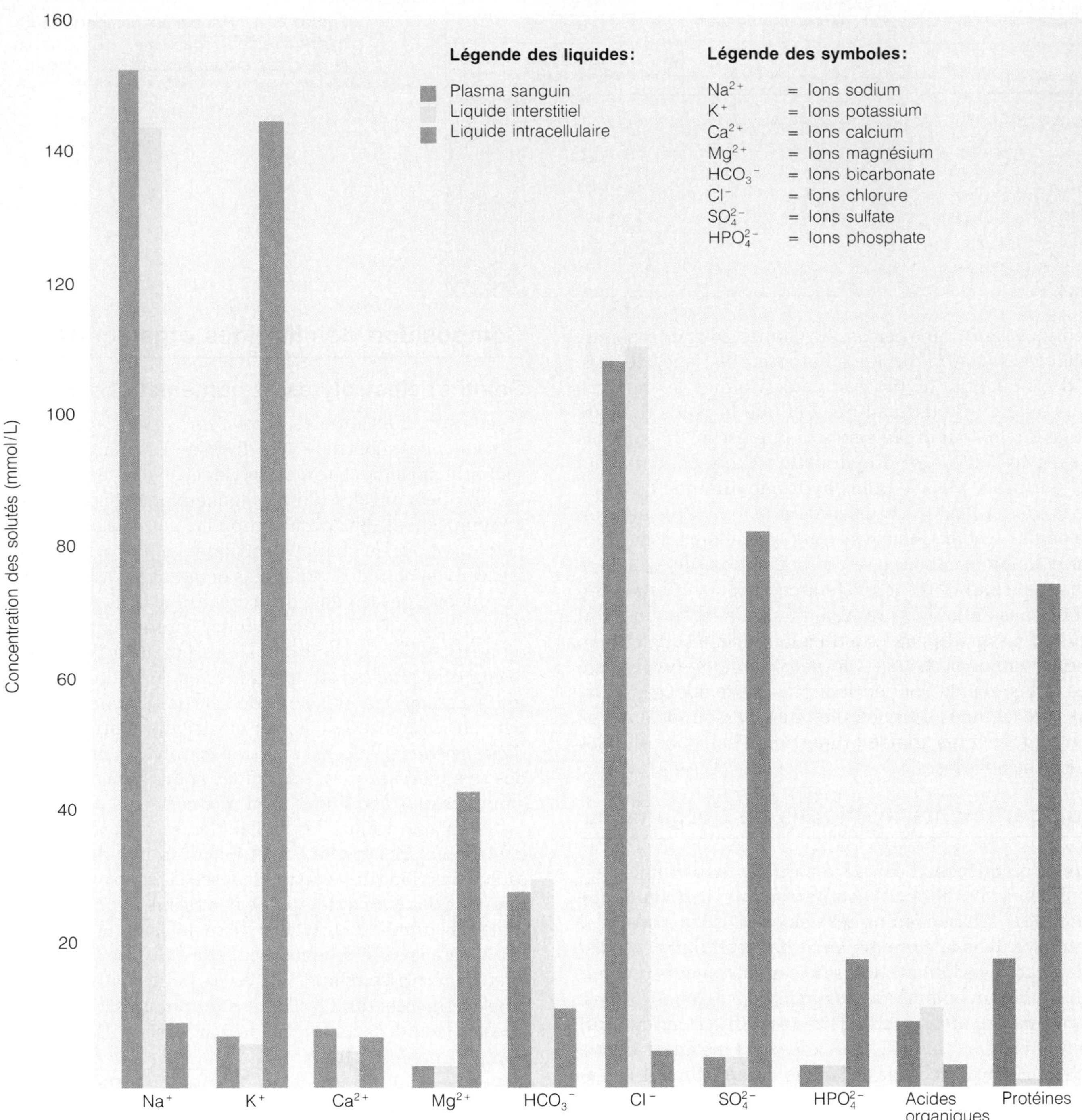

Figure 27.2 Comparaison entre la composition électrolytique du plasma sanguin, celle du liquide interstitiel et celle du liquide intracellulaire.

Comparaison entre le liquide extracellulaire et le liquide intracellulaire

Un simple coup d'œil au graphique de la figure 27.2 révèle que chaque compartiment hydrique de l'organisme a une composition électrolytique distinctive. Or, exception faite du plasma, avec sa teneur relativement élevée en protéines, les liquides extracellulaires sont fort semblables: leur principal cation est l'ion sodium (Na^+), et leur principal anion est l'ion chlorure (Cl^-). Toutefois, étant donné que le plasma est électriquement neutre et que ses protéines qui ne diffusent pas dans le liquide interstitiel se présentent normalement sous forme d'anions, il contient un peu moins d'ions chlorure que le liquide interstitiel. Contrairement aux liquides extracellulaires, le liquide intracellulaire ne contient que de petites quantités d'ions sodium et chlorure. Son cation le plus abondant est l'ion potassium (K^+), et son principal anion est l'ion phosphate (HPO_4^{2-}). Les cellules contiennent en outre des quantités modérées d'ions magnésium (Mg^{2+}) et des quantités substantielles de protéines solubles (environ trois fois la concentration présente dans le plasma).

Notez que les concentrations des ions Na^+ et des ions K^+ dans les liquides extracellulaires et le liquide intracellulaire sont presque inverses (figure 27.2). La distribution caractéristique de ces ions de part et d'autre des membranes cellulaires traduit l'activité des pompes à Na^+-K^+ de la membrane plasmique, qui maintiennent la faible concentration intracellulaire des ions Na^+ tout en conservant la forte concentration intracellulaire des ions K^+ (voir le chapitre 3); le fonctionnement de ces pompes présuppose la production d'ATP par les mitochondries. Les mécanismes rénaux peuvent maintenir ces distributions en sécrétant des ions K^+ à mesure que les ions Na^+ sont réabsorbés du filtrat.

Les électrolytes sont les solutés les plus nombreux dans les divers liquides organiques, mais ils ne contribuent pas de façon proportionnelle au poids de ces liquides. En effet, les molécules de protéines et celles de certains autres non-électrolytes comme les phospholipides, le cholestérol et les triglycérides (graisses neutres), sont beaucoup plus volumineuses que les ions, et elles représentent environ 90 %, 60 % et 97 % du poids des solutés dissous dans le plasma, dans le liquide interstitiel et dans le liquide intracellulaire respectivement.

Mouvement des liquides entre les compartiments

Les échanges et mélanges continuels des liquides des compartiments sont déterminés par la pression hydrostatique et par la pression osmotique (figure 27.3). L'inégalité de la distribution des solutés dans les différents compartiments est attribuable à leur taille moléculaire, à leur charge électrique ou au fait qu'ils doivent être transportés activement à travers la membrane plasmique des cellules. Contrairement aux solutés, l'eau diffuse librement selon la concentration totale des solutés dans ces mêmes compartiments ou selon les gradients osmotiques. C'est ce qui explique que tout ce qui modifie la concentration des solutés dans un compartiment engendre obligatoirement un mouvement de l'eau.

Les échanges entre le plasma et le liquide interstitiel s'effectuent à travers les membranes capillaires. On trouve une explication détaillée des pressions déterminant ces mouvements au chapitre 20, aux pages 651 et 652, et un rappel des notions aux pages 880 à 882. Nous nous contenterons ici d'indiquer le résultat des mécanismes en jeu. Mû par la pression hydrostatique du sang, le plasma pratiquement dénué de protéines filtre dans le liquide interstitiel. Il est presque complètement réabsorbé dans la circulation sanguine sous l'effet de la pression oncotique, c'est-à-dire de la pression osmotique exercée par les protéines plasmatiques (principalement l'albumine). Les protéines plasmatiques exercent une pression oncotique à l'intérieur des capillaires, alors que les protéines du liquide interstitiel exercent une pression oncotique du côté du compartiment interstitiel (voir le chapitre 26). La pression osmotique exercée par les protéines de part et d'autre de l'endothélium capillaire est appelée pression oncotique. Normalement, les petites quantités non réabsorbées sont captées par les vaisseaux lymphatiques et renvoyées dans la circulation; ce mécanisme

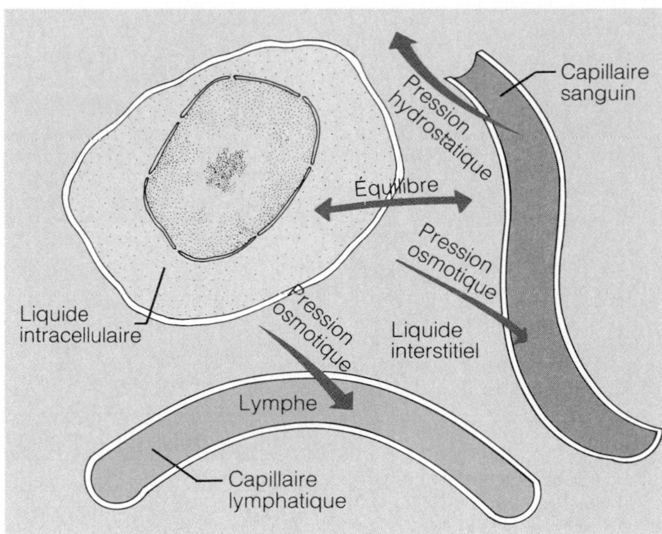

Figure 27.3 Le mouvement du liquide entre les compartiments suit des gradients de pression hydrostatique et osmotique.

contribue à maintenir la concentration normale des protéines plasmatiques et la pression oncotique du plasma sanguin.

Étant donné la perméabilité sélective des membranes cellulaires, les échanges entre les liquides interstitiel et intracellulaire sont plus complexes. En effet, la double couche de phospholipides de la membrane plasmique empêche la diffusion des substances hydrosolubles et de l'eau. En règle générale, les mouvements osmotiques de l'eau sont substantiels dans les deux directions. Ce phénomène de diffusion simple est dû au fait que les canaux ioniques qui servent au transport des ions minéraux à travers les phospholipides de la membrane plasmique servent aussi à la diffusion des molécules d'eau. De plus, des canaux protéiques de la membrane plasmique permettent les échanges d'eau bidirectionnels entre le cytoplasme et le liquide interstitiel, selon les lois de l'osmose, c'est-à-dire par diffusion simple. On appelle *pores aqueux* ou *pores pour l'eau* les protéines qui permettent, de façon spécifique, la diffusion de l'eau. Au contraire, les mouvements des ions sont limités et, dans la plupart des cas, déterminés par le transport actif. Les mouvements des nutriments, des gaz respiratoires et des déchets sont habituellement unidirectionnels. Ainsi, le glucose et l'oxygène passent du liquide interstitiel au cytoplasme, alors que le gaz carbonique et les autres déchets métaboliques passent du cytoplasme au liquide interstitiel; toutes ces substances suivent passivement leur gradient de concentration.

Le plasma est le seul des liquides organiques à circuler dans l'organisme entier, et il sert de trait d'union entre le milieu interne et l'environnement (milieu externe) (figure 27.4). Les échanges qui se déroulent presque continuellement dans les poumons, le tube digestif et les reins modifient la composition et le volume du plasma. Cependant, les modifications sont rapidement compensées par les échanges entre le plasma sanguin et les deux autres compartiments. L'équilibre dynamique,

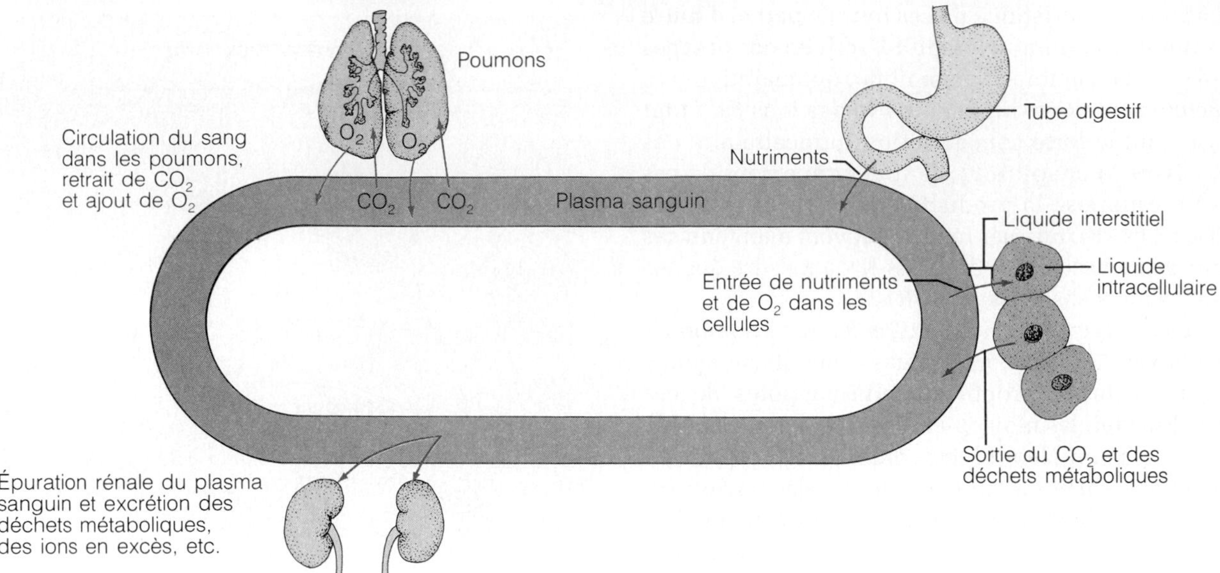

Figure 27.4 Mélange continuel des liquides organiques. Le plasma sanguin sert de trait d'union entre le milieu interne et l'environnement. Les échanges entre le plasma et les cellules (liquide intracellulaire) s'effectuent à travers l'espace interstitiel.

ou homéostasie, dépend de l'interaction fonctionnelle entre les compartiments hydriques; ces échanges permettent de maintenir la composition du milieu interne malgré les multiples changements occasionnés par les situations de la vie courante.

Beaucoup de facteurs peuvent modifier sensiblement le volume du liquide extracellulaire et du liquide intracellulaire. Mais comme l'eau circule librement entre les compartiments, tous les liquides organiques ont la même osmolarité, sauf pendant les quelques minutes qui suivent la modification de l'un d'entre eux. On peut s'attendre que l'augmentation de la teneur en solutés du liquide extracellulaire (et particulièrement de la teneur en ions Na^+ et Cl^-) provoque une sortie d'eau des cellules et, par conséquent, modifie l'osmolarité du liquide intracellulaire. Inversement, la diminution de l'osmolarité du liquide extracellulaire suscite une entrée d'eau dans les cellules et engendre aussi une modification de l'osmolarité du liquide intracellulaire. Par conséquent, le volume du liquide intracellulaire est fonction de la concentration des solutés dans le liquide extracellulaire. Ces concepts sous-tendent tous les phénomènes qui régissent l'équilibre hydrique dans l'organisme, et il convient de bien les comprendre.

Équilibre hydrique

Pour conserver notre hydratation, nous ne devons pas perdre plus d'eau que nous n'en ingérons; autrement dit, l'apport d'eau doit être égal à la déperdition d'eau. L'*apport hydrique* varie considérablement d'un individu à l'autre, et il est fortement influencé par les habitudes personnelles; en moyenne, cependant, il se chiffre à environ 2500 mL par jour chez l'adulte (figure 27.5). La majeure partie de l'eau corporelle vient des liquides ingérés (60 %) et des aliments humides (30 %). Le reste, soit environ 10 %, est produit par le métabolisme cellulaire : c'est l'**eau d'oxydation** ou **eau métabolique**. La *déperdition hydrique* emprunte plusieurs voies. Une certaine quantité d'eau (28 %) s'évapore des poumons dans l'air expiré ou diffuse directement à travers la peau ; un peu d'eau se perd dans la transpiration (8 %) et les matières fécales (4 %). Le reste (60 %) est excrété par les reins dans l'urine.

Chez les personnes en bonne santé, l'osmolarité des liquides organiques se maintient à l'intérieur de limites très étroites (entre 285 et 300 mmol/kg). L'augmentation de l'osmolarité du plasma déclenche : (1) la soif, qui incite à l'ingestion d'eau ; (2) la libération de l'hormone antidiurétique (ADH), qui provoque la réabsorption d'eau au niveau des reins et l'excrétion d'urine concentrée. Inversement, la diminution de l'osmolarité inhibe à la fois la soif et la libération d'hormone antidiurétique et entraîne l'excrétion de grandes quantités d'urine diluée.

Régulation de l'apport hydrique : mécanisme de la soif

Le **mécanisme de la soif** est encore mal connu. On pense qu'une diminution du volume plasmatique de l'ordre de 10 % (ou plus, en cas d'hémorragie par exemple) et qu'une augmentation de l'osmolarité du plasma de l'ordre de 1 à 2 % cause l'état de sécheresse de la cavité buccale (xérostomie) et stimule le *centre de la soif* localisé dans l'hypothalamus. L'assèchement de la cavité buccale est dû au fait qu'une moindre quantité de liquide filtre de la circulation sanguine vers le liquide interstitiel quand la pression osmotique du plasma augmente. Comme les cellules des glandes salivaires tirent l'eau dont elles ont besoin du liquide interstitiel, la production de salive

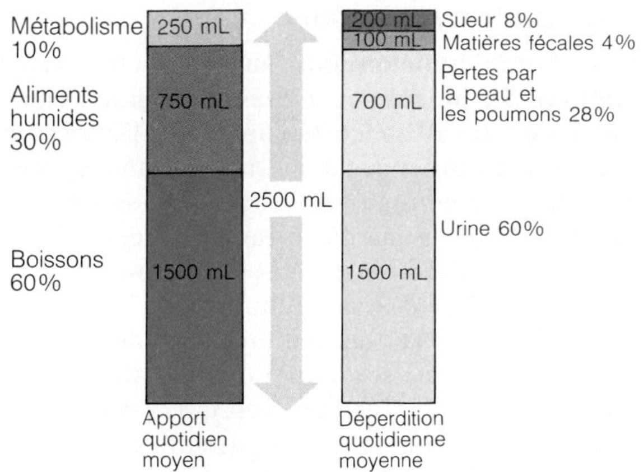

Figure 27.5 Sources de l'apport hydrique et voies de la déperdition hydrique. Lorsque l'apport et la déperdition sont équilibrés, l'organisme est bien hydraté.

diminue. La stimulation hypothalamique survient lorsque l'eau, attirée par le liquide extracellulaire hypertonique, sort des cellules qui jouent le rôle d'osmorécepteurs du centre de la soif, ce qui les rend excitables et provoque leur dépolarisation. Le mécanisme de la soif a donc pour point de départ la déshydratation de certaines cellules spécialisées de l'hypothalamus (osmorécepteurs). L'ensemble de ces phénomènes amène une sensation subjective de soif et pousse l'individu à boire (figure 27.6). Ce mécanisme explique la soif brûlante du patient qui a perdu plus de 800 mL de sang et, dans un ordre d'idées plus joyeux, la présence d'amuse-gueule *salés* sur les tables des bars.

Curieusement, la soif s'étanche presque immédiatement après l'ingestion d'une quantité appropriée d'eau, même si l'eau n'est pas encore absorbée dans le sang. En effet, la soif s'atténue dès que la muqueuse de la bouche et de la gorge est humectée; elle se calme à mesure que les mécanorécepteurs de l'estomac et de l'intestin sont activés et émettent des signaux de rétro-inhibition vers le centre hypothalamique de la soif. La rapidité de l'étanchement de la soif prévient un apport hydrique excessif et une surdilution des liquides organiques, laissant aux changements osmotiques le temps de jouer leur rôle de régulation.

Aussi efficace que soit la soif, cette sensation ne constitue pas nécessairement un indicateur fiable du besoin physiologique d'eau. Ainsi, certaines personnes âgées ou désorientées ne reconnaissent pas la sensation de soif ou y passent outre. Inversement, les personnes atteintes de maladies cardiaques ou rénales peuvent se sentir assoiffées en dépit de leur surcharge hydrique. ■

Régulation de la déperdition hydrique

Certaines pertes d'eau sont involontaires et inévitables. Les **pertes d'eau obligatoires** sont une des raisons pour lesquelles nous ne pouvons survivre longtemps sans boire. Aussi efficaces soient-ils, les mécanismes rénaux ne peuvent compenser un apport hydrique nul. Les pertes d'eau obligatoires comprennent la perte d'eau par les poumons et la peau, les quantités d'eau qui accompagnent les résidus alimentaires non digérés dans les matières fécales et une déperdition minimale dans l'urine. La perte d'eau obligatoire dans l'urine est liée au fait qu'en présence d'un régime alimentaire adéquat, les reins doivent excréter de 900 à 1200 mmol de solutés pour maintenir la composition ou l'osmolarité du plasma. Contrairement aux reins des souris du désert, qui évacuent une urine sèche et pâteuse, les reins humains excrètent les solutés dans un volume d'eau assez important. Par conséquent, même quand l'urine atteint une concentration maximale d'environ 1200 mmol/kg (voir la section intitulée «Formation d'urine concentrée», à la page 890), un minimum absolu de 500 mL d'eau est quotidiennement perdu dans l'urine.

En plus des pertes d'eau obligatoires, l'apport hydrique, le régime alimentaire et les autres pertes d'eau influent sur la concentration et sur le volume de l'urine excrétée. Par exemple, une personne qui fait de la course à pied par une journée chaude et qui transpire abondamment excrète beaucoup moins d'urine qu'à l'habitude pour conserver son équilibre hydrique. Normalement, les reins commencent à éliminer l'excès d'eau environ 30 minutes après l'ingestion. Ce délai est lié au temps nécessaire pour inhiber la libération de l'hormone antidiurétique. La diurèse atteint son maximum une heure après l'ingestion et son minimum trois heures après.

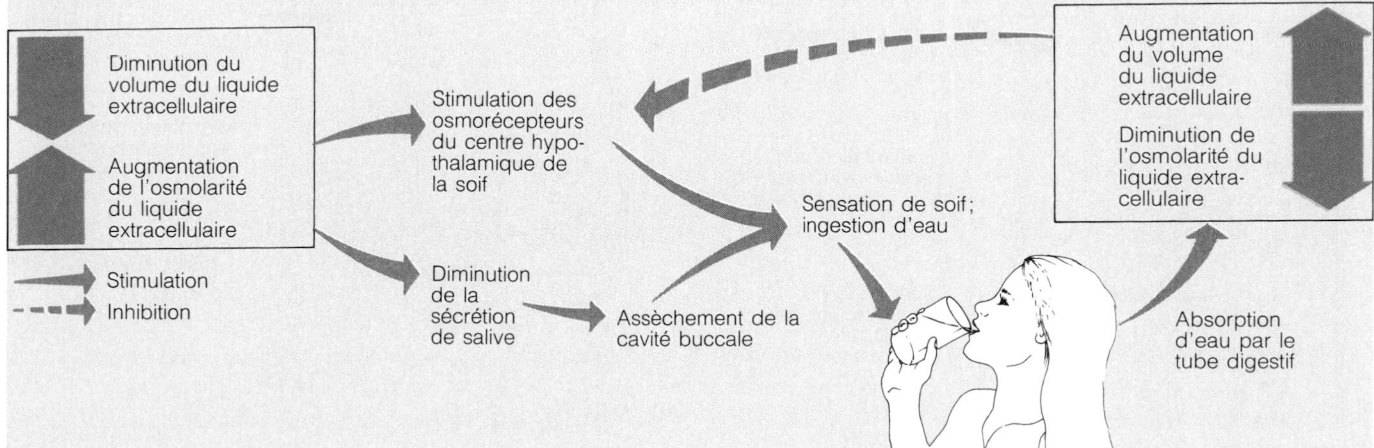

Figure 27.6 Mécanisme de la soif et régulation de l'apport hydrique.

Le volume hydrique de l'organisme est étroitement lié à un puissant «aimant» de l'eau, l'ion Na^+. D'ailleurs, le maintien de l'équilibre hydrique par le truchement de la diurèse se ramène en fait à une question d'équilibre des ions sodium *et* de l'eau, car ces deux substances sont toujours réglées conjointement par des mécanismes influant sur la fonction cardiovasculaire et la pression artérielle.

Déséquilibres hydriques

Les principales anomalies de l'équilibre hydrique sont la déshydratation, l'hydratation hypotonique et l'œdème.

Déshydratation

La **déshydratation** survient lorsque la déperdition hydrique est supérieure à l'apport hydrique pendant un certain temps, ce qui établit un bilan hydrique négatif. La déshydratation apparaît souvent après une hémorragie, des brûlures graves, des vomissements et de la diarrhée prolongés, de la diaphorèse, une période où l'apport hydrique a été insuffisant et en cas d'usage excessif des diurétiques. Les troubles endocriniens comme le diabète sucré et le diabète insipide peuvent aussi causer la déshydratation (voir le chapitre 17). Les premiers symptômes de la déshydratation sont l'aspect cotonneux de la muqueuse buccale, la soif, la sécheresse et la rougeur de la peau, et l'oligurie. La déshydratation prolongée peut provoquer une perte pondérale, la fièvre et la confusion mentale. Dans tous les cas, la déperdition se fait d'abord aux dépens du liquide extracellulaire (figure 27.7a). Par la suite, l'eau passe (par osmose) des cellules au liquide extracellulaire; ce mouvement garde aux liquides extracellulaire et intracellulaire la même osmolarité, même si le volume hydrique total a été réduit. Quoique l'effet global soit appelé déshydratation, il est rare qu'il implique uniquement un déficit en eau. En effet, il se perd habituellement des électrolytes en même temps que de l'eau.

Hydratation hypotonique

L'**hydratation hypotonique**, aussi appelée **hypotonie osmotique du plasma** ou **intoxication par l'eau**, peut résulter de l'insuffisance rénale ou de l'ingestion très rapide de quantités d'eau démesurées. Dans les deux cas, le liquide extracellulaire se dilue: la teneur en sodium est normale, mais la quantité d'eau est excessive. La caractéristique distinctive de cet état est l'**hyponatrémie** (faible concentration d'ions sodium dans le plasma). La dilution des ions Na^+ ou la diminution de leur concentration se répercute dans le liquide interstitiel et favorise une osmose nette dans les cellules, qui gonflent à mesure que leur hydratation devient anormale (figure 27.7b). Il est impérieux de procéder rapidement à l'administration de solution saline hypertonique ou de mannitol par voie intraveineuse afin d'inverser le gradient osmotique et d'«extraire» l'eau des cellules. Autrement, la dilution des électrolytes causerait de graves troubles métaboliques qui se manifesteraient par des nausées, des vomissements, des crampes musculaires et l'œdème cérébral. Et l'œdème cérébral provoque la désorientation, les convulsions, le coma et la mort.

Œdème

L'**œdème** est une accumulation atypique de liquide dans l'espace interstitiel, et il entraîne le gonflement des tissus. Il peut être causé par tout phénomène qui favorise l'écoulement des liquides hors de la circulation sanguine ou, au contraire, qui entrave leur retour dans la circulation par l'intermédiaire des capillaires sanguins et lymphatiques.

Parmi les facteurs qui accélèrent l'écoulement des liquides hors de la circulation, on trouve l'augmentation de la pression hydrostatique capillaire et celle de la perméabilité capillaire. Le premier de ces facteurs peut résulter de l'insuffisance des valvules veineuses, de l'obstruction localisée d'un vaisseau sanguin, de l'insuffisance cardiaque (cœur droit), de l'hypertension ou de l'hypervolémie associée à la grossesse ou à la rétention des ions Na^+ (favorisant la rétention de l'eau). Quelle que soit

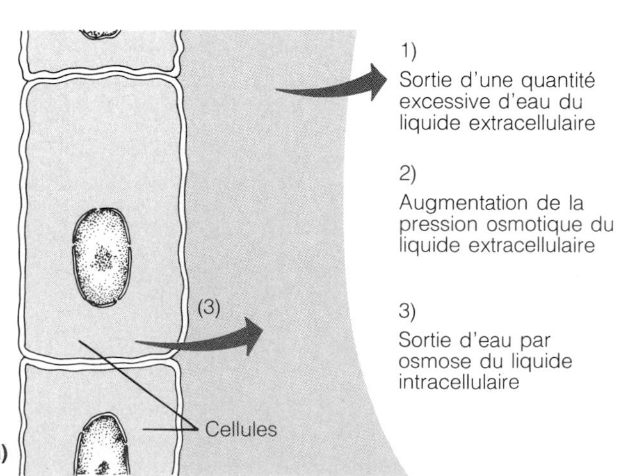
1)
Sortie d'une quantité excessive d'eau du liquide extracellulaire
2)
Augmentation de la pression osmotique du liquide extracellulaire
3)
Sortie d'eau par osmose du liquide intracellulaire
(3)
Cellules
(a)

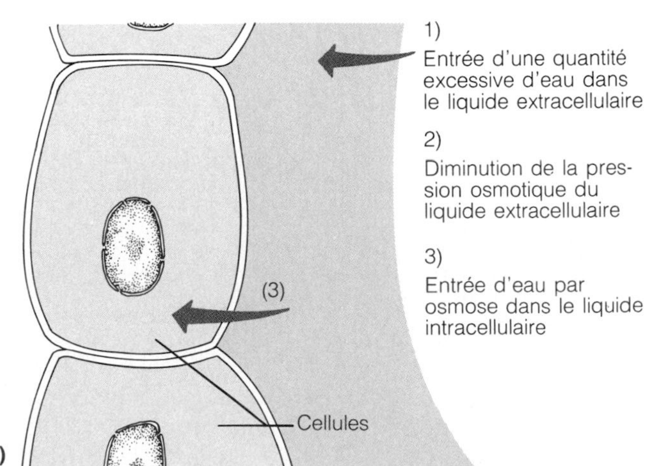
1)
Entrée d'une quantité excessive d'eau dans le liquide extracellulaire
2)
Diminution de la pression osmotique du liquide extracellulaire
3)
Entrée d'eau par osmose dans le liquide intracellulaire
(3)
Cellules
(b)

Figure 27.7 Déséquilibres hydriques. (**a**) Mécanisme de la déshydratation. (**b**) Mécanisme de l'hydratation hypotonique.

sa cause, l'augmentation de la pression hydrostatique du sang accélère la filtration dans les lits capillaires. L'augmentation de la perméabilité capillaire est généralement consécutive à une réaction inflammatoire (rappelez-vous que certains facteurs chimiques libérés par les cellules, comme l'histamine, rendent les capillaires locaux très poreux et causent la formation de grandes quantités d'exsudat). Cette réaction est importante dans la mesure où elle rend la région inflammée accessible aux protéines de coagulation, aux nutriments et aux anticorps.

L'œdème causé par l'insuffisance du retour des liquides dans la circulation traduit habituellement un déséquilibre des pressions oncotiques régnant de part et d'autre des membranes capillaires. Par exemple, l'**hypoprotéinémie**, c'est-à-dire une faible concentration plasmatique de protéines, principalement de l'albumine, provoque l'œdème parce que le plasma pauvre en protéines a une pression oncotique excessivement faible. Comme d'habitude, les liquides sont expulsés des lits capillaires aux extrémités artérielles sous l'effet de la pression sanguine (pression hydrostatique), mais ils ne réintègrent pas la circulation aux extrémités veineuses (pression oncotique). Par conséquent, les espaces interstitiels se remplissent de liquides. L'hypoprotéinémie peut résulter de carences en protéines, de maladies hépatiques (réduisant la production d'albumine) ou de la *glomérulonéphrite* (dans laquelle les protéines plasmatiques se fraient un chemin à travers les membranes de filtration du glomérule et sont excrétées dans l'urine). L'obstruction, par une tumeur ou des vers parasites, ainsi que l'excision chirurgicale des vaisseaux lymphatiques ont le même résultat. Les petites quantités de protéines plasmatiques qui s'échappent normalement de la circulation sanguine ne retournent pas dans le sang comme elles le devraient. En s'accumulant dans le liquide interstitiel, les protéines plasmatiques exercent une pression oncotique toujours croissante, laquelle attire le liquide hors du sang et le maintient dans l'espace interstitiel.

L'œdème peut gêner le fonctionnement tissulaire, car l'excès de liquide dans l'espace interstitiel accroît la distance que les nutriments et l'oxygène doivent parcourir pendant leur diffusion du sang aux cellules. Toutefois, les répercussions les plus inquiétantes de l'œdème touchent le système cardiovasculaire. Comme nous l'expliquons au chapitre 20, l'accumulation de liquide dans l'espace interstitiel abaisse le volume sanguin et la pression artérielle, et elle entrave considérablement l'irrigation des tissus. ■

Équilibre électrolytique

Les électrolytes sont issus de la dissociation des sels, des acides et des bases, mais le terme **équilibre électrolytique** désigne généralement l'équilibre des ions inorganiques dans l'organisme. Les sels, sous forme ionique, fournissent les minéraux essentiels à l'excitabilité neuromusculaire, à l'activité sécrétoire, à la perméabilité membranaire et à plusieurs autres fonctions cellulaires. En outre, les ions sont les principaux facteurs de la régulation des mouvements hydriques. Bien que de nombreux électrolytes soient nécessaires à l'activité cellulaire, nous nous intéresserons ici à quatre d'entre eux: les ions sodium, potassium, calcium et magnésium. Les acides et les bases, qui déterminent de façon plus immédiate le pH des liquides organiques, font l'objet de la section suivante.

Les sels pénètrent dans l'organisme par l'intermédiaire des aliments et, dans une certaine mesure, de l'eau ; c'est donc dire qu'ils sont sous la forme ionique. De plus, l'activité métabolique engendre de petites quantités d'ions. Par exemple, le catabolisme des acides nucléiques et de la matrice osseuse libère des ions phosphate (HPO_4^{2-}). En règle générale, l'obtention de quantités adéquates d'électrolytes n'a rien de malaisé, d'autant que bien des gens ont pour le sel (NaCl) un appétit qui les assure d'un apport plus que suffisant. Nous saupoudrons nos mets de sel en dépit du fait que les aliments naturels en contiennent suffisamment et que les aliments transformés en renferment une quantité exorbitante. Bien que la recherche en nutrition révèle que le goût pour les aliments très salés est acquis, notre prédilection pour le sel pourrait avoir une part d'inné qui nous assure un apport adéquat d'ions Na^+ et Cl^- essentiels.

L'organisme perd des électrolytes dans la transpiration, les matières fécales et l'urine. En cas de déficit, une certaine quantité de ces électrolytes est réabsorbée des canaux sudorifères, et la sueur est plus diluée que d'ordinaire. Néanmoins, la diaphorèse, la diarrhée et les vomissements causent d'importantes pertes d'électrolytes. L'adaptabilité des mécanismes rénaux réglant l'équilibre électrolytique du plasma sanguin constitue donc un atout essentiel. Le tableau 27.1, à la page 912, présente quelques-unes des causes et des conséquences des surcharges et des carences en électrolytes.

Dans de rares cas, les carences graves en électrolytes poussent à l'ingestion d'aliments salés ou marinés. La tendance est répandue chez les personnes atteintes de la maladie d'Addison, un trouble de la corticosurrénale caractérisé par l'insuffisance de la production des hormones minéralocorticoïdes et, en particulier, de l'aldostérone. Les personnes atteintes d'une carence en électrolytes autres que le sel (NaCl) sont portées à manger des substances non comestibles telles que la craie, l'argile, l'amidon et les bouts d'allumettes consumés. Ce comportement est appelé *pica*. ■

Rôle des ions sodium dans l'équilibre hydrique et électrolytique

L'importance de l'ion sodium dans l'équilibre hydrique et électrolytique en particulier et dans l'homéostasie en général est indiscutable. L'équilibration entre les gains et les pertes d'ions sodium est l'une des principales fonctions des reins. Les sels de sodium ($NaHCO_3$ et NaCl), sous leur forme ionisée, représentent de 90 à 95 % des solutés présents dans le liquide extracellulaire, et ils comptent pour environ 280 des 300 mmol/L de sa teneur

Tableau 27.1 Causes et conséquences des déséquilibres électrolytiques

Ions	Anomalie/concentration sérique	Causes possibles	Conséquences
Sodium	Hypernatrémie (excès de Na^+ dans le plasma: > 145 mmol/L)	Rare chez les individus en bonne santé; causée le plus souvent par l'administration excessive d'une solution de NaCl par voie intraveineuse	Hypertension artérielle; passage de l'eau des cellules au liquide extracellulaire; œdème; insuffisance cardiaque chez les cardiaques
	Hyponatrémie (carence en Na^+ dans le plasma: < 130 mmol/L)	Pertes importantes de Na^+ dues à des brûlures, à la diaphorèse, aux vomissements, à la diarrhée, au drainage gastrique et à l'usage abusif de diurétiques; déficience en aldostérone (maladie d'Addison); maladie rénale	Déshydratation; hypovolémie et hypotension (choc); s'il y a perte de Na^+ et non d'eau, les symptômes sont ceux de l'hypotonie osmotique du plasma (confusion mentale, sensation ébrieuse, secousses musculaires, convulsions, coma)
Potassium	Hyperkaliémie (excès de K^+ dans le plasma: > 5,5 mmol/L)	Insuffisance rénale; déficience en aldostérone; injection intraveineuse rapide de KCl; brûlures ou blessures graves causant une sortie de K^+ des cellules	Bradycardie; arythmie, diminution de la force des contractions cardiaques et arrêt cardiaque; faiblesse musculaire, paralysie flasque
	Hypokaliémie (carence en K^+ dans le plasma: < 3,5 mmol/L)	Troubles gastro-intestinaux (vomissements, diarrhée), succion gastro-intestinale; stress chronique; maladie de Cushing; apport alimentaire insuffisant (inanition); hyperaldostéronisme; administration de diurétiques	Arythmie cardiaque, arrêt cardiaque possible; faiblesse musculaire; alcalose; hypoventilation
Magnésium	Hypermagnésémie (excès de Mg^{2+} dans le plasma: > 1,2 mmol/L)	Rare (consécutive à une anomalie de l'excrétion du Mg^{2+}); déficience en aldostérone; ingestion excessive d'antiacides contenant du Mg^{2+};	Léthargie; troubles du SNC, coma, dépression respiratoire
	Hypomagnésémie (carence en Mg^{2+} dans le plasma: < 0,8 mmol/L)	Alcoolisme; perte du contenu intestinal, malnutrition grave; administration de diurétiques	Tremblements, excitabilité neuromusculaire accrue, convulsions
Chlorure	Hyperchlorémie (excès de Cl^- dans le plasma: > 105 mmol/L)	Rétention ou apport excessif; hyperkaliémie	Acidose métabolique due à la perte des ions bicarbonate; stupeur; respiration rapide et profonde; inconscience
	Hypochlorémie (carence en Cl^- dans le plasma: < 95 mmol/L)	Vomissements; hypokaliémie; ingestion excessive de substances alcalines	Alcalose métabolique due à la rétention des ions bicarbonate
Calcium	Hypercalcémie (excès de Ca^{2+} dans le plasma: > 1,15 mmol/L)	Hyperparathyroïdie; excès de vitamine D; immobilisation prolongée; maladie rénale (diminution de l'excrétion); tumeur cancéreuse; maladie de Paget; maladie de Cushing accompagnée d'ostéoporose	Perte de masse osseuse, fractures pathologiques; douleurs au flanc et à la cuisse; calculs rénaux, nausées, vomissements, arythmie et arrêt cardiaques; troubles respiratoires, coma
	Hypocalcémie (carence en Ca^{2+} dans le plasma: < 1,00 mmol/L)	Brûlures (séquestration du calcium dans les tissus endommagés); accroissement de l'excrétion rénale consécutive au stress et à un apport protéique important; diarrhée; carence en vitamine D; alcalose	Picotements dans les doigts, tremblements, tétanos, convulsions; diminution de l'excitabilité du cœur, hémorragies

en solutés. À sa concentration plasmatique normale d'environ 142 mmol/L, l'ion Na^+ est le cation le plus abondant dans le liquide extracellulaire, et c'est le seul à exercer une pression osmotique *notable*. En outre, l'ion Na^+ ne traverse pas facilement les membranes cellulaires, et c'est pourquoi son transport est assuré par des protéines membranaires qui constituent les pompes à Na^+-K^+. Ces deux propriétés confèrent à l'ion le rôle prépondérant dans la régulation du volume d'eau réparti dans les compartiments intracellulaire et extracellulaire de l'organisme.

Bien que la quantité d'ion Na^+ puisse varier, sa concentration dans le liquide extracellulaire reste stable grâce à des ajustements immédiats du volume d'eau. Rappelez-vous que *l'eau suit les mouvements des ions Na^+*. Qui plus est, comme tous les liquides organiques sont en équilibre osmotique, un changement de la concentration plasmatique des ions Na^+ se répercute non seulement sur le volume plasmatique et sur la pression artérielle, mais aussi sur le volume hydrique des autres compartiments. Par ailleurs, les ions Na^+ vont et viennent sans cesse entre le liquide extracellulaire et les sécrétions corporelles. Ainsi, un important volume (environ 8 L) de sécrétions contenant du sodium (sucs gastrique, intestinal et pancréatique, salive et bile) est déversé quotidiennement dans le tube digestif mais presque complètement réabsorbé. Enfin, les mécanismes rénaux de régulation acido-basique (voir plus loin) sont couplés au transport des ions Na^+, et leur fonctionnement en équilibre les concentrations.

Régulation de l'équilibre des ions sodium

En dépit de l'importance cruciale de la concentration des ions Na^+, on n'a pas encore trouvé de récepteurs qui lui soient spécifiquement sensibles. La régulation de l'équilibre des ions Na^+ ou, plus précisément, de l'équilibre de l'eau et des ions sodium, est indissociablement liée à la pression artérielle et au volume sanguin, et elle fait intervenir divers mécanismes nerveux et hormonaux. Nous commencerons notre étude de l'équilibre des ions Na^+ par une brève révision des effets régulateurs de l'aldostérone. Ensuite, nous nous pencherons sur les diverses boucles de rétroaction qui régissent l'équilibre de l'eau et des ions sodium ainsi que la pression artérielle.

Influence et régulation de l'aldostérone

L'**aldostérone** est le principal facteur de la régulation rénale de la concentration d'ions Na^+ dans le liquide extracellulaire. Mais que cette hormone soit présente ou non, de 75 à 80 % des ions Na^+ du filtrat rénal est réabsorbé dans les tubules contournés proximaux (voir le chapitre 26). Lorsque la concentration d'aldostérone est élevée, la majeure partie des ions Na^+ restant (en fait, du chlorure de sodium, car les ions Cl^- suivent) est activement réabsorbée dans les tubules contournés distaux et dans les tubules rénaux collecteurs. L'eau suit si la chose est possible, c'est-à-dire si l'hormone antidiurétique a augmenté la perméabilité de ces tubules. Par conséquent, l'effet de l'aldostérone sur les reins est habituellement de favoriser la rétention des ions sodium et de l'eau. Toutefois, si la libération de l'aldostérone est inhibée, la réabsorption des ions Na^+ est pratiquement nulle au-delà des tubules contournés proximaux. Bref, l'excrétion urinaire de grandes quantités d'ions Na^+ entraîne *toujours* l'excrétion de grandes quantités d'eau, mais la réciproque *n'est pas* vraie. L'organisme peut éliminer des quantités substantielles d'urine quasi dénuée d'ions Na^+ afin de maintenir l'équilibre hydrique.

Rappelez-vous que l'aldostérone est produite par la corticosurrénale. Bien que de fortes concentrations d'ions K^+ (et, dans une moindre mesure, de faibles concentrations d'ions Na^+) dans le liquide extracellulaire stimulent directement la libération d'aldostérone (figure 27.8), son principal déclencheur est le système rénine-angiotensine mis en branle par l'appareil juxtaglomérulaire (voir la figure 27.10, à la page 915). Les cellules juxta-glomérulaires de l'artériole afférente libèrent

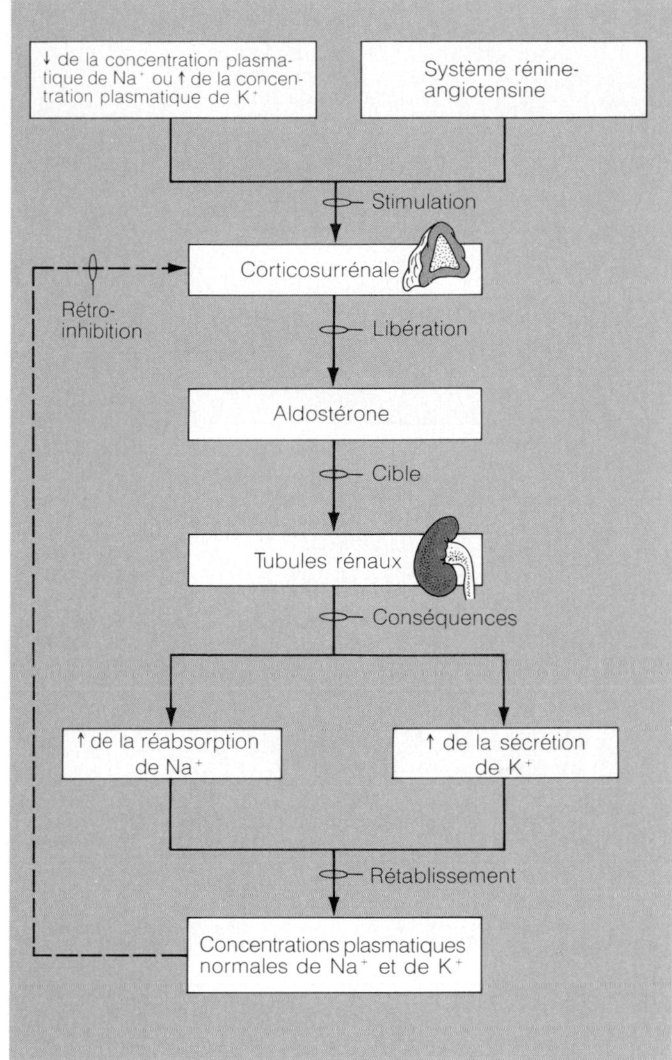

Figure 27.8 Mécanismes et conséquences de la libération d'aldostérone.

de la rénine quand l'appareil juxta-glomérulaire réagit: (1) à la diminution de l'étirement de la paroi artériolaire (consécutive à la diminution de la pression artérielle); (2) à la diminution de l'osmolarité du filtrat qui passe dans le tubule contourné distal; (3) à la stimulation du système nerveux sympathique. La rénine catalyse la série de réactions qui produisent l'angiotensine II, laquelle, à son tour, provoque la libération d'aldostérone. Inversement, une pression artérielle rénale élevée et une forte osmolarité du filtrat inhibent la libération de rénine, d'angiotensine et d'aldostérone.

Les personnes atteintes de la maladie d'Addison (hypoaldostéronisme) excrètent d'énormes quantités d'ions Na^+, d'ions Cl^- et d'eau parce que leur corticosurrénale ne sécrète pas suffisamment d'aldostérone pour maintenir leur équilibre électrolytique et, par conséquent, leur équilibre hydrique. Tant qu'elles ingèrent suffisamment de sel et de liquides, elles ne présentent aucun symptôme, mais elles sont perpétuellement au bord de l'hypovolémie et de la déshydratation. ■

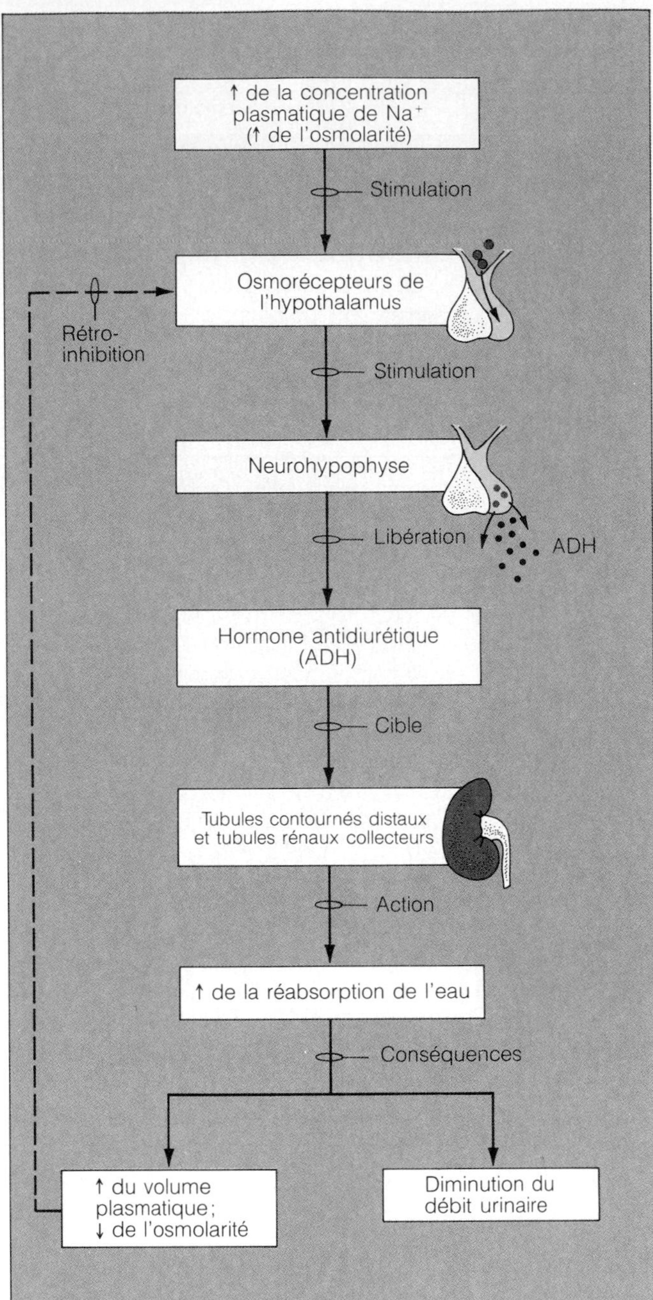

Figure 27.9 Mécanismes et conséquences de la libération d'hormone antidiurétique.

L'aldostérone agit lentement, soit en quelques heures ou quelques jours, et elle modifie considérablement la réabsorption tubulaire des ions Na^+. La réabsorption tubulaire des ions Na^+ sous l'action de l'aldostérone entraîne la réabsorption de l'eau, l'augmentation du volume sanguin et la diminution de la diurèse. Cependant, avant que ces changements ne deviennent notables (augmentation du volume sanguin de 1 à 2 %), des mécanismes fondamentaux de rétroaction s'établissent afin d'éviter l'hypervolémie. Même chez les personnes atteintes de la maladie de Cushing (hyperaldostéronisme), le volume du liquide extracellulaire et du sang ne dépasse la normale que de 5 à 10 %.

Barorécepteurs du système cardiovasculaire

La régulation du volume sanguin est essentielle au maintien de la pression artérielle et au bon fonctionnement du système cardiovasculaire. Quand le volume sanguin (et, par le fait même, la pression artérielle) augmente, les barorécepteurs du cœur et des gros vaisseaux du cou et du thorax (les artères carotides et l'aorte) communiquent l'information à l'hypothalamus. Alors, le système nerveux sympathique envoie moins d'influx aux reins, et les artérioles afférentes se dilatent. Le débit de filtration glomérulaire ainsi que l'excrétion d'eau et d'ions Na^+ augmentent. La diurèse réduit le volume sanguin et, par voie de conséquence, la pression artérielle. Inversement, la diminution de la pression artérielle provoque la constriction des artérioles afférentes, ce qui réduit la formation du filtrat et la diurèse et maintient la pression artérielle systémique (voir la figure 27.10). En résumé, les barorécepteurs «mesurent» le volume de sang en circulation, un élément essentiel au maintien de la pression artérielle par le système cardiovasculaire.

Influence et régulation de l'hormone antidiurétique

La quantité d'eau réabsorbée dans les tubules contournés distaux et dans les tubules rénaux collecteurs est proportionnelle à la quantité d'hormone antidiurétique (ADH) libérée. Quand la concentration d'hormone antidiurétique est faible, les tubules rénaux collecteurs laissent passer la majeure partie de l'eau qui leur parvient; l'urine est diluée, et le volume des liquides organiques diminue. Quand la concentration d'hormone antidiurétique est élevée, les tubules rénaux collecteurs réabsorbent presque toute l'eau, et les reins excrètent un petit volume d'urine fortement concentrée (voir les sections intitulées «Formation d'urine diluée» et «Formation d'urine concentrée», à la page 890).

Les osmorécepteurs de l'hypothalamus détectent la concentration de solutés dans le liquide extracellulaire, et ils déclenchent ou inhibent la libération d'hormone antidiurétique par la neurohypophyse (figure 27.9). Une augmentation de la concentration des ions Na^+ (à la suite d'une diminution du volume sanguin par exemple) stimule la libération d'hormone antidiurétique. La fièvre, la diaphorèse, les vomissements, la diarrhée, l'hémorragie et les brûlures graves sont autant de facteurs qui réduisent le volume sanguin et déclenchent spécifiquement la libération d'hormone antidiurétique. Une diminution de la concentration des ions Na^+ (qui peut notamment être due à l'augmentation du volume sanguin accompagnant l'ingestion de grandes quantités de boissons alcoolisées) inhibe la libération d'hormone antidiurétique; l'excrétion d'eau augmente, et la concentration sanguine de sodium revient à la normale. La figure 27.10 présente un résumé des interactions entre les mécanismes rénaux faisant intervenir l'aldostérone, l'angiotensine II et l'hormone antidiurétique, et elle les met en rapport avec la régulation globale de la pression artérielle et du volume sanguin.

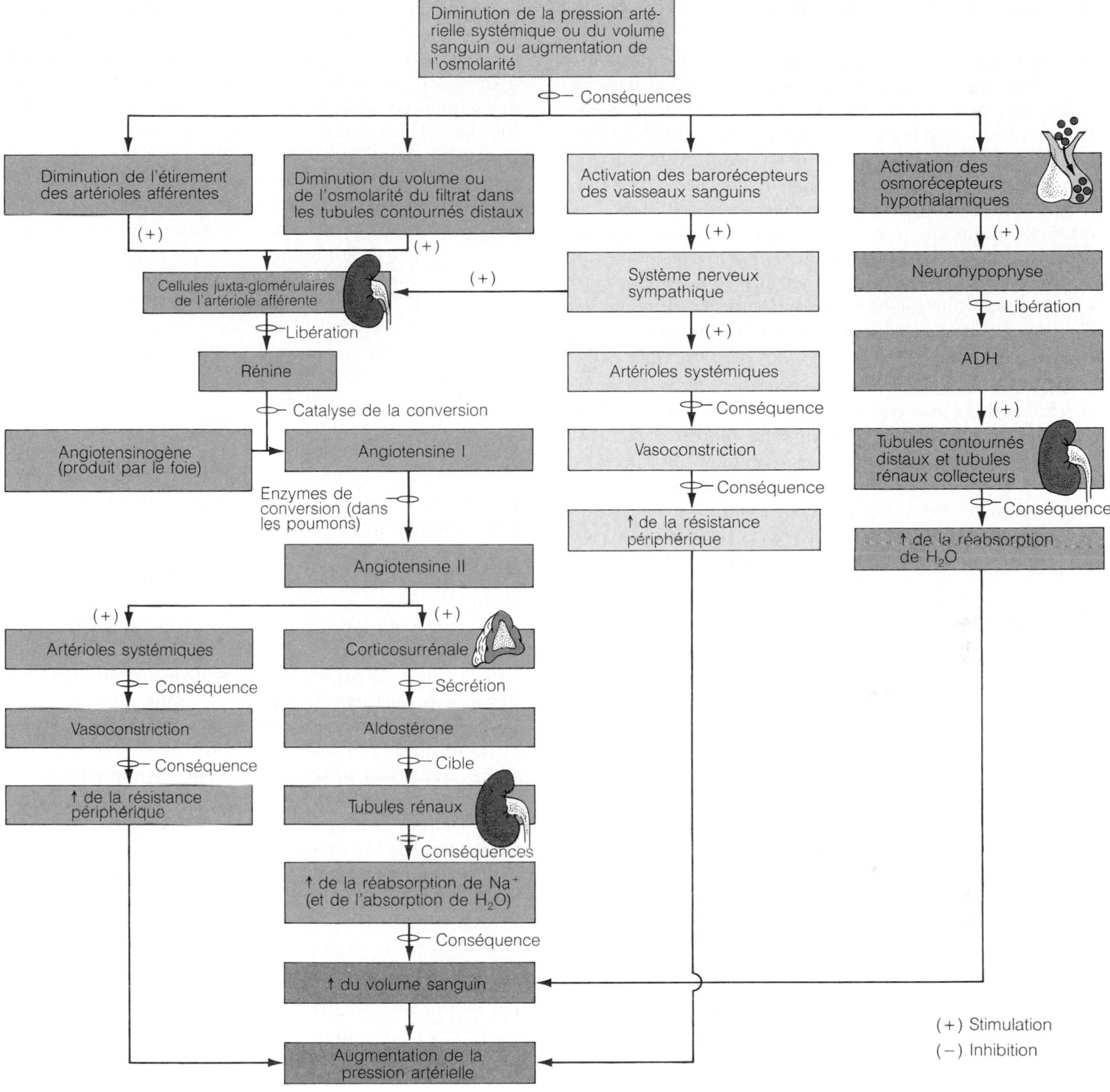

Figure 27.10 Diagramme résumant l'interaction de l'hormone antidiurétique, de l'aldostérone et de la vasoconstriction dans le maintien de la pression artérielle systolique.

Influence et régulation du facteur natriurétique auriculaire

L'influence du **facteur natriurétique auriculaire** peut se résumer en une phrase: le facteur natriurétique auriculaire abaisse la pression artérielle et le volume sanguin en inhibant pratiquement tous les phénomènes qui favorisent la vasoconstriction ainsi que la rétention d'ions sodium et d'eau. Le facteur natriurétique auriculaire est une hormone que libèrent certaines cellules des oreillettes lorsque la pression sanguine les étire; il a de puissants effets diurétiques et natriurétiques (élimination d'ions Na^+ dans l'urine). Bien que son mécanisme d'action soit encore obscur, on croit que le facteur natriurétique auriculaire inhibe directement la réabsorption des ions Na^+ dans les tubules contournés distaux et supprime la libération d'hormone antidiurétique, de rénine et d'aldostérone. De plus, le facteur natriurétique auriculaire relâche les muscles lisses des vaisseaux directement et indirectement (en inhibant la production d'angiotensine II entraînée par la rénine). Quelle que soit la façon dont il est amené, le résultat est clair: la pression artérielle diminue.

Influence d'autres hormones

Hormones sexuelles femelles. Comme la structure chimique des *œstrogènes* est analogue à celle de l'aldostérone, ces stéroïdes favorisent la réabsorption des ions Na^+ et Cl^- dans les tubules rénaux. L'eau suivant les ions Na^+, l'augmentation des concentrations d'œstrogènes au cours du cycle menstruel cause la « rétention d'eau » chez beaucoup de femmes. De même, l'œdème que présentent de nombreuses femmes enceintes est largement dû à l'effet des œstrogènes. La progestérone, au contraire, semble réduire la réabsorption des ions Na^+ en bloquant l'action de l'aldostérone sur les tubules rénaux. La progestérone a donc un effet diurétique.

Glucocorticoïdes. Habituellement, les *glucocorticoïdes* comme le cortisol et l'hydrocortisone favorisent la réabsorption tubulaire des ions Na^+. Ils ont cependant un second effet qui peut masquer le premier: ils accélèrent la filtration glomérulaire. Néanmoins, en concentrations plasmatiques élevées, les glucocorticoïdes ont une action semblable à celle de l'aldostérone, et ils provoquent de l'œdème (voir à la page 563, au chapitre 17).

Régulation de l'équilibre des ions potassium

L'ion potassium (K^+), le principal cation intracellulaire, est nécessaire au fonctionnement des cellules nerveuses et musculaires ainsi qu'à plusieurs activités métaboliques essentielles, dont la synthèse des protéines. Pourtant, il peut être extrêmement toxique. Comme la répartition inégale des ions K^+ de part et d'autre de la membrane plasmique détermine le potentiel de repos, la moindre variation de la concentration des ions K^+ d'un côté ou de l'autre de la membrane a de profonds effets sur les neurones et sur les fibres musculaires. Un excès d'ions K^+ dans le liquide extracellulaire accroît l'excitabilité des neurones et des fibres musculaires et cause leur dépolarisation, tandis qu'une déficience diminue l'excitabilité des cellules musculaires et provoque l'hyperpolarisation. Le cœur est particulièrement sensible à la concentration d'ions K^+ : l'hyperkaliémie comme l'hypokaliémie peuvent dérégler le rythme cardiaque et même entraîner l'arrêt cardiaque (voir le tableau 27.1).

L'ion K^+ fait aussi partie du système tampon de l'organisme, qui compense les variations du pH des liquides organiques. Les allées et venues des ions hydrogène (H^+) dans les cellules sont compensées par des mouvements opposés de l'ion potassium qui maintiennent l'équilibre des cations de part et d'autre de la membrane plasmique. Par conséquent, la concentration extracellulaire d'ions K^+ s'élève en cas d'acidose (augmentation des ions H^+ dans les cellules), à mesure que les ions K^+ sortent des cellules, et elle chute en cas d'alcalose, à mesure que les ions K^+ entrent dans les cellules. Bien que ces échanges liés au pH ne modifient pas la quantité totale d'ions K^+ dans l'organisme, ils peuvent entraver sérieusement l'activité des cellules musculaires et nerveuses.

Comme celui des ions sodium, l'équilibre des ions potassium relève principalement de mécanismes rénaux. Cependant, il y a d'importantes différences entre les mécanismes qui permettent de maintenir l'équilibre de ces deux ions. La quantité d'ions Na^+ réabsorbée dans les tubules est précisément adaptée aux besoins, et il n'y a jamais de sécrétion d'ions Na^+ dans le filtrat. En revanche, la réabsorption d'ions K^+ du filtrat est *presque constante* et, quels que soient les besoins, de 10 à 15 % des ions K^+ (soit la quantité non réabsorbée par le tubule contourné proximal) est excrété dans l'urine. Comme la teneur en ions K^+ du liquide extracellulaire (et, par conséquent, du filtrat) est normalement très faible par rapport à sa teneur en ions Na^+, l'équilibre des ions potassium repose essentiellement sur des variations de la quantité *sécrétée* dans le filtrat, dans la partie corticale des tubules rénaux collecteurs.

En règle générale, la concentration relative d'ions K^+ dans le liquide extracellulaire est excessive, et la sécrétion tubulaire dépasse le taux de base. À l'occasion, la quantité d'ions excrétée dépasse la quantité filtrée. Lorsque la concentration extracellulaire de potassium tombe sous la normale et que les ions K^+ commencent à sortir des cellules, les reins l'épargnent en réduisant au minimum la sécrétion dans les tubules. En outre, les *cellules sombres* disséminées le long des tubules rénaux collecteurs peuvent réabsorber une partie des ions K^+ restant dans le filtrat. Le principal objectif de la régulation rénale des ions K^+ est leur *excrétion*; et l'aptitude des reins à les conserver étant très limitée, les ions K^+ peuvent être évacués dans l'urine même en cas de déficit. Par conséquent, l'insuffisance de l'apport alimentaire de potassium engendre une carence grave.

Essentiellement, trois facteurs déterminent la vitesse et l'étendue de la sécrétion de potassium: la concentration intracellulaire des ions K^+ dans les tubules rénaux, la concentration d'aldostérone et le pH du liquide extracellulaire.

Teneur en ions potassium des cellules tubulaires

Un régime alimentaire riche en potassium augmente la concentration des ions K^+ dans le liquide extracellulaire, puis dans le liquide intracellulaire. L'élévation de la concentration intracellulaire des ions K^+ amène les cellules tubulaires à sécréter des ions K^+ dans le filtrat afin que s'accroisse l'excrétion de ces ions. Inversement, un régime alimentaire pauvre en potassium ou une perte rapide d'ions K^+ réduit la sécrétion de potassium (et favorise dans une certaine mesure sa réabsorption) par les cellules tubulaires.

Concentration d'aldostérone

Comme elle stimule la réabsorption tubulaire des ions Na^+, l'aldostérone libérée par le système rénine-angiotensine concourt également à la régulation de la sécrétion des ions K^+ (voir la figure 27.8). Afin que soit maintenu l'équilibre électrolytique, la partie des tubules collecteurs située dans le cortex rénal sécrète un ion K^+ chaque fois qu'elle réabsorbe un ion Na^+.

La concentration plasmatique d'ions K^+ diminue donc à mesure que s'élève celle des ions Na^+. (Cependant, les cellules sombres des tubules collecteurs ne sont pas forcées d'échanger un ion K^+ contre un ion Na^+; ce mécanisme particulier peut donc diminuer les pertes d'ions K^+.)

Les cellules de la corticosurrénale sont directement *sensibles* à la concentration des ions K^+ dans le liquide extracellulaire où elles baignent. La moindre augmentation de la concentration d'ions K^+ dans le liquide extracellulaire stimule fortement la libération d'aldostérone, laquelle accroît la sécrétion d'ions K^+ en stimulant la réabsorption d'ions Na^+. Par conséquent, la régulation par rétroaction de la libération d'aldostérone constitue pour le potassium extracellulaire un efficace système d'autorégulation.

En vue de réduire leur apport de sel, beaucoup de gens emploient des succédanés riches en potassium. Or, la consommation de fortes quantités de ces succédanés n'est inoffensive que si la sécrétion d'aldostérone est normale. Dans le cas contraire, elle peut causer l'hyperkaliémie grave, dont les conséquences sont la faiblesse musculaire, voire le bloc cardiaque. En l'absence d'aldostérone, l'hyperkaliémie est foudroyante et mortelle, quel que soit l'apport de potassium. Inversement, la présence d'une tumeur corticosurrénale libérant d'énormes quantités d'aldostérone abaisse la concentration extracellulaire d'ions K^+ (hypokaliémie) au point de causer l'hyperpolarisation de tous les neurones et la paralysie. ■

pH du liquide extracellulaire

L'excrétion d'ions K^+ et H^+ est liée à la réabsorption des ions Na^+. Autrement dit, les ions K^+ et H^+ sont cotransportés avec les ions Na^+, et ils peuvent entrer en concurrence lorsqu'ils doivent être sécrétés (inhibition compétitive). Quand le pH sanguin diminue, la sécrétion des ions H^+ accélère, et celle des ions K^+ ralentit.

Régulation de l'équilibre des ions calcium

Environ 99 % du calcium présent dans l'organisme se trouve dans les os, sous forme de sels de phosphate de calcium, et ce sont eux qui donnent au squelette sa résistance et sa rigidité. Le calcium ionique (Ca^{2+}) du liquide extracellulaire est nécessaire à la coagulation, à la perméabilité membranaire et à l'activité sécrétoire des cellules (exocytose). Comme les ions Na^+ et K^+, les ions Ca^{2+} ont de puissants effets sur l'excitabilité neuromusculaire et la contraction musculaire. L'hypocalcémie accroît l'excitabilité et cause le tétanos. L'hypercalcémie n'est pas moins dangereuse, car elle inhibe les neurones et les cellules musculaires et peut engendrer des arythmies cardiaques graves (voir le tableau 27.1).

L'ion calcium est l'un des électrolytes les plus précisément équilibrés, et sa concentration sort rarement des limites normales. L'équilibre des ions Ca^{2+} est régi principalement par l'interaction de deux hormones: la parathormone et la calcitonine. Le squelette constitue un réservoir dynamique de sels de phosphate de calcium où l'organisme peut puiser ou emmagasiner des ions calcium et des ions phosphate au besoin.

Effets de la parathormone

Le principal facteur de régulation du calcium est la **parathormone (PTH)** que libèrent les minuscules glandes parathyroïdes situées derrière la glande thyroïde. La diminution de la concentration plasmatique d'ions Ca^{2+} stimule directement la libération de parathormone, et celle-ci cible les organes suivants (voir la figure 17.11, à la page 559):

1. Os. La parathormone active les ostéoclastes qui décomposent la matrice osseuse, ce qui entraîne la libération d'ions calcium et phosphate (PO_4^{3-}) dans le sang.

2. Intestin grêle. La parathormone favorise indirectement l'absorption intestinale d'ions Ca^{2+}, soit en amenant les reins à transformer la vitamine D en calcitriol (1,25-dihydroxyvitamine D_3), une de ses formes actives qui joue le rôle de cofacteur dans l'absorption des ions Ca^{2+} par l'intestin grêle.

3. Reins. La parathormone accroît la réabsorption des ions Ca^{2+} par les tubules rénaux tout en réduisant la réabsorption des ions PO_4^{3-}. La conservation des ions calcium et l'excrétion des ions phosphate sont donc reliées. Cet effet joue en faveur de l'adaptation, dans la mesure où le *produit* des concentrations des ions Ca^{2+} et PO_4^{3-} dans le liquide extracellulaire reste constant, ce qui prévient le dépôt de sels de calcium et de phosphate dans les os ou dans les tissus mous (voir à la page 167, au chapitre 6).

En règle générale, la majeure partie des ions PO_4^{3-} filtrés est réabsorbée dans les tubules contournés proximaux par transport actif. Le taux maximal de réabsorption (T_m) des ions PO_4^{3-} permet la réabsorption d'une certaine quantité de ces ions, et les quantités excédant ce maximum s'écoulent simplement dans l'urine. En l'absence de parathormone, la réabsorption des ions PO_4^{3-} est donc régie par un mécanisme de trop-plein. Mais quand la concentration de parathormone s'élève, le transport actif des ions PO_4^{3-} est inhibé.

Lorsque la concentration d'ions Ca^{2+} dans le liquide extracellulaire est normale (soit entre 2,3 et 2,9 mmol/L) ou élevée, la sécrétion de parathormone est inhibée. Par voie de conséquence, la libération d'ions Ca^{2+} par les os est inhibée, des quantités accrues d'ions Ca^{2+} sont excrétées dans les matières fécales et dans l'urine, et une quantité accrue d'ions PO_4^{3-} est réabsorbée.

Effet de la calcitonine

La *calcitonine*, une hormone produite par les cellules parafolliculaires de la glande thyroïde, est libérée en réaction à l'élévation de la concentration sanguine d'ions Ca^{2+}. La calcitonine cible les os, où elle favorise le dépôt de sels de calcium et de phosphate et inhibe la résorption (dégradation de la matrice osseuse par les ostéoclastes); elle inhibe aussi la réabsorption des ions Ca^{2+} par le tubule contourné distal. La calcitonine est un antagoniste de la parathormone, mais elle contribue beaucoup moins que cette dernière à l'équilibre des ions calcium.

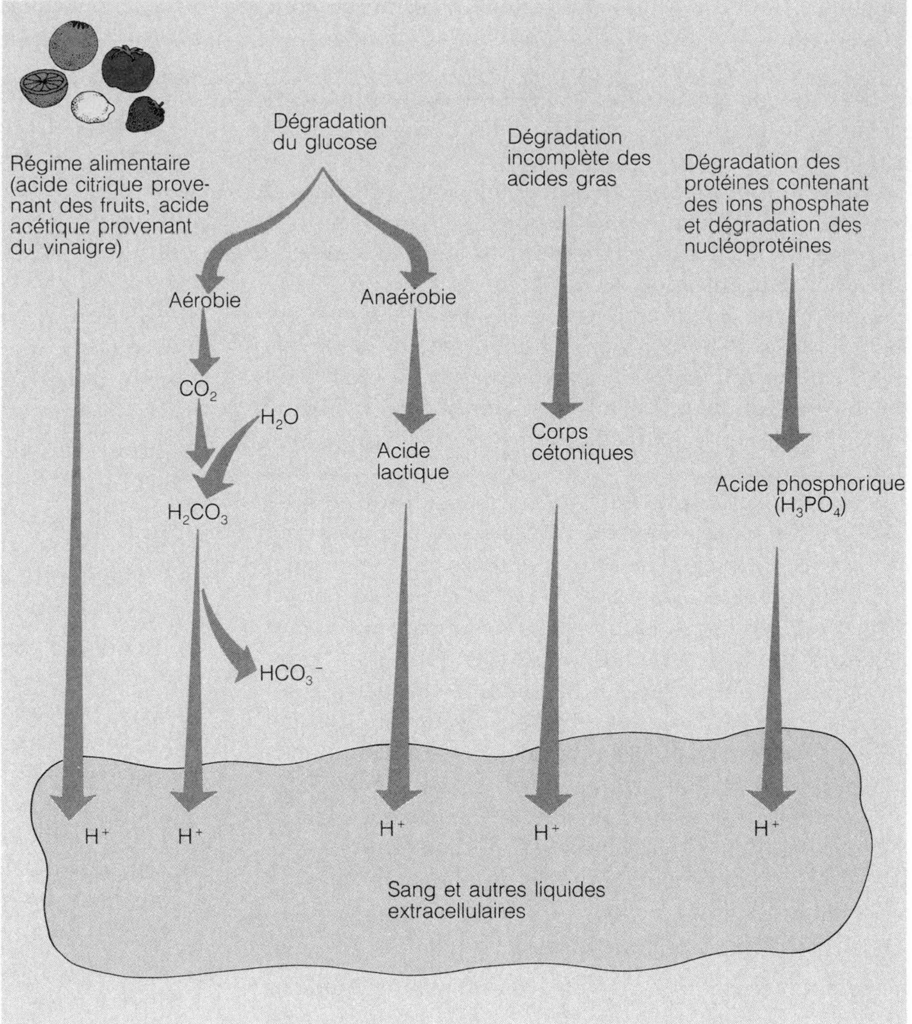

Figure 27.11 Sources d'ions hydrogène (H^+) dans l'organisme.

Régulation de l'équilibre des ions magnésium

L'ion magnésium (Mg^{2+}) active les coenzymes nécessaires au métabolisme des glucides et des protéines, et il joue un rôle essentiel dans le fonctionnement neuromusculaire. La moitié des ions Mg^{2+} présents dans l'organisme se trouvent dans le squelette; le reste est en majeure partie contenu dans les cellules du cœur, des muscles squelettiques et du foie.

La régulation de l'équilibre des ions Mg^{2+} est mal comprise, mais l'on sait qu'il existe un taux maximal de réabsorption dans les tubules rénaux. Comme beaucoup de cellules utilisent les ions Mg^{2+} de la même façon que les ions K^+, il est probable que l'augmentation de la concentration d'aldostérone favorise l'excrétion des ions Mg^{2+} par les tubules rénaux.

Régulation des anions

L'ion chlorure est le principal anion à accompagner l'ion sodium dans le liquide extracellulaire et, comme celuici, il concourt au maintien de la pression osmotique du sang. Quand le pH sanguin est normal ou légèrement alcalin, 99 % environ des ions Cl^- filtrés sont réabsorbés par transport passif; ils suivent simplement les ions Na^+ hors du filtrat et dans le sang des capillaires péritubulaires. En cas d'acidose, cependant, peu d'ions Cl^- accompagnent les ions Na^+, car la réabsorption des ions HCO_3^- s'accroît afin que le pH sanguin revienne à la normale. Par conséquent, le choix entre les ions Cl^- et HCO_3^- permet de maintenir l'équilibre acido-basique.

La plupart des autres anions, tels les ions sulfate (SO_4^{2-}) et les ions nitrate (NO_3^-), ont un taux maximal de réabsorption défini. Et quand leurs concentrations dans le filtrat excèdent leurs seuils de réabsorption rénale, l'excès est éliminé dans l'urine. Par conséquent, les concentrations de la majorité des anions contenus dans le plasma sont régies par un mécanisme de trop-plein.

Équilibre acido-basique

Comme toutes les protéines fonctionnelles (enzymes, hémoglobine, cytochromes, etc.) sont influencées par la concentration des ions H^+, presque toutes les réactions biochimiques sont aussi influencées par le pH du milieu où elles se déroulent. L'équilibre acido-basique des liquides organiques est donc essentiel à l'homéostasie, et sa régulation est extrêmement précise. (Voir les pages 43

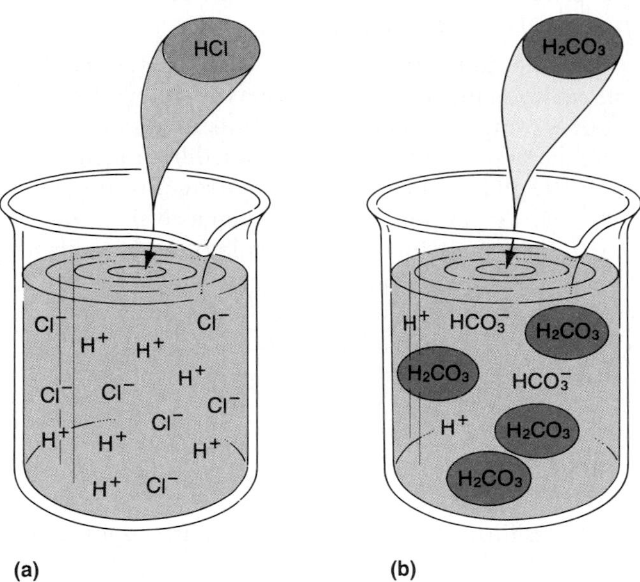

Figure 27.12 Comparaison entre la dissociation d'un acide fort et celle d'un acide faible. (**a**) Quand l'acide chlorhydrique (HCl), un acide fort, est mêlé à de l'eau, il se dissocie complètement en ions (H^+ et Cl^-). (**b**) La dissociation de l'acide carbonique (H_2CO_3), un acide faible, est au contraire incomplète, et quelques-unes de ses molécules restent unies (en vert) dans la solution.

à 45, au chapitre 2, pour une révision des principes fondamentaux des réactions acido-basiques et du pH.)

Le pH optimal des divers liquides organiques varie, mais de peu. Le pH du sang artériel est normalement de 7,4, celui du sang veineux et du liquide interstitiel, de 7,35 et celui du liquide intracellulaire, de 7,0 en moyenne. Le liquide intracellulaire et le sang veineux ont un pH plus faible que celui du sang artériel, car ils contiennent plus de métabolites acides (tel l'acide lactique) et de gaz carbonique, lequel se combine à l'eau pour former de l'acide carbonique (H_2CO_3) pouvant libérer des ions H^+.

Un pH du sang artériel supérieur à 7,45 détermine l'**alcalose**, tandis qu'un pH du sang artériel inférieur à 7,35 détermine l'**acidose**. Comme la neutralité se situe à 7,0, un pH de 7,35 n'est pas, chimiquement parlant, acide. Toutefois, il représente une concentration d'ions H^+ un peu trop élevée pour le bon fonctionnement normal de la majorité des cellules. Par conséquent, un pH du sang artériel se chiffrant entre 7,35 et 7,0 correspond à une **acidose physiologique**.

Bien que de petites quantités de substances acides pénètrent dans l'organisme par l'intermédiaire des aliments, la plupart des ions H^+ sont des produits ou des sous-produits du métabolisme cellulaire (figure 27.11). La décomposition des protéines contenant des ions phosphate (et de certaines autres molécules) libère de l'*acide phosphorique* dans le liquide extracellulaire. La dégradation anaérobie du glucose produit de l'*acide lactique*, et la lipolyse des triglycérides engendre des *acides gras libres* (acides inorganiques), dont le catabolisme dans le système enzymatique de la β-oxydation entraîne la formation de *corps cétoniques* (voir le chapitre 25). Comme nous l'expliquions au chapitre 23, la liaison du gaz carbonique dans le sang et son transport sous forme de bicarbonate libèrent des ions H^+. Enfin, bien que l'acide chlorhydrique produit par l'estomac n'appartienne pas à proprement parler au milieu interne, il constitue une source d'ions H^+ qui doivent être tamponnés pour que la digestion s'effectue normalement dans l'intestin grêle.

La concentration des ions H^+ dans les liquides organiques est réglée, *dans l'ordre*, par: (1) les systèmes tampons chimiques; (2) le centre respiratoire du tronc cérébral; (3) les mécanismes rénaux. Les tampons chimiques résistent en une fraction de seconde aux variations du pH, et ils se situent en quelque sorte en première ligne. Les adaptations de la fréquence et de l'amplitude respiratoires commencent à compenser l'acidose et l'alcalose après 1 à 3 minutes. Et bien que les reins constituent le plus puissant des systèmes régulateurs, leur action sur le pH sanguin s'étale sur des heures, voire sur un jour entier.

Systèmes tampons chimiques

Avant d'étudier les systèmes tampons chimiques de l'organisme, révisons les définitions des acides et des bases faibles ainsi que des acides et des bases forts. Les acides **libèrent des ions H^+**, et l'acidité d'une solution découle des ions H^+ *libres*, et non de ceux qui sont liés à des anions. Les *acides forts*, qui se dissocient complètement en libérant tous leurs ions H^+ dans l'eau (figure 27.12a), peuvent modifier du tout au tout le pH d'une solution. À l'opposé, les *acides faibles* comme l'acide carbonique et l'acide acétique ne se dissocient que partiellement (figure 27.12b), et ils ont un effet minime sur le pH d'une solution. Toutefois, les acides faibles préviennent très efficacement les variations du pH, et cette propriété leur fait jouer un rôle primordial dans les systèmes tampons chimiques de l'organisme.

Quant aux bases, rappelez-vous qu'elles *captent des ions H^+*. Les bases fortes sont celles qui, comme les hydroxydes, se dissocient facilement dans l'eau et captent rapidement les ions H^+. Les bases faibles, dont les ions HCO_3^- et l'ammoniac (NH_3), acceptent peu d'ions H^+.

Les **tampons chimiques** sont des systèmes formés d'une ou de deux molécules qui préviennent les variations marquées de la concentration des ions H^+ au moment de l'addition d'un acide fort ou d'une base forte. Pour ce faire, ils se lient aux ions H^+ chaque fois que le pH des liquides organiques diminue, et ils s'en dissocient quand le pH s'élève. Les trois principaux sont le *système tampon bicarbonate/acide carbonique*, le *système tampon phosphate disodique/phosphate monosodique* et le *système tampon protéinate/protéines.* Chacun est nécessaire au maintien du pH dans au moins un compartiment hydrique. Les trois systèmes sont en interaction: tout ce qui modifie la concentration d'ions H^+ dans un compartiment modifie simultanément celle des autres. En fait, les systèmes tampons se tamponnent réciproquement, de telle manière que toute variation du pH est contrée par le système tampon *dans son ensemble*.

Système tampon bicarbonate/acide carbonique

Le **système tampon bicarbonate/acide carbonique** est extrêmement important, tant dans le liquide extracellulaire que dans le liquide intracellulaire. Il est composé de l'acide carbonique (H_2CO_3) et de son sel, le bicarbonate de sodium ($NaHCO_3$) dans une même solution.

L'acide carbonique, un acide faible, se dissocie partiellement dans les solutions neutres ou acides. Quand un acide fort comme l'acide chlorhydrique (HCl) est ajouté au système, l'acide carbonique déjà présent ne se dissocie pas. Toutefois, les ions HCO_3^- du sel agissent comme des bases faibles et captent les ions H^+ libérés par l'acide fort, formant ainsi *davantage* d'acide carbonique:

HCl	+	$NaHCO_3$	→	H_2CO_3	+ NaCl
acide fort		base faible		acide faible	sel

Comme l'ion H^+ libéré par l'acide chlorhydrique, fort, est capté par l'ion HCO_3^- pour former de l'acide carbonique, faible, l'ajout de cet acide fort n'abaisse que légèrement le pH de la solution.

De même, si une base forte comme l'hydroxyde de sodium (NaOH) est ajoutée à la même solution tamponnée, l'alcalinité est telle qu'une base faible comme le bicarbonate de sodium ($NaHCO_3$) ne se dissocie pas et n'élève pas le pH. Par ailleurs, la présence de la base (et l'élévation du pH) force l'acide carbonique à se dissocier davantage et à libérer des ions H^+ qui vont être captés par les ions hydroxyde libérés par la base forte:

NaOH	+	H_2CO_3	→	$NaHCO_3$	+ H_2O
base forte		acide faible		base faible	eau

Le résultat est le remplacement d'une base forte (NaOH), qui se dissocie beaucoup, par une base faible ($NaHCO_3$), qui se dissocie très peu, de telle façon que le pH de la solution s'élève très peu.

Bien que le sel de bicarbonate dans l'exemple soit le bicarbonate de sodium, le type de cation dissocié n'a pas d'importance; d'autres sels de bicarbonate fonctionnent de façon identique. À l'intérieur des cellules, où l'ion sodium est peu abondant, le bicarbonate de potassium et le bicarbonate de magnésium font partie du système tampon bicarbonate/acide carbonique.

La capacité tampon de ce genre de système est directement reliée à la concentration des substances tampons. Par conséquent, si des acides sont déversés dans le sang à une vitesse telle que tous les ions HCO_3^- disponibles (constituant la **réserve alcaline**) ont accepté des ions H^+, le système tampon perd tout effet face aux variations du pH. La concentration des ions HCO_3^- dans le liquide extracellulaire est normalement de 25 mmol/L environ, et elle est maintenue par les reins. L'acide carbonique est vingt fois moins concentré que les ions HCO_3^-, mais la respiration cellulaire en fournit en quantités quasi illimitées. La concentration de l'acide carbonique est assujettie à des mécanismes de régulation respiratoires.

Système tampon phosphate disodique/phosphate monosodique

Le **système tampon phosphate disodique/phosphate monosodique** fonctionne presque exactement comme le système tampon bicarbonate/acide carbonique. Ses constituants sont les sels de sodium du dihydrogénophosphate ($H_2PO_4^-$) et du monohydrogénophosphate (HPO_4^{2-}). Le phosphate monosodique (NaH_2PO_4) agit comme un acide faible, tandis que le phosphate disodique (Na_2HPO_4) agit comme une base faible.

Encore une fois, les ions H^+ libérés par les acides forts se lient à des bases faibles pour former un acide fort et un sel:

HCl	+	Na_2HPO_4	→	NaH_2PO_4	+ NaCl
acide fort		base faible		acide faible	sel

et les bases fortes se lient à des acides faibles pour former une base faible et de l'eau:

NaOH	+	NaH_2PO_4	→	Na_2HPO_4	+ H_2O
base forte		acide faible		base faible	eau

Comme le système tampon phosphate disodique/phosphate monosodique est présent en faible concentration dans le liquide extracellulaire (environ six fois moindre que celle du système tampon bicarbonate/acide carbonique), il a relativement peu d'importance dans le tamponnage du plasma sanguin. Toutefois, il constitue un tampon très efficace dans l'urine et dans le liquide intracellulaire, où la concentration d'ions phosphate est généralement assez élevée.

Système tampon protéinate/protéines

Les protéines contenues dans le plasma et dans les cellules constituent la plus abondante et la plus puissante des sources de tampons. En fait, le tamponnage des liquides organiques repose aux trois quarts sur l'action des protéines intracellulaires formant le **système tampon protéinate/protéines**.

Comme nous l'expliquions au chapitre 2, les protéines sont des polymères d'acides aminés. Certains des acides aminés polymérisés présentent des groupements d'atomes libres appelés *groupements carboxyle (—COOH)* qui se dissocient et libèrent des ions H^+ quand le pH s'élève (ou devient moins acide):

$$R^*—COOH \rightarrow R—COO^- + H^+$$

De plus, certains acides aminés possèdent des groupements d'atomes qui peuvent agir comme des bases et accepter des ions H^+. Par exemple, un groupement $—NH_2$ libre peut se lier à des ions H^+ et devenir un groupement $—NH_3^+$:

$$R—NH_2 + H^+ \rightarrow R—NH_3^+$$

* R représente le reste de la molécule organique, formé de nombreux atomes.

Comme cette réaction retire des ions H^+ libres de la solution, elle prévient une acidification excessive. En conséquence, les mêmes molécules peuvent jouer le rôle de bases ou d'acides suivant le pH du milieu. De telles molécules sont dites **amphotères**.

L'hémoglobine des érythrocytes constitue un excellent exemple de protéine agissant comme tampon intracellulaire. Comme nous l'expliquions plus haut, le gaz carbonique libéré des tissus forme de l'acide carbonique, lequel se dissocie en ions H^+ et en ions HCO_3^- dans le sang. En même temps, toutefois, l'hémoglobine libère l'oxygène et devient de l'hémoglobine réduite porteuse d'une charge négative. Comme les ions H^+ se lient rapidement aux anions hémoglobine (Hb^-), les variations du pH sont réduites dans les globules rouges (voir la page 752, au chapitre 23). Dans ce cas, l'acide carbonique, un acide faible, est tamponné par un acide encore plus faible, l'hémoglobine.

Régulation respiratoire de la concentration des ions hydrogène

Comme nous l'exposions au chapitre 23, le système respiratoire débarrasse le sang du gaz carbonique tout en le ravitaillant en oxygène. Le gaz carbonique produit par le catabolisme cellulaire se lie à l'hémoglobine des érythrocytes, et il est converti en ions HCO_3^- pour son transport dans le plasma:

$$CO_2 + H_2O \underset{}{\overset{\text{anhydrase carbonique}}{\rightleftharpoons}} \underset{\text{acide carbonique}}{H_2CO_3} \rightleftharpoons H^+ + \underset{\text{ion bicarbonate}}{HCO_3^-}$$

Il existe un équilibre réversible entre le gaz carbonique dissous et l'eau d'une part et l'acide carbonique d'autre part; de même, il y a un équilibre entre l'acide carbonique d'un côté et les ions H^+ et les ions HCO_3^- de l'autre côté. Par conséquent, l'augmentation d'une des substances pousse la réaction en sens opposé. Il faut aussi noter que le membre de droite de l'équation équivaut au système tampon bicarbonate/acide carbonique.

Chez les individus en bonne santé, le gaz carbonique est expulsé des poumons à mesure qu'il se forme dans les tissus. Pendant la dissociation du gaz carbonique et de l'hémoglobine, la molécule d'hémoglobine libère aussi des ions H^+, et la réaction tend vers la gauche. Les ions H^+ libérés s'associent aux ions HCO_3^- pour former de l'acide carbonique, qui se transforme immédiatement en gaz carbonique et en eau. Les ions H^+ libérés servent à la formation des molécules d'eau. Par conséquent, les ions H^+ produits par le transport du gaz carbonique n'ont pas l'occasion de s'accumuler, et ils ont peu d'effet, si tant est qu'ils en aient, sur le pH sanguin. L'hypercapnie, toutefois, active les chimiorécepteurs médullaires (par le truchement de la baisse du pH du liquide céphalo-rachidien amenée par l'accumulation de gaz carbonique), de sorte que l'équation se déplace vers la droite. Les chimiorécepteurs médullaires stimulent les centres respiratoires du tronc cérébral, qui augmentent la fréquence et l'amplitude respiratoires (voir la figure 23.23, à la page 757). De plus, l'augmentation de la concentration plasmatique des ions H^+ résultant d'un processus métabolique quelconque excite indirectement (par l'intermédiaire des chimiorécepteurs périphériques) le centre respiratoire et provoque des respirations profondes et rapides. À mesure que s'accroît la ventilation alvéolaire, une quantité accrue de gaz carbonique et d'eau est éliminée du sang, ce qui explique que la réaction se déplace vers la gauche et réduit la concentration des ions H^+. Par ailleurs, l'augmentation du pH sanguin (alcalose) diminue l'activité du centre respiratoire. La fréquence respiratoire ralentit, les respirations deviennent superficielles, et le gaz carbonique s'accumule; la réaction tend vers la droite, et la concentration d'ions H^+ augmente afin de compenser l'alcalose. De nouveau, le pH sanguin revient à la normale. Généralement, ces corrections respiratoires du pH sanguin (s'effectuant par le biais de la régulation de la concentration sanguine du gaz carbonique) s'accomplissent en une minute environ.

La régulation respiratoire de l'équilibre acido-basique constitue un *système tampon physiologique*, ou *fonctionnel*. Elle agit plus lentement que les tampons chimiques que nous venons de décrire, mais sa capacité tampon est jusqu'à deux fois plus grande que celle de tous les tampons chimiques combinés. Les variations de la ventilation alvéolaire peuvent modifier considérablement le pH sanguin, beaucoup plus même qu'il ne le faut. Par exemple, le doublement de la ventilation alvéolaire peut élever le pH sanguin de 0,2, et sa réduction de moitié peut abaisser le pH sanguin de 0,2. Comme le pH du sang artériel normal est de 7,4, un changement de 0,2 amène le pH à 7,6 ou 7,2, deux valeurs bien au-delà des limites normales. De fait, la ventilation alvéolaire peut être multipliée par 15 ou réduite à 0. On voit donc que la régulation respiratoire du pH sanguin peut jouer un rôle important dans l'équilibre acido-basique.

Tout ce qui gêne le fonctionnement du système respiratoire perturbe l'équilibre acido-basique. Par exemple, la rétention du gaz carbonique cause l'acidose, et l'hyperventilation peut provoquer l'alcalose. Quand la cause du déséquilibre acido-basique est un trouble respiratoire, l'état résultant est appelé **acidose respiratoire** ou **alcalose respiratoire** (voir le tableau 27.2, à la page 924).

Mécanismes rénaux de l'équilibre acido-basique

Les tampons chimiques se lient temporairement aux acides ou aux bases en excès, mais ils ne peuvent pas les éliminer de l'organisme. Et bien que les poumons évacuent l'acide carbonique en éliminant le gaz carbonique et l'eau, seuls les reins peuvent débarrasser l'organisme des autres acides engendrés par le métabolisme cellulaire: l'acide phosphorique, l'acide urique et les corps cétoniques. L'acidose résultant de l'accumulation de ces métabolites acides est appelée **acidose métabolique**.

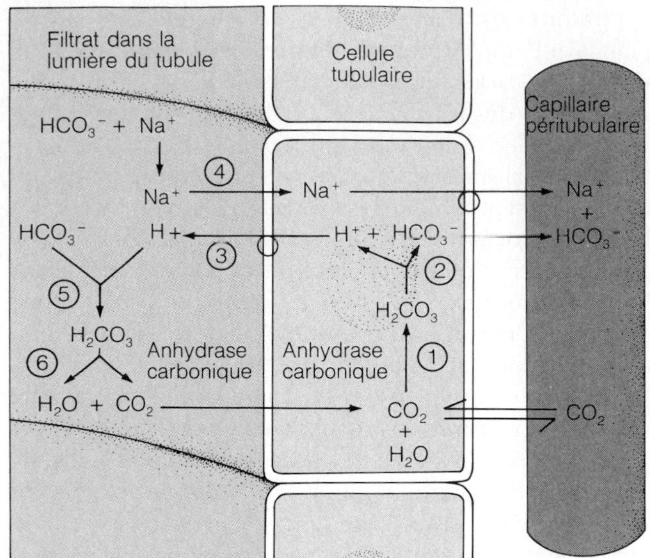

Figure 27.13 La réabsorption des ions HCO_3^- filtrés est couplée à la sécrétion des ions H^+. Pour chaque ion H^+ sécrété dans le filtrat, un ion Na^+ et un ion HCO_3^- sont réabsorbés. Les ions H^+ sécrétés peuvent se lier aux ions HCO_3^- présents dans le filtrat tubulaire et former de l'acide carbonique (H_2CO_3). Par conséquent, des ions HCO_3^- disparaissent du filtrat à mesure que d'autres (formés dans les cellules tubulaires) entrent dans le sang du capillaire péritubulaire. L'acide carbonique formé dans le filtrat se dissocie et libère du gaz carbonique et de l'eau. Ensuite, le gaz carbonique diffuse dans les cellules tubulaires, et il y accroît la sécrétion d'ions H^+ (par l'entremise de la formation intracellulaire puis de la dissociation de l'acide carbonique). Les mécanismes de transport actif sont représentés par des cercles placés sous les flèches. (Les numéros indiquent la succession des événements.)

Seuls les reins ont la capacité de régler les concentrations sanguines des substances alcalines et de renouveler les réserves de tampons chimiques comme les bicarbonates et les phosphates consommés pour la régulation de la concentration d'ions H^+ dans le liquide extracellulaire. Une certaine proportion des ions HCO_3^- concourt à transformer les ions H^+ et forme de l'acide carbonique; cet acide se transforme ensuite en gaz carbonique et en eau et est expulsé par les poumons. En dernière analyse, les principaux organes de la régulation acido-basique sont donc les reins qui, lentement mais sûrement, compensent les déséquilibres acido-basiques dus aux immenses fluctuations de l'apport alimentaire et du métabolisme ainsi qu'aux états pathologiques. Les plus importants des mécanismes rénaux de régulation acido-basique sont l'excrétion des ions H^+ et la production des ions HCO_3^-. Comme pour mal faire, toutefois, les cellules sombres des tubules rénaux collecteurs ont la capacité d'accomplir le contraire dans certaines conditions (soit de réabsorber des ions H^+ et de sécréter des ions HCO_3^-).

Régulation de la sécrétion des ions hydrogène

Comme les deux principaux mécanismes de régulation de l'équilibre acido-basique reposent sur la sécrétion d'ions H^+ dans le filtrat, nous étudierons d'abord ce processus. Les cellules tubulaires (y compris celles des tubules rénaux collecteurs) semblent réagir directement au pH du liquide extracellulaire et modifier en conséquence leur sécrétion d'ions H^+. Les ions H^+ sécrétés proviennent de la dissociation de l'acide carbonique dans les cellules tubulaires (figure 27.13). Pour chaque ion hydrogène activement sécrété dans la lumière du tubule, un ion Na^+ est réabsorbé du filtrat dans la cellule tubulaire, ce qui maintient l'équilibre électrochimique de part et d'autre de la paroi des tubules. Les réserves intracellulaires d'acide carbonique viennent de la combinaison du gaz carbonique et de l'eau.

La sécrétion des ions H^+ augmente et diminue suivant la concentration de gaz carbonique dans le liquide extracellulaire. Plus le sang des capillaires péritubulaires est riche en gaz carbonique, plus la sécrétion d'ions H^+ est rapide (la réaction se déplace vers la droite). Comme la concentration sanguine de gaz carbonique est directement reliée au pH sanguin, ce système peut réagir tant à l'augmentation qu'à la diminution de la concentration des ions H^+. Notons aussi que les ions H^+ sécrétés peuvent se combiner à des ions HCO_3^- dans le filtrat et produire du gaz carbonique et de l'eau dans la lumière du tubule. Dans ce cas, les ions H^+ font partie intégrante de la molécule d'eau, mais la concentration croissante du gaz carbonique dans le filtrat crée un fort gradient de diffusion pour son entrée dans la cellule tubulaire, où il accroît encore la sécrétion d'ions H^+.

Conservation des ions bicarbonate filtrés

Les ions HCO_3^- sont un constituant important du système tampon bicarbonate/acide carbonique, le principal tampon inorganique du sang. Afin que subsiste ce réservoir de bases, appelé *réserve alcaline*, les reins doivent faire davantage qu'éliminer les ions H^+ pour contrer l'élévation de leur concentration sanguine. En effet, les réserves d'ions HCO_3^- doivent aussi être reconstituées. La chose est plus complexe qu'il n'y paraît, car les cellules tubulaires sont presque complètement imperméables aux ions HCO_3^- présents dans le filtrat, et elles ne peuvent pas les réabsorber. Toutefois, les reins peuvent conserver le bicarbonate filtré au moyen d'un mécanisme quelque peu détourné (également représenté à la figure 27.13). Comme on peut le constater, la dissociation de l'acide carbonique produit dans les cellules tubulaires libère des ions HCO_3^- aussi bien que des ions H^+. Quoique les cellules tubulaires ne puissent pas récupérer le bicarbonate directement du filtrat, elles peuvent envoyer vers le sang des capillaires péritubulaires les ions HCO_3^- produits dans leur cytoplasme. La réabsorption du bicarbonate dépend donc de la sécrétion des ions H^+ dans le filtrat et de leur combinaison aux ions HCO_3^- filtrés. Pour chaque ion HCO_3^- filtré qui «disparaît», un ion HCO_3^- produit dans les cellules tubulaires entre dans le sang. Quand de grandes quantités d'ions H^+ sont sécrétées, des quantités équivalentes d'ions HCO_3^- entrent dans le sang péritubulaire.

Tamponnage des ions hydrogène excrétés

Notez que lors de la récupération du bicarbonate filtré (figure 27.13), les ions H^+ sécrétés ne sont généralement

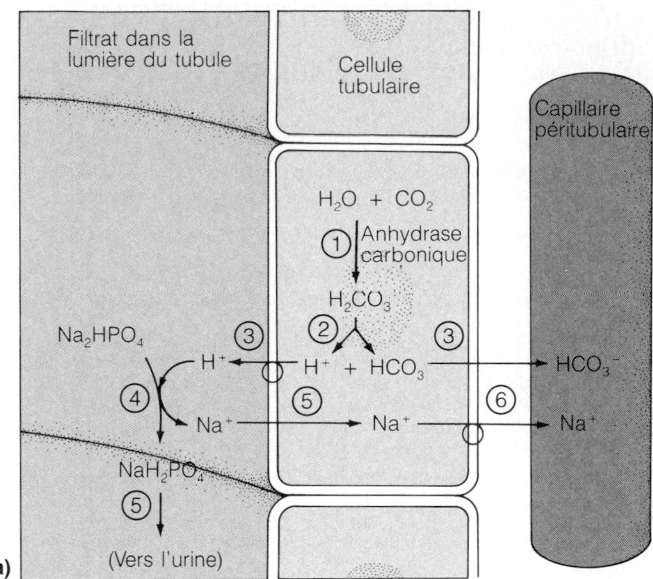

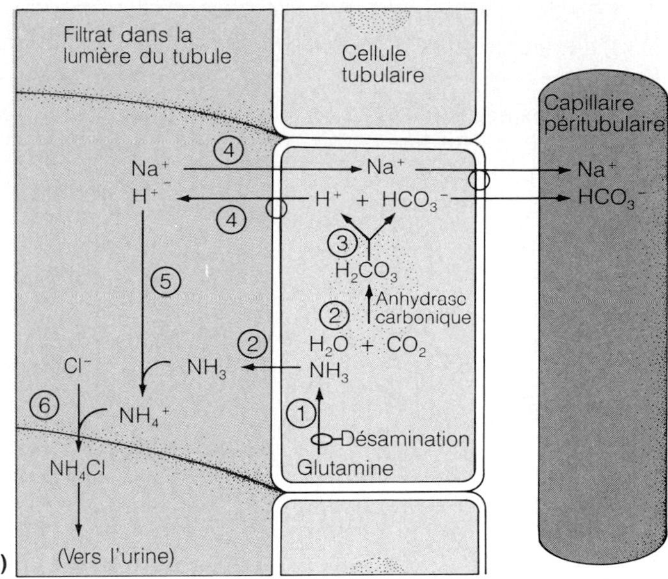

Figure 27.14 Tamponnage dans l'urine des ions H^+ excrétés. (**a**) Tamponnage par le système tampon phosphate disodique/phosphate monosodique des ions H^+ excrétés. Les ions Na^+ libérés pendant la réaction sont réabsorbés avec les ions HCO_3^- dans le sang du capillaire péritubulaire, ce qui contribue aussi à l'élévation du pH sanguin. (**b**) Tamponnage par l'ammoniac des ions H^+ excrétés. Les ions H^+ sécrétés se lient à l'ammoniac et forment des ions NH_4^+ qui se substituent aux ions Na^+ dans le filtrat. Les ions sodium sont réabsorbés dans les cellules tubulaires et dans le sang du capillaire péritubulaire en même temps que les ions HCO_3^- produits. (Bien que la figure ne l'indique pas, des études ont démontré que les cellules tubulaires transforment la glutamine en ions NH_4^+ et en ions HCO_3^-, puis sécrètent *activement* les ions NH_4^+.) Les mécanismes de transport actif sont représentés par des cercles placés sous les flèches. (Les numéros indiquent la succession des événements.)

pas *excrétés* dans l'urine. Ils sont plutôt tamponnés par les ions HCO_3^- dans le filtrat, et ils servent à former des molécules d'eau (qui sont réabsorbées selon les besoins). Néanmoins, une fois que les ions HCO_3^- filtrés sont utilisés pour tamponner les ions H^+, tout nouvel ion H^+ sécrété commence à être excrété dans l'urine. Les ions H^+ excrétés doivent aussi se lier à des tampons dans le filtrat. Dans le cas contraire, le pH de l'urine atteindrait environ 1,4, ce qui serait incompatible avec la vie. (La sécrétion d'ions H^+ cesse quand le pH de l'urine chute à 4,5.) Les principaux tampons urinaires des ions H^+ excrétés sont le *système tampon phosphate disodique/phosphate monosodique* et le *système tampon ammoniac/ammonium*.

Bien que les ions HPO_4^{2-} filtrent à travers le glomérule, ils ne sont pas réabsorbés en quantités appréciables à partir du filtrat glomérulaire. De plus, la réabsorption de l'eau contribue aussi à la concentration du Na_2HPO_4 à mesure que le filtrat avance dans les tubules rénaux. Comme le montre la figure 27.14a, les ions H^+ sécrétés se combinent au Na_2HPO_4 et forment du NaH_2PO_4 qui s'écoule ensuite dans l'urine. Les ions Na^+ libérés pendant cette réaction entrent dans les cellules et sont envoyés avec les ions HCO_3^- (produits à l'intérieur des cellules tubulaires) dans le sang des capillaires péritubulaires. Notons que, pendant l'excrétion d'ions H^+, de «nouveaux» ions HCO_3^- sont ajoutés au sang, en plus de ceux qui sont récupérés du filtrat.

Le **système tampon ammoniac/ammonium** utilise l'ammoniac (NH_3) produit par la désamination (perte du groupement NH_2) de la glutamine et d'autres acides aminés à l'intérieur des cellules tubulaires. L'ammoniac diffuse dans le filtrat, et il se lie à des ions H^+ pour former des ions ammonium (NH_4^+); ceux-ci sont excrétés dans l'urine en combinaison avec les ions Cl^- (figure 27.14b). Chaque fois qu'une molécule d'ammoniac s'unit à un ion hydrogène, une autre molécule d'ammoniac peut diffuser dans le filtrat. Par conséquent, le taux de sécrétion de l'ammoniac est couplé à celui des ions H^+. (Même si l'on se dit que les ions H^+ pourraient être simplement excrétés dans l'urine en combinaison avec les ions Cl^-, la chose est impossible car l'acide chlorhydrique est un acide fort qui s'ionise complètement.) Comme dans le cas du système tampon phosphate disodique/phosphate monosodique, la production de bicarbonate et la réabsorption du bicarbonate de sodium accompagnent le mécanisme tampon ammoniac/ammonium, reconstituant la réserve alcaline du sang.

Déséquilibres acido-basiques

Suivant leur cause, l'acidose et l'alcalose sont dites *respiratoires* ou *métaboliques*. Le tableau 27.2, à la page 924, présente les causes et les conséquences des déséquilibres acido-basiques. On trouvera dans l'encadré de la page 925 les méthodes permettant de dégager les causes des déséquilibres et de déterminer s'ils sont compensés.

Acidose et alcalose respiratoires

L'acidose et l'alcalose respiratoires résultent de l'incapacité

Tableau 27.2 Causes et conséquences des déséquilibres acido-basiques

État et signes cardinaux	Causes possibles; commentaires
Acidose métabolique (HCO_3^- < 22 mmol/L; pH < 7,4)	*Diarrhée grave:* les sécrétions intestinales (et pancréatiques), riches en bicarbonate, sont excrétées par le tube digestif avant que leurs solutés ne puissent être réabsorbés; les ions HCO_3^- sont remplacés par retrait du plasma. *Maladie rénale:* incapacité des reins d'éliminer les acides formés par les processus métaboliques normaux. *Diabète sucré en état d'hyperglycémie:* déficit insulinique ou absence de réaction cellulaire à l'insuline, d'où une incapacité d'utiliser le glucose; les lipides deviennent la principale source d'énergie et l'acidocétose apparaît. *Inanition:* insuffisance de nutriments pour alimenter les cellules; les protéines et les réserves lipidiques deviennent des sources d'énergie: elles produisent des métabolites acides lors de leur dégradation. *Ingestion excessive d'alcool:* produit un excès d'acides dans le sang. *Forte concentration d'ions potassium dans le liquide extracellulaire:* les ions K^+ font concurrence aux ions H^+ pour la sécrétion dans les tubules rénaux; quand la concentration d'ions K^+ est élevée dans le liquide extracellulaire, la sécrétion des ions K^+ empêche celle des ions H^+ (inhibition compétitive).
Alcalose métabolique (HCO_3^- > 28 mmol/L; pH > 7,4)	*Évacuation de l'acide chlorhydrique gastrique:* les ions H^+ doivent être prélevés du sang pour remplacer l'acide gastrique; leur concentration diminue et celle des ions HCO_3^- augmente en proportion. *Certains diurétiques:* causent la réabsorption rapide des ions Na^+ dans les tubules contournés distaux, ce qui laisse un excès d'ions HCO_3^- qui peuvent se combiner aux ions H^+ et en retrancher une quantité excessive du sang. *Ingestion excessive de bicarbonate de sodium:* le bicarbonate passe facilement dans le liquide extracellulaire, où il accroît la réserve alcaline naturelle. *Constipation:* la rétention prolongée des matières fécales accroît la réabsorption d'ions HCO_3^-. *Excès d'aldostérone (p. ex. tumeurs des surrénales):* favorise une réabsorption excessive de sodium, ce qui explique l'excrétion démesurée d'ions H^+ dans l'urine.
Acidose respiratoire (P_{CO_2} > 45 mm Hg; pH < 7,4)	*Tout état qui entrave les échanges gazeux ou la ventilation pulmonaire (bronchite chronique, fibrose kystique du pancréas, emphysème):* l'augmentation de la résistance des voies aériennes et l'inefficacité de l'expiration provoquent la rétention du gaz carbonique et l'augmentation des ions H^+. *Respiration rapide et superficielle:* réduction marquée du volume courant. *Dose excessive de narcotiques ou de barbituriques ou lésion du tronc cérébral:* l'inhibition des centres respiratoires entraîne l'hypoventilation et l'arrêt respiratoire.
Alcalose respiratoire (P_{CO_2} < 35 mm Hg; pH > 7,4)	*La cause directe est toujours l'hyperventilation:* l'hyperventilation observée dans l'asthme, la pneumonie et en altitude vise à élever la pression partielle de l'oxygène au prix d'une excrétion excessive de gaz carbonique et d'ions H^+. *Tumeur ou lésion cérébrale:* atteinte des centres respiratoires.

du système respiratoire de maintenir le pH. La pression partielle du gaz carbonique (P_{CO_2}) dans le sang artériel est le principal indice du fonctionnement du système respiratoire. Quand ce fonctionnement est normal, la pression partielle du gaz carbonique varie entre 35 mm Hg et 45 mm Hg dans le sang artériel. En règle générale, une pression supérieure à 45 mm Hg traduit l'acidose respiratoire, tandis qu'une pression inférieure à 35 mm Hg signale l'alcalose respiratoire.

L'**acidose respiratoire** survient le plus souvent lorsque la respiration est superficielle ou lorsque des maladies comme la pneumonie, la fibrose kystique du pancréas (mucoviscidose) ou l'emphysème entravent l'échange gazeux dans les alvéoles. Dans de telles conditions, le gaz carbonique s'accumule dans le sang, et il peut être transformé en acide carbonique qui libère des ions H^+. On peut donc soupçonner une acidose respiratoire en présence d'une chute du pH et d'une élévation de la pression partielle du gaz carbonique au-dessus de 45 mm Hg.

L'**alcalose respiratoire** s'établit lorsque le gaz carbonique est éliminé plus rapidement qu'il n'est produit, c'est-à-dire lorsque l'alcalinité du sang augmente. Cet état est une conséquence fréquente de l'hyperventilation. Contrairement à l'acidose respiratoire, l'alcalose respiratoire est rarement associée à un état pathologique.

Acidose et alcalose métaboliques

L'acidose et l'alcalose métaboliques recouvrent toutes les anomalies de l'équilibre acido-basique, *à l'exception* de celles qui sont causées par un excès ou par un déficit en gaz carbonique dans le sang. Une concentration d'ions HCO_3^- inférieure à 22 mmol/L ou supérieure à 28 mmol/L indique un déséquilibre acido-basique métabolique.

Les causes les plus fréquentes de l'**acidose métabolique** sont l'ingestion d'une grande quantité d'alcool (qui est transformé en acétaldéhyde puis en acide acétique) et la perte importante de bicarbonate consécutive à une diarrhée persistante (le bicarbonate provient du suc pancréatique et intestinal). L'acidose métabolique peut aussi être causée par une accumulation d'acide lactique pendant l'exercice ou à l'occasion d'un choc ainsi que par la cétose due à l'inanition ou au catabolisme des acides gras chez un diabétique en état d'hyperglycémie. L'insuffisance rénale, dans laquelle les ions H^+ en excès ne sont pas éliminés dans l'urine, est une cause peu répandue d'acidose. On reconnaît l'acidose métabolique à un pH sanguin et à une concentration de bicarbonate inférieurs aux valeurs normales.

L'**alcalose métabolique**, révélée par une augmentation du pH sanguin et de la concentration des ions HCO_3^- est beaucoup moins fréquente que l'acidose métabolique. Ses causes typiques sont l'évacuation du contenu acide de l'estomac (ou la perte de ces sécrétions lors de la succion gastro-intestinale), l'ingestion d'un excès de substances basiques (des antiacides par exemple) et la constipation, dans laquelle une quantité d'ions HCO_3^- plus grande qu'à l'ordinaire est réabsorbée par le côlon.

GROS PLAN La détermination de la cause de l'acidose ou de l'alcalose à l'aide des dosages sanguins

Il arrive souvent qu'on fournit aux étudiants (et particulièrement à ceux qui se destinent aux soins infirmiers) des dosages sanguins et qu'on leur demande de déterminer: (1) si le patient est en état d'acidose ou d'alcalose; (2) la cause de l'état (s'il est d'origine respiratoire ou métabolique); (3) si l'état est compensé ou non. La tâche est beaucoup plus facile qu'il n'y paraît, à condition qu'on l'aborde de manière systématique. En effet, il faut analyser les dosages sanguins dans l'ordre suivant:

1. Notez le pH. Cette donnée indique si le patient est en état d'alcalose ou d'acidose, mais elle *ne* révèle *pas* la cause de l'état.

2. Vérifiez la pression partielle du gaz carbonique afin de déceler s'il s'agit de la cause du déséquilibre. Comme le système respiratoire agit rapidement, une pression partielle excessivement haute ou faible peut révéler soit que le trouble est d'origine respiratoire, soit que le système respiratoire est en voie de le compenser. Par exemple, si le pH indique une acidose et que: (a) la pression partielle du gaz carbonique est supérieure à 45 mm Hg, le système respiratoire *est en cause* et le trouble est l'acidose respiratoire; (b) la pression partielle du gaz carbonique est inférieure à 35 mm Hg, le système respiratoire *n'est pas en cause mais il compense*; (c) la pression partielle du gaz carbonique est normale, le trouble n'est *ni causé ni compensé* par le système respiratoire.

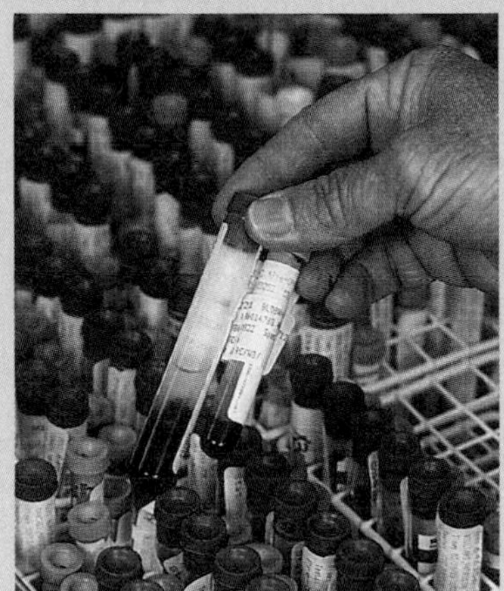

3. Vérifiez la concentration d'ions HCO_3^-. Si l'étape 2 a prouvé que le système respiratoire n'est pas à l'origine du déséquilibre, alors le trouble est métabolique, et il devrait se traduire dans la concentration du bicarbonate. L'acidose métabolique se signale par une concentration inférieure à 22 mmol/L, et l'alcalose métabolique, par une concentration supérieure à 28 mmol/L. Alors que la pression partielle du gaz carbonique est inversement proportionnelle au pH sanguin (elle s'élève à mesure que le pH diminue), la concentration de bicarbonate est proportionnelle au pH sanguin (elle augmente à mesure que le pH s'élève).

Voici deux applications de la méthode.

Problème 1

Dosages fournis: pH 7,5; P_{CO_2} 24 mm Hg; HCO_3^- 24 mmol/L.
Analyse:

1. Le pH est élevé = alcalose.

2. La pression partielle du gaz carbonique est très faible = cause de l'alcalose.

3. La concentration des ions HCO_3^- est normale.

Conclusion: Il s'agit d'une alcalose respiratoire sans compensation rénale, telle qu'on peut l'observer au cours de l'hyperventilation passagère.

Problème 2:

Dosages fournis: pH 7,48; P_{CO_2} 46 mm Hg; HCO_3^- 32 mmol/L.
Analyse:

1. Le pH est élevé = alcalose.

2. La pression partielle du gaz carbonique est élevée = cause de l'*acidose* et non de l'alcalose; par conséquent, le système respiratoire compense l'acidose et n'en est pas la cause.

3. La concentration des ions HCO_3^- est élevée = cause de l'alcalose.

Conclusion: Il s'agit d'une alcalose métabolique compensée par une acidose respiratoire (rétention de gaz carbonique visant le rétablissement du pH sanguin).

Voici un tableau simple qui facilitera vos déterminations.

Valeurs plasmatiques normales	**pH 7,35-7,45**	**HCO3⁻ 22-28 mmol/L**	**P_{CO_2} 35-45 mm Hg**
Déséquilibre acido-basique			
Acidose respiratoire	↓	↑ s'il y a compensation	↑
Alcalose respiratoire	↑	↓ s'il y a compensation	↓
Acidose métabolique	↓	↓	↓ s'il y a compensation
Alcalose métabolique	↑	↑	↑ s'il y a compensation

Effets de l'acidose et de l'alcalose

Les limites absolues du pH sont 7,0 et 7,8. En-deçà de 7,0, l'activité du système nerveux central est si réduite que le coma survient et que la mort suit peu après. À l'opposé, l'alcalose cause une surexcitation du système nerveux qui se traduit par le tétanos, la nervosité extrême et les convulsions. La mort est souvent consécutive à l'arrêt respiratoire.

Compensation rénale et respiratoire

Lorsqu'un déséquilibre acido-basique survient à la suite du fonctionnement inefficace d'un des systèmes tampons physiologiques (les reins ou les poumons), l'autre système tente de compenser. Le système respiratoire cherche à compenser les déséquilibres métaboliques, tandis que les reins tentent, quoique beaucoup plus lentement, de corriger les déséquilibres causés par une maladie respiratoire. On reconnaît l'établissement de **compensations respiratoires** et **rénales** aux changements de la pression partielle du gaz carbonique (CO_2) et de la concentration des ions HCO_3^- (voir l'encadré de la page précédente).

En règle générale, la fréquence et l'amplitude respiratoires changent lorsque le système respiratoire tente de compenser les déséquilibres acido-basiques métaboliques. En cas d'acidose métabolique, la fréquence et l'amplitude respiratoires sont habituellement augmentées, ce qui indique qu'une forte concentration d'ions H^+ stimule les centres respiratoires. Le pH sanguin est bas (inférieur à 7,35), la concentration d'ions HCO_3^- est faible (inférieure à 22 mmol/L); en outre, la pression partielle du CO_2 passe sous les 35 mm Hg, du fait que le système respiratoire expulse ce gaz pour éliminer l'excès d'acide du sang. Dans l'acidose respiratoire, par contre, la fréquence respiratoire est basse, et *cette faiblesse constitue la cause immédiate de l'acidose* (sauf dans les cas de bronchopneumopathie chronique obstructive).

L'alcalose métabolique, par ailleurs, est compensée par une respiration lente et superficielle qui laisse le gaz carbonique s'accumuler dans le sang. Une alcalose métabolique compensée par des mécanismes respiratoires se traduit par un pH élevé (supérieur à 7,45), par une forte concentration des ions HCO_3^- (supérieure à 28 mmol/L) et par une augmentation de la pression partielle du CO_2 (au-dessus de 45 mm Hg).

Si le déséquilibre est d'origine respiratoire, les mécanismes rénaux entrent en jeu pour le compenser. Par exemple, une personne en état d'hypoventilation présente une acidose. S'il y a compensation rénale, la pression partielle du gaz carbonique et la concentration de bicarbonate sont élevées. La pression partielle de CO_2 élevée révèle la cause de l'acidose, tandis que la forte concentration de bicarbonate indique que les reins retiennent le bicarbonate pour contrer l'acidose. Inversement, l'alcalose respiratoire compensée par des mécanismes rénaux se traduit par un pH sanguin élevé et par une faible pression partielle du CO_2. La concentration d'ions HCO_3^- diminue à mesure que les reins éliminent ces ions, soit en ne les réabsorbant pas, soit en les sécrétant activement. ■

Équilibre hydrique, électrolytique et acido-basique au cours du développement et du vieillissement

L'organisme de l'embryon et du très jeune fœtus est composé à plus de 90 % d'eau. Or, les solides s'accumulent au cours du développement fœtal, si bien que l'organisme du nouveau-né ne contient plus que de 70 à 80 % d'eau. (La valeur moyenne chez l'adulte est de 58 %.) Toutes proportions gardées, l'organisme du nourrisson renferme plus de liquide extracellulaire que celui de l'adulte et, par le fait même, beaucoup plus d'ions Na^+ que d'ions K^+, Mg^{2+}, PO_4^{3-} et Cl^-. L'eau corporelle commence à se redistribuer deux mois environ après la naissance, et elle se stabilise définitivement quand l'enfant atteint l'âge de deux ans. Les concentrations plasmatiques des électrolytes sont semblables chez l'enfant et chez l'adulte; cependant, la concentration de potassium est à son maximum, et celles du magnésium, du bicarbonate et du calcium, à leur minimum durant les premiers mois de la vie. À la puberté, la teneur en eau de l'organisme change selon le sexe, les femmes présentant davantage de tissu adipeux.

Les facteurs suivants expliquent pourquoi les déséquilibres hydriques, électrolytiques et acido-basiques sont beaucoup plus fréquents pendant la petite enfance que pendant l'âge adulte:

1. Le très faible volume résiduel des poumons du nourrisson (deux fois moindre que celui de l'adulte par rapport au poids corporel). Les perturbations de la respiration peuvent modifier la pression partielle du gaz carbonique de façon importante.

2. L'apport hydrique et le débit urinaire élevés du nourrisson (environ sept fois plus grands que ceux de l'adulte). Le nourrisson peut échanger la moitié de son liquide extracellulaire en une journée. Bien que l'organisme du nourrisson contienne toutes proportions gardées plus d'eau que celui de l'adulte, il ne s'en trouve pas pour autant protégé contre les échanges hydriques excessifs. Même de légères modifications de l'équilibre hydrique peuvent entraîner des troubles graves chez lui. En outre, si l'adulte peut se passer d'eau pendant une dizaine de jours, le nourrisson ne peut survivre plus de trois ou quatre jours sans eau.

3. La vitesse du métabolisme du nourrisson (deux fois plus grande que celle de l'adulte). Le métabolisme rapide du nourrisson produit beaucoup de déchets et d'acides qui doivent être excrétés par les reins. Et comme les systèmes tampons du nourrisson ne sont pas pleinement efficaces, l'enfant présente une tendance à l'acidose.

4. Les fortes pertes d'eau dues à un rapport surface-volume élevé (trois fois plus grand que chez l'adulte). Le nourrisson perd des quantités substantielles d'eau par la peau.

5. L'inefficacité des reins du nourrisson. Les reins du nouveau-né sont immatures et leur capacité de concentrer l'urine est deux fois moins grande que celle des reins de l'adulte. De même, l'excrétion rénale des acides est déficiente chez le nourrisson.

Tous ces facteurs rendent le nouveau-né vulnérable à la déshydratation et à l'acidose, au moins jusqu'à la fin du premier mois de vie, moment où les reins acquièrent une certaine efficacité. Les vomissements et la diarrhée prolongée accroissent grandement ce risque. Avec de telles variations du milieu interne, il n'est pas étonnant que le taux de mortalité soit si élevé parmi les prématurés.

Pendant la vieillesse, il est fréquent que l'eau corporelle totale soit réduite (le compartiment intracellulaire est celui qui subit les pertes les plus importantes), car la masse musculaire diminue et la quantité de tissu adipeux augmente. Les concentrations des solutés changent peu; le vieillissement en soi n'influe pas beaucoup sur le pH ou sur la pression osmotique du sang. Après un déséquilibre, toutefois, l'équilibre du milieu interne se rétablit plus lentement à mesure que l'individu vieillit. Par ailleurs, les personnes âgées peuvent passer outre à la sensation de soif, s'exposant ainsi à la déshydratation. Les personnes âgées forment aussi le groupe le plus prédisposé aux troubles qui, tels l'insuffisance cardiaque (et l'œdème qui l'accompagne) et le diabète sucré, causent de graves déséquilibres hydriques, électrolytiques et acido-basiques. Comme la plupart de ces déséquilibres surviennent au moment où l'eau corporelle totale atteint un minimum ou un maximum, ils touchent principalement les très jeunes et les très âgés.

* * *

Dans ce chapitre, nous avons étudié les mécanismes physiologiques qui établissent dans le milieu interne les conditions les plus propices à l'homéostasie. Bien que les reins soient les principaux artisans de l'équilibre hydrique, électrolytique et acido-basique, ils ne peuvent s'acquitter seuls de sa régulation. En effet, leur activité est rendue possible par une pléiade d'hormones et facilitée par deux éléments: des substances tampons qui leur donnent le temps de réagir et le système respiratoire qui assume une bonne part de l'équilibre acido-basique du sang.

Termes médicaux

Acidémie Diminution du pH du sang artériel au-dessous de 7,35 (valeur normale).

Acidose tubulaire rénale Acidose métabolique résultant d'une insuffisance tubulaire rénale et se caractérisant par une élévation de la chlorémie et une diminution du bicarbonate plasmatique.

Alcalémie Augmentation du pH du sang artériel au-dessus de 7,45 (valeur normale).

Antiacide Agent qui neutralise l'acidité. Le bicarbonate de sodium, le gel d'hydroxyde d'aluminium et le trisilicate de magnésium sont communément utilisés dans le traitement des ulcères gastro-duodénaux.

Syndrome de sécrétion inappropriée d'hormone antidiurétique Groupe de troubles associés à une hypersécrétion de l'hormone antidiurétique en l'absence de stimulis appropriés (osmotiques ou non osmotiques). Le syndrome se caractérise par l'hyponatrémie, une urine concentrée, la rétention hydrique et le gain pondéral. Les causes les plus fréquentes sont la sécrétion ectopique d'hormone antidiurétique par des cellules cancéreuses (comme celles d'une tumeur broncho-pulmonaire) ainsi que les troubles ou les traumatismes cérébraux touchant les neurones hypothalamiques sécréteurs d'hormone antidiurétique. Le traitement temporaire consiste à restreindre l'apport hydrique.

Syndrome de Conn Aussi appelé hyperaldostéronisme primaire; hypersécrétion d'aldostérone accompagnée par une perte excessive d'ions potassium, une faiblesse musculaire généralisée, l'hypernatrémie et l'hypertension. La cause est généralement une tumeur de la surrénale. Le traitement usuel consiste à administrer des agents inhibiteurs de la fonction surrénale avant de pratiquer l'ablation de la tumeur.

Résumé du chapitre

LIQUIDES ORGANIQUES (p. 904-908)

Poids hydrique de l'organisme (p. 904-905)

1. L'eau représente de 45 à 75 % du poids corporel, suivant l'âge, le sexe et la quantité de tissu adipeux.

Compartiments hydriques de l'organisme (p. 905)

2. Environ les deux tiers (25 L) de l'eau corporelle se trouve dans le compartiment intracellulaire, c'est-à-dire à l'intérieur des cellules; le reste (15 L) se trouve dans le compartiment extracellulaire, c'est-à-dire dans le plasma et dans le liquide interstitiel.

Composition des liquides organiques (p. 905-907)

3. Les solutés dissous dans les liquides organiques comprennent des électrolytes et des non-électrolytes. La concentration des électrolytes s'exprime en millimoles par litre (mmol/L).

4. Le plasma contient plus de protéines que le liquide interstitiel; autrement, les liquides extracellulaires sont semblables. Les électrolytes les plus abondants dans le compartiment extracellulaire sont les ions Na^+, les ions Cl^- et les ions HCO_3^-.

5. Le liquide intracellulaire contient de grandes quantités d'anions protéiques ainsi que d'ions K^+, Mg^{2+} et PO_4^{3-}.

Mouvements des liquides entre les compartiments (p. 907-908)

6. Les échanges hydriques entre les compartiments sont régis par la pression osmotique et par la pression hydrostatique. (a) Le filtrat est expulsé des capillaires par la pression hydrostatique et il y est ramené par la pression osmotique. (b) L'eau se déplace librement entre le compartiment extracellulaire et le compartiment intracellulaire; la taille et la charge des molécules ainsi que leur transport actif limitent les mouvements des solutés. (c) Les variations de l'osmolarité du liquide extracellulaire provoquent toujours des mouvements de l'eau.

7. Le plasma est le trait d'union entre le milieu interne et l'environnement.

ÉQUILIBRE HYDRIQUE (p. 908-911)

1. L'eau corporelle vient des aliment et des liquides ingérés de même que du métabolisme cellulaire.

2. L'organisme perd de l'eau par les poumons, la peau, le tube digestif et les reins.

Régulation de l'apport hydrique: mécanisme de la soif (p. 908-909)

3. L'augmentation de l'osmolarité du plasma (ou la diminution du volume plasmatique) stimule les osmorécepteurs de l'hypothalamus, qui déclenchent le mécanisme de la soif. La soif est inhibée en premier lieu par la distension du tube digestif sous l'effet de l'eau ingérée, et ensuite par des signaux osmotiques.

Régulation de la déperdition hydrique (p. 909-910)

4. Les pertes d'eau obligatoires comprennent la perte d'eau par les poumons et la peau, les quantités d'eau contenues dans les matières fécales et les quantités d'eau excrétées dans l'urine.

5. Le volume de l'urine excrétée dépend des pertes d'eau obligatoires, de l'apport hydrique et des pertes autres qu'urinaires; il est soumis à l'influence de l'hormone antidiurétique et de l'aldostérone dans les tubules rénaux.

Déséquilibres hydriques (p. 910-911)

6. La déshydratation apparaît lorsque la déperdition hydrique est supérieure à l'apport hydrique pendant un certain temps. Elle se manifeste par la soif, la sécheresse de la peau et l'oligurie.

7. L'hydratation hypotonique résulte d'une dilution excessive des liquides organiques et d'une accumulation d'eau dans les cellules. Sa conséquence la plus grave est l'œdème cérébral.

8. L'œdème est une accumulation anormale de liquide dans l'espace interstitiel, et il peut entraver la circulation.

ÉQUILIBRE ÉLECTROLYTIQUE (p. 911-918)

1. Les électrolytes proviennent des sels contenus dans les aliments et les liquides ingérés. L'apport de sels, et particulièrement de chlorure de sodium, est fréquemment supérieur aux besoins.

2. L'organisme perd des électrolytes dans la sueur, les matières fécales et l'urine. La régulation de l'équilibre électrolytique repose principalement sur les reins.

Rôle des ions sodium dans l'équilibre hydrique et électrolytique (p. 911-913)

3. Les sels de sodium sont les solutés les plus abondants dans le liquide extracellulaire. Ils y exercent l'essentiel de la pression osmotique, et ils déterminent le volume et la distribution de l'eau dans l'organisme

4. Le transport actif des ions Na^+ par les cellules tubulaires contribue à la régulation des concentrations d'ions K^+, Cl^-, HCO_3^- et H^+ dans le liquide extracellulaire.

Régulation de l'équilibre des ions sodium (p. 913-916)

5. L'équilibre des ions Na^+ est lié à l'équilibre hydrique et à la pression artérielle, et sa régulation fait intervenir des mécanismes nerveux et hormonaux.

6. La diminution de la pression artérielle et de l'osmolarité du filtrat stimule la libération de rénine par les cellules juxtaglomérulaires de l'artériole afférente. La rénine, par l'intermédiaire de l'angiotensine II, élève la pression artérielle systémique et accroît la sécrétion d'aldostérone.

7. Les barorécepteurs du système cardiovasculaire détectent les variations de la pression artérielle, et ils modifient l'activité vasomotrice sympathique. L'augmentation de la pression artérielle cause la vasodilatation et favorise l'excrétion d'ions sodium et d'eau dans l'urine. La diminution de la pression artérielle provoque la vasoconstriction et épargne les ions sodium et l'eau.

8. Le facteur natriurétique auriculaire, libéré par les oreillettes en réaction à l'augmentation de la pression sanguine (ou du volume sanguin), cause une vasodilatation systémique et inhibe la libération de rénine, d'aldostérone et d'hormone antidiurétique. Par conséquent, il favorise l'excrétion d'ions sodium et d'eau, et il réduit la pression artérielle et le volume sanguin.

9. Les œstrogènes et les glucocorticoïdes augmentent la rétention des ions Na^+. La progestérone favorise l'excrétion d'eau et d'ions sodium.

Régulation de l'équilibre des ions potassium (p. 916-917)

10. De 85 à 90 % des ions K^+ sont réabsorbés dans les tubules contournés proximaux; le reste est excrété dans l'urine.

11. La régulation rénale des ions K^+ vise surtout leur excrétion. La sécrétion d'ions K^+ est favorisée par: (a) l'augmentation de la concentration d'ions K^+ dans les cellules tubulaires; (b) l'aldostérone; (c) une faible teneur en ions H^+ dans le sang ou dans le filtrat tubulaire.

Régulation de l'équilibre des ions calcium (p. 917)

12. L'équilibre des ions calcium est réglé principalement par la parathormone qui, en agissant sur les os, l'intestin et les reins, augmente la concentration sanguine d'ions Ca^{2+}.

13. La calcitonine accélère le dépôt des ions Ca^{2+} dans les os et inhibe sa libération de la matrice osseuse.

Régulation de l'équilibre des ions magnésium (p. 918)

14. L'équilibre des ions magnésium est lié aux effets rénaux de l'aldostérone. L'aldostérone accélère la sécrétion des ions Mg^{2+}.

Régulation des anions (p. 918)

15. Quand le pH sanguin est normal ou légèrement alcalin, l'ion Cl^- accompagne l'ion Na^+ réabsorbé. En cas d'acidose, l'ion Cl^- est remplacé par l'ion HCO_3^-.

16. La plupart des autres anions semblent régis par des mécanismes rénaux fondés sur le taux maximal de réabsorption (T_m).

ÉQUILIBRE ACIDO-BASIQUE (p. 918-926)

1. Les acides libèrent des ions H^+ et les bases en captent. Les acides qui se dissocient complètement sont forts; ceux qui se dissocient partiellement sont faibles.

2. Le pH du sang artériel se situe normalement entre 7,35 et 7,45. Un pH supérieur à 7,45 correspond à l'alcalose et un pH inférieur à 7,35, à l'acidose.

3. Certains acides proviennent des aliments, mais la plupart sont engendrés par la dégradation des protéines contenant du phosphore, par les corps cétoniques et par l'acide lactique (provenant de la dégradation incomplète des acides gras et du glucose respectivement) ainsi que par la liaison et le transport du gaz carbonique dans le sang.

4. L'équilibre acido-basique repose sur la régulation de la concentration des ions H^+ dans les liquides organiques.

Systèmes tampons chimiques (pages 919 et 920)

5. Les tampons chimiques sont des systèmes formés d'une ou de deux molécules (un acide faible et son sel) qui résistent rapidement aux variations excessives du pH en libérant ou en captant des ions H^+.

6. Les tampons chimiques de l'organisme sont le système tampon bicarbonate/acide carbonique, le système tampon phosphate disodique/phosphate monosodique, le système tampon protéinate/protéines et le système tampon ammoniac/ammonium.

Régulation respiratoire de la concentration des ions hydrogène (p. 921)

7. La régulation respiratoire de l'équilibre acido-basique du sang fait intervenir le système tampon bicarbonate/acide carbonique; elle repose aussi sur l'équilibre de la réaction réversible du gaz carbonique et de l'eau formant l'acide carbonique.

8. L'acidose active le centre respiratoire et accroît la fréquence et l'amplitude respiratoires: le gaz carbonique est éliminé en quantités accrues et le pH s'élève. L'alcalose inhibe le centre respiratoire: le gaz carbonique est retenu et le pH diminue.

Mécanismes rénaux de l'équilibre acido-basique (p. 921-923)

9. Les reins sont les principaux agents de la régulation de l'équilibre acido-basique, car ils stabilisent les concentrations d'ions HCO_3^- dans le liquide extracellulaire. Seuls les reins peuvent éliminer les acides produits par la dégradation des nutriments (les acides organiques autres que l'acide carbonique).

10. Tous les ions H^+ excrétés dans l'urine sont sécrétés dans le filtrat. Pour chaque ion H^+ sécrété, un ion Na^+ et un ion HCO_3^- sont réabsorbés.

11. Les ions H^+ sécrétés proviennent de la dissociation de l'acide carbonique produit dans les cellules tubulaires.

12. Les cellules tubulaires sont imperméables au bicarbonate contenu dans le filtrat, mais elles peuvent conserver les ions HCO_3^- produits dans leur cytoplasme par la dissociation de l'acide carbonique.

13. Les ions H^+ sécrétés doivent être tamponnés pour être excrétés dans l'urine. Les principaux tampons urinaires sont le système tampon phosphate disodique/phosphate monosodique et le système tampon ammoniac/ammonium.

Déséquilibres acido-basiques (p. 923-926)

14. Suivant leur cause, l'alcalose et l'acidose sont dites respiratoires ou métaboliques.

15. L'acidose respiratoire est due à la rétention du gaz carbonique; l'alcalose respiratoire apparaît lorsque l'élimination du gaz carbonique est plus rapide que sa production.

16. L'acidose métabolique est due à l'accumulation d'acides provenant de la dégradation des nutriments (acide lactique, corps cétoniques, etc.) dans le sang ou à des pertes de bicarbonate. L'alcalose métabolique est liée à une concentration excessive de bicarbonate.

17. Les limites absolues du pH sont 7,0 et 7,8.

18. Les reins et les poumons sont en interaction fonctionnelle pour maintenir l'équilibre acido-basique. Quand l'un des deux cause un déséquilibre acido-basique, l'autre compense. Les compensations respiratoires correspondent à des modifications de la fréquence et de l'amplitude respiratoires. Les compensations rénales sont des modifications de la concentration sanguine et urinaire d'ions HCO_3^- et H^+.

ÉQUILIBRE HYDRIQUE, ÉLECTROLYTIQUE ET ACIDO-BASIQUE AU COURS DU DÉVELOPPEMENT ET DU VIEILLISSEMENT (p. 926-927)

1. La faiblesse du volume résiduel des poumons, l'importance de l'apport et de la déperdition hydriques, la rapidité du métabolisme, l'étendue de la surface corporelle et l'immaturité fonctionnelle des reins sont des facteurs qui prédisposent le nourrisson à la déshydratation et à l'acidose.

2. Les personnes âgées sont prédisposées à la déshydratation parce qu'elles risquent d'ignorer la soif et que leur organisme contient un faible pourcentage d'eau. En outre, elles sont sujettes aux maladies prédisposant aux déséquilibres hydriques et acido-basiques (maladies cardiovasculaires, diabète sucré, etc.).

Questions de révision

Choix multiples associations

1. L'eau corporelle totale atteint son maximum: (a) pendant la petite enfance; (b) au début de l'âge adulte; (c) à l'âge avancé.

2. Les ions K^+, Mg^{2+} et HPO_4^{2-} sont les principaux électrolytes du: (a) plasma; (b) liquide interstitiel; (c) liquide intracellulaire.

3. L'équilibre des ions Na^+ est influencé principalement par les quantités d'ions Na^+: (a) ingérées; (b) excrétées dans l'urine; (c) perdues dans la sueur; (d) perdues dans les matières fécales.

4. L'équilibre hydrique est influencé principalement par: (voir les choix de la question 3).

5 à 10. Choisissez les réponses aux questions 5 à 10 parmi la liste suivante:

(a) ammoniac	**(e)** ions H^+	**(h)** ions K^+
(b) ions HCO_3^-	**(f)** ions Mg^{2+}	**(i)** ions Na^+
(c) ions Ca^{2+}	**(g)** ions HPO_4^{2-}	**(j)** eau
(d) ions Cl^-		

5. Nommez trois ions régis (en partie au moins) par l'influence de l'aldostérone sur les tubules rénaux.

6. Nommez deux ions régis par la parathormone.

7. Nommez deux ions sécrétés dans les tubules contournés distaux en échange contre les ions Na^+.

8. Lorsqu'elle est sécrétée par les cellules tubulaires, une certaine substance se combine aux ions H^+; elle forme alors un composé qui ne peut être réabsorbé et qui est excrété dans l'urine. Quelle est cette substance?

9. Nommez la substance régie par les effets de l'hormone antidiurétique sur les tubules rénaux.

10. Lequel des facteurs suivants favorise la libération d'hormone antidiurétique? (a) L'augmentation du volume du liquide extracellulaire. (b) La diminution du volume du liquide extracellulaire. (c) La diminution de l'osmolarité du liquide extracellulaire. (d) L'augmentation de l'osmolarité du liquide extracellulaire. (e) L'augmentation de la pression artérielle. (f) La diminution de la pression artérielle.

11. Le pH sanguin est directement proportionnel à: (a) la concentration des ions HCO_3^-; (b) la pression partielle du gaz carbonique; (c) aucune de ces réponses.

12. Chez une personne en état d'acidose métabolique, la compensation respiratoire est révélée par: (a) une forte concentration d'ions HCO_3^-; (b) une faible concentration d'ions HCO_3^-; (c) une respiration rapide et profonde; (d) une respiration lente et superficielle.

Questions à court développement

13. Nommez les compartiments hydriques de l'organisme, situez-les et indiquez le volume de liquide qu'ils contiennent.

14. Décrivez le mécanisme de la soif. Mentionnez ce qui le déclenche et ce qui y met fin.

15. Expliquez pourquoi et comment l'équilibre de l'eau et celui des ions sodium vont de pair.

16. Décrivez le rôle du système respiratoire dans la régulation de l'équilibre acido-basique.

17. Expliquez comment les systèmes tampons chimiques résistent aux variations du pH.

18. Expliquez le rapport entre les facteurs suivants et la sécrétion et l'excrétion rénales d'ions H^+: (a) la concentration plasmatique de gaz carbonique; (b) l'ammoniac; (c) la réabsorption du bicarbonate de sodium.

19. Indiquez quelques-uns des facteurs qui rendent le nouveau-né vulnérable aux déséquilibres acido-basiques.

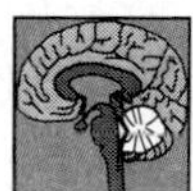

Réflexion et application

1. Un mois après avoir subi l'ablation d'une tumeur au cerveau, M. Landry, âgé de 55 ans, se plaint à son médecin d'une soif excessive. Il dit qu'il a bu environ 20 L d'eau par jour au cours de la dernière semaine et qu'il a uriné presque continuellement. L'analyse d'un échantillon d'urine révèle une densité de 1,001. Quel est votre diagnostic? Quel lien peut-il exister entre l'intervention et le problème actuel?

2. Pour chacun des dosages sanguins suivants, nommez le déséquilibre acido-basique (acidose ou alcalose), indiquez-en l'origine (respiratoire ou métabolique), déterminez si l'état est compensé et donnez au moins une cause possible de cet état.
Problème 1: pH 7,63; P_{CO_2} 19 mm Hg; HCO_3^- 19,5 mmol/L.
Problème 2: pH 7,22; P_{CO_2} 30 mm Hg; HCO_3^- 12,0 mmol/L.

3. Expliquez comment l'emphysème et l'insuffisance cardiaque peuvent causer un déséquilibre acido-basique.

4. Une femme de 70 ans est admise au centre hospitalier. Elle souffre de diarrhée depuis trois semaines. Elle se plaint d'une fatigue extrême et de faiblesse musculaire. Les analyses biochimiques de son sang fournissent les renseignements suivants: Na^+, 142 mmol/L; K^+, 1,5 mmol/L; Cl^-, 92 mmol/L; P_{CO_2}, 32 mm Hg. Quelles valeurs sont normales? Lesquelles sont anormales au point de placer la patiente en situation d'urgence? Lequel des états suivants représente le plus grand risque pour la patiente? (a) Une chute due à sa faiblesse musculaire. (b) L'œdème. (c) L'arythmie cardiaque et l'arrêt cardiaque.

CINQUIÈME PARTIE

PERPÉTUATION

Les trois chapitres de cette dernière partie portent sur le processus de la reproduction et sur son produit. Le chapitre 28 décrit l'anatomie des organes des systèmes génitaux masculin et féminin et explique leur fonctionnement et leur mode de régulation. Il étudie également comment nous devenons des êtres humains sexués et comment nous agissons en tant que tels. Le chapitre 29 se penche sur le développement humain, de la conception à la naissance, et examine les effets de la grossesse chez la mère. Le dernier chapitre est un survol des notions essentielles de génétique et des interactions chromosomiques qui font de chacun de nous un être unique.

Cristal de progestérone

28 Le système génital

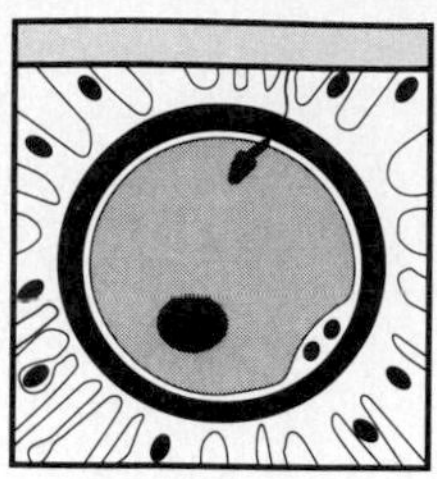

Sommaire et objectifs d'apprentissage

1. Décrire la fonction commune des organes génitaux de l'homme et de la femme.

Anatomie du système génital de l'homme (p. 933-937)

2. Décrire la structure et les fonctions des testicules, et expliquer l'importance de leur localisation dans le scrotum.
3. Décrire la situation, la structure et la fonction des conduits et glandes annexes des organes génitaux de l'homme.
4. Décrire le pénis et indiquer son rôle dans la reproduction.
5. Discuter des sources et des fonctions du sperme.

Physiologie du système génital de l'homme (p. 937-946)

6. Donner la définition de la méiose. Comparer la méiose et la mitose et montrer leurs différences.
7. Résumer sommairement le processus de la spermatogenèse.
8. Décrire les phases de la réponse sexuelle de l'homme.
9. Discuter de la régulation hormonale de la fonction testiculaire et des effets physiologiques de la testostérone sur les organes génitaux masculins.

Anatomie du système génital de la femme (p. 946-953)

10. Décrire la situation, la structure et la fonction des ovaires.
11. Décrire la situation, la structure et la fonction de chacun des organes des voies génitales de la femme.
12. Décrire l'anatomie des organes génitaux externes de la femme.
13. Discuter de la structure et de la fonction des glandes mammaires.

Physiologie du système génital de la femme (p. 953-961)

14. Décrire le processus de l'ovogenèse et le comparer à la spermatogenèse.
15. Décrire les phases du cycle ovarien et les associer au déroulement de l'ovogenèse.
16. Décrire la régulation du cycle ovarien et du cycle menstruel.
17. Expliquer les effets physiologiques des œstrogènes et de la progestérone.
18. Décrire les phases de la réponse sexuelle de la femme.

Maladies transmissibles sexuellement (p. 961-964)

19. Décrire l'agent causal et les modes de transmission de la gonorrhée, de la syphilis, de l'infection à *Chlamydia* et de l'herpès génital.

Développement et vieillissement des organes génitaux: chronologie du développement sexuel (p. 964-969)

20. Discuter de la détermination du sexe génétique et du développement prénatal des organes génitaux masculins et féminins.
21. Énumérer les événements marquants de la puberté et de la ménopause.

La plupart des systèmes de l'organisme doivent fonctionner sans arrêt pour maintenir l'homéostasie. La seule exception est le **système génital,** qui semble «dormir» jusqu'à la puberté. Le système génital se compose d'une paire de **gonades** (*testicules* chez l'homme, *ovaires* chez la femme) qui produisent des cellules sexuelles, ou **gamètes** (*gamétês* = époux), et d'un groupe d'autres structures qui contribuent à la reproduction — il s'agit de conduits, de glandes et des organes génitaux externes —, appelées **organes génitaux annexes.** Bien que les organes génitaux de l'homme et de la femme soient très différents, ils partagent la même fonction: la production d'une descendance.

La fonction génitale de l'homme est d'élaborer les gamètes mâles, appelés spermatozoïdes, et de les introduire dans les voies génitales de la femme, où la fécondation est possible. La fonction génitale de la femme est de produire les gamètes femelles, appelés ovules. Lorsque ces événements ont lieu au moment approprié, l'ovule et un spermatozoïde s'unissent pour former le zygote,

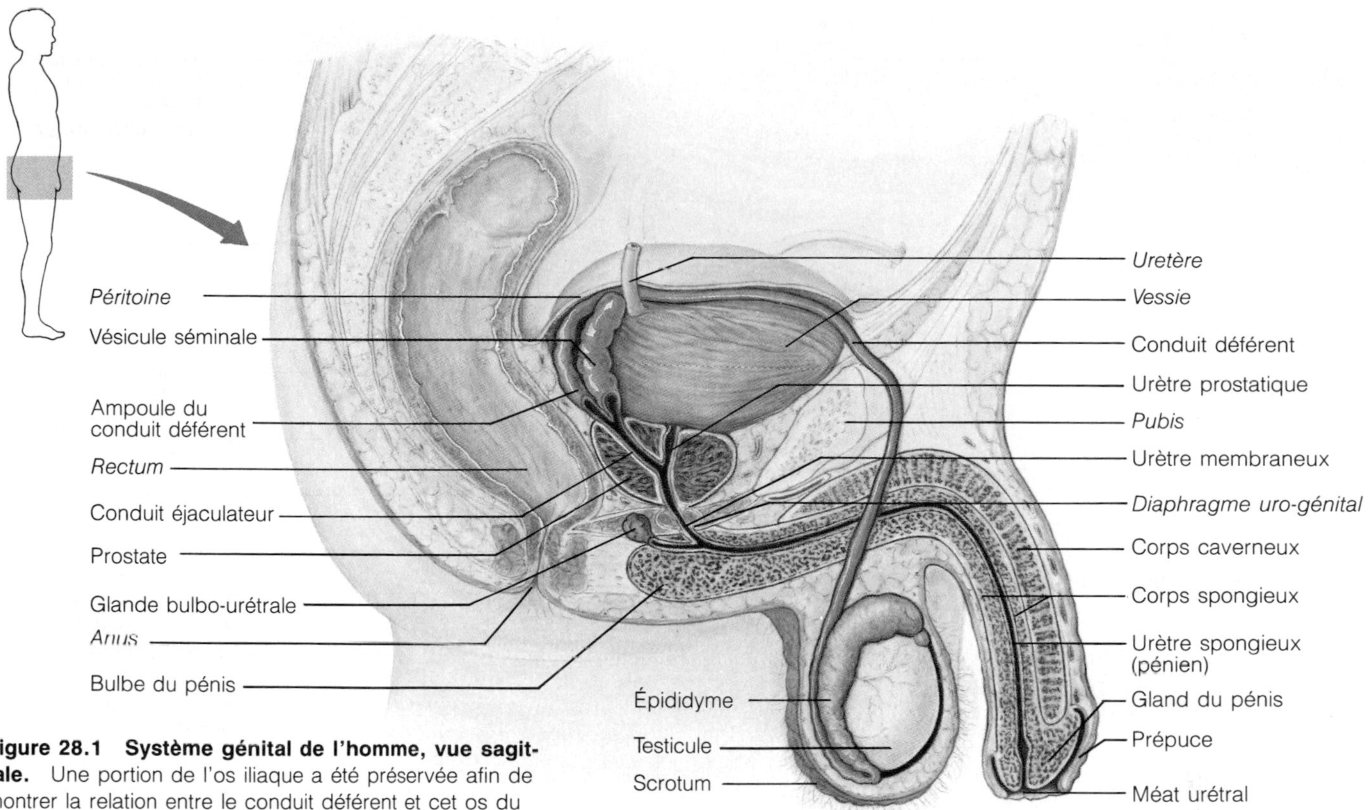

Figure 28.1 Système génital de l'homme, vue sagittale. Une portion de l'os iliaque a été préservée afin de montrer la relation entre le conduit déférent et cet os du bassin.

c'est-à-dire la première cellule d'un nouvel individu, qui donnera naissance à toutes les autres cellules de cet individu. Le système génital de l'homme et celui de la femme jouent des rôles équivalents et mutuellement complémentaires dans les événements qui conduisent à la fécondation. Quand celle-ci se produit, c'est l'utérus de la femme qui constitue l'environnement protecteur de l'embryon en voie de développement, jusqu'à ce qu'il naisse.

Les testicules et les ovaires sécrètent des hormones qui jouent un rôle vital dans le développement et dans le fonctionnement des organes génitaux, de même que dans les pulsions et le comportement sexuel. Les hormones gonadiques influent également sur la croissance et le développement de plusieurs autres organes et tissus de l'organisme.

Anatomie du système génital de l'homme

Les **gonades mâles** (*gonê* = semence) sont les **testicules,** qui produisent les spermatozoïdes et les hormones mâles (androgènes). Les hommes sont des hommes parce qu'ils possèdent des testicules. Tous les autres organes génitaux de l'homme (scrotum, conduits, glandes et pénis) sont des annexes qui protègent les spermatozoïdes et contribuent à leur expulsion à l'extérieur du corps ou dans les organes génitaux de la femme. Les organes génitaux de l'homme sont illustrés à la figure 28.1.

Scrotum et testicules

Les *testicules* sont des organes paires de forme ovale localisés dans le scrotum, un organe en forme de sac situé à l'extérieur de la cavité abdomino-pelvienne. Cet endroit vulnérable ne paraît pas idéal pour les testicules, étant donné leur rôle capital dans la reproduction humaine. Cependant, les testicules ne peuvent pas produire de spermatozoïdes viables à la température profonde du corps (37 °C), et la localisation superficielle du scrotum, qui leur donne une température inférieure d'environ 3 °C, représente une adaptation essentielle.

Scrotum

Le **scrotum** est un sac de peau et de fascia superficiel suspendu au niveau de la racine du pénis (figure 28.2). Une cloison médiane, le *septum du scrotum,* divise le scrotum en deux moitiés, la droite et la gauche, chacune logeant un testicule. Le scrotum présente des poils clairsemés et une peau plus pigmentée que le reste du corps. L'apparence du scrotum varie. Ainsi, il est plus court et plus plissé par temps froid et pendant l'excitation sexuelle, situation où les testicules sont rapprochés de la chaleur du corps. Quand il fait chaud, la peau du scrotum est lâche et les testicules sont plus bas. Ces modifications de la surface du scrotum contribuent à maintenir une température intrascrotale relativement stable. Elles sont permises par deux groupes de muscles. Le **dartos,** une couche de muscle lisse située dans le derme, plisse la peau du scrotum. Le **muscle crémaster** (*kremaster* =

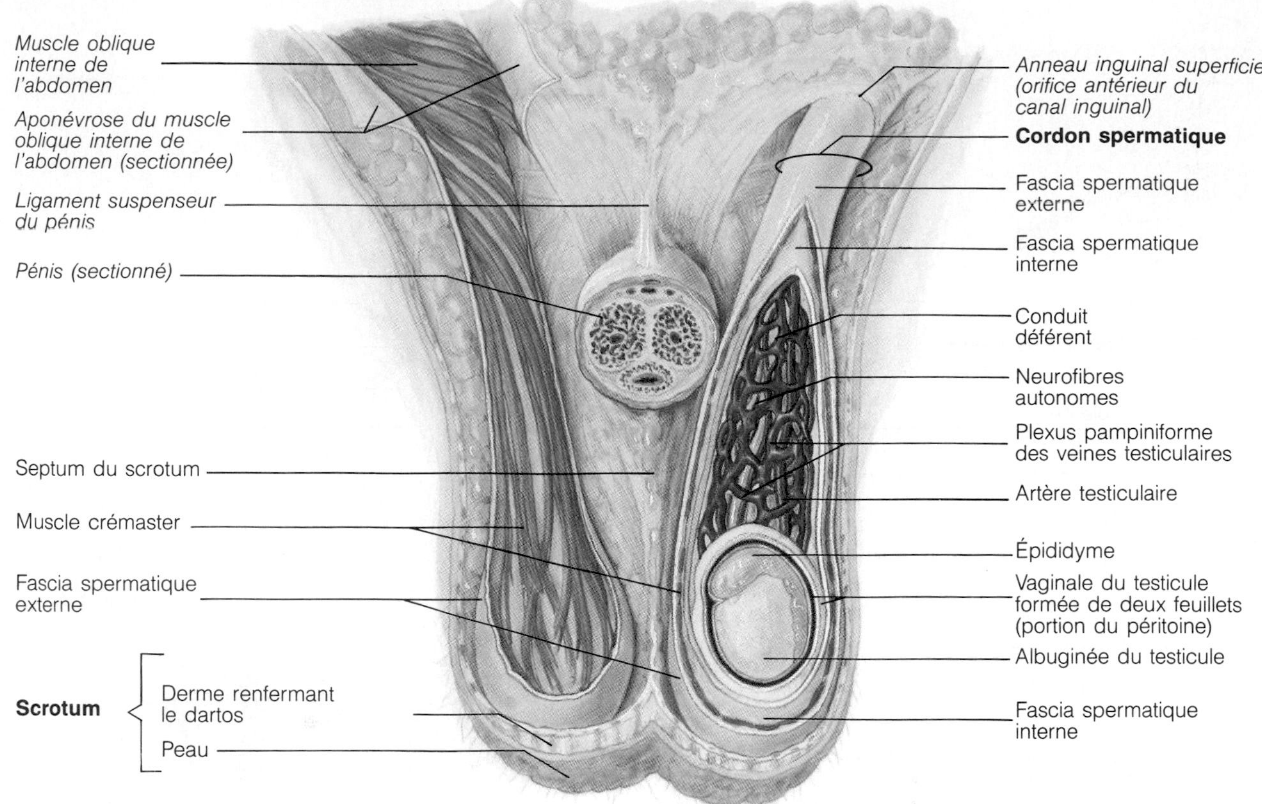

Figure 28.2 Relations du testicule avec le scrotum et le cordon spermatique. Le scrotum est ouvert et sa partie antérieure a été retirée.

suspenseur), formé de bandes de muscle squelettique qui prennent naissance du muscle oblique interne de l'abdomen, permet l'ascension des testicules.

Testicules

Les testicules ont la forme d'olives et mesurent environ 4 cm de long et 2,5 cm de diamètre. Ils sont recouverts de deux tuniques. La tunique superficielle est la **vaginale du testicule**, ou tunique vaginale, formée de deux feuillets et dérivée du péritoine (voir les figures 28.2 et 28.3). La tunique plus profonde est l'**albuginée** (*albus* = blanc), une capsule de tissu conjonctif fibreux. Des projections de l'albuginée forment les *cloisons du testicule,* qui divisent celui-ci en 250 à 300 compartiments en forme de coin appelés *lobules* (figure 28.3). Chaque lobule renferme de un à quatre **tubules séminifères contournés.** Ce sont ces tubules qui fabriquent les spermatozoïdes.

Les tubules séminifères contournés de chaque lobule convergent vers un **tubule séminifère droit** qui transporte les spermatozoïdes jusqu'au **rété testis,** un réseau de canaux situé dans la partie postérieure du testicule. Les spermatozoïdes quittent le testicule par les *canalicules efférents* et pénètrent dans l'*épididyme,* qui épouse la surface du testicule.

Le tissu conjonctif lâche qui recouvre les tubules séminifères contournés renferme les **cellules interstitielles du testicule** ou **cellules de Leydig.** Ces cellules synthétisent les androgènes (en particulier la *testostérone*) et les libèrent dans le liquide interstitiel où elles baignent. Ce sont donc deux populations cellulaires tout à fait distinctes qui produisent les spermatozoïdes et les hormones dans le testicule.

Les testicules sont irrigués par les *artères testiculaires,* qui naissent de l'aorte abdominale (voir la figure 20.19, p. 663). Les veines testiculaires drainent les testicules. Elles forment un réseau appelé **plexus pampiniforme** (un pampre est une branche de vigne) autour de l'artère testiculaire. Ce plexus absorbe la chaleur du sang artériel afin de le rafraîchir avant son entrée dans le testicule. Il s'agit donc d'un autre moyen de maintenir la basse température nécessaire à la physiologie normale des testicules. Les structures scrotales sont desservies par des neurofibres sympathiques et parasympathiques du système nerveux autonome; des neurofibres sensitives transmettent les influx qui provoquent une douleur atroce et la nausée quand les testicules sont heurtés avec force. Les neurofibres ainsi que les vaisseaux sanguins et lymphatiques sont entourés d'une tunique de tissu conjonctif fibreux appelée **cordon spermatique.**

Bien que le *cancer du testicule* soit relativement rare, il s'agit du cancer le plus fréquent chez les hommes de 20 à 30 ans. Des antécédents d'oreillons ou d'orchite (inflammation du testicule) augmentent le risque de ce cancer, mais le facteur de risque le plus important est la *cryptorchidie* (descente incomplète du testicule, voir la p. 967). Comme le signe le plus courant de cancer du testicule est l'apparition d'une masse solide et indolore dans le testicule, tous les hommes devraient pratiquer

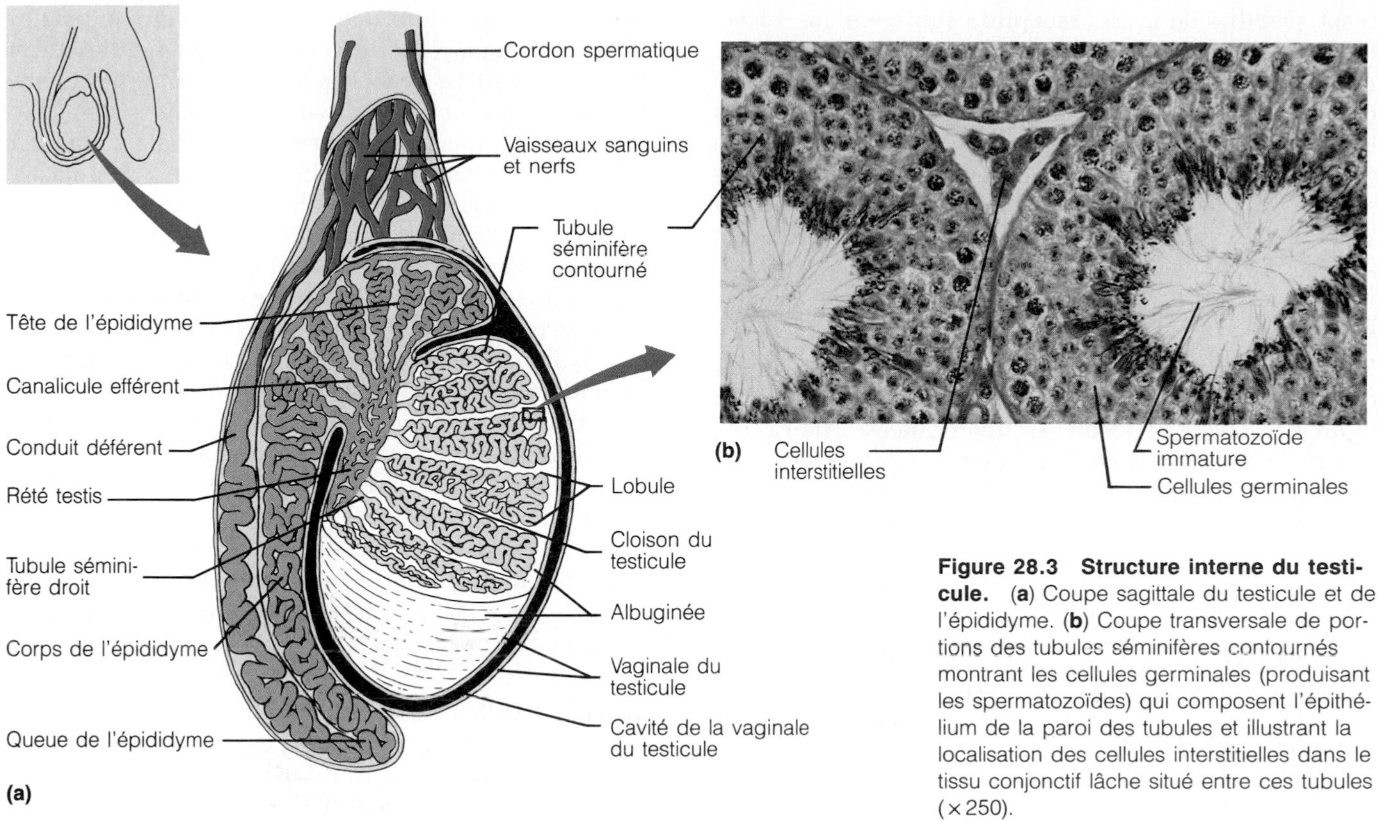

Figure 28.3 Structure interne du testicule. (**a**) Coupe sagittale du testicule et de l'épididyme. (**b**) Coupe transversale de portions des tubules séminifères contournés montrant les cellules germinales (produisant les spermatozoïdes) qui composent l'épithélium de la paroi des tubules et illustrant la localisation des cellules interstitielles dans le tissu conjonctif lâche situé entre ces tubules (×250).

l'auto-examen des testicules. Avec un traitement adéquat — ablation chirurgicale du testicule atteint (*orchidectomie*) suivie de séances de radiothérapie ou de chimiothérapie — le pronostic est généralement favorable. ■

Voies spermatiques

Les voies spermatiques sont les conduits qui transportent les spermatozoïdes des testicules à l'extérieur du corps. Dans l'ordre (du plus proximal au plus distal), les annexes formant les voies spermatiques sont l'épididyme, le conduit déférent et l'urètre, qui s'ouvre à l'extrémité du pénis.

Épididyme

L'**épididyme,** une structure en forme de virgule, est formé d'un conduit pelotonné de 6 m de long (voir les figures 28.1 et 28.3a). Sa *tête,* qui reçoit les spermatozoïdes des canalicules efférents, recouvre la face supérieure du testicule; son *corps* et sa *queue* reposent sur la face postéro-latérale du testicule. Les cellules principales de l'épithélium pseudostratifié de sa muqueuse possèdent de longues microvillosités immobiles appelées *stéréocils,* qui absorbent le liquide en excès et apportent des nutriments aux spermatozoïdes se trouvant dans la lumière de l'épididyme.

Les spermatozoïdes immatures et pratiquement immobiles qui quittent le testicule séjournent un certain temps dans l'épididyme. Au cours de leur transport dans l'épididyme (un parcours sinueux qui prend 20 jours environ), les spermatozoïdes deviennent mobiles et féconds. Quand la stimulation sexuelle conduit à l'éjaculation, le muscle lisse des parois de l'épididyme se contracte vigoureusement, ce qui expulse les spermatozoïdes présents dans la queue de l'épididyme vers un autre segment des voies spermatiques, le conduit déférent.

Conduit déférent

Le **conduit déférent** (*deferre* = porter) mesure 45 cm de long. Il s'étend vers le haut à partir de l'épididyme et passe dans le canal inguinal pour entrer dans la cavité pelvienne (voir la figure 28.1). Il se palpe facilement à l'endroit où il passe devant l'os pubien. Le conduit déférent se courbe ensuite au-dessus de l'uretère, avant de redescendre le long de la face postérieure de la vessie. Son extrémité terminale s'élargit pour former l'**ampoule du conduit déférent** et s'unit au conduit excréteur de la vésicule séminale (une glande) pour former le court **conduit éjaculateur.** Chaque conduit éjaculateur pénètre dans la prostate, où il déverse son contenu dans l'urètre. La principale fonction du conduit déférent est de conduire les spermatozoïdes vivants de leurs sites de stockage, l'épididyme et la portion distale du conduit déférent, jusqu'à l'urètre. Au moment de l'éjaculation, les épaisses couches de muscle lisse de ses parois créent des ondes péristaltiques qui poussent rapidement les spermatozoïdes vers l'urètre.

Comme vous le voyez à la figure 28.1, la première partie du conduit déférent est localisée dans le sac scrotal, puis le conduit déférent monte vers la cavité abdomino-pelvienne à l'intérieur du cordon spermatique. Certains hommes qui désirent assumer l'entière responsabilité de la contraception subissent une **vasectomie** (le conduit déférent est parfois appelé *vas deferens*). Au cours de cette petite intervention chirurgicale, le chirurgien pratique une incision dans le scrotum, sectionne le conduit déférent, puis le ligature ou le cautérise. Des spermatozoïdes seront produits pendant plusieurs années encore, mais ils ne pourront plus atteindre l'extérieur du corps. Les spermatozoïdes finissent par se détériorer et se résorber.

Urètre

L'**urètre,** la portion terminale des voies spermatiques, fait partie du système urinaire et du système génital (voir les figures 28.1 et 28.4) : selon les circonstances, il transporte l'urine ou le sperme jusqu'à l'extrémité du pénis. Il se divise en trois parties : (1) l'*urètre prostatique,* qui sort de la vessie et est enveloppé par la prostate ; (2) l'*urètre membraneux,* qui passe dans le diaphragme uro-génital ; (3) l'*urètre spongieux (pénien)*, qui passe dans le pénis et s'ouvre sur l'extérieur au *méat urétral.* L'urètre spongieux mesure à peu près 15 cm ; il compte pour environ 75 % de la longueur totale de l'urètre.

Glandes annexes

Les glandes annexes sont les deux vésicules séminales, les deux glandes bulbo-urétrales et la prostate (figure 28.1). Ces glandes produisent la majeure partie du *sperme* (composé des spermatozoïdes et des sécrétions des glandes et des conduits annexes).

Vésicules séminales

Les **vésicules séminales** reposent sur la paroi postérieure de la vessie. Ce sont d'assez grosses glandes, chacune ayant approximativement la forme et la longueur d'un doigt (5 à 7 cm). Leur sécrétion, qui constitue environ 60 % du volume du sperme, est un liquide alcalin visqueux et jaunâtre renfermant du fructose (un sucre), de l'acide ascorbique et des prostaglandines. Comme nous l'avons déjà dit, le canal de chaque vésicule séminale rejoint celui du conduit déférent du même côté pour former le conduit éjaculateur. Les spermatozoïdes et le liquide séminal se mélangent dans le conduit éjaculateur et pénètrent ensemble dans l'urètre prostatique au moment de l'éjaculation.

Prostate

La **prostate** est une glande unique de la grosseur et de la forme d'un marron (voir les figures 28.1 et 28.4) ; elle entoure la partie supérieure de l'urètre, située directement sous la vessie. La prostate est composée de 20 à 30 glandes tubulo-alvéolaires composées entourées d'un stroma de tissu conjonctif fibreux, lui-même recouvert d'une épaisse capsule de tissu conjonctif. La sécrétion de la prostate forme jusqu'à un tiers du volume du sperme et joue un rôle dans l'activation des spermatozoïdes. Ce liquide laiteux et alcalin contient plusieurs enzymes (fibrinolysine et phosphatase acide). Il entre dans l'urètre prostatique par plusieurs conduits quand le muscle lisse de la prostate se contracte au moment de l'éjaculation. On peut palper la prostate à travers la paroi antérieure du rectum au moyen d'un doigt introduit dans le rectum (toucher rectal). Le médecin effectue cet examen pour évaluer le volume et la texture de la prostate.

Beaucoup de gens considèrent la prostate comme une source de problèmes. L'hypertrophie de la prostate, qui touche presque tous les hommes âgés, entraîne la constriction de l'urètre prostatique. La miction devient alors difficile, et le risque d'infection de la vessie (cystite) et des reins est augmenté. Il existe un traitement chirurgical classique de ce trouble, mais le traitement à l'aide d'un ballonnet inséré dans l'urètre prostatique puis gonflé pour repousser la prostate devient de plus en plus courant. La *prostatite,* ou inflammation de la prostate, est le principal motif qui pousse les hommes à consulter un urologue. Le cancer de la prostate est le troisième type de cancer chez les hommes. Une concentration sanguine élevée de phosphatase acide permet généralement de confirmer le diagnostic d'un cancer de la prostate qui a atteint le stade où les cellules cancéreuses ont commencé à former des métastases osseuses. ■

Glandes bulbo-urétrales

Les **glandes bulbo-urétrales** (*glandes de Cowper*) sont de petites glandes de la grosseur d'un pois situées sous la prostate (voir les figures 28.1 et 28.4). Elles produisent un épais mucus translucide qui s'écoule dans l'urètre spongieux. Cette sécrétion est libérée avant l'éjaculation ; on pense qu'elle neutralise l'acidité des traces d'urine encore présentes dans l'urètre.

Pénis

Le **pénis** est l'organe de la copulation, destiné à déposer les spermatozoïdes dans les voies génitales de la femme (voir la figure 28.4). Le pénis et le scrotum (que nous avons déjà décrit) composent les **organes génitaux externes** de l'homme. Le **périnée de l'homme** est la région en forme de losange située entre la symphyse pubienne, le coccyx et les deux tubérosités ischiatiques. Le plancher pelvien est formé de muscles décrits au chapitre 10 (p. 308-309).

Le pénis comprend une *racine* fixe, et un *corps* mobile se terminant par une extrémité renflée, le **gland du pénis.** La peau du pénis est lâche et glisse vers l'extrémité distale pour former un repli de peau appelé **prépuce** autour de l'extrémité proximale du gland. L'ablation du prépuce, appelée *circoncision,* est parfois effectuée peu après la naissance.

Le pénis renferme l'urètre spongieux et trois longs corps de tissu érectile. Le *tissu érectile* est constitué d'un réseau de tissu conjonctif et de muscle lisse criblé d'espaces vasculaires. Au cours de l'excitation sexuelle, les espaces vasculaires se remplissent de sang : le pénis augmente de volume et devient rigide. Ce phénomène, appelé *érection,* permet la pénétration du pénis dans le vagin. La mince colonne médiane de tissu érectile, le **corps spongieux,** entoure l'urètre et s'étend vers l'extrémité distale du pénis pour former le gland. Son extrémité proximale renflée forme la partie de la racine appelée **bulbe du pénis.**

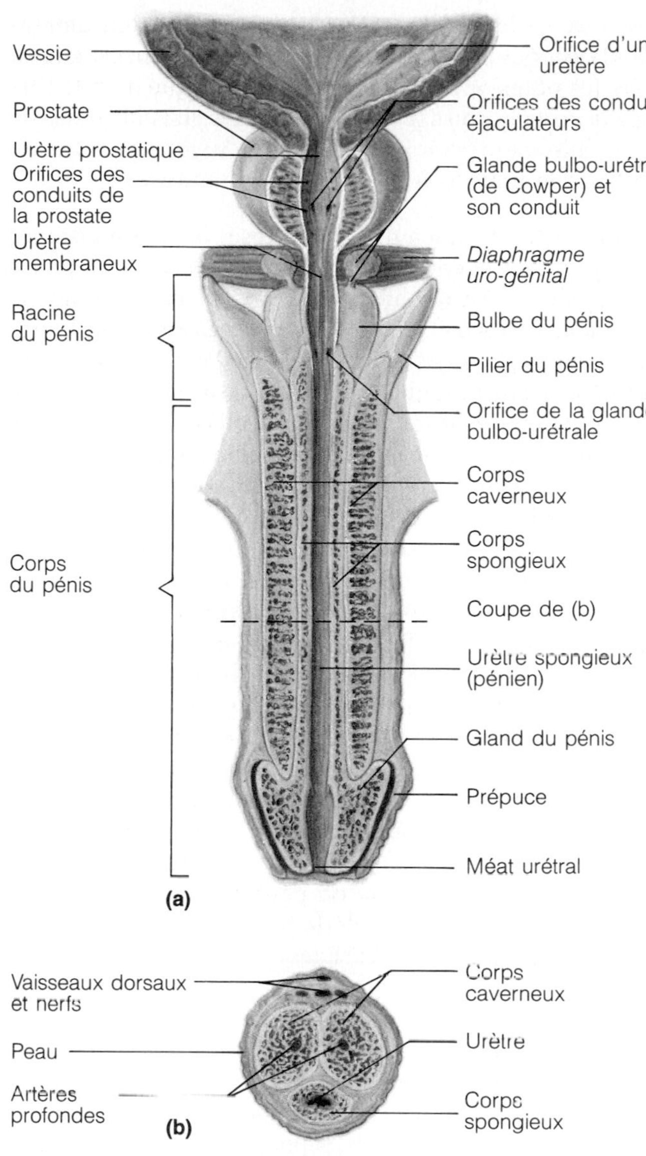

Figure 28.4 Structure du pénis. (**a**) Coupe longitudinale du pénis. (**b**) Coupe transversale du pénis.

Le bulbe du pénis est recouvert par le muscle bulbo-spongieux et fixé au diaphragme uro-génital. Les deux corps érectiles dorsaux du pénis sont les **corps caverneux.** Leurs extrémités proximales forment chacune un **pilier du pénis.** Chaque pilier est enveloppé dans un muscle ischio-caverneux et attaché à l'arc pubien du bassin.

Sperme

Le **sperme** est le liquide blanchâtre légèrement collant qui renferme les spermatozoïdes et les sécrétions des glandes accessoires. Ce liquide est le milieu de transport des spermatozoïdes ; il contient des nutriments ainsi que des substances chimiques protégeant et activant les spermatozoïdes, en plus de faciliter leurs déplacements. Les spermatozoïdes mûrs sont de petites «bombes» profilées qui possèdent peu de cytoplasme et de réserves de nutriments. Le fructose présent dans la sécrétion des vésicules séminales constitue presque leur seul combustible. Par ailleurs, on pense que les prostaglandines contenues dans le sperme réduisent la viscosité du mucus gardant l'entrée (col) de l'utérus et provoquent un antipéristaltisme de l'utérus facilitant la progression des spermatozoïdes dans les voies génitales de la femme vers les trompes utérines. La présence de *relaxine* (une hormone) et de certaines enzymes dans le sperme accroît la motilité des spermatozoïdes. L'alcalinité relative du sperme (pH de 7,2 à 7,6) neutralise l'acidité du vagin de la femme (pH de 3,5 à 4), ce qui protège les spermatozoïdes et améliore également leur motilité, car ils sont très «paresseux» en milieu acide (pH inférieur à 6). Le sperme renferme en outre une substance chimique appelée **séminalplasmine,** qui a des propriétés bactériostatiques. Les facteurs de coagulation présents dans le sperme provoquent sa coagulation peu après l'éjaculation. La fibrinolysine du sperme liquéfie ensuite cette masse visqueuse, ce qui permet aux spermatozoïdes de s'en échapper pour commencer leur voyage dans les voies génitales de la femme.

La quantité de sperme projetée à l'extérieur de l'urètre au cours d'une éjaculation est relativement petite (de 2 à 6 mL), mais chaque millilitre contient entre 50 et 100 millions de spermatozoïdes.

L'infertilité masculine peut provenir d'obstructions anatomiques, de déséquilibres hormonaux et de plusieurs autres facteurs. Le *spermogramme* est un des premiers tests effectués chez le couple incapable de concevoir. Les résultats de cette analyse peuvent révéler certaines anomalies relatives au nombre, à la motilité ou à la morphologie (forme et maturité) des spermatozoïdes ou, encore, au volume, au pH ou au taux de fructose du sperme. Une faible numération des spermatozoïdes associée à un pourcentage élevé de spermatozoïdes immatures peut indiquer que l'homme est atteint d'une *varicocèle,* anomalie qui bloque le drainage de la veine testiculaire, ce qui produit une température élevée dans le scrotum et empêche ainsi le développement normal des spermatozoïdes. ■

Physiologie du système génital de l'homme

Spermatogenèse

La **spermatogenèse** (littéralement, «génération des spermatozoïdes») est la série d'événements qui se déroulent dans les tubules séminifères contournés et qui mènent à la production des gamètes mâles, les spermatozoïdes. Ce processus débute chez les garçons au moment de la puberté, vers 14 ans, et se poursuit durant toute la vie. L'organisme de l'homme adulte fabriquera ensuite plusieurs centaines de millions de spermatozoïdes chaque jour. La nature semble s'être ainsi assurée que l'espèce humaine ne pourrait pas s'éteindre par manque de spermatozoïdes.

Méiose

La **méiose** se produit au cours de la spermatogenèse et de l'ovogenèse (formation des ovules chez la femme). La méiose est un type de division nucléaire particulier aux gamètes. Dans la *mitose* (le processus de division des autres cellules de l'organisme), les chromosomes répliqués sont distribués également aux deux cellules filles (voir le chapitre 3). Chacune des cellules filles reçoit donc un jeu de chromosomes identique à celui de la cellule mère. La méiose se compose quant à elle de deux divisions nucléaires successives *sans* réplication des chromosomes entre les divisions. On obtient donc quatre cellules filles plutôt que deux, et chacune de ces cellules possède la moitié moins de chromosomes que la cellule mère. (La racine grecque *méiôn* signifie «moins».) La figure 28.5 présente une comparaison de la mitose et de la méiose.

La plupart des cellules de l'organisme (l'ovule fécondé et toutes les cellules qui dérivent de celui-ci par mitose) renferment le **nombre diploïde de chromosomes,** ou **2*n* chromosomes.** Chez les humains, ce nombre est 46, et les cellules diploïdes contiennent 23 paires de chromosomes semblables appelés **chromosomes homologues.** Chaque paire se compose d'un membre qui provient du père (*chromosome paternel*) et d'un membre qui provient de la mère (*chromosome maternel*). Les deux chromosomes d'une même paire se ressemblent et portent des gènes qui codent pour les mêmes traits, mais pas nécessairement pour la même expression de ces traits. Prenons par exemple les gènes homologues qui déterminent l'expression des taches de rousseur: le gène porté par le chromosome paternel peut coder pour la présence d'un grand nombre de taches de rousseur, alors que le gène porté par le chromosome maternel peut coder pour leur absence totale. (Au chapitre 30, nous étudions comment les gènes maternels et paternels interagissent et produisent les traits visibles.)

Les gamètes renferment seulement 23 chromosomes, c'est-à-dire le **nombre haploïde de chromosomes,** ou ***n* chromosomes;** ils ne possèdent qu'un seul membre de chaque paire de chromosomes homologues. Il est facile de comprendre l'importance de cette division par deux (de 2*n* à *n*) du nombre de chromosomes dans les gamètes: en effet, elle permet à l'union du spermatozoïde et de l'ovule, qui forme l'ovule fécondé, ou *zygote,* de rétablir le nombre diploïde de chromosomes (46), caractéristique des cellules somatiques du corps humain.

Les deux divisions nucléaires qui composent la méiose, la *méiose I* et la *méiose II,* sont divisées en phases afin d'en faciliter l'étude. Bien que ces phases portent les mêmes noms que les phases de la mitose (prophase, métaphase, anaphase et télophase), les événements de la méiose I diffèrent considérablement de ceux de la mitose, comme vous le verrez dans les paragraphes suivants et dans la figure 28.6.

Avant une mitose, tous les chromosomes sont répliqués. Durant toute la prophase et jusqu'à leur alignement au cours de la métaphase, les copies identiques restent ensemble, sous forme de *chromatides sœurs* unies par un centromère. Au moment de l'anaphase, les centromères se divisent et les chromatides se séparent afin de migrer vers les pôles opposés de la cellule. Chaque cellule fille hérite donc d'une copie de *chacun* des chromosomes de la cellule mère (voir la figure 28.6). Voyons maintenant en quoi la méiose se distingue de la mitose.

Méiose I. Comme dans la mitose, les chromosomes se répliquent avant le début de la méiose. La prophase de la méiose est toutefois marquée par un phénomène absent au cours de la mitose: les chromosomes répliqués recherchent leurs chromosomes homologues et s'accolent à eux sur toute leur longueur (voir la figure 28.6). Cet appariement des chromosomes homologues est appelé **synapsis.** Il est si précis que les gènes analogues se retrouvent côte à côte. Comme chaque chromosome est formé de deux chromatides sœurs, on peut donc observer de petits groupes de quatre chromatides appelés **tétrades.** La synapsis est marquée par un autre phénomène unique au sein des tétrades, l'**enjambement** (*crossing-over*). L'enjambement est le croisement, à un ou plusieurs endroits, d'une chromatide maternelle et d'une chromatide paternelle. Les points de croisement sont appelés *chiasmas.* L'enjambement permet l'échange de matériel génétique entre les chromosomes maternels et paternels; il contribue ainsi au «brassage» du matériel génétique.

Au cours de la métaphase I, les tétrades s'alignent à l'équateur du fuseau de division. Cet alignement se fait au hasard, c'est-à-dire qu'on peut trouver des chromosomes maternels et paternels de chaque côté de l'équateur.

Au cours de l'anaphase I, les tétrades se séparent mais les chromatides sœurs (dyade) de chaque *chromosome homologue* restent réunies par leurs centromères puisque, contrairement à ce qui se produit durant l'anaphase de la mitose, les centromères ne se divisent pas. À la fin de la méiose I, on se trouve donc devant la situation suivante: chaque cellule fille possède *deux* copies d'un membre de chaque paire de chromosomes homologues (le chromosome maternel ou le chromosome paternel) et aucune copie de l'autre membre; chaque cellule fille possède la quantité diploïde d'ADN mais le nombre *haploïde* de chromosomes, puisque les chromatides sœurs unies sont considérées comme un seul chromosome. Étant donné que la méiose I diminue le nombre de chromosomes de 2*n* à *n,* on l'appelle aussi **division réductionnelle de la méiose.**

Méiose II. La deuxième division méiotique, ou méiose II, est identique à la mitose, sauf que les chromosomes *ne se répliquent pas* avant qu'elle commence. Les chromatides présentes dans les deux cellules filles de la méiose I sont simplement partagées entre les quatre cellules grâce à la division des centromères. Étant donné que les chromatides sont réparties également dans les cellules filles (comme dans la mitose), la méiose II est aussi appelée **division équationnelle de la méiose** (figure 28.6).

La méiose remplit deux fonctions importantes: (1) elle divise le nombre de chromosomes par deux et (2) elle crée des variations génétiques. Le fait que les paires

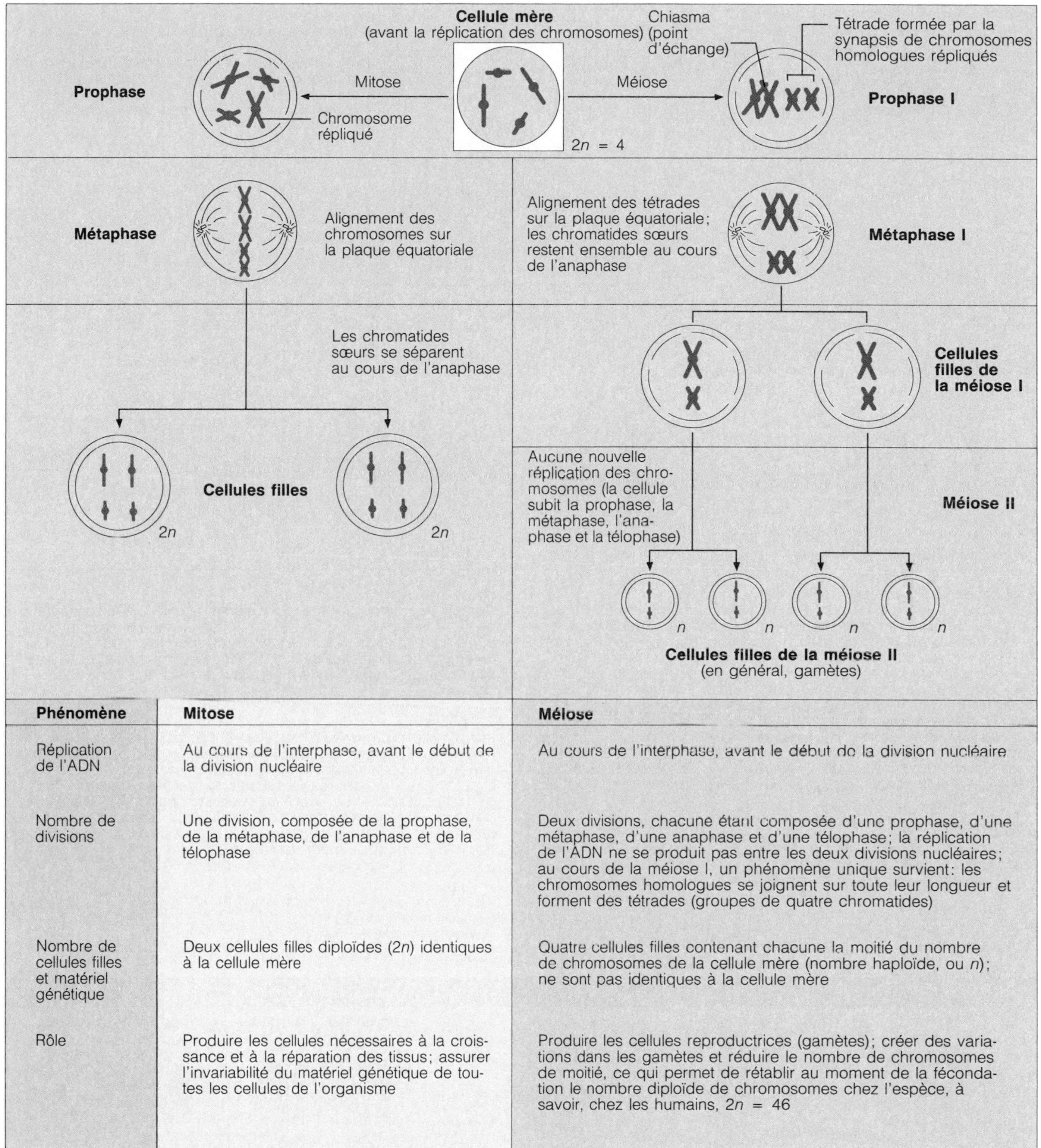

Phénomène	Mitose	Méiose
Réplication de l'ADN	Au cours de l'interphase, avant le début de la division nucléaire	Au cours de l'interphase, avant le début de la division nucléaire
Nombre de divisions	Une division, composée de la prophase, de la métaphase, de l'anaphase et de la télophase	Deux divisions, chacune étant composée d'une prophase, d'une métaphase, d'une anaphase et d'une télophase; la réplication de l'ADN ne se produit pas entre les deux divisions nucléaires; au cours de la méiose I, un phénomène unique survient: les chromosomes homologues se joignent sur toute leur longueur et forment des tétrades (groupes de quatre chromatides)
Nombre de cellules filles et matériel génétique	Deux cellules filles diploïdes ($2n$) identiques à la cellule mère	Quatre cellules filles contenant chacune la moitié du nombre de chromosomes de la cellule mère (nombre haploïde, ou n); ne sont pas identiques à la cellule mère
Rôle	Produire les cellules nécessaires à la croissance et à la réparation des tissus; assurer l'invariabilité du matériel génétique de toutes les cellules de l'organisme	Produire les cellules reproductrices (gamètes); créer des variations dans les gamètes et réduire le nombre de chromosomes de moitié, ce qui permet de rétablir au moment de la fécondation le nombre diploïde de chromosomes chez l'espèce, à savoir, chez les humains, $2n = 46$

Figure 28.5 Comparaison de la mitose et de la méiose chez une cellule mère ayant un nombre diploïde (2*n*) de 4. La mitose est illustrée à gauche, la méiose à droite. Les phases de la mitose et de la méiose ne sont pas toutes représentées.

de chromosomes homologues s'orientent au hasard pendant la méiose I permet des variations considérables dans les gamètes, car les caractères génétiques hérités des deux parents se mélangent alors en de multiples combinaisons. D'autres variations sont produites par l'enjambement des chromosomes homologues. Au moment de leur séparation, durant l'anaphase I, les chromosomes se brisent aux chiasmas et échangent des segments chromosomiques (gènes). (Ce processus est décrit en détail au chapitre 30.) La méiose assure donc qu'il n'existe pas deux gamètes

Figure 28.6 Division méiotique. Cette série de diagrammes montre la division méiotique d'une cellule animale possédant un nombre diploïde de chromosomes (2*n*) de 4. On a mis en évidence les phénomènes relatifs aux chromosomes.

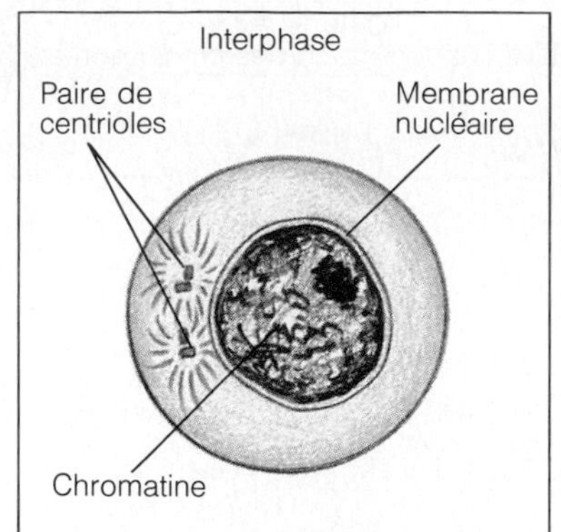

Interphase
Comme la mitose, la méiose est précédée des phénomènes de l'interphase qui mènent à la réplication de l'ADN et des autres préparatifs de la division cellulaire. Les chromatides répliquées, unies par un centromère, sont prêtes pour la division juste avant le début de la méiose.

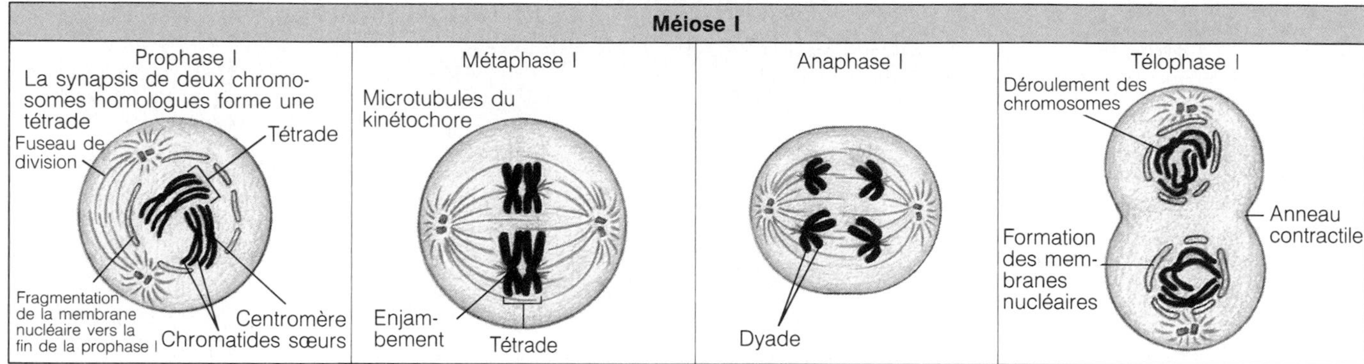

Prophase I
Comme dans la prophase de la mitose, les chromosomes s'enroulent et se condensent, la membrane nucléaire et le nucléole se brisent et disparaissent, le fuseau de division se forme. La prophase de la méiose est toutefois marquée par un événement unique: la synapsis. La synapsis est l'union des chromosomes homologues, qui donne les tétrades, des groupes de quatre chromatides. Durant la synapsis, les bras des chromatides homologues adjacentes subissent l'enjambement, ce qui crée des points d'échange, ou chiasmas. En général, plus les chromatides sont longues, plus les chiasmas sont nombreux. La prophase I est la plus longue période de la méiose: elle compte pour environ 90% du temps de division. À la fin de cette période, les tétrades se sont attachées au fuseau et se déplacent vers la plaque équatoriale de la cellule.

Métaphase I
Au cours de la métaphase, les tétrades s'alignent sur l'équateur du fuseau de division, en préparation pour l'anaphase.

Anaphase I
Au contraire de ce qui se produit durant la mitose, les centromères ne se divisent pas au cours de l'anaphase I de la méiose, de sorte que les chromatides sœurs (dyades) restent unies solidement. Les chromosomes homologues (tétrades) se séparent toutefois l'un de l'autre, et les dyades se déplacent vers les pôles opposés de la cellule.

Télophase I
Les membranes nucléaires se reforment autour des masses de chromosomes, le fuseau de division se dégrade et la chromatine réapparaît. À la fin de la télophase et de la cytocinèse, deux cellules filles se sont formées. Les cellules filles (haploïdes) entrent dans une sorte d'interphase appelée intercinèse, avant le début de la méiose II. Il n'y a pas de nouvelle réplication de l'ADN durant l'intercinèse. Chez les humains, les cellules filles restent liées par des extensions cytoplasmiques au cours de la spermatogenèse.

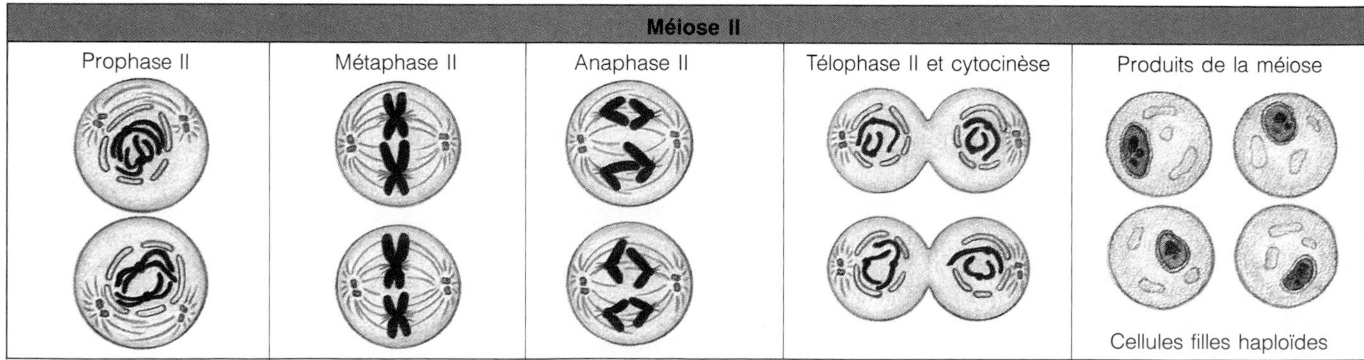

La méiose II commence avec les deux cellules filles de la méiose I. Tous les phénomènes de la prophase se reproduisent. Le noyau et le nucléole se désagrègent, les chromatides s'enroulent et le fuseau de division se reforme. Au cours de la métaphase II, les dyades (formées durant la méiose I) s'alignent sur l'équateur du fuseau puis, durant l'anaphase II, leurs centromères se séparent et les chromatides sont réparties dans les pôles opposés de la cellule. Au cours de la télophase II, le fuseau de division se dégrade, la membrane nucléaire et le nucléole réapparaissent, et la cytocinèse se produit. Puisque les (deux) cellules filles de la méiose I ont subi la méiose II, la méiose produit quatre cellules filles haploïdes.

identiques et que tous les gamètes sont différents de leur cellule mère.

Résumé des phénomènes se produisant dans les tubules séminifères contournés

Après cette description de la méiose, passons à l'étude des phénomènes particuliers à la spermatogenèse. La spermatogenèse se compose de divisions mitotiques et méiotiques ainsi que d'un processus appelé *spermiogenèse.* Tous ces phénomènes se produisent dans les tubules séminifères contournés. Une coupe histologique d'un testicule adulte montre que la majorité des cellules de la paroi épithéliale des tubules séminifères contournés se trouvent à différentes phases de division (figure 28.7). Ces cellules, appelées **cellules germinales,** élaborent les spermatozoïdes au cours d'une série de divisions et de transformations cellulaires.

Divisions mitotiques des spermatogonies. Les cellules les plus externes et les moins différenciées des tubules séminifères contournés, qui se trouvent en contact direct avec la lame basale, sont les cellules souches appelées **spermatogonies.** Les spermatogonies (littéralement «génératrices de sperme») subissent des *mitoses* presque sans arrêt. Jusqu'à la puberté, toutes leurs cellules filles sont de nouvelles spermatogonies. Au moment de la puberté, la spermatogenèse commence, et chaque division mitotique d'une spermatogonie donne dès lors naissance à deux cellules filles différentes (voir la figure 28.7). La **spermatogonie A** reste près de la lame basale pour perpétuer la lignée des cellules germinales. La **spermatogonie B** est poussée vers la lumière du tubule, où elle se transforme en un **spermatocyte de premier ordre,** destiné à produire quatre spermatozoïdes.

Méiose: des spermatocytes de premier ordre aux spermatides. Chaque spermatocyte de premier ordre produit au cours de la première phase subit la méiose I, pour former deux cellules haploïdes plus petites, appelées **spermatocytes de deuxième ordre.** Les spermatocytes de deuxième ordre subissent rapidement la méiose II, et leurs cellules filles, les **spermatides,** sont visibles sous forme de petites cellules rondes au gros noyau sphérique situées près de la lumière du tubule. Au microscope, les gros (et nombreux) spermatocytes de premier ordre sont reconnaissables à leurs chromosomes épais et condensés. On voit beaucoup plus rarement les spermatocytes de deuxième ordre, car ils subissent rapidement la seconde division méiotique.

Spermiogenèse. Chaque spermatide possède le nombre de chromosomes adéquat pour la fécondation (n), mais n'est pas motile. Elle doit encore subir un processus de «profilage» appelé **spermiogenèse** (figure 28.8a), qui lui fera perdre la majeure partie de son cytoplasme superflu et la dotera d'une queue. Le **spermatozoïde** ainsi constitué se divise en trois régions, la tête, la pièce intermédiaire et la queue, qui sont respectivement ses *régions génétique, métabolique* et *locomotrice.* La **tête** du spermatozoïde est composée presque entièrement du noyau aplati du spermatide, qui contient l'ADN. Le noyau est coiffé de l'**acrosome,** une formation adhésive élaborée par l'appareil de Golgi. L'acrosome renferme des enzymes hydrolytiques (notamment de l'hyaluronidase) qui permettront au spermatozoïde de pénétrer dans l'ovule. La pièce intermédiaire du spermatozoïde est formée de mitochondries enroulées en spirale serrée autour des filaments contractiles de la queue, un flagelle typique fabriqué par un centriole. Les mitochondries fournissent l'énergie métabolique (ATP) nécessaire pour produire les mouvements en coup de fouet de la queue, qui propulsent le spermatozoïde à une vitesse de 1 à 4 mm/min.

Rôle des épithéliocytes de soutien. Tout au long de la spermatogenèse, les descendantes d'une même spermatogonie demeurent jointes les unes aux autres par des ponts cytoplasmiques (voir la figure 28.7). Elles sont en outre entourées et reliées par des cellules spécialisées appelées **épithéliocytes de soutien** ou **cellules de Sertoli,** qui s'étendent de la lame basale jusqu'à la lumière du tubule séminifère contourné (voir la figure 28.7c). Les épithéliocytes de soutien, unis par des jonctions serrées, forment un revêtement ininterrompu à l'intérieur des tubules, et cloisonnent celui-ci en deux compartiments (figure 28.9). Le **compartiment basal,** situé entre la lame basale et les jonctions serrées des épithéliocytes de soutien, renferme les spermatogonies. Le **compartiment central** comprend les cellules se divisant par méiose et la lumière du tubule.

Les jonctions serrées qui unissent les épithéliocytes de soutien forment la **barrière hémato-testiculaire.** Cette barrière empêche les antigènes de la membrane plasmique des spermatozoïdes en voie de différenciation de traverser la lame basale pour passer dans la circulation sanguine. Étant donné que les spermatozoïdes ne se forment pas avant la puberté, ils sont absents lorsque le système immunitaire apprend à reconnaître les tissus de l'individu, au début de la vie. En outre, toutes les cellules formées après la fin de la méiose I possèdent un matériel génétique différent de celui des cellules somatiques. Si la barrière hémato-testiculaire n'existait pas, les antigènes de la membrane plasmique des spermatozoïdes pourraient pénétrer dans le sang et provoquer une réponse auto-immune. Les anticorps qui se formeraient alors pourraient s'attaquer aux spermatozoïdes et conduire à la stérilité. Les spermatogonies, identiques aux autres cellules somatiques sur le plan génétique et reconnues comme siennes par l'organisme, sont situées à l'extérieur de la barrière hémato-testiculaire. Elles peuvent donc répondre aux signaux des messagers chimiques circulant dans le sang et déclenchant la spermatogenèse. Après la mitose des spermatogonies, les jonctions serrées des épithéliocytes de soutien s'ouvrent afin de permettre aux spermatocytes de premier ordre de passer entre elles pour pénétrer dans le compartiment central, un peu comme on ouvre les écluses d'un canal pour permettre aux bateaux de passer.

Dans le compartiment central, les spermatocytes et les spermatides sont presque enfouis dans des cavités des épithéliocytes de soutien (voir la figure 28.9), qui semblent

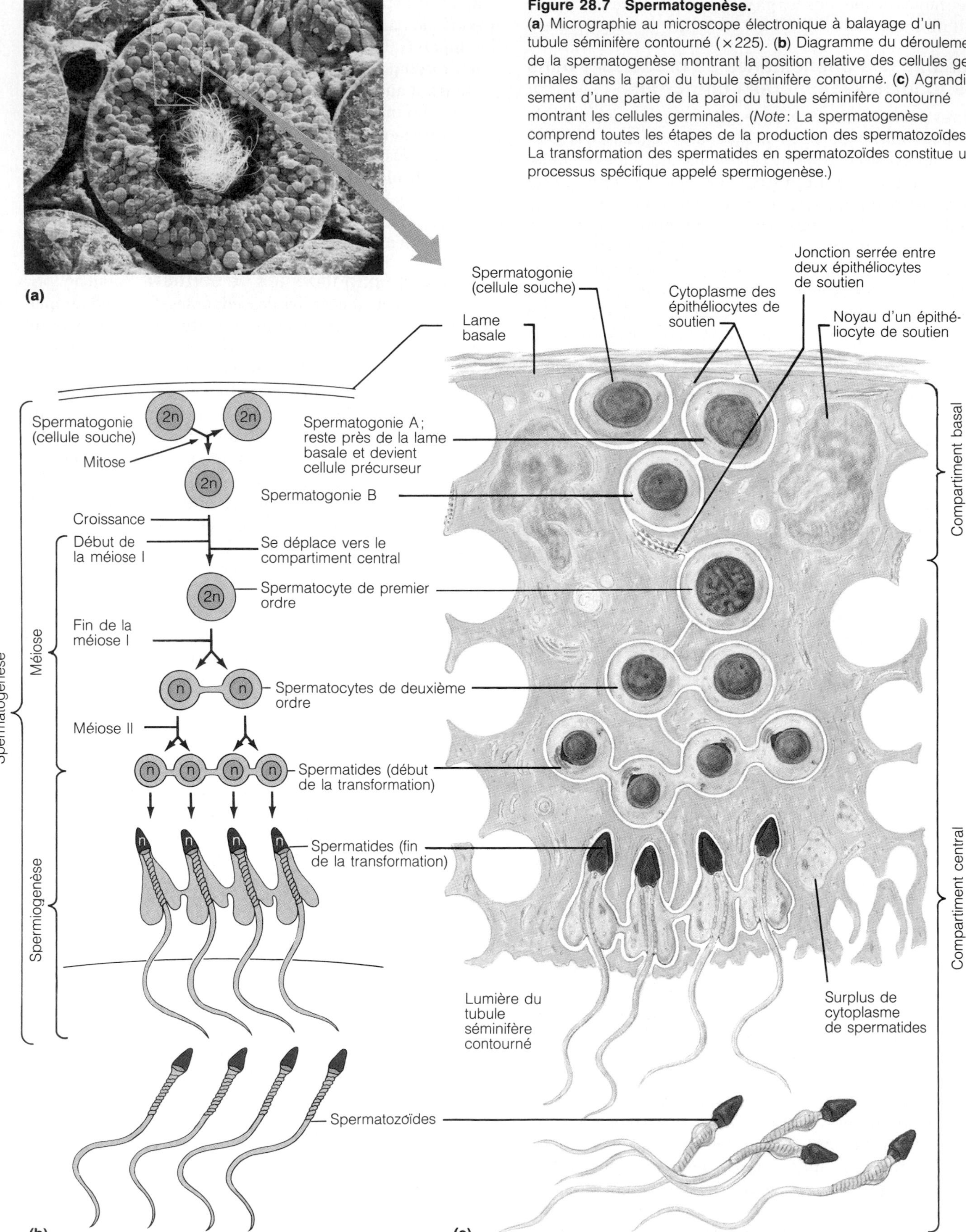

Figure 28.7 Spermatogenèse.
(**a**) Micrographie au microscope électronique à balayage d'un tubule séminifère contourné (×225). (**b**) Diagramme du déroulement de la spermatogenèse montrant la position relative des cellules germinales dans la paroi du tubule séminifère contourné. (**c**) Agrandissement d'une partie de la paroi du tubule séminifère contourné montrant les cellules germinales. (*Note*: La spermatogenèse comprend toutes les étapes de la production des spermatozoïdes. La transformation des spermatides en spermatozoïdes constitue un processus spécifique appelé spermiogenèse.)

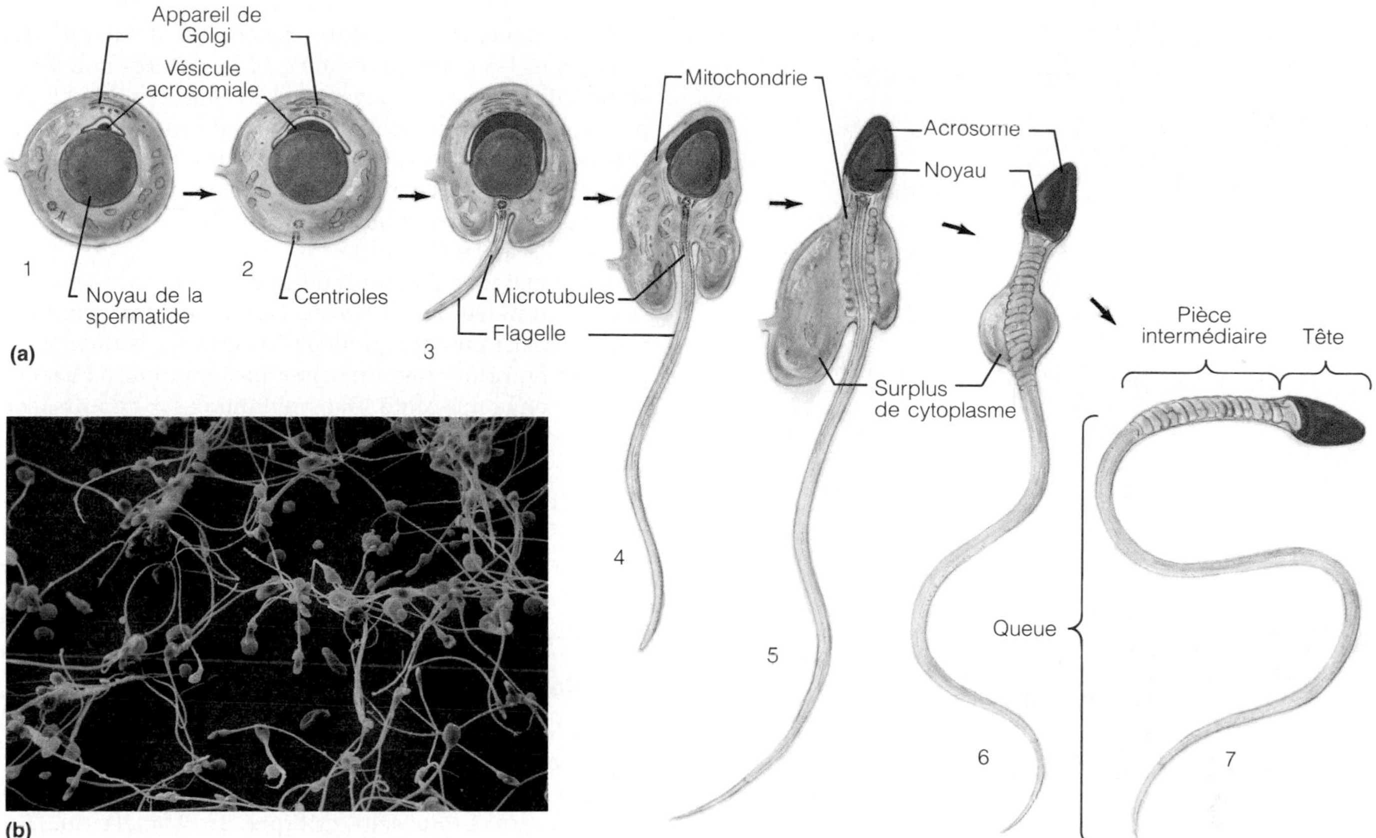

Figure 28.8 Spermiogenèse: transformation d'une spermatide en spermatozoïde fonctionnel. (**a**) La spermiogenèse est une suite de processus: (1) emballage des enzymes acrosomiales par l'appareil de Golgi; (2) déplacement de l'acrosome à l'extrémité antérieure du noyau et des centrioles à son extrémité opposée; (3) élaboration de microtubules, qui formeront le flagelle de la queue; (4) multiplication des mitochondries, qui se placent autour de la partie proximale du flagelle; (5) évacuation du cytoplasme superflu. (6) Structure d'un spermatozoïde immature qui vient d'être libéré d'un épithéliocyte de soutien. (7) Structure d'un spermatozoïde mature. (**b**) Micrographie au microscope électronique à balayage de spermatozoïdes matures (×430).

les déplacer vers la lumière du tubule séminifère contourné. Les épithéliocytes de soutien fournissent des nutriments aux cellules en train de se diviser, sécrètent le *liquide testiculaire* permettant le transport du sperme dans la lumière du tubule, et éliminent le cytoplasme évacué par les spermatides au cours de la spermiogenèse. Comme nous l'avons déjà dit, les épithéliocytes de soutien produisent également des médiateurs chimiques qui jouent un rôle dans la régulation de la spermatogenèse.

Le processus de la spermatogenèse, de la formation d'un spermatocyte de premier ordre jusqu'à la libération de spermatozoïdes immatures dans la lumière du tubule, prend de 64 à 72 jours. À ce stade, les spermatozoïdes sont incapables de «nager» ou de féconder un ovule. Grâce au péristaltisme et à la poussée exercée par les autres spermatozoïdes, ils progressent dans le réseau de conduits du testicule et se rendent dans l'épididyme. Les spermatozoïdes séjournent ensuite dans l'épididyme, où leur maturation se poursuit: leur motilité et leur pouvoir de fécondation augmentent.

Certains facteurs environnementaux peuvent affecter la spermatogenèse et la fertilité. Ainsi, quelques antibiotiques courants, notamment la tétracycline, peuvent inhiber la formation de spermatozoïdes; les radiations, le plomb, certains pesticides, la marijuana et l'alcool consommé en quantité excessive peuvent provoquer la formation de spermatozoïdes anormaux (à deux têtes, à plusieurs queues, etc.). Même quand elles ne touchent pas les spermatozoïdes eux-mêmes, les substances toxiques présentes dans le sperme peuvent être transmises de l'homme à la femme. Elles augmentent alors le risque de malformations, d'avortement spontané et de naissance d'un enfant mort-né. ■

Réponse sexuelle de l'homme

Les deux phases principales de la réponse sexuelle de l'homme sont l'*érection* du pénis, permettant la pénétration dans le vagin de la femme, et l'*éjaculation,* assurant le dépôt du sperme dans le vagin.

Érection

L'**érection** se produit quand le tissu érectile du pénis, les corps caverneux en particulier, s'engorge de sang. En temps ordinaire, les artères irriguant le tissu érectile sont en constriction et le pénis est à l'état de flaccidité. L'excitation sexuelle déclenche un réflexe parasympathique

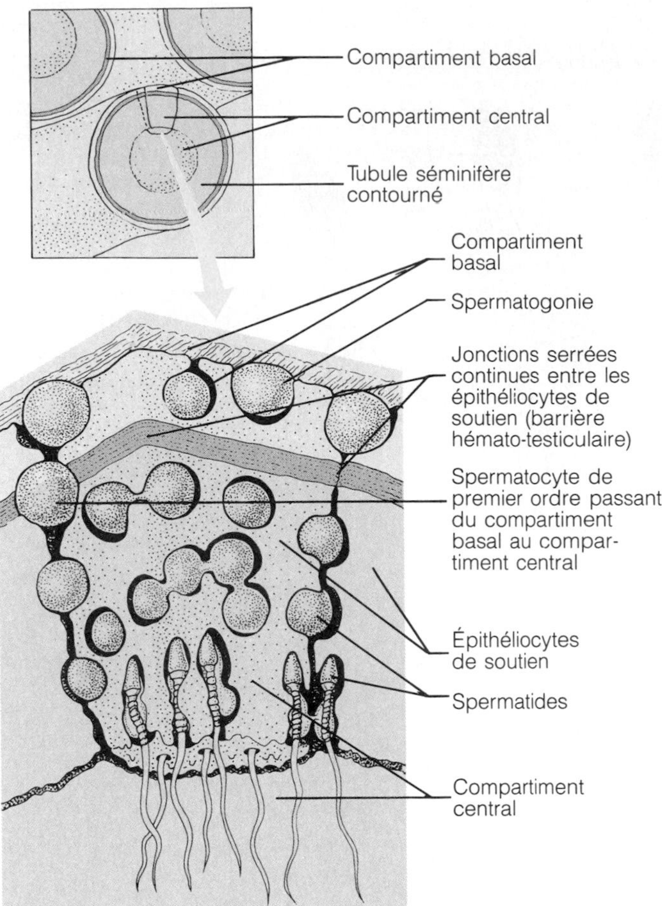

Figure 28.9 Représentation schématique de la relation entre l'épithéliocyte de soutien et les cellules germinales et du rôle de l'épithéliocyte de soutien dans le maintien de la barrière hémato-testiculaire. Des jonctions serrées continues unissent la base des épithéliocytes de soutien placées côte à côte. Elles séparent ainsi le compartiment basal renfermant les spermatogonies du compartiment central contenant les cellules à différents stades de la spermatogenèse.

qui stimule les muscles lisses de ces artères et entraîne leur dilatation. En outre, des anastomoses entre les vaisseaux qui irriguent le corps spongieux et ceux qui irriguent les corps caverneux font dériver le sang destiné à la face ventrale du pénis vers sa face dorsale. Les espaces vasculaires (cavernes) des corps caverneux se remplissent alors de sang, et le pénis grossit, s'allonge et se raidit. L'augmentation de volume du pénis comprime les veines qui le drainent, ce qui ralentit la sortie du sang et accentue l'engorgement du pénis. L'érection du pénis constitue un des rares exemples de régulation parasympathique des artères. Le système parasympathique stimule également les glandes bulbo-urétrales, dont les sécrétions lubrifient le gland du pénis.

Le réflexe qui mène à l'érection peut être déclenché par une variété de stimulus sexuels, notamment les caresses sur la peau du pénis, la stimulation mécanique des barorécepteurs de la tête du pénis, ainsi que les spectacles, les odeurs et les sons agréables. Le SNC réagit à cette stimulation en déchargeant des influx efférents (moteurs) du deuxième au quatrième segments sacrés de la moelle épinière. Ces influx activent les neurones parasympathiques innervant les artères profondes du pénis, qui desservent les corps caverneux, et les artères hélicines, situées dans les corps caverneux eux-mêmes. L'érection peut aussi être déclenchée par l'activité strictement émotionnelle ou mentale (la pensée d'une rencontre sexuelle). Les émotions et les pensées peuvent aussi inhiber l'érection, ce qui provoque la vasoconstriction et le retour du pénis à l'état de flaccidité.

L'incapacité d'obtenir ou de maintenir une érection est appelée *impuissance.* Des facteurs psychologiques, la consommation d'alcool et certains médicaments peuvent entraîner une impuissance temporaire chez les hommes en bonne santé. Dans certains cas, l'impuissance résulte de l'absence congénitale des artérioles du tissu érectile qui permettent les anastomoses ou de l'incapacité du système nerveux autonome de produire la constriction de ces artérioles. Des médicaments injectables et des implants péniens peuvent rendre la possibilité de rapports sexuels aux hommes atteints d'impuissance irréversible. ■

Éjaculation

L'**éjaculation** (*ejicio* = j'expulse) est la projection du sperme à l'extérieur du voies spermatiques de l'homme. Lorsque les influx afférents responsables de l'érection atteignent un certain seuil critique, un réflexe spinal est déclenché et une décharge massive d'influx nerveux traverse les nerfs sympathiques (principalement au niveau de L_1 et de L_2) qui desservent les organes génitaux. Ces influx provoquent: (1) des contractions péristaltiques des voies spermatiques et des glandes annexes, qui déversent leur contenu dans l'urètre; (2) la constriction du sphincter lisse de l'urètre, empêchant l'expulsion d'urine et le reflux de sperme dans la vessie; (3) une série de contractions rapides du muscle bulbo-spongieux du pénis, qui projettent le sperme à l'extérieur de l'urètre. Ces contractions musculaires rythmiques sont accompagnées d'une sensation de plaisir intense et de nombreux phénomènes systémiques, tels qu'une contraction musculaire généralisée, une fréquence cardiaque rapide et une pression artérielle élevée. Il s'agit de ce qu'on appelle l'**orgasme.** L'orgasme est rapidement suivi d'une relaxation musculaire et psychologique et de la vasoconstriction des artères irriguant le tissu érectile du pénis, qui retourne alors à l'état de flaccidité. Après l'éjaculation commence une période de latence d'une durée de quelques minutes à plusieurs heures au cours de laquelle l'homme est incapable d'obtenir un autre orgasme.

Régulation hormonale de la fonction de reproduction chez l'homme

Axe cerébro-testiculaire

La régulation hormonale de la spermatogenèse et de la production d'androgènes testiculaires fait intervenir des interactions entre l'hypothalamus, l'adénohypophyse et les testicules. Ces interactions constituent ce qu'on appelle parfois l'**axe cerébro-testiculaire.** La figure 28.10 représente la succession des phénomènes qui forment cet axe.

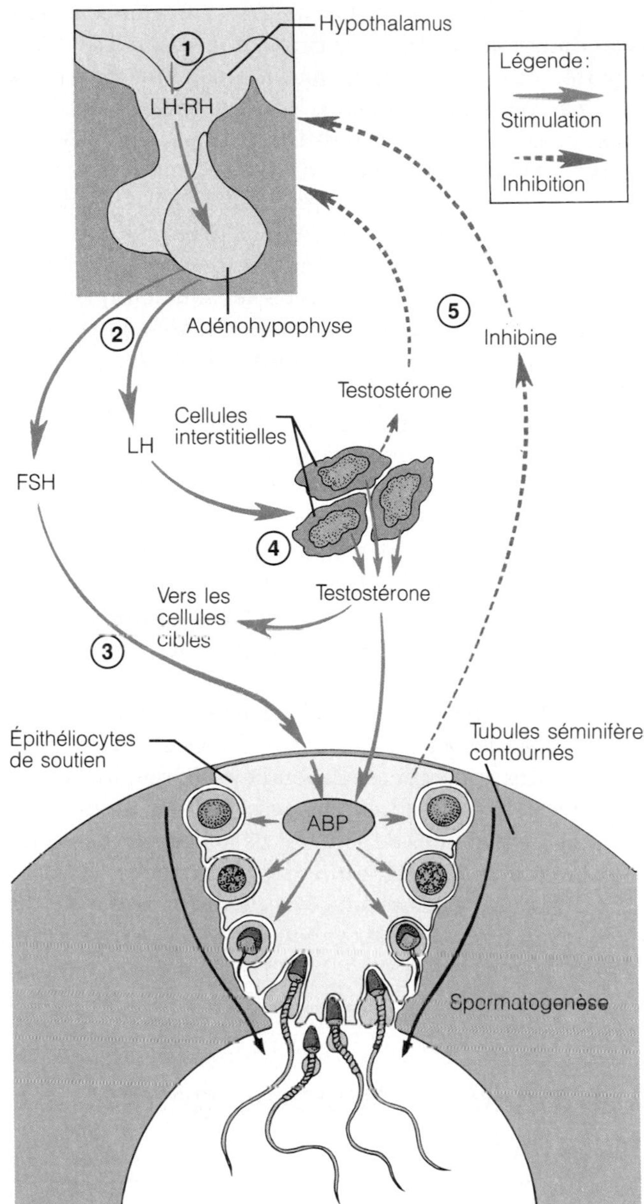

Figure 28.10 Régulation hormonale de la fonction testiculaire par l'axe cérébro-testiculaire. (1) L'hypothalamus sécrète la gonadolibérine (LH-RH). (2) La LH-RH stimule l'adénohypophyse, qui libère l'hormone folliculostimulante (FSH) et l'hormone lutéinisante (LH). (3) La FSH agit sur les épithéliocytes de soutien, qui libèrent alors l'ABP. (4) La LH stimule les cellules interstitielles pour qu'elles sécrètent la testostérone. La liaison de l'ABP à la testostérone intensifie la spermatogenèse. (5) L'augmentation des concentrations de testostérone et d'inhibine (libérée par les épithéliocytes de soutien) exerce une rétro-inhibition sur l'hypothalamus et l'hypophyse.

1. L'hypothalamus sécrète la **LH-RH** (LH-RH, «luteinizing hormone-releasing hormone»), qui régit la libération par l'adénohypophyse des gonadotrophines, l'**hormone folliculostimulante** (FSH, «follicle-stimulating hormone») et l'**hormone lutéinisante** (LH, «luteinizing hormone»). (Comme nous l'avons dit au chapitre 17, la FSH et la LH ont été nommées d'après leurs effets sur les gonades femelles.) La LH-RH est transportée jusqu'à l'adénohypophyse par le sang circulant dans le système porte hypophysaire.

2. La liaison de la LH-RH aux cellules hypophysaires entraîne la libération de FSH et de LH dans la circulation générale.

3. La FSH stimule la spermatogenèse dans les testicules. Elle n'agit toutefois pas directement sur les cellules germinales, au contraire de ce qu'on croyait autrefois. En effet, la FSH (avec la testostérone) agit sur les épithéliocytes de soutien, qui sécrètent alors l'**ABP** («androgen-binding protein»). L'ABP se lie à la **testostérone** et permet le maintien d'une concentration élevée de cette hormone dans les tubules séminifères contournés. Le complexe ABP-testostérone agit sur les cellules germinales et les spermatocytes de manière à favoriser la poursuite de la méiose et de la spermatogenèse. La FSH contribue donc à rendre les cellules réceptives aux effets stimulateurs de la testostérone.

4. La LH se lie spécifiquement aux cellules interstitielles et les stimule pour qu'elles sécrètent la testostérone (et un peu d'œstrogènes). Les grappes de cellules interstitielles contiennent de nombreux vaisseaux lymphatiques, et ces derniers contribueraient à la forte concentration locale de testostérone dont bénéficient les tubules séminifères contournés. La testostérone locale est le facteur qui déclenche finalement la spermatogenèse; la testostérone qui entre dans la circulation sanguine produit plusieurs effets dans d'autres régions de l'organisme.

5. L'hypothalamus et l'adénohypophyse peuvent subir l'action inhibitrice de certaines hormones présentes dans le sang. La testostérone inhibe la sécrétion de gonadolibérine (LH-RH) par l'hypothalamus et on pense qu'elle pourrait agir directement sur l'adénohypophyse pour inhiber la libération des gonadotrophines (FSH et LH). L'**inhibine** est une hormone protéique sécrétée par les épithéliocytes de soutien. La concentration de cette hormone constitue un indicateur de l'état de la spermatogenèse. Lorsque la numération des spermatozoïdes est élevée, la sécrétion d'inhibine augmente, ce qui inhibe directement la libération de FSH par l'adénohypophyse ainsi que, probablement, la libération de LH-RH par l'hypothalamus. Quand la numération des spermatozoïdes devient inférieure à 20 millions par millilitre, la sécrétion d'inhibine baisse fortement et la spermatogenèse reprend.

Comme vous pouvez le constater, la quantité de testostérone et le nombre de spermatozoïdes produits par les testicules reflète un équilibre entre trois groupes d'hormones: (1) la FSH et la LH, qui stimulent les testicules; (2) la LH-RH, qui stimule indirectement les testicules par l'intermédiaire de son influence sur la libération de FSH et de LH; (3) les hormones testiculaires (testostérone et inhibine), qui exercent une rétro-inhibition sur l'hypothalamus et l'adénohypophyse. Puisque l'hypothalamus est également influencé par d'autres régions du cerveau, tout l'axe cerébro-testiculaire est régi par le SNC. La LH-RH et la FSH et la LH sont essentielles au fonctionnement normal des testicules. En l'absence de ces hormones, les testicules s'atrophient et la production de spermatozoïdes et de testostérone s'arrête pratiquement.

Le développement des organes génitaux de l'homme (étudié plus loin dans ce chapitre) dépend de la sécrétion prénatale des hormones mâles. Durant quelques mois après sa naissance, le bébé de sexe masculin présente des concentrations plasmiques de FSH, de LH et de testostérone presque égales à celles du garçon qui est au milieu de la puberté. Peu après, la concentration sanguine de ces hormones diminue; elles demeurera basse pendant toute l'enfance. À l'approche de la puberté, le seuil d'inhibition de l'hypothalamus augmente, et il faut des concentrations de testostérone beaucoup plus élevées pour réprimer la sécrétion de LH-RH par l'hypothalamus. Plus la sécrétion de LH-RH augmente, plus les testicules sécrètent de testostérone, mais le seuil d'inhibition de l'hypothalamus continue d'augmenter jusqu'à ce que le mode d'interaction hormonale de l'adulte soit atteint. La maturation de l'axe cérébro-testiculaire prend environ trois ans, et l'équilibre hormonal qui s'établit alors demeure relativement constant par la suite. C'est pourquoi la production de spermatozoïdes et de testostérone demeure relativement constante chez l'homme adulte, alors que la femme adulte connaît des changements cycliques des concentrations de FSH, de LH et d'hormones sexuelles femelles.

Activité de la testostérone : mécanisme et effets

Comme tous les stéroïdes, la testostérone est synthétisée à partir du cholestérol. Elle produit ses effets en activant des gènes spécifiques qui transcriront des molécules d'ARN messager, ce qui fait augmenter la synthèse de certaines protéines dans les cellules cibles. (Voir le chapitre 17.)

Dans certaines cellules cibles, la testostérone doit être transformée en un autre stéroïde avant de pouvoir exercer son action. Par exemple, dans les cellules de la prostate, la testostérone doit être transformée en *dihydrotestostérone* avant de pouvoir se lier à l'intérieur du noyau. Dans certains neurones du cerveau, la testostérone est convertie en *œstrogène* afin de produire ses effets stimulants. Dans ce cas, on peut donc dire que l'hormone «mâle» est transformée en hormone «femelle» pour exercer ses effets masculinisants.

À la puberté, la testostérone provoque le début de la spermatogenèse, mais elle a également de nombreux effets anabolisants dans tout l'organisme (voir le tableau 28.1). Elle cible tous les organes sexuels annexes — les conduits, les glandes et le pénis —, qui croissent et assument leurs fonctions adultes. Chez les hommes adultes, la concentration normale de testostérone est nécessaire pour entretenir ces organes: si la testostérone est absente ou pas assez abondante, les organes annexes s'atrophient, le volume du sperme diminue fortement, et l'érection et l'éjaculation deviennent impossibles. L'homme est donc à la fois stérile et impuissant. Cette situation peut toutefois être corrigée par l'administration de testostérone.

La testostérone est responsable des **caractères sexuels secondaires** masculins. Ces caractères apparaissent à la puberté, qui est marquée par l'apparition des poils pubiens, axillaires et faciaux, par l'augmentation de la croissance des poils de la poitrine (et d'autres régions du corps chez certains hommes), ainsi que par l'abaissement de la voix (résultant de l'augmentation du volume du larynx). La peau épaissit et devient plus grasse (ce qui prédispose le jeune homme à l'acné), les os croissent et leur densité augmente, et les muscles squelettiques sont plus gros et plus lourds. Ces deux derniers effets sont souvent appelés *effets somatiques* de la testostérone (*sôma* = corps).

La testostérone accélère la vitesse du métabolisme basal et influe sur le comportement. Elle constitue la base de la pulsion sexuelle (libido) chez les hommes et les femmes, qu'ils soient hétérosexuels ou homosexuels. Ainsi, cette hormone qu'on dit «mâle» ne doit pas être considérée spécifiquement comme un promoteur de l'activité sexuelle masculine. Nous traitons au chapitre 12 de la masculinisation de l'anatomie du cerveau par la testostérone.

Les testicules ne sont pas la seule source d'androgènes: les glandes surrénales des hommes et des femmes sécrètent des androgènes. Cependant, les quantités relativement petites d'androgènes surrénaliens ne peuvent soutenir les fonctions dépendant de la testostérone si les testicules cessent de produire des androgènes. On peut donc dire que c'est la production de testostérone par les testicules qui soutient les fonctions de la reproduction chez l'homme.

Anatomie du système génital de la femme

La femme joue un rôle beaucoup plus complexe que l'homme dans la reproduction. Non seulement son organisme doit-il produire des gamètes, mais il doit se préparer à soutenir un embryon en voie de développement pendant une période d'environ neuf mois. Les **ovaires** sont les **gonades femelles.** Comme les testicules, ils ont deux fonctions: en plus de produire des gamètes, ils sécrètent les hormones sexuelles femelles, les **œstrogènes*** et la **progestérone.** Les voies génitales (trompes utérines, utérus et vagin) transportent ou répondent aux besoins des cellules germinales et/ou du fœtus en voie de développement.

Les ovaires et les voies génitales de la femme sont situés à l'intérieur de la cavité pelvienne. Ils constituent les **organes génitaux internes** de la femme (figure 28.11). Les autres organes génitaux de la femme sont les **organes génitaux externes.**

* Les ovaires produisent plusieurs types d'œstrogènes, mais les plus importants sont l'*œstradiol,* l'*œstrone* et l'*œstriol.* L'œstradiol est le plus abondant, et c'est lui qui produit la majorité des effets œstrogéniques.

Tableau 28.1 Résumé des effets des œstrogènes, de la progestérone et de la testostérone

Stimulus/source/effets	Œstrogènes	Progestérone	Testostérone
Principale source	Ovaire: follicules en voie de développement et corps jaune	Ovaire: surtout dans le corps jaune	Testicule: cellules interstitielles du testicule
Stimulus provoquant la sécrétion	FSH (et LH)	LH	LH et diminution du taux d'inhibine, sécrétée par les épithéliocytes de soutien
Rétroaction exercée	Exerce une rétro-inhibition et une rétroactivation sur la libération de la FSH et de la LH par l'adénohypophyse	Exerce une rétro-inhibition sur la libération de FSH et de LH par l'adénohypophyse	Rétro-inhibition qui supprime la libération de LH par l'adénohypophyse (et peut-être la libération de LH-RH par l'hypothalamus)
Effets sur les organes génitaux	Stimule la croissance et la maturation des organes génitaux internes et externes et des seins au moment de la puberté; maintient le fonctionnement et les dimensions adultes des organes génitaux. Active la phase proliférative du cycle menstruel; l'augmentation de sa concentration stimule la production de glaire cervicale aqueuse (cristalline), de même que les mouvements du pavillon et des franges des trompes utérines; active l'ovogenèse et l'ovulation en stimulant l'élaboration de récepteurs de la FSH sur les cellules folliculaires et interagit avec la FSH pour amener la formation de récepteurs de la LH sur les cellules folliculaires. Stimule la capacitation du spermatozoïde dans les voies génitales de la femme grâce à son effet sur les sécrétions vaginales, utérines et tubaires Au cours de la grossesse, stimule les mitoses des cellules myométriales, la croissance de l'utérus ainsi que l'augmentation du volume des organes génitaux externes et des glandes mammaires	Agit de concert avec les œstrogènes pour stimuler le développement des seins et pour régler le cycle menstruel; stimule la production de glaire cervicale visqueuse Au cours de la grossesse, calme le myomètre et agit avec les œstrogènes pour faire atteindre aux glandes mammaires leur état de glandes sécrétrices de lait (stimule la formation des alvéoles)	Stimule la croissance et la maturation des organes génitaux internes et externes à la puberté; entretient leur volume et leurs fonctionnement adultes. Essentiel à la spermatogenèse à cause des effets produits par sa liaison à l'ABP sur les spermatogonies; inhibe le développement des glandes mammaires.
Effets somatiques	Stimule l'allongement des os longs et la féminisation du squelette (en particulier du bassin); inhibe la réabsorption osseuse et stimule ensuite la soudure des cartilages de conjugaison; favorise l'hydratation de la peau; entraîne la disposition féminine des dépôts adipeux et l'apparition des poils pubiens et axillaires Au cours de la grossesse, interagit avec la relaxine (une hormone placentaire) pour produire le ramollissement et le relâchement des ligaments pelviens et de la symphyse pubienne		Produit la poussée de croissance de l'adolescence; assure l'augmentation de la masse osseuse et du volume tissulaire osseux de même que la soudure des cartilages de conjugaison à la fin de l'adolescence; stimule la croissance du larynx et des cordes vocales et l'abaissement de la voix; augmente la sécrétion de sébum et la croissance des poils, notamment au visage, aux aisselles, dans la région génitale et sur la poitrine.
Effets métaboliques	Effets anabolisants généraux; stimule la réabsorption de Na^+ par les tubules rénaux, et inhibe ainsi la diurèse; augmente le taux sanguin des HDL, et diminue celui des LDL (effet d'épargne cardiovasculaire)	Stimule la diurèse (effet anti-œstrogénique); augmente la température corporelle	Effets anabolisants généraux; stimule l'hématopoïèse; accroît le métabolisme basal
Effets sur le cerveau	Féminise le cerveau		Responsable de la libido chez les deux sexes; masculinise le cerveau; contribue à l'agressivité

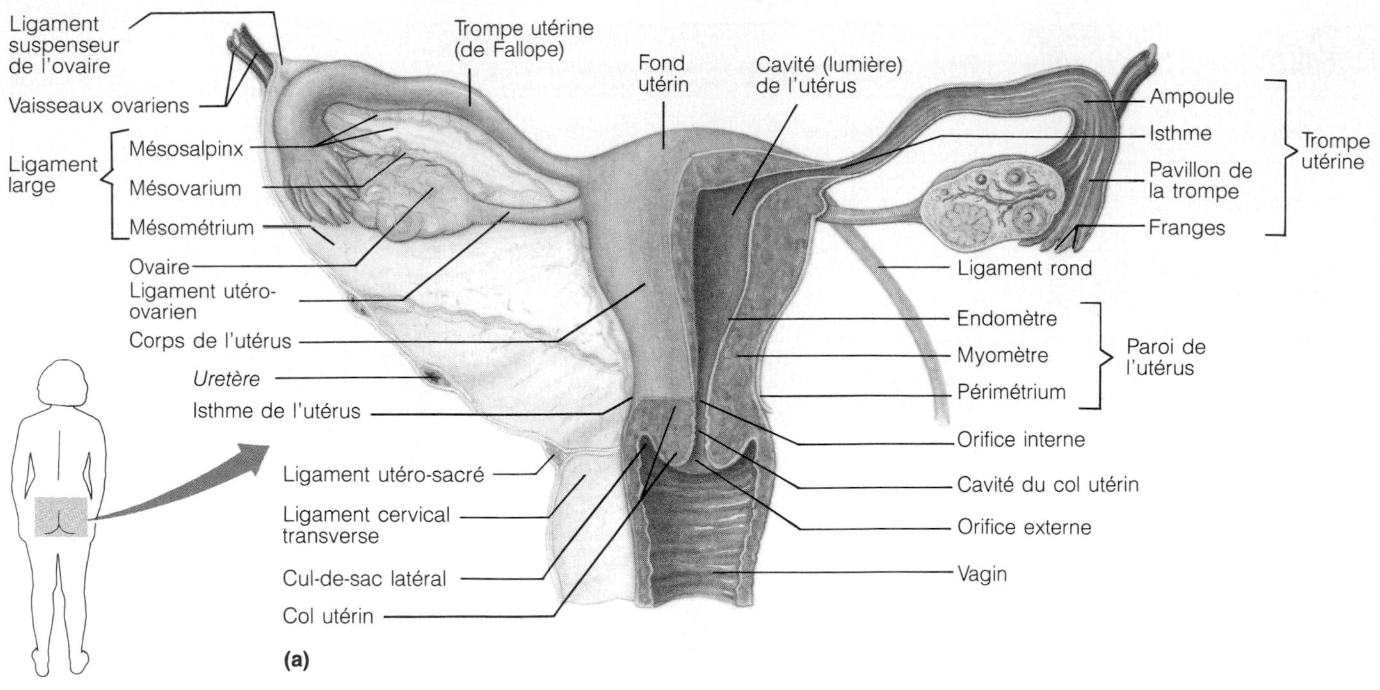

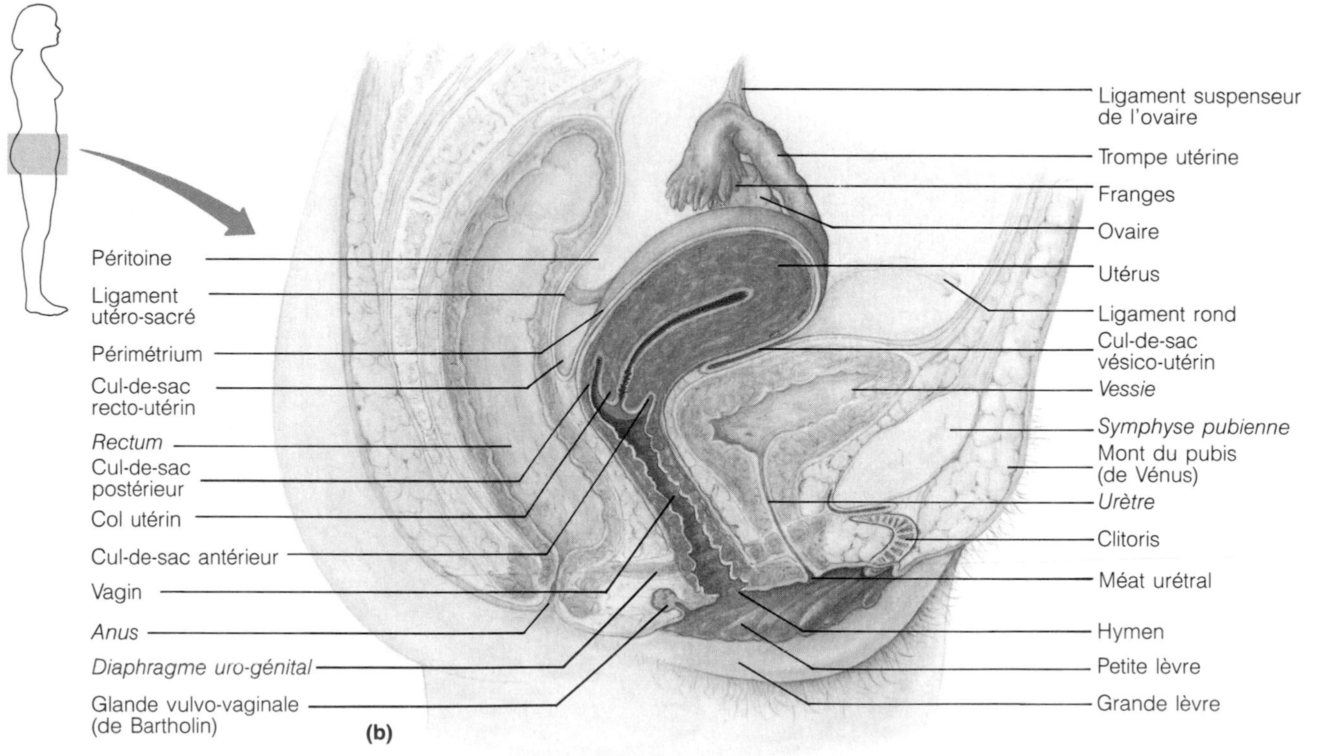

Figure 28.11 Organes génitaux internes de la femme. (**a**) Vue postérieure des organes génitaux de la femme. Les parois postérieures du vagin, de l'utérus et des trompes utérines ainsi que le ligament large ont été retirés du côté gauche pour montrer la forme de la lumière de ces organes. (**b**) Coupe médiosagittale du bassin de la femme.

Ovaires

Les ovaires sont des organes paires situés de part et d'autre de l'utérus (voir la figure 28.11a). Ils ont la forme d'amandes, mais sont deux fois plus gros. Chaque ovaire est maintenu en place par plusieurs ligaments: le **ligament utéro-ovarien** fixe l'ovaire à l'utérus; le **ligament suspenseur de l'ovaire** fixe l'ovaire à la paroi du bassin;

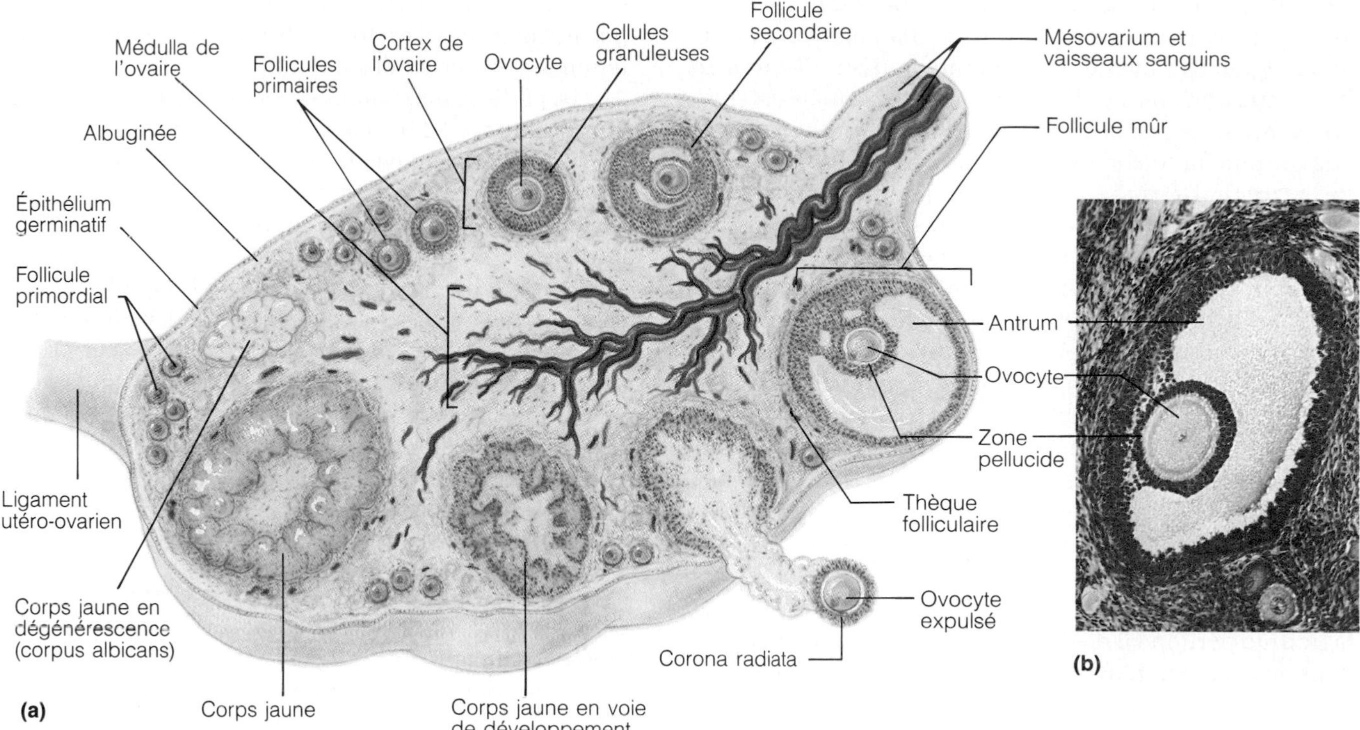

Figure 28.12 Structure d'un ovaire. (**a**) L'ovaire a été sectionné pour montrer les follicules situés à l'intérieur. Prenez note que l'ovaire ne renferme pas toutes ces structures au même moment. (**b**) Photomicrographie d'un follicule mûr (follicule de De Graaf) (×250).

le **mésovarium** suspend l'ovaire entre l'utérus et la paroi du bassin. Le ligament suspenseur de l'ovaire et le mésovarium font partie du **ligament large de l'utérus,** un repli du péritoine qui recouvre l'utérus et soutient les trompes, l'utérus et le vagin. Le ligament utéro-ovarien, composé surtout de fibres, est situé à l'intérieur du ligament large.

Les ovaires sont irrigués par les *artères ovariques,* certaines branches de l'aorte abdominale et une branche des artères utérines. Les vaisseaux ovariens passent dans les ligaments suspenseurs et dans les mésovariums pour atteindre les ovaires.

Comme celle du testicule, la face externe de l'ovaire est entourée d'une **albuginée** fibreuse (figure 28.12). L'albuginée est elle-même recouverte d'une couche de cellules épithéliales cubiques formant l'*épithélium germinatif,* qui se continue avec l'épithélium péritonéal composant le mésovarium. En réalité, le terme *épithélium germinatif* n'est pas approprié, puisque cette couche de cellules ne donne pas naissance aux ovules. L'ovaire est également constitué d'un cortex et d'une région médullaire plus profonde, mais l'importance relative de ces régions est mal définie.

Les **follicules ovariens** sont de petites structures sacciformes enfouies dans le tissu conjonctif très vascularisé du cortex de l'ovaire. Chaque follicule est formé d'un œuf immature, appelé **ovocyte** (*ovum* = œuf), enveloppé dans une ou plusieurs couches de cellules bien différentes. Ces cellules sont appelées **cellules folliculaires** s'il n'y en a qu'une couche et **cellules granuleuses** s'il en existe plusieurs (ces cellules forment alors la **granulosa**). La structure du follicule change à mesure que sa maturation progresse. Dans un **follicule primordial,** une seule couche de cellules folliculaires pavimenteuses entoure l'ovocyte. Le **follicule primaire** présente deux ou plusieurs couches de cellules granuleuses cubiques ou cylindriques autour de son ovocyte ; il se transforme en **follicule secondaire** lorsque des espaces remplis de liquide apparaissent entre les cellules granuleuses, puis se fondent pour former une cavité centrale remplie de liquide, l'*antrum.* Dans le follicule mûr, ou **follicule de De Graaf,** l'ovocyte est « assis » sur une tige de cellules granuleuses située d'un côté de l'antrum. Le follicule fait alors saillie à la surface de l'ovaire. Chaque mois, chez la femme adulte, un des follicules mûrs éjecte son ovocyte de l'ovaire : c'est l'ovulation. Après l'ovulation, le follicule rompu se transforme en une structure d'aspect très différent appelée **corps jaune,** qui finit par dégénérer. En général, on peut observer la plupart de ces structures à l'intérieur du même ovaire. Chez la femme plus âgée, la surface des ovaires porte des cicatrices qui montrent que de nombreux ovocytes ont été libérés.

Voies génitales

Trompes utérines

Les **trompes utérines,** aussi appelées **trompes de Fallope,** constituent la portion initiale des voies génitales de la femme (voir la figure 28.11a). Une trompe utérine capte l'ovocyte après l'ovulation et constitue généralement le siège de la fécondation. Chaque trompe mesure environ 10 cm de longueur et s'étend vers le plan médian à partir de la région de l'ovaire. Un segment aminci, l'**isthme de la trompe utérine,** s'ouvre dans la région supéro-latérale de l'utérus. La partie distale de chaque trompe s'élargit et s'enroule autour de l'ovaire, ce qui forme l'**ampoule de la trompe utérine**; la fécondation se produit habituellement dans cette région. L'ampoule se termine au **pavillon de la trompe,** une structure ouverte en forme d'entonnoir qui porte des projections ciliées digitiformes appelées **franges de la trompe,** s'étendant vers l'ovaire. Au contraire des voies spermatiques, qui s'abouchent directement aux tubules séminifères contournés des testicules, les trompes utérines entrent peu ou pas du tout en contact avec les ovaires. Au moment de l'ovulation, l'ovocyte est éjecté dans la cavité péritonéale, où beaucoup d'ovocytes se perdent définitivement. Cependant, les franges deviennent très actives vers le moment de l'ovulation; elles ondulent de manière à balayer la surface de l'ovaire. Les cils situés sur les franges créent dans le liquide péritonéal des courants qui poussent l'ovocyte dans la trompe. L'ovocyte peut alors commencer son voyage vers l'utérus.

La paroi de la trompe utérine possède une structure qui contribue à la progression de l'ovocyte. Sa tunique musculaire est composée de couches circulaires et longitudinales de muscle lisse et sa muqueuse épaisse et pleine de replis présente des cellules ciliées et non ciliées. L'ovocyte peut avancer vers l'utérus grâce au péristaltisme et aux battements rythmiques des cils. Les cellules non ciliées de la muqueuse possèdent beaucoup de microvillosités et produisent une sécrétion qui humidifie et nourrit l'ovocyte (et les spermatozoïdes, le cas échéant). Les trompes utérines sont recouvertes par le péritoine viscéral et soutenues sur toute leur longueur par un court méso (faisant partie du ligament large) appelé **mésosalpinx.** Ce mot signifie littéralement «méso de la trompette», une allusion à la forme de la trompe utérine (voir la figure 28.11a).

Parce que les trompes utérines ne sont pas reliées directement aux ovaires, les infections des voies génitales peuvent s'étendre assez facilement dans la cavité péritonéale. Le gonocoque et les bactéries responsables des autres maladies transmissibles sexuellement atteignent parfois la cavité péritonéale par cette voie. Elles causent alors une inflammation extrêmement grave appelée *pelvipéritonite.* Cette maladie doit être traitée sans délai, afin d'éviter la formation de cicatrices dans les trompes et sur les ovaires et de prévenir ainsi la stérilité. En fait, les cicatrices et le rétrécissement des trompes utérines, qui ont à certains endroits un diamètre interne de l'épaisseur d'un cheveu, constituent une des principales causes d'infertilité féminine. ■

Utérus

L'**utérus** est situé dans le bassin, entre le rectum et la base de la vessie (voir la figure 28.11). L'utérus est un organe creux aux parois épaisses, destiné à accueillir, à retenir et à nourrir l'ovule fécondé. Chez la femme qui n'a jamais été enceinte, il a à peu près la forme et la grosseur d'une poire renversée; il est toutefois un peu plus gros chez les femmes qui ont eu des enfants.

La partie la plus volumineuse de l'utérus est son **corps** (voir la figure 28.11a). La partie arrondie située au-dessus du site d'insertion des trompes est le **fond utérin,** et la partie légèrement rétrécie entre le col et le corps est l'**isthme de l'utérus.** Le **col utérin,** plus étroit, constitue l'orifice de l'utérus. Il fait saillie dans le vagin, localisé plus bas. La cavité du col est le **canal du col utérin** (ou canal endocervical), qui communique avec le vagin par l'*orifice externe* et avec le corps de l'utérus par l'*orifice interne.* L'utérus est normalement fléchi vers l'avant à l'endroit où il s'unit au vagin: on dit qu'il est en *antéversion.* Chez les femmes plus âgées, il est souvent fléchi vers l'arrière, c'est-à-dire en *rétroversion.*

Paroi utérine. La paroi de l'utérus se compose de trois couches de tissus (voir la figure 28.11a): le périmétrium, le myomètre et l'endomètre. Le **périmétrium,** la tunique séreuse, est une portion du péritoine viscéral. Le **myomètre** («muscle de l'utérus») est l'épaisse couche moyenne composée de faisceaux entrecroisés de muscle lisse. Le myomètre joue un rôle actif pendant l'accouchement, car ses contractions rythmiques poussent le bébé vers l'extérieur du corps de la mère. La tunique muqueuse de la cavité utérine est l'**endomètre** (figure 28.13), constitué d'un épithélium cylindrique simple uni à un épais chorion de tissu conjonctif contenant une forte proportion de cellules. Quand il y a fécondation, le jeune embryon s'enfouit dans l'endomètre (s'implante). L'endomètre comprend deux couches. La **couche fonctionnelle** subit des modifications cycliques en réponse aux concentrations sanguines d'hormones ovariennes; c'est elle qui se desquame au cours de la menstruation (tous les 28 jours environ). La **couche basale,** plus mince et plus profonde, est peu influencée par les hormones ovariennes; elle élabore une nouvelle couche fonctionnelle après la fin de la menstruation. L'endomètre possède un grand nombre de glandes dont la longueur change selon les variations de son épaisseur au cours du cycle menstruel.

Pour comprendre les modifications cycliques de l'endomètre (détaillées plus loin dans ce chapitre), il est essentiel de bien connaître l'irrigation sanguine de l'utérus. Comme vous le voyez à la figure 28.13b, les artères utérines (qui naissent des *artères iliaques internes* dans le bassin) se divisent pour former la *couche vasculaire du myomètre.* Certaines des branches qui émanent de ces artères irriguent le myomètre et d'autres se rendent dans l'endomètre, où elles donnent naissance aux artères droites et aux artères spiralées. Les **artères droites** irriguent la couche basale; les **artères spiralées** irriguent les lits capillaires de la couche fonctionnelle. Les artères spiralées subissent des dégénérescences et régénérations répétées, et ce sont en fait leurs spasmes qui provoquent la desquamation de la couche fonctionnelle au cours de la menstruation. Les veines de l'endomètre ont des parois minces et forment un réseau veineux étendu doté de quelques sinus.

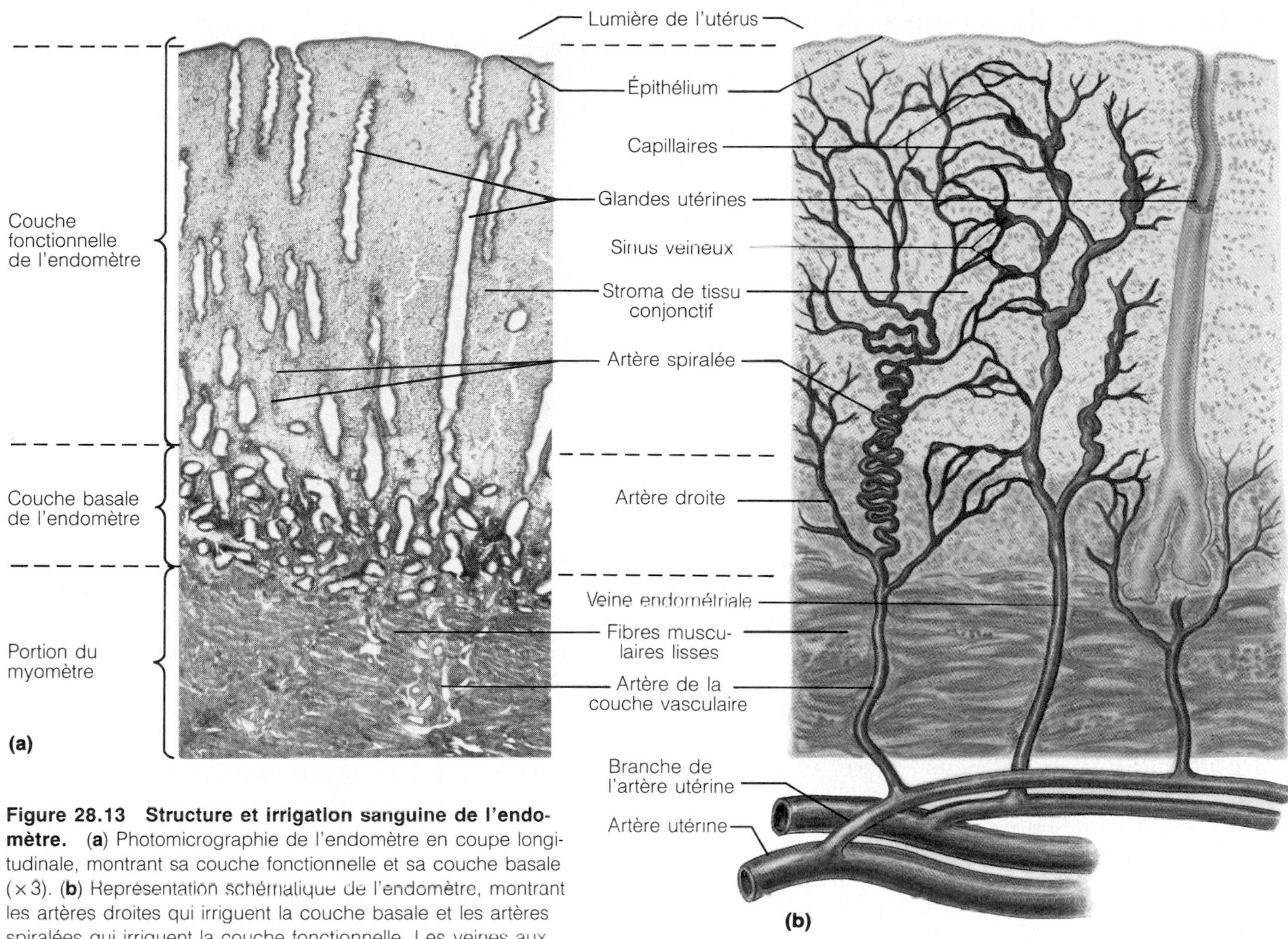

Figure 28.13 Structure et irrigation sanguine de l'endomètre. (**a**) Photomicrographie de l'endomètre en coupe longitudinale, montrant sa couche fonctionnelle et sa couche basale (×3). (**b**) Représentation schématique de l'endomètre, montrant les artères droites qui irriguent la couche basale et les artères spiralées qui irriguent la couche fonctionnelle. Les veines aux parois minces et les sinus veineux sont également représentés.

Soutiens de l'utérus. L'utérus est soutenu latéralement par le **mésométrium** du ligament large (figure 28.11). Plus bas, le **ligament cervical transverse,** ou **paracervix,** s'étend du col et du haut du vagin jusqu'à la paroi latérale du bassin, et les **ligaments utéro-sacrés** attachent l'utérus au sacrum. L'utérus est fixé à la paroi antérieure du corps par des ligaments fibreux, les **ligaments ronds,** qui passent dans les canaux inguinaux pour atteindre les tissus sous-cutanés des grandes lèvres (structures faisant partie de la vulve). L'ensemble de ces ligaments laisse une assez grande mobilité à l'utérus, dont la position change chaque fois que le rectum et la vessie se remplissent et se vident. Les principaux soutiens de l'utérus sont les muscles qui forment le plancher pelvien, c'est-à-dire les muscles du diaphragme uro-génital, le muscle élévateur de l'anus et le muscle coccygien (voir le chapitre 10). Les ondulations du péritoine autour et au-dessus des structures pelviennes forment des diverticules appelés culs-de-sac. Les deux culs-de-sac les plus importants sont le *cul-de-sac vésico-utérin* situé entre la vessie et l'utérus et le *cul-de-sac recto-utérin* localisé entre le rectum et l'utérus (voir la figure 28.11b).

Le cancer du col de l'utérus se classe au troisième rang des cancers qui touchent la femme (après celui du poumon et du sein). Il atteint surtout les femmes de 30 à 50 ans. Les facteurs de risque sont les inflammations du col à répétition, les maladies transmissibles sexuellement, plusieurs grossesses, un grand nombre de partenaires sexuels et les rapports sexuels avec des hommes atteints de condylomes acuminés. La cytologie vaginale (ou « test Pap ») annuelle, qui consiste à examiner des cellules prélevées à la surface du col, est le meilleur moyen de diagnostiquer ce cancer d'évolution lente. ■

Vagin

Le **vagin** est un tube fibromusculaire à la paroi mince mesurant 8 à 10 cm de long. Il est localisé entre la vessie et le rectum et s'étend du col jusqu'à l'extérieur du corps au niveau de la vulve (voir la figure 28.11). Le vagin permet la sortie du bébé pendant l'accouchement ainsi que l'écoulement du flux menstruel. Il constitue également l'organe de la copulation chez la femme, puisqu'il reçoit le pénis (et le sperme) au cours des rapports sexuels.

La paroi du vagin se compose de trois couches: l'*adventice,* la couche fibroélastique externe; la *musculeuse,* formée de muscle lisse; la *muqueuse,* dotée de plis transversaux appelés *rides du vagin* ou crêtes vaginales. L'épithélium de la muqueuse est un épithélium pavimenteux stratifié non kératinisé capable de supporter la friction. Il peut toutefois se kératiniser en cas de carence en vitamine A. La muqueuse vaginale ne possède pas de glandes; le vagin est lubrifié par les glandes vulvo-vaginales. Ses cellules épithéliales emmagasinent de grandes quantités de glycogène, que les bactéries résidentes du vagin transforment en acide lactique au cours d'un métabolisme anaérobie. C'est pourquoi le pH du vagin est normalement assez acide (pH de 3,5 à 4). Cette acidité protège le vagin contre les infections, mais elle est nocive pour les spermatozoïdes. (Les sécrétions des glandes bulbo-urétrales contribuent cependant à neutraliser l'acidité du vagin au moment des rapports sexuels.)

Près de l'**orifice vaginal,** la muqueuse se complexifie et forme une cloison incomplète appelée **hymen** (figure 28.14). L'hymen est très vascularisé et saigne souvent lorsqu'il est rompu au cours du premier coït (rapport sexuel). La résistance de l'hymen varie: il se rompt parfois au cours de la pratique d'un sport, lors de l'insertion d'un tampon ou durant un examen des organes pelviens. Par contre, l'hymen peut être si épais qu'il rend le coït impossible; on doit alors l'inciser au cours d'une intervention chirurgicale.

La partie supérieure du vagin entoure lâchement le col de l'utérus, ce qui forme un repli vaginal appelé **cul-de-sac du vagin.** La partie postérieure de ce repli, le *cul-de-sac postérieur,* est beaucoup plus profonde que le *cul-de-sac antérieur* et les *culs-de-sac latéraux* (voir la figure 28.11a et b). En général, la lumière du vagin est très petite et, sauf à l'endroit où le col les écarte, ses parois antérieure et postérieure se touchent. Le vagin s'étire considérablement au cours du coït et de l'accouchement, mais son étirement latéral est limité par les épines ischiatiques et les ligaments sacro-épineux.

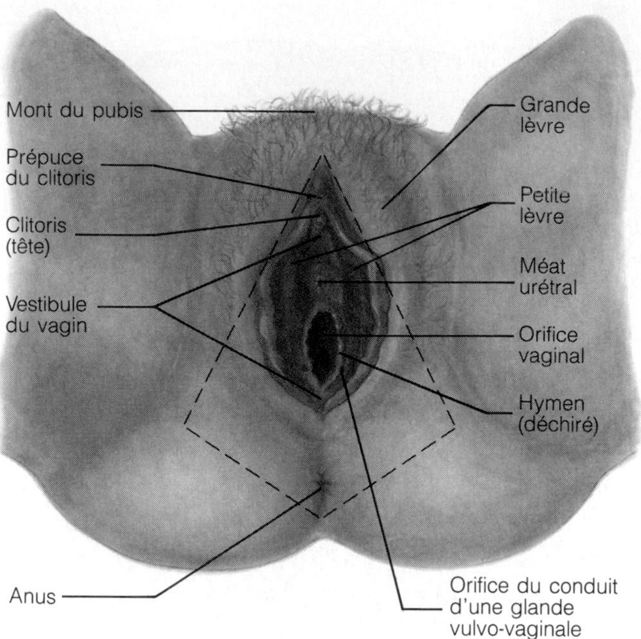

Figure 28.14 Organes génitaux externes (vulve) de la femme. Les lignes pointillées limitent le périnée.

Organes génitaux externes

Comme nous l'avons déjà mentionné, les organes génitaux situés à l'extérieur du vagin sont appelés *organes génitaux externes,* ou **vulve** (voir la figure 28.14). La vulve se compose du mont du pubis, des lèvres, du clitoris et des structures du vestibule (orifice vaginal, méat urétral et glandes vulvo-vaginales).

Le **mont du pubis,** ou mont de Vénus, est une région adipeuse arrondie qui recouvre la symphyse pubienne. Après la puberté, cette région est couverte de poils. Deux replis de peau adipeuse portant également des poils s'étendent vers l'arrière à partir du mont du pubis: ce sont les **grandes lèvres.** Les grandes lèvres sont les homologues du scrotum de l'homme (c'est-à-dire qu'elle dérivent du même tissu embryonnaire). Les grandes lèvres entourent les **petites lèvres,** deux replis de peau mince, délicate et dépourvue de poils. Les petites lèvres limitent une région appelée **vestibule,** qui contient le méat urétral à l'avant et l'orifice vaginal vers l'arrière. De part et d'autre de l'orifice vaginal, on trouve les **glandes vulvo-vaginales (glandes de Bartholin),** les homologues des glandes bulbo-urétrales de l'homme. Ces glandes sécrètent dans le vestibule un mucus qui l'humidifie et le lubrifie, ce qui facilite le coït.

Le **clitoris** est situé juste devant le vestibule. Le clitoris est une petite structure saillante, composée essentiellement de tissu érectile et homologue au gland du pénis de l'homme. Il est recouvert du **prépuce du clitoris,** formé par l'union des petites lèvres. Le clitoris est richement innervé par des terminaisons sensitives sensibles au toucher, et la stimulation tactile le fait gonfler et entrer en érection; ce phénomène contribue à l'excitation sexuelle chez la femme. Comme le pénis, le clitoris possède des corps érectiles postérieurs (corps caverneux), mais il n'a pas de corps spongieux. Chez l'homme, l'urètre transporte l'urine et le sperme et passe à l'intérieur du pénis. Les voies urinaires et génitales de la femme sont au contraire complètement séparées, et ne passent pas dans le clitoris.

Le **périnée** de la femme est une région en forme de losange située entre l'extrémité antérieure des lèvres, l'anus et les tubérosités ischiatiques. Les tissus mous du périnée sont sus-jacents aux muscles du détroit inférieur du bassin; les extrémités postérieures des grandes lèvres sont sus-jacentes au *centre tendineux du périnée,* où s'insèrent la majorité des muscles qui soutiennent le plancher pelvien (voir le chapitre 10).

Glandes mammaires

Les **glandes mammaires** sont présentes chez les deux

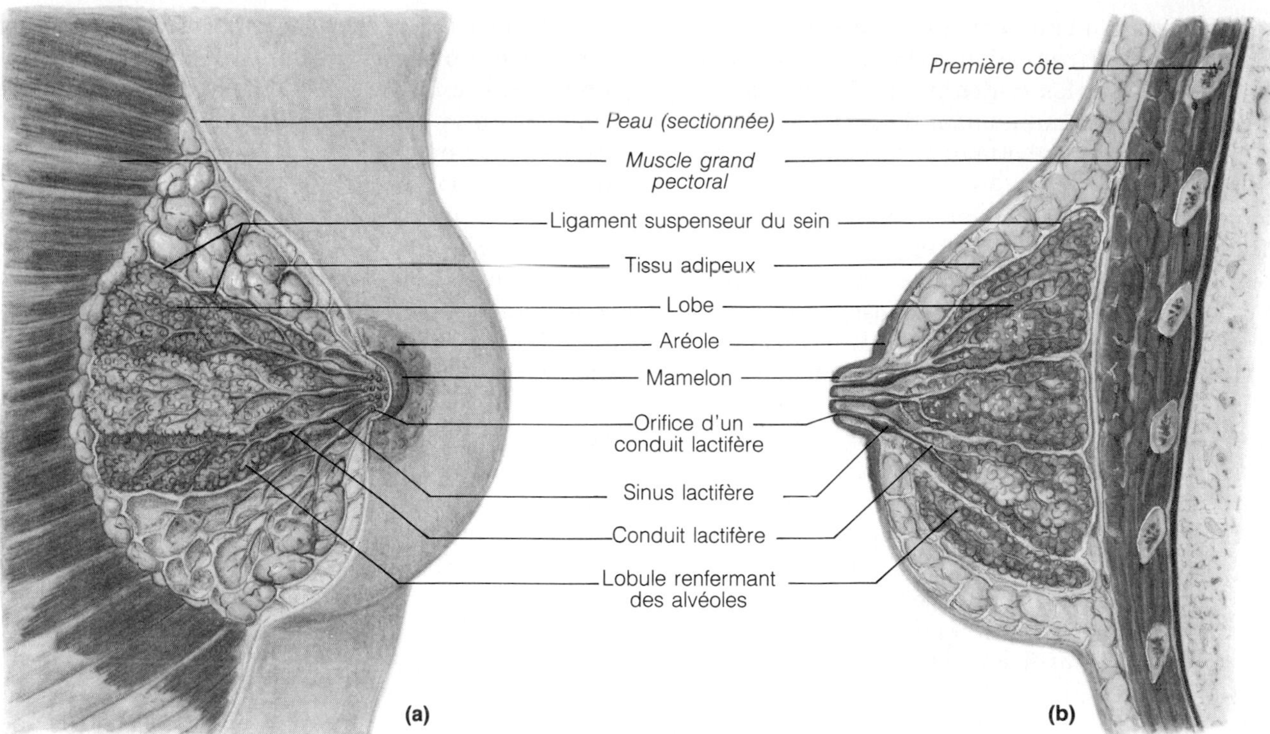

Figure 28.15 Structure de la glande mammaire en période de lactation. (**a**) Vue antérieure d'un sein partiellement disséqué. (**b**) Coupe sagittale d'un sein.

sexes, mais elles sont fonctionnelles seulement chez les femmes (figure 28.15). Comme le rôle biologique des glandes mammaires est de produire du lait pour nourrir le bébé, leur rôle commence en fait quand la reproduction a déjà été accomplie.

Au point de vue du développement, les glandes mammaires sont des glandes exocrines apparentées aux glandes sudoripares et elles font en réalité partie de la *peau,* ou *système tégumentaire.* Chaque glande mammaire est localisée dans un sein, structure arrondie recouverte de peau située devant les muscles pectoraux du thorax. Légèrement au-dessous du centre de chaque sein, on retrouve un cercle de peau pigmentée appelé **aréole,** qui entoure une protubérance centrale, le **mamelon.** La surface de l'aréole est bosselée à cause de la présence de grosses glandes sébacées, qui sécrètent du sébum lubrifiant l'aréole et le mamelon au cours de l'allaitement. Le système nerveux autonome régit les fibres musculaires lisses de l'aréole et du mamelon : il provoque l'érection du mamelon lorsque celui-ci reçoit des stimulus tactiles ou sexuels ou qu'il est exposé au froid.

Chaque glande mammaire se compose de 15 à 25 **lobes** disposés en rayons à partir du mamelon. Les lobes sont coussinés et séparés les uns des autres par du tissu conjonctif fibreux et du tissu adipeux. Le tissu conjonctif interlobaire forme les **ligaments suspenseurs du sein**, qui fixent le sein au fascia musculaire sous-jacent et à la peau sus-jacente. Les ligaments suspenseurs du sein constituent une sorte de soutien-gorge naturel. Les lobes se divisent en unités plus petites appelées **lobules**, qui renferment les **alvéoles** de tissu glandulaire produisant le lait quand la femme allaite. Les glandes alvéolaires composées sécrètent le lait dans les **conduits lactifères** qui s'ouvrent par un pore à la surface du mamelon. Juste avant d'arriver à l'aréole, chaque conduit lactifère se dilate pour former un **sinus lactifère.** Le lait s'accumule dans ces sinus entre les tétées. Le mécanisme et la régulation de la lactation sont décrits au chapitre 29.

Cette description des glandes mammaires ne s'applique qu'aux femmes qui allaitent ou qui sont au dernier trimestre de la grossesse. Chez la femme non enceinte, les structures glandulaires ne sont pas développées et le réseau de conduits est rudimentaire. Le volume des seins dépend donc surtout de la quantité de tissu adipeux qu'ils contiennent.

Le cancer du sein est la deuxième cause de décès chez les Américaines. Une femme sur dix souffrira un jour de cette maladie, et une sur vingt en mourra. Étant donné que la majorité des masses aux seins sont découvertes par la femme au cours d'un auto-examen des seins, la pratique mensuelle de cet examen devrait faire partie des habitudes de vie de toutes les femmes. ■

Physiologie du système génital de la femme

Ovogenèse

Chez l'homme, la production des gamètes commence

à la puberté et se poursuit durant toute la vie, comme nous l'avons déjà expliqué. La situation est très différente chez la femme. En effet, tous les ovules qu'une femme pourra libérer sont déjà formés au moment de sa naissance, et elle les libérera entre la puberté et la ménopause (qui a lieu vers 50 ans).

La méiose, le type de division nucléaire spécialisé qui se produit dans les testicules, a également lieu dans les ovaires. La méiose produit les cellules sexuelles femelles pendant un processus appelé **ovogenèse** («génération d'un œuf»). Le processus de l'ovogenèse, représenté à la figure 28.16, commence au cours du développement fœtal.

Chez le fœtus de sexe féminin, les **ovogonies,** cellules germinales diploïdes des ovaires qui correspondent aux spermatogonies des testicules, se multiplient rapidement par mitose. Les ovogonies entrent alors en période de croissance et s'installent dans des réserves de nutriments. Des *follicules primordiaux* (voir la figure 28.12a) commencent ensuite à se développer, à mesure que les ovogonies se transforment en **ovocytes de premier ordre** et s'entourent d'une seule couche de cellules folliculaires plates. L'ADN des ovocytes de premier ordre se réplique et la première division méiotique débute, mais elle se bloque vers la fin de la prophase I. Beaucoup d'ovocytes de premier ordre dégénèrent avant la naissance. Ceux qui subsistent occupent la région corticale de l'ovaire immature. À sa naissance, la femme possède déjà tous ses ovocytes de premier ordre (environ 700 000), chacun situé dans un follicule primordial et attendant la possibilité de poursuivre la méiose et de produire un ovule fonctionnel. Étant donné qu'ils demeurent dans cette sorte d'hibernation pendant toute l'enfance, leur attente est très longue: au moins 10 à 14 ans!

À partir de la puberté, un petit nombre d'ovocytes de premier ordre sont activés et commencent à croître chaque mois. Un seul sera «choisi» pour poursuivre la méiose I. Il donnera finalement deux cellules haploïdes (possédant chacune 23 chromosomes répliqués) de grosseur très différente. La plus petite de ces cellules est appelée **premier globule polaire**; la plus grosse est l'**ovocyte de deuxième ordre.** Le processus de cette première division méiotique est intéressant. Un fuseau de division se forme à l'extrême bord de l'ovocyte (voir la figure 28.16, à gauche), tous les organites quittent cette région, et une petite saillie dans laquelle les chromosomes du globule polaire seront repoussés apparaît à cette extrémité. Ce mécanisme établit la polarité de l'ovocyte et assure que le globule polaire ne reçoit pratiquement pas d'organites ni de cytoplasme.

Le premier globule polaire subit habituellement la méiose II, ce qui produit deux globules polaires encore plus petits que lui. Quant à l'ovocyte de deuxième ordre, il s'arrête chez les humains en métaphase II; c'est cette cellule (et non un ovule fonctionnel) qui est expulsée au moment de l'ovulation. Si aucun spermatozoïde ne pénètre dans l'ovocyte de deuxième ordre, celui-ci dégénère. Par contre, en cas de pénétration par un spermatozoïde, l'ovocyte de deuxième ordre termine la méiose II, ce qui donne un gros **ovule** et un minuscule **deuxième globule polaire** (voir la figure 28.16). La fin de la méiose II et l'union de l'ovocyte et du noyau du spermatozoïde sont décrits au chapitre 29. Ce que vous devez retenir dès maintenant c'est que l'ovogenèse produit en général trois minuscules globules polaires ne possédant presque pas de cytoplasme et un gros ovule. Toutes ces cellules sont haploïdes, mais seul l'ovule est un *gamète fonctionnel.* L'ovogenèse est donc bien différente de la spermatogenèse, où la méiose produit quatre gamètes viables (spermatozoïdes).

Grâce aux divisions inégales du cytoplasme au cours de l'ovogenèse, l'ovule fécondé possède des réserves de nutriments suffisantes pour l'alimenter pendant son trajet de sept jours de l'ovaire jusqu'à l'utérus. Les globules polaires dégénèrent et meurent, car ils possèdent trop peu de cytoplasme (et donc de nutriments). Puisque la femme est en âge de procréer pendant un maximum de 45 ans (en moyenne de 11 à 55 ans) et qu'elle n'a normalement qu'une ovulation par mois, seulement 400 à 500 de ses 700 000 ovocytes seront libérés. La nature a donc prévu une réserve plus que suffisante de cellules sexuelles.

Cycle ovarien

Aux fins de notre exposé, nous diviserons le **cycle ovarien** en trois phases. La **phase folliculaire** est la période de croissance du follicule, qui s'étend du jour 1 au jour 10 du cycle; la **phase ovulatoire** va du jour 11 au jour 14 et se termine par l'ovulation; la **phase lutéale** est la période d'activité du corps jaune, s'étendant des jours 14 à 28. Le cycle ovarien «typique» recommence à intervalles de 28 jours, et l'ovulation se produit au milieu du cycle. Cependant, des cycles aussi longs que 40 jours et aussi courts que 21 jours sont courants. Dans ces cycles, la longueur de la phase folliculaire et le moment de l'ovulation varient, mais la phase lutéale reste la même, c'est-à-dire qu'il y a toujours 14 jours entre l'ovulation et la fin du cycle. Nous décrirons plus loin la régulation hormonale de ces phénomènes. Étudions maintenant le processus qui se déroule chaque mois dans l'ovaire (figure 28.17).

Phase folliculaire

La maturation du follicule primordial se fait en plusieurs étapes, représentées à la figure 28.17, numéros 1 à 6.

Un follicule primordial se transforme en follicule primaire. Quand la maturation du follicule primordial (1) est déclenchée, les cellules de type pavimenteux qui entourent l'ovocyte de premier ordre croissent et deviennent cubiques, et l'ovocyte grossit. Le follicule s'appelle maintenant follicule primaire (2).

Un follicule primaire se transforme en follicule secondaire. Ensuite, les cellules folliculaires prolifèrent jusqu'à ce qu'elles forment un épithélium stratifié

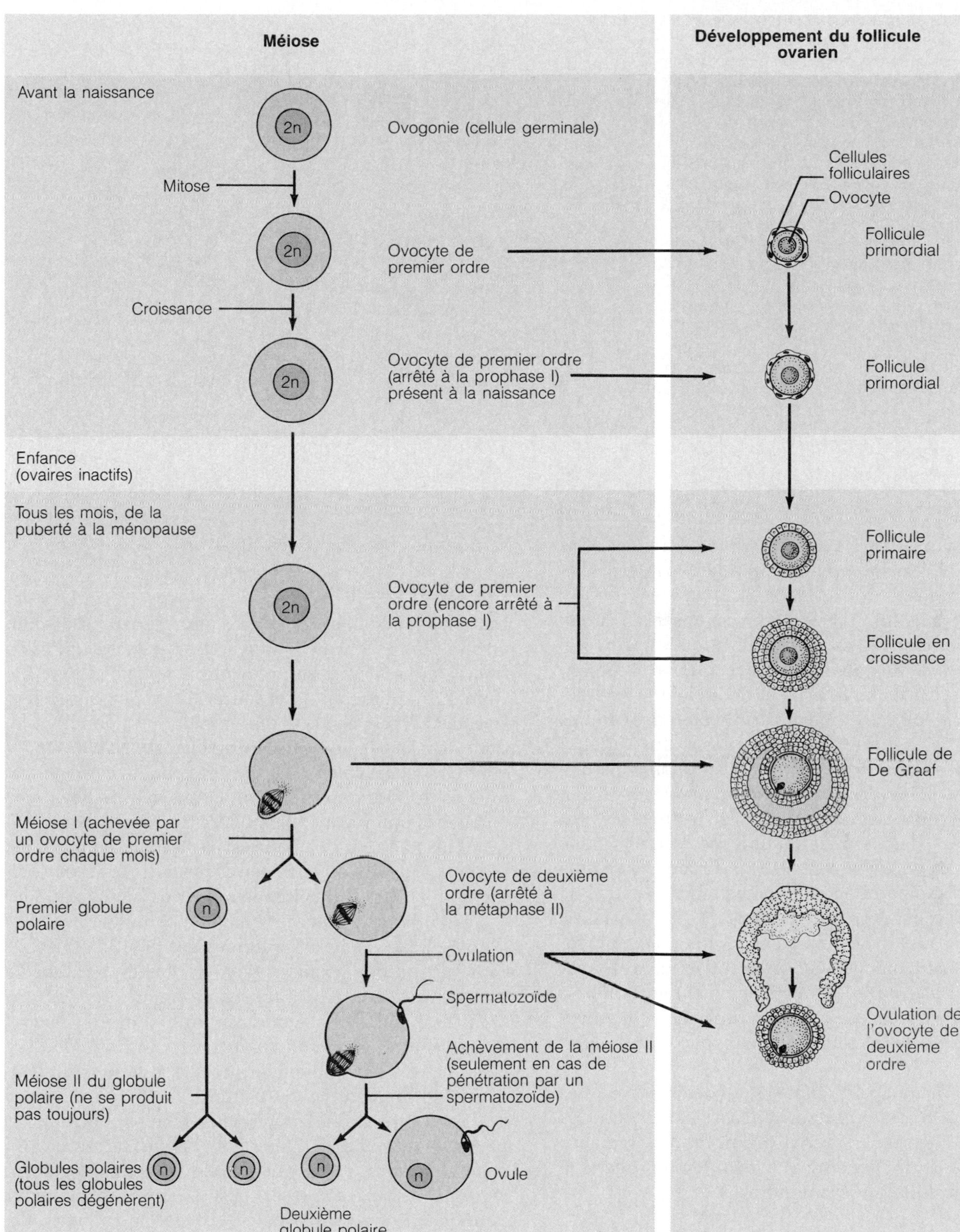

Figure 28.16 Ovogenèse. À gauche, schéma de la méiose. À droite, corrélation avec le développement du follicule et l'ovulation.

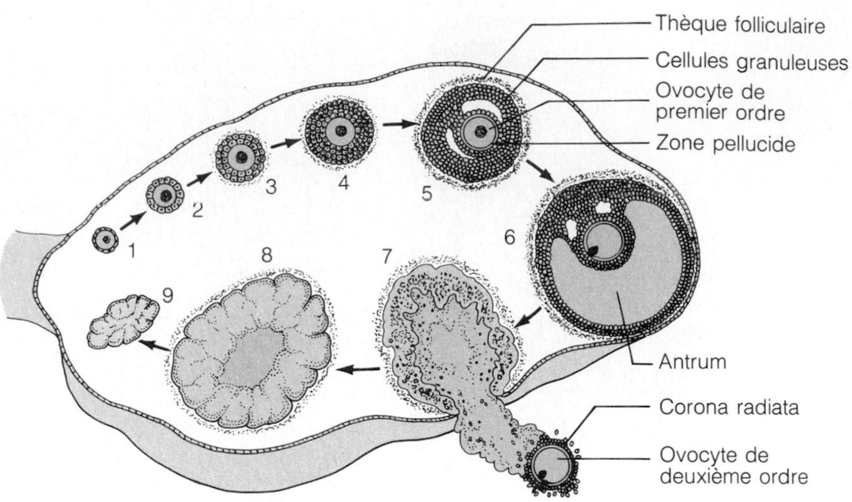

Figure 28.17 Cycle ovarien: développement des follicules ovariens. Les nombres sur le schéma indiquent le déroulement du développement folliculaire, et *non* les mouvements du follicule dans l'ovaire. (1) Follicule primordial renfermant un ovocyte de premier ordre entouré de cellules aplaties. (2) Follicule primaire renfermant un ovocyte de premier ordre. (3-4) Follicule primaire en développement. Ce follicule sécrète des œstrogènes pendant son processus de maturation. (5) Follicule secondaire pendant la formation de l'antrum. (6) Follicule de De Graaf mûr, prêt à l'ovulation. La méiose I, qui donne l'ovocyte de deuxième ordre et le premier globule polaire, se produit dans le follicule de De Graaf. (7) Follicule rompu et ovocyte de deuxième ordre après l'ovulation. Il est entouré de sa corona radiata de cellules granuleuses. (8) Corps jaune, formé sous l'influence de la LH à partir du follicule rompu, produisant de la progestérone (et des œstrogènes). (9) Corpus albicans.

autour de l'ovocyte (3). Aussitôt qu'il y en a plus d'une couche, les cellules folliculaires prennent le nom de cellules granuleuses.

À l'étape suivante (4), le tissu conjonctif du cortex de l'ovaire commence à se condenser autour du follicule, ce qui forme la **thèque folliculaire** (*thêkê* = boîte), constituée de la thèque interne et de la thèque externe. Pendant que le follicule grossit par division des cellules granuleuses, les cellules thécales et les cellules granuleuses collaborent pour produire des œstrogènes (les cellules de la thèque interne sécrètent des androgènes, que les cellules granuleuses convertissent en œstrogènes). Au même moment, les cellules granuleuses sécrètent une substance riche en glycoprotéines qui forme une épaisse membrane transparente appelée **zone pellucide** autour de l'ovocyte. Les cellules granuleuses restent cependant liées à la membrane de l'ovocyte par des prolongements cytoplasmiques. Ces prolongements peuvent permettre (1) aux œstrogènes d'atteindre l'ovocyte et/ou (2) aux cellules granuleuses de transmettre les effets de la LH, qui provoque la poursuite de la méiose chez l'ovocyte de premier ordre.

Au cours de l'étape suivante (5), des cavités remplies de liquide translucide commencent à se former entre les cellules granuleuses. Elles se rejoindront plus tard pour constituer l'antrum, pendant que le follicule primaire se transforme en follicule secondaire.

Un follicule secondaire se transforme en follicule de De Graaf. Pendant que l'antrum continue à se gonfler de liquide, l'ovocyte, entouré de sa capsule granuleuse appelée **corona radiata,** s'isole sur un pédicule situé à un pôle du follicule. Quand le follicule a atteint ses dimensions maximales (environ 2,5 cm de diamètre), il s'appelle follicule de De Graaf, ou follicule ovarique mûr (6). À ce stade, il fait saillie comme un furoncle à la surface externe de l'ovaire; ce phénomène se produit après au moins dix jours de croissance.

Phase ovulatoire

Entre les jours 10 et 14, le gros antrum central devient encore plus gonflé de liquide et des cavités remplies de liquide apparaissent entre la corona radiata et l'épithélium folliculaire qui l'entoure. Ce processus libère l'ovocyte et sa capsule granuleuse du reste du follicule. Cette dernière étape de la maturation du follicule est marquée par l'achèvement de la méiose I par l'ovocyte de premier ordre. Cette division donne l'ovocyte de deuxième ordre et le premier globule polaire (voir la figure 28.16). Le minuscule globule polaire est éjecté entre la membrane plasmique de l'ovocyte de deuxième ordre et la zone pellucide (6). Tout est maintenant prêt pour l'ovulation.

L'**ovulation** se produit quand la paroi de l'ovaire se rompt au site de la saillie formée par le follicule de De Graaf et qu'elle expulse dans la cavité péritonéale l'ovocyte de deuxième ordre encore entouré de sa *corona radiata* (7). Certaines femmes souffrent d'un élancement au bas-ventre lorsque l'ovulation a lieu. Cette douleur serait causée par l'étirement prononcé de la paroi ovarienne au moment de l'ovulation.

Les ovaires d'une femme adulte contiennent toujours plusieurs follicules à différents stades de maturation. En général, un des follicules surpasse les autres et devient le *follicule dominant.* Il sera le seul à être tout à fait mûr au moment où le stimulus de l'ovulation est émis. On ne sait pas comment ce follicule est choisi, ou comment il parvient à dominer. Les autres follicules subissent alors une dégénérescence, ou *atrésie,* et prennent le nom de *follicules atrésiques.* Dans 1 ou 2 % de toutes les ovulations, plus d'un ovocyte est expulsé, ce qui peut causer une grossesse multiple. Puisque des ovocytes différents sont fécondés par des spermatozoïdes différents, les bébés sont de *faux jumeaux* ou *jumeaux dizygotes.* (Les jumeaux identiques, ou jumeaux monozygotes, proviennent d'un seul ovocyte fécondé par un seul spermatozoïde, les cellules filles de l'ovule fécondé s'étant séparées au début du développement.)

Phase lutéale

Après l'ovulation et l'évacuation du liquide de l'antrum, le follicule rompu s'affaisse et l'antrum se remplit de sang coagulé, qui finit par se résorber. Les cellules granuleuses augmentent de volume et, avec les cellules de la thèque interne, elles composent une nouvelle glande endocrine bien particulière, le *corps jaune* (voir la figure 28.17, 8). Dès sa formation, le corps jaune commence à sécréter de la progestérone et un peu d'œstrogènes. Son destin dépend de celui de l'ovocyte. S'il n'y a pas de grossesse, le corps jaune commence à dégénérer après environ 10 jours et cesse alors de produire des hormones. Il n'en restera qu'une masse de tissu cicatriciel (9), appelée *corpus albicans* (qui signifie littéralement «corps blanc»). Quand l'ovocyte est fécondé et qu'il y a une grossesse, le corps jaune subsiste jusqu'à ce que le placenta soit prêt à élaborer des hormones à sa place.

Régulation hormonale du cycle ovarien

Parce qu'il est régi par deux hormones interactives sécrétées selon un mode cyclique, le fonctionnement des ovaires est beaucoup plus complexe que celui des testicules. Cependant, la régulation hormonale qui s'établit au moment de la puberté est semblable chez les deux sexes. La gonadolibérine (LH-RH), les gonadotrophines hypophysaires (FSH et LH) et, chez la femme, les œstrogènes et la progestérone interagissent afin de produire le cycle de la croissance folliculaire et celui de l'apparition et de la disparition des corps jaunes.

Apparition du cycle ovarien

Pendant toute l'enfance, les ovaires croissent et sécrètent continuellement un peu d'œstrogènes, qui inhibent la libération de LH-RH par l'hypothalamus. À l'approche de la puberté, l'hypothalamus devient moins sensible aux œstrogènes et commence à sécréter de la LH-RH selon un mode cyclique. La LH-RH stimule la libération de FSH et de LH par l'adénohypophyse. Ce sont ces deux hormones qui agissent sur les ovaires.

Pendant environ quatre ans, le taux de gonadotrophines augmente graduellement, mais la fille n'ovule pas et ne peut pas, par conséquent, devenir enceinte. À un moment donné, le cycle de sécrétion de l'adulte est atteint, et les interactions hormonales se stabilisent. C'est alors que la jeune femme a sa première menstruation, aussi appelée **ménarche.** Pendant les deux premières années qui suivent la ménarche, plusieurs cycles seront anovulatoires. Généralement, ce n'est qu'à la troisième année que les cycles deviennent réguliers et que la phase lutéale commence à avoir sa durée normale de 14 jours.

Interactions hormonales au cours du cycle ovarien

La croissance folliculaire et la maturation de l'ovocyte sont régies par l'interaction de l'hormone folliculostimulante (FSH), de l'hormone lutéinisante (LH) et des œstrogènes. Voici, telles qu'on les comprend aujourd'hui, les variations des hormones adénohypophysaires et des hormones ovariennes ainsi que les rétro-inhibitions et rétroactivations qui règlent la fonction ovarienne. Les paragraphes 1 à 8 correspondent aux étapes numérotées de 1 à 8 dans la figure 28.18. On a pris pour acquis que le cycle dure 28 jours.

1. Le jour 1 du cycle, l'augmentation du taux de LH-RH sécrétée par l'hypothalamus stimule la sécrétion et la libération de FSH et de LH par l'adénohypophyse.

2. La FSH et la LH stimulent la croissance et la maturation du follicule. La FSH agit surtout sur les cellules folliculaires, alors que la LH agit plus spécifiquement sur les cellules thécales (du moins au début). (On n'a pas encore réussi à élucider pourquoi seuls *certains* follicules sont sensibles à ces stimulus hormonaux. Cependant, il est à peu près sûr que l'augmentation de leur réponse est liée à l'augmentation du nombre de récepteurs des gonadotrophines.) Quand le follicule a grossi, il commence à sécréter des œstrogènes, sous l'action de la LH *et* de la FSH. La LH stimule les cellules thécales, qui sécrètent alors des androgènes diffusant à travers la membrane basale jusqu'aux cellules granuleuses. Les androgènes y sont transformés en œstrogènes par les cellules granuleuses sensibilisées par la FSH. Seule une infime quantité d'androgènes pénètre dans la circulation sanguine, car ils sont presque totalement transformés en œstrogènes dans les ovaires.

3. À mesure que la concentration plasmatique d'œstrogènes augmente, elle exerce une *rétro-inhibition* sur l'adénohypophyse.* Cette rétroaction empêche l'hypophyse de libérer davantage de FSH et de LH, mais elle la pousse à synthétiser et à accumuler ces gonadotrophines. Dans l'ovaire, les œstrogènes renforcent l'effet de la FSH sur la croissance et la maturation du follicule, et augmentent ainsi la sécrétion d'œstrogènes.

4. La petite augmentation initiale du taux sanguin d'œstrogènes inhibe l'axe hypothalamo-hypophysaire, tandis que le taux élevé d'œstrogènes a l'effet contraire. Lorsque la concentration d'œstrogènes atteint un certain seuil, elle exerce une rétroactivation sur l'hypothalamus et l'adénohypophyse.

5. Les effets stimulants des concentrations élevées d'œstrogènes déclenchent une cascade d'événements. Ils provoquent d'abord la brusque libération de la LH (et, dans une certaine mesure, de la FSH) accumulée par l'adénohypophyse. Ce phénomène se produit à peu près au milieu du cycle (voir également la figure 28.19a).

---

* Certaines données montrent que l'*inhibine*, sécrétée par les cellules granuleuses, exercerait aussi une rétro-inhibition sur la libération de FSH au cours de cette période.

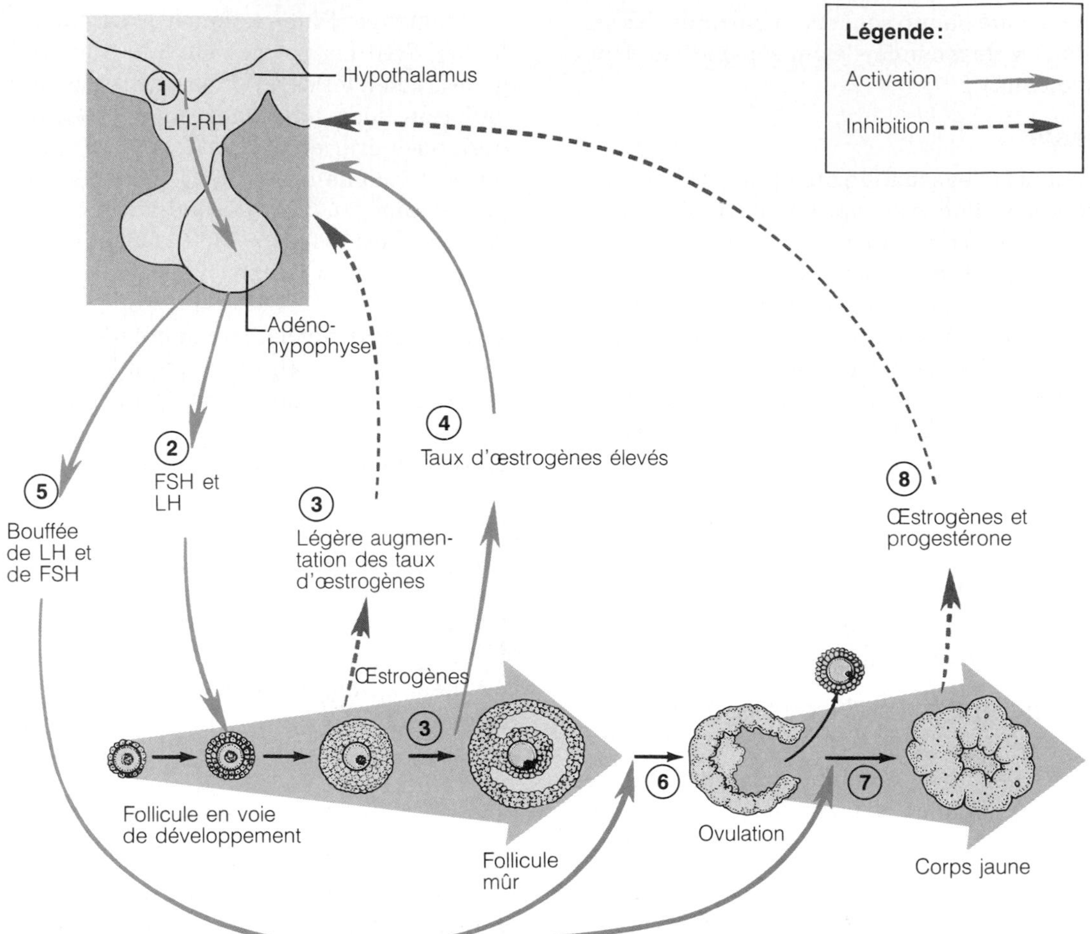

Figure 28.18 Enchaînement des rétroactions réglant la fonction ovarienne. Les nombres renvoient aux phénomènes décrits dans le texte. Les phénomènes postérieurs à l'étape 8 (rétro-inhibition de l'hypothalamus et de l'adénohypophyse par la progestérone et les œstrogènes) ne sont pas représentés; ils entraînent une dégénérescence progressive du corps jaune et, par conséquent, une baisse de la production d'hormones ovariennes. Les hormones ovariennes atteignent leurs niveaux plasmatiques les plus bas vers le jour 28.

6. La bouffée de LH provoque la reprise de la méiose dans l'ovocyte de premier ordre du follicule mûr, qui termine alors la première division méiotique. L'ovocyte de deuxième ordre ainsi formé se rend jusqu'à la métaphase II. La LH déclenche également les phénomènes qui mènent à la rupture de la paroi ovarienne, et l'ovulation se produit le jour 14 ou vers ce jour. La LH entraîne peut-être la synthèse d'enzymes protéolytiques, mais, quel que soit le mécanisme de l'ovulation, on sait qu'elle est imminente lorsque le liquide folliculaire s'accumule très rapidement dans l'antrum. Le ralentissement, puis l'arrêt de la circulation sanguine dans la région saillante du follicule succède à ce phénomène. En moins de cinq minutes, cette région s'amincit et forme une projection conique appelée *stigma,* qui se rompt ensuite brusquement. On ne connaît pas le rôle de la FSH dans ce processus (si elle en a un). Peu après l'ovulation, le taux d'œstrogènes commence à descendre, ce qui traduit probablement les dommages subis par le follicule dominant (qui sécrète des œstrogènes) pendant l'ovulation.

7. La LH favorise également la transformation du follicule rompu en corps jaune. La LH stimule le corps jaune de sorte qu'il produit de la progestérone et une plus petite quantité d'œstrogènes presque aussitôt après sa formation.

8. L'augmentation des concentrations sanguines de progestérone et d'œstrogènes exerce une puissante rétro-inhibition sur la libération de la LH et de la FSH par l'adénohypophyse. Au cours de la phase lutéale, la baisse de la LH et de la FSH empêche le développement de nouveaux follicules. La baisse de la LH prévient en outre la libération d'autres ovocytes.

9. La diminution graduelle du taux sanguin de LH supprime le stimulus de l'activité du corps jaune, qui commence alors à dégénérer. L'arrêt de l'activité du corps jaune s'accompagne de l'arrêt de la sécrétion d'hormones ovariennes, et les concentrations sanguines d'œstrogènes et de progestérone diminuent brusquement. (Si un embryon s'est implanté dans l'utérus, l'activité du corps jaune est maintenue par une hormone semblable à la LH, la *gonadotrophine chorionique humaine,* sécrétée par l'embryon.)

10. Une diminution prononcée des hormones ovariennes à la fin du cycle (jours 26 à 28) met fin à l'inhibition de la sécrétion de FSH et de LH, et un nouveau cycle peut se mettre en place.

Cycle menstruel

Même si l'utérus est une cavité destinée à l'implantation et au développement de l'embryon, il n'est réceptif à l'embryon que pendant une très courte période chaque mois. Il n'est pas étonnant que ce bref intervalle coïncide exactement avec le moment où l'embryon en voie de développement atteint normalement l'utérus, environ sept jours après l'ovulation. Le **cycle menstruel** est la série de modifications cycliques subies par l'endomètre, mois après mois, en réponse aux variations des concentrations sanguines des hormones ovariennes. En effet, les modifications de l'endomètre sont réglées et coordonnées par les taux d'œstrogènes et de progestérone libérés au cours du cycle ovarien.

Les trois phases du cycle menstruel sont (1) la **phase menstruelle** ou **menstruation,** (2) la **phase proliférative** et (3) la **phase sécrétoire.** En résumé, la phase menstruelle est la desquamation de l'endomètre et la phase proliférative, sa reconstitution. Ces deux phénomènes se produisent avant l'ovulation. La phase sécrétoire, qui commence immédiatement après l'ovulation, enrichit l'apport sanguin de l'endomètre et lui fournit les nutriments le préparant à accueillir l'embryon.

La figure 28.19 décrit le cycle menstruel et montre comment sont coordonnés les phénomènes locaux et hormonaux des cycles ovarien et menstruel. Remarquez que la phase menstruelle et la phase proliférative du cycle menstruel correspondent à la phase folliculaire et à la phase ovulatoire du cycle ovarien, alors que la phase sécrétoire correspond à la phase lutéale.

L'activité physique très intense peut retarder la ménarche chez la jeune fille ou perturber le cycle menstruel chez la femme adulte. Elle peut même être une cause d'*aménorrhée,* ou absence de menstruation. Ce problème semble provoqué, d'une part, par le faible pourcentage de tissu adipeux chez les athlètes, car les graisses contribuent à la transformation des androgènes surrénaliens en œstrogènes. D'autre part, les programmes d'entraînement très rigoureux semblent «bloquer» la régulation hypothalamique. On pense que ces effets sont tout à fait réversibles une fois que l'entraînement est abandonné. Malheureusement, les périodes d'aménorrhée provoquent chez de jeunes femmes en bonne santé la perte de masse osseuse qu'on observe en général chez les femmes âgées. La perte de matière osseuse commence dès la baisse des taux d'œstrogènes et l'arrêt du cycle menstruel (que ce soit à cause d'une maladie, de la ménopause ou de l'exercice). C'est pourquoi on conseille actuellement aux athlètes de porter leur apport quotidien de calcium à 1,5 g, la quantité approximative de calcium dans un litre de lait. ■

Effets extra-utérins des œstrogènes et de la progestérone

Les œstrogènes sont les analogues de la testostérone, c'est-à-dire qu'ils sont responsables de l'activité sexuelle chez la femme. L'augmentation des taux d'œstrogènes au cours de la puberté stimule l'ovogenèse et la croissance des follicules ovariens; elle exerce également des effets anabolisants sur les organes génitaux de la femme (voir le tableau 28.1). Les trompes utérines, l'utérus et le vagin deviennent plus gros et fonctionnels, c'est-à-dire capables de soutenir une grossesse. La motilité des trompes et de l'utérus augmente; la muqueuse du vagin s'épaissit; les organes génitaux externes acquièrent leur apparence adulte et sont lubrifiés par les sécrétions glandulaires.

Les œstrogènes produisent en outre la poussée de croissance de la puberté, qui fait que les filles de 12 et 13 ans grandissent beaucoup plus vite que les garçons du même âge. Cette poussée de croissance est assez courte, parce que les œstrogènes provoquent aussi la soudure des cartilages de conjugaison des os longs, de sorte que les femmes atteignent leur taille adulte entre 15 et 17 ans. La croissance des garçons commence plus tard au cours de l'adolescence, mais elle se poursuit jusqu'à l'âge de 19 à 21 ans.

Les caractères sexuels secondaires féminins sont produits par les œstrogènes. Ces caractères comprennent: (1) le développement des seins; (2) l'augmentation des dépôts de tissu adipeux, principalement aux hanches et aux seins; (3) l'élargissement et l'allégement du bassin (en préparation à la grossesse); (4) l'apparition des poils axillaires et pubiens; (5) l'apparition de plusieurs effets métaboliques, comme l'entretien d'un taux peu élevé de cholestérol sanguin et la facilitation de la capture du calcium, qui contribuent à maintenir la densité du squelette. (Même s'ils se déclenchent sous l'action des œstrogènes au moment de la puberté, ces effets métaboliques ne sont pas de véritables caractères sexuels secondaires.)

La progestérone agit de concert avec les œstrogènes dans l'établissement et la régulation du cycle menstruel. Elle provoque en outre les modifications de la glaire cervicale. La progestérone exerce ses autres effets importants au cours de la grossesse: elle inhibe la motilité de l'utérus et prend la relève des œstrogènes dans la préparation des seins à la lactation. En fait, elle tire son nom de ces effets (*pro* = en faveur de; *gestare* = porter). Durant la majeure partie de la grossesse, c'est le placenta et non le corps jaune qui sécrète la progestérone et les œstrogènes.

Réponse sexuelle de la femme

La **réponse sexuelle de la femme** est très semblable à celle de l'homme. L'excitation sexuelle provoque l'engorgement du clitoris, de la muqueuse vaginale et des seins par du sang, l'érection des mamelons et l'augmentation

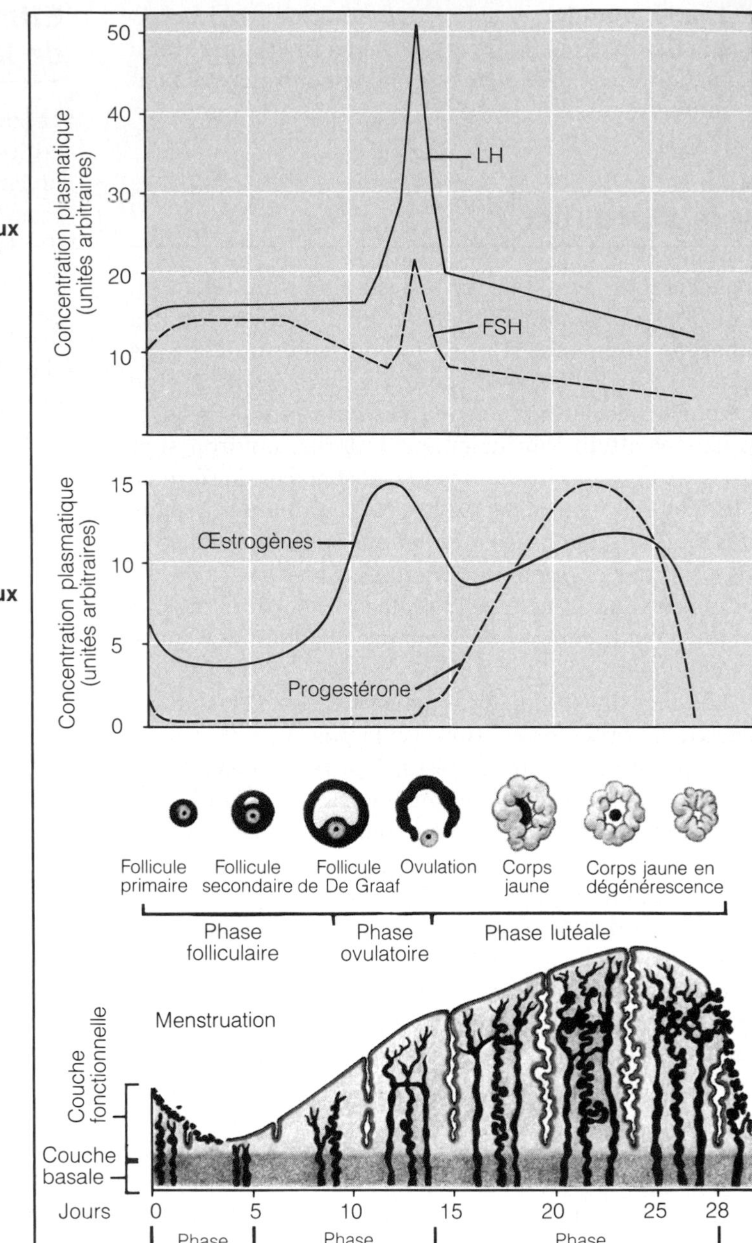

Figure 28.19 Le cycle menstruel et ses relations avec le cycle ovarien. (**a**) Les fluctuations des taux sanguins de FSH et de LH contribuent à régir les phénomènes du cycle ovarien. (**b**) Les fluctuations des taux sanguins d'hormones ovariennes provoquent les modifications de l'endomètre au cours du cycle menstruel (et produisent une rétroaction influant sur les taux de gonadotrophines). (**c, d**) Relations entre les phénomènes ovariens et utérins au cours d'un cycle de 28 jours.

Les trois étapes des modifications utérines au cours du cycle menstruel, représenté en (**d**), sont les suivantes:

1. Jours 1 à 5, **phase menstruelle.** L'épaisse couche fonctionnelle de l'endomètre utérin se détache de la paroi utérine, un processus provoquant des saignements qui durent trois à cinq jours. Le sang et les tissus qui se détachent s'écoulent dans le vagin et constituent l'écoulement menstruel; la perte sanguine moyenne se situe entre 50 et 150 mL. Pendant ce temps, les follicules ovariens commencent à sécréter des œstrogènes.

2. Jours 6 à 14, **phase proliférative.** Sous l'influence des taux accrus d'œstrogènes, l'endomètre est réparé par la couche basale. La couche fonctionnelle s'épaissit, des glandes tubulaires se forment et les artères spiralées deviennent plus nombreuses. (Voir également la figure 28.13.) La muqueuse redevient veloutée, épaisse et bien vascularisée. Les œstrogènes provoquent aussi la synthèse de récepteurs de la progestérone dans les cellules endométriales, ce qui les prépare à interagir avec la progestérone sécrétée par le corps jaune.

La glaire cervicale est normalement épaisse et collante, mais les œstrogènes la rendent claire et cristalline. Elle forme alors des canaux facilitant le passage des spermatozoïdes jusqu'à l'utérus. L'ovulation se produit dans l'ovaire à la fin de cette phase, en réponse à la brusque libération de LH par l'adénohypophyse.

3. Jours 15-28, **phase sécrétoire.** L'augmentation du niveau de progestérone, sécrétée par le corps jaune, agit sur l'endomètre sensibilisé par les œstrogènes: les artères spiralées se développent et s'enroulent et la couche fonctionnelle se transforme en muqueuse. Les glandes grossissent et commencent à sécréter du glycogène dans la cavité utérine. Ces nutriments soutiennent l'embryon en voie de développement jusqu'à ce qu'il se soit implanté dans la muqueuse très vascularisée. Le taux de progestérone accru redonne également à la glaire cervicale sa consistance visqueuse; elle formera un *bouchon muqueux* qui empêche l'entrée des spermatozoïdes et fait de l'utérus un endroit plus «intime» pour l'embryon qui commence à s'y implanter, le cas échéant.

S'il n'y a pas eu de fécondation, le corps jaune commence à dégénérer vers la fin de la phase sécrétoire, quand le taux sanguin de LH diminue. La chute du taux de progestérone prive l'endomètre de son soutien hormonal, et les artères spiralées deviennent tortueuses et présentent des spasmes. Les cellules endométriales privées d'oxygène et de nutriments commencent alors à mourir. Au moment où leurs lysosomes se rompent, la couche fonctionnelle commence à «s'autodigérer» et la menstruation peut commencer, au jour 28. La menstruation est déclenchée le jour 28 par le brusque relâchement des artères irriguant l'endomètre. Quand le sang jaillit dans les lits capillaires affaiblis, ceux-ci se fragmentent et entraînent la desquamation de la couche fonctionnelle. On est alors au premier jour d'un nouveau cycle menstruel.

de l'activité sécrétoire des glandes vulvo-vaginales, qui lubrifient le vestibule et facilitent la pénétration du pénis. Bien qu'ils soient plus dispersés, ces phénomènes sont analogues à l'*érection* chez l'homme. L'excitation sexuelle est produite par les caresses et les stimulus sexuels et elle est transmise le long des mêmes voies nerveuses autonomes que chez l'homme.

Chez la femme, la dernière phase de la réponse sexuelle, l'*orgasme,* n'est pas associée à une éjaculation, mais elle cause un accroissement de la tension musculaire dans tout le corps, une augmentation de la fréquence du pouls et de la pression artérielle, ainsi que des contractions rythmiques de l'utérus. Comme chez l'homme, l'orgasme s'accompagne d'une sensation de plaisir intense et d'une relaxation généralisée, mais la femme ressent en plus une sensation de chaleur dans tout le corps. L'orgasme n'est pas suivi d'une période de latence chez la femme, de sorte qu'elle peut ressentir plusieurs orgasmes au cours d'un seul coït. La fécondation est impossible si l'homme n'a pas d'orgasme et n'éjacule pas, alors que la conception est possible même si la femme n'a pas d'orgasme. Certaines femmes qui n'atteignent jamais l'orgasme sont en effet parfaitement capables de concevoir.

Maladies transmissibles sexuellement

Les **maladies transmissibles sexuellement (MTS),** parfois appelées *maladies vénériennes,* sont des maladies infectieuses transmises lors des contacts sexuels. Ce groupe de maladies est la plus importante source de troubles des organes génitaux. La gonorrhée et la syphilis, deux maladies bactériennes, étaient autrefois les MTS les plus courantes. Depuis dix ans, des maladies virales comme l'herpès génital et le SIDA (parfois transmis au cours du coït) ont pris le devant de la scène. Le SIDA, causé par un virus qui attaque le système immunitaire, est décrit au chapitre 22. Nous traitons ici des plus importantes MTS d'origine bactérienne (gonorrhée, syphilis et infection à *Chlamydia*) et de l'herpès génital. Le condom réduit considérablement la propagation des MTS ; c'est pourquoi son emploi est fortement conseillé depuis l'apparition du SIDA.

Gonorrhée

L'agent causal de la **gonorrhée** est *Neisseria gonorrhoeæ,* aussi appelé gonocoque, qui envahit la muqueuse des organes génitaux et urinaires. Ces bactéries sont transmises par les contacts génitaux, de même que par les contacts avec les muqueuses anales et pharyngées.

Chez l'homme, le symptôme le plus courant de la gonorrhée est l'*urétrite,* accompagnée par des mictions douloureuses et l'écoulement de pus par le méat urétral. Les symptômes sont plus variables chez les femmes : certaines n'en n'ont pas (20 % des cas), d'autres présentent un malaise abdominal, un écoulement vaginal, des saignements utérins anormaux ou, parfois, des symptômes d'urétrite semblables à ceux des hommes.

Sans traitement, la gonorrhée peut conduire à la constriction de l'urètre et à l'inflammation de toutes les voies spermatiques chez l'homme. Chez la femme, elle cause la pelvipéritonite et la stérilité. Ces complications sont rares depuis les années cinquante grâce à la découverte de la pénicilline et de certains autres antibiotiques. Malheureusement, les souches de gonocoques résistantes à ces antibiotiques sont de plus en plus courantes.

Syphilis

La **syphilis** est causée par *Treponema pallidum,* aussi appelé tréponème pâle, une bactérie hélicoïdale. Elle se transmet généralement lors des contacts sexuels. La syphilis peut aussi être congénitale, c'est-à-dire transmise au bébé par sa mère atteinte. Aux États-Unis, un nombre croissant de femmes se livrant à la prostitution pour obtenir du « crack » (un dérivé de la cocaïne) transmettent la syphilis à leur fœtus (le nombre de nouveau-nés infectés a augmenté de 50 % de 1988 à 1989). En général, les fœtus infectés par la syphilis sont mort-nés ou meurent peu après leur naissance. Le tréponème pâle pénètre facilement dans les muqueuses intactes et dans la peau abîmée et entre ensuite dans les vaisseaux lymphatiques et sanguins ; quelques heures après l'exposition, une infection asymptomatique généralisée est déclenchée. Après une période d'incubation d'une durée de deux à trois semaines en général, une lésion primaire, le *chancre* apparaît à l'endroit où la bactérie a pénétré dans le corps. Chez les hommes, le chancre apparaît habituellement sur le pénis ; chez les femmes il passe souvent inaperçu car il se trouve dans le vagin ou sur le col utérin. La lésion primaire est visible pendant une ou deux semaines, alors qu'elle s'ulcère et forme une croûte ; elle se cicatrise ensuite et disparaît.

En l'absence de traitement, les symptômes secondaires de la syphilis apparaissent quelques semaines ou quelques mois plus tard. Une roséole sur tout le corps constitue l'un des premiers symptômes. La fièvre, les douleurs articulaires et un malaise général sont fréquents. La personne peut présenter une anémie et perdre ses cheveux par plaques. Comme le stade primaire, le stade secondaire disparaît de lui-même. La maladie entre alors dans sa *phase latente,* et le seul moyen de la détecter est d'effectuer un test sérologique comme le test VDRL (« Venereal Diseases Research Laboratory »). La phase latente peut durer jusqu'à la mort de l'individu (ou le système immunitaire peut tuer la bactérie) ou se transformer un jour en *syphilis tertiaire.* Le stade tertiaire se caractérise par le développement de *gommes,* des lésions destructrices du SNC, des vaisseaux sanguins, des os et de la peau. La pénicilline, qui gêne la synthèse des parois cellulaires par les bactéries en train de se diviser, est encore le traitement de choix à tous les stades de la syphilis.

GROS PLAN La contraception: être ou ne pas être

Pour toutes sortes de raisons, les êtres humains choisissent souvent de pratiquer la contraception, ou régulation des naissances. Même si les scientifiques sont sur la piste d'un contraceptif masculin et qu'un vaccin antispermatozoïde très efficace vient d'être mis au point, la contraception est restée jusqu'à nos jours «une affaire de femmes», et la plupart des contraceptifs leur sont destinés.

La fiabilité de la méthode de contraception est capitale. Comme le montrent les flèches rouges du diagramme, les méthodes de contraception n'ont pas le même site d'action (n'exercent pas leur effet à la même étape du processus de la reproduction). Examinons comment quelques-unes des méthodes les plus courantes fonctionnent.

Les *contraceptifs oraux* (la «pilule») sont la méthode de contraception la plus populaire en Amérique du Nord. Ces préparations renferment d'infimes quantités d'œstrogènes et de progestatifs (des hormones semblables à la progestérone). Elles sont prises tous les jours sauf les cinq derniers jours du cycle de 28 jours. Ces hormones «endorment» l'axe hypothalamo-hypophysaire en créant des taux relativement constants d'hormones ovariennes, comme si la femme était enceinte (des œstrogènes et de la progestérone sont produits pendant toute la grossesse). Aucun follicule ovarien ne se développe, et l'ovulation cesse. L'endomètre prolifère légèrement et se desquame lorsque la prise des comprimés est interrompue, mais l'écoulement menstruel est peu abondant. Cependant, l'équilibre hormonal est une fonction physiologique réglée avec une très grande précision, et certaines femmes ne supportent pas les changements produits par les contraceptifs oraux: elles souffrent de nausées et d'hypertension. On a déjà cru que la pilule augmentait les risques de cancer du sein et de l'utérus, mais il semble que les nouveaux contraceptifs oraux à faible dose représenteraient plutôt une protection contre le cancer de l'ovaire et de l'endomètre. (Les indications sont moins évidentes en ce qui concerne le cancer du sein.)

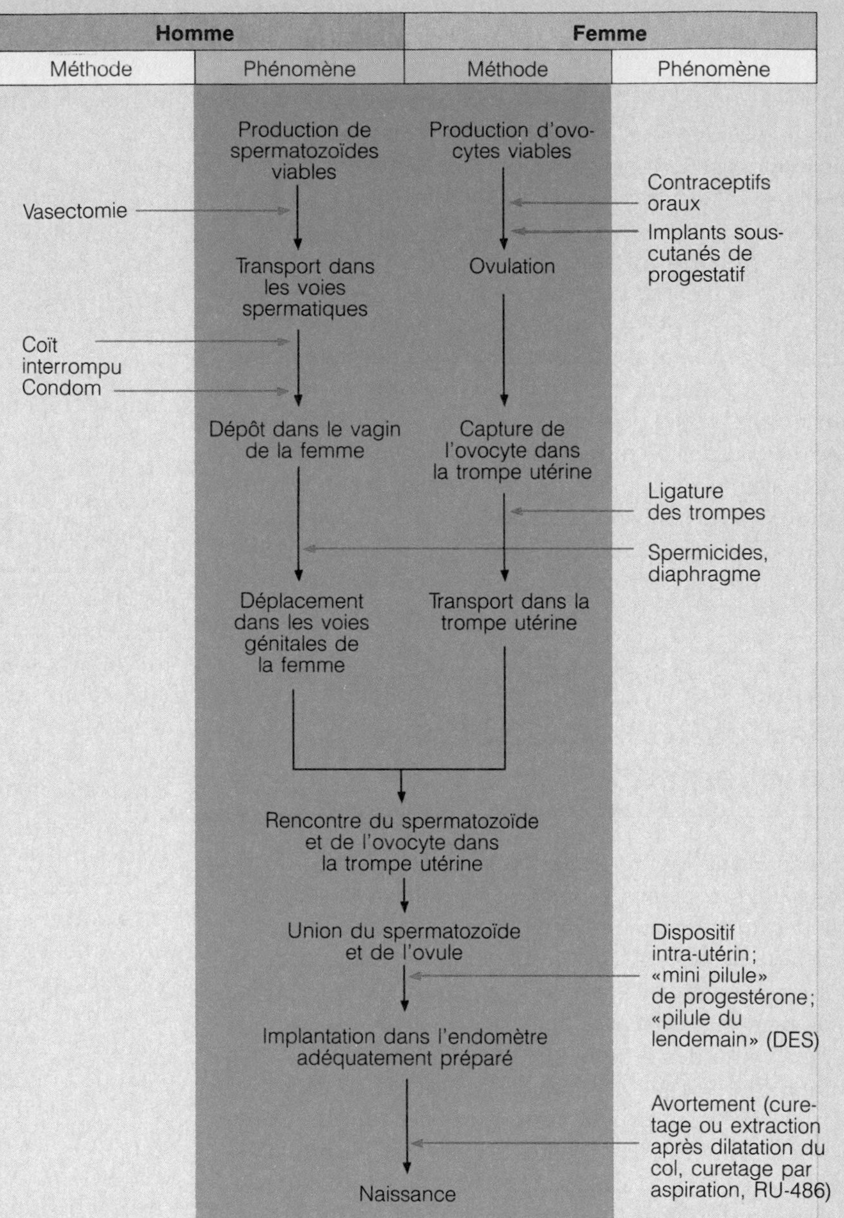

Diagramme des phénomènes composant le processus qui mène à la naissance d'un bébé. Les méthodes et les produits qui interrompent ce processus sont indiqués par des flèches de couleur pointant vers le site de leur action.

La fréquence des effets cardiovasculaires graves, comme les accidents vasculaires cérébraux, les crises cardiaques et les thrombophlébites, qui survenaient (rarement) avec les anciennes préparations ont également été réduites. Plus de 50 millions de femmes utilisent actuellement les contraceptifs oraux pour prévenir la grossesse. Leur taux d'échec est de 6 grossesses par 100 femmes par année. Les contraceptifs oraux pourraient bien être remplacés par des implants insérés sous la peau. L'implant Norplant, composé de cinq petits bâtonnets de silicone qui libèrent un progestatif sur une période de cinq ans, a été approuvé en 1990 aux États-Unis, mais il est encore à l'étude au Canada.

Pendant plusieurs années, la deuxième méthode de contraception a été le *dispositif intra-utérin,* couramment appelé stérilet. Insérés dans l'utérus, ces dispositifs de plastique ou de métal empêchent l'implantation de l'ovule fécondé dans l'endomètre. Les dispositifs intra-utérins ont un taux d'échec presque aussi faible que celui de la pilule, mais plusieurs fabricants les ont retirés du marché à cause de leur occasionnelle inefficacité et des risques de perforation de l'utérus et de pelvipéritonite. Quelques modèles de stérilets sont encore utilisés au Québec.

Des méthodes comme la *ligature des trompes* et la *vasectomie* (sectionnement et cautérisation des trompes utérines ou des conduits déférents) sont pour ainsi dire à toute épreuve, et c'est pourquoi environ 33 % des couples américains en âge de procréer y ont recours. Ces méthodes avaient l'inconvénient d'être définitives, mais on arrive maintenant à rétablir la perméabilité des trompes utérines et des conduits déférents chez une grande partie des personnes qui le demandent.

Le *coït interrompu,* c'est-à-dire le retrait du pénis juste avant l'éjaculation, ne constitue pas une méthode de contraception efficace, car la maîtrise de l'éjaculation est toujours incertaine. Les *méthodes d'abstinence périodique* reposent sur la connaissance des périodes d'ovulation et de fertilité et sur l'abstinence au cours de ces intervalles. On peut déterminer ces périodes au moyen (1) de l'enregistrement quotidien de la température basale (la température baisse légèrement [0,1 à 0,5 °C] juste avant l'ovulation, puis augmente légèrement [0,1 à 0,5 °C] après l'ovulation) ou (2) de l'évaluation des modifications de la glaire cervicale (la glaire devient collante, puis translucide et élastique comme du blanc d'œuf au cours de la période de fécondité). Ces deux méthodes exigent un enregistrement précis des données durant plusieurs cycles avant qu'elles puissent être utilisées efficacement, mais elles donnent un taux élevé de succès. Les *barrières mécaniques,* telles que le diaphragme, le condom ainsi que les gel, mousse et éponge spermicides, sont très efficaces, surtout quand elles sont employées par les deux partenaires. Leur inconvénient est qu'elles peuvent gêner la spontanéité dans les rapports sexuels.

La «*pilule du lendemain*», qui contient une dose élevée d'un œstrogène synthétique appelé *diéthylstilbœstrol (DES),* est un contraceptif post-coïtal. Il empêche l'implantation, par un mécanisme encore inconnu. Les effets indésirables du DES (notamment une nausée prononcée) sont si désagréables qu'on l'emploie seulement chez les victimes de viol et d'inceste.

Plusieurs produits font actuellement l'objet d'essais cliniques, dont les suivants:

1. *RU-486 (mifépristone).* Le RU-486, aussi appelé *pilule abortive,* a été mis au point en France. Au Canada, le RU-486 fait toutefois l'objet d'une controverse entre les groupes opposés à l'avortement et ceux qui prônent le libre choix de la femme en cette matière; jusqu'à présent, ce débat a empêché l'approbation du RU-486 par le gouvernement fédéral. Des essais cliniques menés dans plusieurs pays au cours de la dernière décennie ont montré qu'il avait un taux d'efficacité de 96 à 98 % et qu'il n'entraînait pratiquement pas d'effets indésirables. Le RU-486 est une antihormone qui, prise au cours des sept premiers jours de la grossesse en association avec un peu de prostaglandines pour produire des contractions utérines, entraîne un avortement en bloquant les effets calmants de la progestérone sur l'utérus.

2. *Inhibine.* L'action de l'inhibine sur l'adénohypophyse diminue la sécrétion de FSH sans modifier le taux des autres hormones hypophysaires souvent libérées en même temps qu'elle (comme la LH). Certains chercheurs pensent qu'elle pourrait fournir le contraceptif idéal pour les hommes comme pour les femmes.

3. *Vaccin anti-HCG.* La gonadotrophine chorionique humaine ou HCG («Human Chorionic Gonadotropin»), une hormone libérée peu après la fécondation, est nécessaire à la rétention de l'endomètre et par conséquent à l'implantation de l'embryon. Sans HCG, la grossesse n'a pas lieu et la menstruation débute. Un vaccin qui provoque la formation d'anticorps anti-HCG par le corps de la femme est à l'essai. Ce vaccin ne semble pas avoir d'effets indésirables, et la femme retrouve sa fécondité après 7 à 16 mois.

Nous n'avons abordé que quelques-uns des produits contraceptifs qui sont encore au stade expérimental, et d'autres sont continuellement mis au point. Il n'en reste pas moins que la seule méthode de contraception efficace à 100 % est l'*abstinence.*

Infection à *Chlamydia*

L'**infection à *Chlamydia*** est une épidémie silencieuse et encore négligée qui atteint chaque année 3 à 4 millions de personnes, ce qui en fait la MTS la plus fréquente aux États-Unis. L'agent causal de cette infection, *Chlamydia trachomatis,* est responsable de 25 à 50 % de tous les cas diagnostiqués de pelvipéritonite. Chaque année, 150 00 enfants naissent d'une mère atteinte de l'infection à *Chlamydia.* Environ 20 % des hommes et 30 % des femmes atteints de gonorrhée sont également infectés par *Chlamydia trachomatis.*

Les bactéries du genre *Chlamydia* vivent aux dépens des cellules hôtes, comme les virus. La maladie a une période d'incubation d'environ une semaine. Ses symptômes sont souvent négligés ; ils comprennent l'urétrite, un écoulement vaginal, une douleur abdominale, rectale ou testiculaire, des douleurs pendant le coït et l'irrégularité du cycle menstruel. Chez l'homme, l'infection à *Chlamydia* peut causer l'inflammation des articulations de même qu'une infection étendue des organes génitaux; chez la femme, sa pire conséquence est la stérilité. Chez les nouveau-nés infectés pendant leur passage dans le vagin, *Chlamydia* provoque souvent des conjonctivites et des inflammations des voies respiratoires, dont la pneumonie. L'infection à *Chlamydia* peut être diagnostiquée au moyen de cultures cellulaires et soignée à l'aide de la tétracycline.

Herpès génital

Les herpèsvirus (groupe dont font partie le virus de l'herpès simplex et le virus d'Epstein-Barr) se rangent parmi les agents pathogènes les plus difficiles à soigner chez les humains. Ils peuvent rester à l'état latent pendant des mois et des années, puis récidiver brusquement et produire des bouquets de lésions vésiculeuses. Le virus de l'herpès simplex de type 2, généralement en cause dans l'**herpès génital,** se transmet directement par les sécrétions infectées. Les lésions douloureuses qui apparaissent alors sur les organes génitaux de l'adulte atteint sont très désagréables mais ne mettent pas sa vie en danger. Cependant, le fœtus qui contracte l'herpès peut présenter des malformations importantes. En outre, le virus de l'herpès pourrait être associé au cancer du col utérin. La plupart des personnes atteintes d'herpès génital ne le savent pas : certains chercheurs pensent que le quart voire la moitié des Américains sont porteurs du virus de l'herpès simplex de type 2. ■

Développement et vieillissement des organes génitaux : chronologie du développement sexuel

Jusqu'à présent, nous avons parlé des organes génitaux tels qu'ils se présentent et fonctionnent chez les adultes. Nous nous penchons maintenant sur la séquence des événements qui font de nous des individus sexués. Ce processus commence longtemps avant la naissance et, du moins chez les femmes, se termine à la fin de l'âge mûr.

Développement embryonnaire et fœtal

Détermination du sexe génétique

Le sexe génétique est déterminé dès le moment où les gènes du spermatozoïde s'unissent aux gènes de l'ovule. Les **chromosomes sexuels** présents dans chaque gamète constituent l'élément déterminant. Des 46 chromosomes de l'ovule fécondé, 2 (une paire) sont des chromosomes sexuels ; les 44 autres sont des **autosomes.** Deux types de chromosomes sexuels existent chez les humains : le gros **chromosome X** et le petit **chromosome Y.** Les cellules somatiques des femmes possèdent deux chromosomes X, c'est-à-dire qu'elles sont XX, car l'ovule formé au cours d'une méiose normale chez la femme renferme toujours un chromosome X. Les hommes ont un chromosome X et un chromosome Y dans leurs cellules somatiques (XY), de sorte que la moitié des spermatozoïdes produits au cours de la méiose normale chez l'homme renferment un X et l'autre moitié un Y. Si le spermatozoïde qui pénètre l'ovule possède un chromosome X, l'ovule fécondé et toutes ses cellules filles posséderont les chromosomes XX : des ovaires vont se développer chez l'embryon. Si le spermatozoïde a un chromosome Y, l'embryon sera de sexe masculin (XY) et des testicules vont apparaître. C'est donc le père qui détermine le sexe génétique de l'embryon. Tout le processus de la différenciation sexuelle dépend du type de gonades qui se sont formées au cours de la vie embryonnaire.

Si les chromosomes ne se distribuent pas également dans les deux cellules filles au cours de la méiose, l'ovule fécondé possède une combinaison de chromosomes anormale. Cette anomalie provient de la **non-disjonction** des centromères de deux chromosomes homologues avant leur migration vers les pôles de la cellule, de sorte que ces deux chromosomes migrent vers le même pôle. Un chromosome est donc absent d'une des cellules filles alors que l'autre cellule fille possède deux exemplaires du même chromosome. Quand la non-disjonction touche les chromosomes sexuels, elle produit des anomalies importantes du développement des organes génitaux. Par exemple, les ovaires ne se développent pas chez les femmes qui possèdent un seul chromosome X (XO), une affection appelée *syndrome de Turner.* Les garçons qui n'ont pas de chromosome X (YO) meurent au cours du développement embryonnaire. Les filles qui possèdent plusieurs chromosomes X (XXX, XXXX, etc.) ont des ovaires sous-développés et une fécondité diminuée et présentent habituellement une déficience mentale. Le *syndrome de Klinefelter,* qui touche 1 naissance vivante de garçon sur 500, est la plus fréquente des anomalies des chromosomes sexuels. Les personnes atteintes possèdent généralement un chromosome Y ainsi que deux ou plusieurs chromosomes X et ce sont des hommes stériles. Les hommes XXY ont en général une intelligence normale (ou légèrement inférieure à la normale), mais l'incidence de la déficience mentale augmente en proportion du nombre de chromosomes X. Les individus qui possèdent un chromosome Y supplémentaire (XYY) sont des hommes apparemment sains et peut-être un peu plus grands que la moyenne. ■

Différenciation sexuelle des organes génitaux

Les gonades mâles et femelles commence à se développer durant la cinquième semaine du développement embryonnaire; elle apparaissent alors comme des masses de mésoderme appelées **crêtes gonadiques** (figure 28.20). Les crêtes gonadiques, qui forment des saillies sur la paroi abdominale postérieure, sont situées sur la face intérieure du mésonéphros (rein embryonnaire, voir la p. 898). Les **conduits paramésonéphriques,** ou **canaux de Müller** (futures voies génitales de la femme), se développent à côté des **conduits mésonéphriques,** ou **canaux de Wolff** (futures voies spermatiques de l'homme). Ces deux types de canaux débouchent dans une même cavité appelée *cloaque.* À ce stade du développement embryonnaire, on dit que le système génital est **indifférencié,** puisque le tissu des crêtes gonadiques peut aussi bien se transformer en gonades mâles que femelles et que les réseaux de conduits des deux sexes sont présents.

Peu après l'apparition des crêtes gonadiques, les **cellules germinales primordiales** (ou gonocytes) migrent vers les crêtes gonadiques à partir d'une structure embryonnaire appelée *sac vitellin* (voir la figure 29.7). Dans les gonades en voie de développement, ces cellules sont destinées à se transformer en spermatogonies et en ovogonies. Lorsque les cellules germinales primordiales sont installées, les crêtes gonadiques se différencient; elles forment des testicules ou des ovaires, selon le matériel génétique de l'embryon. Ce processus commence vers la septième semaine chez les embryons de sexe masculin (XY). Les tubules séminifères contournés se forment à l'intérieur des crêtes gonadiques et rejoignent les conduits mésonéphriques par l'intermédiaire des canalicules efférents. La poursuite du développement des conduits mésonéphriques donne naissance aux voies spermatiques. Les conduits paramésonéphriques ne jouent aucun rôle dans le développement de l'embryon de sexe masculin et ils dégénèrent peu après.

Chez les embryons de sexe féminin (XX), le processus de différenciation commence un peu plus tard, vers la huitième semaine. La partie externe, ou corticale, des ovaires immatures forme les follicules. Peu après, les conduits paramésonéphriques se différencient pour constituer le voies génitales de la femme et les conduits mésonéphriques dégénèrent.

Comme les gonades, les organes génitaux externes des deux sexes proviennent des mêmes structures (figure 28.21). Au stade indifférencié, tous les embryons présentent une petite proéminence appelée **tubercule génital.** Le sinus uro-génital, qui se développe à partir d'une division du cloaque, est situé directement sous le tubercule, et le **sillon uro-génital,** qui constitue l'orifice externe du sinus uro-génital, est situé sous le tubercule. De chaque côté du sillon uro-génital, on retrouve les **plis uro-génitaux,** entourés des **tubercules labio-scrotaux.**

Au cours de la huitième semaine, les organes génitaux externes entrent dans une période de développement rapide. Chez les garçons, le tubercule génital grossit et s'allonge afin de former le pénis. Les plis uro-génitaux fusionnent autour du sillon uro-génital (dans le sens de la longueur) de manière à circonscrire un conduit interne. Cette fusion est incomplète à la partie distale des plis, et c'est ce qui forme le *méat urétral.* Le sinus uro-génital, situé à l'intérieur du conduit interne, est une cavité dont la partie vésicale donne la vessie, la partie pelvienne les urètres prostatique et membraneux et la partie phallique l'urètre spongieux. Les tubercules labio-scrotaux fusionnent également sur le plan médian du corps en formant le scrotum. Chez les filles, le tubercule génital donne naissance au clitoris; les plis uro-génitaux et les tubercules labio-scrotaux ne fusionnent pas, mais se transforment en petites lèvres et en grandes lèvres.

La différenciation des structures annexes et des organes génitaux externes en structures masculines ou féminines dépend uniquement de la présence ou de l'absence de testostérone. Peu après leur formation, les testicules commencent à libérer de la testostérone. Cette hormone provoque la transformation des conduits mésonéphriques en conduits annexes masculins et celle du tubercule génital et des structures associées en pénis et en scrotum. En l'absence de testostérone, les conduits paramésonéphriques forment les conduits annexes féminins, et le tubercule génital et les structures qui l'entourent forment les organes génitaux externes féminins.

Les problèmes associés à la production d'hormones sexuelles chez l'embryon provoquent des anomalies troublantes. Par exemple, si les testicules embryonnaires ne produisent pas de testostérone, un individu de sexe génétique masculin aura des annexes et des organes génitaux externes féminins. Si un embryon de sexe génétique féminin est exposé à la testostérone (ce qui peut se produire si la mère a une tumeur de la surrénale sécrétant des androgènes), il possédera des ovaires, mais des conduits et des glandes masculins ainsi qu'un pénis et un scrotum vide. Il semble que les organes génitaux féminins possèdent une capacité intrinsèque de se développer: en l'absence de testostérone, ils se développent peu importe le sexe génétique de l'individu.

Les individus dont les structures génitales annexes ne «vont» pas avec les gonades sont appelés *pseudohermaphrodites,* afin de les distinguer des vrais *hermaphrodites,* ces rares individus qui possèdent du tissu ovarien et du tissu testiculaire. Les pseudohermaphrodites ont parfois recours à la chirurgie afin que leur apparence (organes génitaux externes) corresponde à leur identité (sexe gonadique). ■

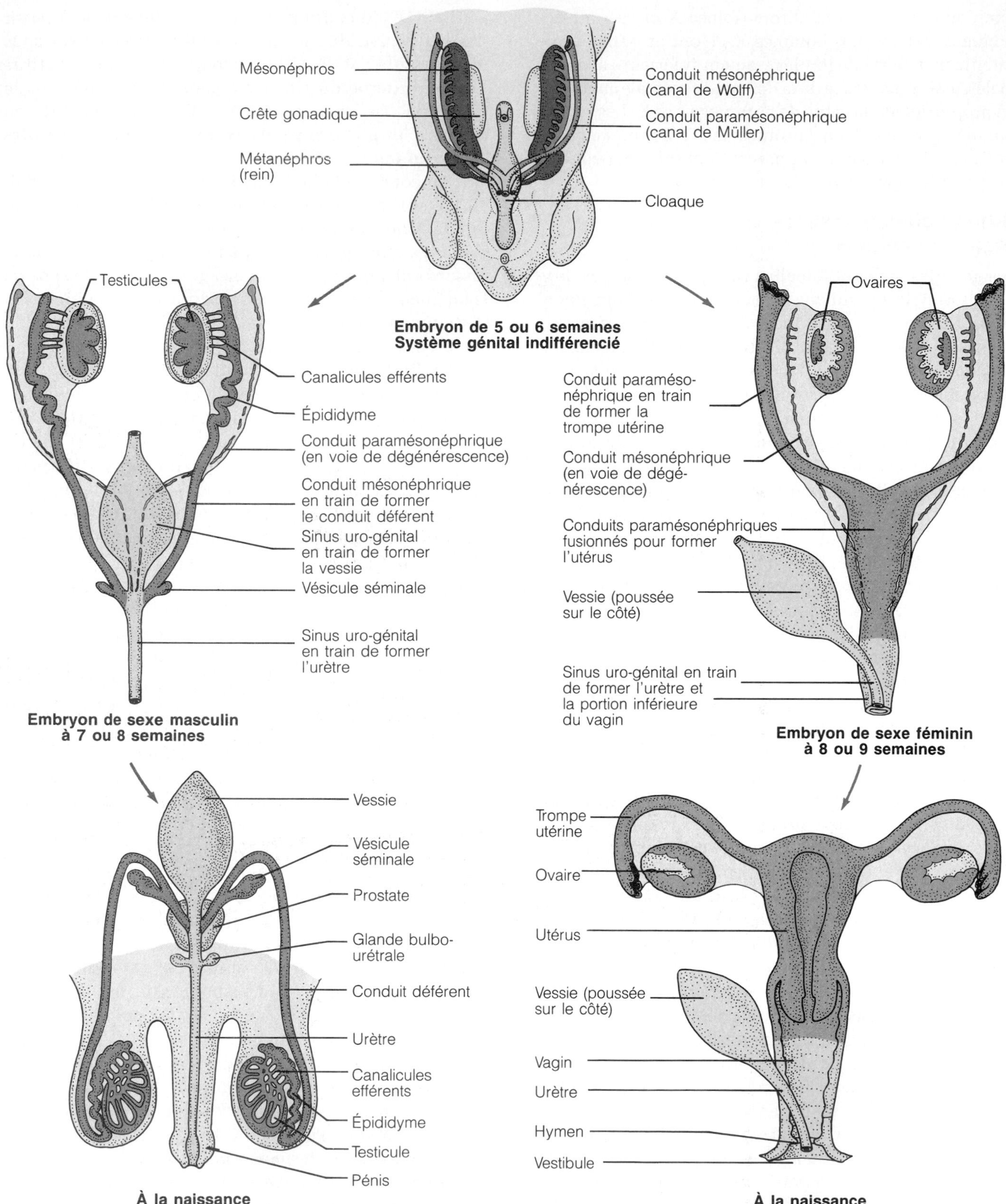
Mésonéphros
Crête gonadique
Métanéphros
(rein)
Conduit mésonéphrique
(canal de Wolff)
Conduit paramésonéphrique
(canal de Müller)
Cloaque
Embryon de 5 ou 6 semaines
Système génital indifférencié
Testicules
Canalicules efférents
Épididyme
Conduit paramésonéphrique
(en voie de dégénérescence)
Conduit mésonéphrique
en train de former
le conduit déférent
Sinus uro-génital
en train de former
la vessie
Vésicule séminale
Sinus uro-génital
en train de former
l'urètre
Embryon de sexe masculin
à 7 ou 8 semaines
Ovaires
Conduit paraméso-
néphrique en train
de former la
trompe utérine
Conduit mésonéphrique
(en voie de dégé-
nérescence)
Conduits paramésonéphriques
fusionnés pour former
l'utérus
Vessie (poussée
sur le côté)
Sinus uro-génital en train
de former l'urètre et
la portion inférieure
du vagin
Embryon de sexe féminin
à 8 ou 9 semaines
Vessie
Vésicule
séminale
Prostate
Glande bulbo-
urétrale
Conduit déférent
Urètre
Canalicules
efférents
Épididyme
Testicule
Pénis
À la naissance
Garçon
Trompe
utérine
Ovaire
Utérus
Vessie (poussée
sur le côté)
Vagin
Urètre
Hymen
Vestibule
À la naissance
Fille

Figure 28.20 Développement des organes génitaux internes.

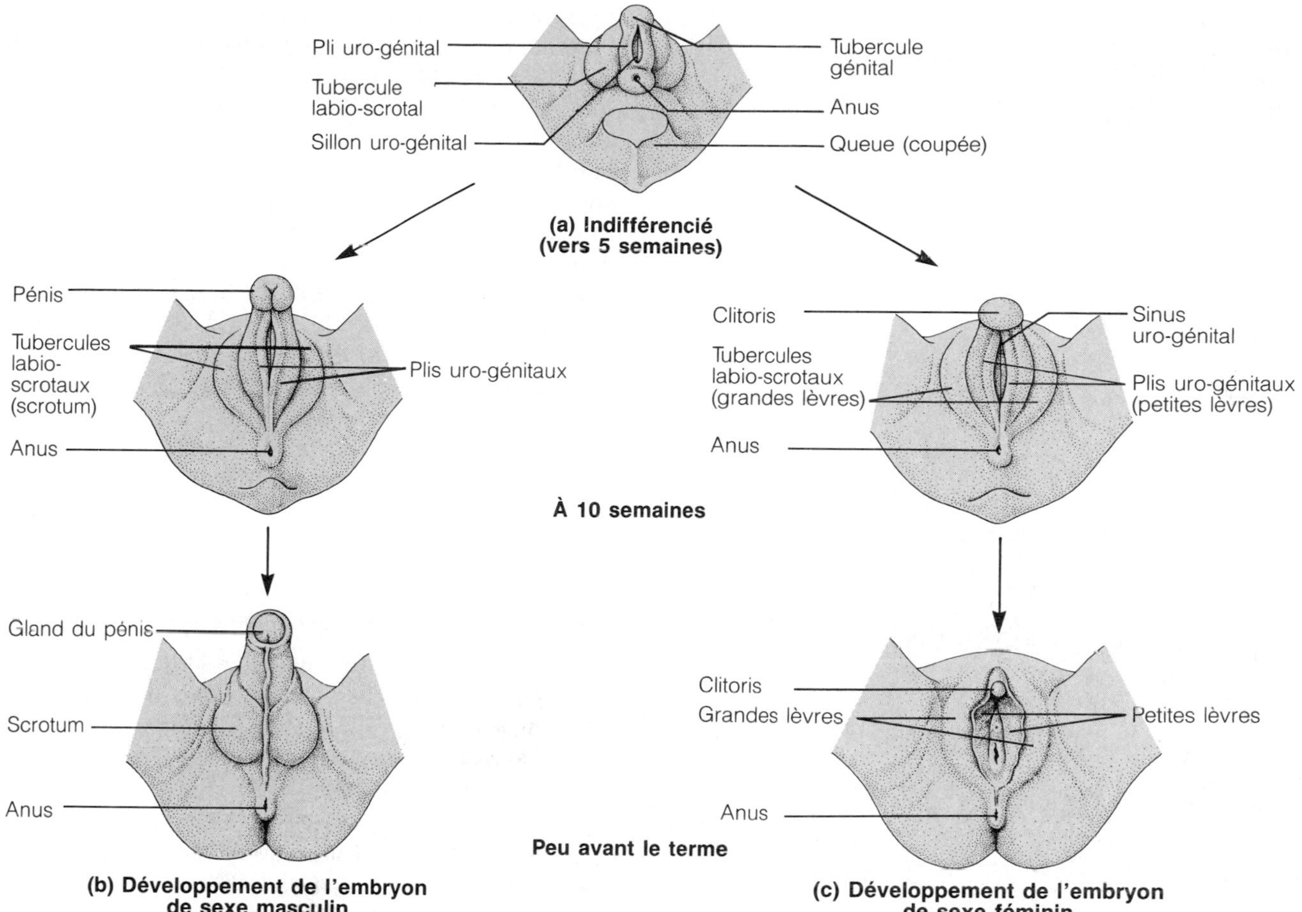

Figure 28.21 Développement des organes génitaux externes chez les humains. (**a**) Les organes génitaux externes demeurent indifférenciés jusqu'à la huitième semaine de gestation. Au cours du stade indifférencié, tous les embryons présentent une élévation conique appelée tubercule génital, dotée d'une ouverture ventrale appelée sillon uro-génital. Le sillon est entouré des plis uro-génitaux, eux-mêmes limités par les tubercules labio-scrotaux. (**b**) Chez les embryons de sexe masculin, la testostérone provoque l'allongement du tubercule génital et la fusion médiane des plis uro-génitaux, ce qui circonscrit le conduit interne dans lequel va se développer l'urètre spongieux; la fusion de ces plis donne aussi le corps du pénis. Les tubercules labio-scrotaux donnent naissance au scrotum. (**c**) Chez les embryons de sexe féminin (ou en l'absence de testostérone), les plis uro-génitaux ne fusionnent pas et se transforment en petites lèvres. Les tubercules labio-scrotaux forment les grandes lèvres.

Descente des gonades

Environ deux mois avant la naissance, les testicules commencent à descendre vers le scrotum, en entraînant derrière eux les vaisseaux sanguins et les nerfs qui les desservent (figure 28.22). Ils sortent de la cavité pelvienne par les canaux inguinaux, des passages inclinés à travers les muscles obliques internes de l'abdomen, et entrent dans le scrotum. La testostérone sécrétée par le testicule du fœtus de sexe masculin stimule cette migration, mais il semble qu'elle soit également guidée par un fort cordon de tissu fibromusculaire, appelé **gubernaculum**, fixé au testicule et au plancher du sac scrotal. La *vaginale du testicule,* tirée dans le scrotum avec celui-ci, provient d'un prolongement du péritoine pariétal, le *processus vaginal du péritoine.* Les vaisseaux sanguins, les nerfs et les couches de fascia qui accompagnent le testicule forment une partie du *cordon spermatique,* qui contribue à suspendre le testicule dans le scrotum.

Comme les testicules, les ovaires descendent au cours du développement fœtal, mais ils migrent seulement jusqu'au niveau du détroit supérieur, où leur progression est arrêtée par le ligament large. La descente de chaque ovaire est guidée par un gubernaculum (fixé à la grande lèvre) qui se divisera plus tard pour former le ligament utéro-ovarien et le ligament rond, des structures soutenant les organes génitaux internes dans le bassin.

La descente incomplète du testicule mène à la *cryptorchidie* (*kruptos* = caché; *orkhis* = testicule). Parce que cette anomalie entraîne la stérilité et augmente le risque de cancer du testicule, on procède habituellement à une intervention chirurgicale pour la corriger chez le jeune enfant. ■

Puberté

La **puberté** est la période de la vie, entre l'âge de 10 et

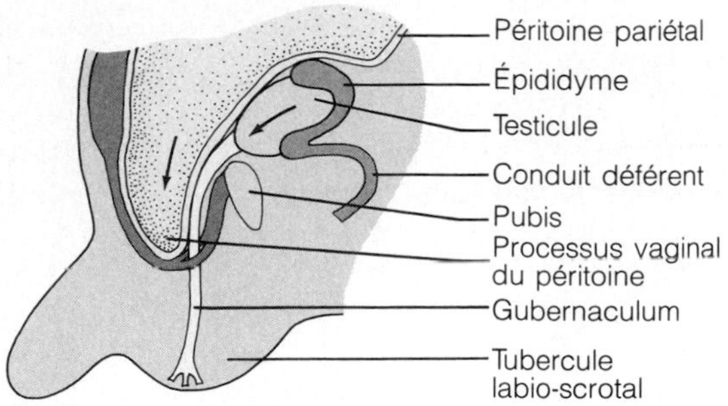

(a) Fœtus de sept mois

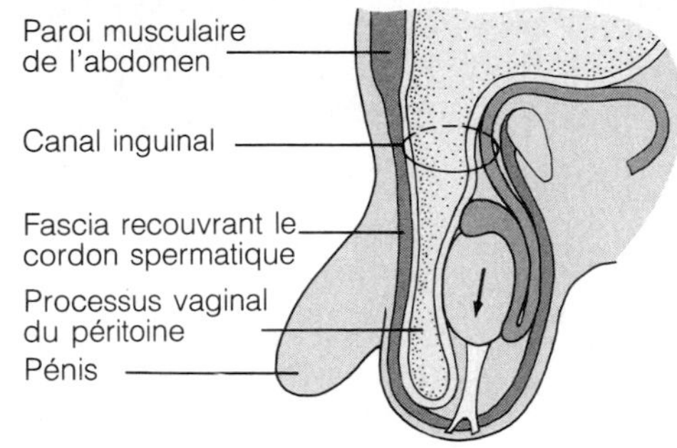

(b) Fœtus de huit mois

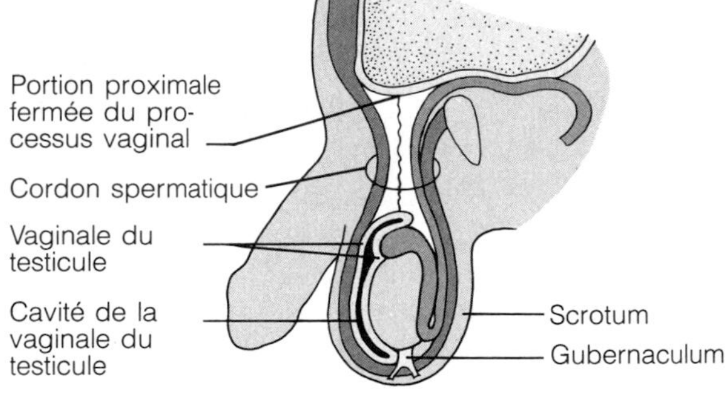

(c) Enfant de un mois

Figure 28.22 Descente des testicules. (**a**) Un testicule commence à descendre derrière le péritoine environ deux mois avant la naissance, et le processus vaginal du péritoine fait saillie dans le tissu qui formera le scrotum (tubercules labio-scrotaux). (**b**) À huit mois, le testicule, suivi du processus vaginal, est descendu dans le scrotum par l'intermédiaire du canal inguinal. (**c**) Chez l'enfant de un mois, la descente est complète. La portion inférieure du processus vaginal se transforme en vaginale du testicule. La portion proximale du processus vaginal est oblitérée.

15 ans, où les organes génitaux atteignent leurs dimensions adultes et deviennent fonctionnels. Elle survient en réaction à l'augmentation des taux d'hormones gonadiques (testostérone chez les garçons et œstrogènes chez les filles). Nous avons déjà décrit dans ce chapitre le développement des caractères sexuels secondaires et les phénomènes hormonaux de la puberté. Répétons toutefois que la puberté constitue le début de la période d'activité des organes génitaux.

La puberté se déroule de la même manière chez tous, mais elle peut survenir à des âges très différents. Chez les garçons, le signal du déclenchement de la puberté est l'augmentation du volume des testicules et du scrotum, vers l'âge de 13 ans, suivie de l'apparition des poils pubiens, axillaires et faciaux. La croissance du pénis s'étend sur deux ans. La maturité sexuelle sera révélée par la présence de spermatozoïdes matures dans le sperme. Entre-temps, le jeune homme a des érections intempestives et souvent gênantes de même que de fréquentes émissions nocturnes. Ces phénomènes sont dus aux poussées hormonales et à l'immaturité de l'axe de régulation hormonale.

Le premier signe de la puberté chez les filles est l'apparition des seins, vers l'âge de 11 ans; la ménarche se produit environ deux ans plus tard en général. L'ovulation est irrégulière et la fécondité incertaine jusqu'à la maturation de la régulation hormonale, qui demande encore deux années.

Ménopause

La plupart des femmes atteignent le sommet de leurs capacités reproductrices vers la fin de la vingtaine. La fonction ovarienne diminue graduellement par la suite, probablement parce que les ovaires répondent de moins en moins aux signaux de la FSH et de la LH. À cause de la diminution des œstrogènes, les cycles sont souvent anovulatoires et irréguliers, et la période menstruelle est plus courte. L'ovulation et la menstruation finissent par cesser définitivement; c'est ce qu'on appelle la ménopause, qui arrive entre 46 et 54 ans. On considère que la **ménopause** s'est produite quand la femme n'a pas eu de menstruation depuis un an.

La sécrétion d'œstrogènes se poursuit pendant un certain temps après la ménopause, mais les ovaires arrêtent un jour de remplir leur rôle de glandes endocrines. Privés de la stimulation exercée par les œstrogènes, les organes génitaux et les seins commencent à s'atrophier. Le vagin s'assèche: les rapports sexuels peuvent devenir douloureux (surtout s'ils sont peu fréquents); les infections vaginales sont plus fréquentes. L'arrêt de la sécrétion d'œstrogènes peut également provoquer d'autres changements: irritabilité et troubles de l'humeur (dépression chez certaines); vasodilatation importante des vaisseaux sanguins de la peau (chez 75 à 80 % des femmes ménopausées), qui causent les désagréables «bouffées de chaleur» accompagnées de sueurs abondantes; amincissement graduel de la peau et perte de masse osseuse; augmentation progressive du taux de cholestérol sanguin, qui accroît le risque de troubles cardiovasculaires chez la femme ménopausée. Si la femme le désire, son médecin peut lui prescrire de faibles doses d'œstrogènes et de progestérone (Prémarine et Provera) afin de l'aider à traverser cette difficile période et de prévenir les troubles squelettiques et cardiovasculaires. La femme qui prend ces hormones continue d'avoir des cycles menstruels comme si elle n'était pas ménopausée. Certaines femmes pensent que cette hormonothérapie n'est pas justifiable, car la ménopause est à leur avis une étape normale du développement de la femme.

Il n'y a pas d'équivalent de la ménopause chez l'homme. Chez l'homme âgé, la sécrétion de testostérone diminue graduellement et la période de latence après l'orgasme est plus longue, mais la fécondité persiste. Les hommes en bonne santé peuvent devenir pères même après l'âge de 80 ans.

* * *

Les organes génitaux se distinguent des autres systèmes de l'organisme par au moins deux caractéristiques: (1) ils ne fonctionnent pas au cours des 10 à 15 premières années de vie; (2) ils peuvent interagir avec les organes génitaux complémentaires d'une autre personne. Non seulement le peuvent-ils, mais c'est leur seul moyen d'accomplir leur fonction biologique!) Cette interaction complexe se termine par une grossesse et une naissance. Toutefois, les partenaires sexuels n'ont pas toujours l'intention d'avoir un bébé, et c'est pourquoi les humains ont inventé plusieurs méthodes de contraception (voir l'encadré de la p. 962).

Une importante fonction du système génital est de maintenir, par le biais des hormones gonadiques, la physiologie normale de ses organes, afin de permettre la production d'une descendance. Cependant, les hormones gonadiques ont des effets importants sur les organes d'autres systèmes. En outre, les organes génitaux, comme tous les systèmes de l'organisme, dépendent d'autres systèmes pour obtenir des nutriments et de l'oxygène et pour se débarrasser de leurs déchets. (Voir la figure 28.23.)

Maintenant que nous savons comment les organes génitaux se préparent à la reproduction, nous sommes prêts à étudier le déroulement de la grossesse et du développement prénatal d'un nouvel être humain, ce que nous faisons au chapitre 29.

Termes médicaux

Cancer de l'ovaire Tumeur maligne de l'ovaire; vient au quatrième rang des cancers des organes génitaux; sa fréquence augmente en fonction de l'âge, et elle est particulièrement élevée entre 50 et 60 ans. Étant donné que les premiers symptômes font penser à des troubles digestifs (malaise abdominal, ballonnement et flatulence), il arrive souvent que le médecin ne soit consulté qu'après la formation de métastases; le taux de survie après cinq ans est de 60 % si le diagnostic est posé avant la métastase.

Dysménorrhée (*dus* = difficile; *mên* = mois; *rhein* = couler) Menstruation douloureuse; peut provenir d'une activité anormalement élevée des prostaglandines au cours de la menstruation.

Endométriose Trouble inflammatoire dans lequel du tissu endométrial apparaît et subit une croissance atypique dans la cavité pelvienne; caractérisée par des saignements utérins et rectaux anormaux, la dysménorrhée et une douleur pelvienne; peut causer la stérilité.

Gynécologie (*gunê* = femme; *logos* = discours) Branche de la médecine qui a pour objet le diagnostic et le traitement des troubles des organes génitaux féminins.

Hernie inguinale Protubérance d'une partie des intestins dans le scrotum ou à travers une ouverture des muscles abdominaux dans la région inguinale; étant donné que les canaux inguinaux constituent un point faible dans la paroi abdominale, le soulèvement d'objets lourds et les autres activités qui augmentent la pression intra-abdominale peuvent causer une hernie inguinale.

Hystérectomie (*hustéra* = utérus; *ektomê* = ablation) Ablation chirurgicale de l'utérus.

Kystes ovariens Les kystes sont les plus courants des maladies de l'ovaire; certains sont des tumeurs. Il en existe plusieurs types: (1) les *kystes folliculaires* se forment à partir d'un ou plusieurs kystes hypertrophiés et sont remplis d'un liquide translucide; (2) les *kystes dermoïdes* sont remplis d'un liquide jaune épais et contiennent des tissus partiellement développés (poils, dents, os, etc.); (3) les *kystes chocolat,* remplis d'une matière gélatineuse foncée, résultent souvent de l'endométriose de l'ovaire. Aucun de ces kystes n'est malin, mais les deux derniers peuvent le devenir.

Mammographie (*mamma* = mamelle; *graphein* = écrire) Examen radiographique des seins visant à détecter les signes de cancer.

Ovariectomie Ablation chirurgicale de l'ovaire.

Prolapsus utérin Glissement de l'utérus vers le bas causé par la faiblesse de ses soutiens; il fait alors saillie par l'orifice vaginal.

Salpingite (*salpinx* = trompe) Inflammation de la trompe utérine.

Résumé du chapitre

La fonction du système génital est de produire une descendance. Les gonades produisent les gamètes (spermatozoïdes ou ovules) et les hormones sexuelles. Tous les autres organes génitaux sont des annexes.

ANATOMIE DU SYSTÈME GÉNITAL DE L'HOMME (p. 933-937)

Scrotum et testicules (p. 933-935)

1. Le scrotum renferme les testicules. Il les maintient à une température légèrement inférieure à celle du corps, ce qui est essentiel à la production de spermatozoïdes viables.

2. Chaque testicule est recouvert d'une albuginée qui se projette vers l'intérieur et divise le testicule en un grand nombre de lobules. Chaque lobule renferme des tubules séminifères contournés, qui produisent les spermatozoïdes, et des cellules interstitielles, qui produisent des androgènes.

Voies spermatiques (p. 935-936)

3. L'épididyme recouvre la face externe du testicule et constitue le lieu de maturation et de stockage des spermatozoïdes.

4. La conduit déférent, qui s'étend de l'épididyme à l'urètre, projette les spermatozoïdes dans l'urètre grâce à ses mouvements péristaltiques au cours de l'éjaculation. Son extrémité terminale fusionne avec le conduit de la vésicule séminale pour former le conduit éjaculateur.

5. L'urètre s'étend de la vessie jusqu'à l'extrémité du pénis. Il transporte l'urine et le sperme jusqu'à l'extérieur du corps.

Glandes annexes (p. 936)

6. Les glandes annexes sécrètent la majeure partie du sperme, qui contient le fructose produit par les vésicules séminales, le liquide activateur provenant de la prostate et le mucus sécrété par les glandes bulbo-urétrales.

Pénis (p. 936-937)

7. Le pénis, organe de la copulation chez l'homme, est surtout constitué de tissu érectile (le corps spongieux et les deux corps caverneux). Quand le tissu érectile s'engorge de sang, le pénis se raidit, un phénomène appelé érection.

Système génital

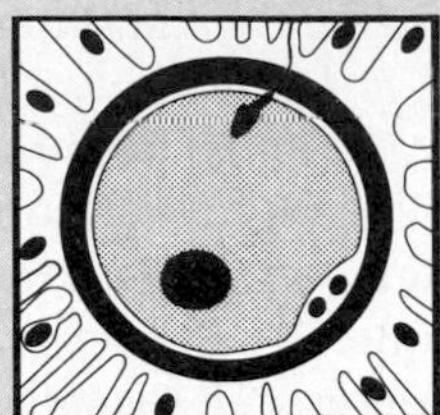

Système tégumentaire

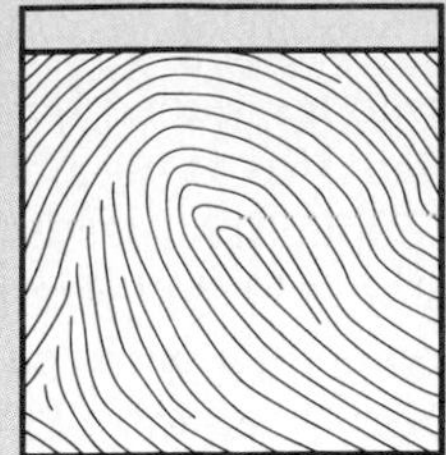

▶ Protège tous les organes en les recouvrant

◀ Les androgènes activent les glandes sébacées qui lubrifient la peau et les poils; les œstrogènes augmentent l'hydratation de la peau; pigmentation accrue de la peau du visage au cours de la grossesse

Système squelettique

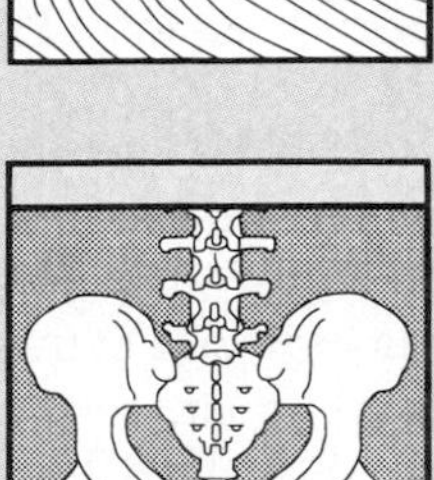

▶ Le bassin renferme quelques organes génitaux

◀ Les androgènes masculinisent le squelette et augmentent la densité osseuse; les œstrogènes féminisent le squelette et maintiennent la masse osseuse

Système musculaire

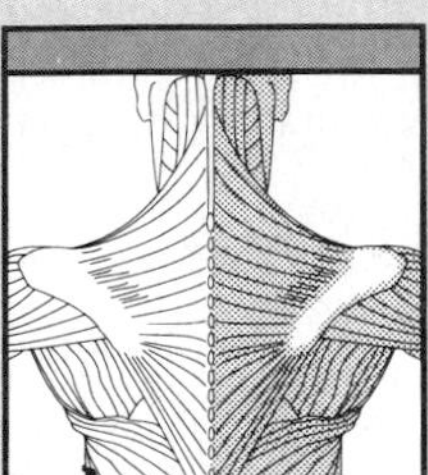

▶ Les muscles abdominaux sont actifs au cours de l'accouchement; les muscles du plancher pelvien soutiennent les organes génitaux et contribuent à l'érection du pénis et du clitoris

◀ Les androgènes favorisent l'augmentation de la masse musculaire

Système nerveux

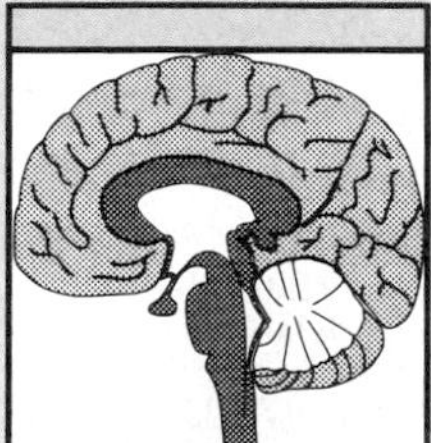

▶ L'hypothalamus règle le déroulement de la puberté; les réflexes neuraux règlent la réponse sexuelle

◀ Les hormones sexuelles masculinisent ou féminisent le cerveau

Système endocrinien

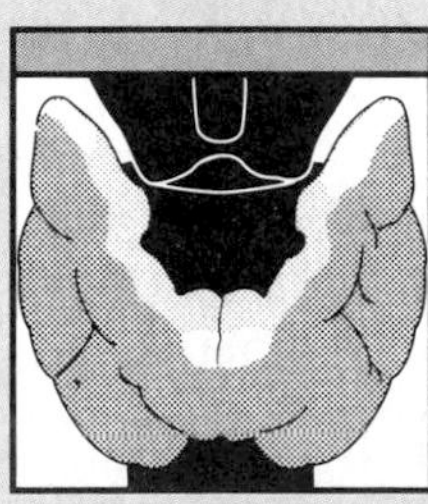

▶ Les gonadotrophines (et la LH-RH) contribuent à régler le fonctionnement des gonades

◀ Les hormones gonadiques exercent des rétroactions sur l'axe hypothalamo-hypophysaire; les hormones placentaires favorisent l'hypermétabolisme maternel

Système cardiovasculaire

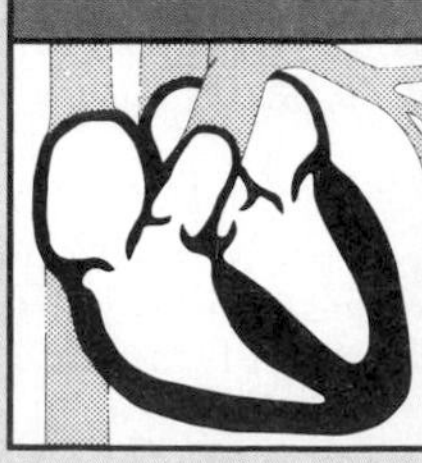

▶ Transporte des substances jusqu'aux organes génitaux; l'érection demande une vasodilatation; transporte les hormones sexuelles

◀ Les œstrogènes font baisser le taux de cholestérol sanguin; la grossesse augmente le travail du système cardiovasculaire

Système lymphatique

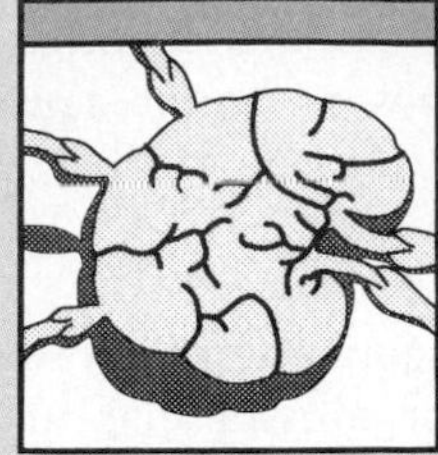

◀ Draine les liquides tissulaires qui ont fui; transporte les hormones sexuelles jusqu'au sang

Système immunitaire

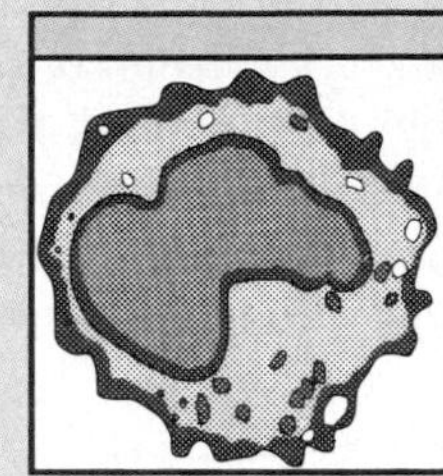

◀ Protège les organes génitaux contre la maladie

▶ L'embryon et le fœtus en voie de développement échappent à la surveillance immunitaire (absence de rejet)

Système respiratoire

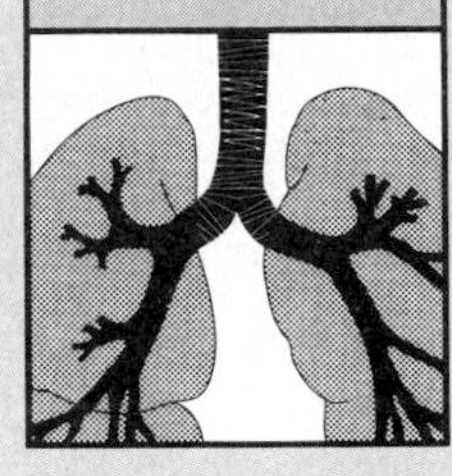

◀ Fournit de l'oxygène; rejette le gaz carbonique; la capacité vitale et la fréquence respiratoire augmentent au cours de la grossesse

▶ La grossesse gêne la descente du diaphragme durant l'inspiration

Système digestif

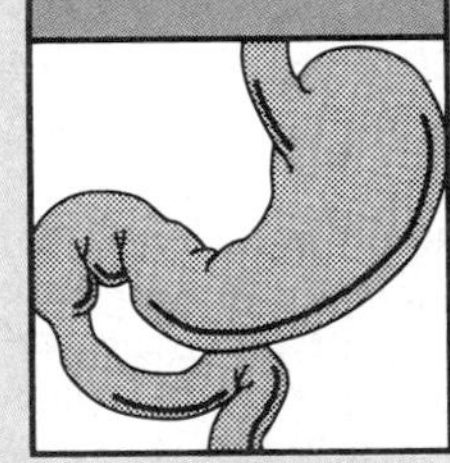

◀ Fournit les nutriments nécessaires à l'homéostasie

▶ Les organes du système digestif sont comprimés par le fœtus en voie de développement; les brûlures d'estomac sont fréquentes

Système urinaire

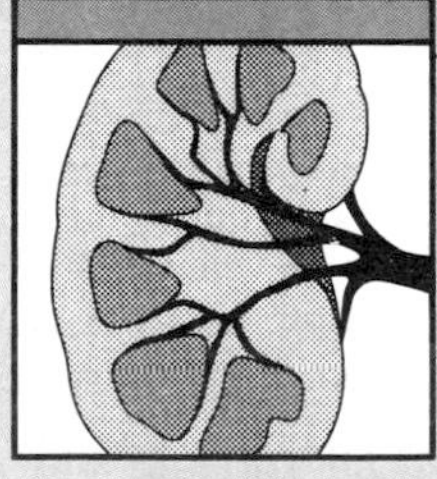

◀ Rejette les déchets azotés et maintient l'équilibre acide-base du sang maternel et fœtal; le sperme est émis par l'urètre de l'homme

▶ La compression de la vessie au cours de la grossesse cause des mictions fréquentes

Figure 28.23 Relations homéostatiques entre le système génital et les autres systèmes de l'organisme.

8. Le périnée de l'homme est le région limitée par la symphyse pubienne, les tubérosités ischiatiques et le coccyx.

Sperme (p. 937)

9. Le sperme est un liquide alcalin qui dilue et transporte les spermatozoïdes. Les substances les plus importantes qu'il contient sont des nutriments, des prostaglandines et la séminalplasmine. Une éjaculation se compose de 2 à 6 mL de sperme. Chaque millilitre contient 50 à 100 millions de spermatozoïdes chez les adultes normaux.

PHYSIOLOGIE DU SYSTÈME GÉNITAL DE L'HOMME (p. 937-946)

Spermatogenèse (p. 937-943)

1. La spermatogenèse, production des gamètes mâles dans les tubules séminifères contournés, commence à la puberté.

2. La méiose, processus de base de la production des gamètes, se compose de deux divisions nucléaires successives, sans réplication de l'ADN entre les deux divisions. La méiose réduit de moitié le nombre de chromosomes et crée des variations génétiques. La synapsis et l'enjambement (*crossing-over*) sont des phénomènes uniques à la méiose.

3. Les spermatogonies se divisent par mitose afin de perpétuer la lignée des cellules germinales. Certaines de leurs descendantes se transforment en spermatocytes de premier ordre, qui subissent la méiose I et donnent des spermatocytes de deuxième ordre. Les spermatocytes de deuxième ordre subissent la méiose II, ce qui produit quatre spermatides haploïdes (n).

4. Les spermatides se transforment en spermatozoïdes fonctionnels au cours de la spermiogenèse, qui leur fait perdre le cytoplasme superflu et leur donne un acrosome et un flagelle (queue).

5. Les épithéliocytes de soutien constituent la barrière hématotesticulaire, nourrissent les cellules germinales et les transportent vers la lumière des tubules séminifères contournés, et sécrètent un liquide servant au transport des spermatozoïdes.

Réponse sexuelle de l'homme (p. 943-944)

6. L'érection est régie par des réflexes parasympathiques.

7. L'éjaculation est l'expulsion du sperme à l'extérieur des voies spermatiques de l'homme. Elle est régie par le système nerveux sympathique. L'éjaculation fait partie de l'orgasme masculin, qui s'accompagne également d'une sensation de plaisir et d'une augmentation du pouls et de la pression artérielle.

Régulation hormonale de la fonction de reproduction chez l'homme (p. 944-946)

8. La LH-RH sécrétée par l'hypothalamus stimule la libération de FSH et de LH par l'adénohypophyse. La FSH active la spermatogenèse en stimulant la production de l'ABP par les épithéliocytes de soutien. La LH stimule la libération de testostérone par les cellules interstitielles. La testostérone se lie à l'ABP afin de stimuler la spermatogenèse. La testostérone et l'inhibine (sécrétée par les épithéliocytes de soutien) exercent une rétroaction qui inhibe le fonctionnement de l'hypothalamus et de l'adénohypophyse.

9. La maturation de la régulation hormonale s'établit au cours de la puberté et prend environ trois ans.

10. La testostérone stimule la maturation des organes génitaux masculins et déclenche le développement des caractères sexuels secondaires de l'homme. Elle exerce des effets anabolisants sur le squelette et les muscles squelettiques, stimule la spermatogenèse et est responsable de la libido.

ANATOMIE DU SYSTÈME GÉNITAL DE LA FEMME (p. 946-953)

1. Les organes génitaux de la femme produisent des gamètes et des hormones sexuelles et soutiennent le fœtus en voie de développement jusqu'à sa naissance.

Ovaires (p. 948-949)

2. Les ovaires sont localisés de part et d'autre de l'utérus. Ils sont maintenus en place par les ligaments utéro-ovarien et suspenseur de l'ovaire et par le mésovarium.

3. On trouve dans chaque ovaire des follicules (renfermant un ovocyte) à divers stades de développement et des corps jaunes.

Voies génitales (p. 949-952)

4. La trompe utérine, soutenue par le mésosalpinx, commence près de l'ovaire et va jusqu'à l'utérus. Son extrémité frangée et ciliée crée un courant qui contribue à attirer l'ovocyte dans la trompe elle-même. Les cils de la muqueuse de la trompe font avancer l'ovocyte vers l'utérus.

5. L'utérus est un organe en forme de poire qui comporte un fond, un corps et un col. Il est soutenu par les ligaments large, cervical transverse, utéro-sacrés et ronds.

6. La paroi utérine est composée du périmétrium (couche externe), du myomètre et de l'endomètre (couche interne). L'endomètre se compose d'une couche fonctionnelle, qui se desquame régulièrement si aucun embryon ne s'y implante, et d'une couche basale, qui élabore la couche fonctionnelle.

7. Le vagin s'étend de l'utérus jusqu'à l'extérieur du corps. C'est l'organe de la copulation et il permet l'écoulement du flux menstruel et le passage du bébé.

Organes génitaux externes (p. 952)

8. Les organes génitaux externes de la femme (vulve) se composent du mont du pubis, des grandes et petites lèvres, du clitoris, de l'orifice vaginal et du méat urétral. Les grandes lèvres renferment les glandes vulvo-vaginales, qui sécrètent un mucus.

Glandes mammaires (p. 952-953)

9. Les glandes mammaires sont situées devant les muscles pectoraux du thorax et sont entourées de tissu adipeux et de tissu conjonctif fibreux. Chaque glande mammaire est constituée d'un grand nombre de lobules qui renferment les alvéoles productrices de lait.

PHYSIOLOGIE DU SYSTÈME GÉNITAL DE LA FEMME (p. 953-961)

Ovogenèse (p. 953-954)

1. L'ovogenèse, la production d'ovules, commence chez le fœtus. Les ovogonies, les cellules germinales des gamètes de la femme, se transforment en ovocytes de premier ordre avant la naissance. Les ovaires du bébé contiennent environ 700 000 follicules primordiaux qui renferment chacun un ovocyte de premier ordre arrêté à la prophase de la méiose I.

2. La méiose reprend à partir de la puberté. Chaque mois, un ovocyte de premier ordre complète la méiose I, ce qui produit un gros ovocyte de deuxième ordre et un premier globule polaire. La méiose II de l'ovocyte de deuxième ordre produit un ovule fonctionnel et un deuxième globule polaire, mais elle a lieu seulement si l'ovocyte de deuxième ordre est pénétré par un spermatozoïde.

3. L'ovule renferme la majeure partie du cytoplasme de l'ovocyte. Les globules polaires ne sont pas fonctionnels et ils dégénèrent.

Cycle ovarien (p. 954-957)

4. Au cours de la phase folliculaire (jours 1 à 10), plusieurs follicules primaires commencent à mûrir. Les cellules folliculaires prolifèrent et sécrètent des œstrogènes, et une capsule de tissu conjonctif (thèque) se forme autour du follicule en voie de maturation. En général, un seul follicule par mois achève le processus de maturation et fait saillie à la surface de l'ovaire.

5. Au cours de la phase ovulatoire (jours 11 à 14), l'ovocyte du follicule dominant achève la méiose I. L'ovulation se produit, habituellement le jour 14, et l'ovocyte est libéré dans la cavité péritonéale. Les autres follicules en voie de développement subissent une atrésie.

6. Pendant la phase lutéale (jours 15 à 28), le follicule rompu se transforme en corps jaune. Celui-ci produit de la progestérone et des œstrogènes pendant le reste du cycle. Si l'ovocyte le corps jaune dégénère après 10 jours environ.

Régulation hormonale du cycle ovarien (p. 957-959)

7. À partir de la puberté, les hormones de l'hypothalamus, de l'adénohypophyse et des ovaires interagissent de manière à établir et à régler le cycle ovarien. L'établissement du cycle adulte, révélé par la ménarche, prend environ quatre ans. Les phénomènes hormonaux qui se répètent chaque mois sont les suivants: (1) La libération de la LH-RH stimule la libération par l'adénohypophyse de FSH et de LH, qui stimulent la maturation du follicule et la production d'œstrogènes par celui-ci. (2) Quand les œstrogènes sanguins atteignent un certain niveau, ils exercent une rétroactivation sur l'axe hypothalamo-hypophysaire, ce qui provoque une brusque libération de LH qui active la poursuite de la méiose par l'ovocyte de premier ordre et déclenche l'ovulation. (3) L'augmentation des taux de progestérone et d'œstrogènes inhibe l'axe hypothalamo-hypophysaire, le corps jaune dégénère, les hormones ovariennes chutent à leur plus bas niveau, et le cycle recommence.

Cycle menstruel (p. 959)

8. Les variations des taux sanguins d'hormones ovariennes déclenchent les phénomènes du cycle menstruel.

9. Au cours de la phase menstruelle, ou menstruation, du cycle menstruel (jours 1 à 5), la couche fonctionnelle de l'endomètre se desquame. Au cours de la phase proliférative (jours 6 à 14), l'augmentation des taux d'œstrogènes stimule la régénération de la couche fonctionnelle, de sorte que l'utérus soit favorable à l'implantation d'un embryon environ une semaine après l'ovulation. Pendant la phase sécrétoire (jours 15 à 28), les glandes utérines sécrètent du glycogène, ce qui accroît encore la vascularisation de l'endomètre.

10. La baisse des taux d'hormones ovariennes au cours des derniers jours du cycle ovarien provoque des spasmes des artères spiralées et interrompt l'apport sanguin à la couche fonctionnelle: la menstruation marque le début d'un nouveau cycle menstruel.

Effets extra-utérins des œstrogènes et de la progestérone (p. 959)

11. Les œstrogènes stimulent l'ovogenèse. À la puberté, ils provoquent la croissance des organes génitaux, la poussée de croissance et l'apparition des caractères sexuels secondaires.

12. La progestérone agit en commun avec les œstrogènes pour la maturation des seins et la régulation du cycle menstruel.

Réponse sexuelle de la femme (p. 959-961)

13. La réponse sexuelle de la femme ressemble à celle de l'homme. Chez la femme, l'orgasme n'est pas accompagné d'une éjaculation et n'est pas nécessaire à la conception.

MALADIES TRANSMISSIBLES SEXUELLEMENT (p. 961-964)

1. Les maladies transmissibles sexuellement (MTS) sont des maladies infectieuses transmises lors des contacts sexuels. La gonorrhée, la syphilis et l'infection à *Chlamydia* sont des maladies bactériennes qui, en l'absence de traitement, peuvent mener à la stérilité. L'herpès génital, une infection virale, pourrait être associé au cancer du col utérin. La syphilis a des conséquences plus importantes que les autres MTS, car elle peut toucher tous les organes.

DÉVELOPPEMENT ET VIEILLISSEMENT DES ORGANES GÉNITAUX: CHRONOLOGIE DU DÉVELOPPEMENT SEXUEL (p. 964-969)

Développement embryonnaire et fœtal (p. 964-967)

1. Le sexe génétique est déterminé par les chromosomes sexuels: un chromosome X provenant de la mère et un chromosome X ou Y provenant du père. Si l'ovule fécondé est XX, l'enfant sera de sexe féminin et possédera des ovaires; s'il est XY, l'enfant sera de sexe masculin et possédera des testicules.

2. Les gonades des deux sexes proviennent des crêtes gonadiques (masses de mésoderme). Les conduits mésonéphriques donnent naissance aux conduits et aux glandes annexes de l'homme. Les conduits paramésonéphriques donnent naissance aux voies génitales de la femme.

3. Les organes génitaux externes proviennent du tubercule génital et des structures qui y sont associées. Le développement des organes génitaux annexes et des organes génitaux externes masculins dépend de la présence de la testostérone sécrétée par les testicules embryonnaires. En l'absence de testostérone, les organes féminins se développent.

4. Les testicules se forment dans la cavité abdominale et descendent dans le scrotum.

Puberté (p. 967-968)

5. La puberté est la période où les organes génitaux atteignent leur maturité et deviennent fonctionnels. Chez les garçons, elle commence par la croissance du pénis et du scrotum; chez les filles, par le développement des seins.

Ménopause (p. 968-969)

6. Au cours de la ménopause, la fonction ovarienne diminue, puis l'ovulation et la menstruation cessent. Des bouffées de chaleur et des troubles de l'humeur peuvent survenir. La ménopause peut entraîner une atrophie des organes génitaux, une perte de masse osseuse et une augmentation des risques de troubles cardiovasculaires.

Questions de révision

Choix multiples/associations

1. Après l'ovulation, les structures qui attirent l'ovocyte dans les conduits génitaux de la femme sont: (a) Les cils; (b) les franges; (c) les microvillosités; (d) les stéréocils.

2. L'embryon s'implante habituellement dans: (a) la trompe utérine, (b) la cavité péritonéale, (c) le vagin, (d) l'utérus.

3. L'homologue masculin du clitoris de la femme est: (a) le pénis, (b) le scrotum, (c) l'urètre spongieux, (d) le testicule.

4. Lequel des énoncés suivants décrit correctement une partie de l'anatomie féminine? (a) L'orifice vaginal est le plus postérieur des trois orifices du périnée; (b) le méat urétral est situé entre l'orifice vaginal et l'anus; (c) l'anus est localisé entre l'orifice vaginal et le méat urétral; (d) le méat urétral est le plus antérieur des deux orifices de la vulve.

5. Les caractères sexuels secondaires sont: (a) présents chez l'embryon, (b) une conséquence de l'augmentation des taux d'hormones sexuelles à la puberté, (c) le testicule chez l'homme et l'ovaire chez la femme, (d) permanents une fois qu'ils sont développés.

6. Laquelle des structures suivantes sécrète les hormones sexuelles mâles? (a) Les vésicules séminales, (b) le corps jaune, (c) les follicules en voie de développement des testicules, (d) les cellules interstitielles du testicule.

7. Que se produit-il si les testicules ne descendent pas? (a) Aucune hormone sexuelle mâle ne circulera dans l'organisme; (b) les spermatozoïdes ne pourront pas sortir du corps; (c) le développement des testicules sera retardé à cause de l'apport sanguin insuffisant; (d) aucun spermatozoïde mature ne sera produit.

8. Le nombre diploïde de chromosomes chez les humains est: (a) 48; (b) 47; (c) 46; (d) 23; (e) 24.

9. En gardant à l'esprit les différences entre la mitose et la méiose, choisissez les énoncés qui s'appliquent *seulement* à la méiose. (a) Marquée par la présence de tétrades; (b) produit deux cellules filles; (c) produit quatre cellules filles; (d) se poursuit pendant toute la vie; (e) réduit de moitié le nombre de chromosomes; (f) marquée par la synapsis et l'enjambement des chromosomes.

10. Associez les termes suivants avec la description appropriée :

(a) ABP
(b) Œstrogènes
(c) FSH
(d) LH-RH
(e) Inhibine
(f) LH
(g) Progestérone
(h) Testostérone

______ , ______ **(1)** Hormones qui règlent directement le cycle ovarien.

______ , ______ **(2)** Substances chimiques qui inhibent l'axe hypothalamo-testiculaire chez l'homme.

______ **(3)** Hormone qui rend la glaire cervicale visqueuse.

______ **(4)** Accentue l'action de la testostérone sur les cellules germinales.

______ , ______ **(5)** Chez la femme, exerce une rétro-inhibition sur l'hypothalamus et l'adénohypophyse.

______ **(6)** Stimule la sécrétion de la testostérone.

11. On peut diviser le cycle menstruel en trois phases successives. À partir du premier jour du cycle, elles se déroulent dans l'ordre suivant: (a) menstruelle, proliférative, sécrétoire; (b) menstruelle, sécrétoire, proliférative; (c) sécrétoire, menstruelle, proliférative; (d) proliférative, menstruelle, sécrétoire; (e) sécrétoire, proliférative, menstruelle.

12. Les spermatozoïdes sont aux tubules séminifères contournés ce que les ovocytes sont aux: (a) franges; (b) corpus albicans, (c) follicules ovariens; (d) corps jaunes.

13. Laquelle des structures suivantes n'ajoute pas une sécrétion importante au sperme? (a) Prostate; (b) glandes bulbo-urétrales; (c) testicules; (d) conduit déférent.

14. Le corps jaune se forme au site de: (a) la fécondation; (b) l'ovulation; (c) la menstruation; (d) l'implantation.

15. Le sexe d'un enfant est déterminé par: (a) le chromosome sexuel que possède le spermatozoïde; (b) le chromosome sexuel que possède l'ovocyte; (c) le nombre de spermatozoïdes qui fécondent l'ovocyte; (d) la position du fœtus dans l'utérus.

16. La FSH est aux œstrogènes ce que les œstrogènes sont à la: (a) progestérone; (b) LH; (c) FSH; (d) testostérone.

17. Un médicament qui «rappelle» à l'hypophyse de produire de la FSH et de la LH pourrait être utile comme: (a) contraceptif; (b) diurétique; (c) stimulant de la fécondité; (d) stimulant de l'avortement.

Questions à court développement

18. Pourquoi le terme *système uro-génital* s'applique-t-il davantage aux hommes qu'aux femmes?

19. La spermatide est haploïde mais ce n'est pas un gamète fonctionnel. Nommer et décrire le processus de transformation de la spermatide en spermatozoïde motile et décrire les principales régions structurales (et fonctionnelles) du spermatozoïde.

20. Chez la femme, l'ovogenèse produit un gamète fonctionnel, l'ovule. Quelles autres cellules sont produites? Que signifie ce «gaspillage» de cellules au cours de la production des gamètes, c'est-à-dire pourquoi n'y a-t-il qu'un gamète au lieu de quatre comme chez l'homme?

21. Énumérer trois caractères sexuels secondaires féminins.

22. Décrire le déroulement et les conséquences possibles de la ménopause.

23. Qu'est-ce que la ménarche? Qu'indique-t-elle?

24. Pour trois méthodes de régulation des naissances — les contraceptifs oraux, le diaphragme et le coït interrompu —, indiquer: (a) le site du blocage du processus de la reproduction, (b) le mode d'action, (c) l'efficacité relative, (d) les problèmes inhérents à la méthode.

25. Décrire le trajet du spermatozoïde des testicules de l'homme jusqu'à la trompe utérine de la femme.

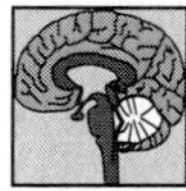

Réflexion et application

1. Danielle, une femme âgée de 44 ans et mère de 8 enfants, consulte son médecin au sujet d'une sensation de pesanteur dans le bassin, de douleurs lombaires et d'incontinence urinaire. Son périnée présente de grosses chéloïdes et l'examen vaginal montre que l'orifice externe du col utérin se trouve tout près de l'orifice vaginal. Elle explique au médecin qu'elle a vécu à la campagne dans une communauté qui rejetait l'accouchement à l'hôpital (sauf en cas d'absolue nécessité). Selon vous, quel est le problème de Danielle et par quoi a-t-il été causé? (Donnez une description anatomique.)

2. Mathieu, un adolescent actif sexuellement, se présente au CLSC parce qu'il souffre de douleurs à la miction et d'un écoulement purulent par le méat urétral. On lui demande quelles ont été ses activités sexuelles dernièrement. (a) Quel est le problème de Mathieu selon vous? (b) Quel est l'agent causal de cette affection? (c) Comment soigne-t-on cette maladie et que se produira-t-il si elle n'est pas soignée?

3. Une femme de 36 ans, mère de quatre enfants, pense à subir une ligature des trompes afin d'éviter de nouvelles grossesses. Elle demande au médecin si elle sera ménopausée après l'opération. (a) Que répondriez-vous à sa question et comment mettriez-vous fin à ses inquiétudes? (b) Qu'est-ce que la ligature des trompes?

4. Un homme de 76 ans songe à se marier avec une femme beaucoup plus jeune que lui. Il demande à son urologue s'il sera capable de devenir père étant donné son âge avancé. Quelles questions le médecin devrait-il lui poser, et quelles épreuves diagnostiques devrait-il lui prescrire?

29 Grossesse et développement prénatal

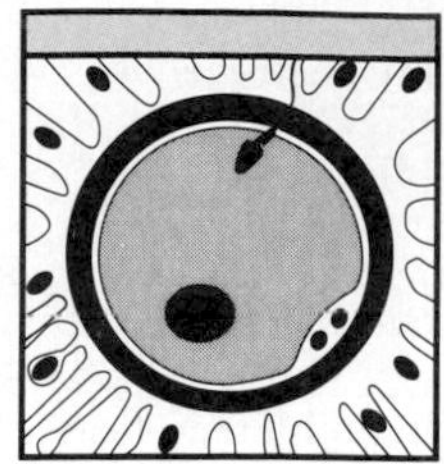

Sommaire et objectifs d'apprentissage

De l'ovule à l'embryon (p. 975-984)

1. Décrivez le rôle de la capacitation dans le processus qui permet au spermatozoïde de pénétrer dans l'ovocyte.
2. Expliquer les mécanismes de blocage rapide et de blocage lent de la polyspermie.
3. Définir la fécondation.
4. Expliquer le processus de segmentation et décrire son résultat.
5. Décrire le processus de l'implantation et de la formation du placenta et énumérer les fonctions placentaires.

Développement embryonnaire (p. 984-989)

6. Décrire le processus de la gastrulation et ses conséquences.
7. Nommer les membranes embryonnaires et décrire leur formation, leur situation et leur fonction.
8. Définir l'organogenèse et comprendre le rôle important des trois feuillets embryonnaires dans ce processus.
9. Décrire les particularités de la circulation fœtale.

Développement fœtal (p. 989)

10. Indiquer la durée de la période fœtale et connaître les principaux événements du développement fœtal.

Effets de la grossesse chez la mère (p. 989-993)

11. Décrire les modifications des organes génitaux ainsi que celles des systèmes cardiovasculaire, respiratoire et urinaire au cours de la grossesse.
12. Connaître les effets de la grossesse sur le métabolisme et la posture.

Parturition (accouchement) (p. 993-996)

13. Expliquer comment le travail se déclenche, et décrire les trois périodes du travail.

Adaptation de l'enfant à la vie extra-utérine (p. 996-997)

14. Décrire brièvement les événements menant à la première respiration du nouveau-né.
15. Décrire les modifications de la circulation fœtale après la naissance.

Lactation (p. 997-998)

16. Expliquer comment les seins se préparent à la lactation et à l'allaitement.

La naissance d'un bébé est un événement si courant qu'on a tendance à oublier que cet accomplissement est une merveille; une seule cellule, l'ovule fécondé, se transforme en un être humain extrêmement complexe formé de trillions de cellules. Il nous aurait fallu tout ce manuel pour décrire ce processus en détail. Nous nous limiterons donc à considérer les phénomènes importants de la gestation et à décrire brièvement les événements qui se déroulent immédiatement après la naissance.

Définissons d'abord quelques termes. Le mot **grossesse** désigne les événements qui se déroulent entre la fécondation (conception) et la naissance de l'enfant. L'enfant en voie de développement dans le corps de la femme enceinte est appelé **produit de la conception.** La période de développement est appelée **période de gestation** (*gestare* = porter). Par convention, on la définit comme l'intervalle entre la dernière menstruation et l'accouchement, c'est-à-dire environ 280 jours. Au moment de la fécondation, la mère est donc officiellement enceinte de deux semaines, même si cela est illogique. Pendant les deux semaines suivant la fécondation, le produit de la conception subit son *développement préembryonnaire*; il est parfois appelé **préembryon.** De la troisième à la huitième semaine après la fécondation, la *période embryonnaire,* le produit de la conception est appelé **embryon,** et de la neuvième semaine jusqu'à la naissance, la *période fœtale,* le produit de la conception est appelé **fœtus.** La figure 29.1 montre les modifications de la forme et de la grosseur du produit de la conception, de la fécondation au début de la période fœtale.

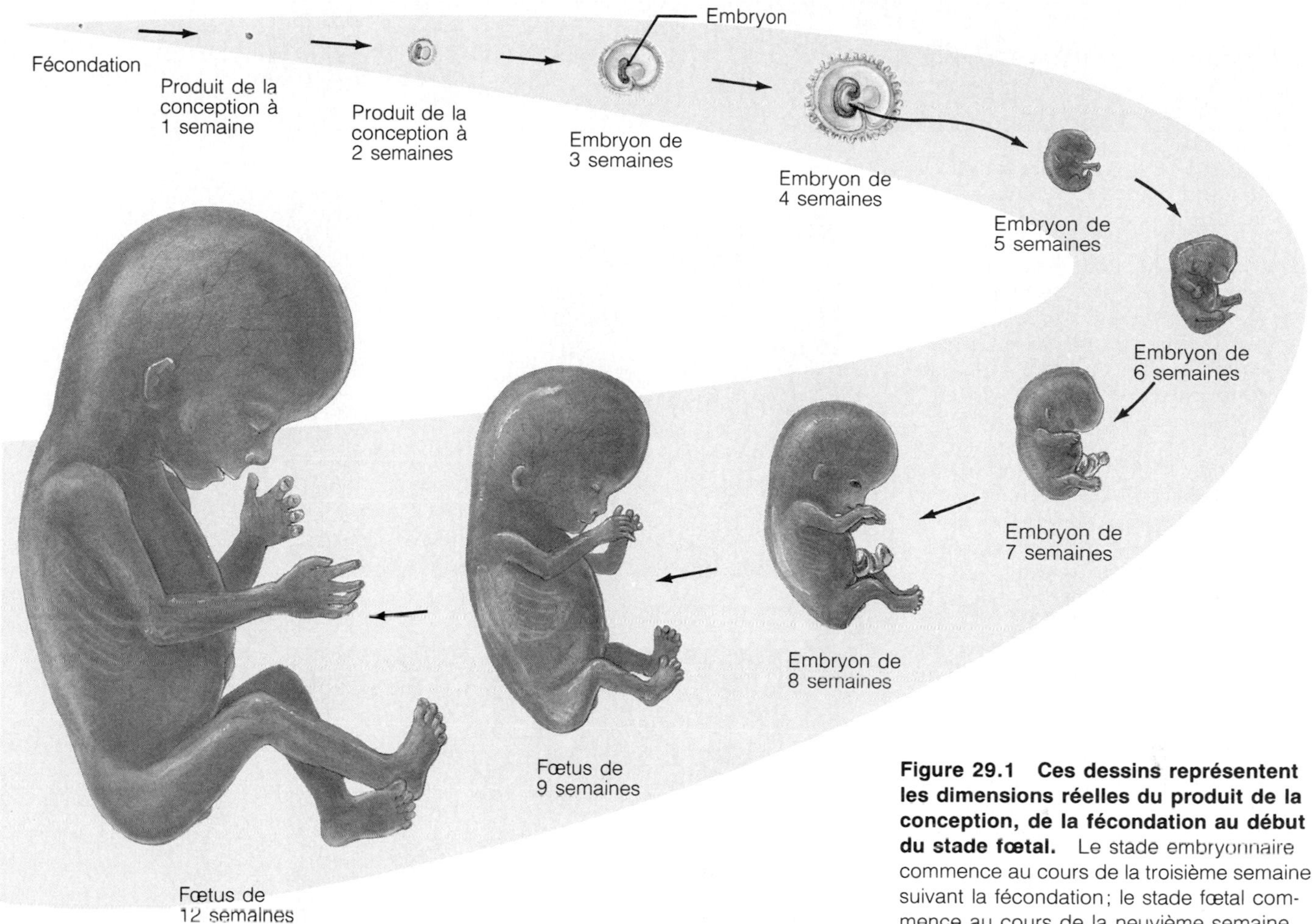

Figure 29.1 Ces dessins représentent les dimensions réelles du produit de la conception, de la fécondation au début du stade fœtal. Le stade embryonnaire commence au cours de la troisième semaine suivant la fécondation; le stade fœtal commence au cours de la neuvième semaine.

De l'ovule à l'embryon

Déroulement de la fécondation

Pour que la fécondation soit possible, le spermatozoïde doit atteindre l'ovocyte de deuxième ordre. L'ovocyte est viable pendant 12 à 24 heures après son expulsion de l'ovaire, et le spermatozoïde conserve en général son pouvoir de fécondation dans les voies génitales de la femme pendant 12 à 48 heures après l'éjaculation. Pour que la fécondation soit possible, le coït doit donc avoir lieu au plus tôt 72 heures avant l'ovulation et au plus tard 24 heures après, au moment où l'ovocyte a atteint le premier tiers de la trompe utérine. La **fécondation** se produit quand un spermatozoïde fusionne avec un ovule pour former un ovule fécondé, ou **zygote,** qui constitue la première cellule du nouvel individu. Étudions les événements qui mènent à la fécondation.

Transport et capacitation des spermatozoïdes

Les spermatozoïdes font face à un trajet périlleux dans les voies génitales de la femme. Des millions s'écoulent du vagin presque tout de suite après y avoir été déposés. Des millions sont détruits par l'environnement acide du vagin et, si la glaire cervicale n'a pas été rendue plus liquide par les œstrogènes, plusieurs millions ne parviennent pas à franchir le col utérin. Ceux qui réussissent à pénétrer dans l'utérus sont soumis à de puissantes contractions utérines qui, dans une action semblable à celle d'une machine à laver, les dispersent dans toute la cavité utérine. Des milliers de ces spermatozoïdes sont détruits par les phagocytes résidant sur l'endomètre. On estime que parmi les millions de spermatozoïdes que contenait l'éjaculat de l'homme seulement quelques milliers (parfois moins de 500) atteindront finalement les trompes utérines, où l'ovocyte est en train de cheminer tranquillement vers l'utérus.

Après toutes ces difficultés, les spermatozoïdes ont encore un obstacle à surmonter. Lorsqu'ils sont déposés dans le vagin, ils sont en effet incapables de pénétrer un ovocyte. Ils doivent d'abord subir une **capacitation,** c'est-à-dire que leur membrane doit se fragiliser afin de permettre la libération des hydrolases de leur acrosome. Le mécanisme précis de la capacitation reste mystérieux, mais nous savons qu'à mesure que les spermatozoïdes nagent à travers la glaire cervicale, puis dans l'utérus et les trompes utérines, ils perdent le cholestérol qui assure la solidité et la stabilité de leur membrane acrosomiale. La capacitation se fait donc graduellement, en six à

GROS PLAN Faire un bébé: de l'insémination artificielle au transfert d'embryon

Louise Brown est née au cours de l'été 1978. Ses parents avaient des motifs particuliers de se réjouir, car la petite Louise était unique: elle était le premier bébé conçu dans une éprouvette, c'est-à-dire dans un laboratoire de *fécondation in vitro*. La plupart des gens qui entendirent parler de cet événement furent absolument stupéfaits qu'on ait pu concevoir un enfant à l'extérieur du corps humain. Pour les spécialistes de la physiologie de la reproduction, la naissance de Louise fut une percée éclatante, qui ouvrit la voie à une avalanche de nouvelles techniques destinées à permettre aux couples incapables de concevoir d'avoir des enfants.

Il y a très peu de temps qu'on peut «faire des bébés» ailleurs que dans la chambre conjugale. Au cours des années 70, on a élaboré la première et la plus simple des nouvelles méthodes de conception. Cette technique, l'*insémination artificielle avec le sperme d'un donneur,* était destinée aux couples dont l'homme est infertile et aux femmes célibataires. Presque du jour au lendemain, on assista à la création de banques de sperme congelé. Il existe aujourd'hui aux États-Unis plusieurs banques de sperme où sont emmagasinés et mis en vente plus de 100 000 éjaculats. La technique de l'insémination artificielle est assez simple: il faut du sperme, une seringue et une femme féconde. Le sperme est déposé dans le vagin ou le col de la femme au moment approprié du cycle, puis on

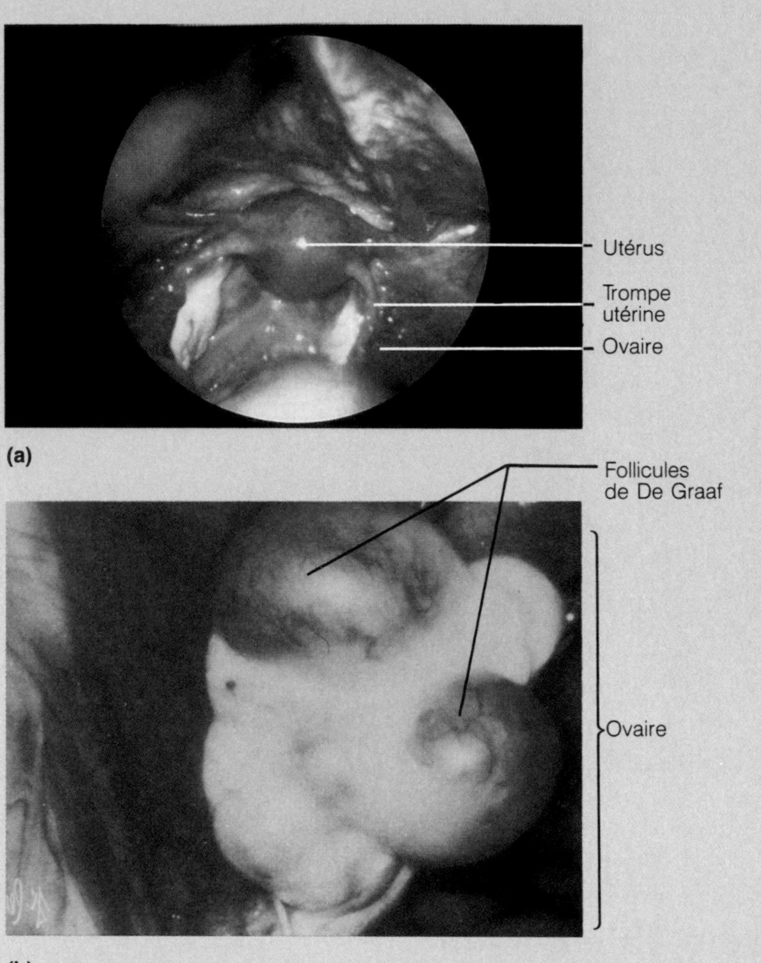

Photographie (a) d'un ovaire non stimulé et (b) d'un ovaire qui a été stimulé à l'aide d'hormones afin qu'il produise plusieurs follicules de De Graaf, faisant saillie à la surface de l'ovaire.

huit heures. Même quand les spermatozoïdes atteignent l'ovocyte en quelques minutes, ils doivent «attendre» que la capacitation se produise. Ce mécanisme de prévention de la perte des enzymes acrosomiales peut sembler excessif, mais il est essentiel: si la membrane acrosomiale des spermatozoïdes devenait fragile dans les voies génitales de l'homme, elle pourrait se rompre prématurément et provoquer une certaine autolyse (auto-digestion) des organes génitaux de l'homme.

Réaction acrosomiale et pénétration du spermatozoïde

La **réaction acrosomiale** est la libération des enzymes acrosomiales (hyaluronidase, acrosine, protéase, etc.) dans le voisinage immédiat de l'ovocyte. L'ovocyte est entouré de la zone pellucide, puis encapsulé dans la corona radiata; il ne peut être pénétré avant l'ouverture d'une brèche dans ces deux structures. La rupture de centaines d'acrosomes est nécessaire pour la dégradation de l'acide hyaluronique qui lie les cellules de la corona radiata et pour la digestion de trous dans la zone pellucide (acellulaire). Une fois qu'un chemin a été tracé et qu'un spermatozoïde est entré en contact avec les récepteurs de la membrane de l'ovocyte, son noyau est attiré dans le cytoplasme de l'ovocyte (figure 29.2a). Dans ce cas, on ne peut pas dire «premier arrivé, premier servi», puisqu'un spermatozoïde qui arrive après que des centaines d'autres ont subi la réaction acrosomiale, et ainsi provoqué l'exposition de la membrane de l'ovocyte, a les meilleures chances d'être *le* spermatozoïde fécondant.

laisse la nature faire son œuvre. Chaque année, 20 000 bébés américains naissent grâce à cette méthode.

Bien que le nombre de *bébés-éprouvettes* comme Louise continue d'augmenter, ils restent relativement peu nombreux car il n'existe à travers le monde que quelques centaines de cliniques qui pratiquent cette technique. La *fécondation in vitro* est un procédé élégant mais complexe. On donne à la femme des hormones qui provoquent le développement de plusieurs ovocytes dans les ovaires. (Les photographies montrent un ovaire non stimulé et un ovaire stimulé.) Les ovocytes sont aspirés à l'extérieur de l'ovaire à l'aide d'un *laparoscope,* un instrument de visualisation introduit dans l'abdomen par une courte incision. Quelques ovocytes sont ensuite fécondés à l'aide de spermatozoïdes du partenaire de la femme. Après quelques jours de croissance dans un contenant de verre, tous les préembryons dont le développement semble normal sont réimplantés dans l'utérus de la femme. Les autres ovocytes sont aussi fécondés, puis congelés au cas où le premier essai échouerait. Comme on estime que seulement 30 % des fécondations naturelles produisent une grossesse et un bébé en bonne santé, le taux de succès de 15 à 20 % déclaré par les cliniques de fécondation in vitro est très bon.

Entre-temps, le recours aux *mères porteuses* s'est popularisé. Les mères porteuses sont payées pour fournir un ovule et «prêter» leur utérus aux femmes qui ont un partenaire fertile mais qui ne sont pas capables de porter un bébé. La mère porteuse est inséminée à l'aide du sperme du mari. L'enfant est finalement remis au couple qui l'a payée. On entend souvent parler des problèmes juridiques et éthiques soulevés par la question des mères porteuses, surtout quand une mère porteuse décide de garder le bébé après sa naissance. Qui sont les parents de ce bébé?

On n'aura plus besoin de mères porteuses lorsqu'on aura mis au point la méthode de *transfert d'embryon* de l'utérus d'une femme à celui d'une autre femme. Dans cette méthode, le produit de la conception est recueilli chez une donneuse qui a été inséminée artificiellement par le partenaire fertile de la receveuse et ensuite transféré dans l'utérus de la receveuse infertile. Le prélèvement est effectué en faisant un lavage de l'utérus au moyen d'un cathéter (tube de plastique) souple. Vous vous rendez sûrement compte que cette méthode est encore plus complexe que la fécondation in vitro, mais en 1984 un petit garçon est né à la suite d'un transfert d'embryon.

En 1985, une nouvelle méthode s'est ajoutée à celles-ci, le *transfert intrafallopien de gamètes (TIG).* Le TIG est un moyen d'éviter que les spermatozoïdes rencontrent les obstacles présents dans les voies génitales de la femme (acidité élevée, glaire incompatible, phagocytes, etc.) en introduisant des spermatozoïdes et des ovocytes directement dans les trompes utérines. Comme dans la fécondation in vitro, la femme reçoit des stimulants de l'ovulation, et les ovocytes sont recueillis au moyen de l'aspirateur d'un laparoscope. Les ovocytes et le sperme du mari sont mélangés et immédiatement introduits dans les trompes à l'aide du laparoscope. Le TIG coûte moins cher que la fécondation in vitro, parce qu'il ne demande qu'une seule intervention.

Toutes ces nouvelles méthodes donnent de l'espoir aux couples infertiles, mais certaines personnes envisagent avec crainte le jour où la gestation de tous les bébés se fera en laboratoire et où seuls pourront naître ceux qui sont du sexe voulu et qui possèdent les traits génétiques désirés. Le monde est ainsi fait: tout changement important est une bouffée de bonheur au milieu d'un océan de larmes.

Obstacles à la polyspermie

La **polyspermie,** ou pénétration de plusieurs spermatozoïdes dans un ovule, se produit chez certains animaux. Chez les humains, un seul spermatozoïde peut pénétrer l'ovocyte. Deux mécanismes assurent la **monospermie,** ou fécondation par un seul spermatozoïde. Aussitôt que la membrane plasmique d'un spermatozoïde entre en contact avec la membrane de l'ovocyte, les canaux du sodium s'ouvrent et du sodium ionique (présent dans le liquide interstitiel) diffuse dans l'ovocyte, ce qui provoque une dépolarisation de sa membrane. Ce phénomène électrique, appelé *blocage rapide de la polyspermie,* empêche d'autres spermatozoïdes de fusionner avec la membrane de l'ovocyte. Une fois que le spermatozoïde a pénétré dans l'ovocyte, la **réaction corticale** se produit (voir la figure 29.2a). La dépolarisation qui constitue le blocage rapide de la polyspermie entraîne aussi la libération de calcium ionique (Ca^{2+}) dans le cytoplasme de l'ovocyte. Cette brusque augmentation du Ca^{2+} intracellulaire active l'ovocyte, de sorte qu'il se prépare à la division cellulaire. Elle provoque également l'éclatement des granules corticaux, situés directement sous la membrane plasmique, qui répandent leur contenu dans l'espace extracellulaire sous la zone pellucide. Les matériaux répandus se lient à l'eau et gonflent graduellement, détachant ainsi tous les spermatozoïdes encore en contact avec la membrane de l'ovocyte. Ce processus constitue le *blocage lent de la polyspermie.*

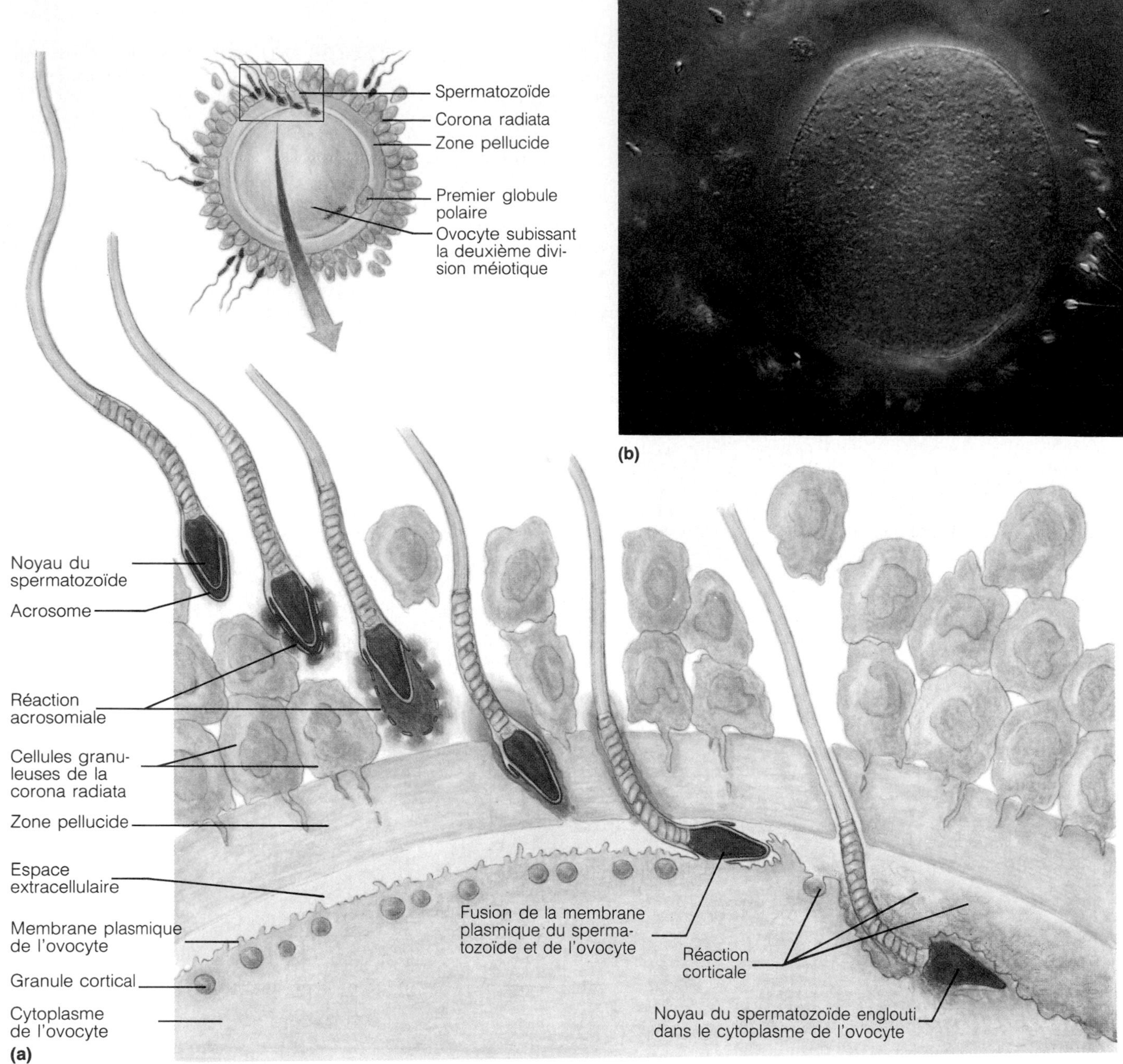

Figure 29.2 Pénétration du spermatozoïde et réaction corticale (blocage lent de la polyspermie). (**a**) Les étapes de la pénétration de l'ovocyte par un spermatozoïde sont représentées de gauche à droite. La pénétration du spermatozoïde dans la corona radiata et la zone pellucide de l'ovocyte est permise par la libération des enzymes acrosomiales d'un grand nombre de spermatozoïdes. La fusion de la membrane plasmique d'un seul spermatozoïde avec celle de l'ovocyte est suivie de l'engloutissement de la tête (où se trouve le noyau) du spermatozoïde dans le cytoplasme de l'ovocyte et de la réaction corticale. La réaction corticale est accompagnée de la libération du contenu des granules corticaux de l'ovocyte dans l'espace extracellulaire situé entre sa membrane plasmique et la zone pellucide, ce qui prévient l'entrée d'autres spermatozoïdes. (**b**) Photomicrographie de spermatozoïdes humains entourant un ovocyte humain (×750).

Achèvement de la méiose II et fécondation

Après avoir pénétré dans l'ovocyte, le spermatozoïde demeure un moment dans le cytoplasme périphérique. Ce qui se passe ensuite est présenté à la figure 29.3. L'ovocyte de deuxième ordre, activé par le signal du calcium ionique, achève la méiose II : il forme alors le noyau de l'ovule et éjecte le deuxième globule polaire. Le noyau de l'ovule et celui du spermatozoïde gonflent et se transforment en **pronucléus femelle** et **mâle** (*pro* = avant). Ils se rapprochent l'un de l'autre en suivant le fuseau de division qui s'établit entre eux. Les membranes des pronucléus se rompent alors, et libèrent les chromosomes dans le voisinage immédiat du fuseau. C'est à ce moment que la véritable fécondation se produit, quand les chromosomes

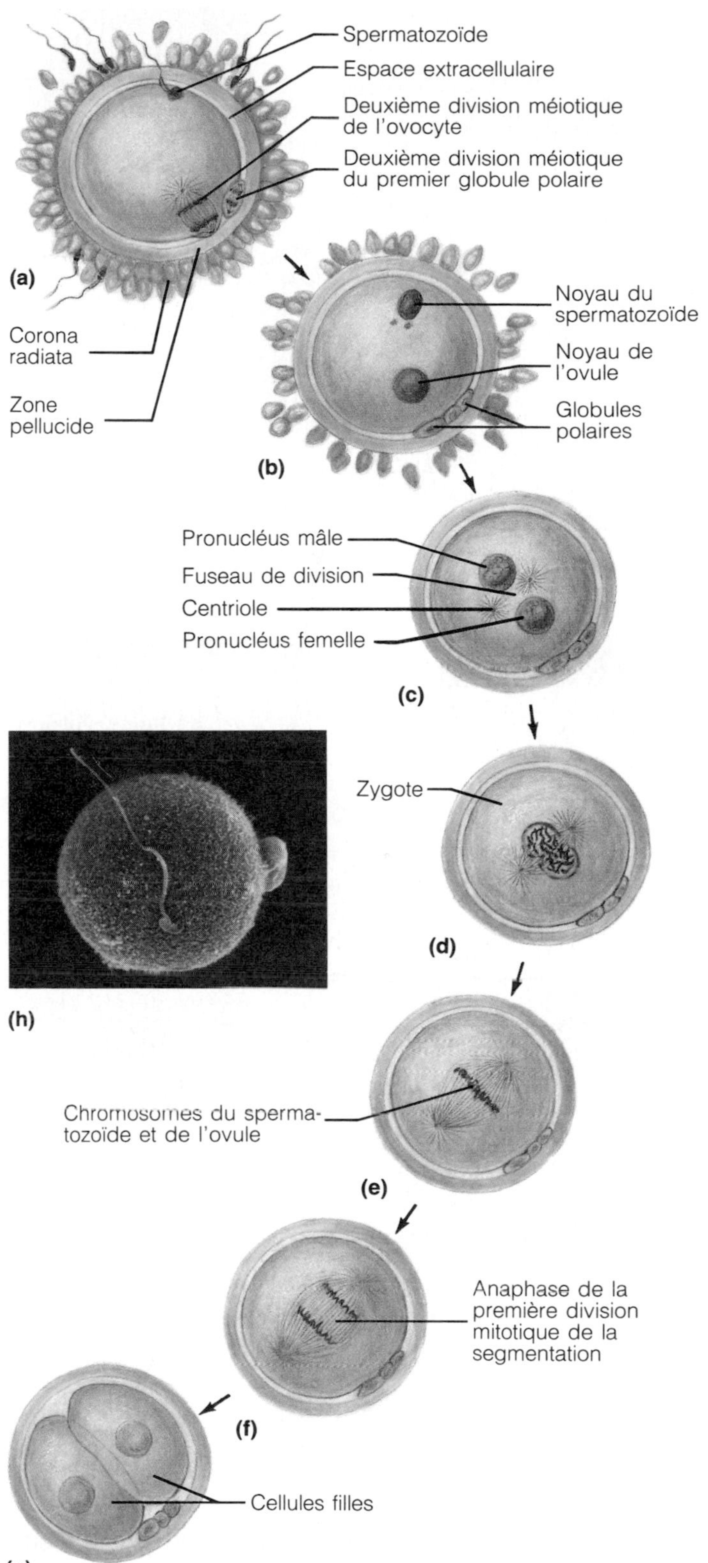

Figure 29.3 Phénomènes suivant immédiatement la pénétration du spermatozoïde. (**a**) Une fois que le spermatozoïde a pénétré dans l'ovocyte, celui-ci achève la méiose II et expulse le deuxième globule polaire. (**b-c**) Le noyau de l'ovule formé au cours de la méiose II commence à gonfler, et les noyaux du spermatozoïde et de l'ovule se rapprochent l'un de l'autre. Lorsqu'ils sont gonflés au maximum, les noyaux sont appelés pronucléus. (**d-g**) Lorsque les pronucléus mâle et femelle se rejoignent (réalisant ainsi la fécondation), leur ADN se réplique immédiatement et forme des chromosomes qui s'attachent au fuseau de division et subissent une division mitotique. Cette division est la première de la segmentation et elle donne deux cellules filles. (**h**) Photomicrographie au microscope électronique à balayage d'un ovule fécondé (zygote). Remarquez le deuxième globule polaire qui fait saillie à droite. On voit un spermatozoïde près de la surface de l'ovocyte (×500).

maternels et paternels se combinent et forment le zygote diploïde.* Presque tout de suite après l'union des pronucléus, leurs chromosomes se répliquent. La première division mitotique du produit de la conception commence ensuite (figure 29.3d-f).

Développement préembryonnaire

Le développement préembryonnaire débute au moment de la fécondation et se poursuit pendant que l'embryon avance dans la trompe utérine, flotte librement dans la cavité utérine puis s'implante dans l'endomètre. Les événements marquants du stade préembryonnaire sont la *segmentation,* qui produit une structure appelée blastocyste, et l'*implantation* du blastocyste.

Segmentation et formation du blastocyste

La **segmentation** est la période de développement mitotique relativement rapide qui suit la fécondation. Comme les divisions se succèdent trop rapidement pour qu'il puisse y avoir une *croissance cellulaire* entre chacune, les cellules filles sont de plus en plus petites (figure 29.4). Les cellules produites au cours de la segmentation ont donc un rapport surface/volume élevé, ce qui favorise la capture des nutriments et l'expulsion des déchets. La segmentation assure aussi que l'embryon sera constitué à partir d'un grand nombre de cellules. Pourquoi cette caractéristique est-elle importante? Pour la même raison qu'il est beaucoup plus facile de construire un gratte-ciel à l'aide d'un grand nombre de briques qu'avec un gigantesque bloc de granit.

Environ 36 heures après la fécondation, la première division de la segmentation a donné deux cellules identiques appelées *blastomères.* Les deux blastomères se divisent ensuite pour former 4 cellules, puis 8, jusqu'à ce que, 72 heures après la fécondation, on ait une petite boule de 16 cellules ou plus appelée **morula** (littéralement, «mûre»). Toutes ces divisions ont lieu pendant le voyage du préembryon vers l'utérus. Quatre ou cinq jours après la fécondation, le préembryon est composé d'environ 100 cellules et il flotte dans l'utérus. La zone pellucide commence alors à se dégrader, et elle laisse échapper une structure interne, le blastocyste. Le **blastocyste** est une sphère remplie de liquide formée d'une couche de grosses cellules aplaties appelées **cellules trophoblastiques** et d'un petit amas de cellules arrondies appelé **embryoblaste,** localisé à une extrémité. Les cellules trophoblastiques prendront part à la formation du

* Selon certaines sources, la fécondation est simplement la pénétration de l'ovocyte par le spermatozoïde. Cependant, chez les humains, le zygote ne peut se former si les chromosomes de l'homme et de la femme ne s'unissent pas.

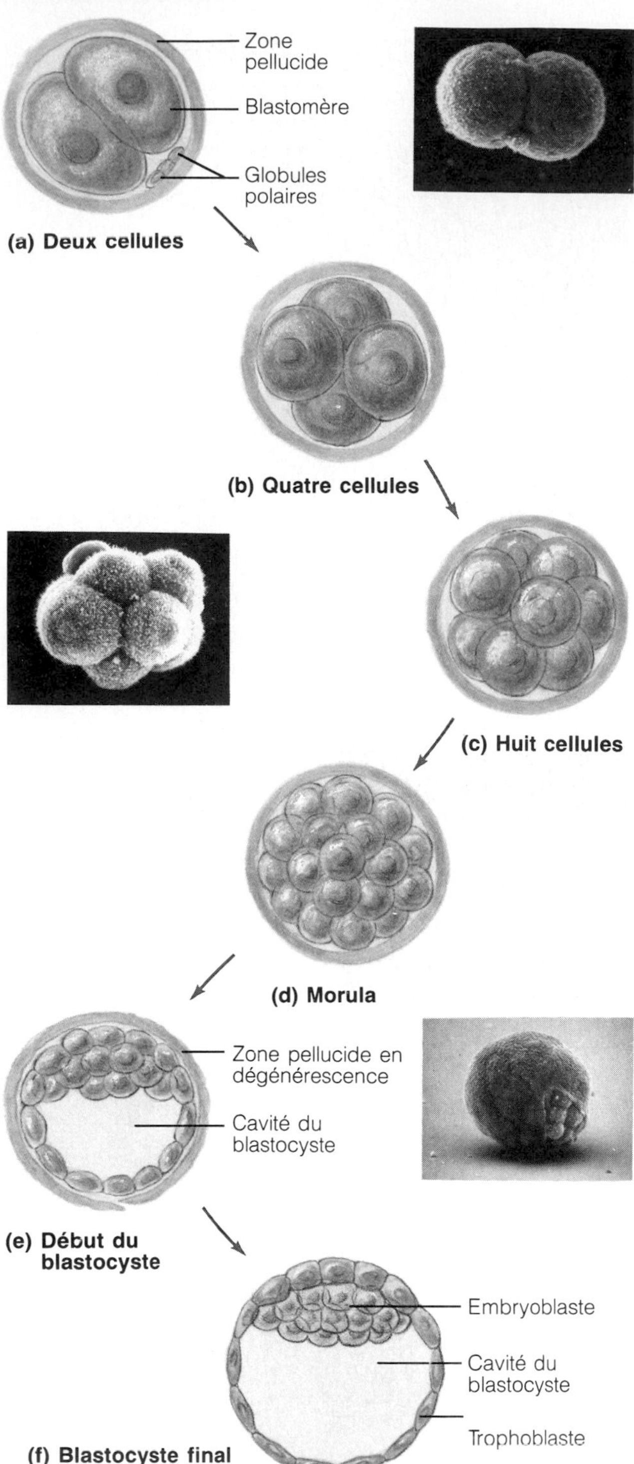

Figure 29.4 La segmentation est une série de divisions mitotiques en succession rapide qui produisent la structure préembryonnaire appelée blastocyste. (**a**) Deux cellules, représentation schématique et photomicrographie correspondante. (**b**) Quatre cellules. (**c**) Huit cellules. (**d**) La morula, une boule solide de blastomères. (**e**) Schéma et photomicrographie correspondante du blastocyste au début de sa formation: la morula s'évide, se remplit de liquide et s'échappe de la zone pellucide. (**f**) Blastocyste final, constitué d'une sphère externe de cellules trophoblastiques et d'un amas excentrique de cellules appelé embryoblaste. Remarquez que le blastocyste final n'est que légèrement plus gros que les deux cellules du début, car les cellules n'ont pas le temps de croître beaucoup entre les divisions.

placenta, comme leur nom l'indique (*trophê* = nourriture; *blastos* = germe). L'embryoblaste deviendra le *disque embryonnaire,* qui formera l'embryon proprement dit. Le stade du blastocyste est le premier stade auquel la différenciation cellulaire est évidente.

Implantation

Une fois que le blastocyste a atteint la cavité utérine, il flotte dans les sécrétions utérines pendant deux ou trois jours. Environ six jours après la fécondation, le processus de l'**implantation** débute. La couche externe du blastocyste, le trophoblaste, vérifie si l'endomètre est prêt pour l'implantation et, si la muqueuse présente des conditions favorables, il s'implante dans le haut de l'utérus. Si l'endomètre n'a pas atteint le stade de maturité optimal, le blastocyste de détache et flotte jusqu'à un niveau inférieur. Il s'implante finalement à un endroit qui émet les signaux chimiques appropriés. Les cellules trophoblastiques situées au-dessus de l'embryoblaste adhèrent à l'endomètre (figure 29.5a et b) et se mettent à sécréter des enzymes digestives sur la surface de l'endomètre, qui s'épaissit rapidement à cet endroit. Le trophoblaste commence alors à proliférer, et forme deux couches distinctes (figure 29.5c). La couche interne est appelée **cytotrophoblaste,** et ses cellules conservent leurs limites externes. Les cellules de la couche externe perdent au contraire leur membrane plasmique, pour réaliser une masse cytoplasmique multinucléaire appelée **syncytiotrophoblaste,** qui se projette en envahissant l'endomètre et qui digère rapidement les cellules avec lesquelles elle entre en contact. À mesure que l'endomètre est érodé, le blastocyste s'enfouit dans la muqueuse épaisse et veloutée. Il baigne alors dans le sang s'étant échappé des vaisseaux sanguins érodés de l'endomètre. Peu après, le blastocyste implanté est recouvert et isolé de la cavité utérine grâce à la prolifération des cellules endométriales (figure 29.5d).

L'implantation prend environ une semaine; elle est généralement finie le quatorzième jour après l'ovulation, c'est-à-dire le jour où l'endomètre commencerait normalement à se desquamer (menstruation). Si la menstruation débutait, elle délogerait l'embryon et signifierait la fin de la grossesse. Le fonctionnement du corps jaune est entretenu par une hormone semblable à la LH, la **gonadotrophine chorionique humaine (HCG),** qui est sécrétée par les cellules syncytiotrophoblastiques du blastocyste et qui court-circuite les commandes hypophyse-ovaire pendant cette période capitale. Sous l'action de la HCG, le corps jaune continue à sécréter de la progestérone et des œstrogènes. Le *chorion,* qui se développe à partir du trophoblaste après l'implantation, poursuit cette stimulation hormonale. Le produit de la conception prend donc en charge la régulation hormonale de l'utérus au cours de cette phase du développement. La HCG apparaît généralement dans le sang de la mère durant la troisième semaine de gestation (une semaine après la fécondation). La concentration sanguine de HCG augmente jusqu'à la fin du deuxième mois, puis diminue brusquement. À quatre mois de gestation, le taux de HCG descend à un niveau peu élevé qui se maintien-

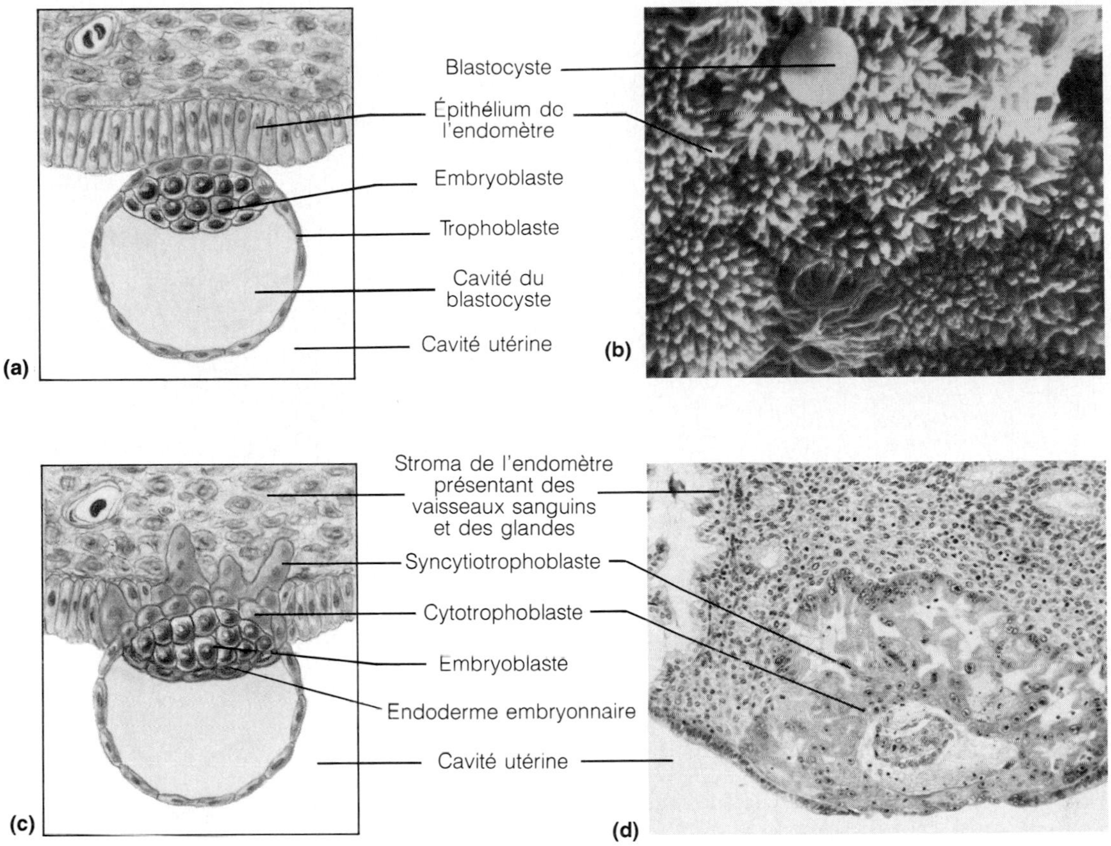

Figure 29.5 Implantation du blastocyste. (**a**) Représentation schématique d'un blastocyste qui vient d'adhérer à l'endomètre. (**b**) Photographie au microscope électronique à balayage d'un blastocyste qui commence à s'implanter dans l'endomètre. (**c**) Stade légèrement plus avancé de l'implantation de l'embryon (environ sept jours après l'ovulation), montrant le cytotrophoblaste et le syncytiotrophoblaste du trophoblaste en train de s'implanter. (**d**) Photomicrographie optique d'un blastocyste implanté (environ dix jours après l'ovulation).

dra jusqu'à la fin de la grossesse (figure 29.6). Entre le deuxième et le troisième mois, le placenta prend en charge la sécrétion de progestérone et d'œstrogènes pour tout le reste de la grossesse. Le corps jaune dégénère ensuite, et les ovaires demeurent inactifs jusqu'à ce que l'accouchement ait eu lieu. Tous les tests de grossesse employés de nos jours sont basés sur les propriétés antigéniques de la HCG ou sur ses récepteurs protéiques, qui permettent de détecter la HCG dans le sang ou l'urine de la femme.

Initialement, l'embryon implanté se nourrit en digérant les cellules endométriales, puis, au deuxième mois, le placenta commence à lui fournir des nutriments et de l'oxygène et à le débarrasser de ses déchets métaboliques. Puisque la formation du placenta est une continuation de l'implantation, nous allons l'étudier dès maintenant et délaisser un moment le développement embryonnaire proprement dit.

Placentation

La **placentation** est la création du **placenta** («galette»), un organe temporaire issu de tissus embryonnaire (trophoblaste) et maternel (endomètre). Lorsque le trophoblaste donne naissance à une couche de mésoderme extra-embryonnaire sur sa face interne (figure 29.7b), il est devenu le **chorion.** Les **villosités choriales** se développent à partir du chorion (figure 29.7c); ces villosités

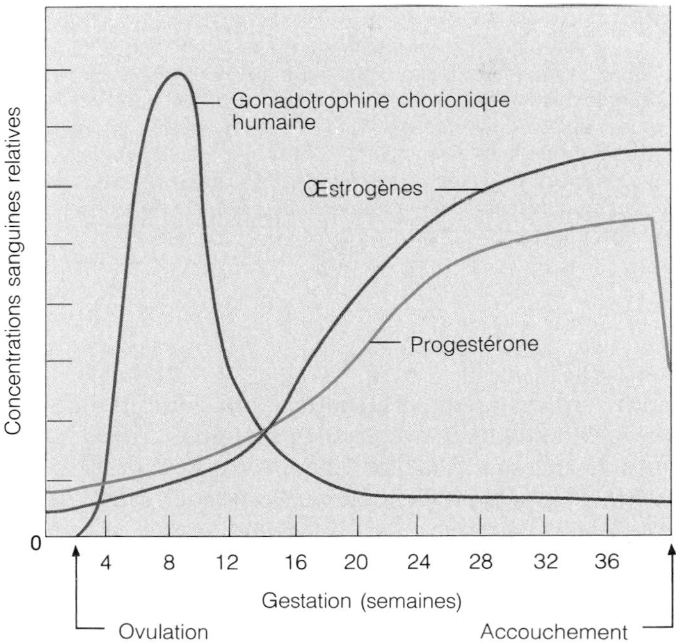

Figure 29.6 Fluctuations relatives des concentrations sanguines maternelles de gonadotrophine chorionique humaine, d'œstrogènes et de progestérone. (Les concentrations sanguines réelles ne sont pas indiquées.)

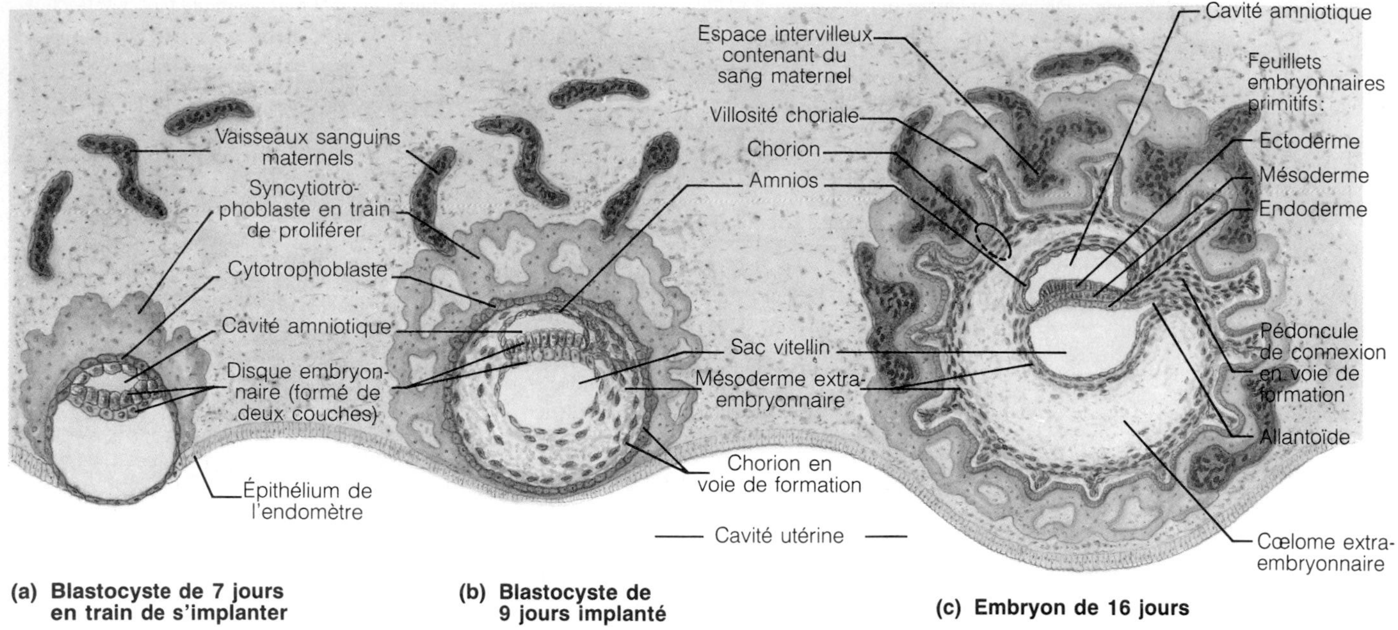

Figure 29.7 Placentation, début du développement embryonnaire et formation des membranes embryonnaires. Les périodes données correspondent à l'âge du produit de la conception, qui est typiquement inférieur de deux semaines à l'âge gestationnel. (**a**) Blastocyste en train de s'implanter. Le syncytiotrophoblaste continue à éroder l'endomètre, et les cellules du disque embryonnaire sont maintenant séparées de l'amnios par un espace rempli de liquide (cavité amniotique). (**b**) Au neuvième jour, l'implantation est terminée et le mésoderme extra-embryonnaire commence à former une couche discrète sous le cytotrophoblaste. (**c**) À 16 jours, le cytotrophoblaste et le mésoderme qui y est associé se sont transformés en chorion et les villosités choriales sont en train de se développer. L'embryon présente maintenant les trois feuillets embryonnaires primitifs, un sac vitellin (distinct de l'endoderme) et une allantoïde, l'excroissance du sac vitellin qui forme la base structurale du pédoncule de connexion, ou cordon ombilical. (**d**) À 4 semaines, la caduque capsulaire (qui recouvre l'embryon du côté de la cavité utérine) et la caduque basale (située entre les villosités choriales et la couche basale de l'endomètre) sont bien formées. (**e**) Fœtus de 13 semaines. (**f**) Anatomie détaillée des relations vasculaires dans la caduque basale arrivée à maturité. Ce stade du développement est atteint à la fin du troisième mois de développement.

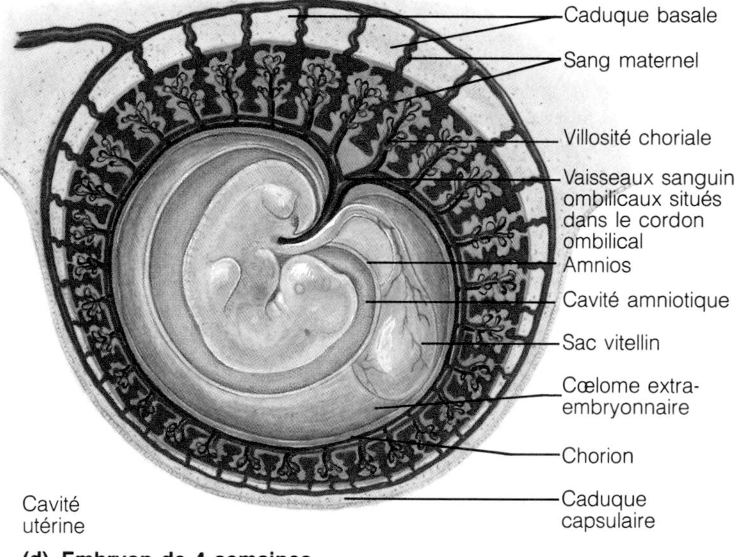

sont particulièrement élaborées aux endroits où elles entrent en contact avec le sang maternel. Peu après, le mésoderme des villosités devient très vascularisé grâce au développement de nombreux vaisseaux sanguins qui atteignent l'embryon par l'intermédiaire de la veine et des artères ombilicales. Les vaisseaux sanguins de l'embryon sont donc reliés à la portion fœtale (choriale) du placenta. Le processus d'érosion de l'endomètre se poursuit, et mène à la formation de gros **espaces intervilleux** dans la couche fonctionnelle de l'endomètre (voir la figure 28.13, p. 951). Les villosités baignent dans le sang maternel que renferment ces espaces (figure 29.7d). Après l'implantation de l'embryon, la portion de l'endomètre en contact avec lui est profondément remaniée afin de réaliser la *caduque.* La couche fonctionnelle de l'endomètre (située entre les villosités choriales et la couche basale) se transforme en **caduque basale.** Les cellules endométriales qui recouvrent la face de l'embryon faisant saillie dans la cavité utérine constituent la **caduque capsulaire** (figure 29.7d et e). Les villosités choriales (tissu embryonnaire) et la caduque basale (tissu maternel) forment le placenta. Après la naissance de l'enfant, le placenta se décolle puis est expulsé de l'utérus. La caduque capsulaire s'étend à mesure que l'embryon grossit, jusqu'à ce qu'il remplisse et étire la cavité utérine. La croissance du bébé provoque la compression des villosités de la caduque capsulaire, ce qui réduit leur irrigation sanguine et entraîne ainsi leur dégénérescence et l'apparition d'une

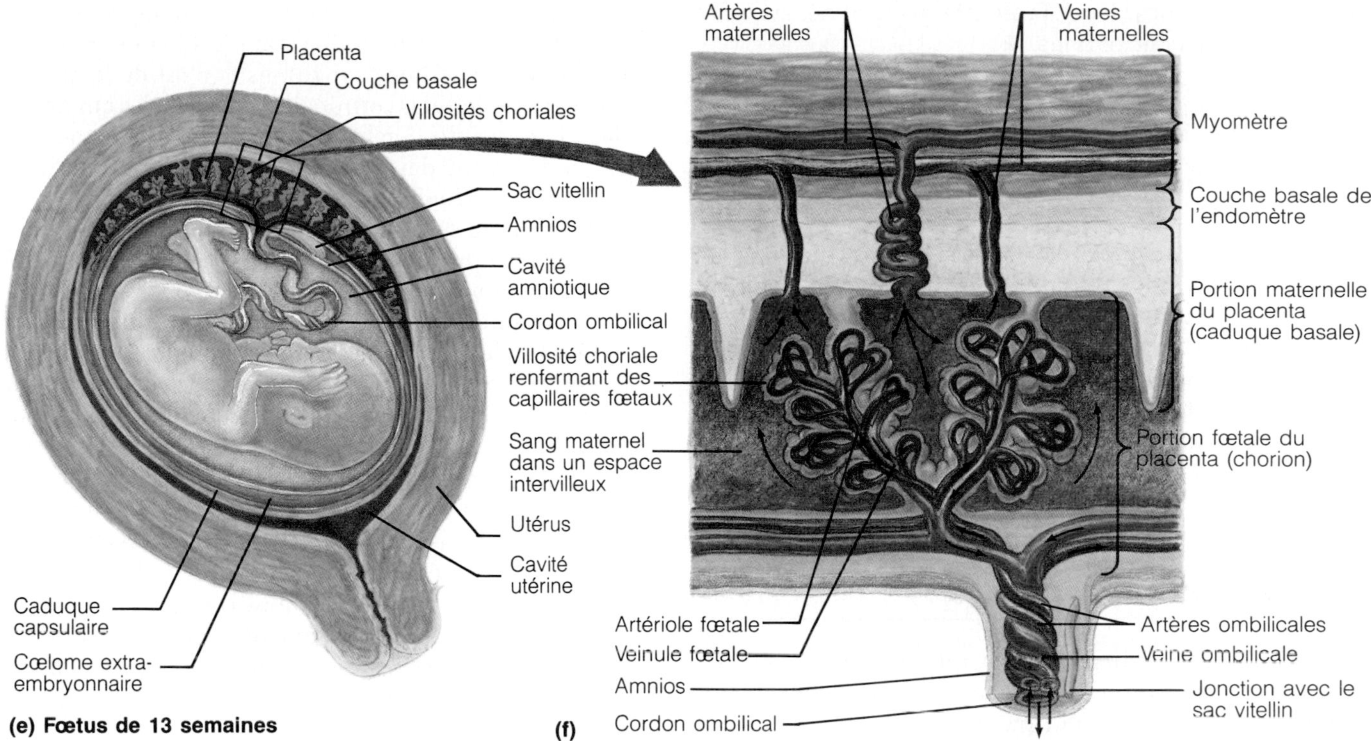

Figure 29.7 (suite)

région de «chorion lisse». Pendant ce temps, les villosités de la caduque basale deviennent plus nombreuses et plus ramifiées. On reconnaît facilement la face fœtale du placenta, car elle est lisse et luisante et le cordon ombilical en fait saillie (voir la figure 29.18c, p. 996). La face maternelle du placenta est bosselée, car elle suit la forme des masses de villosités choriales.

À la fin du troisième mois de la grossesse, le placenta est généralement bien formé. Il est alors en mesure de remplir ses fonctions de nutrition, de respiration et d'excrétion et de jouer son rôle d'organe endocrinien. Cependant, il y a déjà longtemps que l'oxygène et les nutriments diffusent du sang maternel au sang embryonnaire et que les déchets métaboliques sont transportés dans la direction opposée. L'obstacle au libre passage des substances entre les deux circulations sanguines est la barrière placentaire, constituée par les membranes des villosités choriales et l'endothélium des capillaires embryonnaires. Bien que le sang maternel et le sang fœtal se côtoient de très près, ils ne se mélangent jamais en situation normale.

Même si le placenta sécrète de la HCG dès sa formation, ses cellules syncytiotrophoblastiques (les «manufactures d'hormones») acquièrent beaucoup plus lentement leur capacité de sécréter les hormones stéroïdes de la grossesse (œstrogènes et progestérone). Si, pour une raison quelconque, le placenta ne produit pas des quantités suffisantes de ces hormones au moment où le taux de HCG diminue, l'endomètre dégénère et un avortement survient. Pendant toute la grossesse, les concentrations sanguines d'œstrogènes et de progestérone augmentent graduellement (voir la figure 29.6) et stimulent le développement et la différenciation des glandes mammaires afin de les préparer à la lactation. Le placenta sécrète également d'autres hormones, comme l'*hormone lactogène placentaire,* la *relaxine* et la *HCT* («Human Chorionic Thyrotropin»). Nous décrirons plus loin les effets de ces hormones chez la mère.

Étant donné qu'un grand nombre de substances potentiellement néfastes peuvent traverser la barrière placentaire et pénétrer dans le sang fœtal, la femme enceinte doit porter une grande attention à tout ce qu'elle absorbe. Ces précautions sont particulièrement importantes pendant la période embryonnaire, quand les «fondations» du corps se forment. Les **agents tératogènes** (*téras* = monstre) peuvent causer de graves anomalies congénitales et même la mort fœtale. L'alcool, la nicotine, certains médicaments (anticoagulants, sédatifs, antihypertenseurs et quelques antibiotiques) et certaines maladies chez la mère (notamment la rubéole) sont des agents tératogènes. Ainsi, lorsqu'une femme enceinte consomme de l'alcool, son fœtus en absorbe lui aussi. Chez le fœtus, l'alcool peut provoquer le *syndrome d'alcoolisme fœtal (SAF),* qui se caractérise par la microcéphalie (petite tête), la déficience mentale et une croissance anormale. C'est pourquoi de nombreux obstétriciens conseillent à leurs patientes de ne consommer absolument aucune boisson alcoolisée pendant leur grossesse. La nicotine réduit l'apport d'oxygène au fœtus, ce qui gêne la croissance et le développement. La *thalidomide,* un sédatif qui était destiné à soulager les nausées matinales, et qui a été prescrit dans les années 60 à des milliers de femmes enceintes, a provoqué parfois des déformations importantes quand il était pris au cours de la différenciation des bourgeons des membres (du jour 26 au jour 56 environ) : les enfants atteints sont nés avec des membres courts et palmés. ■

Développement embryonnaire

Nous venons de suivre le développement du placenta jusqu'à la période fœtale. Retournons maintenant en arrière pour étudier le développement de l'embryon pendant et après l'implantation. Alors que l'implantation se poursuit, le blastocyste progresse jusqu'au stade de la **gastrula,** pendant lequel on peut reconnaître les trois feuillets embryonnaires primitifs et observer le développement des membranes embryonnaires.

Formation et rôles des membranes embryonnaires

Les **membranes embryonnaires,** qui se forment au cours des deux ou trois premières semaines de développement, sont l'amnios, le sac vitellin, le chorion et l'allantoïde (voir la figure 29.7). L'**amnios** commence à se développer quand les cellules superficielles du disque embryonnaire se joignent au mésoderme extra-embryonnaire provenant du trophoblaste pour former un sac membraneux transparent. Ce sac, l'amnios, se remplit de **liquide amniotique.** Lorsque le disque embryonnaire se courbe pour réaliser un corps tubulaire (processus que nous décrirons bientôt), l'amnios se courbe avec lui. L'amnios finit par entourer complètement l'embryon, sauf à l'endroit où est implanté le cordon ombilical (voir la figure 29.7d).

Parfois appelé « poche des eaux », l'amnios constitue une chambre de flottabilité qui protège l'embryon en voie de développement contre les chocs physiques et maintient une température favorable à l'équilibre homéostatique. Le liquide empêche les parties du corps de l'embryon d'adhérer les unes aux autres et de fusionner au cours de leur croissance rapide. En outre, il laisse à l'embryon une grande liberté de mouvement qui contribue à son développement musculo-squelettique. Initialement, le liquide amniotique est un dérivé du sang maternel, mais quand le fœtus est assez développé pour que ses reins fonctionnent, l'urine fœtale fournit une part importante du volume du liquide amniotique. L'eau contenue dans le liquide amniotique se renouvelle très souvent : elle est complètement changée toutes les trois heures.

Le **sac vitellin** (voir la figure 29.7b) se forme (du moins en partie) à partir des cellules (endodermiques) de la surface du disque embryonnaire du côté opposé à l'amnios en voie de formation. Ces cellules prolifèrent pour composer un petit sac suspendu à la face ventrale de l'embryon (voir la figure 29.7d). Le sac vitellin renferme le vitellus, mot qui signifie littéralement « jaune d'œuf ». Chez les oiseaux et les reptiles, le sac vitellin entoure et digère le vitellus et fournit des nutriments à l'embryon. Mais les œufs humains contiennent très peu de « jaune », et les fonctions de nutrition du sac vitellin sont assumées par le placenta. Le sac vitellin demeure néanmoins très important chez les humains, car c'est là que se forment les premières cellules sanguines et c'est de là que proviennent les cellules germinales primordiales qui migrent dans le corps de l'embryon pour donner les gonades.

Nous avons déjà décrit le *chorion,* qui prend naissance dans le trophoblaste et contribue à former la partie embryonnaire du placenta (voir la figure 29.7). Comme il est la membrane externe, le chorion recouvre toutes les autres membranes, ainsi que l'embryon.

L'**allantoïde** est une petite cavité localisée à l'extrémité caudale du sac vitellin (voir la figure 29.7c). Chez les animaux qui se développent à l'intérieur d'une coquille, l'allantoïde sert au stockage des déchets métaboliques solides (excreta). Chez les humains, l'allantoïde sert de base structurale pour l'élaboration du cordon ombilical qui relie l'embryon au placenta et forme une partie de la vessie. Peu après son apparition, l'allantoïde est recouverte de mésoderme extra-embryonnaire, qui produira la veine et les artères ombilicales. Lorsque le cordon ombilical est complètement formé, son centre est composé d'un tissu conjonctif embryonnaire (la gelée de Wharton) et il est recouvert de la membrane amniotique.

Gastrulation : formation des feuillets embryonnaires

Au cours de la troisième semaine, l'embryoblaste, constitué de deux couches, se transforme en un **embryon** composé de trois couches, les **feuillets embryonnaires primitifs** : l'**ectoderme,** le **mésoderme** et l'**endoderme.** Ce processus, appelé **gastrulation,** comprend des réarrangements et d'importantes migrations cellulaires. Les cellules superficielles de l'embryoblaste forment une partie de l'amnios ; le reste de l'embryoblaste est ensuite appelé **disque embryonnaire** (voir les figures 29.7a et 29.8a). Le disque embryonnaire s'allonge et sa partie antérieure s'élargit, ce qui donne une plaque en forme de poire. Un épaississement appelé **ligne primitive** se développe le long du plan longitudinal médian, ce qui établit l'axe longitudinal de l'embryon (figure 29.8a et b).

Les migrations cellulaires qui se produisent ensuite semblent assez frénétiques quand on les observe au microscope. Les cellules superficielles du disque embryonnaire migrent vers le centre en passant entre les autres cellules, entrent dans la ligne primitive, puis se déplacent latéralement entre les cellules des surfaces inférieure et supérieure (voir la figure 29.8a et b). Lorsque cette migration se termine (vers la deuxième semaine après la fécondation), la limite dorsale du disque embryonnaire est formée de cellules de l'*ectoderme;* la face inférieure, de cellules de l'*endoderme* ; le milieu du « sandwich », de cellules du *mésoderme.* Les cellules mésodermiques localisées directement sous la ligne primitive s'agrègent rapidement et forment un cordon appelé **notochorde,** qui constitue le premier support axial de l'embryon (figure 29.8c). Le produit de la conception, maintenant appelé embryon, mesure environ 2 mm de long.

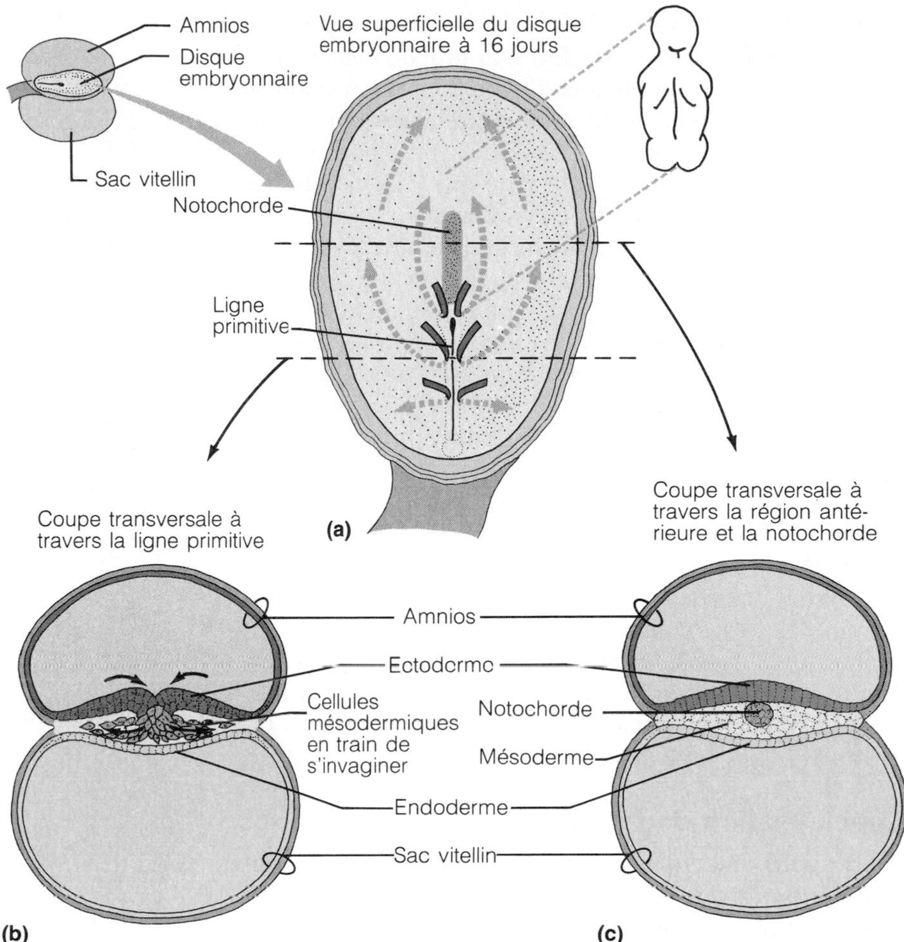

Figure 29.8 Gastrulation: formation des trois feuillets embryonnaires primitifs. (**a**) Vue superficielle d'un disque embryonnaire. Remarquez la corrélation entre la notochorde en train de se constituer, les autres régions du disque embryonnaire et le plan corporel du bébé en voie de développement (voir le corps du bébé en mortaise à droite). Les traits bleus indiquent le trajet des cellules superficielles qui migrent vers la ligne primitive. Les lignes pointillées indiquent le trajet de ces mêmes cellules quand elles pénètrent dans la ligne primitive et migrent latéralement sous les cellules superficielles. (**b**) Coupe transversale du disque embryonnaire montrant les feuillets embryonnaires établis grâce à la migration cellulaire. Les flèches montrent le trajet migratoire des cellules qui ont envahi la ligne primitive. (**c**) La migration est terminée: les cellules localisées à la surface du disque embryonnaire sont des cellules ectodermiques; celles de la surface ventrale sont des cellules endodermiques; les cellules qui occupent le milieu du disque sont des cellules mésodermiques. Cette coupe transversale a été effectuée devant la ligne primitive, dans la région du futur thorax.

Tous les organes dérivent des trois feuillets embryonnaires primitifs. L'ectoderme («peau du dehors») réalisera les structures du système nerveux et l'épiderme de la peau. L'endoderme («peau du dedans») formera les muqueuses des systèmes digestif, respiratoire et génito-urinaire, de même que les glandes qui y sont associées. Le mésoderme («peau du milieu») donnera naissance à presque toutes les autres structures. Remarquez que l'ectoderme et l'endoderme sont composés de cellules jointes solidement les unes aux autres et qu'ils sont considérés comme des *épithéliums.* Par contre, le mésoderme est un mésenchyme. Le terme **mésenchyme** désigne *tous* les tissus embryonnaires constitués de cellules étoilées qui, comme nous le verrons, sont capables de migrer presque partout dans l'embryon. Le tableau 29.1 (p. 989) présente une liste des dérivés des feuillets embryonnaires. Décrivons maintenant quelques détails du processus de différenciation.

Organogenèse: différenciation des feuillets embryonnaires

La gastrulation jette les bases de la structure de l'embryon et constitue une préparation à l'**organogenèse,** c'est-à-dire à la formation des organes et des systèmes physiologiques. Au cours de l'organogenèse, les feuillets embryonnaires perdent leur continuité à mesure que leurs cellules se réarrangent et se regroupent en grappes, en tiges ou en membranes avant de se différencier pour former les tissus et les organes définitifs. À la fin de la période embryonnaire, lorsque l'embryon est âgé de huit semaines et mesure 22 mm de la tête aux fesses (ce qu'on appelle la *longueur vertex-coccyx*), tous les systèmes de l'adulte sont présents. Il est vraiment merveilleux que l'organogenèse soit si avancée après une si courte période et dans une si petite quantité de matière.

Spécialisation de l'ectoderme

Le premier phénomène important de l'organogenèse est la **neurulation,** ou différenciation de l'ectoderme, qui donne naissance à l'encéphale et à la moelle épinière (figure 29.9). Ce processus est *induit* par des signaux chimiques émis par un cordon axial de soutien constitué de mésoderme, la *notochorde,* que nous avons déjà mentionnée. Bien que la notochorde soit ultérieurement remplacée par la colonne vertébrale, elle persiste sous la forme du nucléus pulposus des disques intervertébraux. Au 17e jour du développement embryonnaire, l'ectoderme susjacent à la notochorde s'épaissit pour former la **plaque neurale** et, au 21e jour, les parties surélevées de la plaque neurale réalisent les **plis neuraux.** Deux jours plus tard, les bords des plis neuraux fusionnent pour établir le **tube neural**, qui se détache de l'ectoderme superficiel et se loge un peu plus en profondeur tout en restant dans le plan médian. Comme nous l'avons décrit au chapitre 12, la partie antérieure du tube neural donnera l'encéphale et les organes sensoriels associés, et sa portion postérieure constituera la moelle épinière. Les **cellules de la crête neurale** migrent un peu partout pour donner naissance aux nerfs crâniens et rachidiens ainsi qu'aux ganglions associés à ces nerfs, aux ganglions de la chaîne sympathique latéro-vertébrale, de même qu'à la médulla des glandes surrénales. À la fin du premier mois du développement, des yeux rudimentaires sont présents, et les trois vésicules cérébrales primaires (prosencéphale, mésencéphale et rhombencéphale) sont apparentes, mais les hémisphères cérébraux et le cervelet ne sont pas encore apparus. À la fin du deuxième mois (à la fin du développement embryonnaire), toutes les courbures de l'encéphale sont présentes, les hémisphères cérébraux recouvrent l'extrémité supérieure du tronc cérébral (voir la figure 12.4) et on peut enregistrer des ondes électroencéphalographiques. La majeure partie du reste de l'ectoderme, qui constitue la surface du corps embryonnaire, se différencie pour former l'épiderme de la peau. Les autres dérivés de l'ectoderme sont énumérés au tableau 29.1.

Spécialisation de l'endoderme

Nous avons déjà vu que le corps de l'embryon est plat au début, puis qu'il se replie rapidement pour atteindre une forme cylindrique (figure 29.10). Il se replie simultanément des deux côtés (*plis latéraux*) et de son extrémité rostrale (*pli capital*) à son extrémité caudale (*pli caudal*) et progresse vers la partie centrale du corps embryonnaire, où prennent naissance le sac vitellin et les vaisseaux ombilicaux. L'endoderme se replie et ses bords se rapprochent et fusionnent, pour réaliser la tunique muqueuse tubulaire du tube digestif (figure 29.11). Les régions spécialisées du système digestif (pharynx, œsophage, estomac, intestins) deviennent rapidement évidentes, puis les orifices buccal et anal s'établissent. La muqueuse du système respiratoire se forme à partir d'une saillie du *proentéron* (endoderme pharyngien). Les glandes dérivées de l'endoderme proviennent de saillies endodermiques localisées à différents endroits du tube digestif. Ainsi, la glande thyroïde, les glandes parathyroïdes et le thymus s'organisent à partir de l'endoderme de la région du pharynx, et les glandes annexes du système digestif (le foie et le pancréas) proviennent de la muqueuse intestinale (*mésentéron*). Toutes ces structures sont présentes sous une forme rudimentaire à la 5e semaine du développement embryonnaire. Les glandes que nous venons de nommer sont constituées uniquement à partir de cellules endodermiques, mais seul l'épithélium de la tunique muqueuse des organes creux du tube digestif se développe à partir de l'endoderme. En effet, la paroi de ces organes se développe à partir du mésoderme.

Spécialisation du mésoderme

Le mésoderme produit toutes les parties du corps, mis à part le système nerveux, l'épithélium de la peau et ses dérivés ainsi que les dérivés épithéliaux et glandulaires des muqueuses. Puisque nous avons décrit le développement embryonnaire de chaque système physiologique dans le chapitre approprié, nous nous pencherons ici sur les toutes premières étapes de la ségrégation et de la spécialisation mésodermiques.

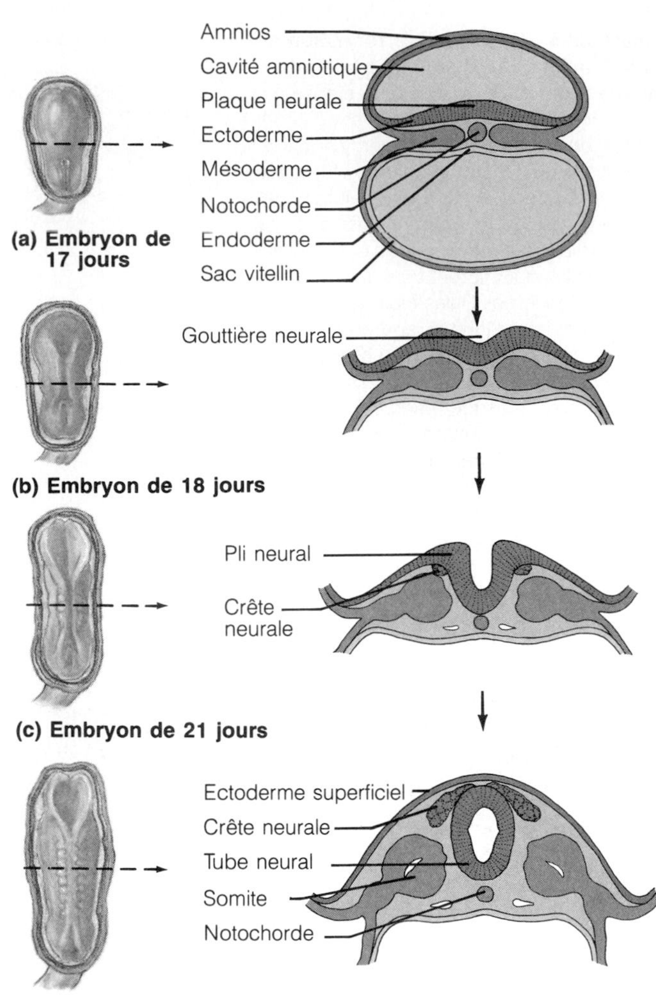

Figure 29.9 Déroulement de la neurulation. À gauche, vues de la face dorsale; à droite, coupes frontales. (**a**) Le disque embryonnaire après la gastrulation. La notochorde et la plaque neurale sont présentes. (**b**) Formation des plis neuraux grâce à l'invagination de la plaque neurale. (**c**) Les plis neuraux commencent à se fermer. (**d**) Le tube neural nouvellement constitué se détache de l'ectoderme de surface et se localise entre l'ectoderme superficiel et la notochorde; la crête neurale est évidente. Pendant l'élaboration du tube neural, le disque embryonnaire se replie de manière à établir le corps embryonnaire, comme vous pouvez le voir à la figure 29.10.

Le premier signe de la différenciation mésodermique est l'apparition de la notochorde dans le disque embryonnaire (voir la figure 29.8c). Peu après, des amas de mésoderme apparaissent de chaque côté de la notochorde (figure 29.12a). Les plus gros de ces agrégats sont les **somites,** une série de segments mésodermiques appariés localisés de part et d'autre de la notochorde. Les 40 paires de somites sont présentes à la fin de la 4e semaine du

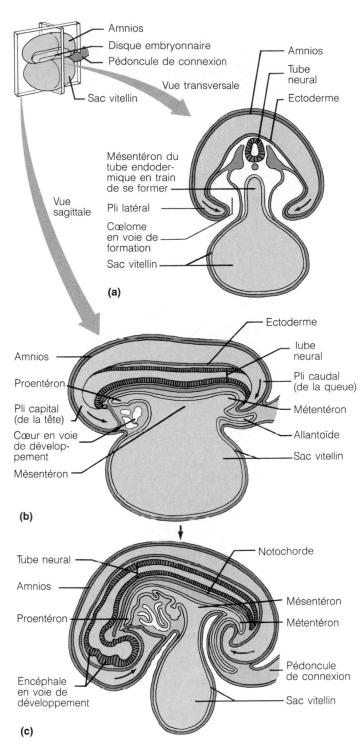

Figure 29.10 Le corps embryonnaire se replie pour former le thorax tubulaire. (**a**) Vue frontale montrant le pliage latéral du disque embryonnaire. Vues sagittales du début (**b**) et de la fin (**c**) du processus de pliage, qui se déroule simultanément aux extrémités rostrale et caudale de l'embryon. Le pliage mène à la formation d'un tube endodermique interne qui constitue le proentéron, le mésentéron et le métentéron de l'embryon.

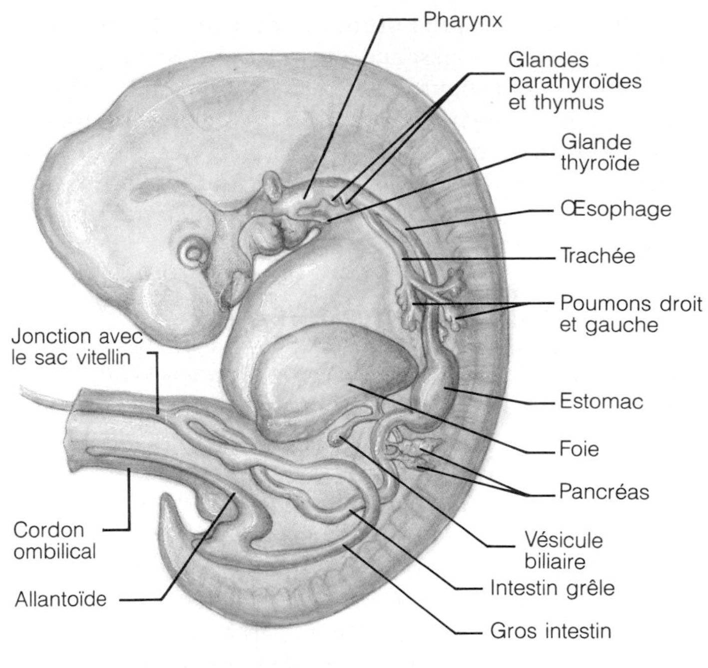

Figure 29.11 Différenciation de l'endoderme, qui réalise les tuniques épithéliales du tube digestif, des voies respiratoires et des glandes annexes.

développement. À la face externe des somites, on retrouve de petits amas de mésoderme constituant le **mésoderme intermédiaire**, puis les deux feuillets du **mésoderme latéral**.

Les cellules du mésoderme somitique de chaque côté s'unissent pour réaliser les vertèbres embryonnaires (cartilagineuses), établies de manière à former des segments correspondants. Cette partie de chaque somite dont dérivent les vertèbres est appelée **sclérotome** (*sklêros* = dur; *tomê* = section) (figure 29.12b). L'ensemble des sclérotomes constitue le squelette axial. Les muscles squelettiques du cou et du tronc sont également établis par segments (un peu comme un ver annelé) à partir de régions des somites appelées **myotomes** (*mus* = muscle), qui se développent conjointement aux vertèbres. Chaque myotome est bientôt envahi par un nerf rachidien qui lui fournit son innervation sensorielle et motrice. On obtient ainsi un arrangement segmentaire de tissus musculaire, osseux et nerveux sur toute la longueur du corps de l'embryon. Le **dermatome** (*derma* = peau), la paroi externe de chaque somite, contribue à la formation du derme de la peau. Les cellules du mésoderme intermédiaire forment les gonades, les reins et le cortex des glandes surrénales.

Le mésoderme latéral se compose d'une paire de feuillets mésodermiques : le *mésoderme somatique* et le *mésoderme splanchnique.* Les cellules du mésoderme somatique ont trois fonctions principales : (1) elles migrent sous l'ectoderme superficiel et contribuent à la formation du derme de la peau dans la région ventrale du corps; (2) elles réalisent la séreuse pariétale qui tapisse la cavité ventrale ; (3) elles produisent les **bourgeons des membres,** qui donneront naissance aux muscles et aux os des membres (voir la figure 29.12b). Les cellules mésenchymateuses qui forment les organes du système cardiovasculaire et la majorité des tissus conjonctifs proviennent du mésoderme splanchnique. Les cellules du mésoderme splanchnique s'accumulent autour de la tunique muqueuse endodermique, où elles réaliseront le muscle lisse, les tissus conjonctifs et les séreuses (c'est-à-dire presque toute la paroi) des organes du système digestif et du système respiratoire. La cavité ventrale, appelée **cœlome,** apparaît lorsque le corps embryonnaire se replie sur lui-même (figure 29.12b). Comme nous l'avons dit plus haut, les feuillets du mésoderme latéral contribuent au développement de la séreuse du cœlome.

À la fin du développement embryonnaire (fin de la 8e semaine), l'ossification des os est commencée et les muscles squelettiques sont bien formés et se contractent spontanément. Les reins mésonéphrotiques ont atteint le sommet de leur développement, et le métanéphros est en voie de développement. Les gonades sont formés, et les poumons et le système digestif atteignent leur forme et leur situation finales. Les gros vaisseaux sanguins ont acquis leur disposition définitive, et le transport du sang en provenance et en direction du placenta, par l'intermédiaire des vaisseaux ombilicaux, se fait de façon continue et efficace. Le cœur et le foie se disputent l'espace disponible et dessinent une protubérance à la face ventrale du corps de l'embryon. Tout cela après huit semaines de développement, dans un embryon qui mesure à peu près 2,5 cm du sommet du crâne au coccyx!

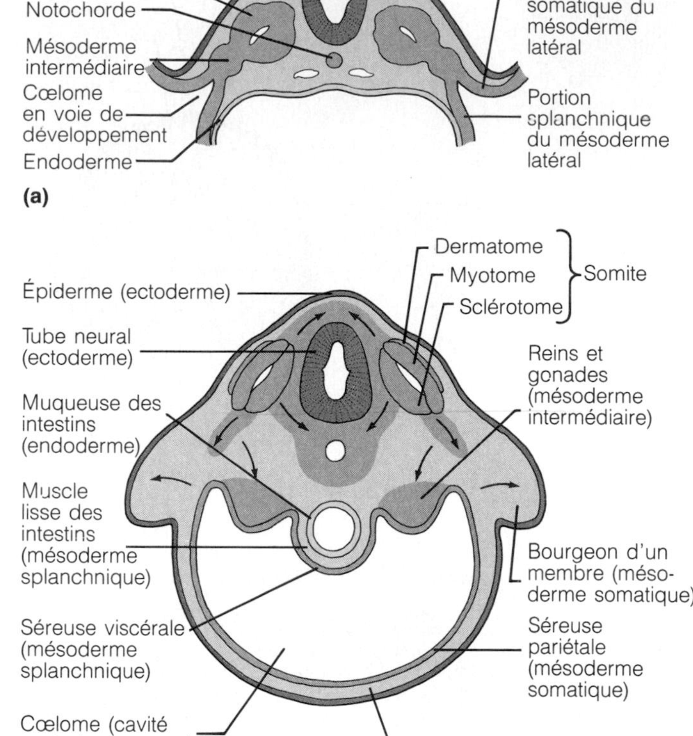

Figure 29.12 Début de la différenciation du mésoderme. (**a**) La ségrégation du mésoderme (à l'exception de la formation de la notochorde, qui se produit plus tôt) a lieu en même temps que la neurulation. De chaque côté de la notochorde, un somite, le mésoderme intermédiaire et le mésoderme latéral se disposent. (**b**) Vue schématique des divisions et des relations du mésoderme dans un embryon replié. Les différentes régions de chaque somite — le sclérotome, le dermatome et le myotome — contribuent respectivement à la formation des vertèbres, du derme de la peau et des muscles squelettiques. Le mésoderme intermédiaire forme les reins, les gonades et les structures annexes. La portion somatique du mésoderme latéral donne les bourgeons des membres et la séreuse pariétale, et contribue au derme; la portion splanchnique réalise les muscles, les tissus conjonctifs et la séreuse de la paroi des viscères, de même que le cœur et les vaisseaux sanguins.

Développement de la circulation fœtale. Le développement embryonnaire du système cardiovasculaire jette les bases du système circulatoire fœtal, qui se transformera en système circulatoire adulte à la naissance. Les cellules sanguines primitives sont élaborées dans le sac vitellin et le mésoderme extra-embryonnaire associé au chorion. Avant la troisième semaine de développement, de petits espaces apparaissent dans le mésoderme splanchnique. Ces espaces se rejoignent pour former des réseaux vasculaires qui s'étendent rapidement: ils sont destinés à constituer le cœur, les vaisseaux sanguins et les vaisseaux lymphatiques. À la fin de la troisième semaine, l'embryon possède un système assez élaboré de vaisseaux sanguins appariés et les deux tubes cardiaques d'où provient le cœur ont fusionné pour réaliser un cœur tubulaire simple qui adopte ensuite la forme d'un S (voir la figure 19.21). À 3 semaines, un cœur miniature pompe du sang pour un embryon mesurant environ 5 mm de long.

Les **artères ombilicales,** la **veine ombilicale** et les trois **dérivations vasculaires** sont des structures vasculaires uniques au développement prénatal (figure 29.13), car elles se ferment peu après la naissance. La grosse *veine* ombilicale transporte le sang fraîchement oxygéné provenant du placenta vers le corps de l'embryon et l'achemine dans le foie. Une partie du sang placentaire passe alors à travers les sinusoïdes du foie jusque dans les veines hépatiques. Cependant, la majeure partie du sang de la veine ombilicale passe dans une dérivation veineuse appelée **conduit veineux** qui contourne entièrement le foie. Les veines hépatiques et le conduit veineux se vident dans la veine cave inférieure, où le sang placentaire se mélange au sang désoxygéné qui revient de la partie inférieure du corps du fœtus. La veine cave dirige ensuite ce « mélange de sang » directement dans l'oreillette droite du cœur. Après la naissance, le foie jouera un rôle important dans la digestion des nutriments (au niveau de l'intestin grêle), mais ses fonctions sont accomplies par le foie maternel au cours de la vie embryonnaire. La circulation du sang dans le foie sert donc surtout à assurer la survie des cellules hépatiques.

Tableau 29.1 Dérivés des feuillets embryonnaires primitifs

Ectoderme	Mésoderme	Endoderme
Tous les tissus nerveux Épiderme de la peau et dérivés de l'épiderme (poils et cheveux, follicules pileux, glandes sébacées et sudoripares, ongles) Cornée et cristallin de l'œil Épithélium des cavités nasales et buccale, des sinus paranasaux et du canal anal Émail des dents Épithélium du corps pinéal, de l'hypophyse et de la médulla des surrénales Mélanocytes et certains os faciaux (dérivés de la crête neurale)	Muscle squelettique, lisse et cardiaque Cartilage, os et autres tissus conjonctifs Sang, moelle osseuse et tissus lymphoïdes Endothélium des vaisseaux sanguins et lymphatiques Séreuses de la cavité ventrale Tuniques fibreuse et vasculaire de l'œil Membranes synoviales des cavités articulaires Organes génito-urinaires (uretères, reins, gonades, et conduits annexes)	Épithélium du tube digestif (sauf celui des cavités orale et anale) Glandes dérivées du tube digestif (foie, pancréas) Épithélium des voies respiratoires, du conduit auditif et des amygdales Glandes thyroïde et parathyroïdes et thymus Épithélium des conduits et des glandes du système génital Épithélium de l'urètre et de la vessie

Le sang pénétrant dans le cœur et en sortant rencontre deux autres dérivations qui servent toutes deux à contourner les poumons, encore non fonctionnels. Une partie du sang pénétrant dans l'oreillette droite passe directement dans le côté gauche du cœur par le **foramen ovale** («ouverture ovale»), un orifice dans la cloison inter-auriculaire. Le sang qui pénètre dans le ventricule droit est ensuite pompé dans le tronc pulmonaire. Toutefois, la deuxième dérivation, le **conduit artériel**, transfère une grande partie de ce sang directement dans l'aorte, en contournant une nouvelle fois le circuit pulmonaire. (Les poumons reçoivent assez de sang oxygéné et contenant des nutriments pour assurer leur croissance.) Le sang a tendance à passer dans les dérivations pulmonaires parce que la cavité cardiaque ou le vaisseau situé de l'autre côté de chaque dérivation est une région de basse pression, à cause du faible retour veineux provenant des poumons. Le sang qui quitte le cœur dans l'aorte atteint finalement les artères ombilicales, qui sont en fait des branches des artères iliaques internes desservant les structures pelviennes. Le sang presque entièrement désoxygéné et chargé de déchets métaboliques est ensuite acheminé jusque dans la circulation capillaire des villosités choriales du placenta. Les changements du système circulatoire à la naissance sont décrites aux p. 996 et 997.

Développement fœtal

Presque toutes les bases du développement fœtal sont jetées avant le début de la période fœtale, au début de la neuvième semaine (tableau 29.2). Tous les systèmes physiologiques sont présents, au moins sous forme rudimentaire, et quelques-uns, comme le système cardio-vasculaire, ont commencé à remplir leurs fonctions normales. À partir de ce moment, on assiste principalement à la poursuite de la spécialisation et de la croissance des tissus et des organes et à des modifications des proportions du corps. Au début de la période fœtale, le fœtus mesure approximativement 30 mm du vertex au coccyx et pèse environ 1 g; à la fin de cette période, il mesure en moyenne 360 mm et pèse 2,7 à 4,1 kg ou plus. (La longueur totale du fœtus à la naissance est d'environ 550 mm.) Une croissance aussi phénoménale s'accompagne évidemment de changements importants des caractéristiques physiques (figure 29.14). Les plus significatifs sont présentés au tableau 29.2.

Effets de la grossesse chez la mère

La grossesse peut être une période difficile pour la mère. En plus des modifications anatomiques évidentes, la grossesse produit des changements importants sur les plans métabolique et physiologique.

Modifications anatomiques

Pendant la grossesse, les organes génitaux de la femme deviennent plus vascularisés et gorgés de sang, et le vagin prend une coloration violacée (*signe de Chadwick*) constituant un signe diagnostique de la grossesse. L'augmentation de la vascularisation entraîne un accroissement important de la sensibilité vaginale. Le plaisir sexuel devient alors plus intense; certaines femmes connaissent leur premier orgasme au cours de la grossesse. Les seins sont également gorgés de sang. En outre, l'augmentation des taux d'œstrogènes et de progestérone les fait

Suite du texte à la p. 992

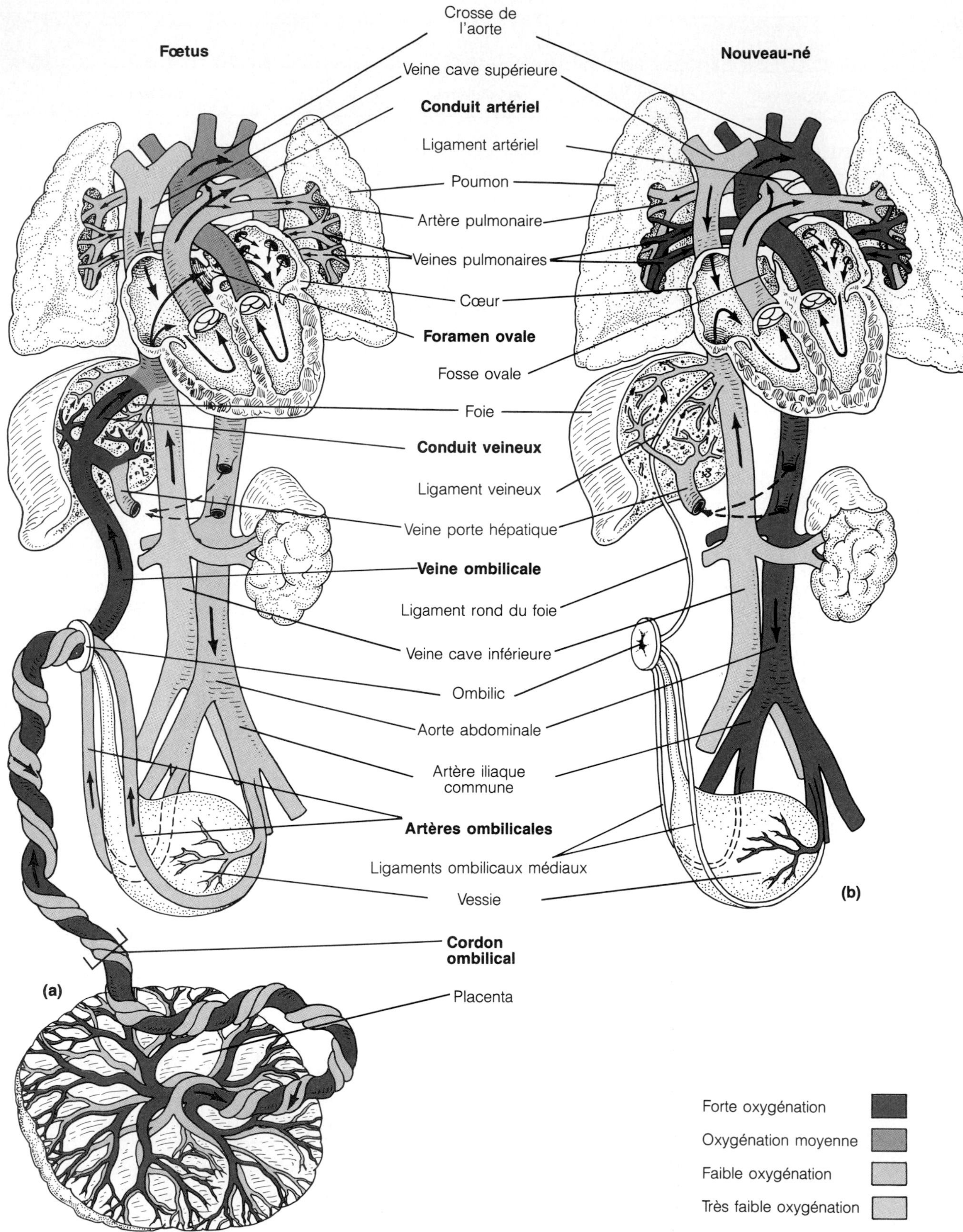

Figure 29.13 Circulation chez le fœtus et le nouveau-né. Les flèches indiquent la direction de la circulation sanguine. (**a**) Adaptations particulières à la vie embryonnaire et fœtale. La veine ombilicale transporte le sang riche en oxygène et en nutriments du placenta au fœtus; les artères ombilicales transportent le sang chargé des déchets du fœtus au placenta; le conduit artériel et le foramen ovale contournent les poumons, non fonctionnels; le conduit veineux permet à une partie du sang de contourner la circulation hépatique. (**b**) Modifications du système cardiovasculaire à la naissance. Les vaisseaux ombilicaux se ferment, de même que les dérivations pulmonaires et hépatique (conduit veineux, conduit artériel et foramen ovale).

Tableau 29.2 Développement au cours de la période fœtale

Âge		Changements
8 semaines (fin de la période embryonnaire)	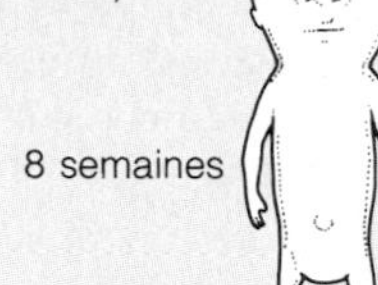 8 semaines	La tête est presque aussi grosse que le corps; les principales régions de l'encéphale sont présentes; premières ondes électroencéphalographiques Le foie est très gros et il commence à synthétiser des globules sanguins Les membres sont apparus; les mains et les pieds sont palmés, mais les doigts et les orteils sont distincts à la fin de cette période Début de l'ossification; faibles contractions musculaires spontanées Le système cardiovasculaire est entièrement fonctionnel (le cœur pompe du sang depuis la quatrième semaine) Tous les systèmes physiologiques sont présents, du moins sous forme rudimentaire Longueur vertex-coccyx approximative: 30 mm; poids: 1 g
9 à 12 semaines (troisième mois)	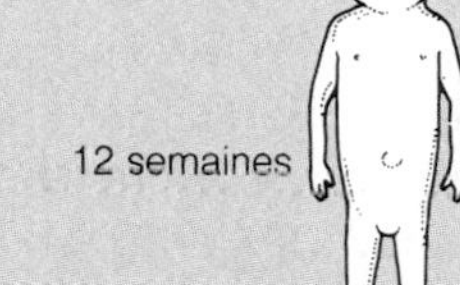 12 semaines	La tête domine encore, mais le corps s'allonge; l'encéphale continue de grossir et possède sa structure générale; la moelle épinière présente un renflement cervical et un renflement lombaire; la rétine de l'œil est apparue L'épiderme et le derme de la peau sont apparus; les traits du visage sont ébauchés Le foie proéminent sécrète de la bile; le palais fusionne; la majorité des glandes d'origine mésodermique sont apparues; du muscle lisse commence à se développer dans les parois des viscères creux La moelle osseuse commence à élaborer des globules sanguins La notochorde dégénère et l'ossification s'accélère; les membres sont bien formés On peut facilement déterminer le sexe d'après les organes génitaux externes Longueur vertex-coccyx approximative à la fin de cette période: 90 mm
13 à 16 semaines (quatrième mois)	 16 semaines	Le cervelet devient proéminent; les récepteurs sensoriels du toucher sont différenciés; les yeux et les oreilles adoptent leur forme et leur situation caractéristiques; les yeux clignent et les lèvres font des mouvements de succion Le visage a une apparence humaine et le corps commence à grossir plus vite que la tête Le palais osseux fusionne; les glandes du tube digestif se développent; le méconium s'accumule; des fibres élastiques apparaissent dans les poumons Les reins atteignent leur structure typique La plupart des os sont maintenant distincts et les cavités des articulations sont apparentes Longueur vertex-coccyx approximative à la fin de cette période: 140 mm
17 à 20 semaines (cinquième mois)		Les cils et les sourcils sont présents; le corps est couvert de vernix caseosa (substance grasse composée de sébum sécrété par les glandes sébacées et de cellules épidermiques); la peau présente du lanugo (fin duvet) Le fœtus adopte la position fœtale (en flexion) à cause du manque d'espace Les membres atteignent presque leurs proportions finales La mère sent les premiers mouvements actifs du fœtus Longueur vertex-coccyx approximative à la fin de cette période: 190 mm
21 à 30 semaines (sixième et septième mois)	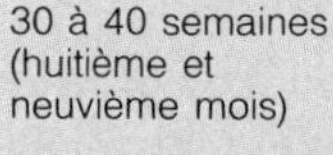 À la naissance	Importante augmentation du poids (possibilité de survie en cas de naissance prématurée à 27-28 semaines, bien que la régulation de la température par l'hypothalamus et la production de surfactant dans les poumons soient encore insuffisantes) Début de la myélinisation de la moelle épinière; les yeux sont ouverts Les os distaux des membres commencent à s'ossifier La peau est plissée et rouge; les ongles des doigts et des orteils sont bien formés; dans les gencives, l'émail des dents de lait est en train de se former Le corps est mince et bien proportionné Le mésentère est complètement formé; les ramifications de l'arbre bronchique sont aux deux tiers terminées La moelle osseuse devient le seul endroit où sont sécrétés des globules sanguins Les testicules atteignent le scrotum au septième mois Longueur vertex-coccyx approximative à la fin de cette période: 280 mm
30 à 40 semaines (huitième et neuvième mois)		Peau d'un blanc rosé; graisse déposée dans les tissus sous-cutanés (hypoderme) Longueur vertex-coccyx approximative à la fin de cette période: 350 à 400 mm; poids: 2,7 à 4,1 kg

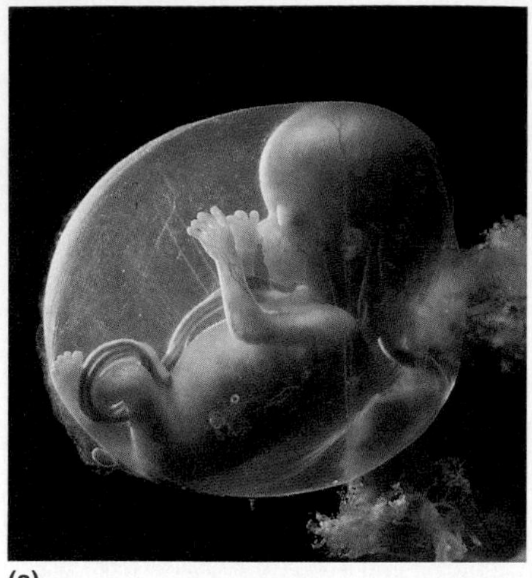

(a)

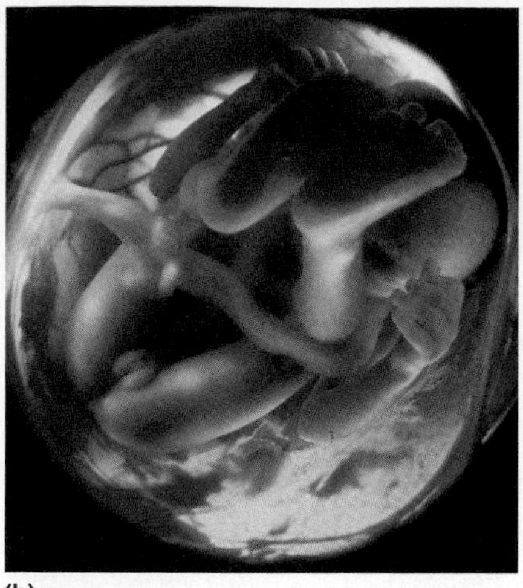

(b)

Figure 29.14 Photographies de fœtus en voie de développement. Les événements majeurs du développement fœtal ont trait à la croissance et à la spécialisation des tissus. Tous les systèmes physiologiques s'élaborent, du moins sous forme rudimentaire, au cours du développement embryonnaire. (**a**) Fœtus de 14 semaines, mesurant environ 6 cm de longueur. (**b**) Fœtus de 20 semaines, mesurant environ 19 cm. À la naissance, le fœtus mesure à peu près 35 cm du vertex au coccyx.

augmenter de volume et rend les aréoles plus foncées. Certaines femmes présentent une augmentation de la pigmentation du nez et des joues, un phénomène appelé *chloasma* ou «masque de grossesse».

L'augmentation du volume de l'utérus au cours de la grossesse est tout à fait remarquable. De la grosseur du poing au début de la grossesse, l'utérus occupe déjà toute la cavité pelvienne à 16 semaines (figure 29.15b). Le fœtus ne mesure alors que 120 mm, mais le placenta est complètement formé, le myomètre est hypertrophié et le liquide amniotique devient plus abondant. À mesure que la grossesse avance, l'utérus monte de plus en plus haut dans la cavité abdominale et exerce une pression croissante sur les organes abdominaux et pelviens (figure 29.15c). À la fin de la grossesse, l'utérus atteint le niveau de l'appendice xiphoïde du sternum et occupe la majeure partie de la cavité abdominale (figure 29.15d). Les organes abdominaux sont repoussés vers le haut et entassés contre le diaphragme, qui appuie sur la cavité thoracique. C'est à ce moment que les côtes s'écartent, ce qui élargit le thorax.

L'augmentation du volume de l'abdomen vers l'avant modifie le centre de gravité de la femme, ce qui peut provoquer une accentuation de la courbure lombaire (lordose) provoquant des douleurs lombaires au cours des derniers mois de la grossesse. La **relaxine**, une hormone sécrétée par le placenta, entraîne la relaxation, l'assouplissement et l'élargissement de la symphyse pubienne et des ligaments pelviens. Cette motilité accrue facilitera l'accouchement, mais provoque entre-temps une démarche dandinante.

La grossesse normale s'accompagne d'un gain de poids important. Il est impossible de préciser le gain pondéral idéal, car certaines femmes ont un poids excessif ou insuffisant au début de leur grossesse. Si on additionne les gains associés à la croissance fœtale et placentaire, à l'augmentation du volume des organes génitaux et des seins ainsi qu'à l'accroissement du volume sanguin, on obtient toutefois un gain pondéral typique d'environ 13 kg.

Il va de soi qu'une alimentation adéquate est nécessaire durant toute la grossesse, afin de fournir au fœtus tous les matériaux (notamment les protéines, le calcium et le fer) dont il a besoin pour l'élaboration de ses tissus et de ses organes. Cependant, la femme enceinte ne doit ajouter que 1300 kJ à son apport quotidien pour assurer la croissance fœtale. Elle doit mettre l'accent sur la qualité des aliments plutôt que sur la quantité.

Modifications du métabolisme

À mesure que le placenta grossit, il sécrète davantage d'**hormone lactogène placentaire (HPL),** aussi appelée **somatomammotrophine chorionique humaine (HCS),** qui travaille conjointement aux œstrogènes et à la progestérone pour stimuler la maturation des seins en préparation à la lactation. En outre, la HPL possède des effets anabolisants (elle favorise la croissance fœtale) et exerce un effet d'épargne sur l'utilisation du glucose chez la mère. Cet effet signifie que les cellules de la mère métabolisent plus d'acides gras et moins de glucose qu'en temps normal, ce qui laisse davantage de glucose au fœtus. Le placenta libère également la **HCT** («Human Chorionic Thyrotropin»), une hormone glycoprotéique semblable à la thyréotrophine (TSH) sécrétée par l'adénohypophyse. La HCT est responsable de l'augmentation de la vitesse du métabolisme maternel durant toute la grossesse; elle produit un hypermétabolisme. Comme les taux plasmatiques d'hormone parathyroïdienne et de vitamine D activée augmentent, la femme enceinte a tendance à avoir un bilan calcique positif pendant toute sa grossesse. Le fœtus dispose donc de tout le calcium dont il a besoin pour la minéralisation de ses os.

Modifications physiologiques

Système digestif

Une salivation excessive survient souvent au cours de la grossesse. En outre, un grand nombre de femmes souffrent de nausées et de vomissements, les *nausées matinales,* au cours des premiers mois, c'est-à-dire jusqu'à ce que leur organisme s'adapte aux concentrations élevées de progestérone et d'œstrogènes. (Il est intéressant

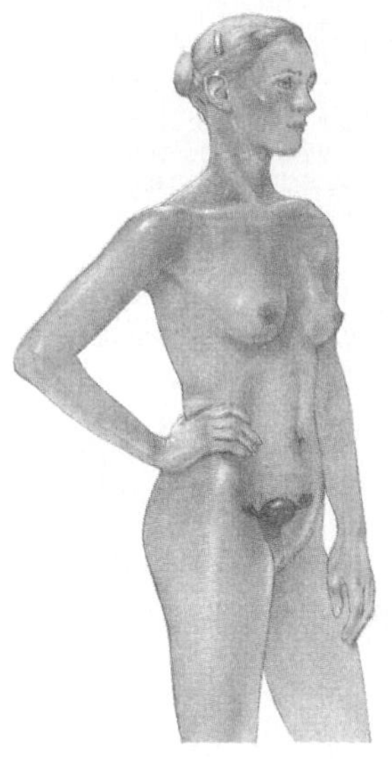

(a) Avant la conception

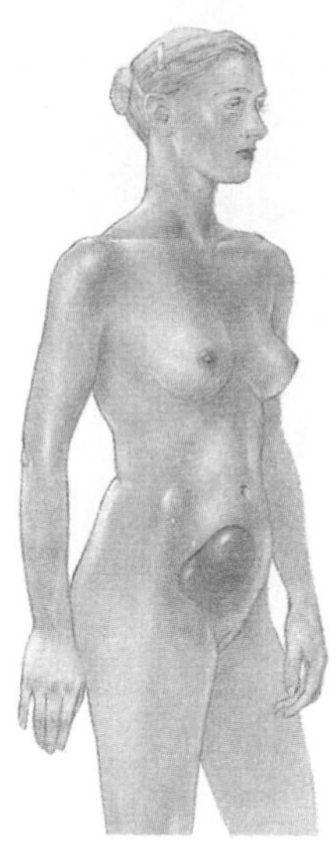
(b) À quatre mois

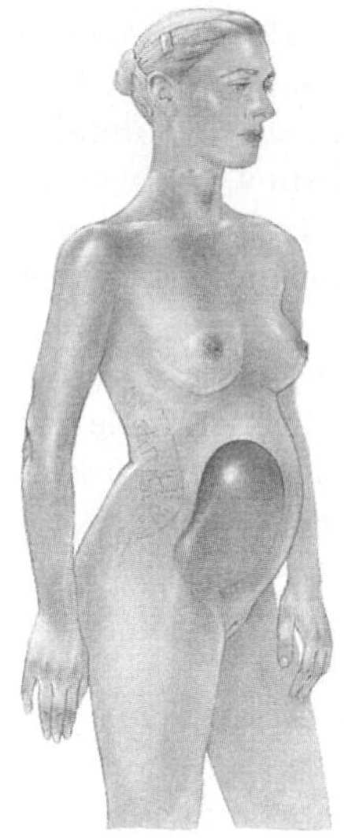
(c) À sept mois

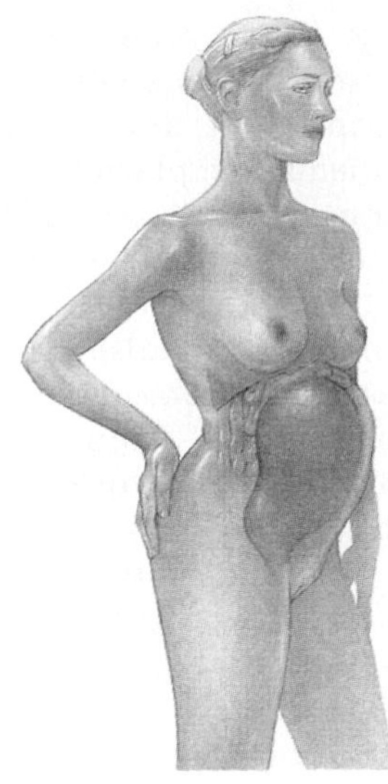
(d) À neuf mois

Figure 29.15 Volume relatif de l'utérus avant la conception et au cours de la grossesse. (**a**) Avant la conception, l'utérus est de la grosseur d'un poing et se trouve dans le bassin. (**b**) À quatre mois, le fond utérin est à mi-chemin entre la symphyse pubienne et l'ombilic. (**c**) À sept mois, le fond utérin se situe bien au-dessus de l'ombilic. (**d**) À neuf mois, le fond utérin atteint l'appendice xiphoïde.

de noter que la nausée est aussi un effet indésirable des contraceptifs oraux.) Le retour du contenu acide de l'estomac dans l'œsophage causant des *brûlures d'estomac* est également un malaise courant, provoqué par le déplacement de l'estomac sous la poussée de l'utérus gravide. Enfin, la constipation est fréquente, parce que la motilité du tube digestif est réduite au cours de la grossesse.

Système urinaire

Étant donné que les reins doivent fonctionner davantage afin de débarrasser l'organisme des déchets métaboliques du fœtus, ils produisent plus d'urine pendant la grossesse. Comme la vessie est comprimée par l'utérus gravide, la miction est plus fréquente et impérieuse. Elle devient parfois involontaire: il s'agit alors d'*incontinence.*

Système respiratoire

Les œstrogènes provoquent un œdème et une congestion de la muqueuse nasale, qui peuvent s'accompagner de saignements de nez. La capacité vitale des poumons est augmentée pendant la grossesse, tout comme la fréquence respiratoire (l'hyperventilation est courante). Le volume résiduel est toutefois diminué, de sorte qu'un grand nombre de femmes présentent de la *dyspnée,* ou gêne respiratoire, vers la fin de la grossesse.

Système cardiovasculaire

Les modifications physiologiques les plus importantes se produisent sans doute dans le système cardiovasculaire. Le volume d'eau corporelle augmente. À la 32e semaine, le volume sanguin total s'est accru de 25 à 40 %, grâce à l'augmentation des éléments figurés du sang et du volume plasmatique, afin de répondre aux besoins du fœtus. L'augmentation du volume sanguin permettra aussi à la femme de supporter une perte sanguine plus importante au moment de l'accouchement. La pression artérielle et le pouls s'accroissent, ce qui augmente le débit cardiaque de 20 à 40 % (selon le stade de la grossesse) et facilite la circulation du volume sanguin accru. Parce que l'utérus exerce une pression sur les vaisseaux pelviens, le retour veineux des membres inférieurs peut être réduit, ce qui provoque des *varices.*

Parturition (accouchement)

La **parturition,** ou *accouchement,* est le point culminant de la grossesse: la naissance du bébé. Elle survient habituellement dans les 15 jours suivant la date prévue (280 jours après la dernière menstruation). Les événements qui mènent à l'expulsion du fœtus à l'extérieur de l'utérus constituent le **travail.**

Déclenchement du travail

Le mécanisme qui déclenche le travail n'est pas bien connu, mais plusieurs phénomènes et trois hormones semblent participer à ce processus. Au cours des dernières semaines de la grossesse, les œstrogènes atteignent leurs niveaux les plus élevés dans le sang maternel.* Ces

* Certaines études indiquent qu'une hormone adénohypophysaire du fœtus (probablement le cortisol) sécrétée à la fin de la grossesse stimule la libération de cette grande quantité d'œstrogènes par le placenta.

taux d'œstrogènes ont deux effets: ils stimulent la formation de récepteurs de l'ocytocine par les cellules du myomètre et, ainsi, l'augmentation de leur nombre sur la membrane plasmique de ces cellules. Les œstrogènes s'opposent donc aux effets tranquillisants de la progestérone sur le muscle utérin. Le myomètre devient alors plus irritable, de sorte que de petites contractions utérines irrégulières se produisent. À cause de ces contractions, appelées *contractions de Braxton-Hicks,* beaucoup de femmes partent pour l'hôpital en pensant que le travail est commencé, mais on les renvoie chez elles car il s'agit de **faux travail.**

Deux signaux chimiques concourent à transformer les douleurs du faux travail en vrai travail. Certaines cellules du placenta se mettent à synthétiser de l'**ocytocine,** qui exerce sur le placenta une action stimulant la sécrétion de **prostaglandines.** Ces deux hormones exercent un puissant effet stimulant sur le myomètre et, comme celuici est devenu très sensible à l'ocytocine, les contractions deviennent plus fréquentes et plus vigoureuses. À ce moment, l'augmentation du stress émotionnel et physique active l'hypothalamus de la mère, qui envoie un signal à la neurohypophyse afin qu'elle libère de l'ocytocine. Les effets conjugués des taux accrus d'ocytocine et de prostaglandines déclenchent les contractions rythmiques du vrai travail. Une fois que l'hypothalamus est intervenu, un *mécanisme de rétroactivation* entre en action: l'augmentation de la force des contractions provoque la libération d'ocytocine, qui provoque des contractions plus fortes, etc. (figure 29.16).

Étant donné que l'ocytocine et les prostaglandines sont essentielles au déclenchement du travail chez l'être humain, les troubles qui empêchent la sécrétion d'une ou l'autre de ces hormones empêcheront le déclenchement du travail. Ainsi, les antiprostaglandines comme l'aspirine et l'ibuprofène peuvent inhiber le travail quand il débute. C'est pourquoi on emploie parfois de tels médicaments pour prévenir un accouchement prématuré.

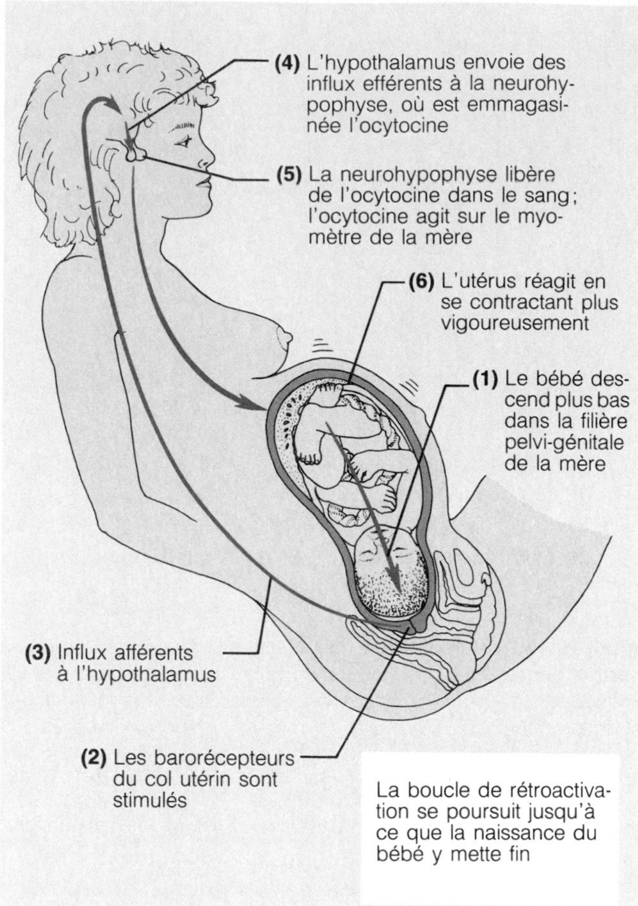
(4) L'hypothalamus envoie des influx efférents à la neurohypophyse, où est emmagasinée l'ocytocine
(5) La neurohypophyse libère de l'ocytocine dans le sang; l'ocytocine agit sur le myomètre de la mère
(6) L'utérus réagit en se contractant plus vigoureusement
(1) Le bébé descend plus bas dans la filière pelvi-génitale de la mère
(3) Influx afférents à l'hypothalamus
(2) Les barorécepteurs du col utérin sont stimulés
La boucle de rétroactivation se poursuit jusqu'à ce que la naissance du bébé y mette fin

Figure 29.16 Mécanisme de rétroactivation qui permet à l'ocytocine d'activer les contractions utérines au cours du travail.

Périodes du travail

Première période: période de dilatation

La **période de dilatation** (figure 29.17a et b) va du déclenchement du travail (des premières contractions utérines *régulières*) jusqu'au moment où le col utérin est complètement dilaté (à un diamètre de 10 cm environ) par la tête du bébé. Les contractions utérines régulières (un peu comme les contractions péristaltiques) commencent dans le haut de l'utérus puis descendent vers le vagin. Au début, les contractions sont faibles et ne touchent que la partie supérieure du myomètre. Ces contractions reviennent toutes les 15 à 30 minutes et durent 10 à 30 secondes. À mesure que le travail avance, les contractions deviennent plus vigoureuses et plus rapides, et font intervenir le segment utérin inférieur. La tête de l'enfant est poussée contre le col utérin à chaque contraction, de sorte que le col se ramollit, s'amincit (s'efface) et se dilate. À un moment donné, l'amnios se rompt et le liquide amniotique s'écoule (certaines personnes disent que «les eaux ont crevé»). La période de la dilatation est la plus longue étape du travail: elle dure de 6 à 12 heures (ou beaucoup plus), en fonction de la grosseur du bébé et du nombre d'accouchements antérieurs de la femme. Plusieurs événements se déroulent au cours de cette période. L'*engagement* est accompli lorsque la tête de l'enfant est entrée dans le petit bassin. Pendant sa descente dans la filière pelvi-génitale, la tête du bébé décrit une rotation afin que son plus grand diamètre se trouve dans le plan antéropostérieur, ce qui lui permettra de franchir le petit détroit inférieur.

Deuxième période: période d'expulsion

La **période d'expulsion** (figure 29.17c) s'étend de la dilatation complète à la naissance de l'enfant, c'est-à-dire jusqu'à l'accouchement proprement dit. Au moment où la dilatation du col est complète, les contractions se produisent habituellement toutes les 2 à 3 minutes, elles durent 1 minute et sont fortes. Si la mère n'a pas subi d'anesthésie locale, elle ressent une envie croissante de faire des efforts expulsifs, c'est-à-dire de pousser avec ses muscles abdominaux. Cette période peut durer 2 heures, mais en général elle prend 50 minutes pour un premier accouchement et 20 minutes pour les suivants.

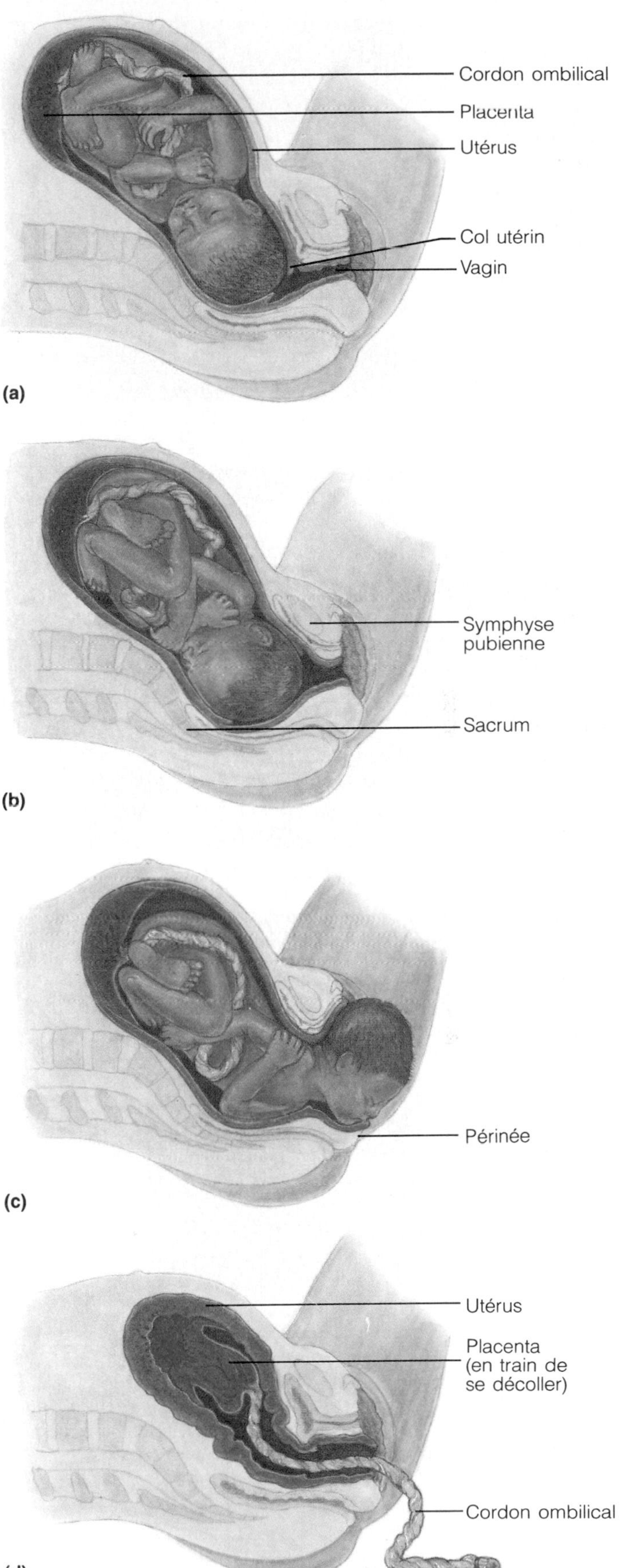

Figure 29.17 Parturition. (**a**) Période de dilatation (début). La tête du bébé est entrée dans le petit bassin et s'est engagée. Le plus grand diamètre de la tête suit l'axe gauche-droite. (**b**) Fin de la dilatation. La tête du bébé effectue un mouvement de rotation, de sorte que son plus grand diamètre se trouve dans l'axe antéro-postérieur pendant qu'elle franchit le détroit inférieur. La dilatation du col est presque complète. (**c**) Période d'expulsion. La tête du bébé se place en extension au moment où elle atteint le périnée et est expulsée. (**d**) Période de la délivrance. Après l'expulsion du bébé, les contractions utérines provoquent le décollement du placenta, qui est ensuite expulsé.

Lorsque le plus grand diamètre de la tête du bébé distend la vulve, on dit qu'elle est au *couronnement* (figure 29.18a). À ce moment, une *épisiotomie* peut se révéler nécessaire pour prévenir le déchirement des tissus du périnée. L'épisiotomie est une incision, en général médiane ou médio-latérale, destinée à agrandir l'orifice vaginal. La tête du bébé se place en extension au moment où elle émerge du périnée, et le reste de son corps peut ensuite naître beaucoup plus facilement. Après la naissance, le cordon ombilical est clampé puis sectionné.

Dans la *présentation du sommet,* la présentation la plus fréquente, le crâne du bébé (son plus grand diamètre) exerce la pression qui provoque la dilatation du col. En outre, la présentation céphalique permet qu'on retire le mucus des voies respiratoires du bébé et qu'il respire avant même d'être entièrement sorti de la filière pelvi-génitale (figure 29.18b). En cas de *présentation du siège,* ou d'une autre présentation non céphalique, on ne profite pas de ces avantages, et l'accouchement est beaucoup plus difficile: il faut souvent recourir aux forceps. Le travail peut également être prolongé ou difficile si la femme a un bassin déformé ou un bassin de type masculin. Ce problème constitue une *dystocie* (dus = difficulté; *tokos* = accouchement). Une dystocie rend le travail extrêmement fatigant pour la mère, et risque de provoquer des lésions cérébrales (une cause d'infirmité motrice cérébrale ou d'épilepsie) ou d'autres troubles chez le fœtus. C'est pourquoi on a souvent recours à une *césarienne* dans de tels cas. Dans une césarienne, l'enfant est sorti de l'utérus par une incision effectuée dans les parois abdominale et utérine.

Troisième période: période de la délivrance

La **période de la délivrance** du placenta (figure 29.17d) dure environ 15 minutes après la naissance de l'enfant. Les contractions utérines vigoureuses continuent après l'accouchement. Ces contractions compriment les vaisseaux sanguins de l'utérus, réduisent le saignement et provoquent le décollement du placenta. On sait que le placenta s'est décollé quand le fond utérin se contracte et monte et que le cordon ombilical s'allonge. On retire le placenta et les membranes fœtales qui en sont issues, le **délivre,** en tirant délicatement sur le cordon ombilical. Il faut que tous les fragments du placenta soient retirés, afin d'empêcher que les saignements continuent après l'accouchement (*hémorragie de la délivrance*). Étant

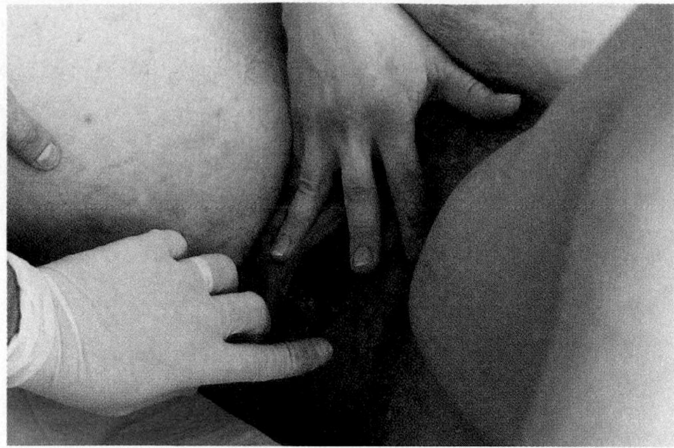
(a)

(b)

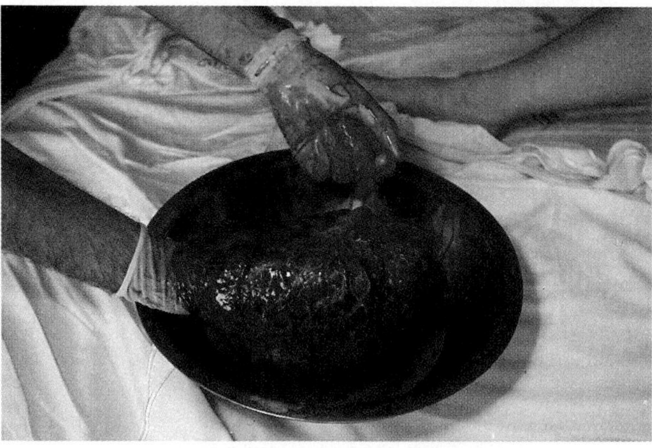
(c)

Figure 29.18 Naissance. (**a**) Couronnement. La tête du bébé distend la vulve de la mère. (**b**) Naissance de la tête de l'enfant vers la fin de la période d'expulsion. (**c**) Après la délivrance, le placenta est examiné, afin de vérifier s'il a une structure normale et de compter le nombre de vaisseaux dans le cordon ombilical.

donné que l'absence d'une artère ombilicale est souvent associée à d'autres troubles cardiovasculaires chez l'enfant, on compte toujours le nombre de vaisseaux sanguins dans le cordon ombilical après la délivrance du placenta (figure 29.18c).

Adaptation de l'enfant à la vie extra-utérine

Les quatre semaines suivant la naissance constituent la **période néonatale.** Nous nous limiterons ici aux phénomènes qui se produisent au cours des premières heures de vie d'un nouveau-né normal. Vous ne serez pas étonné de savoir que la naissance est un choc pour l'enfant. Il est exposé à des traumatismes physiques importants pendant l'accouchement, il est expulsé de son environnement aqueux et chaud, et il ne dispose plus du soutien apporté par le placenta. Il doit maintenant accomplir par lui-même tout ce que le corps de sa mère faisait pour lui: respirer, obtenir des nutriments, excréter et maintenir sa température corporelle.

Une minute et cinq minutes après la naissance, on évalue l'état physique du nouveau-né en fonction de cinq critères: fréquence cardiaque, respiration, coloration, tonus musculaire et réactivité aux stimulus (chiquenaudes sur la plante des pieds). On attribue à chaque critère un coefficient de 0 à 2, et on additionne ces coefficients pour obtenir l'**indice d'Apgar.** Un indice d'Apgar de 8 à 10 signifie que le nouveau-né est en bonne santé; un indice plus bas révèle des anomalies d'une ou de plusieurs des fonctions physiques évaluées.

Première respiration

La première respiration est cruciale. À partir du moment où le placenta cesse de retirer le gaz carbonique, ce gaz commence à s'accumuler dans le sang du nouveau-né, ce qui provoque une acidose. Cette acidose s'associe à la stimulation mécanique et à un environnement plus froid pour exciter les centres respiratoires du cerveau et déclencher la première inspiration. La première respiration exige un effort considérable, car les voies respiratoires sont minuscules et les poumons sont affaissés. Une fois que les poumons ont été remplis d'air chez le bébé à terme, le surfactant présent dans le liquide alvéolaire réduit la tension superficielle des alvéoles, et la respiration devient plus facile. La fréquence respiratoire est rapide (environ 45 respirations par minute) au cours des deux premières semaines mais elle ralentit ensuite jusqu'à la fréquence normale.

Les nouveau-nés prématurés (qui pèsent moins de 2500 g à la naissance) ont beaucoup plus de difficultés à garder leurs poumons gonflés, puisque le surfactant est synthétisé pendant les derniers mois de la vie prénatale. C'est pourquoi il faut souvent offrir une assistance respiratoire aux prématurés (les mettre sous respirateur), jusqu'à ce que leurs poumons soient en mesure de fonctionner de manière autonome.

Fermeture des vaisseaux sanguins fœtaux et des dérivations vasculaires

Les vaisseaux sanguins ombilicaux et les dérivations

vasculaires du fœtus ne sont plus nécessaires après la naissance et ils se ferment en peu de temps (voir la figure 29.13b). La veine et les artères ombilicales se resserrent puis se transforment en tissu fibreux. La portion proximale des artères ombilicales persiste sous la forme des *artères vésicales supérieures,* qui irriguent la vessie, et leur portion distale constitue les **ligaments ombilicaux médiaux.** Le reliquat de la veine ombilicale devient le **ligament rond du foie,** qui rattache l'ombilic au foie. Le conduit veineux s'affaisse quand le sang a cessé de circuler dans le cordon ombilical et finit par former le **ligament veineux** de la face inférieure du foie.

Lorsque la circulation pulmonaire devient fonctionnelle, la pression augmente dans le cœur gauche et baisse dans le cœur droit. Ce changement du gradient de pression entraîne la fermeture des dérivations pulmonaires. Le pan du foramen ovale est rabattu en position fermée et ses bords fusionnent avec la paroi du septum; chez l'adulte, sa situation n'est marquée que par une petite dépression appelée **fosse ovale.** Le conduit artériel se resserre et persiste sous la forme du **ligament artériel,** un cordon fibreux entre l'aorte et le tronc pulmonaire.

À l'exception du foramen ovale, toutes les structures circulatoires spéciales du fœtus se ferment dans les 30 minutes suivant la naissance. (Leur transformation en tissu fibreux prend toutefois plusieurs semaines.) La fermeture du foramen ovale prend environ un an. Comme nous l'avons vu au chapitre 19, la persistance du canal artériel ou du foramen ovale constituent des anomalies congénitales. Toutefois, le foramen ovale ne se soude *jamais* au septum chez environ un quart des humains. En général, cela ne pose aucun problème, puisque la pression normale du sang dans l'oreillette gauche maintient la «trappe» en position fermée.

Période de transition

Les six à huit heures suivant la naissance constituent la **période de transition,** une période d'instabilité au cours de laquelle le nouveau-né s'adapte à la vie extra-utérine. Pendant ses 30 premières minutes de vie, le bébé est éveillé, alerte et actif; on peut penser qu'il a faim car sa bouche fait des mouvements de succion. La fréquence cardiaque augmente jusqu'à dépasser la plage normale chez le nourrisson (120 à 160 battements par minute), la respiration devient plus rapide et la température corporelle baisse. L'activité diminue ensuite graduellement, et le bébé dort pendant trois heures ou plus. La seconde période d'activité commence alors, et le bébé vomit souvent du mucus et d'autres débris avant de se rendormir. Finalement, son état se stabilise: il commence à se réveiller toutes les trois ou quatre heures (au rythme de sa faim).

Lactation

La **lactation** est la sécrétion de lait par les glandes mammaires. L'augmentation des taux d'œstrogènes, de progestérone et de lactogène (les hormones placentaires) vers la fin de la grossesse stimule la libération du facteur déclenchant la sécrétion de prolactine (PRF) par l'hypothalamus. L'adénohypophyse y réagit en sécrétant la **prolactine.** (Ce mécanisme est décrit plus en détail à la p. 551.) Après un délai de deux à trois jours, la production de lait véritable commence. Entre-temps (et aussi vers la fin de la grossesse) les glandes mammaires sécrètent un liquide jaunâtre appelé **colostrum.** Le colostrum contient moins de lactose que le lait et pratiquement pas de matières grasses, mais il renferme plus de protéines, de vitamine A et de minéraux que le lait maternel proprement dit. Tout comme le lait, le colostrum est également riche en immunoglobulines IgA. Comme ces immunoglobulines ne sont pas digérées dans l'estomac, elles pourraient protéger le tube digestif du bébé contre les infections bactériennes. En outre, certains experts pensent que les immunoglobulines IgA sont absorbées par endocytose et pénètrent dans la circulation sanguine, où elles joueraient également un rôle immunitaire.

Après l'accouchement, la sécrétion de prolactine retourne graduellement à son niveau antérieur. La production de lait dépend ensuite de la stimulation mécanique des mamelons, normalement exercée par le bébé qui tète. Les mécanorécepteurs du mamelon envoient des influx nerveux afférents à l'hypothalamus, ce qui stimule la sécrétion de PRF. Celui-ci provoque la libération d'une giclée de prolactine qui stimulera la production du lait nécessaire pour la tétée suivante.

Les influx afférents provenant du mamelon entraînent également la sécrétion d'ocytocine par l'hypothalamus, au moyen d'un *mécanisme de rétroactivation.* L'ocytocine provoque le **réflexe d'éjection** du lait par les alvéoles des glandes mammaires (figure 29.19). L'éjection se produit lorsque les cellules myoépithéliales entourant les glandes sont stimulées par la liaison de l'ocytocine aux récepteurs de leur membrane plasmique, après quoi le lait coule des *deux* seins, et non seulement de celui qui est stimulé. Beaucoup d'obstétriciens conseillent aux mères d'allaiter leur bébé, parce que l'ocytocine exerce aussi un effet sur l'utérus, qui se contracte et retourne (presque) à son volume d'avant la grossesse. Le lait maternel est bénéfique pour le bébé: (1) il contient des matières grasses et du fer plus faciles à absorber et des acides aminés métabolisés plus efficacement que ceux du lait de vache; (2) il possède un effet laxatif naturel qui contribue à expulser des intestins le **méconium,** une pâte goudronneuse verdâtre composée de cellules épithéliales desquamées, de bile et d'autres substances. Étant donné que le méconium et ensuite les fèces permettent l'élimination de la bilirubine de l'organisme, l'évacuation rapide du méconium constitue un moyen de prévenir l'*ictère physiologique* (voir les termes médicaux, à la p. 999). Elle favorise également la colonisation du gros intestin par les bactéries (la source de la vitamine K et de quelques-unes des vitamines B).

Lorsque la femme cesse d'allaiter, le stimulus

entraînant la libération de la prolactine, et par conséquent la production du lait, disparaît et les glandes mammaires cessent graduellement de sécréter du lait. Si la stimulation continue, les glandes mammaires peuvent produire du lait pendant plusieurs années. Quand le taux de prolactine est élevé, la régulation hypothalamo-hypophysaire du cycle ovarien est gênée, probablement parce que la stimulation de l'hypothalamus par la succion du bébé provoque la libération de bêta-endorphine, une hormone peptidique qui inhibe la libération de LH-RH par l'hypothalamus et, par conséquent, la sécrétion de FSH et de LH par l'hypophyse. Comme la prolactine se trouve ainsi à inhiber la fonction ovarienne, certains pensent que l'allaitement est une méthode de contraception. Il ne faut toutefois pas s'y fier, car la plupart des femmes recommencent à ovuler avant de mettre fin à l'allaitement de leur enfant.

* * *

Dans ce chapitre, nous avons suivi le développement intra-utérin chez les êtres humains. Nous n'avons toutefois pas vraiment parlé du phénomène de la différenciation. Comment une cellule non spécialisée qui a le potentiel de devenir *n'importe quoi* dans notre corps se transforme-t-elle en *quelque chose* de spécifique (une cellule cardiaque par exemple)? Qu'est-ce qui dicte l'ordre du développement, de sorte que si un processus n'a pas lieu à un moment précis, il ne se produira jamais? Les scientifiques commencent à penser que la clé du développement se trouve dans les gènes. Dans le chapitre 30, le dernier de ce livre, nous examinons brièvement comment l'interaction des gènes détermine la personne que nous devenons.

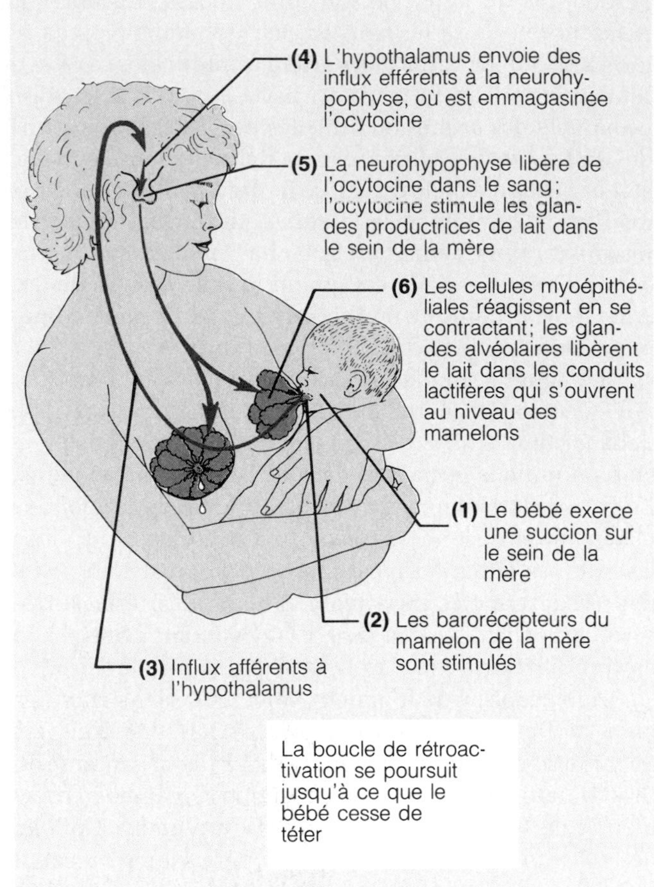
(4) L'hypothalamus envoie des influx efférents à la neurohypophyse, où est emmagasinée l'ocytocine
(5) La neurohypophyse libère de l'ocytocine dans le sang; l'ocytocine stimule les glandes productrices de lait dans le sein de la mère
(6) Les cellules myoépithéliales réagissent en se contractant; les glandes alvéolaires libèrent le lait dans les conduits lactifères qui s'ouvrent au niveau des mamelons
(1) Le bébé exerce une succion sur le sein de la mère
(2) Les barorécepteurs du mamelon de la mère sont stimulés
(3) Influx afférents à l'hypothalamus
La boucle de rétroactivation se poursuit jusqu'à ce que le bébé cesse de téter

Figure 29.19 Mécanisme de rétroactivation du réflexe d'éjection du lait.

Termes médicaux

Avortement (*abortus* = accouchement avant terme) Expulsion prématurée de l'embryon ou du fœtus; peut être spontané ou provoqué.

Décollement prématuré du placenta normalement inséré Aussi appelé hématome rétroplacentaire; s'il se produit avant le travail ce problème peut provoquer la mort du fœtus par hypoxie.

Échographie Procédé diagnostic non invasif qui utilise des ondes ultrasonores pour visualiser la position et le volume du fœtus et du placenta.

Éclampsie (*eklampein* = faire explosion) Condition dangereuse dans laquelle la femme enceinte souffre d'œdème et d'hypertension, de protéinurie et de crises convulsives; autrefois appelée toxémie gravidique.

Grossesse ectopique (*ektos* = au dehors) Grossesse au cours de laquelle l'embryon s'implante ailleurs que dans la cavité utérine, la plupart du temps dans une trompe utérine (grossesse tubaire); comme le placenta ne peut s'établir dans une trompe (ni dans aucun autre site extra-utérin) et que l'embryon ne peut y croître, la trompe se rompt si cette anomalie n'est pas diagnostiquée rapidement.

Ictère physiologique (*iktéros* = jaunisse) Un ictère apparaît quelquefois chez les nouveau-nés normaux trois ou quatre jours après la naissance; les érythrocytes fœtaux ne vivent pas longtemps et se dégradent rapidement après la naissance; le foie de l'enfant peut être incapable de transformer la bilirubine (produit de la dégradation du pigment de l'hémoglobine) assez rapidement pour éviter son accumulation dans le sang puis dans les tissus.

Môle hydatiforme (*moles* = masse) Anomalie de développement du placenta; le produit de la conception dégénère et les villosités choriales se transforment en une masse de vésicules ressemblant à du tapioca; elle provoque des saignements vaginaux contenant de petites vésicules.

Placenta prævia (*prævius* = qui va au-devant) Insertion du placenta près de l'orifice interne du col utérin ou sur cet orifice; constitue un problème car le placenta peut se déchirer quand l'utérus et le col s'étirent; par ailleurs, le placenta se trouve à précéder l'enfant dans le vagin.

Résumé du chapitre

1. La période de gestation de 280 jours s'étend entre la dernière menstruation et l'accouchement. Le produit de la conception connaît une période de développement préembryonnaire qui se termine environ 2 semaines après la fécondation, une période de développement embryonnaire (de la 3e à la 8e semaine) et une période de développement fœtal (de la 9e semaine à la naissance).

DE L'OVULE À L'EMBRYON (p. 975-984)

Déroulement de la fécondation (p. 975-979)

1. L'ovocyte est fécondable pendant 24 heures au maximum;

les spermatozoïdes survivent jusqu'à 72 heures dans les voies génitales de la femme.

2. Les spermatozoïdes doivent survivre à l'environnement hostile du vagin et subir la capacitation.

3. Des centaines de spermatozoïdes doivent libérer leurs enzymes acrosomiales pour dégrader la corona radiata et la zone pellucide de l'ovocyte.

4. Lorsqu'un spermatozoïde pénètre dans l'ovocyte, il déclenche le blocage rapide de la polyspermie (dépolarisation de la membrane) puis le blocage lent de la polyspermie (éclatement des granules corticaux).

5. Après la pénétration du spermatozoïde, l'ovocyte de deuxième ordre achève la méiose II. Les pronucléus de l'ovule et du spermatozoïde fusionnent ensuite (fécondation), ce qui forme le zygote.

Développement préembryonnaire (p. 979-984)

6. La segmentation, une série de divisions mitotiques rapides sans période de croissance entre chacune, commence chez le zygote et se termine chez le blastocyste. Le blastocyste est composé du trophoblaste et de l'embryoblaste. La segmentation donne un grand nombre de cellules profitant d'un rapport surface/volume favorable.

7. Le trophoblaste adhère à l'endomètre, en digère une partie et s'y implante. L'implantation est terminée lorsque le blastocyste est complètement entouré de tissu endométrial, environ 14 jours après l'ovulation.

8. La HCG sécrétée par le blastocyste entretient la production d'hormones par le corps jaune, prévenant ainsi la menstruation. La concentration de HCG diminue après quatre mois. Typiquement, le placenta joue son rôle d'organe endocrinien dès le troisième mois.

9. Le placenta remplit les fonctions de respiration, de nutrition et d'excrétion pour le fœtus et sécrète les hormones de la grossesse; il se forme à partir de tissus embryonnaires (villosités choriales) et maternels (caduque de l'endomètre). Le chorion se développe lorsque le trophoblaste s'associe au mésoderme extraembryonnaire.

DÉVELOPPEMENT EMBRYONNAIRE (p. 984-989)

Formation et rôles des membranes embryonnaires (p. 984)

1. L'amnios, rempli de liquide amniotique, se développe à partir des cellules de la face supérieure de l'embryoblaste et de cellules mésodermiques provenant du trophoblaste. Il protège l'embryon contre les chocs physiques et la formation d'adhérences, maintient une température uniforme et permet au fœtus de bouger.

2. Le sac vitellin provient de l'endoderme; il est la source des cellules germinales primordiales et des premières cellules sanguines.

3. Le chorion est la membrane externe; il joue un rôle dans la placentation.

4. L'allantoïde, une petite cavité se formant à partir du sac vitellin, constitue la base de la structure du cordon ombilical. Sa couche de mésoderme extra-embryonnaire donnera la veine et les artères embryonnaires.

Gastrulation: formation des feuillets embryonnaires (p. 984-985)

5. Le processus de la gastrulation se compose de réarrangements et de migrations cellulaires qui transforment l'embryoblaste en un embryon constitué de trois couches: l'ectoderme, le mésoderme et l'endoderme. Les cellules destinées à faire partie du mésoderme partent de la surface du disque embryonnaire et traversent la ligne primitive avant d'atteindre la couche du milieu.

Organogenèse: différenciation des feuillets embryonnaires (p. 985-989)

6. L'ectoderme réalisera le système nerveux de même que l'épiderme de la peau et ses dérivés. Le premier événement de l'organogenèse est la neurulation, qui donne naissance à l'encéphale et à la moelle épinière. À huit semaines de gestation, les principales régions de l'encéphale sont formées et on peut enregistrer des ondes électroencéphalographiques.

7. L'endoderme forme l'épithélium du système digestif et du système respiratoire, ainsi que plusieurs glandes (thyroïde, parathyroïde, thymus, foie, pancréas). Il se transforme en tube continu quand l'embryon se replie et que sa face ventrale se fusionne.

8. Le mésoderme produit tous les autres systèmes et tissus. Il se différencie rapidement en (1) une notochorde, (2) des paires de somites qui composeront les vertèbres, les muscles squelettiques du thorax et une partie du derme et (3) des masses appariées de mésoderme intermédiaire et latéral. Le mésoderme intermédiaire formera les reins et les gonades; le mésoderme somatique du mésoderme latéral donnera le derme de la peau, la séreuse pariétale, et les os et les muscles des membres; le mésoderme splanchnique du mésoderme latéral constituera le système cardiovasculaire et la séreuse viscérale.

9. Le système cardiovasculaire du fœtus se forme au cours de la période embryonnaire. La veine ombilicale transporte le sang riche en nutriments et en oxygène jusqu'à l'embryon; les deux artères ombilicales retournent le sang désoxygéné et chargé de déchets au placenta. Le conduit veineux permet à la majeure partie du sang de contourner le foie; le foramen ovale et le conduit artériel sont des dérivations pulmonaires.

DÉVELOPPEMENT FŒTAL (p. 989)

1. Puisque la base de tous les systèmes physiologiques est établie au cours du développement embryonnaire, la croissance et la spécialisation des tissus et des organes constituent les événements marquants de la période fœtale.

2. Au cours de la période fœtale, la longueur du fœtus passe de 30 mm à 360 mm et son poids passe de 1 g à 2,7-4,1 kg.

EFFETS DE LA GROSSESSE CHEZ LA MÈRE (p. 989-993)

Modifications anatomiques (p. 989-992)

1. Les organes génitaux et les seins deviennent plus vascularisés pendant la grossesse, et les seins grossissent.

2. L'utérus finit par occuper presque toute la cavité abdominopelvienne. Les organes abdominaux sont repoussés vers le haut et ils réduisent le volume de la cavité thoracique, ce qui provoque un écartement des côtes.

3. L'accroissement de la masse de l'abdomen modifie le centre de gravité de la femme: la lordose et les douleurs lombaires sont courantes. Un démarche dandinante apparaît, car la relaxine sécrétée par le placenta assouplit les ligaments et les articulations pelviennes.

4. Le gain pondéral courant chez une femme de poids normal est d'environ 13 kg.

Modifications du métabolisme (p. 992)

5. L'hormone lactogène placentaire a des effets anabolisants et favorise l'épargne du glucose chez la mère. La HCT entraîne un hypermétabolisme maternel.

Modifications physiologiques (p. 992-993)

6. Un grand nombre de femmes souffrent de nausées et de vomissements, de brûlures d'estomac et de constipation au cours de la grossesse.

7. L'augmentation de la production d'urine par les reins et la pression exercée sur la vessie causent souvent des mictions fréquentes et impérieuses et de l'incontinence.

8. La capacité vitale et la fréquence respiratoire augmentent, mais le volume résiduel diminue. La dyspnée est courante.

9. Le volume d'eau corporelle et le volume sanguin augmentent considérablement. La fréquence cardiaque et la pression artérielle augmentent et mènent à un accroissement de 20 à 40 % du débit cardiaque.

PARTURITION (ACCOUCHEMENT) (p. 993-996)

1. La parturition comprend une série d'événements qui constituent le travail.

Déclenchement du travail (p. 993-994)

2. Lorsque les taux d'œstrogènes sont assez élevés, ils provoquent la formation de récepteurs de l'ocytocine sur la membrane plasmique des cellules myométriales et inhibent l'effet tranquillisant de la progestérone sur le myomètre.
3. L'accroissement du stress active l'hypothalamus, qui provoque la libération d'ocytocine par la neurohypophyse; la boucle de rétroactivation ainsi établie entraîne le déclenchement du vrai travail.

Périodes du travail (p. 994-996)

4. La période de dilatation commence au moment de l'apparition de contractions utérines rythmiques et fortes et se termine quand le col utérin est complètement dilaté (10 cm). La tête du fœtus effectue une rotation pendant sa descente dans le détroit inférieur.

5. La période d'expulsion va de la dilatation complète du col jusqu'à la naissance de l'enfant.

6. La période de la délivrance est l'expulsion du placenta et des membranes fœtales.

ADAPTATION DE L'ENFANT À LA VIE EXTRA-UTÉRINE (p. 996-996)

1. L'indice d'Apgar est évalué immédiatement après la naissance.

Première respiration (p. 996)

2. Une fois que le cordon ombilical est clampé, le gaz carbonique s'accumule dans le sang de l'enfant, ce qui cause une diminution du pH entraînant le déclenchement de la première inspiration par les centres respiratoires du cerveau. Des stimulus mécaniques et thermiques sont également en cause.

3. Une fois que les poumons sont gonflés, la respiration est plus facile, grâce à la présence du surfactant, qui diminue la tension superficielle du liquide alvéolaire.

Fermeture des vaisseaux sanguins fœtaux et des dérivations vasculaires (p. 996-997)

4. Le gonflement des poumons modifie la pression dans le système circulatoire: la veine et les artères ombilicales, le conduit veineux et le conduit artériel se collabent, et le foramen ovale se ferme. Les vaisseaux sanguins affaissés se transforment en cordons fibreux et le foramen ovale devient la fosse ovale.

Période de transition (p. 997)

5. Pendant les huit heures suivant la naissance, l'enfant présente une instabilité physiologique et s'adapte à la vie extra-utérine. Une fois que son état s'est stabilisé, le bébé se réveille toutes les trois ou quatre heures, c'est-à-dire quand il a faim.

LACTATION (p. 997-998)

1. Pendant la grossesse, les seins sont préparés à la lactation par les taux élevés d'œstrogènes et de progestérone ainsi que par l'hormone lactogène placentaire.

2. Le colostrum, le liquide qui précède le lait, est un liquide renfermant peu de matières grasses, mais plus de protéines, de vitamine A et de minéraux que le lait véritable. Il est sécrété à la fin de la grossesse et pendant les deux ou trois premiers jours après l'accouchement.

3. Le lait véritable est sécrété vers le troisième jour en réaction à la succion, qui stimule l'hypothalamus, provoquant à son tour la libération de prolactine par l'adénohypophyse et celle d'ocytocine par la neurohypophyse. La prolactine stimule la production et la sécrétion du lait; l'ocytocine déclenche l'éjection du lait. La production de lait se poursuit seulement si l'allaitement est maintenu.

4. La menstruation et l'ovulation sont absentes ou irrégulières chez la femme qui commence à allaiter, mais elles reprennent à un moment donné chez la majorité des femmes qui allaitent depuis un certain temps.

Questions de révision

Choix multiples/associations

1. Indiquer si les énoncés suivants décrivent: (a) la segmentation; (b) la gastrulation.

_____ (1) période de formation de la morula
_____ (2) période d'intense migration cellulaire
_____ (3) période d'apparition des trois feuillets embryonnaires
_____ (4) période de formation du blastocyste

2. La plupart des systèmes physiologiques commencent à fonctionner chez le fœtus de quatre à six mois. Quel système fait exception, malheureusement pour les prématurés? (a) Le système circulatoire; (b) le système respiratoire; (c) le système urinaire; (d) le système digestif.

3. Le zygote contient des chromosomes provenant: (a) de la mère seulement; (b) du père seulement; (c) pour moitié du père et pour moitié de la mère; (d) des deux parents en plus de ceux qu'il synthétise.

4. La couche externe du blastocyste, qui s'attachera à l'utérus, est: (a) la caduque; (b) le trophoblaste; (c) l'amnios; (d) l'embryoblaste.

5. La membrane fœtale qui constitue la base du cordon ombilical est: (a) l'allantoïde; (b) l'amnios; (c) le chorion; (d) le sac vitellin.

6. Chez le fœtus, le conduit artériel transporte le sang: (a) de l'artère pulmonaire à la veine pulmonaire; (b) du foie à la veine cave inférieure; (c) du ventricule droit au ventricule gauche; (d) du tronc pulmonaire à l'aorte.

7. Lequel des changements suivants se produit dans le système cardiovasculaire du bébé peu après la naissance? (a) Le sang coagule dans la veine ombilicale. (b) Les vaisseaux pulmonaires se dilatent lorsque les poumons se gonflent. (c) Le conduit veineux et le conduit artériel s'affaissent. (d) Toutes ces réponses.

8. La délivrance constitue l'expulsion: (a) du placenta seulement; (b) du placenta et de la caduque; (c) du placenta et des membranes fœtales (déchirées); (d) des villosités choriales.

9. Les jumeaux identiques résultent de la fécondation: (a) d'un ovule par un spermatozoïde; (b) d'un ovule par deux spermatozoïdes; (c) de deux ovules par deux spermatozoïdes; (d) de deux ovules par un spermatozoïde.

10. La veine ombilicale transporte: (a) les déchets jusqu'au placenta; (b) l'oxygène et les nutriments au fœtus; (c) l'oxygène et les nutriments au placenta; (d) l'oxygène et les déchets au fœtus.

11. Le feuillet embryonnaire d'où proviennent les muscles squelettiques, le cœur et le squelette est: (a) l'ectoderme; (b) l'endoderme; (c) le mésoderme.

12. Laquelle des substances suivantes ne peut pas traverser la barrière placentaire? (a) Les cellules sanguines; (b) le glucose; (c) les acides aminés; (d) les gaz; (e) les anticorps.

13. L'hormone qui joue le rôle le plus important dans le déclenchement et le maintien de la lactation est: (a) la progestérone; (b) la FSH; (c) la prolactine; (d) l'ocytocine.

14. La première période du travail, durant laquelle le col utérin est étiré, est: (a) la période de dilatation; (b) la période d'expulsion; (c) la période de la délivrance.

15. Associez chaque structure embryonnaire de la colonne A à son dérivé adulte de la colonne B.

Colonne A	Colonne B
_____ (1) notochorde	(a) rein
_____ (2) ectoderme (pas le tube neural)	(b) cavité ventrale
	(c) pancréas, foie
_____ (3) mésoderme intermédiaire	(d) séreuse pariétale, derme

Colonne A	Colonne B
_____ (4) mésoderme splanchnique	(e) nucléus pulposus
_____ (5) sclérotome	(f) séreuse viscérale
_____ (6) cœlome	(g) poils, cheveux et épiderme
_____ (7) tube neural	(h) encéphale
_____ (8) mésoderme somatique	(i) côtes
_____ (9) endoderme	

Questions à court développement

16. La fécondation est beaucoup plus que le rétablissement du nombre diploïde de chromosomes. (a) Quelles modifications doivent subir l'ovocyte et le spermatozoïde? (b) Quels sont les effets de la fécondation?

17. La segmentation est un phénomène embryonnaire constitué principalement de divisions mitotiques. En quoi la segmentation se distingue-t-elle des mitoses qui se produisent à partir de la naissance et quels sont ses rôles importants?

18. Le corps jaune persiste pendant trois mois après l'implantation, puis il se détériore. (a) Expliquez pourquoi. (b) Expliquez pourquoi il est important que le corps jaune continue de fonctionner après l'implantation.

19. Le placenta est un organe extraordinaire, mais temporaire. En commençant par une description de sa formation, montrez qu'il s'agit d'une partie importante de l'anatomie fœtale et maternelle au cours de la gestation.

20. Comment se fait-il qu'un seul parmi des centaines (ou des milliers) de spermatozoïdes pénètre dans l'ovocyte?

21. Quelle est la fonction du processus de gastrulation?

22. (a) Qu'est-ce qu'une présentation du siège? (b) Nommez deux problèmes causés par ce type de présentation.

23. Quels facteurs sont en jeu dans l'apparition des contractions utérines à la fin de la grossesse?

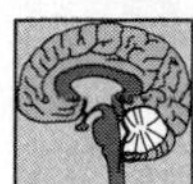

Réflexion et application

1. À la cafétéria, une étudiante vous révèle qu'elle est enceinte de trois mois. Peu de temps auparavant, elle s'est vantée de boire beaucoup d'alcool et d'essayer toutes sortes de drogues depuis qu'elle est inscrite à l'université. Lequel des conseils suivants devriez-vous lui donner? (Justifiez votre choix.) (a) Elle doit arrêter de consommer des drogues, mais son enfant ne peut pas avoir été affecté pendant les premiers mois de la grossesse. (b) Les substances dangereuses ne peuvent pas passer de la mère à l'embryon et elle peut continuer à en consommer. (c) Son fœtus peut avoir des anomalies. Elle devrait donc arrêter de prendre des drogues et consulter un médecin le plus tôt possible. (d) Si elle n'a pas pris de drogues depuis une semaine, tout devrait bien aller.

2. Au cours de l'accouchement de Mme Sanchez, le médecin a décidé qu'il fallait lui faire une épisiotomie. Qu'est-ce qu'une épisiotomie et comment y procède-t-on?

3. Une femme qui souffre de douleurs intenses appelle son médecin et lui dit (en sanglotant) qu'elle va avoir son bébé «tout de suite». Le médecin essaie de la calmer et lui demande pourquoi elle pense cela. Elle dit que ses eaux ont crevé et que son mari voit la tête du bébé. (a) A-t-elle raison? Si oui, à quelle période du travail est-elle arrivée? (b) Pensez-vous qu'elle a le temps de se rendre à l'hôpital, situé à 75 km de chez elle? Pourquoi?

4. Marie fume beaucoup et n'a pas suivi le conseil de ses amis, qui lui avaient recommandé de cesser de fumer pendant sa grossesse. En fonction de vos connaissances sur les effets physiologiques du tabac, décrivez comment son fœtus peut être affecté.

30 La génétique

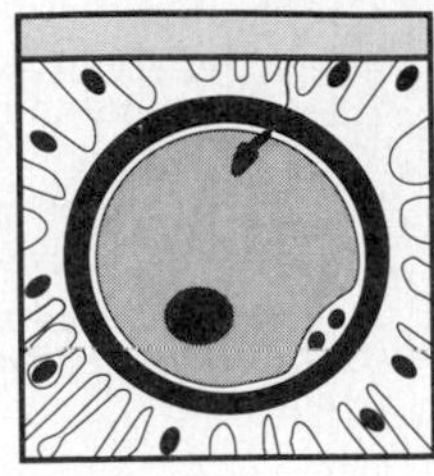

Sommaire et objectifs d'apprentissage

Vocabulaire de la génétique (p. 1002-1003)

1. Définir le terme allèle.
2. Distinguer clairement le génotype du phénotype.

Sources sexuelles de variations génétiques (p. 1003-1005)

3. Décrire les phénomènes qui créent des variations génétiques dans les gamètes.

Types de transmission héréditaire (p. 1005-1009)

4. Comparer et différencier l'hérédité dominante-récessive, la dominance incomplète et la codominance.
5. Décrire le mécanisme de l'hérédité liée au sexe.
6. Expliquer en quoi l'hérédité polygénique diffère de celle qui résulte de l'action d'une seule paire de gènes.

Effets des facteurs environnementaux sur l'expression génique (p. 1009-1010)

7. À l'aide d'exemples, montrer comment les facteurs environnementaux peuvent modifier l'expression génique.

Dépistage des maladies héréditaires et conseil génétique (p. 1010-1012)

8. Nommer et décrire plusieurs techniques employées pour déterminer ou prévoir les maladies héréditaires.

La croissance et le développement d'un nouvel individu sont guidés par le code génétique présent dans les chromosomes reçus de ses parents, par l'intermédiaire de l'ovule et du spermatozoïde. Comme nous l'avons expliqué au chapitre 3, les gènes, ou segments d'ADN, renferment les «plans» pour la synthèse des protéines. Une grande partie des protéines sont des enzymes, qui dirigent la synthèse de presque toutes les molécules de l'organisme. En conséquence, les gènes s'expriment dans la couleur de vos yeux, votre sexe, votre groupe sanguin, etc. Comme vous le verrez, les interactions avec d'autres gènes et les facteurs environnementaux favorisent ou inhibent la capacité d'un gène de provoquer le développement d'un trait.

La **génétique,** la science de l'hérédité, est une discipline relativement jeune, mais notre compréhension de la manière dont les gènes interagissent pour déterminer nos traits particuliers a beaucoup progressé depuis que le moine Gregor Mendel a établi les règles de la transmission génétique au milieu du 18e siècle. La génétique humaine pose des problèmes complexes car, au contraire des pois qui furent l'objet des expériences de Mendel, les humains ont une longue durée de vie et une progéniture peu nombreuse. En outre, on ne peut pas les accoupler de manière expérimentale pour voir quel genre d'enfants ils auront! Mais le désir de comprendre l'hérédité humaine est très puissant, et les progrès effectués depuis quelques années ont permis aux généticiens de manipuler et de fabriquer des gènes humains afin d'étudier leur expression et de soigner ou guérir des maladies. Nous nous concentrerons dans ce chapitre sur l'étude des principes de l'hérédité.

Vocabulaire de la génétique

Le noyau de toutes les cellules humaines, à l'exception des gamètes, renferme le nombre diploïde de chromosomes (46), composé de 23 paires de *chromosomes homologues.* Une de ces paires est constituée des **chromosomes sexuels** (X et Y), qui déterminent notre sexe génétique; les 44 autres chromosomes forment 22 paires d'**autosomes,** qui guident l'expression de la plupart des autres traits. Un **caryotype** humain est reproduit à la figure 30.1. Le **génome** diploïde, c'est-à-dire le matériel génétique (l'ADN), est en réalité composé de deux jeux d'instructions génétiques, un qui provient de l'ovule (23 chromosomes) et un qui provient du spermatozoïde (23 chromosomes).

Paires de gènes (allèles)

Étant donné que les chromosomes sont appariés (assortis par paire), les gènes sont également appariés. Par conséquent, chacun de nous reçoit deux gènes, un de

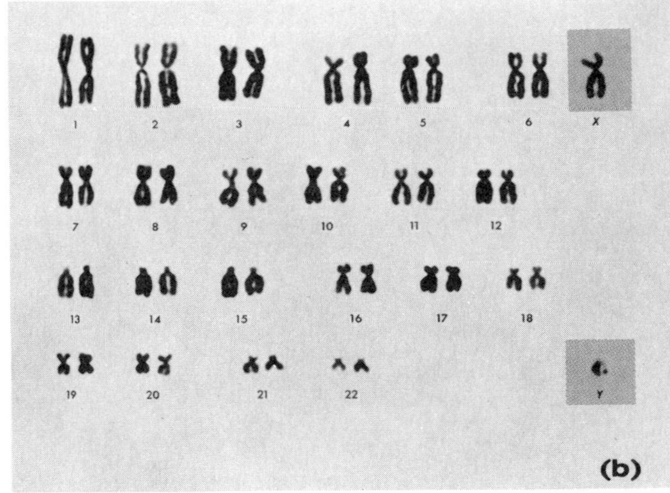

Figure 30.1 Caryotype humain. (**a**) Micrographie au microscope électronique à balayage des chromosomes humains (× 9300). (**b**) Caryotype d'un homme. Les 46 chromosomes humains sont disposés en paires homologues avant l'examen de leur structure et de leur nombre. La 23ᵉ paire, composée des chromosomes sexuels (X et Y), n'est pas vraiment une paire de chromosomes homologues parce que le chromosome X porte plus de gènes que le chromosome Y, qui est beaucoup plus petit.

chaque parent (en général), qui interagissent pour dicter un trait particulier. Ces gènes appariés, qui occupent le même *locus* (site) de chromosomes homologues, sont appelés **allèles.** Les allèles peuvent coder pour la même forme ou pour une forme différente d'un trait. Par exemple, deux gènes dictent si vous présentez ou non une hyperlaxité de l'articulation du pouce. Un allèle code pour des ligaments tendus; l'autre code pour des ligaments relâchés. Lorsque les deux allèles qui déterminent un trait sont identiques, la personne est dite **homozygote** pour ce trait. Lorsque les deux allèles sont dissemblables et s'expriment différemment, la personne est **hétérozygote** pour ce trait.

Parfois, un allèle masque ou supprime l'expression de l'autre. Cet allèle est dit **dominant,** alors que l'allèle masqué est dit **récessif.** Par convention, l'allèle dominant est représenté par une majuscule (par exemple, *P*) et l'allèle récessif par une minuscule (*p*). Les allèles dominants s'expriment qu'il y en ait un ou deux; les allèles récessifs doivent être deux pour pouvoir s'exprimer, ce qui constitue un état d'homozygote. Pour reprendre notre exemple, une personne qui possède la paire de gènes *PP* (état d'homozygote dominant) ou *Pp* (l'état d'hétérozygote) aura l'articulation du pouce relâchée. La combinaison *pp* (l'état d'homozygote récessif) est nécessaire pour avoir l'articulation du pouce tendue.

Beaucoup de gens pensent que les traits dominants s'expriment bien plus souvent, puisqu'ils sont apparents dès qu'un des deux allèles est dominant. Cependant, la dominance et la récessivité ne sont pas les seuls facteurs qui déterminent la fréquence d'un trait dans une population: celle-ci dépend aussi de la fréquence ou de l'abondance relative des allèles dominants et récessifs au sein de cette population.

Génotype et phénotype

Le patrimoine génétique d'une personne (c'est-à-dire si elle est homozygote ou hétérozygote pour chaque paire de gènes) est son **génotype.** La façon dont le génotype se manifeste chez cette personne est son **phénotype.** Ainsi, l'hyperlaxité du pouce est le phénotype produit par le génotype *PP* ou *Pp.*

Sources sexuelles de variations génétiques

Avant de considérer les interactions des gènes, voyons comment il se fait que chacun de nous soit différent, avec son génotype et son phénotype uniques. Cette variabilité traduit trois phénomènes qui ont lieu avant même que nos parents se rencontrent: la ségrégation indépendante des chromosomes homologues, l'enjambement des chromosomes homologues et la fécondation aléatoire des ovules par les spermatozoïdes.

Ségrégation indépendante des chromosomes

Comme nous l'avons expliqué au chapitre 28 (p. 938), toutes les paires de chromosomes homologues entrent en synapsis (s'accolent) pendant la méiose I pour former des tétrades. La synapsis se produit au cours de la spermatogenèse et de l'ovogenèse. C'est le hasard qui détermine l'alignement et l'orientation des tétrades sur le fuseau de division de la métaphase I, de sorte que les

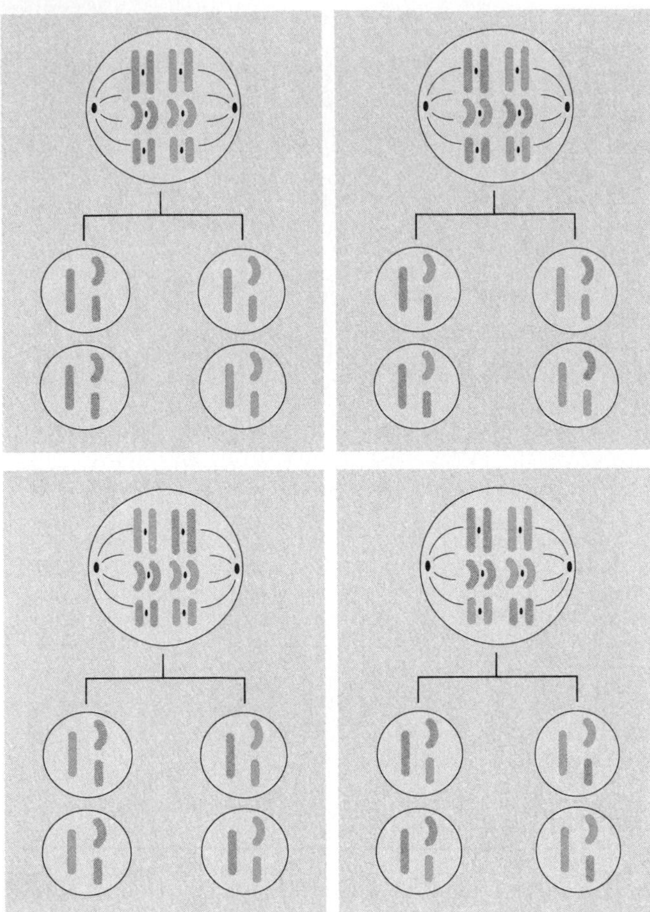

Figure 30.2 Production de variations chez les gamètes grâce à la ségrégation indépendante des chromosomes homologues au cours de la métaphase de la méiose I. Les grands cercles montrent les alignements possibles en métaphase I chez une cellule mère ayant un nombre diploïde de 6. Les chromosomes homologues du père sont mauves et ceux de la mère sont verts. Les petits cercles représentent les combinaisons de chromosomes des cellules filles (gamètes) résultant de chaque alignement. Certains gamètes renferment uniquement des chromosomes maternels ou des chromosomes paternels; d'autres possèdent des combinaisons variées de chromosomes maternels et paternels.

chromosomes maternels et paternels sont distribués au hasard dans le noyau des cellules filles. Ainsi que le montre la figure 30.2, ce phénomène très simple mène à des variations importantes chez les gamètes. La cellule de cet exemple a un nombre diploïde de six chromosomes, ce qui donne trois tétrades. Comme vous pouvez le voir, les différentes combinaisons d'alignement des trois tétrades donnent huit types de gamètes. Étant donné que l'alignement des tétrades se fait au hasard et qu'un grand nombre de cellules mères subissent la méiose simultanément, chaque alignement et chaque type de gamète revient à la même fréquence que tous les autres. Rappelez-vous de deux points très importants: (1) les membres de la paire d'allèles qui détermine chaque trait subissent une ségrégation, c'est-à-dire qu'ils sont distribués à des gamètes différents, au cours de la méiose; (2) les allèles localisés sur les différentes paires de chromosomes homologues sont distribués indépendamment. C'est ainsi que chaque gamète ne peut posséder qu'un seul allèle pour chaque trait et que cet allèle ne constitue qu'un des quatre allèles parents possibles.

Le nombre de types de gamètes résultant de la **ségrégation indépendante** des chromosomes homologues au cours de la méiose I peut se calculer pour tous les génomes à l'aide de la formule 2^n, n étant le nombre de paires homologues. Dans notre exemple, $2^n = 2^3$ (ou $2 \times 2 \times 2$), ce qui donne 8 types de gamètes. Le nombre de types de gamètes augmente considérablement à mesure que le nombre de chromosomes augmente. Une cellule possédant 6 paires de chromosomes homologues aurait 2^6, ou 64, types de gamètes. Sur la seule base de l'assortiment indépendant, les testicules d'un homme peuvent donc produire 2^{23} types de gamètes, soit environ 8,5 millions, ce qui représente une incroyable diversité. Puisque les ovaires d'une femme seront le site de 500 méioses complètes au maximum, le nombre de types de gamètes produits simultanément est beaucoup plus petit. Il n'en reste pas moins que chaque ovocyte expulsé de l'ovaire sera probablement différent des autres sur le plan génétique.

Enjambement des chromosomes homologues et recombinaisons géniques

D'autres variations proviennent de l'enjambement («crossing-over»), et de l'échange de portions de chromosomes qui en résulte, au cours de la méiose I. On sait que les gènes de chaque chromosome sont alignés sur toute la longueur de celui-ci. Les gènes d'un chromosome sont dits **liés,** car ils sont transmis en bloc à la cellule fille au cours de la mitose. Tel n'est pas le cas durant la méiose, car les chromosomes paternels peuvent alors échanger de façon très précise des segments génétiques avec les chromosomes homologues maternels, grâce à l'**enjambement.** Au cours de ce processus, deux chromatides non-sœurs s'entrecroisent, se fracturent aux mêmes points puis se ressoudent en diagonale, ce qui fait apparaître les **chiasmas** (manifestation visible de l'enjambement). Après l'enjambement, certains gènes du chromosome paternel se retrouvent sur le chromosome maternel, alors que les gènes correspondants du chromosome maternel se retrouvent sur le chromosome paternel. Cet échange de gènes produit des **chromosomes recombinants,** formés d'une combinaison du matériel génétique des deux parents. Dans l'exemple présenté à la figure 30.3, les gènes qui codent pour la couleur des cheveux et des yeux sont liés. Les chromosomes paternels renferment les allèles qui codent pour les cheveux blonds et les yeux bleus, alors que les allèles maternels codent pour les cheveux bruns et les yeux bruns. Le chiasma se trouve entre ces deux gènes liés, ce qui fait que certains gamètes possèdent les allèles pour les cheveux blonds et les yeux bruns et certains autres possèdent les allèles pour les cheveux bruns et les yeux bleus. (Si le chiasma se trouvait ailleurs, d'autres combinaisons génétiques se seraient formées.) À cause

Légende
C = allèle pour les cheveux bruns
c = allèle pour les cheveux blonds
Y = allèle pour les yeux bruns
y = allèle pour les yeux bleus

Chromosome paternel
Chromosome maternel
Homologues

Gènes de la couleur des cheveux
Gènes de la couleur des yeux

c y
c y
C Y
C Y

Les chromosomes homologues entrent en synapsis au cours de la prophase I de la méiose; chaque chromosome est constitué de deux chromatides sœurs

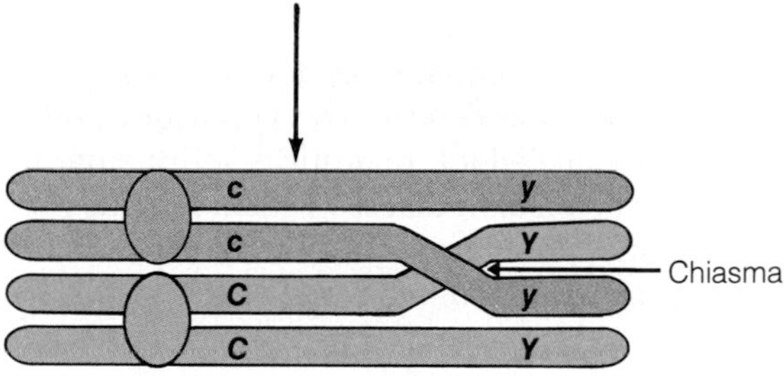

Il y a enjambement et formation d'un chiasma; un segment d'une chromatide (paternelle) échange sa position avec un segment d'une autre chromatide (maternelle)

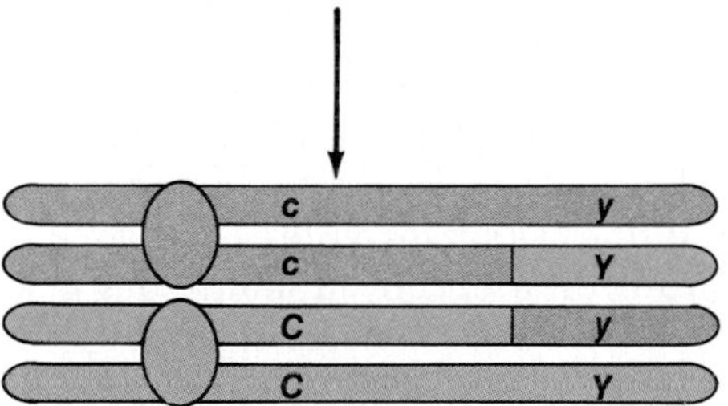

Les chromatides paternelle et maternelle ayant formé un chiasma se fracturent et se ressoudent

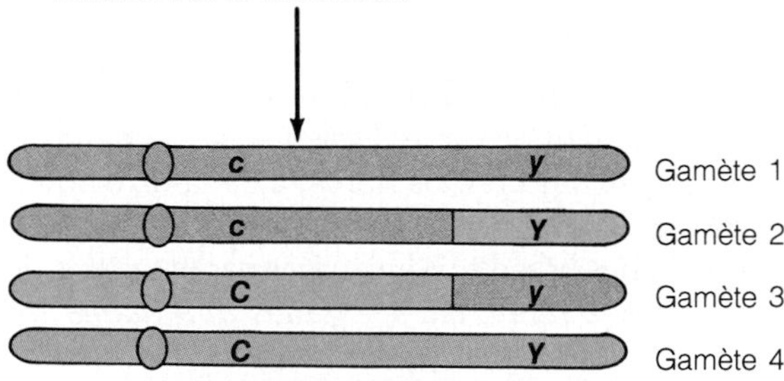

À la fin de la méiose, chaque gamète haploïde possède un des quatre chromosomes représentés; deux de ces chromosomes sont recombinants, c'est-à-dire qu'ils portent de nouvelles combinaisons de gènes

Figure 30.3 L'enjambement et les recombinaisons géniques qui ont lieu au cours de la méiose I produisent des variations génétiques chez les gamètes.

de l'enjambement, deux des quatre chromatides de la tétrade ont des allèles mélangés, certains provenant de la mère et d'autres du père. C'est ainsi qu'au moment de la ségrégation des chromatides, chaque gamète recevra une combinaison unique et mélangée des gènes des parents.

Deux seulement des quatre chromatides d'une tétrade semblent prendre part dans des enjambements et des recombinaisons au cours de la synapsis, mais elles en subissent un grand nombre. En outre, chaque enjambement entraîne la recombinaison de nombreux gènes, et pas seulement de deux comme dans notre exemple. En général, les chiasmas se produisent au hasard (par une sorte de loterie moléculaire). Plus le chromosome est long, plus il peut subir d'enjambements. Comme les humains possèdent 23 tétrades, et que la plupart subissent des enjambements au cours de la méiose I, ce facteur est à lui seul à l'origine d'une quantité phénoménale de variations.

Fécondation aléatoire

À tout moment, la gamétogenèse produit des gamètes présentant toutes les variations résultant de la ségrégation indépendante et de l'enjambement. Un autre facteur de variation provient du fait qu'on ne peut absolument pas prévoir quel spermatozoïde fécondera l'ovule. En ne considérant que les variations introduites par la ségrégation indépendante et la fécondation aléatoire, chaque enfant n'est qu'un zygote sur près de 7,2 billions (8,5 millions × 8,5 millions) de zygotes possibles. Les variations supplémentaires produites par l'enjambement accroissent ce nombre de façon exponentielle. Vous comprenez peut-être maintenant pourquoi frères et sœurs sont à la fois si différents et si semblables.

Une fois qu'on comprend ces sources de variations, on se rend compte que les gens ont souvent une conception erronée de l'hérédité. Ainsi, on entend dire des choses comme «Je suis à moitié française, au quart irlandaise et au quart espagnole», ce qui révèle la croyance que les gènes de chaque côté de la famille sont répartis avec une grande précision. Il est vrai que nous recevons la moitié de nos gènes de chaque parent, mais nous ne possédons pas le quart des gènes de chacun de nos grands-parents ou un huitième des gènes de nos arrière-grands-parents. Par ailleurs, il n'existe pas de gènes «français» ou «irlandais» ou «espagnols».

Types de transmission héréditaire

Chez les humains, quelques traits visibles, ou phénotypes, peuvent être attribués à une seule paire de gènes (comme nous le verrons bientôt), mais ce genre de trait est peu courant dans la nature ou bien il ne concerne qu'une variation dans une seule enzyme. La plupart des traits humains sont déterminés par des allèles multiples ou par l'interaction de plusieurs paires de gènes.

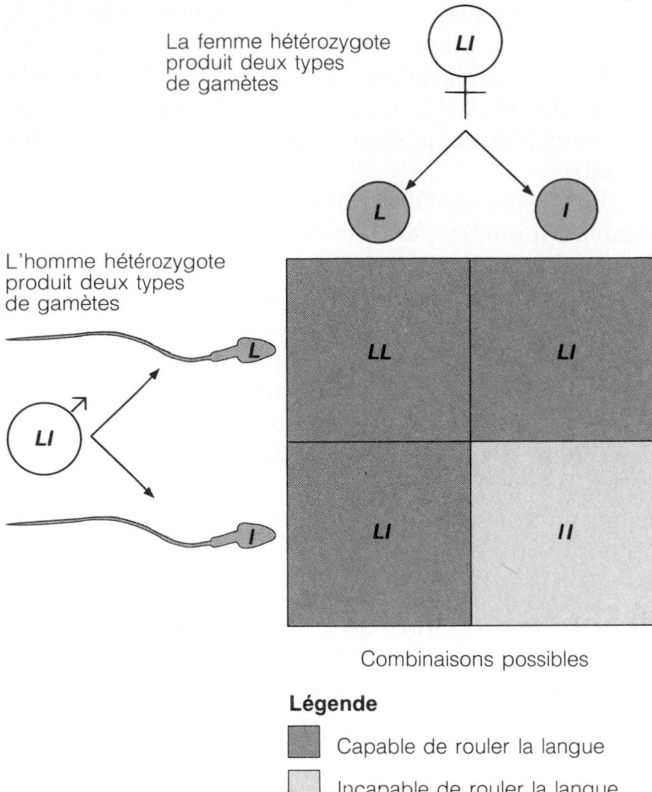

Figure 30.4 Utilisation de la grille de Punnett pour déterminer les génotypes et les phénotypes résultant de l'union de deux parents hétérozygotes. Les allèles portés par la mère sont montrés en haut; les allèles portés par le père, sur le côté. La grille montre toutes les combinaisons possibles de ces allèles chez le zygote. Dans cet exemple, l'allèle *L* est dominant et détermine la capacité de rouler la langue; l'allèle *l* est récessif. Les individus homozygotes récessifs (*ll*) sont incapables de rouler la langue. Les enfants *LL* et *Ll* peuvent rouler la langue.

Hérédité dominante-récessive

L'**hérédité dominante-récessive** reflète l'interaction des allèles dominants et récessifs. Un diagramme simple, appelé **grille de Punnett,** permet de représenter les combinaisons de gènes possibles pour un trait si les gamètes de deux parents dont on connaît le génotype s'unissent (figure 30.4). Dans l'exemple choisi, les deux parents peuvent rouler la langue en U, parce qu'ils possèdent l'allèle dominant (*L*) qui confère ce trait. En effet, ils sont tous deux hétérozygotes pour ce trait (*Ll*). Les allèles présents dans les gamètes de la mère sont indiqués au-dessus de la grille de Punnett et ceux qui sont présents dans les gamètes du père sont indiqués sur le côté de la grille. On combine les allèles horizontalement et verticalement pour déterminer les combinaisons de gènes (génotypes) possibles et leur fréquence dans la progéniture de ces parents. Après avoir rempli la grille de Punnett, on constate que ces parents ont une probabilité de 25 % (1 chance sur 4) de produire un enfant homozygote dominant (*LL*); de 50 % (2 chances sur 4) de produire un enfant hétérozygote (*Ll*); de 25 % (1 chance sur 4) de produire un enfant homozygote récessif (*ll*). Comme l'allèle *L* est dominant, les enfants *LL* et *Ll* seront capables de rouler la langue; seuls les enfants *ll* seront incapables de faire un U avec la langue.

La grille de Punnett permet de prévoir rapidement les résultats d'un croisement génétique simple, mais il ne donne que la *probabilité* d'avoir un certain pourcentage d'enfants présentant un génotype donné (et phénotype). Plus la progéniture est nombreuse, plus il est vraisemblable que les proportions soient conformes aux prévisions. C'est la même chose que quand on joue à pile ou face: plus le nombre de fois qu'on lance la pièce de monnaie est élevé, meilleures sont les chances qu'on obtienne un nombre égal de piles et de faces. Si on ne lance la pièce que deux fois, on pourrait bien avoir deux faces. De même, si le couple de notre exemple n'avait que deux enfants, il ne serait pas étonnant que tous deux possèdent le génotype *Ll.*

Quelles sont les probabilités d'avoir deux enfants du même génotype? Pour déterminer la probabilité que deux événements se succèdent, on multiplie l'une par l'autre la probabilité de chacun de ces événements. La probabilité d'avoir pile quand on lance une pièce est de 1/2, de sorte que la probabilité d'avoir pile deux fois de suite est de $1/2 \times 1/2 = 1/4$. (En d'autres termes, si on lance la pièce un grand nombre de séries de deux fois, on aura deux piles dans un quart des séries.) Passons maintenant à la probabilité que notre couple ait deux enfants qui soient incapables de rouler la langue (*ll*). La probabilité qu'un enfant soit *ll* est de 1/4, de sorte que la probabilité que les deux enfants soient *ll* est de $1/4 \times 1/4 = 1/16$, c'est-à-dire d'un peu plus de 6 %. Cependant, il faut toujours se rappeler que la production de chaque enfant, tout comme chaque lancer de la pièce, est un *événement indépendant,* qui n'influe pas sur les autres. Si on obtient pile au premier lancer, on a encore la moitié des chances d'obtenir pile au deuxième lancer; si le couple a un premier enfant incapable de rouler la langue, il a encore 1/4 des chances d'avoir un deuxième enfant incapable de rouler la langue.

Traits dominants

Parmi les traits humains déterminés par des allèles dominants, on peut mentionner les fossettes, les taches de rousseur et les lobes des oreilles libres, c'est-à-dire non fixés à la peau de la tête.

Les maladies héréditaires causées par des gènes dominants sont assez rares, car les *gènes dominants létaux* s'expriment toujours et provoquent la mort au stade embryonnaire ou fœtal ou encore pendant l'enfance. Les gènes mortels sont donc rarement transmis aux générations suivantes. Cependant, il existe certaines maladies dominantes moins débilitantes ou qui permettent à la personne de vivre assez longtemps pour se reproduire, comme l'achondroplasie et la chorée de Huntington. L'*achondroplasie* est un type de nanisme rare qui résulte

Tableau 30.1 Traits déterminés par l'hérédité dominante-récessive simple

Phénotypes dus à l'expression de gènes dominants (génotype ZZ ou Zz)	Phénotypes dus à l'expression de gènes récessifs (génotype zz)
Capacité de rouler la langue	Incapacité de rouler la langue en U
Lobes des oreilles libres	Lobes des oreilles adhérents
Hypermétropie	Vision normale
Astigmatisme	Vision normale
Taches de rousseur	Absence de taches de rousseur
Fossettes aux joues	Absence de fossettes
Arches plantaires normales	Pieds plats
Capacité de goûter le phénylthiocarbamide (PTC)	Incapacité de goûter le PTC
Pointe de cheveux sur le front	Lisière des cheveux droite
Hyperlaxité du pouce	Ligaments du pouce tendus
Lèvres épaisses	Lèvres minces
Polydactylie (doigts et orteils surnuméraires)	Nombre normal de doigts et d'orteils
Syndactylie (doigts ou orteils soudés)	Doigts et orteils normaux
Achondroplasie (hétérozygote: nanisme; homozygote: mort fœtale)	Formation de cartilages et d'os normaux
Chorée de Huntington	Absence de la chorée de Huntington
Pigmentation cutanée normale	Albinisme
Absence de la maladie de Tay-Sachs	Maladie de Tay-Sachs
Absence de la fibrose kystique du pancréas	Fibrose kystique du pancréas
État mental normal	Schizophrénie

de l'incapacité du fœtus de former des os cartilagineux. La *chorée de Huntington* est une maladie mortelle du système nerveux qui se caractérise par la dégénérescence de deux des noyaux gris centraux. Dans ce dernier cas, le gène en cause est un *gène à retardement* qui ne s'exprime pas avant que l'individu atteigne la fin de la trentaine ou le début de la quarantaine. Les enfants d'un parent atteint de la chorée de Huntington ont un risque de 50 % d'hériter du gène létal. (Le parent est toujours hétérozygote, car l'état homozygote dominant est mortel pour le fœtus.) C'est pourquoi beaucoup de personnes qui ont un parent touché par cette maladie décident de ne pas avoir d'enfants. Le tableau 30.1 présente une liste de traits déterminés par un gène dominant.

Traits récessifs

Un grand nombre de traits déterminés par des gènes récessifs ne causent pas de problèmes de santé, et certains de ces traits sont même très désirables. Par exemple, la vision normale est déterminée par des allèles récessifs, alors que l'hypermétropie et l'astigmatisme sont déterminés par des allèles dominants. Cependant, la plupart des maladies héréditaires sont produites par un trait récessif. C'est le cas de l'*albinisme* (absence de pigmentation de la peau), de la *fibrose kystique du pancréas* ou mucoviscidose (production d'un mucus plus visqueux que la normale, qui réduit l'écoulement des sécrétions des glandes exocrines, et affecte surtout le fonctionnement des poumons et du pancréas) et de la *maladie de Tay-Sachs.* Cette maladie héréditaire qui touche le métabolisme des lipides dans le cerveau est beaucoup plus fréquente chez les Juifs de souche ashkénaze (de l'Europe de l'Est). Elle est provoquée par un déficit enzymatique qui devient apparent quelques mois après la naissance. Des lipides ne pouvant pas être métabolisés (gangliosides) s'accumulent dans le cerveau, et son fonctionnement se détériore. L'enfant présente des crises convulsives et une cécité progressive, et il meurt après quelques années.

La fréquence élevée des maladies héréditaires récessives par rapport à celle des maladies causées par un gène dominant reflète le fait que les personnes qui possèdent un allèle récessif (par exemple *m*) pour une maladie héréditaire récessive ne manifestent pas la maladie si l'autre allèle est dominant (*M*), mais peuvent passer le gène en cause à leur progéniture. On dit que ces personnes (*Mm*) sont des **porteurs** de la maladie. La compréhension de ce phénomène sous-tend les lois qui interdisent les **mariages consanguins** (littéralement, «du même sang»), c'est-à-dire entre frères et sœurs et cousins germains. (Le terme *consanguin* nous vient de l'époque où on pensait que les traits héréditaires étaient portés dans le sang.) Le risque d'hériter de deux gènes récessifs identiques (*mm*), et par conséquent de présenter la maladie qu'ils produisent, est beaucoup plus élevé dans ce genre d'union que dans les unions entre personnes non apparentées. La fréquence élevée des mortinaissances et des maladies héréditaires graves chez les chiens de race, où les accouplements consanguins sont très courants, prouve bien que ces craintes sont fondées.

Dominance incomplète et codominance

Les gènes ne suivent pas tous la règle de l'hérédité dominante-récessive, dans laquelle une variante d'un allèle masque complètement l'autre. Certains traits présentent en effet une **dominance incomplète.** La dominance incomplète est très courante chez les plantes et certains animaux, mais elle l'est beaucoup moins chez l'être humain. Dans la dominance incomplète, l'individu hétérozygote montre un phénotype intermédiaire par rapport à celui que déterminent les deux gènes dominants. Par exemple, la fleur rose (*RB*) présente une partie des caractères de la fleur rouge (*RR*) et une partie des caractères de la fleur blanche (*BB*). Lorsque l'individu hétérozygote exprime toutes les caractéristiques déterminées par les deux allèles, il s'agit plutôt de **codominance.**

Le meilleur exemple de codominance chez les êtres humains est probablement celui de l'*anémie à hématies falciformes* (drépanocytose), une maladie causée par la substitution d'un acide aminé dans la chaîne β de la molécule d'hémoglobine. Lorsque la pression partielle d'oxygène est basse, les molécules d'hémoglobine qui contiennent ces chaînes anormales précipitent dans les globules rouges, qui prennent alors la forme d'une faucille. Les individus homozygotes pour ce trait (Hb^sHb^S) sont très malades. Chez eux, les infections, la gêne respiratoire, l'exercice peuvent provoquer des accès de falciformation. Les hématies en forme de faucille s'agglutinent dans les capillaires et les obstruent, ce qui provoque des douleurs intenses de même que des lésions ischémiques aux organes vitaux. De plus, les hématies falciformes sont rapidement détruites, ce qui explique l'anémie grave dont souffrent les homozygotes. Le seul traitement de cette maladie est la transfusion sanguine, qui permet de remplacer les hématies falciformes par des globules rouges normaux.

Le phénomène de codominance se manifeste chez les individus hétérozygotes pour ce trait (Hb^AHb^S), qui expriment le phénotype des homozygotes normaux (Hb^AHb^A) *et* celui des homozygotes anémiques (Hb^SHb^S). Le gène qui détermine la formation de l'Hb^A et celui qui détermine la formation d'Hb^S sont donc codominants. Ces individus sont généralement en bonne santé, mais ils peuvent présenter des symptômes de falciformation en cas de réduction prolongée du taux sanguin d'oxygène, par exemple quand ils voyagent dans des régions de haute altitude.

Le gène responsable de l'anémie à hématies falciformes est particulièrement répandu chez les Noirs (ceux qui vivent dans les régions d'Afrique où le paludisme est endémique et ceux dont les ancêtres étaient originaires de cette région). Il est également courant dans d'autres régions tropicales, en Inde et dans les pays de l'est de la Méditerranée. On estime que 10 % des Noirs américains sont hétérozygotes pour ce gène, appelé **trait drépanocytaire.**

Transmission par allèles multiples (polymorphisme génétique)

Nous recevons seulement deux allèles d'un même gène, mais certains gènes existent sous plus de deux formes à l'intérieur d'une population, ce qui mène à un phénomène appelé **transmission par allèles multiples** ou **polymorphisme génétique.** La transmission des groupes sanguins du système ABO constitue un exemple de ce phénomène. Trois allèles déterminent le groupe sanguin ABO chez les humains: I^A, I^B *et* i. Les allèles I^A et I^B sont *codominants,* c'est-à-dire qu'ils s'expriment tous les deux quand ils sont présents; l'allèle i est récessif. Chacun de nous reçoit deux de ces trois allèles. Un individu qui possède les allèles I^Ai est de groupe sanguin A (exemple de dominance complète); celui qui possède les allèles I^AI^B est de groupe sanguin AB (exemple de codominance). Les génotypes qui déterminent les quatre groupes sanguins du système ABO sont présentés au tableau 30.2.

Tableau 30.2 Groupes sanguins du système ABO

Groupe sanguin (phénotype)	Génotype	Fréquence (% dans la population des États-Unis) Blancs	Noirs	Orientaux
O	ii	47	49	40
A	I^AI^A ou I^Ai	41	27	28
B	I^BI^B ou I^Bi	9	20	27
AB	I^AI^B	3	4	5

Hérédité liée au sexe

Les traits héréditaires déterminés par des gènes localisés sur les chromosomes sexuels sont dits **liés au sexe.** Les chromosomes sexuels (X et Y) ne sont pas vraiment homologues. En effet, le chromosome Y, qui porte le gène (ou les gènes) déterminant le sexe masculin, est trois fois plus petit que le chromosome X. Un grand nombre des gènes du chromosome X qui codent pour des caractères de nature non sexuelle sont par conséquent absents sur le chromosome Y. Ainsi, les gènes qui codent pour certains facteurs de coagulation (en cause dans l'hémophilie) et pour les cônes photorécepteurs de la rétine de l'œil (en cause dans le daltonisme et l'achromatopsie) sont présents sur le chromosome X mais non sur le chromosome Y. Un gène qu'on trouve uniquement sur le chromosome X est dit **lié au chromosome X.**

Lorsqu'un homme reçoit un allèle récessif lié au chromosome X (par exemple celui de l'hémophilie ou du daltonisme), l'expression de ce gène n'est jamais masquée ou atténuée par un autre gène, puisqu'il ne possède pas d'allèle correspondant sur le chromosome Y. Le gène récessif s'exprime donc toujours, même s'il est seul. Par contre, les femmes doivent recevoir deux allèles récessifs liés au chromosome X pour que la maladie s'exprime. C'est pourquoi très peu de femmes présentent des maladies liées au chromosome X. Les traits liés au chromosome X se transmettent de la mère à ses fils, étant donné que le chromosome X d'un homme provient toujours de sa mère. (Comme les hommes ne reçoivent pas de chromosome X de leur père, puisqu'ils en reçoivent le chromosome Y, les traits liés au chromosome X ne se transmettent jamais du père à ses fils.) La mère peut évidemment transmettre l'allèle récessif à ses filles, mais celles-ci ne l'exprimeront pas, sauf si elles ont reçu un autre allèle récessif sur le chromosome X provenant de leur père.

Il faut également savoir que certains segments du chromosome Y n'ont pas d'équivalent sur le chromosome X. Les traits déterminés par des gènes localisés sur ces segments (comme la présence de poils sur le pavillon de l'oreille) apparaissent seulement chez les hommes et se transmettent du père à ses fils. Ce type de transmission liée au sexe est appelé **hérédité liée au chromosome Y.**

Hérédité polygénique

Jusqu'à présent, nous avons étudié les traits qui se transmettent selon les mécanismes de la génétique mendélienne classique, assez faciles à comprendre. Ces traits peuvent avoir deux, ou parfois trois, formes différentes. Cependant, un grand nombre de phénotypes dépendent de l'action conjointe de plusieurs paires de gènes situées à différents endroits des chromosomes. L'**hérédité polygénique** produit des variations phénotypiques *continues,* ou *qualitatives,* entre deux extrêmes et elle explique plusieurs caractéristiques humaines. Par exemple, la couleur de la peau humaine dépend de trois gènes distincts, ayant chacun deux allèles: *A, a; B, b; C, c.* Les allèles *A, B* et *C* confèrent des pigments cutanés foncés et leurs effets sont cumulatifs, alors que les allèles *a, b* et *c* donnent une peau pâle. Un individu possédant le génotype *AABBCC* aurait donc la peau la plus foncée possible, alors qu'une personne *aabbcc* aurait le teint très clair. L'union d'individus hétérozygotes pour au moins une de ces paires peut donner des enfants présentant une grande variété de pigmentation. Vous trouverez à la figure 30.5a une illustration de la gradation de la pigmentation cutanée en fonction du génotype. Si on trace une courbe de la distribution des phénotypes dans l'hérédité polygénique, on obtient une parabole (figure 30.5b).

La quantité de pigment brun dans l'iris (qui détermine la couleur de l'œil) est polygénique, tout comme l'intelligence et la taille. La taille est fixée par quatre paires de gènes, et différentes combinaisons des allèles qui codent pour une grande ou une petite taille sont révélées par les différences de stature. Le phénomène de l'hérédité polygénique permet de comprendre pourquoi des parents de taille moyenne peuvent avoir des enfants très grands ou très petits.

Effets des facteurs environnementaux sur l'expression génique

Dans bien des situations, les facteurs environnementaux l'emportent sur l'expression génique ou du moins influent sur elle. Alors que notre génotype semble aussi stable

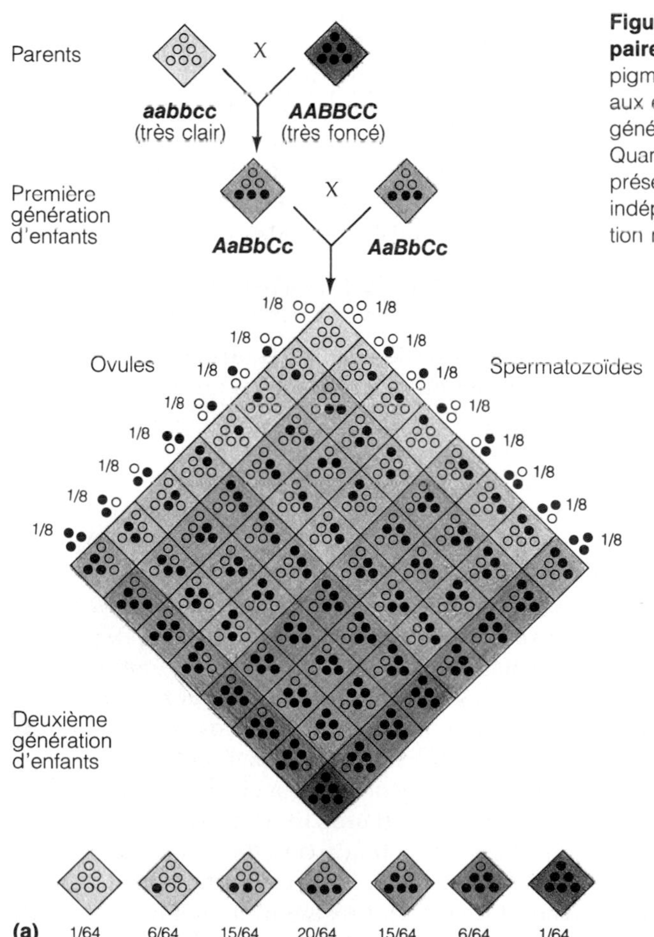

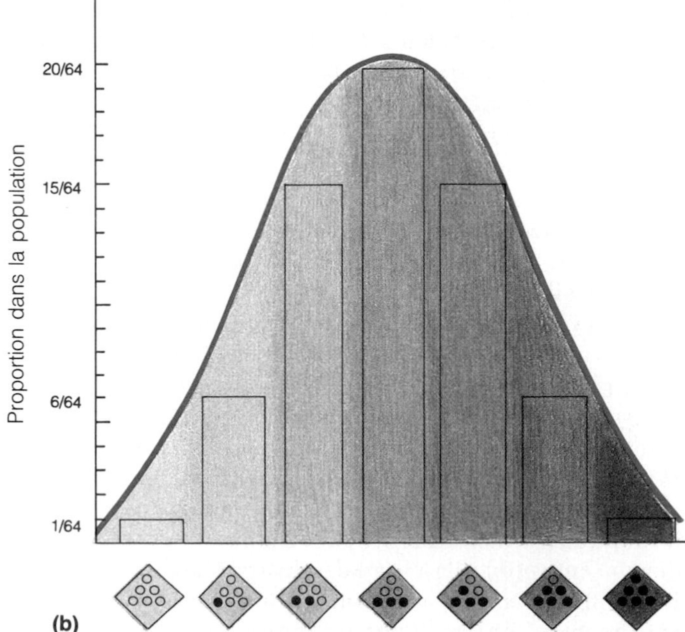

Figure 30.5 Hérédité polygénique: pigmentation cutanée basée sur trois paires de gènes. (**a**) Chaque gène dominant (*A*, *B* ou *C*) donne une unité de pigmentation au phénotype. Si, comme dans notre exemple, les parents se situent aux extrémités opposées de l'éventail des phénotypes, les enfants (première génération) ont une pigmentation intermédiaire, car ils sont hétérozygotes. Quand des hétérozygotes s'unissent, leurs enfants (deuxième génération) peuvent présenter une très grande variété de pigmentation, à cause de la ségrégation indépendante des trois paires de gènes. (**b**) L'histogramme montre la distribution normale des types de pigmentation chez la deuxième génération d'enfants.

Figure 30.6 Bien que les gènes déterminent la morphologie, les culturistes peuvent développer leur potentiel musculaire jusqu'à son maximum.

que le rocher de Gibraltar (en l'absence de mutations), notre phénotype présente davantage de ressemblances avec l'argile. Dans le cas contraire, nous ne pourrions pas bronzer au soleil, les femmes culturistes ne pourraient pas développer de gros muscles (figure 30.6) et nous ne pourrions pas espérer guérir les maladies héréditaires.

Il arrive que des facteurs maternels (médicaments, agents pathogènes, etc.) empêchent l'expression génique normale au cours du développement embryonnaire. Ce fut le cas chez les enfants de mères ayant pris de la thalidomide pendant la grossesse (voir à la p. 983). Ces enfants ont acquis un phénotype différent de celui qui était dicté par leurs gènes (des membres palmés plus ou moins longs et développés). On appelle **phénocopies** ce genre de phénotypes provoqués par des facteurs environnementaux mais qui ressemblent aux phénotypes causés par des mutations génétiques (modifications permanentes et transmissibles de l'ADN).

Les facteurs environnementaux peuvent également influer sur l'expression génique après la naissance. Par exemple, la malnutrition chez le nourrisson affecte la croissance ultérieure du cerveau, le développement physique et la taille. C'est ainsi qu'une personne qui possède les gènes dictant une haute taille peut rester petite en cas de malnutrition. Par ailleurs, les déficits hormonaux au cours de la croissance peuvent mener à une croissance et à une morphologie anormales du squelette, comme dans le crétinisme, un type de nanisme résultant de l'hypothyroïdie chez l'enfant. Dans un tel cas, des gènes (ou les anomalies génétiques) qui ne déterminent pas la taille influent sur le phénotype de la taille. L'influence des autres gènes fait donc partie de l'environnement d'un gène.

Dépistage des maladies héréditaires et conseil génétique

Les nouveau-nés subissent des examens de dépistage de plusieurs anomalies physiques (dysplasie congénitale de la hanche, imperforation de l'anus, etc.) et de certaines maladies (comme la phénylcétonurie). Ces épreuves sont effectuées beaucoup trop tard pour que les parents puissent décider s'ils veulent avoir l'enfant ou non, mais elles leur permettent de savoir qu'un traitement est essentiel au bien-être de leur enfant. Les anomalies physiques sont habituellement corrigées au moyen d'une intervention chirurgicale, et la phénylcétonurie est soignée par un régime strict qui exclut la majorité des aliments contenant de la phénylalanine.

Grâce au *dépistage des maladies héréditaires* et au *conseil génétique*, les parents d'aujourd'hui peuvent avoir des informations et faire des choix dont on ne rêvait même pas au siècle dernier. Les personnes qui ont un parent atteint de la chorée de Huntington ont évidemment intérêt à avoir recours au dépistage et au conseil génétique, mais beaucoup d'autres maladies héréditaires peuvent toucher les bébés. Par exemple, une femme qui est enceinte pour la première fois à l'âge de 35 ans peut désirer savoir si son bébé est atteint de la trisomie 21 (syndrome de Down), une anomalie chromosomique plus fréquente quand la mère a dépassé cet âge. Selon la maladie qu'on recherche, le dépistage peut être effectué avant la conception (reconnaissance des porteurs) ou à l'aide de procédés de diagnostic prénatal.

Reconnaissance des porteurs

Lorsqu'une personne désirant avoir un enfant est atteinte d'une maladie héréditaire récessive et que son partenaire n'est pas atteint de la même maladie, il faut déterminer si le partenaire est hétérozygote pour le gène récessif en cause. S'il ne l'est pas, l'enfant ne recevra qu'un seul gène récessif et n'exprimera pas le trait. Mais si le partenaire *est* porteur, l'enfant court un risque de 50 % de recevoir les deux gènes nuisibles.

Il existe deux méthodes de détection des porteurs : l'arbre généalogique et les analyses sanguines. Au moyen de l'**arbre généalogique,** on retrace un trait génétique particulier dans plusieurs générations. Un conseiller génétique recueille des informations sur les phénotypes du plus grand nombre de membres de la famille qu'il le peut, puis construit l'arbre généalogique. La figure 30.7a montre comment se construit et se lit un arbre généalogique. L'exemple choisi est celui du trait des cheveux laineux, un trait rare qui apparaît chez les Européens du Nord. Les cheveux laineux, qui résultent de la présence d'un allèle dominant (*L*), sont des cheveux duveteux et cassants, bien différents des cheveux crépus des Noirs.

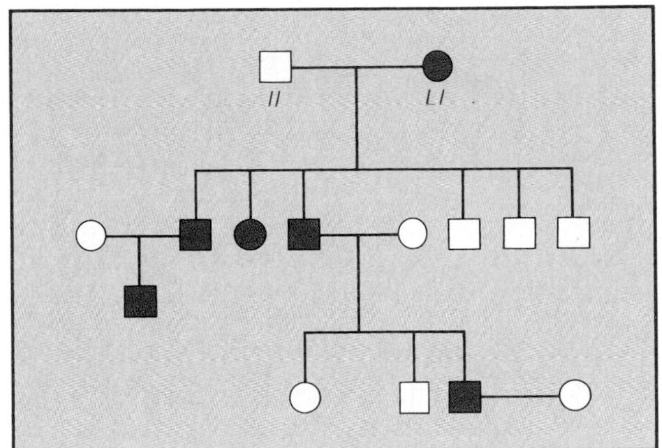

(a)

Figure 30.7 L'analyse de l'arbre généalogique permet de détecter les porteurs de gènes particuliers. Les cercles représentent des femmes; les carrés, des hommes. Les traits horizontaux indiquent l'union de deux individus; les traits verticaux montrent leurs enfants. (**a**) Arbre généalogique de la transmission du gène des cheveux laineux dans deux générations d'une famille. Les symboles de couleur représentent des individus qui expriment le trait dominant des cheveux laineux. Les symboles blancs montrent les individus qui n'expriment pas ce trait; ces individus sont homozygotes récessifs (*ll*). (**b**) Fragment de l'arbre généalogique montrant la transmission de l'hémophilie dans trois générations de dynasties d'Europe. La reine Victoria a eu 9 enfants, 26 petits-enfants et 34 arrière-petits-enfants. Seuls les individus touchés et leurs ancêtres directs sont représentés.

(b)

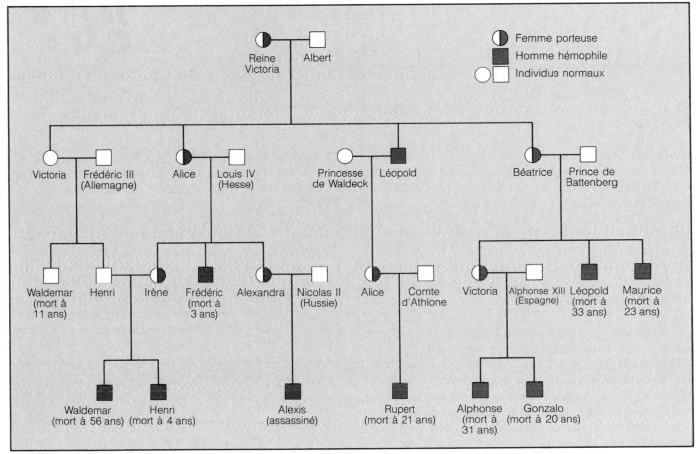

Dans l'arbre généalogique, les individus qui présentent le phénotype des cheveux laineux (symboles de couleur) ont au moins un gène dominant (ils sont *LL* ou *Ll*), alors que ceux qui ont des cheveux normaux sont obligatoirement homozygotes récessifs (*ll*). Si on remonte dans l'arbre en appliquant les règles de l'hérédité dominante-récessive, on peut déduire les génotypes des parents. Étant donné que trois de leurs enfants ont des cheveux normaux (*ll*), nous savons que chacun des parents doit posséder au moins un gène récessif. La mère a les cheveux laineux, déterminés par le gène *L*, de sorte que son génotype doit être *Ll*. Le père a les cheveux normaux, de sorte qu'il doit être homozygote récessif (*ll*). À partir de ces données, vous devriez pouvoir deviner les génotypes les plus probables de leurs enfants. Cet arbre généalogique représente un cas des plus simples, car de nombreux traits humains sont déterminés par plusieurs allèles ou plusieurs gènes, ce qui rend leur transmission beaucoup plus difficile à élucider. Un des arbres généalogiques les plus connus en génétique est celui de la transmission de l'hémophilie par la reine Victoria de Grande-Bretagne. Une partie de cet arbre est présenté à la figure 30.7b.

Des analyses sanguines très simples sont effectuées pour détecter le gène en cause dans l'anémie à hématies

Figure 30.8 Diagnostic prénatal.
(**a**) Dans l'amniocentèse, un échantillon de liquide amniotique est prélevé; les cellules fœtales sont cultivées pendant plusieurs semaines et sont ensuite examinées au moyen d'études biochimiques et de sondes d'ADN pour rechercher les gènes nuisibles. On établit également le caryotype, et on peut rechercher des enzymes anormales ou insuffisantes. (**b**) Dans la biopsie des villosités choriales, on prélève un échantillon et on établit immédiatement le caryotype.

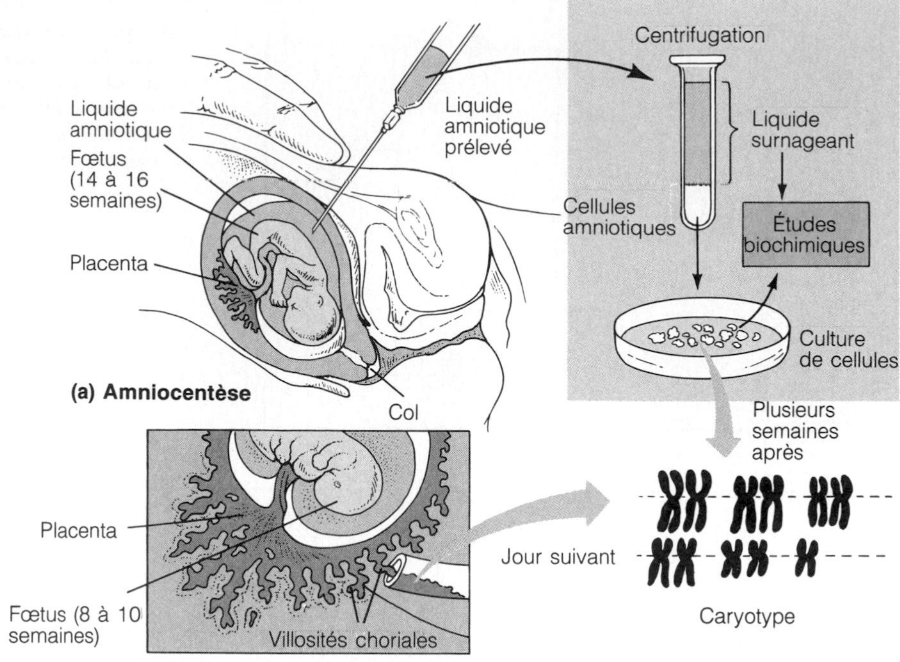

falciformes chez les hétérozygotes, et des analyses sophistiquées de la *chimie sanguine* ainsi que des *sondes d'ADN* (qui utilisent des techniques d'hybridation de l'ADN pour reconnaître les gènes aberrants) permettent de détecter la présence d'autres gènes récessifs non exprimés. Pour le moment, ces épreuves permettent de reconnaître les porteurs des gènes de la maladie de Tay-Sachs et de la fibrose kystique du pancréas.

Diagnostic prénatal

Les procédés de diagnostic prénatal sont employés lorsqu'il existe un risque avéré de maladie héréditaire. Le procédé de diagnostic prénatal le plus courant est l'**amniocentèse.** Au cours de cette intervention relativement simple, une aiguille de gros calibre est introduite par la paroi abdominale jusque dans l'utérus puis dans le sac amniotique (figure 30.8a), et une petite quantité de liquide amniotique (10 mL environ) est retirée. Parce qu'il existe un risque de blesser le fœtus tant que ce liquide est peu abondant, on attend normalement jusqu'à la 14e semaine de grossesse pour effectuer l'amniocentèse. L'emploi de l'échographie pour visualiser la position du fœtus et du sac amniotique a permis de réduire considérablement les risques posés par cette intervention. Le liquide amniotique lui-même peut être analysé afin de détecter la présence des substances chimiques (enzymes et autres) qui sont les marqueurs de certaines maladies, mais la plupart des études sont effectuées sur les cellules fœtales desquamées présentes dans le liquide. Ces cellules sont isolées, cultivées en laboratoire pendant plusieurs semaines, puis examinées pour rechercher les marqueurs génétiques de maladies héréditaires. On dresse également le caryotype (voir la figure 30.1) afin de vérifier s'il y a des anomalies chromosomiques, tel le syndrome de Down.

Un procédé plus récent, la **biopsie des villosités choriales (BVC),** consiste à prélever des échantillons des villosités choriales (c'est-à-dire de la partie fœtale) du placenta (figure 30.8b). Un petit tube est inséré dans le vagin et le col de l'utérus puis, à l'aide de l'échographie, glissé jusqu'à un endroit où il est possible de prélever un peu de tissu du placenta. Ce procédé peut se faire plus tôt que l'amniocentèse (à huit semaines) et prend beaucoup moins de temps, mais il pourrait comporter davantage de risques pour le fœtus. Il permet cependant de dresser le caryotype presque immédiatement, car les cellules du placenta se divisent très rapidement.

Ces deux interventions sont effractives et comportent par conséquent des risques pour le fœtus et pour la mère. On les prescrit systématiquement aux femmes enceintes de plus de 35 ans (à cause du risque accru de syndrome de Down), mais on les effectue chez les femmes plus jeunes seulement quand le risque de maladie fœtale grave est supérieur aux risques encourus pendant l'intervention. Si une maladie héréditaire ou une anomalie congénitale graves sont diagnostiquées, les parents doivent décider s'il y a lieu de mettre fin à la grossesse.

* * *

Dans ce chapitre, nous avons exploré quelques-uns des principes de base de la génétique, la manière dont les gènes s'expriment et les phénomènes qui peuvent influer sur l'expression génique. Quand on considère la précision nécessaire pour faire des copies parfaites des gènes et des chromosomes, de même que la complexité mécanique de la division méiotique, on peut s'étonner que les anomalies génétiques soient si rares. Après la lecture de ce chapitre, vous appréciez peut-être davantage d'être tel que vous êtes.

Termes médicaux

Caryotype (*karuon* = noyau) Contenu chromosomique d'une cellule; ce terme désigne habituellement le classement des chromosomes selon une nomenclature internationale (voir la figure 30.1); le caryotype permet de vérifier si le nombre et la structure des chromosomes sont normaux.

Délétion Aberration chromosomique caractérisée par la perte d'un fragment de chromosome.

Mutation (*mutatio* = changement) Modification structurale permanente d'un gène; selon le site de la modification, la mutation modifie ou non l'expression du gène (la synthèse de la protéine).

Non-disjonction Ségrégation anormale des chromosomes au cours de la méiose, qui donne des gamètes possédant deux copies ou aucune copie d'un chromosome parental particulier; si le gamète anormal participe à une fécondation, le zygote possédera un nombre anormal de chromosomes (monosomie ou trisomie) pour ce chromosome (comme dans le syndrome de Down).

Syndrome de Down Aussi appelée **trisomie 21**, cette affection reflète la présence d'un chromosome surnuméraire (trisomie du chromosome 21); l'enfant a les yeux légèrement bridés, le visage aplati, une grosse langue et une tendance à être petit et à avoir les doigts larges et courts; une partie des personnes atteintes présentent une déficience mentale; le principal facteur de risque semble être l'âge avancé de la mère (ou du père).

Résumé du chapitre

La génétique est la science de l'hérédité et des mécanismes de transmission des gènes.

VOCABULAIRE DE LA GÉNÉTIQUE (p. 1002-1003)

1. Le jeu complet de chromosomes (nombre diploïde) forme le *caryotype* d'un organisme; le complément génétique complet est le *génome*. Le génome complet d'une personne se compose de deux jeux d'instructions, un reçu de chaque parent.

Paires de gènes (allèles) (p. 1002-1003)

2. Les gènes qui codent pour le même trait et occupent le même locus de chromosomes homologues sont appelés allèles.

3. Les allèles peuvent avoir la même expression ou une expression différente. Lorsque les allèles d'une paire sont identiques, la personne est homozygote pour ce trait; lorsque les allèles sont différents, la personne est hétérozygote.

Génotype et phénotype (p. 1003)

4. Le matériel génétique d'une cellule est son génotype; le phénotype est la façon dont ces gènes sont exprimés.

SOURCES SEXUELLES DE VARIATIONS GÉNÉTIQUES (p. 1003-1005)

Ségrégation indépendante des chromosomes (p. 1003-1004)

1. Au cours de la méiose I de la gamétogenèse, les tétrades s'alignent au hasard sur la plaque équatoriale, puis les chromatides sont distribués au hasard dans les cellules filles. Ce phénomène est appelé ségrégation indépendante des chromosomes homologues. Chaque gamète reçoit un seul allèle de chaque paire de gène.

2. Chaque alignement différent au cours de la métaphase I produit un assortiment différent des chromosomes parentaux dans les gamètes, et toutes les combinaisons des chromosomes maternels et paternels sont également possibles; chez les humains, on peut ainsi avoir environ 8,5 millions de types de gamètes.

Enjambement des chromosomes homologues et recombinaisons géniques (p. 1004-1005)

3. Au cours de la méiose I, deux des quatre chromatides (une maternelle et une paternelle) peuvent s'enjamber à un ou plusieurs endroits afin d'échanger des segments génétiques correspondants. Les chromosomes recombinants contiennent de nouvelles combinaisons de gènes, qui s'ajoutent aux variations produites par la ségrégation indépendante.

Fécondation aléatoire (p. 1005)

4. La troisième source de variation génétique est la fécondation aléatoire des ovules par les spermatozoïdes.

TYPES DE TRANSMISSION HÉRÉDITAIRE (p. 1005-1009)

Hérédité dominante-récessive (p. 1006-1007)

1. Les gènes dominants s'expriment qu'ils soient seuls ou avec un autre gène dominant; les gènes récessifs doivent être deux pour pouvoir s'exprimer.

2. Dans le cas des traits transmis selon le mode dominant-récessif, les lois de la probabilité donnent les résultats pour un grand nombre d'unions.

3. Les maladies héréditaires proviennent plus souvent d'un état homozygote récessif plutôt que homozygote dominant ou hétérozygote, parce que les gènes dominants s'expriment toujours et que la grossesse se termine généralement par un avortement spontané si ces gènes sont létaux. L'achondroplasie et la chorée de Huntington sont deux maladies héréditaires causées par un gène dominant; la fibrose kystique et la maladie de Tay-Sachs sont causées par des gènes récessifs.

4. Les porteurs sont des hétérozygotes qui portent un gène récessif nuisible (dont ils n'expriment pas le trait) et qui peuvent le transmettre à leurs enfants. Les risques d'union de deux porteurs du même trait sont plus élevés dans les mariages consanguins.

Dominance incomplète et codominance (p. 1007-1008)

5. Dans la dominance incomplète, la personne hétérozygote présente un phénotype situé entre celui des homozygotes dominants et celui des homozygotes récessifs. Dans la codominance, les deux allèles expriment pleinement leurs caractéristiques respectives. L'anémie à hématies falciformes est un exemple de codominance.

Transmission par allèles multiples (p. 1008)

6. La transmission par allèles multiples caractérise des gènes qui existent sous forme de plus de deux allèles dans la population. Seulement deux de ces allèles sont transmis, mais selon les lois du hasard. La transmission du groupe sanguin ABO est un exemple de transmission par allèles multiples dans lequel les allèles I^A et I^B sont codominants.

Hérédité liée au sexe (p. 1008-1009)

7. Les traits déterminés par des gènes situés sur les chromosomes X et Y sont dit liés au sexe. Le petit chromosome Y ne possède pas plusieurs des gènes du chromosome X. Les gènes récessifs présents seulement sur le chromosome X s'expriment toujours chez l'homme. Les maladies liées au chromosome X, transmises de mère en fils, comprennent l'hémophilie et la cécité pour le rouge et le vert. Il existe quelques gènes liés au chromosome Y, qui se transmettent seulement de père en fils.

Hérédité polygénique (p. 1009)

8. Dans l'hérédité polygénique, plusieurs paires de gènes interagissent pour produire des phénotypes qui présentent des variations qualitatives dans une large plage. La taille, la couleur des yeux et la pigmentation de la peau sont des exemples d'hérédité polygénique.

EFFETS DES FACTEURS ENVIRONNEMENTAUX SUR L'EXPRESSION GÉNIQUE (p. 1009-1010)

1. Les facteurs environnementaux peuvent exercer une influence sur l'expression du génotype.

2. Les facteurs maternels qui traversent la barrière placentaire peuvent affecter l'expression des gènes fœtaux. Les phénotypes produits par l'environnement mais qui ressemblent à des phénotypes déterminés génétiquement sont appelés phénocopies. Pendant l'enfance, les carences nutritionnelles et les déficits hormonaux peuvent empêcher la réalisation de la croissance et du développement déterminés par les gènes.

DÉPISTAGE DES MALADIES HÉRÉDITAIRES ET CONSEIL GÉNÉTIQUE (p. 1010-1012)

Reconnaissance des porteurs (p. 1010-1012)

1. On peut évaluer la possibilité qu'un individu porte un gène récessif nuisible en dressant son arbre généalogique. Certains de ces gènes peuvent être détectés au moyen d'analyses sanguines et de sondes d'ADN.

Diagnostic prénatal (p. 1012)

2. L'amniocentèse est un procédé permettant de prélever des échantillons de liquide amniotique. Les cellules fœtales présentes dans le liquide sont cultivées pendant plusieurs semaines, puis examinées pour rechercher les anomalies chromosomiques (dans le caryotype) ou les marqueurs de maladies héréditaires. L'amniocentèse ne peut être pratiquée avant la quatorzième semaine de la grossesse.

3. La biopsie des villosités choriales est un procédé consistant à prélever un échantillon du chorion. Étant donné que ce tissu se divise rapidement, on peut établir le caryotype presque sans délai. Ce procédé peut être effectué dès la huitième semaine de la grossesse.

Questions de révision

Choix multiples/associations

1. Associez les termes suivants (a-i) avec la description appropriée:

(a) allèles	**(d)** génotype	**(g)** phénotype
(b) autosomes	**(e)** hétérozygote	**(h)** allèle récessif
(c) allèle dominant	**(f)** homozygote	**(i)** chromosomes sexuels

______ **(1)** matériel génétique
______ **(2)** expression du matériel génétique
______ **(3)** chromosomes qui dictent la majorité des caractéristiques du corps
______ **(4)** formes possibles d'un même gène
______ **(5)** individu qui porte deux allèles identiques pour un trait particulier
______ **(6)** allèle qui s'exprime peu importe s'il est seul ou en double
______ **(7)** individu qui porte deux allèles différents pour un trait particulier
______ **(8)** allèle qui doit être présent en double pour pouvoir s'exprimer

2. Associez les types d'hérédité suivants (a-e) à la description appropriée:

(a) dominante récessive	**(d)** polygénique
(b) dominance incomplète	**(e)** liée au sexe
(c) par allèles multiples	

______ **(1)** seuls les fils présentent le trait
______ **(2)** les homozygotes et les hétérozygotes ont le même phénotype
______ **(3)** les hétérozygotes ont un phénotype qui se situe entre ceux des homozygotes
______ **(4)** les phénotypes des enfants peuvent être plus variés que ceux des parents
______ **(5)** transmission des groupes sanguins du système ABO
______ **(6)** transmission de la taille

Questions à court développement

3. Décrivez les principaux mécanismes qui créent des variations génétiques dans les gamètes.

4. La capacité de goûter le phénylthiocarbamide (PTC) dépend de la présence d'un gène dominant (*G*): ceux qui ne peuvent le goûter sont homozygotes pour le gène récessif *g*. Il s'agit d'une situation classique d'hérédité dominante-récessive. (a) Dans le cas d'une union entre des parents hétérozygotes qui auront trois enfants, quelle proportion des enfants pourront goûter le PTC? Quelles sont les probabilités que tous les trois en seront capables? Ou incapables? Quelles sont les probabilités que deux en seront capables et l'autre incapable? (b) Dans le cas d'une union entre des parents *Gg* et *gg*, quel pourcentage d'enfants capables de goûter le PTC auront-ils? D'enfants incapables de le goûter? Quelle proportion des enfants seront homozygotes récessifs? Hétérozygotes? Homozygotes dominants?

5. La plupart des enfants albinos naissent de parents à la pigmentation normale. Les albinos sont homozygotes pour un gène récessif (*aa*). Que pouvez-vous dire sur le génotype des parents qui ne sont pas albinos?

6. Une femme du groupe sanguin A a deux enfants, un du groupe O et l'autre du groupe B. Quel est le génotype de la mère? Quels sont le génotype et le phénotype du père? Quel est le génotype de chaque enfant?

7. Quel sera l'éventail des pigmentations cutanées chez les enfants des parents suivants: (a) AABBCC × aabbcc; (b) AABBCC × AaBbCc; (c) AAbbcc × aabbcc?

8. Comparer l'amniocentèse et la biopsie des villosités choriales en ce qui concerne le moment où on peut les exécuter et les techniques donnant des informations sur le fœtus.

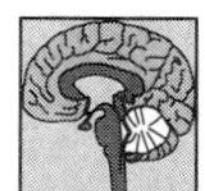

Réflexion et application

1. Un homme atteint de cécité des couleurs (daltonisme) se marie avec une femme qui a une vision normale. (a) Quelles sont les probabilités que leur premier enfant soit un garçon daltonien? Une fille daltonienne? (b) S'ils ont quatre enfants, quelles sont les probabilités que deux seront des garçons daltoniens? (Réfléchissez bien à la dernière question.)

2. Pour son cours de biologie, Bertrand doit établir un arbre généalogique des fossettes aux joues. L'absence de fossettes est récessive; la présence de fossettes révèle un allèle dominant. Bertrand a des fossettes, tout comme ses trois frères. Sa mère et sa grand-mère maternelle n'ont pas de fossettes, mais son père et ses autres grands-parents en ont. Construisez un arbre généalogique de trois générations de la famille de Bertrand. Inscrivez le génotype et le phénotype de chaque personne.

3. M. et Mme Lehman vont voir un conseiller en génétique. Mme Lehman est enceinte (sans l'avoir désiré) et elle s'inquiète parce que le frère de son mari est mort de la maladie de Tay-Sachs. Elle n'a jamais entendu parler d'un cas de cette maladie dans sa famille. Pensez-vous qu'on devrait recommander à Mme Lehman de subir des analyses biochimiques pour détecter le gène nuisible? Justifiez votre réponse.

APPENDICE A

Le système international d'unités

GRANDEURS	UNITÉS ET ABRÉVIATIONS	ÉQUIVALENTS DANS LE SYSTÈME INTERNATIONAL D'UNITÉS
Longueur	Kilomètre (km)	= 1000 (10^3) mètres
	Mètre (m)	= 100 (10^2) centimètres
		= 1000 millimètres
	Centimètre (cm)	= 0,01 (10^{-2}) mètre
	Millimètre (mm)	= 0,001 (10^{-3}) mètre
	Micromètre (μm)	= 0,000 001 (10^{-6}) mètre
	Nanomètre (nm)	= 0,000 000 001 (10^{-9}) mètre
	Angström (Å)	= 0,000 000 000 1 (10^{-10}) mètre
Superficie	Mètre carré (m^2)	= 10 000 centimètres carrés
	Centimètre carré (cm^2)	= 100 millimètres carrés
Masse	Tonne métrique (t)	= 1000 kilogrammes
	Kilogramme (kg)	= 1000 grammes
	Gramme (g)	= 1000 milligrammes
	Milligramme (mg)	= 0,001 gramme
	Microgramme (μg)	= 0,000 001 gramme
Volume (solides)	Mètre cube (m^3)	= 1 000 000 centimètres cubes
	Centimètre cube (cm^3)	= 0,000 001 mètre cube
		= 1 millimètre
	Millimètre cube (mm^3)	= 0,000 000 001 mètre cube
Volume (liquides et gaz)	Litre (L ou l)	= 1000 millilitres
	Millilitre (mL ou ml)	= 0,001 litre
		= 1 centimètre cube
	Microlitre (μL ou μl)	= 0,000 001 litre
Temps	Seconde (s)	= $\frac{1}{60}$ minute
	Milliseconde (ms)	= 0,001 seconde
Température	Degré Celsius (°C)	

APPENDICE B

Réponses aux questions «Choix multiples/associations»

Chapitre 1
1. c
2. a
3. e
4. a, d
5. (a) poignet, (b) hanche, (c) nez, (d) orteils, (e) cuir chevelu
6. ni c ni d ne seraient visibles dans la coupe sagittale médiane
7. (a) dorsal, (b) ventral, (c) dorsal, (d) ventral, (e) ventral
8. b
9. b

Chapitre 2
1. b, d
2. d
3. b
4. a
5. b
6. a
7. c, d
8. b
9. a
10. a
11. b
12. a, c
13. (1) a, (b) c
14. c
15. d
16. e
17. d
18. d
19. a
20. b
21. b

Chapitre 3
1. d
2. a, c
3. b
4. d
5. b
6. e
7. d
8. a
9. a
10. b
11. d
12. c
13. b
14. d
15. a
16. b
17. d

Chapitre 4
1. a, c, d, b
2. c, e
3. b, f, a, d, g, d
4. b
5. c

Chapitre 5
1. a
2. c
3. d
4. b
5. b
6. c
7. c
8. b
9. a
10. d
11. b

Chapitre 6
1. e
2. b
3. c
4. d
5. e
6. b
7. c
8. 3, 2, 4, 1, 5, 6
9. b
10. e
11. c
12. b
13. c
14. b
15. b

Chapitre 7
1. (1) b, g; (2) h; (3) d; (4) d, f; (5) e; (6) c; (7) a, b, d, h; (8) i
2. (1) g, (2) f, (3) b, (4) a, (5) b, (6) c, (7) d, (8) e
3. (1) b, (2) c, (3) e, (4) a, (5) h, (6) e, (7) f

Chapitre 8
1. (1) c, (2) a, (3) a, (4) b, (5) c, (6) b, (7) b, (8) a, (9) c
2. d
3. d
4. b
5. d

Chapitre 9
1. c
2. b
3. c
4. (1) b, (2) a, (3) b, (4) a, (5) b (6) a
5. c
6. a
7. a
8. d
9. a
10. (1) a; (2) a, c; (3) b; (4) c; (5) b; (6) b
11. a
12. c
13. (1) c, d, e; (2) a, b
14. c
15. c
16. b

Chapitre 10
1. c
2. (1) e, (2) c, (3) g, (4) f, (5) d
3. a, c
4. c
5. d
6. c
7. c
8. b
9. d
10. b
11. a
12. c

Chapitre 11
1. b
2. (1) d, (2) b, (3) f, (4) c, (5) a
3. b
4. c
5. a
6. c
7. b
8. d
9. c
10. c
11. a
12. (1) d, (2) b, (3) a, (4) c

Chapitre 12
1. a
2. (1) c, (2) f, (3) e, (4) g, (5) b, (6) f, (7) i, (8) a
3. d
4. c
5. a
6. b
7. c
8. a
9. d

Chapitre 13
1. b
2. c
3. c
4. (1) f; (2) i; (3) b; (4) g, h, l; (5) e; (6) i; (7) c; (8) k; (9) l; (10) c, d, f, k
5. (1) b 6; (2) d 1, 8; (3) c 2; (4) c 5; (5) a 4; (6) a 3, 9; (7) a 7; (8) a 7; (9) d 1
6. b, 1; a, 3 et 5; a, 4; a, 2; c, 2
7. b

Chapitre 14
1. d
2. (1) S, (2) P, (3) P, (4) S, (5) S, (6) P, (7) P, (8) S, (9) P, (10) S, (11) P, (12) S

Chapitre 15
1. d
2. c
3. e
4. (1) d, (2) e, (3) d, (4) a

Chapitre 16
1. d
2. a
3. d
4. c
5. d
6. b
7. c
8. d
9. a
10. b
11. c
12. d
13. b
14. b
15. b
16. b
17. d
18. b
19. c
20. d
21. b
22. b
23. e
24. b
25. c

Chapitre 17
1. b
2. (1) c, (2) b, (3) f, (4) d, (5) e, (6) g, (7) a, (8) h, (9) b et e, (10) a
3. a
4. c
5. d
6. d
7. c
8. b
9. d
10. b
11. d
12. b
13. c
14. d

Chapitre 18
1. c
2. c
3. d
4. b
5. d
6. a
7. a
8. b
9. c
10. d

Chapitre 19
1. a
2. c
3. b
4. c
5. b
6. b
7. c
8. d
9. b

Chapitre 20
1. d
2. b
3. d
4. c
5. e
6. d
7. c
8. b
9. b
10. a
11. b
12. c

Chapitre 21
1. c
2. c
3. a, d
4. c
5. a
6. b
7. a
8. b
9. d

Chapitre 22
1. c
2. a
3. d
4. d
5. d

Chapitre 23
1. b
2. a
3. c
4. c
5. b
6. d
7. d
8. b
9. c, d
10. c
11. b
12. b
13. b
14. c
15. b
16. b

Chapitre 24
1. d
2. b
3. b
4. a
5. d
6. d
7. c
8. c
9. a
10. d
11. d
12. b
13. c
14. a

Chapitre 25
1. a
2. c
3. d
4. b
5. a
6. d
7. a
8. d
9. d

Chapitre 26
1. d
2. b
3. c
4. d
5. c
6. b
7. a
8. c
9. a

Chapitre 27
1. a
2. c
3. b
4. b
5. f, h, i
6. c, g
7. e, h
8. a
9. j
10. b, d, f
11. a
12. c

Chapitre 28
1. a et b
2. d
3. a
4. d
5. b
6. d
7. d
8. c
9. a, c, e, f
10. (1) c, f; (2) e, h; (3) g; (4) a; (5) b, g (et peut-être e); (6) f
11. a
12. c
13. d
14. b
15. a
16. b
17. c

Chapitre 29
1. (1) a, (2) b, (3) b, (4) a
2. b
3. c
4. b
5. a
6. d
7. d
8. c
9. a
10. b
11. c
12. a
13. c
14. a
15. (1) e, (2) g, (3) a, (4) f, (5) i, (6) b, (7) h, (8) d, (9) c

Chapitre 30
1. (1) d, (2) g, (3) b, (4) a, (5) f, (6) c, (7) e, (8) h
2. (1) e, (2) a, (3) b, (4) d, (5) c, (6) d

APPENDICE C

Le code génétique: liste des codons

Code génétique. Les trois bases d'un codon d'ARNm sont désignées comme la première, la deuxième et la troisième base, en partant du côté 5'. Chaque groupe de trois lettres détermine un acide aminé particulier, représenté ici par une abréviation de trois lettres (voir la liste ci-dessous). Le codon AUG (qui désigne l'acide aminé appelé méthionine) est le signal d'initiation de la synthèse des protéines. La synthèse des protéines prend fin au codon qui donne le signal d'*arrêt*.

Abréviation	**Acide aminé**
Ala	Alanine
Arg	Arginine
Asn	Asparagine
Asp	Acide aspartique
Cys	Cystéine
Gln	Glutamine
Glu	Acide glutamique
Gly	Glycine
His	Histidine
Ile	Isoleucine
Leu	Leucine
Lys	Lysine
Met	Méthionine
Phe	Phénylalanine
Pro	Proline
Ser	Sérine
Thr	Thréonine
Trp	Tryptophane
Tyr	Tyrosine
Val	Valine

Première base	Deuxième base U		Deuxième base C		Deuxième base A		Deuxième base G		Troisième base
U	UUU	Phe	UCU	Ser	UAU	Tyr	UGU	Cys	U
	UUC		UCC		UAC		UGC		C
	UUA	Leu	UCA		UAA	Arrêt	UGA	Arrêt	A
	UUG		UCG		UAG	Arrêt	UGG	Trp	G
C	CUU	Leu	CCU	Pro	CAU	His	CGU	Arg	U
	CUC		CCC		CAC		CGC		C
	CUA		CCA		CAA	Gln	CGA		A
	CUG		CCG		CAG		CGG		G
A	AUU	Ile	ACU	Thr	AAU	Asn	AGU	Ser	U
	AUC		ACC		AAC		AGC		C
	AUA		ACA		AAA	Lys	AGA	Arg	A
	AUG	Met ou Initiation	ACG		AAG		AGG		G
G	GUU	Val	GCU	Ala	GAU	Asp	GGU	Gly	U
	GUC		GCC		GAC		GGC		C
	GUA		GCA		GAA	Glu	GGA		A
	GUG		GCG		GAG		GGG		G

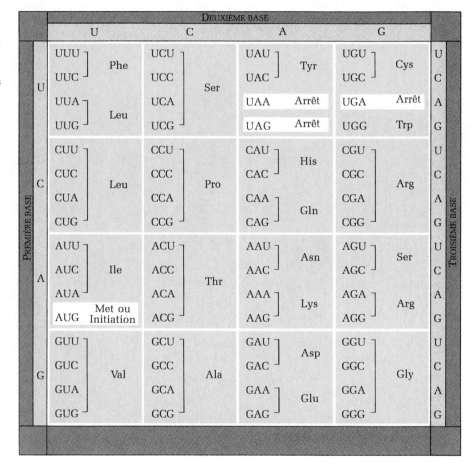

QUELQUES VOIES MÉTABOLIQUES IMPORTANTES

Étape 1 L'acétyl-CoA à deux atomes de carbone est combiné à l'acide oxaloacétique, un composé à quatre atomes de carbone. La liaison instable entre le groupement acétyl et le CoA est brisée lorsque l'acide oxaloacétique se lie et que le CoA est libéré pour activer un autre fragment de deux atomes de carbone dérivé de l'acide pyruvique. Le produit est de l'acide citrique, à six atomes de carbone, d'après lequel le cycle est nommé.

Étape 2 Une molécule d'eau est éliminée et une autre est ajoutée. Le résultat net est la conversion de l'acide citrique en son isomère, l'acide isocitrique.

Étape 3 Le substrat perd une molécule de CO_2, et le composé à cinq atomes de carbone qui reste est oxydé, formant l'acide α-cétoglutarique et réduisant le NAD^+.

Étape 4 Cette étape est catalysée par un complexe multi-enzymatique très semblable à celui qui convertit l'acide pyruvique en acétyl-CoA. Une molécule de CO_2 est perdue; le composé à quatre atomes de carbone restant est oxydé par le transfert d'électrons au NAD^+ pour former le NADH, puis il est lié au CoA par une liaison instable. Le produit est le succinyl CoA.

Étape 5 Une phosphorylation au niveau du substrat s'effectue à cette étape. Le CoA est substitué par un groupement phosphate qui est alors transféré à la GDP pour former la guanosine-triphosphate (GTP). La GTP est semblable à l'ATP qui se forme lorsque la GTP donne un groupement phosphate à l'ADP. Les produits de cette étape sont l'acide succinique et l'ATP.

Étape 6 Pendant une autre étape d'oxydation, deux atomes d'hydrogène sont enlevés à l'acide succinique pour former l'acide fumarique et ils sont transférés à la FAD pour former la $FADH_2$. La fonction de cette coenzyme est semblable à celle du NADH, mais la $FADH_2$ emmagasine moins d'énergie. L'enzyme qui catalyse cette réaction d'oxydoréduction est la seule enzyme du cycle incluse dans la membrane mitochondriale. Toutes les autres enzymes du cycle de l'acide citrique sont dissoutes dans la matrice mitochondriale.

Étape 7 Au cours de cette étape, les liaisons du substrat sont réarrangées par ajout d'une molécule d'eau. Le produit est l'acide malique.

Étape 8 La dernière étape oxydative réduit un autre NAD^+ et régénère l'acide oxaloacétique qui accepte un fragment de deux atomes de carbone de l'acétyl-CoA pour effectuer un autre tour du cycle.

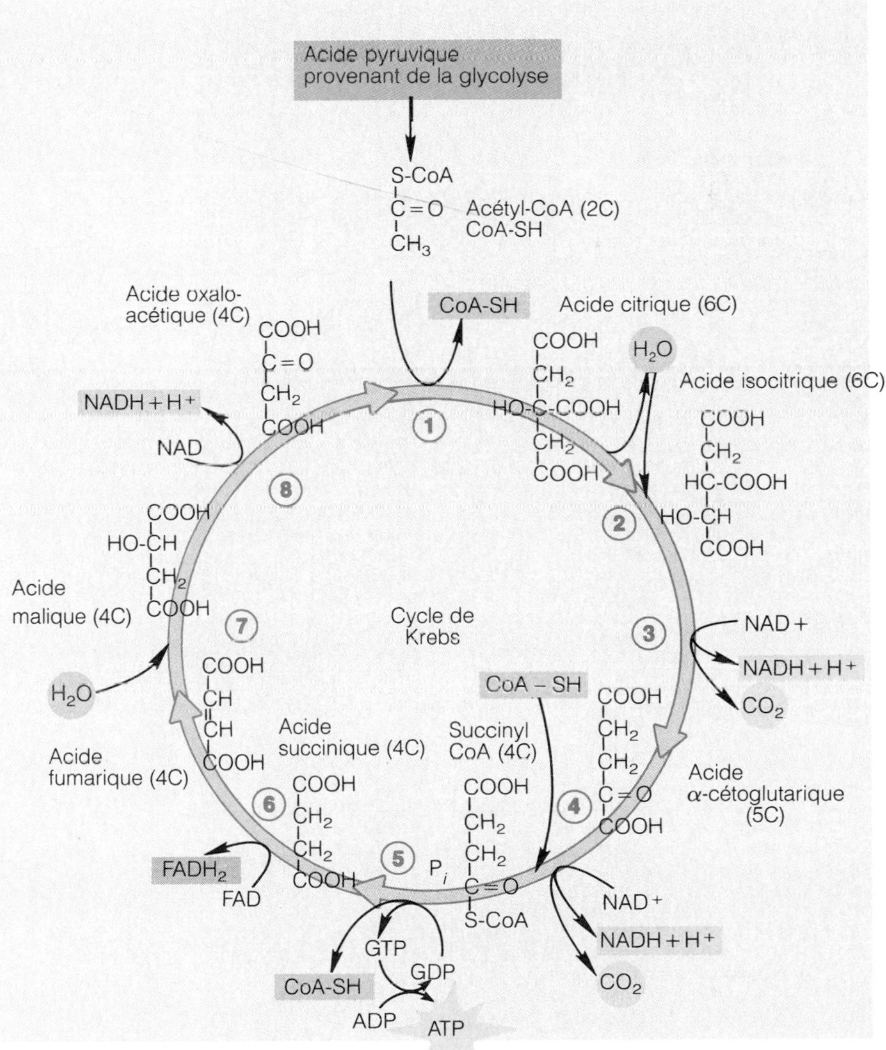

Étapes du cycle de Krebs.
Toutes les étapes à l'exception d'une seule (étape 6) s'effectuent dans la matrice mitochondriale. La préparation de l'acide pyruvique (par oxydation, décarboxylation et réaction avec la coenzyme A) pour son entrée dans le cycle sous forme d'acétyl-CoA est représentée en haut du cycle. L'acétyl-CoA est capté par l'acide oxaloacétique pour former l'acide citrique; pendant son passage dans le cycle, l'acide citrique est oxydé quatre autres fois (pour former trois molécules de NAD réduit [NADH + H^+] et une de FAD réduite [$FADH_2$]) et décarboxylé deux fois (libérant 2 CO_2). L'énergie est captée dans les liaisons de la GTP qui agit alors avec l'ADP, dans une réaction couplée, pour générer une molécule d'ATP par phosphorylation au niveau du substrat.

Étape 1 Le glucose entre dans la cellule et est phosphorylé par l'hexokinase, l'enzyme qui catalyse le transfert d'un groupement phosphate, symbolisé par (P), d'une molécule d'ATP au carbone numéro six du glucose, ce qui produit du glucose 6-phosphate. La charge électrique du groupement phosphate empêche cette forme de glucose de sortir de la cellule, car la membrane plasmique est imperméable aux ions. La phosphorylation du glucose rend également la molécule plus réactive chimiquement. Bien que la glycolyse soit censée produire de l'ATP, à l'étape 1, l'ATP est en fait consumé (un investissement d'énergie qui sera par la suite remboursé avec des dividendes dans la glycolyse).

Étape 2 Le glucose 6-phosphate subit un réarrangement et est converti en son isomère, le fructose 6-phosphate. Les isomères, rappelez-vous, possèdent le même nombre d'atomes de même type mais dans une disposition différente.

Étape 3 Pendant cette étape, une nouvelle molécule d'ATP est utilisée pour ajouter un deuxième groupement phosphate au glucide, ce qui produit le fructose 1,6-diphosphate. Jusque-là, le «grand livre» de l'ATP présente un débit de −2. Le glucide, avec un groupement phosphate de chaque côté, est maintenant prêt à être scindé en deux.

Étape 4 Il s'agit de la réaction dont la glycolyse tire son nom. Une enzyme coupe la molécule de glucide en deux glucides différents à trois atomes de carbone: le glycéraldéhyde 3-phosphate et la dihydroxyacétone phosphate. Ces deux glucides sont des isomères l'un de l'autre.

Étape 5 L'enzyme isomérase interconvertit les glucides à trois atomes de carbone et, seule dans une éprouvette, la réaction atteint un équilibre. Cette situation ne se produit pas dans une cellule, cependant, parce que l'enzyme suivante dans la glycolyse utilise uniquement le glycéraldéhyde 3-phosphate comme substrat et n'accepte pas la dihydroxyacétone phosphate. Cela déplace l'équilibre entre les deux glucides à trois atomes de carbone vers le glycéraldéhyde 3-phosphate, qui est éliminé à mesure qu'il se forme. Le résultat global des étapes 4 et 5 est donc le clivage d'un glucide à six atomes de carbone en deux molécules de glycéraldéhyde 3-phosphate; toutes les deux participeront aux étapes restantes de la glycolyse.

Étape 6 Une enzyme catalyse alors deux réactions successives tout en conservant le glycéraldéhyde 3-phosphate sur son site actif. D'abord, le glucide est oxydé par le transfert à NAD^+ d'un H provenant du carbone numéro 1 du glucide, pour former le NADH. Ici, nous voyons dans son contexte métabolique la réaction d'oxydoréduction décrite à la p. 820. Cette réaction libère une quantité importante d'énergie, et l'enzyme capitalise là-dessus en couplant la réaction à la création d'une liaison phosphate riche en énergie au carbone numéro 1 du substrat oxydé. La source du phosphate est le phosphate inorganique (P_i) toujours présent dans le cytosol. L'enzyme produit le NADH et l'acide 1,3-diphosphoglycérique. Remarquez que, dans la figure, la nouvelle liaison phosphate est symbolisée par un court trait ondulé (~), qui indique que la liaison possède au moins autant d'énergie que les liaisons phosphate riches en énergie de l'ATP.

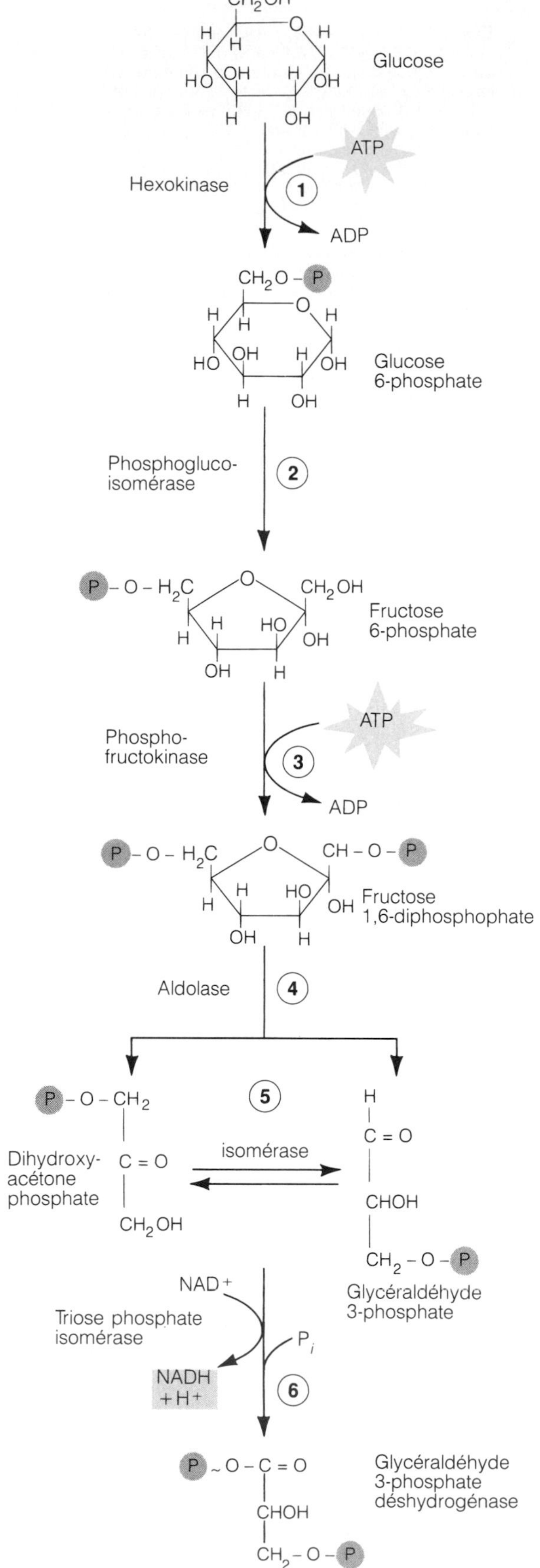

Les dix étapes de la glycolyse. Chacune des dix étapes de la glycolyse est catalysée par une enzyme spécifique présente en solution dans le cytoplasme. Toutes les étapes sont réversibles. Une version abrégée des trois principales étapes de la glycolyse est représentée dans la partie inférieure droite de la figure.

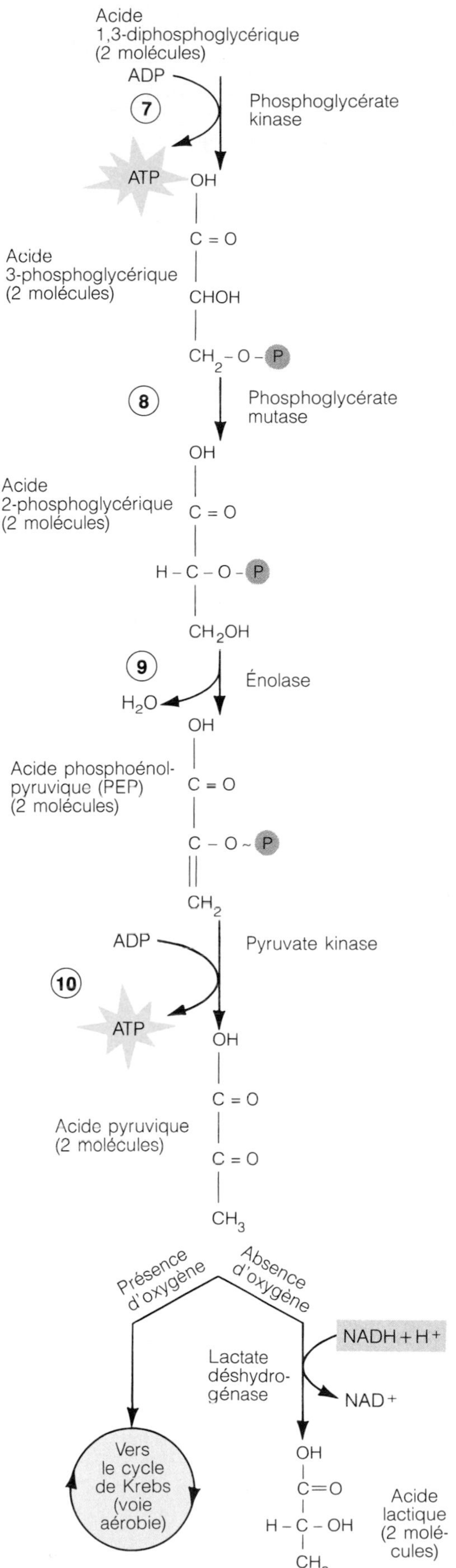

Étape 7 La glycolyse produit finalement de l'ATP. Le groupement phosphate, avec sa liaison riche en énergie, est transféré de l'acide 1,3-diphosphoglycérique à l'ADP. Pour chaque molécule de glucose qui entre dans la glycolyse, l'étape 7 produit deux molécules d'ATP, car chaque produit à la fin de l'étape de scission du glucide (étape 4) subit cette transformation. Le «grand livre» de l'ATP se retrouve maintenant à zéro. À la fin de l'étape 7, le glucose a été converti en deux molécules d'acide 3-phosphoglycérique. Ce composé n'est pas un glucide. Le glucide a déjà été oxydé en acide organique à l'étape 6 et, maintenant, l'énergie fournie par cette oxydation a servi à la production d'ATP.

Étape 8 Ensuite, une enzyme déplace le groupement phosphate restant de l'acide 3-phosphoglycérique pour former l'acide 2-phosphoglycérique. C'est une préparation du substrat pour la réaction suivante.

Étape 9 Une enzyme forme une liaison double dans le substrat par élimination d'une molécule d'eau de l'acide 2-phosphoglycérique pour former l'acide phosphoénolpyruvique, ou PEP. Cela provoque un réarrangement des électrons du substrat de façon telle que la liaison phosphate qui reste devient très instable; elle a été promue à un niveau d'énergie supérieur.

Étape 10 La dernière réaction de la glycolyse produit une autre molécule d'ATP par transfert du groupement phosphate du PEP à un ADP. Cette étape s'effectue deux fois pour chaque molécule de glucose, c'est pourquoi le «grand livre» de l'ATP présente maintenant un gain net de deux molécules d'ATP. Les étapes 7 et 10 produisent chacune deux molécules d'ATP pour un crédit total de quatre, mais une dette de deux molécules d'ATP a été contractée aux étapes 1 et 3. La glycolyse a remboursé l'investissement d'ATP avec un intérêt de 100%. Pendant ce temps, le glucose a été coupé et oxydé en deux molécules d'acide pyruvique, le composé produit à partir du PEP dans l'étape 10.

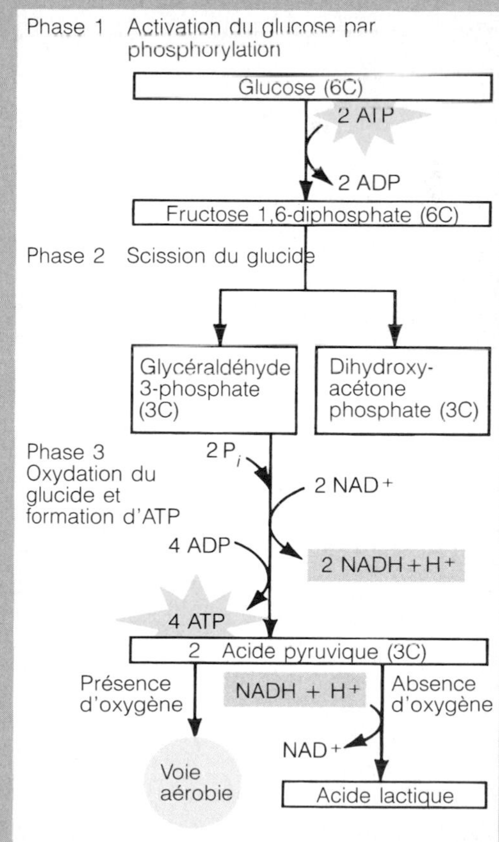

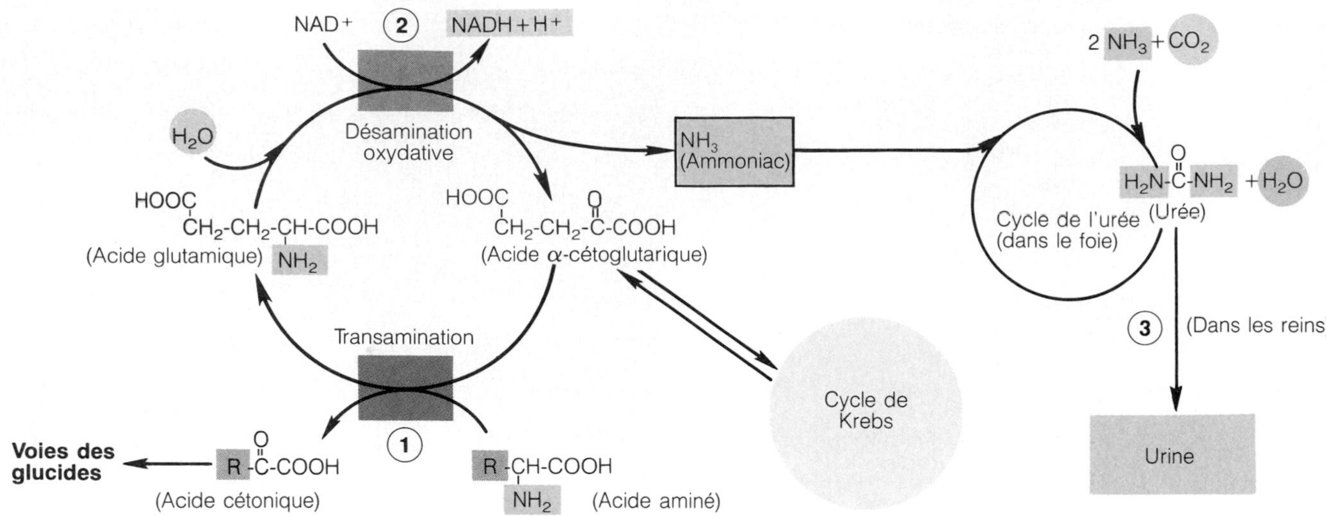

Transamination et désamination oxydative des acides aminés. (1) La transamination s'effectue lorsqu'un acide aminé cède son groupement amine à l'acide α-cétoglutarique (un des intermédiaires du cycle de Krebs). En acceptant le groupement amine, l'acide α-cétoglutarique devient l'acide glutamique (un acide aminé non essentiel), qui (2) se débarrasse facilement de son groupement amine (sous forme d'ammoniac) pendant le cycle de l'urée, dans le foie. (3) Plusieurs étapes sont nécessaires et l'urée est formée dans foie lorsque l'ammoniac est libéré de l'acide glutamique et combiné au CO_2. L'urée est excrétée par les reins dans l'urine. La désamination de l'acide glutamique régénère l'acide α-cétoglutarique.

APPENDICE E

Tableau périodique des éléments

1 H Hydrogène 1,00794

Nombre atomique
Symbole
Nom de l'élément
Poids atomique

IA 1	IIA 2	IIIB 3	IVB 4	VB 5	VIB 6	VIIB 7	VIIIB 8	VIIIB 9	VIIIB 10	IB 11	IB 12	IIIA 13	IVA 14	VA 15	VIA 16	VIIA 17	VIIIA 18
1 **H** Hydrogène 1,008																	2 **He** Hélium 4,003
3 **Li** Lithium 6,941	4 **Be** Béryllium 9,012											5 **B** Bore 10,81	6 **C** Carbone 12,01	7 **N** Azote 14,01	8 **O** Oxygène 16,00	9 **F** Fluor 19,00	10 **Ne** Néon 20,18
11 **Na** Sodium 22,99	12 **Mg** Magnésium 24,31											13 **Al** Aluminium 26,98	14 **Si** Silicium 28,09	15 **P** Phosphore 30,97	16 **S** Soufre 32,06	17 **Cl** Chlore 35,45	18 **Ar** Argon 39,95
19 **K** Potassium 39,10	20 **Ca** Calcium 40,08	21 **Sc** Scandium 44,96	22 **Ti** Titane 47,88	23 **V** Vanadium 50,94	24 **Cr** Chrome 52,00	25 **Mn** Manganèse 54,94	26 **Fe** Fer 55,85	27 **Co** Cobalt 58,93	28 **Ni** Nickel 58,70	29 **Cu** Cuivre 63,55	30 **Zn** Zinc 65,38	31 **Ga** Gallium 69,72	32 **Ge** Germanium 72,59	33 **As** Arsenic 74,92	34 **Se** Sélénium 78,96	35 **Br** Brome 79,90	36 **Kr** Krypton 83,80
37 **Rb** Rubidium 85,47	38 **Sr** Strontium 87,62	39 **Y** Yttrium 88,91	40 **Zr** Zirconium 91,22	41 **Nb** Niobium 92,91	42 **Mo** Molybdène 95,94	43 **Tc** Technétium (98)	44 **Ru** Ruthénium 101,1	45 **Rh** Rhodium 102,9	46 **Pd** Palladium 106,4	47 **Ag** Argent 107,9	48 **Cd** Cadmium 112,4	49 **In** Indium 114,8	50 **Sn** Étain 118,7	51 **Sb** Antimoine 121,8	52 **Te** Tellure 127,6	53 **I** Iode 126,9	54 **Xe** Xénon 131,3
55 **Cs** Césium 132,9	56 **Ba** Barium 137,3	57 **La*** Lanthane 138,9	72 **Hf** Hafnium 178,5	73 **Ta** Tantale 180,9	74 **W** Tungstène 183,9	75 **Re** Rhénium 186,2	76 **Os** Osmium 190,2	77 **Ir** Iridium 192,2	78 **Pt** Platine 195,1	79 **Au** Or 197,0	80 **Hg** Mercure 200,6	81 **Tl** Thallium 204,4	82 **Pb** Plomb 207,2	83 **Bi** Bismuth 209,0	84 **Po** Polonium (209)	85 **At** Astate (210)	86 **Rn** Radon (222)
87 **Fr** Francium (223)	88 **Ra** Radium (226,0)	89 **Ac**** Actinium (227)	104 **Rf** Rutherfordium (261)	105 **Ha** Hafnium (262)	106 **Unh** Unnilhexium (263)	107 **Uns** Unnilseptium (262)	108 **Uno** Unniloctium (265)	109 **Une** Unnilennium (266)									

* Lanthanides	58 **Ce** Césium 140,1	59 **Pr** Praséodyme 140,9	60 **Nd** Néodyme 144,2	61 **Pm** Prométhium (145)	62 **Sm** Samarium 150,4	63 **Eu** Europium 152,0	64 **Gd** Gadolinium 157,3	65 **Tb** Terbium 158,9	66 **Dy** Dysprosium 162,5	67 **Ho** Holmium 164,9	68 **Er** Erbium 167,3	69 **Tm** Thulium 168,9	70 **Yb** Ytterbium 173,0	71 **Lu** Lutécium 175,0
** Actinides	90 **Th** Thorium 232,0	91 **Pa** Protactinium (231)	92 **U** Uranium 238,0	93 **Np** Neptinium (237)	94 **Pu** Plutonium (244)	95 **Am** Américium (243)	96 **Cm** Curium (247)	97 **Bk** Berkélium (247)	98 **Cf** Californium (251)	99 **Es** Einsteinium (252)	100 **F** Fermium (257)	101 **Md** Mendélevium (258)	102 **No** Nobélium (259)	103 **Lr** Lawrencium (260)

Dans le tableau périodique, les éléments sont disposés selon leur nombre atomique et leur poids atomique en rangées horizontales appelées *périodes* et en colonnes verticales appelées *groupes* ou *familles.* Les groupes d'éléments sont en outre catégorisés dans la classe A ou B.

Les éléments de chaque groupe de la série A présentent des propriétés chimiques et physiques semblables. Cela reflète le fait que chacun des membres d'un groupe particulier possède le même nombre d'électrons de valence. Par exemple, les éléments du groupe IA possèdent un électron de valence, ceux du groupe IIA en ont deux et ceux du groupe VA, cinq. Par contre, si on considère une période en allant de gauche à droite, les propriétés des éléments changent progressivement, des propriétés très métalliques des groupes IA et IIA aux propriétés non métalliques du groupe VIIA (chlore et autres) et, finalement, aux éléments inertes (gaz rares) du groupe VIIIA. Ces différences dans les propriétés des éléments traduisent l'augmentation continue du nombre d'électrons de valence à l'intérieur d'une période (de gauche à droite).

Les éléments de la classe B sont appelés *éléments de transition.* Tous ces éléments sont des métaux, et ils possèdent en général un ou deux électrons de valence. (Dans ces éléments, certains électrons occupent des couches électroniques plus éloignées du noyau avant que celles qui sont près du noyau soient pleines.)

Les 24 éléments présents dans le corps humain sont énumérés à la page 30, accompagnés de leur symbole et de leurs fonctions.

Crédits

Photographies

Tableau 7.4; Figures 7.5-7.7; 8.9; 8.11; 8.12c; 10.8c; 10.9c; 10.12; 12.1; 12.5b; 12.7d; 12.17; 12.21; 14.3b; 16.4; 19.7b; 20.5; 23.2; 23.3d; 24.15c; 24.19a; 24.21a et b; 24.27b; 26.3a tirées de *A Stereoscopic Atlas of Human Anatomy* par David L. Bassett, M.D.

Table des matières
xviii: UCSF Computer Graphics Lab UC Regents. xx: Gracieuseté de Gray's Anatomy, Churchill Livingstone. xxii: *A Stereoscopic Atlas of Human Anatomy*, David L. Bassett, MD. xxvi: Boehringer Ingleheim International GmbH, photo Lennart Nilsson. xxviii: Al Grotell.

Pages de partie
Frontispice: David Parker/SPL/Photo Researchers, Inc. Première partie: Lawrence Livermore Laboratory/SPL/Photo Researchers, Inc. Deuxième partie: Michael Abby/Science Source/Photo Researchers, Inc. Troisième partie: John Allison/Peter Arnold, Inc. Quatrième partie: Biophoto Associates/Science Source/Photo Researchers, Inc. Cinquième partie: Phil A. Harrington/Peter Arnold, Inc.

Chapitre 1
1.7a: Science Source/Photo Researchers, Inc. 1.7b: Howard Sochurek. 1.7c: Science Photo Library/ Photo Researchers, Inc. «Gros plan»: Howard Sochurek.

Chapitre 2
2.21: Robert Langridge, Computer Graphics Laboratory, University of California, San Francisco.

Chapitre 3
3.3a: L. Orci and A. Perrelet, *Freeze-Etch Histology*. Heidelberg: Springer-Verlag, 1975. 3.3b: Douglas J. Kelly, *J. Cell Biol.* 28(196):51. Reproduit avec la permission de Rockefeller University Press. 3.3c: C. Peracchia et A.F. Dulhunty, *J. Cell Biol.* 70(1976):419. Reproduit avec la permission de Rockefeller University Press. 3.7a: K.R. Porter/ Photo Researchers, Inc. 3.7b: David M. Phillips/The Population Council/Science Source, Photo Researchers, Inc. 3.7c: Dr Mohandas Narla, Berkeley Livermore Laboratory. 3.12: Gracieuseté de N. Simionescu. 3.13b: J.F. King, University of California School of Medicine/BPS. 3.14b: Barry King, University of California, Davis/BPS. 3.16: R. Rodewald, University of Virginia/BPS. 3.17a: J.V. Small and Gottfried Rinnerthaler, Austrian Academy of Sciences/SPL/Photo Researchers, Inc. 3.17b: Dr John Heuser, Washington University Medical School. 3.18b: W.L. Dentler, University of Kansas/BPS. 3.20b: D.W. Fawcett/Photo Researchers, Inc. 3.21a: D.E. Olins et A.L. Olins, *American Scientist*, 66(1978):704. Reproduit avec la permission de l'éditeur. 3.25a-f: Ed Reschke. «Gros plan»: A.M. DeVos et al., *Science*, 239(1988):888-895. 1988 par l'AAAS; fourni par S.H. Kim, University of California, Berkeley.

Chapitre 4
4.2a: Marian Rice. 4.2b: Ed Reschke/Peter Arnold, Inc. 4.2c: Marian Rice. 4.2d&e: Ed Reschke. 4.2f: Bruce Iverson. 4.2g: John D. Cunningham/Visuals Unlimited. 4.2 h: Ed Reschke. 4.3a: Biophoto Associates/Photo Researchers, Inc. 4.7a: Ed Reschke. 4.7b: Marian Rice. 4.7c&d, f-i: Ed Reschke. 4.7j: Biology Media/Photo Researchers, Inc. 4.7k&l: Ed Reschke. 4.8ᵉ: Marian Rice. 4.9a: Eric Grave/Photo Researchers, Inc. 4.9b: Ed Reschke. 4.9c: Department of Anatomy & Histology, University of California, San Francisco. 4.10: Ed Reschke. «Gros plan»: Russ Adams/Sports Illustrated.

Chapitre 5
5.3: Gracieuseté de Gray's Anatomy, Churchill Livingstone. 5.4: Science Photo Library/Photo Researchers, Inc. 5.5: Marian Rice. 5.8: Manfred Kage/Peter Arnold, Inc. 5.10a-c: The Skin Cancer Foundation.

Chapitre 6
6.4b: Ed Reschke. 6.6: Whitehouse, W.J. et E.D. Dyson. *J. Anat.* 118:(1974)417-444. Reproduit avec la permission de Cambridge University Press. Photo, gracieuseté de Gray's Anatomy, Churchill Livingstone. 6.9: Ed Reschke. 6.16: Carolina Biological Supply. «Gros plan»: Gracieuseté de Dr Harold M. Dick, New York, NY.

Chapitre 7
7.24b: Department of Anatomy & Histology, University of California, San Francisco. 7.27a&b: BioMed Arts Associates, Inc.

Chapitre 8
8.3: Science Photo Library/Photo Researchers, Inc. 8.5: Manny Milan/Sports Illustrated. 8.10: Gracieuseté de University of Kansas Medical Center; photo de Stephen Spector. 8.14: Carroll H. Weiss, 1973. «Gros plan»: Alexander Tsiaras/Science Source/Photo Researchers, Inc.

Chapitre 9
9.1: Marian Rice. 9.2: Gracieuseté de Thomas S. Leeson. Tableau 9.3(1) Eric Grave/Photo Researchers, Inc. Tableau 9.3(2): Marian Rice. Tableau 9.3(3): Department of Anatomy & Histology, University of California, San Francisco. 9.4a: Ed Reschke. 9.7: Gracieuseté de Dr H.E. Huxley, Rosensteil Center, Brandeis University, Waltham, MA. 9.13b: Eric Grave/Photo Researchers, Inc. 9.19: Dave Black.

Chapitre 10
10.3a&b, 10.4b: BioMed Arts Associates, Inc. 10.15c: Gracieuseté de University of Kansas Medical Center; photo de Stephen Spector. «Gros plan»: Mike Neveux.

Chapitre 11
11.3: Manfred Kage/Peter Arnold, Inc. 11.4g: Gracieuseté de G.L. Scott, J.A. Feilbach, T.A. Duff. «Gros plan»: M.P.L. Fogden/Bruce Coleman, Inc.

Chapitre 12
12.8: Lester V. Bergman. 12.18: Phil Mercurio, San Diego Supercomputer Center, University of California, San Diego.

Chapitre 13
13.1: Tiré de *Tissues and Organs: A Text-Atlas of Scanning Electron Microscopy* by R. Kessel and R. Kardon. Copyright 1979 W.H. Freeman & Co. Tableau 13.2: William Thompson.

Chapitre 14
«Gros plan»: Ogden Gigli/Photo Researchers, Inc.

Chapitre 15
15.4: Alexander Tsiaras/Photo Researchers, Inc.

Chapitre 16
16.8: Dr Jerry Kuszak, Rush-Presbyterian-St. Luke's Medical Center, Chicago, IL. 16.10: SIU/Photo Researchers, Inc. 16.12: Kodansha/Image Bank West. 16.13 Gregory K. Scott/Photo Researchers, Inc. 16.21: Gracieuseté de University of Kansas Medical Center; photo de Stephen Spector. 16.32: Dr I.M. Hunter-Duvar, Department of Otolaryngology, The Hospital for Sick Children, Toronto.

Chapitre 17
17.7: *American Journal of Medicine*, 20:133, 1956, reproduit avec la permission de Albert I. Mendeloff, M.D. 17.8b, 17.12c, 17.15: Ed Reschke. «Gros plan»: Louie Psihoyos 1991/Matrix.

Chapitre 18
18.2: Biophoto Associates/Photo Researchers, Inc. 18.12: Lennart Nilsson/Boehringer Ingelheim International GmbH, *Behold Man*, Little, Brown and Co. 18.13: Gracieuseté de Jack Scanlon, Holyoke Community College, Holyoke, MA.

Chapitre 19
19.3: Gracieuseté de Thomas Robinson, from *Laboratory Investigation*, Vol. 49(4)482-498. Copyright 1983 par U.S. & Canadian Academy of Pathology. 19.4b: Gracieuseté de University of Kansas Medical Center; photo de Stephen Spector. 19.7c: Lennart Nilsson/Boehringer Ingelheim International GmbH. 19.11a: Ed Reschke, 19.17a-d: tiré de *Nursing the Critically Ill Adult, Third Edition*, N.M. Holloway, 1988 Addison-Wesley Publishing Company, Menlo Park, CA. «Gros plan»: Mayer-Kress/J. Bacon 1991.

Chapitre 20
20.1: Tiré de *Tissues and Organs: A Text Atlas of Scanning Electron Microscopy* de R. Kessel et R. Kardon. 20.17b: Science Photo Library/Photo Researchers, Inc. «Gros plan»: a: Ed Reschke. b: W. Ober/Visuals Unlimited.

Chapitre 22
22.1: Lennart Nilsson/Boehringer Ingelheim International GmbH. 22.12: A. J. Olson, Scripps Clinic & Research Foundation.

Chapitre 24
24.13a: Tiré de *Color Atlas of Histology*, Leslie P. Gartner et James L. Hiatt 1990 Williams & Wilkins. 24.15d: Gracieuseté de Dr Peter M. Andrews, Georgetown Medical Center. 24.20d: Manfred Kage/Peter Arnold, Inc. 24.22b: M. Walker/Photo Researchers, Inc. 24.24b: Tufts Medical School, Department of Anatomy. 24.28a: Ed Reschke. 24.28b: Biophoto Associates/Photo Researchers, Inc. «Gros plan»: Gary Faber/The Image Bank.

Chapitre 25
25.22: William Thompson. «Gros plan»: Stephen Ferry/Gamma Liaison.

Chapitre 26
26.5c: Tiré de *Tissues and Organs: A Text Atlas of Scanning Electron Microscopy* de R. Kessel et R. Kardon. 26.8b: David Phillips/Visuals Unlimited. 26.14: Biophoto Associates/Photo Researchers, Inc.

Chapitre 27
«Gros plan»: David York/Medichrome.

Chapitre 28
28.3b: Ed Reschke. 28.7a: Tiré de *Tissues and Organs: A Text Atlas of Scanning Electron Microscopy* de R. Kessel et R. Kardon. 28.8b: Manfred Kage/Peter Arnold, Inc. 28.12b: Ed Reshke. 28.13a: Dr Michael Ross.

Chapitre 29
29.2b: Lennart Nilsson/Boehringer Ingelheim International GmbH. 29.3 h, 29.4: Gracieuseté de Dr C.A. Ziomek, Worcester Fund for Experimental Biology, Shrewsbury, MA. 29.14: Lennart Nilsson/ Boehringer Ingelheim International GmbH. 29.18a: Michael Alexander et Mickey Pfleger 1991. 29.18b&c: Hal Stoelze et Mickey Pfleger 1991. «Gros plan»: Gracieuseté de IVF Clinic: Stanford Medical Center.

Chapitre 30
30.1a: Lennart Nilsson, *The Body Victorious*, Delacourt Press, Dell Publishing Company. 30.1b: E. de Harven, Rockefeller University. 30.6: John Balik.

Illustrations

Chapitre 1
1.1, 1.2, 1.5, 1.9: Jeanne Koelling. 1.3: Darwen et Vally Hennings; modifiée à partir de N.A. Campbell, *Biology* (Menlo Park, CA: Benjamin/Cummings, 1987), p. 782. The Benjamin/Cummings Publishing Co., Inc. 1.4, 1.6-1.8, 1.10, 1.11, Tableau 1.1: Joan Carol/Kenneth R. Miller.

Chapitre 2
2.1-2.10, 2.12-2.22: Georg Klatt. 2.11: Cecile Duray-Bito (modifiée par Georg Klatt); tirée de N.A. Campbell, *Biology* (Menlo Park, CA: Benjamin/Cummings, 1987), p. 44. The Benjamin/Cummings Publishing Co., Inc.

Chapitre 3
3.1, 3.4-3.8, 3.11, 3.12, 3.13a-b, 3.14, 3.16, 3.18, 3.20, 3.21, 3.23: Carla Simmons. 3.2 Barbara Cousins (modifiée par Carla Simmons; tirée de N.A. Campbell, *Biology* (Menlo Park, CA: Benjamin/Cummings, 1987), p. 162. The Benjamin/Cummings Publishing Co., Inc. 3.3, 3.13c, 3.15: Elizabeth Morales-Denney. 3.9, 3.10: Barbara Cousins; tirée de N.A. Campbell, *Biology* (Menlo Park, CA: Benjamin/Cummings 1987), p. 173, 174. The Benjamin/Cummings Publishing Co., Inc. 3.17a: Carol Verbeeck; tirée de «The Ground Substance of the Living Cell», de Keith R. Porter et Jonathan B. Tucker, Copyright 1981 by Scientific American, Inc. All rights reserved. 3.17c, 3.25: Carla Simmons; tirée de N.A. Campbell, *Biology* (Menlo Park, CA: Benjamin/Cummings, 1987), p. 144, 232-233. The Benjamin/Cummings Publishing Co., Inc. 3.19a: Carol Verbeeck; modifiée à partir de K.D. Johnson, D.L. Rayle et H.L. Wedberg, *Biology: An Introduction* (Menlo Park, CA: Benjamin/Cummings, 1984), p. 52. The Benjamin/Cummings Publishing Co., Inc. 3.19b-c, 3.22, 3.24, 3.26, 3.27, 3.28: Georg Klatt.

Chapitre 4
4.1-4.7, 4.9-4.12: Linda McVay, 4.2b, 4.2f, 4.9b: Elizabeth Morales-Denney. 4.7d, 4.8: Cyndie Wooley.

Chapitre 5
5.1, 5.2: Elizabeth Morales-Denney. 5.5, 5.6, 5.9: Linda McVay. 5.11: Kenneth R. Miller.

Chapitre 6
6.1, 6.2, 6.4, 6.7-6.14, Tableau 6.2: Barbara Cousins. 6.3: Laurie O'Keefe. 6.5: Georg Klatt. 6.16: Kenneth R. Miller.

Chapitre 7
7.1, 7.2b, 7.4c, 7.8, 7.14, 7.16-7.18, 7.20-7.23, 7.25, 7.27-7.29, Tableau 7.4: Laurie O'Keefe. 7.3, 7.4a-b, 7.5-7.7, 7.9-7.13, 7.15, 7.19, 7.24a, 7.29, Tableau 7.2, Tableau 7.3: Nadine Sokol.

Chapitre 8
8.1-8.4, 8.6f-i-8.13, Tableau 8.1: Barbara Cousins. 8.6a-e: Cyndie Wooley.

Chapitre 9
9.1, 9.3-9.5, 9.7-9.10, 9.12-9.16, 9.18, 9.20-9.24, Tableau 9.1, Tableau 9.4: Raychel Ciemma. 9.6, 9.25: Cyndie Wooley. 9.11: Charles W. Hoffman. 9.17: Georg Klatt.

Chapitre 10
10.1-10.22: Raychel Ciemma.

Chapitre 11
11.1, 11.3-11.9, 11.11-11.13, 11.15-11.24: Charles W. Hoffman. 11.2, 11.10, 11.14, Tableau 11.1: Georg Klatt. 11.25: Carla Simmons; tirée de N.A. Campbell, *Biology*, 2e édition (Menlo Park, CA: Benjamin/Cummings, 1990), p. 981. The Benjamin/Cummings Publishing Co., Inc.

Chapitre 12
12.2-12.7a, 12.8, 12.10-12.13a, 12.14-12.16a-b, 12.17-12.26: Stephanie McCann. 12.7b-c, 12.9, 12.13b-c, 12.16c: Cyndie Wooley.

Chapitre 13
13.1b, 13.2, 13.11, 13.12: Charles W. Hoffman, 13.3-13.10, 13.14, 13.15, Tableau 13.2I-VI, VIII-XII: Stephanie McCann. 13.13: Barbara Cousins. Tableau 13.2VII: Cyndie Wooley.

Chapitre 14
14.1, 14.2, 14.4: Stephanie McCann. 14.3: Cyndie Wooley. 14.5: Charles W. Hoffman.

Chapitre 15
15.1-15.4, 15.6, «Gros plan»: Charles W. Hoffman. 15.5: Barbara Cousins. 15.7: Cyndie Wooley.

Chapitre 16
16.1, 16.2, 16.5, 16.6, 16.9, 16.11, 16.12, 16.17a, 16.21, 16.22, 16.24, 16.26-16.32: Charles W. Hoffman. 16.3, 16.15, 16.19, 16.23, 16.25: Elizabeth Morales-Denney. 16.7, 16.25: Barbara Cousins. 16.14, 16.16, 16.18, 16.20, 16.33: Kenneth R. Miller. 16.17b: Carla Simmons; tirée de N.A. Campbell, *Biology*, 2e édition (Menlo Park, CA: Benjamin/Cummings, 1990), p. 1020. The Benjamin/Cummings Publishing Co., Inc. 16.34: Cyndie Wooley.

Chapitre 17
17.1: Cyndie Wooley. 17.2a, 17.5, 17.11: Elizabeth Morales-Denney. 17.2b, 17.3, 17.17: Raychel Ciemma; tirée de N.A. Campbell, *Biology*, 2e édition (Menlo Park, CA: Benjamin/Cummings, 1990), p. 910, 914, 923. The Benjamin/Cummings Publishing Co., Inc. 17.4, 17.8, 17.9, 17.12-17.15, Tableau 17.2: Charles W. Hoffman. 17.6, 17.16, 17.18, 17.19: Kenneth R. Miller.

Chapitre 18
18.1 (haut). Darwen and Vally Hennings; tirée de N.A. Campbell, *Biology* (Menlo Park, CA: Benjamin/Cummings, 1987), p. 824. The Benjamin/Cummings Publishing Co., Inc. 18.1 (bas), 18.3-18.11, Tableau 18.1: Nadine Sokol. Tableau 18.4: Barbara Cousins.

Chapitre 19
19.1-19.9, 19.11, 19.14, 19.15, 19.18, 19.19, 19.21: Barbara Cousins. 19.10, 19.16: Cyndie Wooley. 19.12, 19.13, 19.20: Elizabeth Morales-Denney. 19.17: tirée de N.M. Holloway: *Nursing the Critically Ill Adult: Applying Nursing Diagnosis*, 2e édition (Menlo Park, CA. Addison-Wesley, 1984), p. 277, 282, 285, 298.

Chapitre 20
20.1-20.3, 20.6, 20.8, 20.11, 20.12, 20.14b, 20.16b, 20.17b-d, 20.18b, 20.19c-d, 20.20b, 20.21b, 20.22b-c, 20.23b, 20.24b, 20.25b: Barbara Cousins. 20.4: Elizabeth Morales-Denney. 20.5, 20.7: Darwen et Vally Hennings; tirée de N.A. Campbell, *Biology* (Menlo Park, CA: Benjamin/Cummings, 1987), p. 820, 821. The Benjamin/Cummings Publishing Co., Inc. 20.9, 20.13: Raychel Ciemma, 20.14a, 20.15, 20.16a, 20.17a, 20.18a, 20.19a, 20.20a, 20.21a, 20.22a, 20.23a, 20.24a, 20.25a: Georg Klatt. 20.26: Kenneth R. Miller.

Chapitre 21
21.1, 21.3, 21.4: Nadine Sokol. 21.2a, 21.5: Cyndie Wooley. 21.8: Kenneth R. Miller.

Chapitre 22
22.2, 22.4, 22.8-22.10, 22.13, 22.14, 22.16, 22.18, 22.19, Tableau 22.3: Carla Simmons; 22.17 tirée de N.A. Campbell, *Biology*, 2e édition (Menlo Park, CA: Benjamin/Cummings, 1990), p. 865. The Benjamin/Cummings Publishing Co., Inc. 22.3, 22.6, 22.11: Elizabeth Morales-Denney. 22.7, 22.15: Carol Verbeeck; tirée de N.A. Campbell, *Biology*, 2e édition (Menlo Park, CA: Benjamin/Cummings, 1990), p. 857, 864. The Benjamin/Cummings Publishing Co., Inc. 22.12a: Darwen et Vally Hennings; tirée de N.A. Campbell, *Biology*, 2e édition (Menlo Park, CA: Benjamin/Cummings, 1990), p. 861. The Benjamin/Cummings Publishing Co., Inc.

Chapitre 23
23.1-23.4, 23.6-23.12, 23.15-23.22, 23.24, 23.25: Raychel Ciemma. 23.13: Raychel Ciemma/Kenneth R. Miller. 23.14, «Gros plan»: Elizabeth Morales-Denney. 23.23, 23.26: Kenneth R. Miller.

Chapitre 24
24.1, 24.4, 24.5: Elizabeth Morales-Denney. 24.2, 24.3, 24.6, 24.11-24.12, 24.14, 24.16-24.20, 24.22-24.24, 24.26, 24.29, 24.31-24.33, 24.35: Kenneth R. Miller. 24.5, 24.27, 24.34: Kenneth R. Miller/Nadine Sokol. 24.7-24.10: Cyndie Wooley. 24.25: Darwen et Vally Hennings; tirée de N.A. Campbell, *Biology* (Menlo Park, CA: Benjamin/Cummings, 1987), p. 806. The Benjamin/Cummings Publishing Co., Inc.

Chapitre 25
25.1, 25.2a, 25.3, 25.8, 25.10-25.13, 25.15-25.18, 25.20, 25.21, 25.23, 25.25: Charles W. Hoffman. 25.2b: tirée de N.A. Campbell, *Biology* (Menlo Park, CA: Benjamin/Cummings, 1987), p. 793. The Benjamin/Cummings Publishing Co., Inc. 25.4-25.7: Elizabeth Morales-Denney. 25.9: Barbara Cousins; tirée de N.A. Campbell, *Biology*, 2e édition (Menlo Park, CA: Benjamin/Cummings, 1990), p. 191. The Benjamin/Cummings Publishing Co., Inc. 25.24: Cyndie Wooley.

Chapitre 26
26.1-26.3, 26.6-26.9, 26.11, 26.15-26.18, «Gros plan»: Linda McVay. 26.4, 26.5, 26.10, 26.12: Elizabeth Morales-Denney. 26.13: Linda McVay; modifiée à partir de N.A. Campbell, *Biology* (Menlo Park, CA: Benjamin/Cummings, 1987), p. 868. The Benjamin/Cummings Publishing Co., Inc. 26.19: Kenneth R. Miller.

Chapitre 27
27.1, 27.3-27.7, 27.11, 27.13, 27.14: Linda McVay. 27.2, 27.8-27.10, 27.12: Elizabeth Morales-Denney.

Chapitre 28
28.1-28.4, 28.7-28.18, 28.20, 28.22: Martha Blake. 28.5, 28.6, 28.23, «Gros plan»: Kenneth R. Miller. 28.19, 28.21: Darwen et Vally Hennings; tirée de N.A. Campbell, *Biology* (Menlo Park, CA: Benjamin/Cummings, 1987), p. 911, 913. The Benjamin/Cummings Publishing Co., Inc.

Chapitre 29
29.1-29.5, 29.7-29.12, 29.16, 29.17, 29.19: Martha Blake. 29.6: Kenneth R. Miller. 29.13: Martha Blake; tirée de L.G. Mitchell, J.A. Mutchmor et W.D. Dolphin, *Zoology* (Menlo Park, CA: Benjamin/Cummings, 1988), p. 809. The Benjamin/Cummings Publishing Company, Inc. 29.15: Charles W. Hoffman; tirée de S.B. Olds, M.L. London et P.A. Ladewig, *Maternal-Newborn Nursing: A Family-Centered Approach* (Menlo Park, CA: Addison-Wesley, 1988), Tableau 29.2: Cyndie Wooley.

Chapitre 30
30.2, 30.4: Kenneth R. Miller. 30.3: Georg Klatt; tiré de N.A. Campbell, *Biology* (Menlo Park, CA: Benjamin/Cummings, 1987), p. 255. The Benjamin/Cummings Publishing Co., Inc. 30.5, 30.8: Barbara Cousins; tirée de N.A. Campbell, *Biology* (Menlo Park, CA: Benjamin/Cummings, 1987), p. 273, 278. The Benjamin/Cummings Publishing Co., Inc. 30.7: Carol Verbeeck; tirée de N.A. Campbell, *Biology*, 2e édition (Menlo Park, CA: Benjamin/Cummings, 1990), p. 276, 297. The Benjamin/Cummings Publishing Co., Inc.

Glossaire

A

Abcès Accumulation de pus et de tissus nécrosés.

Abdomen Partie du corps comprise entre le diaphragme et le bassin.

Abduction Mouvement qui écarte un membre du plan médian du corps.

Absorption Processus par lequel les produits de la digestion passent à travers la muqueuse du tube digestif pour atteindre le sang ou la lymphe.

Accident vasculaire cérébral Arrêt de l'apport d'oxygène au cerveau causé par le blocage d'un vaisseau sanguin ou la rupture d'un anévrisme dans le cerveau.

Accommodation Processus qui fait augmenter la puissance de réfraction du cristallin au moment de la mise au point sur un objet rapproché.

Acétabulum Partie de la fosse acétabulaire qui reçoit le fémur.

Acétylcholine Médiateur chimique libéré par les terminaisons nerveuses de certaines neurofibres.

Acide Donneur de protons; substance pouvant libérer des ions hydrogène en solution.

Acide aminé Molécule organique composée notamment d'azote, de carbone, d'hydrogène et d'oxygène; l'association des acides aminés au moyen de liaisons chimiques forme les protéines.

Acide chlorhydrique (HCl) Acide qui contribue à la digestion des protéines dans l'estomac; produit par les cellules pariétales.

Acide désoxyribonucléique (ADN) Acide nucléique présent dans toutes les cellules vivantes; porte l'information génétique de l'organisme.

Acide gras Constituant de certains lipides comme les triglycérides et les phospholipides.

Acide lactique Produit du métabolisme anaérobie, en particulier dans les cellules musculaires squelettiques.

Acide ribonucléique (ARN) Acide nucléique qui contient du ribose; joue un rôle dans la synthèse des protéines.

Acides nucléiques Groupe de molécules organiques dont font partie l'ADN et l'ARN.

Acidose Diminution du pH du sang; forte concentration d'ions hydrogène dans le sang.

Acidose physiologique pH du sang artériel inférieur à 7,35, quelle qu'en soit la cause.

Actine Protéine contractile des tissus musculaires.

Adaptation (1) Modification d'une structure ou d'une réaction face à un nouvel environnement; (2) diminution de la transmission dans un nerf sensoriel lorsqu'un récepteur est stimulé continuellement et sans modification de la force du stimulus.

Adduction Mouvement qui amène un membre vers le plan médian du corps.

Adénohypophyse Hypophyse antérieure; partie hormonopoïétique de l'hypophyse.

Adénosine-triphosphate (ATP) Molécule organique qui emmagasine et libère l'énergie chimique utilisée par les cellules.

Adipeux De nature graisseuse.

Adrénaline Principale hormone sécrétée par la médullosurrénale; aussi appelée épinéphrine.

Adventice Couche de tissu conjonctif résistant qui recouvre la paroi externe de certains organes creux comme l'œsophage.

Aérobie Qui a besoin d'oxygène.

Afférent Qui véhicule vers ou jusqu'à un centre.

Agent pathogène Microorganisme qui provoque une maladie.

Agglutination Amas de cellules (étrangères); phénomène provoqué par la fixation d'un anticorps sur les antigènes de nombreuses cellules adjacentes.

Agoniste Muscle qui est le principal responsable d'un mouvement particulier.

Albumine La plus abondante des protéines plasmatiques; sa concentration exerce une influence considérable sur la pression osmotique du sang.

Alcalose Augmentation du pH du sang; faible concentration d'ions hydrogène dans le sang.

Aldostérone Hormone produite par la corticosurrénale; règle la réabsorption des ions sodium dans les tubules rénaux.

Allantoïde Cavité extra-embryonnaire située à la face ventrale de l'embryon; structure qui préside à la formation du cordon ombilical, de ses vaisseaux sanguins et d'une partie du placenta.

Allergie (Hypersensibilité) Réaction immunitaire excessive à un antigène inoffensif.

Alopécie Calvitie.

Alvéoles Cavités microscopiques des poumons où se font les échanges gazeux entre l'air et le sang.

Amines biogènes Classe de neurotransmetteurs, dont font partie les catécholamines (adrénaline et noradrénaline) et les indolamines (sérotonine).

Amniocentèse Procédé d'évaluation de l'état du fœtus; consiste à prélever un échantillon de liquide dans la cavité amniotique.

Amnios Membrane qui renferme le liquide amniotique dans lequel baigne l'embryon.

AMP cyclique Important second messager intracellulaire qui régit les effets des hormones; se forme à partir de l'ATP grâce à l'action de l'adénylate cyclase, une enzyme associée à la membrane plasmique.

Amphiarthrose Articulation semi-mobile.

Ampoule Dilatation locale d'un canal ou d'un conduit.

Amygdales Organes lymphatiques situés autour de l'entrée du larynx; il y a trois paires d'amygdales, chacune étant nommée d'après sa localisation.

Amygdales pharyngiennes Amas de tissu lymphatique de la paroi postéro-supérieure du nasopharynx; aussi appelées adénoïdes.

Anabolisme Phase du métabolisme nécessitant de l'énergie afin de former des molécules plus complexes en liant des molécules plus petites; p. ex. synthèse des protéines à partir des acides aminés.

Anaérobie Ne nécessitant pas d'oxygène.

Anaphylaxie Type d'hypersensibilité immédiate qui se déclenche lorsque les molécules d'un allergène forment des ponts avec les anticorps IgE fixés sur les mastocytes ou les granulocytes basophiles, ce qui entraîne la libération de médiateurs chimiques de la réaction inflammatoire.

Anastomose Communication entre deux nerfs ou deux vaisseaux sanguins ou lymphatiques.

Anatomie Étude de la structure des organismes vivants et des relations entre les différentes parties de ces organismes.

Androgène Hormone qui détermine les caractères sexuels secondaires masculins, telle que la testostérone.

Anémie Réduction de la capacité des érythrocytes du sang à transporter l'oxygène; peut résulter de quantités insuffisantes ou d'anomalies des érythrocytes ou de l'hémoglobine.

Anévrisme Poche formée dans une paroi artérielle; un affaiblissement de la paroi mène à sa dilatation.

Angine de poitrine Douleur thoracique intense causée par l'interruption temporaire de l'apport d'oxygène au muscle cardiaque.

Angiotensine II Vasoconstricteur puissant activé par la rénine; déclenche aussi la libération d'aldostérone.

Anhydrase carbonique Enzyme qui catalyse la liaison du gaz carbonique et de l'eau pour former de l'acide carbonique.

Animé Vivant.

Anion Ion portant une ou plusieurs charges négatives et, par conséquent, attiré par un ion positif.

Anorexie Perte de l'appétit.

Anoxie Interruption de l'apport d'oxygène aux tissus.

Antagoniste Muscle qui s'oppose à un mouvement ou produit un effet contraire.

Anticorps Molécule protéique libérée par les lymphocytes B et se liant spécifiquement à un antigène; immunoglobuline ou gammaglobuline du plasma sanguin.

Anticorps monoclonaux Préparations pures d'anticorps identiques qui possèdent une spécificité pour un seul antigène.

Antigène Substance ou portion d'une substance (vivante ou non) qui est considérée comme étrangère par le système immunitaire; provoque une réaction immunitaire qui se traduit par l'activation de lymphocytes T et de lymphocytes B ainsi que par la sécrétion d'anticorps spécifiques.

Anus Extrémité distale du tube digestif; orifice du rectum.

Aorte Principale artère systémique; naît du ventricule gauche du cœur.

Aponévrose Feuillet de tissu fibreux ou membraneux qui relie certains muscles au tissu conjonctif d'un os ou au fascia d'un autre muscle.

Appareil juxta-glomérulaire Cellules spécialisées du tubule distal et de l'artériole afférente situées près du glomérule et qui jouent un rôle dans la régulation de la pression artérielle en libérant une enzyme appelée rénine.

Appendicite Inflammation de l'appendice vermiforme attaché au cæcum du gros intestin.

Aqueduc du mésencéphale Canal du mésencéphale qui relie les troisième et quatrième ventricules et qui permet la circulation du liquide céphalo-rachidien entre ces deux cavités; aussi appelé aqueduc de Sylvius.

Arachnoïde Membrane située entre les deux autres méninges.

Aréole Région circulaire et pigmentée entourant le mamelon; petit espace dans un tissu.

Artères Vaisseaux sanguins qui acheminent le sang du cœur vers les organes.

Artériole Artère minuscule; petit vaisseau qui s'abouche généralement à un capillaire.

Artériosclérose Lésions prolifératives et dégénératives des vaisseaux provoquant une diminution de leur élasticité.

Arthrite Inflammation des articulations.

Articulation Point de contact de deux ou plusieurs os.

Articulation synoviale Articulation très mobile présentant une cavité articulaire; aussi appelée diarthrose.

Arythmie Irrégularité du rythme cardiaque causée par un trouble du système de conduction du cœur.

Astigmatisme Inégalité de la courbure des différentes parties du cristallin (ou de la cornée) qui produit une vision floue.

Ataxie Perturbation de la coordination des muscles squelettiques qui entraîne l'imprécision des mouvements volontaires.

Athérosclérose Accumulation de lipides sur la paroi interne des gros vaisseaux (artères élastiques); premier stade de l'artériosclérose.

Atome Plus petite particule d'un élément qui présente les propriétés de cet élément; composé de protons, de neutrons et d'électrons.

Atrophie Diminution du volume d'un organe ou d'une cellule résultant d'une maladie ou de l'immobilité.

Autorégulation Adaptation automatique d'un processus physiologique; p. ex. régulation du débit sanguin selon les besoins de chaque tissu.

Autosomes Chromosomes numérotés de 1 à 22; tous les chromosomes sauf les chromosomes sexuels.

Avantage mécanique Situation présente lorsque la charge se situe près du point d'appui et que la force est appliquée loin de celui-ci; permet à une petite force appliquée à une distance relativement grande de déplacer une charge lourde sur une courte distance.

Axone Prolongement des neurones qui transmet les influx nerveux à distance; structure efférente des neurones.

Axones amyélinisés Axones dépourvus de gaine de myéline et dans lesquels les influx nerveux se propagent très lentement en comparaison à leur propagation dans les axones myélinisés.

B

Barorécepteurs (1) Récepteurs stimulés par les modifications de pression. (2) Terminaisons nerveuses des corpuscules carotidiens et de la crosse de l'aorte qui sont sensibles à l'étirement du vaisseau.

Barrière hémato-encéphalique Mécanisme qui inhibe le passage des substances du sang aux tissus de l'encéphale; traduit l'imperméabilité relative des capillaires de l'encéphale.

Base Accepteur de protons; substance pouvant se lier avec les ions hydrogènes.

Basophile *Voir* granulocyte basophile.

Bassin Structure osseuse composée de la ceinture pelvienne, du sacrum et du coccyx; aussi appelé pelvis.

Bassinet du rein Structure en forme d'entonnoir dans laquelle s'ouvrent les calices majeurs du rein et dont le sommet se prolonge par la portion proximale de l'urètre.

Bénin Non cancéreux ou non malin.

Biceps Constitué de deux chefs; se dit surtout de certains muscles.

Bile Fluide jaune-verdâtre ou brunâtre élaboré et sécrété par le foie, emmagasiné dans la vésicule biliaire et libéré dans l'intestin grêle; contient les sels biliaires et la bilirubine.

Bilirubine Pigment jaune de la bile.

Biopsie des villosités choriales Épreuve d'évaluation du fœtus dans laquelle des fragments des villosités choriales sont prélevés afin d'établir le caryotype. Cette épreuve peut s'effectuer dès la huitième semaine de gestation.

Blastocyste Stade du début du développement embryonnaire où les cellules forment une cavité remplie de liquide.

Bloc cardiaque Trouble de la transmission des influx de l'oreillette au nœud auriculo-ventriculaire qui cause des arythmies.

Bol alimentaire Masse arrondie de nourriture préparée par la bouche avant la déglutition.

Bourgeons gustatifs Récepteurs sensoriels où sont localisées les cellules gustatives; réagissent aux substances chimiques présentes dans les aliments en solution.

Bourse Sac fibreux aplati tapissé de membrane synoviale; située entre des os et des tendons de muscles (ou d'autres structures), contribue à réduire la friction au cours des mouvements.

Bradycardie Fréquence cardiaque inférieure à 60 battements par minute.

Bronches Ensemble des conduits aériens qui proviennent de la trachée et pénètrent dans les bronches; leurs nombreuses ramifications forment l'arbre bronchique.

Brûlure Lésion infligée par la chaleur intense, l'électricité, les radiations ou certains produits chimiques; la dénaturation des protéines cause la mort des cellules dans les régions atteintes.

Bulbe rachidien Partie inférieure du tronc cérébral.

C

Cæcum Segment en cul-de-sac constituant la portion initiale du gros intestin.

Cal Tissu de réparation (fibreux ou osseux) apparaissant au siège d'une fracture.

Calcitonine Hormone libérée par la glande thyroïde qui entraîne une diminution de la concentration sanguine de calcium; aussi appelée thyrocalcitonine.

Calcul Concrétion solide se formant dans un organe.

Calice rénal Extension en forme de coupe qui se déverse dans le bassinet du rein.

Canal central de l'ostéon Canal renfermant de minuscules vaisseaux sanguins et des neurofibres qui desservent les ostéocytes.

Canalicule Petit canal ou passage tubulaire.

Canaux de Wolkmann *Voir* canaux perforants de l'os compact.

Canaux perforants de l'os compact Canaux orientés perpendiculairement par rapport à l'axe de l'ostéon; permettent les connexions nerveuses et vasculaires entre le périoste, les canaux centraux de l'ostéon et le canal médullaire; aussi appelés canaux de Wolkmann.

Cancer Néoplasme malin et invasif qui peut se propager dans tout l'organisme et à toutes les structures par l'intermédiaire de la circulation sanguine ou lymphatique.

Capacité vitale Volume de gaz qui peut être expulsé des poumons au cours d'une expiration forcée faite après une inspiration forcée; volume total de l'air que l'on peut échanger avec l'environnement.

Capillaires Plus petits des vaisseaux sanguins ou lymphatiques; les capillaires sont le siège des échanges entre le sang ou la lymphe et le liquide interstitiel.

Capping Mécanisme possible de l'activation des lymphocytes B, dans lequel des antigènes multivalents se lieraient à plusieurs récepteurs adjacents sur la membrane plasmique d'un lymphocyte B.

Capsule articulaire Capsule composée de deux couches de tissus, dont une capsule fibreuse externe tapissée de la membrane synoviale; entoure la cavité d'une articulation synoviale.

Capsule de Bowman *Voir* capsule glomérulaire.

Capsule interne Bande de neurofibres de projection qui passe entre les noyaux gris centraux et le thalamus.

Capsule glomérulaire rénale Coupe à double paroi située à l'extrémité proximale d'un tubule rénal; renferme un glomérule; aussi appelée capsule de Bowman.

Caractères sexuels secondaires Caractères anatomiques, non associés directement à la reproduction, qui se développent sous l'influence des hormones sexuelles (type de développement musculaire, croissance des os, distribution des poils, etc.).

Cartilage Tissu conjonctif blanc et semi-opaque.

Cartilage de conjugaison Plaque de cartilage hyalin localisée à la jonction de la diaphyse et de l'épiphyse; permet la croissance en longueur des os longs.

Caryotype Chromosomes (nombre diploïde), présentés en paires de chromosomes homologues disposés des plus longs aux plus courts (X et Y sont disposés selon leur grosseur plutôt qu'en paire).

Catabolisme Processus par lequel les cellules vivantes dégradent les molécules en molécules plus simples; p. ex. dégradation du glucose dans le cycle de la glycolyse.

Catécholamines Adrénaline et noradrénaline.

Cation Ion portant une charge positive.

Caudal Littéralement, vers la queue; chez les humains, portion inférieure du corps.

Ceinture pelvienne Ceinture formée par les deux os coxaux; relie les membres inférieurs au squelette axial.

Ceinture scapulaire Os qui relient les membres supérieurs au squelette axial; comprend la clavicule et la scapula.

Cellule Unité de base de la structure et du fonctionnement des organismes vivants; plus petite quantité de matière capable d'accomplir les fonctions physiologiques reliées à la vie.

Cellules caliciformes Cellules qui produisent du mucus (glandes unicellulaires).

Cellule cible Cellule capable de réagir à une hormone parce qu'elle porte sur sa membrane plasmique les récepteurs auxquels l'hormone peut se lier.

Cellules interstitielles (cellules de Leydig) Cellules situées dans le tissu conjonctif lâche qui recouvre les tubules séminifères; synthétisent les androgènes (en particulier la testostérone) et les libèrent dans le liquide interstitiel où elles baignent.

Cellules mémoires Cellules du clone des lymphocytes B et T qui sont responsables de la mémoire immunitaire.

Cellulose Polymère du glucose qui est le principal constituant des tissus végétaux.

Centre vasomoteur Région de l'encéphale qui intervient dans la régulation de la résistance des vaisseaux sanguins.

Centriole Minuscule organite localisé près du noyau de la cellule; participe à la division cellulaire.

Centrosome Région située près du noyau; renferme une paire d'organites appelés centrioles placés perpendiculairement l'un par rapport à l'autre.

Cercle artériel du cerveau Anastomose artérielle située à la base du cerveau.

Cerveau Hémisphères cérébraux et structures du diencéphale.

Cervelet Région de l'encéphale recouvrant la partie postérieure du tronc cérébral; synchronise les mouvements des muscles squelettiques.

Cétose État anormal dans lequel la production excessive de corps cétoniques cause une acidose ou acidocétose; variété d'acidose s'observant chez le diabétique en état d'hyperglycémie ou chez l'individu en état de jeûne.

Chimiorécepteurs Récepteurs sensibles aux substances chimiques en solution.

Chimiorécepteurs de la crosse de l'aorte Récepteurs sensibles aux variations du pH du sang et aux fluctuations des concentrations sanguines d'oxygène et de gaz carbonique.

Chimiotactisme Mouvement d'une cellule, d'un organisme ou d'une partie d'un organisme le rapprochant ou l'éloignant d'une substance chimique.

Cholécystokinine (CCK) Hormone intestinale qui stimule la contraction de la vésicule biliaire et la libération du suc pancréatique.

Cholestérol Stéroïde présent dans les graisses animales ainsi que dans la majorité des tissus; constituant important de la membrane plasmique; synthétisé par le foie.

Chondroblaste Cellule du cartilage qui se divise par mitose.

Chondrocyte Cellule mature du cartilage.

Chorion Membrane fœtale la plus superficielle; contribue à former le placenta.

Choroïde Tunique moyenne vasculaire de l'œil.

Chromatine Structure du noyau qui porte les gènes; constituée d'une molécule d'ADN associée à des protéines.

Chromosomes Bâtonnets constitués de chromatine enroulée; visibles au cours de la division cellulaire.

Chromosomes sexuels Chromosomes (X et Y) qui déterminent le sexe génétique (XX = femme; XY = homme); constituent la 23e paire de chromosomes.

Chyme Masse crémeuse et semi-liquide composée d'aliments partiellement digérés et du suc gastrique.

Cils Petites projections qui bougent à l'unisson à la surface de certaines cellules.

Circulation pulmonaire Réseau de vaisseaux sanguins qui permet les échanges gazeux dans les poumons; composé des artères, des capillaires alvéolaires et des veines pulmonaires.

Circulation splanchnique Réseau de vaisseaux sanguins qui dessert le système digestif.

Circulation systémique Réseau de vaisseaux sanguins qui permet les échanges gazeux et l'apport de nutriments dans les tissus.

Circumduction Mouvement par lequel un membre décrit un cône dans l'espace.

Cirrhose Maladie chronique du foie, caractérisée par la croissance excessive de tissu conjonctif.

Citerne du chyle Sac situé à la base du conduit thoracique; origine du conduit thoracique.

Clones Descendants d'une même cellule.

Cochlée Cavité spiralée et conique du labyrinthe osseux qui abrite le récepteur de l'audition (organe spiral).

Code génétique Information encodée dans la séquence des bases de nucléotides des chaînes d'ADN (chromatine).

Cœlome Cavité ventrale du corps.

Coenzyme Substance non protéique associée à une enzyme, qu'elle active; généralement une vitamine.

Cofacteur Ions d'un métal ou molécule organique nécessaire à l'activité enzymatique.

Colloïde Mélange dans lequel les particules de soluté ne se déposent pas et ne passent pas à travers les membranes naturelles.

Commotion Léger traumatisme du cerveau; la victime peut perdre connaissance brièvement, mais n'aura aucune séquelle neurologique.

Complément Système composé de protéines circulant dans le sang et qui, lorsqu'elles sont activées, accentuent les réactions inflammatoire et immunitaire et peuvent mener à la cytolyse.

Composé Substance constituée de deux ou plusieurs éléments, dont les atomes sont unis par des liaisons chimiques.

Conduction saltatoire Transmission d'un potentiel d'action le long d'un axone myélinisé où le signal électrique semble sauter d'un nœud de Ranvier à l'autre.

Conductivité Capacité de transmettre un courant électrique.

Conduit thoracique Conduit qui reçoit la lymphe provenant de la partie inférieure du corps, du membre supérieur gauche et du côté gauche de la tête et du thorax.

Cônes Un des deux types de photorécepteurs de la rétine de l'œil; permet la vision des couleurs.

Congénital Présent à la naissance.

Congestion pulmonaire Augmentation de la pression sanguine dans la circulation pulmonaire provoquant un œdème des tissus; causée par l'insuffisance du cœur gauche.

Conjonctive Mince muqueuse protectrice qui tapisse les paupières et recouvre la surface antérieure de l'œil.

Contraception Prévention de la conception; régulation des naissances.

Contraction Action de se tendre ou de se raccourcir; capacité très développée dans les cellules musculaires.

Contraction isométrique Contraction dans laquelle les muscles ne raccourcissent pas (la charge est trop lourde) mais la tension augmente à l'intérieur des cellules musculaires.

Contraction isotonique Contraction dans laquelle la tension musculaire reste la même et le muscle raccourcit.

Controlatéral Opposé; travaillant à l'unisson avec une structure similaire située de l'autre côté du corps.

Contusion Lésion du cerveau qui s'accompagne de la destruction de tissus. Les contusions graves du tronc cérébral provoquent toujours la perte de conscience.

Cordon ombilical Structure composée de deux artères et d'une veine; relie le fœtus au placenta.

Cornée Portion antérieure transparente du globe oculaire; fait partie de la tunique fibreuse.

Corps pinéal Portion hormonopoïétique du diencéphale qui interviendrait dans le réglage de l'horloge biologique et influerait sur les fonctions de reproduction; aussi appelé glande pinéale.

Corpuscules carotidiens Récepteurs sensibles aux variations des concentrations sanguines d'oxygène et de gaz carbonique et du pH sanguin; situés à la bifurcation de l'artère carotide commune.

Cortex Couche superficielle d'un organe.

Cortex cérébral Région superficielle de substance grise des hémisphères cérébraux; constitué par les corps cellulaires des neurones.

Corticostéroïdes Hormones stéroïdes libérées par la corticosurrénale.

Corticosurrénale Portion externe, la plus volumineuse, de la glande surrénale.

Corticotrophine (ACTH) Hormone adénohypophysaire qui influe sur le fonctionnement de la corticosurrénale.

Cortisol Glucocorticoïde produit par le cortex surrénal.

Couche de valence Dernier niveau d'énergie d'un atome qui contienne des électrons.

Coupe Incision pratiquée le long d'une ligne imaginaire à travers le corps (ou un organe) selon un plan particulier; mince tranche de tissu préparée pour l'examen au microscope.

Créatine-phosphate Composé qui peut servir de source d'énergie aux muscles.

Créatinine Déchet azoté qui n'est pas réabsorbé par le rein; cette caractéristique la rend utile pour la mesure de la vitesse de filtration glomérulaire et l'évaluation de la fonction glomérulaire.

Crêtes ampullaires Récepteurs sensoriels situés dans les ampoules des conduits semi-circulaires de l'oreille interne; récepteur de l'équilibre dynamique.

Croissance Augmentation du volume (généralement due à une augmentation du nombre de cellules); révèle que l'anabolisme excède le catabolisme.

Cutané Relatif à la peau.

Cycle de Krebs Voie métabolique se déroulant dans les mitochondries; oxyde des métabolites des aliments, termine la dégradation des nutriments et libère du CO_2; c'est le cycle qui permet à la chaîne respiratoire de transport d'électrons de produire le plus d'ATP.

Cycle ovarien Cycle mensuel composé du développement du follicule, de l'ovulation et de la formation du corps jaune dans un ovaire.

Cytochromes Protéines de couleurs vives contenant du fer qui forment une partie de la membrane interne des mitochondries et jouent le rôle de transporteurs d'électrons dans la phosphorylation oxydative.

Cytocinèse Division du cytoplasme qui se produit une fois que le noyau a fini de se diviser.

Cytoplasme Matériau cellulaire entourant le noyau et situé à l'intérieur de la membrane plasmique.

D

Débit cardiaque Volume de sang éjecté par un ventricule en une minute.

Débit sanguin Quantité de sang circulant dans un vaisseau ou un organe pendant une période déterminée.

Décibel Unité de mesure de l'intensité relative des sons.

Défécation Élimination du contenu des intestins (fèces).

Déficit immunitaire Trouble résultant de la production ou du fonctionnement inadéquats des cellules immunitaires ou de certaines molécules (complément, anticorps, etc.) nécessaires à la réaction immunitaire normale.

Dégénérescence wallérienne Processus de désintégration d'un axone qui survient après un sectionnement ou un écrasement empêchant l'axone de recevoir des nutriments du corps cellulaire.

Délai d'action synaptique Temps requis pour qu'un influx soit transmis à travers la fente synaptique entre deux neurones.

Dénaturation Modification de la structure d'une protéine résultant de la rupture des liaisons hydrogène sous l'action de la chaleur par exemple.

Dendrite Prolongement ramifié du neurone qui sert de région réceptrice; transmet l'influx nerveux vers le corps cellulaire.

Dépolarisation Changement de la polarité de part et d'autre de la membrane plasmique; perte ou réduction du potentiel de membrane négatif.

Dermatome Portion de somite du mésoderme qui donne le derme de la peau; également, région de la peau innervée par les branches cutanées d'un nerf rachidien.

Derme Couche de la peau sous-jacente à l'épiderme; composé de tissu conjonctif dense irrégulier.

Désamination Retrait d'un groupement amine d'un composé organique.

Désavantage mécanique Situation présente lorsque la charge se situe loin du point d'appui et que la force est appliquée près du point d'appui; la force doit être plus grande que la charge à déplacer.

Déshydratation Perte excessive d'eau.

Desmosome Jonction cellulaire constituée par des épaississements des membranes plasmiques unis par des tonofilaments.

Dette d'oxygène Quantité d'oxygène supplémentaire qui devra être consommée pour que l'acide lactique qui s'est formé pendant une période d'exercice soit utilisé dans la production d'ATP.

Diabète insipide Maladie caractérisée par l'élimination d'une grande quantité d'urine diluée accompagnée d'une soif intense et de déshydratation; causée par la libération inadéquate de l'hormone antidiurétique.

Diabète sucré Maladie causée par la libération insuffisante d'insuline, rendant les cellules incapables d'utiliser le glucose.

Dialyse Diffusion de solutés à travers une membrane semi-perméable.

Diapédèse Passage de globules blancs entre les cellules endothéliales de la paroi intacte d'un capillaire sanguin jusque dans le liquide interstitiel.

Diaphragme (1) Toute cloison ou paroi séparant une région d'une autre; (2) muscle qui sépare la cavité thoracique de la cavité abdomino-pelvienne.

Diaphyse Corps allongé d'un os long.

Diarthrose Articulation totalement mobile.

Diastole Période de la révolution cardiaque pendant laquelle les oreillettes ou les ventricules sont relâchés.

Diencéphale Partie du prosencéphale située entre les hémisphères cérébraux et le mésencéphale; comprend le thalamus, le troisième ventricule et l'hypothalamus.

Diffusion Dispersion des particules dans un gaz ou une solution selon un gradient de concentration; mène à la répartition uniforme des particules.

Digestion Processus chimique ou mécanique de dégradation des aliments en nutriments que l'organisme peut absorber.

Disaccharide Littéralement, deux sucres; le sucrose et le lactose sont des disaccharides.

Disques intercalaires Jonctions ouvertes qui relient les cellules du myocarde et participent activement à la propagation de leur dépolarisation.

Disques intervertébraux Disques de tissu fibrocartilagineux situés entre les vertèbres.

Distal Éloigné du point d'attache d'un membre ou de l'origine d'une structure.

Diurétiques Substances chimiques qui accroissent le débit urinaire.

Diverticule Poche ou sac dans la paroi d'une structure ou d'un organe creux.

Dorsal Vers le dos ou au dos du corps; postérieur.

Douleur projetée Douleur perçue à un endroit différent de celui d'où elle provient.

Duodénum Première partie de l'intestin grêle.

Dure-mère Plus superficielle et plus résistante des trois méninges (membranes) qui recouvrent l'encéphale et la moelle épinière.

E

Eau d'oxydation Eau produite dans les mitochondries durant le métabolisme cellulaire (environ 10 % de l'eau de l'organisme).

Ectoderme Feuillet embryonnaire primitif; forme l'épiderme de la peau et ses dérivés ainsi que les tissus nerveux.

Effecteur Organe, glande ou muscle pouvant être activé par des terminaisons nerveuses.

Efférent Qui conduit loin ou en éloignant; se dit surtout d'une neurofibre qui conduit les influx provenant du système nerveux central vers un effecteur musculaire ou glandulaire.

Électrocardiogramme (ECG) Enregistrement graphique de l'activité électrique du cœur.

Électroencéphalogramme Enregistrement graphique de l'activité électrique des cellules nerveuses de l'encéphale.

Électrolytes Substances chimiques, comme les sels, les acides et les bases, qui s'ionisent et se dissocient dans l'eau et sont capables de conduire un courant électrique.

Électron Particule subatomique de charge négative en orbite autour du noyau de l'atome.

Élément Une des substances fondamentales de matière qui composent toutes les autres substances; par exemple, carbone, hydrogène, oxygène.

Éléments figurés Érythrocytes, leucocytes et plaquettes.

Embolie Obstruction d'un vaisseau sanguin par un embole (caillot sanguin, masse adipeuse, bulle d'air, etc.) flottant dans le sang.

Embryoblaste Amas de cellules situé dans le blastocyste et donnant naissance à l'embryon.

Embryon Nom du produit de la conception, de la gastrulation à la huitième semaine de gestation.

Encéphalite Inflammation de l'encéphale.

Endocarde Membrane de tissu endothélial qui tapisse l'intérieur du cœur.

Endocytose Mécanisme de transport actif qui permet l'entrée des grosses particules et des macromolécules dans la cellule; comprend la phagocytose, la pinocytose et l'endocytose par médiateur interposé.

Endoderme Feuillet embryonnaire primitif; forme la muqueuse du tube digestif et la majorité de ses structures annexes.

Endomètre Muqueuse qui tapisse la cavité interne de l'utérus.

Endomysium Mince couche de tissu conjonctif qui entoure chaque cellule musculaire.

Endothélium Couche d'une épaisseur de cellules pavimenteuses qui tapisse les cavités internes du cœur, des vaisseaux sanguins et des vaisseaux lymphatiques.

Énergie Capacité d'accomplir un travail; peut être emmagasinée (énergie potentielle) ou en action (énergie cinétique).

Énergie chimique Énergie emmagasinée dans les liaisons des substances chimiques.

Énergie d'activation Énergie nécessaire pour que les réactifs puisse amorcer la réaction chimique.

Enzyme Protéine qui constitue un catalyseur biologique accélérant la vitesse des réactions chimiques.

Éosinophile *Voir* granulocyte éosinophile.

Épiderme Couche superficielle de la peau; composé d'un épithélium pavimenteux stratifié kératinisé.

Épididyme Portion des voies spermatiques où les spermatozoïdes accomplissent leur maturation; se déverse dans le conduit déférent.

Épiglotte Cartilage élastique situé dans l'arrière-gorge; recouvre l'orifice du larynx (glotte) pendant la déglutition.

Épimysium Feuillet de tissu conjonctif fibreux qui entoure un muscle.

Épiphyse Extrémité d'un os long, attaché à son corps.

Épithélial Relatif au tissu primaire qui recouvre la surface du corps, tapisse ses cavités et forme les glandes.

Épithélium de la région olfactive Récepteur sensoriel de la cavité nasale contenant les cellules olfactives qui réagissent aux substances chimiques en solution dans l'air.

Équilibre acido-basique Situation dans laquelle le pH du sang se maintient entre 7,35 et 7,45.

Équilibre dynamique Sens qui perçoit les mouvements angulaires ou rotatifs de la tête dans l'espace.

Équilibre statique Sens de la position de la tête dans l'espace par rapport à la force gravitationnelle.

Érythrocytes Globules rouges.

Érythropoïèse Processus d'élaboration des érythrocytes dans la moelle rouge des os.

Érythropoïétine Hormone sécrétée par les reins qui stimule la production des globules rouges.

Excitabilité Capacité de réagir à un stimulus.

Excrétion Élimination des déchets de l'organisme.

Exercice aérobique (d'endurance) Exercice comme la bicyclette, la natation et le jogging, qui améliore l'efficacité du métabolisme des muscles et de tout le reste du corps; améliore l'endurance, la force et la résistance à la fatigue.

Exercices contre résistance Exercices intenses dans lesquels une forte résistance ou un poids immobile est opposé aux muscles; font augmenter le volume des cellules musculaires.

Exocytose Mécanisme de transport actif de la membrane plasmique permettant le passage de substances de l'intérieur vers l'extérieur de la cellule au moyen d'un sac membraneux (vésicule d'exocytose) qui fusionne avec la membrane plasmique.

Exogène Provenant de l'extérieur d'un organe, d'une structure ou de l'organisme.

Expiration Expulsion de l'air des poumons, exhalation.

Exsudat Substance composée de liquide, de pus ou de cellules qui se sont échappés des vaisseaux sanguins et se sont déposés dans les tissus.

Extérocepteur Récepteur sensoriel qui réagit aux stimulus provenant de l'environnement.

Extrinsèque Dont l'origine est externe.

F

Face antérieure Devant d'un organisme, d'un organe ou d'une structure; face ventrale.

Facteur de stress Stimulus qui, directement ou indirectement, provoque le déclenchement de réactions visant à réduire le stress par l'hypothalamus; p. ex. réaction de lutte ou de fuite.

Facteur intrinsèque Substance produite par l'estomac qui est nécessaire à l'absorption de la vitamine B_{12} dans l'intestin grêle.

Facteur natriurétique auriculaire Hormone libérée par certaines cellules des oreillettes du cœur; réduit la pression artérielle et le volume sanguin en inhibant presque tous les mécanismes qui favorisent la vasoconstriction et la rétention d'eau et de sodium.

Faisceau auriculo-ventriculaire Amas de fibres spécialisées qui transmettent les influx du nœud auriculo-ventriculaire aux ventricules droit et gauche.

Faisceaux Dans le système nerveux central, regroupement de neurofibres qui prennent naissance et se terminent au même endroit et qui partagent la même fonction.

Fascia Enveloppe fibreuse constituée de tissu conjonctif dense qui recouvre et sépare des structures anatomiques (p. ex. les muscles).

Fèces Substance éliminée par les intestins; composées de résidus d'aliments, de sécrétions et de bactéries.

Fécondation Union du spermatozoïde et de l'ovule.

Fenestré Percé d'une ou de plusieurs petites ouvertures.

Fente synaptique Espace rempli de liquide au niveau de la synapse.

Feuillets embryonnaires Trois couches de cellules (ectoderme, mésoderme et endoderme) qui représentent la spécialisation initiale des cellules du corps embryonnaire et qui donnent naissance à tous les autres tissus de l'organisme.

Fibre musculaire Cellule musculaire.

Fibres collagènes Plus abondant des trois types de fibres de la matrice du tissu conjonctif; constituées surtout d'une protéine fibreuse appelée collagène.

Fibres élastiques Fibres constituées d'une protéine appelée élastine, qui rend la matrice du tissu conjonctif élastique et caoutchouteuse.

Fibres réticulées Fin réseau de fibres du tissu conjonctif qui forme la charpente interne des organes lymphatiques.

Fibrine Protéine fibreuse et insoluble qui se forme au cours de la coagulation sanguine.

Fibrinogène Protéine sanguine soluble transformée en fibrine au cours de la coagulation sanguine.

Fibroblaste Cellule jeune qui se divise par mitose et produit les fibres de la matrice des tissus conjonctifs.

Fibrocyte Fibroblaste mature; entretient la matrice des tissus conjonctifs fibreux.

Filtrat Liquide dérivé du plasma au niveau de la capsule glomérulaire rénale et traité le long des tubules rénaux afin de former l'urine.

Filtration Passage d'un solvant et de substances dissoutes à travers une membrane ou un filtre.

Fissure (1) Sillon ou fente; (2) Plus profonds des replis ou dépressions du cerveau.

Fixateur Muscle qui immobilise un ou plusieurs os, afin que d'autres muscles impriment des mouvements à partir d'une base stable.

Flagelle Long prolongement de la membrane plasmique de certaines bactéries et des spermatozoïdes; propulse la cellule.

Fœtus Nom du produit de la conception, de la neuvième semaine de développement jusqu'à la naissance.

Follicule (1) Structure ovarienne composée d'un ovule en voie de développement entouré d'une ou plusieurs couches de cellules folliculaires; (2) structure de la glande thyroïde renfermant du colloïde.

Follicule de De Graaf Follicule ovarien arrivé à maturité.

Follicule pileux Structure épithéliale entourant la racine d'un cheveu et à partir de laquelle le cheveu se développe.

Fond Base d'un organe; partie la plus éloignée de l'ouverture de l'organe.

Foramen Orifice ou ouverture dans un os ou entre deux cavités.

Formation réticulée Système fonctionnel qui s'étend à travers le tronc cérébral; intervient dans la régulation des influx se dirigeant vers le cortex cérébral, maintient celuici en état de veille et régit le comportement moteur.

Fosse Dépression évasée au niveau de son ouverture ou surface articulaire.

Fosse de l'acétabulum Cuvette hémisphérique profonde située sur la face externe de l'os iliaque.

Fovéa Dépression en forme de coupe.

Fuseau neuromusculaire Récepteur encapsulé présent dans les muscles squelettiques; sensible à l'étirement.

G

Gaine de myéline Gaine isolante et lipidique qui recouvre la majorité des axones du système nerveux.

Gamète Cellule sexuelle; spermatozoïde ou ovule.

Gamétogenèse Processus de formation des gamètes.

Ganglion (1) Groupe de corps cellulaires de neurones situés à l'extérieur du SNC; (2) petit organe lymphatique qui filtre la lymphe renferme des macrophages et des lymphocytes.

Gastrulation Étape du développement qui donne naissance aux trois feuillets embryonnaires primitifs (ectoderme, mésoderme, endoderme).

Gène Une des unités biologiques de l'hérédité situées dans la chromatine du noyau cellulaire; transmet l'information héréditaire.

Génotype Matériel génétique d'une personne.

Gestation Période de la grossesse, environ 280 jours.

Glande Organe spécialisé qui sécrète ou excrète des substances qui seront utilisées par l'organisme ou éliminées.

Glande apocrine Variété la moins abondante de glande sudoripare; fabrique une sécrétion contenant de l'eau, des sels, des protéines et des acides gras.

Glande pinéale *Voir* corps pinéal.

Glande sébacée Glande épidermique qui produit une sécrétion huileuse appelée sébum.

Glande sudoripare Glande épidermique qui produit la sueur.

Glande thyroïde Une des plus grosses glandes endocrines; elle repose sur la trachée.

Glandes endocrines Glandes dépourvues de conduits qui déversent leurs sécrétions hormonales directement dans le sang.

Glandes exocrines Glandes dotées de conduits qui transportent leurs sécrétions.

Glandes holocrines Glandes qui accumulent les sécrétions à l'intérieur de leurs cellules; les sécrétions sont libérées au moment de la rupture et de la mort de la cellule.

Glandes mammaires Glandes sécrétrices de lait situées dans les seins.

Glandes mérocrines Glandes qui produisent des sécrétions par intermittence; les sécrétions ne s'accumulent pas dans la glande.

Glandes parathyroïdes Petites glandes endocrines situées sur la face postérieure de la glande thyroïde et qui sécrètent la parathormone.

Glandes surrénales Glandes hormonopoïétiques situées au-dessus des reins; chacune est formée d'une médullosurrénale et d'une corticosurrénale.

Globule blanc *Voir* leucocyte.

Glomérule Amas de capillaires artériels associé à la capsule glomérulaire du néphron; produit le filtrat glomérulaire.

Glotte Ouverture entre les cordes vocales dans le pharynx.

Glucagon Hormone élaborée par les cellules alpha des îlots pancréatiques; augmente la concentration sanguine de glucose.

Glucide Composé organique contenant du carbone, de l'hydrogène et de l'oxygène; comprend l'amidon, les sucres et la cellulose.

Glucocorticoïdes Hormones de la corticosurrénale qui augmentent la concentration sanguine de glucose et contribuent à la résistance aux facteurs de stress.

Gluconéogenèse Synthèse de glucose à partir de molécules non glucidiques tels les acides aminés, le glycérol et l'acide lactique.

Glucose Principal glucide sanguin; un hexose.

Glycémie Concentration sanguine de glucose.

Glycérol Monosaccharide modifié; constituant des triglycérides et des phospholipides.

Glycocalyx Couche de glycoprotéines localisées à la surface de la membrane plasmique; détermine le groupe sanguin, intervient dans les interactions cellulaires et la fécondation, le développement embryonnaire et l'immunité; joue le rôle d'un adhésif entre les cellules.

Glycogène Principal glucide emmagasiné dans les cellules animales; polysaccharide.

Glycogenèse Synthèse du glycogène à partir du glucose.

Glycolyse Dégradation du glucose en acide pyruvique; donne de l'énergie servant à la synthèse d'ATP.

Glygogénolyse Dégradation du glycogène en glucose.

Gonade Principal organe génital, c'est-à-dire testicules chez l'homme et ovaires chez la femme.

Gonadocorticoïdes Hormones sexuelles, et particulièrement androgènes, sécrétées par la corticosurrénale.

Gonadotrophines Hormones qui régissent le fonctionnement des gonades; produites par l'adénohypophyse.

Gradient de concentration Différence de concentration d'une substance dans deux régions différentes.

Gradient de pression Différence de pression entre deux régions qui sont en communication; p. ex. le gradient de pression hydrostatique entre le sang et le liquide interstitiel, qui permet au plasma de sortir des capillaires sanguins.

Gradient électrochimique Distribution des ions faisant intervenir un gradient chimique et un gradient électrique, qui interagissent pour déterminer la direction de la diffusion.

Granulocyte basophile Globule blanc dont les granulations se teintent en violet sombre avec des colorants basiques; son noyau est relativement pâle; aussi appelé basophile.

Granulocyte éosinophile Globule blanc dont les abondantes granulations ont une grande affinité pour un colorant appelé éosine; aussi appelé éosinophile.

Granulocyte neutrophile Type de globule blanc le plus abondant; aussi appelé neutrophile.

Gyrus Saillies de tissu à la surface du cortex cérébral; aussi appelés circonvolutions.

H

Haptène Antigène incomplet; possède la propriété de réactivité mais non d'immunogénicité.

Hématocrite Proportion d'érythrocytes dans le volume sanguin total.

Hématopoïèse Production des globules sanguins dans la moelle rouge des os; aussi appelée hémopoïèse.

Hème Pigment de la molécule d'hémoglobine contenant du fer; essentiel au transport d'oxygène par les érythrocytes.

Hémocytoblaste Cellule souche de la moelle osseuse qui donne naissance à tous les éléments figurés du sang.

Hémoglobine Molécule présente dans le cytoplasme des érythrocytes; participe au transport de l'oxygène et du gaz carbonique dans le sang.

Hémogramme Épreuve clinique comprenant la numération de tous les éléments figurés ainsi que la mesure de la concentration de l'hémoglobine et d'autres indicateurs de la fonction sanguine.

Hémolyse Rupture des érythrocytes.

Hémophilie Terme général désignant plusieurs affections héréditaires de la coagulation sanguine qui produisent des signes et des symptômes semblables.

Hémopoïèse *Voir* hématopoïèse.

Hémorragie Écoulement du sang provoqué par une rupture dans un vaisseau sanguin; saignement.

Hémostase Arrêt du saignement.

Hépatite Inflammation du foie.

Hernie Saillie anormale d'un organe ou d'une structure à travers la paroi d'une cavité.

Hile Échancrure d'un organe où pénètrent et sortent les vaisseaux sanguins et lymphatiques ainsi que les nerfs.

Histamine Substance qui cause une vasodilatation et une augmentation de la perméabilité vasculaire; sécrétée principalement durant la réaction inflammatoire.

Histologie Branche de l'anatomie étudiant la structure microscopique des tissus.

Homéostasie État d'équilibre dynamique de l'organisme; maintien de la stabilité du milieu interne.

Homolatéral Situé du même côté.

Homologue Structures ou organes apparentés sur le plan de la structure mais non sur celui de la fonction.

Hormone antidiurétique (ADH) Hormone élaborée par l'hypothalamus et libérée par l'hypophyse postérieure; stimule la réabsorption d'eau par les tubules rénaux; réduit le volume des urines.

Hormone de croissance (GH) Hormone qui stimule la croissance en général; produite par l'adénohypophyse; aussi appelée somatotrophine.

Hormone folliculostimulante (FSH) Hormone sécrétée par l'adénohypophyse qui stimule la maturation du follicule ovarien chez la femme et la production des spermatozoïdes chez l'homme.

Hormone lutéinisante (LH) Hormone sécrétée par l'adénohypophyse qui contribue à la maturation des cellules de l'ovaire et déclenche l'ovulation chez la femme. Chez l'homme, la LH est responsable de la production de la testostérone par les cellules interstitielles du testicule.

Hormones Stéroïdes, amines biogènes ou protéines libérés dans le sang; jouent le rôle de messagers chimiques et règlent des fonctions physiologiques de l'organisme.

Humeur aqueuse Liquide aqueux localisé dans le segment antérieur de l'œil.

Hydrolyse Processus catalysé par une enzyme qui utilise l'eau pour dégrader une molécule en ses constituants.

Hydrophile Qualifie les molécules, ou les parties de molécules, qui interagissent avec l'eau et les particules chargées.

Hydrophobe Qualifie les molécules, ou les parties de molécules, qui n'interagissent qu'avec les molécules non polaires.

Hyperglycémiante Terme employé pour décrire les hormones, tel le glucagon, qui font augmenter la concentration sanguine de glucose.

Hypermétropie Anomalie de la vision dans laquelle l'image des objets rapprochés se forme derrière la rétine.

Hypersensibilité (allergie) État d'un organisme pouvant présenter des manifestations anormales ou pathologiques lorsqu'un antigène spécifique entre dans l'organisme et qu'il réagit avec un anticorps.

Hypertension Haute pression artérielle.

Hypertonique Qui présente une tension ou un tonus excessif ou supérieur à la normale.

Hypertrophie Augmentation du volume d'un tissu ou d'un organe sans relation avec la croissance générale du corps.

Hypoderme Tissu conjonctif sous-cutané; aussi appelé fascia superficiel.

Hypoglycémiante Terme employé pour décrire les hormones, telle l'insuline, qui font diminuer la concentration sanguine de glucose.

Hypophyse Glande neuroendocrine située sous le cerveau; elle assume diverse fonctions, dont la régulation de l'activité des gonades, de la glande thyroïde et de la corticosurrénale ainsi que celle de la lactation et de l'équilibre hydrique.

Hypophyse antérieure *Voir* adénohypophyse.

Hypophyse postérieure *Voir* neurohypophyse.

Hypoprotéinémie Concentration plasmatique anormalement faible de protéines causant une diminution de la pression oncotique.

Hypotension Basse pression artérielle.

Hypothalamus Région du diencéphale qui constitue le plancher du troisième ventricule cérébral; relie le système nerveux somatique, le système nerveux autonome et le système endocrinien.

Hypotonique Qui présente une tension ou un tonus inférieur à la normale.

Hypoxie Apport insuffisant d'oxygène aux tissus.

I

Iléon Dernière partie de l'intestin grêle; situé entre le jéjunum et le cæcum du gros intestin.

Immunité Capacité de l'organisme à résister aux nombreux agents (animés ou inanimés) qui causent des maladies; résistance aux maladies.

Immunité active Immunité acquise lors de la rencontre des cellules du système immunitaire avec un antigène; permet l'acquisition d'une mémoire immunitaire.

Immunité passive Immunité de courte durée résultant de l'introduction d'anticorps provenant d'un animal immunisé ou d'un donneur humain; aucune mémoire immunitaire n'est établie.

Immunocompétence Capacité des cellules immunitaires de l'organisme de reconnaître des antigènes spécifiques (en s'y liant); reflète la présence de récepteurs liés à la membrane plasmique.

Immunoglobuline *Voir* anticorps.

In vitro Dans une éprouvette, sur une lame de verre ou dans un environnement artificiel.

In vivo Dans l'organisme vivant.

Inanimé Qui ne possède pas les caractéristiques de la vie.

Infarctus Région de tissu mort et nécrosé à cause de l'insuffisance de l'apport sanguin; dans l'infarctus du myocarde, c'est une partie du muscle cardiaque qui est détruit.

Inférieur À l'opposé de la tête ou vers le bas d'une structure ou du corps.

Inflammation Réaction de défense non spécifique de l'organisme aux lésions ou à la présence d'agents pathogènes; provoque la dilatation des vaisseaux sanguins et une augmentation de la perméabilité des vaisseaux; indiquée par la rougeur, la chaleur, la tuméfaction et la douleur.

Influx nerveux Onde de dépolarisation qui se propage d'elle-même; aussi appelé potentiel d'action.

Information sensorielle Information recueillie par des millions de récepteurs sensoriels sur les changements qui se produisent tant à l'intérieur qu'à l'extérieur de l'organisme.

Infundibulum (1) Tige de tissu qui relie l'hypophyse à l'hypothalamus; (2) extrémité distale de la trompe utérine.

Inguinal Relatif à la région de l'aine.

Innervation Distribution des nerfs dans une région de l'organisme.

Insertion Point d'attache mobile d'un muscle.

Inspiration Entrée d'air dans les poumons; inhalation.

Insuffisance cardiaque Trouble dans lequel l'action de pompage du cœur est si faible que la circulation sanguine ne réussit pas à répondre aux besoins des tissus.

Insuline Hormone qui augmente la diffusion facilitée du glucose à travers la membrane plasmique des cellules, ce qui fait diminuer la concentration sanguine de glucose.

Intégration Processus continuel par lequel le système nerveux traite et interprète les influx sensoriels et prend des décisions sur ce qui doit être fait.

Interféron Substance chimique synthétisée par des cellules infectées par un virus et pouvant fournir une certaine protection contre ce virus aux cellules non infectées; inhibe la croissance virale.

Intérocepteur Récepteur sensoriel situé dans les viscères; sensible aux stimulus produits dans le milieu interne; aussi appelé viscérocepteur.

Intrinsèque Dont l'origine est interne.

Ion Atome possédant une charge positive ou négative.

Ischémie Diminution de l'irrigation sanguine locale.

Isotopes Formes atomiques différentes du même élément. Les isotopes ne contiennent pas tous le même nombre de neutrons; les isotopes les plus lourds sont souvent radioactifs.

J

Jéjunum Portion de l'intestin grêle située entre le duodénum et l'iléon.

Jonction neuromusculaire Région où un neurone moteur entre en contact avec une cellule musculaire squelettique.

Jonction ouverte Passage entre deux cellules adjacentes; constituée de protéines transmembranaires appelées connexons.

Jonction serrée Région où les membranes plasmiques de cellules adjacentes sont fusionnées.

Joule (J) Unité d'énergie équivalent au travail produit par une force de un newton qui déplace son point d'application de un mètre dans sa propre direction; on utilise généralement le kilojoule (kJ) pour parler des échanges d'énergie associés aux réactions biochimiques.

K

Kératine Protéine insoluble dans l'eau présente dans l'épiderme, les cheveux, les poils et les ongles, grâce à laquelle ces structures sont dures et repoussent l'eau.

Kilojoule (kJ) *Voir* joule.

L

Labyrinthe Cavités osseuses et membranes de l'oreille interne.

Lacrymal Relatif aux larmes.

Lactation Synthèse et sécrétion du lait.

Lacune Petite dépression ou petit espace; dans l'os et le cartilage, les lacunes sont occupées par des cellules.

Lame (1) Couche mince; (2) portion d'une vertèbre située entre l'apophyse transverse et l'apophyse épineuse.

Lamelle Couche, par exemple, dans la matrice osseuse de l'ostéon de l'os compact.

Lamelles interstitielles Lamelles incomplètes situées entre des ostéons intacts ou dans les intervalles entre les ostéons en voie de formation; peuvent également représenter des fragments d'ostéons qui ont été coupés par le remaniement osseux.

Larynx Organe cartilagineux situé entre la trachée et le pharynx.

Latéral Opposé au plan médian du corps; sur la face extérieure de.

Leucocytes Globules blancs; éléments figurés participant à la défense de l'organisme et intervenant dans les réactions inflammatoire et immunitaire.

Leucocytose Augmentation du nombre de leucocytes (globules blancs); résulte généralement d'une attaque de l'organisme par des bactéries.

Liaison chimique Relation énergétique entre des atomes; fait intervenir une interaction entre des électrons.

Liaison covalente Liaison créée par le partage d'électrons entre des atomes.

Liaison hydrogène Liaison faible dans laquelle un atome d'hydrogène forme un pont avec un groupement chargé négativement; importante liaison intramoléculaire présente dans la molécule d'ADN.

Liaison ionique Liaison chimique formée par le transfert d'électrons entre des atomes.

Liaison peptidique Liaison entre le groupement amine d'un acide aminé et le groupement acide d'un autre acide aminé, associé à la perte d'une molécule d'eau; type de liaison se produisant au niveau des ribosomes au cours de la synthèse des protéines.

Ligament Bande de tissu conjonctif dense qui relie des os, des cartilages ou des viscères.

Lipide Composé organique contenant du carbone, de l'hydrogène et de l'oxygène, comme les triglycérides et le cholestérol.

Liquide céphalo-rachidien (LCR) Liquide ressemblant au plasma qui remplit les ventricules du SNC et l'entoure; protège le cerveau et la moelle épinière.

Liquide extracellulaire Liquide situé à l'extérieur des cellules; comprend le plasma et le liquide interstitiel.

Liquide interstitiel Liquide situé entre les cellules des tissus, dans le compartiment interstitiel.

Liquide intracellulaire Liquide présent à l'intérieur de la cellule.

Liquide synovial Liquide sécrété par la membrane synoviale; lubrifie les surfaces articulaires et nourrit les cartilages articulaires.

Lombaire Relatif à la région du dos située entre le thorax et le bassin.

Luette Prolongement du palais mou.

Lumière Espace intérieur d'un tube, d'un vaisseau ou d'un organe creux.

Lymphe Liquide transporté par les vaisseaux du système lymphatique.

Lymphocyte Globule blanc qui provient des cellules souches de la moelle osseuse rouge et qui arrive à maturité dans les organes lymphatiques.

Lymphocytes B Lymphocytes qui déterminent l'immunité humorale; les cellules de leur clone se différencient en plasmocytes producteurs d'anticorps; aussi appelés cellules B.

Lymphocytes T Lymphocytes responsables de l'immunité cellulaire; comprennent les lymphocytes T auxiliaires, cytotoxiques, tueurs et suppresseurs.

Lymphocytes T auxiliaires Lymphocytes qui organisent l'immunité à médiation cellulaire en entrant en contact direct avec d'autres cellules immunitaires et en libérant des substances chimiques appelées lymphokines; interviennent également dans l'immunité humorale en interagissant avec les lymphocytes B qui fabriquent et sécrètent les anticorps.

Lymphocytes T cytotoxiques Lymphocytes T effecteurs qui tuent (lysent) directement les cellules étrangères, les cellules cancéreuses et les cellules de l'organisme infectées par un virus; aussi appelés lymphocytes T tueurs.

Lymphokines Protéines qui interviennent dans les réactions immunitaires à médiation cellulaire et qui accentuent les réactions immunitaire et inflammatoire.

Lysosomes Organites issus de l'appareil de Golgi et renfermant de puissantes enzymes digestives.

Lysozyme Enzyme présente dans la sueur, la salive et les larmes et qui peut détruire certaines bactéries.

M

Macrophage Type de cellules protectrices abondantes dans le tissu conjonctif, le tissu lymphatique et certains organes; phagocytent les érythrocytes, les bactéries et d'autres débris étrangers; joue un rôle important comme présentateur des antigènes aux lymphocytes T et B dans la réaction immunitaire.

Macules Récepteurs de l'équilibre statique localisés dans le vestibule de l'oreille interne.

Malin Relatif aux néoplasmes qui s'étendent et causent la mort, tel le cancer.

Manœuvre de Heimlich Procédé dans lequel l'air présent dans les poumons est utilisé pour expulser un morceau d'aliment logé dans les voies respiratoires.

Mastocytes Cellules immunitaires qui détectent les substances étrangères dans le liquide interstitiel et amorcent la réaction inflammatoire locale contre elles; on les retrouve généralement sous un épithélium ou le long d'un vaisseau sanguin.

Matériau ostéoïde Partie organique de la matrice osseuse.

Matrice extracellulaire Substance sécrétée par les cellules du tissu conjonctif et déterminant les fonctions spécialisées de chaque type de tissu conjonctif; généralement composé de substance fondamentale (liquide à solide) et de fibres (collagènes, élastiques, réticulées).

Méat Orifice externe d'un canal.

Mécanorécepteur Récepteur sensible aux facteurs mécaniques tels que le toucher, la pression, les vibrations et l'étirement.

Médian (médial) Vers ou sur le plan médian du corps; sur la face intérieure de.

Médiastin Région de la cavité thoracique située entre les poumons.

Médulla Portion centrale de certains organes.

Médullosurrénale Portion interne de la glande surrénale.

Méiose Processus de division nucléaire qui réduit de moitié le nombre de chromosomes et donne quatre cellules haploïdes (n); se produit seulement dans certains organes génitaux.

Mélange Substance composée de particules entremêlées qui conservent leurs propriétés particulières; p. ex. solution, colloïde, suspension.

Mélanine Pigment foncé synthétisé par des cellules appelées mélanocytes; donne leur couleur à la peau, aux cheveux et aux poils.

Mélatonine Hormone sécrétée par le corps pinéal qui inhibe la sécrétion de LH-RH par l'hypothalamus; sécrétion maximale pendant la nuit.

Membrane basale Matériau extracellulaire constitué d'une lame basale sécrétée par les cellules épithéliales et d'une lame réticulaire sécrétée par les cellules du tissu conjonctif sous-jacent.

Membrane plasmique Membrane externe de la cellule; composée de phospholipides, de protéines et de cholestérol.

Membranes cellulaires Membranes des divers organites de la cellule et de la cellule elle-même.

Mémoire Stockage et rappel d'expériences passées ou, plus simplement, capacité de se souvenir.

Méninges Membranes protectrices du système nerveux central; de la plus superficielle à la plus profonde, il s'agit de la dure-mère, de l'arachnoïde et de la pie-mère.

Méningite Inflammation des méninges.

Ménopause Période de la vie où des changements hormonaux provoquent l'arrêt de l'ovulation et de la menstruation.

Menstruation Écoulement utérin périodique et cyclique de sang, de sécrétions, de tissus et de mucus qui se produit en l'absence de grossesse chez la femme adulte.

Mésencéphale Partie du tronc cérébral localisée entre le diencéphale et le pont.

Mésenchyme Tissu embryonnaire qui donne naissance à tous les tissus conjonctifs.

Mésentère Double couche de péritoine pariétal qui soutient la plupart des organes de la cavité abdominale.

Mésoderme Feuillet embryonnaire primitif; forme le squelette et les muscles.

Métabolisme Ensemble des réactions chimiques se produisant dans les cellules de l'organisme; ces réactions transforment les différents nutriments en énergie (ATP) utilisable par les cellules ou, à partir de matières premières, font la synthèse de molécules organiques que l'organisme emmagasine ou utilise selon ses besoins; l'anabolisme et le catabolisme sont les deux phases du métabolisme.

Métabolisme basal Vitesse à laquelle l'énergie est dépensée (la chaleur est produite) par l'organisme par unité de temps dans des conditions contrôlées (basales); mesurée 12 heures après un repas, au repos.

Métastase Propagation du cancer d'une structure ou d'un organe à d'autres qui n'y sont pas liés directement; les cellules cancéreuses se propagent par les circulations sanguine et lymphatique.

Microvillosités Minuscules extensions présentes sur la surface libre de certaines cellules épithéliales; accroissent la surface de contact avec l'extérieur.

Miction Action d'uriner; vidange de la vessie.

Millimoles par litre (mmol/L) Unité employée pour mesurer la concentration d'électrolytes dans les liquides organiques.

Minéraux Composés inorganiques présents dans la nature; sels.

Minéralocorticoïdes Hormones stéroïdes de la corticosurrénale qui règlent le métabolisme des électrolytes et l'équilibre hydrique.

Mitochondries Organites cytoplasmiques responsables de la synthèse d'ATP, qui permet les activités cellulaires.

Mitose Processus par lequel les chromosomes sont redistribués aux noyaux de deux cellules filles; division nucléaire.

Modèle de la mosaïque fluide Modèle conceptuel des membranes cellulaires selon lequel ces membranes sont des doubles couches de phospholipides où sont intégrées des protéines.

Moelle épinière Tissu nerveux qui s'étend de l'encéphale jusqu'à la première ou la troisième vertèbre lombaire et constitue une voie de conduction des influx (efférents) provenant de l'encéphale et se dirigeant vers lui (afférents).

Molarité Méthode d'expression de la concentration d'une solution en fonction du nombre de moles de soluté par litre de solution.

Molécules inorganiques Substances chimiques ne contenant pas de carbone, comme l'eau et les sels.

Molécules non polaires Molécules équilibrées sur le plan électrique.

Molécules polaires Molécules dissymétriques qui contiennent des atomes n'ayant pas la même capacité d'attirer des électrons.

Monocyte Gros leucocyte à un seul noyau; se différencie en macrophage dans le liquide interstitiel du tissu conjonctif et participe aux défenses non spécifique et spécifique de l'organisme; agranulocyte.

Monosaccharide Littéralement, un sucre; composant des glucides; le glucose et le fructose sont des monosaccharides.

Morula Boule de blastomères résultant de la segmentation du produit de la conception.

Mouvement amiboïde Mode de déplacement de certaines cellules dans le compartiment interstitiel au moyen de prolongements cytoplasmiques.

Mucus Enduit visqueux et épais sécrété par les glandes muqueuses et les muqueuses; humecte la surface libre des membranes.

Muqueuses Membranes constituées de cellules épithéliales qui tapissent les cavités du corps s'ouvrant sur l'extérieur (voies respiratoires, urinaires et génitales, et tube digestif).

Muscle lisse Muscle constitué de cellules ayant la forme de fuseaux; ne présente pas de stries; muscle involontaire.

Muscle sphincter pylorique Valve de l'extrémité distale de l'estomac qui règle l'entrée des aliments partiellement digérés dans le duodénum.

Muscle squelettique Muscle composé de cellules cylindriques multinucléées présentant des stries évidentes; muscle qui s'attache au squelette; muscle volontaire.

Muscle volontaire Muscle soumis à la volonté; muscle squelettique.

Muscles arrecteurs des poils Muscles minuscules fixés aux follicules pileux; leur contraction provoque le redressement du poil.

Muscles extrinsèques de l'œil Les six muscles squelettiques qui s'insèrent sur l'œil et produisent ses mouvements.

Myélencéphale Dernière partie du rhombencéphale donnant le bulbe rachidien.

Myocarde Tunique de la paroi du cœur composée de cellules musculaires cardiaques.

Myofibres de conduction cardiaque Fibres musculaires cardiaques modifiées qui font partie du système de conduction du cœur.

Myofibrille Fuseau circulaire de filaments contractiles (myofilaments) présents dans les cellules musculaires.

Myofilament Filament qui compose les myofibrilles; peut être constitué d'actine ou de myosine.

Myoglobine Pigment sur lequel se fixe l'oxygène dans les muscles squelettiques.

Myogramme Enregistrement graphique de l'activité contractile mécanique produit par un appareil qui mesure la contraction musculaire.

Myomètre Épaisse couche musculaire de l'utérus.

Myopie Anomalie de la vision dans laquelle l'image des objets éloignés se forme à l'avant de la rétine plutôt que sur la rétine elle-même.

Myosine Une des principales protéines contractiles présentes dans les trois types de tissu musculaire.

N

Nécrose Arrêt définitif et pathologique des processus physiologiques d'une proportion plus ou moins importante des cellules d'un tissu; la mort des cellules entraîne des modifications de la structure anatomique.

Néoplasme Masse anormale de cellules qui se multiplient de manière anarchique; les néoplasmes bénins restent localisés; les néoplasmes malins sont formés de cellules cancéreuses qui peuvent se propager à d'autres organes.

Néphron Unité structurale et fonctionnelle du rein; composé du glomérule et du tubule rénal.

Nerfs crâniens Les 12 paires de nerfs qui émergent de l'encéphale.

Nerfs rachidiens Les 31 paires de nerfs qui émergent de la moelle épinière.

Neurofibre Axone d'un neurone.

Neurofibres adrénergiques Neurofibres qui libèrent de la noradrénaline (un neurotransmetteur) lorsqu'elles sont stimulées.

Neurofibres cholinergiques Terminaisons nerveuses qui libèrent de l'acétylcholine (un neurotransmetteur) lorsqu'elles sont stimulées.

Neurofibres vasomotrices Neurofibres sympathiques qui règlent la contraction du muscle lisse de la paroi des vaisseaux sanguins et, par conséquent, le diamètre des vaisseaux sanguins; ont un effet important sur la pression artérielle.

Neurohypophyse Hypophyse postérieure; portion de l'hypophyse dérivée du tissu nerveux.

Neurone Cellule du système nerveux capable de générer et d'acheminer des influx nerveux; cellule nerveuse.

Neurone afférent Neurone qui transmet les influx nerveux vers le système nerveux central.

Neurone bipolaire Neurone dont l'axone et la dendrite sont issus de côtés opposés du corps cellulaire.

Neurone multipolaire Neurone qui possède un long axone et plusieurs dendrites.

Neurone postganglionnaire Neurone moteur autonome dont le corps cellulaire est situé dans un ganglion périphérique et qui projette son axone jusqu'à un effecteur musculaire ou glandulaire.

Neurone préganglionnaire Neurone moteur autonome dont le corps cellulaire est situé dans le système nerveux central et qui projette son axone jusqu'à un ganglion périphérique.

Neurone pseudo-unipolaire Autre nom du neurone unipolaire.

Neurone sensitif Neurone qui envoie des influx nerveux après avoir été stimulé par un récepteur ou un stimulus.

Neurone unipolaire Neurone que la fusion embryonnaire de ses deux prolongements a laissé avec un seul long prolongement qui s'étend à partir du corps cellulaire.

Neuropeptides Classe de neurotransmetteurs comprenant les bêta-endorphines et les enképhalines (qui agissent comme des euphorisants et réduisent la perception de la douleur).

Neurotransmetteurs Substances chimiques libérées par les neurones et qui, en se liant aux récepteurs de la membrane postsynaptique des neurones ou aux récepteurs des cellules effectrices musculaires ou glandulaires, stimulent ou inhibent ces cellules.

Neutron Particule subatomique dépourvue de charge électrique; se trouve dans le noyau de l'atome.

Neutrophile *Voir* granulocytes neutrophiles.

Névroglie Ensemble de cellules non excitables du tissu nerveux qui soutiennent, protègent et isolent les neurones.

Nocicepteur Récepteur qui réagit à des stimulus potentiellement nuisibles; les informations qu'il transmet sont interprétées comme de la douleur par le cerveau.

Nœud auriculo-ventriculaire Amas de cellules conductrices situé à la jonction auriculo-ventriculaire du cœur; joue un rôle important dans la dépolarisation des ventricules.

Nœud sinusal Cellules spécialisées du myocarde localisées dans la paroi de l'oreillette droite; centre rythmogène du cœur.

Nombre atomique Nombre de protons dans un atome.

Nombre de masse Somme du nombre de protons et de neutrons présents dans le noyau d'un atome.

Nombre diploïde de chromosomes Nombre de chromosomes caractéristique d'un organisme, symbolisé par $2n$; le double du nombre de chromosomes (n) des gamètes; chez l'être humain, $2n = 46$.

Non-disjonction Absence de séparation des chromatides sœurs pendant la mitose ou absence de séparation des chromosomes homologues pendant la méiose; les cellules filles possèdent alors un nombre anormal de chromosomes.

Noradrénaline Neurotransmetteur faisant partie du groupe des catécholamines (amine biogène) et hormone de la médullosurrénale, associée à l'activation du système nerveux sympathique.

Noyau Centre de régulation de la cellule; renferme le matériel génétique.

Noyaux gris centraux Noyaux de matière grise enfouis profondément dans la matière blanche des hémisphères cérébraux.

Nucléoles Corps sphériques denses du noyau cellulaire qui interviennent dans la synthèse et le stockage des sous-unités ribosomales.

Nucléoplasme Solution colloïdale retenue par la membrane nucléaire et dans laquelle les nucléoles et la chromatine baignent en suspension.

Nucléosomes Unité fondamentale de chromatine; constitués d'une molécule d'ADN enroulée autour d'une masse sphérique de huit histones (protéines).

Nucléotide Unité structurale des acides nucléiques; composé d'un sucre, d'une base azotée et d'un groupement phosphate.

Occlusion Fermeture ou obstruction.

Ocytocine Hormone sécrétée par les cellules de l'hypothalamus qui stimule les contractions de l'utérus pendant l'accouchement et l'éjection du lait au cours de l'allaitement.

Œdème Accumulation anormale de liquide dans le compartiment interstitiel d'une partie du corps ou d'un tissu; cause de la tuméfaction.

Œdème pulmonaire Fuite de liquide dans les sacs alvéolaires et le compartiment interstitiel des poumons.

Œstrogènes Hormones qui stimulent les caractères sexuels secondaires chez la femme; hormones sexuelles femelles.

Olfaction Perception des odeurs.

Ombilic Nombril; marque l'endroit où le cordon ombilical était fixé pendant la vie fœtale.

Ondes cérébrales Activité électrique des neurones du cerveau, qu'on peut enregistrer au moyen d'un électroencéphalographe.

Ophtalmique Relatif à l'œil.

Optique Relatif à la vision.

Organe Structure composée d'au moins deux types de tissus primaires et destinée à accomplir une fonction spécifique; p. ex. estomac.

Organes annexes du tube digestif Organes qui contribuent au processus de la digestion mais qui ne font pas partie du tube digestif; il s'agit de la langue, des dents, des glandes salivaires, du pancréas, du foie et de la vésicule biliaire.

Organique Relatif aux molécules qui contiennent du carbone, comme les protéines, les lipides et les glucides.

Organisme Animal (ou végétal) vivant, qui représente l'ensemble de tous les systèmes qui travaillent en synergie pour assurer le maintien de la vie.

Organites Petites structures cellulaires (ribosomes, mitochondries et autres) qui effectuent des fonctions métaboliques spécifiques répondant aux besoins de toute la cellule.

Origine Point d'attache d'un muscle qui demeure relativement fixe durant la contraction musculaire.

Os sésamoïdes Os courts enchâssés dans un tendon; leur nombre et leur taille varient et plusieurs modifient l'action des muscles; le plus gros est la rotule.

Osmolarité Concentration totale de toutes les particules de soluté dans une solution; exprimée en millimoles par kilogramme (mmol/kg).

Osmorécepteur Structure sensible à la pression osmotique ou concentration d'une solution.

Osmose Diffusion d'un solvant à travers une membrane; le déplacement se fait toujours d'une solution diluée à une solution plus concentrée afin d'équilibrer les concentrations de part et d'autre de la membrane.

Osselets de l'ouïe Les trois os minuscules de l'oreille moyenne qui transmettent les vibrations; il s'agit du marteau, de l'enclume et de l'étrier.

Ossification *Voir* ostéogenèse.

Ostéoblastes Cellules productrices de matière osseuse.

Ostéoclastes Grosses cellules qui résorbent ou dégradent la matrice osseuse.

Ostéocyte Cellule osseuse mature.

Ostéogenèse Processus de formation des os; aussi appelé ossification.

Ostéon Système de canaux communicants microscopiques dans l'os compact adulte; unité structurale de l'os; aussi appelé système de Havers.

Ostéoporose Ramollissement des os qui résulte du ralentissement graduel du dépôt de matière osseuse.

Ovaire Organe sexuel femelle où sont produits les ovules; gonade femelle.

Ovocyte Ovule immature.

Ovogenèse Processus de formation de l'ovule (gamète femelle).

Ovulation Expulsion d'un ovule immature (ovocyte) de l'ovaire.

Ovule Gamète (cellule germinale) femelle.

Oxydation Processus par lequel les substances se combinent avec de l'oxygène ou perdent des protons (ions H^+).

Oxyhémoglobine Hémoglobine des érythrocytes liée à l'oxygène.

P

Palais Plafond de la bouche.

Pancréas Glande située derrière l'estomac, entre la rate et le duodénum; produit des sécrétions endocrines (insuline et glucagon) et exocrines (enzymes digestives).

Papille Petite saillie ressemblant à un mamelon; p. ex. papilles gustatives de la langue.

Parathormone (PTH) Hormone libérée par les glandes parathyroïdes; régit, avec la calcitonine, la concentration sanguine de calcium.

Pariétal Relatif à la paroi d'une cavité.

Pectoral Relatif à la poitrine.

Pénis Organe de la copulation et de la miction de l'homme.

Pepsine Enzyme capable de digérer des protéines lorsque le pH est acide.

Perception Interprétation consciente d'une sensation.

Péricarde Sac fibro-séreux à double paroi qui recouvre le cœur et constitue sa couche superficielle.

Périchondre Membrane de tissu conjonctif fibreux qui recouvre la surface externe des structures cartilagineuses.

Périmysium Gaine de tissu conjonctif qui enveloppe les faisceaux de fibres musculaires.

Périnée Région du corps située entre les tubérosités ischiatiques d'une part et, d'autre part, entre l'anus et le scrotum chez l'homme et entre l'anus et la vulve chez la femme.

Période de latence Période qui s'écoule entre la stimulation et le début de la contraction musculaire.

Période néonatale Période de quatre semaines suivant la naissance.

Période réfractaire Période au cours de laquelle une cellule excitable ne réagit pas à un stimulus liminaire.

Période réfractaire absolue Période suivant la stimulation, pendant laquelle aucun nouveau potentiel d'action ne peut être évoqué.

Périoste Double membrane de tissu conjonctif qui recouvre l'os, à l'exception des surfaces articulaires; joue un rôle important dans la croissance osseuse et la réparation des fractures.

Péristaltisme Ondes de contraction et de relâchement successives qui poussent la nourriture dans les organes du tube digestif (ou provoquent le déplacement d'autres substances dans d'autres organes creux).

Péritoine Membrane séreuse qui tapisse l'intérieur de la cavité abdominale et recouvre les surfaces des organes abdominaux.

Péritonite Inflammation du péritoine.

Perméabilité Propriété d'une membrane qui permet le passage des molécules et des ions.

Perméabilité sélective Propriété d'une membrane que certaines substances peuvent traverser et d'autres pas.

Pétéchies Petites marques violacées sur la peau; traduisent les hémorragies étendues causées par la thrombopénie ou certains agents pathogènes.

pH Mesure de l'acidité et de l'alcalinité relatives d'une solution; logarithme négatif de la concentration d'ions hydrogène en moles par litre.

Phagocytose Mécanisme de transport de la membrane plasmique des cellules phagocytaires qui permet la capture de solides étrangers comme les bactéries; mécanisme important chez les macrophages.

Phagosome Sac membraneux résultant de la phagocytose; formé par la fusion d'une vésicule endocytaire et d'un lysosome.

Pharynx Tube musculaire qui s'étend entre la région postérieure des cavités nasales et l'œsophage.

Phénotype Expression du génotype.

Phospholipide Variété de lipide contenant du phosphore; un des principaux constituants de la membrane plasmique.

Phosphorylation oxydative Processus de synthèse de l'ATP au moyen duquel un groupement phosphate inorganique est lié à l'ADP; effectué au moyen de la chaîne respiratoire de transfert d'électrons dans les mitochondries.

Photorécepteur Cellules réceptrices spécialisées qui réagissent à l'énergie lumineuse.

Physiologie Étude du fonctionnement des organismes vivants.

Pinocytose Capture de liquide interstitiel par la membrane plasmique des cellules.

Placenta Organe temporaire composé de tissus maternels et fœtaux qui fournit des nutriments et de l'oxygène au fœtus en voie de développement, élimine ses déchets métaboliques et sécrète les hormones de la grossesse.

Plan frontal (coronal) Plan longitudinal qui divise le corps ou une structure en ses parties antérieure et postérieure.

Plan sagittal Plan longitudinal qui divise le corps ou une structure en ses parties droite et gauche.

Plaque motrice Partie du sarcolemme d'une cellule musculaire qui entre en contact avec un prolongement d'un axone terminal.

Plaquettes Fragments de cellules présents dans le sang; interviennent dans l'hémostase et la coagulation.

Plasma Composant inanimé du sang où les éléments figurés et divers solutés sont en suspension.

Plasmocytes Membres du clone d'un lymphocyte B; produisent et libèrent des anticorps.

Plèvre Séreuse composée de deux feuillets qui entoure chacun des deux poumons; le feuillet pariétal tapisse la paroi interne de la cavité thoracique et le diaphragme alors que le feuillet viscéral adhère au poumon.

Plexus Réseau de neurofibres, de vaisseaux sanguins ou de vaisseaux lymphatiques convergents et divergents.

Plexus choroïde Amas de capillaires qui fait saillie dans un ventricule cérébral; élaborent le liquide céphalorachidien.

Poids atomique Moyenne des nombres de masse de tous les isotopes d'un élément.

Point d'appui Point fixe sur lequel se déplace un levier lorsqu'une force est appliquée.

Polarisation État de la membrane plasmique d'un neurone ou d'une cellule musculaire non stimulés lorsque l'intérieur de la cellule est relativement négatif par rapport à l'extérieur; état de repos.

Polycythémie Augmentation ou excès du nombre d'érythrocytes.

Polypeptide Chaîne d'acides aminés.

Polysaccharide Littéralement, nombreux sucres; polymère de monosaccharides liés; l'amidon et le glycogène sont des polysaccharides.

Pont Partie du tronc cérébral qui relie le bulbe rachidien au mésencéphale et, ainsi, les centres cérébraux supérieurs et inférieurs.

Postérieur Vers le dos ou au dos du corps; à l'arrière, derrière.

Potentiel d'action Inversion transitoire importante de la polarité (dépolarisation) de la membrane plasmique, qui se propage le long de la membrane d'une cellule musculaire ou nerveuse.

Potentiel de repos Voltage qui existe à travers la membrane plasmique au cours de la phase de repos d'une cellule excitable; varie de -50 à -200 mV, selon le type de cellule.

Potentiel récepteur Potentiel gradué qui se produit à la membrane d'un récepteur sensoriel.

Pouls Dilatation et resserrement rythmiques des artères résultant de la contraction du cœur; peut être perçu à l'extérieur de l'organisme.

Presbytie Perte de l'amplitude de l'accommodation; apparaît généralement vers l'âge de 40 ans.

Pression artérielle Force par unité de surface que le sang exerce sur les artères.

Pression artérielle systolique Pression exercée par le sang sur la paroi des vaisseaux sanguins durant la contraction du ventricule gauche.

Pression hydrostatique Pression du liquide dans un système.

Pression oncotique (osmotique colloïdale) Pression créée dans un liquide par de grosses molécules qui ne diffusent pas, p. ex. les protéines plasmatiques qui ne peuvent pas traverser la membrane capillaire. Ces substances ont tendance à attirer l'eau.

Pression osmotique Force exercée de part et d'autre d'une membrane semi-perméable par deux liquides où la concentration des molécules dissoutes est inégale; l'albumine et les ions jouent un rôle important dans la pression osmotique du plasma.

Pression sanguine Force par unité de surface que le sang exerce sur un vaisseau; les différences de pression dans les artères et les veines fournissent la force propulsive nécessaire à la circulation du sang dans les vaisseaux.

Processus (1) Proéminence, saillie ou apophyse; (2) série d'actions visant à accomplir une tâche spécifique.

Progestérone Hormone partiellement responsable de la préparation de l'utérus pour recevoir l'ovule fécondé.

Prolactine (PRL) Hormone adénohypophysaire qui stimule la production de lait par les seins.

Pronation Rotation vers l'intérieur de l'avant-bras, qui fait croiser le radius sur le cubitus; la paume est dirigée vers le bas.

Propriocepteur Récepteur situé dans une articulation, un muscle ou un tendon; capte des informations relatives à la locomotion, à la posture et au tonus musculaire.

Prosencéphale Portion antérieure de l'encéphale constituée du télencéphale et du diencéphale.

Prostaglandine Médiateur chimique lipidique associé aux membranes cellulaires et synthétisé dans la plupart des tissus; substance hormonale à action locale.

Protéines Substance complexe composée d'acides aminés; principal constituant des cellules.

Proton Particule subatomique de charge positive; se trouve dans le noyau de l'atome.

Proximal Près du point d'attache d'un membre ou de l'origine d'une structure.

Puberté Période de la vie où les organes génitaux deviennent fonctionnels.

Pulmonaire Relatif aux poumons.

Pupille Ouverture centrale de l'iris qui laisse la lumière pénétrer dans l'œil.

Pus Liquide produit par la réaction inflammatoire au cours d'une infection; composé de globules blancs, de débris de cellules mortes et de microorganismes.

Pyrogènes Substances chimiques provoquant la fièvre sécrétées par les macrophages, les leucocytes et les cellules lésées.

R

Radio-isotope Isotope qui présente de la radioactivité.

Radioactivité Processus de désintégration spontanée des isotopes les plus lourds durant lequel des particules ou de l'énergie sont émis à partir du noyau de l'atome, qui devient plus stable.

Rameau Division d'un nerf, d'une artère ou d'une veine.

Réabsorption tubulaire Mouvements des composants du filtrat des tubules rénaux vers le sang des capillaires péritubulaires.

Réaction auto-immune Production d'anticorps ou de lymphocytes T effecteurs qui attaquent les propres tissus de la personne.

Réaction chimique Processus de formation, de réarrangement ou de rupture de liaisons chimiques.

Réaction d'oxydoréduction Réaction d'oxydation (perte d'électrons) d'une molécule couplée à la réduction (gain d'électrons) d'une autre molécule.

Réaction de neutralisation Réaction dans laquelle le mélange d'un acide et d'une base forme de l'eau et un sel.

Réaction de réduction Réaction chimique dans laquelle une molécule gagne des électrons et de l'énergie (et souvent des ions hydrogène).

Réaction immunitaire à médiation cellulaire Immunité conférée par les lymphocytes T activés, qui lysent directement les cellules infectées ou cancéreuses et les cellules provenant de donneurs, en plus de libérer des substances chimiques qui régissent la réaction immunitaire.

Réaction immunitaire humorale Immunité conférée par des anticorps présents dans le plasma sanguin et d'autres liquides organiques.

Récepteur (1) Cellule ou terminaison nerveuse d'un neurone sensitif spécialisé qui répondent à un type particulier de stimulus. (2) Protéine de la membrane plasmique qui se lie spécifiquement avec certaines molécules, comme des neurotransmetteurs, des hormones, des antigènes, etc.

Récepteur sensoriel Terminaisons dendritiques d'un neurone, ou partie d'autres types de cellules, chargées de réagir à un stimulus.

Récepteurs muscariniques Récepteurs des effecteurs musculaires et glandulaires du système nerveux autonome; se lient à l'acétylcholine; nommés ainsi parce qu'ils sont activés par une substance toxique provenant d'un champignon appelée muscarine.

Récepteurs nicotiniques Récepteurs de la membrane postsynaptique de tous les neurones postganglionnaires et des jonctions neuromusculaires des muscles squelettiques; se lient à l'acétylcholine; nommés ainsi parce qu'ils sont activés par la nicotine.

Réflexe Réaction automatique à un stimulus.

Règle des huit électrons Les atomes ont tendance à participer à des réactions qui leur permettront d'arriver à posséder huit électrons dans leur couche de valence.

Règle des neuf Méthode de calcul de l'étendue des brûlures; on divise le corps en un certain nombre de régions comptant chacune pour 9 % de la surface corporelle.

Régulation négative Diminution de la réaction à la stimulation hormonale; met en jeu une diminution du nombre de récepteurs sur la membrane plasmique des cellules cibles et empêche ces cellules d'avoir une réaction excessive après une exposition prolongée à une concentration hormonale élevée.

Régulation positive Augmentation de la formation de récepteurs sur la membrane plasmique des cellules cibles en réaction à une augmentation de la concentration des hormones auxquelles elles réagissent.

Remaniement osseux Processus composé du dépôt et de la résorption de matière osseuse en réaction à des facteurs hormonaux et mécaniques.

Rénine Substance libérée par les reins qui contribue à l'augmentation de la pression artérielle en agissant sur l'angiotensine.

Repolarisation Mouvement des ions qui fait qu'une membrane plasmique dépolarisée retourne à l'état de repos (polarisé).

Résistance périphérique Mesure de la friction du sang sur la paroi des vaisseaux sanguins; principalement due à la résistance des artérioles et des capillaires à l'écoulement du sang.

Respiration cellulaire Processus métaboliques qui se déroulent dans les mitochondries et utilisent l'oxygène pour produire de l'ATP.

Respiration interne Échanges gazeux entre le sang et le liquide interstitiel et entre le liquide interstitiel et le sang.

Réticulocyte Érythrocyte immature.

Réticulum endoplasmique Réseau de membranes tubulaires ou sacculaires présent dans le cytoplasme de la cellule.

Réticulum sarcoplasmique Réticulum endoplasmique spécialisé des cellules musculaires.

Rétine Tunique sensitive de l'œil; contient les photorécepteurs (bâtonnets et cônes).

Rétroactivation Mécanisme qui a tendance à changer la valeur d'une variable dans la même direction que le changement initial.

Rétro-inhibition Mécanisme de rétroaction qui a tendance à changer la valeur d'une variable dans une direction contraire à celle du changement initial.

Révolution cardiaque Suite des événements qui comprennent une contraction et un relâchement complets des oreillettes et des ventricules du cœur.

Ribosomes Organites cytoplasmiques qui constituent le siège de la synthèse des protéines au moyen de la liaison d'acides aminés.

S

Sac vitellin Sac endodermique qui constitue la source des cellules germinales primordiales.

Sarcomère La plus petite unité contractile du muscle; s'étend d'une strie Z à la suivante.

Sclérotique Partie blanche et opaque de la tunique fibreuse du globe oculaire.

Scrotum Sac externe contenant les testicules.

Sébum Sécrétion huileuse des glandes sébacées.

Seconds messagers Molécules intracellulaires produites par la liaison d'une substance chimique (hormone ou neurotransmetteur) à un récepteur de la membrane plasmique; médiateur de la réaction cellulaire à l'hormone ou au neurotransmetteur.

Secousse musculaire Réponse d'un muscle à un seul stimulus liminaire de courte durée.

Sécrétion (1) Passage d'une substance à travers la membrane plasmique d'une cellule vers le liquide interstitiel; (2) Produit de la cellule transporté à l'extérieur de la cellule.

Segmentation Phase du début du développement embryonnaire où des divisions mitotiques rapides ne sont pas séparées par des périodes de croissance; produit le blastocyste.

Ségrégation Au cours de la méiose, distribution des membres d'une paire d'allèles à des gamètes différents.

Sel Composé ionique qui se dissocie en particules chargées, ou ions (sauf les ions hydrogène et hydroxyle), lorsqu'il est dissous dans l'eau.

Sélection clonale Processus au cours duquel les lymphocytes B et T sensibilisés par un antigène produisent de nombreuses cellules identiques pouvant détruire spécifiquement cet antigène.

Sensation Conscience des variations dans le milieu interne et l'environnement.

Sérosité Liquide clair et aqueux sécrété par les cellules d'une séreuse.

Sérum Liquide ambré ne contenant pas de fibrinogène expulsé par le sang coagulé lorsque le caillot se contracte; le sérum correspond au plasma moins le fibrinogène.

SIDA Syndrome d'immunodéficience acquise; causé par le virus de l'immunodéficience humaine (VIH); les symptômes sont notamment une perte pondérale importante, des sueurs nocturnes, la tuméfaction des ganglions lymphatiques et des infections opportunistes.

Sillon Rainure sur le cerveau, moins profonde qu'une fissure.

Sillon branchial Dépression de l'ectoderme superficiel qui donnera naissance au conduit auditif externe.

Sinus (1) Cavités remplies d'air et tapissées d'une muqueuse dans certains os du crâne; (2) canal dilaté servant au passage du sang ou de la lymphe.

Soluté Substance dissoute dans une solution.

Somatomédines Protéines favorisant la croissance sécrétées par le foie et peut-être aussi par les reins et les muscles.

Somite Segment mésodermique du corps de l'embryon qui contribue à la formation des muscles squelettiques, des vertèbres et du derme de la peau.

Sommation Accumulation des effets, et en particulier de ceux des stimulus musculaires, sensoriels ou mentaux.

Souffle cardiaque Bruit anormal du cœur (provenant d'un fonctionnement anormal des valves cardiaques).

Sous-cutané Sous la peau.

Spermatogenèse Processus de formation des spermatozoïdes (gamètes mâles).

Sperme Liquide contenant les spermatozoïdes et les sécrétions des glandes annexes des organes génitaux de l'homme.

Sphincter Muscle circulaire qui entoure un orifice.

Sténose Resserrement anormal.

Stéroïdes Groupe de substances chimiques lipidiques auquel appartiennent le cholestérol, les sels biliaires et certaines hormones comme l'aldostérone.

Stimuline Hormone qui régit le fonctionnement hormonal d'autres glandes endocrines.

Stimulus Excitant ou irritant; changement de l'environnement qui évoque une réaction.

Stimulus liminaire Stimulus le plus faible qui peut déclencher une réaction dans un tissu excitable.

Stroma Charpente interne de base d'un organe.

Substance blanche Groupements denses d'axones myélinisés dans le système nerveux central.

Substance grise Région grise du système nerveux central; formée des corps cellulaires et des axones amyélinisés de neurones.

Substrat Réactif sur lequel une enzyme agit de manière à provoquer une réaction chimique.

Suc pancréatique Sécrétion riche en ions bicarbonate du pancréas; contient des enzymes qui contribuent à la dégradation de toutes les catégories d'aliments.

Superficiel Près de la surface ou à la surface du corps.

Supérieur Vers la tête ou le haut d'une structure ou du corps.

Supination Mouvement de l'avant-bras pour tourner la paume en position antérieure ou supérieure.

Surdité Perte partielle ou totale de l'ouïe.

Surfactant Sécrétion produite par certaines cellules des alvéoles, les pneumocytes de type II, qui réduisent la tension superficielle des molécules d'eau et qui préviennent ainsi l'affaissement des alvéoles après chaque expiration.

Suture Articulation fibreuse immobile; tous les os de la tête sauf un sont unis par des sutures.

Symphyse Articulation dans laquelle les os sont unis par du fibrocartilage.

Synapse Jonction fonctionnelle ou point de contact étroit entre deux neurones ou entre un neurone et une cellule effectrice musculaire ou glandulaire.

Synarthrose Articulation immobile.

Synchondrose Articulation dans laquelle les os sont unis par du cartilage hyalin.

Syndesmose Articulation dans laquelle les os sont reliés par un ligament ou une membrane de tissu fibreux.

Synergique Muscle qui aide un agoniste en effectuant le même mouvement ou en stabilisant les articulations que croise l'agoniste afin de prévenir des mouvements indésirables.

Synostose Articulation complètement ossifiée; articulation fusionnée.

Système Ensemble d'organes qui travaillent de concert pour accomplir une fonction vitale; p. ex. système nerveux.

Système cardiovasculaire Système qui assure la circulation du sang dans les vaisseaux sanguins afin de fournir les nutriments et l'oxygène aux cellules et de retirer les déchets du catabolisme cellulaire.

Système de Havers *Voir* ostéon.

Système de levier Composé d'un levier (os), d'une force (action musculaire), d'une résistance (poids de l'objet à déplacer) et d'un point d'appui (articulation).

Système digestif Système qui transforme les aliments en nutriments absorbables et élimine les résidus impossibles à digérer.

Système endocrinien Système régulateur qui regroupe les organes internes sécrétant des hormones; travaille en synergie avec le système nerveux afin de maintenir l'homéostasie.

Système génital Système destiné à la reproduction.

Système immunitaire Système fonctionnel dont les cellules et les anticorps attaquent les substances étrangères ou empêchent leur entrée dans l'organisme.

Système limbique Système nerveux fonctionnel qui intervient dans la réaction émotionnelle.

Système lymphatique Système composé des vaisseaux lymphatiques, des ganglions lymphatiques et d'autres organes lymphatiques; recueille l'excès de liquide du compartiment interstitiel et constitue un site de surveillance immunitaire.

Système musculaire Système composé des muscles squelettiques et de leurs attaches de tissu conjonctif.

Système nerveux Système de régulation qui agit rapidement pour déclencher la contraction musculaire ou la sécrétion glandulaire.

Système nerveux autonome Division efférente du système nerveux périphérique qui innerve des effecteurs tel le muscle cardiaque, le muscle lisse et les glandes; aussi appelé système nerveux involontaire ou système moteur viscéral.

Système nerveux central (SNC) Partie du système nerveux formée de l'encéphale et de la moelle épinière.

Système nerveux parasympathique Division du système nerveux autonome qui règle la fonction cardiovasculaire, la digestion, l'élimination et la fonction glandulaire; antagoniste du système nerveux sympathique.

Système nerveux périphérique (SNP) Partie du système nerveux composée de nerfs et de ganglions situés à l'extérieur de l'encéphale et de la moelle épinière.

Système nerveux somatique Subdivision du système nerveux périphérique qui fournit l'innervation motrice aux muscles squelettiques.

Système nerveux sympathique Composant du système nerveux autonome qui prépare l'organisme à réagir aux facteurs de stress (danger, excitation, etc.); système responsable de la réaction de lutte ou de fuite; antagoniste du système nerveux parasympathique.

Système osseux Système de protection et de soutien composé principalement d'os et de cartilage.

Système porte hépatique Circulation dans laquelle la veine porte hépatique apporte au foie les nutriments provenant de l'absorption intestinale pour qu'il en traite une certaine partie.

Système respiratoire Système où s'effectuent les échanges gazeux; composé notamment du nez, du pharynx, du larynx, de la trachée, des bronches et des poumons.

Système tégumentaire Peau (et ses dérivés); constitue le revêtement protecteur de l'organisme.

Système urinaire Système principalement responsable de l'équilibre hydrique, électrolytique et acido-basique et de l'élimination des déchets azotés.

Systémique Relatif à tout l'organisme.

Systole Période de la révolution cardiaque pendant laquelle les oreillettes ou les ventricules sont contractés.

T

Tampon Substance chimique ou système qui réduit les variations du pH en acceptant ou en libérant des ions hydrogène.

Télencéphale Subdivision antérieure du prosencéphale primaire qui se développe pour former les hémisphères cérébraux réunis par les commissures.

Tendon Bande de tissu conjonctif dense qui relie un muscle à un os.

Tendon calcanéen Tendon qui fixe les muscles du mollet au talon (calcanéus); aussi appelé tendon d'Achille.

Tendon d'Achille *Voir* tendon calcanéen.

Terminaisons axonales Extrémités distales bulbeuses de l'arborisation terminale d'un axone; aussi appelés boutons terminaux.

Testicule Organe sexuel mâle qui fabrique les spermatozoïdes; gonade mâle.

Testostérone Hormone responsable des caractères sexuels secondaires masculins et de la libido chez l'homme; les testicules chez l'homme et les surrénales chez la femme sécrètent cette hormone anabolisante.

Tétanos (1) Contraction musculaire prolongée résultant d'une stimulation de haute fréquence; (2) maladie infectieuse causée par une bactérie anaérobie.

Thalamus Masse de substance grise située dans le diencéphale.

Thermogenèse Production de chaleur.

Thermorécepteur Récepteur sensible aux changements de température.

Thorax Partie du tronc située au-dessus du diaphragme et au-dessous du cou.

Thrombine Enzyme qui provoque la coagulation en transformant le fibrinogène en fibrine.

Thrombocytes Fragments de cellules qui jouent un rôle dans la coagulation sanguine; plaquettes.

Thrombopénie Insuffisance du nombre de plaquettes circulant dans le sang.

Thrombus Caillot qui se développe dans un vaisseau sanguin intact et qui y demeure.

Thymus Organe transitoire du système lymphatique qui joue un rôle important dans la maturation des lymphocytes T.

Thyréotrophine (TSH) Hormone adénohypophysaire qui règle la sécrétion d'hormones thyroïdiennes.

Thyrocalcitonine *Voir* calcitonine.

Thyroxine (T_4) Hormone renfermant de l'iode sécrétée par la glande thyroïde; accélère la vitesse du métabolisme dans la majorité des tissus.

Tissu Groupe de cellules semblables (et leur substance intercellulaire) qui remplissent une même fonction; les tissus primaires de l'organisme sont le tissu épithélial, le tissu conjonctif, le tissu musculaire et le tissu nerveux.

Tissu cardiaque Tissu musculaire spécialisé du cœur.

Tissu conjonctif Un des tissus primaires; possède des formes et des fonctions très variées. Joue notamment les rôles de soutien, de site de stockage et de protection.

Tissu musculaire Tissu primaire qui a la particularité de raccourcir (se contracter), ce qui produit les mouvements.

Tonicité Propriété que possède une solution de modifier la forme des cellules en provoquent le flux osmotique d'eau.

Tonus musculaire Légère contraction continue d'un muscle en réaction à l'activation des récepteurs de l'étirement; permet aux muscles de répondre immédiatement à une stimulation.

Tonus sympathique (vasomoteur) État de constriction partielle des cellules musculaires lisses des vaisseaux sanguins entretenu par les neurofibres sympathiques.

Trachée Tube renforcé d'anneaux cartilagineux qui s'étend du larynx aux bronches primaires.

Tractus hypothalamo-hypophysaire Réseau de neurofibres qui passe dans l'infundibulum et qui relie la neurohypophyse et l'hypothalamus.

Transduction Conversion de l'énergie d'un stimulus en énergie électrique.

Transformation sol-gel Capacité réversible d'un colloïde qui peut passer d'un état liquide (sol) à un état plus solide (gel).

Transport actif Mécanisme de transport membranaire qui nécessite un apport d'ATP; p. ex. pompage de solutés et endocytose.

Transport passif Mécanisme de transport membranaire qui ne nécessite pas d'énergie cellulaire (ATP); p. ex. diffusion, qui utilise l'énergie cinétique des molécules.

Transport transépithélial Mouvement de substances à travers plutôt que entre des cellules épithéliales adjacentes unies par des jonctions serrées, comme dans l'absorption des nutriments à l'intérieur des cellules absorbantes de l'intestin grêle.

Travées Petites pièces pointues ou plates d'os dans l'os compact.

Triglycérides Lipides composés de trois molécules d'acides gras et d'une molécule de glycérol; source de combustible la plus concentrée de l'organisme; aussi appelés graisses neutres.

Triiodothyronine (T_3) Hormone sécrétée par la glande thyroïde; fonctions semblables à celles de la thyroxine.

Trompe auditive Conduit qui relie l'oreille moyenne au nasopharynx.

Trompe de Fallope *Voir* trompe utérine.

Trompe utérine Conduit dans lequel l'ovule est transporté jusqu'à l'utérus; aussi appelé trompe de Fallope.

Tronc cérébral Structure composée du mésencéphale, du pont et du bulbe rachidien de l'encéphale.

Trophoblaste Couche superficielle de cellules du blastocyste.

Tube digestif Tube creux continu s'étendant de la bouche à l'anus; ses parois sont formées par la cavité buccale, le pharynx, l'œsophage, l'estomac, l'intestin grêle et le gros intestin.

Tube neural Tissu fœtal qui donne naissance à l'encéphale, à la moelle épinière et aux structures nerveuses associées; se forme à partir de l'ectoderme avant le jour 23 du développement embryonnaire.

Tubule T Prolongement de la membrane plasmique de la cellule musculaire (sarcolemme) qui s'enfonce profondément dans la cellule.

Tubules séminifères contournés Tubules situés dans les testicules; fabriquent les spermatozoïdes.

Tumeur Masse de cellules anormales, parfois cancéreuses.

Tunique Revêtement ou couche de tissu.

U

Ulcère Lésion ou érosion d'une muqueuse, comme l'ulcère de l'estomac.

Unité motrice Un neurone moteur et toutes les cellules musculaires qu'il stimule.

Urée Principal déchet azoté formé à partir de l'ammoniac et excrété dans l'urine.

Uretère Tube qui transporte l'urine du rein à la vessie.

Urètre Canal dans lequel l'urine passe de la vessie à l'extérieur de l'organisme.

Utérus Organe creux à la paroi musculaire épaisse qui accueille, retient et nourrit l'ovule fécondé; siège du développement de l'embryon et du fœtus.

V

Vaccin Préparation qui confère une immunité active artificielle.

Vaisseau chylifère Capillaire lymphatique spécial de l'intestin grêle qui capte les lipides associés aux protéines appelées chylomicrons.

Vasa recta Capillaires sanguins qui irriguent l'anse du néphron dans la médulla rénale.

Vasculaire Relatif aux vaisseaux sanguins.

Vasoconstriction Resserrement des cellules musculaires lisses et principalement de celles des artérioles; phénomène important dans le maintien de la pression artérielle systémique.

Vasodilatation Relâchement des cellules musculaires lisses des vaisseaux sanguins qui produit leur dilatation; phénomène important dans le maintien de la pression artérielle systémique.

Veines Vaisseaux sanguins qui retournent au cœur le sang provenant de la circulation.

Veines pulmonaires Vaisseaux qui acheminent au cœur le sang fraîchement oxygéné provenant de la zone respiratoire des poumons.

Veinule Petite veine.

Ventilation pulmonaire Processus composé de l'inspiration et de l'expiration.

Ventral Vers l'avant ou à l'avant du corps; antérieur.

Ventricules (1) Les deux cavités inférieures du cœur qui constituent les principales pompes sanguines; (2) cavités du cerveau contenant le liquide céphalo-rachidien.

Ventricules cérébraux Cavités remplies de liquide céphalo-rachidien situées dans le cerveau et le tronc cérébral; siège de la formation du liquide céphalo-rachidien.

Vésicule Petit sac rempli de liquide.

Vésicule biliaire Sac localisé sous le lobe droit du foie; emmagasine la bile.

Villosités intestinales Saillies digitiformes de la muqueuse de l'intestin grêle qui multiplient la surface de contact pour faciliter l'absorption des nutriments.

Viscéral Relatif à un organe interne de l'organisme ou à la partie interne d'une structure.

Viscosité État de ce qui est collant ou épais.

Vitamines Composés organiques dont l'organisme a besoin en très petites quantités.

Vitesse de filtration glomérulaire Vitesse de formation du filtrat par les reins.

Vitesse du métabolisme Énergie dépensée par l'organisme par unité de temps.

Voie ascendante lemniscale Voie empruntée par la discrimination tactile, la pression, la vibration et la proprioception consciente pour atteindre le cortex cérébral.

Volume systolique Quantité de sang éjectée par un ventricule à chaque contraction.

Vulve Organes génitaux externes de la femme.

Z

Zygote Ovule fécondé.

Index

f signifie qu'on vous renvoie à une figure et *t* à un tableau

B

C

D

F

G

H

I

J

K

L

M

N

O

P

Q

R

S

T

U

W

X

Z